Die
Verarbeitung des Erdöles

Bruno Riediger

Springer-Verlag Berlin · Heidelberg · New York 1971

Dr. techn. Dr. jur. BRUNO RIEDIGER

Lurgi Gesellschaft für Mineralöltechnik m. b. H. Frankfurt/Main

Mit 319 Abbildungen (davon etwa 70 schematische Fließbilder)
und 131 Zahlentafeln

ISBN 978-3-642-52167-6   ISBN 978-3-642-52166-9 (eBook)
DOI 10.1007/978-3-642-52166-9

Dem Andenken

an meinen verehrten Lehrer

Hofrat Professor Dr. techn. Karl Kobes

Technische Hochschule Wien
(1869–1950)

und

an meinen väterlichen Freund

Professor Dr.-Ing. Rudolf Drawe

Technische Hochschule Berlin
(1877–1967)

gewidmet,

die mir die Wege zur Thermodynamik
und zur Brennstofftechnik wiesen

Vorwort

Erdöl und Erdpech sind der Menschheit an einzelnen Stellen der Erde
seit Jahrtausenden bekannt, wesentlich länger als die fossile Kohle. Sie
wurden in frühesten Zeiten vornehmlich als Straßenbaustoffe und als eine
Art Mörtel verwendet. Sehr viel später, und zwar erst nach den Bohrungen des Colonel DRAKE in Pennsylvanien Mitte des vorigen Jahrhunderts
begann das Leuchtöl – ein aus Rohöl gewonnenes, etwa zwischen 200 und
250 °C siedendes Destillat – das bis dahin ausschließlich für Lampen benutzte pflanzliche Öl zu verdrängen. Seit dieser Zeit werden auch schwere
Destillate und Destillationsrückstände in zunehmendem Maße als Schmiermittel im Eisenbahnbetrieb und in der Industrie verwendet. Das leichtsiedende, feuergefährliche Benzin war damals ein lästiges Nebenprodukt.
Deshalb war es von entscheidender Bedeutung, daß durch die Erfindung
der Verbrennungsmotoren Benzin als Ottokraftstoff und Gasöl als Dieselkraftstoff um die Jahrhundertwende als Energieträger ihren beispiellosen
Siegeszug antraten. Dementsprechend vollzog sich die Entwicklung der
Verfahren zur Verarbeitung des Erdöles in verhältnismäßig kurzer Zeit.
Ihr Schwerpunkt lag dank der dortigen reichen Vorkommen in Nordamerika. Als Marksteine können die Einführung des Krackens zur Gewinnung größerer Mengen leichtsiedender Fraktionen und die Anwendung
von Katalysatoren betrachtet werden[1].

Die alten Anlagen mit ihren rußgeschwärzten Blasendestillationen,
den unförmigen Agiteuren und sonstigen Einrichtungen waren nicht geeignet, auf junge Chemiker und Ingenieure besonders anziehend zu wirken. Nur wer diese Anlagen noch gesehen hat und sie mit den heutigen
Werken vergleicht, wird den Wandel, der inzwischen eingetreten ist, in
seinem vollen Ausmaß erfassen. Dies spiegelt sich auch im Schrifttum
wider. Die Verarbeitung des Erdöles wurde in den gängigen Lehrbüchern
der chemischen Technologie nur als einer der vielen Industriezweige behandelt. Aus verständlichen Gründen nimmt sich der Beitrag in deutscher
Sprache bescheiden aus. Trotzdem war für die Wissenschaft das mehr-
bändige Werk von ENGLER und HÖFER, die in Karlsruhe bzw. in Leoben
wirkten, lange Zeit eine der wichtigsten Quellen. Nach dem Ersten Weltkrieg erschienen „Die wissenschaftlichen Grundlagen der Erdölverarbeitung" von L. GURWITSCH, Baku in diesem Verlag, und im Zweiten Weltkrieg unternahm es der leider zu früh verstorbene M. MARDER vom Institut für Braunkohlen- und Mineralölforschung Berlin mit seinem im
gleichen Verlag erschienenen Buch über „Motorkraftstoffe", die bis dahin

---

[1] Eine sehr gute Darstellung mit eingehender Berücksichtigung der wirtschaftlichen Seite bietet J. L. ENOS: Petroleum, Progress and Profits. Cambridge/Mass.:
M. I. T. Press 1962.

erreichte Entwicklung bei der Herstellung eines der wichtigsten Erdölerzeugnisse darzustellen. Es war ihm nicht gegönnt, dem ersten Band einen zweiten folgen zu lassen.

Deshalb schien es an der Zeit, den in der Praxis stehenden Fachgenossen wie auch den Studierenden des Maschinenbaues, der Verfahrenstechnik und der Chemie eine Darstellung der Verarbeitung des Erdöles zu bieten, die sich nicht nur mit einer knappen Kennzeichnung oder Beschreibung der einzelnen Verfahren begnügt. Als Benutzer des Buches hatte der Verfasser vor allem sowohl die in den Betrieben tätigen Ingenieure und Chemiker wie auch die mit der Planung und dem Bau von Anlagen der Erdölindustrie beschäftigten Fachgenossen im Auge.

Sollte der Umfang des Buches nicht übermäßig anwachsen, so mußte eine Grenze gezogen werden. Diese ist dadurch gegeben, daß nur die Gewinnung der unmittelbar aus Erdöl herzustellenden Erzeugnisse beschrieben wird, also die von Kraftstoffen, Heizöl, Schmierölen, Petrolkoks und Bitumina, nicht jedoch die Petrolchemie[1]. Diese stellt heute ein derart umfassendes und ständig in Weiterentwicklung begriffenes Arbeitsgebiet dar, daß es eine besondere Behandlung verlangt. Hier konnte nur die Herstellung der wichtigsten Ausgangsstoffe für die Petrolchemie, nämlich die der Olefine und der Aromaten, kurz berücksichtigt werden.

Es wurde versucht, bei der Beschreibung der einzelnen Verfahren sowohl den neuesten Entwicklungen Rechnung zu tragen als auch Verfahren zu berücksichtigen, die zwar zur Zeit nicht im Vordergrund des Interesses stehen, die aber noch in verschiedenen laufenden Betriebsanlagen angewendet werden und deren Kenntnis zum Teil unerläßlich ist, will man die Entwicklung der heute benutzten Bauformen verstehen. Die Gründe für die Auswahl sind jeweils erläutert. Bezüglich der Darstellung der Schemata sei auf S. 1046 verwiesen.

---

[1] Bezüglich dieses Ausdruckes vgl. B. RIEDIGER: Petrochemie oder Petrolchemie. VDI-Nachrichten 21 (1967) Nr. 16, S. 2. Es kann in Anlehnung an Bezeichnungen wie Petroläther, Petrolkoks u. a. nur *Petrolchemie* heißen, wenn man die Herstellung von Chemikalien aus Erdölprodukten meint. Selbst die American Chemical Society hat sich eindeutig in diesem Sinne ausgesprochen; vgl. Erdöl u. Kohle 8 (1955) 649. Im Französischen, Spanischen und Italienischen sind die entsprechenden Ausdrücke, nämlich pétroléochimie, petrolquimia bzw. petrolchimia in Veröffentlichungen, die auf klare Ausdrucksweise Wert legen, im Gebrauch. Sie werden auch in Firmennamen benutzt, weil offenbar in den romanischen Sprachen der durch das Fehlen des „l" ausgedrückte Wandel der Bedeutung viel stärker zum Bewußtsein kommt.

Petrochemie ist die *Chemie der Gesteine*; vgl. A. OSANN: Petrochemische Untersuchungen, Heidelberg 1913 (das Buch nennt sich einleitend einen Beitrag zur chemischen Petrographie und befaßt sich mit Eruptiv- und Sedimentgesteinen); C. BURRI: Petrochemische Berechnungsmethoden auf äquivalenter Grundlage (Methoden von P. N. NIGGLI). Mineralogisch-geotechnische Reihe Band 7 – Sammlung: Lehrbücher und Monographien, Basel und Stuttgart: Birkhäuser 1959. – Vgl. dazu auch das neue Buch von F. ASINGER: Die petrolchemische Industrie, dessen Erscheinen für Ende 1970 angekündigt ist.

Es wäre zu wünschen, daß der Gebrauch des Ausdruckes Petrochemie im Sinne von Petrolchemie, der den Regeln einer unmißverständlichen Nomenklatur und den Erfordernissen der mit großem finanziellem Aufwand betriebenen Dokumentation widerspricht, endlich aufgegeben wird.

Der Inhalt des Buches nimmt Rücksicht darauf, daß für Berechnungen die im Text selbst genannten Bücher von W. L. Nelson und von A. F. Orlicek, H. Pöll und H. Walenda sowie einige andere zur Verfügung stehen und diesbezüglich nur das Notwendigste erwähnt werden mußte. Wer sich mit weiteren Einzelheiten der Verfahren und ihrer Chemie befassen will, findet Aufklärung in den zahlreichen Schrifttumsangaben, die im Interesse des Lesers mit vollem Titel angeführt sind, sowie in den im allgemeinen nicht besonders zitierten Monographien der beiden Sammelwerke: The Chemistry of Petroleum Hydrocarbons, 3 Bde. hrsg. von B. T. Brooks, C. E. Boord, St. S. Kurtz u. L. Schmerling, Reinhold: New York 1954, 1955 u. 1955 sowie: Advances in petroleum chemistry and refining, 10 Bde., hrsg. von K. A. Kobe u. J. J. McKetta jr., Interscience Publishers (John Wiley): New York 1958 bis 1965. Die Zeitschriftentitel sind nach DIN 1502 gekürzt. Das Schrifttum konnte entsprechend dem Fortgang des Druckes etwa bis zur zweiten Hälfte des Jahres 1969 berücksichtigt werden.

Für ein Buch der vorliegenden Art, das vielfach auf die Chemie als Grundwissenschaft zurückgreifen muß, ist es eine Selbstverständlichkeit, daß das m,kg,sec-System mit kg als Einheit der *Masse* entsprechend den Festlegungen der 1. Generalkonferenz für Maß und Gewicht im Jahre 1889 und mit den genormten Dimensionsbezeichnungen benutzt wird. Da sich das Buch an Ingenieure wendet, wird für die *Kraft* als eine aus dem m,kg,sec-System abgeleitete, also damit kohärente Größe das seit Anfang der Dreißiger Jahre von der Physikalisch-Technischen Reichsanstalt empfohlene und im Deutschen Normenwerk verankerte Kilopond entsprechend der Beziehung 1 kp = 9,81 kg m/sec^2 verwendet. Dies hat den unzweifelhaften Vorteil, daß dadurch die von 1 kg im Schwerefeld der Erde ausgeübte Kraft zahlengleich der Masse gesetzt wird und diese Maßeinheit an Stelle des im überholten sog. Technischen Maßsystem benutzten Kraftkilogramms verwendet werden kann. Infolgedessen können alle bisher in den Ingenieurwissenschaften benutzten Zahlenangaben, z.B. von Festigkeitswerten der Werkstoffe, Drücken im Kessel- und Apparatebau, alle Berechnungen der Baustatik und des Stahlhochbaues und vieles andere beibehalten werden, wenn man nur mit Hilfe von kg und kp zwischen Masse und Kraft unterscheidet[1].

Der Gebrauch des Kilopond steht voll im Einklang mit dem kürzlich für die Deutsche Bundesrepublik erlassenen „Gesetz über Einheiten im Meßwesen" vom 2. Juli 1969 (Bundesgesetzblatt Teil I Nr. 55 vom 5. Juli 1969 S. 709/12). Nach § 5 dieses Gesetzes ist vorgesehen, daß „die abgeleiteten Maßeinheiten unter Benutzung fester Zahlenfaktoren" durch Rechtsverordnung festgelegt werden. Somit besteht kein Hindernis, die der Technik und Wirtschaft vertrauten Einheiten kp, at, kcal, kWh usw. beizubehalten. Sinngemäß ist diese Frage seit bald zwanzig Jahren in Österreich durch das Bundesgesetz vom 5. Juli 1950, BGBl. Nr. 152, über

---

[1] Im übrigen vgl. zu diesem Thema B. Riediger: Warum N und kJ statt kp und kcal? Erdöl u. Kohle 17 (1964) 122/24; ders.: Zur Frage der Maßeinheiten für Kraft und Wärme. DIN-Mitt. 44 (1965) 140/41; ders.: Bemerkungen zum neuen Gesetz über Einheiten im Meßwesen; ebd. 49 (1970) 132/33.

das Maß- und Eichwesen (Maß- und Eichgesetz – MEG.) geregelt und hat sich bestens bewährt. Auch Schweden benutzt das Kilopond.

Leider mußte an einigen wenigen Stellen von der Benutzung des metrischen Maßsystemes abgewichen werden. Aus begreiflichen Gründen ist in der Erdölindustrie der angelsächsischen Länder und zum Teil im Welthandel mit Erdöl und Erdölprodukten noch das Zoll–Pfund-System mit all seinen Unzulänglichkeiten im Gebrauch. Dies spiegelt sich im gesamten englisch geschriebenen Schrifttum wider. Überall, wo es nur irgendwie zulässig erschien, wurden Angaben in vielen Zahlentafeln umgerechnet, zum Teil wurden besonders bei Temperaturen die Celsius- und Fahrenheit-Grade genannt. Nur an wenigen Stellen wurde auf die Umrechnung verzichtet, z.B. wo empirisch gefundene Abhängigkeiten wiedergegeben sind, die in der bekannten Form nur für das angelsächsische Maßsystem gelten. Außerdem ist noch zu beachten, daß die üblichen Angaben für Durchsatzleistungen von Anlagen in Barrels pro Tag (bbl/d oder BPSD = barrels per stream day bzw. BPCD = barrels per calender day) das Volumen benutzen, während wir gewohnt sind, t/h oder t/a zu nennen und deshalb bei der Umrechnung die Dichte beachten müssen.

Es dürfte nicht überraschen, daß sich die Vorbereitung dieses Buches über mehrere Jahre erstreckte. Der Verfasser hat deshalb dem Springer-Verlag ganz besonders dafür zu danken, daß er mit viel Geduld auf die Ablieferung des Manuskriptes wartete und das Buch mit größter Sorgfalt und in der gewohnten guten Ausstattung drucken ließ. Leider konnte Herr Dr.-Ing. e. h. JULIUS SPRINGER, der sich sehr für den Fortgang der Arbeiten am Manuskript interessierte, das Erscheinen nicht mehr erleben. Weiterhin ist es dem Verfasser eine angenehme Pflicht, einigen Fachkollegen für ihre Unterstützung bei der Durchsicht einzelner Kapitel zu danken, und zwar Herrn Dr. BERTHOLD FRITZ (Edeleanu Ges. m.b.H., Kapitel J und N 1e), Herrn Dipl.-Ing. HEINZ HILLER (Lurgi Ges. für Wärme- und Chemotechnik m.b.H., Kapitel M), Herrn Dr. GERHARD HOCHGESAND (Lurgi Ges. für Wärme- und Chemotechnik m.b.H., Kapitel H 1) und Herrn Prof. Dr. FRITZ PASS (Österr. Mineralölverwaltung A.G., Kapitel K). Der gleiche Dank gebührt Frl. RUTH SONNENBERG, der Sekretärin des Verfassers, für das Schreiben des Manuskriptes und Herrn Dipl.-Ing. GÜNTER ALBRECHT (Lurgi Ges. für Mineralöltechnik m.b.H.) für die Unterstützung beim Lesen der Korrekturen. Es darf nicht unerwähnt bleiben, daß der Verfasser auch seiner lieben Frau dafür zu danken hat, daß sie auf viele schönere Stunden verzichtete und mit Geduld der Fertigstellung des Buches entgegensah, nachdem sie selbst umfangreiche Teile der ersten Entwürfe auf der Maschine geschrieben hatte.

So bleibt nur zu hoffen, daß sich die Mühe gelohnt hat und den Fachgenossen mit diesem Buch eine brauchbare Hilfe geboten wird.

Frankfurt/Main, im Juni 1970

Bruno Riediger

Inhaltsverzeichnis

A. Das Rohöl und die daraus gewonnenen Produkte

1. Die wirtschaftliche Bedeutung der Förderung und Verarbeitung von Rohöl

Das Rohöl, wie es aus den tieferen Schichten der Erdkruste durch meist künstlich erbohrte Sonden zutage tritt, ist kein chemisch einheitlicher Stoff. Dies hat einen tiefgreifenden Einfluß auf die zu seiner Verarbeitung angewendeten Verfahren. Vor allem erklärt sich damit, daß diese Verfahren trotz vieler Merkmale, die sie mit denen der organisch-chemischen Industrie gemeinsam haben, doch eine große Zahl von Besonderheiten aufweisen. Deshalb unterscheiden sich Erdölraffinerien in wesentlichen Teilen von chemischen Fabriken, und eine besondere Betrachtung dieses Industriezweiges erscheint gerechtfertigt.

Eine große Rolle spielen weiterhin die Durchsatzmengen der Verarbeitungsanlagen. Nur wenige Zweige der Grundstoffindustrien weisen Durchsätze auf, welche die der Erdölraffinerien übertreffen. Es mag vielleicht nur eine Frage der nächsten Jahre sein, daß sich die Erdölindustrie – was den *Wert* der umgesetzten Produkte betrifft – zur größten Industrie der Erde entwickelt. Damit ist ihre wirtschaftliche Bedeutung erklärt. Nicht nur der Wert der umgesetzten Erzeugnisse hat einen – im Rahmen der einzelnen Volkswirtschaften – wohl von Land zu Land wechselnden, jedoch meist sehr erheblichen Anteil an dem der Gesamterzeugung. Auch die Baukosten der kapitalintensiven Verarbeitungsanlagen erreichen recht ansehnliche Beträge. Eine Folge davon ist, daß nach der nun über hundertjährigen Entwicklung die mit der Erdölförderung finanziell auf das engste zusammenhängende Erdölverarbeitungsindustrie das Tätigkeitsfeld einer durchaus übersehbaren Zahl großer Unternehmen ist, die zusammen mit ihren Tochtergesellschaften vielfach die ganze Erde umspannen[1]. Die Standorte und Durchsatzleistungen der zehn größten Raffinerien waren Ende 1968 folgende:

	Mill. t/a
Aruba (Niederländ. Antillen)	22,0
Amuay Bay (Venezuela)	21,8
Abadan (Iran)	21,5
Baton Rouge (Louisiana/USA)	18,2

---

[1] Vgl. J. W. PLATT: Die Mineralölindustrie, ihre derzeitige Stellung in der Welt und ihre Zukunftsaussichten. Erdöl u. Kohle 9 (1956) 350/56. – BARROWS, G. H.: The International Oil Companies – 1967, New York: Internat. Petrol. Instit. 1967. – SKINNER, W.: Oil and Petroleum Year Book 1968, 59. Aufl., London: Vintry House 1968 (erscheint jährlich). – SPARLING, R. C., u. Mitarb.: Annual Financial Analysis of a Group of Petroleum Companies 1967, New York: The Chase Manhattan Bank 1968 (erscheint jährlich). – Dies.: Capital investments of the world petroleum industry, ebd. 1968.

Pernis (Niederlande)[1]	17,0
Pointe à Pitre (Trinidad)	17,0
Fawley (Großbritannien)	16,6
Port Arthur (Texas/USA)	15,5
Cardón (Venezuela)	15,0
Wilemstad (Niederländ. Antillen)	15,0

Nach Angaben der Chase Manhattan Bank, New York, sind im Jahre 1967 in der westlichen Welt – also ohne Berücksichtigung des Einflußbereiches der Sowjetunion und Chinas – insgesamt 16,765 Mrd. $ gegenüber 15,785 Mrd. $ im Jahre 1966 in der Erdölindustrie investiert worden[2]. Diese Ausgaben verteilten sich nach der genannten Quelle in den Jahren 1963 und 1964 auf die einzelnen Tätigkeitszweige der Erdölindustrie ge-

Zahlentafel A-1. *Investitionen der Erdölindustrie der westlichen Welt in den Jahren 1963 und 1964, nach Tätigkeitszweigen gegliedert*

Tätigkeitszweig	1963 Investitionen[a] Mill. $	1964 Investitionen[a] Mill. $	1964 Anteil an Gesamtinvestitionen %	Veränderung 1963/64 %
Förderung	5170	5565	45,3	+ 7,6
Erdölleitungen	625	555	4,5	−11,2
Seetransport	945	1355	11,0	+43,3
Raffinerien	1735	1565	12,8	− 9,8
Petrolchemie	630	625	5,2	− 0,8
Vertrieb	1735	2190	17,8	+26,2
Sonstiges	310	420	3,4	+35,5
Gesamt	11150	12275	100,0	+10,1

[a] Ohne Aufschlußarbeiten, wie geologische und geophysikalische Untersuchungen, sowie Konzessionsrechte; für diese wurden 1964 etwa 1,13 Mrd. $ ausgegeben.

Zahlentafel A-2. *Investitionen der Erdölindustrie der westlichen Welt im Jahre 1964 in den einzelnen Gebieten der Erde (Angaben in Mill. $)*

Gebiet	Förderung	Transport	Verarbeitung und Sonstiges	Zusammen
Vereinigte Staaten von Amerika	3960	340	1800	6100
Kanada	425	30	195	650
Venezuela	155	5	40	200
Übrige westliche Hemisphäre	270	20	285	575
West- und Mitteleuropa	105	65	1555	1725
Afrika	325	75	175	575
Naher Osten	175	30	70	275
Ferner Osten	150	70	680	900
Unlokalisiert	–	1275	–	1275
Gesamt	5565	1910	4800	12275

[1] Inzwischen nach J. MORRISON: Pernis capacity is now world's largest. Oil Gas J. 67 (8. Dez. 1969) Nr. 49, S. 83/87 auf 25,0 Mill. t/a vergrößert.

[2] Zahlen für 1963/64 in Zahlentafel A-1. – Laut H. REINERS: Brennst.-Wärme-Kraft 20 (1968) 24 wurden von der Mineralölindustrie – vermutlich mit der oben genannten Einschränkung – zwischen 1950 und 1965 rd. 150 Mrd. $ investiert.

mäß Zahlentafel A-1 und auf die verschiedenen Gebiete der Erde gemäß Zahlentafel A-2. Wenn auch wegen der hohen Aufwendungen für die Förderung auf die Raffinerien und die petrolchemischen Betriebe nur 18,0 % der Gesamtsumme entfielen, so sind doch zusammen 2190 Mill. $ im Jahre 1964 ein recht beachtlicher Betrag, der für neue Verarbeitungsanlagen der Erdölindustrie in einem Jahr aufgewendet wurde. Die absoluten Beträge haben sich inzwischen wie angegeben weiter erhöht; auch die

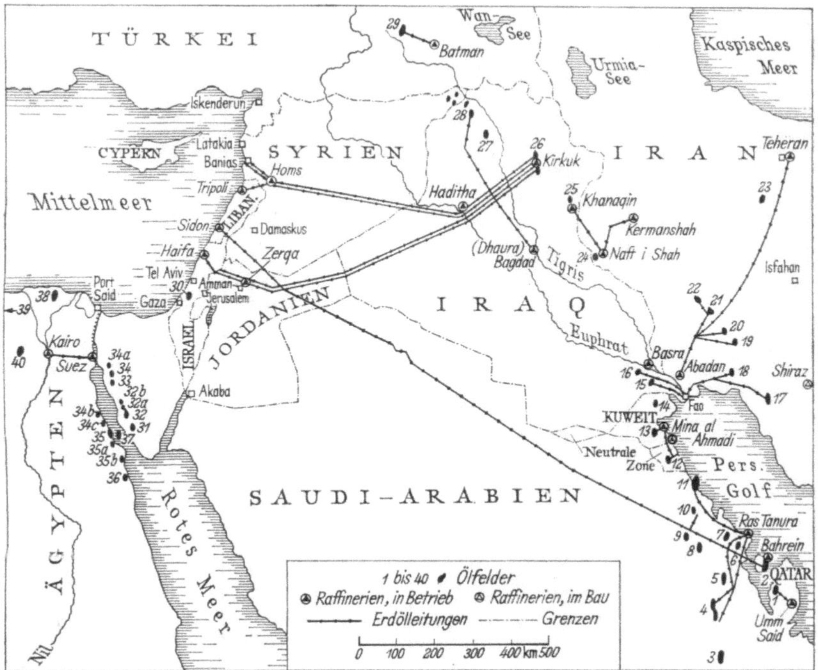

Abb. A-1. Ölfelder, Raffinerien und Erdölleitungen im Nahen Osten, nach Quelle Fußn. 3, S. 7, ergänzt und berichtigt. (Die mit Nummern angegebenen Ölfelder sind in Zahlentafel A-4 aufgezählt.)

Zu Abb. A-1. Für die Schreibung der Ortsnamen in dieser Abbildung sowie in Abb. A-2 gelten folgende Regeln: ai wie in Kaiser; ei wohl als Diphthong, aber mit e zu sprechen; ch wie tsch in deutsch; j wie in Journal; sh wie sch in schön; z wie weiches s in Rose; h immer auszusprechen; dh, kh aspirierte, dem Arabischen eigentümliche Laute.

Anteile für die einzelnen Tätigkeitszweige ändern sich nicht unwesentlich, doch handelt es sich dabei mehr um zeitweise Verlagerungen der Schwerpunkte. Allerdings ist im Bereich der Petrolchemie gerade in den letzten Jahren eine über dem Mittelwert liegende Zuwachsrate zu beobachten.

Eine Übersicht über die Erdölförderung, die vermuteten Reserven und die Verarbeitungskapazität der ganzen Erde, nach Staaten gegliedert, ist in Zahlentafel A-3 zusammengestellt[1]. Auffallend ist die Diskrepanz zwischen Förderung und Reserven in Amerika und Europa einerseits

---

[1] Als Ergänzung dazu sei auf den Erdöl-Weltatlas, hrsg. von F. MAYER u. Mitarb., Braunschweig: Westermann 1966, verwiesen.

Zahlentafel A-3. *Förderung, Reserven und*

| | Förderung | | | | | |
| | 1967 Mill. t | 1968 Mill. t | % der Welt-förderung | 1968 Veränderung 1967/68 % | Anzahl der för-dernden Bohrung[a] | Förderung je Bohrung t/d |
Spalte	1	2	3	4	5	6
Ver. Staaten von Am.	433,452	448,895	23,58	+ 3,6	713 000	1,7
Kanada	54,491	56,069	2,94	+ 2,9	21 957	7,0
Nordamerika	487,943	504,964	26,52	+ 3,5	734 957	1,9
Argentinien	16,409	17,554	0,92	+ 7,0	4 968	9,7
Bolivien	1,638	1,794	0,09	+ 9,5	212	23,2
Brasilien	7,317	8,156	0,43	+ 11,5	920	24,3
Chile	1,585	1,751	0,09	+ 10,4	313	15,3
Columbien	9,840	9,224	0,49	− 6,3	2 183	11,6
Kuba	0,022	0,022	...	−	10	6,0
Ecuador	0,301	0,270	0,01	− 10,3	249	3,0
Mexico	18,711	19,929	1,05	+ 6,5	2 948	18,5
Niederl.-Westindien	−	−	−	−	−	−
Peru	3,440	3,671	0,19	+ 6,7	2 537	4,0
Trinidad	9,299	9,546	0,50	+ 2,7	3 397	7,7
Venezuela	173,458	175,416	9,21	+ 1,1	10 088	47,6
Mittel- und Südamerika	242,020	247,333	12,99[i]	+ 2,2	27 825	24,4
Albanien	1,094	1,214	0,06	+ 11,1	?	?
Belgien	−	−	−	−	−	−
Bulgarien	0,499	0,475	0,03	− 0,5	?	?
Deutsche Bundesrepublik	7,927	7,982	0,42	+ 0,7	3 555	6,2
Frankreich	2,832	2,688	0,14	− 5,1	325	22,7
Großbritannien	0,093	0,100	0,01	+ 7,5	45	6,1
Italien	1,616	1,550	0,08	− 4,1	133	31,9
Jugoslawien	2,374	2,494	0,13	+ 5,1	?	?
Niederlande	2,265	2,150	0,11	− 5,1	390	15,1
Österreich	2,685	2,724	0,14	+ 1,5	1 281	5,8
Polen	0,450	0,475	0,02	+ 5,6	?	?
Portugal	−	−	−	−	−	−
Rumänien	13,210	13,285	0,70	+ 0,6	?	?
Sowjetunion	288,000	309,000	16,23	+ 7,3	?	?
Spanien	0,082	0,133	0,01	+ 62,2	21	17,4
Tschechoslowakei	0,174	0,180	0,01	+ 3,4	?	?
Ungarn	1,686	1,870	0,09	+ 7,2	?	?
Europa u. asiat. Teil der Sowjetunion	325,065[e]	346,337[e]	18,19[i]	+ 6,5	5 750[j]	8,3[j]
Abu Dhabi	18,572	25,173	1,32	+ 35,5	86	801,9
Aden	−	−	−	−	−	−
Ägypten	5,425[f]	7,150[f]	0,38	+ 31,8	162	120,9
Bahrein	3,459	3,680	0,19	+ 6,4	205	49,2
Iraq	60,112	73,514	3,86	+ 22,3	111	1 814,5
Iran	128,600[f]	137,370[f]	7,21	+ 6,8	212	1 775,3
Israel	0,134[f]	0,111[f]	0,01	− 17,2	36	8,4
Kuweit	115,192	121,661	6,39	+ 5,6	684	487,3
Neutrale Zone	22,113	24,061	1,26	+ 8,8	38	1 734,8
Qatar	15,336	16,194	0,85	+ 5,6	65	682,6
Saudi-Arabien	127,462	138,867	7,29	+ 8,9	388	980,6
Syrien	−	1,000	0,05	−	30	92,6
Türkei	2,795	3,142	0,17	+ 12,4	233	36,9
Naher Osten	502,355[g]	565,422[g]	29,69[i]	+ 12,6	2 285[k]	677,9
Algerien	39,254	43,161	2,27	+ 10,0	699	169,2
Angola	0,533	0,552	0,03	+ 3,6	29	52,1
Gabun	3,472	4,191	0,22	+ 20,7	96	119,6
Libyen	83,827	129,265	6,79	+ 54,2	790	448,3
Marokko	0,097	0,101	...	+ 4,1	53	5,2
Mittel-Kongo	0,050	0,045	...	− 10,0	5	24,7
Nigerien	15,912	5,901	0,31	− 62,9	37	436,9
Tunesien	2,402	3,211	0,17	+ 33,7	40	219,9
Afrika	145,547	186,427	9,79[i]	+ 12,8	1 749	292,0
Burma	0,587	0,694	0,04	+ 18,2	38	50,0
China	12,000	10,000	0,52	− 16,7	?	?
Formosa (Taiwan)	0,033	0,058	...	+ 75,8	30	5,3
Indien	5,541	5,882	0,31	+ 6,2	851	18,9
Indonesien	24,340	27,877	1,46	+ 14,5	2 040	37,4
Japan	0,748	0,680	0,04	− 9,1	921	2,0
Malaysia[c]	4,925	5,929	0,31	+ 20,4	542	30,0
Pakistan	0,435	0,532	0,03	+ 22,3	14	104,1
Mittlerer u. ferner Osten	48,609	51,655[h]	2,71[i]	+ 6,3	4 464[j,l]	25,6[j]
Australien[d]	0,995	1,988	0,10	+ 99,8	230	23,7
Welt insgesamt	1 752,534	1 904,126	100,00	+ 8,6	777 260	55,2[j]

Zahlentafel A-3 wurde nach statistischen Angaben der Zeitschriften „World Oil" (Spalten 1, 2) sowie „Oil and Gas Journal" (Spalten 5, 7, 11, 12, 13) zusammengestellt; die Spalten 3, 4, 6, 8, 9, 10 beruhen auf eigenen Berechnungen der Zeitschrift „Erdöl u. Kohle", vgl. 22 (1969) 504/05. In den Sektoren „Förderung" und „Reserven" wurden alle Mengenangaben nach den in „Petroleum Times" 72 (1968) 996 angegebenen Umrechnungsfaktoren auf metrische Tonnen umgerechnet. Bei solchen Ländern, für die in „Petroleum Times" keine Faktoren angegeben

Verarbeitung des Erdöles im Jahre 1968

| Reserven | | | | Verarbeitung[b] | | |
| Mill. t | % der Weltreserven | Verhältnis Reserven zu Jahresförderung | Veränderung 1967/68 Mill. t | Anzahl der Raffinerien | Rohölverarbeitungskapazität Mill. t/a | Krack- und Reformingkapazität Mill. t/a |
7	8	9	10	11	12	13
4 381,235	7,05	9,8	− 679,563	269	582,900	471,825
1 332,795	2,14	23,8	+ 149,199	42	65,285	51,975
5 714,030	9,19	11,3	− 530,364	311	648,185	523,800
443,364	0,71	25,3	+ 27,889	14	22,290	11,615
72,347	0,12	40,3	− 1,855	4	0,700	−
116,200	0,19	14,2	+ 20,506	11	23,120	6,280
17,431	0,03	10,0	− 1,795	2	4,500	1,685
240,998	0,39	26,1	− 42,529	6	6,945	3,800
0,041	...	0,9	+ 0,003	3	4,650	1,980
42,876	0,07	158,8	+ 39,578	3	1,850	0,300
774,212	1,24	38,8	+ 408,221	6	28,775	10,850
−	−	−	−	2	39,750	27,050
63,190	0,10	17,2	− 3,326	5	5,180	1,195
87,280	0,14	9,1	+ 26,470	3	20,850	3,525
2 079,420	3,34	11,9	− 201,235	12	67,025	10,360
3 937,564[m]	6,33	15,9	+ 271,858[m]	86[t]	249,225[t]	86,550[t]
2,848	...	2,3	+ 0,150	?	?	?
−	−	−	−	7	30,000	7,220
2,055	...	4,3	− 0,685	?	?	?
87,283	0,14	10,9	− 4,139	35	113,143	29,046
25,691	0,04	9,6	− 2,777	20	96,800	24,895
1,099	...	11,0	− 0,275	22	103,570	22,640
40,364	0,06	26,0	− 3,669	38	149,700	25,005
31,727	0,05	12,7	− 2,025	5	7,800	2,675
43,215	0,07	20,1	− 4,466	7	41,800	10,665
28,678	0,05	10,5	− 0,143	3	4,855	1,250
2,696	...	5,7	− 0,592	?	?	?
−	−	−	−	1	1,850	0,700
100,631	0,16	7,6	− 6,708	?	?	?
5 479,452	8,81	17,7	+ 753,425	?	?	?
1,918	...	14,4	+ 0,548	8	33,920	6,800
1,644	...	9,1	− 0,137	?	?	?
6,553	0,01	3,6	+ 0,655	?	?	?
5 857,361[n]	9,42[s]	16,9	+ 728,888[n]	167[t]	630,958[t]	145,631[t]
2 402,242	3,86	95,4	+ 400,374	−	−	−
−	−	−	−	1	8,900	0,700
306,614	0,49	42,9	+ 102,205	3	8,750	0,965
23,177	0,04	6,3	− 3,408	1	10,250	4,550
3 757,381	6,05	51,1	+ 603,865	6	4,145	1,100
7 327,001	11,79	53,3	+1 383,989	5	31,600	4,875
2,059	...	18,5	+ 0,138	1	5,750	1,750
9 500,207	15,28	78,1	− 137,684	3	24,450	0,995
2 190,101	3,52	91,0	+ 219,010	2	4,000	0,050
502,659	0,81	31,0	+ 16,215	1	0,030	−
10 352,245	16,65	74,5	+ 309,223	3	15,750	1,875
205,479	0,33	205,5	...	1	1,100	0,125
100,258	0,16	31,9	− 7,161	3	6,650	1,230
37 148,875[o]	59,76[s]	65,7	+3 023,752[o]	33[t]	123,575[t]	18,670[t]
907,559	1,46	21,0	+ 12,965	2	2,325	0,650
69,223	0,11	125,4	...	1	0,700	0,050
64,182	0,10	15,3	+ 15,873	1	0,625	0,400
3 951,008	6,36	30,6	+ 105,361	1	0,475	0,110
1,052	...	10,4	− 0,494	2	1,750	0,585
1,039	...	23,1	− 0,093	1	0,690	0,175
543,404	0,87	92,1	+ 61,133	1	2,000	0,230
64,110	0,10	20,0	+ 14,110	1	1,125	0,165
5 604,317[p]	9,02[s]	30,1	+ 211,595[p]	26[t]	28,555[t]	8,460[t]
5,359	0,01	7,7	+ 0,670	2	1,315	0,085
2 054,795	3,31	205,5	+2 008,220	?	?	?
2,603	...	44,9	+ 2,501	2	6,455	0,875
201,586	0,32	34,3	− 18,546	8	19,310	5,035
1 204,409	1,94	43,2	− 20,414	5	13,410	3,225
4,761	0,01	7,0	− 0,136	38	134,610	19,345
77,831	0,13	13,1	+ 12,972	6	15,100	1,020
6,842	0,01	12,9	+ 2,737	4	5,755	0,220
3 571,912[q]	5,75[s]	69,1	+1 986,635[q]	73[t]	213,815[t]	34,265[t]
330,628[r]	0,53	166,3	+ 269,633[r]	12[t]	32,175[t]	14,640[t]
62 164,687	100,00	32,6	+5 961,997	708[u]	1 926,488[u]	832,016[u]

sind, wurde der Durchschnittsfaktor 7,3 barrel (b) = 1 t zugrunde gelegt. Die Raffineriekapazitäten sind nach der Beziehung 1 b/d = 50 t/a umgerechnet. − Die Anmerkungen in der Zahlentafel bedeuten:
[a] Stand vom 1. Juli 1968. − [b] Stand vom 1. Januar 1969. − [c] Einschl. Brunei. − [d] Einschl. Neuseeland. − [e] Einschl. 78000 bzw. 80000 t in der DDR. − [f] Hierin nicht enthalten ist die Förderung in Feldern der Halbinsel Sinai. − [g] Einschl. 3155000 bzw. 13499000 t in Masqat und Oman. − [h] Einschl. 3000 t in Thai-

Fortsetzung der Anmerkungen auf der nächsten Seite.

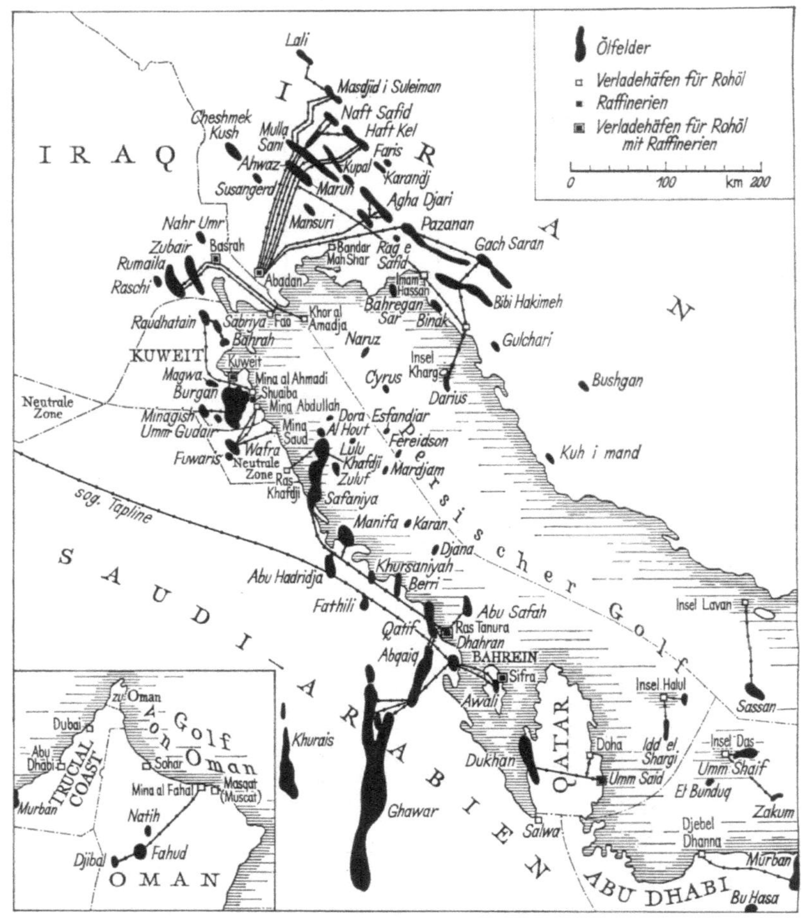

Abb. A-2. Die Erdölfelder am Persischen Golf. Vgl. auch Bemerkung zu Abb. A-1.

Zu Abb. A-2. Die Schreibung von Abu Hadriya (in Saudi-Arabien, nicht Hadridja) ist entsprechend Zahlentafel A-4, lfd. Nr. 10 S. 8 zu berichtigen. Das kleine Feld östlich der Insel Halul heißt Maydam Mahzam.

Fortsetzung der Anmerkungen zu Zahlentafel A-3.

land. – [1] In den Summen sind auch die nicht gesondert ausgewiesenen Förderanteile von Kuba, DDR, Masqat und Oman, Marokko, Mittel-Kongo und Formosa (Taiwan) erfaßt. – [j] Ohne Comecon-Länder. – [k] Einschl. 35 Bohrungen in Masqat und Oman. – [l] Einschl. 28 Bohrungen in Thailand. – [m] Einschl. 137000 t in Barbados sowie 68000 t in Honduras, 69000 t weniger als am 1. Januar 1967. – [n] Einschl. 1507000 t in der DDR, 274000 t weniger als am 1. Januar 1967. – [o] Einschl. 342466000 t in Masqat und Oman sowie 136986000 t in Dubai. – [p] Einschl. erstmalig 2740000 t in Dahomey. – [q] Einschl. 13699000 t Kondensate in Afghanistan, 1369000 t weniger als am 1.Januar 1967, und 27000 t in Thailand. – [r] Einschl. 3403000 t in Neuseeland. – [s] Einschl. der nicht gesondert ausgewiesenen Reserveanteile von Albanien, Bulgarien, Großbritannien, DDR, Polen, Spanien, Tschechoslowakei, Israel, Masqat und Oman, Marokko, Mittel-Kongo, Formosa (Taiwan) und Thailand. – [t] Jeweils einschl. der übrigen Raffinerien in den nicht erwähnten Ländern. – [u] Ohne Comecon-Länder.

und im Nahen Osten andererseits[1]. Nachdem die Erdölförderung im Jahre 1960 die Milliardengrenze (in Tonnen ausgedrückt) überschritten hatte, wurden 1968 fast 2 Mrd. t erreicht, und für 1980 erwartet man rd. 3,5 Mrd. t[2]. Die Zuwachsrate betrug 1968 mit rd. 170 Mill. t etwas weniger als die gesamte Förderung von Venezuela und etwas mehr als die Fördermengen von Saudi-Arabien bzw. Iran, die zu den Ländern mit der größten Erdölförderung gehören.

Obwohl in den letzten Jahren Nordafrika in zunehmendem Maße Rohöl nach Europa liefert, kommt den um den Persischen Golf gelegenen Fördergebieten – schon wegen der beträchtlichen Reserven – für die Versorgung Europas nach wie vor große Bedeutung zu. Sie sind zusammen mit den zum Mittelmeer führenden Leitungen und den Vorkommen am Golf von Suez in Abb. A-1 wiedergegeben und in Zahlentafel A-4 nach einer etwas älteren Quelle aufgezählt[3]. Es werden mehr als drei Viertel des im Nahen Osten geförderten Erdöles ausgeführt, weil die Raffineriekapazität nur rd. 25 % der Förderung beträgt und der Durchsatz immer etwas kleiner ist als diese Kapazität. Über die Besitzverhältnisse und Konzessionen in diesem Gebiet gibt Zahlentafel A-5, die der gleichen Quelle entnommen ist, Auskunft. Wenn sich auch Einzelheiten inzwischen geändert haben, so gilt sie noch im großen und ganzen.

In den zurückliegenden Jahren wurden noch weitere Entdeckungen gemacht bzw. konnten die Förderzahlen erheblich gesteigert werden[4]. Deshalb sind als Ergänzung zu Abb. A-1 in Abb. A-2 die einzelnen Felder nach neuerem Stand eingetragen, weil in der Diskussion über die Belieferung der europäischen Raffinerien diese Namen laufend genannt werden. Bemerkenswert ist die Ergiebigkeit der neuentdeckten Felder sowohl auf dem Festland wie vor der Küste. Es sind vor allem zu nennen in Iran die Felder Ahwaz, Faris und Rag e Safid. In Saudi-Arabien ist festgestellt worden, daß das seit 1948 bekannte Feld Ghawar in der Nord-Süd-Richtung eine Ausdehnung von rd. 250 km bei einer größten Breite von rd. 26 km in der Querrichtung hat. Es dürfte eines der größten überhaupt bekannten Erdölfelder sein und wird erst zum Teil ausgebeutet. Mit welchen Förderziffern gerechnet werden kann, zeigt z.B. das 1951 entdeckte Feld Safaniya, das im Jahre 1964 rd. 20 Mill. t Rohöl lieferte[5].

---

[1] Im angelsächsischen Sprachgebrauch werden die Fördergebiete auf der und um die arabische Halbinsel herum meist als Middle East bezeichnet, weil von Amerika aus gesehen der Nordwesten von Afrika als „Naher Osten" gilt. Es besteht aber kein Anlaß, von der im Deutschen üblichen Bezeichnung abzugehen. Auch im Französischen spricht man von „Proche Orient".

[2] Petrol. Press Service (dtsch. Ausg.) 36 (1969) 12/13.

[3] Vgl. Die Erdölwirtschaft des Mittleren Ostens. Erdöl u. Kohle 9 (1956) 814/17.

[4] Davis, J. A.: Middle East oil sets record gains. Oil Gas Internat. 5 (1965) Nr. 1, S. 22/26. – Anon.: Unermeßlich reiche Ölfelder in Persien. Petrol. Press Service (dtsch. Ausg.) 33 (1966) 384/85.

[5] Über die letzte Entwicklung der politischen Verhältnisse in den für die Erdölförderung wichtigen Gebieten der sog. Vertragsstaaten (Trucial coast) am Südrand des Persischen Golfes zwischen Bahrein und Oman siehe L. F. van Dyke: Arab emirates seeking stability. Oil Gas J. 66 (18. März 1968) Nr. 12, S. 60/62. – Vgl. weiterhin J. A. Davis: Middle East countries are getting organized. Oil Gas Internat. 8 (1968) Nr. 8 S. 40/42, 45. – Anon.: Soviets move in on Iraqi oil. Ebd. 9 (1969) Nr. 8 S. 83/94.

Zahlentafel A-4. *Die Ölfelder des Nahen Ostens*[a]

Lfd. Nr. entspr. Abb. A-1	Name	Jahr der Erschließung	Lfd. Nr. entspr. Abb. A-1	Name	Jahr der Erschließung
1	Dukhan	1940	26	Kirkuk[g]	1927
2	Bahrein (Awali)	1932/1936	27	Mosul[h]	1952/1954
3	Haradh[b]	1949	28	Ain Zalah und Butmah[j]	1939
4	Ghawar	1948	29	Karaköy[k]	1945/1951
5	Abqaiq	1941	30	Heletz	1955
6	Dammam[c]	1938	31	Belayim	1955
7	Qatif	1945	32	Feiran	1949
8	Fathili (Fadhili)	1949	32	a: Sidry, b: Abu Rudeis	1965
9	Khursaniyah[d]	1956	33	Asl	1948
10	Abu Hadriya	1940	34	Ras Matarma	1946/1948
11	Safaniya	1951	34a	Sudr	1946
12	Wafra[e]	1953/1954	34	b: 'Amer (Amin), c: Bakr	1965
13	Burgan	1938/1952	35	Ras Gharib	1938
14	Raudhatain	1956	35a	Ras Shukheir	
15	Zubair	1949	35b	Karim u. Umm el Yusr	1958/1968
16	Rumaila	1953	36	Hurghada	1913
17	Gach Saran	1928	37	El Morgan	1967
18	Aga Djari	1936		(Verladung bei 35a)	
19	Haft Kel	1928	38	Abu Madi (nur Gas)	
20	Naft Safid	1935	39	El Alamein	1967
21	Masdjid i Suleiman	1908		(Kharita, El Bueib)	
22	Lali (Asmari/Cretaceous)	1938/1949		Umm Baraka	1968
23	Qum	1956		Abu Gharadiq	1969
24	Naft i Shah[f]	1923		West Faghur	1969
25	Khanaqin	1923	40	Hamarr el Djimal	1968

[a] Diese Zahlentafel soll nur die Ziffern in Abb. A-1 erläutern. Weitergehende Angaben – ohne Ägypten – über die Anzahl und Tiefe der Bohrungen sowie über die tägliche und bis dahin erzielte Gesamtfördermenge finden sich in Oil Gas J. 63 (27. Dez. 1965) Nr. 53, S. 85ff. In den Ortsangaben ist der Buchstabe „j" als weiches „sch", wie z.B. in Journal, zu lesen. Zwei Jahreszahlen bedeuten Erschließung aus verschiedenen Horizonten (lfd. Nr. 2 und 22) oder eng benachbarter Felder (lfd. Nr. 12, 13, 27, 29, 34, 35b). – [b] Heute zusammen mit Ghawar (lfd. Nr. 4) erfaßt. – [c] Heute zusammen mit Qatif (lfd. Nr. 7) erfaßt. – [d] Richtige Angabe der Lage in Abb. A-2. – [e] Zu Wafra werden jetzt auch die Felder Eocene, Ratawi, Fuwaris sowie der im Bereich der Neutralen Zone gelegene südliche Anteil des inzwischen als sehr ausgedehnt nachgewiesenen Feldes Burgan (lfd. Nr. 13) gezählt. – [f] Das Feld reicht über die Grenze nach dem Iraq und wird dort als Naft Khaneh bezeichnet. Von diesem führt jetzt eine Leitung zur Raffinerie Dhaura bei Baghdad. – [g] Dem rd. 130 km langen Feld Kirkuk sind westlich noch die kleinen Felder Bai Hassan und Djambur vorgelagert. – [h] Das Erdölgebiet von Mosul besteht aus den vier kleinen Feldern Qasab, Djawan, Nadjmah und Qaidjarah. Das letzte wurde bereits 1912 bei den Vorbereitungen für den Bau der Baghdad-Bahn entdeckt und weist den höchsten Schwefelgehalt von 7% auf. – [j] Dazu gehören noch die eingezeichneten, nördlich gelegenen Felder Mushorah im Iraq sowie Souedie, Mamseh und Karatshok in Syrien. – [k] Außer dem Feld Karaköy liegen in der näheren Umgebung von Batman noch die kleineren Felder Selmo, Bada, Kurtalan, Bati Raman, Ramandag, Garzan-Germik und Magrip. Von Batman führt jetzt eine Leitung zur Raffinerie Mersin am Golf von Adana.

Bereits vor dem Zweiten Weltkrieg wurden Rohölleitungen von den Erdölfeldern des Iraq an die Mittelmeerküste verlegt, um den Umweg um Arabien und durch den Suezkanal zu vermeiden, vgl. Abb. A-1.

Ohne solche Leitungen von den Förderorten zu den Verladehäfen wäre die Ausbeutung mancher Vorkommen vielfach unmöglich. Auch in Rumänien gab es bereits damals solche Leitungen zum Hafen von Konstanza (Constanţa) am Schwarzen Meer. Dazu kommen nunmehr in Europa die Leitungen von den Entladehäfen Lavéra (westlich von Marseille), Rotterdam, Wilhelmshaven und Triest zu den Raffinerien, deren Standorte in den zurückliegenden Jahren immer mehr aus Küstennähe in die Verbrauchsschwerpunkte verlegt wurden[1].

Auch Nordafrika ist durch die Aufschlußtätigkeit der letzten fünfzehn Jahre sehr stark in das Blickfeld der an der Erdölförderung interessierten Kreise getreten. Zunächst fand man Erdöl in Algerien[2]. Sicher ist, daß die Erschließung und Ausbeutung der Felder in der Sahara wegen des heißen Klimas, des Wassermangels an den Fundorten und der großen Entfernungen zu den Küstengebieten sehr hohe Anforderungen an die mit den Bohrarbeiten beschäftigten Menschen stellen.

Es hat sich gezeigt, daß im westlichen Teil der Sahara nicht nur Erdölfelder, sondern auch sehr große Erdgasquellen vorhanden sind, daß jedoch die zwar ansehnlichen Erdölvorkommen durch die in Libyen noch erheblich übertroffen werden. Durch die weit nach Süden reichende Einbuchtung der Syrte sind die Vorkommen im libyschen Teil der Sahara gegenüber jenen, die südlich der algerischen Küste liegen, begünstigt, vgl. Abb. A-3. Die Entfernung zu den Häfen ist wesentlich geringer, so daß der Antransport der Fördergeräte, die Versorgung und Betreuung der Mannschaften und der Abtransport des Rohöles etwas weniger Sorgen bereiten. Vier Rohölleitungen verbinden die Felder mit den Verladehäfen in Es Sider (Sidra), Ras Lanuf, Marsa el Brega und Tobruk. Wie aus Zahlentafel A-3 hervorgeht, hat die Erdölförderung von Libyen im Jahre 1968 eine Höhe von 129,3 Mill. t erreicht, nachdem sie im Jahre 1963 noch mit 22,2 Mill. t knapp unter der von Algerien mit 23,69 Mill. t lag. Libyen weist von den bedeutenden Rohölländern der Erde zur Zeit die höchste jährliche Steigerungsquote auf. Die Zunahme von 1964 gegenüber 1963 betrug z. B. 85,5 % und im Jahre 1968, wie aus Zahlentafel A-3 zu ersehen ist, immerhin noch 54,2 %. Demgegenüber betrug die Zunahme im Durchschnitt der ganzen Welt 8,6 %, in Afrika allein allerdings 12,8 %. Neue Felder wurden kürzlich in Ägypten westlich des Nildeltas entdeckt[3].

Neben den Vorkommen in Nordafrika sind auf dem Boden dieses Erdteiles in den letzten Jahren die Erdölfunde im Mündungsgebiet des Niger für die Versorgung Europas wichtig geworden. Wenn auch der Beitrag noch

---

[1] Übersichtskarten über die Leitungen in Europa, in Nordafrika und im Nahen Osten bei H.-J. BURCHARD: Neuere Entwicklungen im Rohrleitungstransport. Erdöl u. Kohle 18 (1965) 1005/11. – Zur Standortfrage s. auch Fußn. 3, S. 23.

[2] Vgl. M. MOYAL: Ist die Sahara ein zweites Saudisch Arabien? Erdöl u. Kohle 10 (1957) 606/10. – Anon.: Pläne für die Nutzung der Erdgasvorkommen in der Sahara. Erdöl u. Kohle 12 (1959) 780/81. – MAJORELLE, J.: Ein Abriß der Geologie der nördlichen Sahara. Erdöl u. Kohle 13 (1960) 729/31.

[3] Anon.: Neue Ölbezugsquellen Europas in Afrika. Petrol. Press Service (dtsch. Ausg.) 33 (1966) 125/27. – Anon.: In Algerien ist noch alles ungewiß; ebd. S. 332/34. – – Anon.: Ägypten hat genug Erdöl. Petrol. Press Service (dtsch. Ausg.) 35 (1968) 243/45. – Anon.: Egypt to hike oil and gas output. Oil Gas Internat. 9 (1969) Nr. 10, S. 129/30.

Zahlentafel A-5. *Die im Nahen Osten tätigen Ölgesellschaften – Besitzverhältnisse und Konzessionen*[a]

Konzessionsgebiet	Fläche km²	Laufzeit	Gesellschaft	Besitzverhältnisse
Saudi-Arabien Östlicher Landesteil Recht auf Konzessionen im Landes- innern und im Küstenvorland	1 140 000	bis 1999 bis 2005	Arabian American Oil Co (Aramco)	30% Standard Oil Co (N.J.) 30% Standard Oil Co (Calif.) 30% Texaco Inc 10% Socony Mobil Oil Co
Kuweit Kuweit einschl. Küstenvorland	15 540		Kuwait Oil Co	50% British Petroleum Co 50% Gulf Oil Corp
Neutrale Zone Anteil des Königs von Saudi-Arabien Anteil des Scheichs von Kuweit und Küstenvorland	} 3082 {	bis 2008 bis 2008	Pacific Western Oil Corp American Independent Oil Co	Phillips Petroleum Co Hancock Oil Co Signal Oil and Gas Co Ashland Oil & Refining Co Ralph K. Davies J. S. Abercrombie Sunray Oil Co Deep Rock Oil Corp Globe Oil & Refining Co Lario Oil & Gas Co
Iran Arbeitsgenehmigung für das frühere Konzessionsgebiet der Anglo Iranian Oil Co	260 000	ab August 1954 für 25 Jahre; drei Ver- längerungen für je 5 Jahre möglich	Internat. Konsortium (2 Betriebsgesellschaften): Iraanse Aardolie Explo- ratie en Productie Mij NV und Iranse Ardolie Raffinage Mij NV	40% British Petroleum Co 14% Royal Dutch Shell 6% Cie Française des Pétroles 7% Standard Oil Co (N.J.) 7% Standard Oil Co (Calif.) 7% Texaco Inc 7% Socony Mobil Oil Co 7% Gulf Oil Corp 5% Iricon Agency Ltd (25% Richfield Oil Corp[b], 16²/₃% Ameri- can Independent Oil Co, je 8¹/₃% Atlan-

				tic Refining Co[b], Hancock Oil Co, Pacific Western Oil Corp, San Jacinto Petroleum Corp, Signal Oil & Gas Co, Standard Oil Co (Ohio), Tidewater Oil Co)
Übriger Iran	1370000		National Iranian Oil Co	100% Kaiserreich Iran
Iraq Nördlich des 33. Breitengrades, östlich des Tigris	82880	bis 2000	Iraq Petroleum Co (IPC)	23,75% British Petroleum Co 23,75% Royal Dutch Shell 23,75% Cie Française des Pétroles 23,75% Near East Development Corp (je 50% Standard Oil Co (N.J.) und Socony Mobil Oil Co) 5% C. S. Gulbenkian
Nördlich des 33. Breitengrades, westlich des Tigris	105000	bis 2007	Mosul Petroleum Co	100% Iraq Petroleum Co
Südlich des 33. Breitengrades Ost-Iraq	140000		Basrah Petroleum Co Khanaqin Petroleum Co	100% Iraq Petroleum Co 100% British Petroleum Co
Syrien Nordsyrien	15000		Societe des Pétroles „Concordia"	Tochtergesellschaft der Deutschen Erdöl-AG
Jordanien Ruht gegenwärtig	20720		Transjordan Petroleum Co	100% Iraq Petroleum Co
Ägypten Neuere Angaben s. bes. Petrol. Press Service (dtsch. Ausg.) 35 (1968) 243/45; Fußn. 5, S. 7.	240000		Sahara Petroleum Co	Continental Oil Co Ohio Oil Co (jetzt Marathon Oil Co) Richfield Oil Co[b] Cities Services Oil Co
			Anglo Egyptian Oilfields Ltd	Royal Dutch Shell (Hauptaktionär) British Petroleum Co Republik Ägypten Freier Aktienmarkt

[a] Gewisse, in letzter Zeit eingetretene Veränderungen konnten nicht mehr berücksichtigt werden. Darüber wird laufend in Petrol. Press Service berichtet.

[b] Richfield Oil Corp und Atlantic Refining Co wurden mit Wirkung v. 3. Mai 1966 fusioniert und firmieren jetzt als Atlantic Richfield Co.

Fortsetzung von Zahlentafel A-5

Konzessionsgebiet	Fläche km²	Laufzeit	Gesellschaft	Besitzverhältnisse
Yemen	5000		C. Deilmann Bergbau GmbH	
Protektorat Aden	290000		Petroleum Concessions Ltd	100% Iraq Petroleum Co
Dhofar	77700		Dhofar-Cities Service Petroleum Corp	100% Cities Services Oil Co
Hadramaut	168350		Petroleum Concessions Ltd	100% Iraq Petroleum Co
Masqat und Oman			Petroleum Development Co	100% Iraq Petroleum Co
Vertragsstaaten-Küste (Trucial Coast) Trucial Coast und Küstenvorland bis zur 3 Meilen-Grenze	15540		Petroleum Development Co	100% Iraq Petroleum Co
Küstenvorland vor der Trucial Coast außerhalb der 3 Meilen-Grenze	31080		B.P. Exploration Co	100% British Petroleum Co
Küstenvorland vor der Trucial Coast außerhalb der 3 Meilen-Grenze	3100		B. P. Exploration Co und Cie Française des Pétroles	100% British Petroleum Co 100% Französische Regierung
Bahrein Bahrein-Insel und Küstenvorland	4400	bis 2024	Bahrain Petroleum Co	50% Standard Oil Co (Calif.) 50% Texaco Inc
Qatar Küstenvorland außerhalb der 3 Meilen-Grenze	10620 26420	bis 2010 bis 2127	Qatar Petroleum Co Royal Dutch Shell	100% Iraq Petroleum Co

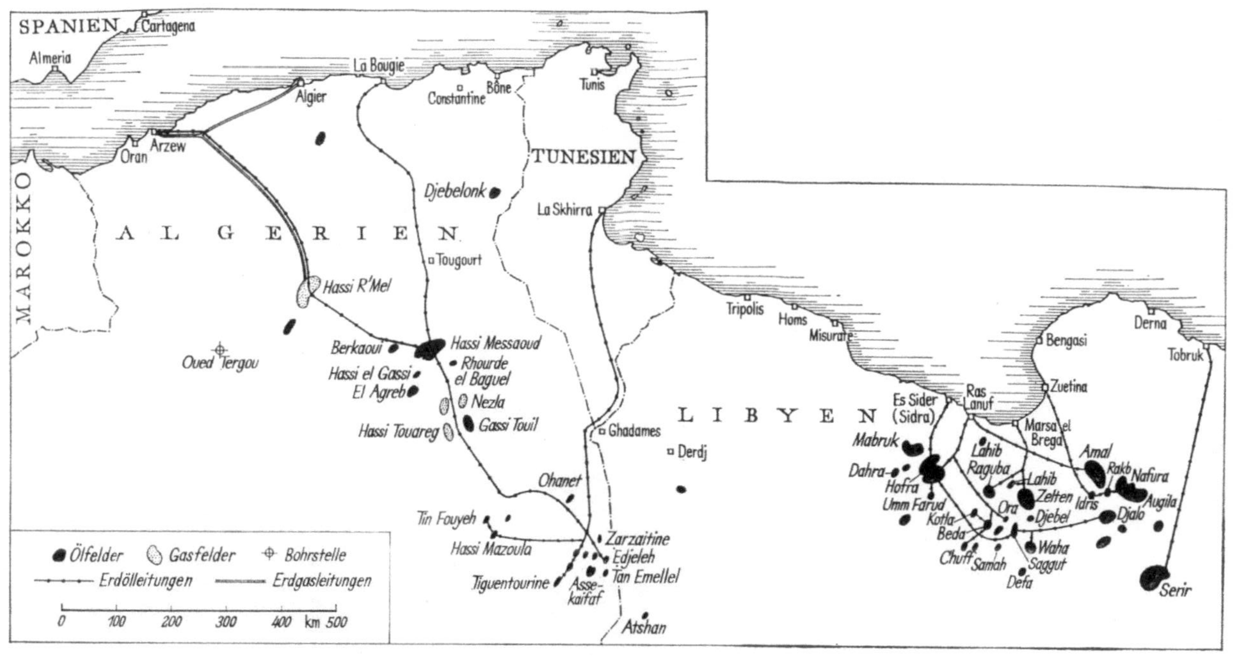

Abb. A-3. Übersicht über die Erdölfelder Algeriens und Libyens.

Zu Abb. A-3. Schreibung der Ortsnamen gemäß der Bemerkung zu Abb. A-1, jedoch entsprechend der üblichen Anlehnung an das Französische in Algerien: ou wie deutsch u; g wie j in Journal; gu wie deutsch g.

An der Bucht nördlich von Constantine dürfte noch Skikda (franz. Philippeville) als Endpunkt einer Fernleitung, als Verladehafen und als Industriezentrum Bedeutung gewinnen.

verhältnismäßig gering ist und seit Mitte 1967 durch den Bürgerkrieg mit
dem Teilstaat Biafra sehr gelitten hat, zeigte er in den vorhergehenden
Jahren zum Teil eine Zunahmen von mehr als 100% je Jahr. Deshalb
ist in Abb. A-4 die Lage der bisher bekannten Ölfelder eingetragen[1].

Abb. A-4. Die Erdölfelder im Mündungsgebiet des Niger (Staat Nigeria).

Schließlich sei hier noch auf die Fördergebiete innerhalb des euro-
päischen Teiles der Sowjetunion verwiesen. Durch den Bau der sog.
Comecon-Pipeline, die bis zu den Ostseehäfen Ventspils (Windau) und
Klaipéda (Memel), nach Schwedt an der Oder und nach Bratislava
(Preßburg) an der Donau rd. 50 km östlich von Wien führt, ist die
Möglichkeit geschaffen, Mitteleuropa direkt mit Rohöl aus den Erdöl-
feldern zwischen der Wolga und den südlichen Ausläufern des Ural-
Gebirges zu versorgen. Außerdem kann Rohöl aus Baku über Batum

---

[1] Anon.: Nigerien im Scheinwerferlicht. Petrol. Press Service (dtsch. Ausg.) 33
(1966) 50/52. – Anon.: Licht und Schatten in Nigerien; ebd. S. 416/18. – Nigerien
steht mit einer Bevölkerung von 58,5 Millionen nach Indien und Pakistan noch vor
dem Vereinigten Königreich im Commonwealth an dritter Stelle; vgl. dazu M. TIMM-
LER: Nigeria – Erdöl sprengt die Föderation. Außenpolitik 18 (1967) 496/504. –
VAN DYKE, L. F.: Nigeria rebounds, trains sights on prewar oil high. Oil Gas J.
67 (20. Jan. 1969) Nr. 3, S. 21/25. – Anon.: Zukunftsaufgaben Nigeriens. Petrol.
Press Service (dtsch. Ausg.) 36 (1969) 125/27.

und Rohöl aus Maikop und Groznyj (an den Nordhängen des Kaukasus) über Soči verschifft werden[1].

Einen Überblick über die geographische Verteilung dieser Erdölfelder gibt Abb. A-5. Insbesondere die Öle aus Romaškino, Tuimasy und Išimbajewo werden auf dem Weltmarkt angeboten. Dabei handelt es sich aber, wie Abb. A-5 erkennen läßt, um sehr ausgedehnte größere Fördergebiete. Eine genauere Kennzeichnung der einzelnen Felder ist nicht bekannt. Ebenso streuen die Eigenschaften der unter diesen Bezeichnungen gelieferten Rohöle beträchtlich[2].

Trotz der – im Verhältnis – beachtlichen Zunahme der Erdölförderung in Mitteleuropa reicht sie bei weitem nicht aus, den Bedarf dieses Raumes zu decken. Dessen Fördergebiete liegen einerseits in der norddeutschen Tiefebene (einschließlich Holland), andererseits in den Vorfeldern des großen Karpatenbogens. Bei diesen sind wieder drei Gruppen zu unterscheiden, und zwar: die Vorkommen in Niederösterreich, die erst in den Jahren während und nach dem Zweiten Weltkrieg an Bedeutung gewannen, dann die Felder in Ostgalizien – bei Drohobycz, die ältesten in Europa bekannten, bereits ziemlich erschöpften Erdölvorkommen – und schließlich die ausgedehnten Vorkommen in der Walachei (Rumänien), die wieder in mehrere Gruppen zerfallen. Vorkommen geringerer Ergiebigkeit befinden sich im Pannonischen Becken (Ungarn und Kroatien), also im Innern des Karpatenbogens, sowie im Rheingraben zwischen Basel und Mainz. Es werden auch größere Vorkommen im Alpenvorland vermutet; einige Bohrungen sind fündig geworden, das Gebiet muß jedoch noch durchforscht werden.

Von den Ländern des mitteleuropäischen Raumes innerhalb des sowjetischen Einflußbereiches war bis vor einigen Jahren nur Rumänien in der Lage, den Erdölbedarf aus eigenen Quellen zu decken. Es wurde ursprünglich nur etwas mehr als die Hälfte der Förderung im Lande verbraucht, der Rest wurde ausgeführt. In den letzten Jahren ist jedoch der Verbrauch stark angestiegen, ohne daß die Förderung aus den seit Jahrzehnten ausgebeuteten und allmählich erschöpften Feldern damit Schritt halten konnte. Deshalb will Rumänien – möglichst im Austausch gegen Industriegüter – in Zukunft Rohöl aus dem Nahen Osten beziehen. Außerhalb dieses Bereiches konnte sich bisher Österreich weitgehend selbst versorgen. Es ist aber in naher Zukunft damit zu rechnen, daß größere Mengen eingeführt werden müssen. Deshalb wurde ein Abzweig von der seit 1967 in Betrieb befindlichen Transalpinen Ölleitung (sog. TAL), die von Triest nach Bayern führt, nach Steiermark und Niederösterreich verlegt und im Herbst 1970 in Betrieb genommen (sog. AWP = Adria–Wien-Pipeline), um Öl aus Nordafrika und dem Nahen Osten frachtgünstig beziehen zu können.

---

[1] Vgl. hiezu die wirtschaftlichen und politischen Gesichtspunkte bei A. M. STAHMER: Ostblocköl auf dem europäischen Markt. Erdöl u. Kohle 15 (1962) 941/43. Neuere Angaben – jedoch ohne Nennung der in Europa geläufigen Förderorte – bei F. J. GARDNER: Soviet oil flow headed up fast. Oil Gas J. 66 (8.Jan. 1968) Nr. 2, S. 46 u. 48. – Ders.: New areas spur Soviet oil gains; ebd. (15.Januar 1968) Nr. 3, S. 64/66.

[2] Vgl. dazu auch Fußn. 1, S. 53.

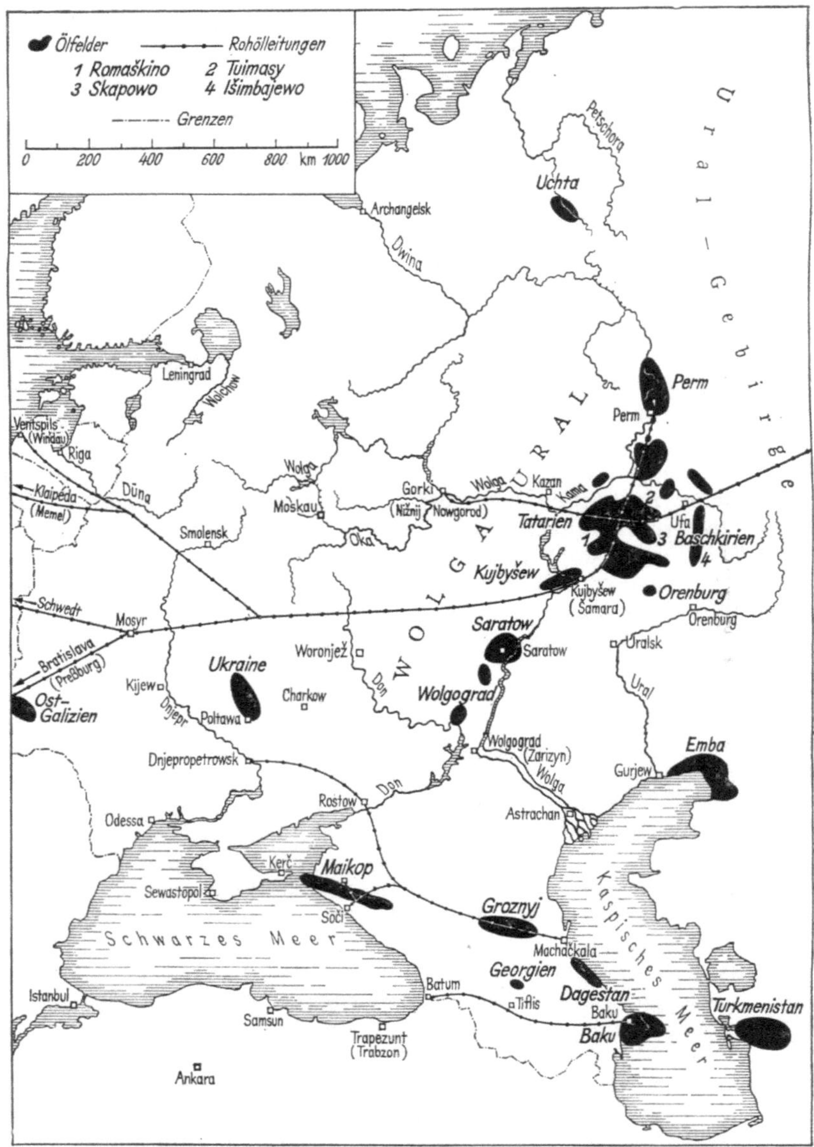

Abb. A-5. Die Erdölfelder im europäischen Teil der Sowjetunion und am Kaspischen Meer
Zu Abb. A-5. Entsprechend der für das Slawische üblichen Umschreibung ist zu lesen: j wie in Jahr; č wie tsch in deutsch; š wie sch in schön; z wie weiches s in Rose; ž wie j in Journal.

In der Deutschen Bundesrepublik können nur mehr etwas über 8% des Bedarfes durch Rohöl inländischer Herkunft gedeckt werden, obwohl die Förderung auf fast 8 Mill. t/a gestiegen ist und damit an der Spitze der europäischen Länder der Organization for Economic Co-operation

Zahlentafel A-6. *Erdölgewinnung, Einfuhr, Verarbeitung und Verbrauch der Produkte in den europäischen OECD-Ländern im Jahre 1968 (in Mill. t) nach Statistique Pétrolières 1968 / Oil Statistics 1968, zusammengestellt vom Sonderausschuß Erdöl, hrsg. von der Organisation for Economic Co-operation and Development (OECD),Paris: Eigenverlag 1969*

Land	Aufkommen an Rohöl			Raf-finerie-durch-satz[b]	Aufkommen an Produkten			Verwendung der Produkte			
	Förderung	Einfuhr[a]	Gesamt		Raffinerie-er-zeugung[c]	Einfuhr[a]	Gesamt[d]	Inland	Bunker-liefe-rung	Ausfuhr[a]	Son-stiges[e]
Belgien	—	23,417	23,417	22,989	21,373	5,946	27,319	17,376	2,163	7,488	0,292
Dänemark	—	7,045	7,045	6,902	6,480	7,995	14,475	12,583	0,626	0,936	0,330
Deutsche Bundesrepublik	7,982	84,091	92,073	90,917	83,651	20,872	104,897	92,068	3,727	8,033	1,069
Finnland	—	6,006	6,006	5,990	5,483	3,064	8,547	7,746	0,028	0,102	0,671
Frankreich	2,688	78,556	81,244	80,297	74,545	5,118	80,485	63,280	3,009	11,489	2,707
Griechenland	—	4,355	4,355	4,337	4,130	1,518	5,648	4,772	0,625	0,231	0,020
Großbritannien	0,081	83,190	83,271	83,065	77,045	22,625	99,971	78,990	5,343	14,473	1,165
Irland	—	2,259	2,259	2,267	2,200	1,481	3,681	2,802	0,130	0,532	0,217
Island	—	—	—	—	—	0,529	0,529	0,483	—	—	0,046
Italien	1,506	93,051	94,557	95,094	89,527	4,043	93,570	58,168	7,175	24,847	3,380
Luxemburg	—	—	—	—	—	1,197	1,197	1,154	—	0,026	0,017
Niederlande	2,147	38,188	40,335	39,647	36,506	7,854	44,360	20,839	6,624	16,544	0,353
Norwegen	—	4,926	4,926	4,996	4,616	3,355	7,971	5,984	0,424	1,533	0,030
Österreich	2,724	2,320	5,044	4,989	4,792	2,680	7,472	7,315	—	0,151	0,006
Portugal	—	1,869	1,869	1,780	1,657	1,881	3,538	2,721	0,598	0,147	0,072
Schweden	—	9,414	9,414	9,546	8,845	16,873	25,718	22,377	1,153	1,165	1,023
Schweiz	—	4,578	4,578	4,569	4,281	6,360	10,641	10,031	—	0,207	0,403
Spanien	0,127	27,534	27,661	27,871	26,607	0,803	27,410	19,513	1,675	5,759	0,463
Türkei	3,104	3,412	6,516	6,351	6,051	0,409	6,460	5,902	0,081	0,307	0,170
Gesamt	20,359	474,211	494,570	491,607	457,789	114,604	573,889	434,105	33,381	93,969	12,434

[a] Einschl. Handel zwischen den OECD-Ländern; bei Rohöl einschl. der auf Grund von Lohnverarbeitungsverträgen eingeführten Mengen. – [b] Einschl. Zusätze und Halbfertigprodukte. – [c] Einschl. der den Raffinerieprodukten zugesetzten Erdgas- und Erdölgaskondensate sowie der Konsignationsware. – [d] Gesamtaufkommen; es enthält auch das Aufkommen aus sonstigen Quellen (z.B. nicht beim Raffinerieausbringen erfaßte Kondensate sowie Mischkomponenten, Schieferöl, direkt für Heizzwecke verwendetes Rohöl und Benzol); die Zahlen dieser Spalte decken sich deshalb nicht mit den Summen, die sich aus den beiden links daneben stehenden Spalten ergeben. Sie sind jedoch die Summen der Zahlen in den vier Spalten „Verwendung der Produkte". – [e] Bestandsänderungen, militärischer Verbrauch u. dgl.

Zahlentafel A-7. *Erzeugung und Verbrauch einzelner Erdölprodukte in den europäischen OECD-Ländern in den Jahren 1967 und 1968 (in Mill. t) nach der bei Zahlentafel A-6 angegebenen Quelle*[1]

Produkt	Raffinerieerzeugung		Verbrauch	
	1967	1968	1967	1968
Raffineriegas	3,2110	3,6330	3,3620	3,7780
Flüssiggas	8,0544	8,7092	8,5215	9,1260
Otto-Flugkraftstoff	0,4249	0,5630	0,6885	0,6733
Flugturbinenkraftstoff				
Benzin[a]	1,3670	1,5599	1,0341	1,2832
Kerosin[a]	8,4014	9,6621	8,2003	9,2780
Ottokraftstoffe (ohne				
Flugkraftstoff)	55,4867	61,2067	57,3228	62,4810
Spezial- und Siede-				
grenzenbenzin	1,0389	1,2496	1,1185	1,2193
Chemiebenzin	18,0633	23,3603	17,4345	22,3016
Kerosin (ohne Flug-				
kraftstoff)[a]	6,7852	7,9877	5,5758	6,2312
Gasöl, Dieselkraftstoff				
und leichtes Heizöl	111,7436	133,2809	115,8214	134,9200
Schweres Heizöl[b]	162,8859	182,6092	143,2705	157,9951
Schmieröle	4,1641	4,3372	4,5315	4,8117
Bitumen	12,1891	13,5187	12,2015	13,5077
Paraffin	0,2432	0,2530	0,2997	0,3245
Petrolkoks	0,2350	0,3480	1,1599	1,1434
Sonstige Produkte	5,4715	5,5100	4,5580	5,0707
Gesamt	399,7652	457,7885	385,1005	434,1447

[a] Die Differenz zwischen Erzeugung und Verbrauch erklärt sich bei diesen Produkten durch ein Überwiegen der Ausfuhren gegenüber den Einfuhren. – [b] Zu den Verbrauchszahlen sind noch 25,3712 Mill. t im Jahre 1967 und 27,5848 Mill. t im Jahre 1968 für Bunkerlieferung zu addieren.

and Development (OECD) liegt. Einzelheiten der Rohölförderung und -verarbeitung dieser Länder sowie der kommerziellen Aufteilung der daraus hergestellten Produkte können für das Jahr 1968 der Zahlentafel A-6 entnommen werden. Da es für die Beurteilung der Bedeutung der einzelnen Verarbeitungsverfahren wichtig ist, zu wissen, in welchem Verhältnis die Mengen der erzeugten Produkte zueinander stehen, sind diese in Zahlentafel A-7 für die Gesamtheit der vorgenannten Länder nach derselben Quelle angegeben.

Für die Deutsche Bundesrepublik sind die Einzelangaben in den folgenden Zahlentafeln zusammengestellt. Zunächst geht aus Zahlentafel A-8 hervor, aus welchen Quellen die Rohöle stammen. Man sieht, daß im Jahre 1968 aus Libyen allein mehr Rohöl bezogen wurde als aus dem gesamten Nahen Osten. In Zahlentafel A-9 ist die Durchsatzleistung der bundesdeutschen Raffinerien aufgezählt, und in Zahlentafel A-10 sind die in Zahlentafel A-7 genannten Zahlen für die Bundesrepublik im ein-

---

[1] Die Zahlen dieser Tafel sind die in den Tafeln 8 bis 12 und 14 bis 24 (S. 35 bis 39 und 41 bis 45) beider Ausgaben zu findenden Summen für die in Zahlentafel A-6 aufgezählten Länder. Erzeugung und Verbrauch steigen zur Zeit mit Wachstumsraten, die vielfach über 10% jährlich und damit weit über den durchschnittlichen Wachstumsraten der einzelnen Volkswirtschaften liegen.

Zahlentafel A-8. *Herkunft der in den Raffinerien der Deutschen Bundesrepublik verarbeiteten Rohöle in den Jahren 1967 und 1968*

Herkunft	1967		1968	
	1000 t	%	1000 t	%
Inland	7 707	9,7	7 749	8,5
Amerika	3 897	4,9	2 884	3,2
Trinidad	–	–	*54*	*0,1*
Venezuela	*3 573*	*4,5*	*2 830*	*3,1*
Peru	*46*	...	–	–
Ver. Staaten von Am.	*278*	*0,4*	–	–
Naher Osten	30 144	37,9	32 042	35,3
Saudi-Arabien	*11 739*	*14,8*	*13 234*	*14,6*
Iraq	*1 575*	*2,0*	*2 655*	*2,9*
Iran	*6 364*	*8,0*	*6 163*	*6,8*
Qatar	*1 458*	*1,8*	*1 242*	*1,4*
Kuweit	*3 636*	*4,6*	*2 747*	*3,0*
Oman	*5 372*	*6,7*	*6 001*	*6,6*
Afrika	33 680	42,4	44 127	48,6
Algerien	*6 794*	*8,6*	*6 908*	*7,6*
Libyen	*22 271*	*28,0*	*36 089*	*39,8*
Tunesien	*886*	*1,1*	*931*	*1,0*
Nigerien	*3 392*	*4,3*	*92*	*0,1*
Gabun	*291*	*0,4*	*84*	*0,1*
Ägypten	*46*	...	*23*	...
Sowjetunion	4 068	5,1	3 975	4,4
Ausland zusammen	71 789	90,3	83 028	91,5
Gesamtrohöleinsatz	79 496	100,0	90 777	100,0

zelnen erläutert, und zwar für die Jahre 1967 und 1968. Zum Vergleich damit zeigt Zahlentafel A-11, mit welcher Entwicklung des Verbrauches man in den nächsten Jahren rechnet. Dabei ist eine Zunahme des Gesamtverbrauches von anfangs 7, später 6 Mill. t/a angenommen. Nach wie vor erwartet man in der Deutschen Bundesrepublik ein Überwiegen des Bedarfes an leichtem Heizöl, dem schweres Heizöl und Ottokraftstoff in erheblichen Abständen folgen. Die überdurchschnittliche Steigerung beim Rohbenzin wird durch den Bedarf der chemischen Industrie bestimmt.

Sowohl aus Zahlentafel A-7 wie aus Zahlentafel A-10 kann man sich ein Bild machen, welche Bedeutung den einzelnen in diesem Buch beschriebenen Verfahren zukommt. Man darf dabei nicht übersehen, daß es nicht nur auf die Mengen ankommt, sondern auch auf die erzielbaren Verkaufspreise. Diese werden letzten Endes durch die gesamtwirtschaftliche Bedeutung der Produkte, die Wettbewerbslage und die erforderlichen Aufwendungen für die Herstellung bestimmt. Denn bei der Verarbeitung von Rohöl fallen so vielerlei Produkte an, daß ihre Wertigkeiten sehr stark voneinander abhängen. Erhebliche Änderungen des Marktpreises eines Produktes bringen zwangsläufig die aller anderen Erzeugnisse mit sich. Verschiebungen innerhalb eines eingespielten Preisgefüges sind zwar möglich und durch wirtschaftspolitische Maßnahmen in gewissen Grenzen erreichbar, bleiben aber nicht ohne Rückwirkung auf die gesamte Erdölindustrie des betreffenden Landes. Aus den zuerst genannten Gründen erklärt sich weiterhin z. B. der erhebliche Unterschied zwischen

Zahlentafel A-9. *Raffineriekapazität in der Deutschen Bundesrepublik am 31. Dezember 1968 (in 1000 t/a)*

Raffinerie	Rohöl	Kracken T = thermisch K = katalytisch	Reformieren	Polymerisieren	Schmieröl
BP Hamburg-Finkenwerder	4300		270 K		
BP Dinslaken	5000	500 K	500 K		
BP Vohburg	4400	500 K	730 K		
Caltex Raunheim	4500	480 K	161 K		
DEA Hamburg-Grasbrook					140
DEA Heide	3000	430 K	625 K	15	
DEA Scholven	6250	940 T	910 K		
Deurag-Nerag Misburg	2550	700 T	300 K	12	120
ELF[a] Mineralöl Speyer	2200				
Eriag Ingolstadt	3200		550 K		
Esso Hamburg-Harburg	3600	420 K	380 K		105
Esso Köln	5500		400 K		
Esso Karlsruhe	8500	1160 T	1380 K		
Esso Ingolstadt	4800		640 K		
Fina Mühlheim	500				
Fina Duisburg	2000		330 K		
Frisia Emden	2400		425 K		
Gelsenberg-Benzin Gelsenk.	7000	620 K	1370 K	24	
Gewerkschaft Erdölraffinerie Emsland Lingen	3750	860 K 840 T	450 K	36	
Klarenthal[b]	1250				
Kleinholz	750				
Mannheim[c]	3600		250 K		
Marathon Burghausen	2000	800 T			
Mineralöl- und Asphaltwerke AG (Mawag) Ostermoor	550				
Mobil Oil Bremen-Oslebshausen	1800	425 K	200 K		60
Neustadt/Donau[d]	3500		750 K		
Peine Mineralölwerke	18				
Ruhrchemie[e]	550	230 K	150 K		
Schindler Hamburg-Wilhelmsburg	340				330
Scholven-Chemie (jetzt VEBA-Chemie) Gelsenk.	4200	240 K 800 T	430 K		
Shell Hamburg-Harburg	4300	700 K 850 T	400 K	30	180
Shell Hamburg-Grasbrook					
Shell Monheim	400				60
Shell Godorf	8300	1850 T	1000 K		
Shell Ingolstadt	3000	550 T	350 K		
Union Kraftstoff Wesseling	4800	1500 T	300 K 400 T	20	
Wintershall Salzbergen	335				95
Zusammen[f]	113143	15395	13651	137	1090

[a] Früher Union Générale des Pétroles, jetzt in Essences et Lubrifiants de France umbenannt. – [b] 50% Saarbergwerke AG, 50% französische Firmen. – [c] 60% Wintershall AG, 40% Deutsche Marathon. – [d] 50% Gelsenberg-Benzin AG, 50% Mobil Oil AG. – [e] Zur Zeit keine Verarbeitung. – [f] Über die Pläne des Ausbaues auf 171 Mill. t/a bis 1975 s. Chem.-Ing.-Techn. 41 (1969) 1335/36.

Zahlentafel A-10. *Die in den Raffinerien der Deutschen Bundesrepublik in den Jahren 1967 und 1968 aus Rohöl hergestellten Produkte. (Es sind die Bezeichnungen nach der Statistik beibehalten.)*

	1967		1968		Veränderung 1967/68 %
	1000 t	% vom Einsatz	1000 t	% vom Einsatz	
Einsatz					
Inlandrohöl	7 706,8	9,7	7 749,4	8,5	+ 0,6
Einfuhrrohöl	71 789,7	90,3	83 027,8	91,5	+ 15,7
Gesamteinsatz	79 496,5	100,0	90 777,2	100,0	+ 14,2
Erzeugung für Verkauf					
Flüssiggas	1 742,9	2,2	1 822,4	2,0	+ 4,6
Ottokraftstoff	10 742,7	13,5	11 474,4	12,6	+ 6,8
Spezial- und Test-					
benzin	212,4	0,3	239,9	0,3	+ 13,0
Rohbenzin	2 660,0	3,3	4 396,1	4,8	+ 65,3
Leuchtpetroleum	64,4	0,1	84,6	0,1	+ 31,1
Motorenpetroleum	...	...	...	...	...
Flugturbinenkraft-					
stoff	937,8	1,2	1 100,8	1,2	+ 17,4
Dieselkraftstoff	8 320,7	10,5	9 172,8	10,1	+ 10,2
Schmieröle und ähn-					
liche Produkte[a]	667,8	0,8	806,9	0,9	+ 20,8
Schmierfette	18,5	...	20,0	...	+ 8,3
Heizöl	41 499,3	52,2	46 649,5	51,4	+ 12,4
leicht	*18 402,9*	*23,1*	*22 041,7*	*24,3*	*+ 19,8*
mittel u. schwer	*23 096,4*	*29,1*	*24 607,8*	*27,1*	*+ 6,5*
Paraffin und Gatsch	102,0	0,1	114,7	0,1	+ 12,4
Vaseline	6,5	...	8,4	...	+ 30,3
Bitumen	3 813,9	4,8	4 344,2	4,8	+ 13,9
Petrolkoks	233,1	0,3	348,1	0,4	+ 49,3
Raffineriegas	1 894,2	2,4	2 162,4	2,4	+ 14,2
Extrakte und Rück-					
stände	70,7	0,1	45,7	0,1	− 35,4
Sonstige Produkte	561,2	0,7	720,1	0,8	+ 28,3
Summe der Produkte für den Verkauf	73 548,1	92,5	83 511,0	92,0	+ 13,5
Produkte für Eigen-					
verbrauch	5 222,9	6,6	6 148,6	6,8	+ 17,7
Heizöl[b]	*3 212,1*	*4,0*	*3 752,1*	*4,1*	*+ 16,8*
Petrolkoks	*221,1*	*0,3*	*223,5*	*0,3*	*+ 1,1*
Raffineriegas	*1 789,7*	*2,3*	*2 173,0*	*2,4*	*+ 21,4*
Produkte zur Weiter-					
verarbeitung	106,4	0,1	322,4	0,3	+ 203,0
Gesamterzeugung	78 877,4	99,2	89 982,0	99,1	+ 14,1
Verlust	619,1	0,8	795,3	0,9	+ 28,4
Summe	79 496,5	100,0	90 777,3	100,0	+ 14,2

[a] Davon u. a. 42 404 bzw. 45 474 t Turbinen-, Kabelisolier- und Transformatorenöle, 25 707 bzw. 35 304 t Metallbearbeitungsöle und 123 bzw. 373 t wie Dieselkraftstoff versteuerte Produkte. – [b] Davon 63 860 bzw. 140 372 t leicht.

Zahlentafel A-11. *Vorausschätzung des Verbrauches an Erdölerzeugnissen in der Deutschen Bundesrepublik nach Erdöl-Informationsdienst 23 (4. 7. 69) Nr. 1, S. II; etwas abweichende Zahlen in Erdöl u. Kohle 22 (1969) 441 (Angaben in 1000 t)*

	1969	1970	1971	1972	1973	1974	1975
Ottokraftstoff	13900	14900	15800	16600	17400	18200	19000
Rohbenzin	4200	4800	5200	6200	6500	7000	7600
Dieselkraftstoff	8800	9200	9600	10000	10400	10700	11000
Leichtes Heizöl	39000	41500	44000	46000	48000	50000	52000
Schmieröle	910	930	950	970	990	1010	1030
Schweres Heizöl	23000	24400	25800	27200	28600	30000	31000
Bitumen	4600	4850	5100	5300	5500	5700	5900
Übrige Produkte	7600	8100	8600	9100	9600	10100	10600
	102010	108680	115050	121370	126990	132710	138130
Eigenverbrauch	6400	6800	7200	8000	8400	9000	9500
Gesamt	108410	115480	122250	129370	135390	141710	147630

den Preisen für schweres Destillatheizöl, Schmieröl und Transformatorenöl, obwohl es sich in allen drei Fällen um Fraktionen etwa gleichen Siedebereiches handelt und die Elementaranalyse der Produkte keine merkbaren Unterschiede aufweist. Ähnliche Gründe sind bei der Preisbildung für die einzelnen, sehr verschiedenen Anforderungen entsprechenden und daher mit unterschiedlichem Aufwand erzeugten Schmieröle maßgebend.

Die für die Herstellung von Schmieröl erforderlichen Mengen sind, wie die Zahlentafeln A-7 und A-10 erkennen lassen, im Verhältnis zu den insgesamt verarbeiteten Mengen nicht erheblich. Es bereitet deshalb im allgemeinen keine Schwierigkeiten, dafür geeignete Rohölsorten bereitzustellen. Deshalb ist der Preis für Schmieröle in erster Linie durch die Herstellungskosten beeinflußt, obwohl gerade in diesem Fall die noch zu erläuternde sog. Basis eine große Rolle spielt. Doch ergeben sich dadurch kaum Rückwirkungen auf den Rohölpreis. Auch wenn ein Rohölvorkommen noch so gut für die Herstellung von Schmierölen geeignet sein mag, so können seine leichten Anteile doch nur als Kraftstoffe verwendet werden, und selbst die im Siedebereich der Schmieröle liegenden Fraktionen werden nicht ausschließlich dafür verwendet.

Für die Kraftstoffgewinnung hat die Basis der Ausgangsöle ebenfalls Bedeutung. Die für die Verwendung im Motor wichtigsten Eigenschaften von Otto- und Dieselkraftstoffen werden von der chemischen Struktur der Kohlenwasserstoffe stark beeinflußt. Deshalb kommt es bei der Auswahl der Verfahren bzw. bei den erzielbaren Ausbeuten auch auf die Basis des verwendeten Rohöles an. Sofern man die Wahl hat, wird man nach Möglichkeit solche Rohöle verarbeiten, die am besten geeignet sind, Produkte gewünschter Qualitäten zu liefern[1].

Als Teil der gesamten Energiewirtschaft darf jedoch die Erdölwirtschaft nicht losgelöst für sich allein betrachtet werden. Der Zusammenhang zwischen Erdölförderung und Erdgasförderung ist durch die Natur gegeben, wenn es auch verschiedene – zum Teil sehr bedeutende – Erdgas-

---

[1] WATERMAN, H. I.: Correlation between Physical Constants and Chemical Structure. Mitarbeiter C. BOELHOUWER u. J. CORNELISSEN, Amsterdam/London/New York/Princetown: Elsevier 1958.

vorkommen gibt, die offenbar nicht mit Erdölvorkommen vergesellschaftet sind. Auch die Förderung anderer Energieträger, wie der Kohle und spaltbarer Mineralien, der Ausbau der Wasserkräfte und der Bau von Wärmekraftwerken bzw. die Wahl der Brennstoffe für diese sind Teilgebiete der Energiewirtschaft und können letzten Endes Entscheidungen über den Bau neuer Erdölverarbeitungswerke beeinflussen. Die Möglichkeiten, aus schwer absetzbaren Erdölprodukten Stadtgas oder andere Brenngase sowie Gase für verschiedene Synthesen herzustellen, gewinnen bereits seit Jahren erhebliche Bedeutung und sind im Begriffe, manche bisher als gegeben angesehene wirtschaftliche Zusammenhänge grundsätzlich zu wandeln[1]. Dazu kommen in Europa Bestrebungen, innerhalb der Länder des Gemeinsamen Marktes die Energiepolitik aufeinander abzustimmen und die in der Zukunft erstrebte Angliederung der Nachbarländer nicht zu erschweren[2]. Dies bleibt nicht ohne Einfluß auf die Standortwahl für den Bau neuer Raffinerien, die dank der hochentwickelten Technik beim Bau von Rohölleitungen nicht mehr – wie in früheren Jahrzehnten – in Küstennähe, sondern möglichst in der Nähe der Verbrauchszentren errichtet werden[3].

Es ist für die Erdölverarbeitung besonders kennzeichnend, daß die Mengen der erzeugbaren, sehr unterschiedlichen Produkte durch die Eigenschaften der zu verarbeitenden Rohöle weitgehend bestimmt sind und durch Wahl der Verarbeitungsverfahren erstens nur in beschränktem Umfang und zweitens nur in der Richtung verändert werden können, daß leichtersiedende Produkte aus schwerersiedenden hergestellt werden. Der umgekehrte Weg, nämlich die Synthese höhermolekularer Kohlenwasserstoffe ist zwar möglich, aber im Bereich der Kraftstoffe und Brennstoffe wirtschaftlich ohne Interesse. Eine gewisse Ausnahme bilden das Polymerisieren und das Alkylieren, die in Kap. G behandelt sind.

Damit entsteht das Problem, die Erzeugung auf den Bedarf der Märkte abzustimmen. Dieser deckt sich keineswegs mit den Mengen der in den Rohölen vorhandenen einzelnen Fraktionen. War noch vor einigen Jahren die Nachfrage nach Benzin in Europa – so wie noch heute in den Vereinigten Staaten von Amerika – erheblich höher als dem Anteil in den Rohölen entsprach, so ist jetzt eine ständige – meist prozentuale –

---

[1] Vgl. dazu: Gaspolitisches Kolloquium. Round-table-Gespräch anläßlich der Jahrestagung des VGW in Mannheim am 14./15. Mai 1964. Gas- u. Wasserf. 105 (1964) 1113/22. – Zwar haben die inzwischen entdeckten Erdgasfelder in Holland und die Möglichkeit, Erdgas aus Nordafrika und Osteuropa nach Mitteleuropa zu leiten, den Anreiz, Stadtgas aus Erdölprodukten herzustellen, verringert. Für Synthesegase sind sie nach wie vor die wichtigste Rohstoffquelle.

[2] Vgl. dazu F. Burgbacher: Koordinierung der Energiepolitik der Europäischen Wirtschaftsgemeinschaft. Gas- u. Wasserf. 104 (1963) 889/96.

[3] Über den Stand zur Zeit des Welt-Erdöl-Kongresses in New York s. B. Riediger: Probleme des Raffineriebaues in Mitteleuropa. Erdöl u. Kohle 12 (1959) 431/40. – Frankel, P. H., u. W. L. Newton: Current economic trends in location and size of rafineries in Europe. 5. Welt-Erdöl-Kongreß, New York 1959, Bericht IX/10. – Die Ausführungen des zweiten Berichtes sind ergänzt bei P. H. Frankel u. W. L. Newton: Recent developments in the economies of petroleum refining. 6. Welt-Erdöl-Kongreß, Frankfurt/Main 1963, Bericht VIII/20. – Streicher, H.: Raffineriestandorte und Rohrleitungspolitik. Hamburg: Reuter u. Klöckner 1963.

Zunahme des Verbrauches an Mitteldestillaten zu beobachten. Diese können so wie das Benzin aus den schweren Rohölanteilen nur durch Kracken oder spaltendes Hydrieren gewonnen werden. Trotzdem ist nach wie vor mit einem gewissen Überschuß an Rückstandsölen zu rechnen, weil deren Absatz für die Verfeuerung unter Dampfkesseln oder in der Eisen- und Stahlindustrie nicht im gleichen Maß zunimmt wie der Anfall aus den Raffinerien, deren Durchsatzleistung ständig steigt. Außerdem steht für diese Zwecke weiterhin Kohle in genügender Menge zur Verfügung. Deshalb sucht man nach Wegen, die Rückstandsöle wirtschaftlich zu verwerten, wozu das erwähnte Vergasen – jetzt hauptsächlich zur Herstellung von Synthesegas oder Wasserstoff – beachtliche Möglichkeiten bietet.

Es kann nicht Aufgabe dieses Buches sein, die verschiedenen wirtschaftlichen Gesichtspunkte der Erdölverarbeitung eingehend zu erörtern. Jedoch dürfte die genaue Kenntnis der durch Chemie und Technik gebotenen Möglichkeiten, welche dieses Buch vermitteln will, für eine sachgemäße Betrachtung auch der wirtschaftlichen Seite förderlich sein[1]. Die Verhältnisse sind dadurch besonders verwickelt, daß die Suche nach Erdöl und seine Förderung mit Risiken belastet sind, die bei anderen Energieträgern nicht in gleichem Maße auftreten. Aus Zahlentafel A-1, S. 2 ist z.B. zu entnehmen, daß die Investitionen für die Rohölförderung rd. 2,5mal so hoch sind wie für die Verarbeitung. Dazu kommt die geographisch sehr ungleichmäßige Verteilung der Fördergebiete, was unter anderem zu einem erheblichen Einfluß der Transportkosten auf den Rohölpreis frei Raffinerie führt[2]. Der Wettbewerb zwischen Erdöl und Kohle und das für die europäischen Länder anerkannte Schutzbedürfnis des Kohlenbergbaues tragen nicht dazu bei, die Probleme zu vereinfachen. Deshalb beschäftigen sie sehr lebhaft alle Stellen, die sich um eine Integration der europäischen Volkswirtschaften bemühen[3]. Es fehlt auch nicht

---

[1] Deshalb sei hier für den Bereich der Deutschen Bundesrepublik auf die sog. Energie-Enquete verwiesen, ein Gutachten, das auf Grund eines Beschlusses des Deutschen Bundestages vom 12. Juni 1959 von der Arbeitsgemeinschaft deutscher wirtschaftswissenschaftlicher Forschungsinstitute e.V. am 21. Dezember 1961 erstattet wurde. Es ist in Buchform unter dem Titel: „Untersuchung über die Entwicklung der gegenwärtigen und zukünftigen Struktur von Angebot und Nachfrage in der Energiewirtschaft der Bundesrepublik unter besonderer Berücksichtigung des Steinkohlenbergbaues" in Berlin 1962 bei Duncker & Humblot erschienen; vgl. dazu F. FRIEDENSBURG: Zukunftsprobleme der deutschen Energieversorgung, insbesondere im Hinblick auf die europäischen Gemeinschaftsaufgaben. Erdöl u. Kohle 15 (1962) 575/78. – BLÖMER, K. H.: Die Energie-Enquete; ebd. S. 479/82. – THEEL, H.: Das Ergebnis der Energie-Enquete; ebd. S. 482/86. – FISCHER, K.-D.: Ergebnisse und wirtschaftliche Konsequenzen der Energie-Enquete. Brennst.-Wärme-Kraft 14 (1962) 391/94.

[2] Vgl. dazu P. H. FRANKEL: Strukturelle Probleme der Erdölwirtschaft. Erdöl u. Kohle 15 (1962) 841/42. – GENZSCH, E. O.: Umkehrung der Preisentwicklung bei Mineralöl. Gas- u. Wasserf. 104 (1963) 188/90.

[3] An Äußerungen zu diesem Thema seien nur die folgenden als beispielhaft erwähnt. LEVY, W. J.: Die Bedeutung der Europäischen Wirtschaftsgemeinschaft für die Welt-Erdölwirtschaft. Erdöl u. Kohle 15 (1962) 944/48. – Untersuchung der langfristigen energiewirtschaftlichen Aussichten der Europäischen Gemeinschaft. Bulletin der Europäischen Gemeinschaft für Kohle und Stahl. Luxemburg 1962. – Vorschläge zur Energiepolitik der Europäischen Gemeinschaft / Aus dem Memorandum der Interexekutiven Arbeitsgruppe „Energie". Erdöl u. Kohle 16 (1963) 59/60.

an kritischen Stimmen, die befürchten, daß eine Überschätzung der verfügbaren Erdölreserven und eine nach rein kaufmännischen Gesichtspunkten geförderte Verwendung der darin enthaltenen Produkte – ohne Rücksicht auf die gegenseitige Abhängigkeit der anfallenden Mengen – in der Zukunft sehr nachteilige Folgen haben kann[1].

Schließlich ist gerade in Mitteleuropa zu erwarten, daß die Möglichkeiten, einen Teil des Energiebedarfes durch Erdgas aus den neuentdeckten Feldern im Norden der Niederlande und in der Nordsee zu decken, zu einem grundlegenden Wandel des Marktes für Erdölprodukte führen kann. Damit würden sich insbesondere im Hinblick auf die Verwertbarkeit hochsiedender Produkte die Verhältnisse in Europa denen in den Vereinigten Staaten von Amerika etwas nähern.

Sicher ist, daß die Vielfalt der aus Erdöl gewinnbaren Produkte, die durch einzelne Verfahrensschritte erreichbare unterschiedliche Verwendbarkeit chemisch fast gleicher Fraktionen und die daran anknüpfende Abstufung der Steuersätze bei Außenstehenden den Eindruck völliger Undurchsichtigkeit der Preispolitik der Hersteller hervorrufen kann. Daher ist es für die Chemiker und Ingenieure der Erdöl verarbeitenden Industrie und der Firmen, deren sich diese zum Bau ihrer Anlagen bedienen, wichtig, neben den technologischen Problemen, denen dieses Buch gewidmet ist, die wirtschaftlichen Fragen nicht aus den Augen zu verlieren.

2. Die Entstehung des Rohöles
und die Erforschung seiner Zusammensetzung

Das Aussehen von Rohöl kann zwischen dem einer leicht gelblich gefärbten, sehr beweglichen Flüssigkeit und dem eines dunklen, mehr oder weniger zähen Stoffes schwanken. Es besteht hauptsächlich aus flüssigen Kohlenwasserstoffen verschiedener Struktur, in welchen sowohl gasförmige wie manchmal auch feste Kohlenwasserstoffe gelöst oder dispergiert sind. Die niedrigmolekularen, gasförmigen Komponenten (Erd-

---

– Der Energiemarkt der Europäischen Gemeinschaft. Aus dem elften Gesamtbericht der Hohen Behörde der Europäischen Gemeinschaft für Kohle und Stahl; ebd. S. 815/17. – VAN HEUVEL, J. A.: Die wirtschaftspolitischen Folgen der rapiden Strukturänderungen auf dem europäischen Energiemarkt. Erdöl-Erdgas-Z. 81 (1965) 151/60. – Energiewirtschaft und Energiepolitik in Gegenwart und Zukunft. Vorträge und Diskussionsbeiträge anläßlich der Internationalen Tagung der Sozialakademie Dortmund, hrsg. von H. SCHMIDT, Berlin: Duncker & Humblot 1966. – WESSELS, TH.: Die volkswirtschaftliche Bedeutung der Energiekosten. Bd. XI der Schriftenreihen des Energiewirtschaftlichen Instituts der Universität Köln. München u. Wien: Oldenbourg 1966. – SCHMIDT, G.: Energie-Kolloquium der Technischen Universität Berlin. Brennst.-Wärme-Kraft 26 (1968) 23/25.

[1] Vgl. dazu z. B. E. O. GENZSCH: Kosten und Preisfaktoren der internationalen Erdölwirtschaft. Brennst.-Wärme-Kraft 14 (1962) 383/86 u. 444/48. – Ders.: Die „Heizölschwemme" verzehrt die Ölreserven. Gas- u. Wasserf. 104 (1963) 1005/09. – Ders.: Produktions- und Verbrauchsfaktoren der Mineralölwirtschaft Europas. Brennst.-Wärme-Kraft 15 (1963) 565/70. – Ders.: Der Finanzbedarf für Import-Energie. Gas- u. Wasserf. 107 (1966) 1173/74. – Ders.: Was haben wir vom Erdgas-Boom. Bergbau 17 (1966) 353/56. – Ders.: Wettbewerbsverhältnisse auf dem Brennstoffmarkt. Gas- u. Wasserf. 108 (1967) 393/96.

gas) sind im Erdinnern in der flüssigen Phase gelöst, werden zusammen mit dem Erdöl gefördert und von diesem in den Aufbereitungsstationen der Erdölfelder als sog. Naßgas getrennt. Erdgas wird aber auch in einiger Entfernung von den Erdölvorkommen als sog. Trockengas gefunden und besteht dann in der Hauptsache aus Methan. Auch feste Kohlenwasserstoffe werden unabhängig vom Rohöl angetroffen, von welchem sie abstammen. So wird z.B. Naturasphalt, welcher sich durch Verdampfen leichterflüchtiger Rohölanteile oder durch Polymerisation in Gegenwart von Sand gebildet hat, in manchen Gegenden der Erde gefunden. Ein solches Vorkommen ist der Asphaltsee von Trinidad. Harter Naturasphalt, auch als Gilsonit oder Glanzpech bezeichnet, kommt in Utah, Virginia, Colorado und Kuba vor. Mit Sand vergesellschaftet finden sich solche Asphaltvorkommen in Alberta (Kanada). Aus paraffinösem Rohöl können durch Verdampfen, Filtration während der Wanderung (Migration) im Gestein oder durch Metamorphose der leichteren Komponenten die Wachsanteile in Form von Ozokerit zurückbleiben, dessen raffinierte Form als Zeresin bekannt ist.

a) Die Ansichten über die Entstehung des Erdöles

Es besteht wohl heute kaum noch ein Zweifel darüber, daß das Erdöl aus organischen Substanzen entstanden ist. Es kann als Umwandlungsprodukt der Fauna und Flora von Meeren angesehen werden, die sich in geologischen Zeitaltern über die heute erdölhöffigen Gebiete ausgedehnt haben. Wie P. V. SMITH feststellte, dürften einige der maritimen Kleinlebewesen schon zu Lebzeiten Kohlenwasserstoffe enthalten haben[1]. Das organische Material sank nach dem Absterben auf den Meeresgrund und wurde dort durch Bakterien zersetzt bzw. umgewandelt[2]. Dabei wurde es auch von Sedimenten überdeckt. Während dieser bakteriellen Zersetzung wurden Schwefel, Sauerstoff und Stickstoff in einer heute nicht mehr feststellbaren Menge freigesetzt, Reste dieser Elemente blieben jedoch im Erdöl zurück. Eine weitere Stütze der Theorie, daß das Erdöl aus organischen Substanzen entstanden ist, bildet die Tatsache seiner optischen Aktivität[3].

Daß das Erdöl während seiner Entstehung und dem späteren Verbleiben in den Lagerstätten keinen hohen Temperaturen ausgesetzt war, bestätigt die Entdeckung von TREIBS, daß die Rohöle Porphyrine ent-

---

[1] SMITH jr., P. V.: The occurence of hydrocarbons in recent sediments from the Gulf of Mexico. Science 116 (1952) 437 ff.

[2] SCHWARZ, W., u. A. MÜLLER: Erdölbakterien. Erdöl u. Kohle 1 (1948) 232/40. – McNAB, J. G., P. V. SMITH jr. u. R. L. BETTS: The Evolution of Petroleum. Industr. Engng. Chem. 44 (1952) 1256/63. – STONE, R. W., u. C. E. ZOBEL: Bacterial Aspects of the Origin of Petroleum; ebd. S. 2564/67. – RUNGE, H.: Die Theorien über die Entstehung des Erdöls. Erdöl u. Kohle 11 (1958) 53/55. – HESSLER, K.-G.: Die Theorie von N. B. WASSOJEWITSCH über die Entstehung des Erdöls; ebd. 14 (1961) 1035/40. – GLOGOCZOWSKI, J.: Beitrag zur Diskussion über die Erdölgenese; ebd. 18 (1965) 770/75. – GEDENK, R.: Zur geochemischen Beurteilung und Genese von Kohlenwasserstoffansammlungen; ebd. 19 (1966) 720/27.

[3] OAKWOOD, TH. S., u. Mitarb.: Optical Activity of Petroleum. Industr. Engng. Chem. 44 (1952) 2568/70.

halten[1]. Weiter wird diese Theorie durch die Tatsache gestützt, daß Öle mit hohem Schwefelgehalt schon bei verhältnismäßig niedrigen Temperaturen instabil sind[2]. Dies wurde im Projekt Nr. 48 des American Petroleum Institute (API) untersucht. Rohöle wurden höheren Temperaturen ausgesetzt, und hiebei wurde die Entwicklung von Schwefelwasserstoff ermittelt. So beginnen z. B. die Schwefelverbindungen des Rohöles aus dem Wasson-Feld (Texas) sich schon bei 200 °C zu zersetzen. Öle, welche elementaren Schwefel enthalten, beginnen Schwefelwasserstoff bereits bei 150 °C abzugeben. Dieselbe Reaktion wird erzielt, wenn man zu Rohölen elementaren Schwefel zugibt und diese Öle dann erhitzt. Mit Tetrahydronaphthalin reagiert Schwefel sogar bei 95 °C oder noch tieferen Temperaturen. Kohlenwasserstoffe, die in Anwesenheit von Schwefel ähnlich temperaturempfindlich sind, finden sich in vielen Rohölen. Diese Befunde sowie die sonstigen Untersuchungen, die sich auf Petrographie und Petrochemie der ölführenden Gesteine stützen, haben die Erkenntnisse von TREIBS im wesentlichen bestätigt[3]. Es konnte auch nachgewiesen werden, daß gewisse Gesteine die Bildung von Erdöl katalytisch gefördert haben[4].

b) Die Forschungsprojekte des American Petroleum Institute

Einen Überblick über die vom American Petroleum Institute (API) 1925 begonnenen und noch nicht abgeschlossenen Projekte zur Erfor-

---

[1] TREIBS, A.: Vorkommen von Chlorophyllderivaten in einem Ölschiefer des oberen Trias. Liebigs Ann. Chem. 509 (1934) 103/04. – Ders.: Chlorophyll- und Haeminderivate in bituminösen Gesteinen, Erdölen, Paraffin und Asphalten; ebd. 510 (1934) 42/46; 517 (1935) 172/76. – Ders.: Porphyrine in Kohlen; ebd. 520 (1935) 144/50. – Ders.: Pflanzensubstanz als Muttersubstanz des Erdöles. In: F. E. HECHT u. a.: Erdöl-Muttersubstanz. Schriften aus der Brennstoff-Geologie (hrsg. von O. STUTZER) Nr. 10. Stuttgart: Enke 1935, S. 121/48. – Ders.: Chlorophyll- und Haeminderivate in organischen Mineralsubstanzen. Angew. Chem. 49 (1936) 682/86. – Ders.: Die Entstehung des Erdöls. Erdöl u. Kohle 1 (1948) 137/43. – DUNNING, H. N., u. J. W. MOORE: Porphyrin research and origin of petroleum. Bull. Amer. Assoc. Petrol. Geologists 41 (1957) 2403 ff.; ref. Erdöl u. Kohle 11 (1958) 266. – CORWIN, A. H.: Petroporphyrins. 5. Welt-Erdöl-Kongreß, New York 1959, Bericht V/10. – CONSTANTINIDES, G.: Detection and behaviour of porphyrin aggregates in petroleum residues and bitumens; ebd. Bericht V/11. – Vgl. dazu auch S. 41ff.
[2] COLEMAN, H. J., C. J. THOMPSON, H. T. RALL u. H. M. SMITH: Thermal Stability of High-Sulfur Crude Oils. Industr. Engng. Chem. 45 (1953) 2706/10.
[3] KREJCI-GRAF, K.: Zur Geochemie der Erdölentstehung. Erdöl u. Kohle 8 (1955) 393/401. – Ders.: Diagnostik der Herkunft des Erdöls; ebd. 12 (1959) 706/12 u. 805/15. – BORCHERT, H., u. K. KREJCI-GRAF: Spurenmetalle in Sedimenten und deren Derivaten. Bergbau-Wiss. 6 (1959) 205/18. – KREJCI-GRAF, K.: Chemische Probleme der Erdölgeologie. Brennst.-Chem. 41 (1960) 353/60. – Ders.: Moderne Anschauungen über die Entstehung des Erdöls. Erdöl u. Kohle 13 (1960) 836/45. – JACOB, H.: Über Beziehungen zwischen Kohle und Erdöl. Erdöl u. Kohle 13 (1960) 5/11. – Ders.: Über bituminöse Schiefer, humose Tone, Brandschiefer und ähnliche Gesteine; ebd. 14 (1961) 2/11. – Ders.: Die organopetrographischen Stoffgruppen von Sedimenten unter besonderer Berücksichtigung der Kohlenwasserstoff-Bildung; ebd. 19 (1966) 397/401. – WELTE, D.: Zur Entwicklungsgeschichte von Erdölen auf Grund geochemisch-geologischer Untersuchungen; ebd. 20 (1967) 65/77.
[4] BROOKS, B. T.: Evidence of Catalytic Action in Petroleum Formation. Industr. Engng. Chem. 44 (1952) 2570/77.

schung der Zusammensetzung und der Eigenschaften von Erdöl und seinen Produkten hat Miller gegeben[1]. Danach wurde für diese Forschungsarbeiten bis 30. Juni 1955 über 3 Mill. $ aufgewendet. Die erwähnte Arbeit enthält Übersichten der bisherigen Veröffentlichungen, eine Liste der einzelnen Forschungsprojekte, Zusammenstellungen der im Erdöl nachgewiesenen chemischen Einzelindividuen mit Angabe ihres durchschnittlichen Anteiles im Rohöl sowie eine Aufzählung der bezüglich ihrer thermodynamischen und sonstigen Eigenschaften untersuchten Kohlenwasserstoffe mit Angabe der ermittelten Werte. Inzwischen sind die Angaben von Miller ergänzt worden[2]. Weiteres Material findet sich bei Sachanen[3]. Sein Buch gibt einen sehr umfassenden Überblick, ist aber in einzelnen Teilen durch weitere Forschungsergebnisse überholt. Schließlich finden sich zahlreiche Angaben in dem Sammelwerk „The Science of Petroleum". Sie wurde in den nach dem Kriege veröffentlichten Ergänzungsbänden auf den beim Erscheinen neuesten Stand gebracht[4]. Einen kurzen Überblick an Hand graphischer Darstellungen gibt M. Smith[5].

Einzelheiten der Forschungsmethoden können hier nicht behandelt werden. Es sei nur erwähnt, daß das zu untersuchende Rohöl zunächst in sehr enge Fraktionen zerlegt wird. Mit Hilfe physikalischer und chemischer Verfahren können dann Gruppenanalysen durchgeführt oder bei sehr eng geschnittenen Fraktionen einzelne chemische Individuen nachgewiesen werden[6]. Im Bereich nicht zu hoch siedender Destillate,

---

[1] Miller, A. E.: Review of American Petroleum Institute Research Projects on Composition and Properties of Petroleum. 4. Welt-Erdöl-Kongreß, Rom 1955, Bericht V/A/3. Kurzer Hinweis bei W. A. Gruse u. D. R. Stevens: Chemical Technology of Petroleum, 3. Aufl., New York/Toronto/London: McGraw-Hill 1960, S. 40. Das Projekt Nr. 48 befaßt sich mit den Schwefelverbindungen; vgl. a. S. 35.

[2] Rossini, F. D., u. B. J. Mair: The Work of the API Research Project 6 on the Composition of Petroleum. 5. Welt-Erdöl-Kongreß, New York 1959, Bericht Nr. V/18. – Vgl. außerdem im Hinblick auf Schmieröl J. G. Lillard, W. C. Jones jr. u. J. A. Anderson jr.: Molecular Structure and Properties of Lubricating Oil Components. Industr. Engng. Chem. 44 (1952) 2623/31. – Mair, B. J., u. F. D. Rossini: Composition of Lubricating Oil Portion of Petroleum; ebd. 47 (1955) 1062/68; ref. Erdöl u. Kohle 8 (1955) 736.

[3] Sachanen, A. N.: The Chemical Constituents of Petroleum, New York: Reinhold 1954.

[4] The Science of Petroleum. Hrsg. von A. E. Dunstan, A. W. Nash, B. T. Brooks u. H. T. Tizard, 4 Bde., London/New York/Toronto: Oxford University Press 1938; 5. Bd., Teil 1 (Crude Oils) 1950, Teil 2 (Synthetic Products and Refinery Processes) 1953, Teil 3 (Refinery Products) 1955 im selben Verlag. Außerdem G. T. Fombona, L. J. Cordero u. W. L. Nelson: The properties of petroleums that supply world trade – especially Venezuelan petroleums. 5. Welt-Erdöl-Kongreß, New York 1959, Bericht Nr. VI/30.

[5] Smith, H. M.: Composition of United States Crude Oils. Industr. Engng. Chem. 44 (1952) 2577/85.

[6] Näheres hierüber s. bei K. van Nes u. H. A. van Westen: Aspects of the Constitution of Mineral Oils, Amsterdam/Houston: Elsevier 1951. – Headlee, A. J. W., u. R. E. McClelland: Quantitative Separation of West Virginia Petroleum into Several Hundred Fractions. Isolation and Properties of C_6 to C_{27} Normal Paraffins and other Hydrocarbons. Industr. Engng. Chem. 43 (1951) 2547/52. – Waterman, H. I.: Die Bedeutung der graphisch-statistischen Analyse für die Er-

besonders bei Benzin, ist sehr oft von Interesse, wie hoch die Anteile der einzelnen Kohlenwasserstoffgruppen, nämlich der Paraffine, der Olefine, der Naphthene und der Aromaten sind. Zu deren Ermittlung benutzte man bisher die sog. PONA-Analyse[1]. Sie arbeitet mit optischen Kennwerten ebenso wie das sog. Fluoreszenz-Indikator-Adsorptions-(FIA-)Verfahren, welches dem gleichen Zweck dient und in zunehmendem Maße der PONA-Analyse vorgezogen wird[2]. Es ist in DIN 51 791 genormt und kann auf alle Kohlenwasserstoffgemische mit einem Siedebereich bis 315 °C angewendet werden.

c) Die Begleitstoffe

Im Rohöl finden sich infolge seiner Entstehung neben den Kohlenwasserstoffen immer Begleitstoffe. Sie können in Spuren vorkommen, wie z. B. die Metalle (als Salze), können aber auch Anteile von mehreren Prozent erreichen, wie dies beim Schwefel in einigen Rohölen der Fall ist. Die Begleitstoffe beeinflussen den Verfahrensgang der Erdölverarbeitung erheblich, weil sie entweder in den Fertigprodukten unerwünscht sind und deshalb entfernt werden müssen oder verfahrenstechnische Störungen, wie Korrosionen, Katalysatorvergiftungen usw., hervorrufen.

α) Das Wasser und die Halogenverbindungen. Zugleich mit dem Erdöl wird in den Lagerstätten immer Wasser angetroffen, und zwar in Form von mehr oder weniger konzentrierten Salzlösungen. In diesen herrschen als Anionen Natrium, Magnesium und Kalzium, als Kationen Chlorid, Bromid, Jodid und Sulfat vor. In dem Maß, wie sich eine Lagerstätte erschöpft, nimmt meist der Wassergehalt des geförderten Rohöles zu, weil das Randwasser durch seinen Eigendruck das Öl aus den Gesteinsporen in Richtung zur Sonde verdrängt, mit dem noch vorhandenen Öl eine Emulsion bildet und in dieser Form zusammen mit dem Öl zutage gefördert wird.

---

forschung der Mineralöle. Brennst.-Chem. 36 (1955) 169/76 u. 199/203. – CORNELISSEN, J., u. H. I. WATERMAN: Methode für die Strukturanalyse von Mineralölfraktionen auf Grund der Viscosität, des Brechungsindex und der Dichte. Brennst. Chem. 37 (1956) 404/08. – CORNELISSEN, J., J. A. WATERMAN u. H. I. WATERMAN: Ring-Analysen-Diagramme für gesättigte Mineralölfraktionen. Brennst.-Chem. 39 (1958) 84/85, 141/45 u. Berichtigung S. 252. – TERRES, E.: Beitrag zur Identifizierung von Mineralöl-Kohlenwasserstoffen auf Grund ihrer physikalischen Daten; ebd. S. 97/110. – TERRES, E., K. ESSER u. CL. SCHOTT: Über die Zerlegung der Fraktionen der atmosphärischen Destillation eines deutschen Erdöls und die Identifizierung ihrer Bestandteile; ebd. S. 289/99, 321/29. – WATERMAN, H. I.: Correlation between Physical Constants and Chemical Structure, Amsterdam: Elsevier 1958; erwähnt in Fußn. 1, S. 22.

[1] Mineralöle und verwandte Produkte, hrsg. von C. ZERBE, 2. Aufl., Bd. I, Berlin/Heidelberg/New York: Springer 1969, S. 618 ff., weiterhin einfach als C. ZERBE zitiert.

[2] SCHINDEL, K.: Erweiterung der Fluoreszenz-Indikator-Adsorptions-Methode (FIA) zur Erfassung der vier Hauptkohlenwasserstoffe von Benzinen. Erdöl u. Kohle 10 (1957) 754/57. – ZERBE, C.: a. a. O., Bd. II, S. 141 ff., 617.

Es gelingt nicht immer, diese mitunter sehr hartnäckigen Emulsionen vom „Wasser in Öl"-Typ durch bloßes Absitzenlassen zu brechen. Es müssen dann Demulgatoren in wäßriger Lösung zugesetzt werden, um das Begleitwasser aus dem Öl zu entfernen. Dabei wird gleichzeitig eine weitgehende Entsalzung erreicht. Neuzeitliche Verfahren verwenden für diesen Zweck Wechselstrom hoher Spannung. Dabei gelingt es mit dem in Abschn. H2fα beschriebenen Verfahren, auch schwer zu behandelnde Rohöle zum Teil ohne Zusatz von irgendwelchen Demulgatoren auf Gehalte von 0,7 bis 0,8 Vol.-% Wasser bzw. auf 0,001 Gew.-% = 10 mg/kg NaCl zu entwässern bzw. zu entsalzen[1]. Eine möglichst vollständige Entwässerung und damit Entsalzung der Rohöle ist um so notwendiger, je höher die thermische Beanspruchung während der Weiterverarbeitung ist. Besonders in den Öfen von Destillationsanlagen kann ein selbst geringer Salzgehalt des Rohöles in der Verdampfungszone zu einer allmählichen Verkrustung der Rohre führen. Der dadurch verschlechterte Wärmeübergang an der Rohrinnenseite hat höhere Rohrwandtemperaturen zur Folge, die oft die Ursache von Rohrreißern und Ofenbränden sind. Noch kritischer sind die Verhältnisse wegen der wesentlich höheren Ofenaustrittstemperatur in thermischen Krackanlagen, welche getoppte Rohöle oder Rückstände verarbeiten.

Natriumchlorid führt meist zu Ablagerungen in den Wärmeaustauschern und Ofenrohren; das thermisch unstabile Magnesiumchlorid wird hingegen beim Durchgang durch den Ofen gespalten, und dadurch bildet sich Salzsäure. Diese verursacht dann zusammen mit meist entweichendem Schwefelwasserstoff Korrosionen im Kolonnenkopf, in der Topdämpfeleitung, den Kondensatoren und anderen Anlagenteilen. Es lassen sich zwar durch Einspritzen von Ammoniaklösungen bzw. alkalischen organischen Inhibitoren die Korrosionen bekämpfen, doch können dadurch wieder Ammonchloridablagerungen in heißen Anlagenteilen, wie Topprodukt-Wärmeaustauschern, zu Betriebsschwierigkeiten führen. Auch sublimiert ein Teil der Chloride, geht deshalb flüchtig mit den Fraktionen ab und kann dann z. B. in Gasölfraktionen erscheinen, die als Einsatzmaterial für katalytische Krackanlagen dienen sollen. Die Chloride verursachen Schäden am Katalysator, der besonders durch Natriumverbindungen vergiftet wird und an Aktivität verliert.

In vereinzelten Fällen ist der Salzgehalt von Rohölen höher, als er der Sättigung des gleichzeitig anwesenden Wassers entspricht. Die Salze sind dann zum Teil als mikroskopisch nachweisbare Kristalle im Rohöl suspendiert. Eine Erklärung für diese Erscheinung ist noch nicht gefunden und gehört nicht zum Thema dieses Buches.

β) **Die Schwefelverbindungen.** Schwefel ist das wichtigste Begleitelement des Erdöles. Irgendeine Gesetzmäßigkeit in Abhängigkeit von der noch zu besprechenden Basis oder anderen Eigenschaften des Rohöles ist kaum zu erkennen, wenn auch hoher Asphaltgehalt und hoher *Sch*wefelgehalt oft gleichzeitig auftreten. Rohöle mit weniger als 0,5

---

[1] Bulian, W.: Die Entsalzung von Rohöl. Erdöl u. Kohle 8 (1955) 542/45. – Näheres s. S. 692ff.

Gew.-% Schwefel gelten als schwefelarm. Es gibt jedoch auch viele Rohöle, wie z.B. die aus den Vorkommen in Nahost, die bis zu 3 Gew.-%
Schwefel enthalten. Das Rohöl des Qaidjarah-Feldes im Iraq enthält
sogar 7 Gew.-% Schwefel, was der höchste bisher beobachtete Wert ist.
In mexikanischen und albanischen Rohölen wurden bis zu 5 und mehr
Gew.-% Schwefel festgestellt. Daß die Schwefelverbindungen die Eigenschaften des Öles erheblich beeinflussen, erkennt man schon daran, daß
z.B. eine Schmierölfraktion mit einer mittleren Molmasse von etwa
300 g/mol, welche nur 1% Schwefel enthält, ungefähr zu 10% aus
Schwefelverbindungen besteht. In Bitumina sind die Moleküle – sofern
man von diesen überhaupt noch sprechen kann – so groß, daß es kaum
mehr Moleküle ohne Fremdatome gibt. Man nimmt an, daß bis zu vier
Fremdatome in einem solchen Molekül vorhanden sein können; vgl. dazu S. 762ff. Dies zeigt, daß die Ansicht, Rohöl oder Rohölfraktionen bestünden fast ausschließlich aus Kohlenwasserstoffen, nur mit Einschränkungen zutrifft.

An einer schwer zugänglichen Stelle in der Literatur wurde der Versuch gemacht, für eine größere Gruppe von Vorkommen einen Zusammenhang zwischen Schwefelgehalt und Dichte zu erkennen[1]. Deshalb ist das
Ergebnis in Abb. A-6 dargestellt. Es wurde der durchschnittliche Schwefelgehalt der nordamerikanischen und venezolanischen Rohöle verschiedener Dichte berechnet und dieser gleich 100 gesetzt. Die darauf bezogenen Durchschnittswerte der Schwefelgehalte der einzelnen Vorkommen
wurden als Abszisse gewählt und darüber die tatsächlich festgestellten
Werte aufgetragen. Bestünde Übereinstimmung zwischen diesen und den
Durchschnittswerten, so lägen alle Punkte auf Geraden durch den Ursprung. Die Abhängigkeit von der Dichte ist unverkennbar, ebenso die
andersartige Zusammensetzung der Nahost-Öle. Dies erklärt sich einfach
dadurch, daß sie bei der Wahl der Bezugsgröße nicht berücksichtigt
wurden. Trägt man aber für die Nahost-Öle die Schwefelgehalte über der
als Abszisse benutzten Dichte auf, so erhält man den durch eine strichpunktierte Linie dargestellten Zusammenhang, der für überschlägige
Ermittlungen brauchbar sein dürfte.

Es wurden zahlreiche Untersuchungen von Geologen durchgeführt,
um die Herkunft des Schwefels im Rohöl zu erklären. Da an der Entstehung des Rohöles durch anaerobe bakterielle Zersetzung mariner Ablagerungen von Mikroorganismen kaum gezweifelt wird, muß die Erklärung für die Herkunft des Schwefels mit dieser Annahme in Einklang

---

[1] NELSON, W. L., G. TH. FOMBONA u. D. N. SALAZAR: Petróleos crudos de Venezuela y otros paises. (Venezuelan and other World Petroleums). Spanisch und englisch, hrsg. vom Ministerio de Minas e Hidrocarburas der Republik Venezuela,
2. Aufl., Caracas 1959, S. 81ff. (Im Buchhandel nur schwierig zu beschaffen.) Die
Angaben beruhen offenbar auf bereits früher mitgeteilten Untersuchungen; vgl.
W. L. NELSON, G. TH. FOMBONA u. L. J. CORDERO: Relationship between sulfurcontent of crude oils and the sulfur content of conventional refinery products.
4. Welt-Erdöl-Kongreß, Rom 1955, Bericht V/A/2. – Als eine der wenigen Veröffentlichungen über Öle aus Osteuropa – vgl. Abb. A-5, S. 16. – sei noch genannt
V. MAŠEK: Der Schwefel- und Spurenelementgehalt von schweren Heizölen aus
Romachkino-Erdöl. Erdöl u. Kohle 20 (1967) 638/40.

stehen. Das Eiweiß des Planktons enthält nur etwa 0,5 bis 1,5 % Schwefel. Deshalb müssen noch andere Quellen vorhanden gewesen sein, aus denen die oben angegebenen Schwefelgehalte von Rohölen entstanden sein können. Als ein möglicher Weg wird der bakterielle Abbau der Sulfate von Begleitgesteinen angesehen. PRINZLER und PAPE haben eine Übersicht über die diesbezüglichen Forschungsarbeiten gegeben[1]. Sie glauben eine gewisse Abhängigkeit des Schwefelgehaltes vom geologischen Alter zu erkennen. Allerdings gilt dies nur für einzelne Gruppen von Vorkommen,

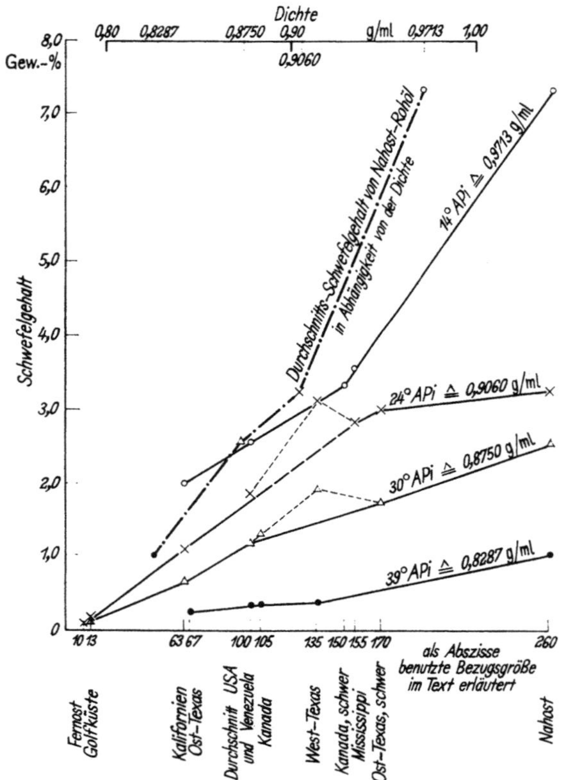

Abb. A-6. Schwefelgehalt einiger Rohölvorkommen in Abhängigkeit von der Dichte, nach NELSON, FOMBONA und SALAZAR.

wie aus Abb. A-7 zu ersehen ist. Auch sind die Vorkommen der Vereinigten Staaten von Amerika sehr summarisch zusammengefaßt, während – offenbar auf Grund des verwerteten Materials – die Zusammenhänge für Erdöle aus Osteuropa, vor allem aus dem Uralgebiet, viel stär-

---

[1] PRINZLER, H. W., u. D. PAPE: Zur Entstehung und zum postgenetischen Verhalten der organischen Schwefelverbindungen des Erdöls. Erdöl u. Kohle 17 (1964) 539/45. Dort zahlreiche Schrifttumsangaben.

ker differenziert sind. Der gleichartige Verlauf der Kurven für den Schwefelgehalt und die ebenfalls eingetragene Dichte deckten sich im Grundsätzlichen mit der Darstellung in Abb. A-6. Die Wiedergabe ist durch eine Aufteilung der festgestellten Schwefelverbindungen auf einzelne Gruppen sowie durch die Verteilung der Kohlenwasserstoffgruppen – wie sie sich aus den benutzten Quellen ergaben – ergänzt. Wenn damit vielleicht noch nicht die letzten Erkenntnisse gewonnen sind, so scheint

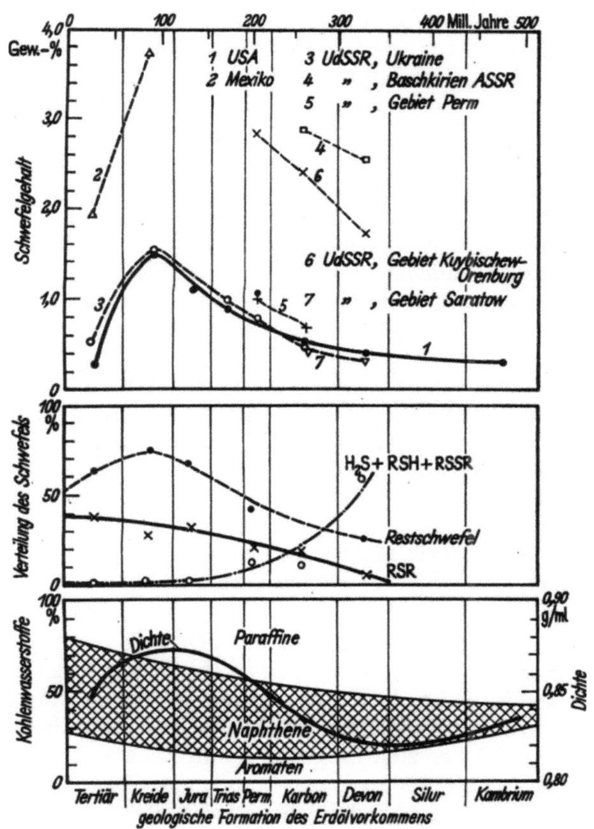

Abb. A-7. Schwefelgehalt von Rohölen sowie Verteilung der Kohlenwasserstoffgruppen und der Dichte in Abhängigkeit vom Alter der geologischen Formationen.

der eingeschlagene Weg doch Erfolg zu versprechen. Die Untersuchungen sollten auf andere Öle, insbesondere auf die reichen Vorkommen des Nahen Ostens ausgedehnt werden.

Noch schwieriger ist es, eindeutige Zusammenhänge zwischen dem Schwefelgehalt des Rohöles und dem daraus hergestellter Produkte zu erkennen. Zweifelsohne besteht eine gewisse Proportionalität, doch können in Zahlen ausdrückbare Schlüsse nicht ohne weiteres gezogen werden. Es ist bei der Erörterung der Eigenschaften der durch die einzelnen Verfahren gewonnenen Erzeugnisse jeweils auch der Schwefel als wesentlicher Begleitstoff erwähnt. Dabei ist zu berücksichtigen, daß die aliphatischen Schwefelverbindungen thermisch wenig stabil sind und bereits beim Destillieren des Rohöles zum Teil in Schwefelwasserstoff und einen schwefelfreien Kohlenwasserstoffrest zerfallen. Je höher die Siedegrenzen einer Fraktion liegen, desto mehr ist damit zu rechnen, daß die Schwefelverbindungen als Thiophene oder auch als mehrkernige Ringverbindungen mit einem oder mehreren heterogenen S-Atomen vorliegen. So erwähnt SCHAAFSMA, daß nach Untersuchungen der Royal-Dutch/Shell-Gruppe die Schwefelverbindungen eines Mitteldestillates aus Nahost-Rohöl zu 20% aus Hexa- und Oktohydrobenzothiophenen, zu 60% aus Benzothiophenen und zu 20% aus Dibenzothiophenen bestehend gefunden wurden[1]. Um wenigstens gewisse Anhaltspunkte zu gewinnen, haben NELSON u. Mitarb. beinahe 2000 Untersuchungen verschiedener Produkte hinsichtlich ihres Schwefelgehaltes ausgewertet, um dessen Abhängigkeit vom Schwefelgehalt des Rohöles zu ermitteln[2]. Eine Wiedergabe der für verschiedene Fördergebiete aufgestellten Kurvenscharen wäre ohne eingehende Erläuterung zwecklos. Es wird deshalb auf die genannte Veröffentlichung sowie auf Zahlentafel H-2, S. 652 verwiesen.

Normalerweise sind die Schwefelverbindungen in den Fraktionen unerwünscht und werden durch die verschiedensten Verfahren aus ihnen entfernt. Eine Ausnahme bildet schwefelreicher, naphthenbasischer Rückstand, der sich besonders für die Herstellung von Bitumen eignet, weil der Schwefel durch Brücken komplexe Mehrringverbindungen und damit hochmolekulare Körper bildet, die den Hauptteil der sog. Asphaltbildner (Asphaltene, Harze usw.) darstellen. Dabei ist allerdings zu beachten, daß deren Begriff nicht scharf umrissen ist[3].

Der Schwefelgehalt eines Rohöles ist vor allem aus vier Gründen nachteilig:

1. Schwefelhaltige Flüssigkeiten und Dämpfe verursachen Korrosionen in Anlagenteilen, die mit ihnen in Berührung kommen.

2. Schwefel in jeder Form beeinträchtigt die Klopffestigkeit von Ottokraftstoffen. Auf Verbrennungseigenschaften von Dieselkraftstoffen oder Heizölen wirkt er sich hingegen kaum nachteilig aus. Doch stört er auf alle Fälle wegen der Bildung von SO_2 und SO_3 in den Abgasen von Motoren und Feuerungen und führt dadurch ebenfalls zu Korrosionen. Der SO_2-Gehalt der Atmosphäre schädigt den Pflanzenwuchs.

---

[1] SCHAAFSMA, A.: Entschwefelung von Mitteldestillaten. Erdöl u. Kohle 7 (1954) 817/18.

[2] NELSON, W. L., G. TH. FOMBONA u. L. J. CORDERO: a.a.O.

[3] Der Ausdruck Asphalt wird noch oft im Sinne von Bitumen gebraucht, so z.B. im allgemeinen bei der Analyse von Erdöl- und Teerkohlenwasserstoffen. Im Straßenbau wird hingegen unter Asphalt eine Mischung aus Bitumen und Mineralstoffen verstanden. Vgl. H. MALLISON: Teer, Pech, Bitumen und Asphalt, 2. Aufl., Halle: Knapp 1944. – Ders.: Teer und Pech, eine begriffliche Betrachtung. Gas- u. Wasserf. 83 (1944) 241/43 (wieder abgedruckt in H. MALLISON: 40 Jahre Teerforschung, Heidelberg: Straßenbau, Chemie und Technik 1956, S. 9/16). – Vgl. auch S. 700 u. 751 ff.

3. Schwefel im Rohöl und in den Produkten verursacht üblen Geruch, der als sehr lästig empfunden wird.

4. Schwefel ist in vielen Fällen ein Katalysatorgift.

Inwieweit der Schwefelgehalt die Wahl der Verarbeitungsverfahren beeinflussen kann, wird noch erörtert werden. Dabei ist zu beachten, daß ein gleich großer Schwefelgehalt je nach Basis des Rohöles sich in verschiedener Weise auswirkt.

Die Identifizierung der Schwefelverbindungen im Erdöl und seinen Fraktionen ist sehr schwierig, weil sie sich durch hohe Temperaturen, wie sie beim Destillieren vorkommen, und durch Behandlungen mit Chemikalien verändern. Man kann deshalb aus den in den Fraktionen vorhandenen Schwefelverbindungen nicht ohne weiteres Rückschlüsse auf die ursprünglich vorhandenen Verbindungen ziehen. Die Erforschung der im Rohöl vorhandenen Schwefelverbindungen hat das bereits erwähnte API-Projekt Nr. 48 zum Ziel. Gerade in den letzten Jahren wurden durch die Forschungen dieses Projektes sehr viele im Rohöl vorkommenden Schwefelverbindungen identifiziert. In Zahlentafel A-12 sind die bis zum Jahre 1959 im Rohöl nachgewiesenen Schwefelverbindungen aufgezählt. Diese Verbindungen sind im Rohöl selbst enthalten und nicht erst durch irgendwelche Reaktionen während der Verfahrensgänge entstanden.

Zahlentafel A-12.

Schwefelverbindungen, die bis zum Jahre 1959 im Rohöl nachgewiesen wurden

	Anzahl
Thiole (= Thioalkohole, Merkaptane)	
Alkylthiole	27
Zykloalkylthiole	4
Sulfide	
Alkylsulfide	23
Monozyklische Sulfide	18···24
Bi- oder polyzyklische Sulfide	15···19
Thiophene	
Monozyklische Thiophene	7
Bizyklische Thiophene	2
Trizyklische Thiophene	1

Übersicht A-1 zeigt die Strukturformel von typischen Schwefelverbindungen. Es ist von Interesse, daß in den Fraktionen oberhalb des Benzinsiedebereichs nicht mehr die Alkylschwefelverbindungen vorherrschen, sondern die mono-, bi- und trizyklischen Komponenten und daß in manchen Ölen auch Benzothiophengruppen auftreten. Diese Tatsachen müssen bei den Verfahrensgängen der Rohölaufbereitung und bei der Verwendung der Produkte berücksichtigt werden. Abb. A-8 zeigt die Verteilung von Alkylmerkaptanen (in der Quelle Thiole genannt) in einem Rohöl. Aus dieser Darstellung geht hervor, daß die 1-Alkylmerkaptane (primäre Merkaptane) mit Zunahme des Molekulargewichtes abnehmen und bei 5 oder 6 Kohlenstoffatomen gänzlich verschwinden. Auch die 2-Alkylmerkaptane (sekundäre) nehmen mit zunehmendem Molekulargewicht ab und verschwinden bei etwa 12 bis 15 C-Atomen.

3*

Übersicht A-1. *Strukturformeln organischer Schwefelverbindungen*

Schwefelwasserstoff	$H-S-H$
Merkaptane (auch Schwefel- oder Thioalkohole genannt)	$H-S-R$
z.B. Methylmerkaptan	$H-S-CH_3$
Äthylmerkaptan	$H-S-C_2H_5$
Sulfide (auch Schwefel- oder Thioäther genannt)	$R-S-R$
z.B. Methylsulfid (besser als Dimethylsulfid zu bezeichnen)	CH_3-S-CH_3
Disulfide (Persulfide)	$R-S-S-R$
z.B. Diäthyldisulfid	$C_2H_5-S-S-C_2H_5$
Thiophenole	$H-S-Ar$
Thiophen (die dem Benzol entsprechende heterozyklische Verbindung)	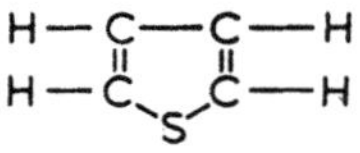
Alkylsulfate	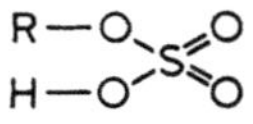
Dialkylsulfate	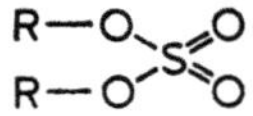
Sulfonsäuren	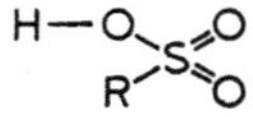
Sulfone	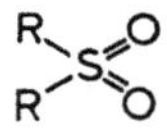
Sulfine oder Sulfoxyde	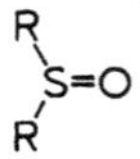

Für die 3-Alkylmerkaptane (tertiäre) sind noch nicht genügend Daten vorhanden, um nähere Aussagen machen zu können. 1-Butyl- und 1-Pentylmerkaptane wurden noch in Spuren nachgewiesen, höhermolekulare primäre Merkaptane konnten aber im Rohöl nicht mehr gefunden werden. Von den zyklischen Thiolen wurde in einem Naphtha aus West-Texas-Rohöl Zyklohexylthiol gefunden. Auch das Vorkommen von Methylzyklohexylthiol und Zyklopentylthiol in Rohölen wurde bestätigt.

An Sulfiden (Thioläthern) wurden 2-Thioäther (mit dem Schwefel an zweiter Stelle in der Kohlenstoffkette) und 3-Thioäther (mit dem Schwefel an dritter Stelle) nachgewiesen; ihre Menge wird mit steigendem Molekulargewicht geringer und verschwindet bei etwa 8 bis 10 C-Atomen; vgl. Abb. A-9. Sulfide mit tertiärer Kohlenstoff–Schwefel-Bindung sind nur in Spuren vorhanden. Sämtliche monozyklischen Sulfide sind Alkyl-

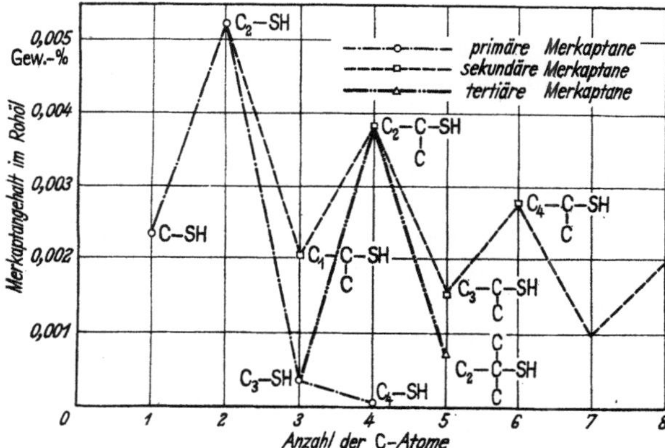

Abb. A-8. Verteilung von Merkaptanen in einem Rohöl nach API-Projekt Nr. 48.

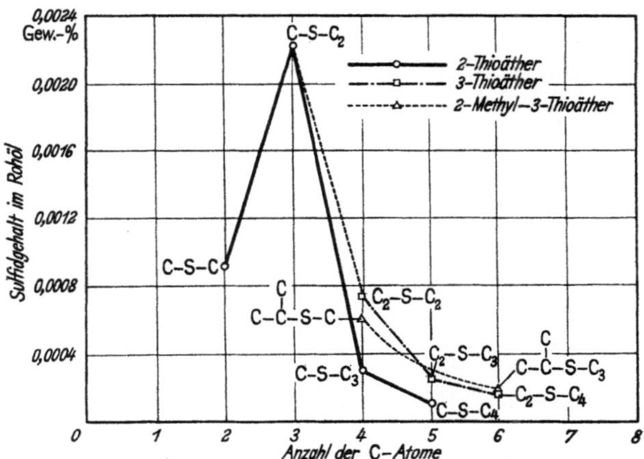

Abb. A-9. Verteilung von Sulfiden in einem Rohöl nach API-Projekt Nr. 48.

thiozyklopentane oder Alkylthiozyklohexane. In der Quelle werden die Thioäther als Thioalkane bezeichnet, was mißverständlich sein kann, weil man als Thioverbindungen solche benennt, bei denen Sauerstoff durch Schwefel ersetzt gedacht werden kann, in Alkanen aber kein Sauerstoff vorkommt.

Thiophene wurden nur in Form von tri- oder tetraalkylsubstituierten Verbindungen gefunden. Da diese jedoch aus einem Schwefeldioxydextrakt eines Petroleumschnittes isoliert wurden, besteht einiger Zweifel darüber, ob sie ursprünglich im Rohöl vorhanden waren. Zwar berichten THOMPSON u. Mitarb., daß sie Thiophen, 2-Methylthiophen und 3-Methylthiophen in einem Naphthaschnitt gefunden hätten[1]. Das Vorkommen

---

[1] THOMPSON, C. J., H. J. COLEMAN, L. MIKKELSEN, D. YEE, C. C. WARD u. H. T. RALL: Identification of thiophene and 2-methylthiophene in virgin petroleum. Anal. Chem. 28 (1956) 1384/87.

von Benzothiophenen ist von CARRUTHERS nachgewiesen worden[1]. Im allgemeinen nehmen mit steigender Molmasse in den Rohölen die Merkaptane, Alkylsulfide und monozyklischen Sulfide ab, wogegen bizyklische und polyzyklische Schwefelverbindungen häufiger auftreten. Diese umschließen auch Thiophene und Benzothiophene.

In seltenen Fällen enthalten Rohöle auch elementaren Schwefel, einige davon sogar über 1%. Sein Vorkommen schließt die gleichzeitige Anwesenheit von Tetralin aus, da Schwefel mit diesem schon bei 75 bis 100 °C reagiert und angenommen werden muß, daß die Temperaturen in den Erdöllagerstätten höher liegen. Es ist aber auch möglich, daß viele der Öle mit hohem Schwefelgehalt durch Berührung des Rohöles mit elementarem Schwefel oder Schwefelwasserstoff entstanden sind. Dieser ist in wechselnder Menge in vielen Rohölen und in den die Rohölvorkommen begleitenden Erdgasen vorhanden. Neben fast schwefelfreien Erdgasquellen gibt es solche, wie z. B. in Südfrankreich (Lacq), Iran, Mexiko und Ägypten, mit 10 bis 20 Vol.-% H_2S.

Sauerstoff enthaltende Schwefelverbindungen, wie Alkylsulfate, Sulfonsäuren, Sulfone oder Sulfoxyde, kommen nur in Erdölfraktionen vor, die mit Schwefelsäure behandelt wurden. Ebenso wurden Disulfide nur aus Ablaugen behandelter Benzine isoliert. Sie sind wahrscheinlich durch Oxydation von Merkaptanen entstanden; ihre Anwesenheit im Rohöl ist nicht erwiesen[2].

Wegen der praktischen Bedeutung für den Bau und Betrieb von Verarbeitungsanlagen wurden auch außerhalb der API-Projekte zahlreiche Untersuchungen durchgeführt, um den Schwefelgehalt und die Art der Schwefelverbindungen in einzelnen Erdölfraktionen zu ermitteln. Darüber wurde wiederholt berichtet[3]. Vgl. dazu Zahlentafel H-2, S. 652.

γ) **Die Stickstoffverbindungen.** Der Stickstoffgehalt der Rohöle beträgt zum Unterschied von dem Schwefelgehalt nur wenige Promille, in der Regel 0,1 bis 0,2%. Eine Ausnahme bilden einige mexikanische und südamerikanische Rohöle, die bis zu 0,6%, und einige kalifornische Rohöle, die bis zu 1% Stickstoff enthalten. Hoher Stickstoffgehalt tritt sehr oft gleichzeitig mit hohem Schwefelgehalt auf. Dies kann eine Folge von Proteinzersetzung sein. Der meiste Stickstoff, der auf diese Weise entstanden ist, ging jedoch durch Reaktion mit Sauerstoff verloren. Selbst ein geringer Stickstoffgehalt der Rohöle macht sich sowohl bei der Verarbeitung der Rohölfraktionen, wie z. B. durch die Vergiftung der Krack-

---

[1] CARRUTHERS, W.: 1,8-Dimethylbenzothiophene in a Kuwait mineral oil fraction. Nature 176 (1955) 790/91.

[2] ROSSINI, F. D., u. B. J. MAIR: Composition of petroleum, in: Advances in Chemistry Series No. 5 „Progress in Petroleum Technology", hrsg. von der Amer. Chem. Soc., Washington/D.C., 1951, S. 334/52 (Bericht über API-Projekt Nr. 6).

[3] STERBA, M. J.: Sulfur Content of Catalytically Cracked Gasolines. Industr. Engng. Chem. 41 (1949) 2680/87. — McBARRON, J., A. R. VANDERPLOEG u. H. McREYNOLDS: Sulfur Distribution in Thermal Cracking of High-Sulfur Feed Stocks; ebd. S. 2687/90. — BROWN, R. H., u. S. MEYERSON: Cyclic Sulfides in a Petroleum Distillate; ebd. 44 (1952) 2620/23. — BIRCH, S. F., T. V. CULLUM, R. A. DEAN u. R. L. DENYER: Sulfur Compounds in Kerosine Boiling Range of Middle East Crudes; ebd. 47 (1955) 240/49.

oder Reforming-Katalysatoren, als auch bei den Fertigprodukten unangenehm bemerkbar. So ist der beim Altern von Benzin und Destillatheizölen entstehende Gum (harzartiger Bodensatz) sehr reich an Stickstoffverbindungen. Weiter enthalten die im Rohöl vorhandenen Porphyrine als Stickstoffverbindungen Spuren von Metallen, welche ebenfalls Katalysatoren vergiften oder, wie z.B. der Vanadiumkomplex, bei der Verbrennung zur Bildung aggressiver Schlacken führen. Die Erforschung der im Rohöl vorkommenden Stickstoffverbindungen hat das 1954 begonnene API-Projekt Nr. 52 zum Ziel. Eine der wichtigsten bisher gewonnenen Erkenntnisse dieser Untersuchungen ist, daß der meiste Stickstoff bei der Destillation der Rohöle im Destillationsrückstand zurückbleibt[1]. Bei fast allen untersuchten Ölen befanden sich über 90 % des ursprünglichen Stickstoffgehaltes in dem (bis zu 300 °C bei 40 Torr) getoppten Rückstand. Zahlentafel A-13 zeigt die typische Verteilung der Stickstoffverbindungen in den Destillaten und im Rückstand von drei Wyoming-Rohölen. Bei Rohölen anderer Herkunft liegen die Verhältnisse ähnlich[2].

Zahlentafel A-13.

Verteilung des Stickstoffes in den Fraktionen dreier Wyoming-Rohöle[a]

	Winkleman Dame Wyoming		Sage Creek Wyoming		Steamboat Butte Wyoming	
	Gew.-% N	% vom Gesamtstickstoff	Gew.-% N	% vom Gesamtstickstoff	Gew.-% N	% vom Gesamtstickstoff
Rohöl	0,23	100,0	0,28	100,0	0,16	100,0
Fraktionen:						
Siedebeginn bis 275 °C bei 760 Torr	0,005	0,1	—	—	0,03	0,1
bis 200 °C ⎱	0,026	0,4	0,01	0,4	0,024	0,6
225 °C �	0,036	1,0	0,02	0,4	0,030	1,1
250 °C ⎬ bei 40 Torr	0,058	1,4	0,05	1,1	0,059	1,9
275 °C ⎮	0,105	2,5	0,09	1,8	0,096	3,1
300 °C ⎭	0,144	4,0	0,13	2,9	0,136	6,3
Rückstand	0,50	91,3	0,53	92,9	0,44	87,5
		100,7		99,5		100,6

[a] Nach H. M. SMITH, H. N. DUNNING, H. T. RALL u. J. S. BALL: Keys to the mystery of crude oil. 24th Midyear meeting API Division of Refining, New York, 29. 5. 1959.

Es scheint, daß zwischen dem Stickstoffgehalt und dem in Abschn. A 3 h erwähnten Conradson-Carbon-Test eines Rohöles ein bestimmter Zusammenhang besteht und daß beide vom geologischen Alter des Roh-

[1] BALL, J. S., M. L. WHISMAN u. W. J. WENGER: Nitrogen Content of Crude Petroleums. Industr. Engng. Chem. 43 (1951) 2577/81.
[2] Angaben über ägyptische Rohöle bei M. M. MADKOUR, I. K. ABDOU u. B. H. MAHMOUD: Der Stickstoffgehalt des Rohöls von Bakr (VAR). Chem. Techn. 20 (1968) 556/58. – Vgl. außerdem C. F. BRANDENBURG u. D. R. LATHAM: Spectroscopic Identification of Basic Nitrogen Compounds in Wilmington Petroleum. J. chem. engng. data 13 (1968) 391/94.

öles abhängen. Öle aus jüngeren Formationen haben in der Regel höhere Stickstoffgehalte und höhere Verkokungsrückstände als Öle aus geologisch älteren Formationen. Außer dem Gehalt des Roholes an Stickstoff sind auch die einzelnen Verbindungen, in welchen der Stickstoff im Rohöl vorkommt, von Interesse. Durch die Arbeit von BAILEY im API-Projekt Nr. 20, die LOCHTE und LITTMAN wiedergeben, wurde eine große Anzahl basischer Stickstoffverbindungen identifiziert[1]. Es wurden hiebei 9 Pyridine, 19 Chinoline, 2 Benzochinoline und 1 Tetrahydrochinolin nachgewiesen. Diese Arbeit wurde von 1926 bis 1931 als API-Projekt durchgeführt. BAILEY hat sie dann noch bis 1940 fortgesetzt, und seit dieser Zeit arbeitet LOCHTE an diesem Problem weiter[2].

Die von BAILEY identifizierten Chinoline sind alle 2-Methylchinoline, andere Substitutionsmöglichkeiten sind in der 3-, 4- und 8-Stellung gegeben. Ist der Substituent größer als eine Methylgruppe, so wird er am häufigsten in der 8-Stellung gefunden. Allerdings zeigen drei Verbindungen Äthylgruppen in der 4-Stellung.

In 14 untersuchten Rohölen lag das Verhältnis des basischen zum Gesamtstickstoff ohne Rücksicht auf die gesamte Stickstoffmenge oder die Rohölherkunft zwischen 25 und 35%[3]. Sowohl der Gehalt an basischem Stickstoff wie auch der gesamte Stickstoffgehalt steigen im allgemeinen mit dem Siedepunkt der Fraktionen an; das Verhältnis vom basischen zum Gesamtstickstoff bleibt etwa gleich. In einigen Ausnahmen war aber der Anteil der basischen Verbindungen in den mittleren Siedebereichen größer; vgl. nachstehend. Auch ein Erhitzen des Roholes auf 315 °C während 24 h brachte keine Änderung des Verhältnisses vom basischen zum Gesamtstickstoffgehalt. Diese Tatsache bestärkt die Theorie, daß die basischen Stickstoffverbindungen ursprünglich im Rohöl vorhanden sind und sich nicht während der Destillation bilden.

Die erste, nichtbasische Stickstoffverbindung, welche im Zuge der Arbeiten des API-Projektes Nr. 52 isoliert und identifiziert wurde, war Karbazol. Aus einer Fraktion, welche zwischen 200 und 350 °C siedet, wurde durch Extraktion mit Natriumamid ein Konzentrat, welches Karbazol, Methylkarbazol und ein C_2-Karbazol enthielt, extrahiert. Die Schwierigkeit der Isolierung von Stickstoffverbindungen erkennt man daran, daß z.B. der Stickstoffgehalt einer von 225 bis 250 °C siedenden Fraktion, in welcher z.B. Oktylpyrrol zu erwarten wäre, nur 0,001 %, d.h. also nur 10 mg/kg beträgt.

Aus einem Straight run-Kuweit-Gasöl wurden die in Zahlentafel A-14 aufgezählten Stickstoffverbindungen extrahiert und durch Chromatographie und Massenspektrographie bestimmt[4]. Unter der Annahme,

[1] LOCHTE, H. L., u. E. R. LITTMAN: The Petroleum Acids and Bases, London: Constable 1955, S. 324/41.

[2] LOCHTE, H. L.: Petroleum Acids and Bases. Industr. Engng. Chem. 44 (1952) 2597/2601.

[3] RICHTER, F. P., P. D. CAESAR, S. L. MEISEL u. R. D. OFFENHAUER: Distribution of Nitrogen in Petroleum According to Basicity. Industr. Engng. Chem. 44 (1952) 2601/05.

[4] SAUER, R. W., F. W. MELPOLDER u. R. A. BROWN: Nitrogen Compounds in Domestic Heating Oil Distillates. Industr. Engng. Chem. 44 (1952) 2606/09.

daß die Pyridine und Chinoline zu den basischen Stickstoffverbindungen
gehören, errechnet sich für diese Fraktion ein Verhältnis von basischem

Zahlentafel A-14. *Chromatographisch und massenspektrographisch bestimmte Stickstoffverbindungen in einem Straight run-Gasöl aus Kuweit-Rohöl, nach* SAUER
u. Mitarb.

Verbindung	g/100 ml	Gew.-%
Pyridine	0,079	43,9
Karbazole	0,053	29,5
Indole	0,017	9,4
Pyrrole	0,016	8,9
Chinole	0,015	8,3
Summe	0,180	100,0

zum Gesamtstickstoff mit 0,52. Dieses Resultat stimmt gut mit den erwähnten Untersuchungen von RICHTER u. Mitarb. überein, die ebenfalls
bei einem Destillat mit hoher Siedeanlage ein größeres Verhältnis von
basischem zu Gesamtstickstoff fanden, als es dem Durchschnittswert des
betreffenden Rohöles entsprach[1].

Von DEAL, WEISS und WHITE werden drei Gruppen von Stickstoffverbindungen nach ihrem basischen Charakter unterschieden[2]. Zur
Gruppe der mäßig starken Basen mit Dissoziationskonstanten von 10^{-3}
bis 10^{-5} werden Piperidinderivate und Alkylamine gerechnet. Pyridin-
und Chinolinderivate mit $K = 10^{-7}$ bis 10^{-10} werden als schwache Basen
bezeichnet und Pyrrol, Indol und Karbazol mit $K = 10^{-14}$ bis 10^{-15} zu
den nichtbasischen Verbindungen gezählt. Diese Forscher fanden, daß
in Rohölen und Rohölerzeugnissen die erste Gruppe überhaupt nicht
vertreten sei und in den schwachen Basen 20 bis 40% des Gesamtstick-
stoffes gebunden seien, was sich etwa mit vorstehend erwähnter Ansicht
deckt. Im übrigen sind unsere Kenntnisse über die in Rohölen enthaltenen Basen (und Säuren) noch ziemlich lückenhaft. (Dies gilt auch im
Zusammenhang mit den anschließend zu besprechenden Sauerstoffverbindungen.) Es hat dies seine Ursache nicht nur in den geringen vorkommenden Mengen, sondern auch in der Schwierigkeit, diese Körper
analytisch einwandfrei zu bestimmen. Es ist trotz des umfangreichen
API-Forschungsprogrammes Nr. 20 (vgl. dazu Fußn. 1, S. 40) auf diesem Gebiet noch eine Menge Arbeit zu leisten[3].

Die bereits genannten Porphyrine sind Stickstoffverbindungen, die
aus vier Pyrrolringen mit Methylgruppen bestehen. Bemerkenswert ist
ihre Fähigkeit, stabile Komplexe mit einigen Metallen zu bilden. Deshalb

---

[1] Vgl. Fußn. 3, S. 40.

[2] DEAL, V. Z., F. T. WEISS u. TH. T. WHITE: Determination of Basic Nitrogen
in Oil. Anal. Chem. 25 (1953) 426/32; ref. Brennst.-Chem. 34 (1953) 375.

[3] Vgl. auch H. L. LOCHTE: Our present knowledge of nitrogen bases in petroleum. 119th Meeting Am. Chem. Soc. April 1951. – Ders.: Petroleum Acids and
Bases. Industr. Engng. Chem. 44 (1952) 2597/2601. – RICHTER, F. P., u. Mitarb.:
a.a.O. – BALL, J. S., u. W. J. WENGER: How much Nitrogen in Crudes from
your Area? Petrol. Refiner 37 (1958) Nr. 4, S. 207/09.

sind sie besonders für die Vergiftung der Katalysatoren verantwortlich, weil sie oberflächenaktiv sind und zur Filmbildung neigen. Möglicherweise ist auch der Metallgehalt die Ursache für die ebenfalls bereits erwähnte Förderung der Gum-Bildung in Destillaten. Jedenfalls konnte ein merkbarer Einfluß auf die Grenzflächenaktivität von Erdöl festgestellt werden[1].

Die Bedeutung des Vorkommens der Porphyrine für die Erforschung der Entstehung des Roholes wurde auf S. 26f. erwähnt. Sie lassen sich so wie der Blutfarbstoff Hämin ($C_{34}H_{32}O_4N_4FeCl$) und der Blattfarbstoff Chlorophyll vom Porphin ($C_{20}H_{14}N_4$)

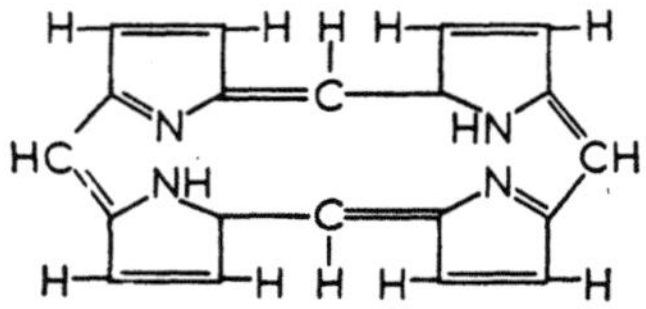

ableiten. (In der Strukturformel sind die C-Atome in den Ecken der Fünferringe weggelassen.) Beim Hämin, der Farbkomponente des Hämoglobins, sitzt zentral und mit den N-Atomen verbunden eine FeCl-Gruppe. Die äußeren N-Atome an den Ringen sind durch Alkyl- sowie durch Karboxylgruppen ersetzt, so wie bei dem in Abb. A-10 dargestellten Beispiel einer Vanadium–Porphyrin-Verbindung. Das Chlorophyll ist noch komplizierter. Sein genauer Aufbau ist bisher nicht mit Sicherheit erkannt; deshalb kann keine Bruttoformel angegeben werden. Man weiß jedoch, daß die zentrale FeCl-Gruppe des Hämins durch Mg ersetzt ist.

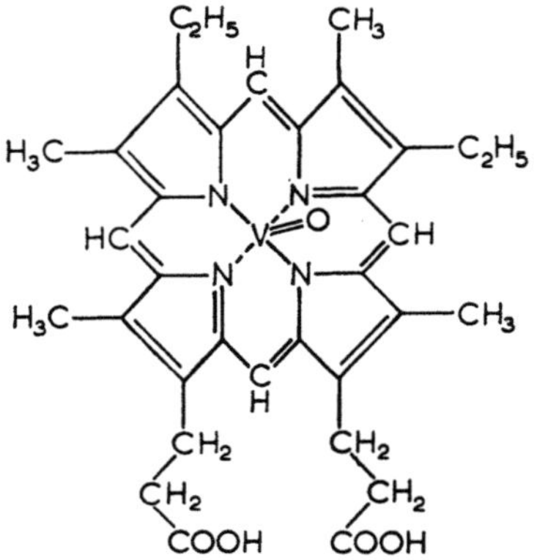

Abb. A-10. Molekülstruktur einer Vanadium–Porphyrin-Verbindung.

Die Porphyrin–Metall-Komplexe der Erdöle sind meistens mit deren Asphaltenen assoziiert und enthalten hauptsächlich Vanadium und

[1] Vgl. dazu H. N. DUNNING, J. W. MOORE u. A. T. MYERS: Properties of Porphyrins in Petroleum. Industr. Engng. Chem. 46 (1954) 2000/07; ref. Brennst.-Chem. 36 (1955) 186.

Nickel[1]. Jedoch können Spuren dieser Komplexe oftmals in teilweise raffinierten Produkten zurückbleiben, wie z.B. in Destillaten aus thermischen Krackprozessen und in entasphaltierten Bright Stocks[2]. Eine chromatographische Analyse eines mittels Propan entasphaltierten Raffinates aus einem Mid Continent-Rückstand ergab z.B. einen höheren Gehalt an Vanadium– und Nickel–Porphyrin-Komplexen[3]. Solche Komplexe sind verhältnismäßig stabil und außerdem flüchtig, was ihre Anwesenheit in Destillaten erklärt[4]. BIEBER u. Mitarb. untersuchten das destillative Verhalten und schlossen aus den gewonnenen Ergebnissen, daß die Metall–Porphyrin-Komplexe im Rohöl als eine „Familie" mit ziemlich engen Siedegrenzen existieren[5]. In der in Abb. A-10 gezeigten Struktur erscheint das Vanadium in der Vanadylform, d.h. mit Sauerstoff gekoppelt[6]. Die Tatsache, daß sich die Porphyrinkomplexe hauptsächlich in jüngeren asphalthaltigen Rohölen finden, stützt die Theorie, daß die Asphaltkomponenten eines Rohöles, nämlich die Porphyrinkomplexe, primär aus den ursprünglichen Organismen entstanden sind, und zwar während der mit der Sedimentation verbundenen Diagenese. Damit bezeichnet man nach POTONIÉ die erste, unter biologischen Einflüssen verlaufende Periode der Bildung fossiler Brennstoffe.

δ) **Die Sauerstoffverbindungen.** Der Gehalt der Erdöle an Sauerstoff beträgt selten mehr als 0,5%. Man kann annehmen, daß er in der Karboxylgruppe auftritt, also Säuren bildet. Der Säuregehalt der meisten Rohöle liegt meist unter 0,1%, doch sind auch vereinzelte Fälle von Rohölen hauptsächlich naphthenischer Basis bekannt, die bis zu 2% Säuren enthalten. Der Säuregehalt der Destillatfraktionen steigt mit der Molmasse zunächst an und nimmt dann wieder ab, so daß im allgemeinen in Destillationsrückständen wieder weniger Säuren vorkommen als in den schwersten Destillaten. Diese Beobachtung kann aber auch eine Folge der noch unzulänglichen Bestimmungsverfahren sein.

Ob Fettsäuren und Phenole, die mitunter in einzelnen Fraktionen anzutreffen sind, ursprünglich im Rohöl vorhanden sein können, erscheint sehr fraglich. Jedenfalls ist ihr Anteil in solchen Fraktionen im allgemeinen geringer als der der sog. Naphthensäuren; wie noch auszuführen sein wird, sollten diese besser Erdölsäuren genannt werden. Aus Benzin wurden Fettsäuren bis zu C_9 isoliert, wogegen in dieser Fraktion selten Naphthensäuren zu finden sind. In höhersiedenden Destillaten nimmt der Fettsäuregehalt ab, der Naphthensäuregehalt zu. Der Gehalt an

[1] SKINNER, D. A.: Chemical State of Vanadium in Santa Maria Valley Crude Oil. Industr. Engng. Chem. 44 (1952) 1159/65.

[2] Vgl. Abschn. N1eη, S. 982.

[3] DUNNING, H. N., u. N. A. RABON: Porphyrine-Metal Complexes in Petroleum Stocks. Industr. Engng. Chem. 48 (1956) 951/55.

[4] Vgl. dazu R. A. WOODLE u. W. B. STANDLER jr.: Mechanism of Occurence of Metals in Petroleum Distillates. Industr. Engng. Chem. 44 (1952) 2591/96.

[5] BIEBER, H., H. M. HARTZBAND u. E. C. KRUSE: The volatility of porphyrines in petroleum. Preprints Div. Petr. Chem., Am. Chem. Soc. 3 (1958) Nr. 1, S. 269/81.

[6] ERDMAN, J. G., V. G. RAMSEY, N. W. KALENDA u. W. E. HANSON: Synthesis and properties of porphyrine-vanadium-complexes. J. Am. Chem. Soc. 78 (1956) 5844/47.

Phenolen (Kresole und Xylenole) übersteigt selten 10 % des gesamten Säuregehaltes. Dabei ist zu bemerken, daß man in gekrackten Destillaten mitunter Alkylphenole bis zu 0,1 % antrifft. In diesen Produkten sind dann allerdings selten Naphthensäuren enthalten, weil sie während des Krackvorganges zerstört werden. Die Naphthensäuren sind Derivate des Zyklopentans. Auch Zyklohexylderivate wurden isoliert. Das Vorkommen von Aldehyden oder Ketonen in Straight run-Fraktionen (die durch einfache Destillation erhalten werden) ist nur sehr schwer einwandfrei festzustellen[1].

Die chemische Natur der im Rohöl ursprünglich vorkommenden Erdölsäuren ist um so schwerer aufzuklären, je höher die Molmasse der Fraktionen ist. CARO stellte bei der Untersuchung der Sauerstoffverbindungen von Schmierölen und Bitumina fest, daß die Säuren weitgehend mit der übrigen chemischen Struktur der die Grundsubstanz bildenden Kohlenwasserstoffe übereinstimmen und sich von diesen nur durch die Karboxylgruppe unterscheiden[2]. Er empfiehlt deshalb, den Ausdruck Naphthensäuren nur dort anzuwenden, wo sie wirklich als karboxylierte Naphthene auftreten, allgemein jedoch von Erdölsäuren zu sprechen. Es gelang ihm auch, aus Bitumina solche Säuren zu isolieren. Dabei ergab sich, daß sie keineswegs auf die Asphaltene und die Maltene gleichmäßig verteilt sind[3]. Immer stimmt aber ihr Aufbau mit dem der einzelnen Anteile überein, aus denen sie abgetrennt werden.

Da Erdölsäuren z.B. in rumänischen und kaukasischen Rohölen in größerer Menge vorkommen, haben sie wesentlich früher als die Stickstoffverbindungen das Interesse der Erdölchemiker auf sich gezogen. Sie wurden in diesen naphthenbasischen Ölen aus den von CARO nachgewiesenen Gründen als Naphthensäuren identifiziert, und diese Bezeichnung bürgerte sich für alle Säureverbindungen von Erdölen ein. Obwohl in mancher Hinsicht überholt, sind trotzdem die Ausführungen darüber bei GURWITSCH recht lesenswert[4]. Die Erdölsäuren sind nicht nur für die Wissenschaft, sondern auch für die Wirtschaft von Interesse, weil sie für gewisse Verwendungszwecke, wie z.B. bei der Herstellung von Bohrölemulsionen, insbesondere aber ihre Schwermetallsalze als Trocknungsbeschleuniger bei der Herstellung von Anstrichfarben, einen recht guten Markt haben. Von Erdölvorkommen, die erst in den Jahren nach dem Zweiten Weltkrieg erschlossen wurden, sind die Ölquellen in Niederösterreich (Matzen, Aderklaa usw.) reich an Naphthensäuren, so daß

---

[1] LOCHTE, H. L., u. E. R. LITTMANN: a. a. O. S. 166 ff. – GALLO, S. G., C. S. CARLSON u. F. A. BIRIBAUER: Cresylic Acids in Petroleum Naphthas. Industr. Engng. Chem. 44 (1952) 2610/15.

[2] CARO, J. H.: Hochmolekulare saure Verbindungen aus Erdöl. Erdöl-Z. 78 (1962) 435/40.

[3] Bezüglich dieser Begriffe vgl. Abschn. K1b, S. 763.

[4] GURWITSCH, L.: Wissenschaftliche Grundlagen der Erdölverarbeitung, 2. Aufl., Berlin: Springer 1924, S. 77 ff. – Dazu J. VON BRAUN: Erdölchemie einst und jetzt, Öl u. Kohle 14 (1938) 283/89; bes. S. 286. – Die Arbeiten von v. BRAUN sind auch bei LOCHTE u. LITTMANN: a. a. O. S. 144/88 ausführlich gewürdigt. – Vgl. weiterhin K. F. COLES: Naphthenic acids: boiling points and distribution in gasoil distillates. J. Inst. Petrol. 33 (1947) 325/29. – v. HAMMER, E., u. R. LEUTNER: Absorptionsspektrographische Untersuchungen an Naphthensäuren. Erdöl-Z. 77 (1961) 104/07.

sich eine Gewinnung lohnt, nicht nur ihre Beseitigung notwendig *ist*, um die Produkte zu neutralisieren[1].

ε) **Die Metallverbindungen.** In der Asche von Rohölen werden praktisch alle Metalle gefunden; die Gesamtmenge beträgt im Gegensatz zu den Verhältnissen bei der Kohle im allgemeinen nur Bruchteile von Promille. Der besonders bemerkenswerte Vanadiumgehalt der Rohöle wurde schon bei den Porphyrinkomplexen erwähnt. Zahlentafel A-15 gibt die Vanadiumgehalte verschiedener Rohöle wieder. Für den Vana-

Zahlentafel A-15. *Vanadiumgehalte verschiedener Rohöle*

Herkunft des Rohöles	Vanadiumgehalt mg/kg	Conradson-Test Gew.-%
Kalifornien (durchschnittlich)	5···50	2···15
Santa Maria/Cal.	223	12
West-Texas	7···8	1···4
Golfküste	2	1
Kansas	20	2···5
Pennsylvanien	5	1
Kanada	4···5	4
Iran	3···78	3···5
Iraq	19	4
Kuweit	16···25	4
Bahrein	16	5
Saudi-Arabien	1···11	2···6
Venezuela	0···300	1···11
Kolumbien	72	1···10

diumgehalt gilt ähnliches wie für den Stickstoffgehalt, nämlich daß er um so größer ist, je höhere Werte der Conradson-Test liefert. Das Vorkommen von Vanadium ist dadurch zu erklären, daß es von Meerespflanzen absorbiert wird und in deren Stoffwechsel eine ähnliche Rolle spielt wie der Phosphor bei Landpflanzen. Auch das Blut von Meerestieren enthält mehr Vanadium und weniger Phosphor als das von Landtieren[2]. Daneben sind im Durchschnitt Nickel und Eisen die am häufigsten vorkommenden Metalle; doch schwanken ihre Anteile sehr stark je nach Herkunft des Rohöles[3]. Der Gehalt an Natriumsalzen im Erdöl kann

---

[1] WIESENEDER, H.: Zur Kenntnis der neuen Erdöl- und Erdgasvorkommen im Wiener Becken. Erdöl u. Kohle 9 (1956) 357/63. – SOVA, O.: Siedetemperaturen von Erdölsäuren (Naphthensäuren); ebd. 11 (1958) 862/65. – SOVA, O., u. G. GULZ: Erdölsäuren aus Österreich; ebd. 12 (1959) 74/77. – SOVA, O.: Technische Erdölsäuren aus Matzner Rohöl. Neutralisations- und Farbzahlen bei der Destillation; ebd. 13 (1960) 390/94. – v. HAMMER, E., u. O. SOVA: Säuren des Matzener Rohöls. Erdöl-Z. 76 (1960) 423/29.

[2] Vgl. z.B. bei B. ENGEL: Über Erosions- und Korrosionsschäden bei der Verwendung von schweren Heizölen als Motor-, Kessel- und Gasturbinen-Brennstoff. Erdöl u. Kohle 3 (1950) 321/27, bes. S. 325.

[3] BAKER, E. W.: Vanadium and nickel in crude petroleum of South America and Middle East origin. J. Chem. Engng. Data 9 (1964) 304/07. – FAULHABER, E., u. L. LIEBETRAU: Über die Verteilung der Spurenelemente Vanadin und Nickel in Erdölen und Erdölfraktionen. Erdöl u. Kohle 18 (1965) 270/72 mit Berichtigung S. 984. – KUBIČKA, R., u. Mitarb. (vgl. Fußn. 1, S. 820) haben z. B. in Destillationsrückständen aus Kuweit-Rohöl 95 mg Vanadium/kg festgestellt.

zum Teil syngenetisch (gleichzeitig mit dem Erdöl entstanden) erklärt werden, z.T. dürfte das Natrium aus dem mit Erdöl immer zusammen vorkommenden Salzwasser stammen (epigenetisch verursacht).

Es wurden bisher 43 Metalle im Rohöl identifiziert. Als am häufigsten vorkommende Metalle wurden in der Reihenfolge ihrer Anteile z.B. Silizium, Eisen, Aluminium, Kalzium, Magnesium, Nickel, Natrium und Vanadium genannt. Ein nicht bekannter Anteil davon ist in Form öllöslicher organometallischer Verbindungen vorhanden. Von diesen bilden wieder die Porphyrine eine wichtige Klasse. Bei den öllöslichen organometallischen Verbindungen scheint es sich um Metallsalze organischer Säuren zu handeln. Ob Metalle auch elementar in Kolloidform im Erdöl vorhanden sind, konnte bei den geringen Mengen bisher noch nicht ermittelt werden[1]. Bei einer Untersuchung von 23 nordamerikanischen Rohölen wurden folgende Anteile der einzelnen Metalle in der Asche gefunden:

zwischen 10 und 100 Gew.-% Na, Ca, Fe, V, Ni, Cu;
zwischen 1 und 10 Gew.-% Zn, K, Mg, Al;
zwischen 0,1 und 1,0 Gew.-% Zr, Sr, Pb, Nd, Mo, La, Co, Ba, B, As, Mn, T.

Man sieht, daß diese Angaben von Fall zu Fall erhebliche Unterschiede aufweisen können[2].

Der Gehalt des Erdöles und der daraus gewonnenen Erzeugnisse an Metallverbindungen läßt sich verfahrenstechnisch kaum beeinflussen. Diese Verbindungen reichern sich als größtenteils nicht verdampfbare Anteile in den Rückstandsölen an und können in Kesselfeuerungen, Gasturbinen und Dieselmotoron durch die unangenehmen Eigenschaften der entstehenden Asche zu erheblichen Schwierigkeiten führen. Insbesondere Vanadium, das beim Verbrennen zu flüchtigem Vanadium-Pentoxyd (V_2O_5) oxydiert wird, ist in dieser Hinsicht gefürchtet[3]. Der Einfluß der Metalle auf die bei der Verarbeitung des Erdöles vielfach verwendeten Katalysatoren, insbesondere beim katalytischen Kracken, wird in Abschn. E 2 b ausführlicher behandelt.

d) Kolloide im Erdöl

Es besteht heute kein Zweifel, daß alle Erdöle kolloidale Stoffe enthalten. Dies ist wegen des Einflusses auf die in Abschn. A 3 c ϰ, S. 65 zu erwähnende Grenzflächenspannung z.B. für die Wanderung des Erdöles

---

[1] JANAUER, G. E., u. J. KORKISCH: Vanadium, Nickel und Porphyrine im Erdöl. Erdöl-Erdgas-Z. 81 (1965) 195/200 (eine Literaturübersicht).

[2] Wiedergegeben bei W. A. GRUSE u. D. R. STEVENS: a.a.O. S. 11.

[3] JONES, M. C. K., u. R. L. HARDY: Petroleum Ash Components and their Effect on Refractories. Industr. Engng. Chem. 44 (1952) 2615/19. – Sonderheft Nr. 46 (Febr. 1956) der Mitteilungen der Vereinigung der Großkesselbesitzer (VGB). – JACKLIN, CL., D. R. ANDERSON u. H. THOMPSON: Fireside Deposits in Oil-Fired Boilers. Industr. Engng. Chem. 48 (1956) 1391/34. – KONOPICKY, K.: Technische Probleme um das V_2O_5. Brennst.-Chem. 36 (1955) 151/55. – GUMZ, W., H. KIRSCH u. M.-TH. MACKOWSKY: Schlackenkunde, Berlin/Göttingen/Heidelberg: Springer 1958, S. 294/314. – GUMZ, W.: Korrosionsprobleme beim Verfeuern von Heizöl. Techn. Überwachung 1 (1960) 293/301 mit ausführlicher Schrifttumsübersicht.

in den Lagerstätten, für seine Gewinnung und bei der Verarbeitung für die Entwässerung und Entsalzung von Wichtigkeit; vgl. zum letzten Punkt Abschn. H 2 f α. Weiterhin ist es für das Verständnis der Eigenschaften von Bitumen unerläßlich, sich mit den Erkenntnissen der Kolloidik vertraut zu machen. Deshalb ist Abschn. K 1 b, S. 762 ff. diesem Thema gewidmet.

Gerade in letzter Zeit sind H.-J. NEUMANN und seine Mitarbeiter zu neuen Erkenntnissen gekommen. Sie haben z. B. eine verständliche Erklärung für die Fluoreszenz des Erdöles gefunden[1]. Wesentlich erscheint NEUMANN die Unterscheidung zwischen den vorwiegend aus polaren Stoffen aufgebauten *Asphaltenen*, deren Kolloidteilchen durch Dipolkräfte zusammengehalten werden, und den *Erdölharzen*, die aus unpolaren, überwiegend aromatischen Kohlenstoffen bestehen und deren Kolloidteilchen durch Dispersionskräfte zusammengehalten werden. Sehr wichtig ist auf Grund der Untersuchung zahlreicher Erdöle auch die Feststellung, daß nahezu alle Aschebildner in den Asphaltenen nachzuweisen sind, und zwar zum Teil als Kationen, die an organische Anionen gebunden sind, zum Teil als Porphyrinkomplexe mit eingebauten Metallatomen. So wurde neben Natriumchlorid sowie Natrium- und Kalziumsulfat auch Kalziumformiat in Mengen von einigen Prozent in Asphaltenen gefunden. Trotz seiner leichten Löslichkeit in Wasser scheint es innerhalb der Kolloide so gut geschützt zu sein, daß es auch bei längerer Berührung des Erdöles mit Wasser nicht herausgelöst wird. Die polaren Stoffe in den Asphaltenen führen dazu, daß sie sich an Grenzflächen anreichern und deren Spannung stark beeinflussen.

Bei den Erdölharzen kommt NEUMANN auf Grund seiner adsorptionschromatographischen Untersuchungen zur Ansicht, daß diese nicht – wie vielfach angenommen wird – aus hochmolekularen Körpern bestehen, sondern überwiegend aus niedermolekularen. Die Aromaten wie Naphthalin, Azenaphthen, Fluoren, Phenanthren, Anthrazen und zahlreiche ihrer Abkömmlinge herrschen vor. Diese Stoffe finden sich aber auch echt gelöst in den als Dispersionsmittel wirkenden Erdölkohlenwasserstoffen. Ob sie Kolloide bilden, hängt von äußeren Bedingungen wie vor allem Konzentration und Temperatur ab.

3. Die verschiedenen Erdölarten und ihre Kennzeichnung

a) Die Unterscheidung nach Kohlenwasserstoffgruppen (die sog. Basis)

Für die Verarbeitung des Rohöles ist seine Zusammensetzung aus den einzelnen, der Struktur nach verschiedenen Kohlenwasserstoffgruppen, die sog. Basis, entscheidend. Durch sie werden die zu wählenden Verarbeitungsverfahren, beziehungsweise die Qualität der aus dem Rohöl erhaltenen Produkte bestimmt. Wegen der großen Zahl der im Erdöl

---

[1] NEUMANN, H.-J.: Über Aufbau und Zusammensetzung von Erdöl-Kolloiden. Erdöl u. Kohle **22** (1969) 323/26.

vorkommenden chemischen Individuen bereitet eine genaue Kennzeichnung der Rohöle erhebliche Schwierigkeiten. Dabei sind nur die Kohlenwasserstoffe in Betracht gezogen und nicht die bereits besprochenen Begleitstoffe wie Schwefel, Stickstoff, Basen und Säuren sowie Metalle.

Die große Verschiedenheit in der chemischen Zusammensetzung der Erdöle macht es kaum möglich, sie in gut definierte Klassen (Gruppen) einzuteilen. Bisher ist es noch nicht gelungen, eine wirklich einwandfreie Klassifizierung der Rohöle zu erreichen. Eine Einteilung nach der Dichte allein ist nur dann möglich, wenn das Rohöl aus demselben Fördergebiet und demselben Produktionshorizont kommt. Sie gibt aber auch dann nur rohe Anhaltswerte für den Gehalt an leichten und schweren Komponenten. Dieses System versagt sofort, wenn Rohöle verschiedener Fördergebiete auf diese Weise verglichen werden.

Ausgehend von dem Gedanken, daß sich die Zusammensetzung der einzelnen Rohölfraktionen mit steigender Molmasse deutlich ändert, entwickelten LANE und GARTON eine Methode, die heute als die Methode des U. S. Bureau of Mines anerkannt ist[1]. Sie beruht auf der Erkenntnis, daß wohl eine Kohlenwasserstoffgruppe in den leichten Fraktionen eines Rohöles überwiegen, in den schweren Fraktionen aber eine andere Gruppe vorherrschen kann. Deshalb werden zwei genau festgelegte Fraktionen, die sog. Schlüsselfraktionen (key fractions) unter genormten Bedingungen aus dem Rohöl abgenommen und auf Grund ihrer Dichte entweder als paraffinbasisch, naphthenbasisch oder gemischtbasisch klassifiziert. Das Rohöl als Ganzes wird dann nach den Ergebnissen der Untersuchung der

Zahlentafel A-16.

Klassifizierung von Rohölen nach der Dichte der Schlüsselfraktionen

Klasse	Schlüsselfraktion I Dichte bei 15 °C g/ml	Schlüsselfraktion II Dichte bei 15 °C g/ml
Paraffinbasisch	0,8251 oder leichter	0,8762 oder leichter
Paraffinbasisch-gemischtbasisch	0,8251 oder leichter	0,9340 bis 0,8762
Paraffinbasisch-naphthenbasisch	0,8251 oder leichter	0,9340 oder schwerer
Gemischtbasisch	0,8251 bis 0,8602	0,9340 bis 0,8762
Gemischtbasisch-paraffinbasisch	0,8251 bis 0,8602	0,8762 oder leichter
Gemischtbasisch naphthenbasisch	0,8251 bis 0,8602	0,9340 oder schwerer
Naphthenbasisch	0,8602 oder schwerer	0,9340 oder schwerer
Naphthenbasisch-paraffinbasisch	0,8602 oder schwerer	0,8762 oder leichter
Naphthenbasisch gemischtbasisch	0,8602 oder schwerer	0,9340 bis 0,8762

---

[1] LANE, E. C., u. E. L. GARTON: U.S. Bur. Min., Rept. of Investigations (1935) Nr. 3279, S. 12ff.; ref. Öl u. Kohle 11 (1938) 43; (1937) Nr. 3362. Diese Arbeit stützt sich auf die ursprünglichen Vorschläge von E. W. DEAN, H. H. HILL, N. A. C. SMITH u. W. A. JACOBS: U.S. Bur. Min. Bull. 207 (1923) 82ff.; dazu A. J. KRAEMER u. E. C. LANE: ebd. (1937) Nr. 401.

beiden Schlüsselfraktionen gemäß Zahlentafel A-16 bezeichnet. Die gewählten Schlüsselfraktionen sind:

Schl.F. I, welche bei 760 Torr von 250 bis 275 °C und
Schl.F. II, welche bei 40 Torr von 275 bis 300 °C

in der von HEMPEL angegebenen Destillationsapparatur übergeht. Die Zahlenwerte erklären sich durch die Umrechnung aus °API; vgl. S. 56.

Es wurde gefunden, daß 85 % der Rohöle in die einfachen Klassen der paraffinbasischen, gemischtbasischen oder naphthenbasischen Rohöle fallen, wogegen bisher keine Rohöle gefunden wurden, die sich in die Gruppen der paraffinbasisch-naphthenbasischen oder der gemischtbasisch-naphthenbasischen einordnen ließen.

Diesem System folgend ist weiterhin das Rohöl einzuteilen in paraffinfrei oder paraffinhaltig, je nachdem, ob der Stockpunkt der Schlüsselfraktion II unter- oder oberhalb von − 15 °C liegt. Der Feststellung des Paraffingehaltes eines Rohöles haftet eine gewisse Willkür an, weil die Beantwortung der Frage davon abhängt, von welchem Erstarrungspunkt an man paraffinische Kohlenwasserstoffe als „Paraffine" im Sinne der hier erforderlichen Festlegung betrachtet. Im allgemeinen bezeichnet man als Paraffine Normalalkane, deren Schmelzpunkt über 15 °C liegt. Der niedrigstsiedende, hieher gehörende Kohlenwasserstoff ist n-Hexadekan $C_{16}H_{34}$ (auch Zetan genannt), mit einem Schmelzpunkt von 18,1 °C. Für technische Verwendungen von Interesse sind jedoch erst Paraffine, die bei höheren Temperaturen als etwa 30 °C schmelzen; vgl. dazu S. 106.

Die meisten naphthenbasischen und viele gemischtbasische Rohöle enthalten keine Paraffine im erwähnten Sinn. Hingegen sind paraffinbasische Rohöle – von ganz leichten Sorten abgesehen – nie paraffinfrei. Diesbezügliche Untersuchungen sind besonders dann notwendig, wenn die höhersiedenden Fraktionen eines Rohöles auf Schmieröl verarbeitet werden sollen, weil das Paraffin entfernt werden muß, die Qualität der dabei zu gewinnenden Paraffine jedoch die Wirtschaftlichkeit des Verfahrens beeinflußt.

Die folgende Übersicht A-2 zeigt die hauptsächlichsten Eigenschaften der paraffinbasischen und der naphthenbasischen Rohöle sowie der dar-

Übersicht A-2. *Eigenschaften paraffin- bzw. naphthenbasischer Rohöle und der daraus gewonnenen Produkte*

	Paraffinbasisch	Naphthenbasisch
Dichte	niedrig	hoch
Ausbeute an Benzin	hoch	niedrig
Oktanzahl des Benzins	niedrig	hoch
Geruch des Benzins	gut	manchmal schlecht [a]
Schwefelgehalt der Fraktionen	niedrig	hoch
Zetanzahl des Gasöles	hoch	niedrig
Stockpunkt des Gasöles	hoch	niedrig
Ausbeute an Schmieröl	hoch	niedrig
Viskositätsindex der Schmieröle	hoch	niedrig

[a] dann, wenn Naphthensäuren enthalten sind.

aus erhaltenen Produkte. Gemischtbasische Öle haben Eigenschaften, die zwischen den beiden angeführten Grenzfällen liegen. Es ist nicht möglich, aus irgendeinem Rohöl alle Fraktionen mit der höchsten Qualität zu erzeugen. Jedoch können mit Hilfe moderner Verarbeitungsverfahren bei mehr oder weniger großem Kostenaufwand auch aus Rohölen mit mäßigen Eigenschaften qualitativ hochwertige Produkte hergestellt werden. Die Kosten werden einerseits durch Substanzverluste, andererseits durch aufwendige Verfahren verursacht.

Im allgemeinen ergeben paraffinbasische Rohöle gute Leuchtölsorten, Gasöle und Schmieröle, während naphthenbasische Öle gute Benzine und gute Asphalte ergeben, aber auch brauchbare Schmieröle liefern können. Die früher übliche Bezeichnung „asphaltbasische" Rohöle wurde fallengelassen, da ein Asphaltgehalt ohne weiteres mit einem bedeutenden Gehalt an Paraffinen zusammen vorkommen kann und daher keine eindeutige Klassifizierung in dieser Richtung möglich ist[1]. Allerdings erweisen sich die früher sog. asphaltbasischen Rohöle in der Regel als naphthenbasisch bei hohem Schwefel- oder Sauerstoffgehalt. Besonders Schwefel kann als Ursache für Brückenbildung und Polymerisationen angesehen werden und dadurch zu einem hohen „Asphalt"-Gehalt eines Rohöles führen. Dieser ist dadurch gekennzeichnet, daß sich z.B. mit Propan oder anderen leichten Kohlenwasserstoffen wie Normalhexan oder Normalbenzin (nach DIN 51557) größere Mengen asphaltartiger (harziger) Körper ausscheiden lassen. Näheres folgt in Abschn. J 1, S. 699ff.

Das Verfahren von LANE und GARTON wurde von VAN NES und VAN WESTEN in der Weise erweitert, daß sie die „True Boiling-Point-Kurve" (vgl. S. 57) für das zu untersuchende Öl bestimmten und dann von den möglichst eng geschnittenen Fraktionen jede für sich hinsichtlich der Verteilung der Paraffine, Naphthene und – soweit vorhanden – Aromaten untersuchten[2]. Diese Autoren nennen das Ergebnis dieser Untersuchung ein Kohlenwasserstoffverteilungsspektrum. Für eine Klassifizierung der Rohöle ist dieses System allerdings nicht verwendbar, da sich die qualitativen Unterschiede zwischen den einzelnen Rohölen verschiedener Basis durch die Darstellung im Dreiecksdiagramm nicht genügend sinnfällig darstellen lassen. Die Vorschläge von VAN NES und VAN WESTEN ergänzen jedoch wegen ihrer, durch Zahlenangaben einfach wiederzugebenden Ergebnisse in exakt wissenschaftlicher Weise die Methode des U.S. Bureau of Mines.

Mit Rücksicht auf praktische Fragen, die den Verarbeitungsbetrieb interessieren, untersucht man jedes Rohöl sowie die einzelnen Fraktionen und den Rohölrückstand auf Dichte, Schwefelgehalt, Stockpunkt, Conradson-Test und verschiedene andere Eigenschaften. Aus diesen Angaben erhält man Anhaltspunkte für die Ausbeuten an einzelnen Fraktionen, ihre Verwendbarkeit als Kraftstoffe, den Paraffingehalt, die Eignung höhersiedender Fraktionen zur Herstellung von Schmieröl oder des Rückstandes für Bitumen sowie etwa zu erwartende Schwierigkeiten bei der Raffination der Produkte.

---

[1] Vgl. dazu Fußn. 3, S. 34. – [2] Vgl. Fußn. 6, S. 28.

Übersicht A-3. *Die verschiedenen Erdölarten und ihr geographisches Vorkommen nach* SACHANEN *(ergänzt)*

<table>
<thead>
<tr><td rowspan="2">Basis</td><td colspan="4">Chemische Zusammensetzung</td><td rowspan="2">Vorkommen</td></tr>
<tr><td>Paraffine und paraffinische Seitenketten</td><td>Naphthenische Ringe</td><td>Aromatische Ringe</td><td>Harze und Asphalte</td></tr>
</thead>
<tbody>
<tr><td>Paraffinisch</td><td>über 75%</td><td colspan="3">Rest</td><td>Pennsylvanien, Westvirginia, Texas (Panhandle), Kanada (New Brunswick); Elsaß (Pechelbronn); Kuweit</td></tr>
<tr><td>Naphthenisch</td><td>Rest</td><td>über 70%</td><td colspan="2">Rest</td><td>Kalifornien, Louisiana, Texas[a], Venezuela; Embagebiet (Südural), Bakugebiet; Rumänien (Prahova, Dambovița), Galizien, Österreich, Slowakei; Borneo, Sumatra, Java, Sachalin</td></tr>
<tr><td>Aromatisch</td><td colspan="2">Rest</td><td>über 50%</td><td>Rest</td><td>Keine natürlichen Vorkommen bekannt</td></tr>
<tr><td>Asphaltisch</td><td colspan="3">Rest</td><td>über 60%</td><td>Trinidad (natürliche Asphalte)</td></tr>
<tr><td>Paraffinisch-naphthenisch</td><td>60 bis 70%</td><td>über 20%</td><td colspan="2">Rest</td><td>Colorado, Kansas, New Mexico, Oklahoma, Indiana, Ohio, Wyoming[a]; Argentinien; Kaukasus (Groznyj); Iraq (Kirkuk), Iran; Rumänien (Buzău); Niedersachsen</td></tr>
<tr><td>Paraffinisch-naphthenisch-aromatisch</td><td colspan="3">je ungefähr gleiche Menge</td><td>Rest</td><td>Kaukasus (Maikop)</td></tr>
<tr><td>Naphthenisch-aromatisch</td><td>Rest</td><td>über 35%</td><td>über 35%</td><td>Rest</td><td>Kalifornien, Texas, Burma</td></tr>
<tr><td>Naphthenisch-aromatisch-asphaltisch ·</td><td>Rest</td><td>über 25%</td><td>über 25%</td><td>über 25%</td><td>Kalifornien, Texas</td></tr>
<tr><td>Aromatisch-asphaltisch</td><td colspan="2">Rest</td><td>über 35%</td><td>über 35%</td><td>Ural, Mexiko</td></tr>
</tbody>
</table>

[a] Die Fördergebiete in Texas und Louisiana werden in den Vereinigten Staaten von Amerika zusammenfassend oft als Gulf Coast-Vorkommen, die in den Staaten beiderseits des Mississippi und bis zu den Rocky Mountains als Mid Continent-Vorkommen bezeichnet.

Nach einer etwas abweichenden Einteilung hat SACHANEN die in Übersicht A-3 enthaltenen Angaben über die geographische Verteilung der verschiedenen Erdölvorkommen zusammengestellt[1]. Es besteht kein Zweifel, daß dort, wo ausreichende Untersuchungsergebnisse vorliegen, eine Kennzeichnung nach VAN NES und VAN WESTEN mit Hilfe der sog. n-d-M-Methode vorzuziehen ist. Jedoch kann vor allem bei Projektarbeiten, die sich oft auf mangelhafte Unterlagen stützen müssen, auf die hier erwähnte Kennzeichnung nicht verzichtet werden.

Wo es jedoch möglich ist, sollte von den Untersuchungsmethoden, die von VAN NES und VAN WESTEN im Anschluß an die Arbeiten von WATERMAN über die Strukturanalyse ausgearbeitet wurden, Gebrauch gemacht werden[2]. Insbesondere im Bereich höhermolekularer Produkte lassen sich damit recht brauchbare Aussagen erzielen[3]. Die zu untersuchenden Produkte müssen jedoch noch soweit durchsichtig sein, daß sie die Messung der Refraktion gestatten; vgl. S. 61. Allerdings ist der Aussagewert solcher Analysen für einzelne Fraktionen größer als für ein Rohöl als Ganzes, weil dessen Zusammensetzung nach Kohlenwasserstoffgruppen in den verschiedenen Siedelagen schwanken kann und daher Durchschnittsangaben die tatsächlich vorhandenen Unterschiede nicht erkennen lassen.

Um die Mängel der Klassifikation des U.S. Bureau of Mines zu beseitigen, hat TRIEMS eine Einteilung vorgeschlagen, die sich auf die Ergebnisse der elutionschromatographischen Untersuchung des Toprückstandes stützt, der von den bis 200 °C siedenden Benzinanteilen befreit ist[4]. Doch erscheint die behauptete Verbesserung nicht sehr überzeugend. Gegenüber den rd. 85% von etwa 800 untersuchten Ölen, die sich in das Schema nach U.S. Bureau of Mines einordnen lassen, konnte TRIEMS die Anwendbarkeit seiner Vorschläge bei rd. 87% von 31 Erdölen aus Mittel- und Osteuropa sowie aus dem Nahen Osten zeigen. Zweifellos hat die von TRIEMS vorgeschlagene Arbeitsweise den Vorteil einer konsequenteren Systematik, müßte aber noch verbessert und vor allem übersichtlicher dargestellt werden.

b) Die Analysenbücher der großen Erdölfirmen

Für genaue Berechnungen ist eine eingehende Untersuchung der zu verarbeitenden Erdöle und der einzelnen, daraus zunächst durch destillative Trennung zu gewinnenden Fraktionen unerläßlich. Zwar hat man beobachtet, daß sich im Laufe von Jahren die Eigenschaften mancher

---

[1] Vgl. A. N. SACHANEN: The Chemical Constituents of Petroleum, New York: Reinhold 1945, S. 113.

[2] Vgl. hiezu S. 63.

[3] Vgl. dazu G. BRANDES: Die Strukturgruppenanalyse von Erdölfraktionen. 1. Mitt. Brennst.-Chem. 37 (1956) 263/67; 2. Mitt. Erdöl u. Kohle 11 (1958) 700/02; 3. Mitt.: Die Aussagemöglichkeiten der Strukturanalyse zur Beurteilung von Schmieröl-Destillaten und -Raffinaten; ebd. S. 781/85.

[4] TRIEMS, K.: Ein neues Klassifikationssystem für Erdöle. Chem. Techn. 40 (1968) 596/600, fußend auf K. TRIEMS u. G. HEINZE: a.a.O. (Fußn. 1, S. 53), Aufsatz Nr. XI.

Erdölvorkommen etwas ändern. So stellte man z.B. fest, daß der Schwefelgehalt der besonders schwefelarmen nordafrikanischen Vorkommen mit der Zeit leicht zunimmt. Trotzdem kann man über längere Zeiträume bei geographisch definierten Erdölvorkommen mit weithin gleichbleibenden Eigenschaften rechnen.

Um dem laufenden Betrieb die Überwachung der Anlagen zu erleichtern und um außerdem bei Neuplanungen die wiederholte Untersuchung im Laboratorium zu ersparen, haben die meisten großen Erdölfirmen die Rohöle ihrer eigenen Fördergebiete und solcher, aus denen sie Rohöle beziehen, sehr genau untersucht und die Ergebnisse in umfangreichen Zahlentafeln und Kurvenblättern festgehalten. Diese Arbeiten sind unter den Bezeichnungen „Crude Assay Manual", „Technical Manual" u.ä. jeweils für bestimmte Rohöle bekannt. Sie werden in den eigenen Betrieben für die vorerwähnten Zwecke benutzt, aber auch befreundeten Firmen, insbesondere Abnehmern der betreffenden Rohöle für deren Planungsarbeiten und Betriebsüberwachung zur Verfügung gestellt. Sie bilden die beste Grundlage für jede Art von Berechnung der Eigenschaften und Ausbeuten der angestrebten, durch Destillation zu erzielenden Fraktionen. Die Frage, welche Eigenschaften und Ausbeuten dann beim Kracken, Reformieren, Raffinieren, Hydrieren und anderen Verfahren erzielt werden können, hängt von der Wahl dieser Verfahren ab und muß besonders untersucht werden. Doch enthalten die vorerwähnten „Handbücher" meist auch brauchbare Angaben, aus denen man erkennen kann, wie sich ein bestimmtes Rohöl bzw. seine Fraktionen beim katalytischen Kracken oder katalytischen Reformieren verhalten oder ob es z.B. zur Gewinnung von Schmierölen oder Bitumen besonders geeignet ist.

Für die aus Osteuropa stammenden Rohöle sind solche Unterlagen – in deutsch oder englisch – nicht bekannt. Es sollen deshalb untenstehend zwei Aufsatzreihen angeführt werden, in denen zahlreiche Analysenergebnisse der auch in Mitteleuropa verarbeiteten, hauptsächlich unter den Herkunftsnamen Romaškino und Tujmasy in den Handel gebrachten Rohölsorten mitgeteilt sind[1].

---

[1] Aufsatzreihe „Beiträge zur Analytik von Erdölprodukten"; BORNEMANN, P., M. FINKE u. G. HEINZE: I. Über die Gruppenanalytik von Schmierölfraktionen. Chem. Techn. 14 (1962) 292/99. – FINKE, M., u. G. HEINZE: II. Aufbau von 18-m-Chromatographiesäulen für die Elutionschromatographie von Erdölprodukten. Chem. Techn. 14 (1962) 299/301. – Dies.: III. Zerlegung eines Schmierölextraktes aus Tuimasy-Rohöl. – Herstellung des Rohproduktes und dessen chromatographische Gruppentrennung. J. prakt. Chem. (4) 20 (1963) 304/09. – Dies.: IV. Zerlegung eines Schmierölextraktes aus Tuimasy-Rohöl. – Analyse der Kohlenwasserstoffgruppen. J. prakt. Chem. (4) 21 (1963) 250/65. – GIPP, S., W. LAUK, K. TRIEMS u. G. HEINZE: V. Charakterisierung des Miltzower Erdöls (DDR). Chem. Techn. 15 (1963) 604/08. – HEINZE, G., K. TRIEMS, W. HAGER u. M. FINKE: VI. Charakterisierung der Erdöle aus Tuimasy und Romaschkino (UdSSR). Chem. Techn. 16 (1964) 482/88. – Dies.: VII. Charakterisierung der Erdöle aus Tuimasy und Romaschkino (UdSSR) – Spezielle Produkte. Chem. Techn. 18 (1964) 489/94. – RAOUF, R. A., K. TRIEMS u. G. HEINZE: VIII. Über die Zusammensetzung der bei der fraktionierten Entparaffinierung von Tuimasinsker Neutralöl II gewinnbaren Gatsche. Chem. Techn. 17 (1965) 470/72. – FINKE, M., u. G. HEINZE: IX. Die katalytische Hydrie-

c) Die wichtigsten physikalischen und chemischen Eigenschaften von Erdölen und daraus gewonnenen Produkten

Auch für überschlägige Berechnungen ist die Kenntnis wenigstens einiger Eigenschaften eines Rohöles erforderlich. Die Angaben darüber sind in der Regel erhältlich oder können ohne großen Aufwand ermittelt werden. Außerdem sind sie in den erwähnten „Handbüchern" sehr ausführlich zu finden. Will man sich ein genaues Bild über die günstigste Möglichkeit der Verarbeitung eines Rohöles machen, so empfiehlt sich zunächst die Bestimmung der beschriebenen Basis. Doch gibt diese keinen Aufschluß über die Mengenanteile der zu erwartenden Fraktionen sowie über deren Eigenschaften im einzelnen. Deshalb werden zur vollständigen Kennzeichnung eines Rohöles nachstehend verschiedene physikalische und chemische Eigenschaften besprochen, die für die Beurteilung von Rohöl benötigt oder als Berechnungsgrößen benutzt werden wie auch bei einzelnen oder mehreren Fraktionen wichtig sein können. Daneben gibt es noch zahlreiche andere Eigenschaften, die nur bei bestimmten Produkten von Interesse sind oder bei einigen von ihnen überhaupt nicht bestimmt werden könnten, wie z.B. die Klopffestigkeit bei Fraktionen mit Siedebereichen oberhalb rd. 200 °C. Bei der Bespre-

---

rung aromatischer Schmierölfraktionen und die chromatographische Zerlegung der Hydrierprodukte. Erdöl u. Kohle 19 (1966) 17/21. – Triems, K., u. G. Heinze: X. Über die Zusammensetzung der bei der Entparaffinierung von Romaschkinsker Schweröl (SU) gewinnbaren Gatsche und Öle. Chem. Techn. 19 (1967) 99/102. – Triems, K., u. G. Heinze: XI. Eine elutionschromatographische Schnellmethode zur Bewertung von Erdölen. Chem. Techn. 20 (1968) 40/42. – Feist, U., G. Heinze u. H.-G. Könnecke: XII. 9,10-Dialkylphenantrene als Modellsubstanzen für die Erdölanalytik im Schmierölbereich. Chem. Techn. 20 (1968) 354/57.

Aufsatzreihe „Beiträge zur Gewinnung und Charakterisierung von Erdölprodukten"; Gipp, S., u. G. Heinze: I. Über das Verhalten und die Zusammensetzung der bei der fraktionierten Entparaffinierung von Tuimasinsker Neutralöl erhaltenen Gatsche. Acta Chim. Acad. Sci. hung. 31 (1962) 85/100. – Dies.: II. Über das Verhalten und die Zusammensetzung der bei der fraktionierten Entparaffinierung von Tuimasinsker Neutralöl erhaltenen Öle und Gatsche. Freiberger Forsch.-H. Reihe A (1962) H. 250, S. 135/45. – Gipp, S., G. Heinze u. E. Leibnitz: III. Zur Lösungsmittelentparaffinierung von Mineralölschnitten. J. prakt. Chem. (4) 19 (1963) 74/82. – Gipp, S., u. G. Heinze: IV. Vereinfachte Lösungsmittelaufarbeitung in Entparaffinierungsanlagen durch gaschromatische Analyse. J. prakt. Chem. (4) 19 (1963) 169/73. – Dies.: V. Über die bei der Entparaffinierung von Schmierölfraktionen aus tatarischen Rohölen erhaltenen Gatsche. Chem. Techn. 15 (1963) 133/37. – Triems, K., u. G. Heinze: VI. Hartparaffine aus Tuimasinsker und Romaschkinsker (UdSSR) Erdöl. Chem. Techn. 17 (1965) 226/31. – Dies.: VII. Mikrokristalline Wachse aus Tuimasinsker (UdSSR) Erdöl. Chem. Techn. 17 (1965) 350/54. – Triems, K., u. G. Heinze: VIII. Weichparaffine aus Romaschkinsker Erdöl (UdSSR). Erdöl u. Kohle 18 (1965) 695/99. – Dies.: IX. Hartparaffine aus einem destruktiv destillierten Tuimasinsker Erdölgatsch; ebd. S. 870/76 – Dies.: X. Plastische Weichparaffine aus Tuimasinsker und Romaschkinsker (UdSSR) Erdöl; ebd. S. 963/64.

Weitere Daten nunmehr auch bei W. Berghoff: Erdölverarbeitung und Petrolchemie. Tafeln und Tabellen, Leipzig: Deutscher Verlag Grundstoffind. 1968, S. 54 bis 62, 64, 163, 203; als Quelle ist genannt С. Н. Павлова (S. N. Pawlowa): Нефти восточных районов СССР (Erdöle der östlichen Gebiete der UdSSR), 2 Bde., Leningrad u. Moskau: Gostoptechizdat 1962.

chung der herzustellenden Produkte, ihrer Benennung und ihrer Eigenschaften wird sich im letzten Abschnitt dieses Kapitels Gelegenheit geben, darauf einzugehen.

Es wurde wiederholt der Versuch gemacht, Rohöle oder einzelne Fraktionen durch Eigenschaften zu kennzeichnen, die sich schnell und einfach im Laboratorium ermitteln lassen. Hieher gehören z.B. die verschiedenen Bemühungen, die Klopffestigkeit von Benzinen aus solchen Daten zu berechnen, um die umständliche Prüfung im Motor zu vermeiden, vgl. S. 86 ff. Der sog. Dieselindex [= Anilinpunkt (°F) × API-Grade/100] kann hier ebenfalls erwähnt werden[1]. Auch der Versuch, Rohöle unter Verzicht auf eine Destillation zu kennzeichnen, wurde unternommen, jedoch sind die Vorschläge nicht sehr überzeugend[2].

a) **Die Dichte.** Die gewöhnlich bei 15 °C oder 60 °F (= 15,6 °C) bestimmte, in g/ml, g/l oder kg/l anzugebende Dichte wird oft als Kennzeichen für den Anteil niedrigsiedender Fraktionen betrachtet[3]. Dieser ist im allgemeinen um so höher, je niedriger die Dichte liegt. Doch bestehen in dieser Hinsicht zwischen Ölen verschiedener Basis erhebliche Unterschiede.

Da die Vereinigten Staaten von Amerika in der Erdölindustrie eine überragende Rolle spielen und die dort üblichen Bezeichnungen auf der ganzen Erde in Gebrauch sind, müssen sie erwähnt werden. Dabei ist zu beachten, daß „specific gravity" nicht damit identisch ist, was

---

[1] Er wird gelegentlich noch in Amerika benutzt; vgl. D. R. HOGIN u. W. L. CLINKENBEARD: Distillate heating oils, in: Petroleum Products Handbook S. 7–29 (vgl. Fußn. 3, S. 83).

[2] GAYLOR, V. F., u. C. N. JONES: Rapid and comprehensive crude oil evaluation without destillation. Industr. Engng. Chem./Prod. Res. Developm. 7 (1968) 191/98.

[3] Es wird in diesem Buch gemäß DIN 1301 (Juni 1955) für die Krafteinheit grundsätzlich das Pond (p) bzw. das Kilopond (kp), für die Masseneinheit das Gramm (g) bzw. das Kilogramm (kg) verwendet. Nur auf diese Weise ist besonders im Bereich der Dimensionen für die Zähigkeit, den Wärmeübergang und die damit zusammenhängenden Eigenschaften die Verwirrung zu beseitigen, die dadurch entstand, daß früher g und kg im CGS-System als Dimensionen der Masse, im sog. technischen (MKS-)System als Dimension der Kraft benutzt wurden. Wegen der weitergehenden Absichten, als Krafteinheit nur mehr das Newton (N) und als Wärmeeinheit nurmehr das Joule (J) zuzulassen, s. B. RIEDIGER: Warum N und kJ statt kp und kcal. Erdöl u. Kohle 17 (1964) 122/24. – Ders.: Zur Frage der Maßeinheiten für Kraft und Wärme. DIN-Mitt. 44 (1965) 140/41. – Vgl. a. Vorwort S. III.
Für die Volumeneinheit werden dem ständigen Brauch des Fachausschusses Mineralöl- und Brennstoffnormung folgend die Dimensionen l und ml benutzt, obwohl der Unterschied zwischen ml und cm³ im Rahmen der in diesem Buch behandelten Fragen vernachlässigt werden kann. Es hat sich herausgestellt, daß zwischen beiden Dimensionen die Gleichung

$$1,0 \text{ ml} = 1,000028 \text{ cm}^3$$

besteht. Neuere Messungen der Dichte des Wassers haben nämlich ergeben, daß die Masse, die durch das auf Grund der Meterkonvention vom 20. Mai 1875 angefertigte und in Breteuil (Dep. Oise) bei Paris aufbewahrte Urkilogramm definiert wird und gleich der eines Liters reinen Wassers bei 4 °C ist, tatsächlich der von 1,000028 cm³ entspricht. Somit können Liter und Kubikdezimeter nicht mehr als identische Volumina betrachtet werden. Für die Angabe großer Mengen wird aber m³ beibehalten, weil die entsprechende Dimension kl (Kiloliter) = 1000 l ungebräuchlich ist.

im Deutschen unter spezifischem Gewicht (bisher lt. DIN 1306 auch Wichte) verstanden wurde[1]. Vielmehr ist specific gravity eine dimensionslose Größe, und zwar die Dichtezahl (bzw. die ihr zahlengleiche Wichtezahl) nach DIN 1306. Sie ist das Verhältnis des Gewichtes des Einheitsvolumens des Öles bei 60 °F zum Gewicht desselben Volumens von Wasser bei der gleichen Temperatur. Das gilt in gleicher Weise auch für das Verhältnis der (durch das Gewicht bestimmten) Massen. Diese „specific gravity" wird dazu benutzt, um die konventionellen, vom American Petroleum Institute eingeführten API-Grade nach der Formel

$$°API = \frac{141,5}{spec.\ grav.} - 131,5 \qquad (A\text{-}1)$$

zu bestimmen. Nachstehende Zahlentafel A-17 gibt den Zusammenhang zwischen einigen Werten wieder.

Zahlentafel A-17. *API-Grade und Specific Gravity*

°API	Specific Gravity
0	1,0760
10	1,0000
20	0,9340
30	0,8762
40	0,8251
50	0,7796
60	0,7389
70	0,7022
80	0,6690
90	0,6388
100	0,6112

Eine ausführliche Tabelle, ergänzt durch die Angabe lb/gall und unterteilt nach 1/10 °API findet sich im Anhang zu NELSON 3. Aufl., sowie auszugsweise bei ZERBE[2]. Für die Umrechnung der Dichte bei anderen Temperaturen als den bei der Messung angewendeten gibt DIN 51757 Tabellen, die auf den Petroleum Measurement Tables der American Society for Testing and Materials (ASTM) bzw. des Institute of Petroleum (IP, Ausgabe London 1953) beruhen. Diese Angaben sind jedoch verbesserungsbedürftig[3]. Daher empfiehlt es sich, die Arbeit von SCHOENECK und WEBER zu beachten, wenn es auf die Ermittlung ge-

---

[1] Wegen der in Fußn. 3, S. 55 erwähnten Klärung durch DIN 1301 (Juni 1955) kann nunmehr auf die Bezeichnung „Wichte", die immer etwas umstritten war, verzichtet werden. Die Angabe der zahlengleichen Dichte ist völlig ausreichend. Eine besondere Bezeichnung für die von der Masseneinheit im Schwerefeld der Erde ausgeübte Kraft (nämlich das früher sog. spezifische Gewicht) ist damit überflüssig geworden.

[2] NELSON, W. L.: Petroleum Refinery Engineering, 3. Aufl., New York/Toronto/London: McGraw-Hill 1949, S. 789ff.; 4. Aufl., 1957, S. 905ff. (gegenüber der 3. Aufl. stark gekürzt durch Vergrößerung der Teilung von 0,10 auf 0,50). – C. ZERBE: a.a.O., Bd. II, S. 893/96.

[3] SCHOENECK, H., u. W. WEBER: Die Änderung der Dichte von Mineralölprodukten mit der Temperatur, Beitrag zu einer Ergänzung von DIN 51757. Erdöl u. Kohle 13 (1960) 738/39.

nauer Werte ankommt. Für ingenieurtechnische Berechnungen dürfte das Arbeitsblatt E 7 der Arbeitsmappe für Mineralölingenieure ausreichen[1].

β) Der Siedeverlauf. Neben der Basis ist der Siedeverlauf eines der wichtigsten Kennzeichen eines Rohöles, weil er erkennen läßt, welche Anteile der einzelnen Fraktionen zu erwarten sind. Er wird sowohl für das Rohöl wie auch für einzelne Fraktionen in genormten Apparaturen bestimmt und gewöhnlich in °C über Vol.-% aufgetragen[2]. Aus den so ermittelten *ASTM-Kurven* (auch Engler-Kurven genannt), können jedoch noch nicht die in technischen Apparaturen zu gewinnenden Destillat- und Rückstandsmengen einfach dadurch abgelesen werden, daß man die betreffenden Abschnitte zwischen den als Siedegrenzen gewünschten Temperaturen abgreift. Da im Rohöl – und auch in nicht zu eng geschnittenen Fraktionen – zahllose einander sehr ähnliche chemische Individuen vorkommen, sind diese gegenseitig löslich und beeinflussen den Dampfdruck der beim Destillieren entstehenden Gemische. In der Erdölindustrie wird heute fast ausnahmslos stetig destilliert, so daß die in den Kolonnen entstehenden Gleichgewichte zwischen Dampf und Flüssigkeit von anderen Gemischen gebildet werden, als sie in den im Laboratorium verwendeten Destillierkolben und Fraktionieraufsätzen auftreten.

Man muß daher versuchen, aus den ASTM-Kurven Zusammenhänge abzuleiten, die es gestatten, das Verhalten von Rohölen und von daraus gewonnenen Fraktionen vorauszusagen. Dazu dient vor allem die Berechnung der *wahren Siedepunktskurve* (True boiling point curve, TBP). Bei ihr werden ebenfalls °C über Vol.-% aufgetragen. Jeder Punkt dieser Kurve bedeutet, daß bei der betreffenden Temperatur der gerade übergehende, jeweils schwerstsiedende Kohlenwasserstoff des Destillates, das sich bis dahin gebildet hat, verdampft. Der Anfangspunkt der wahren Siedepunktskurve liegt immer tiefer als bei der in der ASTM-Apparatur ermittelten Siedekurve, weil das Gemisch selbst wegen der gegenseitigen Löslichkeit bei erheblich höherer Temperatur zu sieden beginnt, als die darin enthaltenen Einzelstoffe sieden. So liegt der Anfangspunkt der Engler-Kurve für die in Europa viel verarbeiteten Nahost-Öle, wie z. B. Kuweit-Öl, etwa bei 37 °C. Dieses Rohöl enthält aber noch etwas Butan mit einem Siedepunkt von rd. 0 °C bei Normaldruck, so daß die wahre Siedepunktskurve bei diesem Wert beginnt. Theoretisch müßten die Endpunkte der beiden Kurven übereinstimmen, weil am Ende der Destillation im Engler-Kolben nur mehr die schwerstsiedende Komponente übrigbleibt; das Thermometer sollte also den wahren Siedepunkt der letzten Komponente anzeigen. Tatsächlich steht aber am Ende der Engler-Destillation der Kolbeninhalt wegen der Größe des Dampfraumes mit einer auch noch aus leichterflüchtigen Kompo-

---

[1] VDI-Verlag Düsseldorf 1951. – Siehe auch W. BERGHOFF: Erdölverarbeitung und Petrolchemie, a. a. O. S. 32f.

[2] ASTM D 285-62 (Distillation of Crude Petroleum), ASTM D 86-62 (Distillation of Petroleum Products), ASTM 216-54 (Distillation of Natural Gasoline), DIN 51751 (Bestimmung des Siedeverlaufes), DIN 51761 (Prüfung des Siedeverlaufes nach KRAEMER-SPILKER).

nenten bestehenden Dampfatmosphäre im Gleichgewicht. Deshalb liegt die gemessene Temperatur niedriger, als wenn die letzte Komponente für sich allein bis auf Siedetemperatur erhitzt würde. Die wahre Siedepunktskurve verläuft somit von Anfang bis Ende steiler als die ASTM- bzw. Engler-Kurve, und beide schneiden sich in einem mittleren Bereich.

Zwar gibt es Apparaturen, die es gestatten, auch die wahre Siedepunktskurve durch einen Versuch zu ermitteln, doch ist das Arbeiten damit sehr zeitraubend und die Apparatur in vielen Laboratorien nicht vorhanden. Die damit bestimmbaren Kurven sind daher oft gar nicht zu beschaffen. Deshalb bleibt oft kein anderer Weg übrig, als auf Grund statistisch gesammelter Erfahrungswerte die wahre Siedepunktskurve zu berechnen, obwohl man sich der Problematik dieses Vorgehens bewußt ist. Näheres folgt auf S. 72 f. sowie S. 191.

Die dritte, gleichfalls sehr wichtige Kurvenart, die hier zu erwähnen ist, ist die *Gleichgewichts-Verdampfungs-Kurve* (Equilibrium flash vaporisation curve, EFV). Diese Kurve gibt an, bei welchen Temperaturen sich das Gleichgewicht zwischen verschiedenen Anteilen der flüssigen und der dampfförmigen Phase eines Stoffgemisches einstellt, wenn während des ganzen Vorganges kein Dampf abgeführt wird, die Zusammensetzung des Gesamtgemisches also zwischen Siedebeginn und völliger Verdampfung unverändert bleibt. Durch diese sog. Flash-Kurve wird also der Temperaturverlauf beschrieben, wie er sich z.B. in einem Röhrenofen zwischen Beginn und Ende der Verdampfung eines Rohöles einstellt, wenn man den Druckabfall vernachlässigt. Dabei wird wiederum die Temperatur in °C über der in Vol.-% wiedergegebenen Menge der verdampften Flüssigkeit aufgetragen[1]. Die Flash-Kurven verlaufen viel flacher als die ASTM-Kurven. Ihr Anfangspunkt liegt noch über dem Siedebeginn nach ENGLER. Zwar besteht auch bei diesem zunächst ein Gleichgewicht zwischen der Gesamtmenge des zu untersuchenden Rohöles und einer sehr kleinen Menge austretenden Dampfes. Die bei Beginn der Destillation im Kolben vorhandene Luft bewirkt aber, daß sich für die Kohlenwasserstoffe zunächst ein Teildruck einstellt, der der austretenden Dampfmenge entspricht[2]. Deshalb beginnen im Kolben aus der Flüssigkeit Dämpfe auszutreten, noch ehe die dem Dampf–Flüssigkeits-Gleichgewicht entsprechende Temperatur erreicht ist.

Das Thermometer wird wohl erst abgelesen, wenn am Ende des Kühlers der erste Tropfen abfällt. Dann ist aber die Apparatur noch nicht ganz luftfrei. Der bei der ASTM- bzw. Engler-Analyse immer beobachtete, sehr steile Temperaturanstieg am Anfang bestätigt diese Ansicht, nach der sich erst nach „Siedebeginn" ein dem herrschenden Außenluft-

---

[1] Vgl. dazu M. VAN WINKLE: Easy Way to Figure EFV and TBP. Petrol. Refiner 43 (1964) Nr. 4, S. 139/42.

[2] Auch wenn man Wasser zum Sieden bringt, beschlagen sich bereits vor Erreichen des Siedepunktes die noch kühleren Gefäßwände mit Kondensat von Dampf, der bei tieferen Temperaturen aus der Wasseroberfläche ausgetreten ist und seinem Teildruck entsprechend die Atmosphäre bis zu einem durch die sonstigen Umstände bestimmten Grad sättigt.

druck entsprechendes Gleichgewicht zwischen Flüssigkeit und Dampf einstellt. Da aber während der Engler-Analyse immer mehr flüchtige Bestandteile aus dem flüssigen Kolbeninhalt entweichen und aus dem Gleichgewichtsraum abgeführt werden, erreicht der ermittelte Kurvenverlauf erheblich höhere Temperaturwerte als bei der Flash-Kurve. Bei dieser bleibt die Zusammensetzung des Gesamtgemisches unverändert, nur die in der Flüssigkeit und im Dampf vorhandenen Anteile verschieben sich[1].

γ) **Die Zähigkeit (Viskosität).** Sowohl wegen des Einflusses auf die Bemessung von Pumpen und Rohrleitungen der Verarbeitungsanlagen als auch wegen des Einflusses auf die Eigenschaften der hergestellten Produkte ist die Zähigkeit (Viskosität) eines Rohöles eine weitere, sehr wichtige Kenngröße. Sie ist bei einer gegebenen Temperatur um so niedriger, je mehr leichtsiedende Anteile das Rohöl enthält. Die Zähigkeit ist nicht nur von der Temperatur abhängig, sondern diese Abhängigkeit ändert sich erheblich mit der chemischen Struktur der Rohölanteile. Reine Paraffine zeigen den flachsten Zähigkeits–Temperatur-Verlauf, Aromaten den steilsten. Das Verhalten von Naphthenen sowie von Gemischen verschiedener Kohlenwasserstoffgruppen, somit auch von Rohöl und den daraus hergestellten Produkten, liegen je nach Zusammensetzung zwischen diesen beiden Grenzfällen. Wegen Einzelheiten der Definition, der Dimensionen und der Meßverfahren muß auf das Schrifttum verwiesen werden[2].

Bei der Verwertung von Zahlenangaben ist folgendes zu beachten: Erstens muß sichergestellt sein, daß das Rohöl praktisch frei von Wasser ist, weil sich die Fließeigenschaften von Emulsionen gegenüber denen des reinen Öles grundsätzlich ändern und rechnerisch schwer zu erfassen sind. Zweitens ist nur so lange zu erwarten, daß der Zusammenhang zwischen Zähigkeit und Temperatur in den Viskogrammen nach UBBELOHDE, WALTHER, UMSTÄTTER u.a. durch eine Gerade wiedergegeben wird, als es sich um Newtonsche Flüssigkeiten handelt. Diese werden dadurch definiert, daß die Zähigkeit von der Schubspannung unabhängig und somit bei einer bestimmten Temperatur konstant ist. Sobald es bei Abkühlung unter eine je nach Rohöl wechselnde Temperatur zu Trübungen, d.h. also zu Ausscheidungen von Paraffinen kommt, können die erwähnten Viskogramme nicht mehr benutzt werden.

Es ist zwischen der in Poise (P) bzw. Centipoise (cP) zu messenden dynamischen Zähigkeit η und der in Stokes (St) bzw. Centistokes (cSt) zu messenden kinematischen Zähigkeit v zu unterscheiden; vgl. DIN 1301 (Juni 1955) Punkt 13 und DIN 1342 (April 1957). Die beiden Maßgrößen haben gleiche Berechtigung, weil die dynamische Zähigkeit überall dort wichtig ist, wo es auf die Ermittlung von Kräften ankommt, z.B. beim

---

[1] Berechnungsunterlagen bei J. B. MAXWELL: Data book on hydrocarbons, Toronto/New York/London: Van Nostrand 1950, S. 222ff. – EDMISTER, W. C.: Applied Hydrocarbon Thermodynamics, Bd. 1, Houston/Tex.: Gulf 1961, Kap. 12 bis 16, S. 116ff.

[2] Vgl. bes. C. ZERBE: a.a.O. Bd. I, S. 29ff. – UMSTÄTTER: Einführung in die Viskosimetrie, Berlin/Göttingen/Heidelberg: Springer 1952.

Reibungswiderstand in einem Lager. Daneben ist aber die kinematische Zähigkeit $v = \eta/\varrho$ mit ϱ als Dichte in allen strömungstechnischen Berechnungen, die auf Modell- oder Ähnlichkeitsgesetzen fußen, unentbehrlich, weil sich die dafür maßgebende Reynoldssche Zahl $Re = wd/v$ mit w als Geschwindigkeit und d einer maßgebenden Länge am einfachsten darstellen läßt, wenn man die kinematische Zähigkeit benutzt. Mit Rücksicht auf die Notwendigkeit, das Rohöl ohne übermäßigen Leistungsaufwand zu fördern, ist auch die Angabe des noch zu erwähnenden Stockpunktes (in °C) wichtig.

Bisher war als konventionelles Maß für die kinematische Zähigkeit noch vielfach °E (Grad Engler) in Gebrauch. Doch soll wegen der Problematik dieser Meßgröße in Zukunft davon abgegangen werden. Auch im angelsächsischen Sprachgebiet und in vielen anderen Ländern, die mit den Vereinigten Staaten von Amerika bzw. mit Großbritannien enge wirtschaftliche Beziehungen unterhalten, sind konventionelle Maße gebräuchlich, und zwar in Großbritannien die Redwood-Sekunden (R), in USA die Saybolt-Sekunden (S). Für diese gilt das gleiche wie für Engler-Grade, die im übrigen nichts anderes sind als in Sekunden gemessene Ausflußzeiten aus einem genormten Gerät[1].

Kühlt man Mineralöle unter eine je nach ihrer Zusammensetzung verschiedene Temperatur ab, so verhält sich die Zähigkeit nicht mehr wie die einer Newtonschen Flüssigkeit. Das heißt, sie ist dann nicht nur von der Temperatur, sondern auch von der Schubspannung abhängig und kann z.B. durch mechanische Behandlung wie Rühren beeinflußt werden[2]. Dieses Verhalten wird durch Ausscheidungen kristalliner oder kolloidaler Feststoffe wie Paraffin, Petrolatum oder „Asphalt" verursacht. Beginnende Paraffinausscheidung (BPA, Bestimmung nach DIN 51772) erkennt man an einer Trübung der bis dahin klaren Flüssigkeit. Bei der Ausscheidung kolloidaler Stoffe wird im Gegensatz dazu selten ein Trübungspunkt beobachtet.

Über die Änderung der Zähigkeit mit dem Druck liegen für Kohlenwasserstoffe nicht viele Untersuchungen vor. Einer der ersten, der dieses Verhalten studierte, war KIESZKALT[3]. Es hat für die Schmiertechnik größere Bedeutung als für die Erdölverarbeitung, weil bei dieser kaum so hohe Drücke angewendet werden, wie sie in Lagern ört-

---

[1] Tabellen für die Umrechnung von Zähigkeitsgrößen s. bei L. UBBELOHDE: Zur Viskosimetrie, 6. Aufl., Leipzig: Hirzel 1944; 7. Aufl., hrsg. von G. H. GÖTTNER u. W. WEBER, Leipzig: Hirzel 1965. – UBBELOHDE, L.: Viskositäts-Temperatur-Blätter, 11. Aufl., Stuttgart: Hirzel 1964. – WEBER, W.: Viskosität, in: C. ZERBE: a.a.O. Bd. I, S. 29 ff. – D'ANS, J., u. E. LAX: Taschenbuch für Chemiker und Physiker, 3. Aufl., Bd. I, hrsg. von E. LAX u. CL. SYNOWIETZ, Berlin/Heidelberg/New York: Springer 1967, S. 1–1407 ff.

[2] Vgl. dazu A. BAADER: Über „Anomalien" im Kälteverhalten der Öle. Öl u. Kohle 38 (1942) 432/44.

[3] KIESZKALT, S.: Untersuchungen über den Einfluß des Druckes auf die Zähigkeit von Ölen und seine Bedeutung für die Schmiertechnik. VDI-Forschg. Arb. Nr. 291. Berlin: VDI-Verlag 1927. – Ders.: Neuere Ergebnisse über die Druckfähigkeit von Öl. VDI-Z. 73 (1929) 1502/03, 1660. – Weitere Literatur bei C. ZERBE: Schmierstoffe, in C. ZERBE: a.a.O., Bd. II, S. 9.

lich auftreten können und dadurch die Zähigkeit von Ölen erheblich beeinflussen[1].

δ) **Der Stockpunkt.** Wenn man die Temperatur eines Öles so weit senkt, daß es aufhört, unter dem Einfluß der eigenen Schwere zu fließen, so zeigt sich beim Neigen des Testglases keine sichtbare Bewegung mehr. Die dabei beobachtete Temperatur wird als Stockpunkt bezeichnet. Da aber Mineralöle keinen genau bestimmbaren Schmelz- und Erstarrungspunkt haben, findet der Übergang vom festen in den flüssigen Aggregatzustand und umgekehrt allmählich statt. Es hängt dabei sehr stark von dem Meßverfahren und den Geräten ab, welche Temperatur als Stockpunkt bestimmt wird. Bei Beachtung der Norm DIN 51583 sind einigermaßen wiederholbare oder vergleichbare Werte zu erhalten.

ε) **Die Lichtbrechung (Refraktion).** Die Lichtgeschwindigkeit ist im Vakuum größer als in jedem Stoff und in den einzelnen Medien – soweit sie überhaupt lichtdurchlässig sind – verschieden. Deshalb wird ein Lichtstrahl an der Grenzfläche zwischen zwei durchsichtigen Medien gebrochen, wenn er nicht unter 90° auftrifft. Als Brechungszahl (-exponent, -index oder -verhältnis) bezeichnet man die Größe

$$n = \frac{\sin\alpha}{\sin\beta} = \frac{c_o}{c} \, , \qquad (A\text{-}2)$$

wenn α und β die Winkel zwischen dem Strahl und dem Einfallslot im Vakuum und im Medium und c_o und c die entsprechenden Lichtgeschwindigkeiten sind. Für Luft beträgt der Wert von $n = 1{,}000293$, so daß er praktisch $= 1$ gesetzt werden kann. Deshalb braucht bei Untersuchungen kein Vakuum angewendet zu werden.

Das nach der sog. Lorentz-Lorenzschen Formel

$$r = \frac{n^2 - 1}{\varrho\,(n^2 + 2)} \qquad (A\text{-}3)$$

mit ϱ g/ml als Dichte definierte spezifische Brechungs-(Refraktions-)Vermögen ist eine für verschiedene Kohlenwasserstoffe unterschiedliche, jedoch von Druck und Temperatur wenig abhängige Größe. Deshalb ist sie zur Kennzeichnung von durchsichtigen Erdölprodukten gut geeignet. Daneben wird auch die noch ausgeprägtere Molrefraktion benutzt. Sie wird auch Molekularrefraktion genannt.

Der Vorteil dieser Größen liegt vor allem darin, daß sie additiv sind, d.h., daß sie bei Gemischen aus den Werten der einzelnen Anteile berechnet werden können. Umgekehrt lassen sich aus gewonnenen Werten Rückschlüsse auf die Zusammensetzung ziehen. Innerhalb ein und derselben Kohlenwasserstoffgruppe steigt die spezifische Refraktion mit der Molmasse stetig an. Außerdem nimmt sie in der Reihenfolge Isoparaf-

---

[1] Weitere diesbezügliche Arbeiten s. noch bei W. Fritz u. W. Weber: Messung der Zähigkeit von Flüssigkeiten bei höheren Drücken: I. Teil. Angew. Chem. B 19 (1947) 123/27; W. Weber: Messung … II. Teil, ebd. 20 (1948) 89/96. – Lockhart, F. J., u. J. M. Lenoir: Liquid Viscosities at High Pressure. Petrol. Refiner 40 (1961) Nr. 3, S. 209/10. – Kuss, E.: Zur Frage des Viskositäts-Druckverhaltens von Öl. Erdöl-Z. 78 (1962) 678/88. – Konzel, B.: How Pressure Affects Liquid Viscisoty. Hydrocarb. Procssg. 44 (1965) Nr. 3, S. 120.

fine, Paraffine, Olefine, Naphthene, Aromaten zu. Wegen dieser Gesetzmäßigkeiten benutzen verschiedene Verfahren der Gruppenanalyse die Refraktion, was im folgenden Unterabschnitt A3cϑ besprochen wird.

ζ) **Der Wasserstoffgehalt.** Das Verhältnis von Wasserstoff zu Kohlenstoff wird erstens mit wachsender Molekülgröße innerhalb der einzelnen Kohlenwasserstoffgruppen kleiner, zweitens nimmt es entsprechend den chemischen Bruttoformeln von den Paraffinen über die Olefine und die ihnen in dieser Hinsicht gleichartigen Naphthene zu den ein- und mehrkernigen Aromaten ab. Besonders wegen des Zusammenhanges mit dem Reaktionsverhalten wird der durch eine einfache Elementaranalyse bestimmbare Wasserstoffgehalt meist in Verbindung mit anderen Kenngrößen zur Kennzeichnung benutzt.

η) **Der Anilinpunkt.** Anilin ($C_6H_5NH_2$) wirkt als Lösungsmittel für einzelne Kohlenwasserstoffgruppen selektiv. Das heißt, die kritische Temperatur, oberhalb welcher Anilin mit einem Kohlenwasserstoff vollkommen mischbar ist, hat je nach Struktur des Kohlenwasserstoffes verschiedene Werte. Man bezeichnet diese Temperaturen als Anilinpunkte, vgl. Abb. A-11. Sie sind für Aromaten am niedrigsten, für Paraffine am höch-

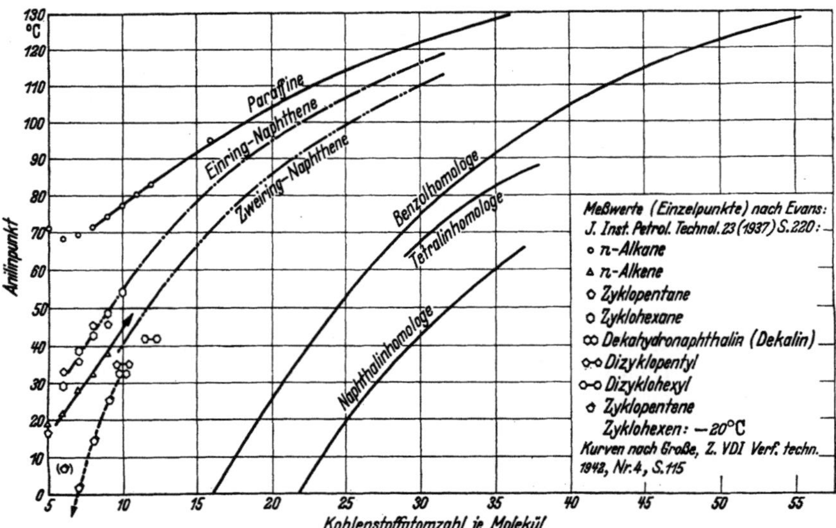

Abb. A-11. Anilinpunkte verschiedener Kohlenwasserstoffgruppen und einzelner Kohlenwasserstoffe in Abhängigkeit von der Kohlenstoffatomzahl je Molekül.

sten. Kühlt man ein aus Anilin und zwei Kohlenwasserstoffgruppen bestehendes, vollkommen gelöstes Dreiergemisch ab, so scheiden sich zuerst die Anteile mit der höchsten kritischen Lösungstemperatur aus, und zwar um so früher, je größer ihr Anteil ist. Deshalb kann man aus dem Anilinpunkt des Gemisches Schlüsse auf die Zusammensetzung von Erdölprodukten ziehen. Davon wird bei der nachstehend besprochenen Gruppenanalyse Gebrauch gemacht.

In der Erdölindustrie ist es üblich, der Einfachheit halber mit gleichen Volumenanteilen Anilin und Kohlenwasserstoffgemisch zu arbeiten, obwohl das sog. kritische Lösungsverhältnis im allgemeinen davon abweicht[1]. Die dabei erzielte Genauigkeit reicht im allgemeinen aus, da der Unterschied zwischen der Temperatur des kritischen Lösungsverhältnisses und der der beginnenden Trübung beim Mischungsverhältnis 1 : 1 bei aromatenfreien Fraktionen 0,2 bis 0,3° beträgt. Bei hochsiedenden Fraktionen mit einem größeren Gehalt an Aromaten können Werte von 5° und darüber erreicht werden. Nur sind aber solche Fraktionen selten, als Schmieröle sogar ungeeignet. Deshalb erweist sich die Bestimmung des Anilinpunktes zur ungefähren Abschätzung des paraffinischen Charakters einer Fraktion als ausreichend. Bessere Aussagen erhält man jedoch durch die nachstehend beschriebene Gruppenanalyse.

ϑ) **Die Gruppenanalyse.** Bereits bei der Besprechung der Basis eines Rohöles wurde erwähnt, daß Verfahren entwickelt wurden, um die Zusammensetzung eines Rohöles oder einzelner Fraktionen aus den wichtigsten Kohlenwasserstoffgruppen, nämlich den Paraffinen, Naphthenen und Aromaten, zu ermitteln. Der Anilinpunkt gibt dafür nur einen qualitativen Hinweis, auch wenn er ein Zahlenwert, nämlich eine Temperatur ist. Aber eine genaue Aussage über den Paraffingehalt des untersuchten Kohlenwasserstoffgemisches ist daraus nicht zu gewinnen.

Deshalb hat man versucht, auf Grund von weiteren Eigenschaften Erdöle oder Erdölfraktionen zu kennzeichnen. Das älteste diesbezügliche Verfahren, das vor allem in Hinblick auf Schmieröle entwickelt wurde, ist die sog. Ringanalyse von VLUGTER, WATERMAN und VAN WESTEN[2]. Es benutzt die Dichte, die Refraktion, den Anilinpunkt und die mittlere Molmasse. Auf Grund von Diagrammen kann mit diesen Werten eine Aussage über die Anteile der einzelnen Kohlenwasserstoffgruppen gemacht werden. Es muß allerdings die Probe hydriert werden, um die Naphthene aus der Refraktion des ursprünglichen und des hydrierten Musters berechnen zu können.

Diese Umständlichkeit ist bei der sog. n-d-M-Methode vermieden, welche von der Refraktion, der Dichte und der Molmasse allein ausgeht[3]. Auf diese Weise läßt sich mit ziemlich großer Wahrscheinlich-

---

[1] Vgl. dazu A. EUCKEN: Grundriß der physikalischen Chemie, 8. Aufl., bearb. von E. WICKE Leipzig: Akad. Verlagsges. 1956, S. 272. – FUCHS, O.: Physikalische Chemie als Einführung in die chemische Technik, Aarau und Frankfurt/M.: Sauerländer 1957, S. 189. – RIEDIGER, B.: Brennstoffe/Kraftstoffe/Schmierstoffe, Berlin/Göttingen/Heidelberg: Springer 1949, S. 232ff.

[2] VLUGTER, J. C., H. I. WATERMAN u. H. A. VAN WESTEN: J. Instr. Petrol. Technol. 18 (1932) 735; 21 (1935) 661, 701.

[3] VAN NES, K., u. H. A. VAN WESTEN: Constitution of Mineral Oils. Amsterdam/Houston: Elsevier 1951, S. 299. – LEENDERTSE, J. J., H. J. TADEMA, J. SMITTENBERG, J. C. VLUGTER, H. I. WATERMAN, H. A. VAN WESTEN u. K. VAN NES: Strukturgruppenanalyse von Erdölfraktionen nach der n-d-M-Methode. Erdöl u. Kohle 6 (1953) 537/42. – WATERMAN, H. I.: Physikalische Konstanten und Struktur von Stoffgemischen. Erdöl u. Kohle 9 (1956) 166/69. – MEYS, J. A., H. I. WATERMAN u. D. W. VAN KREVELEN: Prüfung der n-d-M-Methode zur statistischen Konstitutionsanalyse an stark cyclischen Naphthenen. Erdöl u. Kohle 10 (1957) 752/53.

keit berechnen, aus welchen Stoffklassen sich eine Erdölfraktion zusammensetzt.

Zur weiteren Vereinfachung der vorgenannten Verfahren hat GRÜNWALD einen sog. Basiswert vorgeschlagen, der sich leicht aus der Dichte und der Zähigkeit bestimmen läßt[1]. Darauf fußend hat MUNDERLOH empfohlen, ein von KURTZ ausgearbeitetes Verfahren, das jetzt in ASTM D 2140-66 (Standard Method of Test for Carbon Type Composition of Insulating Oils from Petroleum Origin) genormt ist, zu benutzen und die dafür benötigten Gleichungen für das metrische Maßsysten umgerechnet[2].

ι) Der Verkokungsrückstand. Beim sog. Verkokungsrückstand handelt es sich um eine mit konventionellen Prüfverfahren ermittelte Kenngröße von Erdölprodukten. Ihre Bedeutung ist zwar problematisch, weil die bei ihrer Bestimmung gewonnenen Werte sehr stark durch die verwendete Apparatur beeinflußt werden. Nichtsdestoweniger benutzt man den in Gewichtsprozent angegebenen Verkokungsrückstand, um sich über das voraussichtliche Verhalten eines Erdölproduktes in Fällen hoher Temperaturbeanspruchung ein Bild zu machen. Soweit es sich um die *Anwendung* von Erdölprodukten handelt, lassen sich aus der Höhe des Verkokungsrückstandes bei Dieselkraftstoffen Schlüsse auf die Neigung zur Rückstandsbildung an den Einspritzdüsen und bei Schmierölen für Verbrennungskraftmaschinen auf die Neigung zur Bildung von Ausscheidungen ziehen. Im Bereich der *Verarbeitung* benutzt man die Angabe des Verkokungsrückstandes des Einsatzgutes in der Hauptsache bei den Krackverfahren, um Zusammenhänge mit den erzielten oder zu erwartenden Betriebsergebnissen zu erkennen.

Die üblichen Bestimmungsverfahren wurden von CONRADSON und von RAMSBOTTOM angegeben und werden als Conradson- bzw. Ramsbottom-Test bezeichnet[3]. Da die Probe unter Luftabschluß hoch erhitzt wird, ist das Prüfverfahren nur bei Produkten sinnvoll, die nicht vorher restlos verdampfen, was etwa von Mitteldestillaten an nicht mehr der Fall ist. Der so ermittelte Verkokungsrückstand ist keineswegs in dem untersuchten Öl bereits vorher vorhanden, sondern entsteht erst durch die in der Apparatur auftretende hohe thermische Beanspruchung. Der Chemismus dieser Vorgänge wird auf S. 264 ff. besprochen[4]. Öle gleicher Siedelage geben im allgemeinen um so höhere Werte des Verkokungsrückstandes, je höher ihre Dichte ist, d.h., daß diese Werte bei den par

---

[1] GRÜNWALD, A.: Zur Klassifikation von Rohölen und deren Verarbeitungsprodukten. Erdöl u. Kohle 7 (1954) 633/36.

[2] MUNDERLOH, H. A.: Vereinfachung in der Strukturgruppenanalyse von Mineralölen. Erdöl u. Kohle 22 (1969) 23/24.

[3] Vgl. DIN 51551 (Februar 1961), IP-13/66 (Carbon Residue/Conradson Method), ASTM D 189-65 (Conradson Carbon Residue of Petroleum Products), IP-14/64 (Carbon Residue/Ramsbottom Method), ASTM D 524-64 (Ramsbottom Carbon Residue of Petroleum Products); Einzelheiten bei C. ZERBE: a.a.O., Bd. I, S. 138.

[4] Vgl. auch A. N. SACHANEN: Conversion of Petroleum, 2. Aufl., New York: Reinhold 1948, S. 206 ff. – GRUSE, W. A., u. D. R. STEVENS: Chemical Technology of Petroleum, 3. Aufl., New York/Toronto/London: McGraw-Hill 1960, S. 257 ff.

affin-basischen Ölen am niedrigsten liegen und über die gemischt-basischen zu den naphthenbasischen Ölen zunehmen. Dies läßt sich durch den höheren Gehalt naphthenbasischer Öle an Ringverbindungen erklä-ren. Der Verkokungsrückstand von Rückstandsölen ist naturgemäß erheblich höher als der von Destillaten und kann Beträge von 25 Gew.-% und mehr erreichen. In Destillaten sind hingegen – je nach Verwendungs-zweck – Verkokungsrückstände weit unter 1,0 Gew.-% erwünscht und zu erreichen.

Da aber ein Bedürfnis besteht, die thermische Stabilität auch niedrig-siedender Fraktionen zu prüfen, haben die American Society for Testing and Materials (ASTM) durch ihren Coordinating Research Council (CRC) und das britische Institute of Petroleum (IP) gemeinsam ein Prüfver-fahren entwickelt, das jetzt unter der Bezeichnung „Thermal stability of aviation fuels" ASTM D 1550-64 bzw. IP 197/66 genormt ist. Es ist auch unter dem Namen „CRC Fuel coker test" oder „Erdco coker test" bekannt[1]. Das Verfahren wird nicht nur zur Prüfung von Düsenkraftstoff benutzt. Es kann auch – etwas abgewandelt – dazu dienen, die Neigung von Produkten zur Verschmutzung der Heizflächen in Wärmeaustausch-apparaten zu beurteilen[2].

ϰ) Die Oberflächen- und die Grenzflächenspannung. Zwar ist die Oberflächenspannung des Erdöles und seiner Fraktionen für die meisten Verarbeitungsverfahren von untergeordneter Bedeutung. Sie spielt aber eine erhebliche Rolle erstens überall dort, wo das Öl mit Oberflächen in Berührung kommt, die im Verhältnis zum Volumen groß sind. Dies ist vor allem in den Lagerstätten der Fall. Man spricht im allgemeinen von der Oberflächenspannung an der Grenzfläche zwischen Öl und Luft oder auch zwischen Öl und seinem koexistierenden Dampf. Steht das Öl mit Wasser, Lauge, Säure oder mit irgendwelchen – meist organischen – Lösungsmitteln oder mit einem Festkörper in Berührung, so werden unterschiedliche, von der Oberflächenspannung erheblich abweichende Werte beobachtet. Man nennt diese Größen dann Grenzflächenspannung[3].

Zweitens ist die Grenzflächenspannung bei Emulsionen wichtig – sei es, daß es sich um Wasser-in-Öl-Emulsionen oder um Öl-in-Wasser-Emul-sionen handelt. Diese treten z.B. bei der Entsalzung des Rohöles auf und müssen durch Zugabe von Emulsionsspaltern (Demulgatoren), durch ein elektrisches Hochspannungswechselfeld oder durch beide Maßnahmen zugleich gebrochen werden.

Schließlich ist die jeweils unterschiedliche Grenzflächenspannung bei Extraktionsverfahren zu beachten, weil niedrige Werte die Trennung

---

[1] Die zuletzt genannte Bezeichnung erklärt sich dadurch, daß die Firma Erdco Engineering Corp, Addison/Ill. (USA) der einzige befugte Hersteller der Apparatur ist. – S.a. S. 95.

[2] FRAZIER, A. W., J. G. HUDDLE u. W. R. POWER: New, fast approach to reduced preheat-exchanger fouling. Oil Gas J. 63 (3. Mai 1965) Nr. 18, S. 177/22.

[3] Vgl. dazu B. RIEDIGER: Brennstoffe … a.a.O. S. 203 ff. – Mineralöle und verwandte Produkte, hrsg. von C. ZERBE: a.a.O., Bd. I, S. 21. – NEUMANN, H. J.: Zur Grenzflächenspannung der Erdöle. Brennst.-Chem. 46 (1965) 387/92. – HADDEN, S. T.: Surface Tension of Hydrocarbons. Hydrocarb. Procssg. 45 (1966) Nr. 10, S. 161/64.

von Extrakt und Raffinat oder anderen angestrebten Stoffpaaren erschweren.

Die Oberflächen- wie auch die Grenzflächenspannung eines Produktes nehmen mit zunehmender Temperatur sehr stark ab. (Definitionsgemäß sind sie bei der Siedetemperatur gleich null.) Man beobachtet aber bei verschiedenen Fraktionen eines Erdöles meist einen Anstieg der Oberflächenspannung mit steigendem Siedebereich, jedoch ohne Abnahme der wesentlich größeren Grenzflächenspannung gegenüber Wasser. Den stärksten Einfluß auf die Grenzflächenspannung von Erdöl oder seinen Fraktionen hat aber der p_H-Wert der damit in Berührung stehenden wäßrigen Lösung. Dem muß bei allen Wasch- und Extraktionsverfahren Rechnung getragen werden.

4. Sonstige Kennwerte

a) Konventionelle Kenngrößen für Planung und Berechnung

Aus dem vorhergehenden Abschnitt ersieht man, daß kaum die Möglichkeit besteht, ein Rohöl durch eine einzige Größe ausreichend zu kennzeichnen. Trotzdem hat es nicht an Versuchen in dieser Hinsicht gefehlt. Für beschränkte Zwecke können solche Kennzeichnungen ihren Wert haben. Hiezu gehört z.B. der von H. M. SMITH vorgeschlagene „Correlationsindex (C.I.)", der nach der Formel

$$C.I. = \frac{48\,640}{T_s} + 473{,}7\,d_{15,6} - 456{,}8 \tag{A-4}$$

berechnet wird[1]. In dieser Formel bedeuten T_s die durchschnittliche Siedetemperatur in °K und $d_{15,6}$ das Dichteverhältnis bei 15,6 °C (= 60 °F), bezogen auf Wasser von 15,6 °C (also die specific gravity nach u.s.-amerikanischem Gebrauch). Für Normalparaffine erhält man mit dieser Formel den Wert C.I. = 0, für paraffinbasische Destillate Werte von C.I. = 16 bis 24; Destillate aus naphthen- oder gemischtbasischen Rohölen ergeben noch höhere Werte. Je niedriger der C.I. ist, desto stärker paraffinbasisch ist das betreffende Rohöl oder Erdölprodukt. Ausgedehnte Anwendung hat diese Kenngröße in der Praxis nicht gefunden. Da sie aber gelegentlich in der Literatur anzutreffen ist, sollte sie hier erwähnt werden.

α) Der „Characterization factor". Von größerer Bedeutung ist der für verfahrenstechnische Berechnungen viel benutzte „Characterization factor". Er wird insbesondere von der Universal Oil Products Co (UOP) benutzt und bei Verwendung kontinental-europäischer Maßeinheiten gemäß der Formel

$$K_{UOP} = \frac{1{,}216}{d_{15,6}} \sqrt[3]{T_s} \tag{A-5}$$

---

[1] SMITH, H. M.: Correlation Index to Aid in Interpreting Crude Oil Analyses. Bur. Min. Techn. Pap. Nr. 610 Washington, D.C. 1940. – SACHANEN, A. N.: The Chemical Constituents of Petroleum, New York: Reinhold 1945, S. 113.

bestimmt[1]. Darin haben $d_{15,6}$ und T_s die gleiche Bedeutung wie in Gl. (A-4). Der Faktor $1,216 = \sqrt[3]{1,8}$ ergibt sich aus der Umrechnung des in der ursprünglichen Formel mit °R (Rankine) angegebenen Siedepunktes in °K. Es ist ohne weiteres zulässig, statt $d_{15,6}$ den Zahlenwert der Dichte ϱ in g/ml einzusetzen. Die Werte für K_{UOP} von Rohölen liegen im allgemeinen etwa zwischen 11 und 12,5. Die Größe soll den Paraffincharakter eines Öles kennzeichnen, jedoch ist sie nicht unveränderlich, wenn man sie für die einzelnen Normalalkane nachrechnet. Vielmehr nimmt sie von 13,65 bei C_4 auf 12,75 bei C_9 bis C_{11} ab und steigt dann wieder auf 13,45 bei C_{24} an. Isoalkane geben nur wenig niedrigere Werte, weil sich die Senkung des Siedepunktes wegen der dritten Wurzel kaum auswirkt, die Dichte aber der der Normalalkane praktisch gleich ist[2].

Trotz dieser Schwankungen erwies sich der UOP Characterization factor K_{UOP} für Erdölfraktionen als sehr brauchbar, weil sich in diesen Gemischen die Einflüsse unterschiedlicher Molekülstrukturen anscheinend ausgleichen. Es war jedenfalls möglich, an Hand eines sehr umfangreichen Zahlenmaterials allgemein gültige Beziehungen zwischen dem Wert K_{UOP} und verschiedenen anderen, für die Berechnung von Anlagen oder für die Verarbeitung der Produkte wichtigen Kenngrößen zu ermitteln[3]. Von diesen werden die mittleren Siedepunkte und die kritischen Daten im folgenden Unterabschnitt besprochen. Außerdem gelang es, auch einen Zusammenhang zwischen der Zähigkeit, dem K_{UOP}-Faktor, dem mittleren Siedepunkt und der Dichte festzustellen, der für die kinematischen Zähigkeitswerte bei 122 °F (= 50 °C) in Abb. A-12 wiedergegeben ist. Für die Abschätzung der Eignung von Schmierölkomponenten ist dieses Diagramm gut brauchbar. In der ursprünglichen Arbeit finden sich noch solche Diagramme für 100 °F (= 37,8°C) und für 210 °F (= 98,9 °C), allerdings in kleinerem Maßstab.

Weitere Zusammenhänge unter Benutzung des K_{UOP}-Wertes hat kürzlich WOODLE untersucht[4]. Trägt man für Fraktionen im Schmierölbereich in einem Diagramm mit logarithmischer Teilung beider Koordinaten auf der Ordinate den im offenen Cleveland-Tiegel nach ASTM

---

[1] WATSON, K. M., E. F. NELSON u. G. B. MURPHY: Characterization of Petroleum Fractions. Industr. Engng. Chem. 27 (1935) 1460/64. – EGLOFF, G., u. E. F. NELSON: The Modern Cracking Process. Oil Gas J., 34 (2. Juli 1936) Nr. 27, S. 34.

[2] MAXWELL, J. B.: Data Book on Hydrocarbons, New York/Toronto/London: Van Nostrand 1950, S. 16/17. Für Benzol erhält man einen Wert von $K_{UOP} = 9,75$. Gekrackte Produkte ergeben immer niedrigere Werte als Straight run-Produkte.

In der Arbeitsmappe für Mineralölingenieure, vgl. Fußn. 2, S. 71, ist in Arbeitsblatt B 7 der Versuch gemacht, den sog. Characterization factor K_{UOP} durch einen sog. Kennzeichnungswert $K_\gamma = \sqrt[3]{T_s/\gamma}$ zu ersetzen. Es ist also praktisch $K_\gamma = K_{UOP}/1,216$. Eine solche, vom üblichen Gebrauch abweichende Festlegung ist nicht zu empfehlen.

[3] Vgl. dazu K. M. WATSON, E. F. NELSON u. G. B. MURPHY: a. a. O.; J. B. MAXWELL: a. a. O.; sowie W. L. NELSON: Petroleum Refinery Engineering. 4. Aufl. (vgl. Fußn. 2, S. 56). Kap. 5: Physical properties of petroleum fractions. S. 168 ff.

[4] WOODLE, R. A.: Easy Way to Characterize Lube Stocks. Petrol. Refiner 43 (1964) Nr. 8, S. 149/52.

5*

D-92 bestimmten Flammpunkt in °F und auf der Abszisse die Dichte in °API auf, so erhält man für Fraktionen verschiedener Zähigkeit, jedoch gleicher Herkunft gerade verlaufende Linien, die entweder genau unter 45° geneigt sind oder nicht sehr davon abweichen. In einzelnen Fällen zeigen sie einen Knick, und zwar an genau der gleichen Stelle, an der auch die über derselben Abszisse linear aufgetragenen K_{UOP}-Werte einen

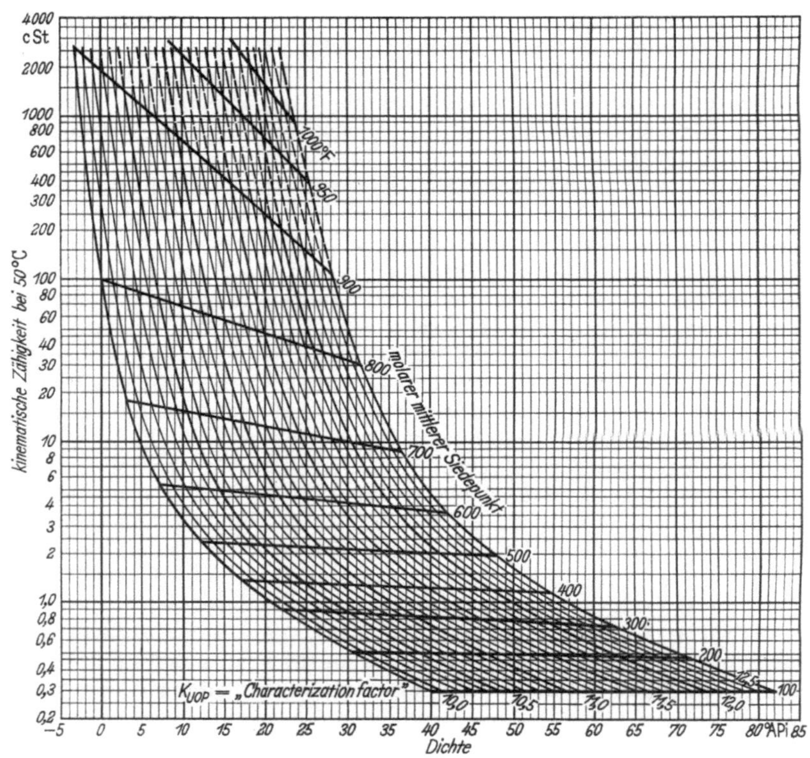

Abb. A-12. Abhängigkeit der Zähigkeit bei 50 °C = 122 °F von der API-Dichte für verschiedene mittlere Siedepunkte und K_{UOP}-Faktoren.

Knick aufweisen. Dies ist in Abb. A-13 an vier Beispielen gezeigt. Der Verlauf unter 45° entspricht im linearen Maßstab einer Hyperbel, was der Ausdruck dafür ist, daß das Produkt aus Flammpunkt und Dichte bei Wahl der erwähnten Dimensionen konstant ist. Wenn es sich auch bei dieser Darstellung um rein empirisch ermittelte Zusammenhänge zwischen konventionellen Größen handelt, so erscheint sie doch – mangels anderer Angaben – recht brauchbar.

β) **Der Viskositätsindex.** Eine andere, in letzter Zeit stark umstrittene konventionelle Größe ist der sog. Viskositätsindex, abgekürzt V.I. Er soll ein Kennzeichen dafür sein, wie sich die Zähigkeit vornehmlich eines

Schmieröles mit der Temperatur ändert[1]. Durch den Viskositätsindex wird das Zähigkeits–Temperatur-Verhalten des zu prüfenden Öles in Vergleich gesetzt zu dem eines Öles (pennsylvanischer Herkunft) mit sehr günstigem Verlauf, d.h. geringer Abnahme der Zähigkeit mit der Temperatur, und dem eines Öles (kalifornischer oder texanischer Herkunft) mit sehr starker Änderung. Das erste wird als „high grade" be-

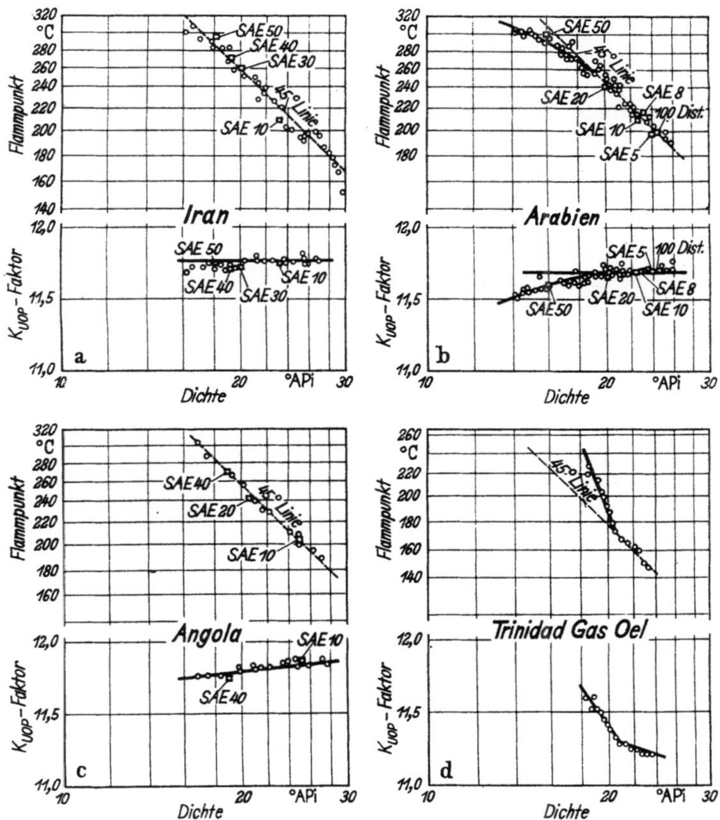

Abb. A-13. Flammpunkt (offener Tiegel nach ASTM D-92), K_{UOP}-Faktor und API-Dichte verschiedener Schmierölfraktionen aus iranischem (a), arabischem (b) und Angola-Rohöl (c) sowie von Trinidad-Gasöl (d). Die Schmierölfraktionen sind durch ihre SAE-Klassifikation (der Society of Automotive Engineers) gekennzeichnet.

zeichnet und sein V.I. = 100 gesetzt; das zweite wird als „low grade" bezeichnet und sein V.I. = 0 gesetzt. Aus Tabellen ermittelt man zunächst

[1] Der Vorschlag wurde ursprünglich von E. W. DEAN u. G. H. B. DAVIS: Viscosity Variations of Oils with Temperatures. Chem. Metallurg. Engng. 36 (1929) 618 gemacht. Vgl. auch G. H. B. DAVIS, M. LAPEYROUSE u. E. W. DEAN: Applying Viscosity Index to the Solution of Lubricating Oil Problems. Oil Gas J. 30 (31. März 1932) Nr. 46, S. 92. – NELSON, W. L.: a.a.O., 4. Aufl., S. 85ff.

das Zähigkeitsverhalten der aus den beiden Vergleichsölen gewonnenen Fraktionen, welche bei 210 °F die gleiche Zähigkeit haben wie das Öl, dessen Viskositätsindex zu bestimmen ist[1]. Dann kann den Tabellen für die vergleichbaren Fraktionen die Zähigkeit bei 100 °F entnommen werden. Der Wert des Öles mit V. I. = 100 liegt tiefer – weil die Kurve flacher verläuft – und wird der Qualität entsprechend H benannt, der höhere des Öles mit V. I. = 0 wird sinngemäß mit L bezeichnet. Hat nun das zu untersuchende Öl bei 100 °F eine Zähigkeit U, so ist sein Viskositätsindex

$$\text{V. I.} = \frac{L - U}{L - H}\, 100 \, . \tag{A-6}$$

Die Darstellung läßt erkennen, daß eine wissenschaftliche Grundlage mangelt, was sich nicht nur bei Ölen zeigt, deren V. I. sich größer als 100 ergibt, sondern auch beim Mischen sowie bei synthetisch gewonnenen Schmiermitteln mit einem Zähigkeitsverhalten, das aus dem Rahmen der als Grundlage benutzten Vergleichsöle fällt. Die Verbesserungsvorschläge sind sehr zahlreich und zum Teil Jahrzehnte alt. Einer der wichtigsten Beiträge stammt von UBBELOHDE, der das Zähigkeitsverhalten durch die Viskositätspolhöhe V. P. und die Richtungskonstanten m in einem Diagramm mit log-log-Teilung der Ordinate für die Zähigkeit und einer modifizierten Temperaturskala für die Abszisse darstellt[2]. Einer seiner Schüler hat kurz nach dem Kriege eine Übersicht gegeben[3]. Seither wurden noch zahlreiche weitere Arbeiten veröffentlicht[4]. Inzwischen

---

[1] Diese Tabellen sind nach ASTM D 2270-64 für kinematische Zähigkeiten von 2,00 dis 75,00 cSt abgedruckt bei W. WEBER: Die Bestimmung physikalischer Eigenschaften / Viskosität, in: C. ZERBE: a. a. O. Bd. I, S. 41/43. Dort S. 39 ff. Angaben über den Stand der Normung in Anlehnung an ASTM D 2270-64.

[2] Vgl. L. UBBELOHDE: Zur Viskosimetrie, 1. Aufl., Leipzig: Hirzel 1935, seither wiederholt Neuauflagen; vgl. Fußn. 1, S. 60. – WEBER, W.: a. a. O. S. 36 ff.

[3] GÖTTNER, H.: Über Kennzahlen für das Viskositäts-Temperatur-Verhalten von Schmierstoffen. Mit einer Einführung von L. UBBELOHDE, Leipzig: Hirzel 1949.

[4] Es sollen hier nur folgende in deutscher Sprache erschienenen Beiträge genannt werden. RUMPF, K. K.: Zur Problematik des Viscositäts-Index. Erdöl u. Kohle 6 (1953) 316/20. – Ders.: Berechnung des Viscositäts-Index; ebd. 8 (1955) 308/11. – RUMPF, K. K., u. H. STOLTE: Der Steilheitsfaktor der Viscosität-Temperatur-Funktion; ebd. 8 (1955) 424/25. – ROST, U.: Das Viscositäts-Temperatur-Verhalten von Schmierölen. I. Prüfung der Brauchbarkeit der Vogel-Cameronschen Formel für die Darstellung des V. T.-Verhaltens von Ölen, ebd. 8 (1955) 468/73; II. Viscositäts-Temperatur-Diagramm von VOGEL-CAMERON, S. 549/52; III. Das mittlere Viscositäts-Temperatur-Verhalten der Öle S. 650/51; IV. Ableitung einer Kennzahl für das V. T.-Verhalten von Ölen aus der Vogel-Cameron-Formel S. 718/22. – UMSTÄTTER, H.: Zur Frage des Viscositäts-Temperatur (V. T.)-Verhaltens von Schmierölen. Erdöl u. Kohle 8 (1955) 791/93. – WEBER, W.: Über die Darstellung der Temperaturabhängigkeit der Viscosität von Mineralölen durch Interpolationsformeln; ebd. S. 643/49; Bemerkungen von H. UMSTÄTTER dazu 9 (1956) 316. – GÖTTNER, H.: Viskosität und Viskositätsverhalten beim Schmiervorgang. Stahl u. Eisen 75 (1955) 502/13. – Ders.: Zur Klassifizierung von Schmierölen. Schmiertechnik 3 (1956) 69/74. – Ders.: Bezugsserien für VT-Kennzahlen; ebd. S. 202/05. – CORNELISSEN, J., u. H. I. WATERMAN: Ein praktischer und genauer Index zur Bestimmung des Viscositäts-Temperaturverhaltens. Erdöl u. Kohle 9 (1956) 456/58. – ANDRUSSOW, L.: Darstellung der Temperaturabhängigkeit der Viscosität von Ölen mittels der Methode wahrer Exponenten. Erdöl u. Kohle 10 (1957) 856/60; dazu Bemerkungen von K. K. RUMPF u. H. STOLTE: S. 861/62. – STOLTE, H.: Extrapolation von V.T.-Kurven. Erdöl u. Kohle 12 (1959) 173/75. – Vgl. a. S. 968/69.

hatte sich auch die Organisation der Welt-Erdöl-Kongresse des Problems angenommen, weil die Wissenschaft nach einer Klärung und besseren Begründung einer brauchbaren Kennzahl drängt, die Praxis, insbesondere der Schmierstoffhandel, aber nicht von seinen bisherigen Denkgewohnheiten abgehen möchte. Angeregt durch Wünsche, die auf dem 3. und 4. Welt-Erdöl-Kongreß vorgebracht wurden, hat das Internationale Komitee für Rheologie auf Einladung des Ständigen Ausschusses für die Welt-Erdöl-Kongresse in New York durch seinen Sekretär einen Bericht vorlegen lassen, der in einem besonderen Symposium beraten wurde[1]. Eine vollkommen befriedigende Lösung konnte jedoch nicht erzielt werden. Deshalb entschloß sich die American Society for Testing and Materials, beim Viskositätsindex zu bleiben und ihn in ASTM D 2270-64 zu normen. Darin sind nunmehr auch verbesserte Berechnungsverfahren für Werte über 100 festgelegt, welche die bisherigen Mängel zu vermeiden suchen.

b) Mechanisch-thermische und kalorische Größen sowie Hilfsgrößen für verfahrenstechnische Berechnungen

Die bisher erwähnten Eigenschaften und ihre Erfassung durch Zahlenangaben sind erforderlich, um die Verwendbarkeit eines Rohöles zu beurteilen und einen für die Gewinnung von Produkten mit gewünschten Eigenschaften zweckmäßigen Verfahrensgang auszuwählen. Sie sind jedoch für die dazu erforderlichen Berechnungen nicht ausreichend und durch weitere Hilfsgrößen zu ergänzen[2]. Dabei gelten die nachstehenden Ausführungen nicht nur für Rohöle, sondern auch für die daraus direkt oder durch Weiterverarbeitung gewonnenen Fraktionen.

Da nicht nur das Rohöl selbst, sondern auch die meisten daraus gewonnenen Fraktionen und Produkte Gemische sind, ist es bei der Er-

---

[1] SAAL, R. N. J.: Classification of lubricating oils according to their viscosity-temperature relationship. 5. Welt-Erdöl-Kongreß New York 1959, Bericht V/30; dazu J. C. GENIESSE: A study of the ASTM viscosity-index problems, Bericht V/30a. – Vgl. auch G. VOGELPOHL: Das Viskositäts-Temperatur-Verhalten von Schmierölen und seine Bedeutung für die Praxis. Referat über das Symposium II des 5. Welt-Erdöl-Kongresses in New York. Erdöl u. Kohle 13 (1960) 396/99.

[2] Eine Zusammenstellung solcher Rechenhilfen enthalten folgende Veröffentlichungen: Arbeitsmappe für Mineralölingenieure, hrsg. von L. GROSZE. Düsseldorf: Dtscher. Ing.-Verlag 1951. – A. F. ORLICEK, H. PÖLL u. H. WALENDA: Hilfsbuch für Mineralöltechniker, 2 Bde. Wien: Springer 1951 u. 1955. – BERGHOFF, W.: Erdölverarbeitung und Petrolchemie (vgl. Fußn. 1, S. 54). – Weitergehende Angaben findet man z. B. bei F. D. ROSSINI: Selected Values of Physical and Thermodynamic Properties of Hydrocarbons and Related Compounds, Pittsburgh: Carnegie Press 1953. – GALLANT, R. W.: Physical Properties of Hydrocarbons, 1. Bd., Houston: Gulf Publishing 1968 [Zusammenfassung der in Hydrocarb. Procssg. 44 (1965) Nr. 7 bis 47 (1968) Nr. 4 erschienenen Aufsätze]. Ein 2. Band soll später erscheinen. Vgl. auch C. T. SCIANCE, C. P. COLVER u. C. M. SLIEPCEVICH: Bring Your C_1–C_4 Data Up to Date. Hydrocarb. Procssg. 46 (1967) Nr. 9, S. 173/82 mit einer Liste der wichtigsten u. s.-amerikanischen Veröffentlichungen. – GRIMM, W.: Vereinfachte Ermittlung dimensionsloser Kenngrößen für den konvektiven Wärmeübergang bei flüssigen Mineralölprodukten. Brennst.-Wärme-Kraft 20 (1968) 14/17.

mittlung von Daten mit Hilfe solcher für die Eigenschaften einzelner Komponenten sehr wichtig, die Mischungsregeln zu kennen. Diese müssen berücksichtigen, daß nur bei wenigen Eigenschaften lineare Abhängigkeiten gelten[1]. Zwar darf man wegen der Zusammensetzung von Erdölfraktionen und erst recht von Rohöl aus einer fast unübersehbaren Anzahl einzelner chemischer Individuen keine übertriebenen Erwartungen an solche Rechnungen stellen, selbst wenn sie auf elektronischen Rechenmaschinen ausgeführt werden. Bei Beachtung ihrer Gültigkeitsgrenzen liefern sie aber für die Praxis gut brauchbare Unterlagen.

α) **Mittlere Siedepunkte.** Bei vielen Berechnungen besteht die Notwendigkeit, das Siedeverhalten durch eine einzige Temperatur zu kennzeichnen, um diese zu deren Stoffeigenschaften in Beziehung zu setzen. Mit Hilfe der ganzen Kurve für den Siedeverlauf ist dies äußerst umständlich und vielfach undurchführbar. Nun weiß man aus Erfahrung, daß die Siedekurven gleichartiger Produkte ähnlich verlaufen, und hat deshalb versucht, daraus brauchbare Zahlenangaben abzuleiten[2]. Am meisten einleuchtend ist es, die Engler-Kurve zu integrieren und auf diese Weise einen Mittelwert zu bestimmen. Dieser benutzt also das Volumen und wird deshalb im angelsächsischen Schrifttum als „Volume average boiling point (VABP)" bezeichnet. Einen ähnlichen Vorschlag hatte bereits Wa. Ostwald mit der nach ihm benannten Siedekennziffer gemacht[3]. Sie wird nach der Formel

$$KZ = \frac{t_5 + t_{15} + \cdots + t_{95}}{10} = \frac{\sum t_x}{i} \quad [^\circ C] \tag{A-7}$$

berechnet, wobei unter t_x die Temperatur verstanden wird, bei der z. B. $x = 5, 15$ usw. bis 95 Vol.-% übergegangen sind, wenn i Punkte in gleichem Abstand ermittelt werden.

Der Gebrauch dieser Kennziffer, die mit dem VABP praktisch übereinstimmt, hat sich nicht durchgesetzt, weil eindeutige Beziehungen zwischen ihr und anderen Eigenschaften kaum bestehen. Nur die Zähigkeit und die spezifische Wärme der Flüssigkeit lassen sich damit bestimmen.

Mathematisch läßt sich der auf das Volumen bezogene mittlere Siedepunkt t_v in allgemeiner Form wie folgt definieren:

$$t_v = t_1 v_1 + t_2 v_2 + \cdots + t_n v_n = \sum t_i v_i \quad [^\circ C]. \tag{A-8}$$

Darin sind t_i die mittleren Siedepunkte der einzelnen Volumenanteile v_i, die nun nicht mehr gleich groß zu sein brauchen. Der Wert t_i müßte dann durch $t_i = \int t\, dv$ definiert werden.

Weil er als Rechengröße später noch benötigt wird, muß auch der sog. „Cubic average boiling point (CABP)" erwähnt werden. Er wird unter

---

[1] Vgl. dazu D. W. Johnson u. C. Ph. Colver: Mixture Properties by Computer. Hydrocarb. Procssg. 47 (1968) Nr. 12, S. 79/84 (density) mit Berichtigung ebd. 48 (1969) Nr. 2, S. 73; 48 (1969) Nr. 1, S. 127/33 (enthalpy and heat capacity); Nr. 3, S. 113/22 (viscosity, thermal conductivity and diffusivity).

[2] Vgl. Maxwell: a. a. O. S. 10 ff.

[3] Ostwald, Wa.: Petroleum 22 (1926) 678; 23 (1927) 446.

Benutzung der vorerwähnten Formelzeichen durch die Gleichung

$$t_c = (v_1\, t_1^{1/3} + v_2\, t_2^{1/3} + \cdots + v_n\, t_n^{1/3})^3 = \left[\sum (v_i\, t_i^{1/3})\right]^3 \quad [^\circ C] \qquad (A\text{-}9)$$

bestimmt.

Unterteilt man die bei der Engler-Analyse gewonnenen Fraktionen in sehr enge Schnitte und bestimmt deren Dichte, so kann die Engler-Kurve derart umgerechnet werden, daß die Siedetemperatur nicht über Vol.-%, sondern über Gew.-% aufgetragen wird. Dies läßt sich auch graphisch machen, was bei Projektierungsarbeiten mangels weiterer Angaben oft die einzige Möglichkeit ist. Man unterteilt die Abszisse in mindestens 10 gleiche Abschnitte, schätzt auf Grund der Kenntnis der Basis des Rohöles oder der Produkte für jeden Abschnitt mit Hilfe der zugehörigen mittleren Siedetemperatur die Dichte ab, multipliziert die einzelnen Volumenanteile mit dieser und setzt die Gesamtmenge = 100%. Dann ordnet man die mittleren Temperaturen den von links nach rechts zunehmenden, auf die Abszissenachse neu aufgetragenen Gewichtsanteilen zu und erhält einen gegenüber der ursprünglichen Engler-Kurve nach links verschobenen Kurvenverlauf. Dessen Anfangs- und Endpunkte stimmen mit denen der ursprünglichen Kurve überein. Weil aber die Gewichtsanteile der leichtersiedenden Komponenten kleiner sind als die der folgenden, rücken die zugehörigen Temperaturpunkte gegen die Ordinatenachse.

Bestimmt man nun wieder durch Integration oder durch Unterteilung in genügend kleine, schmale Abschnitte den Mittelwert, so erhält man die auf das Gewicht bezogene mittlere Siedetemperatur t_g, im Englischen als „Weight average boiling point (WABP)" bezeichnet. Diese Größe ist am besten dazu geeignet, die wahre kritische Temperatur des untersuchten Kohlenwasserstoffgemisches zu ermitteln[1].

Sinngemäß kann man vorgehen und statt der Dichte die Molmasse benutzen, früher Molekulargewicht genannt. Der Unterschied zwischen ihren Werten für den am leichtesten und den am schwersten siedenden Anteil eines Rohöles oder einer Fraktion ist erheblich größer als bei der Dichte. Wenn man deshalb die Abszisse der Engler-Kurve wiederum in gleiche Abschnitte unterteilt, mit Hilfe der Molmasse die darin enthaltenen Mole ermittelt und dann die für die einzelnen Abschnitte abzulesenden mittleren Temperaturen über Mol-% aufträgt, erhält man einen Kurvenverlauf, der gegenüber der Engler-Kurve besonders im unteren Bereich sehr weit nach rechts verschoben ist. Dies hat zur Folge, daß die daraus bestimmte mittlere Siedetemperatur wesentlich tiefer liegt. Der Unterschied kann bei weitgeschnittenen Fraktionen je nach Steilheit der ursprünglichen Kurve bis zu 60° betragen. Der so gewonnene Mittelwert t_m wird im Englischen als „Molal average boiling point (MABP)" bezeichnet. Er läßt sich gut zur pseudokritischen Temperatur und zur Wärmeausdehnung der Flüssigkeiten in Beziehung setzen. Außerdem muß diese Darstellung für Kolonnenberechnung benutzt werden, weil die dafür verwendeten Beziehungen, wie die Raoultsche Gleichung

---

[1] Auch darüber Näheres bei J. B. MAXWELL: a. a. O.

oder ähnliche, die unter Benutzung der von LEWIS eingeführten Flüchtigkeit abgewandelt sind, das Rechnen mit Molen voraussetzen[1].

Die Unterschiede zwischen den angeführten mittleren Siedepunkten sind um so größer, je steiler die Siedekurven verlaufen. Sie lassen sich angenähert aus der Neigung der Engler-Kurve und der mittleren, nach Volumenanteilen berechneten Siedetemperatur mit Hilfe von Kurven ermitteln. In diesen ist das Ergebnis der vorbeschriebenen, an vielen Beispielen durchgeführten Berechnungen verwertet[2]. Diese Diagramme zeigen auch den Zusammenhang mit einer vierten mittleren Siedetemperatur $t_\varnothing$, die im Englischen als „Mean average boiling point (ebenfalls MABP)" bezeichnet wird[3]. Diese ist erfahrungsgemäß am besten geeignet, um folgende Eigenschaften darauf zu beziehen: Molmasse,

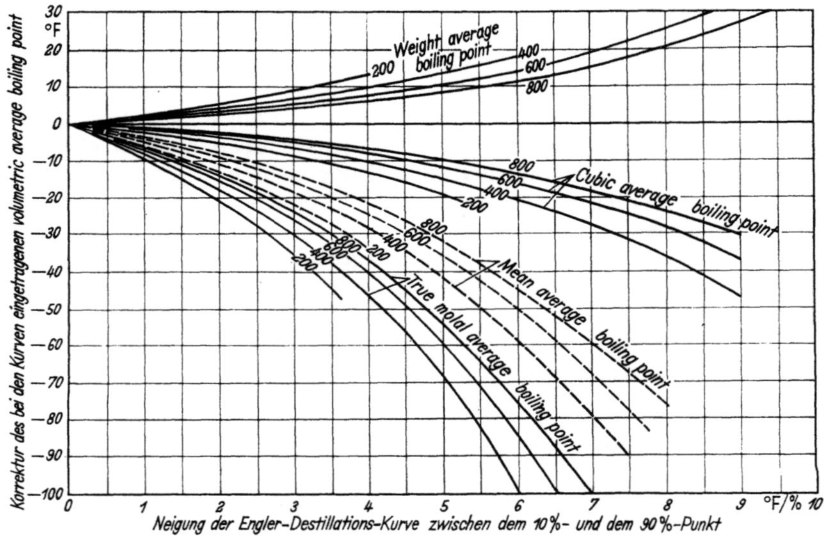

Abb. A-14. Diagramm zur Ermittlung des WABP, CABP usw. in Abhängigkeit von der Neigung der Engler-Kurve und dem mittleren, auf Volumen bezogenen Siedepunkt. Erläuterungen der Abkürzungen siehe Text. Die Maßeinheiten des Originals wurden beibehalten, um die bei einer Umrechnung unvermeidlichen Ungenauigkeiten auszuschließen.

---

[1] Hiezu z.B. B. RIEDIGER: Berechnung von Fraktionierkolonnen für Vielstoffgemische, Berlin/Göttingen/Heidelberg: Springer 1951; dort sind S. 28 die Beziehungen zwischen der sog. wahren Siedepunktskurve, der Flashkurve und der Engler-Analyse erläutert. – Ders.: Berechnung von Fraktionierkolonnen unter Berücksichtigung der Flüchtigkeit. Erdöl u. Kohle 7 (1954) 21/27 sowie das dort angegebene Schrifttum. Vgl. hingegen zum Begriff „Flüchtigkeit" als Übersetzung von volatility S. 92.

[2] Vgl. W. L. NELSON: Petroleum Refinery Engineering, a.a.O., 3. Aufl., Fig. 40, S. 141; 4. Aufl., Fig. 5-4, S. 172. – MAXWELL: a.a.O. S. 14 u. 15. Die beiden Darstellungen weisen gewisse Abweichungen voneinander auf.

[3] Dabei hat „mean" praktisch die gleiche Bedeutung wie „average", so daß sich der Ausdruck kaum richtig übersetzen läßt. Als „Definition" ist bei MAXWELL a.a.O. S. 11 folgender Satz zu finden: „Mean average boiling point which best correlates the molecular weight of petroleum fractions".

Characterization factor, Dichte, pseudokritischen Druck und Verbrennungswärme. Nach VAN WINKLE[1] kann man den Mean ABP als arithmetisches Mittel zwischen Molal ABP und CABP nach der Formel

$$t_\varnothing = \frac{t_m + t_c}{2} \ [^\circ C] \tag{A-10}$$

bestimmen. Mit einer für überschlägige Berechnung ausreichenden Genauigkeit können die verschiedenen mittleren Siedetemperaturen aus den Daten der Engler-Analyse und dem danach berechneten, auf Volumen bezogenen mittleren Siedepunkt (volumetric average boiling point) nach Abb. A-14 abgelesen werden.

β) **Dampf–Flüssigkeits-Gleichgewichte.** Über den Zusammenhang zwischen Siedetemperatur und Dampfdruck einzelner Kohlenwasserstoffe gibt es ein sehr umfangreiches Schrifttum, das im Abschn. C bei der Berechnung von Fraktionierkolonnen erwähnt wird. Für Erdöl und die daraus gewonnenen Fraktionen muß man die Dampf–Flüssigkeits-Gleichgewichte berechnen, was später behandelt wird. Mit wenigen Zahlenangaben kann dieses Verhalten nicht wiedergegeben werden; vgl. a. S.58f.

γ) **Die kritischen Daten.** Die Werte der kritischen Drücke und Temperaturen einzelner Kohlenwasserstoffe sind bekannt[2]. Damit ist aber für die Zwecke der Erdölindustrie nicht viel gewonnen. Wie an Hand eines Beispieles in Abb. A-15 gezeigt wird, lassen sich die kritischen Zustände eines Zweistoffgemisches nicht mittels einfacher Beziehungen aus den kritischen Daten der einzelnen Stoffe bestimmen[3]. Ihr geometrischer Ort wird im T, p, x-Diagramm durch eine Raumkurve dargestellt; dabei ist T die Temperatur, p der Druck und x der Gewichts- oder Molanteil der leichtersiedenden Komponente im Gemisch; die Koordinate x ist also mit A identisch. In der Abbildung sind rechts oben im p,T-Diagramm a und b die Dampfdruckkurven der beiden Komponenten A und B, die in den kritischen Punkten K_a und K_b enden. Für Gemische verschiedener Zusammensetzung ergeben sich die mit c_1 bis c_5 bezeichneten Zustandskurven. Diese besitzen sowohl mit horizontalen als auch mit vertikalen Geraden je zwei Schnittpunkte. Dementsprechend lassen sich daraus links oben im p,x-Diagramm und rechts unten im T,x-Diagramm die zugehörigen Linsenkurven ableiten.

Bei gleichbleibendem Druck nimmt die Temperatur vom Beginn des Siedens bis zur Beendigung der vollständigen Verdampfung zu. Des-

---

[1] VAN WINKLE, M.: Physical Properties of Petroleum Fractions. Petrol. Refiner 34 (1955) Nr. 6, S. 136/38.

[2] Vgl. LANDOLT-BÖRNSTEIN: Zahlenwerte und Funktionen aus Physik, Chemie, Astronomie, Geophysik und Technik, II. Bd., 4. Teil, 6. Aufl., Kalorische Zustandsgrößen, hrsg. von K. SCHÄFER u. E. LAX, Berlin/Göttingen/Heidelberg: Springer 1961. – D'ANS-LAX: Taschenbuch für Chemiker und Physiker, hrsg. von E. LAX u. CL. SYNOWIETZ, Bd. II, 3. Aufl., Berlin/Göttingen/Heidelberg: Springer 1964. – RIEDIGER, B.: Brennstoffe/Kraftstoffe/Schmierstoffe, a.a.O. S.214. – Graphische Darstellungen bei MAXWELL: a.a.O. S.69ff. sowie in: Arbeitsmappe für Mineralölingenieure, a.a.O. Arbeitsblätter C 8 und C 9.

[3] Vgl. B. F. DODGE: Chemical Engineering Thermodynamics, New York/Toronto/London: McGraw-Hill 1944, S. 545ff.

gleichen tritt bei konstanter Temperatur durch Druckerhöhung eine allmähliche Kondensation ein. Die kritischen Zustände liegen auf einer
Einhüllenden, der sog. Faltenpunktskurve, welche eine Zustandskurve
für verschiedene Zusammensetzungen ist[1]. Dabei kann der kritische

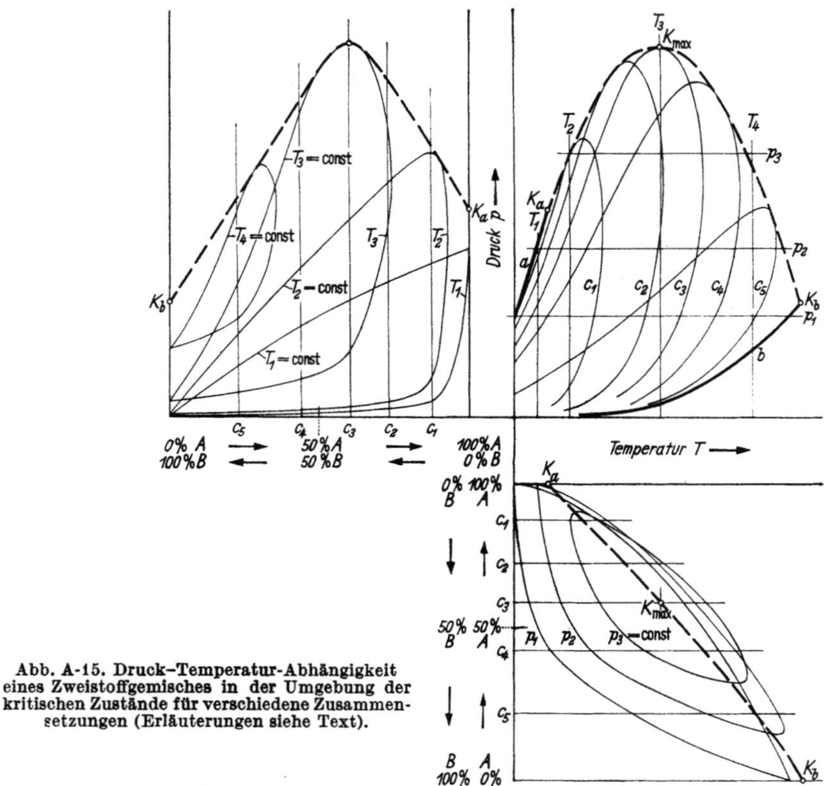

Abb. A-15. Druck–Temperatur-Abhängigkeit
eines Zweistoffgemisches in der Umgebung der
kritischen Zustände für verschiedene Zusammensetzungen (Erläuterungen siehe Text).

[1] Die Bezeichnung stammt von VAN DER WAALS; vgl. J. D. VAN DER WAALS:
Lehrbuch der Thermodynamik, bearbeitet von PH. KOHNSTAMM, 1. Teil, 2. verbess.
Abdruck, Leipzig: Barth 1923, S. 140 ff.; 2. Teil, ebd. 1912, S. 219. – Dazu W. MATZ:
Die Thermodynamik des Wärme- und Stoffaustausches in der Verfahrenstechnik,
Frankfurt/Main: Steinkopf 1949, S. 182 ff.
Eine eingehendere Darstellung haben G. KORTÜM u. H. BUCHHOLZ-MEISEN-
HEIMER: Die Theorie der Destillation und Extraktion von Flüssigkeiten, Berlin/
Göttingen/Heidelberg: Springer 1952, S. 29 ff. sowie ohne Verwendung des Aus-
druckes bereits G. TAMMANN: Lehrbuch der heterogenen Gleichgewichte, Braun-
schweig: Vieweg 1924, S. 85 ff. und F. BOŠNJAKOVIĆ: Technische Thermodynamik,
II. Teil, 3. Aufl., Dresden u. Leipzig: Steinkopf 1960, S. 97 ff. gegeben; zuletzt
hat R. HAASE: Thermodynamik der Mischphasen, Berlin/Göttingen/Heidelberg:
Springer 1956, S. 161 bis 183 dieses Thema sehr ausführlich behandelt. Vgl. auch
H. J. LÖFFLER: Thermodynamische Eigenschaften binärer Gemische leichter gesättigter Kohlenwasserstoffe im kritischen Gebiet. Karlsruhe: Müller 1962; Auszug
daraus: Chem.-Ing.-Techn. 34 (1962) 79/84. – Ders.: Thermodynamik. Berlin/Hei-
delberg/New York: Springer 1969, Bd. II, S. 79 ff.

Druck Werte erreichen, die ein Mehrfaches des kritischen Druckes der Einzelstoffe betragen. Die kritische Temperatur liegt hingegen immer zwischen den Werten der Einzelstoffe.

Wenn das Gemisch aus mehr als zwei Stoffen besteht, läßt sich das Verhalten kaum mehr graphisch übersichtlich darstellen. Trotzdem muß es berücksichtigt werden. Man hat deshalb versucht, Hilfsgrößen einzuführen, die mit den auf reale physikalische Größen angewandten Rechenverfahren praktisch verwertbare Ergebnisse liefern. Hieher gehören die sog. *pseudokritischen* Daten für Gemische[1]. Sie sind so definiert, daß die pseudokritische Temperatur, über dem molaren mittleren Siedepunkt t_m (MABP) aufgetragen, die gleiche Abhängigkeit aufweist wie die wahre kritische Temperatur, aufgetragen über dem auf Gewichtsanteile bezogenen mittleren Siedepunkt t_g (WABP)[2]. Die Größe der pseudokritischen und der wahren kritischen Drücke von Erdölfraktionen, abhängig vom Mean Average Boiling Point bzw. vom Molal Average Boiling Point und vom Verhältnis der wahren kritischen Temperatur zur pseudokritischen Temperatur, wurden in Kurven wiedergegeben[3]. Die pseudokritischen Daten sind insbesondere auch zur Ermittlung des Kompressibilitätsfaktors von Gemischen und damit des Flüchtigkeitsfaktors geeignet.

Eine andere Hilfsgröße, welche die Berechnungen erleichtern soll, wenn sich der Zustand dem kritischen nähert, ist der zuerst von HANSON und BROWN vorgeschlagene *Konvergenzdruck*[4].

Die Einführung des Konvergenzdruckes soll die Möglichkeit schaffen, das Verhalten von Mehr- und Vielstoffgemischen in der Nähe der kritischen Zustände in gleicher Weise wie das von Zweistoffgemischen zu berechnen. Dabei wird unter Konvergenzdruck für eine bestimmte Tem-

---

[1] Vgl. W. B. KAY: Density of Hydrocarbon Gases and Vapors. Industr. Engng. Chem. 28 (1936) 1014/19. – DODGE, B. F.: a.a.O. S. 200. – MAXWELL: a.a.O. S.68ff.

[2] Nach R. L. SMITH u. K. M. WATSON: Boiling Points and Critical Properties of Hydrocarbon Mixtures. Industr. Engng. Chem. 29 (1937) 1408/14 bei MAXWELL: a.a.O. S. 70ff. Vgl. auch R. L. JOHNSON u. H. G. GRAYSON: Enthalpy of Petroleum Fractions. Petrol. Refiner 40 (1961) Nr. 2, S. 123/29 (auch als Sonderdruck mit zusätzlichen Diagrammen erhältlich).

[3] Vgl. NELSON: a.a.O. 3. Aufl., Fig. 44, S. 146 u. Fig. 46, S. 148; 4. Aufl., Fig. 5-9, S. 178 u. Fig. 5-12, S. 181. – MAXWELL: a.a.O. S. 73 u. 74.

[4] HANSON, G. H., u. G. G. BROWN: Equilibria in Mixtures of Volatile Paraffins. Industr. Engng. Chem. 37 (1945) 821/25. – HADDEN, S. T.: Vapor-Liquid Equilibria in Hydrocarbon Systems. Chem. Engng. Progress 44 (1948) 37/54 u. 135/56. – EDMISTER, W. C.: Application of Thermodynamics to Hydrocarbon Processing. Part XXII – Convergence Correction to Vapor-Liquid Equilibrium Ratios. Petrol. Refiner 28 (1949) Nr. 9, S. 95/102. – HADDEN, S. T.: Convergence Pressure in Hydrocarbon Vapor-Liquid Equilibria. Applied Thermodynamics. Chem. Engng. Progress Symp., 49 (1953) Nr. 7, S. 53/66; ref. ebd. S. 71. – LENOIR, J. M., u. G. A. WHITE: Vapor-Liquid Equilibrium Ratios. Petrol. Refiner 32 (1953) Nr. 10, S. 121/23; Nr. 12, S. 115/19. – Dies.: Predicting Convergence Pressure, ebd. 37 (1958) Nr. 3, S. 173/81. – ORGANICK, E. J., u. B. J. HOLLINGSWORTH: Computing Convergence Pressure. Petrol. Refiner 38 (1959) Nr. 5, S. 172/73. – EDMISTER, W. C.: Applied Hydrocarbon Thermodynamics, Bd. 1. Houston/Tex.: Gulf 1961, S. 256ff. (Sammlung der Aufsätze aus Petrol. Refiner 1947 bis 1949, 1959 u. 1960). – VAN WINKLE, M.: Distillation, New York/Toronto/London: McGraw-Hill 1967, S. 76ff.

peratur jener Druck verstanden, bei dem die auf S. 189 noch zu erwähnende Gleichgewichtskonstante $K = y/x$ gleich 1 wird. Graphisch sind die Verhältnisse für die niedrigsiedenden Alkane als Beispiel, und zwar für eine Temperatur von 148,9 °C in Abb. A-16 wiedergegeben[1].

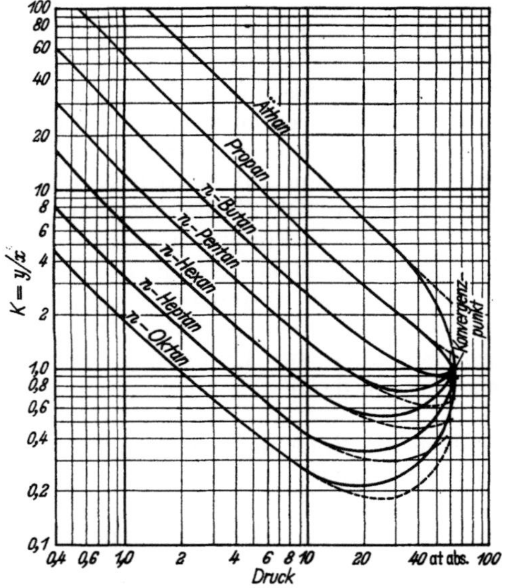

Abb. A-16. Gleichgewichtskonstanten K für die Paraffinkohlenwasserstoffe Äthan bis Normaloktan einerseits und Rohöl andererseits, für eine Temperatur von 148,9 °C (= 300 °F). Die gestrichelten Linien erhält man, wenn man das Gleichgewicht mit Hilfe der Flüchtigkeit berechnet. Die Abweichung gegenüber den ausgezogenen Linien erklärt sich durch den Einfluß der Aktivität bei hohen Drücken. Es bedeuten

y den Molanteil der niedrigersiedenden Komponente in der Dampfphase;
x den Molanteil der niedrigersiedenden Komponente in der flüssigen Phase.

Vgl. a. S. 189.

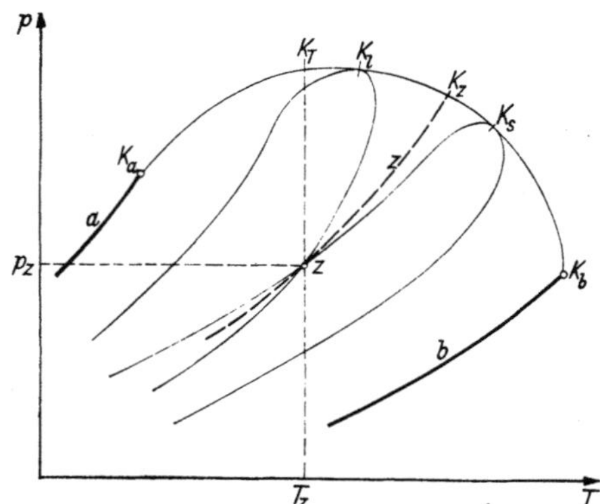

Abb. A-17. Konvergenzdrücke im Druck–Temperatur-Diagramm eines Zweistoffgemisches.

Der Konvergenzdruck läßt sich im Druck–Temperatur-Diagramm Abb. A-17, das den kritischen Bereich eines Zweistoffgemisches wiedergibt, darstellen. Die Kurve zwischen K_A und K_B sei identisch mit der Einhüllenden in Abb. A-15. Ist Z irgendein Zustandspunkt im Zweiphasengebiet, so erhält man den zugehörigen Konvergenzdruck bei der

---

[1] Weitere Diagramme bei W. C. EDMISTER: (Aufsatzsammlung) a. a. O. S. 266/70.

gegebenen Temperatur T, indem man den Schnitt einer durch den Punkt Z parallel zur Ordinatenachse gezogenen Geraden mit der Einhüllenden $K_A K_B$ bestimmt. Er sei mit K_T bezeichnet. Dabei ist aber zu beachten, daß sich die Gemischzusammensetzung bei dem dargestellten Zustandsverlauf geändert hat, der so bestimmte Konvergenzdruck also nicht für das Gemisch als solches, sondern für die beiden Komponenten gilt, und zwar bei der vorgegebenen Temperatur T_Z. Außerdem muß berücksichtigt werden, daß durch den Punkt Z nicht ein Gemisch bestimmter Zusammensetzung festgelegt ist. Vielmehr sind bei den dadurch gegebenen Druck- und Temperaturwerten p_Z und T_Z Gemische existenzfähig, deren Zusammensetzung zwischen zwei Grenzfällen liegt. Der eine Grenzfall mit dem größten Anteil an der leichterflüchtigen Komponente a ist dadurch gekennzeichnet, daß Z auf der Taupunktskurve für diese Zusammensetzung liegt. Es ist dann dieses Gemisch bei dem Druck p_Z und der Temperatur T_Z gerade völlig verdampft. Im anderen Grenzfall liegt Z auf der Siedepunktskurve des Gemisches mit dem kleinsten Anteil an der leichterflüchtigen Komponente. Die zugehörigen wahren kritischen Punkte liegen auf der Faltenpunktskurve zwischen K_l und K_s. Sie sind gleich den Konvergenzdrücken für die verschiedenen im Punkte Z existenzfähigen Gemische bei den *zugehörigen* Temperaturen. Die Indizes l und s der Punkte K beziehen sich auf die leichter- und die schwererflüchtige Komponente.

Im angeführten Schrifttum findet sich die Angabe, daß der zu Z gehörige Konvergenzdruck K_z durch Verlängern einer „Ersatzdampfdruck-Kurve" z erhalten werden kann, doch stellt dies nur einen der möglichen Fälle dar. Alle wahren kritischen Punkte sind selbstverständlich Konvergenzpunkte, weil sich die Gemischzusammensetzung beim Durchschreiten des kritischen Zustandes nicht ändert. Jedoch nur bei der kritischen Temperatur ist der Konvergenzdruck mit dem kritischen Druck identisch.

Die Anwendung der dargestellten Begriffe auf Mehr- und Vielstoffgemische setzt voraus, daß sich deren Verhalten durch die Kennwerte zweier representativer Komponenten erfassen läßt, die man ebenfalls als Schlüsselkomponenten bezeichnen könnte[1]. Dabei wird klar, daß es sich nur um Hilfsmittel handelt, die dazu dienen, Verfahrensrechnungen abzukürzen und zu erleichtern, die sich aber nicht streng nach den Gesetzen der Thermodynamik ableiten lassen. Sie müssen hier besprochen werden, weil sie viel benutzt und im Schrifttum oft erwähnt werden.

Zwei Punkte im kritischen Bereich, die im Gegensatz zu den vorgenannten Größen reale Bedeutung haben, sollen hier noch kurz erwähnt werden. Wie Abb. A-18 als Vergrößerung einer Zustandskurve für x = const im p,T-Diagramm erkennen läßt, sind die Punkte Π für p_{max} und Θ für T_{max} vom kritischen Punkt K_c zu unterscheiden. Der Punkt Θ wird im englischen Schrifttum mitunter als „cricondentherm" (critical condensation temperature) bezeichnet und kennzeichnet die höchste

---

[1] Man muß dabei nur den Unterschied gegenüber den auf S. 48 bei der Ermittlung der Basis erwähnten Schlüsselfraktionen im Auge behalten.

Temperatur, bei der das vorgegebene Zweistoffgemisch in zwei Phasen existieren kann. Analog wurde vorgeschlagen, den Punkt Π als „cricondenbar" (critical condensation pressure) zu benennen[1]. Die Darstellung ist geeignet, Vorgänge wie retrograde Verdampfung (bei Druckerhöhung) und retrograde Kondensation (bei Temperaturerhöhung) zu

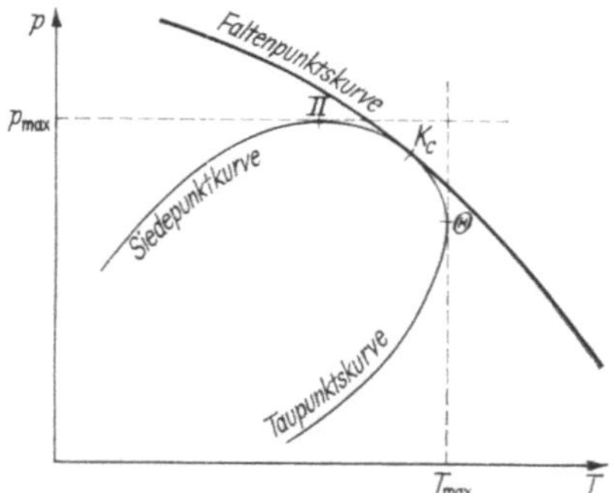

Abb. A-18. Grenzkurven, Faltenpunktskurve sowie „cricondentherm"-(Θ-) und „cricondenbar"-(Π-)Punkte eines Zweistoffgemisches.

erklären. Diese Erscheinungen spielen zwar im Raffineriebetrieb keine Rolle, werden jedoch in Erdöllagerstätten, die unter hohem Druck stehen, beobachtet[2].

δ) **Die spezifische Wärme.** Bei den kalorischen Größen liegen die Verhältnisse erheblich einfacher als bei den im vorstehenden Abschnitt beschriebenen Kenngrößen. Vor allem ist die in kcal/(kg grd) oder in kcal/ (kmol grd) gegebene spezifische Wärme der flüssigen Phase von Kohlenwasserstoffgemischen sowie der Dampfphase bei nicht zu hohen Drücken eine additive Größe, gleichgültig ob man mit Gewichts- oder Molanteilen rechnet. Außerdem liegen genügend Versuchsergebnisse vor, so daß für verfahrenstechnische Rechnungen ausreichend genaue Unterlagen zur Verfügung stehen. Wegen Einzelangaben kann auf das Schrifttum und die Sammelwerke verwiesen werden[3].

Im allgemeinen ist die spezifische Wärme c_{fl} von Flüssigkeiten, und zwar sowohl von Einzelstoffen als auch von Gemischen, in erster Linie von der Temperatur und in nur sehr geringem Maße vom Druck abhängig. Die Abhängigkeit vom Druck kann meist vernachlässigt werden.

---

[1] DODGE, B. F.: a.a.O. S. 545. – SILVERMAN, E. D., u. G. THODOS: Cricondentherms and cricondenbars. Industr. Engng. Chem./Fundamentals 1 (1962) Nr. 4, S. 299/303.

[2] Vgl. auch G. TAMANN: a.a.O. S. 80ff. (vgl. Fußn. 1, S. 76).

[3] Für Berechnungen der Erdölverarbeitung sind besonders brauchbar: J. B. MAXWELL: a.a.O. bes. Abschn. 7: Thermal Properties, S. 75ff. – Arbeitsmappe für Mineralölingenieure, a.a.O. Arbeitsblätter Gruppen H bis K. – BERGHOFF, W.: a.a.O. Abschn. 4 (Kalorische Daten), S. 210/54. – Vgl. außerdem D. E. HOLCOMB u. G. G. BROWN: Thermodynamic Properties of Light Hydrocarbons. Industr. Engng. Chem. 34 (1942) 590/602. – BAUER, C. R., u. J. F. MIDDLETON: Enthalpy of Petroleum Fractions. Petrol. Refiner 32 (1953) Nr. 1, S. 111/13. – JOHNSON, R. L., u. H. G. GRAYSON: a.a.O.; vgl. Fußn. 2, S. 77.

Deshalb kann man $c_{fl} = c_p \cong c_v$ setzen, wenn die Zusammendrückbarkeit der Flüssigkeiten vernachlässigt wird. Dabei bezeichnet man mit c_p die spezifische Wärme bei konstantem Druck, mit c_v die bei konstantem Volumen[1].

Bei Dämpfen liegen die Verhältnisse nicht so einfach. Ihre spezifische Wärme fällt beginnend an der oberen Grenzkurve mit steigender Temperatur zunächst stark ab, durchläuft ein Minimum und geht erst dann in einen dem idealen Gas entsprechenden, mit der Temperatur schwach ansteigenden Verlauf über. Dies gilt sowohl für c_p wie auch für c_v. Die einzelnen Werte liegen um so höher, je höher der Druck ist. An der Grenzkurve ist eine theoretische Berechnung mit Hilfe der Planckschen Gleichung möglich, wenn man die Flüssigkeits- und die Verdampfungswärme und die spezifischen Volumina an den beiden Phasengrenzen kennt[2]. In der Nähe des kritischen Zustandes ergeben sich weitere Abweichungen, die jedoch durch die Gesetze der Thermodynamik erfaßt werden können[3].

Ein Diagramm für die Bestimmung von $\Delta c_p = c_p - c_{p0}$ in Abhängigkeit vom reduzierten Druck p_r mit der reduzierten Temperatur T_r als Parameter hat EDMISTER veröffentlicht[4]. Darin ist c_{p0} die spezifische Wärme des Dampfes bei konstantem Druck im Zustand des idealen Gases (also beim Druck $p = 0$) und c_p die spezifische Wärme des realen Gases bei irgendeinem konstanten Druck. An der gleichen Stelle findet sich auch ein Diagramm mit den gleichen Bezugsgrößen, das die Differenz $c_p - c_v$ in Abhängigkeit von T_r und p_r wiedergibt. Für das ideale Gas ist $c_p - c_v = R$, wobei R die Gaskonstante bedeutet. In den Abweichungen dieser Differenz von der Größe R kommt das Verhalten realer Gase sehr deutlich zum Ausdruck[5]. Ein Diagramm mit den Werten $\Delta c_p/T$, ebenfalls in Abhängigkeit von T_r und p_r dargestellt, hat MAXWELL veröffentlicht[6].

ε) **Die Verdampfungswärme.** Auch die Verdampfungswärme als kalorische Größe gehorcht bei Gemischen additiven Gesetzen. Deshalb ist die Kenntnis der Verdampfungswärme einzelner Stoffe wertvoll. Es liegt für diese sowie für Gemische im Bereich nicht zu hoher Drücke eine große Zahl von Messungen vor[7]. Weiterhin kann die Verdampfungs-

---

[1] Eine Zusammenstellung der Schrifttumsquellen und Vorschläge für eine genauere Ermittlung bei S. T. HADDEN: Specific Heat of Liquid Hydrocarbons. Hydrocarb. Procssg. 45 (1966) Nr. 7, S. 137/42. – Weitere Angaben bei W. S. TAMPLIN u. D. A. ZUZIC: Specific Heat of Organic Hydrocarbons; ebd. 46 (1967) Nr. 8, S. 145/46.

[2] Vgl. W. SCHÜLE: Technische Thermodynamik, 2. Bd., 4. Aufl., Berlin: Springer 1923, S. 33. – KORTÜM, K., u. H. BUCHHOLZ-MEISENHEIMER: a.a.O. S. 39. – PLANCK, M.: Vorlesungen über Thermodynamik, 10. Aufl., durchgesehen und erweitert von M. v. LAUE, Berlin: de Gruyter 1954, S. 149.

[3] EUCKEN, A.: a.a.O. S. 100ff. u. 113ff. (vgl. Fußn. 1, S. 63). – DODGE, B. F.: a.a.O. S. 226/27.

[4] EDMISTER, W. C.: Applications of Thermodynamics to Hydrocarbon Processing. Part XIII. Heat Capacities. Petrol. Refiner 27 (1948) Nr. 11, S. 129/35.

[5] Vgl. z.B. A. EUCKEN: Grundriß a.a.O. S. 113ff.

[6] MAXWELL, J. B.: a.a.O. S. 92.

[7] Vgl. LANDOLT-BÖRNSTEIN: a.a.O. sowie D'ANS-LAX: a.a.O.

wärme mit Hilfe der Clausius-Clapeyronschen Gleichung

$$r = (v'' - v') \frac{T}{427} \frac{\mathrm{d}p}{\mathrm{d}T} \ [\mathrm{kcal/kg}] \qquad\qquad \text{(A-11)}$$

berechnet werden. Darin bedeuten:

r die Verdampfungswärme in kcal/kg,
v' das spezifische Volumen der siedenden Flüssigkeit in m³/kg,
v'' das spezifische Volumen des Sattdampfes in m³/kg,
T die absolute Temperatur in °K,
$427 \frac{\mathrm{kpm}}{\mathrm{kcal}}$ das mechanische Wärmeäquivalent und
p den Druck in kp/m².

Außerdem muß die Verdampfungswärme im kritischen Punkt gleich null werden. Sie läßt sich deshalb meist ziemlich genau in Abhängigkeit von der Temperatur über den ganzen Bereich bis zum kritischen Zustand darstellen. Ihr Verlauf in einem r,t-Diagramm ergibt eine parabelähnliche Kurve mit der Abszisse als Achse. Die Werte der Verdampfungswärme für die C_1- bis C_8-Kohlenwasserstoffe sowie für paraffinische Kohlenwasserstoffe, die durch den Siedepunkt gekennzeichnet sind, finden sich im Schrifttum[1].

ζ) **Zustandsdiagramme.** Für verfahrenstechnische Berechnungen werden Darstellungen in Form von Diagrammen oft vorgezogen. Sie lassen die Abhängigkeiten besser erkennen und entheben vor allem der Notwendigkeit, mit Mittelwerten zu rechnen. Dies kann nie so genaue Ergebnisse liefern, wenn die Abhängigkeiten analytisch schwer wiederzugeben sind. Deshalb werden für die Ermittlung des Wärmeinhaltes (der Enthalpie) h in kcal/kg bzw. kcal/kmol bei einer bestimmten Temperatur h,t-Diagramme bevorzugt[2]. Auch i,s-Diagramme (Mollier-Diagramme)

---

[1] MAXWELL, J. B.: a.a.O. S. 94ff. – RIEDIGER, B.: Brennstoffe, Kraftstoffe, Schmierstoffe, a.a.O. S. 267. – Arbeitsmappe für Mineralölingenieure, a.a.O., Arbeitsblätter J 4 bis J 7. – BERGHOFF, W.: a.a.O. S. 250ff. – FISHTINE, S. H.: Reliable latent heat of vaporization. Industr. Engng. Chem. 55 (1963) Nr. 4, S. 20/28; Nr. 5, S. 55/60; Nr. 6, S. 47/56. – Ders.: How Good Are Latent Heat Calculations? Hydrocarb. Procssg. 45 (1966) Nr. 4, S. 173/79 mit einem Vergleich verschiedener Berechnungsvorschläge. – Über die Ermittlung der jetzt mit H oder h bezeichneten Enthalpie niedrigsiedender Kohlenwasserstoffe mit Hilfe der Zustandsgleichung von BENEDICT, WEBB und RUBIN s. H. E. BARNER u. W. C. SCHREINER: Predict H's of Mixtures Using B-W-R. Hydrocarb. Procssg. 45 (1966) Nr. 6, S. 161/66. Bezüglich der Gültigkeit der für solche Zwecke bes. in den Vereinigten Staaten v. Amerika viel benutzten Zustandsgleichungen s. aber M. VON STEIN u. H. VOETTER: Ermittlung von Partialdrücken aus dem Gesamtdruck von Flüssigkeitsgemischen: Folgerungen aus der Gleichung von Duhem-Margules. Z. phys. Chem. 201 (1952) 97/110. – Weiterhin sind zu nennen D. J. GRANE, V. BERRY u. B. H. SAGE: Heat of Vaporization of Light Hydrocarbons. Hydrocarb. Procssg. 45 (1966) Nr. 6, S. 191/94. – MORSY, T. E.: Verdampfungswärmen von Kohlenwasserstoffen. Gas- u. Wasserf. 109 (1968) 335.

[2] Vgl. MAXWELL: a.a.O. S. 98–127, für C_1- bis C_8-Normal- und Isoalkane, C_2- bis C_4-Monoolefine, Benzol, Toluol sowie für Erdölfraktionen mit Mean A.B. Points von 93,3 °C (= 200 °F) bis 426,7 °C (= 800 °F) sowie für Characterization factors von 11,0 und 12,0. – Arbeitsmappe für Mineralölingenieure: a.a.O., Arbeitsblätter K 1 und K 2 für Erdölfraktionen, die durch die Dichte gekennzeichnet sind. In diesen Arbeitsblättern ist jedoch der ungebräuchliche „Kennzeichnungswert" verwendet, der so wie nach Gl. (A-5), jedoch ohne den Faktor 1,216 bestimmt wird; vgl. dazu Fußn. 2, S. 67.

bzw. nach neueren Festlegungen h,s-Diagramme und Dampftafeln von Kohlenwasserstoffen stehen zur Verfügung[1]. Vgl. dazu a. S. 257.

η) **Der Heizwert.** Bei der Verarbeitung von Erdöl ist der untere *Heizwert* H_u von Rückstandsölen und Abgasen der Raffinerien in erster Linie von Bedeutung, weil diese als Brennstoffe in Verfahrensanlagen benutzt werden. Bei flüssigen Kohlenwasserstoffen kann man im allgemeinen mit einem Mittelwert von $H_u = 10\,000$ kcal/kg rechnen. Genaue Angaben in Abhängigkeit vom Schwefel- und Aschegehalt hat MAXWELL in einem Diagramm wiedergegeben[2]. Bei Gasen kann der Heizwert additiv aus den in DIN 51850 (Oktober 1962) zu findenden Heizwerten der einzelnen Volumenanteile berechnet werden.

5. Die Erdölprodukte und ihre Eigenschaften

Es kann nicht Aufgabe dieses Buches sein, alle Eigenschaften von Erdölprodukten zu erörtern, noch viel weniger die für ihre Bestimmung angewendeten Verfahren und die dabei benutzten Apparate zu beschreiben[3]. Sie müssen nur insoweit besprochen werden, als sie für die Anwendung einzelner Verfahren, für die Auswahl des Einsatzgutes und für die Bemessung der Anlagenteile maßgebend sind. Vorweg empfiehlt es sich, die zu verwendenden Benennungen zu klären.

Die im Gebrauch befindlichen Bezeichnungen einzelner Erdölprodukte sind alles andere als einheitlich. So bestehen nicht unwesentliche Unterschiede zwischen den in der Wissenschaft, im Raffineriebetrieb, im Handel und bei den Zollbehörden üblichen Benennungen bzw. zwischen den als kennzeichnend angesehenen Eigenschaften. Dazu kommen noch die Unterschiede zwischen den in verschiedenen Sprachen gebräuchlichen Ausdrücken. Es sei hier nur an das bekannte Beispiel erinnert, daß im Englischen ,,benzene'' nicht Benzin, sondern den definierten Kohlenwasserstoff Benzol bedeutet.

Bestrebungen, eine Einheitlichkeit in der Benennung herbeizuführen, sind seit Jahrzehnten im Gange[4]. Ohne jeden Anspruch auf Vollständig-

---

[1] MAXWELL, J. B.: a. a. O. S. 128 bis 135 für C_1 bis C_4 sowie $C_2 =$ und $C_3 =$. – PLANK, E.: Dampftafel und Entropie-Diagramme für Propan. Z. ges. Kältetechn. 49 (1942) 104/08. – Weitere Schrifttumsangaben bei B. RIEDIGER: Brennstoffe/Kraftstoffe/ Schmierstoffe, a. a. O. S. 268. – Ders.: Zustandsgrößen von Benzol und Benzoldampf. Chem.-Ing.-Technik 23 (1952) 272/76. – Arbeitsmappe für Mineralölingenieure: a. a. O., Arbeitsblätter K 7 bis K 9.

[2] MAXWELL: a. a. O. S. 180. – Vgl. auch Hütte, Bd. I, 28. Aufl., Berlin: Ernst 1955, Tafel 9, S. 1252. – Dubbel, Taschenbuch für den Maschinenbau, hrsg. von F. SASS, CH. BOUCHÉ u. A. LEITNER, 13. Aufl., Bd. I, S. 500.

[3] Es genügt hier der Hinweis auf das in Fußn. 1, S. 29 erwähnte, im gleichen Verlag erschienene Handbuch von C. ZERBE, dessen zweite Auflage 1969 erschienen ist. Eine sehr ausführliche Behandlung der in den Vereinigten Staaten von Amerika gestellten Anforderungen und der gehandelten Qualitäten enthält: Petroleum Products Handbook, hrsg. von V. B. GUTHRIE, New York/Toronto/London: McGraw-Hill 1960.

[4] Vgl. dazu C. ZERBE: a. a. O. S., Bd. I, S. 379/88 sowie die von der Deutschen Gesellschaft für Mineralölwissenschaft und Kohlechemie im Anschluß an den Entwurf ISI/ TC 28/GT 1 veröffentlichte dreisprachige Liste (deutsch – englisch – französisch) in Erdöl u. Kohle 16 (1963) 315/18 u. 396/99.

keit sollen nachstehend nur für die Zwecke dieses Buches die häufig gebrauchten Begriffe geklärt und anschließend die für einzelne Produkte besonders kennzeichnenden Eigenschaften erörtert werden. Die umfangreiche, bei der Herstellung von Schmierölen gebräuchliche Nomenklatur wird auf S. 980 ff. gesondert behandelt, weil dies ohne eingehende Bezugnahme auf Fragen der Herstellung kaum durchführbar ist. Desgleichen können die für die Beurteilung von Bitumina benötigten Begriffe für deren Inhaltsstoffe nur im Zusammenhang mit den dafür benutzten Bestimmungsverfahren in Kap. K erörtert werden. Abgesehen vom Raffineriegas und von den kurz zu erwähnenden Vakuumdestillaten kann auf Zwischenprodukte erst im Zusammenhang mit den einzelnen Verfahren eingegangen werden.

a) Das Raffineriegas

Als Raffineriegas oder Raffinerieabgas bezeichnet man das Gemisch aus Wasserstoff und aus den ohne Anwendung künstlicher Kälte nicht kondensierbaren Kohlenwasserstoffen, also bis zum Äthan. Dazu kommen noch gewisse Anteile der C_3- und geringe Mengen der C_4-Kohlenwasserstoffe, soweit diese bei wirtschaftlich erträglichem Aufwand nicht wiedergewonnen werden können, obwohl sie unter Druck mit Kühlwasser üblicher Temperatur bereits kondensierbar sind.

Die *Zusammensetzung* gasförmiger Kohlenwasserstoffgemische wird am besten mit Hilfe von Chromatographen bestimmt, die heute für solche Zwecke einen hohen Grad von Genauigkeit erreicht haben. Daraus lassen sich *Dichte* und *Heizwert* leicht berechnen, so daß auf deren besondere Bestimmung mit Hilfe von Meßgeräten mitunter verzichtet werden kann.

b) Das sog. Flüssiggas

Obwohl der Ausdruck „Flüssiggas" in sich widersprüchlich ist, wird er für das fragliche Produkt ausschließlich verwendet, so daß sein Gebrauch in der Raffineriepraxis zu keinen Mißverständnissen führen kann. Man versteht darunter die unter Druck mittels Kühlwasser kondensierbaren C_3- und C_4-Kohlenwasserstoffe, die auch noch geringe Mengen von C_2- und C_5-Kohlenwasserstoffen gelöst enthalten können. Wegen des Vertriebes in Stahlflaschen für gewerbliche und für Haushaltzwecke bezeichnet man es häufig auch als „Flaschengas". Nach DIN 51 621 ist ein Druck von 25 ata (kp/cm²) bei Raumtemperatur festgelegt. Im Englischen sagt man dafür „Liquefied Petroleum Gases (LPG)" und benutzt im Französischen meist die Bezeichnung „Gaz liquéfiés" (Mehrzahl); auch im Deutschen wird oft der Ausdruck „Flüssig*gase*" verwendet, wenn man an die Auftrennung in die Komponenten C_3 und C_4 denkt. Werden diese weiter zerlegt, so ist ein Sammelbegriff wie Flüssiggas oder Flüssiggase nicht mehr am Platz, sondern nur eine Benennung nach der jeweils wichtigsten Komponente zweckmäßig, vgl. DIN 51 622. Die französische Bezeichnung ist – so wie letzten Endes auch der deutsche Ausdruck – nur im Rahmen der Erdölverarbeitung wegen des meist fehlenden Zu-

satzes „du pétrole" oder ähnlich nicht mehrdeutig, weil sich auch andere
Gase wie Ammoniak und Schwefeldioxyd unter Druck ohne künstliche
Kälte kondensieren lassen. Diese Eigenschaft ist es gerade, weshalb sie
als Kältemittel für Kälteanlagen benutzt werden können. Besonders beim
Propan wird von dieser gleichen Eigenschaft vornehmlich bei der Erdölverarbeitung Gebrauch gemacht, weil es leicht beschafft werden kann,
der Umgang damit zur üblichen Raffineriepraxis gehört und sich etwaige
Undichtigkeiten z. B. in Wärmeaustauschern oder Kühlern in den zu behandelnden Produkten nicht so unangenehm bemerkbar machen wie bei
anorganischen oder anderen artfremden Kältemitteln. Bei einigen Verfahren kann Propan als Lösemittel und als Kältemittel zugleich dienen.

Bei den Flüssiggasen ist so wie beim Raffineriegas die *Zusammensetzung* die wichtigste Eigenschaft. Sie läßt sich ebenfalls chromatographisch bestimmen. Außerdem kann sie nach HAMMERICH gemäß DIN
51 611 aus einer Siedeanalyse ermittelt werden. Auch beim Flüssiggas
werden *Dichte* und *Heizwert* – soweit erforderlich – in der Regel aus der
Zusammensetzung berechnet, nicht im Laboratorium bestimmt. Für den
Heizwert ist ein Mindestwert von 10 600 kcal/kg gefordert. Wenn auf
Grund des Einsatzgutes bekannt ist, daß ein Produkt nur aus gesättigten
Komponenten bestehen kann, läßt sich der Anteil von Propan und Butan
– besonders bei hohem Butangehalt – mit einer z. B. für die laufende Betriebsüberwachung ausreichenden Genauigkeit auch durch die Bestimmung der Temperatur des im offenen Spitzglas siedenden Produktes
unter Berücksichtigung des Barometerstandes aus der Gleichgewichtskurve ermitteln.

Die besonders für verfahrenstechnische Berechnungen wichtigen kalorischen Daten, wie *spezifische Wärme* und *Verdampfungswärme*, lassen sich
als additive Größen ebenfalls aus der Zusammensetzung berechnen. Von
chemischen Eigenschaften ist noch der nach DIN 51 621 maximal zu-
gelassene *Schwefelgehalt* von 50 mg/kg (ppm) zu erwähnen, von dem
höchstens 10 % als Kohlenoxysulfid und Elementarschwefel (zusammen)
und höchstens 3 % als Elementarschwefel allein vorhanden sein dürfen.

c) Das Benzin

Für die bei Raumtemperatur flüssigen, etwa bis 200 °C siedenden Kohlenwasserstoffgemische, die aus Erdöl, aber auch aus der Verarbeitung
fester Brennstoffe oder durch Kondensation der schwersten Anteile aus
Erdgas gewonnen werden, ist die Bezeichnung Benzin üblich. Nach dem
Siedebereich unterteilt man heute meist in Leichtbenzin und Schwerbenzin und zieht die Grenze bei etwa 100 °C oder darüber. Für Schwerbenzin hat sich weiterhin der Ausdruck Naphtha eingebürgert; es wird
dann noch, wenn man es im Zuge der Verarbeitung, insbesondere für den
Einsatz in Reforming-Anlagen, auftrennt, in Leicht- und Schwernaphtha
zerlegt; die Siedegrenze zwischen beiden Produkten ergibt sich rein aus
Zweckmäßigkeitsgründen und kann etwa zwischen 130 und 170 °C liegen.

Im Hinblick auf den Verwendungszweck spricht man von *Ottokraftstoff*, wenn das Benzin für Ottomotoren, d. h. für Verbrennungs-Kolben-

kraftmaschinen mit Fremdzündung bestimmt ist. Wegen der zunehmenden Bedeutung der Einspritzung bei solchen Motoren für Kraftfahrzeuge ist der früher vielfach benutzte Ausdruck „Vergaserkraftstoff" (VK) nicht mehr ganz zutreffend. Wenn auch die weitaus größte Menge des Benzins als Kraftstoff verwendet wird, sind daneben noch die sog. *Spezialbenzine* zu erwähnen. Das am leichtesten, nämlich zwischen 25 und 80 °C siedende Spezialbenzin ist der Petroläther nach DIN 51 630. Weiterhin nennt man die zwischen 60 und 140 °C siedenden Fraktionen Testbenzine (nach DIN 51 631) und die zwischen 130 und 220 °C siedenden Fraktionen Siedegrenzenbenzine (nach DIN 51 632). Petroläther wird für Extraktionen, für analytische Zwecke und für Heilmittel benutzt. Die Testbenzine verwendet man ebenfalls für die Extraktion pflanzlicher Öle, außerdem für die Reinigung von Textilien. Siedegrenzenbenzine werden vornehmlich als Lösungsmittel, z.B. in der Lackindustrie und für ähnliche Zwecke verwendet[1]. Spezialbenzine bedürfen meist einer besonderen Raffination, um den Anforderungen hinsichtlich ihrer Reinheit zu genügen, vor allem wenn sie für pharmazeutische Zwecke oder für die Lebensmittelindustrie bestimmt sind. Sie werden meist nur in spezialisierten Betrieben, selten in Erdölraffinerien üblicher Ausstattung hergestellt.

Während bei den Spezialbenzinen der Siedebereich die wichtigste Eigenschaft ist, muß der Kraftstoff für Ottomotoren vor allem klopffest sein, d.h., er darf bei den heute üblichen hohen Verdichtungsverhältnissen nicht die mit „Klopfen" bezeichnete Erscheinung der vorzeitigen, mit unerwünschten Drucksteigerungen verbundenen Zündung hervorrufen. Als Kenngröße für die *Klopffestigkeit* ist seit Jahrzehnten die sog. Oktanzahl eingeführt[2]. Sie sagt aus, daß sich ein Kraftstoff mit der *Oktanzahl* x im Prüfmotor hinsichtlich des Klopfens so verhält wie ein Gemisch aus x Vol.-% 2,2,4-Trimethylpentan (Isooktan) und $(100 - x)$ Vol.-% Normalheptan, vgl. DIN 51 756, Punkt 3.3 und 5.1. Die Betriebsbedingungen der verschiedenen Prüfverfahren sind in Zahlentafel A-18 zusammengestellt[3]. Die beiden wichtigsten sind die sog. Research- und die Motormethode[4]. Dementsprechend nennt man die dabei ermittelten Werte Research-Oktanzahl (ROZ) und Motoroktanzahl (MOZ). Das zweite Verfahren ergibt niedrigere Werte und stellt somit die strengere Prüfung dar. Seine Ergebnisse lassen sich besser auf die Eignung im Straßenverkehr übertragen, doch gilt dies nur mit Vorbehalten, weil bei der

---

[1] Eine Übersicht in Zahlentafel 20 „Verwendungszweck und Eigenschaften der wichtigsten Siedegrenzenbenzine" bei C. ZERBE: a.a.O., 1. Aufl., S. 326.

[2] Vgl. dazu B. RIEDIGER: Brennstoffe/Kraftstoffe/Schmierstoffe, a.a.O. S. 406 ff. – WILKE, W. u. W. WOLF: Motorische Prüfung der Kraftstoffe; in C. ZERBE: a.a.O. S. 803/47. – PHILIPPOVICH, A.: Chemisch-physikalische Grundlagen der Verwendung von Erdöl und seinen Produkten. Wien: Springer 1960, S. 198 ff.

[3] Wegen Einzelheiten s. ASTM Manual of Engine Test Methods for Rating Fuels, Philadelphia/Pa.: Am. Soc. Testing Materials 1960. – DIN 51 756, Bestimmung der Octanzahl von 100 und darunter; DIN 51 788, Bestimmung der Octanzahl über 100.

[4] Häufig wird – wie in Zahlentafel A-18 angegeben – die Research-Methode als F-1-Methode, die Motormethode als F-2-Methode bezeichnet.

Zahlentafel A-18. *Abmessungen der Prüfmotoren für die Bestimmung der Oktanzahl und Betriebsbedingungen der Meßverfahren*[a]

Nr.	Methode	für	Motor	Bohrung mm	Hub mm	Volumen cm³	Drehzahl U/min	Zündung °KW. v. O.T.	Vorwärmung Luft °C	Vorwärmung Gemisch °C	Kühltemperatur °C	Meßverfahren
1	F-1-Research-Methode ASTM D 908-65	Autokraftstoffe	CFR	82,6	114,3	610	600	13	52	—	98···100	Spring-stab[b]
2	F-2-Motor-Methode ASTM D 357-65	Autokraftstoffe Flugkraftstoffe	CFR	82,6	114,3	610	900	ver-änder-lich	38[e] ±14	149	98···100	Spring-stab[b]
3	F-3-Aviation-Methode ASTM D 614-65	Flugkraftstoffe (mageres Gebiet)	CFR	82,6	114,3	610	1200	35	52	104	190	Ther-mo-kerze[b,d]
4	F-4-Überlade-Methode ASTM D 909-65	Flugkraftstoffe[c] (fettes Gebiet)	CFR	82,6	114,3	610	1800	45	107	—	190	Gehör[d]
5	IG-Research-Methode	Autokraftstoffe	IG	65	100	330	600	22	52	—	98···100	Spring-stab[b]
6	IG-Motor-Methode	Autokraftstoffe	IG	65	100	330	900	26	—	150	98···100	Spring-stab[b]
7	IG-Überlade-Prüfung (O.O.Z.-Verfahren)	Flugkraftstoffe	IG	65	100	330	600	22	—	125	98···100	Quarz-dose[b]

[a] Die Prüfverfahren nach ASTM Standard sind genau in den jeweiligen Veröffentlichungen der American Society for Testing and Materials nämlich: ASTM Manual for Rating Motor Fuel by … beschrieben; vgl. auch das jeweils gültige Book of ASTM Standards, Bd. 17, hrsg. von der American Society for Testing and Materials, Philadelphia/Pa., Selbstverlag (jährlich neu aufgelegt). Der CFR-Motor wurde vom Cooperative Fuel Research Committee entwickelt, der IG-Motor im Werk Oppau der früheren IG-Farbenindustrie AG (jetzt wieder Badische Anilin- & Soda-Fabrik AG), Ludwigshafen/Rhein. – [b] Angabe in Oktanzahlen. – [c] Verdichtungsverhältnis 7 : 1. – [d] Angabe in Leistungszahlen (performance number) gegenüber einem Bezugskraftstoff; wegen der „performance number" siehe S. 960. – [e] Nach DIN 51756 Raumtemperatur vorgeschrieben.

Prüfung Beharrungszustand angestrebt werden muß. Im Straßenverkehr spielt aber gerade das Verhalten des Motors während Änderungen der Betriebswerte, z. B. beim Beschleunigen, eine wesentliche Rolle[1]. Man hat deshalb versucht, eine sog. Straßenoktanzahl (manchmal SOZ abgekürzt) einzuführen und diese mit Hilfe mathematischer Beziehungen aus ROZ und MOZ zu erhalten. Eine häufig benutzte Gleichung bildet einfach das arithmetische Mittel aus beiden

$$SOZ = \frac{ROZ + MOZ}{2}.$$ (A-12)

Cowderoy und Withers haben statt dessen die Gleichung

$$SOZ = ROZ - \left(\frac{ROZ - MOZ}{6}\right)^2$$ (A-13)

vorgeschlagen. In den Vereinigten Staaten von Amerika sind unter dem Namen „Uniontown-Method" und „Borderline-Method" Prüfverfahren entwickelt worden, bei denen der Kraftstoff in einem Fahrzeug untersucht und das Verhalten mit dem eines Gemisches aus Isooktan und Normalheptan verglichen wird[2].

Die Ergebnisse neuerer Untersuchungen zu dieser Frage wurden dem 6. Welt-Erdöl-Kongreß in Frankfurt/Main vorgelegt[3]. Sie weisen auf die Bedeutung der unterschiedlichen Klopffestigkeit der einzelnen Teilfraktionen hin, auf die anschließend noch eingegangen werden muß.

Wenn auch die Oktanzahl eines Benzins nicht als additive Größe aus den Werten für die einzelnen Komponenten errechnet werden kann, so ist es doch wichtig zu wissen, wie sich die in einem Benzin vorkommenden

---

[1] Kneule, F.: Kraftstoffbewertung im Fahrbetrieb. Erdöl u. Kohle 5 (1952) 638/43. – Cowderoy, J. A., u. I. G. Withers: Einfluß der Vergaserkraftstoff-Zusammensetzung auf das Verhalten im Fahrzeugmotor. Erdöl u. Kohle 6 (1953) 66/72. – Brunner, M.: Verdichtungserhöhung und Kraftstoffe. Automobiltechn. Z. 56 (1954) 231/35. – Hoffmann, H.: Kraftstoff und Motor. Erdöl u. Kohle 11 (1958) 81/86 u. 169/73. – Grünwald, A.: Zur Erfassung des Klopfverhaltens von Vergaserkraftstoffen im Prüfmotor und im Straßenverkehr; ebd. S. 785/90. – Rossenbeck, M.: Die Oktanzahl als Wertmaßstab neuzeitlicher Ottokraftstoffe in heutigen Personenkraftwagen-Motoren. Automobiltechn. Z. 60 (1958) 237/45. – Masterman, D. M. A., E. B. V. Potter, S. Skull u. C. H. Sprake: Road octane number of past, present and future gasolines. 5. Welt-Erdöl-Kongreß, New York 1959, Bericht VI/8. – Perry jr., R. H., P. L. Gerard u. D. P. Heath: Kraftstoffe für neuzeitliche Personenkraftwagen. Erdöl u. Kohle 14 (1961) 110/15. – Perry jr., R. H., C. I. DiPerna u. D. P. Heath: Eine Test-Methode zur Voraussage der Straßenoktanzahl in Kraftfahrzeugen mit handgeschalteten Getrieben. Erdöl-Z. 78 (1962) 487/91. – Brockhaus, H., u. N. Fischer: Die Vorherbestimmung von Staßenoctanzahlen aus Laboroctanzahlen. Erdöl u. Kohle 18 (1965) 445/51.

[2] Vgl. A. Philippovich: Zur künftigen Entwicklung der Ottokraftstoffe und ihrer Untersuchung. Automobiltechn. Z. 59 (1957) 182/87, 232/34. – Rossenbeck, M.: a. a. O. (vgl. Fußn. 1 oben), dort S. 239.

[3] Cipollina, G. B., J. H. Boddy, M. Chauvin, O. Meese u. W. D. Myers: Improved road octane performance in European cars. 6. Welt-Erdöl-Kongreß, Frankfurt/Main, Bericht VI/12. – King, F. R. B., D. G. Stephenson u. K. W. Bartholomew: The study of passenger car octane number requirements; ebd. Bericht VI/15. – Siehe außerdem G. Clark, E. J. Forster u. D. D. Hornbeck: Berechnung der Straßenklopfqualität europäischer Kraftstoffe aus Labordaten. Erdöl u. Kohle 29 (1967) 791/800 u. 857/61.

Zahlentafel A-19. *Klopffestigkeit einzelner, im Siedebereich des Benzins vorkommender Kohlenwasserstoffe, gemessen nach der Research- und nach der Motormethode, sowie Mischoktanzahlen dieser Benzinkomponenten; vgl. Fußn. 1, S. 90.*

Kohlenwasserstoff	Siede-punkt °C	Oktanzahl			
		Einzelstoff		Mischwert	
		ROZ	MOZ	ROZ	MOZ
Paraffine:					
n-Butan	−0,5	−	−	113	114
2-Methylpropan	−11,7	−	−	122	121
n-Pentan	36	62	62	62	67
2-Methylbutan	27,9	92	90	99	104
2,2-Dimethylpropan (Neopentan)	9,5	85	80	100	90
n-Hexan	68,7	25	26	−19	22
2-Methylpentan	60,3	73	73	83	79
2,2-Dimethylbutan (Neohexan)	49,7	92	93	89	97
n-Heptan	98,4	0	0	0	0
2-Methylhexan	90,1	42	46	41	42
2,2-Dimethylpentan	79,3	93	96	89	93
2,2,3-Trimethylbutan (Triptan)	80,9	>100	>100	113	113
n-Oktan	125,6	−	−	−19	−15
2-Methylheptan	118,1	22	13	24	24
2,2-Dimethylhexan	106,5	72	77	67	76
2,2,3-Trimethylpentan	109,8	>100	100	105	112
2,2,4-Trimethylpentan („Isooktan“)	99,2	100	100	100	100
Olefine:					
Penten-2	36,4	−	−	152	135
2-Methyl-2-buten (Trimethyläthen)	38,5	97	85	176	141
Hexen-1	63,7	76	63	97	94
Hexen-2	68,0	93	81	134	129
3-Methylpenten-2	69,5	97	81	130	118
4-Methylpenten-2	58,8	99	84	130	128
Okten-1	121,6	29	35	−	−
Okten-2	125,2	56	56	75	68
Okten-3	123,2	72	68	95	85
2,4,4-Trimethylpenten-1	101,5	>100	86	164	153
2,4,4-Trimethylpenten-2	104,5	>100	86	148	139
Aromaten:					
Benzol	80,1	>100	>100	99	91
Toluol	110,6	>100	>100	124	112
o-Xylol	144,5	>100	>100	120	103
m-Xylol	139,2	>100	>100	145	124
p-Xylol	138,5	>100	>100	146	127
Äthylbenzol	136,5	>100	98	124	107
1,3,5-Trimethylbenzol (Mesitylen)	164,6	>100	>100	171	137
Propylbenzol	159,2	>100	98	127	129
Isopropylbenzol (Kumen)	152,3	>100	99	132	124
Naphthene:					
Zyklopentan	49,2	−	85	141	141
Methylzyklopentan	71,8	91	80	107	99
Äthylzyklopentan	103,0	67	61	75	67
Propylzyklopentan	130,8	31	28	27	27
Isopropylzyklopentan	126,4	81	76	83	81
Zyklohexan	80,8	83	77	110	97
Methylzyklohexan	100,9	75	71	104	84
Äthylzyklohexan	130,4	46	41	43	39

Zahlentafel A-19. Fortsetzung

Kohlenwasserstoff	Siede-punkt °C	Oktanzahl			
		Einzelstoff		Mischwert	
		ROZ	MOZ	ROZ	MOZ
o-Dimethylzyklohexan	123···130	81	79	85	83
m-Dimethylzyklohexan	121···125	67	64	67	65
p-Dimethylzyklohexan	119···125	68	65	66	63
Propylzyklohexan	155,0	18	14	—	—

Kohlenwasserstoffe verhalten. Deshalb sind in Zahlentafel A-19 die Research- und die Motoroktanzahl wichtiger Benzinkomponenten zusammengestellt[1]. Gleichzeitig sind auch die Werte der sog. Mischoktanzahl aufgenommen, mit deren Hilfe man bei kleinen Anteilen die zu erwartende Oktanzahl eines Gemisches berechnen kann, wenn man die des Hauptanteiles kennt[2].

Der Unterschied zwischen ROZ und MOZ wird als „*Klopf*empfindlichkeit" (engl. sensitivity) bezeichnet und ist ein Maß dafür, wie ein Kraftstoff durch höhere thermische Beanspruchung im Motor zum Klopfen gebracht werden kann. Davon zu unterscheiden ist die „*Blei*empfindlichkeit", d.h. das Maß, inwieweit die Klopffestigkeit eines Kraftstoffes durch die Zugabe von Bleitetraäthyl (BTÄ, engl. Tetraethyllead, TEL) verbessert werden kann[3]. Im Englischen ist dafür der Ausdruck „susceptibility" geläufig.

Eine sehr wichtige Tatsache ist die unterschiedliche Klopffestigkeit einzelner Teilfraktionen eines Fahrbenzins. Ist diese im Bereich der leichtflüchtigen Komponenten geringer als im Mittel des Gemisches, so fehlt es beim plötzlichen Gasgeben dem Kraftstoff, der zuerst die Zylinder erreicht, an der erforderlichen „Frontoktanzahl". Dies kann gerade wegen der anfangs geringeren Drehzahl in verstärktem Maße die Ursache von vorübergehendem Klopfen sein. Diese Erscheinung wird auch „fuel segregation" genannt[4]. Man beobachtet sie besonders bei katalytisch reformiertem Benzin, wie Abb. A-19 erkennen läßt. Die zwischen den Aromaten siedenden gesättigten Komponenten sind wesentlich weniger klopffest und drücken die Frontoktanzahl sehr deutlich. Bei Abb. A-19 ist zu beachten, daß sich der Mittelwert nicht aus einer Planimetrierung

[1] Die Zahlentafel A-19 ist dem Beitrag D. L. SAMUEL: Motor Fuels, in: Modern Petroleum Technology, hrsg. von The Institute of Petroleum, 3. Aufl., London: Inst. Petrol. 1962, S. 568 entnommen. Die Mischwerte gelten für 20 Vol.-% des betreffenden Kohlenwasserstoffes in 80 Vol.-% eines aus 60 Vol.-% Isooktan und 40 Vol.% Normalheptan bestehenden Gemisches.

[2] Vgl. B. RIEDIGER: Brennstoffe/Kraftstoffe/Schmierstoffe, a.a.O. S. 410f.

[3] Wegen näherer Einzelheiten s. TH. HAMMERICH: Gesetzmäßiges im Verhalten der Klopfbremsen. Brennst.-Chem. 30 (1949) 109/26 u. 159/68; auch als Sonderdruck erschienen, Essen: Girardet 1949; Fortsetzung der Arbeit mit dem Untertitel: Neue Beiträge über Blei, Mangan und sauerstoffhaltige Kraftstoffkomponenten. Erdöl u. Kohle 20 (1967) 488/99; als Sonderdruck Hamburg: Hernhaußen 1967. – WILKE, W., u. W. WOLF: a.a.O. (vgl. Fußn. 2, S. 86) Bd. I, S. 927ff.

[4] Vgl. D. M. A. MASTERMAN u. Mitarb.: a.a.O. (Fußn. 1, S. 88). – GRIFFITHS, S. T., u. W. D. PIGOTT: Einige Faktoren, welche die Leistung von Kraftstoffen in Ottomotoren beeinflussen. Erdöl u. Kohle 17 (1964) 997/1002, sprechen in diesem Zusammenhang von einer „Distribution Octane Number (DON)".

des Kurvenverlaufes bestimmen läßt, weil die Mengen der Teilfraktionen nicht gleich sind. Dafür müßte noch der Siedeverlauf berücksichtigt werden. Benzin aus katalytischen Krackanlagen verhält sich wegen des erheblichen Gehaltes an klopffesteren Olefinen in bezug auf die Verteilung über den gesamten Siedebereich günstiger.

Erschwerend wirkt die verhältnismäßig geringe Flüchtigkeit des zur Verringerung des Klopfens zugesetzten Bleitetraäthyls, dessen Siedepunkt bei rd. 200 °C liegt. Man strebt deshalb an, es in zunehmendem Maße durch Bleitetramethyl (BTM, engl. Tetramethyllead, TML) zu ersetzen, das bei rd. 110 °C siedet. Seine Herstellung ist zur Zeit zwar noch teurer, doch dürften die Kosten bei größerem Bedarf sinken[1].

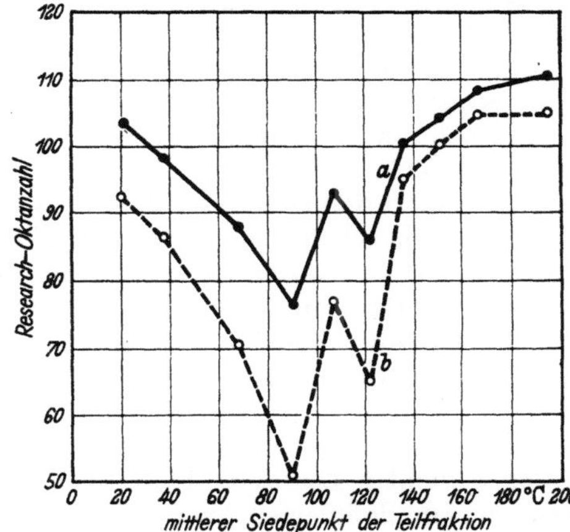

Abb. A-19. Klopffestigkeit der Teilfraktionen eines katalytisch reformierten Benzins.

a Benzin mit 3,0 ml BTÄ/gall. (entsprechend 0,08 Vol.-% BTÄ); ROZ = 98;
b Benzin ohne Blei; ROZ = 88.

---

[1] PASS, F.: Anwendungseigenschaften von Vergaser-Kraftstoffen. Erdöl-Z. 77 (1961) 601/14; vgl. dort bes. Abb. 14, 15, 18 und 19, welche den Beitrag einzelner Teilfraktionen zur Oktanzahl und den unterschiedlichen Einfluß von BTÄ und BTM zeigen. – Weiterhin FELT, A. E., u. R. V. KERLEY: Improve Antiknock Rating of LP-Gas. Petrol. Refiner 43 (1964) Nr. 4, S. 157/64; in diesem Aufsatz ist zwar nur die Anwendung von Bleitetramethyl bei Flüssiggas behandelt, doch setzt sie sich beim Fahrbenzin immer mehr durch. Siehe dazu auch C. L. GOODACRE, P. V. LAMARQUE, J. M. FOSTER u. S. T. GRIFFITHS: The application of lead alkyls as antiknocks in motor gasolines. 6. Welt-Erdöl-Kongreß, Frankfurt/Main 1963, Bericht VI/6. – BUERSTETTA, F. D., H. E. HESSELBERG u. T. W. WARREN: Mixed lead alkyls – volatile and selective anti-knocks; ebd. Bericht VI/23. – GELIUS, R., u. W. FRANKE: Zur Kenntnis der Verbrennungsprodukte von Alkylbleiverbindungen. Brennst.-Chem. 47 (1966) 280/85.
Über die Bemühung, die Bleiverbindungen durch andere zu ersetzen, vor allem durch solche, die *Mangan* enthalten, und über die Gründe dafür s. R. J. RIGGS, W. W. SABIN u. C. J. WOLF: This New Additive Can Boost Octane. Petrol. Refiner 37 (1958) Nr. 7, S. 131/36. – BROWN, J. E., u. W. G. LOVELL: A new manganese antiknock. Industr. Engng. Chem. 50 (1958) 1547/50. – GIBSON, H. J., W. B. LIGETT u. T. W. WARREN: More Data on Manganese Antiknock. Petrol. Refiner 38 (1959) Nr. 6, S. 194/98. – ARIES, R. S.: New Additive Now Gives High Octanes at Low Cost; ebd. Nr. 7, S. 159/60. – Ders.: „Octagen" – ein neuer Weg zur Erzielung hoher Oktanzahlen. Erdöl u. Kohle 12 (1959) 979/80. – HERBST, W. A.: What Additives Will Do in Gasoline. Petrol. Refiner 38 (1959) Nr. 9, S. 203/09. – NOTTES, E. G., u. J. F. CORDES: Zur Kenntnis einiger metallorganischer Klopfbremsen. Erdöl u. Kohle 18 (1965) 885/93.

Es sind schon seit vielen Jahren Bestrebungen im Gange, betriebssichere Vielstoffmotoren zu schaffen, die mit Kraftstoffen verschiedener Siedebereiche betrieben werden können. Dafür kommen nur mit Einspritzung arbeitende Motoren in Frage. Dies führte zu Überlegungen, wie die S. 96 f. zu erläuternde, für den Dieselbetrieb wichtige Zündwilligkeit von Ottokraftstoffen verbessert werden kann, ohne deren Klopffestigkeit wesentlich zu beeinträchtigen, denn beide Eigenschaften sind gegenläufig[1].

Von sonstigen, für die Verwendung als Ottokraftstoff wichtigen Eigenschaften ist noch die *Dichte* zu nennen. Sie muß nach DIN 51 600 mindestens 0,710 g/ml betragen, vor allem damit sich beim Schwimmer des Vergasers keine Schwierigkeiten ergeben. Der sog. *Dampfdruck* nach REID darf je nach Jahreszeit Werte von 0,7 bzw. 0,9 kp/cm² erreichen, die festgelegt sind, um die Dampfblasenbildung in den Saugleitungen für die Kraftstofförderung zu unterbinden. In Abhängigkeit von diesem Dampfdruck sind bestimmte Punkte im Siedeverlauf nach DIN 51 600 vorgeschrieben[2].

Man benutzt den Dampfdruck nach REID, um letzten Endes die durch Zahlenangaben schwer zu erfassende *Flüchtigkeit* (engl. volatility) zu kennzeichnen[3]. Darunter versteht man die Neigung des Kraftstoffes, auch unter ungünstigen Startbedingungen im Vergaser eine ausreichende Menge Kraftstoff zu verdampfen. Ein genormtes Prüfverfahren dafür ist nicht bekannt. Sie ist vornehmlich vom Anfangsverlauf der Siedekurve abhängig, doch dadurch allein nicht eindeutig gekennzeichnet. Auch die Schnelligkeit des Ausdampfens der leichten Anteile ist für das Startvermögen wichtig. Diese sog. Flüchtigkeit ist von der für Gleichgewichtsberechnungen definierten thermodynamischen Größe der Flüchtigkeit (fugacity) zu unterscheiden[4]. Auf die Tatsache, daß die im Vergaser zuerst verdampfenden Anteile nicht die gleiche Klopffestigkeit wie der Kraftstoff insgesamt haben, wurde bereits hingewiesen. So sehr jedoch die Flüchtigkeit für das Starten erforderlich ist, so darf sie doch nicht so hoch sein, daß der Dampfdruck des Benzins bei höheren Außentemperaturen zu groß wird.

Schließlich ist noch der *Flammpunkt* wichtig, der zwar für die Verwendung keine Rolle spielt, jedoch wegen der Einordnung der Produkte in die Gefahrklassen nach den Vorschriften für den Verkehr mit brenn-

---

[1] Vgl. zu dieser Frage W. WOLF: Veränderung der Klopffestigkeit und der Zündwilligkeit eines Zündbeschleunigers. Brennst.-Chem. 49 (1968) 276/79. – Siehe außerdem die in Fußn. 1, S. 98 erwähnten Arbeiten.

[2] FORSTER, W., u. W. H. KARA: Zur Dampfblasenbildung in Kraftstoffsystemen von Ottomotoren. Erdöl u. Kohle 18 (1965) 451/54.

[3] Vgl. DIN 51 754 (April 1961) in Anlehnung an ASTM D 323-58. – Zu dem seit Jahrzehnten behandelten Problem s. TH. HAMMERICH, in: Die Untersuchung von Treibstoffen für Vergasermotore. Sondertagung der Arbeitsgruppe f. Brennstoff- u. Mineralölchemie d. Ver. dtsch. Chem. gemeinsam mit der Dtsch. Ges. f. Mineralölforschung in Essen am 19. Mai 1939. Z. Ver. dtsch. Chem., Beiheft Nr. 33, Berlin: Verlag Chemie 1939; ref. Z. Ver. dtsch. Ing. 84 (1940) 289/90. An der zuletzt genannten Stelle sind auch die zahlreichen Arbeiten in J. Soc. Autom. Engrs. und Oil Gas J. aus den Jahren 1930 bis 1938 erwähnt.

[4] Vgl. dazu S. 74.

baren Flüssigkeiten beachtet werden muß[1]. Benzine fallen in der Regel in Gefahrklasse I.

d) Die Mitteldestillate

Der Ausdruck „Mitteldestillate" wird meist in der Bedeutung der englischen Bezeichnung „middle oil" gebraucht und dient dann als Sammelbegriff für die anschließend an das Benzin bis etwa 350 °C und darüber siedenden Fraktionen. Man versteht also darunter die Destillate oberhalb des Benzinbereiches, die unter Normaldruck (also ohne Anwendung von Vakuum) gewonnen werden können. Die Grenzen lassen sich jedoch nicht scharf ziehen, weil es erstens von der Basis des Rohöles abhängt, bis zu welcher Schnittemperatur gegenüber dem Rückstand noch destilliert werden kann, und weil zweitens je nach Verwendungszweck verschiedene Anforderungen gestellt werden.

Bisher wird diese gesamte Fraktion vielfach als *Gasöl* bezeichnet, allerdings erst ab einem Siedepunkt von rd. 250 °C. Für die darunter, jedoch höher als Benzin siedende Fraktion war schon immer der Ausdruck Petroleum geläufig; vgl. den folgenden Unterabschnitt A 5 d α. Die Benennung „Gasöl" erklärt sich dadurch, daß seinerzeit, als für die schwerersiedenden Produkte noch wenig Verwendungsmöglichkeiten bestanden, aus einer etwa zwischen 300 und 350 °C siedende Fraktion durch thermisches Spalten bei 700 bis 800 °C Ölgas hergestellt wurde. Wegen seines Gehaltes an ungesättigten Kohlenwasserstoffen hatte dieses Gas eine größere Leuchtkraft als Koksofengas. Dieses Ölgas konnte in Druckbehältern transportiert werden und diente z. B. zur Beleuchtung von Eisenbahnwaggons. Auch für Industrieanlagen, die nur unter großem Kostenaufwand an eine Stadtgasversorgung angeschlossen werden konnten, wurden Beleuchtungsanlagen für Ölgas eingerichtet. Da der Ausdruck Gasöl wegen seiner Unbestimmtheit in den Normen nicht verwendet wird und der ursprüngliche Verwendungszweck keine Rolle mehr spielt, wird am besten darauf verzichtet, ihn zu benutzen.

α) **Das Petroleum (Kerosin).** In den Anfängen der Erdölindustrie war das bereits damals als „Petroleum" bezeichnete Leuchtöl für Lampen zunächst das einzige begehrte Produkt. Die Wahl dieses Ausdruckes (zu deutsch: Steinöl) ist zur Unterscheidung von dem bis dahin seit Jahrtausenden verwendeten Leuchtöl pflanzlicher oder auch tierischer Herkunft verständlich. Diese Fraktion hat heute für den genannten Zweck nur mehr geringe Bedeutung. Ihre Eigenschaften sind in DIN 51 636 (Entwurf Juli 1968) für Leucht-, Brenn- und Lösungspetroleum festgelegt. Es darf *zwischen* 130 und 280 °C *sieden*, kann also noch größere Mengen Benzin enthalten. Doch wird von dieser Möglichkeit in den

---

[1] Zur Zeit maßgebend ist die „Verordnung über die Errichtung und den Betrieb von Anlagen zur Lagerung, Abfüllung und Beförderung brennbarer Flüssigkeiten zu Lande" vom 18. Februar 1960 (VbF). Als Grenzen der Gefahrklassen sind darin für Klasse I Flammpunkte bis 21 °C, für Klasse II Flammpunkte zwischen 21 und 55 °C und für Klasse III Flammpunkte zwischen 55 und 100 °C angegeben. Die Flammpunkte sind im geschlossenen Tiegel nach ABEL-PENSKY gemäß DIN 51 755 zu bestimmen. Näheres s. auch S. 1008 f.

Raffinerien nur wenig Gebrauch gemacht, es sei denn, daß stark paraffinisches Schwerbenzin im Überschuß zur Verfügung steht, das sich nur mit schlechter Ausbeute reformieren läßt. Außerdem sind die Auswirkungen auf den *Flammpunkt* zu beachten, weil Lagerung und Transport verteuert werden, wenn es dadurch noch in Gefahrklasse I fällt[1].

Die Bestimmung der *Brenn*eigenschaften (für Leucht- und Brennpetroleum) ist in DIN 51 783 (Oktober 1956) genormt. Für die Prüfung wird im Hinblick auf einen der wichtigsten Verwendungszwecke eine Eisenbahn-Signallaterne benutzt, deren Ausführung und Bemessung nach Vorschriften der Deutschen Bundesbahn genau festgelegt ist. Es werden die Änderung des Lichtstromes (der Leuchtkraft) durch Photometrie, die Änderung der Flammenhöhe sowie der Petroleumverbrauch bestimmt. Beim Bau von Anlagen werden jedoch sehr häufig Gewährleistungen für den sog. Rußpunkt (Smoke point) des Produktes nach I P-57/48 verlangt. Dieser *Rußpunkt* ist als Flammenhöhe in Millimeter definiert, bis zu der in einem Gerät festgelegter Bauart kein Rußen auftritt[2].

Im Englischen ist für dieses Produkt vielfach die Bezeichnung ,,kerosene", mitunter ,,kerosine" geschrieben, üblich, die sich auch im Deutschen in der Schreibung ,,Kerosin" als Sammelbegriff einbürgert[3].

Mit dem Übergang zum Düsenantrieb (turbojet) in der Luftfahrt hat jedoch das Kerosin erneut Bedeutung erlangt. Tatsächlich handelt es sich dabei um Gasturbinenkraftstoff, der in gleicher Weise auch für die Turbinen zum Antrieb von Propellern (turboprop) verwendet wird. Man nennt es manchmal abgekürzt ATK (= aviation turbine kerosene). Die daran zu stellenden Anforderungen sind durch zivile und militärische Luftfahrtbehörden der verschiedenen Staaten festgelegt[4]. Dabei besteht vor allem noch keine Einigkeit über das zur Ermittlung der Widerstandsfähigkeit gegen thermische Beanspruchungen anzuwendende Ver-

---

[1] Vgl. Fußn. 1, S. 93 u. S. 1008.

[2] Rumpf, K. K.: Petroleum, in: Mineralöle und verwandte Produkte, hrsg. von C. Zerbe: a. a. O., Bd. I, S. 447/49. – Hunt jr., R. A.: Relation of Smoke Point to Molecular Structure. Industr. Engng. Chem. 45 (1953) 602/06. – Schalla, R. L., u. G. E. McDonald: Variation in smoking tendency among hydrocarbons of low molecular weight; ebd. S. 1497/1500; ref. Brennst.-Chem. 35 (1954) 53. – Vgl. außerdem DIN 51 783 (Bestimmung der Brenneigenschaften von Leuchtpetroleum), ASTM Method D 187-49 (Burning quality of kerosine), ASTM Method D 219-36 (Reapproved without change in 1949; Burning quality of long-time burning oil for railway use), IP-10/47 T (Burning test for kerosine) und IP-11/42 (Burning test for long time burning oil).

[3] Von керосин (russ.) = Petroleum, Destillationsprodukt von Erdöl.

[4] Die allgemein zugängliche Literatur darüber ist verhältnismäßig beschränkt. Von zwei älteren Arbeiten sind zu nennen: Gibbs, G. B.: Military Calls Jet Fuels Signals. Petrol. Refiner 34 (1955) Nr. 6, S. 110/11. – McLaughlin, E. J., u. J. A. Bert: Kerosine or JP-4 for Commercial Jets? ebd. S. 112/15. – Das meiste findet sich in Veröffentlichungen des Bureau of Mines, des British Ministry of Supply oder ähnlicher Stellen wie The Advisory Group for Aeronautical Research and Development/North Atlantic Treaty Organization (NATO). – Vgl. auch N. O. Rawlinson: Aviation Fuels, in: Modern Petroleum Technology, 3. Aufl., hrsg. und verlegt von The Institut of Petroleum: London 1962, S. 490/547, bes. S. 513 ff. – Jenkins, G. I., u. R. P. Welsh: Quick Measure of Jet Fuel Properties. Hydrocarb. Procssg. 47 (1968) Nr. 5, S. 161/64 zeigen, wie Eigenschaften von Düsenkraftstoffen aus Dichte und Anilinpunkt berechnet werden können; vgl. dazu den Dieselindex S. 55.

fahren. In Zahlentafel A-20 sind die zur Zeit üblichen Anforderungen aufgezählt. Dabei ist der sog. Fuel Coker-Test erwähnt, über dessen Eignung
die Meinungen noch sehr geteilt sind. Es soll dadurch die Widerstands-

Zahlentafel A-20
Zur Zeit geltende Anforderungen an Düsenkraftstoffe (Flugturbinenkraftstoffe)

		JP 4	JP 1	JP 5
Dichte bei 15 °C	g/ml	0,751···0,802	0,775···0,825	0,788···0,845
Siedeverhalten				
bis 143 °C	Vol.-%	min. 20	—	—
bis 188 °C	Vol.-%	min. 50	—	—
bis 200 °C	Vol.-%	—	min. 20	—
bis 204 °C	Vol.-%	—	—	min. 10
bis 243 °C	Vol.-%	min. 90	—	—
Siedeende	°C	—	max. 300	max. 288
Rückstand	Vol.-%	max. 1,5	max. 2	max. 1,5
Verlust	Vol.-%	max. 1,5	max. 1,5	max. 1,5
Flammpunkt	°C	—	min. 38	min. 60
Kristalli-sationspunkt	°C	unter − 60	unter − 40	unter − 48
Dampfdruck	kp/cm²	0,14···0,21	—	—
Abdampfrück-stand bei 235 °C	mg/100 ml	max. 7	max. 3	max. 7
Potentieller Rückstand bei 235 °C nach 16 h	mg/100 ml	max. 14	max. 6	max. 14
Gesamtschwefel	Gew.-%	max. 0,4	max. 0,2	max. 0,4
Merkaptan-schwefel	Gew.-%	max. 0,001	max. 0,005	max. 0,001
Doctortest		neg.	neg.	neg.
Zähigkeit bei − 17,8 °C	cSt	—	max. 6,0	—
Zähigkeit bei bei − 34,4 °C	cSt	—	—	max. 16,5
Aromaten	Vol.-%	max. 25	max. 20	max. 25
Olefine	Vol.-%	max. 5	max. 5	max. 5
Bromzahl	Gew.-%	max. 5	max. 5	—
Kupferkorrosion bei 100 °C		max. 1	max. 1	max. 1
Unterer Heiz-wert	kcal/kg	min. 10200	min. 10200	min. 10200
Ruß–Flüchtig-keits-Index[a]		min. 54	—	—
Rußpunkt	mm	—	—	min. 19
Fuel Coker-Test[b] nach 5 h				
Druckanstieg	Zoll Hg	max. 13	—	max. 13
Vorerhitzer-Nr.		unter 3	—	unter 3
Neutralisations-zahl	mg KOH/g	max. 0,1	0	max. 0,1

[a] Der Ruß–Flüchtigkeits-Index (smoke-volatility-index = SVI) wird aus dem
Rußpunkt (SP, in mm) und der unterhalb 400 °F übergegangenen Menge (Vol.-%
< 400 °F) nach der Formel SVI = SP + [0,42 × (Vol.-% < 400 °F)] berechnet. Er
gibt nur für Benzin–Kerosin-Gemische sinnvolle Werte. Näheres s. N. O. RAWLISON:
a. a. O. S. 534 sowie C. ZERBE: a. a. O. 2. Aufl., Bd. II, S. 748. – [b] S. dazu a. S. 65 oben.

fähigkeit gegen Oxydation bei Temperaturen von rd. 100 °C und mehr ermittelt werden. Weiterhin werden sehr tiefe Stockpunkte und geringe Gehalte an Harzbildnern verlangt. Wegen der Benutzung der Tragflügel als Tankraum darf der Kraftstoff in diesen sowie in den Verbindungsleitungen zu den Antriebsmaschinen bei den sehr niedrigen Außentemperaturen in großer Flughöhe nicht stocken, ein Problem, das beim Flugbenzin keine Rolle spielt. Der niedrige Gehalt an Harzbildnern wird verlangt, damit bei längerer Lagerung keine Ausscheidungen entstehen, welche die feinen Einspritzöffnungen der Brennkammerdüsen verstopfen und damit das Arbeiten der Maschinen erheblich stören könnten. Durch die Widerstandsfähigkeit gegen Oxydation soll eine gewisse Alterungsbeständigkeit erzielt werden. Gleichzeitig will man dadurch verhindern, daß sich an den erwähnten Düsen Koks bildet, der die gleichmäßige Brennstoffzufuhr behindert. Diese Koksbildung hängt eng mit dem Gehalt des Kraftstoffes an Harzbildnern zusammen. Die für Kohlenwasserstoffe höheren Siedebereiches gebräuchlichen, S. 64 erwähnten Conradson- oder Ramsbottom-Teste geben bei Düsenkraftstoffen sehr niedrige Werte und reichen für die gewünschte Kennzeichnung nicht aus.

Dem Siedebereich von Kerosin entsprechend sind darin leichtestsiedende Anteile von Gasöl (in der früher gebräuchlichen Bedeutung) enthalten. Wenn auch für Düsenkraftstoffe bisher hauptsächlich Straight run-Produkte verwendet werden, so besteht wegen des stark zunehmenden Bedarfes ein Interesse daran, zu untersuchen, wie weit sich auch thermisch oder katalytisch gekrackte Produkte für diesen Zweck eignen. Deshalb wurde deren Zusammensetzung genauer untersucht[1]. Es wurde festgestellt, daß gekrackte Produkte wesentlich größere Mengen an ungesättigten Kohlenwasserstoffen sowie an Verbindungen mit Fremdatomen (hauptsächlich Schwefel und Stickstoff) enthalten. Dies führt zu einer gewissen Verringerung der Lager- und Alterungsbeständigkeit, weshalb der Anteil gekrackter Produkte in Düsenkraftstoffen begrenzt bleiben muß.

Eine wichtige Eigenschaft ist auch das *Zündverhalten*. Wie die Zahlentafel A-20 zeigt, ist dafür noch kein Bewertungsmaßstab festgelegt. Wegen der knapp bemessenen Brennräume und der in diesen herrschenden hohen Luftgeschwindigkeiten ist ein sehr schnelles Zünden erforderlich. Es kann jedoch nicht erwartet werden, daß sich die bei Dieselkraftstoffen bewährte Prüfung der Zündwilligkeit im Motor ohne weiteres auf die Prüfung von Düsenkraftstoffen übertragen läßt. Es wurden für deren Prüfung Vorschläge ausgearbeitet, welche die Vorgänge in der Brennkammer eines Strahltriebwerkes nachahmen[2].

---

[1] NIXON, A. C., u. R. E. THORPE: Composition of the Gas Oil Portions of Some California Jet Fuels. J. chem. engng. data 7 (1962) 429/33; ref. Brennst.-Chem. 44 (1963) 224.

[2] SPENGLER, G., u. H. GEMPERLEIN: Über einen Kleinstprüfstand zur Untersuchung von Kraftstoffen für Strahltriebwerke. Erdöl u. Kohle 12 (1959) 393/96; als Bericht VI/14 dem 5. Welt-Erdöl-Kongreß, New York 1959, vorgelegt. – Dies.: Über das Brennverhalten von Kraftstoffen für luftatmende Triebwerke. Erdöl u. Kohle 16 (1963) 570/77; als Bericht V/5 dem 6. Welt-Erdöl-Kongreß, Frankfurt/M. 1963, vorgelegt. – GEMPERLEIN, H.: Kraftstoffe für Durchströmtriebwerke. Erdöl u. Kohle 16 (1963) 1196/1200.

Die in Zahlentafel A-20 benutzten Bezeichnungen JP-1, 4 und 5 sind in den Vereinigten Staaten von Amerika gebräuchlich[1]. Die Sorten JP-3 und JP-6 werden jetzt kaum mehr verlangt[2]. Der Bedarf konzentriert sich immer mehr auf ein Benzin–Kerosin-Gemisch (Wide cut turbo fuel, etwa JP-4 entsprechend) und auf ein reines Kerosin (etwa JP-1 entsprechend) mit einem höheren Siedebeginn und entsprechend höherem Flammpunkt, aber auch entsprechend höherem Erstarrungspunkt (Stockpunkt). Diese Eigenschaft wird mitunter wenig zutreffend als geringe ,,Kältebeständigkeit" bezeichnet.

Anders liegen die Verhältnisse bei den in Zukunft für den Überschallflug benötigten Düsenkraftstoffen. Nicht besondere Beanspruchung in den Maschinen für den Antrieb, sondern die bei Überschallflugzeugen zu erwartenden hohen Außentemperaturen der als Kraftstofftank dienenden Flügel werden neue, bisher nicht bekannte Anforderungen stellen[3]. Die für Überschallflugzeuge bestimmten Kraftstoffe müssen deshalb besonders unempfindlich gegen höhere Temperaturen sein[4].

β) **Der Traktorenkraftstoff.** Früher waren Motoren mit Glühkopfzündung und ähnlichen Sondereinrichtungen für den Antrieb von Traktoren, Fischereibooten und andere Dienste, die eine sehr robuste Bauart verlangen, weit verbreitet. Wegen ihres hohen Verbrauches von Kraftstoff, der nicht mehr durch einen wesentlich niedrigeren Preis dafür wettgemacht werden kann, wurden sie immer mehr durch Dieselmotoren, mitunter auch durch Ottomotoren verdrängt. Soweit Traktorenkraftstoff

---

[1] Über die in Großbritannien üblichen Benennungen s. N. O. RAWLINSON: a. a. O.

[2] Angaben darüber finden sich bei W. F. SCARBERRY u. K. H. STRAUSS: Aircraft Gas Turbine Fuels and Lubricants, in: Petroleum Products Handbook, hrsg. von V.B.GUTHRIE, New York/Toronto/London: McGraw-Hill 1960, Table 5-1, S. 5–7.

[3] Zur Kennzeichnung der Fluggeschwindigkeit bei solchen Flugzeugen (wie auch z.B. bei Geschossen) dient die sog. *Mach*-Zahl. Man versteht darunter das Verhältnis der Fluggeschwindigkeit w zur Schallgeschwindigkeit c der umgebenden Luft. Diese ist gleich $\sqrt{\varkappa R T}$ $(= \sqrt{\varkappa p/\varrho})$ mit $\varkappa = c_p/c_v$ (dem sog. Adiabatenexponenten), R der Gaskonstante, T der absoluten Temperatur, p dem Druck und ϱ der Dichte. Wegen c_p und c_v s. S. 81. Vgl. außerdem E. SCHMIDT: Einführung in die Technische Thermodynamik, 10. Aufl., Berlin/Göttingen/Heidelberg: Springer 1963, S. 46 u. 277 sowie Dubbels Taschenbuch für den Maschinenbau, hrsg. von F. SASS, CH. BOUCHÉ u. A. LEITNER, 13. Aufl., Bd. I, Berlin/Heidelberg/New York: Springer 1970, S. 336 u. 922. In Luft beträgt in Erdnähe, also z.B. bei 760 Torr und 15 °C die Schallgeschwindigkeit 341,24 m/sec $\triangleq$ 1228,4 km/h. Sie wird mit zunehmender Höhe wegen der Abnahme der Temperatur kleiner. Die Druckabnahme ist wegen der gleichen Veränderung der Dichte formal ohne Einfluß.

Bei 2,2facher Schallgeschwindigkeit, welche die Flugzeugtype Concorde erreichen soll, rechnet man mit einer Oberflächentemperatur der Flügel von rd. 135 °C, bei Typen, die in den Vereinigten Staaten von Amerika entwickelt werden und mit Mach = 2,7 fliegen sollen, mit rd. 250 °C. Ohne Isolierung könnten also vom Kraftstoff solche Temperaturen erreicht werden.

[4] Vgl. dazu A. LEWIS: Treibstoffe für Überschallflugzeuge. Erdöl/Erdgas-Z. 81 (1965) 405/18. – Ders.: Kraftstoffe hoher Thermostabilität für Überschall-Flugzeuge. Chem.-Ing.-Techn. 40 (1968) 740/45. – TAYLOR, W. F., u. TH. J. WALLACE: Kinetics of deposit formation from hydrocarbons (bzw. hydrocarbon fuels at high temperatures). Industr. Engng. Chem./Prod. Res. Developm. 6 (1967) 258/62 u. 7 (1968) 198/202. – SPENGLER, G.: Kraft- und Schmierstoffe für den Hochgeschwindigkeitsflug. Erdöl u. Kohle 22 (1969) 473/77. – SMITH, J. D.: Fuel for supersonic transport. Industr. Engng. Chem./Process Design Developm. 8 (1969) 299/308.

noch hergestellt wird, müssen nach DIN 51 602 (Dezember 1955) mind. 20 Vol.-% bis 200 °C und mind. 98 Vol.-% bis 275 °C übergegangen sein. Der Flammpunkt muß über 21 °C liegen, damit dieser Kraftstoff entsprechend Gefahrklasse II behandelt werden kann.

γ) **Der Dieselkraftstoff (DK).** Der Menge nach nimmt neben dem noch zu erwähnenden leichten Heizöl der für die Verwendung im Dieselmotor bestimmte Kraftstoff den größten Teil der Mitteldestillate in Anspruch. Die an ihn zu stellenden Anforderungen sind in DIN 51 601 (Januar 1959) festgelegt. Bis 360 °C müssen mind. 90 Vol.-% *übergegangen* sein. Die kinematische *Zähigkeit* soll bei 20 °C Werte von 1,8 bis 10 cSt ($\triangleq$ 1,1 bis 1,85 °E) aufweisen, und der *Flammpunkt* soll über 55 °C liegen, was also Gefahrklasse III entspricht.

Die durch die Zetanzahl ausgedrückte *Zündwilligkeit* von mehr als 40 bzw. 45 wird von den meisten Produkten leicht erreicht. Die Zetanzahl ist ähnlich wie die Oktanzahl dadurch definiert, daß sich ein Kraftstoff mit der Zetanzahl x bei dem in DIN 51 733 genormten Prüfverfahren genauso verhält wie ein Gemisch aus x Vol.-% Zetan (n-$C_{16}H_{34}$) und $(100 - x)$ Vol.-% α-Methylnaphthalin ($CH_3 \cdot C_{10}H_7$). Je höher der Gehalt an möglichst geradkettigen Paraffinkohlenwasserstoffen ist, desto zündwilliger ist der Kraftstoff[1]. Allerdings verschlechtert eine hohe sog. Paraffinität das *Kälteverhalten*. Diesbezüglich sind gekrackte Produkte durch ihren Gehalt an Aromaten merkbar günstiger. Wenn eine Raffinerie oder Raffineriegruppe über eine Krackanlage verfügt, ist das Zumischen von Krackprodukten zu Straight run-Destillaten ein geeigneter Weg, um beiden Anforderungen gerecht zu werden. Es ist aber dabei auch die *Stabilität* und *Verträglichkeit* zu beachten, für die es noch keine allgemein anerkannten Prüfverfahren gibt[2].

Obwohl nach DIN 51 601 ein *Schwefelgehalt* bis zu 1,0 Gew.-% zugelassen wird, weil sich keine ungünstigen Einflüsse bei der Verwendung im Motor feststellen lassen, hat der Wettbewerb unter den Herstellern dazu geführt, daß heute die meisten Dieselkraftstoffe mit wesentlich ge-

---

[1] Vgl. dazu W. WILKE u. W. WOLF: Motorische Prüfung der Kraftstoffe, in: Mineralöle und verwandte Produkte, hrsg. von C. ZERBE: a.a.O. Bd. I, S. 803/47, bes. S. 834 ff. – WOLF, W.: Über die Bestimmung der Zündwilligkeit von Dieselkraftstoffen im Prüfdiesel BASF. Erdöl u. Kohle 12 (1959) 740/43. – FUTTERER,E., u. G. MÜNZ: Zur Messung der Cetanzahlen von Ottokraftstoffen. Brennst.-Chem. 44 (1963) 87/91; solche Untersuchungen haben für die Verwendung von Ottokraftstoffen in Vielstoffmotoren Bedeutung. – FUTTERER, E.: Streuung bei der Bestimmung der Cetanzahl; ebd. 45 (1964) 239/44. – WOLF, W.: Über die Bestimmung der Zündwilligkeit (Cetanzahl) bei tiefen Ansauglufttemperaturen. Erdöl u. Kohle 18 (1965) 454/57.

Anders als bei der Oktanzahl, für die es keine brauchbare Formel zur Ermittlung aus leicht bestimmbaren Eigenschaften gibt, läßt sich mit einiger Sicherheit ein sog. Zetanindex aus der API-Dichte und dem 50%-Siedepunkt in °F berechnen; Näheres bei J. B. HINKAMP u. R. J. RIGGS: Better Way to Estimate Cetane Number. Hydrocarb. Procssg. 47 (1968) Nr. 11, S. 233/37; dort ist ein Nomogramm abgedruckt. – MAXWELL, W. B., J. V. HANLON, E. J. FORSTER u. R. M. PONDER: How to accurately predict cetane numbers of diesel-fuel blend stocks. Oil Gas J. 67 (3. Nov. 1969) Nr. 44, S. 57/63.

[2] Näheres s. in den nebenstehend S. 99 in Fußn. 1 sowie in Fußn. 1, S. 100 genannten Arbeiten.

ringeren Schwefelgehalten von 0,3 Gew.-% und darunter angeboten werden. Dies ist wegen der gerade in Mitteleuropa verbreiteten Verwendung von Dieselmotoren zum Antrieb vieler Last- und auch Personenkraftwagen im Interesse der Reinhaltung der Luft sehr vorteilhaft.

ð) **Das leichte Heizöl.** Die Norm DIN 51603 (Juni 1962) unterscheidet bei den Heizölen die Gruppen EL (extra leichtflüssig), L (leichtflüssig), M (mittelflüssig) und S (schwerflüssig). An die letzte Sorte werden Anforderungen gestellt, die in der Regel von Destillatrückständen erfüllt werden können. Sie wird deshalb auf S. 102 besprochen. Heizöl M wird aus Erdöl selten hergestellt. Die diesbezüglichen Normvorschriften sind mehr auf Braunkohlen- und Steinkohlenteeröle zugeschnitten. Auch Heizöl L ist nur für solche Produkte handelsüblich.

Obwohl also das in den Erdölraffinerien hergestellte Destillatheizöl nach DIN 51603 Heizöl EL ist, wird es in der Betriebspraxis fast ausnahmslos als leichtes Heizöl bezeichnet. Im *Siedebereich* deckt es sich weitgehend mit dem Dieselkraftstoff. Die Norm schreibt vor, daß bis 370 °C mindestens 95 Vol.-% übergegangen sein müssen; außerdem soll die kinematische *Zähigkeit* bei 20 °C nicht mehr als 8 cSt ($\widehat{=}$ 1,6 °E) betragen. Auch der *Flammpunkt* muß über 55 °C liegen.

Bei der Herstellung wird deshalb nicht zwischen Dieselkraftstoff und leichtem Heizöl unterschieden, weil die Anforderungen für beide Produkte in vielen Punkten übereinstimmen und sie sich außerdem in der Regel leicht erfüllen lassen. Nur die obere Grenze für die kinematische *Zähigkeit* ist beim Heizöl EL mit max. 8 cSt (= 1,6 °E) bei 20 °C sogar etwas niedriger als beim Dieselkraftstoff. Beim Verkauf sind jedoch die Unterschiede in der Besteuerung sehr wichtig.

Es wurde bereits im vorhergehenden Unterabschnitt erwähnt, daß wegen der Kältebeständigkeit das Zumischen gekrackter Produkte zu der aus der Destillation des Rohöles gewonnenen Menge, die als Dieselkraftstoff verwendet werden soll, zweckmäßig sein kann. Der weitaus größte Teil der Mitteldestillate aus Krackanlagen muß jedoch mangels ausreichender Zündwilligkeit als Heizöl abgesetzt werden. Da eine Raffination eines solchen Produktes wirtschaftlich nicht tragbar, für diesen Verwendungszweck auch gar nicht erforderlich ist, muß wegen seines zum Teil ungesättigten Charakters die *Lagerfähigkeit* (Stabilität) beachtet werden. Außerdem sind die beim Mischen von Produkten verschiedener Herkunft oder verschiedener Verarbeitung zu beobachtenden Erscheinungen zu berücksichtigen[1]. Man spricht in diesem Zusammenhang von *Verträglichkeit* und versteht darunter eine Mischbarkeit zweier Öle, die zu keiner Ausfällung hochmolekularer Stoffe führt. Es können nämlich die in einem Öl einheitlicher Zusammensetzung herrschenden Gleichgewichtsverhältnisse der höchstmolekularen, kolloidal dispergierten Anteile durch Zumischen von Öl anderer chemischer Struktur so

---

[1] Vgl. dazu R. B. THOMPSON, L. W. DRUGE u. J. A. CHENICEK: Stability of Fuel Oils in Storage. Effect of Sulfur Compounds. Industr. Engng. Chem. 41 (1949) 2715/21. – MARTIN, C. W. G.: The stability and compatibility of fuel oils. 3. Welt-Erdöl-Kongreß, Den Haag 1951, Bericht VII/9. – RIEDIGER, B.: Stabilität und Verträglichkeit von Heizölen. Brennst.-Wärme-Kraft 6 (1954) 307/12

7*

gestört werden, daß sie ihre Solvathüllen verlieren und ausflocken. Einzelheiten dieser Vorgänge werden auf S. 763f. und S. 768f. erörtert.

Die Verträglichkeit ist deshalb wichtig, weil Heizöle oft beim Verbraucher in größeren Mengen eingelagert werden. Es kann deshalb vorkommen, daß Tanks, die nur teilweise gefüllt sind, mit Heizöl anderer Herkunft aufgefüllt werden müssen. Auch in Raffinerien selbst besteht mitunter die Notwendigkeit, Mitteldestillate aus Rohöldestillationen und aus Krackanlagen, die als Heizöle geliefert werden sollen, zusammenzumischen.

Schließlich mag noch erwähnt werden, daß die durch die Verkokung der Steinkohle gewonnenen Teeröle, die ebenfalls als Heizöle verwendet werden, eine von Erdölerzeugnissen stark abweichende chemische Zusammensetzung aufweisen, insbesondere in größerer Menge ein- und mehrkernige Aromaten sowie Sauerstoff- und Stickstoffverbindungen enthalten. Sie sind wegen zu geringer Zündwilligkeit für schnellaufende Dieselmotoren ungeeignet. Bei der Verwendung als Heizöl ist es jedoch wichtig, ob sie beim Mischen mit Erdölprodukten verträglich sind.

Die Prüfung dieser Eigenschaften, die sich erst bei längerem Lagern bemerkbar machen, ist in Kurzzeitversuchen im Laboratorium kaum in befriedigender Weise durchzuführen. Deshalb mangelt es an Prüfverfahren, die sich normen ließen[1].

Das Kälteverhalten von Heizölen aus Erdöl soll durch Ermittlung des *Stockpunktes* nach DIN 51583 geprüft werden, und zwar soll er bei Heizöl EL unter − 10 °C betragen. Schließlich ist noch die Bestimmung des *Verkokungs*rückstandes nach CONRADSON gemäß DIN 51551 zu erwähnen, für den bei Heizöl EL Werte unter 0,05 Gew.-% verlangt werden, um die Bildung von Koksansätzen bei Kleinstbrennern, wie sie bei Heizungsanlagen privater Haushalte und für ähnliche Zwecke verwendet werden, zu verhindern. Beide Prüfverfahren sind zwar konventionell, und der Aussagewert der dadurch gewonnenen Ergebnisse ist nicht unbestritten. Jedoch stehen vorläufig keine geeigneteren Verfahren zur Verfügung, weshalb sie in die DIN-Normen aufgenommen sind.

Für Destillatheizöle gelten in den Vereinigten Staaten von Amerika die in Zahlentafel A-21 genannten Anforderungen. Neben den originalen Maßeinheiten sind darin die entsprechenden metrischen Maßeinheiten angegeben. Fuel oil no. 1 entspricht praktisch dem Kerosin, fuel oil no. 2 dem Heizöl EL nach DIN. Die anderen noch gebräuchlichen Bezeichnungen von Heizölen sind in den Zahlentafeln A-22 und A-23, S. 103/04, mitgeteilt.

ε) Sonstige höhersiedende Mitteldestillatfraktionen. In manchen atmosphärischen Rohöldestillationen wird noch eine meist eng geschnittene schwerste Destillatfraktion abgezogen, die etwa zwischen 350 und 370 bis 380 °C siedet, sofern das Rohöl entsprechende Ofenaustrittstemperaturen

---

[1] Eine Übersicht über verschiedene vorgeschlagene und angewendete Prüfverfahren findet sich bei V. B. GUTHRIE: a.a.O. S. 7–43. Vgl. außerdem W. DEMANN: Mischbarkeit von Heizölen. Glückauf 76 (1940) 61/68. – DEMANN, W., u. H. R. ASBACH: Viskosimetrisches Verfahren zur Bestimmung der Mischbarkeit von Kohlenwasserstoffgemischen, insbesondere von Heizölen. Techn. Mitt. Krupp, Forsch.-Ber. 6 (1943) Nr. 2, S. 42/52.

Zahlentafel A-21. *Durchschnittswerte der Eigenschaften von Destillatheizölen auf dem Markt der Vereinigten Staaten von Amerika*

	Fuel oil No. 1 (kerosine)	Fuel oil No. 2
Dichte	43,0 °API $\triangleq$ 0,812 g/ml	35,2 °API $\triangleq$ 0,848 g/ml
Kinematische Zähigkeit bei 37,8 °C (= 100 °F)	1,7 cSt	2,6 cSt
Schwefelgehalt	0,08 Gew.-% (zugelassen 0,5 Gew.-%)	0,31 Gew.-% (zugelassen 1,0 Gew.-%)
Verkokungsrückstand nach RAMSBOTTOM (ASTM D 524, IP 14) der auf 10 Vol.-% eingeengten Probe	0,06 Gew.-% (zugelassen 0,15 Gew.-%)	0,13 Gew.-% (zugelassen 0,35 Gew.-%)
Siedeverlauf		
Siedebeginn	347 °F = 175,0 °C	363 °F = 183,8 °C
10%-Punkt	382 °F = 194,4 °C	429 °F = 220,5 °C
50%-Punkt	429 °F = 220,5 °C	502 °F = 261,1 °C
Siedeende	533 °F = 278,4 °C	634 °F = 334,4 °C
Außerdem nach ASTM D 396 geforderte Werte:		
Flammpunkt (Pensky-Martens)	min. 100 °F = 37,8 °C	min. 100 °F = 37,8 °C
Fließpunkt (pour point)	max. 0 °F = − 17,8 °C	max. 20 °F = − 6,7 °C
Wasser und Sediment	max. Spuren	max. 0,10 Vol.-%

zuläßt. Bei günstiger Basis kann eine solche Fraktion als Ausgangsstoff für die Herstellung von Spindelöl oder auch von Schalter- und Transformatorenöl dienen. In anderen Fällen, wie z.B. bei stark paraffinhaltigen Ölen, muß diese Fraktion abgetrennt werden, um im Dieselkraftstoff oder im leichten Heizöl die Zähigkeit oder den Stockpunkt nicht zu überschreiten. Als Destillat läßt sie sich aber meist noch immer günstiger verwerten, als wenn man sie im Rückstand ließe. Gerade bei paraffinbasischen Rohölen ist diese Fraktion ein ohne hohe Kosten gewonnenes Einsatzgut für katalytische Krackanlagen. Solche Fälle müssen besonders untersucht werden. Es würde zu weit führen, hier darauf einzugehen; die Notwendigkeit dazu ergibt sich bei der Erläuterung der Verfahren.

e) Die Vakuumdestillate

Wenn der beim Destillieren des Rohöles unter Atmosphärendruck gewonnene Rückstand in einer Vakuumanlage noch weiter aufgetrennt wird, so geschieht dies aus verschiedenen Gründen. Entweder ist die Basis des Rohöles für die Herstellung von Schmieröl geeignet. Dann werden nach Möglichkeit mehrere Vakuumdestillate steigender Zähigkeit und entsprechender – meist verhältnismäßig enger – Siedegrenzen abgezogen. Diese Straight run-Destillate, die noch weiter behandelt werden müssen, werden gewöhnlich als *Neutralöl I, II* usw. bezeichnet; vgl. dazu die Ausführungen auf S. 980 ff.

Will man möglichst viel Einsatzgut für eine katalytische Krackanlage gewinnen, so nimmt man nur eine einzige Vakuumdestillatfraktion ab, die mitunter noch als Vakuumgasöl bezeichnet wird. Strebt man jedoch als Rückstand Bitumen höherer Härte an, was nur bei bestimmten Rohölsorten sinnvoll ist, so stellt das Vakuumdestillat eine Fraktion dar, die sich oft nur schwer in den verkaufsfähigen Produkten wegen zu großer Zähigkeit und zu hoher Siedelage unterbringen läßt. Die Verwendung als Krackereinsatz ist dann meist die beste Verwertung. Gelegentlich wird sie als „slop cut" bezeichnet, obwohl sie nur selten den Abfallölen zugemischt wird.

f) Das schwere Heizöl

Schweres Heizöl ist – soweit Erdölprodukte in Frage stehen – der Sammelbegriff für Destillationsrückstände. Gemäß DIN 51 603 sind für Heizöl S Anforderungen festgelegt, die von den meisten, in atmosphärischen Rohöldestillationen gewonnenen Rückständen (Bodenprodukten) erfüllt werden können. Bei Rückständen aus der Fraktionierung von katalytischen Krackanlagen (sog. Krackteer) kann es vorkommen, daß die Höchstwerte lt. DIN für kinematische Zähigkeit, Verkokungsrückstand nach CONRADSON sowie Gehalt an Sediment und an Asche überschritten werden. Auch der Rückstand aus der Fraktionierkolonne von Visbreakern muß in der Regel mit leichteren Produkten verschnitten werden, um ihn als Heizöl verwerten zu können.

Es gibt in einer Raffinerie noch verschiedene andere Quellen, in denen Produkte anfallen, die sich nur als schweres Heizöl verwenden lassen, so z.B. Extrakte aus der Solventraffination und Ablauföle aus Entparaffinierungsanlagen in Raffinerien, die auch die Herstellung von Schmieröl betreiben. Da beim Destillieren von Rohöl unter Normaldruck im Durchschnitt 40 bis 50% als Bodenprodukt anfallen, ist das Angebot an schwerem Heizöl recht erheblich und läßt sich nur in gewissen Grenzen durch thermisches Kracken, kaum jedoch durch katalytisches Kracken, verringern. Die Gründe werden in Kap. D, E und N dargelegt. Neue Möglichkeiten bietet das Hydrokracken, vgl. Kap. L.

Als wesentliche Anforderungen nach DIN 51 603 können für Heizöl S folgende Eigenschaften angesehen werden: kinematische *Zähigkeit* höchstens 450 cSt (= 59 °E) bei 50 °C und 40 cSt (= 40 °E) bei 100 °C, Gehalt an *Sediment* höchstens 0,5 Gew.-% und *Asche*gehalt höchstens 0,15 Gew.-%. Selbstverständlich steht es Verbrauchern und Lieferanten frei, ungünstigere Werte als nach DIN zu vereinbaren, doch muß dafür fast immer ein Preisabschlag gewährt werden. Eine solche Vereinbarung ist allerdings auf Grund behördlicher Bestimmungen für den *Schwefel*gehalt von max. 3,8 Gew.-% nicht zugelassen.

So wie beim Dieselkraftstoff Produkte mit wesentlich niedrigerem Schwefelgehalt angeboten werden, als nach DIN maximal vorgeschrieben, kommt auch schweres Heizöl auf den Markt, als dessen Vorzug niedriger Gehalt an *Natrium, Nickel* und *Vanadium* angepriesen wird, obwohl die Norm keine diesbezüglichen Vorschriften enthält. Vorteil geringer Gehalte an den genannten Metallen macht sich beim Verfeuern dadurch bemerkbar, daß die Schwierigkeiten durch niedrigschmelzende, korro-

sive Ölaschen vermieden werden[1]. Denn infolge des niedrigen Schmelzpunktes eutektischer Aschen dieser Begleitstoffe verschmutzen die Heizflächen von Kesseln sehr schnell. Bei Gasturbinen entstehen innerhalb
kurzer Betriebszeit Beläge auf den Schaufeln, die nicht nur den strömungstechnischen Wirkungsgrad der Maschinen beeinträchtigen, sondern
auch bei den hohen Drehzahlen eine Gefährdung darstellen; sie können
leicht eine Unwucht des Rades verursachen.

Die schwerste Rohölsorte (fuel oil no. 6) wird einer früheren Ge-
pflogenheit entsprechend sehr oft noch als Bunker C-Öl bezeichnet, weil
solches Heizöl ursprünglich vorwiegend in der Handels- und Kriegs-
marine als Brennstoff Eingang fand, im Schiff in Bunkern gelagert wird
und in drei Sorten A, B und C auf dem Markt war bzw. noch ist. Die
wichtigsten Daten von Marineheizölen sind in Zahlentafel A-22 zusammengestellt.

Zahlentafel A-22. *Kennzeichnende Eigenschaften von Marineheizölen*

Heizöltype		Navy Standard	Bunkerfuel A	Bunkerfuel B	Bunkerfuel C
Flammpunkt P.M. min.		150 °F = 65,6 °C	150 °F = 65,6 °C	150 °F = 65,6 °C	150 °F = 65,6 °C
Wasser	max.	—	—	—	1,75 Vol.-%
Sediment	max.	—	—	—	0,25 Vol.-%
Wasser und Sediment	max.	1%	1%	1%	2 Vol.-%
Schwefel	max.	1,5%	—	—	—
Viskosität	max.	100″	100″	100″	100″
sec. Furol		bei 77 °F (= 25 °C)	bei 77 °F (= 25 °C)	bei 122 °F (= 50 °C)	bei 122 °F (= 50 °C)
entsprechend	max.	29,2 °E bzw. rd. 210 cSt bei 25 °C	29,2 °E bzw. rd. 210 cSt bei 25 °C	29,2 °E bzw. rd. 210 cSt bei 50 °C	87,6 °E bzw. rd. 636 cSt bei 50 °C

---

[1] Vgl. dazu B. ENGEL: Über Erosions- und Korrosionsschäden bei der Verwen-
dung von schweren Heizölen ... Erdöl u. Kohle 3 (1950) 321/27. – GUMZ, W.: Heiz-
flächenverschmutzung ... Mitt. Vereinigg. Großkesselbes. (Jan. 1954) H. 27,
S. 1/24; dort 167 Schrifttumsangaben. – KONOPICKY, K.: Technische Probleme um
das V_2O_5. Brennst.-Chem. 36 (1955) 151/55. – GUMZ, W., H. KIRSCH u. M.-TH.
MACKOWSKY: Schlackenkunde, Berlin/Göttingen/Heidelberg: Springer 1958,
S. 294ff. – KIRSCH, H., u. W. PRUSZ: Mineralogische und physikalisch-chemische
Untersuchungen an Ölaschen. Mitt. Vereinigg. Großkesselbes. (Okt. 1958) H. 56,
S. 329/38. – WICKERT, K.: Heizflächen-Verschmutzung in Dampferzeugern. Brennst.-Wärme-Kraft 10 (1958) 1/10 u. 101/07. – Ders.: Das chemische Verhalten der
Natrium- und Kaliumpyrosulfate; ebd. 11 (1959) 110/13. – Ders: Das Verhalten
der anorganischen Bestandteile der Heizöle in Dampferzeugerfeuerungen und in Gasturbinen, S. 266/76. – Ders.: Laborversuche ... S. 455/62. – Ders.: Das System
$Na_2O - V_2O_5 - SO_3$ und seine Bedeutung für die Heizflächen-Verschmutzung in Öl-
feuerungen. Erdöl u. Kohle 13 (1960) 658/64. – GUMZ, W.: Korrosionsprobleme
beim Verfeuern von Heizöl. Techn. Überwachg. 1 (1960) 293/301 mit ausführlichem
Schrifttumsnachweis. – TIPLER, W.: Laboratoriums- und Betriebsversuche über
Ascheablagerungen und Korrosionen bei ölgefeuerten Dampferzeugern und Gasturbinen. Erdöl u. Kohle 16 (1963) 1105/11. – POLLMANN, S.: Mineralogisch-kri-
stallographische Untersuchungen an Schlacken und Rohrbelägen aus dem Hoch-
temperaturbereich ölgefeuerter Großkessel. Mitt. Vereinigg. Großkesselbes. (Febr.
1965) H. 94, S. 1/20; dort 119 Schrifttumsangaben.

Zahlentafel A-23. *Anforderungen an Rückstandsheizöle nach ASTM D 396-64 T*[a]

	Nr. 4	Nr. 5 leicht	Nr. 5 schwer	Nr. 6
Kinematische Zähigkeit bei 37,8 °C (= 100 °F)	min. 5,8 cSt, max. 26,4 cSt	min. 32 cSt, max. 65 cSt	min. 75 cSt, max. 162 cSt	—
bei 50,0 °C (= 122 °F)	— —	— —	min. 42 cSt, max. 81 cSt	min. 92 cSt, max. 638 cSt
Flammpunkt (Pensky-Martens)	min. 130 °F (= 54,4 °C)	min. 130 °F (= 54,4 °C)	min. 130 °F (= 54,4 °C)	min. 150 °F (= 65,6 °C)
Wasser und Sediment	max. 0,5 Vol.-%	max. 1,0 Vol.-%	max. 1,0 Vol.-%	max. 2,0 Vol.-%
Aschegehalt	max. 0,1 Gew.-%	max. 0,1 Gew.-%	max. 0,1 Gew.-%	—

[a] Für die Dichte, den Schwefelgehalt, den Verkokungsrückstand sowie für den Siedeverlauf gelten keine Vorschriften. Vereinbarungen darüber sind den Vertragspartnern überlassen.

Um den Dieselmotor gegenüber dem Dampfantrieb mit ölgefeuerten Kesseln und Turbinen wettbewerbsfähig zu halten, hat man große Schiffsdieselmaschinen entwickelt, die mit Bunker C-Öl betrieben werden können. Allerdings ist in der Regel ein Schleudern mit Zentrifugen erforderlich, um den Gehalt an festen Stoffen soweit als möglich zu verringern. Außerdem muß das Öl angewärmt werden, weil die schweren Sorten bei tieferen Temperaturen nur mehr schlecht gefördert werden können und die Zähigkeit gewisse Werte nicht überschreiten darf, wenn in den Einspritzdüsen eine einwandfreie Zerstäubung erzielt werden soll. Deshalb ist der Wettbewerb zwischen Dieselmotorenantrieb und Dampfantrieb noch lange nicht ausgefochten, weil sich jede Seite bemüht, durch Verbesserungen den einen oder anderen Antrieb wirtschaftlicher zu gestalten. Der Antrieb von Schiffen durch Gasturbinen bietet technisch keine schwierig zu lösenden Probleme. Auch in diesem Fall sind es rein wirtschaftliche Fragen, die entscheidend sind, weil aus den vorgenannten Gründen so wie für den Dieselmotor möglichst aschefreie Brennstoffe benötigt werden. Zwar lassen sich bei der Gasturbine die durch den Aschegehalt hervorgerufenen Schwierigkeiten beseitigen, indem man die Eintrittstemperatur vor der Turbine so weit senkt, daß die Aschebestandteile nicht zu erweichen beginnen und nicht an den Turbinenschaufeln haftenbleiben. Dies hat aber zur Folge, daß dann der gegenüber dem Dieselmotor und auch dem Dampfantrieb bescheidene Wirkungsgrad einer Gasturbinenanlage auf Werte zurückgeht, die seine sonstigen Vorteile zumindest für die Handelsschiffahrt bei weitem aufwiegen.

Eine Folge der hohen Siedelage des schweren Heizöles ist sein hoher *Stockpunkt*, der bei Produkten aus paraffinbasischen Rohölen bis zu $+40\,°C$ betragen kann. Dies kann besonders im Winter zu dem Erfordernis führen, Tanks und selbst Transportmittel zu beheizen, um das Produkt pumpfähig zu erhalten. An das in der Schiffahrt verwendete schwere Heizöl (Bunker C-Öl) werden in dieser Hinsicht meist höhere Anforderungen gestellt. Die sehr umfangreichen Vorrichtungen zum Aufheizen und Warmhalten stören im Schiffsbetrieb wegen des Gewichtes und des Raumbedarfes mehr als in ortsfesten Anlagen.

Weil in manchen europäischen Ländern sehr oft die in den Vereinigten Staaten von Amerika geläufigen Bezeichnungen verwendet werden, soll zum Schluß hier noch erwähnt werden, daß sich die Anforderungen an Heizöl S ungefähr mit denen decken, wie sie gemäß ASTM D 396-64T an „fuel oil no. 4" bis „fuel oil no. 6" gestellt werden[1].

Diese sind in Zahlentafel A-23 in den originalen Maßeinheiten und den entsprechenden metrischen Maßeinheiten zusammengestellt.

g) Die übrigen aus Erdöl gewonnenen Produkte

In der Einleitung zu diesem Abschnitt, S. 84, wurde erwähnt, daß auf Fragen der Benennung der für die Herstellung von *Schmierölen* benötigten Vorprodukte erst im Zusammenhang mit der Beschreibung der dafür angewendeten Verfahren eingegangen werden kann. Schmieröle bilden auch die Grundstoffe, aus denen durch Zusatz fettsaurer, naphthensaurer u. a. Salze der Alkali-, Erdalkali- und einiger weiterer Metalle wie z. B. Aluminium die *Schmierfette* hergestellt werden[2]. Nur sehr wenige Raffinerien sind für diese als Sondergebiet zu betrachtenden Verarbeitungsverfahren eingerichtet. Deshalb werden sie nicht im Rahmen dieses Buches behandelt. Desgleichen wird die Herstellung von *Ölen* für Zwecke der *Elektrotechnik* hier nur gestreift. Deren Eigenschaften decken sich weitgehend mit denen von Schmierölen, vor allem bezüglich des Siedebereiches und der Zähigkeit, wenn man von hochviskosen Schmierölen absieht. Sie müssen jedoch im Hinblick auf elektrische Durchschlagsfestigkeit besonderen Anforderungen genügen. Transformatorenöle müssen außerdem wegen ihrer ständigen Berührung mit den zum Teil auf organischer Grundlage hergestellten Isolierstoffen für die Wicklungen bei höheren Temperaturen eine gute Alterungsbeständigkeit aufweisen[3].

Als weitere Erdölprodukte sind noch Paraffin, Vaselin und Petrolkoks zu nennen. *Paraffin* fällt als Nebenprodukt bei der Entparaffinie-

---

[1] Außer dem beim leichten Heizöl erwähnten „fuel oil no. 2" sind nur mehr die Sorten gemäß Zahlentafel A-23 in Gebrauch; vgl. dazu V. G. GUTHRIE: a. a. O. S. 8–3 f.

[2] Vgl. dazu E. H. KADMER: Schmierstoffe und Maschinenschmierung, 2. Aufl., Berlin: Borntraeger 1941, S. 255/80 u. 407/09. – SCHULTZE, GG. R., u. G. H. GÖTTNER: Schmierfette, in: Mineralöle und verwandte Produkte, hrsg. von C. ZERBE: a. a. O. Bd. II, S. 389/432.

[3] Einige Angaben dazu finden sich in Abschn. N1eβ, S. 972 f.

rung von Schmierölkomponenten an. Da für entöltes, möglichst farbloses Produkt mit definierten Schmelzpunkten gute Preise erzielt werden, trägt seine Gewinnung zur Verbesserung der Wirtschaftlichkeit von Schmierölanlagen bei. Die Bestimmung dessen, was als Paraffin bezeichnet wird, ist – wie bereits S. 49 erwähnt wurde – etwas willkürlich. Die handelsüblichen Sorten werden wie folgt benannt:

	Schmelzpunkt
Zündholzparaffine	30 bis 40 °C,
Weichparaffine	38 bis 42 °C,
Mittelparaffine	44 bis 46 °C,
Hartparaffine	50 bis 65 °C.

Die meisten naphthenbasischen und viele gemischtbasische Rohöle enthalten keine wirtschaftlich lohnenden Mengen von Paraffinen im erwähnten Sinn. Hingegen sind paraffinbasische Rohöle – von ganz leichten Sorten abgesehen – nicht paraffinfrei. Chemisch ähnlich den Paraffinen sind die *Vaseline*, die sich vor allem durch einen höheren Gehalt an Isoverbindungen von Paraffinen unterscheiden[1]. Vgl. im übrigen Abschn. N 1e δ, S. 975 ff.

Asche- und schwefelarmer *Petrolkoks* dient zur Herstellung von Elektroden für Elektroöfen des Eisen- und Aluminiumhüttenwesens. Desgleichen werden Kohlebürsten und ähnliche Zubehörteile für die Elektroindustrie daraus gefertigt. Auf S. 311 ff. wird dargelegt, unter welchen Voraussetzungen sich die Anwendung von Verkokungsverfahren empfiehlt, weshalb hier dieser Hinweis genügt.

Schließlich ist der Herstellung von *Bitumen* das gesamte Kap. K gewidmet, so daß es sich – vor allem auch aus ähnlichen Gründen wie beim Schmieröl – empfiehlt, Einzelheiten dort zu behandeln.

---

[1] Vgl. K. H. SCHÜNEMANN: Paraffin (Festparaffin) in: Mineralöle und verwandte Produkte, hrsg. von C. ZERBE: a.a.O. Bd. I, S. 469/88; ders.: Vaseline; ebd. Bd. I, S. 488/95. – Zur Unterscheidung von Paraffinen und Vaselinen s. auch W. KREUDER: Seife/Öle/Fette/Wachse 84 (1958) 665, 699, 735, 773, 849; 85 (1959) 19, 41, 67, 93.

B. Die Bauelemente von Erdölverarbeitungsanlagen

Beim Verarbeiten von Erdöl werden Verfahren angewendet, die auch in anderen Zweigen der organisch-chemischen Industrie gebräuchlich sind. Dazu gehört vor allem die Zerlegung flüssiger Gemische durch Destillieren in einzelne Stoffe oder Stoffgruppen, die sich durch ihre Siedepunkte oder Siedebereiche unterscheiden. Weiterhin ist die Extraktion mittels selektiver Lösungsmittel ein sowohl im Laboratorium wie in der Großtechnik viel angewendetes Verfahren. Ebenso besteht sehr oft die Aufgabe, einzelne Komponenten eines Gasgemisches daraus zu entfernen oder auch zu gewinnen, und zwar durch Adsorption oder durch Absorption. Damit ist in der Regel die Regeneration des (festen) Adsorbers oder des (flüssigen) Waschmittels verbunden.

Die Bauelemente solcher Anlagen weisen jedoch in der Erdölindustrie zum Teil wegen der großen Durchsatzleistungen Besonderheiten auf. Zum Teil sind diese durch Aufgaben verursacht, wie sie nur in der Erdölindustrie gestellt werden, z.B. die Gewinnung mehrerer Seitenfraktionen aus einer Hauptkolonne beim Destillieren von Rohöl. Dazu kommen Verfahren wie das Kracken, das in der bei der Erdölverarbeitung ausgeprägten Form in anderen Zweigen der chemischen Technik kaum angewendet wird. Auch die Öfen sind sehr kennzeichnende Anlagenteile.

Die einzelnen Verfahren werden heute in Lehre und Forschung gerne je für sich behandelt, um einerseits ihre Kennzeichen und Besonderheiten besser herausschälen und andererseits die für verschiedene Anwendungszwecke gemeinsamen Merkmale gleichartiger Verfahren unter einheitlichen Gesichtspunkten betrachten zu können[1]. Im nachstehenden sollen nur die wichtigsten der für verschiedene Verfahren oder Verfahrensstufen der Erdölverarbeitung wesentlichen Bauelemente besprochen werden. Es kann dann in den folgenden Kapiteln jeweils auf eine Wiederholung der Erläuterungen dazu verzichtet werden. Hingegen kann es nicht Aufgabe dieses Buches sein, auf Einzelheiten der dabei benutzten Konstruktionen sowie auf Bauelemente, die zum allgemeinen Maschinen- und Apparatebau gehören, einzugehen, wie z.B. Stahlgerüste und Rohr-

---

[1] Im englischen Schrifttum spricht man in diesem Zusammenhang meist von „unit operations" (soweit es sich um physikalische Verfahren handelt) und von „unit processes" (soweit dabei chemische Reaktionen ablaufen). Zum Teil werden unter diesen Begriffen oft auch einfache Vorgänge wie Fördern von Flüssigkeiten, Wärmeübertragung u.ä. verstanden. Vgl. dazu z.B. W. L. BADGER u. J. T. BANCHERO: Introduction to Chemical Engineering, New York/Toronto/London: McGraw-Hill 1955. – GRASSMANN, P.: Physikalische Grundlagen der Chemie-Ingenieur-Technik (Grundlagen der chemischen Technik Bd. 1), Aarau u. Frankfurt/Main: Sauerländer 1961. – VAUCK, W. R. A., u. H. A. MÜLLER: Grundoperationen chemischer Verfahrenstechnik, Dresden u. Leipzig: Steinkopf 1962, seither weitere Auflagen.

leitungen. Desgleichen müssen das heute sehr verfeinerte Gebiet der Meß- und Regeltechnik sowie die gesamte Elektrotechnik, ohne die eine Erdölverarbeitungsanlage undenkbar wäre, außer Betracht bleiben.

Deshalb sind in diesem Kapitel auch jene Anlagenteile nicht behandelt, die nur für ganz bestimmte Verfahren verwendet werden und daher nur für diese Bedeutung haben. Ihre Bauform wird im Zusammenhang mit der Erörterung des Verfahrens – soweit erforderlich – besprochen. Dazu gehören z.B. die Blastürme für Bitumenblasanlagen. Andere Bauteile können Besonderheiten aufweisen, deren Ausführung dem Lizenzgeber geschützt ist und die daher nur für bestimmte Zwecke angewendet werden dürfen. Trotzdem mußte auf einige solcher Bauelemente eingegangen werden, weil sonst auf eine Beschreibung so wesentlicher Anlagenteile wie der Reaktoren und Regeneratoren für Krack- und Reforming-Anlagen hier hätte verzichtet werden müssen. Auch manche in Raffinerien vorzugsweise nur für die Herstellung von Schmierölen gebräuchlichen Apparate sind hier behandelt, weil dabei Gesichtspunkte beachtet werden müssen, die auch für andere Aufgaben der Erdölverarbeitung und der Petrolchemie Bedeutung haben können.

Die Technik, die seinerzeit von der IG-Farbenindustrie AG für das Hydrieren fester und flüssiger Einsatzstoffe entwickelt wurde, hat im Laufe der Jahre Verbesserungen erfahren, die erst jetzt allmählich bei den Hydrokrackverfahren erneut zum Tragen kommen. Zwar ist die Entwicklung noch im Flusse, weshalb sich die Darstellung auf kurze Hinweise beschränken muß. Jedoch ist hier das Wichtigste über die in diesem Falle sehr wesentliche Wahl der Werkstoffe gesagt.

Da es somit verschiedene Standpunkte gibt, von denen aus der Inhalt dieses Kapitels abgegrenzt werden konnte, wurde versucht, die Auswahl so zu treffen, daß möglichst die für den Raffineriebau maßgebenden Gesichtspunkte zum Ausdruck kommen. Dabei ist hervorzuheben, was gegenüber dem allgemeinen Maschinen- und Apparatebau zu beachten ist. Hingegen mußte vermieden werden, Einzelheiten vorwegzunehmen, die erst bei genauerer Kenntnis der Verfahren verständlich werden.

1. Die Destillationsanlagen

In der Erdöltechnik wird heute fast nur stetig destilliert. Die alten Blasendestillationen sind vollkommen verlassen, weil sie zu kleine Durchsätze haben, unwirtschaftlich sind und außerdem keine gleichmäßigen Produkte liefern können. Das Kernstück jeder Destillationsanlage ist die Destillierkolonne, ein senkrechter zylindrischer Turm, in dem je nach Trennaufgabe eine größere Zahl von Böden eingebaut ist. Kolonnen mit Füllkörpern werden für die Destillation kaum mehr verwendet. Mit Boden wird in der Destillationstechnik jede Art der noch zu erwähnenden Fraktionierböden bezeichnet. Über diese kann die Flüssigkeit von oben kommend nach unten abfließen; der Dampf wird im Gegenstrom – oder genauer ausgedrückt im Kreuzstrom – von unten nach oben durch die

Flüssigkeit auf dem Boden geführt; er kann sich dabei auf jedem Boden mit der Flüssigkeit innig mischen. Eine Destillierkolonne hat die Aufgabe, das Einsatzgut in ein leichtersiedendes Kopfprodukt und *ein* schwerersiedendes Sumpfprodukt zu zerlegen. Bei der Erdölverarbeitung werden sehr oft auch Seitenströme mit zwischenliegenden Siedebereichen abgezogen. Diese Anordnung ersetzt mehrere hintereinandergeschaltete Kolonnen und bietet deshalb erhebliche Vorteile bezüglich der Baukosten. Die einzelnen Schnitte nennt man Fraktionen, das Verfahren fraktionierende Destillation[1].

Bei Anlagen, in denen auch Seitenprodukte gewonnen werden, zieht man diese Produkte flüssig von Zwischenböden der Hauptkolonne ab und leitet sie meist in ähnlich gebaute Seitenkolonnen, die nur wegen der geringeren Durchsatzmenge kleinere Abmessungen haben. In den Seitenkolonnen werden nochmals leichte Siedeenden abgetrieben und in die Hauptkolonne zurückgeführt. Dadurch wird die Trennschärfe verbessert.

Das zu destillierende Gemisch wird vor dem Eintritt in die Kolonne soweit erwärmt, daß es siedet oder ein Teil davon verdampft ist. Die für die Wahl des Eintrittszustandes maßgebenden Gründe werden noch erörtert. Je nach der durch Zusammensetzung und Betriebsbedingungen bestimmten Temperatur, bei der dieser Zustand erreicht ist, werden zum

---

[1] Es empfiehlt sich, nicht von fraktionierter Destillation zu sprechen; denn nicht die Destillation, sondern das Einsatzgut wird fraktioniert, d.h. in einzelne Fraktionen zerlegt. Zwar wird in DIN 51567 (November 1960) in Anlehnung an einen Neuentwurf von DIN 7052 dieser Ausdruck gebraucht; die geplanten Festlegungen des inzwischen zurückgezogenen Entwurfes für eine neue Fassung von DIN 7052 decken sich aber nicht mit dem zwar uneinheitlichen, jedoch abweichenden Sprachgebrauch. Unter „Rektifizieren" sollte die Läuterung eines Einzelstoffes durch Destillieren, gegebenenfalls unter Anwendung von Verstärkungseinrichtungen, wie Kolonnen zur Erzielung hoher Reinheit, verstanden werden. Diese Aufgabe wird in der Regel beim Zerlegen von Zweistoffgemischen oder solchen, die nur aus wenigen Komponenten bestehen, gestellt.

Aus Vielstoffgemischen, wie sie Rohöl und die meisten Erdölprodukte darstellen, werden jedoch in der Regel nicht Einzelstoffe, sondern mehr oder weniger scharf geschnittene Fraktionen gewonnen. Im idealen Grenzfall sind in einer Fraktion alle Komponenten des zu zerlegenden Gemisches mit aufeinanderfolgenden Siedepunkten zwischen zwei Grenztemperaturen enthalten. Von den Komponenten, die bei einer niedrigeren Temperatur als der unteren Grenztemperatur sieden, kommt keine in der betreffenden Fraktion vor und auch keine, die bei höherer Temperatur siedet als der oberen Grenztemperatur. In der Praxis sind jedoch Überdeckungen unvermeidbar. Sie erscheinen in den „wahren Siedekurven" der Fraktionen; vgl. S. 57. Zwischen den in der sog. Englerapparatur nach DIN 51751 (Februar 1964) bestimmten Siedekurven können trotzdem noch Siedelücken beobachtet werden.

Ein Vielstoffgemisch in zwei sehr scharf geschnittene Fraktionen zu zerlegen unterscheidet sich grundsätzlich von der Aufgabe, aus einem Zwei- oder Mehrstoffgemisch eine Komponente mit hoher Reinheit zu gewinnen. Es sind beim Fraktionieren Erscheinungen zu beobachten, die beim Rektifizieren nicht auftreten. Deshalb können Rektifizieren und Fraktionieren nicht als gleiche Aufgabe aufgefaßt werden, vor allem war die im Entwurf DIN 7052 geplante Definition für „Fraktionierte Destillation", die nur das unstetige Destillieren im Auge hat, nicht zutreffend, dementsprechend auch die dort gegebene Definition des Begriffes „Fraktionen". Deshalb erscheint es zweckmäßig, „Destillieren" als Oberbegriff für Rektifizieren und Fraktionieren zu benutzen.

Erwärmen des Gemisches entweder dampfbeheizte Vorwärmer oder gas-
oder ölbefeuerte Öfen verwendet. Um den Wärmeaufwand so niedrig wie
möglich zu halten, werden die aus der Anlage heiß ablaufenden Produkte
in Wärmeaustauschern im Gegenstrom zum Einsatzprodukt geführt und
geben in diesem ihre Wärme ab[1].

Diese Wärmeübertragung reicht aber meist nicht aus, um die ablaufenden Produkte auf Lagertemperatur abzukühlen. Deshalb werden
außer den Wärmeaustauschern ähnlich gebaute Kühler benötigt, die
auf der einen Seite von Produkt, auf der anderen Seite von Kühlwasser
durchflossen werden. Sinngemäß ausgeführt sind auch die Kondensatoren. Diese haben den Zweck, die über Kopf der Kolonne austretenden
Dämpfe zu kondensieren. Sie werden von kaltem Einsatzprodukt oder
von Kühlwasser durchströmt. Weiterhin sind noch die Aufkocher und
Umlaufverdampfer zu erwähnen, die den Zweck haben, dem Sumpf der
Kolonne Wärme zuzuführen. Dies ist notwendig, um auch im Unterteil
der Kolonne (unter dem Eintritt) eine Fraktionierwirkung zu erzielen.
Beim Aufkocher werden durch Heizmittel auf indirektem Wege aus der
Sumpfflüssigkeit leichte Anteile abgetrieben und treten dampfförmig
unter dem untersten Boden der Kolonne ein. Das Sumpfprodukt kann
aus dem Flüssigkeitsraum des Aufkochers stetig abgezogen werden. Die
Aufkocher werden gewöhnlich als liegende oder stehende Apparate neben
der Kolonne aufgestellt und mit Wasserdampf oder Heißöl beheizt. Unter
gewissen Umständen empfiehlt sich auch für diesen Zweck die Verwendung von Öfen, besonders bei hohen Sumpftemperaturen. Wird eine
Heizschlange in den Sumpf der Kolonne selbst eingebaut, so wirkt dieser
als Aufkocher. Beim Umlaufverdampfer, der in der Regel stehend angeordnet wird, um die Thermosyphonwirkung zu verstärken, wird hingegen ein Teil des vom untersten Boden ablaufenden Gemisches als
Fertigprodukt entnommen; der andere Teil wird in diesem teilweise
oder vollständig verdampft und wieder zurückgeführt. Die unterschiedliche Wirkungsweise dieser beiden Bauarten wird noch erläutert[2].
Zur Sicherung der Strömung aus dem Sumpf durch den Aufkocher oder
den Umlaufverdampfer wird oft eine Umlaufpumpe aufgestellt. Dadurch
werden die Unsicherheiten, die der Wirkung eines Thermosyphons unvermeidbar anhaften – allerdings zu Lasten der Bau- und Betriebskosten –,
vermieden. Bei Verwendung von Öfen ist eine solche Pumpe unerläßlich.

Bei der destillativen Verarbeitung der leichtesten Kohlenwasserstoffe
(Methan, Äthan, Propan und Butan sowie der entsprechenden Olefine)
genügt vielfach zur Kondensation der Kopfdämpfe kein noch so kaltes
Kühlwasser, weil die den erzielbaren Temperaturen zugeordneten Drücke
zu hoch liegen. Die Trennung wird nämlich mit Annäherung an den kri-

---

[1] RIEDIGER, B.: Wärmerückgewinn bei Destillationsanlagen der Erdölindustrie.
Vortrag, gehalten auf dem 1. Kongreß der Europäischen Föderation für Chemie-
Ingenieur-Wesen am 14. Mai 1955 in Frankfurt/M. Dechema-Monographien
Nr. 363 bis 391, Bd. 28, Weinheim/Bergstraße: Verlag Chemie 1956, S. 87/108; ge-
kürzte Fassung: Erdöl u. Kohle 9 (1956) 171/75.
[2] Vgl. dazu auch J. R. FAIR: What You Need to Design Thermosyphon Reboilers. Petrol. Refiner 39 (1960) Nr. 2, S. 105/23.

tischen Zustand immer schlechter. (Methan ist bereits bei Temperaturen über $-82,4\,°C$ im überkritischen Zustand.) In diesen Fällen müssen Kälteanlagen verwendet werden. Dabei kann ein *Kälteträger* (z. B. Sole aus einer Ammoniakkälteanlage) dazu dienen, aus dem Kondensator einer Destillationsanlage die Verdampfungswärme des Kopfproduktes abzuführen. Es kann aber auch das *Kältemittel* (z. B. Äthan, Äthen, Propan oder Propen) selbst benutzt werden. Dann wirkt der Kondensator einer Destillierkolonne gleichzeitig als Verdampfer der Kälteanlage, und ein auf der „Heizmittelseite" z. B. mit Propendampf beschickter Aufkocher einer Äthan–Äthen-Trennkolonne hat innerhalb der Kälteanlage die Aufgabe des Kondensators; vgl. wegen der Definitionen Fußn. 1, S. 127.

Schließlich gehören zu einer Destillationsanlage noch verschiedene Behälter, um vor allem das flüssig anfallende Destillat zu sammeln. Sie dienen als Vorlagen für die Pumpen, die es z. T. auf den Kopf der Kolonne zurückfördern, z. T. als Fertigprodukt ins Tanklager drücken.

a) Die Destillierkolonnen

Als Vorrichtung zum Zerlegen von Flüssigkeitsgemischen, die aus Einzelstoffen bestehen, deren Siedepunkte eng beieinander liegen oder stetig ineinander übergehen, hat sich die Destillierkolonne mit Glockenböden oder ähnlich wirkenden Einbauten im Laufe der technischen Entwicklung der letzten 100 Jahre am besten bewährt. Das Destillieren – hauptsächlich zur Gewinnung von Alkohol – durch Ausnutzung des Unterschiedes zwischen der Zusammensetzung der Dampf- und Flüssigkeitsphase eines Zwei- oder Mehrstoffgemisches war bereits den Alchimisten bekannt. Die heute gebräuchliche Bauform der Glockenbodenkolonne soll in der ersten Hälfte des vorigen Jahrhunderts in Frankreich für die Erzeugung von Weinbrand entwickelt worden sein; der Name des Erfinders ist nicht überliefert. Einzelheiten einer Glocke üblicher Ausführung sind in Abb. B-3, S. 117 wiedergegeben.

Es ist nicht allgemein bekannt, daß die Fraktionierkolonne heute üblicher Bauart erst im Jahre 1917 Eingang in die Erdölverarbeitung fand, und zwar zunächst nicht zum Destillieren von Rohöl, sondern zum Zerlegen der Produkte aus dem Burton-Krackverfahren[1]. Auf diese Anwendung wurde sogar noch am 4. Okt. 1921 F. L. Lewis und T. S. Cooke auf Grund einer Anmeldung vom 7. Mai 1917 das U. S.-Patent Nr. 1 392 584 (Art of Distilling Petroleum Oils) erteilt. Wenn auch dieses Patent später in einem Patentstreit nichtig erklärt wurde, so zeigt es doch, daß die Verwendung von Fraktionierkolonnen damals offensichtlich nur wenigen Fachleuten geläufig war.

Neben den bis vor mehreren Jahren fast ausschließlich verwendeten Glockenböden kommen jetzt – meist von Spezialfirmen lizenziert – immer mehr die sog. Ventiltellerböden und andere Bauformen in Gebrauch, vgl. Abb. B-4, S. 117. Sie haben sich in zahlreichen Anlagen bewährt. Ihr Vorteil liegt einmal darin, daß die durch die Flüssigkeit hochsteigen-

---

[1] Vgl. J. L. Enos: Petroleum Progress and Profits. Cambridge/Mass.: M. I. T. Press 1962, S. 31.

den Dämpfe viel gleichmäßiger über den Kolonnenquerschnitt verteilt sind und deshalb die tatsächliche, für das Mitreißen von Flüssigkeitströpfchen maßgebende maximale Dämpfegeschwindigkeit kaum wesentlich größer ist als die aus dem Kolonnenquerschnitt als Mittelwert berechnete. Beim Glockenboden drängt sich hingegen die Strömung der hochsteigenden Dämpfe im Raum zwischen den Glocken zusammen, während die Fläche über den Glocken selbst – zumindest unmittelbar über der Flüssigkeitsoberfläche – nicht ausgenutzt ist. Die Maximalwerte der Strömungsgeschwindigkeit liegen deshalb beim Glockenboden erheblich über dem rechnerischen Mittelwert. Man darf deshalb Kolonnen mit Ventiltellerböden für gleiche tatsächliche Höchstgeschwindigkeiten mit kleinerem Durchmesser bauen. Dies ergibt eine Kostenverminderung beim Kolonnenmantel selbst. Weiterhin fällt die Verringerung des Durchmessers auch bei den Böden, besonders in Kolonnen mit einer großen Anzahl, sehr ins Gewicht. Schließlich sind die Kosten solcher Böden je Flächeneinheit niedriger als die von Glockenböden, was zu einer weiteren Preissenkung führt[1].

Werden bezüglich des Betriebes mit Teillast keine scharfen Anforderungen gestellt, so können bei vollkommen reinen Produkten, wie den tiefsiedenden Erdölfraktionen und den Olefinen gleicher C-Atom-Zahl, auch Siebböden (Lochblechböden) verwendet werden, die für noch niedrigere Kosten zu beschaffen sind als Ventiltellerböden. Allerdings beginnt bei ihnen das „Durchregnen" bei höheren Teillasten, während der Glockenboden auch bei sehr niedrigen Teillasten noch immer die volle Trennwirkung gibt[2]. Das Verhalten von Ventilböden liegt dazwischen.

Für das richtige Arbeiten der Böden gleich welcher Bauart ist entscheidend, daß sie vollkommen horizontal eingebaut werden und daß besonders bei großen Kolonnendurchmessern die Durchbiegung der Träger gering ist. Als Faustregel gilt dafür ein Wert, der kleiner als 1/250 der größten Spannweite ist, doch muß er bei Kolonnen von mehreren Metern Durchmesser noch erheblich unterschritten werden.

Eine besondere Bauform sind die sog. Dampfrohrböden. Sie werden verwendet, wenn man aus später zu erwähnenden Gründen die gesamte in der Kolonne herabrieselnde Flüssigkeit abziehen und sie – z.B. gekühlt – an anderer Stelle wieder einführen will[3].

Die Dicke des Mantels sehr hoher, schlanker Kolonnen muß deshalb im Hinblick auf elastische Durchbiegung unter dem Einfluß des Winddruckes so bemessen werden, daß sich der Oberteil nicht neigt, was ein

---

[1] NITSCKE, I.: Zur Dimensionierung von Ventilböden. Chem. Techn. 20 (1968) 411/14.

[2] Weitere Einzelheiten zu diesem Thema bei E. KIRSCHBAUM: Destillier- und Rektifiziertecnnik, 3. Aufl., Berlin/Göttingen/Heidelberg: Springer 1960. – Vgl. auch R. KOCH, E. KUCIEL u. J. KUŹNIAR: Ein Vergleich der Stoffaustauschkorrelationen für Siebböden. Chem. Techn. 19 (1967) 669/72. – ZENZ, F. A., L. STONE u. M. CRANE: Find Sieve Tray Weepage Rates. Hydrocarb. Procssg. 46 (1967) Nr. 12. S. 138/40. – LEMIEUX, E. J., u. L. J. SCOTTI: Distillation – Perforated Tray Performance. Chem. Engng. Progr. 65 (1969) Nr. 3, S. 52/58.

[3] Vgl. dazu D. E. WHEELER: Design Criteria for Chimney Trays. Hydrocarb. Procssg. 47 (1968) Nr. 7, S. 119/20.

mangelhaftes Arbeiten der Böden zur Folge hätte[1]. Außerdem muß bei der Bemessung des Kolonnenmantels die Erregung von Schwingungen unter dem Einfluß von Wind und Sturm infolge der Ablösung der Kármánschen Wirbelstraße berücksichtigt werden[2].

Das in einer Fraktionskolonne zu trennende Gemisch wird meist so weit aufgewärmt, daß die über Kopf abzunehmende Destillatmenge beim Eintritt in die Kolonne verdampft ist. Jedoch hat sie nicht die gewünschte Reinheit, weil bei einer einfachen Gleichgewichtseinstellung einerseits schwere Anteile mitverdampfen und andererseits leichte Anteile in der flüssigen Phase gelöst bleiben[3]. Es fördert die Abscheidewirkung in der Eintrittszone (Flashkammer, Flashzone), wenn das Dampf–Flüssigkeits-Gemisch aus dem Ofen tangential zugeführt wird, so daß sich die flüssigen Anteile durch Fliehkraftwirkung leichter von den Dämpfen trennen. Um die Verweilzeit des Bodenproduktes zu verringern, wird besonders bei Kolonnen zum Verarbeiten von Rohöl der Sumpf vielfach mit kleinerem Durchmesser ausgeführt. Durch Verkürzungen der Verweilzeit wird auf diese Weise der abzuziehende Rückstand geschont. Wegen der wesentlich geringeren Dämpfebelastung im Unterteil von Normaldruck- und Vakuumkolonnen für Rohöl ist diese Maßnahme vertretbar.

Um das Arbeiten einer Destillationskolonne richtig erfassen zu können, ist es unerläßlich, sich zuerst mit ihrem Arbeiten beim Trennen eines Zweistoffgemisches vertraut zu machen. Dazu eignet sich besonders das McCabe-Thiele-Diagramm, dessen Bedeutung und theoretische Ableitung im Schrifttum ausführlich dargestellt sind[4].

Das von BOŠNJAKOVIĆ empfohlene i,ξ-Diagramm (Enthalpie über Zusammensetzung) wird in der Erdölindustrie kaum benutzt, weil seine unbestreitbaren Vorteile vor allem bei nicht idealen Gemischen zur Geltung kommen und nur dort den größeren Aufwand rechtfertigen, der gerade bei Vielstoffgemischen sehr erheblich ist[5].

---

[1] Vgl. dazu LL. E. BROWNELL: Mechanical Design of Tall Towers. Hydrocarb. Processg. and Petrol. Ref. 42 (1963) Nr. 6, S. 109/18. – Anon.: Use Calculation Form for Tower Design; ebd. S. 119/26. – WASMUND, R.: Gewährleistung der Standsicherheit einer Trennkolonne. Techn. Überwachg. 5 (1964) 297/300.

[2] Vgl. L. PRANDTL: Führer durch die Strömungslehre, Braunschweig: Vieweg 1942, S. 166f. – KAUFMANN, W.: Technische Hydro- und Aeromechanik, 3. Aufl., Berlin/Göttingen/Heidelberg: Springer 1963, S. 195. – SCHLICHTING, H.: Grenzschicht-Theorie. 5. Aufl., Karlsruhe: Braun 1965, S. 18 u. 29.

[3] ROBINSON, C. S., u. E. R. GILLILAND: Elements of Fractional Distillation, 4. Aufl., New York/Toronto/London: McGraw-Hill 1950. – KORTÜM, G., u. H. BUCHHOLZ-MEISENHEIMER: Die Theorie der Destillation und Extraktion von Flüssigkeiten, Berlin/Göttingen/Heidelberg: Springer 1952. – PARIS, A.: Les procédés de rectification dans l'industrie chimique, Paris: Dunod 1959. – KIRSCHBAUM, E.: a.a.O.

[4] Vgl. dazu außer den in Fußn. 3 angegebenen Büchern noch W. L. BADGER u. W. L. McCABE: Elemente der Chemie-Ingenieur-Technik, Berlin: Springer 1932, S. 257ff. bzw. W. L. BADGER u. J. T. BANCHERO: a.a.O. S. 291ff. (Fußn. 1, S. 103).

[5] BOŠNJAKOVIĆ, F.: Technische Thermodynamik, II. Teil, 3. Aufl., Dresden u. Leipzig: Steinkopf 1960, S. 84ff. Vor BOŠNJANKOVIĆ haben bereits M. PONCHON: Etude graphique de la distillation fractionée industrielle. Techn. moderne 13 (1921) 20/24 u. 55/58 sowie P. SAVARIT: Arts et métiers 1922, S. 65, 142, 178, 241, 266 u. 307 und Chimie et industrie, No. special (Mai 1923) S. 737/56 eine ähnliche Darstellung von Destillationsvorgängen vorgeschlagen.

Bei Erdöl und Erdölprodukten kann man hingegen stets damit rechnen, daß sie in der flüssigen Phase ideal mischbar sind, d.h., daß keine Mischungslücken bestehen und keine Mischungswärmen auftreten.

In der Kolonne wird kondensiertes Destillat den nach oben steigenden Dämpfen entgegengeführt. Durch die Böden erreicht man, daß sich auf jedem dieser Böden Dampf und Flüssigkeit innig mischen und sich dadurch ein Gleichgewicht einstellt. Auf diese Weise nimmt der Gehalt an den im Destillat gewünschten leichten Anteilen von Boden zu Boden nach oben zu und der Gehalt an schwersiedenden, unerwünschten Anteilen ab. Die im Gegenstrom zum Dampf geführte Flüssigkeit bezeichnet man als Rückfluß. Sie wird im allgemeinen der Gesamtdestillatmenge entnommen. Somit bleibt als Kopfprodukt nur die um den Rückfluß verminderte Menge übrig.

Bei Vielstoffgemischen erhält man eine Verstärkung der Fraktionierwirkung, wenn man zweistufige Kondensation anwendet und den Rückfluß dem ersten Kondensator entnimmt. Da zuerst die höhersiedenden Anteile des Kopfproduktes auskondensieren, wird die Waschwirkung des Rückflusses besonders auf den obersten Böden erhöht. Die zweistufige Kondensation hat auf diese Weise die Wirkung einer zusätzlichen Fraktionierung.

Sinngemäß wie vorbeschrieben verläuft die Zusammensetzung auf den Böden unterhalb des Eintrittes. Der Gehalt an schwerersiedenden Komponenten nimmt nach unten zu, der an leichtersiedenden ab. Dies setzt eine Wärmezufuhr im Sumpf der Kolonne voraus, die ein Hochsteigen von Dämpfen im unteren Teil der Kolonne verursacht. Es werden dafür entweder die bereits erwähnten Aufkocher oder Umlaufverdampfer für das Sumpfprodukt der Kolonne verwendet, oder es wird Wasserdampf eingeblasen. Bei schweren Produkten, allerdings nicht bei Rohölrückständen und erst recht nicht bei Rückständen gekrackter Produkte, werden für diesen Zweck auch befeuerte Öfen verwendet. Es wird dann mittels Pumpen das Produkt aus dem Sumpf abgesaugt, durch den Ofen gedrückt, dabei teilweise oder selten ganz verdampft und in die Kolonne zurückgefördert. Rückstände würden den Ofen sehr schnell verkoken.

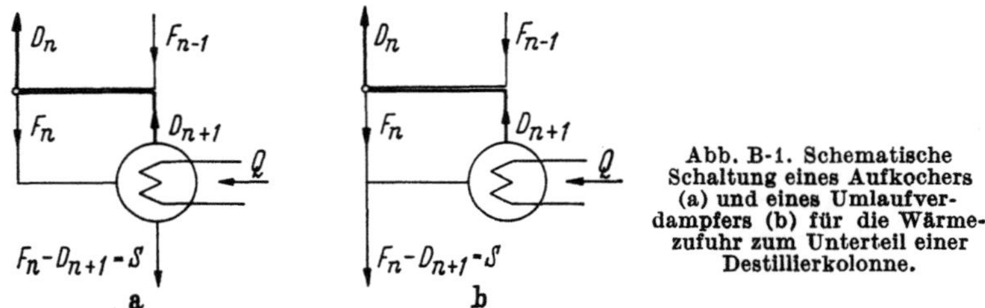

Abb. B-1. Schematische Schaltung eines Aufkochers (a) und eines Umlaufverdampfers (b) für die Wärmezufuhr zum Unterteil einer Destillierkolonne.

Da beim Aufkocher leichte Anteile aus der Flüssigkeit abgetrieben werden, hat er theoretisch die Wirkung eines Bodens; es stellt sich in ihm noch einmal ein Gleichgewicht zwischen Dampf und Flüssigkeit ein.

Die gesamte Flüssigkeit wird aus dem Aufkocher – wie dies schematisch in Abb. B-1a dargestellt ist – als Sumpfprodukt abgezogen und ist bei genügender Bodenzahl im Abtriebsteil frei von leichten Anteilen. Dem Umlaufverdampfer fließt hingegen – wie in Abb. B-1b schematisch gezeigt – nur ein Teil der vom untersten Boden ablaufenden Flüssigkeit zu. Diese wird im Grenzfall vollständig verdampft und wieder in den Dämpferaum unter den untersten Boden der Kolonne zurückgeführt. In den Abbildungen bedeuten D und F die Dämpfe- bzw. die Flüssigkeitsmengen, S die Menge des Sumpfproduktes und Q die zugeführte Wärmemenge; der Index n bezieht sich auf den n-ten Boden der Kolonne bei Zählung von oben. Diese oder ähnliche Bezeichnungen werden bei der Berechnung von Fraktionierkolonnen benutzt; vgl. die Schrifttumsangaben auf S. 113.

In der Praxis gibt es verschiedene Übergangsformen, vor allem jene, bei der alle Flüssigkeit vom untersten Boden abgezogen und in einen Umlaufverdampfer geführt wird, in diesem aber nicht vollständig verdampft. Das so entstandene Dampf–Flüssigkeits-Gemisch fließt – vom Auftrieb durch die im Verdampfer hochsteigenden Dämpfeblasen unterstützt – bereits infolge der Differenz der Flüssigkeitsstände zwischen unterstem Boden und Überlauf (aus dem Aufkocher in die Kolonne) in diese zurück und trennt sich im Sumpfraum. Dadurch stellt sich ebenfalls noch einmal ein Gleichgewicht ein. Deshalb ist es zulässig, auch diese Anordnung theoretisch wie einen Boden zu betrachten, zumal dann das Sumpfprodukt erst nach der Trennung von Dampf und Flüssigkeit aus der Kolonne abgezogen wird[1].

Es wird noch erörtert werden, welche Gesichtspunkte dafür maßgebend sind, ob eine Destillationsanlage unter Normaldruck, unter Vakuum oder unter Überdruck betrieben wird. Dies beeinflußt in erster Linie die Dicke des Mantels, während die Druckunterschiede zwischen den Räumen oberhalb und unterhalb der einzelnen Böden gering sind. Daher hat der Betriebsdruck an sich auf die Bauart der Böden wenig Einfluß. Da man aber bestrebt ist, z.B. bei Vakuumkolonnen den Druckverlust innerhalb der ganzen Kolonne möglichst niedrig zu halten, muß man bei der Wahl der Bodenbauart diesen Umstand doch berücksichtigen. Beim Glockenboden lassen sich die Zustände rechnerisch gut verfolgen, wenn man annimmt, daß sich auf dem Boden ein vollständiges Gleichgewicht einstellt. Auch die Strömungsverhältnisse auf dem Boden sind genau untersucht und gut übersehbar[2]. Die Ergebnisse der verschiedenen Untersuchungen lassen sich auf Böden anderer Bauformen über-

---

[1] Einzelheiten werden noch auf S. 130 durch Abb. B-10a bis h erläutert.

[2] Vgl. die in Fußn. 3, S. 113 genannten Bücher, dazu J. A. Davies: Bubble Tray Hydraulics. Industr. Engng. Chem. 39 (1947) 774/78. – Ders.: Bubble Trays – Design and Layout. Petrol. Ref. 29 (1950) Nr. 8, S. 93/98 und Nr. 9, S. 121/30. – Eld, A. C.: A New Approach to Tray Design. Petrol. Refiner 32 (1953) Nr. 5, S. 157/61. – Atkins, G. T.: A Design for Bubble Trays. Chem. Engng. Progress 50 (1954) 116/24. – Fair, J. R., u. R. L. Mathews: Better Estimate of Entrainment from Bubble-Cap Trays. Petrol. Refiner 37 (1958) Nr. 4, S. 153/58. – Bolles, W. L.: Optimum Bubble-Cap Tray Design. Petrol. Procssg. 11 (1956) Nr. 2, S. 64/80, Nr. 3, S. 82/95, Nr. 4, S. 72/79 u. Nr. 5, S. 109/20. – Vgl. a. Fußn. 1, S. 188.

tragen bzw. stehen bei den Lizenzgebern Berechnungsunterlagen zur Verfügung[1].

Als Beispiel für die Ausführung von Destillierkolonnen ist in Abb. B-2 eine Normaldruckkolonne für die Verarbeitung von Rohöl wiedergegeben.

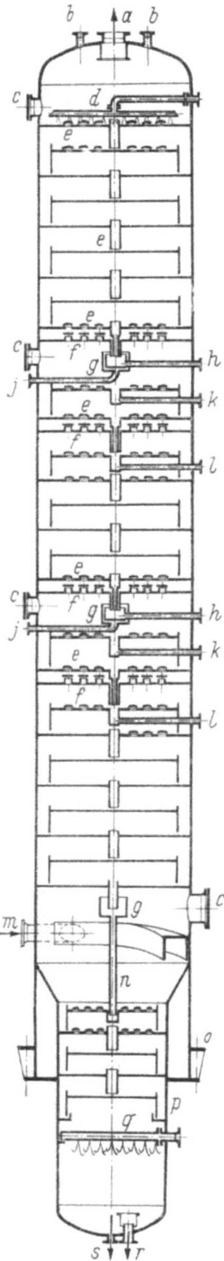

Sie ist, wie sich dies bei größeren Durchmessern empfiehlt, mit zweiflutigen Böden ausgerüstet, um die Flüssigkeit besser zu verteilen. Es sind Böden e mit Ventiltellern dargestellt. Die Wehre am Rande der Fallschächte, die abwechselnd innen und außen angeordnet sind, sichern, daß die Böden immer überflutet bleiben. Sie müssen so hoch sein, daß die unteren Kanten der Fallschächte genügend tief in den dadurch gebildeten Flüssigkeitsstau eintauchen; anderenfalls bestünde die Gefahr, daß die Dämpfe statt durch die Böden durch die Fallschächte nach oben strömen. Jedoch muß der Abstand zwischen der Unterkante der Fallschachtschürzen und dem Boden ein einwandfreies Abströmen der Flüssigkeit gestatten.

Für den Abzug von Seitenströmen sowie den der noch zu besprechenden umlaufenden Rückflüsse ist die Kolonne mit besonderen Sammelrinnen g unterhalb der betreffenden Böden ausgestattet. Aus diesen kann der gesammelte Rückfluß abgezogen und geregelt werden. Er wird zusammen mit dem bei l abzuziehenden umlaufenden Rückfluß nach Kühlung bei k wieder aufgegeben.

Um sicherzustellen, daß die gesamte in der Kolonne abwärts strömende Flüssigkeit erfaßt wird, werden bei Ventiltellern, die wesensgemäß nicht dicht sind, unterhalb von Abzugsböden besondere sog. Dampfrohrböden f mit offenen Schloten einge-

---

[1] KITTERMANN, L., u. M. Ross: Tray Guides to Avoid Tower Problem. Hydrocarb. Procsssg. 46 (1967) Nr. 5, S. 216/20. – RASKOP, F.: Destillations- und Stoffaustauschböden. GHH Techn. Ber. (1969) Nr. 1, S. 16/28. – JAMISON, R. H.: Distillation – Internal Design Techniques. Chem. Engng. Progr. 65 (1969) Nr. 3, S. 46/51.

Abb. B-2. Längsschnitt durch eine Kolonne zum Destillieren von Rohöl unter atmosphärischem Druck.

a Austritt für die Kopfdämpfe;
b Stutzen für Sicherheitsventile;
c Mannloch;
d Verteilrohr für Rückfluß;
e Zweiteiliger Ventiltellerboden mit Überlaufwehren (Fallschächte abwechselnd innen und außen);
f Dampfrohrboden;
g Auffangtassen (Sammelrinnen);
h Abzug für geregelten inneren Rückfluß;
j Abzug für Seitenstrom;
k Eintritt für umlaufenden Rückfluß;
l Abzug für umlaufenden Rückfluß;
m Eintritt für Zufluß;
n Fallschacht für Overflash;
o Fußzarge;
p Eingezogener Unterteil;
q Verteilrohr für Strippdampf;
r Ablauf für Sumpfprodukt;
s Entleerungsstutzen.

baut. Sie lassen nur die Dämpfe nach oben durchtreten, sammeln jedoch
die Flüssigkeit, die vom darüber befindlichen Boden abläuft, und leiten
sie ebenfalls in die Ablauftasse. Diese Maßnahme ist erforderlich, um
einwandfrei regeln zu können; sie wirkt sich besonders bei Teillast günstig aus. Die Konstruktion einer Glocke für einen Destillationsboden ist
in Abb. B-3 und die eines Ventiltellers in Abb. B-4 wiedergegeben.

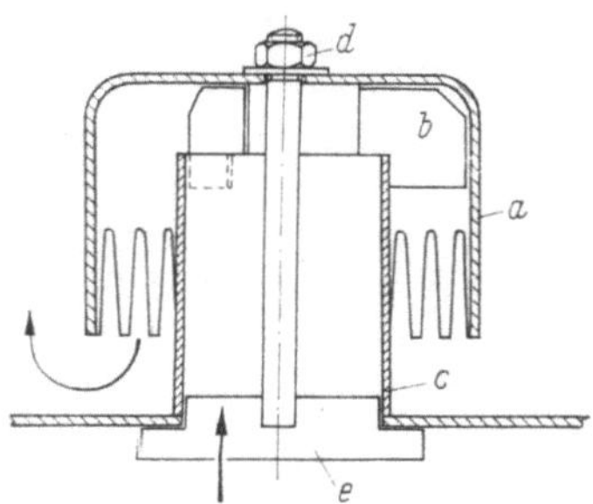

Abb. B-3. Schnitt durch eine Glocke mit
Befestigung.
a Glocke mit Schlitzen für Durchtritt der
Dämpfe; *b* Rippen (um 120° versetzt);
c Glockenhals; *d* Befestigungsschraube;
e Querbügel.

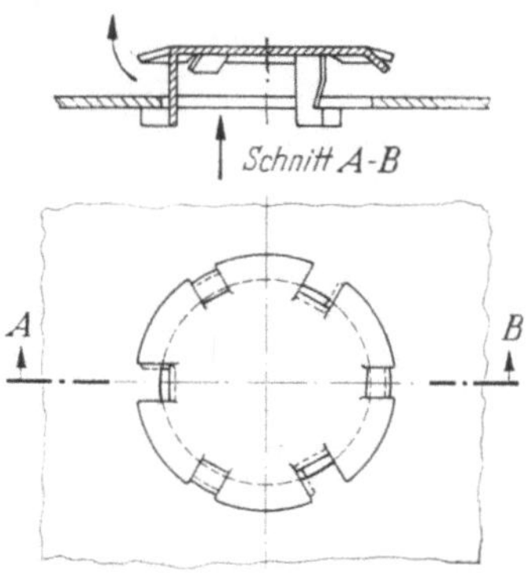

Abb. B-4. Schnitt und Grundriß eines
Ventiltellers (angehoben).

Die für die Auflage der Böden erforderlichen Ringe aus Flacheisen
sind in Abb. B-2 nicht eingezeichnet, ebenso nicht die Unterstützungs-
träger, damit die Darstellung nicht unübersichtlich wird. Sie haben aber
bei Kolonnen mit größeren Durchmessern recht beachtliche Abmessungen. Die Böden selbst bestehen aus Einzelteilen und werden durch Mannlöcher ein- und erforderlichenfalls ausgebaut. Um die Kolonne begehen zu
können, sind die Böden so ausgeführt, daß einzelne Teile der Bodenflächen
entfernt und die Öffnungen zum Durchsteigen benutzt werden können.

Bei kleineren Kolonnendurchmessern werden die Böden einflutig
ausgeführt. Dann befinden sich die Fallschächte abwechselnd an einander
gegenüberliegenden Seiten der Kolonne. Ist der Durchmesser so klein,
daß die Kolonne nicht mehr begangen werden kann, so erhält sie gewöhnlich einen durch Flansche verbundenen Deckel, um die Böden als Paket
im Ganzen ein- und notfalls auch ausbauen zu können.

b) Die Öfen

α) **Die Gesichtspunkte für die Anwendung von Öfen.** Beim Destillieren
von Rohöl strebt man eine möglichst hohe Destillatmenge an. Deshalb
wird das Rohöl bis knapp unterhalb von Temperaturen erhitzt, bei
denen es noch nicht krackt. Je nach Basis liegen diese zwischen 350
und äußerstenfalls 400 °C. Diese Temperaturen können auf wirtschaftliche Weise nur in feuerbeheizten Öfen erzielt werden. Wasserdampf hat
eine kritische Temperatur von 374,2 °C (bei einem kritischen Druck von
225,6 ata). Er läßt sich deshalb als Wärmeträger nur bei niedrigsiedenden
Produkten anwenden. Da er letzten Endes ebenfalls durch Verfeuern von

Brennstoff erzeugt werden muß, empfiehlt sich der Umweg über den Dampfkessel nur dann, wenn der Dampf kraftwirtschaftlich genutzt werden kann. Dies hat zur Folge, daß man in Raffinerien – ähnlich wie in anderen Produktionsbetrieben – mit Rücksicht auf ein möglichst hohes Wärmegefälle in den Gegendruck- oder Anzapfturbinen die Heizdampfdrücke mit 4 bis 5 atü am Abdampf- oder Entnahmestutzen der Turbine wählt. Unter Berücksichtigung des Druckabfalles in den Leitungen und der in den beheizten Apparaten erforderlichen Temperaturdifferenz lassen sich damit Produkttemperaturen von rd. 130 bis 140 °C erzielen. Sind höhere Temperaturen erforderlich, wie z.B. im Aufkocher von Benzinstabilisieranlagen – was noch näher ausgeführt wird –, so muß man Turbinendampf mit Drücken von 18 bis 20 atü aus Zwischenentnahmestufen oder Öfen verwenden. Damit lassen sich Produkte auf Temperaturen von 180 bis 190 °C aufheizen. Es ist möglich, in solchen Öfen schwerste Erdölprodukte, schwer absetzbare Abfallöle aus anderen Verarbeitungsstufen, wie z.B. stark aromatische Extrakte u.ä., oder Restgase zuverfeuern. Deshalb ist ihre Anwendung trotz der höheren Baukosten und der Notwendigkeit, wegen der erforderlichen Sicherheitsabstände zusätzliche Rohrleitungen zu verlegen, meist wirtschaftlicher als die Beheizung mit Dampf hohen Druckes. Bei dieser darf außerdem der zusätzliche Aufwand für die Kondensatrückführung nicht außer acht gelassen werden.

Weitere Möglichkeiten bietet die Verwendung von umlaufendem Heißöl. Man benutzt hiefür zweckmäßig ein in der Anlage gewonnenes Produkt hoher Temperatur, das im Verfahrensgang abgekühlt werden muß. Bei Rohöldestillationsanlagen ist diese Maßnahme nicht durchführbar. In Reforming- oder ähnlichen Anlagen wird mitunter von dieser Schaltung Gebrauch gemacht, doch überwiegt bei weitem die Verwendung von Öfen. Diese werden bei Reforming-Anlagen wegen des Erfordernisses genauer Regelung fast ausnahmslos mit Gas befeuert. Eine weitere Möglichkeit, hohe Heizmitteltemperaturen zu erzielen, besteht in der Anwendung von Heißölkreisläufen, die mit einem besonderen Erhitzer ausgestattet werden.

β) **Die Bauformen.** Alle heute in der Erdölindustrie angewendeten Öfen besitzen ein Rohrsystem, durch das das aufzuheizende Produkt durchgepumpt wird. Es ist bemerkenswert, daß auch die jetzt üblichen Ofenbauformen – so wie die Anwendung der Glockenbodenkolonne – auf Grund von Überlegungen entstanden sind, die zunächst beim thermischen Kracken angestellt wurden. Eine wesentliche Verbesserung des auf S. 111 erwähnten Burton-Verfahrens wurde dadurch erzielt, daß das zu krackende Produkt in einem „tube still" erhitzt wurde, der vollkommen einem Schrägrohrkessel glich. Auf diese Anwendung wurde E. M. CLARK auf Grund einer Anmeldung von 14. Dez. 1915 am 23. Aug. 1921 das U.S.-Patent Nr. 1388514 (Distillation of Petroleum Hydrocarbons) erteilt[1]. Der Einfluß des Kesselbaues auf die weitere Entwicklung ist unverkennbar, und alle heute in der Erdölindustrie verwendeten

---

[1] Vgl. dazu J. L. ENOS: a.a.O. S. 39ff.

Öfen sind – abgesehen von der unterschiedlichen Gestaltung der Feuerräume – ihrem Wesen nach Zwangsdurchlaufkessel, bei denen das zuerst
von BENSON vorgeschlagene und von H. GLEICHMANN weiterentwickelte
Prinzip angewendet wird[1].

Da es mit Rücksicht auf den Wärmeübergang unzweckmäßig ist, die
Durchmesser der Rohre zu groß zu wählen, weil das Verhältnis von Oberfläche zu Inhalt zu ungünstig wird, werden bei größeren Durchsatzleistungen die Rohre parallel geschaltet. Dies hat auch bei kleineren
Leistungen den Vorteil, daß bei zwei Strängen die Rohre im Feuerraum der meisten Bauformen symmetrisch angeordnet werden können
und das Produkt nur einmal der intensivsten Flammenstrahlung ausgesetzt wird. Bei großen Leistungen werden auch vier oder mehr parallele Stränge angewendet. In diesen Fällen muß durch die Regelung
des Zuflusses sichergestellt werden, daß alle Stränge gleichmäßig beaufschlagt werden.

Die üblichen Außendurchmesser der ausschließlich als nahtlos verwendeten Rohre betragen heute nach DIN 2448 (in Übereinstimmung
mit ASA B 36.10) 114,3 mm (ASA 4″), 141,3 mm (ASA 5″), 168,3 mm
(ASA 6″) und 219,1 mm (ASA 8″). Die Liefer- und Gütevorschriften
dafür sind in DIN 17175 festgelegt[2]. Der Innendurchmesser ergibt sich
dann auf Grund der Festigkeitsberechnung aus den jeweiligen Betriebsdrücken. Bei Öfen, in denen es zu Verkokungen kommen kann, was besonders bei Rohöldestillations- und thermischen Krackanlagen der Fall
ist, werden die parallel liegenden Rohre außerhalb des Feuerraumes
durch besonders konstruierte sog. Umkehrkrümmer verbunden. Diese
müssen es gestatten, verkokte Rohre durch Ausbohren oder auf ähnliche Weise zu reinigen. Sie erhalten deshalb Verschlüsse in Form von
konischen Stopfen, die gegen das Gehäuse selbst oder gegen einen Einlegering abdichten. Das Beispiel eines solchen Krümmers zeigt Abb. B-5.
Die dargestellte Bauform hat den Vorteil, daß der Verschluß durch den
Innendruck selbst dichtet. Es hat sich gegenüber den früher meist üblichen Stopfenumkehrkrümmern mit konischem, nach außen erweitertem
Sitz, der durch sehr kräftige Gewinde angepreßt wird, weitgehend durchgesetzt. Die Rohre werden in diese Umkehrkrümmer eingewalzt.

In Öfen, die nur von Gas oder vollkommen verdampften Produkten
durchströmt werden, kann man statt der Umkehrkrümmer einfache
180°-Umkehrbogen verwenden, die dann innerhalb des Feuerungsraumes angeordnet werden. Sie werden mit den Rohren durch Schweißen

---

[1] Näheres s. bei A. ZINZEN: Dampfkessel und Feuerungen, 2. Aufl., Berlin/
Göttingen/Heidelberg: Springer 1957, S. 293. – LEDINEGG, M.: Dampferzeugung,
Dampfkessel, Feuerungen, 2. Aufl., Wien: Springer 1966, S. 44ff. – 25 Jahre Bensonkessel 1927–1952. Druckschrift 5523 der Siemens Schuckertwerke A.G. – STEGE
MANN, M.: Die Entwicklung des Benson-Zwangsdurchlaufkessels. Mitt. Vereinigg.
Großkesselbes. (1952) Nr. 20, S. 161/62. – SCHUBERT, J.: Der Benson-Kessel; ebd.
(Dez. 1956) Nr. 45, S. 460/64. – DOLEŽAL, R.: Durchlaufkessel, Essen: Vulkan
1962.

[2] Die mit den Normen der American Standard Association (ASA) bzw. der
International Standard Organization (ISO) übereinstimmenden Abmessungen sind
in DIN 2448 durch ein Sternchen (*) gekennzeichnet.

verbunden. Um Baukosten zu sparen, werden heute selbst Rohölöfen und Öfen für Vakuumdestillationen nur auf einer Seite mit Umkehrkrümmern zum Einwalzen der Rohre, auf der anderen Seite mit angeschweißten 180°-Umkehrbogen ausgerüstet. Bei mehrfacher Parallelschaltung sind – nur in solchen Fällen, in denen keine Gefahr des Verkokens besteht – auch Sammler, ähnlich den im Kesselbau verwendeten, üblich. In Spaltöfen zur Erzeugung von Äthen, die in der Regel mit innenliegenden Rohrbogen ausgestattet werden, ist wegen der sehr hohen Arbeitstemperaturen von 800 °C und mehr nicht zu vermeiden, daß sich

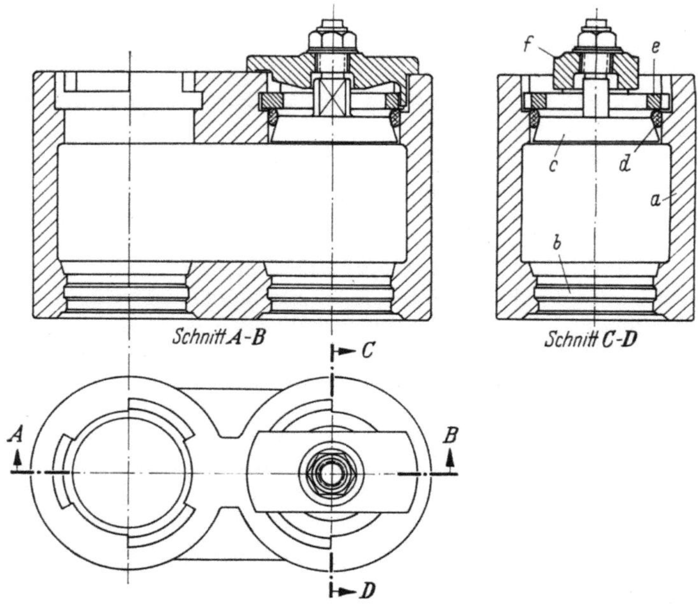

Abb. B-5. Umkehrkrümmer eines Röhrenofens mit selbstdichtendem Verschluß.
a Stahlgußgehäuse; *b* Gerillte Bohrung zum Einwalzen der Rohre; *c* Verschlußkonus; *d* Dichtring (Stahl); *e* Gegenplatte; *f* Bügel.

im Laufe der Zeit an den Rohrwänden Ruß und eine dünne Schicht von Koks ansetzt. Man hat gelernt, diese Ansätze nach gewissen Betriebsperioden durch Zusatz von Luft und Wasserdampf bei milder Feuerführung abzubrennen, und geht dazu über, diese Technik auch in anderen Fällen, sogar bei Öfen für Rohöl, anzuwenden. Dann kann (und muß) man auf die verhältnismäßig teueren Umkehrkrümmer verzichten, weil sie bei den dann auftretenden höheren Temperaturen kaum mehr dicht zu halten wären.

Grundsätzlich unterscheidet man bei allen Ofenbauformen eine Strahlungszone und eine Konvektionszone. Das vorgewärmte Produkt tritt zuerst in die Konvektionszone ein. Diese liegt im Bereich niedrigerer Rauchgastemperatur. Ist es in dieser soweit als möglich aufgewärmt, so tritt es in den Strahlungsteil über, in dem die Rohre der unmittelbaren

Flammenstrahlung und – wegen der hohen Temperatur – einer entsprechend starken Gasstrahlung ausgesetzt sind. Die einzelnen Ofenbauformen unterscheiden sich nur durch die Form und Anordnung der beiden Zonen, während deren Funktionen bei allen Bauformen die gleichen sind. Mitunter werden in den Rauchgasstrom – je nach dem Verfahren, für das der Ofen dient – noch zusätzlich Schlangen zum Überhitzen von Wasserdampf oder zum Verdampfen von Wasser eingebaut. Im zweiten Fall gehört dieses Rohrsystem dann zu einem Abhitzekessel, der meist mit Zwangsumlauf betrieben wird und noch eine außerhalb des Ofens liegende Dampftrommel besitzt. In dieser trennt sich das Dampf–Wasser-Gemisch.

Schließlich kann zur besseren Ausnutzung der Rauchgaswärme noch ein Lufterhitzer sinngemäß wie bei einem Kessel angeordnet werden, falls der Brennstoff und die Brennerform die Vorwärmung der Verbrennungsluft gestattet. Bei flüssigen Brennstoffen ist dies in der Regel vorteilhaft, jedoch nicht immer bei Gas, weil zu hohe Luftvorwärmung im zweiten Fall die Ursache rußender Verbrennung sein kann. Im Raffineriebetrieb kommt es im allgemeinen nicht so wie im Kesselbetrieb darauf an, die letzten Prozente an Wirkungsgrad aus einem Ofen herauszuholen, vielmehr spielen einfache Handhabungen und Betriebssicherheit eine so überwiegende Rolle, daß auf Maßnahmen, die im Kesselbau beinahe selbstverständlich sind, beim Bau von Öfen für die Erdölverarbeitungsanlagen verzichtet werden kann.

Die wichtigsten heute gebräuchlichen Ofenbauformen sind schematisch in Abb. B-6 bis B-10 wiedergegeben. Die thermisch am meisten beanspruchten Rohre sind schwarz angelegt. Der Blockofen, wie ihn Abb. B-6 in drei verschiedenen Ausführungsformen erkennen läßt, wurde zu Beginn der Entwicklung fast ausschließlich angewendet. Der Strahlungsraum ist weitgehend mit Rohren ausgekleidet; bei großen Durchsatzmengen wird er vielfach durch eine Zwischenwand, die – weil ungekühlt – thermisch sehr hoch beansprucht ist, in mehrere Räume unterteilt. Ursprünglich wurde die Konvektionszone hinter einer Feuerbrücke untergebracht (a), so daß die Rauchgase nach unten und durch einen Fuchs zum getrennt aufgestellten Kamin abziehen konnten. Bei anderen Bauformen befindet sich die Konvektionszone im unteren Teil eines oben aufgesetzten Schornsteines (b) oder über der Hängedecke (c). Die verhältnismäßig breite Bauform erfordert eine große Grundfläche und eine sorgfältige Konstruktion der Hängedecke. Die Brenner werden meist seitlich angebracht. Durch Neigung der Feuerraumwände nach innen und Umgestaltung des Feuerraums so, daß die Grundfläche kleiner und die Höhe größer wurde, entstand der Ofen mit dem sog. A-Rahmen, der von der The M. W. Kellogg Co entwickelt wurde, vgl. Abb. B-7. Er kann auch mit zwei parallelen Strängen ausgeführt werden.

In letzter Zeit werden sehr viel die sog. Updraft-Heater, Abb. B-8 mit unten oder seitlich angeordneten Brennern, waagerechten Rohren an den senkrechten Wänden, oberer Abschirmung und darüber angeordneter Konvektionszone verwendet. Sie sind billiger herzustellen. Die Zwischenwand in der Mitte, mitunter auch Querwände zur Unterteilung in der Längsrichtung sind nur dann erforderlich, wenn das Produkt in mehreren Zonen aufgeheizt werden soll, was z. B. bei Reforming-Anlagen zwischen den einzelnen Reaktoren notwendig ist. Die Konvektionszone kann allerdings auf der Produktseite nur der ersten Strahlungszone zugeordnet werden. Diese Bauform wurde auch schon mit einer in der Mitte liegenden Rohrschlange ausgeführt, besonders für Gasspaltöfen. Bei diesen bleiben dann die Seitenwände unberohrt und sollen zu einer möglichst gleichmäßigen Strahlung auf das Rohrsystem beitragen. Will man

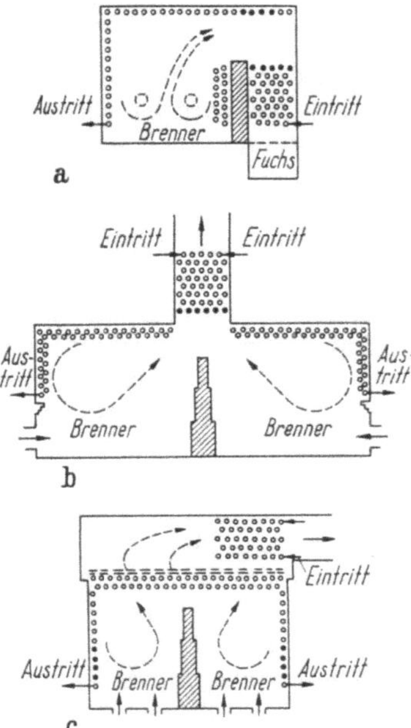

Abb. B-6. Schematischer Schnitt durch Blocköfen (Erklärungen im Text); die thermisch am stärksten (durch gleichzeitige Strahlung und ·Konvektion) beanspruchten Rohre sind in dieser und den folgenden Abbildungen schwarz angelegt.

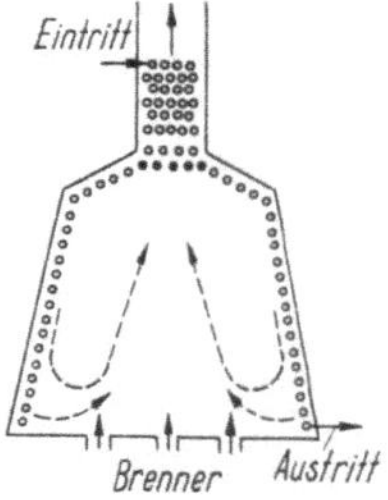

Abb. B-7. Schematischer Schnitt durch einen A-Rahmen-Ofen der The M. W. Kellogg Co.

die Beheizung sehr fein regeln, so kann man noch einen Schritt weitergehen und zahlreiche kleine Brenner in die Seitenwände einbauen, wie dies schematisch Abb. B-9 zeigt. Alle diese Ofenbauformen sind mit waagerecht liegenden Rohren ausgerüstet. Grundsätzlich unterschieden davon sind die in Abb. B-10 wiedergegebenen Vertikalöfen (Petrochem, Isoflow). Der oben im Feuerraum meist angeordnete Konus soll durch Erhöhung der Strömungsgeschwindigkeit im Bereich abnehmender Rauchgastemperatur eine gleichmäßig starke Beheizung der Rohre auch im oberen Teil bewirken und diese durch die Strahlung des Konus unterstützen. Bei dieser Bauform ist es ebenfalls möglich, eine Konvektionszone unterzubringen, sei es mit horizontalen Rohren, wie Abb. B-10a zeigt, oder mit senkrechten Rohren nach Abb. B-10b. Im zweiten Fall ist jedoch ein Verdrängungskörper nötig, um die Rauchgase zur Strömung unmittelbar längs der Rohre zu zwingen; diese erhalten oft Längsrippen, um den Wärmeübergang zu verbessern.

Es kann zweckmäßig sein, den Austritt aus den Öfen an anderer
Stelle anzuordnen, als dies die Abb. B-6 bis 10 zeigen. So ist es bei hohen
Verdampfungsgraden üblich, das aufzuheizende Öl aus der Konvektionszone in außen liegenden Rohren zu dem unten in der Nähe der
Brenner liegenden Eintritt in die Strahlungsrohre zu führen. Dadurch
entgeht man der Gefahr, daß in den am stärksten belasteten Rohren nur
mehr ein dünner Film die Wand bedeckt, was das Verkoken fördert. Das
weitgehend verdampfte Produkt läßt man dann oben aus der Strahlungszone austreten.

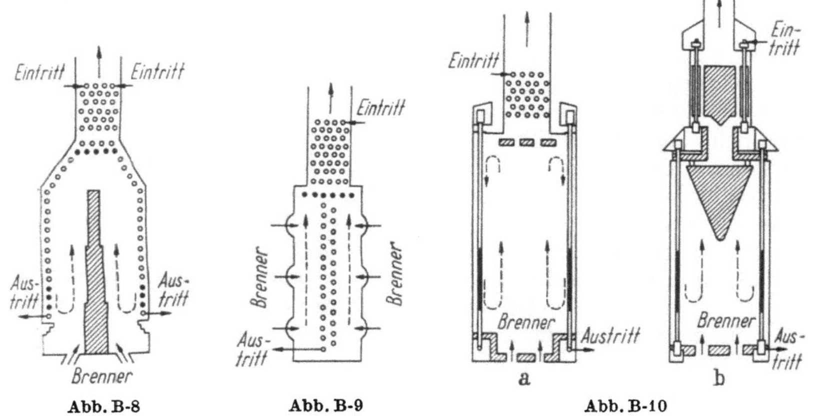

Abb. B-8. Schematischer Schnitt durch einen sog. Updraft-Heater mit unten angeordneten
Brennern.

Abb. B-9. Schematischer Schnitt durch einen Ofen mit gleichmäßig über die Seitenwände verteilten Brennern (Gradiation Heater der Selas Corp und ähnliche Bauarten).

Abb. B-10. Schematischer Schnitt durch Vertikalöfen Bauart Petrochem, Isoflow und ähnlich
(Erläuterung im Text).

γ) **Die Berechnung von Öfen.** Ohne auf Einzelheiten eingehen zu können, muß hier die Berechnung von Öfen der Erdölindustrie kurz gestreift
werden. Soweit es sich um die Vorgänge auf der Feuerungsseite handelt,
besteht keinerlei Unterschied gegenüber den im Kesselbau vorliegenden
Verhältnissen. Die Berechnung ist insofern einfacher, als die Öfen für die
Erdölverarbeitung in der Regel nur aus einer Strahlungs- und einer
Konvektionszone bestehen. Es bedarf daher nicht der für den Kesselbau
erforderlichen, oft sehr verwickelten Berechnungen, um die einzelnen
Heizflächen für Dampferzeugung, Dampfüberhitzung, Speisewasservor-
wärmung und Luftvorwärmung so wirtschaftlich wie möglich zu gestalten und am zweckmäßigsten im Zuge des Rauchgasstromes aufzuteilen.
Es können daher alle aus dem Dampfkesselbau bekannten Berechnungs-
grundsätze für Feuerungen beim Bau von Öfen für die Erdölverarbeitung angewendet werden[1]. Auf der Produktseite liegen die Verhältnisse

---

[1] Ausführliche Unterlagen in den in Fußn. 1, S. 119 erwähnten Büchern. Dazu
verschiedene Einzelaufsätze in der Zeitschrift „Brennstoff-Wärme-Kraft", Berlin/

hingegen wesentlich anders als im Dampfkesselbau, wo ein Medium mit einem eindeutig definierten Siedepunkt vollständig zu verdampfen ist. Zwar sind die Öfen der Erdölindustrie in der Regel den Zwangsdurchlaufkesseln vergleichbar, weil das aufzuheizende Produkt in einem Strang oder mehreren Parallelsträngen im geraden Durchgang durch die Rohre gedrückt wird. Man hat deshalb nicht mit den z.T. schwierigen Problemen des Naturumlaufes zu tun. Da aber die Produkte immer Mehr- oder Vielstoffgemische sind, muß ihr Siedeverhalten in den einzelnen Abschnitten des Ofens besonders untersucht werden. Der Übergang vom Beginn des Siedens bis zur vollständigen Verdampfung – sofern diese überhaupt erreicht werden kann – dehnt sich über viel weitere Rohrstrecken als in einem Dampfkessel aus und bietet wegen der Gefahr der Koksbildung unter dem Einfluß hoher Rohrwandtemperaturen besondere Probleme, vor allem wenn die Verdampfung weit fortgeschritten ist und nur mehr ein dünner Flüssigkeitsfilm die Rohrinnenwand bedeckt. Dazu kommt die damit verbundene stetige Änderung der Wärmedurchgangszahl und der auf das Gesamtgemisch bezogenen spezifischen Wärme. Deshalb lassen sich solche Röhrenöfen nur in einzelnen Abschnitten genau berechnen. Es darf dabei der durch die zunehmende Verdampfung sich stetig ändernde Druckverlust nicht außer acht gelassen werden, zumal die Druckabnahme eine stärkere Verdampfung bewirkt[1].

Eine genaue Berechnung ist überhaupt nur mit Iterationsverfahren durchführbar, weil zu viele Veränderliche von Einfluß sind. Man muß deshalb von Annahmen ausgehen und deren Berechtigung schrittweise prüfen. Diese sehr zeitraubende Aufgabe läßt sich heute mit Hilfe elektronischer Rechenmaschinen sehr schnell lösen[2].

Göttingen/Heidelberg: Springer; weiterhin H. TIEROFF: Berechnung von Strahlungsheizflächen für Röhrenöfen unter besonderer Berücksichtigung der Rohrwerkstoffe. Chem. Techn. 15 (1963) 542/49. – FRATZSCHER, W., u. W. ELSNER: Thermodynamische Bewertung eines Röhrenofens; ebd. 19 (1967) 395/99. – GOLDHAHN, G.: Optimierung der Betriebsweise eines Röhrenofens mit Rauchgasumwälzung; ebd. 20 (1968) 658/62. – MADDOCK, M. J.: Check Furnace Performance by Computer. Hydrocarb. Procssg. 46 (1967) Nr. 6, S. 161/68.

[1] Vgl. dazu L. M. BOELTER u. R. H. KEPNER: Pressure drop accompanying two-component flow through pipes. Industr. Engng. Chem. 31 (1939) 426/34. – THORMANN, K.: Der Röhrenofen. Chem. Apparatur 27 (1940) 97/99, 113/20, 131/34. – DITTUS, G., u. J. HILDEBRAND: A method of determining the pressure drop for oil-vapor mixtures flowing through furnace coils. Trans. Amer. Soc. Mech. Engrs. 64 (April 1942) 185/92. – McADAMS, W. H., W. K. WOODS u. R. L. BRYAN: Vaporization inside horizontal tubes; ebd. S. 193/200. – HARBERT, W. D.: Pipestill Coil Design. Petrol. Refiner 26 (1947) Nr. 9, S. 122/23. – RIEDIGER, B.: Berechnung von Fraktionierkolonnen für Vielstoffgemische, Berlin/Göttingen/Heidelberg: Springer 1951, S. 16f. (graphische Darstellung der Zustandsänderung). – RIPPEL, G. R., C. M. EIDT jr. u. H. B. JORDAN jr.: Two-phase flow in a coiled tube / Pressure Drop, Holdup, and Liquid Phase Axial Mixing. Industr. Engng. Chem./Process Design Developm. 5 (1966) 32/39. – KRIEGEL, E.: Berechnung von Zweiphasenströmungen von Gas/Flüssigkeits-Systemen in Rohren. Chem.-Ing.-Techn. 39 (1967) 1267/74. – LENOIR, J. M.: Furnace Tubes: How Hot? Hydrocarb. Procssg. 48 (1969) Nr. 10, S. 97/101.

[2] Vgl. dazu die Arbeit J. W. KELLOT u. A. S. PERLY: Use of large computers in making economic designs. 5. Welt-Erdöl-Kongreß, New York 1959, Bericht Nr. VII/14, in der die Berechnung eines Ofens als Beispiel erwähnt ist. Siehe auch das

Das Streben nach hoher Wirtschaftlichkeit macht eine weitgehende Ausnutzung der in den ablaufenden Produkten enthaltenen Wärme im Gegenstrom mit dem aufzuheizenden Produkt erforderlich. Darauf wird im nächsten Unterabschnitt und im folgenden Kapitel näher eingegangen. Diese Maßnahme führt aber zu hohen Eintrittstemperaturen in den Ofen, was die Möglichkeit, die Rauchgaswärme im Konvektionsteil gut auszunutzen, verschlechtert. Doch läßt sich die Abgastemperatur auch bei hohen Produkteintrittstemperaturen weiter senken, wenn man der Konvektionszone noch Austauschflächen nachschaltet, die entweder der Vorwärmung der Verbrennungsluft dienen oder zu einem Abhitzekessel gehören. Solche zusätzliche Bauteile lassen sich sehr einfach berechnen, weil es genügt, sie für Vollast zu bemessen. Die Rauchgastemperatur beim Eintritt in die Nachschaltheizfläche ist dann bekannt, wenn die Auslegung des Ofens für das Produkt selbst festliegt. Es macht keine Schwierigkeiten, das Betriebsverhalten dieser Nachschaltheizflächen auch für jene Rauchgastemperaturen zu ermitteln, die sich bei Teillasten einstellen, weil die zu übertragende Wärme durch die für Vollast berechnete Fläche gegeben ist und durch keine Regelung beeinflußt werden kann.

δ) **Die Einzelteile der Öfen.** Das aus Walzprofil herzustellende Gerüst des Ofens dient dazu, die Einmauerungen und die Rohrhalterungen zu tragen. Außerdem muß es das Gewicht des feuerfest ausgekleideten Bodens mit den einzubauenden Brennern oder die seitlich angeordneten Brenner aufnehmen können. Bei einigen Bauformen kommt noch die Belastung durch die oben aufgesetzten Schornsteine hinzu. Für diesen Zweck sind eckensteife Portalrahmen am geeignetsten; sie müssen in der Längsrichtung des Ofens durch Windverbände versteift sein. Durch außen anzuordnende Bühnen und Leitern müssen Schau- und Reinigungsöffnungen sowie die Umkehrkrümmer der Rohre leicht zugänglich sein. Statt der im Kesselbau üblichen feuerfesten Auskleidung mit Schamottesteinen werden heute vielfach im Schaumverfahren hergestellte Leichtschamottesteine verwendet. Diese können ohne Bindemittel trocken verlegt werden. Sie sind eben geschliffen, so daß keine Fugen entstehen. Für die Befestigung der aus einzelnen, besonders geformten Steinen zusammengesetzten Wände sowie der Hängedecken wurden eigene Bauformen entwickelt (Detrick, Bigelow-Liptak, Lummus, Babcock & Wilcox u.a.), die sich in zahllosen Anlagen bewährt haben. Daneben finden im Spritzverfahren oder auf ähnliche Weise hergestellte fugenlose Ausmauerungen zunehmende Verwendung.

Die Rohre werden entweder aus den im Kesselbau für gleiche Temperaturen üblichen Werkstoffen hergestellt, oder es müssen bei der Gefahr der Korrosion durch schwefelhaltige Öle mit Chrom oder mit Chrom und Molybdän legierte Stäbe verwendet werden. Für die Rohrhalterungen, die besonders im Strahlungsteil thermisch hoch beansprucht sind, hat sich zwar hitzebeständiges Silizium-Gußeisen bewährt. Neuerdings geht man aber immer mehr zu eisenfreien Chrom–Nickel-Werk-

Referat über Sektion VII des Kongresses von B. RIEDIGER: Planung und Ausrüstung von Raffinerien und die dabei verwendeten Werkstoffe. Erdöl u. Kohle 13 (1960) 164/70, insbes. S. 169.

stoffen über, die auch bei hohen Temperaturen überhaupt nicht verzundern[1].

Das zunehmende Interesse an Hydrokrackanlagen, vgl. Abschn. L-3, führt außerdem zu einer stärkeren Verwendung druckwasserstoffbeständiger Stähle. Die diesbezüglichen Erkenntnisse, die von der IG-Farbenindustrie AG bei der Entwicklung der Hydrierverfahren gewonnen wurden, sind nach wie vor gültig. Beim Hydrokracken von Erdölprodukten werden niedrigere Drücke in der Größenordnung von 100 bis 200 at gegenüber 300 und 700 at bei der alten Kohlehydrierung angewendet. Deshalb können trotz der großen Abmessungen, wie sie für die heute sehr hohen Durchsatzleistungen erforderlich sind, sinngemäße Konstruktionsgrundsätze angewendet und die damals entwickelten Werkstoffe weiterhin benutzt werden[2]. Je nach Beanspruchung werden Chrom–Molybdän-Stähle oder austenitische Stähle vom Typus 18/8 (18% Cr, 8% Ni) benötigt.

c) Die Apparate zur Übertragung von Wärme (oder Kälte)

α) **Die Unterschiede der Aufgaben und Bauweisen.** Wenn es auch zweifellos die Aufgabe der im vorhergehenden Abschnitt behandelten Öfen ist, Wärme an das aufzuheizende Produkt zu übertragen, so versteht man doch in der Erdölindustrie unter Wärmeaustauschern – selbst im weitesten Sinn – nur die meist mit Röhrenbündeln ausgestatteten Apparate, in denen entweder von Produkt an Produkt oder von einem Heizmittel an das Produkt oder von einem Produkt an ein Kühl- oder Kältemittel Wärme übertragen wird. Als Heizmittel werden Dampf oder heiße Produkte, mitunter auch Wärmeträger benutzt, als Kühlmittel gewöhnlich Wasser oder Luft. Grundsätzlich ist die Aufgabe von Wärmeaustauschern, Vorwärmern, Aufkochern, Kondensatoren und Kühlern gleichartig.

Es hat sich eingebürgert, in der Erdölindustrie mit *Wärmeaustauschern* jene Apparate zu bezeichnen, bei denen zur besseren Wärmeausnutzung und damit zur Erhöhung der Wirtschaftlichkeit Wärme von heißen an kühlere Produkte übertragen wird. *Vorwärmer* dienen in der Regel dazu, leichtsiedende Produkte vor dem Eintritt in die Kolonne auf die für die Destillation erforderliche Temperatur zu bringen, sofern dies noch mit Dampf verfügbaren Druckes erreicht werden kann. *Aufkocher* und *Umlaufverdampfer*, deren Unterschiede bereits S. 114 erwähnt wurden, haben dem Bodenprodukt einer Kolonne die für die Destillation erforderliche Wärme zuzuführen. Die durch ihren Zweck bestimmten Besonderheiten werden nachstehend noch erläutert. *Kondensatoren* dienen – wie ihr Name sagt – dazu, dampfförmige Produkte niederzuschlagen, wobei als Kühlmittel sowohl kalte Produkte als auch

---

[1] HERDA, W.: Gegen Brennstoffaschen-Korrosionen beständige Chrom–Nickel-Legierungen. Brennst.-Chem. 47 (1966) S. T 33/38.

[2] Zusammenfassende Darstellung bei H. H. BUCHTER: Apparate und Armaturen der Chemischen Hochdrucktechnik, Berlin/Heidelberg/New York: Springer 1967. – McDOWELL jr., D. W.: Which Steel for Heaters, Exchangers in Heavy Hydrogenation Service? Hydrocarb. Procssg. 46 (1967) Nr. 11, S. 245/48.

Wasser, in Sonderfällen Kältemittel oder Kälteträger verwendet werden können[1]. *Kühler* unterscheiden sich von Wärmeaustauschern nur dadurch, daß in der Regel Wasser – seit einiger Zeit in zunehmendem Maße auch Luft – als Kühlmittel angewendet wird.

In den Jahren nach dem Zweiten Weltkrieg haben in der Erdölindustrie wegen der einwandfreien Aufnahme der Wärmedehnungen und der dadurch erzielten Betriebssicherheit – soweit nicht Luft als Kühlmittel dient – Schwimmkopfapparate nach Abb. B-11 oder für Produkte, bei denen keine Verunreinigungen zu befürchten sind, solche mit einem aus U-Rohren bestehenden Bündel weite Verbreitung gefunden. Die Schwimmkopfapparate haben den großen Vorteil, daß das Rohrinnere von beiden Seiten zugänglich ist, deshalb gut gereinigt werden kann und sich außerdem Undichtheiten beim Abdrücken einwandfrei feststellen lassen. Nur bei Apparaten, die geringen Temperaturdifferenzen ausgesetzt sind, werden heute noch feste Rohrböden verwendet. Dies erscheint z.B. bei Kondensatoren in niedrigen Temperaturbereichen zulässig.

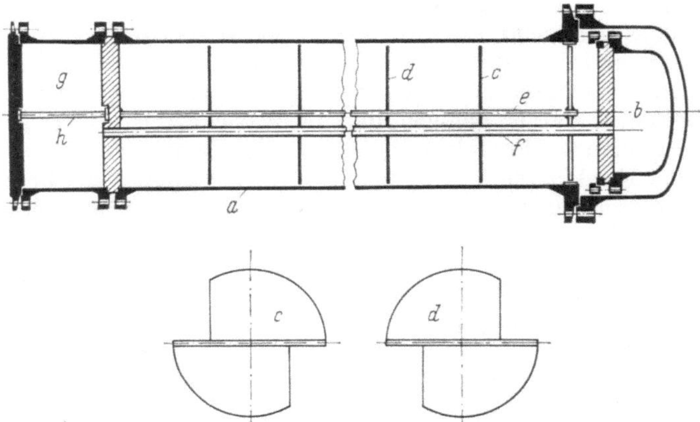

Abb. B-11. Längsschnitt durch einen Wärmeaustauscher mit Schwimmkopf und Längsteilung für Zweiwegströmung im Mantel.

a Mantel;
b Schwimmkopf;
c, d Umlenkbleche (die Rohrteilung ist nicht dargestellt);
e Längsblech;
f Rohr (die übrigen sind nicht eingezeichnet);
g Vorkammer;
h Trennblech der Vorkammer. Die Stutzen für Ein- und Austritt der Medien sind nicht eingezeichnet.

Es hat sich als zweckmäßig erwiesen, die Manteldurchmesser von Wärmeaustauschapparaten nicht wesentlich größer als 800 bis 900 mm zu wählen, weil sonst die Bündel mit üblichen Hebezeugen nicht mehr

---

[1] Gemäß Punkt 1.22 (Betriebsmittel) der Kältemaschinenregeln, hrsg. vom Deutschen Kältetechnischen Verein, 5. Aufl., Karlsruhe: Müller 1958, versteht man unter *Kältemittel* den in der Kältemaschine umlaufenden Stoff, durch dessen Zustandsänderung die Kälte erzeugt wird. (In der Erdölindustrie werden außer Ammoniak uud Schwefeldioxyd vielfach Äthen, Äthan, Propen und Propan für diesen Zweck verwendet.) Als *Kälteträger* bezeichnet man einen gasförmigen oder flüssigen Stoff (z.B. Sole, Luft, Kaltwasser), durch den die im Verdampfer der Kältemaschine erzeugte Kälte dem Verbraucher zugeführt wird.

bewegt werden können. Wegen der in Zukunft zu erwartenden weiteren Steigerung der Durchsatzleistungen wird sich dieser Grundsatz auf die Dauer kaum aufrechterhalten lassen. Man wird entweder wesentlich stärkere, bewegliche Hebezeuge beschaffen oder entsprechend bemessene ortsfeste Vorrichtungen einbauen müssen. Die Rohrlänge wird im allgemeinen in einem Werk einheitlich mit 5 oder 6 m gewählt, desgleichen trachtet man, mit einheitlichen Rohrdimensionen auszukommen. Dafür haben sich in Mitteleuropa 25 mm für den äußeren Durchmesser fast allgemein als Norm eingeführt. Dies hat Vorteile für die Lagerhaltung. Bei Rohrteilung in Form gleichseitiger Dreiecke läßt sich in einem gegebenen Mantelquerschnitt die größte Zahl von Rohren und damit die größte Austauschfläche unterbringen. Wenn aber mit Verschmutzungen zu rechnen ist, empfiehlt sich wegen besserer Möglichkeit zu reinigen die etwas aufwendigere Bauart mit quadratischer Rohrteilung[1].

Man strebt an, Wärmeaustauscher so zu schalten, daß das Produkt, welches eine Verschmutzung herbeiführen kann, durch die Rohre geführt wird, weil sie sich innen leichter reinigen lassen als außen im Bündel. Dieser Grundsatz läßt sich aber nicht immer durchführen. Außerdem gibt es genügend Fälle, wie z.B. den Wärmeaustausch zwischen Rückstand und Einsatz einer Rohöldestillation, bei denen auf beiden Seiten mit Verschmutzungen zu rechnen ist. Erst in zweiter Linie kann man Rücksicht darauf nehmen, daß die Wärmeverluste verringert werden, indem man das Produkt mit niedriger Temperatur durch den Mantel leitet. Bei Kühlern verliert auch dieser Gesichtspunkt an Bedeutung, weil die Wärme auf alle Fälle an die Umgebung abgegeben werden soll. Bei dampfbeheizten Apparaten wird das Produkt in der Regel durch die Rohre gedrückt und der Dampf in den stehenden oder liegenden Mantel geleitet. Am tiefsten Punkt muß für eine einwandfreie Abführung des Kondensates gesorgt werden.

Besondere Aufmerksamkeit ist der Ausführungsform und der Schaltung von Aufkochern zu widmen, weil deren Wirkungsweise wegen der

---

[1] Näheres über die hier besprochenen Apparate s. bei D. Q. KERN: Process Heat Transfer, New York/Toronto/London: McGraw-Hill 1950. – GREGORIG, R.: Wärmeaustauscher. Berechnung–Konstruktion–Betrieb–Wirtschaftlichkeit (Grundlagen der chemischen Technik, Bd. 4), Aarau/Frankfurt a.M.: Sauerländer 1959. – GULLEY, D. L.: Use Computers to Select Exchangers. Petrol. Refiner 39 (1960) Nr. 7, S. 149/56. – WHITLEY, D. L.: Calculating heat exchanger shell side pressure drop. Chem. Engng. Progr. 57 (1961) Nr. 9, S. 59/65. – FAIR, J. R.: Vaporizer and reboiler design. Chem. Engng. 70 (1963) Nr. 14, S. 119/24. – FISCHER, J., u. R. O. PARKER: New Ideas on Heat Exchanger Design. Hydrocarb. Procssg. 48 (1969) Nr. 7, S. 147/54. – Aufsatzfolge in Hydrocarbon Processing 45 (1966) Nr. 6. S. 116 bis 143 mit Liste früher erschienener Arbeiten. – FISCHER, H.: Einfluß der Spalte zwischen Umlenkblechen und Rohren auf den Wärmeübergang bei Wärmeaustauschern. Chem.-Ing.-Techn. 40 (1968) 525/28 weist nach, daß sich durch Abdichten der Ringspalte in den Umlenkblenden keine Verbesserungen des Wirkungsgrades erzielen lassen. Über Werkstoffe für Wärmeaustauscher in Hydrokrackanlagen vgl. Fußn. 2, S. 126.

Für die Ausführung werden in vielen Raffinerien die von der u.s.-amerikanischen Tubular Exchanger Manufacturers Association (TEMA) herausgegebenen Standards vorgeschrieben. Vgl. dazu Anon.: New TEMA Standards – What's New, What's Changed. Hydrocarb. Procssg. 47 (1968) Nr. 9, S. 277/81.

Änderung des Aggregatzustandes des Produktes und der durch Thermosyphonwirkung überlagerten Kreisläufe auf den Betriebszustand der Kolonne rückwirkt[1]. Eine Übersicht über die verschiedenen Schaltungen gibt schematisch Abb. B-12a bis g. Jede dieser Anordnungen hat ihre Vor- und Nachteile. Dabei können verschiedene Gesichtspunkte eine Rolle spielen, wie einfache Bauweise, Verzicht auf komplizierte Einbauten in der Kolonne, jedoch auch größere Empfindlichkeit gegen Verschmutzungen durch Polymerisate, wenn bei gegebenen Betriebsverhältnissen eine stärkere Aufheizung des umlaufenden Produktes und damit höhere Wandtemperaturen in der Heizfläche erforderlich sind. Bei stehenden Verdampfern wird das Gesamtgemisch durch Thermosyphonwirkung oder durch eine Umlaufpumpe in die Kolonne zurückbefördert und trennt sich dort entsprechend der Gleichgewichtseinstellung in Dampf und Flüssigkeit. Beim liegenden Aufkocher (sog. Kettle-Typ) nach Abb. B-12g können jedoch nur die Dämpfe in die Kolonne zurückgeführt werden, während das abzuziehende Bodenprodukt über ein Wehr flüssig abläuft. In diesem Fall ist kein Kreislauf überlagert, und der Aufkocher hat eindeutig die Wirkung eines zusätzlichen Bodens.

In Abb. B-12a bis g sind in Anlehnung an Abb. B-1a u. b die gleichen Bezeichnungen für die Produktmenge wie dort benutzt. Außerdem bedeutet Z den Zufluß zum Aufkocher bzw. Umlaufverdampfer. Bei den eingetragenen Beziehungen ist aber zu beachten, daß sie nur für den Beharrungszustand gelten, d.h., wenn der Flüssigkeitsstand in der Abzugskammer für das Sumpfprodukt von dem Regler konstant gehalten wird. Ändert sich z.B. die Zusammensetzung von F_n und damit das Verhältnis von D zu F am Austritt aus dem Aufkocher, so beeinflußt dies die Mengenbilanzen. Diese müssen dann durch die Regelung der Wärmezufuhr zum Verdampfer ausgeglichen werden, um einen neuen Beharrungszustand einzustellen. Wegen Einzelheiten wird auf den erwähnten Aufsatz von JACOBS verwiesen, der auch Fragen der möglichen Verschmutzung, der günstigsten Wärmeausnutzung u.ä. behandelt. Auf alle Fälle muß aber bei stehenden Umlaufverdampfern durch ein Wehr im Kolonnensumpf oder sinngemäß wirkende Einrichtungen erreicht werden, daß das Rohrbündel geflutet ist, damit der Wärmeübergang an die siedende Flüssigkeit gesichert ist und nicht ein Teil der Heizfläche die Wärme an Dämpfe bzw. an ein Dampf–Flüssigkeits-Gemisch zu übertragen hat.

Eine Sonderbauform von Kühlern sind die sog. *Kastenkühler*. Sie wurden früher wegen ihrer einfachen Bauart in der Erdölindustrie sehr häufig verwendet. Bei ihnen werden die von Produkt durchströmten Schlangen waagerechter Rohre in offenen Kästen mit rechteckigem

---

[1] Vgl. dazu J. K. JACOBS: Reboiler Selection Simplified. Petrol. Refiner 40 (1961) Nr. 7, S. 189/96. – PALEN, J. W., u. J. J. TABOREK: Refinery kettle reboilers – proposed method for design and optimization. Chem. Engng. Progress 58 (1962) Nr. 7, S. 37/46. – PALEN, J. W., u. W. M. SMALL: A New Way to Design Kettle and Internal Reboilers. Petrol. Refiner 43 (1964) Nr. 11, S. 199/208. – KERN, R.: Thermosyphon Reboiler Piping Simplified. Hydrocarb. Procssg. 47 (1968) Nr. 12, S. 118/22.

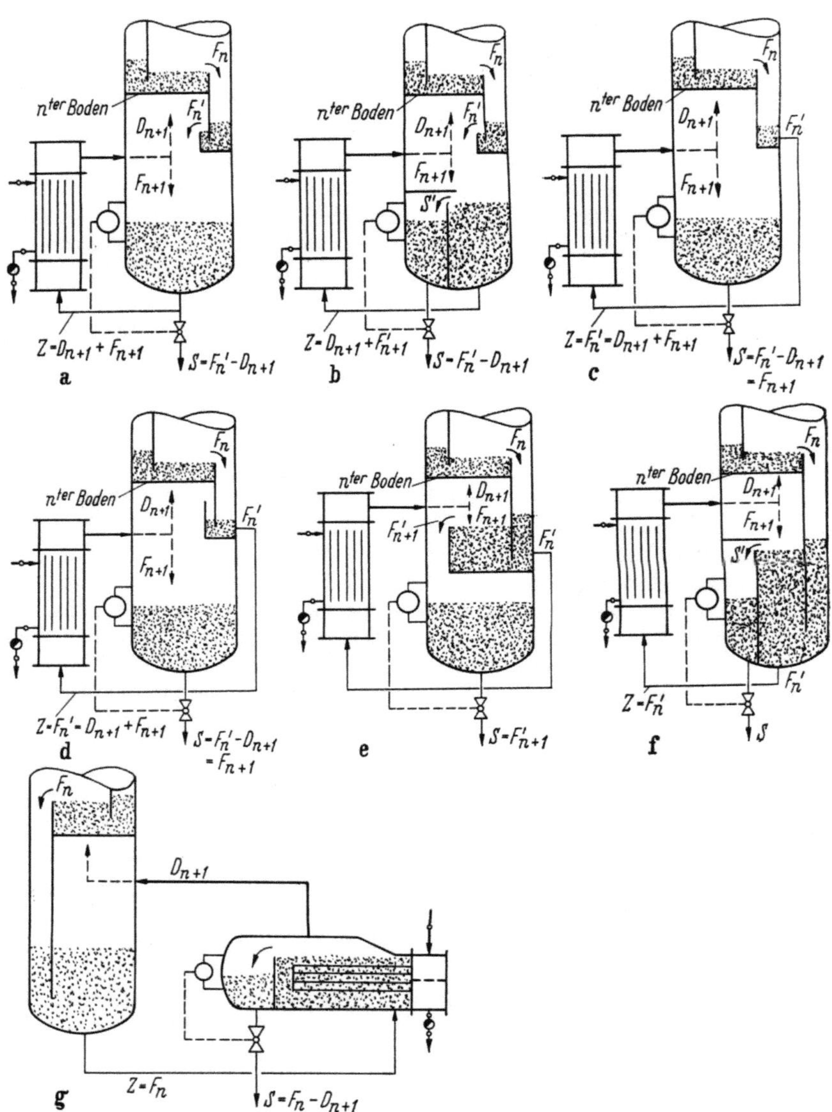

Abb. B-12. Verschiedene Schaltungen von Aufkochern.

$F_n' = F_n$, nur wenn sich Flüssigkeitsstand im Fallschacht nicht ändert; a) Überlagerte Kreislauf-menge F_{n+1}; b) Überlagerte Kreislaufmenge F_{n+1}' nur dann gleich F_{n+1}, wenn Flüssigkeitsstand in der Abzugskammer konstant, ebenso Überlauf $S' = S$ nur, wenn Abzugskammer voll; c) Kein überlagerter Kreislauf, $S = F_{n+1}$; d) wie c), jedoch bei Überlaufen der Abzugsrinne $S \neq F_{n+1}$; e) wie d), mit ständigem Überlauf aus Abzugsrinne; $S = F_{n+1}'$, jedoch $S = F_{n+1}$ nur, wenn $F_n' = F_n$ und daher $F_{n+1} = F_{n+1}'$; f) Überlagerter Kreislauf möglich; g) Ausführung entsprechend Abb. B-1a; kein überlagerter Kreislauf; Kettle-Typ-Aufkocher.

Grundriß untergebracht. Das Kühlwasser läuft an der einen Schmalseite des Kastens zu und an der anderen Seite ab. Die dabei auftretende, niedrige Geschwindigkeit des Wassers verringert den Wärmedurchgang, wenn auch nicht proportional wegen der wesentlich kleineren Wärmeübergangszahl auf der Produktseite. Man benutzt diese Kühler wegen ihres größeren Platzbedarfes und des größeren Bauaufwandes je Einheit der zu übertragenden Wärme heute nur mehr in besonderen Fällen.

Vorteile können diese Kühler einmal bei sehr hochsiedenden Produkten bieten, weil man die Wassertemperatur ziemlich hoch ansteigen lassen kann und dadurch erreicht wird, daß die Produkte nicht stocken oder unzulässig zähflüssig werden. Bei der Aufstellung von Kastenkühlern für solche Zwecke muß aber die besonders im Winter lästige Bildung von Schwaden auf der heißen Oberfläche des Kühlwassers beachtet werden. Ein anderer Zweck, für den Kastenkühler vorteilhaft sind, ist die Kühlung heißer Produktströme bei Notabschaltungen; vgl. dazu S. 1017 f. In diesem Fall nutzt man die Wärmekapazität der im Kasten vorhandenen Kühlwassermenge aus, um die heißen Produkte vor dem Eintritt in die Slopbehälter einigermaßen abzukühlen. Notfalls läßt man auch ein teilweises Verdampfen des Wassers zu, wodurch große Wärmemengen gebunden werden. Solche Kastenkühler werden nicht ständig vom Kühlwasser durchströmt, sondern nur im Bedarfsfall an das Kühlwassernetz angeschlossen. Sie müssen aber, um ein Einfrieren des stehenden Wasserinhaltes im Winter zu verhindern, mit einer Heizschlange im Wasserkasten ausgerüstet werden. Eine gute Befestigung der Rohrschlangen für das Produkt ist wichtig. Diese müssen den bei Notabschaltungen auftretenden dynamischen Beanspruchungen standhalten.

β) **Wasser oder Luft als Kühlmittel.** Die Schwierigkeiten, für die immer größer werdenden Industrieanlagen Kühlwasser in ausreichender Menge und geeigneter Beschaffenheit bereitzustellen, sind für die zunehmende Bedeutung der Kühlung mittels Luft förderlich. Die Anregung hiezu ging von Mitteleuropa aus, beschränkte sich jedoch ursprünglich auf den Kraftwerksbetrieb[1]. Dies war für eine weitere Anwendung zunächst hinderlich, weil bei der Energieerzeugung die durch wenige Grade kälteres Kühlwasser erzielbaren Gewinne viel augenfälliger sind als in der Verfahrenstechnik. Dazu kommt der große Bauaufwand wegen der gegenüber Kühlwasser wesentlich ungünstigeren Wärmeübergangszahl auf der Seite des Kühlmittels. Deshalb hat sich die Verwendung von Luft für die Kondensation im Kraftwerksbetrieb nur in Ausnahmefällen durchgesetzt.

In den letzten Jahren hat sich das Bild erheblich gewandelt, und zwar erstens wegen der vorerwähnten Schwierigkeiten, Kühlwasser überhaupt zu beschaffen, und zweitens deshalb, weil man in der chemischen Industrie und in der Erdölindustrie erkannt hat, daß die für die Kraftwerkstechnik unzweifelhaft vorhandenen Nachteile der Luftkühlung in diesen Industrien keineswegs ausschlaggebend sind. Einige Grade Tem-

---

[1] HAPPEL, O.: Betriebserfahrungen mit einem Luftkondensator. Arch. Wärmewirtsch. Dampfkesselwesen 22 (1941) 265/68.

9*

peraturunterschied bei der Abkühlung der Produkte spielen bei weitem keine solche Rolle wie für den Dampfzustand am Austritt aus den letzten Schaufeln einer großen Kraftwerksturbine. Diese Erkenntnis hat sich auch seit einigen Jahren in den Vereinigten Staaten von Amerika durchgesetzt, obwohl man vermuten könnte, daß dort die hohen Lufttemperaturen im Sommer zumindest im Süden des Landes für eine solche Entwicklung ungünstig sein könnten[1].

Gewöhnlich verbleiben in einer Raffinerie noch einige Kühlmittelverbraucher, bei denen die Verwendung von Kühlwasser nicht umgangen werden kann. Dies ist z.B. der Fall bei den Schlußkühlern von Gaswiedergewinnungsanlagen, in denen tiefere Produkttemperaturen erreicht werden sollen, als es im Sommer mit Luftkühlern möglich ist.

Ein Vergleich der Anlage- und Betriebskosten für Wasser- und Luftkühler zeigt meist, daß bei Luft die Anlagekosten höher, die Betriebskosten bei Ausnutzung der nachstehend beschriebenen Möglichkeiten jedoch niedriger sind. Doch kann die Beschaffung von geeignetem Kühlwasser unter Umständen so schwierig sein, daß die Anwendung von Luftkühlern zwingend notwendig wird.

Auch können bei der Entscheidung über die Anwendung von Luft- oder Wasserkühlung noch Überlegungen eine Rolle spielen, die durch die Gesamtheit der Frisch- und Abwasserwirtschaft einer Raffinerie veranlaßt werden[2]. Einzelheiten hiezu müssen in Abschn. N 3 erörtert werden. Hier sei nur folgendes erwähnt. Wenn man von den sehr seltenen Fällen absieht, in denen Frischwasser reichlich zur Verfügung steht, so daß die Kühler im einfachen Durchgang damit beaufschlagt werden können, ist die Rückkühlung in Kühltürmen die Regel. In diesen verdunstet so viel Kühlwasser aus dem Kreislauf wie der insgesamt übertragenen Wärmemenge, dividiert durch die Verdampfungswärme des Wassers, entspricht. Wird das Kühlwasser z.B. um rd. 15° aufgewärmt und bei der Kühlzonenbreite von 40 bis 25 °C mit einer Verdampfungswärme von rd. 580 kcal/kg gerechnet, so beträgt der Verdunstungsverlust etwa 15/580 = 0,0259, d.h. also etwa 2,6% der umlaufenden Wassermenge. Dieser Verlust muß durch Frischwasser (aus Brunnen, einem Fluß oder einem See) gedeckt werden. Auch wenn dieses Wasser vorenthärtet (entkarbonisiert) wird, werden dadurch ständig Mineralstoffe in den Kühlkreislauf eingeschleust. Mit Rücksicht auf die Gefahr der Verschmutzung der Kühlflächen muß die durch ständige Verdunstung verursachte Ein-

---

[1] DEGLER, H. E.: Selection and Operation of Water-Cooling Towers and Air-Cooled Heat Exchangers. Petrol. Refiner 30 (1951) Nr. 11, S. 145/50. – RUBIN, F. L.: Design of air-cooled heat exchangers. Chem. Engng. 67 (1960) Nr. 22, S. 91/96. – DODT, J.: Konstruktive Gestaltung von zwei Vakuumkolonnen großer Abmessungen mit luftgekühlten Kondensatoren. Chem.-Ing.-Techn. 33 (1961) 205/09. – SCHOONMAN, W.: Kühlen und Kondensieren mit Luft. Erdöl u. Kohle 14 (1961) 375/79. – WILLIAMS jr., C. L., u. R. D. DAMRON: Which Cools Cheaper: Water or Air? Petrol. Refiner 44 (1965) Nr. 2, S. 139/48. – KASSAT, H.: Kühlung mit Wasser oder mit Luft? Chem.-Ing.-Techn. 38 (1966) 987/94.

[2] Vgl. dazu A. SCHOLZ: Neuzeitliche Abwassersysteme dargestellt am Beispiel des Wasserhaushaltes der Esso-Raffinerie Ingolstadt. Erdöl u. Kohle 21 (1968) 350/53.

dickung begrenzt werden, was außerdem ein laufendes Abschlämmen erfordert. Diese Menge, die durch die bleibende Härte des verfügbaren Frischwasser bestimmt wird, muß ebenfalls dem Kühlkreislauf ständig zugeführt werden[1].

Wenn auch der Kühlkreislauf normalerweise frei von Öl ist, so kann er doch durch Undichtheiten von Kühlerbündeln für kurze Zeit durch Öl verschmutzt werden. Werden von den Behörden hohe Anforderungen an die Reinheit des Abwassers gestellt, und zwar nicht nur ausgedrückt in Prozent oder mg/kg (= ppm, parts per million), sondern derart, daß maximale Mengen Öl vorgeschrieben werden, die innerhalb eines gewissen Zeitraumes, z. B. eines Tages, mit dem Abwasser in den Vorfluter abgeführt werden dürfen, so kann es geschehen, daß die Nachweisgrenze unterschritten wird, wenn die Behörden die Auflage machen, daß nicht nur die Prozeßabwässer, sondern auch die Abschlämmengen des Kühlkreislaufes die Abwasserreinigung zu durchströmen haben. Werden dann sowohl die maximal zulässige Ölmenge wie auch wegen der Nachweismöglichkeit die maximal zulässige Abwassermenge vorgeschrieben, kann der Fall eintreten, daß allein aus diesem Grunde Luftkühler angewendet werden müssen, auch wenn dies höhere Anlagekosten zur Folge hat. Man wird sie dann vorzugsweise für Produkte mit hohen Ablauftemperaturen benutzen, weil auf diese Weise ihre Vorteile am besten zur Geltung kommen.

Es darf schließlich nicht übersehen werden, daß extrem hohe Lufttemperaturen – zumindest in der gemäßigten Zone – nur an wenigen Tagen des Jahres auftreten. Deshalb ist es bei der Bemessung von Luftkühlern zweckmäßig zu berücksichtigen, wie sich die Lufttemperaturen am Aufstellungsort über das Jahr verteilen. Diese Angaben können von meteorologischen Stationen oder ähnlichen Anstalten beschafft werden und sollten aus der Beobachtung mehrerer Jahre vorliegen. Mit Hilfe dieser Angaben läßt sich eine Häufigkeitsverteilung graphisch darstellen, welche über der Temperatur aufgetragen zeigt, während wieviel Stunden im Jahr eine bestimmte Temperatur herrscht. Je größer der Beobachtungszeitraum ist, desto mehr nähert sich die Kurve der Häufigkeitsverteilung entsprechend der theoretischen Glockenkurve[2]. Eine solche Verteilung der Temperaturen ist in Abb. B-13 für einen besonderen Fall wiedergegeben. Außer der Glockenkurve ist auch die Summenkurve dargestellt, aus der abgelesen werden kann, während wieviel Stunden im Jahr eine bestimmte Temperatur nicht über- oder unterschritten

---

[1] GULLEY, R. P.: Modern cooling tower water treatment. Petrol. Refiner 39 (1960) Nr. 4, S. 165/68. – MAPSTONE, G. E.: Control Cooling Tower Blowdown. Hydrocarb. Procssg. 46 (1967) Nr. 1, S. 155/60. – MAZE, R. W.: Practical Tips on Cooling Tower Sizing; ebd. Nr. 2, S. 123/26.

[2] Die Glockenkurve, auch Gaußsche Verteilungskurve genannt, ist die graphische Darstellung der Wahrscheinlichkeit für das Auftreten der einzelnen Beobachtungswerte bei einer großen Zahl von Beobachtungen. Vgl. dazu Hütte, Des Ingenieurs Taschenbuch, hrsg. vom Akad. Verl. Hütte, Bd. I, 28. Aufl., Berlin: Ernst 1955, S. 200f. – Dubbel, Taschenbuch für den Maschinenbau, hrsg. von F. SASS, CH. BOUCHÉ u. A. LEITNER: Bd. I, 13. Aufl., Berlin/Heidelberg/New York: Springer 1970, S. 164f. oder Lehrbücher der Wahrscheinlichkeitsrechnung.

wird, je nachdem die Ordinate von unten nach oben (rechts) oder von oben nach unten (links innen) beziffert wird. Man kann diese Darstellung benutzen, um Schlüsse auf den wirtschaftlichen Betrieb der bei Luftkühlern immer verwendeten Lüfter zur Förderung der Kühlluft zu ziehen.

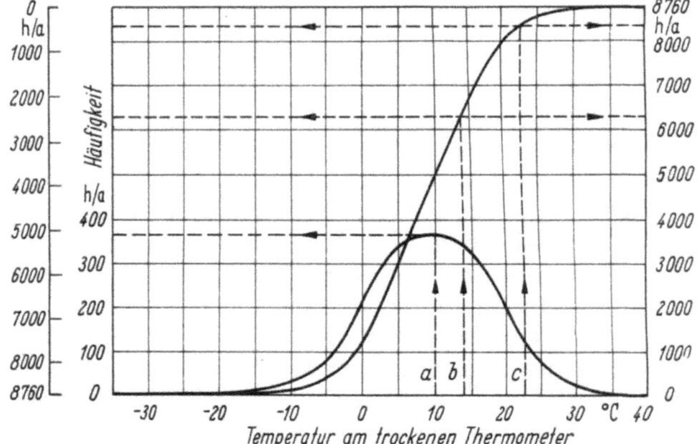

Abb. B-13. Häufigkeits- und zugehörige Summenkurve der Lufttemperaturen, gemessen am trockenen Thermometer, etwa gültig für die Gegend am Rhein zwischen Basel und Mannheim. Die eingetragenen Beispiele zeigen folgendes: *a* Die am häufigsten auftretende Temperatur (während 365 h/a) beträgt + 10 °C. Sie ist aber nicht identisch mit der mittleren Jahrestemperatur. Diese erhält man durch Planimetrieren der Summenkurve über den Jahresstunden; *b* Eine Temperatur von + 14 °C wird während 2410 h/a nicht unterschritten bzw. während 6350 h/a nicht überschritten; *c* Eine Temperatur von + 22,6 °C wird während 8300 h/a nicht überschritten, also höchstens während 460 h/a erreicht oder überschritten.

Der Betrieb einer Destillationsanlage wird allerdings durch Luftkühler nicht erleichtert. Die Änderung ihrer Kühlwirkung durch plötzliche Wetteränderung kann dem Betriebspersonal mitunter Sorgen bereiten. Zwar läßt sich bei einiger Aufmerksamkeit durch Nachregeln der Beharrungszustand erhalten oder wiederherstellen. Es dürfen aber die Auswirkungen eines plötzlichen Gewitterregens nach prallem Sonnenschein auf die Kühlwirkung eines luftgekühlten Kondensators nicht außer acht gelassen werden. Trotzdem wird man sich nur in seltenen Fällen wegen solcher Erschwernisse davon abhalten lassen, Luftkühler zu verwenden, wenn dies aus allen anderen Gründen gerechtfertigt ist.

γ) Besonderheiten bei Luftkühlern. Wenn auch mit Luft gekühlte Kondensatoren, Kühler für Produkte oder ähnliche Wärmeaustauschapparate auf Wunsch des Betriebes meist so bemessen werden sollen, daß sie selbst bei höheren Lufttemperaturen ihre volle Austauschleistung erbringen, so läßt sich doch während des Jahres Antriebsenergie für die Lüfter einsparen. Durch stetige Drehzahlregelung oder durch Polumschaltung der Antriebsmotoren kann die Förderleitung der Lüfter der jeweils herrschenden Lufttemperatur angepaßt werden. Das gleiche ist durch Verdrehen der Lüfterflügel erreichbar, was ebenfalls eine Ersparnis an Antriebsenergie zur Folge hat[1]. Die dafür aufzuwendenden höheren

---

[1] Vgl. dazu H. KASSAT: Luftgekühlte Wärmeaustauscher in Erdölraffinerien. Erdöl u. Kohle 16 (1963) 388/94.

Anschaffungskosten machen sich in verhältnismäßig kurzer Zeit bezahlt, besonders dann, wenn durch eine Regeleinrichtung die Flügelstellung in Abhängigkeit von der Lufttemperatur selbsttätig gesteuert wird. Bei Polumschaltung der Antriebsmotoren sind die Vorteile nicht so augenscheinlich, weil diese nur in sehr groben Stufen möglich ist. Stetige Drehzahlregelung wird hingegen in Raffinerien selten angewendet. Die Motoren müßten mit druckfest gekapselten Schleifringen ausgerüstet werden; außerdem sind elektrische, regelbare Widerstände erforderlich, die für Raffinerien ebenfalls wegen der möglichen Funkenbildung an den Kontakten druckfest gekapselt gebaut werden müßten. Deshalb werden elektrische Antriebe mit stetiger Drehzahlregelung in Raffinerien kaum verwendet.

Es empfiehlt sich außerdem, auf Grund klimatographischer Angaben zu prüfen, ob nicht während der wenigen Tage des Jahres mit höchsten Lufttemperaturen auf die volle Leistung der Anlage verzichtet werden kann. Diese Leistungsverminderung kann in unseren Breiten meist sogar schon während der Nachtschicht ausgeglichen werden.

Die Drehzahlen der Lüfter sollen im Interesse eines guten Wirkungsgrades möglichst niedrig liegen, doch nimmt bei einer gewünschten Fördermenge der Durchmesser im umgekehrten Verhältnis zur Drehzahl zu. Es werden ausschließlich Lüfterflügel für rein axiale Strömung mit spez. Drehzahlen von $n_q = 200$ bis 300 U/min verwendet[1]. Aus Gründen der Festigkeit des Werkstoffes wählt man die Umfangsgeschwindigkeit an den Flügelspitzen nicht höher als 50 bis 60 m/sec. Dieser Wert soll auch wegen der bei höherer Geschwindigkeit stark zunehmenden Geräuschbelästigung nicht überschritten werden. Beachtet man noch, daß für den Durchmesser rd. 5 m als obere Grenze betrachtet werden, weil sonst ein einwandfreies Auswuchten der Läufer und ihre Lagerung schwierig werden, so sind die Möglichkeiten abgesteckt, innerhalb deren eine Luftkühlereinheit, bestehend aus Lüfter und zugehörigen Kühlerrohren, wirtschaftlich gebaut werden kann[2].

Um den Kühlluftstrom einigermaßen gleichmäßig zu verteilen, ordnet man die vom Produkt durchflossenen Rohre entweder parallel zur Ebene des Lüfters in einer solchen Entfernung von diesem an, daß sich der austretende Luftstrom verbreitern kann, wie Abb. B-14 zeigt. Damit hat sich in der Praxis für die Kühlrohre eine maximale Länge von rd. 10 m als zweckmäßig ergeben.

Einige Hersteller verwenden für die Luftführung zwischen Lüfter und Kühlrohren konische Bleche, die den Übergang zwischen dem kreisrunden Lüfteraustritt und der wesentlich größeren quadratischen oder Rechteckfläche der Kühlrohre schaffen sollen. Bei dem sehr großen Öffnungswinkel ist auch dabei eine Ablösung des Luftstromes von der Wand nicht vollkommen zu vermeiden.

Bei der dachförmigen Anordnung der Kühlrohre werden die Rohre ebenfalls höchstens 10 m lang ausgeführt. Die scheinbaren Vorteile die-

---

[1] Wegen dieser Kennzahl s. z.B. Dubbel, Taschenbuch für den Maschinenbau, 13. Aufl., Bd. II, a.a.O. S. 360ff.

[2] Berliner, P.: Axialventilatoren für luftgekühlte Wärmeaustauscher. Kältetechn. 20 (1968) 293/98.

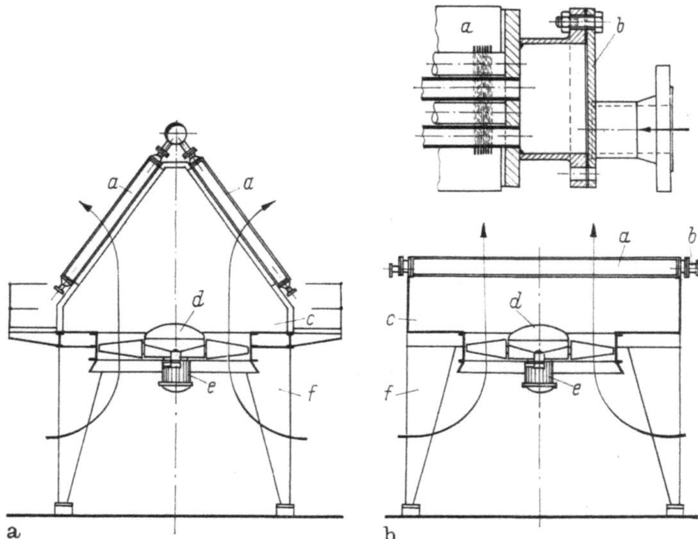

Abb. B-14. **Querschnitt durch eine Luftkühlereinheit in Dachbauweise bzw. mit waagerechten Kühlrohren.**

a Rippenrohre; *b* Sammler mit abnehmbarem Deckel (auch vergrößert herausgezeichnet); *c* Luftverteilkasten (mitunter in Stahlbeton ausgeführt); *d* Lüfter; *e* Antriebsmotore mit Getriebe; *f* Stützen.

ser zweiten Bauart werden im allgemeinen durch umständlichere Führung der verbindenden Rohrleitungen und zusätzlich erforderliche Stahlkonstruktionen für die bessere Zugänglichkeit wettgemacht. Sie werden deshalb meist nur in Sonderfällen angewendet, bei denen sich noch weitere Vorteile damit verbinden lassen. Bei den heute in Raffinerien benötigten Kühlleistungen ist es meist erforderlich, mehrere Luftkühlereinheiten aufzustellen, die jeweils rd. 10 × 10 m² Grundfläche benötigen und in einer Reihe nebeneinander angeordnet werden. Eine Anordnung in mehreren, unmittelbar benachbarten Reihen ist unzweckmäßig, weil der Zustrom der Luft zu den innen liegenden Einheiten behindert ist, diese dadurch an Wirksamkeit verlieren und daher die Bau- und Betriebskosten nicht genügend ausgenutzt werden.

Die vorerwähnten Baugrundsätze ergeben meist Lüfterdrehzahlen, die zwischen 180 und 500 U/min liegen. Für die Antriebsmotoren können aber 1500 oder 1000 U/min gewählt werden, weil die Kosten eines Getriebes in der Regel niedriger sind als die Mehrkosten eines langsam laufenden Motors.

Jedenfalls ist es notwendig, die Entscheidung darüber, ob Wasser- oder Luftkühlung angewendet werden soll, beim Bau einer Raffinerie oder einzelner Verarbeitungsanlagen so frühzeitig als möglich zu treffen. Der gegenüber Wasserkühlern wesentlich größere Platzbedarf der Luftkühler hat erheblichen Einfluß auf die gesamte Anordnung und muß von vornherein berücksichtigt werden, will man nicht zu Lösungen gezwungen werden, die sich nachher als unbefriedigend herausstellen.

σ) Die Kühlung mit Hilfe von Zwischenkreisläufen. Bei den Kühlern für Produkte mit hohen Stockpunkten ergeben sich im Betrieb und besonders beim An- und Abfahren einer Anlage dadurch Schwierigkeiten, daß die Endtemperatur des zu kühlenden Produktes bei kleinem Durchsatz oder dann, wenn es aus anderen Gründen nicht mit Betriebstemperatur eintritt, zu stark absinkt. Die Folge davon ist ein unzulässiger Anstieg seiner Zähigkeit. Diese verschlechtert den bereits ungünstigen Wärmeübergang so sehr, daß sich ein solcher Kühler oft innerhalb kurzer Zeit verstopft. Abhilfe dagegen läßt sich durch einen Zwischenkreislauf schaffen, für den sich Heißwasser anbietet. Um genügend weit vom Siedepunkt entfernt zu bleiben, wählt man etwa 80 °C als obere Grenze für die Aufwärmung. Außerdem empfiehlt sich die Anordnung eines Ausgleichsgefäßes mit freiem Überlauf ähnlich wie bei einer Warmwasserheizung. Die Wärme kann dann aus dem Heißwasser entweder mit dem Kühlwasser der Raffinerie oder noch zweckmäßiger in einem eigenen Luftkühler abgeführt werden. Man wird in diesem Falle die Abkühlung des Heißwassers so wählen, daß die beiden für die Bemessung des Produktkühlers und des Luftkühlers maßgebenden logarithmischen Temperaturdifferenzen ein Minimum an Baukosten ergeben. Bei dieser Rechnung ist noch zu beachten, daß durch die Temperaturänderung des Kühlmittels seine umlaufende Menge für eine gegebene Kühlleistung im umgekehrten Verhältnis geändert wird. Dies beeinflußt die erforderliche Pumpe und deren Leistungsaufnahme, geht also auch in die Kostenermittlung ein. Bei Kühlung des Heißwassers mittels des Kühlwassers der Raffinerie ist die obere Grenze wegen der Gefahr der Steinbildung oder des Algenwachstums wie allgemein mit rd. 40 °C gegeben.

d) Die Sammel- bzw. Trennbehälter

Zwar ist beim Austritt aus dem Kondensator – von den noch zu erwähnenden Verhältnissen bei Vakuumanlagen abgesehen – der größte Teil des Produktes flüssig. Der Gleichgewichtseinstellung entsprechend ist aber immer eine Dampfphase vorhanden. Deshalb leitet man die Produkte aus den Kondensatoren fast ausnahmslos in Sammelbehälter, um erstens eine einwandfreie Trennung zwischen beiden Phasen zu erzielen und um zweitens eine genügend große Vorlage für die nachgeschalteten Pumpen zu schaffen. Man nennt diese Vorlagen meist „Trennbehälter".

Beim Verarbeiten von Rohöl haben diese Vorlagen noch eine weitere Aufgabe. In diesem Falle wird in der Regel aus den auf S. 196 erwähnten Gründen mit direktem Einblasen von Dampf in den Sumpf der Kolonne gearbeitet. Deshalb muß in den Kondensatoren außer den Benzindämpfen auch Wasserdampf, der gleichzeitig über Kopf geht, niedergeschlagen werden[1]. Auch bei der Verarbeitung einzelner Produkte, wie z. B. beim raffinierenden Hydrieren, wird mit Wasserdampf gestrippt. Es sind daher Vorkehrungen zu treffen, um in dem nachgeschalteten Behäl-

---

[1] Über die dabei auftretenden Zustandsänderungen s. B. RIEDIGER: Verdampfung und Kondensation von Benzin/Wasser-Gemischen. Erdöl u. Kohle 8 (1955) 151/55. Einzelheiten s. S. 200 f.

ter, aus dem das Produkt sowohl für den Rückfluß wie auch für die Weiterverarbeitung oder das Tanklager abgezogen wird, das kondensierte Wasser gut abzutrennen. Gewöhnlich werden die Behälter liegend angeordnet, und ihr Querschnitt wird so groß gewählt, daß die möglichst gleichmäßig verteilt eintretende Flüssigkeit mit einer Geschwindigkeit von wenigen mm/sec axial fließt. Das bei der Kondensation mit ausgeschiedene Wasser muß die Möglichkeit haben, bei der erreichbaren Sinkgeschwindigkeit bis zum Boden des Behälters zu gelangen[1].

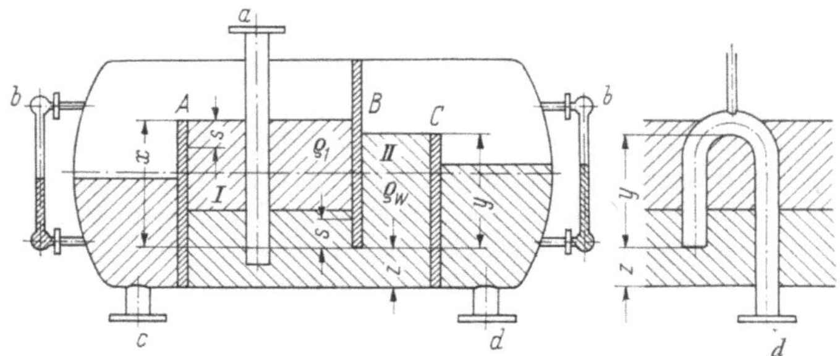

Abb. B-15. Ermittlung der Abmessungen von Trennwänden in Trennbehältern (Erläuterungen der Formelzeichen siehe Text).
a Zulauf; *b* Flüssigkeitsstandanzeiger; *c* Ablauf für Produkt; *d* Ablauf für Wasser.

Nützlich ist bei Kohlenwasserstoffen eine Verweilzeit des Gemisches von mindestens 15 bis 20 min, besser noch mehr; die Flüssigkeit soll dabei den Trennbehälter möglichst ohne Verwirbelung gleichförmig durchströmen. Durch Einbau senkrechter Trennwände erreicht man, daß sich infolge des Dichteunterschiedes Kohlenwasserstoffe und Wasser einwandfrei trennen. Die Ermittlung der Abmessungen der Trennwände kann man aus Abb. B-15 entnehmen. Darin bedeuten

ϱ_1. die Dichte der leichten Flüssigkeit, die zwischen den Grenzen $\varrho_{1\,min}$ und $\varrho_{1\,max}$ schwanken kann,

ϱ_w die Dichte des Wassers.

Da nur Verhältniswerte in die Rechnung eingehen, können für die Dichte g/cm³ oder kg/m³, für die Abmessung mm, m oder sonstige Längendimensionen eingesetzt werden. Man erhält auf Grund einfacher Überlegungen für gegebene Werte $\varrho_{1\,min}$, $\varrho_{1\,max}$ und ϱ_w und für einen angenommenen Wert s als Sicherheitsabstand die Beziehungen

$$x = s\,\frac{(2\,\varrho_w - \varrho_{1\,max} - \varrho_{1\,min})}{\varrho_w - \varrho_{1\,max}}\,, \tag{B-1}$$

$$y = x - s\left(1 - \frac{\varrho_{1\,min}}{2}\right). \tag{B-2}$$

---

[1] Vgl. dazu A. C. INGERSOLL: Fundamentals and Performance of Gravity Separation. Petrol. Refiner 30 (1951) Nr. 6, S. 106/17. – WATKINS, R. N.: Sizing Separators and Accumulators. Hydrocarb. Processg. 46 (1967) Nr. 11, S. 253/56.

Ist z.B. $\varrho_{1\,min} = 0,75 \ \mathrm{g/cm^3}$, $\varrho_{1\,max} = 0,84 \ \mathrm{g/cm^3}$ und $\varrho_w = 1,0 \ \mathrm{g/cm^3}$ (für Wasser), so erhält man mit $s = 240$ mm

$$x = 240 \, \frac{2,0 - 0,84 - 0,75}{1,0 - 0,84} = 615 \, \mathrm{mm}, \quad y = 615 - 240 \left(1 - \frac{0,75}{2}\right) = 465 \, \mathrm{mm}.$$

Wird x größer ausgeführt, als nach der Gleichung für ein angenommenes s erforderlich ist, so muß der neue Wert von s mit Hilfe von Gl. (B-1) bestimmt und damit y nach Gl. (B-2) berechnet werden. Die Höhe z ist frei wählbar; sie soll mindestens so groß sein, daß das Wasser ungehindert aus Kammer I in Kammer II bzw. dem Syphon zuströmen kann. Die Oberkanten der Trennwände A und C dienen als Überlaufwehre.

Auch wenn Behälter nicht der Trennung von Produkt und Wasser dienen, empfiehlt es sich, das Abzugsrohr etwas über den Behälterboden hochzuführen und den Einlauf mit Sieben oder Drahtgeweben abzudecken. Dadurch wird vermieden, daß z.B. beim Anfahren von Anlagen (nach Reparaturen oder besonders bei der ersten Inbetriebsetzung) mitgerissene Verunreinigungen in die Leitungen gelangen und weiterbefördert werden. Deshalb soll kein Behälter ohne besondere Entleerungsstutzen gebaut werden. Außerdem ist der Einbau von Wirbelbrechern über den Abläufen empfehlenswert[1].

Ist während des Betriebes mit dem Anfall geringer Mengen von Wasser oder anderer spezifisch schwerer, abscheidbarer Flüssigkeiten zu rechnen, so empfiehlt es sich, die Behälter mit Wassersäcken auszurüsten, die so groß zu bemessen sind, daß es genügt, die anfallende Menge z.B. einmal während jeder Schicht zu entfernen.

2. Die Absorptionsanlagen, insbesondere die Gaswäschen

Zwischen den Vorgängen in Absorbern bzw. in Gaswäschen und denen in Destillierkolonnen bestehen gewisse Analogien. Einzelheiten werden in den Abschn. C4 und H1 erörtert. Deshalb ist es erklärlich, daß die für Destillationsanlagen gebräuchlichen Bauelemente wie Kolonnen, Wärmeaustauscher, Vorwärmer und Kühler auch in Absorptionsanlagen verwendet werden. Meist wird das flüssige Waschmittel durch Abtreiben regeneriert, um die gelösten Anteile wieder daraus zu entfernen und sehr oft auch zu gewinnen. Dafür benutzt man ebenfalls Kolonnen mit Böden gleicher Bauart wie beim Destillieren sowie Aufkocher für den Sumpf und Kondensatoren, falls die abgetriebenen Dämpfe flüssig gewonnen werden sollen. Insofern besteht in der Ausrüstung kaum ein Unterschied gegenüber Destillationsanlagen. Nur für die Waschtürme selbst werden mitunter Glockenböden bevorzugt, wenn man mit Sicherheit einen vollkommenen Flüssigkeitsabschluß auf jedem Boden erreichen will. Jedoch auch Sonderbauformen mit gelenkter Flüssigkeitsströmung auf jedem Boden, wie sie z.B. nach KITTEL erzeugt wird, haben sich bewährt. Sol-

---

[1] Vgl. dazu F. M. PATTERSON: Vortexing can be prevented in process vessels and tanks. Oil Gas J. 67 (4. Aug. 1969) Nr. 31, S. 118/20.

che Waschtürme weisen meist eine Flüssigkeitsbelastung auf, die ein Mehrfaches der in Destillierkolonnen gleichen Durchmessers angewendeten beträgt.

Neben Böden werden auch Füllkörper für solche Zwecke benutzt. Benötigt man zur Erzielung der gewünschten Absorptionswirkung größere Schichthöhen, so werden diese zweckmäßigerweise unterteilt. Die einzelne Sektion soll im allgemeinen nicht wesentlich höher als der Durchmesser des Turmes sein, um die sog. Randgängigkeit zu vermeiden. Unter jeder Sektion muß ein Verteilboden angebracht werden, in dem die abwärts fließende Waschflüssigkeit gesammelt und wieder gleichmäßig über den Turmquerschnitt verteilt wird. Weitere Einzelheiten zu besprechen wird sich in den erwähnten Abschnitten ergeben.

In Gaswäschen sind gleichfalls sinngemäße Aufgaben zu lösen, wie sie den Trennbehältern von Destillationsanlagen zugewiesen sind. Wassertröpfchen oder Tröpfchen der Waschlösungen müssen aus dem Gas abgeschieden werden, bevor es die Anlage verläßt. Zum Entfernen von mitgerissenem Waschmittel dienen häufig nachgeschaltete Wasserwäschen, die aber meist ein anschließendes Trocknen des Gases erforderlich machen. Je nach den diesbezüglichen Ansprüchen genügen dafür unter Umständen Fliehkraftabscheider oder andere mechanisch wirkende Einrichtungen[1].

Dazu gehören z.B. auch keramische Filter oder Drahtgewebe (sog. Wire mesh[2]). Sie werden jedoch zweckmäßigerweise nicht – wie oft vorgeschlagen – für die Endstufe angeordnet, sondern als Vorstufe, um feinstverteilte Nebel zu koagulieren und dadurch die Wirksamkeit nachgeschalteter Fliehkraftabscheider zu erhöhen. Eine sehr weitgehende Trocknung, wie sie vor dem Eintritt des Gases in Reaktoren mit empfindlichen Katalysatoren erforderlich ist, kann mittels Glykol erreicht werden, wenn die Betriebsbedingungen am Kopf des Turmes so gewählt werden, daß kein Glykol mitgerissen wird. Das Glykol nimmt sehr begierig Wasser auf, so daß das austretende Gas auf diese Weise vollkommen getrocknet werden kann. Das Beispiel einer solchen kombinierten Gaswäsche und Trocknung ist in Abb. F-16, S. 545, gezeigt. Schließlich ist hier noch das Trocknen von Gasströmen mit Hilfe von Adsorbenzien zu erwähnen, das in Abschn. H 1 j kurz gestreift ist.

3. Die Krack- und die Reforming-Anlagen

Die für die Krack- und Reforming-Verfahren benutzten Anlagenteile, wie Öfen, Kolonnen, Wärmeaustauscher u.a., stimmen in ihrer Bauart meistens weitgehend mit den im ersten Abschnitt dieses Kapitels

---

[1] Perry jr., D.: What You Should Know About Filters. Hydrocarb. Procssg. 45 (1966) Nr. 4, S. 145/48. In diesem Aufsatz sind nur Abscheider für feinverteilte flüssige oder feste Begleitstoffe in Gasen behandelt, nicht Filter der in Abschn. B 5 c besprochenen Art.

[2] York, O. H., u. E. W. Poppele: Wire mesh mist eliminators. Chem. Engng. Progress 59 (1963) Nr. 6, S. 45/50.

beschriebenen überein. Da jedoch bei diesen Verfahren hohe Temperaturen und teilweise auch hohe Drücke angewandt werden, muß dies bei der Bemessung und Konstruktion der Apparate berücksichtigt werden[1].

Bei thermischen (also ohne Katalysator) arbeitenden Krackanlagen können Nachreaktionen nie völlig vermieden werden. Deshalb verwendet man z.B. unterhalb des Eintrittes in die Kolonnen statt der Glockenböden einfache Rieselböden (shower decks) oder ähnliche Einbauten, die sich besser reinigen lassen, wenn sich Koks angesetzt hat. Auch bei katalytisch arbeitenden Anlagen hat dies wegen des nicht ganz zu vermeidenden Mitreißens von feinstem Katalysatorstaub Vorteile. Bei den thermisch arbeitenden Anlagen werden weiterhin zwischen Ofen und Kolonne mitunter Entspannungsbehälter (Flashkammern) oder ähnliche Zwischenglieder geschaltet. Diese haben die Aufgabe, das Verfahren mit vorausberechneten Reaktionszeiten ablaufen zu lassen. Es sind im allgemeinen stehende zylindrische Gefäße mit Vorrichtungen, die ein Entfernen des etwa gebildeten Kokses gestatten. Auf Einzelheiten wird bei den betreffenden Verfahren eingegangen, desgleichen auf die Ausbildung der Kokskammern bei Verkokungsanlagen.

Eine gewisse Einheitlichkeit der Bauweise hat sich bei den *Reaktoren* der katalytisch arbeitenden Krack- und Reforming-Verfahren herausgebildet. Dabei ist jedoch zu unterscheiden, ob mit feststehendem Katalysatorbett, mit perlförmigem Katalysator in bewegter Schüttung oder mit staubförmigem Katalysator (Fließbett) gearbeitet wird. Auf die Gründe, weswegen sich das feststehende Katalysatorbett vor allem bei den Reforming-Anlagen durchgesetzt hat, hingegen bei Krackverfahren verlassen wurde, wird noch in Kap. E und F eingegangen. Perlförmige Katalysatoren werden ausschließlich beim Kracken angewendet, jedoch in letzter Zeit immer mehr durch staubförmige Katalysatoren verdrängt. Deren Vorteile treten so wie die der perlförmigen Katalysatoren wegen des Erfordernisses, ständig den beim Kracken gebildeten Koks abzubrennen, vor allem beim Kracken in Erscheinung.

a) Die Reaktoren

α) **Die Gestalt von Reaktoren.** Als Reaktoren werden in der Regel stehende, zylindrische Gefäße mit gewölbten Böden verwendet. Gleichgültig ob die Reaktionen in flüssiger oder gasförmiger Phase verlaufen, hat dies schon deshalb Vorteile, weil in beiden Fällen durch die stehende Anordnung eine gleichmäßige Durchströmung besser erreicht wird als bei liegender Bauart. Bei feststehendem Katalysator wird in gewissen Sonderfällen – allerdings nur beim Arbeiten in Dampfphase – das Katalysatorbett radial durchströmt. Zu diesem Zweck wird das Medium durch einen zwischen Katalysatorbett und Mantel frei gelassenen Raum zugeleitet und durch ein in der Mitte axial angeordnetes Rohr abgeführt. Auch die umgekehrte Schaltung ist möglich und ausgeführt.

---

[1] Vgl. a. H. Smolen: Zur Frage der Beheizung von Kurzzeit-Kracköfen in Olefinerzeugungsanlagen und Dampfreformern mit Gas bzw. Schweröl. Erdöl u. Kohle **22** (1969) 557/61.

Schließlich wurden in letzter Zeit für Reaktoren katalytischer Reforming-Anlagen, die oft mit Drücken in der Größenordnung von 50 atü arbeiten, kugelförmige Druckgefäße gebaut. Da die Kugel der Körper kleinster Oberfläche ist und bei Beanspruchung durch Innendruck die Spannung in der Behälterwand vollkommen gleichmäßig und niedriger als bei jeder anderen Körperform ist, sind bei hohen Innendrücken durch Wahl der Kugelgestalt wirtschaftliche Vorteile zu erzielen[1]. Bei solchen Reaktoren muß durch Einbauten für eine gleichmäßige Durchströmung des Katalysatorbettes gesorgt werden.

β) **Wandwerkstoffe, Auskleidungen.** Beim katalytischen Kracken und Reformieren werden Temperaturen von 500 °C und mehr angewendet, außerdem beim Reformieren auch Drücke bis 50 atü und darüber[2]. Anfangs wurden deshalb für die Behälterwandungen warmfeste Stähle verwendet, welche bei diesen Temperaturen noch eine ausreichende Festigkeit besitzen. Im allgemeinen reichen chrom- und chrom–molybdänlegierte, ferritische Stähle dafür aus. Austenitische Stähle wurden bisher für Krack- und Reforming-Anlagen noch nicht vorgesehen. Statt dessen hat es sich bereits seit einer Anzahl von Jahren als wirtschaftlich erwiesen, solche Behälter keramisch auszukleiden. Dadurch ergibt sich die Möglichkeit, die Wand der Reaktoren für eine Betriebstemperatur zu bemessen, die rechnerisch unter rd. 200 °C liegt und tatsächlich noch weit unterschritten wird. Trotzdem erfordern die heute üblichen Durchsatzleistungen vor allem bei Reaktoren Abmessungen, die Wanddicken von 200 mm und mehr ergeben. Man hat aber inzwischen gelernt, selbst solche Behälter einwandfrei auf der Baustelle zu schweißen, weil sie wegen der Beförderungsmöglichkeiten oft nur mehr in Teilen angeliefert werden können.

Die keramische Auskleidung wird entweder aus einzelnen Schamottesteinen oder aus fugenlos im Spritzverfahren hergestellten Massen ausgeführt[3]. Zwischen Behälterwand und Auskleidung wird meist eine Isolierschicht eingebracht, die eine sehr geringe Wärmeleitfähigkeit hat, um die Temperatur der Behälterwand so niedrig wie möglich zu halten. Bei den gespritzten Massen verwendet man fast ausnahmslos über die ganze Wand verteilte Haltebolzen, vielfach auch in der Masse liegende Drahtgeflechte aus warmfesten Werkstoffen oder eine Art Gitterrost (z. B. sog.

---

[1] Obenstehendes ist auch der Grund, weshalb die Kugel die bevorzugte Bauform für Flüssiggas- und Butan-Lagerbehälter ist. Bei Verwendung neu entwickelter Baustähle hoher Festigkeit (entsprechend der Praxis in den Vereinigten Staaten von Amerika) bzw. hoher Streckgrenze (entsprechend mitteleuropäischer Praxis) können z. B. auch Lagerbehälter für Propan trotz des höheren Innendruckes als Kugel gebaut werden, ohne die durch das Schweißen gegebene maximale Wanddicke zu überschreiten; vgl. dazu F. L. GOLDSBY: Factors influencing the economic use of high yield point steels. 5. Welt-Erdöl-Kongreß, New York 1959, Bericht VII/24.

[2] Mit neu entwickelten Katalysatoren konnte in den letzten Jahren erreicht werden, daß Drücke von rd. 30 atü und darunter ausreichen. Näheres in Abschn. F 3.

[3] Vgl. W. MATZ: Berechnung der Ausmauerung stählerner Gefäße (Verfahrenstechnik in Einzeldarstellungen, Bd. I), Berlin/Göttingen/Heidelberg: Springer 1953. – BRADBURY, W. A.: Monolithic Linings for Refinery Services. Petrol. Refiner 33 (1954) Nr. 3, S. 167/72. – DOWELL jr., D. W., J. D. MILLIGAN u. A. D. KORIN: Cold vs. Hot Wall Pressure Vessels. Hydrocarb. Procssg. 45 (1966) Nr. 3, S. 157/60.

Hexsteel, der die Form von Bienenwaben hat). Die zuletzt genannte Art der Halterung wird besonders bei Reaktoren für staubförmigen Katalysator angewendet. Da sich dieser ständig bewegt, ist ein Schutz gegen zu raschen Verschleiß der Auskleidung erforderlich, den der bis an die Oberfläche der Auskleidung reichende Gitterrost gewährt. Je nach Verwendungszweck erhalten die Reaktoren verschiedene Einbauten, die im folgenden Unterabschnitt erläutert werden.

Mit dem Interesse, das die Hydrokrackverfahren in den letzten Jahren gefunden haben, stiegen auch die Anforderungen an die Werkstoffe, aus denen die Reaktoren hergestellt werden. Der Schwefelgehalt der zu verarbeitenden Produkte und vor allem die Wasserstoffatmosphäre machen bei den hohen, für das Verfahren notwendigen Temperaturen besondere Maßnahmen erforderlich. Die ursprünglichen, aus der Technik der Ammoniaksynthese übernommenen und für das Hydrierverfahren der IG-Farbenindustrie AG weiter entwickelten und bewährten Bauformen konnten für die heute angestrebten, wesentlich höheren Durchsatzleistungen der Erdölverarbeitung nicht mehr beibehalten werden[1]. Hingegen gleichen die für die Ammoniak- und Methanolsynthese benutzten Reaktorformen auch heute noch im wesentlichen den erwähnten Ausführungen[2]. Einer der wesentlichsten Gesichtspunkte für die Wahl der Werkstoffe in Anlagen für hydrierend arbeitende Verfahren ist die Beständigkeit gegen heißen, unter Druck stehenden Wasserstoff. Wegen der Kleinheit der Moleküle dringt Wasserstoff hoher Temperatur unter Druck an den Korngrenzen in den Stahl ein und entkohlt die Karbide durch Bildung von Methan. Dessen Moleküle sind viel größer und sprengen das Kristallgefüge[3].

Die ursprünglichen Hydrierreaktoren konnten mit max. 1200 mm Lichtweite und einer Länge von rd. 18 m zuerst als geschmiedete Hohlkörper hergestellt werden. Ab etwa 1940 wurde die Wickeltechnik nach SCHIERENBECK für Reaktoren gleicher Abmessungen eingeführt[4]. Da jetzt beim Hydrokracken mit Drücken von etwa 100 bis 150 atü anstelle

---

[1] Nähere Angaben über die seinerzeit als „Öfen" bezeichneten Reaktoren bei W. KRÖNIG: Die katalytische Druckhydrierung von Kohlen, Teeren und Mineralölen, Berlin/Göttingen/Heidelberg: Springer 1950, S. 238 ff. – BUCHTER, H. H.: Apparate und Armaturen der Chemischen Hochdrucktechnik, Berlin/Heidelberg/New York: Springer 1967, S. 256 ff.

[2] TIMM, B.: 50 Jahre Ammoniak-Synthese. Chem.-Ing.-Techn. 35 (1963) 817/28. – BUCHTER, H. H.: a. a. O. S. 242 ff.

[3] Vgl. dazu O. VAN ROSSUM: Werkstoff-Fragen bei den Hochdrucksynthesen. Chem.-Ing.-Techn. 25 (1953) 481/87. – STICHA, E. A.: Which Steel for High Temperature Piping. Petrol. Refiner 35 (1956) Nr. 11, S. 185/89. – KÜNTSCHER, W., H. KILGER u. H. BIEGLER: Technische Baustähle, 3. Aufl., Halle (Saale): Knapp 1958, S. 347 ff. – THYGESON jr., J. R., u. M. C. MOLSTAD: High pressure hydrogen attack of steel. J. chem. engng. data 9 (1964) 309/15. – BUCHTER, H. H.: a. a. O. S. 588 ff.

[4] Vgl. dazu J. SCHIERENBECK: Wickelverfahren zur Herstellung von Synthese-Hochdruckhohlkörpern. Brennst.-Chem. 31 (1950) 375/81. – CLASS, I., u. A. F. MAIER: Bauarten von Hochdruck-Hohlkörpern in Mehrteil-, insbes. Mehrlagen-Konstruktion. Chem.-Ing.-Techn. 24 (1952) 189/98. – SIEBEL, E., u. S. SCHWAIGERER: Beanspruchungsverhältnisse gewickelter Behälter; ebd. S. 199/203. – SCHIERENBECK, J.: Kritische Betrachtungen zur Herstellung von Hochdruckhohl-

der 300 atü und 700 atü beim IG-Verfahren gearbeitet wird, konnten Bauformen in Erwägung gezogen werden, welche von den gewohnten weniger abweichen. Als Beispiel ist in Abb. B-16 ein Hydrocracking-Reaktor neuester Bauart nach Vorschlägen und Patenten der Chevron Research Co gezeigt. Solche Reaktoren werden mit Lichtweiten bis rd. 2700 mm und Längen bis rd. 30 m aus einem in Deutschland für solche Zwecke entwickelten Werkstoff mit 2,25% Cr und 1% Mo entsprechend Werkstoff Nr. 1.7380 (DIN-Bezeichnung 10 Cr Mo 9 10) hergestellt[1]. Die Böden sind wegen der günstigsten Spannungsverteilung Halbkugeln. Um die Beanspruchung des Mantels durch hohe Temperaturen und korrosive Stoffe zu verhindern, sind die mit Katalysator gefüllten Reaktionsräume in einem besonderen dünnwandigen Rohr aus austenitischem Stahl untergebracht. Der Ringraum zwischen Mantel- und Innenrohr wird von schwefelfreiem, gekühltem Frischgas durchströmt[2]. Sämtliche Einbauten müssen so konstruiert sein, daß sie durch die Öffnung des Blockflansches in den Halbkugelböden eingebracht werden können, weil man Öffnungen im Mantel bei den extremen Betriebsbedingungen grundsätzlich vermeiden muß. Acht Reaktoren dieser Bauart mit einem Gewicht von je rd. 525 t, die in der Raffinerie Richmond/Calif. aufgestellt wurden, gehören zu den größten und schwersten bisher gefertigten Druckgefäßen[3]. Die Kosten betrugen je Stück mehr als eine Million Dollar. Dies zeigt, daß die Baukosten solcher Anlagen das bisher gewohnte Maß erheblich überschreiten. Darauf wird in Kap. L noch näher eingegangen.

γ) **Die Einbauten.** Bei Verfahren mit feststehendem Katalysatorbett bedarf es – abgesehen von dem oben erwähnten Fall der radialen Strö-

---

körpern in Mehrteilbauart für Hochdrucksynthesen. Brennst.-Chem. **36** (1955) 239/44. – MAIER, A. F.: Die Herstellung von Hochdruckapparaten. Chem.-Ing.-Techn. **29** (1957) 387/92. – Ders.: Heutiger Stand des Baues von Hochdruck-Hohlkörpern großer Abmessungen und hoher Drücke; ebd. **37** (1965) 440. – McDowell, D. W., u. J. D. MILLIGAN: Multilayer Reactors Resist Hydrogen Attack. Hydrocarb. Procssg. **44** (1965) Nr. 12, S. 119/22. – SAGARA, H., Ts. UNO u. Y. IWASAKI: Geschweißte Spirallagen-Druckbehälter... Brennst.-Chem. **48** (1967) 153/57. – BUCHTER, H. H.: a.a.O. S. 358ff. – UNO, Ts., u. Y. IWASAKI: Neuartige hochbelastete Druckbehälter. Techn. Überwachg. **10** (1969) 205/10; eigenartigerweise ist in diesem Aufsatz die vorausgegangene Entwicklung mit keinem einzigen Wort erwähnt.

[1] FOGLEMAN, E. L., u. R. H. STERNE jr.: Use Upgraded Cr–Mo Steel For Hydrocrackers. Hydrocarb. Procssg. **44** (1965) Nr. 12, S. 123/28. – NELSON, G. A.: When to Use Low Alloy Steel For Hydrogen Service; ebd. **45** (1966) Nr. 5, S. 201/04. – BROWN, R. M., R. A. REGE u. C. E. SPAEDER jr.: New Data on Steel For Hydrocracking Reactors; ebd. Nr. 12, S. 144/50.

[2] Näheres s. bei D. R. LOPER, J. R. CUNNINGHAM u. O. R. CARPENTER: Smoothshell design refines Isomax reactors. Oil Gas J. **64** (16. Mai 1966) Nr. 20, S. 173/78. – Auch die alten Hydrierreaktoren hatten ein Innenrohr aus V2A, jedoch zwischen diesem und dem Mantel eine Isolierung aus Zementasbest.

[3] Die nach sieben Monaten Betrieb an den Durchführungen in den Kugelböden dieser Behälter aufgetretenen Risse in Schweißnähten dürften auf unzureichende Beachtung der erforderlichen Wärmebehandlung des verwendeten Stahles zurückzuführen sein; vgl. Oil Gas J. **65** (3. April 1967) Nr. 14, S. 154. Die gleichen Schäden traten vor mehreren Jahren beim selben Werkstoff aus ähnlichen Gründen an den Stutzen von Wärmeaustauschern einer katalytischen Reforming-Anlage auf. Bei richtiger Behandlung ist der genannte Werkstoff für den gedachten Zweck durchaus geeignet.

mung – keiner besonderen Maßnahmen, um den Gas- oder Dämpfestrom
gleichmäßig zu verteilen. Da dieser gewöhnlich von oben eintritt, genügt
es, über dem Katalysator einen freien Raum zu lassen. Mitunter wird

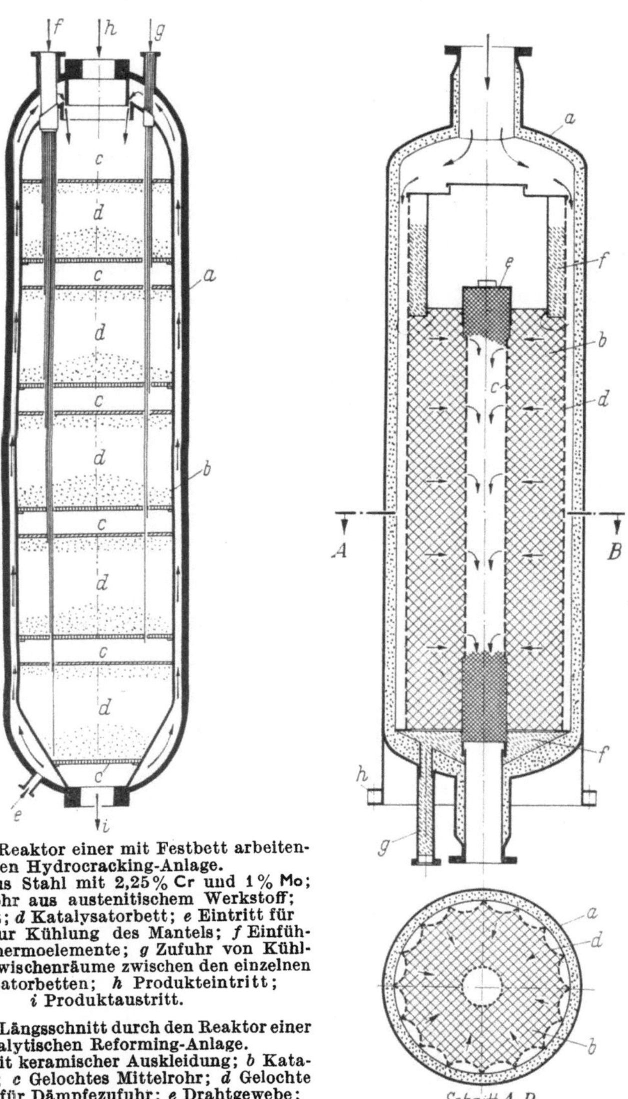

Abb. B-16. Reaktor einer mit Festbett arbeitenden Hydrocracking-Anlage.
a Mantel aus Stahl mit 2,25% Cr und 1% Mo;
b Innenrohr aus austenitischem Werkstoff;
c Tragrost; d Katalysatorbett; e Eintritt für
Frischgas zur Kühlung des Mantels; f Einführung der Thermoelemente; g Zufuhr von Kühl-
gas in die Zwischenräume zwischen den einzelnen
Katalysatorbetten; h Produkteintritt;
i Produktaustritt.

Abb. B-17. Längsschnitt durch den Reaktor einer
katalytischen Reforming-Anlage.
a Mantel mit keramischer Auskleidung; b Katalysatorbett; c Gelochtes Mittelrohr; d Gelochte
Schürzen für Dämpfezufuhr; e Drahtgewebe;
f Füllung mit Keramikkugeln; g Entleerungsstutzen für Keramikkugeln und Katalysator;
h Fußzarge.

das Katalysatorbett durch inaktive, keramische Kugeln hoher Dichte
und größeren Durchmessers abgedeckt. Dies soll vermeiden, daß die
kleinen, verhältnismäßig leichten Katalysatorkörner, die meist nur

10 Riediger. Erdöl

wenige Millimeter Durchmesser haben, durch den in der Mitte eintretenden Gas- oder Dämpfestrom zur Seite geblasen werden. In ähnlicher Weise benutzt man als unterste Schicht, auf der das Katalysatorbett ruht, keramische Kugeln größeren Durchmessers als Auflage, die selbst von einem Rost getragen werden. Im unteren gewölbten Boden bleibt dann ein Raum frei, aus dem das Medium durch einen in der Mitte angeordneten Stutzen austreten kann.

In Anlagen, die so gebaut werden sollen, daß sie anfangs mit kleinerer Leistung betrieben werden können, hat man Reaktoreinbauten entwickelt, die bei niedrigerer Belastung zunächst eine radiale Durchströmung gestatten; vgl. Abb. B-17. Das Katalysatorbett ist durch ein engmaschiges Gewebe aus meist korrosionsfestem Stahldraht oder durch Einsätze aus gleichartigen geschlitzten Blechen vom Behältermantel selbst getrennt; ähnlich ist das in der Mitte angeordnete Rohr, das große Durchtrittsöffnungen besitzt, durch ein Drahtnetz abgedeckt, damit die Katalysatorkörner nicht durchfallen können. Mitunter ist ein zweites, nicht dargestelltes überschiebbares Rohr vorhanden, mit dem die Durchtrittsfläche erforderlichenfalls abgedeckt und an Katalysatorfüllung gespart werden kann. So läßt sich bei kleiner Leistung der Anlage die für die Reaktionen günstigste Raumgeschwindigkeit im Katalysatorbett erreichen. Bei Übergang auf höheren Durchsatz wird zunächst das Katalysatorbett erhöht und die freie Durchtrittsfläche des in der Mitte angeordneten Rohres vergrößert. Eine weitere Steigerung ist dadurch zu erzielen, daß die Einbauten gegen solche ausgewechselt werden, die ein Durchströmen des Reaktors in der Längsrichtung gestatten. Dazu ist im allgemeinen der bereits früher erwähnte Auflagerost für den Katalysator erforderlich. Liegt die zu erwartende Durchsatzleistung von Beginn an fest, so bedarf es nicht der beschriebenen zusätzlichen Einbauten.

In Reaktoren für perlförmigen Katalysator in bewegter Schüttung muß dafür gesorgt werden, daß sich dieser langsam, aber stetig nach abwärts bewegt, damit er nach Durchlauf regeneriert und in den Reaktor zurückgeführt werden kann. Außerdem müssen die Dämpfe abgezogen werden. Abb. B-18 zeigt, wie dieses Problem bei den von HOUDRY ge-

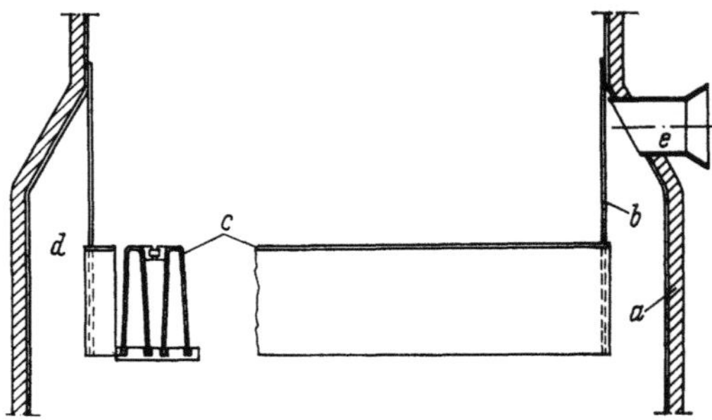

Abb. B-18. Einbauten im Reaktor einer katalytischen Krackanlage, ausgebildet als Tragrost für den Katalysator; Detail zu Abb. E-37, S. 468.

a Wand des Reaktors; *b* Zylindrischer Einsatz als Halterung für *c*; *c* Tragrost, gebildet aus parallelen Sammelkanälen für die Dämpfe mit dazwischenliegenden Schlitzen für den Katalysatorablauf; *d* Sammelraum für die Dämpfe des gekrackten Produktes; *e* Dämpfeaustritt.

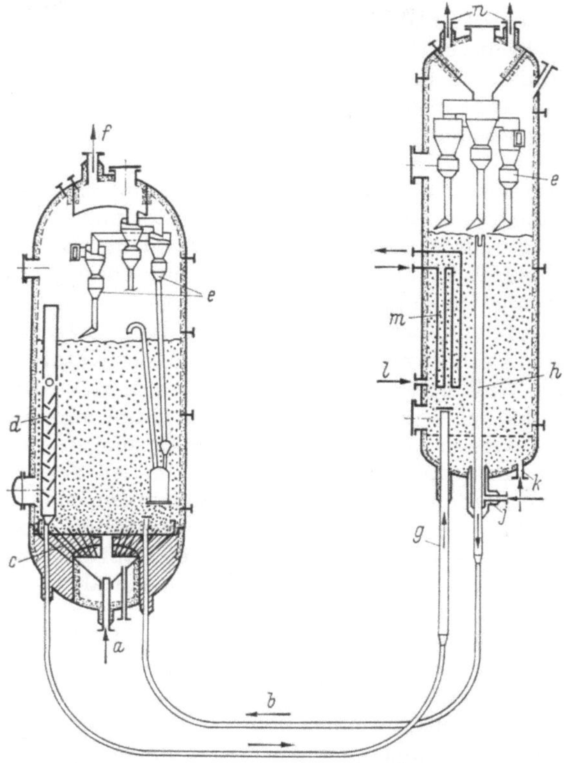

Abb. B-19. Reaktor und Regenerator einer Fließbettanlage der Esso zum Kracken
oder Reformieren.

a Produkteintritt (bei Reforming-Anlagen gleichzeitig auch für Kreislaufgas);
b U-Bogen für regenerierten bzw. zu regenerierenden Katalysator;
c Verteilspinne;
d Überlaufrohr für beladenen Katalysator;
e Zyklonen;
f Austritt der Dämpfe des gekrackten oder reformierten Produktes;
g Eintritt für beladenen Katalysator;
h Fallrohr mit Schlitzwehr für regenerierten Katalysator;
j Eintritt für Verbrennungsluft;
k Anschlußstutzen zum Füllen des Regenerators mit Katalysator beim Anfahren;
l Anschlußstutzen für die Verbindung mit dem Katalysatorbehälter;
m Kühlschlange;
n Rauchgasaustritt.

bauten Houdriflow- und Houdresid-Anlagen gelöst ist. Der Katalysator
rieselt bei dieser Anordnung durch die konischen Schlitze zwischen den
Sammelkanälen stetig nach unten in einen ebenfalls mit Katalysator
gefüllten Raum. Die mitströmenden Dämpfe können durch diese quer
angeordneten Kanäle den Ringraum erreichen, der zwischen der konischen Erweiterung der Behälterwand und dem zylindrischen Innenteil
gebildet wird; dieser trägt den Rost, auf dem das Katalysatorbett ruht.

Wesentlich anderer Art sind die Einbauten bei Anlagen für staubförmigen Katalysator. Dieser muß in stetigem Umlauf gehalten werden,
und die dafür entwickelten Einbauten haben wegen der Fließeigenschaften des Katalysators eine gewisse Ähnlichkeit mit Vorrichtungen,
die für die Beherrschung der Bewegung von Flüssigkeiten dienen. Abb.
B-19 zeigt schematisch den Schnitt durch den Reaktor und den Regene-

10*

rator einer Fließbettanlage, wenn beide nebeneinander angeordnet werden. Die gleichzeitige Abbildung des Regenerators muß hier zum besseren Verständnis vorweggenommen werden. Zwischen den Bauformen für Krackanlagen und solchen für Reforming-Anlagen – sofern dafür ein Fließbett angewendet wird – bestehen keine grundsätzlichen Unterschiede.

Der regenerierte Katalysator wird unten in das Katalysatorbett dadurch eingeführt, daß zwischen dem Regenerator und dem Reaktor eine Druckdifferenz aufrechterhalten wird. Außerdem wird der Fluß des Katalysators durch Einblasen von Dampf unterstützt. Für den Eintritt von Produkt (und Umlaufgas) in den Reaktor ist eine Verteilvorrichtung, eine sog. Spinne c vorgesehen, die beides über das Katalysatorbett gleichmäßig verteilt. Das zu krackende Produkt und der Katalysator bewegen sich in dem in Wallung befindlichen Fließbett aufwärts, so daß der unterwegs mit Koks beladene Katalysator oben durch ein Fallrohr d zurückgefördert werden kann. Dieses ist mit Öffnungen versehen, wirkt wie ein Wehr und enthält Rieseleinbauten. Um den Verlust an Katalysator auf den allerfeinsten Abrieb zu beschränken, sind oberhalb des Katalysatorbettes mehrstufige Zyklonen e eingebaut. Diese geben nur Teilchen unter etwa 100 µm zum Abzug frei; gröbere, vom Gasstrom zunächst mitgerissene Teilchen werden in das Katalysatorbett zurückgeführt; vgl. dazu Abb. E-52, S. 504.

δ) **Sonderbauformen.** Bei dem von der The M. W. Kellogg Co entwickelten Orthoflow-Krack-Verfahren sind der Reaktor und der nachstehend noch zu besprechende Regenerator unmittelbar übereinander angeordnet. Sie bilden zusammen den sog. Konverter. Die Bauform ist in Kap. E im Zusammenhang mit der Beschreibung des Verfahrens näher behandelt. Abb. E-47, S. 494, zeigt Typ B. Bei diesem fließt der regenerierte Katalysator durch Fallrohre n nach unten und wird zusammen mit dem zu krackenden Produkt in den äußeren Reaktorraum eingeschleust. Katalysator und Produkt steigen in dem in Wallung befindlichen Bett nach oben, die gekrackten Kohlenwasserstoffdämpfe können den Reaktor in einem Zyklon j verlassen. In diesem werden in gleicher Weise wie oben beschrieben die größeren mitgerissenen Katalysatorteilchen vom Dämpfestrom und vom feinsten Abrieb getrennt und in das Katalysatorbett zurückgeführt. Der mit Koks beladene Katalysator läuft über ein ringförmiges Wehr k in den Innenraum des Reaktors, wird in diesem mittels Dampf von anhaftenden Ölteilchen befreit (gestrippt) und dann durch das mittlere Steigrohr m mit Hilfe von Luft in den Regenerator zurückgefördert. Die geänderte Bauform Typ C zeigt Abb. E-48.

b) Die Regeneratoren

Festbett-Katalysatoren, wie sie heute ausschließlich für Reforming-, jedoch nicht für Krackanlagen benutzt werden, können entweder in der Katalysatorfabrik aufgearbeitet oder gemäß einer vor rd. 15 Jahren eingeführten Praxis in der Anlage selbst durch vorsichtiges Abbrennen mit Luft regeneriert werden. In beiden Fällen ist kein besonderer Regenerator erforderlich. Wenn in der Anlage regeneriert wird, geschieht dies im Reaktor selbst, ohne daß der Katalysator daraus entfernt wird. Es muß nur für die Zufuhr von Luft – mitunter mit Wasserdampf oder bei empfindlichen Katalysatoren mit Stickstoff gemischt – und für die Abfuhr der beim Regenerieren entstehenden Rauchgase gesorgt werden. Der Reaktor ist von der übrigen Anlage während der Regeneration vollständig abgeschaltet. Die dafür erforderliche Ausrüstung mit Rohrleitungen und Schiebern befindet sich außerhalb des Reaktors; vgl. auch S. 555.

Hingegen muß in Anlagen, die mit bewegter Schüttung oder mit Fließbett arbeiten, außer dem Reaktor ein Regenerator vorhanden sein, der dauernd in Betrieb ist, damit der Umlauf des Katalysators stetig aufrechterhalten werden kann. Er wird bei den noch zu besprechenden TCC-Anlagen auch Kiln genannt[1].

Sowohl die Krack- als auch die Reforming-Reaktionen sind endotherm, d. h., es muß vor oder während der Reaktion Wärme zugeführt werden. Deshalb ist es erforderlich, die flüssigen, dampf- oder gasförmigen Reaktionsteilnehmer in den Öfen auf eine für die Reaktion günstige Temperatur zu bringen. Beim Reformieren geschieht dies in der Regel in mehreren Stufen, um den Temperaturabfall im Bett des einzelnen Reaktors klein zu halten. Beim Kracken muß außerdem der während der Reaktion entstehende Koks abgebrannt werden. Damit ergibt sich die Möglichkeit, dem Prozeß durch den heißen Katalysator Wärme zuzuführen. Das Abbrennen des Kokses muß jedoch gesteuert werden, damit der Vorgang nicht bei zu hohen Temperaturen abläuft, was eine Schädigung des Katalysatorträgers zur Folge hätte. Außerdem wäre es unwirtschaftlich, weil der zu heiße Katalysator wieder auf die für die Reaktion günstige Temperatur abgekühlt werden müßte; dies ist immer mit Verlust verbunden.

Deshalb wird bei den mit bewegter Schüttung arbeitenden Verfahren das Katalysatorbett im Regenerator dadurch gekühlt, daß in eingebauten Schlangen, die zum System eines Zwangsumlaufkessels gehören, Dampf erzeugt wird oder daß das Einsatzprodukt durch Schlangen gedrückt wird, die sich im Katalysatorbett befinden. Im zweiten Fall wird die entstehende Verbrennungswärme unmittelbar für die Reaktion verwertet. Der gesamte Regeneratorteil einer Houdriflow-Anlage ist aus Abb. E-37, S. 468, zu erkennen[2].

Es sind drei Brennzonen vorhanden, die durch gewölbte Böden voneinander getrennt sind. In jeder Zone befindet sich ein Schlangenrohrpaket. In die gewölbten Böden sind, wie Abb. B-20 zeigt, Pfeifen mit zweierlei Aufsätzen eingebaut. Die einen (*a*) gestatten das Durchrieseln des Katalysators in den darunterliegenden Raum, die anderen (*b*) haben vierfach gestufte, pilzförmige Überdachungen, durch die die Verbrennungsluft in das Katalysatorbett geleitet wird; durch die Über-

---

[1] Mit „Kiln" wurden ursprünglich im Englischen Brenn-, Röst- oder Darröfen bezeichnet, später in der schottischen Schwelindustrie auch die Schwelöfen. Das Wort kommt vom lateinischen „culina", was ursprünglich „Küche" bedeutet. Vgl. dazu auch Abschn. E5a, S. 441 ff.

[2] Über das Verfahren s. Abschn. E 5 b, S. 466 ff.

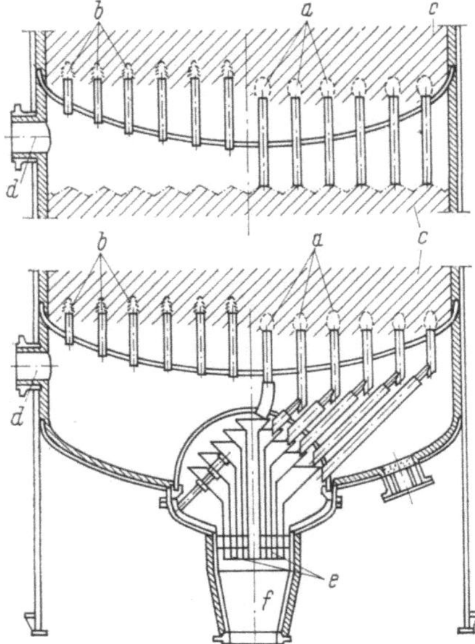

Abb. B-20. Zwischenboden (*oben*) und unterer Abschlußboden (*unten*) des Regenerators einer Houdriflow-Anlage.
a Aufsätze der Katalysatorfallrohre, Detail siehe Abb. B-21;
b Aufsätze der Luftverteilrohre, Detail s. Abb. B-22;
c Katalysatorbett;
d Lufteintritt;
e Konzentrisch angeordnete Sammler für den Katalysator; Anschluß an die pneumatische Fördereinrichtung.

dachungen wird das Durchrieseln des Katalysators verhindert. So ist eine einwandfreie Führung für Katalysator und Verbrennungsluft geschaffen. Im einzelnen sind die Aufsätze für die Katalysatorfallrohre bzw. für die Luftverteilrohre in Abb. B-21 und B-22 wiedergegeben. Die Kühlschlangen selbst sind, wie Abb. B-23 zeigt, auf Rohrträgern so gelagert, daß sie sich bewegen können. Die Einbauten bei TCC-Anlagen sind zum Teil sinngemäß ausgebildet, vgl. S. 438 ff. Anstelle der Rohrschlangen wird unterhalb des Kiln ein besonderer Katalysatorkühler angeordnet. Dieser ist ähnlich einem stehenden Rauchröhrenkessel gebaut und wird an ein Dampferzeugersystem mit besonderer Dampftrommel angeschlossen.

Die Regeneratoren für staubförmigen Katalysator können einfacher ausgebildet werden, weil der Katalysator infolge seiner Fließeigenschaften leichter zu fördern ist. Es genügt sinngemäß wie beim Reaktor ein als Wehr wirkendes Überlaufrohr, wenn sich Reaktor und Regenerator nebeneinander befinden, vgl. Abb. B-19. Der Katalysator wird dann durch eine Druckdifferenz und unterstützt durch die Injektorwirkung eingeblasenen Dampfes aus dem Regenerator in den Reaktor zurückgefördert. Im Konverter der Kellogg Co, der in Abb. E-47, S. 494, gezeigt ist, befinden sich überhaupt nur im Boden des Gefäßes einfache Ablaufrohre, durch die der Katalysator aus dem oberen Behälter in den unteren fließen kann. Für die Verteilung der Verbrennungsluft wird entweder ein Ringrohr verwendet, wie bei dem Konverter von Kellogg, oder ein Rost mit einem engmaschigen Netz, durch das die Luft von unten in das Katalysatorbett eintritt.

Im Regenerator sind wirkungsvolle Fliehkraftabscheider (Zyklone) besonders notwendig, weil durch örtliche Erhitzung des Katalysators während des Abbrennens des Kokses kleine und kleinste Teilchen von der Oberfläche abplatzen und vom Rauchgasstrom mitgerissen werden. Dies kann auch mit Katalysatorkörnern geschehen, die im Laufe des Betriebes kleiner geworden sind. Mitgerissener Katalysator soll in den meist mehrstufigen Zyklonen soweit wie möglich abgeschieden und in das Katalysatorbett zurückgeleitet werden. Beim Fließbettverfahren ist der Einbau von Kühlschlangen ebenfalls möglich und auch ausgeführt worden. In dem Beispiel, das in Abb. B-19 wiedergegeben ist, handelt es sich um den Regenerator einer nach dem Fluid-Hydroforming-Verfahren arbeitenden Anlage, vgl. S. 562. Die Schlangen sind in diesem Fall von Schwerbenzin durchströmt, das aufgeheizt wird, in gewünschter Weise die Temperatur steuert und dabei die Wärme unmittelbar für das Verfahren nutzbar macht. Bei Krackanlagen empfiehlt es sich nicht, das wesentlich höhersiedende Einsatzprodukt zu diesem Zweck heranzuziehen, weil die Gefahr bestünde, daß die Schlangen wegen der hohen Wandtemperaturen mit der Zeit verkoken. Man nutzt jedoch wie bei den Krackver-

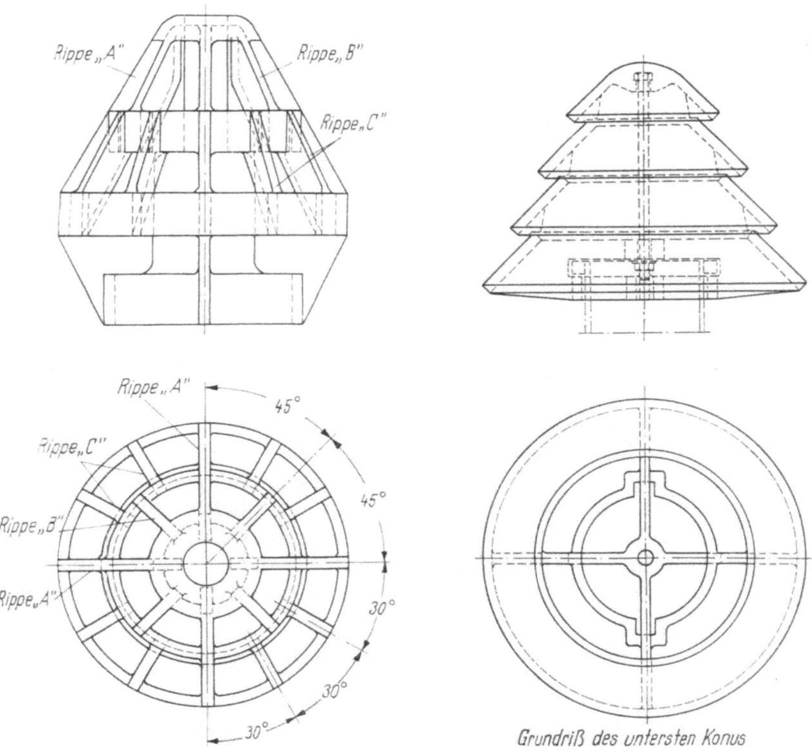

<table>
<tr><td>Abb. B-21. Aufsatz der Katalysatorfallrohre einer Houdriflow-Anlage.</td><td>Abb. B-22. Aufsatz der Luftverteilerrohre einer Houdriflow-Anlage.</td></tr>
</table>

fahren für perlförmigen Katalysator den Vorteil der Kühlung des Fließbettes im Regenerator ebenfalls mittels siedenden Wassers aus. Die Schlangen werden an eine Dampftrommel angeschlossen. Eine Umlaufpumpe sorgt wie bei einem Zwangsumlaufkessel für stetiges Durchströmen, so daß die Kühlschlangen wie das Rohrsystem eines solchen Kessels betrieben werden können.

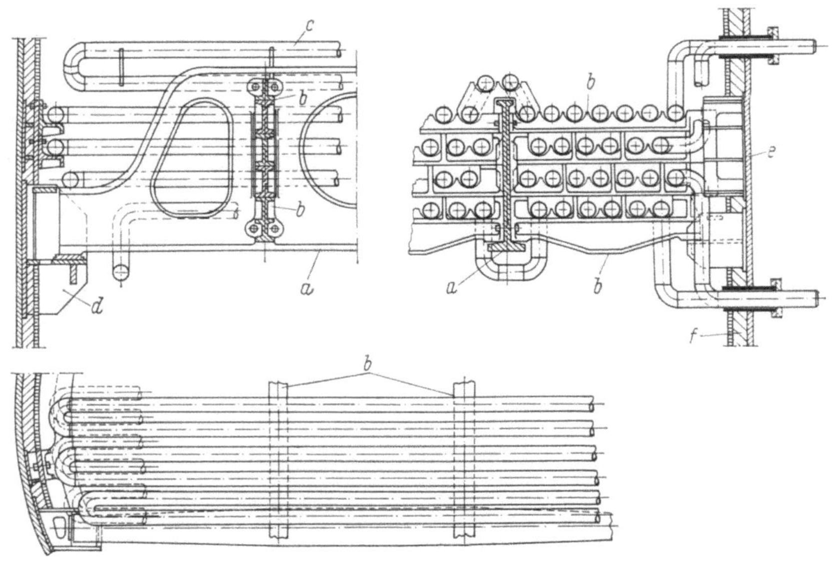

Abb. B-23. Unterstützung der Rohrschlangen für die Kühlung des Katalysators
einer Houdriflow-Anlage.

a Hauptträger;	*c* Kühlschlangen;	*e* Mantel des Regenerators;
b Zwischenträger;	*d* Konsole;	*f* Feuerfeste Auskleidung.

4. Die Polymerisations-, die Hydrier- und die Alkylierungsanlagen

Auch in diesem Unterabschnitt werden nur jene Bauelemente behandelt, die eine Besonderheit der betreffenden Verfahren darstellen. In erster Linie sind dies die Reaktoren. Die übrigen Anlagenteile wie Kolonnen, Behälter usw. unterscheiden sich grundsätzlich nicht von den bereits beschriebenen. Sofern weitere Einzelheiten bemerkenswert sind, werden diese in den Abschnitten erwähnt, die dem Verfahren selbst gewidmet sind. Die Reaktoren für Hydrokracker sind S. 142ff. besprochen.

a) Die Reaktoren für festen Katalysator

Die *Polymerisations*reaktionen unterscheiden sich von den Krack- und Reforming-Reaktionen dadurch, daß sie exotherm verlaufen; d.h., es wird Wärme frei, und dadurch steigt die Temperatur der Reaktionsteilnehmer während des Ablaufes der Reaktion an. Es werden hiefür

fast ausnahmslos feinkörnige Katalysatoren oder mit einem Flüssigkeitsfilm überzogene Katalysatorträger im Festbett verwendet[1]. Die Wärmetönung wirkt sich auf die Bauart des Reaktors aus. Die Temperatur, die
z.B. bei der Polymerisation von niedrigmolekularen Olefinen zu Benzin
rd. 200 °C oder etwas weniger betragen soll, muß in engen Grenzen gehalten werden, um günstige Betriebsbedingungen zu erreichen.

Es lag nahe, auch hier so wie bei den Regeneratoren von Krackanlagen
die Reaktionswärme zur Dampferzeugung auszunutzen. Allerdings kann
der Dampf wegen der wesentlich niedrigeren Temperaturen nur von
mäßigem Druck sein. Immerhin hat eine solche Bauweise den Vorteil,
daß die Temperatur im Reaktorbett durch einen Druckregler im Dampf-
system sehr genau konstant gehalten werden kann. Die gleiche Aufgabe
wurde im übrigen bei Reaktoren für die Synthese von Kohlenwasserstoffen aus Kohlenmonoxyd und Wasserstoff (nach FISCHER u. TROPSCH)
einwandfrei gelöst. Der Schnitt durch einen solchen Reaktor mit Kühlung durch siedendes Wasser, wie er für Polymerisationsanlagen entwickelt wurde, zeigt Abb. B-24. Der Katalysator befindet sich in den
stehenden Rohren, das Kühlmittel – verdampfendes Wasser oder auch
Öl – im Mantel. Bei Wasserkühlung wird der Mantel an einen Dampf-
sammler angeschlossen. Je nach örtlicher Anordnung muß entschieden
werden, ob natürlicher Wasserumlauf oder ob der Wasserkreislauf wie
bei einem Zwangsumlaufkessel mittels einer Pumpe aufrechterhalten
werden muß. Wegen des stark sauren Charakters der für das Polymerisieren verwendeten Katalysatoren ist es für die Betriebssicherheit sehr
wesentlich, daß der Katalysatorraum vollkommen dicht gegen den
Wasserraum ist.

In der Praxis hat sich jedoch eine einfachere Bauweise durchgesetzt.
Das Katalysatorbett von Polymerisationsanlagen wird in einem stehenden, zylindrischen Reaktor untergebracht und in mehrere Schichten
unterteilt. Dazwischen wird kaltes Einsatzgut oder werden kalte, an
der Reaktion nicht teilnehmende gesättigte Fraktionen in solcher Menge
eingespritzt, daß die während der Reaktion entstandene Wärme gerade
ausreicht, die eingespritzte Flüssigkeit auf Reaktionstemperatur zu
bringen und zu verdampfen. Dadurch kann die Prozeßtemperatur mit
verhältnismäßig einfachen Mitteln in gewissen Grenzen konstant gehalten werden. Als Beispiel zeigt Abb. B-25 einen solchen Reaktor für
eine katalytisch arbeitende Polymerisationsanlage mit den Verteilern
zwischen den einzelnen Katalysatorschichten.

Grundsätzlich ähnlich werden auch die Reaktoren für Anlagen zur
hydrierenden Raffination von Erdölprodukten gebaut; vgl. Abschn. L4,
S. 863ff. Wegen der höheren Drücke und Temperaturen müssen sie
dickere Wände und entsprechend bemessene gewölbte Böden oben und

---

[1] Vor Jahren wurde von E. D. KANE u. G. E. LANGLOIS: Gasoline from a Liquid Poly Catalyst. Petrol. Refiner 37 (1958) Nr. 5, S. 173/76, der Vorschlag gemacht, Phosphorsäure nicht wie bisher üblich als dünnen Film auf Quarzkörnern,
sondern als Flüssigkeit zu verwenden und ähnlich wie bei den nachstehend zu erwähnenden Alkylierungsanlagen zu arbeiten. Diese Arbeitsweise wurde aber bisher
noch für keine großtechnische Betriebsanlage ausgeführt.

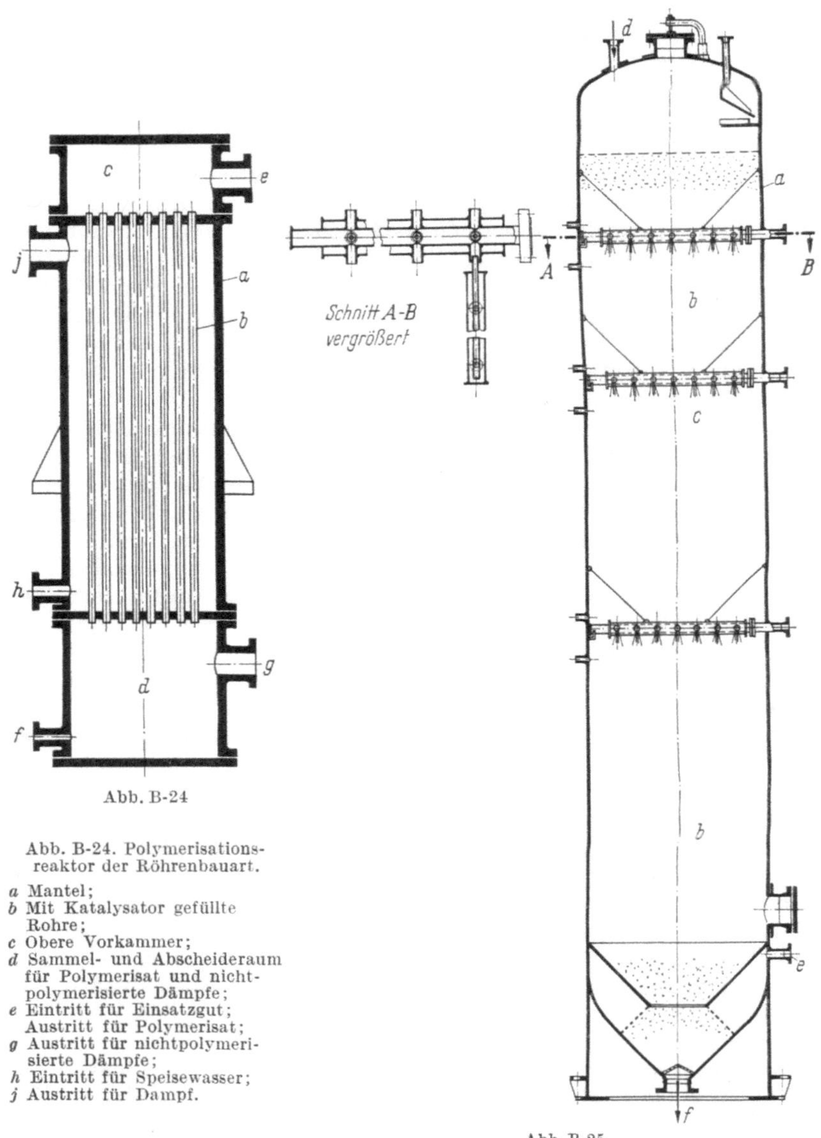

Abb. B-24

Abb. B-24. Polymerisationsreaktor der Röhrenbauart.

a Mantel;
b Mit Katalysator gefüllte
Rohre;
c Obere Vorkammer;
d Sammel- und Abscheideraum
für Polymerisat und nicht-
polymerisierte Dämpfe;
e Eintritt für Einsatzgut;
Austritt für Polymerisat;
g Austritt für nichtpolymeri-
sierte Dämpfe;
h Eintritt für Speisewasser;
j Austritt für Dampf.

Abb. B-25

Abb. B-25. Polymerisationsreaktor der sog. Kammerbauart (rechts).

a Mantel;   c Verteiler für Kühlflüssigkeit;   e Austritt für Polymerisat;
b Katalysatorfüllung;   d Eintritt für flüssiges Einsatzgut;   f Entleerungsstutzen.

unten erhalten. Das immer fest angeordnete Katalysatorbett wird auch
bei diesen Reaktoren meist in mehrere Schichten unterteilt, zwischen

denen kaltes Produkt zur Kühlung eingeführt werden kann. Bezüglich der Tragroste, der Einrichtungen zum Verteilen von Flüssigkeitsströmen u.ä. gilt das gleiche wie bereits erwähnt. Da der Katalysator von Zeit zu Zeit ausgewechselt werden muß, sind Vorkehrungen zu treffen, um ihn z.B. durch seitlich angeordnete Mannlöcher oder durch Öffnungen im unteren Boden entfernen und von oben wieder einbringen zu können.

b) Die Reaktoren für flüssigen Katalysator

Eine vollkommen andere Bauart der Reaktoren als die vorbeschriebene mußte für die *Alkylierungs*anlagen entwickelt werden. Bei diesen wird Säure als flüssiger Katalysator verwendet. Die Reaktion muß bei Temperaturen durchgeführt werden, die in der Nähe der Umgebungstemperatur oder darunter liegen und sehr genau einzuhalten sind. Deshalb benutzt man Apparate ähnlich den Verdampfern von Kälteanlagen und führt die Wärme z.B. durch Verdampfung von Produkt ab. Um die gewünschten Reaktionen in genügend kurzer Zeit durchzuführen, müssen die Reaktionsteilnehmer in innige Berührung miteinander gebracht werden.

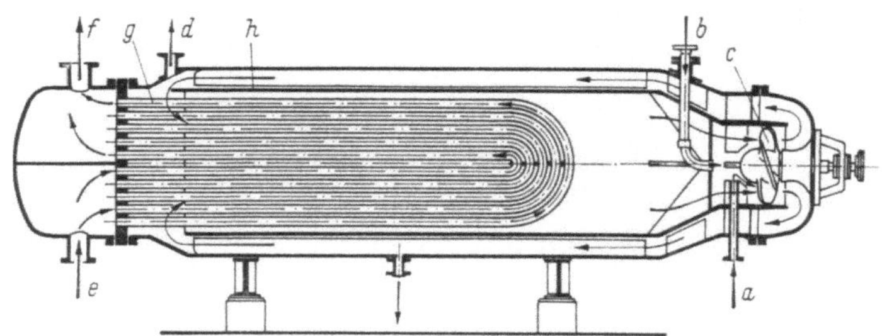

Abb. B-26. Alkylierungsreaktor mit eingebautem Verdampfungskühler.

a Eintritt für Einsatzgut;
b Eintritt für Schwefelsäure;
c Mischer (als einstufige Axialpumpe ausgeführt);
d Austritt des Säure-Kohlenwasserstoff-Gemisches;
e Eintritt der Kühlflüssigkeit;
f Austritt der teilweise verdampften Kühlflüssigkeit;
g Röhrenbündel für Kühlflüssigkeit;
h Führungsmantel für umzuwälzendes Säure-Kohlenwasserstoff-Gemisch.

Als Beispiel eines solchen Reaktors mit eingebautem Verdampfungskühler ist der in Abb. B-26 wiedergegebene sog. Contactor der Stratford Engineering Corp anzusehen. Er gehört zur Gruppe der *Propeller*-Reaktoren. Säure und Einsatzgut werden unmittelbar vor das am Ende des Apparates mit waagerechter Welle angeordnete Laufrad einer einstufigen Axialpumpe c geführt. Sie werden in diesem von außen angetriebenen Laufrad gut gemischt und umgewälzt. Es ist so bemessen, daß im beschriebenen Fall die 150- bis 300fache Menge des Durchsatzes umlaufen kann[1]. Das Gemisch wird gleich hinter dem Austritt aus dem

---

[1] PUTNEY, D. H., u. O. J. WEBB: Sulfuric Acid Alkylation. Petrol. Refiner 32 (1953) Nr. 9, S. 105/09. – Einzelheiten über die Bemessungen der Propeller und die Wahl der Drehzahl s. bei I. MAYER: Get Better Mixing for Sulfuric Acid Alkylation. Petrol. Refiner 42 (1963) Nr. 9, S. 165/71. – ALBRIGHT, L. F.: Alkylation: Chemical and Engineering Factors for Reactor Design. Chem. Engng. 73 (4. Juli 1966) Nr. 14, S. 119/26.

Propeller an der Gefäßwandung entlanggeführt und gekühlt. Außerdem ist zur weiteren Kühlung noch ein aus U-Rohren bestehendes Bündel g vorhanden. Dessen Rohrplatte wird ähnlich wie bei Verdampfern des Kettle-Typs zwischen dem am Mantel sitzenden Flansch und dem Flansch der unterteilten Vorkammer für den Ein- und Austritt des Kältemittels befestigt.

Andere ähnlich wirkende Bauarten sind die sog. *Zeit–Tank*-Reaktoren, stehende, zylindrische Gefäße, die im Inneren eine Anzahl von durchlochten Platten besitzen. Die aus Katalysator (Säure) und Kohlenwasserstoffen bestehende Flüssigkeit wird mittels einer außerhalb angebrachten Pumpe gefördert, durch das System gelochter Platten gepreßt und auf diese Weise gut gemischt. Zur Wärmeabfuhr dient ein außerhalb des Mischers angeordneter besonderer Kühler.

Bei *Düsen*-Reaktoren erfüllen besondere Mischdüsen die Aufgabe der Lochplatten. Da Düsen einen größeren Druckverlust haben als Lochplatten, kann man die Betriebsbedingungen so wählen, daß ähnlich wie beim Regelventil einer Kälteanlage das Reaktionsgemisch durch Verdampfen eines Teiles der im Überschuß vorhandenen Kohlenwasserstoffe (meist Butane) gekühlt wird. Schließlich sollen hier noch die sog. *Kaskaden*-Reaktoren der The M. W. Kellogg Co, Abb. B-27, erwähnt werden.

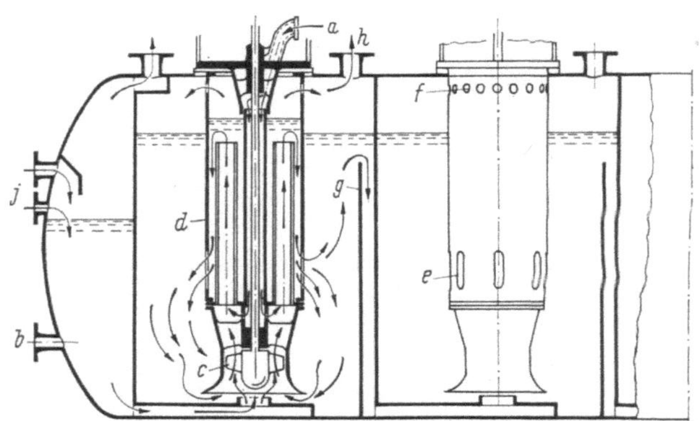

Abb. B-27. Kaskadenreaktor für Alkylierungsanlagen.

a Eintritt für Einsatzgut;
b Eintritt für Schwefelsäure;
c Mischer (als einstufige Axialpumpe ausgeführt);
d Gehäuse des Umwälzsystems;
e Austrittsschlitze für das Säure-Kohlenwasserstoff-Gemisch;
f Austrittslöcher für die Kohlenwasserstoffdämpfe;
g Wehr für Überlauf zur nächsten Kammer;
h Dämpfeaustritt;
j Eintritt für Rückfluß (Isobutan).

Es sind liegende Behälter, die in mehrere Kammern unterteilt sind. In jeder Kammer ist eine von außen angetriebene einstufige Axialpumpe *c* mit senkrechter Welle eingebaut, die ähnlich wie beim Propellerreaktor der Stratford Engineering Corp das im Reaktor befindliche Gemisch vielfach umwälzt und dabei miteinander gut in Berührung bringt. Die Kammern sind aber groß genug, so daß sich außerhalb der Mischvorrichtung eine mit Säure angereicherte Emulsion von einer kohlenwasserstoffreichen Phase trennen kann. Die Emulsion läuft der Pumpe unten wieder zu; die leichtere Kohlenwasserstoffphase kann über ein Wehr g zur nächsten Kammer überlaufen. Dadurch erreicht man eine stufenweise Konzentrationsänderung[1]. Auch hier dient die Verdampfung eines Teiles der Kohlenwasserstoffe zur Abfuhr der Reaktionswärme.

Die zuletzt beschriebenen Typen von Reaktoren können jedoch nur für die Alkylierung mit Schwefelsäure als Katalysator verwendet werden. Für die Alkylierung mit Flußsäure müssen sie zusätzlich mit Kühlbündeln ausgerüstet werden, weil sich infolge des bei rd. 20 °C liegenden Siedepunktes der Flußsäure eine Verdampfungskühlung mittels der Kohlenwasserstoffe wegen des zu geringen Siedepunktabstandes verbietet.

5. Die Raffinations- und Extraktionsanlagen

Bei allen Raffinations- und Extraktionsverfahren kommt es ähnlich wie beim Arbeiten mit flüssigem Katalysator darauf an, das Produkt mit dem Raffinations- und Lösungsmittel sehr gut zu mischen und anschließend durch Absitzenlassen die entstehenden Phasen zu trennen. Weil die dabei auftretenden Reaktionen praktisch ohne Wärmetönung ablaufen, bedarf es nicht der im vorhergehenden Abschnitt erörterten Maßnahmen zur Abfuhr von Wärme. Die in der Frühzeit der Entwicklung für absatzweises Arbeiten bei der Schmierölraffination viel verwendeten Agiteure sind heute fast vollkommen verlassen. Es waren verhältnismäßig große, stehende zylindrische Gefäße mit konischem Boden, meist auch mit Heizschlangen ausgerüstet, so daß man durch Umwälzen des Behälterinhaltes oder durch Einblasen von Luft durch einen Verteiler eine Mischung erreichen konnte. Nur kleine Mengen besonders zu behandelnder Erzeugnisse, wie z.B. Schmierfette, werden auch heute noch chargenweise hergestellt. Ansonsten werden aber in der Erdölindustrie fast ausnahmslos stetig arbeitende Apparate verwendet.

a) Mischer und Extrakteure

Für Zwecke der Extraktion läßt sich durch hintereinandergeschaltete *Blenden* in einer Rohrleitung eine Mischung des zu behandelnden Produktes und des Extraktionsmittels erzielen. Beide Stoffe müssen aber solche Eigenschaften haben, daß sie sich in einem nachgeschalteten Absitzbehälter wieder trennen. Dabei wird das Extraktionsmittel mit der zu lösenden Komponente angereichert. Näheres darüber folgt in den Abschn. H 2 und J 2a. Es darf sich aber beim Mischen keine Emulsion bilden, und der Unterschied der Dichte zwischen den beiden Stoffen muß groß genug sein. Deshalb eignen sich für Raffinations- und Extraktionsverfahren nur Lösungsmittel, bei denen diese Voraussetzungen erfüllt sind. Auch *Kreiselpumpen* sind als Mischer sehr wirksam und können gleichzeitig zum Mischen und zum Fördern dienen. Die Energiezufuhr,

---

[1] STILES, R.: The Alkylation Process. Petrol. Refiner 34 (1955) Nr. 2, S. 103/06.

die das Mischen bewirken soll, muß um so kleiner sein, je niedriger die Oberflächenspannungen der zu mischenden Flüssigkeiten sind. Das bedeutet, daß ihre Neigung zur Emulsionsbildung um so größer ist. Diese Beschränkung gilt für jede Art von Energieaufwand, sei es in der Pumpe selbst, sei es für einen durch die Pumpe zu überwindenden Druckverlust innerhalb einer besonderen Mischvorrichtung[1].

Gewöhnlich wird in mehreren Stufen im Gegenstrom gearbeitet, wie dies in Abb. B-28 schematisch dargestellt ist. Das frische Lösungsmittel wird mit dem schon weitgehend behandelten Produkt in Berührung gebracht, um die letzten Reste an Extrakt zu lösen. Aus dem nachgeschalteten Absitzbehälter kann dann das raffinierte Produkt und das der vorletzten Stufe zuzuführende Lösungsmittel abgezogen werden. Die weitere Wirkungsweise ist aus Abb. B-28 leicht zu erkennen.

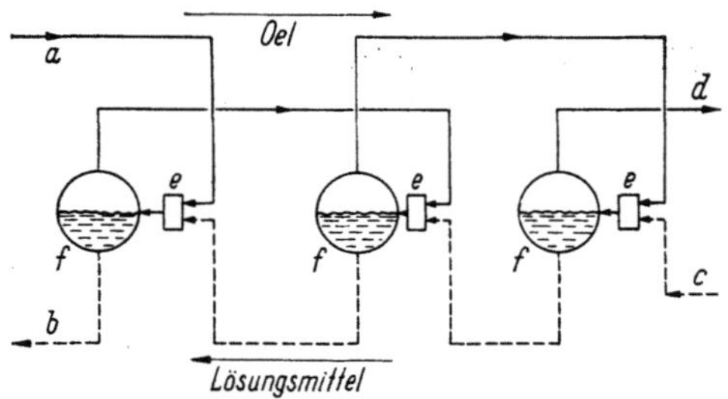

Abb. B-28. Schema einer dreistufigen Extraktion mit Mischern und Absitzbehältern.

a Eintritt des Einsatzgutes;
b Austritt des behandelten Produktes;
c Eintritt für frisches Lösungsmittel;
d Austritt des mit Extrakt angereicherten Lösungsmittels;
e Mischvorrichtung (Kreiselpumpe, Blende, Rührwerk oder ähnliches);
f Absitzbehälter.

Kolonnen ähnlicher Bauart wie Destillierkolonnen mit Glockenböden oder noch häufiger mit Raschigringfüllung oder mit Siebböden werden ebenfalls in der Erdölindustrie für Gegenstromextraktionen verwendet. Sie haben dann gleichzeitig die Aufgabe des Mischers und des Absitzbehälters. Man läßt das Medium mit der geringeren Dichte unten und das mit der höheren Dichte oben eintreten.

Wesentlich für die Wirksamkeit dieser Bauart ist, daß die Berührung der beiden Medien im Gegenstrom ausreicht, den gewünschten Stoffaustausch herbeizuführen, und daß die Unterschiede von Dichte und Oberflächenspannung der beiden Medien groß genug sind, um ein Mitreißen von Teilchen zu verhindern. Es müssen aber Vorkehrungen getroffen werden, damit sich keine „Gassen" bilden, d.h., daß die Medien nicht in Strähnen den Turm durchströmen, ohne innig miteinander in Berührung zu kommen. Bei Glockenböden ist dies weniger zu befürchten, doch sind sie nur dann ausreichend wirksam, wenn das Volumen des nach oben strömenden, leichten Mediums erheblich größer als das des nach unten strömenden, schweren gewählt werden kann. Nur dann ist zu erwarten, daß sich beide Medien in gewünschter Weise mischen,

---

[1] Vgl. dazu J. R. Connoly u. R. L. Winter: Approaches to Mixing Operation Scale-Up. Chem. Engng. Progr. 65 (1969) Nr. 8, S. 70/78.

wenn sich ähnlich wie beim Destillieren zwischen Flüssigkeits- und Dampfphase bei einer Gegenstromextraktionskolonne auf jedem Boden die Trennfläche zwischen schwerer und leichter Flüssigkeit in der Höhe des Wehres einstellt und sich die leichtere Flüssigkeit über den ganzen Turmquerschnitt verteilt, den Raum zwischen den Böden ausfüllt und durch die Glockenschlitze hindurchperlt[1].

Wenn die leichtere Flüssigkeit nur langsam aufwärts strömt, ist das Verhältnis der für den Stoffaustausch zur Verfügung stehenden Zeit zur gesamten Verweilzeit zu ungünstig und der Glockenboden trotz der guten Mischung, die er bewirkt, zu aufwendig und daher zu teuer. Mittels Siebböden kann man dann den gleichen Erfolg bei geringeren Baukosten erzielen[2]. Bei Raschigringen muß die ganze Füllhöhe der Kolonne in mehrere Pakete unterteilt werden, zwischen denen Verteilereinbauten eine gleichmäßige Durchmischung sichern.

Es wurden für den Zweck der Extraktion auch noch verschiedene andere Kolonneneinbauten vorgeschlagen, doch haben sie sich in der Erdölindustrie noch keine großen Anwendungsgebiete erobern können. Hierher gehören z.B. eng übereinander angeordnete Umlenkbleche, die bis auf abwechselnd versetzte Segmentöffnungen den ganzen Kolonnenquerschnitt bedecken. Die Flüssigkeiten – Raffinat und Lösungsmittel – werden im Gegenstrom in Schichten aneinander vorbeigeführt. Solche Einbauten können sich bei Emulsionsgefahr empfehlen, wenn andere nicht anwendbar sind.

Die Verwendung von stehenden Kolonnen hat neben geringerem Platzbedarf gegenüber liegenden Mischeinrichtungen den Vorteil, daß die beiden Medien bereits gut getrennt die Extraktionsvorrichtung verlassen. Je nach Lage des Falles muß entschieden werden, ob es notwendig ist, die Spuren des mitgerissenen zweiten Mediums zu entfernen, und auf welche Weise dies geschehen kann.

Man kann aber beim Extrahieren statt des einfachen Gegenstromes in der Kolonne auch Schaltungen mit Rückfluß sinngemäßer Art wie beim Destillieren anwenden. Dies ergibt sich aus theoretischen Überlegungen. Sie bieten die Möglichkeit, die Vorgänge in Extraktionskolonnen graphisch ähnlich wie die Zweistofftrennung im McCabe-Thiele-Diagramm darzustellen, obwohl beim Extrahieren wesensgemäß mindestens drei Stoffe beteiligt sein müssen, nämlich ein aus zwei oder mehr Stoffen bestehendes Gemisch und ein Lösungsmittel[3]. Dieses soll eine Komponente oder Stoffgruppe als Extrakt aus dem Rest, dem Solvat

---

[1] Mögli, A.: Optimumsprobleme der Gegenstrom-Extraktionskolonnen. Chem.-Ing.-Techn. 37 (1965) 210/13.

[2] Vgl. dazu C. J. Major u. R. R. Hertzog: Flow Capacities of Sieve-Plate Liquid-Extraction Columns. Chem. Engng. Progress 51 (1955) Nr. 1, S. 17-J/21-J.

[3] Vgl. W. L. Nelson: Petroleum Refinery Engineering, 4. Aufl., S. 366. – Badger, W. L., u. W. L. McCabe: a.a.O. S. 317ff. – Engelhard, F. J. W.: Chemische Operationen bei Anwesenheit von zwei flüssigen Phasen, in: Der Chemie-Ingenieur, hrsg. von A. Eucken u. M. Jakobs, Bd. III, Teil 3, Stuttgart: Enke 1939, S. 198/246. – Badger, W. L., u. J. T. Banchero: a.a.O. S. 340ff. – Ratte, H.: Berechnung der Trennschärfe bei der Flüssigkeitsextraktion. Erdöl u. Kohle 13 (1960) 646/50.

oder Raffinat abtrennen. Deshalb sind Dreieckdiagramme zur Darstellung von Extraktionsvorgängen anschaulicher[1].

Eine Schaltung, wie sie in Abb. B-29 wiedergegeben ist, empfiehlt sich dann, wenn erstens die einfache Gegenstrommischung in der Kolonne nicht genügt und dafür eine besondere Mischvorrichtung angewendet werden muß, zweitens aber das Absetzen in einem Trennbehälter allein ebenfalls nicht wirksam genug ist. Voraussetzung für ein einwandfreies Arbeiten ist aber, daß die Dichte des Lösungsmittels geringer als die des Extraktes und die des Raffinates ist. In Abb. B-29 ist angenommen, daß

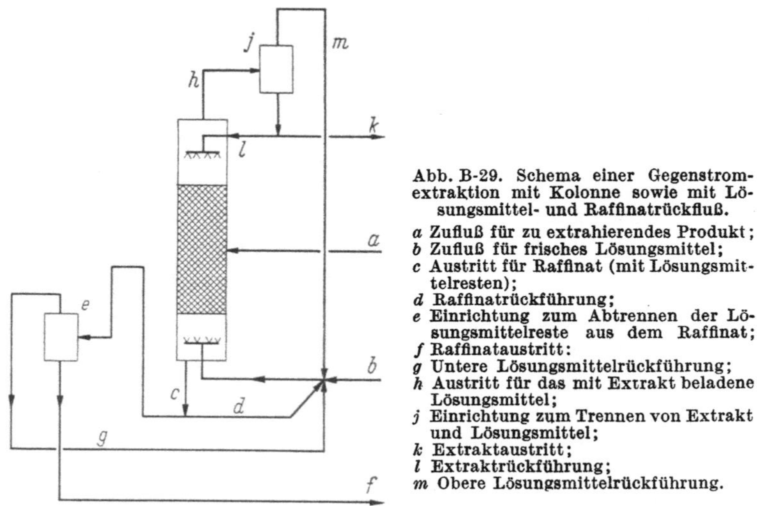

Abb. B-29. Schema einer Gegenstromextraktion mit Kolonne sowie mit Lösungsmittel- und Raffinatrückfluß.

a Zufluß für zu extrahierendes Produkt;
b Zufluß für frisches Lösungsmittel;
c Austritt für Raffinat (mit Lösungsmittelresten);
d Raffinatrückführung;
e Einrichtung zum Abtrennen der Lösungsmittelreste aus dem Raffinat;
f Raffinataustritt;
g Untere Lösungsmittelrückführung;
h Austritt für das mit Extrakt beladene Lösungsmittel;
j Einrichtung zum Trennen von Extrakt und Lösungsmittel;
k Extraktaustritt;
l Extraktrückführung;
m Obere Lösungsmittelrückführung.

der Extrakt leichter ist als das Raffinat. Dies ist aber nicht unbedingt erforderlich. Es können bei entsprechenden Dichten auch das Raffinat oben und das Extrakt unten abgenommen werden; doch ist dieser Fall selten.

Das aus dem zu behandelnden Produkt und dem Lösungsmittel bestehende Gemisch wird in der Mitte der Kolonne zugeführt. Die leichteren Anteile wandern nach oben, die schwereren nach unten, beide jeweils noch bis zu einem gewissen Grad mit der anderen Komponente beladen. Sowohl für den Extrakt wie auch für das Raffinat sind je ein Trennbehälter vorhanden. Aus dem für das Kopfprodukt wird genauso wie beim Destillieren der Rückfluß für die Kolonne und das Fertigprodukt entnommen. Beim Sumpf ist es sinnvoller, den Rückfluß vor dem Trennbehälter abzuzweigen, weil das Lösungsmittel vollständig in

[1] NELSON, W. L.: Petroleum Refinery Engineering, 4. Aufl., S. 369. – KORTÜM, G., u. H. BUCHHOLZ-MEISENHEIMER: a.a.O. S. 203 ff. – TREYBAL, R. E.: Liquid Extraction, New York/Toronto/London: McGraw-Hill 1951. – SHERWOOD, TH. K., u. R. L. PIGFORD: Absorption and Extraction, 2. Aufl., New York/Toronto/London: McGraw-Hill 1952.

die Kolonne zurückgeführt werden muß, eine besondere Abtrennung vom zurückgeführten Raffinat somit nicht erforderlich ist.

Von dem Gedanken ausgehend, die Form des stehenden Turmes beizubehalten, die Mischung jedoch durch mechanisch angetriebene Einbauten zu unterstützen, wurde offensichtlich in Anlehnung an die im

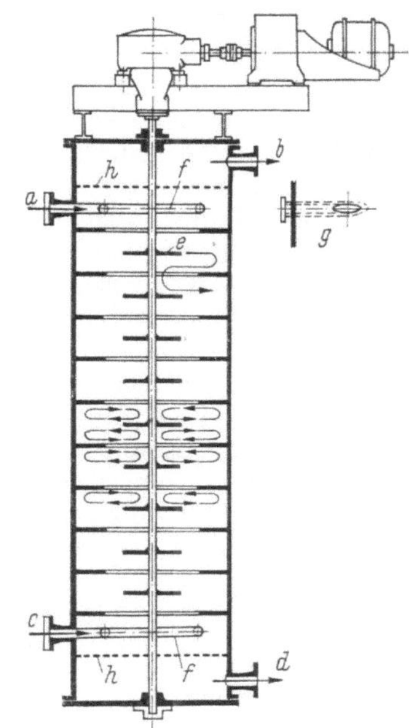

Abb. B-30. Drehscheibenextraktor, sog. Rotating Disc Contactor.

a Eintritt für das zu extrahierende Produkt;
b Austritt für Lösungsmittel und Extrakt;
c Eintritt für das Lösungsmittel;
d Austritt für das Raffinat;
e Umlaufende Scheiben;
f Verteilring mit Austrittsöffnungen in Richtung der umlaufenden Scheiben;
g Wahlweise Ausführung des Eintrittes tangential in Drehrichtung der Scheiben e;
h Siebboden.

Laboratorium gebräuchlichen Kolonnen mit rotierenden Einbauten im Forschungslaboratorium der Royal Dutch/Shell-Gruppe in Amsterdam der sog. Rotating Disc Contactor (RDC) entwickelt[1], vgl. Abb. B-30. Bei diesem wird ein außen angeordneter Antrieb verwendet; er dreht eine senkrechte Welle, auf der in gleichen Abständen Scheiben sitzen. Die an den umlaufenden Scheiben entlangströmenden Flüssigkeitsteilchen werden durch Fliehkraftwirkung versprüht und auf diese Weise mit

---

[1] REMAN, G. H.: A new effective extraction apparatus: The rotating disc contactor. 3. Welt-Erdöl-Kongreß, Den Haag 1951, Bericht III/8. – REMAN, G. H., u. R. B. OLNEY: The Rotating-Disc Contactor – a New Tool for Liquid–Liquid Extraction. Chem. Engng. Progress 51 (1955) Nr. 3, S. 141/46. – REMAN, G. H., u. J. G. VAN DE VUSSE: Applying RDC to Lube Extraction. Petrol. Refiner 34 (1955) Nr. 9, S. 129/34. – REMAN, G. H.: How to Size Rotating Disc Contactors. Petrol. Refiner 36 (1957) Nr. 9, S. 269/70. – STEMERDING, S., u. Mitarb.: Die Anwendung der „Rotating Disc"-Extraktionskolonne in der Erdölindustrie. Erdöl-Z. 77 (1961) 401/08. – MARPLE jr., S., K. E. TRAIN u. F. D. FOSTER: Deasphalting in a Rotating Disc Contactor. Chem. Engng. Progr. 57 (1961) Nr. 12, S. 44/48. – Die bei R. GOERZ u. G. HOFFMANN: Die Entwicklung und der Einsatz von Drehscheibenextrakteuren in Entphenolungsanlagen. Chem. Techn. 16 (1964) 80/85 erwähnte Bauart gleicht nach der Quelle vollkommen der vorerwähnten.

der zweiten Flüssigkeit gut durchmischt. Eine Dichtedifferenz ist aber wie bei anderen stehenden Extraktoren erforderlich, um eine Abwärtsbewegung der einen (schwereren) Flüssigkeit zu erreichen. Durch Abschleudern der feinverteilten Flüssigkeit vom Umfang der umlaufenden Scheiben wird die Extraktionswirkung unterstützt. Dies ist im Unterteil des Extraktors mit dem frischen Lösungsmittel der Fall, das auf diese Weise in dem bereits weitgehend vom Extrakt befreiten Raffinat verteilt wird. Weiter oben wird eine Mischung von teilweise mit Extrakt beladenem Lösungsmittel und teilweise extrahiertem Produkt von den Scheiben abgeschleudert. Die Zusammensetzung verschiebt sich bis zur obersten Scheibe schrittweise. Die Siebböden oberhalb und unterhalb des Eintrittes sind erforderlich, um die umlaufende Strömung abzubremsen und in den beruhigten Räumen eine Phasentrennung zu ermöglichen. Wenn das bei *c* eintretende Lösungsmittel stark dispergiert wird und nur einen gewissen kleineren Anteil des Einsatzgutes extrahiert, stellt sich die Phasentrennfläche im Kopf des Extraktors oberhalb des Siebbodens ein. Wenn aber der Extraktor zum Ausfällen, wie z. B. beim Entasphaltieren mittels Propan, benutzt wird, das Lösungsmittel also den größeren Teil des Einsatzgutes aufnimmt und dieses daher oben in das beladene Lösungsmittel dispergiert wird, trennen sich die Phasen im Sumpf des Extraktors, wenn die nach unten wandernden, ausgefällten schwereren Asphaltene Zeit haben zu koagulieren.

Von ähnlichen Gesichtspunkten ausgehend, wie sie für die Bauart des im vorhergehenden Abschnitt erwähnten Kaskadenreaktors maßgebend waren, wurden mehrstufige *Extrakteure* entwickelt. Als Beispiel dafür zeigt Abb. B-31 ein in mehrere Kammern unterteiltes, liegendes

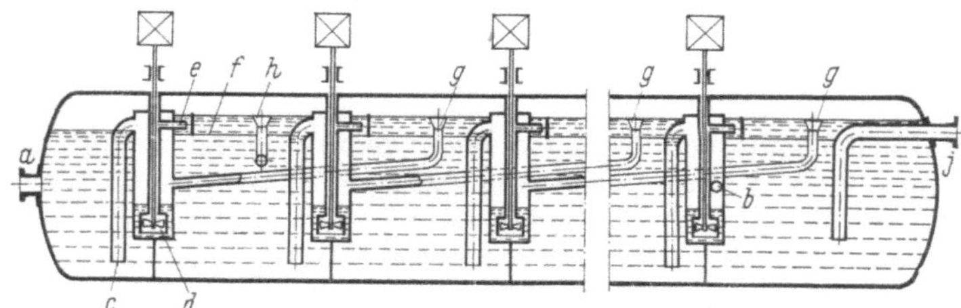

Abb. B-31. Mehrstufiger Extraktor.

a Eintritt des zu behandelnden Produktes;
b Zulauf für frisches bzw. regeneriertes Lösungsmittel;
c Überlauf für das zu behandelnde Produkt zur Mischkammer;
d Mischpumpe;
e Austritt des Gemisches aus der Pumpe;
f Trennschicht;
g Lösungsmittelüberlauf zur Mischkammer;
h Ablauf für angereichertes Lösunsgmittel;
j Austritt für behandeltes Produkt.

zylindrisches Gefäß. Eine in jeder Kammer befindliche Mischpumpe mit senkrechter Welle und außen befindlichem Antriebsmotor mischt die zu extrahierende Flüssigkeit mit dem Extraktionsmittel. Raffinat und Extrakt trennen sich in der Kammer infolge ihrer Dichteunterschiede. Durch Überläufe wird erreicht, daß ein vollkommener Gegenstrom entsteht. Das regenerierte Lösungsmittel wird an einem Ende des Apparates dem in den vorhergehenden Stufen behandelten Raffinat zugegeben, so daß noch die letzten Spuren der zu extrahierenden Stoffe gelöst werden können. Das Lösungsmittel reichert sich von Stufe zu Stufe an und wird aus der ersten Kammer, in die es nach Mischung mit dem noch unbehandelten Gemisch gelangt, abgezogen. In der Wirkungsweise gleicht ein solcher Extrakteur einer gleichstufigen, aus Mischer und Absitzbehälter nach Abb. B-28 aufgebauten Anlage.

b) Die Kratzkühler

Insbesondere beim Raffinieren von Schmieröl muß das zum Erreichen tiefer Trübungs- und Stockpunkte nötige Ausfällen von Paraffin oft durch Anwendung von Kälte unterstützt werden. Kühler üblicher

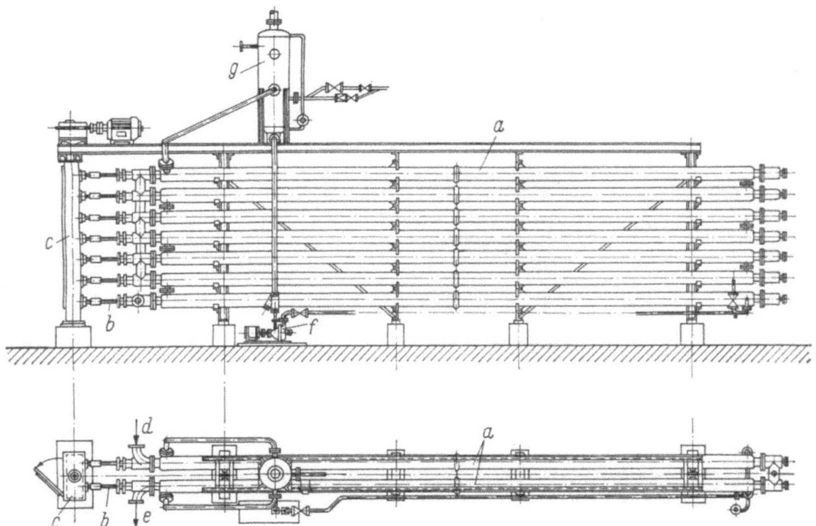

Abb. B-32. Ansicht und Grundriß eines Kratzkühlers (Verdampfer einer Kälteanlage).

a Doppelrohr;
b Antriebswelle für spindelförmige Kratzer, Drehzahl rd. 10 bis 12 U/min;
c Gehäuse für Hauptantrieb mit Schnecken und Schneckenrädern;
d Eintritt für das zu entparaffinierende Öl;
e Austritt für das zu entparaffinierende (kalte) Öl;
f Umlaufpumpe für Ammoniak als Kältemittel;
g Trenngefäß (Flüssigkeitsabscheider) des Kältemittelverdampfers.

Bauart können aber nicht verwendet werden, weil die vom Kältemittel innen durchflossenen Rohre binnen kurzem mit einer Paraffinschicht überzogen wären. Dadurch würde der Wärmeübergang derart beeinträchtigt, daß der Apparat bald verstopft und wirkungslos wäre. Man hat deshalb eine besondere, in Abb. B-32 wiedergegebene Bauart von Doppelmantelkühlern entwickelt, die sog. Kratzkühler (Chiller). Das Kältemittel – meist verdampfendes Ammoniak – fließt durch das innere Rohr, das zu entparaffinierende Öl durch den äußeren Mantel. Die Paraffinkristalle scheiden sich vornehmlich in der Nähe der Wand des Innenrohres ab, haften an dieser und werden durch ein langsam gedrehtes, schraubenförmiges Flacheisenband (Kratzer) ständig abgeschabt. Sie werden dann durch den Ölstrom fortgespült und in den noch zu beschreibenden Filtern aus dem Öl entfernt.

Wie die Abbildung zeigt, sind die Antriebe aller Kratzer an der Stirnseite der Kühler zusammengefaßt. Dazu dienen Schnecken und Schneckenräder. Den für die Durchführung der Antriebswellen erforderlichen Stopfbüchsen ist besondere Aufmerksamkeit zu widmen. Außerdem müssen die Kratzer elastisch geführt werden und genügend Spiel gegenüber dem Innen- und Außenrohr haben, damit sie nicht klemmen und durch den Antrieb verformt werden. Infolge des Spieles bleibt ein dünner Paraffinfilm auf dem Innenrohr haften, der den Wärmeübergang sehr verschlechtert. Er muß bei der Berechnung der Apparate als ständig vorhanden berücksichtigt werden.

c) Die Filter

Bei Raffinations- und Extraktionsverfahren kann aus zweierlei Gründen die Aufgabe auftreten, fein verteilte Feststoffe aus den Pro-

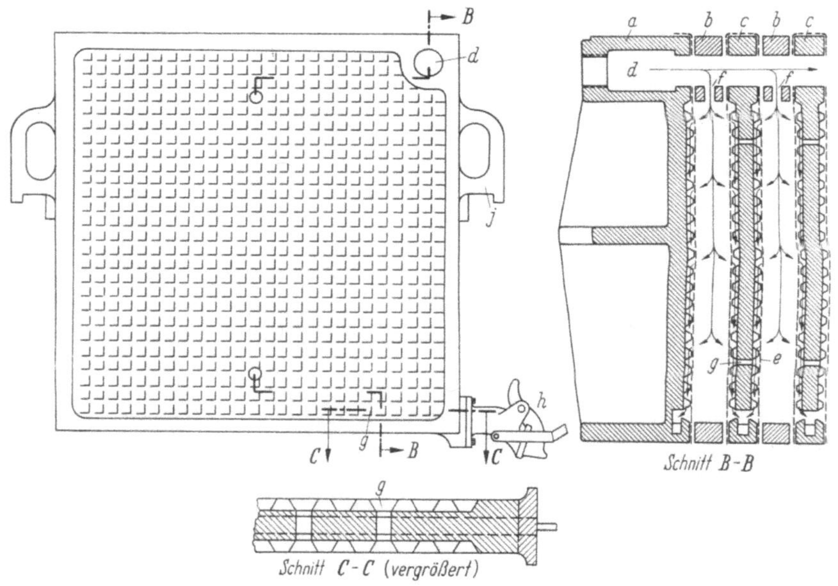

Abb. B-33. Schnitt durch eine Rahmenfilterpresse.

a Kopfstück;
b Rahmen;
c Geriffelte Platte;
d Massekanal;
e Filtertuch, über Platte c gespannt;
f Öffnung für den Eintritt in den Rahmen;
g Öffnungen für den Eintritt in den Abflußkanal der Platte;
h Ablauf und Verschluß;
j Griffe, als Auflagepratzen ausgebildet.

dukten zu entfernen. Der eine Fall ist dann gegeben, wenn mit feinkörnigen Adsorptionsmitteln gearbeitet wird, um Begleitstoffe, die z. B. die Farbbeständigkeit der Fertigprodukte beeinträchtigen könnten, zu entfernen. Dieses Ziel wird am besten durch eine innige Mischung erreicht, vorausgesetzt, daß es möglich ist, diese in der Regel anorganischen

Adsorbenzien, wie Fullererde u. ä., aus dem Produkt wieder zu entfernen. Die zweite Aufgabe tritt dann auf, wenn es bei der Raffination gelingt, unerwünschte Stoffe – z. B. Paraffine im Schmieröl – durch Anwendung tiefer Temperaturen in feinster Kristallform auszuscheiden wie in den vorerwähnten Kratzkühlern. Auch dann liegt eine ähnliche Aufgabe wie im ersten Fall vor.

Als zweckmäßige Bauformen haben sich dafür Filterpressen und Vakuumfilter erwiesen[1]. In der chemischen Technik verwendet man einfache Filter – mit Kies, Sand, Koks oder sonstigen körnigen Stoffen gefüllte Gefäße – meist dann, wenn es sich darum handelt, kleine Mengen feinster Stoffe aus großen Flüssigkeitsmengen abzuscheiden. Diese werden in der Erdöltechnik nur selten benutzt, besonders dann nicht, wenn die abgefilterten Feststoffe gewonnen werden sollen. Dies ist aber z. B. beim Entparaffinieren von Schmieröl der Fall.

α) **Filterpressen.** Die Filterpresse wird in zahlreichen Zweigen der chemischen Industrie angewendet. Als Beispiel zeigt Abb. B-33 den schematischen Schnitt durch einen Teil einer Rahmenfilterpresse. Sie hat ihren Namen daher, weil auf kräftigen Längsträgern verschiebbare Rahmen und mit Filtertüchern bespannte, mit zahlreichen Kanälen versehene Platten abwechselnd mit Hilfe einer kräftigen Schraubenspindel zusammengepreßt werden. Die zusammengebaute Filterpresse zeigt Abb. B-34. Das zu filtrierende Produkt tritt durch den sog. Massekanal in die einzelnen Rahmen ein und kann nur abfließen, wenn es durch die Filtertücher hindurchgetreten ist und so dem in jeder Platte befindlichen, mit einem Hahn versehenen Ablauf zuströmen kann. Der

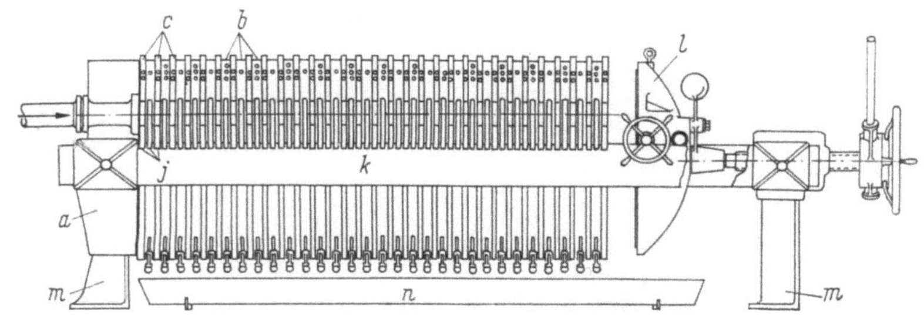

Abb. B-34. Gesamtansicht einer Rahmenfilterpresse.

a bis *j* wie in Abb. B-33;
k Träger (beidseitig) für Rahmen und Platten;
l Preßplatte;
m Lagerböcke;
n Ablaufrinne für Filtrat.

[1] Über Berechnungsverfahren und Bauformen s. P. GRASSMANN: Physikalische Grundlagen der Chemie-Ingenieur-Technik (Grundlagen der chemischen Technik, Bd. 1), Aarau u. Frankfurt/M.: Sauerländer 1961, S. 721/25. – VAUK, W. R. A., u. H. A. MÜLLER: Grundoperationen chemischer Verfahrenstechnik, Dresden u. Leipzig: Steinkopf 1962, S. 92/110. – Lehrbuch der chemischen Verfahrenstechnik, hrsg. von G. ADOLPHI, Leipzig: Deutscher Verlag für Grundstoffindustrie 1967, S. 248/81. – ULLRICH, H.: Mechanische Verfahrenstechnik, Berlin/Heidelberg/New York: Springer 1967, S. 286/99. – Außerdem P. LELEC: Die Kompressibilität der Filterkuchen. Chem. Techn. 20 (1968) 264/73. – DOHNAL, J.: Die mechanischen Eigenschaften des Filterkuchens und ihr Einfluß auf die Form der allgemeinen Filtergleichung; ebd. S. 273/76.

Filterkuchen baut sich auf den Tüchern innerhalb des Rahmens auf; der Ablauf aus jeder Platte kann überwacht werden. Sollte ein Filtertuch reißen, was wegen der anzuwendenden Drücke vorkommen kann und sich an einer Trübung des Ablaufes bemerkbar macht, so kann die betreffende Platte durch Schließen des Ablaufhahnes ausgeschaltet werden. Auf diese Weise vermeidet man, daß wegen einer solchen Störung die ganze Charge nochmals filtriert werden muß. Nähere Einzelheiten von Filterpressen sind im Schrifttum beschrieben[1].

Die Filterpresse gestattet nur ein absatzweises Arbeiten, weil sie, wenn der Filterkuchen eine gewisse Dicke erreicht hat, geöffnet, jeder einzelne Kuchen von den Filtertüchern abgestreift, die Presse gereinigt und dann wieder zusammengebaut werden muß. Sie eignet sich daher nur dort, wo das behandelte Produkt die dadurch entstehende Belastung mit erheblichen Lohnkosten verträgt.

β) **Trommelfilter.** Für einen stetigen Betrieb sind die sog. Trommelfilter besser geeignet, besonders dann, wenn mit Vakuum gearbeitet werden kann. Bei Trommelfiltern taucht eine mit Filtertuch oder sehr engmaschigem metallischem Gewebe bespannte Trommel, die sich langsam um eine horizontale Achse dreht, in die zu filtrierende Flüssigkeit. Die schematische Darstellung eines solchen Trommelfilters zeigt Abb. B-35.

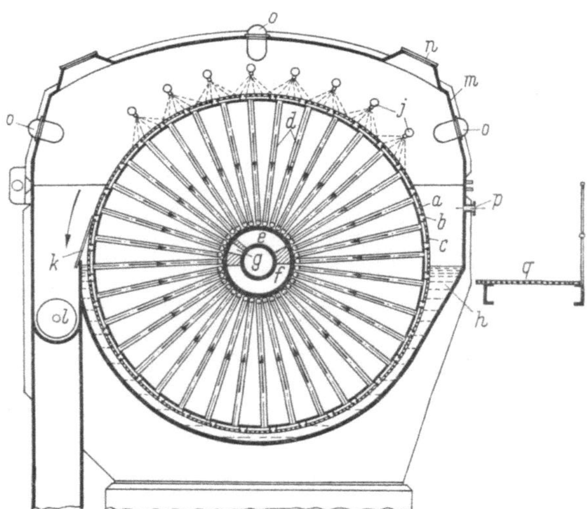

Abb. B-35. Schematischer Schnitt durch ein unter Vakuum arbeitendes Trommelfilter.

a Trommel;	*j* Zuläufe für Waschflüssigkeit;
b Trennleisten;	*k* Schaber für Paraffinkuchen;
c Filtermittelträger;	*l* Austragschnecke;
d Rohre (mit dem Ringraum des Steuerkopfes verbunden, dieser hier nicht dargestellt);	*m* Vakuumdichtes Gehäuse;
e Kammer für Wasch- und Trockenzone;	*n* Schauglas;
	o Explosionsgeschützte Glühlampen;
f Kammer für Filtrat;	*p* Gasanschluß;
g Kammer für Druckluft (zum Abheben des Filterkuchens);	*q* Bedienungsbühne (Unterstützungskonstruktion nicht dargestellt).
h Zu entparaffinierendes, tiefgekühltes Öl;	

---

[1] BADGER, W. L., u. W. L. McCABE: a.a.O. S. 348ff. – BADGER, W. L., u. J. T. BANCHERO: a.a.O. S. 557ff.

Das Innere der Trommel ist durch radial angeordnete Wände in mehrere Kammern unterteilt. Das darin erzeugte Vakuum veranlaßt die zu filtrierende Flüssigkeit, durch den Filterbelag radial nach innen zu strömen. Die Drehzahl der Trommel, die sehr niedrig ist, wird so eingestellt, daß sich ein ausreichend dicker Filterkuchen bildet. Das Vakuum wird auch in dem aus der Flüssigkeit wieder ausgetauchten Teil der Trommel während des Weiterdrehens noch eine Zeitlang aufrechterhalten, um durch Saugwirkung den im Filterkuchen verbleibenden Rest des Raffinates zu gewinnen. Erst dann wird durch eine Steuerung die zugehörige Trommelzelle unter Druck gesetzt, damit der Filterkuchen gelockert wird und sich mittels einer Abstreifvorrichtung vom Filterbelag abheben läßt. Wenn die Zelle wiederum vollkommen in die Flüssigkeit eingetaucht ist, wird sie erneut mit der Vakuumeinrichtung verbunden[1].

d) Die Schleudern (Zentrifugen)

Gemenge von Flüssigkeiten unterschiedlicher Dichte, die kein echtes Gemisch bilden, lassen sich durch Zentrifugen trennen. Das gleiche gilt für die Abscheidung von Feststoffen aus Flüssigkeiten. Da die wirksamen Fliehkräfte ein Vielfaches der Erdbeschleunigung betragen, kann eine Zentrifuge in viel kürzerer Zeit die gleiche Trennung herbeiführen, für die sonst ein Absitzbehälter mit großer Verweilzeit vorgesehen werden müßte. Man hat deshalb Zentrifugen in Erdölbetrieben angewendet, z.B. um Wasser aus Rohöl abzuscheiden. Auch in der Schmierölfabrikation und bei Extraktionsverfahren für andere Zwecke können Zentrifugen verwendet werden. Soweit es sich um eine Trennung reiner Flüssigkeiten handelt, können sie stetig betrieben werden. Sofern aber – wenn auch nur in geringer Menge – Verunreinigungen vorhanden sind, die in der Zentrifuge zurückbleiben, muß diese von Zeit zu Zeit stillgesetzt und gereinigt werden. Dazu kommt, daß Zentrifugen elektrisch angetrieben werden müssen, was früher, als die explosionsgeschützten Bauarten der elektrischen Ausrüstung noch nicht so zuverlässig waren wie heute, wiederholt zu Bränden Anlaß gegeben hat. Deshalb erfreuen sich Zentrifugen in der Erdölindustrie keiner besonderen Beliebtheit und werden in neu zu errichtenden Anlagen nur mehr für ganz besondere Zwecke angewendet. Angaben über die auf dem Markt befindlichen Bauformen können den Druckschriften der wenigen, spezialisierten Hersteller entnommen werden.

6. Die Förderung flüssiger und gasförmiger Medien

Es genügt im Rahmen dieses Buches, nur die Förderung flüssiger und gasförmiger Medien zu behandeln, weil bei der Erdölverarbeitung die Förderung fester Medien sehr selten vorkommt. Ist dies doch der Fall,

---

[1] Über die Berechnung s. C. D. HOLLAND u. F. J. WOODHAM: Exact calculation methods for Continuous Vacuum Rotary Filters. Petrol. Refiner **35** (1956) Nr. 2, S. 149/51. – Zur gekapselten Bauart von Filtern s. D. K. FLEMING u. D. A. DAHLSTROM: Enclosed continuous filtration equipment. Chem. Engng. **Progr. 59** (1963) Nr. 7, S. 62/67.

wie z.B. bei Verkokungsanlagen, Schwefelgewinnungsanlagen oder bei
der Gewinnung von Paraffin in fester Form, so handelt es sich im allgemeinen dabei um Aufgaben, deren Lösung der Fördertechnik keine
Schwierigkeiten bereitet, die jedoch für den Raffineriebetrieb nicht als
typisch angesehen werden können. Gewisse Sonderaufgaben liegen bei
der Herstellung von Schmierölen und Schmierfetten vor, weil diese vielfach bereits im Werk in kleine Gebinde abgefüllt werden. Desgleichen
stellt das Abfüllen von Flüssiggas in Flaschen eine Besonderheit dar.
Es ist deshalb berechtigt, als allgemein benutzte Arbeitsmaschinen zur
Förderung der flüssigen und gasförmigen Produkte im Raffineriebetrieb
ausschließlich Pumpen, Verdichter und Strahlapparate zu erörtern.

a) Die Pumpen

Zum Fördern flüssiger Medien dienen im Raffineriebetrieb hauptsächlich Kreisel- oder Kolbenpumpen. Die Betriebseigenschaften dieser
beiden Typen weisen grundlegende Unterschiede auf, die den Einsatz
der einen oder anderen Art bestimmen und so die Verwendungsgebiete –
mit einer gewissen Überdeckung – gegeneinander abgrenzen. Während
bei Kreiselpumpen große Förderhöhen nur mit höheren Drehzahlen und
mit größeren Stufenzahlen erreicht werden können und diese Maschinenart
nur bei großem Förderstrom wirtschaftlich vertretbar ist, können Kolbenpumpen große Förderhöhen bei kleinem Durchsatz bei guten Wirkungsgraden erreichen. Der Grund dafür ist die Abhängigkeit des Wirkungsgrades der Kreiselpumpen vom Verhältnis des Förderstromes Q zur
Förderhöhe H; bei Kolbenpumpen ist der Wirkungsgrad praktisch unabhängig vom Verhältnis Q/H. Die Anwendung von Kreiselpumpen ist
außerdem durch die Zähigkeit der zu fördernden Flüssigkeit begrenzt.
Überschreitet die kinematische Zähigkeit bei Betriebstemperatur Werte
von 530 bis 760 cSt (= 70 bis 100 °E), so ist bei Kreiselpumpen kein einwandfreies Arbeiten zu erwarten. Die genannten Werte sind die Zähigkeit, wie sie etwa Motorenschmieröl der Klasse SAE 5 W bei rd. – 10 °C
nach DIN 51511 aufweist[1]. So hohe Zähigkeiten besitzen aber nur sehr
wenige Produkte bei Betriebstemperatur. Aus diesem Grund und wegen
der großen, in modernen Raffinerien zu fördernden Mengen können
heute vorzugsweise Kreiselpumpen verwendet werden. Wenn es aber
darauf ankommt, größere Mengen zähflüssiger Produkte mit Sicherheit
auch bei tiefen Temperaturen zu fördern, so eignen sich statt der Kolbenpumpen dafür besonders Schraubenpumpen.

α) **Kreiselpumpen.** In Anlehnung an die für die Förderung von heißem Speisewasser auf hohe Drücke für den Kraftwerksbetrieb entwickelten Gliederpumpen wurden bisher die gleichen Bauarten für ähnliche
Aufgaben zur Förderung von Erdölprodukten im Raffineriebetrieb verwendet. Sie sind dadurch gekennzeichnet, daß die feststehenden Um-
lenkteile für jede Stufe mit den zugehörigen Laufrädern axial zusammen-

---

[1] Für sicheren Kaltstart soll z.B. die kinematische Zähigkeit des viskosesten
Winteröles SAE 20 W bei – 17,8 °C (= 0 °F) nicht mehr als 7575 cSt (= 1000 °E)
betragen.

gebaut werden. Vor mehreren Jahren wurden für Raffineriezwecke die sog. Prozeßpumpen entwickelt. Bei diesen lassen sich die fliegend angeordneten Laufräder ohne Lösen der Rohrleitungen an den Saug- und Druckstutzen axial herausziehen. Sie können jedoch nur mit ein oder zwei Stufen gebaut werden, was eine für viele Zwecke ausreichende Förderhöhe ergibt. Diese Bauart gibt die Möglichkeit, Reparaturen an der Pumpe selbst in kurzer Zeit ohne weitere Demontagen durchzuführen. Da viele Einzelteile für solche Pumpen trotz verschiedener Leistung gleiche Abmessungen haben, vereinfachte sich die Ersatzteilhaltung.

Wenn auf hohe Drücke gefördert werden muß, wie z. B. bei den Einsatzpumpen für Reforming-Anlagen, wird die Gliederpumpe weiterhin verwendet, allerdings in einer für Zwecke der Erdöl- und chemischen Industrie abgewandelten Bauart, indem der Gliederteil in ein eigenes Topfgehäuse eingesetzt wird. Dieses ist axial geteilt.

Um bei den Pumpen noch genügend Reserve beim Fahren der Anlage zur Verfügung zu haben, insbesondere zur Förderung des Rückflusses zu den Kolonnen, sollten die Typen so ausgewählt werden, daß der Betriebspunkt etwa 10% vor dem Optimum auf der Q,H-Linie, der sog. Pumpencharakteristik, liegt[1]. Weiterhin ist bei der Auswahl von Kreiselpumpen an Hand der von den Herstellerfirmen angegebenen Q,H-Kurven darauf zu achten, daß das Verhalten der Pumpe bis zu den kleinsten verlangten Fördermengen stabil bleibt. Auch soll die Kennlinie bei Vergrößerung der Fördermenge über den gedachten Betriebspunkt hinaus nicht zu steil abfallen, weil sonst die Reserve zu knapp ist. Es erweist sich beim Bau von Anlagen nicht selten als notwendig, zusätzliche Regler einzubauen oder die Reglercharakteristik vorgesehener Regler so zu ändern, daß ein höherer Druckverlust entsteht. In solchen Fällen darf die Pumpe in ihrem Betriebsverhalten nicht bereits die Grenze erreichen.

Von größter Wichtigkeit ist die Kenntnis der Druckverhältnisse am Saugstutzen der Pumpe. Ein störungsfreier Betrieb ist nur möglich, wenn innerhalb der Pumpe keine Kavitation (Dampfbildung) auftritt; d. h., an keiner Stelle der Strömung darf der Druck unter den Sättigungsdruck sinken, der der Flüssigkeitstemperatur entspricht. Maßgebend dafür ist der sog. Haltedruck oder im angelsächsischen Sprachgebrauch NPSH-Wert (Net Positive Suction Head). Bei vertikaler Welle können Topfpumpen außerdem so tief in einem Zulaufbehälter unter Flur angeordnet werden, daß ein einwandfreier Betrieb auch bei kleinsten NPSH-Werten am Saugstutzen gesichert ist. Sie werden vorzugsweise zur Förderung von Flüssiggasen benutzt, weil diese in den Behältern meist in der Nähe ihres Siedepunktes gelagert werden müssen, daher die Gefahr des Ausgasens bei zu niedriger Zulaufhöhe am größten ist.

---

[1] Dabei bedeutet Q die Fördermenge, H die Förderhöhe. Näheres bei A. J. STEPANOFF: Radial- und Axialpumpen. Übersetzung der 2. Aufl. durch A. HALTMEIER, Berlin/Göttingen/Heidelberg: Springer 1959. – PFLEIDERER, C.: Die Kreiselpumpen für Flüssigkeiten und Gase, 5. Aufl., Berlin/Göttingen/Heidelberg: Springer 1961. – FUCHSLOCHER/SCHULZ: Die Pumpen, 12. Aufl., bearbeitet von H. SCHULZ, Berlin/Heidelberg/New York: Springer 1967.

Zum Abdichten der Wellenführungen hat in den letzten Jahren in zunehmendem Maße die Schleifringdichtung Bedeutung gewonnen[1]. Sie hat sich überall dort, wo reine Produkte gefördert werden, gut bewährt, hingegen ist sie gegen Verunreinigungen, wie sie besonders beim Anfahren neuer Anlagen zu erwarten sind, sehr empfindlich. Deshalb sollte für den Anfahrbetrieb die Hauptmaschine zunächst mit Packungen ausgerüstet sein und erst später auf Schleifringdichtung umgestellt werden.

β) **Kolbenpumpen.** Neben den oben bereits erwähnten Möglichkeiten, bei kleinen Mengen große Förderhöhen bei guten Wirkungsgraden zu erreichen, haben Kolbenpumpen wie alle Verdrängerpumpen unverkennbare Vorteile bei der Förderung hochviskoser Produkte. Sie haben den Vorteil, ohne zusätzliche Maßnahmen selbst anzusaugen. Befindet sich allerdings die zu fördernde Flüssigkeit im Siedezustand, so muß das Produkt aus einer Höhe von einigen Metern zulaufen, auch wenn ein Abreißen der Flüssigkeit in der Saugleitung keine so nachteiligen Folgen hat wie bei Kreiselpumpen.

Bei der weitgehenden Elektrifizierung der Raffinerien, gefördert durch die Entwicklung explosionsgeschützter Schaltgeräte und Motoren, entfällt auch der früher vorhanden gewesene Anreiz, Kolbenpumpen deshalb vorzuziehen, um die Möglichkeit des schwungradlosen Dampfantriebes zu haben, wie er bei den Simplex- und Duplexpumpen verwirklicht ist. Man findet diese Maschinen in neuzeitlichen Erdölverarbeitungsanlagen meist nur noch in der Schmierölfabrikation, weil erstens deren Durchsatzmengen verglichen mit den Anlagenteilen, in denen Rohöl verarbeitet sowie Kraftstoffe und Heizöle hergestellt werden, verhältnismäßig klein sind und weil zweitens die Kolbenpumpe bei der Förderung hochviskoser Produkte – wie bereits erwähnt – Vorteile hat. Dabei soll nicht übersehen werden, daß durchaus die Möglichkeit besteht, Kolbenpumpen, die meist mit 100 bis 300 U/min laufen, auch elektrisch über Zahnradvorgelege anzutreiben, um schnellaufende, billige Motoren verwenden zu können. Denn der Dampfantrieb ist wegen der kleinen Leistungen – verglichen mit den in Kraftwerken aufzustellenden Turbinen – bei solchen Kolbenpumpen ziemlich unwirtschaftlich und zwingt außerdem wegen des Öles im Abdampf zu besonderen Maßnahmen im Niederdruckdampfnetz der Raffinerie, die unerwünschte Komplikationen ergeben. Nur wenn der Abdampf unmittelbar als Strippdampf verwendet wird, stört sein Ölgehalt nicht.

Dieser Abschnitt wäre unvollständig, wenn nicht die von Hand, elektrisch oder pneumatisch regelbaren Dosierpumpen erwähnt würden. Dosierpumpen sind Kolbenpumpen für kleinste Mengen, deren Hub sowohl im Stillstand als auch während des Betriebes verstellt und damit die Fördermenge geregelt werden kann. Solche Pumpen werden z.B. zum Dosieren von Inhibitoren benutzt.

γ) **Verdrängerpumpen.** Mit Verdrängerpumpen bezeichnet man im Deutschen alle Arten rotierender Pumpen, bei denen die Förderung der

---

[1] JACKSON, CH.: Practical Guide to Mechanical Seals. Hydrocarb. Procssg. 47 (1968) Nr. 1, S. 100/09.

Flüssigkeit dadurch erzielt wird, daß ein oder mehrere Verdrängerkörper, die gut abgedichtet in einem Gehäuse geführt werden, die Flüssigkeit vor sich herschieben und in den dadurch entstehenden Hohlraum nachsaugen[1]. Man kann grundsätzlich zwei Bauarten unterscheiden. Entweder werden in einem im Gehäuse exzentrisch angeordneten und sich axial drehenden, zylindrischen Körper Schieber bewegt, die gegen die Gehäusewand abdichten und dadurch einzelne Kammern bilden. Deren Volumen ist an der Seite, wo der zylindrische Körper das Gehäuse berührt, null und durchläuft bei jeder Umdrehung an der entgegengesetzten Seite ein Maximum. Diese Bauart nennt man vielfach auch *Drehkolben*pumpen. Zur zweiten Art gehören die *Zahnrad*pumpen und die *Schrauben*pumpen, für die sehr selten der Ausdruck Spindelpumpen gebräuchlich ist[2].

Zahnradpumpen werden sehr häufig als direkt von der Maschinenhauptwelle angetriebene Schmierölpumpen von Dampf- und Gasturbinen, Turbokompressoren und Verbrennungsmotoren benutzt. Von der Flüssigkeit angetrieben können sie als eichfähige Zähler verwendet werden. Bei den Schraubenpumpen fördern zwei achsengleiche, ineinandergreifende Schraubenspindeln die Flüssigkeit in Achsrichtung in den Hohlräumen, die sich zwischen den Schraubengängen und dem Gehäuse bilden. Solche Pumpen werden gerne verwendet, wenn z. B. zähflüssige Produkte wie Bitumina oder andere Vakuumrückstände gefördert werden sollen, besonders wenn fallweise die Temperatur unter den im Betrieb normalerweise eingehaltenen Wert sinken kann. Mitunter werden sie als Reserve neben einer Kreiselpumpe aufgestellt.

Der Vorteil der Verdrängerpumpen gegenüber Kolbenpumpen besteht darin, daß sie mit hoher Drehzahl laufen und daher durch Elektromotoren gleicher Drehzahl angetrieben werden können. Sie können so wie die Kolbenpumpen selbst ansaugen. Jedoch weisen sie keine hin- und hergehenden Teile auf, die immer höhere Wartungskosten verursachen.

b) Die Verdichter (Kompressoren)

Kennzeichnend für viele der neuzeitlichen Verfahren in der Erdöltechnik sind nicht nur hohe Temperaturen, sondern auch hohe Drücke. Wenn auch die Förderung von Flüssigkeiten auf hohe Drücke kleinere Leistungen erfordert als die von Gasen und Dämpfen, und sie deshalb vorgezogen wird, wo dies verfahrenstechnisch möglich ist, so läßt sich

---

[1] Im Englischen versteht man jedoch unter „Positive displacement pumps" sowohl die hier besprochenen wie auch die Kolbenpumpen.

[2] Vgl. Hütte, Des Ingenieurs Taschenbuch, hrsg. vom Akad. Verein Hütte, Bd. II, Teil A, 28. Aufl., Berlin: Ernst 1954, S. 621 ff. – Dubbel, Taschenbuch für den Maschinenbau, hrsg. von F. Sass, Ch. Bouché u. A. Leitner, 13. Aufl., Bd. II., Berlin/Heidelberg/New York: Springer 1970, S. 257 ff. – Der Ausdruck „Schraubenpumpen" wird jedoch auch für einstufige Kreiselpumpen benutzt, deren Laufrad nur wenige, ähnlich einer Schraubenfläche geformte Schaufeln besitzt und die axial anströmende Flüssigkeit unter rd. 45° schräg von der Laufradachse ablenkt. Sie dienen meist zur Förderung von Schlamm oder von Flüssigkeiten, die Feststoffe mit sich führen können; vgl. Hütte: a.a.O. S. 839.

die Kompression von Gasen oder Dämpfen nicht ganz vermeiden. Bei mehreren Verfahren müssen große Gasmengen im Kreislauf gefördert werden. Die zu überwindende Druckdifferenz beträgt dann zwar nur wenige Atmosphären, die Drücke vor und hinter dem Kompressor können jedoch in der Größenordnung von 30 bis 60 at liegen. Weiterhin müssen z.B. die Topgase von Rohöldestillationen auf die Drücke der Gaswiedergewinnungsanlagen gebracht werden. Ebenso sind noch die Kompressoren zur Förderung des Wasserstoffes in hydrierend arbeitenden Anlagen zu erwähnen, die mitunter sehr große Druckunterschiede überwinden müssen, wenn der Wasserstoff selbst bei niedrigem Druck erzeugt wird. In den Hydrokrackanlagen werden Drücke angewendet, die immer über 100 at liegen.

Von den zu fördernden Gasen ist schließlich noch die Luft zu nennen. Sie wird einmal als Betriebsluft für die Versorgung von Werkzeugen und Arbeitsgeräten mit Druckluft benötigt. Außerdem muß in Werken, die mit pneumatischen Reglern ausgestattet sind, ein besonderes Netz für absolut ölfreie Instrumentenluft vorhanden sein, oder sie muß mit Hilfe von Einzelaggregaten in den Meßwarten für diese und die zugehörigen Anlagen bereitgestellt werden; vgl. auch S. 1007.

Daneben ist noch der Bedarf der Regeneratoren von katalytischen Krackanlagen an Verbrennungsluft zu nennen, um den Koks und Ölbelag von den Katalysatoren abzubrennen. Die dafür benötigten Drücke sind mäßig, die Mengen aber recht erheblich, so daß dafür meist Kreiselgebläse verwendet werden.

Bei großen zu überwindenden Druckdifferenzen ist schließlich noch zu beachten, daß mit der polytropischen Verdichtung – sei es in Kolbenmaschinen, sei es in Turbomaschinen – ein Temperaturanstieg verbunden ist. Er hängt zwar vom $\varkappa$-Wert ab und ist um so geringer, je kleiner $\varkappa = c_p/c_v$, d.h. je kleiner das Verhältnis der spezifischen Wärme bei konstantem Druck zu dem bei konstantem Volumen ist[1]. Dieses nimmt vom Wert 1,66 für einatomige Gase auf Beträge von 1,40 bzw. 1,30 bei zwei bzw. dreiatomigen Gasen ab und nähert sich bei zunehmender Atomzahl einem Grenzwert, der aber uninteressant ist, weil hochmolekulare Stoffe nicht mehr als Gase oder Dämpfe auftreten. Soll der Temperaturanstieg bei der Kompression 70 bis 80° nicht übersteigen, so sind je nach dem $\varkappa$-Wert Druckverhältnisse von 4 : 1 bis äußerstenfalls 7 : 1 ohne Zwischenkühlung erreichbar.

Eine in Erdölverarbeitungsanlagen häufig anzutreffende Anwendung von Verdichtern sind die Kälteanlagen. Diese werden hauptsächlich zur Kondensation sehr niedrigsiedender Kohlenwasserstoffe und bei der Entparaffinierung von Schmierölen benötigt[2]. Die Frage ob Kolben- oder Kreiselverdichter verwendet werden sollen, hängt von den zu fördernden Mengen und den zu erzeugenden Druckdifferenzen ab. Durch sehr hohe

---

[1] Vgl. z.B. E. SCHMIDT: Einführung in die Technische Thermodynamik, 8. Aufl., Berlin/Göttingen/Heidelberg: Springer 1960, S. 46f. – Siehe a. hier S. 81.
[2] Handbuch der Kältetechnik, hrsg. von R. PLANK, bes. XII. Bd.: Die Anwendung der Kälte in der Verfahrenstechnik, Berlin/Heidelberg/New York: Springer 1967.

Drehzahlen und kleine Raddurchmesser konnten den Kreiselmaschinen Anwendungen erschlossen werden, die früher den Kolbenmaschinen vorbehalten waren[1].

a) **Kolbenverdichter.** Wenn Turboverdichter wegen zu geringer Fördermenge, wegen zu hohem Kompressionsenddruck oder wegen zu hoher Druckdifferenz nicht anwendbar oder wegen ihres höheren Leistungsbedarfes nicht wirtschaftlich sind, müssen Gase oder Dämpfe mittels Kolbenkompressoren verdichtet werden[2]. Für die Erdölindustrie wurden von den verschiedenen Herstellern stehende Maschinen, solche in V- bzw. Fächerform und Verdichter mit horizontaler Anordnung der Zylinder (Boxerform) entwickelt. Beide Bauformen – stehend bzw. liegend – haben gewisse Vorteile aufzuweisen. Stehende Maschinen benötigen gegenüber liegenden die geringere Grundfläche. Bei liegenden Maschinen ist auch noch der Platz zu berücksichtigen, der notwendig ist, um die Kolbenstangen zu ziehen. Außerdem hat die stehende Bauform unzweifelhaft gegenüber Verdichtern mit horizontal angeordneten Zylindern den Vorteil, daß die Kolben keinem einseitigen Verschleiß unterliegen. Dieser läßt sich bei liegenden Maschinen zwar dadurch einschränken, daß nach einer bestimmten Anzahl von Betriebsstunden der Kolben gedreht wird. Grundsätzlich ließe sich die einseitige Abnutzung auch mittels durchgehender und doppelseitig geführter Kolbenstangen beheben. Doch hat diese Bauart andere unerwünschte Nachteile, von denen nur die doppelte Zahl von Stopfbüchsen erwähnt werden soll. Dieser Umstand ist gerade bei der Förderung von Gasen, die mit der Luft explosive Gemische bilden, sehr zu beachten. Als Vorteile der liegenden Verdichter sind hingegen guter Kondensatabfluß und meist besserer Massenausgleich zu nennen.

In vielen Fällen darf in der verdichteten Luft oder im Gas kein Öl vorhanden sein; die mit dem Gasstrom in Berührung kommenden Teile dürfen deshalb nicht mit Öl geschmiert werden, da selbst die besten Ölabscheider und Filter nicht die letzten Spuren Öl aus dem Gas zu entfernen vermögen. Man hat deshalb sogenannte Trockenläufer entwickelt, deren Kolben aus Formkohle aufgebaut sind. Die geteilten Kohleringe werden durch Federringe oder Federn an die Zylinderbohrung gedrückt.

Da man mittlere Kolbengeschwindigkeiten von 4 m/sec für geschmierte Maschinen und etwa 3 m/sec für Trockenläufer nicht überschreiten will, ergeben sich bei den üblichen Zylinderabmessungen höchste Drehzahlen von 250 bis 300 U/min. Als Antrieb kommen Elektromotoren mit gleichen Drehzahlen, z.B. mit einem auf der verlängerten Kurbelwelle aufgesattelten Läufer und mit einem Außenlager oder schnellaufende Motoren mit zugehörigem Untersetzungsgetriebe in Frage. Es ist von Fall zu Fall zu prüfen, welche Art des Antriebes die wirtschaftlichste ist. Wegen der Notwendigkeit, Kolbenmaschinen nach einigen

---

[1] Scheel, L. F.: Refrigeration: Centrifugal or Recip? Hydrocarb. Procssg. 48 (1969) Nr. 3, S. 123/29.
[2] Näheres s. bei Ch. Bouché: Kolbenverdichter, 4. Aufl., neubearb. von K. Wintterlin, Berlin/Heidelberg/New York: Springer 1968. – Fröhlich, F.: Kolbenverdichter, Berlin/Göttingen/Heidelberg: Springer 1961.

tausend Betriebsstunden zu überholen, wird bei kleineren Einheiten meist eine zweite gleich große Maschine als Reserve aufgestellt. In Anlagen mit größeren Durchsätzen ist es die Regel geworden, drei Maschinen für je 50 % der Last zu bemessen, von denen eine jeweils als Reserve dient. Dadurch können Anlagekosten gespart werden. Der Raumbedarf ist jedoch meist etwas größer.

Der Kolbenverdichter als hin- und hergehende Maschine läßt sich auch vortrefflich mit einer Gasmaschine zusammenbauen, was vornehmlich in den Vereinigten Staaten von Amerika zur Konstruktion sogenannter L-Typen geführt hat. Bei dieser Bauart befinden sich jeweils ein Motor und ein Kompressorenzylinder in einer zur Kurbelwellenachse senkrechten Ebene. Der Gasmotorantrieb hat den Vorteil, äußerst wirtschaftlich und von Störungen im elektrischen Netz unabhängig zu sein. Diese Maschinen sind auch in dem weitverzweigten Erdgasnetz der Vereinigten Staaten als Druckerhöhungsmaschinen sowie in den Feldern zum Gaspressen zu Tausenden in Betrieb.

Besondere Beachtung sollte man bei Kolbenverdichtern den in den angeschlossenen Rohrleitungen mitunter auftretenden Gasschwingungen widmen, welche durch die hin- und hergehende Bewegung der Kolben hervorgerufen werden. Der Einbau sog. Pulsationsdämpfer der verschiedenen Bauarten unmittelbar an Saug- und Druckflanschen ist oft unbedingt erforderlich, mitunter auch die Prüfung der Leitungsführung, um Schwingungen, die sich sonst über die ganze Anlage erstrecken können, zu unterbinden.

β) **Turboverdichter.** Die vorerwähnten Schwingungen in den den Kolbenverdichtern angeschlossenen Rohrleitungen, hervorgerufen durch hin- und hergehende Maschinenteile, können bei Verwendung von Turbomaschinen mit reiner Drehbewegung nicht entstehen. Die Anwendbarkeit von Turboverdichtern ist jedoch auf Fördermengen von mindestens etwa 500 bis 600 m³/h effektives Volumen in der letzten Stufe des Verdichters beschränkt.

Man muß zwei verschiedene Bauarten unterscheiden: radial und **axial** wirkende Turboverdichter[1]. Beim *Radial*kompressor wird der Druck durch die Fliehkraft des in den Schaufelkanälen des Rades beschleunigten Mediums erzeugt. Dieses muß im Gehäuse umgelenkt und dem in der Nähe der Welle liegenden Eintritt der nächsten Stufe zugeleitet werden. Wegen der bei dieser Umlenkung auftretenden Verluste können Radialturbokompressoren nicht die Wirkungsgrade von Kolbenkompressoren erreichen. Ein- oder zweistufige Turboverdichter für mäßige Drücke bezeichnet man auch als *Gebläse*.

Bei Turbokompressoren lassen sich in einer Stufe größere Druckverhältnisse als etwa 1 : 1,5 bei Luft und den heute anwendbaren maximalen Umfangsgeschwindigkeiten der Radscheiben kaum erreichen. Bei Gasen und Dämpfen, deren Molmasse kleiner ist als Luft, ist das maximale

---

[1] Die Turboverdichter sind in dem in Fußn. 1, S. 69 genannten Buch von PFLEIDERER zusammen mit den Flüssigkeitspumpen behandelt. Vgl. außerdem F. KLUGE: Kreiselgebläse und Kreiselverdichter radialer Bauart, Berlin/Göttingen/Heidelberg: Springer 1953.

Druckverhältnis entsprechend kleiner. Dazu kommt, daß wirtschaftliche Wirkungsgrade bei Turbokompressoren – wenn man zunächst nur Radialkompressoren im Auge hat – erst von einer Austrittsbreite des Laufrades an zu erzielen sind, die gegenüber den sonstigen Radabmessungen nicht zu klein sein darf. Deshalb wird die Anwendbarkeit von Turbokompressoren einerseits durch die Mindestfördermenge, die für Luft bei etwa 5000 m_n^3/h liegt, und andererseits durch Gesamtdruckverhältnisse von etwa 1 : 8 bis 1 : 10 in einem Gehäuse begrenzt. Turbokompressoren kommen infolgedessen nur für Erdölverarbeitungsanlagen mit großen Durchsatzleistungen in Frage. Sie werden in der Regel elektrisch angetrieben. Da die Entwicklung der letzten Jahre zu einer Verringerung der Raddurchmesser und einer Erhöhung der Drehzahlen geführt hat, die bei ausgeführten Anlagen mitunter über 10000 U/min liegt, muß die Drehzahl des Antriebsmotors, der dann im allgemeinen vierpolig ist, d.h. für 1500 U/min ausgeführt wird, ins Schnelle übersetzt werden[1]. Solche Maschinensätze erfordern eine sehr genaue Überwachung ihres Betriebszustandes, besonders der Lagertemperatur und der Druckverhältnisse im Schmierölsystem. Deshalb hat man umfangreiche Einrichtungen geschaffen, um den störungsfreien Lauf solcher Maschinensätze zu sichern. Ursprünglich glaubte man, auf eine volle Reserve nicht verzichten zu können, um nicht durch Ausfall einer lebenswichtigen Maschine den ganzen Betrieb stillzulegen. Eine Unterteilung in drei Einheiten zu je 50% der vollen Leistung, wie bei Kolbenmaschinen üblich, ist aber in vielen Fällen auch nicht möglich, weil sonst die untere Grenze unterschritten würde. Man hat sich deshalb vielfach entschlossen, auf eine Reserve überhaupt zu verzichten, und hat damit dank des heute erreichten hohen Standes des Turbokompressorenbaues gute Erfahrungen gemacht.

Es gibt auch bereits Anlagen, in denen so große Gasvolumina zu fördern sind, daß sich die Verwendung von *Axial*verdichtern lohnt. Diese können heute bereits für sehr hohe Wirkungsgrade gebaut werden, allerdings erst für Volumina, die ein Mehrfaches der für Radialkompressoren erforderlichen Mindestmengen betragen. Bei mehrgehäusiger Bauart – meist mit Zwischenkühlern – können dann auch größere Druckverhältnisse erreicht werden[2]. Die Schwierigkeiten, axiale Turboverdichter hohen Wirkungsgrades zu bauen, wurden erst überwunden, als man unter Ausnutzung der Erkenntnisse der Strömungslehre der Form und Oberfläche der Schaufeln größte Aufmerksamkeit schenkte. Bei einem

---

[1] Die Verwendung zweipoliger Motoren für Antriebe großer Leistung ist ungebräuchlich, weil die Läufer als Turborotoren ausgeführt werden müßten. Deren Kosten sind erheblich höher als die von Motoren mit vier ausgeprägten Schenkelpolen. Deshalb ist in der Regel bei einer Frequenz von 50 Hz die höchste Drehzahl in solchen Fällen 1500 U/min und ein Übersetzungsgetriebe erforderlich. Eine Regelung der Drehzahl von Motoren über Schleifringe ist im Raffineriebau wegen des dann erforderlichen, sehr aufwendigen Explosionsschutzes vollkommen unüblich.

[2] REICH, B.: Turboverdichter in der Verfahrenstechnik. Brown Boveri Mitt. 50 (1963) 372/83 bringt z.B. das Bild zweier viergehäusiger Axialkompressoren zur Förderung von je 98000 m³/h Kohlenwasserstoffgas von 0,132 ata auf 11,5 ata, also für ein Druckverhältnis von rd. 87.

axialen Turboverdichter muß in jeder Stufe die dem Lauf zugeführte Energie in Geschwindigkeitsenergie des zu fördernden Mediums umgesetzt werden. Jede Störung der Strömung pflanzt sich in die folgenden Stufen fort und verschlechtert deren Wirkung. Deshalb kommt es bei axialen Turboverdichtern so sehr auf strömungstechnisch richtige Ausbildung der Schaufeln und sinngemäß bei Radialkompressoren auf die der Umlenkräume an. Das Fehlen dieser Erkenntnis war ein wesentlicher Grund dafür, daß der bereits zu Beginn des Jahrhunderts begonnenen Entwicklung der Gasturbinenanlagen zunächst keine Erfolge beschieden waren. Auch bei bestem Wirkungsgrad nimmt der Kompressor einer solchen Anlage bis zu etwa 2/3 der Nutzleistung der Turbine auf, so daß unzulängliche Kompressorwirkungsgrade entscheidend für den Mißerfolg solcher Anlagen waren[1]. Bei Dampf- und Gasturbinen wird hingegen die Strömung in jeder Stufe durch das verfügbare Enthalpiegefälle neu beschleunigt und im Laufrad wieder abgebremst, so daß sich Störungen kaum in die folgenden Stufen fortsetzen. Der erwähnte Leistungsbedarf des Kompressors einer Gasturbinenanlage entspricht der während des Kompressionshubes einer Kolbenmaschine aufzuwendenden Leistung.

Da bei *beiden Arten* der *Turbo*kompressoren nur die Lager, mit denen das Fördermedium nicht in Berührung kommt, geschmiert werden müssen, bleibt das zu fördernde Gas ölfrei. Die Lager müssen durch ein reichlich bemessenes Drucköisystem mit Öl versorgt werden. Beim Fördern von Wasserstoff oder anderer Gase, die mit Luft explosive Gemische bilden, hat sich die Topfbauform mit zusätzlichen Sperren des Druckraumes gegen die Atmosphäre mittels einer geeigneten, nicht schäumenden Flüssigkeit durchgesetzt. Daneben werden wie bei allen Turboverdichtern Labyrinthstopfbuchsen vorgesehen, die in axialer Richtung hintereinander angeordnet sind.

Am einfachsten läßt sich die Drehzahl und damit das Fördervolumen eines Turboverdichters bei Antrieb durch eine Dampfturbine regeln. Werden Turboverdichter durch Elektromotoren, also mit konstanter Drehzahl angetrieben, so empfiehlt sich der Einbau einer Dralldrossel. Dadurch kann die Zuströmung der Luft oder des Gases zum ersten Laufrad der Maschine geändert und damit eine Mengenänderung bei konstanter Drehzahl erreicht werden. Neuerdings wurden Bauformen entwickelt, bei denen die Leitschaufeln von mehreren Stufen durch eine Konstruktion ähnlich der Finckschen Drehschaufelregelung von Wasserturbinen verstellt werden können. Dadurch läßt sich die Fördermenge in gewissen Grenzen verringern. Denn eine bekannte, dem Kreiselverdichter eigentümliche Erscheinung ist das Pumpen, das eintritt, wenn beim Unterschreiten das Fördervolumen kleiner wird als es dem Maximum der Q,H-Kennlinie entspricht. Dieses Pumpen muß auf jeden Fall durch geeignete Maßnahmen verhindert werden. Wenn sich der Einbau von Dralldrosseln oder drehbaren Leitschaufeln nicht durchführen läßt oder – bei kleineren Maschinen – nicht lohnt, so muß wenigstens z.B. durch Rückführen eines u.U. gekühlten Teilstromes erreicht wer-

---

[1] Welche Anregungen der Bau von Gasturbinenanlagen durch die Erdölindustrie erhielt, wird noch auf S. 435 erwähnt.

den, daß ein sicherer Betrieb aufrechterhalten wird und die Maschinen vor Schaden geschützt werden.

γ) **Schraubenverdichter und Drehkolbenverdichter.** Zur Förderung von Betriebsluft, Instrumentenluft oder z. B. von Luft für Trocknungsanlagen bei Mengen, die im allgemeinen die Anwendung von Kolbenkompressoren erfordern, werden nicht selten in Raffinerien Schraubenverdichter oder Drehkolbenverdichter (Kapselgebläse) verwendet[1]. Sie sind ähnlich gebaut wie die auf S. 170 f. behandelten gleichartigen Pumpen für Flüssigkeiten und haben den Vorteil, daß sie mit hohen Drehzahlen laufen können. Deshalb sind die Antriebsmotoren dementsprechend klein, und ihr Platzbedarf ist gering. Die Luft, die sie liefern, ist ölfrei. Da es sich um Rotationsmaschinen handelt, die stetig fördern, treten in den angeschlossenen Leitungen keine Druckstöße auf.

c) Die Strahlapparate und die Flüssigkeitsringpumpen

In Strahlapparaten wird ein gasförmiges, dampfförmiges oder flüssiges Medium hoher Energie dazu benutzt, um eine verhältnismäßig große Menge eines anderen Mediums unter Überwindung einer Druckdifferenz zu fördern. Da solche Apparate keine bewegten Teile besitzen, werden sie im allgemeinen Maschinenbau gerne zur Förderung von Gasen aus Räumen, die unter Vakuum stehen, benutzt, z. B. um die Luft aus Kondensatoren von Dampfturbinen abzusaugen. Man umgeht dadurch die Schwierigkeit der Abdichtung umlaufender oder hin- und hergehender Maschinenteile. Einem ähnlichen Zweck dienen Strahlapparate auch in der Erdölindustrie, vornehmlich um Wasserdampf und nicht kondensierbare Gase aus Vakuumdestillationsanlagen abzusaugen. Als Treibmittel wird in der Regel Wasserdampf verwendet. Obwohl der Wirkungsgrad von Strahlapparaten mäßig ist, werden die Vorteile des ruhenden, stopfbuchsenlosen Apparates demgegenüber wesentlich höher veranschlagt.

Die Berechnung von Strahlapparaten ist mit erheblichen Unsicherheiten behaftet. Sie werden deshalb am zweckmäßigsten von Spezialfirmen beschafft, die über ausreichende Erfahrung auf diesem Gebiet verfügen. Gewisse Berechnungsgrundlagen finden sich im Schrifttum[2].

---

[1] Siehe dazu Hütte, Des Ingenieurs Taschenbuch, Bd. II, Teil A, 28. Aufl., Berlin: Ernst 1954, S. 638/40. – Dubbel, Taschenbuch für den Maschinenbau, hrsg. von F. SASS, CH. BOUCHÉ u. A. LEITNER: a. a. O. S. 257/61.

[2] FLÜGEL, G.: Berechnung von Strahlapparaten. VDI-Forschungsheft Nr. 395. Berlin: VDI-Verlag 1939. – JACKSON, D. H.: Selection and use of ejectors. Chem. Engng. Progr. 44 (1948) 347/52. – FLÜGEL, G.: Zur Theorie der Strahlapparate. Dechema-Monographien Nr. 642 bis 660, Bd. 41, Weinheim/Bergstr.: Verlag Chemie 1962, S. 307/26. – WEYDANZ, W.: Die Vorgänge in Strahlapparaten, 2. Aufl., Düsseldorf: VDI-Verlag 1963. – POWER, R. B.: Steam-Jet Air Ejectors. Hydrocarb. Procssg. 43 (1964) Nr. 2, S. 121/26; Nr. 3, S. 138/42; Nr. 4, S. 149/52. – DAVIES, G. S., A. K. MITRA u. A. N. ROY: Momentum transfer studies in ejectors. Industr. Engng. Chem./Process Design Developm. 6 (1967) 293/302. – MAINS, W. D., u. R. E. RICHENBERG: Steam Jet Ejectors in Pilot and Production Plants. Chem. Engng. Progr. 63 (1967) Nr. 3, S. 84/88. – Ein besonderer Anwendungsfall ist bei G. H. WEEKLEY jr. u. J. R. SHEEHAN: Jet Compressors Recover Waste Gases. Hydrocarb. Procssg. 45 (1966) Nr. 10, S. 165/70 erörtert.

Den Schnitt durch einen Dampfstrahlapparat üblicher Ausführung zeigt
Abb. B-36. Die wesentlichen Teile eines solchen Apparates sind die
Treibdüse *a*, in der die Druckenergie des Treibmittels in kinetische
Energie umgesetzt wird, der Ringraum (Saugraum) *b* um die Treibdüse,

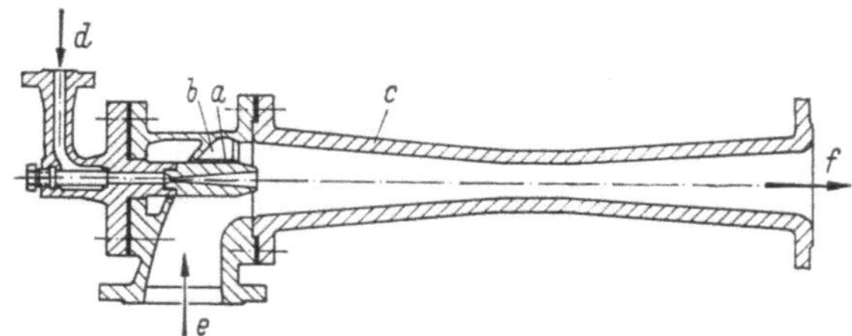

Abb. B-36. Schnitt durch einen Dampfstrahlapparat.

a Treibdüse;	*c* Fangdüse;	*e* Eintritt für abzusaugende Gase oder Dämpfe;
b Saugraum;	*d* Eintritt für Treibdampf;	*f* Austritt des Dämpfegemisches

in dem durch den aus der Düse austretenden Treibmittelstrahl ein Unterdruck erzeugt wird, so daß das zu fördernde Mittel diesem Strahl konzentrisch zufließen kann, und die Fangdüse *c*, in der das Gemisch aus
Treibmittel und Fördermittel auf den Gegendruck verdichtet wird. Für
ein gutes Arbeiten von Strahlapparaten ist genaue Werkstattarbeit unbedingt erforderlich, weil durch geringe Abweichungen von der Sym-
metrie der Strömungen die Wirkungsweise erheblich beeinträchtigt wird.

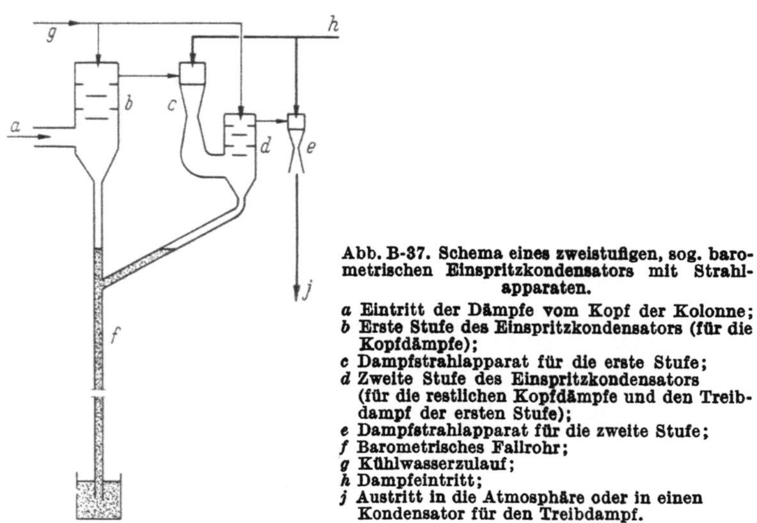

Abb. B-37. Schema eines zweistufigen, sog. barometrischen Einspritzkondensators mit Strahlapparaten.

a Eintritt der Dämpfe vom Kopf der Kolonne;
b Erste Stufe des Einspritzkondensators (für die
Kopfdämpfe);
c Dampfstrahlapparat für die erste Stufe;
d Zweite Stufe des Einspritzkondensators
(für die restlichen Kopfdämpfe und den Treibdampf der ersten Stufe);
e Dampfstrahlapparat für die zweite Stufe;
f Barometrisches Fallrohr;
g Kühlwasserzulauf;
h Dampfeintritt;
j Austritt in die Atmosphäre oder in einen
Kondensator für den Treibdampf.

Es war früher allgemein üblich, das aus dem Kopf der Kolonnen austretende Gemisch von Wasserdampf und Kohlenwasserstoffdämpfen in
einem Einspritzkondensator zu kondensieren und die nicht kondensierten
Gase mittels eines Dampfstrahlapparates abzusaugen. Abb. B-37 zeigt

diese Anordnung schematisch, ergänzt durch einen zweiten Strahlapparat, der die in einem zweiten Einspritzkondensator noch verbleibenden
unkondensierbaren Anteile wegfördert. Das Kühlwasser läuft in ein rd.
10 m hohes Fallrohr ab, weshalb man solche Einrichtungen als „barometrische" Kondensatoren bezeichnet. Heute geht man immer mehr zur
Oberflächenkondensation über. Zwar verliert man dadurch bei gegebenen
Kühlwasserverhältnissen etwas an Vakuum wegen der erforderlichen
Temperaturdifferenz zwischen dem Dämpferaum des Kondensators und
dem Kühlwasser. Jedoch erreicht man auf diese Weise, daß nicht die
gesamte Kühlwassermenge durch ölhaltiges Kondensat verschmutzt
wird; dieses fällt im Oberflächenkondensator getrennt an und läßt sich
wegen der Menge, die nur einen kleinen Bruchteil der Kühlwassermenge
beträgt, besser behandeln.

Höheres Vakuum erreicht man durch Hintereinanderschalten von
Strahlapparaten, wie bereits Abb. B-37 erkennen läßt. Um sehr niedrige
absolute Drücke zu erreichen, werden mitunter drei und mehr Stufen
angewendet. Eine vereinfachte Berechnung, um bei gegebenen Dampf-

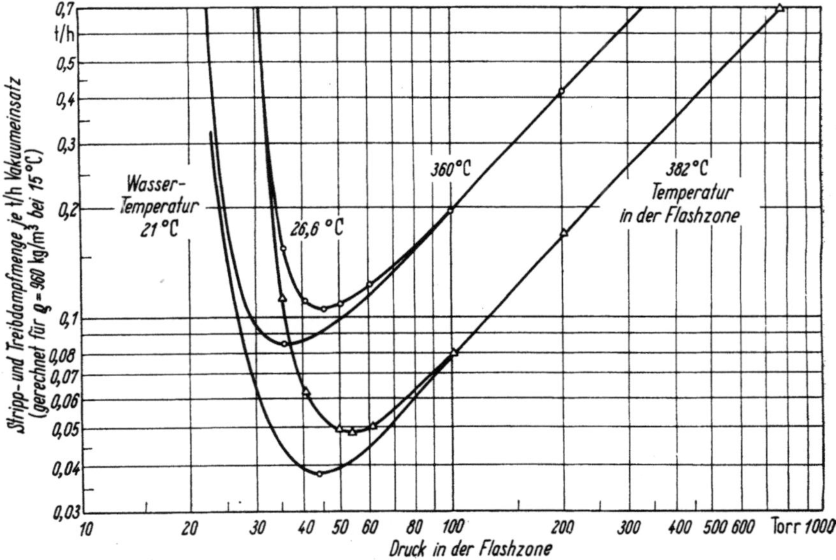

Abb. B-38. Gesamtdampfverbrauch für Strahlapparate und zum Strippen beim Destillieren von
Mid Continent-Normaldruck-Rückstand; Schnittpunkt zwischen Vakuumrückstand und Destillaten gleich 510 °C, umgerechnet auf 760 Torr.

und Kühlwasserkosten den günstigsten Druck in der Vakuumkolonne
zu ermitteln, hat WESTBROOK[1] vorgeschlagen. Zum Betrieb der ersten
Strahlerstufe kann oft Abdampf geringen Überdruckes verwendet werden.

[1] WESTBROOK, G. T.: Find Optimum Vacuum Tower Pressure. Petrol. Refiner
40 (1961) Nr. 2, S. 112/16.

12*

Vakuum wird beim Destillieren von Rohöl und hochsiedenden Produkten angewendet, um bei der höchst zulässigen Temperatur in der Flashzone die Ausbeute an Destillaten zu erhöhen. Das gleiche Ziel läßt sich durch Strippdampf erreichen, weil dadurch der Teildruck der Kohlenwasserstoffdämpfe gesenkt wird. Nun steigt der auch von der Kühlwassertemperatur abhängige Treibdampfverbrauch von Strahlapparaten mit dem zu erzeugenden Unterdruck sehr stark an. Ermittelt man die Summe des Verbrauches von Treibdampf und Strippdampf für bestimmte Betriebsbedingungen, so stellt man fest, daß sie ein Minimum durchläuft. Dies ist für einen besonderen Fall in Abb. B-38 dargestellt, und zwar für zwei Flashzonentemperaturen und für zwei Kühlwassertemperaturen. Bei geringem Vakuum verschwindet der Einfluß der Kühlwassertemperaturen, weil die in dem dargestellten Beispiel einem Schnittpunkt von 510 °C (umgerechnet auf 760 Torr) entsprechende Destillatausbeute fast ausschließlich durch eine sehr große Strippdampfmenge erreicht würde. Bei sehr hohem Vakuum nimmt hingegen die erforderliche Treibdampfmenge unwirtschaftliche Beträge an, während sich die Strippdampfmenge dem Wert Null nähert. Dazwischen liegt das sehr ausgeprägte Minimum[1].

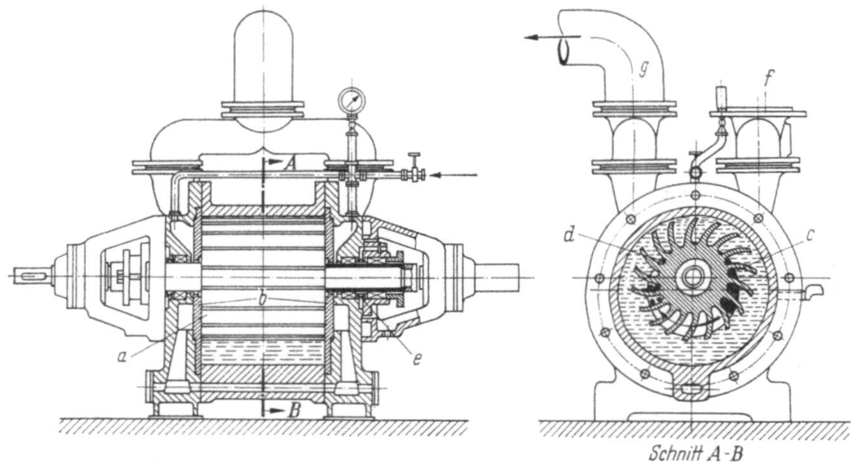

Abb. B-39. Schnitt durch eine Flüssigkeitsringpumpe.

a Laufrad;	*c* Saugschlitz;	*e* Doppelstopfbüchse mit Anschluß für Sperrflüssigkeit;	*f* Saugstutzen;
b Steuerscheiben;	*d* Druckschlitz;		*g* Druckstutzen.

Soweit noch Mischkondensatoren benutzt werden, bringt man sie hoch im Gerüst neben der Kolonne so unter, daß das Wasser durch das 10 m hohe Fallrohr in eine Abwassergrube ablaufen kann. In diesem Fallrohr stellt sich dann entsprechend dem im Kondensator herrschenden Unterdruck der Flüssigkeitsstand ein.

---

[1] NELSON, W. L.: Oil Gas J. 49 (1951) Nr. 14 ff., S. 100 ff. – Ders.: Petroleum Refinery Engineering, 4. Aufl., a.a.O. S. 254.

Sofern man bei Oberflächenkondensatoren das kondensierte Gemisch
ebenfalls frei ablaufen lassen will, kann man eine sinngemäße Anordnung
wählen, doch ist sie weniger üblich, weil die zu fördernden Flüssigkeitsmengen erheblich kleiner sind. Es ist dann zweckmäßig, zur Förderung
des Gemisches von Kondensat und nicht kondensierbaren Anteilen Flüs-
sigkeitsringpumpen zu verwenden. Von diesen sind heute ausreichend
bewährte Bauarten erhältlich. Den Schnitt einer solchen Pumpe zeigt
Abb. B-39. Diese Pumpen haben außerdem einen merkbar besseren Wirkungsgrad als Strahlapparate. Ihr Leistungsbedarf ist verglichen mit
dem Dampfbedarf von Strahlern im Bereich nicht zu hohen Vakuums
gering. Allerdings lassen sich bei gegebener Kühlwassertemperatur nicht
gleich tiefe Drücke erreichen wie mit Strahlapparaten und nachgeschaltetem Kondensator. Auch der sog. volumetrische Liefergrad einer Flüssigkeitsringpumpe ist bis zu gewissen Unterdrücken recht günstig, wie
dies Abb. B-40 im Vergleich mit einem Dampfstrahlapparat für einen

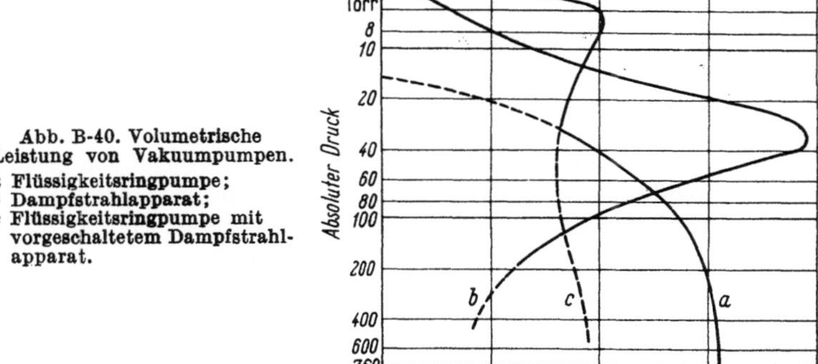

Abb. B-40. Volumetrische
Leistung von Vakuumpumpen.

a Flüssigkeitsringpumpe;
b Dampfstrahlapparat;
c Flüssigkeitsringpumpe mit
　vorgeschaltetem Dampfstrahl-
　apparat.

besonderen Fall erkennen läßt[1]. Deshalb wird öfters davon Gebrauch
gemacht, für die erste Stufe einen Dampfstrahlapparat zu verwenden
und für das Absaugen der Flüssigkeit und der Gase aus dem nachgeschalteten Oberflächenkondensator eine Flüssigkeitsringpumpe zu benutzen.

7. Die Lagerbehälter (Tanks)

Die Fläche, welche die Lagerbehälter für das Rohöl, für die Zwischenprodukte und für die Fertigprodukte bedecken, beträgt in einer Raffinerie ein Mehrfaches der von den Verarbeitungsanlagen eingenommenen.

---

[1] Vgl. dazu W. Asquith: Entlüften von Oberflächenkondensatoren. Siemens-
Z. 34 (1960) 150/55. – Außerdem H.-G. Reinhardt: Die Elmo-Vakuumpumpe mit
Gasstrahler. Siemens-Z. 32 (1958) 351/55. – Schnapper, P.: Elma-Kompressoren
in der chemischen Industrie; ebd. S. 355/59.

Die großen Tankfarmen bestimmen geradezu das gesamte Bild eines solchen Werkes. Man könnte zu der Annahme verleitet werden, daß der Bau solcher Lagerbehälter keine Probleme aufwirft. Trotzdem sind sie bereits bei druckloser Lagerung vorhanden, einmal wegen der Größe dieser Tanks, dann wegen der Feuersgefahr und drittens wegen der möglichen Verdunstungsverluste. Für die im flüssigen Zustand unter Druck zu lagernden niedrigsiedenden Produkte haben bereits seit vielen Jahren Kugelbehälter immer weitere Verbreitung gefunden.

a) Die Behälter für drucklose Lagerung

Rohöl sowie Benzin und alle höhersiedenden Produkte können bei Atmosphärendruck gelagert werden. Dazu dienen stehende zylindrische Tanks. Wegen der Unmöglichkeit, bei den heutigen großen Durchmessern die Tragfähigkeit des Bodens durch aufwendige Maßnahmen – abgesehen von üblicher Verdichtung – auf der ganzen Fläche über Werte von 1,8 bis 2,0 kp/m² hinaus zu erhöhen, ergibt sich als Folge, daß Lagertanks unter Einhaltung einer gewissen Sicherheit für keine größeren Füllhöhen als 16 bis 18 m gebaut werden können. Eine Erhöhung des Fassungsvermögens je Einheit ist daher nur durch Vergrößern des Durchmessers zu erreichen. Galten noch vor einigen Jahren Tanks für 30000 bis 40000 m³ als außergewöhnlich groß, so wurden in der letzten Zeit bereits Lagerbehälter für mehr als 100000 m³ Fassungsvermögen errichtet[1].

Zur Vermeidung der Verdunstungsverluste werden heute alle Rohöltanks' sowie solche für niedrigsiedende Produkte wie Benzin und mitunter auch für Düsenkraftstoff mit Schwimmdächern ausgerüstet. Diese werden von der Flüssigkeit, auf deren Oberfläche sie schwimmen, bei Veränderung der Tankfüllung aufwärts oder abwärts bewegt. Zur Abdichtung gegen die Tankwand wurden von Fachfirmen wie Chicago Bridge and Iron Co, Wiggins, Union Tankcar Corp (Lizenz Graver), Pittsburgh-Des Moines Steel Co und Chiyoda besondere elastische Verschlüsse entwickelt, um zu erreichen, daß überhaupt keine Flüssigkeitsoberfläche mit der Außenluft in Berührung kommt. Nur mit Hilfe von Schwimm-

---

[1] Brennst.-Chem. Wirtschaftsteil 46 (1965) W 139. Nach dieser Meldung hat ein Tank der Shell-Raffinerie Godorf bei Köln ein Fassungsvermögen von 105000 m³ (entsprechend etwa 90000 t Rohöl), einen Durchmesser von 91 m und eine Höhe von 16 m. Die Blechdicke im untersten Schuß beträgt 33 mm. Einige Tanks ähnlicher Größe für je 100000 m³ mit einem Durchmesser von 78,5 m und einer Höhe von 21,8 m stehen in der Raffinerie Mizushima/Japan der Mitsubishi Oil Co. Ein Heizöltank ohne Dach für rd. 150000 m³ wurde in der Raffinerie Cardón der Compañía Shell de Venezuela aufgestellt. Er dürfte der größte zur Zeit vorhandene Tank sein, hat einen Durchmesser von rd. 115 m und eine Höhe von rd. 14,6 m. Vgl. J. M. LANGEVELD: Construction of Large Crude Oil Storage Tanks Using High'Tensile Steel. 7. Welt-Erdöl-Kongreß, Ciudad de Mexico 1967. Panel Discussion Nr. 25, Bericht Nr. 1; s. auch Oil Gas J. 65 (17. April 1967) Nr. 16, S. 197/98. – DENHAM, J. B., J. RUSSELL u. C. M. R. WILLS: How to Design a 600,000-Bbl. Tank. Hydrocarb. Procssg. 47 (1968) Nr. 5, S. 137/42. – ZICK, L.P., u.'R. V. McGRATH: New Design Approach for Large Storage Tanks; ebd. S. 143/46. – MICHAELIS, K.: 115000 m³ – Schwimmdachtank für Rohöl mit Stahlauffangtasse. Erdöl u. Kohle 21 (1968) 409/12.

dächern ist es überhaupt möglich, Tanks der heute üblichen großen Abmessungen zu bauen, weil die Konstruktion freitragender Dächer viel
zu kostspielig wäre. Da diese großen Tanks vornehmlich der Lagerung
von Rohöl dienen, ist die Verwendung von Schwimmdächern gleichzeitig
Voraussetzung und Erfordernis, wenn ein Fassungsvermögen von rd.
40 000 m³ überschritten wird. Bis etwa zu dieser Größe sind Festdächer
noch wirtschaftlich. Sie kommen in erster Linie für Heizöltanks in Frage.
Auch bei kleineren Durchmessern sind Schwimmdächer dann wirtschaftlich, wenn ihre in diesem Fall gegenüber Festdächern höheren Kosten
durch die Vermeidung der Verdunstungsverluste ausgeglichen werden.

Bei den übrigen Fertigprodukten wählt man meist Lagerbehälter
kleineren Inhaltes, um sich den Marktanforderungen durch Herstellen
von Mischungen besser anpassen zu können[1]. Schwimmdächer sind daher für diese bei um so kleinerem Fassungsvermögen am Platz, je höher
die mögliche Verdunstung, d.h. also je niedriger der Siedebereich ist[2].

Als Auflage für stehende Tanks wird heute eine Kiesbettschüttung
hergestellt, die oben mit Bitumen isoliert wird. Um Wasser, das sich
beim Lagern unvermeidbar absetzt, einwandfrei ableiten zu können,
muß der Boden des Tanks gewölbt ausgeführt werden. Liegt der Mittelpunkt des Bodens tiefer, so muß eine Leitung für das abzuziehende Wasser in der Tankauflage nach außen geführt werden. Sie ist aber nach Errichtung des Tanks nicht mehr zugänglich. Wölbt man jedoch den Boden
nach oben, so daß sich das Wasser ringsherum an der Tankwand sammeln
kann, so empfiehlt es sich wegen der unvermeidlichen Setzungen, mehrere Anschlußmöglichkeiten vorzusehen. Dann kann man sicher sein,
daß auch bei ungleichmäßigem Setzen, mit dem man wegen der meist
mangelnden Homogenität des Bodens auf so großen Flächen rechnen
muß, das Wasser vom tiefsten Punkt abgezogen werden kann.

Festdachtanks müssen mit durchschlagfesten Gasverschlüssen versehen werden. Diese müssen das beim Schwanken des Flüssigkeitsstandes
auftretende „Atmen" des Tanks gestatten und deshalb genügend große
Strömungsquerschnitte aufweisen[3]. Anderenfalls bestünde die Gefahr,
daß ein Tank, der leergepumpt wird, durch den äußeren Luftdruck ein-
gebeult wird. Beim Füllen muß das mit Kohlenwasserstoffdämpfen gesättigte Gemisch ins Freie austreten können. Da trotz der Erdung nicht
zu verhindern ist, daß ein Blitz in der Nähe des Verschlusses einschlagen
kann, darf sich eine etwaige Zündung austretender Dämpfe nicht in das
Innere des Tanks fortsetzen. Solchen Vorkommnissen gegenüber bieten
Schwimmdächer eine zusätzliche Sicherheit[4].

---

[1] Siehe auch J. URE: Bau von stationären Großbehältern. Erdöl u. Kohle 14
(1961) 932/36.
[2] BODLEY, R. B.: Choose the Right Floating Roof Tank. Petrol. Refiner 40
(1961) Nr. 3, S. 185/90.
[3] NEUMANN, J.: Durchschlagsfeste Kapillarsicherungen. Erdöl u. Kohle 17
(1964) 628/30. – SCHAEFER, H.: Flammendurchschlagsichere Armaturen für Anlagen
zum Lagern, Abfüllen und Befördern brennbarer Flüssigkeiten. Chem.-Ing.-Techn.
41 (1969) 1212/21.
[4] Vgl. dazu H.-W. VON THADEN: Tankbrand durch Blitzschlag. Erdöl u. Kohle
19 (1966) 422/24.

Bei zähflüssigen Produkten ist es nötig, die Tanks – besonders in der kalten Jahreszeit – zu beheizen, um sicherzustellen, daß das Produkt beim Fördern von den Pumpen angesaugt werden kann. Gewöhnlich werden dafür einsteckbare Rohrbündel vorgesehen, die an einem Flansch des Lagerbehälters befestigt werden. Über dem Tankboden fest verlegte Heizschlangen sind nicht beliebt, weil man sie bei Undichtheit nicht so leicht auswechseln und instand setzen kann. Zwar gestatten sie ein gleichmäßigeres Aufheizen des Tankinhaltes, doch kommt es darauf nicht immer an. Es genügt oft, wenn ein ausziehbares Bündel in der Nähe des Pumpenzulaufes angeordnet und so bemessen wird, daß es die maximal von der zugehörigen Pumpe geförderte Menge um die gewünschte Temperaturdifferenz erwärmen kann. Dies hat sogar den Vorteil, daß der übrige Tankinhalt kalt bleibt und sich die Abkühlungsverluste dadurch verringern[1]. Mitunter ist es erforderlich, Tanks mit Rührwerken auszurüsten. Dies kann notwendig werden, um deren Inhalt gut zu durchmischen, sei es, daß die Produktion nicht vollkommen gleichmäßig war und man einen Ausgleich anstrebt, um Schichtenbildung zu vermeiden bzw. die Spezifikationen zu erreichen, sei es, daß man in der kalten Jahreszeit eine gleichmäßige Temperatur des Inhaltes anstrebt.

Als Mischvorrichtungen dienen meist innenliegende Propeller, die von außen angetrieben werden. Man muß darauf achten, daß sie nicht eine gleichmäßig umlaufende Kreisströmung erzeugen, die keine Mischung bewirkt. Durch leichte Schrägstellung der Propellerachse gegenüber dem Radius und durch Wahl der Drehrichtung des in Bodennähe angebrachten Propellers, so daß er sich an der dem freien Tankraum zugewandten Seite gegen die Behältermitte dreht, läßt sich die Kreisströmung vermeiden[2]. Da solche Mischer in der chemischen Industrie viel verwendet werden und brauchbare Konstruktionen auf dem Markt erhältlich sind, empfiehlt es sich, im Bedarfsfalle Fachfirmen zu Rate zu ziehen.

b) Die Behälter für Lagerung unter Druck

Flüssiggas und seine Komponenten werden entweder in liegenden Behältern oder in Kugeln unter Druck gelagert[3]. Diese müssen so bemessen werden, daß die Wand die Spannungen, die bei der für die Berechnung maßgebenden höchsten Temperaturen auftreten, unter Beachtung der für Druckgefäße vorgeschriebenen Sicherheiten aufnehmen kann. Bei der Kugel wird der Werkstoff am besten ausgenutzt, weil –

---

[1] Im übrigen vgl. dazu D. STUHLBARG: How to Design Tank Heating Coils. Petrol. Refiner 38 (1959) Nr. 4, S. 143/50. – SCHULZ, H. B.: Zur Berechnung der Auskühlung von Behältern. Brennst.-Wärme-Kraft 14 (1962) 56/60. – BISI, F., u. S. MENICATTI: How to Calculate Tank Heat Losses. Hydrocarb. Processg. 46 (1967) Nr. 2, S. 145/48.

[2] Vgl. dazu auch J. H. RUSHTON: Fundamentals of mixing in petroleum refining. 4. Welt-Erdöl-Kongreß, Rom 1955, Bericht III/B/3. – VAN DE VUSSE, J. G.: Vergleichende Rührversuche zum Mischen löslicher Flüssigkeiten in einem 12000-m³-Behälter. Chem.-Ing.-Techn. 31 (1959) 583/87.

[3] Wegen der Kugelform s. Fußn. 1, S. 142.

abgesehen vom Äquator, an dem die Stützen befestigt sind – an allen Punkten der Oberfläche der gleiche Spannungszustand herrscht. Will man das Schweißen auf der Baustelle bei liegenden Behältern vermeiden und sie im Ganzen anliefern, so ergeben sich mit Rücksicht auf das Lichtraumprofil der Bahn oder die Durchfahrt unter Brücken bei Beförderung auf der Straße sowie auf die höchstzulässige Länge Rauminhalte von etwa 135 bis 150 m³. Bei Wasserstraßenanschluß und entsprechender Be- und Entlademöglichkeiten sind noch größere Behälter ausführbar. Eine Verdoppelung in der Länge ist durch eine auf der Baustelle auszuführende Rundnaht erreichbar, die bei Wanddicken von mehr als 30 mm geglüht werden muß. Alle Schweißnähte solcher Druckbehälter, sowohl der liegenden wie auch der Kugeln, müssen geröntgt werden.

Bei Kugelbehältern wurden in den letzten Jahren merkbare Fortschritte erzielt. Ihre maximale Größe ist erstens von dem zu lagernden Produkt wegen der unterschiedlichen Dampfdrücke bei der Berechnungstemperatur abhängig. In der Deutschen Bundesrepublik sind dafür 40 °C behördlich vorgeschrieben[1]. Zweitens ist durch eine noch einwandfrei schweißbare Blechdicke auf Baustellen eine Grenze gesetzt. Diese ist wiederum in gewissem Umfang von dem verwendeten Stahl abhängig. Feinkornstähle hoher Streckgrenze bieten in diesen Fällen besondere Vorteile.

Für das Glühen zum Abbau der Spannungen wurde eine neue Technik entwickelt. Die fertig montierte Kugel wird außen durch Asbestmatten vollständig isoliert. Durch einen an der tiefsten Stelle angebrachten Brenner – meist für Flaschengas –, der in das Mannloch eingesetzt wird, kann die Kugel auf die für das Glühen der Schweißnähte vorgeschriebene Temperatur gebracht und während der ebenfalls vorgeschriebenen Zeit gehalten werden. Die Rauchgase läßt man durch das obere Mannloch abziehen. Durch Thermoelemente, die über die ganze Oberfläche verteilt sind, wird das Glühen sorgfältig überwacht. Der gleiche Erfolg läßt sich auch durch Heißluft erzielen, die außerhalb der Kugel aufgeheizt wird[2].

Beim Bau von Kugeln ist noch besonders zu beachten, daß das Gewicht durch gleichmäßig am Umfang verteilte Stützen auch gleichmäßig auf das Fundament übertragen wird. Dies muß durch Messung der Stützdrücke am besten bei der Wasserdruckprobe überprüft werden. Außer-

---

[1] Diese Temperaturangabe setzt jedoch voraus, daß der Behälter durch geeignete Maßnahmen wie Isolierung, Sonnenschutzdach, reflektierenden Anstrich oder Berieselung gegen höhere Erwärmungen geschützt wird; anderenfalls muß bei oberirdischen Behältern mit 50 °C gerechnet werden. Vgl. Unfallverhütungsvorschrift Nr. 16 (Druckbehälter) der Berufsgenossenschaft der chemischen Industrie, gültig ab 1. 4. 1965, § 63, Abs. (3)b bzw. a in Verbindung mit VdTÜV-Merkblatt Nr. 309 (Druckbehälter), Ausgabe April 1961 (veröffentlicht vom Verein der Technischen Überwachungsvereine, Essen). – Vgl. dazu auch K. BORN u. G. v. REUMONT: Werkstoffe mit hoher Streckgrenze und guter Schweißneigung für den Bau von Kugelbehältern. Erdöl u. Kohle 15 (1962) 623/30. – FRANKEN, H.: Kugelbehälter für Flüssiggas; ebd. S. 630/36, mit Berichtigung S. 817. – DUNKER, H.-W.: Spannungsmessungen an kugelförmigen Flüssiggasbehältern; ebd. S. 636/40.

[2] PRESSEL, K.: Folgerungen aus Erfahrungen bei der Montageüberwachung von Kugelbehältern. Erdöl u. Kohle 15 (1962) 809/14.

dem sind bei der Berechnung die auf die Kugelhaut übertragenen Stützkräfte zu berücksichtigen, die sich den durch den Innendruck verursachten Spannungen überlagern. Dazu kommen noch die Lasten durch Schnee und Wind.

Bisher wurden Kugeln für Butanlagerung mit einem Fassungsvermögen von mehr als 5000 m³ gebaut. Sie haben einen Durchmesser von rd. 21 m. Für die Lagerung von Propan empfiehlt sich die Verwendung von Feinkornstählen, weil diese auch bei tiefen Temperaturen noch die erforderliche Kerbschlagzähigkeit aufweisen. Bei Propan muß nämlich mit solcher Abkühlung durch plötzliches Entspannen gerechnet werden. Die bisher ausgeführten größten Kugeln für Propan haben rd. 2500 m³ Inhalt bei rd. 16 m Durchmesser.

Wenn man jedoch durch Anwendung von Kälte die Lagertemperatur ständig auf niedrigen Werten halten kann, so läßt sich der Druck absenken. Im Grenzfall kann man selbst verflüssigtes Erdgas, das im wesentlichen aus Methan besteht, drucklos lagern[1]. Für jeden Kohlenwasserstoff läßt sich in Abhängigkeit von den Kosten der Betriebsmittel eine niedrige Temperatur ermitteln, bei der die durch Verringerung der Baukosten wegen abnehmenden Druckes erzielbaren Ersparnisse durch Zunahme der Aufwendungen für höhere Kälteleistungen sowie durch die zunehmenden Kosten für die Isolierung nicht nur gegenüber der umgebenden Luft, sondern besonders auch gegenüber dem Untergrund aufgezehrt werden.

Als Kältemittel dient in der Regel der Dampf des zu lagernden Produktes. Er wird vom Kompressor einer Kältemaschine abgesaugt und so hoch komprimiert, daß er mittels Kühlwasser verfügbarer Temperatur kondensiert werden kann. Das verflüssigte Produkt wird in den Lagerbehälter zurückgedrückt, der für die Kältemaschine die Funktion des Verdampfers hat. Auf weitere Einzelheiten solcher Kaltlagerungen, die in zunehmendem Maße in Raffinerien und in petrolchemischen Werken angewendet werden, kann hier nicht eingegangen werden[2].

---

[1] HAUPTMANN, J.: Plan, Konstruktion und Arbeitsweise einer Lageranlage für verflüssigtes Erdgas. Die Kälte 15 (1962) 422/25. – WEILER, H.: Lagerung und Transport von Gasen als tiefkalte Flüssigkeit. Erdöl u. Kohle 15 (1962) 814/17.

[2] Vgl. dazu T. KAUPS u. J. JENSEN: Design and economic considerations for refrigerated storage of liquefied petroleum gases. 6. Welt-Erdöl-Kongreß, Frankfurt/Main 1963, Bericht VII/24; ref. Gas- u. Wasserf. 104 (1963) 1360/62. – Dies.: Use Those Curves for Refrigerated LPG Storage Economics. Petrol. Refiner 42 (1962) Nr. 7, S. 142/44.

C. Das Destillieren des Rohöles und der Produkte sowie die absorptiven Waschverfahren

Gemäß S. 25 sind im Rohöl zahllose, einander sehr ähnliche chemische Individuen enthalten. Dadurch kommen die stetig verlaufenden Siedekurven des Rohöles und der daraus gewonnenen Produkte zustande. Nur wenn die Fraktionierung so weit getrieben wird, daß es gelingt, die chemischen Einzelindividuen zu isolieren, erscheinen in den Siedekurven ausgeprägte Stufen. Es wurde in der Einleitung zu Abschn. B 1, S. 108 erwähnt, daß das wichtigste Bauelement zum Zerlegen von Vielstoffgemischen Destillierkolonnen sind, die meist mit Glockenböden, Siebböden, Ventiltellerböden oder ähnlich wirkenden Einbauten ausgerüstet werden. Solche Kolonnen werden auch verwendet, um aus einem Gas- oder Dämpfegemisch höhersiedende Anteile mit Hilfe einer Waschflüssigkeit durch Absorption abzutrennen.

Beim Destillieren wirkt der auf den Kopf der Kolonne aufgegebene Rückfluß derart auf die aufsteigenden Dämpfe, daß er die schwereren Anteile aus den hochsteigenden Dämpfen löst und durch den Flüssigkeitsstrom in der Kolonne nach abwärts trägt. Man benutzt also beim Destillieren leichtere Anteile als die zu lösenden und entnimmt sie dem Kondensat des Kopfproduktes selbst. Dadurch werden höhersiedende, im Kopfprodukt unerwünschte Anteile infolge der gegenseitigen Löslichkeit zurückgehalten und auf tiefer liegenden Böden angereichert.

Beim Absorbieren von schweren Anteilen aus einem Gas- oder Dämpfestrom muß man hingegen ein noch höher molekulares Waschmittel benutzen, damit der Siedepunktabstand gegenüber der Hauptmenge des Gases oder der Dämpfe größer als gegenüber dem des zu entfernenden Anteiles ist. Dessen Löslichkeit im Waschmittel ist dadurch besser, wodurch es möglich wird, eine Trennwirkung zu erzielen. Beim Regenerieren des Waschmittels läßt sich dann das absorbierte Produkt mittels Wärme wegen dieses Siedepunktabstandes wieder dampfförmig entfernen und durch anschließende Kondensation für sich gewinnen. Dieses Verfahren wird immer dann angewendet, wenn das Waschmittel einer fremden Quelle entnommen werden kann, z. B. das sog. Strohöl – ein sehr leichtes Gasöl – zum Auswaschen von Benzol aus Koksofengas. In der Erdöltechnik kommt es häufiger vor, daß als Waschmittel das Produkt einer folgenden Verfahrensstufe benutzt wird, z. B. Benzin, um Flüssiggas aus Raffinerierestgas zu gewinnen. Auch dann ist ein gewisser Abstand zwischen den Siedebereichen des Waschmittels und des zu absorbierenden Produktes nötig, um die gewünschten Trennwirkungen zu erzielen. Wegen gewisser Übereinstimmung der physikalischen Vorgänge sind manche grundsätzlichen Überlegungen und Berechnungen in gleicher Weise auf Destillier- und auf Absorptionsverfahren anwendbar.

1. Die Vorgänge in einer Destillierkolonne

Der Zweck des Destillierens ist in der Erdöltechnik das Zerlegen eines Vielstoffgemisches in zwei oder mehrere Fraktionen (Schnitte). Je nach Anforderungen der Spezifikationen für verkaufsfertige Produkte oder nach den zweckmäßigsten Einsatzbedingungen für die nachgeschalteten Anlagen müssen die Fraktionen mehr oder weniger scharf geschnitten werden. Hierüber folgt Näheres auf S. 210.

a) Das Dampf–Flüssigkeits-Gleichgewicht von Mehr- oder Vielstoffgemischen

α) **Grundsätzliches.** Die Trennwirkung einer Destillierkolonne beruht auf der in der physikalischen Chemie bzw. Thermodynamik der Gemische erläuterten Tatsache, daß bei einem Gleichgewicht zwischen flüssiger und dampfförmiger Phase eines Mehr- oder Vielstoffgemisches die Konzentration der einzelnen Mischkomponenten in den beiden Phasen verschieden ist. Erdöl selbst und die daraus gewonnenen Produkte können als Gemische von Kohlenwasserstoffen angesehen werden, die sich in der *flüssigen* Phase ideal verhalten[1]. Das bedeutet, daß die einzelnen Komponenten der Gemische gegenseitig ohne Wärmetönung löslich sind. Dies ist die theoretische Begründung für die früher aufgestellte Behauptung, daß die Siedelinien mit zunehmendem Anteil schwersiedender Komponenten stetig ansteigen und keine azeotropen Punkte aufweisen. Es gibt in der Erdölindustrie – z.B. bei der Gewinnung von Aromaten – Fälle, in denen dieses abweichende Verhalten beobachtet wird. Da es sich dabei um Verfahren der Petrolchemie handelt, wird hier nicht näher darauf eingegangen.

Allerdings kann nicht in allen Fällen mit der Gültigkeit des sog. Raoultschen Gesetzes gerechnet werden. Dieses gibt die Verhältnisse mit ausreichender Genauigkeit nur bei niedrigen Drücken wieder, d.h. dann, wenn die Teildampfdrücke der beteiligten Komponenten nicht größer als etwa $0{,}05\ p_{kr}$ sind; dabei wird unter p_{kr} der kritische Druck der betreffenden Komponente verstanden. Dies trifft in der Regel bei Normaldruckanlagen und bei allen Vakuumanlagen zu. Auch die kritische Temperatur t_{kr} spielt dabei eine Rolle; jedoch sind die Abweichungen bei hohen Temperaturen erheblich kleiner. Bei der Destillation leichtsiedender Produkte – etwa bis zum Benzin, besonders beim Stabilisie-

---

[1] Näheres hierüber s. bei A. EUCKEN: Grundriß der physikalischen Chemie, 8. Aufl., bearb. von E. WICKE: a.a.O. S. 256f. – ROBINSON, C. S., u. E. R. GILLILAND: a.a.O. (Fußn. 3, S. 113). – RIEDIGER, B.: a.a.O. (Fußn. 1, S. 74). – KORTÜM, G., u. H. BUCHHOLZ-MEISENHEIMER: a.a.O. (Fußn. 1, S. 76). – HAASE, R.: Thermodynamik der Mischphasen, Berlin/Göttingen/Heidelberg: Springer 1956, S. 325ff., 342ff. – Eine zusammenfassende Darstellung, die auch Absorption und Extraktion unter einheitlichen Gesichtspunkten berücksichtigt, bietet B. D. SMITH: Design of Equilibrium Stage Processes, New York/Toronto/San Francisco/London: McGraw-Hill 1963 mit den besonderen Kapiteln „Tray Hydraulics: Bubble-cap Trays" von W. L. BOLLES und „Tray Hydraulics: Perforated Trays" von J. R. FAIR.

ren – wird das oben genannte Druckverhältnis wenigstens bei einem Teil der Komponenten überschritten. Auch werden im allgemeinen keine hohen Temperaturen angewendet. Um für solche Betriebsbedingungen noch einwandfreie Rechnungsergebnisse zu erhalten, muß beachtet werden, daß sich die Abweichungen vom Gesetz des idealen Gases im Dampfraum um so stärker bemerkbar machen, je mehr sich die Drücke den kritischen nähern. Wollte man dieses Verhalten nach den streng gültigen Regeln der Thermodynamik erfassen, so müßte man mit Aktivitätskoeffizienten rechnen[1]. Dies ist aber sehr umständlich und zeitraubend. Man behilft sich deswegen mit den sog. K-Werten, wobei unter $K = y/x$ die Gleichgewichtskonstante verstanden wird, welche das Verhältnis des Molanteiles y einer Komponente in der Dampfphase zum Molanteil x derselben Komponente in der flüssigen Phase bezeichnet. Für die K-Werte bestehen umfangreiche Tabellen und Tafeln, welche diese Werte in Abhängigkeit von Temperatur und Gesamtdruck für die niedrigsiedenden Kohlenwasserstoffe wiedergeben[2]. Diese Berechnungsunterlagen stützen sich auf den von G. N. LEWIS eingeführten Hilfsbegriff der Flüchtigkeit (Fugazität)[3]. Wenn man die Flüchtigkeiten, welche die Dimension eines Druckes haben, statt der Drücke in die Raoultsche Gleichung einsetzt, behält diese Gleichung formal ihre Gültigkeit, so daß man mit Flüchtigkeiten sinngemäß wie mit Teildampfdrücken und Gesamtdampfdrücken rechnen kann[4]. Die durch die K-Werte oder die Flüchtigkeit erfaßte Abweichung vom Verhalten des idealen Gases in der Dampfphase eines Gleichgewichtes führt jedoch zu keinen grundsätzlichen Abweichungen in der Verteilung der Komponenten in den beiden Phasen so wie dies bei nichtidealen Gemischen der Fall sein kann. Nur die Mengenverhältnisse verschieben sich.

Für die Kenntnis der Vorgänge in Destillierkolonnen kann daher – von dem Fall nichtidealer Gemische abgesehen – angenommen werden, daß bei einem Gleichgewicht zwischen der flüssigen und der dampfförmigen Phase in der Dampfphase die Konzentration der leichtsiedenden Komponenten größer und die der schwersiedenden Komponenten

---

[1] Vgl. dazu G. KORTÜM u. H. BUCHHOLZ-MEISENHEIMER: a.a.O. S. 129 ff.

[2] SMITH, K. A., u. R. B. SMITH: Vaporization Equilibrium Constant and Activity Coefficient Charts. Petrol. Procssg. 4 (1949) 1355/60. – MAXWELL, J. B.: Data book on hydrocarbons, Toronto/New York/London: Van Nostrand 1950, S. 49/61. – Engineering Data Book, hrsg. von der Natural Gasoline Supply Men's Association, 7. Aufl., Tulsa/Oklahoma: Selbstverlag 1957, Anhang S. K 1 bis K 132. – Vgl. auch Abb. A-16 S. 78.

[3] Vgl. dazu G. N. LEWIS u. M. RANDALL: Thermodynamics and the Free Energy of Chemical Substances, Kap. XVII: The Fugacity, New York u. London: McGraw-Hill 1923, S. 190/202. – Dies.: Thermodynamics, von K. S. PITZER u. L. BREWER überarbeitete 2. Aufl., ebd. 1961, S. 153/57.

[4] Ein Berechnungsverfahren, bei dem die Flüchtigkeiten als Funktionen der reduzierten Zustände eingeführt sind, ist von B. RIEDIGER: Berechnung von Fraktionierkolonnen unter Berücksichtigung der Flüchtigkeit. Erdöl u. Kohle 7 (1954) 21/27 entwickelt worden. Unter reduziertem Druck wird dabei wie allgemein in der Thermodynamik das Verhältnis von Dampfdruck (oder Teildampfdruck) zum kritischen Druck und unter reduzierter Temperatur das Verhältnis der jeweiligen Temperatur zur kritischen Temperatur verstanden.

kleiner als in der Flüssigkeit ist. Dies bedeutet, daß bei einer einfachen Gleichgewichtseinstellung bereits eine gewisse Trennung erreicht wird; denn das Kondensat der Dämpfe ist leichter als die mit dem Dampf (oder Gas) in Gleichgewicht stehende Flüssigkeit. Auf jedem Boden einer Destillierkolonne (und auch einer Waschkolonne) stellt sich ein solches – wenn auch nicht vollkommenes – Gleichgewicht ein. Dabei findet ein Austausch zwischen den von unten kommenden Dämpfen (oder Gasen) und der auf dem Boden stehenden Flüssigkeit statt, indem den Gleichgewichtsbedingungen entsprechend schwere Anteile in der Flüssigkeit zurückgehalten (absorbiert) werden und nur leichtere Anteile dampfförmig nach oben steigen.

Eine Destillierkolonne kann demnach als Hintereinanderschaltung von Gleichgewichtsstufen aufgefaßt werden. Dabei bleibt dahingestellt, wieweit sich im Bereich eines Bodens das Gleichgewicht vollständig einstellen kann. Dem Umstand, daß dies nicht in vollkommener Weise der Fall ist, trägt man durch einen Austauschgrad der Böden, der kleiner als 1 ist, Rechnung[1]. In einer Destillierkolonne mit mehreren Böden ändert sich somit die Konzentration der Flüssigkeit auf den Böden und des Dampfes über den Böden schrittweise vom Eintritt des zu destillierenden Gemisches bis zum Kopf derart, daß der Anteil der leichtsiedenden Komponenten zunimmt und der der schwersiedenden abnimmt. Dies gilt in sinngemäßer Weise auch für die unter dem Eintritt liegenden Böden – wenn die Kolonne vom Sumpf aus beheizt wird –, so daß aus dem Sumpf der Kolonne die gewünschte schwere Fraktion abgezogen werden kann.

Bei Absorptionskolonnen liegen die Verhältnisse – unter Berücksichtigung der andersartigen Aufgabe – ähnlich. Auch in diesem Falle kann die Kolonne als Hintereinanderschaltung mehrerer Gleichgewichtsstufen aufgefaßt werden. Nur soll der Dampfdruck des auf den Kopf der Kolonne aufgegebenen Waschmittels so klein als möglich sein, damit keine Waschmittelverluste durch Mitschleppen von Waschmitteldämpfen in dem behandelten Gas entstehen. Das frische oder regenerierte Waschmittel enthält auf dem obersten Boden nichts oder nur sehr wenig von dem zu absorbierenden Produkt und kann daher aus dem Gas die letzten Reste davon aufnehmen. Von Boden zu Boden nimmt dann die Konzentration so weit zu, daß auf dem untersten Boden – bei ausreichender Bodenzahl – Gleichgewicht zwischen durchtretendem Gas und angereichertem Waschmittel besteht. Weitere Gesichtspunkte für die Auslegung von Absorptionskolonnen werden auf S. 229 besprochen. Deshalb beschränken sich die folgenden Ausführungen auf das Destillieren.

β) **Die Berechnungsverfahren.** Wenn auch die thermodynamischen Grundlagen der Destilliertechnik einfach erscheinen, so bereitet die praktische Durchführung genauer Berechnungen doch erhebliche Schwierigkeiten. Diese sind um so geringer, je kleiner die Zahl der beteiligten Kohlenwasserstoffindividuen ist. Deshalb lassen sich Destillierkolonnen

---

[1] Fälschlicherweise wird mitunter auch von einem Wirkungsgrad gesprochen, obwohl definitionsgemäß als Wirkungsgrade nur Verhältnisse von Energien bezeichnet werden sollen.

exakt am besten für die niedrigsiedenden Erdölfraktionen bis etwa zum Benzin berechnen. Unter „exakt" versteht man eine Berechnung von Boden zu Boden mit genauer Ermittlung der Stoff- und Wärmebilanz für jeden Boden. Man erhält dann als Ergebnis die für eine Trennaufgabe erforderliche Anzahl theoretischer Böden und muß die Anlage mit einer tatsächlichen Anzahl von Böden ausrüsten, die sich aus der Division der theoretischen Anzahl durch den Austauschgrad ergibt.

Mit zunehmendem Siedebereich der zu trennenden Gemische wird die Zahl der vorhandenen chemischen Komponenten immer größer und dementsprechend der Rechenaufwand, sofern die einzelnen Komponenten überhaupt genau bekannt sind. Die Problematik ihrer Bestimmung wird auf S.571 f. besprochen. Jedoch kann man sich – wegen des idealen Verhaltens – durch die zulässige Annahme aneinandergereihter, ganz eng geschnittener Fraktionen mit Siedespannen von etwa 10° bis 20° behelfen. Man betrachtet dann jede als ein Kohlenwasserstoffindividuum mit einem in der Mitte des Siedebereiches liegenden Siedepunkt. Die dadurch erzielte Genauigkeit ist für praktische Zwecke völlig ausreichend. Grundlage für diese Rechnung kann die wahre Siedepunktskurve des zu verarbeitenden Kohlenwasserstoffgemisches sein. Diese ist jedoch bei Rohöl oder höhersiedenden Produkten nicht immer bekannt, weil ihre experimentelle Bestimmung umständlich ist. In diesen Fällen kann sie aber mit einer für die Bedürfnisse der Praxis genügenden Genauigkeit aus der ASTM-Kurve errechnet werden[1].

Beim Destillieren von Rohöl ergeben sich zusätzliche Schwierigkeiten, wenn wie üblich Seitenströme aus der Hauptkolonne abgezogen werden. Dann muß jeder Kolonnenabschnitt für sich betrachtet werden. Dies ist auch der Fall, wenn Normaldruckrückstand unter Vakuum in einzelne Schmierölgrundöle zerlegt werden soll. Solange noch keine elektronischen Rechenmaschinen zur Verfügung standen, wurden anerkennenswert scharfsinnige Berechnungsverfahren entwickelt, um der gekennzeichneten Schwierigkeiten Herr zu werden. Insbesondere EDMISTER und UNDERWOOD haben auf diesem Gebiet Hervorragendes geleistet[2]. Da

---

[1] Näheres darüber in den in der folgenden Fußn. genannten Arbeiten sowie unter Berücksichtigung elektronischer Rechenanlagen bei H. B. HENDERSON: Now you can calculate crude TBP curves by computer. Oil Gas J. 62 (24. Aug. 1964) Nr. 34, S. 76/81. Für niedrigsiedende Kohlenwasserstoffe s. auch L. SZABO: Determining hydrocarbon flash curves. Chem. Engng. Progr. 59 (1963) Nr.6, S. 54/57; vgl. a. S. 72 ff.

[2] EDMISTER, W. C.: Multicomponent Fractionation Design Method. Trans. Am. Inst. Chem. Engrs. 42 (1946) 15/23. – Ders.: Effective Absorption and Stripping Factors for Multicomponent Fractionation Calculation. Chem. Engng. Progr. 44 (1948) 615/18. – Ders.: Applied Hydrocarbon Thermodynamics, Houston: Gulf 1961 (Zusammenfassung einer in den Jahren 1958 bis 1961 in der Zeitschrift Petrol. Refiner erschienenen Aufsatzreihe). – UNDERWOOD, A. J. V.: Fractional Distillation of Multicomponent Mixtures. J. Inst. Petrol. 32 (1946) 614/26; Chem. Engng. Progr. 44 (1948) 603/14; 45 (1949) 609/18; Industr. Engng. Chem. 41 (1949) 2844/47 (die letzte Arbeit zeigt allerdings in der Hauptsache die Anwendung auf Füllkörpersäulen). – RIEDIGER, B.: a.a.O. (vgl. Fußn. 1, S. 74 und Fußn. 1 u. 2, S. 200). – MURDOCH, G., u. C. D. HOLLAND: Multicomponent Distillation. Chem. Engng. Progr. 44 (1948) 855/62; 46 (1950) 36/43; 48 (1952) 254/60 u. 287/92. – ALDER, B. J., u. D. N. HANSON: Algebraic Calculation of Distillation Columns. Chem. Engng. Progr. 46 (1950) 48/54. – LYSTER, W. N., S. L. SULLIVAN, C. D. HOLLAND u. versch.

es fast immer darauf ankommt, durch schrittweise Annäherung die Lösung zu finden, können die sehr umfangreichen Berechnungen nunmehr auf elektrischen Rechenmaschinen ausgeführt werden[1]. Im übrigen muß wegen aller Berechnungsverfahren auf die Bücher von NELSON sowie von ROBINSON und GILLILAND verwiesen werden[2]. Sie stützen sich für Rohölkolonnen meist auf die grundlegende Arbeit von PACKIE, der von den Wärmebilanzen der einzelnen Kolonnenabschnitten ausgehend die Temperaturen im Kopf, im Sumpf und auf den Abzugsböden ermittelte[3].

b) Die Wahl des Eintrittsbodens

Zunächst soll die Zerlegung in nur zwei Fraktionen betrachtet werden. Es werden in der Regel die vom obersten Boden hochsteigenden Dämpfe als Destillat gewonnen. Jedoch kann nur ein Teil davon als Produkt flüssig abgezogen werden. Ein gewisser Anteil davon muß zum Kopf der Kolonne zurückgeführt und als Rückfluß auf den obersten Boden aufgegeben werden, um den für das Arbeiten der Kolonne notwendigen flüssigen Gegenstrom zu erzeugen. Da somit aus Gründen der Mengenbilanz mehr Flüssigkeit im Sumpf der Kolonne ankommt, als dem Anteil des Sumpfproduktes entspricht, muß eine durch das Rückflußverhältnis bestimmte Menge aus dem Sumpf wieder dampfförmig in die Kolonne zurückgeführt werden. Es kommt auch vor, daß die über Kopf gehenden Dämpfe nur wenige oder gar keine Anteile enthalten, die sich bei den aus anderen Gründen gewählten Betriebsbedingungen kondensieren lassen. Die leichte Fraktion wird dann flüssig von einem etwas tiefer liegenden Boden abgezogen und im ersten Fall das gesamte Kondensat, im zweiten Fall ein Teil der leichten Fraktion gekühlt als Rückfluß benutzt.

Dabei ist es zur Vermeidung thermodynamischer Nichtumkehrbarkeiten am zweckmäßigsten, wenn die Zusammensetzung von Flüssigkeit und Dampf auf und über dem Boden, dem der Zufluß zuströmt, von der Zusammensetzung der beiden Phasen des Zuflusses selbst nicht sehr verschieden ist. Daraus folgt erstens, daß man bei einer Zerlegung, bei

---

andere Mitarb.: Figure Distillation This New Way. Petrol. Refiner 38 (1959) Nr. 6, S. 221/30; Nr. 7, S. 151/56; Nr. 10, S. 139/46. 39 (1960) Nr. 8, S. 121/26. 40 (1961) Nr. 9, S. 237/48; Nr. 10, S. 175/83; Nr. 12, S. 161/68. 41 (1962) Nr. 2, S. 143/50; Nr. 3, S. 153/60; Nr. 4, S. 135/40; Nr. 6, S. 139/45. – LESSI, A.: New Way to Figure Minimum Reflux. Hydrocarb. Procssg. 45 (1966) Nr. 3, S. 173/78. – WANG, J. C., u. G. E. HENKE: Tridiagonal Matrix for Distillation; ebd. Nr. 8, S. 155/63.

[1] Vgl. z.B. J. GREENSTADT, Y. BARD u. B. MORSE: Multicomponent Distillation Calculation on the IBM 704. Industr. Engng. Chem. 50 (1959) 1644/47. – LYSTER, W. N., u. Mitarb.: a.a.O. – GROSSE, G., u. W. HOFMANN: Berechnung von Phasengleichgewichten auf elektronischen Rechenmaschinen. Erdöl u. Kohle 15 (1962) 717/21. – HOLLAND, CH. D.: Multicomponent Distillation. Englewood Cliffs/N.J.: Prentice-Hall 1963. – WATERMAN, W. W., u. J. P. FRAZIER: This Distillation Program Generates Its Own Data. Hydrocarb. Procssg. 44 (1965) Nr. 9, S. 155/60. – Dies. u. G. M. BROWN: Compute Best Distillation Feed Point; ebd. 47 (1968) Nr. 6, S. 155/60.

[2] Vgl. Fußn. 2, S. 56 u. Fußn. 3, S. 113.

[3] PACKIE, J. W.: Distillation Equipment in the Oil Refining Industry. Trans. Amer. Inst. Chem. Engrs. 37 (1941) 51/78.

der z. B. je die Hälfte der Zuflußmenge als Kopf- und als Sumpfprodukt angestrebt wird, den Zufluß etwa in der Mitte der Kolonne anordnen wird, damit sich die Änderung der Zusammensetzung etwa gleichmäßig auf die darüber und darunter eingebauten Böden verteilt. Wenn die zu gewinnende Destillatmenge im Einsatzgut nur als geringerer Anteil enthalten ist, so wird man den Zufluß zur Kolonne weiter oben, im umgekehrten Fall, wie z.B. bei Redestillationsanlagen, weiter unten wählen[1].

Dies läßt sich bei der Betrachtung der Trennung von Zweistoffgemischen sehr einfach aus dem McCabe-Thiele-Diagramm ablesen[2]. Gewisse Verschiebungen bei der Wahl des Eintrittsbodens ergeben sich nach dem Zustand des Zuflusses, der selbst wieder von der Möglichkeit und Wirtschaftlichkeit der Vorwärmung beeinflußt wird. Ist das Produkt bereits vollständig verdampft, so muß man es an einer tieferen Stelle einführen, damit die als Sumpfprodukt zu gewinnenden Anteile durch den Rückfluß auf den darüber befindlichen Böden kondensiert werden können. Ist es noch vollkommen flüssig, so muß es an einer höheren Stelle eingeführt werden, damit die hochsteigenden Dämpfe die als Destillat zu gewinnenden Anteile auf den unmittelbar unter dem Eintritt liegenden Böden mitverdampfen können.

Wenn jedoch das zufließende Gemisch, wie dies beim Rohöl in der Regel der Fall ist, in einer einzigen Kolonne in mehrere Fraktionen zerlegt werden soll, wird das vorerwähnte Schema gemäß Abb. C-1 abgewandelt. Dabei strebt man an, mit Ausnahme des Sumpfproduktes alle übrigen Fraktionen als Destillate zu gewinnen. Je nach deren gewünschtem Siedebereich werden sie von einem in geeigneter Höhe zwischen Eintritt und Kopf liegenden Boden flüssig abgezogen. Bei Rohöldestillationen wird für den Eintritt eine Entspannungs- oder Flashkammer angeordnet, indem der Abstand zum nächsthöheren Boden größer gewählt wird als sonst in der Kolonne. Diese Kammer enthält meist Einbauten zum Schutz gegen Erosionen. Es ist nämlich vorteilhaft, im Ofen selbst einen gewissen Druck aufrechtzuerhalten und dadurch den Grad der Verdampfung zu senken, weil sich bei einem zu dünnen Flüssigkeitsfilm an den Rohrwandungen leicht Koks bildet. Allerdings ist man von der früher allgemein geübten Praxis abgegangen, in die sog. Transferleitung (zwischen Ofen und Kolonne) ein Regelventil einzubauen, das wegen seiner hohen thermischen und mechanischen Beanspruchungen dem Betriebsmann immer Sorgen bereitete. Bei den

---

[1] Vgl. dazu W. W. Waterman, J. P. Frazier u. G. M. Brown: a.a.O.

[2] Vgl. die in Fußn. 3, S. 113 genannten Bücher, außerdem z.B. W. L. Badger u. W. L. McCabe: Elemente der Chemie-Ingenieur-Technik, Berlin: Springer 1932, S. 257 ff. – Badger, W. L., u. J. T. Banchero: Introduction to Chemical Engineering, New York/Toronto/London: McGraw-Hill 1955, S. 291 ff. – Bošnjaković, F.: Technische Thermodynamik, II. Teil, 3. Aufl., Dresden u. Leipzig: Steinkopff 1960, S. 166 ff. Der Vorschlag dazu wurde zuerst von W. L. McCabe u. E. W. Thiele: Graphical Design of Fractionating Columns. Industr. Engng. Chem. 17 (1925) 605/11 gemacht. – Zum Thema selbst s. auch S. R. M. Ellis: Locating Optimum Feed Tray. Petrol. Refiner 33 (1954) Nr. 9, S. 307/09. – Floyd, R. B., u. H. G. Hipkins: Locating feed [trays in fractionators. Industr. Engng. Chem. 55 (1963) Nr. 6, S. 34/39.

heutigen großen Durchsätzen solcher Anlagen, die einige hundert Tonnen je Stunde betragen, ist man schon aus Gründen der Baukosten gezwungen, mit den Geschwindigkeiten in den Ofenrohren auf wesentlich höhere Werte zu gehen, als dies früher üblich war. Der dadurch entstehende Druckabfall ist aus den angeführten Gründen erwünscht, weshalb heute in der Regel auf eine Druckregelung vor dem Kolonneneintritt verzichtet wird.

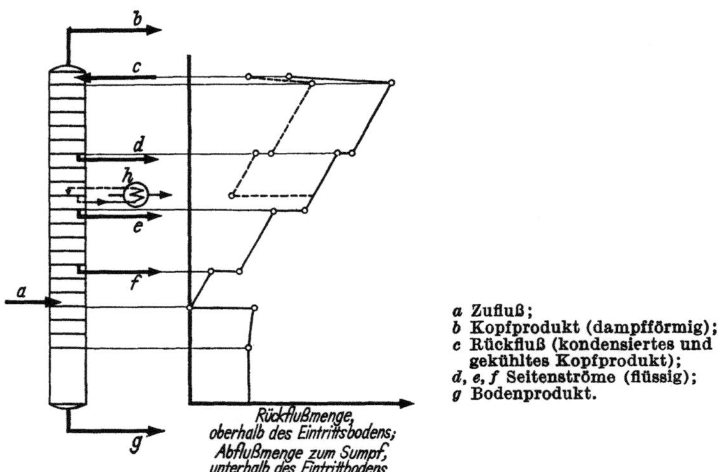

Abb. C-1. Schematische Darstellung der Mengenflüsse in einer Rohöldestillationskolonne.

Der Anstieg der Menge auf dem obersten Boden wird durch die Kondensation bei kaltem Rückfluß erreicht; Näheres darüber auf S. 201. Die gestrichelten Linien lassen die Änderung des Mengenflusses (gegenüber den ausgezogenen Linien) erkennen, wenn ein umlaufender Rückfluß mit Kühlung h – zur Entlastung des Kopfkondensators – angeordnet wird; vgl. dazu ebenfalls Abschn. C1dγ.

Das Produkt verdampft dann unter Druck- und Temperaturabnahme bis zum Eintritt in die Kolonne soweit als möglich. Da man bei der Destillation von Rohöl – sei es in Normaldruckanlagen, sei es in Vakuumanlagen – alles an Destillaten gewinnen will, was aus dem Rohöl zu erhalten ist, so geht man mit den Ofentemperaturen bis an die Grenze, bei der mit dem Beginn des Krackens zu rechnen ist. Diese Temperatur liegt je nach Basis des Rohöles zwischen 350 und 400 °C. Paraffinbasische Öle sind wärmeempfindlicher als naphthenbasische. Bei solchen Temperaturen ist aber die Anwendung von Aufkochern oder Umlaufverdampfern für das Sumpfprodukt nicht mehr möglich. Indirekte Dampfbeheizung scheidet vollständig aus, weil die kritische Temperatur des Wassers bei 374,1 °C liegt. Rauchgasbeheizte Aufkocher kommen für solche Betriebsbedingungen wegen der Gefahr des Verkokens nicht in Frage. Es besteht somit nur die Möglichkeit der Wärmezufuhr im Sumpf durch direktes Einblasen von überhitztem Wasserdampf. Deshalb muß die Rückflußmenge für eine Rohöldestillationsanlage anders als für die übrigen Destillationsanlagen der Erdölindustrie ausschließlich nach der Wärmebilanz bemessen werden[1]. Sie ergibt sich unter Beachtung der veränderlichen Verdampfungswärme und der Temperatur des Rückflusses aus der Überlegung, daß fast die gesamte Destillatmenge dampfförmig in die Kolonne eintreten muß. Deshalb wird der Eintritt so tief gewählt, daß zwischen ihm und dem Sumpf in der Regel nur fünf bis sechs Böden erforderlich sind. Auf diesen können dann noch die letzten nicht verdampften, aber verdampfbaren Anteile mittels Wasserdampf ausgestrippt werden. Die Seitenströme werden oberhalb der Entspannungskammer flüssig abgezogen und brauchen deshalb außerhalb der Kolonne nicht kondensiert zu werden. Es ist allgemeine Praxis, beim Destillieren von Rohöl sog. Overflash anzuwenden, schon um ein Trockenfahren und Verkoken der Böden unmittelbar oberhalb der Flashzone zu vermeiden. Man bezeichnet mit Overflash die meist in Prozent der Einsatzmenge (oder auch der gesamten Destillatmenge) angegebene Menge von Destillat, die man im Gegenstrom zu den hochsteigenden Dämpfen die Flashzone von oben kommend erreichen läßt. Sie muß dann im Unterteil der Kolonne ebenfalls ausgestrippt werden. Der Mengenverteilung innerhalb der Kolonne, wie sie z. B. in Abb. C-1 nach NELSON dargestellt ist, wird der Overflash überlagert[2]. Zwar ist, wie noch ausgeführt wird, beim Fraktionieren von Vielstoffgemischen ein großes Rückflußverhältnis für eine scharfe Trennung nicht ausreichend, wenn nicht eine genügende Zahl von Böden vorhanden ist. Der durch den Overflash erzeugte zusätzliche Rückfluß, der nur einige Prozent beträgt, hat aber eine Verbesserung der Farbe gerade der schwersten Destillate zur Folge, was seiner Waschwirkung auf den Böden unmittelbar über der Flashzone zuzuschreiben ist. Er bewirkt aus dem gleichen Grund, daß diese Destillate frei von Metallen bleiben, die durch Tröpfchen aus der Flashzone hochgerissen werden können.

Bis zu einem gewissen Grad ist die Aufgabenstellung bei den Fraktioniertürmen von Krackanlagen ähnlich. Bei thermischen Krackanlagen tritt das Krackprodukt je nach Verfahren weitgehend oder vollständig verdampft aus dem Krackofen aus. Werden besondere Entspannungskammern verwendet, so werden nur die Dämpfe aus diesen in den Fraktionierturm geführt. Ebenso ist der Austritt aus Kokskammern von Verkokungsanlagen und aus den Reaktoren katalytischer Krackanlagen immer dampfförmig. Deshalb wird das Krackprodukt an unterster Stelle in die Kolonne eingeführt, eine Wärmezufuhr ist jedoch wegen der hohen Temperaturen, die beim Kracken angewendet werden müssen, nicht erforderlich; im Gegenteil wird das aus dem Ofen oder aus der Entspannungskammer einer thermischen Krackanlage oder aus dem Reaktor einer katalytischen Krackanlage kommende Produkt vielfach vor dem Eintritt in die Kolonne oder in dieser mit Kreislauföl oder einem ähnlichen, flüssigen Zwischenprodukt abgeschreckt (gequentscht), um Nachreaktionen zu unterbinden. In diesen Fällen werden zwischen Eintritt und Sumpf entweder gar keine Böden oder einfache Rieselböden, die nur eine geringe Fraktionierwirkung haben, eingebaut.

---

[1] Vgl. Fußn. 3, S. 192.   [2] Vgl. W. L. NELSON: a. a. O. S. 466.

Bei den meisten anderen Destillationsanlagen der Erdölindustrie liegen die Verhältnisse wesentlich einfacher, weil man die Möglichkeit hat, die erforderliche Wärme sowohl im Zufluß wie auch im Sumpf durch Verdampfen von Produkt zuzuführen und den Erfordernissen entsprechend aufzuteilen.

Allerdings sind den Wahlmöglichkeiten für den Zustand des Zuflußproduktes durch das Erfordernis der Wirtschaftlichkeit Grenzen gezogen. Alle zugeführte Wärme muß auch wieder abgeführt werden und stellt letzten Endes eine mit Verlust verbundene Nichtumkehrbarkeit dar, weil die abgeführte Wärme im Kühlwasser auf viel niedrigerem Temperaturniveau zur Verfügung steht als die zugeführte; sie kann daher nicht mehr nutzbar gemacht werden. Auch bei der zunehmenden Verwendung von Luftkühlung besteht keine wirtschaftlich nutzbare Möglichkeit, die abzuführende Wärme noch weiter zu verwerten. Es wird noch näher erörtert, wie sich der Wärmeverbrauch beim Destillieren verringern läßt.

c) Die Wärmezufuhr

α) **Die Wärmezufuhr im Zufluß.** Nach vorstehendem liegt es am nächsten, das zu destillierende Gemisch bereits in einem solchen Zustand der Kolonne zuzuführen, daß gerade jene Menge verdampft ist, welche die Trennaufgabe erfordert. In der Praxis muß jede Anlage wegen der unvermeidlichen Schwankungen in der Zusammensetzung der Rohöle und der daraus gewonnenen Produkte so gebaut werden, daß sie bei wechselnden Betriebsbedingungen arbeiten kann. Deshalb beschränkt man sich im allgemeinen nicht auf die Wärmezufuhr im Zufluß allein. Dazu kommt, daß man die rektifizierende Wirkung der aus diesem Grunde unterhalb des Eintrittes anzuordnenden Böden nur ausnutzen kann, wenn ein Gegenstrom von Dämpfen und Flüssigkeit erzeugt wird.

Da man beim Destillieren von Rohöl mit der Eintrittstemperatur in die Kolonne so hoch geht, wie es die betreffende Rohölsorte gerade noch gestattet, benutzt man zum Aufheizen die bereits beschriebenen Röhrenöfen. Dabei verdampft es zum größeren Teil. Dies hat zur Folge, daß beim Durchströmen des Öles durch den Ofen die höchste Temperatur im Öl nicht am Ofenaustritt, sondern eine gewisse Strecke davor erreicht wird. Denn die zunehmende Verdampfung verbraucht zum Schluß mehr Wärme, als in dem entsprechenden Anteil der Heizfläche zugeführt wird. Dabei stellt sich im Ofen und in der Verbindungsleitung zwischen Ofen und Kolonne ein erwünschter Druckabfall ein.

Sind bei leichtsiedenden Produkten Eintrittstemperaturen in die Kolonne erforderlich, die nicht über 180 °C liegen, so kann das Produkt in Vorwärmern der auf S. 126 ff. beschriebenen Bauweise mit Dampf aufgeheizt werden. Nimmt man die Temperaturdifferenz in solchen Apparaten mit 10° an, so kommt man mit einem Mindestdampfdruck von 13 ata gerade noch aus. Außer der bereits erwähnten Möglichkeit, auch dafür Öfen oder hitzeunempfindliche Wärmeträger zu verwenden, kann man bei Anlagen mit mehreren selbständigen Kolonnen z.B. auch Ablaufprodukte hoher Temperatur zum Vorwärmen oder zum Aufheizen bis auf die Eintrittstemperatur in die Kolonnen benutzen, für welche die erzielbaren Temperaturen genügen.

Das Destillieren durch Verdampfen und Kondensieren des Kopfproduktes ist ein nicht umkehrbarer Vorgang. Man trachtet, diesen soweit als möglich einzuschränken. Dazu dient die weitgehende Ausnutzung der in ablaufenden Produkten enthaltenen Wärme. Gerade dazu bieten sich bei Rohöldestillationsanlagen vielfältige Möglichkeiten, durch die erreicht wird, daß das aufzuwärmende Rohöl mit möglichst hoher Temperatur in den vor die Kolonne zu schaltenden Ofen eintritt. Dessen Wärmebedarf wird dadurch niedrig gehalten[1].

Bei der Verarbeitung der leichtesten Kohlenwasserstoffe, wie insbesondere bei der Gewinnung von Äthylen, muß aus den bereits genannten Gründen mit Kälteanlagen gearbeitet werden. Die Betriebstemperaturen einiger Kolonnen liegen so tief, daß als „Vorwärmer" für den Zufluß Kondensatoren von Kälteanlagen dienen, in denen das Kältemittel kondensiert und der Zufluß verdampft wird.

β) **Die Wärmezufuhr im Sumpf der Kolonne.** Bei der Wärmezufuhr im Sumpf ist somit nach vorstehendem zu unterscheiden, ob ein Teil des Rückflusses in den Unterteil der Kolonne gelangt oder nicht. Im zweiten Fall läßt sich dann auf den unterhalb des Eintrittes angeordneten Böden eine Abstreifwirkung nicht mehr durch Verdampfen dieser Produktanteile erzielen. Für den gedachten Zweck bietet sich aber überhitzter Wasserdampf an. Wenn man unter dem untersten Boden einer Kolonne überhitzten Wasserdampf einbläst, erreicht man zwar eine entsprechende Wärmezufuhr, vor allem aber eine Senkung des Teildruckes der Kohlenwasserstoffdämpfe. Diese kommt in ihrer Wirkung einem Vakuum gleich, so daß das vom Eintritt über die untersten Böden in den Sumpf strömende Produkt noch nachverdampft und dadurch z.B. beim Verarbeiten von Rohöl die Destillationsausbeute erhöht wird, ohne daß die durch die Gefahr des Krackens gegebene Temperaturgrenze überschritten wird. Es muß nur dafür gesorgt werden, daß der einzublasende Heißdampf möglichst die in der Kolonne an dieser Stelle herrschende Temperatur hat. Er wird zweckmäßigerweise in einem Rohrsystem überhitzt, das hinter der Konvektionszone für das Rohöl im Rauchgasstrom des Ofens angeordnet wird und dadurch die Wärme der abziehenden Rauchgase ausnutzt. Diese Art der Wärmezufuhr stellt jedoch, gemessen an der großen Zahl der in der Erdölindustrie verwendeten Destillierkolonnen, einen Sonderfall dar. Bei den Fraktionierkolonnen von Krackanlagen braucht überhaupt keine zusätzliche Wärme zugeführt zu werden.

Soweit also eine Beheizung des Sumpfes erforderlich ist, stehen die gleichen Mittel zur Verfügung wie für die Vorwärmung des Zuflusses[2].

---

[1] Vgl. dazu B. RIEDIGER: Wärmerückgewinn bei Destillationsanlagen der Erdölindustrie. Erdöl u. Kohle 9 (1956) 171/75 sowie Dechema-Monographien, Nr. 363 bis 391, Bd. 28, Weinheim/Bergstraße: Verlag Chemie 1956, S. 87/108.

[2] Über den Sonderfall einer Wärmepumpe s. A. F. ORLICEK: a.a.O. (Fußn. 2, S. 681) u. B. RIEDIGER in: Dubbel, Bd. II, 13. Aufl., S. 489/90.

Nur die Apparate müssen dem Zweck angepaßt werden. Liegen die Temperaturen so hoch, daß der Dampf als Heizmittel nicht mehr verwendet werden kann, so werden auch hier entweder gas- oder ölbeheizte Öfen oder mit heißen Umläufen beheizte Wärmeaustauschapparate verwendet, wie sie auf S. 126 f. beschrieben wurden. Bei Temperaturen auf der Produktseite von etwa 180 °C abwärts gelten für Heizdampf als zweckmäßigstes Heizmittel die gleichen Überlegungen wie bereits erörtert. Bei der Verarbeitung sehr leichter Produkte sind noch die Fälle zu berücksichtigen, in denen der Aufkocher oder Umlaufverdampfer für den Sumpf einer Kolonne sinngemäß wie beim Zufluß S. 197 beschrieben gleichzeitig den Kondensator einer Kälteanlage bildet, in dem bei tiefer Temperatur die Verdampfungswärme des kondensierenden Kältemittels das Sumpfprodukt der Kolonne verdampft.

γ) **Die Absorption als Wärmequelle.** Wenn aus einem Gas- oder Dämpfestrom mit Hilfe einer Waschflüssigkeit gewisse Anteile durch Absorption abgetrennt werden, so wird Wärme frei, auch wenn der Vorgang ohne chemische Begleitreaktionen verläuft. Denn die Absorption ist in diesem Fall gleichbedeutend mit einer Kondensation der zu lösenden Dämpfe. Deshalb nimmt in einem Waschturm die Temperatur von oben nach unten von Boden zu Boden zu. Dies muß bei der Ermittlung der Wärmebilanz berücksichtigt werden; nötigenfalls muß durch Zwischenkühlung dafür gesorgt werden, daß die Temperatur der Waschflüssigkeit nicht zu hoch ansteigt, weil sie sonst bei zu hoher Temperatur ihr Lösungsvermögen für die zu absorbierenden Stoffe verliert.

d) Die Wärmeabfuhr

Bei den destillativen Verfahren der Erdölverarbeitung treten keine chemischen Reaktionen auf, welche eine positive oder eine negative Wärmetönung haben. Deshalb muß in einer Destillationsanlage im Beharrungszustand ebensoviel Wärme ab- wie zugeführt werden. Die Einrichtungen für die Wärmeabfuhr sind daher ebenso wichtig wie die für die Wärmezufuhr.

α) **Die Kondensation der Kopfdämpfe.** In erster Linie muß also Wärme den über Kopf gehenden Dämpfen entzogen werden, weil sonst kein flüssiges Produkt und infolgedessen auch kein Rückfluß gewonnen werden könnte. Auch in solchen Kolonnen, in denen das Kopfprodukt für die nachgeschalteten Anlagen – z.B. aus Gründen der Wärmewirtschaft – dampfförmig abgezogen werden kann, kommt man ohne einen flüssigen Rückfluß, der durch Kondensation eines Teilstromes der Kopfdämpfe erzeugt wird, nicht aus. Diese sog. partielle Kondensation, bei der nur die schwereren Anteile der über Kopf abgenommenen Dämpfe kondensieren und als Rückfluß verwendet werden, hat Vorteile für die angestrebte Trennwirkung. Das zuerst gewonnene Kondensat enthält weniger Anteile, die beim Wiedereintritt in die Kolonne nochmals verdampfen müssen. Es sind dies die gleichen Gründe, die für die Wahl eines Waschmittels bei einer Absorptionsanlage maßgebend sind. Die erste Kondensationsstufe wirkt wie ein zusätzlicher Boden mit einem Austauschgrad gleich eins.

Bei Vollkondensation wird die gleiche Maßnahme durch Unterteilung des Kondensators in zwei Einheiten angewendet, wenn der größere Aufwand durch die dabei erzielbare Verbesserung der Trennschärfe gerechtfertigt ist. Bei Anlagen für große Durchsätze muß man schon wegen der erforderlichen Austauschflächen zwei und mehr Kondensatoren aufstellen. Man macht deshalb heute gerade bei Rohöldestillationen in der Regel von den dadurch gegebenen Möglichkeiten Gebrauch. Dabei bietet sich von selbst an, die Kühlmittel bei einer solchen zwei- oder mehrstufigen Kondensation mit unterschiedlichen Temperaturen anzuwenden. Zum Beispiel kann in einer Rohöldestillation die erste Kondensatorstufe mit dem im Gegenstrom aufzuwärmenden Rohöl beschickt werden, während nur für die zweite Stufe Kühlwasser oder Luft verwendet wird.

Die Fälle, in denen die über Kopf gehenden Dämpfe keine oder nur wenige kondensierbare Anteile enthalten, sind getrennt zu betrachten. Der zweite Fall entspricht dem bereits erwähnten, daß für eine nachgeschaltete Anlage das Kopfprodukt dampfförmig benötigt wird oder erwünscht ist. Dann dient das Kondensat nur als Rückfluß und wird in seiner dabei erhaltenen Zusammensetzung nicht als Produkt gewonnen. Im ersten Fall sind die über Kopf gehenden nicht kondensierbaren Anteile – wie z.B. das Restgas einer Gaswiedergewinnungsanlage – gar nicht die angestrebte leichte Fraktion. Da sie flüssig nicht benötigt werden und ihre Gewinnung in diesem Aggregatzustand einen überflüssigen Aufwand an Kälteleistung erfordern würde, berechnet man die Kolonne so, daß das leichte Produkt von einem oberen Zwischenboden abgezogen werden kann. Ein Teil davon muß kalt als Rückfluß auf den obersten Boden aufgegeben werden und wirkt dann auf den über dem Abzugsboden befindlichen Böden als Waschmittel, um gewinnbare Anteile aus den nicht kondensierbaren zurückzuhalten. Aber auch in diesen Sonderfällen muß die gesamte der Kolonne zugeführte Wärmemenge wieder abgeführt werden.

Bis zu einem gewissen Grad kann man jede Kondensation einer Rohöldestillationsanlage als Teilkondensation betrachten, weil das Rohöl leichteste Anteile enthält, die sich nicht zur Gänze bei den üblichen Kühlwassertemperaturen im Benzin lösen lassen und deshalb über einen Druckregler aus dem den Kondensatoren nachgeschalteten Trennbehälter in das Heizgasnetz der Raffinerie oder in die Gaswiedergewinnungsanlage abgegeben werden. Von der Möglichkeit, den Betriebsdruck durch solche Gasdruckregler auf dem Trennbehälter konstant zu halten, macht man auch sonst sehr viel Gebrauch, insbesondere in allen Destillationsanlagen für leichtere Produkte, die mit Druck betrieben werden müssen; vgl. dazu S. 219f.

Bei Destillationsanlagen, die mit Normaldruck oder Überdruck arbeiten, werden im allgemeinen die Kondensatoren und vielfach auch die erforderlichen nachgeschalteten Kühler in einem Gerüst neben der Kolonne untergebracht. Bei Vakuumanlagen kann jedoch der für die verbindenden Rohrleitungen zu erwartende Druckverlust bereits im Verhältnis zum Betriebsdruck so groß sein, daß man ihn vermeiden möchte. Dann besteht die in der Erdölindustrie nur bei solchen Anlagen ausgenutzte Möglichkeit, wenigstens einen Teil der Kondensatorfläche im Kopf der Kolonne unterzubringen. Solche Kondensatoren nennt man auch Dephlegmatoren. Ihre Arbeitsweise verdient deshalb besondere Beachtung, weil in ihnen eine fast stetig verlaufende Teilkondensation stattfindet und das dabei ausgeschiedene Kondensat direkt auf den obersten Boden der Kolonne zurückfließt. Für die Berechnung der Gleichgewichte und der Mengenbilanzen ist aber die Kenntnis der Zusammensetzung dieses Kondensates wichtig. Es bedarf dazu einer genauen Untersuchung des Kondensationsvorganges, wofür rechnerische und zeichnerische Hilfsmittel angegeben wurden[1].

Bei Rohöldestillationen, in denen in der Regel mit Wasserdampf gestrippt wird, ist weiterhin noch zu berücksichtigen, daß bei der Kondensation eines Gemisches aus Kohlenwasserstoffdämpfen und Wasserdampf Unstetigkeiten auftreten, die bei der Berechnung der Kondensatorfläche beachtet werden müssen. Wenn ein solches Dämpfegemisch abgekühlt wird, kondensieren zunächst die schwersten im Benzin enthaltenen Anteile, wodurch der Benzingehalt der Dämpfe abnimmt und der Wassergehalt zunimmt. Dieser Vorgang verläuft bei abnehmender Temperatur bis zu einem Punkt, in dem der Teildruck des Benzinrestdampfes und der bei der betreffenden Temperatur herrschende Sattdampfdruck des Wassers (ebenfalls als Teildruck) zusammen gleich dem Betriebsdruck sind. In diesem Punkt setzt plötzlich die Wasserdampfkondensation ein, weil bei weiterem Wärmeentzug die Temperatur unter die Siedetemperatur des Wassers bei dessen gerade herrschendem Teildruck sinkt. In die flüssige Phase, die bisher nur aus Benzin bestand, geht jetzt in erheblichem Maße Wasser über. Daher steigt nun die Benzinkonzentration in der Dampfphase wieder an und nimmt in der flüssigen Phase dementsprechend ab. Dieser Vorgang setzt sich so lange fort, bis aller Wasserdampf und das gesamte Restbenzin auskondensiert sind, was bei einer Temperatur erreicht wird, bei der der Wasserdampfdruck und der verhältnismäßig hohe Teildruck der leichtesten, zuletzt kondensierenden Benzinanteile gleich dem Betriebsdruck sind[2]. Das Ergebnis der diesbezüglichen Berechnungen ist in Abb. C-2 für das Beispiel eines Leichtbenzins mit einer Flashkurve von 73 bis 128 °C wiedergegeben.

β) Der äußere und der innere Rückfluß. Bei der Berechnung der Vorgänge in einer Destillierkolonne muß man den Einfluß der Verdampfungswärme auf die sich einstellenden Zustände berücksichtigen. Dies ist besonders beim Rückfluß wichtig. Da die Fraktionierwirkung auf dem obersten Boden verstärkt wird, wenn der Rückfluß kalt aufgegeben wird, macht man in der Regel von dieser Möglichkeit Gebrauch und entnimmt ihn hinter dem Kühler oder den Kühlern für das Kopfprodukt, meist aus dem Trennbehälter. Dieser in die Kolonne eintretende *äußere* Rückfluß hat dann eine Temperatur, die erheblich unter der Flüssigkeits-

---

[1] RIEDIGER, B.: Ermittlung der Teilkondensation in Dephlegmatoren. Erdöl u. Kohle 9 (1956) 311/15. Die Berechnung fußt auf dem Verfahren, das in dem in Fußn. 1, S. 74 genannten Buch erläutert ist. – Siehe auch G. WÜNSCH: Die Teilkondensation von Mehr- und Vielstoffgemischen. Chem. Techn. 14 (1962) 221/27.

[2] RIEDIGER, B.: Verdampfung und Kondensation von Benzin/Wasser-Gemischen. Erdöl u. Kohle 8 (1955) 151/55. Hiefür gilt die gleiche Bemerkung wie zur vorhergehenden Fußnote.

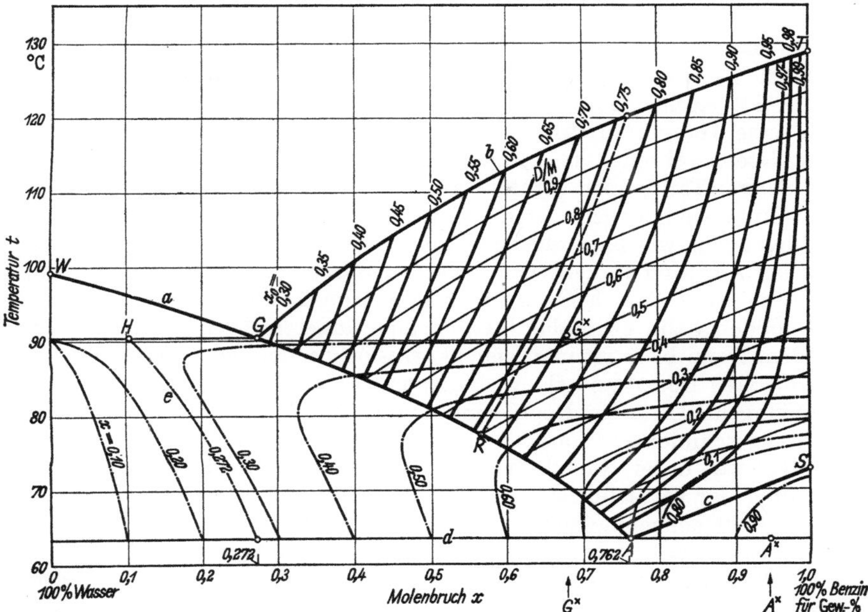

Abb. C-2. t,x-(Temperatur–Zusammensetzungs-)Diagramm eines Wasser–Benzin-Gemisches bei 1 ata.

<table>
<tr><td>

a Wassertaulinie;
b Benzintaulinie;
c Benzinsiedelinie;
d Siedelinie des azeotrop siedenden Wasser–Benzin-Gemisches;
e Änderung der Zusammensetzung der Flüssigkeit beim Verdampfen oder Kondensieren, wenn die ursprüngliche Zusammensetzung dem Punkt *G* entspricht ($x = 0{,}272$);
D Benzindämpfemenge;
M Gesamtmenge des Benzins;
x_0 Molenbruch des Benzins allein;
D/M Verdampfungsgrad;
A Azeotroppunkt;
W Siedepunkt des Wassers;
S Siedepunkt des Benzins;
T Taupunkt des Benzins;

</td><td>

G Punkt des Beginnes gleichzeitiger Benzin- und Wasserkondensation bei entsprechender Zusammensetzung;
H Zusammensetzung der Flüssigkeit bei Erreichen des Dämpfungszustandes Punkt *G*, wenn ursprüngliche Zusammensetzung entsprechend diesem Punkt (Gleichgewichtszusammensetzung);
R Zusammensetzung der Dämpfe am Ende der Benzinkondensation oder bei Beginn der Benzinverdampfung, wenn ursprüngliche Zusammensetzung entsprechend Punkt *A* ($x = 0{,}762$).
*A** und *G** Abszissen der Punkte *A* und *G*, wenn Gewichtsprozent statt Molprozent als Abszisse benutzt würden.
Die strichpunktierten Linien geben die Zusammensetzung der Flüssigkeit an.

</td></tr>
</table>

temperatur auf dem obersten Boden liegt. Man bezeichnet dann das Verhältnis der von außen in die Kolonne eintretenden Rückflußmenge zu der des als Fertigprodukt abgezogenen Destillates des Kopfdampfes als äußeres Rückflußverhältnis. Da aber diese Flüssigkeitsmenge auf die auf dem Boden herrschende Flüssigkeitstemperatur gebracht werden muß, wird ein entsprechender Anteil von Dämpfen, die vom darunterliegenden Boden hochsteigen, auf dem obersten Boden kondensiert, was in der Darstellung von Abb. C-1, S. 194 zum Ausdruck kommt. Dadurch wird die Flüssigkeitsmenge, die durch das Fallrohr oder den Fallschacht vom obersten Boden nach unten abfließt, erhöht. Diese Menge wird als *innerer* Rückfluß bezeichnet und dementsprechend das Verhältnis dieser Menge zur Menge des über Kopf gehenden Fertigproduktes als inneres

Rückflußverhältnis. Dieses ist immer größer als das äußere, selbst dann, wenn man in Ausnahmefällen mit sog. heißem Rückfluß oder Rücklauf arbeitet. In diesem Fall wird ein Teil des kondensierten Kopfproduktes ungekühlt zurückgeführt. Doch ist auch in diesem Falle zu beachten, daß seine Temperatur nicht höher sein kann als der Siedepunkt des Destillates, während die Temperatur auf dem obersten Boden gleich der höheren Tautemperatur des Destillates sein muß. Man wendet heißen Rückfluß wegen der geringeren Fraktionierung nur dann an, wenn äußere Bedingungen, wie ungenügende Kühlwasserverhältnisse, dazu zwingen oder der Aufwand an künstlicher Kälte dadurch verringert werden kann. Die Gefahr des Ausscheidens von Wasserdampfkondensat auf den obersten Böden kann ebenfalls durch heißen äußeren Rückfluß vermieden werden. Dann benötigt man keine korrosionsbeständigen Werkstoffe für die obersten Böden und als Auskleidung für den Kopf der Kolonne.

Sinngemäß muß bei Dephlegmatoren im Kopf der Kolonne wegen der früher geschilderten Vorgänge der Teilkondensation genau festgelegt werden, was unter Rückflußverhältnis verstanden wird, zumal die Ermittlung der tatsächlichen Mengen schwierig, auf direktem Wege der Flüssigkeitsmengenmessung geradezu unmöglich ist. Schließlich ist noch zu beachten, daß sich wegen der Änderung der Zusammensetzung der Flüssigkeit auf den einzelnen Böden auch deren Verdampfungswärme etwas ändert. Dies hat zur Folge, daß sich das innere Rückflußverhältnis innerhalb der Kolonne von Boden zu Boden etwas verschiebt. Durch einen Vergleich der Verdampfungswärmen und der Enthalpien der Flüssigkeiten auf dem obersten und untersten Boden läßt sich abschätzen, ob es zweckmäßig erscheint, mit Rücksicht auf die sonstige bei der Kolonnenberechnung anwendbare Genauigkeit diese Veränderungen der Verdampfungs- und der Flüssigkeitswärmen zu erfassen. Es wird sich dies dann empfehlen, wenn Rohöl oder Produkte mit sehr weit auseinanderliegenden Siedegrenzen destilliert werden. Ein Beispiel wird auf S. 207 f. behandelt. In den übrigen Fällen kann man meist auf diese Feinheit der Berechnung verzichten, doch bieten jetzt elektronische Rechenmaschinen auch dafür neue Möglichkeiten.

γ) **Die Kühlung durch umlaufende Rückflüsse.** Es wird noch auf S. 210 erörtert werden, daß die verbreitete Ansicht, ein großes Rückflußverhältnis verbessere die Trennschärfe, bei der Fraktionierung von Vielstoffgemischen irrig ist. Vielmehr wird sie mit Abnahme des Rückflußverhältnisses zunächst bis zu einem Minimum besser, vorausgesetzt, daß eine entsprechende große Zahl von Böden vorhanden ist. Erst mit Annäherung an null (einfaches Gleichgewicht) wird sie wieder schlechter. Die Verhältnisse bei Vielstoffgemischen unterscheiden sich eben grundsätzlich von denen bei Zweistoffgemischen. Offenbar ohne genaue Kenntnis dieser Zusammenhänge, sondern allein auf Grund der Bemühung, die Wärmewirtschaftlichkeit von Rohöldestillationsanlagen zu verbessern, ging man schon vor vielen Jahren zunächst in den Vereinigten Staaten von Amerika dazu über, Rohöldestillationskolonnen so zu schalten, daß die Wärme nicht nur im Kondensator für die Kopfdämpfe, sondern in Kühlern abgeführt wird, durch die man aus der Mitte der Kolonne abgezogene Flüssigkeitsströme leitet. Man kann ein, zwei oder mehr solcher umlaufender (zirkulierender) Rückflüsse anordnen, indem man einen Teil der oder die gesamte Flüssigkeit von einem über dem Eintritt liegenden Boden abzieht, im Wärmeaustausch mit Rohöl oder Kühlwasser bzw. Luft oder beiden kühlt und auf einen darüberliegenden Boden wieder aufgibt. Die für den Wärmeaustausch nutzbar zu machende Wärme steht in diesem Fall mit wesentlich höheren Temperaturen als im Kondensator zur Verfügung. Dies ist jedoch nicht der einzige Vorteil, vielmehr wird an einer solchen Stelle das innere Rückflußverhältnis verbessert, weil durch den kalt zugeführten, umlaufenden Rückfluß entsprechende Mengen hochsteigender Dämpfe kondensiert werden. Der auf den Kopf der Kolonne aufzugebende Rückfluß kann daher in gleichem Maß verringert werden, was sich auf die Trennschärfe der oberhalb des umlaufenden Rückflusses abgezogenen Fraktionen auswirkt. Für die unterhalb abzuziehenden Fraktionen steht dann erneut der erforderliche Rückfluß zur Verfügung, ohne den darüberliegenden Kolonnenteil zu belasten.

Zieht man die gesamte Flüssigkeitsmenge ab, so bietet dies Vorteile beim Regeln, besonders wenn man einen der auf S. 116 erwähnten Dampfrohrböden benutzt. Die thermodynamische Berechnung muß zeigen, welcher Anteil davon gekühlt und oberhalb aufgegeben werden soll. Der Rest wird dann ungekühlt zum darunterliegenden Boden geführt.

Diese Maßnahmen sind deshalb bei Rohöldestillationen besonders wirksam, weil bei diesen in der Regel mehrere Seitenströme abgenommen werden und die Änderung der umlaufenden Rückflüsse die Möglichkeit bietet, die Verhältnisse in der Kolonne wärmetechnisch günstig zu gestalten. Außerdem hat man mit der Regelbarkeit der umlaufenden Rückflüsse im Betrieb zusätzlich ein Mittel in der Hand, um Siedelage und Trennschärfe der einzelnen Seitenproduktströme besser und gewünschten Falles auch selbsttätig einzustellen.

ð) **Die Wärmeabfuhr bei absorptiven Waschverfahren.** Bei absorptiv arbeitenden Waschtürmen kann unter Umständen darauf verzichtet werden, die Absorptionswärme in der Kolonne selbst abzuführen, wenn der Temperaturanstieg im Waschmittel die Absorptionswirkung nicht wesentlich beeinträchtigt. Es genügt dann, das Waschmittel hinter dem Abtreiber (Stripper), der höhere Temperaturen erfordert, auf die gewünschte Eintrittstemperatur für den Waschturm abzukühlen. Diese Art der Anlagen ist jedoch mehr in der Kokereiindustrie üblich, wo die Siedeabstände zwischen dem zu absorbierenden Stoff (z.B. Benzol) und dem Waschöl verhältnismäßig groß sind. In der Erdöltechnik sind die Fälle viel häufiger, wo die Siedelagen des zu absorbierenden Stoffes und des Absorptionsmittels viel näher beieinander liegen. Dann macht sich ein geringer Temperaturanstieg bereits viel stärker auf die Wirkungsweise eines Absorbers bemerkbar und könnte sie unter Umständen vollkommen vereiteln. Dies ist z.B. der Fall, wenn Kohlenwasserstoffe des Flüssiggasbereiches mit Leichtbenzin aus Gasströmen auszuwaschen sind. Die Wärme wird dann meist in der Weise abgeführt, daß man die Waschflüssigkeit von einem mittleren Boden des Waschturmes abzieht, sie kühlt und mittels einer Pumpe wieder in die Kolonne zurückführt.

e) Die Temperaturverteilung in Destillierkolonnen

Für die folgenden Betrachtungen kann ohne weiteres angenommen werden, daß sich auf jedem Boden einer Kolonne ein vollkommenes Gleichgewicht einstellt. Man ermittelt also die Temperaturverteilung für die sog. theoretischen Böden. Es ist die Tatsache zu beachten, daß sich die Flüssigkeit auf jedem (theoretischen) Boden im Siedezustand und der darüber befindliche Dampf im Tauzustand befindet und daß sich das Verhältnis zwischen leichten und schweren Anteilen zugunsten der zweiten in der Kolonne von oben nach unten verschiebt. Daraus folgt, daß die Temperatur zwischen Kopf und Sumpf von Boden zu Boden zunimmt. Bei Produkten vom Leichtbenzin bis zu den schwersten Fraktionen zeigt die Messung im Betrieb wie auch die Rechnung, daß der Temperatursprung von Boden zu Boden bei einfachen Kolonnen, also solchen ohne Kühlung der umlaufenden Rückflüsse oder des erwärmten Waschmittels (bei Absorbern), am Kopf und unmittelbar über dem Sumpf am größten ist und in der Richtung zum Eintrittsboden zunächst kleiner wird. Zwischen diesem und dem darüber befindlichen Boden kann meist in Abhängigkeit von dem Eintrittszustand des zu destillierenden Gemisches ein von dem gleichmäßigen Verlauf abweichender Temperatursprung festgestellt werden[1].

Ähnliche „Unstetigkeiten", d.h. Abweichungen von einer monotonen Veränderung sind an Stellen zu finden, an denen gekühlte Produkte oder wärmere Strippdampfmengen (aus Seitenkolonnen) in die Hauptkolonne zurückgeführt werden. Das sog. „Temperaturprofil" einer Kolonne ist für die Festlegung der Abzugsböden sehr wichtig und kann gerade wegen der Seitenströme bzw. wegen der aus den Seitenkolonnen kommenden Rückdämpfe nur schrittweise ermittelt werden; vgl. Abb. C-5, S. 214.

Da eine Trennung durch Destillation um so mehr Böden erfordert, je näher die Siedebereiche der zu gewinnenden Produkte beieinander liegen, verteilt sich eine in einem solchen Fall kleine Temperaturdifferenz zwischen Kopf und Sumpf auf eine sehr große Anzahl von Böden. Will man z.B. n-Butan mit einem Siedepunkt von $-0,5\,°C$ bei 760 Torr aus einem Gemisch von n- und i-Butan gewinnen, so beträgt die gesamte Temperaturdifferenz – abhängig von der angestrebten Reinheit und dem Betriebsdruck – etwa 12° (bei 1 ata) und etwa 16° (bei 10 ata). In solchen Fällen ändert sich – abweichend von oben Gesagtem – die Temperatur in der Nähe des Kopfes und des Sumpfes wegen der geringen Änderung der Zusammensetzung weniger als in der Mitte. Selbst dort betragen dann wegen des Erfordernisses von rd. 80 theoretischen Böden die Temperaturdifferenzen nur Bruchteile von Celsiusgraden.

Bei einer unter Normaldruck arbeitenden Rohölkolonne mit etwa 30 bis 35 Böden zwischen Eintritt und Kopf kann hingegen die Temperaturdifferenz Werte von insgesamt 250° erreichen. Infolgedessen treten zwischen den Böden Temperaturunterschiede auf, die von rd. 30° am Kopf

---

[1] Siehe dazu auch C. E. WOOD: Tray Selection for Column Temperature Control. Chem. Engng. Progr. 64 (1968) 85/88 sowie J. W. PACKIE: a.a.O. (Fußn. 3, S. 192).

auf Beträge von wenigen Graden der Celsiusteilung im mittleren Bereich des Oberteiles abnehmen.

Bei Rohölkolonnen, in denen der Rückstand immer mit Dampf gestrippt wird, nimmt jedoch die Temperatur, abweichend von den Verhältnissen bei allen anderen Bauarten, vom Eintritt bis zum Sumpf wieder ab. Durch das Einblasen von Dampf, dessen Temperatur die des Produktes, also 350 bis 370 °C haben soll, wird zwar Wärme zugeführt. Höhere Temperaturen sind zu vermeiden, um nicht das Sumpfprodukt durch Ankracken zu schädigen. Der Zweck des Dampfeinblasens besteht darin, die leichtesten Anteile aus dem Rückstand auszustrippen. Dies wird aber weniger durch diese Wärmezufuhr erreicht als durch die Senkung des Teildruckes. Da die Molmasse des Wasserdampfes 18 kg/kmol beträgt, die der auszustrippenden Anteile aber in der Größenordnung von 350 kg/kmol liegt, ist der Einfluß auch kleiner Wasserdampfmengen wegen ihres großen Volumens erheblich. Infolge des Ausdampfens der leichtesten Reste aus dem Rückstand beobachtet man bei solchen Kolonnen zwischen Eintritt und Sumpf je nach Dampfmenge eine Temperaturabnahme bis zu 10°. Ähnliche Werte stellen sich im Unterteil von Vakuumkolonnen für die Verarbeitung von Normaldruckrückstand ein.

f) Die Mengen- und Wärmebilanzen

Um die Vorgänge in einer Destillierkolonne vollständig zu erfassen, ist es unerläßlich, neben den Gleichgewichtsberechnungen auch für die Kolonne als Ganzes einschließlich der zugehörigen Vorwärmer, Kondensatoren und Kühler und auch für einzelne, genau zu umgrenzende Teile der Kolonne Mengen- und Wärmebilanzen aufzustellen. Man erhält dadurch am schnellsten einen Einblick in ihre Arbeitsweise.

Für die *Mengenbilanz* hat sich ein Verfahren als sehr zweckmäßig erwiesen, bei dem Zahlenrechnungen und graphische Darstellungen einander ergänzen. Für die graphische Darstellung benutzt man das ursprünglich von W. Hoffmann vorgeschlagene $\log m,\sigma$-Diagramm[1]. In diesem Diagramm wird der dekadische Logarithmus der Mole m der Einzelstoffe über dem Siedepunkt dieser Einzelstoffe bei 1 ata aufgetragen. Als Abszissenwert ist der sog. Stoffwert σ eingeführt, weil eine modifizierte reziproke Temperaturskala benutzt wird, der Abszissenwert linear gemessen also nicht direkt als Temperatur abgelesen werden kann. Da bei Erdölprodukten die chemischen Einzelindividuen bestenfalls bis Pentan oder Hexan bekannt sind, faßt man – wie bereits ausgeführt wurde – die Anteile der höhersiedenden Kohlenwasserstoffe in Gruppen mit sehr engen Siedebereichen zusammen. Benutzt man z.B. eine Stufung von 20°, so ordnet man dem eine bestimmte Siedetemperatur t_a repräsentierenden Wert σ die in Molen ausgedrückte Menge von Kohlenwasserstoffen zu, die im Bereich von $(t_a - 10)$ °C bis $(t_a + 10)$ °C bei 1 ata sieden. In dieser

---

[1] Hoffmann, W.: Berechnung und zeichnerische Darstellung von Dampf-Flüssigkeits-Gleichgewichten idealer Vielstoff-Gemische. Z. VDI – Beihefte Verfahrens-Techn. (1944) 81/90. – Riediger, B.: Berechnung von Fraktionierkolonnen für Vielstoffgemische, Berlin/Göttingen/Heidelberg: Springer 1951.

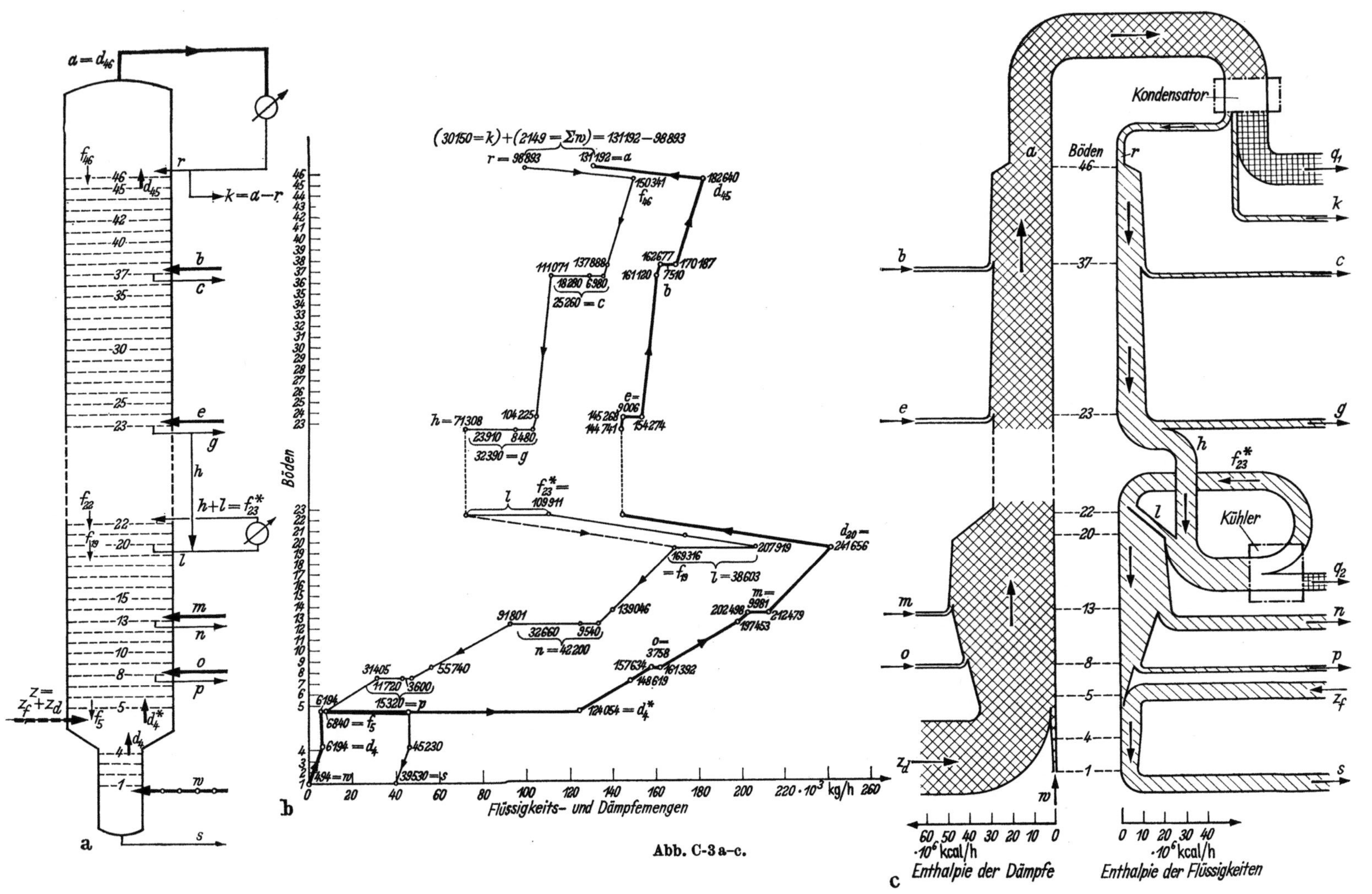

a = d_46
f_46
r
46
45 d_45
k = a - r
42
41
40
39
38
37
b
36
35 c
34
33
32
31
30
29
28
27
26
25
24 e
23 g
h
f_22
22 h + l = f*_23
21
f_19
20
l
19
18
17
16
15
13 m
12 n
11
10
8 o
9
7 p
z = z_f + z_d
6
5
f_5 d*_4
4 d_4
3
2
1 w
s
Böden
a

(30150 = k) + (2149 = Σw) = 131192 − 98893
r = 98893   131192 = a
150341   182640
f_46   d_45
111071 137888   162677 170187
18280 6980   161120 7510
25260 = c   b
h = 71308   104225   145268 154274
144741   e = 9006
23910 8480
32390 = g
l   f*_23 = 109911
d_20 = 241656
169316   207919
= f_19   l = 38603
m = 9981
202498   212479
91801   139046   197453
32660 9540   o = 3758
n = 42200   157634 161392
148619
31405   55740
11720 3600   124054 = d*_4
6194   15320 = p
6840 = f_5
6194 = d_4   45230
494 = w   39530 = s
Böden
Flüssigkeits- und Dämpfemengen
0 20 40 60 80 100 120 140 160 180 200 220 ·10³ kg/h 260
b

Abb. C-3 a—c.

Kondensator
a   Böden r
46   q_1
k
b   37   c
e   23   g
h
f*_23
22
Kühler
20
l
q_2
m   13   n
o   8   p
5   z_f
z_d   4
w   1   s
60 50 40 30 20 10 0 ·10⁶ kcal/h
Enthalpie der Dämpfe
0 10 20 30 40 ·10⁶ kcal/h
Enthalpie der Flüssigkeiten
c

Darstellung läßt sich die zu erwartende Verteilung der einzelnen Komponenten in einer Fraktion bei gegebener Zusammensetzung des Einsatzgemisches sehr leicht bestimmen[1]. Die Darstellung bleibt auch anwendbar, wenn man mit veränderlichen Enthalpien und Verdampfungswärmen rechnen muß, desgleichen beim Rechnen mit Flüchtigkeiten[2]. Im letzten Fall gilt dann nicht mehr streng, daß eine Gleichgewichtseinstellung durch eine schrägverlaufende gerade Linie wiedergegeben wird. Da man die Darstellung immer durch Zahlenrechnungen ergänzen und schrittweise anwenden muß, wird die Brauchbarkeit durch diese Einschränkungen nicht beeinträchtigt. Die beschriebene Darstellung hat schließlich wegen des logarithmischen Maßstabes der Ordinate noch den Vorteil, daß sie die tatsächlichen Mengen und nicht nur Prozentangaben wiedergibt. Man erspart sich dadurch das Umrechnen und kann Änderungen der Mengen sehr schnell durch einfaches Verschieben der Abszissenachse nach oben oder unten berücksichtigen, vgl. Abb. C-4 und S. 212.

Das Beispiel einer *Wärmebilanz* ist in Abb. C-3 für eine genau berechnete Rohöldestillationsanlage wiedergegeben. Es entspricht etwa den in Abb. C-1 dargestellten Verhältnissen. Auch hier lassen sich Berechnungen von Boden zu Boden anstellen, indem man z. B. die in der Literatur angegebenen Werte für die Enthalpie und Verdampfungswärme der einzelnen Erdölfraktionen benutzt[3]. Wegen des besseren Verständnisses sind in Abb. C-3 neben der in Form des sog. Sankey-Diagrammes dargestellten Wärmebilanz auch das Schema der Kolonne und die Mengenverteilung wiedergegeben. Die Stricharten der einzelnen Ströme haben die gleiche Bedeutung wie auf S. 1046f. angegeben und in den schematischen Fließbildern des Buches benutzt. Abb. C-3a zeigt die Kondensation der Kopfdämpfe und die Entnahme der vier Seitenprodukte, die Rückführung der Dämpfe aus den Strippern für diese Produkte sowie die Kühlung des umlaufenden Rückflusses zwischen Boden 20 und 22.

---

[1] Näheres ist in dem S. 205, Fußn. 1 zitierten Buch von RIEDIGER zu finden.

[2] Vgl. dazu ebenfalls B. RIEDIGER: a.a.O. (Fußn. 1, S. 74; Aufsatz in Erdöl u. Kohle).

[3] MAXWELL, J. B.: Data Book on Hydrocarbons, a.a.O. S. 98/127. – Arbeitsmappe für Mineralölingenieure, a. a. O., Arbeitsbl. H 5. – NELSON, W. L.: a. a. O., 4. Aufl., Fig. 5-3 hinter S. 170. – Etwas abweichende Werte bei C. R. BAUER u. J. F. MIDDLETON: Enthalpy of Petroleum Fractions. Petrol. Refiner 32(1953)Nr.1,S.111/15.

Abb. C-3. Schema, Mengenflüsse und Wärmebilanz einer Rohöldestillationskolonne mit vier Seitenabzügen und einem umlaufenden Rückfluß.
a) Schema der Kolonne; b) Flüssigkeits- und Dämpfemenge in der Kolonne gemäß Abb. C-3a; c) Wärmeinhalte (Enthalpien) der zu- und abströmenden sowie der in der Kolonne strömenden Flüssigkeiten und Dämpfe.
a Über Kopf abströmende Dämpfe; r Kalter, auf den Kopf der Kolonne aufgegebener Rückfluß; $k = a - r$ Kopfprodukt (Leichtbenzin) plus Topgas und Wasserdampfkondensat; d_i Vom Boden i hochsteigende Dämpfe; f_i Vom Boden i abfließende Flüssigkeit; b Rückdämpfe vom Stripper für Schwerbenzin; c Zufluß zum Stripper für Schwerbenzin; e Rückdämpfe vom Stripper für Kerosin; g Zufluß zum Stripper für Kerosin; h Innerer Rückfluß; l Vom Boden 20 abgezogene Menge für den umlaufenden Rückfluß; m Rückdämpfe vom Stripper für Mitteldestillat; n Zufluß zum Stripper für Mitteldestillat; o Rückdämpfe vom Stripper für schweres Gasöl; p Zufluß zum Stripper für schweres Gasöl; q_1 Aus dem Kondensator abzuführende Wärmemenge; q_2 Aus dem Kühler für den umlaufenden Rückfluß abzuführende Wärmemenge; d_4 Vom Boden 4 hochsteigende Dämpfe; d_4^* Dampfförmige Anteile des Zuflusses plus Dämpfemenge d_4; z Rohölzufluß zur Kolonne (teilweise verdampft); w Wasserdampf; s Sumpfprodukt.
Die Darstellung zwischen Boden 22 und 23 ist unterbrochen, um in Abb. C-3c rechts Raum für die Wiedergabe der Flüssigkeitsenthalpien zu schaffen. Der tatsächliche Abstand zwischen Boden 22 und 23 ist gleich dem zwischen den anderen Böden.

Bei den Mengenangaben in Abb. C-3b handelt es sich bei den Flüssigkeiten um Kohlenwasserstoffe allein. Bei den Dämpfen sind aber auch die dem Gewicht nach zwar kleinen, dem Volumen nach aber beachtlichen Wasserdampfmengen erfaßt. Deren Einfluß muß insbesondere wegen der Senkung des Teildruckes der Kohlenwasserstoffe sowie wegen ihres Beitrages zur Gesamtenthalpie berücksichtigt werden. Der Gesamtzufluß beträgt

$$124054 - 6194 = 117860 \text{ kg/h verdampfte Anteile und}$$
$$45230 - 6840 = 38390 \text{ kg/h flüssige Anteile,}$$

zusammen 156250 kg/h.

Man sieht, daß die Flüssigkeitsmenge zwischen Eintrittskammer und Sumpf auf den Böden 4 bis 1 durch das Ausstrippen von 5700 kg/h verdampfbarer Anteile von 45230 kg/h auf 39530 kg/h abnimmt. Die aus der Eintrittskammer hochsteigende Dämpfemenge setzt sich zusammen aus

$$117860 \text{ kg/h verdampftem Zufluß,}$$
$$5700 \text{ kg/h ausgestripptem Produkt und}$$
$$494 \text{ kg/h Wasserdampf,}$$

insgesamt 124054 kg/h.

Sie nimmt durch das Verdampfen leichterer Anteile bis auf 241656 kg/h über Boden 19 zu. Entsprechend nimmt die nach unten fließende Flüssigkeitsmenge ab. In der Flashzone beträgt sie noch 6840 kg/h, was bezogen auf den Gesamtzufluß von 156250 kg/h einem Overflash von rd. 4,4 Gew.-% entspricht.

Die Verhältnisse über Boden 7 und 8 werden durch folgende Zahlenangaben erläutert. Es fließen

$$11\,720 \text{ kg/h}$$
$$+\,3\,600 \text{ kg/h}$$

zusammen $15\,320$ kg/h

zum Stripper, wovon 3600 kg/h ausgestrippte Anteile und 158 kg/h Strippdampf, zusammen 3758 kg/h in die Hauptkolonne zurückströmen. Sinngemäß sind die Zahlen bei den darüberliegenden Seitenabzügen zu verstehen.

Zur Entlastung des Kolonnenoberteiles wird Flüssigkeit vom Boden 20 abgezogen, zusammen mit dem vom Boden 23 kommenden Rückfluß gekühlt und auf Boden 22 wieder aufgegeben, um die dadurch erreichte Kondensation auf drei Böden zu verteilen. Diese Menge beträgt

$$71\,308 \text{ kg/h als innerer Rückfluß und}$$
$$38\,603 \text{ kg/h als überlagerte Kreislaufmenge,}$$

zusammen $109\,911$ kg/h.

Es wird dadurch die hochsteigende Dämpfemenge von 241656 kg/h auf 144741 kg/h verringert.

Die Darstellung für den obersten Boden 46 zeigt, wie die kalte Rückflußmenge von 98 893 kg/h durch die Kondensation von

$$
\begin{array}{r}
182\,640 \text{ kg/h} \\
-\ 131\,192 \text{ kg/h} \\
\hline
51\,448 \text{ kg/h}
\end{array}
$$

hochsteigender Dämpfe auf die Menge von 150 341 kg/h heißen Rückflusses vergrößert wird. Die Differenz von Dämpfen und Flüssigkeit ergibt das als Kopfprodukt gewinnbare Destillat.

Mit den vorgenannten und den weiteren, in Abb. C-3 b eingetragenen Mengenangaben, den zugehörigen spezifischen Wärmen der Flüssigkeiten und den Verdampfungswärmen ist das in Abb. C-3 c wiedergegebene Wärmeflußbild entwickelt. Die Enthalpien der hochsteigenden Dämpfe sind links, die der herabströmenden Flüssigkeiten rechts aufgetragen. Die leichte Zunahme der Enthalpien von Flüssigkeit und Dämpfen im Oberteil der Kolonne bis Boden 13 trotz Abnahme der Mengen erklärt sich durch die Temperaturzunahme, die jedoch nach unten zu immer geringer wird, vgl. Abschn. C 1 e S. 204. Unterhalb von Boden 13 überwiegt hingegen der Einfluß der Mengenabnahme, zumal die Temperatur in diesem Bereich bis zur Eintrittskammer nur mehr sehr wenig ansteigt.

2. Durch die Destillation beeinflußbare Produkteigenschaften

Die Destillation ist ein rein physikalischer Vorgang; die Menge der einzelnen im Zufluß enthaltenen Komponenten wird dabei nicht geändert. Die wichtigste Aufgabe, die das Destillieren erfüllen muß, ist die Einhaltung der gewünschten Siedebereiche. Auf S. 57 f. wurde der Zusammenhang zwischen den in den üblichen Apparaturen nach ENGLER oder ASTM ermittelten Siedekurven und den wahren Siedepunktskurven erläutert. Diese lassen erkennen, wieviel von den einzelnen Komponenten in einem Produkt enthalten sind. In den meisten Fällen ist es wirtschaftlich erstrebenswert, möglichst scharf geschnittene Fraktionen zu gewinnen, so daß zwischen ihnen und den Nachbarfraktionen bei Untersuchung nach ENGLER oder ASTM wenn möglich eine Siedelücke auftritt. Dies ist der Ausdruck dafür, daß nur sehr geringe Anteile von Komponenten, die entsprechend ihrem wahren Siedepunkten bereits in die Nachbarfraktionen gehören, zurückgehalten wurden.

a) Der Siedebereich

Die in der Theorie vorwiegend berücksichtigte Trennung der Zweistoffgemische läßt sich durch das erwähnte McCabe-Thiele-Diagramm sehr anschaulich wiedergeben[1]. Es zeigt, daß bei genügender Bodenzahl und bei genügend hohem Rückfluß jede beliebige Reinheit der beiden

---

[1] Vgl. Fußn. 2, S. 193.

Endprodukte erzielt werden kann, so daß in diesem Fall deren Siedebereich auf einen Siedepunkt zusammenschrumpft. Bei jedem Mehrstoffgemisch bleibt aber für die einzelnen Fraktionen ein Siedebereich erhalten, es sei denn, daß nur der am leichtesten siedende Stoff als Kopfprodukt oder der am schwersten siedende Stoff als Sumpfprodukt abgetrennt wird. Um so größer ist aber dann der Siedebereich des komplementären Gemisches, das bis auf den obersten oder untersten Bereich mit dem des Einsatzgutes übereinstimmt.

Sollen – wie dies bei Rohöldestillationen oder bei Krackanlagen der Fall ist – aus dem Einsatzgut mehrere Fraktionen mit oft sehr unterschiedlichen Siedebereichen gewonnen werden, so müssen die Abzugsböden auf Grund der Temperaturverteilung in der Kolonne errechnet werden. Dabei ergibt sich meist, daß zwischen dem Abzugsboden eines Produktes mit sehr weitem Siedebereich und dem nächsthöheren Abzugsboden eine größere Zahl von Fraktionierböden angeordnet werden sollte, weil der Temperaturunterschied zwischen den Siedepunkten beider Flüssigkeiten größer ist als bei sehr eng geschnittenen Nachbarfraktionen. Jedoch muß dabei die Rückflußmenge beachtet werden. Die Zahl der Böden wird allerdings auch noch durch die gewünschte Trennschärfe bestimmt, weil diese um so besser wird, je größer die Zahl der Böden ist, die für die Gleichgewichtseinstellung zur Verfügung steht. Es macht aber grundsätzlich keine Schwierigkeiten, mit Hilfe von Destillierkolonnen allen Wünschen bezüglich des Siedebereiches einzelner Fraktionen zu entsprechen, sofern die Anforderungen an die Trennschärfe aufeinander abgestimmt sind. Deshalb ist deren Einfluß besonders zu untersuchen.

ω) Die Trennschärfe bzw. die Reinheit der Produkte

Von Reinheit zu sprechen hat nur Sinn, wenn Einzelstoffe gewonnen werden, die als leichteste oder schwerste im Einsatzgut enthalten sein müssen. Es ist grundsätzlich unmöglich, durch einfache Destillationsverfahren aus einem Mehrstoffgemisch einen Einzelstoff mittlerer Siedelage scharf oder in hoher Reinheit abzutrennen. Es muß dann die Destillation in zwei oder mehr Stufen durchgeführt werden, so daß das gewünschte Produkt, z.B. Normalbutan, nur mehr aus einem Gemisch abgetrennt zu werden braucht, das fast ausschließlich aus Isobutan und Normalbutan besteht. Hat man in den vorhergehenden Stufen die gesamte C_4-Fraktion bereits so rein gewonnen, daß sie praktisch kein C_3 oder C_5 mehr enthält, so ist es nur mehr eine Frage der Ausbeute, d.h. des im Isobutan zugelassenen Normalbutangehaltes, welche Reinheit dieses Produktes erzielt wird. Dabei ist vorausgesetzt, daß keine Olefine anwesend sind.

Die Bedeutung der Trennschärfe von Fraktionen, die als solche jede für sich ein Mehrstoffgemisch sind, läßt sich an Hand von Abb. C-4a und b erläutern. In Abb. C-4a ist zunächst ein Einsatzgemisch Z_0 in einem $\log m, \sigma$-Diagramm als ausgezogene Linie eingetragen. Die Linienzüge K_0 und S_0 geben die Zusammensetzung des Kopf- und Sumpfproduktes wieder, die sich durch eine scharfe Fraktionierung bei einem

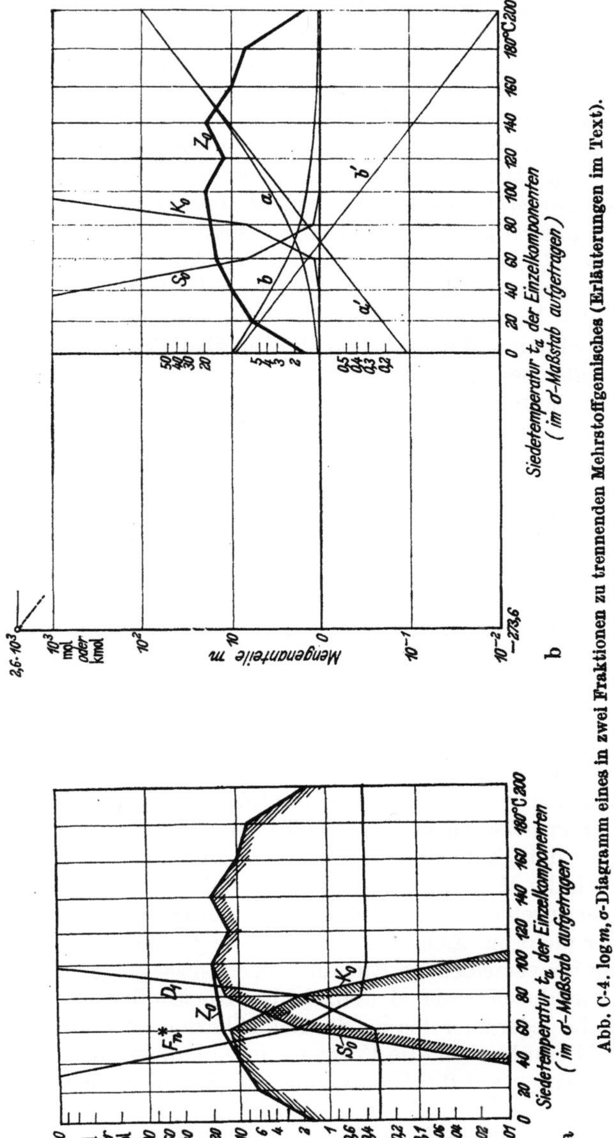

Abb. C-4. log m, σ-Diagramm eines in zwei Fraktionen zu trennenden Mehrstoffgemisches (Erläuterungen im Text).

14*

Schnittpunkt von 70 °C auf der wahren Siedepunktskurve erzielen lassen. Es hat sich als zweckmäßig erwiesen, nicht diese Linienzüge zu benutzen, sondern die Mengen von dem Linienzug für Z_0 mit einem beweglichen Maßstab gleicher Teilung wie der für die Ordinate aufzutragen[1]. Auf diese Weise erhält man die Linienzüge gleicher Bezeichnung in Abb. C-4b. Aus Abb. C-4a läßt sich die dabei gebotene Möglichkeit erkennen, durch Parallelverschieben unterschiedliche Mengen gleicher Zusammensetzung darzustellen. Die an D_1 und F_n^* abzulesenden Werte entsprechen den bei einer praktisch durchgeführten Kolonnenberechnung ermittelten Werten, um Z_0 in die beiden Produkte K_0 und S_0 zu zerlegen. Es gibt D_1 die vom ersten (obersten) Boden über Kopf abgehenden Dämpfe an, die also nicht nur das Kopfprodukt enthalten, sondern auch den Rückfluß. Die Werte von F_n^* gelten entsprechend für den Ablauf vom n-ten (untersten) Boden und setzen sich aus dem Sumpfprodukt und der dem Aufkocher zufließenden Menge zusammen. Man kann also immer mit tatsächlichen Mengen rechnen und erspart den Umweg über Prozente. Außerdem kann man mit gleicher Zuverlässigkeit die bei solchen Rechnungen erforderlichen Schätzungen vornehmen und Annahmen treffen, vollkommen unabhängig von der Zusammensetzung des Einsatzgemisches.

Bei einer ideal scharfen Trennung wären im Kopfprodukt alle Komponenten bis einschließlich $\sigma \cong 60$ °C und keine darüber siedenden enthalten. Das Sumpfprodukt würde dann ausschließlich aus Komponenten mit Siedepunkten $t_a \geq 80$ °C, also entsprechenden σ-Werten bestehen. Gegenüber der durch die Fraktionierung mit einer größeren Zahl von Böden erreichten Trennschärfe, wie sie die Linienzüge K_0 und S_0 zeigen, würde das Einsatzgemisch bei einer einfachen Gleichgewichtseinstellung zwischen dampfförmiger und flüssiger Phase in zwei Produkte getrennt, deren Mengen den Kurven a bzw. b in Abb. C-4b entsprechen[2]. Man sieht daraus, daß sowohl in der leichten wie in der schweren Fraktion fast noch alle Komponenten enthalten sind. Die zugehörigen Mole muß man mit einem beweglichen Maßstab zwischen den Linien a bzw. b und dem Kurvenzug für das Einsatzprodukt Z_0 ablesen[3].

α) **Der grundsätzliche Unterschied zwischen Trennschärfe und Reinheit.** Unter dem Eindruck der Darstellung im McCabe-Thiele-Diagramm ist vielfach die Meinung verbreitet, daß hohe Trennschärfe bei Vielstoffgemischen durch ein großes Rückflußverhältnis erzielt werden kann. Dies trifft aber nicht zu. Es läßt sich durch eine genaue Rechnung von Boden zu Boden für verschiedene Rückflußverhältnisse zeigen, daß hohe Trennschärfe nur durch große Bodenzahl bei Rückflußverhältnissen zu erreichen ist, die gegenüber den bei der Rektifikation erforderlichen klein sind. Auch die Bemühungen, die Vorgänge in Kolonnen mit Hilfe von Schlüsselkomponenten auf die Darstellung des McCabe-Thiele-Diagramms zu-

---

[1] Einzelheiten dieser Darstellung sind bei B. Riediger: a.a.O. S. 27ff. erläutert (vgl. Fußn. 1, S. 74).

[2] Die Ableitung ist bei W. Hoffmann: a.a.O. und bei B. Riediger: a.a.O. S. 13 zu finden (vgl. Fußn. 1, S. 205).

[3] Wegen der durch den Pol verlaufenden Geraden b' und ihrem Spiegelbild a' siehe das angegebene Schrifttum.

rückzuführen, hat unbefriedigende Ergebnisse besonders hinsichtlich der tatsächlichen und der errechneten Rückflußverhältnisse ergeben[1]. Dies ist verständlich, wenn man sich vergegenwärtigt, daß eine sehr scharf geschnittene Fraktion keineswegs als sehr „rein" angesehen werden kann, denn sie enthält noch sämtliche Nachbarfraktionen einer Schlüsselkomponente, allerdings nur bis zu einem bestimmten Siedepunkt. Da es heute möglich ist, genaue Kolonnenberechnungen von Boden zu Boden auf elektronischen Rechenmaschinen in so kurzer Zeit durchzuführen, wie man sie noch vor wenigen Jahren nicht zu hoffen wagte, sollte man für genaue Berechnungen auf die Verwendung unzulänglicher Hilfsmittel verzichten. Vgl. außerdem die Ausführungen S. 202/03.

Die Richtigkeit vorstehender Gedankengänge wird z. B. dadurch bestätigt, daß sich durch die Verwendung umlaufender Rückflüsse Seitenfraktionen sehr scharf schneiden lassen, weil man es in der Hand hat, die Rückflußmengen auf das durch die Wärmebilanz gegebene Maß zu beschränken und in der Kolonne so zu verteilen, daß die gewünschten Schnitte und Trennschärfen erzielt werden. Bei Seitenströmen muß man allerdings beachten, daß die Eigenschaften des vom Abzugboden entnommenen Produktes durch die Eigenschaften der Flüssigkeiten auf den darüberliegenden Böden beeinflußt werden. Deshalb läßt sich in der Hauptkolonne der Siedeendpunkt gut einstellen. Es ist jedoch nicht zu vermeiden, daß noch mehr an leichten Anteilen in der Fraktion enthalten ist, als der gewünschten Trennschärfe gegenüber der nächsten, leichtersiedenden Fraktion entspricht. Dieser Mangel läßt sich auf einfache Weise dadurch beseitigen, daß man die Seitenströme in Seitenkolonnen führt, in denen sie in der Regel mit Wasserdampf gestrippt, d. h. von ihren leichten Enden befreit und auf spezifikationsgerechten Siedebeginn eingestellt werden. Die abgestrippten leichtsiedenden Komponenten werden zusammen mit dem Wasserdampf in die Hauptkolonne zurückgeführt.

In einer Kolonne lassen sich nicht gleichzeitig beliebige Anforderungen an Trennschärfe und Siedelage erfüllen; beide Produkteigenschaften beeinflussen sich gegenseitig. So können bei weit geschnittenen Fraktionen höhere Trennschärfen erzielt werden als bei sehr eng geschnittenen Fraktionen. Dies ergibt bereits ein Vergleich der wahren Siedepunktskurven und der ASTM-Kurven. Da die zweiten wesentlich flacher verlaufen, liegen bei weiten Siedebereichen die Endpunkte der ASTM-Kurven auf den senkrechten Koordinaten schon auf Grund physikalischer Gesetzmäßigkeiten weiter auseinander. Trotzdem werden in Betriebsanlagen die Siedelücken mit zunehmender Temperatur der Siedebereiche kleiner. Dies liegt daran, daß sich der Temperaturgradient in einer Kolonne, wie er schematisch in Abb. C-5 wiedergegeben ist, über die ganze Höhe der Kolonne ändert. Die eingetragenen Werte sind das Ergebnis einer ersten Berechnung für die durch Abb. C-4 erläuterte Trennaufgabe; sie weisen in der Nähe des Eintrittsbodens noch eine Unstetigkeit auf, lassen aber grundsätzlich den Temperaturverlauf, über theo-

---

[1] Vgl. B. Riediger: Fraktionierkolonnen, a. a. O. S. 45 ff.

retischen Böden aufgetragen, erkennen. Das heißt also, daß die Temperaturdifferenzen zwischen den tatsächlich vorhandenen Böden zwar kleiner sind, die Tendenz der Änderung aber erhalten bleibt. Es ist jedoch zu beachten, daß bei Rohölkolonnen, in deren nur aus wenigen Böden bestehendem Unterteil Strippdampf eingeblasen wird, die Temperatur vom Eintrittsboden aus den S. 205 erörterten Gründen wieder abnimmt. Der geringere Temperaturanstieg in der Mitte des Verstärkungsteiles einer Kolonne hat zur Folge, daß zur Erzeugung gleicher Siedelücken bei höhersiedenden Produkten, z.B. bei Mitteldestillaten,

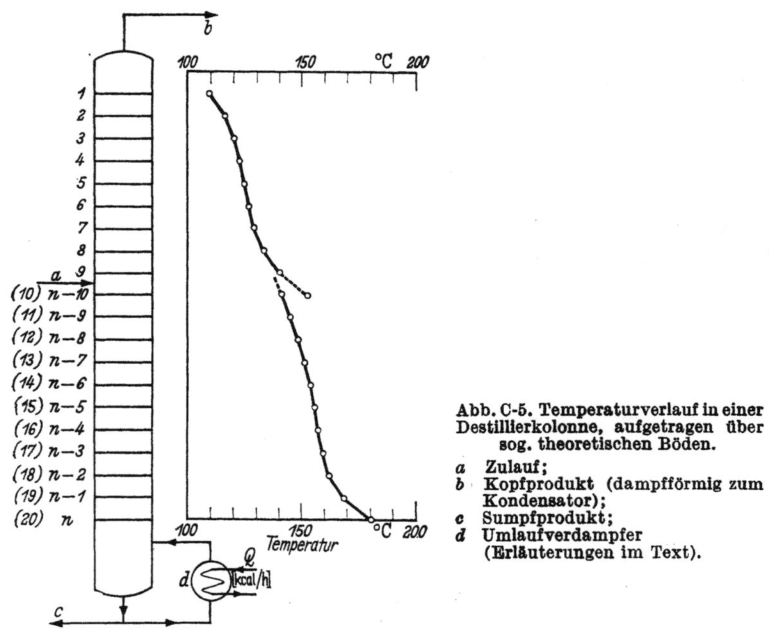

Abb. C-5. Temperaturverlauf in einer Destillierkolonne, aufgetragen über sog. theoretischen Böden.

a   Zulauf;
b   Kopfprodukt (dampfförmig zum Kondensator);
c   Sumpfprodukt;
d   Umlaufverdampfer (Erläuterungen im Text).

verhältnismäßig mehr Böden erforderlich sind; darauf muß man oft aus wirtschaftlichen Gründen verzichten. Denn bei solchen Produkten spielt die Trennschärfe keine so große Rolle mehr. Es wird mehr die Ausbeute an dem einen oder anderen Produkt beeinflußt. Aber auch der erzielbare Erlös weist nicht mehr so große Unterschiede auf, weshalb es wirtschaftlich vertretbar ist, wenn z.B. an die Schnittschärfe zwischen einem leichten und einem schweren Gasöl keine übertriebenen Anforderungen gestellt werden.

Noch schwieriger wird die Erzielung großer Trennschärfen in Vakuumanlagen, weil die erforderliche große Zahl von Böden infolge des dadurch hervorgerufenen Druckverlustes ein hohes Vakuum in der Flashzone beeinträchtigen würde. Es ist daher wirtschaftlicher, durch eine geringere Zahl von Böden und das dann erreichbare hohe Vakuum die Ausbeute an Destillat zu steigern und auf schärfere Trennung der

Fraktionen zu verzichten. Dies gilt besonders bei Anlagen zur Gewinnung von Schmierölgrundstoffen. Bei diesen ist die Trennschärfe von geringerer Bedeutung, sofern der nachstehend zu besprechende Flammpunkt eingehalten wird. Bei solchen Fraktionen ist die Zähigkeit die wichtigste Eigenschaft; sie bestimmt den Siedebereich.

β) Der Einfluß der Trennschärfe bzw. der Reinheit auf die Ausbeute. Bei der Fraktionierung von Mehrstoffgemischen sind die Ausbeuten in gewisser Hinsicht von der Trennschärfe unabhängig, denn bei gegebenem Schnitt zwischen zwei Fraktionen kann die gleiche Ausbeute sowohl durch eine scharfe wie auch eine weniger scharfe Fraktionierung erzielt werden. Im ersten Fall bedeutet dies nur, daß der Anteil von Komponenten aus der Nachbarfraktion gering ist. Bei einem unscharfen Schnitt gegen die nächste höhersiedende Fraktion gehen zwar gewisse Anteile der Komponenten mit den höchsten Siedepunkten innerhalb der niedrigersiedenden Fraktion in die höhersiedende verloren, aus dieser gelangen aber auch entsprechende Anteile der Komponenten mit den niedrigsten Siedepunkten innerhalb der höhersiedenden Fraktion in die niedrigersiedende Fraktion. Dies geht ohne weiteres aus der Darstellung in Abb. C-4 hervor. Wenn jedoch die Spezifikationen unmittelbar oder – was häufiger der Fall ist – mittelbar durch bestimmte vorgeschriebene Eigenschaften den Gehalt an höchstsiedenden Komponenten beschränken, kann diesen Spezifikationen bei unscharfem Schnitt nur durch eine Senkung des Siedeendes entsprochen werden. Dies bedeutet dann einen Ausbeuteverlust, weshalb in solchen Fällen immer zu prüfen ist, ob nicht der für schärfere Schnitte erforderliche größere Bauaufwand durch höhere Ausbeuten wirtschaftlich gerechtfertigt ist. Sinngemäße Überlegungen gelten, wenn z.B. wegen des verlangten Flammpunktes der Gehalt an leichtsiedenden Komponenten bestimmte Beträge nicht überschreiten darf.

Bei der Gewinnung von einzelnen Kohlenwasserstoffen oder von Gemischen aus Komponenten, deren Siedepunkte sehr eng beieinander liegen, ist allerdings die Ausbeute in gewisser Hinsicht eine Funktion der angestrebten Reinheit. Dies ist besonders dort zu beachten, wo diesbezüglich sehr hohe Anforderungen gestellt werden. So wird z.B. für die Erzeugnung von Hochdruckpolyäthylen eine Reinheit des Äthylens von 99,9 % verlangt. Dies ist in der letzten Destillationsstufe nur zu erreichen, wenn im letzten Entmethaner alles im Gasstrom enthaltene Methan bis auf geringste Spuren über Kopf abgetrieben wird; dies bedeutet aber gleichzeitig einen Äthenverlust. Desgleichen muß im Sumpf der letzten Stufe, aus der das Äthen über Kopf gewonnen werden soll, soviel Äthen im Äthan belassen werden, daß praktisch kein Äthan mehr in den Kopf der Kolonne gelangt. Zwar läßt sich ein Teil der so mit den Nachbarprodukten abgehenden Anteile der Endprodukte durch Kreisläufe wiedergewinnen, doch sind dieser Möglichkeit gewisse Grenzen gezogen, weil dadurch der Gehalt des Einsatzgutes an den unerwünschten Anteilen weiter erhöht wird. Außerdem führen solche Kreisläufe zu Komplikationen der Schaltungen, die vom Standpunkt des Betriebes aus nicht gerne gesehen werden. Sinngemäße Überlegungen sind auch bei anderen

Trennaufgaben anzustellen. Es wird sich bei der Besprechung der einzelnen Verfahren noch Gelegenheit ergeben, die vorstehenden Gedankengänge an Hand von Beispielen zu erläutern.

c) Der Flammpunkt

Der Flammpunkt wird vornehmlich durch die leichtestsiedenden Anteile einer Fraktion bestimmt, auch wenn diese nur in geringer Menge vorhanden sind. Er läßt sich deshalb bei der Destillation verhältnismäßig leicht beeinflußen. So wird der Flammpunkt aller Mitteldestillate – soweit erforderlich – durch Strippen mit Dampf in den Seitenkolonnen der Rohöldestillationen eingestellt. Dabei kann es leicht vorkommen, daß die Erzielung eines höheren Flammpunktes ein stärkeres Strippen erfordert, als es zur Einhaltung einer vorgeschriebenen Trennschärfe bzw. Siedelücke notwendig wäre. Das Strippen mit Dampf hat aber den Nachteil, daß die Produkte beim Ablauf aus der Kolonne mit Wasser gesättigt sind und deshalb getrocknet werden müssen. Anderenfalls kann es bei tiefen Temperaturen zu Trübungen kommen. Diese Schwierigkeit läßt sich umgehen, wenn man dem Sumpf der Stripperkolonnen die Wärme über Aufkocher zuführt. Diese können aber wegen der hohen erforderlichen Temperaturen nicht mehr mit Dampf beheizt werden. Es eignen sich dafür Heißölkreisläufe, insbesondere die der umlaufenden Rückflüsse, weil diesen auf alle Fälle Wärme entzogen werden muß, die sich so nutzbar machen läßt. Diese Schaltung ist z.B. in Abb. C-17, S. 245 dargestellt.

d) Die Zähigkeit

Die Zähigkeit ist bei Ölen gleicher Basis weitgehend eine Funktion des Siedebereiches. Daher kann sie ebenso wie dieser beim Destillieren eingestellt werden. Bei der Gewinnung von Vakuumdestillaten für die Herstellung von Schmieröl ist sie die eigentliche maßgebende Größe. Denn die Angaben von Siedegrenzen sind bei so hochsiedenden Fraktionen sehr problematisch. In welch weiten Grenzen die Zähigkeit von Erdölprodukten schwankt, kann Abb. C-6 entnommen werden, welche gleichzeitig die Abhängigkeit von der Temperatur erkennen läßt. Man sieht, daß die Zähigkeit mit dem Siedebereich deutlich zunimmt. Allerdings wird fast immer neben der Zähigkeit der Fraktionen auch ein Flammpunkt entsprechender Höhe verlangt. Dieser bestimmt dann den maximalen Gehalt der einzelnen Fraktionen an leichten Komponenten. Da deren Zähigkeit niedrig ist, dürfen auch nicht zu viele schwere Komponenten (mit entsprechend hoher Zähigkeit) in der Fraktion enthalten sein, will man die gewünschte Zähigkeit als Durchschnittswert für das Gemisch, das eine Fraktion darstellt, erreichen. Somit sind die beiden genannten Größen die für die Praxis geeignetsten Werte, um die Eigenschaften von Vakuumdestillaten, aus denen Schmieröle hergestellt werden sollen, zu kennzeichnen.

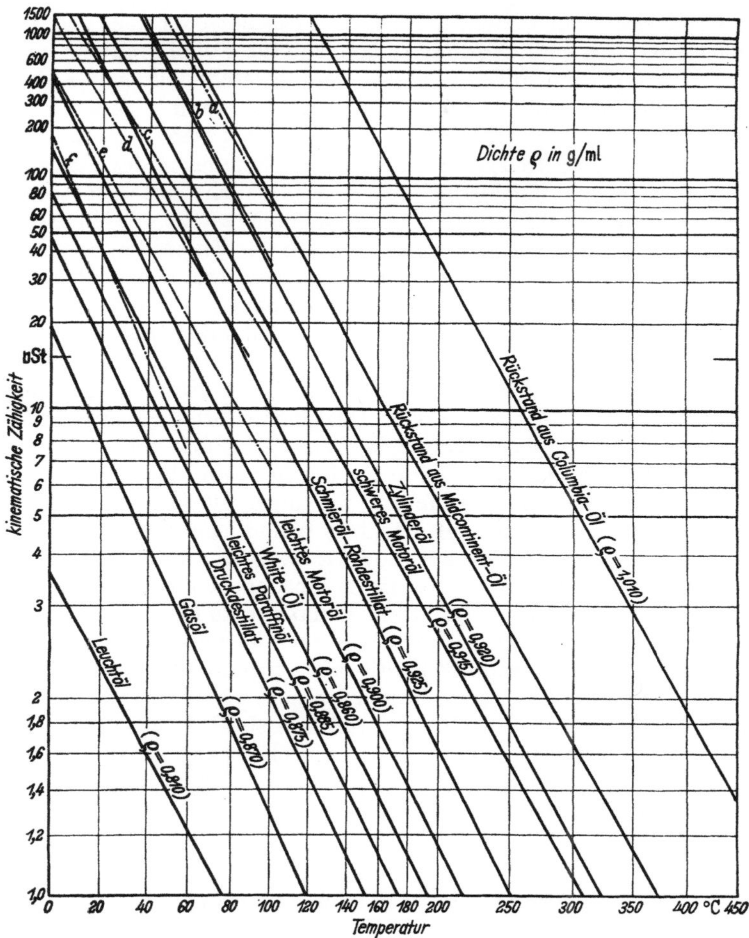

Abb. C-6. Zähigkeit verschiedener Erdölfraktionen und ihre Abhängigkeit von der Temperatur

e) Der Metallgehalt

Bei Vakuumdestillat, das als Einsatzgut für katalytische Krackanlagen verwendet werden soll, kommt es neben der durch einen möglichst hohen Schnittpunkt (cut point) auf der „wahren Siedepunktskurve" angestrebten großen Ausbeute vor allem auf Freiheit von Metallen an. Dies ist weniger durch eine scharfe Fraktionierung als durch ein Verhindern des Mitreißens von Tröpfchen (Entrainment) aus der Eintrittskammer (Flashzone) und von darüberliegenden Böden bis zum Abzugsboden zu erreichen. Wenn Metalle im Destillat nur in Spuren oder gar nicht nachgewiesen werden können, ist damit zu rechnen, daß auch der Verkokungstest nach CONRADSON oder RAMSBOTTOM geringe Werte ergibt. Geeignete Maßnahmen, um Vakuumdestillat oder auch schwerstes Mitteldestillat aus einer Normaldruckanlage für Rohöl praktisch metallfrei zu erhalten, sind außer geringer Dämpfegeschwindigkeit z.B. Einbauten aus Drahtgewebe (Wire-mesh), die aber – um wirksam zu bleiben – zweckmäßig ständig gespült oder berieselt werden müssen[1]. Für einen solchen Waschkreislauf muß man eine Teilmenge des abzuziehenden Produktes zur Verfügung stellen, wenn nicht aus einer anderen Quelle z.B. eine metallfreie Abfallfraktion bereitgestellt werden kann. Sie muß nur im Siedebereich etwa der oberhalb der Einbauten abzuziehenden Fraktion entsprechen oder darf etwas schwerer, aber nicht leichter sein. Im zweiten Fall würde sie verdampfen ohne zu spülen.

Eine andere Möglichkeit, vollkommen metall- und asphaltfreie Destillate zu gewinnen, ist mit einem Verlust an Ausbeute verbunden. Wenn man von einem nur wenige Böden oberhalb der Eintrittskammer angeordneten Boden einen schwersten Destillatschnitt (sog. slop cut) entnimmt und die Dämpfegeschwindigkeit so wie bei den vorbeschriebenen Wascheinbauten gering hält, kann man sicher sein, daß dadurch ebenfalls ein Mitreißen von Tröpfchen, die noch Metallspuren aus dem Sumpfprodukt enthalten, auf darüber befindliche Böden verhindert wird. Der Bau- und Betriebsaufwand für diese Anordnung ist geringer. Sie lohnt sich meist dann, wenn die so gewonnene Fraktion noch günstig im eigenen Betrieb oder als Heizölkomponente für den Verkauf verwertet werden kann. Ein solcher „slop cut" ist außerdem empfehlenswert, wenn das Sumpfprodukt als Bitumen verwendet und deshalb eine bestimmte Penetration eingestellt werden soll, gleichzeitig aber gewisse Anforderungen an die Destillate zu erfüllen sind[2]. Die dann zum Teil widerstreitenden Forderungen können durch Abzug eines schwersten Destillatschnittes – allerdings verbunden mit einem Verlust an höherwertigem Produkt – befriedigt werden.

3. Die Wahl der Betriebsverhältnisse

Die Anwendung hoher Drücke und Temperaturen ist in der Erdölindustrie, abweichend von den Verhältnissen bei der Energieerzeugung, nicht Selbstzweck. Hohe Drücke erfordern höhere Wanddicken, dadurch größere Gewichte und höhere Preise für Behälter, Rohrleitungen und Fördereinrichtungen wie Pumpen und Kompressoren, bei diesen außerdem auch größere Antriebsleistungen und damit höheren Betriebsmittelverbrauch. Wegen der höheren Gewichte sind auch schwerere Fundamente nötig, und von gewissen verhältnismäßig niedrigen Drücken an ist amtliche Überwachung vorgeschrieben. Hohe Temperaturen erfordern bei gleichen Drücken ebenfalls wegen der geringeren Festigkeit der Werkstoffe höhere Wanddicken, bei Temperaturen über 400 °C die Verwendung legierter und damit teurerer Werkstoffe. Die anzuwendenden Drücke

---

[1] Vgl. dazu R. Germerdonk u. H. Günther: Wirksamkeit von Tropfenabscheidern im senkrechten Gasstrom. Chem.-Ing.-Techn. 41 (1969) 649/54.

[2] Vgl. wegen der Penetration Abschn. K1a, S. 753ff. u. K2a, S. 783f.

und Temperaturen sind, soweit es sich um chemische Reaktionen wie Kracken, Polymerisieren, Reformieren usw. handelt, durch das Verfahren meist weitgehend festgelegt. Bei der Rohöldestillation bestimmt das Ziel der höchsten Destillatausbeute die anzuwendende Temperatur. Es gibt darüber hinausgehend einige weitere Gesichtspunkte, die nachstehend erörtert werden sollen.

a) Der Einfluß der Kühlwassertemperatur

Da es Aufgabe der meisten Destillationsanlagen ist, das leichtestsiedende Produkt möglichst noch als Destillat zu gewinnen, müssen die Betriebsverhältnisse so gewählt werden, daß die aus der Kolonne austretenden Dämpfe in einem Kondensator verflüssigt werden können. Somit ist die tiefste Temperatur, die im Kondensator erreicht werden muß, der Siedepunkt des betreffenden Stoffes oder der betreffenden Fraktion. Will man mit wirtschaftlich vertretbaren Abmessungen der Kondensatoren auskommen, so wird man für den Wärmedurchgang zwischen Kühlmittel und Produkt eine Temperaturdifferenz zwischen Kühlmitteleintritt und Produktaustritt wählen müssen, die nicht wesentlich unter 10° liegt. Damit ist bei den im Sommer auftretenden maximalen Kühlwassertemperaturen von etwa 27 °C (bei Kühlturmbetrieb) die tiefste Siedetemperatur des Produktes mit rd. 37 °C gegeben. Auch die Kühlzonenbreite wird bei Rückkühlung in der Größenordnung von 10° gewählt. Dann bleibt die höchste Kühlwassertemperatur selbst an heißen Sommertagen mit Sicherheit unter rd. 40 °C. Dieser Wert wird als obere Grenze der Kühlwasseraufwärmung betrachtet, weil sonst mit zu schneller Verschmutzung der Wärmeaustauschflächen durch Steinbildung infolge der Resthärte des Kühlwassers und mit Algenansatz zu rechnen ist. Für den praktischen Betrieb folgt daraus, daß beim Destillieren von Erdöl und seinen Fraktionen die Produkte ab Leichtbenzin oder bei definierten Kohlenwasserstoffen etwa ab Pentan mittels Kühlwasser üblicher Temperatur bei atmosphärischem Druck kondensiert werden können.

Ein Blick auf die Dampfdruckkurve der Kohlenwasserstoffe zeigt jedoch[1], daß bei 37 °C Propan und Propen bereits Drücke von rd. 13 bzw. 16 ata zum Kondensieren erfordern, daß jedoch diese Temperatur über der kritischen Temperatur der C_2-Kohlenwasserstoffe liegt. Da die kritische Temperatur der C_3-Kohlenwasserstoffe mehr als 80 °C beträgt und der kritische Druck der C_2- und der C_3-Kohlenwasserstoffe bei rd. 50 ata bzw. etwas über 40 ata liegt, ist es möglich, bei Betriebsdrücken bis zu rd. 30 ata ein Gemisch aus C_2- und C_3-Kohlenwasserstoffen noch zu kondensieren, wenn sich der C_2-Anteil in mäßigen Grenzen hält. Der Abstand von mehr als 10 at vom kritischen Zustand der einzelnen Komponente, ist aus praktischen Gründen erforderlich, um eine einwandfreie

---

[1] Vgl. z. B. Arbeitsmappe für Mineralölingenieure: a. a. O. Arbeitsblatt D 2; ORLICEK, A. F., H. PÖLL u. H. WALENDA: a. a. O. Bd. I Tafel 125; BERGHOFF, W.: a. a. O. S. 124.

Phasentrennung zu erreichen[1]. Der geringe Anstieg des kritischen Drukkes bei Zwei- und Mehrstoffgemischen im Bereich zwischen den reinen Komponenten kann für praktische Aufgaben nicht ausgenutzt werden.

Auch die Kondensation der C_4- und einiger C_5-Kohlenwasserstoffe erfordert bei etwa 37 °C noch Drücke, die über 1 ata liegen. Deshalb muß der Kolonnendruck so hoch gewählt werden, daß mit Rücksicht auf den Druckabfall zwischen dem Dampfraum über dem obersten Boden und dem Kondensator die gewünschte Kondensation auch bei den höchsten zu erwartenden Kühlmitteltemperaturen möglich ist.

Wie sich mit Hilfe der Absorption die Anwendung künstlicher Kälte bei der Gewinnung niedrigsiedender Kohlenwasserstoffe vermeiden läßt, wird noch auf S. 228 näher erläutert. Außerdem macht man des öfteren davon Gebrauch, kaltes Brunnenwasser, das als Zusatzwasser in der Raffinerie benötigt wird, zur Kondensation oder zur Schlußkühlung leichtflüchtiger Produkte zu benutzen. Da dessen Höchsttemperaturen oft 12 bis 15 °C nicht überschreiten, lassen sich immerhin Produkttemperaturen bis herunter zu rd. 25 °C erreichen.

b) Die Veränderung der Trennwirkung durch den Druck

Mit Rücksicht auf die Bau- und Betriebskosten erscheint es zweckmäßig, mit der Betriebstemperatur nicht höher zu gehen, als es die Kühlwassertemperatur erfordert. Damit ist der anzuwendende Mindestdruck gegeben. Jedoch ist die Wahl eines höheren Druckes mit Rücksicht auf die gewünschte Trennwirkung nicht nachteilig. Zwar erweckt die übliche logarithmische Darstellung der Dampfdrucklinien über einer reziproken Temperaturskala nach E. R. Cox[2] oder W. Hoffmann[3] den Anschein, als ob die in Celsiusgraden ausgedrückten Abstände der Siedepunkte zwischen den einzelnen Kohlenwasserstoffen mit steigendem Druck abnähmen, weil die Linien konvergieren und im sog. Pol zusammenlaufen[4]. Die tatsächlichen Verhältnisse sind der Abb. C-7a und b zu entnehmen. Darin ist für paraffinische Kohlenwasserstoffe mit Siedepunktsabständen von je 100° bei 1 ata im linearen und im logarithmischen Druckmaßstab gezeigt, daß die Siedepunktsdifferenz im Vakuum abnimmt, bei Druckerhöhung aber zunimmt. Es muß jedoch ein Höchstwert durchlaufen werden, wie dies im dargestellten Bereich für das Stoffpaar $\sigma \cong 300$ °C und $\sigma \cong 400$ °C der Fall ist, weil im Pol der Siedepunktsabstand aller Kohlenwasserstoffe null wird. Besonders Abb. C-7b

---

[1] Wegen des kritischen Zustandes eines solchen Gemisches s. Arbeitsmappe für Mineralölingenieure: a.a.O. Arbeitsblatt C 10; Orlicek, A. F., u. Mitarb.: a.a.O. Bd. I, Tafel 27; Berghoff, W.: a.a.O. S. 185; vgl. a. Abb. A-17, S. 78.

[2] Vgl. E. R. Cox: Pressure-Temperature Chart for Hydrocarbon Vapors. Industr. Engng. Chem. 15 (1923) 592/93. – Arbeitsmappe für Mineralölingenieure: a.a.O. Arbeitsblatt D 2 und D 5. – Orlicek, A. F. u. Mitarb.: a.a.O. Bd. I, Tafeln 124 ff. – Berghoff, W.: a.a.O. S. 124 ff.

[3] Hoffmann, W., u. F. Florin: Zweckmäßige Darstellung von Dampfdruck-Kurven. Z. VDI – Beih. Verfahrenstechn. 1943, S. 47/51. – Riediger, B.: Berechnung von Fraktionierkolonnen für Vielstoffgemische, a.a.O. S. 4 (vgl. Fußn. 1, S. 74).

[4] Über die Bedeutung dieses Begriffes s. W. Hoffmann u. F. Florin: a.a.O. und B. Riediger: Berechnung von Fraktionierkolonnen, a.a.O.

läßt vermuten, daß dieser Höchstwert bei um so höheren Drücken liegt, je niedriger die Kohlenwasserstoffe sieden. Diese erfordern die höheren Betriebsdrücke. Die dargestellten Kurven verlaufen für naphthenische und aromatische Kohlenwasserstoffe ähnlich, so daß die folgenden Überlegungen für Erdölkohlenwasserstoffe allgemein gültig sind.

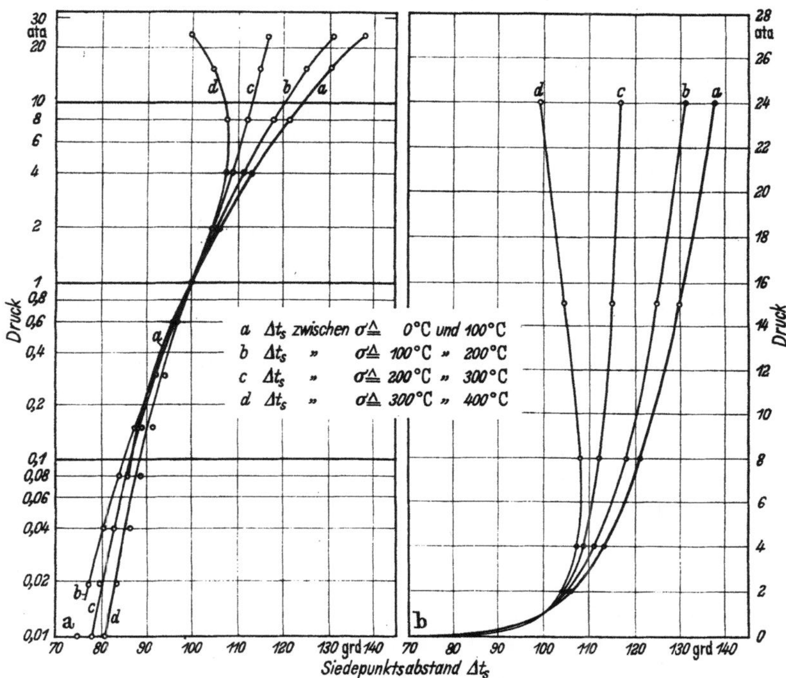

Abb. C-7. Siedepunktsabstände zwischen paraffinischen Kohlenwasserstoffen, deren Abstände bei 1 ata jeweils 100° betragen.
a) Darstellung mit logarithmischem Druckmaßstab; b) Darstellung mit linearem Druckmaßstab.

Daher kann für die Praxis des Destillierens von Erdöl und seinen Fraktionen immer damit gerechnet werden, daß im Bereich üblicher Betriebsverhältnisse die Trennwirkung mit abnehmendem Druck wegen Verkleinerung des Siedepunktabstandes schlechter wird. Es ist dies ein Grund mehr, weshalb man Vakuumanlage nur dann vorsieht, wenn dies unumgänglich notwendig ist. Dies wird anschließend noch erläutert. Man überschreitet aber auch bei Destillationsanlagen der Erdölindustrie ungern Drücke von rd. 35 ata, um erstens die dadurch bedingten Schwierigkeiten, wie Dichthalten der Flanschverbindungen und Pumpenstopfbüchsen und die durch die schwerere Bauart bedingten Mehrkosten zu vermeiden. Außerdem stellen sich mit Annäherung an den kritischen Zustand bei Zwei- und Mehrstoffgemischen die auf S. 77 ff. erwähnten Erscheinungen ein, die eine rechnerische Behandlung erschweren. Die durch hohe Drücke etwa erzielbaren Vorteile lassen sich deshalb nur ungenau erfassen, was für die Planung hinderlich ist.

c) Die Verwendung künstlicher Kälte

In allen Fällen, in denen man Äthan, Äthen oder gar Methan kondensieren will, muß man künstliche Kälte anwenden. Liegt doch der Siedepunkt von Äthan selbst bei einem Druck von 30 ata bei + 8 °C, der von Äthen bei − 15 °C. Methan läßt sich bei diesem Druck erst bei − 90 °C kondensieren. Zwar werden diese Temperaturen bei Gegenwart mehrerer Komponenten und bei einem Druck wie dem angegebenen durch den Einfluß der Flüchtigkeit etwas erhöht, jedoch selbst beim Äthan nicht genügend, um Kühlwasser für die Kondensation verwenden zu können.

Da künstliche Kälte erhebliche Energiekosten verursacht, wird man ihre Anwendung auf das unbedingt Notwendige beschränken. Sofern es z. B. nicht erforderlich ist, Methan allein zu gewinnen, sondern es nur von Äthan abzutrennen, wird man auf die Kondensation von Methan überhaupt verzichten und es in das Heizgasnetz abgeben. Einzelheiten solcher Schaltungen werden noch besprochen.

Für die Kälteanlagen verwendet man in Raffinerien, in den ihnen angegliederten petrolchemischen Betriebsabteilungen oder in selbständigen petrolchemischen Werken mit Vorteil Kohlenwasserstoffe selbst als Kältemittel, vor allem Propen und Äthen, je nach dem erforderlichen Temperaturbereich. Dies hat den großen Vorteil, daß die Betriebsmannschaft mit der Handhabung dieser Stoffe gut vertraut ist, für die Abdichtung der Systeme keine anderen Gesichtspunkte maßgebend sind als für die übrigen Anlagenteile der Erdölverarbeitung und Undichtheiten in Wärmeaustauschapparaten zu keinen so nachhaltigen Störungen führen können, wie dies bei artfremden Kältemitteln der Fall wäre. Im übrigen hat gerade bei Anwendung künstlicher Kälte die Wahl hoher Betriebsdrücke besondere Vorteile, weil dadurch die Kondensatortemperatur der Verfahrensanlagen gehoben werden; diese sind gleichzeitig die Verdampfungstemperatur des Kältemittelkreislaufes. Höhere Temperaturen verringern außerdem bei Kälteanlagen den Energieaufwand. Es wurde bereits angedeutet, daß die durch künstliche Kälte zu lösenden Aufgaben teilweise auch mit Hilfe von Absorptionsverfahren bewältigt werden können, vgl. S. 228 und 230.

d) Die Anwendung von Unterdruck

Betriebsdrücke, die tiefer als Atmosphärendruck liegen, werden in der Erdölindustrie verwendet, um höhersiedende Destillate aus Rohöl zu gewinnen. Zwei Verwendungszwecke solcher Destillate haben erhebliche Bedeutung. Entweder benutzt man sie als Schmierölfraktionen, bei denen die hohe Siedelage wegen ihrer sonstigen Eigenschaften, wie Zähigkeit und Flammpunkt, gewünscht wird, oder sie dienen als Einsatzgut für katalytische Krackanlagen. Im zweiten Fall kann durch Gewinnung von Vakuumdestillat aus einem gegebenen Rohöl bei der Weiterverarbeitung die Ausbeute an leichteren Produkten erhöht werden. Der Betrieb unter Vakuum ist schließlich erforderlich, um Bitumen gewünschter Härte als Rückstand zu gewinnen. Im übrigen versucht man aber,

Vakuumbetrieb wegen der dafür benötigten zusätzlichen Einrichtungen und der Komplikationen bei Undichtheiten zu vermeiden.

Kolonnen für Vakuumdestillation weisen gegenüber denen für andere Anlagen gewisse Besonderheiten auf. So werden statt der Glocken- oder Ventiltellerböden mitunter Böden eingebaut, die einen sehr niedrigen Druckabfall verursachen. Wegen des meist großen Durchmessers solcher Kolonnen muß die Tragkonstruktion für die Böden so reichlich bemessen werden, daß sie sich nicht durchbiegen; sonst würde das einwandfreie Arbeiten der Böden beeinträchtigt. Außerdem müssen bei den großen Durchmessern die Wärmedehnungen beachtet werden, um auch eine dadurch mögliche Verformung der Böden zu vermeiden. Da die Dämpfebelastung unterhalb der Eintrittskammer wegen der üblichen Wasserdampfzugabe im Ofen bei Vakuumkolonnen fast immer niedriger ist als im Oberteil, macht man in der Regel von der Möglichkeit Gebrauch, den Unterteil mit kleinerem Durchmesser auszuführen; dadurch kann außerdem an Kosten gespart werden. Bei den meist hohen Arbeitstemperaturen von Vakuumanlagen wird durch eine solche Maßnahme das Produkt geschont. Der sonst für größeres Sumpfvolumen geltend gemachte Gesichtspunkt, daß dadurch ausreichender Speicherraum für die nachgeschalteten Pumpen geschaffen wird, tritt gegenüber dem Vorteil kurzer Verweilzeit zurück. Wendet man diese Maßnahme auch auf die Seitenkolonne des schwersten Destillates an, so läßt sich dadurch nachweisbar z.B. der Flammpunkt des betreffenden Seitenstromes verbessern, weil jedes, auch noch so leichte Kracken vermieden wird.

Um das Vakuum in solchen Kolonnen aufrechtzuerhalten, gibt es verschiedene Möglichkeiten. Die ursprünglich angewendete war der sog. barometrische Einspritzkondensator, besser ausgedrückt der Einspritzkondensator mit barometrischem Fallrohr, wie er schematisch in Abb. B-37, S. 178 wiedergegeben ist. Dort wurde dargelegt, daß diese Bauart heute meist verlassen ist, weil der Anfall an ölverschmutztem Wasser durch Anwendung von Oberflächenkondensatoren auf einen Bruchteil der ursprünglichen Mengen herabgesetzt wird. Dies ist aus den auf S. 1019 näher zu erläuternden Gründen sehr erwünscht. Außerdem kann durch diese Maßnahme die Belästigung durch üble Gerüche merkbar eingeschränkt werden. Auch bei Oberflächenkondensatoren müssen die unkondensierbaren Anteile aus dem Dampfraum abgesaugt werden, wie dies in Abb. C-8 auf der folgenden Seite gezeigt ist. Dadurch lassen sich die sonst entstehenden Schwierigkeiten weitgehend beseitigen, weil das Dämpfekondensat nicht mit dem Kühlwasser vermischt wird.

Die Schaltung zeigt drei Strahlerstufen. Der erste Strahler a saugt die im Kondensator d für die Kopfdämpfe der Vakuumkolonne nichtkondensierbaren Anteile ab und fördert sie auf einen etwas höheren Druck in einem Zwischenkondensator e. Aus diesem fördert der zweite Strahler b den nichtkondensierten Rest zum zweiten Zwischenkondensator f, und sinngemäß arbeitet die dritte Stufe; sie fördert auf Atmosphärendruck bzw. einen wegen des Widerstandes der anschließenden Rohrleitungen etwas höheren Druck. Auch bei dieser Schaltung müssen die Oberflächenkondensatoren d bis g über barometrische Fallrohre an ein Sammelbecken angeschlossen werden. Dieses muß so groß sein, daß sich Wasser und Öl trennen und beide weggefördert werden können. Obwohl die hier anfallenden Wassermengen wesentlich kleiner sind als bei Einspritzkondensatoren, bleibt die Ölmenge gleich. Sie läßt sich aber besser abscheiden. Ein möglichst dichtes Abdecken des Sammelbeckens

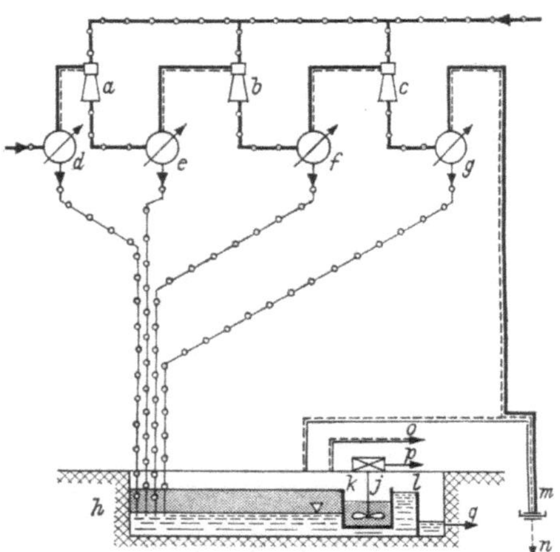

Abb. C-8. Schaltung der mit Oberflächenkondensatoren ausgerüsteten Vakuumeinrichtung für eine Destillationsanlage.

a, b, c Erste, zweite und dritte Stufe der Strahlapparate;
d Kondensator für die Kopfdämpfe der Kolonne (hauptsächlich Wasserdampf gemischt mit Kohlenwasserstoffdämpfen);
e, f, g Zwischenkondensatoren und Schlußkondensator für Strahlertreibdampf;
h Sammelbecken für die Kondensate;
j Pumpe für Öl;
k Überlaufwehr für Öl;
l Überlaufwehr für Wasser;
m Flammenrückschlagsicherung;
n Leitung zum Ofen;
o Leitung mit Überdrucksicherung zur Atmosphäre;
p Öl zum Tank;
q Wasser ins Abwassernetz.

empfiehlt sich auf alle Fälle, um – besonders im Sommer – das Verdunsten leichtflüchtiger Ölanteile und dadurch die auch hier möglichen Geruchsbelästigungen zu verhindern. Die Überläufe bei *k* und *l* werden den Dichten von Wasser und Öl entsprechend auf ähnliche Weise berechnet, wie dies bei Abb. B-15, S. 138 erläutert ist.

Bei barometrischen Fallrohren müssen die Kondensatoren in einem Gerüst in mehr als 10 m Höhe über dem Sammelbecken aufgestellt werden. Dies läßt sich vermeiden, wenn das im Kondensator *d* anfallende Kondensat mit Hilfe einer Flüssigkeitsringpumpe abgesaugt wird. Es empfiehlt sich in diesem Fall, den Kondensator *d* mit einem Wassersack zu versehen, um genügend Ansaugevolumen zu schaffen. Aus den anderen Kondensatoren *e* bis *g* (soweit vorhanden), die unter höherem Druck arbeiten, kann dann das Kondensat über Kondenstöpfe, die vom Flüssigkeitsstand gesteuert werden, in den Kondensator *d* geleitet werden. Bei dieser Anordnung können die Kondensatoren in geringer Höhe über ebener Erde aufgestellt werden. Für die Flüssigkeitsringpumpe genügt ein Zulauf von 1,0 bis 1,5 m Höhendifferenz. Sie kann die Kondensate auch in einen höher gelegenen Kondensatsammel- und -abscheidebehälter fördern, der dann zweckmäßig als vollkommen geschlossener Behälter ausgeführt wird. Für die Gewinnung maximaler Destillatmengen hat sich ein Vakuum von rd. 30 Torr am Kopf der Kolonne bei üblichen Kühlwasserverhältnissen als zweckmäßig ergeben. In der Flashkammer stellt sich dann ein Druck ein, der um den durch die Böden verursachten Druckverlust höher ist. Er soll nur wenige Torr je Boden betragen.

Auf die Möglichkeit, durch zwei oder mehr Stufen hohe Vakua zu erzielen, wurde bereits hingewiesen. Die Verwendung mehrerer Stufen hat auch bei üblichen Unterdrücken den Vorteil, daß dadurch Treibdampf gespart werden kann. Es müssen dafür allerdings höhere Baukosten in Kauf genommen werden.

Der Treibdampfverbrauch von Strahlapparaten ist von der Menge der abgesaugten Gase oder Dämpfe fast unabhängig. Soll eine Anlage mit stark veränderlicher Belastung betrieben werden oder soll sie – was häufiger der Fall sein kann – Einsatzgut mit sehr unterschiedlichen Mengen leichter Anteile verarbeiten können, so empfiehlt es sich, die einzelnen Strahlerstufen in parallel zu schaltende Apparate zu unterteilen, wenn der größere Aufwand durch Ersparnisse im Dampfverbrauch wettgemacht werden kann. In einem solchen Fall wird eine Unterteilung in 1/3 und 2/3 der vollen Leistung bevorzugt, weil dann eine weitergehende Abstufung möglich ist als bei einer praktisch gleich aufwendigen Unterteilung in zwei Strahleraggregate für je die halbe Leistung. Die Wirtschaftlichkeit läßt sich noch verbessern, wenn für die erste Stufe verfügbarer Abdampf niedrigen Druckes benutzt wird, der sonst kaum mehr verwertet werden könnte.

Auf die Schaltung von Vakuumanlagen für die beiden genannten Hauptzwecke, nämlich Gewinnung von Schmierölkomponenten oder von Einsatzprodukt für katalytische Krackanlagen wird auf S. 246 ff. noch eingegangen. Der dritte Fall, der ebenfalls Bedeutung hat, ist die Destillation des Rückstandes aus Normaldruckanlagen unter Vakuum, um Bitumen herzustellen. Eine solche Fahrweise kann mit der Gewinnung von Einsatzgut für Krackanlagen gekoppelt werden. Dann muß man aber die Freiheit haben, durch mehr oder weniger starkes Abdestillieren Bitumensorten verschiedener Härte herzustellen, und die dadurch verursachten Änderungen der Destillatqualität in Kauf nehmen. Bei Krackereinsatz ist dies meist möglich. Bei der gleichzeitigen Herstellung von Schmierölen bietet sich außerdem der S. 218 erwähnte Weg an, einen schwersten Destillatschnitt (slop cut) geringer Siedebreite abzuziehen, sofern dafür eine Verwendung gefunden werden kann. Die aufwendigere, aber besonders bei großen Durchsätzen durchaus wirtschaftliche Lösung sind zwei hintereinandergeschaltete Vakuumkolonnen, wie dies S. 247 f. erläutert ist.

e) Grenzen für die Betriebstemperatur

Auf S. 117 wurde vermerkt, daß wegen der Gefahr des Krackens eine von der Basis des Rohöles abhängige, etwa zwischen 350 und 400 °C liegende Temperatur beim Destillieren von Rohöl nicht überschritten werden soll. Dadurch bestimmt sich bei einem gegebenen Rohöl die erzielbare Ausbeute an Destillat, die nur durch Senkung des Betriebsdruckes, Zusatz von Wasserdampf oder durch beide Maßnahmen zugleich gesteigert werden kann. Es sind zwar in der Literatur noch höhere Temperaturen als die angegebenen genannt, doch handelt es sich dabei um Ausnahmefälle[1].

Es gibt jedoch bei verschiedenen Produkten auch noch andere Gesichtspunkte für eine Begrenzung der Betriebstemperatur, und zwar vor allem, wenn ungesättigte Anteile vorhanden sind. Auf das Abschrecken von Krackprodukten vor dem Eintritt in die einer Krackanlage unmittelbar nachgeschaltete Fraktionierkolonne wurde bereits hingewiesen. Trotzdem kann dadurch mitunter nicht vermieden werden, daß es im unteren Teil der Kolonne zu Nachreaktionen kommt, vor allem zu Polymerisationen, die zu einem allmählich immer stärker werdenden Belag auf den Kolonneneinbauten führen und die Zeiten für durchlaufenden Betrieb einer solchen Anlage empfindlich verkürzen können. Doch auch die leichtersiedenden, aus Krackanlagen gewonnenen Fraktionen enthalten ungesättigte Verbindungen und können zur Gumbildung neigen. Deswegen vermeidet man z.B. in Stabilisierkolonnen für Krackbenzin Sumpftemperaturen, die über rd. 200 °C liegen, weil sonst die Gefahr besteht, daß sich Aufkocher innerhalb kurzer Zeit infolge von Harzbildung zusetzen.

Bei allen absorptiv wirkenden Waschverfahren trachtet man, die Betriebstemperatur so niedrig wie möglich zu halten, weil die Absorptionswirkung jedes Waschmittels bei tiefer Temperatur günstiger ist.

Die untere Grenze für Betriebstemperaturen in Erdölverarbeitungsanlagen wird in erster Linie durch Fragen der Wirtschaftlichkeit bestimmt, weil man den damit verbundenen Energieaufwand auf das Notwendigste beschränken will. In gewissem Maß werden jedoch bei manchen Verfahren sehr tiefe Temperaturen angewendet, wenn man dadurch die Anlage so bauen kann, daß sie praktisch ohne Überdruck arbeitet. Es werden von manchen Herstellern die dann auftretenden Schwierigkeiten geringer erachtet als bei Anlagen, die weniger tiefe Temperaturen anwenden, jedoch unter Druck arbeiten müssen. Solche Gesichtspunkte spielen vor allem bei den in Abschn. D6 besprochenen Anlagen zur Gewinnung von Äthen eine Rolle.

4. Die Anwendung von Absorbern in der Erdölindustrie

Aus den einleitenden Ausführungen dieses Hauptabschnittes geht hervor, daß das Destillieren und das Absorbieren zwar gewisse gemein-

---

[1] So erwähnt Q. E. BENEDICT: The Technique of Vacuum Still Operation. Petrol. Refiner 31 (1952) Nr. 1, S. 103/06 für Vakuumanlagen Höchsttemperaturen von 700 bis 850 °F, was 370 bis 455 °C gleich ist. Der letzte Wert erscheint für Destillationsanlagen kaum mehr glaubhaft. Er wird für höhersiedende Produkte nur beim thermischen oder katalytischen Krackanlagen überschritten, die meist bei etwa 500 °C, bei empfindlichen Produkten aber auch bei tieferen Temperaturen arbeiten; vgl. Zahlentafel D-6, S. 297.

same Merkmale aufweisen, daß aber die beiden Arbeitsweisen von verschiedenen Voraussetzungen ausgehen. Deshalb erscheint es etwas überraschend, daß es Fälle gibt, in denen beide Verfahren mit dem gleichen Endzweck angewendet werden können.

Als ein bekanntes Anwendungsbeispiel der Absorptionstechnik wurde dort das Auswaschen von Benzol aus Kokereigas mit Hilfe einer leichten Gasölfraktion genannt. Läßt man in einem mit Glockenböden oder anderen, ähnlich wirkenden Einbauten versehenen Turm Kokereigas, das hauptsächlich aus Wasserstoff, Kohlenmonoxyd, Methan und geringen Anteilen höherer Kohlenwasserstoffe besteht, nach oben strömen und gibt auf den obersten Boden Gasöl auf, so werden sich in diesem die im Gas enthaltenen Kohlenwasserstoffe um so leichter lösen, je höher ihre Molmasse ist. Dies ergibt sich auch durch eine einfache Überlegung über das Gleichgewicht, wenn die genannten Kohlenwasserstoffe als Komponenten eines Gemisches betrachtet werden. Es gelingt auf diese Weise, insbesondere das Benzol und seine Homologen aus dem Gas auszuwaschen. Diese Kohlenwasserstoffe bilden sich bevorzugt unter den hohen Temperaturen, wie sie bei der Koksherstellung erforderlich sind. Benzol ist deshalb zusammen mit Toluol und den Xylolen im Koksofengas in erheblich höherer Menge vorhanden als andere Kohlenwasserstoffe gleichen Siedebereiches bzw. gleicher Molmasse. Deshalb gelingt seine Abtrennung durch ein absorptives Waschverfahren besonders gut, weil von Kohlenwasserstoffen mit weniger C-Atomen und daher benachbarten Siedepunkten nur sehr geringe Anteile vorhanden sind.

In einer zweiten Kolonne, in der das mit Benzol und anderen Aromaten angereicherte Waschöl auf den obersten Boden aufgegeben wird, kann es durch Wärmezufuhr im Sumpf der Kolonne praktisch vollkommen von den gelösten Anteilen befreit und aus dem Sumpf dieser meist als Abtreiber oder Abtreibekolonne bezeichneten Regenerierkolonne abgezogen und gekühlt wieder zum obersten Boden der Absorptionskolonne gefördert werden. Das abgetriebene Benzol wird über Kopf der Regenerierkolonne entnommen, kondensiert und in einem Abscheidebehälter von dem Kondensat des zum Strippen verwendeten Wasserdampfes getrennt; es kann dann auf spezifikationsgerechte Produkte weiterverarbeitet werden. Rückfluß braucht auf eine solche Kolonne nicht aufgegeben zu werden, weil sie nur die Aufgabe hat, die leichten Anteile aus dem Waschöl abzutrennen. Die Wirkungsweise eines solchen Abtreibers gleicht vollkommen dem unteren Teil einer Destillierkolonne, in der ebenfalls aus dem nach unten fließenden Flüssigkeitsstrom die leichten Anteile nach oben geführt werden.

Im oberen Teil einer Destillierkolonne werden hingegen die aufsteigenden Dämpfe durch die Wirkung des von oben kommenden Rückflusses in gewünschter Weise in ihrer Zusammensetzung von Boden zu Boden so geändert, daß der Anteil der leichten Komponenten nach oben zunimmt. Ein Vergleich der Wirkungsweise einer Absorptionskolonne mit diesem Teil einer Destillierkolonne ist nicht so einleuchtend, doch lassen sich auch hier gewisse Parallelen zwischen einem Absorber und dem Verstärkungsteil einer Destillierkolonne, der auch Rektifizierteil

15*

genannt wird[1], ziehen. Auch in einer Destillierkolonne werden die höhersiedenden Anteile, die nicht ins Kopfprodukt gelangen sollen, durch den Rückfluß nach unten getragen, wobei man die gegenseitige Löslichkeit als Absorption im weitesten Sinn betrachten kann. Es trägt jedoch zur Klärung des Verständnisses selten bei, wenn versucht wird, solche physikalische Erscheinungen unter zu weit gespannten Begriffen einzuordnen.

Für einen Absorptionsvorgang ist wesentlich, daß es dabei gelingt, eine oder mehrere höhersiedende Komponenten aus einem Gas- oder Dämpfestrom mit Hilfe eines noch *höher* siedenden Waschmittels abzutrennen, während beim Destillieren der Rückfluß *leichter* ist als die aus den hochsteigenden Dämpfen durch ihn absorbierten Anteile. Immerhin lassen sich sowohl durch das Destillieren wie durch das Absorbieren Gemische gegenseitig löslicher Stoffe trennen. Im allgemeinen bietet das Absorbieren dann Vorteile, wenn die Konzentration der abzutrennenden Anteile gering ist. Deshalb fand die Absorptionstechnik zunächst Eingang in die Behandlung nasser Erdgase, um daraus die als leichte Benzinkomponenten gefragten C_4-Kohlenwasserstoffe oder auch Propan, Flüssiggas und C_5-Kohlenwasserstoffe – soweit diese in lohnender Menge vorhanden sind – zu gewinnen. Von dort wurde die Absorptionstechnik in die Raffineriepraxis übernommen. Den Anstoß dazu gab vor allem die Einführung des thermischen Krackens, durch das erhebliche Mengen leichter Kohlenwasserstoffe erzeugt werden. Man bekam dadurch ein Mittel in die Hand, um diese Produkte zu gewinnen und wirtschaftlich zu nutzen. Es ist in gleicher Weise bei der Verarbeitung von Gasen aus katalytischen Krackanlagen brauchbar.

Die Überlegungen, welche zur Wahl des einen oder anderen Verfahrens führen, sind vor allem in Hinblick auf die Bedürfnisse der Naturgasverarbeitung eingehend untersucht worden[2]. Da Erdgas oft unter sehr hohem Druck ansteht, können bei den dafür angewendeten Verfahren zur Gewinnung höhermolekularer Anteile tiefe Temperaturen auch durch Expansionskühlung unter Ausnutzung des Joule-Thomson-Effektes erreicht werden. Es kann auf diese Weise u. U. die Erzeugung künstlicher Kälte umgangen und doch die getrennte Kondensation leichter Kohlenwasserstoffe erreicht werden. Dies geschieht im übrigen auch in verschiedenen Gastrennanlagen zur Gewinnung von Reinstäthylen, um das Methan aus der Tieftemperaturstufe zu entfernen.

Die Frage, ob das eine oder andere Verfahren, nämlich Tieftemperaturdestillation oder Absorption oder u. U. auch eine Kombination beider angewendet werden soll, hängt von zahlreichen Umständen ab. Vor allem spielen der Druck des zu behandelnden Gases wegen der etwa möglichen Ersparnis an Kompressionsarbeit, der Gehalt der abzutrennenden Anteile und dazu noch der dafür zu erzielende Erlös eine Rolle. Die für

---

[1] Diese aus der Destillationstechnik der Zweistoffgemische übernommene Ausdrucksweise ist für die Fraktionierung von Erdölerzeugnissen aus den in Abschn. C2b geschilderten Gründen nicht ganz zutreffend.

[2] Vgl. H. W. PRENGLE jr., A. E. DUKLER, J. R. CRUMP u. B. E. NORRIS: What's the Lower Limit for Gas Processing? Petrol. Refiner 35 (1956) Nr. 4, S. 141/49.

die Erdgasbehandlung geltenden Gesichtspunkte lassen sich aber sinngemäß auf die Verhältnisse in Raffinerien übertragen.

a) Die Berechnungsgrundlagen für Absorptionskolonnen

Für die Ermittlung der Abmessungen von Absorbern der Erdölindustrie können die gleichen Unterlagen über Siedekurven und Gleichgewichte zwischen Kohlenwasserstoffen benutzt werden wie für die Berechnung von Destillationskolonnen. Dazu sind noch Angaben über die gegenseitige Löslichkeit zweckmäßig. Es besteht ein umfangreiches Schrifttum, das für die Lösung konkreter Aufgaben herangezogen werden muß[1].

Die wichtigste dabei festzustellende Größe ist die Menge des umlaufenden Waschmittels. Je größer sie ist, desto mehr von dem abzutrennenden oder allenfalls zu gewinnenden Produkt kann absorbiert werden, doch ergeben sich gewisse wirtschaftliche Grenzen. Der Betriebsmittelbedarf ist etwa proportional der umlaufenden Waschmittelmenge. Jedoch bringt eine Steigerung dieser Umlaufmenge um einen bestimmten Prozentsatz um so weniger, je größer diese Menge – bezogen auf das zu behandelnde Gas – bereits ist. Ähnlich wie für die Berechnung von Destillierkolonnen sind auch für die Berechnung von Absorptionskolonnen graphische Hilfsmittel entwickelt worden, um die Anzahl der theoretischen Stufen zu berechnen[2]. Wegen der Abhängigkeit des Absorptionsvermögens von der Temperatur muß deren Änderung innerhalb der Absorptionskolonne ganz besonders beachtet werden. Unter Umständen ist es notwendig, die Kolonne zu unterteilen und das erwärmte Waschmittel zwischen einzelnen Böden zu kühlen. Diese Erwärmung entsteht dadurch, daß das zu absorbierende Mittel in dem Waschmittel gelöst, d.h. also kondensiert wird und dabei seine Verdampfungswärme abgibt.

Wenn das Waschmittel regeneriert werden soll, ist Wärme erforderlich, um das darin gelöste Produkt wieder abzutreiben, d.h. zu verdampfen. Theoretisch wäre zwar nur die Wärmemenge nötig, die bei der Absorption entsteht. Im praktischen Betrieb reicht sie jedoch bei weitem nicht aus. Man will das absorbierte Produkt weitgehend entfernen und muß deshalb das Waschmittel beim Regenerieren auf eine so hohe Temperatur bringen, daß das absorbierte Produkt vollständig abgetrieben wird. Jedoch darf diese Temperatur nicht so hoch sein, daß dabei das Waschmittel selbst verdampft. Da es aber immerhin mit hoher Temperatur den Sumpf des Abtreibers verläßt, muß es wieder gekühlt werden,

---

[1] Vgl. TH. K. SHERWOOD u. R. L. PIGFORD: Absorption and Extraction, New York/Toronto/London: McGraw-Hill 1952, S. 179ff. – PRYOR, C. C.: Product Requirements Determine the Complexity of Gas Recovery Processes. Petrol. Refiner 29 (1950) Nr. 9, S. 204/14. – HOFTYZER, P. J.: Be Careful Scaling Up Gas Absorption Data. Petrol. Refiner 36 (1957) Nr. 9. S. 275. – LANDES, SP. H., u. F. W. BELL: Absorber Design – Fast Yet Rigorous. Petrol. Refiner 39 (1960) Nr. 6, S. 201/06. – OWENS, W. R., u. R. N. MADDOX: Short-cut Absorber Calculations. Industr. Engng. Chem. 60 (1968) Nr. 12, S. 14/28.

[2] Vgl. TH. K. SHERWOOD u. R. L. PIGFORD: a.a.O. S. 144ff., 158ff.

damit es eine möglichst hohe Löslichkeit für das zu absorbierende Produkt besitzt. Auch diese Wärme muß dem angereicherten Waschmittel vor dem Abtreiber zugeführt werden. Dazu kommen noch die sonstigen Verluste durch Abstrahlung und konvektiven Wärmeübergang von der Anlage nach außen.

b) Die Besonderheiten der Absorberstripper

Unter einem Absorberstripper versteht man in der Erdöltechnik eine Kolonne, die so gebaut ist, daß sie im oberen Teil als Absorber und im unteren Teil als Stripper wirkt. Zwischen beiden Teilen befindet sich meist ein Abschlußboden, von dem die gesamte Menge des auf den Kopf aufgegebenen Waschmittels abgezogen werden kann. Hingegen können die aufsteigenden Dämpfe aus dem Stripper in den Absorber übertreten. Diese Bauart wurde entwickelt, weil es sich herausgestellt hat, daß bei der Gewinnung von Flüssiggas aus nassem Erdgas das in diesem ebenfalls enthaltene Gasbenzin, also die C_{5+}-Kohlenwasserstoffe, als Waschmittel benutzt werden können. Damit war man der Notwendigkeit enthoben, ein Waschmittel von auswärts zu beschaffen. Da die Siedepunkte des Waschmittels und des zu absorbierenden Flüssiggases nicht so weit auseinander liegen wie z.B. bei den beschriebenen, in der Kokereitechnik angewendeten Absorptionsverfahren, ist die erzielte Trennwirkung nicht sehr groß, jedoch ausreichend. Bei dem verhältnismäßig geringen Gehalt an C_{3+}-Kohlenwasserstoffen in nassen Erdgasen wäre eine destillative Gewinnung dieser Kohlenwasserstoffe höchst unwirtschaftlich, weil künstliche Kälte angewendet werden müßte, die tiefen Temperaturen der so behandelten Gase aber nicht ausgenutzt werden könnten. Allerdings kann die Wirkung durch Anwendung von Kälte unterstützt werden, jedoch sind dann bei weitem keine so tiefen Temperaturen wie bei Vollkondensation erforderlich. Die Anwendung der Absorption ist in diesen Fällen meist der wirtschaftlichste Weg.

Ein solcher Absorberstripper ist in Abb. C-9 schematisch dargestellt. Das auf möglichst tiefe Temperatur gekühlte Gas tritt in den Absorberteil unten ein, strömt nach oben und wird mit einem Teil des an anderer Stelle gewonnenen stabilisierten Gasbenzins gewaschen. Druck und Temperatur werden so gewählt, daß möglichst alle C_3-Kohlenwasserstoffe aus dem Gas zurückgehalten werden und kein Gasbenzin verlorengeht.

Das angereicherte Waschmittel ist nichts anderes als ein sehr unstabiles Benzin, das möglichst viel Propan enthalten soll und noch einen gewissen Äthangehalt aufweisen wird. Es gelangt – u.U. vorgewärmt – in den Oberteil des Strippers, der die gleiche Aufgabe hat wie eine Abtreibekolonne. Nur wird das über die Böden nach unten fließende Waschmittel mittels der im Aufkocher zugeführten Wärme durch die aufsteigenden Dämpfe so weit gestrippt, daß alles Äthan und der den Gleichgewichtsbedingungen entsprechende, unvermeidliche Propananteil nach oben in den Absorber eintreten und sich mit dem zu behandelnden Gas vereinigen können. Das aus dem Sumpf ablaufende

Benzin kann in einer nachgeschalteten Kolonne stabilisiert und ein Teil davon gekühlt wieder als Waschmittel zum Kopf des Absorbers zurückgeführt werden. Es enthält dann soviel Butan, wie der vorgeschriebene höchste Dampfdruck zuläßt. Verfahrenstechnisch ist ein

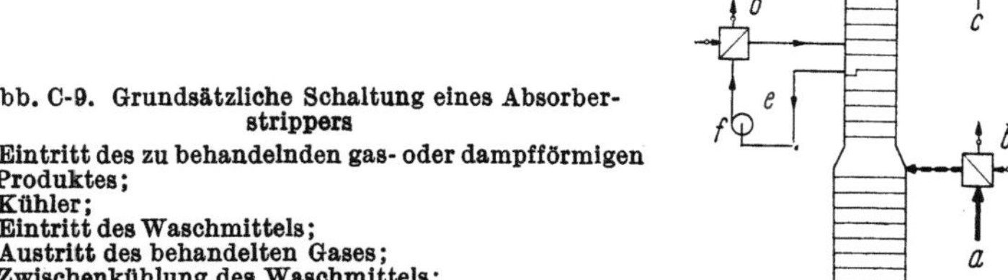

Abb. C-9. Grundsätzliche Schaltung eines Absorberstrippers

a Eintritt des zu behandelnden gas- oder dampfförmigen Produktes;
b Kühler;
c Eintritt des Waschmittels;
d Austritt des behandelten Gases;
e Zwischenkühlung des Waschmittels;
f Pumpe;
g Austritt des teilweise beladenen Waschmittels;
h Dampfbeheizter Aufkocher.

Absorberstripper nur ein Sonderfall der in der Technik der Gasreinigung viel verwendeten Verbindung eines Waschturmes (Absorper) für das zu reinigende Gas mit einem Regenerierturm (Stripper) für das Waschmittel, wie sie in Abb. H-1, S. 619 dargestellt und dort erläutert ist.

c) Die Gasverarbeitungsanlagen

Absorberstripper werden im Raffineriebau vorzugsweise in den Gasverarbeitungsanlagen verwendet. Diese werden oft als Gaswiedergewinnungsanlagen (Gas Recovery Units, GRU) bezeichnet, weil ihre Aufgabe vornehmlich darin besteht, die in den Abgasen von Rohöldestillationen, Krackanlagen, Reformern und anderen Anlagen enthaltenen C_3- und C_4-Kohlenwasserstoffe als einzelne Produkte oder gemischt als Flüssiggas für den Verkauf zu gewinnen; hierauf wird in Kap. N 1 a noch eingegangen. Diese Gase fallen in den Trennbehältern der meist vorhandenen Fraktionierungen an. Sie werden über Druckregler entnommen, die dazu dienen, den Druck in den vorgeschalteten Anlagen aufrechtzuerhalten. Bei Reformern ist der Druck in den Trennbehältern hinter den Reaktoren gewöhnlich so hoch, daß die Gase in die Wiedergewinnungsanlage überströmen können.

Bei der Verarbeitung von Gasen aus Rohöldestillation, aus den nachgeschalteten Stabilisieranlagen für Benzin oder aus Krackanlagen, die drucklos bzw. mit einem niedrigeren Druck arbeiten, als er für die Wiedergewinnung der C_3- und C_4-Kohlenwasserstoffe nötig ist, müssen die Gase komprimiert werden.

Da in einer Kompressorstufe aus den auf S. 172 genannten Gründen ein Verdichtungsverhältnis von etwa 4 : 1 bis 5 : 1 nicht gerne überschritten wird, damit die Kompressionsendtemperatur nicht zu hoch wird, muß in mehreren Stufen gearbeitet werden, um die erforderlichen Betriebsdrücke in der Größenordnung von 20 bis 30 at zu erreichen. Es ist dann notwendig, das komprimierte Gas zwischen den einzelnen Stufen zu kühlen. Dabei ist es nicht zu vermeiden, daß die höhersiedenden Kohlenwasserstoffe auskondensieren. Diese müssen deshalb abgeschieden und mittels einer Pumpe getrennt zum Absorberstripper gefördert werden, um den Kompressor nicht durch Flüssigkeitsschläge zu gefährden. Das Gas kann von der nächsten Kompressorstufe angesaugt werden. Eine solche Schaltung ist in Abb. C-10 wiedergegeben.

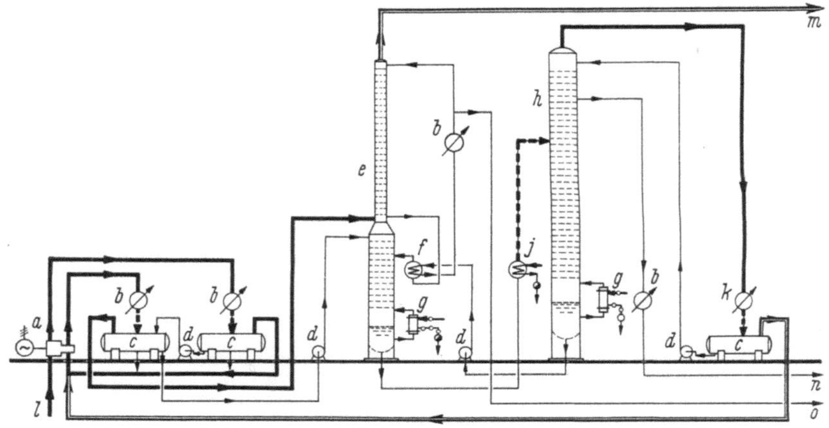

Abb. C-10. Schaltung einer Absorberstripperanlage zur Gewinnung von Flüssiggas aus Krackgasen.

a	Zweistufiger Kompressor für Krackgas mit Antrieb;	g	Dampfbeheizter Aufkocher;
b	Kühler;	h	Flüssiggaskolonne;
c	Vorlage mit Entwässerung;	j	Dampfbeheizter Vorwärmer;
d	Pumpe;	k	Kondensator;
e	Absorberstripperkolonne;	l	Zu verarbeitendes C_4-Gas;
f	Wärmeaustauscher zur Kühlung des Sumpfproduktes von h und zur Aufwärmung des beladenen Waschmittels;	m	Heizgas;
		n	Flüssiggas;
		o	Gasbenzin.

Der vorgeschaltete Kompressor besitzt zwei Stufen. Das aus dem Sumpf der Absorberstripperkolonne austretende Waschmittel – im vorliegenden Fall sog. Gasbenzin – enthält nicht nur Propan, sondern auch Butan und muß deshalb stabilisiert werden. Dies geschieht in einer zweiten Kolonne derart, daß alles Propan und soviel Butan abgetrieben wird als erforderlich ist, um den gewünschten, maximal zulässigen Dampfdruck einzustellen. Man kann eine solche Anlage aber auch so betreiben, daß alles Propan und Butan gewonnen wird, wenn das gewonnene, überstabilisierte Benzin zum Verschneiden mit leichteren Produkten aus anderen Quellen verwendet wird.

Die dargestellte Flüssiggaskolonne ist dadurch bemerkenswert, daß das leichte Produkt nicht durch Kondensation der Kopfdämpfe gewonnen, sondern flüssig von einem unteren Boden abgezogen wird. Die Kopfdämpfe werden nur soweit kondensiert, als es für den Rückfluß in der Kolonne erforderlich ist; der Rest kann dampfförmig in das Heizgasnetz der Raffinerie abgegeben werden.

Die Eintrittstemperatur des Gases in den Absorber soll möglichst niedrig sein, um die Temperatur des Waschmittels nicht durch Zufuhr von Wärme mit dem Gas unnötig zu erhöhen und seine Absorptionsfähigkeit zu verringern. Deshalb wird auch hinter die letzte Kompressionsstufe ein Kühler geschaltet, in dem eine gewisse Menge Flüssigkeit anfällt. Sie wird in einem Abscheidebehälter gesammelt, in den auch die in dem oder den vorhergehenden Abscheider(n) anfallenden Flüssigkeitsmengen gefördert werden. Das Gas kann dann aus diesem Abscheider direkt unterhalb des Absorbers eintreten, während die Flüssigkeit mit einer Pumpe zum Kopf des Stripperteiles gedrückt wird.

Auf dem obersten Boden des Strippers stellt sich ein Gleichgewicht mit dem Waschmittel ein, das je nach Fahrweise der Flüssiggaskolonne einen kleinen Restanteil von Propan enthalten kann. Wenn dadurch noch merkbare Mengen Propan in das Heizgas gelangen, dies aber unerwünscht ist, kann man durch eine kleine nachzuschaltende Kolonne, in der ein etwas höhersiedendes Waschmittel, z.B. Kerosin, benutzt wird, praktisch völlige Propanfreiheit erreichen[1]. Das mit Propan beladene Kerosin wird am einfachsten in das Rohöl vor der Hauptkolonne zurückgegeben, weil die Mengen im Verhältnis so klein sind, daß sich der Aufwand einer besonderen Abtreibekolonne dafür nicht lohnt.

Die Berechnung eines Absorberstrippers ist deshalb ziemlich zeitraubend, weil die Zusammensetzungen an den verschiedenen Stellen wegen der überlagerten Kreisläufe erst in mehreren Schritten genau ermittelt werden können. Auch muß man wie bei Fraktionierkolonnen von Boden zu Boden rechnen, will man genaue Ergebnisse erhalten. Mit Hilfe elektronischer Rechenmaschinen lassen sich heute solche Rechnungen verhältnismäßig schnell durchführen[2].

Die beschriebene, des besseren Verständnisses wegen etwas schematisierte Aufgabe ließe sich rein destillativ nur durch Anwendung künstlicher Kälte lösen. Deshalb haben Anlagen, die mit Absorberstripper arbeiten, in der Erdölindustrie zur Gewinnung von Flüssiggas, insbesondere aus Krackgasen, weite Verbreitung gefunden.

5. Die Gesichtspunkte für die Schaltung von Destillationsanlagen

Der bei der Rohöldestillation erwähnte Fall, daß man aus einer Kolonne mehrere Produkte gewinnt, stellt einen Ausnahmefall in der Destil-

---

[1] Vgl. dazu E. A. HARPER: Kerosine as Absorption Oil – How Good? Petrol. Refiner 38 (1959) Nr. 5, S. 144/46. In dieser Arbeit sind vor allem die erforderlichen Eigenschaften von Kerosin behandelt, ohne auf die Schaltung von Anlagen einzugehen.

[2] Die Unterlagen, die in dem in Fußn. 2, S. 229 genannten Buch von SHERWOOD u. PIGFORD zusammengestellt sind, gehen z.T. zurück auf A. KREMSER: Analysis of oil absorption problems. Oil Gas J. 29 (22.Mai 1930) Nr. 1, S. 146, 148, 150, 178. – Ders.: Theoretical analysis of absorption process. Natl. Petrol. News 22 (21. Mai 1930) Nr. 21, S. 43/49 sowie M. SOUDERS u. G. G. BROWN: Fundamental Design of Absorbing and Stripping Columns for Complex Vapors. Industr. Engng. Chem. 24 (1932) 519/22. – Als neuere Arbeit vgl. A. D. SUJATA: Absorber-Stripper Calculations Made Easier. Petrol. Refiner 40 (1961) Nr. 12, S. 137/40.

lationstechnik dar. Dies wird nur deshalb nicht immer genügend beachtet, weil die Rohöldestillation der Ausgangspunkt jeder Erdölverarbeitung ist und solche Anlagen sehr augenfällig anzutreffen sind. Die günstigsten Verhältnisse für die Trennschärfe von Fraktionen oder für die Reinheit von Produkten erreicht man, wenn man aus einer Kolonne nur ein Kopf- und ein Sumpfprodukt abnimmt. Diesen Weg muß man sehr häufig gehen, um gerade im Bereich der leichten und der mittelschweren Destillate übersichtliche Betriebsverhältnisse zu erreichen. Außerdem sind auf diese Weise die höchsten Ausbeuten zu erzielen. Allerdings wird es kaum eine Betriebsanlage geben, bei der das in manchen Lehrbüchern zu findende, übertrieben vereinfachte Schema angewendet wird, daß jeweils das Kopfprodukt einer Kolonne in die nächste Kolonne eingeleitet und dort wieder in ein Kopf- und Sumpfprodukt zerlegt wird, so daß in einer Anzahl hintereinander geschalteter Kolonnen aus jeder das Sumpfprodukt als Fertigprodukt gewonnen wird. Auch die andere Schaltungsweise, daß immer das Sumpfprodukt der vorhergehenden Kolonnen in der nächsten Kolonne in zwei Fraktionen zerlegt und jeweils das Kopfprodukt gewonnen wird, ist in der öfters dargestellten, sehr vereinfachten Weise in der Praxis nur selten anzutreffen.

a) Das Hintereinanderschalten von Kolonnen

Es muß beim Hintereinanderschalten von mehreren Kolonnen immer berücksichtigt werden, welche Mengen an einzelnen Fraktionen im ersten Einsatzprodukt enthalten sind. Wenn eine größere Zahl von Endproduk-

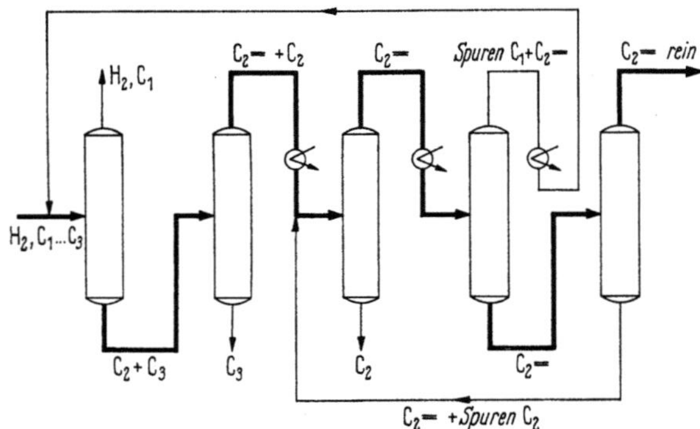

Abb. C-11. Grundsätzliche Schaltung bei der Gewinnung sehr reiner Produkte mit hoher Ausbeute. Hier bedeuten die dicken Linien ausnahmsweise den Hauptstrom des Produktes – abweichend von der für die folgenden Schemata gemäß S. 1046 f. geltenden Festlegung.

ten angestrebt wird, sind meist mehrere Schaltungen möglich. Auch müssen gewöhnlich Kreisläufe angewendet werden, wenn es darauf ankommt, von einigen Produkten hohe Ausbeuten und gleichzeitig hohe Reinheit zu erreichen. Dann muß ein gewisser Anteil des angestrebten

Produktes zusammen mit dem unerwünschten Produkt mit benachbartem Siedepunkt zurückgeführt werden, um aus diesem im zweiten Durchgang besser abgetrennt zu werden.

Als Beispiel ist schematisch in Abb. C-11 die Gewinnung von Äthen hoher Reinheit aus einem Gasstrom gezeigt, der Wasserstoff sowie Methan bis Propen und Propan enthält. Man sieht, daß das angestrebte Endprodukt abwechselnd aus dem Sumpf und über Kopf zur nächsten Kolonne geführt wird. In der ersten Kolonne werden die leichtersiedenden Komponenten über Kopf abgetrennt, in der zweiten die C_3-Kohlenwasserstoffe im Sumpf; dann werden die C_2-Kohlenwasserstoffe getrennt, so daß Äthen als Kopfprodukt anfällt. Da es aber noch Spuren sowohl von Methan wie auch von Äthan enthält, muß es noch zweimal destilliert werden. Deshalb wird in der vierten Kolonne soviel Äthen über Kopf abgenommen, daß der Sumpf völlig methanfrei wird. In der letzten Kolonne kann dann aus dem Restgemisch soviel Reinäthen über Kopf abgetrieben werden, daß kein Äthan mitgeht. Das Kopfprodukt der vorletzten und das Sumpfprodukt der letzten Kolonne, die in der Hauptsache aus dem etwas verunreinigten Endprodukt bestehen, werden zurückgeführt, weil sonst die Ausbeute beeinträchtigt würde.

Welche Unterschiede zwischen verschiedenen Schaltungen bestehen, soll an Hand eines Beispieles erläutert werden, bei dem aus einem unstabilen Benzin das Normalbutan zu gewinnen ist. Die Zusammensetzung des Einsatzgutes ist in Zahlentafel C-1, erste Spalte, wiedergegeben und in Abb. C-12 in einem $\log m,\sigma$-Diagramm dargestellt[1]. Um diese Aufgaben zu lösen, sind grundsätzlich zwei Möglichkeiten gegeben. Entweder trennt man das Einsatzgut zunächst zwischen i-C_4 und n-C_4 und kann in einer zweiten Kolonne n-C_4 als leichtestsiedende Komponente ziemlich rein über Kopf abnehmen. Im Sumpf bleibt dann das C_{5+}-Gemisch mit einem gewissen Restgehalt von n-C_4 übrig. Diese Schaltung ist in Abb. C-13a wiedergegeben. Schlägt man den anderen Weg ein, den die Schaltung in Abb. C-13b zeigt, so muß man in der ersten Kolonne alles C_4 und die leichtersiedenden Anteile über Kopf nehmen und in der zweiten Kolonne i-C_4 und die leichteren Anteile von n-C_4 trennen.

---

[1] Über das Diagramm selbst vgl. Fußn. 1, S. 74. Erdölprodukte, die nicht durch Krack-, Polymerisations- oder andere, gewissermaßen selektiv wirkende Vorgänge entstanden sind und die aus Komponenten gleicher chemischer Struktur bestehen, weisen in der Regel eine statistische Verteilung auf, wenn die Komponenten in Gruppen mit gleicher C-Atomzahl zusammengefaßt werden. In einem einfach logarithmischen Netz wird dann der bei linearer Darstellung als Glockenkurve bezeichnete Kurvenverlauf durch einen Linienzug wiedergegeben, der einer Parabel mit senkrechter Achse gleicht. In dem Beispiel der Abb. C-12a bzw. der Zahlentafel C-1 handelt es sich um eine unsymmetrische Verteilung, weil das Methan – das Anfangsglied der möglichen Komponenten – fehlt. Faßt man die C_4- und C_5-Kohlenwasserstoffe bei einem mittleren Siedepunkt zusammen, so zeigt das aus der Praxis entnommene Beispiel tatsächlich – wie durch den gestrichelten Linienzug zwischen C_3 und C_6 zu erkennen ist – eine statistische Verteilung. Durch die Benutzung des $\log m,\sigma$-Diagramms lassen sich beliebige Abweichungen davon ohne Beeinträchtigung der Genauigkeit erfassen. Abb. C-12b gibt die Verhältnisse in der zweiten Kolonne der Schaltung nach Abb. C-13a allein wieder. Sie läßt die Reinheit des Kopfproduktes *K II* erkennen und zeigt, daß infolge der Abtrennung von *K I* in der ersten Kolonne die statistische Verteilung nur mehr einseitig ist.

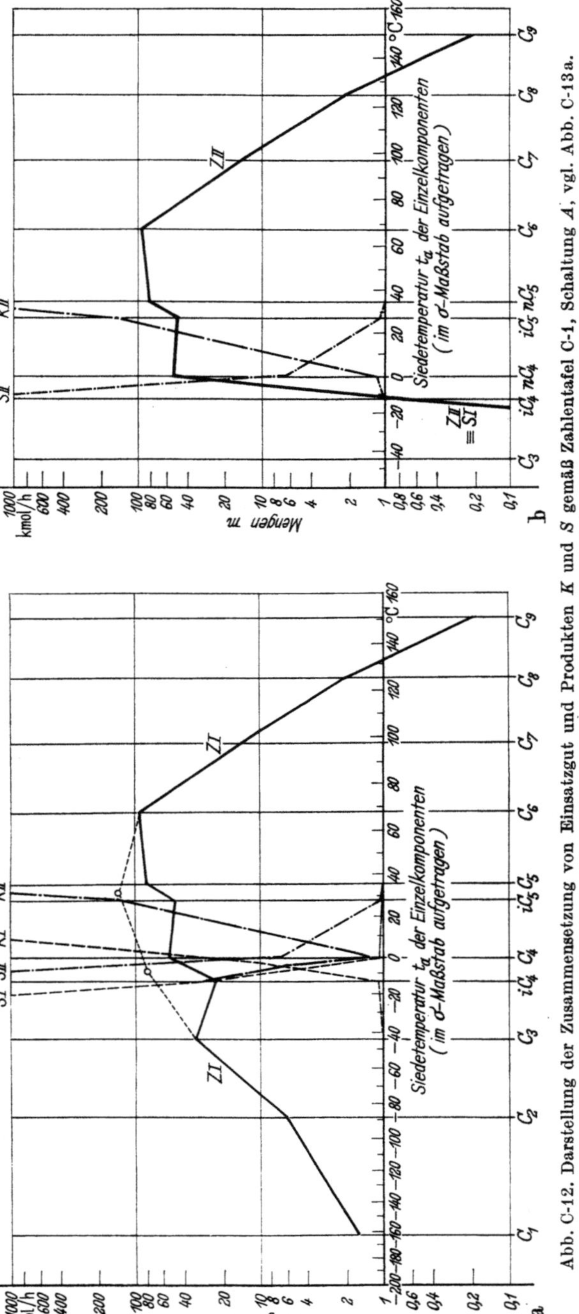

Abb. C-12. Darstellung der Zusammensetzung von Einsatzgut und Produkten K und S gemäß Zahlentafel C-1, Schaltung A, vgl. Abb. C-13a.

Z Zufluß; K Kopfprodukt; S Sumpfprodukt; I, II bezieht sich auf die in Abb. C-13a dargestellten Kolonnen.

a) Gesamtzufluß ZI zur ersten Kolonne und Trennung in der ersten und zweiten Kolonne; Darstellung bezogen auf ZI;   b) Zufluß ZII ($= SI$) zur zweiten Kolonne; Darstellung bezogen auf ZII.

Zahlentafel C-1. *Zusammensetzung von Einsatzgut und einzelnen Fraktionen bzw. Produkten bei den Anlagen nach Abb. C-13a und C-13b. Alle Angaben in kmol/h.*

	Einsatzgut	Schaltung A (Abb. C-13a)				Schaltung B (Abb. C-13b)			
		Kopf I	Sumpf I	Kopf II	Sumpf II	Kopf I	Sumpf I	Kopf II	Sumpf II
C_1	1,60	1,60				1,60		1,60	
C_2	5,90	5,90				5,90		5,90	
C_3	32,90	32,90				32,90		32,90	
$i\text{-}C_4$	23,50	22,72	0,78	0,78		23,30	0,20	22,63	0,67
$n\text{-}C_4$	55,90	1,89	54,01	46,10	7,91	50,08	5,82	5,82	44,26
$i\text{-}C_5$	48,00		48,00	0,35	47,65	0,15	47,85		0,15
$n\text{-}C_5$	81,10		81,10		81,10	0,03	81,07		0,03
C_6	94,10		94,10		94,10		94,10		
C_7	14,50		14,50		14,50		14,50		
C_8	2,30		2,30		2,30		2,30		
C_9	0,20		0,20		0,20		0,20		
	$\Sigma = 360{,}00$	65,01	294,99	47,23	247,76	113,96	246,04	68,85	45,11
			65,01		47,23		113,96		68,85
			$\Sigma_\mathrm{I} = 360{,}00$		$\Sigma_\mathrm{II} = 294{,}99$		$\Sigma_\mathrm{I} = 360{,}00$		$\Sigma_\mathrm{II} = 113{,}96$

Das Einsatzgut enthält bei i-C_4/n-C_4 zusammen 79,40 und bei i-C_5/n-C_5 zusammen 129,10.

Bei einer ersten Überlegung könnte man vermuten, daß wärmewirtschaftlich die erste Schaltung günstiger sein müßte, weil das zu gewinnende Normalbutan nur einmal verdampft wird, während dies bei der Schaltung nach Abb. C-13b zweimal der Fall ist. Dieser Schluß ist jedoch unrichtig, weil das von den Abständen der Siedepunkte bestimmte Rückflußverhältnis und dessen Einfluß auf den Wärmeverbrauch nicht vernachlässigt werden dürfen. Sind Nachbarkomponenten im Gemisch anwesend, insbesondere die höhersiedenden, und noch dazu in so großer Menge wie in dem behandelten Beispiel, so lassen sich die

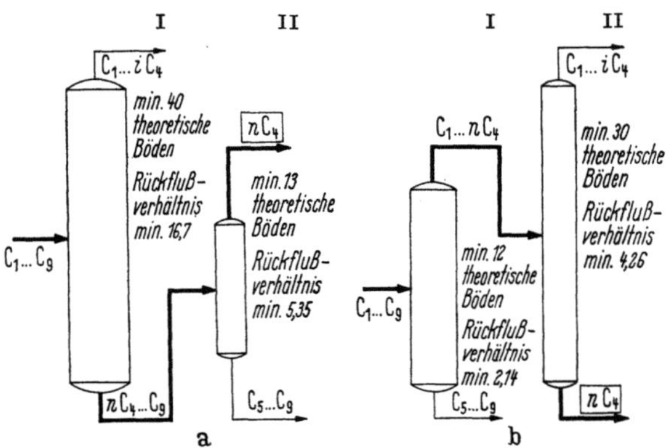

Abb. C-13. Mögliche Schaltungen zur Gewinnung von Normalbutan aus einem Leichtbenzin. Bezüglich der Stricharten gilt das gleiche wie bei Abb. C-11.
a) Erste Trennung zwischen i-C_4 und n-C_4; b) Erste Trennung zwischen C_{4-} und C_{5+}.

beiden eng beieinander siedenden C_4-Kohlenwasserstoffe nur in einer Kolonne mit vielen Böden bei einem verhältnismäßig großen Rückflußverhältnis so scharf trennen, daß die erforderliche Reinheit des Normalbutans gewährleistet werden kann. Dies läßt sich bei einiger Übung bereits aus der Darstellung in Abb. C-12 ablesen. Demgegenüber sind Wärme- und Bauaufwand erheblich geringer, wenn man die Anlage nach Abb. C-13b schaltet. Zwar ist, wie die Zahlentafel C-1 zeigt, die Ausbeute im zweiten Fall mit 44,26/55,9 = 79,1% bzw. 45,11/55,9 = 80,6% bei den durchgerechneten Verhältnissen etwas geringer als bei der zuerst genannten Schaltung, bei der 46,10/55,9 = 82,5% bzw. 47,23/55,9 = 84,5% erreicht werden können[1]. Es ist ein reiner Zufall, daß bei der Schaltung B der C_4-Verlust im Sumpf der ersten Kolonne und über Kopf der zweiten Kolonne mit je 5,82 kmol/h gleich groß erscheinen. Auch bei Schaltung B kann die gleiche Ausbeute wie im ersten Fall ohne merkbar höheren Aufwand erreicht werden. Das erläuterte Beispiel ist der Praxis entnommen. Aus den nachstehend dargelegten Gründen wurde die Anlage entsprechend Abb. C-13b gebaut, weil die damit erzielbare Reinheit etwas größer war und die Ausbeute genügte. Deshalb bestand

---

[1] Die Unterschiede ergeben sich, je nachdem nur die n-C_4-Menge allein oder die mit der erreichbaren Reinheit gewonnene n-C_4-Menge zuzüglich der Verunreinigungen der Rechnung zugrunde gelegt wird.

kein Anlaß zu untersuchen, durch welche Maßnahmen sich die rechnerisch genau gleichen Ergebnisse wie bei Schaltung A erzielen ließen.

Wenn man das Gemisch zunächst zwischen C_4 und C_5 trennt, läßt sich die erste Kolonne mit wesentlich weniger Böden ausführen und kann mit erheblich kleinerem Rückflußverhältnis betrieben werden. In der zweiten Kolonne müssen dann zwar für den Schnitt zwischen i-C_4 und n-C_4 fast ebenso viele Böden eingebaut werden wie im ersten Fall, das Rückflußverhältnis kann jedoch wesentlich kleiner gewählt werden, weil das schwerere Produkt praktisch nur aus Normalbutan besteht und nur mehr dieses aus dem Oberteil der Kolonne – soweit es durch die hochsteigenden Dämpfe mitgenommen wird – nach unten befördert werden muß. Außerdem ist der Durchmesser der Kolonne mit der großen Bodenzahl viel kleiner, weil sie für eine viel geringere Durchsatzmenge zu bauen ist. Bei den in Abb. C-13 eingetragenen Werten für Bodenzahlen und Rückflußverhältnis sind die theoretischen Werte nach FENSKE und UNDERWOOD angegeben, und zwar die minimale theoretische Bodenzahl für unendlich großen Rückfluß und der minimale Rückfluß bei unendlich großer Bodenzahl. Die praktisch angewendeten Werte liegen daher in beiden Fällen höher. Besonders die Bodenzahl muß wesentlich größer sein, wie eine genaue „Boden zu Boden“-Rechnung zeigt. Die unterschiedlichen Einflüsse der beiden Schaltungen sind aber unverkennbar.

In Abb. C-12 sind die Linienzüge für die Fraktionen nur gemäß Schaltung A eingezeichnet, weil sonst die Darstellung zu unübersichtlich wäre. An Hand der Zahlentafel C-1 läßt sich aber erkennen, wie sie für die Schaltung B verlaufen würden. In der graphischen Darstellung ergeben sich nur unwesentliche Abweichungen. Im ersten Fall wird eine Reinheit von $46{,}10/47{,}23 = 97{,}6\%$, im zweiten Fall von $44{,}26/45{,}11 = 98{,}1\%$ erreicht, Werte, die für die Praxis ausreichend nahe beieinanderliegen.

Gibt man sich mit einer Ausbeute von rd. 80% nicht zufrieden, so läßt sie sich im vorliegenden Fall bei erträglichem Betriebsmittelaufwand nur steigern, wenn man mit Rückführung arbeitet. Dann benötigt man aber noch eine dritte Kolonne, um den Strom, in dem ein Teil des zu gewinnenden Produktes verblieben ist, nochmals zu trennen. Die Aufgabe läßt sich aber nicht durch eine einfache Hintereinanderschaltung lösen. Es muß von Fall zu Fall überlegt werden, welche Reihenfolge der Trennungen dann am zweckmäßigsten ist[1]. Dies wird am folgenden Beispiel erläutert.

Wendet man eine Rückführung (d.h. einen überlagerten Kreislauf) an, um die Ausbeute über das sonst erreichbare Maß hinausgehend zu erhöhen, so muß man das zu gewinnende Produkt zuerst so gegen eines der beiden mit benachbarten Siedepunkten schneiden, daß davon nur mehr Bruchteile von Prozenten in dem gewünschten Produkt verbleiben. Das hat zwar zur Folge, daß dann – wenn es sich z.B. um den Schnitt

---

[1] Mit Hilfe elektronischer Rechenmaschinen lassen sich solche Aufgaben heute verhältnismäßig schnell lösen, weil man in kurzer Zeit verschiedene Möglichkeiten durchrechnen und so zu einer wirtschaftlich günstigen Anordnung kommen kann.

gegen eine höhersiedende Komponente handelt – eine größere Menge
des gewünschten Produktes und eventuell auch Anteile der nächsten,
noch niedrigersiedenden Komponente mit den höhersiedenden im Sumpf
der betreffenden Kolonne erscheint. Durch die Rückführung wird aber
erreicht, daß diese Anteile nicht verlorengehen. Das ist für das bereits
behandelte Beispiel in Abb. C-14 gezeigt. Die überlagerte Kreislaufmenge
kann rd. 10% des Einsatzes betragen; wieviel Prozent des gewünschten
Normalbutans darin enthalten sind, hängt vollkommen vom Anteil an
Normalbutan im Einsatzgut ab. Im Kopfprodukt der ersten Kolonne
ist praktisch überhaupt kein C_5 mehr enthalten, was ebenso für den

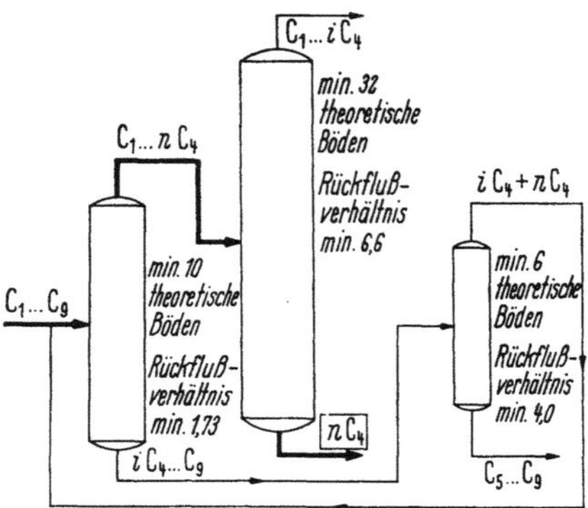

Abb. C-14. Schaltung einer Anlage zur Gewinnung von Normalbutan aus einem Leichtbenzin mit Rückführung, um die Ausbeute zu erhöhen (Erläuterung s. Text); vgl. auch Bemerkung zu den Abb. C-12. Bezüglich der Stricharten gilt das gleiche wie bei Abb. C-11.

Sumpf der zweiten Kolonne gilt. Hingegen beläßt man einen gewissen
Anteil Gesamt-C_4 im Sumpf der ersten Kolonne. In der zweiten Kolonne
kann dann i-C_4 ebenso scharf gegen n-C_4 geschnitten werden wie in der
zweiten Kolonne von Abb. C-13b. Das Sumpfprodukt der ersten Kolonne
muß dann noch in einer dritten Kolonne so getrennt werden, daß das
darin verbliebene n-C_4 mit den begleitenden i-C_4-Kohlenwasserstoffen
und Spuren von C_5 über Kopf genommen und vor die erste Kolonne
zurückgeführt wird. Die dadurch erzielbare Ausbeute beträgt rd. 90%,
die Reinheit des Produktes so wie in den beiden ersten Fällen rd. 98%.
Es läßt sich meist auf einfache Weise ermitteln, ob die durch eine solche
Schaltung verursachten größeren Baukosten und der etwas höhere Betriebsmittelverbrauch in genügend kurzer Zeit durch die Ausbeutesteige-
rung von rd. 80 auf 90% abgeschrieben werden können[1].

b) Die Schaltung von Rohöldestillationsanlagen

Bei der Trennung von Rohöl sind andere Gesichtspunkte maßgebend,
als sie vorstehend beschrieben wurden. Es kommt dabei nicht darauf an,
einzelne Kohlenwasserstoffindividuen mit möglichst hoher Reinheit zu

---

[1] Weitere Überlegungen zu diesem Thema bei H. C. BOZEMAN: New techniques
spur changes in light-ends processing. Oil Gas J. 62 (31. Aug. 1964) Nr. 35, S. 48
bis 57.

gewinnen, sondern das Rohöl in möglichst scharf geschnittene Fraktionen zu zerlegen. Je größer die Siedelücken zwischen den Fraktionen sind, desto größer ist die Ausbeute an spezifikationsgerechten Produkten. Übermäßig lange Siedeschwänze bei den in der Hauptkolonne gewonnenen Fraktionen können zu Maßnahmen, wie z.B. zur Redestillation, zwingen, was mit erhöhten Kosten verbunden ist. Bei der Gesamtanordnung solcher Anlagen ist es wesentlich, ob man das Leichtbenzin entweder in einer Vorkolonne abtrennt oder Leicht- und Schwerbenzin als Gesamtbenzin in der Hauptkolonne selbst gewinnt und erst anschließend in einer besonderen Benzintrennkolonne zerlegt. Leicht- und Schwerbenzin werden selten aus der Hauptkolonne als zwei getrennte Fraktionen abgenommen, weil diese Schaltung zwei Nachteile hat. Erstens ist die für solche Produkte meist verlangte hohe Schnittschärfe in der Hauptkolonne nur mit einer großen Zahl von Böden zu erreichen. Zweitens ergeben sich bei Leichtbenzin als Kopfprodukt wegen des in der Regel benutzten Strippens mit Wasserdampf Schwierigkeiten durch Wasserkondensation auf den obersten Böden und dadurch verursachte Korrosion. Man muß in einem solchen Fall die Böden aus Monel-Metall oder Edelstahl herstellen und den Kolonnenkopf auskleiden. Dies verursacht aber nicht unwesentliche Kosten. Diese Maßnahme ist zwar bei schwefelreichen Rohölen auf alle Fälle empfehlenswert. Doch würde eine Wasserkondensation auf den Böden die Betriebsbedingungen noch wesentlich erschweren.

Wendet man eine Vorkolonne an, so kann in dieser das Leichtbenzin abgenommen werden, ohne daß es zu den erwähnten Schwierigkeiten kommt, weil mit Wasserdampf erst in der Hauptkolonne gestrippt wird. Die Schaltung einer so ausgerüsteten Rohöldestillationsanlage, einschließlich nachgeschalteter Vakuumanlage, ist in Abb. C-15 wiedergegeben. Als Besonderheit dieser Anlage ist noch der mit einem Schwerbenzin beschickte Heizgaswascher zu erwähnen, bei dem es sich um einen einfachen, mit Raschigringen gefüllten Absorber für die Flüssiggas- und Benzinkomponenten handelt. Als zugehöriger Stripper dient die Seitenkolonne für das als Waschmittel benutzte Produkt.

In den letzten Jahren ist man aber auch von der Verwendung von Vorkolonnen immer mehr abgekommen, weil man als Reformereinsatzgut sehr scharf geschnittene Benzinfraktionen benötigt. Eine solche Forderung läßt sich in der Hauptkolonne einer Rohöldestillationsanlage nicht so leicht erreichen wie in einer nachgeschalteten Benzintrennanlage. Man nimmt dann in der Hauptkolonne das gesamte Benzin über Kopf ab und entgeht wegen der wesentlich höheren Kopftemperaturen bei dieser Betriebsweise den erwähnten Schwierigkeiten mit der Wasserdampfkondensation. Das Benzin wird anschließend in einer Trennanlage (Benzinsplitter) in Leicht- und Schwerbenzin, allenfalls auch noch in eine Seitenfraktion als drittes Produkt zerlegt, wenn man an Stelle von Schwerbenzin zwei Fraktionen als sog. Leicht- und Schwernaphtha erhalten will. Es empfiehlt sich, die Stabilisierkolonne für das Leichtbenzin nachzuschalten, weil man sie kleiner bemessen und so betreiben kann, daß spezifikationsgerechtes Produkt erzeugt wird. Schaltet man die Benzinstabilisierung vor den Splitter, so muß man das gesamte Benzin

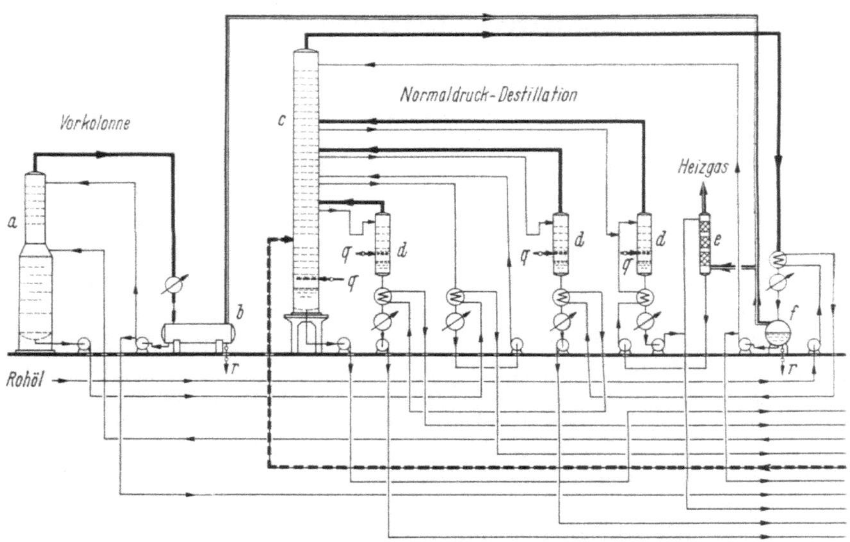

Abb. C-15. Schematisches Fließbild einer zwei-

a Vorkolonne;
b Abscheider und Rückflußbehälter;
c Normaldruckhauptkolonne;

d Seitenkolonnen;
e Heizgaswascher;
  Abscheider und Rückflußbehälter;

g Konvektionsteil des Röhrenofens;
h Strahlungsteil des Röhrenofens;

Wegen Einzelheiten der Vakuum

auf einen Dampfdruck einstellen, der noch nicht dem im Leichtbenzin erwünschten entspricht, sondern auf irgendeine Weise davon abhängt. Doch wird diese Abhängigkeit leicht durch Schwankungen im Betrieb der Benzintrennkolonne gestört.

Da die Durchsatzleistungen heutiger Anlagen oft mehrere hundert Tonnen je Stunde betragen, lohnt sich in der Regel eine weitgehende Wärmeausnutzung. Darauf wurde auf S. 197 hingewiesen. Für Planungsarbeiten hat CHAVE ein einfach zu handhabendes graphisches Verfahren angegeben, das sich als sehr brauchbar erwiesen hat[1]. Es wird ein t,h-Diagramm für das aufzuwärmende Rohöl und die ablaufenden Produkte benutzt. Abb. C-16 gibt als Beispiel die Verhältnisse bei der in Abb. C-15 dargestellten Anlage wieder. Am zweckmäßigsten berechnet man die Werte der Enthalpien h ab 0 °C und beginnt mit dem Maßstab für die Produkte links unten, für das Rohöl rechts oben. Nur um Platz zu sparen, ist die h-Kurve für das Rohöl unterbrochen und oben ein zweiter Maßstab benutzt. Der abgeknickte Verlauf der Enthalpiekurve für das Schwerbenzin–Wasser-Gemisch erklärt sich durch das an Hand von Abb. C-2, S. 201 erläuterte Verhalten solcher Gemische. Bei Er-

---

[1] Vgl. CH. T. CHAVE: Heat Exchange Systems. Refiner & Natur. Gasol. Manufact. (später Petrol. Refiner, jetzt Hydrocarbon Processing) 17 (1938) Nr. 1, S. 4 bis 11. – RIEDIGER, B.: Wärmerückgewinn ... a.a.O. (Fußn. 1, S. 197); dort ist das hier folgende Beispiel ausführlicher behandelt, allerdings wurde für die Enthalpien dem seinerzeitigen allgemeinen Gebrauch folgend das Formelzeichen i benutzt.

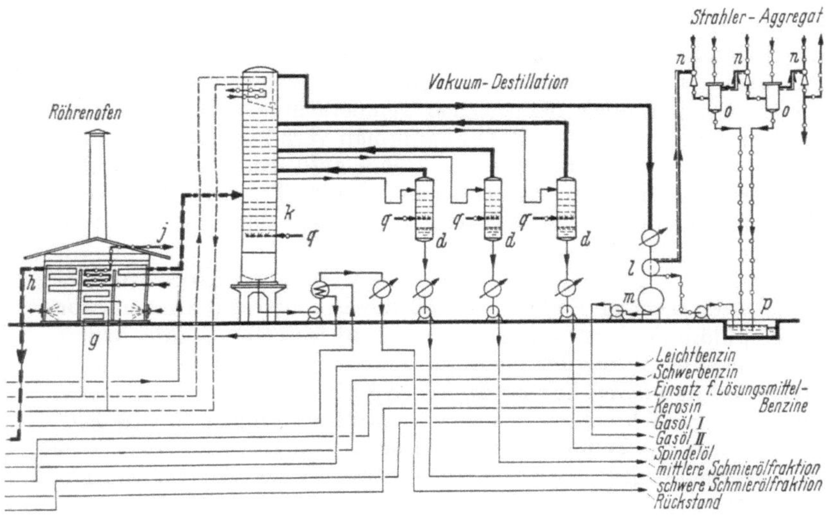

stufigen Rohöldestillationsanlage mit Vorkolonne.

j Dampfüberhitzer;
k Vakuumkolonne mit Dephlegmator;
l Abscheider;
m Sammelbehälter;
n Dreistufiges Strahlaggregat;
o Kondensatoren;
p Abwassergrube;
q Strippdampf;
r Entwässerung.

einrichtung *n* bis *p* vgl. Abb. C-8, S. 224.

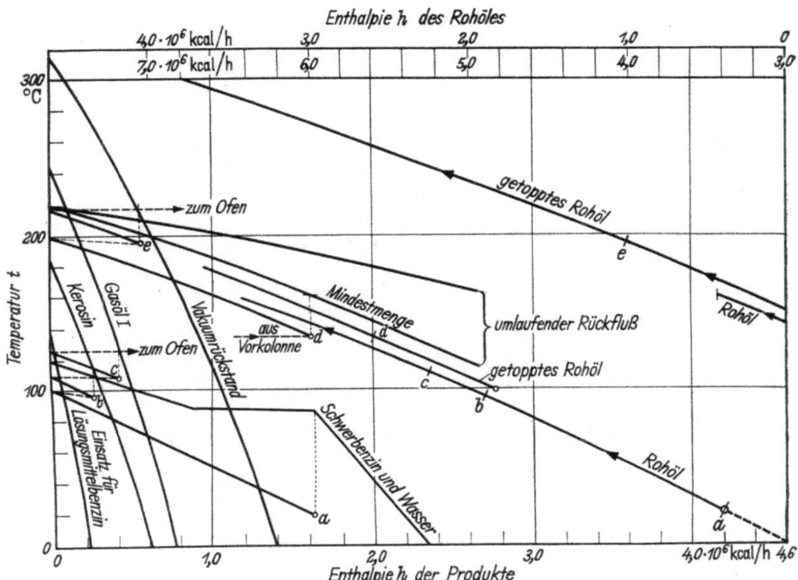

Abb. C-16. Temperatur–Enthalpie-Diagramm für das Rohöl und die Produkte der in Abb. C-5 wiedergegebenen Anlage. Erläuterung der Buchstaben im Text.

reichen der Wassertaulinie ändert sich die Enthalpie wegen der hohen
Verdampfungswärme des Wassers viel stärker als bei der Kondensation
der Benzindämpfe allein. Das Diagramm läßt sehr schnell erkennen, aus
welchen ablaufenden Produkten ausnutzbare Wärmemengen zur Verfügung stehen, und zwar bei welchen Temperaturen. Durch Parallelverschieben der Linie für das Rohöl kann man verhältnismäßig einfach
ermitteln, welche Produktströme das Rohöl aufwärmen sollen. Dabei
muß man im Auge behalten, daß eine ausreichende Temperaturdifferenz
eingehalten wird, um wirtschaftlich vertretbare Abmessungen der Wärmeaustauscher zu erhalten.

Das Beispiel zeigt – ausgehend von einer Temperatur des Rohöles
von 20 °C entsprechend Punkt a –, daß dieses zuerst im Kondensator
für die Kopfdämpfe der Hauptkolonne bis auf fast 100 °C aufgewärmt
werden kann. Die Menge der nächsten Fraktion (Einsatz für Lösungs-
mittelbenzine) und deren Enthalpie sind so gering, daß erst dem Kerosin
Wärme wirtschaftlich entzogen werden kann. Der Punkt b für die Eintrittstemperatur des Rohöles in den nächsten Wärmeaustauscher liegt
wegen unvermeidlicher Wärmeverluste etwas unter der im vorhergehenden Apparat erreichten Endtemperatur. Für die dritte Vorwärm-
stufe wird ab Punkt c Gasöl I herangezogen und dann das Rohöl zur
weiteren Erhitzung in den unteren Teil der Konvektionszone des Ofens
gedrückt. Die durch d gekennzeichnete Austrittstemperatur aus der Vorkolonne ergibt sich aus der verfahrenstechnischen Berechnung. Für die
weitere Aufwärmung steht nun die große Wärmemenge aus dem umlaufenden Rückfluß bei geeigneter Temperatur zur Verfügung. Dadurch
können rd. 200 °C erreicht werden. Zum Schluß wird noch Wärme des
Vakuumrückstandes an das Rohöl übertragen und dieser dabei um rd.
100° abgekühlt. Das Rohöl, dessen Menge viel größer ist, wird dabei
von e aus um weitere rd. 20° bis zur Ofeneintrittstemperatur aufgewärmt.

Abb. C-17. Durch die Regler ergänztes schematisches Fließbild einer Rohöldestillation mit Benzintrennung und Leichtbenzinstabilisierung.

a	Ofen;	m	Schweres Mitteldestillat;
b	Hauptkolonne;	n	Leichtes Mitteldestillat
c	Entsalzungsbehälter;		(n_1 Leichtes Mitteldestillat
d	Seitenkolonnen;		zur Raffination, n_2 Leichtes
e	Trennbehälter;		Mitteldestillat von der Raf-
f	Benzintrennkolonne;		fination);
g	Leichtbenzinstabilisier-	o	Destillationsrückstand;
	kolonne;	p	Kerosin (p_1 Kerosin zur
h	Rohölzufluß;		Raffination, p_2 Kerosin von
j	Heizgas;		der Raffination);
k	Heizöl;	q_1	Zusatzwasser für Ent-
	Beladenes Kerosin vom		salzung;
	Absorber der Gasnachver-	q_2	Ablaufwasser von der Ent-
	arbeitung;		salzung;

r	Schwernaphtha;	
s	Leichtnaphtha;	
t	Stabiles Leichtbenzin;	
u	Flüssiggas;	
v	Topgas (ins Heizgasnetz);	
w	Inhibitor- und Ammoniak-	
	zugabe;	
x	Gasablaß zum Blow-down-	
	System;	
y_1	Dampf zum Überhitzer:	
y_2	Dampf vom Überhitzer;	
z	Strippdampfzufuhr.	

Bedeutung der Reglerbezeichnungen (nach Instrument Society of America).

Erster Buchstabe:

F	(flow) Durchflußmenge;	P	(pressure) Druck;	T	(temperature) Temperatur.
L	(level) Flüssigkeitsstand;				

Zweiter, dritter und *vierter* Buchstabe:

C	(controller) Regelventil		werte ansprechender Reg-	R	(recorder) Schreiber;
	oder sinngemäß wirkendes		ler;	S	(safety) Sicherheitsgerät;
	Gerät;	G	(glass) Schauglas;	V	(valve) Ventil;
D	(differential) Auf Differenz-	I	(indicator) Anzeigegerät;	W	(well) Impulsnehmer.

Also z.B.: *PDRC* Differenzdruckregler mit Schreibgerät; *LIC* Standregler mit Anzeigegerät.

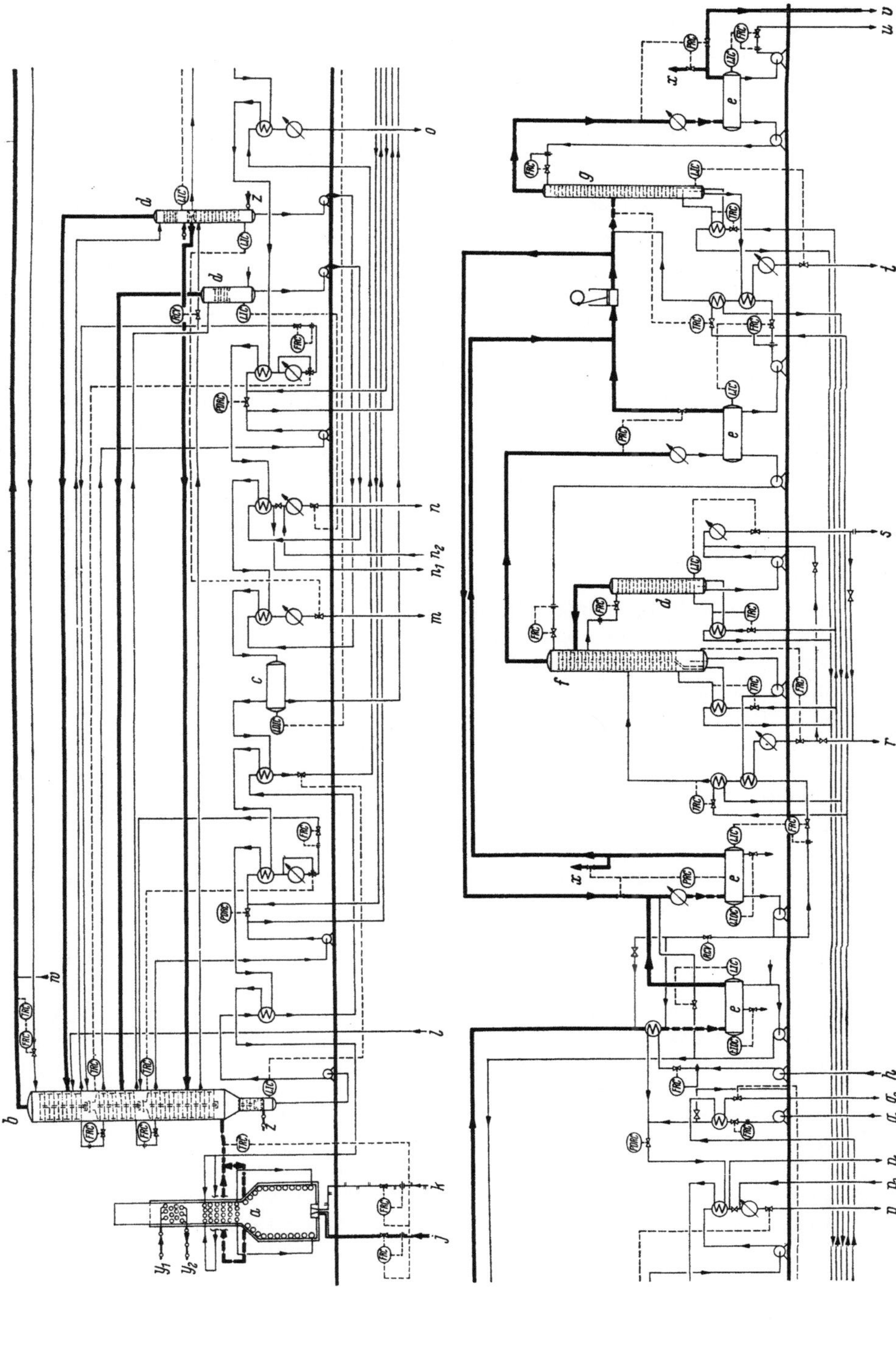

Für die ersten Überlegungen ist es zweckmäßig, die h-Kurven für das Rohöl auf durchsichtigem Papier aufzutragen und durch Probieren die günstigste Reihenfolge für die Aufwärmung des Rohöles zu ermitteln.

Das durch die Regler ergänzte Schema einer Rohöldestillationsanlage, die mit Benzintrennkolonne einschl. Seitenkolonne und nachgeschalteter Leichtbenzinstabilisierung ausgerüstet ist, zeigt Abb. C-17. Die Hauptkolonne ist außerdem mit den auf S. 202 erwähnten umlaufenden Rückflüssen ausgestattet, durch die ausgezeichnete Trennschärfen erreicht werden können. Diese Heißölströme werden dazu benutzt, den Sumpf der Benzintrennkolonne, der zugehörigen Seitenkolonne und der Stabilisierung zu beheizen. Dadurch können die erforderlichen Wärmemengen abgeführt werden, was gleichzeitig die Wärmewirtschaftlichkeit der Anlage verbessert.

Die Schaltung ist hier mit allen Reglern und sonstigen Einzelheiten dargestellt, um an diesem einen Beispiel zu zeigen, wie eine solche Anlage gebaut werden muß. In der Legende zu Abb. C-17 sind die für die Regler nach den Vorschlägen der Instrument Society of America gebräuchlichen Abkürzungen erläutert. Sie werden fast ausnahmslos in der gesamten Erdölindustrie benutzt. Außerdem werden die Sinnbilder für einzelne, immer wiederkehrende Anlagenteile in gleicher Bedeutung in den folgenden Schemata benutzt.

Der Vergleich der Abb. C-17 mit dem linken Teil der Abb. C-15 läßt die grundsätzlichen Unterschiede beider Schaltungen erkennen. Vor allem ist im ersten Fall eine Vorkolonne vorhanden, im zweiten Fall die Benzintrennung nachgeschaltet. Weiterhin sind im ersten Fall die Produktkühler zwischen den Seitenkolonnen und den zugehörigen Pumpen, im anderen Fall hinter den Pumpen angeordnet. Heute wird meist der zweiten Bauweise der Vorzug gegeben. Zwar müssen dann die Kühler für höhere Drücke bemessen werden, doch entgeht man dadurch Schwierigkeiten, die besonders bei verschmutzten Kühlern auf der Saugseite der Pumpen auftreten können. Diese lassen sich mit Sicherheit nur durch große Zulaufhöhen vermeiden, doch kann eine solche Maßnahme höhere Baukosten zur Folge haben, was die Ersparnisse bei den Kühlern leicht wettmachen kann.

In den weiteren Abschnitten dieses Buches können – schon aus Raumgründen – immer nur vereinfachte Fließbilder der Verfahren wiedergegeben werden. Es ist dabei jedoch zu beachten, daß für die Planung solcher Anlagen schrittweise die Fließbilder mit allen Reglern entworfen und daraus das auf S. 997 beschriebene ausführliche Rohrleitungs- und Instrumentenschema entwickelt werden müssen.

Das Beispiel in Abb. C-15 läßt erkennen, wie eine solche Anlage gebaut wird, wenn es darauf ankommt, Schmierölkomponenten zu gewinnen. Es muß dann die Vakuumanlage mit einer größeren Anzahl von Böden ausgerüstet werden, um die gewünschten Fraktionen verschiedener Zähigkeit abziehen zu können. Wenn das Rohöl die passenden Eigenschaften aufweist, kann es sich u.U. empfehlen, zwei Vakuumkolonnen hintereinanderzuschalten, die Gesamtanlage also dreistufig auszuführen, um eine sehr hohe Ausbeute an Schmierölkomponenten zu erzielen[1]. Die Unterteilung in zwei Vakuumstufen hat den Vorteil, daß erstens jede der beiden Kolonnen mit dem zu der Trennaufgabe erforderlichen Unterdruck betrieben werden kann, vor allem nicht die gesamten Dämpfemengen bei dem hohen Vakuum der zweiten Stufe abgesaugt werden müssen. Zweitens kann jede der beiden Kolonnen mit dem jeweils erforderlichen Rückfluß betrieben werden, der kleiner ist, als wenn der gesamte Rückfluß auf den Kopf einer Kolonne aufgegeben wird. Beide Maßnahmen verringern die Dämpfebelastung. Deshalb können die Kolonnen mit kleinerem Durchmesser ausgeführt werden, die erste außerdem noch wegen des geringen Unterdruckes. Dies kann trotz der Notwendigkeit, zwei Kolonnen aufzustellen, besonders bei großen Durchsätzen zu geringeren Kosten führen, weil bei gleicher Zahl der Böden ihre Durchmesser und die dafür erforderlichen Unterstützungskonstruktionen kleiner bzw. einfacher werden.

Drittens ist der Druckverlust zwischen Flashkammer und Kopf in beiden Kolonnen kleiner, als wenn man sämtliche Böden in einer Kolonne anordnen würde. Für das Vakuum in der ersten Kolonne genügt dann außerdem eine Vakuumeinrichtung geringerer Stufenzahl, die einen niedrigeren Dampfverbrauch hat.

Bei der in Abb. C-18 wiedergegebenen Schaltung wird außerdem noch von einer in solchen Fällen gegebenen Möglichkeit Gebrauch gemacht. Durch einen möglichst scharfen Schnitt zwischen schwerstem Destillat und Rückstand der vorgeschalteten Normaldruckdestillation wird erreicht, daß nur mehr sehr wenig kondensierbare Kohlenwasserstoffdämpfe über Kopf der ersten Vakuumkolonne abgezogen werden. Bei dem hochsiedenden Einsatz für die zweite Vakuumkolonne liegen die Verhältnisse ebenso. Deshalb wird in beiden Vakuumkolonnen vom zweiten oder dritten Boden von oben Flüssigkeit abgenommen, gekühlt und auf den ersten Boden wieder aufgegeben. (Die in Abb. C-18 eingetragene Zahl von Böden kann u. U. größer sein als dargestellt.) Da dabei nur Flüssigkeitswärme abgeführt werden kann, muß man mit einer großen Umlaufmenge arbeiten. In dem dargestellten Beispiel wird Wärme der Kolonne auch dadurch entzogen, daß ein Teil des entnommenen Produktes in die vorgeschaltete Kolonne zurückgeführt und die darin enthaltene Wärme dort wieder nutzbar gemacht wird, statt daß sie im Kühlwasser verlorengeht. Durch diese Maßnahme wird etwas ähnliches wie durch die umlaufenden Rückflüsse erreicht, nämlich Verringerung der Rückflußmenge vom Kopf der Kolonne und Einführung der Rückflüsse an jenen Stellen, an denen sie für die gegebene Trennaufgabe benötigt werden.

Die Unterteilung in zwei Vakuumstufen ist auch dann vorteilhaft, mitunter sogar eine Notwendigkeit, wenn Schmierölkomponenten und gleichzeitig Bitumen gewonnen werden sollen. Die erste Vakuumkolonne wird in einem solchen Fall mit der erforderlichen großen Zahl von Böden ausgerüstet, um die gewünschten Schnitte vorgeschriebener Zähigkeit

---

[1] Vgl. G. W. WHARTON u. E. P. HARDIN: Three Stage Unit Improves Crude Split. Petrol. Refiner 37 (1958) Nr. 10, S. 105/08. – Anon.: ebd. 39 (1960) Nr. 9, S. 279.

abziehen zu können. Die Ofenaustrittstemperatur soll nicht zu hoch sein, um ein Ankracken unter allen Umständen zu vermeiden. Im Laboratorium muß festgestellt werden, wie hoch das Vakuum bei der entsprechend zu wählenden Flashkammertemperatur sein muß, um das verlangte schwerste Destillat zu gewinnen.

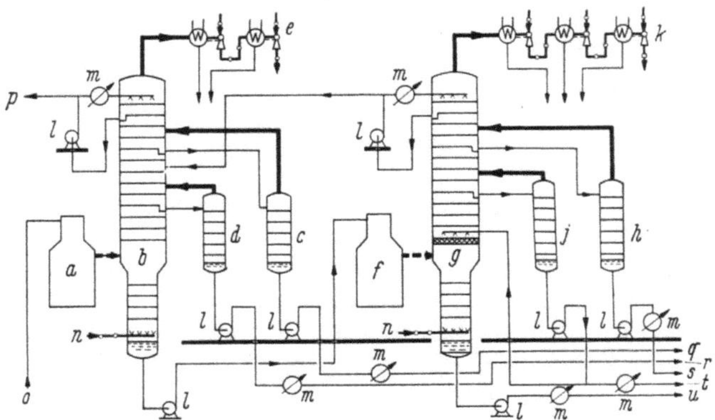

Abb. C-18. Schematisches Fließbild einer zweistufigen Vakuumdestillationsanlage zur Gewinnung sehr scharf geschnittener Schmierölkomponenten.

a Ofen der ersten Stufe, Einzelheiten der Schaltung s. Abb. C-19;
b Kolonne der ersten Stufe;
c Seitenkolonne für leichtes Schmieröldestillat (Spindelöl);
d Seitenkolonne für mittleres Schmieröldestillat;
e Vakuumeinrichtung der ersten Stufe, Einzelheiten s. Abb. C-8;
f Ofen der zweiten Stufe; s. Bemerkung zu *a*;
g Kolonne der zweiten Stufe;
h Seitenkolonne für mittelschweres Schmieröldestillat;
j Seitenkolonne für schweres Schmieröldestillat (z.B. Zylinderstock);

k Vakuumeinrichtung der zweiten Stufe, s. Bemerkung zu *e*;
l Pumpen;
m Kühler;
n Dampfeinblasung;
o Zufluß (Normaldruckrückstand);
p Leichtes Destillat zurück zur Normaldruckkolonne;
q Spindelöl;
r Mittleres Schmieröldestillat;
s Mittelschweres Schmieröldestillat;
t Schweres Schmieröldestillat;
u Vakuumrückstand.

Wegen der Bezeichnung der Fraktionen s. a. Abschn. N 1e η und ϑ, S. 980f. u. S. 983 ff.

Es kann dann nicht erwartet werden, daß der Rückstand bereits ein anforderungsgerechtes Bitumen darstellt. Deshalb wird er in einer zweiten Vakuumkolonne weiterverarbeitet. Für diese wählt man die Ofentemperatur mit Absicht oft bei 400 °C oder auch etwas darüber, um die Paraffine, die den Brechpunkt des Bitumens erhöhen, d. h., das Verhalten in der Kälte beeinträchtigen könnten, ganz milde zu kracken. Das Vakuum braucht dann in der Regel nicht höher als in der vorgeschalteten Kolonne zu sein. Es wird entsprechend der gewünschten Penetration des Bitumens eingestellt und die Ofenaustrittstemperatur diesen Erfordernissen angepaßt. Als Destillat wird ein einziger Schnitt als Seitenfraktion (sog. slop cut) von einem oberhalb der Flashkammer liegenden Boden abgezogen, die noch als Heizölkomponente verwendet werden kann; vgl. S. 218.

Besteht aber die Absicht, möglichst viel Destillat als Einsatzgut für katalytische Krackanlagen zu gewinnen – sei es, daß sich das Rohöl wegen seiner Zusammensetzung für die Schmierölherstellung nicht besonders eignet, sei es, daß kein Bedarf dafür, jedoch an Motorkraftstoffen vorhanden ist –, so ist keine weitgehende Zerlegung der Vakuumdestillate erforderlich; es ist jedoch erwünscht, die Ausbeute soweit als möglich zu erhöhen. Zu diesem Zweck kann die Vakuumkolonne mit wenig Rieselböden ausgerüstet werden, die den Vorteil sehr geringen Druckverlustes haben, so daß in der Flashzone ein den gegebenen Kühlwasserverhältnissen entsprechend hohes Vakuum eingehalten werden kann. Eine sehr scharfe Trennung des Destillates vom Rückstand ist in diesem Fall deshalb nicht erforderlich, weil jedes Destillat als Einsatzgut für Krackanlagen gebraucht werden kann, unabhängig davon, wie hoch sein Siedeende liegt. Viel wichtiger ist es, daß es keine Metalle enthält und sein Verkokungsrückstand nach CONRADSON oder anderen Untersuchungsmethoden niedrig ist. Dies kann, wie auf S. 218 erläutert wurde, durch niedrige Dämpfegeschwindigkeiten wie auch durch Pakete aus Drahtgewebe und ähnliche Maßnahmen oberhalb der Flashzone erreicht werden. An Hand des nachfolgenden Beispieles wird gezeigt, daß man mehrere Maßnahmen gleichzeitig anwenden kann.

Um eine höchste Ausbeute an Destillat zu erzielen, geht man deshalb in solchen Fällen mit der Ofentemperatur bis an die äußerste Grenze. Ein leichtes Kracken wird dabei in Kauf genommen. Durch Zusatz von Wasserdampf in die Ofenschlangen zwischen Ein- und Austritt kann die Verkokungsgefahr behoben und gleichzeitig der Teildruck der Kohlenwasserstoffdämpfe so gesenkt werden, daß ein Höchstmaß an verdampfbaren Anteilen gewonnen wird. Die Erfahrung zeigt, daß bei Anwesenheit von Wasserdampf sogar die Ofenaustrittstemperatur noch etwas angehoben und dadurch die Destillationsausbeute weiter gesteigert werden kann.

Solche Vakuumanlagen werden mitunter als „feed preparation" bezeichnet, doch ist dieser Ausdruck nicht eindeutig, weil Krackereinsatzgut mit niedrigem Verkokungsrückstand auch durch die auf S. 699 ff. beschriebene Entasphaltierung erzeugt werden kann. Deshalb fallen solche Verfahren ebenfalls unter den genannten Begriff.

Die Schaltung einer Vakuumanlage für den zuletzt erwähnten Zweck ist in Abb. C-19 gezeigt. Auch bei dieser wird alles zu gewinnende Destillat innerhalb der Kolonne auf den Böden kondensiert. Die über Kopf abgezogenen Dämpfe bestehen nur aus dem im Ofen und im Sumpf zugeführten Wasserdampf sowie aus leichten Kohlenwasserstoffdämpfen, die bei den angewendeten hohen Temperaturen im Ofen unvermeidbar durch geringes Ankracken des Produktes entstehen und nicht kondensiert werden können. Obwohl die Kolonne drei Seitenabzüge besitzt, werden nur zwei Fraktionen als Destillate gewonnen. Man strebt an, den Verkokungsrückstand im Krackereinsatzgut so niedrig wie möglich zu halten; deshalb werden bei der in Abb. C-19 dargestellten Anlage zwei Maßnahmen gleichzeitig angewendet. Ein Teil – etwa 10% – des im Mittelteil der Kolonne abgezogenen schweren Destillates wird dazu benutzt, um ein Paket aus Drahtgewebe zu spülen, das nicht unmittelbar über der Entspannungskammer angebracht ist. Vielmehr sind noch einige Rieselböden (Shower decks) dazwischen angeordnet, für die ein besonderer Waschkreislauf vorgesehen ist. Der größere Teil des schweren Destillates – etwa 60 % der Menge – dient gekühlt als Rücklauf für den Mittelteil der Kolonne. Der Rest, das sind also rd. 40 % der betreffenden Destillatmenge, steht als Krackereinsatz zur Verfügung. Schwerstes Destillat, bestehend aus den auf den Rieselböden kondensierten bzw. zurückgehaltenen Anteilen der hochsteigenden Dämpfe sowie aus dem von oben kommenden Spülöl, wird von einer Tasse unterhalb des untersten Bodens oder eines an dieser Stelle angeordneten Dampfrohrbodens

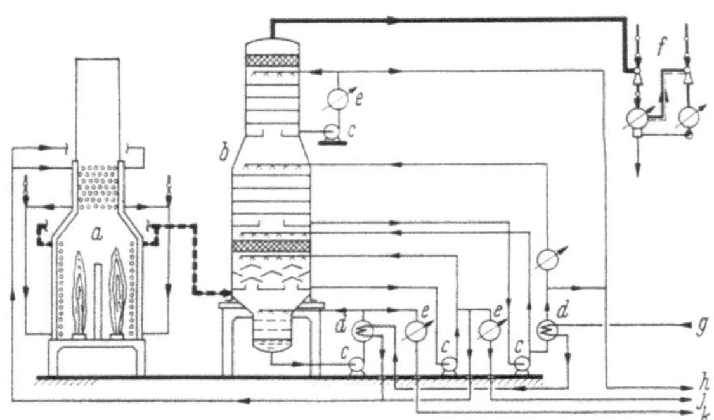

Abb. C-19. Vakuumdestillationsanlage zur Gewinnung von Einsatzgut für eine katalytische Krackanlage.

a Ofen;	f Vakuumeinrichtung, Einzelheiten s. Abb. C-8;	h Vakuumgasöl (Krackereinsatz);
b Kolonne;		
c Pumpen;	g Zufluß (Normaldruckrückstand);	j Slopöl;
d Wärmeaustauscher;		k Vakuumrückstand (Erläuterungen s. Text).
e Kühler;		

über der Eintrittskammer vollständig abgezogen und zum Teil als Waschöl wieder aufgegeben. Der Rest wird wegen seines noch zu hohen Gehaltes an verkokbaren Anteilen dem Einsatzgut zugemischt und wieder durch den Ofen in die Kolonne gedrückt. Es wird außerdem noch ein Teil des Sumpfproduktes, nachdem es den Wärmeaustauscher für das Einsatzprodukt durchflossen hat, mit der dabei etwas erniedrigten Temperatur wieder in den Kolonnensumpf zurückgeführt, um dessen Temperatur gegenüber der Flashzone zu senken. Man nennt dies „Quentschen" und macht davon in der Erdöltechnik sehr häufig Gebrauch, um durch ein solches Abschrecken Nachreaktionen zu verhindern[1].

Mit den oberhalb der Flashzone befindlichen Rieselböden wird keine Fraktionierung angestrebt. Es sollen dadurch in erster Linie hochgerissene Teilchen zurückgehalten werden. Diese Wirkung wird durch das Spülöl für das Drahtgewebe unterstützt. Ein gewisser Anteil, der in der Größenordnung von 5 % des Einsatzgutes liegen kann, muß allerdings abgezogen werden, um eine Anreicherung verkokbarer Anteile durch den dauernden Kreislauf zu verhindern. Er kann dem schweren

---

[1] Vgl. Fußn. 1, S. 299.

Heizöl der Raffinerie zugemischt werden und wird meist als Slopheizöl, Slopöl (slop cut) o. ä. bezeichnet.

Die Unterteilung der Destillatmenge hat den Vorteil, daß die Hauptmenge, nämlich das schwere Vakuumdestillat, von der mittleren Tasse abgenommen und ein Teil davon gekühlt als Rückfluß dem Mittelteil des oberen Kolonnenabschnittes zugeführt werden kann. Dadurch wird die Dämpfebelastung im Oberteil der Kolonne so stark verringert, daß dieser mit wesentlich kleinerem Durchmesser ausgeführt werden kann. Er wird durch einen konischen Ansatz mit dem Mittelteil der Kolonne verbunden. Die als Produkt dienende Menge des schweren Vakuumdestillates wird zwischen dem Wärmeaustauscher für den Einsatz und dem Wasserkühler für den Rückfluß zur weiteren Verwendung abgezogen.

Ähnlich ist die Schaltung für das leichtere Vakuumdestillat im Oberteil der Kolonne. Das Produkt wird von der oberen Tasse abgezogen, gekühlt, ein Teil davon geht als Rückfluß in die Kolonne; die restliche Menge wird dem schweren Vakuumdestillat zugemischt und erhöht die Ausbeute an Krackereinsatz. Da die Temperaturen in diesem Kolonnenteil bereits unter 100 °C liegen und die Menge weniger als 10 % bezogen auf den Einsatz beträgt, lohnt es sich nicht, ihm noch in einem Austauscher Wärme für das Einsatzprodukt zu entziehen, weil dessen Zuflußtemperatur wegen seiner Zähigkeit meist schon bei 60 bis 80 °C liegt.

Von der bereits erwähnten, im Schema eingezeichneten Möglichkeit, einen Teil des Slopöles mit dem Einsatzprodukt vermischt zum Ofen zurückzuführen, wird vor allem bei paraffinischen Ölen Gebrauch gemacht, weil eine solche Fraktion wegen ihres hohen Stockpunktes als Heizöl schlecht verwendet werden kann und wegen ihres chemischen Charakters bei den hohen Ofentemperaturen am ehesten gekrackt wird. Dadurch kann die insgesamt anfallende Menge dieses schwer verwertbaren Schnittes verringert werden. Ein gewisser Teil davon muß jedoch abgenommen werden, sonst würden sich die verkokbaren Anteile im Kreislauf anreichern und könnten den Ofenbetrieb stören.

Eine wegen ihrer Größe bemerkenswerte Vakuumanlage hat ALLINDER[1] beschrieben. Sie ist in der Raffinerie Wilmington/Calif. der Union Oil Company of California aufgestellt und für einen Durchsatz von rd. 250 t/h Rückstand gebaut[1]. Der Vakuum-Flash-Turm ist mit seinem Durchmesser von rd. 8,5 m wohl eine der größten derartigen Anlagen. Eine höhere Vakuumkolonne gleichen Durchmessers steht seit 1965 in der Raffinerie Finkenwerder der BP Benzin- und Petroleum AG Hamburg und dient vornehmlich der Gewinnung von Schmieröldestillaten[2]. Einzelheiten des Vakuumteiles der zuerst genannten Anlage sind in Abb. C-20 wiedergegeben. Wegen näherer Angaben über die Betriebsbedingungen dieser Anlage und die erzielten Ergebnisse muß auf die erwähnte Quelle verwiesen werden. Die Einbauten in die Kolonne weisen gewisse Unterschiede gegenüber sonst üblichen Anlagen auf. Es

---

[1] ALLINDER, F. S.: Handling Reduced Crudes. Petrol. Refiner 34 (1955) Nr. 11, S. 197/200.

[2] Vgl. W. TAMS u. G. ARENDS: Erweiterung der BP Raffinerie Hamburg-Finkenwerder. Erdöl u. Kohle 19 (1966) 575/78.

wird aber auch in dieser Anlage von umlaufenden Rückflüssen Gebrauch gemacht. Dem oberen wird gleichzeitig das als Einsatz in eine katalytische Krackanlage dienende schwere Gasöl entnommen. Er hat die Aufgabe, die hochsteigenden Kohlenwasserstoffdämpfe soweit wie möglich zurückzuhalten und als Krackereinsatz nutzbar zu machen. Der untere umlaufende Rückfluß wird in zwei Ströme geteilt. Der eine davon wird

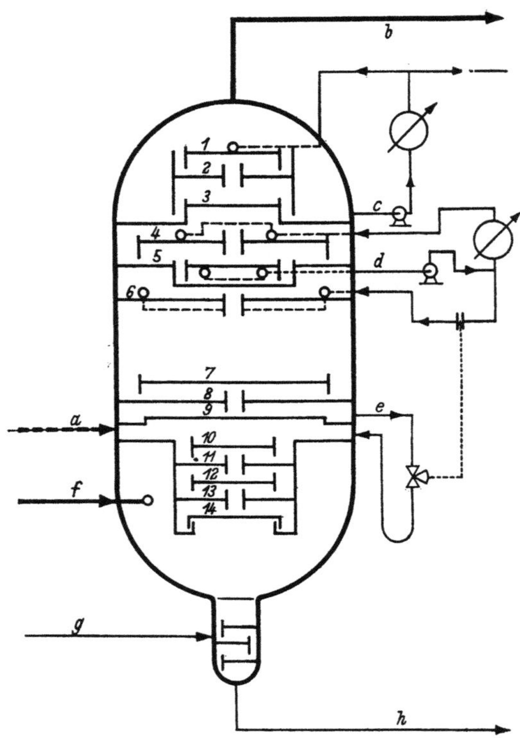

Abb. C-20. Vakuumturm der Raffinerie Wilmington/Calif. der Union Oil Co of California.

a Zufluß vom Ofen;
b Kopfdämpfe (hauptsächlich Wasserdampf) zur Vakuumeinrichtung;
c Abzug des Vakuumgasöles für Produkt und oberen umlaufenden Rückfluß;
d Abzug des unteren umlaufenden Rückflusses;
e Herausgeführter innerer Rückfluß;
f Heißdampfeintritt;
g Quentschöleintritt;
h Vakuumrückstand.

gekühlt und oberhalb des Abzugsbodens aufgegeben, um die gewünschte Fraktionierwirkung zu erzielen. Der andere Strom wird heiß auf den darunterliegenden Boden geführt. Der große Abstand zwischen Boden 6 und 7 soll mit Sicherheit das Hochreißen von Tröpfchen verhindern, um den Metallgehalt des gewonnenen Destillates so niedrig wie möglich zu halten. Der Boden 9 (unmittelbar über dem Eintritt) ist als Dampfrohrboden ausgebildet, so daß die gesamte, dem darunter befindlichen Boden zuströmende Flüssigkeit in Abhängigkeit von dem Zulauf zu

Boden 6 geregelt werden kann. Auf den untersten Böden wird das als Einsatzgut für einen Visbreaker oder als schweres Heizöl dienende Sumpfprodukt mit sehr viel Heißdampf gestrippt, so daß auch auf diese Weise noch verdampfbare Anteile gewonnen werden. So wie in der vorbeschriebenen Anlage wird der Sumpf durch einen Strom kälteren Öles abgeschreckt, um Nachreaktionen zu vermeiden, die bei der hohen Ofenaustrittstemperatur von rd. 410 °C auftreten könnten.

Nachtrag zu Fußn. 1, S. 257 und Fußn. 2, S. 262

Während des Druckes dieses Buches erschien das Werk D. R. STULL, E. E. WESTRUM jr. und G. C. SINKE: The Chemical Thermodynamics of Organic Compounds, New York/London/Sydney/Toronto: Wiley 1969 (865 Seiten Umfang). Es ist die auf den letzten Stand gebrachte Sammlung kalorischer Daten für mehrere Hundert organischer Verbindungen, berechnet für 298,15 bis 1000 °K und für den idealen Gaszustand. Der Inhalt verwertet z. B. die im Rahmen des API-Projektes Nr. 44 gewonnenen Ergebnisse; vgl. Fußn. 1, S. 28 sowie die Besprechung in Erdöl und Kohle 23 (1970) 308. Das Buch kann als Ersatz für die Veröffentlichung von PARKS und HUFFMAN (zitiert am Ende der Fußn. 2, S. 262) betrachtet werden.

Bei Benutzung der Tabellen von STULL u. Mitarb. sind die Benennung der Größen und die Bedeutung der Formelzeichen zu beachten, die zum Teil von den hier benutzten abweichen. Dies zeigt die folgende Gegenüberstellung:

in diesem Buch		nach Gleichung	bei STULL und Mitarb.	
F	freie Energie (nach HELMHOLTZ)	(D-9) S. 261	A	HELMHOLTZ energy
G	freie Enthalpie (nach GIBBS)	(D-10) S. 261	G	GIBBS energy
ΔG_0^B	freie Standard-Bildungsenthalpie	S. 261/62	ΔGf	GIBBS energy of formation
H	Enthalpie	(D-8) S. 260	H	enthalpy
ΔH_0^B	Standard-Bildungsenthalpie	S. 261/62	ΔHf	enthalpy of formation
U	innere Energie	(D-5) S. 260	E	energy

Die Bedeutung der übrigen Formelzeichen wie K, M, P, S, R und T ist die gleiche wie in diesem Buch.

D. Das thermische Kracken und Reformieren

1. Die wirtschaftliche Notwendigkeit des Krackens

Die in den Rohölen enthaltenen Mengen der einzelnen durch die Siedelage gekennzeichneten Produkte stimmen selten mit den sich ändernden Erfordernissen des Marktes überein. Es wurden wiederholt verschiedene Berechnungen darüber angestellt, wie sich diese Marktanforderungen in Zukunft in den einzelnen Ländern entwickeln dürften. Die diesbezüglichen Aussagen sind mit erheblichen Unsicherheiten behaftet, doch läßt sich immerhin eine gewisse Tendenz erkennen. Für die Deutsche Bundesrepublik sind solche Angaben in Zahlentafel A-11, S. 22 für die Zeit bis 1975 enthalten. Im Konzern der Socony Mobil Oil wurden seinerzeit Untersuchungen durchgeführt, deren Ergebnisse dem Welt-Erdöl-Kongreß in Rom vorgelegt wurden und heute noch Beachtung verdienen[1]. Sie sind deshalb in Abb. D-1 a und b wiedergegeben und ergänzt.

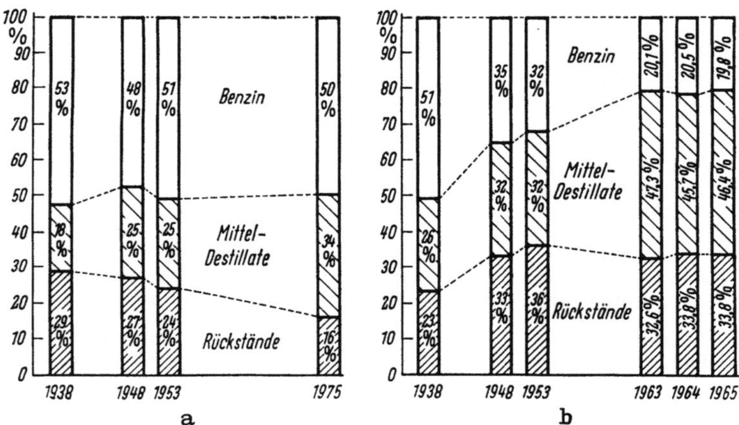

Abb. D-1. Die Entwicklung des Anteiles der Gruppen von Erdölerzeugnissen am Gesamtverbrauch in den Vereinigten Staaten von Amerika (a) und in Westeuropa (b); die Angaben für 1963 bis 1965 gelten nur für die Deutsche Bundesrepublik.

Die Voraussage der starken Abnahme des Bedarfes an Destillationsrückständen in den Vereinigten Staaten von Amerika wurde durch die Entwicklung nicht nur bestätigt, sondern erheblich übertroffen. Der für 1975 erwartete geringe Anteil wurde schon vor einigen Jahren erreicht, und

---

[1] HOLADAY, W. M., u. R. E. ALBRIGHT: The utilization of petroleum fuels in Europe, 4. Welt-Erdöl-Kongreß, Rom 1955, Bericht Nr. IX/B 5.

man rechnet damit, daß bereits bis zum Jahre 1970 die Erzeugung von Rückstandsölen auf rd. 8% des Rohöleinsatzes zurückgehen wird[1].

Die ganz anders geartete Entwicklung in Westeuropa kam in den von HOLADAY und ALBRIGHT veröffentlichten Zahlen zum Ausdruck. Sie sind in Abb. D-1 b für die Deutsche Bundesrepublik auf Grund neuerer Angaben ergänzt und zeigen, daß sich der Verbrauch an Destillaten in den Jahren 1963 bis 1965 auf etwa gleicher Höhe hielt[2]. Inzwischen hat er sich etwa im Sinne der aus Abb. D-1 b erkennbaren Tendenzen entwickelt. Nach Zahlentafel A-10 kann man für das Jahr 1968 trotz des sprunghaften Anstieges des Verbrauches an Rohbenzin für die Petrolchemie einen Gesamtverbrauch an Benzin von nur rd. 18% ermitteln. Rechnet man aber das in der Abbildung nicht besonders erfaßte Flüssiggas hinzu, so kommt man auf rd. 20%, was etwa der dargestellten Tendenz entspricht. Nimmt man nun weiter an, daß die Destillationsrückstände als Schmieröle (was nicht ganz zutrifft) sowie als schweres Heizöl, als Bitumen und als Petrolkoks auf den Markt gelangen und als Heizöl und Petrolkoks in den Raffinerien selbst verbraucht werden, so kommt man für 1968 gegenüber der Abb. D-1 b auf einen Anteil von rd. 38%. Dies bedeutet einen vorübergehenden Anstieg. Man rechnet aber damit, daß der Anteil in den folgenden Jahren gemäß Zahlentafel A-11 bis 1975 auf rd. 30% abnehmen wird.

Wenn auch die Verhältnisse in den OECD-Ländern insgesamt etwas von diesem Bild abweichen, so sieht man daraus erstens sehr deutlich, wie sich der Bedarf an Benzin gegenüber den Verhältnissen in den Vereinigten Staaten von Amerika in entgegengesetzter Richtung verschoben hat. Zweitens ergibt sich aber daraus, daß auch die in Westeuropa benötigten Mengen an Destillaten von 62% und mehr fast in keinem für die Verarbeitung zur Verfügung stehenden Rohöl enthalten sind.

Zwar besteht z.B. in der Deutschen Bundesrepublik ein scharfer Wettbewerb zwischen Heizöl und Kohle, und bei manchen Verbrauchern von Wärmeenergie wird Kohle durch Erdölerzeugnisse ersetzt. Davon ist aber ein erheblicher Teil leichtes oder extra leichtes Heizöl – z.B. als Haushaltbrennstoff – und muß daher als Destillat gewonnen werden[3]. Man benötigt also Verfahren, mit deren Hilfe man hochsiedende Fraktionen in leichtere umwandeln kann. Das zu diesem Zwecke in der Erdölindustrie angewandte Verfahren ist vornehmlich das *Kracken*. Dabei werden bei hoher Temperatur sowie bei hohem Druck oder in Gegenwart von Katalysatoren die großen Kohlenwasserstoffmoleküle der schweren Erdölfraktionen so gespalten (englisch to crack), daß die gewünschten Erzeugnisse in möglichst hoher Ausbeute entstehen. Da an-

---

[1] Vgl. dazu J. A. KNAUS u. Mitarb.: Catalytic cracking of reduced crudes. Chem. Eng. Progress 57 (1961) Nr. 12, S. 37/43.

[2] Vgl. Erdöl u. Kohle 18 (1965) 578, Zahlentafel 5; 19 (1966) 543, Zahlentafel 5.

[3] So beabsichtigte die Deutsche Shell AG bis zum Jahre 1966 in sämtlichen ihrer Raffinerien thermische Krackanlagen zu errichten, um die Ausbeute an Destillaten mit mittlerem und höherem Siedebereich zu steigern; vgl. die Notiz: Visbreaker in allen Shell-Raffinerien, Erdöl u. Kohle 16 (1963) 1148. – Siehe auch V. MEKLER, R. K. DORN u. C. H. GAMER: Die Entwicklung der thermischen Verfahren in der westeuropäischen Erdölindustrie. Erdöl u. Kohle 19 (1966) 8/13.

gestrebt wird, aus Rückständen oder schweren Destillaten, deren C : H-Verhältnis groß ist, leichtsiedende Produkte zu gewinnen, die im Verhältnis zum Kohlenstoff mehr Wasserstoff enthalten, muß beim Kracken ein Teil des Einsatzgutes als sehr schwerer, wasserstoffarmer Rückstand oder als Koks übrigbleiben. Noch weitergehende Möglichkeiten als das Kracken bietet das Hydrieren, d.h., die Anlagerung von zusätzlichem Wasserstoff. Dieses Verfahren, heute wegen des gleichzeitigen Spaltens der Moleküle meist als Hydrokracken bezeichnet, wird in Kap. L besonders behandelt.

Das wegen der Anwendung hoher Temperaturen so genannte *thermische* Kracken fand bereits in den letzten Jahrzehnten des vergangenen Jahrhunderts in vereinzelten Fällen Eingang in die Erdölindustrie. Damals wollte man jedoch möglichst nur Leuchtöl gewinnen. Alles andere waren nicht oder nur schwer verwertbare Nebenprodukte. Grundlegend wurden die Verhältnisse erst mit dem Aufkommen des Ottomotors und insbesondere des Kraftverkehrs gewandelt. Krackbenzine sind seit dem Jahre 1913 auf dem Markt[1]. Beim thermischen Kracken muß unter hohen Drücken gearbeitet werden, weil dabei erfahrungsgemäß die großen Moleküle in etwa gleiche Bruchstücke gespalten und damit Fraktionen im Siedebereich des Benzins gewonnen werden[2]. Mit abnehmendem Druck verlagern sich die Bruchstellen mehr gegen das Ende der Moleküle, so daß im extremen Fall nur Koks und Gas entstehen. Dies findet seine Begründung zwar nicht in der Thermodynamik der ablaufenden Reaktionen – wenn man einzelne Kohlenwasserstoffe betrachtet –, sondern im Einfluß der noch näher zu erläuternden Verfahrensbedingungen auf die gleichzeitig anwesende Zahl chemisch unterschiedlicher Reaktionsteilnehmer.

In diesem Kapitel werden zunächst die rein thermisch wirkenden Verfahren einschließlich des thermischen Reformierens behandelt. Dessen Aufgabe ist aber nicht ein Spalten großer Moleküle, sondern ein Umbau von Molekülen im Siedebereich des Benzins derart, daß dessen Klopfeigenschaften verbessert werden. Da aber die Verfahrensbedingungen mit den beim Kracken angewendeten in gewissem Maße übereinstimmen und außerdem die thermischen Reforming-Verfahren durch das ständige Vordringen der katalytisch wirkenden seit dem Zweiten Weltkrieg erheblich an Bedeutung verloren haben, erscheint es berechtigt, beide Verfahren zusammen in diesem Kapitel zu behandeln. Den mit Katalysatoren arbeitenden Krack- und Reformierverfahren, die heute weitgehend das Feld beherrschen, sind die beiden folgenden Kapitel gewidmet, in denen sie getrennt erörtert werden.

Vorstehendes gilt jedoch nur, soweit die Herstellung von klopffestem Benzin und anderen Kraftstoffen angestrebt wird. Die Tatsache, daß bei abnehmendem Druck die abgespaltenen Kohlenwasserstoffe kleiner werden und dabei – wie noch ausgeführt wird – Olefine entstehen,

---

[1] Vgl. W. A. GRUSE u. D. R. STEVENS: Chemical Technology of Petroleum, 3. Aufl., New York/Toronto/London: McGraw-Hill 1960, S. 352.
[2] SACHANEN, A. N.: Conversion of petroleum, 2. Aufl., Reinhold: New York 1948, S. 14 ff.

wird bei den in Abschn. D-6 zu besprechenden Verfahren ausgenutzt. Bei diesen wünscht man, möglichst hohe Ausbeuten an Äthen (Äthylen) oder auch an Propen (Propylen) zu erzielen. Diese beiden Olefine sind heute Ausgangsstoffe für die Herstellung von Chemikalien (sog. Petrolchemikalien). Die Bedeutung dieser Verfahren nimmt deshalb von Jahr zu Jahr zu.

2. Die theoretischen Grundlagen der Molekülumwandlung unter dem Einfluß hoher Temperaturen

a) Die Formelzeichen und die Vorzeichenregel

Zum besseren Verständnis der folgenden Erörterungen müssen zunächst einige grundlegende Begriffe und Formeln erläutert werden[1]. Da leider keine Übereinstimmung im Gebrauch der Formelzeichen besteht, werden in Anlehnung an die meisten deutschen Lehrbücher die hier benutzten jeweils auf 1 mol bezogenen Größen wie folgt aufgezählt[2]:

F	freie Energie (bei LEWIS u. RANDALL sowie bei ROSSINI mit A bezeichnet und von LEWIS u. RANDALL „maximale Arbeit" genannt)		kcal/mol
G	freie Enthalpie (bei LEWIS u. RANDALL sowie bei ROSSINI mit F bezeichnet und freie „Energie" genannt)		kcal/mol
ΔG_0^B	freie Standard-Bildungsenthalpie		kcal/mol
H	Enthalpie (im technischen Schrifttum und in früheren Auflagen von EUCKEN mit I bzw. J bezeichnet)		kcal/mol
ΔH_0^B	Standard-Bildungsenthalpie		kcal/mol
K	Gleichgewichtskonstante		dimensionslos
m	Masse		g oder kg
M	Molmasse*		g/mol oder kg/kmo
n_i	$= m_i/M_i$	Molzahl der Komponente i	mol oder kmol
P	Druck		kp/m² oder kp/cm² (= at)

---

* früher Molekulargewicht genannt.

[1] Wohl die erste, den Bedürfnissen der Verfahrenstechnik angepaßte Darstellung der chemischen Thermodynamik ist das seit seinem Erscheinen wiederholt neugedruckte und nunmehr in zweiter, überarbeiteter Auflage erschienene Buch von G. N. LEWIS u. M. RANDALL: Thermodynamics and the free energy of chemical substances, New York/London: McGraw-Hill 1923 (deutsche Übersetzung von O. REDLICH, Wien: Springer 1927); 2. Aufl. bearbeitet von K. S. PITZER u. L. BREWER: Thermodynamics, New York/Toronto/London: McGraw-Hill 1961. – Neuere Darstellung bei F. D. ROSSINI: Chemical Thermodynamics, New York/London: Wiley/Chapman & Hall 1950. – EUCKEN, A.: Grundriß der physikalischen Chemie, 8. Aufl., hrsg. von E. WICKE, Leipzig: Akad. Verlagsanstalt 1956. – ULICH, H.: Kurzes Lehrbuch der physikalischen Chemie, 10. u. 11. Aufl., hrsg. von W. JOST, Darmstadt: Steinkopff 1957. – DENBIGH, K.: Prinzipien des chemischen Gleichgewichts, übersetzt von H. J. OELZS, Darmstadt: Steinkopff 1959. – OBERT, E. F.: Concepts of Thermodynamics, New York/Toronto/London: McGraw-Hill 1960. – Die folgenden Ausführungen stützen sich vor allem auf G. KORTÜM: Einführung in die chemische Thermodynamik, 3. Aufl., Göttingen/Weinheim (Bergstr.): Vandenhoeck & Ruprecht/Verlag Chemie 1960. – Vgl. Nachtrag S. 253.

[2] Die im deutschen Schrifttum benutzten Bezeichnungen hat L. HOLLECK: Physikalische Chemie und ihre rechnerische Anwendung – Thermodynamik, Berlin/Göttingen/Heidelberg: Springer 1950 in Tab. 2, S. 206 den von LEWIS u. RANDALL verwendeten gegenübergestellt.

R	individuelle Gaskonstante	kcal/(kg · grd) oder mkp/(kg · grd)
R^*	$= M \cdot R$ allgemeine Gaskonstante	$=$ 1,987 kcal/(kmol · grd)
		$=$ 847,82 mkp/(kmol · grd)
S	Entropie	kcal/grd
T	absolute Temperatur	°K
ΔT	Temperaturdifferenz	° oder grd
U	innere Energie (bei Lewis u. Randall sowie bei Rossini mit E bezeichnet)	kcal/mol
V	Volumen	m³ oder cm³
V	Molvolumen	$=$ 22,415 m³/kmol
E	Aktivierungsenergie	kcal/mol

Weiterhin ist es zweckmäßig, die von Lewis und Randall eingeführte Unterscheidung intensiver und extensiver Größen zu beachten.

Intensive Größen sind unabhängig von der Masse des betrachteten Systems. Hieher gehören: Temperatur, Druck, Zähigkeit, Geschwindigkeit u. ä. *Extensive* Größen sind von der Masse abhängig, wie das Volumen, alle Arten von Energie oder die Entropie[1]. Diese besitzen folgende Eigenschaften:

a) Die Zustandsfunktion für ein Gesamtsystem ist gleich der Summe der Zustandsfunktionen der einzelnen (makroskopischen) Teilsysteme, aus denen das Gesamtsystem besteht.

b) Vergrößert oder verkleinert man alle in einem System enthaltenen Massen der darin enthaltenen Stoffe im gleichen Verhältnis, so ändert sich die Zustandsfunktion ebenfalls im gleichen Verhältnis.

Als Folge dieser Festlegungen ergibt sich z. B., daß *spezifische* Werte extensiver Größen „intensiv" sind, weil sie definitionsgemäß von der Masse unabhängig sind[2]. Lewis und Randall hatten vorgeschlagen, die Zunahme jeder extensiven Größe, wozu die innere Energie, die Enthalpie, die freie Energie, die freie Enthalpie und die Entropie gehören, bei einer Reaktion als positiv zu bezeichnen. Nimmt also das Volumen bei einer Reaktion zu, d. h., ist das Volumen der Reaktionsprodukte größer als das der Ausgangsstoffe, so soll dies nach Lewis und Randall folgendermaßen dargestellt werden:

$$\nu_A A + \nu_B B + \cdots \rightarrow \nu_M M + \nu_N N + \cdots; \quad \Delta V > 0. \tag{D-1}$$

In dieser Formel bedeuten ν_A, ν_B usw. die stöchiometrischen Äquivalenzzahlen, auch Formelmolzahlen genannt, d. h., die an der Reaktion beteiligten Mole der einzelnen Reaktanten A, B usw.

Diese Schreibweise ist mittlerweile in der angelsächsischen Literatur ausnahmslos und zu einem Teil auch in der europäischen Literatur übernommen worden. Nach dieser Festlegung wird die sog. Wärmetönung einer exothermen (wärmeentwickelnden) Reaktion als negativ bezeichnet, weil in diesem Fall die Enthalpie der Reaktionsprodukte um die

---

[1] Vgl. z. B. E. F. Obert: a. a. O. S. 29.

[2] Bei M. Planck: Vorlesungen über Thermodynamik, 10. Aufl., durchges. und erweitert von M. v. Laue, Berlin: de Gruyter 1954, S. 267 finden sich in sinngemäßer Verwendung die Bezeichnungen „Intensitätsgrößen" und „ Quantitäts-(Ausdehnungs-)Größen".

Reaktionswärme geringer als die der Ausgangsstoffe ist. Einige deutsche Lehrbücher[1] haben diesen Grundsatz nicht übernommen, da sie für eine Gruppe extensiver Eigenschaften, vor allem für die Energie, nicht die aufgenommene, sondern die abgegebene Menge als positiv bezeichnen. Eine exotherme Reaktion wird also nach LEWIS und RANDALL (im folgenden kurz „angelsächsische Schreibweise" genannt)

$$\nu_A A + \nu_B B + \cdots \rightarrow \nu_M M + \nu_N N + \cdots; \quad \Delta H = - q \text{ kcal/mol} \quad \text{(D-2)}$$

geschrieben, nach früherer „deutscher Schreibweise" dagegen mit

$$\nu_A A + \nu_B B + \cdots \rightarrow \nu_M M + \nu_N N + \cdots + q \text{ kcal/mol}. \quad \text{(D-3)}$$

Dies hat immer wieder zu Verwechslungen geführt, die zwar bei konsequenter Einhaltung der einmal gewählten Schreibweise vermeidbar, für alle jene, die nicht laufend mit solchen Rechnungen zu tun haben, aber nicht ganz ausgeschlossen sind. Deshalb hat die Deutsche Bunsengesellschaft 1932 empfohlen, die Energien ebenso wie die anderen Reaktionsteilnehmer zu behandeln, so daß man eine zuzuführende Energie als positiv, eine abzuführende Energie als negativ *vor* das Gleichgewichtszeichen oder den Pfeil setzt und daher z.B. eine exotherme Reaktion

$$\nu_A A + \nu_B B + \cdots - q \text{ kcal/mol} \rightarrow \nu_M M + \nu_N N + \cdots \quad \text{(D-4)}$$

schreibt. Dadurch dürften Verwechslungen oder Mißverständnisse ziemlich ausgeschlossen sein. Diese Schreibweise geht beim Herüberschaffen des Energiebetrages auf die rechte Seite der Gleichung in die früher dem deutschen Leser geläufige Form über. Die Bedeutungen von „positiv" und „negativ" sind aber vertauscht und decken sich mit dem angelsächsischen Gebrauch. Man erkennt, daß beim Ablauf der Reaktionen von links nach rechts als negativ bezeichnete Energiegrößen entstehen und *abgeführt* werden müssen, als positiv bezeichnete Energiegrößen für den Ablauf einer endothermen Reaktion benötigt und daher *zugeführt* werden müssen.

b) Die wichtigsten Beziehungen der Thermodynamik

Die für den Ablauf von Krackreaktionen wichtigen thermodynamischen Beziehungen können hier nicht begründet werden. Da jedoch bei der Behandlung dieses Themas im Schrifttum auf diese Beziehungen zurückgegriffen wird und die Darstellungen nicht selten die gewünschte Klarheit vermissen lassen, soll hier darauf soweit eingegangen werden, als es für das Verständnis der folgenden Darlegungen und des angeführten Schrifttums unbedingt erforderlich erscheint.

Eine der wichtigsten Größen der Thermodynamik ist die als innere Energie bezeichnete Funktion U, die ausschließlich von den als unabhängig betrachtbaren Zustandsgrößen des Systems, nämlich den inten-

---

[1] Zum Beispiel die von A. EUCKEN: a.a.O. und von J. EGGERT: Lehrbuch der physikalischen Chemie und elementarer Darstellung, 7. verbess. Aufl., bearb. von J. EGGERT u. L. HOCK, Leipzig: Hirzel 1948; seither weitere Auflagen.

17*

siven Größen Druck und Temperatur, sowie von den extensiven Molzahlen der Komponenten abhängt[1]. Bei adiabatischen Prozessen ist die einem System zugeführte oder von ihm abgegebene Arbeit gleich der Änderung dieser Funktion U. Diese Aussage ist bereits eine besondere Formulierung des ersten Hauptsatzes der Thermodynamik. Die Funktion U wird deshalb als innere Energie bezeichnet, weil sie gleich der Gesamtenergie des Systems ist, abzüglich der potentiellen Energie (gegeben durch die Lage im Schwerefeld) und abzüglich der kinetischen Energie. Da die Änderungen der beiden zuletzt genannten Größen bei chemischen Reaktionen in der Regel vernachlässigt werden können, ist es verständlich, warum gerade die innere Energie U in der chemischen Thermodynamik eine so wichtige Rolle spielt[2]. Wird von einem System an seine Umgebung sowohl Arbeit A wie auch Wärme Q übertragen oder umgekehrt, so ist

$$\Delta U = A + Q \qquad\qquad (\text{D-5})$$

ein allgemeiner Ausdruck für das Energieprinzip. Da bei chemischen Reaktionen Arbeit bei irgendwelchen Zustandsänderungen in der Regel als Kompressions- oder Dilatationsarbeit mit der Umgebung ausgetauscht wird, so kann man A gleich $\int p\,\mathrm{d}V$ setzen. Daraus folgt, daß in diesen Fällen bei isochoren Zustandsänderungen ($\mathrm{d}V = 0$) die Änderung der freien Energie

$$(\Delta U)_\mathrm{V} = Q, \qquad\qquad (\text{D-6})$$

d.h. also, daß die Änderung der inneren Energie gleich der aufgenommenen oder abzugebenden Wärme ist. Bei isobaren Zustandsänderungen erhält man hingegen

$$(\Delta U)_\mathrm{p} = Q - p\,(V_{\mathrm{II}} - V_{\mathrm{I}}) = U_{\mathrm{II}} - U_{\mathrm{I}}, \qquad\qquad (\text{D-7})$$

wenn mit den Indizes I und II die Zustandsgrößen vor und nach der Reaktion bezeichnet werden. Es erweist sich deswegen als zweckmäßig, eine besondere extensive Zustandsfunktion

$$H = U + p\,V \qquad\qquad (\text{D-8})$$

einzuführen, die als Enthalpie bezeichnet wird. Ihre Änderung ist im Falle von Reaktionen, die unter konstantem Druck ablaufen, gleich der in solchen Fällen mit der Umgebung ausgetauschten Wärme, deren Energiebetrag sich von der Änderung der inneren Energie um die aufgenommene oder abzugebende Volumenarbeit unterscheidet. Sowohl U wie H sind Zustandsfunktionen, deren Größe nur vom Anfangs- und Endzustand des Systems, nicht dagegen vom Reaktionsweg abhängt. Deswegen lassen sich Reaktionswärmen durch Rechnung ermitteln, auch dann, wenn sie durch Messung nicht nachweisbar sind; es muß nur mög-

---

[1] Die extensive Größe des Volumens wird in der Thermodynamik zweckmäßigerweise als abhängige Größe eingeführt, die mittels einer thermischen Zustandsgleichung berechnet werden kann, z.B. beim idealen Gas aus $p\,V = m\,R\,T = n\,R^*\,T$.

[2] Vgl. dazu G. Kortüm: a.a.O. S. 79 ff.

lich sein, Anfangs- und Endstand über verschiedene Zwischenreaktionen zu erreichen, deren Reaktionswärmen bekannt sind[1].

Mit den beiden Zustandsfunktionen U und H und der hier als bekannt vorauszusetzenden Entropie S läßt sich zwanglos die Thermodynamik beschreiben, solange keine chemischen Reaktionen auftreten. Dies ist z.B. in der gesamten Kraftmaschinentechnik der Fall. Für die in der Verfahrenstechnik zu erörternden Probleme müssen jedoch noch zwei weitere Zustandsfunktionen in Betracht gezogen werden, und zwar die freie Energie (nach HELMHOLTZ), welche durch die Beziehung

$$\Delta F = \Delta U - T \Delta S \qquad \text{(D-9)}$$

gegeben ist, und die jetzt so genannte freie Enthalpie (nach GIBBS, der sie noch „Energie" nannte), für welche die Beziehung

$$\Delta G = \Delta H - T \Delta S \qquad \text{(D-10)}$$

gilt[2]. Es läßt sich nun durch Ableitung aus den sog. Gibbsschen Fundamentalgleichungen zeigen, daß die Bedingungen für ein chemisches Gleichgewicht dann erfüllt sind, wenn bei partiellen Änderungen

$$(\mathrm{d}U)_{S,\,V} = (\mathrm{d}H)_{S,\,p} = (\mathrm{d}F)_{T,\,V} = (\mathrm{d}G)_{p,\,T} = 0 \qquad \text{(D-11)}$$

ist. Weil gerade Druck und Temperatur jene unabhängigen Zustandsgrößen sind, die in der Praxis bei chemischen Reaktionen in den meisten Fällen konstant bleiben, hat die Gibbssche freie Enthalpie G eine ausgeprägte Bedeutung für die Thermodynamik chemischer Reaktionen[3].

Zum weiteren Verständnis ist noch erforderlich hervorzuheben, daß es zweckmäßig ist, für die Berechnung von Reaktionswärmen und Reaktionsarbeiten sog. Standardzustände einzuführen, um einheitliche Bezugsgrößen zu benutzen. Zu diesem Zweck wählt man bei Gasen den idealen Zustand, bei festen und flüssigen Stoffen den Zustand der reinen Phasen, bei einem Druck von 1 atm (= 760 Torr = 1,033 kp/cm²). Außerdem benutzt man wegen der Temperaturabhängigkeit der Zustandsfunktionen in der Regel noch die Temperatur von 25 °C = 298 °K (genauer = 298,15 °K) als Bezugszustand.

Da es mit Hilfe des Heßschen Satzes möglich ist, die bei den verschiedensten Reaktionen auftretenden Wärmen und Arbeiten aus den bekannten Werten von Zwischenreaktionen zu ermitteln, hat man für zahlreiche Verbindungen die Bildungsenthalpien ΔH^{B} bzw. die freien Bildungsenthalpien ΔG^{B} bestimmt. Darunter versteht man die Änderung der entsprechenden Zustandsgrößen, wenn die Verbindung aus den einzelnen Elementen gebildet wird. Deren Bildungsenthalpien sind definitionsgemäß gleich null gesetzt. Unter Standard-Bildungsenthalpie

---

[1] Diese Aussage ist in der Thermodynamik als Heßscher Satz bekannt. Vgl. G. KORTÜM: a.a.O. S. 128.

[2] Vgl. G. KORTÜM: a.a.O. S. 178ff.

[3] Vgl. G. KORTÜM: a.a.O. S. 182, Gl. (100) u. S. 231, Gl. (13). Auf die Einführung des von KORTÜM viel benutzten Begriffes des chemischen Potentials, der sich als sehr nützlich erweist, muß hier verzichtet werden.

ΔH_0^B bzw. freier Standard-Bildungsenthalpie ΔG_0^B versteht man diese Größe für die vorgenannten Standardzustände von 1 atm und 25 °C.

Bei der Verbrennung von Kohlenstoff und Wasserstoff sind die auf Grund der eingangs erwähnten Vorzeichenregel negativen Bildungsenthalpien der Verbrennungsprodukte CO_2 und H_2O definitionsgemäß gleich den Verbrennungswärmen. Sie werden meist zur Ermittlung der experimentell nur schwer zu bestimmenden Bildungsenthalpien ΔH^B und freien Bildungsenthalpien ΔG^B von Kohlenwasserstoffen benutzt[1].

Im übrigen sind die Standard-Bildungsenthalpien und die freien Standard-Bildungsenthalpien zahlreicher Verbindungen in Tabellenwerken und Aufsätzen zusammengestellt[2]. Die Berechnungsverfahren wurden in verschiedenen Aufsätzen behandelt. Deren Studium wird durch die mitunter voneinander abweichende Wahl der Formelzeichen erschwert; vgl. dazu S. 257 f. So finden sich in vielen in den Vereinigten Staaten von Amerika erschienenen Arbeiten die Bezeichnungen ΔH_f („heat of formation") und ΔH_f^0 ($= \Delta H_f$ für den Standardzustand), während hier nach KORTÜM ΔH^B und ΔH_0^B geschrieben wird. Außerdem wird oft noch der Ausdruck Wärme (heat) oder Wärmetönung an Stelle von Enthalpie benutzt. Wenn dies auch kaum zu Verwechslungen führen dürfte, empfiehlt es sich doch, die jetzt in der Thermodynamik eingeführten Bezeichnungen zu verwenden[3].

---

[1] Vgl. zwei Beispiele bei B. RIEDIGER: Brennstoffe/Kraftstoffe/Schmierstoffe, Berlin/Göttingen/Heidelberg: Springer 1949, S. 279 f.

[2] Selected Values of Properties of Hydrocarbons. Circular of the National Bureau of Standards C 461. Als Teil des Projektes 44 des American Petroleum Institute zusammengestellt von F. D. ROSSINI u. Mitarb. Washington D.C.: U.S. Department of Commerce. Nat. Bur. of Standards 1947. – SOUDERS jr., M., C. S. MATTHEWS u. C. D. HURD: Relationship of Thermodynamic Properties to Molecular Structure. Heat Capacities and Heat Contents of Hydrocarbon Vapors. Industr. Engng. Chem. 41 (1949) 1037/48; Entropy and Heat of Formation of Hydrocarbon Vapors; ebd. S. 1048/56. – Selected Values of Chemical Thermodynamic Properties. Circular of the National Bureau of Standards C 500. Washington D.C.: U.S. Department of Commerce. Nat. Bur. of Standards 1950. – Selected Values of Physical and Thermodynamic Properties of Hydrocarbons and Related Compounds. Comprising the Tables of the American Petroleum Institute Research Project 44. Extant as of December 31, 1952, hrsg. von F. D. ROSSINI u. Mitarb., Pittsburgh/Pa.: Carnegie Press 1953. – ZEISE, H.: Thermodynamik, 3. Bd., 1. Hälfte: Tabellen, 2. Hälfte: Graphische Darstellungen und Literatur, Leipzig: Hirzel 1954 bzw. 1957. – LANDOLT-BÖRNSTEIN: Zahlenwerte und Funktionen aus Physik, Chemie, Astronomie, Geophysik und Technik, 6. Aufl., 2. Bd., 1. Teil: Mechanisch-thermische Zustandsgrößen, 4. Teil: Kalorische Zustandsgrößen, Berlin/Göttingen/Heidelberg: Springer 1961 bzw. in Vorbereitung. – Die Zahlenangaben des seinerzeit sehr beachteten Buches von G. S. PARKS u. H. M. HUFFMAN: The Free Energies of Some Organic Compounds (Amer. Chem. Soc. Monograph Series No. 60), New York: Reinhold 1932 dürften inzwischen zum Teil überholt sein. – Vgl. Nachtrag S. 253.

[3] Vgl. außer den in obiger Fußnote genannten Arbeiten von SOUDERS, MATTHEWS u. HURD noch J. L. FRANKLIN: Prediction of Heat and Free Energies of Organic Compounds. Industr. Engng. Chem. 41 (1949) 1070/76. – CHERMIN, H. A. G.: You can estimate the Gibbs free energy of formation from group contributions. Petrol. Refiner 40 (1961) Nr. 2, S. 145/48. – DESTREMPS, E. A., I. MAYER u. P. L. SILVESTON: Find Equilibrium Constants Graphically; ebd. Nr. 3, S. 163/68. – LEHMANN, H., u. E. RUSCHITZKY: Die Berechnung der Bildungswärme organischer Verbindungen. Chem. Techn. 16 (1964) 18/26.

Die Bezugnahme auf Standardzustände gibt schließlich die Möglichkeit, chemische Reaktionen in eine Standardreaktion und eine Restreaktion zerlegt zu denken. Die erste läuft zwischen den Reaktionsteilnehmern in ihren Standardzuständen ab und ist deshalb von Druck und Temperatur unabhängig. Die zweite besteht darin, daß die an der Reaktion beteiligten Stoffe aus ihren Standardzuständen in die Mischphase gegebener Zusammensetzung übergeführt werden oder umgekehrt. Bei den Änderungen der Zustandsgrößen infolge der Restreaktion machen sich daher sämtliche Konzentrationseinflüsse geltend, ebenso die Abweichungen realer Gase, Lösungen oder Festkörper von Eigenschaften der Standardzustände bzw. des idealen Zustandes[1]. Dementsprechend erhält man für die Änderung der freien Enthalpie bei einer Reaktion zwischen realen Komponenten die Beziehung

$$\Delta G = \Delta G_{St} + R\,T \sum \nu_i \ln a_i\,. \tag{D-12}$$

Darin bedeutet ΔG_{St} die Änderung der freien Enthalpie bei einer Reaktion gemäß Gl. (D-1) bis (D-4), bei der sich die im Standardzustand befindlichen, auf der linken Seite einer Reaktionsgleichung stehenden Komponenten in die rechts stehenden, gleichen Zustandes umsetzen[2]. Eine solche Reaktion ist oft nur als gedankliches Experiment vorstellbar, das sich nicht verwirklichen läßt. Nichtsdestoweniger ist die dadurch erreichbare Hilfsvorstellung sehr nützlich. Unter a_i wird die von LEWIS eingeführte Aktivität der Komponenten i in der Mischphase verstanden, die gleich ist dem Produkt aus dem Molenbruch x_i der Komponente und dem zugehörigen, von LEWIS eingeführten Aktivitätskoeffizienten[3]. Für eine Reaktion nach Gl. (D-1) bis (D-4) lautet der Summenausdruck:

$$\sum \nu_i \ln a_i = -\nu_A \ln a_A - \nu_B \ln a_B - \cdots + \nu_M \ln a_M + \nu_N \ln a_N + \cdots\,, \tag{D-13}$$

weil die Formelzahlen verschwindender Komponenten negativ eingesetzt werden müssen. Dieser Summenausdruck ist jedoch nichts anderes als der natürliche Logarithmus der Gleichgewichtskonstanten K; denn wenn man die einzelnen Glieder als Exponenten von e schreibt, erhält man die Beziehung

$$\frac{[a_M]^{\nu_M}\,[a_N]^{\nu_N}\ldots}{[a_A]^{\nu_A}\,[a_B]^{\nu_B}\ldots} = \Pi\,[a_i]^{\nu_i} = K\,. \tag{D-14}$$

Dies ist aber die genaue thermodynamische Formulierung des Massenwirkungsgesetzes von GULDBERG und WAAGE. Daraus folgt für Gleichgewichte wegen $\Delta G = 0$

$$\ln K = -\frac{\Delta G_{St}}{R\,T}\,. \tag{D-15}$$

---

[1] Vgl. G. KORTÜM: a. a. O. S. 227 f. u. 337 ff.

[2] Vgl. G. KORTÜM: a. a. O. S. 227 in Verbindung mit Gl. (196) S. 202.

[3] Vgl. G. KORTÜM: a. a. O. S. 202. – LEWIS, G. N., u. M. RANDALL: Thermodynamics, 2. Aufl., bearbeitet von K. S. PITZER u. U. L. BREWER, Kap. 20, New York/Toronto/London: McGraw-Hill 1961, S. 242 ff. Auf Einzelheiten dieses Begriffes kann hier nicht eingegangen werden.

Man sieht daraus, daß die Gleichgewichtskonstante ein Maß für die Standard-Reaktionsarbeit und damit für die „Affinität" der Reaktion bzw. für die Stabilität der entstandenen Verbindung ist. Für die Änderung der freien Enthalpie einer Reaktion erhält man daher

$$\Delta G = - R^* T \ln K + R^* T \sum \nu_i \ln a_i, \tag{D-16}$$

eine Gleichung, die gewöhnlich als van't Hoffsche Reaktionsisotherme bezeichnet wird.

c) Die chemische Thermodynamik der Krackreaktionen

Das Kracken ist keine einfache Reaktion. Vielmehr laufen gleichzeitig zum Teil sehr unterschiedliche Reaktionen ab, die sich auch gegenseitig stören, behindern oder in ihrer Wirkung aufheben können. In der Hauptsache ist mit folgenden Reaktionen zu rechnen:

1. Bruch großer Moleküle in kleinere Teilstücke;
2. Verschiebung des Wasserstoffgehaltes der Moleküle derart, daß die entstehenden leichteren Produkte wasserstoffreicher sind als der schwerere Rückstand;
3. Abspaltung einzelner Wasserstoffatome von Molekülen ohne Änderung des C-Atom-Gerüstes;
4. Umlagerung der Bindungen im Kohlenstoffskelett mit und ohne gleichzeitige Änderung der Molekülgröße;
5. Molekülvergrößerung durch Kondensation primär entstandener, reaktionsfähiger kleiner Spaltprodukte.

Das Verständnis für den zu erwartenden Reaktionsablauf wird daher erleichtert, wenn man zunächst die Stabilität einzelner Verbindungen und den Ablauf genau definierter Einzelreaktionen untersucht. Eine Verbindung ist um so stabiler, je weniger freie Enthalpie ΔG^B für ihre Bildung aus den Elementen benötigt wird. Ist dieser Betrag positiv, aber klein, so besteht eine – wenn auch geringe – Neigung zum Zerfall in die Elemente. Je größer dieser (positive) Betrag ist, um so weniger stabil ist die Verbindung. Wenn aber die freie Bildungsenthalpie negativ ist, dann ist es thermodynamisch möglich, daß sich die Elemente bei den herrschenden Reaktionsbedingungen zu der Verbindung vereinigen. Die Existenz von Verbindungen mit positiver freier Bildungsenthalpie ist überhaupt nur möglich, weil das thermodynamische Gleichgewicht wegen zu geringer Reaktionsgeschwindigkeit bei den herrschenden Zustandsbedingungen meist nur in Ausnahmsfällen erreicht wird.

Jede stöchiometrisch mögliche Reaktion kann für sich allein nur unter Abnahme der freien Bildungsenthalpie der Reaktionsteilnehmer ablaufen. Deshalb ist die Differenz der freien Bildungsenthalpien zweier Verbindungen ein Maß für die Wahrscheinlichkeit des Überganges der einen Verbindung in die andere. Dabei muß aber im Auge behalten werden, daß sich bei den meisten Reaktionen die Molzahl ändert. Es dürfen daher bei der Prüfung der Reaktionsmöglichkeiten nicht die freien Bildungsenthalpien der Verbindungen als solche verglichen werden. Vielmehr müssen diese extensiven Größen auf eine einheitliche Masse bezogen werden, wozu sich im Bereich der Chemie der Kohlenwasserstoffe das Kohlenstoffatom am besten eignet. Dieses ist in jeder Verbindung enthalten, und die Anzahl der C-Atome wird wegen des engen Zusammenhanges mit Dichte, Siede- und Schmelzpunkt und anderen physikalischen Eigenschaften weitgehend als Bezugsgröße benutzt. Sollte bei den zu betrachtenden Reaktionen Wasserstoff – oder mitunter auch Kohlenstoff – allein entstehen, dann stört dies nicht, weil definitionsgemäß die freie Bildungenthalpie der Elemente gleich null gesetzt ist. Deshalb ist der Unterschied zwischen den freien Bildungsenthalpien zweier Verbindungen je Kohlenstoffatom ein Maß dafür, welche von ihnen stabiler ist. Ob aber eine Reaktion wirklich abläuft, das heißt, ob sich das betrachtete System so verändert, daß es dem thermodynamischen Gleichgewicht zustrebt, hängt davon ab, ob bei dem gegebenen, durch Druck und Temperatur bestimmten Zustand des Systems die Reaktionsgeschwindigkeit ausreichend groß ist, was nicht immer der Fall zu sein braucht; vgl. dazu den folgenden Abschn. D2d, S. 270 ff.

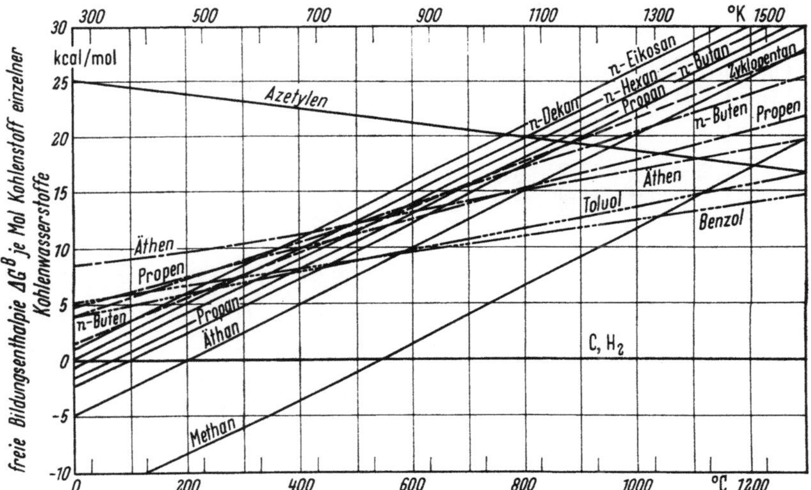

Abb. D-2. Freie Bildungsenthalpie ΔG^B einzelner Kohlenwasserstoffe je Mol Kohlenstoff nach der bei Zahlentafel D-1 genannten Quelle.

Da die Größe ΔG^B von den Reaktionsbedingungen, vor allem von Druck und Temperatur abhängt, ist auch die Stabilität jeder Verbindung temperatur- und druckabhängig. In Zahlentafel D-1 ist deshalb zunächst die freie Bildungsenthalpie einiger Kohlenwasserstoffe zusammengestellt. Graphisch ist diese Abhängigkeit für die wichtigsten Kohlenwasserstoffgruppen, die an Krackreaktionen beteiligt sein können, in Abb. D-2 bezogen auf 1 Mol Kohlenstoff wiedergegeben. Dadurch läßt sich nicht nur ein weiter Bereich von Kohlenwasserstoffen unterschiedlicher Molekülgröße in einem einzigen Diagramm darstellen, vielmehr

Zahlentafel D-1. *Freie Bildungsenthalpie ΔG^B einiger Kohlenwasserstoffe in kcal/mol bei 1 atm (= 760 Torr) und Temperaturen von 300 bis 1200 °K, nach API-Projekt 44*[a]

		Temperatur in °K									
		300	400	500	600	700	800	900	1000	1100	1200
Methan	CH_4	−12,105	−10,048	−7,841	−5,49	−3,05	−0,55	+2,01	+4,61	+7,22	+9,85
Äthan	C_2H_6	−7,785	−3,447	+1,168	+5,97	+10,90	+15,92	21,00	26,13	31,28	36,45
Propan	C_3H_8	−5,541	+1,191	8,230	15,50	22,93	30,45	38,05	45,68	53,34	61,01
n-Butan	C_4H_{10}	−3,94	5,09	14,54	24,28	34,19	44,21	54,34	64,50	74,67	84,84
2-Methylpropan	C_4H_{10}	−4,83	4,57	14,39	24,48	34,74	45,12	55,59	66,09	76,62	87,16
n-Pentan	C_5H_{12}	−1,80	9,60	21,51	33,76	46,20	58,77	71,46	84,18	96,91	109,63
2-Methylbutan	C_5H_{12}	−3,33	8,22	20,26	32,63	45,19	57,88	70,68	83,51	96,37	109,21
2,2-Dimethyl-propan	C_5H_{12}	−3,42	8,99	21,89	35,08	48,46	61,93	75,49	89,08	102,68	116,27
n-Hexan	C_6H_{14}	+0,18	13,95	28,30	43,02	57,98	73,08	88,31	103,57	118,86	134,11
n-Heptan	C_7H_{16}	2,23	18,34	35,14	52,35	69,83	87,45	105,23	123,05	140,88	158,66
n-Oktan	C_8H_{18}	4,29	22,77	42,02	61,73	81,74	101,90	122,24	142,62	163,00	183,33
n-Nonan	C_9H_{20}	6,34	27,20	48,90	71,11	93,65	116,35	139,25	162,18	185,12	208,00
n-Dekan	$C_{10}H_{22}$	8,39	31,63	55,79	80,50	105,56	130,80	156,26	181,75	207,24	232,66
n-Dodekan	$C_{12}H_{26}$	12,50	40,50	69,55	99,26	129,38	159,70	190,28	220,88	251,48	282,00
n-Tetradekan	$C_{14}H_{30}$	16,60	49,36	83,31	118,02	153,20	188,61	224,29	260,01	295,72	331,34
n-Hexadekan	$C_{16}H_{34}$	20,71	58,22	97,08	136,79	177,02	217,51	258,31	299,14	339,96	380,67
n-Oktodekan	$C_{18}H_{38}$	24,82	67,08	110,84	155,55	200,84	246,41	292,33	338,28	384,20	430,01
n-Eikosan	$C_{20}H_{42}$	28,92	75,94	124,61	174,32	224,66	275,31	326,35	377,41	428,44	479,34
Äthen	C_2H_4	16,305	17,675	19,245	20,918	22,676	24,490	26,354	28,249	30,16	32,09
Propen	C_3H_6	15,051	18,610	22,450	26,46	30,59	34,81	39,10	43,43	47,78	52,15
1-Buten	C_4H_8	17,19	23,23	29,55	36,07	42,73	49,45	56,25	63,07	69,90	76,74
1-Penten	C_5H_{10}	19,10	27,49	36,22	45,21	54,35	63,58	72,90	82,24	91,60	100,93
1-Hexen	C_6H_{12}	21,13	31,90	43,08	54,57	66,25	78,02	89,90	101,81	113,73	125,61
Zyklopentan	C_5H_{10}	9,40	19,06	29,25	39,78	50,52	61,40	72,37	83,38	94,41	105,43
Zyklohexan	C_6H_{12}	7,81	20,66	34,07	47,86	61,85	75,96	90,13	104,30	118,42	132,58
Azetylen	C_2H_2	49,975	48,577	47,196	45,835	44,498	43,178	41,882	40,604	39,339	38,09
Benzol	C_6H_6	31,058	35,008	39,242	43,663	48,211	52,838	57,537	62,270	67,02	71,79
Toluol	C_7H_8	29,335	35,390	41,811	48,477	55,306	62,236	69,255	76,320	83,40	90,50

[a] Vgl. F. ROSSINI: a.a.O., Table 20x, S. 727f.; Table 22x, S. 732; Table 23x, S. 374; Table 24x, S. 736; Table 25x, S. 742. Die Größen sind dort „Free energy of formation" ΔF_f° genannt.

kann man auf diese Weise aus den vorerwähnten Gründen die Stabilität einzelner Kohlenwasserstoffe erst richtig vergleichen.

Man erkennt u. a., daß die freie Bildungsenthalpie von Aromaten mit der Temperatur erheblich langsamer zunimmt als die von Alkanen, während die Zunahme der freien Bildungsenthalpie von Olefinen und Naphthenen etwa in der Mitte zwischen diesen beiden Grenzfällen liegt. Der Übersichtlichkeit halber sind nur die Werte für Zyklopentan dargestellt. Die für Zyklohexan weichen nicht wesentlich ab.

Es sind bei sehr niedrigen Temperaturen die Alkane und bei sehr hohen Temperaturen die Aromaten die stabilsten Verbindungen. Das stabilste Alkan (Paraffin) ist das Methan. Bereits die freie Bildungsenthalpie des Äthans je Mol C ist durchwegs erheblich höher als die von Methan. Sie nimmt dann noch mit der Molekülgröße zu, nähert sich aber sehr schnell einer Grenze, wie der Vergleich der Werte für $C_{10}H_{22}$ und $C_{20}H_{42}$ zeigt. Isoverbindungen sind in die Darstellung nicht aufgenommen, weil sich deren freie Bildungsenthalpie nur unwesentlich von der geradkettiger Verbindungen unterscheidet[1]. Der Verlauf der Linien für die Olefine nähert sich mit zunehmender Molmasse der der Alkane, ein Ausdruck dafür, daß sich der Einfluß der einen Doppelbindung um so weniger auswirkt, je größer das Molekül ist.

Ein von dem aller anderen Kohlenwasserstoffe vollkommen abweichendes Verhalten zeigen die Alkine (Azetylenhomologen), deren Dreifachbindung sie sehr unstabil macht. Dies wird am Beispiel des Azetylens besonders deutlich. Auch bei dieser Verbindungsgruppe verringert sich der Einfluß der Dreifachbindung mit zunehmender Molekülgröße. Da diese Körper bei der üblichen Verarbeitung des Erdöles keine Rolle spielen, sind sie hier nicht weiter behandelt. Abb. D-2 läßt aber erkennen, daß Azetylen bei Temperaturen bis etwa 700 °C der unstabilste aller Kohlenwasserstoffe ist und seine freie Bildungsenthalpie erst bei sehr hohen Temperaturen negativ wird.

Obwohl die freie Bildungsenthalpie sehr vieler Kohlenwasserstoffe bekannt ist, kann doch nicht erwartet werden, daß sich der Ablauf von Krackreaktionen auf einfache Weise vorausberechnen läßt. Wie in der Einleitung zu diesem Unterabschnitt erwähnt wurde, laufen gleichzeitig sehr verschiedenartige Reaktionen ab, die sich gegenseitig beeinflussen. Dabei spielt einmal die noch zu besprechende Reaktionsgeschwindigkeit eine erhebliche Rolle. Außerdem ist bei der Betrachtung gleichzeitig ablaufender Reaktionen zu beachten, daß es auf die Summe der freien Bildungsenthalpie aller beteiligten Reaktionspartner ankommt. Es können daher bei solchen Reaktionen einzelne Verbindungen entstehen, deren freie Bildungsenthalpie größer als die der Ausgangsstoffe ist, wenn der dafür erforderliche Energieaufwand durch freiwerdende Energie anderer Reaktionen gedeckt wird.

Der Vergleich der freien Bildungsenthalpien einzelner Verbindungen gibt deshalb kein vollständiges Bild des Reaktionsablaufes. Wie noch darzulegen sein wird, entstehen beim thermischen Kracken zunächst

---

[1] Näheres s. in der bei Zahlentafel D-1 erwähnten Quelle.

Radikale durch Bruch von C–C- oder von C–H-Bindungen. Diese Reaktionen sind die primären, und deshalb ist die freie Enthalpie dieser *Bindungen* von größtem Interesse. Der Begriff „freie *Bindungs*enthalpie" ist gleichbedeutend mit dem Begriff der bisher benutzten freien Bildungsenthalpie, wenn man nicht von den Elementen, sondern von den durch die betreffenden Bindungen verknüpften Molekülbruchstücken ausgeht. Die freien Bindungsenthalpien für die in Erdölkohlenwasserstoffen vorkommenden Bindungen sind in Zahlentafel D-2 zusammengestellt und durchwegs negativ, wenn man wie üblich die Molekülbruchstücke in den Reaktionsgleichungen links, die gebildeten Moleküle rechts schreibt. Das heißt, daß die Bildung der Moleküle aus den Bruchstücken exotherm verliefe. Umgekehrt bedeutet dies, daß für den Bruch der Bindungen Energie zugeführt werden muß.

Zahlentafel D-2. *Freie (negative) Bindungsenthalpie ΔG^B der in Kohlenwasserstoffen und ihren Derivaten vorkommenden Bindungsarten*

Bindungsart	Bindungs-wärme kcal/mol	Bindungsart	Bindungs-wärme kcal/mol
C–H, aliphatisch	92,5	C=O in Ketonen	167
C–H, aromatisch	102	C=O in Kohlendioxyd	181
C–C, aliphatisch	71	C≡O in Kohlenmonoxyd	238
C=C (echte Doppelbindung)	125	C–N in Aminen, aliphatisch	58
C≡C (echte Dreifachbindung)	164	C–N in Aminen, aromatisch	73
C–C, aromatisch	96	C–S in Merkaptanen und Thioäthern	67,4
C–C, Bindung aliphatischer Seitenkette an aromatischem Ring	80	H–H in molekularem Wasserstoff	103,8
C–O in Alkoholen, aliphatisch	74	O–H	109
C–O in Äthern, aliphatisch	76	O–O	37
		O=O	118
C–O in Phenolen, aromatisch	97	S–H	86
		S–S	64
C=O in Aldehyden	164	N–H	82
		N–N	31

Es ist an anderer Stelle gezeigt, wie diese freie Bindungsenthalpie mit der hier nicht erörterten freien *atomaren* Bildungsenthalpie zusammenhängt[1]. Diese hat eine sinngemäße Bedeutung wie die freie Bildungsenthalpie, bei deren Berechnung man von den Elementen ausgeht, jedoch wird hier der Aufbau der Verbindungen aus den Atomen betrachtet.

---

[1] Vgl. z.B. R. KREMANN: Zusammenhänge zwischen physikalischen Eigenschaften und chemischer Konstitution (Wissenschaftliche Forschungsberichte/Naturwissenschaftliche Reihe Bd. 41), 2. Aufl., Dresden und Leipzig: Steinkopff 1943, S. 39 ff. – RIEDIGER, B.: Brennstoffe/Kraftstoffe/Schmierstoffe, Berlin/Göttingen/Heidelberg: Springer 1949, S. 282. An beiden Stellen ist noch von Bildungs- und Bindungs*wärme* die Rede, doch handelt es sich um die entsprechenden freien Enthalpien.

Da in diesem Falle als Ausgangsstoffe Kohlenstoff und Wasserstoff im einatomigen, gasförmigen Zustand vorausgesetzt werden, muß man die Verdampfungswärme von Kohlenstoff mit rd. 150 kcal/mol und die Dissoziationswärme von Wasserstoff mit rd. 104 kcal/mol berücksichtigen. Diesen Werten gegenüber sind die freien Bildungsenthalpien bezogen auf die Elemente als Ausgangsstoffe verhältnismäßig klein.

Wegen dieses starken Überwiegens der Reaktionen, bei denen Atombindungen aufgebrochen werden, sind Krackreaktionen insgesamt betrachtet endotherm. Dies steht nicht im Widerspruch zu der Tatsache, daß die freie Bildungsenthalpie der entstandenen Verbindungen vielfach kleiner ist als die der Ausgangsstoffe, bei der Reaktion also Wärme entstehen müßte. Die besondere Kunst der Reaktionsführung beim thermischen Kracken besteht gerade darin, die erforderlichen Reaktionen durch Wärmezufuhr einzuleiten, dann aber die bei hohen Temperaturen entstandenen Gleichgewichte möglichst bald durch Wärmeentzug einfrieren zu lassen, um die gewünschten Produkte zu erhalten.

In vielen Tabellen werden, um Platz zu sparen, die freien Bildungsenthalpien nur für den Standardzustand, meistens für 25 °C und 1 atm, wie bereits erwähnt, als sogenannte „Standard-Bildungsenthalpien" ΔG_0^B zusammengestellt. Dann muß man für andere Temperaturen und Drücke die freien Bildungsenthalpien aus diesen Werten nach den Gleichungen

$$\frac{\partial \Delta G_0^B}{\partial T} = - \Delta S \tag{D-17}$$

und

$$\frac{\partial \Delta G_0^B}{\partial P} = + \Delta V \tag{D-18}$$

für die zu beurteilenden Zustandsbedingungen berechnen.

Es würde weit über den Rahmen dieses Buches hinausgehen, die Stabilität auch nur der wichtigsten für das Kracken in Betracht kommenden einzelnen Verbindungen bei verschiedenen Reaktionsbedingungen zu besprechen. Jedoch sei auf folgende allgemeine Regeln hingewiesen: Die Stabilität der Aliphaten nimmt bei sonst gleichen Bedingungen mit zunehmender Molekülgröße ab, was aus Abb. D-2 zu erkennen ist. Das kleinste n-Paraffin, das bei Normalzustand (25 °C, 1 atm) noch eine negative freie Bildungsenthalpie hat, ist n-Pentan. Die freie Bildungsenthalpie von n-Hexan ist bei den gleichen Bedingungen fast gleich null ($- 0,07$ kcal/mol) und von n-Heptan bereits positiv ($+ 1,94$ kcal/mol). Verzweigte Aliphaten sind unter gleichen Bedingungen meist etwas stabiler als die Verbindungen gleicher Kohlenstoffatomzahl mit gerader Kette; so ist z.B. $\Delta G_0^B = + 3,95$ kcal/mol für n-Oktan und $+ 2,56$ kcal/mol für 2,2-Dimethylhexan. Das als „Isooktan" bezeichnete 2,2,4-Trimethylpentan hat einen Wert von $+ 3,27$ kcal/mol. Es gibt aber auch Abweichungen nach oben mit Werten über 4,0 kcal/mol. Den höchsten Betrag der Isooktane weist 2,2,3,3-Tetramethylbutan mit $\Delta G_0^B = + 5,27$ kcal/mol auf, was wohl ein Ausdruck für größere Instabilität infolge sterischer Behinderung sein dürfte.

Man kann daher bezüglich der in erster Linie interessierenden Krackprodukte mit kleinen Molekülen erwarten, daß diese relativ gesättigt anfallen, wenn bei niedriger Temperatur gekrackt wird. Bei höheren Temperaturen ist nicht nur beim Bruch der Moleküle mit der primären Entstehung ungesättigter Verbindungen zu rechnen, vielmehr ist auch die Dehydrierung kleinerer Moleküle des Einsatzgutes oder der entstandenen Produkte möglich. Für die Bildung von Olefinen ist auch die Größe und die Struktur der Moleküle, die gekrackt werden, von Bedeutung. So beobachtet man eine Zunahme von Äthen beim Kracken von Aliphaten etwa zwischen $n\text{-}C_4$ und $n\text{-}C_6$. Isoverbindungen lassen sich hingegen nicht oder nur viel schwieriger auf Olefine kracken. Isomerisierungen, d.h. die Bildung von verzweigten Molekülen aus geradkettigen, sind vor allem im mittleren Temperaturbereich zu erwarten.

Vom Dehydrieren und Isomerisieren macht man beim thermischen Reformieren Gebrauch, um Naphthene in Aromaten, Alkane in Alkene und daneben im gewissen Umfang auch Normalparaffine in Isoparaffine überzuführen. Dadurch wird die Klopffestigkeit von Benzinen verbessert. Wird die Bildung von möglichst viel Olefinen niedriger Kohlenstoffatomzahl angestrebt, so müssen besonders hohe Temperaturen von 800 °C und darüber angewendet werden; dazu vgl. S. 335 ff. Je geringer die Kohlenstoffatomzahl des Einsatzgutes ist, desto höher ist in diesem Fall die Ausbeute an Äthen und Propen. Aber auch aus Benzinen, Mitteldestillaten und selbst aus Rohöl lassen sich bei dieser Temperatur niedrigmolekulare Olefine gewinnen. Allerdings ist zu beachten, daß bei hohen Temperaturen hochkondensierte (wasserstoffarme), mehrkernige Aromaten stabiler sind als wasserstoffreichere mit nur einem oder wenigen Kernen, insbesondere nicht kondensierte. Es bildet sich daher immer auch eine gewisse Menge von schwerem Krackrückstand. Bei ausreichender Verweilzeit kann man aber schon bei üblichen Kracktemperaturen die Bildung hochmolekularer, sehr wasserstoffarmer Verbindungen bis zum sog. Petrolkoks erwarten, was bei den Verkokungsverfahren ausgenutzt wird.

d) Die Reaktionskinetik

Die Thermodynamik gibt nur darüber Aufschluß, in welcher Richtung und bis zu welchem Gleichgewicht Reaktionen ablaufen können, und steckt damit den großen Rahmen der möglichen Reaktionen ab, nicht aber, ob und in welchem Ausmaß es auch tatsächlich zu den Reaktionen kommt. Da beim Kracken eine sehr große Anzahl verschiedener Reaktionen thermodynamisch möglich ist, hängt der tatsächliche Reaktionsablauf und die dadurch bestimmte Zusammensetzung des erhaltenen Reaktionsgemisches weitgehend von der relativen Geschwindigkeit der einzelnen, miteinander konkurrierenden Reaktionen ab. Die durch rasch ablaufende Reaktionen erhaltenen Reaktionsprodukte werden bei etwa gleicher Lage des Gleichgewichtes im Endprodukt in entsprechend größerer Konzentration vorhanden sein als die durch langsam ablaufende Reaktionen entstandenen.

Für monomolekulare Reaktionen, zu denen mit guter Näherung auch die meisten Krackreaktionen gerechnet werden können, ist die Reaktionsgeschwindigkeit durch die Differentialgleichung

$$\mathrm{d}x/\mathrm{d}t = -kx \qquad\qquad (D\text{-}19)$$

oder in integrierter Form durch die Beziehung

$$\ln x/x_0 = -kt \qquad\qquad (D\text{-}20)$$

gegeben[1]. Dabei bedeuten k die Geschwindigkeitskonstante in sec^{-1}, t die Reaktionszeit in sec, x_0 den Molenbruch des Stoffes, der durch die Reaktion verbraucht wird, zu Beginn des Reaktionsablaufes und x den gleichen Molenbruch im Reaktionsprodukt nach der Zeit t. Über einen modifizierten Ansatz, der für die Kinetik der Reaktionen von Stoffgemischen, wie sie beim Kracken auftreten, brauchbar ist, vgl. nachstehend S. 277 f.

Die Geschwindigkeitskonstante k kann aus der Aktivierungsenergie E (kcal/kmol) für die betreffende Reaktion mit Hilfe der Arrheniusschen Gleichung

$$k = A \cdot e^{-E/R^*T}, \quad \ln k = \ln A - E/R^*T \qquad\qquad (D\text{-}21)$$

berechnet werden, in der $R^* = 1{,}987$ kcal/(kmol · grd) die allgemeine Gaskonstante und T die absolute Temperatur in °K bedeuten. A ist eine Konstante von der Dimension sec^{-1}. Sie ist proportional der Anzahl der Molekülzusammenstöße oder Aktivierungen je Raum- und Zeiteinheit. Da nach Gl. (D-21) der Logarithmus der Geschwindigkeitskonstante als veränderliche Größe ein additives Glied enthält, das der absoluten Temperatur umgekehrt proportional ist, kann die Geschwindigkeitskonstante selbst in einem logarithmischen Netz, über dem reziproken Wert der absoluten Temperatur aufgetragen, als gerade Linie

---

[1] Dieses Thema wird nur in wenigen Lehrbüchern der physikalischen Chemie erörtert, obwohl es den Schlüssel zum Verständnis des tatsächlichen Ablaufes verwickelter Reaktionen bietet. Das Kracken ist ein besonders gutes Beispiel dafür. Die diesbezüglichen Überlegungen müssen molekularkinetische Betrachtungen zu Hilfe nehmen, wofür z. B. bei A. EUCKEN: Grundriß ..., a. a. O. S. 401 ff. (vgl. Fußn. 1, S. 257) einige Angaben zu finden sind. Ausführlicher ist das Thema von S. W. BENSON: The Foundations of Chemical Kinetics, New York/Toronto/London: McGraw-Hill 1960 behandelt; vgl. dort S. 14 ff. Die Wahl geeigneter, leicht durchführbarer Reaktionen, ihre experimentelle Erforschung und die Deutung der Ergebnisse macht besonders große Schwierigkeiten. Deshalb sind alle Aussagen noch sehr allgemein, doch muß die Reaktionskinetik hier behandelt werden, um wenigstens zu zeigen, wie weit die theoretische Erforschung der Krackvorgänge bisher vordringen konnte. Die mitunter darüber vorgetragenen, oft sehr bestimmt klingenden Ansichten dürfen nicht darüber hinwegtäuschen, daß unsere Kenntnisse noch recht mangelhaft sind. Beachtenswert sind in diesem Zusammenhang die neuen, vornehmlich aus dem Institut Français du Pétrole stammenden Arbeiten. Zu nennen sind J. C. JUNGERS u. Mitarb.: Cinétique chimique appliqueé. Edition Technip: Paris 1958. – JUNGERS, J. C., L. SAJUS, I. DE AGUIRRE u. D. DECROOCQ: L'analyse cinétique de la transformation chimique, 2 Bde., Edition Technip: Paris 1967 u. 1968; vgl. Besprechungen Erdöl u. Kohle 12 (1959) 511; 21 (1968) 587 u. 22 (1969) 233. Die Betrachtungen erstrecken sich auf das Gesamtgebiet der organischen Chemie, doch nehmen petrolchemische Reaktionen einen bevorzugten Platz ein.

dargestellt werden. Sie ist um so größer, je kleiner die für die betreffende Reaktion erforderliche Aktivierungsenergie E ist; d.h. also, daß Reaktionen mit kleiner Aktivierungsenergie rascher ablaufen als solche mit großer.

Auf dieser Tatsache beruht die sog. *Radikaltheorie* von RICE über den Mechanismus der beim thermischen Kracken auftretenden Reaktionen[1]. Die Aktivierungsenergie der Dissoziation einer C–C-Bindung ist nämlich für die weitaus überwiegende Mehrzahl der in Frage kommenden Reaktionen kleiner als die Aktivierungsenergie der Dissoziation einer C–H-Bindung. Allgemeingültige Zahlen lassen sich im Rahmen dieses Buches nicht geben, weil die Aktivierungsenergie der Dissoziation einer C–H-Bindung verschieden definiert werden kann[2]. Auch die Aktivierungsenergie der Dissoziation der C–C-Bindungen ist von Kohlenwasserstoff zu Kohlenwasserstoff verschieden und hängt bei einem gegebenen Kohlenwasserstoff davon ab, an welcher Stelle des Moleküls das Kohlenstoffgerüst dissoziiert. Aus diesem Grunde soll hier nicht näher darauf eingegangen werden, daß die Aktivierungsenergie keineswegs identisch ist mit der Bildungenthalpie ΔH^B oder der freien Bildungsenthalpie ΔG^B. Die Unterschiede zwischen diesen Werten können aber für Überlegungen der Praxis vernachlässigt werden, weil sie kleiner sind als die Unterschiede jedes dieser Werte für die beiden Bindungsarten C–H und C–C. Die Aktivierungsenergie der Dissoziation einer

---

[1] RICE, F. O., u. Mitarb.: The thermal decomposition of organic compounds from the standpoint of free radicals. J. Am. Chem. Soc. 53 (1931) 1959/72; 54 (1932) 3529/43; 55 (1933) 3035/40 u. 4445/47; 56 (1934) 214/19, 284/89, 741/44, 1311/15, 2105/07, 2381/83, 2472 u. 2747/48. – RICE, F. O., u. K. K. RICE: The Aliphatic Free Radicals, Baltimore: Johns Hopkins Press 1935. – Abgesehen von zahlreichen weiteren Arbeiten wurde die Richtigkeit der erwähnten Radikaltheorie neuerdings z.B. von D. T. A. HUIBERS u. H. I. WATERMAN: Der Mechanismus des thermischen Zerfalls von n-Paraffinen. Brennst.-Chem. 42 (1961) 50/54 bestätigt.

[2] Zum Beispiel ist die Aktivierungsenergie der Dissoziation des ersten H-Atoms aus CH_4, d.h. der Reaktion

$$CH_4 \rightarrow CH_3 + H$$

$E = 102$ kcal/mol, und die durchschnittliche Aktivierungsenergie der Dissoziation aller vier C–H-Bindungen, d.h. ein Viertel der Aktivierungsenergie der Reaktion

$$CH_4 \rightarrow C + 4H$$

kleiner, nämlich $347{,}5/4 = 86{,}9$ kcal/mol. F. O. RICE u. K. K. RICE bemerken dazu a.a.O. S. 72, Anm. 1: „There are several definitions of activation energy (see Kassel, *Homogenous Gas Reactions*, Chemical Catalog Co., 1932) but our estimates are too rough to warrant consideration of these differences. The activation energy of a dissociation process cannot be smaller than the bond strength (wie sich aus den weiteren Ausführungen ergibt, ist damit die hier als freie Bindungsenthalpie bezeichnete Größe gemeint; Anm. des Verf.) and probably in general has a slightly higher value.‟ Es darf daher nicht überraschen, daß bei manchen der Beispiele, die in dem Buch von F. O. RICE u. K. K. RICE behandelt sind, nicht völlig klar ist, welche Energiegrößen gemeint sind. Nichtsdestoweniger ist es das Verdienst der Verfasser, eine brauchbare Theorie für die Untersuchungen von Krackvorgängen geschaffen zu haben, deren grundlegende Betrachtungen auch heute als richtig angesehen werden.

aliphatischen C–C-Bindung ist mit rd. 80 kcal/mol immer um *rd.* 20 kcal/mol kleiner als die einer aliphatischen C–H-Bindung, die für niedrigmolekulare Alkane rd. 100 kcal/mol beträgt. Die erwähnte Radikaltheorie von RICE macht über die beim thermischen Kracken primär auftretenden Reaktionen unter Benutzung der in der Quelle genannten Zahlenwerte folgende Aussagen[1]:

1. Wenn ein paraffinischer Kohlenwasserstoff zerfällt, so entstehen zwei Radikale. Der Vergleich der Bindungsenthalpien für die aliphatische C–H-Bindung mit − 93,3 kcal/mol und für die C–C-Bindung mit − 71,0 kcal/mol zeigt, daß vorzugsweise die C–C-Bindung bricht. Wie in Abschn. D 2 c an Hand von Zahlentafel D-2 erläutert wurde, bedarf die Einleitung eines Molekülbruches der Energiezufuhr in der Größe der entsprechenden freien Bindungsenthalpie. Diese ist demnach bei der C–C-Bindung kleiner als bei der C–H-Bindung. (Dies gilt jedoch nur für die *primäre* C–H-Bindung, wie erst später von KOSSIAKOFF und RICE gezeigt wurde. Auch bei Radikalen und Olefinen liegen die Verhältnisse wegen der freien Elektronen bzw. ihrer loseren Bindung anders, worauf vorstehend bereits allgemein hingewiesen wurde.) Die hier wiedergegebenen Zahlenangaben gelten zwar für den sog. Standardzustand von 25 °C und 1 atm. Bei den wesentlich höheren Temperaturen, die beim Kracken angewendet werden, liegen aber die Verhältniswerte in etwa ähnlicher Größenordnung.

2. Die gebildeten Radikale zerfallen entweder weiter oder sie reagieren mit einem benachbarten Kohlenwasserstoffmolekül. Zwar kann aus einem Methylradikal nur durch Entnahme eines H-Atoms aus einem benachbarten Kohlenwasserstoff oder Radikal Methan entstehen; dabei wird durch die Abspaltung des Wasserstoffs aus einem Molekül ein neues Radikal gebildet.

Ein Äthenradikal kann jedoch bereits auf zweierlei Weise weiterreagieren. Entweder übernimmt es ähnlich wie das Methylradikal aus einem benachbarten Kohlenwasserstoffmolekül ein H-Atom und bildet dadurch Äthan. Auch in diesem Fall entsteht durch Entnahme des H-Atoms aus dem Molekül ein neues Radikal. Oder das Äthylradikal zerfällt in Äthen und ein Wasserstoffatom. Hochmolekulare Radikale können erstens ebenfalls durch ein Wasserstoffatom abgesättigt werden. Zweitens können sie in ähnlicher Weise wie vorbeschrieben entweder in ein Alkenmolekül gleicher Kohlenstoffatomzahl und ein H-Atom oder in ein Alkenmolekül niedrigerer Kohlenstoffatomzahl und ein freies Radikal zerfallen.

Der Zerfall der Radikale zu einem Olefin und einem Wasserstoffatom ist möglich, weil die der Bindungsenthalpie entsprechende Energie für den Bruch einer olefinischen Doppelbindung 125 kcal/mol beträgt, somit kleiner ist als die Summe der Energie für den Bruch einer aliphatischen einfachen C–C-Bindung und einer H–C-Bindung mit 71 + 93,3 = 164,3 kcal/mol; das Olefin ist also energieärmer als das Radikal. Bei

---

[1] Vgl. auch H. H. VOGE u. G. M. GOOD: Thermal Cracking of Higher Paraffins. J. Am. Chem. Soc. 71 (1949) 593/97.

der Aufnahme eines Wasserstoffatoms aus einem anderen Radikal oder Molekül wird demgegenüber zwar der Energiegehalt des Radikals durch Absättigen erhöht, doch geschieht dies auf Kosten der Energie des „geschädigten" Moleküls, so daß in diesem Falle die Energiesumme gleich bleibt. Jedoch sind Krackreaktionen, wie später noch auszuführen sein wird, übers Ganze gesehen endotherm, d.h., sie bedürfen der Wärmezufuhr von außen, und infolgedessen wird die Summe der Bildungsenthalpien der Produkte insgesamt größer als die der Reaktionsteilnehmer vor dem Kracken.

3. Der Vorgang spielt sich als Kettenreaktion ab, bei der immer wieder neue Reaktionsträger gebildet werden. Vereinigen sich aber zwei Radikale zu einem neuen Molekül, so bricht die Kette ab. So hat FREY festgestellt, daß beim thermischen Kracken in jedem Fall die Reaktionskette mindestens 10 bis 20 Teilreaktionen umfaßt. Es können aber auch mehrere hundert Radikalreaktionen ablaufen, bevor die Kette abbricht[1].

Die beim Kracken außerdem zu beobachtenden Sekundärreaktionen sind in der Hauptsache Polymerisationen der Olefine, deren Ablauf im Grundsätzlichen bekannt ist. Eine Theorie darüber aufzustellen lohnt jedoch nicht, weil die Voraussetzungen für konkrete Angaben mangels Erfassung zu vage sind.

Die Radikaltheorie von RICE wurde später durch weitere Untersuchungen ergänzt und ausgebaut[2]. So zeigte sich bei Untersuchungen über den Zerfall von Normalbutan, den Pentanen und den Hexanen, daß die zur Abspaltung eines sekundären Wasserstoffatoms notwendige Aktivierungsenergie um 1,2 kcal/mol geringer war als die zur Abspaltung eines primären Wasserstoffatoms aufzuwendende. Die für die Abspaltung eines tertiären Wasserstoffatomes notwendige Aktivierungsenergie lag um 4,0 kcal/mol niedriger. Diese Zahlen stimmen gut mit den Versuchen von SMITH und TAYLOR überein[3]. Diese beiden Forscher fanden Aktivierungsenergien von 8,3, 5,5 und 4,2 kcal/mol bei der Abspaltung von primärem, sekundärem und tertiärem Wasserstoff. Bei 600 °C ergäbe dies wegen der logarithmischen Abhängigkeit ein Verhältnis der abgespaltenen Mengen von primärem zu sekundärem und zu tertiärem Wasserstoff von etwa 1 : 3,2 : 10,3. Bei 500 °C haben diese Verhältniszahlen die Werte 1 : 3,66 : 13,4. Sekundäre C–H-Bindungen brechen demnach leichter als aliphatische C–C-Bindungen. Somit können sich die Wasserstoffatome langer aliphatischer Moleküle mit Ausnahme der beiden endständigen ebenfalls an den Reaktionen beteiligen. Hingegen dürften tertiäre H-Atome trotz ihrer geringeren Bindungsenergie als Wasserstoffspender bei Krackreaktionen keine große Rolle spielen. Ist doch

---

[1] FREY, F. E.: Pyrolysis of Saturated Hydrocarbons. Industr. Engng. Chem. 26 (1934) 198/203.

[2] KOSSIAKOFF, A., u. F. O. RICE: Thermal decomposition of hydrocarbons. J. Amer. Chem. Soc. 65 (1943) 590/95.

[3] RICE, F. O., u. K. K. RICE: a.a.O. S. 91. – SMITH, J. O. u. H. S. TAYLOR: The Reactions of Methyl Radicals with Deuterium, Ethane, Neopentane, Butane and Isobutane. J. Chem. Phys. 7 (1939) 390/96.

z.B. in einem C_{16}-Kohlenwasserstoff, der als repräsentativ für Krackeinsatzprodukte angesehen werden kann, bei einfacher Verzweigung ein einziges tertiäres H-Atom gegenüber 24 sekundären und 9 primären H-Atomen vorhanden. Mehrfach verzweigte Paraffine, bei denen die Zahl der tertiären H-Atome entsprechend größer wäre, kommen aber in solchen Einsatzprodukten kaum mehr vor. Da sekundäre Radikale stabiler sind als primäre, können sich diese in jene umwandeln, besonders wenn die Kette genügend lang ist. So kann z.B. aus primärem Hexyl sekundäres Hexyl entsprechend

primäres
Hexyl   sekundäres
Hexyl

entstehen. Die ursprünglich endständige freie Valenz an der rechten Seite bildet sich durch die Wanderung der H-Atome in Sekundärstellung am anderen Molekülende.

Zusammenfassend kommen GREENSFELDER u. Mitarb.[1] auf Grund eigener und fremder Untersuchungen zu folgendem Ergebnis: Beim thermischen Kracken langer Normalparaffine entstehen in Übereinstimmung mit der Theorie von RICE und KOSSIAKOFF:

a) normale α-Olefine;

b) größere Mengen von Äthen und Propen durch nacheinanderfolgenden Bruch von C–C-Bindungen primärer oder gebildeter Radikale in β-Stellung;

c) ansehnliche Mengen von Methan und Äthan als Endprodukte des Zerfalles von Radikalen.

Bei Olefinen als Ausgangspunkt konnte kein wesentlich abweichendes Verhalten gegenüber Paraffinen beobachtet werden, was verständlich ist, da sie als Zwischenprodukte unmittelbar aus Paraffinen entstehen können[2].

Da Naphthene in Erdölfraktionen in der Regel aliphatische Seitenketten besitzen, wird deren Reaktionsverhalten sowohl durch diese Seitenketten wie durch das gesättigter Ringe bestimmt. Allerdings wurden Untersuchungen über das Verhalten von Ringverbindungen nur sehr spärlich durchgeführt. Soweit Ergebnisse bekannt sind, folgt daraus, daß die Dehydrierung der verhältnismäßig stabilen Sechserring-Naphthene zu Aromaten unter Krackbedingungen eine erhebliche Rolle spielt. Dies erscheint wegen der bei höheren Temperaturen sehr stabilen Form des Benzolkernes auch ohne genaue Rechnung verständlich. Naphthene vom Typ des Zyklopentans oder des Methylzyklopentans brechen hingegen wegen der höheren Ringspannung zwischen den C-Atomen auf

---

[1] Vgl. Fußn. 3, S. 356 u. Fußn. 2, S. 366 in Abschn. E1 u. E2.
[2] Im einzelnen vgl. auch F. O. RICE u. K. K. RICE: a.a.O. S. 120ff.

18*

und verhalten sich ähnlich wie Olefine[1]. Aus der Praxis ist die Neigung der Naphthene zur Koksbildung bekannt.

Eine weitere Erklärung des thermischen Zerfalls von Kohlenwasserstoffmolekülen gibt die *Doppelbindungsregel* von O. SCHMIDT[2]. Diese besagt, daß durch Resonanz der π-Elektronen einer Doppelbindung mit den σ-Elektronen der benachbarten einfachen C–C-Bindungen diese verstärkt, die darauffolgenden geschwächt werden[3]. Dieser Wechsel von starker und schwacher Bindung setzt sich mit abnehmender Intensität durch das Molekül fort. Infolgedessen brechen Olefine bevorzugt in β-Stellung zur Doppelbindung, daneben in geringem Ausmaß in δ-Stellung. Auf diese Weise wird wieder ein Olefin und ein neues Radikal gebildet. Dieses spaltet sich ähnlich, und die Kettenreaktion geht weiter, bis nur noch Äthyl- und Methylradikale übrigbleiben. Diese kleinen Radikale können sich dann mit H-Atomen unter Beendigung der Kettenreaktionen verbinden. Diese Theorie verspricht hohe Ausbeuten an Äthen durch β-Spaltung solcher primärer Alkylradikale.

Mit Hilfe von Formeln lassen sich die vorstehenden Überlegungen etwa wie folgt darstellen, wobei R_1 und R_2 zwei beliebige Radikale bedeuten. Zunächst zerfällt ein aliphatisches Molekül nach dem Schema

$$
\begin{array}{ccc}
\overset{\displaystyle H}{\underset{\displaystyle H}{|}}\ \overset{\displaystyle H}{\underset{\displaystyle H}{|}}\ \overset{\displaystyle H}{\underset{\displaystyle H}{|}} & & \\
R_1\!-\!C\!-\!C\!-\!C\!-\!R_2 \longrightarrow R_1\!-\!C\!-\ +\ -C\!-\!C\!-\!R_2\ \cdot & &
\end{array}
$$

---

[1] Die bei F. O. RICE u. K. K. RICE: a. a. O. S. 162f. gemachten Angaben gelten nur für eine verhältnismäßig geringe Aufspaltung und lassen nicht ohne weiteres eine Verallgemeinerung zu.

[2] Näheres s. bei E. MÜLLER: Neuere Anschauungen der organischen Chemie, 2. Aufl., Berlin/Göttingen/Heidelberg: Springer 1957, S. 189. – HÜCKEL, W.: Theoretische Grundlagen der organischen Chemie, 2. Bd., 5. Aufl., Leipzig: Akad. Verlagsges. 1954, S. 428, dort „Spaltungsregel" von OTTO SCHMIDT genannt.

[3] Eine ausführliche Darstellung der Resonanzerscheinungen – allerdings ohne Behandlung der erwähnten Doppelbindungsregel – bei G. W. WHELAND: The theory of resonance and its application to organic chemistry, New York/London: Wiley/Chapman & Hall 1944. – Grundlegende Ausführungen über das Verhalten der π- und δ-Elektronen bei E. HÜCKEL: Grundzüge der Theorie ungesättigter und aromatischer Verbindungen. Z. Elektrochem. 43 (1937) 752/88 u. 827/49; als Sonderdruck Berlin: Verlag Chemie 1938, dort vor allem S. 7 u. 10. – Vgl. auch H. HARTMANN: Theorie der chemischen Bindung auf quantentheoretischer Grundlage (Struktur und Eigenschaften der Materie in Einzeldarstellungen Bd. XXI), Berlin/Göttingen/Heidelberg: Springer 1954, S. 162, 216 u. 239. – KARAGOUNIS, G.: Einführung in die Elektronentheorie organischer Verbindungen, Berlin/Göttingen/Heidelberg: Springer 1959, S. 74ff. – Neueste Einführung in das Thema bei E. HEILBRONNER u. H. BOCK: Das HMO-Modell und seine Anwendung, 3 Bde, Weinheim/Bergstraße: Verlag Chemie 1968 u. 1970 (Bd. III in Vorbereitung); gemeint ist das Hückel-Molekül-Orbital-Modell. Das Werk enthält Übungsbeispiele, ihre Lösungen und umfangreiche Tabellen.

Auf die elektronentheoretische Deutung der Radikale wird noch in der Einleitung zu Abschn. E 2 im Zusammenhang mit der Behandlung der Theorie des katalytischen Krackens eingegangen, um die grundsätzlichen Unterschiede zwischen den Reaktionen der beiden Krackverfahren hervorzuheben. Über δ- und π-Elektronen vgl. auch die ergänzenden Hinweise in Fußn. 1, S. 367.

Die beiden neuen Radikale rechts ergeben nun entweder

$$R_1{-}CH_2{-}\textcircled{H} \quad + \quad \textcircled{H}{-}CH_2{-}CH_2{-}R_2 \;, \tag{a}$$

wenn die eingekreisten H-Atome Nachbarn entnommen werden, oder z.B.

$$R_1{-}CH_2{-}H \quad + \quad CH_2{=}CH{-}R_2 \;, \tag{b}$$

wenn das H-Atom zur Absättigung des einen Radikals dem zweiten Bruchstück entstammt. Auch der Fall, daß das eine Radikal nach Schema (a), das andere nach Schema (b) reagiert, ist denkbar und sogar wahrscheinlicher, weil jedem Radikal mehr als ein fremdes Molekül oder Radikal benachbart ist. Für den Zerfall eines Propylradikals bestehen zum Schluß die beiden Möglichkeiten

$$\underset{\text{prim. Propyl}}{H{-}CH_2{-}CH_2{-}CH_2{-}} \longrightarrow \underset{\text{Methyl}}{H{-}CH_2} \;+\; \underset{\text{Äthen}}{CH_2{=}CH_2}$$

oder

$$\underset{\text{sek. Propyl}}{H{-}CH_2{-}CH{-}CH_2{-}H} \longrightarrow \underset{\substack{\text{atomarer}\\\text{Wasserstoff}}}{H{-}} \;+\; \underset{\text{Propen}}{CH_2{=}CH{-}CH_2{-}H}\;.$$

Im gesamten Reaktionsmechanismus ist die Dissoziation der C—C-Bindung der langsamste Teilschritt und damit geschwindigkeitsbestimmend, so daß die Gesamtreaktion kinetisch mit guter Näherung als monomolekular betrachtet werden kann.

Obwohl beim Kracken nicht ein einzelner Kohlenwasserstoff, sondern ein Stoffgemisch umgesetzt wird, kann die Reaktionskinetik formal in der gleichen Weise behandelt werden wie der Umsatz eines reinen Stoffes, indem eine beliebige Fraktion wie ein solcher behandelt wird. Zweckmäßig wird aber nicht die Konzentration des sich verbrauchenden Stoffes x, sondern des entstehenden Stoffes $(x_0 - x)$ mit entsprechend umgekehrten Vorzeichen in die Gln. (D-19) und (D-20) eingesetzt, d.h. also

$$\frac{d(x_0 - x)}{dt} = -k(x_0 - x) \qquad \text{(D-22 a)}$$

$$\frac{dx}{dt} = k(x_0 - x) \qquad \text{(D-22 b)}$$

oder integriert

$$\ln(x_0 - x)\Big|_{x=0}^{x=x} = \ln\frac{x_0 - x}{x_0} = -kt, \qquad \text{(D-23 a)}$$

$$\ln\frac{x_0}{x_0 - x} = kt \qquad \text{(D-23 b)}$$

geschrieben. Die Größe $(x_0 - x)/x_0$ ist identisch mit dem später benötigten Begriff des Umsetzungsgrades. Es ist üblich für diesen Zweck den bis 204 °C (= 400 °F) siedenden Anteil zu betrachten und an Stelle des Molenbruches den Gewichtsbruch (Gewichtsprozent : 100) einzusetzen. Auch die so definierte Geschwindigkeitskonstante k gibt, logarithmisch gegen die reziproke Temperatur aufgetragen, praktisch ebenso gerade

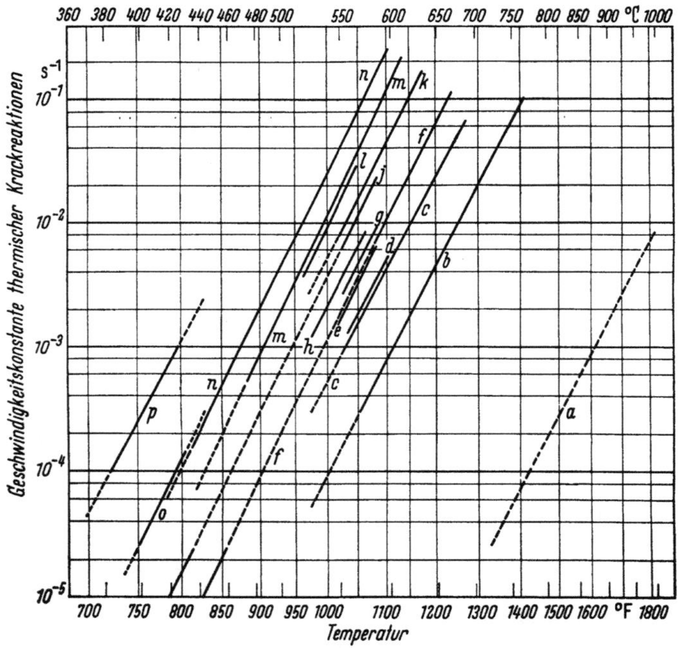

Abb. D-3. Geschwindigkeitskonstante k der Gln. (D-23a bzw. b) – jedoch für Gewichtsverhältnisse –, ermittelt für thermische Krackreaktionen verschiedener Kohlenwasserstoffe und Erdölfraktionen in Abhängigkeit von der Temperatur, nach SACHANEN.

a Methan;	*f* Butan;	*l* Penten-2;
b Äthan;	*g* Pentan;	*m* Krackrücklauföl (recycle stock);
c Propan;	*h* Heptan, Äthylbenzol;	*n* Gasöl;
d Dimethylpropan;	*j* Hexan;	*o* Normaldruckrückstand;
e Zyklohexan;	*k* Schwerbenzin;	*p* Schmieröle, Vakuumrückstand.

Linien wie die für reine Stoffe streng definierte Geschwindigkeitskonstante, vgl. Abb. D-3. Sie hat bei monomolekularen Reaktionen die Dimension sec^{-1} und ist um so größer, je schneller die Reaktion abläuft, d.h. aber, je kürzer die Reaktionszeit ist.

Aus der Höhe der Aktivierungsenergie folgt die bereits bekannte Tatsache, daß Kohlenwasserstoffe um so leichter gekrackt werden, je höher ihr Siedepunkt liegt und je mehr ihre Struktur paraffinisch ist. Dies läßt Abb. D-4 gut erkennen, weil bei gegebenem mittlerem Siedepunkt die Dichte in dem Maß abnimmt, wie der Paraffingehalt zunimmt. Im gleichen Sinne nimmt die Krackgeschwindigkeit zu. Dies ist auch bei gegebener Dichte mit zunehmendem Siedepunkt der Fall.

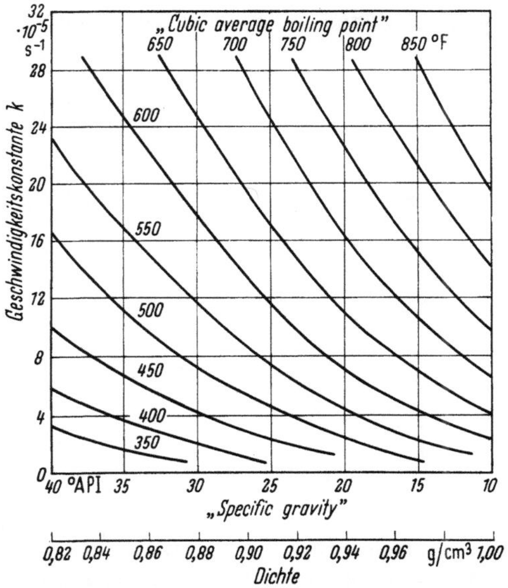

Abb. D-4. Geschwindigkeitskonstante k thermischer Krackreaktionen bei 426,7 °C (= 800 °F) entsprechend Abb. D-3, ermittelt für Einsatzgut verschiedener Dichte und verschiedener mittlerer Siedepunkte (cubic average boiling point, vgl. Abschn. A4b, S. 72f).

Verständlicherweise ist der Reaktionsmechanismus für das einfachste Alkan mit C–C-Bindung, das Äthan, am besten studiert. Dabei konnten folgende Reaktionen nachgewiesen werden[1]:

$$C_2H_6 \longrightarrow CH_3 + CH_3 \tag{D-24}$$

$$CH_3 + C_2H_6 \longrightarrow CH_4 + C_2H_5 \tag{D-25}$$

$$C_2H_5 \longrightarrow C_2H_4 + H \tag{D-26}$$

$$H + C_2H_6 \longrightarrow C_2H_5 + H_2 \tag{D-27}$$

---

[1] MAREK, L. F., u. W. B. McCLUER: Velocity Constants for the Thermal Dissociation of Ethane and Propane. Industr. Engng. Chem. 23 (1931) 878/81. – FREY

Für den Kettenabbruch kommen in diesem Fall die Reaktionen

$$C_2H_5 + C_2H_5 \longrightarrow C_4H_{10} \qquad (D\text{-}28)$$

$$H + C_2H_5 \longrightarrow C_2H_6 \qquad (D\text{-}29)$$

$$CH_3 + C_2H_5 \longrightarrow C_3H_8 \qquad (D\text{-}30)$$

$$H + CH_3 \longrightarrow CH_4 \qquad (D\text{-}31)$$

$$CH_3 + CH_3 \longrightarrow C_2H_6 \qquad (D\text{-}32)$$

$$H + H \longrightarrow H_2 \qquad (D\text{-}33)$$

in Frage. Diese Reaktionen lassen sich durch nachstehendes Schema wiedergeben:

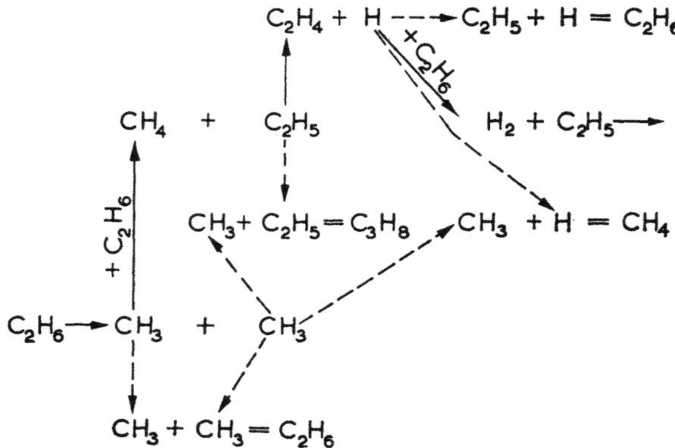

In diesem sind die Teilschritte der Kettenreaktion mit vollen und die der möglichen Kettenabbrüche mit gestrichelten Pfeilen eingetragen.

Auch die thermische Zersetzung höhermolekularer Kohlenwasserstoffe wurde sowohl im Laboratorium wie theoretisch eingehend untersucht. Die seinerzeit bekannt gewordenen Ergebnisse wurden von RICE und RICE in ihrem grundlegenden Buch verwertet und dienten zur Be-

---

F. E., u. H. J. HEPP: Pyrolysis of Simple Paraffins to Produce Aromatic Oils; ebd. 24 (1932) 282/88. – FREY, F. E. u. W. F. HUPPKE: Equilibrium Dehydrogenation of Ethane, Propane and the Butanes; ebd. 25 (1933) 54/59. – FREY, F. E.: Pyrolysis of Saturated Hydrocarbons; ebd. 26 (1934) 198/203. – SACHSSE, H.: Der thermische Zerfall des Äthans. I. Die Wahrscheinlichkeit des Zerfalls in 2 CH₃ bzw. C₂H₄ und H₂. Z. physik. Chem. B 31 (1936) 79/86; II. Stoßausbeuten bei der Aktivierung und mittlere Lebensdauer im aktivierten Zustand. 87/104. – Zusammenfassende Darstellung bei E. W. R. STEACIE u. S. BYWATER: Mechanism for the thermal decomposition of hydrocarbons, in: The Chemistry of Petroleum Hydrocarbons, hrsg. von B. T. BROOKS, C. E. BOORD, ST. S. KURTZ jr. u. L. SCHMERLING, Bd. II, New York: Reinhold 1955, S. 1/25. – KÜCHLER, L., u. H. THEILE: Der thermische Zerfall des Äthans bei Zusatz von Fremdgasen. Z. physik. Chem. B 42 (1939) 359/79.

gründung ihrer Radikaltheorie[1]. Für die Praxis sei besonders auf die Kap. VII (Paraffin Hydrocarbons) und XII (Larger Molecules) verwiesen. Als Beispiel soll in Zahlentafel D-3 nach dieser Quelle gezeigt werden, wie Hexadekan bei niedrigem und bei hohem Druck zerfällt.

Zahlentafel D-3. *Thermische Zersetzung von Hexadekan* $C_{16}H_{34}$ *bei niedrigem und bei hohem Druck, nach* F. O. RICE *und* K. K. RICE: *a.a.O. S. 144; genaue Angaben der Reaktionsbedingungen fehlen in der Quelle*

	CH_4	C_2H_6	C_3H_8	C_nH_{2n+2}	C_2H_4	C_3H_6	C_4H_8	C_nH_{2n}
Niedriger Druck Mol-%	7,7	9,9	–	–	67,0	2,2	2,2	11,0
Hoher Druck Mol-%	–	3,1	3,1	43,7	6,2	6,2	6,2	31,2

Der Rest von 11% besteht im ersten Fall aus geradkettigen, endständigen C_3- bis C_{14}-Olefinen; im zweiten Fall sind die 43,7% C_4- bis C_{11}-Normalalkane bzw. die 31,2% Olefine gleicher Art wie bei niedrigem Druck.

Wenn es auch auf Grund der Ausführungen dieses Unterabschnittes kaum möglich ist, ein praktisches Krackproblem nur auf Grund von Überlegungen und Berechnungen, jedoch ohne Versuche zu lösen, so soll nicht verkannt werden, daß eine Vertrautheit mit dem Chemismus und dem Reaktionsmechanismus der Krackvorgänge für den Planungs- oder Betriebsingenieur in vielen Fällen vorteilhaft sein kann[2].

e) Der Einfluß der Verfahrensbedingungen

Als veränderliche Betriebswerte kommen beim Kracken vor allem Temperatur, Druck und Verweilzeit in Frage. Temperatur und Druck bestimmen den Phasenzustand, also ob das den Krackbedingungen unterworfene Gemisch noch flüssig oder bereits teilweise oder ganz verdampft ist. Weitere Größen, die den Reaktionsablauf beeinflussen, sind die Geschwindigkeit der Aufheizung des Einsatzgutes und die Abkühlung der Reaktionsprodukte sowie die Zeit, in der sie aus dem Reaktionsraum entfernt oder auf andere Weise von dem noch reagierenden Gemisch getrennt werden.

Der Einfluß einzelner der eingangs genannten Betriebswerte läßt sich zwar ermitteln, doch gewinnt man damit kein vollständiges Bild. So verändert z.B. die Temperatur allein innerhalb des praktisch in Betracht kommenden Bereiches die Menge und die Zusammensetzung der erhaltenen Krackprodukte viel weniger, als bisher oft angenommen wurde. Sie hat aber einen außerordentlich großen Einfluß auf die Reaktionsgeschwindigkeit und – in gewissem Ausmaß – auf die Gleichgewichtslage der verschiedenen möglichen Reaktionen. Jedoch hängen z.B. Ausbeute und Eigenschaften des erhaltenen Krackbenzins für ein gegebenes Einsatzprodukt weniger von der Kracktemperatur selbst als

---

[1] RICE, F. O., u. K. K. RICE: a.a.O. (vgl. Fußn. 1, S. 272).
[2] Als Lehrbuch dafür ist das in Fußn. 2, S. 257 genannte Buch von G. KORTÜM: Einführung in die chemische Thermodynamik, 3. Aufl., Göttingen/Weinheim (Bergstraße): Vandenhoeck & Ruprecht/Verlag Chemie 1960 sehr zu empfehlen; dazu Übungsaufgaben z.B. bei L. HOLLECK: Physikalische Chemie und ihre rechnerische Anwendung – Thermodynamik –, Berlin/Göttingen/Heidelberg: Springer 1950.

von dem durch sie bestimmten prozentualen Umsatz je einmaligem Durchgang (engl. conversion per pass) ab. Dieser wird aber nicht nur von der Temperatur, sondern auch von der Verweilzeit beeinflußt. Je höher die Kracktemperatur und je größer die Verweilzeit ist, desto größer ist der Anteil des Einsatzgutes, der bei einmaligem Durchgang umgesetzt wird, desto höher sind aber auch Gas- und Koksbildung. Allerdings kann dadurch die Oktanzahl des erzeugten Krackbenzins bei gleichem Einsatz auf Kosten der Ausbeute erhöht werden. Die frühere, irrige Ansicht, hohe Kracktemperatur bedeute auf alle Fälle hohe Oktanzahl des Krackbenzins, ist teilweise dadurch entstanden, daß bereits angekrackte und daher wasserstoffärmere Einsatzprodukte bei gleichen Krackbedingungen zwar Krackbenzin mit hoher Oktanzahl, aber mit geringerer Ausbeute liefern. Für den gleichen Umsatz benötigen sie aber – wegen ihres stärker aromatischen Charakters – eine höhere Kracktemperatur als wasserstoffreichere Produkte, wie z. B. Straight run-Mitteldestillate. Wie bei den Verfahren noch erläutert wird, wählt man bei milden Verfahren, wie beim Visbreaking, die Ofenaustrittstemperaturen in der Höhe von rd. 450 °C oder etwas darüber; bei Temperaturen von 500 °C und mehr arbeitet man beim Kracken zur Herstellung klopffester Benzine aus schwerem Einsatzgut. Verwendet man dafür hochsiedende Destillate – was aber heute sehr selten vorkommen dürfte –, so kann man Temperaturen bis etwa 540 °C anwenden. Beim thermischen Reformieren können Werte bis zu 600 °C und bei der Erzeugung niedrigmolekularer Olefine müssen Temperaturen von 800 °C und darüber gewählt werden; vgl. auch Zahlentafel D-6, S. 297.

Bei höheren Drücken von rd. 15 bis 70 atü erhält man trotz dieses weiten Bereiches Krackbenzine und Krackgase mit niedrigem Gehalt an Diolefinen. Die Eigenschaften des Krackbenzins und des Krackgases hängen dabei hauptsächlich vom Einsatzgut ab. Schlüssige Begründungen für die Wahl des Druckes innerhalb des genannten Bereiches können nicht gegeben werden. Jedoch stehen die S. 297 mitgeteilten Werte mit dieser Erfahrung im Einklang. Bei den älteren, heute vollkommen überholten Verfahren wurden die Drücke auf Grund von Erfahrungen empfohlen, die nicht verallgemeinerungsfähig waren. Senkt man den Druck auf Werte von 7 atü und darunter, so erhält man stark ungesättigte Krackgase und Krackbenzine. Solche Benzine haben infolgedessen zwar eine bessere Oktanzahl als bei hohem Druck erzeugte Produkte, aber auch einen höheren Gehalt an Diolefinen. Deren ungünstiger Einfluß auf die Alterungsbeständigkeit durch Gum- und Peroxydbildung kann nur innerhalb gewisser Grenzen durch Zusatz von Inhibitoren ausgeglichen werden.

Den beiden Abb. D-3 und D-4 kann die Zuordnung von Temperatur und Reaktionszeit beim thermischen Kracken entnommen werden. Besonders Abb. D-3 läßt erkennen, daß zwar bei gleicher Geschwindigkeitskonstante merkbare Unterschiede zwischen den zugehörigen Reaktionstemperaturen der verschiedenen Kohlenwasserstoffe bestehen. Jedoch nehmen die Werte der Geschwindigkeitskonstante für einen bestimmten Kohlenwasserstoff oder eine Fraktion mit der Temperatur um mehrere

Zehnerpotenzen zu, ohne daß diese Temperatur auch nur annähernd einer ähnlichen Größenänderung unterworfen wäre.

Neuerdings wurde die Zusammensetzung der Krackprodukte bei höheren Drücken und kurzen Verweilzeiten genauer untersucht[1]. Dabei zeigte sich, daß die den Vorgang vornehmlich beherrschenden Reaktionen erster Ordnung nur von der Temperatur, wie bekannt, sehr stark abhängig sind, ihre Geschwindigkeitskonstante vom Druck aber nicht beeinflußt wird. Als Bruchstücke des Spaltvorganges konnten vor allem C_1- bis C_3-Kohlenwasserstoffe mit erheblichem Anteil an Äthen und Propen nachgewiesen werden. Ihre Menge stieg mit zunehmendem Umwandlungsgrad sehr stark an. Die beobachtete Bildung von Paraffinen in größerer Menge wird darauf zurückgeführt, daß durch höhere Drücke die Polymerisation von Radikalen mittlerer Molgröße gegenüber ihrer weiteren Spaltung zu kleinsten Bruchstücken begünstigt wird.

Weiterhin zeigen Abb. D-3 und D-4, daß der Einfluß der Verweilzeit auf den Ablauf der Reaktion und vor allem auf den Umsatz des Einsatzgutes von größter Bedeutung ist. Dieser nimmt mit der Zeit, während der die Reaktionsteilnehmer den Krackbedingungen unterworfen sind, in erster Näherung nach einer e-Funktion zu, weil Krackreaktionen als monomolekular betrachtet werden können[2]. In der Praxis des Krackens ist es am schwierigsten, die Verweilzeit genau festzulegen. Dies hat seinen Grund vor allem darin, daß die Anlagen nicht für ein einziges Einsatzgut gebaut werden können, sondern in dieser Hinsicht einen gewissen Spielraum aufweisen müssen. Außerdem müssen solche Bauelemente, wie die Rohre der Öfen, für den verlangten Durchfluß und gleichzeitig für die Wärmeübertragung bemessen sein und darüber hinaus auf die erforderliche Aufheiz- und Verweilzeit abgestimmt werden. Dies führt mitunter zu widerstreitenden Forderungen.

Um diese Verhältnisse zu erfassen, hat man versucht, mit Zahlen zu arbeiten, die als Bezugsgrößen für die Wiedergabe von Betriebsergebnissen geeignet sein sollen. Hiezu gehört z.B. der sog. soaking factor F, für den folgende Beziehung angegeben wird[3]:

$$F = \frac{V}{D} \int\limits_{0}^{1} \frac{P_T}{750} \frac{K_T}{K_{800}}\, \mathrm{d}v. \qquad (\text{D-34})$$

---

[1] Fabuss, B. M., J. O. Smith, R. I. Lait, A. S. Borsanyi u. C. N. Satterfield: Rapid thermal cracking of n-hexadecane at elevated pressures. Industr. Engng. Chem./Process Design Developm. 1 (1962) 293/99. – Dies. (jedoch M. A. Fabuss statt A. S. Borsanyi): Kinetics of thermal cracking of paraffinic and naphthenic fuels at elevated pressures; ebd. 3 (1964) 33/37; ref. Brennst.-Chem. 45 (1964) 188.

[2] Vgl. S. 271 sowie A. Eucken: Grundriß der physikalischen Chemie, 8. Aufl., bearb. von E. Wicke, Leipzig: Akad. Verlagsanstalt 1956, S. 402.

[3] Nelson, W. L.: Petroleum Refinery Engineering, 4. Aufl., 1958, a.a.O. S. 674. – Hengstebeck, R. J.: Petroleum Processing, New York/Toronto/London: McGraw-Hill 1959, S. 126 u. S. 144. Die hier wiedergegebene Formulierung lehnt sich an die von Hengstebeck an; a.a.O. S. 144 muß es jedoch in der Erklärung der Formelzeichen unter Beachtung der Bedeutung V statt F heißen. – To soak (engl.) = einweichen, tränken.

Darin bedeuten:

V das Volumen der Ofenrohre in cuft (cubic feet), in denen eine Temperatur über 800 °F ($= 426$ °C) herrscht,

D den Durchsatz der Anlage in bbl/d (barrels per day),

P_T den Druck bei der jeweiligen Temperatur T in psig (pound per square inch gauge),

K_T und K_{800} die Geschwindigkeitskonstanten der Reaktion bei der Temperatur T °F bzw. 800 °F unter Annahme einer Aktivierungsenergie von 53,4 kcal/mol,

dv das differentiale Rohrvolumen (im Temperaturbereich über 800 °F).

Die Integration muß graphisch durchgeführt werden, indem man eine Differenzensumme bildet und in kurzen Rohrstücken mit Mittelwerten rechnet. An Stelle des Quotienten $P_T/750$ gibt NELSON eine Funktion durch eine Kurve wieder, die unterhalb von 750 psig kleinere Werte als $P_T/750$ aufweist. So müßte man z. B. bei 300 psig statt $300/750 = 0,4$ den Wert von rd. 0,25 einsetzen und bei 100 psig statt 0,133 den Wert von rd. 0,08. Oberhalb 900 °F nehmen die Kurvenwerte nur mehr wenig zu und nähern sich asymptotisch dem Betrag von rd. 1500 psig.

Diese Rechengröße hat sich in gewissem Umfang in der Hauptsache zur Kontrolle des Betriebes von Kracköfen als brauchbar erwiesen. Eine Umrechnung auf das metrische System hat wenig Zweck, weil sich im Schrifttum keinerlei diesbezügliche Zahlenangaben in diesem System finden[1].

Um Betriebsdaten vergleichen zu können, ist noch eine andere Größe erforderlich, und zwar der bereits S. 278 erwähnte Umsetzungsgrad (conversion). Er ist ein Maß für die Schärfe der Krackbedingungen, die sowohl durch höhere Temperaturen wie durch längere Verweilzeit erreicht werden kann. Diese Größe wird ebenfalls benutzt, um Planungsdaten oder Betriebsdaten darauf zu beziehen und für verschiedene Fälle miteinander vergleichen zu können. Dieser in Vol.-% ausgedrückte Umsetzungsgrad C wird in allgemeiner Form meist durch die Formel

$$C = \frac{F_P - F_E}{E} 100 \qquad\qquad \text{(D-35 a)}$$

definiert. Dabei bedeuten

F_P die Menge einer bestimmten Fraktion oder Summe von Fraktionen im Produkt,

F_E die bereits im Einsatzgut vorhandene Menge dieser Fraktion oder Fraktionen,

E die Menge des Einsatzgutes selbst.

Welche Fraktion oder welche Summe von Fraktionen man für diese Definition wählt, hängt von den betrachteten Reaktionen ab und wird gewöhnlich von Fall zu Fall vereinbart oder festgelegt. Es ist dafür beim Kracken auf Benzin z. B. eine Schnittemperatur der wahren Siedepunktskurve üblich, die entweder mit dem wahren Siedebeginn des Einsatz-

---

[1] Bei HENGSTEBECK: a. a. O. S. 126 ist in Fig. 6-5 eine Kurve für die maximal zulässigen Werte des „soaking factor" in Abhängigkeit von der Dichte des Einsatzgutes wiedergegeben. Davon haben aber heute nur mehr die Angaben für die höchsten Dichten praktische Bedeutung. Sie lassen sich wegen des viel zu kleinen Maßstabes nicht ablesen. NELSON nennt a. a. O. S. 676 Beträge von 0,3 für schwere Rückstände mit einer Dichte etwas über 1,0 g/cm³ bis zu 1,2 für leichte Gasöle (Dichte etwa bei 0,85 g/cm³). Dort ist auch ein Beispiel durchgerechnet.

produktes oder einer willkürlich gewählten darunter, aber noch über dem Siedeende des Benzins liegenden Temperatur übereinstimmt. Wählt man für diesen Zweck die Temperatur t, so kann der Umsetzungsgrad C in Vol.-% auch wie folgt definiert werden:

$$C = 100 - \text{prozentuale Menge des in die Anlage}$$
wieder einsetzbaren sog. Cycle Stock mit Siedebereich oberhalb der Temperatur t.   (D-35b)

Der Umsetzungsgrad ist danach also gleich dem Verhältnis der durch das Kracken gebildeten Menge mit Siedebereich unter t zuzüglich etwa gebildeten Kokses zur insgesamt eingesetzten Menge. Er wird durch geeignete Wahl der Betriebsbedingungen beim thermischen Kracken für einmaligen Durchgang (conversion per pass) zwischen etwa 5 und 23% gehalten, ist also nicht sehr hoch; anderenfalls ist mit übermäßiger Gas- und Koksbildung zu rechnen. Der niedrige Wert gilt für schwere Rückstände; bei Destillaten sind aber Umsetzungsgrade in der Höhe von rd. 20% erreichbar[1]. Früher hat man mit erheblich höheren Umsetzungsgraden je Durchgang gearbeitet und dabei die erwähnten Nachteile in Kauf genommen. Es hat sich aber im Laufe der Entwicklung herausgestellt, daß die Ausbeute an erwünschten Krackprodukten wesentlich gesteigert werden kann, wenn man den Umsetzungsgrad je Durchgang in den genannten niedrigen Grenzen hält und einen Teil der gekrackten Produkte zurückführt und sie nochmals den Krackbedingungen unterwirft. Dadurch gelingt es, Gesamtumsetzungsgrade von mehr als 60% zu erreichen. Für die Rückführung eignet sich am besten eine Fraktion im Siedebereich des sog. Gasöles, also mit etwa 250 bis 350 °C. Diese Maßnahme ist für die praktische Ausführung und den Bau der Anlagen sehr wichtig, wie nachstehend noch erläutert wird.

Vorher soll noch kurz auf die früher üblichen Unterscheidungen zwischen Arbeiten in Dampfphasen, in gemischter und in flüssiger Phase hingewiesen werden. Es wurde seinerzeit auf diesen Phasenzustand sehr großer Nachdruck gelegt. Verschiedene Verfahren wurden danach unterschieden und die behaupteten Vor- und Nachteile als Folge des Arbeitens in der einen oder anderen Phase hingestellt. Dabei wurde aber übersehen, daß sich Kohlenwasserstoffe bei den in thermischen Krackanlagen angewendeten Drücken und Temperaturen – sofern auf die Gewinnung von Benzin gearbeitet wird – meist im überkritischen Zustand befinden, so daß die vorerwähnten Unterscheidungen ihren Sinn verlieren – zumindest soweit es sich um die höchsten Temperaturbereiche in der betreffenden Anlage handelt.

Der Phasenzustand spielt daher beim Kracken nur insoweit eine Rolle, als sich die Ablagerung von Koks vermeiden bzw. weitgehend einschränken läßt, wenn das Produkt eine Phasengrenze überhaupt nicht zu überschreiten braucht oder dies in äußerst kurzer Zeit bewerkstelligt wird. Ein solcher Zustandsverlauf läßt sich an Hand von Abb. A-18,

---

[1] Vgl. dazu A. N. SACHANEN u. M. D. TILICHEYEV: Chemistry and Technology of Cracking, New York: Chem. Catalog Comp. 1932. – SACHANEN, A. N.: Conversion of Petroleum, 2. Aufl., New York: Reinhold 1948, S. 211 ff.

S. 80 erläutern, wenn ein Zweistoffgemisch als repräsentativ für ein Vielstoffgemisch angesehen wird. Erhöht man den Druck des flüssigen Gemisches vor dem Ofen bei einer Temperatur, die unterhalb der durch die Siedepunktskurve gegebenen Werte liegt, so weit, daß bei dem folgenden Druckverlust und der Temperaturzunahme in den Ofenrohren der Zustandsverlauf durch eine Kurve beschrieben werden kann, die oberhalb der Faltenpunktskurve liegt, so wird der Durchgang durch eine Phasengrenzfläche und damit die Gefahr des Verkokens vermieden. Dabei geht also der flüssige Zustand stetig in den dampfförmigen über. Dies hat zur Folge, daß die in einem flüssigen Mehrstoffgemisch gelösten ausscheidbaren Stoffe aus diesem beim Verdampfen nur dann abgeschieden werden, wenn eine echte Verdampfung, d. h. ein Durchschreiten des Zweiphasengebietes stattfindet.

Als gelöste, aber ausscheidbare Feststoffe des Einsatzgutes kommen einmal dessen anorganische Begleitstoffe in Betracht. Dann bilden sich aber auch infolge der mit dem Kracken parallellaufenden Polymerisationen hochmolekulare Mehrkernaromaten, die zunächst als Gele im übrigen Öl kolloidal dispergiert bleiben. Sie gehen bei genügender Reaktionszeit stetig mit Zunahme der Molekülgröße und Abspaltung der letzten wasserstoffhaltigen Seitenketten in Koks von graphitischer Kristallstruktur über. Dabei bilden die anorganischen Verbindungen oft die Kristallisationskerne. Deshalb ist es sehr wichtig, daß zumindest in den Ofenrohren die Abscheidung fester Stoffe vermieden wird.

Beim Abkühlen und Entspannen der Produkte hinter dem Ofen ist aber eine Phasenänderung von dampfförmig in flüssig nicht zu umgehen. Man verlegt sie deshalb in besondere Entspannungsgefäße (Flash chambers) oder – beim Arbeiten auf Koks – in die Kokskammern. Soll der Rückstand flüssig bleiben, so muß das aus dem Ofen austretende Produkt mittels eines gekühlten Ölstromes abgeschreckt (gequentscht) werden, um die Phasengrenze sehr schnell zu durchschreiten und Nachreaktionen zu unterdrücken. Wenn auf Koks gearbeitet wird, muß hingegen die Reaktionszeit so ausreichend bemessen werden, daß sich ein fester Koks bilden kann; Näheres s. S. 311ff.

Es kann aber in den Ofenrohren auch bei sonst günstigen Voraussetzungen für einen störungsfreien Betrieb zu unerwünschter Koksbildung kommen. Eine sehr wichtige Ursache sind örtliche Überhitzung der Ofenrohre, z. B. durch Salzablagerungen, derart, daß durch die dabei eintretenden Reaktionen praktisch nur mehr das Kohlenstoffgerüst der Moleküle übrigbleibt. Sobald sich aber durch einen Anflug von Salz (und Koks) der Wärmeübergang verschlechtert, nimmt die Wandtemperatur rasch weiter zu, was meist in kurzer Zeit ein Verkoken des Ofens zur Folge hat.

f) Die Rückführung

Will man also die Ausbeuten an leichten Produkten über das beim einmaligen Durchgang ohne Koksbildung erzielbare Maß hinausgehend steigern, so muß zumindest ein Teil der noch nicht völlig gekrackten Produkte nochmals den Krackbedingungen unterworfen und dadurch weiter aufgespalten werden. Dabei muß man aber berücksichtigen, daß durch das Kracken der aromatische Charakter der Produkte zunimmt, sie daher zur weiteren Aufspaltung schärferer Reaktionsbedingungen bedürfen, gleichzeitig jedoch auch stärker zur Koksbildung neigen.

Daher werden in der Regel mehrere Rohrsysteme im Ofen angeordnet oder bei ausreichenden Durchsätzen auch mehrere getrennte Öfen aufgestellt, um die einzelnen Fraktionen jeweils bei den ihnen angepaßten Krackbedingungen spalten zu können. Die aus dem oder den Öfen austretenden Produkte werden – gegebenenfalls unter Zwischenschaltung von Entspannungskammern – in einen oder mehrere Fraktioniertürme geführt. Das Bodenprodukt dieser Kolonnen wird aber immer entweder vollständig oder nach nochmaligem Abdampfen leichterer Anteile aus der Anlage entfernt, weil dessen abermaliges Kracken unvermeidbar zu starker Koksbildung führen würde. Dies wird in den folgenden Abschnitten an Beispielen erläutert. Hier ist vor allem zu erwähnen, daß beim Kracken zur Gewinnung von Benzin für das Rückführungsverhältnis (recycle ratio) Werte zwischen etwa 2 und 5 gewählt werden. Dabei ist das Rückführungsverhältnis R durch die Beziehung

$$R = \frac{\text{Volumen des Frischöles + Volumen des bereits gekrackten, zurückgeführten Öles}}{\text{Volumen des Frischöles}} \qquad \text{(D-36)}$$

definiert. Auf diese Weise können Umsetzungsgrade von 60 bis 70% erreicht werden. Zwar ist es theoretisch möglich, das Rückführungsverhältnis noch höher als angegeben zu wählen, doch läßt sich der Umsetzungsgrad dadurch nicht mehr wesentlich steigern. Der Aufwand an Baukosten und Betriebsmitteln nähme dabei wegen der großen Kreislaufmenge so zu, daß die Grenze der Wirtschaftlichkeit bald überschritten wäre.

Beim thermischen Kracken besteht zwischen Rückführungsverhältnis und Umsetzungsgrad – im Gegensatz zu den Verhältnissen beim katalytischen Kracken – eine eindeutige Beziehung, weil der Einfluß des Katalysatorumlaufes und der Raumgeschwindigkeit wegfällt. Unter vereinfachenden, für allgemeine Betrachtungen zulässigen Annahmen kann man die nachstehenden Beziehungen ableiten. Darin bedeuten – jeweils als Verhältniszahlen –

f die zugeführte Frischölmenge,
b die gebildete Benzinmenge, die unterhalb eines Schnittpunktes t siedet,
m die unverändert gebliebene oder neu gebildete Menge an Mitteldestillaten, die sich für die Rückführung eignet,
k die gebildete Menge an Koks oder schwerem Rückstand, der aus der Anlage ausgeschleust werden muß,
$r = x \cdot m$ der den Krackbedingungen nochmals unterworfene Anteil der Mitteldestillate, also die rückgeführte Menge; darin ist $x \leq 1$.

Vereinfachend wird angenommen, daß sich aus dem rückgeführten Mitteldestillat die gleichen Mengen Benzin, Mitteldestillat und Koks oder Rückstand bilden, was mit Sicherheit nicht genau zutrifft, weil bei einmal angekrackten Fraktionen die Neigung zur Gas- und Koksbildung zunimmt. Die Gasbildung wird vernachlässigt bzw. ihr Anteil dem Benzin zugerechnet; es würden sonst die Gleichungen zu undurchsichtig. Betrachtet man Abb. D-5, so lassen sich folgende Beziehungen aufstellen:

$$1 = f + r = b + k + m. \tag{D-37}$$

Wegen $r = x \cdot m$ ist $f = 1 - xm$; setzt man noch die bei einmaligem Durchgang erzielte Umsetzung $1 - m = b + k$ entsprechend Gl. (D-35b), so ergibt sich die in derselben Gleichung definierte Gesamtumsetzung C zu

$$C = \frac{1 - m}{f} \, 100 = \frac{b + k}{1 - xm} \, 100 \tag{D-38}$$

und das Rückführungsverhältnis R zu

$$R = \frac{f + r}{f} = \frac{1}{1 - xm}. \tag{D-39}$$

Ein Rückführungsverhältnis von $R = 5 : 1$ setzt also voraus, daß $x \cdot m = 0,80$, der Betrag von m also größer als $0,80$ sein muß. Der Wert k wird bei der Gewinnung von Benzin möglichst klein angestrebt, läßt sich aber nicht immer vollkommen unterdrücken.

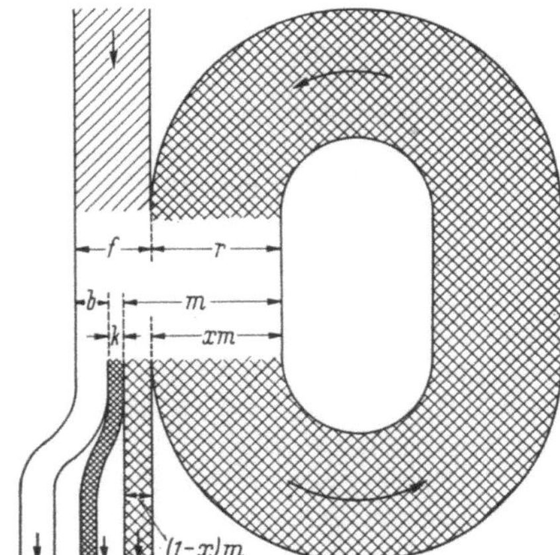

Abb. D-5. Graphische Darstellung der Mengenbilanz beim thermischen Kracken mit Rückführung. Erklärung der Formelzeichen im Text.

Bei Verkokungsanlagen liegen die Verhältnisse anders. Bei diesen wird entweder eine möglichst hohe Ausbeute an Koks gewünscht – soweit nicht Benzin gewonnen werden kann –; das Mitteldestillat (der sog. cycle stock) wird wegen seines aromatischen Charakters meist mit Straight run-Destillaten zu Heizöl verschnitten. Oder es wird angestrebt, aus dem Einsatz soviel als möglich an Destillat zu gewinnen, um es als Einsatzgut für katalytische Krackanlagen zu verwenden, was im einzelnen in Abschn. D4 noch näher ausgeführt wird. Solche Anlagen werden teils nur mit einmaligem Durchgang, meist aber mit sehr geringer Rückführung betrieben. Nach MEKLER und BROOKS wird in der Mehrzahl der Fälle bei neueren Verkokungsanlagen mit einem Rückführverhältnis von rd. 1,25 gearbeitet[1]. Die Rückführung wird hier nicht angewendet, um den Umsetzungsgrad bezogen auf Frischöl zu erhöhen, was trotzdem erreicht wird, sondern um im Unterteil der Fraktionier-kolonne durch mechanische Waschwirkung hochgerissene Tröpfchen aus dem Dämpfestrom zurückzuhalten und dadurch den Gehalt des als Einsatzgut für katalytische Krackanlagen zu verwendenden Mitteldestillates an Begleitstoffen wie Metallsalzen, Stickstoffverbindungen oder anderen Koksbildnern möglichst zu beschränken. Auf diesem Wege gelangt das dafür verwendete Öl zusammen mit den aufgenommenen Anteilen in den Einsatz und nochmals zum Ofen. Das Rückführungsverhältnis solcher Anlagen wird daher durch andere Überlegungen bestimmt und aus wirtschaftlichen Gründen nur so hoch gewählt, als es unbedingt erforderlich ist. Die angegebenen Formeln gelten auch für diese Fälle.

g) Die Ausbeuten und die Eigenschaften der Produkte

Obwohl die Betriebsbedingungen je nach dem Zweck des Verfahrens sehr verschieden gewählt werden können, lassen sich bezüglich der Ausbeuten an Benzin gewisse allgemeine Aussagen machen. Dies hängt damit zusammen, daß der Umsetzungsgrad weitgehend nur durch die Schärfe der Krackbedingungen, d.h. also durch Temperatur und Verweilzeit, bestimmt wird und bei sonst gleichen Verhältnissen Kohlenwasserstoffe mit dem Siedebereich des Benzins in einer Menge gewonnen werden, die sich nach einheitlichen Gesichtspunkten darstellen lassen.

Dies kann damit begründet werden, daß man, abgesehen von der Verkleinerung der Moleküle, das Kracken als eine Verlagerung des Wasserstoffgehaltes der einzelnen Produkte auffaßt. Dieser wird bei den erzeugten leichtersiedenden Anteilen auf Kosten des schweren Rückstandes erhöht. Deshalb hängt die erzielbare Ausbeute an Benzin in erster Linie davon ab, wieweit sich dies erreichen läßt. Je höher also der Wasserstoffgehalt des Einsatzgutes ist und je niedriger er im Rückstand sein darf, desto mehr Benzin kann gewonnen werden, und zwar in gewissen Grenzen unabhängig von den Krackbedingungen selbst. Daher ist es möglich, die Benzinausbeute beim Kracken mit gewisser Allgemeingültigkeit in Abhängigkeit von der in Gewichtsprozenten ausgedrückten Differenz des Wasserstoffgehaltes des Einsatzgutes und des Wasserstoffgehaltes des Rückstandes darzustellen. Dieser Zusammenhang ist in Abb. D-6 wiedergegeben; die Kurve entspricht etwa folgender empirischer Gleichung:

$$B = \frac{115\,(H_{\mathrm{E}} - H_{\mathrm{R}})}{3,09 + (H_{\mathrm{E}} + H_{\mathrm{R}})} \,. \tag{D-40}$$

Darin bedeuten:

B die Benzinausbeute in Vol.-% mit Siedeendpunkt 204 °C einschl. C_4,
H_{E} den Wasserstoffgehalt des Einsatzgutes (Frischöles) in Gew.-%,
H_{R} den Wasserstoffgehalt des Rückstandes in Gew.-%.

---

[1] Vgl. Fußn. 1, S. 316.

Mit diesem Wert für B kann die Ausbeute an gekracktem Rückstand R zu etwa

$$R = \frac{92{,}2 - B}{0{,}95} \qquad (D\text{-}41)$$

und der Anfall an sog. Trockengas (C_3 und leichter) in Gew.-% mit

$$G = 1{,}4 + 0{,}168\,B \qquad (D\text{-}42)$$

ungefähr berechnet werden[1].

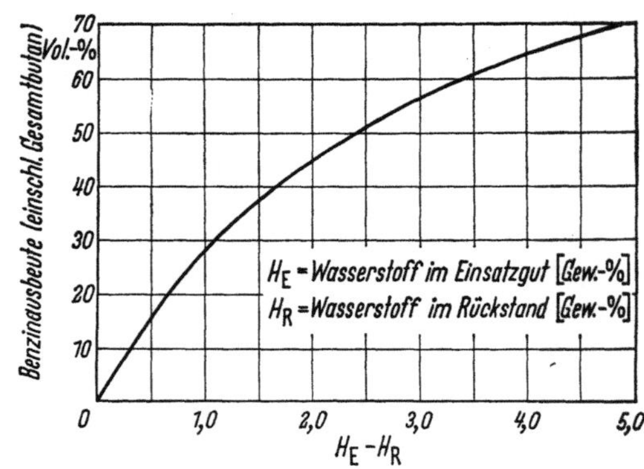

Abb. D-6. Benzinausbeute (einschl. C_4) in Vol.-% beim thermischen Kracken in Abhängigkeit von der Differenz des Wasserstoffgehaltes in Gew.-% zwischen Einsatzgut und Rückstand.

Durch thermisches Kracken gewonnenes Benzin hat infolge seines Gehaltes an Olefinen eine etwas höhere *Klopffestigkeit* als ein aus dem gleichen Rohöl gewonnenes Straight run-Benzin. Es ist aber wegen seines ungesättigten Charakters erheblich unstabiler und muß deshalb raffinierend nachbehandelt werden[2]. Außerdem ist seine Klopfempfindlichkeit groß, weil die Olefine eine größere Spanne zwischen Motor- und Researchoktanzahl aufweisen[3]. Bei dem heute angewendeten raffinierenden Hydrieren opfert man zwar Klopffestigkeit, doch ist diese Behandlung im Interesse anderer Eigenschaften, wie z.B. geringer Gumbildung sowie geringen Schwefelgehaltes, oft empfehlenswert. Soll aber ein Krack-

---

[1] Diese Angaben sind dem Beitrag J. H. HIRSCH u. E. K. FISHER: Conditions and results of thermal cracking for gasoline, in: The Chemistry of Petroleum Hydrocarbons, Bd. II, a.a.O. S. 27/60 entnommen. Dort finden sich noch weitere ähnliche Angaben, auf deren Wiedergabe hier verzichtet wird.

[2] Vgl. dazu A. N. SACHANEN: Composition of synthetic and cracked gasolines, in: The Chemistry of Petroleum Hydrocarbons, Bd. II, a.a.O. S. 61/70. – Weiterhin S. 653 sowie als heute noch lesenswerte Darstellung des seinerzeitigen Entwicklungsstandes K. K. RUMPF: Spalten und Reformieren einschließlich Fertigung des Spaltbenzins unter besonderer Berücksichtigung des Dubbs-Verfahrens. Öl u. Kohle 38 (1942) 2/15 u. 31/42. – WALTERS, E. L., H. B. MINOR u. D. L. YABROTT: Chemistry of Gum Formation in Cracked Gasoline. Industr. Engng. Chem. 41 (1949) 1723/29.

[3] Vgl. S. 90. Man bezeichnet es als "pressure distillate"; vgl. Fußn. 1, S. 981.

benzin anschließend noch katalytisch reformiert werden, so ist die vorherige Raffination durch Hydrieren unerläßlich, um die Olefine abzusättigen und Katalysatorgifte, wie z.B. Stickstoff, zu beseitigen. Der Verlust an Oktanzahl wird durch die Verbesserung der Bleiempfindlichkeit beim katalytischen Reformieren zum Teil wieder wettgemacht.

Beim flüssigen Krackrückstand ist die *Zähigkeit* als wichtigste Eigenschaft anzusehen. Bemerkenswert ist, daß sich das thermische Kracken in unterschiedlicher Weise auf die Zähigkeit flüssiger Rückstände auswirkt. Leichtere Einsatzöle ergeben im allgemeinen infolge sekundärer Polymerisationsreaktionen zäherflüssigen Rückstand. Beim thermischen Kracken von schwerem Einsatzgut wird wegen dessen größerer Empfindlichkeit mehr Mitteldestillat gewonnen. Davon steht dann zum Vermischen mit dem stark eingeengten, dickflüssigen Rückstand eine größere Menge zur Verfügung, so daß man im Endergebnis insgesamt eine Verminderung der Zähigkeit der Produkte erzielen kann. Davon macht man vor allem beim sog. Visbreaking (abgekürzte Bezeichnung für viscosity breaking) Gebrauch.

Die Gase aus thermischen Krackanlagen sind so wie das Benzin durch einen hohen *Gehalt an Ungesättigten* gekennzeichnet, und zwar überwiegen Äthen und Propen gegenüber höhermolekularen Olefinen. Daneben entsteht auch Methan und Wasserstoff, wie dies durch die Theorie von RICE und KOSSIAKOFF erklärt wird[1]. Die typische Analyse eines thermischen Krackgases ist in Zahlentafel D-4 wiedergegeben. Durch den höheren

Zahlentafel D-4. *Ungefähre Zusammensetzung des butanfreien Gases aus einer thermischen Krackanlage*

H_2	CH_4	C_2H_4	C_2H_6	C_3H_6	C_3H_8	
4	42	4	24	8	18	Vol.-%

heren Gehalt an C_1- und C_2-Kohlenwasserstoffen unterscheiden sich die Gase aus thermischen Krackanlagen von denen aus katalytischen Krackanlagen. Dies stellt bei der Erzeugung von Kraftstoffen einen Nachteil dar. Will man aber gerade die niedrigmolekularen Olefine wie Äthen und Propen als Ausgangsstoffe für Petrolchemikalien gewinnen, so ist das thermische Kracken bei möglichst hohen Temperaturen ein sehr geeignetes Verfahren zur Herstellung dieser Produkte in wirtschaftlich reizvoller Menge. Deshalb werden diese Verfahren auf S. 335 ff. im Anschluß an die klassischen Krackverfahren behandelt.

Mit Bezugsgrößen, die von den vorerwähnten abweichen, haben RAMSAY und FREEMAN die beim Visbreaking von Nahostöl erzielten Ergebnisse wiedergegeben[2]. Sie bezeichnen als „severity" die in Gewichtsprozenten ausgedrückte Menge von Gas und Benzin bis zu einem Siedeende von 125 °C, die sich aus dem Einsatzgut bilden.

---

[1] Vgl. S. 275.
[2] RAMSAY, TH., u. A. S. FREEMAN: Viscosity Breaking als Mittel zur Steigerung der Mitteldestillat-Produktion. Erdöl u. Kohle 14 (1961) 459/64.

Für Normaldruckrückstand aus Nahost-Öl haben sie gefunden, daß die in Abb. D-7 wiedergegebene Ausbeute an leichten Destillaten in Abhängigkeit von dem vorstehend definierten Umsetzungsgrad erhalten werden. Dabei wurde die Forderung erfüllt, daß sich aus dem Krackrückstand und dem leichten Destillat durch Mischen noch ein stabiles Heizöl mit einer Viskosität von 3,8 °E ($\triangleq$ 27,6 cSt) bei 100 °C herstellen läßt. Es zeigt sich, daß eine Erhöhung des „Umsetzungsgrades" auf Werte über 6 % die Ausbeute an mischbarem Mitteldestillat kaum mehr steigert und deshalb bei den heutigen Marktverhältnissen uninteressant ist.

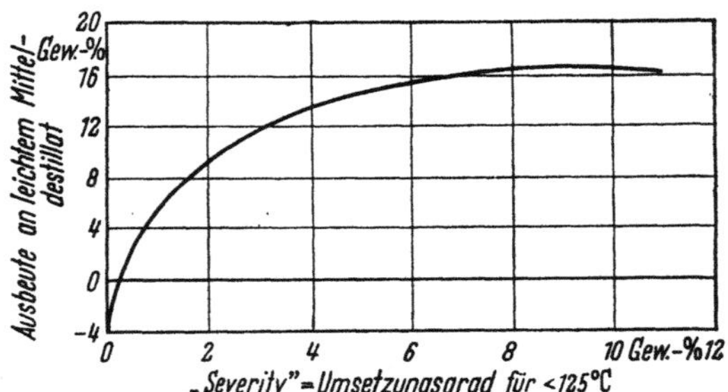

Abb. D-7. Ausbeute an leichtem Mitteldestillat (als Mischkomponente geeignet), abhängig vom Umsetzungsgrad beim Visbreaking von Normaldruckrückstand aus Nahost-Rohöl (bezüglich der hier benutzten, vom Üblichen abweichenden Festlegung des Umsetzungsgrades s. Text). Als Abszisse ist die Gas- und Benzinerzeugung bis Siedepunkt 125 °C gewählt.

Bei höheren Umsetzungsgraden werden vor allem die Mischungen unstabil, so daß anfänglich noch zu erzielende, genügend niedrige Viskosität allein nicht genügt. Für Vakuumrückstände sollen gleichfalls 6 % Umsetzungsgrad sinngemäß die obere Grenze darstellen. Doch können sich die Zusammenhänge bei Rohölen anderer Herkunft wesentlich ändern, weil die Basis in diesem Fall eine nicht unwichtige Rolle spielt. Eine Übersicht über die Mengen der aus zwei verschiedenen Nahost-Ölen erzielbaren Produkte bei Einsatz von Normaldruck- und von Vakuumrückstand ist in Zahlentafel D-5 wiedergegeben. Daraus lassen sich Anhaltspunkte für ähnlich gelagerte Fälle gewinnen. Man findet die Tatsache bestätigt, daß höhere Umwandlungsgrade – soweit sie anwendbar sind – die Zähigkeit der etwa über dem Benzinbereich siedenden Gesamtfraktion sogar senken.

Ein nicht zu übersehender Mangel der aus thermischen Krackanlagen gewonnenen Produkte ist ihr meist beträchtlicher *Schwefelgehalt*, wenn das Einsatzgut reich an Schwefel ist. Dies ist besonders bei der Verarbeitung von Nahost-Ölen oder solchen aus dem Ural–Emba-Gebiet der Fall. RAMSAY und FREEMAN haben auch darüber Angaben gemacht, die in Abb. D-8 wiedergegeben sind. Sie lassen sich aber nicht auf Produkte aus Rohölen anderer Herkunft übertragen, wie bereits früher BARRON u. Mitarb. gezeigt hatten[1]. Diese haben an Hand nicht sehr umfang-

---

[1] BARRON, J. M., A. R. VANDERPLOEG u. H. McREYNOLDS: Sulfur Distribution in Thermal Cracking of High-Sulfur Feed Stocks. Industr. Engng. Chem. 41 1949) 2687/90.

Zahlentafel D-5. *Ergebnisse beim Visbreaking von Normaldruck-
und Vakuumrückstand zweier Nahost-Öle*

Einsatzprodukt		Normaldruckrückstand					Vakuumrückstand			
Herkunft des Rohöles		Iraq (Basra)		Kuweit			Iraq (Basra)		Kuweit	
Menge bezogen auf Rohöl Gew.-%		48		55			20		25	
Schwefelgehalt Gew.-%		3,5		4,0			4,6		5,4	
Verkokungsrückstand nach CONRADSON Gew.-%		8,8		9,6			24		21	
Kinematische Viskosität bei 37,8 °C cSt		480 ($\widehat{=}$ 63 °E)		1100 ($\widehat{=}$ 145 °E)			270 000		$>10^6$	
Umsetzung in Gas und Benzin bis 125 °C Gew.-%		2,5	4,0	4,1	7,1	10,6	5,0	8,0	4,9	7,7
Produktausbeuten: Gew.-%										
Gas		1,1	1,8	1,6	3,0	4,3	2,1	3,4	2,3	3,8
Benzin (bis 200 °C)		3,3	5,3	5,5	9,2	13,8	6,2	10,2	6,3	9,7
Gasöl (bis 350 °C)		8,1	11,2	11,7	15,6	19,2	14,5	18,9	15,1	19,0
Rückstand (über 350 °C)		87,5	81,7	81,2	72,2	62,7	77,2	67,5	76,3	67,5
Kinematische Zähigkeit des über 350 °C siedenden Rückstandes bei 37,8 °C cSt		152	118	185	131	113	3700	1800	8000	3000
entsprechend °E		20	15,5	24	17,3	15				

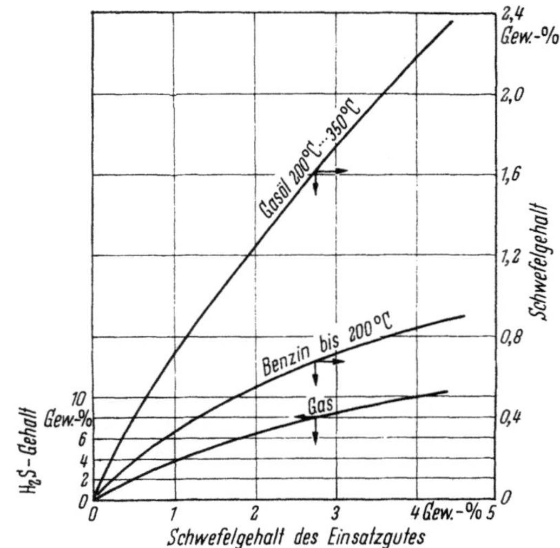

Abb. D-8. Schwefelgehalt der Visbreaking-Produkte beim Verarbeiten von Nahost-Öl, abhängig vom Schwefelgehalt des Einsatzgutes.

reicher, verfügbarer Untersuchungsergebnisse festgestellt, daß zwischen dem Schwefelgehalt des thermisch gewonnenen Krackbenzins und dem des Einsatzgutes für Rohöle bestimmter Herkunft wohl ein *gewisser*

Zusammenhang zu erkennen ist, daß aber die diesbezüglichen Verhältniswerte bei Produkten aus Rohölen verschiedener Herkunft bis zum vierfachen Betrag voneinander abweichen können. Die Ursache ist wohl darin zu suchen, daß der Schwefel im Einsatzgut je nach der Basis des Rohöles sehr verschieden gebunden sein kann. Dies wurde bereits in

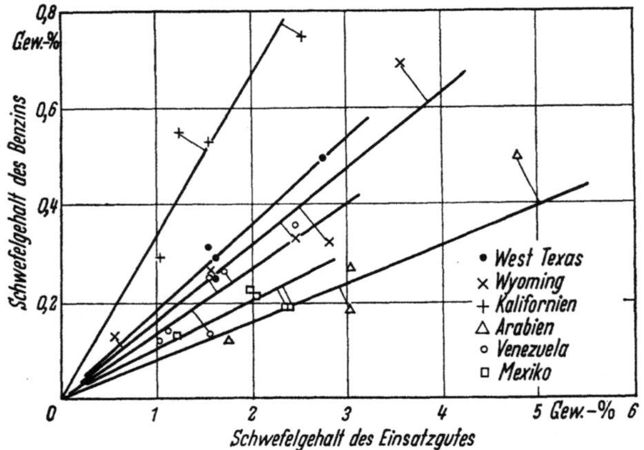

Abb. D-9. Schwefelgehalt von Benzinen aus thermischen Krackanlagen in Abhängigkeit vom Schwefelgehalt des Einsatzgutes bei Rohölen verschiedener Herkunft.

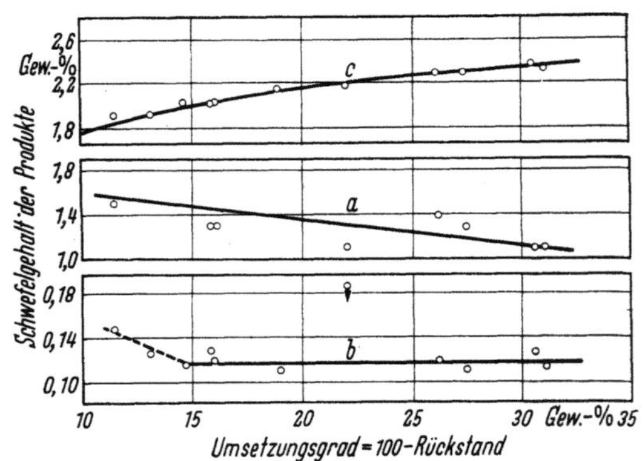

Abb. D-10. Schwefelgehalt der Produkte beim Visbreaking von arabischem Rohölrückstand in Abhängigkeit vom Umsetzungsgrad (hier gleich 100 minus Gew.-% des Rückstandes gesetzt).
a Gas;   *b* Benzin;   *c* Rückstand

Abschn. A2cβ besprochen; vgl. dort Abb. A-6 und A-7. Vor allem Thiophenschwefel dürfte bei den Temperaturen, wie sie beim thermischen Kracken angewendet werden, noch kaum angegriffen werden. Immerhin geht aus Abb. D-9 hervor, daß die Verhältnisse bei den in Europa zu verarbeitenden Ölen aus Arabien und Venezuela günstiger sind als z.B. bei den kalifornischen Ölen. Wegen der Bedeutung, welche die Versorgung des europäischen Marktes mit Nahost-Ölen hat, ist in Abb. D-10 noch für ein bestimmtes dieser Öle gezeigt, wie sich der Schwefelgehalt mit der Schärfe

·der Krackbedingungen, also mit dem Umsetzungsgrad ändert. Dieser ist aber von BARRON u. Mitarb., anders als vorstehend erwähnt, einfach als die in Gewichtsprozenten ausgedrückte Differenz zwischen Einsatz und Rückstand definiert, allerdings ohne den Schnittpunkt anzugeben. Man sieht, daß sich der Schwefelgehalt des Benzins kaum ändert, nur bei sehr niedriger Umsetzung anscheinend etwas ansteigt, was auf noch nicht ausreichende H_2S-Abspaltung deutet. Dies braucht nicht in Widerspruch zur Abnahme des prozentualen Schwefelgehaltes im Gas zu stehen, weil sich dessen Menge mit zunehmender Krackschärfe erhöht.

Bei dem Mangel an verwertbaren Angaben über die Verteilung des Schwefels in thermischen Krackprodukten dürften die hier mitgeteilten Zahlen insoweit von Interesse sein, als sie wenigstens einige Anhaltspunkte geben. Auch NELSON hat versucht, Abhängigkeiten zu ermitteln, insbesondere was den Schwefelgehalt betrifft[1].

3. Das Kracken auf flüssigen Rückstand

Bei der Entwicklung der thermischen Krackverfahren war eines der wichtigsten Ziele die Erhöhung der Ausbeute an Produkten vor allem im Siedebereich des Benzins. Dies ist nach wie vor in den Vereinigten Staaten von Amerika der Fall, sofern man das thermische Kracken auf flüssigen Rückstand überhaupt noch anwendet. In gewissem Umfang kann aber auch die Gewinnung zusätzlicher Mengen von Mitteldestillaten oder bei paraffinischen Ölen die Senkung des Stockpunktes von Interesse sein. Dieses Ziel wird in einigen Anlagen angestrebt, die vor mehreren Jahren in Europa für die Verarbeitung libyscher Rohöle errichtet wurden; vgl. dazu S. 9 und 99. Die mit dem Spalten verbundene Verkleinerung der Moleküle führt wohl dazu, daß sich Gas bildet und in den flüssigen Produkten der Anteil der leichten Fraktionen erhöht wird. Wegen deren stark ungesättigten Charakters kommt es aber auch zu Polymerisationen von Molekülbruchstücken und infolgedessen zur Bildung von schwerem Rückstand oder von Koks, wenn die Krackreaktionen nicht schnell genug eingefroren werden. Diese Gesichtspunkte sind daher sehr wesentlich für die praktische Ausgestaltung der Verfahren. Je nach dem, ob der Rückstand noch in flüssiger Form gewonnen werden soll oder als Koks gewünscht wird, ergeben sich in den Verfahrensbedingungen erhebliche Unterschiede. Man muß im ersten Fall durch Steuerung der Temperatur und der Verweilzeiten erreichen, daß die als Sekundärreaktionen auftretenden Polymerisationen ein gewisses Maß nicht überschreiten. Will man jedoch Koks als Rückstand erzielen, dann erreicht man durch eine weitgehende Abspaltung von Wasserstoffatomen sowie von C_1- und C_2-Radikalen höhere Ausbeuten an Gas und leichten Produkten gegenüber dem Kracken auf flüssigen Rückstand. Es muß aber dafür gesorgt werden, daß die Polymerisationen und Dehydrierun-

---

[1] NELSON, W. L.: Sulfur reduction by visbreaking. Oil Gas J. 65 (21. Aug. 1967) Nr. 32, S. 101/03; ders.: Can sulfur be reduced by visbreaking; ebd. 65 (6. Nov. 1967) Nr. 45, S. 96/97.

gen so vollständig ablaufen, daß ein genügend harter, verkaufsfähiger
Koks entsteht. Deshalb empfiehlt es sich, diese beiden Verfahren getrennt zu behandeln, und zwar zunächst in diesem Abschnitt das Krakken auf flüssigen Rückstand. Das Kracken auf Koks wird im folgenden
Abschnitt erörtert.

a) Das Einsatzgut

Im Gegensatz zu den Verhältnissen beim katalytischen Kracken können für das thermische Kracken sowohl Destillate wie auch Rückstände
bis zu höchsten Dichten verwendet werden, soweit sie noch bei Temperaturen, die aus Betriebsgründen nicht wesentlich über 180 °C liegen
sollen, verpumpt werden können. Eine Begrenzung nach oben ist vor
allem durch wirtschaftliche Überlegungen gegeben. Deshalb werden
thermische Krackanlagen oft unmittelbar mit Destillationsanlagen so
zusammengeschaltet, daß deren Sumpfprodukt mit seiner hohen Ablauftemperatur gleich in den Ofen der Krackanlage gedrückt werden kann.
Ist es aber nicht zu vermeiden, daß das Einsatzgut für eine Krackanlage
in Zwischentanks gelagert wird, so bedeutet die Beheizung solcher Tanks
und der verbindenden Rohrleitungen eine Belastung durch laufende
Kosten. Deshalb können aus diesem Grund der Verwendung von schwerem
Einsatzgut gewisse Grenzen gezogen sein. Außerdem neigen die Öfen
thermischer Krackanlagen um so leichter zum Verkoken, je höher die
Dichte und der Conradson-Koks des Einsatzgutes ist. Dies verursacht
öftere Unterbrechung des Betriebes, um die Rohre reinigen zu können[1].
Auch die dadurch entstehenden Kosten drücken die Wirtschaftlichkeit.
Diese Zusammenhänge durch genaue Zahlen zu belegen ist deshalb
schwierig, weil sie sehr weitgehend vom Rohölpreis und dem für die
einzelnen Produkte zu erzielenden Erlös abhängen.

Grundsätzlich lassen sich um so günstigere Ergebnisse erzielen, je
mehr die Krackbedingungen den Einsatzprodukten angepaßt werden.
Dies erreicht man z. B. in den später beschriebenen mehrstufigen Anlagen.
Es wurden bereits solche mit vier besonderen Rohrsystemen oder Öfen
gebaut. Dabei wird das eine oder andere System mit Destillaten beschickt, die erst beim Kracken selbst entstehen. Dadurch bietet sich die
Möglichkeit, erstens Druck und Temperatur für jeden Strom unabhängig zu wählen, und zweitens solche Destillate, die weniger erwünscht
sind, zur weiteren Aufspaltung zurückzuführen. Der *Rückstand* muß
unter allen Umständen nach dem ersten Durchgang aus der Anlage *ausgeschleust* werden. Dies gilt auch, wenn auf Koks gearbeitet wird. In diesem Fall wird der Frischeinsatz zuerst in die Fraktionierkolonne geführt;
in deren Sumpfprodukt gelangen nur die Rückstandsanteile des un-

---

[1] Statt des meist üblichen Ausbohrens der Rohre mit Spezialwerkzeugen geht
man heute mit Erfolg dazu über, den Koksansatz aus den Ofenrohren bei sehr mäßiger Feuerführung durch Luft- und Dampfzufuhr auf der Produktseite unter ständiger Beobachtung der Rohre herauszubrennen. Für diese Möglichkeit müssen
entsprechende Anschlüsse für Dampf und Luft sowie Schaulöcher im Feuerraum
vorgesehen werden. Vgl. dazu G. W. ALEXANDER: Coke Removal by Steam. Petrol.
Refiner 27 (1948) Nr. 6, S. 301/03.

Zahlentafel D-6. *Betriebsbedingungen bei verschiedenen thermischen Verfahren zum Kracken auf flüssigen Rückstand*

Art des Verfahrens	Rückführung	Umsetzungsgrad je Durchgang[b] %	Temperatur am Ofenaustritt °C	Druck am Ofenaustritt atü
Viscosity breaking von Rückständen	ohne	3···12	450···480	15···18
Schärferes Kracken von Rückständen	mit	10···17	500···520	20···35
Kracken von Gasöl	mit	15···21	520···540	35···50
Reformieren von Schwerbenzin[a]	mit	18···26	525···575	45···55

[a] Dieses in Abschn. D-5 näher beschriebene Verfahren ist wegen der grundsätzlichen Ähnlichkeit der Verfahrensbedingungen hier mit aufgezählt. – [b] Unter Umsetzungsgrad ist hier die Erzeugung von Benzin und leichteren Produkten verstanden; Koksbildung gleich null gesetzt.

gekrackten Öles. Die nach unten gewaschenen schwersten Anteile der aus den Kokstrommeln abgezogenen Dämpfe sind Destillate, die zumindest keine Aschebildner enthalten. Nur diese Anteile werden wirklich zurückgeführt und nochmals den Krackbedingungen unterworfen, wie Abb. D-15, S. 315 erkennen läßt.

Da Kohlenwasserstoffe um so leichter gespalten werden, je größer ihre Moleküle sind, erklären sich die in der vorstehenden Zahlentafel D-6 wiedergegebenen Werte für die Betriebsbedingungen[1]. Die unteren Temperaturgrenzen gelten für paraffinbasische Einsatzprodukte, die oberen für naphthenische. Auch gibt es manche Anlagen, in denen die Temperaturen um Beträge bis zu 30° niedriger gewählt werden mußten, als in der Zahlentafel angegeben – sei es, daß bereits bei der Planung wegen der Empfindlichkeit des Einsatzgutes eine solche Wahl empfehlenswert schien, sei es, daß erst nach Inbetriebnahme die Notwendigkeit einer solchen Maßnahme erkannt wurde, weil auf andere Weise kein befriedigender Dauerbetrieb zu erreichen war –. In beiden Fällen ist eine meist unerwünschte Verschiebung der Ausbeute an einzelnen Produkten die zwangsläufige Folge. Durch Laboratoriumsversuche lassen sich dafür nicht mit voller Sicherheit ausreichende Erkenntnisse gewinnen. Die Ableitung streng gültiger Modellgesetze für Krackvorgänge stößt auf fast unüberwindliche Schwierigkeiten, trotz verschiedener Ansätze, solche Gesetze auch für chemische Reaktionen abzuleiten[2]. Die verläßlichste

---

[1] Teilweise nach W. L. NELSON: Petroleum Refinery Engineering, 4. Aufl., New York/Toronto/London: McGraw-Hill 1958, S. 657 u. 681.

[2] Vgl. dazu R. E. JOHNSTONE u. M. W. THRING: Pilot Plants, Models, and Scale-up Methods in Chemical Engineering, New York/Toronto/London: McGraw-Hill 1957. Das Kracken ist in diesem Buch überhaupt nicht erwähnt. – Grundsätzliche Ausführungen zu diesem Thema auch bei S. TRAUSTEL: Modellgesetze der Vergasung und Verhüttung (Scientia chimica Bd. 4), Berlin: Akademie-Verlag 1942. – Ganz anders liegen die Möglichkeiten bei der Entwicklung und Untersuchung von Katalysatoren im Laboratorium. Dabei läßt sich „Modellähnlichkeit", soweit sie überhaupt eine Rolle spielt, meist erreichen. Wesentlich sind Temperatur, Druck und „Raumgeschwindigkeit". Hierüber Näheres auf S. 390ff.

Grundlage ist in diesem Falle nach wie vor langjährige Erfahrung. Wegen der erwähnten unterschiedlichen Wahl der Betriebsbedingungen spricht man bei mehrstufigen Anlagen oft von „Selective Cracking".

b) Das Visbreaking-Verfahren

Visbreaking-Anlagen werden errichtet, um die Menge oder die Eigenschaften des in der Rohöldestillation anfallenden Rückstandes den Markterfordernissen entsprechend zu ändern. Wenn sie in Verbindung mit Destillationsanlagen gebaut werden, hat sich im Sprachgebrauch der Raffinerien für solche Anlagen die Bezeichnung „Combination Unit" eingebürgert. Dieser Begriff ist aber keineswegs eindeutig, weil sehr verschiedene „Kombinationen" darunter verstanden werden, z.B. auch solche aus Rohöldestillation, katalytischer Krackanlage und thermischer Reforming-Anlage[1]. Der Vorteil dieser sog. Combination Units liegt vor allem darin, daß die heiß ablaufenden Produkte ohne Zwischenlagerung und ohne Wärmeaustausch in der anschließenden Betriebseinheit weiterverarbeitet werden. Außerdem kann die Wärme der ablaufenden Produkte und etwa vorhandener Zwischenkreisläufe besser genutzt werden. Dadurch gelingt es, die Betriebskosten sehr erheblich zu senken. Diese Bauweise hat deshalb weite Verbreitung gefunden, weil die Betriebssicherheit der Raffinerieausrüstungen heute einen hohen Stand erreicht hat, Störungen und dadurch verursachte Betriebsunterbrechungen deshalb verhältnismäßig selten sind. Die gegenseitige Abhängigkeit der Einzelteile kombinierter Anlagen braucht sich deshalb nicht ungünstig auszuwirken. Siehe dazu auch Abschn. D 3 d, S. 307 ff.

In Abb. D-11 ist das Fließbild einer kombinierten Anlage gezeigt, bei der der Visbreaker zwischen die Normaldruck- und Vakuumkolonne einer Rohöldestillationskolonne geschaltet ist. Die wichtigsten Anlagenteile des Visbreakers selbst sind der Ofen e, die Reaktionskammer f und die Fraktionierkolonne g für das aus der Reaktionskammer austretende gekrackte Produkt. In dem dargestellten Beispiel ist der Zustand am Ofenaustritt mit etwa 17 atü und 490 °C gewählt; die Temperatur liegt also noch etwas höher, als in Zahlentafel D-6 angegeben. Die Reaktionskammer ist ein stehendes, zylindrisches Gefäß ohne Einbauten. Ihr Volumen muß so bemessen sein, daß die gewünschte Reaktionszeit erreicht wird. Da diese keinen großen Spielraum zuläßt und sie durch Änderung von Druck und Temperatur ohne Einbuße an gewünschten Produkten nicht wesentlich geändert werden kann, lassen sich solche Anlagen wirtschaftlich nur bei Vollast fahren. Im vorliegenden Fall bedeuten die Zwischenschaltung des Visbreakers zwischen Normaldruck- und Vakuumkolonne eine Entlastung einer etwa vorhandenen katalytischen Krackanlage. Es wird dadurch zunächst die Benzinausbeute der Gesamtanlage erhöht, und zwar auf Kosten des Normaldruckrückstandes. Weiterhin wird der Siedebereich der aus diesem Rückstand in der Vakuumanlage gewinnbaren Destillate derart verschoben, daß leichtere Produkte ge-

---

[1] Vgl. die Übersicht bei W. L. NELSON: a.a.O. S. 691 ff., in der katalytische Verfahren noch gar nicht berücksichtigt sind.

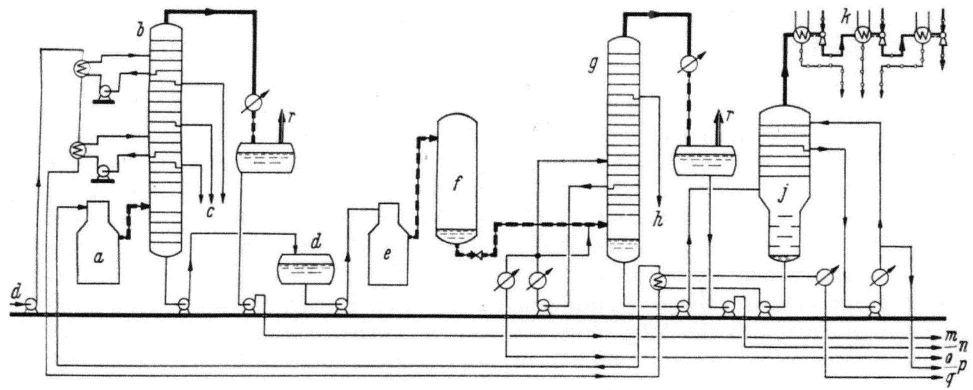

Abb. D-11. Schematisches Fließbild einer kombinierten Anlage mit Visbreaker zwischen Normaldruck- und Vakuumkolonne nach Forster-Wheeler.

a   Rohölofen;
b   Rohölkolonne;
c   Abzüge für Seitenfraktionen (Einzelheiten nicht dargestellt);
d   Zwischenbehälter für heißes Bodenprodukt;
e   Visbreaking-Ofen;
f   Reaktionskammer;
g   Fraktionierkolonne für Krackprodukte;
h   Seitenabzug für leichtes Krackmitteldestillat (Einzelheiten nicht dargestellt);

j   Vakuumkolonne;
k   Vakuumeinrichtung;
l   Rohöl;
m   Unstabiles Straight run-Benzin;
n   Unstabiles Krackbenzin;
o   Schweres Krackmitteldestillat;
p   Vakuumdestillat;
q   Schwerer Vakuumrückstand;
r   Krackgas.

bildet und die Menge der Mitteldestillate, die als Einsatzgut für eine katalytische Krackanlage dienen können, verringert wird. Desgleichen wird die Menge des als Vakuumrückstand anfallenden Heizöles kleiner. Die beschriebene Anlage arbeitet im Krackteil ohne sog. Quentschsystem[1]. Damit ist die Schärfe der anwendbaren Betriebsbedingungen begrenzt, desgleichen die Ausbeute an leichten Produkten. Will man diese noch weiter steigern, was z.B. durch Erhöhen der Ofenaustrittstemperatur zu erreichen ist, indem man auf Werte von 500 °C und darüber geht, so kommt man nicht mehr ohne Quentschen aus, weil die zulässige Verweilzeit bereits so kurz ist, daß eine einfache Reaktionskammer nicht mehr genügt. Man läuft sonst Gefahr, daß sich infolge von Polymerisationen Koks oder zumindest sehr zähe Rückstände bilden, die einen Dauerbetrieb erschweren und im Lagertank zu sehr unangenehmen Nachreaktionen führen können.

Das Schema einer Anlage, in der statt einer einfachen Reaktionskammer der mit Rieseleinbauten ausgerüstete Unterteil einer Fraktionierkolonne verwendet wird, ist in Abb. D-12 wiedergegeben. Bei dieser

---

[1] To quench (engl.) bedeutet löschen, abkühlen, technisch oft: abschrecken, z.B. von Stahl beim Härten. Der Ausdruck wird in der Erdölindustrie viel gebraucht, um Vorgänge zu kennzeichnen, bei denen durch Einspritzen oder sonstige Zufuhr kalter Produkte Reaktionen zum Stillstand gebracht werden. Das Wort hat in dieser Bedeutung Eingang in die Fachsprache gefunden. Im Französischen ist dafür so wie für das Härten von Stahl der Ausdruck tremper (eintauchen, befeuchten) gebräuchlich (von lat. temperare = richtig wärmen bzw. abkühlen bzw. mischen, mäßigen).

Schaltung wird durch höhere Kracktemperatur vor allem eine Verminderung der Heizölausbeute erreicht, während die Erzeugung von möglichst viel Mitteldestillat angestrebt wird. Da jedoch die Heizölfraktion bereits sehr stark eingeengt und deshalb sehr zäh ist, wird sie mit leichtem Mitteldestillat verschnitten. Dies ist wirtschaftlich deshalb gerechtfertigt, weil ein so gewonnenes leichtes Krackgasöl wegen zu geringer Zündwilligkeit als Dieselkraftstoff kaum verwendbar ist. Sein Zusatz zum Vakuumrückstand bietet eine brauchbare Handhabe, diesen selbst vorher soweit wie möglich einzuengen und dadurch Einsatzgut für eine katalytische Krackanlage zu gewinnen. Die Aufgabe ist also der zuerst erwähnten teilweise entgegengesetzt. Die Anlage ist zweistufig ausgebaut, was die Möglichkeit bietet, sie wechselnden Einsatzölen besser anzupassen. Dafür kommt so wie in der zuerst beschriebenen Anlage vor allem Normaldruckrückstand in Frage. Dieser wird im Ofen a zunächst auf rd. 470 °C aufgeheizt. Da der Druck mit rd. 20 atü noch höher gehalten wird als im zuerst beschriebenen Fall, tritt im Ofen selbst nur geringe Verdampfung auf, vielmehr erst beim Entspannen in den bereits erwähnten Unterteil der Fraktionierkolonne b. Dabei sinkt die Temperatur des Bodenproduktes auf rd. 430 °C, eine Temperatur, die ausreicht, diesen Rückstand ohne weitere Zwischenaufheizung in die Vakuumkolonne g zu leiten. Durch das bereits erwähnte Quentschen mit gekühltem Öl aus dem Oberteil der Kolonne wird erreicht, daß keine Nachreaktionen eintreten. Die Hauptmenge des im Oberteil der Kolonne b anfallenden Bodenproduktes, von dem das Quentschöl als Teilstrom abgezweigt ist, wird nun durch die zweite Hälfte des Ofens geführt und verläßt diesen mit rd. 500 °C bei einem Druck von rd. 25 atü. Diese scharfen Krackbedingungen sind nur anwendbar, weil in die zweite Stufe des Krackofens Destillat eingesetzt wird. Auch aus der zweiten Ofenhälfte wird das gekrackte Öl in den Unterteil der Kolonne b entspannt. *Deshalb* sind in dem zur Vakuumanlage strömenden Rückstand die schwersten Anteile dieses Produktes enthalten. Die übrigen Teile des Fließschemas zeigen bereits beschriebene Schaltungen. So geht das Kopfprodukt über den Kondensator in einen Rückflußbehälter e, aus dem ein Teil in die Hauptkolonne zurückgeführt wird, der Rest in die Stabilisierkolonne. Die aus dem Trennbehälter austretenden gasförmigen Anteile werden in einem Absorber h mit schwerem Gasöl gewaschen und mit diesem zur Hauptkolonne zurückgeführt. Die Seitenströme der Hauptkolonne gehen in zwei übereinandergesetzte Seitenkolonnen; das Sumpfprodukt der unteren Seitenkolonne ist ein als Krackeinsatz verwendbares schweres Gasöl, das Sumpfprodukt der oberen Kolonne – der Siedelage nach ein leichtes Gasöl – dient, wie bereits erwähnt, zum Verschneiden mit dem Rückstand der Vakuumkolonne, wodurch dessen Dichte und Zähigkeit auf spezifikationsgerechte Werte gebracht werden[1].

Die Anlage zeigt auch die auf S. 242 ff. erwähnte Verwendung heißer Produkte zum Wärmeaustausch. Hier wird ein Teil der Seitenfraktion

---

[1] Trotz der Bemerkungen auf S. 93 ist vorstehend und auch im folgenden Text öfter der Ausdruck „Gasöl" beibehalten, weil er in den Quellen und noch vielfach im Betrieb benutzt wird.

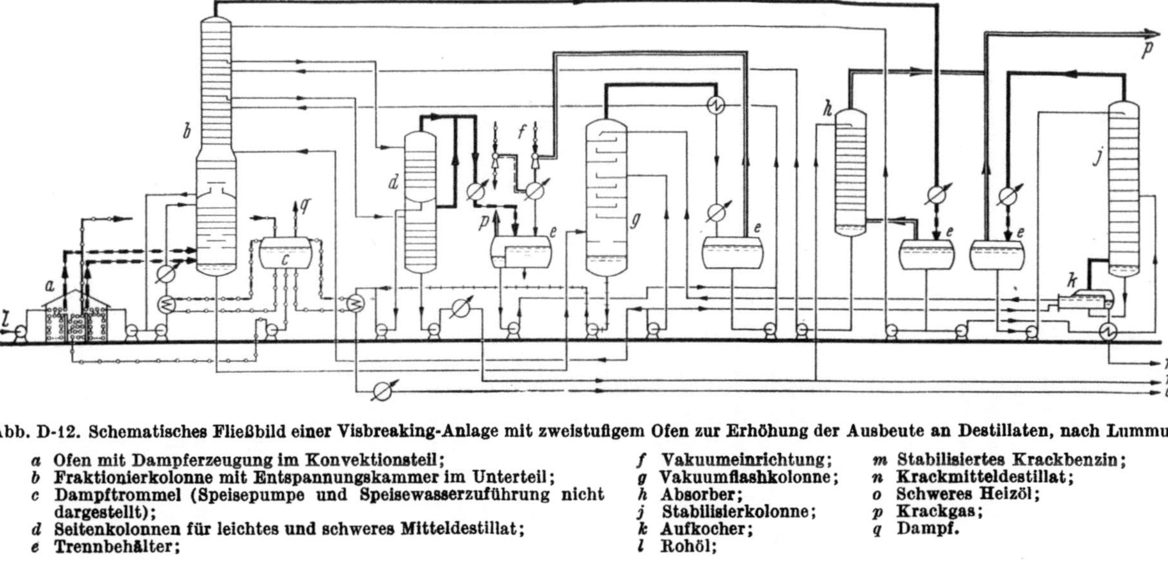

Abb. D-12. Schematisches Fließbild einer Visbreaking-Anlage mit zweistufigem Ofen zur Erhöhung der Ausbeute an Destillaten, nach Lummus.

a Ofen mit Dampferzeugung im Konvektionsteil;
b Fraktionierkolonne mit Entspannungskammer im Unterteil;
c Dampftrommel (Speisepumpe und Speisewasserzuführung nicht dargestellt);
d Seitenkolonnen für leichtes und schweres Mitteldestillat;
e Trennbehälter;
f Vakuumeinrichtung;
g Vakuumflashkolonne;
h Absorber;
j Stabilisierkolonne;
k Aufkocher;
l Rohöl;
m Stabilisiertes Krackbenzin;
n Krackmitteldestillat;
o Schweres Heizöl;
p Krackgas;
q Dampf.

der Vakuumkolonne dazu benutzt, um den Aufkocher der Stabilisierkolonne zu beheizen. Außerdem ist in der Anlage noch ein Dampferzeuger mit Zwangsumlauf vorhanden. Dadurch wird erstens in der Konvektionszone des Röhrenofens die Rauchgaswärme weitgehend ausgenutzt. Zweitens wird der als Quentschöl verwendete Teilstrom des Bodenproduktes des Oberteiles der Hauptkolonne durch einen als Verdampfer dienenden Röhrenbündelapparat geschickt, bevor er mit Wasser auf die gewünschte Temperatur vor Eintritt in die Kolonne abgekühlt wird. Drittens wird in einem ähnlich gebauten Apparat die im heißen Vakuumrückstand enthaltene Wärme ebenfalls zur Dampferzeugung nutzbar gemacht, bevor dieses Produkt über einen Kastenkühler zum Tanklager gepumpt wird. Die Konvektionszone des Ofens sowie die beiden erwähnten Apparate sind an eine gemeinsame Dampftrommel angeschlossen. Zum Erzeugen des Vakuums ist eine zweistufige Dampfstrahleinrichtung vorhanden. Das Kondensat der ersten Stufe wird in den Trennbehälter geleitet, in den auch die mit Wasserdampfkondensat vermischten Kopfprodukte der beiden Seitenkolonnen geführt werden. Die dort anfallenden Produkte werden zusammen mit dem Kopfprodukt der Vakuumkolonne zur Hauptkolonne zurückgeführt, so daß sie als Destillate nur in die zweite Stufe des Krackofens kommen und im Kreislauf vollkommen aufgespalten werden.

Über den Sonderfall des Visbreaking eines bei extrem hohem Vakuum gewonnenen Destillationsrückstandes haben ALLEN u. Mitarb. berichtet[1]. Das Einsatzgut hatte – umgerechnet auf 760 Torr – einen Siedebeginn von rd. 510 °C und mehr. Es wurde mit einer Ofenaustrittstemperatur von knapp 500 °C bei einem Druck von rd. 7 atü gearbeitet. Die Geschwindigkeit in den Rohren des Strahlungsofens betrug – umgerechnet auf kalten Zustand – über 2,2 m/sec. Dadurch konnte die Koksbildung stark zurückgedrängt werden. Aus einem Einsatz mit rd. 145 °E (= 110 cSt) bei 50 °C konnten gewonnen werden:

$$
\begin{aligned}
&3{,}6 \text{ Vol.-\% Gas } C_{4-} \\
&7{,}0 \text{ Vol.-\% Benzin } C_5 \text{ bis } 204\ ^\circ C \\
&12{,}4 \text{ Vol.-\% Gasöl} \\
&\underline{80{,}4 \text{ Vol.-\% Heizöl mit } 85\ ^\circ E\ (\triangleq 65\ \text{cSt}) \text{ bei } 50\ ^\circ C} \\
&103{,}4 \text{ Vol.-\%}
\end{aligned}
$$

Die Heizölmenge aus dem Visbreaker betrug 10,7 Vol.-% des verarbeiteten Rohöles. Wollte man aus dem Einsatzgut für den Visbreaker ein Heizöl mit ebenfalls 85 °E bei 50 °C herstellen, so hätte man zusammen mit dem Fluxöl 14,1 Vol.-% des Rohöles benötigt. Durch die Senkung der Viskosität wurde also der Anteil des Produktes mit dem niedrigsten Verkaufswert verringert. Außerdem hat man noch Benzin und ein als Einsatz für katalytische Krackanlagen gut brauchbares Gasöl gewonnen.

---

[1] ALLEN, J. G., D. M. LITTLE u. P. M. WADDILL: Visbreaking of a High-Vacuum Petroleum Residuum. Petrol. Refiner 30 (1951) Nr. 7, S. 107/14. – Dies.: Visbreaking High Vacuum Residua. Petrol. Procssg. 6 (1951) 612/15.

Bemerkenswert sind Versuche, den Anfall an schwerem Rückstand durch Wasserstoffanlagerung zu verringern, was letzten Endes das Ziel der alten Hydrierverfahren war[1]. Ähnlich wie bei dem Pott-Broche-Verfahren zur Extraktion und gleichzeitigen Hydrierung von Kohle und bei den auf S. 816/17 besprochenen Vorschlägen von VARGA wurde die Wirkung der Zugabe von Tetrahydronaphthalin (Tetralin) und anderer teilweise hydrierter Fraktionen zum Visbreaker-Einsatz untersucht[2]. Es bleibt nur die Frage, wie weit der Aufwand durch die Verbesserung des Erlöses wirtschaftlich gerechtfertigt erscheint. Die Verminderung des Anfalles an Krackrückstand um 20%, wie sie bei den erwähnten Versuchen erzielt wurde, dürfte kaum genügen. Aussichtsreicher sind die mit wasserstoffreichen Gasen oder fast reinem Wasserstoff arbeitenden Verfahren, die in Kap. L ausführlich besprochen sind.

c) Das Kracken auf Benzin und Heizöl allein

Bei keinem Krackverfahren, das auf flüssigen Rückstand arbeitet, kann vermieden werden, daß erhebliche Mengen Heizöl anfallen. In den vorbeschriebenen Anlagen erhält man aber auch Mitteldestillat und erreicht eine Senkung der Zähigkeit und Dichte des schweren Heizöles gegenüber einer Verarbeitung auf gleiche Destillatmenge ohne Kracken. Das zweite Beispiel läßt erkennen, wie sich durch die zweistufige, dafür allerdings auch kompliziertere und teurere Anlage die Ausbeute an Mitteldestillat auf Kosten des Anfalles an schwerem Heizöl steigern läßt. Immerhin beträgt auch in dem beschriebenen Beispiel die Erzeugung von schwerem Heizöl rd. 65 Gew.-% des Einsatzes. Diese Zahl kann sich je nach den Eigenschaften des Einsatzproduktes noch ändern, wie der zuletzt erwähnte Sonderfall zeigt. Jedenfalls liefert auch das unter der Bezeichnung Visbreaking verstandene Verfahren schweres Heizöl als eines der Hauptprodukte. Deshalb sind die Grenzen für diese Bezeichnung fließend.

Die in Abb. D-13 wiedergegebene Schaltung einer thermischen Krackanlage läßt erkennen, daß es auch möglich ist, auf Zwischenfraktionen zu verzichten und außer dem Benzin und den olefinischen Gasen, die sich zur Polymerisation eignen, nur Heizöl zu gewinnen. Die Anlage hat mit den im vorstehenden Abschnitt beschriebenen Anlagen die Unterteilung in zwei Ofensektionen – oder wie im Schema dargestellt: in zwei getrennte Öfen – gemeinsam. In dem Schwerölofen *a* wird das Sumpfprodukt der Fraktionierkolonne *g* gekrackt, das aus dem von leichten Enden befreiten Einsatzgut besteht. Der Leichtölofen *b* ist für die im Kreislauf zu führenden Destillate bestimmt. Gegenüber der Anlage nach Abb. D-11 besitzt die hier beschriebene zwischen den Öfen und der Fraktionierkolonne noch eine Reaktionskammer, eine Entspannungskammer und eine Entspannungskolonne für den Rückstand aus der

---

[1] Vgl. dazu Kap. L.
[2] LANGER, A. W., J. STEWART, C. E. THOMPSON, H. T. WHITE u. R. M. HILL: Hydrogen donor diluent visbreaking of residua. Industr. Engng. Chem./Process Design Developm. 1 (1962) 309/12.

Entspannungskammer. Diese Maßnahmen werden getroffen, um bei den hier anzuwendenden höheren Temperaturen und den dadurch stark verkürzten Reaktionszeiten die Reaktionen besser beherrschen zu können. Da fast die gesamte Menge aller in diesen Anlagenteilen dampfförmig anfallenden Fraktionen zum Krackofen zurückgeführt werden kann, ist es möglich, als schweres Produkt Heizöl allein zu erzeugen und dabei Benzinausbeuten zu erzielen, die über 50 % liegen. Rechnet man das durch

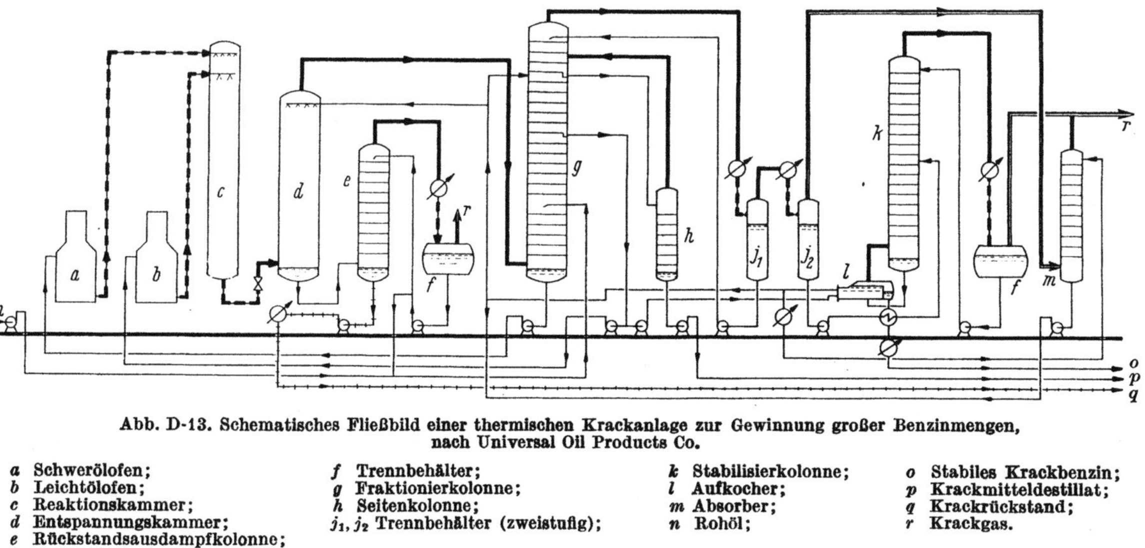

Abb. D-13. Schematisches Fließbild einer thermischen Krackanlage zur Gewinnung großer Benzinmengen, nach Universal Oil Products Co.

a Schwerölofen;	*f* Trennbehälter;	*k* Stabilisierkolonne;	*o* Stabiles Krackbenzin;
b Leichtölofen;	*g* Fraktionierkolonne;	*l* Aufkocher;	*p* Krackmitteldestillat;
c Reaktionskammer;	*h* Seitenkolonne;	*m* Absorber;	*q* Krackrückstand;
d Entspannungskammer;	j_1, j_2 Trennbehälter (zweistufig);	*n* Rohöl;	*r* Krackgas.
e Rückstandsausdampfkolonne;			

Polymerisation aus den Krackgasen gewinnbare Benzin hinzu, so kann diese Menge um weitere rd. 5% – bezogen auf den Einsatz – erhöht und außerdem die Klopffestigkeit dadurch noch verbessert werden.

Da der Fraktionierteil so wie die Benzinstabilisierung mit der Anlage nach Abb. D-12 weitgehend übereinstimmen, bedürfen nur die zwischen Ofen und Kolonne geschalteten Anlagenteile einer näheren Erläuterung. Die Ofenaustrittstemperaturen betragen rd. 500 °C. Die hier vorgesehene Reaktionskammer c wird unter dem vollen, am Ofenaustritt herrschenden Druck betrieben und hat die Aufgabe, eine den gewünschten Reaktionen angepaßte Verweilzeit zu schaffen. Eine bei den hohen Temperaturen zu erwartende geringe Koksbildung ist unvermeidbar, aber unschädlich, weil sie nicht im Ofen stattfindet. An den Wandungen der Reaktionskammer abgelagerter Koks kann bei den von Zeit zu Zeit wegen des Ofens oder der Öfen erforderlichen Stillständen beseitigt werden. Die Reaktionskammer wird nur von dampfförmigen Produkten durchströmt. In der Verbindungsleitung zu der außerdem vorhandenen besonderen Entspannungskammer d ist ein Druckventil vorhanden, durch das der Druck am Ofenaustritt und in der Reaktionskammer, in der sich kein Flüssigkeitsspiegel bildet, eingestellt wird. Dieses in Rohöldestillationsanlagen heute nicht mehr angewendete Bauelement ist in thermischen Krackanlagen nicht zu vermeiden. Das Krackprodukt wird erst in der Entspannungskammer mit Öl gequentscht, das einem Seitenstrom der Hauptkolonne entnommen wird. Die Quentschölmenge wird allerdings so knapp bemessen, daß die Temperatur nur etwas gesenkt wird und die Reaktionen dadurch gerade zum Stillstand kommen. Es soll möglichst viel Destillat in Dampfform in die Fraktionierkolonne übertreten. Da sich aber in der großen Entspannungskammer nur das Gleichgewicht entsprechend dem Druck und der Temperatur einstellen kann, ist für den Rückstand eine Entspannungskolonne e nachgeschaltet. In dieser werden durch Fraktionierwirkung die im Rückstand verbliebenen, verdampfbaren und zum Teil aus dem Quentschöl stammenden Anteile zurückgewonnen. Der Rückstand selbst muß als Sumpfprodukt aus der Anlage ausgeschleust werden, weil er nicht noch einmal den Kracktemperaturen ausgesetzt werden darf.

Gegenüber der in Abb. D-12 beschriebenen Anlage besteht ein Unterschied noch darin, daß das Einsatzprodukt nicht direkt in den Ofen gedrückt, sondern über die untersten Böden der Hauptkolonne geleitet wird und dabei die schwersten Teile der aus der Entspannungskammer kommenden Dämpfe aufnimmt. Bei dieser Schaltung wird also *ein Teil* des Destillatschweröles im Kreislauf durch den Ofenteil für dieses Produkt geführt, ähnlich wie dies auch in Abb. D-15 dargestellt ist.

Bei Bedarf kann auch bei einer solchen Anlage aus der Fraktionierkolonne ein Mitteldestillat entnommen werden, was im Schema Abb. D-13 dargestellt ist. Anderenfalls wird der dafür vorgesehene Seitenabzug mit der zugehörigen Seitenkolonne weggelassen, so daß das gesamte aus der Fraktionierkolonne abgezogene Destillat so lange im Kreislauf durch den Leichtölofen geführt wird, bis es vollständig in Gas, Benzin und Krackrückstand aufgespalten ist.

Welche Ausbeuten sich in zwei Grenzfällen mit einer solchen Anlage aus einem Normaldruckrückstand mit einer Dichte von rd. 0,9 g/cm³ erzielen lassen, der aus einem Mid Continent-Öl gewonnen wurde, zeigt Zahlentafel D-7. Anlagen der vorbeschriebenen Art werden nur mehr selten gebaut, um zusätzliche Mengen von Benzin zu gewinnen, weil dessen Klopffestigkeit nach heutigen Begriffen sehr mäßig ist und das katalytische Kracken bessere Möglichkeiten bietet, Benzine mit gewünschten Eigenschaften zu erzeugen. Es befindet sich jedoch noch eine große Anzahl solcher Anlagen in den Vereinigten Staaten von Amerika in Betrieb. Außerdem ist der Bau von thermischen Krackanlagen zur Erzeugung flüssigen Rückstandes dann von Interesse, wenn die dabei ebenfalls anfallenden C_3- und C_4-Olefine gewünscht werden. Allerdings setzt dies voraus, daß für eine gleichzeitig vorhandene katalytische Krackanlage genügend Einsatzgut vorhanden ist und aus dem in dieser Anlage anfallenden Benzin und dem thermischen Krackbenzin marktgerechte Produkte hergestellt werden können. Weiterhin sind solche Anlagen nützlich, um den Stockpunkt erheblich zu verbessern, was bei manchen Rohölen, wie z.B. dem libyschen, von Wichtigkeit ist.

Zahlentafel D-7. *Mit einer Anlage nach Abb. D-13 erzielbare Ausbeuten und Produkteigenschaften beim Verarbeiten von Normaldruckrückstand aus Mid Continent-Rohöl mit einer Dichte von rd. 0,9 g/cm³ (25° API) und einer Zähigkeit von rd. 30 cSt bei 50 °C (20 Saybolt-Furol-Sekunden bei 122 °F)* [a]

Fahrweise		Höchste Benzinausbeute	Höchste Mitteldestillatausbeute
Benzin (S.E. 204 °C; 0,7 at Reid)	Vol.-%	53,5	38
Mitteldestillat	Vol.-%	–	23
Heizöl	Vol.-%	37,5	34
Verlust an Flüssigkeit	Vol.-%	9	5
Gas	m_n^3/t Einsatz	100	58
MOZ des Benzins ohne Blei		69···70	68···69
Zähigkeit des Heizöles bei 50 °C	cSt	425 ($\triangleq$ 56 °E)	
Dichte des Heizöles	g/cm³	~1,02	~1,01
Erzielbare Polymerbenzinmenge	Vol.-%	5	3,5
Gesamtbenzin		58,5	41,5
MOZ des Gesamtbenzins ohne Blei		71···72	70···71

[a] Die Zähigkeit in cSt läßt sich für den angegebenen Wert in Saybolt-Furol-Sekunden nur durch Extrapolation ermitteln; vgl. D. Q. KERN: Process Heat Transfer. New York/Toronto/London: McGraw-Hill 1950, Fig. 13a, S. 820.

Für die Gewinnung von größeren Mengen an Einsatzgut für katalytische Krackanlagen sind die beschriebenen thermischen Krackanlagen jedoch weniger geeignet. Diese Aufgaben erfüllen in viel besserem Maße thermische Krackanlagen, die auf Koks arbeiten. Sie liefern neben Krackbenzin größere Mengen schwerer Destillate sowie Koks und sind die fast immer erforderliche Vorstufe für katalytische Krackanlagen, wenn durch Vakuumdestillation allein nicht genügend Einsatzgut zum Kracken gewonnen werden kann und ein Markt für den anfallenden Koks vorhanden ist. Als Zwischenstufe können die in Abb. D-11 und D-12 gezeigten Schaltungen angesehen werden.

d) Das sog. „Combination Cracking"

Es wurde bereits erwähnt, daß die Bezeichnung „Combination Unit" u. ä. in verschiedenen Bedeutungen benutzt wird und daß sowohl die Verbindung von Destillations- mit thermischen oder katalytischen Krackanlagen wie auch die von thermischen Krack- mit thermischen Reforming-Anlagen und verschiedene andere Schaltungen darunter verstanden werden. Mit solchen Anlagen läßt sich auch meist das sog. selektive Kracken durchführen, weil bei der Kombination mehrerer Verfahrensschritte gleichzeitig der Zweck verfolgt wird, die Krackbedingungen den Erfordernissen der einzelnen dafür eingesetzten Fraktionen anzupassen. Der geeignete Weg ist die Wahl mehrerer Öfen und die dadurch gebotene Möglichkeit, die Ofenaustrittstemperaturen so abzustimmen, daß günstigste Ergebnisse erzielt werden. Er ist allerdings mit einem erheblich größeren Aufwand an Investitionskosten verbunden.

Es ist letzten Endes eine Frage der erzielbaren Preise für die einzelnen Produkte, wie eine solche Anlage ausgelegt werden muß, um mit wirtschaftlichem Erfolg betrieben zu werden. Solche Anlagen sind nur bei entsprechend großen Durchsatzleistungen gerechtfertigt und machen sich im allgemeinen erst bei Leistungen über rd. 100 t/h (entsprechend etwa 800 000 t/a oder 16 000 bbl/d) bezahlt. Bei großen Durchsatzleistungen wirkt sich aber die Ausnutzung der Wärme durch Austausch zwischen einzelnen Produkten und der Wegfall von jeder Art von Zwischenspeicherung günstig aus. Wie weit man beim Zusammenschalten mehrerer Verfahrensstufen gehen kann, ist in Abb. D-14 an Hand eines besonders ausgeprägten Beispieles mit insgesamt vier Öfen und sieben Kolonnen (davon zwei Seitenkolonnen) gezeigt. In dieser Anlage kann Rohöl destilliert, das anfallende Mitteldestillat thermisch selektiv gekrackt und das Benzin thermisch reformiert werden. Dadurch läßt sich ein Höchstmaß an leichtsiedenden Produkten gewinnen. Wollte man diese Verfahrensschritte in getrennten Anlagen durchführen, so wären Zwischenspeicher und noch mehr Kolonnen erforderlich, ohne die Ausbeute verbessern zu können.

Das Rohöl wird zuerst im Gegenstrom mit heißen Produkten steigender Temperatur erwärmt und tritt dann in den Rohölofen a ein, den es mit rd. 370 °C verläßt. Das Leichtbenzin wird über Kopf der Rohölkolonne b abgenommen, kondensiert und zusammen mit der aus dem Reforming-Teil kommenden Fraktion in der Kolonne n stabilisiert. Der erste Seitenstrom der Rohölkolonne ist ein Schwerbenzin (Naphtha), das zuerst in der oberen der beiden Seitenkolonnen c gestrippt und dann durch den Reforming-Ofen h gedrückt wird. Näheres über dieses Verfahren wird im zweitnächsten Abschn. D 5 erläutert. Das Produkt verläßt mit rd. 500 °C den Ofen, wird mit gekühltem Bodenprodukt der noch zu erwähnenden Kolonne m (bubble tower) gequentscht und gelangt in eine mit einer geringen Zahl einfacher Böden ausgestattete Kolonne j, die als Ausdämpfturm (evaporation tower) bezeichnet ist. Auch die Ströme aus den beiden anderen Öfen, nämlich aus dem Visbreaking-Ofen k und aus dem Krackofen l werden in diesen Turm j geleitet.

20*

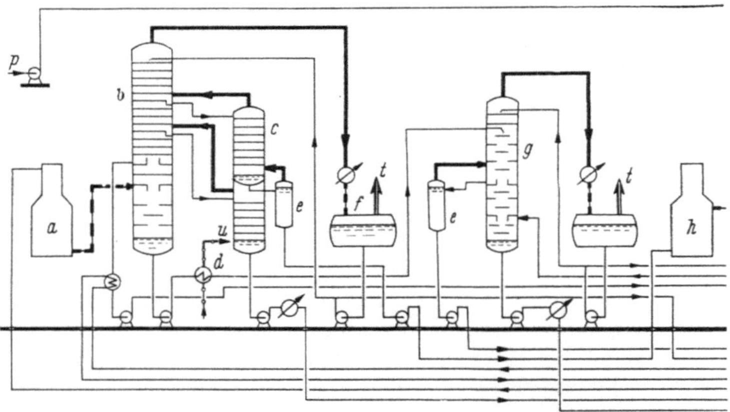

Abb. D-14. Schematisches Fließbild einer kombinierten Anlage bestehend aus Rohöl-

a Rohölofen;	*d* Dampferzeuger;	*g* Entspannungsturm;
b Rohölflashkolonne;	*e* Vorlage für Seitenablauf;	*h* Reformerofen;
c Seitenkolonnen;	*f* Trennbehälter;	*j* Entspannungskolonne;

Das zweite Seitenprodukt der Hauptkolonne *b* ist ein Leuchtöl (Kerosin), das über die untere der beiden Seitenkolonnen *c* abgenommen, mit Wasserdampf gestrippt und dadurch so geschnitten ist, daß es in der beschriebenen Anlage keiner weiteren destillativen Behandlung bedarf[1].

Da bei dieser Schaltung angestrebt wird, möglichst wenig Rückstand zu erhalten, werden die höhersiedenden Destillate getrennt weiterverarbeitet, um die Vorteile selektiven Krackens auszunutzen. Zunächst wird das aus der Rohölkolonne *b* bei rd. 290 °C von einer Tasse abgenommene leichte Gasöl nicht in einer Seitenkolonne, sondern in der als ,,bubble tower" bezeichneten Kolonne *m* zusammen mit anderen Strömen von leichten Enden befreit, die aus dieser Kolonne über Kopf abgeführt werden.

Das verhältnismäßig tief geschnittene Bodenprodukt der Rohölkolonne *b* wird in einem Entspannungsturm *g* (fuel oil flash tower), der mit Fraktioniereinbauten ausgerüstet ist, in den eigentlichen Rückstand und ein Kopfprodukt zerlegt, das in den bereits erwähnten Ausdämpfturm *j* geleitet wird. Von der in der Mitte des Entspannungsturmes angeordneten Tasse wird bei rd. 325 °C ein Destillat abgenommen, das über ein Trenngefäß geleitet und in den Visbreaking-Ofen *k* gedrückt wird. Das verhältnismäßig leichte Produkt verläßt den Ofen mit rd. 470 °C und wird unterhalb der Fraktioniereinbauten in den Ausdämpfturm *j*

---

[1] Ob dieses Produkt noch einer Nachbehandlung z.B. zur Erniedrigung des Schwefelgehaltes oder zum Erreichen der Spezifikationen für Düsenkraftstoffe hinsichtlich des Stockpunktes bedarf, hängt von den Begleitstoffen des Rohöles und seiner Basis ab. Der Flammpunkt läßt sich meistens durch Strippen mit Wasserdampf unschwer einstellen. Störend ist meist der beim thermischen Kracken unvermeidliche Gehalt an Olefinen und vor allem an Diolefinen.

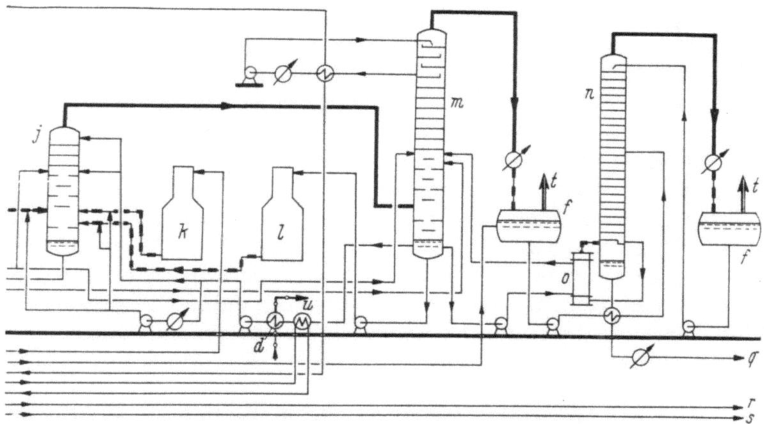

Destillation, thermischer Krackanlage und thermischer Reforming-Anlage, nach Lummus.

k Visbreakingofen; *n* Stabilisierkolonne; *q* Stabiles Krackbenzin; *t* Krackgas
l Reinölofen; *o* Aufkocher; *r* Kerosin; *u* Dampf.
m Fraktionierkolonne; *p* Rohöl; *s* Krackrückstand;

gedrückt, so daß es in gleicher Weise wie das reformierte Naphtha zerlegt wird. Mit Rücksicht auf den niedrigen Siedebereich der Fraktion für den Visbreaking-Ofen muß die Austrittstemperatur verhältnismäßig hoch gewählt werden. Die Erniedrigung der Viskosität ist in diesem Fall gleichbedeutend mit einer erheblichen Senkung des Siedebeginns und der Bildung von Benzinkomponenten. Andererseits bilden sich schwersiedende Polymerisate, die vom Boden der Kolonne abgezogen und über den Sumpf des Entspannungsturmes *g* dem Heizöl zugegeben werden. Dabei können einige leichte Anteile zur mittleren Tasse dieses Turmes hochsteigen und damit wieder im Einsatz für den Ofen *k* erscheinen. Dies stellt eine gewisse Rückführung dar. Das vom Boden der Kolonne *g* abzuziehende Heizöl enthält aber wegen seines niedrigen Siedebeginns noch so viel leichte Anteile, daß es ausreichend dünnflüssig bleibt.

Schließlich ist noch der Einsatz für den eigentlichen Krackofen *l* (clean oil heater) im Schema zu verfolgen. Er wird unten aus dem sog. „bubble tower" *m* abgezogen, in dem das Gasöl aus der Rohölkolonne *b* und die Kopfprodukte der Türme *g* und *j* fraktioniert werden. Es handelt sich bei diesen Strömen um Destillate, so daß sie schärferen Krackbedingungen unterworfen werden können, als wenn sie Rückstandsanteile enthielten. In dem betrachteten Beispiel beträgt die Ofenaustrittstemperatur über 500 °C. Hinter dem Ofen wird das Produkt mit dem gleichen Produkt wie das reformierte Naphtha gequentscht und an der gleichen Stelle wie dieses in den Ausdämpfturm *j* geleitet. Bei diesem Anlagenteil findet eine Rückführung statt, weil verdampfbare Anteile über den Kopf des Ausdämpfturmes *j* und den Sumpf der Kolonne *m* wieder zum Ofen gelangen. Es werden jedoch alle Anteile, welche durch Nebenreaktionen stärker polymerisiert sind und zum Verkoken der

Ofenrohre neigen könnten, über den Sumpf des Ausdämpfturmes j und den Sumpf des Entspannungsturmes g ausgeschleust.

Weitere Einzelheiten können der Abbildung entnommen werden. Sie zeigt die übliche Schaltung für die Stabilisierung, die Erzeugung des Rückflusses für die Rohölkolonne b, den Entspannungsturm j und den „bubble tower" m. Aus dem Ausdämpfturm j wird hingegen das über Kopf abgezogene Produkt ohne Kondensation in die Kolonne m geführt. Ein Teil des im Aufkocher o der Stabilisierkolonne n gekühlten Sumpfproduktes der Kolonne m wie auch das aus der Hauptkolonne b abgezogene Gasöl werden in der Kolonne m fraktioniert und wirken gleichzeitig als Waschmittel. Es wurde bereits erwähnt, daß noch ein weiterer gekühlter Teilstrom des Sumpfproduktes der Kolonne m zum Quentschen für das reformierte Naphtha und das gekühlte Mitteldestillat benutzt wird.

Wenn auch die dargestellte Schaltung für ein bestimmtes Rohöl entwickelt wurde, so läßt sie doch erkennen, welche Möglichkeiten durch Kombination mehrerer Öfen und Kolonnen gegeben sind, um eine größte Menge leichter Destillate mit gewünschten Eigenschaften zu erhalten. Sie kann abweichenden Eigenschaften des Rohöles angepaßt werden. Will man die Erhitzung der einzelnen Ölströme besonders genau abstimmen, so rüstet man sie nicht nur mit der üblichen Konvektionszone für die Vorwärmung, sondern auch mit zwei getrennt befeuerten Strahlungszonen aus. Diese werden dann als „heating section" und als „soaking section" bezeichnet[1]. Dadurch können die Reaktionstemperaturen und Verweilzeiten den Erfordernissen entsprechend so beherrscht werden, daß ein Höchstmaß an Umsetzung bei geringer Koksbildung erzielt wird.

Anlagen nach dem Schema der Abb. D-14 können heute nur unter besonderen Voraussetzungen von Interesse sein, weil mit Hilfe des katalytischen Krackens ähnliche Ergebnisse zu erzielen sind. Genügt aber die Menge an Einsatzgut, die dafür durch Normaldruck- oder allenfalls durch zusätzliche Vakuumdestillation gewonnen werden kann, nicht den Bedürfnissen des Marktes und besteht auch keine Absatzmöglichkeit für den Koks aus einer Verkokungsanlage, wie sie im folgenden Abschnitt besprochen wird, so kann eine Schaltung der beschriebenen Art durchaus wirtschaftlich sein, um zusätzliche Mengen leichter Fraktionen zu erzeugen. Sie kann aber auch so abgewandelt werden, daß die Kolonne m (bubble tower) als Vorfraktionierung für eine katalytische Krackanlage benutzt und der Ofen l (clean oil heater) durch eine solche Anlage ersetzt wird. Allerdings müßte dann das gekrackte Produkt getrennt destilliert werden, um die Vorteile des katalytischen Arbeitens voll zur Geltung zu bringen. Ob eine solche Schaltung bei hohen Anforderungen an die Benzinausbeute trotz der erheblichen Mehrkosten noch lohnend ist, läßt sich meist nur unter Berücksichtigung der Kapazität der heute fast immer vorhandenen katalytischen Reforming-Anlage und die Markterfordernisse bezüglich Normal- und Superbenzin einigermaßen klar beantworten. Hiezu folgt noch einiges in Abschn. N 1 b.

---

[1] Vgl. S. 283/84.

4. Das Kracken auf Koks

Voraussetzung für die Anwendung des Krackens auf Koks ist die Möglichkeit, den gewonnenen Koks wirtschaftlich zu verwerten. Er eignet sich sehr gut für die Herstellung von Elektroden für elektrometallurgische Zwecke oder für Kohlebürsten oder ähnliche Kontaktelemente, wie sie die Elektroindustrie benötigt. Grundbedingung für diese Verwendung ist jedoch das Verkoken von Ölen mit niedrigem Schwefelgehalt. Der Aschegehalt ist bei Petrolkoks naturgemäß immer sehr viel kleiner als in dem aus Kohle gewonnenen Koks. Durch das heute allgemein übliche Entsalzen des Rohöles werden die Voraussetzungen für die Gewinnung von aschearmem Petrolkoks besonders günstig beeinflußt. Der Gehalt von Petrolkoks an sog. flüchtigen Bestandteilen aus Anlagen, die mit Kokskammern arbeiten, ist mit 8 bis 10% recht hoch und muß für die erwähnten Zwecke gesenkt werden. Das dabei angewendete Verfahren nennt man ,,Kalzinieren''. Der stückige Koks wird zu diesem Zweck in Drehrohröfen ähnlicher Art, wie sie zum Brennen des Rohmehles zu Klinker in der Zementindustrie angewendet werden, bei Temperaturen über 1000 °C im Gegenstrom zu den Feuergasen durch Nachverbrennen der flüchtigen Bestandteile behandelt. Eine neuere, von Marathon Oil Co, Findlay/Ohio zusammen mit Whitney & Kemmerer, Youngstown/Ohio entwickelte Bauform verwendet Drehtische, die eine gleichmäßigere Beheizung als das nur an einem Ende zu befeuernde Drehrohr gestatten.

In den Vereinigten Staaten von Amerika hat Petrolkoks auch als Brennstoff eine gewisse Bedeutung. Dann werden keine so hohen Anforderungen an die Freiheit von Schwefel wie bei Elektrodenkoks gestellt. In Europa ist aber auf lange Sicht kaum damit zu rechnen, daß Petrolkoks verfeuert wird. Einen Sonderfall stellt die Verwendung als Magerungsmittel für Gasflammkohlen dar, um eine Kokskohle mit günstigen Eigenschaften zu erhalten. Über sog. Premiumkoks siehe S. 312 und 994.

Die älteren Verkokungsverfahren, die mit horizontalen Reaktoren arbeiteten, bleiben hier außer Betracht, ebenso jene, die sich an den Koksofenbau der Kohlenwerkstoffindustrie anlehnten. Sie haben sich entweder überhaupt nicht durchgesetzt oder sind längst überholt. Heute sind nur mehr zwei Verfahren von Interesse, nämlich die sog. ,,Delayed Coking-Verfahren'', wie sie von verschiedenen u.s.-amerikanischen Ingenieurfirmen entwickelt wurden, und das von der Esso Research and Engineering Co (früher Standard Oil Development Co) entwickelte ,,Fluid Coking-Verfahren''[1]. Eine Zwischenstufe, die jedoch nur in einer

---

[1] Vgl. J. H. Eppard, W. F. Sims u. F. D. Parker: Reducing Fuel Oil By Residuum Coking. Petrol. Refiner 32 (1953) Nr. 7, S. 98/101. Beschreibung und Schemata einzelner Verfahren s. Petrol. Refiner 31 (1952) Nr. 9, S. 148/49 (Delayed Coking/ Foster Wheeler Corp); 32 (1953) Nr. 7, S. 106/07 (Decarbonizing/Blaw Know Co); S. 108/09 (Delayed Coking/The M. W. Kellogg Co); 33 (1954) Nr. 2, S. 157/58 (Low Pressure Coking/Universal Oil Products Co); 34 (1955) Nr. 7, S. 149/50 (Delayed Coking/Union Oil Co of Calif.); 37 (1958) Nr. 9, S. 244/45 (Coking allgemein); S. 246 (Fluid Coking/Esso Research and Engng Co); 38 (1959) Nr. 6, S. 169 (Delayed Coking/The Lummus Co); Hydrocarb. Procssg. 43 (1964) Nr. 9, S. 154 u. 155; 45 (1966) Nr. 9, S. 191 u. 192; 47 (1968) Nr. 9, S. 151 u. 152 (Delayed bzw. Fluid Coking).

einzigen Anlage ausgeführt wurde, ist der von Lummus vorgeschlagene Continuous Contact Coking Process, bei dem der Koks in granulierter Form anfällt[1].

Thermisches Kracken auf Koks ist heute ein sehr wichtiges Verfahren, um Einsatzgut für katalytische Krackanlagen zu erzeugen. Sollen schwefelreiche Rohöle verarbeitet werden, so muß für den entstehenden Koks zumindest als Brennstoff ein Absatz möglich sein. Ein nicht häufiges Beispiel dafür ist das unmittelbar neben der Raffinerie Delaware City/Del. der Tide Water Oil Co errichtete Kraftwerk. Ähnlich liegt der Fall bei der Raffinerie Yorktown/Va. der American Oil Co[2]. Die Koksbildung wird durch Anwendung der erforderlichen Verweilzeiten erreicht, wofür – abgesehen von den Fluid-Anlagen – absatzweise betriebene Kokskammern dienen. Beim Fluid-Verfahren läuft so wie beim Continuous Contact Coking-Verfahren der Betrieb in allen Anlagenteilen durch.

a) Das Einsatzgut

Da das Verkoken in der Erdölindustrie in vielen Fällen der Gewinnung schwerer Destillate dient und der Koks nur als notwendiges Nebenprodukt anfällt, ist es das gegebene Verfahren, Rückstände zu verarbeiten, die sich nicht für die Herstellung von Schmierölen eignen. Destillate in einen Koker einzusetzen verbietet sich meist aus wirtschaftlichen Gründen, es sei denn, daß an den Koks bezüglich der Freiheit von Metallen sehr hohe Anforderungen gestellt werden, wie das beim sog. „*Premium*-Koks" der Fall ist[3]. In der Regel werden Normalrückstände verkokt, obwohl es wirtschaftlich reizvoll wäre, Vakuumrückstände dafür zu verwenden. Doch lassen sich bei diesen wegen der erforderlichen hohen Ofenaustrittstemperatur nur bei wenigen Rohölen Betriebszeiten der Öfen erreichen, die in Kauf genommen werden können. Senkt man aber die Ofentemperatur nur um einige Grade, so leidet meist die Festigkeit des Kokses, wenn es überhaupt genügend schnell zu dessen Bildung kommt. Bei günstigen Eigenschaften der Rohöle, d.h. wenn sie arm an Schwefel und nicht paraffinbasisch sind, kann die Herstellung von Koks die primäre Aufgabe einer Verkokungsanlage sein. Dies ist bei den meisten in Europa vorhandenen Anlagen der Fall.

Gelegentlich wurden Verkokungsanlagen mit katalytischen Krackanlagen zusammen ebenfalls als eine Art „Combination Units" für die unmittelbare Verarbeitung von Rohöl gebaut. Doch hat es sich nicht

---

[1] MEKLER, V., A. H. SCHUTTE u. T. T. WHIPPLE: The Lummus Continuous Contact Coking Process. Petrol. Refiner 32 (1953) Nr. 12, S. 131/34.

[2] MEYER, D. B., u. J. C. WEBB: Coker can Handle High Carbon Stock. Petrol. Refiner 39 (1960) Nr. 2, S. 155/58. – Vgl. auch F. J. DONNELLY u. L. T. BARBOUR: Delayed Coke – a Valuable Fuel. Hydrocarbon Processing 45 (1966) Nr. 11, S. 221 bis 224.

[3] Vgl. dazu den Bericht über die Anlage Immingham/Lincolnsh. (U.K.) der Continental Oil Co; Anon.: New U.K. refinery will have first petroleum coking units. Oil and Gas Internat. 6 (1966) Nr. 11, S. 66/69. – HAGUE, B. C.: How Conoco will produce coke from its new U.K. refinery; ebd. 9 (1969) Nr. 3, S. 56/62.

Zahlentafel D-8. *Gegenüberstellung der durch Visbreaking bzw. Coking erzielbaren Gesamtergebnisse einer Raffinerie, nach J. W. WARD und J. M. HOLOCEK: a.a.O. S. 159* [a]

		Dichte	Rohöldestillation, Visbreaker, Catcracker und Polymerisation			Rohöldestillation, Coker, Catcracker und Polymerisation		
		g/cm³	bbl/sd	Vol.-%	Gew.-%	bbl/sd	Vol.-%	Gew.-%
Rohöl		0,840	25000	100,0	100,0	25000	100,0	100,0
Premium Gasoline		0,730	1300	5,2	4,6	1450	5,8	5,1
Regular Gasoline		0,724	10200	40,8	35,4	11800	47,2	41,0
U.S. Motor Gasoline		0,711	1150	4,6	3,9	1150	4,6	3,9
Gesamtbenzin			12650	50,6		14400	57,6	
Traktorenkraftstoff		0,757	650	2,6	2,4	650	2,6	2,4
Kerosin und Heizöl Nr. 1		0,808	3350	13,4	13,0	2750	11,0	10,7
Heizöl Nr. 2		0,858	1925	7,7	7,9	3300	13,2	13,5
Dieselkraftstoff		0,847	1225	4,9	5,0	1225	4,9	5,0
Butan (soweit nicht in Benzin)			225	0,9	0,6	250	1,0	0,7
Propan			325	1,3	0,8	475	1,9	1,1
Gesamtmenge der Destillate			20350	81,4		23050	92,2	
Schweres Heizöl; Dichte bei Visbreaking 0,986 g/cm³; bei Coking 0,950 g/cm³			4170	16,7	19,7	875	3,5	4,0
Gesamtmenge verkaufsfähiger flüssiger Produkte			24520	98,1	93,3	23925	95,7	87,4
Koks	t/Betriebstag		—			225		6,2
Heizgas (Eigenverbrauch)	mₙ³/Betriebstag		56400		1,5	112800		2,9
Krackteer (Eigenverbrauch)	bbl/Betriebstag	1,029	400	1,6	2,0	—		
Koks (im Catkracker verbrannt)					2,1			2,5
Verluste					1,1			1,0

[a] Die Mengenangaben in Barrel je Betriebstag (Streamday) sind aus der Quelle übernommen, weil die Angaben in Gew.-% einen ausreichend guten Überblick vermitteln.

als zweckmäßig erwiesen, alle Destillate durch die Krackanlage hindurchzuschleusen, weil die Eigenschaften der Mitteldestillate dadurch verschlechtert werden. Man ist deshalb von solchen Schaltungen wieder abgekommen. Dazu kommen noch die auf S. 296 ff. erwähnten Vorteile des sog. „Selective Cracking", die sich sowohl in der Qualität der Produkte wie in den Ausbeuten bemerkbar machen. Wie sich die erzielbaren Produktmengen einer ganzen Raffinerie durch eine Verkokungsanlage an Stelle eines Visbreakers mit nachgeschalteter Vakuumanlage ändern, kann dem Beispiel der Raffinerie in McPherson/Kansas der The National Cooperative Refinery Association entnommen werden[1]. In Zahlentafel D-8 sind zwar nur die Endergebnisse unter Berücksichtigung der in der betreffenden Raffinerie vorhandenen katalytischen Krackanlage und der Polymerisationsanlage wiedergegeben. Immerhin sieht man daraus, daß die Benzinausbeute um mehr als 10 % gesteigert werden konnte, während sich bei den Mitteldestillaten Verschiebungen ergaben, die nicht so sehr ins Gewicht fallen. Auch die Erzeugung von Flüssiggas wurde etwas erhöht.

b) Die Delayed Coking-Verfahren

Bemißt man die Verweilzeit in den Reaktionsräumen so groß, daß die als Nebenreaktionen ablaufenden Dehydrierungen, Dealkylierungen und Polymerisationen zu hochmolekularen Produkten führen, so sind die Voraussetzungen für eine Koksbildung erfüllt. Deshalb wird man diesen Vorgang in den Ofenrohren soweit wie möglich vermeiden und besondere Kokskammern vorsehen, in denen sich der Koks bilden und ablagern kann. Dieses Verzögern der Koksbildung erklärt den Namen des Verfahrens. Man muß jedoch Vorkehrungen treffen, um den Koks wieder entfernen zu können, und die Dämpfe aus der in Betrieb befindlichen Kokskammer in eine Fraktionierkolonne überleiten. Nur beim Arbeiten auf Koks mit besonderen dafür geeigneten Kokskammern kann man Destillationsrückstände verarbeiten, weil bei jeder anderen Anordnung die im Rückstand enthaltenen Asphaltbildner und Metalle, sobald sie auf die hohen Kracktemperaturen gebracht wurden, die nachgeschalteten Anlagenteile infolge von Nachreaktionen zusetzen würden. Auch der Betrieb der Öfen läßt sich nur durch hohe Geschwindigkeiten in den Rohren und durch Zusatz von Dampf in wirtschaftlich vertretbaren Zeiträumen aufrechterhalten.

α) **Die Schaltung von Verkokungsanlagen.** Die Anordnung und Bauweise der einzelnen zu einer Verkokungsanlage gehörenden Teile stimmt bei den Verfahren der verschiedenen in Fußn. 1, S. 311 genannten Firmen weitgehend überein. Unterschiede beziehen sich vor allem auf die Vorrichtungen, mit denen der Koks aus den Kammern entfernt wird. Während dies früher in mühseliger Handarbeit geschah, wird in neuen

---

[1] WARD, J. W., u. J. M. HOLOCEK: Chamber Coking at NCRA. Petrol. Refiner 33 (1954) Nr. 2, S. 157/59. Das in diesem Aufsatz behandelte Verfahren ist in der Literatur mitunter als „Low Pressure Coking" bezeichnet. Es arbeitet mit einfachem Durchgang und gibt verglichen mit dem „Delayed Coking" mehr flüssige Produkte und weniger Koks, was mitunter erwünscht sein kann.

Anlagen der Koks in der Regel mit Hilfe eines unter sehr hohem Druck
austretenden Wasserstrahls herausgeschnitten[1].

Das Schaltschema einer solchen Anlage ist in Abb. D-15 wiedergegeben. Es sind zwei Kokskammern dargestellt, die abwechselnd in
Betrieb genommen werden, so daß jeweils eine zum Entfernen des Kokses zur Verfügung steht. Dieser wird gewöhnlich auf Förderbänder entleert und über Siebvorrichtungen geführt. Auch dieses Schema zeigt
eine zweistufige Schaltung derart, daß der zu verarbeitende Rückstand
zunächst auf rd. 455 °C aufgeheizt und in den Unterteil der Fraktionierkolonne geleitet wird. In diesen werden auch die aus der Kokskammer

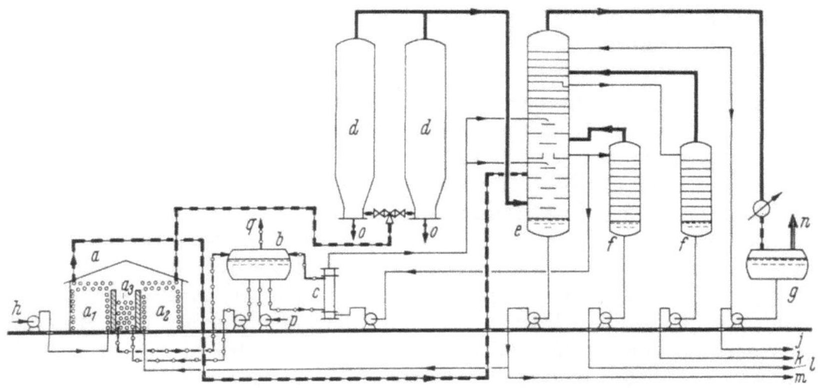

Abb. D-15. Schematisches Fließbild einer Verkokungsanlage.

a Ofen (a₁ Vorheizzone, a₂ Verkokungszone, a₃ Dampferzeugung);	h Destillationsrückstand;
b Dampftrommel;	j Unstabiles Krackbenzin;
c Wärmeaustauscher (als Dampferzeuger);	k Leichtes Krackmitteldestillat;
d Kokstrommeln;	l Schweres Krackmitteldestillat;
e Fraktionierkolonne mit Entspannungs- kammer im Unterteil;	m Schweres Heizöl;
	n Krackgas;
f Seitenkolonnen;	o Koks;
g Trennbehälter;	p Speisewasser;
	q Dampf.

austretenden Dämpfe geleitet und mit einem Teilstrom des von der
unteren Sammeltasse der Fraktionierkolonne abgezogenen und gekühlten
Destillates gequentscht. Aus dem Sumpf der Kolonne kann – falls gewünscht – ein Teil des schweren Heizöles abgezogen werden. Die Hauptmenge geht jedoch durch das zweite Röhrensystem des Ofens, in dem es
auf die für die Verkokung erforderliche Temperatur von rd. 490 °C aufgeheizt wird. Das gekrackte und weitgehend verdampfte Öl tritt nun
über umschaltbare Ventile von unten in eine der Kokskammern ein. Dabei füllt sich die Kammer mit einem zunächst noch flüssigen Gemisch, das
nachreagiert. Die Dämpfe treten oben aus der Kammer aus. Da mit fort-
schreitendem Anstieg der Kammerfüllung die verbleibende Reaktionszeit für den Rest der Füllung immer kürzer wird, erhöht man die Ofen-

---

[1] Vgl. die Arbeit von EPPARD u. Mitarb. (Fußn. 1, S. 311) sowie G. M. WILSON:
New Refinery Begins With Coker. Petrol. Refiner 34 (1955) Nr. 7, S. 149/50.

austrittstemperatur stetig, damit dadurch ein Ausgleich geschaffen wird und man gleichbleibende Eigenschaften des Kokses erhält. Die Kammern werden meist so bemessen, daß sie in 24 h gefüllt sind und dann zum Entleeren abgeschaltet und für die nächste Füllung vorbereitet werden können. Die oben austretenden Dämpfe werden in der bereits beschriebenen Weise in den Unterteil der Fraktionierkolonne geleitet. Die übrigen Anlagenteile stimmen weitgehend mit den beim Kracken auf Heizöl beschriebenen überein. Im Schema sind nur zwei Seitenstripper gezeigt, während die zusätzlich erforderlichen Kolonnen für das Stabilisieren und eventuelle Trennen des Benzins in Leicht- und Schwerbenzin nicht dargestellt sind. Es ist ein Dampferzeugungssystem vorhanden, um mittels Zwangsumlauf die Wärme der Rauchgase des Ofens besser auszunutzen. Außerdem ist mit der Dampftrommel ein Wärmeaustauscher verbunden, in dem der bereits erwähnte Quentschölkreislauf gekühlt wird. Es möge beachtet werden, daß neben diesem Kreislauf auch die in den Dämpfen der Kokskammer enthaltenen schweren Anteile über das zweite Rohrsystem des Ofens im Kreislauf geführt werden. Neueste Anlagen weisen der beschriebenen gegenüber gewisse Abweichungen auf. So kann man die Unterteilung der Ofensysteme vermeiden, wenn das Einsatzgut als heißer Destillationsrückstand weiterverarbeitet wird. Man führt ihn dann direkt in den Unterteil der Kolonne, ohne daß er vorher angekrackt wird. Dadurch erhöht sich das Kreislaufverhältnis. Man hat jedoch den Vorteil, daß man den Ofen nur auf eine Austrittstemperatur einzustellen braucht. Vorwärmung des in die Fraktionierkolonne geführten Einsatzgutes durch Wärmeaustausch mit heißen Produkten ist ebenfalls üblich.

β) **Die Produkteigenschaften und die Ausbeuten.** Die in einer Verkokungsanlage bei verschiedenen Einsatzölen erzielbaren Ausbeuten sind in Zahlentafel D-9 wiedergegeben[1]. Beim Kracken auf Koks werden die Arbeitsbedingungen wie Temperatur, Druck und Rückführungsverhältnis – sofern überhaupt mit Rückführung gearbeitet wird – in engen Grenzen gehalten, weil man vor allem mit der Temperatur bis an die höchsten zulässigen Werte geht. Sie schwankt je nach Einsatzgut zwischen 480 und 515 °C, und die Drücke in den Kokskammern werden zwischen 1 und 6 atü gewählt. Nach Angabe von MEKLER und BROOKS arbeiten rd. 90% aller Delayed Coking-Anlagen mit einer Ofenaustrittstemperatur von 490 bis 495 °C und einem Druck in den Kokskammern von 2 atü. Das Rückführungsverhältnis bezogen auf den frischen Einsatz beträgt in der gleichen Zahl von Fällen nach Definition der Verfasser rd. 0,25. Der in Gl. (D-36) S. 287 definierte Wert ist in diesen Fällen 1,25. Dabei wird ein Gasöl mit einem Siedeende von mehr als 500 °C (umgerechnet auf 760 Torr) erhalten. Da man dieses Gasöl in der Regel als Einsatzgut für katalytische Krackanlagen verwendet, kann es notwendig sein, dieses Siedeende zu senken, falls die maximal zulässigen Werte für den beim Conradson-Test ermittelten Koksrückstand sowie

---

[1] MEKLER, V., u. M. E. BROOKS: When is Delayed Coking Worthwhile? Petrol. Refiner 38 (1959) Nr. 6, S. 169/76; Berichtigung zu Table 1, ebd. Nr. 7, S. 107.

Zahlentafel D-9. *Betriebsbedingungen, Ausbeuten und Produkteigenschaften beim Verkoken von Destillationsrückständen aus Rohölen verschiedener Herkunft, nach* V. MEKLER *und* M. E. BROOKS: *a.a.O. S. 170*

Einsatzgut aus Rohöl nebenstehender Herkunft gewonnen[a]		Mid Continent	Mischung Mid Continent und Illinois	Arkansas	Illinois	Oklahoma	Venezuela	Kalifornien
Menge bezogen auf								
Rohöl	Vol.-%	30		30				
Dichte	g/cm³	0,929	0,941	0,979	0,982	0,972	1,019	0,986
Conradson-Koks	Gew.-%		6,71	15,1	14,8	11,6	19,6	9,6
Schwefelgehalt	Gew.-%	2,48	0,82	3,0	0,6	1,15	2,76	1,6
Betriebsbedingungen								
Ofenaustritt	°C	488	485	490	496	486	493	496
Druck in der Kokskammer	atü	2,5	1,8	2,1	2,5	2,3	1,8	4,2
Verhältnis Ofenzufluß zur Einsatzmenge		0,85	0,98	1,12	1,25	1,30	1,20	
Verhältnis Ofenzufluß zur äquivalenten Einsatzmenge[b]		1,30	1,30	1,34	1,25	1,30	1,20	1,30
Ausbeuten								
C$_3$ und leichter	Gew.-%	5,8	6,4	8,1	6,4	7,1	5,6	12,0
Benzin (C$_4$ bis 204 °C)	Gew.-%	21,8		17,1	21,6		17,8	15,7
Leichtbenzin	Gew.-%		8,6			20,5	6,1	
Schwerbenzin	Gew.-%		7,2				11,7	
Leichtes Gasöl	Gew.-%	56,1	9,9	43,3	46,0	49,5	20,0	35,2
Schweres Gasöl	Gew.-%		51,5				23,7	15,5
Koks	Gew.-%	16,3	12,6	31,5	26,0	22,9	32,6	21,6
Produkteigenschaften								
Siedeendpunkt des Gesamtbenzins	°C	204		204	204		204	199
Siedeendpunkt des Leichtbenzins	°C		149			194[c]	93	
Siedeendpunkt des Schwerbenzins	°C		224				204	
Siedeendpunkt des leichten Gasöles	°C		322				352	382
Dichte des schweren Gasöles	g/cm³	0,886	0,901	0,892	0,881	0,880	0,920	1,000
Siedeendpunkt des schwersten Destillates (umgerechnet auf 760 Torr)	°C	385	510			455		510
Conradson-Koks	Gew.-%	0,02	0,11			0,1	0,30	
Schwefelgehalt	Gew.-%	1,55	0,56			0,79	1,57	1,37

[a] Obwohl in der Quelle nicht angegeben, handelt es sich – nach dem Conradson-Koks zu schließen – offenbar um Normaldruckrückstände. Vakuumrückstände weisen dafür meist Werte erheblich über 20 Gew.-% auf. – [b] Unter äquivalenter Einsatzmenge wird hier der Gesamteinsatz abzüglich der in der Fraktionierkolonne abdampfbaren Anteile verstanden. – [c] Offensichtlich ein Druckfehler in der Quelle; soll dort vermutlich 300 °F (= 149 °C) statt 380 °F heißen.

für den Metall- und Stickstoffgehalt wegen höherer Anteile im Einsatzöl überschritten werden[1].

Die Koksausbeuten sind, wie Linie *a* Abb. D-16 zeigt, im Mittel proportional dem beim Conradson-Carbon-Test ermittelten Wert des Einsatzgutes. Dieser selbst ist, wie man aus den Linien *b* und *c* der gleichen Abbildung ablesen kann, der Dichte des Einsatzgutes ungefähr proportional. Die Abhängigkeit ist sowohl für das konventionelle Maß (*b*) wie für die Einheit im metrischen Maß (*c*) eingetragen. Die wiedergegebenen Werte gelten für paraffinbasisches Material bei den Betriebsbedingungen, die oben als die häufigsten genannt wurden. Dabei kann man erwarten, daß

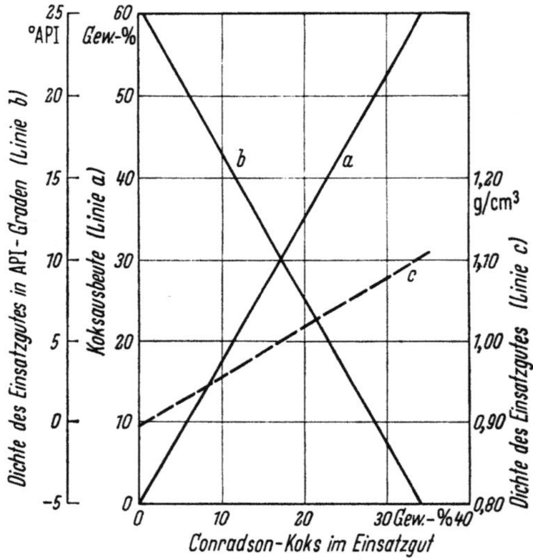

Abb. D-16. Koksausbeute (*a*) beim Delayed Coking-Verfahren in Abhängigkeit vom Conradson-Koks paraffinbasischen Einsatzgutes sowie dessen Zusammenhang mit der Dichte des Einsatzgutes (*b* und *c*).

der Conradson-Koksrückstand des erzeugten Gasöles 0,3 Gew.-% nicht überschreitet. Zwischen diesem Gehalt und der gesamten Kokserzeugung besteht ebenfalls eine Beziehung, und zwar steigt der Verkokungsrückstand im Gasöl mit sinkender Erzeugung von Koks als Produkt. Dies ist höchst unerwünscht und muß durch Ändern der Betriebsbedingungen ausgeglichen werden. Als zweckmäßigste Maßnahme erscheint zunächst, die Quentschölmenge und das Rückführungsverhältnis zu erhöhen, um dadurch die in der Kolonne nach oben mitgerissenen verkokbaren Anteile der Destillation zurückzuhalten. Notfalls muß die Ofenaustrittstemperatur etwas zurückgenommen werden, was aber den Umsetzungsgrad (die sog. „Kracktiefe") verringert und die Gewinnung leichterer Kohlenwasserstoffe beeinträchtigt. Auf Grund von Berechnungen lassen sich keine verläßlichen Voraussagen machen. Auch mit Laboratoriumsversuchen sind beim thermischen Kracken – wie bereits ausgeführt wurde –

---

[1] Vgl. S. 38, 45 u. 64.

keine der Verallgemeinerung fähigen Unterlagen zu gewinnen. Es hilft
hier nur die Erfahrung im großtechnischen Betrieb mit verschiedenen
Arten von Ölen, die allerdings durch Versuche in größeren Technikums-
apparaturen unterstützt wird. Für deren Auswertung hat sich der verhältnismäßig einfache Conradson-Test als brauchbare Hilfe erwiesen.
Immerhin sind heute Verkokungsanlagen in Betrieb, die Einsatzgut mit
einem Conradson-Koksrückstand bis zu 25 Gew.-% verarbeiten können[1].

Die für die Ausbeuten und Kokseigenschaften entscheidende Betriebsgröße ist die Ofenaustrittstemperatur. Die Eigenschaften der flüssigen Produkte lassen sich unabhängig davon kaum mehr beeinflussen.

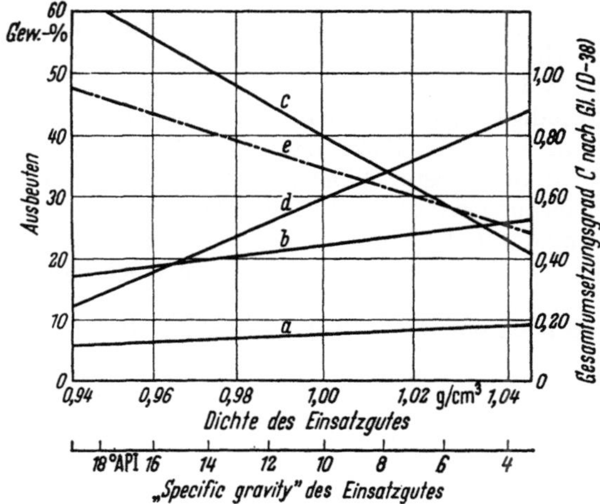

Abb. D-17. Ausbeuten an einzelnen Produkten beim Kracken von paraffinbasischem Einsatzgut
auf Koks in Abhängigkeit von dessen Dichte.

a Propan und leichtere Produkte;
b Benzin mit Siedeendpunkt 204 °C;
c Gasöl mit Siedeendpunkt 510 °C
(bezogen auf 760 Torr);
d Koks;
e Gesamtumsetzungsgrad *C*
nach Gl. (D-38), S. 288.

Sie bewegen sich in engen Grenzen und hängen – wie z.B. der Metallgehalt des schwersten Destillates – von der Bemessung der Fraktionierkolonne ab. Einen gewissen Einfluß hat aber die Basis des Rohöles, weil
die einzelnen Kohlenwasserstoffgruppen, wie S. 267 erwähnt, gegen hohe
Temperaturen nicht gleich empfindlich sind. Eine Anpassung der Ofentemperatur ist aber nur beschränkt möglich, weil einerseits eine bestimmte Höhe erforderlich ist, um einen genügend harten Koks zu erhalten, andererseits aber manche Öle bei dieser Temperatur so schnell
reagieren, daß das Verkoken bereits in den Ofenrohren beginnt und daher
deren Standzeiten nur kurz sein können. Dies zeigt, daß das Verkoken
von Erdölrückständen ein Verfahren ist, bei dem die Grenzen eines praktisch durchführbaren Betriebes erreicht sind.

Für die S. 316 genannten Betriebsbedingungen und für ein paraffinbasisches Einsatzgut sind in Abb. D-17 die für die verschiedenen Pro-

---

[1] Vgl. Fußn. 2, S. 312.

dukte erzielbaren Ausbeuten in Abhängigkeit von einem engeren Bereich der Dichte des Einsatzgutes wiedergegeben. Bei naphthenbasischem Einsatzgut steigen Gas- und Koksausbeute, im entsprechenden Verhältnis sinken jedoch die Erzeugung an Benzin und Mitteldestillaten.

γ) **Die Besonderheiten der Anlagenteile.** Der empfindlichste Teil einer thermischen Krackanlage ist der Ofen, weil die Koksbildung in den Rohren ein frühzeitiges Abstellen der Anlage erzwingen kann. Da bei Verkokungsanlagen die Ofenaustrittstemperatur am höchsten gewählt wird, muß der Ofen sehr sorgfältig berechnet werden. Die Gefahr des Verkokens der Ofenrohre ist dann am größten, wenn das Produkt bereits weitgehend verdampft ist und nur mehr ein dünner Flüssigkeitsfilm an den Rohrwandungen haftet. Deshalb ist es günstig, aus den auf S. 285f. geschilderten Gründen mit überkritischen Drücken zu arbeiten, um dadurch die Ausbildung einer Phasengrenzfläche zu vermeiden. Auch durch hohe Geschwindigkeiten kann man dieser Gefahr zum Teil begegnen. Die Stellen, an denen die Koksbildung am frühesten auftritt, befinden sich auch nicht in nächster Nähe des Ofenaustrittes, sondern in einer gewissen Entfernung davor, weil in der Regel infolge der zunehmenden Wärmebindung durch die Verdampfung die Produkttemperatur in einem Röhrenofen gegen den Austritt zu von einem Höchstwert an wieder abfällt[1]. Es stellt sich daher im Ofen ein Temperaturmaximum an einer Stelle ein, wo noch ein Flüssigkeitsfilm an den Rohrwandungen haftet.

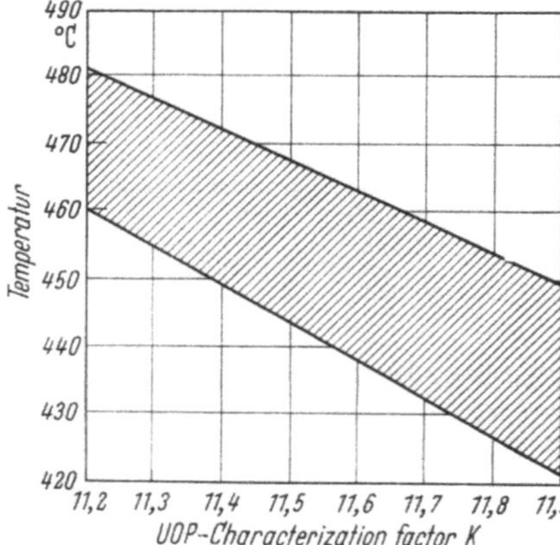

Abb. D-18. Für die Koksbildung kritischer Temperaturbereiche in Kracköfen in Abhängigkeit vom UOP-Characterization factor des Einsatzöles[2].

In Abb. D-18 ist der Bereich der kritischen Zone eines Krackofens in Abhängigkeit vom Characterization Factor K_{UOP} des Öles aufgetragen[2]. Durch den bereits erwähnten Dampfzusatz läßt sich bei schwierig zu behandelnden Ölen die Verkokungsgefahr in gewissem Maße bannen, weil wegen der Senkung des Partialdruckes ein schnelleres Verdampfen erreicht wird. Die dafür notwendigen Mengen an Dampf werden mit rd. 1 Gew.-% bezogen auf den Durchsatz angegeben.

---

[1] Vgl. dazu S. 124. — [2] Vgl. S. 66ff.

Die Kokskammern, die üblicherweise als senkrechte zylindrische Behälter gebaut werden, bemißt man so, daß sie die in 24 Stunden entstehende Koksmenge aufnehmen können. Dadurch ist es möglich, das Entkoken in der Tagschicht vorzunehmen, was schon im Interesse der Sicherheit und der Leistungsfähigkeit der Bedienungsmannschaft angestrebt werden soll. Die bisher größten Durchmesser von Kokskammern liegen bei rd. 6 m und die größte Höhe bei rd. 25 m. Mit solchen Kammern lassen sich je nach Koksausbeute mit zwei Kammern die Erfordernisse von Anlagen mit einem Koksausbringen von etwa 400 t/d erfüllen, was bei üblichen Ausbeuten einer Durchsatzleistung von rd. 500 000 t/a entspricht. Werden diese Leistungen überschritten, so muß man die Zahl der Kokskammern verdoppeln oder vervielfachen. Der Betrieb einer Kokskammer läuft etwa folgendermaßen ab:

Koksfahrt	24 h
Umschalten	0,5 h
Ausdämpfen	2,5 h
Kühlen mit Wasser	3 h
Ablauf des Kühlwassers	2 h
hydraulisches Entkoken	5 h
Zeit für Kontrollen	2 h
Anwärmen	7 h
Reservezeit	2 h
	48 h

Die Ausrüstung einer Delayed Coking-Anlage mit Meß- und Regelgeräten hat TEED an Hand eines Schemas genau beschrieben und erläutert[1].

c) Das Fluid Coking-Verfahren

Die Forschungs- und Entwicklungsabteilungen der Esso-Organisation, die die Fließbettechnik – wie auf S. 417 ff. noch näher erläutert wird – für die katalytischen Krackverfahren mit besonderem Nachdruck entwickelt haben, beschritten auch auf dem Gebiete des Verkokens neue Wege[2]. Dies geschah zuerst im Laboratorium und dann in Betriebsanlagen. Dabei werden die Vorteile der Fließbettechnik nutzbar gemacht[3]. Inzwischen

---

[1] TEED, J. T.: How They Control the Coker. Petrol. Refiner 41 (1962) Nr. 6, S. 173/74.

[2] GOHR, E. J.: Background, history and future of fluidization. In: Fluidization, hrsg. von D. F. OTHMER, New York/London: Reinhold/Chapman & Hall 1956.

[3] Vgl. dazu A. VOORHIES jr. u. H. Z. MARTIN: New Fluid Coking Process Unveiled. Petrol. Refiner 32 (1953) Nr. 12, S. 127/30. – JOHNSON, J. B., u. R. E. WOOD: New Data on Fluid Coking. Petrol. Refiner 33 (1954) Nr. 11, S. 157/60. – VOORHIES jr., A.: Fluid coking of residua. 4. Welt-Erdöl-Kongreß, Rom 1955, Bericht Nr. III/F 1. – THORNTON, D. P.: Why Carter Likes its Coker. Petrol. Processing 10 (1955) 840/45. – BARR, F. T., u. C. E. JAHNIG: Fluid Coking and Fluid Coke. Chem. Engng. Progr. 51 (1955) Nr. 4, S. 167/73. – CORNFORTH, R. M.: Fluid Coking Shifts Products Distribution. Petrol. Refiner 36 (1957) Nr. 9, S. 211/14. – MOLSTEDT, B. V., u. J. F. MOSER jr.: Fluid Coking Development. A Mechanically Fluidized Reactor. Industr. Engng. Chem. 50 (1958) 21/24; ref. Brennst.-Chem. 35 (1954) 90. – Mc DONALD, J., u. C. O. RHYS jr.: The fluid coking process. Commercial experience to date. 5. Welt-Erdöl-Kongreß, New York 1959, Bericht Nr. III/28. – SAXTON, A. L., H. N. WEINBERG u. R. O. WRIGHT: Get Cheaper Coking Now With this New Design. Petrol. Refiner 38 (1960) Nr. 5, S. 157/60. – MOORE, K. L.: Alloy Stops Corrosion in Fluid Coker. Petrol. Refiner 40 (1961) Nr. 5, S. 149/53.

sind mehrere nach diesem Verfahren arbeitende Anlagen errichtet worden, davon zwei gleicher Größe für eine Einsatzmenge von je rd. 300 t/h. Es sind dies z. Z. die Verkokungsanlagen mit der größten Leistung, von denen die eine in der Raffinerie Avon/Calif., die andere in der Raffinerie Delaware City/Del. der Tide Water Oil Co steht. Das Fließschema der Anlage Delaware City Refinery ist in Abb. D-19 wiedergegeben. Die

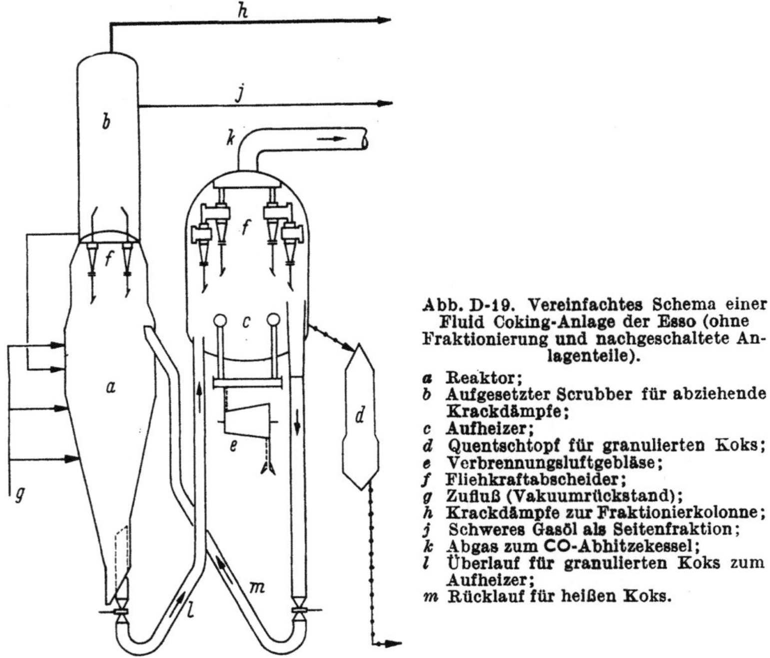

Abb. D-19. Vereinfachtes Schema einer Fluid Coking-Anlage der Esso (ohne Fraktionierung und nachgeschaltete Anlagenteile).

a Reaktor;
b Aufgesetzter Scrubber für abziehende Krackdämpfe;
c Aufheizer;
d Quentschtopf für granulierten Koks;
e Verbrennungsluftgebläse;
f Fliehkraftabscheider;
g Zufluß (Vakuumrückstand);
h Krackdämpfe zur Fraktionierkolonne;
j Schweres Gasöl als Seitenfraktion;
k Abgas zum CO-Abhitzekessel;
l Überlauf für granulierten Koks zum Aufheizer;
m Rücklauf für heißen Koks.

wesentlichen Bauteile dieser Anlage sind der Reaktor *a* und der Aufheizer *c* (auch als Brennkammer/Burner bezeichnet), die wie bei allen Fluid-Anlagen der Esso-Gruppe nebeneinander angeordnet und durch U-förmig gebogene Leitungen miteinander verbunden sind. Der Aufheizer entspricht in seiner Funktion etwa dem bei katalytischen Krackanlagen verwendeten Regenerator; in ihm wird die für den Prozeß benötigte Wärme erzeugt; die in den Reaktor zurückgeförderten Kokskörnchen erfüllen eine sinngemäße Aufgabe wie ein Katalysator. Auf den Reaktor ist ein Fraktionierteil *b* aufgesetzt, der als Scrubber bezeichnet ist und in dem die aus dem Reaktor durch Zyklonen *f* abziehenden Kohlenwasserstoffdämpfe mit Wasserdampf gestrippt werden.

Der Prozeß wird dadurch in Gang gebracht, daß die Anlage mit feingemahlenem Koks gefüllt wird. Dieser wird durch gesteuerten Druck zwischen Aufheizer und Reaktor in ständigem Umlauf gehalten. In dem Maß, wie sich Koks neu bildet, kann ein entsprechender Anteil aus dem Aufheizer abgezogen und mit Wasser abgeschreckt werden. Der so erzeugte Koks ist sehr fein und hat eine ziemlich gleichmäßige Teilchengröße von etwa 0,2 mm. Die Körnchen haben etwa kugelige Form und eine glänzende Oberfläche. Der Gehalt an flüchtigen Bestandteilen beträgt etwa 3 bis 5%, also erheblich weniger als bei dem in Delayed Coking-Anlagen erzeugten Petrolkoks. Die Kornverteilung ist aus nachstehender Zahlentafel D-10 zu ersehen.

Zahlentafel D-10. *Ungefähre Kornverteilung des Kokses aus Fluid Coking-Anlagen der Esso, nach* R. M. CORNFORTH: *a.a.O. S. 212*

Sieb-Nr. nach ASTM E 11	Öffnung mm	Bezeichnung nach DIN 1171 bzw. DIN 4188	Rückstand Gew.-%
8	2,38	2500	5,2
35	0,50	~430	11,1
(65)	rd. 0,23	~200	48,6
100	0,149	150	80,1
200	0,074	75	95,8

Die mit Fluid Coking-Anlagen erzielten Betriebsergebnisse mit verschiedenen Normaldruck- und Vakuumrückständen wurden besonders von JOHNSON und WOOD und anderen mitgeteilt[1]. Ähnlich wie beim Delayed Coking-Verfahren besteht ungefähre Proportionalität zwischen Koksausbeute und Conradson-Koksrückstand des Einsatzgutes, jedoch stimmen beim Fluid-Verfahren die Zahlenwerte fast genau überein, während sich beim Delayed Coking Ausbeute zu Conradson-Koksrückstand etwa wie 1,75 : 1 verhalten. Dieser Unterschied ist dadurch begründet, daß beim Fluid-Verfahren die benötigte Wärme durch Verbrennen eines Teiles des gebildeten Kokses selbst gedeckt wird und daher kein eigener Ofen erforderlich ist. Von der Lizenzfirma werden noch die wesentlich kleineren Abmessungen der Anlagenteile und die damit verbundenen geringeren Kosten als besonderer Vorteil der Fluid-Anlagen hervorgehoben. Bezüglich der Eigenschaften der flüssigen Produkte bestehen kaum wesentliche Unterschiede, da sie in beiden Fällen unter etwa gleichen Bedingungen zustande kommen. Dies gilt sowohl für das Mitteldestillat wie für das Benzin. Das Mitteldestillat ist genauso wie das aus Delayed Coking-Anlagen ein brauchbares Einsatzmaterial für katalytische Krackanlagen. Die mit einer Delayed Coking- und mit einer Fluid Coking-Anlage erzielbaren Produktmengen und ihre Eigenschaften sind für einen besonderen Fall in Zahlentafel D-11 miteinander verglichen.

Bei der von SAXTON, WEINBERG und WRIGHT mitgeteilten neueren Fahrweise wird das schwere Gasöl nicht mehr aus dem Scrubber (eine Art Stripper[2]) seitlich abgenommen, sondern über Kopf geführt und in einer Fraktionierkolonne als Bodenprodukt abgezogen. Es wird zunächst gekühlt, indem es einen Dampferzeuger beheizt. Ein Teilstrom davon geht dann als umlaufender Rückfluß zu einem der untersten Böden der

---

[1] Vgl. Fußn. 3, S. 321.

[2] Engl. scrubber entspricht dem deutschen Wort Schrubber. Man bezeichnet damit Kolonnenteile, in denen oft nur durch inneren Rückfluß eine gewisse Trennwirkung erzielt wird.

Zahlentafel D-11. *Vergleich der beim Fluid Coking- und beim Delayed Coking-Verfahren erzielten Ausbeuten und Produkteigenschaften, nach* F. B. JOHNSON *und* R. E. WOOD: *a.a.O. S. 160*

Einsatzgut: 70% Casabe-Rückstand und 30% Coastal-Rückstand

Dichte	g/cm³	0,966 (entspr. 15° API)
Conradson-Koks	Gew.-%	9
Aschegehalt	Gew.-%	0,074
Schwefelgehalt	Gew.-%	1,2
5-%-Punkt	°C	366 } bei ASTM-Destillation
50-%-Punkt	°C	515 }

		Fluid Coking	Delayed Coking
Ausbeuten bezogen auf Einsatz			
C₃ und leichter	Gew.-%	5,5	6
C₄	Vol.-%	1,5	2,5
C₅ bis 221 °C	Vol.-%	13	22,5
Gasöl	Vol.-%	75	57
Koks	Gew.-%	11	22
Gasöleigenschaften			
Dichte	g/cm³	0,928 ($\widehat{=}$ 21° API)	0,898 ($\widehat{=}$ 26° API)
Siedeverlauf			
Beginn	°C	243	243
20-%-Punkt	°C	357	296
50-%-Punkt	°C	441	363
80-%-Punkt	°C	496	421
Conradson-Koks	Gew.-%	1,1	0,03
Anilinpunkt	°C	74	68
Stickstoffgehalt	Gew.-%	0,23	0,14
Schwefelgehalt	Gew.-%	1,4	0,93
Eigenschaften des stabilisierten Benzins			
Dichte	g/cm³	0,759 ($\widehat{=}$ 55° API)	0,735 ($\widehat{=}$ 61° API)
Siedeverlauf			
Beginn	°C	49	50
10-%-Punkt	°C	83	78
50-%-Punkt	°C	136	114
90-%-Punkt	°C	189	156
Ende	°C	204	180
ROZ ohne Blei		76,3	69,9
Bromzahl	g/100 g	106	73
Anilinpunkt	°C	27	44

Fraktionierkolonne, ein anderer Teilstrom zurück zum Kopf des Scrubbers. Diese Fahrweise hat gegenüber der ursprünglichen Schaltung den Vorteil, daß der Schnittpunkt zwischen schwerem Gasöl und Recycle-Öl in weiten Grenzen geändert werden kann. Somit lassen sich die Bedürfnisse der nachgeschalteten Anlagen – entweder hinsichtlich der Eigenschaften oder der Mengen der an diese abzugebenden Produkte – wesentlich besser befriedigen.

5. Das thermische Reformieren

Das thermische Reformieren hat, wie bereits erwähnt wurde, mit dem thermischen Kracken die Anwendung hoher Temperaturen gemeinsam. Die Drücke werden, wie Zahlentafel D-6 zeigte, noch höher gewählt als beim Kracken. Der grundsätzliche Unterschied gegenüber dem Kracken besteht darin, daß kein Spalten großer Moleküle angestrebt wird, daß man vielmehr die dem Reformieren unterworfenen Benzinfraktionen durch Isomerisieren und Aromatisieren klopffest machen will. Außerdem entstehen in größerer Menge Olefine, die wesentlich klopffester sind als paraffinische Kohlenwasserstoffe gleicher C-Atom-Zahl. Da das Klopfen eine Folge der thermischen Beanspruchung im Motor ist, erscheint es verständlich, daß ein gewissermaßen thermisch vorbehandeltes Benzin in dieser Hinsicht günstigere Eigenschaften aufweist. Man erhält auf diese Weise tatsächlich sehr klopffeste Kraftstoffkomponenten. Die kleineren Moleküle der im Bereich des Benzins siedenden Kohlenwasserstoffe sind gegenüber hohen Temperaturen viel weniger empfindlich als die großen Moleküle der Mitteldestillate oder noch höhersiedender Fraktionen. Benzinkohlenwasserstoffe werden daher erst bei viel höheren Temperaturen gespalten, wovon man bei der noch zu beschreibenden Herstellung von Olefinen Gebrauch macht. Somit besteht zwischen thermischem Kracken und thermischem Reformieren zwar eine gewisse Ähnlichkeit der Verfahrensbedingungen, aber nur eine beschränkte Übereinstimmung bezüglich der Reaktionen. Diese ließen sich zwar so wie auf S. 275 ff. beschreiben und durch Formeln darstellen; doch liegen darüber wesentlich weniger Forschungsergebnisse vor als über die eigentlichen Krackreaktionen. Ihre Wiedergabe hätte hier nur beschränkten Wert, weil dadurch keine Erkenntnisse gewonnen werden, die über die bereits wiedergegebenen hinausgehen.

Wesentlich für die durch das Reformieren erzielte Verbesserung der Produkte ist die Tatsache, daß bei hohen Temperaturen nach Abb. D-2, S. 265 die Aromaten am stabilsten sind. Auch verzweigte Aliphaten sind etwas stabiler als geradkettige Verbindungen. Dazu kommt noch der erhebliche Anteil an den ziemlich klopffesten Olefinen im Reformat, weil sich Spaltreaktionen nicht vollständig vermeiden lassen. Diese letzte Bemerkung steht nicht in Widerspruch zu den Beobachtungen beim Kracken, wie sie in den vorhergehenden Abschnitten beschrieben wurden und die zeigen, daß höhermolekulare Kohlenwasserstoffe bereits bei niedrigeren Temperaturen gespalten werden. Kohlenwasserstoffe im Siedebereich der Benzine erfordern jedoch noch höhere Temperaturen als sie beim Reformieren angewandt werden, wenn man in erster Linie die Herstellung von Olefinen in wirtschaftlich interessanter Menge anstrebt; vgl. darüber S. 335 ff. Die beim Reformieren entstehenden Mengen reichen aber aus, die Produkteigenschaften wesentlich zu beeinflussen[1]. Die Wirkung auf die Klopffestigkeit des Reformates durch Bildung von Aromaten und Olefinen kann aus Abb. D-20 und aus der S. 357 zu besprechenden Abb. E-1 abgelesen werden. Zur Kennzeichnung der Klopffestigkeit ist in diesen Abbildungen statt der üblichen Oktanzahl das kritische Verdichtungsverhältnis ε_{kr} benutzt, das für wissenschaftliche Untersuchungen ein besseres Kriterium darstellt.

---

[1] Vgl. dazu auch C. F. FEUCHTER: Economics of thermal reforming. Chem. Engng. Progress 45 (1949) 644/48; Petrol. Refiner 28 (1949) 682/86.

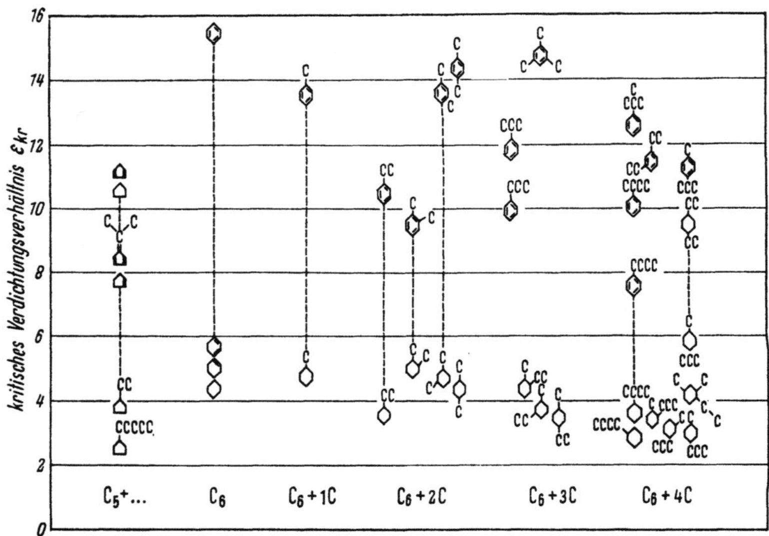

Abb. D-20. Kritisches Verdichtungsverhältnis ε_{kr} ringförmiger Kohlenwasserstoffe im CFR-Motor beim früher benutzten API-Prüfverfahren (600 U/min, 176,7 °C = 350 °F Kühlmitteltemperatur) nach Lovell, vgl. Fußn. 2, S. 512.

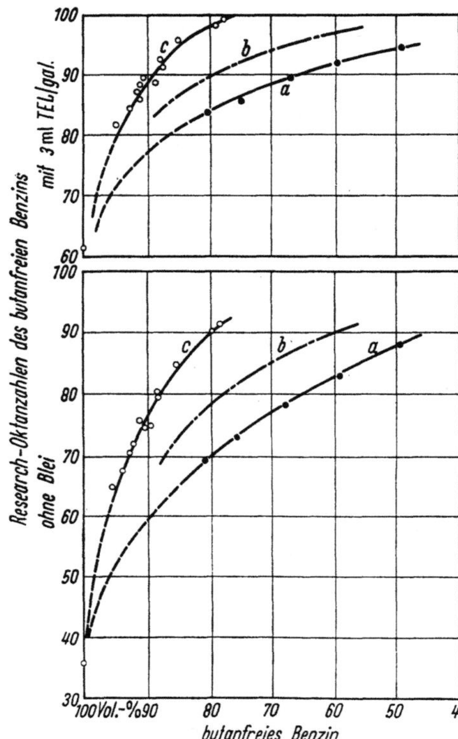

Abb. D-21. Erzielbare Research-oktanzahlen und Ausbeuten beim thermischen Reformieren (*a*), bei diesem Verfahren ergänzt durch eine Polymerisation der entstandenen Olefine (*b*) und beim katalytischen Reformieren (*c*); Einsatzgut: Schwerbenzin aus Mid Continent-Rohöl.

Nach V. Haensel u. M. J. Sterba: Comparison of Platforming and Thermal Reforming in: Advances of Chemistry, Ser. No. 5 "Progress in Petroleum Technology", hrsgeg. von der Amer. Chem. Soc. Washington/D.C.: 1951, S. 50/75.

Teilweise bilden sich bei den hohen Temperaturen des Reformierens auch sehr reaktionsfähige Diolefine. Allerdings werden durch diese ungesättigten Verbindungen Polymerisationen eingeleitet, welche die Ursache für die Entstehung von Harzen oder Harzbildnern sind. Deshalb bedürfen thermische Krackbenzine einer Redestillation, um das ursprüngliche Siedeende wieder einzustellen. Diesem Zweck dient in der Regel die dem Ofen nachgeschaltete Fraktionierkolonne, in deren Sumpf eine größere Menge Polymerisat anfällt. Wegen des verhältnismäßig niedrigen Siedebereiches des Einsatzgutes und der erheblich darüberliegenden Betriebstemperaturen verlaufen trotz der hohen Drücke beim thermischen Reformieren alle Reaktionen in Dampfphase. Diese hohen Drücke sind erforderlich, um die Bildung niedrigsiedender Kohlenwasserstoffe, die mit einer Volumenvergrößerung verbunden ist, zurückzudrängen.

Die Bedeutung des thermischen Reformierens hat seit etwa 1950 durch die Entwicklung katalytischer Verfahren sehr stark an Bedeutung verloren, weil bei gleicher Oktanzahlsteigerung die Ausbeute schlechter oder bei gleicher Ausbeute die Klopffestigkeit geringer ist, vgl. Abbn. D-21 und D-22. Gelegentlich wird das thermische Reformieren in Betracht gezogen, weil es damit möglich ist, bereits katalytisch reformiertes Benzin noch weiter zu verbessern, was auf S. 334 erläutert wird.

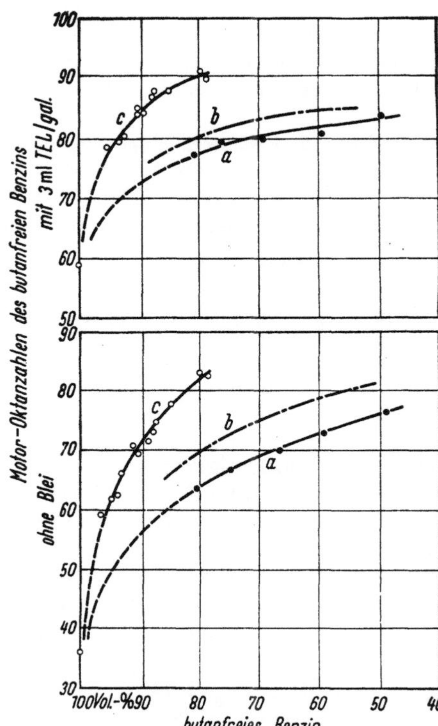

Abb. D-22. Erzielbare Motoroktanzahlen und Ausbeuten bei den gleichen Verfahren und dem gleichen Einsatzgut wie in Abb. D-21.

Gleiche Quelle wie für Abb. D-21.

a) Das Einsatzgut, die Produkte und die Ausbeuten

Als Einsatzgut kamen ursprünglich Benzine mit geringer Klopffestigkeit in Frage, doch zeigt die erwähnte, spätere Entwicklung, daß sich auch Benzine, die bereits katalytisch reformiert sind, ebenfalls als Einsatzgut eignen.

Da die angestrebten Aromaten mindestens sechs Kohlenwasserstoffatome enthalten, Polymerisationen jedoch tunlichst vermieden werden sollen, folgt, daß der Siedebeginn der zu verarbeitenden Benzine nicht wesentlich unter dem der Hexane liegen soll. Daher setzt man in der Regel nur Schwerbenzin durch Reforming-Anlagen durch.

Das thermisch reformierte Benzin hat einen nach oben und unten erweiterten Siedebereich, weil sich einerseits durch Dehydrierungen und Dealkylierungen leichtere Kohlenwasserstoffe bilden – wenn auch nicht in großer Menge – und die leichten Anteile im Produkt dadurch bis zum Wasserstoff erweitert werden. Andererseits entstehen durch die erwähnten Polymerisationen die durch Redestillation zu beseitigenden Siedeschwänze. Das im Sumpf der Fraktionierkolonne abzutrennende Polymerisat, das – je nach Schärfe der Betriebsbedingungen – in einer Menge bis zu rd. 10% des Einsatzes anfällt, kann dem in der Raffinerie hergestellten Heizöl beigemischt werden, da sein Anteil – bezogen auf dessen Menge – gering ist und die im Polymerisat enthaltenen höhermolekularen, noch teilweise ungesättigten Verbindungen in ausreichenden Mengen gleichmolekularer Produkte echt gelöst und dadurch so verdünnt werden, daß beim Lagern keine Schwierigkeiten zu befürchten sind.

Zahlentafel D-12. *Verbesserung der Klopffestigkeit von Straight run-Schwerbenzinen durch thermisches Reformieren*

Dichte des Einsatzgutes g/cm³	Motoroktanzahl des Einsatzgutes	Ofenaustrittstemperatur °C	Äquivalente Reaktionszeit in sec, umgerechnet auf 482 °C	Motoroktanzahl des reformierten Benzins	MOZ-Anstieg
0,778	35,7	538	499	70,4	34,7
0,774	34,0	548	348	63,4	29,4
0,776	36,2	526	235	63,4	27,2
	33,5	524	147	56,1	22,6
0,801	55,9	545	645	70,7	14,8

Wie die Klopffestigkeit durch das thermische Reformieren verbessert wird, zeigt Zahlentafel D-12 nach älteren Angaben[1]; s. a. Abb. D-21 und D-22. Wenn auch die dabei erzielten Oktanzahlen heutigen Ansprüchen nicht mehr genügen, so ist es doch wichtig, die durch das thermische Reformieren gegebenen Möglichkeiten zu kennen, um in Sonderfällen die Brauchbarkeit des Verfahrens beurteilen zu können. Wie die Abbildungen zeigen, liegen die Ausbeuten je nach der angestrebten Oktanzahl zwischen

---

[1] TURNER, S. D., u. E. J. LeRoi: Octane-Number Improvement in Naphtha Reforming. Industr. Engng. Chem. 27 (1935) 1347/49; wiedergegeben bei A. N. SACHANEN: Conversion of Petroleum, 2. Aufl., New York: Reinhold 1948, S. 255.

70 und 90 Vol.-% und bleiben gegenüber den Verhältnissen beim katalytischen Reformieren bei ähnlicher Verbesserung des Einsatzgutes erheblich zurück.

b) Die Schaltung der Anlagen

Die thermischen Reforming-Anlagen bestehen im wesentlichen aus einem Ofen, einer Fraktionierkolonne für das aus dem Ofen austretende, reformierte Produkt und einer Stabilisierung für das als Kopfprodukt der Fraktionierkolonne gewonnene Benzin. Die Ofenaustrittstemperatur wird beim Reformieren höher gewählt als bei den bisher beschriebenen thermischen Krackverfahren, was seinen Grund in der erwähnten thermischen Stabilität der Kohlenwasserstoffe des Siedebereiches des Benzins hat. Wegen der hohen Austrittstemperatur ist beim Reformieren Quentschen unmittelbar hinter dem Ofen unerläßlich. Anderenfalls wäre mit unbeherrschbaren Polymerisationen als Nachreaktionen zu rechnen.

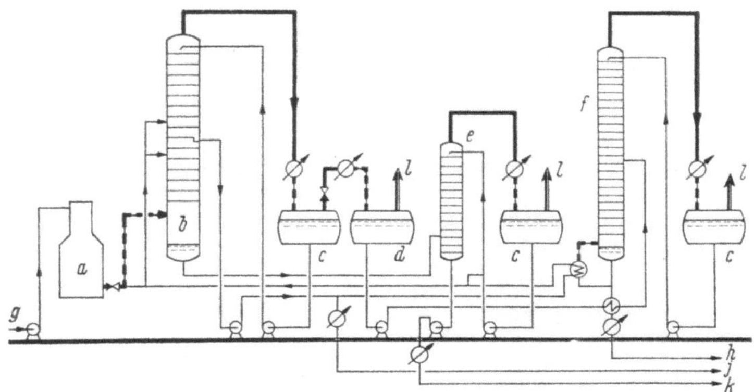

Abb. D-23. Schematisches Fließbild einer thermischen Reforming-Anlage.

a Ofen;	*d* Entspannungs- und Trennbehälter;	*h* Stabiles Reformat;
b Fraktionierkolonne mit Entspannungskammer im Unterteil;	*e* Rückstandsstripper;	*j* Seitenfraktion;
	f Stabilisierkolonne;	*k* Heizölfraktion;
c Trennbehälter;	*g* Zu reformierendes Benzin;	*l* Reformerabgas.

Zum Quentschen kann man nach der erforderlichen Kühlung einen Seitenstrom oder einen Teilstrom des Sumpfproduktes aus der Fraktionierkolonne wählen. Abb. D-23 gibt das Schaltschema einer Anlage wieder, in der ein als Seitenstrom gewonnener Schwerbenzinschnitt zum Quentschen benutzt wird. Um die Wärme daraus abzuführen, wird dieses Seitenprodukt zum Beheizen des Aufkochers der Stabilisierkolonne *f* verwendet. Gewünschtenfalls kann auch ein Teil davon über einen Kühler als Produkt abgezogen werden. Bei dieser Schaltung ist der Anteil, dessen Siedebereich den des Benzins überschreitet, in den Seitenstrom und in das Sumpfprodukt unterteilt und der Seitenstrom für den Wärmerückgewinn ausgenutzt.

Das Einsatzgut wird im Ofen *a* auf eine Austrittstemperatur von rd. 530 °C bei einem Druck von rd. 50 atü aufgeheizt und über ein Druckhalteventil in die Fraktionierkolonne *b* geführt. Unmittelbar hinter dem Druckhalteventil wird das Quentschöl eingespritzt. Der Unterteil der Fraktionierkolonne ist als Entspannungskammer ausgebildet, in der immerhin noch ein Druck von rd. 15 bis 20 atü gehalten wird. Er ergibt sich als Gleichgewichtsdruck für die hinter dem Druckhalteventil sich einstellende Temperatur und das gewünschte Siedeende des Benzins. Ein weiterer Teilstrom des bereits erwähnten, gekühlten Seitenstromes, der in der Mitte der Kolonne abgenommen wird, dient als eine Art umlaufenden Rückflusses, um den auf den obersten Boden aufzugebenden Rückfluß zu verringern und dadurch die Wärmewirtschaftlichkeit zu verbessern.

Das Bodenprodukt der Hauptkolonne, ein verhältnismäßig schweres Polymerisat, das zum Verschneiden mit Heizöl verwendet werden kann, macht jedoch nur wenige Prozente des Einsatzes aus. Es wird über eine kleine, mit Rückfluß betriebene Nebenkolonne *e* abgezogen. Die aus dieser über Kopf abgenommenen Anteile werden zum Quentschen mitbenutzt bzw. in die Hauptkolonne zurückgeführt. In dieser Nebenkolonne können durch Änderung des Rückflusses die Eigenschaften des Rückstandes in gewissen Grenzen eingestellt werden.

Zahlentafel D-13. *Ausbeuten und Produkteigenschaften beim thermischen Reformieren von Schwerbenzinen*

Einsatzgut		
Dichte	g/cm³	0,767 ($\widehat{=}$ 53,0° API)
MOZ ohne Blei		40,5
UOP Characterization factor		11,96
Siedeverlauf		
Beginn	°C	98
10-%-Punkt	°C	128
50-%-Punkt	°C	157
90-%-Punkt	°C	186
Ende	°C	198
Reformiertes Benzin		
Ausbeute	Vol.-%	81,3
Dichte	g/cm³	0,754 ($\widehat{=}$ 56,1° API)
Siedeverlauf		
Beginn	°C	34
10-%-Punkt	°C	63
50-%-Punkt	°C	132
90-%-Punkt	°C	182
Ende	°C	203
MOZ ohne Blei		70,2
MOZ mit 3 ml TEL/Gall		81,9
ROZ ohne Blei		78,2
ROZ mit 3 ml TEL/Gall		91,3
Rückstand		
Ausbeute	Vol.-%	4,2
Dichte	g/cm³	0,945 ($\widehat{=}$ 18,2° API)
Gas		
Anfall	Gew.-%	15,3
entsprechend	m³ₙ/t Einsatz	110

Das über Kopf der Hauptkolonne abgezogene Benzin wird in üblicher Weise zum Teil als Rückfluß verwendet. Das Produkt selbst geht zur Stabilisierung und wird in dieser auf den gewünschten Dampfdruck eingestellt. Die aus den Trennbehältern über Druckhalteventile abzunehmenden Gase enthalten größere Mengen ungesättigter C_3- und C_4-Kohlenwasserstoffe und eignen sich deshalb gut zum Polymerisieren oder Alkylieren. Die Eigenschaften des Einsatzgutes sowie die Ausbeuten und Eigenschaften der Produkte sind in Zahlentafel D-13 zusammengestellt.

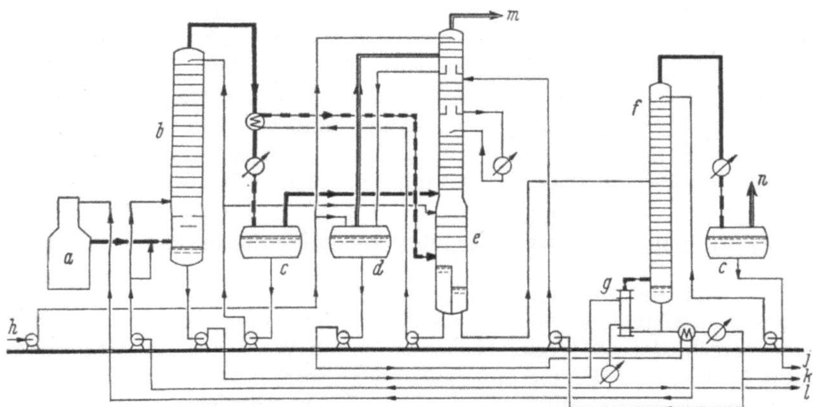

Abb. D-24. Schematisches Fließbild einer thermischen Reforming-Anlage mit Absorberstripper für das Abgas und mit Stabilisierung.

a Ofen;	*f* Stabilisierkolonne;	*k* Stabilisiertes Reformat;
b Fraktionierkolonne;	*g* Aufkocher;	*l* Rückstand (über 200 °C siedend);
c Trennbehälter;	*h* Einsatzgut;	*m* Olefinreiche Abgase;
d Entgasungsbehälter;	*j* Flüssiggas;	*n* Heizgas.
e Absorberstripper;		

Eine andere Möglichkeit der Schaltung bietet ein Absorberstripper, dessen Aufgabe es ist, aus den Abgasen einer thermischen Reforming-Anlage die C_3- und C_4-Olefine in möglichst hoher Ausbeute für eine Polymerisationsanlage zu gewinnen. Das Beispiel einer solchen Anlage ist in Abb. D-24 gezeigt. In diesem Falle wird nicht ein Seitenstrom, sondern das Bodenprodukt der Hauptkolonne *b* zum Beheizen des Sumpfes der Stabilisierungskolonne *f* und anschließend gekühlt ein Teilstrom davon zum Quentschen des Ofenaustrittes benutzt. Das Einsatzgut wird zuerst auf den Kopf des Absorberstrippers aufgegeben und dient dort als Waschmittel, um letzte Reste von Benzinkohlenwasserstoffen aus den abziehenden Gasen zurückzugewinnen und nochmals den Reaktionsbedingungen zu unterwerfen. Der Einsatz wird dann über eine Auffangtasse, den Entgasungsbehälter *d* und einen Wärmeaustauscher im Ablauf des Sumpfes der Stabilisierkolonne zum Ofen *a* gedrückt.

Bei dieser Anlage wird mittels des gekühlten Bodenproduktes der Hauptkolonne nicht nur in der Transferleitung zwischen Ofen und Entspannungskammer der Kolonne gequentscht, sondern auch in der Entspannungskammer selbst. Der anfallende Rückstand wird zum Heizöl gegeben. Das gesamte über Kopf der Hauptkolonne abgenommene Benzin wird, soweit es nicht als Rückfluß benötigt wird, sowohl flüssig wie auch dampfförmig in getrennten Leitungen zum Unterteil des Absorberstrippers geführt. Im Stripperteil wird ein gewisser Kreislauf aufrechterhalten dadurch, daß ein Teil des Benzins in den Kondensatoren der Hauptkolonne im Gegenstrom aufgewärmt und unter den untersten Boden des Strippers zurückgeleitet wird. Dadurch sollen die ins Heizgas abzugebenden leichtesten Kohlenwasserstoffe scharf abgetrennt und eine hohe Benzinausbeute erzielt werden. Dies wird noch dadurch unterstützt, daß die aufsteigenden Dämpfe im darüber befindlichen Absorberteil mit stabilisiertem Benzin im Gegenstrom gewaschen werden und die Absorptionsflüssigkeit zwischengekühlt wird. Für die letzte Absorptionsstufe wird – wie bereits einleitend erwähnt – das Einsatzgemisch als Nachwaschmittel benutzt. Die Stabilisierung kann so betrieben werden, daß das Benzin entweder völlig butanfrei ist oder ein dem gewünschten Dampfdruck entsprechender Butananteil darin verbleibt.

c) Mit dem Reformieren kombinierte andere thermische Verfahren

Solange die durch das katalytische Reformieren gegebenen sehr weitgehenden Möglichkeiten noch nicht bekannt waren, hat man versucht, auf verschiedenste Weise, besonders durch Wahl der Einsatzprodukte und Anwendung genau einzuhaltender Betriebsbedingungen, Kohlenwasserstoffe zu gewinnen, die besonders wertvolle Kraftstoffkomponenten ergaben. Daneben spielte im Kriege auch die Gewinnung von Aromaten eine erhebliche Rolle, weil das Toluol (Methylbenzol) für die Herstellung von Sprengstoff benötigt wurde. Soweit die damals entwickelten Verfahren heute noch Bedeutung haben, werden sie in den betreffenden Abschnitten besprochen. Hier soll nur ein Verfahren kurz erwähnt werden, nach dem zahlreiche Anlagen gebaut wurden und das die Kombination eines thermischen Polymerisationsverfahrens mit einem thermischen Reformierverfahren darstellt. Es handelt sich um das Polyforming and Gas-Reversion-Verfahren, das von der Gulf Oil Co und der Phillips Petroleum Co Ende der Dreißiger Jahre entwickelt wurde[1].

Das Polyforming-Verfahren ist dann von Interesse, wenn ein Überschuß gesättigter C_3- und C_4-Kohlenwasserstoffe vorhanden ist. Diese werden zusammen mit Schwerbenzin in einer Anlage verarbeitet, die sich nicht grundsätzlich von einer Reforming-Anlage unterscheidet. Bei den hohen Temperaturen des Reformierens werden Propan und Butan, die im Schwerbenzin gelöst bleiben, gekrackt und die daraus entstandenen Olefine zu klopffestem Benzin polymerisiert. Gleichzeitig laufen die Isomerisierungs- und Aromatisierungsreaktionen des Benzins ab. Die Anwesenheit der C_3- und C_4-Kohlenwasserstoffe wirkt sich dabei auf die

---

[1] Vgl. dazu von neueren Arbeiten R. C. Teitsworth: Improve Polyform Operations With These Correlations. Petrol. Refiner 32 (1953) Nr. 2, S. 91/94. – Cameron, D. F., u. R. T. Weaver: Still Polyforming in Your Plant? Petrol. Refiner 34 (1955) Nr. 7, S. 161/64.

Ausbeute dieser Reforming-Reaktionen günstig aus und senkt außerdem die mittlere Siedelage des Einsatzgemisches. Dadurch wird die Koksbildung unterdrückt. Die Wirtschaftlichkeit des Verfahrens hängt stark von der Marktlage ab, weil der Preis der zuzusetzenden C_3- und C_4-Kohlenwasserstoffe von wesentlichem Einfluß ist. Es muß dabei beachtet werden, daß hier anders als bei den noch ausführlich zu besprechenden katalytischen Polymerisationsverfahren gesättigte C_3- und C_4-Kohlenwasserstoffe als Einsatzgut mitverwendet werden.

d) Möglichkeiten der Kombination von thermischem und katalytischem Reformieren bzw. Kracken

Vorhandene thermische Reforming-Anlagen lassen sich aber auch noch in anderer Weise zur Verbesserung des in einer Raffinerie insgesamt erzeugten Benzins nutzen. Die hochsiedenden Anteile von Benzin aus *katalytischen Krack*anlagen tragen nicht viel zur Klopffestigkeit bei. Dies hat seinen Grund darin, daß *eine* olefinische Bindung das Klopfverhalten eines Paraffins mit längerer Seitenkette nicht mehr so verbessern kann, wie die sim Bereich der C_5- und C_6-Kohlenwasserstoffe der Fall ist. Mehrfache Doppelbindungen, welche die Klopffestigkeit stärker verbessern würden, kommen aber im katalytischen Krackbenzin kaum vor und wären außerdem wegen der Beeinträchtigung der Stabilität, d.h. wegen der Förderung der Gumbildung nicht erwünscht. Aromaten werden beim katalytischen Kracken überhaupt nicht gebildet. Es kann deshalb wirtschaftlich sein – sofern thermische Reforming-Kapazität zur Verfügung steht –, das Krackbenzin sehr tief zu schneiden, z.B. seinen 90-%-Punkt bei 170 °C statt bei 190 bis 195 °C zu wählen. Der so erhaltene hochsiedende Benzinanteil wird dann zusammen mit einem vom Einsatzgut für die katalytische Krackanlage vorher abgetrennten Anteil mit Siedeende von rd. 250 °C thermisch gleichzeitig reformiert und gekrackt. Dadurch erhält man auch bei einem hohen Siedeende von rd. 210 °C ein noch recht klopffestes Benzin, das zusammen mit der tiefgeschnittenen Hauptmenge zusätzliche Ausbeuten klopffesten Kraftstoffes ergibt[1]. Es wird hier also ein dem Grundgedanken des Polymerisierens entgegengesetzter Verfahrensschritt vorgeschlagen, der sich unter bestimmten Verhältnissen als wirtschaftlich erweisen kann, z.B. wenn sich der zu verarbeitende Kerosinschnitt nicht gut für Düsenkraftstoff verwenden läßt.

Die Wahl des niedrigeren Siedeendes für das Krackbenzin mit dem Zweck, die Oktanzahl zu verbessern, verringert seine Menge. Den Verlust kann man zwar nach den Vorschlägen von POLLOCK dadurch wettmachen, daß eine zwischen 170 °C und 250 °C siedende Fraktion gewissermaßen thermisch selektiv behandelt wird. Diese Fraktion besteht im unteren Bereich aus bereits katalytisch gekracktem Benzin, im oberen Bereich aus Einsatzgut für eine katalytische Krackanlage. Nur eine ge-

---

[1] Vgl. dazu die Vorschläge von A. W. POLLOCK: Thermal Cracking of Cat Naphtha? Petrol. Refiner 34 (1955) Nr. 2, S. 127/28, die sich auf Arbeiten von H. McREYNOLDS u. J. M. BARRON: Thermal Cracking of Fluid Catalytic Cycle Gas Oils. Petrol. Refiner 28 (1949) Nr. 4, S. 111/16 stützen.

naue Rechnung kann für den Einzelfall zeigen, ob dadurch die Gesamtausbeute bei gleicher Oktanzahl verbessert oder diese bei gleichbleibender Ausbeute erhöht werden kann. Ein solches Verfahren dürfte im übrigen nur dann von Interesse sein, wenn sich durch den höheren Siedebeginn des Einsatzgutes die Durchsatzleistung der katalytischen Krackanlage im Rahmen des gesamten Verarbeitungsschemas der Raffinerie besser ausnutzen läßt.

Obwohl dem katalytischen Reformieren seiner Bedeutung entsprechend das folgende, besondere Kapitel gewidmet ist, sollen hier vorweg auch Vorschläge erläutert werden, die auf eine Kopplung von thermischem und katalytischem Reformieren hinzielen. Es wird noch näher erläutert werden, daß beim katalytischen Reformieren vorzugsweise die Bildung von Aromaten angestrebt und auch erreicht wird. Es entstehen allerdings mehr Aromaten mit einer oder zwei Methylgruppen. Die Folge davon ist, daß wegen der Siedepunkte besonders von Toluol und Xylol die höheren Siedebereiche *katalytisch reformierten* Benzins erheblich klopffester sind als die niedrigeren. Beim thermisch reformierten Benzin sind hingegen die unteren Siedebereiche klopffester, weil sich die verbessernde Wirkung der Olefine bei kleinen C-Atom-Zahlen stärker auswirkt. Die Aromaten sind thermisch sehr stabil. Unterwirft man ein auf diese Weise erzeugtes Produkt den Bedingungen des thermischen Reformierens, so werden dadurch die noch nicht zyklisierten und dehydrierten Anteile in sehr klopffeste Komponenten umgewandelt und weiter verbessert. Dadurch ist eine gewisse selektive Wirkung zu erreichen. Auch können dadurch günstigere Ausbeuten erzielt werden. Diese Kopplung der Verfahren kann ebenfalls praktische Bedeutung erlangen, wenn in einer Raffinerie noch eine thermische Reforming-Anlage vorhanden ist, aber wegen einer inzwischen errichteten katalytischen Reforming-Anlage außer Betrieb gesetzt wurde. Verarbeitet man in jener das Reformat aus der katalytisch arbeitenden Anlage, so bleiben die Aromaten unverändert, und die noch darin enthaltenen Naphthene und Paraffine werden zusätzlich aromatisiert bzw. isomerisiert. Eine solche Kombination der beiden Verfahren ist besonders von der Houdry Process Corp unter der Bezeichnung „Iso-Plus-Verfahren" empfohlen worden[1].

Wenn auch die geschilderten Lösungen nur für besondere Fälle einen wirtschaftlichen Vorteil versprechen mögen, so sollten sie hier erwähnt werden, weil durch die Umstellung der Verfahren in manchen Raffinerien Anlagen stillgesetzt wurden, die sich für eine thermische Behandlung einzelner Produkte eignen. Diese Möglichkeit schwindet aber von Jahr zu Jahr immer mehr, weil schon lange Zeit keine thermisch arbeitenden Anlagen zur Verbesserung von Fahrbenzin errichtet werden und die Verwendbarkeit noch vorhandener sehr schnell sinkt.

[1] Vgl. dazu H. D. NOLL: Iso-Plus Offers 3 Routes to Higher Octane Gasoline. Petrol. Refiner 34 (1955) Nr. 9, S. 135/37. – HEINEMANN, H., J. B. MAERKER, F. R. WALSER u. F. W. KIRSCH: High Octanes from „Iso-Plus" via the Thermal Reforming Route. Petrol. Procssg. 10 (1955) 1570/77. – HEINEMANN, H., F. R. WALSER, J. W. SCHALL u. A. G. OBLAD: Iso-Plus – ein neues Verfahren zur Herstellung von Benzinen mit OZ 100 und höher. Erdöl u. Kohle 8 (1955) 621/25; Diskussionen dazu S. 873.

6. Die Gewinnung von Äthen und anderen Olefinen durch thermisches Kracken

Die Untersuchungen von GREENSFELDER u. Mitarb. haben die Theorie von RICE und KOSSIAKOFF bestätigt und gezeigt, daß beim thermischen Kracken mit der Bildung größerer Mengen von Olefinen, besonders von Äthen und Propen, zu rechnen ist[1]. Die Ausbeuten sind um so höher, je höher die Reaktionstemperatur gewählt wird. Strebt man vorzugsweise die beiden genannten Produkte an, die heute neben Benzol die wichtigsten organischen Ausgangsstoffe für die Herstellung von Chemikalien sind, so muß man mit so hohen Temperaturen arbeiten, wie sie bei der Verarbeitung von Erdöl auf Kraftstoffe und bisher übliche Produkte ungewöhnlich sind. Deshalb sind beim Bau der dafür bestimmten Anlagen besondere Gesichtspunkte zu beachten.

Der Prozeß verläuft wie alle Krackvorgänge endotherm, d.h., es muß Wärme zugeführt werden. Unter Beachtung besonderer Vorsichtsmaßnahmen ist trotz der hohen Temperaturen der für die Erdölverarbeitung übliche Röhrenofen noch geeignet. Es hat dies den Vorteil, daß ein Bauelement verwendet wird, dessen Betriebsverhalten und dessen Bedienung weitgehend bekannt sind. Die Verwendung eines solchen Ofens bedeutet aber die Notwendigkeit, die Wärme durch eine Rohrwand zu übertragen, die aus einem sehr warmfesten Werkstoff hergestellt werden muß. Es haben sich dafür in der Praxis ganz allgemein die austenitischen Stähle von der Art des sog. 25/20-Chrom-Nickel-Stahles bewährt[2]. Diese Stähle können bis zu Produkttemperaturen von rd. 830 °C verwendet werden. Man muß in diesem Fall mit Wandtemperaturen in Höhe von rd. 900 °C rechnen. Die Zeit–Dehn-Grenze $\sigma_{1/1000}$ (d.h. eine Dehnung von 1% nach 1000 h Belastung) liegt dann noch bei etwa 1 kp/mm², nimmt aber mit steigender Temperatur stark ab[3]. Seit einigen Jahren werden die für diesen Verwendungszweck benötigten Rohre nicht mehr im Pilgerschrittverfahren gewalzt, sondern durch Schleuderguß hergestellt. Auch höhere Legierungsanteile kommen immer mehr in Gebrauch, weil sich durch weitere Erhöhung der Ofenaustrittstemperatur die Äthenausbeute noch etwas steigern läßt.

Es ist daher kaum mehr möglich, in solchen Anlagen unter Druck zu arbeiten, weil sonst die Wanddicke der Ofenrohre abnormal groß gewählt werden müßte. Die Haltbarkeit könnte aber auch nicht wesentlich

---

[1] Vgl. S. 275.

[2] Unter dieser nicht genormten Bezeichnung versteht man Stähle mit einem Chromgehalt von rd. 25% und einem Nickelgehalt von rd. 20%. Nach DIN handelt es sich um den legierten Stahl X 15 CrNiSi 25 20, Werkstoff Nr. 1.4841 ähnlich ASTM A 213 TP 310 bzw. AISI Type 310 des American Institute for Steel and Iron. – Vgl. dazu auch E. M. SKINNER u. J. J. MORAN jr.: Which Alloy for High Temperature Process? Petrol. Refiner 37 (1958) Nr. 12, S. 133/40.

[3] Nach Stahl-Eisen-Werkstoffblatt 470 ist mit folgenden Werten zu rechnen:

$$
\begin{array}{lll}
\text{bei} & 800\ ^\circ\text{C} & 2{,}0\ \text{kp/mm}^2, \\
\text{bei} & 900\ ^\circ\text{C} & 0{,}9\ \text{kp/mm}^2, \\
\text{bei} & 1000\ ^\circ\text{C} & 0{,}4\ \text{kp/mm}^2, \\
\text{bei} & 1100\ ^\circ\text{C} & 0{,}15\ \text{kp/mm}^2.
\end{array}
$$

verlängert werden, weil die Rohre im Laufe der Zeit weniger durch Innendruck als durch das Eigengewicht verformt werden. Man betreibt daher solche Anlagen an der Grenze der zulässigen Beanspruchung und nimmt in Kauf, die Ofenrohre nach wenigen Jahren auswechseln zu müssen. Vom Standpunkt des Verfahrens ist der Betrieb mit niedrigem Druck im Ofen günstig, weil dies die Bildung der gewünschten Olefine fördert. Der Druck wird gerade nur so hoch gewählt, daß die Strömungswiderstände in den Rohrleitungen und im Quentschsystem bis zum Ansaugestutzen des Spaltgaskompressors überwunden werden, um zu vermeiden, daß im System ein Unterdruck entsteht.

Eine weitere Maßnahme bei der Verwendung von Röhrenöfen ist der Zusatz von Wasserdampf auf der Produktseite. Er dient zur Senkung des Teildruckes der Kohlenwasserstoffe, gleichzeitig als Verdünnungsmittel dafür und als Spülmittel, um die Anlagerung von Koks oder Ruß an den Rohrwandungen einzudämmen. Ob es im Falle des Ansatzes von Koks an die heißen Rohrwandungen durch Anwendung des Wasserdampfes zu einer Wassergasreaktion kommt, ist nicht erwiesen, aber wahrscheinlich. Die im Rohgas mitunter festgestellten Spuren von CO und CO_2 deuten darauf hin. Wegen der Anwendung von Wasserdampf ist dieses Verfahren allgemein unter der Bezeichnung „Steam Cracking" bekannt geworden, obwohl dieser Ausdruck ungenau ist, denn nicht der Wasserdampf wird gespalten, sondern die Kohlenwasserstoffe. Als Einsatzgut für solche Anlagen sind nur gasförmige oder leicht verdampfbare Produkte geeignet, weil sonst die Ofenrohre viel zu schnell verkoken würden[1]. Will man höhersiedende Fraktionen verarbeiten, eventuell auch Rückstände, so muß man zu anderen Bauformen übergehen, vorausgesetzt, daß sich wegen des mit zunehmendem Siedebereich ungünstiger werdenden C : H-Verhältnisses die Verarbeitung solcher Produkte auf Äthen oder Äthen und Propen überhaupt noch lohnt. Denn die Ausbeuten müssen naturgemäß im gleichen Sinn zurückgehen[2].

Obwohl es sich in seiner Bauform und Betriebsweise an die mit bewegter Schüttung oder mit Fließbett arbeitenden katalytischen Krackanlagen anlehnt, wird deshalb in diesem Abschnitt noch das sog. Sandkrackverfahren beschrieben. Dessen Bezeichnung ist ebenfalls irreführend, denn auch hier wird nicht Sand gekrackt. Dieser dient nur als Wärmeträger; er wirkt auch nicht als Katalysator. Es kann Quarzsand möglichst gleichmäßiger Körnung verwendet werden. Der Koks, der sich bildet, lagert sich auf umlaufendem Sand ab und kann von diesem abgebrannt

---

[1] Wegen der unterschiedlichen Marktverhältnisse werden bisher in den Vereinigten Staaten von Amerika hauptsächlich Äthan, Propan und geringe Mengen Butan, in Europa und Japan jedoch in erster Linie Leichtbenzin zu Äthen (und Propen) gekrackt; vgl. dazu J. G. FREILING, B. L. HUSON u. R. N. SUMMERVILLE: Which Feedstock for Ethylene? Hydrocarb. Procssg. 47 (1968) Nr. 11, S. 145/52.

[2] Über die Berechnung der dabei auftretenden Reaktionen mit Hilfe elektronischer Rechenmaschinen s. S. G. WOINSKY: Kinetics of thermal cracking of high molecular weight normal paraffins. Industr. Engng. Chem./Process Design Developm. 7 (1968) 529/38. – Vgl. weiterhin J. E. BLAKEMORE u. W. H. CORCORAN: Validity of the steady-state approximation applied to the pyrolysis of n-butane; ebd. 8 (1969) 206/09.

werden. Dadurch wird der Sand aufgeheizt; die dabei entstehende Wärme dient dazu, den Wärmebedarf des Verfahrens zu decken. In dieser Hinsicht besteht eine gewisse Übereinstimmung mit dem katalytischen Krackverfahren, und dies hat zur Lösung der Aufgabe durch ähnliche Bauelemente geführt[1]. Während das Röhrenofenspaltverfahren ohne Katalysatoren z.Z. ausschließlich zur Erzeugung niedrigmolekularer Olefine angewendet wird, kann das Sandkrackverfahren z.B. auch zur Gaserzeugung aus Kohlenwasserstoffen dienen, weil die Arbeitstemperaturen so hoch gewählt werden können, wie es für diesen Zweck notwendig ist. Auf die mit Katalysatorfüllung arbeitenden Röhrenofenspaltverfahren zur Erzeugung von Gasen wird in Kap. M eingegangen. Es gibt noch eine Anzahl anderer Verfahren, um Olefine aus Kohlenwasserstoffen herzustellen. Als Beispiel kann ein von der Badischen Anilin- & Soda-Fabrik AG (BASF) vorgeschlagenes Verfahren genannt werden, bei dem die erforderliche Wärme durch Teilverbrennung des Einsatzgutes mit Sauerstoff erzeugt wird[2]. Ein anderes, ebenfalls von der BASF entwickeltes Verfahren arbeitet mit einer Wirbelschicht[3]. Weiterhin sind hier noch der sog. Hoechster Koker und das Hochtemperatur-Pyrolyse-Verfahren der Farbwerke Hoechst zu erwähnen[4].

Auch ein zyklisches, für die Gaserzeugung kennzeichnendes Verfahren wurde entwickelt, bei dem es möglich sein soll, bis zu 35 % Äthen zu gewinnen, weil Temperaturen bis zu 900 °C angewendet werden können[5]. Als Einsatzgut dienen außer Schwerbenzin auch höhersiedende Fraktionen, selbst Rohöl. Es muß abgewartet werden, ob die dadurch gebotenen Vorteile nicht dadurch wettgemacht werden, daß infolge der erforderlichen Umschaltungen von Heißblasen mit Luft auf Gasfahrt und umgekehrt im Rohspaltgas Gehalte an CO_2, CO und N_2 von 3 bis 8 % auftreten. Dadurch wird die Gewinnung von Reinäthen nicht unwesentlich erschwert. Schließlich gibt es Verfahren, bei denen die Wärme zugeführt wird, indem gasförmige Wärmeträger, wie z.B. Wasserdampf, in beheizten Gitterwerken aus Schamottesteinen (Cowper) auf

---

[1] Vgl. Hydrocarbon Processing 44 (1965) Nr. 11, S. 205.

[2] WURSTER, C.: Über die Verwendung von Sauerstoff für chemische Reaktionen. Chem.-Ing.-Techn. 28 (1956) 1/8, bes. S. 7. Vgl. dazu auch Kap. M 4, S. 924 ff.

[3] STEINHOFER, A., u. O. FREY: Die Erzeugung von Äthylen aus Rohöl in der Wirbelschicht. Chem.-Ing.-Techn. 32 (1960) 782/88. – Dies. u. H. NONNENMACHER: Production of ethylene from crude oil. 6. Welt-Erdöl-Kongreß, Frankfurt/Main 1963 Bericht IV/11; deutsche Übersetzung: Erdöl u. Kohle 16 (1963) 540/47. – Dies.: Make Ethylene From Crude Oil. Petrol. Refiner 42 (1963) Nr. 7, S. 119/24.

[4] Vgl. H. KREKELER, R. WIRTZ u. N. PECHTOLD: Fundamental relationships in the pyrolysis of hydrocarbons to acetylene and ethylene. 5. Welt-Erdöl-Kongreß, New York 1959, Bericht IV/5; deutsche Übersetzung: Erdöl u. Kohle 12 (1959) 353/58. – KAMPTNER, H.: Niedermolekulare Olefine aus Erdöl-Kohlenwasserstoffen unter besonderer Berücksichtigung der Rohölspaltung. Erdöl u. Kohle 14 (1961) 346/54. – WIRTZ, R., u. N. PECHTOLD: Das Verhalten von Kohlenwasserstoffen bei der Hochtemperaturpyrolyse. Erdöl u. Kohle 15 (1962) 977/82. – KAMPTNER, H.K.: Latest experiences of liquid hydrocarbons pyrolysis in the high temperature range. 6. Welt-Erdöl-Kongreß, Frankfurt/Main 1963, Bericht IV/12; deutsche Fassung: Erdöl u. Kohle 16 (1963) 547/51.

[5] ROCHE, A., CL. PAUL u. J. SARLABOUS: More Olefins With New Cyclic Cracker. Petrol. Refiner 43 (1964) Nr. 5, S. 161/64.

sehr hohe Temperaturen von rd. 1200 °C gebracht und diese Wärmeträger dann mit dem zerstäubten, aufzuspaltenden Einsatzgut gemischt werden[1].

Die meisten der genannten Verfahren benutzten Bauteile und Einrichtungen, welche mehr bei der Gaserzeugung als in der klassischen Erdölverarbeitung üblich sind. Zwar sind es auch Krackanlagen im weiteren Sinne. Da sich aber die Bauformen der für die Gaserzeugung aus Erdölprodukten entwickelten Verfahren in wesentlichen Punkten von denen der Krackanlagen unterscheiden und diese Anlagen andere Aufgaben zu erfüllen haben, sind sie im Kap. M getrennt behandelt. Die Darstellung beschränkt sich hier auf die Verfahren, die sich für den Betrieb in Raffinerien durchgesetzt haben.

a) Das Spalten in Röhrenöfen

Angeregt durch ältere Arbeiten und zum Teil durch die bereits erwähnten Ergebnisse der Erforschung des Krackens im allgemeinen, wurden zahlreiche Untersuchungen durchgeführt, um genauen Aufschluß über die Vorgänge beim Spalten von Erdölkohlenwasserstoffen zu Äthen zu erhalten und um vor allem Unterlagen für die Berechnung der dafür erforderlichen Öfen zu gewinnen[2].

---

[1] OSTHAUS, K. H.: Das Dampfpyrolyseverfahren zur Äthylenerzeugung aus flüssigen Kohlenwasserstoffen. Erdöl u. Kohle 15 (1962) 270/74.

[2] Vgl. dazu G. EGLOFF. CH ,L. THOMAS u. C. B. LINN: Pyrolysis of Propane and the Butanes. Industr. Engng. Chem. 28 (1936) 1283/94. – ARNOLD, P. M.: Olefin Production by Thermal Cracking of iso-Butane. Oil Gas J. 44 (1. Juli 1945) Nr. 9, S. 87/99. – SCHUTT, H. C.: Light Hydrocarbon Pyrolysis. Chem. Engng. Progr. 43 (1947) 103/16. – HEPP, H. J., F. P. SPESSARD u. B. J. RANDALL: Ethane Pyrolysis. Industr. Engng. Chem. 41 (1949) 2531/35. – BUELL, C. K., u. L. J. WEBER: Ethylene Production by Cracking of Propane–Ethane Mixtures. Petrol. Procssg. 5 (1950) 266/72 u. 387/91. – DEANESLY, R. M.: Autothermic Cracking for Ethylene Production. Petrol. Refiner 29 (1950) Nr. 9, S. 217/20. – Ders. u. C. H. WATKINS: Production of Ethylene by Autothermic Cracking. Chem. Engng. Progr. 47 (1951) Nr. 3, S. 134/40. – Anon.: New Ethylene Process Uses Naphtha Pyrolysis. Petrol. Refiner 30 (1951) Nr. 7, S. 122/23. – Anon.: Ethylene Manufacture by Cracking Process; ebd. Nr. 9, S. 226. – CARPENTER, R. A., u. F. C. FOWLER: Ethylene by Steam Pyrolysis of Ethane. Petrol. Refiner 31 (1952) Nr. 4, S. 148/49. – Dies.: Correlating Ethane Pyrolysis Data; ebd. 32 (1953) Nr. 4, S. 153/54. – HEPP, H. J., u. F. E. FREY: Pyrolysis of Propane and Butanes at Elevated Pressure. Industr. Engng. Chem. 45 (1953) 410/15. – KINNEY, R. E., u. D. J. CROWLEY: Pyrolysis of C_2 and C_3 Hydrocarbons; ebd. 46 (1954) 258/64; ref.: Erdöl u. Kohle 7 (1954) 669. – CORNELL, P. W., W. H. LITCHFIELD u. H. M. VAUGHAN: Manufacture and Distribution of Ethylene. Petrol. Engr. 26 (1954) Nr. 12, S. C 34/41. – Dies.: Producing and Distributing Ethylene. Petrol. Refiner 33 (1954) Nr. 7, S. 135/40. – SEAY, J. G., u. F. C. FOWLER: New Process Increases Ethylene Yield; ebd. Nr. 12, S. 183/85. – FAIR, J. R., u. H. F. RASE: Process Design of Light Hydrocarbon Cracking Units. Chem. Engng. Progr. 50 (1954) 415/20. – Dies. u. TH. K. PERKINS: Comparing Olefin Unit Feedstocks. Petrol. Refiner 34 (1954) Nr. 11, S. 185/89. – LINDEN, H. R., u. J. M. REID: New Data for Making Petrochemicals. Petrol. Refiner 35 (1956) Nr. 6, S. 189/95. – SCHUTT, H. C., u. S. B. ZDONIK: Making Ethylene; I. What are Feed Stocks, Yields, Costs. Oil Gas J. 54 (13. Febr. 1956) Nr. 41, S. 98/103; II. Processing Scheme, Pyrolysis Methods; ebd. (2. April 1956) Nr. 48, S. 99/103; III. Designing a Tubular Pyrolysis Furnace; ebd. (14. Mai 1956) Nr. 54, S. 149/55; IV. Compression and Pretreatment of Pyrolysis Products; ebd. (25. Juni 1956)

Auf diesem Gebiet hat vor allem H. C. Schutt beachtliche Pionierarbeit geleistet, so daß diese Anlagen heute genauso betriebssicher sind wie andere der Erdölverarbeitung. Es wird vor allem durch sehr gleichmäßige Beheizung versucht, die Reaktionen zu steuern[1]. Außerdem hat man durch Verkürzen der Verweilzeit in den Ofenrohren und durch eine dabei erforderliche Erhöhung der Ofenaustrittstemperatur die Äthenausbeute steigern können[2].

Bei gut geführtem Betrieb werden Fahrzeiten von mehreren Monaten erreicht, bis sich durch zunehmenden Druckabfall in den Ofenrohren Anzeichen für eine stärkere Verkokung zeigen. Sie wird heute in der Regel dadurch beseitigt, daß die Anlage abgestellt und der Koks bei leichter Feuerführung und ständiger Beobachtung der Rohre mit einem *Luft– Wasserdampf-Gemisch* abgebrannt wird. Für das austretende Rauchgas muß ein besonderes System zum Abkühlen und Entfernen der Gase aus der Anlage vorgesehen werden.

Beträchtliche Schwierigkeiten bereitet das Abschrecken der mit Temperaturen über 800 °C aus dem Ofen austretenden Gase. Es wird so-

---

Nr. 60, S. 92/97; V. How to Recover Ethylene; ebd. (30. Juli 1956) Nr. 65, S. 171 bis 74; VI. More Methods of Recovering Ethylene; ebd. (10. Sept. 1956) Nr. 71, S. 133/37. – Pietsch, H.: Die Spaltung von Kohlenwasserstoffen zu Äthylen. Erdöl u. Kohle 9 (1956) 453/56. – Ders.: Berechnung der Gleichgewichte beim Zerfall von Äthan, Propan und Butan; ebd. 10 (1957) 666/69. – Ders.: Erzeugung von olefinischen Gasen durch Spaltung von Kohlenwasserstoffen; ebd. S. 837/40. – Snow, R. H., u. H. C. Schutt: Design of an Ethane Pyrolysis Reactor. Chem. Engng. Progr. 53 (1957) Nr. 3, S. 133M/138M. – Linden, H. R., u. J. M. Reid: Ethylene Production Process Variables; ebd. 55 (1959) Nr. 3, S. 71/78. – Davis, H. G., u. K. D. Williamson: The kinetics of pyrolysis of ethane and related hydrocarbons. 5. Welt-Erdöl-Kongreß, New York 1959, Bericht Nr. IV/4. – Davenport, C. H.: Ethylene – what you should now. Petrol. Refiner 39 (1960) Nr. 3, S. 125/44 mit 376 Quellenangaben. – Knaus, J. A., u. J. L. Patton: Effect of feed composition on the economics of ethylene production. Chem. Engng. Progr. 57 (1961) Nr. 8, S. 57/61. – Aufsatzreihe S. B. Zdonik, E. J. Green u. L. P. Hallee: Oil Gas J. 64 (28. Nov. 1966) Nr. 48, S. 62/66; (5. Dez. 1966) Nr. 49, S. 108/14; (19. Dez. 1966) Nr. 51, S. 75/80; 65 (2. Jan. 1967) Nr. 1, S. 40/47; (26. Juni 1967) Nr. 26, S. 96/101; (10. Juli 1967) Nr. 28, S. 192/96; (24. Juli 1967) Nr. 30, S. 86/88; (7. Aug. 1967) Nr. 32, S. 133/38; (21. Aug. 1967) Nr. 34, S. 86/89; (11. Sept. 1967) Nr. 37, S. 98/101; (16. Okt. 1967) Nr. 42, S. 112/18; 66 (19. Febr. 1968) Nr. 8, S. 91/94; (11. März 1968) Nr. 11, S. 99/107; (8. April 1968) Nr. 15, S. 71/77; (27. Mai 1968) Nr. 22, S. 103/08; 67 (12. Mai 1969) Nr. 19, S. 220/22; (26. Mai 1969) Nr. 21, S. 85/91; (24. Nov. 1969) Nr. 47, S. 96/101; wird fortgesetzt. – Fous, A. G., G. Buekens u. G. F. Froment: Thermal cracking of propane. Industr. Engng. Chem./Proc. Design. Developm. 7 (1968) 435/47. – Crynes, B. L., u. L. F. Albright: Pyrolysis of propane in tubular flow reactors; ebd. 8 (1969) 25/31. – Illés, V., I. Pleszkáts u. L. Szepesy: Qualitative und quantitative Verteilung der Reaktionsprodukte bei der Pyrolyse von Kohlenwasserstoffen verschiedener Typen. Erdöl u. Kohle 22 (1969) 201/04.

[1] Karbovsky, J. T., M. L. Henderson u. M. R. Kitzen: Try the Gradiation Heater for Economic Ethylene Production. Petrol. Procssg. 10 (1955) 1211/15. – Andrews, A. J., u. L. W. Pollock: Tube by tube design of light hydrocarbon cracking furnaces using a digital computer. Industr. Engng. Chem. 51 (1959) 125/28. – Smolen, H.: a. a. O. (vgl. Fußn. 1, S. 141).

[2] Eisenlohr, K. H., K. Naumburg u. H. G. Zengel: Die Erzeugung von Olefinen und Aromaten aus Erdölfraktionen. Erdöl u. Kohle 20 (1967) 82/89; auszugsweise wiedergegeben in Oil Gas J. 65 (3. Juli 1967) Nr. 27, S. 76/78.

wohl direkt mit Wasser wie auch mit Öl gequentscht oder indirekt durch Anordnung von Wärmeaustauschflächen, die entweder an ein Kesselsystem zur Dampferzeugung oder z.B. an ein von Diphyl als Wärmeträger durchflossenes System zum Wärmerückgewinn angeschlossen sind. Die wärmewirtschaftliche Ausnutzung der heißen Spaltgase verringert zwar die Betriebskosten, bietet aber im allgemeinen nicht leicht zu lösende Probleme durch Rußansatz an den Übertragungsflächen. Die Konstruktion der Quentschtöpfe oder Quentschfittings für direkte Abkühlung und die Auswahl von Werkstoffen, welche den durch große Temperaturdifferenzen auf engem Raum verursachten Beanspruchungen für längere Zeit standhalten müssen, sind noch in mancher Hinsicht verbesserungsfähig.

b) Das Spalten mit Hilfe umlaufender Wärmeträger

Die beim katalytischen Spalten heute fast ausschließlich angewendete Technik, den perl- oder staubförmigen, ständig umlaufenden Katalysator gleichzeitig als Wärmeträger zu benutzen, hat die Anregung dazu gegeben, dieses Verfahren auch dort anzuwenden, wo es nicht auf eine katalytische Wirkung ankommt. Man kann z.B. katalytisch inaktive Stoffe durch Abbrennen des beim thermischen Kracken von Erdölfraktionen darauf abgelagerten Kokses auf eine gewünschte hohe Temperatur bringen, auf diese Weise die Wärme unmittelbar an das zu verarbeitende Einsatzgut übertragen und so den Wärmebedarf des Verfahrens decken. Dies erscheint bei der Gewinnung von Äthen oder anderen Olefinen besonders vorteilhaft, weil auf diese Weise ein direkter Wärmeübergang bei den erforderlichen hohen Temperaturen bewirkt werden kann, ohne daß es der Zwischenschaltung von Rohrwandungen bedarf. Die Temperaturen können deshalb wesentlich höher als im Röhrenofen gewählt werden. Zwar ist dies bei der Erzeugung von Olefinen nicht erforderlich, jedoch dann, wenn man z.B. Brenngase erzeugen will. Deshalb ist dieses Verfahren ganz allgemein für die Gaserzeugung anwendbar, und die Entwicklung hat z.T. von dieser Aufgabenstellung her begonnen[1]. In den Vereinigten Staaten von Amerika hat man sich eine Zeitlang ziemlich viel mit dieser sog. Pebble-Heater-Technik beschäftigt[2]. Jedoch hat das Interesse daran offensichtlich nachgelassen – zumindest für den hier zu besprechenden Zweck der Olefinerzeugung –. Dafür wurde das Röhrenofenverfahren so vervollkommnet, daß es wirtschaftlich befriedigende Ergebnisse liefert. Somit kann in den an Raffinerien angeschlossenen

---

[1] Hull, W. Q., u. W. A. Kohlhoff: Oil Gas Manufacture. Industr. Engng. Chem. **44** (1952) 936/48. – Wustrow, W., u. H. Kratz: Ölvergasung mit Hilfe fester Wärmeträger. Erdöl u. Kohle **8** (1955) 82/85. Vgl. auch Kap. M 3, S. 923.

[2] Norton, C. L.: Pebble Heater. Chem. Metall. Engng. **33** (1946) 116/19. – Ders.: The Pebble Heater – a new Heat-Transfer Apparatus. J. Amer. Ceram. Soc. **29** (1946) 187/93. – Glaser, H.: Der Regenerator mit bewegter Speichermasse. Forschg. Ing. Wesen **17** (1951) 9/15 (behandelt u.a. theoretisch den Temperaturverlauf in der Speichermasse). – Kilpatrick, M. O., L. E. Dean, D. S. Hall u. K. W. Seed: The Pebble Heater For More Ethylene and Propylene. Petrol. Processing **9** (1954) 903/06. – Dies.: New Pebble Heater Process. Petrol. Refiner **33** (1954) Nr. 4, S. 171/74.

petrolchemischen Anlagen ein gewohntes Bauelement angewendet werden. Die etwas höheren Olefinausbeuten, die beim Pebble Heater erzielbar sind, scheinen keinen genügenden Anreiz für seine Anwendung zu bieten. Auch für die Gaserzeugung hat sich diese Bauart bisher in Amerika nicht durchsetzen können. Bei dem reichlichen Angebot an Naturgas käme sie in erster Linie für die Herstellung von Synthesegas in Frage. Hiefür gibt es aber einige andere, bereits recht bewährte Verfahren; vgl. Abschn. M.

Etwas anders liegen die Verhältnisse in Europa, wo zunächst die Entwicklung eines Verfahrens zur Erzeugung von Stadtgas aus Erdölprodukten angestrebt wurde. In gemeinsamer Arbeit hatten die Ruhrgas AG, Essen, die Farbenfabriken Bayer, Leverkusen/Rheinland und die Lurgi Gesellschaft für Wärmetechnik, Frankfurt/Main, den sog. Sandkracker im Verlaufe mehrerer Jahre zur Betriebsreife entwickelt[1].

Dieses Verfahren hat den Vorteil, daß nicht nur leicht verdampfbare Kohlenwasserstoffe und gleichartige Erdölfraktionen, sondern auch höhersiedende Produkte, selbst Rückstandsöle, verarbeitet werden können. Das Schema einer solchen Anlage ist in Abb. D-25 wiedergegeben. Die wichtigsten Teile davon sind der Reaktor g, das Steigrohr h und der

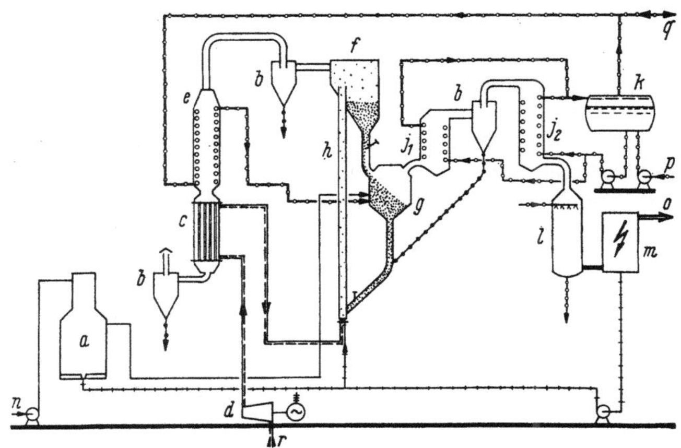

Abb. D-25. Schematisches Fließbild eines Sandkrackers.

a Ofen;	*k* Dampftrommel;
b Fliehkraftstaubabscheider;	*l* Einspritzkühler;
c Luftvorwärmer;	*m* Elektrostatischer Teerabscheider;
d Verbrennungsluftgebläse;	*n* Einsatzgut;
e Dampfüberhitzer;	*o* Spaltgas zum Kühler und Gebläse oder
f Sandabscheidebunker;	Kompressor;
g Reaktor;	*p* Speisewasserzufluß;
h Steigrohr mit Brenner am unteren Ende;	*q* Dampf.
j_1, j_2 Abhitzekessel;	

<hr>

[1] SCHMALFELD, P.: Die Weiterentwicklung des Lurgi-Ruhrgas-Sandcrackers. Erdöl u. Kohle 14 (1961) 537/41. – BAYER, W.: Erfahrungen mit dem Lurgi-Ruhrgas-Sandcracker; ebd. 15 (1962) 799/802. – SCHMALFELD, P.: Recent experiences in the production of olefins by cracking hydrocarbons with circulating heat carriers. 6. Welt-Erdöl-Kongreß, Frankfurt/Main 1963, Bericht IV/10; deutsche Fassung Erdöl u. Kohle 16 (1963) 634/37. Ders.: How Lurgi Improved Sand Crackers. Petrol. Refiner 42 (1963) Nr. 7, S. 145/48. – Es wäre zweckmäßiger – wie dies auch ursprünglich geschah –, von einem Sandumlaufverfahren zu sprechen.

Sandabscheidebunker *f*, die zusammen das Sandumlaufsystem bilden. Es wird am zweckmäßigsten Quarzsand mit einer möglichst gleichmäßigen Körnung von 0,4 bis 1,2 mm verwendet. Als Fördermittel für den Sand dient die vorgewärmte Verbrennungsluft. Die zu spaltenden Kohlenwasserstoffe werden in einem Ofen *a* auf rd. 400 °C aufgeheizt und zusammen mit Wasserdampf, der mittels der abziehenden Rauchgase auf rd. 500 °C überhitzt wird, in den Reaktor eingedüst. Zur Beheizung des Ofens wird die aus dem Spaltgas durch ein Elektrofilter *m* abgeschiedene, schwersiedende Fraktion verwendet, weil sie stark ungesättigt ist und ihre Aufarbeitung zu hohe Kosten verursachen würde. Zur besseren Wärmeausnutzung ist vor dem mit Wasser beschickten Quentschkühler *l* ein im heißen Spaltgasstrom liegendes Abhitzekesselsystem j_1 und j_2 eingebaut. Dadurch wird das Rohgas bereits so weit gekühlt, daß die Spaltreaktionen zum Stillstand kommen. Die Rußbildung ist im Bereich starker Temperaturerniedrigung nicht ganz zu vermeiden. Da aber aus dem Reaktor feiner Abrieb des Sandes vom Spaltgas mitgetragen wird, können durch dessen Wirkung die Heizflächen des Abhitzekessels einigermaßen saubergehalten werden. In einem zwischen die beiden Teile des Abhitzekessels geschalteten Zyklon *b* werden dann die mitgerissenen feinen Sandkörnchen abgeschieden, um den Teil der Kesselheizfläche, an dem keine Rußbildung mehr zu befürchten ist, vor Verschleiß zu schützen. Für dieses Verfahren hat sich in der letzten Zeit auch außerhalb Europas Interesse gezeigt.

Will man Olefine gewinnen, so werden auch beim Sandkracker Betriebstemperaturen von rd. 800 °C nicht wesentlich überschritten, weil in diesem Bereich die Ausbeuten am günstigsten sind. Abb. D-26a bis c

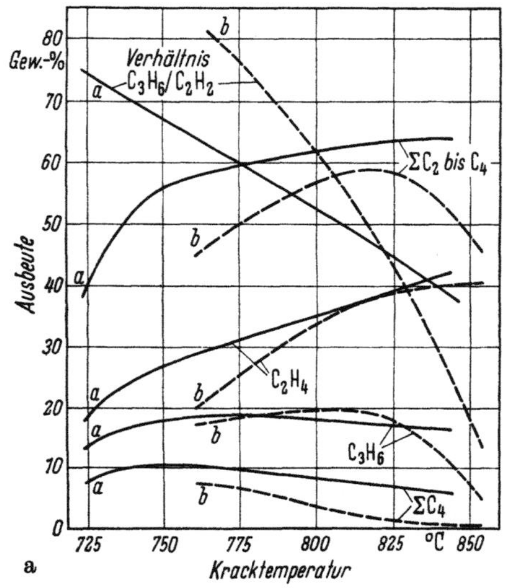

Abb. D-26a. Spalten von Leichtbenzin.
a Kuweit-Leichtbenzin, $\varrho = 0,664$ g/cm³; *b* Nahost-Leichtbenzin, $\varrho = 0,649$ g/cm³.

Abb. D-26a bis c. Ausbeuten an einzelnen Olefinen beim Spalten verschiedener Einsatzprodukte im Sandkracker in Abhängigkeit von der Temperatur im Reaktor.

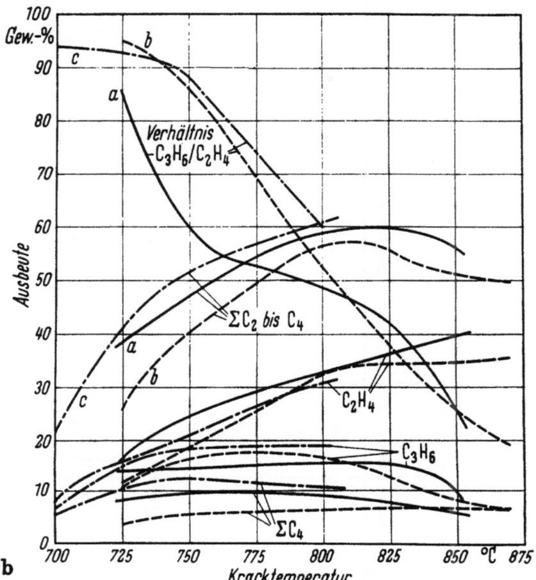

Abb. D-26b. Spalten von Gesamtbenzin.

a Kuweit-Benzin, Siedebereich 50 bis 156 °C, $\varrho = 0{,}701$ g/cm³; *b* Nahost-Benzin, Siedebereich 39 bis 150 °C, $\varrho = 0{,}676$ g/cm³; *c* Nahost-Benzin, Siedebereich 56 bis 170 °C, $\varrho = 0{,}699$ g/cm³.

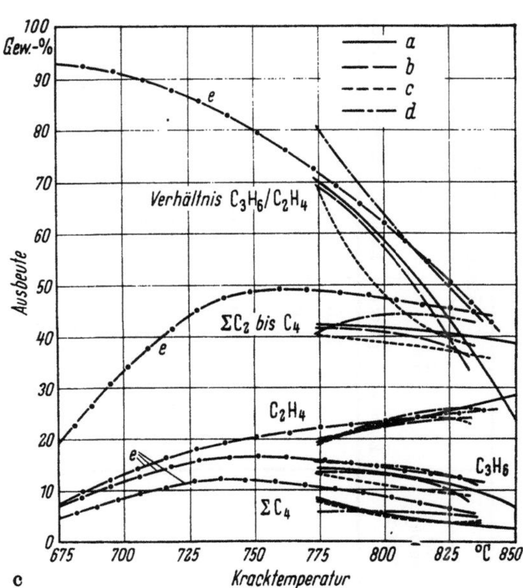

Abb. D-26c. Spalten von Rohöl und Gasöl.

a Kuweit-Rohöl, $\varrho = 0{,}865$ g/cm³; *b* Iran-Rohöl, $\varrho = 0{,}850$ g/cm³; *c* Tujmazy-Rohöl, $\varrho = 0{,}856$ g/cm³; *d* Emsland-Rohöl, $\varrho = 0{,}903$ g/cm³; *e* Gasöl, $\varrho = 0{,}843$ g/cm³.

Zahlentafel D-14. *Zusammensetzung von Einsatzgut und Spaltgas (am Ofenaustritt) beim Kracken der niedrigstsiedenden Kohlenwasserstoffe auf Äthen, nach* ZDONIK, GREEN *und* HALLEE

Einsatzgut	Äthan				Propan				Butan			
Umsetzungsgrad Volumenzunahme	55,0 1,50		60,0 1,53		85,0 1,73		92,0 1,91		74,8 1,90		90,5 2,17	
Zusammensetzung in Vol.-%	Einsatz	Spaltgas	Einsatz	Spaltgas	Einsatz	Spaltgas	Einsatz	Spaltgas	Einsatz	Spaltgas	Einsatz	Spaltgas
H_2	—	32,5	—	32,7	—	13,8	—	13,8	—	11,2	—	12,6
CH_4	—	5,2	—	6,3	—	33,6	—	36,3	—	29,5	—	33,6
C_2H_2	—	0,2	—	0,2	—	0,1	—	0,3	—	0,2	—	0,4
C_2H_4	2,0	31,9	2,0	33,8	0,2	23,7	—	30,0	—	18,4	—	24,4
C_2H_6	96,7	28,7	95,2	24,9	2,0	8,6	0,4	5,0	—	5,1	—	5,7
C_3H_6	1,3	0,5	2,2	1,0	6,9	7,9	—	7,6	—	14,1	—	11,5
C_3H_8	—	0,3	0,6	0,2	90,4	7,8	98,2	4,2	5,3	2,9	6,5	1,8
C_4H_6	—	}	—	}	}	}	}	}	—	1,4	—	1,0
C_4H_8	—	} 0,4	—	} 0,4	} 0,5	} 1,6	} 1,4	} 1,2	—	2,0	—	1,2
$n\text{-}C_4H_{10}$	—	}	—	}	}	}	}	}	92,1	12,2	91,0	4,0
$i\text{-}C_4H_{10}$	—	}	—	}	}	}	}	}	2,6	0,6	2,5	0,2
C_{5+}	—	0,3	—	0,5	—	2,9	—	1,6	—	2,4	—	3,6
Summe	100,0	100,0	100,0	100,0	100,0	100,0	100,0	100,0	100,0	100,0	100,0	100,0

zeigt, wie sich die Anteile der einzelnen leichten Kohlenwasserstoffe im
Rohspaltgas bei verschiedenen Einsatzprodukten mit der Temperatur
im Reaktor ändern. Zwar nimmt die Menge des Äthens auch über 800 °C
noch zu, aber nicht mehr stark. Hingegen beginnt die Propenausbeute
bei Überschreitung dieser Temperatur zu sinken, und das Verhältnis von
Propen zu Äthen sinkt mit steigender Temperatur verhältnismäßig stark.
Es hängt also davon ab, welche Produkte und in welchem Verhältnis
sie gewünscht werden, um die günstigsten Betriebsbedingungen festzulegen. Die Ergebnisse sind außerdem, wie die Abb. D-26 zeigt, in gewissem Maße von der Art des Einsatzgutes abhängig.

c) Die Aufarbeitung der Spaltgase

Die Spaltgase enthalten neben dem gewünschten Äthen auch Methan
und Wasserstoff sowie nicht umgesetzte Anteile des Einsatzgutes und
selbst bei Spaltung von Äthan allein auch höhermolekulare Kohlenwasserstoffe bis zu stark ungesättigten Rückständen[1]. Die Zusammensetzung der aus einem Röhrenofen gewonnenen Gase ist in Zahlentafel
D-14 für Äthan, Propan und Butan sowie für verschieden scharfe Krackbedingungen wiedergegeben. Die Angaben in Zahlentafel D-15 zeigen die
beim Spalten von Leichtbenzin erzielten Ergebnisse. Für das Sandkrack-

Zahlentafel D-15. *Gaszusammensetzung (in Gew.-%) am Ofenaustritt beim Spalten
von Leichtbenzin auf Äthan, nach* ZDONIK, GREEN *und* HALLEE

Einsatzgut			
Dichte	bei 15,6 °C	0,69 g/cm³	
Siedebereich	Beginn	41,2 °C	
	50-%-Punkt	65,4 °C	
	Ende	154,5 °C	
Zusammensetzung	Paraffine	83	Vol.-%
	Naphthene	14	Vol.-%
	Aromaten	3	Vol.-%

Krackbedingungen	Mild	Mäßig	Scharf
H_2	0,4	0,6	0,7
CH_4	9,4	15,5	18,4
C_2H_4	16,1	22,5	25,3
C_2H_6	4,5	5,2	4,8
C_3H_6	14,5	15,8	15,5
C_3H_8	0,6	0,9	0,9
C_4H_6	2,4	3,1	3,1
Andere C_4-KWSt	8,0	7,1	6,1
Pyrolysebenzin	40,6	25,0	20,2
Heizöl	3,5	4,3	5,0
	100,0	100,0	100,0

[1] LINDEN, H. R., u. R. E. PECK: Gaseons Product Distribution in Hydrocarbon
Pyrolysis. Industr. Engng. Chem. 47 (1955) 2470/74.

verfahren können die entsprechenden Werte den Abb. D-26 entnommen werden. Um das Äthen in der für die Weiterverarbeitung auf Kunststoffe erforderlichen Reinheit zu gewinnen, ist es notwendig, das Rohgas durch wiederholte destillative Trennung in die einzelnen Komponenten zu zerlegen. Mit Rücksicht auf die angestrebte Wirtschaftlichkeit müssen auch die übrigen Produkte je für sich gewonnen werden, um sie verwerten zu können.

Das Schema einer solchen Gastrennanlage, wie sie grundsätzlich für Rohgase aus Spaltanlagen zur Gewinnung von Olefinen geschaltet werden muß, ist in Abb. D-27 wiedergegeben. Gegenüber der im Raffineriebau üblichen Technik weist eine solche Anlage folgende Besonderheiten auf: Sie ist meist in zwei Gruppen von Kolonnen aufgeteilt, die sog. „warme" und „kalte" Seite oder Gruppe. Zunächst wird das abgekühlte Spaltgas durch Kompressoren auf höheren Druck gebracht, so daß sich durch Kühlung die höhersiedenden, kondensierbaren Anteile abscheiden lassen. So ist es vorteilhaft, den ersten Schnitt zwischen die C_3- und C_4-Kohlenwasserstoffe zu legen, weil dann unter Druck noch mit normalem Kühlwasser gearbeitet werden kann. Man kann aber auch das Rohgas zwischen Äthan und den C_3-Kohlenwasserstoffen trennen, wenn diese zusammen mit dem Krackbenzin in einer nachgeschalteten Anlage verarbeitet werden können. Diese Schaltung ist dann von Vorteil, wenn noch eine Entschwefelung des für die Äthengewinnung notwendigen Spaltgasanteiles erforderlich ist; deren Belastung ist dann niedriger. Dieser Fall ist in dem Schema Abb. D-27 dargestellt.

Bei der destillativen Trennung der Gase muß in der kalten Gruppe mit sehr tiefen Temperaturen gearbeitet werden. Dafür haben sich Kältekreisläufe als zweckmäßig erwiesen, in denen die in der Anlage selbst erzeugten Kohlenwasserstoffe Propen und Äthen als Kältemittel verwendet werden. Vor dem Eintritt in die mit tiefer Temperatur arbeitenden Anlagenteile muß das Gas vollkommen getrocknet werden. Der Sicherheit halber werden jedoch hinter den mit Kältemittel beschickten Kühlern noch Eisfilter angeordnet, die von Zeit zu Zeit umgeschaltet und abgetaut werden müssen. Als erste Kolonne des kalt arbeitenden Teiles ist meist ein Entmethaner vorgesehen, aus dem Methan und Wasserstoff über Kopf abgenommen werden. Die für den Rückfluß erforderliche Menge an flüssigem Methan kann trotz des Druckes nicht mehr als Kondensat mit Hilfe eines Kältemittels gewonnen werden; man nutzt deshalb den Thomson-Joule-Effekt aus und kühlt durch Entspannung das austretende Gas so weit ab, daß eine ausreichende Menge Rückfluß gewonnen wird. Außerdem wird Flüssigkeit auf tieferen Böden abgezogen und mittels verdampfenden Äthens gekühlt. Diese Schaltung stimmt in ihrer Wirkung thermodynamisch mit der bei der Rohöldestillation beschriebenen Anwendung zirkulierender Rückflüsse überein. Das Sumpfprodukt des Entmethaners wird dann – wie dies grundsätzlich an Hand von Abb. C-11, S. 234 erläutert wurde – in eine Äthan–Äthen-Trennkolonne geleitet, aus der das Äthen über Kopf abgenommen wird. Es besitzt noch nicht die gewünschte Reinheit und muß deshalb noch weiter aufgearbeitet werden. Das als Bodenprodukt gewonnene Äthan kann

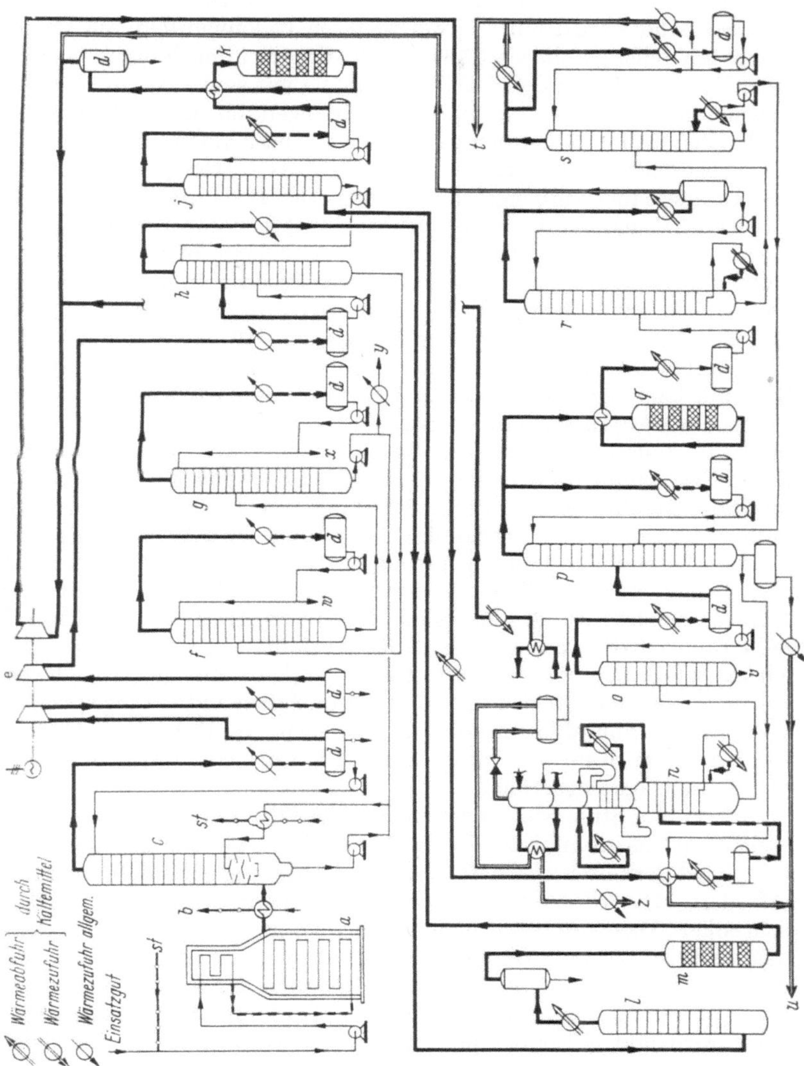

Abb. D-27. Stark vereinfachtes schematisches Fließbild einer Röhrenofenspaltanlage mit nachgeschalteter Gaszerlegung zur Gewinnung von Reinst-Äthen.

a Ofen;	j Entpropaner zweite Stufe;	r Äthenstabilisierkolonne;
b Quentschkühler;	k Azetylenkonverter erste Stufe;	s Äthenredestillierkolonne;
c Fraktionierkolonne;		t Äthen;
d Trennbehälter oder Abscheider;	l Laugenwaschturm;	u Äthan;
	m Trockenturm;	v Propen;
e Dreistufiger Spaltgaskompressor;	n Entmethaner;	w Buten–Butadien-Gemisch;
	o Entäthaner;	x Pyrolysebenzin;
f Entbutaner;	p C₂-Trennkolonne;	y Heizöl;
g Benzinredestillierkolonne;	q Azetylenkonverter zweite Stufe;	z Heizgas (Methan);
h Entpropaner erste Stufe;		st Wasserdampf (Steam).

zur weiteren Aufspaltung zurückgeführt werden. Die gewünschte Reinheit des Äthens wird nun in zwei weiteren Kolonnen dadurch erreicht, daß es zunächst „stabilisiert“ wird, d.h., das darin noch enthaltene restliche Methan wird in der Stabilisierkolonne mit soviel Äthan über Kopf abgenommen, daß das Sumpfprodukt, bezogen auf seinen Äthengehalt, höchstens die im Reinäthen zugelassenen Methanmengen enthält. Das Kopfgas dieser Kolonne kann – um die Äthenverluste zu vermeiden – vor den Entmethaner zurückgeführt werden. Das Bodenprodukt dieser Kolonne enthält dann außer dem gewünschten Äthen nur mehr eine gewisse Menge Äthan, die in der Äthan–Äthen-Trennkolonne mit dem Äthen über Kopf abgegangen ist. Deshalb wird dieses Produkt in einer letzten Kolonne noch „redestilliert“. Dabei wird soviel Äthen, in dem hauptsächlich aus Äthan bestehenden Sumpf gelassen, daß das Kopfprodukt die meist mit 99,9 % gewünschte Reinheit aufweist. Das Bodenprodukt dieser Kolonne kann sinngemäß zur C_2-Trennkolonne zurückgeführt werden[1].

Besonderes Augenmerk ist noch der Tatsache zuzuwenden, daß im Spaltgas Spuren von Azetylen enthalten sind, die sich entsprechend ihrem Siedepunkt im Äthen anreichern. Da aber das Azetylen die Polymerisationsreaktionen bei der Herstellung von Polyäthylen sehr stört, muß es bis auf wenige Bruchteile von Promille im Reinstäthen entfernt werden. Gewöhnlich werden nur mg/kg (ppm = parts per million, d. s. also Tausendstel Promille) zugelassen. Es gibt Katalysatoren, mit deren Hilfe es möglich ist, das Azetylen selektiv zu Äthen zu hydrieren. Die hohe Reinheit des verlangten Produktes erfordert meist, daß das Azetylen in zwei Stufen entfernt wird. Davon wird die eine gewöhnlich hinter der Kolonne angeordnet, in der alles Äthan, Äthen und niedriger Siedende von den im Sumpf bleibenden C_{3+}-Anteilen des Rohgases abgetrennt werden. Diese Stufe wird deshalb am Ende des sog. warmen Teiles der Gastrennanlage angeordnet.

Die zweite Stufe wird in den zum großen Teil nur mehr aus Äthen bestehenden Gasstrom hinter der C_2-Trennkolonne geschaltet. Diese Unterteilung ist deshalb vorteilhaft, weil die Hydrierung höhere Temperaturen erfordert. Man will die dabei entstehenden Wärmeverluste möglichst beschränken. Das wird erreicht, indem bereits in der sog. warmen Gruppe das Azetylen aus dem Gasstrom soweit als möglich entfernt wird. Allerdings gelingt dies dort nicht in ausreichendem Maße, weil bei der weiteren Zerlegung das Äthen auf den vier- bis fünffachen Betrag angereichert wird und daher der prozentuale Azetylengehalt fast im gleichen Maße ansteigt. Deshalb schaltet man die zweite Stufe der Azetylenentfernung in einen hochkonzentrierten Äthenstrom. Dies bringt den Vorteil mit sich, daß die zu behandelnde Gasmenge im umgekehrten Ver-

[1] Vgl. dazu außer den in Fußn. 2, S. 338 erwähnten Arbeiten von SCHUTT u. ZDONIK auch J. W. DAVISON u. P. E. HAYS: Process Design of a Ethylene–Ethane Fractionator. Chem. Engng. Progr. 54 (1958) Nr. 12, S. 52/55. – BALDUS, H., u. G. LINDE: Tieftemperatur-Zerlegung von Kohlenwasserstoffgemischen aus petrochemischen Prozessen. Erdöl u. Kohle 16 (1963) 104/08; es wird darin jedoch die Gewinnung von Äthen und Propen *für* petrolchemische Verfahren beschrieben. – Ein anderes älteres Verfahren ist beschrieben bei L. KNIEL u. W. H. SLAGER: Ethylene Purification by Absorption; ebd. 43 (1947) 335.

hältnis geringer ist und dementsprechend kleinere Apparate benötigt werden. Außerdem wird vom Wärmeaustausch im Gegenstrom weitgehend Gebrauch gemacht, so daß trotz der benötigten höheren Temperatur der Wärmebedarf niedrig bleibt[1]. Bei der beschriebenen Art von Zerlegung macht es keine Schwierigkeiten, z. B. auch Propen und Butadien in der für die weitere Verarbeitung gewünschten Reinheit herzustellen. Die erzielbaren Mengen sind in gewissem Maße von der Kracktemperatur abhängig. Jedoch läßt die Abb. D-26a bis c erkennen, daß sich diese Temperaturen in verhältnismäßig engen Grenzen bewegen. Die Ausbeuten können deshalb nicht beliebig verändert werden.

Auch in diesen Produkten sind aber wegen des thermodynamischen Gleichgewichtes der gegenseitig löslichen Komponenten von dem bei hohen Arbeitstemperaturen entstandenen Azetylen Spuren und von seinen höheren Homologen entsprechend ihrer Siedelage gewisse Anteile enthalten. Da auch sie bei der Weiterverarbeitung stören, müssen sie entfernt werden. Dabei ist ein ähnlicher Weg gangbar wie bei der Behandlung des Äthenstromes. Ein dafür geeignetes Verfahren wurde bereits früher entwickelt, um durch selektives Hydrieren Diolefine aus dem Einsatzgut für Alkylierungsanlagen zu entfernen[2]. Ein neueres Verfahren wendet die Katalysatoren im Dämpfestrom von Destillierkolonnen an und wird deshalb „Brüdenhydrierung" genannt[3].

Man hat aber Katalysatoren gefunden, mit deren Hilfe es möglich ist, Azetylene bei Raumtemperatur und Drücken von wenigen Atmosphären selektiv zu hydrieren[4]. Dieses Verfahren fand inzwischen weite Verbreitung, weil Anschaffungskosten und Betriebsmittelverbrauch sehr niedrig sind. Wegen seiner besonderen Anwendung wird es hier erwähnt, zumal es mit den sonst bei der Erdölverarbeitung unter „Hydrierung" verstandenen Verfahren außer der chemischen Reaktion als solcher wenige Merkmale gemein hat. Es wird wegen seiner Bedeutung für die Behandlung flüssiger Produkte im nächsten Unterabschnitt näher erläutert. Über die Vorteile niedriger Arbeitstemperaturen s. besonders S. 351 ff.

Besondere Probleme bietet noch die Gewinnung von Butadien aus der C_4-Fraktion, die im warmen Teil der Gastrennanlage abgeschieden wird. Da die Siedepunkte des n-Butans, der vier Butene und des gewünschten Butadien-1,3 (mit endständigen Doppelbindungen) sehr nahe beieinander liegen und außerdem das Butadien mit n-Butan ein Azeotrop bildet, ist es unmöglich, das Butadien in wirtschaftlicher Weise durch Destillation

---

[1] FLEMING, H. W., W. M. KEELY u. W. R. GUTMANN: Selective Hydrogenation. Petrol. Refiner 32 (1953) Nr. 9, S. 138/43. – REITMEIER, R. E., u. H. W. FLEMING: Acetylene Removal from Polyethylene Grade Ethylene. Them. Engng. Progr. 54 (1958) Nr. 12, S. 48/51. – STANTON, W. H.: Remove and Recover Acetylene. Petrol. Refiner 38 (1959) Nr. 3, S. 209/14. – Ders.: Which Acetylene Removal is Better; ebd. Nr. 5, S. 177/80.

[2] ANDERSON, J., S. H. MCALLISTER, E. L. DERR u. W. H. PATERSON: Diolefins in Alkylation Feedstocks. Industr. Engng. Chem. 40 (1948) 2295/3201; über das Alkylieren selbst s. Näheres auf S. 581 ff.

[3] REICH, M.: Reinigung von Olefinen und Diolefinen durch katalytische Hydrierung in der Gasphase. Erdöl u. Kohle 16 (1963) 1004/08.

[4] Vgl. dazu W. KRÖNIG: Kalthydrierung von C_3-Fraktionen in flüssiger Phase. Erdöl u. Kohle 15 (1962) 176/79.

in der erforderlichen Reinheit herzustellen. Von den mit Extraktionsmitteln arbeitenden Verfahren wird nur das sog. CAA-Verfahren der Esso Research and Engineering Co praktisch angewendet. Es benutzt Kupferammoniumazetat in einer Gegenstromwäsche. Auch organische Lösungsmittel wie Furfurol, Triäthanolamin, Azeton und Azetonitrit wurden vorgeschlagen[1].

Als besonders vorteilhaft hat sich N-Methylpyrrolidon ($CH_3 \cdot N \cdot$ $\cdot C_3H_6 \cdot CO$) erwiesen, dessen Siedepunkt bei 208 °C liegt und das ein stark selektives Lösungsmittelvermögen für Butadien, allerdings auch für Butene besitzt. Doch können diese allein viel leichter durch Destillation von Butadien abgetrennt werden[2]. Das gleiche Lösungsmittel hat sich auch für die Extraktion von Aromaten und für die Entfernung saurer Gaskomponenten bewährt[3]. Weiteres folgt im nächsten Unterabschnitt.

Es unterliegt keinem Zweifel, daß gerade die Verfahren zur Herstellung von Olefinen für die Raffinerien immer mehr an Bedeutung gewinnen, weil ein hoher Bedarf daran als Rohstoff für die Erzeugung von Chemikalien besteht. Die Raffinerien haben damit die Möglichkeit, aus schlecht verwertbaren Produkten, wie z.B. Leichtbenzin, Erzeugnisse herzustellen, deren Preis die dadurch verursachten zusätzlichen Kosten bei weitem wettmacht.

d) Die Verwertung der flüssigen Nebenprodukte

Je höher siedend das Einsatzgut für Anlagen zur Erzeugung von Olefinen durch Spaltung bei hoher Temperatur ist, desto größer ist auch die Menge flüssiger Produkte, die dabei anfallen. Diese enthalten viele ungesättigte Verbindungen und sind deshalb sehr wenig stabil. Beim Lagern bilden sich harzige Körper, was den Wert dieser Produkte stark mindert[4]. Da aber ihre Menge im Verhältnis zur gesamten Produktion einer Raffinerie nicht erheblich ist, können sie meist ohne Schwierigkeiten im Heizöl untergebracht werden. Eine Ausnahme bilden die flüssigen Produkte im Siedebereich des Benzins.

Dieses sog. Pyrolysebenzin enthält neben Monoolefinen auch größere Mengen an Aromaten und Diolefine. Die letzten sind vor allem die Ursache seiner Unstabilität. Wegen der Monoolefine und der Aromaten ist dieses Benzin jedoch sehr klopffest und deshalb als Mischkomponente sehr erwünscht. Es müssen nur seine ungünstigen Eigenschaften beseitigt werden. Auch als Quelle von Aromaten ist es von Bedeutung.

Es hat nicht an Versuchen gefehlt, durch vorsichtiges Hydrieren die Klopffestigkeit dieses Pyrolysebenzins zu erhalten, also nur die Diolefine

---

[1] Schrifttum über das CAA- und andere Lösungsmittelverfahren bei REICH a.a.O., ebenso in der nachstehend erwähnten Arbeit von WEITZ u. Mitarb.

[2] Vgl. dazu H.-M. WEITZ, U. WAGNER u. O. H. SCHMIDT: Zerlegung von Gasgemischen durch ein Verfahren der selektiven Absorption. Chem.-Ing.-Techn. 32 (1960) 796/801. – KROPER, H., H. M. WEITZ u. U. WAGNER: New Butadiene Recovery Process. Petrol. Refiner 41 (1962) Nr. 11, S. 191/96.

[3] Vgl. dazu S. 731 über das Arosolvan- und S. 648 über das Purisolverfahren.

[4] MOSTECKÝ, J., M. POPL u. M. KURAŠ: Analyse und Verwendung von Pyrolyseöl. Erdöl u. Kohle 22 (1969) 388/92. – CRAIG, R. G., C. E. FOWLER u. M. L. RACZYNSKI: Aufarbeitung von Nebenprodukten der Äthylenherstellung, ebd. 613/16.

selektiv zu hydrieren, jedoch die Monoolefine und die Aromaten zu schonen[1]. Die dabei erzielten Ergebnisse bei verschieden hohem Wasserstoffverbrauch sind für das von der British Petroleum Co entwickelte Verfahren in Zahlentafel D-16 wiedergegeben. Über Druck und Temperatur, bei denen das Verfahren arbeitet, ist allerdings in der Quelle, der die Zahlentafel entnommen ist, nichts angegeben, auch nicht über die Art des verwendeten Katalysators. Die Betriebsbedingungen werden nur – mit Rücksicht auf den leicht zum Verharzen neigenden Charakter des Einsatzgutes – als mäßig bezeichnet. PETERSEN und JAMIESON nennen hingegen für das von ihnen beschriebene Verfahren eine Raumgeschwindigkeit von 2 h⁻¹, einen Druck von rd. 56 atü und eine Temperatur von rd. 180 °C. Diese Temperatur ist gegenüber den im Abschn. L zu beschreibenden Hydrierverfahren sehr niedrig. Die dabei erzielte Verbesserung des Benzins ist ähnlich der durch Zahlentafel D-16 erläuterten. Es wurden zwei Fälle untersucht, nämlich eine einstufige Schaltung zur Herstellung von klopffestem Benzin mit einem ungefähren Wasserstoffverbrauch ähnlich dem in Zahlentafel D-16 erwähnten und eine solche mit einer zweiten Stufe und höherem Wasserstoffverbrauch von rd. 90 bis 100 m_n^3 je m³ Einsatz zur Gewinnung eines vollkommen entschwefelten und olefinfreien, für die Aromatengewinnung geeigneten Erzeugnisses.

Die Anwendung niedriger Temperaturen ist für den Erfolg dieser Verfahren wesentlich. Die instabilen Verbindungen neigen bei Temperaturen von rd. 200 °C und etwas darüber sehr stark zum Polymerisieren, was in den Anlagen schnell zu Verstopfungen der Wärmeaustauscher führt und den Betrieb innerhalb kurzer Zeit unmöglich machen kann. Dies läßt sich nur vermeiden, wenn Katalysatoren zur Verfügung stehen, bei denen die Reaktionen noch vor Erreichen des kritischen Temperaturbereiches anspringen. Deshalb hat sich das nachstehend erläuterte sog. Kalthydrierverfahren der Farbenfabriken Bayer AG so erfolgreich durchgesetzt[2].

Während es bei den C_3- und C_4-Fraktionen vor allem darauf ankommt, die bei der Weiterverarbeitung störenden Azetylene zu entfernen, strebt man bei der selektiven Hydrierung des Pyrolysebenzins die Beseitigung der die Stabilität vor allem beeinträchtigenden Diolefine an. Dies ge-

---

[1] Vgl. dazu P. T. WHITE, F. W. B. PORTER u. A. A. YEO: Selective hydrogenation process for the refining of steam cracker gasoline. 5. Welt-Erdöl-Kongreß, New York 1959, Bericht III/26. – SLYNGSTAD, C. E., u. F. L. LEMPERT: Hydrogen Processing in Modern Refining. Petrol. Engr. 32 (1960) Nr. 5, S. C13/18. – LESTER, R.: New Hydrotreating Process Now in Commercial Operation. Petrol. Refiner 40 (1961) Nr. 9, S. 175/78. – PETERSON, H. G., u. G. P. JAMIESON: A Way to Upgrade Pyrolysis Gasoline. Petrol. Refiner 14 (1962) Nr. 11, S. 201/02. – GRIFFITHS, D. J., J. L. JAMES u. D. M. LUNTZ: Selektive Hydrierung von Pyrolysebenzin im integrierten Zweistufenverfahren. Erdöl u. Kohle 21 (1968) 83/86.

[2] KRÖNIG, W.: a.a.O. – Ders.: Refining of C_4-hydrocarbons by cold hydrogenation. 6. Welt-Erdöl-Kongreß, Frankfurt/Main 1963, Bericht IV/7; deutsche Übersetzung: Erdöl u. Kohle 16 (1963) 520/23. – Ders.: Raffinierende Hydrierung von Pyrolysebenzin bei niedrigen Temperaturen. Erdöl u. Kohle 18 (1965) 432/35. – EISENLOHR, K. H., K. NAUMBURG u. H. G. ZENGEL: a.a.O. (Fußn. 2, S. 339). – KRÖNIG, W., u. K. HALCOUR: Hydrierende Aufarbeitung von Pyrolysebenzin. Brennst.-Chem. 50 (1969) 258/62. – KRÖNIG, W.: Cold Hydrogen Treat Pyrolysis Cuts. Hydrocarb. Procssg. 49 (1970) Nr. 3, S. 121/26.

Zahlentafel D-16. *Ergebnisse der hydrierenden Behandlung von Pyrolysebenzin nach* LESTER

		Einsatzgut (inhibiert)	Bodenprodukt der Stabilisierung	Hydriertes Leichtbenzin	Hydriertes Schwerbenzin	Bodenprodukt der Redestillation	Einsatzgut (inhibiert)	Hydriertes Benzin	Einsatzgut (inhibiert)	Hydriertes Benzin
Wasserstoffverbrauch m_n^3/m^3 Flüssigkeit				24,2				32,5		35,9
Dichte	g/cm³	0,7810	0,7805	0,7370	0,8350	0,9310	0,7830	0,7670	0,7790	0,7520
Siedebereich (ASTM D 86)										
Beginn	°C	38,8	40,0	40,0	127,2	155	40,0	41,7	40,0	42,2
10%	°C	58,9	60,0	52,2	131,8	181	53,3	54,4	53,3	53,8
30%	°C	84,4	84,4	63,8	137,3	187	67,2	66,1	65,0	65,5
50%	°C	108,2	106,1	75,6	141,1	191	84,4	81,1	83,9	81,1
70%	°C	131,0	128,9	88,4	146,0	203	108,2	100,0	114,4	101,8
90%	°C	160,6	158,2	105,0	157	224	160,6	143,5	173,5	137,9
Ende	°C	192,5	194	124	170	264	195,2	186	229	171
Gesamtschwefel	Gew.-%	0,020		0,014	0,024					
Doctortest		negativ		negativ	negativ					
Gum[a] vorhanden	mg/100 ml	21(3)		Spuren	Spuren		61(13)	Spuren	56(26)	Spuren
beschleunigt gebildet (120 min)	mg/100 ml	34(18)		Spuren	Spuren		105(50)	1(Spuren)	93(78)	Spuren
beschleunigt gebildet (240 min)	mg/100 ml	118(111)		2(2)	3(2)		476(445)	1(1)	295(288)	1(Spuren)
Induktionszeit (ASTM D 525)	min	310		685	680		200	>720	240	>720
Bromzahl (ASTM D1195)	g/100 g	75,5		82,5	23		66	48	74	46
Flammpunkt (ASTM D 93)	°C					64,4				
Motoroktanzahl										
ohne Blei		79,3	79,0	77,0	82,6		81,2	81,6	80,3	80,1
mit 0,0955 Vol.-% BTÄ (3,6 ml TEL/gl.)		84,0	84,4	84,0	86,9		85,2	87,2	84,0	86,7
Researchoktanzahl										
ohne Blei		94,0	93,5	92,1	94,2		96,5	95,0	95,6	94,3
mit 0,0254 Vol.-% BTÄ (0,96 ml TEL/gl.)							98,2	98,2	97,7	97,7
mit 0,0955 Vol.-% BTÄ (3,6 ml TEL/gl.)		98,3	98,4	98,6	99,0		99,6	100,8	99,4	100,4

[a] Die Werte in Klammern wurden nach einer Wäsche mit n-Heptan erreicht.

lingt mit dem gleichen Palladiumkatalysator wie im ersten Fall. Das
Palladium wird in einer Konzentration von 0,5 bis 1 % als Metall oder als
Sulfid auf Aluminiumoxyd, Aluminiumsilikat oder ähnlichen Träger-
substanzen angewendet. Es wird – je nach Konzentration des wasserstoffhaltigen Gases – mit Drücken von 30 bis 50 atü und Temperaturen
von nur 30 bis 70 °C gearbeitet, wenn man eine klopffeste Kraftkompo-
nente erhalten will. Die Raumgeschwindigkeit wird mit etwa 5 bis 7 h^{-1}
gewählt. Strebt man aber die Gewinnung der Aromaten an, dann wird
zuerst eine Vorhydrierung mit den erwähnten Betriebsbedingungen vorgeschaltet. Bei der anschließenden zweiten Stufe (Vollhydrierung), in der
auch die Monoolefine entfernt werden, wird ein Druck von 100 bis 150 atü,
eine Temperatur von 150 bis 210 °C und eine Raumgeschwindigkeit von
etwa 2,5 bis 3 h^{-1} angewendet. Dies verursacht nicht die vorbeschriebenen Schwierigkeiten, weil die besonders zur Harzbildung neigenden Diolefine bereits in der ersten Stufe teilweise abgesättigt werden. Die bei der
Herstellung von Kraftstoffkomponenten mit diesem Verfahren erzielten
Ergebnisse können Zahlentafel D-17 entnommen werden.

Zahlentafel D-17. *Kalthydrierung von Pyrolysebenzin an Palladiumkontakten,
nach* KRÖNIG

Betriebsbedingungen
Druck   32 atü
Temperatur (im Reaktor ansteigend)   von 30 auf 60 °C
Raumgeschwindigkeit   5,85 h^{-1}

Produkteigenschaften		Einsatzgut[a] (35···180 °C)	Hydriertes Produkt
Farbe		gelb	farblos
Geruch		unangenehm	aromatisch
Dichte	g/cm³	0,772	0,766
Gum	mg/100 cm³		
vor Alterung		1,8	0,8
nach Alterung		2026	1,7
Bromzahl (DIN 51 774)	g/100 g	56	41
Diene	Gew.-%	10,1	0,6
Aromaten	Gew.-%		
Benzol		15,4	15,4
Toluol		12,6	12,2
Schwefelgehalt	Gew.-%	0,016	0,016
Researchoktanzahl			
ohne Blei		89,5	86,5
mit 0,04 Vol.-% BTÄ		95,5	94,5

[a] Dem Einsatzgut wurden vor der Hydrierung 50 mg/kg Kerobit BPD als Inhibitor zugesetzt, der sich beim Hydrieren nicht veränderte.

Wenn auch die auf diese Weise gewonnenen Mengen hochwertiger,
verkaufsfähiger Produkte nur wenige Prozente der in einer Raffinerie
verarbeiteten betragen, so darf der Einfluß auf die Wirtschaftlichkeit
nicht unterschätzt werden. Insbesondere für die in Europa übliche Gewinnung von Äthen aus Leichtbenzin ist die Verwertung des dabei anfallenden Pyrolysebenzins von entscheidender Bedeutung. In diesem Fall

beträgt seine Menge das Ein- bis Zweifache des erzeugten Äthens. Über Einzelheiten dieses Verfahrens, die zur Petrolchemie zu rechnen sind, kann im Rahmen dieses Buches nicht berichtet werden. Es soll nur die Möglichkeit der Gewinnung von Aromaten mit Hilfe selektiver Lösungsmittel erwähnt werden[1]. Dabei handelt es sich um Verfahren gleicher Art, wie sie zur Verbesserung des Viskositätsindex von Schmierölkomponenten angewendet werden; vgl. Abschn. J2, S. 711ff.

Die gleichzeitige Bildung von Propen ist beim thermischen Spalten von C_{3+}-Kohlenwasserstoffen auf Äthen nicht zu vermeiden. Seine Menge steigt mit der Molmasse des Einsatzgutes. Seit langem sind Bestrebungen im Gange, es für Kunststoffe zu verwerten, doch ist ihnen bisher kein solcher Erfolg beschieden, der nur einigermaßen dem Siegeszug des Polyäthylens vergleichbar wäre. Deshalb wurden Wege gesucht, das zwangsweise anfallende Propen auf andere Weise zu verwerten. Eine Möglichkeit dazu bietet das von der Phillips Petroleum Co entwickelte sog. Disproportionierungsverfahren, auch Triolefin Process genannt[2]. Dabei wird Propen in Äthen von Polymerisationsreinheit und in Buten-2 zerlegt. Das Buten-2 ist ein für Alkylierungsanlagen verwendbares Einsatzprodukt, vgl. S. 592. Auch Butadien kann bei diesem Verfahren durch Änderung der Betriebsbedingungen gewonnen werden. Daneben zeichnen sich neuerdings Entwicklungen ab, die dem Propen Anwendungsmöglichkeiten für die Herstellung faseriger und geschichteter Kunststoffe eröffnen. Darauf kann im Rahmen dieses Buches nicht eingegangen werden. Ein guter Überblick über das Gesamtgebiet der verschiedensten Möglichkeiten der Verwendung von Propen stammt aus dem Leunawerk[3].

---

[1] DEAL, C. H., u. E. L. DERR: Selectivity and solvency in aromatics recovery. Industr. Engng. Chem./Process Design Developm. 3 (1964) 394/99. − EISENLOHR, K. H., u. W. GROSZHANS: Über die Gewinnung von Reinaromaten aus hydroraffinierten Pyrolysebenzinen nach dem Arosolvan-Verfahren. Erdöl u. Kohle 18 (1965) 614/18.

[2] BANKS, R. L., u. G. C. BAILEY: Olefin Disproportionation; A New Catalytic Process. Industr. Engng. Chem./Prod. Res. Developm. 3 (1964) 170/73. − JOHNSON, P. H.: Production of ethylene and butadiene through conversion of propylene. 7. Welt-Erdöl-Kongreß, Ciudad de Mexico 1967, Bericht PD 21/4; auszugsweise in: Hydrocarb. Procssg. 46 (1967) Nr. 4, S. 149/51. − HECKELSBERG, L. F., R. L. BANKS u. G. C. BAILEY: A Tungsten Oxide on Silica Catalyst for Phillips' Triolefin Process. Industr. Engng. Chem./Prod. Res. Developm. 7 (1968) 29/31. − LOGAN, R. S., u. R. L. BANKS: Get higher-octane alkylate with triolefin technology. Oil Gas J. 66 (20. Mai 1968) Nr. 21, S. 131/35. − Dies.: Disproportionate Propylene to Make More and Better Alkylate. Hydrocarb. Procssg. 47 (1968) Nr. 6, S. 135/38. − Vgl. außerdem Anon.: DIP Alkylation; ebd. Nr. 9, S. 165; DIP bedeutet hier Diisopropyl. Nach der zuletzt genannten Quelle wird eine Kohlenwasserstoffverbindung von Aluminiumchlorid als Katalysator benutzt.

[3] ANDREAS, F., u. K.-H. GRÖBE: Über die Herstellung und Verwendung von Propylen. Chem. Techn. 20 (1968) 151/59. − Vgl. außerdem N. E. OCKERBLOM, A. M. BROWNSTEIN u. J. A. ROOT: Here's the outlook for propylene. Oil Gas Internat. 9 (1969) Nr. 12, S. 79/82.

E. Das katalytische Kracken

1. Die Wirkung von Katalysatoren beim Kracken

a) Die Vorteile des katalytischen Krackens

Mit den rein thermisch arbeitenden Verfahren zur Umwandlung von Kohlenwasserstoffen können durch den Einfluß der Temperatur allein auf die vorhandenen Moleküle verschiedener Größe und verschiedener Struktur keine selektiven Wirkungen hinsichtlich der Erzeugung bestimmter Produkte erzielt werden. Vor allem lassen sich die meist unerwünschten Nebenreaktionen nicht unterdrücken. Es bedeutete daher eine Wende in der Entwicklung der gesamten Raffinerietechnik, als man erkannt hatte, daß sich durch die Anwendung von Katalysatoren auch bei so komplizierten Gemischen, wie sie in Erdölprodukten vorliegen, die gewünschten Reaktionen steuern lassen. Während beim thermischen Krakken ohne Katalysatoren Zusammensetzung und Menge aller Krackprodukte für einen gegebenen Einsatz ausschließlich von Temperatur und Verweilzeit, in gewissem Maße auch vom Druck abhängen, erhält man durch die Anwendung von Katalysatoren eine sehr entscheidende Möglichkeit, den Reaktionsablauf zu beeinflussen. Zwar können Katalysatoren die Lage des chemischen Gleichgewichtes, die durch die Gesetze der Thermodynamik für gegebenen Druck und gegebene Temperatur bestimmt sind, nicht verändern. Sie sind aber imstande, einen thermodynamisch *möglichen* Reaktionsablauf zu beschleunigen oder zu hemmen. Ihre Wirkung kommt somit einer Änderung der Reaktionsgeschwindigkeit, und zwar für bestimmte Einzelreaktionen, gleich. Durch Beschleunigung erwünschter Reaktionen auf Kosten unerwünschter aus einer Vielzahl von thermodynamisch möglichen, wie sie beim Kracken auftreten, kann also der gesamte Reaktionsablauf in viel weiteren Grenzen verändert werden, als dies durch die Wahl von Druck und Temperatur allein der Fall ist. Ihren mathematischen Ausdruck findet diese Wirkung in der Änderung der Geschwindigkeitskonstanten k der einzelnen Reaktionen, s. Gln. (D-19) bis (D-21), S. 271. Dadurch läßt sich erreichen, daß mit Hilfe von Katalysatoren von einer gegebenen Menge Ausgangsmaterial ein größerer Anteil von den Reaktionen verbraucht wird, welche die gewünschten Endprodukte ergeben[1]. Als Vorteile des katalytischen Krackens gegenüber dem thermischen können etwa folgende genannt werden:

a) geringere Bildung von Gasen, besonders der weniger begehrten C_1- und C_2-Kohlenwasserstoffe;

---

[1] DRAEGER, A. A., G. T. GWIN, C. J. G. LEESEMAN u. M. R. MORROW: Production of High-Octane Gasoline Components. Petrol. Refiner 30 (1951) Nr. 8, S. 71/76; Nr. 9, S. 107/11; Nr. 11, S. 139/41.

b) größere Ausbeute an erwünschten C_3- und C_4-Kohlenwasserstoffen mit einem erheblichen Anteil an ungesättigten, die für die Polymerisation, für die Alkylierung und als Ausgangsstoffe für die Petrolchemie geeignet sind;

c) geringere Olefinbildung im Benzinbereich, vor allem keine Bildung von α-Olefinen und Diolefinen; das Fehlen der Diolefine begünstigt die Lagerbeständigkeit und die Bleiempfindlichkeit;

d) etwas höhere Ausbeute an Benzin, dessen Klopffestigkeit noch wesentlich über der von thermischem Krackbenzin liegt. Zwar ist dabei der Unterschied zwischen der sog. Motoroktanzahl (Prüfverfahren F-2 nach ASTM D 357 bzw. DIN 51756) und der Researchoktanzahl (Prüfverfahren F-1 nach ASTM D 908 bzw. DIN 51756) größer[1]. Er kann 8 bis 10 Punkte betragen, so daß die Verbesserung bei der an sich höherliegenden Researchoktanzahl besonders augenfällig ist. Jedoch auch die Motoroktanzahl ist besser, und damit ergibt sich eine wesentliche Steigerung der Straßenoktanzahl[2];

e) geringere Auswirkung schwefelreicher Einsatzprodukte auf die Qualität der Erzeugnisse;

f) höhere Krackgeschwindigkeit und damit größere Durchsatzleistungen bzw. kleinere Abmessungen der durch den Reaktionsablauf bestimmten Anlagenteile.

Diese Unterschiede lassen sich durch den noch näher zu beschreibenden Reaktionsmechanismus erklären. Eine Gegenüberstellung der beim Kracken einzelner Kohlenwasserstoffgruppen gewonnenen Produkte wird auf Grund der Arbeiten von GREENSFELDER u. Mitarb. in der Übersicht E-1, S. 373/74 wiedergegeben[3]. Darin kommt allerdings nicht besonders zum Ausdruck, daß auch beim katalytischen Kracken ebenso wie beim thermischen Kracken erhebliche Mengen von Olefinen erzeugt

---

[1] Wegen der Prüfverfahren s. W. WILKE u. W. WOLF: Motorische Prüfung der Kraftstoffe in: Mineralöle und verwandte Produkte, hrsg. von C. ZERBE: a.a.O. Bd. 1, S. 803/47 oder Hütte, Des Ingenieurs Taschenbuch, Bd. I, 28. Aufl., Berlin: Ernst & Sohn 1955, Tafel 10, S. 1255; DIN 51756 Pkt. 7; vgl. auch Abschn. A5c, S. 86ff. bes. Zahlentafel A-18, S. 87.

[2] Die Ursachen liegen zum Teil darin, daß die Paraffine im katalytisch gewonnenen Krackbenzin sehr stark isomerisiert sind und verzweigte Verbindungen etwas größere Unterschiede zwischen der Research- und der Motoroktanzahl aufweisen als unverzweigte. Besonders ist dies aber bei den Aromaten der Fall, deren Anteil in katalytisch erzeugtem Krackbenzin erheblich höher ist als in thermisch erzeugtem. Das zuletzt genannte Verhalten war seinerzeit der Grund, warum vor dem Zweiten Weltkrieg die Motormethode im Deutschen Reich abgelehnt wurde. Wegen der Benzolbeimischung wurden die auf dem Markt befindlichen Produkte bei *gleicher* Researchoktanzahl durch die Motormethode um so schlechter bewertet, je mehr Benzol sie enthielten. Heute kennt man diese Zusammenhänge, strebt gerade beim Reformieren möglichst hohen Aromatengehalt an und stört sich nicht an den verhältnismäßig ungünstiger erscheinenden Meßergebnissen der Motormethode.

[3] GREENSFELDER, B. S., H. H. VOGE u. G. M. GOOD: Catalytic and Thermal Cracking of Pure Hydrocarbons. Mechanism of Reaction. Industr. Engng. Chem. 41 (1949) 2573/83. – Zusammenfassende Darstellung auch bei B. S. GREENSFELDER: Theory of catalytic cracking, in: The Chemistry of Petroleum Hydrocarbons; hrsg. von B. T. BROOKS, C. E. BOORD, ST. S. KURTZ u. L. SCHMERLING. 2. Bd., New York: Reinhold 1955, S. 137/64. – Vgl. außerdem Fußn. 2, S. 366.

werden. Zwar ist deren C-Atomzahl wegen des unterschiedlichen Reaktionsmechanismus nicht gleich. Die Bildung von Olefinen ist eine Folge jeder Spaltung von paraffinischen oder naphthenischen Kohlenwasserstoffen, weil aus langkettigen Paraffinen immer nur Bruchstücke entstehen können, von denen ein Teil olefinisch ist. Das Aufbrechen naphthenischer Ringe führt bereits ohne Verkürzung der Kohlenstoffatomkette zu Olefinen, ebenso das Abtrennen paraffinischer Seitenketten. Ob dieses Ergebnis durch Reaktionen über freie Radikale wie beim thermischen Kracken zustande kommt oder – wie beim katalytischen Kracken – durch Ionenreaktionen, die noch ausführlich in Abschn. E2 behandelt werden, ist dabei für die Gesamtmenge der gebildeten Olefine gleichgültig.

Seinerzeit war es ein ganz besonderer Vorteil, daß beim katalytischen Kracken vornehmlich C_3- und C_4-Olefine gebildet werden, weil sich aus diesen durch Polymerisation und Alkylierung zusätzlich sehr klopffeste Benzinkomponenten herstellen lassen. Wie man aus Abb. E-1 erkennt, haben zwar die als Ottokraftstoffe kaum verwendeten C_3- und C_4-Olefine eine geringere Klopffestigkeit als die Paraffine gleicher Kohlenstoffatomzahl. Deshalb waren sie im Flüssiggas, das als Motorkraftstoff verwendet wurde, nicht erwünscht. Bei einer C-Zahl von 5 und darüber sind hingegen die Olefine klopffester und dabei die verzweigten in höherem Maße als die unverzweigten. Deshalb sind Propen und Buten geeignete Ausgangsstoffe für das Polymerisieren und für das Alkylieren.

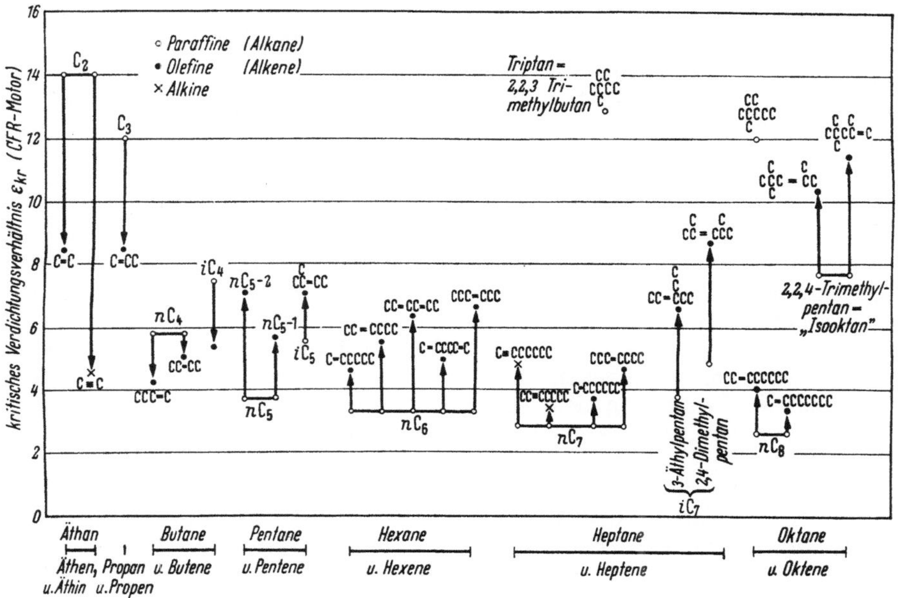

Abb. E-1. Änderung des kritischen Verdichtungsverhältnisses ε_{kr} von Olefinen gegenüber dem von Normal- und Isoparaffinen mit 1 bis 8 C-Atomen; Prüfverfahren wie bei Abb. D-20, S. 326 angegeben.

Es wird in Abschn. E2a noch eingehend begründet, warum beim katalytischen Kracken mehr C_3- und C_4-Kohlenwasserstoffe entstehen und diese verhältnismäßig viele Olefine enthalten. Solange es nur um die Herstellung von klopffestem Benzin ging, was besonders während des Krieges und in den Jahren danach der Fall war, haben die Verfahren des Polymerisierens und des Alkylierens einen geeigneten Weg gewiesen, diese Olefine zu verwerten. Näheres darüber wird in Kap. G gebracht. Heute bieten sich noch weitere Möglichkeiten, insbesondere für das Propen, das entweder zu Polypropylen oder durch Anlagerung an Benzol zu Kumol (i-Propylbenzol) verarbeitet werden kann. Fahrbenzine werden heute entsprechend den gestiegenen Anforderungen hauptsächlich durch katalytisches Reformieren hergestellt, worüber in Kap. F berichtet wird.

Die Herstellung von Polymerbenzin hat heute ziemlich an Interesse verloren. Neue Anlagen für dieses Verfahren werden kaum mehr gebaut, und die zusätzlich anfallenden Olefine werden von der chemischen Industrie abgenommen. Auch wenn das Äthen inzwischen als Ausgangsstoff für Kunststoffe eine führende Rolle erlangte, ist seine Gewinnung aus den Gasen katalytischer Krackanlagen wegen der geringen Konzentration wirtschaftlich kaum von Interesse. Trotzdem ist die Bildung von C_3- und C_4-Olefinen noch immer günstiger als die stärkere Bildung von C_1- und C_2-Kohlenwasserstoffen, zu der es beim thermischen Kracken nach früher angewendeten Verfahren kommt.

Ein weiterer Vorteil des katalytischen Krackens, der heute noch seine Bedeutung hat, ist die Tatsache, daß auch bei den im Benzinbereich gebildeten Olefinen die verzweigten überwiegen, daher für sich bereits klopffest sind und mit Reformaten gemischt eine gut verkaufsfähige Handelsware ergeben. Deshalb ist die Beimischung von Benzin aus katalytischen Krackanlagen vorteilhaft und rechtfertigt den Bau solcher Einheiten, wenn sie aus Gründen der Mengenbilanz erforderlich sind. Dazu kommt, daß Diolefine in viel geringerem Maße entstehen als beim thermischen Kracken. Sie bilden bei längerem Lagern leicht Peroxyde, die zum Polymerisieren neigen; dadurch entstehen Harze (Gum). Schließlich wird beim katalytischen Kracken der Schwefel des Einsatzproduktes größtenteils in Schwefelwasserstoff umgewandelt und mit den entstehenden Gasen abgeführt. Demgegenüber sind durch thermisches Kracken gewonnene Benzine ziemlich schwefelreich, weil erstens die als Krackeinsatzgut in diesem Fall verwendeten schweren Fraktionen höhere Schwefelgehalte aufweisen und zweitens der Schwefel in den gebildeten leichteren Fraktionen nicht vollständig zu Schwefelwasserstoff abgebaut wird, sondern noch gewisse Mengen an größere Moleküle gebunden bleiben[1]. Bei den schwereren Destillaten sind die Vorteile des katalytischen Krackens gegenüber dem thermischen nicht so bemerkenswert, weil die in Krackanlagen anfallenden Mitteldestillate naturgemäß als Dieselkraftstoffe nicht so zündwillig sein können wie Straight run-Produkte; für die Erzeugung von Destillatheizölen ist aber das katalytische Kracken ein zu aufwendiges Verfahren.

---

[1] Vgl. Fußn. 1, S. 292.

Bei der ständig steigenden Nachfrage nach klopffestem Fahr- und Flugbenzin Ende der Dreißiger Jahre war es daher verständlich, daß ungeachtet der höheren Anlage- und Betriebskosten des katalytischen Krackens diesem Verfahren zunehmende Aufmerksamkeit gewidmet wurde, sobald Wege gefunden waren, es technisch durchzuführen. Die Nachfrage nach Flugkraftstoffen war bereits gestiegen. Vor allem aber drängte die Automobilindustrie danach, Motoren mit höherem Verdichtungsverhältnis anwenden zu können, die klopffestere Kraftstoffe verlangten. Mit Hilfe des thermischen Krackens ließen sich diese Wünsche nicht mehr ausreichend befriedigen.

Sowohl in Europa wie auch in den Vereinigten Staaten von Amerika wurde bereits seit Beginn der Dreißiger Jahre eine umfangreiche Forschung betrieben, um geeignete Katalysatoren für die Erzeugung von Kraftstoffen zu finden. Diese Arbeiten standen z.T. im Zusammenhang mit den die Hydrierung und Synthese betreffenden Forschungen, die in Europa vor allem innerhalb des Konzerns der IG Farbenindustrie AG geleistet wurden. Den Interessen der u.s.-amerikanischen Firmen entsprechend galten sie in den Vereinigten Staaten von Amerika vor allem der Auffindung von Krackkatalysatoren. Die ersten zur Betriebsreife entwickelten, mit Katalysatoren arbeitenden Anlagen wurden von E. J. HOUDRY gebaut[1]. Die Arbeiten wurden dann von Ingenieurfirmen und von Ölfirmen aufgegriffen und haben zu dem heutigen, näher zu beschreibenden Stand geführt[2]. Besonders durch den Bedarf an Flugkraftstoffen hoher Klopffestigkeit während des Krieges wurde die Entwicklung vor allem in den Vereinigten Staaten von Amerika erheblich gefördert. Dafür standen große Geldmittel zur Verfügung.

Eine Tatsache darf allerdings nicht außer acht gelassen werden. In der Regel können als Einsatzgut für katalytisch arbeitende Krackanlagen nur Destillate und keine Rückstände verwendet werden. Die üblichen Katalysatoren werden durch die in den Rückständen enthaltenen Spuren von Nickel, Vanadium und anderen Metallen sehr rasch vergiftet, so daß ihre Wirksamkeit nachläßt und die Vorteile des katalytischen Arbeitens verlorengehen. Es ist jedoch fraglich, ob der Zwang, Destillate zu verwenden, als ausgesprochener Nachteil anzusehen ist. Alle Krackverfahren und daher auch die katalytisch arbeitenden sind – wie bereits in der Einleitung zu Abschn. D ausgeführt wurde – dadurch gekennzeichnet, daß ein Teil des Einsatzgutes als sehr schwerer Rückstand oder als Koks übrigbleiben muß. Beim katalytischen Kracken hat es sich von vornherein als zweckmäßig erwiesen, eine gewisse Koksbildung auf dem Katalysator zuzulassen. Dieser kann durch Abbrennen des Kokses unter Luftzufuhr regeneriert werden. Dabei wird auf einfache Weise ein Teil der für die endothermen Krackreaktionen erforder-

---

[1] Angaben über die geschichtliche Entwicklung s. bei M. MARDER: Motorkraftstoffe, 1. (und einziger) Bd., Berlin: Springer 1942, S. 260ff. u. 305ff. - Vgl. auch S. 434.

[2] Diese Entwicklung und die Tätigkeit der beteiligten Männer und Firmen hat J. L. ENOS: Petroleum Progress and Profits, a History of Process Innovation. Cambridge/Mass.: The M. I. T. Press 1962, sehr lebendig geschildert.

lichen Wärme im Verfahren selbst erzeugt, ohne daß es irgendwelcher Übertragungsflächen oder ähnlicher Konstruktionen bedarf. Berücksichtigt man dies, so kommt man leicht zu der Erkenntnis, daß die mit der Verarbeitung von Rückständen zwangsläufig anfallenden größeren Koksmengen nicht nur eine Belastung der Apparatur mit sich bringen, sondern einen echten Verlust im Verfahren darstellen, weil sie die für die Deckung des Wärmebedarfes erforderlichen Mengen bei weitem übersteigen. Es hat sich deshalb als wirtschaftlich günstiger erwiesen, für den Einsatz in katalytische Krackanlagen Destillate durch Vakuumdestillation oder durch thermisches Kracken auf Koks oder dafür gleichfalls geeignete Raffinate durch Extrakationsverfahren zu gewinnen. Die dabei wesentlich verringerten Mengen an Rückständen oder Extrakten können dann immer noch besser verwertet werden, als die überschüssige Abwärme, die entsteht, wenn diese Rückstände als Koks von Katalysatoren abgebrannt werden müßten.

Es sind nur zwei Fälle bekannt, in denen vorstehende Gesichtspunkte anscheinend nicht ausschließlich gültig waren. Die Houdry Corp hat ihr auf S. 466 ff. beschriebenes Houdriflow-Verfahren durch Verwendung eines besonderen Katalysators und durch besondere Maßnahmen zum Houdresid-Verfahren weiter entwickelt. Darüber folgen Einzelheiten in dem genannten Unterabschnitt. Eine Anlage in Sarnia/Ontario (Kanada) arbeitet nach diesem Verfahren. Außerdem hat in letzter Zeit Phillips Petroleum Co ihre Raffinerie Borger im Norden von Texas modernisiert und die Durchsatzleistung von rd. 3,5 Mill. t/a auf rd. 4,25 Mill. t/a erhöht. Dabei wurde u.a. auch ein neuer Orthoflow Fluid Catcracker (Model A) für etwa 1,25 Mill. t/a aufgestellt; Einzelheiten dieser Bauform sind auf S. 493 ff. erläutert. In dieser Anlage wird Normaldruckrückstand verarbeitet[1]. Es ist allerdings aus der Quelle nicht zu erkennen, wie die mit rd. 5,5% des Gesamteinsatzes angegebene Koksmenge verwertet wird, da sie nur auf dem Katalysator abgelagert wird.

Borger liegt in einer wenig bevölkerten und nicht sehr stark industrialisierten Gegend. Mit dem Übergang der Bahnverwaltungen zum Dieselbetrieb schrumpfte in den fünfziger Jahren der Absatz für schweres Heizöl so zusammen, daß eine Betriebsweise der Raffinerie angestrebt werden mußte, bei der wenn möglich überhaupt kein Rückstand anfällt. Dieses Ziel wurde offenbar erreicht, wobei es wirtschaftlich sinnvoll ist, die durch den erhöhten Koksabbrand entstehenden Verluste in Kauf zu nehmen. Die Wirkung der in Destillationsrückständen enthaltenen Spuren von Metallen auf Krackkatalysatoren muß auf S. 400 ff. noch näher erläutert werden.

Ein Schema, das die verschiedenen Möglichkeiten zeigt, Einsatzgut für eine katalytische Krackanlage zu gewinnen, ist in Abb. E-2 wiedergegeben. In den wenigsten Fällen wird man alle darin gezeigten Verfahrensschritte anwenden. Jedoch sieht man daraus, welche Vielfalt von Verfahren technisch zur Verfügung steht. Man darf nur nicht übersehen, daß diese Vielfalt nicht Selbstzweck ist, sondern die einzelnen Verfahren

---

[1] Vgl. G. E. McKenna, C. H. Owen u. G. R. Hettick: Better Refinery Yields Come From Cracking Heavy Oils. Petrol. Refiner 43 (1964) Nr. 5, S. 113/16.

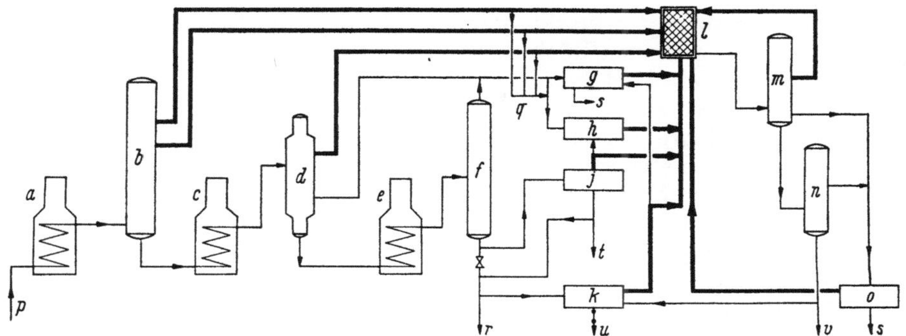

Abb. E-2. Verschiedene Möglichkeiten der Gewinnung von Einsatzgut für katalytische Krackanlagen. Ströme für leichtere Produkte als Gasöl sind nicht eingezeichnet (Stricharten hier nicht
entsprechend S. 1046f.; dicke Striche bedeuten: Krackeinsatz).

a Rohölofen;
b Normaldruckkolonne;
c Ofen für Vakuumdestillation:
d Vakuumkolonne;
e Ofen für Bitumenflasher;
f Bitumenflasher;
g Anlage zur Extraktion von Aromaten;
h Hydrierende Entschwefelung;
j Anlage zum Entasphaltieren;
k Verkokungsanlage;
l Katalytische Krackanlage;
m Fraktionierung für l;

n Vakuumkolonne für Rückstand aus m;
o Anlage zur Extraktion von Aromaten aus dem
  schweren Kreislauföl;
p Rohöl;
q Wahlweise Schaltung für sehr schwefelreiche Produkte;
r Bitumen;
s Aromatenreicher Extrakt;
t Asphalthaltiges Schweröl;
u Koks;
v Destillationsrückstand (für Visbreaker).

wirtschaftlich gerechtfertigt sein müssen, was zu entscheiden nicht immer
einfach ist. Die Verfahren selbst brauchen hier nicht erörtert zu werden.
Es kann auf die betreffenden Abschnitte dieses Buches verwiesen werden.
Als Einsatzgut für katalytische Krackanlagen dient meist Gasöl (Mitteldestillat), auch Vakuumdestillat mit Siedepunkten bis etwa 550 °C, auf
760 Torr umgerechnet; weiterhin sind entasphaltierte Destillationsrückstände brauchbar. Man verwendet vor allem Mitteldestillate aus
naphthenbasischen Rohölen, weil durch einfache Destillation aus paraf-
finischem Rohöl gewonnenes Mitteldestillat als Dieselkraftstoff sehr
zündwillig ist und einen guten Markt hat[1]. Obwohl geradkettige Paraffine und Naphthene mit langen Seitenketten das günstigste Einsatzgut
für katalytische Krackanlagen sind, ist es daher oft wirtschaftlicher,
solche Destillate direkt zu verwenden, statt sie durch ein mit nicht geringen Kosten belastetes Verfahren teilweise in Ottokraftstoffe, teilweise
in schlechtere Dieselkraftstoffe umzuwandeln. Denn die beim Kracken
anfallenden schweren Fraktionen verlieren durch die thermische Beanspruchung merkbar an Zündwilligkeit. Vakuumdestillate, die als Dieselkraftstoffe bereits zu schwer und zu zäh sind, wurden bis vor wenigen

---

[1] ODEN, E. CL., u. J. J. PERRY: 17 Feeds for Cat Crackers. Petrol. Refiner 33
(1954) Nr. 3, S. 191/93. — JOHNSON, P. H., K. L. MILLS jr. u. B. C. BENEDICT:
Recovery of Catalytic Cracking Stock by Solvent Fractionation. Industr. Engng.
Chem. 47 (1955) 1578/85. — LAWSON, J. E., J. P. PEET u. N. P. PEET: Get More
Cracker Feed from Residua. Petrol. Refiner 38 (1959) Nr. 3, S. 179/80. — BOZEMAN,
H. C.: Cat cracking begins second 20 years. Oil Gas J. 60 (23. Juli 1962) Nr. 30,
S. 67/78. — Ders.: Improvements in cat-cracker feed preparation. Oil Gas J. 62
(10. Febr. 1964) Nr. 6, S. 90/94. Vgl. außerdem Abschn. J 1a, bes. Fußn. 2, S. 704.

Jahren bevorzugt gekrackt, weil man dadurch die Benzinausbeute auf Kosten der schweren Rückstände erhöhen konnte. Die steigende Nachfrage nach Heizöl hat jedoch in Europa dazu geführt, daß diese Fahrweise vorübergehend an Interesse verlor. Bei Raffinerieneubauten der zurückliegenden Jahre wurde darauf verzichtet, Krackanlagen zu errichten, weil eine hohe Ausbeute an Heizöl angestrebt wurde und Ottokraftstoffe in genügender Menge erzeugt werden. Es ist dadurch auch ein gewisser Überschuß an Leichtbenzin entstanden, für den andere Verwendungen gesucht werden. Die thermische Spaltung auf Olefine, die auf S. 335 ff. beschrieben wurde, gibt z. B. die Möglichkeit, daraus die gewünschten Ausgangsstoffe für die Petrolchemie herzustellen.

Auf lange Sicht ist jedoch nicht damit zu rechnen, daß Krackanlagen überflüssig werden könnten. Es ist ziemlich unwahrscheinlich, daß innerhalb der Erdöl verbrauchenden Volkswirtschaften insgesamt die in den verfügbaren Rohölen enthaltenen Destillate ausreichen werden, den Bedarf zu decken. Deshalb wird es voraussichtlich immer erforderlich sein, einen Teil der schweren Fraktionen oder der Rückstände zu kracken, um auf diese Weise Nachfrage und Angebot aufeinander abzustimmen. Dazu kommen nunmehr Verfahren, die letzten Endes an die ursprünglichen Ideen von F. BERGIUS anknüpfen und durch Wasserstoffanlagerung die Zusammensetzung der aus Erdöl zu gewinnenden Produkte zu den leichtersiedenden verschieben. Näheres hierüber folgt in Kap. L. Die radikalste Lösung, die heute ebenfalls Interesse findet, ist das Vergasen überschüssiger Fraktionen, für das wirtschaftlich günstige Voraussetzungen bestehen[1]. Diese Arbeitsweise wird in Kap. M behandelt. Aber auch der Bau katalytischer Krackanlagen nimmt in letzter Zeit wieder zu, sei es daß sie in vorhandenen Raffinerien errichtet werden, sei es daß neue Werke von vorneherein mit solchen Anlagen geplant werden.

Das katalytische Kracken wurde und wird nach Vorstehendem vor allem angewendet, um die Ausbeute an leichtersiedenden Kohlenwasserstoffen über die im Erdöl von Natur aus enthaltenen Mengen zu steigern. Dabei ist das durch katalytisches Kracken gewonnene Benzin für die Verwendung im Ottomotor besser geeignet als das aus thermischen Krackanlagen. Bei allen katalytischen Krackverfahren werden in gleicher Weise wie bei den thermischen die den Reaktor verlassenden Dämpfe in eine Fraktionierkolonne geleitet, die grundsätzlich ebenso arbeitet wie eine Rohöldestillationskolonne. Die beim Kracken anfallenden Gase werden in sog. Gasnachverarbeitungs- oder Gasrückgewinnungsanlagen entweder nur in Flüssiggas ($C_3 + C_4$) und in Heizgas (C_2) oder – je nach Absatzmöglichkeit – noch weiter zerlegt. Entweder trennt man dann die Gase nach den Kohlenwasserstoffatomzahlen, was deshalb möglich ist, weil die Abstände zwischen den Siedepunkten der Isomeren gleicher C-Atomzahl kleiner sind als gegenüber den Siedepunkten der Kohlenwasserstoffe mit höherer oder niedrigerer C-Atomzahl. Es bereitet aber keine Schwierigkeiten, die Fraktionen mit gleicher C-Atomzahl noch weiter in die

---

[1] Vgl. dazu B. RIEDIGER: Probleme des Raffineriebaues in Mitteleuropa. Erdöl u. Kohle 12 (1959) 431/40; bes. die Ausführungen am Schluß des Aufsatzes.

einzelnen Kohlenwasserstoffindividuen zu zerlegen. Das letzte ist besonders dann erwünscht, wenn ausreichende Mengen vorhanden sind, um sie auf Petrolchemikalien zu verarbeiten. Die dafür erforderlichen Gasnachverarbeitungsanlagen wurden auf S. 231 bereits behandelt. Da solche Anlagen auch zur Gewinnung des Flüssiggases aus den Topgasen der Rohöldestillation und den Abgasen der Reforming-Anlage oder -Anlagen benötigt werden, empfiehlt es sich, bei genügend großem Durchsatz der Raffinerie getrennte Gasnachverarbeitungsanlagen einerseits für die gesättigten Ströme und andererseits für die olefinhaltigen Ströme aus der oder aus den Krackanlagen zu errichten. Man erreicht dadurch, daß die Anlagen für die Überholungsstillstände unabhängig und außerdem die Olefine in den zu verarbeitenden Gasen nicht verdünnt werden. Dies führt anderenfalls zu erhöhtem Betriebsmittelverbrauch und meist auch zu höheren Anlagekosten für ihre Gewinnung.

Ein wesentliches Kennzeichen der katalytischen Krackverfahren ist die Tatsache, daß sie fast ausnahmslos bei atmosphärischem oder einem wenig darüberliegenden Druck arbeiten. Die Wirkung der Katalysatoren gestattet es, auf den Druck als eine das Verfahren beeinflussende Betriebsgröße zu verzichten. Dies hat den Vorteil, daß die Anlagenteile, die bei den großen, angestrebten Durchsätzen meist recht beachtliche Abmessungen haben, nicht für Überdruck gebaut zu werden brauchen. Zwar würden dadurch die Volumina entsprechend verkleinert. In Anbetracht der hohen Temperaturen, die für das Verfahren erforderlich sind, wirkt sich aber der Betrieb ohne Überdruck hinsichtlich der Anlagekosten günstig aus. Auch die Abdichtung der Reaktionsräume gegeneinander sowie gegenüber der Atmosphäre wird dadurch vereinfacht. Zum Teil genügt die Zufuhr von Sperrdampf in die ausreichend lang zu bemessenden, verbindenden Rohrleitungen, zum Teil – z. B. im Regenerator – wird der Überdruck nur so hoch gewählt, daß er genügt, die Rauchgase ins Freie austreten zu lassen. Bei den Fließbettanlagen müssen dabei die Widerstände in den Zyklonen zur Abscheidung mitgerissener feiner Anteile des Katalysators überwunden werden. Eine Ausnahme bilden die FCC-Anlagen der Universal Oil Products Co, bei denen im Regenerator ein Druck von etwa 2 bis 3 ata eingehalten wird; vgl. dazu S. 487 ff. Will man die Abwärme der den Regenerator verlassenden Rauchgase in Gasturbinen ausnutzen, so muß man die Anlagen ebenfalls mit einem gewissen Überdruck betreiben. Der dadurch zu erzielende Gewinn ist ein Mehrfaches der zusätzlich erforderlichen Kompressionsarbeit. Vgl. dazu Abschn. E 8, S. 503 ff.

b) Die Anwendungsformen der Katalysatoren

Der Übergang zum Arbeiten mit Katalysatoren hatte in der Erdöltechnik zur Folge, daß in den Verarbeitungsanlagen bis dahin ungebräuchliche Bauelemente eingeführt werden mußten. Sie bieten ein bemerkenswertes Beispiel dafür, welchen Wandlungen solche Bauelemente im Laufe der Entwicklung unterworfen sein können. Ursprünglich hatte HOUDRY offenbar in Anlehnung an die damals bekannte und technisch ausgereifte

Ammoniaksynthese ein *feststehendes* Katalysatorbett verwendet. Einzelheiten der Konstruktion hat MARDER wiedergegeben[1]. Es mußte von vornherein die Möglichkeit geschaffen werden, den Katalysator in kurzen Zeitabständen zu regenerieren, weil sich Koks ablagerte und der Katalysator dadurch unwirksam wurde. Deshalb besaßen die Anlagen mehrere Reaktionskammern, von denen jeweils eine abgeschaltet und durch Abbrennen des Kokses regeneriert wurde. Diese Art von Anlagen wird jedoch heute zum Kracken nicht mehr gebaut, weil die Durchsatzleistung beschränkt ist und wegen des wiederholten Wechsels bei den hohen Arbeitstemperaturen besonders an die Absperr- und Umschaltorgane sehr hohe Anforderungen gestellt wurden. Mußten doch die Kammern alle 30 Minuten umgestellt werden. Beim katalytischen Reformieren, das in Kap. F besprochen wird, hat sich diese Bauweise jedoch durchgesetzt, weil ein Regenerieren überhaupt nicht oder erst in viel größeren Zeitabständen erforderlich ist.

Um den lästigen Umschaltbetrieb zu vermeiden und die Durchsatzleistungen der Anlagen zu steigern, entwickelte man Konstruktionen, die ein stetiges Arbeiten gestatten. Man muß dafür grundsätzlich zwei Kammern verwenden: eine für den Ablauf der Krackreaktionen, die andere für das Regenerieren des Katalysators. Es galt daher, Mittel und Wege zu finden, wie man den mit Koks beladenen Katalysator aus dem Reaktor in den Regenerator hinüberschleusen kann, ohne daß Verbrennungsluft oder Abgase in den Reaktor dringen. Anschließend muß man den abgebrannten heißen Katalysator unter gleichen Voraussetzungen wieder in den Reaktor zurückfördern. Bei den ersten von Socony Vacuum Oil Co zusammen mit HOUDRY entwickelten Anlagen waren Reaktor und Regenerator zunächst nebeneinander, dann aber übereinander angeordnet, so daß der zu regenerierende, *perlförmige* Katalysator durch ein Fallrohr in den darunterliegenden Regenerator wandern konnte. Man spricht in diesem Fall von Anlagen mit *bewegter Schüttung* (moving bed). Näheres folgt in Abschn. E 5, S. 437.

Noch einen Schritt weiter gingen andere Öl- und Ingenieurfirmen, vor allem Standard Oil Development Co, Universal Oil Products Co und The M. W. Kellogg Co. Sie entwickelten Verfahren, bei denen ein *staubförmiger* Katalysator im *Fließbett* (fluidized catalyst) angewendet wird[2]. Dadurch lassen sich die bei solchen Anlagen auftretenden Förderprobleme z.T. leichter lösen, doch treten zusätzlich Besonderheiten auf. Es muß z.B. Vorsorge getroffen werden, daß der Katalysator durch die öligen Ablagerungen nicht zusammenklebt; ebenso erfordert die Abscheidung des feinen Katalysatorabriebes aus den Abgasen, die den Regenerator verlassen, besondere Maßnahmen. Auch diese Einzelheiten werden in den nachfolgenden Abschnitten behandelt. Dadurch war es möglich, die Durchsatzleistung auf vorher fast ungeahnte Werte zu steigern. Eine der bisher größten Krackanlagen arbeitet nach dem Fließbettverfahren von Kellogg und ist für einen Durchsatz von rd. 5 Mill. t/a bemessen. Sie steht in der 1957 in Betrieb genommenen Raffinerie Delaware City der

---

[1] MARDER, M.: Motorkraftstoffe, a.a.O. S. 306ff.
[2] Ausführliche Schrifttumsangaben über Fließbett-Technik s. Fußn. 2, S. 472.

Tidewater Oil Co in der Nähe von Wilmington/Del. Eine noch größere
Anlage für rd. 6 Mill. t/a wurde vor einiger Zeit nach Model IV der Esso
für die Humble Oil Co in Baytown/Tex. errichtet.

2. Der Chemismus der Molekülumwandlung

Die Unterschiede, die zwischen den durch thermisches und den durch
katalytisches Kracken gewonnenen Produkten beobachtet wurden, gaben
Anlaß zu eingehenden Untersuchungen, um die Ursachen aufzuklären.
Es war zu vermuten, daß der Reaktionsablauf beim katalytischen Krakken von dem durch die Radikaltheorie von RICE und KOSSIAKOFF beschriebenen abweicht. Die grundlegenden Erkenntnisse darüber verdankt
man vor allem WHITMORE, der wohl als erster die Ansicht äußerte, daß
das katalytische Kracken nicht über freie Radikale (RCH_2- oder elek-

tronisch geschrieben $R : \overset{\overset{\cdot\cdot}{H}}{\underset{\underset{H}{\cdot\cdot}}{C}} \cdot$), sondern über sog. Karbonium-Ionen ab-

läuft[1]. Als Karbonium-Ion wird dabei ein Kohlenwasserstoffrest

$$\left[R : \overset{\overset{\cdot\cdot}{H}}{\underset{\underset{H}{\cdot\cdot}}{C}} \right]^{+}$$

bezeichnet, in dem *einem* Kohlenstoffatom nur sechs Elektronen zugeordnet sind. In der Ausdrucksweise der Elektronentheorie heißt dies,
daß eines der C-Atome zusammen mit seinen Nachbarn keine geschlossene Elektronenschale, sondern ein Sextett besitzt. Dabei wird es durch
die drei vorhandenen Elektronenpaare (entsprechend den üblicherweise
durch Striche dargestellten Valenzen) mit den drei Nachbaratomen verknüpft[2]. Das Kohlenstoffatom selbst besitzt also gewissermaßen nur drei
eigene Elektronen. Da es ein Elektron abgegeben hat, ist es positiv geladen und daher ein Kation. Es verhält sich deshalb ähnlich einem
Wasserstoff-Ion H^+ oder einem Metall-Ion Me^+. Dies gibt den Schlüssel
zum Verständnis der Wirksamkeit saurer Katalysatoren, was in Abschn.
E2aγ ausführlicher erläutert wird.

---

[1] Vgl. dazu F. C. WHITMORE: The Common Basis of Intramolecular Rearrangements. J. Am. Chem. Soc. 54 (1932) 3274/83. – Ders. u. E. E. STAHLY: The Common Basis of Intramolecular Rearrangements. II. The Dehydration of Di-tert-
butylcarbinol and the Conversion of the Resulting Nonenes to Trimethyl-ethylene
and Isobutylene; ebd. 55 (1933) 4153/57. – WHITMORE, F. C.: Mechanism of the
Polymerization of Olefins by Acid Catalysts. Industr. Engng. Chem. 26 (1934)
94/95. – CIAPETTA, F. G.: Alkylation of Isoparaffins. Application of the Carbonium-
Ion Theory; ebd. 37 (1945) 1210/16. – WHITMORE, F. C.: Alkylation and Related
Processes of Modern Petroleum Practice. Chem. Engng. News 26 (1948) 668/74.

[2] Vgl. E. MÜLLER: Neuere Anschauungen der organischen Chemie. 1. Aufl.
Berlin: Springer 1940, S. 8; dort als Carbenium-Kation bezeichnet. In der 2. Aufl.
1957, in anderem Zusammenhang erwähnt. – HARTMANN, H.: Theorie der chemischen Bindung auf quantentheoretischer Grundlage, Berlin/Göttingen/Heidelberg:
Springer 1954, insbes. S. 178ff.

Davon zu unterscheiden sind die auf S. 272 ff. erwähnten, für die thermischen Krackreaktionen wichtigen freien Radikale. Bei diesen ist ein ursprünglich bindendes Elektronenpaar in einzelne Elektronen aufgelöst, von denen je eines an den beiden vorher verbundenen Atomen verbleibt. In den so entstandenen freien Radikalen ist ebenfalls eines der Kohlenstoffatome durch ein Sextett an seine Nachbarn gebunden; es besitzt aber außerdem noch ein *einsames* und daher magnetisch nicht kompensiertes Einzelelektron, so daß es gewissermaßen über seine eigenen vier Elektronen verfügt. Radikale sind deshalb elektronenneutral, hingegen paramagnetisch[1]. Den freien Radikalen entspricht der atomare Wasserstoff in seinem Verhalten. Das H-Elektron ist ebenfalls einsam und benötigt ein zweites zur Bildung eines Dubletts, der kleinsten stabilen Elektronenschale. Vereinfacht lassen sich die beiden Reaktionsweisen unter Weglassen aller nicht beteiligten Elektronen folgendermaßen wiedergeben:

Bruch der C–C-Bindung beim thermischen Kracken unter Bildung freier Radikale

$$C : C \rightarrow C \cdot + \cdot C \, ;$$

Bruch der C–C-Bindung beim katalytischen Kracken unter Bildung eines kleineren Moleküls und eines Karbonium-Ions

$$C : C \rightarrow C + : C \, .$$

Die von WHITMORE entwickelten Ansichten wurden von zahlreichen Forschern überprüft. Umfangreiche Mitteilungen liegen aus den Laboratorien der Shell Development Co, Emeryville/Calif. und der Universal Oil Products Co, Riverside/Ill., jetzt Des Plaines/Ill., vor[2]. Es wurde dabei angestrebt, die von WHITMORE aufgestellte Theorie am Verhalten einzelner Kohlenwasserstoffindividuen zu überprüfen. Einen guten Überblick über diese Arbeit gewinnt man an Hand der unten erwähnten, zusammenfassenden Veröffentlichungen von GREENSFELDER u. Mitarb., auf die sich die nachstehende Darstellung stützt.

---

[1] MÜLLER, E.: a.a.O. 1. Aufl. S. 258; der betreffende Abschnitt fehlt in der 2. Auflage.

[2] GREENSFELDER, B. S., u. H. H. VOGE: Catalytic Cracking of Pure Hydrocarbons/Cracking of Paraffins. Industr. Engng. Chem. 37 (1945) 514/520; Cracking of Olefins, S. 983/88; Cracking of Naphthenes, S. 1038/43. – VOGE, H. H., G. M. GOOD u. B. S. GREENSFELDER: Catalytic Cracking of Pure Hydrocarbons/Aromatics and Comparison of Hydrocarbon Classes; ebd. 37 (1945) 1168/76; Secondary Reactions of Olefins 38 (1946) 1033/40. – GOOD, G. H., H. H. VOGE u. B. S. GREENSFELDER: Catalytic Cracking of Pure Hydrocarbons/Cracking of Structural Isomers; ebd. 39 (1947) 1032/36. – GREENSFELDER, B. S., H. H. VOGE u. G. M. GOOD: Catalytic and Thermal Cracking of Pure Hydrocarbons. Mechanism of Reaction; ebd. 41 (1949) 2573/84. – OLSEN, C. R., u. M. J. STERBA: Effect of reactor temperature on product distribution and product quality in fluid catalytic cracking. Chem. Engng. Progr. 45 (1949) 692/700. – ARCHIBALD, R. C., N. C. MAY u. B. S. GREENSFELDER: Experimental Catalytic and Thermal Cracking at High Temperature and High Space Velocity. Industr. Engng. Chem. 44 (1952) 1811/17. – In dem Buch D. BETHELL u. V. GOLD: Carbonium Ions. London u. New York: Academic Press 1967 ist hingegen das katalytische Kracken S. 301 mit nur wenigen Worten erwähnt. – Neuere Buchveröffentlichung J. E. GERMAIN: Catalytic Conversion of Hydrocarbons. London u. New York: Academic Press 1969.

a) Die theoretischen Grundlagen

Rein formal entsprechen die Karbonium-Ionen den anderen Onium-Ionen, z. B.

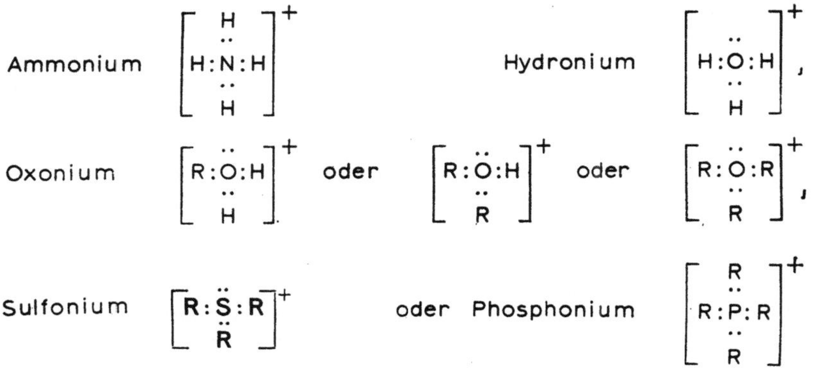

$$\text{Ammonium} \quad \begin{bmatrix} & H & \\ & \overset{\cdot\cdot}{} & \\ H : & N & : H \\ & \overset{\cdot\cdot}{} & \\ & H & \end{bmatrix}^{+} \qquad\qquad \text{Hydronium} \quad \begin{bmatrix} & \overset{\cdot\cdot}{} & \\ H : & O & : H \\ & \overset{\cdot\cdot}{} & \\ & H & \end{bmatrix}^{+} ,$$

$$\text{Oxonium} \quad \begin{bmatrix} & \overset{\cdot\cdot}{} & \\ R : & O & : H \\ & \overset{\cdot\cdot}{} & \\ & H & \end{bmatrix}^{+} \text{oder} \begin{bmatrix} & \overset{\cdot\cdot}{} & \\ R : & O & : H \\ & \overset{\cdot\cdot}{} & \\ & R & \end{bmatrix}^{+} \text{oder} \begin{bmatrix} & \overset{\cdot\cdot}{} & \\ R : & O & : R \\ & \overset{\cdot\cdot}{} & \\ & R & \end{bmatrix}^{+} ,$$

$$\text{Sulfonium} \quad \begin{bmatrix} & \overset{\cdot\cdot}{} & \\ R : & S & : R \\ & R & \end{bmatrix}^{+} \text{oder Phosphonium} \begin{bmatrix} & R & \\ & \overset{\cdot\cdot}{} & \\ R : & P & : R \\ & \overset{\cdot\cdot}{} & \\ & R & \end{bmatrix}^{+}$$

insofern, als beim Karbonium durch Abspalten eines Valenzelektrons aus dem Zentralatom ein positiv geladener unmagnetischer Komplex gebildet wird. Dabei ist aber folgendes zu beachten: Das Kohlenstoffatom besitzt in seiner (äußeren) L-Schale 4 Elektronen, davon zwei σ-Elektronen in der kugelsymmetrischen s-Bahn und je ein π-Elektron in jeder der beiden etwas energiereicheren, axialsymmetrischen p-Bahnen[1]. Das C-Atom kann also noch weitere 4 Elektronen bis zum Abschluß der L-Schale aufnehmen. Bei der oben wiedergegebenen elektronischen Schreibung des Karbonium-Ions sind 6 Elektronen dargestellt, die das C-Atom mit seinen Nachbarn gemein hat. Davon hat es selbst drei beigesteuert. Die anderen stammen von den Nachbarn. Da ihm für den Abschluß der Achterschale ein Elektronenpaar fehlt, ist es positiv geladen, aber sehr kurzlebig und unterliegt leicht Folgereaktionen, welche die fehlenden Elektronen beisteuern.

Die zum Vergleich wiedergegebenen anderen Onium-Ionen besitzen hingegen abgeschlossene stabile Achterschalen. So besteht die L-Schale des Stickstoffatoms und die M-Schale des Phosphoratoms bereits aus 5 Elektronen, so daß die Achterschale beim Ammoniak durch die Elektronen von 3 H-Atomen gebildet werden kann. Die positive Ladung des Ammonium-Ions kommt deshalb nicht durch das Fehlen von Elektronen zustande, sondern dadurch, daß das Ammoniakmolekül durch ein H$^+$-Ion ergänzt ist[2]. Sinngemäß verhält es sich bei den Ionen mit

---

[1] Vgl. A. F. HOLLEMAN: Lehrbuch der anorganischen Chemie, 34. bis 36. Aufl., bearb. von E.WIBERG, Berlin: de Gruyter 1955, S. 139. – MEYER, K. H., u. H. MARK: Makromolekulare Chemie, 2. Aufl., Leipzig: Akademische Verlagsges. 1950, S. 22 ff. – Obwohl heute meist von s-, p- oder d-Elektronen und von σ-, π- und δ-Bindungen gesprochen wird, ist hier die zuerst von E. HÜCKEL, dann von E. MÜLLER benutzte und in älteren Arbeiten verwendete Bezeichnungsweise beibehalten, da Mißverständnisse bei den hier besprochenen Fragen wohl nicht zu befürchten sind.

[2] Vgl. H. HARTMANN: a. a. O. S. 179.

Sauerstoff bzw. Schwefel, deren L- bzw. M-Schale bereits je 6 Elektronen besitzen und daher beide durch die Elektronen von 2 H-Atomen abgeschlossen werden können. Auch in diesen Fällen wird durch Verbindung mit einem H^+-Ion die positive Ladung erzeugt, die Achterschale bleibt also abgeschlossen, was als Ursache der Stabilität dieser Ionen angesehen werden kann.

α) **Die Eigenschaften und die Bildung von Karbonium-Ionen.** Karbonium-Ionen setzen sich ebenso wie freie Radikale mit gleichartigen Ionen oder mit intakten Molekülen unter Bildung weiterer Karbonium-Ionen um. Bei allen ihren Reaktionen, wie auch bei ihrer Bildung, spielt die Tatsache eine große Rolle, daß die Stabilität von Karbonium-Ionen in der Reihenfolge tertiär $\rightarrow$ sekundär $\rightarrow$ primär viel stärker abnimmt als die Stabilität freier Radikale in der gleichen Richtung. Es werden daher von Anfang an bevorzugt tertiäre und sekundäre Karbonium-Ionen gebildet und, soweit daneben doch noch primäre Ionen auftreten, in ihren Folgereaktionen mit den intakten Molekülen wieder bevorzugt tertiäre und sekundäre Ionen. In Zahlentafel E-1 sind die Enthalpien der exothermen Isomerisierungsreaktionen einer Anzahl von Karbonium-Ionen zusammengestellt. Man sieht, daß besonders die Umlagerung primärer Karbonium-Ionen zu tertiären größere Energiebeträge freisetzt als die anderen Reaktionen.

Vorweg muß aber die Bildung der Karbonium-Ionen selbst erklärt werden. Dafür stehen im Einsatzmaterial in der Hauptsache paraffinische

Zahlentafel E-1. *Beim Isomerisieren von Karbonium-Ionen im gasförmigen Zustand auftretende Reaktionsenthalpien $\Delta H_{0,298}$ in kcal/mol*[a]

$n\text{-}C_3H_7^+ \rightarrow s\text{-}C_3H_7^+$	$-16,0$
$n\text{-}C_4H_9^+ \rightarrow s\text{-}C_4H_9^+$	$-26,0$
$n\text{-}C_4H_9^+ \rightarrow t\text{-}C_4H_9^+$	$-36,5$
$n\text{-}C_4H_9^+ \rightarrow i\text{-}C_4H_9^+$	$-\ 6,5$
$i\text{-}C_4H_9^+ \rightarrow t\text{-}C_4H_9^+$	$-30,0$
$s\text{-}C_4H_9^+ \rightarrow t\text{-}C_4H_9^+$	$-10,5$
$i\text{-}C_4H_9^+ \rightarrow s\text{-}C_4H_9^+$	$-19,5$
$n\text{-}C_5H_{11}^+ \rightarrow s\text{-}C_5H_{11}^+$	$-25,0$
$n\text{-}C_5H_{11}^+ \rightarrow t\text{-}C_5H_{11}^+$	$-39,5$
$n\text{-}C_5H_{11}^+ \rightarrow i\text{-}C_5H_{11}^+$	$-\ 4,5$
$i\text{-}C_5H_{11}^+ \rightarrow t\text{-}C_5H_{11}^+$	$-35,0$
$s\text{-}C_5H_{11}^+ \rightarrow t\text{-}C_5H_{11}^+$	$-14,5$
$i\text{-}C_5H_{11}^+ \rightarrow s\text{-}C_5H_{11}^+$	$-20,5$

Die Reaktionsenthalpien beim Isomerisieren größerer Karbonium-Ionen sind etwa ebenso groß wie die beim Isomerisieren von C_5-Karbonium-Ionen gleicher Struktur.

[a] Nach B. S. GREENSFELDER: Theory of catalytic cracking, in: The Chemistry of Petroleum Hydrocarbons, hrsg. von B. T. BROOKS, C. E. BOORD, ST. S. KURTZ jr. u. L. SCHMERLING, Bd. II, New York: Reinhold 1955, S. 137/64, dort Table 3, S. 142.

und naphthenische Kohlenwasserstoffe, diese auch meist mit Seitenketten, zur Verfügung. Aus einem Paraffin kann ein Karbonium-Ion im einfachsten Fall durch Abspalten eines Hydrid-Ions H^- (elektronisch H: geschrieben, also eines Wasserstoffatoms, das ein zweites Elektron mitnimmt und deshalb negativ geladen ist) von einem C-Atom nach folgendem Reaktionsschema entstehen:

$$
\begin{array}{ccccccc}
 & H & H & & & H & \\
 & \overset{..}{} & \overset{..}{} & & & \overset{+}{} & \overset{..}{} \\
R: & C: & C:H & \longrightarrow & R: & C: & C:H + H: \\
 & \underset{..}{} & \underset{..}{} & & & \underset{..}{} & \underset{..}{} \\
 & H & H & & & H & H
\end{array}
$$

$$
R-CH_2-CH_3 \longrightarrow R-\overset{+}{C}H-CH_3 + H^-.
$$

Diese Reaktion ist endotherm. Es werden dabei je nach Größe des Moleküls für die Abspaltung von tertiären Kohlenstoffatomen rd. 230 kcal/mol, für die Abspaltung von sekundären Kohlenstoffatomen rd. 240 kcal/mol und für die Abspaltung von primären Kohlenstoffatomen mehr als 260 kcal/mol benötigt[1]. Neben dieser Reaktion spielt auch die Bildung von Karbonium-Ionen aus Olefinen durch Addition von Protonen – vom Säurekatalysator zur Verfügung gestellt – eine sehr wichtige, wenn nicht überragende Rolle. Dabei kann man sich das Olefin primär durch eine thermische Reaktion entstanden denken. Die Anlagerung des Protons H^+ wird durch Verlagerung der beiden π-Elektronen der Doppelbindung eingeleitet und kann wie folgt geschrieben werden[2]:

$$
\begin{array}{ccccc}
H \; H & & & H \; H & \\
.. \times .. & & & .. \quad .. & \\
C:C & + H & \longrightarrow & +C:C\overset{\times}{}H & \\
.. \times .. & & & .. \quad .. & \\
H \; R & & & H \; R &
\end{array}
$$

$$
CH_2{=}CH-R + \overset{+}{H} \longrightarrow \overset{+}{C}H_2-CH_2-R
$$

Die Addition eines Protons zu einem Olefin ist wie die meisten Polymerisierungsreaktionen im Gegensatz zu den Spaltreaktionen exotherm, und zwar werden je nach Größe des Moleküls etwa 160 bis 200 kcal/mol

---

[1] Einzelangaben bei B. S. GREENSFELDER in: The Chemistry of Petroleum Hydrocarbons, a. a. O. S. 146.

[2] Die für die Doppelbindung kennzeichnenden π-Elektronen (auch Elektronen zweiter Art genannt) haben im Gegensatz zu den bindenden σ-Elektronen (auch Elektronen erster Art genannt) keine um die Bindungsrichtung rotationssymmetrisch verteilte Eigenfunktion und dementsprechende Ladungsverteilung. Das anziehende Feld des positiven Kernes ist deshalb von den anderen Elektronen stärker abgeschirmt. Dadurch werden die besonderen chemischen und physikalischen Eigenschaften der Doppelbindung erklärt; vgl. E. MÜLLER: a. a. O., 1. Aufl., S. 96; 2. Aufl., S. 154ff. – HARTMANN, H.: a. a. O. S. 216. Die π-Elektronen sind im obenstehenden Schema durch $\times$ dargestellt. Über die Entsprechungen der Schreibung mit Punkten und Valenzstrichen vgl. auch A. E. HOLLEMAN: a. a. O. S. 150ff.

frei. Einige Daten, die mit einer Genauigkeit von ± 3 bis 4 kcal/mol gelten, sind in Zahlentafel E-2 wiedergegeben.

Zahlentafel E-2. *Bei der Bildung von Karbonium-Ionen aus Olefinen und Protonen* (H^+) *im gasförmigen Zustand auftretende Reaktionsenthalpien* $\Delta H_{0,298}$ *in kcal/mol nach der gleichen Quelle wie Zahlentafel E-1, dort Table 2, S. 141*

$C_2H_4 \rightarrow C_2H_5^+$	-153
$C_3H_6 - n\text{-}C_3H_7^+$	-165
$C_3H_6 \rightarrow s\text{-}C_3H_7^+$	-181
$1\text{-}C_4H_8 \rightarrow n\text{-}C_4H_9^+$	-163
$1\text{-}C_4H_8 \rightarrow s\text{-}C_4H_9^+$	-189
$2\text{-cis-}C_4H_8 \rightarrow s\text{-}C_4H_9^+$	$\Big\}\,-187$
$2\text{-trans-}C_4H_8 \rightarrow s\text{-}C_4H_9^+$	
$i\text{-}C_4H_8 \rightarrow i\text{-}C_4H_9^+$	-166
$i\text{-}C_4H_8 \rightarrow t\text{-}C_4H_9^+$	-196
Für $n > 5$	
$1\text{-}C_nH_{2n} \rightarrow n\text{-}C_nH_{(2n+1)}^+$	-165
$1\text{-}C_nH_{2n} \rightarrow s\text{-}C_nH_{(2n+1)}^+$	-190
$m\text{-cis-}C_nH_{2n} \rightarrow m\text{-}C_nH_{(2n+1)}^+$	$\Big\}\,-188$ [a]
$m\text{-trans-}C_nH_{2n} \rightarrow m\text{-}C_nH_{(2n+1)}^+$	
$2\text{-Methyl-1-}C_nH_{2n} \rightarrow 2\text{-Methyl-1-}C_nH_{(2n+1)}^+$	-166
$2\text{-Methyl-1-}C_nH_{2n} \rightarrow 2\text{-Methyl-2-}C_nH_{(2n+1)}^+$	-201
$2\text{-Methyl-2-}C_nH_{2n} \rightarrow 2\text{-Methyl-2-}C_nH_{(2n+1)}^+$	-200
$2\text{-Methyl-2-}C_nH_{2n} \rightarrow 2\text{-Methyl-3-}C_nH_{(2n+1)}^+$	-190

[a] Mit m soll allgemein die Lage der Doppelbindung gekennzeichnet werden.

Die für einen konkreten Fall durchgeführte Rechnung zeigt z.B., daß für die Abspaltung eines Hydrid-Ions aus einer Zweierstellung bei n-Hexadekan 241,0 kcal/mol benötigt werden. Der tatsächliche Wärmebedarf beim Kracken ist jedoch viel geringer, weil diese Reaktion nicht für sich allein abläuft, sondern nur gekoppelt mit der nachfolgenden Stabilisierung des gebildeten Karbonium-Ions durch Umsetzung mit einem bereits vorhandenen kleineren Karbonium-Ion, beispielsweise nach der Gleichung

$$\text{sec-}C_3H_7^+ + H^- - 249{,}5 \text{ kcal/mol} = C_3H_8.$$

In diesem Fall ergäbe sich sogar noch ein gewisser Wärmeüberschuß von

$$249{,}5 - 241{,}0 = 18{,}5 \text{ kcal/mol}.$$

Selbst wenn der Krackeinsatz völlig gesättigt wäre, würden bei den hohen Temperaturen, wie sie zum Kracken erforderlich sind, zunächst Olefine thermisch abgespalten. Diese können dann mit den von den

Katalysatoren gelieferten Hydrid-Ionen Karbonium-Ionen bilden, die im Wechselspiel von Wärmeaufnahme und -abgabe, verbunden mit dem Austausch von Protonen und Hydrid-Ionen, den Krackvorgang aufrechterhalten. Hierauf muß bei der Erörterung der Wirkung der Katalysatoren noch näher eingegangen werden.

Auch durch Addition zweier neutraler Moleküle, z.B. durch Addition eines Olefins an ein elektronisch ungesättigtes Molekül, wie BF_3 oder $AlCl_3$, kann ein positiv geladenes Karbonium-Ion entstehen, indem die π-Elektronen sich nicht wie bei der vorerwähnten Reaktion zu einer echten Valenzbildung, sondern zu einer koordinierten Bindung unter Bildung eines kompletten Oktettes des Zentralatoms verschieben, z.B. nach dem Reaktionsschema

$$CH_2{=}CHR \;+\; BF_3 \longrightarrow F_3B{-}CH_2{-}\overset{+}{C}H{-}R$$

Solche Heterokarbonium-Ionen spielen beim katalytischen Kracken eine geringe Rolle, sind aber bei der katalytischen Polymerisation und Alkylierung wichtig.

Schließlich entstehen größere Karbonium-Ionen durch Addition eines bereits vorhandenen kleineren Karbonium-Ions an ein Olefin, z.B.

$$R^+ + CH_2{=}CH_2 \;\rightarrow\; R{-}CH_2{-}CH^+.$$

Das zuerst gebildete primäre Ion isomerisiert praktisch momentan zum sekundären nach dem Reaktionsschema

$$R{-}CH_2{-}CH^+ \;\rightarrow\; R{-}C^+H{-}CH_2.$$

β) **Die Reaktionen der Karbonium-Ionen.** Ein Karbonium-Ion zerfällt im allgemeinen in Beta-Stellung zum (positiv) geladenen C-Atom, wie an Hand des nachstehenden Reaktionsschemas erläutert ist. Beim Zerfall eines geradkettigen Ions ist daher das kleinste Olefinmolekül, das beim normalen Zerfallmechanismus abgespalten werden kann, Propen, weil primäre (also endständige) Ionen wegen ihrer geringen Stabilität praktisch nicht auftreten. Andererseits ist Propen auch das bevorzugt abgespaltene Olefin, weil die Umlagerung eines primären Ions in ein sekundäres am leichtesten in Zweierstellung möglich ist und sich tertiäre Ionen in geraden Ketten nur auf dem Umweg über eine weitere Umlagerung bilden können. Demnach zerfällt z.B. n-Hexadekan etwa folgendermaßen:

Zunächst wird durch Anlagerung eines Protons (z.B. an der Katalysatoroberfläche) das sekundäre n-Hexadekyl-Karbonium-Ion gebildet, das nach der folgenden Formel in Propen und primäres n-Tridekyl-

Karbonium-Ion auseinanderbricht

$$CH_3 \cdot \overset{+}{\underset{H\ H}{\overset{H\ H\ H}{C:C:C}}} : (CH_2)_{11} : CH_3 \longrightarrow CH_3 \cdot \overset{H\ H}{\underset{H}{C:C}} \overset{\times}{} + \ +\overset{H}{\underset{H}{C}} : (CH_2)_{11} : CH_3$$

$$CH_3 - \overset{+}{C}H - CH_2 - (CH_2)_{12} - CH_3 \longrightarrow CH_3 - CH = CH_2 + \overset{+}{C}H_2 - (CH_2)_{11} - CH_3$$

Das primäre Karbonium-Ion lagert sich wieder in ein sekundäres um, und zwar meistens in Zweierstellung, weil das die kürzeste Elektronenwanderung erfordert. Daneben können aber in geringem Umfang auch noch andere sekundäre Ionen, z.B. in Dreier- oder Viererstellung, gebildet werden. Je nachdem, in welches sekundäre Ion sich das primäre umlagert, spaltet sich dem Schema entsprechend eine C: C-Bindung zunächst z.B. nach

$$CH_3 : \overset{+}{\underset{H\ \ H\ H}{\overset{H\ H\ H\ H}{C:C:C:C}}} : (CH_2)_7 : CH_3 \longrightarrow C_2H_5 : \overset{H\ H}{\underset{H}{C:C}} \overset{\times}{} \ + \ +\overset{H}{\underset{H}{C}} : (CH_2)_7 : CH_3$$

$$CH_3 - CH_2 - \overset{+}{C}H - CH_2 - CH_2 - (CH_2)_7 - CH_3 \longrightarrow C_2H_5 - CH = CH_2 + {}^+CH_2 - (CH_2)_7 - CH_3$$

Auf diese Weise geht unter jedesmaliger Umlagerung des abgespaltenen primären Ions in ein sekundäres und gelegentlich in ein tertiäres der Zerfall unter Abspaltung von hauptsächlich Propen neben Buten bis etwa Penten vor sich, d.h. bis das verbleibende Ion nicht mehr als 5 C-Atome besitzt. Ein Ion mit 5 oder weniger C-Atomen im Molekül kann aus Energiegründen nur mehr selten weiter zerfallen, weil die dazu erforderliche Abspaltung von Äthyl- oder Methyl-Ion zu hohe Energiebeträge erfordern würde, die nur einem sehr geringen begünstigten Prozentsatz der vorhandenen Ionen zu Verfügung stehen. So erfordert z.B. die Abspaltung eines sec.-$C_3H_7^+$-Ions von einem zum Schluß verbliebenen Propen nur 30,5 kcal/mol, die eines $C_2H_5^+$-Ions dagegen bereits 59,5 kcal/mol oder fast das Doppelte. Aus diesem Grund enthält das Krackprodukt nur wenig Bestandteile unter C_3.

Als Ergebnis der vorstehenden Ausführungen sind die beim thermischen und katalytischen Kracken auftretenden Reaktionen in der Übersicht E-1 einander gegenübergestellt.

γ) **Die Wirkung der Katalysatoren.** Wie im Abschn. E 2b näher bebeschrieben wird, sind die heute gebräuchlichen Krackkatalysatoren ausnahmslos saure Oxyde, vornehmlich aktivierte Aluminiumsilikate. Diese werden entweder aus natürlich vorkommenden Mineralien mit sehr großer Oberfläche, wie Bentonit oder Montmorillonit, oder synthetisch hergestellt. Die Untersuchungen erstreckten sich auch auf andere Promotoren mit ähnlichen physikalischen Eigenschaften, wie reines Silikagel,

Übersicht E-1. *Das unterschiedliche Verhalten der Kohlenwasserstoffgruppen beim thermischen und beim katalytischen Kracken*

Kohlenwasserstoff	Thermisches Kracken	Katalytisches Kracken
n-Paraffine		Krackgeschwindigkeit 5- bis 60mal größer als beim thermischen Kracken. Sie wird außerdem für größere Moleküle stärker beschleunigt als für kleinere.
	Geringe Aromatenbildung bei 500 °C.	Größere Aromatenbildung bei 500 °C.
	Krackgas enthält größere Mengen C_2 mit viel C_1 und etwas C_3.	Krackgas besteht hauptsächlich aus $C_3 + C_4$ mit wenig $C_1 + C_2$.
	Olefinanteil etwa gleichmäßig auf Krackgas und Benzin verteilt.	Olefinanteil im Krackgas relativ höher als im Benzin.
	Krackprodukt liegt im Bereich bis zu C_{n-1}, wenn der Einsatz C_n ist (z.B. bis zu C_{15} beim Kracken von Zetan $= C_{16}H_{34}$).	Krackprodukt liegt hauptsächlich im Bereich bis zu C_6.
	Aliphatenanteil des flüssigen Krackproduktes hauptsächlich unverzweigt.	Aliphatenanteil des flüssigen Krackproduktes enthält viele verzweigte Verbindungen.
	Viele n-α-Olefine bis zu C_{n-1}.	Wenig n-α-Olefine oberhalb C_4.
	Keine bevorzugte Bruchstelle im Molekül.	Bevorzugter Bruch der C : C-Bindung an Stellen, die Bruchstücke mit 3 oder mehr C-Atomen ergeben.
Isoparaffine	Krackgeschwindigkeit nur wenig höher als von n-Paraffinen gleicher C-Atomzahl.	Krackgeschwindigkeit wesentlich höher als von n-Paraffinen gleicher C-Atomzahl.
Olefine (allgemein)	Krackgeschwindigkeit etwa gleich groß wie von Paraffinen.	Krackgeschwindigkeit erheblich größer als von Paraffinen gleicher C-Atomzahl.
	Wasserstoffverlagerung geringfügig und mit geringer Bevorzugung tertiärer Olefine.	Wasserstoffverlagerung spielt eine große Rolle, besonders für tertiäre Olefine.
n-Olefine	Doppelbindung wandert langsam; geringe Verzweigung des Kohlenstoffskelettes.	Doppelbindung wandert schnell; starke Verzweigung des Kohlenstoffskelettes.
	Im übrigen in beiden Fällen Krackprodukte ähnlich den aus n-Paraffinen gleicher C-Atomzahl, aber weniger gesättigt.	
Naphthene	Krackgeschwindigkeit langsamer als von n-Paraffinen gleicher C-Atomzahl.	Krackgeschwindigkeit etwa gleich der von n-Paraffinen gleicher C-Atomzahl.
	Aromatenbildung unter geringer Wasserstoffverlagerung zu den ungesättigten Verbindungen.	Aromatenbildung unter erheblicher Wasserstoffverlagerung zu den ungesättigten Verbindungen.

Fortsetzung der Übersicht siehe nächste Seite

Übersicht E-1 (Fortsetzung)

Kohlenwasserstoff	Thermisches Kracken	Katalytisches Kracken
Unsubstituierte Aromaten	In beiden Fällen geringe Reaktion; etwas Kondensation zu Diarylen.	
Aromaten mit Seitenketten	Krackgeschwindigkeit geringer als von Paraffinen. Alkylgruppe wird nur teilweise abgespalten, 1 bis 2 C-Atome je Seitenkette verbleiben am Ring.	Krackgeschwindigkeit viel höher als von Paraffinen; starke Koksbildung auf dem Katalysator. Die gesamte Seitenkette wird unmittelbar am Ring als Olefin abgespalten.

Aktivkohle und reines Aluminiumoxyd (Tonerde). Man gewann daraus, wie Zahlentafel E-3 an Hand von Zetan ($C_{16}H_{34}$) als Beispiel zeigt, die Erkenntnis, daß die erzielten Ausbeuten und die Verteilung der Produkte auf die nach C-Atomzahlen geordneten Gruppen sehr stark vom Säurecharakter des Katalysators abhängen. Denn die nichtsauren Kata-

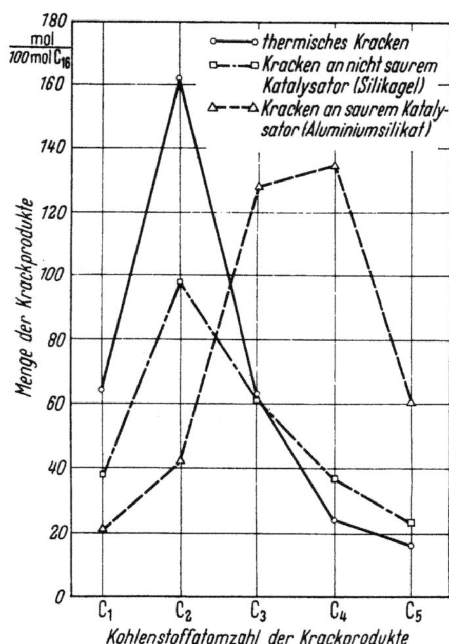

Abb. E-3. Produktverteilung beim Kracken von Zetan ($C_{16}H_{34}$). Thermisch sowie mit nichtsaurem und mit saurem Katalysator, nach GLADROW und Mitarbeitern.

lysatoren, wie Aktivkohle, beschleunigen zwar die Reaktionen, doch weist die Produktzusammensetzung gegenüber der beim thermischen Kracken keine wesentlichen Unterschiede auf. Dies macht auch Abb. E-3 anschaulich, die ein ähnliches Ergebnis zeigt, wie es in Zahlentafel E-3 wiedergegeben ist.

Zahlentafel E-3. *Ergebnisse des Krackens von Zetan ($C_{16}H_{34}$) mit Hilfe verschiedener Katalysatoren oder Promotoren bei 500 °C und 1 ata, nach* GREENSFELDER *u. Mitarb., angegeben in Molen je 100 Mole Einsatzgut*

Katalysator (Promotor)	Tonerde Al_2O_3	UOP-B[a]	Aktivkohle	Quarz
Raumgeschwindigkeit h^{-1}	0,5	1,0	3,9	0,05
Umsetzungsgrad[b] Gew.-%	61,1	68,0	68,4[c]	31,5
C_1	29	11	13	53
C_2	44	18	25	130
C_3	58	115	28	60
C_4	53	113	25	23
C_5	22	50	28	9
C_6	11	32	16	24
C_7	15	7	24	16
C_8	11	5	13	13
C_9	12	5	20	10
C_{10}	11	4	16	11
C_{11}	8	3	10	9
C_{12}	} 15	2	14	7
C_{13}		1	7	8
C_{14}	3	1	4	5
C_{15}	4	–	4	–
Gesamtmenge der Kohlenwasserstoffe	296	367	247	378
H_2	199	12	16	17

[a] Wegen des verwendeten Katalysators s. folgenden Test. — [b] Über den Umsetzungsgrad s. S. 284. — [c] In diesem Wert ist die Menge des gebildeten Kokses nicht berücksichtigt.

Deshalb lag der Schluß nahe, daß bei Anwendung saurer Katalysatoren die Reaktionen über andere Zwischenglieder ablaufen als bei neutralen. Eine genaue Prüfung hat ergeben, daß an Aktivkohle tatsächlich ähnliche Reaktionen auftreten wie beim thermischen Kracken, sich also freie Radikale als Zwischenglieder bilden. Es wirkt dabei offensichtlich nur die Oberfläche beschleunigend. Auch werden Wasserstoffatome veranlaßt, wieder mit Radikalen zusammenzutreten, so daß die im Abschn. D2a wiedergegebenen Formeln bei Gegenwart von Aktivkohle unvermindert Gültigkeit haben.

Im größten Gegensatz dazu steht das Ergebnis des Krackens mit Hilfe eines sauren Oxydkatalysators. Es wurde bei den beschriebenen Versuchen fast ausschließlich ein synthetischer Gelkatalysator der Universal Oil Products Co verwendet (Bezeichnung UOP, Type B), der eine wirksame Oberfläche von 330 m² je g hatte. Er bestand aus 86,2% Silizium-, 9,4% Zirkonium- und 4,3% Aluminiumoxyd. Der Zirkoniumgehalt ist für solche Katalysatoren nicht wesentlich, wie im nächsten Abschnitt noch ausgeführt wird; es wurde jedoch, um vergleichbare Ergebnisse zu erhalten, immer die gleiche Katalysatorart benutzt.

Das Karbonium-Ion kann sich zwar auf verschiedene Weise aus einem Kohlenwasserstoff bilden, vgl. Abschn. E2aα. Die sauren Katalysatoren haben aber die bekannte Eigenschaft des Ionenaustausches. Deshalb kann ein Karbonium-Ion aus einem dem Katalysator entnommenen Proton (H$^+$) und einem Olefin entstehen. In welchem Maße sich Karbonium-Ionen in beschriebener Weise durch Abspalten von Hydrid-Ionen (H$^-$) aus gesättigten Kohlenwasserstoffen bilden, ist nicht genau aufzuklären. Schließlich können sich Karbonium-Ionen (R$^+$) selbst, die bereits an der Katalysatoroberfläche sitzen, in ähnlicher Weise wie das Proton am Reaktionsablauf beteiligen, indem sie mit Olefinen zusammen größere Karbonium-Ionen bilden.

Um besser zu verstehen, wie ein Proton und ein Olefin ein Karbonium-Ion ergeben können, sei in Ergänzung der Ausführungen auf S. 276 daran erinnert, daß für die olefinische Doppelbindung die zwei π-Elektronen kennzeichnend sind[1]. Diese sind aus den in Fußn. 2, S. 369 angegebenen Gründen loser verbunden als die σ-Elektronen, welche die übrigen einfachen Bindungen des Olefins herstellen. Ein Proton kann nun die beiden σ-Elektronen des einen olefinischen Kohlenstoffatoms einfangen, so daß eine normale H–C-Bindung mit diesem entsteht. Dadurch verliert das Oktett des zweiten olefinischen C-Atoms zwei ihm zugehörige Elektronen, und es bildet sich auf diese Weise ein Karbonium-Ion. Mit Hilfe von Formeln kann dieser Vorgang folgendermaßen dargestellt werden:

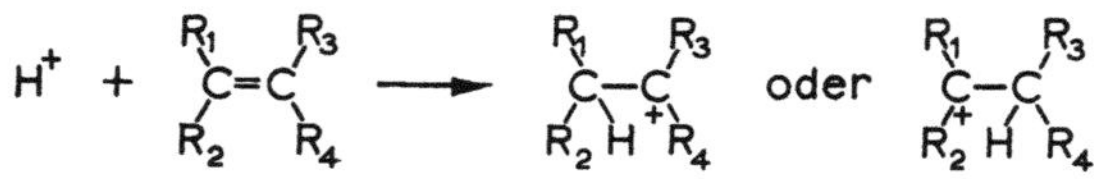

$$
\mathsf{H^+} + \begin{array}{c}\mathsf{R_1}\quad\mathsf{R_3}\\ \mathsf{C}\!=\!\mathsf{C}\\ \mathsf{R_2}\quad\mathsf{R_4}\end{array} \longrightarrow \begin{array}{c}\mathsf{R_1}\quad\mathsf{R_3}\\ \mathsf{C}\!-\!\overset{+}{\mathsf{C}}\\ \mathsf{R_2}\,\mathsf{H}\;\mathsf{R_4}\end{array} \quad\text{oder}\quad \begin{array}{c}\mathsf{R_1}\quad\mathsf{R_3}\\ \overset{+}{\mathsf{C}}\!-\!\mathsf{C}\\ \mathsf{R_2}\,\mathsf{H}\;\mathsf{R_4}\end{array}
$$

Darin bedeuten R_1 bis R_4 beliebige Alkyle, die auch gleich sein können. Die Berechnung der Bindungsenthalpien hat gezeigt, daß bei unsymmetrischen Olefinen die Bindung sekundärer Ionen gefördert wird.

So wie ein Proton kann auch ein Karbonium-Ion mit einem Olefin zusammentreten, was in dem nachstehenden Beispiel erläutert ist:

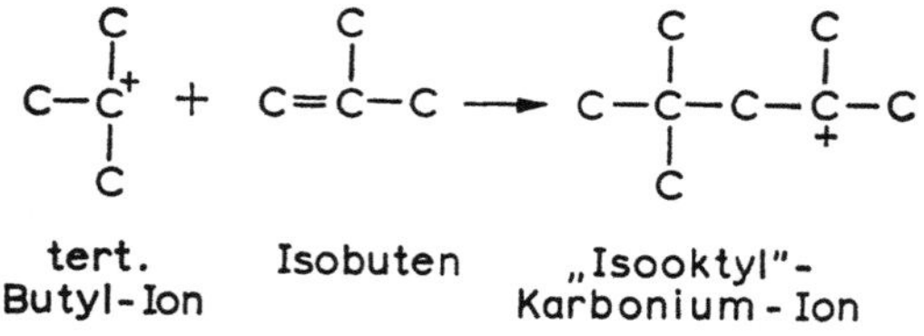

$$
\begin{array}{ccc}\mathsf{C} & & \mathsf{C}\\ |\\ \mathsf{C}\!-\!\overset{+}{\mathsf{C}} & + & \mathsf{C}\!=\!\mathsf{C}\!-\!\mathsf{C} \\ |\\ \mathsf{C}\end{array} \longrightarrow \begin{array}{c}\mathsf{C}\qquad\mathsf{C}\\ |\qquad\;\;|\\ \mathsf{C}\!-\!\mathsf{C}\!-\!\mathsf{C}\!-\!\overset{+}{\mathsf{C}}\!-\!\mathsf{C}\\ |\\ \mathsf{C}\end{array}
$$

$$\text{tert. Butyl-Ion} \qquad \text{Isobuten} \qquad \text{„Isooktyl“-Karbonium-Ion}$$

Wichtig ist noch die beobachtete Umlagerung von Doppelbindungen sowie die Verschiebung von Wasserstoff- und Methylgruppen, die unter dem Einfluß von Protonen oder von Methyl-Karbonium-Ionen zustande kommen. So läßt sich auf einfache Weise die Wanderung einer Doppel-

---

[1] Vgl. E. Hückel: Grundzüge der Theorie ungesättigter und aromatischer Verbindungen. Z. Elektrochem. 43 (1937) 752/88 u. 827/49; auch in Buchform erschienen, Berlin: Verlag Chemie 1940, bes. S. 7ff. – Müller, E.: a.a.O. S. 96ff. bzw. S. 154ff., 189f. (Doppelbindungsregel). – Hartmann, H.: Theorie der chemischen Bindung auf quantentheoretischer Grundlage, Berlin/Göttingen/Heidelberg: Springer 1954, S. 214.

bindung durch die Aufnahme und Wiederabgabe eines Protons an Hand
der Formeln

$$H_2C\!=\!CH\!-\!CH_2\!-\!CH_3 + H^+ \longrightarrow$$

$$H_3C\!-\!\overset{+}{C}H\!-\!CH_2\!-\!CH_3 \longrightarrow H_3C\!-\!CH\!=\!CH\!-\!CH_3 + H^+$$

erklären. Ähnlich kann die Entstehung eines sekundären Ions aus einem
primären wie folgt dargestellt werden:

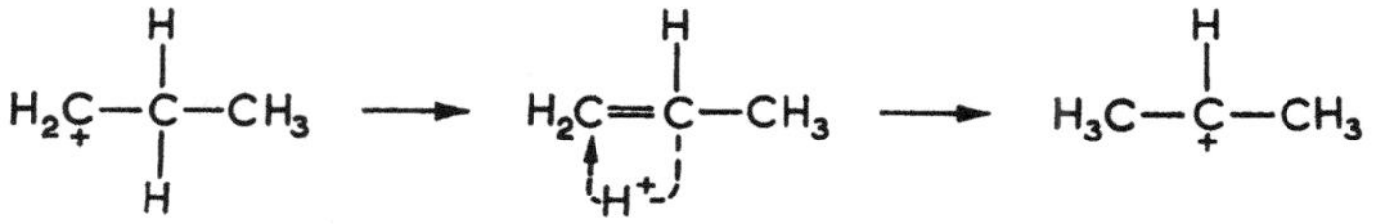

primäres Ion   →   Olefin + Proton   →   sekundäres Ion

Schließlich zeigen die nachstehenden Formeln die Bildung eines tertiären
Butyl-Ions durch Wanderung eines Methyl-Karbonium-Ions:

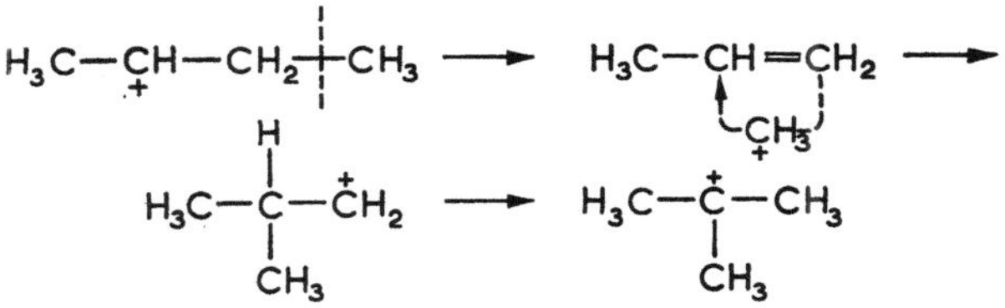

Diese Umgruppierungen sind kennzeichnend für die katalytischen
Krackreaktionen als Folge der durch die lose Bindung der π-Elektronen
verursachten Reaktionsfähigkeit der Olefine besonders an säurekataly-
sierten Systemen.

Man wird nun mit Recht fragen, ob die Reaktionen beim katalytischen Kracken wirklich in der geschilderten Weise ablaufen, da doch
im Einsatzgut hauptsächlich Paraffine und Naphthene und keine Olefine
zur Verfügung stehen. Eine zwingende Erklärung ist dafür noch nicht
gefunden. Viel für sich hat die Ansicht von THOMAS in der im folgenden
Abschnitt noch zu besprechenden Arbeit[1]. Danach wird angenommen,
daß zunächst aus gesättigten Kohlenwasserstoffen bei den üblicherweise
recht hohen Temperaturen durch thermische Krackreaktionen Olefine gebildet werden, die dann an den Katalysatoren weiter reagieren. Andere
Möglichkeiten sind noch folgende:

a) direkter Angriff von Protonen des Katalysators, durch die Hydrid-
Ionen aus Paraffinen oder Naphthenen abgetrennt werden, so daß mole-
kularer Wasserstoff entsteht;

---

[1] THOMAS, CH. L.: Chemistry of Cracking Catalysts. Industr. Engng. Chem. 41
(1949) 2564/73.

b) Einwirkung von Katalysatorprotonen auf Spuren von Olefinen, so daß Paraffin-Karbonium-Ionen entstehen.

Wesentlich ist, daß sich durch diese Theorie die bevorzugte Bildung von sekundären Ionen aus primären und die von tertiären Ionen aus sekundären begründen läßt. Deshalb entstehen in der Hauptsache sehr wenige Bruchstücke mit weniger als drei Kohlenstoffatomen.

Zahlentafel E-4. *Ergebnisse des Krackens von Zetan ($C_{16}H_{34}$) an einem Silizium-Zirkonium-Aluminium-Katalysator (UOP-B; vgl. Text, S. 375) bei 500 °C und 1 ata sowie bei verschiedenen Raumgeschwindigkeiten und dadurch bei 1 h Laufzeit erzielten Umsetzungsgraden, nach* GREENSFELDER *u. Mitarb., angegeben in Molen je 100 Mole Einsatzgut*

| Raumgeschwindigkeit | mol/(l · h) | 85,2 | 34,0 | 13,6 | 6,8 | 3,4 |
Umsetzungsgrad	Gew.-%	11,0	24,2	40,0	53,5	68,0
C_1		5	5	4	12	11
C_2		17	12	16	18	18
C_3		87	97	112	113	115
C_4		103	102	116	116	113
C_5		53	64	43	60	50
C_6		35	50	38	29	32
C_7		17	8	7	9	7
C_8		9	8	8	5	5
C_9		7	3	7	4	5
C_{10}		3	3	4	3	4
C_{11}		3	2	3	3	3
C_{12}		2	2	1	2	2
C_{13}		1	2	1	1	1
C_{14}		1	1	1	1	1
Gesamtmenge der Kohlenwasserstoffe		343	359	361	376	367
H_2		12	12	14	9	12

Zum Schluß soll noch an Hand von Zahlentafel E-4 gezeigt werden, wie sich die Produkte beim Kracken von Zetan unter sonst gleichen Bedingungen an einem Säurekatalysator, jedoch bei verschiedenen Umsetzungsgraden, verteilen. Darunter versteht man, sinngemäß wie beim thermischen Kracken, den in Gewichtsprozenten ausgedrückten Anteil des Einsatzgutes, der in Kohlenwasserstoffe geringerer Atomzahl umgewandelt wird. Bei definierten Einzelstoffen macht diese Festlegung keine Schwierigkeiten. Bei Mehrstoffgemischen, wie sie in der Praxis vorliegen, muß jedoch eine Einigung darüber getroffen werden, was man darunter verstehen will. Im allgemeinen definiert man beim katalytischen Kracken ähnlich wie beim thermischen Kracken den Umsetzungsgrad (Conversion) als Bildung leichterer Anteile, die unter dem aus der TBP-Kurve ermittelten, dem Siedebeginn des Einsatzgutes entsprechenden Schnittpunkt sieden[1]. Die letzte Spalte der Zahlentafel E-4 ist

---

[1] Etwas abweichende Vorschläge macht F. H. BLANDING: Reaction Rates in Catalytic Cracking of Petroleum. Industr. Engng. 45 (1953) 1186/97. – Auch im Kap. D wurde darauf hingewiesen, daß keine Übereinstimmung besteht, wie der Umsetzungsgrad definiert wird; vgl. Abschn. D. S. 284 f.

identisch mit der zweiten Spalte von links in Zahlentafel E-3. Es zeigt
sich, daß die durchschnittliche Molmasse der Krackprodukte auf etwa
27 bis 29% des Einsatzgutes gesenkt wird, denn aus 100 mol entstehen 343 bis 376 mol. Da Zetan eine Molmasse von rd. 226 g/mol
hat, folgt, daß die mittlere Molmasse der Krackprodukte bei etwas über
60 g/mol liegt, was einer mittleren C-Atomzahl von 4 bis 5 entspricht.
Die in den beiden Zahlentafeln wiedergegebene Produktverteilung kann
als beispielhaft angesehen werden. Sie erklärt die großen Vorteile des
katalytischen Krackens gegenüber dem thermischen. Wenn es auf hohe
Ausbeute an klopffesten Ottokraftstoffen ankommt, macht es meist keine
Schwierigkeiten, die höheren Bau- und Betriebskosten katalytischer
Krackanlagen durch den Erlös für die in größerer Menge anfallenden
Produkte mit besseren Eigenschaften auszugleichen.

b) Die Katalysatoren

Das Auffinden von Katalysatoren, welche beim Kracken von Kohlenwasserstoffen die gewünschte Produktverteilung mit wirtschaftlich ausreichender Ausbeute liefern, war mehr oder weniger ein Zufall. Der bereits erwähnte E. J. HOUDRY hatte sich schon im Jahre 1922 nach einem
Besuch der Vereinigten Staaten von Amerika u.a. mit der Frage befaßt,
welche Katalysatoren für die Herstellung von Motorkraftstoffen aus
hochsiedenden Erdölfraktionen am besten geeignet sind. Nach jahre-
langen, vergeblichen Bemühungen entdeckte er endlich im April 1927,
daß Aluminiumsilikate aus einem schweren Rohöl Benzin als Krackprodukt lieferten[1]. Damit war eine grundlegende Erkenntnis gewonnen,
die wohl im Laufe der Entwicklung gewisser Verbesserungen fähig war;
doch werden auch heute noch Krackkatalysatoren entweder aus Aluminiumsilikaten, aus ähnlich wirkenden Magnesiumsilikaten oder aus
Silikaten beider Metalle hergestellt. Ihre chemische Zusammensetzung
hat sich nicht geändert.

Aluminiumsilikate wurden schon lange vor der Entdeckung HOUDRYS
bei der Verarbeitung des Erdöles verwendet. Die Bleicherden (Fuller-
erden) – tonähnliche Aluminiumhydrosilikate – sind natürlich vorkommende feinkörnige Mineralien mit den Eigenschaften von Xerogelen. Sie
bestehen in der Hauptsache aus dem Mineral Kaolinit, dem geringe
Mengen Montmorillonit beigemengt sind und das außerdem durch Feld-
spat, Quarz und ähnliche Mineralien verunreinigt ist. Die chemisch ähnlichen, natürlich vorkommenden Bentonite werden z.B. beim Bohren auf
Erdöl dazu verwendet, die Spülflüssigkeit mit höherer Dichte herzustellen, die erforderlich ist, um den Druck in der Sonde auszugleichen.
Weiterhin können Bleicherden infolge ihrer großen aktiven Oberfläche
polare und kolloidale Stoffe aus Flüssigkeiten adsorbieren. Sie werden
bei der Erdölverarbeitung vornehmlich zum Entfärben von Produkten
sowie zum Abtrennen harz- und asphaltähnlicher Inhaltsstoffe verwendet. Ihre chemische Formel lautet allgemein $Al(OH)_3 \cdot m\ SiO_2 \cdot n\ H_2O$.

---

[1] Vgl. J. L. ENOS: a.a.O. S. 136.

Auch Magnesiumhydrosilikate von der allgemeinen Formel $Mg(OH)_2 \cdot m\,SiO_2 \cdot n\,H_2O$ dienen für ähnliche Zwecke[1].

Zunächst wurden für das Kracken natürlich vorkommende Aluminiumsilikate wie Bentonite u. ä. benutzt. Man erkannte, daß sie sich durch eine Säurebehandlung aktivieren lassen. Später fand man Mittel und Wege, Krackkatalysatoren synthetisch herzustellen und ihnen gewünschte Eigenschaften hinsichtlich chemischer Zusammensetzung und Porengröße (aktiver Oberfläche) zu geben; außerdem ist die Teilchenform und Teilchengröße von Wichtigkeit, je nachdem, ob sie als Perlen mit einigen Millimeter Durchmesser in bewegter Schüttung oder sehr feinkörnig im Fließbett angewendet werden. Als es nun vor etlichen Jahren gelang, Aluminiumsilikate synthetisch als Molekularsiebe, d. h. mit weitgehend gleichbleibender Porengröße herzustellen, konnten wesentliche Verbesserungen erzielt werden[2]. Näheres folgt bei der Besprechung ihrer Anwendung bei den einzelnen Verarbeitungsverfahren.

α) **Der chemische Aufbau und die Molekularstruktur der Aluminiumsilikate und ähnlicher Verbindungen.** Unter Silikaten versteht man die Salze verschiedener Kieselsäuren, die sich vom Anhydrid SiO_2 ableiten lassen. Silizium steht im Periodensystem der Elemente unmittelbar unter dem Kohlenstoff und weist so wie dieser in seiner äußeren Elektronenschale zwei σ- und zwei π-Elektronen auf. Allerdings besitzt Silizium nicht die Neigung des Kohlenstoffes, durch gegenseitigen Austausch dieser Elektronen Verbindungen mit sich selbst einzugehen, vielmehr geschieht dies im wechselseitigen Austausch, z. B. mit Elektronen von Sauerstoffatomen. Außerdem können Siliziumatome durch solche der Alkali-, Erdalkali- oder Borgruppe, insbesondere des Aluminiums, ersetzt werden. Dies ergibt eine Vielfalt verschiedener Verbindungen, weil die Mengenverhältnisse zwischen Silizium und den anderen Atomen wechseln können. Außerdem sind zahlreiche Fälle bekannt, in denen nicht eine einzelne Atomart, sondern mehrere Atomarten gleichzeitig in bestimmten Mengenverhältnissen einen Teil der Siliziumatome ersetzen. Dazu kommt die nachstehend geschilderte Bildung von Strukturen, die aus sich wiederholenden Atomgruppierungen bestehen, so daß auf diese Weise hochmolekulare Körper entstehen, welche für die zahlreichen Erscheinungsformen der Siliziumverbindungen, wie sie unter den Mineralien vorkommen, kennzeichnend sind[3].

Die Bildung der Strukturen läßt sich bei den Silikaten am einfachsten erläutern. So denkt man sich die Metakieselsäuren $(H_2SiO_3)_n$ durch

---

[1] Vgl. C. ZERBE: Bleicherde, in: Mineralöle und verwandte Produkte, hrsg. von C. ZERBE, 2. Aufl. Berlin/Heidelberg/New York: Springer 1969, Bd. II, S. 731/37. – Über Tonmineralien allgemein s. z. B. auch K. H. MEYER u. H. MARK: Makromolekulare Chemie, 2. Aufl., Leipzig: Akad. Verlagsges. 1950, S. 184 ff.

[2] Vgl. T. L. THOMAS: Molecular sieves in petroleum and natural gas processing. 6. Welt-Erdöl-Kongreß, Frankfurt/Main 1963, Bericht III/16; siehe außerdem S. 387 ff.

[3] Vgl. dazu A. F. HOLLEMAN: Lehrbuch der anorganischen Chemie, 34. bis 36. Aufl., bearbeitet von E. WIBERG, Berlin: de Gruyter 1955, S. 329 ff. – PAULING, L.: The nature of chemical bond, 2. Aufl., Ithaca/N. Y.: Cornell 1948, S. 386 ff. – EMELÉUS, H. J., u. J. S. ANDERSON: Ergebnisse und Probleme der modernen anorganischen Chemie, übersetzt von K. KARBE, Berlin: Springer 1940, S. 177 ff.

intermolekularen Wasseraustritt aus einer größeren Anzahl von Ortho-
kieselsäuremolekülen nach der Formel

$$\text{HO}-\underset{\overset{|}{\text{OH}}}{\overset{\overset{\text{OH}}{|}}{\text{Si}}}-[\text{OH} + \text{H}]\text{O}-\underset{\overset{|}{\text{OH}}}{\overset{\overset{\text{OH}}{|}}{\text{Si}}}-[\text{OH}+... = \text{HO}-\underset{\overset{|}{\text{OH}}}{\overset{\overset{\text{OH}}{|}}{\text{Si}}}-\text{O}-\underset{\overset{|}{\text{OH}}}{\overset{\overset{\text{OH}}{|}}{\text{Si}}}-\text{O}-...$$

entstanden. Das Silizium weist entsprechend der Zahl der Elektronen
in der äußeren Schale immer vier Bindungen auf, wobei die benachbarten
Atome die Ecken eines Tetraeders bilden. Die vorstehende Formel zeigt
zunächst die Bildung von Ketten; durch weitere Wasserabspaltung aus
den Zwischenräumen parallel liegender Ketten entstehen Bänder, Blätter und räumliche Strukturen. Gleichzeitig damit nimmt die Wasserlöslichkeit ab, und das Schlußglied dieser Entwicklung, das hochmolekulare Anhydrid $(SiO_2)_n$, bei dem n eine sehr große Zahl bedeutet, ist
vollkommen wasserunlöslich. Jedes Siliziumatom ist von je vier Sauerstoffatomen umgeben, doch gehört jedes Sauerstoffatom zwei Si-Atomen
zu, so daß sich die angegebene Formel ergibt[1].

Im vorliegenden Zusammenhang von besonderem Interesse ist der
bereits erwähnte, als Mineral vorkommende Montmorillonit $[Al_2(OH)_2]$ ·
$[Si_4O_{10}]$, oft auch $Al_2O_3 \cdot 4\,SiO_2 \cdot H_2O$ geschrieben. Er ist chemisch ähnlich aufgebaut wie der Kaolinit $[Al_4(OH)_8] \cdot [Si_4O_{10}] = 2\,Al_2O_3 \cdot 4\,SiO_2 \cdot$
$4\,H_2O$, die beide blättrige Struktur aufweisen und zu den Tonmineralien
gehören. Die Formeln geben üblicherweise nur die kleinste Atomgruppie-
rung wieder, die sich in dem tatsächlich vorkommenden Mineralkörper
sehr oft wiederholt. In den genannten Mineralien sind einzelne Siliziumatome durch Aluminiumatome ersetzt. Da das Aluminium aber nur drei-
wertig ist, bleibt eine Valenz offen, die durch ein Wasserstoffatom abgesättigt werden kann. Damit kann für den katalytisch aktiven Teil der
Aluminiumsilikate die Formel $(HAlSiO_4)_n$ angenommen werden[2]. Dies bedeutet 42,5 Gew.-% Al_2O_3, 50 Gew.-% SiO_2 und 7,5 Gew.-% H_2O; für die
wasserfreie Substanz ergeben sich 46 Gew.-% Al_2O_3 und 54 Gew.-% SiO_2.

Diese Mineralien bilden somit dreidimensionale Gitterwerke, in denen
Sauerstoffatome wie die Ecken von Tetraedern um Silizium- oder auch
Aluminiumatome gruppiert sind. Diese Tetraeder haben einzelne Ecken
mit ihren Nachbarn gemeinsam, wie dies für den Fall eines einfachen
Silikates in Abb. E-4 gezeigt ist. An Hand dieser Abbildung, die die
Struktur eines Kristalles wiedergibt, kann aber noch nicht der Xerogel-
charakter der Silikate erklärt werden. Denn die für Xerogele kenn-
zeichnenden Hohlräume sind nicht mit den Zwischenräumen atomarer
Abmessung identisch, wie sie in der Abbildung erscheinen. Die Hohlräume der Xerogele der Kieselsäure und der Silikate sind von kolloidaler

---

[1] Vgl. z.B. W. KLEBER: Angewandte Gitterphysik, 2. Aufl., Berlin: de Gruyter
1949, S. 35ff.

[2] THOMAS, CH. L.: Chemistry of Cracking Catalysts. Industr. Engng. Chem. 41
(1949) 2564/73. – Ders., J. HICKEY u. G. STECKER: Chemistry of Clay Cracking
Catalysts; ebd. 42 (1950) 866/71.

Größe und das Ergebnis natürlicher Wasserabspaltung bei der Bildung
der Tonmineralien oder künstlicher Wasserabspaltung bei der technischen Herstellung[1]. Die dadurch entstehende größere innere Oberfläche
ist die Voraussetzung für ihre Verwendung als Adsorbens oder als Katalysator. Treten z.B. auch Natrium- oder Kaliumatome an die Stelle von
Silizium, so sind die so gebildeten Körper durch die besondere Fähigkeit
zum Basenaustausch bekannt[2]. Sie werden als Zeolithe und Permutite
bezeichnet. Ihre Anwendung in der Technik ist weit verbreitet, z.B.
seit Jahrzehnten für die Aufbereitung von Kesselspeisewasser; s. a. Fußnote 3, S. 387.

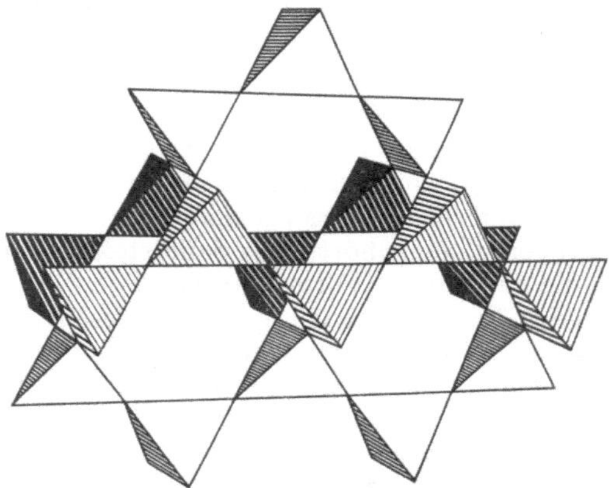

Abb. E-4. Tetraederanordnung im Kristallgitter des Cristobalits SiO_2.

Die Struktur des Montmorillonits wurde eingehend untersucht[3].
Es wird die Ansicht vertreten, daß dafür eine mittlere Schicht – aus
Hydrargillit $Al(OH)_3$ in Oktaederform bestehend – und zwei äußere SiO_4-
Tetraeder-Schichten kennzeichnend seien. Hydrargillit (Aluminiumorthohydroxyd) kommt auch als monoklin kristallisierendes Mineral
vor. Den Aufbau kann man sich nach den genannten Quellen etwa so

---

[1] Ausführlich beschrieben sind die dabei zu beobachtenden Erscheinungen bei
R. ZSIGMONDY: Kolloidchemie, II. Teil, Leipzig: Spamer 1927, S. 64/98. – ZSIG
MONDY zitiert dort S. 89 auch Arbeiten aus den Jahren 1920 bis 1926 über die Verwendung von Silikagel in der Erdölverarbeitung.

[2] Vgl. H. J. EMELÉUS u. J. S. ANDERSON: a.a.O. S. 189.

[3] HOFMANN, U., K. ENDELL u. D. WILM: Kristallstruktur und Quellung von
Montmorillonit. Z. Kristallogr., Mineralog., Petrogr. Abt. A 86 (1933) 340/48;
Angew. Chemie 47 (1934) 539/47. – ENDELL, K., U. HOFMANN u. D. WILM: Über
die Natur der keramischen Tone. Ber. dtsch. keram. Ges. 14 (1933) 407/38. – Dies.:
Röntgenographische und kolloidchemische Untersuchungen über Ton. Angew.
Chem. 47 (1934) 539/47. – HOFMANN, U., K. ENDELL u. W. BILKE: Die Quellung
von Bentonit und seine technische Anwendung. Z. Elektrochem. 41 (1935) 469/71. –
MAEGDEFRAU, E., u. U. HOFMANN: Die Kristallstruktur des Montmorillonits;
Z. Kristallogr., Mineralog., Petrogr. Abt. S, 98 (1937) 299/323. – EDELMANN, C. H.,
u. J. CH. L. FAVEJEE: On the crystal structure of montmorillonite and halloysite;
ebd. Abt. A, 102 (1940) 417/31. – HOFMANN, U., u. W. BILKE: Über die innerkristalline Quellung und das Basenaustauschvermögen des Montmorillonits. Kolloid-Z. 77 (1936) 238/51.

wie in Abb. E-5 wiedergegeben vorstellen. Wenn auch noch nicht volle Übereinstimmung in allen Einzelheiten besteht, weil die Ergebnisse der röntgenographischen und anderer Untersuchungen nicht vollkommen schlüssig zu deuten sind, so sind die damit gewonnenen Hilfsvorstellungen für die hier behandelten Fragen ausreichend. Auch darf man sich nicht daran stören, daß die angegebenen chemischen Formeln nicht genau mit den aus den Abbildungen abzuzählenden Atomen übereinstimmen, weil diese nur einen Ausschnitt wiedergeben können. Die in der Natur vorkommenden Minerale weisen meist gewisse Verunreinigungen durch Magnesium, Eisen und Alkalimetalle auf, so daß diese Formeln und Strukturbilder nur als Idealisierungen aufgefaßt werden dürfen.

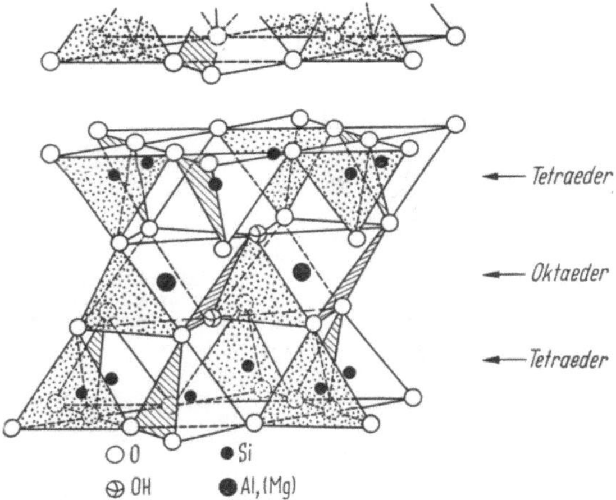

Abb. E-5. Atomanordnung im Montmorillonit nach FRANZ, GÜNTHER und HOFSTADT in Anlehnung an HOFMANN.

Kennzeichnend ist jedenfalls die Schichtenbildung, die eine – meist mit Quellung verbundene – Einlagerung von Wasser in wechselnder Menge gestattet; bei Wasserentzug tritt zwar eine gewisse Schrumpfung auf, doch bleibt das aus Atomkomplexen bestehende Gerüst erhalten, was die Bildung von Xerogelen erklärt. Je nach Wassergehalt wird der Abstand zwischen den einzelnen Schichtpaketen mit 10 bis 30 Å angegeben. Außerdem können sich Wasserstoffatome an die freie Valenz der Aluminiumatome anlagern. Dadurch erhält der Montmorillonit die Fähigkeit, mit einer Base zu reagieren. Dieser „Säurecharakter" wird von THOMAS als die Ursache der katalytischen Aktivität angesehen[1].

Der Katalysator kann also H^+-Protonen zur Verfügung stellen oder z.B. π-Elektronen eines Olefins binden. THOMAS u. Mitarb. haben noch gezeigt, daß durch die Behandlung mit kalter Salzsäure hauptsächlich

---

[1] Vgl. dazu Fußn. 2, S. 381 sowie W. FRANZ, PH. GÜNTHER u. C. E. HOFSTADT: Katalysatoren auf der Basis säureaktivierter Bentonite. Erdöl u. Kohle 12 (1959) 335/39; in englischer Fassung als Bericht III/9 dem 5. Welt-Erdöl-Kongreß, New York 1959, vorgelegt.

etwa vorhandene Ca-, Na- oder K-Atome entfernt und durch Wasserstoff
ersetzt werden, daß jedoch Aluminium und Silizium, aber auch etwa
vorhandenes Eisen nicht angegriffen werden. Nur die Basenaustausch-
fähigkeit bei Raumtemperatur wird durch diese Behandlung beeinflußt,
nicht jedoch die Krackaktivität, die erst bei Temperaturen über 400 °C
wirksam werden muß. Denn bei Temperaturerhöhung verlieren die mit
kalter Säure behandelten, hauptsächlich aus Montmorillonit bestehenden
Bentonite Wasser durch Brückenbildung, ähnlich wie dies bei der Entstehung der Metakieselsäure dargestellt wurde, und büßen damit ihren
„Säurecharakter" ein. Behandelt man aber Bentonit mit heißer Säure

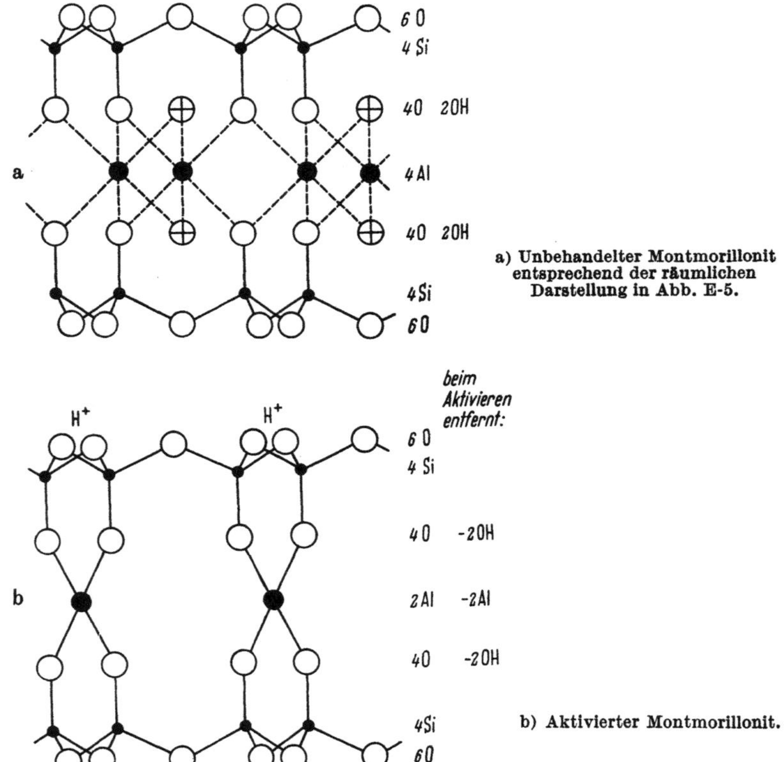

Abb. E-6. Schematische Darstellung der Atomanordnung von unbehandeltem und von aktiviertem Montmorillonit nach THOMAS und Mitarbeitern.

von 80 °C und darüber, so wird auch Aluminium aus der Blockierung in
den Oktaedern der Mittelschicht herausgelöst und auf die Außenflächen
der SiO_4-Tetraeder gebracht. Dadurch erhält man hochaktive Krackkatalysatoren. Allerdings wächst die Aktivität, deren Bestimmung im
folgenden Unterabschnitt erläutert wird, mit zunehmender Intensität

der Behandlung nicht stetig, sondern erreicht nach Untersuchungen von THOMAS ein Maximum und nimmt wieder ab. Diese Beobachtung wird wie folgt zu erklären versucht:

a) Eines der paarweise in den Oktaedern der Mittelschicht vorhandenen Aluminiumatome wird aus dieser zusammen mit zwei Hydroxylgruppen entfernt;

b) das verbleibende Aluminiumatom geht zusammen mit den es umgebenden vier Sauerstoffatomen in eine tetraedrische Anordnung über, wodurch das Gitter wegen der Dreiwertigkeit des Aluminiums negativ geladen wird;

c) diese negative Ladung wird durch ein Wasserstoff-Ion kompensiert, das als Ursache der Katalysatorwirkung angesehen wird.

Das Maximum wird dann beobachtet, wenn etwa die Hälfte der in der Mittelschicht ursprünglich vorhandenen Aluminiumatome entfernt ist. Das Ergebnis der beschriebenen Umlagerungen ist wegen der besseren Übersicht in Abb. E-6b schematisch wiedergegeben und der ursprünglichen Struktur in Abb. E-6a gegenübergestellt. THOMAS u. Mitarb. sprechen ausdrücklich von einer Hypothese. Es lassen sich dadurch zwar nicht alle Erscheinungen erklären, doch konnte diese Hypothese bisher durch keine bessere ersetzt werden. Zu erwähnen sind die etwas abweichenden Ansichten von MILLIKEN, MILLS und OBLAD[1]. Sie sprechen ebenfalls vom Säurecharakter des Katalysators, erklären ihn jedoch durch die Beweglichkeit der Sauerstoff-Ionen im Kristallgitter bei höheren Temperaturen und ähnliche Erscheinungen. Die Karbonium-Ionen-Theorie wird aber auch von diesen Forschern als gültig angesehen. Abweichend davon glauben TAMELE u. Mitarb. den Säurecharakter von Krackkatalysatoren durch bevorzugte Bindung hydrolysierter Aluminium-Ionen auf der Oberfläche des Silika-Sols erklären zu können[2].

Es wurden noch weitere Arbeiten auf diesem Gebiet durchgeführt, z. B. unter Verwendung von Deuterium an Stelle von Wasserstoff, um auf diese Weise die Krackreaktionen zu verfolgen. Eine Übersicht darüber und Hinweise auf Punkte, die noch einer Aufklärung bedürfen, finden sich bei TOPCHIEVA u. Mitarb.[3].

Die üblichen, als Katalysatoren verwendeten Aluminiumsilikate enthalten etwa 10 bis 15% Al_2O_3 und 85 bis 90% SiO_2, d.h., sie enthalten also erheblich mehr Siliziumoxyd als der einleitend erwähnten Formel

---

[1] MILLS, G. A., E. R. BOEDECKER u. A. G. OBLAD: Chemical Characterization of Catalysts. I. Poisoning of Cracking Catalysts by Nitrogen Compounds and Potassium Ion. J. Amer. Chem. Soc. 72 (1950) 1554/60; MILLS, G. A., u. S. G. HINDIN: II. Oxygen Exchange between Water and Cracking Catalysts; ebd. S. 5549/54. – OBLAD, A. G., S. G. HINDIN u. G. A. MILLS: Dynamic Structure of Oxide Cracking Catalyst; ebd. 75 (1953) 4096/98.

[2] Vgl. M. W. TAMELE, L. B. RYLAND, L. D. RAMPINO u. W. G. SCHLAFFER: Alumina-Silica Cracking Catalyst. – Influence of Aluminium Content on Activity. 3. Welt-Erdöl-Kongreß, Den Haag 1951, Bericht IV-II/2.

[3] TOPCHIEVA, K. V., u. Mitarb.: Study of the nature of silica-alumina catalyst. 5. Welt-Erdöl-Kongreß, New York 1959, Bericht III/10. – Vgl. im Zusammenhang damit die Zuschrift A. KRAUSE: Mechanism of Hydrocarbon Cracking in the Presence of Aluminum Silicate as Catalyst. Industr. Engng. Chem. 52 (1960) 1358.

entspricht. Daher lassen sie sich als aktive Substanz dieser Formel auf einem inaktiven Silikagelträger auffassen. Erhöht man den Aluminiumanteil, was in manchen Raffinerien in Nordamerika der Fall ist, so bedeutet dies eine Verschiebung des Verhältnisses zwischen dem aktiven Bestandteil des Katalysators und der Trägersubstanz. Die Darstellung in Abb. E-5 läßt vermuten, daß dadurch nicht ein verhältnisgleicher Anstieg der Krackaktivität zu erwarten ist. Diese ist im übrigen – ohne Beachtung des sonstigen Verhaltens, wie Dauerhaftigkeit dieser Aktivität, Empfindlichkeit gegen Vergiftung durch Stickstoffbasen und Metalle u.ä. – nicht allein für die praktische Verwendbarkeit und die Wirtschaftlichkeit maßgebend. In der Raffinerie Baytown der Humble Oil Refining Co wurden in einer FCC-Anlage für rd. 2,5 Mill. t/a Einsatz mehrere Monate lang Versuche mit einem Katalysator gemacht, der 25 Gew.-% Al_2O_3 enthielt. Dabei wurde eine etwas größere Ausbeute an Benzin im Bereich C_5 bis 220 °C bei praktisch gleicher Klopffestigkeit und etwas höherem Anfall an über 340 °C siedendem Rückstand erzielt[1]. Noch weiter gingen Versuche, die zuerst in einer TCC-Anlage für rd. 250 000 t/a der Leonard Refineries, Inc in Alma/Michigan von der Houdry Corp durchgeführt wurden[2]. Als Katalysator wurde Kaolin (Porzellanerde) verwendet, das in der Hauptsache aus dem bereits genannten Mineral Kaolinit besteht. Sein Al_2O_3-Gehalt beträgt rd. 45 Gew.-%. Als Vorteile werden geringere Empfindlichkeit gegen Dampf und hohe Temperaturen sowie gegen Schwefel, höhere Raumgeschwindigkeit bei gleichem Umsetzungsgrad (daher kleinere Abmessungen der Apparate) bzw. höhere Aktivität bei gleicher Raumgeschwindigkeit und leichtere Regenerierbarkeit genannt. Die Benzinausbeute ist zwar etwas geringer, doch die Oktanzahl selbst gegenüber den mit synthetischem Katalysator erzielten Ergebnissen höher. Der Mengenrückgang kann zwar durch Polymerisation der vermehrt anfallenden C_3- und C_4-Olefine sowie durch Alkylieren des mit etwas größerer Ausbeute anfallenden Isobutans wettgemacht werden. Doch hat es nicht den Anschein, daß diese Vorteile ausreichen, dem Kaolin trotz des niedrigeren Preises gegenüber Bentonit oder synthetisch hergestelltem Katalysator eine weite Verbreitung zu verschaffen. Eine wenige Houdriflow-Anlagen waren vor einigen Jahren mit Kaolinkatalysator in Betrieb.

Wird jedoch Silizium nicht durch Aluminium, sondern durch Magnesium ersetzt, so bleiben wegen der Zweiwertigkeit des Magnesiums zwei Valenzen offen, so daß die Bruttoformel für Magnesiumsilikate $[H_2MgSiO_4]_n$ lautet. Trotzdem sind Magnesiumsilikate keine stärkeren Säuren als Aluminiumsilikate, weil ihr Säurecharakter durch das basenbildende Magnesium stärker kompensiert wird. Die Wirksamkeit von Magnesiumsilikat als Krackkatalysator kann sinngemäß wie die von Aluminiumsilikat erklärt werden. Es gibt im praktischen Betrieb etwas höhere Ausbeuten an Benzin, dessen Oktanzahl jedoch niedriger

[1] ROGUEMORE, R. W., u. C. D. STRICKLAND: Cracking With High Alumina Catalyst. Petrol. Refiner 36 (1957) Nr. 5, S. 231/33.
[2] BEYLER, D., J. B. MAERKER u. J. W. SCHALL: How Kaolin Works for Cat Cracking. Petrol. Refiner 36 (1957) Nr. 5, S. 213/15.

ist. Das Benzin enthält weniger Aromaten und mehr Olefine[1]. Solche Katalysatoren sind heute – besonders seitdem es Molekularsiebkatalysatoren gibt – wirtschaftlich von geringerem Interesse. Jedoch soll bei neuerdings entwickelten Katalysatoren auf der Basis von Magnesiumsilikaten nach Angaben einer Herstellerfirma die Ausbeute an Mitteldestillaten höher sein.

Ein grundsätzlicher Wandel ist nun in den vergangenen Jahren durch die Einführung von *Molekularsieben* als Krackkatalysatoren eingetreten. Begünstigt werden diese Bestrebungen durch die Marktverhältnisse in den Vereinigten Staaten von Amerika, die sich erheblich von denen in Europa unterscheiden. Die große Nachfrage nach Fahrbenzin ist für Verfahren förderlich, die hohe Ausbeuten an leichteren Produkten liefern. Dies läßt sich zwar durch das spaltende Hydrieren (Hydrocracking) in noch weitergehendem Maße erreichen, vgl. darüber Kapitel L. Jedoch sind die Bau- und Betriebskosten solcher Anlagen sehr hoch. Deswegen stoßen Verbesserungen beim katalytischen Kracken, die in der gleichen Richtung liegen, auf großes Interesse[2].

Von den üblichen Adsorbenzien unterscheiden sich die Molekularsiebe dadurch, daß die einzelnen Arten jeweils Poren gleicher Größe besitzen. Dies hat ihre kennzeichnende Eigenschaft zur Folge, daß sie sehr selektiv wirken und bevorzugt Moleküle bestimmter Größe adsorbieren. Es sind verschiedene Mineralien bekannt, wie Analzim (engl. Analcite), Chabasit, Faujasit, Mordenit, Gmelinit u.a., für die der Sammelbegriff Zeolithe gebräuchlich ist und die natürlich vorkommende Molekularsiebe darstellen[3]. Es sind ausnahmslos wasserhaltige Aluminiumsilikate,

---

[1] RICHARDSON, R. W., F. B. JOHNSON u. L. V. ROBBINS jr.: Fluid Catalyst Cracking with Silica-Magnesia. Industr. Engng. Chem. 41 (1949) 1729/33. – CONN, A. L., N. F. MEEHAN u. R. V. SHANKLAND: Silica-Magnesia Cracking Catalyst/ Commercial Performance. Chem. Engng. Progress. 46 (1950) 176/86. – Auch bei E. M. GLADROW, R. W. KREBS u. C. N. KIMBERLIN jr.: Reactions of Hydrocarbons over Cracking Catalysts. Industr. Engng. Chem. 45 (1953) 142/47 ist die Wirkung von Magnesiumsilikaten der von Aluminiumsilikaten beim Kracken definierter Kohlenwasserstoffe gegenübergestellt.

[2] PLANK, C. J., E. J. ROSINSKI u. W. P. HAWTHORNE: Acidic crystalline aluminosilicates, new superactive, superselective cracking catalysts. Industr. Engng. Chem./Prod. Res. Developm. 3 (1964) Nr. 3, S. 165/69. – STORMONT, D. H.: What's ahead for catalytic cracking? Oil Gas J. 62 (17. Aug. 1964) Nr. 33, S. 78/84. – Ders.: Synthetic zeolithes offer Unique Properties as Catalyst Supports; ebd. (23. Nov. 1964) Nr. 47, S. 50/53; ref. Brennst.-Chem. 46 (1965) 189. – MAYS, R. L., P. E. PICKERT, A. P. BOLTON u. M. A. LANEWALA: Molecular sieves catalysts head for ever-greater role. Oil Gas J. 63 (17. Mai 1965) Nr. 20, S. 91/95. – Einen ausgezeichneten Überblick über die Molekularsiebe im allgemeinen bietet die Arbeit F. WOLF, H. FÜRTIG u. U. HÄDICKE: Synthetische Zeolithe / Zur Herstellung und Untersuchung der Typen A und X. Chem. Techn. 18 (1966) 524/33. – Umfangreiche Schrifttumsangaben bei J. J. COLLINS: Where to Use Molecular Sieves. Chem. Engng. Progr. 64 (1968) Nr. 8, S. 66/71.

[3] Die Zeolithe haben die Eigenschaft, sich beim Erhitzen durch Wasserabgabe aufzublähen und unter Aufschäumen zu schmelzen. Deshalb wurden sie „Siedesteine" genannt; von $\zeta\acute{e}\epsilon\iota\nu$ (griech.) = sieden und $\lambda\acute{\iota}\vartheta o\varsigma$ (griech.) = Stein. Zum Teil finden sich im Schrifttum auch die Namen der Mineralien zur Kennzeichnung der neuen Katalysatoren. Der mitunter synonym benutzte Ausdruck „Permutite" weist jedoch nur auf die Fähigkeit, Basen bzw. Ionen auszutauschen, hin, ohne die besonderen Eigenschaften von Molekularsieben vorauszusetzen.

die in der Regel ein- oder zweiwertige Alkali- oder Erdalkalimetallatome (also Kationen R^+ oder R^{++}) im Kristallgitter enthalten. Die allgemeine Formel der Zeolithe lautet

$$(R^{++}, R_2^+)O \cdot Al_2O_3 \cdot n\ SiO_2 \cdot m\ H_2O$$

mit n = 2 bis 12 und m einer Zahl schwankender Größe. Für den Kristallaufbau gilt das bereits S. 380ff. für Aluminiumsilikat Gesagte. Die zur Absättigung der negativen Valenz der Aluminiumatome vorhandenen Kationen bewirken die Fähigkeit zum Ionenaustausch. Entfernt man durch vorsichtiges Erwärmen das Wasser, so bleibt ein stabiles Aluminiumsilikatgerüst mit Poren gleicher Abmessungen übrig. Natürliche Zeolithe mit Blatt- und Faserstruktur zerfallen hingegen. Deshalb ging das Bestreben dahin, synthetische Zeolithe zu entwickeln, die ein stabiles Raumgitter mit gewünschten Porenabmessungen besitzen[1].

Die diesbezüglichen Arbeiten wurden vor allem von der Linde Division der Union Carbide Corp durchgeführt. Es werden heute über ein Dutzend verschiedener synthetischer Zeolithe auf dem Markt angeboten. Die Erzeugung wurde inzwischen auch von anderen Firmen aufgenommen, weil immer weitere Anwendungsgebiete erschlossen werden. Für die Erdölverarbeitung sind vor allem die sog. A-, X- und Y-Typen wichtig, welche Na^+-, K^+- oder Ca^{++}-Ionen als Kationen enthalten. Die am häufigsten verwendeten Arten sind:

Typ	Summenformel	Porendurchmesser Å
3 A	$0,75\ K_2O \cdot 0,25\ NaO \cdot Al_2O_3 \cdot 2\ SiO_2$	3
4 A	$Na_2O \cdot Al_2O_3 \cdot 2\ SiO_2$	4
5 A	$CaO \cdot Al_2O_3 \cdot 2\ SiO_2$	5
10 X	$CaO \cdot Al_3O_2 \cdot (2{\cdots}3)\ SiO_2$	rd. 8
13 X	$Na_2O \cdot Al_2O_3 \cdot (2{\cdots}3)\ SiO_2$	rd. 9
Y	$Na_2O \cdot Al_2O_3 \cdot (3{\cdots}6)\ SiO_2$	rd. 9

Welchen fast revolutionierenden Einfluß die Einführung der Molekularsiebe, besonders bei katalytischen Krackanlagen, hatte, geht aus einigen Veröffentlichungen der letzten Zeit hervor[2]. Zunächst wurden die Molekularsiebe bei perlförmigen Krackkatalysatoren angewendet, bei denen die Vorteile besonders augenscheinlich sind[3]. Doch werden sie

---

[1] Näheres bei F. Wolf, H. Fürtig u. U. Hädicke: a.a.O. (s. Fußn. 2, S. 387).

[2] Baker, R. W., P. K. Maher u. J. J. Blazek: Sieves Make Good Cracking Catalysts. Hydrocarb. Procssg. 47 (1968) Nr. 2, S. 125/31. – Stormont, D. H.: What is cracking's role in U. S. today. Oil Gas J. 66 (1. April 1968) Nr. 14, S. 103/09. – Baker, R. W., J. J. Blazek u. P. K. Maher: Molecular sieves and fluid cracking catalysts; ebd. S. 110/13. – Ebel, R. H.: Sieve properties yield superior cracking catalysts; ebd. S. 116/18.

[3] Vgl. dazu die Angaben über „Durabead 5" der Socony Mobil Oil Co (jetzt Mobil Oil Corp) auf S. 454ff. und über neue Katalysatoren der Houdry Process and Chemical Co S. 470.

jetzt auch für Fließbettkatalysatoren verwendet. So wurde ein hochaktiver Katalysator für Fließbettanlagen mit der Bezeichnung XZ-15 auf den Markt gebracht, der mehr als doppelt so teuer ist wie der üblicherweise verwendete[1]. Sein Al_2O_3-Gehalt liegt bei 15 Gew.-%, also so hoch wie auch bei anderen Katalysatoren, doch ist seine Oberfläche rd. 15% und sein Porenvolumen geringfügig größer. Auffällig ist seine hohe Aktivität, die allerdings zusammen mit Angaben über Ausbeuten an einzelnen leichten Kohlenwasserstoffen, an Benzin und an Heizöl Nr. 2 den Ergebnissen gegenübergestellt sind, die mit einem Katalysator erzielt wurden, der über 28 Gew.-% Al_2O_3 enthält. Deshalb ist ein echter Vergleich schwer möglich. Gegenüber dem hochaluminiumhaltigen Katalysator ist die Benzinausbeute bedeutend größer; der Unterschied nimmt mit dem Umsetzungsgrad stark zu. Insbesondere ist aber die Aktivität um soviel höher, daß z.B. ein Umsetzungsgrad von 60% bei einer Raumgeschwindigkeit von $10\,h^{-1}$ (bezogen auf Gewichte) erreicht werden kann, während sie bei dem verglichenen Katalysator mit hohem Aluminiumgehalt nur $3\,h^{-1}$ beträgt[2]. Das hat zur Folge, daß der Durchsatz einer Anlage mit dem neuen Katalysator erheblich gesteigert werden kann. Dies läßt sich in der Praxis deshalb verwirklichen, weil die Koksbildung merkbar geringer ist. Es hat sich gezeigt, daß sich die wesentlich höheren Katalysatorkosten durch die größere Benzinausbeute – etwa gleicher Oktanzahl – und die mögliche Ersparnis an Anlagekosten – wegen der höheren Raumgeschwindigkeit – bezahlt machen. Man hat durch Einbau von Atomen seltener Erden (rare earths) in X- und Y-Typen weitere merkbare Verbesserungen der Produktausbeuten und -eigenschaften erzielt. Diese Katalysatoren werden im Schrifttum als RE-X und RE-Y sieves oder catalysts bezeichnet. Einige Angaben darüber finden sich auf S. 458.

Auf Grund des Umsatzes der wichtigsten Katalysatorhersteller erkennt man, daß in den Vereinigten Staaten von Amerika der Anteil der Molekularsiebe beginnend im Jahre 1964 bis Ende 1967 auf rd. 80% des Gesamtverbrauches an Krackkatalysatoren gestiegen ist. Für den dortigen Markt ist es eben entscheidend, daß sich die Benzinausbeute bei sonst etwa gleichen Verhältnissen um 20% und mehr erhöhen läßt oder der Durchsatz einer gegebenen Anlage oder auch der Umsetzungsgrad. In welcher Weise sich der Einsatz der neuen Katalysatoren in vorhandenen Anlagen am besten lohnt, hängt davon ab, welche Anlagenteile die Durchsatz- oder Ausbeutegrenzen bestimmen. Bei neuen Anlagen wird man die durch Molekularsiebkatalysatoren gegebenen Möglichkeiten von vornherein berücksichtigen. Doch rechnet man damit, daß man in vielen Fällen zunächst die Steigerung der Benzinerzeugung in den vorhandenen Anlagen voll ausnutzen wird. Wann die Molekularsiebkatalysatoren für das Kracken von Erdölfraktionen auch in Europa Bedeutung erlangen werden, läßt sich mit Rücksicht auf den ganz anders gearteten Markt schwer voraussagen. Auf die Verwendung von Molekular-

---

[1] BAKER, R. W., J. J. BLAZEK, P. K. MAHER, F. G. CIAPETTA u. R. E. EVANS: New fluid cracking catalyst increases gasoline yield. Oil Gas J. 62 (4. Mai 1964) Nr. 18, S. 78/84. – [2] Über den Begriff der Raumgeschwindigkeit s. S. 445f.

sieben für andere Zwecke der Erdölverarbeitung ist jeweils im Zusammenhang mit den betreffenden Verfahren hingewiesen[1].

β) **Die Eigenschaften der Katalysatoren und ihre Prüfung.** Um die Eigenschaften und die praktische Verwendbarkeit von Katalysatoren vergleichen zu können, die entweder natürlich gewonnen, durch Säurebehandlung aktiviert oder synthetisch hergestellt werden, hat man verschiedene Prüfverfahren entwickelt. An physikalischen Größen bestimmt man die *aktive Oberfläche* in m²/g, den mittleren *Porenradius* in Å und das *Schüttgewicht* in g/cm³ oder kg/dm³. An chemischen Eigenschaften sind von Interesse die *Azidität* und die *Aktivität*. Besonders die letztgenannte ist die praktisch wichtigste Eigenschaft, weil sie ein unmittelbares Maß für die Eignung des Katalysators im Betrieb ist; in der Regel läßt sie während des Betriebes nach. Ist dies nur durch Ablagerung von Koks verursacht, so ist es möglich, bei einem für den technischen Betrieb zu verwendenden Katalysator die ursprüngliche Aktivität wiederherzustellen, indem man den Katalysator durch Abbrennen des Kokses regeneriert. Wird der Katalysator jedoch durch metallische Begleitstoffe des Einsatzgutes vergiftet, so gelingt das Regenerieren durch Abbrennen nicht im vollen Maße. Hierüber folgt Näheres auf S. 400 ff. und S. 417. Für den wirtschaftlichen Erfolg des Krackens ist noch die *Selektivität* von besonderer Bedeutung, mit der man ausdrückt, in welchem Maße gewünschte Produkte vorzugsweise gebildet werden. Sie läßt sich nur konventionell von Fall zu Fall ermitteln. Mitunter wird auch die sog. *Stabilität* als Katalysatoreigenschaft bezeichnet. Man versteht darunter die Widerstandsfähigkeit gegen das noch zu erwähnende Altern. Eine Prüfung dieser Eigenschaft ist aber sehr schwer durchzuführen, weil die unveränderlich zu haltenden Parameter zu zahlreich sind. Untersuchungsergebnisse, die nicht unter vollkommen vergleichbaren Bedingungen gewonnen wurden, haben daher nur beschränkten Aussagewert. Weil aber das Altern der Katalysatoren im praktischen Betrieb von größter Bedeutung ist, sind die damit zusammenhängenden Fragen in einem besonderen Unterabschnitt behandelt. Schließlich ist wegen der Bemessung der Apparatur noch die *Regenerierbarkeit* von Interesse, die ein Maß dafür ist, wie schnell unter gegebenen Bedingungen der Koks abgebrannt werden kann. *Druck-* und *Abriebfestigkeit* sind Größen, die ebenfalls für die Verwendung in der Praxis wichtig sind, doch wurden dafür keine besonderen Prüfverfahren entwickelt.

Für die Bestimmung der **aktiven Oberfläche** benutzt man ein von BRUNAUER u. Mitarb. angegebenes Verfahren, das sich auf eine Theorie von LANGMUIR stützt[2]. Bei diesem wird das bei der Temperatur des

---

[1] Vgl. S. 457 ff., 601, 651, 680, 691, 749, 828, 845, 959.

[2] Vgl. J. BRUNAUER u. P. H. EMETT: The use of low temperature van der Waals adsorption isotherms in determining the surface areas of various adsorbents. J. Amer. Chem. Soc. 59 (1937) 1553/64. – BRUNAUER, J., P. H. EMMETT u. E. J. TELLER: Adsorption of gases in multimolecular layers; ebd. 60 (1938) 309/19. – BRUNAUER, J., L. S. DEMING, W. D. DEMING u. E. TELLER: On a theory of the van der Waals adsorption of gases; ebd. 62 (1940) 1723/32. – FISCHER, K. A., u. G. BRANDES: Die Einflüsse von Metalloxydzusätzen auf die Eigenschaften von Aluminiumsilicat-Crackkatalysatoren. Erdöl u. Kohle 9 (1956) 81/86, bes. S. 82.

flüssigen Stickstoffes adsorbierte Stickstoffvolumen bei zwei verschiedenen Drücken gemessen und aus einer Formel mit Hilfe dieser Größen, der beiden Drücke und dem Dampfdruck des zur Kühlung dienenden Stickstoffes die Oberfläche berechnet. Das Prüfverfahren wird in der Literatur nach den Verfassern der diesbezüglichen Arbeit mitunter als BET-Test bezeichnet[1].

Man kann wohl mit Sicherheit annehmen, daß die Porengröße in einem Katalysator statistisch verteilt ist. Dabei muß aber noch festgelegt werden, welche kennzeichnende Abmessung der Poren als „Porengröße" definiert wird. Nimmt man an, daß die Poren etwa zylindrischen Röhrchen gleichen, was in der Regel zutreffen dürfte, so ist der Durchmesser (oder Radius) – so wie bei Molekularsieben – wohl am wichtigsten. Dadurch wird die Größe der Moleküle oder Radikale begrenzt, welche die aktive Oberfläche an der Innenseite der Poren noch erreichen können. Die diesbezüglichen Untersuchungen stützen sich vor allem auf eine Arbeit von BARRETT, JOYNER und HALENDA[2]. Ähnliche Überlegungen haben RAMSER und HILL angestellt, mit Hilfe einer von ihnen entwickelten Apparatur Adsorptions–Desorptions-Isothermen gemessen und daraus Porengrößen berechnet[3]. Auch sie gehen von der Annahme aus, daß die Poren der untersuchten Katalysatoren zylindrisch und verschieden lang sind, ihre Durchmesser aber einer statistischen Verteilung entsprechen, d.h. ein bestimmter Größenbereich überwiegt. Wäre nur ein einziger Durchmesser vorhanden, so könnte der Radius

$$r_0 = 2 \frac{V}{F} \left(= 2 \frac{r_0^2 \pi l}{2 r_0 \pi l} \right) \tag{E-1}$$

gesetzt werden, mit V dem Porenvolumen, F der Oberfläche und l der (eliminierten) Länge der zylindrischen Röhrchen. RAMSER und HILL zeigen aber, daß diese einfache Berechnung nur gültig wäre, wenn alle Porendurchmesser übereinstimmen, was praktisch nie der Fall ist. Sie kommen zu dem mathematisch begründeten Schluß, daß der tatsächliche mittlere Porenradius etwa nur halb so groß ist wie der aus obenstehender Gleichung ermittelte Wert. Bei einem Porenvolumen von z.B. $V = 0{,}6$

---

[1] KLINGER, S.: Eine Apparatur zur Bestimmung der spezifischen Oberfläche nach der BET-Methode. Freib. Forsch.-H. 1966 A 389, S. 5/21. – GRUNDKE, E., u. D. KÖRNER: Einfluß der Verkokung und des Meßgases auf BET-Werte. Chem. Techn. 20 (1968) 282/85. – Eine Übersicht über die neuere Entwicklung bei E.-G. SCHLOSSER: Bestimmung der freien Metalloberfläche von Trägerkatalysatoren. Chem.-Ing.-Techn. 39 (1967) S. 409/14.

[2] BARRETT, E. P., L. G. JOYNER u. P. P. HALENDA: The determination of pore volume and area distributions in porous substances. I. Computations from nitrogen isotherms. J. Amer. Chem. Soc. 73 (1951) 373/80. – Vgl. weiterhin zu diesem Thema R. M. DeBAUN, S. F. ADLER u. R. D. FINK: Porous Structure of Catalyst Materials. J. chem. engng. data 7 (1962) 94/97. – DOLLIMORE, D., u. G. R. HEAL: An improved method for the calculation of pore size distribution from absorption data. J. appl. chem. 14 (1964) 109/14. – DOBRES, R. M., L. RHEAUME u. F. G. CIAPETTA: Pore Structure of Cracking Catalysts. Industr. Engng. Chem./Prod. Res. Developm. 5 (1966) 174/82.

[3] RAMSER, J. H., u. P. B. HILL: Physical Structure of Silica-Alumina Catalysts. Industr. Engng. Chem. 50 (1958) 117/24.

cm³/g und einer inneren Oberfläche von z.B. $F = 500 \text{ m}^2/\text{g}$, wie sie etwa bei üblichen frischen (ungebrauchten) Katalysatoren vorkommen, ergäbe sich nach obiger Gleichung ein Porenradius von 24 Å; er wird aber zu etwa 12 Å oder etwas darüber ermittelt. Die Länge der Poren spielt keine Rolle, weil sie nicht in die Rechnung eingeht.

Einzelheiten der Berechnung der Porengröße von Katalysatoren hat auch KRAFT diskutiert, der die Ergebnisse bei der üblichen Annahme zylindrischer Poren mit jenen vergleicht, die man erhält, wenn man Schichten gleicher Dicke betrachtet und diese idealisiert als eben ansieht[1]. Es zeigt sich, daß zwar bei der Annahme paralleler Platten das Maximum der Oberfläche bei Schichtdicken liegt, die etwas kleiner sind als der Porenradius, bei dem rechnerisch das Oberflächenmaximum für den Fall zylindrischer Poren ermittelt wird. Die Gesamtoberfläche wurde für das Beispiel einer γ-Tonerde bei zylindrischen Poren um rd. 20 % größer errechnet als bei der Annahme paralleler Platten. Der nach der BET-Methode bestimmte Betrag lag dem unteren Wert näher, was vermuten läßt, daß die Porenform eher flachen Spalten als zylindrischen Röhrchen gleicht. In der Größenordnung stimmen aber alle drei Werte einigermaßen überein.

Die Porendurchmesser von Molekularsieben weisen keine gestreute statistische Verteilung auf, sondern sind sehr einheitlich. Es gibt auch Arten, bei denen z.B. größere Hohlräume gleicher Abmessungen durch kleinere Poren ebenfalls gleicher „Lichtweite" zugänglich sind. Infolgedessen treffen bei ihnen wesentliche Voraussetzungen für die vorbeschriebenen Überlegungen nicht mehr zu. Wegen Einzelheiten wird auf das Schrifttum verwiesen[2].

Zur Bestimmung des Säurecharakters (der Azidität) hat THOMAS einfach mit Kali- bzw. Natronlauge titriert und das Ergebnis in „Milliequivalents" (abgekürzt me), also nach DIN 1310 in mval je Gramm Katalysatorprobe angegeben[3].

Jedoch stellten FISCHER und BRANDES fest, daß mit diesem Verfahren in wäßriger Lösung keine vergleichbaren Ergebnisse zu erzielen sind[4]. Deshalb haben sie mit Normalbutylamin in Isopropylalkohol gearbeitet und den Wiederholstreubereich auf $\pm 2\%$ verringern können[5].

Die bisher aufgezählten Eigenschaften sind zwar zur Kennzeichnung eines Katalysators erforderlich. Auch war es möglich, Zusammenhänge zwischen Porenvolumen, Porenradius bzw. Azidität und Wirksamkeit bei Katalysatoren bestimmter chemischer Zusammensetzung festzustellen. Das Verhalten eines Katalysators kann aber auf Grund dieser Angaben nicht vorausgesagt werden. Deshalb wurden Versuchsverfah-

---

[1] KRAFT, M.: Zur Berechnung der Porengrößenverteilung aus Desorptionsisothermen nach dem Modell der parallelen Platten. Chem. Techn. 18 (1966) 469/74.

[2] Vgl. F. WOLF, H. FÜRTIG u. U. HÄDICKE: a.a.O., bes. S. 528ff. (s. Fußn. 2, S. 387).

[3] Vgl. Fußn. 2, S. 381.

[4] Vgl. Fußn. 2, S. 390.

[5] Vgl. dazu auch K. POHL u. G. REBENTISCH: Über die Oberflächenacidität und die dehydratisierenden Eigenschaften von Aluminiumoxyden. Chem. Techn. 18 (1966) 496/98.

ren vorgeschlagen, mit denen sich unter genau festgelegten Bedingungen die Aktivität eines Katalysators ermitteln läßt[1]. Viel benutzt wird das unter der Bezeichnung „Cat-A-Test" (Catalytic Activity Test) bekannte, von ALEXANDER und SHIMP angegebene Verfahren[2]. Dabei werden 50 ml eines Gasöls über 200 ml perlförmigem Katalysator bei $427 \pm 3\,°C$ $(800 \pm 5\,°F)$ in 10 min gekrackt. Dies entspricht einer Raumgeschwindigkeit von $\frac{50 \cdot 60}{200 \cdot 10} = 1{,}5\,h^{-1}$. Es werden die entstandenen Mengen Gas und Benzin (bis 210 °C übergehend) aus den entstandenen Krackprodukten direkt bestimmt. Der Koksanfall wird aus der beim anschließenden Regenerieren des Katalysators gebildeten CO_2-Menge berechnet. Als Aktivitätszahl bezeichnet man beim Cat-A-Test die Vol.-% Benzin bezogen auf die Summe der gewonnenen Produkte (einschl. Koks). Indem man nicht auf Einsatz bezieht, vermeidet man, daß die Wiederholbarkeit durch etwaige Verluste während des Versuches beeinträchtigt wird. Will man Fließbettkatalysatoren in der angegebenen Apparatur untersuchen, so muß man sie pelletisieren[3].

Wenn auch die bei diesem Verfahren gewonnenen Ergebnisse nur für ganz bestimmte Versuchsbedingungen gelten, so gestatten sie doch einen Vergleich verschiedener Katalysatoren, z. B. von frischem und gebrauchtem Katalysator. Der Cat-A-Test wird deshalb für Betriebsanlagen verwendet, die mit umlaufendem Katalysator arbeiten, um die Aktivität der Katalysatorfüllung ständig zu überwachen und erforderlichenfalls entscheiden zu können, ob die Zugabe von Frischkatalysator richtig bemessen ist oder geändert werden soll. Denn dessen Aktivität läßt anfangs sehr schnell, später langsamer nach und kann durch das Abbrennen des Kokses vom gebrauchten Katalysator nur auf merkbar niedrigere Werte der Aktivität von Frischkatalysator gebracht werden. Um aber wenigstens diesen Wert aufrechtzuerhalten, muß laufend eine kleine Teilmenge ausgeschleust und durch Zuführen einer entsprechenden Menge von Frischkatalysator ergänzt werden.

[1] IVEY, F. E., u. P. L. VELTMAN: Progress Made in Design of Catalyst Activity Testing Units. Petrol. Refiner 31 (1952) Nr. 6, S. 93/100. – VILAND, C. K., Selection of Cracking Catalysts with the Aid of Laboratory Aging. Petrol. Processing 5 (1950) 830/34. – Ders.: Evaluation of Cracking Catalysts; ebd. 8 (1953) 1875/79. – JOHN, G. S., u. R. J. MISKOVSKY: Calculation of the average activity of cracking catalysts. Chem. Engng. Sci. 25 (1961) Nr. 9, S. 176/87.

[2] ALEXANDER, J., u. H. G. SHIMP: Laboratory Method of Determining the Activity of Cracking Catalysts. Nat. Petrol. News 36 (2. Aug. 1944) Nr. 31, S. R-537/38. – ALEXANDER, J.: Standard Laboratory Method for the Determination of Cracking Catalyst Activity. Proc. Amer. Petrol. Inst. (III) 27 (1947) 51/56. – SCHENK, P. W.: Erfahrungen bei der Bestimmung der Aktivität von Crack-Katalysatoren nach der „Cat-A-Test"-Methode. Erdöl u. Kohle 9 (1956) 524/27. – Verbesserungsvorschläge wurden kürzlich von C. G. HARRIZ: To Test Catalytic Cracking Activity. Hydrocarbon Processing 45 (1966) Nr. 10, S. 183/88 veröffentlicht; das Prüfverfahren wird als Cat-D-Test bezeichnet, weil früher empfohlene Verbesserungen als Cat-B- und Cat-C-Test bekannt seien. Diesbezügliche Literaturangaben fehlen. Der zusätzlich benutzte Buchstabe verliert aber damit seine ursprüngliche Bedeutung.

[3] Es empfiehlt sich, die hier benutzten Begriffe für einzelne Kenngrößen des Betriebes wie Raumgeschwindigkeit u. a. des besseren Verständnisses wegen im Zusammenhang mit der Beschreibung der Bauformen zu definieren. Deshalb wird auf Abschnitt E 5 a β, S. 444 ff. verwiesen.

Daneben kann man Anhaltspunkte für die Eignung verschiedener Katalysatoren im Hinblick auf die Verteilung der Krackprodukte gewinnen, doch können merkbare Verschiebungen durch Änderungen der Verfahrensbedingungen eintreten. Es ist auch möglich, die Aktivität ein und desselben Katalysators durch Wasserdampfbehandlung bei Temperaturen über rd. 540 °C (= 1000 °F) in weiten Grenzen zu beeinflussen[1]. Gas- und Koksanfall ändern sich dann mit steigender, durch die Benzinausbeute ausgedrückter Aktivität nach e-Funktionen. Diese werden im einfach logarithmischen Maßstab der Abb. E-7 durch Gerade wiedergegeben. Die Abbildung zeigt aber auch, daß bei gleicher Aktivität das Verhältnis von Gas zu Koks bzw. beider Produkte zu Benzin – wenn auch gleichlaufend – sich ändern, jedoch sehr verschieden sein kann.

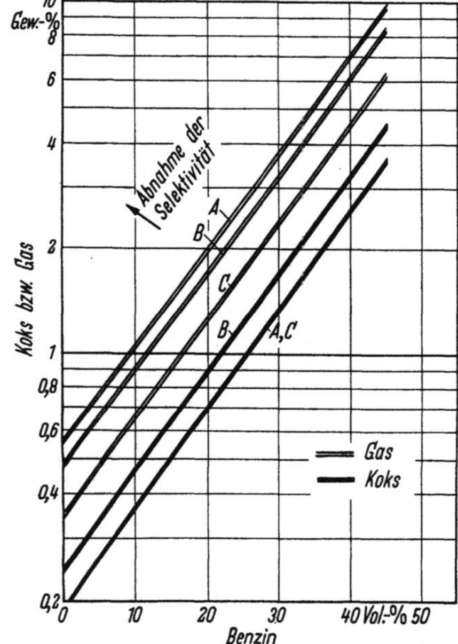

Abb. E-7. Änderung der im Cat-A-Test ermittelten Gas- und Koksausbeuten von drei Katalysatoren bei verschiedener Aktivität, gekennzeichnet durch den Benzinanfall, nach MILLS.
A Houdry Typ M (synthetischer SiO_2-Al_2O_3-Kontakt);
B TCC-Filtrol (säureaktivierter Bentonit);
C Houdry-Typ I (aus Bleicherde gewonnener Kontakt mit geringem Eisengehalt).

Von der Atlantic Refining Co wurde ebenfalls ein Verfahren zur Prüfung der Aktivität von Katalysatoren entwickelt[2]. Es arbeitet bei der merkbar höheren Temperatur von 482 °C (= 900 °F) mit 24 ml eines definierten Ost-Texas-Gasöles, das in 12 min gekrackt wird. Da das Katalysatorgewicht mit 200 g (nicht 200 ml wie beim Cat-A-Test) größer, die Ölmenge aber kleiner und die Zeit etwas länger ist, ergibt sich mit

---

[1] Vgl. dazu G. A. MILLS u. H. A. SHABAKER: Factors Controlling Aging of Cracking Catalysts. Petrol. Refiner 30 (1951) Nr. 9, S. 97/102.
[2] BIRKHEIMER, E. R., S. J. MACUGA u. L. N. LEUM: A Bench-Scale Test Method for Evaluating Cracking Catalysts. Proc. Am. Petrol. Inst. (III) 27 (1947) 90/99.

der Dichte ϱ des Öles in g/ml die Raumgeschwindigkeit zu $\varrho \cdot \dfrac{24 \cdot 60}{200 \cdot 12}$ $= \varrho \cdot 0{,}6\ \mathrm{h^{-1}}$. Die Krackbedingungen sind also wesentlich schärfer. Aber auch die Aktivität wird bei diesem Test auf andere Weise definiert. Sie wird in der u.s.-amerikanischen Literatur oft als „D + L" (= destillate plus loss in distillation) bezeichnet. Gemeint sind damit alle Krackprodukte mit Siedeende unter 400 °F (= 204 °C) einschließlich der Kondensate, die bis zu -45 ± 1 °F ($\cong -43$ °C) gewonnen werden; die zuletzt genannte Temperatur ist durch die gewählte Apparatur gegeben. Es soll dadurch noch das Butan mit Sicherheit erfaßt werden, während Propan wegen seines der kleinen Konzentration entsprechenden niedrigen Partialdruckes in den Kondensaten erfahrungsgemäß nicht mehr enthalten ist. Bei dem später noch zu erwähnenden Versuch, die Vergiftung von Katalysator zu bestimmen, wird die gleiche Apparatur, jedoch nur mit 40 g Katalysatorfüllung benutzt, um die Wirkung auf den Katalysator besser feststellen zu können. Die damit bei gleichen Temperaturen erzielten Ergebnisse für die Aktivität werden mitunter als „d + l" bezeichnet, was bei der Verwertung solcher Zahlenangaben zu beachten ist. Das Verfahren selbst wird gelegentlich als „D + L-Test" oder als „Atlantic D + L-Test" bezeichnet. Es wurde nämlich fast gleichzeitig auch eine „Jersey D + L-Method" bekanntgegeben, die im Bereich der Standard Oil of New Jersey (Esso-Gruppe) benutzt wird[1]. Neuerdings wurde der Atlantic D + L-Test noch weiter abgewandelt, um eine bessere Übereinstimmung mit den Ergebnissen im Betrieb bei der Anwendung der bereits erwähnten Molekularsiebekatalysatoren zu erzielen. Dafür werden nur mehr 5 g Katalysator benötigt. Die Reaktionszeit beträgt 5 min, und die Gaschromatographie wird zur Ermittlung der Ergebnisse benutzt[2].

Gewisse Schwierigkeiten bestehen bei der Prüfung staubförmiger Katalysatoren in den bisher angegebenen Apparaturen, weil sie erst in Pillenform gebracht werden müssen. Dabei besteht aber die Gefahr, daß die Katalysatoreigenschaften verändert werden, denn die Erfahrung zeigt, daß sich die in der einen oder anderen Apparatur gewonnenen Ergebnisse schlecht vergleichen lassen und auch der Vergleich zwischen perlförmigen und staubförmigen Katalysatoren Schwierigkeiten bereitet. Deshalb haben JOHNSON und STARK ein Prüfverfahren entwickelt, das sich nicht nur bezüglich der Betriebsbedingungen den Verhältnissen in einer Anlage mit Fließbett möglichst nähert[3]. Es wird dabei auch der staubförmige Katalysator selbst in der Schwebe gehalten. Die verwendete Katalysatormenge ist 600 g und es wird mit einem in der Quelle definierten Gasöl gearbeitet. Bei einer Arbeitsdauer von 11,5 min wird

<hr>

[1] Vgl. dazu M. E. CONN u. G. C. CONNOLY: Testing of Cracking Catalysts. Industr. Engng. Chem. **39** (1947) 1138/43.

[2] CIAPETTA, F. G., u. D. S. HENDERSON: Microactivity test for cracking catalysts. Oil Gas J. **65** (16. Okt. 1967) Nr. 42, S. 88/93.

[3] JOHNSON, P. H., u. CH. P. STARK: Testing Powdered Cracking Catalysts. Industr. Engng. Chem. **45** (1953) 849/55. – Vgl. dazu auch T. RICE, J. K. CARPENTER u. C. D. ACKERMAN: Small Scale Fluid Catalytic Cracking Unit; ebd. **46** (1954) 1558/61.

eine auf Gewicht bezogene Raumgeschwindigkeit von 3,4 h^{-1} angewendet. Die Ergebnisse werden in Beziehung zu denen gesetzt, die man mit frischem, staubförmigem Montmorillonit erhält, der eine Behandlung mit Wasserdampf von 1100 °F (= 594 °C) und 4 atü während 100 Std. erfahren hat. Die aktive Oberfläche dieses Standardkatalysators beträgt 145 m^2/g und bei den für den Versuch festgelegten Reaktionsbedingungen wird ein Umsetzungsgrad von 45,05 Vol.-% erreicht. Der zu ermittelnde Aktivitätsindex wird dann für den Fall des Standardkatalysators gleich 100 gesetzt und für andere zu prüfende Katalysatoren verhältnisgleich umgerechnet, indem vom Wert 100 das in Prozent ausgedrückte Volumen der über 400 °F siedenden Restprodukte abgezogen wird. Dieses Prüfverfahren ist unter dem Namen „Phillips Activity Test" bekannt. Schließlich ist noch der in den Laboratorien der Texan Oil Co (Texaco) entwickelte, als „Texas D + L" bezeichnete Test für Fließbettkatalysatoren zu nennen[1].

Wegen der vorerwähnten Tatsache, daß sich bei gleicher Aktivität das Verhältnis von Gas zu Koks bzw. beider Produkte zu Benzin ändern kann, wird angestrebt, auch die Selektivität eines Katalysators zu kennzeichnen, zumal deren Abnahme im Betrieb besonders unerwünscht ist. Sie läßt sich durch Zahlenangaben deshalb schwer erfassen, weil sich die Verhältniszahlen Gas/Benzin und Koks/Benzin je nach Aktivität ändern. So folgt aus Abb. E-7 für den Katalysator A

bei einer Aktivität entsprechend 15% Benzin

$$\text{das Koks/Benzin-Verhältnis zu } \frac{0,51}{15} = 0,034,$$

$$\text{das Gas/Benzin-Verhältnis zu } \frac{1,43}{15} = 0,095;$$

bei einer Aktivität entsprechend 35% Benzin jedoch

$$\text{das Koks/Benzin-Verhältnis zu } \frac{1,82}{35} = 0,064,$$

$$\text{das Gas/Benzin-Verhältnis zu } \frac{5,25}{35} = 0,150.$$

Für den Katalysator C sind die Werte für das Koks/Benzin-Verhältnis gleich, jedoch für das Gas/Benzin-Verhältnis wesentlich günstiger, und zwar

$$\text{bei der Aktivität 15\%} \quad \frac{0,9}{15} = 0,060,$$

$$\text{bei der Aktivität 35\%} \quad \frac{3,33}{35} = 0,095.$$

Man kann aber in der Darstellung von Abb. E-7 die Veränderung der Selektivität verfolgen, sei es, daß man verschiedene Katalysatoren betrachtet, sei es, daß man den Einfluß von Ablagerungen auf einem gegebenen Katalysator beobachtet. Eine Verschlechterung der Selektivität wird durch Verschiebung der Werte nach links oben dargestellt[2].

---

[1] McReynolds, H.: Bench-Scale Method for Determining Activity of Cracking Catalysts in Powdered Form. Petrol. Refiner 26 (1947) Nr. 12, S. 94/98.

[2] Näheres s. bei G. A. Mills: Aging of Cracking Catalysts. Loss of Selectivity. Industr. Engng. Chem. 42 (1950) 182/87. – Weekman jr., V. W.: Kinetics and dynamics of catalytic cracking selectivity in fixed-bed reactors. Industr. Engng. Chem./Proc. Design Developm. 8 (1969) 385/91.

Ein Prüfverfahren, das nicht nur die Aktivität, sondern gleichzeitig die Selektivität zu erfassen versucht, ist der sog. „Indiana relative-activity test"[1]. Bei einer Versuchsdauer von 1 h wird die Koksbildung bestimmt und mit der eines Bezugskatalysators bei gleichem Umsetzungsgrad verglichen. Das Ergebnis wird durch den sog. „Carbon producing factor" (CPF) ausgedrückt, auch als „Coke producing factor" oder einfach „Carbon factor" bezeichnet. Mit Hilfe der erwähnten Apparatur haben DUFFY und HART schon verhältnismäßig frühzeitig den Einfluß von Metallen untersucht und ihn mit Hilfe dieses „Carbon producing factor" erfaßt[2]. Auf andere Versuche, die Selektivität zu kennzeichnen, wird noch im Zusammenhang mit der Katalysatorvergiftung durch Metalle im Abschn. E2bδ eingegangen.

Wegen der Notwendigkeit, den Katalysator durch Abbrennen des Kokses zu regenerieren, hat man auch Prüfverfahren entwickelt, welche das dafür kennzeichnende Verhalten zu erfassen versuchen. Für perlförmige Katalysatoren haben DART u. Mitarb. und für staubförmige JOHNSON und MAYLAND Apparaturen angegeben[3]. Als wichtigste Größen, welche die Regenerierbarkeit beeinflussen, haben DART u. Mitarb. die in Prozenten ausgedrückte abgelagerte Koksmenge, die Temperatur und den Sauerstoffpartialdruck gefunden. Sie haben bei einem Katalysator von 3,5 mm Korngröße festgestellt, daß die Abbrenngeschwindigkeit dem Sauerstoffpartialdruck proportional ist, was auch von anderen Forschern bestätigt wurde. Bezüglich des Einflusses der Koksmenge gehen die Ansichten auseinander. DART u. Mitarb. kommen zu der Ansicht, daß sich der Abbrand am besten als Reaktion zweiter Ordnung erfassen läßt, während andere aus den Meßdaten auf eine Reaktion erster Ordnung schließen. Am schwierigsten läßt sich aus versuchstechnischen Gründen der Einfluß der Temperatur in Zahlen wiedergeben, doch steht die verständliche Tatsache fest, daß die Reaktionsgeschwindigkeit mit der Temperatur sehr stark zunimmt.

Auf Grund der Versuchsergebnisse haben JOHNSON und MAYLAND eine Formel für die Abbrandgeschwindigkeit (burning rate, BR) abgeleitet, die den Partialdruck des Sauerstoffes und des in der Regel vorhandenen Wasserdampfes, ferner die Menge der Koksablagerung und eine Temperaturfunktion enthält. Als Dimension ist lb Koks/(t Katalysator × h) gewählt. Als *spezifische* Abbrandgeschwindigkeit (SBR) kann dann – wegen der allgemein bestätigten Proportionalität mit dem Sauerstoffpartialdruck – die gemäß vorstehendem definierte Größe, dividiert durch diesen Partialdruck, bezeichnet werden. Dabei sind als Prüfbedingungen 1000 °F (= 578 °C), 0,3 Gew.-% Koks auf dem Katalysator und ein Partialdruck des Wasserdampfes von 3,0 psia (= 0,211

---

[1] Vgl. R. V. SHANKLAND u. G. E. SCHMITKONS: Determination of Activity and Selectivity of Cracking Catalyst. Proc. Am. Petrol. Inst. (III) 27 (1947) 57/77.

[2] DUFFY, B. J., u. H. M. HART: Metals poisoning of fluid cracking catalyst. Chem. Engng. Progress 48 (1952) 344/48.

[3] DART, J. C., R. T. SAVAGE u. C. G. KIRKBRIDE: Regeneration Characteristics of Clay Cracking Catalyst. Chem. Engng. Progress 45 (1949) 102/10. – JOHNSON, M. F. L., u. H. C. MAYLAND: Carbon Burning Rates of Cracking Catalyst in the Fluidized State. Industr. Engng. Chem. 47 (1955) 127/32.

ata) benutzt. Die Koksmenge ist ein Mittelwert, weil sie sich während des Versuches ändert. Es werden 0,35 Gew.-% bis zu einem Restgehalt von 0,25 Gew.-% abgebrannt. Die Temperatur von 578 °C hat sich als zweckmäßig erwiesen, weil bei höheren Temperaturen, wie sie im Betrieb angewendet werden, die Verbrennung zu schnell verläuft und dadurch die Meßgenauigkeit stark leidet. Bei niedrigeren Temperaturen wird aber die Verbrennungsgeschwindigkeit so gering, daß der Aussagewert der Versuchsergebnisse fraglich würde.

Abschließend ist noch zu erwähnen, daß auch die **Abriebfestigkeit** eines Katalysators eine Eigenschaft ist, die zwar nicht für das Kracken selbst, jedoch für die Verwendbarkeit im praktischen Betrieb wichtig ist. Bei den Herstellern liegen Erfahrungen darüber vor, doch ist nichts über die Eigenschaft selbst noch über brauchbare Prüfverfahren veröffentlicht.

γ) **Der Zusammenhang zwischen den Eigenschaften und der Eignung der Katalysatoren.** Die Bestimmung der aufgezählten Katalysatoreigenschaften ist nicht Selbstzweck. Die Angaben werden benötigt, um neue Anlagen bemessen oder das Arbeiten vorhandener Anlagen nachrechnen zu können, weil ihre Kenntnis gewisse Schlüsse auf die Eignung eines Katalysators zuläßt, mag es sich dabei zum Teil auch nur um qualitative Kennzeichnungen handeln. So wurde gefunden, daß die Aktivität eines Katalysators, ausgedrückt im Umsatz zu Benzin, bei sonst gleichen anderen Eigenschaften, insbesondere bei gleicher Azidität, ungefähr linear mit

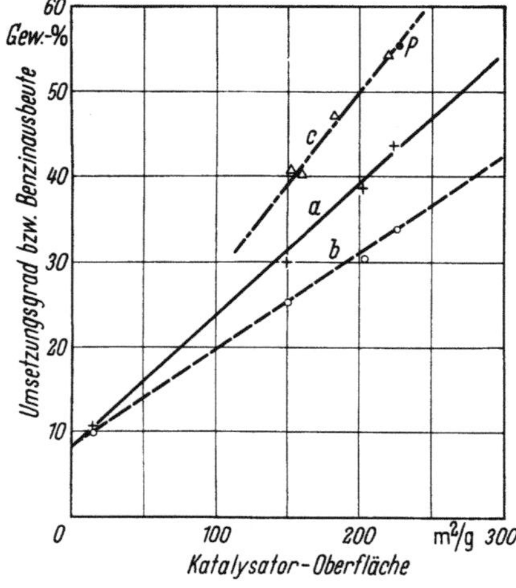

Abb. E-8. Aktivität von Krackkatalysatoren gleicher Azidität in Abhängigkeit von der Oberfläche, nach FISCHER und BRANDES.
a Umsetzungsgrad mit Hilfe eines TCC-Katalysators mit Chrom;
b Benzinausbeute mit Hilfe des gleichen Katalysators wie bei a;
c Umsetzungsgrad mit Hilfe eines besonderen, synthetisch hergestellten Katalysators.

der aktiven Oberfläche zunimmt. Dies läßt Abb. E-8 erkennen. Für den darin durch die Linie c gekennzeichneten Katalysator ist außerdem in Abb. E-9 gezeigt, wie sich die Aktivität mit der Azidität linear ändert. Die in beiden Abbildungen eingetragenen Punkte P stellen das gleiche Ergebnis dar.

Diese Zusammenhänge mögen im Lichte der in Unterabschnitt E2a erörterten Theorien als selbstverständlich erscheinen. Sie sind es aber, die erst den Beweis für die Richtigkeit dieser Theorien liefern. Es sind auch noch die Einflüsse anderer Eigenschaften von Katalysatoren untersucht worden, wie Porengröße und Teilchengröße[1]. Die Untersuchungen wurden an perlförmigen Krackkatalysatoren durchgeführt und zeigten eine gewisse Verbesserung der Aktivität und Selektivität bei zunehmender Porengröße, aber auch bei abnehmender Teilchengröße. In beiden Fällen wird angenommen, daß dabei die Diffusion erleichtert wird – oder

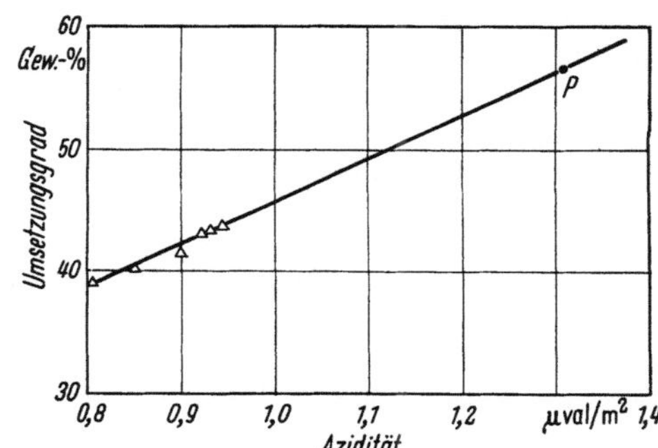

Abb. E-9. Aktivität des in Abb. E-8 mit c gekennzeichneten Katalysators in Abhängigkeit von der Azidität, nach FISCHER und BRANDES.

anders ausgedrückt: Die zu krackenden Kohlenwasserstoffmoleküle oder -radikale erreichen schneller die aktive Oberfläche, was den Ablauf der Reaktionen begünstigt. Wenn sich die so gewonnenen Aussagen verallgemeinern ließen, würden sie eine grundsätzliche Überlegenheit der Fluid-Verfahren bedeuten – sofern es nur auf Aktivität und Selektivität in einem beobachteten Zustand allein ankäme.

Für die Bewährung im Betrieb und den wirtschaftlichen Erfolg der Anwendung von Katalysatoren ist aber von großer Bedeutung, wie und durch welche Einflüsse sich die Aktivität und die Selektivität eines Katalysators während des Betriebes verschlechtern. Davon ist – bei feststehendem Katalysatorbett – die Standzeit zwischen zwei Regenerationen abhängig. Wegen der damit verbundenen Manipulationen in der laufenden Anlage und des Betriebsmittelaufwandes kann sie die Wirtschaftlichkeit eines Verfahrens oder die der Verwendung eines bestimmten Katalysators sehr erheblich beeinflussen. Bei Krackanlagen wird jetzt zwar nur mehr mit umlaufenden Katalysatoren und stetiger Regenerierung gearbeitet. Die Abnahme der Aktivität und der Selektivität bestimmt dann, welches Mindestkatalysatorvolumen im Umlauf zu halten ist für eine gegebene Menge Einsatzprodukt und welcher Anteil davon ständig ausgeschleust und durch Frischkatalysator ersetzt werden muß,

---

[1] Vgl. dazu F. L. JOHNSON, W. E. KREGER u. H. ERICKSON: Gas Oil Cracking by Silica-Alumina Bead Catalysts. Industr. Engng. Chem. 49 (1957) 283/97. – MILLS, G. A., R. E. ASHWILL u. T. L. GRESHAM: To Evaluate Cracking Catalysts. Hydrocarb. Procssg. 46 (1967) Nr. 9, S. 121/26.

wenn die Aktivität und Selektivität des gesamten Füllvolumens auf gleichbleibender Höhe bleiben soll.

♂) **Das Altern der Katalysatoren.** Für die Verschlechterung der Aktivität und der Selektivität eines Katalysators sind der während des Krackens auf der Katalysatoroberfläche gebildete Koks sowie die Ablagerungen von Metallen verantwortlich. Wenn die Metalle auch nur in Spuren im Einsatzgut enthalten sind, so werden sie doch wegen der Ionenaustauschfähigkeit der aktiven Katalysatoroberfläche auf dieser bevorzugt festgehalten. Der Vorgang wird als „Alterung" der Katalysatoren bezeichnet. Soweit es sich nur um den Koks handelt und die Aktivität des Katalysators durch Abbrennen wiederhergestellt werden kann, spricht man mitunter von vorübergehender Alterung. Die durch Metalle verursachte bleibende Alterung nennt man „Vergiftung". Beide Erscheinungen müssen eingehend besprochen werden.

Allerdings kann man in der Praxis eine so hohe Beladung des Katalysators mit *Koks* nicht zulassen, daß dadurch allein die Aktivität gemindert wird. Dies würde beim Regenerieren zu Temperaturen auf der Katalysatoroberfläche führen, die seine mechanische Festigkeit sowie auch durch Sinterungen seine Eignung stark beeinträchtigen würden. Deshalb wird die Koksbeladung im allgemeinen so weit begrenzt, daß beim Abbrennen keine höheren Temperaturen als etwa äußerstenfalls 600 °C auf der Katalysatoroberfläche selbst auftreten, vgl. S. 411 u. 445 ff.

Die Notwendigkeit, einen Teil des umlaufenden Katalysators ständig zu erneuern, wird daher in erster Linie durch die im Einsatzgut enthaltenen *Metalle*, vor allem Nickel, Vanadium und Eisen, bestimmt. Es ist deshalb sehr wichtig zu wissen, wie diese die Aktivität und die Selektivität beeinflussen. Daneben muß man aber auch wissen, wieso sich Koks überhaupt bildet. Durch ihn werden erst die Metallspuren auf die Katalysatorenoberfläche gebracht, weil sie sich in den schwersiedenden Rückständen anreichern. Nach dem Abbrennen des Kokses bleiben sie auf dem Katalysator zurück und tragen dazu bei, daß seine Aktivität und die Selektivität abnehmen, er also „vergiftet" wird. Auch zum katalytischen Kracken sind so wie beim thermischen Kracken Temperaturen weit über 400 °C erforderlich, um wirtschaftlich interessante Ausbeuten an gewünschten leichtsiedenden Produkten zu erzielen. Es wurde bereits erwähnt, daß die katalysierten Karbonium-Ionen-Reaktionen höchstwahrscheinlich durch rein thermisch verursachte Radikalreaktionen eingeleitet werden. Daher können trotz der Anwesenheit von Katalysatoren Reaktionen, die über Radikale ablaufen, nicht ganz unterdrückt werden. Dies hat aber zur Folge, daß sich – wenn auch in geringem Maße – die am Schluß von Abschn. D2c erwähnten Polymerisate bilden, die über die sehr stabilen mehrkernigen Aromaten schließlich zu Koks führen. Dabei handelt es sich aber nicht um reinen Kohlenstoff, sondern um verhältnismäßig wasserstoffarme Polymerisate. Thomas hat dafür z.B. die Formel $(C_3H_4)_n$ zur angenäherten Kennzeichnung empfohlen[1]. Die Koks-

---

[1] Erwähnt bei A. Voorhies jr.: Carbon formation in catalytic cracking. Industr. Engng. Chem. 37 (1945) 318/22. Die Formel entspricht einem Wasserstoff-Restgehalt von 10 Gew.-%.

bildung nimmt bei einem gegebenen Katalysator und für ein bestimmtes Einsatzgut mit dem Umsetzungsgrad zu.

Über Beobachtungen, welche die Ansicht stützen, daß die in den Rohölrückständen vorkommenden Metalle mit den hochmolekularen, vermutlich mehrkernigen Inhaltsstoffen der Rohöle und ihrer Fraktionen vergesellschaftet sind, berichten ROTHROCK u. Mitarb.[1]. Neuerdings hat dies NEUMANN nachgewiesen[2]. Durch Entasphaltieren von Destillationsrückständen konnte die Koksbildung bei gleichem Umsetzungsgrad gegenüber dem ursprünglichen Öl (in Laboratoriumsuntersuchungen) auf einen Bruchteil verringert werden. Hingegen wird bei der Prüfung von Phenolextrakten aus der Schmierölherstellung die gegenteilige Wirkung erzielt, d.h., die Koksbildung nimmt erheblich zu. Ähnliches wird bei der Prüfung der mit anderen selektiven Lösungsmitteln gewonnenen Extrakte beobachtet, deren Anwendung ebenfalls den Zweck verfolgt, zur Verbesserung des Zähigkeits–Temperatur-Verhaltens von Schmierölkomponenten aus diesen die Aromaten und mehrkernigen Ringverbindungen zu entfernen[3]. Diese sind im Extrakt angereichert und eindeutig als Koksbildner zu erkennen. Auch durch die Untersuchung der Koksbildung definierter Aromaten, Naphthene und anderer Kohlenwasserstoffe konnte der Beweis erbracht werden, daß die Aromaten im Einsatzgut die Hauptquelle dafür sind[4]. Außerdem hat sich gezeigt, daß Olefine sehr stark dazu neigen, Koks zu bilden, und zwar über Aromaten als Zwischenstufe. Diese Erkenntnis ist wichtig, um den Einfluß des Kreislauföles beurteilen zu können. In diesem sind durch das Kracken entstandene Olefine in merkbaren Mengen vorhanden.

Die vorerwähnte Wirkung der Metalle und deren Vergesellschaftung mit aromatischen Kernen ist erklärlich, wenn man an die Rolle der Porphyrine bei der Entstehung des Erdöls denkt, vgl. S. 26f. Will man also einen Krackereinsatz herstellen, der den Katalysator nicht vergiftet, so muß beim Destillieren vor allem beachtet werden, daß das sog. Entrainment, d.h. das Mitreißen von Tröpfchen auf die Abzugsböden für die als Einsatzgut zu verwendenden schweren Destillate vermieden wird. Die diesbezüglichen Maßnahmen wurden auf S. 218 erörtert. Trotzdem läßt sich ein sehr geringer Metallgehalt auch in schweren Destillaten nicht ganz vermeiden, weil die Porphyrine bei den angewendeten Temperaturen einen zwar sehr niedrigen, aber doch ins Gewicht fallenden Dampf-

---

[1] CONNOR jr., J. E., J. J. ROTHROCK, E. R. BIRKHIMER u. L. N. LEUM: Fluid Cracking Catalyst Contamination. Development of a Contaminant Test. Industr. Engng. Chem. 49 (1957) 272/76; s. auch S. 43, dort bes. Fußn. 3 sowie S. 412, Fußn. 2.

[2] Vgl. H.-J. NEUMANN: Untersuchungen zur Kolloidchemie des Erdöls. Erdöl u. Kohle 18 (1965) 865/70; s. dazu auch S. 46f.

[3] Vgl. hiezu Kapitel J 2.

[4] APPLEBY, W. G., J. W. GIBSON u. G. M. GOOD: Coke formation in catalytic cracking. Industr. Engng. Chem./Process Design Developm. 1 (1962) 102/10. – HALL, J. W., u. H. F. RASE: Carbonaceous deposits on silica-alumina catalyst; ebd. 2 (1963) 25/30. – EBERLY jr., P. E., C. N. KIMBERLIN jr., W. H. MILLER u. H. V. DRUSHEL: Coke Formation on Silica-Alumina Cracking Catalysts; ebd. 5 (1966) 193/98. – OZAWA, Y., u. K. B. BISCHOFF: Coke formation kinetics on silica-alumina catalyst; ebd. 7 (1968) 67/71 u. 72/78.

druck haben. Deshalb können Spuren davon auf die Böden oberhalb der Flashzone gelangen. Diese Zusammenhänge sind aus Abb. E-10 zu erkennen[1]. Man sieht daraus, wie stark der Metallgehalt ansteigt, wenn die Destillatmenge auf mehr als etwa 80% erhöht wird.

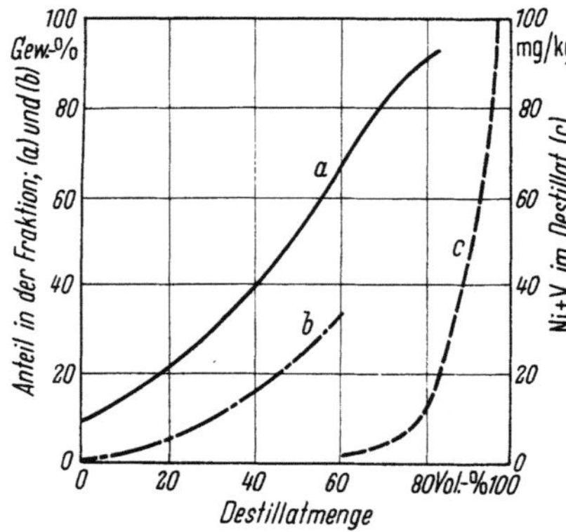

Abb. E-10. Zunahme der koksbildenden Komponenten in schwerem Cat-crackereinsatz, bei Zunahme der Siedetemperatur, ausgedrückt durch die Menge des beim Destillieren nach ASTM Übergegangenen, nach Bailey und Morse.

a Harze, mehrkernige Aromaten und aromatische Schwefelverbindungen;
b Harze allein;
c Nickel und Vanadium.

Deshalb macht man sogar von der Möglichkeit Gebrauch, die Benzinausbeuten durch Hydrieren von Krackereinsatz zu verbessern[2]. Dies kann gegenüber dem Hydrokracken dann Vorteile bieten, wenn in einer Raffinerie genügend Krackkapazität vorhanden ist, weil dann der Bauaufwand geringer sein dürfte als der für eine Hydrocracking-

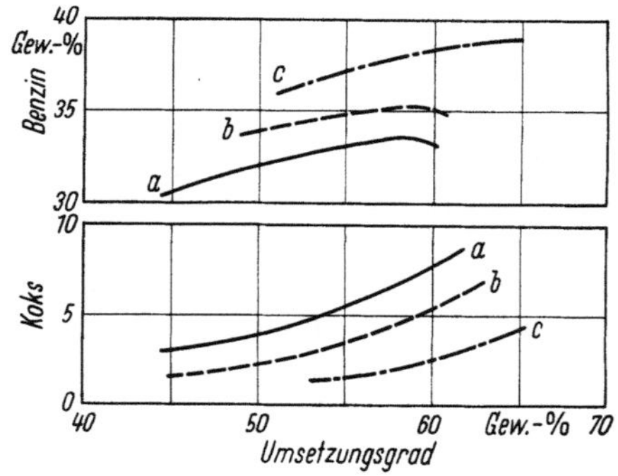

Abb. E-11. Erhöhung der Benzin-ausbeute und Verringerung der Koksbildung beim Kracken von hydriertem Einsatzgut.

a unbehandeltes Einsatzgut;
b Mit 80 m_n^3 H_2 je t Einsatz hydriert;
c Mit 120 m_n^3 H_2 je t Einsatz hydriert.

Anlage. Was dadurch zu erreichen ist, zeigt Abb. E-11 nach den beiden angegebenen Quellen. Da der Durchsatz einer Krackanlage sehr stark von der Menge des abzubrennenden Kokses bestimmt wird, läßt er sich

---

[1] Nach M. D. Abbott, R. C. Archibald u. R. W. Dorn: How hydrogenation acts to improve cat cracker feed. Oil Gas J. 56 (19. Mai 1958) Nr. 20, S. 144/52. – Bailey jr., W. A., u. N. L. Morse: Cat cracking's luster undimmed. Oil Gas J. 64 (14. März 1966) Nr. 11, S. 110/14.

[2] Vgl. vorstehend zitierte Arbeit von Abott u. Mitarb. Weiterhin dieselben Verfasser: Hydrogen Improves Cat Cracker Feed. Petrol. Refiner 37 (1958) Nr. 5, S. 161/66. – Medlin, W. V., J. C. Ornea u. A. J. Johnson: Process Feed for More Cat Gasoline; ebd. S. 167/72.

ersichtlich sehr merkbar erhöhen. Für die Weiterverarbeitung der wesentlich größeren Mengen leichter Destillate müssen in einem solchen Fall die Anlagen auf alle Fälle vergrößert oder neu errichtet werden. Es ist aber nicht zu vermeiden, daß ein Teil des angelagerten Wasserstoffes im Krackgas wieder erscheint. Doch ist das Abgas im Trennbehälter hinter einer Hydrocracking-Anlage auch nicht frei von Wasserstoff.

Es wurde der Versuch unternommen, die Koksbildung durch Reaktionsgleichungen mathematisch zu erfassen[1]. Zweifellos ist dabei eine gewisse Übereinstimmung mit Versuchsdaten zu erzielen. Es darf jedoch nicht übersehen werden, daß sich die Vorgänge offenbar nicht durch die Betrachtung einer einzigen Reaktion ausreichend genau beschreiben lassen[2]. Zunächst entsteht Koks als Ergebnis der Einwirkung des Katalysators auf das zu krackende Kohlenwasserstoffgemisch, auch wenn dieses vollkommen frei ist von Asphaltbildnern, wie sie z. B. durch den Conradson-Test bestimmt werden, und vollkommen frei von Verunreinigungen durch Metallspuren[3]. Dieser Anteil wird von GRANE u. Mitarb. als „catalytic coke" bezeichnet. Dazu kommt eine Menge an Koks, die sich dadurch bildet, daß Kohlenwasserstoffreste in den Poren des Katalysators zurückgehalten und beim Strippen vor dem Eintritt in den Regenerator nicht vollkommen entfernt werden. Sie verringern die Ausbeute an gewünschten Produkten und belasten die Abbrandkapazität des Regenerators in gleicher Weise wie der „catalytic coke". Da die Menge weitgehend vom Katalysatorumlaufverhältnis abhängt, wird ihr Anteil „cat-to-oil coke" genannt. Der Beitrag der im Einsatzgut bereits vorhandenen Asphaltbildner ist bei üblichen Fahrweisen mit Destillaten vergleichsweise gering und kann als „Conradson coke" einfach erfaßt werden. Schließlich ist noch die Koksbildung zu beachten, die durch die Anwesenheit von Metallen auf dem Katalysator verursacht wird, wenn also dadurch mehr Koks entsteht als bei unvergiftetem Katalysator. Man spricht in diesem Falle von „contaminant coke". GRANE u. Mitarb. haben in Fließbettbetriebsanlagen der Atlantic Refining Co (jetzt Atlantic Richfield Co) festgestellt, daß diese Koksarten etwa in folgendem Verhältnis entstanden:

Catalytic coke	45%
Cat-to-oil coke	20%
Conradson coke	5%
Contaminant coke	30%
	100%

Diese Zahlen, die in anderen Anlagen sicherlich abweichen werden, sollen nur ein ungefähres Bild geben und erkennen lassen, welche verschie-

---

[1] CRAWFORD, P. B., u. W. A. CUNNINGHAM: Carbon Formation in Cat Cracking. Petrol. Refiner 35 (1956) Nr. 1, S. 169/73.

[2] GRANE, H. R., J. E. CONNOR u. G. P. MASOLOGITES: Predict Poisoning Effects of Metals. Petrol. Refiner 40 (1961) Nr. 5, S. 168/72.

[3] Zwar wird durch den Conradson- (und durch den Ramsbottom-)Test die Verkokungsneigung bestimmt und das Ergebnis in Gew.-% Koks angegeben. Dieser ist aber im untersuchten Öl nicht ursprünglich enthalten, sondern entsteht erst bei den Bedingungen des Prüfverfahrens aus den „Asphaltbildnern".

denen Einflüsse zu beachten sind. Mit Sicherheit gelten sie nur für das Kracken von Destillaten. Sobald der Conradson-Test merkbare Beträge an Asphaltbildnern im Einsatzgut anzeigt, wie dies bei Destillationsrückständen der Fall ist, überwiegt der Anteil des sog. „Conradson coke". Der Gehalt an Asphaltbildnern kann dann sogar dazu benutzt werden, mit einiger Wahrscheinlichkeit die zu erwartende Koksbildung beim Kracken von Rückständen abzuschätzen. Am Schluß dieses Abschnittes wird auf S. 414 auf diesen Zusammenhang noch eingegangen.

Bereits in den ersten Jahren der Anwendung des katalytischen Krakkens wurden Untersuchungen darüber angestellt, wie die Verfahrensbedingungen die Koksbildung beeinflussen[1]. Dabei verfügte man noch nicht über später gewonnene Erkenntnisse und hat deshalb die vorerwähnten unterschiedlichen Ursachen noch nicht erfassen können. Trotzdem wurden die Beobachtungen, die sich auf die Gesamtmenge des gebildeten Kokses beziehen, durch spätere Untersuchungen im großen und ganzen bestätigt. Dies erklärt sich dadurch, daß anfänglich nur Gasöle gekrackt wurden, die praktisch frei von Asphaltbildnern und Metallspuren waren. Erst im Laufe der Zeit wagte man, Einsatzöle zu verwenden, die nicht mehr als „clean oils" bezeichnet werden konnten. Auch ist durchaus denkbar, daß die beobachteten Abhängigkeiten bei Anwesenheit von Asphaltbildnern und Metallspuren zwar der Menge nach erheblich, aber nicht grundsätzlich geändert werden.

Als wichtigste Verfahrensbedingungen (oder Betriebskenngrößen) hat VOORHIES die Temperatur, die Raumgeschwindigkeit, das Katalysator/Öl-Verhältnis und die Verweilzeit in Betracht gezogen[2]. Drückt man die bei VOORHIES noch „feed rate" genannte Raumgeschwindigkeit (space velocity) in h^{-1} aus, die Verweilzeit (residence time) aber in min, so gilt die Beziehung

$$\frac{\text{Raumgeschwindigkeit} \times \text{Verweilzeit}}{60} = \frac{1}{\text{Kat./Öl-Verh.}}, \qquad \text{(E-2)}$$

vorausgesetzt, daß in Gewichtsanteilen gerechnet wird. Benutzt man aber bei der Bestimmung der Raumgeschwindigkeit Volumina, was bei Festbettverfahren üblich ist, so muß man die so angegebene Raumgeschwindigkeit noch mit dem Quotienten der Dichte des Einsatzgutes durch die Schüttdichte des Katalysators multiplizieren.

Der Umsetzungsgrad kennzeichnet die sog. „Kracktiefe" und bestimmt bei einer *gegebenen* Temperatur Ausbeute und Eigenschaften der erzielten Krackprodukte. So nehmen Gas- und Koksanfall mit dem Umsetzungsgrad zu. Betrachtet man aber den Umsetzungsgrad als unveränderliche Größe, dann werden Ausbeute und Eigenschaften der Produkte vornehmlich durch die Temperatur bestimmt, während ein Einfluß der Raumgeschwindigkeit bzw. der Verweilzeit nicht zu erkennen ist. Bei beiden Abhängigkeiten ist aber zu beachten, daß die Raumgeschwindigkeit bzw. die Verweilzeit entsprechend dem gewünschten Umsetzungsgrad gewählt werden müssen.

---

[1] Vgl. A. VOORHIES jr.: a.a.O. (vgl. Fußn. 1, S. 400).
[2] Bezüglich der zuletzt genannten Größen vgl. S. 283.

Aus Abb. E-12 ist der zuletzt erwähnte Zusammenhang bezüglich der Koksbildung sehr deutlich zu erkennen. Trotz erheblicher Unterschiede der Raumgeschwindigkeit liegen die Werte für die auf dem Katalysator gebildete Koksmenge bei gleichen Temperaturen sehr eng beieinander[1]. Abb. E-12 läßt auch den Unterschied des Verhaltens verschiedener Katalysatoren erkennen. Der synthetische Katalysator ist viel aktiver. Er erfordert für den gleichen Umsetzungsgrad erheblich niedrigere Temperaturen.

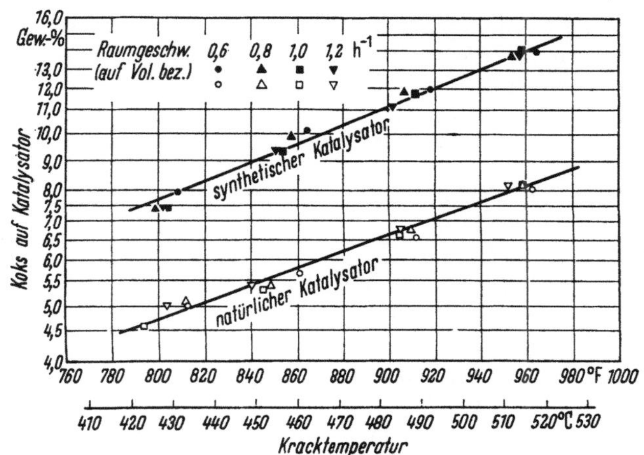

Abb. E-12. Koksbildung auf Festbettkatalysatoren in Abhängigkeit von der Reaktionstemperatur, nach VOORHIES jr.

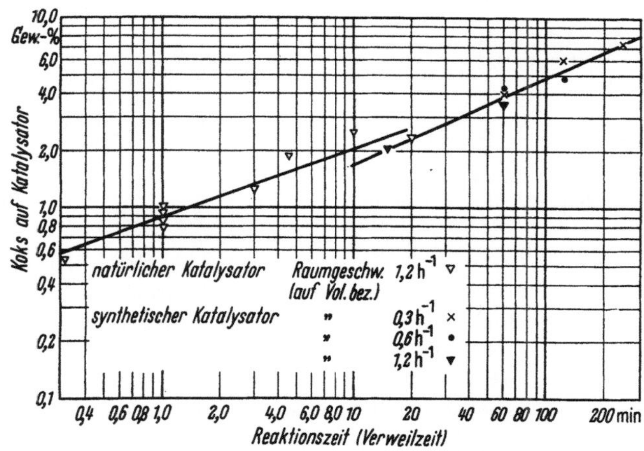

Abb. E-13. Koksbildung auf Festbettkatalysatoren in Abhängigkeit von der Verweilzeit bei gleicher Temperatur, nach VOORHIES jr.

---

[1] Bezogen auf Einsatz ändert sich hingegen die Koksmenge im umgekehrten Verhältnis zur Raumgeschwindigkeit; ist diese doppelt so groß, so wird doppelt soviel durchgesetzt, und der Koksanfall je Einheit der Einsatzmenge ist dann halb so groß.

Wenn man aber gleiche Temperaturen anwendet und die Verweilzeit erhöht, d.h. die Raumgeschwindigkeit verringert, dann nimmt dadurch der Umsetzungsgrad zu, und die Koksbildung kann auch als Abhängige der Verweilzeit dargestellt werden, wie dies aus Abb. E-13 zu erkennen ist[1]. Trotzdem ist – wie die Beispiele für den synthetischen Katalysator zeigen – der Einfluß der Raumgeschwindigkeit offensichtlich gering, was voraussetzt, daß das Katalysator/Öl-Verhältnis entsprechend geändert wurde, um den durch die Koksbildung gekennzeichneten Umsetzungsgrad zu erreichen. Über die Höhe der Beladung s. a. S. 445.

Wegen der Notwendigkeit, die Gebläse für die Verbrennungsluft und den Regenerator für die größte Abbrandleistung zu bemessen, ist die Abhängigkeit der Koksbildung vom Umsetzungsgrad von besonderem Interesse für die Betriebspraxis. Sie ist für einen synthetischen Festbettkatalysator in Abb. E-14 wiedergegeben, die ebenfalls zeigt, daß es keinen

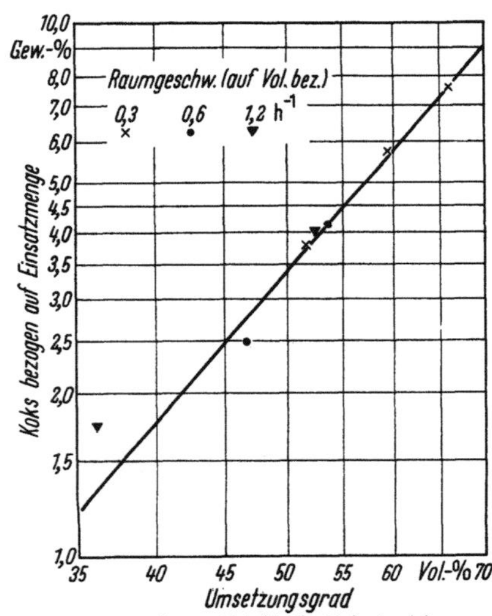

Abb. E-14. Änderung der auf Einsatzgut bezogenen Koksbildung bei gleicher Temperatur von 454 °C in Abhängigkeit vom Umsetzungsgrad, nach VOORHIES jr.

Einfluß hat, ob ein bestimmter Umsetzungsgrad bei gleichbleibender Temperatur durch hohe Raumgeschwindigkeit und entsprechend kurze Verweilzeit bzw. ein dadurch gegebenes Katalysator/Öl-Verhältnis oder durch andere Werte dieser Betriebsgrößen erreicht wurde. Allerdings deckt sich die Erfahrung in Betriebsanlagen nicht vollkommen mit diesem Befund. Die letzte Abbildung ist deshalb wichtig, weil keineswegs zu erwarten ist, daß die Koksmenge einfach proportional mit dem Umsetzungsgrad zunimmt. Sie ändert sich fast mit der dritten Potenz.

Nach VOORHIES gelten die in Festbettapparaturen ermittelten Abhängigkeiten in sinngemäß gleicher Weise auch für Fließbettkatalysa-

---

[1] Die in Abb. E-13 wiedergegebene Abhängigkeit stimmt mit der durch spätere Versuche ermittelten und in Abb. E-7, S. 394 gezeigten gut überein.

toren. Dies wurde zwar von anderer Seite bezweifelt. Untersuchungen in einer Apparatur, die einen Fließbettkatalysator in ruhendem Zustand, aber mit großem Katalysator/Öl-Verhältnis von 10 und entsprechend kurzen Verweilzeiten in Annäherung an die Bedingungen in Betriebsanlagen verwendet, haben ebenfalls gezeigt, daß die Koksbildung, in einem doppeltlogarithmischen Netz aufgetragen, so wie in Abb. E-13 durch eine Gerade in Abhängigkeit von der Verweilzeit – bei entsprechender Änderung des Umsetzungsgrades – dargestellt werden kann[1]. Damit erscheinen die Überlegungen von VOORHIES bestätigt.

Die dargestellten Abhängigkeiten werden jedoch vollkommen verändert, wenn außer Koks auch Metalle auf dem Katalysator abgelagert werden. Dies zeigt Abb. E-15 für einen Katalysator, dessen sonstiges

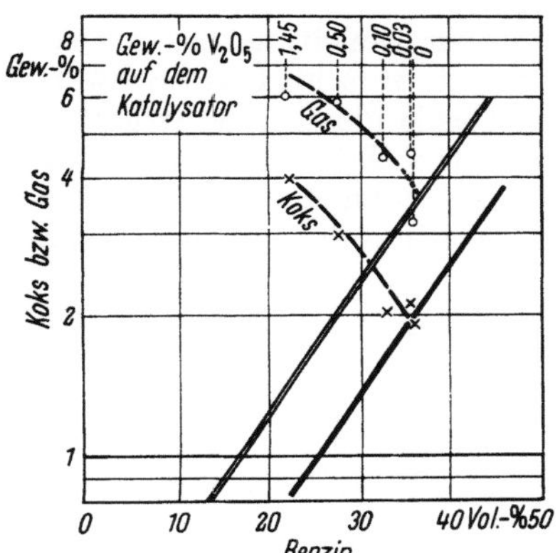

Abb. E-15. Zunahme der Gas- und Koksbildung bei Vergiftung des Houdry-Katalysators Typ I (vgl. Abb. E-7, S. 394) durch Vanadium unter den Bedingungen des Cat-A-Testes, nach MILLS. Die beiden schräg von links unten nach rechts oben verlaufenden Geraden sind identisch mit den Geraden *C* in Abb. E-7.

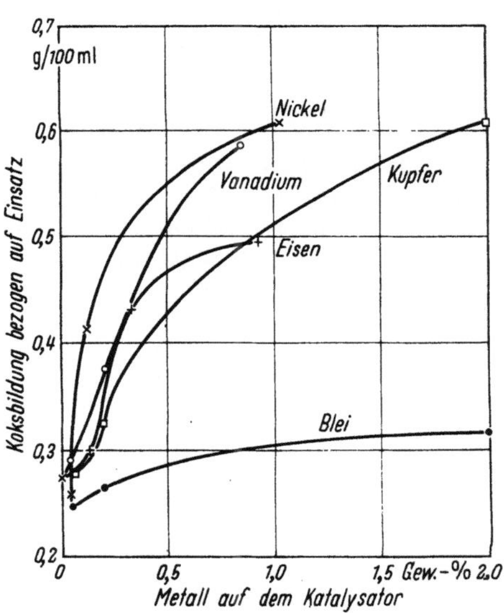

Abb. E-16. Koksablagerung auf einem Krackkatalysator in Abhängigkeit vom Metallgehalt dieses Katalysators, nach SMALL u. Mitarb.

Verhalten in Abb. E-7 wiedergegeben ist[2]. Die beiden geraden Linien sind mit den entsprechenden Linien der Abb. E-7 identisch. Man sieht, wie mit zunehmendem Vanadiumgehalt der Koks- und der Gasanfall trotz Verringerung des Umsetzungsgrades ansteigen, d.h. sowohl die Aktivität wie insbesondere die Selektivität des Katalysators bei gleichbleibenden Reaktionsbedingungen verschlechtert werden. Der Einfluß anderer, als Katalysatorgifte wirkender Metalle ist aus Abb. E-16 zu

---

[1] WHITACKER, A. C., u. A. D. KINZER: Effect of Residual Coke on Behaviour of Cracking Catalyst. Industr. Engng. Chem. 47 (1955) 2153/57.
[2] Nach G. A. MILLS: a.a.O. (vgl. Fußn. 2. S. 396); vgl. außerdem G. A. MILLS u. H. A. SHABAKER: a.a.O. (Fußn. 1, S. 394).

ersehen[1]. Als besonders empfindliches Merkmal für den Rückgang der Selektivität durch Vergiftung des Katalysators hat MILLS die Abnahme der Dichte des entstehenden Gases gefunden, die in erster Linie auf die zunehmende Bildung von Wasserstoff zurückzuführen ist. Sie macht sich schon frühzeitig bemerkbar, noch ehe eine Änderung der Produktzusammensetzung besonders deutlich wird. Die Änderung der Gaszusammensetzung beim Kracken definierter Kohlenwasserstoffe in Abwesenheit von Metallen wurde von PICHLER und GÄRTNER untersucht[2].

Ganz anders als die Metalle, deren Wirkung in Abb. E-16 dargestellt ist, beeinflußt Natrium die Eigenschaften von Krackkatalysatoren. Es ruft eine gleichmäßige Verminderung der Aktivität hervor, ohne die Selektivität zu ändern[3]. Vermutlich wird durch Ionenaustausch ein H^+-Ion durch ein Na^+-Ion ersetzt und dadurch gleichzeitig mit der Azidität auch die Aktivität herabgesetzt. Nach FISCHER und BRANDES besteht zwar der unmittelbare Zusammenhang zwischen Azidität und Aktivität nur bei Aluminiumsilikaten, die keine sonstigen Metalle enthalten, weil nur das dem Aluminium assoziierte Proton zur Einleitung der Krackreaktion zur Verfügung steht[4]. Dies mag für die verschiedenen Schwermetalle zutreffen, wofür in der genannten Quelle idealisierte Strukturbeispiele angeführt sind. Die Beobachtungen mit Natrium legen jedoch den Schluß nahe, daß ein dadurch vergifteter Katalysator an der vorher aktiven Stelle, anders als von FISCHER und BRANDES angenommen, etwa folgende Struktur hat:

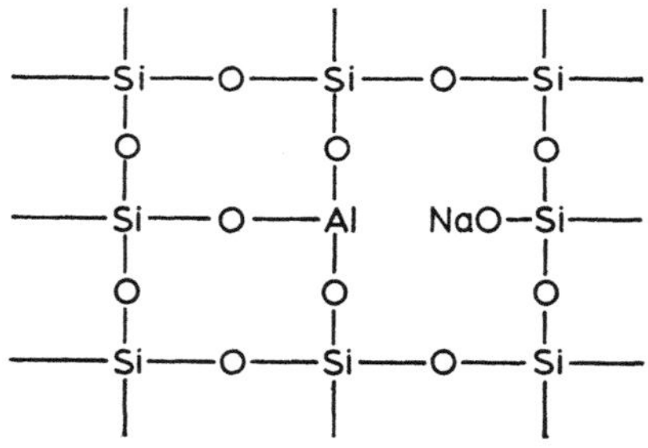

$$
\begin{array}{ccccc}
| & & | & & | \\
-\!\!-Si-\!\!-O-\!\!-Si-\!\!-O-\!\!-Si-\!\!- \\
| & & | & & | \\
O & & O & & O \\
| & & | & & | \\
-\!\!-Si-\!\!-O-\!\!-Al & & NaO-\!\!-Si-\!\!- \\
| & & | & & | \\
O & & O & & O \\
| & & | & & | \\
-\!\!-Si-\!\!-O-\!\!-Si-\!\!-O-\!\!-Si-\!\!- \\
| & & | & & |
\end{array}
$$

In diesem Schema ist der Mangel einer Bindung zwischen Al und NaO zu beachten.

Neben den Metallen verändern die in vielen Erdölen vorkommenden Elemente Schwefel, Stickstoff und Sauerstoff ebenfalls die Eigenschaf-

---

[1] Vgl. dazu N. J. H. SMALL, P. H. KIRKALDY u. A. NEWTON: The relative effect of deactivating agencies on the performance of silica-alumina cracking catalyst. 4. Welt-Erdöl-Kongreß, Rom 1955, Bericht III/E-1.

[2] PICHLER, H., u. R. GÄRTNER: Über den Verlauf der Umsetzungen beim katalytischen Kracken in Abhängigkeit vom Absinken der Aktivität des Katalysators zwischen zwei Regenerationen. Brennst.-Chem. 43 (1962) 336/40.

[3] Beobachtungen, über die TAMELE u. Mitarb. berichten, legen diese Erklärung nahe; vgl. Fußn. 2, S. 385.

[4] Vgl. K. A. FISCHER u. G. BRANDES: a.a.O. (Fußn. 2, S. 390), dort bes. S. 85, 1. Sp.

ten der Katalysatoren. *Schwefel* wirkt sich sowohl auf die Aktivität wie auch auf die Selektivität ungünstig aus[1]. Synthetische Katalysatoren sind jedoch dagegen erheblich widerstandsfähiger als natürlich gewonnene, und auch bei diesen ist die Schädigung nicht dauernd wie durch Metalle, sondern läßt sich mit Wasserdampf beseitigen. Eine Erklärung dafür wurde schon von DAVIDSON zu geben versucht[2]. Er nimmt an, daß der durch die hohen Temperaturen beim Regenerieren dehydrierte Katalysator begierig Schwefelwasserstoff aufnimmt, wenn er wieder mit dem zu krackenden Öl in Berührung kommt. Die Anwesenheit von Schwefel im Kristallgitter in der Nähe der aktiven Zentren beeinträchtige jedoch deren Wirksamkeit. Bei Anwesenheit von Wasserdampf kann aber die Adsorption des Schwefels zurückgedrängt werden. Im Laufe der Zeit wurden die Einsatzprodukte für Krackanlagen immer schwefelreicher, sei es daß der Schwefelgehalt der Rohöle anstieg, sei es daß zur Erhöhung der Ausbeute das Siedeende angehoben wurde und der Schwefelgehalt dadurch zunahm. Dies trug dazu bei, daß für solche Fälle wegen ihrer geringeren Empfindlichkeit synthetische Katalysatoren bevorzugt werden.

Zahlentafel E-5. *Behinderung des Krackens von Dekalin* ($C_{10}H_{18}$) *durch Stickstoffverbindungen bei einem Gehalt von 0,11% N; Si-Zr-Al-Katalysator; Arbeitsbedingungen: 1,033 ata, 500 °C, 13,7 mol (l · h); Versuchsdauer 1 h*

Stickstoffverbindung		Umsetzungsgrad %	Behinderung %
Keine		41,9	—
Ammoniak	NH_3	42,0	0
Methylamin	$CH_3 \cdot NH_2$	42,0	0
Diamylamin	$(C_5H_{11})_2 \cdot NH$	42,3	0
Dizyklohexylamin	$(C_6H_{11})_2 \cdot NH$	28,0	33
Pyridin	C_5H_5N	26,8	36
Indol	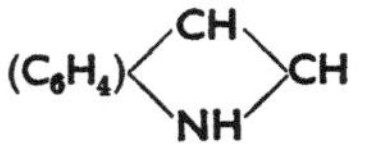 $(C_6H_4)\!\!<\!\!\overset{CH}{\underset{NH}{}}\!\!>\!\!CH$	25,1	40
α-Naphthylamin	$(C_{10}H_7) \cdot NH$	21,8	48
Chinolin	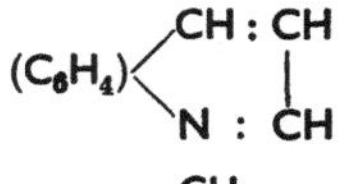 $(C_6H_4)\!\!<\!\!\overset{CH\,:\,CH}{\underset{N\,:\,CH}{}}$	8,5	80
Akridin	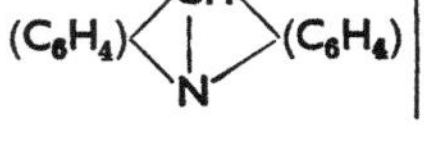 $(C_6H_4)\!\!<\!\!\overset{CH}{\underset{N}{}}\!\!>\!\!(C_6H_4)$	8,2	81

Behinderung ist als Abnahme des Umsetzungsgrades bei stickstofffreiem Einsatzgut, ausgedrückt in Prozent dieses Wertes, definiert.

---

[1] CONN, A. L., u. C. W. BRACKIN: Cracking of High Sulfur Stocks. Use of steam with natural catalyst. Industr. Engng. Chem. 41 (1949) 1717/22.
[2] DAVIDSON, R. C.: Cracking Sulfur Stocks With Natural Catalyst. Petrol. Refiner 26 (1947) Nr. 9, S. 79/88 [663/72].

Stickstoff beeinflußt die Katalysatoren in ähnlicher Weise wie Schwefel. Genauere Untersuchungen darüber liegen nur in geringer Zahl vor und erstrecken sich mehr auf das Auftreten des Stickstoffes in den Produkten[1]. Diesbezügliche Angaben folgen im nächsten Abschnitt. VOGE u. Mitarb. haben beim Kracken einzelner Kohlenwasserstoffe festgestellt, daß die Wirkung definierter Stickstoffverbindungen sehr unterschiedlich sein kann[2]. Dies ist in Zahlentafel E-5 an Hand eines besonderen Beispieles erläutert. Während Ammoniak und aliphatische Amine keinen Einfluß zeigen, ist die Verringerung der Aktivität des Katalysators durch Chinolin, den aromatischen Doppelring mit einem eingebauten (heterozyklischen) Stickstoffatom – Siedepunkt 238 °C –, ebenso wie durch Akridin – Siedepunkt 345 °C – sehr beträchtlich; Formeln siehe Zahlentafel E-5. Es fragt sich aber, ob mit dem Vorkommen von so komplizierten Körpern, wie z.B. Akridin, im Einsatzgut von Krackanlagen zu rechnen ist. Die einfacheren Pyridinbasen (mit heterozyklischem Stickstoff) sind jedoch in höhersiedenden Erdölfraktionen vertreten. So konnten z.B. folgende aus der Chemie des Steinkohlenteeres bekannten Stickstoffverbindungen in Straight run-Gasöl nachgewiesen werden[3]:

Pyridine	43,9 Gew.-%
Karbazole	29,5 Gew.-%
Indole	9,4 Gew.-%
Pyrrole	8,9 Gew.-%
Chinoline	8,3 Gew.-%
	100,0 Gew.-%

Dabei sind unter den angegebenen Bezeichnungen die Typen zu verstehen, welche auch die Verbindungen mit – meist kurzen – Seitenketten und – soweit möglich – die Isoverbindungen umfassen. VILAND hat gefunden, daß die Wirkung vom Basencharakter der Stickstoffverbindungen abhängt[4]. Dies steht im Einklang mit der Annahme, daß die Azidität eine der wesentlichen Eigenschaften der Krackkatalysatoren ist. Die nachteilige Wirkung von Stickstoffverbindungen läßt sich im übrigen durch höhere Temperatur und durch höheres Katalysator/Öl-Verhältnis weitgehend beseitigen.

Sowohl bei Schwefel wie bei Stickstoff stellte man fest, daß um so mehr von diesen Elementen im Koks auf dem Katalysator bleibt, je höher der Umsetzungsgrad, damit auch die Menge des gebildeten Kokses ist. Der Anteil nimmt bei gleicher Umsetzung mit zunehmender Tem-

---

[1] Vgl. dazu G. A. MILLS, E. R. BOEDECKER u. A. G. OBLAD: Chemical Characterization of Catalysts. I. Poisoning of Cracking Catalysts by Nitrogen Compounds and Pottasium Ion. J. Amer. Chem. Soc. 72 (1950) 1554/60. – SCHALL, J. W., u. J. C. DART: Catalytic cracking of high nitrogen charge stock. 3. Welt-Erdöl-Kongreß, Den Haag 1951, Bericht IV-II/1; Petrol. Refiner 31 (1952) Nr. 3, S. 101/03; Nr. 4, S. 173/76.

[2] VOGE, H. H., G. M. GOOD u. B. S. GREENSFELDER: Catalytic cracking of pure compounds and petroleum fractions. 3. Welt-Erdöl-Kongreß, Den Haag 1951, Bericht IV-II/5.

[3] SAUER, R. W., F. W. MELPOLDER u. R. A. BROWN: Nitrogen Compounds in Domestic Heating Oil Destillates. Industr. Engng. Chem. 44 (1952) 2606/09.

[4] VILAND, C. K.: Better Yields After Nitrogen Removal. Petrol. Refiner 37 (1958) Nr. 3, S. 197/200.

peratur ab. Es besteht jedoch ein erheblicher Unterschied darin, daß vom zugeführten Stickstoff etwa 30 bis über 50% im Koks nachgewiesen werden können, vom zugeführten Schwefel aber nur etwa 5 bis weniger als 20%; rd. 50% des Schwefels werden beim Kracken in Schwefelwasserstoff umgewandelt; von Stickstoffverbindungen sind je nach Rohöl Spuren bis zu merkbaren Mengen Ammoniak im Gas zu finden. Der Stickstoff wird mit dem Koks beim Regenerieren wieder entfernt und bewirkt keine dauernde Veränderung der Katalysatoreigenschaften. Dieser Umstand ist bemerkenswert, weil beim katalytischen Reformieren mit Edelmetallkatalysatoren einige Stickstoffverbindungen besonders nachteilig sind. Dies liegt vor allem daran, daß zwischen den Regenerationen dieser Katalysatoren sehr lange Zeiträume liegen und dadurch die allmähliche Adsorption von Stickstoff wirksam wird.

Eine nachteilige Wirkung der in Erdölen vorkommenden *Sauerstoff*verbindungen auf Krackkatalysatoren konnte nicht festgestellt werden. VOGE u. Mitarb. berichten über diesbezügliche Versuche[1]. Da es sich in der Regel um Naphthensäuren handelt, ist diese Beobachtung verständlich. Die Azidität des Katalysators wird durch solche Säuren nicht beeinträchtigt, sofern sie bei den üblichen Kracktemperaturen überhaupt noch im ursprünglichen Zustand existieren. Aber auch Bruchstücke können den Säurecharakter des Katalysators nicht schädlich beeinflussen.

Zum *bleibenden Altern* von Katalysatoren tragen nicht nur Metalle bei, sondern auch hohe Temperaturen und Gase, insbesondere Wasserdampf. Auf dessen Anwendung beim Strippen zwischen Reaktor und Regenerator kann aber nicht verzichtet werden. Deshalb muß man in Kauf nehmen, daß die Aktivität der Betriebsfüllung von Krackanlagen erheblich niedriger liegt als die von Frischkatalysator.. Man kann nur darauf achten, daß die Temperatur bei der Regeneration Durchschnittswerte von rd. 600 °C nicht übersteigt. Dabei muß man damit rechnen, daß auf der Katalysatoroberfläche dieser Betrag an einzelnen Stellen merkbar überschritten wird. Es wird daher die zulässige Koksbeladung nicht durch den Rückgang der Aktivität, sondern durch die maximal zulässigen Temperaturen beim Regenerieren bestimmt; dies wurde bereits S. 400 kurz erwähnt und wird S. 445 f. näher begründet.

Wie die aktive Oberfläche von Katalysatoren durch hohe Temperaturen bei längerer Behandlung in Gegenwart oder bei Abwesenheit von Wasserdampf verringert wird, ist in Abb. E-17a und b wiedergegeben. Die Kurven zeigen, wie schnell die aktive Oberfläche von Frischkatalysator – offenbar durch Sinterungen – abnimmt. Da die bei 600 °C und Wasserdampfbehandlung nach längerer Zeit erreichten Werte noch merkbar höher sind als die von Katalysatoren aus Betriebsanlagen, liegt der Schluß nahe, daß die weitere Abnahme der aktiven Oberfläche durch Restbelastungen mit Koks verursacht ist, die beim Regenerieren nicht vollständig entfernt werden[2].

---

[1] Vgl. Fußn. 2, S. 410.

[2] Vgl. dazu auch R. M. LEVY, D. J. BANER u. J. F. ROTH: Effect of thermal aging on the physical properties of activated alumina. Industr. Engng. Chem./Prod. Res. Developm. 7 (1968) 217/20.

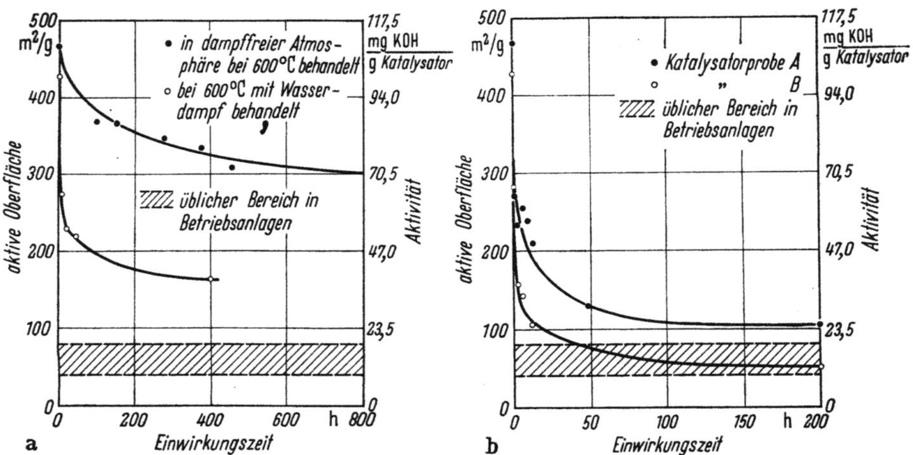

Abb. E-17. Abnahme der Aktivität (ausgedrückt durch m²/g) eines synthetischen Aluminium-silikatkatalysators durch hohe Temperaturen und durch Wasserdampf.
a) Einwirkung von Dampf und dampffreier Atmosphäre bei 600 °C; b) Einwirkung einer dampf-freien Atmosphäre bei 850 °C auf zwei verschiedene Katalysatorproben.
Die aktive Oberfläche wurde nach der BET-Methode bestimmt; vgl. S. 391. Als Maß für die Akti-vität wurde die Absorption von KOH in einer 0,1 n KOH-Lösung nach 1 h Einwirkungszeit gewählt.

Es wurde auch die Beobachtung gemacht, daß unter bestimmten Bedingungen frischer Katalysator verhältnismäßig schnell seine Akti-vität verlieren kann. Wegen seiner noch großen aktiven Oberfläche nimmt frischer Katalysator im Reaktor mehr Öl auf als bereits wiederholt re-generierte Teilchen. Wird er dann durch das Strippen nicht genügend von Ölresten befreit und gelangt er im Regenerator in einen Bereich hoher Sauerstoffkonzentrationen, so können an einzelnen Teilchen örtlich über-mäßig hohe Temperaturen auftreten[1]. Infolgedessen kann es dazu kom-men, daß Katalysator, der dem in einer Apparatur umlaufenden frisch zugesetzt wurde, sich bevorzugt mit Koks belädt. Es wurde berechnet, daß solche Teilchen Temperaturen bis zu 800 °C annehmen können.

In Abb. E-16 ist u.a. der Einfluß von *Eisen* wiedergegeben. Dieses Metall spielt zwar als Begleitstoff in Erdölen keine solche Rolle wie Nickel und Vanadium. Es kann aber als feinster Abrieb aus der Appa-ratur leicht auf den Katalysator gelangen. Sein Einfluß wurde neben dem der anderen Metalle besonders von CONNOR u. Mitarb. untersucht[2]. Die in der Arbeit wiedergegebenen Schaubilder lassen durchwegs er-kennen, daß ein Metallgehalt von einem oder wenigen Promille auf dem Katalysator die Koksbildung bei gleichem Umsetzungsgrad auf ein Mehr-faches steigert, daß dann aber bald ein Grenzwert dafür erreicht wird,

---

[1] Vgl. dazu A. BONDI, R. S. MILLER u. W. G. SCHLAFFER: Rapid deactivation of fresh cracking catalyst. Industr. Engng. Chem./Process Design Development 1 (1962) 196/203.
[2] CONNOR jr., J. E., J. J. ROTHROCK, E. R. BIRKHIMER u. L. N. LEUM: Fluid Cracking Catalyst Contamination. Some Fundamental Aspects of Metal Contami-nation. Industr. Engng. Chem. 49 (1957) 276/82; s. a. Fußn. 1, S. 401.

der auch durch einen wesentlich höheren Metallgehalt nicht mehr sehr stark geändert wird.

Zur Kennzeichnung des Einflusses der Metalle wird von CONNOR u. Mitarb. der von SHANKLAND und SCHMITKONS vorgeschlagene sog. Carbon producing factor (CPF) benutzt[1]. Dieser ist in gewisser Hinsicht ein Selektivitätsmerkmal, das auch von anderen Forschern herangezogen wird. Er kann bei üblichen Verhältnissen Werte bis zu rd. 3 erreichen.

Es wurde S. 408 darauf hingewiesen, daß die Abnahme der Dichte des Krackgases ein sehr deutliches Merkmal für die beginnende Vergiftung eines Katalysators ist. CONNOR u. Mitarb. leiten aus dieser von anderen und auch von ihnen gemachten Beobachtung die Annahme ab, daß die Metalle auf der Oberfläche der Aluminiumsilikate – je nach Temperatur – als Hydrierungs-Dehydrierungs-Katalysatoren wirken. Bei den beim Kracken angewendeten Temperaturen fördern sie die Wasserstoffabspaltung statt des erwünschten Bruches von großen Molekülen in kleinere, etwa gleich große Teile.

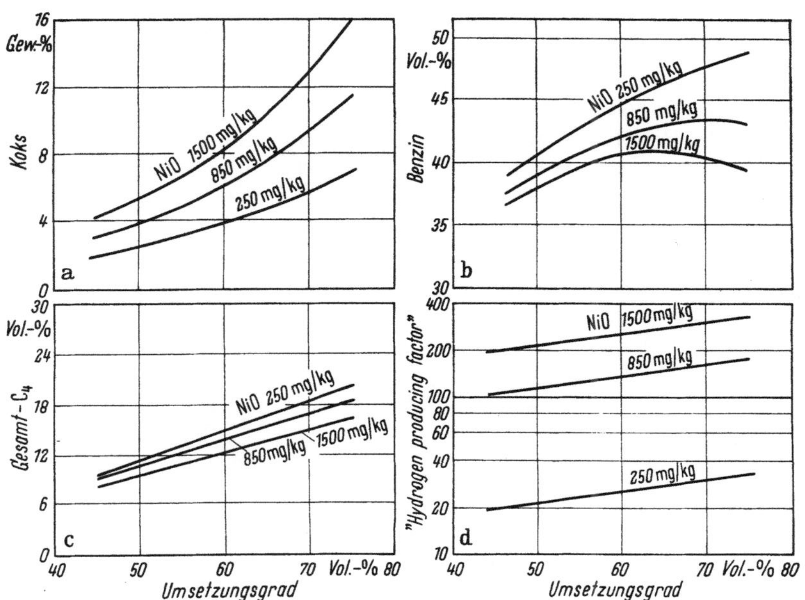

Abb. E-18. Einfluß von Nickel auf Koksbildung a), Benzinausbeute b), C₄-Ausbeute c) und Wasserstoffbildung d) in Abhängigkeit vom Umsetzungsgrad, nach GOSSET.

Um dieses Verhalten zu kennzeichnen, hat GOSSETT in Anlehnung an die Vorschläge von SHANKLAND nnd SCHMITKONS einen „Hydrogen producing factor" vorgeschlagen[2]. Darunter wird das Molverhältnis von Wasserstoff zur Summe von Methan, Äthan und Äthen verstanden. Wie

---

[1] Vgl. S. 397, bes. Fußn. 2.

[2] GOSSETT, E. C.: When Metals Poison Cracking Catalysts. Petrol. Refiner 39 (1960) Nr. 6, S. 177/80.

empfindlich diese Größe ist, wird aus Abb. E-18 deutlich. Darin sind Koksbildung, Benzinausbeute, C_4-Ausbeute und „Hydrogen producing factor" für drei verschiedene Beladungen eines Katalysators mit NiO in Abhängigkeit vom Umsetzungsgrad wiedergegeben. Wegen der sehr hohen Empfindlichkeit dieses Faktors erscheint er für die Überwachung von Betriebsanlagen besonders geeignet.

ε) **Das Kracken von Destillationsrückständen.** Vor der Entwicklung der Hydrocracking-Verfahren wandte sich das Interesse immer mehr dem Einfluß der in Rückständen vorkommenden Metalle auf die Krackeigenschaften der Katalysatoren zu. Besonders in den Vereinigten Staaten von Amerika ist der Absatz an schwerem Heizöl im Verhältnis zum Gesamtausstoß der Raffinerien seit langem durch die ständig zunehmende Versorgung der Verbraucher mit Erdgas rückläufig. Eine solche Entwicklung wird auch in Mittel- und Westeuropa erwartet, vor allem dann, wenn außer den großen Erdgasfeldern in Nordholland die Bohrungen in der Nordsee und die Lieferungen aus der Sowjetunion zu einem reichlicheren Angebot an Erdgas führen sollten.

Deshalb wurde nach Möglichkeiten gesucht, auch Rückstandsöle katalytisch zu kracken. Die dabei auftretenden Schwierigkeiten sind in erster Linie durch die Katalysatorvergiftung verursacht. Es gibt zwei Wege, damit fertig zu werden. Entweder wird laufend so viel Frischkatalysator dem Kreislauf einer Anlage zugeführt, daß die Metallbeladung des gesamten Katalysatorvolumens in erträglichen Grenzen gehalten wird. In einem bereits erwähnten, noch zu besprechenden Sonderfall

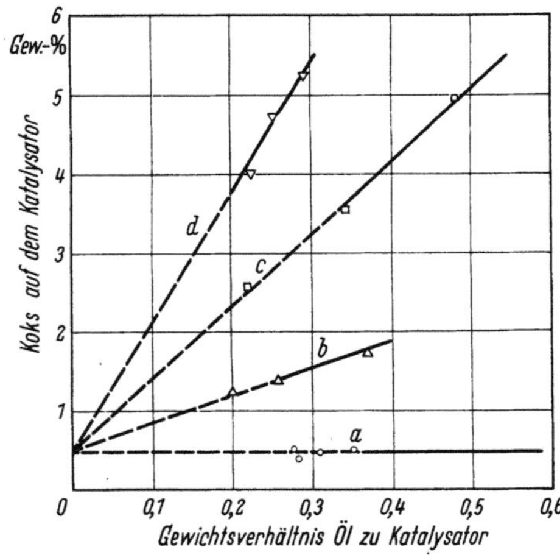

Abb. E-19. Koksbildung, abhängig vom Verhältnis Öl zu Katalysator, für verschiedene Gehalte an Asphaltbildnern im Einsatzgut (ausgedrückt durch den Ramsbottom-Test), nach KNAUS und Mitarb.

a Leichtes Gasöl;
b Ramsbottom-Rückstand 4,5 Gew.-%;
c Ramsbottom-Rückstand 8,3 Gew.-%;
d Ramsbottom-Rückstand 15,2 Gew.-%.

wurde bei perlförmigem, in bewegter Schüttung arbeitendem Katalysator ein verstärkter Abrieb der Oberfläche angestrebt, um auf diese Weise den größeren Teil der Metalle mit dem „Feinsten" durch das Rauchgas aus dem Regenerator auszuschleusen. Die Notwendigkeit des Ersatzes durch Frischkatalysator bleibt aber bestehen. Vgl. dazu S. 469 unten.

In neuester Zeit wurde aber ein neuer Weg eingeschlagen. Durch die in Abschn. E 8 zu besprechenden Verfahren wird der umlaufende Katalysator oder ein Teilstrom davon während des Betriebes reaktiviert, so daß die erforderliche Zugabe von Frischkatalysator stark verringert werden kann.

Im Zuge der Entwicklungsarbeiten für diese Verfahren wurden weitere Untersuchungen durchgeführt, um die Voraussetzungen für zweckdienliche Maßnahmen kennenzulernen[1]. Obwohl nach den Untersuchungen von GRANE der Anteil des sog. Conradson coke beim Kracken von

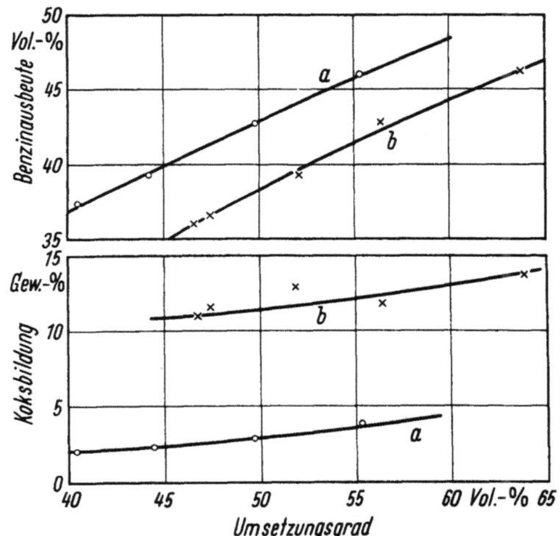

Abb. E-20. Benzinausbeute und Gasbildung beim katalytischen Kracken von Gasöl (*a*) und Rückstand (*b*) aus West Texas-Rohöl im Fließbett, nach JOHNSON und Mitarb.

Destillaten gering ist, konnten KNAUS u. Mitarb. bei Rückstandsölen doch eine sehr klare Abhängigkeit der Koksbildung vom Gehalt des Einsatzgutes an Asphaltbildnern feststellen, wie Abb. E-19 zeigt. Die Änderung der Selektivität beim Übergang von Gasöl zu Rückstand geht aus Abb. E-20 hervor. In gewissem Maß läßt sich die Koksbildung durch Zugabe von Wasserdampf zurückdrängen, wovon z. B. auch beim thermischen Spalten auf Olefine – allerdings bei wesentlich höheren Temperaturen – Gebrauch gemacht wird, vgl. Abschn. D 6a. Es werden aber recht ansehnliche Mengen benötigt, um einen sicheren Erfolg zu erzielen, vgl. Abb. E-21. Deshalb verbietet sich diese Maßnahme bei vorzugsweiser Erzeugung von Kraftstoffen und Heizölen aus wirtschaftlichen Erwägungen. Daß die Ausbeute an leichten Produkten dadurch verbessert wird,

---

[1] JOHNSON, P. H., C. R. EBERLINE u. R. V. DENTON: Catalytic Cracking of Petroleum Residuum. Industr. Engng. Chem. 49 (1957) 1255/58. – DONALDSON, R. E., TH. RICE u. J. R. MURPHY: Metals Poisoning of Cracking Catalysts; ebd. 53 (1961) 721/26. – KNAUS, J. A., E. F. SCHWARZENBECK, P. T. ATTERIDG u. J. F. McMAHON: Catalytic cracking of reduced crudes. Chem. Engng. Progr. 57 (1961) Nr. 12, S. 37/43.

scheint nur bei den kleineren Dampfmengen der Fall zu sein; vielleicht ist dies die Folge einer gewissen Strippwirkung im Reaktor, durch die verhindert wird, daß angekrackte Kohlenwasserstoffe in den Poren des Katalysators festgehalten und polymerisiert werden.

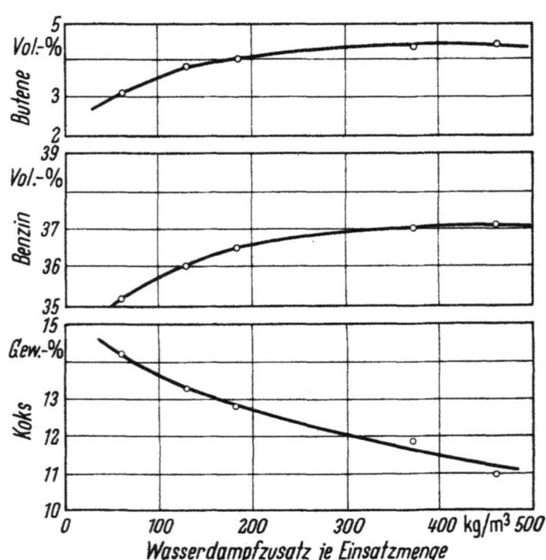

Abb. E-21. Veränderung der Bildung von Butenen, Benzin und Koks durch Dampfzusatz beim katalytischen Kracken von West Texas-Rückstandsöl im Fließbett, nach JOHNSON und Mitarb.

KNAUS u. Mitarb. haben auf Grund der eigenen Forschungen sowie unter Verwertung früherer Ermittlungen versucht, das zu erwartende Betriebsverhalten beim katalytischen Kracken von Rückständen rechnerisch zu erfassen. Allerdings benutzen sie dabei nicht mehr den bisher meist üblichen Conradson-Test nach ASTM D-189/58, sondern den jetzt von der American Society for Testing and Materials bevorzugten Ramsbottom-Test nach ASTM D-524/58T. Sie nehmen dabei an, daß die gesamte Koksmenge gleich ist der Summe aus dem Rückstand, wie er nach RAMSBOTTOM ermittelt wird, und der Koksbildung, wie sie entstehen würde, wenn man ein rückstandsfreies Öl verarbeiten würde. Es ist weiterhin angenommen, daß der „Carbon producing factor" nur den zweiten Wert beeinflußt. Zu diesem Zweck wurden Modellmischungen hergestellt, die zwischen 1 und 15 Gew.-% Rückstand erhielten, und sowohl mit metallfreiem wie mit vergiftetem Katalysator untersucht. Aus Abb. E-19 geht hervor, daß die Ansicht von KNAUS u. Mitarb. durch die Untersuchungsergebnisse gestützt wird.

Um die Katalysatorvergiftung in beherrschbaren Grenzen zu halten, wird vorgeschlagen, mit verhältnismäßig niedrigem Umsetzungsgrad zu arbeiten. Einem durchgerechneten Beispiel ist dieser Wert mit rd. 27 Vol.-% zugrunde gelegt. Trotzdem entstand beim Kracken eines durch Vakuumdestillation gewonnenen Rückstandes aus West-Texas-Rohöl eine Menge von 18,4 Gew.-% Koks. Die Menge an schwerem Rücklauföl und sog. Decanted Oil betrug 51,9 Vol.-%. Sie kann, zum

Teil mit leichtem Rücklauföl aus einer katalytischen Krackanlage für Destillationseinsatz vermischt, als Heizöl verwendet werden oder dem Einsatz in diese Krackanlage, die mit höherem Umsetzungsgrad arbeitet, zugemischt werden.

Es wurde auch über die Betriebsergebnisse beim Kracken von Destillationsrückstand in einer Orthoflow-Anlage berichtet[1]. Auf die besonderen Betriebsbedingungen einer solchen Fahrweise wird nicht eingegangen. Allerdings hatte das verarbeitete Öl nur einen Gehalt an Ramsbottom-Koks von rd. 4 Gew.-% und einen Metallgehalt ($NiO + V_2O_5$) von 14 bis 20 mg/kg. Beide Werte liegen also sehr niedrig. Bei Umsetzungsgraden von rd. 50 und 55% (bei einfachem Durchgang) und von rd. 67% [bei einem Rücklaufverhältnis von 1,4 entsprechend der Definition gemäß Gl. (D-36), S. 287] haben sich 11,7, 10,8 und 13,6 Gew.-% Koks, bezogen auf den Gesamteinsatz, gebildet. Diese Zahlen zeigen, daß damit noch nicht erwiesen ist, ob aus den mitgeteilten Ergebnissen Schlüsse auf einen Betrieb unter ungünstigeren Verhältnissen gezogen werden können.

Aus diesen Ausführungen ergibt sich, daß das katalytische Kracken von Rückständen noch mit Problemen behaftet ist. Eine Anlage, die mit perlförmigem Katalysator Destillationsrückstand verarbeitet, wird in Abschn. E5b besprochen. Offenbar findet aber diese Möglichkeit bei den Raffinerien keinen großen Anklang. Vor allem wird in verstärktem Maße versucht, durch zusätzliche Anwendung von Wasserstoff, d.h. also durch hydrierendes Spalten, die gewünschte Verteilung der begehrten Endprodukte zu erreichen. In der allerletzten Zeit verstärkt sich immer mehr das Interesse, dadurch Rückstände zu verwerten. Es hat den Anschein, daß trotz der wesentlich höheren Anschaffungskosten eine bessere Wirtschaftlichkeit zu erreichen ist. Näheres folgt darüber in Kapitel L. Bis vor einiger Zeit bestand außerdem in Mitteleuropa die bereits erwähnte Möglichkeit, die Rückstände in ein besser verkaufbares Produkt umzuwandeln, indem man in den Raffinerien Gaserzeugungsanlagen errichtete. Wegen des großen Angebotes an Erdgas ist dieser Weg für die Vereinigten Staaten von Amerika von geringem Interesse. Seine Aussichten dürften auch in Europa beeinträchtigt werden, wenn aus den neuen Bohrungen in Nordholland und in der Nordsee so große Mengen Erdgas gefördert und weitere Gasmengen aus der Sowjetunion bezogen werden, daß keine Notwendigkeit besteht, einen zusätzlichen Bedarf an Stadtgas durch Spaltung und Vergasen von Rückstandsölen zu decken.

ζ) Das Regenerieren der Katalysatoren. Wenn auch die Verbrennung fester Brennstoffe sehr eingehend untersucht ist, so liegen beim Abbrennen des Kokses von Katalysatoren doch ganz besondere Verhältnisse vor, auf welche die bekannten Erfahrungen nicht ohne weiteres übertragen werden können. Vor allem dürfen gewisse Temperaturen nicht überschritten werden, soll nicht die weitere Verwendbarkeit des regenerierten Katalysators beeinträchtigt werden. Weiterhin handelt es sich um einen

---

[1] McKenna, G. E., C. H. Owen u. G. R. Hettick: Heavy-oil catalytic cracking. Oil Gas J. 62 (18. Mai 1964) Nr. 20, S. 106/07.

sehr porösen Brennstoff mit einem verhältnismäßig hohen Anteil an Wasserstoff, vgl. S. 400. MASSOTH konnte nachweisen, daß der Wasserstoff viel schneller oxydiert wird und daß die Geschwindigkeit dieser Reaktion mit fortschreitender Verbrennung durch die Diffusion des Sauerstoffes zu den inneren Schichten des Kornes bestimmt wird[1]. Die Versuche wurden mit einem Luft–Stickstoff-Gemisch durchgeführt. Die Gasanalyse zeigte, daß der CO_2-Gehalt besonders zu Beginn der Reaktion ein Mehrfaches des CO-Gehaltes war und erst gegen Ende auf einen etwa gleich großen Betrag absank. Der Wasserdampfgehalt nahm gleich von Anfang an sehr stark ab.

Wegen der Notwendigkeit, die Temperaturen in sehr engen Grenzen zu halten, ist es nicht zu vermeiden, daß die Verbrennung zum Teil unvollständig bleibt und daß deshalb Kohlenmonoxyd in den Abgasen auftritt. Es muß deshalb sehr darauf geachtet werden, daß es nicht im Regenerator selbst oder in den Abgasleitungen zu Nachverbrennungen kommt.

3. Die Produkte und die Ausbeuten

Das Ziel des katalytischen Krackens ist die Herstellung niedrigsiedender Fraktionen aus einem Einsatzgut, dessen Siedeende im Laufe der Zeit immer mehr erhöht wurde, weil sich dadurch der Anfall an Erdölrückständen am weitesten verringern läßt. Die angewendeten Verfahren, um dieses Einsatzgut zu gewinnen, sind vor allem die Normaldruck- und die Vakuumdestillation, jedoch auch das Entasphaltieren von Vakuumrückständen[2]. Auch bei erheblichen Unterschieden der Siedebereiche des Einsatzgutes weist die Verteilung der Produkte bei entsprechendem Umsetzungsgrad nur geringe Abweichungen auf. Von größerem Einfluß ist es, mit welchem Anteil die einzelnen Kohlenwasserstoffgruppen im Einsatzgut vertreten sind, weil sie sich beim katalytischen Kracken verschieden verhalten. Am meisten werden aber Menge und Verteilung der Produkte durch die Verfahrensbedingungen wie Temperatur und Katalysator/Öl-Verhältnis, durch den von diesen beiden Größen und den Katalysatoreigenschaften bestimmten Umsetzungsgrad und durch das Rücklaufverhältnis verändert. Die zuletzt genannte Betriebsgröße wirkt sich deshalb auf die Ausbeuten aus, weil der zurückgeführte Teil des Einsatzgutes schon einmal den Krackbedingungen unterworfen war und daher in seinem chemischen Aufbau verändert ist. Sein Gehalt an Aromaten und Polymerisaten ist höher. Im angeführten Schrifttum spricht man in diesem Fall oft von „refractory material". Man meint damit ein bis zur Unempfindlichkeit gekracktes Kohlenwasserstoffgemisch.

---

[1] MASSOTH, F. E.: Oxidation of coked silica-alumina catalyst. Industr. Engng. Chem./Process Design Developm 6 (1967) 200/07. – Ders. u. P. G. MENON: Active species on coked silica-alumina catalyst; ebd. 8 (1969) 383/85.

[2] JOHNSON, P. H., K. L. MILLS jr. u. B. C. BENEDICT: Recovery of Catalytic Cracking Stock by Solvent Fractionation. Industr. Engng. Chem. 47 (1955) 1578/85. – LAWSON, J. E., J. P. PEET u. N. P. PEET: Get More Cracker Feed from Residua. Petrol. Refiner 38 (1959) Nr. 3, S. 177/80. – Abschn. J 1 a, bes. Fußn. 2, S. 704.

Von erheblicher praktischer Bedeutung ist es schließlich noch, wie sich die im Einsatzgut enthaltenen Elemente Stickstoff und Schwefel auf die einzelnen Produkte verteilen. Diese Verhältnisse wurden bereits kurz angedeutet.

a) Das Verhalten der verschiedenen Kohlenwasserstoffe

Bei den Forschungen, die der Wirkungsweise der Katalysatoren galten, wurden vielfach chemisch definierte Stoffe benutzt, weil man davon eine bessere Einsicht in die Reaktionen erwartete. Diese Ansicht hat sich auch bestätigt, und es lassen sich die Beobachtungen im großen und ganzen auf die im praktischen Betrieb verarbeiteten Kohlenwasserstoffgemische übertragen[1]. *Paraffine* werden um so leichter gekrackt, je länger die Kohlenwasserstoffketten sind. Dies gilt in gleicher Weise für Normal- wie für Isoparaffine. Dabei kommt es neben der Verkleinerung der Moleküle, wie sie in Abschn. E2a erläutert wurde, auch zur Bildung von Isomeren und von Ringen. Insgesamt entstehen dadurch sowohl Iso- wie Normalparaffine mit geringer Molmasse als auch Olefine und Aromaten. Die bereits früher beschriebenen Untersuchungen haben gezeigt, daß eine Veränderung des Umsetzungsgrades in sehr weitem Bereich die Verteilung der Fraktionen auf die einzelnen Kohlenwasserstoffatome in den Produkten nur in geringem Maß beeinflußt.

Soweit die Größe der Moleküle eine Rolle spielt, verhalten sich *Naphthene* nicht unähnlich wie Paraffine. Je größer ihre Molmasse ist, desto leichter werden sie bei gegebenen Betriebsverhältnissen gekrackt. Da aber dabei z.T. Wasserstoff abgespalten wird, können erheblich mehr Aromaten im Krackprodukt auftreten. Bezüglich der Reaktionsgeschwindigkeit besteht ein erheblicher Unterschied, weil bei Anwesenheit von Seitenketten tertiäre Kohlenstoffatome vorhanden sind, für deren Abtrennung vom Kohlenstoffskelett gemäß Abschn. E2a eine kleinere Energie erforderlich ist. Insgesamt gesehen, geben Naphthene ein höheres Verhältnis von leichtsiedenden Produkten zu Gas, wie Abb. E-22

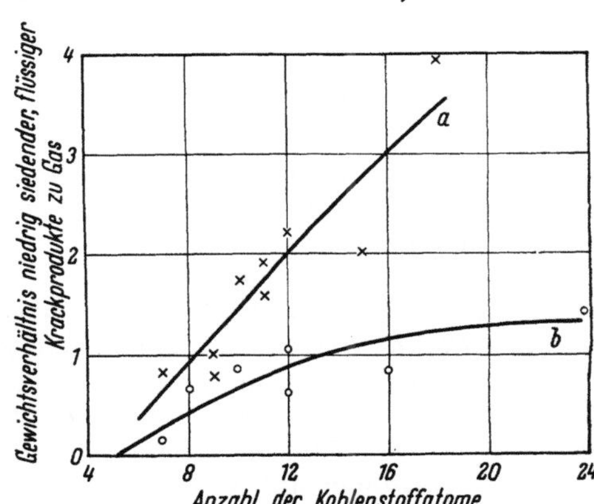

Abb. E-22. Gewichtsverhältnis niedrigsiedender Produkte zu Gas beim katalytischen Kracken von Naphthenen (*a*) und von Paraffinen (*b*) bei gleichen Arbeitsbedingungen, nach VOGE und Mitarb.

---

[1] Vgl. H. H. VOGE u. Mitarb.: a.a.O. (vgl. Fußn. 2, S. 410).

zeigt. Bei gleichem Umsetzungsgrad wäre der Unterschied noch augenfälliger, weil er für Naphthene bei gleichen Arbeitsbedingungen etwas höher ist als für Paraffine. Trotz der erwähnten Bevorzugung der Abspaltung von Wasserstoff tritt dieser nicht im Gas auf, vielmehr wirken Naphthene unter den Krackbedingungen als Wasserstoffspender, was dazu führt, daß der Anteil der Olefine geringer wird als bei Paraffinen.

Aromaten ohne Seitenketten sind bei höheren Temperaturen die stabilsten Kohlenwasserstoffe und werden deshalb beim Kracken am wenigsten angegriffen. Die Seitenketten selbst verhalten sich im wesentlichen so, wie es ihrem paraffinischen Charakter entspricht. So werden z.B. unter gegebenen Bedingungen von Toluol (Methylbenzol) 1%, von Äthylbenzol 11% und von n-Propylbenzol 43% umgesetzt. Bei i-Propylbenzol steigt dieser Betrag auf 84%, was die Rolle des tertiären Kohlenstoffatoms erkennen läßt. Mehrringverbindungen, die z.T. aus aromatischen, z.T. aus naphthenischen Ringen bestehen, verhalten sich im Bereich der einzelnen Ringe entsprechend den einfachen Verbindungen. Um das Verhältnis der drei wichtigsten Kohlenwasserstoffgruppen

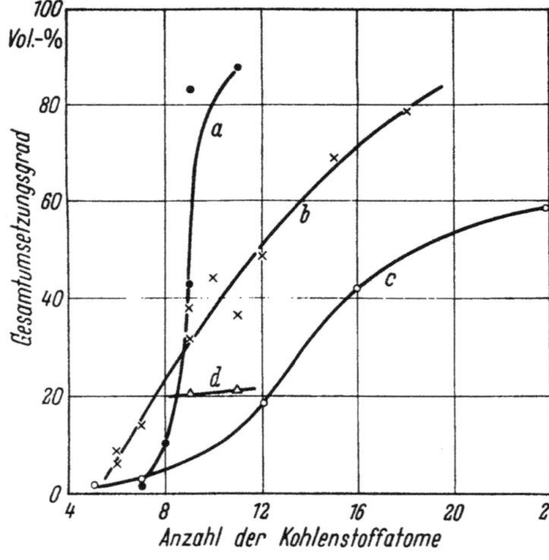

Abb. E-23. Umsetzungsgrade verschiedener Kohlenwasserstoffgruppen unter den bei Zahlentafel E-5, S. 409 genannten Arbeitsbedingungen, dargestellt in Abhängigkeit von der C-Atomzahl des Einsatzgutes.

a Monoalkylbenzole;
b Naphthene;
c Normalparaffine;
d Polymethylbenzole.

deutlich zu machen, ist in Abb. E-23 gezeigt, welcher Umsetzungsgrad unter den bei Zahlentafel E-5, S. 409 genannten Krackbedingungen erreicht werden kann.

Zwar sind in den üblicherweise als Einsatzgut für katalytische Krackanlagen verwendeten atmosphärischen Straight run- oder Vakuum-Gasölen keine *Olefine* vorhanden. Sie kommen jedoch in den Destillaten aus Verkokungsanlagen vor und werden außerdem beim Kracken gebildet. Deshalb sind ihre Reaktionen, die – von Kokergasöl abgesehen – sekundär auftreten, ebenfalls von Interesse. Monoolefine mit Kettenlängen von sechs C-Atomen und mehr werden wegen des geringen Einflusses der einen Doppelbindung fast ebenso leicht gekrackt wie Paraffine gleicher Struktur. Die Bildung der Bruchstücke ist dabei weitgehend von dem früher beschriebenen Gesetz für die Stabilität der Karbonium-Ionen beherrscht. Das führt dazu, daß z.B. in einem bei 500 °C gebildeten Krackgas das Verhältnis von 2-Butenen zu 1-Buten 70 zu 30 beträgt und das Verhältnis von Isobuten zu allen n-Butenen Werte von 40 zu 60 erreichen kann. Besonders bemerkenswert ist die bereits erwähnte bevorzugte Absättigung tertiärer Olefine durch den bei der Dehydrierung von Naphthenen auftretenden Wasserstoff und die dadurch zu erklärende Bildung von Isoparaffinen.

Die Untersuchung von *Mischungen* hat gezeigt, daß die beschriebenen Reaktionen einzelner Kohlenwasserstoffgruppen durch die Anwesenheit anderer nicht merkbar beeinflußt werden, soweit sie nicht z.B. als Wasserstoffspender auftreten. Die gewonnenen Erkenntnisse sind daher brauchbar, um Schlüsse auf das Verhalten von Kohlenwasserstoffgemischen zu ziehen. Um die praktisch erzielten Ergebnisse beim Kracken von Destillaten sehr unterschiedlicher Zusammensetzung deutlich zu machen, ist in Zahlentafel E-6 die Gaszusammensetzung und die Verteilung der dabei entstehenden Produkte wiedergegeben. Weitere Angaben ähnlicher Art folgen bei der Beschreibung der einzelnen Verfahren. Die in den Zahlentafeln genannten Umsetzungsgrade sind errechnet aus 100 minus Gew.-% des über 205 °C siedenden flüssigen Produktes ohne Berücksichtigung von Verlusten, eine Bezugsgröße, die dann von Interesse ist, wenn in erster Linie die Herstellung von Benzin angestrebt wird. Wählt man eine höhere Temperatur als Bezugsgröße, so werden die Zahlenangaben für den Umsetzungsgrad höher. Welche Umsetzungsgrade bei Betriebsanlagen angestrebt werden, hängt davon ab, ob in erster Linie Benzin gewünscht wird oder ob auch leichte Heizöle hergestellt werden sollen. Für die Bemessung einer Anlage ist die durch den höchsten gewünschten Umsetzungsgrad bestimmte Koksabbrandkapazität eine wesentliche, die Kosten bestimmende Größe. Selbstverständlich müssen auch die nachgeschaltete Fraktionierkolonne und die folgenden Anlagen die dann anfallenden leichten Produkte verarbeiten können.

Durch Änderung der Betriebsbedingungen ist es in gewissen Grenzen möglich, den Umsetzungsgrad in einer für einen bestimmten Fall gebauten Anlage zu verringern. Dies kann durch Erniedrigung der Reaktortemperatur oder durch Verringern des Katalysator/Öl-Verhältnisses erreicht werden. Die untere Grenze wird meist von wirtschaftlichen Erwägungen bestimmt, weil mit Abnahme des Umsetzungsgrades die auf die erzielten Produkte bezogenen Betriebsmittelverbrauchszahlen ebenso wie die anteiligen Kosten für Bedienung und Abschreibung der Anlage ansteigen. Im allgemeinen werden deshalb Umsetzungsgrade zwischen 40 und 70% angewendet. Bei höheren Werten steigt die Koks- und Gasbildung stark an, und die Gesamtausbeute geht zurück. Bei gegebener Koksabbrandleistung verringert sich der Durchsatz der Anlage mit steigendem Umsetzungsgrad. Es hängt vom erzielbaren Preis für bessere Produkte ab, ob eine solche Fahrweise wirtschaftlich ist.

Im Anschluß an die vorerwähnten Forschungsarbeiten mit Hilfe definierter Kohlenwasserstoffe wurden auf Grund einer mehr als 25jährigen Erfahrung von der Atlantic Richfield Co (der früheren Atlantic Refining

Zahlentafel E-6. *Gaszusammensetzung und Produktverteilung beim Kracken von Gasöl unterschiedlicher chemischer Struktur, nach* VOGE *u. Mitarb.; Druck: 1,033 ata, Aluminiumsilikat-Katalysator*

Einsatzöl		Tandjoeng Waxy Distillate	West Texas Gas Oil		Kerosene Aromatic Extract
Raumgeschwindigkeit (Flüssigkeit bez. auf Volumen)	h^{-1}	4,0	5,1	9,5	2,0
Versuchsdauer	min	15	10	10	60
Temperatur	°C	500	500	550	550
Umsetzungsgrad (bezogen auf 205 °C)	Gew.-%	66,1	55,2	54,5	35,7
Gasförmige Produkte	Vol.-%				
H_2		6,6	7,7	11,2	28,1
CH_4		11,4	14,1	16,6	34,7
C_2H_4		4,7	12,8	10,0	6,8
C_2H_6		4,4	7,7	7,3	6,8
C_3H_6		22,9	20,5	23,2	10,3
C_3H_8		8,7	7,7	7,0	5,2
$i\text{-}C_4H_8$		6,6	3,8	5,4	1,5
$n\text{-}C_4H_8$		15,6[a]	9,0	11,2	2,2
C_4H_{10}		19,1	16,7	8,1	4,4
Mengenbilanz	Gew.-%				
Gas		29,3	20,6	24,2	6,6
Benzine		31,1	29,0	26,7	23,3
Rückstand		33,7	43,5	44,5	63,5
Koks		5,3	4,0	2,3	5,3
Verluste		0,6	2,9	2,3	1,3
Koks, bezogen auf umgesetzte Produkte	Gew.-%	8,0	7,4	4,5	15,6
Analyse und Eigenschaften des Einsatzgutes					
Kohlenwasserstoffgruppen, Anteile bezogen auf C-Atome	%				
Aromaten		15	13		71
Naphthene		5	33		8
Paraffine		80	54		21
Kohlenstoff	Gew.-%	85,8	85,7		90,9
Wasserstoff	Gew.-%	13,6	12,9		8,9
Schwefel	Gew.-%	0,06	1,36		—
Stickstoff	Gew.-%	0,2	0,1(0)		—
Dichte	g/ml	0,815	0,868		0,959
Molmasse	g/mol	344	255		147

[a] Einschließlich 1,7 Mol-% Butadien.

Co) Untersuchungen durchgeführt, um auf Grund der Zusammensetzung des Einsatzgutes die Ausbeuten beim katalytischen Kracken im Laboratorium vorauszubestimmen[1]. Das Einsatzgut wurde mittels physikalischer Methoden in Normalparaffine, Isoparaffine, Ein- und Mehrring-

[1] WHITE, P. J.: How Cracker Feed Influences Yield. Hydrocarb. Procssg. 47 (1968) Nr. 5, S. 103/08. – Ders.: Effect of feed composition on catalytic-cracking yields. Oil Gas J. 66 (20. Mai 1968) Nr. 21, S. 112/16.

naphthene, Ein-, Zwei- und Dreiringaromaten sowie in zwei weitere Gruppen mehrkerniger Aromaten zerlegt. In der zitierten Arbeit sind Diagramme wiedergegeben, die zeigen, wie die Ausbeuten an Benzin, Butanen und Propan sowie die Koksbildung bei verschiedener Krackschärfe durch die einzelnen aufgezählten Kohlenwasserstoffgruppen beeinflußt werden.

b) Die Eigenschaften der Produkte

Die Eigenschaften von Krackprodukten hängen ebenfalls von der Basis des Einsatzgutes ab. Dies ist beim Gas bis etwa C_4 in geringerem Maße der Fall, weil es ohne Bedeutung ist, ob die niedrigstmolekularen Kohlenwasserstoffe durch Abspalten von größeren paraffinischen oder naphthenischen Molekülen entstehen. Auf den Anteil von Olefinen und Isoverbindungen im Gas wurde bereits hingewiesen.

Aromaten, insbesondere Xylole und solche mit hoher Kohlenstoffatomzahl, können sich sowohl aus paraffinischen wie aus naphthenischen Kohlenwasserstoffen bilden. Jedoch ist ihre Menge um so größer, je höher die Kracktemperatur ist und je mehr Naphthene das Einsatzgut enthält. Da Ringverbindungen nicht so leicht aufgebrochen werden wie paraffinische Ketten, bleibt auch ein Teil der Naphthene im Krackbenzin enthalten, wenn diese chemischen Körper im Einsatzgut in größerer Menge vorhanden sind. Ebenso sind zyklische Olefine in einem solchen Fall zu erwarten. Daher ist die Oktanzahl von Krackbenzin um so höher, je mehr Naphthene und Aromaten das Einsatzgut enthält.

Von besonderer Wichtigkeit ist die Frage, wie sich der ursprünglich vorhandene *Schwefel* auf die Produkte verteilt, besonders wieviel davon im Bezin erscheint, weil Schwefelverbindungen vor allem die Bleiempfindlichkeit ungünstig beeinflussen. Nach Untersuchungen von STERBA kann man damit rechnen, daß beim katalytischen Kracken auf Benzin rd. 50 % des im Einsatzgut vorhandenen Schwefels als Schwefelwasserstoff ins Gas gehen. Nur etwa 5 bis 10 % erscheinen im Benzin, doch ist auch diese Menge immerhin noch so groß, daß ihr Einfluß auf die Eigenschaften des Benzins beachtet werden muß[1]. In Einzelfällen, wie z.B. beim Verarbeiten von Ölen kalifornischer Herkunft, wurden Werte bis zu 25 % des im Einsatzgut enthaltenen Schwefels im Benzin beobachtet. Auf alle Fälle setzt das katalytische Kracken den Schwefelgehalt der flüssigen Produkte stark herab.

Bemerkenswert ist, wie sich dieser restliche Schwefel auf den Siedebereich des Benzins verteilt. Verhältnisse, wie sie in Abb. E-24 wiedergegeben sind, wurden in ähnlicher Weise nicht nur bei einem Benzin beobachtet, das aus einem verhältnismäßig schwefelreichen Gasöl hergestellt wurde, sondern bei Produkten, die aus Einsatzgut mit wesentlich niedrigerem Schwefelgehalt von 0,51 % gewonnen wurden. Es ist zu beachten, daß die Menge des Kreislauföles, die in der Abbildung ebenfalls auf 100 Vol.-% überdestilliert bezogen ist, tatsächlich rd. 30 % grö-

---

[1] STERBA, M. J.: Sulfur Content of Catalytically Cracked Gasolines. Industr. Engng. Chem. 41 (1949) 2680/87.

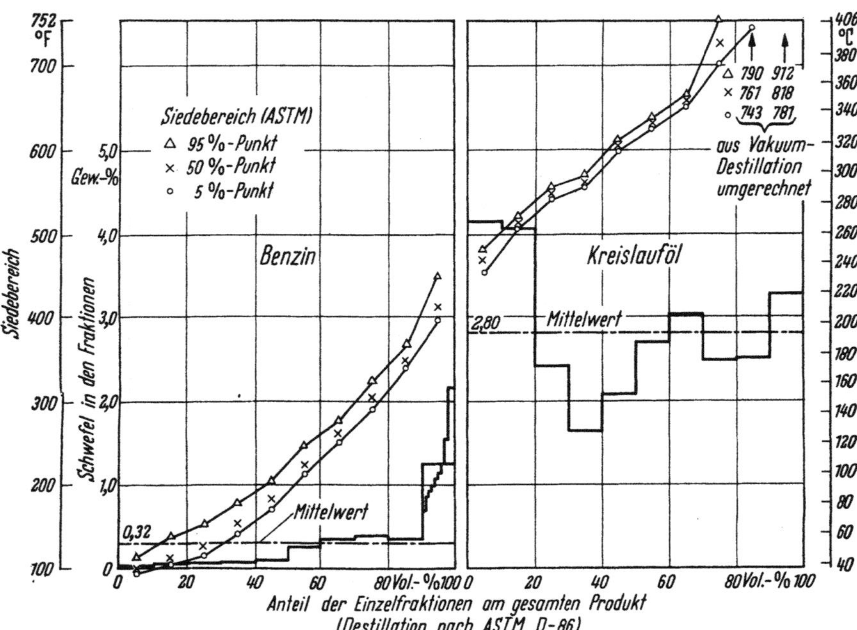

Abb. E-24. Verteilung des Schwefels in einzelnen Fraktionen des Benzins und des Kreislauföles, die durch Kracken eines Gasöles mit 2,64 Gew.-% S gewonnen wurden, nach STERBA.

ßer war als die Benzinmenge. Auffällig ist der sehr starke Anstieg des Schwefelgehaltes im Bereich der schweren Enden des Benzins ebenso wie der überdurchschnittliche Schwefelgehalt bei den niedrigstsiedenden Fraktionen des Kreislauföles. Das Einsatzgut hatte einen Siedebeginn von 299 °C. Da sich der Schwefel dabei offenbar im Bereich der Fraktionen ansammelt, die darunter bis etwa 200 °C sieden, dürfte die Annahme gerechtfertigt sein, daß er in den von Seitenketten befreiten ringförmigen Bruchstücken verbleibt, die sich durch Polymerisation innerhalb der angegebenen Siedegrenzen anreichern. Daneben dürfte er aber auch in Form von Merkaptanen vorhanden sein.

Da mit zunehmendem Umsetzungsgrad die Gasmenge sehr stark ansteigt und – wie früher erwähnt – ungefähr die Hälfte des Schwefels als Schwefelwasserstoff abgeschieden wird, verbleibt um so weniger Schwefel im Benzin, je höher der Umsetzungsgrad ist. Dies ist für Krackprodukte, die aus Gasölen sehr unterschiedlicher Herkunft und sehr verschiedenen Schwefelgehaltes gewonnen wurden, in Abb. E-25 dargestellt. Die absoluten Beträge können um mehr als 1 : 10 schwanken. Es wurde auch der Einfluß der Katalysatoren untersucht, doch ist dieser verhältnismäßig geringfügig, wenn man auf gleichen Umsetzungsgrad bezieht. Es lassen sich jedoch keine allgemein gültigen Zusammenhänge zwischen Schwefelgehalt des Einsatzgutes und dem des Benzins ermitteln. STERBA hat dies an Hand eines Diagramms in doppeltlogarithmischer Darstellung gezeigt, aus dem hervorgeht, daß z. B. bei einem Schwefelgehalt von rd. 0,55 % im Einsatzgut Schwefelgehalte im Benzin festgestellt wurden, die zwischen etwa 0,03 und 0,07 % liegen. Bei einem Schwefelgehalt des Einsatzgutes von 0,9 % konnten Beträge von 0,1 bis 0,25 % beobachtet werden.

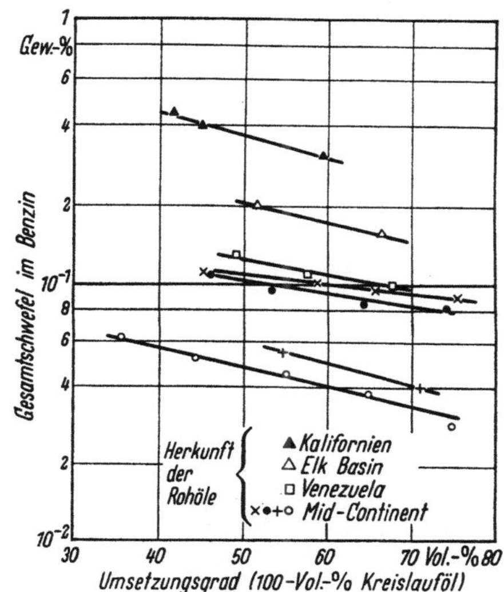

Abb. E-25. Schwefelgehalt von Krackbenzin in Abhängigkeit vom Umsetzungsgrad für Einsatzgut verschiedener Herkunft, nach Sterba.

Mit Hilfe moderner Analysenmethoden, die neben der fraktionierenden Destillation und Adsorption auch Massen-, Infrarot- und Ultraviolettspektroskopie anwenden, konnten sämtliche im *Krackbenzin* vorhandenen chemischen Körper nachgewiesen werden[1]. Das zusammenfassende Ergebnis eines bei einer Kracktemperatur von 482 °C mit synthetischem Aluminiumsilikatkatalysator in einer Menge von 33 Vol.-% gewonnenen Benzins ist – unterteilt nach Anzahl der Kohlenstoffatome und der verschiedenen Kohlenwasserstoffgruppen – in Zahlentafel E-7 wiedergegeben. Die genannte Arbeit enthält auch noch andere, sehr umfangreiche Angaben, auf deren Wiedergabe hier verzichtet werden muß.

Auch das *Kreislauföl* einer Fließbett-Krackanlage wurde in gleicher Weise untersucht[2]. Man fand, daß in diesem Fall der Aromatengehalt 44 % betrug. Es gelang, dieses Produkt in 80 Fraktionen und Stoffgruppen zu zerlegen, die mit Ultraviolettstrahlen untersucht wurden. Dabei konnte das in Zahlentafel E-8 wiedergegebene Ergebnis gewonnen werden. Wenn diese Angaben sowie die der vorhergehenden Zahlentafel auch nur als Beispiele zu werten sind, so lassen sie doch ungefähr erkennen, wie Krackprodukte zusammengesetzt sind.

---

[1] Melpolder, F. W., R. A. Brown, W. S. Young u. C. E. Headington: Composition of Naphtha from Fluid Catalytic Cracking. Industr. Engng. Chem. 44 (1952) 1142/46.

[2] Charlet, E. M., K. P. Lanneau u. F. B. Johnson: Analysis of Gas Oil and Cycle Stock from Catalytic Cracking. Analyt. Chem. 26 (1954) 861/71.

Zahlentafel E-7. *Verteilung der Inhaltsstoffe eines bei einer Temperatur von 482 °C in einer katalytischen Fluid-Krackanlage gewonnenen Benzins nach* MELPOLDER *u. Mitarb.; Angaben in Gew.-%*

Art der Kohlenwasserstoffe	C_4 und leichter	C_5	C_6	C_7	C_8	C_9 und schwerer	Gesamt
Paraffine	2,26	6,69	4,15	2,31	1,75	7,53	24,69
Monozykloparaffine	–	0,14	1,08	1,25	1,11	5,55	9,13
Dizykloparaffine	–	–	–	–	–	0,85	0,85
Olefine, Diolefine und Azetylene	3,95	10,92	8,48	4,59	2,31	4,75	35,00
Zykloolefine	–	0,40	0,77	2,27	0,87	1,94	6,25
Dizykloolefine	–	–	–	–	–	0,09	0,09
Einringaromaten mit gesättigten Seitenketten	–	–	0,21	2,32	5,41	12,57	20,51
Einringaromaten mit ungesättigten Seitenketten sowie teilweise hydrierte Aromaten	–	–	–	–	–	2,18	2,18
Zweiringaromaten	–	–	–	–	–	1,30	1,30
Summen	6,21	18,15	14,69	12,74	11,45	36,76	100,00

Zahlentafel E-8. *Verteilung der Aromaten eines in einer katalytischen Krackanlage gewonnenen Kreislauföles auf die einzelnen Kohlenwasserstoffgruppen, nach* CHARLET *u. Mitarb.; Angaben in Gew.-%*

Bezeichnung der Fraktion	D1	D(2···4)	D5	D6	D7	D8	D9	Gesamt
Mittlerer Siedepunkt °C	343	366/378/389	404	419	443	444		
Kohlenwasserstoffgruppen:								
Benzol und seine Homologen	0,1	2,4	1,1	0,8	0,5	0,3	0,1	5,3
Naphthalin und seine Homologen	1,3	8,9	1,5	0,9	0,3	0,2	0,1	13,2
Phenanthren und seine Homologen	0,4	23,5	9,1	6,5	2,1	1,1	–	42,7
Pyrene	–	2,6	3,9	5,0	2,9	2,1	2,4	18,9
Chrysen, Benzanthrazen und Benzphenanthrene	0,1	1,4	0,2	2,8	1,7	2,6	3,8	12,6
Fünfringaromaten	–	0,5	0,8	1,0	0,5	0,8	4,7	8,3
Summen	1,9	39,3	16,6	17,0	8,0	7,1	11,1	101,0

In der Originalarbeit ist die Summe für D6 mit 16,0 und die Gesamtsumme mit 100,0 angegeben; das Gesamtbild wird durch diesen geringen Fehler nicht geändert.

Wenn auch der beim Kracken gebildete *Koks* als Nebenprodukt zu betrachten ist und er nur als Brennstoff zum Aufheizen des Katalysators beim Regenerieren nutzbar gemacht werden kann, so ist es doch von Interesse, seine Herkunft zu verfolgen[1]. Wie zu erwarten, sind es in der

---

[1] Vgl. dazu H. H. VOGE u. Mitarb.: a.a.O. (Fußn. 2, S. 410).

Hauptsache die Aromaten im Einsatzgut, die den meisten Koks liefern, dann folgen die Naphthene und schließlich die Paraffine. In Übereinstimmung mit der von THOMAS empfohlenen Formel, vgl. S. 400, fanden VOGE u. Mitarb. einen Wasserstoffgehalt von max. 10%. Aber auch niedrigere Werte bis zu 4% wurden festgestellt, was etwa der Formel $(C_8H_4)_n$ entsprechen würde. Sicher ist, daß es sich beim Koks in Krackanlagen um kondensierte mehrkernige Ringverbindungen mit außen sitzenden Wasserstoffatomen handelt. VOGE u. Mitarb. haben festgestellt, daß die größte Menge zum Typ des Anthrazens $(C_{14}H_{10})$ gehörte; etwa je die Hälfte davon konnte als Naphthalin $(C_{10}H_8)$ und als Triphenyl $(C_{18}H_{14})$ nachgewiesen werden. Der Rest verteilt sich auf Einring- und auf nicht kondensierte Zweiringaromaten.

Überblickt man den Einfluß der Molekularstruktur des Einsatzgutes, so stellt man fest, daß er vom Gas über Benzin, Kreislauföl und andere höhersiedende Fraktionen zum Koks zunimmt. Gleichzeitig verringert sich aber der Einfluß der chemischen Zusammensetzung auf die Eigenschaften und damit auf die Verwendbarkeit der Produkte. Dies bedeutet, daß — infolge der hohen beim Kracken angewendeten Temperaturen — letzten Endes ursprünglich vorhandene größere Unterschiede in der Zusammensetzung des Einsatzgutes stark verwischt werden.

Für die Betriebspraxis sind vor allem die erzielbaren Mengen von ausschlaggebender Bedeutung, und diese werden in erster Linie vom *Umsetzungsgrad* bestimmt; hier kann sich die chemische Natur des Einsatzgutes in gewissem Maß auswirken. Man spricht in diesem Zusammenhang, wie bereits S. 404 erwähnt wurde, von der Kracktiefe und meint damit das Ausmaß der Umsetzung. Deshalb muß nachstehend erörtert werden, durch welche Maßnahmen der Umsetzungsgrad geändert wird.

Nicht nur der Einfluß verschiedener Zusammensetzung des Einsatzgutes wird beim katalytischen Kracken zurückgedrängt. Auch die Unterschiede der Bauformen, die im Laufe der Zeit entwickelt wurden und in den Abschn. E 4 bis E 7 beschrieben werden, machen sich mehr in Anlage- und Betriebskosten als in den Ausbeuten und Eigenschaften der Produkte bemerkbar. Es können deshalb hier einige Angaben gemacht werden, die zwar bei einem bestimmten Verfahren ermittelt wurden, jedoch bei anderen Verfahren nicht wesentlich abweichen[1]. Wenn auch OLSEN und STERBA zunächst die Reaktortemperatur als Bezugsgröße bezeichnen, so wurde doch vor allem der Umsetzungsgrad in Betracht gezogen und erst in zweiter Linie die Veränderung der Ergebnisse bei den verschiedenen Umsetzungsgraden in Abhängigkeit von der Reaktortemperatur. Die folgenden Abbildungen sind der genannten Arbeit entnommen. Sie gelten ziemlich allgemein, wie von anderer Seite auf Grund eigener Versuche bestätigt wurde[2].

Die Versuche von OLSEN und STERBA wurden mit einem Mid Continent-Gasöl durchgeführt, das eine Dichte von etwa 0,868 g/ml hatte.

---

[1] OLSEN, C. R., u. M. J. STERBA: Effect of reactor temperature on product distribution and product quality in fluid catalytic cracking. Chem. Engng. Progress 45 (1949) 692/700.

[2] Diskussionsbeitrag A. L. CONN zu vorstehender Arbeit, dort S. 699.

Der synthetische Aluminiumsilikat-Katalysator enthielt 11 Gew.-% Al_2O_3. Die Versuchsapparatur selbst bestand aus Reaktor und Regenerator, hatte einen Durchsatz von 2 bis 3 bbl/d und arbeitete mit dem Katalysator im Fließbett. Die Umsetzungsgrade wurden bei den drei

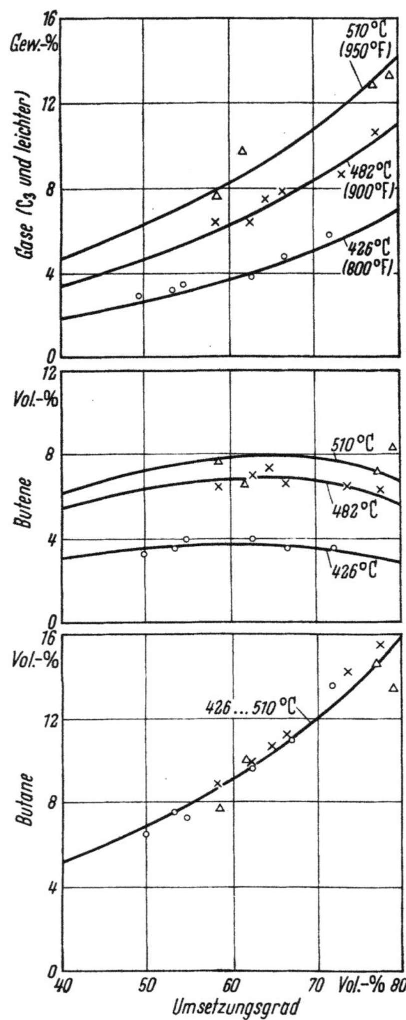

Abb. E-26. Anfall an Gas, Butanen und Butenen bei verschiedenen Umsetzungsgraden und verschiedenen Reaktortemperaturen beim katalytischen Kracken eines Mid Continent-Gasöles, nach OLSEN und STERBA.

Versuchstemperaturen von 800 °F (426 °C), 900 °F (482 °C) und 950 °F (510 °C) mit einem Katalysator/Öl-Verhältnis erzielt, das in der Größenordnung von 10 lag. Abb. E-26 zeigt den Anfall an Gas (Propan und leichter) in Gew.-% sowie die Ausbeute an Butan und Butenen in Vol.-%, bezogen auf die Einsatzmenge. In der genannten Arbeit sind die Kurven bis zum Umsetzungsgrad 0 extrapoliert, doch ist hier auf die Wiedergabe dieses Teiles der Kurven verzichtet. Erstaunlich ist, daß sich die Änderung der Temperatur auf den Anfall an gesättigten C_4-Kohlenwasserstoffen überhaupt nicht auswirkt, ein Anstieg der Temperatur aber die Ausbeute an Olefinen und Gas merkbar erhöht. Während Gasmenge und Menge der Butanfraktion mit dem Umsetzungsgrad stärker als linear

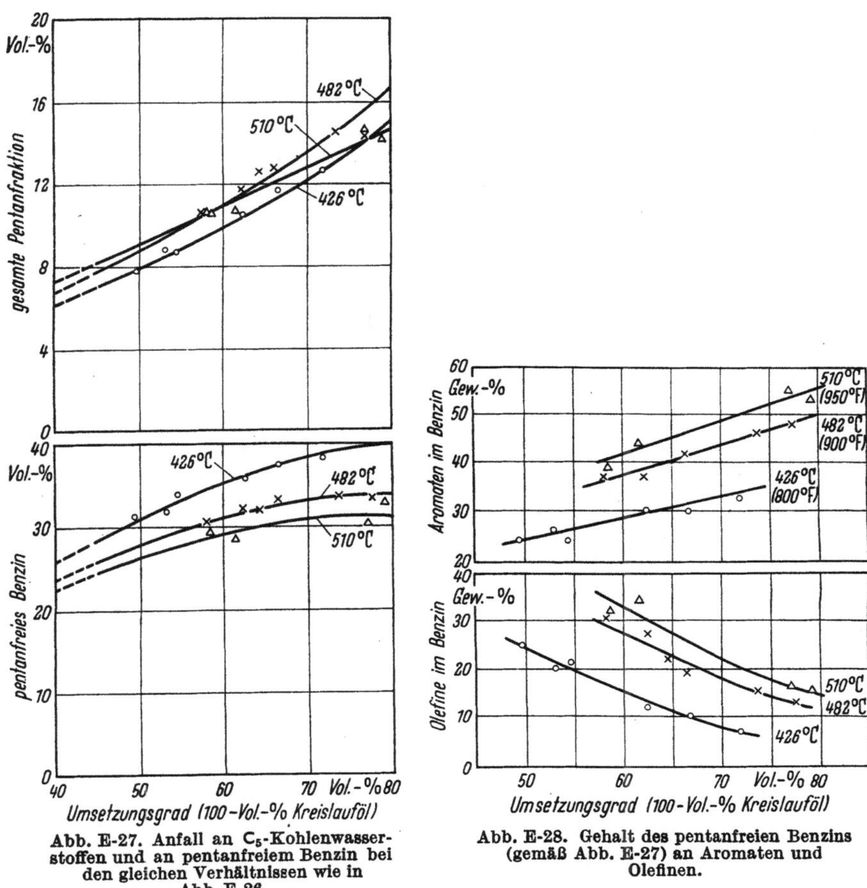

Abb. E-27. Anfall an C_5-Kohlenwasserstoffen und an pentanfreiem Benzin bei den gleichen Verhältnissen wie in Abb. E-26.

Abb. E-28. Gehalt des pentanfreien Benzins (gemäß Abb. E-27) an Aromaten und Olefinen.

ansteigen, erreicht die Butenausbeute ein Maximum, das je nach Reaktortemperatur etwa bei 60 bis nahezu 70 % Umsetzung liegt. Die Ausbeute an C_5 und an pentanfreiem Benzin ist für die gleichen Verhältnisse in Abb. E-27 wiedergegeben. Die Gegenläufigkeit des Gehaltes an Aromaten und desjenigen an Olefinen im Benzin ist aus Abb. E-28 zu erkennen. Sowohl steigender Umsetzungsgrad wie steigende Temperatur verringern den Olefingehalt und vergrößern den Aromatengehalt, was zusammen mit dem Anstieg der Gasmenge in Übereinstimmung mit den in Abschn. E2 dargelegten theoretischen Ansichten steht. Die Veränderung in der Zusammensetzung des Benzins hat zur Folge, daß sich die nach der Motormethode bestimmte Klopffestigkeit des bleifreien Benzins bei Anstieg des Umsetzungsgrades von 50 auf 80% um etwa zwei Einheiten linear erhöht. Bei einer Reaktortemperatur von 482 °C liegt sie zwar noch insgesamt um drei Einheiten höher als bei 426 °C, eine weitere Steigerung der Temperatur bis zu 510 °C bringt jedoch nur-

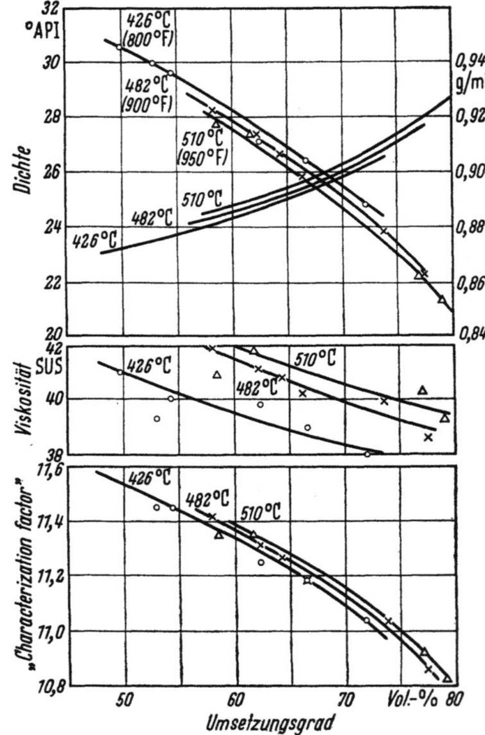

Abb. E-29. Änderungen der Eigenschaften des Kreislauföles bei den gleichen Verhältnissen wie in Abb. E-26.

mehr etwa eine halbe Einheit. Durch Bleizusatz von 3 cm³ BTÄ je Gallone (0,792 Vol.-%) wird jedoch eine ebenfalls mit dem Umsetzungsgrad linear ansteigende, in Oktanzahlen ausgedrückte Klopffestigkeit erreicht, die keinen Einfluß der Reaktortemperatur mehr zeigt. Ermittelt man aber die Klopffestigkeit nach der Research-Methode, so ist beim bleifreien Benzin überhaupt kein Einfluß des Umsetzungsgrades zu erkennen. Mit der Temperatur steigt der Wert von knapp 88 OZ bei 426 °C auf 94 OZ bei 482 °C und auf etwa 95 OZ bei 510 °C. Nach dieser Methode schneiden die gebleiten, bei hoher Temperatur hergestellten Krackbenzine wesentlich besser ab. Während bei 426 °C ein unveränderter Wert von rd. 95 OZ gemessen wurde, steigen die Werte bei den beiden

höheren Temperaturen mit dem Umsetzungsgrad von rd. 98 bei 55%
auf etwas über 99 bei 80% an. Dies macht die schon an anderer Stelle
erörterte, sehr unterschiedliche Bewertung der Aromaten durch die beiden Prüfverfahren deutlich; vgl. Fußn. 2, S. 356.

Da der Umsetzungsgrad durch die Differenz zwischen 100 und dem
in Vol.-% ausgedrückten Anfall an Kreislauföl definiert ist, bedarf es
keiner graphischen Darstellung dieses definitionsgemäßen Zusammenhanges. Es sind jedoch die Änderungen der Eigenschaften des Kreislauföles von Interesse, wie sie aus Abb. E-29 zu erkennen sind. Die Reaktortemperatur wirkt sich am stärksten nur auf die absolute Höhe der Zähigkeit aus, während ihr Einfluß bei der Dichte und dem „Characterization-
Factor" K_{UOP} sehr gering ist. Trotz erheblicher Zunahme der Dichte mit
steigendem Umsetzungsgrad nimmt die Zähigkeit selbst gleichzeitig ab,
was auf eine Veränderung der chemischen Zusammensetzung deutet.
Diese Tatsache wird durch die Änderung des Characterization-Factors
bestätigt[1]. Schließlich zeigt Abb. E-30, wie die Koksbildung in einem

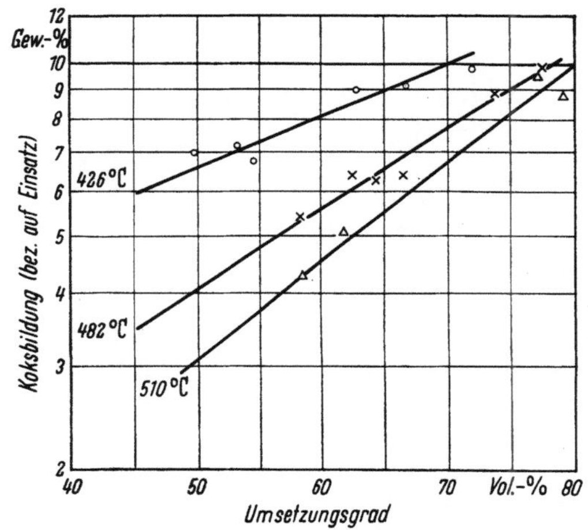

Abb. E-30. Koksbildung bei den Verhältnissen gemäß Abb. E-26.

logarithmischen Netz linear zunimmt, jedoch bei gleichem Umsetzungsgrad um so geringer ist, je höher die Temperatur liegt.

Die Darlegungen über den Reaktionsablauf lassen erkennen, daß sich
nicht nur beim thermischen, sondern auch beim katalytischen Kracken
Olefine in größerer Menge bilden – eine Folge der Tatsache, daß von den
Bruchstücken gesättigter Kohlenwasserstoffmoleküle eines in der Regel
olefinisch ist. Wegen des Einflusses der Olefine auf die Klopffestigkeit
einerseits und des Interesses an Olefinen in den Krackgasen für Poly-
merisierungs- und Alkylierungsprozesse andererseits ist als Beispiel in
Abb. E-31 gezeigt, wie der Olefingehalt in den C_3- bis C_5-Fraktionen
mit steigendem Umsetzungsgrad abnimmt, mit steigender Temperatur

---

[1] Vgl. dessen Definition S. 66ff.

jedoch zunimmt. Der Einfluß beider Betriebsgrößen ist um so deutlicher, je höher die C-Atomzahl der Produkte ist. Dies stimmt mit der in Abschn. E2a erörterten Theorie überein.

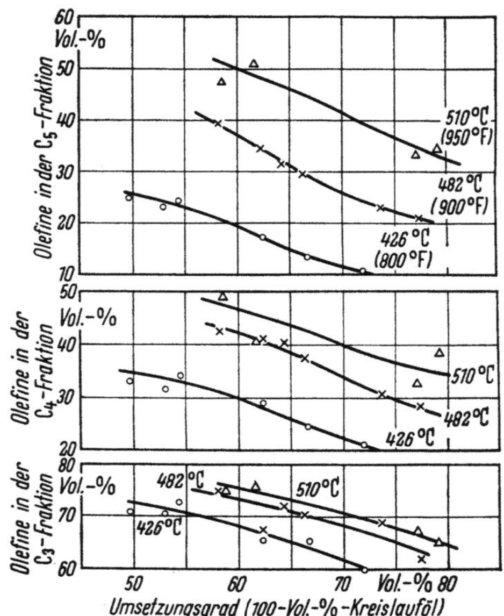

Abb. E-31. Olefingehalt der C₃- bis C₄-Fraktionen beim katalytischen Kracken gemäß Abb. E-26.

Zusammenfassend kommen OLSEN und STERBA zu folgenden Ergebnissen, wenn bei gleichbleibendem Umsetzungsgrad die Reaktortemperatur im angegebenen Bereich von 426 auf 510 °C erhöht wird:

1. Zunahme des Gasanfalles C_{3-};
2. Zunahme der gesamten C_4-Ausbeute;
3. Abnahme der Ausbeute an C_4-freiem Benzin;
4. Abnahme der Koksbildung;
5. Zunahme des Anfalles an Olefinen in jeder Fraktion bis zum Benzin;
6. Abnahme des Anteiles der Paraffine in den C_{3-}-Fraktionen, unveränderter Anteil der C_4-Paraffine, Zunahme des Anteiles in den C_{5+}-Fraktionen;
7. Zunahme der Oktanzahlen (ohne Blei) sowohl nach der Motorwie nach der Researchmethode;
8. Zunahme des Unterschiedes der Oktanzahl bei Bestimmung nach den beiden Methoden;
9. Abnahme der Bleiempfindlichkeit so weitgehend, daß bei Bestimmung der Motoroktanzahl mit 3 ml BTÄ/gall der Einfluß der Reaktortemperatur vollkommen verschwindet und er bei der Researchmethode nur für den unteren Temperaturbereich feststellbar ist.

Da die Ermittlung günstiger Betriebsverhältnisse ziemlich umfangreiche Laboratoriumsarbeiten erfordert, wurde der Versuch unternommen, allgemeingültige Formeln abzuleiten, die eine Voraussage der Ausbeuten und Eigenschaften von Krackprodukten auf Grund von Eigenschaften des Einsatzgutes gestatten[1]. Die im Betrieb tatsächlich erzielten Ergebnisse streuen in gewissem Maße um die errechneten Werte, bei absolut kleinen Beträgen, wie z. B. beim Koksanfall, stärker als bei der Benzinausbeute oder bei den Oktanzahlen. Für orientierende Berechnungen erscheinen die angegebenen Formeln, die auch für die Ausbeuten an einzelnen C_2- bis C_4-Kohlenwasserstoffen aufgestellt wurden, brauchbar. Wegen Einzelheiten muß auf die genannte Arbeit verwiesen werden.

Da die Oktanzahl des Krackbenzins besonders wichtig ist und die Prüfung im Motor Krackversuche mit ausreichenden Mengen voraussetzt, wurden die Ergebnisse diesbezüglicher Untersuchungen in Nomogrammen wiedergegeben, die eine ziemlich genaue Voraussage erlauben[2]. Damit dürfte ein allgemeiner Überblick über die beim Kracken zu erzielenden Produkte und ihre Eigenschaften gegeben sein. Weitere Angaben folgen noch im Zusammenhang mit der Beschreibung der einzelnen Verfahren in den anschließenden Abschnitten.

Bei der bisher meist üblichen Gewinnung von Einsatzgut für katalytische Krackanlagen durch Normaldruck- und Vakuumdestillation kann man die Anteile der einzelnen Kohlenwasserstoffgruppen kaum beeinflussen. Das S. 418 ebenfalls erwähnte Entasphaltieren von Vakuumrückstand stellt einen ersten Schritt in dieser Richtung dar. Sein Vorteil liegt vor allem darin, daß zusätzliche Mengen mit Eigenschaften, die für das Kracken günstig sind, gewonnen werden, die anderenfalls im Rückstand blieben. Viel tiefer in die Struktur der Kohlenwasserstoffgruppen greift das Hydrieren ein. Wegen des gesättigten Charakters hydrierter Fraktionen geben diese beim katalytischen Kracken die günstigsten Ausbeuten an den angestrebten Produkten. Die Anwendung dieses Verfahrens für den beschriebenen Zweck scheiterte bisher an seinen hohen Kosten. Doch zeichnen sich Entwicklungen ab, die auf S. 875 kurz erwähnt sind.

4. Die ersten Bauformen der katalytischen Krackanlagen

Die ersten Versuche, das Kracken von Erdölkohlenwasserstoffen durch die Anwendung von Katalysatoren in gewünschter Weise zu beeinflussen, wurden von McAfee unternommen[3]. In einer 1915 in Port Arthur/Texas gebauten Anlage wurde Aluminiumchlorid in ähnlicher Weise angewendet, wie dies später in der Sumpfphase bei der Kohlehydrierung geschah[4].

---

[1] Reif, H. E., R. F. Kress u. J. S. Smith: How Feeds Affect Cat Cracker Yields. Petrol. Refiner 40 (1961) Nr. 5, S. 237/44.

[2] Schwarzenbeck, E. F., C. E. Slyngstad, P. T. Atteridg u. J. W. Jewell jr.: Factors affecting octane numbers of catalytically cracked gasolines. 3. Welt-Erdöl-Kongreß, Den Haag 1951, Bericht IV-II/7.

[3] McAfee, A. M.: The improvement of high boiling petroleum oils, and the manufacture of gasoline as a by-product therefrom, by the action of aluminum chlorid. J. Industr. Engng. Chem. 7 (1915) 737/47. – Marder, M.: Motorkraftstoffe. 1. (und einziger) Bd., Berlin: Springer 1942, S. 306.

[4] Vgl. dazu S. 811.

Es blieb aber nur bei dieser einzigen Anlage, und erst 1930 gelang es Eugène J. Houdry, der sich bereits seit 1922 mit der Anwendung von Katalysatoren in der Erdöltechnik beschäftigt hatte, das Interesse der seinerzeitigen Vacuum Oil Co zu gewinnen, nachdem er die besondere Eignung von Aluminiumsilikaten entdeckt hatte. Aber die Wirtschaftskrise Anfang der Dreißiger Jahre und die Auffindung von neuen, sehr ergiebigen Ölfeldern in Osttexas war der Weiterentwicklung eines Verfahrens, das zusätzliche Mengen Benzin lieferte, nicht sehr günstig. Erst 1933 war es dann Houdry möglich, auch die Sun Oil Co für seine Ideen und für die Zusammenarbeit mit dem ersten Partner, die inzwischen in die Socony Vacuum Oil Co umgewandelte Gesellschaft, zu gewinnen. Nach mehrjährigen Forschungs- und Entwicklungsarbeiten, die in der Raffinerie Paulsboro/N. J. der Socony Vacuum Oil Co und in der Raffinerie Marcus Hook/Pa. der Sun Oil Co durchgeführt wurden, ging die erste großtechnische Anlage für einen Durchsatz von 600 000 t/a in Marcus Hook am 15. März 1937 in Betrieb. Die erzielten Ausbeuten und die hohe Klopffestigkeit des erzeugten Benzins überraschten die Fachwelt. Eine große Zahl solcher Anlagen wurde in den folgenden Jahren, besonders im Hinblick auf die Kriegsvorbereitungen der Vereinigten Staaten von Amerika, errichtet und hat in nicht geringem Maße dazu beigetragen, die Luftflotten und Panzerarmeen der Westmächte mit hochwertigen Kraftstoffen zu versorgen. Die letzte nach diesem ursprünglichen Verfahren gebaute Anlage wurde erst 1961 nach 21jähriger Betriebszeit endgültig stillgelegt[1].

Die von Houdry verwendeten hydratisierten Aluminiumsilikate enthielten geringe Mengen von Kalzium-, Magnesium- und Eisenoxyden als Verunreinigungen und zur Verstärkung der Katalysatorwirkung Nickel, Kupfer und Mangan[2]. Eine merkbare Koksbildung war nicht zu vermeiden, und deswegen war das wichtigste zu lösende Problem die Regenerierung durch Abbrennen des Kokses innerhalb verhältnismäßig kurzer Zeitabstände. Dabei sollte der Katalysator selbst seine volle Wirksamkeit wiedergewinnen; seine mechanische Festigkeit sollte nicht leiden. Diese Aufgabe besteht heute unverändert bei sämtlichen Katalysatoren und kann als gelöst betrachtet werden. Houdry hatte mehrere, mit Katalysator gefüllte, stehende zylindrische Gefäße (Reaktoren) vorgesehen, in die das auf Reaktionstemperatur von rd. 450 °C aufgeheizte Einsatzgut dampfförmig eingeleitet wurde. Deshalb konnten keine Rückstände verarbeitet werden, was noch heute bei den meisten katalytischen Krackverfahren der Fall ist. Nicht verdampfbare Anteile wurden in einem zwischen Ofen und Reaktor geschalteten Abscheider aus dem Einsatzgut entfernt[3]. Die Reaktoren waren so geschaltet, daß jeweils einer davon durch Abbrennen des Kokses regeneriert werden konnte, während die anderen in Betrieb blieben. Dies geschah bei Temperaturen von mehr als 500 °C, und auf diese Weise wurde die für das

---

[1] Anon.: Last Houdry unit to shut down. Oil Gas J. 59 (11. Sept. 1961) Nr. 37, S. 128/29. – Anon.: 25 Jahre katalytisches Kracken. Erdöl u. Kohle 15 (1962) 676.
[2] Inzwischen hat man die nachteilige Wirkung von Eisen, Nickel und Kupfer erkannt; vgl. S. 400 ff. [3] Nähere Angaben bei M. Marder: a.a.O. S. 306 ff.

Verfahren zusätzlich erforderliche Wärme geliefert. Die Betriebszeit eines einzelnen Reaktors betrug nur 10 min, und für das Umschalten und Regenerieren wurden weitere 20 min benötigt, so daß mindestens drei Reaktoren für einen kontinuierlichen Betrieb erforderlich waren. Diese Technik des Regenerierens von Katalysatoren im Reaktor selbst (in situ) wird heute wiederum bei den neuesten Reforming-Verfahren angewendet, doch betragen die Fahrzeiten von einer zur anderen Regenerierung mehrere Tage bis Monate.

Es war deshalb für die Wirtschaftlichkeit des Verfahrens nicht unwesentlich, daß durch eine energiewirtschaftliche Nutzung der beim Regenerieren entstehenden heißen Rauchgase der Betriebsmittelverbrauch verbessert werden konnte. Es ist nicht allgemein bekannt, daß dadurch auch die Entwicklung der Gasturbinen sehr gefördert wurde. Es lag nahe, die Reaktoren beim Regenerieren als Brennkammern einer Gasturbinenanlage ähnlich wie bei den von Brown Boveri & Cie entwickelten Velox-Dampfkesseln zu betreiben[1]. Dazu mußten die Kammern unter Druck gesetzt werden; die für die Verbrennungsluft erforderliche Kompressionsarbeit wurde aber durch die Enthalpiedifferenz der unter Druck zur Verfügung stehenden Rauchgase nicht nur gedeckt, sondern es konnte auch eine Nutzleistung in Form von elektrischer Energie an das Netz der Raffinerie abgegeben werden. Die Reaktoren wurden deshalb bei den Houdry-Krackanlagen so bemessen, daß sie beim Regenerieren mit einem Druck von 3,5 atü und einer Temperatur über 500 °C betrieben werden konnten. Bei den damals gebauten Anlagen betrug die Leistung an der Turbinenkupplung rd. 5300 kW. Von diesen wurden 4400 kW für den Kompressor benötigt, um eine Verbrennungsgasmenge von max. 70000 m_n^3 zu liefern. Im Laufe der Zeit wurden von der Brown Boveri & Cie AG, Baden/Schweiz bzw. ihrem Lizenznehmer, der Allis Chambers Manufacturing Co, rd. 80 Gasturbinenanlagen im Zusammenhang mit Krackanlagen errichtet und dadurch so umfangreiche Betriebserfahrungen gesammelt, daß die Entwicklung ortsfester Gasturbinenanlagen zur Betriebsreife entscheidend beeinflußt wurde[2].

Ein in der mechanischen Ausstattung ähnliches Verfahren wie das von HOUDRY wurde von der Philips Petroleum Co entwickelt und ist unter dem Namen *Cycloversion* bekannt geworden[3]. Es besitzt zwei Reaktoren mit feststehendem Katalysator, für den natürlich *vorkommender*, reiner Bauxit verwendet wird; er kann ebenfalls regeneriert

---

[1] NOACK, W. G.: Druckfeuerung von Dampfkesseln in Verbindung mit Gasturbinen. Z. Ver. dtsch. Ing. 76 (1932) 1033/39. – Ders.: Der Brown Boveri Velox-Dampferzeuger. Elektr.wirtsch. 31 (1932) 540ff. – Ders.: The Velox Boiler. Engng. 135 (1933) Nr. 3496, S. 52ff. – STODOLA, A.: Leistungs- und Regelversuche an einem Velox-Dampferzeuger. Arch. Wärmewirtsch. 16 (1935) 201/04. Z. Ver. dtsch. Ing. 79 (1935) 429/36. – KRUSCHIK, J.: Die Gasturbine, Wien: Springer 1952, S. 311ff.; 2. Aufl. 1961, S. 567. – Dubbels Taschenbuch für den Maschinenbau, Bd. II, 12. Aufl., Berlin/Göttingen/Heidelberg: Springer 1961, S. 51.

[2] Vgl. dazu J. E. EVANS u. R. C. LASSIAT: Combustion-Gas Turbine in the Houdry Process. Petrol. Refiner 24 (1945) Nr. 11, S. 461/66. – KRUSCHIK, J.: Die Gasturbine, Wien: Springer 1952, S. 100 u. 320ff.; 2. Aufl., 1960, S. 15 u. 569. – Über die Abwärmeausnutzung in neuen Anlagen s. S. 481 u. Abschn. E 8, S. 503ff.

[3] Vgl. Petrol. Refiner 32 (1953) Nr. 12, S. 86.

werden. Das Verfahren wurde wohl nur zum Entschwefeln oder zum katalytischen Reformieren von Benzin verwendet.

Trotz der energiewirtschaftlich günstigen Lösung mit Hilfe von Gasturbinen ist das immer zu wiederholende Regenerieren des Katalysators in verhältnismäßig kurzen Zeiträumen für den Betrieb einer Raffinerie sehr hinderlich. Man hat deshalb nach Wegen gesucht, um diesen nicht vermeidbaren Verfahrensschritt wenigstens stetig durchzuführen. Es war deshalb die Aufgabe zu lösen, den mit Koks beladenen Katalysator aus dem Reaktor während des Betriebes auszuschleusen, ihn mit Luft abzubrennen und möglichst mit der dabei erreichten Temperatur wieder in den Reaktorraum zurückzuführen. Houdry bzw. die später von ihm gegründete Houdry Process Corp und Socony Vacuum – zuerst gemeinsam, später auf getrennten Wegen – haben die in den Anlagen mit festem Bett verwendeten perlförmigen Katalysatoren auch für ihre Umlaufverfahren beibehalten. Hingegen hat die Standard Oil Development Co bei ihren eigenen Forschungsarbeiten von Anfang an mit staubförmigem Katalysator gearbeitet und dabei die sog. Fließbett-Technik angewendet. Andere Erdölgesellschaften und Ingenieurfirmen wie Shell, Standard Oil Co of Indiana, Texaco, Kellogg und Universal Oil Products haben sich ebenfalls – durch die Patentlage gezwungen – mit katalytischen Krackverfahren befaßt, die grundsätzlich von der von Houdry angewandten Technik abwichen, und im weiteren Verlauf zunächst gemeinsam, später in eigener Arbeit Bauformen entwickelt, bei denen mit staubförmigem Katalysator gearbeitet wird.

Die Forderung nach stetiger Regenerierung läßt sich erfüllen, wenn für die Krackreaktion und für das Regenerieren zwei getrennte Reaktionsräume vorgesehen werden und für einen ständigen Hin- und Rücktransport des Katalysators gesorgt wird. In dem eigentlichen Reaktor werden die Kohlenwasserstoffdämpfe unter dem Einfluß der Katalysatortemperatur gekrackt, und in dem sog. Regenerator wird der Koks, der sich durch das Kracken auf der Oberfläche der Katalysatorkörner gebildet hat, mit Luft abgebrannt. Dabei erhöht sich die Temperatur, was dazu dient, daß – so wie beim Arbeiten mit festem Katalysatorbett – der Wärmebedarf des Prozesses zumindest teilweise gedeckt wird. Diese Aufgabenstellung ist grundsätzlich unabhängig von der Korngröße. Die technischen Lösungen weisen aber für perlförmige Kontakte und für staubförmige Kontakte sehr erhebliche Unterschiede auf, was sich auf die Ausgestaltung der Anlagen deutlich auswirkt. Deshalb werden diese zwei Verfahrensarten nachstehend getrennt besprochen.

In etwas geänderter Form wird aber das Festbettverfahren von Houdry heute noch angewendet, und zwar zum Dehydrieren von C_3- bis C_5-Kohlenwasserstoffen zu den entsprechenden Mono- oder Diolefinen, vornehmlich von n-Butan und n-Buten zu Butadien für die Herstellung von synthetischem Kautschuk[1].

---

[1] Vgl. G. F. Hornaday: Economics of Houdry Dehydrogenation. Petrol. Refiner 33 (1954) Nr. 12, S. 173/76. – Anon.: Dehydrogenation. Petrol. Refiner 38 (1959) Nr. 11 (Petrochemical Handbook), S. 233. – Anon.: Catadiene Dehydrogenation; ebd. 44 (1965) Nr. 11, S. 191.

Das Verfahren ist auch unter dem Namen Houdry Adiabatic Process bekannt. Es ist hier nur wegen des Zusammenhanges mit den ersten katalytischen Krackanlagen erwähnt, wird aber nicht weiter besprochen, da es nicht mehr als Krackverfahren angesehen werden kann und außerdem die Verfahren zur Erzeugung von Produkten der Petrolchemie nicht zum Thema dieses Buches gehören. Eine danach arbeitende Anlage wurde unter anderem vor mehr als zehn Jahren für die Bunawerke Hüls GmbH in Marl bei Recklinghausen errichtet.

5. Das Kracken mit Katalysatoren in bewegter Schüttung

Die Entscheidung, bei der ursprünglich gewählten Form des perlförmigen Katalysators zu bleiben, machte die Ausnutzung der Schwerkraft für den ständigen Umlauf des Katalysators zwischen Reaktor und Regenerator empfehlenswert. Allerdings wurde die heute übliche Lösung nicht in einem Schritt erreicht. Zunächst wurden Reaktor und Regenerator, die drucklos oder nur mit geringem Überdruck betrieben werden, nebeneinander angeordnet. Der aus dem Reaktor ablaufende Katalysator wurde mit einem senkrechten Becherwerk so hoch gefördert, daß er in den Reaktor rieseln konnte. In gleicher Weise wurde der vom Koks befreite Katalysator vom Auslauf des Regenerators mit einem ebensolchen Becherwerk wieder zum Reaktor gefördert. Die zu krackenden Kohlenwasserstoffdämpfe konnten sowohl im Gegenstrom wie auch im Gleichstrom mit dem Katalysator, der sich langsam im Reaktor abwärts bewegte, geführt werden. Bei der Verbrennungsluft liegt zwar die Anwendung von Gegenstrom nahe, weil sich bei Aufwärtsbewegung der heißen Rauchgase die Anschlußleitungen für Verbrennungsluft und abziehende Rauchgase einfacher anordnen lassen. Es sind aber auch Bauformen mit Abwärtsbewegung der Verbrennungsluft üblich.

Die von Socony Vacuum entwickelte Bauweise mit Reaktor und Regenerator nebeneinander ist heute für perlförmigen Katalysator überholt. Es sind vom Reaktor zum Regenerator mit Koks- und Ölresten behaftete Katalysatorkörner zu bewegen. Diese neigen zum Zusammenkleben und zur Bildung von Nestern und sind wegen ihrer hohen Temperatur bei Berührung mit Luft leicht entzündlich. Deshalb mußten der Reaktorauslauf sowie das Becherwerk und der Regeneratorzulauf gegen Luftzutritt gut abgedichtet werden. Diese Bauweise wurde dadurch verbessert, daß der Reaktor über den Regenerator gesetzt wurde und die Katalysatorkörner durch die eigene Schwere herabrieseln konnten. Durch Zwischenschaltung genügend langer Standrohre und durch das Einführen von Sperrdampf ließ sich ein ausreichender Abschluß der Kohlenwasserstoffatmosphäre des Reaktors von der oxydierenden Atmosphäre des Regenerators erreichen. Als schwierigstes Problem blieb noch immer die Rückförderung des heißen, regenerierten Katalysators vom Regenerator zu dem oberen Einlauf in den Reaktor zu lösen. Auch dazu diente zunächst bei der Konstruktion der Socony Vacuum ein einziges Becherwerk entsprechender Höhe. Da es aber Katalysator von rd. 600 °C zu fördern hatte, machte es erhebliche Schwierigkeiten, genügend haltbare und verschleißfeste Werkstoffe zu finden, welche dieser Beanspruchung auf die Dauer gewachsen waren, zumal jetzt erhebliche Höhen zu überwinden waren und sich dadurch alle mechanischen Kräfte und Momente entsprechend vergrößerten. Auch die Schmierung aller bewegten Teile stellte eine nicht leicht zu bewältigende Aufgabe. Deshalb bedeutete es einen wesentlichen Fortschritt, als man Mittel und Wege fand, den großen Höhenunterschied zwischen Regeneratorauslauf und Reaktoreinlauf durch eine pneumatische Förderung zu überwinden. Die Anwendung von heißer Luft an dieser Stelle war zulässig, weil der regenerierte Katalysator davor nicht mehr geschützt zu werden braucht. Es mußten nur Vorkehrungen getroffen werden, daß seine Temperatur, wie er sie beim Regenerieren erreicht hat, möglichst erhalten bleibt, damit der Wärmebedarf des Prozesses durch den heißen Katalysator gedeckt werden kann. In neuen Anlagen wird daher der Katalysator nur mit heißer Luft oder mit einem Gemisch aus Luft und heißen Rauchgasen gefördert, und sowohl bei den Thermofor Catalytic Cracking-(TCC-)Anlagen der Socony Vacuum Oil Co (jetzt Mobil Oil Co) wie auch bei den sog. Houdriflow-Anlagen der Houdry Process Corp wird von dieser Technik Gebrauch gemacht. Diese beiden Verfahren sind die einzigen katalytischen Krackanlagen, die mit bewegter Schüttung arbeiten und sich durchgesetzt haben. Deshalb werden sie nachstehend näher beschrieben.

a) Das Thermofor Catalytic Cracking-Verfahren (TCC-Verfahren) der Socony Vacuum Oil Company (jetzt Mobil Oil Company)

Den Anstoß zu der von der Socony Vacuum entwickelten Lösung gaben die guten Erfahrungen, die man mit Öfen zum Regenerieren von Bleicherde gemacht hatte. Diese sog. kilns sind stehende zylindrische Gefäße mit eingebauten senkrechten Rohren[1]. Die Bleicherde wird durch ein aus zahlreichen Rohren bestehendes Verteilsystem über den Querschnitt gleichmäßig aufgegeben und rieselt zwischen den Rohren abwärts. Durch die Rohre wird über Sammler ein geschmolzenes eutektisches Salzgemisch umgepumpt, das seine Wärme an einen Dampferzeuger abgibt, und dadurch wird die Temperatur auf gleichbleibender Höhe gehalten[2]. Sie wird so eingestellt, daß die Koks- und Ölablagerungen auf der Bleicherde bei gesteuerter Luftzufuhr gleichmäßig abgebrannt werden können. Darunter angeordnete Schlangen für das Speisewasser des Dampferzeugers dienen zum Kühlen der regenerierten Bleicherde[3].

---

[1] Vgl. Fußn. 1, S. 149.

[2] Ein solches aus 40% $NaNO_2$, 7% $NaNO_3$ und 53% KNO_3 bestehendes, eutektisches Salzgemisch mit einem Schmelzpunkt von rd. 150 °C wurde auch zum Konstanthalten der Temperatur in den alten Houdry-Anlagen mit festem Katalysatorbett verwendet.

[3] Die Skizze eines solchen Regenerierofens ist wiedergegeben bei W. L. Nelson: Petroleum Refinery Engineering, a.a.O. S. 324; weitere Einzelheiten auf S. 686. Siehe auch H. S. Bell: American Petroleum Refining. Princeton/N.J.: Van Nostrand, S. 390ff.

α) **Die wesentlichen Bauelemente.** Diese bereits erprobte Bauart des Bleicherderöstofens wurde abgewandelt, um Krackkatalysatoren in ähnlicher Weise zu regenerieren. Bei den Anlagen mit umlaufendem Katalysator konnte auf die Anwendung von geschmolzenem Salz zum Konstanthalten der Temperatur verzichtet werden, weil der verwendete Katalysatorträger robust genug ist, die beim Abbrennen entstehenden höheren Temperaturen auszuhalten, und außerdem eine Eintrittstemperatur in den Reaktor erwünscht ist, die über dessen Temperatur liegt.

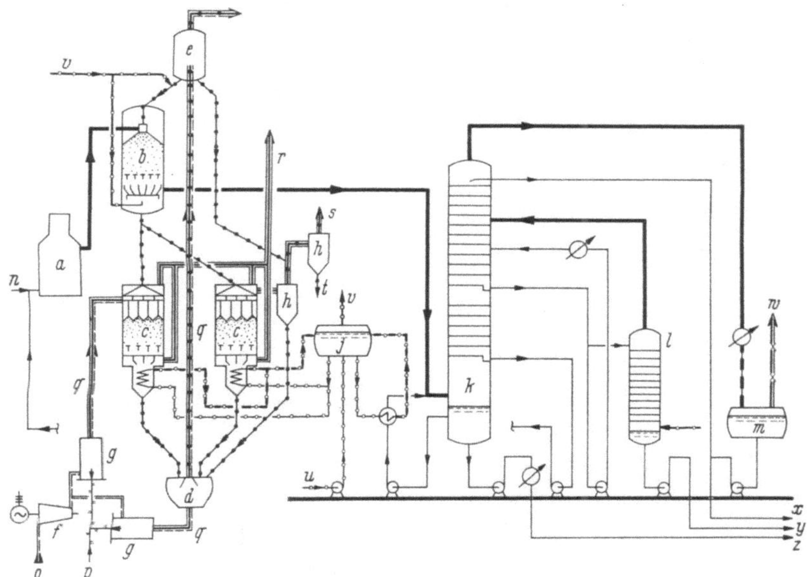

Abb. E-32. Schematisches Fließbild einer Thermofor Catalytic Cracking (TCC)-Anlage der Socony Vacuum Oil Co (jetzt Mobil Oil Co) mit zugehöriger Fraktionierung.

a Ofen;
b Reaktor;
c Regenerator mit Katalysatorkühler (unten);
d sog. Liftpot;
e Prallblechabscheider (für den Katalysator);
f Verbrennungsluftgebläse;
g Brennkammer (für das Anfahren);
h Fliehkraftabscheider des „elutriator", s. S. 442;
j Dampftrommel;
k Fraktionierkolonne;
l Seitenkolonne (Stripper);
m Trennbehälter;
n Zufluß des zu krackenden Gasöles mit Rücklauföl (vom untersten Abzug der Fraktionierkolonne *k*);

o Lufteintritt;
p Heizöl (nur zum Anfahren);
q Förderluft, die besonders beim Anfahren in den Brennkammern *g* aufgeheizt wird und auch im Betrieb mit Rauchgas gemischt ist;
r Rauchgas;
s Abgas mit Katalysatorstaub;
t Gröberer Katalysatorabrieb;
u Speisewasser;
v Wasserdampf;
w Krackgas;
x Krackbenzin;
y Leichtes Heizöl;
z Schweres Heizöl.

Erfahrungsgemäß sind Werte bis zu rd. 610 °C zulässig. Dadurch wird erreicht, daß der Wärmebedarf des endothermen Krackprozesses weitgehend durch Wärmeabgabe des Katalysators gedeckt wird.

Der nunmehr erreichte Entwicklungsstand dieser Anlagen ist in Abb. E-32 wiedergegeben. Das Katalysatorumlaufsystem besteht aus dem Reaktor *b*, aus dem in zwei Einheiten aufgeteilten Regenerator *c* und aus der pneumatischen Förderung, die sich aus Einlauf (sog. Lift-pot) *d*, Steigleitung und Prallblechabscheider (disengager) *e* zusammen-setzt. Prallblechabscheider und Reaktor sind durch ein Fallrohr so verbunden, daß der regenerierte, heiße Katalysator aus dem Abscheider in den Oberteil des Reaktors rieseln kann. In dieses Fallrohr wird Sperr-dampf eingeleitet, damit keine Kohlenwasserstoffdämpfe aus dem unter einem Druck von einigen zehntel Atmosphären arbeitende Reaktor in den Abscheider gelangen und dort sich infolge der Anwesenheit der För-derluft an dem heißen Katalysator entzünden können. Der Abscheider selbst ist mit der Atmosphäre verbunden. Der Dampfdruck muß höher sein als der Reaktordruck, um die Absperrung unter allen Umständen sicherzustellen. Deshalb wird in Kauf genommen, daß ein kleiner Teil-strom des Sperrdampfes auch in den Reaktor gelangt.

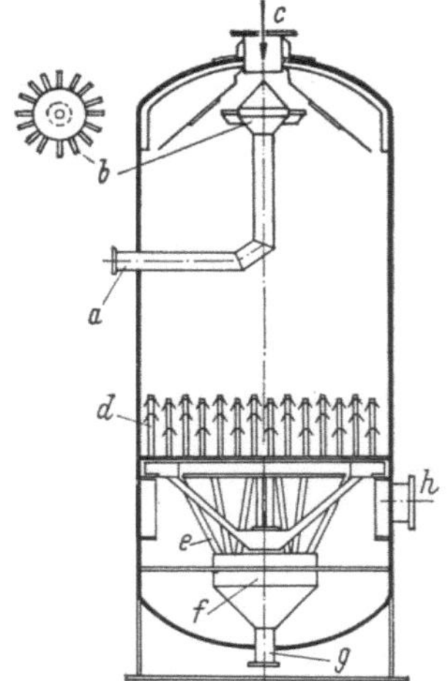

Abb. E-33. Schematische Darstellung der Ein-bauten des Reaktors einer Thermofor Catalytic Cracking-(TCC-)Anlage.

a Eintritt für Einsatzgut (in gemischter Phase);
b Verteiler für Einsatzgut;
c Eintritt für Katalysator;
d Sammler für Krackdämpfe;
e Katalysatorabzugsröhren;
f Katalysatorstripper;
g Katalysatoraustritt;
h Dämpfeaustritt

Bei der heute üblichen Ausführung mit Einspritzung des Produktes in gemischter Phase wird der Kopf des Reaktors gewöhnlich so aus-gebildet, wie dies in Abb. E-33 wiedergegeben ist. Dies bietet die Mög-lichkeit, das Produkt direkt vom Ofen einzuspeisen, ohne es durch zu-sätzliche Einrichtungen, wie Entspannungsgefäße, trennen und den flüs-sigen Anteil außerdem noch durch Pumpen zum Reaktor fördern zu müssen. Weiterhin wird dadurch an Bauhöhe gespart. Bei der früher üblichen, getrennten Zuführung der dampfförmigen und flüssigen Phase war für die Dämpfe am Kopf des Reaktors ein einfacher Stutzen vor-handen; für die flüssige Phase wurde ein meist in einem Mannlochdeckel befestigtes, waagerechtes Rohr angebracht, das über der Mitte des Katalysatorbettes mit einer Einspritzdüse versehen war, so daß das Produkt gleichmäßig über der Katalysatoroberfläche verteilt werden konnte[1].

---

[1] NOLL, H. D., A. W. HOGE u. D. M. LUNTZ: Commercial TCC Operations on Partially Vaporized Charge Stocks. Petrol. Processing 1 (1946) Nr. 11, S. 211/18. –

Auf dem Boden des Reaktors sind im Katalysatorbett senkrechte, über den ganzen Reaktorquerschnitt gleichmäßig verteilte und oben geschlossene Rohre mit seitlichen Öffnungen für den Abzug der gekrackten Kohlenwasserstoffdämpfe angebracht. Durch dachförmige Abdeckungen wird verhindert, daß Katalysator in die Abzugsöffnungen dieser Rohre eintreten und in den Dämpfestrom gelangen kann. Durch Sammelrohre wird vom Boden des Reaktors der Katalysator in einen Konus geleitet, in dem der mit Koks beladene Katalysator mittels Spüldampf von den letzten verdampfbaren Anteilen befreit wird. Die gekrackten Kohlenwasserstoffdämpfe werden aus einem Sammelraum, in dem die vorerwähnten Rohre münden, abgezogen und zur Fraktionierkolonne geführt. Der Spüldampf übernimmt dabei gleichzeitig die Aufgabe, den Übertritt von Kohlenwasserstoffen aus dem Reaktor in den

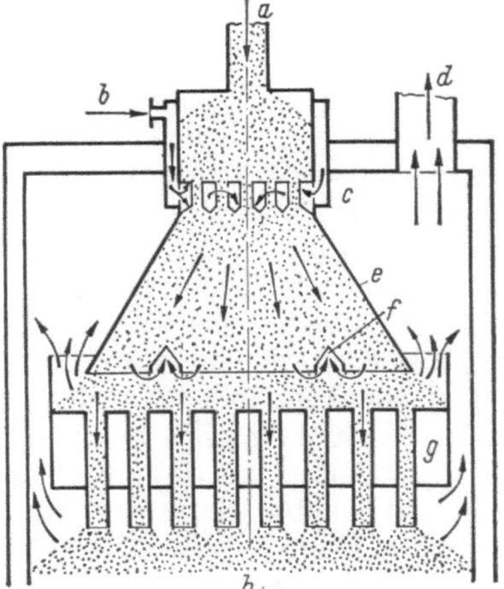

Abb. E-34. Schematischer Schnitt durch den Oberteil des Regenerators einer Thermofor Catalytic Cracking-(TCC-) Anlage.

a Eintritt für den Katalysator;
b Eintritt der Verbrennungsluft;
c Verteiler für Verbrennungsluft;
d Rauchgasaustritt;
e Verteiltrichter;
f Abzugskanäle für Rauchgas;
g Verteiler für Katalysator;
h Katalysatorbett im Regenerator.

Regenerator zu verhindern. Er gelangt zusammen mit gekrackten Kohlenwasserstoffdämpfen und dem Sperrdampfanteil vom Kopf des Reaktors in die Fraktionierkolonne. Die Wirkungsweise der Einbauten für die Bewegung des Katalysators und die Führung der Dämpfe ist ähnlich der durch Abb. B-20 bis B-22, S. 150/51 für den Regenerator einer Houdry-Anlage beschriebenen. Nur müssen hier die Dämpfe abwärts, dort die Verbrennungsluft bzw. die Rauchgase aufwärts strömen.

Der Reaktor ist mit den beiden Regeneratoren durch ein verzweigtes Fallrohr verbunden, durch das der Katalysator zu der im Oberteil der Regeneratoren angebrachten Verteileinrichtung rieseln kann. Diese ist in Abb. E-34 dargestellt. Auf die Ausbildung dieser Einrichtung muß besondere Sorgfalt verwendet werden, damit der zu regenerierende Kata-

SKINNER, E. M., C. A. GOODNIGHT u. C. L. ALLISON: Test Run Gives Data On TCC Commercial Operation. Petrol. Refiner 29 (1950) Nr. 9, S. 115/20; in diesem Aufsatz ist ein schematischer Schnitt durch einen Reaktor mit getrennter Zufuhr der flüssigen und des dampfförmigen Einsatzgutes wiedergegeben; außerdem enthält die Arbeit ausführliche Betriebsanalysen beim Verarbeiten verschiedener Rohöle.

lysator gleichmäßig über dem Querschnitt verteilt und vollständig abgebrannt wird, ohne daß es dabei zur Bildung von Nestern oder Zonen unzulässiger Überhitzung kommt. Deshalb muß die Verbrennungsluft ebenfalls sehr gleichmäßig verteilt werden. Deren Hauptmenge strömt durch das Katalysatorbett abwärts und wird aus dem unten befindlichen Sammelraum zum Schornstein abgezogen. Eine gewisse Menge kann jedoch aus dem Katalysatorbett am Übergang vom Konus des Verteilers zur Aufgabevorrichtung mit den Fallrohren und aus der Oberfläche des Katalysatorbettes austreten und wird ebenfalls zum Schornstein abgeführt. Unter jedem der beiden Regeneratoren ist noch ein Katalysatorkühler angeordnet. Er besteht aus einem Mantel mit Anschlüssen für den Wassereintritt und den Austritt des sich bildenden Dampf–Wasser-Gemisches. In dem Mantel ist ein Röhrenbündel eingesetzt, durch das sich der heiße Katalysator abwärts bewegt. Durch ein zentral angeordnetes Rohr erheblich größeren Durchmessers, dessen Austritt sich durch eine mechanisch zu betätigende Klappe verstellen läßt, kann ein mehr oder weniger großer Anteil des Katalysators ohne wesentliche Wärmeabgabe abgenommen und dadurch die Austrittstemperatur des Katalysators eingestellt werden.

Um zu verhindern, daß sich im Umlaufsystem durch den unvermeidbaren Abrieb die Menge der feinen Anteile ständig erhöht, werden der Reaktor und der Regenerator von einem kleinen Katalysatorteilstrom umgangen, wie dies aus Abb. E-32 zu sehen ist. Diese Katalysatormenge wird über eine als „elutriator" bezeichnete Spüleinrichtung geführt, in der frei herabrieselnder Katalysator mit heißer Luft durchblasen und von den feinsten Anteilen befreit wird[1]. Die Abluft selbst wird noch über Zyklone geleitet, so daß nur ein feinster Nebel in der austretenden Spülluft verbleibt. Die so aus dem Katalysatorstrom abgetrennte Menge muß durch Frischkatalysator ersetzt werden, der hinter dem Abscheider dem Umlaufsystem zugegeben wird. Sie beträgt nach verschiedenen Angaben nur rd. 300 g Katalysator je Tonne Einsatzgut. Es hat sich aber gezeigt, daß es notwendig ist, darüber hinausgehend eine Menge Katalysator abzuziehen und durch Frischkatalysator zu ersetzen, die insgesamt bis zum Achtfachen der vorgenannten Menge ansteigen kann, um die volle Aktivität des Katalysators aufrechtzuerhalten. Hierauf wird später noch eingegangen.

Die wichtigste Neuerung bei der zuletzt entwickelten Bauweise war die Förderung des Katalysators mittels heißer Luft oder heißer Rauchgase[2]. Es bedurfte eingehender Versuche, die zum größten Teil auf einem

---

[1] Elutriate (von lat. eluere) = abklären, schlämmen, sichten; vgl. dazu M. LEVA: Fluidization, New York/Toronto/London: McGraw-Hill 1959, S. 115: "Elutriation may be defined as an operation whereby a mixture of finely divided solids is separated into its individual size component by subjecting the mixture to the action of a rising current of fluid."

[2] DANNER, A. V.: Socony-Vacuum TCC Units Move Catalyst by Gas Lift. Petrol. Refiner 29 (1950) Nr. 9, S. 115/20. – THORNTON jr., D. P.: First "Air-Lift" TCC Unit. Petrol. Processing 6 (1951) 146/49. – BERGSTROM, E. V., V. O. BOWLES, L. P. EVANS u. J. W. PAYNE: Recent Developments in TCC Cracking. 4. Welt-Erdöl-Kongreß, Rom 1955, Bericht Nr. III/E 4.

in der Raffinerie Paulsboro/N.J. eingerichteten Versuchsstand durchgeführt wurden, um die geeignete Ausbildung des ähnlich einem Strahlapparat (Injektor) wirkenden Einlaufes (lift pot) für den Katalysator zu finden. In Abb. E-35 ist ein Schnitt durch die Förderdüse gezeigt, wie sie jetzt bei TCC-Anlagen verwendet wird. Diese Bauform ist das Ergebnis von zahlreichen Versuchen, die mit zweidimensionalen Modellen im Maßstab 1 : 1 durchgeführt wurden. Eine für den Betrieb sehr wichtige Erscheinung kann allerdings bei solchen Versuchen nicht geklärt werden. Dies ist der Verschleiß. Doch läßt sich voraussagen, daß er dann am geringsten ist, wenn der Katalysatorstrom bei hoher Geschwindigkeit nicht scharf umgelenkt wird. Wo eine solche Maßnahme unvermeidlich ist, wie durch die Prallbleche im Abscheider am oberen Ende der

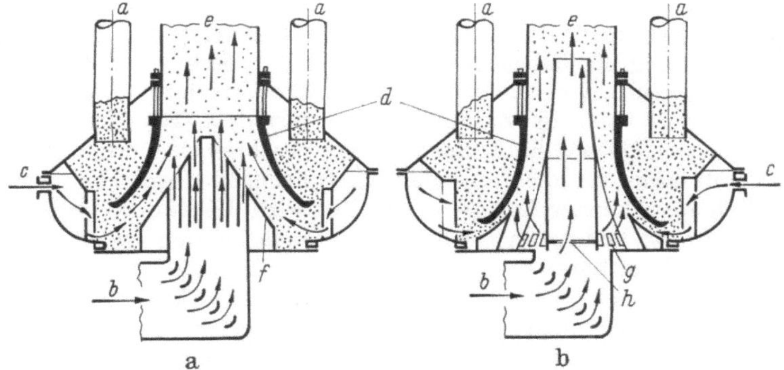

Abb. E-35. Schematischer Schnitt durch den Katalysatorzulauf und den Zutritt der Luft zur Düse für die Förderung des Katalysators, sog. Liftpot.

a) Ausführung mit gelochtem Konus; b) Ausführung mit ringförmiger Luftzufuhr.

a Katalysatorfallrohre;	*d* Einlaufdüse;	*g* Konus mit unten angeordneten Schlitzen;
b Eintritt für Erstluft;	*e* Steigrohr;	
c Eintritt für Zweitluft;	*f* Gelochter Konus;	*h* Blende.

Steigleitung, muß man einen gewissen Verschleiß in Kauf nehmen und versucht, ihn durch Wahl geeigneter Werkstoffe soweit als möglich einzuschränken. Kennzeichnend für die pneumatische Förderung des körnigen Katalysators ist die Unterteilung des Förderluftstromes, wie dies Abb. E-35 erkennen läßt. Die Hauptmenge tritt zentral wie bei einem Strahlapparat in der Achse der Steigleitung *e* durch eine Düse ein und saugt die Zweitluft, welche den Katalysator zuführt, aus einem Ringraum an. Bei der Bauform nach Abb. E-35 b tritt ein vom Hauptstrom abgezweigter Nebenstrom durch Schlitze am Fuß der Hauptdüse aus. Er trägt den Katalysator allmählich beschleunigend in dem strömungstechnisch sehr sorgfältig bemessenen Ringraum bis in die Höhe des Austrittes der Hauptluftmenge aus der Düse; von dort wird die Weiterförderung vom Hauptluftstrom übernommen.

Dieses Katalysatorumlaufsystem wird noch durch die für das Anfahren erforderlichen Anlagenteile zum Aufheizen der Förder- und Verbrennungsluft ergänzt. Ein Gebläse saugt Luft aus dem Freien an und drückt sie in das im Oberteil des Regenerators angeordnete Verteilsystem. Bis zum Erreichen der vollen Betriebstemperatur wird diese Luft in einer Brennkammer so stark erhitzt, daß der Katalysator die erforderliche Temperatur erreicht. Auch für die eigentliche Förderluft ist eine Brennkammer vorhanden, damit beim Anfahren der durch den zuerst genannten Luftstrom bereits aufgeheizte, aber noch nicht durch Verbrennen von abgelagertem Koks weiter erhitzte Katalysator nicht durch die Förderluft abgekühlt wird. Der Katalysator muß, bevor Produkt eingespritzt werden kann, bereits die für das Kracken erforderliche Temperatur erreicht haben, weil sonst die Gefahr bestünde, daß die einzelnen Katalysatorkörner durch die bei milder Krackung entstehenden teerigen Bestandteile zusammenkleben und sich nicht einwandfrei fördern ließen.

β) **Kennwerte für die Auslegung und den Betrieb.** Die nachstehend erläuterten Begriffe haben zwar für alle katalytischen Krackverfahren Bedeutung, einige von ihnen für katalytische Verfahren überhaupt. Sie werden jedoch hier im Zusammenhang mit dem TCC-Verfahren besprochen, weil dessen Bauformen bereits beschrieben wurden und weil das Verständnis für die folgenden Ausführungen durch die Kenntnis praktisch ausgeführter Anlagen erleichtert wird. Die für die Definitionen der Kennwerte benutzten Größen haben auch bei den anderen katalytischen Krackverfahren die gleiche Bedeutung, und die Kennwerte selbst werden etwa gleich groß gewählt. Deshalb macht es keine Schwierigkeiten, die zu erläuternden Begriffe auf andere Verfahren und Bauformen zu übertragen. Sie mußten bereits bei der Erörterung der Prüfung der Katalysatoren erwähnt werden.

Im Hinblick auf die Bemessung des Katalysatorumlaufsystemes ist zunächst einmal das bereits auf S. 404 ff. erwähnte sog. Katalysator/Öl-Verhältnis von Interesse. Für seine Bestimmung benutzt man das gesamte in der Anlage umlaufende Katalysatorvolumen und setzt es ins Verhältnis zum Volumen des Einsatzgutes in der Zeiteinheit bei einer Bezugstemperatur, die gewöhnlich mit 20 °C oder in den Vereinigten Staaten von Amerika mit 15,6 °C (= 60 °F) gewählt wird. Je geringer die Dichte des Einsatzgutes ist, desto niedriger kann dieses Katalysator/Öl-Verhältnis gewählt werden, weil die Koksbildung geringer ist. Der Katalysator soll nicht mit mehr als etwa 2,5 Gew.-% Koks beladen werden[1]. Niedrigere Werte, wie sie in der Regel empfohlen werden, sind günstiger. Sie erhöhen zwar wegen der dadurch nötigen größeren Abmessungen der Anlagenteile die Baukosten, doch wird der Betrieb elastischer und die Lebensdauer des Katalysators länger.

Die Dimension des Katalysator/Öl-Verhältnisses ist die Zeit, weil es das Verhältnis eines Volumens zu einem Volumen in der Zeiteinheit ist. Zwischen der Beladung und dem Katalysator/Öl-Verhältnis bestehen gewisse Beziehungen, die sich aber genau nur wiedergeben lassen, wenn

---

[1] SIMPSON, T. P., S. C. EASTWOOD u. H. G. SHIMP: Liquid-Charge Technique In TCC Processing. Petrol. Refiner 24 (1945) Nr. 11, S. 110/16 [436/42]; vgl. auch die folgenden Ausführungen.

man weiß, wie oft die gesamte Katalysatormenge der Anlage in der gleichen Zeiteinheit umläuft.

Nimmt man in erster Näherung an, daß für einen Umlauf eine Stunde benötigt wird, und rechnet man mit einer Koksbildung in der Größenordnung von 10 % des Einsatzgutes, so würde dies – zunächst in Gewichten bestimmt – wegen der oben genannten maximalen Beladung von 2,5 % ein maximales Katalysator/Öl-Verhältnis von 4 h ergeben. Mit einem durchschnittlichen Schüttgewicht des Katalysators von 0,7 kg/dm³ und der etwa gleich großen Dichte des Einsatzgutes erhält man den gleichen Wert für das Volumenverhältnis. Die Koksbildung kann aber bei leichteren Produkten erheblich niedriger sein, andererseits wird die Beladung meist geringer gewählt. Schließlich sind die Umlaufzeiten im allgemeinen kürzer als eine Stunde. Im gleichen Verhältnis kann bei sonst gleichen Annahmen das Katalysator/Öl-Verhältnis verringert werden. Somit erklären sich die in der Praxis vorkommenden Werte von etwa 2 bis 5 h. Sie sind ein Maß für die Intensität des Kontaktes des Katalysators mit dem Einsatz, die um so stärker ist, je kleiner der Wert ist.

Die zulässige Beladung des Katalysators mit Koks wird – wie bereits ausgeführt wurde – nicht durch ein etwaiges Nachlassen der Aktivität bestimmt, sondern durch die Notwendigkeit, den Katalysator ohne Beeinträchtigung seiner mechanischen Festigkeit zu regenerieren. Will man die Temperaturen beim Abbrennen unter rd. 600 °C halten, so wird neuerdings empfohlen, nicht mehr als 10 g Koks je Liter Katalysator zuzulassen; das entspricht einer Beladung von nur etwa 1,5 Gew.-%. Die Aktivität ließe erst bei viel stärkerer Beladung merkbar nach. Die Geschwindigkeit, mit der sich der Katalysator im Reaktor und im Regenerator abwärts bewegt, wird mit etwa 150 bis 300 mm/min gewählt. Daraus ergeben sich zusammen mit den noch zu erwähnenden Größen die Querschnitte von Reaktor und Regenerator (oder Regeneratoren).

Eine der wichtigsten dieser Größe ist dabei die sog. Raumgeschwindigkeit. Darunter versteht man das Verhältnis der Menge Einsatzgut (gegebenenfalls einschließlich einer rückgeführten Menge) zu der des Katalysators in der Reaktionszone. Sie wird vor allem bei Festbettverfahren benutzt, ist aber auch hier von Bedeutung, zumal viele Prüfverfahren – auch für Fließbettverfahren oder für solche mit bewegter Schüttung – mit festem Katalysatorbett arbeiten. In der Regel wählt man für diese Größe die bei einer Bezugstemperatur bestimmte Menge flüssigen Einsatzes je Zeiteinheit (z.B. l/h) ins Verhältnis gesetzt zum Katalysatorvolumen (in l), also $l/(h \cdot l) = h^{-1}$. Das Volumen des flüssigen Einsatzgutes berechnet man auch für diese Größe bei 20 °C oder bei 15,6 °C (= 60 °F), was keinen merkbaren Unterschied ergibt. Bei TCC-Anlagen beträgt dieses Verhältnis 1 bis 2,5 h⁻¹. Niedrige Werte bedeuten eine längere Einwirkung des Katalysators auf die zu krackenden Kohlenwasserstoffe und führen dadurch zu höheren Umsetzungsgraden, d.h. zu stärkerem Spalten und höherer Klopffestigkeit des Benzins, dessen Ausbeute auf Kosten der Mitteldestillate gesteigert wird. Zwar ist die Dimension der Raumgeschwindigkeit der Reziprokwert der Dimension des Katalysator/Öl-Verhältnisses. Doch die Größen selbst sind bei Anlagen mit umlaufendem Katalysator nicht Reziprokwerte voneinander, weil bei der Raumgeschwindigkeit nur das Reaktorvolumen allein betrachtet wird.

Weiterhin ist noch das **Rückführverhältnis** (Rücklaufverhältnis) zu erwähnen. Es hat dieselbe Bedeutung wie beim thermischen Kracken, wird aber in der Regel anders definiert als dort. Die Rückführung wird angewendet, um die Ausbeute an Benzin auf Kosten der Mitteldestillate zu erhöhen. Die beim katalytischen Kracken – wenn auch in geringem Maße – durch Polymerisation entstehenden hochmolekularen Anteile müssen auf alle Fälle ausgeschleust werden, weil sie durch starke Koksbildung den Katalysator ungünstig beeinflussen würden. Deshalb wird für die Rückführung nur Destillat aus der dem Reaktor nachgeschalteten Fraktionierkolonne verwendet. Man benutzt in der Regel den untersten Seitenstrom, den man von einem unmittelbar über der Entspannungskammer in der Kolonne angeordneten Boden abzieht, und mischt ihn vor dem Ofeneintritt mit frischem Einsatzgut, vgl. Abb. E-32. Der Kolonnenquerschnitt muß für niedrige Dämpfegeschwindigkeit bemessen werden, damit das Hochreißen asphaltartiger Körper aus der Entspannungskammer mit Sicherheit vermieden wird und diese nicht in den rückgeführten Strom gelangen können. Durch tangentiales Einführen und durch Ablenkbleche läßt sich die gewünschte Trennwirkung zwischen Dämpfen und Flüssigkeit verbessern.

Bezogen auf die Einsatzmenge wird bei TCC-Anlagen je nach den Eigenschaften des Einsatzgutes und den gewünschten Produkten das Rückführverhältnis zwischen 0 und 2 gewählt, d.h., die Menge der zurückgeführten schweren Destillate beträgt 0 bis 200 % des Frischöleinsatzes. Es wird aber auch oft die beim thermischen Kracken übliche Definition nach Gl. (D-36), S. 287 benutzt, welche dann die Werte 1 bis 3 ergibt.

Schließlich muß noch der bereits in Abschn. E 2 und E 3 benutzte **Umsetzungsgrad** (Conversion) erwähnt werden, der grundsätzlich die gleiche Bedeutung wie beim thermischen Kracken hat; s. Gln. (D-35a) und (D-35b), S. 284/85. Allerdings wird häufig als Schnittemperatur 400 °F (= 204 °C) gewählt, somit das Siedeende von Benzin. Dies ist eine Frage des Übereinkommens und bedeutet, daß die so berechneten Umsetzungsgrade niedriger erscheinen, als wenn die Temperatur für die Berechnung nach Gl. (D-35b) höher gewählt wird. So wie beim thermischen Kracken ist der Umsetzungsgrad auch beim katalytischen Kracken bei gleichem Einsatzgut in erster Linie von der Temperatur und – was der Verweilzeit beim thermischen Kracken entspricht – von der Raumgeschwindigkeit abhängig. Durch diese läßt sich der Reaktionsablauf weitgehend beherrschen, was zu der besonderen Selektivität des Verfahrens beiträgt[1].

Ein höherer Umsetzungsgrad hat, wie in Abschn. E 2 und E 3 ausführlich erläutert wurde, die Bildung von mehr Koks bezogen auf die Menge des Einsatzgutes zur Folge. Da die Anlage im Regenerierteil für eine bestimmte Koksabbrandleistung bemessen werden muß, wenn man nicht das Gebläse und die Leitungen für die Verbrennungsluft sowie den

---

[1] MCKEAN, R. A., u. L. F. GRANDEY: Conversion in Thermofor Catalytic Cracking. Chem. Engng. Progress 46 (1950) 245/48.

Regenerator übermäßig groß ausführen will, so folgt daraus, daß Umsetzungsgrad und Durchsatzleistung einer katalytischen Krackanlage voneinander abhängen. Es macht keine Schwierigkeiten, durch Wahl eines großen Rückführverhältnisses und durch kleine Raumgeschwindigkeiten Umsetzungsgrade bis zu 90 % zu erreichen, wenn eine möglichst hohe Benzinausbeute gewünscht wird. In der Regel werden jedoch niedrigere Werte angestrebt, zumal für Anlagen in Europa, weil auf dem hiesigen Markt die Nachfrage nach Mitteldestillaten gegenüber denen nach Benzin, gemessen an den Verhältnissen in den Vereinigten Staaten von Amerika, stärker ist. Geht man also bei der Bemessung einer Anlage von einem Umsetzungsgrad von z. B. 70 % aus, so lassen sich höhere Werte immer noch erreichen, wenn eine Verminderung der Durchsatzleistungen in Kauf genommen wird. Man wird aber in der Regel auch noch darunter liegende Umsetzungsgrade in Betracht ziehen und muß berücksichtigen, daß bei gleichbleibender Abbrandleistung der Durchsatz erhöht werden könnte. So kann man damit rechnen, daß bei einer Erniedrigung des Umsetzungsgrades von 70 % auf 55 % die Durchsatzleistung um rd. 50 % erhöht werden kann, sofern der Reaktor und die zugehörigen Anlagenteile dafür ausgelegt sind. Beim Bau einer solchen Anlage sind daher die im Rahmen eines wirtschaftlichen Betriebes zu erwartenden möglichen Fahrweisen sorgfältig zu prüfen.

Der erläuterten Definition des Umsetzungsgrades haftet wie vielen konventionellen Größen ein gewisser Mangel an, der sich um so stärker bemerkbar macht, je niedriger die Schnittemperatur in Gl. (D-35 b) gewählt wird und je größer das Rückführungsverhältnis ist. Zwar wird bei höheren Gehalten des Einsatzgutes an Schwefel, Stickstoff oder Metallen deren Anteil beim ersten Durchgang herabgesetzt und in dem rückzuführenden Destillat, dem sog. cycle stock (Kreislauföl), verringert. Jedoch gilt dies wegen der Bildung von Aromaten und anderem sog. refractory material auch für die Krackempfindlichkeit. Das heißt, die Umsetzung des bereits teilweise umgesetzten, zurückgeführten Destillates kann nicht mehr so hoch sein wie die von frischem Einsatzgut. Dies läßt sich aber getrennt nicht erfassen, so daß man beim Vergleich von Umsetzungsgraden bei sonst gleichbleibenden Temperaturen und Raumgeschwindigkeiten die Höhe der Rückführung mit in Betracht ziehen muß.

γ) **Betriebsergebnisse.** Der Vorteil des Krackens liegt darin, daß es den Erfordernissen des Marktes bezüglich der Produktverteilung in gewissem Maß angepaßt werden kann, weil man es durch Ändern der Verfahrensbedingungen, vor allem des Umsetzungsgrades, in der Hand hat, die erzeugten Mengen an Benzin und Mitteldestillat zu beeinflussen. Ebenso ist es möglich, sehr verschiedene Einsatzprodukte zu verarbeiten[1].

---

[1] Vgl. dazu S. D. DALTON u. T. P. SIMPSON: Catalytic cracking and reforming process for increasing the yield and octane number of gasoline. 3. Welt-Erdöl-Kongreß, Den Haag 1951, Bericht IV/II/6. – HAMILTON, W. W., S. C. EASTWOOD, A. E. POTAS u. E. A. SCHRAISHUHN: Wide Range of Feed Stocks Possible with Air Lift TCC. Petrol. Refiner 31 (1952) Nr. 8, S. 71/78. – BERGSTROM, E. V., V. O. BOWLES, L. P. EVANS u. J. W. PAYNE: Recent development in TCC-Cracking. 4. Welt-Erdöl-Kongreß, Rom 1955, Bericht Nr. III/E/4. – BOZEMAN, H. C.: Moving-bed cat crackers gird for more gasoline. Oil Gas J. 61 (19. Aug. 1963) Nr. 33, S. 71/86.

Zahlentafel E-9. *Eigenschaften der in den Zahlentafeln E-10 bis E-13 erwähnten Einsatzprodukte für TCC-Krackanlagen, Betriebsbedingungen, Ausbeuten, Zusammensetzung der leichten Kohlenwasserstoffe sowie Klopffestigkeit des Benzins beim Kracken im einfachen Durchgang*

Herkunft und Art des Einsatzproduktes		Mid Continent Wide Cut Gas Oil	Mid Continent Heavy Gas Oil	Slaughter West Texas Gas Oil	Iranian Mixture Wide Cut Gas Oil
Schnittlage auf der Rohöldestillationskurve	Vol.-%	44,5···89,5	59,7···89,5	34,0···83,0	30,8···80,9
Eigenschaften des Einsatzproduktes					
Dichte	g/ml	0,877	0,892	0,896	0,873
Bromzahl	g/100 g	7,0	7,4	12,3	10,4
Anilinpunkt	°C	81	86	69	75
„Pour Point"	°C	29	32	27	24
Schwefelgehalt	Gew.-%	0,41	0,58	2,34	1,28
Conradson-Koks	Gew.-%	0,13	0,23	0,28	0,08
Zähigkeit bei 37,8 °C ($\hat{=}$ 100 °F)	cSt	15,9	38,1	13,8	n.b.
Zähigkeit bei 98,9 °C ($\hat{=}$ 210 °F)	cSt	3,35	5,52	3,08	n.b.
Vakuumdestillation (umgerechnet auf 760 Torr)					
Siedebeginn	°C	248	321	274	232
10 Vol.-% übergegangen		298	337	300	265
50 Vol.-% übergegangen		378	421	370	349
90 Vol.-% übergegangen		489	532	508	481
95 Vol.-% übergegangen		510	543	527	500
Betriebsbedingungen					
Öleintrittstemperatur	°C	432	432	432	432
Katalysatoreintrittstemperatur	°C	557	566	557	555
Mittlere Reaktortemperatur	°C	474	474	471	471
Raumgeschwindigkeit bezogen auf Volumina	h^{-1}	1,3	2,0	1,6	1,15
Verhältnis Katalysator zu Gesamtöl (Volumina)	—	4,7	4,7	4,7	4,7
Druck	ata	1,7	1,7	1,7	1,7
Umsetzungsgrad	Vol.-%	55,5	51,6	49,9	52,3
Ausbeuten bezogen auf Frischeinsatz					
Schweres Heizöl	Vol.-%	18,1	30,9	18,3	9,7
Leichtes Heizöl	Vol.-%	26,4	17,5	31,8	38,0
Butanfreies Benzin mit 90 Vol.-%-Punkt bei 196,2 °C ($\hat{=}$ 385 °F)	Vol.-%	40,5	38,8	35,2	37,2

Gesamte C_4-Kohlenwasserstoffe	Vol.-%	14,3	12,5	13,6	13,2
Trockenes Gas	Gew.-%	6,8	6,0	6,9	6,7
Koks	Gew.-%	3,9	3,8	3,8	3,9
Propanfreie flüssige Produkte zusammen	Vol.-%	99,3	99,7	98,9	98,1
Zusammensetzung der leichten Kohlenwasserstoffe					
Normalbutan	Vol.-%	2,1	1,8	1,8	2,0
Isobutan	Vol.-%	7,5	6,4	6,8	6,7
Butene	Vol.-%	4,7	4,3	5,0	4,5
Gesamt-C_4	Vol.-%	14,3	12,5	13,6	13,2
Propan	Gew.-%	1,9	1,7	1,6	1,8
Propen	Gew.-%	2,6	2,4	2,7	2,3
Äthan und leichtere Kohlenwasserstoffe	Gew.-%	2,3	1,9	2,6	2,6
Gesamt-C_{3-}	Gew.-%	6,8	6,0	6,9	6,7
Motorenbenzin mit 0,7 at Reid-Dampfdruck aus der TCC-Anlage allein					
Ausbeute	Vol.-%	42,4	41,0	37,1	39,8
Überschuß an C_4-Kohlenwasserstoffen	Vol.-%	12,4	10,3	11,7	10,6
Research- bzw. Motoroktanzahlen		ROZ MOZ	ROZ MOZ	ROZ MOZ	ROZ MOZ
ohne Blei		92,2 79,5	93,0 79,5	92,5 80,2	90,5 79,8
mit 0,08 Vol.-% BTÄ		98,0 85,5	98,7 85,5	97,5 85,0	96,5 85,0
Motorenbenzin mit 0,7 at Reid-Dampfdruck aus der TCC-Anlage und C_4-Alkylat					
Ausbeute	Vol.-%	51,3	48,2	45,5	47,4
Überschuß an C_4-Kohlenwasserstoffen	Vol.-%	0,6	0,8	0,6	0,6
Research- bzw. Motoroktanzahlen		ROZ MOZ	ROZ MOZ	ROZ MOZ	ROZ MOZ
ohne Blei		92,4 81,5	93,1 81,2	92,7 82,3	91,0 81,7
mit 0,08 Vol.-% BTÄ		98,9 88,3	99,4 88,0	98,6 88,1	97,6 87,7
Motorenbenzin mit 0,7 at Reid-Dampfdruck aus der TCC-Anlage und Polymerbenzin aus den C_3- und C_4-Olefinen					
Ausbeute	Vol.-%	47,8	45,9	42,7	44,8
Überschuß an C_4-Kohlenwasserstoffen	Vol.-%	7,9	6,2	7,0	6,3
Research- bzw. Motoroktanzahlen		ROZ MOZ	ROZ MOZ	ROZ MOZ	ROZ MOZ
ohne Blei		93,6 80,7	94,2 80,7	94,0 81,5	92,2 80,9
mit 0,08 Vol.-% BTÄ		98,4 85,8	98,9 85,8	98,0 85,5	97,1 85,4

Zahlentafel E-10. *Eigenschaften der Produkte beim Kracken unter den in Zahlentafel E-9 genannten Bedingungen*

Einsatzgut	Mid Continent Wide Cut Gas Oil			Mid Continent Heavy Gas Oil			Slaughter West Texas Gas Oil			Iranian Mixture Wide Cut Gas Oil		
Produkte	Motoren-benzin 0,7 at Reid	Leichtes Heizöl	Schweres Heizöl	Motoren-benzin 0,7 at Reid	Leichtes Heizöl	Schweres Heizöl	Motoren-benzin 0,7 at Reid	Leichtes Heizöl	Schweres Heizöl	Motoren-benzin 0,7 at Reid	Leichtes Heizöl	Schweres Heizöl
Dichte g/ml	0,749	0,883	0,912	0,745	0,909	0,908	0,746	0,902	0,934	0,743	0,869	0,963
Bromzahl g/100 g	63,2	11,2	—	73,0	16,8	—	48,5	n.b.	—	57,0	n.b.	—
Anilinpunkt °C	—	64	81	—	49	83	—	53	—	—	62	79
„Pour Point" °C	—	−12	+24	—	−12	+24	—	−12	+28	—	−12	+28
Schwefelgehalt Gew.-%	0,02	0,42	0,59	0,06	0,61	0,88	0,26	2,0	2,78	0,13	1,20	2,02
Conradson-Koks Gew.-%	n.b.	>0,01	1,0	n.b.	0,01	0,68	n.b.	0,02	1,3	n.b.	0,03	1,3
Zähigkeit bei 37,8 °C cSt	n.b.	4,02	16,2	n.b.	4,11	21,5	n.b.	3,78	n.b.	n.b.	3,31	21,5
Zähigkeit bei 98,9 °C cSt	n.b.	n.b.	3,35	n.b.	n.b.	3,98	n.b.	n.b.	3,60	n.b.	n.b.	3,82
Destillationsverlauf Siedebeginn °C	34	255	320	34	253	316	35	235	316	29,5	224	316
10 Vol.-% über-	46	269	351	46,5	267	355	45,5	250	368	43	249	370
50 Vol.-% gegan-	104	289	377	108,5	291	396	110	278	402	108	276	400
90 Vol.-% gen	196	314	434	196	316	463	196	316	439	196	315	470
Siedeende °C	218	327	n.b.	214	330	n.b.	222	331	n.b.	219	343	n.b.
Zetanzahl	—	51,5	—	—	34,5	—	—	n.b.	—	—	n.b.	—
Dieselindex	—	41,7	—	—	28,7	—	—	32,1	—	—	45,0	—

Als Beispiel sind nach der Arbeit von HAMILTON u. Mitarb. in Zahlentafel E-9 und E-10 die Eigenschaften der Einsatzprodukte, die Ausbeute und die Eigenschaften der Krackprodukte für verschiedene Erdölvorkommen bei gleichbleibenden Betriebsbedingungen, und zwar bei verhältnismäßig niedrigem Umsetzungsgrad entsprechend einem Betrieb ohne Rückführung zusammengestellt. Die mitgeteilten Ergebnisse wurden mit den seinerzeit gebräuchlichen Aluminiumsilikat-Katalysatoren erzielt (Bezeichnung 31 Al Beads). In Zahlentafel E-11 ist dann für das Beispiel eines der Öle der Einfluß der Raumgeschwindigkeit wiedergegeben, der sich im Umsetzungsgrad und in einer Verschiebung der Ausbeuten an einzelnen Produkten auswirkt. Die Öleintrittstemperatur und die Reaktortemperatur sind bei den drei Fahrweisen gleich gehalten.

Zahlentafel E-11. *Einfluß der Änderung des Umsetzungsgrades beim Kracken des in Zahlentafel E-9 gekennzeichneten schweren Mid Continent-Gasöls*

Betriebsbedingungen				
Öleintrittstemperatur	°C	432	432	432
Katalysatoreintritts-temperatur	°C	566	546	510
Mittlere Reaktortemperatur	°C	474	474	474
Raumgeschwindigkeit bezogen auf Volumina	h^{-1}	2,0	1,4	1,0
Verhältnis Katalysator zu Gesamtöl (Volumina)	—	4,7	6,2	7,9
Druck	ata	1,7	1,7	1,7
Umsetzungsgrad	Vol.-%	51,6	59,4	66,5
Ausbeuten bezogen auf Frischeinsatz				
Schweres Heizöl	Vol.-%	30,9	24,4	18,0
Leichtes Heizöl	Vol.-%	17,5	16,1	15,5
Butanfreies Benzin mit 90 Vol.-%-Punkt bei 196,2 °C	Vol.-%	38,8	44,0	47,9
Gesamte C_4-Kohlenwasserstoffe	Vol.-%	12,5	14,5	16,5
Trockenes Gas	Gew.-%	6,0	6,7	7,7
Koks	Gew.-%	3,8	5,1	6,4
Propanfreie flüssige Produkte zusammen	Vol.-%	99,7	99,0	97,9
Zusammensetzung der leichten Kohlenwasserstoffe				
Normalbutan	Vol.-%	1,8	2,2	2,6
Isobutan	Vol.-%	6,4	7,7	9,0
Butene	Vol.-%	4,3	4,6	4,9
Gesamt-C_4	Vol.-%	12,5	14,5	16,5
Propan	Gew.-%	1,7	2,0	2,3
Propen	Gew.-%	2,4	2,5	2,7
Äthan und leichtere Kohlenwasserstoffe	Gew.-%	1,9	2,2	2,7
Gesamt-C_3	Gew.-%	6,0	6,7	7,7

                                        Fortsetzung der Zahlentafel siehe Seite 452

Zahlentafel E-11 (Fortsetzung)

Motorenbenzin mit 0,7 at Reid-Dampfdruck aus der TCC-Anlage allein				
Ausbeute	Vol.-%	41,0	46,4	50,8
Überschuß an C_4-Kohlenwasserstoffen	Vol.-%	10,3	12,1	13,6
Research- bzw. Motoroktanzahlen		ROZ MOZ	ROZ MOZ	ROZ MOZ
ohne Blei		93,0 79,5	92,8 79,4	93,1 79,6
mit 0,08 Vol.-% BTÄ		98,7 85,5	98,5 85,4	98,9 85,6
Motorenbenzin mit 0,7 at Reid-Dampfdruck aus der TCC-Anlage und C_4-Alkylat				
Ausbeute	Vol.-%	48,2	55,1	60,3
Überschuß an C_4-Kohlenwasserstoffen	Vol.-%	0,8	0,7	1,2
Research- bzw. Motoroktanzahlen		ROZ MOZ	ROZ MOZ	ROZ MOZ
ohne Blei		93,1 81,2	92,9 81,3	93,2 81,5
mit 0,08 Vol.-% BTÄ		99,4 88,0	99,2 88,1	99,6 88,2
Motorenbenzin mit 0,7 at Reid-Dampfdruck aus der TCC-Anlage und Polymerbenzin aus den C_3- und C_4-Kohlenwasserstoffen				
Ausbeute	Vol.-%	45,9	51,7	56,4
Überschuß an C_4-Kohlenwasserstoffen	Vol.-%	6,2	7,6	8,9
Research- bzw. Motoroktanzahlen		ROZ MOZ	ROZ MOZ	ROZ MOZ
ohne Blei		94,2 80,7	93,9 80,5	94,3 81,0
mit 0,08 Vol.-% BTÄ		98,9 85,8	98,8 85,7	99,1 86,0

Die Verringerung der Raumgeschwindigkeit hat bei gleicher Einsatzmenge eine Erhöhung des Katalysator/Öl-Verhältnisses zur Folge. Die Beladung des Katalysators geht aber dabei zurück, weil der Umsetzungsgrad nicht im gleichen Verhältnis zunimmt. Deshalb ist die Abbrandleistung – nicht insgesamt – aber je Mengeneinheit des Katalysators geringer, was eine Erniedrigung der Katalysatortemperatur am Austritt aus dem Regenerator und dadurch auch beim Eintritt in den Reaktor zur Folge hat. Dies ist aus den Angaben der Zahlentafel gut zu erkennen.

Weiterhin ist in Zahlentafel E-12 ebenfalls für ein in den Zahlentafeln E-9 und E-10 behandeltes Beispiel noch der Einfluß der mittleren Reaktortemperatur bei gleichbleibendem Umsetzungsgrad dargestellt. Um dies zu erreichen, mußte mit steigender Temperatur die Raumgeschwindigkeit erhöht werden, damit sich die Einflüsse ausgleichen. Bemerkenswert ist dabei, daß sich die Ausbeuten an den meisten Produkten nur wenig ändern. Die Menge an leichtem Mitteldestillat und an Benzin geht mit zunehmender Temperatur etwas zurück, die Gasbildung nimmt bezogen auf den Einsatz zwar nur wenig, bezogen auf die Gasmenge selbst aber erheblich zu. Die Klopffestigkeit des Benzins ist dabei aber etwas angestiegen.

Zahlentafel E-12. *Einfluß der Änderung der Reaktortemperatur bei etwa gleichem Umsetzungsgrad beim Kracken des in Zahlentafel E-9 gekennzeichneten Wide Cut Mid Continent-Gasöles*

Betriebsbedingungen				
Mittlere Reaktortemperatur	°C	460	474	490
Öleintrittstemperatur	°C	432	432	432
Katalysatoreintrittstemperatur	°C	529	557	602
Raumgeschwindigkeit bezogen auf Volumina	h^{-1}	1,15	1,3	1,6
Verhältnis Katalysator zu Gesamtöl (Volumina)	—	4,7	4,7	4,7
Druck	ata	1,7	1,7	1,7
Umsetzungsgrad	Vol.-%	55,1	55,5	56,0
Ausbeute bezogen auf Frischeinsatz				
Schweres Heizöl	Vol.-%	18,5	18,1	18,9
Leichtes Heizöl	Vol.-%	26,4	26,4	25,1
Butanfreies Benzin mit 90 Vol.-%-Punkt bei 196,2 °C	Vol.-%	41,3	40,5	39,1
Gesamte C_4-Kohlenwasserstoffe	Vol.-%	13,8	14,3	14,4
Trockenes Gas	Gew.-%	6,0	6,8	8,2
Koks	Gew.-%	3,9	3,9	3,9
Propanfreie flüssige Produkte zusammen	Vol.-%	100,0	99,3	97,5
Zusammensetzung der leichten Kohlenwasserstoffe				
Normalbutan	Vol.-%	2,0	2,1	1,9
Isobutan	Vol.-%	7,8	7,5	7,1
Butene	Vol.-%	4,1	4,7	5,4
Gesamt-C_4	Vol.-%	13,8	14,3	14,4
Propan	Gew.-%	1,8	1,9	2,1
Propen	Gew.-%	2,3	2,6	3,1
Äthan und leichtere Kohlenwasserstoffe	Gew.-%	1,9	2,3	3,0
Gesamt-C_3_	Gew.-%	6,0	6,8	8,2
Motorenbenzin mit 0,7 at Reid-Dampfdruck aus der TCC-Anlage allein				
Ausbeute	Vol.-%	43,2	42,4	41,0
Überschuß an C_4-Kohlenwasserstoffen	Vol.-%	11,9	12,4	12,5

Research- bzw. Motoroktanzahlen	ROZ	MOZ	ROZ	MOZ	ROZ	MOZ
ohne Blei	90,5	79,0	92,2	79,5	94,0	80,3
mit 0,08 Vol.-% BTÄ	97,3	85,5	98,0	85,5	99,0	85,5

Fortsetzung der Zahlentafel siehe Seite 454

Zahlentafel E-12 (Fortsetzung)

Motorenbenzin mit 0,7 at Reid-Dampfdruck aus der TCC-Anlage und C_4-Alkylat				
Ausbeute	Vol.-%	51,0	51,3	47,9
Überschuß an C_4-Kohlenwasserstoffen	Vol.-%	1,7	0,6	0,0
Research- bzw. Motoroktanzahlen		ROZ MOZ	ROZ MOZ	ROZ MOZ
ohne Blei		91,0 80,9	92,4 81,5	93,9 82,3
mit 0,08 Vol.-% BTÄ		98,3 88,0	98,9 88,3	99,8 88,5
Motorenbenzin mit 0,7 at Reid-Dampfdruck aus der TCC-Anlage und Polymerbenzin aus den C_3- und C_4-Kohlenwasserstoffen				
Ausbeute	Vol.-%	47,9	47,8	47,2
Überschuß an C_4-Kohlenwasserstoffen	Vol.-%	8,0	7,9	7,4
Research- bzw. Motoroktanzahlen		ROZ MOZ	ROZ MOZ	ROZ MOZ
ohne Blei		92,0 80,1	93,6 80,7	95,2 81,5
mit 0,08 Vol.-% BTÄ		97,7 85,8	98,4 85,8	99,3 85,9

Schließlich läßt Zahlentafel E-13 noch erkennen, wie sich die Betriebsergebnisse gegenüber der Fahrweise mit einfachem Durchgang ändern, wenn ein Teil des schwersten in der Fraktionierkolonne gewonnenen Destillates zurückgeführt wird. Dieser Fall ist auch in einem Bericht von BERGSTROM u. Mitarb. eingehender behandelt[1]. Die dort veröffentlichten Zahlentafeln sind als Ergänzung zu den vorstehend besprochenen zu betrachten. Insbesondere sind die Angaben für ein Kuweit-Gasöl hinzugefügt, die für die Verhältnisse in Europa von Interesse sind.

δ) **Neuere Katalysatortypen.** Die chemische Zusammensetzung der zum Kracken verwendeten Katalysatoren hat sich seit ihrer Einführung nicht wesentlich geändert. Die Verbesserungen betrafen zunächst die Dichte, das Porenvolumen und ähnliche physikalische Eigenschaften. Sie wurden durch entsprechende Änderungen bei der Herstellung erzielt, worauf hier nicht näher eingegangen werden kann. Durch Katalysatoren höherer Dichte, wie sie Socony Mobil Oil seit Ende der Fünfziger Jahre verwendete, konnte an Bauhöhe der Anlagen gespart werden, weil kürzere Fallrohre genügen, um die erforderlichen Druckdifferenzen aufrechtzuerhalten. Außerdem konnten der Reaktor und der Regenerator kleiner bemessen werden, weil die Austrittsgeschwindigkeit der getrennten Dämpfe aus dem Katalysatorbett des Reaktors bzw. der Abgase aus dem Bett des Regenerators höher gewählt werden kann, ohne daß es zu einem Abheben der obersten Katalysatorschicht kommt.

Auch eine Vergrößerung der Porenoberfläche je Katalysatorvolumen gestattet, die Apparateabmessungen der Anlage herabzusetzen. Ein solcher Katalysator läßt sich leichter regenerieren, was sich auf die Bemes-

---

[1] Vgl. Fußn. 1, S. 447.

Zahlentafel E-13. *Einfluß der Änderung des Kreislaufverhältnisses beim Kracken des in Zahlentafel E-9 gekennzeichneten Wide Cut Mid Continent-Gasöles*

Betriebsbedingungen						
Kreislaufmenge bezogen auf Frischöleinsatz						
(Volumina)	—	0,0	0,3	0,5	1,0	1,5
Öleintrittstemperatur	°C	432	432	432	432	432
Katalysatoreintrittstemperatur	°C	557	557	557	557	557
Mittlere Reaktortemperatur	°C	474	474	477	479	482
Raumgeschwindigkeit bezogen auf Volumina	h^{-1}	1,3	1,7	1,6	1,8	1,9
Verhältnis Katalysator zu Gesamtöl (Volumina)	—	4,7	4,7	4,7	4,7	4,7
Druck	ata	1,7	1,7	1,7	1,7	1,7
Eigenschaften des Kreislauföles						
Dichte	g/ml	—	0,918	0,903	0,918	0,933
Siedebereich	°C	—	315···426	204···426	204···426	204···426
Umsetzungsgrad	Vol.-%	55,5	65,2	73,6	84,8	93,0
Ausbeute bezogen auf Frischeinsatz						
Schweres Heizöl	Vol.-%	18,1	7,0	11,0	8,0	5,9
Leichtes Heizöl	Vol.-%	26,4	27,8	15,4	7,2	1,1
Butanfreies Benzin mit 90 Vol.-%-Punkt bei 196,2 °C	Vol.-%	40,5	46,6	51,6	57,6	61,6
Gesamte C_4-Kohlenwasserstoffe	Vol.-%	14,3	17,1	19,4	22,4	24,4
Trockenes Gas	Gew.-%	6,8	8,3	9,8	11,8	13,7
Koks	Gew.-%	3,9	5,1	5,9	7,8	9,7
Propanfreie flüssige Produkte zusammen	Vol.-%	99,3	98,5	97,4	95,4	93,0
Zusammensetzung der leichten Kohlenwasserstoffe						
Normalbutan	Vol.-%	2,1	2,6	3,0	3,5	3,8
Isobutan	Vol.-%	7,5	8,8	9,9	11,4	12,4
Butene	Vol.-%	4,7	5,7	6,5	7,5	8,2
Gesamt-C_4	Vol.-%	14,3	17,1	19,4	22,4	24,4
Propan	Gew.-%	1,9	2,1	2,5	2,9	3,2
Propen	Gew.-%	2,6	3,3	3,8	4,5	5,2
Äthan und leichtere Kohlenwasserstoffe	Gew.-%	2,3	2,9	3,5	4,4	5,3
Gesamt-C_{3-}	Gew.-%	6,8	8,3	9,8	11,8	13,7

Fortsetzung der Zahlentafel siehe Seite 456

Zahlentafel E-13 (Fortsetzung)

Motorenbenzin mit 0,7 at Reid-Dampfdruck aus der TCC-Anlage allein										
Ausbeute	Vol.-%	42,7		48,7		53,7		59,8		63,6	
Überschuß an C_4-Kohlenwasserstoffen	Vol.-%	12,4		15,0		17,3		20,4		22,4	
Research- bzw. Motoroktanzahlen		ROZ	MOZ	ROZ	MOZ	ROZ	MOZ	ROZ	MOZ	ROZ	MOZ
ohne Blei		92,2	79,5	92,2	79,5	92,5	79,7	92,7	79,9	93,0	80,0
mit 0,08 Vol.-% BTÄ		98,0	85,5	98,0	85,5	98,2	85,6	98,4	85,7	98,5	85,8

Motorenbenzin mit 0,7 at Reid-Dampfdruck aus der TCC-Anlage und C_4-Alkylat										
Ausbeute	Vol.-%	51,3		59,5		66,0		74,0		79,1	
Überschuß an C_4-Kohlenwasserstoffen	Vol.-%	0,6		0,8		1,0		1,7		1,9	
Research- bzw. Motoroktanzahlen		ROZ	MOZ	ROZ	MOZ	ROZ	MOZ	ROZ	MOZ	ROZ	MOZ
ohne Blei		92,4	81,5	92,4	81,7	92,7	81,9	92,9	82,1	93,1	82,3
mit 0,08 Vol.-% BTÄ		98,9	88,3	98,9	88,5	99,1	88,7	99,3	88,8	99,4	89,0

Motorenbenzin mit 0,7 at Reid-Dampfdruck aus der TCC-Anlage und Polymerbenzin aus den C_3- und C_4-Kohlenwasserstoffen										
Ausbeute	Vol.-%	47,8		55,2		61,3		68,6		73,5	
Überschuß an C_4-Kohlenwasserstoffen	Vol.-%	7,9		9,6		11,1		13,3		14,6	
Research- bzw. Motoroktanzahlen		ROZ	MOZ	ROZ	MOZ	ROZ	MOZ	ROZ	MOZ	ROZ	MOZ
ohne Blei		93,6	80,7	93,6	80,8	93,9	81,0	94,2	81,2	94,5	81,3
mit 0,08 Vol.-% BTÄ		98,4	85,8	98,4	85,9	98,6	86,0	98,8	86,1	98,9	86,2

sung des Regenerators günstig auswirkt. Diese neuentwickelte Katalysatortype wurde unter dem Namen „Heavy Durabeads" bekannt. Der Katalysator ist auch abriebfester und widerstandsfähiger gegen mechanische Zerstörung während der wechselnden thermischen Beanspruchung. Der Einfluß der unterschiedlichen Dichte ist aus Zahlentafel E-14 zu ersehen.

Zahlentafel E-14. *Veränderung der Baudaten einer Thermofor Catalytic Cracking- (TCC)-Anlage durch Verwendung eines Katalysators größerer Dichte*

		Früher verwendeter Katalysator	sog. Heavy Durabeads
Schüttdichte	kg/l	0,74	0,91
Erforderliche Länge eines Fallrohres, um gegen 1,06 at (= 15 psi) abzudichten	m	18,3	14,9
Erreichbare Druckdifferenz bei 18,3 m (60 ft)	at	1,06	1,32
Maximale Zuflußmenge für einen Reaktor von 4,85 m Durchmesser	m³/h	159	179
Maximale Verbrennungsluftmenge in einem Regenerator Typ 75	m_n^3/h	79000	94500
Maximal zulässiger Katalysatorstrom durch ein Rohr von rd. 300 mm (12″) l.W.	t/h	290	355

Wegen der größeren Widerstandsfähigkeit gegen Zerstörung und der zulässigen höheren Luftgeschwindigkeit kann z. B. die Abbrandleistung eines Regenerators gegebener Abmessungen um etwa 80 % erhöht werden. Dies bedeutet, daß bei Neuanlagen erhebliche Kosten eingespart werden können. Dazu kommt noch der Vorteil, daß dieser neuentwickelte Katalysator bei gleichem Umsetzungsgrad etwas weniger Koks bildet. Außerdem kann bei diesem Katalysator auf die Vorschaltung eines Trockners für den in die Anlage einzuschleusenden Frischkatalysator verzichtet werden, weil die mechanische Widerstandsfähigkeit groß genug ist, um die früher gezogene Grenze von max. 1 % Feuchtigkeit fallenzulassen. Schließlich führt die erhöhte Abriebfestigkeit zu Vereinfachungen in der Anlage und zur Verringerung der Betriebskosten.

Noch weitere Verbesserungen wurden inzwischen mit einem als „Durabead 5" bezeichneten Katalysator erzielt[1]. Als Träger dienen *Molekularsiebe*, deren Poren Öffnungen zwischen etwa 6 und 15 Å besitzen, also

---

[1] ELLIOTT, K. M., u. S. C. EASTWOOD: Durabead 5 – a new cracking catalyst. Oil Gas J. 60 (4. Juni 1962) Nr. 23, S. 142/44. – EASTWOOD, S. C., R. D. DREW u. F. D. HARTZELL: What Mobil learned about Durabead 5; ebd. (29. Okt. 1962) Nr. 44, S. 152/58. – EVANS, L. P., J. A. HART, E. L. JOHNSON u. R. T. MALIN: How Durabead 5 has performed; ebd. 61 (9. Sept. 1963) Nr. 36, S. 106/14. – WEISZ, P. B.: Molekularsiebe als Selektiv-Katalysatoren. Erdöl u. Kohle 18 (1965) 525/27. – DEMMEL, E. J., A. V. PERELLA, W. A. STOVER u. J. P. SHAMBAUGH: Save With New Cracking Catalysts. Hydrocarb. Procssg. 45 (1966) Nr. 5, S. 145 bis 148. – SCHIESSLER, R. W.: Superaktive, superselektive Spaltkatalysatoren. Erdöl-Erdgas-Z. 82 (1966) 434/37.

nicht – wie bei Molekularsieben für andere Verwendungszwecke – möglichst gleich groß sind. Sie sollen vielmehr Molekülen verschiedener Größe den Zugang zur aktiven Oberfläche gestatten.

Außer den Eigenschaften der Molekularsiebe ist aber für diese neuen Katalysatortypen auch der Gehalt an Oxyden seltener Erden kennzeichnend, der bis 15 Gew.-% betragen kann. In Patenten der Socony Mobil Oil werden Yttrium (Y, Ordnungszahl 39) sowie von den Lanthaniden (Ordnungszahlen 57 bis 71) die Elemente Lanthan (La), Cer (Ce), Praseodym (Pr), Neodym (Nd), Samarium (Sm) und Gadolinium (Gd) genannt. Diese kommen in Mineralien wie Gadolinit, Cerit und besonders in Monazit vor. Monazit findet sich im Osten der Vereinigten Staaten von Amerika und hatte technisch bereits einmal größere Bedeutung als Rohstoff zur Gewinnung seltener Erden für die Herstellung der Glühstrümpfe für die Gasbeleuchtung (nach der Erfindung von AUER VON WELSBACH).

Der neuentwickelte Katalysator wurde in einer älteren TCC-Anlage der Raffinerie Torrance/Calif. der Mobil Oil Co während neun Monaten im Betrieb untersucht. Dabei wurden die in den folgenden Zahlentafeln wiedergegebenen Werte ermittelt. Es wurden sowohl Straight run-Vakuumdestillate aus kalifornischem und aus Nahost-Öl (Gach Saran) wie auch unter Normaldruck gewonnenes Kokerdestillat eingesetzt. Die Eigenschaften dieser Einsatzprodukte sind in Zahlentafel E-15 wiedergegeben. Aus Zahlentafel E-16 geht hervor, daß bei Verarbeitung von kalifornischem Straight run-Gasöl bei sonst ungefähr gleichbleibenden Betriebsbedingungen die Benzinausbeute auf Kosten des Rückstandes

Zahlentafel E-15. *Eigenschaften der in der Raffinerie Torrance/Calif. mit Durabead 5 in einer TCC-Anlage geprüften Öle*

Einsatzgut		Kalifornisches Straight run-Gasöl	Kalifornisches Koker-Gasöl			Gach Saran-Straight run-Gasöl
Betriebsversuch Nr.		12, 20	19	11	27	16, 18
Dichte	g/ml	0,913	0,882	0,888	0,876	0,874
Siedeverlauf (in °C)		Vakuum	Engler (ASTM)	Engler (ASTM)	Engler (ASTM)	Vakuum
Siedebeginn		n.b.	201	204	198	n.b.
5 Vol.-%		260	218		213	213
10 Vol.-%		281	221	223	219	238
20 Vol.-%		307	230		222	268
30 Vol.-%		325	237		226	300
40 Vol.-%	über-	343	242		231	326
50 Vol.-%	ge-	358	248	249	236	346
60 Vol.-%	gangen	372	257		242	363
70 Vol.-%		386	266		250	381
80 Vol.-%		407	278		262	404
90 Vol.-%		433	299	298	283	435
95 Vol.-%		455	321		307	473
Siedeende		464	331	338	319	494
Schwefelgehalt	Gew.-%	1,10	1,46	1,40	1,38	1,22
Stickstoffgehalt	Gew.-%	0,19	0,28	n.b.	0,25	0,08
Anilinpunkt	°C	+57	+34	+34,5	+34,5	+72
„Pour point"	°C	−4	−37	−35,5	−29	+15,6

Zahlentafel E-16. *Betriebsbedingungen und Ausbeuten beim Kracken von kalifornischem Straight run-Gasöl in einer TCC-Anlage mit zwei verschiedenen Durabead-Katalysatoren*

Betriebsversuch Nr.		12		20	
Katalysator		Durabead 5		Durabead 1	
Aktivität		54 nach Cat-D		29 nach Cat-A	
Betriebsbedingungen					
Dampfeintrittstemperatur	°C	477		477	
Katalysatoreintritts- temperatur	°C	548		549	
Dämpfeaustrittstemperatur	°C	475		471	
Raumgeschwindigkeit be- zogen auf Volumina	h^{-1}	1,0		0,9	
Verhältnis Katalysator zu Öl (Volumina)	—	1,9		2,0	
Kreislaufverhältnis bezogen auf Frischöl (Volumina)	—	0,84		0,82	
Gesamte Einsatzmenge	m^3/h	85,5		88,7	
Katalysatorumlauf	t/h	150		150	
Abbrandleistung	kg/h	2220		1510	
Siedebereich des Kreislauf- öles	°C	215⋯332		232⋯327	
Umsetzungsgrad	Vol.-%	73,4		49,5	
Benzin im umgesetzten Produkt	Vol.-%	77,6		77,3	
Ausbeuten		Vol.-%	Gew.-%	Vol.-%	Gew.-%
Sumpfprodukt der Frak- tionierkolonne		13,7	15,2	21,3	22,3
Destillatheizöl		12,9	13,3	29,2	29,4
Butanfreies Benzin		56,9	48,7	38,3	32,9
C_4-Kohlenwasserstoffe		13,4	8,5	8,5	5,4
C_3- und leichtere Kohlen- wasserstoffe		—	8,9	—	6,6
Koks		—	5,4	—	3,4
Summe			100,0		100,0
Zusammensetzung der leich- ten Kohlenwasserstoffe					
Normalbutan		2,1	1,3	1,1	0,6
Isobutan		6,5	4,0	2,9	1,8
Butene		4,8	3,2	4,5	3,0
Gesamt-C_4		13,4	8,5	8,5	5,4
Verhältnis i-C_4 zu C_4		1,35		0,65	
Propan		3,8	2,1	,2,4	1,3
Propen		4,1	2,4	3,7	2,1
Gesamt-C_3		7,9	4,5	6,1	3,4
Äthan			1,3		1,0
Äthen			0,6		0,4
Methan			1,8		1,2
Wasserstoff			0,1		0,1
Schwefelwasserstoff			0,6		0,5
Gesamt-C_2-			4,4		3,2

und besonders der Mitteldestillate bei hoher Koksbildung erheblich gesteigert wurde. Offenbar ist bei dem neuen Molekularsiebkatalysator die Koksbildung etwas größer als bei den zuerst entwickelten, da für den Katalysator „Durabead 1", der wohl mit „Heavy Durabeads" identisch ist, gegenüber den ursprünglich verwendeten Katalysatoren eine Verringerung um 20% angegeben wurde. Besonders auffällig ist die starke Veränderung in der Zusammensetzung des gewonnenen Benzins, die aus Zahlentafel E-17 zu ersehen ist. Der Gehalt an Paraffinen ist sehr stark gestiegen, der an Naphthenen ebenfalls stark und der an Aromaten merkbar. Hingegen ist der Gehalt an den für Krackbenzine kennzeichnenden Olefinen auf rd. 1/3 zurückgegangen. Die Auswirkungen dieser Veränderungen auf die Oktanzahl sind gering, weil sie sich gegenseitig weitgehend aufheben. Jedoch wird durch die Verringerung des Olefingehaltes die Neigung zur Gumbildung zurückgedrängt.

Beim katalytischen Reformieren dieser Benzine, das im folgenden Kapitel behandelt ist, ist jedoch mit großen Unterschieden zu rechnen. Aus den dort besonders S. 525 ff. dargelegten Gründen ist bei dem mit „Durabead 5" erhaltenen Benzin eine wesentlich stärkere Erhöhung der Klopffestigkeit zu erwarten, weil der Naphthengehalt des zu reformierenden Benzins etwa 85% höher ist als bei dem mit „Durabead 1" gewonnenen Krackbenzin. Beachtet man noch, daß in der einer Reforming-Anlage vorgeschalteten Hydrierstufe, die in erster Linie der Entfernung der Schwefel- und der Stickstoffverbindungen dient, die Olefine zu Paraffinen abgesättigt werden, so erkennt man, daß der Paraffingehalt des Einsatzgutes für die Reforming-Anlage bei „Durabead 5"-Katalysator auf 2/3 des Wertes bei „Durabead 1" gesenkt ist. Wenn auch durch die erforderliche Hydrierung der für die Klopffestigkeit günstige Anteil an Olefinen beseitigt wird, so ergibt sich einwandfrei aus dem Vergleich, daß die Oktanzahl des mit dem verbesserten Katalysator gewonnenen Benzins beim Reformieren bedeutend stärker erhöht werden kann.

Ähnlich liegen die Verhältnisse bei den anderen untersuchten Einsatzprodukten, vgl. Zahlentafeln E-18 bis E-21. Daraus geht jedoch hervor, daß in Europa bei abweichendem Bedarf an Fertigprodukten sehr genau geprüft werden muß, welche Art von Katalysator verwendet werden soll. Dabei dürfen die höheren Kosten der Molekularsiebe nicht außer acht gelassen werden. Trotzdem werden die dadurch erzielten Verbesserungen für so wichtig gehalten, daß Socony Mobil Oil auf der gleichen Grundlage auch einen Fließbettkatalysator entwickelte, obwohl die Gesellschaft bisher über kein eigenes Fließbettverfahren verfügte[1]. Der Katalysator wird als D-5 fluid catalyst bezeichnet; seine Herstellung hat die Nalco Chemical Co übernommen. Es können höhere Umsetzungsgrade bei gleicher oder sogar etwas geringerer Reaktortemperatur erreicht werden. Die Benzinausbeute steigt erheblich an, ohne daß die Klopffestigkeit verschlechtert wird. Die Menge des entstehenden Krackgases nimmt beträchtlich ab. Die Koksbildung bleibt trotz Anstieges des Umsetzungsgrades etwa gleich. Zwar betragen die Kosten der neuen

---

[1] STORMONT, D. H.: Socony's fluid cracking catalyst. Oil Gas J. 63 (5. April 1965) Nr. 14, S. 180/84.

Zahlentafel E-17. *Eigenschaften der gemäß Zahlentafel E-16 gewonnenen Produkte*

| Betriebsversuch Nr. | | 12 | | | 20 | | |
Produkte		Benzin	Destillatheizöl	Sumpfprodukt der Fraktionier-kolonne	Benzin	Destillatheizöl	Sumpfprodukt der Fraktionier-kolonne
Ausbeute bezogen auf Einsatz	Vol.-%	47,6	12,9	13,7	35,1	29,2	21,3
Dichte	g/ml	0,812	0,957	1,012	0,805	0,922	0,956
Dampfdruck	at	0,14	—	—	0,21	—	—
Siedeverlauf (in °C)		Engler (ASTM)	Engler (ASTM)	Vakuum	Engler (ASTM)	Engler (ASTM)	Vakuum
Siedebeginn		74	244	n.b.	60	238	n.b.
5 Vol.-%		89	267	288	80	266	311
10 Vol.-%		95	277	327	87	268	335
20 Vol.-%		105	284	357	100	278	362
30 Vol.-%		116	290	369	114	285	375
40 Vol.-%		130	297	380	124	291	382
50 Vol.-%	übergegangen	145	303	385	146	298	388
60 Vol.-%		158	312	392	163	306	397
70 Vol.-%		171	319	405	178	313	407
80 Vol.-%		186	328	420	192	322	421
90 Vol.-%		199	338	444	204	331	441
Siedeendpunkt		216	351	541	221	344	538
Schwefelgehalt	Gew.-%	0,24	0,64	0,78	0,41	0,60	0,62
Stickstoffgehalt	Gew.-%	0,034	0,07	0,16	0,064	0,090	0,17
Bromzahl	g/100 g	28	—	—	65	—	—
Anilinpunkt	°C	—	+24,5	—	—	+42,8	—
„Pour point"	°C	—	−36	+10	—	−17,8	+15,6
PONA-Analyse des Benzins							
Paraffine	Gew.-%	21,0			8,7		
Olefine	Gew.-%	14,6	n.b.	n.b.	43,7	n.b	n.b.
Naphthene	Gew.-%	19,3			10,4		
Aromaten	Gew.-%	45,0			37,3		
Zetanzahl } des Mitteldestillates		—	21	—	—	30	—
Dieselindex }		—	12	—	—	24	—
Klopffestigkeit des Benzins							
MOZ ohne Blei		82,0	—	—	80,9	—	—
MOZ mit 0,08 Vol.-% BTÄ		86,4	—	—	84,5	—	—
ROZ ohne Blei		93,4	—	—	93,0	—	—
ROZ mit 0,08 Vol.-% BTÄ		97,6	—	—	96,7	—	—

Zahlentafel E-18. *Betriebsbedingungen und Ausbeuten beim Kracken von kalifornischem Koker-Gasöl in einer TCC-Anlage mit zwei verschiedenen Durabead-Katalysatoren*

Betriebsversuch Nr.		11		27		19	
Katalysator		Durabead 5		Durabead 5		Durabead 1	
Aktivität		54 nach Cat-D		43 nach Cat-D		29 nach Cat-A	
Betriebsbedingungen							
Dämpfeeintrittstemperatur	°C	477		477		477	
Katalysatoreintrittstemperatur	°C	541		550		548	
Dämpfeaustrittstemperatur	°C	482		483		487	
Raumgeschwindigkeit, bezogen auf Volumina	h^{-1}	0,9		1,0		0,8	
Verhältnis Katalysator zu Öl (Volumina)		2,0		2,0		2,2	
Kreislaufverhältnis, bezogen auf Frischöl (Volumina)		0,50		0,50		0,50	
Gesamte Einsatzmenge	m³/h	79,5		81,5		79,5	
Katalysatorumlauf	t/h	150		150		150	
Abbrandleistung	kg/h	2040		2180		1680	
Siedebereich des Kreislauföles	°C	210···338		193···293		216···305	
Umsetzungsgrad	Vol.-%	58,8		58,0		48,6	
Benzin im umgesetzten Produkt	Vol.-%	71,8		71,7		70,1	
Ausbeuten		Vol.-%	Gew.-%	Vol.-%	Gew.-%	Vol.-%	Gew.-%
Sumpfprodukt der Fraktionierkolonne		3,8	4,7	3,4	4,0	9,3	10,6
Destillatheizöl		37,4	38,8	38,6	40,0	42,1	42,8
Butanfreies Benzin		42,2	37,4	41,6	37,1	34,0	30,5
C_4-Kohlenwasserstoffe		9,4	6,2	8,2	5,4	6,6	4,4
C_3- und leichtere Kohlenwasserstoffe		—	8,6	—	9,0	—	8,1
Koks		—	4,3	—	4,5	—	3,6
Summe			100,0		100,0		100,0
Zusammensetzung der leichten Kohlenwasserstoffe							
Normalbutan		1,4	0,9	1,1	0,7	0,8	0,5
Isobutan		4,2	2,7	3,4	2,5	1,8	1,2
Butene		3,8	2,6	3,7	2,5	4,0	2,7
Gesamt-C_4		9,4	6,2	8,2	5,7	6,6	4,4
Verhältnis i-C_4 zu C_4		1,10		0,92		0,45	
Propan		3,3	1,9	3,5	2,0	2,5	1,4
Propen		4,2	2,5	4,8	2,8	4,5	2,7
Gesamt-C_3		7,5	4,4	8,3	4,8	7,0	4,1
Äthan			1,2		1,4		1,4
Äthen			0,6		0,6		0,6
Methan			1,6		1,5		1,5
Wasserstoff			0,1		0,1		0,1
Schwefelwasserstoff			0,7		0,6		0,4
Gesamt-C_2-			4,2		4,2		4,0

Zahlentafel E-19. *Eigenschaften der gemäß Zahlentafel E-18 gewonnenen Produkte*

| Betriebsversuch Nr. | | 11 | | | 27 | | | 19 | | |
Produkte		Benzin	Destillat-heizöl	Sumpfpro-dukt der Fraktionier-kolonne	Benzin	Destillat-heizöl	Sumpfpro-dukt der Fraktionier-kolonne	Benzin	Destillat-heizöl	Sumpfpro-dukt der Fraktionier-kolonne
Ausbeute bezogen auf Einsatz	Vol.-%	37,0	37,4	3,8	37,9	38,6	3,4	31,4	42,1	9,3
Dichte	g/ml	0,806	0,922	1,067	0,809	0,921	1,048	0,805	0,900	1,002
Dampfdruck	at	0,15	—	—	0,14	—	—	0,18	—	—
Siedeverlauf (in °C)		Engler (ASTM)	Engler (ASTM)	Vakuum	Engler (ASTM)	Engler (ASTM)	Vakuum	Engler (ASTM)	Engler (ASTM)	Vakuum
Siedebeginn		65	208	n.b.	69	211	n.b.	47	217	n.b.
5 Vol.-%		84	230	270	88	227	279	77	230	286
10 Vol.-%		92	233	322	95	232	345	85	234	317
20 Vol.-%		104	240	360	109	238	374	100	238	344
30 Vol.-%		118	243	376	123	243	385	118	242	357
40 Vol.-% übergegangen		136	247	385	138	247	395	135	246	370
50 Vol.-%		148	254	396	153	252	405	151	249	375
60 Vol.-%		161	260	410	164	258	415	163	254	386
70 Vol.-%		172	267	425	174	267	430	174	261	400
80 Vol.-%		180	278	452	184	279	453	182	269	421
90 Vol.-%		190	297	507	193	300	490	190	282	457
Siedeende		204	329	530	206	339	591	203	308	552
Schwefelgehalt	Gew.-%	0,57	1,11	0,87	0,69	1,08	0,82	1,04	1,06	1,14
Stickstoffgehalt	Gew.-%	0,09	0,11	0,28	0,10	0,21	0,31	0,13	0,17	0,31
Bromzahl	g/100 g	33	—	—	42	—	—	67	—	—
Anilinpunkt	°C	—	+15	—	—	+19	—	—	+25,5	—
„Pour point"	°C	—	−34,5	+4,5	—	−34,5	+18,3	—	> −29	+13
PONA-Analyse des Benzins										
Paraffine	Gew.-%	21,8						12,0		
Olefine	Gew.-%	19,0	n.b.	n.b.	n.b.	n.b.	n.b.	42,8	n.b.	n.b.
Naphthene	Gew.-%	13,4						9,5		
Aromaten	Gew.-%	45,9						35,8		
Zetanzahl } des Mittel-		—	23	—	—	27	—	—	28	—
Dieselindex } destillates		—	13	—	—	15	—	—	20	—
Klopffestigkeit des Benzins										
MOZ ohne Blei		81,6	—	—	81,7	—	—	80,4	—	—
MOZ mit 0,08 Vol.-% BTÄ		85,0	—	—	84,6	—	—	83,4	—	—
ROZ ohne Blei		92,4	—	—	91,1	—	—	91,9	—	—
ROZ mit 0,08 Vol.-% BTÄ		96,4	—	—	95,5	—	—	95,9	—	—

Zahlentafel E-20. *Betriebsbedingungen und Ausbeuten beim Kracken von Gach Saran Straight run-Gasöl in einer TCC-Anlage mit zwei verschiedenen Durabead-Katalysatoren*

Betriebsversuch Nr.		16		18	
Katalysator		Durabead 5		Durabead 1	
Aktivität		51 nach Cat-D		29 nach Cat-A	
Betriebsbedingungen					
Dämpfeeintrittstemperatur	°C	477		477	
Katalysatoreintritts-temperatur	°C	546		546	
Dämpfeaustrittstemperatur	°C	471		471	
Raumgeschwindigkeit, bezogen auf Volumina	h^{-1}	1,0		0,9	
Verhältnis Katalysator zu Öl (Volumina)		1,9		2,0	
Kreislaufverhältnis, bezogen auf Frischöl (Volumina)		0,81		0,85	
Gesamte Einsatzmenge	m^3/h	87,5		89,3	
Katalysatorumlauf	t/h	150		150	
Abbrandleistung	kg/h	2360		1450	
Siedebereich des Kreislauföles	°C	213···332		221···327	
Umsetzungsgrad	Vol.-%	78,2		61,2	
Benzin im umgesetzten Produkt	Vol.-%	71,4		73,5	
Ausbeuten		Vol.-%	Gew.-%	Vol.-%	Gew.-%
Sumpfprodukt der Fraktionierkolonne		13,1	14,6	13,8	14,8
Destillatheizöl		8,7	9,2	25,0	25,4
Butanfreies Benzin		55,8	48,5	45,0	39,3
C_4-Kohlenwasserstoffe		17,8	11,8	13,7	9,1
C_{3-}- und leichtere Kohlenwasserstoffe		—	10,4	—	8,0
Koks		—	5,5	—	3,4
Summe			100,0		100,0
Zusammensetzung der leichten Kohlenwasserstoffe					
Normalbutan		2,5	1,7	1,7	1,1
Isobutan		8,5	5,4	5,5	3,6
Butene		6,8	4,7	6,5	4,4
Gesamt-C_4		17,8	11,8	13,7	9,1
Verhältnis i-C_4 zu C_4		1,25		0,85	
Propan		4,8	2,8	3,2	1,9
Propen		5,2	3,1	5,0	3,0
Gesamt-C_3		10,0	5,9	8,2	4,9
Äthan			1,3		0,9
Äthen			0,6		0,5
Methan			1,5		1,1
Wasserstoff			0,1		0,1
Schwefelwasserstoff			1,0		0,5
Gesamt-C_{2-}			4,5		3,1

Zahlentafel E-21. *Eigenschaften der gemäß Zahlentafel E-20 gewonnenen Produkte*

| Betriebsversuch Nr. | | 16 | | | 18 | | |
Produkt		Benzin	Destillatheizöl	Sumpfprodukt der Fraktionier-kolonne	Benzin	Destillatheizöl	Sumpfprodukt der Fraktionier-kolonne
Ausbeuten	Vol.-%	46,5	8,7	13,1	38,5	25,0	13,8
Dichte	g/ml	0,792	0,925	0,981	0,782	0,882	0,937
Dampfdruck	at	0,12			0,08		
Siedeverlauf (in °C)		Engler (ASTM)	Engler (ASTM)	Vakuum	Engler (ASTM)	Engler (ASTM)	Vakuum
Siedebeginn		72	242	n.b.	60	232	n.b.
5 Vol.-%		89	272	296	83	253	286
10 Vol.-%		94	278	336	90	263	329
20 Vol.-%		100	288	376	107	271	369
30 Vol.-%		112	295	382	124	278	381
40 Vol.-%		126	302	388	141	285	389
50 Vol.-%	übergegangen	144	310	393	157	294	397
60 Vol.-%		160	318	402	171	303	403
70 Vol.-%		174	325	413	182	313	414
80 Vol.-%		186	333	426	192	323	425
90 Vol.-%		200	342	452	200	335	444
Siedeende		217	359	551	209	351	530
Schwefelgehalt	Gew.-%	0,22	1,20	1,53	0,22	1,09	1,10
Stickstoffgehalt	Gew.-%	0,01	0,05	0,09	0,02	0,04	0,08
Bromzahl	g/100 g	24	—	—	47	—	—
Anilinpunkt	°C	—	+50	—	—	+99	—
„Pour point"	°C	—	+4,5	+24	—	−4	+24
PONA-Analyse des Benzins							
Paraffine	Gew.-%	31,9			21,2		
Olefine	Gew.-%	16,3	n.b.	n.b.	30,2	n.b.	n.b.
Naphthene	Gew.-%	14,3			15,7		
Aromaten	Gew.-%	37,4			33,1		
Zetanzahl } des Mitteldestillates		—	37	—	—	46	—
Dieselindex		—	26	—	—	39	—
Klopffestigkeit des Benzins							
MOZ ohne Blei		77,1	—	—	76,8	—	—
MOZ mit 0,08 Vol.-% BTÄ		83,4	—	—	83,2	—	—
ROZ ohne Blei		83,6	—	—	85,2	—	—
ROZ mit 0,08 Vol.-% BTÄ		92,4	—	—	92,7	—	—

Katalysatoren zur Zeit noch mehr als das Doppelte der bisher verwendeten, doch dürften sie bei günstigen Marktverhältnissen durch höhere Erlöse für die Produkte gedeckt werden.

b) Das Houdriflow- und das Houdresid-Verfahren der Houdry Process Corporation

Nachdem sich E. HOUDRY und die Socony Vacuum Oil Co getrennt hatten und vom Erfinder die Houdry Process Corp gegründet war, schlug diese die gleiche Richtung wie die Socony Vacuum Oil Co ein, um die Katalysatorförderung zu verbessern[1]. Anlagen mit mechanischen Förderungen waren ursprünglich noch das Ergebnis einer gemeinsamen Arbeit. Auch HOUDRY ging zur pneumatischen Förderung über. Es wird jedoch Rauchgas, das aus dem Regenerator abgesaugt wird, nicht aufgeheizte Luft wie beim TCC-Verfahren, verwendet. Während bei diesem Verfahren außer dem Katalysatorabscheider auch der Reaktor und die Regeneratoren als besondere Behälter in einem Stahlgerüst untergebracht wurden, hat die Houdry Process Corp für ihre Houdriflow-Anlagen eine selbsttragende Konstruktion entwickelt, bei der der Reaktor unmittelbar auf den Regenerator aufgesetzt wird und mit diesem eine Einheit bildet. Schematisch ist eine solche Anlage in Abb. E-36 dargestellt.

Mit Rücksicht auf die anzuwendenden Temperaturen, die über 500 °C liegen, muß man den Mantel des Reaktors und den des Regenerators aus legierten, warmfesten Stählen herstellen. Außerdem werden sie durch eine innenliegende, feuerfeste Auskleidung und Isolierung gegen unmittelbare Einwirkung der hohen Temperaturen geschützt. Dafür hat sich in den letzten Jahren eine besondere Technik entwickelt. Durch Spritzen trägt man eine Masse auf, die in der Hauptsache wärmedämmend wirkt. Darüber kommt eine Schicht aus feuerfestem, ebenfalls durch Spritzen aufgetragenem Material. Eine Art Gitterrost, der in gleichbleibendem Abstand von der Behälterwand an Distanzbolzen befestigt ist, hält das gesamte feuerfeste Material und die zwischen ihr und dem Mantel befindliche Isoliermasse. Das feuerfeste Material wird mit der Oberfläche der Gitterroste glatt verstrichen, so daß eine fugenlose und dabei doch in gewissem Ausmaß elastisch verformbare Behälterauskleidung entsteht. Diese Art der Auskleidung wird bei den noch zu besprechenden Fließbettanlagen jetzt fast ausschließlich verwendet.

Besonderer Maßnahmen bedarf es auch hier, um eine gleichmäßige Wanderung des Katalysators durch Reaktor und Regenerator sicherzustellen. Sie weisen – der gleichen Aufgabe entsprechend – gewisse Ähnlichkeiten mit den bei den TCC-Anlagen angewendeten auf. Hiefür werden Einbauten verwendet, wie sie beispielsweise in Abb. E-37 gezeigt sind[2]. Man sieht daraus, wie die Aufgabe gelöst ist, sowohl den

---

[1] ENOS, J. L.: Petroleum Progress and Profits. A History of Process Innovation. Cambridge/Mass.: M. I. T. Press 1962, S. 175 ff.

[2] Anon.: New Houdriflow Installations Employ Modified Design. Petrol. Refiner 29 (1950) Nr. 9, S. 170/73. – SHIRK, R. M., u. D. B. ARDERN: New Design Features of Houdriflow. Petrol. Refiner 32 (1953) Nr. 12, S. 121/25.

Katalysator durch gleichmäßig über den Querschnitt verteilte Fallrohre mit aufgesetzten, geschlitzten Köpfen nach unten zu führen, als auch die erforderliche, von unten kommende Verbrennungsluft durch ebenso verteilte Pfeifen mit dachförmigem, geschlitztem Aufsatz im Katalysatorbett zu verteilen. Die Aufsätze sind so ausgeführt, daß die Katalysatorkörner nicht in die Pfeifen eintreten können. Die für die Verbrennung

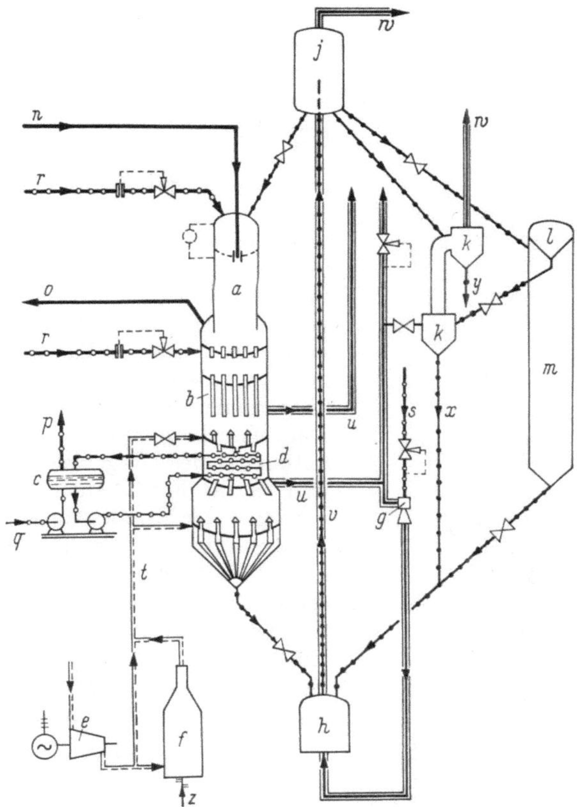

Abb. E-36. Schematisches Fließbild einer Houdriflow-Anlage.

a Reaktor;	*n* Eintritt der zu krackenden Öldämpfe (aus dem vorgeschalteten Ofen oder aus einem Koker);
b Regenerator;	
c Dampftrommel;	
d Kühlschlangen im Regenerator *b*;	*o* Austritt der gekrackten Öldämpfe zur Fraktionierkolonne;
e Gebläse für Verbrennungsluft;	
f Brennkammer (zum Anfahren);	*p* Dampfaustritt; *q* Speisewasserzufuhr;
g Strahlapparat für Förderluft;	*r* Sperrdampf- bzw. Spüldampfzufuhr;
h Einrichtung für die pneumatische Förderung des Katalysators;	*s* Treibdampf; *t* Verbrennungsluft;
	u Rauchgas;
j Katalysatorabscheider (disengager);	*v* Rauchgas mit Katalysator;
k Fliehkraftabscheider;	*w* Abgas (mit Katalysatorstaub);
l Behälter für Frischkatalysator;	*x* Zurückgeführter Katalysator;
m Behälter für Katalysator beim Abstellen der Anlage;	*y* Gröberer Katalysatorabrieb;
	z Heizöl oder Heizgas.

Die vorzuschaltenden Anlagen wie Ofen oder Kolonne (für den Einsatz) sowie die Fraktionieranlage für die gekrackten Dämpfe sind bei diesem Schema weggelassen. Es ist sinngemäß zu ergänzen wie in Abb. E-32.

30*

des Kokses erforderliche Luft durchströmt das Katalysatorbett nach oben, weil dessen Schütthöhe und infolgedessen der Strömungswiderstand geringer ist als für den Weg nach unten. Außerdem kann durch Einstellen des Druckes die Strömung der Verbrennungsluft weitgehend beeinflußt werden. Abb. E-37 zeigt den Schnitt durch den gesamten Houdry-Turm einer Krackanlage. Die Ausführung einiger Einbauten wurde im Abschn. B 3 besprochen und ist in den Abb. B-18, S. 146 sowie B-20 bis 23, S. 150 bis 152 wiedergegeben.

Der vollständig regenerierte Katalysator rieselt dann durch die Spinne der pneumatischen Fördereinrichtung zu. Diese besteht bei neueren Konstruktionen aus vier Gruppen von je drei Düsen mit anschließenden Steigrohren k, die außen hochgeführt werden und gruppenweise in je einem Katalysatorabscheider l (sog. Disengager) enden. Zur Förderung dienen heiße Rauchgase, die durch Dampfstrahlapparate aus den Abgasleitungen des Regenerators angesaugt und in die Fördereinrichtung gedrückt werden. Der durch Abrieb entstehende feine Staub wird zum Teil mit dem Fördermittel ins Freie abgeführt. Ein anderer Teil wird zusammen mit einem kleinen Katalysatorstrom über eine ähnliche Einrichtung geführt wie bei den TCC-Anlagen. In Abb. E-36 ist dieser Nebenschluß zum Reaktor und Regenerator zu

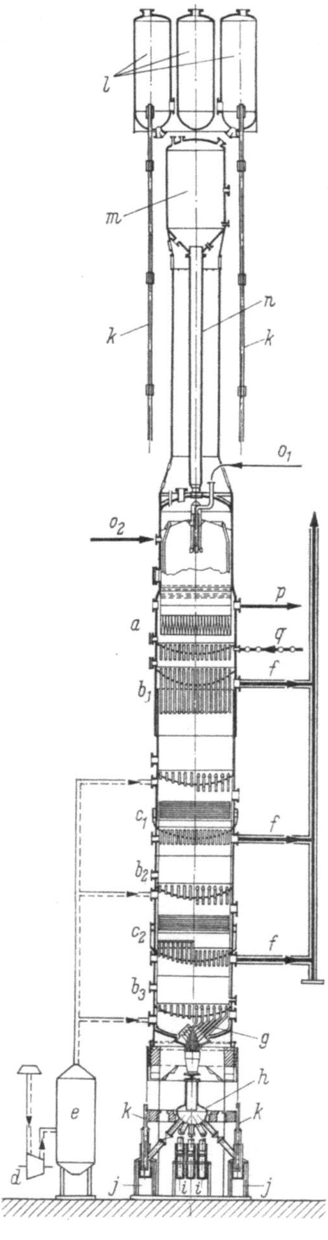

Abb. E-37. Schnitt durch den Houdry-Turm einer katalytischen Krackanlage.

a Reaktor;
b_1, b_2, b_3 erste, zweite und dritte Brennzone des Regenerators;
c_1, c_2 erste und zweite Kühlzone des Regenerators;
d Gebläse für Verbrennungsluft;
e Brennkammer (direkt befeuerter Lufterhitzer);
f Abgasleitung;
g Katalysatorsammelleitungen (sog. Spinne);
h Katalysatorverteiler;
j Untere Katalysatorsammler;
k Steigleitungen;
l Abscheider (disengager);
m Oberer Katalysatorsammler
n Fallrohr (seal leg);
o_1 Zulauf flüssigen Einsatzgutes;
o_2 Zufluß der zu krackenden Öldämpfe;
p Austritt der gekrackten Öldämpfe;
q Sperrdampfzufuhr.

erkennen. Eine dem Verlust durch Abrieb entsprechende Menge an frischem Katalysator muß dem Kreislauf ständig aus einem Vorratsbehälter l zugeführt werden.

Abweichend von der Ausführung der TCC-Anlagen ist der Regenerator in mehrere Zonen unterteilt, in denen sich Rohrsysteme befinden, die zu einem Zwangsumlaufkessel gehören. Im Fließbild der Abb. E-36 ist der Einfachheit halber nur ein solches Rohrsystem dargestellt. Außerdem wird die Verbrennungsluft an mehreren Stellen zugeführt. Durch die Unterteilung läßt sich die Temperatur im Regenerator besser beherrschen, was bei dieser Bauart sehr wichtig ist. Es soll nicht verkannt werden, daß durch den Verzicht auf ein eigenes Stahlgerüst und durch Benutzung der Mäntel von Reaktor und Regenerator als tragende Elemente von einem im Kesselbau nie verlassenen Grundsatz abgewichen wurde. Bei Bedienungsfehlern, wie sie beim Anfahren einer Raffinerie im Jahre 1953 unterlaufen sind, kann dies zu folgenschweren Schäden führen, die damals nur dank glücklicher Umstände nicht im vollen Umfang eingetreten sind.

Die Unterschiede des Houdriflow-Verfahrens gegenüber dem TCC-Verfahren liegen mehr in Einzelheiten der Bauweise als in Unterschieden der Produkteigenschaften und Ausbeuten. Der Krackvorgang ist bei beiden Bauweisen vollkommen gleich, so daß es nur am Katalysator liegen kann, wenn Abweichungen festzustellen sind. Wegen Einzelheiten kann auf verschiedene Berichte im Schrifttum verwiesen werden[1].

Bis vor einigen Jahren konnten als Einsatzgut für katalytische Krackanlagen nur Destillate verwendet werden, weil sich die in Rückständen enthaltenen Metallverbindungen auf dem Katalysator zusammen mit dem Koks ablagern, beim Regenerieren nur unvollkommen entfernt werden und infolgedessen die Aktivität des Katalysators in verhältnismäßig kurzer Zeit vermindern. Deshalb bemühte sich die Houdry Process Corp, Katalysatoren zu entwickeln, welche die Beladung mit Metallsalzen in einem gewissen Ausmaß vertragen, ohne an Aktivität zu verlieren. Dabei wird von der Tatsache Gebrauch gemacht, daß bei der Bewegung der Katalysatorkörner durch die Apparatur und besonders in dem pneumatischen Fördersystem ein gewisser Abrieb unvermeidlich ist. Durch Abstimmung der einzelnen Betriebsgrößen aufeinander läßt sich erreichen, daß sich ein gewisser Beharrungszustand einstellt, bei dem der Metallgehalt auf dem Katalysator in engen Grenzen gehalten wird, so daß seine Aktivität keine merkbare Einbuße erleidet.

---

[1] SCHALL, J. W., J. C. DART u. C. G. KIRKBRIDE: Moving Bed Catalytic Cracking Correlations. Product Distribution and Process Variables. Chem. Engng. Progress 45 (1949) 746/54. – MAERKER, J. B., J. W. SCHALL u. J. C. DART: Moving Bed Recycle Catalytic Cracking Correlations. Product Distribution and Process Variables. Chem. Engng. Progress 47 (1951) 95/101. – SCHALL, J. W., u. J. C. DART: Catalytic cracking of high nitrogen charge stock. 3. Welt-Erdöl-Kongreß, Den Haag 1951, Bericht IV/II/1; Petrol. Refiner 31 (1952) Nr. 3, S. 101/03; Nr. 4, S. 173/76. – FARAGHER, W. F., H. D. NOLL u. R. E. BLAND: Contribution of the Houdry catalytic cracking processes to petroleum refining. 3. Welt-Erdöl-Kongreß, Den Haag 1951, Bericht Nr. IV/II/4. – BOYNTON, F. B.: Producing 90 Octane Gasoline With Houdriflow. Petrol. Refiner 31 (1952) Nr. 5, S. 133/35. – NOLL, H. D., J. C. DART u. R. E. BLAND: The Houdriflow Catalytic Cracking Process Today. 4. Welt-Erdöl-Kongreß, Rom 1955, Bericht Nr. III/E-2.

Allerdings darf dabei nicht außer acht gelassen werden, daß Rückstandsöle beim Kracken wesentlich mehr Koks bilden und deshalb z. B. beim thermischen Kracken nicht zurückgeführt werden dürfen. Als Maß für die zu erwartende Koksbildung kann auch hier der beim Conradson-Test festzustellende Koksrückstand angesehen werden. Beim katalytischen Kracken besteht nun die einzige Möglichkeit, diesen Koks im Regenerator abzubrennen und in Wärme umzusetzen. Will man eine unzulässige Überhitzung des Katalysators vermeiden, so muß mit entsprechend großen Verbrennungsluftmengen gefahren werden, wodurch das Rauchgasvolumen gegenüber den Verhältnissen beim Kracken von Destillaten sehr ansteigt. Eine solche Fahrweise wird daher nur wirtschaftlich, wenn es gelingt, die in diesen Rauchgasen enthaltene Wärme zur Dampferzeugung oder in anderer Weise zu nutzen. Deshalb dürfte das katalytische Kracken von Rückständen nur unter besonderen Voraussetzungen von Interesse sein. Es steht deshalb im Wettbewerb mit Verfahren, bei denen durch vorgeschaltete Verkokung oder Entkarbonisierung bzw. Entasphaltierung mit Fällungsmitteln ein von Asche und Asphaltbildnern freies Einsatzgut für eine entsprechend kleiner zu bemessende katalytische Krackanlage gewonnen werden kann.

Das von der Houdry Process Corp entwickelte Verfahren ist unter dem Namen Houdresid bekannt geworden[1]. Es verwendet die gleiche Apparatur wie das Houdriflow-Verfahren und unterscheidet sich von diesem nur durch die größeren Abmessungen des Regenerierteiles, weil die Abbrandleistung bei gleichem Einsatz wesentlich größer ist. Ähnliche Bestrebungen wurden auch in neuester Zeit von Ingenieurfirmen aufgegriffen, welche Fluid-Krackanlagen bauen; vgl. S. 359/60 u. S. 416/17.

Die Houdry Process and Chemical Co, wie seit einiger Zeit der Firmenname lautet, hat nunmehr zusammen mit Minerals and Chemicals Philipp Corp den gleichen Weg wie Mobil Oil eingeschlagen und sehr hochaktive Katalysatoren auf der Basis von Molekularsieben entwickelt. Diese liefern ebenfalls erheblich größere Mengen Benzin, was besonders für den Markt in Nordamerika von Interesse ist[2]. In der gleichen Richtung laufen die Bemühungen der Chevron Research Corp (früher Standard Oil of California)[3].

---

[1] DART, C. J., G. A. MILLS, A. G. OBLAD u. C. C. PEAVY: Houdresid Process Cracks Residua. Petrol. Refiner 34 (1955) Nr. 6, S. 153/55. – Dies.: Houdresid Converts Crude Residua into Profitable Products. Oil Gas J. 53 (9. Mai 1955) Nr. 19, S. 123/26. – BLAND, R. E.: How Houdresid Works on Heavy Stocks. Petrol. Refiner 34 (1955) Nr. 9, S. 166/68. – BLAND, R. E. u. Mitarb.: Catalytic processing of residual fuel stocks. 5. Welt-Erdöl-Kongreß, New York 1959, Bericht III/30. – MILLS, G. A., D. H. STEVENSON, R. K. SMITH u. H. HEINEMANN: Umwandlung schwerer Kohlenwasserstoffe durch das Houdresid-Verfahren. Erdöl u. Kohle 8 (1955) 782/85. – Anon.: Houdriflow and Houdresid. Petrol. Refiner 37 (1959) Nr. 9, S. 242/43.

[2] ASHWILL, R. E., W. J. CROSS u. I. A. SCHWINT: Results with Houdry's new cracking catalyst. Oil Gas J. 64 (4. Juli 1966) Nr. 27, S. 114/19. – Dies.: Krackkatalysator HZ-1 im technischen Einsatz. Erdöl u. Kohle 19 (1966) 887/90.

[3] KNOWLTON, H. E.: Chevron adds to experience with new zeolite catalysts. Oil Gas J. 65 (18. Sept. 1967) Nr. 38, S. 80/83. – Ders., R. R. BECK u. R. P. VOGEL: Chevron aiming at 3-year runs on moving-bed catalytic crackers; ebd. 67 (14. Juli 1969) Nr. 28, S. 61/65.

6. Das Kracken mit staubförmigem Katalysator

Von entscheidender Bedeutung für die intensive Beschäftigung der Standard Oil Development Co mit der Anwendung staubförmiger Katalysatoren war die Tatsache, daß sich die Standard Oil Co of New Jersey um die Jahreswende 1937/38 mit E. Houdry nicht über die von diesem geforderte Höhe der Lizenz für sein Krackverfahren einigen konnte[1]. Die Bemühungen der Standard New Jersey um katalytische Verfahren begannen bereits in den Zwanziger Jahren und waren nicht ausschließlich auf das Kracken, sondern auch auf das Hydrieren gerichtet[2]. Als Folge der 1926 mit der Badischen Anilin- & Soda-Fabrik AG, Ludwigshafen/Rhein, und dann mit der IG Farbenindustrie AG geführten Gespräche kam es zu einer Zusammenarbeit und zum Erwerb aller außerhalb des Deutschen Reiches geltenden IG-Patentrechte auf dem Gebiete des Hydrierens, und zwar sowohl des spaltenden wie auch des raffierenden Verfahrens. Die eigenen Arbeiten der Standard New Jersey galten sowohl diesem Verfahren wie auch dem Kracken. Zwischen beiden Verfahren besteht eine Verwandtschaft, denn beim Kracken wird so wie beim spaltenden Hydrieren angestrebt, die großen Kohlenwasserstoffmoleküle in kleinere Bruchstücke zu zerlegen, um leichtere Erdölfraktionen zu erhalten; das unterscheidende Merkmal ist die Anwendung von Wasserstoff, wodurch es gelingt, das C : H-Verhältnis der Produkte durch die Anlagerung von H-Atomen in weiten Grenzen zugunsten leichtersiedender Fraktionen zu verschieben und die Menge der hochsiedenden Rückstände zu verringern.

Zunächst wurde ein Krackverfahren entwickelt, bei dem der Katalysator fein verteilt in der flüssigen Phase des zu krackenden Öles angewendet wurde. Im Jahre 1934 waren die Versuche so weit gediehen, daß eine Anlage für rd. 600000 t/a gebaut werden sollte. Die Ausführung wurde aber wegen der Schwierigkeiten, den Katalysator befriedigend abzutrennen, und wegen der allgemeinen Wirtschaftsstagnation zurückgestellt. Um die technische Seite des Problems besser zu lösen, wandte man sich dem in der Gasphase arbeitenden Fließbett- oder Wirbelschichtverfahren zu, wie es in der heute üblichen Form großtechnisch zuerst bei dem Gasgenerator von F. Winkler (Badische Anilin- & Soda-Fabrik bzw. Leunawerk) seit 1921 benutzt wurde, um Wassergas oder Generatorgas aus Braunkohlenstaub herzustellen[3]. Von wesentlicher Bedeu-

---

[1] Houdry verlangte 50 Mill. $, während Standard New Jersey 15 Mill. $ zu zahlen bereit war. Die Gesamtkosten der dann für die Entwicklung des Fluid-Verfahrens aufgewendeten Kosten beliefen sich bis 1956 auf rd. 30 Mill. $. Vgl. dazu J. L. Enos: a. a. O. S. 195 u. 218/19.

[2] Vgl. dazu S. 364 sowie die Einleitung zu Kap. L, S. 806.

[3] Vgl. dazu DRP Nr. 437970 vom 28. Sept. 1922. – Brötz, W.: Grundlagen der Wirbelschichtverfahren. Chem.-Ing.-Technik 24 (1952) 60/81. – Sabel, F.: Die Winklersche Wirbelschichttechnik; ebd. S. 93/97 (Sonderheft: „Wirbelschichtverfahren in der chemischen Technik" mit weiteren Aufsätzen über dieses Thema). – Leva, M.: Fluidization, New York/Toronto/London: McGraw-Hill 1959, S. 3ff. – Molerus, O.: Hydrodynamische Stabilität des Fließbetts. Chem.-Ing.-Techn. 39 (1967) 341/48. – Mersmann, A.: Zum Wärmeübergang in Wirbelschichten; ebd. S. 349/53.

tung war die Kombination dieser Verfahrenstechnik mit den Möglichkeiten, den staubförmigen Katalysator pneumatisch vom Reaktor in den Regenerator und zurück zu fördern. Dadurch konnten bewegte Apparate und Maschinen, die dem unmittelbaren Einfluß des heißen, strömenden Katalysators ausgesetzt wären, vermieden werden.

Auch Ingenieur- und Forschungsgesellschaften wie Kellogg, Universal Oil Products Co u. a. hatten nach verschiedenen Versuchen den gleichen Weg eingeschlagen. Dabei war der Leitgedanke unverkennbar, ein katalytisches Krackverfahren zur Betriebsreife zu entwickeln, das nicht mit den Houdry-Patenten in Konflikt kam. Zwar wurde dadurch bei der Houdry-Gruppe die Bereitschaft zu Verhandlungen über die Lizenzierung des Houdry-Verfahrens erreicht, doch kam es – wie bereits erwähnt – zu keiner Einigung. Im weiteren Verlauf schlossen sich dann Standard New Jersey, Standard Indiana, Kellogg und IG Farben auf Grund eines in London am 12. Oktober 1938 unterzeichneten Abkommens zu einer Gruppe zusammen, die später unter dem Namen Catalytic Research Associates bekannt wurde. Nach kurzer Zeit gliederten sich noch die Anglo-Iranian Oil Co (später British Petroleum), die Royal Dutch/Shell-Gruppe, die Texaco und die Universal Oil Products Co (UOP) an. Mit Hilfe einer Forschungsgruppe, zu der Standard New Jersey rd. 400 Mann stellte und die übrigen Beteiligten insgesamt noch weitere 600 Fachkräfte, sowie mit Unterstützung von Professoren und Mitarbeitern des Massachusetts Institute of Technology, besonders von W. K. Lewis und E. R. Gilliland, wurde in wenigen Jahren ein Forschungsprogramm durchgeführt, das an Umfang nur noch von dem sog. Manhattan-Programm zur Entwicklung der Atombombe übertroffen wurde. Am 25. Mai 1942 konnte in der Raffinerie Baton Rouge der Standard Oil Co of Louisiana, einer Tochtergesellschaft der Standard New Jersey, die erste Fließbettkrackanlage für rd. 500 000 t/a in Betrieb genommen werden.

a) Die Fließbett- oder Wirbelschichttechnik

Die geschilderte Entwicklung führte dazu, daß heute die Fließbetttechnik oder – wie sie hierzulande mitunter bezeichnet wird – die Wirbelschichttechnik vollkommen beherrscht wird, was zu Beginn keineswegs als selbstverständlich erwartet werden konnte. Da sie im Bereich der Erdölverarbeitung vornehmlich beim Kracken angewendet wird, erscheint es berechtigt, hier näher darauf einzugehen[1]. Es besteht ein umfangreiches Schrifttum über diese Technik, die auch außerhalb der Erdölverarbeitung weite Anwendung gefunden hat[2]. Als wesentliche Bau-

---

[1] Es wurden auch Anlagen zum Reformieren von Benzin mit Hilfe staubförmiger Katalysatoren gebaut, doch waren die dabei erzielten Ergebnisse nicht so augenfällig, daß diese Entwicklungsrichtung weiter verfolgt wurde; vgl. dazu Abschn. F5 u. F6, S. 559 u. 560ff. Auch die Übertragung der Fließbett-Technik auf die Synthese nach Fischer und Tropsch hat nicht die diesbezüglichen Erwartungen erfüllt, wie sich in den Anlagen Brownsville/Minn. und Sasolburg/Südafrika gezeigt hat.

[2] Außer den in Fußn. 3, S. 471 genannten Arbeiten vgl. auch E. V. Murphree, C. L. Brown, H. G. M. Fischer, E. J. Gohr u. W. J. Sweeney: Fluid catalyst process. Catalytic cracking of petroleum. Industr. Engng. Chem. 35 (1943) 768/73. – Murphree, E. V., E. J. Gohr u. A. F. Kaulakis: The Fluid-Solids

teile einer nach dem Fließbettverfahren arbeitenden Anlage können angesehen werden:

1. der Reaktor *a* mit dem aufgewirbelten staubförmigen Katalysator oder auch inerten Wärmeträger,

2. das Fallrohr *b* zum Ausschleusen des Katalysators,

3. das meist als Steigrohr angeordnete Zulaufrohr *c* mit dem Dämpfe- bzw. Gaseintritt *d* und

4. die Einrichtung *e* zum Abscheiden mitgerissener feiner Teilchen aus dem Gasstrom beim Austritt aus dem Reaktor.

Schematisch ist diese Anordnung in Abb. E-38 wiedergegeben. Bei einer Krackanlage sind zwei solcher Systeme erforderlich. Der Regene-

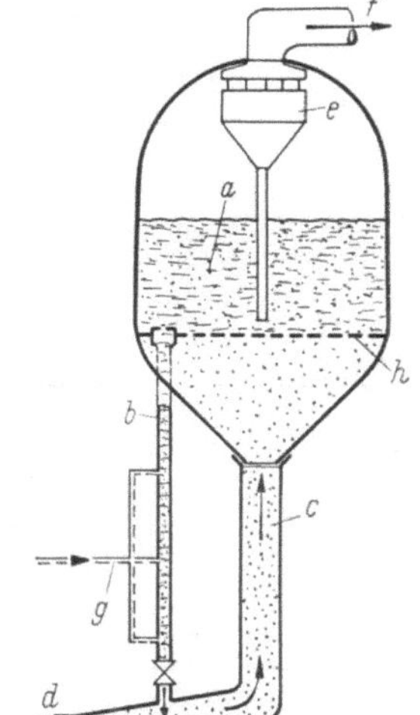

Abb. E-38. Schema der wichtigsten Bauteile einer Fließbettanlage.

a Reaktionsraum;
b Fallrohr;
c Steigrohr;
d Dämpfe- bzw. Gaseintritt;
e Staubabscheider mit Fallrohr;
f Gasaustritt;
g Anschlüsse für gas- oder dampfförmiges Fördermittel;
h Gitterrost.

Technique: Applications in the Petroleum Industry. J. Inst. Petrol. 33 (1947) 608/20. − Symposium on Dynamics of Fluid-Solid Systems. Industr. Engng. Chem. 41 (1949) Nr. 6, S. 1099/1250 (Aufsatzreihe). − ZENZ, F. A.: Two-Phase Fluid-Solid Flow; ebd. S. 2801/06. − Fluidization Symposium London 1951: J. Appl. Chem. (London) Bd. 2 (1952) Ergänzungsbd. 1. − TRAWINSKI, H.: Zur Hydrodynamik aufgewirbelter Partikelschichten. Chem.-Ing.-Techn. 23 (1951) 416/19. − MARSHALL, J. A., u. V. W. ASKINS: Fluid-Bed Catalytic Cracking Unit. Industr. Engng. Chem. 45 (1953) 1603/08 (Versuchsanlage). − ZENZ, F. A.: Visualizing Gas-Solid Dynamics in Catalytic Processes. Petrol. Refiner 32 (1953) Nr. 7, S. 123/28. − Ders.: Fluid Catalyst Design Data; ebd. 36 (1957) Nr. 4, S. 173/78; Nr. 5, S. 261/65; Nr. 6, S. 133/42; Nr. 7, S. 175/83; Nr. 8, S. 147/55; Nr. 9, S. 305 bis 308; Nr. 10, S. 162/70; Nr. 11, S. 321/28. − Fluidization. Hrsg. von D. F. OTHMER, New York/London: Reinhold/Chapman & Hall 1956. − LEVA, M.: Fluidization, New York/Toronto/London: McGraw-Hill 1959. − ANDREWS, J. M.: Cracking Characteristics of Catalytic Cracking Units. Industr. Engng. Chem. 51 (1959) 507/09; erweiterter Sonderdruck: Mathematical Analysis of Fluidized, Fixed Bed and Continuous Catalytic Cracking Units. − PIGFORD, R. L., u. T. BARON: Hydrodynamic stability of a fluidized bed. Industr. Engng. Chem./Fundam. 4 (1965) 81/87. − AHLAND, E.: Strömungsvorgänge in vertikalen, feststoffbeladenen Förderrohren mit austretendem Freistrahl, Chem.-Ing.-Techn. 40 (1968) 1224/29. − KUNII, D. u. O. LEVENSPIEL: Fluidization Engineering. New York/London/Sydney/Toronto: Wiley 1969.

rator ist ebenfalls als Reaktor zu betrachten, weil in ihm die für das Regenerieren erforderliche Verbrennungsreaktion des abgelagerten Kokses durchgeführt werden muß. Im Reaktor wird das Fließbett im allgemeinen von einem Gitterrost getragen, durch den die dampf- oder gasförmigen Reaktionsteilnehmer eintreten und durch ihre Strömung nach oben in dem Bett den eigentümlichen Zustand verhältnismäßig hoher Dichte und doch flüssigkeitsartiger Beweglichkeit aufrechterhalten. Dabei kommt es zu einer innigen Berührung zwischen dem Trägergas und den feinkörnigen Teilchen, die meist in der Größenordnung von 0,1 mm gewählt werden. Auch bei hohen Reaktionswärmen bleibt die Temperatur infolge der Verwirbelungen sehr gleichmäßig[1].

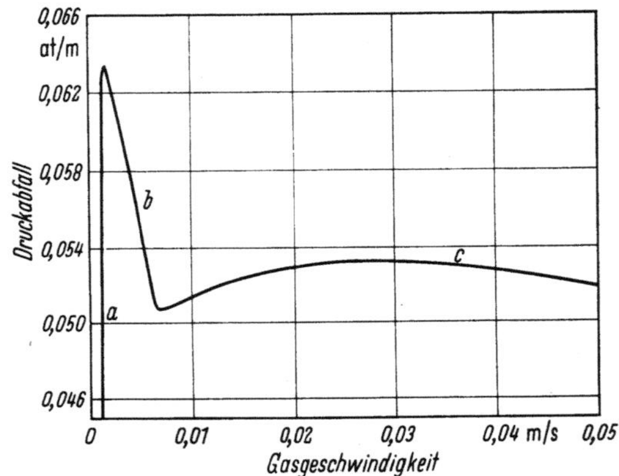

Abb. E-39. Druckverlust in einem Fließbett je Einheit der Betthöhe bei verschiedenen Gasgeschwindigkeiten, nach W. G. MAY und F. R. RUSSELL, zitiert bei GOHR.

Einen ersten Überblick über die Zustände im Katalysatorbett erhält man durch Abb. E-39. Sie zeigt drei deutlich gegeneinander abgegrenzte Bereiche des Druckverlustes in einem Fließbett[2]. Bei kleinen Geschwindigkeiten des Trägergases (Bereich *a*) nimmt der Druckverlust etwa quadratisch mit der Geschwindigkeit zu. Er ist verständlicherweise kleiner, als der Dichte entspricht[3]. Erreicht der Druckverlust einen Wert,

---

[1] Diese Erscheinung gab den Anlaß, im Deutschen auch die Bezeichnung „Wirbelschicht" zu verwenden; vgl. E. WICKE u. W. BRÖTZ: Vorschlag für eine Nomenklatur von Verfahren, in denen gekörntes Gut von Gasen oder Flüssigkeiten durchströmt wird. Chem.-Ing.-Techn. 24 (1952) 58/59. Da aber gerade in der Erdöltechnik der Ausdruck „Fließbett" bereits weite Verbreitung gefunden hat und sich enger an die ursprüngliche englische Bezeichnung „fluidized bed" anlehnt, ist er hier beibehalten. Diese Bezeichnung wurde auch sinngemäß als „lit fluidisé" ins Französische übernommen.

[2] Nach E. J. GOHR: Background, History and Future of Fluidization in: Fluidization; hrsg. von D. F. OTHMER: a.a.O. S. 102/16.

[3] In der Quelle ist wohl angegeben, daß die Zunahme linear sei, doch ist dies bei einer reinen Reibungsströmung, wie sie im Bereich *a* auftritt, nicht recht glaubhaft. Die Darstellung der Abb. E-39 ist wegen der kleinen Geschwindigkeit in diesem Bereich nicht geeignet, die tatsächliche funktionelle Abhängigkeit erkennen zu lassen.

der dem Gewicht des zunächst noch ruhenden Katalysatorbettes entspricht, so wird dieses aufgelockert. Seine Dichte nimmt deshalb bei geringer Zunahme der Gasgeschwindigkeit sehr stark ab. Dementsprechend
sinkt der Druckverlust, bezogen auf die Einheit der Betthöhe, recht deutlich (Bereich *b*). Noch ist der eigentliche Fließbettzustand nicht erreicht.
Erst wenn das Bett so weit aufgelockert ist, daß sich die einzelnen Teilchen kaum mehr berühren und jedes für sich vom Gasstrom in der
Schwebe gehalten wird, so daß sie auf- und abtanzen und durcheinander-
wirbeln, spricht man von einem Fließbett (Bereich *c*). Der Druckverlust je Einheit der Betthöhe ändert sich in diesem Bereich auch bei starkem Anstieg der Geschwindigkeit nur mehr wenig, doch wird die Dichte
des Bettes dabei etwas geringer, was in der Darstellung nicht zum Ausdruck kommt.

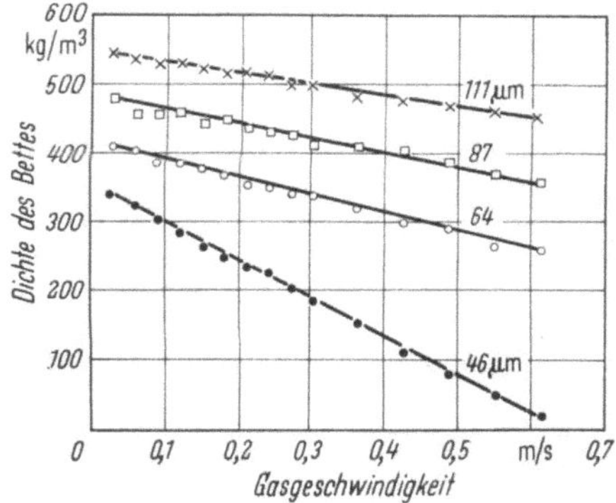

Abb. E-40. Veränderung der Bettdichte von Fließbettkatalysatoren bei verschiedenen Teilchen-
durchmessern mit Zunahme der Gasgeschwindigkeit.

Diese Dichteabnahme ist um so stärker, je kleiner die Teilchen sind.
Bei einer Größe von rd. 0,1 mm wird die Dichte z. B. bei einer Zunahme
der Gasgeschwindigkeit von rd. 0,03 m/sec auf rd. 0,6 m/sec etwa linear
um nur rd. 20 % kleiner, wie Abb. E-40 erkennen läßt. Bei Teilchen von
etwas weniger als dem halben Durchmesser fällt aber die Dichte, deren
Ausgangswert bei gleicher Geschwindigkeit bereits kleiner ist, im gleichen Bereich auf weniger als ein Zehntel. Mit Teilchen von rd. 0,02 mm
Größe läßt sich ein stabiles Fließbett überhaupt nicht mehr aufrechterhalten, weil sie sich wolkenartig zusammenballen und nicht mehr gleichmäßig aufgelockert werden. Diese Zahlen gelten für Drücke von rd. 1 ata.
Die übliche Teilchengröße beträgt im Mittel etwa 0,04 mm.

Die Gasdichte ist ebenfalls von erheblichem Einfluß auf die Dichte
im Bett. Bei gleicher Teilchengröße und höherem Gasdruck – was auch
höhere Gasdichte bedeutet – ist die Abnahme der Dichte im Bett wegen
der größeren Tragfähigkeit des strömenden Gases bei zunehmender Gasgeschwindigkeit stärker. Deshalb wird das Bett in einem solchen Fall
bereits bei größeren Teilchen unstabil als vorstehend für 1 ata angegeben
wurde.

Aus dem gleichen Grunde werden bei höheren Gasdrücken die Teilchen viel leichter mitgerissen, so daß von dieser Seite dem Betrieb eines

Fließbettes ebenfalls eine Grenze gesetzt ist. In Abb. E-41 ist gezeigt, wie sehr die Menge mitgerissener Teilchen vom Druck des strömenden Gases abhängt. Die Kurven beginnen etwa bei den Geschwindigkeiten, die nach dem Stokesschen Gesetz als konstante Fallgeschwindigkeiten berechnet werden können[1]. Die Darstellung gibt damit ein Maß für die Belastung der Abscheideeinrichtung im Reaktor.

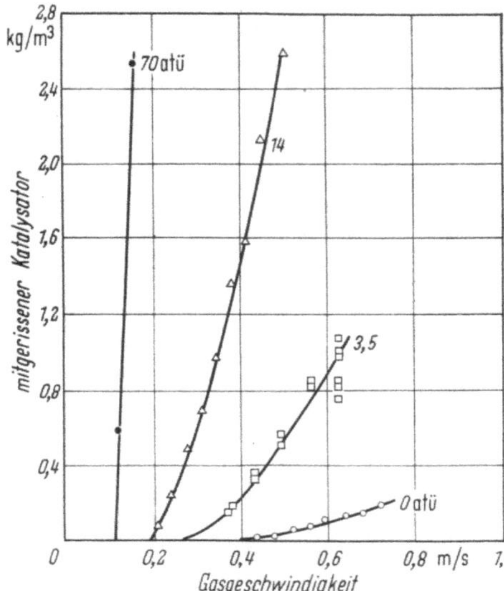

Abb. E-41. Mitreißen von Katalysatorteilchen mit 0,075 bis 0,085 mm Durchmesser im Gasstrom bei verschiedenen Drükken, in Abhängigkeit von der Gasgeschwindigkeit.

Neben der höheren Aktivität kleiner Teilchen ist als besonderer Vorteil des Fließbettverfahrens für Reaktionen mit Wärmetönung der gute Wärmeübergang zwischen Trägergas und Teilchen zu betrachten. Nimmt man z.B. bei Teilchen von rd. 0,06 mm Größe eine Dichte des Bettes von rd. 650 kg/m³ an, so haben diese Teilchen – sofern sie kugelförmig sind – eine Oberfläche von fast 50000 m² je m³ des Bettes. Wenn auch der Wärmeübergang von ruhendem Gas an ein festes Teilchen in der Größenordnung von nur 15 kcal/m²h grd liegt, so kann er in einem Fließbett bereits bei Gasgeschwindigkeiten im Bett von rd. 0,15 m/sec – die nicht mit der Bewegungsgeschwindigkeit der Teilchen identisch sind – Werte von über 500 kcal/m²h grd erreichen. Dies zusammen mit der großen zur Verfügung stehenden Oberfläche erklärt den fast vollkommenen Temperaturausgleich eines Fließbettes.

Der Umlauf des Katalysators kommt dadurch zustande, daß infolge der Förderwirkung des Gasstromes im Zulaufrohr die Dichte des Kata-

---

¹ Vgl. z.B. L. Prandtl: Führer durch die Strömungslehre. Braunschweig: Vieweg 1942, S. 98 oder P. Grassmann: Physikalische Grundlagen der Chemie-Ingenieur-Technik (Grundlagen der chemischen Technik Bd. 1), Aarau u. Frankfurt/Main: Sauerländer 1961, S. 708.

lysators in diesem wesentlich geringer ist als im Fallrohr[1]. Um stabile Betriebsverhältnisse zu erreichen, ist bei der in Abb. E-38 dargestellten Anordnung ein Absperrorgan am unteren Ende des Fallrohres empfehlenswert. Damit kann durch Drosseln der Druckunterschied zwischen dem Reaktorraum und dem Zulaufrohr und damit die Zugabe des Katalysators zum Fördergasstrom eingeregelt werden.

Bei der später von der Standard Oil Development Co entwickelten Bauform mit den beiden nebeneinander angeordneten Behältern, die durch U-Rohre verbunden sind, kann auf das Absperrorgan verzichtet werden. Seine Konstruktion und die Wahl geeigneter Werkstoffe stellen wegen der hohen Temperaturen, wie sie beim Kracken angewendet werden müssen, und wegen des Verschleißes erhebliche Probleme. Bei Verwendung von U-Rohren, die jeweils in dem auf gleicher Höhe befindlichen Nachbargefäß münden, läßt sich die Druckdifferenz im Katalysatorstrom durch passende Wahl des Wehres für den Einlauf in einem Behälter und durch Dosieren von Dampf als Fördermittel unter Verzicht auf ein Absperrorgan einstellen. Meist sind trotzdem Absperrschieber in die U-Rohre eingebaut, doch werden sie nicht während des Betriebes verstellt, sondern bleiben ganz geöffnet. Nur beim Anfahren oder Stillsetzen der Anlage werden sie benötigt.

Bei Bauformen, die Firmen wie Kellogg und Universal Oil Products Co anwenden, sind die Absperrorgane beibehalten, um Reaktor und Regenerator übereinandersetzen zu können und dadurch den merkbar größeren Bauaufwand der Anordnung mit Reaktor und Regenerator nebeneinander zu vermeiden.

Eine sehr wesentliche Aufgabe hat das Zulaufrohr, das auch als Steigrohr bezeichnet wird. Es mündet von *unten* in den Reaktor und hat entweder den heißen, regenerierten Katalysator – meist zusammen mit den zu krackenden Öldämpfen – oder den mit Koks beladenen Katalysator – dann meist zumindest mit einem Teil der Verbrennungluft – in den Reaktor bzw. in den Regenerator zu fördern. Dadurch unterscheidet sich die Katalysatorzufuhr grundsätzlich von der bei Anlagen, die mit perlförmigem Katalysator arbeiten. Bei der von Kellogg letztlich entwickelten Bauform münden zwar die vom Regenerator kommenden Fallrohre innerhalb des Katalysatorbettes in dem darunter befindlichen Reaktor, aber auch unten, ebenso mündet das Zulaufrohr zum Regenerator unten im Katalysatorbett, wodurch der Fließbettzustand aufrechterhalten wird. Näheres folgt noch bei der Beschreibung dieses Verfahrens auf S. 493 ff. Bei dem UOP-Verfahren ist der Zulauf zum oben angeordneten Reaktor im wesentlichen so wie in Abb. B-38 dargestellt. In dem verhältnismäßig langen Zulaufrohr werden die Kohlenwasserstoffdämpfe sogar bereits teilweise gekrackt, so daß der Reaktor entsprechend kleiner bemessen werden kann. Die dabei gesammelten Erfahrungen deuten darauf hin, daß kurze Verweilzeiten und entsprechend höhere Temperaturen für das Kracken besonders günstig sind. Aus den S. 368 mitgeteilten Ergebnissen von Laboratoriumsversuchen kann dieser Schluß

---

[1] MCBRIDE, E. O., u. J. E. STORM: Determining catalyst concentration in FCC units. Oil Gas J. 63 (27. Dez. 1965) Nr. 52, S. 140/44.

nicht gezogen werden. Dies liegt wohl daran, daß beim Fließbettverfahren Modellähnlichkeit wegen der zahlreichen Einflußgrößen nur sehr schwer zu erreichen ist[1]. Bei der von Texaco in den letzten Jahren entwickelten Bauform sind zwei Zulaufrohre zum Reaktor vorhanden, die aus den S. 497 angegebenen Gründen in unterschiedlichen Höhen einmünden.

In den Regenerator der UOP-Anlagen wird der Katalysator aus dem Fallrohr seitlich und die Verbrennungsluft allein von unten eingeführt; es fehlt also das dem Zulaufrohr in Abb. E-38 entsprechende Bauelement. Die Arbeitsweise des Fließbettes bleibt aber durch den von unten kommenden Luftstrom erhalten. Jedenfalls wird bei keiner der Fluid-Anlagen der Katalysator von oben durch Schwerkraft in den Reaktor eingeführt und über das Bett verteilt; auch sind – von einer Ausnahme abgesehen – keine Standrohre vorhanden, in denen mittels Sperrdampf der Übertritt von Gasen oder Dämpfen aus einem Reaktorraum in den anderen verhindert werden muß. Dadurch kann erheblich an Bauhöhe gespart werden. In dem erwähnten Ausnahmefall – nämlich im Zulaufrohr zum Regenerator der UOP-Bauweise – wird zwar Sperrdampf benutzt, aber das Zulaufrohr ist parallel zum Regenerator angeordnet, so daß keine zusätzliche Bauhöhe erforderlich ist.

Den geschilderten Vorteilen des Fließbettverfahrens stehen auch einige Nachteile gegenüber. Da die Dichte im Fließbett wesensgemäß erheblich kleiner ist als in einer Schüttung perlförmiger Kontakte, müssen die Reaktionsräume entsprechend größer bemessen werden. Verwendet man Absperrorgane in den Katalysatorleitungen, so unterliegen sie einem starken Verschleiß[2]; außerdem ist ein Versagen dieser Schieber oder Ventile z.B. durch Verklemmen, wenn sie geschlossen werden sollen, nicht ganz gefahrlos. Ordnet man aber Reaktor und Regenerator nebeneinander an, wodurch man in der Lage ist, auf die Absperrorgane zu verzichten, so werden Stahlgerüste erforderlich, deren Kosten denen einer TCC-Anlage kaum nachstehen. Weiterhin ist bei Fluid-Krackanlagen unter sonst gleichen Bedingungen der Stickstoff-, Kohlenmonoxyd- und Kohlendioxydgehalt der gekrackten Öldämpfe im allgemeinen etwas höher als bei Anlagen mit perlförmigem Katalysator, weil diese Anteile offenbar adsorptiv gebunden bei staubförmigem Katalysator leichter aus dem Regenerator in den Reaktor verschleppt werden.

Schließlich ist ein befriedigendes Arbeiten der Einrichtungen zum Abscheiden des im Produktionsstrom mitgerissenen Anteiles an feinsten Teilchen, die vor allem durch Abrieb, zum Teil auch durch die thermische Beanspruchung beim Regenerieren entstehen, bei den Fluid-Verfahren schwieriger, weil der Größenunterschied gegenüber der normalen Körnung des Katalysators sehr viel kleiner ist[3]. Es werden deshalb meist

---

[1] Vgl. R. E. Johnstone u. M. W. Thring: Pilot Plants, Models, and Scale-up Methods in Chemical Engineering, New York/Toronto/London: McGraw-Hill 1957, S. 190 ff.

[2] Vgl. W. Fischer, A. Mosić u. E. Knežević: World's Smallest Orthoflow Cracker. Petrol. Refiner 38 (1959).

[3] Muschelknautz, E., u. K. Brunner: Untersuchungen an Zyklonen. Chem.-Ing.-Techn. 39 (1967) 531/38. – Über die Grundlagen der Technik des Abscheidens

zweistufige Fliehkraftabscheider eingebaut. Dabei läßt sich durch strömungstechnisch richtige Gestaltung eine wesentlich längere Lebensdauer als durch besonders verschleißfeste Werkstoffe erreichen. Deren Wirksamkeit ist bei den extrem hohen Beanspruchungen ziemlich zweifelhaft. In vielen Anlagen müssen diese Abscheider bei jedem planmäßigen Überholungsstillstand ausgewechselt oder in wesentlichen Teilen erneuert werden. Vielfach werden die erreichbaren Fahrzeiten zwischen zwei Überholungen dadurch bestimmt, daß die Katalysatorverluste infolge abnehmender Abscheidewirkung der Einbauten ein wirtschaftlich nicht mehr tragbares Maß erreichen. Es soll auch vorgekommen sein, daß wegen zu starken Austrages von Katalysatorstaub Anrainer von Raffinerien Ansprüche wegen Flurschadens geltend machten, obwohl die bisher verwendeten Krackkatalysatoren zwar schwach sauren Charakter haben, aber nicht als gesundheitsschädlich für Tiere oder als nachteilig für den Pflanzenwuchs angesehen werden können.

Zu bemerken bleibt noch, daß eine in Abb. E-38 weggelassene Einrichtung bei Krackanlagen als Ergänzung erforderlich ist. Wenn man den mit Koks beladenen Katalysator in den Regenerator fördern würde, ohne ihn von anhaftenden Ölresten zu befreien, so bestünde die Gefahr, daß sich Klumpen bilden und der Katalysator nicht ordentlich regeneriert würde. Außerdem würde er seine Fließfähigkeit verlieren. Deshalb müssen diese Ölreste soweit wie möglich entfernt werden. Am zweckmäßigsten wendet man überhitzten Wasserdampf an, dessen Kondensat im Trennbehälter oder in der nachgeschalteten Fraktionierkolonne abgeschieden werden kann. Es ist aber zu beachten, daß es Phenole enthält. Diese bilden sich bei den Reaktionstemperaturen wegen der unvermeidbaren Anwesenheit von Sauerstoffverbindungen, die vom Katalysator aus dem Regenerator eingeschleppt werden. Dieser sog. Stripperteil ist zwar nicht für das Fließbettverfahren als solches wesentlich, bei Krackanlagen aber unbedingt erforderlich. Schematisch sind verschiedene Möglichkeiten der Anordnung in Abb. E-42 wiedergegeben. Sie sind so wie dargestellt oder abgewandelt bei den verschiedenen Verfahren verwirklicht.

Schließlich ist noch eine Erscheinung zu erwähnen, die zwar nicht unmittelbar mit dem Fließbett zusammenhängt, jedoch bei Fluid-Krackanlagen zu beachten ist. Im Rauchgas muß bei Austritt aus dem Regenerator ziemlich genau ein kleiner Sauerstoffüberschuß eingehalten werden, der bei allen Anlagen, gleichgültig welcher Bauart, etwa zwischen 0,5 und 1,0 Vol.-% betragen soll. Ist er kleiner, so besteht die Gefahr, daß der Koks nicht vollständig abgebrannt wird und dadurch die Aktivität des Katalysators nachläßt. Dies führt sehr schnell zu einer Verminderung der Produktqualitäten, aber auch zu einem sehr schnellen Anstieg der Beladung des Katalysators mit Koks und Ölresten. Dies kann dazu zwingen, die Anlage abzustellen, wenn es nicht gelingt, durch

---

durch Fliehkraft siehe das in Abschn. E 8, S. 505, Fußn. 1 angegebene Schrifttum. Will man die in den Abgasen der Regeneratoren enthaltene freie Wärme in Gasturbinen ausnutzen, so ist eine wirksame Abscheidung der Katalysatorstaubteilchen von entscheidender Bedeutung.

Verringerung der Einsatzmenge und vorsichtige Erhöhung des Luftüberschusses das Gleichgewicht zwischen Abbrand und Koksbildung wiederherzustellen.

Ein Sauerstoffgehalt von mehr als etwa 1,0 Vol.-% kann hingegen leicht zu den in Fluid-Krackanlagen gefürchteten Nachverbrennungen führen. Die Eigenart des Fließbettes bringt es mit sich, daß trotz der

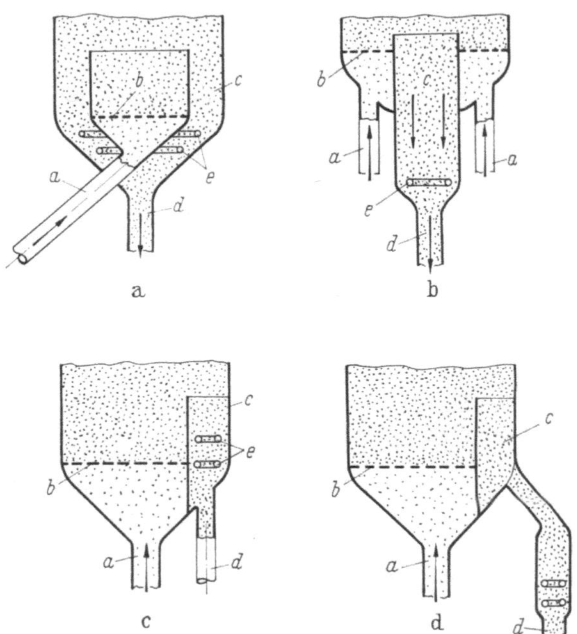

Abb. E-42. Möglichkeiten der Ausführung des Stripperteils am Austritt aus dem Reaktor einer Fließbettkrackanlage.

a) Katalysatorablauf in einem Ringraum; b) Katalysatorablauf zentral; c) Katalysatorablauf seitlich mit innen liegender Dampfeinblasung; d) Katalysatorablauf zu einem außen liegenden, besonderen Stripper.

a Eintritt des regenerierten Katalysators;   d Ablaufrohr zum Regenerator;
b Tragrost für das Katalysatorbett;   e Verteilrohre für Strippdampf.
c Überlaufraum für beladenen Katalysator;

intensiven Durchwirbelung beim Regenerieren eine Menge Kohlenmonoxyd entsteht. Dieses kann dann bei den hohen Temperaturen mit einem in merkbarem Überschuß vorhandenen Sauerstoff leicht weiterreagieren, sobald das Gas aus dem Bett selbst ausgetreten ist. Diese Nachverbrennungen können in der sog. „dilute phase" im Raum über dem Fließbett, in den Fliehkraftabscheidern und im Sammelraum am Kopf des Regenerators auftreten. Um sie schnell erkennen und bekämpfen zu können, werden Meßgeräte, Sprühdüsen für Wasser sowie Zuführungen für Dampf in den Reaktorkopf eingebaut, so wie dies in Abb. E-43 am Beispiel einer Fluid-Anlage, Bauart Standard Oil Development Co, gezeigt ist. Nachverbrennungen im Gasraum schädigen wegen örtlicher Überhitzung den in der Schwebe befindlichen Katalysator; in den Abscheidern können sie erhebliche Beschädigungen an diesen herbeiführen. Sie müssen deshalb so schnell wie möglich unterdrückt werden.

Seit einigen Jahren nutzt man das in den Abgasen von Fluid-Krackanlagen enthaltene Kohlenmonoxyd aus, indem man die Abgase durch Abhitzekessel leitet. In diesen gibt es nicht nur seine fühlbare, sondern durch die Verbrennung von CO auch die chemisch gebundene Wärme

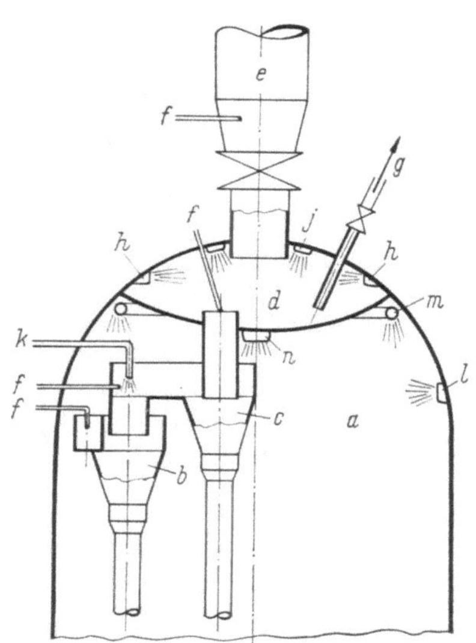

Abb. E-43. Anordnung der Meßgeräte und der Sprüheinrichtungen für Wasser und Dampf im Oberteil des Regenerators einer Fließbettkrackanlage.

a Regeneratoroberteil;
b Fliehkraftabscheider, erste Stufe;
c Fliehkraftabscheider, zweite Stufe;
d Rauchgassammelraum (sog. Plenum Chamber);
e Rauchgasabzug zum Kamin;
f Thermoelemente (für Anzeige und Alarm im Kontrollraum);
g Anschluß für O_2-Meßgerät;
h Sprühdüsen für Normalfall;
j Sprühdüsen für Notfall;
k Dampfzufuhr zu den Fliehkraftabscheidern;
l Sprühdüsen für den Regeneratoroberteil (dilute Phase);
m Dampfzufuhr zum Totraum;
n Zentrale Sprühdüse.

ab[1]. Man kommt aber ohne eine Zusatzfeuerung mit Gas nicht aus. Das Beispiel eines solchen Kessels, der bisher zu den größten seiner Art gehört, ist in Abb. E-44 wiedergegeben. Bei kleineren Anlagen begnügt man sich damit, wenigstens die fühlbare Wärme in einem Kesselsystem auszunutzen, das in der Regel für Zwangsumlauf (La-Mont-Prinzip) gebaut ist, um in der Gestaltung der Heizfläche freie Hand zu haben und sie den räumlichen Verhältnissen anpassen zu können.

Wie S. 387 ff. erwähnt, sind die mit Molekularsieben als Krackkatalysatoren erzielten Ergebnisse so bemerkenswert, daß sich Socony Mobil Oil (jetzt Mobil Oil) veranlaßt sah, sich nicht nur mit solchen Katalysatoren für TCC-Anlagen, sondern auch für Fließbettanlagen zu befassen[2]. Aus dem gleichen Grunde wurde diese Entwicklung von anderen Kata-

---

[1] Vgl. dazu O. F. CAMPBELL u. M. E. PENNELS: Cracking Unit a Source of Heat. Petrol. Processing 9 (1954) 352/58. – ALEXANDER, W. H., u. R. BRADLEY: Can You Justify a CO Boiler? Petrol. Refiner 37 (1958) Nr. 8, S. 107/12. – Anon.: Mobil Oil Will Soon Install Waste-Heat Boilers. Oil Gas J. 61 (3. Juni 1963) Nr. 22, S. 82.

[2] STORMONT, D. H.: Performance report, Socony's new fluid catalyst. Oil Gas J. 63 (5. April 1965) Nr. 14, S. 180.

lysatorherstellern ebenfalls aufgegriffen, und es ist allgemein ein Zug zur
Anwendung von Molekularsieben zu erkennen[1]. Dies kann schrittweise
geschehen, indem für den in einer Betriebsanlage ständig zuzugebenden
Frischkatalysator ein gewisser Anteil oder auch ausschließlich der hochaktive neue Molekularsieb-Katalysator verwendet wird. Dadurch lassen
sich die damit erzielten Veränderungen gut verfolgen und beherrschen.

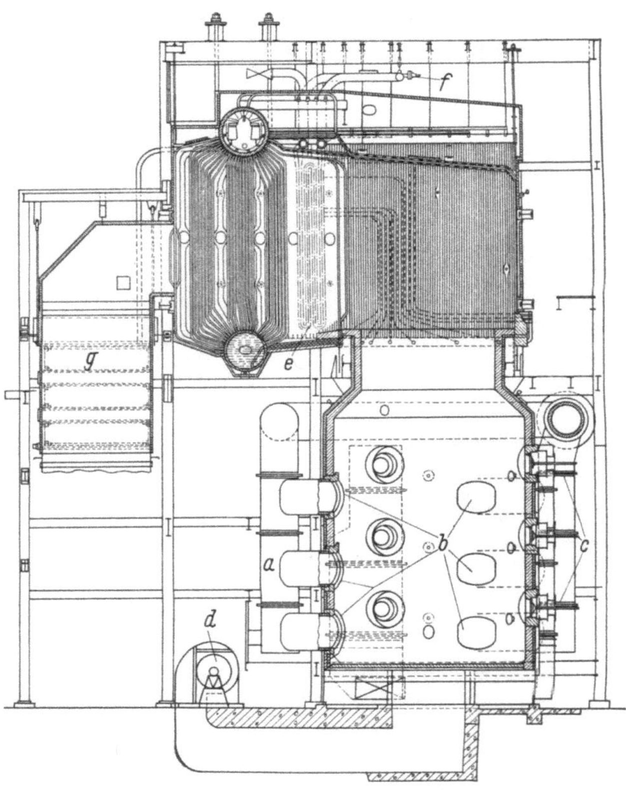

Abb. E-44. Abhitzekessel von Babcock & Wilcox für gleichzeitige Ausnutzung von Kohlenmonoxyd, mit Zusatzbrennern für Raffineriegas und Öl. Dampfleistung 190 t/h bei 42 atü,
400 °C; Abgasmenge 250 t/h bei 610 °C.

a Leitung für CO-haltiges Abgas einer Fließ- bettkrackanlage;	c Zusatzbrenner;	f Dampfkühler;
b Abgaseintritt in die Brennkammer;	d Unterwindgebläse;	g Speisewasservor-
	e Überhitzer;	wärmer.

Sie haben zum Teil recht merkbare Auswirkungen auf den Betrieb der
Krackanlage selbst, besonders hinsichtlich der Temperaturen. Auch die
Gefahr der Nachverbrennungen steigt. Weiterhin könnte eine zu starke
Verschiebung der Ausbeute an einzelnen Produkten Schwierigkeiten bei
den nachgeschalteten Anlagen zur Folge haben. Neue Anlagen werden

<hr>

[1] VOORHIES jr., A., C. N. KIMBERLIN jr. u. W. M. SMITH: New fluid catalyst
maximizes yields. Oil Gas J. 62 (18. Mai 1964) Nr. 20, S. 108/11.

jedoch heute meist für den Betrieb mit den Molekularsieb-Katalysatoren gebaut, wenn sich deren höherer Preis durch bessere Erlöse bezahlt macht.

Da aber viele Anlagen mit den bisher verwendeten Katalysatoren betrieben werden, trägt die folgende Beschreibung der einzelnen Verfahren den bisherigen Verhältnissen Rechnung.

b) Das Fluid Catalytic Cracking-Verfahren (FCC-Verfahren) der Esso Research and Engineering Company

Aus den vorhergehenden Ausführungen ist zu erkennen, welchen Beitrag die Standard Oil Development Co, seit 1955 Esso Research and Engineering Co, zur Entwicklung des Fließbettkrackverfahrens leistete. Noch bevor die S. 472 erwähnte, erste nach diesem Verfahren arbeitende Anlage für rd. 500000 t/a im Mai 1942 in der Raffinerie Baton Rouge/La. in Betrieb ging, wurde zur Deckung des infolge des Krieges stark gestiegenen Bedarfes mit dem Bau zweier weiterer, gleich großer Anlagen für die Raffinerien Baytown/Tex. der Humble Oil and Refining Co und Bayway/N. J. der Standard New Jersey begonnen, ohne die Ergebnisse der ersten Anlage abzuwarten. Die dabei angewendete Bauart wurde später als Model I bezeichnet. Sie wurde aber bald verlassen, weil sich schon während des Baues der Anlagen bei den Laboratoriumsversuchen die Schwierigkeiten zeigten, die sich mit dem zunächst noch angewendeten Abzug des Katalysators zusammen mit den gekrackten Dämpfen über Kopf des Reaktors ergaben. Deshalb ist diese sog. ,,up flow''-Bauart im vorhergehenden Abschnitt nicht behandelt. Die Vorteile, die mit Katalysatorabzug nach unten verbunden sind, gehen klar daraus hervor, daß in diesem Fall nur rd. 1 % der umlaufenden Katalysatormenge vom Dämpfestrom mitgerissen wird. Außerdem kann infolge der Trennung des Dämpfe- und des Katalysatorstromes das Katalysator/Öl-Verhältnis frei gewählt und damit den Betriebserfordernissen angepaßt werden. Dadurch wurde es schließlich möglich, hochsiedende Vakuumdestillate als Einsatzgut zu verwenden, weil längere Verweilzeiten des Katalysators zugelassen werden konnten, und zwar so lange, bis der Einsatz vollständig gekrackt ist und nur mehr Koks zurückbleibt[1].

Die Bauform mit diesen Verbesserungen wurde dann als Model II bezeichnet. Ihr folgte noch Model III, auch als ,,Balanced Pressure Design'' bezeichnet, an dessen Entwurf vor allem Kellogg beteiligt war. Eine solche Anlage wurde z. B. im Jahre 1947 für die Raffinerie Casper/Wyo. der Texas Co gebaut[2].

Der letzte Entwicklungsstand wird durch das ,,Model IV'' dargestellt, dessen Schema in Abb. E-45 wiedergegeben ist. Reaktor und Regenerator sind nebeneinander angeordnet. Dadurch wird für das

---

[1] Vgl. dazu z. B. L. E. CARLSMITH u. F. B. JOHNSON: Pilot plant development of fluid catalytic cracking. Industr. Engng. Chem. 37 (1945) 451/55.

[2] Anon.: Petrol. Processing 2 (1947) Nr. 12, S. 921. – Anon.: Petrol. Refiner 27 (1948) Nr. 5, S. 256/60. – SITTIG, M.: Catalytic Cracking Techniques in Review. Petrol. Refiner 31 (1952) Nr. 9, S. 263/316; auch als Sonderdruck Houston: Gulf 1952, dort bes. S. 133.

beide Behälter tragende Stahlgerüst wohl eine größere Grundfläche benötigt, doch kann die Höhe auch bei Einheiten für großen Durchsatz
mit rd. 30 m begrenzt werden. Der Eintritt für den Katalysator ist in
der Achse des Reaktors angeordnet. Der erforderliche Förderdruck wird
nicht nur durch die höhere Dichte im Überlaufrohr des Regenerators,
sondern auch durch das Verdampfen des eingespritzten Einsatzgutes

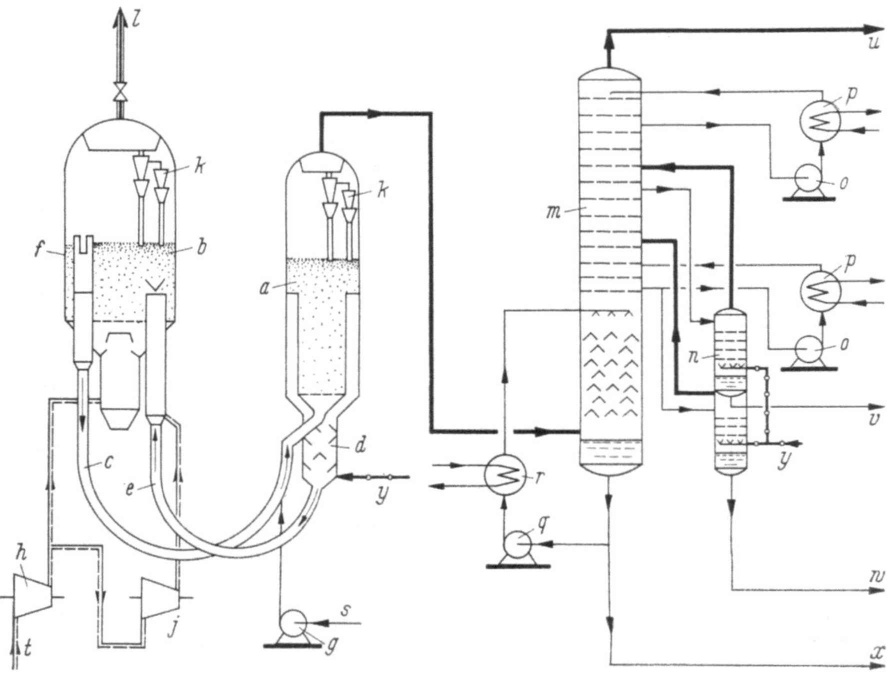

Abb. E-45. Schematisches Fließbild einer Fluid Catalytic Cracking-(FCC-)Anlage, Model IV, der
Esso Research and Engineering Co.

a	Reaktor;	*n*	Zweiteilige Seitenkolonne;
b	Regenerator;	*o*	Pumpe für umlaufenden Rückfluß;
c	U-Rohr für regenerierten Katalysator;	*p*	Kühler;
d	Strippteil für beladenen Katalysator;	*q*	Pumpe für Quentschkreislauf;
e	U-Rohr für beladenen Katalysator;	*r*	Wärmeaustauscher zum Kühlen des
f	Überlaufwehr;		Quentschöles;
g	Pumpe für Einsatzgut;	*s*	Zufluß des Einsatzgutes (einschl. Kreislauf-
h	Hauptgebläse für Verbrennungsluft;		öl − sofern angewendet);
j	Druckerhöhungsgebläse;	*t*	Eintritt der Verbrennungsluft;
k	Fliehkraftabscheider;	*u*	Gas und Benzin (zur Kondensation);
l	Rauchgasaustritt;	*v*	Leichtes Heizöl;
m	Fraktionierkolonne;	*w*	Kreislauföl; *x* Schweres Heizöl.

Die Kondensation des Kopfproduktes und die Kühlung der Seiten und des Sumpfproduktes sind
nicht dargestellt.

erzielt. Der Katalysator wird in der Mitte des Reaktors hochgetrieben
und bewegt sich längs der Behälterwand wieder abwärts, so daß ein
Umlauf wie in einer kochenden Flüssigkeit entsteht, der nur in der Mitte
des Behälterbodens Wärme zugeführt wird.

Der zu regenerierende Katalysator wird durch einen Ringraum entsprechend Abb. E-42a abgezogen und im verjüngten unteren Ansatz

des Reaktors mit Dampf gestrippt. Zur Verbesserung der Wirkung befinden sich in dem Stripperteil dachförmige Einbauten, um den herabrieselnden Katalysator gleichmäßig zu verteilen.

Die abzuziehende Menge wird durch die Zweitluftmenge bestimmt, die in das zum Regenerator führende Steigrohr eingeblasen wird und den Katalysator in den Regenerator trägt. Der größere Anteil der Verbrennungsluft wird in diesen zentral von unten zugeführt. Die Bettoberfläche wird durch das mit einem Wehraufsatz versehene Fallrohr konstant gehalten. Durch dieses fließt so viel regenerierter Katalysator über das U-Rohr zum Reaktor zurück, wie durch das Steigrohr zugeführt wird. Damit wird auch im Reaktor die Bettoberfläche auf gleichbleibender Höhe gehalten.

Die Hauptmenge der Verbrennungsluft wie auch die Zweitluft zum Steigrohr werden nicht über die im Kompressor erreichte Temperatur hinausgehend aufgeheizt, weil die Menge des gebildeten Kokses ausreicht, den Wärmebedarf des Verfahrens zu decken. Dadurch wird der Rost, von dem das Katalysatorbett getragen wird, ständig gekühlt und kann aus Kohlenstoffstahl hergestellt werden. Es wurde bereits erwähnt, daß beliebig schwere Destillate gekrackt werden können. Sie werden zweckmäßigerweise vorgewärmt, brauchen aber beim Einspritzen in den heißen Katalysatorstrom nicht vollständig verdampft zu sein.

Der Druck in der Anlage wird zunächst mittels des Schiebers in der Abgasleitung zum Schornstein so eingestellt, daß er im Regenerator etwas über dem des Reaktors liegt. Dessen Druck wird indirekt durch den Kompressor gesteuert, der das Gas aus dem Trennbehälter der Fraktionierkolonne absaugt und zum Absorber drückt. Jedoch werden die Drücke in der ganzen Anlage nicht wesentlich über Atmosphärendruck gehalten.

Das Schema zeigt noch die angeschlossene Fraktionieranlage für die gekrackten Kohlenwasserstoffdämpfe. Sie unterscheidet sich nicht von der sonst üblichen Schaltung. Je nach dem, ob man mit Rücksicht auf die angestrebte Produktverteilung und den dadurch gegebenen Umsetzungsgrad Rücklauf anwendet oder nicht, wird mitunter das Bodenprodukt der Kolonne und ein Teil des schwersten Seitenstromes zusammen mit frischem Einsatzgut in das Zulaufrohr des Reaktors eingespritzt. Für das Bodenprodukt ist ein Absetzbehälter erforderlich. In diesem wird mitgerissener Katalysatorstaub durch ausreichende Verweilzeit so weit abgetrennt, daß oben katalysatorfreies Fertigprodukt abgezogen werden kann. Der Rest kann mit dem darin verbliebenen Katalysator zurückgeführt werden.

Die erste „Model IV"-Anlage für einen Durchsatz von rd. 750000 t/a ging im November 1952 in der Raffinerie Destrahan/La. der Pan-Am Southern Corp, einer Tochtergesellschaft der Standard Oil Co of Indiana in Betrieb[1]. Da die Raffinerie inzwischen aus wirtschaftlichen Gründen stillgelegt wurde, hat man die Krackanlage vor wenigen Jahren abgebaut und in der Raffinerie Houston/Tex. der Signal Oil Co neu auf-

---

[1] McWhirter jr., W. E., J. R. Tusson u. H. A. Parker: Destrehan Model IV Fluid Cat Cracker. Petrol. Refiner 35 (1956) Nr. 4, S. 201/05.

gestellt. Fast 40 weitere Anlagen für einen Durchsatz von mehr als 35 Mill. t/a wurden allein bis Ende 1953 errichtet, teils für Firmen der Esso-Organisation, teils auf Grund von Lizenzabkommen für andere Ölfirmen. Die Durchsatzleistungen der einzelnen Anlagen schwanken zwischen rd. 250000 t/a und rd. 3 Mill. t/a[1]. Seither hat die Zahl der Anlagen zwar nicht so stark wie in den ersten Jahren, aber doch stetig zugenommen.

Die mit der Anlage in Destrahan erzielten Betriebsergebnisse und die dabei angewendeten Betriebsbedingungen sind in Zahlentafel E-22 zusammengestellt. Sie zeigt, daß bei Verringerung der Anforderungen an die Klopffestigkeit des Benzins der Durchsatz gegenüber dem der Planung zugrunde liegenden Wert noch wesentlich gesteigert werden kann.

Zahlentafel E-22. *Planungs- und Betriebsdaten einer FCC-Anlage Model IV beim Kracken von Gulf Coast-Gasöl, vgl. Zahlentafel E-23*

Betriebsbedingungen		Fahrweise		
		A	B	C
Frischöleinsatz	m³/h	79,5	104,6	91,5
Gesamte Kreislaufölmenge,	m³/h	1,2	7,8	8,0
davon schweres Kreislauföl	m³/h	0	0	7,0
Reaktortemperatur	°C	525	498	500
Reaktordruck	atü	0,63	0,75	0,74
Dampfgeschwindigkeit im Reaktor	m/sec	0,76	0,64	0,58
Katalysatorumlauf	t/min	24,6	28,4	27,5
Katalysator/Öl-Verhältnis		18,6	15,6	15,8
Raumgeschwindigkeit (auf Gewicht bezogen)	h⁻¹	1,0	1,43	1,36
Regeneratortemperatur	°C	608	583	590
Regeneratordruck	atü	0,72	0,89	0,84
Gasgeschwindigkeit im Regenerator	m/sec	0,79	0,67	0,82
Umsetzungsgrad	Vol.-%	70	54,3	57,1
Produktausbeuten Benzin (204 °C Siedeende, Reid-Dampfdruck 0,7 at)	Vol.-%	39,2	38,0	38,6
Überschußbutan	Vol.-%	18,0	10,2	10,4
Gas	Gew.-%	13,7	9,6	8,6
Koks	Gew.-%	7,5	5,8	6,8
Leichtes Kreislauföl	Vol.-%	18,3	27,8	34,9
Schweres Kreislauföl	Vol.-%	11,7	17,0	8,0
ROZ des Benzins ohne Blei		93,0	90,3	92,4

Fahrweise A: gemäß ursprünglicher Planung für hohe Ausbeute an Flugbenzin (Zusatzkomponente durch Alkylieren des Überschußbutans).

Fahrweise B: Betrieb mit einfachem Durchgang; nur Sumpfprodukt der Fraktionierkolonne zurückgeführt.

Fahrweise C: Rückführung des gesamten schweren Kreislauföles (und des Sumpfproduktes wie bei B).

---

[1] Vgl. dazu Anon.: Around the World with Model IV. Petrol. Refiner 33 (1954) Nr. 3, S. 190. – STORMONT, D. H.: At 20, fluid cat cracking is still refiners' main tool. Oil Gas J. 60 (11. Juni 1962) Nr. 24, S. 98/99. – BOZEMAN, H. C.: Cat cracking begins second 20 years; ebd. 60 (23. Juli 1962) Nr. 30, S. 67/78.

Die Anlage war ursprünglich besonders zur Erzeugung von Flugkraftstoffen gebaut. Inzwischen sind die Anforderungen an Fahrbenzin zwar erheblich angestiegen, aber doch nicht so hoch, wie sie früher für Flugbenzin galten. Deshalb konnte die Möglichkeit, den Durchsatz zu erhöhen, ausgenutzt werden. Die Analysen des Einsatzgutes und einiger Produkte sind in Zahlentafel E-23 wiedergegeben.

Zahlentafel E-23. *Siedeverlauf und andere Eigenschaften des Einsatzgutes und einiger Produkte der in Zahlentafel E-22 gekennzeichneten Anlage*

Eigenschaften		Frischöl	Benzin	Leichtes Kreislauföl	Schweres Kreislauföl
Dichte	g/ml	0,878	0,754	0,883	0,919
Siedebeginn	°C	177	39	210	244
10-%-Punkt	°C	232	45	236	338
50-%-Punkt	°C	330	105	269	353
90-%-Punkt	°C	399	176	310	378
Siedeende	°C	>405	202	332	405
Conradson-Koks	Gew.-%	0,06	–	–	–

Zusammensetzung der C_3/C_4-Fraktion in Mol-%

C_2	$C_3=$	C_3	$C_4=$	i-C_4	n-C_4	i-C_5
2,8	17,5	12,2	38,5	21,5	5,8	1,7

Wegen der Bedeutung, welche Rohöl aus dem Nahen Osten für die Versorgung von Europa hat, sind in Zahlentafel E-24 noch sehr weitgehend gegliederte Angaben für das Kracken eines aus Kuweit-Rohöl gewonnenen Vakuumgasöles mitgeteilt. Dessen Siedegrenzen (als Schnittpunkte aus der ASTM-Kurve des Rohöles abgegriffen) betrugen etwa 330 °C und 525 °C (auf 760 Torr umgerechnet). Das unter den Ausbeutezahlen nicht erwähnte Kreislauföl mit Schnittbereich 371 bis 496 °C wurde bei allen drei Betriebsfällen vollständig gekrackt. Daten der für Europa ebenfalls sehr wichtigen Rohöle aus Nordafrika (Libyen, Algerien) stehen nicht zur Verfügung, weil diese leichten Öle zur Zeit nicht katalytisch gekrackt werden, um nicht das Überangebot an Benzin noch weiter zu erhöhen. Es sind nur einige Visbreaker für solche Öle in Betrieb, deren Aufgabe es vor allem ist, den hohen Stockpunkt des Destillationsrückstandes herabzusetzen. Jedoch gingen 1969 bzw. 1970 je eine neugebaute katalytische Krackanlage in Süddeutschland in Betrieb.

c) Das Fluid Catalytic Cracking-Verfahren (FCC-Verfahren) der Universal Oil Products Company

Während des Krieges waren in den Vereinigten Staaten die Bemühungen darauf gerichtet, möglichst schnell katalytische Krackanlagen zu errichten und in Betrieb zu nehmen, sobald die Brauchbarkeit des Verfahrens erwiesen war. Eine eingehende Beschäftigung mit Arbeiten zur Verbesserung setzte – auch bei der Standard Oil Development Co – erst nach Kriegsende ein. Im Zuge dieser Entwicklung sind einzelne Firmen

Zahlentafel E-24. *Produktausbeuten und -eigenschaften beim Kracken eines schweren Kuweit-Gasöles in einer FCC-Anlage Model IV; Reaktortemperatur rd. 480 °C, Reaktordruck rd. 0,63 atü, Regeneratortemperatur rd. 610 °C, Regeneratordruck rd. 0,70 atü*

Betriebsbedingungen		Fahrweise	
		A	B	C
Umsetzungsgrad (bez. auf 221 °C) Vol.-%		55,0	66,1	67,6
Rückführverhältnis gemäß Gl. (D-36), S. 287, auf Volumen bezogen		1,66	1,37	1,23
Katalysator/Öl-Verhältnis (Gewicht)		4,5	7,6	12,0
Raumgeschwindigkeit (Gewicht) h⁻¹		3,7	1,6	0,7

Betriebsergebnisse	Vol.-%	Gew.-%	Vol.-%	Gew.-%	Vol.-%	Gew.-%
Ausbeuten						
Schwefelwasserstoff		1,31		1,43		1,53
Gas (Propan und leichter)		5,05		6,04		7,60
Butene	5,83	3,81	5,98	3,91	5,84	3,82
Butan	3,65	2,23	5,14	3,12	7,20	4,40
Benzin (C_5 bis 221 °C)	43,9	35,9	46,2	37,7	46,0	37,4
Leichtes Gasöl (221 bis 370 °C)	39,3	39,5	34,9	35,5	29,6	30,5
Schweres Gasöl (über 496 °C)	5,7	6,8	4,0	4,75	2,8	3,3
Koks		5,4		7,55		11,45
	98,38	100,0	96,22	100,0	91,44	100,0
Zusammensetzung des Gases						
Wasserstoff		0,05		0,06		0,08
Methan		0,79		0,94		1,18
Äthen		0,32		0,38		0,48
Äthan		0,51		0,61		0,77
Propen		2,58		2,92		3,20
Propan		0,80		1,13		1,89
		5,05		6,04		7,60
Ausbeute an Benzin mit 0,7 at Reid-Dampfdruck	47,8	38,3	49,8	39,9	49,2	39,3
ROZ ohne Blei		91,2		91,6		92,6
Dichte der C_5-KWSt g/cm³		0,761		0,756		0,755
deren ROZ ohne Blei		90,5		91,0		91,8
deren Reid-Dampfdruck at		0,39		0,42		0,46
Dichte des leichten Gasöles g/cm³		0,933		0,940		0,958
Dichte des Kreislauföles (371 bis 496 °C) g/cm³		1,007		1,020		1,040

eigene Wege gegangen, insbesondere die Universal Oil Products Co und die The M. W. Kellogg Co. Es werden deshalb in den beiden folgenden Abschnitten die von diesen Firmen entwickelten Bauformen und die damit erzielten Ergebnissen sowie das neu hinzugekommene Verfahren der Texaco Inc besonders besprochen.

Einer der wichtigsten Gesichtspunkte war dabei, eine Senkung der Baukosten zu erzielen, um katalytische Krackanlagen auch unter den geänderten Wirtschaftsbedingungen der Nachkriegszeit wettbewerbsfähig zu bauen und betreiben zu können. Die beiden zuerst genannten Firmen gingen deshalb dazu über, den Reaktor unter den Regenerator oder umgekehrt zu setzen, um dadurch die für die Esso-Anlagen erforderliche Stahlkonstruktion einzusparen. Die Verbindungen zwischen den zwei Gefäßen wurden jedoch sehr unterschiedlich entworfen[1].

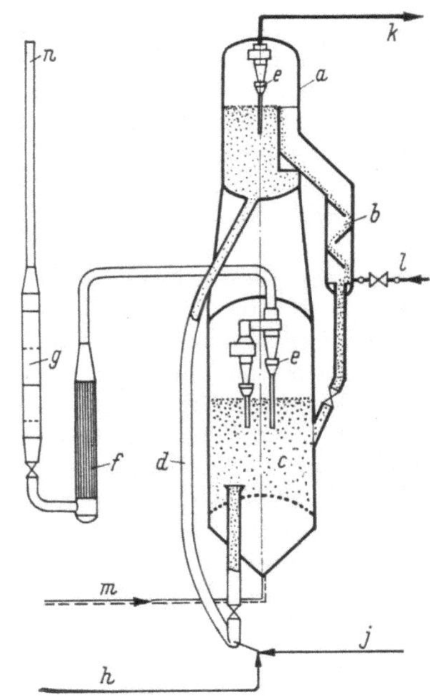

Abb. E-46. Schematisches Fließbild einer Fluid Catalytic Cracking-Anlage der Universal Oil Products Co.

a Reaktor;
b Stripper für verbrauchten Katalysator;
c Regenerator;
d Steigrohr für regenerierten Katalysator und Einsatzgut;
e Fliehkraftabscheider;
f Abgasdampferzeuger;
g Schalldämpfer;
h Frischöleinsatz;
j Kreislauföl;
k Krackdämpfe;
l Strippdampf;
m Verbrennungsluft;
n Rauchgasaustritt.

Die von der Universal Oil Products Co seit 1947 kaum mehr wesentlich geänderte Bauweise ist in Abb. E-46 wiedergegeben. Kennzeichnend dafür ist der an den Reaktor seitlich angebaute Stripper für den mit Koks beladenen Katalysator gemäß Abb. E-42d mit dem anschließenden, in den Regenerator *seitlich* einmündenden Fallrohr. In gewisser Übereinstimmung mit der für perlförmigen Katalysator üblichen Ausführungs-

---

[1] ANDERSON, N. K., u. M. J. STERBA: Simplified Catalytic Cracking Unit Meets Requirements of Smaller Refiners. Petrol. Refiner 24 (1945) Nr. 12, S. 497/501. – BLAND, W. F.: Cut Costs on New 3000 B/D Fluid „Cracker" By Using Unified Reactor-Regenerator. Petrol. Processing 36 (1947) 670/72.

form dient ein Teil des unten in den Stripper eingeführten Dampfes als Sperrdampf für den abwärts rieselnden Katalysator. Die Verbrennungsluft wird in üblicher Weise unten in den Regenerator eingeführt, und für das Abscheiden feinster, im Rauchgasstrom mitgerissener Teilchen ist ein meist zweistufiger Fliehkraftabscheider eingebaut.

Die Rauchgasführung im Abhitzekessel nach unten und im Schalldämpfer nach oben ist für das Verfahren nicht wesentlich, sondern nur so gewählt, um teure Konstruktionen zu vermeiden, wollte man diese Bauteile übereinandersetzen. Der Schalldämpfer wird angewendet, weil der Regenerator meist mit einem Druck von 2 bis 3 ata betrieben wird.

Weiterhin bemerkenswert an der UOP-Konstruktion ist die Aufgabe, die dem zum Reaktor führenden Steigrohr zugewiesen ist. Durch Einführen des zu krackenden Öles in flüssiger Form wird dieses beim Berühren mit dem heißen Katalysator sehr schnell verdampft und fördert diesen nach oben in den Reaktor. Diese Wirkung wird durch den im Regenerator herrschenden höheren Druck unterstützt. Die kräftige Durchwirbelung führt dazu, daß bereits in dem verhältnismäßig langen Steigrohr die Reaktionen abzulaufen beginnen und infolgedessen der Reaktor entsprechend kleiner bemessen werden kann. Außerdem kann der Ofen zum Aufheizen des Einsatzgutes eingespart werden.

Besonders wichtig ist beim Kracken im Steigrohr, daß das zu krakkende Öl zuerst mit soeben regeneriertem Katalysator in Berührung kommt und dieser durch Koksablagerung noch nicht so weit desaktiviert ist, wie dies im Mittel beim Gesamtinhalt des Reaktors der Fall ist. Dadurch läßt sich die Aktivität und Selektivität des Katalysators besser ausnutzen.

Die Wahl des Druckes im Regenerator hat wohl einen höheren Kraftbedarf für das Verbrennungsluftgebläse zur Folge, hat aber auch den Vorteil, daß die Verbrennung wegen des hohen Sauerstoffpartialdruckes intensiver ist und die Abmessungen des Regenerators kleiner gewählt werden können. Dieser – so wie der Reaktor – wird innen vollständig feuerfest ausgekleidet, so daß für die Behälterwandungen selbst unlegiertes Hochleistungskesselblech verwendet werden kann. Die wegen des Druckes zu wählende größere Wanddicke wird bezüglich der Kosten durch die kleineren Abmessungen des Regenerators wettgemacht.

Da die angewendeten Differenzdrücke gegenüber den Esso-Anlagen mit 1 bis 2 at merkbar größer sind, kann bei der UOP-Bauart nicht auf Schieber zum Regeln des Katalysatorstromes verzichtet werden. Sie unterliegen einem ziemlichen Verschleiß, doch wurden Bauformen aus Sonderwerkstoffen entwickelt, die nicht öfter ausgewechselt werden müssen, als es den üblichen Stillständen entspricht, bei denen die ganze Anlage überholt wird. Die Kosten neuer Schieber fallen gegenüber den Kosten der Gesamtanlage so wenig ins Gewicht, daß sie mit Rücksicht auf die sonstigen durch die Bauweise erzielten Vorteile in Kauf genommen werden. In der Regel sind die Instandsetzungs- oder Erneuerungskosten für diese Schieber geringer als die für die Fliehkraftabscheider aufzuwendenden, die bei sämtlichen Fließbettanlagen ohne Unterschied der Bauweise anfallen.

Im Fließschema Abb. E-46 und in den folgenden Schemata ist die notwendige Ergänzung durch die Fraktionierkolonne und ihr Zubehör nicht dargestellt, weil diese Anlagenteile bei den verschiedenen Krackverfahren keine grundsätzlichen Unterschiede aufweisen und einer Rohöldestillation sehr ähnlich sind. Eine Besonderheit ist der meist vorgesehene Absetzbehälter für das Sumpfprodukt; vgl. S. 485 unten.

Wenn diese Einrichtung und die Fliehkraftabscheider vollkommen wirksam wären, würde sich infolge des Abriebes im umlaufenden Katalysator während des Betriebes ein immer größer werdender Anteil an Feinem anreichern. Nun ist eine gewisse Erneuerung des Katalysatorinhaltes einer Anlage durchaus nicht unerwünscht. Deshalb strebt man eine solche Wirksamkeit der Fliehkraftabscheider an, daß nur allerfeinster Staub abgeführt wird, der die Umgebung nicht mehr belästigt. Je nach Umsetzungsgrad und dementsprechender Abbrandleistung können die Katalysatorverluste unter rd. 1,3 kg je Tonne Einsatz gehalten und in günstigen Fällen auf ein Drittel bis ein Viertel gesenkt werden. In dieser Größenordnung bewegen sich aber die Mengen, die man dem Kreislauf an Frischkatalysator zuzusetzen wünscht, um seine Aktivität ständig aufrechtzuerhalten.

Die Ergebnisse, die beim Kracken eines Mid Continent-Gasöles mit einer Dichte von rd. 0,887 g/ml (entsprechend 28 °API) erzielt wurden, sind in Zahlentafel E-25 zusammengestellt, und zwar für den Fall einfachen Durchganges und für den Fall des Betriebes mit Rückführung.

Zahlentafel E-25. *Produktausbeuten und Klopffestigkeit des Benzins beim Kracken eines Mid Continent-Gasöles in einer FCC-Anlage der Universal Oil Products Company*

Betriebsweise		Einfacher Durchgang	Mit Rückführung
Umsetzungsgrad	Vol.-%	60	75
Ausbeuten			
Butanfreies Benzin	Vol.-%	45,2	53,5
Leichtes Kreislauföl	Vol.-%	28,0	21,0
Schweres Kreislauföl	Vol.-%	12,0	4,0
Butene	Vol.-%	5,9	8,0
Butane	Vol.-%	6,4	8,0
Propen	Vol.-%	5,0	6,4
Propan	Vol.-%	2,9	3,7
Äthan und leichtere Gase	Gew.-%	2,2	2,8
Ausbeuten mit nachgeschalteter Polymerisation			
Krackbenzin mit 0,7 at Reid-Dampfdruck	Vol.-%	47,6	56,4
Polymerbenzin mit 0,7 at Reid-Dampfdruck	Vol.-%	7,6	10,0
Gesamtbenzin mit 0,7 at Reid-Dampfdruck	Vol.-%	55,2	66,4
Klopffestigkeit des Krackbenzins mit 0,7 at Reid-Dampfdruck			
MOZ ohne Blei		81,5	81,5
MOZ mit 0,08 Vol.-% BTÄ		86,5	86,5
ROZ ohne Blei		93,5	93,5
ROZ mit 0,08 Vol.-% BTÄ		98,5	98,5

Deren Verhältnis ist allerdings in der Quelle nicht genannt. Wie man sieht, kann dadurch der Umsetzungsgrad und damit die Ausbeute an leichten Produkten wesentlich erhöht werden. Dabei bleibt die Klopffestigkeit des Benzins, von dem durch die Rückführung rd. 18% mehr gewonnen werden, gleich. Da auch die Menge der niedrigmolekularen, olefinhaltigen Gase bei Rückführung steigt, steht eine größere Menge an Einsatz für eine Polymerisationsanlage zur Verfügung. Dadurch läßt sich die Ausbeute an Benzin insgesamt um rd. 20% oder – bezogen auf den Einsatz in die Krackanlage – von rd. 55 Vol.-% auf über 66 Vol.-% erhöhen.

Zum Vergleich ist in Zahlentafel E-26 die Zusammensetzung der Gase angegeben, die beim Kracken eines Gasöls mit Siedebereich 230 bis 370 °C aus Kuweit-Rohöl bei einem Umsetzungsgrad von 70% anfallen. Das Verhältnis der ungesättigten zu den gesättigten Verbindungen ist bei den C_3- und C_4-Kohlenwasserstoffen etwa gleich, wenn man die etwas unterschiedliche Aufgliederung beachtet.

Zahlentafel E-26. *Zusammensetzung der Gase beim Kracken eines Kuweit-Gasöles in einer FCC-Anlage der Universal Oil Products Company; Siedebereich des Einsatzgutes 230 bis 370 °C, Umsetzungsgrad (bezogen auf 221 °C) 70%; Angaben in Mol-Prozent*

Gaskomponenten	Aus dem Trennbehälter der Fraktionierung des Krackproduktes	Aus dem Trennbehälter der Benzinstabilisierung	Summe
Inerte	8,06	0,03	8,09
Schwefelwasserstoff	8,46	0,49	8,95
Wasserstoff	10,05	0,01	10,06
Methan	10,00	0,10	10,10
Äthen	3,63	0,14	3,77
Äthan	5,00	0,28	5,28
Propen	13,19	1,93	15,12
Propan	6,72	1,21	7,93
Butene	9,81	1,34	11,15
i-Butan	6,84	1,70	8,54
n-Butan	2,05	0,36	2,41
Pentane	6,89	–	6,89
Hexane bis 240 °C	1,49	–	1,49
Über 240 °C siedend	0,22	–	0,22
	92,41	7,59	100,00
Molmasse g/mol	37,9	47,5	38,6

Am 1. Oktober 1969 waren 90 UOP-Fluidkrackanlagen mit einer Gesamtleistung von rd. 60 Mill. t/a Durchsatzleistungen in Betrieb; weitere sind im Bau. Die Durchsatzleistungen der einzelnen Anlagen schwanken zwischen rd. 60 000 t/a und rd. 3,5 Mill. t/a.

Wegen des Interesses an katalytischen Krackanlagen wurden seinerzeit die Betriebsbedingungen eingehend untersucht, um ihren Einfluß auf Produktmenge und Produkteigenschaften kennenzulernen. Angaben hierüber für Anlagen, die nach dem Verfahren der Universal Oil Products Co arbeiten, wurden in Abschn. E 3b gemacht[1].

---

[1] Vgl. C. R. OLSEN u. M. J. STERBA: a.a.O. (Fußn. 1, S. 427).

d) Das Orthoflow-Verfahren der The M. W. Kellogg Company und andere katalytische Fließbett-Krackverfahren

So wie die Universal Oil Products Co ließ sich Kellogg bei der Weiterentwicklung des Fluid-Krackverfahrens von dem Gedanken leiten, durch kompaktere Bauweise Kosten zu sparen. Abweichend von der in Abb. E-46 dargestellten Anordnung wurden jedoch die Verbindungsrohre zwischen Reaktor und Regenerator in das Innere der Gefäße verlegt und vollkommen gerade – ohne jede Umlenkung – ausgeführt. Dadurch ist es möglich, Reaktor und Regenerator als ein geschlossenes Bauglied zu entwerfen. Es wird in diesem Fall mitunter auch als Konverter bezeichnet.

Zur Steuerung des Katalysatorstromes wurden besondere Ventile entwickelt, die im Unterteil des unteren Gefäßes angebracht werden, so daß ihr außen angeordneter Druckluftantrieb gut zugänglich bleibt. Die erste Anlage dieser Bauweise wurde 1951 in Betrieb gesetzt. Weitere folgten. Dabei wurde zunächst übereinstimmend mit der von UOP gewählten Bauform der Reaktor über den Regenerator gesetzt[1]. Als Stripper für den beladenen Katalysator diente eine im Reaktor durch ein Wehr abgetrennte Kammer ähnlich Abb. E-42c. Aus dieser floß der Katalysator, durch die Druckdifferenz zwischen beiden Gefäßen unterstützt, im freien Gefälle in den Reaktor. Das Rohr mündete im unteren Teil der Wirbelschicht. Die Menge wurde durch ein vom Differenzdruck im Reaktor gesteuertes Ventil geregelt. Im Regenerator wurde das Fließbett von einem Rost getragen; unter diesen wurde die Verbrennungsluft gedrückt und so die Wirbelschicht in ständiger Bewegung gehalten. Mehrstufige Fliehkraftabscheider dienten auch hier dazu, von den Rauchgasen mitgerissenen Katalysator bis auf feinste Teilchen zurückzuhalten.

Der regenerierte Katalysator wurde in einem zentral angeordneten Steigrohr dadurch hochgefördert, daß das zu krackende Öl unten eingespritzt wurde, an dem heißen Katalysator verdampfte und den Katalysator aus dem unter höherem Druck stehenden Regenerator nach oben in den Reaktor trug. In diesem befand sich ebenfalls ein Fliehkraftabscheider zum Abtrennen von mitgerissenem Katalysator aus dem abziehenden Dämpfestrom[2].

Gegenüber der zuerst entwickelten Bauform hat Kellogg bei später errichteten Anlagen die Stellung von Reaktor und Regenerator vertauscht. Diese Bauweise wird jetzt als Typ B bezeichnet und die ursprüngliche mitunter Typ A genannt. Der schematische Schnitt durch einen Konverter des Typs B zeigt Abb. E-47. Hier übernimmt nun die Verbrennungsluft die Aufgabe, den beladenen Katalysator in einem Steigrohr aus dem Unterteil des Reaktors in den Regenerator zu fördern.

---

[1] Anon.: Petrol. Refiner 31 (1952) Nr. 9, S. 112/13; auch als Sonderdruck „Process Handbook" S. 14/15. – WICKHAM, H. P., u. H. K. KAMPTNER: Das Orthoflow Fluid Crackverfahren. Erdöl u. Kohle 6 (1953) 624/28.

[2] Einzelheiten dieser Konstruktion in vorstehenden Berichten sowie bei B. RIEDIGER: Der heutige Stand der Erdölverarbeitung, Teil I. Z. Ver. dtsch. Ing. 100 (1958) 617/29; dort S. 627.

Außerdem ist im Regenerator für die Zweitluft ein ringförmiger Verteiler vorgesehen, so daß die Bewegung im Fließbett mit Sicherheit aufrechterhalten wird. Das Steigrohr ist so wie bei Typ A zentral angeordnet und hier von einem zylindrischen Wehr umgeben. Dieses trennt den außen befindlichen eigentlichen Reaktorraum von dem als Stripper

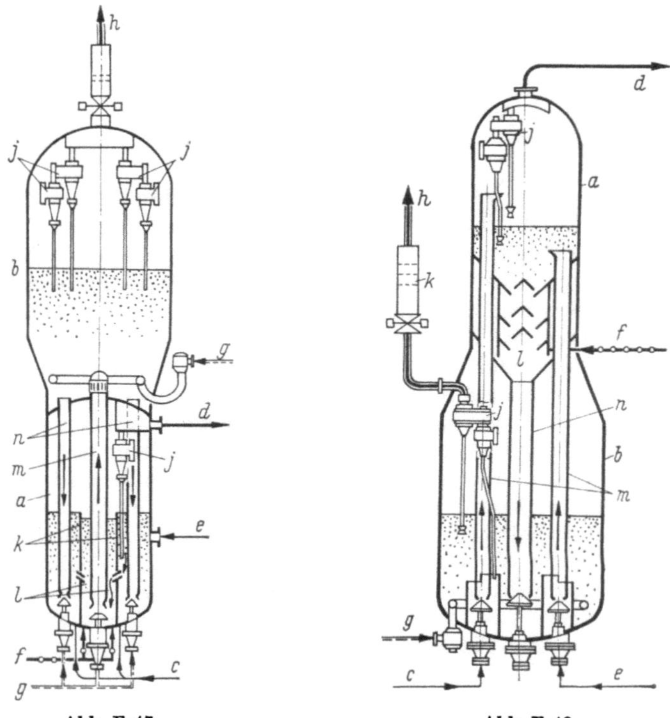

Abb. E-47.   Abb. E-48.

Abb. E-47. Konverter Typ B der The M. W. Kellogg Company.

a Reaktor;
b Regenerator;
c Eintritt des Einsatzgutes (Gasöl);
d Austritt der gekrackten Öldämpfe (zur Fraktionierkolonne);
e Rückführung von Sumpfprodukt aus der Fraktionierkolonne (sog. Recycle bzw. Kreislauföl);
f Dampfzufuhr;
g Luftzufuhr; bei den unten außen angeordneten Ventilen dient die Luft nur zur Betätigung, in der Mitte auch zur Förderung des Katalysators in den Regenerator; Hauptzufuhr der Verbrennungsluft rechts oben;
h Rauchgasabzug;
j Fliehkraftabscheider;
k zylindrisches Wehr;
l Strippzone;
m Steigrohr;
n Fallrohre.

Abb. E-48. Konverter Typ C der The M. W. Kellogg Co.,
Bedeutung der Buchstaben: a bis j und l wie bei Abb. E-47; k Schalldämpfer.

dienenden Ringraum zwischen Wehr und Steigrohr. Die Förderung des Katalysators in den Regenerator mittels des zentralen Steigrohres führt zu einer zentrisch-symmetrischen Ringbewegung des Katalysators im Reaktor. Dadurch wird sichergestellt, daß dem Fallrohr nur bereits regenerierter Katalysator zufließt. Die Fallrohre enden unten im eigentlichen Reaktorraum, und die durchfließenden Katalysatormengen können so wie bei Typ A durch Ventile gesteuert werden, die von außen durch Druckluft betätigt werden. Das Einsatzgut wird unmittelbar in das Katalysatorbett des Reaktors eingeführt. Das Kreislauföl sowie das dekantierte Bodenprodukt der Fraktionierkolonne können zur Kolonne zurückgeführt werden. Abweichend davon sind aber auch Anlagen in Betrieb, bei denen das dekantierte Öl getrennt von der Rückführung dem Reaktor zugeleitet wird.

Nach der Bauform Typ B wurde die bisher größte Krackanlage der *Welt* für eine Durchsatzleistung von rd. 5 Mill. t/a (einschließlich Rückführung) für die Raffinerie Delaware City der Tidewater Oil Co gebaut. Die Anlage ging im Jahre 1958 in Betrieb. Inzwischen wurden auf Grund der Erfahrungen Einzelheiten der Katalysatorführung verbessert, wie sie in Abb. E-48 dargestellt sind. Der Reaktor sitzt bei der zuletzt entwickelten Bauform Typ C wiederum so wie bei dem Typ A über dem Regenerator, jedoch sind zwei Steigrohre vorhanden, eines für das frische Einsatzgut, das zweite für das rückgeführte Öl. Da dieses bereits einmal den Krackbedingungen unterworfen war, ist es viel weniger wärmeempfindlich und bedarf einer längeren Berührungszeit mit dem Katalysator, um weiter zu kracken. Deshalb münden die Steigrohre nicht wie ursprünglich unten im Katalysatorbett, sondern verschieden hoch. Dadurch kommt das frische Einsatzgut nur sehr kurze Zeit mit dem Katalysator in Berührung, während die Verweilzeit für das rückgeführte Öl wesentlich länger ist[1]. Der Katalysator wird demnach im Reaktor bei dem Typ C nicht nach oben bewegt, sondern nach unten. Deshalb wird für den Stripperteil kein Wehr benötigt, dieser kann vielmehr in den unteren Teil des Reaktors verlegt werden. Seine Wirkung wird durch dachförmige Einbauten unterstützt. Der Katalysator bewegt sich in dem anschließenden Fallrohr infolge der Druck- und Höhendifferenz nach abwärts. Sein Strom wird wiederum durch ein von außen betätigtes Regulierventil gesteuert.

Nach der genannten Quelle soll es möglich sein, bei dieser Bauart durch verbesserte Reaktionsführung die abzutrennenden Koksmengen um Beträge bis zu 2% – bezogen auf die Einsatzmenge – zu verringern und die Ausbeute an Benzin um Werte bis zu 2,3% zu erhöhen. Die Differenz zwischen beiden Zahlen erklärt sich dadurch, daß mit der Verringerung der Koksmenge auch die Gasbildung herabgesetzt wird.

Die Betriebsdaten und Betriebsergebnisse einer Orthoflow-Krackanlage für etwa ähnliche Bedingungen, wie sie im vorhergehenden Unterabschnitt genannt wurden, sind in Zahlentafel E-27 zusammengestellt, und zwar für eine Orthoflow-Anlage Typ B. Bei der für die American Oil Co in Texas City gebauten „Model-C"-Anlage wurden nach PETERS u. Mitarb. Umsetzungsgrade von mehr als 80% erreicht. Der Krackvorgang verläuft praktisch nur mehr in den für frisches Einsatzgut und für Rücklauföl getrennt angeordneten und verschieden hoch im „Reaktor" mündenden Steigrohren. Dieser wirkt fast nur als Abscheider. Die mit dieser

---

[1] Anon.: Verbessertes Orthoflow-Verfahren. Erdöl u. Kohle 14 (1961) 745/46. – PETERS, C. W., F. L. LEMPERT, F. H. ROSEBROCK jr. u. H. R. SCHMIDT: Latest Model Orthoflow Cat Cracker. Petrol. Refiner 42 (1963) Nr. 5, S. 135/40.

Zahlentafel E-27. *Betriebsbedingungen und Ausbeuten beim katalytischen Kracken zweier Gasöle in einer Orthoflow-Anlage Typ C*

Betriebsbedingungen			
Reaktortemperatur	°C	475 ⋯510	
Reaktordruck	atü	0,5⋯ 1,4	
Regeneratortemperatur	°C	565 ⋯650	
Regeneratordruck	atü	1,0⋯ 2,0	
Katalysator/Öl-Verhältnis		7 ⋯ 20	
Raumgeschwindigkeit (bez. auf Gewichte)	h⁻¹	1,0⋯ 16,0	
Ungefähre Ausbeutezahlen			
Dichte des Einsatzgutes	g/ml	0,879	0,896
Umsetzungsgrad	Vol.-%	75,0	76,0
Äthan und leichtere Gase	Gew.-%	5,5	4,0
Propen und Propan	Vol.-%	9,1	9,7
Butene, Butan und Benzin	Vol.-%	70,0	67,4
Leichtes Rücklauföl	Vol.-%	23,0	21,0
Rückstand in der Fraktionierkolonne	Vol.-%	2,0	3,0
Koks	Gew.-%	6,5	10,0

Nach Hydrocarbon Processing 45 (1966) Nr. 9, S. 189 bzw. 43 (1964) Nr. 9, S. 152.

Anlage erzielten, in der vorerwähnten Quelle wiedergegebenen Betriebsergebnisse lassen sich jedoch nicht ohne weiteres mit denen anderer Anlagen vergleichen, weil sie neben Straight run-Gasöl auch Gasöl aus einem Koker und aus einer anderen katalytischen Krackanlage verarbeitet.

Bis Ende 1969 waren 31 Orthoflow-Anlagen in Betrieb oder im Bau mit einer gesamten Durchsatzleistung von rd. 35 Mill. t/a; davon sind rd. 26 Mill. t/a Frischeinsatz, die Differenz ist Rücklauföl.

Außer den erwähnten, in zahlreichen Anlagen angewendeten Verfahren zum katalytischen Kracken mit staubförmigem Katalysator haben einige Ölgesellschaften die üblichen Bauformen abgewandelt, um die in ihren Betrieben gesammelten Erfahrungen zu verwerten. So betreibt die Humble Oil Co in ihrer Raffinerie Baytown/Texas seit etwa 10 Jahren eine katalytische Krackanlage, bei der ein Teil der Reaktion in ein Steigrohr vor dem Reaktor ähnlich wie bei dem Verfahren der Universal Oil Products Co verlegt ist[1]. Auch die Texan Oil Co (Texaco Inc) hat eine Form katalytischer Krackanlagen entwickelt und aufgestellt, die sich von anderen Bauformen unterscheidet[2]. Reaktor und Regenerator sind zwar, wie Abb. E-49 zeigt, nebeneinander angeordnet, jedoch der Reaktor höher als der Regenerator.

Der im Unterteil des Reaktors von flüchtigen Anteilen befreite, beladene Katalysator wird durch ein schräg nach unten verlaufendes Fallrohr *h* in das Fließbett des Regenerators an einer Stelle eingeleitet, wo der Sauerstoffgehalt der Verbrennungsluft bereits etwas abgenommen hat,

---

[1] Diese Anlage ist z.B. in Oil Gas J. 60 (23. Juli 1962) Nr. 30, S. 67 sowie 66 (1. April 1968) Nr. 14, S. 107 abgebildet.

[2] EWING, R. C.: Big Texaco cat cracker exceeds expectations at Convent, La. Oil Gas J. 67 (14. April 1969) Nr. 15, S. 130/33. – BUNN jr., D. P., G. F. GRUENKE, H. B. JONES, D. C. LUESSENHOP u. D. J. YOUNGBLOOD: Texacos Fluid Catalytic Cracking Process. Chem. Engng. Progr. 65 (1969) Nr. 6, S. 88/93. – JONES, H. B.: Modern cat cracking for smaller refineries. Oil Gas J. 67 (22. Dez. 1969) Nr. 51, S. 50/53.

um Überhitzungen des Katalysators zu vermeiden. Ähnlich wie bei den Orthoflow-Anlagen Bauart C werden Rücklauföl und Frischöl entsprechend ihrer unterschiedlichen Empfindlichkeit gegenüber hoher Temperatur an verschiedenen Stellen in den Reaktor geführt. Es sind deshalb zwei Überlaufrohre mit Wehren und zwei getrennte Steigrohre vorhanden. Das Steigrohr c für das Rücklauföl mündet im Katalysatorbett selbst; das Steigrohr d für das Frischöl verteilt dieses zusammen mit dem Katalysator auf der Oberfläche des Bettes. Das Kracken beginnt

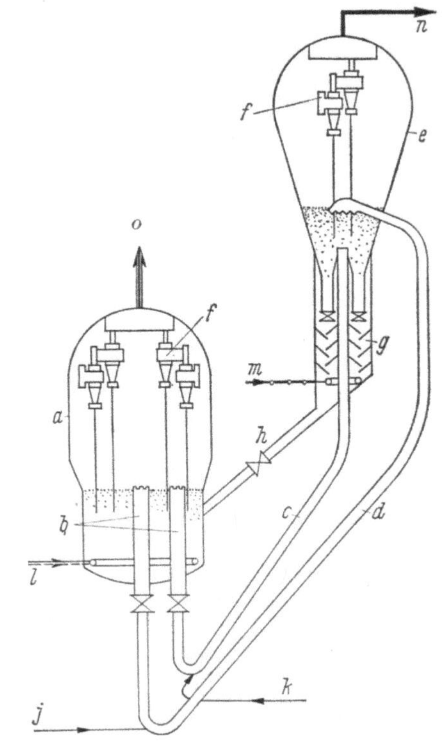

Abb. E-49. Schematisches Fließbild einer Fluid Catalytic Cracking-Anlage der Texaco.

a Regenerator;
b Überlaufrohr für regenerierten Katalysator;
c Steigrohr für Rücklauföl;
d Steigrohr für Frischöleinsatz;
e Reaktor;
f Fliehkraftabscheider (Zyklone);
g Stripper;
h Fallrohr für beladenen Katalysator;
j Einsatzgut;
k Rücklauföl (von der Fraktionierkolonne);
l Verbrennungsluft;
m Strippdampf;
n Gekrackte Öldämpfe (zur Fraktionierkolonne);
o Abgas.

bereits in den Steigrohren, so daß das Volumen des Reaktors kleiner ausgeführt werden kann. Der Fraktionierteil wird auch bei diesen Anlagen ähnlich (wie bereits beschrieben und dargestellt) ausgeführt.

Die neue Bauart ist das Ergebnis des Studiums an den zwölf katalytischen Krackanlagen des Konzerns während vier Jahren. Dabei wurden über 80 Verbesserungsvorschläge berücksichtigt, die auch Einzelheiten betrafen, jedoch vorwiegend dem Regenerieren des Katalysators, dem Verhindern der gefürchteten Nachverbrennungen und ähnlichen Fragen galten. Die Birnenform des Reaktors und die Erweiterung des Regenerators oberhalb des Katalysatorbettes verfolgen z. B. den Zweck, einerseits die Verweilzeit des Katalysators im Reaktor zu verringern und

andererseits im Raum oberhalb des Katalysatorbettes niedrige Gas-
bzw. Dämpfegeschwindigkeiten zu erreichen. Die neuen Krackanlagen
der Texaco werden von vornherein für die Verwendung von Molekularsieben als Katalysator geplant.

e) Das zweistufige Krackverfahren der Shell Oil Company

Um die Vorteile unterschiedlicher Verfahrensbedingungen bei Einsatzgut mit einem weiten Siedebereich auszunutzen, wurde von der Shell
Development Co ein zweistufiges Krackverfahren mit Fließbett entwickelt. Es ist dadurch möglich, Temperatur und Verweilzeit für den
niedrigeren und den höheren Siedebereich so zu wählen, daß günstigste
Ergebnisse erzielt werden[1].

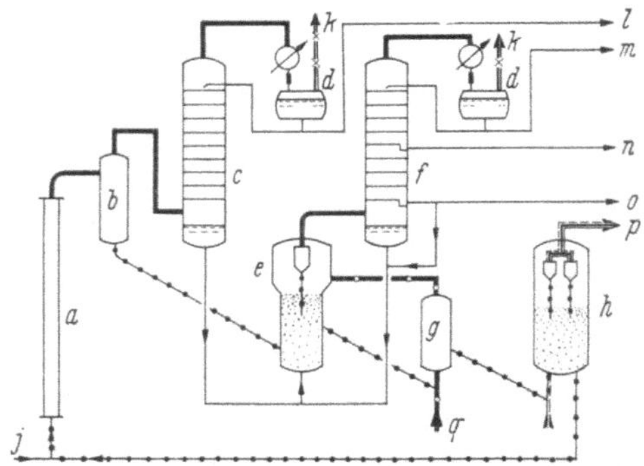

Abb. E-50. Stark vereinfachtes Fließschema einer zweistufigen katalytischen Krackanlage der
Shell Development Company.

a Reaktor erste Stufe (Steigrohr);	j Frischölzufluß (Einsatzgut);
b Trenngefäß;	k Krackgas;
c Fraktionierkolonne der ersten Stufe;	l Krackbenzin aus der ersten Stufe;
d Trennbehälter der Fraktionierung;	m Krackbenzin aus der zweiten Stufe;
e Reaktor zweite Stufe;	n Leichtes Gasöl;
f Fraktionierkolonne der zweiten Stufe;	o Schweres Gasöl (zum Teil für Rückführung);
g Katalysatorstripper;	p Rauchgas;
h Regenerator;	q Strippdampf.

Die erste Reaktorstufe ist ein Steigrohr *a*, wie es bei der Bauart der
Universal Oil Products Co angewendet wird. Die gekrackten Kohlenwasserstoffe treten, wie Abb. E-50 zeigt, zusammen mit dem Katalysator in ein Trenngefäß *b* über, aus dem die Dämpfe in eine Fraktionierkolonne *c* geleitet werden. Über Kopf können Benzin und niedrigersiedende Fraktionen abgezogen werden. Der Sumpf dieser Fraktionierkolonne wird zusammen mit dem Sumpf der zweiten Fraktionierkolonne

[1] HELDMANN, J. D., F. KUNREUTHER, J. A. MARSHALL u. C. A. REHBEIN:
Cat Cracking Now in Two Stages. Petrol. Refiner 35 (1956) Nr. 5, S. 166/70. –
Anon.: Fluid Catalytic Cracking, Two Stage; ebd. 37 (1958) Nr. 9, S. 240/41. –
REHBEIN, C. A., W. A. MITCHELL, R. A. WILSON u. W. V. MEDLIN: Studies on a
commercial two-stage catalytic cracking plant. 5. Welt-Erdöl-Kongreß. New York
1959, Bericht III/8.

f, die dem Fließbettreaktor *e* nachgeschaltet ist, dem Reaktor wieder zugeführt. In diesen wird auch das Gemisch aus nicht verdampften Anteilen und Katalysator des vorgenannten Trenngefäßes *b* geleitet. Der Reaktor selbst – die zweite Krackstufe – ist grundsätzlich ähnlich aufgebaut wie bei den vorbeschriebenen Verfahren, vor allem mit Fliehkraftabscheidern ausgerüstet, um möglichst viel Katalysatorabrieb zurückzuhalten.

Die den Reaktor verlassenden Dämpfe gekrackter Kohlenwasserstoffe treten in die bereits genannte zweite Fraktionierkolonne *f* über und werden in dieser in die gewünschten Fraktionen zerlegt. Das Bodenprodukt und – je nach Rückführverhältnis – ein Teil des schwersten Seitenstromes werden zum Reaktor zurückgeleitet. Der mit Koks beladene Katalysator wird nach dem Verlassen des Reaktors zunächst mit Wasserdampf von verdampfbaren Anteilen befreit, dann in üblicher Weise regeneriert und in heißem Zustand zusammen mit dem Einsatzgut in das Steigrohr *a* – die erste Krackstufe – wieder eingeführt.

Nach REHBEIN u. Mitarb. ist es bei dieser Bauart möglich, bei einem Umsetzungsgrad von 70 bis 79% Benzinausbeuten von 63 bis 75% zu erzielen, wobei das durch Polymerisieren der Olefine der Krackgase gewonnene Benzin mit einbezogen ist. In der ersten Krackstufe kann wegen der äußerst kurzen Verweilzeit eine hohe Temperatur von rd. 540 °C angewendet und dadurch die Koksbildung niedrig gehalten werden. Trotzdem ist die Ausbeute an butanfreiem Benzin entgegen Punkt 3, S. 432 merkbar höher als in einem Fließbett üblicher Anwendungsweise bei gleicher Temperatur und liegt sogar noch geringfügig höher als bei rd. 480 °C im Fließbett. Bisher ist eine Anlage in der Raffinerie Anacortes/Wash. nach diesem Verfahren gebaut worden. Seine Baukosten sind eindeutig höher als bei den üblichen Krackverfahren. Die Zukunft muß zeigen, ob es sich neben den inzwischen weiterentwickelten spaltenden Hydrierverfahren durchsetzen wird. Zwar betragen deren Baukosten beinahe ein Mehrfaches von Krackanlagen, insbesondere wenn eine besondere Wasserstofferzeugung notwendig ist. Aber die dadurch gebotene Möglichkeit, die Produkte noch viel stärker den Markterfordernissen anzupassen, insbesondere wenn viel Benzin verlangt wird, rechtfertigt in vielen Fällen den Aufwand.

7. Die Verfahren zum Reaktivieren des Katalysators im Betrieb

Auf S. 400 ff. wurde erörtert, welche Einflüsse die Aktivität und die Selektivität von Krackkatalysatoren beeinträchtigen. Es sind besonders die in Erdölen vorkommenden Metalle Nickel, Vanadium und Eisen, die die aktiven Zentren der Katalysatoroberfläche absättigen und dadurch die gewünschten Eigenschaften verschlechtern. Die Tatsache, daß sich die Metalle im Destillationsrückstand anreichern und trotz ihrer verhältnismäßig kleinen Menge im Laufe des Betriebes die Katalysatoroberfläche vergiften, ist der Grund dafür, daß das katalytische Kracken von

Destillationsrückständen wegen der hohen Koksbildung wirtschaftlich
geringen Anreiz bietet. Nichtsdestoweniger wird immer wieder versucht,
diesen Weg zu beschreiten[1].

In letzter Zeit sind jedoch zwei Verfahren bekannt geworden, die das
Problem auf andere Weise zu lösen versuchen. Da jeder Krackkatalysator als Ionenaustauscher wirkt und die Vergiftung eine Folge der Ablagerung von Metallionen ist, durch die die Wirksamkeit des Katalysators für die Krackreaktionen unterdrückt wird, lag es nahe, zu prüfen,
ob sich diese Metalle nicht durch einen Ionenaustauscher wieder beseitigen lassen[2]. Zwar haben sich z.B. Oxal- und Zitronensäure für diesen
Zweck als geeignet erwiesen. Sie greifen jedoch das Aluminiumoxyd des
Trägers an. Deshalb sind neutrale Komplexbildner wie Azetylazeton
($CH_3 \cdot CO \cdot CH_2 \cdot CO \cdot CH_3$) oder Diäthylenoxyd

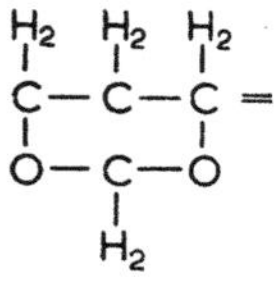

$$
\begin{array}{ccc}
\overset{\displaystyle H_2}{\underset{\displaystyle |}{C}} - \overset{\displaystyle H_2}{\underset{\displaystyle |}{C}} - \overset{\displaystyle H_2}{\underset{\displaystyle |}{C}} \\
| \quad\quad | \quad\quad | \\
O - \underset{\displaystyle |}{C} - O \\
\underset{\displaystyle H_2}{}
\end{array}
\;=\; 1{,}3 - \text{Dioxan}
$$

bzw.

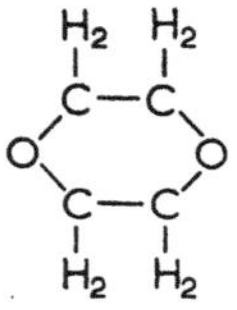

$$
1{,}4 - \text{Dioxan}
$$

vorzuziehen.

a) Das Demet-Verfahren der Sinclair Refining Company

Von Sinclair Research Inc wurde ein mehrstufiges Verfahren entwickelt, mit dessen Hilfe ständig ein aus dem Umlaufsystem einer Fließbettkrackanlage abgezweigter Teilstrom des Katalysators behandelt
wird[3]. Es soll auch für Anlagen mit perlförmigem Katalysator in beweg-

---

[1] Vgl. Fußn. 1, S. 415 sowie Fußn. 1, S. 470.

[2] LEUM, N. L., u. J. E. CONNOR: Removal of contaminants from cracking catalysts by ion exchange. Industr. Engng. Chem./Prod. Res. Developm. 1 (1962)
145/49; ref. Brennst.-Chem. 44 (1963) 25. – BEUTHER, H., u. R. A. FLINN: Technique for removing metal contaminants from catalysts. ebd. 2 (1963) 53/57; ref.
Brennst.-Chem. 44 (1963) 193.

[3] SANFORD, R. A., H. ERICKSON, E. H. BURK jr., E. C. GOSSETT u. S. L. VAN
PETTEN: Better Yields After Treating Catalyst. Petrol. Refiner 41 (1962) Nr. 7,
S. 103/08. – Dies.: Demet improves FCC yields. Oil Gas J. 60 (27. Aug. 1962)
Nr. 35, S. 92/96. – ADAMS, N. R., u. M. J. STERBA: Latest Economics for Demet
Process. Petrol. Refiner 42 (1963) Nr. 5, S. 175/76. – FOSTER, R. L., H. G. RUS-
SELL, H. ERICKSON u. R. A. SANFORD: The demetalization of cracking catalysts.
Industr. Engng. Chem./Product Res. Developm. 2 (1963) 328/32; ref. Brennst.-
Chem. 45 (1964) 188.

ter Schüttung anwendbar sein, doch wurden Betriebsanlagen bisher nur für Fließbettanlagen ausgeführt. Das Verfahren wird in Lizenz von der Universal Oil Products Co für den Bau von Anlagen verwertet.

Einzelheiten des Verfahrens wurden bisher noch nicht bekanntgegeben. Den Quellen ist nur zu entnehmen, daß der Katalysator in zwei Vorbehandlungsstufen für die anschließende chemische Behandlung vorbereitet wird. Die erste Vorbehandlung dient der Entfernung des Vanadiums. Es soll möglich sein, den Gehalt dieses Metalles auf 40 bis 50% zu verringern, jedoch sei es wirtschaftlich, sich mit einer Entfernung von 25 bis 30% zu begnügen. In der zweiten Vorbehandlungsstufe werden die Voraussetzungen für die Verringerung des am Katalysator haftenden Nickels geschaffen. Es sei zwar möglich, bis zu 95% zu beseitigen, jedoch werden auch von diesem Metall nur etwa 65 bis 70% entfernt.

Der so vorbehandelte Katalysator wird nun in der „chemischen" Stufe – vermutlich mit wäßrigen Säuren – in Berührung gebracht, in der die zu entfernenden Metallverbindungen in wasserlösliches Salz umgewandelt werden. Diese können dann durch eine Wasserwäsche beseitigt werden. Der anschließend getrocknete Katalysator wird dem Kreislauf der Krackanlage wieder zugeführt. Es ist auf diese Weise zwar nur möglich, einen Teil der schädlichen Metalle vom gesamten Katalysatorinhalt einer Krackanlage zu entfernen, doch läßt sich dadurch der durchschnittliche Gehalt an Nickel und Vanadium so weit senken, daß die Verbesserung der Selektivität des Katalysators und die dadurch erzielte Erhöhung der Ausbeute an Produkten mit besserem Marktwert die Anschaffungs- und Betriebskosten einer Demet-Anlage bezahlt machen kann.

b) Das Met-X-Verfahren der Atlantic Refining Company (jetzt Atlantic Richfield Company)

Von ähnlichen Überlegungen ausgehend wie beim vorbeschriebenen Verfahren hat die Atlantic Refining Co in Zusammenarbeit mit der Pfaudler Permutit Inc ebenfalls ein Verfahren zur Betriebsreife entwickelt, durch das mit Hilfe von Ionenaustauschern auf Kunstharzbasis die schädlichen Metalle von einem Fließbettkatalysator entfernt werden[1]. Die Anlagen dafür werden von Kellogg in Lizenz gebaut. Wie Abb. E-51 erkennen läßt, wird hier der Katalysator in einem Rührwerkreaktor mit dem Ionenaustauscher in Berührung gebracht. Es hat sich als zweckmäßig erwiesen, für diesen eine Korngröße zu wählen, die sich von der

---

[1] FOWLE, M. J., G. P. MASOLOGITES, H. R. GRANE u. I. E. KATZ: Controlled catalysis in catalytic cracking. Chem. Engng. Progress 57 (1961) Nr. 12, S. 66/69. – FOWLE, M. J., R. H. YEATMAN, K. J. HICKEY u. A. B. MINDLER: Metal Poisons Removed from Catalyst. Petrol. Refiner 41 (1962) Nr. 5, S. 124. – ATTERIDG, P. T., u. J. HUMBLE: Some Ways Met-X Can Pay for Itself. Petrol. Refiner 42 (1963) Nr. 4, S. 167/70. – DILLIPLANE, R. J., G. P. MIDDLEBROOKS, R. C. HICKS u. E. P. BRADLEY: Met-X boosts gasoline outpout 12% per unit of coke for Atlantic. Oil Gas J. 61 (5. Aug. 1963) Nr. 31, S. 119/26.

des Katalysators so weit unterscheidet, daß beide durch Sieben oder Aufschlämmen mechanisch einfach zu trennen sind. Bei staubförmigem Katalysator wird z.B. für den Ionenaustauscher eine Korngröße empfohlen, die über 0,25 mm bis max. etwa 1,6 mm liegt. Dies entspricht den Siebgrößen 60 mesh bis 10 mesh nach ASTM-E 11/39, auf denen das Korn nicht durchfällt[1]. Der p_H-Wert im Reaktor soll 2,0 bis 4,5 betragen. Als Temperatur werden Werte über etwa 25 °C empfohlen, weil die Ionen um so rascher ausgetauscht werden, je wärmer das Bad ist. Eine obere Grenze liegt bei der Zerfalltemperatur der Kunststoffharze, die von den Herstellern mit etwa 120 °C angegeben wird. Während bei der tiefsten Temperatur für die Reaktivierung Kontaktzeiten bis zu 24 h erforderlich sind, können sie bei 120 °C bis auf 2 h abgekürzt werden. Im praktischen Betrieb arbeitet man gewöhnlich mit rd. 50 °C in

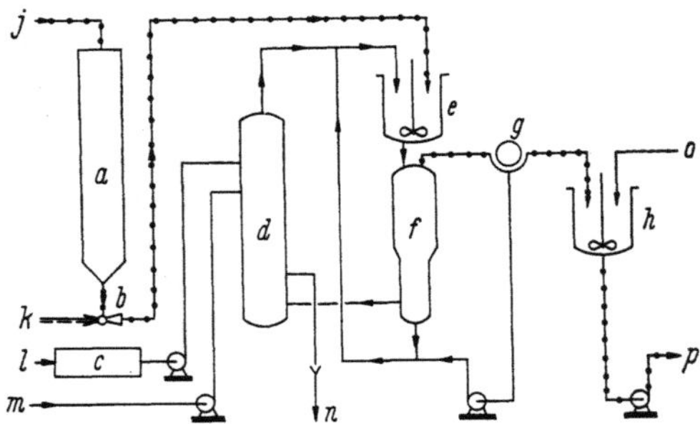

Abb. E-51. Vereinfachtes Fließschema einer Met-X-Anlage zum Reaktivieren von staubförmigem Krackkatalysator (fluid catalyst).

a Sammelbehälter für den zu behandelnden Katalysator;	*g* Trommelfilter;
b Pneumatische Fördereinrichtung für den Katalysator;	*h* Benetzungstank mit Rührwerk;
	j Katalysatorzuführung;
c Enthärtungsanlage für das Waschwasser;	*k* Förderluft für den Katalysator;
d Regenerator und Sammelbehälter für den Ionenaustauscher;	*l* Waschwasser;
	m verdünnte Schwefelsäure;
e Reaktor mit Rührwerk;	*n* Wasserablauf zur Neutralisation;
f Sichter;	*o* Öl zum Benetzen des Katalysators;
	p Rückförderung des Katalysators.

etwa 8 h und kann dann Apparategrößen wählen, die auf die zu verarbeitende Menge abgestimmt sind. Je nach Metallgehalt der zu krakkenden Öle muß man mit einem Durchsatz der Reaktivierungsanlage je Tag von 15 bis 40% der in der Krackanlage vorhandenen Füllung rechnen.

Für das Gewichtsverhältnis von Katalysator zu Wasser, als Träger für diesen und den Ionenaustauscher, sind Werte von 0,1 bis 0,4 genannt. Bleibt man unter diesem Bereich, so werden die umzupumpenden Flüssigkeitsmengen zu groß, geht man darüber hinaus, so bereitet der hohe Feststoffgehalt Schwierigkeiten bei der Handhabung. Bei dem Verfahren nach Abb. E-51 wird der reaktivierte Fließbettkatalysator im

---

[1] Unter mesh wird die Zahl der Maschen je lfd. Zoll verstanden. Beim Vergleich mit der Korngröße muß noch die Drahtdicke beachtet werden; vgl. DIN 4188.

Trennbehälter *f* durch einen Flüssigkeitsstrom nach oben getragen und über ein Trommelfilter *g* zu einem weiteren Behälter befördert. In diesem wird durch Vermengen mit Öl der feuchte Katalysator in einen förderfähigen Zustand versetzt, damit er wieder zur Anlage zurückgepumpt werden kann. Der Ionenaustauscher wird unten aus dem Trennbehälter abgezogen, in einem Regenerator mit verdünnter Schwefelsäure von den Metallkationen befreit und so für die weitere Verwendung vorbereitet.

Als Ionenaustauscher werden synthetische, stark saure Kationenaustauschharze verwendet, wie sie z.B. durch Sulfonieren einer Mischung von Styrol (Äthylenbenzol bzw. Vinylbenzol, $C_6H_5 \cdot CH : CH_2$) und Divinylbenzol (Diäthenylbenzol $CH_2 : CH \cdot C_6H_4 \cdot CH : CH_2$) hergestellt werden können[1].

8. Die Abwärmeverwertung mittels Gasturbinen

Auf S. 435 wurde erwähnt, welchen Einfluß die Einführung des katalytischen Krackverfahrens auf die Weiterentwicklung der Gasturbine hatte. Beim Übergang zu den Verfahren mit bewegter Schüttung perlförmiger Kontakte oder mit staubförmigen Kontakten im Fließbett war zunächst die beim Festbett gegebene Möglichkeit, die Abgase beim Regenerieren energiewirtschaftlich zu nutzen, nicht von Bedeutung. Man strebte an, den Regenerator mit möglichst geringem Überdruck zu betreiben, um Schwierigkeiten der Abdichtung gegen den Reaktor und nach außen zu vermeiden. Als man durch die noch zu beschreibende Entwicklung der Fließbettechnik für die wesentlich höheren Drücke von katalytischen Reforming-Anlagen gelernt hatte, die damit zusammenhängenden Schwierigkeiten zu beherrschen, war der Weg auch frei, katalytische Krackanlagen – soweit dies mit den Erfordernissen der Produktion verträglich ist – mit etwas höheren Drücken zu betreiben. Dadurch wurde die Verwertung der in den großen Abgasmengen vorhandenen Wärme wieder reizvoll. Abhitzekessel mit Verbrennung des in den Regeneratorabgasen vorhandenen Kohlenmonoxydes wurden bereits seit einer Reihe von Jahren großen katalytischen Krackanlagen nachgeschaltet, vgl. Abb. E-44, S. 482. Nunmehr dachte man auch daran, die Enthalpie der Abgase direkt in Gasturbinen auszunutzen. Man kann z.B. das Gebläse für die Verbrennungsluft mit einer solchen Gasturbine antreiben. Wenn diese in der Regel auch nicht ausreicht, den gesamten Leistungsbedarf zu decken und für das Anfahren der Anlage Fremdenergie (Dampf oder Strom) für alle Fälle erforderlich ist, so ist die Energieersparnis im laufenden Betrieb so beachtlich, daß sich die Anschaffungskosten in kurzer Zeit bezahlt machen. Es mußte nur ein Weg gefunden werden, um den im Abgasstrom enthaltenen feinen Katalysatorstaub so weit zu vermindern, daß der Verschleiß der Turbinenschaufeln in erträglichen Grenzen bleibt.

---

[1] Vgl. dazu R. Kunin: Ion Exchange Resins, 2. Aufl., New York: Wiley 1958, S. 84ff.

Bei den ersten Anlagen dieser Art stellte sich heraus, daß eine solche Maßnahme von entscheidender Bedeutung ist[1].

Schaltet man nur einen Abhitzekessel in den Abgasstrom, so macht der Reststaubgehalt der Regeneratorabgase wegen der wesentlich kleineren Geschwindigkeiten in den Kesselzügen keine Schwierigkeiten. Im Kesselbau kennt man solche Verhältnise von der Verfeuerung aschereicher Kohlen.

Die Verringerung des Verschleißes in einer Gasturbine läßt sich durch wirksame Fliehkraftabscheider lösen. Man hat gefunden, daß im Arbeitsgas einer Turbine – für den Strömungsquerschnitt berechnet – etwa

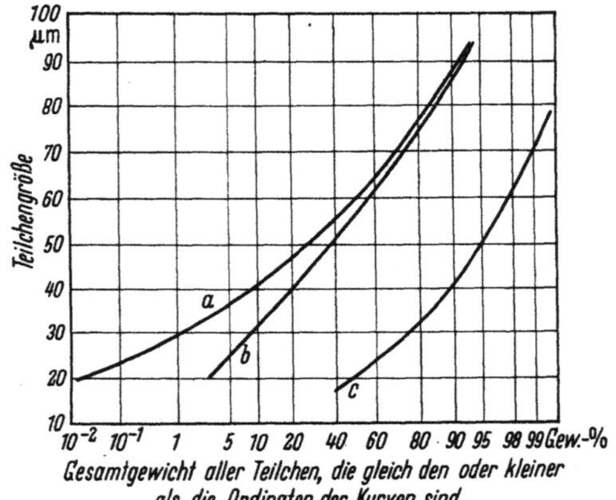

Abb. E-52. Übliche Verteilung des Katalysatorabriebes im Abgasstrom des Regenerators katalytischer Fließbettkrackanlagen, nach WILSON.

a Vor der ersten Abscheiderstufe;   *c* Hinter der zweiten Abscheiderstufe
b Vor der zweiten Abscheiderstufe;   (innerhalb des Regenerators).

12,5 mg/sec cm² Katalysatorstaub zulässig sind, wenn rd. 50 Gew.-% der Teilchen einen kleineren Durchmesser als etwa 20 µm haben. Bei etwas größeren Teilchen darf der Massenstrom sogar noch geringfügig größer sein. Die übliche Verteilung der Teilchen in den Abgasen von Fließbettkrackanlagen ist nach WILSON in Abb. E-52 gezeigt. Die für den Eintritt in die dritte Stufe dargestellte Kurve gibt die Verhältnisse wieder, wie sie beim Austritt aus den in die Regeneratoren eingebauten Fliehkraft-

---

[1] DYGERT, J. C.: Power Recovery Gas Turbines for Fluid-Bed Processes. Oil Gas J. 57 (20. April 1959) Nr. 16, S. 94/100. – PENNELS, N. E., K. PILARCYK u. J. W. SCHINDELER: Fluid-unit flue gases power air compressor. Oil Gas J. 61 (26. Aug. 1963) Nr. 34, S. 86/93. – STORMONT, D. H.: Oakville Refinery Brings Several Firsts to Canadian and U.S. Refining; ebd. 62 (6. April 1964) Nr. 14, S. 108/14. – WILSON, J. G.: Energy recovery pays off at three Shell refineries; ebd. 64 (18. April 1966) Nr. 16, S. 77/82. – SCHMID, R.: Expanders in Chemical and Physical Processes. Tagung der Gas Turbine Division der Amer. Soc. Mech. Engrs. Zürich 13. bis 17. März 1966, Bericht Nr. 66-GT/CMC-64. – WILSON, J. G., u. J. C. DYGERT: Energy recovery systems in fluid catalytic cracking plants. 7. Welt-Erdöl-Kongreß, Mexico City 1967. Individual Paper XI/45. – WILSON, J. G., u. D. W. MILLER: The Removal of Particulate Matter from Fluid Bed Catalytic Cracking Unit Stack Gases. J. Air. Poll. Contr. Ass. 17 (1967) 682/85.

abscheidern beobachtet werden. Sie sagt aber nichts über die noch vorhandenen Mengen aus. Um diese auf den oben genannten Wert zu vermindern, ist gemäß den inzwischen gemachten Erfahrungen eine besondere dritte Abscheiderstufe erforderlich, für die als Beispiel in Abb. E-53 die von Shell verwendete Bauart gezeigt ist. Sie ist als Vielzellenabscheider ausgeführt und wird außerhalb des Regenerators angeordnet[1]. Der zu entstaubende Gasstrom wird auf zentrisch um den Eintrittsstutzen angeordnete kleine Zyklone verteilt, von denen einer in Abb. E-54 wiedergegeben ist. Eine Menge von etwa 2 Vol.-% des eintretenden

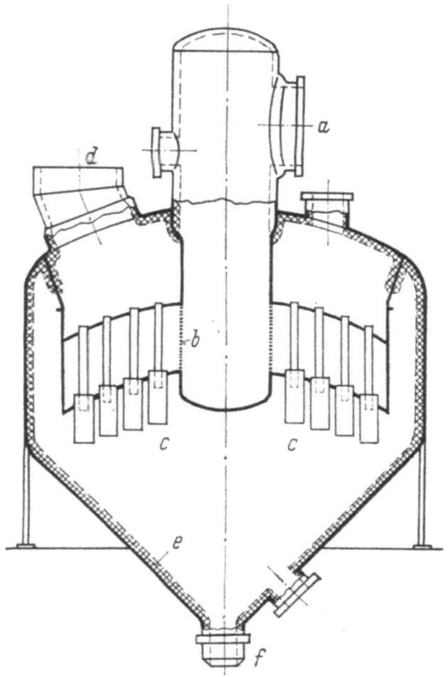

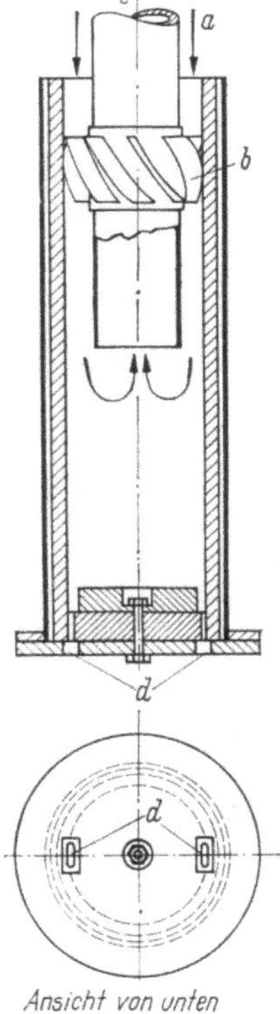

Abb. E-53. Abscheider für feinsten Katalysatorstaub mit Vielzelleneinbauten, nach WILSON.

a Abgaseintritt vom Regenerator;
b Sieb;
c Vielzellenabscheider;
d Abgasaustritt;
e Auskleidung aus Isoliermasse (etwa 100 mm dick).

Abb. E-54. Zyklon zum Einbau in den Staubabscheider Abb. E-53.

a Gaseintritt;
b Drallkörper;
c Gasaustritt;
d Schlitze zum Entfernen des abgeschiedenen Staubes.

---

[1] Zur Theorie der Abscheidung im Fliehkraftentstauber s. u. a. E. FEIFEL: Zyklonentstaubung, die ideale Wirbelsenke und ihre Näherung. Forsch. Ing.-Wes. 10 (1939) 212/19. – Ders.: Zyklonentstaubung. Neuere Anschauungen und Ergebnisse. Mitt. Ver. Großkesselbes. (1942) Nr. 92. – Ders.: Ein staubeigenes Fallgesetz. Österr. Ing.-Arch. 1 (1946) 92/105 u. 149/57. – Ders.: Zur Frage der Gewährleistungen für Entstaubungsanlagen. Masch.-Bau u. Wärmewirtsch. 3 (1948) 1/7. – Ders.: Kornform und Fallgesetz. Forsch. Ing.-Wes. 17 (1951) 21/27. – In diesem Zusammenhang ist noch die Arbeit H. HERWIG: Kritische Betrachtungen zur Frage der Gewährleistungen bei Fliehkraftentstaubern. Feuerungstechn. 28 (1941) 121/26 zu erwähnen, deren Inhalt nach wie vor gültig ist.

Gases wird dazu benutzt, den abgeschiedenen Staub durch die im Boden der Zyklone befindlichen Schlitze aus dem Abscheider nach unten auszutragen.

Der vorstehend erwähnte Betrag des zulässigen Staubgehaltes läßt sich bei Annahmen für die Geschwindigkeiten in den Strömungskanälen einer Gasturbine auf den Gehalt in der Raumeinheit umrechnen. Nimmt man an, daß die Strömungsgeschwindigkeit in den Düsen und Schaufeln bei einer vielstufigen Maschine mindestens 100 m/sec, bei Maschinen mit wenigen Stufen, wie sie hier wohl in Frage kommen, aber bis zu 500 m/sec betragen kann – entsprechend einem Stufengefälle von etwa 30 kcal/kg –, so kommt man zu Staubgehalten von 1250 bis herunter zu 250 mg/m^3, die als zulässig erachtet werden. Von anderer Seite sind für den Austritt aus dem Regenerator von Fluid Catalytic Cracking-Anlagen Staubmengen von 0,1 bis 0,5 grains/actual cubic foot, d.h. etwa 200 bis 1000 mg/m^3 genannt[1]. Somit erscheint es empfehlenswert, die Abgase in einer weiteren Stufe nochmals zu entstauben, um im Interesse der Lebensdauer der Turbinenbeschaufelung mit Sicherheit unter den als maximal zulässig betrachteten Werten zu bleiben.

Die in einer Gasturbine wiederzugewinnende Leistung läßt sich überschlägig etwa folgendermaßen abschätzen: Für den abzubrennenden Koks wurde S. 400 die Formel $(C_3H_4)_n$ angegeben, so daß in den üblichen Verbrennungsrechnungen $c = 0,9$ und $h = 0,1$ ist. Der untere Heizwert kann nach der Formel

$$H_u = 8080c + 2500s + 22600h \qquad \text{(E-3)}$$

mit rd. 9500 kcal/kg angenommen werden, weil der Schwefelgehalt s erfahrungsgemäß im Koks auf dem Katalysator sehr klein und zu vernachlässigen ist[2]. Dann ergibt sich der Mindestbedarf an trockener Verbrennungsluft je kg Koks zu

$$L_{\min_{tr}} = \frac{1}{0,21}\left(\frac{22,39}{12,01}\,c + \frac{22,39}{4,03}\,h\right)$$

$$= \frac{1}{0,21}\,(1,864 \cdot 0,9 + 5,55 \cdot 0,1) = 10,62\,\text{m}_n^3/\text{kg}. \qquad \text{(E-4)}$$

Es wurde S. 479 erläutert, daß der Sauerstoffgehalt im Abgas bei etwa 0,5 Vol.-% gehalten werden muß, so daß man für die Berechnung der verfügbaren Abgasmenge V_R das Luftverhältnis angenähert $\lambda = 1$ setzen kann, d.h. also, der Koks wird im Regenerator ohne Luftüberschuß verbrannt. Trotzdem stellt sich nicht wie in einer Feuerung die nur durch die Flammenabstrahlung verringerte theoretische Verbrennungstemperatur ein. Vielmehr darf die Beladung des Katalysators den S. 445 erwähnten Betrag nicht überschreiten, damit keine Temperaturen erreicht werden, die den Katalysator schädigen könnten. Die Verbrennung findet

---

[1] TENNEY, E. D.: Remove Solids From Refinery Gases. Hydrocarb. Procssg. 46 (1967) Nr. 12, S. 126/28.

[2] Vgl. Dubbel, Taschenbuch für den Maschinenbau, hrsg. von F. SASS, CH. BOUCHÉ u. A. LEITNER, Bd. I, 13. Aufl., Berlin/Göttingen/Heidelberg: Springer 1970, S. 509 unten u. S. 510 für die folgenden Formeln.

bei diesen Temperaturen nicht in Flammen statt; vielmehr oxydiert der Koks nur durch ein Glühen. Man rechnet für die Gasturbinen mit einer Eintrittstemperatur von 600 °C, doch wird diese nicht – wie bei üblichen Gasturbinen mit Brennkammern – durch ein hohes Luftverhältnis verursacht, sondern durch die Wärmeabgabe an den Katalysator, der durch das Abbrennen des Katalysators auf die für den Krackprozeß erforderliche Temperatur aufgeheizt wird. Mit dem Wert $\lambda = 1$ erhält man für das Rauchgasvolumen

$$V_{min} = 1{,}853\,c + L_{min_{tr}} \cdot 0{,}775\,35$$
$$+ 11{,}111\,h + L_{min_{tr}} \cdot 0{,}018\,35 \; \mathrm{m_n^3/kg}. \qquad \text{(E-5)}$$

Die einzusetzenden, von Gl. (E-4) abweichenden Faktoren berücksichtigen eine Feuchtigkeit von 80 % der angesaugten Verbrennungsluft bei 20 °C. Die erste Zeile gibt den wasserfreien Anteil wieder, die zweite Zeile den aus der Verbrennung des Wasserstoffes und der Luftfeuchtigkeit stammenden Anteil des Wasserdampfes. Mit den Werten für c und h folgt für den Koks auf dem Katalysator

$$V_{min} = 1{,}853 \cdot 0{,}9 + 10{,}62 \cdot 0{,}775\,35$$
$$+ 11{,}111 \cdot 0{,}1 + 10{,}62 \cdot 0{,}018\,35$$
$$= 1{,}67 + 8{,}26 \qquad = 9{,}93$$
$$+ 1{,}11 + 0{,}20 \qquad = \underline{1{,}31}$$
$$11{,}24 \; \mathrm{m_n^3/kg}. \qquad \text{(E-5a)}$$

Wird der Druck im Regenerator so hoch gewählt, daß die Abgase vor der Turbine mit Drücken zwischen 2,0 und 3,0 ata zur Verfügung stehen, und können die Abgase bis auf 1 ata entspannt werden, so kann theoretisch etwa die in Zahlentafel E-28 berechnete Leistung gewonnen werden. Die tatsächlich an der Kupplung erzielbare Leistung ergibt sich dann nach Multiplikation mit dem Turbinenwirkungsgrad, der je nach Stufenzahl 0,65 bis 0,85 betragen kann. Berechnet man mit der

Zahlentafel E-28. *Theoretisch verfügbare Enthalpiedifferenz und entsprechende Leistung je kg Koks bei verschiedenen Drücken und einer Temperatur von 600 °C am Eintritt in die Turbine und bei einem Gegendruck von 1,0 ata*

Druck vor der Turbine	ata	3,0	2,5	2,0
Enthalpiedifferenz Δi bei adiabatischer Entspannung (ungefähre Werte)[a]	kcal/m³	75	65	52
Enthalpiedifferenz je kg Koks [mit Wert $V_R (= V_{min}$ wegen $\lambda = 1$) aus Gl. (E-5a)]	kcal/kg	845	732	585
Theoretisch verfügbare Leistung je kg Koks	kWh/kg	0,982	0,850	0,680

[a] Um das Formelzeichen für die Enthalpie von dem mit h bezeichneten Wasserstoffanteil des Kokses zu unterscheiden, wird hier abweichend von der S. 257 getroffenen Festlegung der früher benutzte Buchstabe i verwendet. Wie üblich dienen Kleinbuchstaben für spezifische Werte je kg oder je m³.

Verbrennungsluftmenge V_{min} den für die Förderung benötigten Leistungsbedarf und berücksichtigt dabei, daß der Druck am Austritt aus dem Gebläse wegen der Strömungswiderstände in den Leitungen, im Katalysatorbett und in den Fliehkraftabscheidern etwa 1,5 bis 2,0 at über dem Druck vor der Turbine liegen muß, so erhält man eine Turbinenleistung, die zwar nicht ganz, aber zu einem erheblichen Teil den Leistungsbedarf des Verbrennungsluftgebläses decken kann. Bei einer Krackanlage für 500 000 t/a = 60 t/h und einer abzubrennenden Koksmenge von z.B. 7 Gew.-%, d.h. also rd. 4200 kg/h, handelt es sich um eine Leistung von rd. 3500 kW, die durchaus beachtlich ist, auch wenn die Ausnutzung des Kokses als Brennstoff nur etwa 6 bis 8% beträgt. Der größere Teil der Brennstoffwärme dient zum Aufheizen des Katalysators.

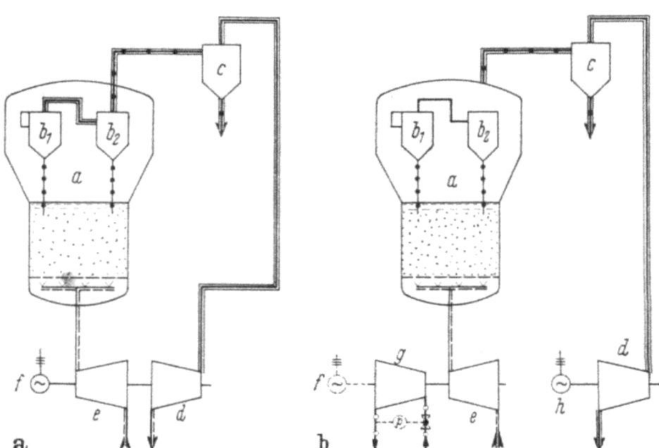

Abb. E-55. Schaltung von Abgasturbinen hinter katalytischen Fließbettkrackanlagen.

a) Gasturbine, Verbrennungsluftgebläse und Asynchronmaschine gekuppelt; b) Gasturbine mit Generator, Verbrennungsluftgebläse mit eigenem Antrieb.

a Regenerator;	e Verbrennungsluftgebläse;
b_1, b_2 Fliehkraftabscheider erster und zweiter Stufe im Regenerator;	f Asynchronelektromotor (der auch als Asynchrongenerator laufen kann);
c Zusätzlicher Fliehkraftabscheider;	g Dampfturbine;
d Gasturbine;	h Synchron- oder Asynchrongenerator.

Zwei Schaltungsmöglichkeiten sind in Abb. E-55 dargestellt. Im Falle der Abb. E-55a sind das Verbrennungsluftgebläse mit der Gasturbine und einem Elektromotor – erforderlichenfalls unter Zwischenschaltung nicht dargestellter Getriebe – zusammengekuppelt. Der Motor muß wegen des Anfahrens für den vollen Leistungsbedarf des Gebläses bemessen werden. Als Asynchronmaschine verringert sich sein Schlupf und seine Leistungsabgabe in dem Maße, wie die Gasturbine Leistung an die Welle abgibt. Selbst bei einer Erhöhung der Gasturbinenleistung über den Bedarf des Gebläses, was vorübergehend eintreten könnte, läuft die Elektromaschine als Asynchrongenerator mit etwas übersynchroner Drehzahl und gibt Leistung an das Netz ab, nimmt dabei aber Blindstrom auf. Bei der Einstellung der verschiedenen Schutzrelais muß deshalb die Möglichkeit der Umkehr des Wirkleistungsflusses beachtet werden.

Steht in der Raffinerie eine ausreichende Menge Nieder- oder Mitteldruckdampf zur Verfügung und ist außerdem Bedarf an elektrischer Energie vorhanden, so kann die Schaltung nach Abb. E-53b wirtschaftlich vorteilhaft sein. Man wählt dann als Antrieb für das Verbrennungsluftgebläse eine Gegendruckdampfturbine, die sich bei den in Frage kommenden Leistungen für nicht zu hohe Drücke mit gutem Wirkungsgrad bauen läßt. Ihr Abdampf kann in das Heizdampfnetz des Werkes abgegeben werden. Sollte dessen Aufnahmefähigkeit beschränkt sein, so muß die Anlage durch die gestrichelt gezeichneten Teile ergänzt werden. Die Dampfturbine muß auf konstanten Gegendruck, nicht entsprechend dem Leistungsbedarf des Gebläses gesteuert werden. Der mit dem Maschinensatz gekuppelte Asynchronmotor muß so bemessen werden, daß er die bei Verminderung der Dampfabgabe fehlende Leistung aufbringen kann.

Die Gasturbine wird dann mit einem Generator gekoppelt, der sowohl als Synchron- wie auch als Asynchrongenerator gebaut werden kann. Im zweiten Fall gelten die zu Abb. E-53a gemachten Bemerkungen. Die erste Möglichkeit hat den Vorteil, daß auch Blindstrom ins Netz geliefert werden kann. Jedoch sind die Anschaffungskosten höher. Außerdem muß es möglich sein, den Maschinensatz so aufzustellen, daß kein Explosionsschutz erforderlich ist. Denn für den Gleichstromerreger und die Schleifringe des Generators dürften bei den beachtlichen Leistungen explosionsgeschützte Ausführungen kaum zu beschaffen sein.

Es bleibt am Schluß noch zu erwähnen, daß eine weitere Ausnutzung der Abwärme durch Nachschalten eines Abhitzekessels hinter die Gasturbine möglich ist und auch verwirklicht wurde. Den Druck hinter der Turbine muß man aber dann so hoch über 1 ata wählen, daß die Strömungswiderstände im Kessel überwunden werden. Dies bedeutet eine gewisse Einbuße an Turbinenleistung. Bei den Betriebsverhältnissen nach Zahlentafel E-28 und den genannten Turbinenwirkungsgraden kann mit einer Abgastemperatur von etwa 425 °C (bei 3 ata vor der Turbine und besseren Wirkungsgraden) bis etwa 525 °C (bei 2 ata und niedrigeren Wirkungsgraden) gerechnet werden. Eine genaue Rechnung, welche den Vorteil einer zusätzlichen Dampferzeugung nachweisen soll, muß zeigen, ob eine solche Erweiterung der Anlage wirtschaftlich gerechtfertigt ist. Ein solcher Kessel wird dann wie der in Abb. E-44, S. 482, für das Verbrennen des im Abgas enthaltenen Kohlenmonoxydes eingerichtet und erhält in der Regel eine Zusatzfeuerung. Hingegen dürfte es zu große Schwierigkeiten bereiten, wollte man auch die im Kohlenmonoxyd chemisch gebundene Wärme in der Gasturbine ausnutzen. Die beim Regenerieren mit Rücksicht auf den Katalysator maximal zulässigen Temperaturen und die für die Gasturbinenschaufeln erlaubten sind mit rd. 600 bis 650 °C etwa gleich. Deshalb müßte die für die Nachverbrennung des Kohlenmonoxydes zuzuführende Luft so genau gesteuert werden, daß sich die Temperatur des Gasstromes kaum ändert. Diese Aufgabe ist nicht leicht zu lösen. In einem Abhitzekessel ist dagegen eine möglichst hohe Temperatur der eintretenden Gase erwünscht, so daß dies keine schwierig zu beherrschende Regelung erfordert.

F. Das katalytische Reformieren

Die Kohlenwasserstoffe mit der höchsten Klopffestigkeit sind die Aromaten, was aus Abb. D-20, S. 326, deutlich zu erkennen ist und mit ihrer thermischen Stabilität zusammenhängt. Das thermische Reformieren wendet, wie S. 325 erläutert wurde, sehr hohe Temperaturen an und fördert auf diese Weise die Bildung klopffester Verbindungen. Es wirkt jedoch nicht selektiv. Die Überlegenheit des katalytischen Krakkens gegenüber dem thermischen Verfahren brachte den Gedanken nahe, auch für das Reformieren nach geeigneten Katalysatoren zu suchen.

Doch gilt diesbezüglich das gleiche, was einleitend auf S. 355 über das Kracken gesagt wurde. Auch beim Reformieren lassen sich durch Katalysatoren die Reaktionen nur so beeinflussen, daß sie für eine wirtschaftliche Verwertung schnell genug ablaufen[1]. Ob sie überhaupt möglich sind, hängt von den thermodynamischen Gleichgewichten ab. Das gewünschte Ergebnis läßt sich noch durch Wahl definierter Einsatzprodukte so steuern, daß es gelingt, vorzugsweise bestimmte Kohlenwasserstoffe, wie z. B. Benzol oder Toluol, herzustellen.

1. Die Hauptmerkmale des Verfahrens

a) Die Unterschiede gegenüber dem thermischen Verfahren

Die Anwendung von Katalysatoren bringt es mit sich, daß im Aufbau der Anlagen erhebliche Unterschiede zwischen den thermischen und den katalytisch arbeitenden Verfahren bestehen. Das Herzstück einer katalytischen Reforming-Anlage sind die Reaktoren, von denen bei den heute üblichen Verfahren meist mehrere mit feststehendem Katalysatorbett hintereinander geschaltet werden. Das vor dem Eintritt in den ersten Reaktor auf Reaktionstemperatur aufgeheizte Produkt wird zwischen den nachfolgenden Reaktoren in den Ofen oder in die Öfen zurückgeleitet, weil wegen des endothermen Charakters der Reaktion die Temperatur etwas abfällt und deshalb eine Zwischenaufheizung erforderlich ist, um günstigste Reaktionsbedingungen zu schaffen. Die dafür erforderlichen Öfen werden deshalb entweder mit mehreren Heizsystemen ausgerüstet oder es werden bei sehr großen Durchsätzen mehrere Öfen aufgestellt. Der gemeinsame Ofen hat wärmewirtschaftlich einen gewissen Vorteil. Da als Einsatzgut ausschließlich Benzin oder enggeschnittene

---

[1] HAENSEL, V., u. M. J. STERBA: Pyrolytic and Catalytic Decomposition of Hydrocarbons. Industr. Engng. Chem. 42 (1950) 1739/46. – NONNENMACHER, H.: Gasphasehydrierung von Erdöl und Dehydrierung unter Wasserstoffdruck. Brennst.-Chem. 31 (1950) 138/42.

Benzinfraktionen dienen, liegt deren Temperatur beim Eintritt in die Anlage meist nicht über der der Umgebung. Auch wenn das Einsatzgut im Wärmeaustausch mit dem ablaufenden Produkt vorgewärmt wird, kann in der Konvektionszone des Ofens der Wärmeinhalt der heißen Rauchgase noch gut ausgenutzt werden. Dadurch erzielt man trotz der beim Reformieren erforderlichen hohen Feuerraum- und Rauchgastemperaturen einigermaßen wirtschaftliche Ofenwirkungsgrade. Die Reaktionstemperatur von mehr als 500 °C wird dann in der Strahlungszone erreicht. Von dieser wird jedoch nur ein Teil für den ersten Durchgang benötigt, während der restliche Teil der Strahlungszone mit getrennter Feuerung für die Zwischenaufheizung zwischen den Reaktoren dient. Der Temperaturabfall beträgt im ersten Reaktor in der Regel 10° oder etwas mehr; er wird in den folgenden jedoch erheblich geringer. Bei milden Reaktionsbedingungen, vor allem bei niedrigeren Reaktortemperaturen, werden auch größere Temperaturabfälle in den Reaktoren zugelassen. Mehr als drei Reaktoren wurden bisher bei keinem der praktisch angewendeten Verfahren zur Erzeugung von Kraftstoffen hintereinander geschaltet. Das erst seit einiger Zeit bekannte, S. 555 erwähnte Magnaforming-Verfahren bildet eine Ausnahme. Ebenso werden bei Reformern zur vorzugsweisen Erzeugung von Aromaten mitunter mehr als drei Reaktoren verwendet.

Wendet man für die Zwischenaufheizung besondere Öfen an, so entfällt die Möglichkeit, die Rauchgase in der Konvektionszone durch kälteres Produkt abzukühlen. Deshalb werden in diesem Fall immer Dampferzeugungssysteme eingebaut, um die Betriebsmittel gut auszunutzen. Der Bauaufwand lohnt sich aber meist erst bei Anlagen mit großen Durchsatzleistungen. Jedoch auch bei einem gemeinsamen Ofen ist eine nachgeschaltete Dampferzeugung empfehlenswert. Bei einem solchen Ofen muß allerdings darauf Rücksicht genommen werden, daß durch die Regelung der Feuerung in den besonderen Strahlungsteilen für die Zwischenaufheizung auch die gemeinsame Konvektionszone betroffen wird, durch die das Einsatzgut zum ersten Ofenteil und dann zum ersten Reaktor strömt. Da aber die Temperaturspanne für die Zwischenaufheizung verhältnismäßig klein ist und dementsprechend auch die Feuerungsleistung, läßt sich diese Aufgabe regeltechnisch ohne besondere Schwierigkeiten lösen.

b) Die ersten katalytisch arbeitenden Verfahren
zur Verbesserung der Klopffestigkeit von Benzin

Es war bereits von den umfangreichen Forschungsarbeiten über die Hydrierung bekannt, daß oberhalb gewisser Temperaturen auch bei Anwesenheit von Wasserstoff Kohlenwasserstoffverbindungen an Hydrierkatalysatoren *dehydriert* werden[1].

Dieser Vorgang ist eine zwangsläufige Folge der Tatsache, daß Katalysatoren (oder Inhibitoren) immer nur thermodynamisch mögliche

---

[1] Vgl. z.B. W. Krönig: Die katalytische Druckhydrierung von Kohlen, Teeren und Mineralölen, Berlin/Göttingen/Heidelberg: Springer 1950, S. 43.

Reaktionen beschleunigen (oder verzögern) können. Deshalb sind Katalysatoren in gleicher Weise wirksam, unabhängig davon, ob eine Reaktion in der einen oder in der anderen Richtung verläuft. Diese wird in der Regel durch die Temperatur bestimmt. Für die hier wichtige Dehydrierung eines Naphthens zu einem Aromat ist ein Beispiel in Abb. F-1

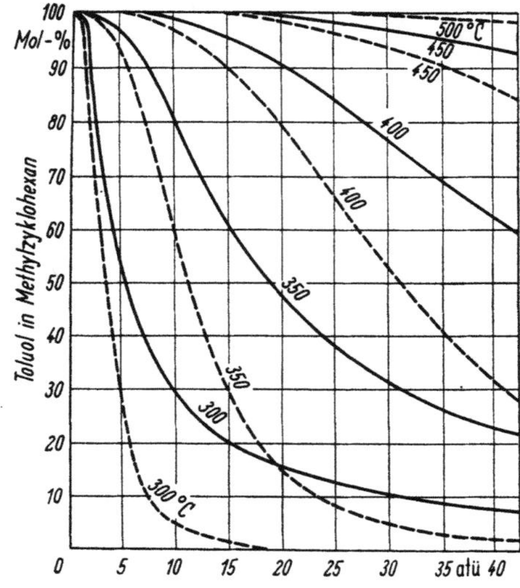

Abb. F-1. Thermodynamisches Gleichgewicht zwischen Methylzyklohexan und Toluol bei verschiedenen Drücken und Temperaturen, nach Greensfelder u. Mitarb.

Ausgezogene Linien: Ohne zusätzlichen Wasserstoff;

Gestrichelte Linien: In reiner Wasserstoffatmosphäre (theoretisch unendliche Verdünnung der Reaktionspartner).

gegeben[1]. Da beim Dehydrieren das Volumen wegen $C_nH_{2n+1} \cdot C_6H_{11} = C_nH_{2n+1} \cdot C_6H_5 + 3 H_2$ zunimmt, liegt das Gleichgewicht bei gegebener Temperatur um so mehr auf Seite der Aromaten, je niedriger der Druck ist.

Wenn auch diese Reaktion beim Hydrieren schwerer Kohlenwasserstoffe unerwünscht wäre, kann sie im Bereich der Benzinkohlenwasserstoffe dazu dienen, aus den in jedem Erdöl vorhandenen Naphthenen die klopffesteren Aromaten herzustellen. Die verwendeten, für diesen Zweck neutralen oder basischen Katalysatoren sind außerdem geeignet, Paraffine zu isomerisieren und zu zyklisieren und Naphthene mit Fünferringen und Seitenketten in Sechserringnaphthene umzuwandeln. Diese können anschließend dehydriert werden, so daß sehr klopffeste Benzinkomponenten entstehen, wie sie heute in Kraftfahrzeugmotoren mit hohem Verdichtungsverhältnis verlangt werden[2]. Die diesbezüglichen Entwicklungs-

---

[1] Vgl. dazu B. H. Danziger: Catalysts. Industr. Engng. Chem. 47 (1955) 1495/1500 (es werden in diesem Aufsatz nur Molybdänoxyd-Katalysatoren behandelt).

[2] Eine Übersicht über das Verhalten einzelner Kohlenwasserstoffe sowie ihrer Gemische im Motor hat auf Grund der bis dahin vorliegenden Untersuchungen W. G. Lovell: Knocking Characteristics of Hydrocarbons. Industr. Engng. Chem. 40 (1948) 2388/2412 gegeben. Von weiteren Arbeiten zu diesem Thema sind noch zu nennen: Widmaier, O.: Beitrag über die chemischen Vorreaktionen im Motor. Brennst.-Chem. 32 (1951) 104/10. – Haensel, V., u. G. R. Donaldson: How Paraffin Content Affects Quality of Motor Fuels from Platforming. Petrol. Processing 6 (1951) 236/40. – Livingston, H. K.: Knock Resistance of Pure Hydro-

arbeiten wurden sowohl von der ehemaligen I. G.-Farbenindustrie AG als auch in den Vereinigten Staaten von Amerika von der Standard Oil Development Co (der jetzigen Esso Research and Engineering Co) und der Universal Oil Products Co (UOP) durchgeführt[1]. Gegen Kriegsende kamen auf Grund der Arbeiten der I.G.-Farbenindustrie AG im Deutschen Reich einige Anlagen in Betrieb, die nach dem sog. Druck-H_2-Dehydrierungsverfahren (DHD-Verfahren) arbeiteten und in denen Hydrierbenzin bei einem Druck von 60 bis 70 at und einer Temperatur von 500 bis 530 °C an Molybdänkontakten in Gegenwart von Wasserstoff aromatisiert, die im Einsatzgut vorhandenen Paraffine auch isomerisiert wurden. Da die Koksbildung je nach Art des Einsatzgutes 0,2 bis 1 % der Durchsatzmenge betrug, klang die Kontaktwirkung nach verhältnismäßig kurzer Betriebszeit ab. Die Katalysatoren ließen sich aber – so wie beim katalytischen Kracken – durch Abbrennen regenerieren. Man rüstete deswegen die Anlagen so wie bei den ersten katalytischen Festbettkrackanlagen mit mehreren Reaktoren aus, die mit ihren zugehörigen Rohrleitungen umschaltbar waren. Zwei oder drei solcher Reaktoren waren dann in Betrieb, während ein weiterer regeneriert wurde oder für die Zuschaltung bereitstand. So konnten z. B. bei Benzinen, die aus der Steinkohlenhydrierung stammten und deshalb bereits einen gewissen Anteil von Aromaten und wenig Wasserstoff enthielten, bei einer Koksbildung von rd. 0,2 % Betriebszeiten von 125 bis 200 h erreicht werden. Bei Benzinen, die durch Hydrieren von Braunkohle oder Erdölrückständen gewonnen waren und deshalb mehr Wasserstoff enthielten, mußte der Betriebsdruck auf 25 bis 35 at gesenkt werden, um die erforderliche stärkere Dehydrierung zu erzielen. Dies hatte aber die Bildung von Koks in Mengen bis zu 1 % zur Folge, weshalb die Betriebszeiten auf rd. 60 h verkürzt werden mußten. Die ersten Versuche der I.G.-Farbenindustrie AG wurden mit noch niedrigeren Drücken von rd. 15 at durchgeführt und ergaben bei der zunächst als Hydroforming-Verfahren (HF-Verfahren) bezeichneten Betriebsweise noch kürzere Fahrzeiten. Diesen standen allerdings wegen des niedrigeren Druckes und des dadurch einfacheren Umschaltens kürzere Zeiten für das Regenerieren gegenüber. Dieses Verfahren ist jedoch großtechnisch nie angewendet worden. Heute bezeichnet man mit Hydroforming vor allem das auf S. 562ff. zu beschreibende, mit Fließbett arbeitende katalytische Reforming-Verfahren der Esso Research and Engineering Company.

Auch im damaligen Kaiser-Wilhelm-Institut für Kohlenforschung wurden Versuche durchgeführt, um die Klopffestigkeit der vorzugsweise

---

carbons. Industr. Engng. Chem. 43 (1951) 2834/40. – COWDEROY, J. A., u. I. G. WITHERS: Der Einfluß der Vergaserkraftstoff-Zusammensetzung auf das Verhalten im Fahrzeugmotor. Erdöl u. Kohle 6 (1953) 66/72. – ECHOLS, L. S., V. E. YUST u. J. L. BAME: A review of research on abnormal combustion phenomena in internal combustion engines. 5. Welt-Erdöl-Kongreß, Rom 1955, Bericht VI/11. – HOFFMANN, H.: Kraftstoff und Motor. Erdöl u. Kohle 11 (1958) 81/86 u. 169/73. – TREW, D. V., u. J. W. HOWELLS: Using C_8 Aromatics to Get Octanes. Petrol. Refiner 37 (1958) Nr. 7, S. 137/39. – PERRY jr., R. H., P. L. GERARD u. D. P. HEATH: Kraftstoffe für neuzeitliche Personenkraftwagen. Erdöl u. Kohle 14 (1961) 110/15.

[1] Vgl. W. KRÖNIG: a.a.O. S.138ff., bes. S. 151 bis 154.

paraffinischen, also sehr klopffreudigen Fischer-Tropsch-Benzine zu verbessern[1]. Als Katalysatoren wurden Vanadiumoxyd bzw. Chromoxyd
auf Aluminiumoxyd als Träger verwendet, und es wurde bei Temperaturen zwischen 400 und 530 °C gearbeitet. Jedoch fehlt das für alle praktisch bedeutsamen, katalytischen Reforming-Verfahren kennzeichnende
Merkmal, nämlich der hohe Wasserstoffteildruck, der angewendet wird,
um das schnelle Verkoken der Katalysatoren zu verhindern. Die wichtigste Reaktion ist auch nicht ein Dehydrieren von Naphthenen, sondern
dem Einsatzmaterial entsprechend ein Zyklisieren aliphatischer Kohlenwasserstoffe. Es wurde also bei diesen Versuchen zwar das gleiche Ziel
wie beim Reformieren angestrebt, aber mit anderen Mitteln. Auf die
Tatsache, daß die Fischer-Tropsch-Synthese weniger für die Erzeugung
von Ottokraftstoffen als für die von Dieselkraftstoffen und Paraffinen
von Bedeutung war, ist es wohl zurückzuführen, daß nichts über eine
großtechnische Anwendung des Verfahrens bekannt wurde.

c) Weitere sog. Hydroforming-Verfahren

Bevor in den folgenden Abschnitten dieses Kapitels auf Einzelheiten
der jetzt angewendeten katalytischen Reforming-Verfahren eingegangen
wird, soll wegen des besseren Verständnisses der während und nach dem
Zweiten Weltkrieg erschienenen Literatur über das Reformieren kurz
erwähnt werden, was in der Zwischenzeit als Hydroforming-Verfahren
bezeichnet wurde. So wird es noch in dem bekannten Buch von SACHA-
NEN[2] unter „Various Modification of Catalytic Cracking" behandelt, obwohl die Unterschiede zwischen beiden Verfahren sehr erheblich sind.
Ist doch das Ziel des Reformierens in erster Linie die Umwandlung der
Molekül*struktur*, ohne daß eine wesentliche Änderung der Siedegrenze
angestrebt wird, was mit etwa unveränderter Molekül*größe* gleichbedeutend ist[3]. Wenn auch unter Dehydrieren das Abspalten von Wasserstoffatomen verstanden wird, so empfiehlt es sich doch, es nicht unter die
Krackprozesse einzureihen.

 Unter teilweiser Verwertung der eingangs erwähnten Arbeiten haben
vor und während des Zweiten Weltkrieges verschiedene u.s.-amerikani-
sche Firmen Anlagen gebaut, in denen mit Hilfe von Katalysatoren die
heute als Reforming-Reaktionen bezeichneten Umwandlungen durchgeführt wurden. Ziel dieser Verfahren war die Steigerung der Klopffestigkeit oder – besonders während des Krieges – die Herstellung von
Toluol, das in großen Mengen als Ausgangsstoff für den Sprengstoff Tri-
nitrotoluol (TNT) gebraucht wurde[4]. Eines dieser Verfahren wurde von

---

[1] Vgl. H. KOCH: Katalytische Aromatisierung aliphatischer Kohlenwasserstoffe.
Brennst.-Chem. 20 (1939) 1/9; ref. Z. Ver. dtsch. Ing. 83 (1939) 1143.

[2] SACHANEN, A. N.: Conversion of Petroleum, 2. Aufl., New York: Reinhold
1948, S. 345.

[3] Die Senkung des Siedebeginnes, die beim katalytischen Reformieren infolge
gleichzeitig ablaufender Hydrocracking-Reaktionen eintritt, ist zur Erhöhung der
Startfreudigkeit durchaus erwünscht.

[4] HARTLEY, F. L.: Commercial Synthesis of Toluene By Hydroforming, and
Recovery By Azeotropic Distillation. Petrol. Refiner 24 (1945) Nr. 12, S. 131/36
[519/24].

der The M. W. Kellogg Co als Ingenieurfirma entwickelt, weiterhin haben neben der bereits erwähnten Standard Oil Development Co die Standard Oil Co of Indiana und die Union of California Entwicklungsarbeiten geleistet. Entsprechend dem während des Krieges erreichten Stand des katalytischen Krackens wurde so wie in den Anlagen der I.G.-Farbenindustrie AG mit feststehendem Katalysatorbett gearbeitet; die Katalysatoren mußten von Zeit zu Zeit regeneriert werden. Hohe Ausbeuten an Toluol wurden dadurch erzielt, daß eng geschnittene Fraktionen mit Siedebereich etwa zwischen 90 und 130 °C als Einsatzgut verwendet wurden[1]. Als Katalysator dienten Molybdänoxyd oder Molybdän- und Chromoxyd auf aktivierter Tonerde. Die größte nach diesem Verfahren arbeitende Anlage stand bei der Humble Oil Refinery Co in Baytown/ Texas und produzierte während des Krieges aus einem besonders naphthenreichen Einsatzgut ungefähr die Hälfte des Toluols, das für die Deckung des Bedarfs der US Army benötigt wurde. Nach dem Kriege wurde eine größere derartige Anlage noch nach Argentinien geliefert[2].

d) Bauformen katalytisch arbeitender Reforming-Anlagen

Ähnlich wie bei den Krackanlagen ging auch beim Reformieren die Entwicklung von den mit feststehendem Katalysatorbett arbeitenden Verfahren weiter zu den mit bewegter Schüttung und schließlich zu den mit Fließbett arbeitenden Verfahren. Die Nachteile der Notwendigkeit, den Katalysator nach kurzen Betriebszeiten immer wieder zu regenerieren, sind offensichtlich. Es war daher naheliegend, daß man auch beim Reformieren die gleiche Technik wie beim Kracken anzuwenden versuchte. So entstand in Anlehnung an das im Abschn. E 5a besprochene TCC-Verfahren der Socony Vacuum Co das Thermofor Catalytic Reforming-Verfahren (TCR-Verfahren). Entsprechend der bevorzugten Arbeitsrichtung der Standard Oil Development Co wurde von dieser das Fluid Hydroforming-Verfahren entwickelt. Beide werden nachstehend auf S. 560 und S. 562ff. besprochen. Es muß jedoch auf einen wesentlichen Unterschied gegenüber dem Krackverfahren hingewiesen werden.

Bei den Reforming-Verfahren der I.G.-Farbenindustrie AG wurde bis zu 1% des Durchsatzes als Koks gebildet. In ähnlicher Größenordnung bewegte sich die Koksbildung auch bei den in den Vereinigten Staaten von Amerika angewendeten Verfahren. Diese Koksmenge ist nur ein Bruchteil der Mengen, die beim katalytischen Kracken entstehen und bis zu 10% betragen können. Daher hat bei Reforming-Anlagen der apparative Aufwand für einen umlaufenden Katalysator, sei er in Perlform, sei er in Staubform, ein ganz anderes Gewicht als bei Krackanlagen. Entscheidend für die Weiterentwicklung war nun, daß es V. HAENSEL von der Universal Oil Products Co gelang, einen für die Anwendung im Betrieb geeigneten Platinkatalysator zu schaffen, der die gewünschte

---

[1] Vgl. A. W. SACHANEN: a.a.O. S. 348.

[2] Vgl. J. J. SWIFT, S. R. STILES, E. W. HOWARD u. M. TARNPOLL: New Hydroforming Unit Produces Petrochemicals and Avgas. Petrol. Refiner 32 (1953) Nr. 2, S. 105/09; ref. BWK 5 (1953) 402.

Erhöhung der Klopffestigkeit bewirkt und bei dem durch hohen Wasserstoffteildruck die Koksbildung praktisch vollkommen unterdrückt wird. Mit solchen Katalysatoren sind Betriebszeiten von vielen Tausend Stunden erreicht worden, so daß auf ein Regenerieren in der Anlage verzichtet werden konnte[1]. Auch von anderen Ingenieur- und Erdölgesellschaften einschließlich der beiden vorgenannten wurden Edelmetallkatalysatoren entwickelt, die sich für das Reformieren ausgezeichnet eignen und entweder gar nicht oder nur in großen Zeitabständen regeneriert zu werden brauchen. Dies kann auch in der Anlage selbst geschehen. Für solche Katalysatoren ist aber das Festbett die geeignete Anwendungsform. Die damit arbeitenden Reforming-Verfahren beherrschen heute das Feld ausschließlich. Die Verhältnisse weichen hier auf Grund besonderer Bedingungen grundsätzlich von den beim katalytischen Kracken vorliegenden ab. Da es heute kaum mehr eine Raffinerie gibt, die ohne Reforming-Anlage arbeitet, wurden die Gesichtspunkte für die Auswahl aus den gebotenen Möglichkeiten wiederholt im Schrifttum dargestellt. Deshalb wird vor der Beschreibung der einzelnen Verfahren auf diese Quellen verwiesen[2].

e) Die wichtigsten, beim katalytischen Reformieren ablaufenden Reaktionen

Wegen der überragenden Bedeutung der mit Edelmetallkatalysatoren im Festbett arbeitenden Verfahren werden nachstehend vor allem diese betrachtet. Die für das Reformieren kennzeichnenden Reaktionen lassen sich thermodynamisch deshalb nicht leicht erklären, weil mehrere Reaktionen gleichzeitig ablaufen und in gewissem Wettstreit miteinander stehen. Als wichtigste sieht man die folgenden an:

1. Isomerisieren von Methylzyklopentan zu Zyklohexan[3]

---

[1] KASTENS, M. L., u. R. SUTHERLAND: Platinum Reforming of Gasoline. Industr. Engng. 42 (1950) 582/93. - WRIGHT, J. F.: Platforming - New Continuos Catalytic Reforming Process Operates on All Types of Virgin Stocks. Petrol. Refiner 29 (1950) Nr. 9, S. 163/67.

[2] BRAMSTON-COOK, H. E.: Hydrocarbon Reforming Processes. Chem. Engng. Progress 48 (1952) 381/84. - STEEL, R. A., J. A. BOCK, W. R. HERTWIG u. L. W. RUSSUM: Selecting a Catalytic Reforming Process. Petrol. Refiner 33 (1954) Nr. 5, S. 167/71. - SITTIG, M., u. W. WARREN: How to Get These Top Octanes. Petrol. Refiner 34 (1955) Nr. 9, S. 230/80, mit mehr als 300 Schrifttumsnachweisen. - SCHMELING, F.: Katalytisches Reformieren und andere Verarbeitungsverfahren in ihrer Bedeutung für die Kraftstoffverbesserung. Erdöl u. Kohle 11 (1958) 569/73. - BOZEMAN, H. C.: Catalytic reforming - octane booster with a future. Oil Gas J. 61 (23. Dez. 1963) Nr. 51, S. 50/58.

[3] In den Symbolen der Ringverbindungen sind alle C-Atome in den Ecken der Ringe sowie die mit diesen verbundenen H-Atome weggelassen; bei den Naphthenen je zwei, bei den Aromaten je eines, sofern nicht eines von ihnen durch ein Radikal ersetzt ist.

2. Dehydrieren von Zyklohexan und seinen Derivaten zu entsprechenden Aromaten; z.B.

$$\text{Zyklohexan} \longrightarrow \text{Benzol} + 3\,H_2$$

oder

$$\text{Methylzyklohexan} \longrightarrow \text{Toluol} + 3\,H_2$$

3. Dehydrierendes Zyklisieren von Paraffinen zu Aromaten, z.B.

$$CH_3-(CH_2)_6-CH_3 \longrightarrow \text{o-Xylol} + 4\,H_2$$

$$\text{Normaloktan} \qquad \text{o-Xylol}$$

4. Hydrierendes Kracken höhermolekularer Paraffine zu niedrigermolekularen, die Ausgangsstoff für weitere Reforming-Reaktionen werden.

5. Isomerisieren von Normal- zu Isoparaffinen.

6. Hydrieren von Olefinen zu Paraffinen, die dann nach 4. und 5. weiterreagieren können.

7. Hydrieren von Schwefelverbindungen, z.B.

$$RSH + H_2 \longrightarrow RH + H_2S$$

$$\text{Merkaptan} \quad \text{Wasserstoff} \quad \text{Alkan} \quad \text{Schwefel-}$$
$$\text{wasserstoff}$$

Zwar wird die zuerst genannte Reaktion für die weiteren als notwendig angesehen[1]. Doch liegt ihr thermodynamisches Gleichgewicht bei den angewendeten Betriebsbedingungen ganz auf Seite der Alkylzyklopentane, so daß es als wahrscheinlich angenommen werden muß, daß Benzol aus Methylzyklopentan direkt durch eine Art „dehydrierende Isomerisierung" entsteht[2]. Abb. F-2 zeigt die bei dieser Reaktion unter bestimmten Betriebsbedingungen erzielten Ausbeuten in Abhängigkeit von der Raumgeschwindigkeit im Versuchsreaktor. Die insgesamt aus Methylzyklopentan gewonnenen Produkte bei verschiedenen Temperaturen und einer bestimmten Raumgeschwindigkeit an dem von der

---

[1] So z.B. G. EGLOFF: Die Chemie in der modernen Ölindustrie. Erdöl u. Kohle 8 (1955) 236/43, dort bes. S. 237.

[2] Vgl. dazu H. HEINEMANN, G. A. MILLS, J. B. HATTMAN u. F. W. KIRSCH: Houdriforming Reactions. Studies with Pure Hydrocarbons. Industr. Engng. Chem. 45 (1953) 130/34.

Houdry Process Corp entwickelten Kontakt sind in Zahlentafel F-1 zu-sammengestellt. Da die Beobachtungen beim Reformieren die nicht zu bestreitende Tatsache zeigen, daß im Reformat weniger Methylzy-klopentan zu finden ist als im Einsatzgut, versuchte man dies theore-

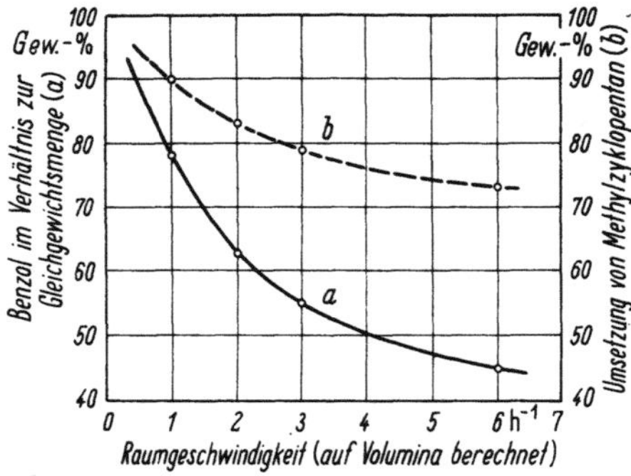

Abb. F-2. Katalytische Umwand-lung von Methylzyklopentan (MZP) in Benzol bei 510 °C, 22 ata und einem H_2/MZP-Verhältnis von 4 : 1 (in Molen ausgedrückt), nach HEINEMANN u. Mitarb.

Zahlentafel F-1. *Aus Methylzyklopentan (MZP) durch Katalyse gebildete Produkte bei einem Druck von 22 ata, einem H_2/MZP-Verhältnis von 4 : 1 (in Molen ausgedrückt) einer Raumgeschwindigkeit von 6 h^{-1} und bei verschiedenen Temperaturen, nach* HEINEMANN *u. Mitarb.; vgl. auch Abb. F-2*

Temperatur	°C	482	510	524
Umsetzung zu				
H_2	Gew.-%	3,4	3,2	3,2
C_1 bis C_4	Gew.-%	4,2	7,0	9,8
C_{5+}-Paraffine	Gew.-%	24,9	25,5	26,6
Aromaten	Gew.-%	33,5	38,6	40,0
Umsetzungsgrad	Gew.-%	66,0	74,3	79,6
Zusammensetzung der C_1-				
bis C_4-Kohlenwasserstoffe	Gew.-%			
C_1		16,6	12,9	12,5
C_2		21,4	11,2	15,7
C_3		14,3	12,9	13,4
C_4		47,7	63,0	58,4
		100,0	100,0	100,0
Zusammensetzung der				
C_6-Paraffine	Vol.-%			
2,2-Dimethylbutan		3,5	3,8	4,8
2,3-Dimethylbutan		4,6	4,1	3,7
2-Methylpentan		34,9	35,2	33,6
3-Methylpentan		18,0	18,6	17,9
n-Hexan		39,0	38,3	40,0
		100,0	100,0	100,0
Zusammensetzung der				
Aromaten	Vol.-%			
Benzol		92,0	97,6	100,0
Toluol		2,2	0,8	0,0
Xylole		3,7	1,4	0,0
Äthylbenzol		2,1	0,2	0,0
		100,0	100,0	100,0

tisch mit Hilfe der Karbonium-Ionen-Theorie zu erklären; es muß diesbezüglich auf das Schrifttum verwiesen werden[1].

Es wurde auch der Versuch unternommen, den Reaktionsablauf beim Reformieren rechnerisch zu erfassen, um Betriebsbedingungen, Ausbeuten und Produkteigenschaften vorausbestimmen zu können[2]. Für die Rechnungen wurde eine elektronische Rechenanlage benutzt. Nach Mitteilung des Verfassers stimmen die theoretisch gewonnenen Ergebnisse sehr gut mit den in Betriebsanlagen erzielten überein, obwohl in der Rechnung z.B. die Hydrokrackreaktionen vernachlässigt wurden und für jede der drei Kohlenwasserstoffgruppen (Paraffine, Naphthene, Aromaten) nur je eine repräsentative Komponente gleicher Kohlenstoffatomzahl bei allen drei Gruppen angenommen ist.

Wegen der Unübersichtlichkeit der katalysatisch beeinflußten Reforming-Reaktionen, für die der gleichzeitige Ablauf von Dehydrierungs- und von Hydrierreaktionen besonders kennzeichnend ist, wurden auch von anderen Stellen Untersuchungen durchgeführt, die den Zweck hatten zu erkennen, welche Reaktionen unter bestimmten Verfahrensbedingungen bevorzugt werden. So wie bei der Untersuchung der Krackreaktionen hat es sich hier ebenfalls gezeigt, daß die Untersuchung definierter Kohlenwasserstoffe einen besseren Einblick in den Reaktionsablauf gewährt, als wenn man Gemische untersucht, wie sie in technisch erzeugten Benzinen vorliegen. So haben neben HEINEMANN u. Mitarb. auch HETTINGER u. Mitarb. definierte Kohlenwasserstoffe, und zwar n-Heptan, Methylzyklohexan und andere reine Kohlenwasserstoffe, verwendet[3]. Sie betonen die Bedeutung des bei den hohen Arbeitstemperaturen unvermeidlichen hydrierenden Krackens (auch Hydrocracking genannt). Das Hydrocracking als besonders entwickeltes Verfahren wird in Kapitel L näher behandelt. Beim Reformieren hat das Hydrocracking von Normalparaffinen den Vorteil, daß die Klopffestigkeit bei Verminderung um ein einziges Kohlenstoffatom im Bereich der Benzin-

---

[1] Vgl. dazu V. HAENSEL: Aromatization, Hydroforming and Platforming, in: The Chemistry of Petroleum Hydrocarbons, hrsg. von B. T. BROOKS, C. E. BOORD, S. S. KURTZ u. L. SCHMERLING, New York: Reinhold 1955, 2. Bd., S. 189/219, bes. S. 202 sowie den Abschnitt „Isomerization of Cycloparaffins" bei H. PINES u. J. M. MAVITY: Isomerization of Saturated Hydrocarbons; ebd. Bd. 3, S. 9/58, bes. S. 43 ff.

[2] SMITH, R. B.: Kinetic Analysis of Naphtha reforming with platinum catalyst. Chem. Engng. Progr. 55 (Juni 1959) Nr. 6, S. 76/80.

[3] HETTINGER, W. P., C. D. KEITH, J. L. GRING u. J. W. TETER: Hydroforming Reactions. Effect of Certain Catalyst Properties and Poisons. Industr. Engng. Chem. 47 (1955) 719/30. – Allerdings kommt z.B. V. HAENSEL auf Grund neuester Untersuchungen zu dem Ergebnis, daß bei den Reforming-Reaktionen eine größere Anzahl von Mechanismen beteiligt ist, die sowohl vom Katalysator wie von den Arbeitsbedingungen abhängen, vgl. Referat eines auf der 140. Tagung der American Chemical Society, Chicago/Ill. (3. bis 8. September 1961), gehaltenen Vortrages in Erdöl u. Kohle 15 (1962) 562. Dadurch ergäbe sich die Notwendigkeit, frühere Ansichten zu überprüfen, was bei der Beurteilung der nachstehend beschriebenen Untersuchungen zu berücksichtigen wäre. Da diese Ansichten aber wesentlich zur heutigen Kenntnis der Vorgänge beigetragen haben, müssen sie besprochen werden, auch wenn die daraus gezogenen Schlüsse im Lichte neuester Erkenntnisse gewisser Abänderungen bedürfen.

kohlenwasserstoffe bereits eine Steigerung der Oktanzahl um 10 bis 15 Punkte bringen kann. Doch sind die auf diese Weise entstehenden Kohlenwasserstoffe beim Reformieren meist nur Ausgangsstoffe für weitere der eben aufgezählten Reaktionen; vgl. dazu auch Abb. G-1, S. 568.

Bei den Untersuchungen von HETTINGER u. Mitarb. zeigte sich, daß 1,2-Dimethylzyklopentan gegenüber anderen Dimethylzyklopentanen oder Äthylzyklopentan aus n-Heptan in größeren Mengen entstand, als dies auf Grund der Gleichgewichtsbedingungen nach den Regeln der Thermodynamik vorausgesagt werden konnte. Die Forscher schließen daraus auf eine bevorzugte Ringbildung zwischen dem zweiten und sechsten Kohlenstoffatom gemäß dem Schema

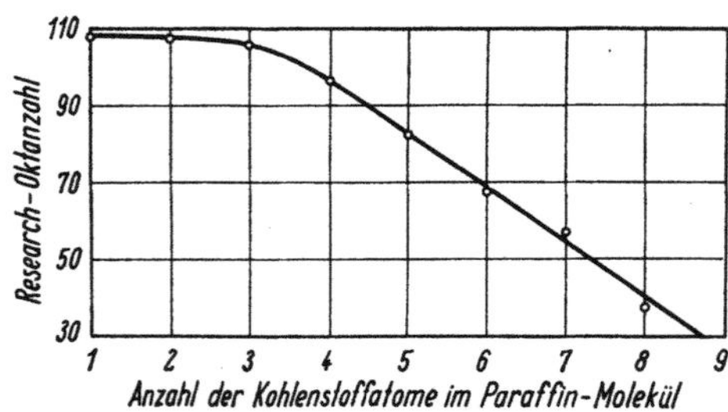

Die Ergebnisse dieser Untersuchungen sind in der erwähnten Arbeit in einer sehr umfangreichen Zahlentafel zusammengestellt, auf deren Wiedergabe hier verzichtet werden muß. Es ist allerdings zu beachten, daß durch die spezifische Wirkung des verwendeten Katalysators Ausbeuten an einzelnen Kohlenwasserstoffen erzielt wurden, die nicht in allen Einzelheiten verallgemeinert werden dürfen. Jedoch hat es den Anschein, daß die mit anderen Platinkatalysatoren erzielten Ergebnisse im großen und ganzen damit übereinstimmen. Auch n-Oktan und n-Nonan sowie deren Isomere werden ebenfalls zu Sechserringnaphthenen zyklisiert, die dann im weiteren Verlauf dehydriert werden.

Abb. F-3. Research-Oktanzahl des bei 482 °C im Gleichgewicht befindlichen Gemisches der Paraffinisomeren, nach HETTINGER u. Mitarb.

Zusammenfassend ergibt sich etwa folgendes Bild: Die Dehydrierung alkylsubstituierter Zyklohexane zu gewünschten Aromaten verläuft äußerst schnell. Unter den üblichen Betriebsbedingungen wurden Reaktionszeiten von etwa 0,01 sec errechnet. Es ist daher die Aktivität eines Reforming-Katalysators für die Isomerisierung von Zyklopentanen zu Zyklohexanen wichtig, damit die Voraussetzungen für die Bildung von Aromaten geschaffen werden kann. Denn die Bildung von Isoparaffinen allein würde, wie Abb. F-3 zeigt, nie genügen, die angestrebte Oktanzahlverbesserung zu erreichen. Je höher die Kohlenstoffatomzahl im Molekül ist, desto niedriger ist die Oktanzahl der Mischung verschiedener Paraffine, die sich bestenfalls im Gleichgewicht einstellen. Hingegen zeigt die Abbildung, daß in diesem Bereich eine Verringerung der Kohlenstoffatomzahl im Molekül durch hydrierendes Kracken um ein einziges Kohlenstoffatom die Researchoktanzahl – wie bereits erwähnt – erheblich verbessern kann.

Die stärkste Wirkung wird somit durch die dehydrierende Zyklisierung von Paraffinen erzielt. So wird z. B. für n-Oktan, das noch klopffreudiger ist als n-Heptan, die Oktanzahl mit etwa – 20 angegeben. Ein solcher Zahlenwert kann zwar physikalisch nicht mehr als sinnvoll betrachtet werden, ist aber als Rechnungsgröße brauchbar. C_8-Aromaten wie Xylol oder Äthylbenzol haben jedoch eine Klopffestigkeit entsprechend einer Oktanzahl von mehr als 100. Daraus dürfte klar hervorgehen, daß gute Reforming-Katalysatoren so beschaffen sein müssen, daß alle dadurch gesteuerten Reaktionen möglichst zu dehydrierender Zyklisierung als letzter Reaktion führen. Weitere Einzelheiten über den Reaktionsmechanismus sind in verschiedenen Arbeiten zu finden, die neben den eigenen Untersuchungen in dem Aufsatz von HETTINGER u. Mitarb. verwertet wurden bzw. im Zusammenhang damit erschienen sind[1].

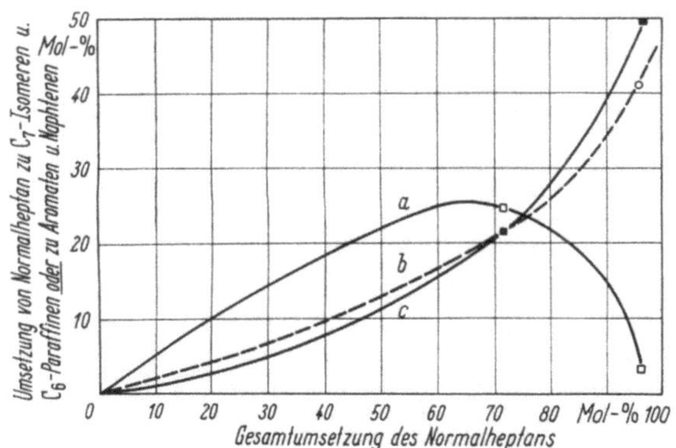

Abb. F-4. Die beim Reformieren an Platinkontakten ablaufenden Reaktionen beim Einsatz von n-Heptan in Abhängigkeit vom Umsetzungsgrad, nach HETTINGER u. Mitarb. Temperatur 496 °C; Druck 14 ata; H_2/n-C_7-Verhältnis 5 : 1.
a Isomerisieren; b Dehydrozyklisieren; c Hydrokracken.

In Abb. F-4 ist der Versuch gemacht, durch Zusammenfassung von Einzelergebnissen zu zeigen, wie Reforming-Katalysatoren bei n-Heptan wirken. Die Tangenten an die Kurven im Ursprung sind ein Maßstab für

---

[1] Vgl. u. a. R. C. ARCHIBALD u. B. S. GREENSFELDER: Promoted Chromia-Alumina Catalyst for Converting n-Heptane to Toluol. Industr. Engng. Chem. 37 (1945) 356/61. – GREENSFELDER, B. S., R. C. ARCHIBALD u. D. L. FULLER: Catalytic Reforming. Fundamental Hydrocarbon Reactions of Petroleum Naphthas with Molybdena-

die Selektivität des Katalysators. Die anfangs vorherrschende Isomerisierung wird mit zunehmender Reaktion zurückgedrängt, und die beiden für die Oktanzahlverbesserung wichtigsten Reaktionen gewinnen mit fortschreitender Umwandlung entscheidenden Einfluß. Allerdings wurde dieses Verhalten nur am Beispiel des n-Heptans festgestellt. Die beim Reformieren von Benzinen erzielten Endergebnisse lassen zwar vermuten, daß der Reaktionsablauf mit dem beim n-Heptan beobachteten übereinstimmen könnte. Doch deutet der anfangs stärkere Temperaturabfall in Betriebsanlagen auf einen merkbaren Einfluß von Dehydrier- bzw. Dealkylierreaktionen auch schon bei den ersten Umsetzungen.

Es mag auffallen, daß die bei den bisherigen Abbildungen angegebenen Drücke erheblich niedriger liegen, als sie im praktischen Betrieb von Reforming-Anlagen angewendet werden oder zumindest in den zurückliegenden Jahren angewendet wurden. Tatsache ist, daß niedrige Drücke die Bildung von Aromaten begünstigen, weil die Reaktion gemäß S. 512 mit einer Zunahme der Mole verbunden ist. Dies läßt auch Abb. F-5 erkennen. Bei den verschiedenen Versuchen bestand die Absicht, die Vorgänge möglichst klar herauszuarbeiten, um auf die Verhältnisse mit weniger durchsichtigem Reaktionsverlauf schließen zu können. Weiterhin sind diese Drücke gleich dem Wasserstoffpartialdruck, weil bei den Versuchen in der Regel reiner, elektrolytisch gewonnener Wasserstoff verwendet wird. In technischen Anlagen benutzt man jedoch das im Prozeß infolge der Dehydrierungsreaktionen gewonnene, wasserstoffreiche Gas mit einen H_2-Gehalt von 65 bis 80 Vol.-% für den Kreislauf. Schon deshalb muß der Druck in Betriebsanlagen höher gewählt werden.

Alumina and Chromia-Alumina Catalysts. Chem. Engng. Progr. 43 (1947) 561/68. – HAENSEL, V., u. V. N. IPATIEFF: Selective Demethylation of Paraffin Hydrocarbons. Preparation of Triptane. Industr. Engng. Chem. 39 (1947) 853/57. – HAENSEL, V., u. C. V. BERGER: Aromatics by Platforming. Petrol. Processing 6 (1951) 264/67. – HAENSEL, V., u. G. R. DONALDSON: Platforming of Pure Hydrocarbons. Industr. Engng. Chem. 43 (1951) 2102/04. – Dies.: Platforming-reactions of pure hydrocarbons. 3. Welt-Erdöl-Kongreß, Den Haag 1951, Bericht IV/III-3. – HEINEMANN, H., J. W. SCHALL u. D. H. STEVENSON: Application of Houdriforming to Produce Aromatics and High-Octane Motor Gasoline. Petrol. Refiner 30 (1951) Nr. 11, S. 107/10. – HEINEMANN, H., u. Mitarb.: Vgl. Fußn. 2, S. 517. – MILLS, G. A., H. HEINEMANN, T. H. MILLIKEN u. A. G. OBLAD: Houdriforming Reactions. Catalytic Mechanism. Industr. Engng. Chem. 45 (1953) 134/37. – CIAPETTA, F. G., (u. J. B. HUNTER): Isomerization of Saturated Hydrocarbons in Presence of Hydrogenation-Cracking Catalysts; ebd. S. 147/64. – HEINEMANN, H., H. SHALIT u. W. S. BRIGGS: Houdriforming Reactions. Studies with Sulfur Compounds; ebd. S. 800/02. – CONNOR jr., J. E., F. G. CIAPETTA, L. N. LEUM u. M. J. FOWLE: Benzene Production over the Catforming Catalyst; ebd. 47 (1955) 152/56.

Gleichzeitig mit der Arbeit von HETTINGER u. Mitarb. wurden in dem Symposium „Catalytic Processing of Gasoline Fractions" a.a.O. veröffentlicht die Aufsätze von G. R. DONALDSON, L. F. PASIK u. V. HAENSEL: Dehydrocyclization in Platforming. Industr. Engng. Chem. 47 (1955) 731/35. – HEINEMANN, H., J. B. HATTMANN u. J. W. SCHALL: Houdriforming of Hydrocracked Naphthas; ebd. S. 735/39. – BEYLER, D., D. H. STEVENSON u. F. R. SHUMAN: Houdriforming for Aromatics; ebd. S. 740/44. – Außerdem sind noch zu erwähnen: H. HEINEMANN, G. A. MILLS, H. SHALIT u. W. S. BRIGGS: Katalytische Reaktionen mittels eines bifunktionellen Katalysators. Brennst.-Chem. 35 (1954) 368/71. – SINFELT, J. H. u. J. C. ROHRER: Reactivities of Some C_6—C_8-Paraffins over $PtAl_2O_3$. J. chem. engng. data 8 (1963) 109/11.

Niedriger Druck bedeutet somit gemäß Abb. F-5 bei gleichbleibender Temperatur schärfere Reaktionsbedingungen, höhere Oktanzahlen, aber auch etwas höhere Koksbildung. Deshalb zieht man es vor, in Betriebsanlagen mit höherem Druck und einer der geforderten Oktanzahl entsprechend hohen Temperatur zu fahren, so daß mit heute üblichen Katalysatoren Standzeiten von vielen Tausend Stunden erreicht werden, bevor eine Regenerierung nötig wird. Die Anlagen werden für die höchsten Drücke und Temperaturen gebaut, die bei gegebenem Einsatzgut zur Erzielung einer gewünschten Oktanzahl erforderlich sind. Zwar läßt sich

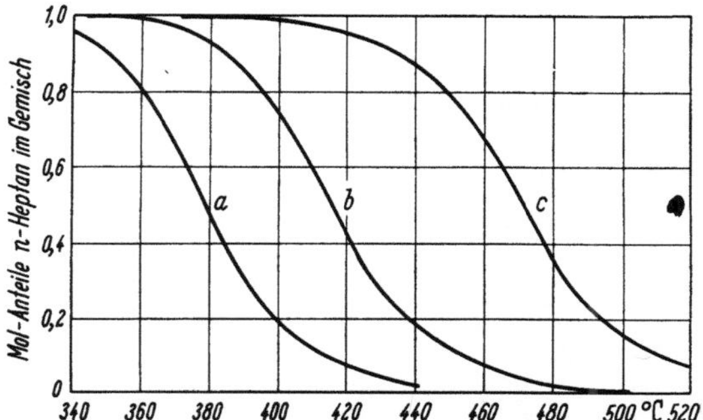

Abb. F-5. Gleichgewicht zwischen n-Heptan und Toluol in Gegenwart von Wasserstoff bei verschiedenen Drücken und Temperaturen und einem Molverhältnis Wasserstoff zu n-Heptan (ursprünglich vorhandene Menge) von 5 : 1, nach HETTINGER und Mitarb.

	a	b	c
Druck	7	14	35 atü

eine Druckänderung regeltechnisch einfacher beherrschen als eine Temperaturänderung. Doch wäre es mit der Einstellung eines einzelnen Reglers nicht getan. Wegen der Rückwirkung einer solchen Maßnahme auf die Förderverhältnisse der Kreislaufkompressoren und Pumpen sieht man davon ab, den Druckpegel der gesamten Anlage zu ändern, und fährt daher die Anlagen mit der jeweils erforderlichen Temperatur vor Eintritt in die Reaktoren, indem man die Feuerungsleistung des Ofens oder der Öfen steuert.

Die beschriebenen und erörterten Ergebnisse wurden auch mit Hilfe von reaktionskinetischen Berechnungen auf elektronischen Rechenmaschinen nachgeprüft und haben die Richtigkeit der bisher gewonnenen Erkenntnisse für die untersuchten Kohlenwasserstoffe bestätigt[1]. Die der Veröffentlichung von KRANE u. Mitarb. entnommene Abb. F-6 gibt in anderer Weise die in Abb. F-4 dargestellten Erkenntnise wieder, nämlich daß das anfängliche Übergewicht der Isomerisierung bei zunehmender Umsetzung zurückgedrängt wird. Auch der Einfluß des Druckes, der sich auf die einzelnen Reaktionen sehr unterschiedlich auswirkt, kann aus

---

[1] Vgl. dazu H. G. KRANE, A. B. GROH, B. L. SHULMAN u. J. H. SINFELT: Reactions in Catalytic Reforming of Naphthas. 5. Welt-Erdöl-Kongreß, New York 1959, Bericht III/4. – WERMANN, J., u. K. LUCAS: Thermodynamische Betrachtung zur katalytischen Reformierung von Benzin-Kohlenwasserstoffen. Chem. Techn. 16 (1964) 342/46.

dieser Abbildung abgelesen werden. Obwohl sich eine Steigerung des Druckes auf die Bildung von Aromaten ungünstig auswirkt, kann beim Reformieren von Schwerbenzin auch bei den üblichen Drücken eine ausreichende Verbesserung der Klopffestigkeit erreicht werden, weil durch hydrierendes Kracken höhermolekularer Paraffine genügend Mengen aromatisierbarer Verbindungen entstehen.

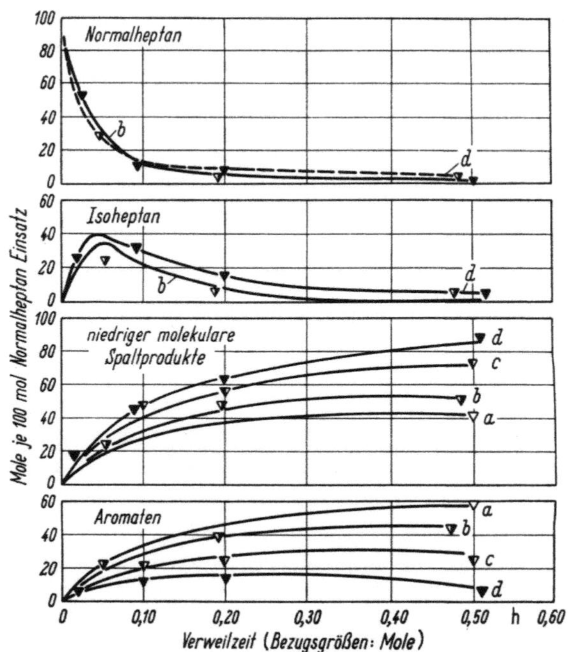

Abb. F-6. Umsetzung von n-Heptan bei 496 °C, einem H_2/C_7-Molverhältnis von 5 : 1 und bei verschiedenen Drücken in Abhängigkeit von der Verweilzeit (als Reziprokwert der Raumgeschwindigkeit definiert), nach KRANE u. Mitarb.

	a	b	c	d
Druck	7	14	25	35 atü

2. Die Produkte und die Ausbeuten

Die bisher beschriebenen Erkenntnisse wurden im Laboratorium gewonnen. Es ist daher wichtig zu wissen, mit welcher Sicherheit die in Betriebsanlagen zu erwartenden vorausgesagt werden können. Dazu kommt, daß bei den geschilderten Laboratoriumsversuchen möglichst definierte Ausgangsstoffe verwendet wurden, weil man glaubt, so den Ablauf der beim Reformieren gleichzeitig auftretenden Reaktionen besser verfolgen zu können. Großtechnische Anlagen werden aber zum Verarbeiten von Benzinen mitunter recht wechselnder Zusammensetzung gebaut. Deshalb ist in Zahlentafel F-2 gezeigt, mit welchen Werten bei Schwerbenzinen bekannter Vorkommen etwa gerechnet werden kann,

Zahlentafel F-2. *Siedebereich, Gehalt an Kohlenwasserstoffgruppen und sonstige Eigenschaften von Reformer-Einsatzbenzinen verschiedener Herkunft*

Rohölherkunft		Golfküste	Mid Continent	Venezuela	Pennsylvanien	Kuweit
Dichte	g/ml	0,787	0,761	0,785	0,748	0,762
Siedebereich	°C					
Siedebeginn		94	113	122	101	115
10 Vol.-% ⎫ über-		121	125	134	111	139
50 Vol.-% ⎬ ge-		152	144	152	127	154
90 Vol.-% ⎭ gangen		180	172	181	153	169
Siedeendpunkt		201	189	197	169	179
Paraffine	Vol.-%	26,0	48,8	33,8	58,8	65,1
Naphthene	Vol.-%	55,5	43,2	43,0	27,7	19,4
Aromaten	Vol.-%	18,5	7,7	22,9	11,1	14,7
Schwefelgehalt	Gew.-%	0,02	0,021	0,032	0,072	0,087
Klopffestigkeit (ROZ)						
ohne Blei		59,4	36,5	51,0	43,4	29,6
mit 0,08 Vol.-% BTÄ		Angabe fehlt	61,0	73,0	65,5	52,5

weil dadurch manche im Schrifttum mitgeteilte Angaben besser verständlich werden.

Bereits aus den Abbn. D-21 u. 22, S. 326 f. ist zu erkennen, daß die Ausbeute an reformiertem Benzin mit steigender Oktanzahl abnimmt, weil durch Krackreaktionen die Bildung von leichtersiedenden Kohlenwasserstoffen und von Gas zunimmt. Über die Zusammensetzung von Einsatzbenzinen und reformierten Benzinen liegen zwei ausführliche Veröffentlichungen in deutscher Sprache vor, deren Ergebnisse hier besprochen werden sollen[1]. Daraus ist Zahlentafel F-3 entnommen, welche die Aufteilung auf die einzelnen Kohlenwasserstoffgruppen im Einsatzgut und im reformierten Benzin bei zwei verschieden scharfen Betriebsbedingungen wiedergibt. Die Ergebnisse sind in ein Dreiecksdiagramm Abb. F-7 übertragen. Der die drei Punkte P_1 bis P_3 verbindende Kurvenzug ist zwar nicht durch zwischenliegende Meßergebnisse bestimmt, läßt jedoch erkennen, wie sich die Zusammensetzung eines Benzins ändern kann, wenn es immer schärferen Reformierbedingungen unterworfen wird. Der Beginn der Kurve erklärt sich durch die anfängliche Dealkylierung von Naphthenen; dabei kommt es zunächst kaum zur Bildung von Aromaten. Zum Vergleich sind in Abb. F-7 auch die Zusammensetzungen nach zwei anderen Veröffentlichungen eingetragen.

Wie sich in Gewichtsprozenten ausgedrückt der Anteil der einzelnen Kohlenwasserstoffe mit gleicher Kohlenstoffatomzahl durch das Reformieren ändert, ist nach WELLER und DUVE in Abb. F-8 dargestellt. Sie zeigt auf andere Weise, jedoch in Übereinstimmung mit Abb. F-7, daß

---

[1] WELLER, H., u. W. DUVE: Untersuchungen über den Kohlenwasserstoff-Umsatz einer katalytischen Reformier-Anlage. Erdöl u. Kohle 11 (1958) 450/54. – PIETSCH, H., u. B. FRITZ: Ergebnisse der Aufarbeitung von Schwerbenzin aus deutschem Rohöl in einer Platforminganlage. Erdöl u. Kohle 12 (1959) 712/17.

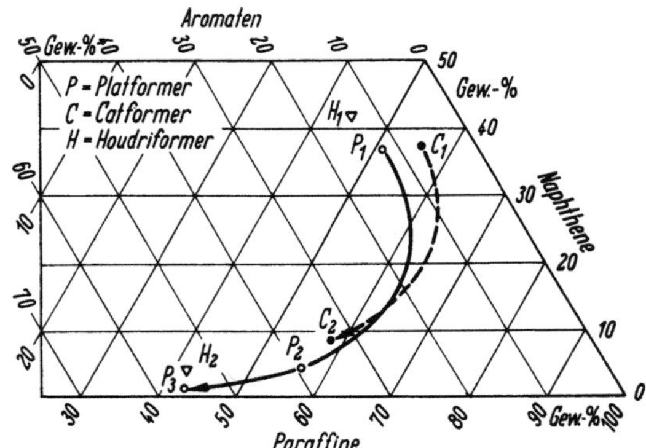

Abb. F-7. Änderung des Gehaltes an Kohlenwasserstoffgruppen beim katalytischen Reformieren.

P_1 bis P_3 nach WELLER u. DUVE, vgl. Zahlentafel F-3, nebenstehend;
C_1 und C_2 nach LOGAN, MILLNER u. NEVISON: Petrol. Refiner 34 (1955) Nr. 9, S. 169/73; vgl.
S. 552, bes. Fußn. 1;
H_1 und H_2 nach HEINEMANN, SCHALL u. STEVENSON: Petrol. Refiner 30 (1951) Nr. 11, S. 107/
10; vgl. Fußn. 1, S. 521/222 sowie S. 550.

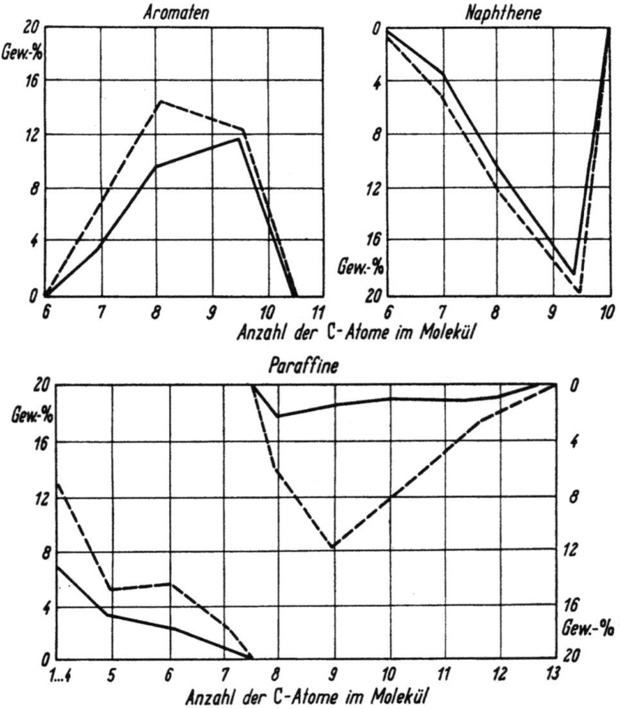

Abb. F-8. Umsatz der einzelnen Kohlenwasserstoffe beim Reformieren entsprechend den Punkten.
P_1 bis P_3 in Abb. F-7 und entsprechend Zahlentafel F-3. Bedeutung der Strichart wie in Abb. F-9
unten.

Zahlentafel F-3. *Änderung des Gehaltes an Kohlenwasserstoffgruppen beim Reformieren eines Benzins aus Rohöl der Norddeutschen Tiefebene; die Angaben in Gew.-% sind auf Grund der Untersuchungen durch Rechnung ermittelt, nach* WELLER *und* DUVE

Anzahl der Kohlenstoffatome im Molekül	Einsatzbenzin ROZ ohne Blei = 38			Reformiertes Benzin ROZ ohne Blei = 74			Reformiertes Benzin ROZ ohne Blei = 91		
	Paraffine	Naphthene	Aromaten	Paraffine	Naphthene	Aromaten	Paraffine	Naphthene	Aromaten
C_4	—	—	—	2,00	—	—	3,89	—	—
C_5	—	—	—	3,31	—	—	5,71	—	—
C_6	—	0,75	0,06	2,65	0,36	0,43	6,10	0,11	1,07
C_7	2,67	5,04	0,97	3,66	1,65	5,36	5,92	—	9,09
C_8	16,23	12,02	4,04	14,54	1,84	14,47	11,44	0,04	20,68
C_9	18,53		4,75	17,83			7,75	0,01	
C_{10}	9,61	} 19,97	2,08	8,99	} 1,09	} 19,67	1,59	—	} 21,33
C_{11}	3,24		—	} 2,17			} 0,15	—	5,12
$C_{12(+13)}$	—	—	—		—	—		—	—
Summen	50,3	37,8	11,9	55,2	4,9	39,9	42,5	0,2	57,3

die Steigerung der Klopffestigkeit zunächst auf Kosten der Naphthene erreicht wird. Durch Abspalten der Seitenketten nimmt anfangs der Paraffingehalt sogar zu. Dann werden jedoch vornehmlich die hochmolekularen Paraffine gespalten und offenbar direkt zu Aromaten umgewandelt. Dies kann als Bestätigung der in der Laboratoriumsversuchen gewonnenen Erkenntnisse angesehen werden. HETTINGER u. Mitarb. fanden, daß die Naphthene sehr schnell dehydriert werden und ein guter Reformierkatalysator möglichst wenig Naphthenringe öffnen soll, um eine Einbuße an sehr klopffesten Komponenten zu vermeiden[1]. Neben dem Isomerisieren, das keine solche Steigerung der Klopffestigkeit bewirken kann, aber doch noch dazu beiträgt und wegen der Gleichgewichte im Gemisch erforderlich ist, spielt das dehydrierende Kracken auch eine wichtige Rolle, um den Paraffingehalt zu verringern. Es ist bei naphthenarmen Rohbenzinen geradezu unentbehrlich.

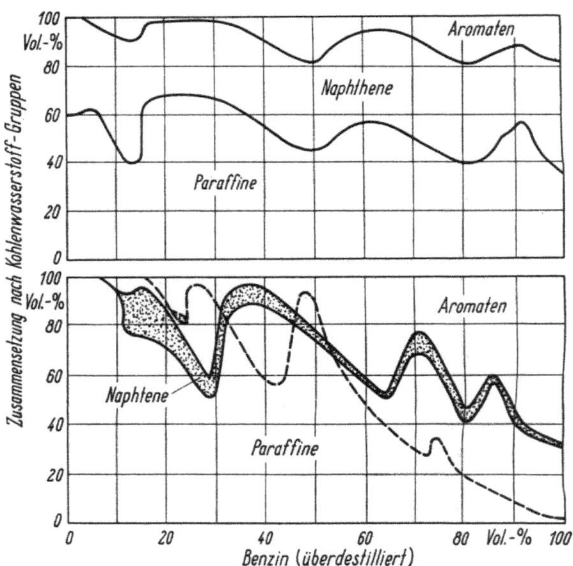

Abb. F-9. Gehalte von Einsatzgut und Reformat an den drei Kohlenwasserstoffgruppen nach Abb. F-7, über der Destillatmenge aufgetragen. Oben: Einsatzgut P_1; unten ausgezogen: Reformat P_2 (ROZ 74); unten gestrichelt: Reformat P_3 (ROZ 91).

Sehr aufschlußreich sind Abb. F-9 und F-10, welche die Verteilung der drei Kohlenwasserstoffgruppen nach dem Siedebereich im Einsatzgut, in den bei verschieden scharfer Fahrweise hergestellten Reformaten bzw. die Zusammensetzung der Aromaten selbst erkennen lassen. Den Hauptanteil stellen danach Toluol sowie die über 147 °C siedenden Aromaten. Während fast alle Komponenten mit steigender Oktanzahl zunehmen, verringert sich nur die Menge des Äthylbenzols, wenn ein Höchstwert bei etwa ROZ = 83 überschritten wird.

---

[1] Vgl. Fußn. 3, S. 519.

Je höher der Anteil an Aromaten im reformierten Benzin ist, desto mehr höhermolekulare Paraffine müssen durch vorhergehendes Kracken für eine Umwandlung dazu „vorbehandelt" sein. Daher ist es verständlich, daß sich um so mehr C_1- bis C_4-Kohlenwasserstoffe bilden, je höher die Oktanzahl des reformierten Benzins ist. Aus Abb. F-8 ist abzulesen, daß der Anteil von 6,8 Gew.-% auf rd. 13 Gew.-% bei einer Steigerung der Researchoktanzahl von 74 auf 91 zunimmt. Gleichzeitig hat sich der Aromatengehalt nach Zahlentafel F-3 von 39,9 auf 57,3 Gew.-% erhöht.

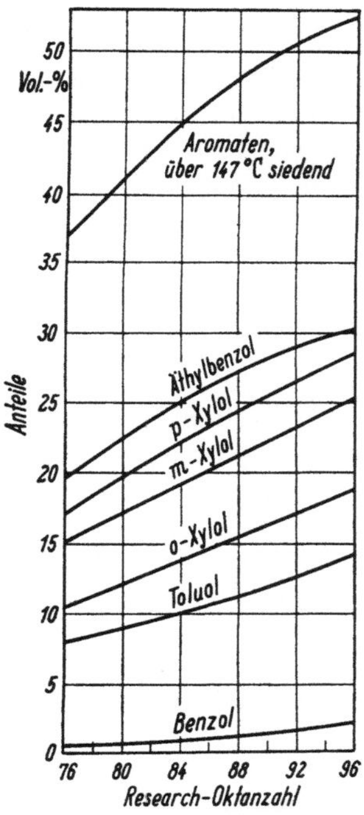

Abb. F-10. Verteilung der einzelnen Aromaten in einem aus gleichem Einsatzgut hergestellten, reformierten Benzin, in Abhängigkeit von der Research-Oktanzahl.

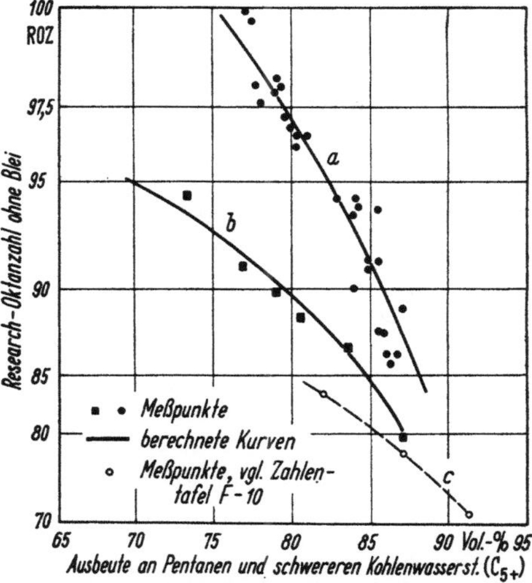

Abb. F-11. Klopffestigkeit und Ausbeute beim Reformieren dreier Benzine verschiedener Herkunft; vgl. auch Zahlentafel F-2, S. 525.
a Benzin aus Mid Continent-Rohöl;
b Benzin aus Kuweit-Rohöl;
c Naturgasbenzin ähnlicher Zusammensetzung wie aus Kuweit-Rohöl, vgl. Zahlentafel F-10, S. 554.

Somit muß eine hohe Klopffestigkeit durch eine Verringerung der Ausbeute an Benzin erkauft werden, was in Abb. F-11 für Einsatzgut aus Mid Continent- und aus Kuweit-Rohöl auf Grund von Berechnungen und von Betriebsergebnissen anschaulich gemacht ist. Obwohl das Mid Continent-Öl in der Quelle nicht besonders gekennzeichnet wurde, dürfte seine Basis – wie bei zahlreichen Vorkommen dieses Fördergebietes – paraffinisch-naphthenisch sein, vgl. Übersicht A-3, S. 51 sowie Zahlentafel F-2, S. 525. Das Kuweit-Rohöl ist hingegen weitgehend paraffinisch und das daraus hergestellte Benzin enthält rd. 20% Pentane und Hexane.

Wie man erkennt, machen sich die Unterschiede in der Ausbeute mit zunehmender Schärfe der Fahrweise um so deutlicher bemerkbar.

Die Ansichten über die Rolle des sog. Hydrocracking beim Reformieren werden besonders gut durch Untersuchungen bestätigt, die DONALDSON, PASIK und HAENSEL mit einem rein paraffinischen, durch Fischer-Tropsch-Synthese gewonnenen Einsatzprodukt erhalten haben. Dessen Eigenschaften sind in Zahlentafel F-4 wiedergegeben[1]. Obwohl ein solches Benzin, das in der Hauptsache aus C_8- bis C_{11}-Normalparaffinen besteht, nur einen kleinen Teil des üblichen Platformereinsatzproduktes bildet, ist es erstaunlich, daß trotzdem ein gleich hoher Gehalt von Aromaten im Platformat erzielt werden kann wie bei Benzinen, die aus Erdöl hergestellt sind. Dies ist ein Beweis dafür, daß also nicht nur Naphthene zu Aromaten dehydriert, sondern auch Paraffine dehydrierend zyklisiert werden. Als Reaktionsschemata, die sich auf Grund der Untersuchungen ergeben, sind vorzugsweise die folgenden anzusehen[2]:

$$C_{11}H_{24} \;\rightleftharpoons\; \text{(1-Äthyl-2-Butyl-zyklopentan)} \;\rightleftharpoons\; \text{(1,3,4-Triäthyl-zyklopentan)} \;\rightarrow\; \text{(1,4-Diäthyl-zyklopentan)} + C_2H_6$$

n-Hendekan   1-Äthyl-2-Butyl-zyklopentan   1,3,4-Triäthyl-zyklopentan   1,4-Diäthyl-zyklopentan   Äthan

$$\text{(1,4-Diäthyl-zyklopentan)} \;\rightleftharpoons\; \text{(1-Äthyl-5-Methyl-zyklopentan)} \;\rightleftharpoons\; \text{(Paraäthyltoluol)} + 3\,H_2$$

1,4-Diäthyl-zyklopentan   1-Äthyl-5-Methyl-zyklopentan   Paraäthyltoluol = 1-Methyl-4-Äthylbenzol   Wasserstoff

$$\text{(1-Äthyl-3,4-Dimethyl-zyklopentan)} \;\rightleftharpoons\; \text{(1,3,5-Trimethyl-zyklopentan)} \;\rightleftharpoons\; \text{(1,2,4-Trimethyl-benzol)} + 3\,H_2$$

1-Äthyl-3,4-Dimethyl-zyklopentan   1,3,5-Trimethyl-zyklopentan   1,2,4-Trimethyl-benzol   Wasserstoff

Die Untersuchungen darüber, wie sich Temperatur, Druck und Raumgeschwindigkeit (bezogen auf das Katalysatorgewicht) auswirkten, führten zu Ergebnissen, die mit den sonst gewonnen Erkenntnissen gut übereinstimmen. Sie sind deshalb in den Zahlentafeln F-5 wiedergegeben. Auch daraus geht hervor, daß die Reformierbedingungen durch Erhöhen der Temperatur, durch Senken des Druckes oder durch Ver-

---

[1] Vgl. den im zweiten Absatz der Fußn. 1, S. 521/522 erwähnten Aufsatz.
[2] Bezüglich der Schreibweise der Ringverbindungen gilt das in Fußn. 3, S. 516 Gesagte.

Zahlentafel F-4. *Zusammensetzung und Eigenschaften eines von* DONALDSON, PASIK *und* HAENSEL *untersuchten, rein paraffinischen Fischer-Tropsch-Benzins*

n-C_7H_{16} und leichter	2 Vol.-%
n-C_8H_{18}	15 Vol.-%
n-C_9H_{20}	43 Vol.-%
n-$C_{10}H_{22}$	29 Vol.-%
n-$C_{11}H_{24}$	10 Vol.-%
n-$C_{12}H_{26}$ und schwerer	1 Vol.-%
Schwefelgehalt	2 mg/kg
Dichte bei 15,6 °C	0,7238 g/ml
Siedeverlauf	
Siedebeginn	131 °C
10 Vol.-% ⎫ über-	142 °C
50 Vol.-% ⎬ gegangen	154 °C
90 Vol.-% ⎭	172 °C
95 Vol.-%	178 °C
Siedeendpunkt	187 °C
Mittlere Molmasse	139 g/mol

Eine Mischung aus 50 Vol.-% dieses Benzins und eines Straight run-Benzins mit einer ROZ = 60 hatte unverbleit eine Researchoktanzahl von etwa 5.

ringern der Raumgeschwindigkeit verschärft werden. Gleichzeitige Veränderungen von zwei oder drei dieser Betriebsgrößen wirken sich noch deutlicher aus.

Benutzt man die erzielte Oktanzahl als Maßstab, so lassen sich die Ausbeuten an Reformat sowie an niedrigmolekularen Kohlenwasserstoffen in Abhängigkeit davon darstellen, vgl. Abb. F-12. Zum Vergleich sind die Ergebnisse von Benzin aus Erdöl gegenübergestellt, und zwar aus Kuweit-Rohöl mit einem Paraffingehalt von 66% und aus einem Venezuela-Öl mit einem Paraffingehalt von 39%. Es ist verständlich, daß die Ausbeuten an Reformat um so niedriger sind, je höher der Paraffingehalt ist. Die Ausbeuten an niedrigmolekularen Kohlenwasserstoffen steigen jedoch an[1].

Der Aromatengehalt weist wesentlich geringere Unterschiede auf, wenn man ihn auf die Menge des Einsatzgutes bezieht, und wird fast gleich, bezieht man ihn auf das gewonnenen C_{5+}-Reformat selbst, vgl. Abb. F-13. Die Unterschiede zwischen den Ausbeuten an den leichten Kohlenwasserstoffen C_1 bis C_5 verringern sich sehr stark, wenn man die erzielte C_{5+}-Reformatmenge als Bezugsbasis benutzt. Die aus dem rein paraffinischen Einsatzgut gewonnenen Werte liegen sogar zwischen jenen, welche mit den beiden Vergleichsbenzinen erzielt werden.

Die Oktanzahl wird aber auch bei Normalparaffinen als Einsatzgut nicht nur durch dehydrierende Zyklisierung verbessert. Der von den Aromaten abgetrennte Rest des reformierten, ursprünglich rein paraffinischen Fischer-Tropsch-Benzins hatte unverbleit immerhin eine Oktanzahl von 50 (F-1), verbleit eine Oktanzahl von 70, während das Gesamtprodukt ROZ = 97 (ohne Blei) erreichte. Für das Einsatzgut, das seinem

---

[1] Die Unterschiede in den Angaben über den Paraffingehalt gegenüber den in der Übersicht A-3, S. 51 genannten dürfen nicht stören, weil dort nur grobe Durchschnittswerte genannt sein können. Vgl. auch die Werte in Zahlentafel F-2, S. 525.

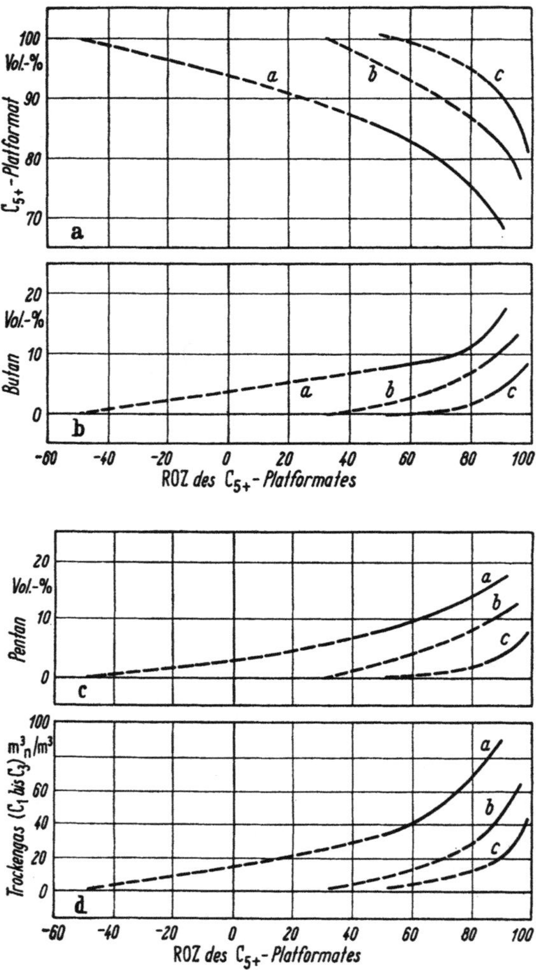

Abb. F-12. Ausbeuten beim Reformieren von Benzin mit verschieden hohem Paraffingehalt, bezogen auf Einsatzmenge, in Abhängigkeit von der Research-Oktanzahl

a 100% Paraffine (Fischer-Tropsch-Benzin); *b* 66% Paraffine (Kuweit-Benzin); *c* 39% Paraffine (Venezuela-Benzin).

a) Ausbeute an C_{5+}-Platformat; b) Ausbeute an Butan; c) Ausbeute an Pentan; d) Ausbeute an Trockengas (C_1 bis C_3).

Charakter entsprechend wesentlich klopffreudiger ist als n-Oktan, läßt sich theoretisch ein Wert von ROZ = − 50 errechnen. Somit ist die beim Reformieren erzielte Verbesserung durch Isomerisieren und hydrierendes Kracken der Paraffine beachtlich. Dies bestätigt die von anderen Forschern beobachteten Ergebnisse auch für ein vom üblichen so abweichendes Einsatzgut.

Zahlentafel F-5. *Einfluß der Betriebsbedingungen beim Reformieren des durch Zahlentafel F-4 gekennzeichneten Einsatzgutes, und zwar: Einfluß der Temperatur bei konstantem Druck und konstanter Raumgeschwindigkeit, Einfluß des Druckes bei konstanter Temperatur und konstanter Raumgeschwindigkeit sowie Einfluß der Raumgeschwindigkeit bei konstanter Temperatur und konstantem Druck; nach* DONALDSON, PASIK *u.* HAENSEL, *vgl. Fußn. 1, S. 521/22, zweiter Absatz*

		Temperatur °C		Druck atü		Raumgeschwindigkeit (bezogen auf Gewicht) h⁻¹		
		450	500	24,8	49,5	8	4	2
Ausbeuten								
Wasserstoff	m_n^3/t Einsatz	141	201	194	51,7	91,6	148	126
Trockengas (C_1 bis C_3)	m_n^3/t Einsatz	68,5	110	85,4	134,5	47,5	82,5	108,5
Butane	Vol.-%	10,7	16,3	14,2	17,2	7,9	9,0	15,2
Pentane	Vol.-%	10,8	14,3	13,3	17,9	7,9	11,7	15,8
C_{5+}-KWSt	Vol.-%	78,1	64,9	71,1	66,5	84,5	78,3	69,5
Aromaten	Gew.-%	30,9	43,9	40,3	28,1	20,5	28,8	34,3
Gehalt an Isoverbindungen								
Butane	Vol.-%	30	37	35	39	22	27	34
Pentane	Vol.-%	48	56	56	59	39	48	55
Eigenschaften des C_{5+}-Platformates								
Researchoktanzahl ohne Blei		74,4	97,4	90,7	85,2	52,0	73,2	88,5
Motoroktanzahl ohne Blei		nicht gemessen	84,2	80,1	nicht gemessen	nicht gemessen	67,2	nicht gemessen
Aromatengehalt		38,3	63,2	53,9	41,9	23,8	35,9	48,0
Dichte bei 15,6 °C	g/ml	0,7503	0,7839	0,7690	0,7358	0,7393	0,7463	0,7535
Siedeverlauf	°C							
Siedebeginn		51	43	43	45,5	54,5	47	49
10 Vol.-%		74	58	63	57	85,5	71	66
50 Vol.-%		127,5	128	127	93	136	125,5	122
90 Vol.-% übergegangen		166	171	169	156	163	164	173
95 Vol.-%		174	180	182	166	171	174	188
Siedeendpunkt		194	217	211	186	189	193	197

Zahlentafel F-6. *Ergebnisse beim katalytischen Reformieren eines Gemisches aus 40 Mol-%*
Raumgeschwindigkeiten (bezogen auf Volumen) und Tempe

Druck	atü	12,4				12,4			
Raumgeschwindigkeit	h⁻¹	1,5				3,0			
Temperatur	°C								
Ofenaustritt		400	426	454	481	399	427	456	482
Reaktoreintritt		399	424	449	477	399	426	455	482
Minimum		382	398	416	437	379	395	412	433
Reaktoraustritt		395	420	446	473	889	414	438	461
Mittelwert		393	415	437	460	385	408	430	452
Produkte	Mol-%	Einsatz				Einsatz			
$C_1 \cdots C_5$		—	3,5	0,8	1,2	7,7	—	3,0	1,1	1,1	2,3
n-C_6		39,5	30,1	25,0	16,9	12,1	38,6	35,0	30,7	25,2	20,4
i-C_6		—	8,7	14,0	25,2	28,4	—	2,6	7,7	13,6	17,9
Methylzyklopentan		28,3	39,0	31,9	16,2	0,3	28,0	35,1	29,9	21,3	12,6
Zyklohexan		30,0	6,5	3,1	1,4	0,3	30,9	7,9	3,1	1,3	0,6
Benzol		2,2	14,5	27,2	42,3	52,2	2,5	19,1	30,1	40,8	50,4
Naphthene, umgesetzt	%	22,0	40,0	69,8	88,7	27,0	44,0	61,6	77,6
Benzol, gebildet	%	21,1	42,9	68,8	85,7	28,2	46,9	65,0	81,3
Selektivität, Naphthen-									
Umsetzungsgrad		0,96	1,07	0,99	0,97	1,04	1,07	1,06	1,05
n-C_6, umgesetzt	%	23,8	36,7	57,2	69,4	9,3	20,5	34,7	47,1
i-C_6, gebildet	%	22,0	35,4	63,8	71,9	6,7	20,0	35,2	46,4
Selektivität, Paraffin-									
Umsetzungsgrad		0,92	0,96	1,11	1,04	0,72	0,98	1,01	0,99
Benzol/(Benzol +									
Zyklohexan) · 100		69,0	89,8	96,8	99,4	70,7	90,7	96,9	98,8
Benzol/(Benzol +									
Zyklohexan + Me-									
thylzyklopentan) · 100		24,2	43,7	70,6	88,8	30,8	47,7	64,4	79,2

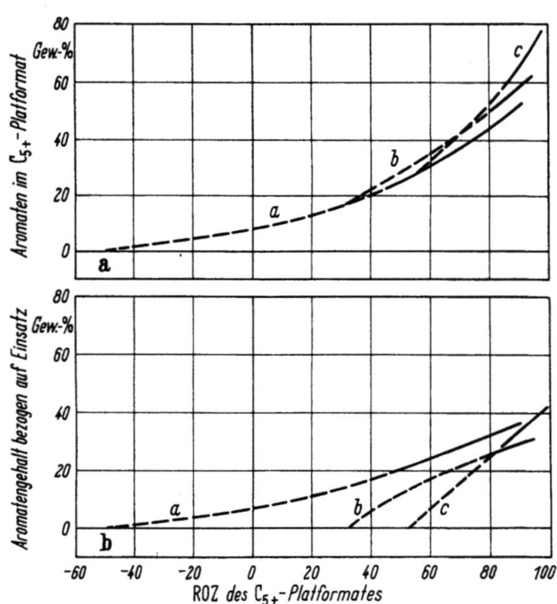

Abb. F-13. Aromatengehalt des C_{5+}-Platformates bei verschiedenem Paraffingehalt.
a, b und *c* wie in Abb. F-12a–d.

a) Bezogen auf C_{5+}-Platformat;　b) Bezogen auf Einsatzmenge.

Hexan, 30 Mol-% Methylzyklopentan und 30 Mol-% Zyklohexan bei verschiedenen Drücken, raturen; molares Wasserstoff/Kohlenwasserstoff-Verhältnis 10:1

12,4					35,4					35,4				
6,0					3,0					6,0				
	399	426	456	483		426	454	483	510		426	454	482	510
	399	426	455	482		426	453	482	510		426	455	481	509
	376	398	403	422		419	439	458	480		415	430	451	463
	381	400	423	447		427	455	481	509		411	445	465	486
	384	403	424	447		424	448	473	497		409	449	462	479
Einsatz					Einsatz					Einsatz				
—	—	—	1,8	1,9	—	1,5	2,3	6,8	16,5	—	3,8	1,0	1,0	2,2
36,9	35,4	33,1p	31,2	26,7	36,9	26,5	21,7	18,5	16,3	38,6	32,8	29,5	25,9	21,2
0,1	1,8	3,3	5,3	10,2	0,1	12,4	19,3	23,6	27,0	—	5,5	9,7	13,1	17,5
29,0	33,4	32,6	29,2	22,9	29,0	45,6	40,8	26,5	11,7	28,0	40,8	39,7	34,0	24,9
31,5	13,8	5,7	1,7	0,5	31,5	8,3	4,9	2,8	1,5	30,9	11,2	6,1	3,4	1,4
2,5	17,1	27,0	34,3	41,9	2,5	5,5	12,7	26,4	36,7	2,5	8,0	15,2	24,5	35,7
	22,8	36,7	48,9	61,3		10,9	24,5	51,6	78,2		11,7	22,2	36,5	55,3
	24,1	40,5	52,6	65,1		5,0	16,9	39,5	56,5		9,3	21,6	37,4	56,4
	1,06	1,10	1,08	1,06		0,46	0,69	0,77	0,72		0,79	0,97	1,02	1,02
	4,0	10,3	15,4	27,6		28,2	41,2	49,8	55,8		15,0	23,6	32,9	45,1
	4,6	8,7	14,1	27,4		33,3	52,0	63,7	72,9		14,3	25,1	33,9	45,3
	1,15	0,84	0,92	0,99		1,18	1,26	1,28	1,31		0,95	1,06	1,03	1,00
	56,3	82,6	95,3	98,8		39,9	72,2	90,4	96,1		41,7	71,4	87,8	96,2
	26,8	41,3	52,6	64,2		9,3	21,7	47,4	73,5		13,3	24,9	39,6	57,6

Anders als in vorstehender Untersuchung haben CONNOR u. Mitarb.[1] die Reaktion bei verschiedenen Betriebsbedingungen untersucht, wenn ausgehend von einem Gemisch aus Normalhexan, Methylzyklopentan und Zyklohexan höchste Ausbeute an Benzol angestrebt wird. Zahlentafel F-6 ist dieser Arbeit entnommen und zeigt die erzielte Umsetzung bei verschiedenen Drücken, Raumgeschwindigkeiten und Temperaturen sowie bei einem Molverhältnis von Wasserstoff zu flüssigem Einsatzgut gleich 10:1. Die Arbeit enthält auch graphische Darstellungen der theoretischen Gleichgewichte, die den bei verschiedenen Betriebsverhältnissen praktisch erzielten Werten gegenübergestellt sind. Im Zusammenhang damit ist der Einfluß der Konzentration der einzelnen Komponenten auf die Umsetzung untersucht. Schließlich kann man aus der von FOWLE, BENT und MILNER gegebenen Darstellung Abb. F-14 erkennen, wie sich die beim Reformieren auftretenden Reaktionen auf die erzielbaren Oktanzahlen auswirken[2].

Mehr auf die praktischen Bedürfnisse der Betriebsführung abgestellte Untersuchungen haben SOVA, JANDA und SCHINDL durchgeführt[3]. Unter Verwertung der Betriebsergebnisse eines UOP-Platformers für etwa 200 000 t/a Durchsatz von Benzinen aus vorwiegend österreichischen,

[1] Vgl. Fußn. 1, S. 521/22, Ende des ersten Absatzes.

[2] FOWLE, M. J., R. D. BENT u. B. E. MILNER: Chemical Conversion by Isomerization and Dehydrogenation with Catforming. 4. Welt-Erdöl-Kongreß, Rom, Bericht III/D-3.

[3] SOVA, O., u. H. JANDA: Zur Kenntnis des katalytischen Reformierens – Der Einfluß der Einsatzqualität auf die Volatilität von Platformaten. Erdöl u. Kohle 17 (1964) 812/13. – JANDA, H., K. SCHINDL u. O. SOVA: Computer-Einsatz zur Lösung von Platformer-Fragen, ebd. 21 (1968) 401/04.

naphthenbasischen Rohölen haben sie ermittelt, wie sich die Menge des bis 100 °C übergegangenen im Platformat in Abhängigkeit vom Gehalt des Einsatzgutes an leichtflüchtigen Anteilen sowie von der erzielten Oktanzahl ändert. In Abb. F-15 ist der Zusammenhang zwischen den flüchtigen Anteilen im Einsatzgut und im Erzeugnis für eine bestimmte Oktanzahl und einen bestimmten Reid-Dampfdruck wiedergegeben und

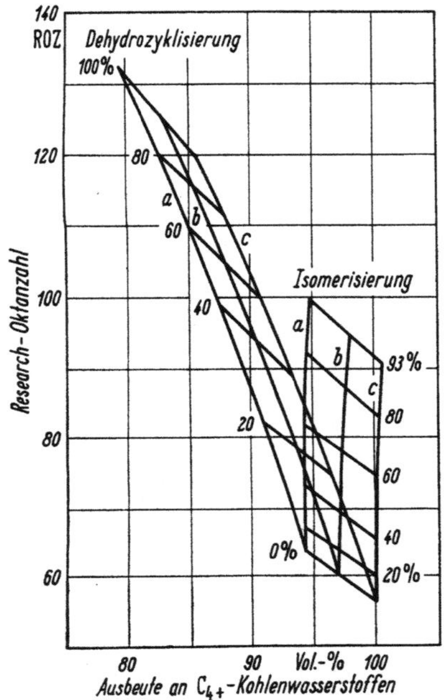

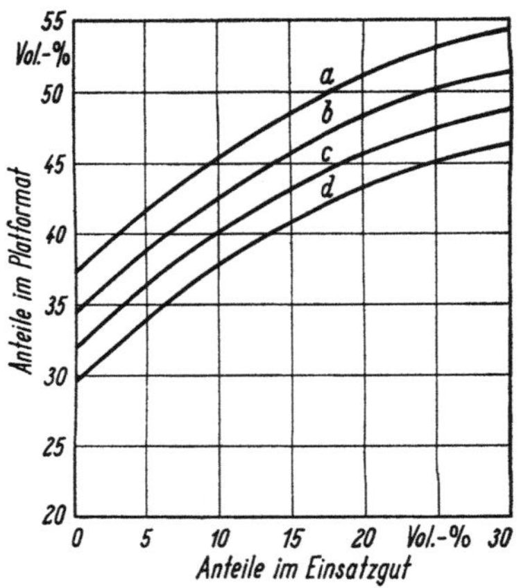

Abb. F-14. Berechnete Veränderung der Research-Oktanzahl und der Ausbeute an C_{4+}-Kohlenwasserstoffen infolge der verschiedenen Reaktionen beim katalytischen Reformieren von Benzin.
a Umwandlung von Zykloparaffinen zu Aromaten;
b Umwandlung von Zyklohexanen zu Aromaten;
c Keine Naphthenumwandlung.

Abb. F-15. Abhängigkeit der bis 100 °C übergangenen Anteile eines Platformates von den gleichen Anteilen im Einsatzgut bei verschiedenem Naphthengehalt; Research-Oktanzahl des Platformates = 93 ohne Blei; Reid-Dampfdruck = 0,7 at.

Naphthengehalt	*a*	*b*	*c*	*d*	
des Einsatzgutes	20	30	40	50	Vol.-%

der Gehalt des Einsatzgutes an Naphthenen als Parameter benutzt. Es geht daraus hervor, daß in dem hier untersuchten Fall die Zunahme an leichtflüchtigen Anteilen im Reformat als Folge von Hydrokrackreaktionen um so größer ist, je geringer der Anteil im Einsatzgut ist, d.h. also, je höher dessen Siedebeginn liegt. Die Anfangstangente ist am steilsten und etwa parallel den Geraden unter 45°.

Die Beachtung dieses Zusammenhanges ist wichtig, weil beim Betrieb einer Raffinerie zwar die geforderte Klopffestigkeit des zu verkaufenden Benzins die Fahrweise sehr wesentlich bestimmt[1]. Daneben spielen aber

[1] NELSON, W. L., Octane number is major factor in cost of refinery operation. Oil Gas J. 61 (30. Sept. 1963) Nr. 39, S. 99.

andere, in den Spezifikationen festgelegte Eigenschaften eine nicht geringere Rolle. Zu ihnen gehört der Anteil an flüchtigen Bestandteilen, für den wegen der Startfreudigkeit gewisse Mindestwerte eingehalten werden müssen und der durch die Oktanzahl des Endproduktes sehr stark beeinflußt wird. Da aber die Ausbeute mit steigender Oktanzahl und steigender „Volatilität" zurückgeht, muß der Reformer aus wirtschaftlichen Gründen so gefahren werden, daß beide Werte ständig erreicht, aber nicht laufend überschritten werden.

Es wird noch im Kap. L darauf hinzuweisen sein, daß Reforming-Anlagen heute eine wichtige Wasserstoffquelle in Raffinerien darstellen. Dadurch wurde die Einführung hydrierender Verfahren sehr gefördert. Die Gewinnung des Wasserstoffes bleibt aber beim Reformieren immer eine Begleiterscheinung, die zwar sehr erwünscht ist, aber nicht die Verfahrensbedingungen bestimmen kann. Es ist jedoch unter gewissen Umständen möglich, dem Wunsch nach Gewinnung von Wasserstoff Rechnung zu tragen[1].

Aus den Ausführungen über die Reaktionen folgt, daß sich die für die Startfreudigkeit der Motoren benötigten C_5-Fraktionen nicht mit befriedigendem Ergebnis reformieren lassen, weil es an den Naphthenen mangelt, deren Dehydrierung die wichtigste Reforming-Reaktion ist. Auch die Ausbeuten beim Reformieren von C_6-Fraktionen können wegen der unvermeidbaren Krackreaktionen nicht so günstig sein wie bei etwas höhersiedendem Einsatzgut. Deshalb machen DALSON u. Mitarb. den Vorschlag, solche Fraktionen, die in manchen Raffinerien aus Gasverarbeitungsanlagen oder – in Gegenden mit Erdöl- und Erdgasvorkommen – auch als Kondensate aus Erdgasanlagen zur Verfügung stehen, in einer besonderen Anlage zu reformieren. Wichtig ist dabei, daß die Betriebsbedingungen den Erfordernissen hoher Wasserstoffausbeute angepaßt werden. Zu diesem Zweck wird mit niedrigem Druck von 10 bis 20 atü, kleinem Wasserstoff-Kreislauf-Verhältnis 3 : 1 und sehr hoher Raumgeschwindigkeit von 15 bis 18 h^{-1}, d.h. also im Hinblick auf die Raumgeschwindigkeit: unter milden Bedingungen gearbeitet. Außerdem wird nur ein einziger Reaktor verwendet, so daß wegen der Aufteilung des gesamten Temperaturabfalles auf ein einziges Bett bei einer Eintrittstemperatur von 515 °C die mittlere Katalysatortemperatur erheblich unter der üblicher Reforming-Anlagen liegt. Dadurch werden auch die Baukosten sehr stark gesenkt. Mit einem Katalysator, der 0,6 Gew.-% Platin enthält, konnten auf diese Weise Ausbeuten an reformiertem Leichtbenzin in der Höhe von rd. 97% und rd. 1 Gew.-% Wasserstoff mit einer Reinheit von rd. 98 Mol.-% erzielt werden. Das Reformat hatte zwar unverbleit nur eine Researchoktanzahl von knapp 67, konnte aber mit den üblichen 3 cm³ Bleitetraäthyl je Gallon auf über 87 verbessert werden. Damit ist eine brauchbare Mischkomponente hohen Dampfdruckes für Fahrbenzine gewonnen. Als Beispiel einer besonderen Anwendung des Reformierverfahrens ist dieser Fall erwähnenswert.

---

[1] Vgl. dazu M. H. DALSON, R. E. SMITH u. W. H. DECKER: Get Both: Hydrogen and High Octane. Petrol. Refiner 43 (1964) Nr. 5, S. 175/78.

Auch DECKER u. Mitarb. haben untersucht, durch welche Maßnahmen die Wasserstofferzeugung in Reformern verbessert werden kann[1]. Bei gegebenen Einsatzprodukten und gewünschter Oktanzahl sind die Möglichkeiten beschränkt. Trotzdem ist die genannte Arbeit aufschlußreich, weil die Einflüsse der Betriebsbedingungen und der Zusammensetzung des Einsatzgutes, insbesondere der Beitrag der einzelnen Fraktionen an Hand von Beispielen erörtert wird.

3. Die Katalysatoren

Sieht man von den in Abschn. F 1 erörterten Verfahren ab, bei denen die aus der Hydrierung bekannten und oberhalb gewisser Temperaturen dehydrierend wirkenden Katalysatoren verwendet wurden, so haben für das katalytische Reformieren nur mehr Edelmetallkatalysatoren Bedeutung. Auch die Firmen, die zunächst mit perlförmigem Katalysator in bewegter Schüttung oder mit staubförmigem Katalysator im Fließbett arbeiteten und dafür Molybdänoxyd auf Aluminiumsilikatgrundlage oder ähnliches verwendeten, bauen keine derartigen Anlagen mehr. Sie sind ebenfalls zu den Festbettkatalysatoren mit Edelmetallen übergegangen. Einzelheiten oder Verfahrensunterschiede werden im folgenden Abschnitt erörtert.

Die Vorteile der Verwendung von Edelmetallen für die Gewinnung von Aromaten durch Dehydrierung waren schon längere Zeit bekannt[2]. Auch KRÖNIG[3] erwähnt die bekannte Tatsache, daß Benzol durch drucklosen Wasserstoff über Platinmohr bei 120 °C zu Zyklohexan hydriert, bei 300 °C aber Zyklohexan zu Benzol dehydriert wird.

Über die Wirkung von Chrom, Molybdän und Edelmetallen auf den Ablauf von Reforming-Reaktionen sind Angaben z.B. in der erwähnten Arbeit von HETTINGER u. Mitarb. zu finden[4]. Daraus ist Zahlentafel F-7 entnommen. Der Vergleich zwischen den unedlen und den edlen Metallen kommt darin nicht ganz klar zum Ausdruck, weil die Korngröße des Katalysators eine nicht unerhebliche Rolle spielt. Dies ist jedoch in der erwähnten Arbeit näher dargelegt. Je feiner der Katalysator und je größer dadurch seine Oberfläche ist, um so besser wirkt er[5]. Trotzdem dehydriert Molybdänoxyd lange nicht in dem Maß wie die Edelmetall-

---

[1] DECKER, W. H., W. MURRAY u. R. E. SMITH: How to maximize hydrogen production in catalytic reforming. Oil Gas J. 62 (1. Juni 1964) Nr. 22, S. 64/69.

[2] Über die ersten Versuche zur Dehydrierung von Naphthenen mit Hilfe von Edelmetallkatalysatoren als analytisches Verfahren berichtet N. D. ZELINSKY: Über Dehydrogenation durch Katalyse. Ber. Dtsch. Chem. Ges. 44, III (1911) 3121/25; ders.: Über die selektive Dehydrogenisations-Katalyse; ebd. 45, III (1912) 3678/82. Vgl. dazu die zusammenfassende Darstellung in Form einer Übersetzung aus Trudy Sessii Akademii Nauk U.S.S.R. bei N. D. ZELINSKY: Contact Phenomena Changing the Chemical Nature of Hydrocarbons. Refiner Natur. Gasol. Manufactr. 20 (1941) Nr. 7, S. 271/78.

[3] KRÖNIG, W.: a.a.O. S. 43.

[4] Vgl. Fußn. 3, S. 519. – Außerdem W. N. LYSTER u. H. W. PRENGLE jr.: Better Reforming Catalysts Sought. Hydrocarb. Procssg. 44 (1965) Nr. 9, S. 161/64.

[5] Vgl. dazu G. WEIDENBACH u. H. FÜRST: Messung aktiver Pt-Oberflächen auf Trägerkatalysatoren. Chem. Techn. 15 (1963) 589/91.

Zahlentafel F-7. *Vergleich der Wirksamkeit verschiedener Katalysatoren beim Reformieren von n-Heptan bei 496 °C und 14 atü*

Versuch Nr.	411-85	411-89	491-3	491-1	491-32	491-5
Katalysator Nr.	10186	10089	9641	9636	9607	9600
Zusammensetzung	14,5% MoO_3 auf Al_2O_3	27,2% Cr_2O_3 auf Al_2O_3	0,59% Ir auf A_2lO_3	1,0% Pd auf Al_2O_3	0,32% Rh auf Al_2O_3	0,6% Pt auf Al_2O_2
Katalysatorform	Feinkorn < 0,840 mm (entsprechend 20 mesh nach ASTM E 11-61)		Kügelchen von rd. 4 mm (5/32'') Durchmesser			
Raumgeschwindigkeit (bez. auf Gewicht)h^{-1}	5,0	4,9	4,9	4,5	4,7	4,9
H_2/KWSt-Verhältnis (bez. auf Mole)	5,2	5,1	5,0	5,3	5,4	4,8
Ausbeuten (bezogen auf Einsatz) Gew.-%						
H_2	−1,0	−0,2	1,0	−0,6	0,1	1,3
C_1	5,6	0,2	3,0	0,8	1,5	3,1
$C_2{=}$	−	−	0,3	−	−	−
C_2	7,6	0,8	7,6	6,7	4,5	6,8
$C_3{=}$	−	−	0,5	0,5	0,6	−
C_3	8,9	0,9	12,4	11,0	10,3	12,0
i-C_4	2,5	−	5,1	7,2	5,9	5,7
n-C_4	7,4	1,0	9,8	6,4	6,7	7,9
Gesamt-$C_4{=}$	0,3	−	0,4	1,3	−	0,5
C_{5+}	68,7	97,3	59,9	66,7	70,4	62,7
Zusammen	100,0	100,0	100,0	100,0	100,0	100,0
Pentane und höhersiedend (C_{5+}) Vol.-%	68,7	96,5	55,4	66,6	69,4	58,7
Researchoktanzahl (ohne Blei)	47,4	9,0	75,3	51,9	53,7	77,2
Aromaten (bez. auf Einsatz) Vol.-%	3,7	−	17,2	7,1	8,8	20,8
Naphthene (bez. auf Einsatz) Vol.-%	1,6	−	1,3	3,0	1,2	1,2
Umsetzung von n-Heptan zu Aromaten und Naphthenen Mol-%	6,9	−	25,1	10,5	13,4	29,9

katalysatoren, und Chromoxyd katalysiert nur ein leichtes Kracken, so daß 97,3 Gew.-% als C_{5+}-Kohlenwasserstoffe im Endprodukt vorliegen. Naphthene und Aromaten werden dabei überhaupt nicht gebildet.

Von den Edelmetallen erwies sich Platin allen anderen gegenüber als überlegen. Die Umwandlung von n-Heptan in Naphthene oder Aromaten ist am höchsten, dementsprechend auch die Oktanzahlsteigerung. Ob Rhodium, dessen Gehalt im Katalysator bei den beschriebenen Versuchen merkbar niedriger gewählt wurde als der des Platin, bei gleicher Konzentration ähnlich gute Ergebnisse wie Platin geliefert hätte, ist aus der Quelle nicht zu entnehmen. Palladium gab trotz höheren Gehaltes gegenüber Platin die geringste Reforming-Aktivität[1]. Auch der Einfluß

---

[1] Jedoch ist Palladium das aktivste Edelmetall der meisten Hydrocracking-Katalysatoren für die Anwendung im Festbett; vgl. dazu auch M. HARTWIG: a.a.O. (Fußn. 1, S. 605). Für die selektive Hydrierung von Pyrolysebenzinen hat es sich ebenfalls als geeignet erwiesen; vgl. W. KRÖNIG: a.a.O. in Fußn. 2, S. 351, Abschn. D6.

von Rhenium wurde untersucht. Er steht aber allein angewendet in seiner Wirkung dem Platin erheblich nach[1].

Nur Iridium, das ebenso wie Platin zu den sog. „schweren" Platinmetallen zählt und dem Platin im Periodensystem der Elemente unmittelbar benachbart ist, gab bei praktisch gleichem Gehalt im Katalysator Ergebnisse, die denen mit Platinkatalysator fast gleichkommen. Wie das Verhältnis von i-C_4 zu n-C_4 zeigt, ist die Isomerisierungsaktivität bei allen vier untersuchten Edelmetallen gut. Davon wird bei den Hydrokrackverfahren Gebrauch gemacht; vgl. Abschn. L 3 bα. Bei Edelmetallkatalysatoren zum Reformieren ist aber die Anwesenheit von Halogenverbindungen erforderlich. Gewöhnlich wird Chlor benutzt. Die Reaktionen werden nämlich nicht vom Metall selbst, sondern von seiner Halogenwasserstoffsäure, z.B. von der Hexachlorplatin(IV)-säure [$H_2(PtCl_6)$] katalysiert. Die anderen Metalle der Platingruppe vermögen ähnliche komplexe Säuren zu bilden.

Bei Forschungsarbeiten, über die zunächst von Chevron Research Corp berichtet wurde, hat man nun entdeckt, daß Rhenium in Verbindung mit Platin die Eigenschaften von Reforming-Katalysatoren merkbar verbessern kann. Insbesondere die Standzeit wird verlängert, so daß das Regenerieren erst nach längeren Betriebsperioden erforderlich wird[2]. Auch sollen die Hydrokrackreaktionen bei den hohen Temperaturen des Reformierens nicht begünstigt werden. Infolgedessen bleiben die Ausbeuten an flüssigen Produkten und an Wasserstoff sehr lange konstant. Schließlich sei es möglich, beim Regenerieren von Platin–Rhenium-Katalysatoren die ursprünglichen Eigenschaften wieder vollkommen zu erreichen. Das Verfahren wird als Rheniforming bezeichnet.

Bestrebungen anderer Lizenzgeber für Reforming-Verfahren liegen in gleicher Richtung. So bringen sowohl Universal Oil Products Co wie auch Engelhard Industries Division der Engelhard Mineral & Chemicals Corp (früher Engelhard Industries Inc) jetzt neue Katalysatoren auf den Markt, die erheblich verbesserte Eigenschaften aufweisen und offenbar neben Platin Rhenium enthalten. Zur Zeit liegt der Preis von Rhenium noch bei etwa einem Drittel des Preises von Platin. Jedoch sind die Möglichkeiten der Beschaffung beschränkt. Es gibt keine Mineralien,

---

[1] Blom, R. H., V. Kollonitsch u. Ch. H. Kline: Rhenium Catalysts. Industr. Engng. Chem. Internat. Ed. 54 (1962) Nr. 9, S. 16/22. – Blackham, A. U., R. R. Beishline u. L. S. Merrill jr.: Rhenium as a catalyst in hydrocarbon reforming reactions. Industr. Engng. Chem./Prod. Research Developm. 4 (1965) 269/73. – Davenport, W. H., V. Kollonitsch u. Ch. H. Kline: Advances in Rhenium Catalysts. Industr. Engng. Chem. 60 (1968) Nr. 11, S. 10/19; diese Übersicht mit mehr als 80 Schrifttumsnachweisen zeigt, daß Rhenium für die organische Chemie als Katalysator offenbar sehr interessant ist. Für die Erdölverarbeitung hatte es bis dahin nur beim Hydrokracken Bedeutung erlangt. Dies hat sich aber in der letzten Zeit grundlegend geändert. Vgl. die folgenden Ausführungen.

[2] Stormont, D. H.: New reforming catalyst features improved stability, high yields. Oil Gas J. 67 (28. April 1969) Nr. 17, S. 63/65. – Blue, E. M.: Regenerable Catalyst Highlights New Rheniforming Process. Hydrocarb. Procssg. 48 (1969) Nr. 9, S. 141/44. – Edeleanu, A. G., E. M. Blue u. C. S. McCoy: Rheniforming, eine neue Entwicklung des katalytischen Reformierens. Erdöl u. Kohle 23 (1970) 17/20. – Jacobson, R. L., u. C. S. McCoy: How Rheniforming Maximizes Aromatics. Hydrocarb. Procssg. 49 (1970) Nr. 5, S. 109/12.

die nur Rhenium enthalten. Es findet sich immer mit anderen Metallen vergesellschaftet, besonders mit Molybdän und Kupfer, und muß aus Flugstäuben oder aus Laugen naß arbeitender Verfahren, in denen es in sehr geringer Konzentration vorkommt, gewonnen werden.

Die Unterschiede der im folgenden Abschnitt zu beschreibenden Verfahren liegen mehr in den verwendeten Katalysatoren als in der Ausstattung der Anlagen mit Öfen, Maschinen und Apparaten. Bei den meisten von ihnen wird heute in der Regel der Katalysator einige Male in situ regeneriert.

Weniger wegen der Katalysatoreigenschaften, die dabei erzielt wurden, als wegen der Beschreibung des Herstellungsverfahrens ist eine aus dem Leunawerk stammende Arbeit von Interesse[1]. Es sind die Einflüsse erläutert, welche die Art der Herstellung des Tonerdeträgers durch Ausfällen, Mahlen, Behandeln mit Fluor und Formgebung auf die für die Reforming-Reaktionen spezifische Aktivität des Katalysators hat. Im allgemeinen sind aber die Firmen, welche die Katalysatoren entwickelt haben, aus begreiflichen Gründen mit Angaben darüber sehr zurückhaltend. Es ist verständlich, daß sie die geschäftliche Auswertung der sehr aufwendigen Forschungsarbeit auf diesem Gebiet nicht dadurch gefährden wollen, daß sie Betriebsgeheimnisse preisgeben. Ungeachtet der nicht zu bestreitenden Unterschiede in der Wirkungsweise der Katalysatoren verschiedener Firmen sind jedoch die Gemeinsamkeiten der katalytischen Reforming-Verfahren größer als auf manchem anderen Gebiet der Erdölverarbeitung. Die wesentlichen Merkmale, auf die es ankommt, sind die Unterschiede in der Steuerung der widerstreitenden Reaktionen, wie Dehydrieren und hydrierendes Kracken, sowie die Empfindlichkeit der Katalysatoren gegen Sauerstoff, Schwefel, Stickstoff, Arsen und Metallverbindungen. Diese können selbst in kleinen Mengen die Katalysatorwirkung beeinträchtigen. Außerdem muß der Gehalt des Einsatzbenzins an Olefinen beachtet werden, weil diese, wenn sie in größerer Menge vorhanden sind, den Anlaß zu stärkerer Koksbildung geben können. Offenbar ist die hydrierende Wirkung der Katalysatoren nicht so stark, daß sie ungesättigte Verbindungen verarbeiten können. Es treten dann überwiegend Krackreaktionen auf und die dabei unvermeidliche anschließende Bildung von Polymerisaten führt – auch wenn sie nur in Spuren vorhanden sind – bei längerer Betriebszeit zur Minderung der Aktivität des Katalysators[2].

Bei den meisten Verfahren wird deshalb in der Regel eine Hydrierstufe vorgeschaltet; hierüber vgl. Kap. L. Dadurch können die vorerwähnten Katalysatorgifte, vor allem Schwefel, beseitigt und Olefine, die z. B. aus einem Anteil von Krackbenzin im Einsatzgut stammen, auf-

---

[1] BLUME, H., u. Mitarb.: Ergebnisse bei der Entwicklung des Reformingkatalysators 8813. Chem. Techn. 17 (1965) 453/59. – Vgl. dazu auch BECKER, K., H. BLUME u. H. KLOTZSCHE: Über Ergebnisse bei der Entwicklung neuer Reformierkatalysatoren, ebd. 21 (1969) 348/53.

[2] In der Arbeit von C. G. MYERS, W. H. LANG u. P. B. WEISZ: Aging of Platinum Reforming Catalysts. Industr. Engng. Chem. 53 (1961) 299/302 wird zwar hauptsächlich die alternde Wirkung von Aromaten untersucht, doch liegt es nahe, den Einfluß ungesättigter Verbindungen besonders zu beachten.

hydriert werden. Das letzte bedeutet zwar eine Verschlechterung der
Oktanzahl, doch muß sie in Kauf genommen werden, um einen störungsfreien Betrieb mit langen Standzeiten des Katalysators in der Reform-
ming-Anlage zu sichern; sind sie in größerer Menge vorhanden, so bildet
sich leicht Koks und Ruß auf dem Katalysator. Es bedarf daher genauer
Überlegungen, welche Menge von Krackbenzin einer Raffinerieproduk-
tion katalytisch reformiert werden soll oder nicht. Meist wird dies nur für
einen Teilstrom erforderlich sein, während das übrige Krackbenzin nach
dem Süßen direkt verwendet werden kann, um verkaufsfähige Produkte
durch Mischen mit Reformat und anderen hochwertigen Mischkomponenten herzustellen. Dabei ist die auf S. 949 näher erläuterte Tatsache
zu beachten, daß Reformate besonders in den höheren Siedelagen die
beste Klopffestigkeit aufweisen, Krackbenzine hingegen in den tieferen
Siedelagen. Deren Zumischung zu Reformat ist oft schon allein deshalb
erforderlich, um eine genügend hohe sog. Frontoktanzahl zu erhalten.

Da die Aktivität des Katalysators anfangs nur sehr wenig, mit der
Zeit jedoch etwas stärker nachläßt, ist es eine rein wirtschaftliche Frage,
wie lang man die Betriebsperiode mit einer Katalysatorfüllung bis zum
Auswechseln oder Regenerieren ausdehnen soll. Bei ausreichender Kenntnis der dafür erforderlichen Rechengrößen lassen sich die Überlegungen
in mathematische Formeln kleiden. Dies haben SMITH und DRESSER getan und Diagramme aufgestellt, welche dazu dienen, die Entscheidungen
mit geringem Zeitaufwand zu treffen[1]. Aus der nachstehenden Übersicht
F-1 ist zu entnehmen, welche Reforming-Katalysatoren bisher vorgeschlagen und angewendet wurden und welche die wesentlichen Merkmale der Verfahren sind. Aus den S. 515/16 erwähnten Gründen werden
im folgenden Abschnitt nur die mit Edelmetallkatalysatoren arbeitenden Verfahren besprochen.

Eine für die Wirtschaftlichkeit des Betriebes sehr wesentliche Größe
ist die Lebensdauer des Katalysators. Sie wird gewöhnlich in m³ reformierten Einsatzes je kg Katalysator oder in der entsprechenden Dimension des angelsächsischen Maßsystems genannt. Es ist 1 bbl/lb = 0,351
m³/kg. Bei guten Katalysatoren werden nach mehrmaligem Regenerieren
Standzeiten von 100 m³/kg und mehr erreicht[2]. Um den Temperaturabfall in den hintereinandergeschalteten Reaktoren einander anzuglei-
chen, werden diese oft mit unterschiedlichen Mengen gefüllt. Eine häufig
angewendete Aufteilung ist 20% im ersten, 30% im zweiten und 50%
im dritten Reaktor. Deren Größe kann aus einem für alle Arten von
Reforming-Katalysatoren etwa gleichen Schüttgewicht von rd. 500 bis
550 kg/m³ bestimmt werden. Es werden in der Regel etwa 0,40 bis 0,50 t
Katalysator für einen Durchsatz von 1 t/h Benzin oder etwa 0,30 bis
0,40 t Katalysator je m³/h Durchsatz verwendet. Dies führt bei der

---

[1] SMITH, R. B., u. TH. DRESSER: When to Dicard Reformer Catalyst. Petrol.
Refiner 36 (1957) Nr. 7, S. 199/202.

[2] Aus den Angaben für einen Platformer bei H. JANDA, K. SCHINDEL u. O. SOVA:
a. a. O. (Fußn. 3, S. 535) errechnet man sogar rd. 145 m³/kg. Demgegenüber erscheint eine Lebensdauer entsprechend 21 m³/kg, wie von H. BLUME u. Mitarb.
a. a. O. (Fußn. 1, S. 541) erwähnt, recht bescheiden.

Übersicht F-1. *Die verschiedenen, bekanntgewordenen katalytischen Reforming-Verfahren*

	Katalysatoren			Verfahrensbedingungen		Inbetriebnahme der ersten Anlagen
	Chemische Zusammensetzung	Form	Regene-rierung [a]	Temperatur °C	Druck atü	
Festbett-Hydroforming	MoO_3/Al_2O_3	Pillen im Festbett	a	510···538	10,5	Nov. 1940
Platforming	Pt/Al_2O_3		b	538	20···60	Okt. 1949
Catforming	$Pt/SiO_2/Al_2O_3$		c	482	21···50	Aug. 1952
Fluid Hydroforming	MoO_3/Al_2O_3	Fließbett	d	455···538	12···20	Dez. 1952
Houdriforming	Pt/Al_2O_3		c	477···505	21···30	Nov. 1953
Ultraforming	Pt/Al_2O_3	Pillen im Festbett	a	510	14···35	Mai 1954
Sinclair-Baker-Kellogg-Reforming	Pt/Al_2O_3		a	482···510	14···35	Sept. 1954
Sovaforming	Pt/Al_2O_3		c	482···510		Nov. 1954
Thermofor Catalytic Reforming	Cr_2O_3/Al_2O_3	Perlen in bewegter Schüttung	d	510···538	7···14	März 1955
Orthoforming	MoO_3/Al_2O_3	Fließbett	d			April 1955
Powerforming	Pt/Al_2O_3	Pillen im Festbett	a	465		Juli 1955
Rheniforming	$Pt/Re/Al_2O_3$	Pillen im Festbett	c		14···35	1967 bzw. Ende 1968 (Katalysator Typ C)
Magnaforming						Mai 1967

Nähere Angaben s. Text S. 555

[a] a: Wiederholtes Regenerieren innerhalb kurzer Zeitabstände in situ. – b: Kein Regenerieren in situ oder nur selten in großen Zeitabständen. – c: Gelegentliches, wiederholtes Regenerieren in situ. – d: Ständiges Regenerieren des umlaufenden Katalysators in einem besonderen Regenerator.

oben genannten Belastbarkeit von 100 m³/kg bei mehrfachem Regenerieren in der Anlage zu Standzeiten von rd. 30000 h, also beinahe vier Jahren. Solche Standzeiten sind in Betriebsanlagen tatsächlich erreicht worden.

Die zum Reformieren dienenden Edelmetallkatalysatoren sind bei höheren Temperaturen sehr empfindlich gegen die Einwirkung von Sauerstoff und daher auch von Luft. Deshalb muß das Einsatzgut, wenn es zwischengelagert wird, im Tank vor der Einwirkung von Luft geschützt oder vor der Anlage selbst noch einmal zur Entfernung letzter Spuren von Sauerstoff gestrippt werden. Die Anlagen werden in der Regel vor dem Anfahren mit Wasserstoff gespült und in einer Wasserstoffatmosphäre hochgefahren. Meist wird der Wasserstoff in Hochdruckflaschen gelagert oder er steht von anderen Anlagen in einer bereits bestehenden Raffinerie zur Verfügung. Sollte dies nicht der Fall sein, so kann unter besonderen Vorsichtsmaßnahmen auch Stickstoff dafür benutzt werden[1].

4. Die mit festem Katalysatorbett arbeitenden Reforming-Verfahren

a) Das Platforming-Verfahren

Das erste Reforming-Verfahren, bei dem ein Edelmetallkatalysator im Festbett verwendet wurde, und zwar Platin auf einem Träger in Konzentrationen von wenigen Promille, ist das danach benannte Platforming-Verfahren der Universal Product Co. Es hat seit dem Bau der ersten Anlage im Jahre 1949 sehr weite Verbreitung gefunden und wurde seither nur wenig verändert[2]. Das Schaltbild einer Platforming-Anlage mit Vorfraktionierung für den Einsatz zeigt Abb. F-16. Die Anlage besteht im wesentlichen aus dem Ofen und aus den so hintereinandergeschalteten Reaktoren, daß das zu reformierende Produkt dazwischen nochmals aufgeheizt werden kann. Weiterhin sind ein oder bei neueren Anlagen meistens zwei bei verschiedenen Drücken betriebene Entspannungsgefäße vorhanden, eine Stabilisierkolonne für das Reformat und der Kreislaufkompressor. Dieser hat die Druckdifferenz zwischen dem unter hohem Druck betriebenen Entspannungsgefäß und der Stelle zu überwinden, an der vor dem Ofeneintritt das wasserstoffreiche Gas mit dem aufzuheizenden Produkt gemischt wird.

Da für den Reforming-Prozeß ziemlich hohe Temperaturen erforderlich sind, muß der Wärmeausnutzung in solchen Anlagen ein besonderes Augenmerk gewidmet werden. Deshalb wird das reformierte Produkt in der in Abb. F-16 dargestellten Anlage hinter dem Austritt aus dem letzten Reaktor dazu benutzt, um z.B. in drei parallelen Strängen den Sumpf der Vorfraktionierkolonne, den Zufluß zum Reforming-Ofen

---

[1] KLOTZSCHE, H., R. GIESSEL u. D. BOHLMANN: Untersuchung über die Möglichkeiten des Anfahrens einer Reforminganlage in Stickstoffatmosphäre. Chem. Techn. 16 (1964) 385/91.

[2] HAENSEL, V.: Platforming, present and future. 4. Welt-Erdöl-Kongreß, Rom 1955, Bericht Nr. III/D-2. – MEERBOTT, W. K., u. Mitarb.: Aromatics Manufacture over Platforming Catalyst. Industr. Engng. Chem. 46 (1954) 2026/32.

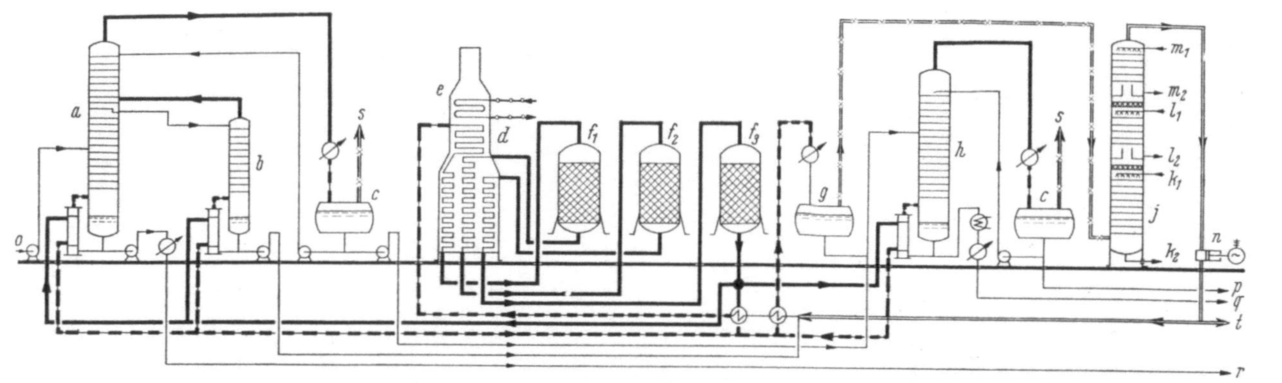

Abb. F-16. Schematisches Fließbild einer Platforming-Anlage mit Vorfraktionierung für das Einsatzgut, mit Stabilisierung für das Platformat und Wäsche für das Kreislaufgas.

a   Vorfraktionierung;
b   Seitenkolonne für das Einsatzgut;
c   Trennbehälter;
d   Ofen;
e   Dampferzeuger im Ofen d;
f_1, f_2, f_3 Reaktoren;
g   Entspannungsbehälter;
h   Stabilisierkolonne;
j   Waschturm für Kreislaufgas;
k_1, k_2 Diäthanolamin-Ein- und -Austritt;
l_1, l_2 Wasser-Ein- und -Austritt;
m_1, m_2 Glykol-Ein- und -Austritt;
n   Kreislaufkompressor;
o   Schwerbenzinzufluß;
p   Flüssiggas;
q   Stabilisiertes Reformat;
r   Destillationsrückstand;
s   Abgas (zur Gasrückgewinnung);
t   Überschußwasserstoff.

und den Sumpf der Stabilisierkolonne zu beheizen. Von diesen drei Strängen können zwei Stränge durch unabhängige Größen geregelt werden, im vorliegenden Fall durch die Aufkochertemperaturen der Vorfraktionierkolonne und der Stabilisierkolonne. Der dritte Strang, nämlich der durch den Wärmeaustauscher für den Zufluß zum Reforming-Ofen, muß dann auf konstanten Differenzdruck gesteuert werden, weil sonst die Regelung überbestimmt wäre. Der Wärmeaustausch mit dem Einsatzgut ist unterteilt, weil die drei Teilströme des abzukühlenden Produktes mit möglichst gleichen Temperaturen wieder zusammentreffen sollen. Deshalb ist noch ein zweiter Wärmeaustauscher für den Ofenzufluß vorgesehen, der vom Gesamtstrom durchflossen wird. In diesem wird dann das reformierte Benzin durch den kalten Zufluß erheblich weiter abgekühlt als in den beiden Aufkochern. Schwankungen der Temperatur vor dem Eintritt in den Ofen, die durch das Arbeiten des Differenzdruckreglers verursacht sein können, werden durch die Feuerungsregelung am Ofen ausgeglichen.

Das im Hochdruckentspannungsgefäß frei werdende Gas mit rd. 70 oder mehr Vol.-% Wasserstoff wird mittels des Kreislaufkompressors in das Einsatzbenzin vor dem Ofen gedrückt. Der Rest kann in das Heizgasnetz abgegeben werden oder für hydrierende Prozeße der Raffinerie verwendet werden. Nur bei geringem Schwefelgehalt des Einsatzgutes kann man auf eine vorherige Entschwefelung verzichten. Dann müssen aber aus dem Kreislaufgas der beim Reformieren gebildete Schwefelwasserstoff (H_2S) sowie die Wasserstoffverbindungen anderer Verunreinigungen wie Ammoniak (NH_3) und Wasserdampf (H_2O) beseitigt werden. Sie würden sich sonst auch bei kleinen Mengen im Einsatz mit der Zeit in unzulässiger Weise im Kreislauf anreichern.

Deshalb ist in dem Fließbild eine Wäsche für das Kreislaufgas dargestellt. Für die Entfernung der Schwefelverbindungen benutzt man meist Diäthanolamin; vgl. hiezu S. 629 ff. Da aber Spuren des stickstoffhaltigen Waschmittels den Katalysator schädigen können, müssen sie durch eine gründliche Wasserwäsche beseitigt werden und anschließend muß das Gas mittels Glykol getrocknet werden. Die für die Regenerierung des Waschmittels und des Glykols erforderlichen Anlagenteile sind in dem Fließbild nicht wiedergegeben, um es nicht unübersichtlich zu machen.

Heute wird das Einsatzgut für Reforming-Anlagen fast immer hydrierend entschwefelt, wenn sein Schwefelgehalt über etwa 20 bis 30 mg/kg liegt. Dann werden Platforming-Anlagen in der Regel Unifining-Anlagen vorgeschaltet. Sie wenden ein raffinierendes Hydrierverfahren an, das gemeinsam von Union Oil Co of California und Universal Oil Products entwickelt wurde und auf S. 867 näher besprochen wird[1]. Diese Art von Verfahren waren die ersten, die nach dem Kriege große Bedeutung erlangten, weil der Wasserstoff als Nebenprodukt des Reforming-Verfahrens zur Verfügung steht. Die Schaltung einer solchen Anlage ist

---

[1] GERALD, C. F.: Unifining-Platforming in One Unit. Petrol. Refiner 35 (1956) Nr. 5, S. 216/17. – Im übrigen s. Abschn. L4b, S. 863ff.

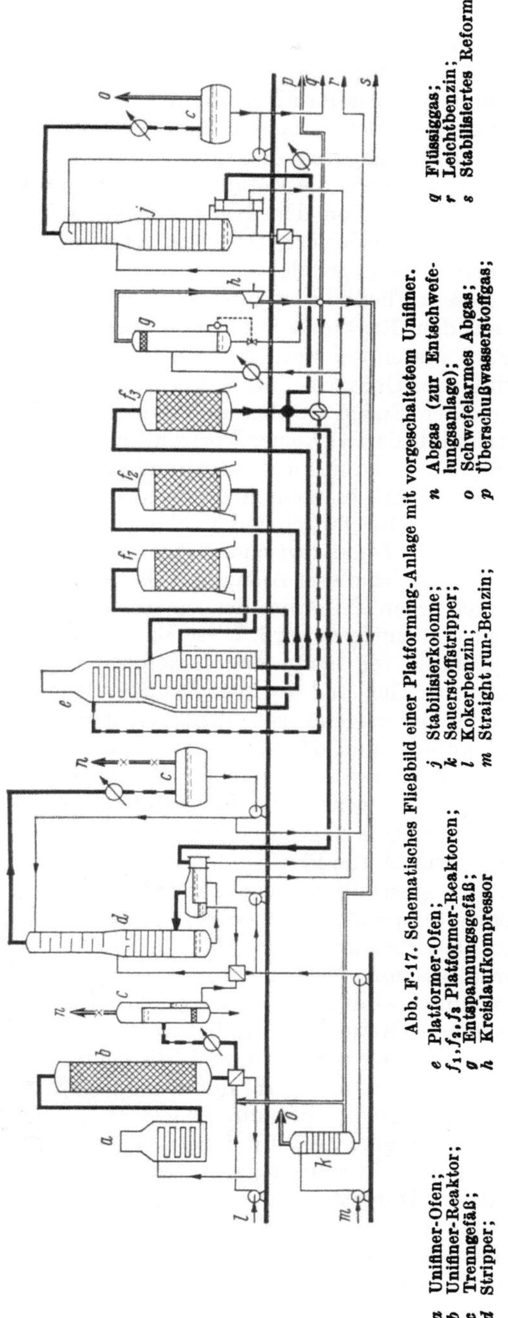

Abb. F-17. Schematisches Fließbild einer Platforming-Anlage mit vorgeschaltetem Unifiner.

a Unifiner-Ofen;
b Unifiner-Reaktor;
c Trenngefäß;
d Stripper;

e Platformer-Ofen;
f_1, f_2, f_3 Platformer-Reaktoren;
g Entspannungsgefäß;
h Kreislaufkompressor

j Stabilisierkolonne;
k Sauerstoffstripper;
l Kokerbenzin;
m Straight run-Benzin;

n Abgas (zur Entschwefelungsanlage);
o Schwefelarmes Abgas;
p Überschußwasserstoffgas;

q Flüssiggas;
r Leichtbenzin;
s Stabilisiertes Reformat.

in Abb. F-17 gezeigt. Der Unifiner ist hier auch deshalb erforderlich, weil ein erheblicher Anteil von Schwerbenzin aus einer thermischen Krackanlage (Koker) zu reformieren ist. In dem Unifiner werden Sauerstoff-, Stickstoff- und Schwefelverbindungen durch Hydrieren in Kohlenwasserstoffe und die Wasserstoffverbindungen der betreffenden Elemente zerlegt; außerdem werden – was hier besonders wichtig ist – die Olefine abgesättigt und Metallspuren des Einsatzgutes am Katalysator adsorbiert. Arsen kann – so wie die Metalle – nicht durch Hydrieren beseitigt werden. Es wird aber von dem Hydrierkatalysator, und zwar in den obersten Schichten, adsorbiert und kann erforderlichenfalls mit diesem von Zeit zu Zeit entfernt werden.

Auch in diesem Fließbild ist zu sehen, wie in einem solchen Fall die Wärme des aus dem Reaktor ablaufenden heißen Produktes ähnlich wie nach Abb. F-16 ausgenutzt werden kann. In dem gezeigten Beispiel enthält der Zufluß zum Unifiner – das Kokerbenzin – keine schweren Siedeenden; die leichten Enden werden im Trenngefäß der Unifining-Anlage beseitigt. Deshalb bedarf es keiner Vorfraktionierung dieses Teilstromes. Auch das gleichzeitig damit zu verarbeitende Straight run-Benzin ist so scharf geschnitten, daß es nicht mehr fraktioniert zu werden braucht. Es ist weitgehend schwefelfrei und wird nicht durch den Unifiner geleitet. Da es aber in Tanks zwischengelagert wird und dabei Sauerstoff aufnehmen kann, ist bei dieser Anlage ein Stripper eingebaut, in dem der Sauerstoff durch einen Teilstrom des wasserstoffreichen Gases aus dem Entspannungsgefäß entfernt wird. Diese Maßnahme läßt sich vermeiden, wenn die Lagertanks für den gesamten Reformereinsatz mit einem Gasschutz versehen werden und auf dem Weg zwischen der Rohöldestillationsanlage oder der zugehörigen Benzintrennanlage, bei der der Reformereinsatz anfällt, und der Reforming-Anlage selbst keine Möglichkeit besteht, daß Sauerstoff aufgenommen wird. Neuerdings wurden Additives entwickelt, welche die Sauerstoffaufnahme verhindern und besondere Vorkehrungen dagegen überflüssig machen.

Die Betriebsdrücke von Platforming-Anlagen wurden anfangs je nach Einsatzgut und angestrebter Oktanzahl zwischen 40 und 60 atü gewählt, die Ofenaustrittstemperaturen über 500 °C. Es sind Anlagen in Betrieb, bei denen im Dauerbetrieb bis zu 1000 °F (= 538 °C) eingehalten werden. Das Verhältnis von stündlichem Durchsatz flüssigen Produktes zum Katalysatorvolumen (Raumgeschwindigkeit) wird mit 4 bis 10 h^{-1} gewählt; bei geringerer Raumgeschwindigkeit und bei niedrigeren Drücken, die jetzt oft angewendet werden, nimmt die Bildung von Aromaten und Gas zu. Daher kann die Oktanzahl durch niedrige Belastung der Anlage erhöht werden. Jedoch ist dies nur in gewissen Grenzen zweckmäßig. Soll eine Anlage längere Zeit mit Unterlast laufen, dann ist es meist wirtschaftlich, die Reaktorfüllung zu verringern und in extremen Fällen von der radialen Durchströmung wie sie bei Platforming-Reaktoren üblich ist, zur axialen Durchströmung bei entsprechend verkleinerter Schütthöhe des Katalysators überzugehen. Hat jedoch ein Reformer die Aufgabe, vorzugsweise Aromaten als Rohstoff für die Petrolchemie zu erzeugen, so wird er von vornherein für niedrigere Drücke bei etwa gleicher Ofenaustrittstemperatur und gleichen Raumgeschwindigkeiten wie vorstehend erörtert, d.h. für schärfere Betriebsbedingungen geplant. Dies beeinflußt die Baukosten günstig, weil die Reaktoren und sonstigen Anlagenteile mit geringerer Wanddicke ausgeführt werden können. Mit der Ofenaustrittstemperatur von rd. 540 °C ist bereits die Grenze erreicht, bei der man noch ohne austenitische Stähle auskommt. Deshalb wurde dieser Wert in den zurückliegenden Jahren nicht mehr erhöht[1].

Von den mit Festbett arbeitenden Reforming-Anlagen sind die Platforming-Anlagen heute in der Erdölindustrie wohl am meisten verbreitet. Bis 1. Oktober 1969 waren 357 Anlagen mit einer gesamten Durchsatzleistung von rd. 120 Mill. t/a in Betrieb. Dies entspricht rd. 15% der gesamten Verarbeitungsmöglichkeit katalytischer Krack- und Reforming-Anlagen in allen Ländern der westlichen Welt; vgl. Zahlentafel A-3, S. 5, Spalte 13 unten.

Die nachstehend zu beschreibenden, mit Festbett arbeitenden weiteren Verfahren unterscheiden sich vom Platforming-Verfahren in erster Linie durch die Art der verwendeten Katalysatoren. Bei den meisten von ihnen kann der Katalysator im Reaktor regeneriert werden, teils nur wenige Male, teils in regelmäßigen kurzen Abständen. Im letzten Fall ist es dann meist möglich, schärfere Reaktionsbedingungen anzuwenden, weil ein Abklingen der Aktivität des Katalysators durch baldiges Regenerieren wieder rückgängig gemacht werden kann. Demgegenüber hat die Universal Oil Products Co bis vor einigen Jahren an ihrem früher vertretenen Grundsatz festgehalten, den Katalysator nicht in der Anlage zu regenerieren, sondern in der Katalysatorfabrik aufzuarbeiten. Da ein erheblicher Teil der Kosten des Katalysators auf das Edelmetall entfällt, das nicht verbraucht wird, beträgt der Aufwand für das Regenerieren bei Rücklieferung von verbrauchtem Katalysator nur rd. 30% der Kosten des frischen Katalysators. Diese werden vornehmlich vom Weltmarktpreis des Platins bestimmt. Nunmehr ist man aber auch bei Platforming-Anlagen dazu übergegangen, dem für das Spülen der Anlagen auf alle Fälle benötigten Stickstoff dosierte Mengen Luft zuzugeben, diese im Ofen auf rd. 500 °C aufzuheizen und dadurch den Katalysator vorsichtig abzubrennen. Dadurch können allerdings nur die Koks- oder Rußablagerungen durch Umwandlung in CO_2 beseitigt werden. Auch wenn der Katalysator durch Schwefel inaktiv geworden ist, hilft diese Maßnahme in begrenztem Umfang. Sie ist jedoch nicht wirksam, sollte der Katalysator z.B. durch Metalle vergiftet sein. Dann kann die zufriedenstellende Arbeitsweise der Anlage nur durch Auswechseln der Katalysatorfüllung erreicht werden. Dies gilt in gleicher Weise für die anderen Verfahren. Wegen der Vorrichtungen zum Regenerieren vgl. noch S. 555.

---

[1] Ähnlich liegen die Verhältnisse beim Bau von Dampfkraftwerken. Auch dort blieb man in der Regel bei dieser Temperaturgrenze, weil die wenigen Werke, die auf höhere Temperaturen übergingen und deshalb viel aufwendigere Baustoffe verwenden mußten, offenbar zeigten, daß dadurch kaum mehr wesentliche Vorteile zu erzielen sind. Dazu kommen die nicht zu übersehenden Erschwernisse für Betrieb und Instandhaltung.

b) Weitere Reforming-Verfahren mit gelegentlicher Regenerierung des Katalysators

α) **Das Houdriforming-Verfahren.** Ungefähr ein Jahr nach der Inbetriebsetzung der ersten Platforming-Anlage trat auch die Houdry Process Corp, Marcus Hook/Pa. mit Angaben über das von ihr entwickelte sog. Houdriforming-Verfahren zum katalytischen Reformieren von Benzin an die Öffentlichkeit[1]. Es wird – so wie beim Platforming-Verfahren – ein Platinkatalysator verwendet. Er ist ebenfalls gegen Katalysatorgifte wie Stickstoff, Arsen und Metalle empfindlich. Deshalb wird empfohlen, eine Vorstufe („Guard Case" genannt) einzuschalten, in der solche Katalysatorgifte unschädlich gemacht werden. Diese Vorstufe besteht aus einem kleinen, mit Reforming-Katalysator gefüllten Reaktor und einem Stripper für den Austritt, der mit etwas niedrigerem Druck als das Trenngefäß hinter der Stabilisierkolonne des Reformers betrieben wird. Die Temperatur im Reaktor ist ebenfalls etwas niedriger als in den Reforming-Reaktoren, damit vor allem Schwefelverbindungen hydriert und Olefine aufgesättigt werden. Auch Blei- und Kupfersalze sollen dadurch entfernt werden.

Abgesehen von dieser Vorstufe unterscheidet sich die Schaltung einer Houdriforming-Anlage kaum von der einer Platforming-Anlage ohne Vorfraktionierung. Die Stabilisierkolonne ist auf alle Fälle erforderlich. Auch das im Trennbehälter anfallende Gas wird im Kreislauf zurückgeführt und vor dem Ofeneintritt mit dem Einsatzgut gemischt. Der Überschuß kann an das Heizgasnetz der Raffinerie abgegeben oder für Hydrierverfahren verwendet werden. Sein Wasserstoffgehalt liegt je nach Betriebszeit des Katalysators und Zusammensetzung des Einsatzgutes zwischen 85 und 70 Vol.-%. Die Temperaturen am Eintritt in die Reaktoren werden je nach gewünschter Schärfe des Betriebes und Erfordernissen des Einsatzmaterials zwischen 475 und 510 °C, die Drücke zwischen 20 und 45 atü, die Raumgeschwindigkeit zwischen 1,5 und 5 flüssiges Volumen je Stunde bezogen auf Katalysatorvolumen und das molare Wasserstoff- zu Ölverhältnis zwischen 4 : 1 und 10 : 1 gewählt. Eine Übersicht über die mit verschiedenem Einsatzgut erzielbaren Ausbeuten und Oktanzahlen bei milder und scharfer Fahrweise können der Zahlentafel F-8 entnommen werden.

Zum Studium der beim Reformieren ablaufenden Reaktionen haben verschiedene Mitarbeiter der Houdry Process Corp umfangreiche Beiträge geliefert, die bereits im vorhergehenden Unterabschnitt über die Reaktionen berücksichtigt wurden. Diese Untersuchungen wurden vor allem dadurch veranlaßt, weil jede der interessierten Stellen bestrebt ist,

---

[1] KIRKBRIDE, C. G.: Houdriforming – A Continuous Process for Reforming Petroleum Naphthas. Petrol. Refiner 30 (1951) Nr. 6, S. 95/98. – NOLL, H. D., T. A. BURTIS u. J. C. DART: How Feed Stock and Severity Affect Houdriforming Economics; ebd. 32 (1953) Nr. 5, S. 113/16. – DART, J. C., A. G. OBLAD u. H. HEINEMANN: Chemie und Technik des Houdriforming. Erdöl u. Kohle 8 (1955) 9/16. – NEUMANN, H.: Die Houdriforming-Anlage der Gewerkschaft Erdöl-Raffinerie Emsland; ebd. 10 (1957) 664/66.

Zahlentafel F-8. *Betriebsergebnisse der Houdriforming-Verfahren beim Verarbeiten von Schwerbenzin verschiedener Herkunft*

Art des Einsatzgutes	Schwerbenzin aus gemischtnaphthenischem Rohöl mit geringem Gehalt an Paraffinkohlenwasserstoffen		Schwerbenzin aus Ost-Texas-Rohöl mit mittlerem Gehalt an Paraffinkohlenwasserstoffen		Schwerbenzin aus Kuweit-Rohöl mit hohem Gehalt an Paraffinkohlenwasserstoffen	
Dichte g/ml	0,798		0,757		0,768	
Researchoktanzahl						
ohne Blei	61,3		55,6		23,5	
Schwefelgehalt Gew.-%	0,012		0,006		0,10	
Betriebsbedingungen	mild	scharf	mild	scharf	mild	scharf
Ausbeute, (bezogen auf Einsatz): Butanfreies Reformat						
Vol.-%	88,3	80,6	91,0	83,5	87,4	80,4
Klopffestigkeit						
ROZ ohne Blei	92,0	101,0[a]	80,0	92,0	76,8	90,0
ROZ mit 0,08 Vol.-%						
BTÄ	99,2	104,2[a]	92,5	99,5	91,0	98,3
Dichte g/ml	0,826	0,842	0,767	0,798	0,776	0,789
Schwefelgehalt Gew.-%	0,002	0,002	<0,001	0,002	<0,001	<0,001

[a] Extrapolierte Werte.

einen Katalysator zu verwenden, der bei den z.T. gegeneinander wirkenden Reaktionen möglichst günstige Bedingungen für die Erhöhung der Klopffestigkeit des Benzins schafft. Die erzielten Ergebnisse weisen jedoch keine grundlegenden Unterschiede auf. So zeigt sich, daß die beim Houdriforming erreichte Veränderung der Zusammensetzung des Benzins sehr ähnlich wie in einer Platforming-Anlage verläuft. In Abb. F-7 sind die von HEINEMANN, SCHALL und STEVENSON[1] mitgeteilten Ergebnisse als Punkte H_1 für das Einsatzgut und H_2 für das in einer Houdriforming-Anlage reformierte Benzin eingetragen. Man sieht daraus, daß unter Berücksichtigung der etwas abweichenden Zusammensetzung des Einsatzgutes die der reformierten Benzine weitgehend übereinstimmt.

Sollen jedoch in einer Houdriforming-Anlage im Einsatzprodukt enthaltene höhere Anteile von Krackbenzin verarbeitet werden, so wird auch bei diesem Verfahren das Vorschalten einer hydrierenden Raffinationsstufe empfohlen, so wie dies beim Platforming-Verfahren erwähnt wurde. Dafür kann der übliche Kobalt- oder Molybdänkatalysator verwendet werden. Das vorbehandelte Produkt muß dann in einer Stripperkolonne von Schwefelwasserstoff und Ammoniak befreit werden.

Eine Besonderheit des Houdriforming-Verfahrens besteht darin, daß wegen des S. 540 erwähnten Erfordernisses der Anwesenheit von Chlor als „Promotor" für den Katalysator chlorierte Kohlenwasserstoffe, wie z.B. Dichlorpropan, dem Einsatzgut zugegeben werden. Dies erfordert jedoch besondere Vorsicht, weil sich bei den hohen Temperaturen Salzsäure bilden kann, welche die Baustoffe angreift.

---

[1] Vgl. Fußn. 1, S. 521/22 (Petrol Refiner 1951).

Abweichend von der ursprünglichen Ansicht der Universal Oil Products Co ließ Houdry von vorneherein ein Regenerieren des Katalysators in der Anlage zu. Dies wird ebenfalls dadurch bewirkt, daß ein Gasgemisch aus Stickstoff und einer geringen Menge Sauerstoff (oder Luft) im Ofen etwa auf Reaktortemperatur gebracht und durch den Katalysator gedrückt wird.

β) **Das Catforming-Verfahren.** Die unbestreitbaren Erfolge des Platforming-Verfahren haben nicht nur die auf dem Gebiet des Arbeitens mit Katalysatoren in der Erdölindustrie führende Firma Houdry, sondern auch verschiedene andere Ölgesellschaften und Ingenieurfirmen veranlaßt, sich mit dem katalytischen Reformieren zu befassen. So hat die Atlantic Refining Co, Philadelphia/Pa. ein ähnliches Verfahren entwickelt, das unter dem Namen Catforming bekannt wurde[1]. Als Katalysator wird ebenfalls Platin, jedoch auf einem durch Heißdampf aktivierten Aluminiumsilikatträger verwendet. Der Lizenzgeber macht geltend, daß der Katalysator gegen Wasser, Schwefel, Stickstoff, Arsen und andere sonst störende Verunreinigungen unempfindlich sei, solange sie im Einsatzgut nur in üblichen Spuren vorkommen. Deshalb wird bei Catforming-Anlagen in der Regel keine Hydrierstufe vorgeschaltet. Weiterhin kann der Katalysator in der Anlage durch zwei- oder auch dreimaliges Abbrennen des Kokses zur vollen Aktivität regeneriert werden. Dabei gelten die bereits erwähnten Einschränkungen. Die Schaltung einer Catforming-Anlage unterscheidet sich ebenfalls grundsätzlich nicht von der eines Platformers. Da aber das Einsatzgut nicht vorbehandelt ist und in den meisten Fällen etwas Schwefel enthält, ist es unbedingt erforderlich, bei diesen Anlagen in den Gaskreislauf eine Wäsche zur Entfernung des Schwefelwasserstoffes einzuschalten, wie sie in Abschn. H 1 beschrieben wird und in Abb. F-16 für den Fall einer Platforming-Anlage dargestellt ist.

Die mit einer Anlage der United Refining Co erzielten Ergebnisse sind in Zahlentafel F-9 wiedergegeben und die Punkte für Einsatz und Reformat in das Diagramm Abb. F-7, S. 526 als C_1 und C_2 eingetragen. Dabei sind die in der Quelle genannten Volumenprozent mit mittleren Dichten in Gewichtsprozente umgerechnet. Die gestrichelte Linie im Diagramm soll nur – sinngemäß wie die Verbindung der Punkte P_1 bis P_3 sowie H_1 und H_2 – die bei zunehmender Schärfe der Reaktionsbedingungen etwa erreichbaren Zusammensetzungen des Reformates beschreiben. Die Darstellung läßt die bereits erwähnte Tatsache erkennen, daß die Wirkung der Katalysatoren kaum Unterschiede aufweist.

Beim Catforming-Verfahren entstehen bemerkenswert hohe Anteile von C_3- und C_4-Kohlenwasserstoffen, was dann von Bedeutung ist, wenn eine hohe Ausbeute an Flüssiggas gewünscht wird. Dies ist die Folge stärkeren hydrierenden Krackens, worauf bei der Entwicklung des Kata-

---

[1] FOWLE, M. J., R. D. BENT, B. E. MILNER u. G. P. MASOLOGITES: In Reforming – It's the Catalyst that counts. Petrol. Refiner 31 (1952) Nr. 4, S. 156/59. – GRANE, H. R., A Look at Commercial Catforming; ebd. 32 (1953) Nr. 9, S. 113/15. – LOGAN jr., H. H., B. E. MILNER u. J. A. NEVISON: Catforming at United Refining Company; ebd. 34 (1955) Nr. 9, S. 169/73. – ECKEL, J. G., u. G. R. WORELL: Why Dorchester Will Add Catalytic Reforming; ebd. 36 (1957) Nr. 4, S. 146/48.

Zahlentafel F-9. *Einsatz und Produkt einer Catforming-Anlage*

		Einsatzgut	Reformat
Dichte	g/ml	0,720	0,728
Reid-Dampfdruck	at	0,77	0,73
Anilinpunkt	°C	58	34,5
Bromzahl	g/100 g	1,7	–
Schwefelgehalt	Gew.-%	0,035	<0,001
Abdampfrückstand	Gew.-%	<0,5	–
ROZ ohne Blei		52,2	83,0
ROZ mit 0,08 Vol.-% BTÄ		–	95,0
Zusammensetzung	Vol.-%		
C_3		1,2	–
i-C_4		1,4	1,6
n-C_4		5,4	7,0
i-C_5		4,1	11,0
n-C_5		5,1	8,8
C_{6+}-Paraffine		40,8	33,2
C_{6+}-Naphthene		35,6	8,6
Aromaten		6,4	29,8
		100,0	100,0
Siedeverlauf	°C		
Siedebeginn		31	30,5
10 Vol.-%		63	48,5
30 Vol.-%		95	69
50 Vol.-% } übergegangen		117	90
70 Vol.-%		139	117
90 Vol.-%		170	153
Siedeende		198	189
Verlust	Vol.-%	4,0	2,5
Wasserstoffgehalt des Gases im Entspannungsbehälter	Vol.-%		rd. 90

lysators besonderer Wert gelegt wurde. Dementsprechend sind bei gleicher Oktanzahl die Ausbeuten an reformiertem Benzin gegenüber anderen Verfahren etwas niedriger. Der Unterschied ist um so größer, je höher die Oktanzahl liegt. Für ein Naturgasbenzin als Einsatzprodukt, das etwa einem Benzin aus Kuweit-Rohöl entspricht, ist der Einfluß verschieden scharfer Betriebsbedingungen in Zahlentafel F-10 gezeigt und das Ergebnis zum Vergleich in Abb. F-11, S. 529 eingetragen.

γ) **Weitere hieher gehörende Verfahren.** Außer den vorgenannten Verfahren sind hier noch das *Sovaforming*-Verfahren der früheren Socony Vacuum Oil Co (jetzt Mobil Oil Co) und das *Sinclair-Baker-* bzw. *Sinclair-Baker-Kellogg-*(SBK-)Verfahren zu nennen[1]. Der Katalysator für das letzte wurde von den Firmen Sinclair Research Laboratories Inc und Baker and Co Inc entwickelt, die ingenieurtechnische Bearbeitung hatte die Firma The M. W. Kellogg Co übernommen[2]. Sowohl die Sovaforming-

---

[1] Die Bezeichnung „Sovaforming" wurde offenbar wegen der Namensänderung der Firma in der Zwischenzeit aufgegeben. Es wird einfach von einem „Catalytic Reforming Process" gesprochen.

[2] Vgl. dazu Anon.: Sinclair Has New Reforming Process. Petrol. Refiner 32 (1953) Nr. 6, S. 143/44. – TETER, J. W., B. T. BORGERSON u. L. H. BECKBERGER: Sinclair's „Cat" Reforming Process. Petrol. Processing 42 (1953) 1519/23. – DECKER, W. H., u. D. STEWART: First Sinclair Catalytic Reformer. Petrol. Refiner 34 (1955) Nr. 8, S. 131/36. – STANFORD, G. W.: First Kellogg-Designed Cat Reformer; ebd. Nr. 9, S. 190/92.

Zahlentafel F-10. *Betriebsergebnisse einer Catforming-Anlage beim Verarbeiten von Naturgasbenzin und bei verschieden scharfen Betriebsbedingungen, nach* ECKEL *und* WORRELL

Eigenschaften des Einsatzgutes:

Dichte	Reid-Dampf-druck	ROZ ohne/mit[a]	Siedebereich	$n\text{-}C_5$	C_{6+} P	N	A [b]
0,706 g/ml	0,32 at	57,0/78,0	59···205°C	5,5	56,1	33,8	3,4 Vol.-%

Ausbeute an butanfreiem Reformat	Vol.-%	82,0	87,0	92,0
ROZ ohne Blei		83,5	78,6	71,5
ROZ mit 0,08 Vol.-% BTÄ		97,2	94,8	90,5
Dichte	g/ml	0,730	0,726	0,722
Siedeverlauf	C°			
Siedebeginn		51	52	54,5
10 Vol.-%		64	66,5	69,5
50 Vol.-% } übergegangen		81,5	82	82
90 Vol.-%		136	132,5	131
Siedeende		190	196	196
Zusammensetzung des Abgases (bez. auf Einsatz)				
H_2	Gew.-%	1,5	1,2	0,9
C_1	Gew.-%	0,33	0,29	0,25
C_2	Gew.-%	0,67	0,51	0,36
C_3	Gew.-%	5,4	3,6	2,0
Zusammensetzung der C_4- und C_5-Kohlenwasserstoffe (bez. auf Einsatz)				
$i\text{-}C_4$	Vol.-%	5,0	3,4	1,7
$n\text{-}C_4$	Vol.-%	4,6	3,1	1,6
$i\text{-}C_5$	Vol.-%	5,1	3,7	2,2
$n\text{-}C_5$	Vol.-%	7,6	5,8	4,0

[a] Bleizusatz 0,08 Vol.-% BTÄ. – [b] P, N, A bedeutet Paraffine, Naphthene, Aromaten.

wie auch die SBK-Anlagen arbeiten unter ähnlichen Bedingungen und mit einem ähnlichen Platinkatalysator wie die bisher beschriebenen Verfahren. Auch die Ergebnisse sind ähnlich den beim Platforming oder Houdriforming erzielten. Bei Sinclair wurde besonderer Wert darauf gelegt, das Hydrocracking zurückzudrängen und die Isomerisierung zu bevorzugen, um im Gegensatz zum Catforming-Verfahren so wenig wie möglich Flüssiggas zu erzeugen. Da heute in den Sovaformer-Anlagen fast ausnahmslos der Sinclair-Baker-Kontakt RD-150 verwendet wird, weisen die beiden einerseits von Mobil Oil Co, andererseits von Kellogg ingenieurtechnisch bearbeiteten Anlagenarten nur in der Bauweise Unterschiede auf, kaum aber in den Ausbeuten und erzielten Oktanzahlen. Mobil Oil ist z. B. in den letzten Jahren dazu übergegangen, die Reaktoren als Kugeln auszuführen und beweglich zu lagern, um die durch Wärmedehnung der heißen Rohrleitungen zwischen Ofen und Reaktoren entstehenden Kräfte besser beherrschen zu können. Bei den Sinclair-Baker-Anlagen sind für das in längeren Zeitabschnitten durchzuführende Regenerieren die nachstehend beschriebenen, auch bei anderen Verfahren nötigen Vorkehrungen getroffen. Das von Chevron in allerletzter Zeit entwickelte *Rheniforming*-Verfahren wurde S. 540 erwähnt.

In Zusammenarbeit mit der Fa. Engelhard Industries Division der Engelhard Minerals & Chemicals Corp, die sich seit vielen Jahren als Hersteller von Katalysatoren betätigt, hat die Atlantic Richfield Co vor einiger Zeit Verbesserungen beim katalytischen Reformieren vorgeschlagen und seit Mai 1967 in ihrer Raffinerie Philadelphia/Pa. in einer Betriebsanlage erprobt[1]. Als wesentliche Merkmale des als *Magnaforming* bezeichneten Verfahrens werden genannt:

a) Anwendung von vier oder auch fünf Reaktoren mit unterschiedlichen Betriebsbedingungen;

b) Senkung der Eintrittstemperatur in den ersten Reaktor und Erhöhen der Raumgeschwindigkeit, um die gewünschten Reaktionen, vor allem das Dehydrieren der Naphthene, zu begünstigen und z.B. Hydrokrackreaktionen zurückzudrängen;

c) die unter b) genannte Maßnahme gestattet gleichzeitig eine Senkung des Wasserstoff–Kreislauf-Verhältnisses z.B. auf Werte von 3:1, ohne die Lebensdauer des Katalysators zu beeinträchtigen, wodurch ein geringerer Energiebedarf für den Kompressor erreicht wird;

d) stufenweises Erhöhen der Eintrittstemperatur und des Wasserstoff–Kreislauf-Verhältnisses in den nachgeschalteten Reaktoren.

Dadurch konnte eine Erhöhung der Ausbeute um 2 bis 4 Vol.-% bei gleicher Oktanzahl bzw. eine entsprechende Erhöhung der Oktanzahl bei unveränderter Ausbeute erzielt werden. Der erforderliche Mehraufwand an Investitionen werde in der erwähnten Anlage bereits durch eine Erhöhung der Ausbeute um rd. 1,4 Vol.-% wettgemacht, so daß sich die zusätzlichen Baukosten sehr schnell bezahlt machen.

δ) Die Vorrichtungen zum Regenerieren. In den Anlagen, die nach den bisher besprochenen Verfahren arbeiten, werden – von der zuletzt genannten Ausnahme beim Magnaforming-Verfahren abgesehen – drei hintereinandergeschaltete Reaktoren verwendet, weil sich dies für den Ablauf der Reaktionen und die zwischen den Reaktoren erforderliche Aufheizung am zweckmäßigsten erwiesen hat. Der Temperaturabfall in den einzelnen Reaktoren bewegt sich dann noch in erträglichen Grenzen und der Bauaufwand ist nicht übermäßig. In den Houdriforming- und Catforming-Anlagen – seit neuerer Zeit auch in manchen Platforming-Anlagen – wird der Katalysator nur nach mehrmonatiger Laufzeit regeneriert, wenn die Anlagen zu diesem Zweck abgestellt sind. Ähnlich wird auch bei den Sinclair-Baker-Anlagen verfahren. So wird z.B. mit Hilfe eines Luftkompressors *a* und einer Inertgasanlage *b* bis *d*, die gemäß Abb. F-18 geschaltet werden, das Gasgemisch durch die Öfen *e* und Reaktoren *f* in den Entspannungsbehälter *g* gedrückt und hinter diesem

---

[1] KOPF, F. W., W. H. DECKER, W. C. PFEFFERLE, M. H. DALSON u. J. A. NEVISON: Reform the Magnaforming Way. Hydrocarb. Procssg. 48 (1969) Nr. 5, S. 111 bis 115. – Dies.: Magnaforming offers greater yields. Oil Gas J. 67 (19. Mai 1969) Nr. 20, S. 141/44, 149/52.

vor dem Waschturm j, der im normalen Betrieb für die Entfernung des Schwefelwasserstoffes aus dem Kreislauf dient, über einen Schornstein ins Freie abgelassen. Das Gasgemisch wird so eingestellt, daß es etwa 0,5 bis 0,7 Mol.-% Sauerstoff enthält; der Koksbelag wird in zwei Schritten bei verschieden hoher Temperatur abgebrannt[1]. Abb. F-19 zeigt, in welcher Höhe und in welcher zeitlichen Reihenfolge sich die Temperaturen einstellen.

Kellogg ist jedoch noch einen Schritt weitergegangen und hat den dritten Reaktor, der in der Regel das größte Volumen haben muß, in zwei Einheiten unterteilt. Diese werden so geschaltet, daß sie normaler-

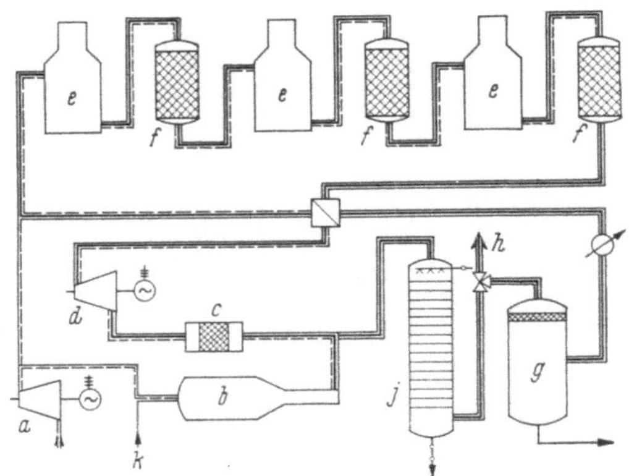

Abb. F-18. Die wesentliche Einrichtung für das Regenerieren des Katalysators einer Reforming-Anlage „in situ“.

a Luftgebläse;	d Inertgasgebläse;	h Rauchgasabzug;
b Inertgasanlage;	e Öfen (oder Ofensektionen);	j Waschturm;
c Trockner;	f Reaktoren;	k Propanzufluß.
	g Entspannungsbehälter;	

weise hintereinandergeschaltet betrieben, aber auch einzeln von der Anlage abgeschaltet werden können. Die Katalysatorfüllung der gesamten Anlage kann wie vorbeschrieben bei Stillstand regeneriert werden. Bei den beiden letzten Regeneratoren ist dies aber auch im Betrieb möglich. Währenddessen muß zwar mit etwas geringerer Last gefahren werden, aber die Laufzeit der ganzen Anlage bis zu einem Stillstand kann auf die Erfordernisse der Überholung besser abgestimmt werden. Es brauchen dann die Reformierbedingungen nicht übermäßig verschärft zu werden, um gewünschte hohe Oktanzahlen zu erreichen. Mit dieser Umschaltbarkeit eines Reaktorpaares ist eine Maßnahme vorweggenommen, die. bei den im folgenden Unterabschnitt zu beschreibenden Verfahren mit sog. Swingreaktor bis zur letzten Konsequenz durchgeführt ist.

---

[1] Vgl. W. H. DECKER u. D. STEWART: a.a.O. (Fußn. 2, S. 553). – REED, W. H. u. R. R. RUNGE: How to regenerate reformer catalyst. Oil Gas J. 60 (15. Okt. 1962) Nr. 42, S. 226/29.

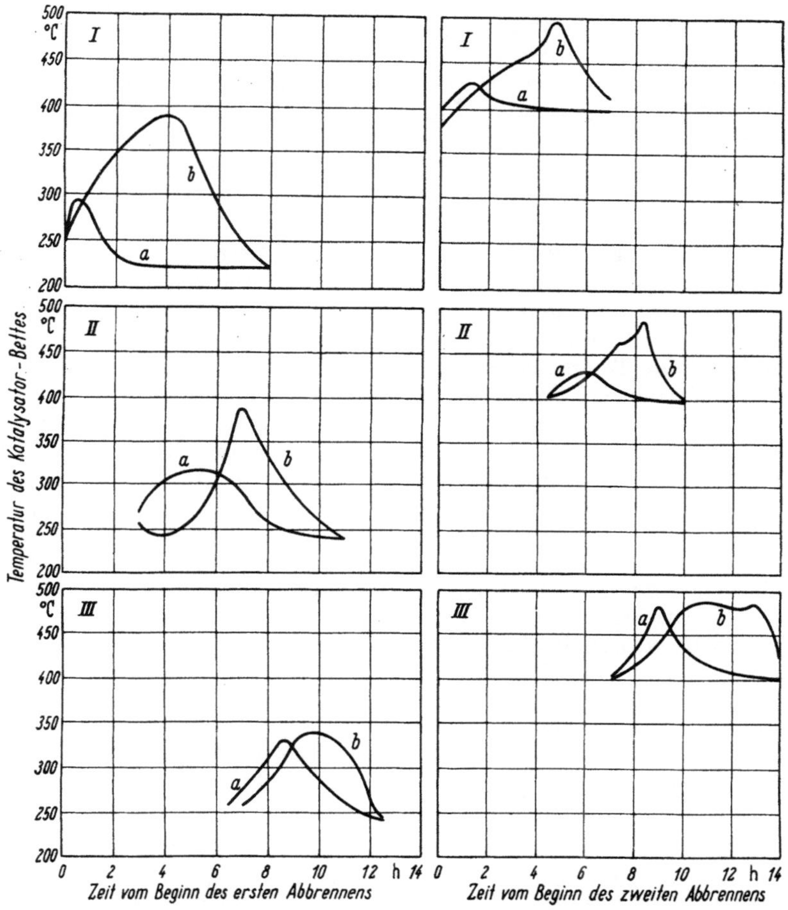

Abb. F-19. Verlauf der Temperaturen im Bett der drei Reaktoren beim ersten Regenerieren mit niedriger und beim zweiten Regenerieren mit höherer Temperatur, nach DECKER und STEWART. I, II, III gilt für Reaktor Nr. 1, 2, 3.
a Oben; *b* Unten.

c) Reforming-Verfahren mit ständig wiederholbarer Regenerierung des Katalysators

Nimmt man in Kauf, den Katalysator in kurzen Abständen zu regenerieren, um seine volle Aktivität wiederum herzustellen, so kann man eine gewisse Rußbildung zulassen und deshalb schärfere Verfahrensbedingungen anwenden. Damit kehrt man in gewissem Grade wieder zu der ursprünglichen, beim katalytischen Kracken im Festbett angewendeten Technik zurück. Der Unterschied liegt allerdings darin, daß jetzt die Regenerationsperioden nicht nur wenige Stunden betragen, sondern mehrere Tage bis zu einigen Wochen. Dadurch verringern sich in einem erheblichen Maß die mit dem Regenerieren zwangsläufig verbundenen Verluste. Diese werden vor allem dadurch verursacht, daß die heiße Apparatur vor und besonders nach dem Regenerieren gründlich mit Stickstoff gespült werden muß. Außerdem geht die beim Regenerieren entstandene Wärme verloren, weil sich eine energiewirtschaftliche Nutzung, wie sie bei den ursprünglichen Houdry-Krackanlagen mit Festbett üblich war, wegen der wesentlich längeren Zeitabstände zwischen den einzelnen Regenerierungen nicht mehr lohnt[1].

Die Untersuchungen über den Einfluß der Betriebsbedingungen auf die Reforming-Reaktionen haben gezeigt, daß durch Senken des Druckes die Oktanzahl gesteigert werden kann. Davon wird bei dem von der Standard Oil of Indiana entwickelten *Ultraforming*-Verfahren Gebrauch gemacht[2]. Die Temperaturen am Austritt aus den Öfen sind so wie bei anderen Verfahren bei rd. 500 °C gewählt. Es können jedoch Drücke von 15 bis 20 at angewendet werden und dadurch hohe Oktanzahlen erzielt werden. Beispiele sind in Zahlentafel F-11 für Benzine verschiedener Herkunftsländer zusammengestellt. Die Schaltung für das Regenerieren ist ähnlich wie in Abb. F-18.

Als letztes Verfahren ist hier noch das von der Esso Research & Engineering Co entwickelte *Powerforming*-Verfahren zu nennen[3]. Auch diese Anlagen werden mit einem sog. Swing-Reaktor ausgerüstet. Jedoch ist dieser so geschaltet, daß er während des Regenerierens eines jeden der anderen Reaktoren dessen Betrieb übernehmen kann. Die Anlagen brauchen deshalb für das Regenerieren überhaupt nicht mehr abgestellt zu werden. In diesem Fall spricht man von vollzyklischem Betrieb. Die Länge der Perioden für das Regenerieren der einzelnen Reaktoren hängt von verschiedenen Umständen ab. So hat das Siedeende des Einsatzgutes erheblichen Einfluß. Liegt es bei etwa 150 °C, so können die Reaktoren bis zu Monaten ohne Regenerierung betrieben werden. Bei 180 °C kann dies aber sehr schnell notwendig werden. In Betriebsanlagen werden

---

[1] HARTER, M. D.: Find Optimum Cat Regeneration Cycle. Hydrocarb. Procssg. 46 (1967) Nr. 5, S. 181/86. – WEEKMAN, V. W., jr.: Optimum operation-regeneration cycles for fixed-bed catalytic cracking. Industr. Engng. Chem./Proc. Design Developm. 7 (1968) 252/56. (Obwohl vom Kracken die Rede ist, hat das Verfahren heute vornehmlich beim Reformieren Bedeutung.)

[2] FORRESTER, J. H., A. L. CONN u. J. B. MALLOY: Ultraforming – New Reforming Process. Petrol. Refiner 33 (1954) Nr. 4, S. 153/56. – STEEL, R. A., J. A. BOCK, W. H. HERTWIG u. L. W. RUSSUM: Selecting a Catalytic Reforming Process. Petrol. Refiner 33 (1954) Nr. 5, S. 167/71. – MOORE, T. M., Ultraformer Tops 100 Octane ... Petrol. Refiner 34 (1955) Nr. 9, S. 174/78. – ROBERT, J. K., E. W. THIELE u. R. V. SHANKLAND: Regenerative Platinum-Catalysts Reforming of Naphthas. 4. Welt-Erdöl-Kongreß, Rom 1955, Bericht Nr. III/D-4. – WHITE, PH. C., F. W. JOHNSTON u. W. J. MONTGOMERY: Ultraform to Get 100 Octane, Clear. Petrol. Refiner 35 (1956) Nr. 5, S. 171/77. – NIX, H. C.: How Humble Runs Catalytic Reformers. Petrol. Refiner 36 (1957) Nr. 5, S. 189/92. – Anon.: Petrol. Refiner 37 (1958) Nr. 9, S. 223. – SLYNGSTAD, C. E.: Regenerative Catalytic Reforming. Industr. Engng. Chem. 51 (1959) 993/96. – BROOKS, J. A.: Ultraforming – 8 years later. Oil Gas J. 60 (10. Sept. 1962) Nr. 37, S. 145/49.

[3] HOLT II, P. H., u. R. R. HAIG: Data on Latest Reforming Process. Petrol. Refiner 36 (1957) Nr. 9, S. 221/22. – TAYLOR, W. F., u. A. B. WETTY jr.: Cyclic Powerforming provides: High-yield hydrogen, High octane gasoline. Oil Gas J. 61 (2. Dez. 1963) Nr. 48, S. 142/46.

Zahlentafel F-11. *Betriebsergebnisse einer Ultraforming-Anlage bei Verarbeitung von Schwerbenzin verschiedener Herkunft und bei verschieden scharfer Fahrweise nach* FORRESTER *u. Mitarb.*

Rohölherkunft		Golfküste	Mid Continent	Arkansas
Siedeverlauf	°C			
Siedebeginn		94	97	65
10 Vol.-%	über-	121	114	78
50 Vol.-%	ge-	152	135	118
90 Vol.-%	gangen	180	162	161
Siedeende		201	183	192
Zusammensetzung Vol.-%				
Paraffine		26,0	50,0	77,0
Naphthene		55,5	41,5	15,0
Aromaten		18,5	8,5	8,0
ROZ ohne Blei		59,4	44,5	45,3

		Golfküste		Mid Continent				Arkansas	
Betriebsdruck	atü	21		14		21		21	
C_{5+}-Reformat									
Ausbeute	Vol.-%	91,8	83,8	90,5	84,1	89,9	82,8	84,5	80,0
ROZ ohne Blei		90	100	85	95	85	95	85	90
Reid-Dampfdruck	at	0,140	0,232	0,147	0,183	0,169	0,196	0,379	0,422
Butane	Vol.-%	2,7	6,2	2,0	4,4	3,1	5,5	7,1	9,3
Trockengas	Gew.-%	3,4	7,2	3,3	6,7	4,8	8,4	7,5	9,8
Wasserstoff	m_n^3/t	210	260	190	220	170	201	95	104
Benzin mit Reid-Dampfdruck 0,7 at[a]									
Ausbeute	Vol.-%	105,7	93,2	104,5	95,2	103,1	93,3	91,8	85,7
ROZ ohne Blei		90	100	85	95	85	95	85	95

[a] Durch Zugabe von fremdem Butan.

meist Perioden zwischen 1 und 7 Tagen eingehalten, wenn nicht Benzin mit sehr niedrigem Siedeende reformiert wird, was meist nur in Ausnahmefällen geschieht. Wenn die Eigenschaften des Einsatzgutes eine sehr langsame Deaktivierung des Katalysators erwarten lassen, können Powerforming-Anlagen auch ohne Swing-Reaktor für sog. semiregenerativen Betrieb gebaut werden. Sie unterscheiden sich dann in ihrer Ausstattung grundsätzlich nicht von den anderen in Abschn. F4b beschriebenen katalytischen Reforming-Anlagen.

5. Katalytische Reforming-Verfahren mit bewegter Schüttung

Da sich das auf S. 438ff. beschriebene Thermofor Catalytic Cracking-(TCC)-Verfahren gut bewährt hatte und die dafür entwickelte Apparatur geeignet ist, einen Katalysator ständig zu regenerieren, wurde vorgeschlagen, dieses Verfahren auch auf das Reformieren anzuwenden. Als Katalysatoren können dann die zu Beginn der Entwicklung benutzten mit Molybdän-, Chromoxyd oder mit beiden Oxyden verwendet werden, vgl. Übersicht F-1, S. 543. Das Ergebnis der in dieser Richtung von der Socony Vacuum Oil Co durchgeführten Arbeiten war das *Thermofor Cata-*

lytic Reforming-(TRC-)Verfahren[1]. Der wesentliche Unterschied gegenüber dem Krackverfahren liegt darin, daß die Koks- und Rußbildung auf dem Katalysator wesentlich niedriger ist als beim katalytischen Kracken. Sie bewegt sich in der Größenordnung von etwa 1 bis 2% bezogen auf die Einsatzmenge und beträgt damit nur rd. 1/8 bis 1/4 der beim Kracken üblichen Werte. Deshalb kann auch der Katalysatorumlauf wesentlich geringer sein, weshalb bei den ausgeführten Anlagen wieder die ursprüngliche, beim TCC-Verfahren benutzte mechanische Förderung angewendet wurde.

Aus den Erläuterungen über die Reaktionen ergibt sich aber, daß der Druck im Reaktor nicht zu tief gesenkt werden darf. Deshalb wurden die TCR-Anlagen mit Reaktordrücken von 10 bis 20 at geplant. Der mechanisch geförderte Katalysator wurde durch Schleusen aus dem oder in den Regenerator geleitet, der selbst drucklos betrieben werden konnte.

Die Tatsache, daß die Firma jedoch im Laufe der Entwicklung zu dem bereits erwähnten Sovaforming-Verfahren mit festem Katalysatorbett überging und ungefähr seit 1954 nur mehr Anlagen nach diesem Verfahren baute, läßt darauf schließen, daß das TCR-Verfahren nicht alle Erwartungen erfüllt hat, obwohl die Verwendung eines Chromoxydkatalysators auf Aluminiumoxydträger an Stelle eines Edelmetallkatalysators wirtschaftlich vorteilhaft erscheinen könnte. Jedoch erfordern die Einrichtungen für den Katalysatorumlauf und die ständige Regenerierung Investitionskosten, die diesen Vorteil offenbar nicht wettmachen können.

Ebenfalls mit einem Kobalt-Molybdän-Katalysator in bewegter Schüttung arbeitete das sog. *Hyperforming*-Verfahren, von dem nur eine einzige Betriebsanlage gebaut wurde[2].

6. Katalytische Reforming-Verfahren mit Fließbett

Nachdem es gelungen war, die Anwendung von staubförmigen Katalysatoren für das Kracken von hochsiedenden Erdölprodukten zur Betriebsreife zu entwickeln, war es naheliegend, die Vorteile dieser Arbeitsweise auch beim Reformieren auszunutzen. Allerdings mußte damit gerechnet werden, daß wegen der angestrebten Reaktionen ein Arbeiten unter Atmosphärendruck so wie beim Kracken kaum zu wirtschaftlichen Lösungen geführt hätte. Als Erschwerung gegenüber den bei Krackanlagen üblichen Bauformen kam daher hinzu, daß das Fließbett zumindest im Reaktor unter Druck betrieben werden mußte. Damit

---

[1] DALTON, S. D., u. T. P. SIMPSON: Catalytic Cracking and Reforming Process for Increasing the Yield and Octane number of Gasoline. 3. Welt-Erdöl-Kongreß, Den Haag, Bericht Nr. IV/II/6. – PAYNE, J. W., S. P. EVANS, E. V. BERGSTROM u. V. O. BOWLES: Thermofor Catalytic Reforming Reaches Commercial Stage. Petrol. Refiner 31 (1952) Nr. 5, S. 117/23.

[2] BERG, CL.: Hyperforming – Newest Development in Reforming. Petrol. Refiner 31 (1952) Nr. 12, S. 131/36. – Ders.: Hyperforming. Petrol. Processing 8 (1953) 1018/23. – Ders.: Design of Hyperforming Units. Petrol. Refiner 33 (1954) Nr. 10, S. 153/57.

empfahl es sich, auch im Regenerator einen Druck etwa gleicher Höhe anzuwenden, um schwierig auszuführende Schleusen zwischen Räumen verschiedenen Druckes zu vermeiden. Es wird nur eine geringe Druckdifferenz benötigt, damit der Katalysator von einem Behälter in den anderen gefördert wird. Für die entgegengesetzte Richtung – meist vom Reaktor zum Regenerator – muß dann ein Fördermittel wie z.B. Dampf angewendet werden. Obwohl für das Abbrennen des Kokses vom Katalysator im Reaktor Luft benötigt wird, würde die Verwendung von Luft zur Förderung bei den verhältnismäßig hohen Drücken gewisse Gefahren in sich bergen.

Umfangreiche Entwicklungsarbeiten auf dem Gebiet des katalytischen Reformierens im Fließbett wurden – ebenso wie beim Kracken – von der seinerzeitigen Standard Oil Development (jetzt Esso Research & Engineering Co) geleistet, weiterhin von der The M. W. Kellogg Co und der Standard Oil Co of Indiana. Wegen der Möglichkeit der ständigen Regenerierung besteht auch bei den Fluid Hydroforming-Anlagen so wie bei den mit Katalysator in bewegter Schüttung arbeitenden keine Notwendigkeit, Edelmetallkatalysatoren zu verwenden. Daher benutzt man fast ausschließlich Molybdänoxyd (MoO_3) auf Tonerde als Träger. Auch die Verwendbarkeit von Chromoxyd sowie von Katalysatoren, die beide Metalloxyde enthalten, wurde untersucht. Da das Verkoken des Katalysators kein Hindernis für den Betrieb darstellt, können sehr scharfe Reaktionsbedingungen angewendet und dadurch auch mit den weniger aktiven Katalysatoren ohne Edelmetalle hohe Oktanzahlen erreicht werden.

a) Das Fluid Hydroforming-Verfahren der Esso Research and Engineering Company

Die ersten Reforming-Anlagen, die mit Fließbettkatalysator arbeiteten, wurden in der Raffinerie Baton Rouge der Esso errichtet[1]. Das Schema der ursprünglich in Baton Rouge gebauten Anlage ist in Abb. F-20 wiedergegeben. Die für das katalytische Kracken entwickelte Ausstattung der beiden Reaktionsgefäße, vor allem das Standrohr für den Überlauf des Katalysators, die Einbauten für die Gas- und Produktzufuhr, die Zyklonen für die Abscheidung des Feinstaubes in den Reaktionsräumen und die Einbauten zur Abfuhr der Wärme konnten weitgehend übernommen werden. Der Stand des Fließbettes im Regenerator wird etwas höher als im Regenerator gehalten. Außerdem wird der Regenerator mit etwas höherem Überdruck betrieben, so daß der regenerierte Katalysator

---

[1] MURPHREE, E. V.: Fluid Hydroforming. 3. Welt-Erdöl-Kongreß, Den Haag 1951, Bericht IV/5. – Ders.: Fundamentals of Fluid Hydroforming. Petrol. Refiner 30 (1951) Nr. 12, S. 97/101. – TYSON, C. W., E. J. GORNOWSKY u. E. W. NICHOLSON: The Model II Fluid Hydroformer. Petrol. Refiner 33 (1954) Nr. 5, S. 163/66. – TYSON, C. W.: Fluid Hydroforming. 4. Welt-Erdöl-Kongreß, Rom 1955, Bericht Nr. III/D-1. – WINSLOW, R. G., u. F. C. HANKER: How the Esso Fluid Hydroformer Performs. Petrol. Refiner 34 (1955) Nr. 11, S. 214/16. – JAGGARD, N., u. E. R. JOHNSON: Aramco's Fluid Hydroformer Produces 92,5 Clear Octane. Petrol. Refiner 35 (1956) Nr. 8, S. 157/60.

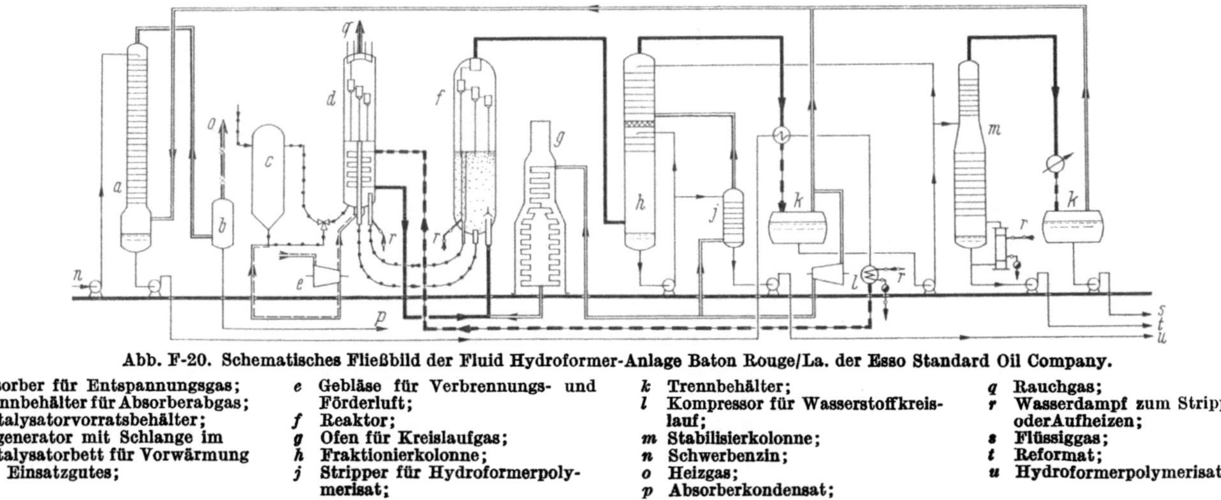

Abb. F-20. Schematisches Fließbild der Fluid Hydroformer-Anlage Baton Rouge/La. der Esso Standard Oil Company.

<table>
<tr><td>a</td><td>Absorber für Entspannungsgas;</td><td>e</td><td>Gebläse für Verbrennungs- und Förderluft;</td><td>k</td><td>Trennbehälter;</td><td>q</td><td>Rauchgas;</td></tr>
<tr><td>b</td><td>Trennbehälter für Absorberabgas;</td><td></td><td></td><td>l</td><td>Kompressor für Wasserstoffkreislauf;</td><td>r</td><td>Wasserdampf zum Strippen oderAufheizen;</td></tr>
<tr><td>c</td><td>Katalysatorvorratsbehälter;</td><td>f</td><td>Reaktor;</td><td>m</td><td>Stabilisierkolonne;</td><td>s</td><td>Flüssiggas;</td></tr>
<tr><td>d</td><td>Regenerator mit Schlange im Katalysatorbett für Vorwärmung des Einsatzgutes;</td><td>g</td><td>Ofen für Kreislaufgas;</td><td>n</td><td>Schwerbenzin;</td><td>t</td><td>Reformat;</td></tr>
<tr><td></td><td></td><td>h</td><td>Fraktionierkolonne;</td><td>o</td><td>Heizgas;</td><td>u</td><td>Hydroformerpolymerisat.</td></tr>
<tr><td></td><td></td><td>j</td><td>Stripper für Hydroformerpolymerisat;</td><td>p</td><td>Absorberkondensat;</td><td></td><td></td></tr>
</table>

in den Reaktor zurückgefördert wird, ohne daß es eines besonderen Fördermittels bedarf. Trotzdem sind die den Reaktor und den Regenerator verbindenden U-Rohre mit einer Anzahl von Dampfanschlüssen versehen, um sie notfalls freiblasen oder die Förderung unterstützen zu können. Zur Regelung der Temperatur im Fließbett des Katalysators sind Rohrschlangen eingebaut, die an ein Dampferzeugungssystem angeschlossen sind und die gleiche Funktion wie in einem Wasserrohrkessel haben. Wegen der konstanten Siedetemperatur des Wassers bei gegebenem Druck läßt sich dadurch die Temperatur gut beherrschen.

Bei der Weiterentwicklung dieser Anlagen konnte man auf Grund der mit dem Betrieb der ersten Anlagen gewonnenen Erfahrung noch Verbesserungen anbringen. So konnte man darauf verzichten, das Einsatzprodukt in einem besonderen Ofen zu erhitzen, wenn man es selbst statt verdampfenden Wassers zur Regelung der Temperatur im Regeneratorfließbett verwendet. Auf diese Weise war es möglich, die Wärmewirtschaft der Anlagen zu verbessern, weil die im Regenerator frei werdende Wärme weitgehend ausgenutzt wird, um den Wärmebedarf des Verfahrens zu decken. Hiefür stehen dann drei Quellen zur Verfügung, und zwar das im Fließbett des Regenerators vorgewärmte Produkt, der aus dem Regenerator in den Reaktor zurückfließende heiße Katalysator und das in einem Ofen auf Reaktionstemperatur aufgeheizte Kreislaufgas. Vornehmlich durch dessen Temperatur kann der Prozeß gesteuert werden. Mit diesen Verbesserungen wurde z.B. die Anlage bei der Esso AG in Hamburg-Harburg gebaut. Sie wurde später noch durch eine Anlage ähnlich der in Abschn. E 8 beschriebenen ergänzt. Bei einem Druck von 16 bis 20 atü im Regenerator ist die Ausnutzung der Enthalpie der Abgase in einer Gasturbine besonders wirtschaftlich. Dadurch wird gleichzeitig – wenigstens zum Teil – die Bekämpfung des Lärmes erleichtert, die bei einem so hohen Druck im Regenerator und den ansehnlichen Abgasmengen besondere Probleme aufwirft. Rechnet man mit einer Abbrandleistung entsprechend rd. 2 Gew.-% der Einsatzmenge, so ergibt dies bei einer Anlage von 500 000 t/a Durchsatz eine Koksmenge von rd. 1200 kg/h oder eine Rauchgasmenge von etwa 13 000 m_n^3/h. Damit können durch Entspannen von 20 atü, 600 °C auf Atmosphärendruck etwa 1700 kW gewonnen werden. Dies ist mit rd. 15% der Brennstoffwärme infolge des höheren Druckes eine etwa doppelt so hohe Ausnutzung als auf S. 508 für Krackanlagen angegeben. Die Abgastemperatur hinter der Gasturbine beträgt je nach Turbinenwirkungsgrad 250 bis 300 °C. Die Anschaffungskosten einer solchen Anlage können in einigen Jahren amortisiert sein.

Weitere Änderungen waren bei der als Modell II bezeichneten Ausführungsform vorgesehen. Sie betrafen vor allem eine weitere Verbesserung der Wärmewirtschaft. Die Möglichkeiten der Wärmezufuhr für die drei vorerwähnten Ströme sind insofern begrenzt, als im Produkt selbst 535 bis 540 °C und am Eintritt des Kreislaufgases in den Reaktor rd. 650 °C nicht überschritten werden sollen, damit nicht unerwünschte Krackreaktionen eintreten. Wegen des Energieaufwandes für die Kompression und das Überhitzen der Luft ist diese Wärmequelle am teuersten. Es wurde deshalb ein Weg gesucht, wie man die Wärme, die im Katalysator beim Regenerieren zur Verfügung steht, noch besser ausnutzen kann. Dabei muß im Auge behalten werden, daß die Temperatur des Katalysators auch nicht über rd. 550 °C steigen darf, damit nicht durch zu hohe Temperatur bei der Berührung mit dem Einsatzgut die Ausbeuten verschlechtert werden. Die Möglichkeit, durch stärkeren Umlauf des Katalysators die Wärme besser auszunutzen, sind ebenfalls Grenzen gesetzt, weil dies zusätzlich Energie erfordert und durch die Verringerung des Verhältnisses von Einsatzprodukt zu Katalysator die Krackbedingungen in unerwünschter Weise verschärft werden. Beim Modell II sollte deshalb dem staubförmigen Katalysator ein inertes Material mit ähnlich großem Korndurchmesser (als „Shot" = Schrott bezeichnet) zugesetzt werden, das mit dem Katalysator umläuft und als Wärmeträger wirkt. Es sollte im Regenerator mit aufgeheizt werden, so daß sich die Abgasverluste verringern. Auf diese Weise könnte dem Reaktor zusätzlich Wärme zugeführt werden[1].

Die Art des Verfahrens gestattet es, durch Erhöhen der Temperatur, Senken des Druckes und Erhöhen des Katalysatorumlaufes jede gewünschte Oktanzahl – bei entsprechender Verringerung der Ausbeute – zu erreichen. Allerdings ist der Bauaufwand und auch der Aufwand an Betriebsmitteln höher als bei Anlagen mit Festbett, so daß sie erst von gewissen Leistungen an die gleiche Wirtschaftlichkeit erzielen dürften. Dies ist wohl einer der Gründe, warum auch die Esso im Verlauf der weiteren Entwicklung dazu übergegangen ist, die auf S. 559 f. beschriebenen Powerforming-Anlagen in ihren neuen Raffinerien zu errichten. Betriebsanlagen nach den Vorschlägen für Modell II wurden nicht gebaut.

Wenn auch die erzielbare Klopffestigkeit beim Fluid Hydroforming-Verfahren wegen der geringeren Aktivität des Molybdänoxyd-Katalysators bei vergleichbaren Betriebsbedingungen etwas niedriger ist als bei den mit Edelmetall arbeitenden Verfahren, so hat das Fluid-Verfahren doch einen unbestreitbaren Vorteil. Es lassen sich Einsatzbenzine mit Siedeendpunkten bis zu 200 °C ohne weiteres verarbeiten, weil der entstehende Koks dauernd abgebrannt wird. Eine solche Belastung wäre keinem Edelmetallkatalysator zuzumuten. Auch ist keine Vorbehandlung des Einsatzgutes erforderlich. Kommt noch dazu, daß eine hohe Wasserstofferzeugung erwünscht ist, so kann das Fluid Hydroforming-Verfahren auch heute noch von Interesse sein, und zwar bei den jetzigen Marktverhältnissen eher in Nordamerika als in Europa. Es gibt die Möglichkeit, den Benzinschnitt von etwa 160 bis 200 °C zu hochwertigen Ottokraftstoffen und zu wasserstoffreichem Gas aufzuarbeiten, was beim Reformieren mit Edelmetallkatalysatoren nicht mehr möglich ist. Im Krackbenzin weist aber dieser Siedebereich Eigenschaften auf, die unter dem Durchschnitt liegen.

b) Weitere Fluid Hydroforming-Verfahren

Auch die Firma Kellogg hat sich mit einer besonderen Entwicklung von Fluid Hydroforming-Anlagen befaßt. So wurde für die Raf-

---

[1] Vgl. bes. den Beitrag C. W. Tyson u. Mitarb.: a.a.O. (Fußn. 1, S. 561).

finerie Destrehan/La. der Pan-Am Southern Corp eine solche Anlage gebaut[1]. Reaktor und Regenerator waren dabei so wie bei den Anlagen der Esso nebeneinander angeordnet und durch U-Rohre verbunden. Das Kreislaufgas und das vollkommen verdampfte Einsatzprodukt wurden jedoch getrennt zugeführt. In Einzelheiten unterscheidet sich die Anlage jedoch kaum von denen der Esso. Die bei dem Orthoflow-Krackverfahren der Kellogg benutzten Ventile für den Katalysatorstrom wurden auch hier verwendet. Über Ausbeuten und Betriebsbedingungen ist Näheres in der unten zitierten Arbeit von Ferell u. Mitarb. mitgeteilt.

In Anlehnung an die Bauweise der Orthoflow-Anlagen wurde dann noch eine weitere Fluid Hydroforming-Anlage unter der Bezeichnung Orthoforming in der Raffinerie Whiting/Ind. der Standard Oil Co of Indiana errichtet[2]. Der Regenerator wurde über dem Reaktor angeordnet und beide Reaktionsgefäße waren durch die bei den Orthoflow-Anlagen üblichen Stand- und Fallrohre mit den bereits erwähnten Sonderventilen ausgerüstet. Als aktiver Bestandteil des Katalysators wurde so wie bei den anderen Fluid-Anlagen und wie schon in den alten Festbettanlagen Molybdänoxyd verwendet.

Die Anlage wurde allerdings durch eine Verkettung unglücklicher Umstände aus Gründen, die nicht im Verfahren selbst lagen, nach wenigen Monaten Betriebszeit am 27. August 1955 vollkommen zerstört[3]. Weitere Anlagen dieser Art wurden nicht mehr gebaut. Die Ursachen, warum sich Reforming-Anlagen mit staubförmigem und umlaufendem, daher immer wieder regenerierbarem Katalysator letzten Endes nicht durchgesetzt haben, sind die gleichen, die auch verhinderten, daß das Reformieren mit Katalysator in bewegter Schüttung weitere Verbreitung fand. Der Aufwand an Bau- und Betriebskosten steht nur selten in einem richtigen Verhältnis zu den dadurch gebotenen Vorteilen. Diese können – von den am Schluß des vorhergehenden Unterabschnittes geschilderten Verhältnissen abgesehen – bei den gegenüber dem Kracken wesentlich niedrigeren Abbrandleistungen (bezogen auf Einsatz) nicht ausreichend zur Geltung kommen. Deshalb sind seit Mitte der Fünfziger Jahre keine solchen Anlagen mehr gebaut oder geplant worden.

---

[1] Anon.: Hydroforming. Petrol. Refiner 31 (1952) Nr. 9, S. 118/19. – R. A. Harang: Fluid Catalytic Hydroforming Units. Petrol. Refiner 32 (1953) Nr. 10, S. 135/38. – Ferell, R. D., J. R. Tusson u. H. A. Parker: Destrehan Fluid Hydroformer Today. Petrol. Refiner 34 (1955) Nr. 4, S. 121/24.

[2] Christopher, R. G.: Orthoforming Unit Produced 100 Clear. Petrol. Refiner 34 (1955) Nr. 9, S. 165.

[3] Anon.: What Happened at Whiting. Petrol. Procssg. 11 (1956) Nr. 1, S. 39/44. – Jacobs, R. B., W. L. Bulkley, J. C. Rhodes u. T. L. Speer: Destruction of a large refining unit by gaseous detonation. Chem. Engng. Progr. 53 (1957) 565/73. – Randall, P. N., J. Bland, W. M. Dudley u. R. B. Jacobs: Effects of Gaseous Detonation upon Vessels and Piping, ebd. S. 574/80.

G. Das Polymerisieren, Alkylieren und Isomerisieren

In der Einleitung zu Kap. D, S. 254 ff. wurde dargelegt, welche Gründe für die Einführung des Krackens, und zwar zuerst des thermischen und später des katalytischen Krackens maßgebend waren. Dieses ist heute das wichtigste Verfahren der Erdölindustrie, durch das die Mengen einzelner Fraktionen gegenüber den im Rohöl vorhandenen verändert werden können. Das anschließend daran behandelte Reformieren bezweckt im Gegensatz dazu die Änderung der chemischen Struktur einer bestimmten Fraktion und erzielt dadurch eine Verbesserung der für die Verwendung des Benzins als Kraftstoff sehr wichtigen Eigenschaft, nämlich der Klopffestigkeit. Die dabei auftretenden Reaktionen ändern wohl den chemischen Aufbau der Moleküle, jedoch weniger die Siedelage der Erzeugnisse. Dies gilt allerdings nur mit gewissen Einschränkungen, denn infolge der hohen Reaktionstemperatur werden auch leichtere Komponenten in beträchtlicher Menge erzeugt, weil das Auftreten gleichzeitiger Krackreaktionen nicht zu vermeiden ist. Durch die Anwendung von Katalysatoren lassen sich diese zwar stark zurückdrängen, jedoch nicht ganz unterbinden. Somit kommt es in beiden Fällen zur Bildung von mehr oder weniger großen Mengen von C_1- bis C_4-Kohlenwasserstoffen. Daneben entsteht besonders beim katalytischen Reformieren noch Wasserstoff durch die angestrebte Dehydrierung von Naphthenen zu Aromaten.

Nun werden aber in der Erdölindustrie auch Verfahren angewendet, bei denen Kraftstoffe oder als Kraftstoffkomponenten erwünschte Kohlenwasserstoffe im Siedebereich des Benzins durch andere chemische Molekülumwandlungen gewonnen werden als sie bisher besprochen wurden. Dazu gehören vor allem das Polymerisieren, das Alkylieren und das Isomerisieren. Die beiden ersten Verfahrensarten gehören in ein und dieselbe Gruppe, denn das Alkylieren ist vom Standpunkt des Chemikers nur ein Sonderfall des Polymerisierens, nämlich die Anlagerung von Alkylradikalen.

Somit muß man nach der Terminologie der Chemie das Polymerisieren als den Oberbegriff betrachten. Abweichend davon ist es in der Erdölindustrie üblich, darunter in der Regel nur die Bildung von Benzinkohlenwasserstoffen aus den in Krackgasen meist reichlich vorhandenen C_3- und C_4-Olefinen zu verstehen. Auch das Alkylieren hat in der Erdölindustrie eine engere Bedeutung als in der Chemie im allgemeinen, weil man darunter nur Verfahren zusammenfaßt, bei denen durch Anlagern vornehmlich definierter C_2- bis C_4-Kohlenwasserstoffe an Isoparaffine (meist Isobutan) bestimmte Verbindungen wie Neohexan (= 2,2-Dimethylbutan), Triptan (= 2,2,3-Trimethylbutan),

Isooktan (und zwar speziell 2,2,4-Trimethylpentan) und ähnliche hergestellt werden.

Das *Polymerisieren* hat in den letzten Jahren wenigstens in Europa etwas an Bedeutung verloren, weil wegen der Verschiebung im Bedarf an Erdölerzeugnissen nicht mehr so viele Krackanlagen errichtet wurden, wie dies der Zunahme der gesamten Verarbeitungskapazität durch Raffinerieneubauten entsprach. Es fallen daher auch nicht mehr so viele C_3- und C_4-Olefine an, die für das Polymerisieren zu Benzin benötigt werden. Deshalb nahm in den letzten Jahren das Interesse am Neubau solcher Anlagen stark ab. Es wurden in Europa etwa seit 1954 keine Anlagen mehr gebaut. Außerdem eröffnen sich neuerdings Möglichkeiten, das Propen zu Polypropylen weiterzuverarbeiten und auf diese Weise für den so gewonnenen Kunststoff wesentlich bessere Preise zu erzielen als für das Polymerbenzin. Nichtsdestoweniger sind noch zahlreiche Polymerisationsanlagen in Betrieb und es ist keineswegs ausgeschlossen, daß das Verfahren in Zukunft wieder an Bedeutung gewinnt. Trägt es doch dazu bei, auf verhältnismäßig einfache Weise mit Anlagen, die wegen der günstigen Arbeitsbedingungen keine hohen Investitionskosten erfordern, die Gesamterzeugung einer Raffinerie an klopffestem Benzin um einige Prozent (bezogen auf den Gesamtdurchsatz) zu erhöhen. Allerdings haben diese nach der Researchmethode zwar ziemlich klopffesten Benzine den Nachteil, daß ihre Motoroktanzahl wegen des hohen Olefingehaltes stark abfällt. Der Unterschied kann bis zu 25 Punkte betragen.

Aber nicht nur klopffeste Ottokraftstoffe lassen sich durch Polymerisieren herstellen, sondern auch höhermolekulare Kohlenwasserstoffe. Dies kann wegen der Kosten eines solchen Verfahrens allerdings nur sinnvoll sein, wenn die Preise für die gewonnenen Produkte so hoch sind, daß sie den zusätzlichen Aufwand lohnen. Dies ist dann am ehesten zu erwarten, wenn durch ein solches Verfahren außergewöhnlich günstige Eigenschaften – ähnlich wie die sehr hohe Klopffestigkeit beim Benzin – erzielt werden können. Solche Verhältnisse lagen bei den durch Polymerisieren niedrigmolekularer Kohlenwasserstoffe erzeugten Schmierstoffen vor. Diese Anwendung ist zwar heute zur Herstellung von Schmierölgrundstoffen nur für sehr hoch beanspruchte Triebwerke der Luft- und Raumfahrt von Interesse. Auch verschiedene Additives werden durch Polymerisation bzw. durch Synthese gewonnen. Es kann daher im Rahmen dieses Buches in Abschn. G2 nur ganz knapp darauf eingegangen werden.

Bei den *Alkylierungs*anlagen, von denen gegen Ende des Zweiten Weltkrieges in den Vereinigten Staaten von Amerika rd. 60 Anlagen in Betrieb waren, ist vorübergehend ebenfalls ein gewisser Stillstand in der Weiterentwicklung eingetreten. Diese Anlagen stellten damals über rd. 5 Mill. t/a hochwertigen Flugkraftstoff her, eine Menge, die in der Zeit nach dem Kriege zunächst bei weitem ausreichte, den wenn auch steigenden Bedarf der zivilen Luftfahrt an sehr klopffesten Ottokraftstoffen zu decken[1]. Infolge des Vordringens der Turboantriebe für Flug-

---

[1] PAYNE, R. E.: Alkylation – What You Should Know About This Process. Petrol. Refiner 37 (1958) Nr. 9, S. 316/29.

zeuge – sei es für Propeller, sei es für Strahlantriebe – ist aber der Bedarf an Kraftstoffen für Kolbenmotoren mit extrem hoher Klopffestigkeit nicht weiter angestiegen. Deshalb wurden eine Zeitlang neue Alkylierungsanlagen für Flugkraftstoffe nur in einzelnen Fällen gebaut[1]. Ihre Erzeugnisse dienen jetzt vielfach als Mischkomponenten, um Superbenzine für den Kraftverkehr herzustellen. Dessen Anforderungen sind inzwischen so gestiegen, daß die Beimischung von Alkylaten zur Verbesserung der Klopffestigkeit von Benzinen und damit zur Erhöhung der Gesamterzeugung an Ottokraftstoffen für Fahrzeugmotoren wirtschaftlich gerechtfertigt sein kann[2]. Dabei ist allerdings zu bedenken, daß Alkylierungsanlagen in Anschaffung und Betrieb wesentlich aufwendiger sind als Polymerisationsanlagen. Die Gründe liegen hauptsächlich in der bisher ausschließlich üblichen Verwendung von Schwefelsäure oder gar Flußsäure als Katalysator, die neben den hohen Kosten

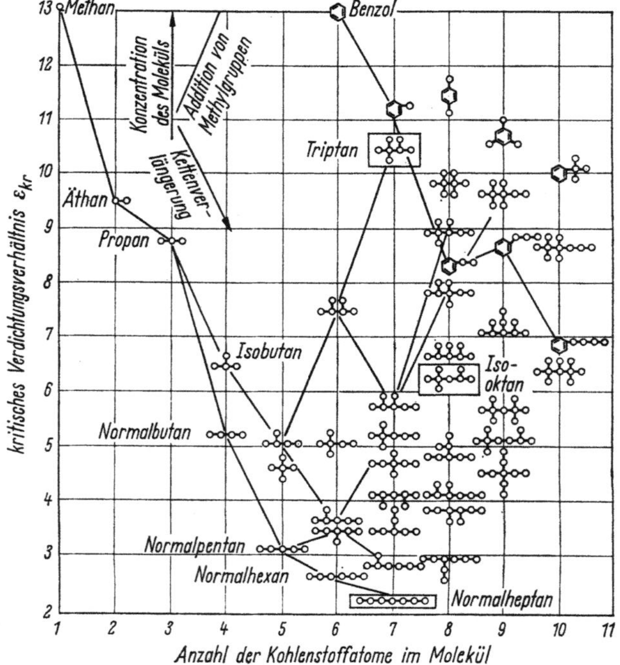

Abb. G-1. Kritisches Verdichtungsverhältnis ε_{kr} von geradkettigen und von verzweigten Paraffinen sowie von Aromaten; Prüfverfahren wie bei Abb. D-20, S. 326 angegeben.

---

[1] WALL, J. A.: How to Improve Alkylate Feed Stock for More and Better Avgas. Petrol. Processing 7 (1952) 1438/43.

[2] SUTHERLAND, R. E., u. J. L. DOEGEY: Economics of Alkylation and Polymerization for Producing High Grade Gasoline. Petrol. Processing 4 (1949) Nr. 6, S. 679/80. – DRAEGER, A. A., u. Mitarb.: a. a. O. (Fußn. 1, S. 355), dort bes. Nr. 9, S. 108 u. Nr. 11, S. 141. – SITTIG, M., u. W. WARREN: a. a. O. (vgl. Fußn. 2, S. 516), dort bes. S. 275.

für die dagegen widerstandsfähigen Werkstoffe auch noch besondere Sicherheitsmaßnahmen im Betrieb erfordern. Seit einigen Jahren ist trotzdem ein wieder zunehmendes Interesse an Alkylierungsanlagen festzustellen[1].

Bei der Besprechung der Reforming-Reaktion wurde erwähnt, welche Rolle dabei das *Isomerisieren* spielt. Zwar kann dadurch, wie Abb. G-1 zeigt, die Klopffestigkeit nicht in gleichem Maße gesteigert werden wie durch das Aromatisieren. Da aber zur Erhöhung der Startfreudigkeit für das Fahrbenzin leichte Anteile benötigt werden, sollen diese so klopffest wie möglich sein. Dazu kommt noch die nicht immer beachtete Tatsache, daß die im Vergaser zuerst verdampften Anteile am wenigsten klopffest sind, eine Erscheinung, die als „fuel segregation" bezeichnet wird[2]. Da diese leichtsiedenden Anteile weniger als sechs Kohlenstoffatome besitzen, können die im Benzin vorhandenen Aromaten nicht zu ihrer Klopffestigkeit beitragen. Es bleibt daher nichts anderes übrig, als durch Isomerisieren ihre Klopffestigkeit im Rahmen der durch die Natur gezogenen Grenzen zu erhöhen. Deshalb sind schon seit längerer Zeit Bestrebungen im Gange, wirtschaftlich arbeitende Verfahren dafür zu entwickeln, um auf diese Weise sowohl die Startfreudigkeit der Kraftstoffe ohne merkbare Beeinträchtigung ihrer Klopffestigkeit zu erhalten, als auch die leichten Benzinanteile günstig zu verwerten.

Einen neuen Weg, die sog. Frontoktanzahl reformierter Benzine durch selektive, hydrierende Spaltung der darin enthaltenen Normalparaffine zu erhöhen, hat die Mobil Research and Development Corp mit dem Selectoforming-Verfahren beschritten. Da es zu den Hydrokrackverfahren zu zählen ist, wird es in Abschn. L 3 b, S. 818 besprochen.

1. Das Polymerisieren zur Erzeugung von Kraftstoffen

Die Bedeutung des Polymerisierens der in Krackanlagen anfallenden Olefine – es sind meist nur etwa 3 bis 4% des Raffineriedurchsatzes – liegt darin, daß Polymerbenzin, das nur aus verzweigten Monoolefinen besteht, sehr klopffest ist und daher zum Verschneiden mit größeren Mengen von Benzin aus anderen Verfahren dienen kann. Auf den Unterschied der Klopffestigkeiten von Normal- und Isoverbindungen gleicher Kohlenstoffatomzahl wurde bereits an Hand von Abb. G-1 hingewiesen. Weiterhin ist in diesem Zusammenhang das in Abb. E-1, S. 359 dargestellte Verhalten der Olefine bemerkenswert. Man sieht, daß Pentene und höhersiedende Olefine einerseits klopffester sind als die entsprechen-

---

[1] BOLLES, W. L.: Alkylation Commands New Interest from Refiners. Petrol. Refiner 30 (1951) Nr. 9, S. 150/51. – Anon.: Make High Octane Alky for Motor Fuel; ebd. 35 (1956) Nr. 7, S. 192. – WALTER, J. F., u. M. J. STERBA: Processing needs for higher quality fuels. 5. Welt-Erdöl-Kongreß, New York 1959, Bericht III/2. – Zur Zeit sind neue Alkylierungsanlagen bereits in Betrieb oder noch im Bau, z.B. in der neuen Raffinerie Sasolburg der National Refiners of South Africa.

[2] Vgl. dazu besonders D. M. A. MASTERMAN, E. B. V. POTTER, A. SKULL u. C. H. SPRAKE: Road octane number of post, present and future gasolines. 5. Welt-Erdöl-Kongreß, New York 1959, Bericht VI/8. Siehe Abschn. A 5 C, S. 90 f.

den Paraffine gleicher Kohlenstoffatomzahl und daß die Verhältnisse bei C_4 und kleinerer Kohlenstoffatomzahl umgekehrt liegen. Weiterhin verhalten sich die verzweigten Kohlenwasserstoffe um so günstiger, je kompakter das Molekül ist. Andererseits macht sich bei niedrig molekularen Olefinen wegen der Kleinheit des Moleküls die „Sprödigkeit" der Doppelverbindungen viel mehr bemerkbar als die durch die Doppelbindung erzielte Verfestigung des Molekülverbandes; die niedrigmolekularen Olefine sind daher nicht nur erheblich klopffreudiger als die Paraffine gleicher Kohlenstoffatomzahl, sondern auch klopffreudiger als die meisten Olefine größerer C-Atomzahl. Daher ist das Polymerisieren der wegen ihres hohen Dampfdruckes im Benzin nicht unterzubringenden C_3- und C_4-Olefine, die sich dafür besonders gut eignen, vorteilhaft.

Es werden heute ausschließlich Polymerisationsverfahren angewendet, die mit Hilfe von Katalysatoren arbeiten. Bereits im Jahre 1927 ließ sich die I.G.-Farbenindustrie AG Phosphorsäure als Katalysator für diesen Zweck patentieren. Besonders seit 1932 hat die Universal Oil Products Co (UOP) rd. 150 Anlagen in den Vereinigten Staaten von Amerika in der Hauptsache für die Polymerisation der olefinischen Abgase aus thermischen Krackanlagen gebaut. Bei dem Verfahren der UOP wird Phosphorsäure auf Kieselgur oder auf hydratisierter Tonerde verwendet[1].

Man kann beim Polymerisieren selektives und nichtselektives Arbeiten unterscheiden. Im ersten Fall wird Diisobuten (ein Gemisch verschiedener Isooktene mit überwiegendem Anteil von 2,2,4-Trimethylpenten, das oft als „dimer" bezeichnet wird) aus Isobuten allein oder aus Isobuten und Normalbuten hergestellt. Da in Krackgasen sowohl Iso- als auch Normalbuten enthalten sind, wird wegen der entsprechenden höheren Ausbeute das aus Iso- und Normalverbindungen bestehende Einsatzgemisch vorgezogen, obwohl die Oktanzahl der aus i-C_4 allein gewonnenen Dimers mit ROZ = rd. 101 etwas höher liegt als die des sog. Co-Dimers mit ROZ = rd. 99.

Anfang der Fünfziger Jahre gewann das von der California Research Corp (CRC) entwickelte Verfahren an Bedeutung[2]; es arbeitet mit einem Film flüssiger Phosphorsäure auf Quarz gleichmäßiger Körnung als Träger. Innerhalb der Deutschen Bundesrepublik wurden damals sechs solcher Anlagen mit einer Durchsatzleistung von zusammen mehr als 110000 t/a in Betrieb genommen. Inzwischen wurde von derselben Firma auch vorgeschlagen, in flüssiger Phase zu arbeiten[3]. Doch ist seither über den Bau von Anlagen außer der in der Raffinerie Richmond/Calif. der Standard Oil Co of California, wo eine halbtechnische Anlage mit rd. 4000 t/a Durchsatz steht, nichts mehr bekannt geworden.

---

[1] EGLOFF, G.: Polymer Gasoline. Industr. Engng. Chem. 28 (1936) 1461/67. – MARDER, M.: Motorkraftstoffe. 1. (und einziger) Bd., Berlin: Springer 1942; insbes. S. 388ff. – KRÖNIG, W.: a.a.O. S. 206. – Vgl. auch Fußn. 4, S. 581/82.

[2] LANGLOIS, G. E., u. J. E. WALKEY: Improved Process Polymerizes Olefines for High-Quality Gasoline. Petrol. Refiner 31 (1952) Nr. 8, S. 79/83. – LANGLOIS, G. E.: Olefine Polymerization with Acid Catalysts. Industr. Engng. Chem. 45 (1953) 1470/76.

[3] Vgl. E. D. KANE u. G. E. LANGLOIS: Gasoline From a Liquid Poly Catalyst. Petrol. Refiner 37 (1958) Nr. 5, S. 173/76. – Anon.: ebd. 39 (1960) Nr. 9, S. 230.

Als Drittes ist noch das sog. Polyco Catalytic Polymerization-Verfahren der The' M. W. Kellogg Co zu erwähnen, das als Katalysator Kupferphosphat auf Holzkohle als Träger verwendet[1].

a) Die beim Polymerisieren auftretenden Reaktionen

Die z.B. beim Polymerisieren von Propen ablaufenden wichtigsten Reaktionen lassen sich durch folgendes Schema wiedergeben:

Es entstehen also Isopropyl-Phosphorsäure-Ester, die die polymerisierenden Propylreste wieder abgeben, so daß sich die Phosphorsäure zurückbildet. Wie noch erläutert wird, ist die Anwesenheit geringer Mengen von Wasser erforderlich. Dies kommt aber nicht in den obigen Formeln zum Ausdruck.

In Anlehnung an die Schreibweise, wie sie zur Erklärung der beim katalytischen Kracken auftretenden Reaktionen verwendet wurde, kann

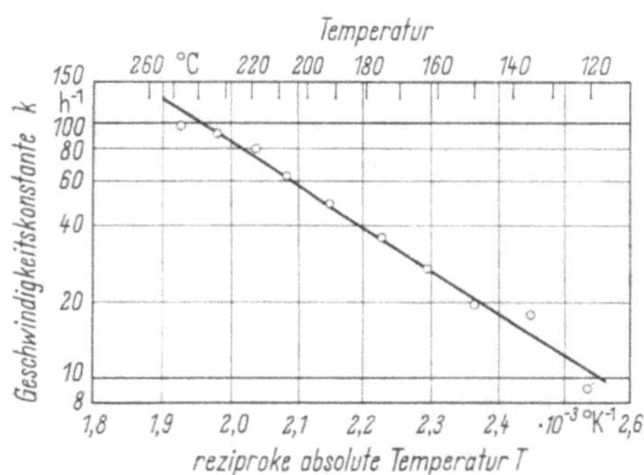

Abb. G-2. Geschwindigkeitskonstante der Polymerisation von Propen an Phosphorsäure, nach LANGLOIS und WALKEY.

[1] Kurze Beschreibung in Petrol. Refiner 35 (1956) Nr. 9, S. 259.

man z. B. die gleichartige Polymerisation von Isobuten einfach in folgender Weise darstellen:

$$CH_3-\underset{\underset{CH_3}{|}}{\overset{\overset{CH_2}{\|}}{C}} \quad + \quad H^+ \quad \longrightarrow \quad CH_3-\underset{\underset{CH_3}{|}}{\overset{\overset{CH_3}{|}}{C}}{}^+$$

Isobuten   atomarer   Isobuten ionisiert
                Wasserstoff   (also ein Karbonium -Ion)

$$CH_3-\underset{\underset{CH_3}{|}}{\overset{\overset{CH_3}{|}}{C}}{}^+ \quad + \quad CH_2{=}CH{-}CH_2{-}CH_3 \quad \longrightarrow \quad CH_3-\underset{\underset{CH_3}{|}}{\overset{\overset{CH_3}{|}}{C}}-\overset{+}{C}-CH_2{-}CH_3 \quad \longrightarrow$$

                        Normalbuten

2,2,3 - Trimethylokten
ionisiert

$$\longrightarrow \quad CH_3-\underset{\underset{CH_3}{|}}{\overset{\overset{CH_3}{|}}{C}}-\underset{\underset{CH_3}{|}}{C}{=}CH{-}CH_3 \quad + \quad H^+$$

2,2,3 - Trimethylokten   atomarer
                                 Wasserstoff

Auch die Polymerisationsreaktionen laufen wie alle katalytischen Reaktionen von Kohlenwasserstoffen über Karbonium-Ionen.

Für den Bau der Anlagen ist es sehr wichtig, daß Polymerisationen exotherm sind, also Wärme entwickeln, die während des Prozesses aus der Apparatur abgeführt werden muß. Außerdem ist die Reaktionsgeschwindigkeit sehr stark von der Temperatur abhängig, was Abb. G-2 zeigt. Es verbietet sich jedoch das Arbeiten bei Temperaturen über etwa 200 °C, weil sich dann leicht hochmolekulare Polymerisate entwickeln, die unerwünscht sind[1]. Völlig ist deren Entstehen allerdings nicht zu vermeiden; sie lagern sich bei langer Betriebszeit auf dem Kontakt als teerige Harze ab und können das Regenerieren erschweren. Dieses ist zwar bei dem CRC-Verfahren verhältnismäßig einfach, aber wegen des Katalysatorverlustes kostspielig. Das Kontaktbett muß nach längerer Betriebszeit mit warmem Wasser gespült und anschließend mit frischer Phosphorsäure benetzt werden. Bei hartnäckiger Verharzung hilft ein Abrösten des Quarzes. Beim UOP-Verfahren wird mit heißem Inertgas, dem geringe Mengen Luft zugesetzt werden, regeneriert. Näheres ist bei der Beschreibung des Verfahrens erwähnt.

Propen und Buten werden beim Polymerisieren zu etwa 70 bis 80% umgesetzt. Die Geschwindigkeitskonstante für die Polymerisation von Buten ist größer als die für Propen, d.h., die Reaktion verläuft etwas schneller. Dabei polymerisiert Isobuten leichter als Normalbuten. Je-

---

[1] STEFFENS, J. H., M. V. ZIMMERMAN u. M. J. LAITURI: Correlation of Operating Variables in Catalytic Polymerization. Chem. Engng. Progress 45 (1949) 269/78.

doch reagiert das Propenpolymerisat leichter weiter; es bilden sich dann nicht nur C_6-, sondern auch C_9- und höhermolekulare C_{3n}-Kohlenwasserstoffe. Da es außerdem zum Zusammenschluß von C_3-- und C_4-- Radikalen kommt, können von C_6 an Kohlenwasserstoffe mit beliebiger Kohlenstoffatomzahl entstehen. Das angegebene Reaktionsschema ist also nur ein Beispiel. So bilden sich unter üblichen Betriebsbedingungen aus Isobuten rd. 85 % Diisobuten, den Rest bildet in der Hauptsache Triisobuten (= Isododeken) nicht genau definierter Verzweigung und schließlich ein kleiner Anteil von etwa 1 % Tetraisobuten (= Isohexadeken). Auch das Diisobuten ist ein Gemisch verschiedener Isooktene. Immerhin konnten während des Krieges auf diese Weise sehr klopffeste Kraftstoffe hergestellt werden, und zwar wurden die Olefine durch Hydrieren abgesättigt, was zwar die Klopffestigkeit etwas verringert, aber das Produkt alterungsbeständig macht. Statt der umständlichen Hydrierung nutzte man auch die auf S. 368 erwähnte Stabilität tertiärer Karbonium-Ionen aus. Auf diese Weise gelang es, aus i-Butan und n-Buten auf direktem Wege verzweigte C_8-Kohlenwasserstoffe hoher Klopffestigkeit herzustellen. Da aber diese Verfahren in der Erdölindustrie als Alkylierung bezeichnet werden, sollen sie auf S. 581 ff. im Zusammenhang mit den anderen dorthin gehörenden Verfahren besprochen werden.

Über den seinerzeit erreichten Entwicklungsstand dieser Polymerisations- und Alkylierungsverfahren haben MARDER und KRÖNIG berichtet[1]. Das von HOGAN u. Mitarb. beschriebene Verfahren, das mit Nickelkontakten arbeitet, liefert bei Propen als Ausgangsstoff nicht gleich günstige Ausbeuten, da der Anteil an höhermolekularen Polymerisaten größer ist, dadurch die Oktanzahl etwas gedrückt wird und der Redestillationsrückstand zunimmt. Die in derselben Arbeit ebenfalls beschriebene Polymerisation von Äthen zu Kraftstoff ist aber für die Erdölindustrie ohne jedes Interesse, weil heute im Gegenteil versucht wird, aus den verschiedensten schlecht verwendbaren Fraktionen Äthen

---

[1] Vgl. M. MARDER: a. a. O. S. 376/419. – KRÖNIG: a. a. O. S. 204 ff. – Als weitere Arbeiten auf diesem Gebiet sind noch zu erwähnen: W. SAPPER: Polymerisation gasförmiger Olefine zu Benzinkohlenwasserstoffen an Phosphorsäurekatalysatoren. Erdöl u. Kohle 4 (1951) 550/57. – LANGLOIS, G. E., u. J. E. WALKEY: An improved process for polymerization of olefines with phosphoric acid on quartz catalyst. 3. Welt-Erdöl-Kongreß, Den Haag 1951, Bericht IV/III/1. – EGLOFF, G., u. P. C. WELNERT: Polymerization with solid phosphoric acid catalyst. 3. Welt-Erdöl-Kongreß, Den Haag 1951, Bericht IV/III/4. – HOGAN, J. P., R. L. BANKS, W. C. LANNING u. A. CLARK: Polymerization of Light Olefines over Nickel-Silica-Alumina. Industr. Engng. Chem. 47 (1955) 752/57. – EGLOFF, G., u. E. K. JONES: New and advanced developments in tetramer, cumene and motor polymer manufacture. 4. Welt-Erdöl-Kongreß, Rom 1955, Bericht IV/A-1. – BROOKS, B. T.: Isomerization of Olefines, in: The Chemistry of Petroleum Hydrocarbons, hrsg. von B. T. BROOKS, C. E. BOORD, ST. S. KURTZ jr. u. L. SCHMERLING: Bd. 3, New York: Reinhold 1955, S. 115/27; R. E. SCHAAD: Polymer Gasoline, ebd. S. 221/48. – TERRES, E., u. Mitarb.: Über die chemische Natur der durch Polymerisation von Olefinen niedrigen Molekulargewichtes mittels Phosphorsäure und Aluminiumchlorid erhaltenen Produkte. Erdöl u. Kohle 12 (1959) 467/71, 547/50 u. 614/19. – McMAHON, J. F., C. BEDNARS u. E. SOLOMON: Polymerization of Olefins as a Refinery Process, in: Advances in petroleum chemistry and refining, hrsg. von J. J. McKETTA jr., New York/London: Interscience Publishers 1963 Bd. 7, S. 285/321.

als Ausgangsstoff für den sehr begehrten Kunststoff Polyäthylen herzustellen; vgl. dazu Abschn. D 6, S. 335 ff.

Für die bei Polymerisationsreaktionen erforderliche Wärmeabfuhr wurden zwei grundsätzlich verschiedene *Reaktorbauformen* entwickelt. Bei den alten Anlagen wurden die Reaktoren ähnlich stehenden Wärmeaustauschern oder Verdampfern ausgeführt, in deren Rohren der gekörnte Katalysator enthalten war, vgl. Abb. B-24, S. 154. Die Mantelseite wurde mit Wasser gefüllt und an ein Dampferzeugungssystem angeschlossen, so daß durch die gleichbleibende Temperatur des siedenden Wassers auch das Innere der Rohre einigermaßen auf konstanter Temperatur gehalten werden konnte. Für die Beherrschung der Reaktion ist diese Bauweise sehr vorteilhaft. Sie ist aber wegen möglicher Undichtheiten etwas störanfällig und wurde zeitweise verlassen. Durch die Verwendung von umgepumptem Öl an Stelle des Wassers konnten zwar so schwerwiegende Folgen wie das Eindringen von Wasser in den Reaktionsraum vermieden werden, doch wurde dadurch der grundsätzliche Mangel dieser Kühlungsart nicht behoben. Deshalb werden jetzt weitgehend stehende Reaktoren (der sog. Kammerbauart) verwendet, deren Katalysatorbett mehrfach unterteilt ist. Dazwischen kann gekühltes Einsatzgemisch oder – wenn verfügbar – kaltes Propan, Butan oder Gemisch beider eingespritzt werden und so der Temperaturanstieg im Katalysator in engen Grenzen gehalten werden. Bei dieser Bauart benötigt man für jeden einzelnen Abschnitt eine besondere Unterstützung (Tragrost), Mannlöcher zum Entleeren und größere Bauhöhe. Führt man den Reaktor nach Abb. B-25, S. 154 aus, so müssen die Verteiler so gebaut werden, daß sie nicht durch den Druck des darüber lastenden Katalysators verformt und beschädigt werden.

Bei einigen der in letzter Zeit errichteten Anlagen nach dem Verfahren der Universal Oil Products Co wurde wieder auf die alte Bauart zurückgegriffen. Dies hat zweifellos den Vorteil, daß die Temperatur im Katalysator an allen Stellen auf einem konstanten, für optimale Bedingungen einstellbaren Wert gehalten werden kann. Demgegenüber kann es im Katalysatorbett der sog. Kammerreaktoren zu örtlichen Temperaturspitzen kommen, was starke Harzbildung zur Folge hat. Dies führt im weiteren Verlauf dazu, daß die Ungleichmäßigkeit der Temperaturverteilung zunimmt, weil die gleichmäßige Durchströmung und die damit verbundene Kühlung gestört wird, das Siedeende des Produktes wegen zunehmender Bildung höhermolekularer Polymerisate stark ansteigt und die Anlage deshalb abgestellt werden muß.

Gegenüber den katalytisch arbeitenden Polymerisationsverfahren konnten sich die ursprünglich entwickelten thermischen Verfahren nicht durchsetzen. Je kleiner die zu polymerisierenden Kohlenwasserstoffmoleküle sind, um so höhere Temperaturen müssen angewendet werden und um so teurer wird die Ausrüstung der Anlagen. Außerdem arbeitet eine thermische Polymerisation selbst unter günstigsten Bedingungen nur in beschränktem Maße selektiv und die gewonnenen Produkte sind verhältnismäßig unstabile Gemische. Nach dem Bekanntwerden der katalytischen Verfahren wurde diese Arbeitsweise bald wieder verlassen.

Deshalb wird auf Einzelheiten der über freie Radikale ablaufenden Reaktionen hier nicht eingegangen[1].

b) Das Einsatzgut

Polymerisationsanlagen zur Erzeugung von Kraftstoffen werden in der Regel nur Krackanlagen nachgeschaltet, doch brauchen in der Krackgasnachverarbeitungsanlage weder die C_3- von den C_4-Kohlenwasserstoffen, noch viel weniger die Olefine von den Paraffinen getrennt zu werden. Das Einsatzgut soll möglichst wenig C_2- und C_5-Kohlenwasserstoffe enthalten. Da sich C_2-Kohlenwasserstoffe an der Polymerisationsreaktion kaum beteiligen, stört ein hoher C_2-Anteil nur deshalb, weil die Strömungsquerschnitte entsprechend größer bemessen werden müssen und die Apparatur dadurch teurer wird. Pentene reagieren hingegen verhältnismäßig schnell und führen leicht zur Bildung hochmolekularer, unerwünschter Polymerisate. Der übliche Olefingehalt von Krackgasen, der zwischen 25 und 50% liegen kann, je nachdem ob die Gase aus thermisch oder katalytisch arbeitenden Anlagen kommen und je nach Schärfe der Verfahrensbedingungen in diesen, werden zweckmäßigerweise vor dem Eintritt in die Polymerisationsanlage durch Rückführung eines hinter der Polymerisation weitgehend olefinfrei gewordenen Stromes von C_3- und C_4-Kohlenwasserstoffen, oder – falls diese getrennt werden – von Butan allein so weit verdünnt, daß ein Olefingehalt von 35% nicht überschritten wird. Ist die Konzentration von vornherein niedriger, so ist eine Rückführung nicht erforderlich; sie stört nicht den Ablauf der Reaktion, nur wird für die gleiche Ausbeute an Polymerbenzin eine größere Apparatur benötigt.

Eine Voraussetzung für ein einwandfreies Arbeiten der Anlage ist die Freiheit des Einsatzgutes von Schwefelwasserstoff, weil dieser in Gegenwart des Katalysators mit den Olefinen reagiert und Merkaptane bildet. Auch ursprünglich vorhandene Merkaptane müssen entfernt werden. Andere Verunreinigungen wie Stickstoff (z.B. in Form von Ammoniak aus der Neutralisation der Kopfdämpfe der Rohöldestillation), Sauerstoff und Diene im Einsatzgut beeinträchtigen zwar nicht direkt den Ablauf der Polymerisationsreaktionen, doch verkürzen sie die Lebensdauer des Katalysators dadurch, daß sie die Bildung teeriger Ablagerungen fördern. Zu große Wassermengen waschen den Katalysator aus und sind deshalb ebenfalls unerwünscht.

c) Die Produkte und die Ausbeuten

Die erzielbaren Ausbeuten beim Polymerisieren liegen im allgemeinen über 80 Gew.-%; sie können Werte bis zu 95 Gew.-% erreichen. Dies hängt weitgehend von der zurückgeführten Menge ab und wird vornehm-

---

[1] Einige Angaben bei M. Marder: a.a.O. S. 376ff. – Vgl. auch I. V. Nicolescu: Thermo-selektives Polymerisieren der höheren Erdöl-Fraktionen in hochwertige Kraftstoffe und aromatische Kohlenwasserstoffe. Öl u. Kohle 37 (1941) 661/68.

lich durch wirtschaftliche Überlegungen bestimmt[1]. Können das beim Stabilisieren des Polymerbenzins gewonnene Flüssiggas oder die getrennten C_3- und C_4-Kohlenwasserstoffe gut verkauft werden, so fehlt der Anreiz, die Ausbeute an Polymerbenzin bis zur letzten Möglichkeit zu steigern. Andernfalls muß geprüft werden, wie weit die durch eine Erhöhung der Rückführmenge nötige Vergrößerung der Apparatur durch die Preisdifferenz zwischen Polymerbenzin und Flüssiggas bzw. Propan und Butan ausgeglichen wird. Bei hoher Konzentration der zu verarbeitenden Krackgase an Olefinen wird allerdings die Rückführungsmenge durch die Notwendigkeit, die Reaktionstemperatur zu beherrschen, bestimmt und damit geht eine Erhöhung der Ausbeuten Hand in Hand. Je höher der Druck gewählt wird, desto größer ist die Ausbeute. Bemerkenswert ist, daß der Siedebeginn von Polymerbenzin, das aus Propen allein gewonnen wird, wegen des schnellen Weiterreagierens höher liegt, als wenn ein C_3- plus C_4-Gemisch oder Buten allein verarbeitet wird. Dies läßt Zahlentafel G-1 erkennen, welche die Verhältnisse sowohl nach Angaben der UOP wie der CRC wiedergibt.

Zahlentafel G-1. *Einsatzgut und Produkteigenschaften beim Polymerisieren, nach California Research Corporation und Universal Oil Products Company*

Einsatzgut		Verfahren CRC		Verfahren UOP		
		Propen	Buten	Propen	Propen–Buten-Gemisch	Propen
Produkt		Motorenbenzin		Motorenbenzin		Tetramer
Dichte	g/ml	0,751	0,740	0,741	0,715	0,775
Reid-Dampfdruck	at	0,5	2,0	4,4	9,2	0,0
Siedeverlauf	°C					
Siedebeginn		106	60	58	35	178
10 Vol.-%		130	100	109	65	183
50 Vol.-% übergegangen		155	117	135	109	189
90 Vol.-%		194	183	170	175	203
Siedeende		209	228	216	217	232
Researchoktanzahl ohne Blei		93,0	99,0	nicht angegeben		
Researchoktanzahl mit mit 0,08 Vol.-% BTÄ		99,0	102,3	99,5	100	
Motoroktanzahl ohne Blei		80,5	81,0	nicht angegeben		
Motoroktanzahl mit 0,08 Vol.-% BTÄ		85,0	84,2			

Wegen der nicht vollständigen Umsetzung der Olefine und der Anwesenheit gesättigter Verbindungen im Einsatzgut enthält das aus dem Reaktor abfließende Produkt noch beträchtliche Mengen an C_3- und C_4-Kohlenwasserstoffen. Es muß deshalb stabilisiert werden. Dabei kann Flüssiggas oder Propan und Butan getrennt, jeweils zusammen mit einem gewissen Anteil an Olefinen, gewonnen werden. Außerdem ist immer

---

[1] Vgl. dazu auch M. R. Beychok: How to Control Poly Plant Recycle. Petrol. Processing 6 (1951) 269/78.

eine Redestillation des Polymerbenzins erforderlich, um die unerwünschten, hochsiedenden Polymerisate abzutrennen. Deren Bildung läßt sich nicht vollständig unterdrücken, selbst wenn man mit merkbar niedrigerer Temperatur fahren wollte, was viel geringere Ausbeuten zur Folge hätte und außerdem wegen der geringeren Reaktionsgeschwindigkeit gemäß Abb. G-2 größere Apparaturen erforderte.

d) Die mit Phosphorsäure arbeitenden Polymerisationsverfahren

α) **Das Polymerisationsverfahren der Universal Oil Products Company.** Das Schaltschema einer Polymerisationsanlage nach UOP, bei der Phosphorsäure auf Kieselgur oder hydratisierter Tonerde verwendet wird, ist verhältnismäßig einfach, vgl. Abb. G-3. Der Zufluß wird zuerst

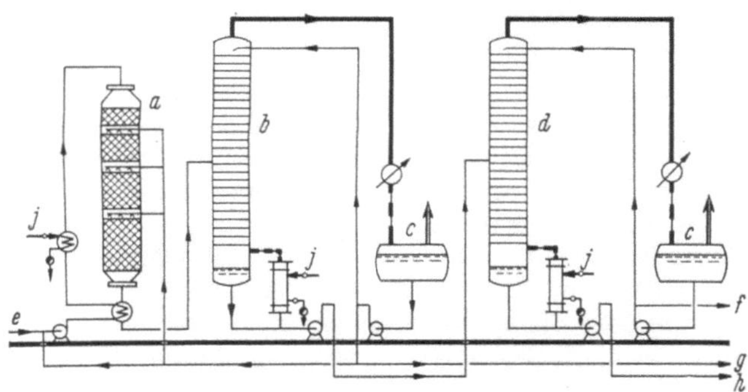

Abb. G-3. Schematisches Fließbild einer Polymerisationsanlage der Universal Oil Products Co, mit Kammerreaktor, Rückführung von kaltem Propan zum Verdünnen des Einsatzgutes und zum Quentschen im Reaktor sowie mit nachgeschalteter Gewinnung von Propan und Butan.

a Reaktor;	*c* Trennbehälter;	*e* Zufluß des olefin-	*f* Reinbutan;	*h* Polymerbenzin;
b Entpropaner;	*d* Entbutaner;	haltigen C_3/C_4-Gemisches;	*g* Reinpropan;	*j* Heizdampf.

durch Wärmeaustausch und dann durch einen dampfbeheizten Vorwärmer auf Reaktionstemperatur gebracht. Nach EGLOFF und JONES[1] erfordert das den Katalysator bildende Phosphorpentoxyd P_2O_5 Wasser, um aktiv zu werden; d.h. aber mit anderen Worten: wirksam ist nur Phosphorsäure H_3PO_4 selbst. Deshalb wird eine kleine Menge Wasser dem Zufluß zugesetzt, um zu verhindern, daß sich bei örtlich auftretenden höheren Temperaturen unter Abspalten von Wasser Pyrophosphorsäure entsprechend der Reaktion

$$2\,H_3PO_4 \rightleftharpoons H_4P_2O_7 + H_2O$$

bildet; diese ist bei Temperaturen über 200 °C möglich und kann bei Anwesenheit von Wasser zurückgedrängt werden. Es wird auch angenommen, daß die flüssige Phosphorsäure den Katalysatorträger in Form eines dünnen Flüssigkeitsfilmes bedeckt und dadurch das Verharzen oder die Koksbildung durch eine Art Spülwirkung verhindert.

---

[1] EGLOFF, G., u. E. K. JONES: a.a.O (Fußn. 1, S. 573).

Die Universal Oil Products Co wendet Temperaturen von 175 bis 215 °C und Drücke von 28 bis 80 atü an und arbeitet daher bei Drücken über rd. 50 atü – je nach Zusammensetzung des C_3–C_4-Gemisches – im überkritischen Betrieb. Der Reaktor wird von oben nach unten durchströmt. Die sich bildenden spezifisch schweren Polymerisate scheiden sich aus der überkritischen Phase aus und können im Gleichstrom nach unten abfließen bzw. werden sie von den flüssig gebliebenen Benzinanteilen ausgewaschen. Dies ist ein Vorteil des Arbeitens unter höheren Drücken. Die übrige Ausrüstung der Anlage ist verhältnismäßig einfach. Im dargestellten Beispiel wird Propan dazu benutzt, die Katalysatorfüllung zu kühlen. Da sich die Umsetzung mit abnehmender Konzentration der polymerisierten Olefine von oben nach unten verringert, kann die Höhe der einzelnen Katalysatorfüllungen zwischen den Stellen, an denen kaltes Propan eingespritzt wird, nach unten immer größer gewählt werden. Dadurch wird erreicht, daß die Temperatur in jedem Abschnitt etwa um den gleichen Betrag ansteigt.

Solche Anlagen können auch dazu benutzt werden, um aus Benzol und Äthen durch Polymerisation Äthylbenzol oder aus Benzol und Propan Kumol (i-Propylbenzol) zu gewinnen. Damit wird aber bereits das Gebiet der Petrolchemie und das ihrer Vorprodukte berührt, das nicht Gegenstand dieses Buches ist.

Ursprünglich wurde das UOP-Verfahren mit verhältnismäßig niedrigem Druck betrieben, meist mit dem des Trenngefäßes der thermischen Krackanlage, in dem die zu polymerisierenden Gase anfielen. Er betrug selten über 18 atü. Die Folge davon war eine geringere Umsetzung der Olefine, weil die mit Volumenverminderung verbundene Reaktion durch hohen Druck begünstigt wird. Außerdem bildete sich leichter ein teeriger Überzug auf dem Katalysator. Deshalb wurden die Anlagen meist mit drei Reaktoren ausgerüstet, von denen zwei hintereinander geschaltet in Betrieb waren, während der dritte regeneriert wurde oder für einen neuen Lauf bereitstand. Für das Regenerieren wurden Inertgasanlagen vorgesehen, deren Gas aufgeheizt und dem eine geringe Menge Luft zugesetzt wurde. Auf diese Weise konnte der Temperaturverlauf während des Regenerierens durch die Veränderung eines geringen Sauerstoffgehaltes ausreichend gesteuert werden. Der Aufwand für diese zusätzliche Inertgasanlage zum Regenerieren lohnt sich nach EGLOFF und WELNERT[1] erst ab Durchsatzleistungen von etwa 2500 m_n^3/h (= 60000 m_n^3/d). Anlagen dieser Art sind zwar noch in Betrieb, werden jedoch kaum mehr neu gebaut. Die neueren werden mit Drücken von 35 bis 50 atü betrieben. Der Katalysator, der Standzeiten bis zur Verarbeitung von 1,2 bis 2,0 m³ Polymerisat je kg Katalysator hat, wird dann nicht regeneriert, sondern durch neuen ersetzt. Als Reaktoren werden sowohl die mit Röhren nach der Art eines stehenden Wärmeaustauschers oder Verdampfers wie auch die der sog. Kammerbauart verwendet. Die Vor- und Nachteile beider Bauarten wurden auf S. 152ff. bzw. im Zusammenhang mit den Reaktionen erwähnt.

---

[1] EGLOFF, G., u. P. C. WELNERT: a. a. O (Fußn. 1, S. 573).

β) **Das Polymerisationsverfahren der California Research Corporation**[1].
Das besondere Merkmal des von der California Research Corp entwickelten Polymerisationsverfahrens ist die Verwendung flüssiger Phosphorsäure auf Quarzsand. Es fand nach seiner Bekanntgabe weite Verbreitung, weil die Anlagen einfach gebaut werden können und das Regenerieren des Katalysators keine besonderen Schwierigkeiten mit sich bringt, vorausgesetzt, daß sich keine hartnäckigen Ablagerungen gebildet haben. Als Kontaktträger soll möglichst reiner Quarzsand verwendet werden, mit einer Teilchengröße von etwa 0,4 bis 0,65 mm. Als Auflage werden zusätzlich eine Menge von 10 bis 15% eines groben Kornes mit 15 bis 25 mm und darauf abgestuft Schichten mit 15 bis 1 mm Korngröße benutzt, um das Durchfallen des Feinkornes zu verhindern. Wenn der Quarz in den Reaktor gefüllt ist, kann er dadurch mit Phosphorsäure benetzt werden, daß der Reaktor bei langsam steigendem Flüssigkeitsstand mit 85%iger Phosphorsäure gefüllt und diese anschließend wieder in einen Vorratsbehälter abgelassen wird. Auf diese Weise macht man den Reaktor betriebsbereit. Es muß allerdings Vorsorge getroffen werden, daß nicht von dem austretenden Produkt Phosphorsäure mitgeschleppt wird, und zwar sowohl wegen des Verlustes an Phosphorsäure, aber noch viel mehr wegen ihres korrosiven Angriffes auf die nachgeschalteten Anlagen und der Unzulässigkeit ihres Vorhandenseins im Produkt. Deshalb wird das austretende Reaktorprodukt, wie Abb. G-4 zeigt, über einen mit Kalkstein

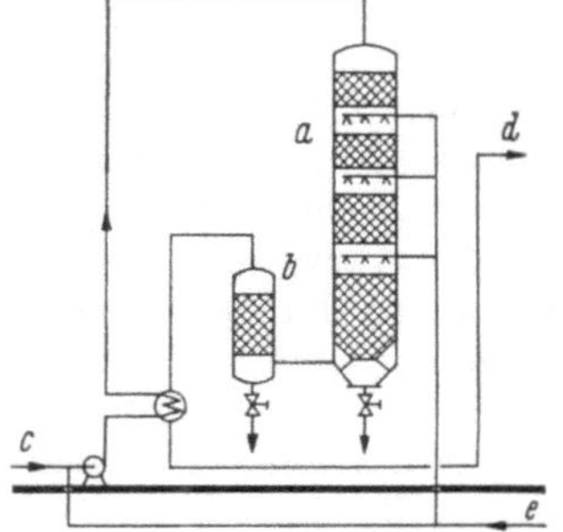

Abb. G-4. Schematisches Fließbild des Reaktorteiles einer Polymerisationsanlage der California Research Corp (jetzt Chevron Research Co). Die nachgeschalteten Anlagen stimmen mit den in Abb. G-3 dargestellten überein.

a Reaktor;
b Neutralisationsturm;
c Zufluß des olefinhaltigen C_3/C_4-Gemisches;
d Polymerisat zur Trennkolonne;
e Rückführung von kaltem Propan oder Flüssiggas zum Verdünnen und Quentschen.

gefüllten Neutralisationsturm geleitet. Dadurch lassen sich etwa im Polymerisat enthaltene Säurespuren beseitigen. Der Turminhalt muß von Zeit zu Zeit daraufhin überprüft werden, ob noch reaktionsfähiges Kalziumkarbonat vorhanden ist. Bei ausreichender Bemessung genügt es in der Regel, daß die Turmfüllung jeweils bei den vom Betrieb geplanten Stillständen der Anlage erneuert wird. Das Fließbild Abb. G-4 zeigt nur den Reaktorteil, weil die nachfolgenden Kolonnen, in denen Propan und Butan neben dem stabilisierten Polymerbenzin getrennt gewonnen werden, genau gleich wie bei Abb. G-3 geschaltet sind. Auch in diesem Fall wird kaltes Propan zum Kühlen der Reaktorfüllung verwendet.

Wenn es bei solchen Anlagen nicht gelingt, durch das schon früher erwähnte Waschen den Katalysator von Verharzungen zu befreien und

---

[1] Jetzt Chevron Research Company.

zu regenerieren, kann man sich dadurch helfen, daß der Quarz aus dem
Reaktor entfernt und z. B. in einer Zementmischmaschine mit warmem
Wasser behandelt und nach dem Trocknen gesiebt wird. Der durch die
Handhabung entstandene Verlust muß durch frischen Quarz ergänzt
werden. Außerhalb des Reaktors ist es auch zulässig, dem Waschwasser
etwas öllösende Waschmittel zuzusetzen, doch muß der Quarz nachher
mit reinem Wasser gründlich gespült werden.

In sehr hartnäckigen Fällen lassen sich die harzigen Ablagerungen
durch Abbrennen an Luft in kleinen, außen beheizten Trommelöfen bei
Temperaturen zwischen etwa 500 und 550 °C regenerieren. Auch dann
muß der Quarz gesiebt werden, um sicherzustellen, daß die Körnung
möglichst gleichmäßig ist, weil beim Abbrennen unvermeidlich ein Teil
der Quarzkörner platzt.

2. Das Polymerisieren und Alkylieren zur Erzeugung von Schmierölen

Ganz andere Gründe als bei der Polymerisation von Kraftstoffen
waren für die Entwicklung von Verfahren maßgebend, welche die Herstellung synthetischer Schmieröle zum Ziele hatten. Da es sich dabei
vornehmlich um Polymerisations- und Alkylierungsreaktionen handelt,
sollen sie hier kurz erwähnt werden. Bei allen Schmierölen, die aus Erdölprodukten hergestellt werden, ändert sich ihre Zähigkeit mit der Temperatur. In Fällen, in denen ein und derselbe Schmierstoff bei weit auseinander liegenden Temperaturen seine Aufgabe noch erfüllen soll, sind
daher nur solche Produkte verwendbar, bei denen die Zähigkeits–Tem-
peratur-Kurve sehr flach verläuft. Zu den ersten, die eingehende Untersuchungen darüber anstellten, welche chemischen Körper solche Bedingungen besonders gut erfüllen können, gehören H. Zorn, G. Hugel und
einige andere. Als Ergebnis dieser Arbeiten wurden von Zorn durch
Polymerisation von Äthen an Aluminiumchlorid als Katalysator Ester
hergestellt, die vor und während des Krieges bei der Luftwaffe und bei
Panzerdivisionen der Deutschen Wehrmacht Verwendung fanden und
sich ausgezeichnet bewährten[1].

---

[1] Näheres s. bei H. Zorn: Die Polymerisation des Äthylens zu Schmierölen.
Angew. Chem. Ausg. A, 60 (1948) 185/92. – Krönig, W.: a. a. O. S. 212ff. – Mur-
phy, C. M., u. W. A. Zisman: Structural Guides for Synthetic Lubricant Devel-
opment. Industr. Engng. Chem. 42 (1950) 2415/20. – Larsen, R. G., u. A. Bondi:
Functional Selection of Synthetic Lubricants; ebd. S. 2421/27. – Horne, W. A.:
Review of German Synthetic Lubricants; ebd. S. 2428/36. – Millett, W. H.:
Polyalkylene Glycol Synthetic Lubricants; ebd. S. 2436/41. – Glavis, F. J.: Poly-
mer Additives for Synthetic Ester Lubricants; ebd. S. 2441/46. – Seger, F. M.,
H. G. Doherty u. A. N. Sachanen: Noncatalytic Polymerization of Olefines to
Lubricating Oils; ebd. S. 2446/52. – Kaufhold, R., H. Herold u. F. Runge:
Über die Polymerisation des Äthens zu Schmierölen. Erdöl u. Kohle 7 (1954) 281/86
u. 357/62. – Zorn, H.: Einige wissenschaftliche Grundlagen der modernen Schmier-
stoffchemie; ebd. 8 (1955) 414/19. – Reith, H.: Synthetische Schmieröle auf Ester-
und Ätherbasis. Chem. Techn. 14 (1962) 309/12.

Wenn auch zur Zeit keine Anlagen in Betrieb sind, die nach diesem Verfahren arbeiten, so darf die große Bedeutung der erwähnten Forschungsarbeiten nicht verkannt werden. Der Bedarf an solchen Schmiermitteln und die an diese gestellten Anforderungen sind inzwischen noch weiter gestiegen, vor allem durch die Entwicklung der Luftfahrt und der Raumfahrt. Man hat in den Silikonölen Stoffe gefunden, die in hervorragendem Maße geeignet sind, solchen Anforderungen zu entsprechen. Aber auch die siliziumfreien synthetischen Schmierstoffe nach ZORN dürften eine Zukunft haben. Ihre Herstellung kann jedoch nicht mehr als Arbeitsgebiet der Erdölindustrie in dem hier behandelten Umfang angesehen werden, wenn auch von ihr wesentliche Grundstoffe dazu geliefert werden[1].

Versuche mit dem gleichen Endziel wie die von ZORN wurden auch von KÖLBEL mit anderen Ausgangsstoffen durchgeführt[2]. Die Gründe, welche zu dieser Arbeitsweise Anlaß gaben, sind in der genannten Schrifttumsquelle ausführlich dargelegt. Schließlich soll noch erwähnt werden, daß mit Erfolg auch aus chlorierten Kohlenwasserstoffen durch Anlagerungsreaktionen Schmierstoffe hergestellt werden können, die sich durch besonders günstiges Zähigkeitsverhalten auszeichnen und zum Teil als Zusätze weitgehende Verwendung finden[3].

3. Das Alkylieren zur Erzeugung von Kraftstoffen

Das Alkylieren ist grundsätzlich eine bestimmte Art des bereits beschriebenen Polymerisierens. Dabei versteht der Chemiker unter Alkylieren die Anlagerung von paraffinischen Kohlenwasserstoffresten (Alkylen) an Kohlenwasserstoffe derart, daß bei diesen ein Wasserstoffatom durch ein Alkyl, z.B. Methyl CH_3-, Äthyl C_2H_5- usw. ersetzt wird. Da auf diese Weise durch Anlagerungen von Seitenketten Isoverbindungen entstehen, kommt dem Alkylieren besondere Bedeutung für die Herstellung sehr klopffester Benzine zu. Während des Krieges war es vor allem in den Vereinigten Staaten von Amerika das Verfahren, um Flugkraftstoffe zu erzeugen, weil man bei diesen den Aromatengehalt beschränken mußte. Die ersten diesbezüglichen Beobachtungen scheinen IPATIEFF, CORSON, EGLOFF und VON GROSSE gemacht zu haben[4]. Diese

---

[1] Vgl. dazu W. W. GLEASON: Jet Engine Lubricants ... Chemicals or Mineral Oils? Petrol. Refiner 36 (1957) Nr. 7, S. 169/74. – KRISCHAI, H. G.: Flugturbinenöle. Erdöl u. Kohle 10 (1957) 862/66. – ADAM, R., u. B. T. FOWLER: Synthetische Schmierstoffe für Flugzeugturbinen. Erdöl u. Kohle 12 (1959) 157/60.

[2] Vgl. H. KÖLBEL: Synthese von Schmieröl durch Alkylierung von Naphthalin. Erdöl u. Kohle 1 (1948) 309/18. – KÖLBEL, H., D. KLAMANN u. M. BOLDT: Versuche zur kationischen Polymerisation von Propylen. Brennst.-Chem. 24 (1961) 237/77.

[3] Vgl. hiezu F. CHRISTMANN: Synthese von Schmieröl aus Chlor-Paraffin-Kohlenwasserstoffen mit Katalysator der Friedel-Craftsschen Reaktion. Erdöl u. Kohle 2 (1949) 178/79.

[4] IPATIEFF, V. N., B. B. CORSON u. G. EGLOFF: Polymerization, a New Source of Gasoline. Industr. Engng. Chem. 27 (1935) 1077/81. – IPATIEFF, V. N., u. H. PINES: Polymerization of Ethylene under High Pressures in the Presence of Phos-

Arbeiten wurden dann weitergeführt und während des Zweiten Weltkrieges besonders gefördert[1].

Aromaten haben trotz ihrer hohen Klopffestigkeit den Nachteil, daß sie besonders bei hoch verdichteten Kolbenmotoren, wie sie – wegen ihres geringen Gewichtes – in Flugzeuge eingebaut wurden, zu Glühzündungen neigen. So läßt Abb. G-5 erkennen, wie sich die Häufung solcher Glühzündungen bei Gemischen aus Benzol und Isooktan ändert[2]. Andere

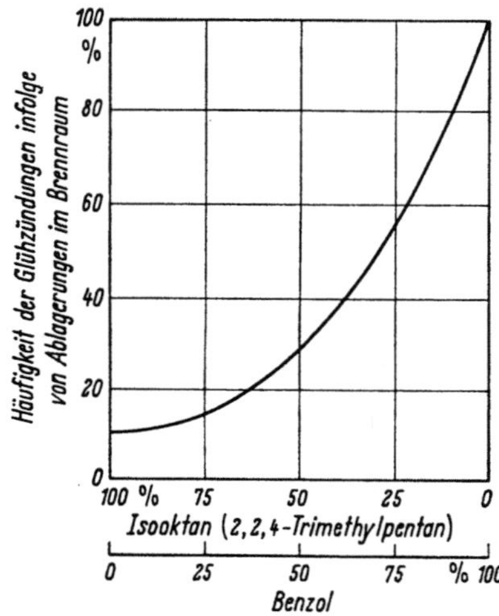

Abb. G-5. Häufigkeit von Glühzündungen infolge von Ablagerungen im Brennraum eines CFR-Motors bei Zündung 10° vor dem oberen Totpunkt, abhängig vom Mischungsverhältnis Benzol zu Isooktan, nach LOVELL u. Mitarb.

Untersuchungen haben zwar keine so eindeutige Abhängigkeit erkennen lassen, wenn es sich um Gemische und nicht um definierte Kohlenwasserstoffe handelt. Dies zeigt Abb. G-6 beim Vergleich von Gebrauchsbenzinen verschiedener Zusammensetzung mit Isooktan (2,2,4-Trimethylpentan) einerseits und Toluol andererseits[3].

---

phoric Acid, ebd. S. 1364/69. – IPATIEFF, V. N., u. A. VON GROSSE: Reaction of Paraffins with Olefins. J. Amer. Chem. Soc. 57 (1935) 1616/21. – IPATIEFF, V. N., V. KOMAREWSKY u. A. VON GROSSE: Reaction of Naphtenic Hydrocarbons with Olefins, ebd. S. 1722/24. – IPATIEFF, V. N., H. PINES u. V. KOMAREWSKY: Phosphoric Acid as Catalyst for Alkylation of Aromatic Hydrocarbons. Industr. Engng. Chem. 28 (1936) 222/23. – IPATIEFF, V. N., u. H. PINES: Propylene Polymerization under High Pressure and Temperature with and without Phosphoric Acid, ebd. S. 684/89. – IPATIEFF, V. N., A. VON GROSSE, H. PINES u. V. KOMAREWSKY: Alkylation of Paraffins with Olefins in the Presence of Aluminium Chloride. J. Amer. Chem. Soc. 58 (1936) 913/15. – Dies.: Polymerization of Ethylene with Aluminum Chloride, ebd. S. 915/17.

[1] PARKER, F. D., u. E. G. RAGATZ: Refinery Process for War Products. Petrol. Refiner 22 (1943) Nr. 12, S. 105/15.

[2] Die Abbildung ist entnommen W. G. LOVELL, H. J. GIBSON u. B. A. JONES: Combustion Chamber Deposits in Automobil Engines. 4. Welt-Erdöl-Kongreß, Rom 1955, Bericht VI/TO/B-2; die Werte für Benzol sind gleich 100% gesetzt.

[3] Vgl. D. A. HIRSCHLER, J. D. McCULLOUGH u. C. A. HALL: Investigation of Preignition/Deposit-Induced Ignition Evaluation in a Laboratory Engine – Effect of Fuel and Oil Factors. J. Soc. Automotive Engrs. 62 (1954) 45/48.

Welche Möglichkeiten durch das Alkylieren gegeben sind, läßt sich aus Abb. G-1, S. 568 ablesen. Man erkennt, daß die Klopffestigkeit der Paraffinisomeren selbst in den günstigsten Fällen unter der der wichtigsten Aromaten wie Benzol, Toluol oder Xylol liegt. Nur die Klopffestigkeit der Aromaten mit längeren Seitenketten – beginnend beim Äthylbenzol – ist merkbar niedriger. Deshalb sind diese, nur durch besondere Verfahren herstellbaren Benzolhomologen als Kraftstoffe uninteressant.

Aus der Abbildung sieht man, daß die beiden bereits einleitend S. 566 erwähnten Verbindungen 2,2-Dimethylbutan (Neohexan) und 2,2,3-Trimethylbutan (Triptan) die klopffestesten C_6- bzw. C_7-Kohlenwasserstoffe darstellen. Hingegen wird das schlechthin als Isooktan bezeichnete

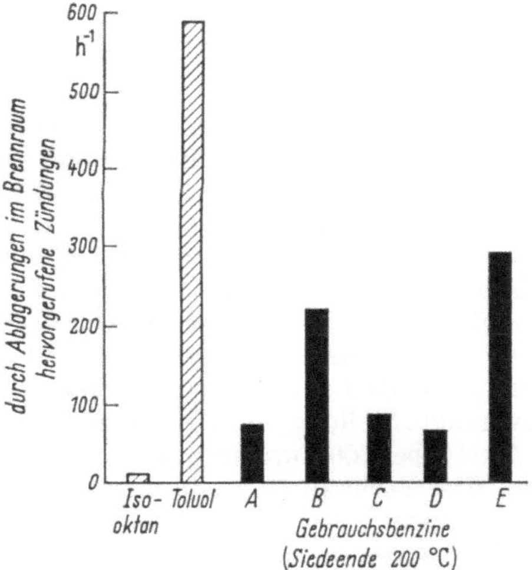

Abb. G-6. Anzahl der Glühzündungen in einem Einzylindermotor bei verschiedenen Kraftstoffen folgender Zusammensetzung in Gewichtsprozenten[1]:

	Isooktan	Toluol	A	B	C	D	E
Aromaten	0	100	5	31	35	35	42
Olefine	0	0	1	28	17	1	2
Naphthene	0	0	8	12	17	2	12
Paraffine	100	0	86	29	31	62	44

Alle untersuchten Kraftstoffe enthielten 0,08 Vol.-% BTÄ.

2,2,4-Trimethylpentan bezüglich seiner Klopffestigkeit sowohl von den erwähnten Verbindungen wie auch von anderen der insgesamt möglichen 16 Isooktane erheblich übertroffen. Doch läßt sein Molekülaufbau erkennen, daß es sich offenbar leicht durch Anlagerung von Isobuten mittels eines seiner drei primären C-Atome an das tertiäre C-Atom von Isobutan herstellen läßt. Dies wird durch die praktischen Erfahrungen be-

---

[1] Nach D. A. Hirschler u. Mitarb.: a.a.O. (nebenstehend Fußn. 3), wiedergegeben bei W. G. Lovell u. Mitarb. (nebenstehend Fußn. 2)

stätigt. Mit Strukturformeln dargestellt sieht der Reaktionsverlauf unter Vernachlässigung der Zwischenstufen wie folgt aus:

$$CH_3\!-\!\underset{\underset{CH_3}{|}}{\overset{\overset{CH_3}{|}}{C}}\!-\!H \quad + \quad CH_2\!=\!\underset{}{\overset{\overset{CH_3}{|}}{C}}\!-\!CH_3 \quad =$$

Isobutan　　　　　　　Isobuten

$$CH_3\!-\!\underset{\underset{CH_3}{|}}{\overset{\overset{CH_3}{|}}{C}}\!-\!CH_2\!-\!\overset{\overset{CH_3}{|}}{CH}\!-\!CH_3$$

2,2,4-Trimethylpentan
(„Isooktan")

Da die Stellung der Doppelbindung beim Isobuten nicht bevorzugt ist – es gibt nur ein Isobuten –, ist es am sinnfälligsten, die Formeln wie angegeben zu schreiben. Demgegenüber ist z.B. die Ausbeute bei der Bildung von 2,2,3,3-Tetramethylbutan, des klopffestesten der Isooktane, aus Isobuten und Isobutan, trotz der Reaktionsfreudigkeit der beiden tertiären Kohlenstoffatome wegen der sterischen Behinderung viel schlechter. Dies gilt auch für die übrigen in Abb. G-1 dargestellten Isooktane, soweit sie wegen ihrer Klopffestigkeit interessant sein könnten. Die verhältnismäßig einfache Gewinnung des 2,2,4-Trimethylpentans erklärt seine bevorzugte Stellung in der Erdölindustrie, zumal sein Siedepunkt mit rd. 100 °C bei 760 Torr für einen Ottokraftstoff sehr günstig liegt. Man meint diese Verbindung, wenn man ohne nähere Angabe einfach von Isooktan spricht.

Da das Alkylieren angewendet wird, um sehr klopffeste, leichtsiedende Kraftstoffkomponenten zu erhalten, ist die Zahl der Kohlenstoffatome im Alkylat mit etwa 6 bis 8 festgelegt. Somit kommen als Ausgangsstoffe fast nur C_3- und C_4-Kohlenwasserstoffe in Frage, von denen das Alkan möglichst ein reaktives tertiäres Kohlenstoffatom enthalten soll. Diese Voraussetzungen sind nur beim Isobutan erfüllt. Als alkylbildende Alkene (Olefine) stehen dann nur Propen, Buten-1 (α-Butylen), Buten-2 (β-Butylen) und Isobuten zur Verfügung. Damit ist die Zahl der erwünschten Reaktionen sehr beschränkt.

Als Katalysatoren eignen sich sowohl die aus der organischen Chemie für die sog. Friedel-Craftsschen Reaktionen benutzten – wie z.B. Aluminiumchlorid – als auch starke anorganische Säuren wie konzentrierte Schwefelsäure oder Flußsäure, welche leicht Protonen abgeben[1]. Technisch werden ausschließlich die beiden letzten angewendet. Dies hat fol-

---

[1] Flußsäure wurde für diesen Zweck zuerst von FRANZ FISCHER in DRP 742578 vom 11. Juli 1939 vorgeschlagen; vgl. J. H. SIMMONS: Hydrogen Fluoride, the Catalyst. Petrol. Refiner 22 (1943) Nr. 7, S. 83/87. – GILFERT, W.: Alkylierung von Isoparaffinen mit Olefinen in Gegenwart von Fluorwasserstoff. Angew. Chem. Ausg. A, 60 (1948) 213 (Auszug).

genden Vorteil: Bei dem Verfahren wird ständig Katalysator dadurch verbraucht, daß sich sulfurierte oder fluorierte Kohlenwasserstoffe als Schlamm bilden. Außerdem wird die Säure durch Spuren von Wasser, die mit dem Produkt zugeführt werden oder die sich bei nicht ganz vermeidbaren Kondensationsreaktionen bilden, mit der Zeit verdünnt. Wird nun der Katalysator in flüssiger Form angewendet, so ergibt sich dadurch die Möglichkeit, den in der Apparatur ständig umlaufenden Vorrat durch Zugabe von Frischsäure zu ergänzen, den Schlamm abzuziehen und die erforderliche Konzentration konstant zu halten. Dies hat zwangsläufig zur Folge, daß die für die Alkylierungsanlagen verwendeten Reaktoren grundsätzlich anders entworfen werden müssen als die für Polymerisationsanlagen, was nachstehend noch näher erörtert wird.

Ursprünglich wurden Alkylierungsanlagen nur gebaut, um leichtsiedende und sehr klopffeste Komponenten für Flugbenzine herzustellen. Mit dem Rückgang der Kolbenmotorantriebe in der Luftfahrt ist aber das Interesse an Alkylierungsanlagen nicht vollkommen erloschen. Die Steigerung des Verdichtungsverhältnisses in den Automotoren erhöhte – wie bereits S. 567f. erläutert wurde – die Nachfrage nach startfreudigen und auch im unteren Siedebereich klopffesten Fahrbenzinen. Für diese sind Alkylate sehr erwünschte Komponenten. Deshalb konnte die Produktion der vorhandenen Alkylierungsanlagen immer mehr dem Markt für Fahrbenzine zugeführt werden. Zwar waren längere Zeit nach dem Kriege keine Neubauten erforderlich, doch hat sich das Bild in den letzten Jahren gewandelt. Nach Untersuchungen der Ethyl Corp ist in den Vereinigten Staaten von Amerika der Anteil von Alkylaten im Fahrbenzin in den Jahren 1958 bis 1963 von 3,5 auf 8,6 Vol.-% angestiegen und für 1968 rechnete man mit 9,7 Vol.-%[1]. Berücksichtigt man die gleichzeitige Steigerung des Gesamtbedarfes, so ist eine bedeutende Erhöhung der Durchsatzleistung der Alkylierungsanlagen zu erwarten. Deshalb ist sicherlich mit Neubauten zu rechnen. Wann aber in Europa die Entwicklung ebensoweit gediehen sein wird, ist zur Zeit noch nicht abzusehen.

a) Die beim Alkylieren auftretenden Reaktionen

Aus vorstehenden Gründen werden hier nur die Reaktionen betrachtet, die in Gegenwart von Säure auftreten, obwohl grundsätzliche Unterschiede gegenüber den Reaktionen, die durch Friedel-Craftssche Katalysatoren gesteuert werden, nicht bestehen. Sie lassen sich wie die meisten katalytischen Reaktionen der Erdölkohlenwasserstoffe durch die Karbonium-Ionen-Theorie erklären[2]. Es ist neuerdings bekannt geworden, daß

---

[1] Vgl. dazu J. D. BARTLESON u. C. C. SHEPHERD: How to Select Gasoline Antioxidants. Petrol. Refiner 43 (1964) Nr. 8, S. 153/58, bes. Tab. 1, wiedergegeben als Zahlentafel N-1, S. 948; vgl. dort auch die Ausführungen S. 946/47.

[2] CIAPETTA, F. G.: Alkylation of Isoparaffins. Application of the Carbonium-Ion Theory. Industr. Engng. Chem. 37 (1945) 1210/16. – GORIN, M. H., C. S. KUHN jr. u. C. B. MILES: Mechanism of Catalyzed Alkylation of Isobutanes with Olefins. Industr. Engng. Chem. 38 (1946) 795/99. – SCHMERLING, L.: Alkylation of saturated hydrocarbons, in: The Chemistry of Petroleum Hydrocarbons, hrsg. von B. T. BROOKS, C. E. BOORD, ST. S. KURTZ jr. u. L. SCHMERLING, Bd. 3, New York: Rein-

sich auch bestimmte Arten von Molekularsieben mit seltenen Erden auf Aluminiumsilikaten als Träger für die Katalyse von Alkylierungsreaktionen eignen[1]. Diese scheinen ähnlich wie die bei der Katalyse mit Hilfe starker Säuren zu verlaufen, weil die Verteilung der einzelnen C_6- bis C_8-Isomeren in den Produkten bei beiden Arten von Katalysatoren ähnlich ist. Die Verwendung von Molekularsieben hätte zweifellos den Vorteil, daß sich im Betrieb kein Säureschlamm bildet, dessen Beseitigung besondere Maßnahmen erfordert.

Kennzeichnend für das Alkylieren ist die bereits erwähnte Arbeitsweise, daß jeweils ein Olefin und ein Paraffinmolekül miteinander reagieren, so daß von vornherein eine gesättigte Verbindung entsteht. Als Beispiel für den Ablauf einer solchen Reaktion kann nachstehendes Schema für die Bildung von 2,4- und 2,3-Dimethylpentan aus Isobutan und Propen dienen:

$$CH_2{=}CH{-}CH_3 \;+\; HF \;\rightleftharpoons\; CH_3{-}\overset{+}{C}H{-}CH_3\,F^-$$

Propen   Flußsäure   ionisierter Propyl-Ester

$$CH_3{-}\underset{\underset{\displaystyle CH_3}{|}}{\overset{\overset{\displaystyle CH_3}{|}}{C}}H \;+\; CH_3{-}\overset{+}{C}H{-}CH_3\,F^- \;\longrightarrow\; CH_3{-}\underset{\underset{\displaystyle CH_3}{|}}{\overset{\overset{\displaystyle CH_3}{|}}{C}}{}^{+}F^- \;+\; C_3H_8$$

Isobutan   ionisiertes Propylfluorid   Isobutyl-fluorid   Propan

$$CH_3{-}\underset{\underset{\displaystyle CH_3}{|}}{\overset{\overset{\displaystyle CH_3}{|}}{C}}{}^{+}F^- \;+\; CH_2{=}CH{-}CH_3 \;\rightleftharpoons\; CH_3{-}\underset{\underset{\displaystyle CH_3}{|}}{\overset{\overset{\displaystyle CH_3}{|}}{C}}{-}CH_2{-}\overset{+}{C}H{-}CH_3\,F^-$$

Isobutyl-fluorid   Propen   ionisiertes 2,2-Dimethylpentylfluorid

hold 1955, S. 363/408. – PAYNE, R. E.: Alkylation – What You Should Know About This Process. Petrol. Refiner 37 (1958) Nr. 9, S. 316/29. – CUPIT, C. R., J. E. GWYN u. E. C. JERNIGAN: Catalytic Alkylation. Petro/Chem. Engr. 33 (1961) Nr. 12, S. 42/55. – HOFMANN, J. E., u. A. SCHRIESHEIM: Ionic Reactions Occuring in Sulfuric Acid Catalyzed Alkylation. I. Alkylation of Isobutane with Butenes. J. Amer. Soc. 84 (1962) 953/57; J. E. HOFMANN: II. The Sulfuric Acid-Catalyzed Self-Alkylation of Isobutane with $C_3 - C_6$ Olefins. J. Organ. Chem. 29 (1964) 1497/99. – MOSBY, J. F., u. L. F. ALBRIGHT: Alkylation of isobutane with 1-butene using sulfuric acid as catalyst at high rates of agitation. Industr. Engng. Chem./Prod. Res. Developm. 5 (1966) 183/90. – ALBRIGHT, L. F.: Comparison of alkylation processes. Chem. Engng. 73 (10. Okt. 1966) Nr. 21, S. 209/15. – SHLEGERIS, R. J., u. L. F. ALBRIGHT: Alkylation of isobutane with various olefins in the presence of sulfuric acid. Industr. Engng. Chem. / Proc. Design Developm. 8 (1969) S. 92/98. – SPROW, F. B.: Role of interfacial area in sulfuric acid alkylation, ebd. S. 254/57.

[1] VENUTO, P. B., L. A. HAMILTON u. P. S. LANDIS: Organic Reactions Catalyzed by Crystalline Aluminosilicates. II. Alkylation Reactions: Mechanistic and

Aus der zuletzt entstandenen Verbindung kann sich nun durch Umlagerung einer Methylgruppe gemäß a eine 2,4-Dimethylverbindung oder durch Wanderung eines Wasserstoffatoms gemäß b eine 2,2-Dimethylverbindung bilden. Da aber das Karbonium-Ion im zweiten Fall dem tertiären Kohlenwasserstoffatom benachbart ist, findet in der Regel eine weitere Umlagerung statt, so daß eine 2,3-Dimethylverbindung entsteht.

Betrachtet man zunächst den ersten Fall, so läßt er sich durch Formeln wie folgt beschreiben:

$$CH_3-\overset{\overset{\displaystyle CH_3}{|}}{\underset{\underset{\displaystyle CH_3}{|}}{C}}-CH_2-\overset{+}{C}H-CH_3F^- \longrightarrow CH_3-\overset{+}{\underset{\underset{\displaystyle CH_3}{|}}{C}}-CH_2-\underset{\underset{\displaystyle CH_3}{|}}{C}H-CH_3F^-$$

ionisiertes
2,2-Dimethylpentylfluorid   ionisiertes
2,4-Dimethylpentylfluorid

$$CH_3-\overset{+}{\underset{\underset{\displaystyle CH_3}{|}}{C}}-CH_2-\underset{\underset{\displaystyle CH_3}{|}}{C}H-CH_3F^- \; + \; CH_3-\underset{\underset{\displaystyle CH_3}{|}}{\overset{\overset{\displaystyle CH_3}{|}}{C}}H \;\; \rightleftharpoons$$

ionisiertes
2,4-Dimethylpentylfluorid   Isobutan

$$CH_3-\underset{\underset{\displaystyle CH_3}{|}}{C}H-CH_2-\underset{\underset{\displaystyle CH_3}{|}}{C}H-CH_3 \; + \; CH_3-\overset{+}{\underset{\underset{\displaystyle CH_3}{|}}{\overset{\overset{\displaystyle CH_3}{|}}{C}}}F^-$$

        ionisiertes
2,4-Dimethylpentan   Isobutylfluorid

Es hat sich also ein Isoheptan gebildet und ein Fluorid, das weitere Reaktionen mit einem Olefin einleiten kann.

Im zweiten Fall verlaufen die Folgereaktionen so, daß zunächst nur das Karbonium-Ion wandert:

$$CH_3-\overset{\overset{\displaystyle CH_3}{|}}{\underset{\underset{\displaystyle CH_3}{|}}{C}}-CH_2-\overset{+}{C}H-CH_3F^- \longrightarrow CH_3-\overset{\overset{\displaystyle CH_3}{|}}{\underset{\underset{\displaystyle CH_3}{|}}{C}}-\overset{+}{C}H-CH_2-CH_3F^-$$

Aging Considerations. J. Catalysis 5 (1966) 484/93. – KIRSCH, F. W., J. D. POTTS u. D. S. BARMBY: A new route to olefins alkylation. Oil Gas J. 66 (15. Juli 1968) Nr. 29, S. 120/24 u. 127.

Jedoch entsteht im weiteren Verlauf auch die 2,3-Verbindung

$$CH_3-\overset{\overset{\displaystyle CH_3}{|}}{\underset{\underset{\displaystyle CH_3}{|}}{C}}-\overset{\pm}{C}H-CH_2-CH_3F^- \; \rightleftharpoons \; CH_3-\overset{\pm}{C}-\underset{\underset{\displaystyle CH_3}{|}}{CH}-CH_2-CH_3F^-$$

Diese ergibt dann zusammen mit Isobutan ebenfalls ein Isoheptan und ein ionisiertes Fluorid:

$$CH_3-\overset{\pm}{C}-CH-CH_2-CH_3F^- \; + \; CH_3-CH \; \rightleftharpoons$$

ionisiertes
2,3-Dimethylpentylfluorid   Isobutan

$$CH_3-CH-CH-CH_2-CH_3 \; + \; CH_3-\overset{+}{C}\,F^-$$

2,3-Dimethylpentan   ionisiertes
                              Isobutylfluorid

Daß die Reaktionen gerade in der angegebenen Weise verlaufen, liegt vor allem in der wiederholt erwähnten Tatsache, daß die tertiären Kohlenstoffatome am leichtesten reagieren. Deshalb eignen sich grundsätzlich Normalparaffine weniger als Ausgangsstoffe, abgesehen davon, daß möglichst verzweigte Endprodukte erwünscht sind. Wie die Formeln zeigen, handelt es sich dabei um eine Art Kettenreaktion, die durch den ersten Schritt ausgelöst wird und bei der am Schluß außer dem angestrebten Produkt ein ionisiertes Fluorid gebildet wird, das in gleicher Weise wie zu Beginn mit einem Olefin weiter reagieren kann. Daher ist der gesamte Reaktionsablauf mit dem vorstehenden Schema noch nicht vollkommen beschrieben. Es können auch Reaktionen auftreten, bei denen durch Rückbildung der Halogenwasserstoffsäure oder durch Bildung nicht ionisierter, halogenierter Kohlenwasserstoffe die Reaktionskette abgebrochen wird. Dabei kommt es auch noch zu Seitenreaktionen, wie Umlagerungen von Wasserstoffatomen, sowie zu Polymerisationen der im vorhergehenden Abschnitt beschriebenen Art. Diese sind in der genannten Arbeit von SCHMERLING an Hand des umfangreichen Schrifttums sehr ausführlich beschrieben. Verwendet man Schwefelsäure als Katalysator, so bilden sich statt der Fluoride Schwefelsäureester, doch die Reaktionen innerhalb der Kohlenwasserstoffmoleküle selbst verlaufen sinngemäß. Für die technische Handhabung ist von Bedeutung, daß Alkylierungsreaktionen bei Umgebungs- oder darunter liegenden Temperaturen am günstigsten ablaufen. Auch dies ist ein Grund, flüssige Säuren als Katalysatoren zu bevorzugen, weil sich die Kälte auf diese Weise einfacher übertragen läßt.

Die Schwefelsäure muß in Konzentrationen von 96 bis 100% bei Temperaturen zwischen etwa 0 und 30 °C angewendet werden[1]. Diese Betriebsbedingungen werden vornehmlich durch die zu verarbeitenden Olefine bestimmt; dabei ist die Temperatur wiederum in gewisser Weise von der Säurekonzentration abhängig. Propen erfordert etwas höhere Temperatur und Konzentration als Buten. Abweichungen der Temperatur nach oben oder der Konzentration nach unten verringern die Ausbeute durch stärkere Bildung von Estern oder Oxyden. Zu niedrige Temperaturen erschweren hingegen den Betrieb, weil die Flüssigkeiten zu zähe werden.

Der Vorteil der Verwendung von Flußsäure, die bei 19,5 °C (und 760 Torr) siedet, besteht darin, daß der Reaktionsablauf durch Veränderungen der Temperatur und Erniedrigung der Konzentration nicht so stark beeinträchtigt wird wie bei Schwefelsäure. Deshalb ist bei solchen Anlagen die Anwendung künstlicher Kälte nicht erforderlich. Außerdem kann die Flußsäure aus dem Schlamm, der sich bildet, durch Erhitzen wieder gewonnen werden, was bei der Schwefelsäure nicht möglich ist. Deshalb ist der wirkliche Katalysatorverbrauch auch sehr gering. Diesem Vorteil stehen jedoch die Nachteile gegenüber, welche mit der Anwendung von Flußsäuren überhaupt verbunden sind. Diese Säure wird in Konzentrationen von rd. 85 bis 90% mit einem Wassergehalt möglichst unter 1% angewendet. Den Rest bilden ungesättigte Kohlenwasserstoffe, die sich von der Säure beim Absetzen nicht trennen.

Der Katalysatorverbrauch kann sowohl bei Schwefelsäure wie auch bei Flußsäure durch vollständige Beseitigung des Wassers aus dem Einsatzgut merkbar gesenkt werden. Die Korrosion wird dadurch ebenfalls eingedämmt. Für diesen Zweck beginnen sich Molekularsiebe durchzusetzen[2]. Sie können hier gut angewendet werden, weil die Moleküle aller im Einsatzgut von Alkylierungsanlagen normalerweise vorkommenden Kohlenwasserstoffe größer als die Wassermoleküle sind. Siebe mit Porengröße von 3 Å haben sich gut bewährt.

Ursprünglich hat man auch ohne Katalysatoren unter extremen Betriebsbedingungen alkyliert[3]. Diese Arbeitsweise hat heute keine praktische Bedeutung mehr. Es wurde auf diese Weise aus Äthen und Isobuten 2,2-Dimethylbutan (Neohexan), allerdings mit schlechter Ausbeute hergestellt[4].

b) Das Einsatzgut, die Produkte und die Ausbeuten

Als Einsatzgut für Alkylierungsanlagen zur Erzeugung von Isooktan kommen nach Vorstehendem vornehmlich Isobuten und Isobutan in

---

[1] Das azeotrope Schwefelsäure–Wasser-Gemisch mit einem Säuregehalt von 98,3% siedet bei 338 °C (und 760 Torr). Der Erstarrungspunkt reiner Schwefelsäure liegt bei 10,36 °C, sinkt jedoch durch Zugabe von Wasser.

[2] Vgl. M. D. Box, A. E. Bynum u. R. J. Schoofs: Molecular Sieves Dry Alky Feed Better. Petrol. Refiner 43 (1964) Nr. 1, S. 125/26; vgl. auch S. 690/691.

[3] Frey, F. E., u. H. J. Hepp: Noncatalytic Addition of Ethylene to Paraffin Hydrocarbons. Industr. Engng. Chem. 28 (1936) 1439/45 haben Versuche bei 510 °C und 175 bis 335 at durchgeführt; vgl. dazu M. Marder: a.a.O. S. 405/06.

[4] Ridgway jr., J. A.: Free Radical Alkylation of Isobutane with Ethylene. Industr. Engng. Chem. 50 (1958) 1531/36; ref. Erdöl u. Kohle 12 (1959) 566/67.

Frage. Als Olefine werden auch Propen oder Pentene verwendet, die dann Isoheptane und Isononane ergeben. Deren Klopffestigkeit ist allerdings etwas geringer als die der Isooktane. Eine schlüssige Begründung für diese Beobachtung läßt sich nicht geben. Denn es handelt sich meist um Gemische verschiedener Isomere, weshalb auch Abb. G-1, S. 568 nicht zur Erklärung herangezogen werden kann. Vielmehr hat diese in der Praxis gewonnene Erkenntnis seinerzeit dazu geführt, das 2,2,4-Trimethylpentan als Standardkraftstoff für die Messungen der Klopffestigkeit einzuführen, weil es sich bei der Alkylierung von Isobutan mit Isobuten vorzugsweise bildet. Zahlentafel G-2 läßt dies erkennen. Die Gründe liegen in seinem Molekülbau und wurden bereits erläutert.

Zahlentafel G-2. *Typische Zusammensetzung eines mit Schwefelsäure als Katalysator aus Isobutan und Isobuten durch Alkylieren erzeugten Produktes, nach* GLASGOW, STREIFF, WOLLINGHAM *u.* ROSSINI: *Analysis of Alkylates and Hydrocodimers. Oil Gas J.: 44 (16. Nov. 1946), Nr. 46, S. 236; J. Res. Natl. Bur. Standards 38 (1947) 537*

		Vol.-%	
Σ C$_6$	2,3-Dimethylbutan (Neohexan)*	5,2	
	2-Methylpentan	1,2	6,8
	3-Methylpentan	0,4	
Σ C$_7$	2,2,3-Trimethylbutan (Triptan)*	0,2	
	2,2-Dimethylpentan	0,2	
	2,3-Dimethylpentan	2,6	7,0
	2,4-Dimethylpentan	3,7	
	2- und 3-Methylhexane	0,3	
Σ C$_8$	2,2,3-Trimethylpentan*	1,3	
	2,2,4-Trimethylpentan	26,7	
	2,3,3-Trimethylpentan*	13,5	
	2,3,4-Trimethylpentan*	14,3	
	2,2-Dimethylhexan	0,3	74,2
	2,3-Dimethylhexan	3,3	
	2,4-Dimethylhexan	7,2	
	2,5-Dimethylhexan	7,2	
	3,4-Dimethylhexan	0,4	
Σ C$_9$	2,2,5-Trimethylhexan	4,9	
	2,3,5-Trimethylhexan	1,0	6,4
	andere Isononane	0,5	
Σ C$_{10+}$	Höhermolekulare Isoparaffine	12,8	12,8

Eine Erklärung dafür, warum die Summe mit 107,2 Vol.-% von 100 abweicht, ist in der Quelle nicht angegeben. Verbindungen mit höherer Klopffestigkeit als 2,2,4-Trimethylpentan sind durch ein Sternchen (*) gekennzeichnet.

Die Ausbeuten sind beim Alkylieren fast stöchiometrisch, weil die Verluste durch die Bildung von Fluoriden, Estern und Säureteeren sehr gering sind.

In Zahlentafel G-3 sind Angaben über Eigenschaften von Produkten enthalten, die beim Alkylieren von Isobutan mit C$_3$- bis C$_5$-Olefinen gewonnen werden. Die Abnahme der auf den Olefineinsatz bezogenen Ausbeute mit Zunahme der Kohlenstoffatomzahl der Olefine erklärt sich auf

Zahlentafel G-3. *Eigenschaften von Alkylaten aus Isobutan und verschiedenen Olefinen nach* W. L. NELSON: *a.a.O. S. 738*

Katalysator / Addiertes Olefin		Schwefelsäure					Flußsäure		
		Propen	Buten	Penten	$C_3{=}/C_4{=}$ Gemisch 50/50	Erzeugung von Flugbenzin	$C_3{=}/C_4{=}$ Gemisch	Buten	$C_3{=}/C_4{=}/C_5{=}$- Gemisch
Dichte	g/ml	0,689···0,694	0,694···0,705	0,715	0,691	0,703	0,688	0,692	0,701
Reid-Dampfdruck	at	0,25···0,40	0,21···0,40	0,11	0,40	0,28	0,61	—	0,14
Siedeverlauf	°C								
Siedebeginn		42··· 62	43··· 63	51	45	52	34	—	60
10 Vol.-%		73··· 82	70··· 92	108	72	80	59	58	83
50 Vol.-% } übergegangen		91	101···106	120	97	100	101	100	95
90 Vol.-%		115···119	125···127	139	122	113	114	115	115
Siedeende		170···182	178···182	182	171	160	156	154	164
Klopffestigkeit; vgl. Zahlentafel A-18, S. 87									
ROZ ohne Blei		88,2··· 91	91,8··· 96	90··· 91	90	98	+0,015[a]	+0,030[a]	+0,021[a]
F-3 mit 0,107 Vol.-% BTÄ		102,2···106	105···108	103···107	103,6	—	+0,059[a]	+0,085[a]	+0,064[a]
F-4 mit 0,107 Vol.-% BTÄ		122	151	127	+0,053[a]	—			
Performance Nr.									
F-3 } s. S. 960		—	—	—	Angaben fehlen		117	128	122
F-4		135···145	153···161	145···150			140	148	142
Ausbeuten bezogen auf verbrauchte									
Olefine	Gew.-%	170···178	165···172	155···172	Angaben fehlen		Angaben fehlen		
Katalysatorverbrauch	kg/m³	240···400	71···114	120···228	Angaben fehlen		Angaben fehlen		

[a] Die Klopffestigkeit der hergestellten Produkte entsprach Isooktan (2,2,4-Trimethylpentan) plus der in Vol.-% angegebenen Menge Bleitetraäthyl (BTÄ).

einfache Weise durch die Veränderung des Verhältnisses der Anzahl von Kohlenstoffatomen in den Molekülen des Einsatzgutes zu deren Anzahl in den Molekülen des Erzeugnisses. Sie muß sich etwa im Verhältnis 7/3 : 8/4 : 9/5 ändern.

Die Olefine stehen selten rein zur Verfügung. Sie dürfen mit Paraffinen gemischt sein. Diese durchwandern dann die Apparatur, ohne zu reagieren, oder sie reagieren selbst, in dem sie sich Alkyle anlagern. Bei den C_3-Kohlenwasserstoffen kann nur Propan anwesend sein; bei höhermolekularen Verbindungen kann allerdings die Anwesenheit unverzweigter Alkene zur Bildung etwas weniger klopffester Isomeren führen. Sofern sie aber nicht reagieren, belasten sie die Durchflußquerschnitte, es sei denn, sie dienen, wie z.B. das Propan, unmittelbar als Kältemittel.

Mit steigendem Bedarf an klopffesten Kraftstoffen verwendet man in zunehmendem Maß neben dem unerläßlichen Isobutan nicht nur Isobuten, sondern auch Propen, die anderen Butene und Pentene. Vor allem für Propen ergibt sich dadurch die Möglichkeit, klopffestere Kraftstoffkomponenten zu erzeugen als durch das Polymerisieren[1].

Auch dies ist ein Grund dafür, daß das Interesse für neue Alkylierungsanlagen wieder steigt, nicht aber für Polymerisierungsanlagen.

c) Die mit Schwefelsäure arbeitenden Alkylierungsverfahren [2]

α) Das Alkylierungsverfahren der The M. W. Kellogg Company. Bei dem Verfahren der Kellogg können neben Isobutan Olefingemische verarbeitet werden, die Propen, Butene und Pentene enthalten. Außerdem ist die Anwesenheit einer gewissen Menge Propan erforderlich. Kennzeichnend für das Verfahren ist der auf S. 156 beschriebene Kaskadenreaktor, der aus mehreren Kammern besteht. In jeder einzelnen Kammer sitzt ein Propeller, der den flüssigen Katalysator mit dem Reaktionsgemisch umwälzt. Als Katalysator wird Schwefelsäure verwendet. Das Schaltbild einer solchen Anlage zeigt Abb. G-7. Die erforderlichen niedrigen Temperaturen werden dadurch erzeugt, daß man einen Teil des im Einsatzgut enthaltenen Propans, das nicht reagiert, verdampfen läßt. Dadurch vermeidet man Austauschflächen im Reaktor *c* selbst und die dafür erforderliche Temperaturdifferenz. Der Reaktor wirkt daher wie der Verdampfer einer Kälteanlage. Ein Kompressor *e* saugt die Propandämpfe daraus an, komprimiert sie und drückt sie in einen mit Wasser gekühlten Kondensator, wo sie verflüssigt werden. Da sie dem Gleichgewicht entsprechend auch etwas an gesättigten C_4-Kohlenwasserstoffen mitnehmen, wird ein Teil des Kondensates in einen Entpropaner *j* geleitet. Aus diesem werden die mit dem Einsatzgut eingeschleusten überschüssigen C_3-Kohlenwasserstoffe wieder entfernt. Bei früher vorgeschlagenen

---

[1] ODEN, E. CL., u. W. J. BURCH jr.: Alkylation of Isobutane with Propylene. Industr. Engng. Chem. 41 (1949) 2524/30. – Dies. u. G. R. JONES: Propylenes, a Valuable Feed Stock for Alkylation. Petrol. Refiner 29 (1950) Nr. 4, S. 103/08; ref. Erdöl u. Kohle 4 (1951) 193. – VAHLSING, D. H.: HF Alkylation Gets Propylene Feed. Hydrocarb. Procssg. 47 (1968) Nr. 9, S. 245/47.

[2] ALBRIGHT, L. F.: Alkylation Processes Using Sulfuric Acid as Catalyst. Chem. Engng. 73 (15.Aug. 1966) Nr. 17, S. 143/50.

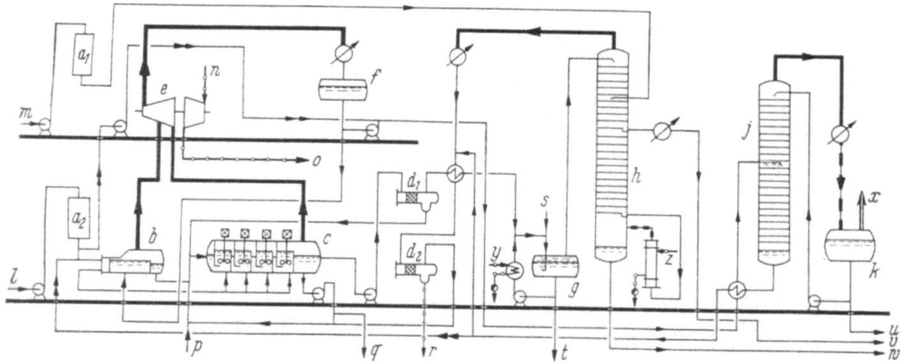

Abb. G-7. Schematisches Fließbild einer mit Schwefelsäure nach dem Kellogg-Verfahren
arbeitenden Alkylierungsanlage.

a_1, a_2 Molekularsiebe zum Trocknen;
b Kettletypverdampfer (als Vorkühler);
c Kaskadenreaktor;
d_1, d_2 Coalescer;
e Kompressor mit Dampfantrieb;
f Sammelbehälter;
g Wasch- und Absitzbehälter für wäßrige Natron-
lauge;
h Kolonne zum Abtrennen von Isobutan;
j Entpropaner;
k Trennbehälter zu j;
l Zulauf des olefinhaltigen Einsatzgutes;
m Zulauf des Butans (zum Einstellen des Dampf-
druckes);

n Frischdampf;
o Abdampf für Heizzwecke;
p Zulauf für Frischsäure;
q Ablauf für gebrauchte Säure;
r Wasserablauf;
s Zulauf für wäßrige Natronlauge;
t Ablauf der verbrauchten Waschlauge;
u Propan;
v Butan;
w Alkylat;
x Abgas (ins Heiznetz);
y Abdampf von o;
z Mitteldruckdampf.

Leitungen mit Doppelpfeil zusätzlich, wenn vorzugsweise Alkylierung der C_4-Olefine
angestrebt wird bzw. der C_3-Gehalt des Einsatzgutes zu hoch ist.

Schaltungen wurde das mit dem Reaktorausfluß gekühlte, hauptsächlich aus C_4 bestehende Sumpfprodukt dieses Entpropaners mit dem
anderen Teilstrom des kalten Kondensates dazu benutzt, um in einem
Kühler die Temperatur des Einsatzgutes vor dem Eintritt in den Reaktor soweit als möglich zu erniedrigen[1]. Dieser Vorkühler b ist auch bei
der jetzt angewendeten Schaltung als liegender Verdampfer der Kettle-
Bauart ausgeführt. Es kann daher das in dem Teilstrom enthaltene Propan aus dem Sumpfprodukt des Entpropaners zugemischt werden, verdampfen und einer zweiten Stufe des Kompressors zugeführt werden.
Der hauptsächlich aus C_4-Kohlenwasserstoffen bestehende flüssige Anteil wird in den Reaktor geleitet. Das Alkylat wird aus dem Reaktor ab-
gepumpt und durch einen Coalescer d_1 gedrückt[2]. In diesem scheidet
sich der größte Teil der im Produkt noch enthaltenen Säure und der
Säureverbindungen ab, die dem Strom der verbrauchten Säure bei-

---

[1] Vgl. das in Petrol. Refiner 37 (1958) Nr. 9, S. 254 wiedergegebene Fließbild.

[2] Unter „coalescer" versteht man eine Art Filter mit Raschigringen, Drahtgewebe oder ähnlichen Einbauten, dessen Aufgabe es ist, fein verteilte Flüssigkeitströpfchen zusammenfließen zu lassen, um sie anschließend besser abscheiden
zu können. Eine verständliche deutsche Übersetzung des Ausdruckes hat sich bisher noch nicht eingebürgert. Das Wort kommt von coalescere (lat.) = zusammen-
wachsen, verschmelzen; vgl. Koalition.

gegeben werden. In zwei dahinter geschalteten Wärmetauschern kühlte bei der ursprünglichen Schaltung das Alkylat den Isobutanrücklaufstrom und das Bodenprodukt des Entpropaners des Kühlkreislaufes. Dahinter wurde das Rohalkylat vollkommen neutralisiert und dann in zwei hintereinandergeschalteten Kolonnen stabilisiert, um in der ersten das Isobutan getrennt von Normalbutan zurückgewinnen zu können. Das Isobutan wurde über den vorgenannten Wärmeaustauscher und einen zweiten Coalescer d_2, in dem etwa vorhandene Spuren von Wasser beseitigt werden sollen, zusammen mit der Säure dem Reaktor wieder zugeführt. In der zweiten Kolonne wurde dann so viel Butan über Kopf abgenommen, daß das Alkylat den gewünschten Dampfdruck hat.

Bei der neuerdings angewendeten Schaltung, die Abb. G-7 zeigt und die in wesentlichen Teilen mit der beschriebenen übereinstimmt, wird das Sumpfprodukt aus dem Entpropaner j nicht zu dem Kettletypvorkühler b geführt, sondern dazu benutzt, zuerst den Zulauf zum Entpropaner und dann – zusammen mit dem kondensierten Kopfprodukt der Kolonne h für die Abtrennung des Isobutans – den dieser zufließenden Rohalkylatstrom aus dem Reaktor aufzuwärmen. Dabei wird das weitgehend von C_3-Kohlenwasserstoffen befreite Gemisch so weit abgekühlt, daß es unmittelbar vor dem Eintritt in den Reaktor mit dem Zulauf aus dem genannten Vorkühler b vermischt werden kann. Der Kreislauf der Kälteanlage hat also Kompressor e, Kondensator und Sammelbehälter f gemeinsam. Auf der Verdampferseite geht der eine Teilstrom über den Vorkühler b, der andere Teilstrom über den Entpropaner j, den Coalescer d_2 und den Reaktor. Die Kolonne h wird als eine Art Absorberstripper betrieben, vgl. S. 230 f. Auf den obersten Boden wird das neutralisierte und gewaschene Rohalkylat aufgegeben, das im Gegenstrom zu den nach oben steigenden Isobutandämpfen geführt wird, so daß i-C_4-Reste, die im Rohalkylat verblieben sind, zurückgewonnen werden. Druck und Temperatur der Kolonne werden so eingestellt, daß der weiter unten eintretende Butanstrom in i-C_4 und n-C_4 getrennt wird. Auf einem tiefer liegenden Boden kann dann ein hauptsächlich aus n-C_4 bestehendes Produkt abgenommen werden. Dessen Menge bestimmt sich durch den im Alkylat einzuhaltenden Dampfdruck. Die Wärme wird der Kolonne durch einen mit Dampf beheizten Aufkocher für das Sumpfprodukt zugeführt. Gegenüber der ursprünglichen Schaltung wird durch die erläuterte Änderung ein besonderer Entbutaner – also eine dritte Kolonne – eingespart. Jedoch hängt die Entscheidung darüber, ob sie angewendet werden kann, von dem Anteil der einzelnen Komponenten im C_4-Strom ab.

Bei zu hohem Gehalt des Einsatzgutes an Propen kann ein Teil oder die gesamte Olefinmenge über den Entpropaner geführt werden, um die gewünschte Propenkonzentration einzustellen. Dies ist als Alternative (dünn mit Doppelpfeilen) im Fließbild Abb. G-7 eingetragen. Die darin dargestellten Behandler (Treater) für das Einsatzgut sind die S. 589 erwähnten Molekularsiebe oder ähnliche Einrichtungen. Sie haben die Aufgabe, Wasser und andere Verunreinigungen, welche den Säureverbrauch erhöhen, zu beseitigen.

Durch die Unterteilung des Reaktors und das Überpumpen des Reaktorgemisches von der einen in die nächste Kammer (sog. Kaskadenschaltung) wird erreicht, daß die Isobutankonzentration nicht zu stark abnimmt und dadurch der Reaktionsraum besser ausgenutzt wird als wenn das Isobutan mit dem gesamten Olefinstrom in den Reaktor geführt würde. Aus Zahlentafel G-4 geht hervor, wie sich die Konzentra-

Zahlentafel G-4. *Abnahme der Isobutankonzentration in einem fünfstufigen Kaskadenreaktor bei 10 °C und einer Konzentration der Frischsäure von 99%*

Kammer Nr.	% i-C_4	Verhältnis i-C_4/Olefine
1	83,0	30,5
2	76,0	26,2
3	68,5	22,1
4	59,8	18,1
5	50,5	14,3
Mittelwert	67,6	22,2

tionen in den einzelnen Stufen ändern. Es hängt davon ab, wie groß der Anteil an C_4-Kohlenwasserstoffen insgesamt im Zufluß ist, ob die angegebene Schaltung für das Stabilisieren zweckmäßiger ist oder ob in einer ersten Kolonne das Alkylat dadurch stabilisiert wird, daß alle C_4-Kohlenwasserstoffe über Kopf abgenommen und anschließend in Iso- und Normalbutan getrennt werden. Die in der Abbildung gezeigte Schaltung hat den Vorteil, daß weniger von dem für das Verfahren erwünschte Isobutan im stabilisierten Alkylat bleibt[1].

β) **Das Alkylierungsverfahren der Stratford Engineering Corporation (sog. Stratco-Verfahren).** Wie das Verfahren der Kellogg arbeitet auch das der Stratford Engineering Corp mit Schwefelsäure als Katalysator. Der wesentliche Unterschied zwischen beiden Verfahren liegt in der Reaktorbauart. Sie wurde auf S. 155 näher beschrieben. Der Reaktor besitzt einen eingebauten Propeller und ein Bündel von U-Rohren für den Kälteaustausch; er unterscheidet sich dadurch von dem Kaskadenreaktor der Kellogg Co. Wie die ganze Anlage geschaltet ist, läßt Abb. G-8 erkennen. So wie bei dem vorbeschriebenen Verfahren werden das aus Olefinen und Isobutan bestehende Einsatzgut zusammen mit dem rückgeführten Isobutan und der Säure dem Reaktor *b* zugeleitet, und zwar unmittelbar vor den Propeller. Das reagierende Gemisch wird von dem Propeller angesaugt, zunächst am Mantel des Reaktors entlang geführt, über das Rohrbündel wieder angesaugt und auf diese Weise mehrfach umgewälzt. Entsprechend der zufließenden Menge gelangt ein Teilstrom in den Absitzbehälter *c* für die Säure, hinter dem verbrauchte Säure mit Säureteer abgezogen und frische Säure wieder zugegeben wer-

---

[1] Vgl. dazu R. STILES: The Alkylation Process. Petrol. Refiner 34 (1955) Nr. 2, S. 103/06. — SHERWOOD, P. W.: Neuere Fortschritte bei der Alkylierung mit Schwefelsäure. Erdöl u. Kohle 10 (1957) 853/56 (behandelt nicht nur das Kellogg-Verfahren, sondern auch das im folgenden besprochene Stratco-Verfahren). — GOLDSBY, A. R., u. D. K. BEAVON: Alky Units revamped for More Output. Petrol. Refiner 38 (1959) Nr. 6, S. 165/68.

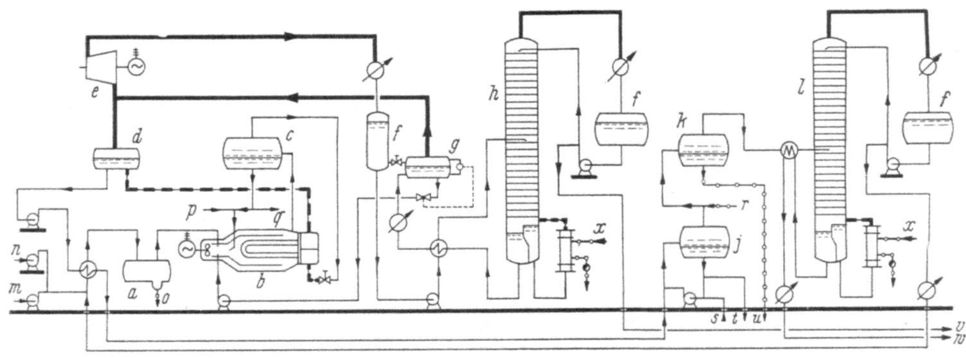

Abb. G-8. Schematisches Fließbild einer mit Schwefelsäure nach dem Stratco-Verfahren
arbeitenden Alkylierungsanlage.

a	Wasserabscheider;	*j*	Laugenwäsche;	*q*	Ablauf für gebrauchte
b	Stratco-Reaktor (sog.	*k*	Wasserwäsche;		Säure;
	Contactor);	*l*	Kolonne zum Abtrennen	*r*	Waschwasser;
c	Säureabscheider;		von Isobutan;	*s*	Frischlauge;
d	Ansaugevorlage;	*m*	Zulauf des olefinhaltigen	*t*	Verbrauchte Lauge;
e	Kompressor;		Einsatzgutes;	*u*	Wasserablauf;
f	Trennbehälter;	*n*	Zulauf des Isobutans;	*v*	Propan;
g	Entspannungsgefäß;	*o*	Wasserabzug;	*w*	Stabilisiertes Alkylat;
h	Entpropaner;	*p*	Zulauf für Frischsäure;	*x*	Heizdampf.

den kann. Das Rohalkylat verläßt den Absitzbehälter und strömt nun
nach Drosselung in einem Druckregler durch das Rohrbündel des Reaktors in ein Ansauggefäß *d* für den Kältekompressor *e*. Durch die Entspannung im Druckregler sinkt die Temperatur des Kohlenwasserstoffgemisches infolge teilweiser Verdampfung so wie bei einer Kältemaschine.
Da dieses Gemisch sowohl aus Alkylat mit einer C-Atomzahl von rd. 8
als auch aus Komponenten besteht, die im Einsatzgut vorhanden sind
und nicht polymerisiert wurden, verdampfen zunächst die leichtestflüchtigen Anteile. Weitere erhebliche Anteile verdampfen im Reaktor
infolge der Übertragung der Reaktionswärme an das als Kältemittel
wirkende Gemisch. Die Dämpfe trennen sich im Ansaugebehälter des
Kompressors vom Rohalkylat. Das Alkylat selbst wird von einer Pumpe
abgesaugt, nimmt in einem Wärmeaustauscher aus dem Zuflußprodukt
etwas Wärme auf, kühlt es damit und wird dann über eine Laugen- und
eine Wasserwäsche (*j* und *k*) zu einer Fraktionierkolonne *l* gefördert, in
der das darin noch enthaltene Isobutan abgetrennt wird. Erforderlichenfalls kann dieser Kolonne auch noch ein Entbutaner oder eine Stabilisierkolonne nachgeschaltet werden, wenn nicht das Alkylat mit dem darin
enthaltenen Butan unmittelbar als Gemischkomponente benutzt wird.

Auch bei dem Verfahren der Stratford Engineering Corp ist die Kälteanlage mit einem Entpropaner *h* verbunden. Der Kältekompressor saugt
über eine – im Fließbild nicht dargestellte – Flüssigkeitsvorlage nicht nur
aus dem bereits erwähnten Ansaugbehälter an, der für das Gemisch aus
Rohalkylat und unreagiertem Einsatzgut dem Reaktor nachgeschaltet
ist, sondern auch aus einem Entspannungsbehälter *g*, dessen Aufgabe
noch beschrieben wird. Der Entpropaner dient genau so wie bei dem
Verfahren nach Kellogg dazu, einen Überschuß von Propan, das auch

hier als Kältemittel dient, aus dem Kreislauf zu entfernen. Da sich aber im Ansaugebehälter für den Kompressor genau so wie in dem Kaskadenreaktor ein einfaches Gleichgewicht einstellt und daher im Dampfraum nicht nur C_3-, sondern auch C_4-Kohlenwasserstoffe, u. U. auch etwas höhersiedende vorhanden sind, bedarf es des Entpropaners; dessen Sumpfprodukt braucht jedoch nicht propanfrei gemacht zu werden. Dieses wird aus dem Entspannungsbehälter, in das es gekühlt eintritt, über ein vom Niveau gesteuertes Drosselventil zum Reaktor zurückgeführt. Durch diese Entspannung wird seine Temperatur gesenkt, weshalb das Verfahren auch unter dem Namen Effluent Refrigeration Alkylation bekannt ist[1]. Die bereits erwähnte zunehmende Verwendung von Propen erfordert eine größere Bemessung der Kälteanlage, weil die abzuführende Wärmemenge mit 466 kcal/kg Propen erheblich höher ist, als der entsprechende Wert von 342 kcal/kg für Buten. Deswegen müssen auch die Reaktoren größere Abmessungen erhalten. Bei einem Olefinzufluß, der fast ausschließlich aus C_3-Kohlenwasserstoffen besteht, soll der Propangehalt im Reaktorausfluß rd. 12% betragen und im Sumpf des Entpropaners genügt es, die Propankonzentration auf einem Wert unter 20% zu halten. Diese niedrigen Konzentrationen sind notwendig, um auch bei Propen möglichst verzweigte Isoheptane und damit ein Alkylat hoher Klopffestigkeit bei geringem Säureverbrauch zu erzielen[2]. Welche Ergebnisse beim Alkylieren von Olefingemischen mit unterschied-

Zahlentafel G-5. *Betriebsergebnisse beim Alkylieren mit verschiedenen Verhältnissen der C_3- zu den C_4-Olefinkohlenwasserstoffen, nach* PUTNEY *u.* WEBB

Propengehalt	Gew.-%	93	79	55	45
Butengehalt	Gew.-%	3	21	45	55
Raumgeschwindigkeit der Olefine	h^{-1}	0,175	0,160	0,300	0,210
Isobutan/Olefin-Verhältnis im Zufluß		10,0	11,7	9,5	11,0
Isobutangehalt im Reaktorausfluß	Gew.-%	66	68	72	72
Temperatur im Reaktor	°C	8,2	7,1	6,0	9,5
Säure im Gemisch	Gew.-%	66	65	60	50
Frischsäureverbrauch	kg/l Alkylat	0,132	0,079	0,084	0,077
Konzentration der Abfallsäure	%	90,0	90,0	91,5	90,0
Siedebereich des Alkylates	°C				
Siedebeginn		57	56	44	32
10 Vol.-% ⎫		78	78	73	57
50 Vol.-% ⎬ übergegangen		91	94	100	100,5
90 Vol.-% ⎭		137	121	129	127
Siedeende		191	184	202	188
Reid-Dampfdruck	at	0,31	0,31	0,41	0,74
ROZ ohne Blei		88,6	91,5	93,4	95,0
ROZ mit 0,08 Vol.-% BTÄ		101,0	102,6	104,7	107,0

[1] PUTNEY, D. H.: Many Improvements Noted in Alkylation Plant Design. Petrol. Refiner 30 (1951) Nr. 6, S. 89/94. – PUTNEY, D. H., u. O. J. WEBB: Sulfuric Acid Alkylation. Petrol. Refiner 32 (1953) Nr. 9, S. 105/09. – GOLDSBY, A. R., u. D. H. PUTNEY: Alkylating with Effluent Refrigeration. Petrol. Refiner 34 (1955) Nr. 9, S. 148/51.

[2] PUTNEY, D. H., u. O. WEBB jr.: Alkylation Now Goes after Propylene. Petrol. Refiner 38 (1959) Nr. 9, S. 166/68. – KNOBLE, W. S., u. F. E. HERBERT: Key to Propylene Alkylation Found. Petrol. Refiner 38 (1959) Nr. 12, S. 101/04.

lichen Anteilen an C_3- und C_4-Kohlenwasserstoffen zu erzielen sind, zeigt
Zahlentafel G-5. Der Zusammenhang zwischen hohem Propengehalt des
Einsatzgutes und niedrigerer Oktanzahl ist unverkennbar, was darauf
schließen läßt, daß offenbar nicht sehr viel Triptan (2,3-Trimethylbutan)
gebildet wird; vgl. dazu Abb. G-1, S. 568.

d) Die mit Flußsäure arbeitenden Verfahren
der Universal Oil Products Company und der Phillips Petroleum Company
(sog. Perco-Verfahren)

Neben Schwefelsäure als Katalysator hat auch die Flußsäure erhebliche Bedeutung erlangt. Auf die Vor- und Nachteile dieser beiden flüssigen Katalysatoren wurde bereits hingewiesen. Für die Wahl von Flußsäure ist oft entscheidend, daß sie durch einfaches Abdampfen regeneriert und zurückgewonnen werden kann, während die Beseitigung des
Schwefelsäureteers mitunter unüberwindliche Schwierigkeiten bereitet[1].
Das neuerliche Interesse an Alkylierungsanlagen hat dazu geführt,
daß man auch bei den mit Flußsäure arbeitenden Anlagen Verbesserungen und Vereinfachungen anstrebte. Für den Reaktor werden jetzt Bauformen benutzt, die dem beim Stratco-Verfahren verwendeten sehr ähnlich sind. Das Schaltbild einer mit Flußsäure arbeitenden Anlage ist in
Abb. G-9 wiedergegeben. Dabei handelt es sich um ein Beispiel. Eine besondere Kälteanlage ist bei Verwendung von Flußsäure nicht erforderlich.
Jedoch wird durch Wärmezu- und -abfuhr im Kreislauf von Flußsäure
und Isobutan eine ähnliche Wirkung wie bei einer Absorptionskältean-
lage erzielt. Ein Teilstrom der Säure wird hinter dem Absitzbehälter b
abgezweigt und über einen Regenerierturm d geleitet. Die daraus über
Kopf abgehenden, hauptsächlich aus Flußsäure bestehenden Dämpfe
werden kondensiert und dem Prozeß wieder zugeführt. Aus dem Sumpf
dieses Turmes kann der aus Polymerisaten und Fluoriden bestehende,
in verhältnismäßig kleinen Mengen anfallende Schlamm abgezogen werden. Die übrige Anlage besteht aus den für die Gewinnung des Alkylates
erforderlichen Kolonnen, und zwar zunächst einer Kolonne e zum Abtrennen des Isobutans. Die Tasse im oberen Teil der Kolonne e dient dazu, zur Verringerung des Kühlwasserverbrauches einen Teilstrom des
Isobutans flüssig zurückzuführen. Davon wird ein Teil sowohl als eine
Art Rückfluß für den Säureregenerierturm wie auch – wiederum verdampft – als Wärmezufuhr zu diesem Turm verwendet. Die von sonst
gebräuchlichen Schaltungen abweichende Anordnung der Stripperkolonne g hat das Ziel, im vorliegenden Fall aus dem zusammen mit
leichtersiedenden Anteilen auszuschleusenden Isobutan die Säure voll-

---

[1] GERHOLD, C. G., J. O. IVERSON, H. J. NEBECK u. R. J. NEWMAN: The development of the hydrogen fluoride alkylation process. Trans. Amer. Inst. Chem.
Engr. 39 (1943), S. 793/812. – LINN, L. B., u. A. VON GROSSE: Alkylation of Isoparaf-
fines by Olefines in Presence of Hydrogen Fluoride. Industr. Engng. Chem. 37
(1945) 924/29. – THORNTON, D. P.: Three Unusual Features in New HF Alkylation
Unit. Petrol. Procssg 9 (1954) 1570/73. – ORR, A. R.: How Cosden's Alkylation
Plant Differs. Petrol. Refiner 34 (1955) Nr. 7, S. 165/67. – ALBRIGHT, L. F.: Alkylation Processes Using Hydrogen Fluoride as Catalyst. Chem. Engng. 73 (12. Sept.
1966) Nr. 19, S. 205/10.

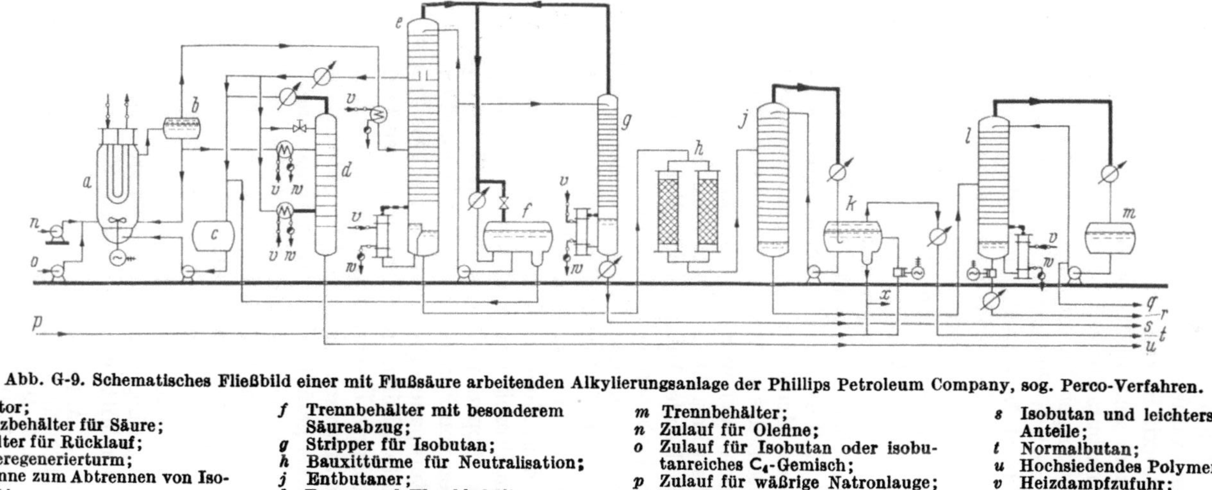

Abb. G-9. Schematisches Fließbild einer mit Flußsäure arbeitenden Alkylierungsanlage der Phillips Petroleum Company, sog. Perco-Verfahren.

a Reaktor;
b Absitzbehälter für Säure;
c Behälter für Rücklauf;
d Säureregenerierturm;
e Kolonne zum Abtrennen von Isobutan;
f Trennbehälter mit besonderem Säureabzug;
g Stripper für Isobutan;
h Bauxittürme für Neutralisation;
j Entbutaner;
k Trenn- und Waschbehälter;
l Redestillationskolonne;
m Trennbehälter;
n Zulauf für Olefine;
o Zulauf für Isobutan oder isobutanreiches C_4-Gemisch;
p Zulauf für wäßrige Natronlauge;
q Alkylat;
r Alkylatrückstand;
s Isobutan und leichtersiedende Anteile;
t Normalbutan;
u Hochsiedendes Polymerisat;
v Heizdampfzufuhr;
w Kondensatableitung;
x Abzug für verbrauchte Lauge.

kommen zu entfernen. Die größere Menge Isobutan wird aber aus dem Trennbehälter *f* zusammen mit der darin noch enthaltenen Säure, deren Dichte mehr als 1,0 g/ml beträgt, zum Behälter *c* zurückgeführt.

Das als Bodenprodukt der Kolonne *e* anfallende Rohalkylat wird zunächst mittels Bauxit in zwei wechselweise betriebenen Türmen weitgehend neutralisiert und in der Kolonne *j* von dem im C_4-Einsatzgut enthaltenen Normalbutan befreit. Dieses wird in dem zugehörigen Trennbehälter *k* mit wäßriger Natronlauge nachgewaschen. Das C_4-freie Alkylat wird dann noch in üblicher Weise redestilliert, um zu hochsiedende Anteile, die sich durch Nebenreaktionen bilden, abzutrennen. Steht nicht nur ein C_4-Gemisch, sondern vollkommen reines Isobutan zur Verfügung, so bedarf es nicht der Anlagenteile zum Abtrennen und eventuellen Ausschleusen des Isobutans. Dessen gesamte, im Rohalkylat verbliebene Menge wird vielmehr vollständig zurückgeführt.

Die Ausstattung der Anlagen hängt weiterhin von der Zusammensetzung des olefinischen Einsatzgutes ab. Die wiedergegebene Schaltung gilt für den Fall, daß es nur sehr wenig C_3-Kohlenwasserstoffe enthält. Sind sie in größerer Menge vorhanden, erfordert es meist weniger Bau- und Betriebskosten, das gesättigte Propan erst hinter der Alkylierungsanlage abzutrennen, auch wenn es – ohne an der Reaktion teilzunehmen – die Anlage durchströmt. Anderenfalls wäre für diese Trennung eine besondere vorzuschaltende Anlage nötig. Das Propan wird zunächst zusammen mit dem Isobutan in der Kolonne *e* der Abb. G-9 über Kopf abgezogen. Es bedarf dann noch eines besonderen Entpropaners für das Kopfprodukt, dessen Isobutananteil zurückgeführt wird. Da aber das Propan noch Spuren von Flußsäure enthält, muß man diese aus dem Trennbehälter hinter dem Kondensator des Entpropaners einmal flüssig abziehen, um sie im Prozeß wieder verwenden zu können. Außerdem wird das kondensierte Propan nochmals über einen Stripper geleitet, in dem die letzten Spuren von Flußsäure abgetrieben und ebenfalls in den Kondensator des Entpropaners gedrückt werden. Das Propan muß dann zum Ausgleich der Materialbilanz aus dem Prozeß entfernt werden.

Durch sehr scharfe Überwachung der Anlagen läßt sich vermeiden, daß Säure in die auszuschleusenden Produkte gelangt. Dann kann man auf die mit Bauxit gefüllten Neutralisationstürme verzichten und dadurch an Bau- und Betriebskosten sparen[1]. Auch entgeht man auf diese Weise der Notwendigkeit, den mit Fluorwasserstoff beladenen Bauxit abzustoßen. Doch empfiehlt es sich, die in Abb. G-9 ebenfalls dargestellte Neutralisation mit wäßriger Natronlauge sicherheitshalber beizubehalten[2].

Neuerdings verwendet die Universal Oil Products Co statt der ursprünglich benutzten liegenden Reaktoren stehende, in die das Einsatzgut ungefähr in der Mitte eingeführt wird. Sie ähneln in ihrer Wirkung

---

[1] Vgl. dazu auch J. A. Price: Safety in HF Alkylation Requires Two Steps. Petrol. Refiner 41 (1962) Nr. 5, S. 156/58. – Über allgemeine Sicherungsmaßnahmen s. W. H. Crowe u. A. M. Marysiuk: How to Work Safely With HF Alkylation. Hydrocarb. Procssg. 44 (1965) Nr. 5, S. 192/94. – Fory, K. u. Ch. Schrage: Trouble-Shooting HF Alkylation, ebd. 45 (1966) Nr. 1, S. 107/14.

[2] Jones, E. K.: New Unit Gives 110 F-1 O.N. Alkylate. Petrol. Refiner 38 (1959) Nr. 7, S. 157/58.

Gegenstromextraktoren für Flüssig–flüssig-Phase. Die Schaltung der Anlagen unterscheidet sich jedoch nicht grundsätzlich von der in Abb. G-9 gezeigten[1]. Da die Dichte der Flußsäure höher ist als die der Kohlenwasserstoffe, sinkt die Flußsäure entgegen dem Strom des Einsatzgutes nach unten und die unerwünschten, durch Nebenreaktionen entstandenen, hochmolekularen Verbindungen werden dabei abwärts getragen. Die Flußsäure wird im Kreislauf umgepumpt und nur ein Teilstrom zum Regenerator abgezweigt, aus dem von Polymerisaten und Fluoriden befreite reine Flußsäure über Kopf abgezogen und dem Kreislauf wieder zugeführt wird. Das Bodenprodukt des Regenerators kann im Aufkocherofen des Isobutanstrippers verbrannt und durch die stehende Bauweise des Reaktors der sonst übliche Absitzbehälter erspart werden.

Das in der Arbeit von McDonald wiedergegebene schematische Fließbild weist noch einige weitere Besonderheiten auf, die durch den Betrieb der Raffinerie gegeben sind, für welche die Anlage bestimmt ist. Da aus dem Reformer und dem Straight run-Benzin noch eine gewisse Menge Isobutan zur Verfügung steht, wird ein aus gesättigten C_2- bis C_4-Kohlenwasserstoffen bestehender Gasstrom in der Kolonne in C_4 als Bodenprodukt und C_3- zerlegt und das C_4-Gemisch dem Isobutansplitter zugeführt. Dadurch werden die vorhandenen C_4-Kohlenwasserstoffe soweit als möglich nutzbar gemacht, ohne den Reaktor damit zu belasten. Das Kopfprodukt dieser Kolonne wird durch eine zweistufige Kondensation so getrennt, daß das Isobutan für die Rückführung einerseits aus dem Trennbehälter dieser Kolonne, andererseits der Rest aus dem Sumpf des nachgeschalteten Entpropaners abgezogen werden kann. Dem Entpropaner ist noch ein Flußsäurestripper nachgeschaltet. In diesem kann das Propan trotz des höheren Siedepunktes der Flußsäure destillativ von dieser befreit werden, weil der Flußsäuregehalt so niedrig ist, daß das dem Dreiphasenpunkt entsprechende Dampfgemisch mehr Flußsäure enthält, als das eintretende flüssige Gemisch.

Eine weitere Neuerung ist das Vorschalten von *Molekularsieben* zur Verringerung des Wassergehaltes im Einsatzgut[2]. Dadurch kann der Wassergehalt in der Flußsäurephase niedriger gehalten werden, was sich günstig auf den Katalysatorverbrauch auswirkt. Es werden Werte von 0,4 bis 1,2 % gegenüber 2 bis 3 % genannt. Außer der Verringerung des Katalysatorverbrauches wird auf diese Weise auch die Gefahr der Korrosion eingedämmt.

Da beim Alkylieren zur Erzeugung von Kraftstoffen Isobutan unbedingt erforderlich ist und das Angebot an diesem Kohlenwasserstoff aus Destillations-, Krack- und Reforming-Anlagen beschränkt ist, lag es nahe, nach Mitteln zu suchen, um die verfügbaren Mengen zu erhöhen. Dieser Weg wurde von der Universal Oil Products Co beschritten, indem sie ihre Alkylierungsanlagen durch solche ergänzt, die nach dem noch

---

[1] McDonald, G. W. G.: HF Alky Incorporates New Design. Petrol. Refiner 41 (1962) Nr. 3, S. 137/40.

[2] Sherwood, P. W.: Neue Anwendungen von Molekularsieben in der Mineralölraffinerie. Erdöl u. Kohle 16 (1963) 842/46. Vgl. auch S. 589, bes. Fußn. 2, sowie S. 690/91.

zu besprechenden Butamer-Verfahren arbeiten. In diesen Isomerisierungsanlagen wird Normalbutan mit Hilfe eines Platinkatalysators unter ähnlichen Verfahrensbedingungen wie in einer katalytischen Reforming-
Anlage in Isobutan umgewandelt. Dieses kann dann aus dem dem
Reaktor nachgeschalteten Stabilisierturm in jene Kolonne der Alkylierungsanlage gedrückt werden, in der das Isobutan über Kopf abgenommen und zum Alkylierungsreaktor zurückgeführt wird. Solche Anlagen
können heute als geschlossene Einheiten gebaut werden und tragen dazu bei, die Erzeugung von Superbenzin in einer Raffinerie merkbar zu
erhöhen. Einzelheiten werden auf S. 610 ff. erörtert; vgl. dort Abb.
G-14, S. 612.

4. Das Isomerisieren

Die Gründe, die zu einem steigenden Interesse an Isomerisierungsverfahren führten, wurden in der Einleitung zu diesem Hauptabschnitt
kurz gestreift. Es sind auf diesem Gebiet in den letzten Jahren umfangreiche Forschungsarbeiten geleistet worden, obwohl das Verfahren selbst
nicht neu ist[1]. Das Interesse an solchen Verfahren besteht schon seit
langer Zeit. So hatte z.B. die Ruhrchemie AG während des Krieges ein
Isomerisierungsverfahren entwickelt, um die Klopffestigkeit von Syn-
thesebenzinen, die bereits thermisch behandelt waren, noch weiter zu
erhöhen[2]. Die durch dieses sog. RCH-Verfahren erzielten Verbesserungen
waren für damalige Verhältnisse recht beachtlich, können jedoch den
heutigen Anforderungen bei weitem nicht genügen. Während des Krieges suchte man vor allem in den Vereinigten Staaten von Amerika
nach Wegen, mehr Isobutan zu gewinnen, als es in den damals verfügbaren Erdölerzeugnissen enthalten war. Deshalb wurde das Isomerisieren in erster Linie dazu verwendet, Isobutan aus Normalbutan zu
erzeugen. Als Katalysatoren benutzte man Halogenide oder Schwefelsäure. Das so gewonnene Isobutan wurde in der im vorausgegangenen
Unterabschnitt beschriebenen Weise vornehmlich zu Isooktan alkyliert.
Mit dem zeitweisen Nachlassen der Nachfrage nach Alkylaten verloren
auch diese Isomerisierungsverfahren zunächst ihre Bedeutung.

---

[1] PARKER, F. D., u. E. G. ROGATZ: Refinery Processes for War Products. Petrol.
Refiner 22 (1943) Nr. 12, S. 105/15. - FINGER, J. S.: Fundamentals of Isomeriza-
tion for Operators; ebd. 25 (1946) Nr. 1, S. 105/10. - EVERING, B. L., u. E. L.
D'OUVILLE: Experimental Equilibrium Constants for the Isomeric Hexanes. Trans.
Amer. Chem. Soc. 71 (1949) 440/45. - PERRY, S. F.: Isomerization for the Past
Two Years. Industr. Engng. Chem. 44 (1952) 2037/39. - DUNNING, H. N.: Review
of Olefin Isomerization; ebd. 45 (1953) 551/64. - EVERING, B. L., E. L. D'OUVILLE,
A. P. LIEN u. R. C. WAUGH: Isomerization of Pentanes and Hexanes. Nature and
Control of Side Reactions; ebd. S. 582/89. - CLARK, A., M. P. MATUSZAK, N. C.
CARTER u. J. S. CROMEANS: Isomerization of n-Pentanes; ebd. S. 803/06. - PITTS
jr., P. M., J. E. CONNOR u. L. N. LEUM: Isomerization of Alkyl Aromatic Hydro-
carbons. Industr. Engng. Chem. 45 (1953) 770/73. - HEPP, H. J., u. L. E. DREHMAN:
Isomerization of n-Heptane; ebd. 52 (1960) 207/10. - CARR, N. L.: Kinetics of
Catalytic Isomerization; ebd. S. 391/96.

[2] VELDE, H.: Aufarbeitungsmethoden bei Primärprodukten des Synthesever-
fahrens und ihre Anwendung auf die Erdölverarbeitung. Öl u. Kohle 37 (1941)
143/48.

Neueren Datums sind die unter Wasserstoffteildruck arbeitenden Isomerisierungsverfahren, welche die beim Reformieren mittels Edelmetallkatalysatoren gewonnenen Erkenntnisse und Erfahrungen verwerten. Sie werden auch als Hydroisomerisierung bezeichnet. Sind im Einsatzgut einer Reforming-Anlage keine C_6-Kohlenwasserstoffe oder höhermolekulare enthalten, so kann es nicht zur Bildung von Aromaten kommen. Die wichtigsten, in einem solchen Fall ablaufenden Reaktionen sind dann Isomerisierungen neben den bei solchem Einsatzgut nicht besonders erwünschten Hydrocracking-Reaktionen. Das Letzte gilt allerdings nur bezüglich der Erhaltung des Siedebereiches. Es wurde auf S. 519/20 gezeigt, daß Hydrokracken für die Steigerung der Klopffestigkeit keineswegs nachteilig zu sein braucht.

Als Katalysatoren für diese sog. Hydroisomerisierung haben sich solche als geeignet erwiesen, welche sowohl Dehydrierungs- (also Reforming-) wie auch Friedel-Crafts-Reaktionen fördern. Da sich aber bei dem für die Friedel-Crafts-Reaktionen üblicherweise benutzten Aluminiumchlorid ($AlCl_3$) korrosive Halogenverbindungen abspalten, wurden Wege gesucht, um durch etwas anders zusammengesetzte Katalysatoren mit Edelmetallen die gewünschte Isomerisierung zu erreichen[1]. Bei dem von Thomas u. Mitarb. vorgeschlagenen Katalysator wird ein aus 10 % B_2O_3 und 90 % Al_2O_3 bestehender Träger für das Edelmetall benutzt. Das Boroxyd soll den ungünstigen Einfluß des für die Aktivierung erforderlichen Chlorwasserstoffes auf die Festigkeit des Al_2O_3-Trägers ausgleichen. Rhenium allein hat sich – so wie beim Reformieren – für das Isomerisieren als ungeeignet erwiesen[2]. Seine Aktivität läßt nach kurzer Betriebszeit sehr schnell nach. Obwohl noch keine Veröffentlichungen darüber vorliegen, ist aber zu erwarten, daß Rhenium in Verbindung mit Platin die gleichen Vorteile aufweisen wird wie beim Reformieren, weil bei diesem Isomerisierungsreaktionen eine erhebliche Rolle spielen.

Wenn auch durch das Isomerisieren die Klopffestigkeit nicht in gleicher Weise erhöht werden kann, wie durch das Aromatisieren, so ist es die einzige Möglichkeit, diese zu verbessern, wenn die Anzahl der Kohlenstoffatome im Molekül weniger als sechs beträgt und der dadurch gegebene Siedebereich ungefähr erhalten bleiben soll. Nun werden Kraftstoffanteile im Siedebereich unterhalb des Benzols für die Startfreudigkeit benötigt und können bei ungenügender Klopffestigkeit die Oktan-

---

[1] Heinemann, H., G. A. Mills, H. Shalit u. W. S. Briggs: Katalytische Reaktionen mittels bifunktioneller Katalysatoren. Brennst.-Chem. 35 (1954) 368/71. – Rabo, J. A., P. E. Pickert u. R. L. Mays: Pentane and Hexane Isomerization. Industr. Engng. Chem. 53 (1961) 733/36. – Thomas, O. H., J. Mooi, R. S. Bartlett u. R. A. Sanford: Paraffin isomerization with hydrogen chloride-promoted dual function catalysts. Industr. Engng. Chem./Process Design Development 1 (1962) 116/20. – Kögler, H., S. Queck, H. Wagner u. G. Weidenbach: Isomerisierung von Leichtbenzin mit promotierten Reforming-Katalysatoren. Chem. Techn. 14 (1962) 596/99. (Der Ausdruck „promotiert" deutet auf unzureichende Kenntnis des sprachlichen Ursprungs dieses Wortes.)

[2] Fürst, H., P. Grübner u. E. Heinzig: Über die Isomerisierung von n-Alkanen mit Rhenium-Tonerde-Kontakten. Chem- Techn. 20 (1968) 763/65; vgl. dazu die Ausführungen auf S. 540.

zahl des Gesamtbenzins merkbar drücken. Da die Anforderungen an das Fahrbenzin durch die Zunahme des Verdichtungsverhältnisses der Motoren immer höher werden und außerdem Bestrebungen im Gange sind, das Verbleien der Fahrbenzine einzuschränken oder ganz zu vermeiden, hat dies zur Folge, daß das Isomerisieren – ähnlich wie das Alkylieren – wiederum größere Beachtung findet. Deshalb werden eingehende Untersuchungen darüber angestellt, unter welchen besonderen Betriebsbedingungen die gewünschten Isomeren in wirtschaftlich interessanter Ausbeute gewonnen werden können. Als Ergebnis dieser Arbeiten können die verschiedenen, in den letzten Jahren vorgeschlagenen Verfahren angesehen werden, die noch näher besprochen werden. Sie erfordern allerdings wesentlich höhere Temperaturen und Drücke als die mit Säuren arbeitenden Verfahren. Deshalb ist die Umwandlung beim einfachen Durchgang wegen des dann bei hohen Normalparaffingehalten liegenden Gleichgewichtes nur beschränkt. Näheres folgt weiter unten.

Einen Sonderfall stellt das Isomerisieren von Normalparaffinen zur Herstellung von Schmierölen dar. Obwohl Normalparaffine ein ausgezeichnetes Zähigkeits–Temperatur-Verhalten aufweisen, kann man sie in Schmierölen nur in begrenzten Mengen zulassen, weil sonst der Stockpunkt für die meisten Verwendungszwecke zu hoch liegt. Es ist aber die Änderung der Zähigkeit mit der Temperatur auch bei Isoparaffinen günstig; gleichzeitig ist ihr Stockpunkt viel tiefer als bei den geradkettigen Verbindungen. Ebenso ist ihre Kristallisationsfähigkeit wegen der sterischen Behinderung der einzelnen Moleküle geringer. Sie erstarren nicht zu ausgeprägten Kristallen, sondern zu einer mehr oder weniger amorphen Masse[1]. Deshalb ist das Isomerisieren auch ein Weg, Schmieröle mit besonders günstigen Eigenschaften herzustellen[2]. So konnte auf diese Weise aus reinem $n\text{-}C_{29}$ ein Produkt mit einem „pour point" von $-54\,°C$ und einem Viskositätsindex von 137 erhalten werden. Bei zunehmender Molmasse des Einsatzgutes steigt jedoch die Neigung zu Hydrocracking-Reaktionen. Es wurde mit einem chlorierten und fluorierten Platinkontakt auf Aluminiumoxyd als Träger bei 430 °C, 35 atü, einer Raumgeschwindigkeit von $6,8\ h^{-1}$ und einem äußerst hohen Verhältnis von Wasserstoff zu Einsatz in der Größe von mehr als 60 gearbeitet. Ob dieses Verfahren in Zukunft Bedeutung gewinnt, muß abgewartet werden.

a) Die beim Isomerisieren auftretenden Reaktionen

Die in Abschn. F 1 e, S. 516 ff. zitierten Arbeiten geben auch Hinweise für die hier zu besprechenden Verfahren. Dazu kommen noch Unter-

---

[1] Vgl. dazu H. GROSZ u. K. H. GRODDE: Strukturuntersuchungen zur Einteilung der festen Kohlenwasserstoffe. Öl u. Kohle 38 (1942) 419/31. – KOCH, H., u. E. TITZENTHALER: Die Bestimmung des Verzweigungsgrades synthetischer und natürlicher fester Paraffine mit Hilfe des hydrierenden Abbaus an Kobaltkatalysatoren. Brennst.-Chem. 31 (1950) 212/21. – SCHÜNEMANN, K, H., u. W. ELVERS: Erdwachs (Ozokerit), Ceresin, Montanwachs, in: Mineralöle und verwandte Produkte, hrsg. von C. ZERBE: a.a.O. S. 1232/33.

[2] GIBSON, J. W., G. M. GOOD u. G. HOLZMAN: Isomerization of High Molecular Weight n-Paraffins. Industr. Engng. Chem./Internat. Ed. 52 (1960) 113/16.

suchungen, die sich ausschließlich mit der Isomerisierung befassen[1]. Die von BROOKS behandelte Isomerisation von Olefinen hat bisher nur wissenschaftliches Interesse, doch ist es durchaus möglich, daß mit der raschen Weiterentwicklung der Petrolchemie die bisher geleisteten Forschungsarbeiten auch praktische Bedeutung gewinnen[2].

Formeln für den Ablauf von Isomerisierungsreaktionen werden hier nur in beschränktem Umfang wiedergegeben, weil die Ansichten hierüber zwar einheitlich sind, jedoch mehr auf Grund theoretischer Überlegungen, als durch Versuche gewonnen wurden. Es bereitet erhebliche Schwierigkeiten, experimentell die Zwischenstadien der Reaktionen zu fassen. Nur an Hand eines einfachen Beispieles soll gezeigt werden, wie die Isomerisierung von n-Butan verlaufen kann. Es bedeutet R^+ einen beliebigen Reaktanten mit Kationencharakter, der entweder von halogenierten Alkylen oder von Schwefelsäure geliefert wird. Den Reaktionsablauf kann man sich etwa folgendermaßen vorstellen:

$$CH_3-CH_2-CH_2-CH_3 \; + \; R^+ \longrightarrow$$
$$CH_3-\overset{+}{C}H-CH_2-CH_3 \; + \; RH$$

$$CH_3-\overset{+}{C}H-CH_2-CH_3 \rightleftharpoons CH_3-\underset{\underset{\textstyle CH_3}{|}}{C}H-\overset{+}{C}H_2 \rightleftharpoons CH_3-\underset{\underset{\textstyle CH_3}{|}}{\overset{+}{C}}-CH_3$$

$$CH_3-\underset{\underset{\textstyle CH_3}{|}}{\overset{+}{C}}-CH_3 \; + \; CH_3-CH_2-CH_2-CH_3 \rightleftharpoons$$

$$CH_3-\underset{\underset{\textstyle CH_3}{|}}{C}H-CH_3 \; + \; CH_3-\overset{+}{C}H-CH_2-CH_3$$

Die Formeln zeigen, daß die Isomerisierung durch Platzwechsel von Ionen erreicht wird und daß es des Reaktanten nur bedarf, um eine Ketten-

---

[1] Vgl. dazu G. EGLOFF, G. HULLA u. V. I. KOMAREWSKY: Isomerization of Pure Hydrocarbons, New York: Reinhold 1942. – PINES, H., u. J. M. MAVITY: Isomerization of Saturated Hydrocarbons, in: The Chemistry of Petroleum Hydrocarbons, hrsg. von B. T. BROOKS, C. E. BOORD, ST. S. KURTZ u. L. SCHMERLING, Bd. 3, New York: Reinhold 1955, S. 9/58. – BROOKS, B. T.: Isomerization of Olefines, ebd. S. 115/27. – PINES, H., u. N. E. HOFFMAN: Mechanism of Hydrocarbon Isomerization, in: Advances in Petroleum Chemistry and Refining, hrsg. von J. J. McKETTA jr., Bd. 3, New York/London: Interscience Publishers 1960, 2. 127/91. – CUL, N. L., u. H. H. BRENNER: Kinetics of Hexane Isomerization. Industr. Engng. Chem. 53 (1961) 833/36. – DUDLEY, R. E., u. J. K. MALLOY: Process-model approach to process development. Isomerization of pentanes and hexanes. Industr. Engng. Chem./Proc. Design Developm. 2 (1963) 239/44. – HARTWIG, M.: Isomerisieren *und* hydrierendes Spalten von n-Paraffinen an Palladiumkatalysatoren. Brennst.-Chem. 45 (1964) 234/39.

[2] Vgl. dazu auch E. A. NARAGON: Catalytic Isomerization of 1-Hexene. Industr. Engng. Chem. 42 (1950) 2490/93. – CHENEY, H. A., S. H. McALLISTER, E. B. FOUNTAIN, J. ANDERSON u. W. H. PETERSON: Butylene from Ethylene. Cobalt-Carbon Catalyst; ebd. S. 2580/86.

reaktion auszulösen; es genügt, wenn er in geringer Menge vorhanden ist. Als Katalysatoren haben sich auch hier Metalle der Periodengruppe VIII auf Tonerde oder Aluminiumsilikat als Träger als geeignet erwiesen, vor allem Platin, aber auch Nickel, Kobalt und daneben Molybdän und Wolfram aus der Periodengruppe VI. Für die bei der Butanisomerisierung thermodynamisch möglichen Gleichgewichte wurden für einen beschränkten Temperaturbereich die in Zahlentafel G-6 zusammengestellten Werte errechnet. Sie stimmen innerhalb enger Grenzen mit den Werten überein, die auf Grund von Versuchen ermittelt wurden. Die Zahlentafel läßt erkennen, welche Vorteile es bietet, bei tiefen Temperaturen zu arbeiten.

Zahlentafel G-6. *Molanteile des Isobutans im Gleichgewicht mit Normalbutan bei verschiedenen Temperaturen, nach* PINES *u.* MAVITY

Temperatur °C	Flüssigphase Mol-% i-C_4	Dampfphase Mol-% i-C_4
20	81,7	86,3
40	78,4	83,0
60	75,2	79,6
80	72,1	76,2
100	69,2	72,9
120		69,6
140		66,5

Die Werte der Zahlentafel decken sich innerhalb eines Streubereiches von ±3% mit den Werten, die sich auf Grund der Gleichung

$$R \ln K_0 = (2318/T) - 4250$$

mit K_0 der Gleichgewichtskonstante für den Druck $p = 0$ ata ergeben; wegen R und T s. S. 258.

Für die praktisch wichtige Pentanisomerisierung ist es ebenfalls von Interesse zu wissen, wie die Gleichgewichte zwischen n-Pentan und den beiden möglichen Isomeren liegen. Abb. G-10 gibt die berechneten Werte nach ROSSINI wieder[1]. Daraus folgt, daß das Gleichgewicht um so mehr auf der Seite der Isomeren liegt, je tiefer die Temperatur ist. Da die Klopffestigkeit von 2,2-Dimethylpropan nur um ein weniges geringer ist, als die von 2-Methylbutan, vgl. Abb. G-1, S. 568, läge die für die Erhöhung der Klopffestigkeit günstigste Arbeitstemperatur in einem Bereich von rd. 100 °C, was rechnerisch genau ermittelt werden kann[2].

Das Isomerisieren von n-Butan kann allerdings nicht mit allen der erwähnten Katalysatoren bei dieser optimalen Temperatur durchgeführt

---

[1] ROSSINI, F. D.: Chemical Thermodynamics Equilibria among Hydrocarbons, in: Physical Chemistry of Hydrocarbons, hrsg. von A. FARKAS, Bd. I, Kap. 9, New York: Academic Press 1950, S. 364/89, zit. bei H. PINES u. J. M. MAVITY: a. a. O. (Fußn. 1, S. 605) dort S. 18.

[2] Dabei ist zu beachten, daß die einzelnen Isomeren bezüglich ihrer Klopffestigkeit bei den verschiedenen Verfahren ungleich bewertet werden. Daher hat eine solche Rechnung nur begrenzten Wert. Es genügt die Überlegung, daß sowohl der Anteil von 2-Methylbutan wie auch die Summe beider i-Pentane möglichst groß sein soll, um ein Maximum an Klopffestigkeit zu erzielen.

werden, weil die Geschwindigkeitskonstante der Reaktion viel zu gering ist, um Ausbeuten zu liefern, die für die Wirtschaftlichkeit eines solchen Verfahrens notwendig sind. Es hat sich bei den Untersuchungen auch herausgestellt, daß bei Verwendung von Halogeniden, wie z.B. Aluminiumchlorid, Promotoren wie Alkylhalide oder hydratisiertes Aluminiumchlorid erforderlich waren, um die Reaktion anspringen zu lassen;

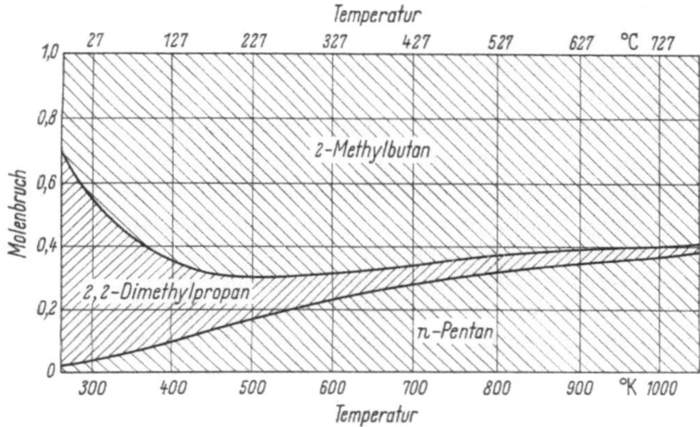

Abb. G-10. Gleichgewicht zwischen den drei Pentanisomeren bei Temperaturen zwischen 0 und rd. 750 °C.

diese verlief dann allerdings sehr rasch. In gewissem Umfang wurde bei Einsatz von n-Pentan auch die Bildung von Butan beobachtet, was darauf deutet, daß mit dem Isomerisieren gleichzeitig Spaltreaktionen ablaufen.

Untersuchungen mit Schwefelsäure deuten darauf hin, daß bei Verwendung dieses Katalysators die Isomerisierung fast ausschließlich durch

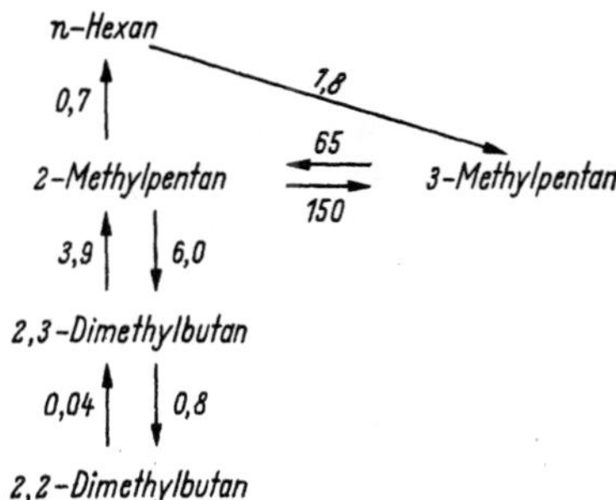

Abb. G-11. Reaktionsgeschwindigkeiten beim schrittweisen Verlauf von Isomerisierungsreaktionen der Hexane, nach EVERING und WAUGH. (Die Zahlenangaben sind ungefähre Werte in h⁻¹ bei einer Temperatur von 100 °C.)

Wasserstoffumlagerung zwischen tertiären Kohlenstoffatomen stattfindet. Hingegen sind bei Halogeniden als Katalysator auch sekundäre Kohlenstoffatome beteiligt. Wie unterschiedlich die Reaktionsgeschwindigkeiten zwischen einzelnen Hexanisomeren sein können, gibt Abb. G-11 wieder[1]. Man sieht daraus, daß es des Umweges über 3-Methylpentan und 2-Methylpentan bedarf, um das klopffeste Isohexan, nämlich 2,3-Dimethylbutan (Neohexan) zu gewinnen. Dabei sind wegen der bevorzugten Bildung von 3-Methylpentan, dessen Klopffestigkeit mäßig ist, keine besonders günstigen Ausbeuten zu erwarten.

Da über den Reaktionsverlauf an Edelmetall- oder Metalloxydkatalysatoren trotz umfangreicher Untersuchungen nicht sehr viel bekannt ist, lassen sich nur die Endergebnisse feststellen. Diese Katalysatoren erfordern erheblich höhere Temperaturen und Drücke. Die Untersuchungen wurden bisher bei Temperaturen durchgeführt, die zwischen 340 und über 500 °C lagen. Die Drücke wurden zwischen 20 und mehr als 60 at gewählt. So wie beim Reformieren ist die Anwesenheit von Wasserstoff erforderlich, um die bei solchen Betriebsbedingungen sonst unvermeidlichen Krackreaktionen zu unterdrücken. Beim einfachen Durchgang konnten je nach Raumgeschwindigkeit und Wasserstoff–Kohlenstoff-Verhältnis Ausbeuten zwischen etwa 60 und 80% der theoretisch möglichen erzielt werden. Die Vielfalt von Beobachtungen gibt auch eine Erklärung für die zahlreichen Vorschläge, die sowohl von Öl- wie auch von Ingenieurgesellschaften für das Isomerisieren bisher gemacht wurden.

b) Das Einsatzgut, die Produkte und die Ausbeuten

Der Kreis, der als Einsatzgut für Isomerisierungsanlagen in Betracht zu ziehenden Kohlenwasserstoffe ist sehr beschränkt. Entweder wird n-Butan verarbeitet, um Isobutan für die Alkylierung zu erhalten, oder man setzt an Normalparaffinen reiche Leichtbenzinschnitte ein, in denen hauptsächlich C_5- und C_6-Kohlenwasserstoffe enthalten sind. Mit Rücksicht auf die Möglichkeit der Aromatisierung hat es den Anschein, als ob n-Hexan allein für das Isomerisieren nicht interessant wäre. Nun wird aber beim Reformieren aus C_6-Kohlenwasserstoffen allein – seien es Paraffine, seien es Methylzyklopentan oder Zyklohexan – wegen der unvermeidbaren Hydrocracking-Reaktionen nur ein verhältnismäßig geringer Anteil von Benzol gebildet. Deshalb hat auch das Isomerisieren von n-Hexan wirtschaftlich ein Interesse, weil insgesamt gesehen dadurch eine bessere Erhöhung der Klopffestigkeit zu erzielen ist, als beim Reformieren. Dazu kommt, daß Straight run-Benzine je nach Basis sehr erhebliche Mengen an Normalparaffinen enthalten wie Abb. G-12 zeigt. Man kann daher durch einen Schnitt zwischen den C_6- und den C_7-Kohlenwasserstoffen durch Destillation auf einfache Weise ein Leichtbenzin als geeignetes Einsatzgut für die Isomerisierung und ein Naphtha als Einsatz für eine Reforming-Anlage gewinnen.

Dazu kommt, daß Isomerisierungen um so einfacher verlaufen, je geringer die Kohlenstoffatomzahl der Reaktionspartner ist. Mit Hilfe von C^{13} konnte man auch bei Propan Umlagerungen nachweisen, die

---

[1] EVERING, B. L., u. R. C. WAUGH: Catalytic Isomerization of Isomeric Hexanes. Industr. Engng. Chem. 43 (1951) 1820/23. – Vgl. auch H. PINES u. J. M. MAVITY: a.a. O. S. 29.

durch Isomerisierungskatalysatoren hervorgerufen waren[1]. So wichtig dieser Befund vom wissenschaftlichen Standpunkt ist, so gering ist seine Bedeutung für die Erdölverarbeitung. Bei Butan gibt es neben n-Butan nur ein Isomer, das für die Alkylierung eine Schlüsselstellung einnimmt. Einigermaßen ohne störende Nebenreaktionen verläuft dann noch die Isomerisierung der C_5- und C_6-Paraffine. Bei höhermolekularem Einsatzgut nehmen die gewünschten Umsetzungen immer mehr ab und werden zum Teil durch Spaltreaktionen verdrängt, so daß sich auch aus diesem Grund das Interesse daran verringert.

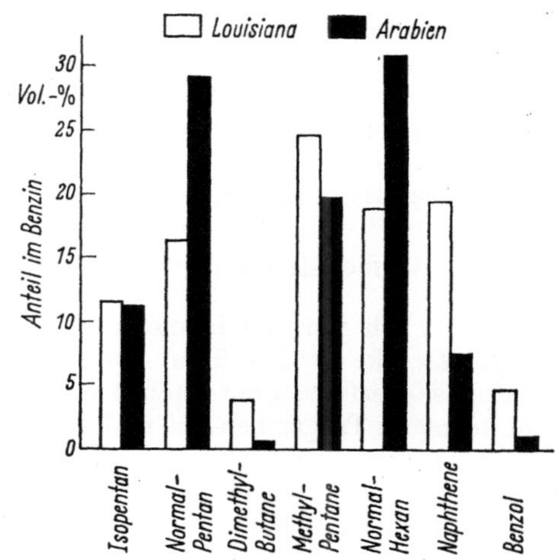

Abb. G-12. Verteilung der verschiedenen C_5- und C_6-Kohlenwasserstoffe in Straight run-Benzinen aus Louisiana und aus Arabien.

Über die Zusammensetzung der erzielbaren Produkte und ihre Ausbeuten können nur wenige allgemeingültige Angaben gemacht werden. Für Pentan wurden die Ausbeuten mit etwa 60 bis 80% der theoretisch möglichen bereits erwähnt. Auch bei Hexan sind höhere Werte als 80% kaum zu erzielen, weil sonst höhere Temperaturen angewendet werden müßten, welche die Hydrocracking-Reaktionen fördern. Dadurch werden zwar die Normalparaffine im Einsatzgut angegriffen, jedoch wird die Ausbeute an Isoparaffinen gleicher Kohlenstoffatomzahl nicht weiter erhöht. Die Zahlentafel G-7 zeigt sinngemäß wie Abb. G-10, welches

Zahlentafel G-7. *Gleichgewichtsverteilung der Hexanisomeren bei Betriebstemperaturen des Hydroisomerisierens; Angaben in Mol-%, nach* PINES *u.* MAVITY: *a.a.O. S. 42*

Temperatur °C	Ausgangsstoff	2,2-Di-methyl-butan	2,3-Di-methyl-butan	2-Methyl-pentan	3-Methyl-pentan	Normal-hexan
385	2-Methylpentan	6,2	7,2	35,6	25,8	25,2
387	n-Hexan	6,0	6,2	36,8	26,2	24,7
412	n-Hexan	6,0	7,5	36,0	26,1	27,1

[1] Vgl. O. BEECK, J. W. OTVOS, D. P. STEVENSON u. C. D. WAGNER: The Isomerization of Propan with C^{13} in One End Position. J. Chem. Phys. 16 (1948) 255/56.

Gleichgewicht sich zwischen den einzelnen Hexanisomeren bei Temperaturen einstellt, wie sie beim Arbeiten mit Reforming-Katalysatoren oder ähnlichen angewendet werden. Auch hier wird das Gleichgewicht für das Normalparaffin mit zunehmender Temperatur günstiger. Deshalb darf die Reaktionstemperatur nur so hoch gewählt werden, wie es unbedingt erforderlich ist, um Reaktionszeiten zu erhalten, die eine wirtschaftlich tragbare Bemessung der Apparatur zulassen. Die Verteilung der einzelnen Isomeren im Produkt kann mit ausreichender Sicherheit nur auf Grund von Versuchen vorausgesagt werden. Es sind zwar heute durch die elektronischen Rechenmaschinen Möglichkeiten geboten, mit Hilfe der Reaktionskinetik bei wohldefiniertem Einsatzgut die Zusammensetzung des zu erwartenden Produktes zu bestimmen. Da aber nicht diese selbst, sondern in erster Linie die Klopffestigkeit interessiert, hat dieses Arbeitsverfahren vorläufig nur für wissenschaftliche Untersuchungen Bedeutung, vor allem, um im Versuch oder im Betrieb erzielte Ergebnisse mit den durch theoretische Überlegungen gewonnenen zu vergleichen.

c) Die Isomerisierungsverfahren zur Herstellung von Isobutan

Ursprünglich war das Isomerisieren vor allem interessant, um Isobutan für Zwecke der Alkylierung herzustellen. So wurden in dem Butan-Dampfphase-Verfahren der Shell Aluminiumchlorid als Katalysator auf einem körnigen Träger benutzt und Salzsäure in Gasform als Promotor zugegeben[1]. Normalbutan reagiert bei Temperaturen von 120 bis 145 °C und einem Druck von 14 bis 17 at; es liefert Ausbeuten von 35 bis 45 Vol.-% Isobutan. Das Schaltbild einer solchen Anlage ist in Abb. G-13 wiedergegeben. Das Einsatzgut wird zuerst getrocknet. Die Füllung der Trockner *a* kann regeneriert werden; deshalb sind zwei umschaltbare Apparate vorhanden. Dann wird es durch das aus dem HCl-Stripper *f* ablaufende heiße Produkt aufgewärmt und anschließend vollständig verdampft. Der oder die Reaktoren *b* sind ähnlich stehenden Wärmeaustauschern gebaut, wie sie anfangs für Polymerisationsanlagen verwendet wurden. Sie werden durch umgepumptes Öl, das die Mantelseite durchströmt, auf konstanter Temperatur gehalten. Nachgeschaltete, mit Bauxit gefüllte stehende Behälter *d* wirken als Sicherheitsvorlagen, die ebenfalls zweifach vorhanden sind und zum Regenerieren mit heißem Gas je für sich von der Anlage abgeschaltet werden können. Das isomerisierte Produkt gelangt dann in einen Trennbehälter *e* mit einem Kolonnenaufsatz, in dem unkondensierbare Gase nach Waschen mit gekühltem Fertigprodukt aus dem Kreislauf entfernt werden. Das Produkt selbst wird noch in einen Stripper *f* geleitet, in dem der noch vorhandene Chlorwasserstoff ausgetrieben und als Promotor zum Reaktoreintritt zurückgeführt wird. Das so behandelte Produkt wird schließlich gekühlt und mit Natronlauge vollkommen neutralisiert.

---

[1] CHENEY, H. A., u. C. L. RAYMOND: Shell Vapor-Phase Isomerization for the Production of Isobutane. Trans. Amer. Inst. Chem. Engrs. 42 (1946) 595/609. – Anon.: Butane Vapor-Phase Isomerization (Shell), Petrol. Refiner 35 (1956) Nr. 9, S. 252; 37 (1958) Nr. 9, S. 259.

Die gleiche Aufgabe wie mit dem vorbeschriebenen Verfahren wurde ebenfalls von der Shell auch durch ein Flüssigphase-Verfahren gelöst, bei dem sowohl Butan wie auch Pentan isomerisiert werden[1]. Dieses Verfahren wurde bereits 1944 entwickelt und arbeitet mit einer Lösung von Aluminiumchlorid ($AlCl_3$) in geschmolzenem Antimon-(III)-Chlorid ($SbCl_3$) als Katalysator. Auch damit wurde ursprünglich vorzugsweise Isobutan hergestellt. Ebenfalls Aluminiumchlorid benutzt ein Verfahren

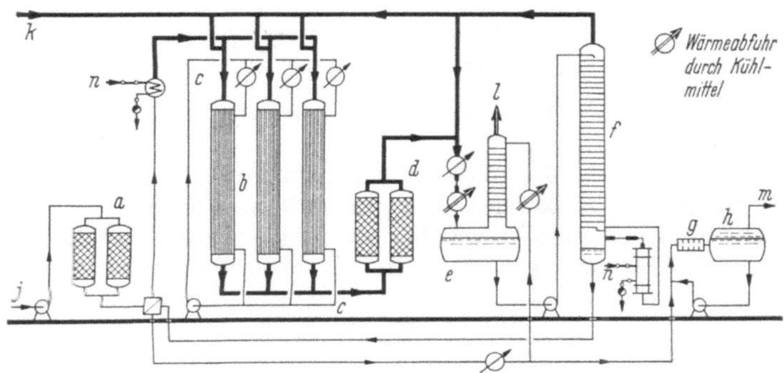

Abb. G-13. Schematisches Fließbild einer nach dem Dampfphase-Verfahren der Shell arbeitenden Isomerisierungsanlage.

a	Trockner;	g	Mischer;
b	Reaktoren der Röhrenbauart;	h	Absitzbehälter der Natronlaugenwäsche;
c	Kühlölkreislauf;	j	Normalbutanzufluß;
d	Sicherheitsvorlagen mit Bauxitfüllung;	k	Frischchlorwasserstoff (trocken);
e	Sammelbehälter mit aufgesetztem Stripper für Abgase; Chlorwasserstoffstripper;	l	Unkondensierbare Abgase;
		m	Neutralisiertes Produkt;
		n	Heizdampfzufuhr.

der Universal Oil Products Co bei ähnlichen Drücken wie vorstehend angegeben und bei Temperaturen zwischen etwa 80 und 110 °C. Es wurde eine Umsetzung von ungefähr 50% erzielt[2]. Inzwischen hat die Universal Oil Products Co das bereits genannte *Butamer*-Verfahren entwickelt, das in Wasserstoffatmosphäre mit einem Edelmetallkatalysator arbeitet[3]. Es gleicht einer einfachen Reforming-Anlage, wie Abb. G-14 zeigt. Solche Butamer-Anlagen können mit Alkylierungsanlagen zusammengebaut werden. In diesem Fall verzichtet man darauf, Normalbutan und Isobutan in einer besonderen Kolonne zu trennen, der das Sumpfprodukt der Stabilisierkolonne zufließt. Die Aufgabe übernimmt die erste Kolonne, welche das Reaktorausflußprodukt der Alkylierungsanlage trennt, wodurch an Baukosten gespart werden kann; vgl. Abb.

---

[1] SAMANIEGO, J. A.: The New Look in Butane Isomerization. Petrol. Refiner 36 (1957) Nr. 9, S. 223/25. – Anon.: Liquid-Phase Isomerization. Hydrocarb. Procssg. 45 (1966) Nr. 9, S. 219; 47 (1968) Nr. 9, S. 173.

[2] CHENUK, J. A., u. Mitarb.: Butane Isomerization UOP Process. Chem. Engng. Progress 43 (1947) Nr. 5, S. 210/18.

[3] GROTE, W. H.: Introducing: Alkar and Butamer. Oil Gas J. 56 (31. März 1958) Nr. 13, S. 73/75. – Anon.: Butamer. Hydrocarb. Procssg. 45 (1966) Nr. 9, S. 214; 47 (1968) Nr. 9, S. 171.

G-7, S. 593, Kolonne *h* bzw. Abb. G-9, S. 599, Kolonne *e*. Nach GROTE werden von 100 mol Einsatz entsprechend der Formel

$$n\text{-}C_4H_{10} \longrightarrow i\text{-}C_4H_{10}$$

39,6 mol isomerisiert. Als Nebenreaktionen werden mit den nachstehend genannten Umsätzen folgende beobachtet:

$$0{,}7\,mol \quad C_4H_{10} + H_2 \longrightarrow CH_4 + C_3H_8$$
$$0{,}4\,mol \quad C_4H_{10} + H_2 \longrightarrow 2\,C_2H_6$$
$$0{,}8\,mol \quad 2\,C_4H_{10} \longrightarrow C_3H_8 + C_5H_{12}.$$

Insgesamt werden also 41,5 Mol-% n-C_4H_{10} umgesetzt, so daß 58,5 Mol-% zurückgeführt werden können. Die Ausbeute an i-C_4 beträgt somit bezogen auf das umgesetzte Normalbutan in Molen gerechnet $39{,}6/(100 - 58{,}5) = 0{,}954$. Butamer gehört zu den Hydroisomerisierungsverfahren.

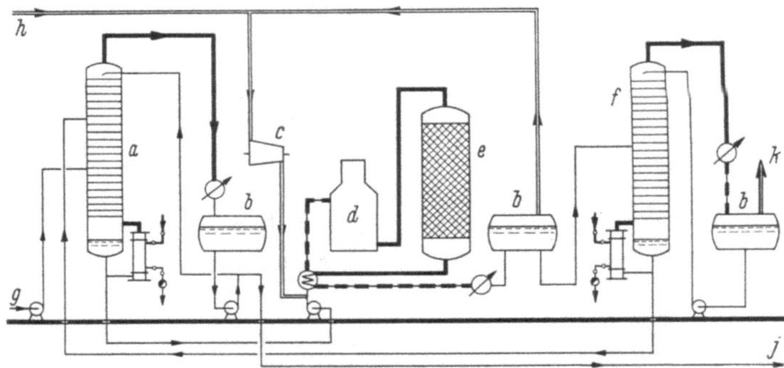

Abb. G-14. Schematisches Fließbild einer Butamer-Anlage der Universal Oil Products Company.

a	Kolonne zur Trennung von Iso- und Normalbutan;	*e*	Reaktor;
b	Trennbehälter;	*f*	Stabilisierkolonne;
c	Kreislaufkompressor für wasserstoffreiches Gas;	*g*	Zulauf von Normalbutan oder C_4-Gemisch;
		h	Frischwasserstoff;
d	Ofen;	*j*	Isobutan;
		k	Heizgas.

In der Literatur ist noch ein Isomerisierungsverfahren der Phillips Petroleum Co beschrieben, das ähnlich wie das Shell-Dampfphase-Verfahren mit Aluminiumchlorid als Katalysator und Salzsäure als Promotor arbeitet; es verwendet Bauxit als Träger für den Katalysator[1]. Die Schaltung ist ähnlich der in Abb. G-13 wiedergegeben. Vor dem oder den Reaktoren befindet sich noch ein als „Preheater" bezeichneter, ebenfalls mit Aluminiumchlorid auf Bauxit gefüllter Behälter. Das Verfahren arbeitete somit praktisch mit zwei unmittelbar hintereinander geschalteten Reaktorstufen.

---

[1] Vgl. Anon.: Catalytic Isomerization. Petrol. Refiner 37 (1958) Nr. 9, S. 260; 39 (1960) 223; seither nicht mehr angekündigt.

d) Die Isomerisierungsverfahren zur Erzeugung von klopffestem Leichtbenzin

Die Entwicklung auf diesem Gebiet ist ziemlich in Fluß. Welche Bedeutung sie in Zukunft erlangen wird, läßt sich schwer voraussagen. Zur Zeit können die Bedürfnisse des Marktes noch durch das Reformieren gedeckt werden. Von Verfahren, die bereits seit langem bekannt sind, ist zunächst das im vorhergehenden Abschnitt erwähnte Shell-Flüssigphase-Verfahren zu nennen, das sich mit einigen Abwandlungen auch zum Isomerisieren von Pentan eignet[1].

Für die Herstellung niedrigsiedender, klopffester Kraftstoffkomponenten besteht aber ein Interesse, nicht nur Pentan, sondern auch Hexane oder C_5–C_6-Gemische zu isomerisieren. Deshalb wurden diesbezügliche Versuche durchgeführt, die zufriedenstellende Ergebnisse zeigten[2]. Die niedrige Arbeitstemperatur von 60 bis 100 °C ist für die Einstellung des thermodynamischen Gleichgewichtes günstig. Es werden bei den C_5- und C_6-Paraffinen Umsetzungsgrade von 90% und mehr erreicht. Sie haben zwar einen höheren Verbrauch an $AlCl_3$ zur Folge, doch macht er sich durch die Verbesserung des Produktes bezahlt. Weiterhin hat die Standard Oil Co of Indiana das sog. *Isomate*-Verfahren entwickelt. Es verwendet ein flüssiges Gemisch aus Aluminiumchlorid und Kohlenwasserstoffen mit Salzsäure als Promotor[3].

In den vergangenen Jahren hat man dann auf den Erfahrungen fußend, die beim Reformieren mit Edelmetallkatalysatoren gewonnen wurden, die sog. Hydroisomerisierungen entwickelt. Zwar können die Umsetzungen wegen der Gleichgewichtsverhältnisse nicht so hoch sein, wie bei den mit Säurekatalysatoren anwendbaren niedrigeren Temperaturen. Das Arbeiten mit festen Kontakten, die monatelange Standzeiten haben, ist aber für den Betrieb so vorteilhaft, daß man die zur Erzielung hoher Ausbeuten erforderliche Rückführung nicht umgesetzter Anteile des Einsatzgutes in Kauf nimmt. Es sind eine ganze Reihe neuer Verfahren bekannt geworden, die mit Platin oder anderen Edelmetallkatalysatoren unter Wasserstoffteildruck arbeiten und sich nur unwesentlich von Reforming-Anlagen unterscheiden. Es ist sogar möglich, ohne große Umbauten katalytische Reformieranlagen als Isomerisierungsanlagen zu betreiben.

---

[1] EVANS, H. D., E. B. FOUNTAIN, W. S. REVEAL u. W. E. ROSS: Isomerize Pentane with This New Reactor System. Petrol. Refiner 42 (1963) Nr. 9, S. 171/74.

[2] Vgl. dazu W. M. J. RUEDISULJ, H. D. EVANS u. E. B. FOUNTAIN: Shell liquid phase isomerization process for butanes, pentanes and hexanes. 6. Welt-Erdöl-Kongreß, Frankfurt/Main 1963, Bericht III/9. – Dies.: Operating Data Show Value of Isom. Petrol. Refiner 42 (1963) Nr. 7, S. 125/30. Das Verfahren wird abgekürzt auch LPI-Process (d. h. Liquid Phase Isomerization) genannt.

[3] SWEARINGTON, J. E., R. D. GECKLER u. C. W. NYSEWANDER: The Isomate Process. Trans. Amer. Inst. Chem. Engrs. 42 (1946) 573/93. – KRANE, H. G., u. E. W. KANE: Isomate Process Adapted to Motor Fuel. Petrol. Refiner 36 (1957) Nr. 5, S. 177/82. – Die Beschreibung eines etwas abgewandelten, als „Light Naphtha Isomerization" bezeichneten Verfahrens wurde zwar noch im Refining Process Handbook, Hydrocarb. Procssg. 43 (1964) Nr. 9, S. 177, seither aber nicht mehr veröffentlicht.

Bisher wurden nähere Angaben über nachstehende, hieher gehörende Isomerisierungsverfahren mitgeteilt: Das Penex-Verfahren der Universal Oil Products Co[1], das Pentafining-Verfahren der Atlantic Refining Co[2] und schließlich das Iso-Kel-Verfahren der The M. W. Kellogg Co[3]. Ein von der Houdry Process Corp vorgeschlagenes Verfahren verwendet einen Chromoxyd-Aluminium-Katalysator und wirkt gleichzeitig auch dehydrierend[4].

Weiterhin wurde von der Pure Oil Co eine Verfahren entwickelt, das unter milden Bedingungen nicht nur n-Pentan und n-Hexan, sondern auch n-Heptan in klopffeste Isomere umwandelt. Es verwendet einen nicht näher bezeichneten Katalysator, der kein Edelmetall enthält; es wird als „Isomerate-Verfahren" bezeichnet[5]. Schließlich hat die Esso Research and Engineering Co ein Isomerisierungsverfahren angekündigt, das mit einem ebenfalls nicht näher gekennzeichneten Katalysator bei Temperaturen von 25 bis 50 °C in flüssiger Phase arbeitet und dadurch wegen der günstigen Gleichgewichtsverhältnisse hohe Ausbeuten verspricht[6]. Die Vorteile niedriger Arbeitstemperaturen und -drücke macht sich auch ein im Research Center Sunbury-on-Thames der British Petroleum Co entwickeltes Isomerisierungsverfahren zunutze[7]. Nicht nur

---

[1] GROTE, H. W.: Isomerize C_5 and C_6 with Penex. Auszug in Petrol. Refiner 35 (1956) Nr. 7, S. 148. – BELDEN, D. H.: Penex and Platforming Team Up. Petrol. Refiner 35 (1956) Nr. 10, S. 149/52. – Ders., V. HAENSEL, W. C. STARNES u. R. C. ZABOR: Hydroisomerization by the Penex Process, ebd. 36 (1957) Nr. 5, S. 182. – SUTHERLAND, R. E., u. D. H. BELDEN: Case for Upgrading Natural Gasoline. Petrol. Refiner 36 (1957) Nr. 7, S. 187/89. – Dies.: From Natural to Super-Premium Gasoline. Petrol. Refiner 37 (1958) Nr. 7, S. 119/23. – CHANCE, V. B., N. R. ADAMS u. F. G. McWILLIAMS: How C_6-Isomerization Works for Atlas. Petrol. Refiner 39 (1960) Nr. 6, S. 216/18. – ERICKSON, R. A., u. G. F. ASSELIN: Isomerization means better yields. Chem. Engng. Progress 61 (1965) Nr. 3, S. 53/58.

[2] WORELL, G. R.: Now 100 Octanes from Natural Gasoline. Petrol. Refiner 35 (1956) Nr. 4, S. 138/40. – Anon.: Pentafining, ebd. Nr. 9, S. 257. – GRANE, H. R., J. K. OZAWA u. G. R. WORELL: When to Isomerize Pentane and Hexane Fractions. Petrol. Refiner 36 (1957) Nr. 5, S. 172/76.

[3] Anon.: New „Isom" Process Upgrades Hexanes, Too. Petrol. Refiner 36 (1957) Nr. 2, S. 134; Nr. 5, S. 182. – SCHWARZENBECK, E. F.: Isom Process Gives High Road Octanes. Petrol. Refiner 36 (1957) Nr. 9, S. 215/20. – BEDNARS, C. H., Iso-Kel, ein neues Isomerisierungsverfahren. Erdöl u. Kohle 10 (1957) 851/52. – HEINEMANN, H., C. H. BEDNARS, J. A. KNAUS u. E. SOLOMON: „Iso-Kel" Entwicklung eines Isomerisierungs-Katalysators und Verfahrens. Erdöl u. Kohle 12 (1959) 228/31. – DECKER, W. H.: Get Octanes with This Isom Process. Petrol. Refiner 39 (1960) Nr. 4, S. 201/04.

[4] SHALIT, H., F. W. KIRSCH, W. S. BRIGGS u. J. B. MAERKER: Upgrading Pentanes with Catalytic Dehydrogenation. Petrol. Refiner 36 (1957) Nr. 5, S. 183/85.

[5] Vgl. Anon.: Hydrocarb. Procssg. 45 (1966) Nr. 9, S. 216.

[6] LANNEAU, K. P., W. F. AREY, S. F. PERRY, A. SCHRIESHEIM u. H. A. HOLCOMB: Get More Isomeres at Low Temperature. Petrol. Refiner 38 (1959) Nr. 6, S. 199/203.

[7] O'MAY, TH. C., u. D. L. KNIGHTS: New Isomerization Process Developed. Petrol. Refiner 41 (1962) Nr. 11, S. 229/32. – O'MAY, TH. C.: Low temperature isomerization of hexanes. 6. Welt-Erdöl-Kongreß, Frankfurt/Main 1963, Bericht III/4. – BURBIDGE, B. W., u. J. R. K. ROLFE: BP's Isom Process Goes Commercial. Hydrocarb. Procssg. 45 (1966) Nr. 8, S. 168/70. – Anon.: ebd Nr. 9, S. 217. – Anon.: First commercial application of BP's Isom process is at Donges, France. Oil Gas Internat. 7 (1967) Nr. 12, S. 99/103.

die Investitionskosten können dadurch gesenkt werden, auch die Gleichgewichte liegen wenigstens für einige der erwünschten C_5- und C_6-Isomeren günstiger, allerdings nicht für 2,3-Dimethylbutan, das die höchste Klopffestigkeit und die größte Bleiempfindlichkeit hat. Über den Katalysator werden keine Angaben gemacht. Als Reaktoreintrittstemperatur werden weniger als 180 °C und als Druck rd. 17,5 atü angegeben. Es können sowohl C_5- wie auch C_6-Kohlenwasserstoffe isomerisiert werden.

Bei der Besprechung des thermischen Krackens wurde darauf hingewiesen, daß die Olefine im Benzin zur Klopffestigkeit erheblich beitragen. Sie haben jedoch den Nachteil, daß sie infolge ihres ungesättigten Charakters die Stabilität des Krackbenzins beeinträchtigen und die Gumbildung fördern. Ein Vergleich der Abb. G-1, S. 568 mit Abb. E-1, S. 357 läßt erkennen, daß die Isoverbindungen im Benzinbereich, also von C_4

Zahlentafel G-8. *Klopffestigkeit von gesättigten C_5- und C_6-Kohlenwasserstoffen*

	Strukturformel*	ROZ** ohne	ROZ** mit 0,08 Vol.-% Bleitetraäthyl
Normalpentan		61,7	88,7
Isopentan		92,3	105,7
Normalhexan		24,8	65,3
2-Methylpentan		73,4	93,1
3-Methylpentan		74,5	93,4
2,2-Dimethylbutan		91,8	104,3
2,3-Dimethylbutan		102,7	108,9

* In den Strukturformeln ist nur das Kohlenstoffgerüst dargestellt. Die freien Bindungen (durch · angedeutet) sind durch Wasserstoffatome abgesättigt. – ** Sog. Researchoktanzahlen (nach Methode F-1). Betriebsbedingungen s. Zahlentafel A-18, S. 87. Die Oktanzahlen über 100 sind nach der Formel $128 - \dfrac{2800}{PN}$ berechnet; darin bedeutet PN die sog. Performance Number (Leistungsziffer); vgl. auch S. 960.

an aufwärts, den Olefinen an Klopffestigkeit keineswegs nachstehen. Deshalb finden Bemühungen der Shell Interesse, durch ein besonderes Isomerisierungsverfahren unter Wasserstoffatmosphäre Olefine in Isoverbindungen umzuwandeln, um dadurch ein stabileres Benzin mindestens gleicher Klopffestigkeit zu erhalten[1]. Als Katalysator wird Nickelsulfid (Ni_3S_2) auf Aluminiumsilikat als Träger benutzt. Die Betriebsbedingungen liegen bei rd. 300 °C und 20 ata. Der Katalysator soll eine ausreichende Standzeit haben, ohne daß er verkokt. Wegen der sehr stark exothermen Reaktion wird ein Fließbett angewendet. Es werden z. B. aus n-Hexan vorzugsweise 2- und 3-Methylpentan gebildet. Der Katalysator läßt sich durch Abbrennen regenerieren.

Welche Steigerung der Klopffestigkeit sich durch das Isomerisieren erzielen läßt, zeigen Zahlentafel G-8 für einzelne Kohlenwasserstoffe und Zahlentafel G-9 für eine Pentan–Hexan-Fraktion aus Kuweit-Rohöl. Die genannten Verfahren sind z. B. in den Vereinigten Staaten von Amerika für die fast rein paraffinischen Naturgasbenzine von Interesse, die wegen ihres hohen Dampfdruckes als Mischkomponenten geeignet, im allgemeinen jedoch nicht genügend klopffest sind.

Zahlentafel G-9. *Oktanzahlsteigerung durch das Iso-Kel-Verfahren bei Leichtbenzin aus Kuweit-Rohöl*

	Einsatz Vol.-%	Ausbeute Vol.-%	ROZ des Einsatzgutes		ROZ des Isomerisates	
			ohne Blei	mit 0,08 Vol.-% BTÄ	ohne Blei	mit 0,08 Vol.-% BTÄ
Pentanfraktion	45,0	45,0	74,4	95,8	91,0	104,9
Hexanfraktion	55,0	52,3	54,9	82,2	66,3	88,7
Gesamt $C_5 + C_6$	100,0	97,3	63,7	88,3	88,3	96,2

Obwohl für das Isomerisieren von Leichtbenzin nach Vorstehendem eine ganze Anzahl von Verfahren zur Verfügung steht, zeichnet sich noch keine eindeutige Entwicklung ab. Man hat den Eindruck, daß von den gebotenen Möglichkeiten vorläufig erst zögernd Gebrauch gemacht wird. Dazu trägt bei, daß man wegen der steigenden Nachfrage nach Grundstoffen für die Petrolchemie für Leichtbenzin als Einsatzgut für die Erzeugung von Äthylen in Steamcrackern oder auf andere Weise – vgl. S. 335 – zur Zeit offenbar einen besseren Preis erzielt, als wenn es nach Weiterverarbeitung in einer Isomerisierungsanlage dem Kraftstoffmarkt zugeführt würde. Deshalb läßt sich über die zukünftige Bedeutung der Isomerisierungsverfahren nur schwer etwas voraussagen.

---

[1] PLATTEEUW, J. C.: Hydro-Isomerisation von Olefinen. Vortrag, gehalten am 17. Mai 1967 auf der Jahrestagung der Österr. Ges. Erdölwissensch. in Wien.

H. Das Entfernen von Begleitstoffen durch Absorption, Adsorption, Chemikalien oder elektrische Felder

Die im Rohöl vorkommenden, in Abschn. A2c aufgezählten Begleitstoffe sind mit Ausnahme des Wassers zum Teil chemisch an Kohlenwasserstoffe gebunden, zum Teil – wie die Metalle – als Salze gelöst. Das Vorhandensein metallorganischer Verbindungen ist ebenfalls nachgewiesen. Entsprechend ihren Siedepunkten erscheinen diese Begleitstoffe beim Destillieren des Rohöles in den einzelnen Fraktionen, soweit sie nicht durch die dabei angewendeten Temperaturen aufgespalten werden und dann die Siedepunkte der Zersetzungsprodukte maßgebend sind. So wird mit Sicherheit beim Fraktionieren des Rohöles Schwefelwasserstoff von manchen Schwefelverbindungen mit aliphatischem Kohlenstoffgerüst abgetrennt. Ringverbindungen mit heterogen gebundenem Schwefel vom Typ des Thiophens sind diesen gegenüber wesentlich stabiler. Das gilt auch von den verschiedenen Stickstoffverbindungen sowie von den in der Hauptsache als Naphthensäuren vorliegenden Sauerstoffverbindungen. Schließlich verbleiben die Metalle, deren im Rohöl vorkommende Verbindungen hohe Siedepunkte haben, in der Regel im Destillationsrückstand, soweit sie nicht bei überlasteten Kolonnen durch Mitreißen von Tröpfchen im Dämpfestrom aus der Flashkammer auf die darüber liegenden Böden und so in die hochsiedenden Destillate gelangen. Jedoch können Metallverbindungen in Form der Porphyrine infolge ihres Dampfdruckes auch überdestillieren; vgl. dazu S. 43, Fußn. 5, S. 45f. u. S. 401.

Der wichtigste störende Begleitstoff ist der Schwefel, weshalb dessen Entfernung aus den Produkten im Mittelpunkt der folgenden Betrachtung steht. Seine Anwesenheit in den Produkten ist immer unerwünscht; er darf nur in geringen – je nach Verwendungszweck schwankenden – Anteilen zugelassen werden. Erdölprodukte müssen deshalb in der Regel von Schwefel gereinigt werden, wenn sie verkaufsfähig sein sollen. Dies gilt vor allem für Destillate, denn die Entschwefelung von Rückständen ist zwar technisch möglich, aber bei den heute bekannten Verfahren mit verhältnismäßig hohen Kosten belastet. Es ist aber zu erwarten, daß in der nächsten Zukunft infolge gesetzlicher Bestimmungen ein Wandel eintreten wird. Nur beim Verarbeiten sehr schwefelarmer Rohölsorten, z.B. der für Europa wichtigen Rohöle aus Libyen, kann bei den höhersiedenden Destillaten auch jetzt meist auf das Entschwefeln verzichtet werden.

In der Praxis der Erdölverarbeitung wird zwar beim Entschwefeln sehr häufig von Raffination gesprochen – war dies doch ursprünglich eine der Hauptaufgaben der „Raffinerien" –. Dieser Ausdruck wurde aber in der Überschrift dieses Kapitels mit Absicht vermieden, weil darin erstens nur die Verfahren besprochen werden sollen, die mit chemisch oder physikalisch wirkenden Waschmitteln unerwünschte Begleitstoffe – nicht nur Schwefel – entfernen, sie in manchen Fällen auch nur in harmlosere Verbindungen umwandeln. Mitunter wird die Adsorption an festen Adsorbentien oder das Ausfällen mittels elektrischer Felder angewendet. Zweitens handelt es sich auch nicht immer um eine bloße Raffination, d.h. um eine Reinigung, bei der der entfernte Begleitstoff wirtschaftlich ohne Interesse ist. In Einzelfällen will man ihn wiedergewinnen, wie z.B. die Naphthensäuren. Soll Wasser entfernt werden, so kommen vor allem Adsorptionsverfahren oder elektrische Felder in Frage; außerdem ist ein Trocknen durch Destillation oder mittels warmer Luft oder warmer Inertgase möglich. Das Schwergewicht der Verfahren liegt jedoch bei den sog. Wäschen, sei es zur Behandlung von Gasen und Dämpfen, sei es zur Reinigung flüssiger Produkte. Im zweiten Fall wirken die Waschmittel meist durch chemische Reaktion mit den Begleitstoffen. Im Englischen ist der Ausdruck „Treating" geläufig.

Eine größere Anzahl der verwendeten Waschmittel kann dazu dienen, nicht nur Schwefelverbindungen, sondern gleichzeitig auch andere Begleitstoffe, wie z.B. Kohlendioxyd, aus Gasen und Dämpfen zu entfernen. Diese Aufgaben sind heute in Erdölverarbeitungswerken ebenfalls zu lösen, weil manche Raffinerien mit Anlagen zur Herstellung von Stadtgas, Synthesegas oder Wasserstoff aus Erdölprodukten ausgerüstet werden. Zwar ist es oft zweckmäßig, die Reinigungsstufen im Zuge des Verfahrens dort einzuschalten, wo die Produkte dampf- oder gasförmig sind. Die dafür verwendeten Waschmittel sind aber meist auch für die Entfernung gewisser Schwefelverbindungen aus flüssigen Produkten geeignet. Ob man sie zu diesem Zweck benutzt, hängt weniger von ihrer Wirksamkeit als von anderen Gesichtspunkten ab, wie z.B. ausreichende Unterschiede der Dichte, um eine Trennwirkung zu erzielen. Einzelheiten werden im Abschnitt H 2 erörtert.

Ein dritter Grund, weswegen der Ausdruck „Raffination" nicht nur in dem engeren Sinne der Entfernung von Schwefel gebraucht wird, liegt darin, daß es in Erdölfraktionen auch Begleitstoffe oder chemische Körper gibt, die nur in gewissen Produkten unerwünscht sind, wie z.B. Aromaten in Schmierölen. Deren Entfernung nennt man ebenfalls Raffination, doch wird zu diesem Zweck heute meist die Extraktion mit selektiven Lösungsmitteln angewendet. Wegen der großen Bedeutung dieser Verfahren und der in vielen Einzelheiten abweichenden Grundsätze für den Bau solcher Anlagen, ist dafür das folgende Kapitel besonders vorgesehen. Es handelt sich dabei ebenfalls um eine „Raffination" im weiteren Sinne, spricht man doch bei den durch diese Verfahren gewonnenen Produkten in der Regel von Extrakten und Raffinaten.

Schließlich hat in den letzten Jahren die hydrierende Raffination sehr starke Beachtung gefunden. Das Ende dieser Entwicklung ist noch gar nicht abzusehen. Der Hydriertechnik mußte aber wegen ihrer Besonderheiten ebenfalls ein besonderer Hauptabschnitt gewidmet werden[1].

---

[1] Hierüber s. Kap. L, S. 806 ff.

1. Das Reinigen von Gasen und Dämpfen

Es kann nicht Aufgabe dieses Buches sein, hier einen Überblick über die gesamte Gasreinigungstechnik zu geben. Für die Erdölverarbeitungsbetriebe ist in erster Linie die Entfernung von Schwefelwasserstoff und in dem Maße, wie auch Gase erzeugt werden, die von Kohlendioxyd wichtig. Maßgebend beeinflußt wurde die Entwicklung einerseits von der bei der Reinigung von Erdgas angewandten Technik; andererseits konnten auch die jahrzehntelangen Erfahrungen der Kokereitechnik verwertet werden, ohne daß die dort üblichen Verfahren übernommen wurden. Dazu kommt, daß viele der Waschflüssigkeiten sowohl Schwefelwasserstoff wie auch Kohlendioxyd, die beide saure Gase sind, aufnehmen können. Deshalb lassen sich die diesbezüglichen Verfahren nicht scharf voneinander trennen.

Über das Gesamtgebiet der Gasreinigungstechnik liegt eine zusammenfassende Darstellung in Buchform vor[1]. Wegen Einzelheiten wird deshalb darauf und auf das nachfolgend angeführte Schrifttum verwiesen. Die meisten der hier zu besprechenden Verfahren verwenden ein Waschmittel, das die zu entfernenden Gasanteile physikalisch durch Absorption oder chemisch durch Bildung von entsprechenden Verbindungen aufnimmt. Lassen sich diese z.B. durch höhere Temperaturen leicht wieder in ihre ursprünglichen Anteile zerlegen, so spricht man vielfach von Chemosorption. Die wichtigsten Bauelemente solcher Anlagen sind, wie Abb. H-1 zeigt, bei flüssigen Waschmitteln der Absorptions- oder Waschturm und der Stripper oder Regenerierturm. Ihre Schaltung und Aufgabe decken sich vollkommen mit denen der gleichen Apparate, wie sie bei den auf S. 227ff. behandelten Anlagen beschrieben

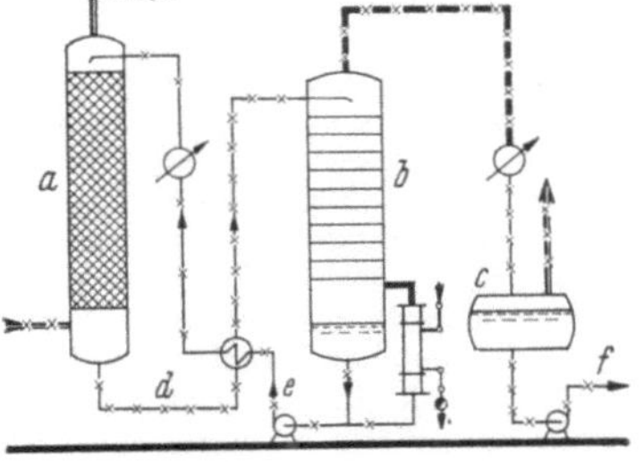

Abb. H-1. Schematisches Fließbild einer Absorptionsanlage mit Regenerierturm für das Absorptionsmittel.
a Absorptionsturm;
b Regenerierturm;
c Abscheidebehälter für Kondensat;
d Angereichertes Waschmittel („reiche Lösung");
e Regeneriertes Waschmittel („arme Lösung");
f Kondensat (kann bei geringer Beladung zurückgeführt werden).

[1] Kohl, A. L., u. F. C. Riesenfeld: Gas Purification, New York/Toronto/London: McGraw-Hill 1960. – Vgl. außerdem J. F. Mullowney: Which CO_2 Removal Scheme Is Best? Petrol. Refiner 36 (1957) Nr. 12, S. 149/52. – Riesenfeld, F. C., u. C. L. Blohm: Acid Gas Removal Processes Compared; ebd. 41 (1962) Nr. 4, S. 123/27. – Estep, J. W., G. T. Bride jr. u. J. R. West: The Recovery of Sulfur from Sour Natural and Refinery Gases, in: Advances in petroleum chemistry and refining, Bd. 6, hrsg. von J. J. McKetta jr., New York/London: Interscience Publishers 1962, S. 315/466 mit 632 Schrifttums- und Patentangaben. – Fitzgerald, K. J., u. J. A. Richardson: How Gas Composition Affects Treating Process Selection. Hydrocarb. Procssg. 45 (1966) Nr. 7, S. 125/29. Diese Arbeit behandelt zwar nur die Reinigung von Erdgas, enthält aber allgemein brauchbare Angaben.

sind[1]. Bei Adsorptionsanlagen mit festen Adsorbentien müssen mehrere Behälter vorgesehen sein, die durch Umschalten abwechselnd als Adsorber oder als Regeneratoren betrieben werden.

Der Grund, weswegen auch bei den in diesem Kapitel besprochenen Verfahren eine Regenerationsstufe erforderlich ist, obwohl meist keine Rückgewinnung des ab- oder adsorbierten Stoffes angestrebt wird, liegt darin, daß man sich nicht damit begnügen kann, das Waschmittel nur mit dem zu entfernenden Stoff zu beladen und dann aus der Anlage zu entfernen. Dies verbietet sich aus zwei Gründen. Erstens sind die Kosten der Waschmittel in den meisten Fälle so hoch, daß man anstreben muß, sie zu regenerieren und im Kreislauf zu führen. Zweitens würde es unüberwindbare Schwierigkeiten verursachen, wollte man die beladenen, meist übelriechenden Waschflüssigkeiten in einen Vorfluter ableiten oder sonstwie auf Abfallplätze verfrachten. Deshalb ist für die Wahl der Waschmittel sowohl die gute Beladungsmöglichkeit als auch die leichte Regenerierbarkeit von wesentlicher Bedeutung. Die gleichen Gesichtspunkte sind bei der Behandlung flüssiger Produkte mit Waschmitteln maßgebend.

Auf Grund allgemeingültiger thermodynamischer Gesetzmäßigkeiten sind für die Absorption tiefe Temperaturen und hohe Drücke, für die Regeneration (Desorption) hohe Temperaturen und niedrige Drücke vorteilhaft[2]. Absorptionsanlagen sind besonders dann wirtschaftlich, wenn die zu reinigenden Gase bereits mit hohem Druck zur Verfügung stehen. Andernfalls versucht man nach Möglichkeit, ohne besondere Kompression auszukommen. Im Einzelfall muß geprüft werden, ob diese oder erforderlichenfalls künstliche Kälte den günstigeren Betriebsmittelverbrauch ergibt. Für das Regenerieren sind hingegen hohe Temperaturen oder niedrige Drücke erforderlich, wenn man von den auf S. 639 ff. behandelten Oxydationsverfahren absieht.

---

[1] Vgl. dazu T. Umeda: Optimal design of an absorber-stripper system. Industr. Engng. Chem./Proc. Design Developm. 8 (1969) 308/17. Behandelt sind Anlagen nach Abb. H-1, nicht jedoch die als Absorperstripper bezeichneten besonderen Kolonnen, die auf S. 230 f. besprochen sind.

[2] Leider behandeln die meisten Lehrbücher der Thermodynamik das Gebiet der Absorption nur im Zusammenhang mit dem Gleichgewicht heterogener Phasen. Dies ist vom theoretischen Standpunkt aus berechtigt, weil in einer Waschkolonne die gleichen Gesetze für die Gleichgewichte gelten, wie in einer Destillierkolonne; jedoch sind die Eigenschaften der beteiligten Stoffe sehr unterschiedlich. Dies hat erhebliche Auswirkungen auf den Bau und Betrieb solcher Anlagen. An monographischen Darstellungen des Gebietes sind zu nennen: E. Hegelmann: Trennung von Gasen und Dämpfen durch Absorption (Gaswaschung), in: Chemische Ingenieur-Technik, hrsg. von E. Berl, 3. Bd., Berlin: Springer 1935, S. 463/520. – Verschoor, H.: Absorption in gasförmig-flüssigen Systemen (Gaswäsche), in: Der Chemie-Ingenieur, hrsg. von A. Eucken u. M. Jakob, Bd. III, Teil 3, Stuttgart: Enke 1939, S. 65/135. – Sherwood, Th. K., u. R. L. Pigford: Absorption and Extraction. New York/London/Toronto: McGraw-Hill 1952. – Hoffman, D. S., u. J. H. Weber: Need More Data on H_2S? Petrol. Refiner 35 (1956) Nr. 3, S. 213/15 mit Gleichgewichtsdaten für $-76{,}4\,°F$ ($= -62{,}2\,°C$) bis $+212{,}7\,°F$ ($= +100{,}3\,°C$), der kritischen Temperatur, sowie für Drücke bis 1000 psia ($= 70{,}3$ ata). – Thormann, K.: Absorption, Berlin/Göttingen/Heidelberg: Springer 1959. – Norman, W. S.: Absorption, Distillation and Cooling Towers, London: Longmans 1961.

Den geringsten Aufwand an Betriebsmitteln erfordert das Regenerieren durch *Entspannen* des beladenen Waschmittels. Dies kann in ein oder mehr Stufen geschehen und ist meist dann wirtschaftlich, wenn das zu waschende Gas unter Druck steht und nur das entspannte Waschmittel gegen diesen Druck in den Waschturm gefördert werden muß. Sehr hohe Reinheit des Gases ist dadurch aber nicht zu erzielen, weshalb das Entspannen als Verfahren mit dem geringsten Betriebsmittelbedarf oft zunächst für die Grobreinigung angewendet wird. Die erzielbare Reinheit läßt sich zwar durch ein Vakuum verbessern, doch geht dabei der Vorteil der Einfachheit der Anlage und des niedrigen Betriebsmittelverbrauches verloren.

Eine andere Form der Druckminderung ist das mitunter angewendete *Strippen* mit Inertgas, weil dadurch der Partialdruck der aus dem Rohgas zu entfernenden und vom Waschmittel absorbierten Gaskomponente gesenkt wird. Es wird seltener angewendet, besonders dann nicht, wenn das aus dem zu regenerierenden Waschmittel abgetriebene Gas nicht verdünnt oder durch das Strippgas verunreinigt werden soll.

Höchste Reinheit durch fast restloses Entfernen des auszuwaschenden Gasbestandteiles aus dem Waschmittel läßt sich durch das sog. *Heißregenerieren*, also durch Anwendung von Wärme erzielen. Bei hohen Temperaturen vermindert sich die Löslichkeit von Gasen in allen Waschmitteln sehr stark. Man nutzt dies aus, indem man das Waschmittel bis zu seinem Siedepunkt aufheizt und dann mit seinem eigenen Dampf den Rest der gelösten Gasbestandteile austreibt. Der Regenerierturm gleicht also dem Stripperteil einer Destillierkolonne, in dem die leichten Anteile mit dem hochsteigenden Dampf der eigenen Flüssigkeit aus dieser ausgetrieben werden.

Die Verschiedenheit der Wirkungsweise von Absorptions- und Destillierkolonnen ist, wie bereits in der Einleitung zu Kap. C ausgeführt wurde, durch die Siedelage bzw. durch den Dampfdruck der zu verarbeitenden Stoffgemische verursacht. Beim Destillieren will man ein Gemisch, das aus Stoffen mit nahe beieinanderliegenden oder stetig ineinander übergehenden Siedepunkten besteht, in eine leichtere und eine schwerere Fraktion trennen. Der auf den Kopf der Kolonne aufzugebende Rückfluß besteht aus dem Kondensat der leichterflüchtigen Komponente selbst und deshalb herrscht auf dem obersten Boden ein Gleichgewicht zwischen einem Dampf und einer Flüssigkeit, deren Zusammensetzung nicht sehr verschieden ist. Bei Absorptionsvorgängen wird im Gegenstrom zum aufsteigenden Gasstrom vom Kopf der Kolonne eine Flüssigkeit nach abwärts geführt, deren Zusammensetzung sich selbst bei rein physikalischen Waschvorgängen sehr erheblich von der Zusammensetzung des austretenden Gases unterscheidet. Das in Abschn. C4 erwähnte klassische Beispiel im Bereich der Kohlenwasserstoffe ist die Auswaschung von Benzol aus Koksofengas mittels Waschöl, einer Erdölfraktion, deren Siedebereich etwa zwischen 200 und 300 °C liegt. Dieses Waschöl besitzt trotz des Abstandes seines Siedebereiches vom Siedepunkt des Benzols noch ein genügend hohes Lösungsvermögen dafür, so daß es möglich ist, damit den größten Teil des Benzols aus dem Gas abzutrennen, während die Siedepunkte der übrigen Gasbestandteile viel tiefer liegen. Wegen des Abstandes zwischen Siedebereich des Waschmittels und Siedetemperatur des gewünschten Stoffes ist aber auch dessen Gewinnung durch Abtreiben ohne merkbaren Verlust an Waschflüssigkeit zu erreichen.

Solche Überlegungen spielen bei den hier zu behandelnden Verfahren ebenfalls eine Rolle, doch kommt noch dazu, daß es sich nicht um das Auswaschen von Kohlenwasserstoffen aus niedrigsiedenden Gasgemischen gleicher Art handelt, sondern bei der Gaswäsche zur Beseitigung von Schwefelwasserstoff und Kohlendioxyd aus Gasen niedriger C-Atomzahl um das Ausscheiden chemisch andersgearteter Verbindungen.

Kennzeichnend für jeden Absorptionsvorgang ist die damit verbundene Wärmeentwicklung. Der Teildruck des zu absorbierenden Stoffes liegt meist wesentlich unter dem Sättigungsdruck bei der Betriebstemperatur. Der Stoff befindet sich also im Zustand des überhitzten Dampfes; je höher der Druck ist, desto geringer ist der Abstand vom Sättigungszustand. Die Absorption ist thermodynamisch eine Kondensation, bei der durch die Waschflüssigkeit sowohl die Überhitzungswärme wie auch die Verdampfungswärme aufgenommen und abgeführt werden müssen. Mitunter entsteht durch die Mischung noch zusätzliche Wärme. Deshalb ist es oft erforderlich, Absorptionskolonnen mit zusätzlichen Kühlkreisläufen oder innerer Kühlung auszustatten.

Bei der Vielzahl von Waschmitteln, die für die Entfernung von Schwefelwasserstoff und Kohlendioxyd vorgeschlagen wurden und angewendet werden, ist eine systematische Gliederung schwierig, weil bei der Auswahl der Waschflüssigkeiten die verschiedensten Gesichtspunkte eine Rolle spielen können. Es ist dabei grundsätzlich folgendes zu beachten:

Sowohl Schwefelwasserstoff wie auch Kohlendioxyd sind in wäßriger Lösung schwache Säuren etwas unterschiedlicher Stärke. Bei 25 °C ist die Dissoziationskonstante von H_2S

$$K_{25} = \frac{[H^{\cdot}] \cdot [SH']}{[H_2S]} = 1 \cdot 10^{-7}, \tag{H-1}$$

die von CO_2

$$K_{25} = \frac{[H^{\cdot}] \cdot [HCO_3']}{[H_2CO_3]} = 4 \cdot 10^{-7}; \tag{H-2}$$

d.h. bei gleichzeitiger Anwesenheit beider Stoffe würde Kohlendioxyd durch ein alkalisches Absorptionsmittel bevorzugt neutralisiert werden, *wenn* die Absorptionsgeschwindigkeiten gleich wären. Nun ist aber die für H_2S in Wasser und besonders in alkalischen Lösungen wesentlich größer als die von CO_2. Der Stoffübergangswiderstand wird bei der Absorption von H_2S fast ausschließlich durch den Gasfilm bestimmt, weil der Diffusionswiderstand im Flüssigkeitsfilm sehr gering ist, ähnlich wie bei Ammoniak, das noch begieriger von Wasser absorbiert wird. Der Stoffübergang bei der Absorption von CO_2 ist aber eine Funktion des Diffusionsvorganges im Flüssigkeitsfilm an der Phasengrenzfläche. Diese

Diffusion verläuft viel langsamer als bei H_2S (und erst recht als bei NH_3) und verzögert deshalb die Absorption, obwohl der Stoffübergangswiderstand des Gasfilmes nicht merkbar schlechter ist. Die schnellere Absorption von H_2S in chemisch wirkenden Waschmitteln läßt sich oft auch noch dadurch erklären, daß H_2S direkt mit einer Lauge reagieren kann, während CO_2 meistens noch eine Hydratationsstufe durchlaufen muß, bevor es neutralisiert wird. Diese Zwischenreaktion verläuft erheblich langsamer als die Neutralisation. Deshalb zeigen die meisten alkalischen Absorptionsmittel eine mehr oder weniger große Selektivität für H_2S vor CO_2. Man nutzt dies teilweise in sog. Kurzzeitwäschen aus; vgl. das Alkazid-Dik-Verfahren S. 635. Meist kann man sich mit der auf diese Weise erreichten, gleichzeitigen Absorption von CO_2 begnügen. Andernfalls hilft nur ein zweistufiges Verfahren. Bei diesem kann dann in der zweiten Stufe der Rest des Kohlendioxydes aus dem entschwefelten Gas entfernt werden.

Das unterschiedliche Verhalten von CO_2 und H_2S macht sich auch beim Abtreiben der angereicherten Lösung bemerkbar. Kohlendioxyd unterstützt durch eine Art Strippwirkung das Abtreiben des Schwefelwasserstoffes. Wenn also gleichzeitig große Mengen CO_2 neben H_2S im Gas enthalten sind, so lassen sich niedrigere Schwefelwasserstoffgehalte im gereinigten Gas erreichen. Die auf den Kopf des Waschturmes aufzugebende arme Lösung kann in diesem Fall bei sonst gleichen Betriebsbedingungen weniger H_2S enthalten. Daher ist dann dessen Gleichgewichtsdampfdruck im Gas geringer als bei Abwesenheit von Kohlendioxyd[1]. Dies läßt sich für das Beispiel von Diäthanolamin als Waschflüssigkeit an Hand von Abb. H-7, S. 633, im nächsten Abschnitt ablesen. Sie zeigt, daß die H_2S-Konzentration der Lösung bei Anwesenheit von CO_2 und gleichem H_2S-Teildruck kleiner ist.

Zum besseren Verständnis der im folgenden zu beschreibenden Verfahren soll aber zunächst das Verhalten chemisch und physikalisch wirkender Waschmittel kurz an Hand von Abb. H-2 erläutert werden. Sie

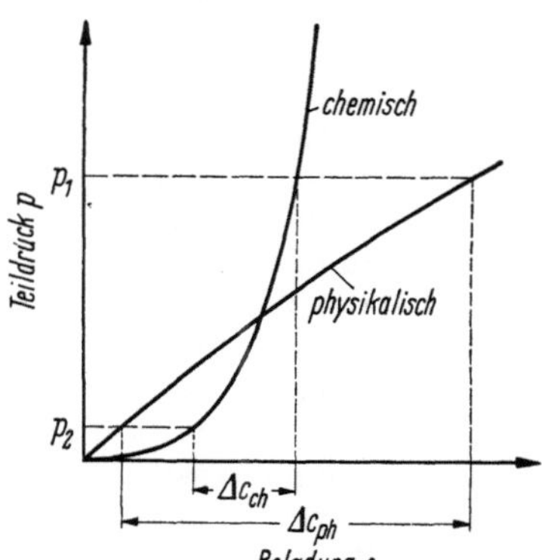

Abb. H-2. Dampfdruck eines zu absorbierenden Gases abhängig von der Beladung eines chemisch und eines physikalisch wirkenden Waschmittels. Δc Beladungsspanne für zwei verschiedene Teildrücke (Indizes entsprechend den zwei Arten von Waschmitteln). Nähere Erläuterungen siehe Text.

---

[1] WILLMOTT, L. F., H. R. BATCHELDER, L. P. WENZELL jr. u. L. L. HIRST: U.S. Bur. Mines, Dept. Invest. (Februar 1956) Nr. 5196.

zeigt den Verlauf der Gleichgewichtskurven für diese beiden Arten von Waschmitteln bei einer bestimmten Temperatur, dargestellt als Teildruck des gelösten Gases über der z.B. in m_n^3 Gas je m^3 Waschmittel aufgetragenen Beladung. Dabei ist zu beachten, daß in Abb. H-2 für den Teildruck auf der Ordinate ein linearer Maßstab benutzt ist, in den Abb. H-5 bis H-7 jedoch ein logarithmischer, um bei chemisch wirkenden Waschmitteln den unteren Bereich, der bei diesen vorzugsweise von Interesse ist, besser wiederzugeben.

In einem *physikalisch* wirkenden Waschmittel, wofür als Beispiel Methanol bei Beladung mit Kohlendioxyd genannt werden kann, nimmt die Beladung auf Grund des Henryschen Gesetzes etwa proportional mit dem Partialdruck zu. Bei höheren Drücken ist die Beladung häufig sogar noch höher, so daß die Gleichgewichtskurve in Abb. H-2 leicht nach rechts abbiegt.

Bei der *chemischen* Absorption steigt dagegen der Partialdruck über dem Waschmittel mit beginnender Beladung zunächst nur schwach an. Der beobachtete Teildampfdruck wird nur von der Gasmenge hervorgerufen, die wegen des chemischen Gleichgewichtes nicht gebunden wurde. Wird aber die Grenze der chemischen Absorptionsfähigkeit erreicht, so steigt der Teildruck stark an, weil nur mehr das schwache Absorptionsvermögen des physikalisch wenig aktiven Lösungsmittels (meist Wasser) zur Wirkung kommt.

Abb. H-2 läßt deutlich erkennen, daß bei gleichem Teildruck die Beladbarkeit eines chemisch wirkenden Waschmittels unterhalb des Schnittpunktes der beiden Kurven größer ist, oberhalb dieses Schnittpunktes aber die eines physikalisch wirkenden Waschmittels. Die Vorteile chemischer Absorption kommen daher bei niedrigen Teildrücken, die physikalischer Absorption bei hohen Teildrücken am besten zur Geltung. Im übrigen ändert sich bei chemisch wirkenden Waschmitteln im technisch interessanten Bereich der Partialdrücke die Beladbarkeit nur in engen Grenzen; die umzupumpende Waschmittelmenge muß deshalb etwa der zu absorbierenden Gasmenge proportional gewählt werden, und zwar weitgehend unabhängig vom Druck, unter dem das zu reinigende Gas steht. Da hingegen bei physikalisch wirkenden Waschmitteln die Beladung etwa proportional mit dem Teildruck des zu absorbierenden Gasanteiles zunimmt, muß man die umzupumpende Waschmittelmenge etwa proportional der zu reinigenden Rohgasmenge wählen, unabhängig vom Gehalt des zu entfernenden Gases. Je höher der Druck ist, desto kleiner kann dabei die Waschmittelmenge sein.

Noch ausgeprägter werden die Unterschiede zwischen chemischer und physikalischer Absorption, wenn man nur eine Grobwäsche mit mäßigen Anforderungen an die Reinheit durchführen will. Hiezu genügt es vielfach, nur eine Wäsche mit der billigen Entspannungsregenerierung anzuwenden; vgl. S. 621 ff.

Wird z.B. das Waschmittel unter dem Teildruck p_1 der zu entfernenden Gaskomponente beladen und bis zu einem Teildruck p_2 dieser Komponente entspannt, der meist identisch ist mit dem Gesamtdruck der letzten Entspannungsstufe, so steht als nutzbare Beladungsdifferenz nur die Spanne Δc zur Verfügung. Wie Abb. H-2 zeigt, verläuft die gestreckte Gleichgewichtskurve für die physikalische Absorption weitaus günstiger als die gekrümmte Kurve für die chemische Absorption. Die mit geringeren Bau- und Betriebskosten verbundene Entspannungsregenerierung läßt sich daher nur selten bei chemischen Wäschen sinnvoll anwenden.

Diese Umstände beeinflussen sehr stark die für die Wirtschaftlichkeit entscheidenden Kosten von Gasreinigungsanlagen. Für die Betriebskosten ist der Energiebedarf für das Umpumpen des Waschmittels und der Wärmebedarf für das Regenerieren des Waschmittels von entscheidender Bedeutung.

Die vorstehenden Zusammenhänge erklären die Vielfalt von Verfahren, die für die Gasreinigung angewendet werden oder vorgeschlagen wurden. Da aber die Erzeugung von Gasen und insbesondere von Wasserstoff in Raffinerien zunehmend an Bedeutung gewinnt, muß die dazugehörige Gasreinigung hier behandelt werden, insbesondere mit Rücksicht auf gewisse Besonderheiten, die sich durch den Raffineriebetrieb ergeben.

Aus den einleitend angeführten Gründen bleiben hier alle Verfahren unerwähnt, die zwar für die Erdgasreinigung oder für die Herstellung von Ausgangsstoffen für die Petrolchemie von Bedeutung sind, im Raffineriebetrieb selbst aber bisher keine große Rolle spielen[1]. Sie sind für die Behandlung von Gas für die Fernversorgung sehr wichtig. Desgleichen müssen die an anderer Stelle erwähnten, vielfach mit Katalysatoren arbeitenden Verfahren außer Betracht bleiben, die z.B. durch Hydrieren Azetylen zu Äthen oder andere Diene in die entsprechenden Olefine umwandeln[2]. Es werden deshalb im folgenden vornehmlich die im Raffineriebetrieb bei der Herstellung von Kraftstoffen und Heizölen anzutreffenden Verfahren erörtert mit Berücksichtigung jener Prozesse, die für die in Kap. M behandelten Verfahren zur Erzeugung von Gasen – sei es Stadtgas, sei es Gas für Zwecke der Synthese, sei es Wasserstoff – von Interesse sind.

a) Ältere Verfahren zur Beseitigung von Kohlendioxyd und Schwefelwasserstoff

Die in der Gasindustrie angewendeten Verfahren zur Reinigung des Gases haben bei der Erdölverarbeitung kaum Bedeutung. So wäre die umständliche trockene Entschwefelung von Gasen mit Hilfe von Raseneisenerz, einem natürlich vorkommenden, in der Hauptsache aus Eisenhydroxyd bestehenden Mineral, oder mit Hilfe der technisch gewonnenen sog. Luxmasse, die bei der Aluminiumerzeugung aus Bauxit als Abfallprodukt entsteht, einfach unvorstellbar. Ausnahmen siehe im Abschnitt L 4, S. 825 (Feinreinigung durch hydrierende Entschwefelung) und Ab-

---

[1] Zusammenfassende Darstellung bei J. M. CAMPBELL u. L. L. LAURENCE: Dehydration of Natural Gas And Light Hydrocarbon Liquid. Petrol. Refiner 31 (1952) Nr. 8, S. 65/69; Nr. 10, S. 106/12; Nr. 11, S. 109; 32 (1953) Nr. 1, S. 138/42; Nr. 2, S. 131/34; Nr. 3, S. 151/56. – KOHL, A. L., u. F. C. RIESENFELD: a.a.O. S. 343ff. u. 381ff. – [2] Vgl. dazu die in den Fußn. 1 u. 2, S. 351 erwähnten Arbeiten sowie A. L. KOHL u. F. C. RIESENFELD: a.a.O. S. 438ff.

schnitt M 2a, S. 909 (Feinreinigung mit Zinkoxyd). Auch die anderen in Kokereien angewendeten Verfahren der Naßwäsche lassen sich nicht unverändert zur Reinigung von Erdgas oder Raffineriegasen übernehmen, weil der Gehalt des Koksofengases an Zyanwasserstoff (HCN, Blausäure) und an Ammoniak (NH_3) sowie das Bestreben, diese Inhaltsstoffe zu gewinnen, besondere Lösungen verlangen[1]. Trotzdem soll der Einfluß des seinerzeitigen Standes der Technik auf die zur Reinigung von Naturgas angewandten Verfahren nicht unterschätzt werden; diese wurden dann vielfach in den Raffineriebetrieb übernommen. Wie bereits betont wurde, muß bei den Absorptionsverfahren angestrebt werden, daß das Waschmittel möglichst vollständig regeneriert und ständig im Kreislauf geführt werden kann. Dies trifft selbst für die einfache Entfernung von Kohlendioxyd mit Hilfe von Wasser unter Druck zu.

Das Auswaschen von Kohlendioxyd wurde bei der Entwicklung der Ammoniakdrucksynthese und dem damit verbundenen Bedarf an großen Mengen von Wasserstoff, später bei der Entwicklung der Hydriertechnik zur Gewinnung flüssiger Kraftstoffe aus Kohle, besonders wichtig. Man geht von dem hauptsächlich aus Kohlenmonoxyd und Wasserstoff bestehenden Wassergas aus, das unter Verwendung von Wasserdampf als Vergasungsmittel aus festen Brennstoffen erzeugt werden kann. Zweckmäßigerweise mit Hilfe eines Katalysators, der Eisenoxyd und Chromoxyd enthält, kann nach einem von der Badischen Anilin- & Soda-Fabrik AG (BASF) etwa 1910 zur Betriebsreife entwickelten sog. *Konvertierungs*verfahren das Kohlenmonoxyd bei atmosphärischem Druck und Temperaturen von 340 bis 400 °C in Gegenwart von Wasserdampf nach der Formel für das homogene Wassergasgleichgewicht

$$CO + H_2O - 9838\ \text{kcal} \rightleftarrows CO_2 + H_2 \tag{H-3}$$

umgesetzt werden[2]. Dies ist die auch zur Entgiftung des Stadtgases angewendete Reaktion. Der Katalysator wird mitunter als Braunoxyd be-

---

[1] Die Probleme sind seit Jahrzehnten gleich; deshalb gibt trotz weiterer Vorschläge, die in der Zwischenzeit gemacht wurden, die Darstellung bei W. GLUUD, G. SCHNEIDER u. H. WINTER: Handbuch der Kokerei, Band II, Halle (Saale): Knapp 1927 u. 1928, S. 87 ff. ein noch heute einigermaßen zutreffendes Bild. – Vgl. auch A. THAU: Schwefel in Industriegasen und seine Entfernung. Öl u. Kohle in Gem. mit Brennst.-Chem. 40 (1944) 208/20 sowie Fußn. 1, S. 1038. – Hinweise auf die neuere, etwa bis Kriegsende erschienene Literatur außerdem bei B. RIEDIGER: Brennstoffe/Kraftstoffe/Schmierstoffe, Berlin/Göttingen/Heidelberg: Springer 1949, S. 176 u. S. 350 ff. – Dazu noch bes. E. TERRES: Über die nasse Reinigung von Steinkohlengas. Gas- u. Wasserfach 94 (1953) 260/65 u. 311/17. – BÄHR, J.: Gasentschwefelung durch Selektiv-Kurzwäsche mit Ammoniaklösungen und Verarbeitung des Schwefelwasserstoffs auf Schwefel oder Ammonsulfat. Brennst.-Chem. 36 (1955) 129/42 mit einer einleitenden Übersicht. – RÜHL, G.: Beitrag zur Frage der Verwertung von Gaswasser. I. Möglichkeiten der Gewinnung von Kokerei-Stickstoff und -Schwefel nach dem indirekten Verfahren. Brennst.-Chem. 38 (1957) 27/32.

[2] Vgl. MÜLLER-GRAF's Kurzes Lehr- und Handbuch der Technologie der Brennstoffe. Bearbeitet von E. G. GRAF, 4. Aufl., Wien: Deuticke 1955, S. 597 ff. – KRÖNIG, W.: Die katalytische Druckhydrierung von Kohlen, Teeren und Mineralölen, Berlin/Göttingen/Heidelberg: Springer 1950, S. 184. – LISSNER, A., u. A. THAU: Die Chemie der Braunkohle, Bd. II, Knapp: Halle (Saale) 1953, S. 298 ff. – Über den Zusammenhang mit den anderen Reaktionen der Vergasungstechnik s. S. 893.

zeichnet. Gemeint ist eine mit Chrom aktivierte, hauptsächlich aus Brauneisenstein $2\,Fe_2O_3 \times 3\,H_2O$ bestehende Masse, die nach der Formel

$$Fe_2O_3 + CO = 2\,FeO + CO_2 \qquad (\text{H-4})$$

reduziert wird[1]. Man bezeichnet dieses Verfahren heute als Hochtemperatur(HT)-Konvertierung. Es lassen sich damit CO-Gehalte von rd. 3 Vol.-% im Austritt erreichen. Für die Feinreinigung wurde in den alten Hydrieranlagen eine Wäsche mit ammoniakalischer Kupferlösung nachgeschaltet und damit wurden CO-Restgehalte von weniger als 0,5 Vol.-% erreicht[2]. Anstelle dieses Verfahrens wendet man nunmehr – soweit erforderlich – eine sog. Tieftemperatur(TT)-Konvertierung an, die bei 150 bis 250 °C arbeitet. Dafür wird ein ebenfalls mit Chrom aktivierter Katalysator auf der Basis von Kupfer- und Zinkoxyd benutzt, dem jetzt in der Regel auch Aluminiumoxyd beigegeben wird. Er wird von Schwefel und Chlor desaktiviert. Man versucht deshalb, die dadurch verursachte Katalysatorvergiftung durch Sicherheitsvorlagen („guard chambers"), die mit Zinkoxyd gefüllt sind, zu verhindern[3]. Durch das Aluminiumoxyd wird er gegen diese Vergiftung widerstandsfähiger.

Für ungereinigte Rohgase hat die Badische Anilin- & Soda-Fabrik AG außerdem einen gegen Schwefel unempfindlichen Hochtemperaturkatalysator entwickelt[4]. Er kann für die Erzeugung von Gasen aus schwefelhaltigem Einsatzgut Bedeutung erlangen, wenn das Vergasungsverfahren keine vorhergehende Entschwefelung des Einsatzgutes erfordert. Ein besonderer Vorteil dieses Konvertierungskatalysators ist, daß man mit ihm CO-Restgehalte von weniger als 2% noch auf wirtschaftliche Weise erzielen kann.

Das Verfahren der CO-Konvertierung ist neben der Ammoniaksynthese, für die es entwickelt wurde, eines der ältesten, bei dem mit Katalysatoren großtechnisch gearbeitet wird. Es hat nach wie vor Bedeutung, zumal der Bedarf an Wasserstoff in den Raffinerien für hydrierende Verfahren und die Erzeugung von Synthesegas aus Erdölfraktionen ständig zunimmt[5]. Bei der Konvertierung ändert sich gemäß Gl. (H-3)

---

[1] Vgl. Aufsatzreihe: Struktur und katalytische Aktivität von Eisen- und Braunoxiden. L. PIESCHE u. H. WITZMANN: 1. Mitt.: Über die thermische Zersetzung einiger Eisen- und Chromverbindungen. Chem. Techn. 18 (1966) 478/82; Dies.: 2. Mitt.: Eigenschaften katalytisch aktiver Magnetite; ebd. S. 482/84; K. LAUDIEN u. H. WITZMANN: 3. Mitt.: Oberflächen- und Porositätsuntersuchungen an einigen thermisch zersetzten Eisenverbindungen; ebd. S. 485/90; Dies.: 4. Mitt.: Studien zur Wassergaskonvertierung an einigen Eisen- und Braunoxiden; ebd. 19 (1967) 232/35; Dies.: 5. Mitt.: Charakterisierung geprüfter Kontaktmaterialien; ebd. S. 448/87; L. PIESCHE u. H. WITZMANN: 6. Mitt.: Leitfähigkeits- und Thermokraftmessungen; ebd. 20 (1968) 285/89.

[2] Vgl. W. KRÖNIG: a. a. O. S. 185.

[3] LOMBARD, J. F.: Cut Sulfur and Chloride… Extend Shift Catalyst Life. Hydrocarb. Procssg. 48 (1969) Nr. 8, S. 111/16, Nr. 10, S. 71.

[4] LORENZ, E.: Konvertierung hochschwefelhaltiger Gase mit Kobalt-Molybdän-Katalysatoren. Compt. rend. 36ième congr. intern. chim. industr. Brüssel (Gr. VI, S. 15–78) Bd. II (1967) S. 377/80.

[5] REINMUTH, E.: Wasserstoff aus schweren Rückständen. Erdöl u. Kohle 22 (1969) 378/84.

40*

das Volumen nicht. Die in Zahlentafel M-2, S. 902/03, zu findende Gleichgewichtskonstante ist deshalb nicht vom Druck, sondern nur von der Temperatur abhängig. Da Wege gefunden wurden, besonders aus flüssigen Erdölfraktionen Spaltgase unter Druck herzustellen, und dadurch Kompressionskosten erspart werden können, ist es sehr vorteilhaft, daß die Konvertierungsreaktion bei beliebigen Drücken durchgeführt werden kann. Wenn auch die Wanddicke des Konverters entsprechend bemessen werden muß, lassen sich bei höheren Drücken durch die wesentlich kleineren Abmessungen Baukosten einsparen. Die Betriebskosten werden ebenfalls verringert, wenn das zu konvertierende Gas bereits unter Druck erzeugt und bei meist noch höheren Drücken benötigt wird. Infolgedessen entfallen die Verluste durch Entspannen und Wiederverdichten; der erforderliche Dampf kann in Abhitzekesseln durch Ausnutzung der Enthalpie des erzeugten Gases in der Regel unter Druck gewonnen werden[1].

Das bei der Konvertierung entstehende Kohlendioxyd kann zusammen mit dem bei der Vergasung selbst gebildeten aus dem Rohgas, z.B. mit Hife von kaltem Wasser, bei Drücken von etwa 30 at in Absorptionstürmen entfernt werden[2]. Durch Entspannen wird das Kohlendioxyd frei und kann in die Atmosphäre entlassen werden. Eine bemerkenswerte technische Einzelheit dieses Verfahrens ist die Verwertung der Energie des unter Druck stehenden Wassers in Entspannungsturbinen. Diese dienen meist zum Antrieb der Pumpen für das Kreislaufwasser. Ein auf der gleichen Welle sitzender Motor deckt die Differenz des Energiebedarfes.

Das Fließschema einer solchen Anlage ist in Abb. H-3 wiedergegeben. Es zeigt auch den dabei meist angewendeten Belüftungsturm, durch den das Austreiben des Kohlendioxydes wesentlich besser als durch die Druck-

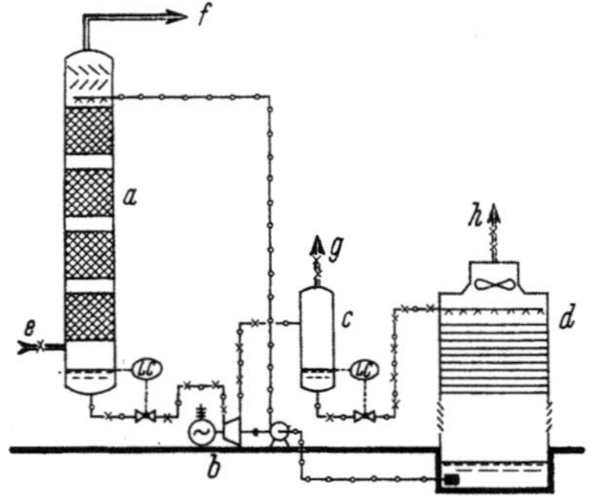

Abb. H-3. Schematisches Fließbild einer Druckwasserwäsche zum Entfernen von Kohlendioxyd aus konvertiertem Gas, mit Entspannungsturbine und Belüftungsturm.
a Gaswaschturm (Absorber);
b Entspannungsturbine mit Zusatzmotor;
c Zwischenentspannungsbehälter;
d Belüftungsturm;
e Rohgaseintritt;
f Reingasaustritt;
g CO_2-haltiges Entspannungsgas niedrigen Heizwertes;
h Luft–Kohlendioxyd-Gemisch.

minderung allein erreicht wird. Die Grenzen des Verfahrens sind dadurch gegeben, daß es erst bei Partialdrücken des Kohlendioxydes von rd. 4 ata

---

[1] Vgl. dazu auch J. BECKER: Wärmenutzung in Chemieanlagen. Erdöl u. Kohle 22 (1969) 760/66.

[2] KOHL, A. L., u. F. C. RIESENFELD: Gas Purification a.a.O. S. 154ff. – FRONING, H. R., R. H. JACOBY u. W. L. RICHARDS: New K-Data Show Value of Water Wash. Petrol. Refiner 43 (1964) Nr. 4, S. 125/30.

wirtschaftlich ist und deshalb entsprechend hohe CO_2-Konzentrationen voraussetzt. Bei zu hohen Stromkosten wird das Verfahren trotz des teilweisen Energierückgewinnes wegen der großen, umzupumpenden Wassermengen unwirtschaftlich. Sein Vorteil liegt in der Verfügbarkeit des Wassers. Dies ist einer der Gründe, weswegen es auch zur gleichzeitigen Entfernung von Schwefelwasserstoff aus Erdgas benutzt werden kann, sofern dessen Teildruck hoch genug oder die Entfernung nur eines gewissen Anteiles von H_2S erforderlich ist. In diesem Fall verbietet sich aber in der Regel die Anwendung des Belüftungsturmes, es sei denn, daß die Anlage in einer fast vegetationslosen und menschenleeren Gegend errichtet wird. Der Vorteil der Druckwasserwäsche liegt neben den meist niedrigen Kosten des Waschmittels in der Tatsache, daß keinerlei Wärme für die Regenerierung benötigt wird wie bei den meisten anderen Verfahren. Sie wird allerdings in letzter Zeit vielfach durch die Anwendung von Monoäthanolamin, Pottasche (Kaliumkarbonat) oder andere Waschflüssigkeiten verdrängt, Verfahren, die in den folgenden Unterabschnitten noch zu besprechen sind[1].

b) Die Äthanolaminwäschen

In dem Maße, wie die Erdgasförderung.in den Vereinigten Staaten von Amerika zunahm, um der bei dem günstigen Energiepreis steigenden Nachfrage gerecht zu werden, wurde auch mit der Ausbeute von Vorkommen sog. „saurer Gase" begonnen. Darunter versteht man Erdgase, die beim Bleiazetat-Test eine durch Schwefelwasserstoff verursachte positive Reaktion geben. Für gereinigtes Erdgas, das in die weitverzweigten Netze abgegeben werden soll, werden jetzt zur Unterbindung von Korrosionen H_2S-Gehalte von weniger als 0,25 grains/100 standard cubic foot verlangt, das sind nicht mehr als etwa $6\ \text{mg/m}_n^3$ oder 0,0004 Vol.-%. Bei der Gasreinigung für Raffinerien können Werte bis zum 100fachen zugelassen werden – es sei denn, daß die Gase für Zwecke der Synthese oder für Gasspaltverfahren mit empfindlichen Kontakten oder zur thermischen Spaltung auf Äthylen verwendet werden sollen.

Für die Entschwefelung dieser Gase hat seit 1930 die Anwendung wäßriger Lösungen von Alkanolaminen als Absorptionsmittel sehr weite Verbreitung gefunden[2]. Das Verfahren ist auch unter dem Namen Girbotol-Process bekannt. Es werden insbesondere benutzt

Monoäthanolamin $H_2N \cdot CH_2 \cdot CH_2 \cdot OH$, Molmasse 61,1 g/mol,
Diäthanolamin $HN \cdot (CH_2 \cdot CH_2 \cdot OH)_2$, Molmasse 105,1 g/mol,
Triäthanolamin $N \cdot (CH_2 \cdot CH_2 \cdot OH)_3$, Molmasse 149,2 g/mol.

---

[1] Grundsätzliche Ausführungen über die verschiedenen Verfahren zum Auswaschen von Kohlendioxyd bei H. W. SCHMIDT: Grundlagen der absorptiven Entfernung von CO_2 aus Synthesegas. Chem.-Ing.-Techn. 40 (1968) 425/31 sowie bei G. HOCHGESAND: Anwendung von Absorptionsverfahren für die CO_2-Entfernung aus Natur- und Synthesegasen. Ebd. S. 432/40.

[2] BOTTOMS, R. R., U. S. Patent 1 783 901, D. R. P. 549 556 u. 606 162. – THAU, A.: Die Entfernung von Kohlensäure und Schwefelwasserstoff aus Gasen. Gas- u. Wasserfach 74 (1931) 1150/55. – BOTTOMS, R. R., u. W. R. WOOD: The Girbotol Purification Process. Refiner natur. gasol. manufact. 14 (1935) 105/07. – LEIBUSH, A. G.,

Entsprechend der Schreibweise im Englischen als „monoethanolamine" usw. sind die Abkürzungen MEA, DEA und TEA sehr gebräuchlich. Andere Alkanolamine haben mit Ausnahme des auf S. 643 zu erwähnenden, unter dem Namen „Adip" vorgeschlagenen Tripropanolamin kaum Eingang in die Praxis gefunden. Die Dichte von reinem Diäthanolamin liegt etwa 9,5 % über der von Wasser, die einer 50 %igen Lösung etwa 6 % höher. Sie ändert sich mit der Temperatur wie die von Wasser[1].

Die Siedepunkte der Äthanolamine liegen höher als ihre Zersetzungstemperaturen und können deshalb nicht angegeben werden. Diese drei Amine weisen infolge ihrer chemischen Struktur gewisse Unterschiede auf, die von Einfluß auf die Wirtschaftlichkeit ihrer Verwendung sind.

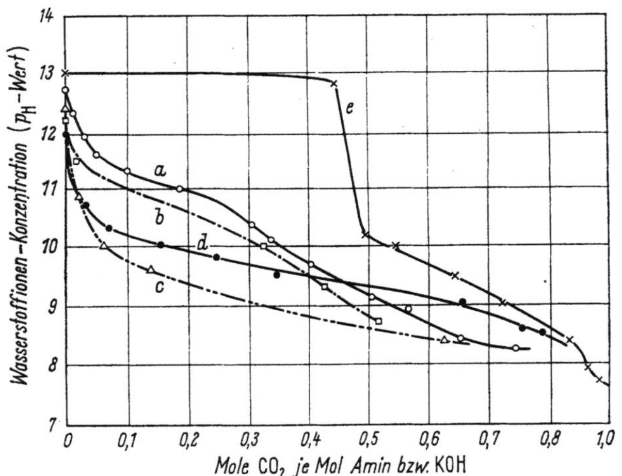

Abb. H-4. Änderung des p_H-Wertes 2-normaler, wäßriger Lösungen von Alkanolaminen sowie von Kaliumhydroxyd beim Titrieren mit Kohlendioxyd bei 25 °C.

a Monoäthanolamin (MEA) 12,7 Gew.-%;   c Triäthanolamin (TEA) 32,0 Gew.-%;
b Diäthanolamin (DEA) 21,4 Gew.-%;   d Methyldiäthanolamin (MDEA) 24,4 Gew.-%;
e Kaliumhydroxyd (KOH) 10,4 Gew.-%.

---

u. A. L. SHNEERSON: Absorption of Hydrogen Sulfide and of its Mixture with Carbon Dioxide by Ethanolamines. J. appl. Chem. (USSR) 23 (1950) 145/52 u. S. 1253/63. – MUHLBAUER, H. G., u. P. R. MONAGHAN: New Equilibrium Data on Sweetening Natural Gas with Ethanolamine Solutions. Oil Gas J. 55 (29. April 1957) Nr. 17, S. 139/45. – JONES, J. H., H. R. FRONING u. E. E. CLAYTON jr.: Solubility of Acidic Gases in Aqueous Monoethanolamine. J. Chem. Engng. Data 4 (1959) Nr. 1, S. 85/92. – DINGMAN, J. C.: How Acid Gas Loadings Affect Physical Properties of MEA Solutions. Petrol. Refiner 42 (1963) Nr. 9, S. 189/91. – FITZGERALD, K. J., u. J. A. RICHARDSON: New correlations enhance value of monoethanolamine process. Oil Gas J. 64 (24. Okt. 1966) Nr. 43, S. 110/18.

[1] Vgl. KOHL u. RIESENFELD: a.a.O. Fig. 2-25, S. 43. – An Stelle von Monoäthanolamin wird neuerdings auch Diglykolamin – systematische Bezeichnungen β,β'-Hydroxyaminoäthyläther oder 2-(2-aminoäthoxy)äthanol – besonders für Erdgasreinigung empfohlen; vgl. J. C. DINGMAN u. T. F. MOORE: Compare DAG and MEA Sweetening Methods. Hydrocarb. Procssg. 47 (1968) Nr. 7, S. 138/40. Als Vorteile werden vor allem kleinere Umlaufmengen des Waschmittels, damit kleinere Abmessungen des Waschturmes, und geringerer Dampfverbrauch für das Regenerieren angeführt.

Die Hydroxylgruppe erhöht sehr stark den Siedepunkt bzw. erniedrigt den Dampfdruck wie der Vergleich zwischen Methan und Methylalkohol usw. zeigt. So haben diese drei Amine als reine Stoffe bei 37,8 °C ($= 100$ °F) etwa folgende Dampfdrücke:

$$MEA \sim 0,002 \quad \text{ata,}$$
$$DEA \sim 0,000\,007 \text{ ata,}$$
$$TEA < 0,000\,007 \text{ ata.}$$

Weiterhin erhöht jede Hydroxylgruppe die Löslichkeit in Wasser. Durch die Aminogruppe $-NH_2$, die Iminogruppe $>NH$ und den tertiären Stickstoff $\rightarrow N$ (beim Triäthanolamin) wird in wäßriger Lösung der zur Absorption des schwachsauren Schwefelwasserstoffes oder Kohlendioxydes erforderliche Basencharakter geschaffen. Abb. H-4 zeigt, wie sich der p_H-Wert der drei Äthanolamine in 2-normaler Lösung bei 25 °C ändert, wenn mit Kohlendioxyd titriert wird. Zum Vergleich ist das Verhalten von wäßriger KOH-Lösung eingetragen. Danach ist Monoäthanolamin die im Verhältnis stärkste Base dieser Verbindungen; alle drei weisen aber das Verhalten schwacher Basen auf, während der Kurvenverlauf für KOH typisch für die Titration einer starken Base mit einer schwachen Säure ist, als die die hypothetische Kohlensäure H_2CO_3 angesehen werden muß.

Von den drei genannten Aminen ist die Mono-Verbindung am billigsten, der Preis der Tri-Verbindung ist etwa doppelt so hoch und der der Di-Verbindung liegt etwa 40 % über dem niedrigsten. Monoäthanolamin hat zwar den höchsten Dampfdruck, doch fallen etwas größere Waschmittelverluste wegen des niedrigeren Preises nicht so sehr ins Gewicht. Auch lassen sie sich durch eine nachgeschaltete Wasserwäsche vermeiden. Es hat aber den Nachteil, daß es mit Kohlenoxysulfid (COS) reagiert und die dadurch entstehende Verbindung nicht durch Wärme aufgespalten werden kann[1]. Da aber Kohlenoxysulfid – wenn auch nur in Spuren – in Raffineriegasen vorkommt, insbesondere in solchen aus Krackanlagen, wird Monoäthanolamin zwar für die Reinigung von Erdgas, das frei von COS ist, sehr viel verwendet. Für Raffinerien benutzt man in der Regel Diäthanolamin. Wird selektive Auswaschung von H_2S in Gegenwart von CO_2 gewünscht, so bietet Triäthanolamin Vorteile, ebenso das nicht weiter erwähnte Methyldiäthanolamin (MDEA), das ebenfalls ein tertiäres Stickstoffatom besitzt. Seine Formel lautet $CH_3 \cdot N \cdot (CH_2 \cdot CH_2 \cdot OH)_2$. Wegen seines gegenüber Monoäthanolamin fast fünfmal so hohen Preises wird es aber praktisch nicht verwendet.

Um die Beladungsmöglichkeit zu zeigen, sind in den Abb. H-5 und H-6 die Dampfdrücke von CO_2 und H_2S über einer 2-normalen bzw. über einer 2-normalen und einer 5-normalen Diäthanolaminlösung in Abhängigkeit von der in Molen ausgedrückten Beladung aufgetragen. In Abb. H-5 ist der Einfluß gleichzeitig anwesenden Schwefelwasserstoffes, in Abb. H-6 der Einfluß von Normalität und Temperatur zu er-

---

[1] PEARSE, R. L., J. L. ARNOLD u. C. K. HALL: Studies Show Carbonyl Sulfide Problem. Petrol. Refiner 40 (1961) Nr. 8, S. 121/26.

kennen. Um den Vergleich des Verhaltens gegenüber CO_2 und H_2S zu erleichtern, ist in Abb. H-5 auch der Dampfdruck von H_2S für gleiche Beladung, eine Temperatur von 25 °C (= 77 °F) und 2-normale Lösung (20,5 Gew.-%) aus Abb. H-6 übertragen. Die Dampfdruckkurve von H_2S verläuft etwas flacher als die von CO_2 und beide Kurven schneiden sich bei einer Beladung mit CO_2 bzw. H_2S von etwa 0,53 mol je Mol Diäthanolamin. Das bedeutet, daß bei Konzentrationen unterhalb von 0,53 mol/mol bei *alleiniger* Anwesenheit des einen oder des anderen Gas-

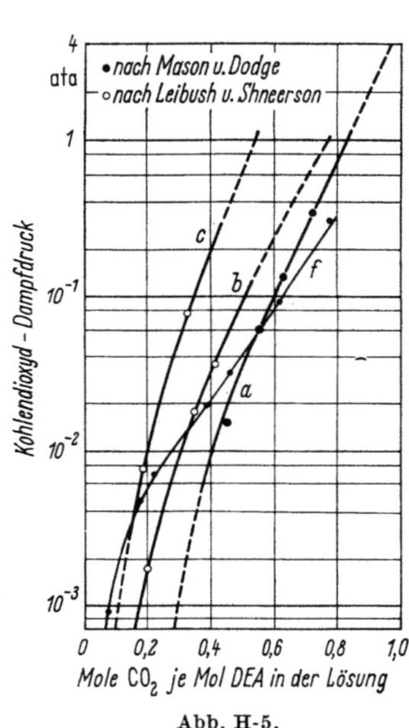

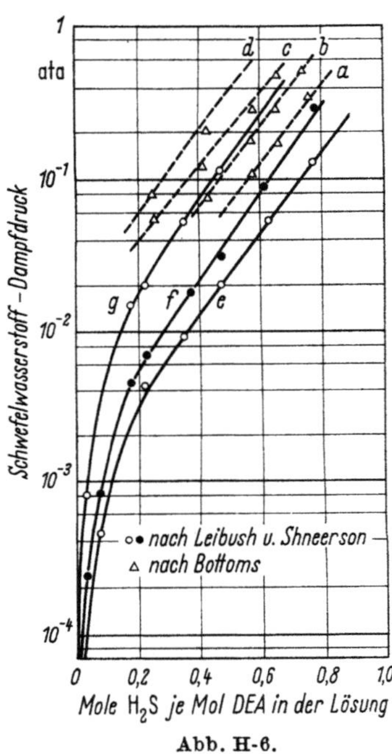

<table>
<tr><td align="center">Abb. H-5.</td><td align="center">Abb. H-6.</td></tr>
</table>

Abb. H-5. Dampfdruck von Kohlendioxyd über 2-normaler wäßriger Diäthanolaminlösung bei 25 °C und gleichzeitiger Beladung mit Schwefelwasserstoff.

a 0,0 Mole H_2S je Mol DEA; *b* 0,126 Mole H_2S je Mol DEA; *c* 0,41 Mole H_2S je Mol DEA.

Zum Vergleich ist die Kurve *f* für gleiche Normalität der Lösung und gleiche Temperatur für Schwefelwasserstoff aus Abb. H-6 eingetragen.

Abb. H-6. Dampfdruck von Schwefelwasserstoff über 2-normaler und 5-normaler wäßriger Diäthanolaminlösung bei verschiedenen Temperaturen.

a 25,5 °C, *b* 35,5 °C, *c* 45,5 °C, *d* 55 °C: rd. 5-n Lösung (entsprechend 50 Gew.-%); *e* 15 °C, *f* 25 °C, *g* 50 °C: 2-n Lösung (entsprechend 20,5 Gew.-%).

begleitstoffes mehr CO_2 als H_2S absorbiert wird, oberhalb dieser Konzentration aber umgekehrt mehr H_2S als CO_2. Bei gleichzeitiger Anwesenheit beider Gase überwiegt das Absorptionsvermögen für H_2S, wie der starke Anstieg des Dampfdruckes für CO_2 bei mäßiger Beladung mit H_2S zeigt. Schließlich ist auch aus Abb. H-7 der Einfluß gleichzeitiger Anwesenheit von CO_2 zu erkennen. Ordinate und Abszisse sind mit denen von Abb. H-6 gleich und die unterste Kurve für 0,0 mol CO_2 je Mol DEA ist identisch mit der Kurve für 2-normale Lösung und 25 °C (= 77 °F) von Abb. H-6.

In der Praxis hat sich erwiesen, daß die Verwendung von 15- bis 20%iger DEA-Lösung am zweckmäßigsten ist, was etwa einer Normalität von N = 1,44 bis 1,93 entspricht. Die zulässige Beladung der Lösung richtet sich nach der gewünschten Reinheit des Gases, weil die Regeneration mit erträglichem Aufwand an Wärme nicht bis zu extrem niedrigen Werten getrieben werden kann. Die oberste Grenze liegt bei etwa 40 m_n^3 H_2S je m^3 Lösung, was bei Diäthanolamin etwa 60 g/l Lösung oder 0,55 mol je Mol DEA entspricht.

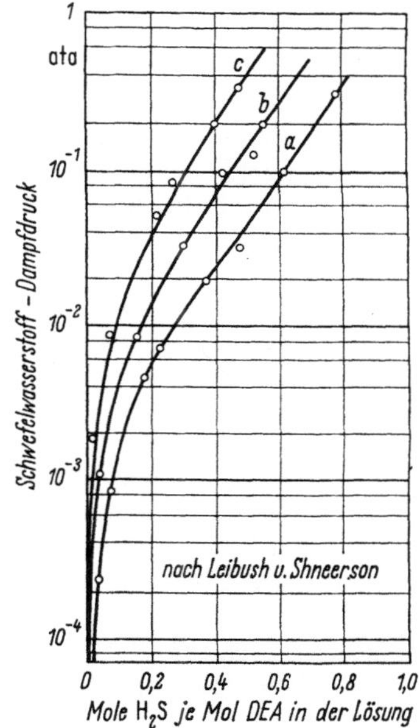

Abb. H-7. Änderung des Dampfdruckes von Schwefelwasserstoff bei 25 °C über 2-normaler Diäthanolaminlösung durch gleichzeitige Anwesenheit von Kohlendioxyd.

a 0,0 Mole CO_2 je Mol DEA;
b 0,186 Mole CO_2 je Mol DEA;
c 0,360 Mole CO_2 je Mol DEA.

Die Waschtürme von Äthanolaminanlagen werden bei Umgebungstemperatur betrieben, weil niedrige Temperaturen die Aufnahmefähigkeit des Waschmittels für die auszuwaschenden Gase begünstigen[1]. Für das Regenerieren der Waschlösung genügt wegen der dafür erforderlichen Temperatur von etwas über 100 °C (bei 1 ata) Dampf mit einem Druck von rd. 3 bis 4 ata. Der Gasdruck darf Werte von 1 ata bis nahezu an 100 ata erreichen. Bei hohen Drücken muß nur überlegt werden, wie die Energie des Waschmittels, das für das Regenerieren entspannt wird, wiedergewonnen werden kann. Ist auch der H_2S-Gehalt hoch, so kann die von der Société Nationale des Petroles d'Aquitaine (SNPA) entwickelte Abart des DEA-Verfahrens mit höherkonzentriertem Waschmittel und kleinen Umlaufmengen Vorteile bieten[2].

---

[1] Vgl. dazu auch R. N. MADDOX u. M. D. BURNS: Here's how to design amine absorbers. Oil Gas J. 65 (18. Sept. 1967) Nr. 38, S. 112/21.
[2] C. J. WENDT jr. u. L. W. DAILEY: Gas Treating: The SNPA Process. Hydrocarb. Procssg. 46 (1967) Nr. 10, S. 155/57.

Um verschiedenen Forderungen hinsichtlich Verringerung der Lösungsmittelverluste und des Wärmeverbrauches gerecht zu werden, wurde die in Abb. H-1, S. 619 wiedergegebene grundsätzliche Schaltung z.B. durch Hinzufügen von Wärmeaustauschern, Aufspaltung des Waschmittelkreislaufes oder beides ergänzt und abgeändert. Durch gleichzeitige Anwendung von Glykol kann das gereinigte Gas auch weitgehend getrocknet werden[1]. Wenn aber zunächst eine Wasserwäsche zwischengeschaltet ist, um das Mitreißen selbst geringster Spuren von Waschmittel zu verhindern, ist eine besondere nachgeschaltete Trocknung mit Glykol, wie sie in Abb. F-16, S. 545 gezeigt ist, die geeignetere Lösung. Sie ist in allen jenen Fällen wichtig, in denen das gereinigte Gas in einem Verfahren mit Katalysatoren benötigt wird, weil für diese die Amine oft Kontaktgifte sind.

Wegen der bei Äthanolaminwäschen zu beachtenden Korrosionen und der dadurch bestimmten Wahl der Werkstoffe wird auf das angeführte Schrifttum verwiesen[2]. Von verschiedenen Fachfirmen werden auch Inhibitoren auf den Markt gebracht, die sich als geeignet erwiesen haben, die Korrosion in Äthanolaminanlagen einzudämmen oder ganz zu unterdrücken.

Mit einem gewissen Aufwand an Apparaten und Betriebsmitteln kann man einen Teilstrom der Waschflüssigkeit aus dem Kreislauf ausschleusen, unter Zusatz von Lauge destillieren, kondensieren und dann in den Kreislauf zurückführen[3]. Dies verringert die Verluste. Es müssen allerdings Wege gefunden werden, den Destillationsrückstand zu beseitigen, doch sind die anfallenden Mengen nicht groß.

Ein für die Wirtschaftlichkeit des Verfahrens wichtiger Punkt muß noch hervorgehoben werden. Durch das Regenerieren der Äthanolaminlaugen erhält man Schwefelwasserstoff in hoher Konzentration, nur verunreinigt durch gleichzeitig ausgewaschene Gase wie Kohlendioxyd oder niedrigsiedende andere Schwefelverbindungen wie Merkaptane. Bei hohen Durchsatzleistungen der Anlagen können die darin enthaltenen Schwefelmengen so groß sein, daß es sich lohnt, sie zu gewinnen. Dafür steht das auf S. 1041ff. zu beschreibende Claus-Verfahren zur Verfügung,

---

[1] Anon.: Glycol-Amine Gas Treating Process. Petrol. Refiner 31 (1952) Nr. 9, S. 234 sowie A. L. KOHL u. F. C. RIESENFELD: a.a.O. S. 25/26. – Obwohl die Ausführungen hauptsächlich auf Anlagen zum Trocknen von Erdgas zugeschnitten sind, können dem Aufsatz D. BALLARD: How to Operate a Glycol. Plant. Hydrocarb. Procssg. 45 (1966) Nr. 6, S. 171/80 allgemein brauchbare Angaben entnommen werden.

[2] Vgl. Fußn. 2, S. 629, dazu F. C. RIESENFELD u. C. L. BLOHM: Corrosion Resistance of Alloys in Amine Gas Treating Systems. Petrol. Refiner 30 (1951) Nr. 10, S. 107/15. – CONNORS, J. S.: Design amine treaters to minimize corrosion. Gas Conditioning Conference. Norman/Oklahoma, 6. u. 7. März 1957. – COMEAUX, R. V.: A New Look at MEA Corrosion. Petrol. Refiner 41 (1962) Nr. 5, S. 141/43. – MOORE, K. L., u. D. B. BIRD: How to Reduce Hydrogen Plant Corrosion. Hydrocarb. Procssg. 44 (1965) Nr. 5, S. 179/84. – BALLARD, D.: How to Operate an Amine Plant. ebd. 45 (1966) Nr. 4, S. 137/44. – DINGMAN, J. C., D. L. ALLEN u. T. F. MOORE: Minimize Corrosion in MEA Units; ebd. 45 (1966) Nr. 9, S. 285/90. – KOHL, A. L., u. F. C. RIESENFELD: a.a.O. S. 18/86.

[3] BUTWELL, K. F.: How to Maintain Effective MEA Solutions. Hydrocarb. Procssg. 47 (1968) Nr. 4, S. 111/13.

das Schwefelwasserstoff katalytisch zu elementarem Schwefel umsetzt. Diese Möglichkeit der Schwefelgewinnung spielt bei den in den folgenden Abschnitten zu beschreibenden Verfahren ebenfalls eine Rolle.

c) Die Alkazid- und die Pottascheverfahren

Auf die Wichtigkeit, die Waschlösungen leicht regenerieren zu können, wurde einleitend hingewiesen. Sie müssen deshalb in der Wärme leicht die aufgenommenen Gasbegleitstoffe wieder abgeben können. Dieses Erfordernis schließt die Anwendung starker Basen aus, auch wenn diese für die Reinigung der Gase von H_2S und CO_2 gut geeignet wären. Benutzt man aber die durch starke Basen und schwache Säuren gebildeten Salze in wäßriger Lösung, so hat man den Vorteil alkalischer, gut gepufferter Verbindungen, deren p_H-Wert sich bei Aufnahme der zu absorbierenden Gasbegleitstoffe schwach sauren Charakters nur wenig ändert. Sie lassen sich außerdem leicht regenerieren. Wegen der für die praktische Verwendung erwünschten Wasserlöslichkeit kommen vor allem Natrium- und Kaliumsalze in Frage[1]. Hier sollen zunächst die mit Alkalisalzen von Aminokarbonsäuren arbeitenden *Alkazid*-Verfahren beschrieben werden[2].

Man verwendet drei, in ihren Eigenschaften voneinander abweichende Lösungen für unterschiedliche Verwendungszwecke, und zwar

Alkazidlauge M zur Entfernung von H_2S oder CO_2, wenn allein vorhanden, oder zur gleichzeitigen Entfernung beider Stoffe;

Alkazidlauge Dik zur selektiven Entfernung von H_2S allein aus Gasen, die auch CO_2 enthalten, ohne daß dieses abgetrennt werden soll und

Alkazidlauge S zur Entfernung von H_2S oder CO_2 allein für sich oder gemeinsam aus Gasen, die größere Mengen von Blausäure, Ammoniak, Schwefelkohlenstoff, Merkaptane und selbst Staub und Teer enthalten.

Für die beiden zuerst genannten Laugen sind Verbindungen wie das

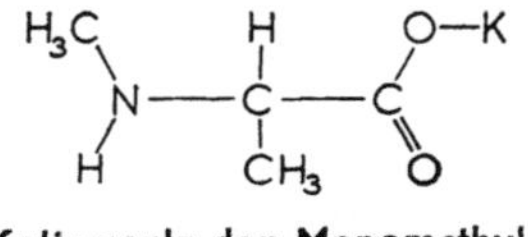

bzw. das

Kaliumsalz der Monomethylaminoisopropylsäure

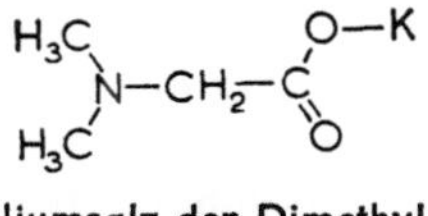

Kaliumsalz der Dimethylaminoessigsäure

oder die entsprechenden Natriumverbindungen kennzeichnend.

Die Zusammensetzung der Alkazidlauge S weicht von der der beiden anderen ab. Sie besteht aus Alkaliphenolaten oder deren Abkömmlingen.

---

[1] Vgl. auch dazu A. L. KOHL u. F. C. RIESENFELD: a. a. O. S. 115 ff.

[2] Vgl. dazu H. BÜTEFISCH: Die Bedeutung der physikalischen Chemie für die chemische Großindustrie. Chem. Fabrik 8 (1935) dort S. 228/29. – BÄHR, H.: Die Reinigung von Gasen nach dem I.G.-Alkazid-Verfahren und die Gewinnung von Schwefel nach dem I.G.-Claus-Verfahren. Chem. Fabrik 11 (1938) 283/93; Refiner natur. gasol. manufact. 17 (1938) Nr. 6 S. 237/44. – LUEHDEMANN, R., G. NOTTES u. H.-G. SCHWARZ: The Alkazid process. Oil Gas J. 57 (3. August 1959) Nr. 32, S. 100/04. – PASTERNAK, R.: Abtrennung und Wiedergewinnung von Schwefelwasserstoff aus Gasen mit höheren CO_2-Gehalten. Brennst.-Chem. 43 (1962) 65/67. – Ders.: Versuche zur Auswaschung aus Winkler-O-Wassergas mittels Äthanolaminen und Alkazidlauge DIK. Brennst.-Chem. 44 (1963) 105/10.

Anlagen, die mit Alkazidlaugen arbeiten, haben vor und während des Krieges in den Hydrier- und Synthesewerken in Mitteleuropa ausgedehnte Anwendung gefunden. Seither wurden noch verschiedene Anlagen in mehreren Ländern Nord- und Westeuropas sowie in Übersee errichtet. Ihr Vorteil liegt darin, daß wegen der sehr niedrigen Dampfdrücke die unerwünschten Begleitstoffe bis auf Spuren entfernt werden können; dies ist besonders für die Zwecke der Synthese wichtig. Das Arbeiten unter Druck ist günstig. Man kann die Laugen maximal mit etwa 30 m_n^3 H_2S oder CO_2 je m^3 beladen, was einer Konzentration von etwa 0,64 mol je Mol Alkazidsalz oder etwa 45 g/l Lösung bei H_2S und etwa 60 g/l Lösung bei CO_2 entspricht. Die Waschtürme von Alkazidanlagen werden bei Umgebungstemperatur betrieben. Hervorzuheben ist ferner die hohe Selektivität der Dik-Lauge für H_2S. Mit dieser gelingt es, aus Gasen mit wenig H_2S und viel CO_2 eine Sauergasfraktion auszuwaschen, die reich an H_2S und für die Verwertung in einer Claus-Anlage geeignet ist. Diese Arbeitsweise erfordert möglichst tiefe Waschtemperaturen. Doch muß man dann die hohe Zähigkeit der Lauge und die Gefahr der Kristallbildung beachten. Außerdem muß man kurze Kontaktzeiten anwenden, um den bereits auf S. 623 erwähnten Unterschied der Reaktionsgeschwindigkeiten für H_2S und CO_2 auszunutzen. Allerdings sind die erzielten Reinheiten in einer solchen Selektivwäsche nicht so hoch wie bei Verwendung der weniger selektiven M-Lauge.

Nachteilig ist der verhältnismäßig hohe Preis der Laugen und die Notwendigkeit, bei Temperaturen von 50 °C aufwärts rostfreie Stähle zu verwenden. Auch Aluminium hat sich bewährt in Bereichen der Anlage, in denen der p_H-Wert mit Sicherheit unter 7 gehalten werden kann.

Ebenfalls mit der wäßrigen Lösung des Salzes einer starken Base und einer schwachen Säure arbeitet die *Heißpottasche*wäsche, die vornehmlich zur Entfernung von CO_2 dient[1]. Das Verfahren, das bereits um die Jahrhundertwende bekannt war, wurde im Rahmen der Arbeiten des U.S. Bureau of Mines neu entwickelt. Diese Arbeiten hatten den Zweck, die Gewinnung flüssiger Kraftstoffe aus festen Brennstoffen über den bis Kriegsende in Deutschland erzielten Stand hinausgehend weiterzuführen[2]. Es sollte besonders bei hohen CO_2-Gehalten wirtschaftlich sein und bei

---

[1] Vgl. B. O. Buck u. A. R. S. Leitch: Try Gas Treating With Hot Carbonate. Petrol. Refiner 37 (1958) Nr. 11, S. 241/46. – Palo, R. O., u. J. B. Armstrong: How CO_2 Removal Plants Are Working; ebd. Nr. 12, S. 123/28. – Tosh, J. S., J. H. Field, H. E. Benson u. W. P. Haynes: Equilibrium study of the system potassium carbonate, potassium bicarbonate, carbon dioxide, and water. U.S. Bur. Mines, Rep. Invest. (1959) Nr. 5484. – Goolsbee, J. A., u. H. K. McLaughlin: New Potassium Carbonate Process. Petrol. Refiner 39 (1960) Nr. 1, S. 159/60. – Benson, H. E., u. J. H. Field: New Data for Hot Carbonate Process; ebd. Nr. 4, S. 127/32. – Benson, H. E.: Hot Carbonate Plants: How Pressure Affects Costs; ebd. 40 (1961) Nr. 4, S. 107/08. – Bocard, J. P., u. B. J. Mayland: New Charts for Hot Carbonate; ebd. 41 (1962) Nr. 4, S. 128/32. – Kohl, A. L., u. F. C. Riesenfeld: a. a. O. S. 137 ff.

[2] Benson, H. E., J. H. Field u. R. M. Jimeson: CO_2 absorption employing hot potassium carbonate solutions. Chem. Engng. Progress 50 (1954) 356/64. – Benson, H. E., J. H. Field u. W. P. Haynes: Improved process for CO_2 absorption uses hot carbonate solution; ebd. 52 (1956) 433/38.

möglichst hohen Temperaturen arbeiten, um das bei der Druckwasserwäsche notwendige Abkühlen der Gase zu vermeiden. Als Absorptionsmittel dient eine konzentrierte wäßrige Pottaschelösung (bis 30% K_2CO_3) nahe unter deren Siedepunkt bei dem angewendeten Druck. Dieser kann 70 atü und mehr betragen[1]. Der Vorteil des Verfahrens liegt darin, daß der Dampfbedarf gering ist, wenn das Gas heiß zur Verfügung steht, also im Falle von Vergasungsprozessen. Es hat deshalb mit dem Vordringen der Gasgewinnung aus Erdölfraktionen Bedeutung gewonnen. Die Pottaschelösung gibt bereits beim Entspannen in den Regenerierturm einen großen Teil der absorbierten Kohlensäure ab. Ein weiterer Vorteil liegt darin, daß kein Wärmeaustausch zwischen armer und reicher Lösung erforderlich ist. Der Wärmebedarf der ganzen Anlage wird durch die im Sumpf der Abtreibekolonnen zuzuführende Wärme gedeckt, die jedoch verhältnismäßig gering ist. Die erzielte Reinheit des Gases genügt nicht immer. Deshalb muß mitunter noch ein zweiter Prozeß nachgeschaltet werden[2]. Es läßt sich aber auch durch die Kühlung eines Teilstromes der armen Lösung und dessen Aufgabe auf den Kopf des Absorbers eine Verringerung des CO_2-Gehaltes im gereinigten Gas erzielen. Das Schema einer solchen Anlage ist in Abb. H-8 wiedergegeben.

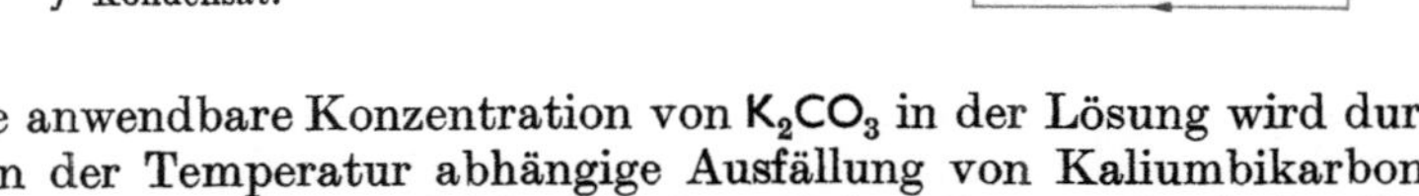

Abb. H-8. Schematisches Fließbild einer Heißpottaschewäsche mit gekühltem Teilstrom der armen Lösung.

a Waschturm (Absorber);
b Regenerierturm;
c Trenngefäß;
d Rohgas;
e Reingas;
f Reiche Lösung;
g Arme Lösung;
h Kohlendioxyd;
j Kondensat.

Die anwendbare Konzentration von K_2CO_3 in der Lösung wird durch die von der Temperatur abhängige Ausfällung von Kaliumbikarbonat $KHCO_3$ bestimmt. Dieses bildet sich in wäßriger Lösung durch das Kohlendioxyd nach der Formel

$$K_2CO_3 + H_2O + CO_2 = 2\,KHCO_3 . \tag{H-5}$$

Aus den Kurven der Abb. H-9 kann man die Grenzwerte der in K_2CO_3-Äquivalenten gemessenen Konzentrationen ablesen, bei welchen $KHCO_3$ ausgefällt wird, und zwar ist jeweils das links bzw. oberhalb der Kurven liegende Diagrammfeld das der Ausfällung. Man kann daraus entnehmen, daß vollkommene Löslichkeit der Bikarbonate, also 100% im Diagramm, bei einer K_2CO_3-Konzentration von 40% nur bei Temperaturen oberhalb

---

[1] Vgl. dazu die in Fußn. 1, nebenstehend genannte Arbeit von BENSON: Petrol. Refiner 40 (1961) Nr. 4, S. 107/08.

[2] Diesbezügliche Vergleiche sind in der in Fußn. 1, S. 619 erwähnten Arbeit von MULLOWNEY angestellt.

von 115 °C (= 240 °F) zu erreichen ist. Wäre die Konzentration 45%, so könnte bei derselben Temperatur nur knapp 70% davon als Bikarbonat gelöst bleiben. Da im Betrieb auch mit niedrigeren Temperaturen gerechnet werden muß, wählt man sicherheitshalber die K_2CO_3-Konzentration selten höher als 30%[1].

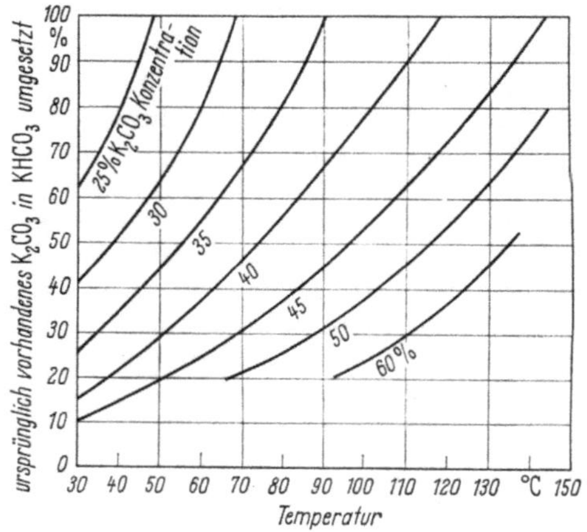

Abb. H-9. Grenzkurven der Löslichkeit von Kaliumbikarbonat ($KHCO_3$) in K_2CO_3-Lösungen in Abhängigkeit von der K_2CO_3-Konzentration und von der Temperatur (Erläuterung im Text).

Mit heißer Pottaschelösung kann auch H_2S absorbiert und durch Regeneration wiedergewonnen werden. Doch lassen sich mangels Selektivität dadurch keine besonderen Vorteile gegenüber den bereits beschriebenen Verfahren erzielen. Auch wird die Gefahr der Korrosion durch die Pottaschelösung bei Anwesenheit von Schwefelwasserstoff oder anderen Schwefelverbindungen noch weiter erhöht. Deshalb kommt das Verfahren vor allem zur Entfernung von Kohlendioxyd allein in Frage, d.h. also dann, wenn das zu reinigende Gas entweder an sich schwefelarm ist oder der Schwefel bereits vor der Heißpottaschewäsche weitgehend entfernt wurde. Dieser letzte Fall ist neuerdings bei Anlagen zur Erzeugung von Stadtgas aus Erdölprodukten von Interesse. Es kommt dabei nicht darauf an, CO_2 bis auf Spuren zu entfernen, sondern nur in dem Maße, als es für Dichte und Heizwert des Gases erforderlich ist.

In einigen mit heißer Pottasche betriebenen Anlagen fand man, daß sich mit der Zeit im Waschmittel Kaliumformiat ($KO \cdot OCH$) und Kaliumsulfat (K_2SO_4) anreichern, insbesondere wenn in dem zu reinigenden Gas Spuren von Sauerstoff und Kohlenmonoxyd bzw. Schwefel vorhanden sind. Das Salz der Ameisensäure bildet sich offenbar durch eine sehr langsam ablaufende Reaktion zwischen Kohlenmonoxyd und freien Hydroxyl-Ionen und die Bildung des Sulfates läßt sich nur durch Reaktionen erklären, die zu SO_3''-Ionen führen.

---

[1] Vgl. dazu auch G. E. MAPSTONE: Hot Carbonate Process Calculations. Hydrocarb. Procssg. 45 (1966) Nr. 3, S. 145/48.

Um die Verminderung der Wirksamkeit des Waschmittels zu beseitigen, wurden im Laufe der Zeit verschiedene Zusätze zur Pottaschelösung empfohlen, die teilweise auch einen wirksamen Schutz gegen Korrosion bilden[1]. Die Verwendung eines nicht näher gekennzeichneten Katalysators ist vor allem in den Vereinigten Staaten von Amerika unter dem Namen „Catacarb Process" bekannt geworden[2].

d) Gaswäschen mit Arsenlösungen und andere Oxydationsverfahren

Die beiden bekannt gewordenen Gaswaschverfahren, die Arsenlösungen verwenden und die praktische Bedeutung erlangt haben, gehören in die größere Gruppe der Oxydationsverfahren. Bei diesen kann der von der Waschlösung aufgenommene Schwefelwasserstoff mit Hilfe des Sauerstoffes der Luft direkt zu elementarem Schwefel umgesetzt werden. Es wurden verschiedene Gaswaschverfahren entwickelt, die dieses Ziel anstreben und von denen einige in der Gasindustrie angewendet wurden[3]. Da sie aber in Raffinerien nicht benutzt werden, bleiben sie hier außer Betracht. Eine Ausnahme bilden das sog. Thylox-Verfahren und das Giammarco-Vetrocoke-Verfahren, die beschrieben werden sollen. Bei beiden dienen Arsenlösungen als Waschmittel, doch bestehen wesentliche Unterschiede zwischen ihnen[4].

Das Ende der Zwanziger Jahre von der Koppers Comp Inc, Pittsburgh/Pa eingeführte *Thylox*-Verfahren verwertet die beiden folgenden Reaktionen, und zwar für die Absorption

$$Na_4As_2S_5O_2 + H_2S \rightarrow Na_4As_2S_6O + H_2O, \qquad \text{(H-6a)}$$

für die Regeneration (Oxydation)

$$Na_4As_2S_6O + 1/2\ O_2 \rightarrow Na_4As_2S_5O_2 + S \qquad \text{(H-6b)}$$

durch Austausch je eines S- und eines O-Atoms in Natriumthioarsenaten. Das Arsen ist dabei ständig in seiner fünfwertigen Form vorhanden. Die *Absorption* verläuft verhältnismäßig langsam, die Oxydation aber sehr schnell.

Dieses Verfahren fand weite Verbreitung sowohl in Kokereien und in Gaswerken wie auch zur Reinigung von Erdgas und Raffineriegasen. Wegen der geringen Geschwindigkeit der Absorption ist aber mit wirtschaftlich vertretbaren Abmessungen der Apparaturen keine so weitgehende Entfernung des Schwefelwasserstoffes zu erreichen, wie heute vielfach für die Ferngasversorgung oder für die chemische Synthese verlangt wird. Die Nachschaltung von Trockenreinigungsanlagen kommt

---

[1] Zum Beispiel gemäß DBP 1074201 vom 13. Dez. 1955 (Verfahren zur Auswaschung saurer Bestandteile aus Gasen).

[2] EICKMEYER, A. G.: Catalytic removal of CO_2. Chem. Eng. Progress 58 (1962) Nr. 4, S. 89/91.

[3] Vgl. dazu A. L. KOHL u. F. C. RIESENFELD: a.a.O. S. 240 bis 311. – GLUUD, W., G. SCHNEIDER u. H. WINTER: a.a.O. Bd. II, S. 98ff.

[4] KRAUS, H., u. F. FISCHER: Ein Vergleich des Thylox- und Giammarco-Vetrocoke-Verfahrens bei der Absorption von Schwefelwasserstoff. Gas- und Wasserfach 104 (1963) 486/89.

aber wegen deren großem Platzbedarf und der umständlichen Bedienung für die in neuen Betrieben durchzusetzenden großen Mengen nicht in Frage.

Deshalb gewann das mit dreiwertigem Arsen in der Waschlösung arbeitende sog. *Giammarco-Vetrocoke*-Verfahren in letzter Zeit Bedeutung.

Zahlentafel H-1. *Unterschiede zwischen dem Thylox- und dem Giammarco-Vetrocoke-Verfahren zur Auswaschung von Schwefelwasserstoff aus Gasen*

		Thylox	Giammarco-Vetrocoke
Gehalt der Laugen an As^{III} als As_2O_3 berechnet	g/l	—	30
Gehalt der Laugen an As^V als As_2O_3 berechnet	g/l	7	30
Absorption des Schwefelwasserstoffes durch		As^V	As^{III}
Im Reingas erreichbarer H_2S-Gehalt	ml_n/m_n^3	etwa 100	<2
Nebenreaktionen, bezogen auf die absorbierte H_2S-Menge	%	>20	<3
Zusatzbeladung der Lauge mit H_2S, als Schwefel berechnet	kg/m³	0.3	5

Die kennzeichnenden Unterschiede beider Verfahren sind in Zahlentafel H-1 nach KRAUS und FISCHER zusammengestellt. Die Vorteile des Vetrocoke-Verfahrens liegen im niedrigen Schwefelgehalt des gereinigten Gases sowie darin, daß der geringe Anteil der Nebenreaktionen keine aufwendige Aufarbeitung der Waschlaugen erfordert. Beiden Verfahren haftet allerdings der Nachteil an, daß die Verwendung giftiger Waschmittel besondere Vorsichtsmaßnahmen im Betrieb erfordert.

Für die beim Giammarco-Vetrocoke-Verfahren ablaufenden Reaktionen wird folgendes Schema angegeben, und zwar für die Absorption

$$Na_3AsO_3 + H_2S \rightarrow Na_3AsO_2S + H_2O. \qquad \text{(H-7)}$$

Das dreiwertige Arsen der hier verwendeten Thioarsenite reagiert *viel* schneller als das fünfwertige. Wenn man daher die Waschmittelmenge so groß wählt, daß genügend As^{III} für die Absorption vorhanden ist, kommt das gleichzeitig anwesende As^V nicht zur Wirkung. Erst bei der folgenden sog. Digestion entsprechend

$$Na_3AsO_2S + Na_3AsO_4 \rightarrow Na_3AsO_3S + Na_3AsO_3 \qquad \text{(H-8)}$$

wird das Thioarsenit mit dem Arsenat der Lauge in Monothioarsenat umgewandelt. Da diese Reaktion längere Zeit beansprucht, verläuft sie praktisch erst im Sumpf der Waschkolonne und selbst noch im Oxydateur. Sie wird durch höhere Temperaturen sehr beschleunigt wie Abb. H-10 zeigt. Mit Hilfe des Sauerstoffes der in den Oxydateur eingeblasenen Luft muß zunächst bei der Oxydation gemäß

$$Na_3AsO_3 + 1/2\,O_2 \rightarrow Na_3AsO_4 \qquad \text{(H-9)}$$

das dreiwertige Arsen in fünfwertiges umgewandelt werden. Zur Beschleunigung dieser ebenfalls sehr langsam ablaufenden Reaktionen benutzt man Katalysatoren, wie z. B. Hydrochinon. Gleichzeitig wird aber auch nach der Formel

$$Na_3AsO_3S \rightarrow Na_3AsO_3 + S \qquad \text{(H-10)}$$

elementarer Schwefel von dem bei der Digestion gebildeten Monothioarsenat abgespalten, und zwar begünstigt durch die bei der Oxydation auftretende Verringerung des p_H-Wertes. Diese genügt bereits, wenn sie etwa 0,3 bis 0,4 Einheiten beträgt. Wegen weiterer Einzelheiten muß auf das Schrifttum verwiesen werden[1].

Es sind nur noch zwei Merkmale dieses Verfahrens zu erwähnen. Auch bei Anwesenheit großer Mengen von Kohlendioxyd lassen sich bezüglich des Schwefelgehaltes im Gas die gewünschten hohen Reinheiten erzielen. Außerdem ist es möglich, durch Änderung der Zusammensetzung der Lauge es auch für die Entfernung von Kohlendioxyd anzuwenden[2]. Doch ist diese Möglichkeit von geringerem Interesse gegenüber der Tatsache, daß der Schwefel in elementarer Form gewonnen werden kann. Wenn also beim Verarbeiten schwefelarmer Einsatzprodukte Gasmengen auf sehr

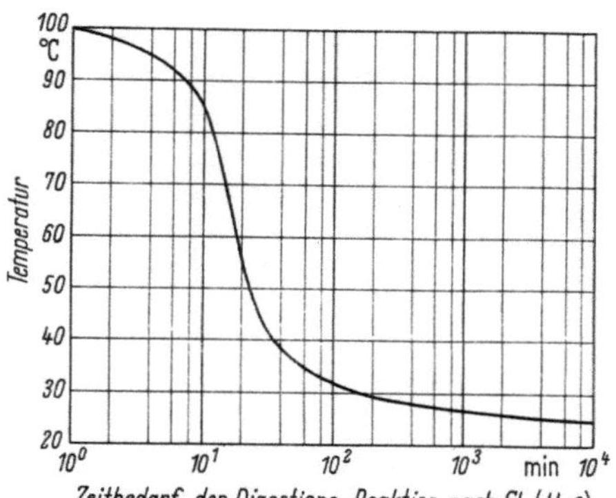

Abb. H-10. Zeitbedarf der sog. Digestionsreaktion beim Giammarco-Vetrocoke-Verfahren in Abhängigkeit von der Temperatur, nach KRAUS und FISCHER.

niedrige Schwefelgehalte zu reinigen sind, die dabei insgesamt anfallenden Mengen jedoch so klein sind, daß z. B. die Gewinnung des Schwefels aus H_2S-reichem Abgas der Regenerierstufe eines anderen Verfahrens in einer besonderen Claus-Anlage zu aufwendig wäre, kann das Giammarco-Vetrocoke-Verfahren vorteilhaft sein. Dazu kommt, daß es *auch* bei höheren Temperaturen arbeiten kann und sich daher – bei Bedarf – mit einer nachgeschalteten Heißpottaschewäsche wärmetechnisch günstig verbinden läßt, wie z. B. hinter Vergasungsanlagen.

Bei den mit arsenhaltigen Waschlösungen arbeitenden Verfahren ist es nicht zu vermeiden, daß der Schwefel etwas Arsen enthält. Dies beeinträchtigt den Erlös, auch wenn die Mengen nur 0,1 bis 0,2 Gew.-% betragen. Deshalb wurde ein Verfahren entwickelt, durch das der Arsengehalt des Schwefels auf 20 mg/kg und weniger gesenkt werden kann[3].

Vor einigen Jahren wurde in England unter dem Namen *Stretford*-Verfahren noch eine Gaswäsche zur Entfernung von Schwefelwasserstoff

---

[1] Vgl. außer den bereits erwähnten Arbeiten noch F. C. RIESENFELD u. J. F. MULLOWNEY: Giammarco-Vetrocoke-Processes. Petrol. Refiner 38 (1959) Nr. 5, S. 161/68 mit zahlreichen Schaltbildern.

[2] Vgl. dazu A. L. KOHL u. F. C. RIESENFELD: a. a. O. S. 151 sowie F. C. RIESENFELD u. J. F. MULLOWNEY: a. a. O.

[3] LESCHHORN, F., u. F. FISCHER: Reinigung von arsenhaltigem Schwefel. Erdöl u. Kohle Bd. 21 (1968) S. 468/71.

entwickelt, bei der der Schwefel so wie bei den vorbeschriebenen Verfahren in der Regenerationsstufe durch Oxydation elementar gewonnen werden kann[1]. Das Verfahren hat gegenüber den Arsenwäschen den Vorteil, daß die als Waschmittel verwendete alkalische Lösung des Natriumsalzes der Anthrachinon-1,6 bzw. 2,7-disulfosäure ($C_{14}H_8O_8S_2$) nicht so giftig ist. Der für den Ablauf der gewünschten H_2S-Absorption günstige p_H-Wert von etwa 8,5 bis 9,5 läßt sich durch Zugabe von Soda (Na_2CO_3) oder von Bikarbonat ($NaHCO_3$) einstellen. Wenn Ammoniak in dem zu reinigenden Gas anwesend ist, wie es bei der Steinkohlenentgasung vorkommt, kann auch dieses dazu dienen, die erforderliche Alkalität der Waschlösung zu erreichen. Die beiden angeführten Quellen heben die Wirtschaftlichkeit des Verfahrens hervor. Da erst wenige Anlagen in Betrieb sind, muß die weitere Entwicklung abgewartet werden.

Schließlich ist hier noch das mit 1,4-Naphthachinon-2-sulfonsaurem Natrium

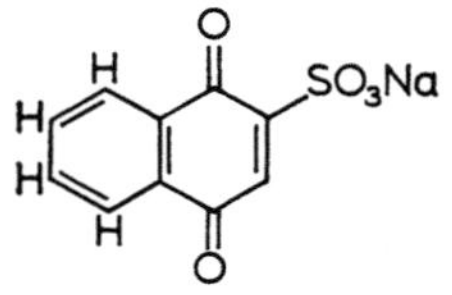

arbeitende *Takahax*-Verfahren zu nennen[2]. Es wurde in Japan entwickelt und wird sowohl für Koksofengas wie auch für Gase aus Ölvergasungsanlagen verwendet. Hoher CO_2-Gehalt soll nicht stören. Einige Thylox-Anlagen wurden auf Betrieb mit diesem ungiftigen Waschmittel umgestellt. Die Teilchen des anfallenden Elementarschwefels sind sehr klein. Deshalb macht die Entwässerung auf die in Handelsware zugelassenen Werte mit üblichen Einrichtungen Schwierigkeiten. Sie wurden aber nach der zitierten Quelle mit Hilfe von Druckfiltern überwunden.

e) Sonstige Verfahren mit chemisch und physikalisch wirkenden Waschmitteln

Bei einer Reihe von gebräuchlichen Waschverfahren kann keine scharfe Grenze zwischen einer rein physikalischen Absorption – einem Vorgang, bei dem das Absorbens chemisch überhaupt nicht verändert wird – und einer Chemosorption gezogen werden. Der Übergang von der Bindung durch intermolekulare Kräfte zu der durch intramolekulare Kräfte ist fließend, und die Veränderung dieser Kräfte durch Änderung der Temperaturen gibt die Möglichkeit, Absorption und Desorption (Regeneration) technisch zu nutzen. Deshalb kann das diesbezügliche Verhalten der Waschmittel kaum für eine Einteilung der Verfahren verwendet werden, obwohl die auf S. 623 f. erläuterte theoretische Unterscheidung der beiden Grenzfälle für das Verständnis der Vorgänge sehr nützlich ist. Hier sollen

---

[1] NICKLIN, T., u. E. BRUNNER: How Stretford Process Is Working. Petrol. Refiner 40 (1961) Nr. 12, S. 141/46. – ROSENDAHL, F.: Das Stretford-Verfahren zur Entfernung von Schwefelwasserstoff aus Gasen. Energietechn. 13 (1963) 183/86.

[2] HASEBE, N.: Das Takahax-Verfahren zur nassen Gasentschwefelung. Gas- u. Wasserfach 107 (1966) 161/67.

noch einige Verfahren erwähnt werden, bei denen Waschmittel angewendet werden, die sowohl chemisch wie physikalisch wirken.

Das seinerzeit von der Shell Development Co vorgeschlagene Kaliumphosphatverfahren (mit K_3PO_4) wird heute wohl nicht mehr angewendet[1]. Statt dessen wurde zunächst das sog. *Adip*-Verfahren entwickelt[2]. Die Zusammensetzung des Waschmittels ist in der genannten Arbeit nicht angegeben; es wurden später adipinsaure Kalium- und Natriumsalze genannt[3]. Heute wird hauptsächlich Diisopropanolamin [DIPA, HN $(CH_2 \cdot CHOH \cdot CH_3)_2$] benutzt. Bei diesem Waschmittel können ähnliche Eigenschaften wie bei den Äthanolaminen erwartet werden. Die Molmasse liegt mit 133,1 g/mol zwischen der von Diäthanolamin und der von Triäthanolamin. Das gleiche gilt vom Siedepunkt. Laut Bericht von BALLY wurden einige für die Verwendung von Äthanolamin gebaute Wäschen mit gutem Erfolg auf die Adip-Lösung umgestellt. Diese wirkt – so wie die bereits besprochenen Amine – vornehmlich durch Chemosorption. Es hat sich gezeigt, daß sich durch Kombination mit einem organischen, jedoch physikalisch wirkenden Waschmittel günstige Betriebsbedingungen schaffen lassen. Dies hat zur Entwicklung des *Sulfinol*-Verfahrens geführt[4]. Das dafür verwendete Sulfinol ist eine wäßrige Lösung von Diisopropanolamin (Adip) und von Tetrahydrothiophendioxyd (Sulfolan), dessen Strukturformel die Form

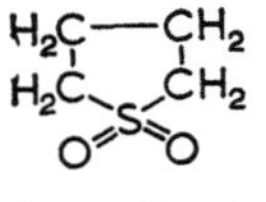

$$\begin{array}{ccc} H_2C & \!\!\!\!—\!\!\!\! & CH_2 \\ | & & | \\ H_2C & & CH_2 \\ & S & \\ O \!\!\nearrow & & \nwarrow\!\! O \end{array}$$

hat (Siedepunkt 287 °C, Schmelzpunkt 28 °C)[5]. Dieses kann in dem für die Petrolchemie wichtigen Sulfolan-Verfahren auch zur Extraktion von

---

[1] Vgl. Anon.: Phosphate Desulfurization (Shell). Petrol. Refiner & natur. Gasol. Manufact. 18 (1939) Nr. 8, S. 334; 35 (1956) 295.

[2] BALLY, A. P.: Auswaschung von Schwefelwasserstoff und Carbonylsulfid nach dem Shell-Adip-Verfahren. Erdöl u. Kohle 14 (1961) 921/23. Dort Angaben über Partialdrücke von H_2S über beladenem Waschmittel.

[3] Die Adipinsäure (Butandikarbonsäure) hat die Formel

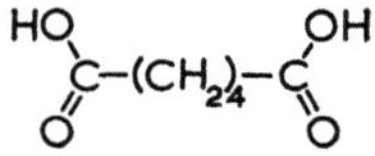

$$\begin{array}{ccc} HO & & OH \\ \diagdown & & \diagup \\ C\!-\!(CH_2)_4\!-\!C \\ \diagup & & \diagdown \\ O & & O \end{array}$$

[4] DEAL, C. H., C. L. DUNN, E. S. HILL, M. N. PAPADOPOULOS u. K. E. ZARKER: Sulfinol – a new process for gas purification. 6. Welt-Erdöl-Kongreß, Frankfurt/Main 1963, Bericht IV/32. – DUNN, C. L., E. R. FREITAS, J. W. GOODENBOUR, H. T. HENDERSON u. M. N. PAPADOPOULOS: New Pilot Data on Sulfinol Process. Petrol. Refiner 43 (1964) Nr. 3, S. 150/54. – Dies.: Sulfinol Process bids for acid-gas removal jobs. Oil Gas J. 62 (16. März 1964) Nr. 11, S. 95/98. – DUNN, C. L., E. R. FREITAS, E. S. HILL u. J. E. R. SHEELER jr.: Shell reveals commercial data on Sulfinol process. Oil Gas J. 63 (29. März 1965) Nr. 13, S. 89/92. – Dies.: First Plant Data From Sulfinol Process. Hydrocarb. Procssg. 44 (1965) Nr. 4, S. 137/40. – VAN DIJK, W. G. J., u. J. G. TÖNIS: Das Shell-Sulfinol-Verfahren. Erdöl u. Kohle 19 (1966) 404/06. – KLEIN, J. P.: Neue Erfahrungen mit dem Adip- und dem Sulfolanverfahren, ebd. 23 (1970) 84/86.

[5] VAN HAELST, R.: Physical Properties of Sulfolane. Hydrocarb. Procssg. 47 (1968) Nr. 12, S. 176.

Aromaten aus flüssigen Produkten benutzt werden. Es nimmt so wie die vorerwähnte Adip-Lösung aus dem Gas auch Kohlenoxysulfid (COS) auf, das offenbar durch das wäßrige Waschmittel zunächst verseift und dann als H_2S und SO_2 neutralisiert wird.

Wegen der durch das Sulfolan verstärkten physikalischen Absorption, deren Wirkung S. 624 erläutert wurde, eignet sich das Sulfinol-Verfahren insbesondere für die Reinigung von Gasen, die unter höherem Druck stehen und mittlere bis große Mengen von H_2S und CO_2 enthalten. Als Vorzüge des Verfahrens werden Stabilität des Waschmittels genannt, weiterhin die Möglichkeit, in den Anlagen fast ausschließlich Kohlenstoffstähle zu verwenden, weil kaum Korrosionen festzustellen sind. Der Dampfdruck ist bei den üblichen Arbeitstemperaturen gering. Infolge der hohen Dichte von 1,20 g/ml bei 100 °C sind die Verluste niedrig. Weiterhin ist die spezifische Wärme mit 0,4 kcal/kg grd kleiner als bei wäßrigen Aminolösungen allein, was den Dampfverbrauch zum Regenerieren ermäßigt. Schließlich sind die sehr große Zähigkeit von 2,5 cP bei 100 °C und die auffallend niedrige Oberflächenspannung von 3,0 dyn/cm günstig, um ein Schäumen zu verhindern. Die Sulfinollösung kann allerdings mehr Kohlenwasserstoffe aufnehmen als Aminolösungen. Daher eignet sie sich weniger für ein Entschwefeln von Raffineriegasen, die meist gewisse Mengen der niedrigstsiedenden Erdölkomponenten enthalten. Sie würden sich z. B. bei der Verarbeitung der H_2S-haltigen Gase auf elementaren Schwefel in einer Claus-Anlage durch Dunkelfärben des Schwefels unliebsam bemerkbar machen.

Als weitere Waschmittel, die sich besonders für die Entfernung von Kohlendioxyd eignen, werden noch

$$\text{Kaliumtaurinat} \quad KO_3S-CH_2-CH_2-NH_2$$

$$\text{Kalium-N-methyltaurinat} \quad KO_3S-CH_2-CH_2-N\overset{CH_3}{\underset{H}{\big|}} \quad \text{und}$$

$$\text{Kalium-N-dimethyltaurinat} \quad KO_3S-CH_2-CH_2-N\underset{CH_3}{\overset{CH_3}{\big<}}$$

genannt[1], Salze der 1,2-Aminoäthansulfosäure und ihrer N-substituierten Homologen. Auch β-Aminopropan-α-sulfosaure Salze sollen nach der gleichen Quelle ebenso wirksam hinsichtlich des Auswaschens von Kohlendioxyd und noch beständiger sein. Als Vorteil der Taurinatlösungen wird angegeben, daß die Selektivität für CO_2 sehr hoch ist und in einer Stufe Reinheiten von wenigen ml_n/m_n^3 zu erzielen sind. Die Löslichkeit für Azetylen, Äthylen und andere Olefine ist gering, was gerade für Gase aus thermischen Spaltanlagen zur Erzeugung von Olefinen wichtig ist. Die Schaumneigung wird als gering und die Widerstandsfähigkeit gegen

---

[1] WIRTZ, R., A. WOLFRAM, H. KALTENHÄUSER u. H. GROSZPIETSCH: Die Entfernung von Kohlendioxyd aus Spaltgasen mit Taurinatlösungen. Erdöl u. Kohle 17 (1964) 448/51. — Dort auch Angaben über die Beladungshöhe der Waschlösungen und den Dampfverbrauch beim Regenerieren.

hohe Regenerationstemperaturen als gut bezeichnet. Die Taurinatlösungen führen bei Kohlenstoffstählen zu keinen Korrosionen und sind nicht giftig. Als besonderer Vorteil ist zu erwähnen, daß zum Regenerieren der mit rd. 40 °C im Waschturm benutzten Lösung außer Dampf auch Luft verwendet werden kann, wodurch die Kosten der Betriebsmittel merkbar gesenkt werden. Die Wirtschaftlichkeit der erwähnten Verfahren wird vom Preis der Waschmittel stark beeinflußt. Dieser hängt aber vom Bedarf, d.h. von der Anzahl der damit zu betreibenden Anlagen ab.

f) Verfahren mit rein physikalisch wirkenden Waschmitteln

Hohe Drücke und tiefe Temperaturen kommen in der Regel bei Erdgas vor, jedoch bisher selten bei Gasen in Raffinerien[1]. Niedrige Temperaturen sind besonders bei rein physikalisch wirkenden Waschmitteln für ihre Wirksamkeit erforderlich und werden z.B. bei dem nachfolgend zu besprechenden Rectisol-Verfahren durch Anwendung künstlicher Kälte erzeugt. Als Waschmittel eignen sich polare Stoffe, die Kohlendioxyd oder Schwefelwasserstoff bei niedrigen Temperaturen bevorzugt aufnehmen und beim Erwärmen wieder abgeben. Zum Entfernen von CO_2 wird neben verschiedenen Azetaten besonders Propylenkarbonat

$$CH_3-CH-CH_2$$

(4-Methyldioxolon-2) empfohlen, mit dem mehrere große Erdgasreinigungsanlagen betrieben werden, davon eine bei Barnstorf/Niedersachsen[2]. Propylenkarbonat kann auch für andere Zwecke verwendet werden wie für die Extraktion von Aromaten, als Weichmacher in der Kunststoffindustrie und für ähnliche Aufgaben.

Weitere ebenfalls von KOHL und BUCKINGHAM für die Absorption von CO_2 vorgeschlagene, jedoch großtechnisch noch nicht angewandte Lösungsmittel sind verschiedene Azetate. Außerdem wurde noch Azeton als rein physikalisch wirkend empfohlen[3].

Den Anstoß zur Entwicklung des mit künstlicher Kälte und mit Methanol als polarem Waschmittel arbeitenden Rectisol-Verfahrens haben die Bedürfnisse des großen Synthesewerkes Sasolburg in Südafrika

---

[1] Eine Ausnahme liegt wegen des besonderen Chemismus der Reaktion bei dem in Abschn. H 1 d beschriebenen Heißpottascheverfahren vor. Außerdem gewinnen hohe Drücke für die Anlagen zur Erzeugung von Wasserstoff wegen des Bedarfes der Hydrokrackverfahren zunehmend an Bedeutung.

[2] KOHL, A. L., u. P. A. BUCKINGHAM: Fluor Solvent CO_2 Removal Process. Petrol. Refiner 39 (1960) Nr. 5, S. 193/96. – BUCKINGHAM, P. A.: Fluor Solvent Process Plants: How They Are Working; ebd. 43 (1964) Nr. 4, S. 113/16. – COOK, T. P., u. R. N. TENNYSEN: Improved Economics In Synthesis Gas Plants. Chem. Engng. Progr. 65 (1969) Nr. 11, S. 61/64.

[3] STOTLER, H. H.: Use Aceton to Remove Carbon Dioxide. Petrol. Refiner 42 (1963) Nr. 10, S. 154/56.

gegeben[1]. Der Vorteil der Verwendung von Methanol gegenüber Wasser ist aus Abb. H-11 deutlich zu erkennen. Das Aufnahmevermögen für CO_2 ist bei 1 ata und $-30\,°C$ etwa 20mal und bei $-60\,°C$ etwa 75mal größer als bei Wasser, das sich naturgemäß nur bei Temperaturen über $0\,°C$ verwenden läßt. Bei höheren CO_2-Teildrücken steigt die Löslichkeit noch weiter an, und die Energieverbrauchszahlen für den Waschmittelkreislauf sinken auf Bruchteile der sonst üblichen Werte. Der Energiebedarf der Kälteanlagen bleibt in vertretbaren Grenzen.

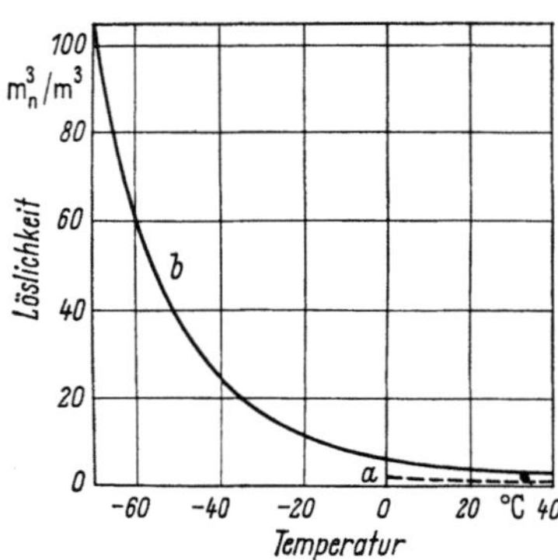

Abb. H-11. Löslichkeit von Kohlendioxyd in Wasser (a) und Methanol (b) bei verschiedenen Temperaturen und 1 ata, nach HERBERT.

Dies gelingt besonders auch dadurch, daß die Wärme dem Waschmittelkreislauf auf möglichst hohem Temperaturniveau entzogen wird und die tiefsten, im Verfahren angewendeten Temperaturen durch Entspannen erreicht werden. Dies ist in Abb. H-12 dargestellt, in der die Schaltung einer einfachen Rectisolwäsche zur gleichzeitigen Entfernung von H_2S und CO_2 aus Druckgasen gezeigt ist. Die Methanoleinspritzung mittels der Pumpe a vor dem Eintritt in den Kühler b dient dazu, die Bildung von Eis zu verhindern. Das Waschmittel wird zuerst in drei Stufen im Turm h entspannt. In der ersten entweichen vorwiegend die schlechtlöslichen, meist wertvollen Gase wie Wasserstoff und Kohlenmonoxyd, die zum Rohgas zurückgeführt werden. In der zweiten und in der mit etwas Unterdruck betriebenen dritten Entspannungsstufe fallen Schwefelwasserstoff und Kohlendioxyd an. Das so entgaste Waschmittel genügt für die Grobreinigung im unteren Teil der Absorptionskolonne f. Für die Feinreinigung wird ein Teilstrom aus dem Sumpf des Entspannungsturmes h einer Heißregenerierung unterzogen. Da mit dem in der Regel mit Wasserdampf gesättigten Rohgas Wasser in die Anlage eingeschleppt und dieses von Methanol gelöst wird, muß ein Teilstrom aus dem Sumpf der Heißregenerierung k über eine Trennkolonne o geführt werden. Das über deren Kopf abgehende, fast wasserfreie Methanol wird teils in die Heißregenerierung zurückgeführt, teils nach Kondensation im Dephlegmator als Rückfluß verwendet.

Während in einer Rectisol-Anlage nach Abb. H-12 die sauren Komponenten H_2S und CO_2 gemeinsam ausgewaschen und abgegeben werden, gelingt es mit einer etwas komplizierteren Schaltung, H_2S und CO_2 auch weitgehend selektiv zu entfernen und getrennt abzugeben. Dies kann für die Nachverarbeitung wichtig sein, besonders aber für die heute immer mehr zu beachtenden Bestimmungen über die Reinhaltung der Luft. Näher kann aber hierauf nicht eingegangen werden.

---

[1] Vgl. darüber und über die Vorgeschichte W. HERBERT: Das Rectisol-Verfahren zur Reinigung von Druckgasen. Erdöl u. Kohle 9 (1956) 77/81. – KOHRT, H.-U.: Gasreinigung mittels des Rectisol-Prozesses. Kältetechn. 11 (1959) 130/33.

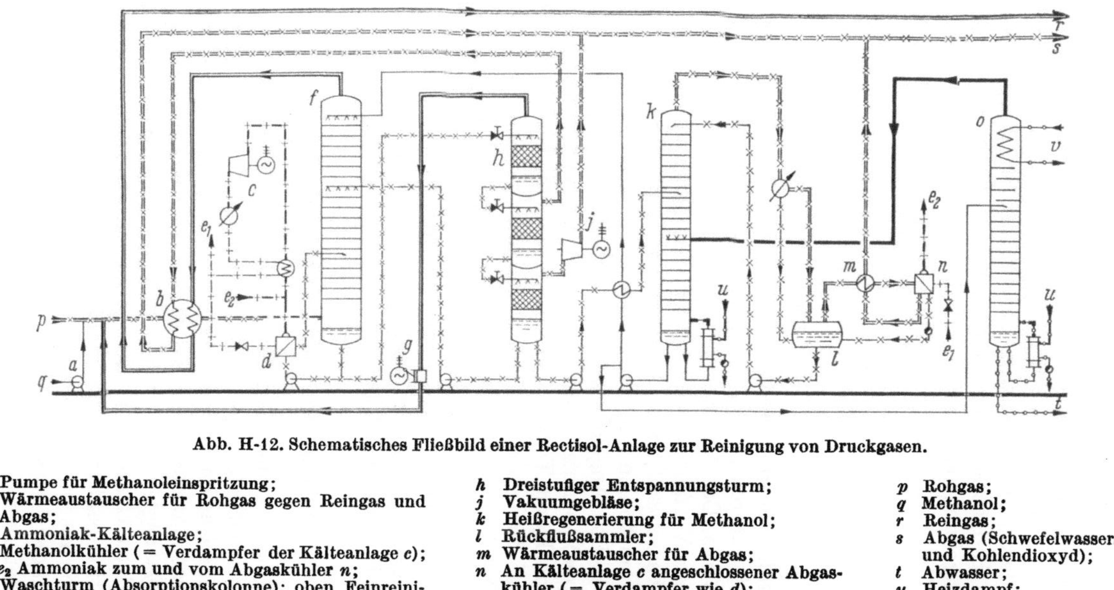

Abb. H-12. Schematisches Fließbild einer Rectisol-Anlage zur Reinigung von Druckgasen.

a Pumpe für Methanoleinspritzung;
b Wärmeaustauscher für Rohgas gegen Reingas und Abgas;
c Ammoniak-Kälteanlage;
d Methanolkühler (= Verdampfer der Kälteanlage c);
e_1, e_2 Ammoniak zum und vom Abgaskühler n;
f Waschturm (Absorptionskolonne): oben Feinreinigung, unten Grobreinigung;
g Kompressor für Rückgas aus der ersten Entspannungsstufe;

h Dreistufiger Entspannungsturm;
j Vakuumgebläse;
k Heißregenerierung für Methanol;
l Rückflußsammler;
m Wärmeaustauscher für Abgas;
n An Kälteanlage c angeschlossener Abgaskühler (= Verdampfer wie d);
o Kolonne zum Abtrennen von mitgeschlepptem Wasser aus Methanol mit Dephlegmator (sog. Methanol–Wasser-Kolonne);

p Rohgas;
q Methanol;
r Reingas;
s Abgas (Schwefelwasserstoff und Kohlendioxyd);
t Abwasser;
u Heizdampf;
v Kühlwasser zum und vom Dephlegmator in o.

Grundsätzlich eignen sich solche Rectisol-Anlagen insbesondere für die Reinigung von Hochdruckgasen mit hohem CO_2-Gehalt, wie sie z.B. bei der Erzeugung von Wasserstoff oder Synthesegasen durch partielle Oxydation von festen oder flüssigen Brennstoffen anfallen; vgl. Abschn. M 4, S. 924ff. Die Anwendung niedriger Temperaturen bei der Gaswäsche ist dann besonders vorteilhaft, wenn z.B. eine Gaszerlegungsanlage nachgeschaltet wird, für die man auf alle Fälle künstliche Kälte benötigt.

Für ein anderes, von der Lurgi Gesellschaft für Wärmetechnik zunächst für die Erdgasreinigung entwickeltes und mit Erfolg angewendetes, bei Umgebungstemperatur arbeitendes Verfahren hat sich in letzter Zeit N-Methylpyrrolidon (NMP, 1-Methylpyrrolidon-2),

$$
\begin{array}{ccc}
H_2C & \!\!\!-\!\!\!-\!\!\!- & CH_2 \\
| & & | \\
H_2C & -N- & CO \\
& | & \\
& CH_3 &
\end{array}
$$

als rein physikalisch wirkendes Waschmittel bewährt[1]. Es ist sehr stabil und zeichnet sich durch gute Löslichkeit für CO_2 und durch hohe Selektivität für H_2S aus. Das damit arbeitende, unter dem Namen *Purisol* bekannt gewordene Verfahren, wird jetzt insbesondere für die Entfernung von CO_2 aus Wasserstoff hohen Druckes, wie er für Hydrokrackanlagen benötigt wird, empfohlen und angewendet[2]. So wird es in der Raffinerie El Segundo bei Los Angeles/Calif. der Standard Oil Co of California (Chevron-Gruppe) benutzt, um das Kohlendioxyd aus einem unter hohem Druck nach dem Texaco-Verfahren erzeugten Gas zur Gewinnung von Wasserstoff für einen Hydrokracker zu entfernen. Seine Vorteile kommen bei Drücken von 60 atü und mehr zur Geltung. Wie das auf S. 644 genannte Sulfolan kann N-Methylpyrrolidon auch zur Extraktion von Aromaten verwendet werden; vgl. Abschn. J 2 c, S. 730f. Das gleiche Waschmittel eignet sich weiterhin zur Extraktion von Butadien aus den Spaltgasen der in Abschn. D 6 beschriebenen Anlagen.

g) Gasreinigung durch Tieftemperaturdestillation

Vorstehend ist erwähnt, daß das Rectisol-Verfahren wegen der Anwendung künstlicher Kälte besonders dann vorteilhaft sein kann, wenn das zu reinigende Gas im Zuge der weiteren Verarbeitung auf tiefe Temperaturen gebracht werden muß. Ist es so zusammengesetzt, daß die zu entfernenden Gasbegleitstoffe Siedepunkte besitzen, deren Abstand von denen der übrigen Gaskomponenten genügend groß ist, so kann allein durch Destillation bei tiefen Temperaturen – also ohne ein Waschmittel – mitunter die gewünschte Trennung erzielt werden. In Raffineriegasen ist in der Regel mit der Anwesenheit von C_3-Kohlenwasserstoffen zu rechnen. Mit diesen bildet aber Schwefelwasserstoff ein Azeotrop. Deshalb wurde

[1] KOHRT, H.-U., K. THORMANN u. K. BRATZLER: Ein physikalisch wirkendes Waschverfahren zur Entfernung saurer Komponenten aus Erdgasen. Erdöl u. Kohle 16 (1963) 96/99.

[2] BEAVON, D. K., u. T. R. ROSZKOWSKI: Purisol removes carbon dioxid from hydrogen, ammonia syngas. Oil Gas J. 67 (14. April 1969) Nr. 15, S. 138/42.

untersucht, wie die Vorteile einer Azeotropdestillation ausgenutzt werden können, um H_2S von Propan zu trennen und dieses zu entschwefeln[1]. Allerdings ist dadurch nur eine Grobreinigung zu erreichen und auch nur dann, wenn die Drücke hoch sind, wie Abb. H-13 erkennen läßt. Dieses Diagramm ist hier wegen seiner grundsätzlichen Bedeutung – auch für andere Gasreinigungsverfahren – wiedergegeben. Es müssen dabei ähnliche Überlegungen angestellt werden wie z. B. bei der destillativen Trocknung leichtsiedender Kohlenwasserstoffe, die sich an Hand von Kurven ähnlich Abb. C-2, S. 201 berechnen läßt.

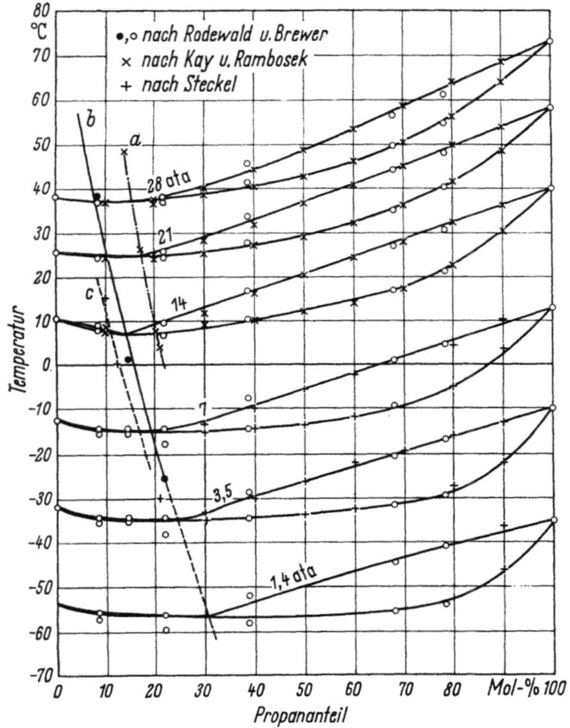

Abb. H-13. Taupunkts- und Siedepunktskurven des azeotropen Gemisches Propan–Schwefelwasserstoff.

a Zweiphasenlinie nach KAY und RAMBOSEK[2]; *b* Zweiphasenlinie nach BREWER, RODEWALD und KURATA[3]; *c* Zweiphasenlinie nach STECKEL[4].

Die Bezeichnung „Zweiphasenlinie" wird zwar allgemein gebraucht, ist aber ungenau. Gemeint ist der geometrische Ort der azeotropen Punkte, d.h. der Zustände, in denen die dampfförmige und die flüssige Phase die gleiche Zusammensetzung aufweisen.

[1] RODEWALD, N., M. G. FREIBERGER, F. D. MOORE u. F. KURATA: A New Way to Remove H_2S From Propane. Petrol. Refiner 41 (1962) Nr. 1, S. 147/50.

[2] KAY, W. B., u. G. M. RAMBOSEK: Liquid-Vapor Equilibrium Relations in Binary Systems. Propane-Hydrogen Sulfide System. Industr. Engng. Chem. 45 (1953) 221/26. – [3] BREWER, J., N. RODEWALD u. F. KURATA: Phase Equilibria of the Propane–Hydrogen Sulfide System from the Cricondentherm to the Solid-Liquid-Vapor Region. J. Amer. Inst. Chem. Engrs. 7 (1961) 13/16.

[4] STECKEL, F.: Dampfflüssigkeitsgleichgewichte einiger binärer schwefelwasserstoffhaltiger Systeme unter Druck. Svensk. Kem. Tidskr. 57 (1945) 209/16.

Als Gasreinigung im weiteren Sinn kann auch die Erhöhung der Wasserstoffkonzentration in Raffineriegasen betrachtet werden, die in der Regel außer dem Wasserstoff Methan, Äthan und – je nach Gleichgewichtszusammensetzung – höhersiedende Kohlenwasserstoffe enthalten. Dieser Weg gewinnt wegen der zu erwartenden Einführung der Hydrokrackverfahren zunehmend Bedeutung, weil in katalytischen Reforming-Anlagen, der wichtigsten Wasserstoffquelle heutiger Raffinerien, damit gerechnet werden muß, daß gegen Ende der Fahrperioden der Wasserstoffgehalt bis etwa 60 Vol.-% und darunter absinken kann. Dann müßte aber – wegen des für Hydrierreaktionen erforderlichen H_2-Teildruckes – der Betriebsdruck der Hydrokrackanlagen merkbar höher gewählt werden, als bei günstigerer Wasserstoffkonzentration. Dadurch können Mehrkosten entstehen, die unter Umständen höher sind als für Anlagen zur Konzentrierung des Wasserstoffes. Deren Technik lehnt sich an die von Luftverflüssigungsanlagen an[1]. Der Vorteil solcher Anlagen kann um so mehr zur Geltung kommen, je höher die erforderlichen Reaktionsdrücke sind, d.h. also vor allem für Hydrokracker.

h) Katalytische Verfahren zum Reinigen von Gasen und Dämpfen

Einige der hieher gehörenden Verfahren wurden bereits in anderem Zusammenhang besprochen. So ist die auf S. 626 erwähnte Konvertierung von Kohlenmonoxyd mit Hilfe von Eisenoxydkatalysatoren in Gegenwart von Wasserdampf zu Kohlendioxyd und das anschließende Auswaschen von CO_2 eines der ältesten, mit Katalysatoren arbeitenden Verfahren. Auf die Verfahren zur hydrierenden Umwandlung von Azetylen und seinen Homologen in Olefine wurde im Anschluß an die thermischen Krackverfahren zur Gewinnung von Äthen und höhersiedenden Olefinen in Abschn. D6, S. 348 hingewiesen.

Hier sollen zum Abschluß des gesamten Abschnittes über die Gasreinigung noch die Verfahren erwähnt werden, durch die organische Schwefelverbindungen, vor allem Kohlenoxysulfid (Schwefelkohlenstoff) und Merkaptane durch Hydrieren oder durch Hydrolyse (in Gegenwart von Wasserdampf) in Schwefelwasserstoff und eine Restverbindung umgewandelt werden. Die wichtigsten Reaktionen sind:

$$COS + H_2 = CO + H_2S, \tag{H-11}$$

$$COS + H_2O = CO_2 + H_2S, \tag{H-12}$$

$$CS_2 + 2H_2 = C + 2H_2S, \tag{H-13}$$

$$CS_2 + 2H_2O = CO_2 + 2H_2S, \tag{H-14}$$

$$RSH + H_2 = RH + H_2S. \tag{H-15}$$

---

[1] FÖRG, W., u. J. STICHLMAIR: Die Gewinnung von Rein-Wasserstoff aus Gemischen mit leichten aliphatischen Kohlenwasserstoffen mit Hilfe tiefer Temperaturen. Kältetechn. Klimatisierg. 21 (1969) 104/10; dort Kurven der Gleichgewichtskonstanten für die beteiligten Gaskomponenten.

Da organische Schwefelverbindungen auch in kleiner Konzentration starke Gifte für die üblichen Synthese- oder Polymerisationskontakte sind, müssen sie weitgehend entfernt werden. Gewöhnlich werden dann etwa vorhandene Thiophene gemäß der Reaktion

$$C_4H_4S + 4H_2 = C_4H_{10} + H_2S \qquad \text{(H-16)}$$

ebenfalls abgebaut. Diese besondere Behandlung ist deshalb erforderlich, weil die organischen Schwefelverbindungen mit den zur Entfernung von H_2S angewendeten Waschmitteln meist nur in geringem Umfang reagieren. Geeignete Katalysatoren sind Eisenoxydkontakte, Chromoxyd-Aluminiumoxyd-Kontakte sowie Kobaltoxyd-Molybdänoxyd-Kontakte[1]. Damit dürfte über Gasreinigungsverfahren das Wichtigste gesagt sein, soweit es für den Raffineriebetrieb von Interesse sein kann.

j) Das Trocknen von Gasen und Dämpfen

Obwohl das Trocknen allein nicht als Verfahren im hier behandelten Sinn angesehen werden kann, muß es doch kurz erwähnt werden, weil es in Verbindung mit anderen Verfahren erforderlich sein kann. So wurden dafür verwendete Einrichtungen am Ende von Abschn. B 2, S. 140 genannt. Auch auf S. 634 wurde die häufig anschließend an Aminwäschen übliche Trocknung von Gasen, z.B. mit Hilfe von Glykol, erwähnt. Diese Ausführungen sind hier noch durch den Hinweis auf die Verwendung von Adsorbenzien, insbesondere von Molekularsieben zu ergänzen[2]. Diese eignen sich für die gleiche Aufgabe auch bei flüssigen Produkten, was in Abschn. H 2e, S. 691 kurz erwähnt wird. Desgleichen wurde Aluminiumoxyd zum Trocknen von Gasen vorgeschlagen[3].

2. Das Reinigen flüssiger Produkte

Unter Reinigen („Raffinieren") flüssiger Produkte versteht man sehr oft nur das Entschwefeln. Denn Schwefel ist in diesen der wichtigste störende Begleitstoff. In niedrigsiedenden Fraktionen kommt er als Schwefelwasserstoff (H_2S) und an aliphatische Reste gebunden als Merkaptanschwefel (RSH) vor; bei Produkten, die Krackprozesse durchlaufen haben, können auch Schwefeloxysulfid (COS) und Schwefelkohlenstoff (CS_2) – dieser meist nur in sehr kleinen Mengen – auftreten. Mit der Anwesenheit der Ringverbindung Thiophen (C_4H_4S) und seinen Homologen ist vor allem bei Produkten aus schwefelreichen, gemischt- oder asphaltbasischen Rohölen zu rechnen, insbesondere in höhersiedenden Fraktionen.

---

[1] Näheres s. bei A. L. KOHL u. F. C. RIESENFELD: a.a.O. S. 441/59. – STEMPFLE, A.: Organischer Schwefel in Stadtgas – eine Literaturübersicht. Gas- u. Wasserfach 104 (1963) 836/38. – Vgl. dazu auch S. 866 u. 909.

[2] Vgl. z.B. J. E. PIERCE u. D. L. STIEGHAN: Dry Cracked-Gas With Molecular Sieves. Hydrocarb. Procssg. 45 (1966) Nr. 3, S. 170/72. – RUHL, E.: Molekularsieb-Verfahren in der Raffinerietechnik. Brennst.-Chem. 49 (1968) 258/62.

[3] PAPÉE, D., CH. MENIÈRE, A. BELLIER u. F. JOUANNEAULT: Optimize Alumina Gas Drying Systems. Hydrocarb. Procssg. 46 (1967) Nr. 10, S. 142/46.

Die in den Produkten anzutreffenden Schwefelmengen stehen in gewissem Verhältnis zu den insgesamt im Rohöl vorhandenen. Auch nimmt der Anteil bei einfach destillierten Produkten mit dem Siedebereich zu. Weiterreichende Gesetzmäßigkeiten lassen sich aber nicht ableiten, wie Zahlentafel H-2 für Produkte verschiedener Herkunft erkennen läßt. So zeigt das Beispiel West-Venezuela, daß der an sich bereits hohe Schwefelgehalt zu mehr als 90 % im Destillationsrückstand erscheint, was auf seine weitgehende Bindung an asphaltartige Körper schließen läßt. Hingegen fällt der Schwefelgehalt des Gasöles auf, das beispielsweise aus Rohöl mit dem niedrigsten Schwefelgehalt gewonnen wurde. Es unterscheidet sich mit mehr als einem Drittel der insgesamt vorhandenen Menge beträchtlich von den bei den Produkten anderer Herkunft festgestellten Anteilen. Durch thermisches oder katalytisches Kracken wird dieses Bild völlig verschoben, und zwar in sehr unterschiedlicher Weise[1]. Jedoch dürfte Zahlentafel H-2 für eine erste Orientierung über Straight run-Produkte brauchbar sein. Im übrigen wird auf Abschn. A 2 cβ, S. 30 ff. verwiesen.

Zahlentafel H-2. *Verteilung des Schwefels in Erdölprodukten, die durch einfache Destillation gewonnen wurden*[a].

Herkunft des Rohöles	S-Gehalt des Rohöles Gew.-%	Schwefelgehalt in % des Rohöl-Schwefels			
		Benzin	Kerosin	Gasöl	Rückstand
Ferner Osten	0,15	0,3	3,6	38,6	57,5
Ost-Texas	0,36	0,9	1,3	15,4	82,4
Ost-Venezuela	0,55	0,5	1,7	15,5	82,3
Iran	1,4	1,1	1,5	12,6	84,8
West-Texas	2,0	1,8	4,2	14,8	79,2
West-Venezuela	2,2	0,05	0,55	6,6	92,8
Kuweit	2,45	0,1	0,8	9,5	89,6

[a] Nach Th. Tait: Desulfurization and Sweetening, in: Advances in Chemistry, Ser. Nr. 5: „Progress in Petroleum Technology", hrsg. von der Amer. Chem. Soc., Washington: 1951, S. 151/59.

Neben der Beseitigung des Schwefels hat noch das Entfernen von Naphthensäuren, mitunter auch deren Gewinnung, bei solchen Produkten eine gewisse Bedeutung, die aus naphthensäurereichen Rohölen hergestellt werden. Die Vorkommen dieser Rohöle sind aber geographisch beschränkt, vgl. S. 44. Eine weitere wichtige Aufgabe verschiedener Reinigungsverfahren ist die Beseitigung von Harz- und Gumbildnern oder ähnlicher chemischer Körper, welche die Stabilität der Produkte beim Lagern beeinträchtigen und deren Beseitigung erwünscht ist. Schließlich kommen in den Produkten Stoffe in sehr geringen Mengen vor, welche sich insbesondere unter dem Einfluß von Licht und Luftsauerstoff intensiv verfärben, in den Produkten gelöst bleiben und die Ursache für das Nachdunkeln sind. Man vermutet, daß es in der Haupt-

---

[1] Vgl. Fußn. 3, S. 38.

sache harz- und asphaltartige Verbindungen, aber auch Stickstoffbasen sind. Auch diese müssen bei einigen Produkten beseitigt werden. Alle diese hier zu erörternden Verfahren werden im Englischen gewöhnlich unter der Bezeichnung „Treating Processes" verstanden. Nicht erörtert wird in diesem Kapitel das Entfernen bestimmter Gruppen von Kohlenwasserstoffen, wie z. B. von Aromaten aus Leucht- oder Schmierölen. Auch dies wird – wie bereits erwähnt wurde – unter dem Oberbegriff der Raffination verstanden, jedoch wegen gewisser Unterschiede der Verfahren im nächsten Kapitel behandelt.

Die Übergänge zwischen den verschiedenen Verfahren sind fließend, zumal manche Agenzien wie Schwefelsäure sowohl Schwefelverbindungen wie auch bevorzugt einzelne Kohlenwasserstoffgruppen angreifen. Schwefelsäure kann daher für beide Zwecke verwendet werden. Hier sollen jedoch zunächst nur jene Verfahren besprochen werden, bei denen es sich um die Beseitigung von Begleitstoffen handelt, die in geringer Menge vorhanden sind. Im anderen Fall hat es sich eingebürgert, von selektiver Extraktion zu sprechen, obwohl auch bei den hier erörterten Verfahren die zu beseitigenden Begleitstoffe selektiv extrahiert werden.

Nicht immer wird der Schwefel aus dem Produkt entfernt, mitunter nur in andere Verbindungen überführt. Maßgebend ist der Verwendungszweck. Merkaptanschwefel in Benzinen beeinträchtigt erheblich den Geruch und die Farbe. Demgegenüber sind Disulfide weniger lästig. Wenn es also möglich ist, mit kleinerem Aufwand Merkaptanschwefel in Disulfidschwefel umzuwandeln als ihn vollständig zu entfernen, so kann der angestrebte Erfolg hinsichtlich Farbe und Geruch auf diese Weise wirtschaftlicher erreicht werden. Solche Verfahren gewannen mit der Einführung des thermischen Krackens besondere Bedeutung. Aus den auf S. 292 erläuterten Gründen ist in Benzinen aus thermischen Krackanlagen bei gleichem Schwefelgehalt des Rohöles wesentlich mehr Schwefel enthalten als in den seinerzeit daneben fast ausschließlich hergestellten Straight run-Benzinen. Da diese Krackbenzine wegen ihres Gehaltes an Olefinen und in geringem Umfang auch an Isomeren eine wesentlich höhere Klopffestigkeit hatten, lag ein besonderes Bedürfnis vor, ihre Farbe, ihre Stabilität und vor allem ihren Geruch zu verbessern[1]. Die diesbezüglichen Verfahren sind in der Praxis der Erdölverarbeitung unter dem Namen „Süßen" (Sweetening) bekannt. Dies hat seine Ursache darin, daß die Produkte aus den thermischen Krackanlagen einen typischen „sauren" Geruch aufweisen. Er ist durch die Anwesenheit von Merkaptanen und Olefinen, aber auch von Sauerstoff- und Stickstoffverbindungen verursacht. Obwohl durch das sog. „Süßen" in der Hauptsache nur die Merkaptane in Disulfide umgewandelt werden, genügte seinerzeit die damit erzielte Verbesserung. Die Annahme, daß die Disulfide die Klopffestigkeit der Benzine in geringerem Maße verschlechtern

---

[1] Vgl. dazu K. K. Rumpf: Spalten und Reformieren einschließlich Fertigung des Spaltbenzins unter besonderer Berücksichtigung des Dubbsverfahrens. Öl u. Kohle 38 (1942) 2/15 u. 31/42. – Ders.: Die Raffination von Krackbenzinen. Erdöl u. Kohle 1 (1948) S. 78/83 u. 109/15.

als die Merkaptane, hat sich inzwischen als unrichtig erwiesen[1]. Deshalb
hat bei den hinsichtlich der Klopffestigkeit sehr stark gestiegenen Anforderungen das Süßen von Benzin erheblich an Bedeutung verloren,
soweit es sich um die Herstellung von Ottokraftstoffen handelt[2]. Da es
aber noch in manchen Raffinerien angewendet wird, außerdem in letzter
Zeit für höhersiedende Produkte Bedeutung gewann, müssen die wichtigsten dafür entwickelten Verfahren hier besprochen werden[3]. Bis zu
einem gewissen Grad lassen sich durch das „Süßen" auch bei Kraftstoffen die Klopfeigenschaften verbessern, nämlich dann, wenn das
Benzin anschließend redestilliert wird. Die beim Süßen gebildeten Disulfide haben merkbar höhere Siedepunkte als die Merkaptane, aus denen
sie entstehen, weil sie die beiden Kohlenwasserstoffreste dieser Verbindungen in einem Molekül enthalten. Wenn also die Disulfide auf diese
Weise entfernt werden, kann der Schwefelgehalt und sein ungünstiger
Einfluß auf Klopffestigkeit und Bleiempfindlichkeit gesenkt werden.
Dieses Verfahren ist aber wegen des Erfordernisses einer vollständigen

---

[1] BIRCH, S. F., u. R. STANSFIELD: Effect of Sulfur Compounds on Lead Response. Industr. Engng. Chem. 28 (1936) 668/72. – HANSON, T. K., u. K. F. COLES:
The Effect of Sulphur and Phosphorus on Aviation Fuel Performance. J. Inst.
Petrol. 33 (1947) 589/97. – HAMMERICH, TH.: Gesetzmäßiges im Verhalten der
Klopfbremsen. Teil I: Bleitetraäthyl. Brennst.-Chem. 3 (1949) 109/26; Teil II:
Klopffeste Kraftstoffbestandteile (Benzol und Alkohol); ebd. S. 159/68, bes. S. 119;
auch als Sonderdruck (mit etwas geänderten Kapitelüberschriften) erschienen,
Essen: Girardet 1949. – LIVINGSTON, H. K.: Sulfur-Tetraethyllead Interaction
in Motor Fuels. Industr. Engng. Chem. 41 (1949) 888/93. – LIVINGSTON, H. K.,
J. L. HYDE u. M. H. CAMPBELL: Effect of Sulfur on Combustion of Leaded Gasoline; ebd. S. 2722/26. – Mit gewissen Einschränkungen kommen V. BERTI, A. GI
RELLI, A. M. ILARDI, C. PADOVANI, G. CALABRIA, S. FRANCESCHINI u. O. SAN
TINI: Theoretical technological research on the desulphurization of light petroleum
distillates. 4. Welt-Erdöl-Kongreß, Rom 1955, Bericht III/C/3 zu ähnlichen Ansichten, fanden jedoch, daß der verschlechternde Einfluß der Schwefelverbindungen bei einzelnen Kohlenwasserstoffen viel ausgeprägter sei als bei Gemischen, wie
sie industriell gewonnene Benzine darstellen; weiterhin nehme er mit steigender
Oktanzahl ab. Die verschlechternde Wirkung von Disulfiden bewege sich zwar in
etwa gleicher Größenordnung wie die der Merkaptane, sei aber doch meßbar geringer.
[2] Wie auf S. 949 ff. ausgeführt wird, stehen heute dafür in erster Linie Benzine
aus Reforming-Anlagen und katalytischen Krackanlagen zur Verfügung, die im ersten Fall vollkommen schwefelfrei sind, im zweiten Fall wesentlich weniger Schwefel enthalten als Benzine aus thermischen Krackanlagen. Die Gründe wurden auf
S. 423 ff. dargelegt.
[3] Es ist nicht zweckmäßig, wenn der an sich klare, bisher in ganz bestimmtem
Sinne gebrauchte Ausdruck „Süßen" nun ganz allgemein für „Entschwefeln" benutzt wird, wie z. B. bei P. W. SHERWOOD: Neue chemische Verfahren des Süßens
ohne Wasserstoff. Erdöl u. Kohle 9 (1956) 162/66. – Ders.: Extraktions-, Adsorptions- und thermische Verfahren des Süßens ohne Wasserstoff; ebd. S. 308/10. –
Ders.: Neuere Entwicklungen beim Süßen von Kohlenwasserstoffen. Erdöl u. Kohle
15 (1962) 182/85. – MESSMER, J. K., u. O. BRUNNER: Das Süßen von flüssigen Kohlenwasserstoffen mittels Molekularsieben; ebd. S. 185/86. – Kennzeichen der als
„Süßen" bezeichneten Verfahren ist gerade, daß Schwefelverbindungen wohl umgewandelt werden, der Schwefel aber nicht entfernt wird. So sind in dem noch zu
erwähnenden Buch von V. A. KALICHEVSKY u. K. A. KOBE S. 280 ff. – vgl. Fußn. 2,
S. 657 – als „Sweetening processes" ausdrücklich nur jene aufgeführt, bei denen
Merkaptane zu Disulfiden umgewandelt werden, jedoch im Produkt bleiben. Nur
in diesem Sinn wird der Ausdruck „Süßen" hier verwendet.

Destillation mit entsprechend großer Kondensation sowohl hinsichtlich
der Baukosten wie auch der Betriebskosten teuer und wird für neue
Anlagen wegen der begrenzten Wirkung kaum mehr geplant.

Ist es unbedingt erforderlich, ein Produkt fast vollständig zu entschwefeln, wie z.B. das Einsatzgut für katalytische Verfahren, dann ist
das Hydrieren die geeignetste Maßnahme[1]. Da es ebenfalls mit hohen
Bau- und Betriebskosten verbunden ist, muß im Einzelfall seine Wirtschaftlichkeit geprüft werden. Außerdem sind die aus Reforming-Anlagen
zur Verfügung stehenden Wasserstoffmengen nicht unbegrenzt. Genügt
es z.B., Begleitstoffe wie Harze, Asphalte oder unstabile Komponenten,
die deren Bildung beim Lagern fördern oder die Ursache für eine Verschlechterung der Farbe sind, bis zu einem gewissen Grad zu entfernen,
so sind Adsorbenzien wie Bleicherde, Aktivkohle, Silikagel, mitunter
auch Ionenaustauscher, sehr brauchbare Mittel, um mit Hilfe einfacher
Apparaturen den gewünschten Erfolg zu erzielen. Sie können gleichzeitig zum Entschwefeln benutzt werden, wodurch eine erhebliche Senkung der Kosten zu erzielen ist. Es soll aber nicht vergessen werden, daß
mitunter noch einfachere Mittel wie Sand-, Kies- oder Koksfilter sowie
Holzwollepackungen vollkommen genügen, um z.B. Spuren von Wasser oder auch von mitgerissenen Chemikalien aus vorgeschalteten Verfahrensstufen abzuscheiden. Besonders wirksam ist für solche Fälle die
Anwendung elektrischer Felder[2].

Die verschiedenen Verfahren lassen sich am besten nach den angewendeten Agenzien wie Säuren, Basen oder Adsorbenzien einteilen.
Dazu kommen als besondere Gruppe die erwähnten Süßungsverfahren,
deren Kennzeichen die chemische Umwandlung ist. In den letzten Jahren haben sich auch katalytisch wirkende Verfahren in die Praxis eingeführt, mit denen bessere Produktqualitäten bei geringem Chemikalienverbrauch zu erzielen sind.

a) Die Anwendung von Schwefelsäure oder anderen anorganischen Säuren

Schwefelsäure wurde bereits vor bald 200 Jahren benutzt, um Öle
tierischer Herkunft zu „raffinieren". Sie hat auch noch heute gegenüber
allen anderen anorganischen Säuren fast ausschließliche Bedeutung für
die Erdölverarbeitung[3]. Allerdings wird sie heute nur in wenigen Fällen
für niedrigsiedende Produkte angewendet, mehr für hochsiedende Frak-

---

[1] Hierüber s. Abschn. L 4, S. 850 ff.

[2] Hierüber vgl. Abschn. H 2 f β, S. 694.

[3] Eine Übersicht mit Quellennachweisen bei A. N. Sachanen: Conversion of
Petroleum, 2. Aufl., New York: Reinhold 1948, S. 438/51. – Im Jahre 1936 war in
den Vereinigten Staaten von Amerika die Erdölindustrie noch der zweitgrößte Verbraucher von Schwefelsäure. In einigen sehr großen Betrieben wurde sogar die
Schwefelsäure aus dem Säureteer und aus anderen in der Raffinerie – z.B. in Form
von H_2S – anfallenden Schwefelmengen hergestellt und damit wurden die Schwierigkeiten beseitigt, die der sehr lästige Säureteer bereitet. Die Anlagenkosten
machten sich aber nur bei großen Durchsatzleistungen bezahlt. – Vgl. a. H. Roth
u. Mitarb.: Verfahrenstechnische Auswertung von Versuchen zur Säureharzabschei-
dung. Chem. Techn. 18 (1966) 680/83.

tionen, aus denen Transformatoren- und Schalteröle oder Schmieröl-komponenten hergestellt werden. Sie dient im ersten Fall zur Beseitigung aller ungesättigten Anteile sowie aller Schwefel- und Stickstoffverbindungen, um höchste Stabilität zu erreichen, im zweiten Fall vornehmlich zur Extraktion von Aromaten, um das Viskositäts–Temperatur-Verhalten zu verbessern. Die gleiche Aufgabe hat sie bei Leuchtölen, wodurch deren Rußpunkt wesentlich erhöht werden kann. Da sie bei dieser Anwendung eher als selektives Lösungsmittel denn als Waschmittel angesehen werden kann, wird auf diese Verfahren im nächsten Kap. J eingegangen.

Für die Reinigung von Ottokraftstoffen kommt Schwefelsäure wegen ihrer bevorzugten Reaktion mit Aromaten und auch mit Olefinen nicht in Frage. Sie wird für Fraktionen im Siedebereich des Benzins nur bei der Herstellung von Produkten wie Wundbenzin, Extraktionsbenzin für die Gewinnung von pflanzlichen Ölen (aus Samen) und für ähnliche Erzeugnisse verwendet, an die besonders hohe Anforderungen hinsichtlich Freiheit von Schwefel- und Stickstoffverbindungen sowie von organischen Säuren und ungesättigten Verbindungen gestellt werden[1]. Bei solchen Spezialprodukten können die bei der Schwefelsäurebehandlung unvermeidbaren hohen Verluste an Ausbeute in Kauf genommen werden. Eine wesentliche Ursache dafür ist die z.B. beim Alkylieren ausgenutzte Tatsache, daß Schwefelsäure ein Katalysator für Polymerisationsreaktionen ist, von denen das Alkylieren nur einen Sonderfall darstellt[2]. Die Verluste sind daher erstens um so höher, je mehr ungesättigte Verbindungen die behandelte Fraktion enthält. Zweitens bildet konzentrierte Säure mit Aromaten etwa nach der Formel

$$Ar \cdot H + H_2SO_4 = Ar \cdot SO_3H + H_2O \qquad \text{(H-17)}$$

Sulfonsäuren, wenn Ar einen aromatischen Kohlenwasserstoffrest bedeutet. Bemerkenswert ist bei dieser Reaktion, daß der Schwefel unmittelbar an ein Kohlenstoffatom tritt. Dadurch entsteht ein dem Gehalt an reagierenden Aromaten verhältnisgleicher Verlust. Demgegenüber fallen die Ausbeuteminderungen durch die angestrebten Reaktionen mit Harzen, Asphalten und Bildnern dieser Verbindungen weniger ins Gewicht, obwohl die dadurch erzielte Verbesserung der Farbe oder Lagerbeständigkeit der Hauptzweck der Behandlung sein kann.

Aus Merkaptanen und Schwefelsäure entstehen nach den Formeln

$$RSH + H_2SO_4 = RSHSO_3 + H_2O, \qquad \text{(H-18)}$$

$$RSH + RSHSO_3 = (RS)_2SO_2 + H_2O, \qquad \text{(H-19)}$$

$$(RS)_2SO_2 + H_2O = R_2S_2 + H_2SO_3 \qquad \text{(H-20)}$$

---

[1] Über die Anforderungen an solche Produkte s. den Abschn. „Spezial- und Testbenzine (Siedegrenzenbenzine)" in: Mineralöle und verwandte Produkte, hrsg. von C. ZERBE: 2. Aufl. a.a.O. Bd. I, S. 403/11, bes. S. 404. – Vgl. außerdem G. E. MAPSTONE: The Chemistry of the Acid Treatment of Gasoline. Petrol. Refiner 29 (1950) Nr. 11, S. 142/50.

[2] Vgl. dazu S. 586 ff.

Disulfide und schweflige Säure, doch ist eine restlose Entfernung der Merkaptane nur bei großem Säureüberschuß möglich[1]. Sie wird deshalb auf diesem Wege nur in den erwähnten Sonderfällen angestrebt.

Zu beachten ist noch, daß sich aus Schwefelwasserstoff und Schwefelsäure nach der Formel

$$H_2S + H_2SO_4 = S + H_2SO_3 + H_2O \qquad \text{(H-21)}$$

neben schwefliger Säure auch elementarer Schwefel bilden kann. Deshalb empfiehlt sich vor der Säurebehandlung eine Laugenwäsche, um diese Reaktion zu vermeiden, weil der elementare Schwefel nur sehr schwer zu entfernen und korrosiv ist. Unabhängig davon muß sich aber an die Behandlung mit Säure immer eine Laugenwäsche und dieser eine Wasserwäsche anschließen, um zuerst letzte Spuren von Säure zu neutralisieren und dann unbedingt letzte Reste von Lauge aus dem Produkt zu entfernen[2].

Eine ähnliche Aufgabenstellung liegt bei den sog. Weißölen vor, Straight run-Produkten mit einem Siedebereich über 280 °C, die auf wasserhelle bis hellgelbe Farbe raffiniert werden müssen. Das Produkt höchster Reinheit und vollkommen wasserheller Farbe dient als Paraffinum liquidum medizinischen Zwecken, andere Weißöle finden bei der Herstellung von Pharmazeutika, Kosmetika und Schädlingsbekämpfungsmitteln Verwendung[3]. Wegen der für den Markt benötigten verhältnismäßig geringen Mengen werden diese Erzeugnisse nur in Sonderabteilungen weniger Raffinerien hergestellt.

Aromaten reagieren von allen Kohlenwasserstoffen mit Schwefelsäure am leichtesten, was bei der Aromatenbestimmung im Laboratorium ausgenutzt wird[4]. Bei der Raffination mittels Schwefelsäure führt dies zu einem dem Aromatengehalt verhältnisgleichen Verlust durch Bildung von Sulfonsäuren nach Gl. (H-17), S. 656. Trotzdem können reine Aromaten mit Schwefelsäure raffiniert werden. Dies ist möglich, weil in ihnen als Schwefelverbindung nur Thiophen vorkommt, dieses aber mit

---

[1] Vgl. S. F. BIRCH u. W. S. NORRIS: Action of Sulfuric Acid on Mercaptans. Industr. Engng. Chem. 21 (1929) 1087/90.

[2] Näheres über anzuwendende Konzentrationen, Temperaturen und Behandlungszeiten s. bei V. A. KALICHEVSKY u. K. A. KOBE: Petroleum Refining with Chemicals. Amsterdam/London/New York: Elsevier 1956, S. 72ff. – Einen Sonderfall behandelt P. HOFMANN: Chemische Reinigung von Sumpfphasemittelöl aus der Hydrierung von Erdölrückständen. Erdöl u. Kohle 10 (1957) 222/25. Dabei kommt es wegen der Weiterverarbeitung in der Gasphase auch auf die Entfernung von Phenolen und besonders von Stickstoffbasen an. Schwefelsäure wird außerdem auch bei dem Merkaptor-Verfahren verwendet, das auf S. 675 besprochen wird.

[3] Über die Anforderungen an diese Produkte s. den Abschn. „Weißöl und Paraffinum liquidum" in: Mineralöle und verwandte Produkte, hrsg. von C. ZERBE: 2. Aufl. a.a.O. Bd. II, S. 316/20. Angaben über die Verfahrensbedingungen bei V. A. KALICHEVSKY u. K. A. KOBE: a.a.O. S. 80/104. – Außerdem vgl. V. BISKE u. A. CLUER: White oil manufacture. 4. Welt-Erdöl-Kongreß, Rom 1955, Bericht III/A-1.

[4] Vgl. Mineralöle und verwandte Produkte, hrsg. von C. ZERBE, 2. Aufl. a.a.O. Bd. I, S. 144/45.

Schwefelsäure unter Abspaltung von Wasser nach der Formel

$$\underset{\displaystyle \underset{S}{HC\diagdown}\diagup CH}{HC\!-\!CH} + H_2SO_4 = \underset{\displaystyle \underset{S}{HC\diagdown}\diagup C}{HC\!-\!CH}\!-\!SO_3H + H_2O \qquad \text{(H-17a)}$$

viel schneller reagiert. Auf dieser Erkenntnis fußend hat die Firma Howe-Baker Engineers Inc das *Sulfining*-Verfahren entwickelt, bei dem 97- bis 100%ige Schwefelsäure verwendet wird, welche die günstigste Wirkung ergibt[1]. Es soll möglich sein, damit den Gesamtschwefelgehalt auf weniger als 0,00005% (0,5 mg/kg) zu senken. Um die erforderlichen kurzen Reaktionszeiten zu erreichen, wird die in einer Menge von wenigen Vol.-% zugemischte Säure unmittelbar hinter einer Mischpumpe in einem elektrischen Feld abgeschieden.

Ein Problem für sich stellt die Behandlung oder Beseitigung des Säureteers dar[2]. Eine Rückgewinnung der darin gelösten, in reiner Form durchaus brauchbaren Stoffe wie Sulfonsäuren, Disulfide oder anderer Verbindungen scheitert an dem wirtschaftlich nicht tragbaren Aufwand, der in keinem Verhältnis zu dem Erlös für die abzutrennenden Chemikalien stünde. Das Verbrennen, oft der einzige Ausweg, schafft Schwierigkeiten durch Korrosionen in den Feuerräumen und Rauchgaszügen und kann zu hohen SO_2- und SO_3-Konzentrationen am Schornsteinaustritt führen. Deshalb wird die Schwefelsäurebehandlung in Raffinerien auf die Fälle beschränkt, in denen es unbedingt nötig ist und kein wirtschaftlich gleichwertiges Verfahren für den gewünschten Endzweck zur Verfügung steht.

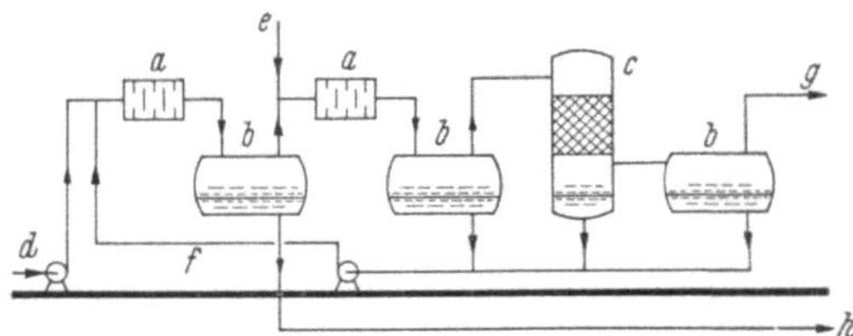

Abb. H-14. Schematisches Fließbild einer Säurewäsche.

a Mischer;	*e* Frischsäurezufuhr;
b Absitzbehälter;	*f* Rückführung abgeschiedener Säure;
c Coalescer[3];	*g* Behandeltes Öl;
d Zulauf des zu behandelnden Einsatzgutes;	*h* Säureschlamm.

Die grundsätzliche Schaltung einer Säurewäsche zeigt Abb. H-14. Vor allem ist daraus die in der Regel bei mehrstufiger Arbeitsweise übliche Verwendung der Frischsäure in der letzten Stufe zu entnehmen, um das bereits vorgereinigte Produkt von Resten der zu entfernenden Begleitstoffe zu befreien. Die im Absitzbehälter hinter dem letzten Mischer vom Produkt abgetrennte Säure ist dann noch wenig verbraucht

---

[1] Pate jr., A. R.: Desulfurize Aromatics With Sulfining. Hydrocarb. Procssg. 46 (1967) Nr. 11, S. 260/62.

[2] Hierüber folgt Näheres auf S. 1034 f., vgl. außerdem Kalichevsky u. Kobe: a. a. O. S. 104.

[3] Wegen des Ausdruckes s. Fußn. 2, S. 593.

und kann in der vorgeschalteten Stufe ausgenutzt werden. In der Abbildung sind nur zwei Stufen dargestellt. Das Fließschema läßt sich aber leicht für mehrstufige Anordnung erweitern. Mitunter werden in solchen Anlagen Zentrifugen zum Trennen des gereinigten Produktes vom Säureteer benutzt. Dies ist wegen des Dichteunterschiedes gut möglich, doch ist die Durchsatzleistung von Zentrifugen beschränkt. Deshalb muß meist eine größere Anzahl davon aufgestellt werden.

Andere anorganische Säuren als Schwefelsäure haben für Zwecke der Reinigung von Produkten im Raffineriebetrieb kaum Bedeutung erlangt. Es wurden zwar zahlreiche Untersuchungen durchgeführt und diesbezügliche Vorschläge gemacht[1]. Gewisse Beachtung fand Flußsäure weil sie, so wie die Schwefelsäure, ein Katalysator für Alkylierungen ist und dadurch Eingang in den Raffineriebetrieb gefunden hatte[2]. Das Vordringen des raffinierenden Hydrierens dürfte aber neben den Schwierigkeiten, den auch bei Flußsäure anfallenden Säureteer zu verwerten, dazu beigetragen haben, daß Anlagen, die nach diesem Verfahren arbeiten, nicht gebaut wurden.

b) Die Laugenwäschen und verwandte Verfahren

***α*) Die mit Natronlauge oder anderen Alkalien arbeitenden Wäschen.** Für die Behandlung von Erdölprodukten mit Laugen werden meist wäßrige Lösungen von Natriumhydroxyd verwendet. Kalilauge hat zwar – insbesondere bei höheren Konzentrationen – den Vorteil geringerer Zähigkeit und ist außerdem eine etwas stärkere Base. Jedoch ist der höhere Preis meist der Grund, daß man dann, wenn Lauge allein angewendet wird, in Raffinerien in der Regel mit Natronlauge arbeitet. Sie ist imstande, aus flüssigen Produkten den Schwefelwasserstoff restlos zu entfernen, weshalb Laugenwäschen meist als erste Stufe unmittelbar hinter die Destillationsanlagen geschaltet wurden. Bei thermischen Krackanlagen war dies wegen des hohen Schwefelgehaltes der Produkte ohne jede Zwischenlagerung erforderlich, weil sonst die Gefahr bestand, daß sich unter dem Einfluß von Luftsauerstoff in den Tanks nach der Formel

$$H_2S + 1/2\,O_2 = S + H_2O \tag{H-22}$$

elementarer Schwefel ausscheidet. Dieser ist aus Erdölprodukten nur sehr schwer abzutrennen. Außerdem wird durch die Entfernung von H_2S erreicht, daß sich nicht daraus und aus den in Krackbenzinen reich-

---

[1] Eine Übersicht an Hand der zahllosen Patente geben V. A. KALICHEVSKY u. K. A. KOBE: a.a.O. S. 112ff.

[2] Vgl. dazu K. W. SCHNEIDER u. H. FEICHTINGER: Die Entschwefelung von Gasölen. Angew. Chemie Ausg. B, 20 (1948) 12/16. – LIEN, A. P., D. A. McCAULEY u. B. L. EVERING: Extraction of Sulfur Compounds with Hydrogen Fluoride. Industr. Engng. Chem. 41 (1949) 2698/2702. – Dies.: Hydrogen Fluoride Extraction of Sulfur Compounds and High Sulfur Petroleum Stocks. 3. Welt-Erdöl-Kongreß, Den Haag 1951, Bericht III/7. – LIEN, A. P., u. B. L. EVERING: Hydrogen Fluoride Extraction of High-Sulfur Virgin Petroleum Stocks. Industr. Engng. Chem. 44 (1952) 874/79.

lich vorhandenen Olefinen nach der Formel

$$H_2S + C_nH_{2n} = C_nH_{2n+1}SH = RSH \qquad (H\text{-}23)$$

zusätzlich Merkaptane bilden[1].

Die Ausscheidung von elementarem Schwefel ist nicht ohne Gefahr. Es kann daraus an Wandungen von Behältern aus Stahl die poröse Form von Schwefeleisen (Eisen-II-Sulfid, FeS) entstehen, die sich bei Luftzutritt leicht entzündet. Deshalb ist beim Überholen von Anlagen Vorsicht geboten, wenn damit gerechnet werden muß, daß sich in toten Ecken oder an anderen Stellen, die nicht ständig von der Produktströmung bespült werden, Schwefeleisen angesammelt hat.

Die Schaltung einer Laugenwäsche zum Entfernen von Schwefelwasserstoff gleicht vollkommen der in Abb. H-14 wiedergegebenen für eine Säurewäsche, nur daß bei e Frischlauge zugeführt, Lauge aus der zweiten Stufe im Kreislauf f zurückgeführt und die verbrauchte Lauge bei h entfernt wird. Ein Regenerieren lohnt in diesem Falle nicht.

Die anzuwendende $NaOH$-Konzentration kann um so höher sein, je niedriger der Siedebereich des zu behandelnden Produktes liegt, weil dann die Gefahr der Emulsionsbildung gering ist. Jedoch werden höhere Konzentrationen als 30% (= 400 g $NaOH$/l entsprechend 36 °Bé) auch in Ausnahmefällen nicht verwendet, weil keine weiteren Vorteile damit zu erzielen sind. Außerdem sind so hoch konzentrierte $NaOH$-Lösungen bereits ziemlich zäh und haben einen hohen Stockpunkt. Die dafür bestimmten Rohrleitungen müßten deshalb beheizt werden.

Für Produkte im Siedebereich des Benzins sind in der Regel 15%ige Lösungen (rd. 15 °Bé) ausreichend und bei Schmierölfraktionen geht man bis auf 1,5% (entsprechend etwa 2 °Bé) herunter. Auch zum Neutralisieren hinter Säurewäschen genügen niedrige Konzentrationen. Bei Anwendung mehrerer Stufen macht man sich die gleichen Vorteile zunutze, wie sie für Säurewäschen im Zusammenhang mit Abb. H-14 erläutert wurden. Man laugt das vorbehandelte Produkt in der letzten Stufe mit Frischlauge, verwendet die dann anfallende, nur etwas verbrauchte Lauge in der vorgeschalteten Stufe und verfährt bei mehreren Stufen sinngemäß.

Außer Schwefelwasserstoff lassen sich durch wäßrige Natronlauge nur die niedrigstsiedenden Merkaptane beseitigen, wie die in den Zahlentafeln H-3 und H-4 wiedergegebenen Verteilungskoeffizienten und erzielten Verringerungen des Merkaptangehaltes erkennen lassen. Demgegenüber zeigt Zahlentafel H-5, in welcher Menge etwa die einzelnen Merkaptane einerseits in Straight run-Benzin und andererseits in Benzin vorkommen, das durch thermisches Kracken gewonnen wurde. Man sieht, daß im zweiten Fall die niedrigmolekularen Merkaptane überwiegen, was eine Folge der Molekülspaltung ist.

Die Beispiele mit 40- und 50%iger Lauge sind in Zahlentafel H-4 nur erwähnt, um zu zeigen, wie sich hohe Konzentrationen auswirken, doch verbietet sich deren Anwendung aus rein wirtschaftlichen Erwägun-

---

[1] WILKE, C. R., u. W. J. WRIDE: Mercaptan formation in acid treatment of pressure distillate. Industr. Engng. Chem. 41 (1949) 395/99.

Zahlentafel H-3. *Verteilungskoeffizienten verschiedener n-Alkylmerkaptane in Natriumhydroxyd und Benzin, nach* HAPPEL *u.* ROBERTSON[a]

Verbindung	Formel	Siedepunkt °C bei Torr[b]	Verteilungs-koeffizient
Methylmerkaptan	$CH_3 \cdot SH$	5,8/752	213
Äthylmerkaptan	$C_2H_5 \cdot SH$	33,4/724	80,0
Propylmerkaptan	$C_3H_7 \cdot SH$	~68	10,7
Butylmerkaptan	$C_4H_9 \cdot SH$	~98	3,0
Pentyl-(Amyl-)merkaptan	$C_5H_{11} \cdot SH$	~125	1,0
Hexylmerkaptan und höher-molekulare Merkaptane	$C_6H_{13} \cdot SH$	~151 (für C_6)	0

[a] HAPPEL, J. u. D. W. ROBERTSON: Removal of Mercaptans from Naphtha by Caustic. Industr. Engng. Chem. 27 (1935) 941/43.
[b] Soweit nicht angegeben: bei 760 Torr.

Zahlentafel H-4. *Verringerung des Gehaltes an Alkylmerkaptanen durch wäßrige Natronlauge verschiedener Konzentration, nach* ZANDONA *u.* RIPPIE[a]

Merkaptan	Stärke der Natronlaugenlösung Gew.-%				
	10	20	30	40	50
C_2	97,0	98,0	98,0	98,0	100,0
C_3	88,0	97,0	88,0	93,0	98,0
C_4	58,0	49,0	45,0	85,0	97,0
C_5	22,0	13,0	12,0	75,0	94,0
C_7	2,0	3,0	4,0	73,0	94,0

[a] ZANDONA, O. J. u. C. W. RIPPIE: New Caustic Regeneration Process Improves Mercaptan Sulfur Removal. Petrol. Procssg. 6 (1951) 136/39.

Zahlentafel H-5. *Verteilung der Merkaptane (Gew.-%) in einem Straight run-Benzin* (a) *und in einem Benzin aus einer thermischen Krackanlage* (b), *nach* HAPPEL, CAULEY *u.* KELLY[a]

Merkaptan	Anteil am gesamten Merkaptanschwefel	
	a	b
C_1	4	19
C_2	6	34
C_3	13	18
C_4	19	15
C_5	18	9
C_{6+}	40	5
Zusammen	100	100
Gesamter Merkaptanschwefel Gew.-%	0,0265	0,0357

[a] HAPPEL, J., S. P. CAULEY u. H. S. KELLY: Critical Analysis of Sweetening Processes and Mercaptan Removal. Oil Gas J. 41 (12. Nov. 1942) Nr. 27, S. 136, 139, 140, 142, 147, 148, 150, 152.

gen wegen der Kosten und wegen der schwierigen Handhabung im Betrieb. Je größer die Molmasse der Merkaptane ist, um so schwächer ist der durch die Sulfhydrylgruppe $-SH$ bewirkte Säurecharakter und um so weniger werden sie durch Natronlauge gebunden. Eine Ausnahme bildet das aromatische Benzylmerkaptan $C_6H_5 \cdot CH_2 \cdot SH$ (Siedepunkt rd. 195 °C), das noch in Schwerbenzin vorkommt und bei der Natronlaugenwäsche leicht entfernt wird. Bezüglich des Vorkommens der Merkaptane in einzelnen enggeschnittenen Fraktionen ist zu beachten, daß sie mit Kohlenwasserstoffen Azeotrope bilden[1].

Der Schwefelwasserstoff wird nach der Reaktionsformel

$$H_2S + 2\,NaOH = Na_2S + 2\,H_2O \qquad (H\text{-}24)$$

und die Merkaptane werden nach der Formel

$$RSH + NaOH = RSNa + H_2O \qquad (H\text{-}25)$$

gebunden. Bei höheren Temperaturen verlaufen die Reaktionen in umgekehrter Richtung, so daß sich die im Kreislauf geführte Lauge durch Einblasen von Dampf oder durch Beheizen des Sumpfes eines Turmes regenerieren läßt. Die Anlagen bestehen gewöhnlich aus einer Mischvorrichtung, einem Absitzbehälter, einem Regenerationsturm ähnlicher Bauart, wie sie bei den in Abschn. H1 beschriebenen Gaswäschen verwendet werden, und den zugehörigen Pumpen, Rohrleitungen und Reglern[2]. Eine kleine Menge Frischlauge muß ständig zugegeben und eine entsprechende Menge verbrauchter Lauge ausgeschleust werden, um eine Anreicherung nicht regenerierbarer Begleitstoffe, die in kleinsten Mengen aufgenommen werden, zu verhindern.

Als Ergänzung einer einfachen Laugenwäsche ist das mit Natriumferrozyanid als Zugabe zu Natronlauge arbeitende Verfahren der American Development Corp zu betrachten[3]. Eine Besonderheit des Verfahrens ist die elektrolytische Umwandlung der Verbindung des zweiwertigen Eisens (Ferrozyanid oder Eisen-II-zyanid) in die des dreiwertigen Eisens (Ferrizyanid oder Eisen-III-zyanid) nach der Formel[4]

$$2\,Na_4Fe(CN)_6 + 2\,H_2O + 2\,Faraday = 2\,Na_3Fe(CN)_6 + H_2 + 2\,NaOH .$$
$$(H\text{-}26)$$

Ein Faraday ist die je Mol für die Umsetzung erforderliche Elektrizitätsmenge von 1 Coulomb (oder 1 Amperesekunde) je Valenz ($C \cdot val^{-1}$).

---

[1] DENYER, R. L., F. A. FIDLER u. R. A. LOWRY: Azeotrope Formation between Thiols and Hydrocarbons. Industr. Engng. Chem. 41 (1949) 2727/37. Im Englischen wird die Bezeichnung Thiole für Merkaptane häufig gebraucht. Systematisch richtig wäre, sie Thioalkohole zu nennen, weil der Wasserstoff der OH-Gruppe durch Schwefel ersetzt ist.

[2] Über die physikalisch-chemischen Vorgänge s. auch R. E. TREYBAL: Liquid Extraction, New York/Toronto/London: McGraw-Hill 1951, S. 351/60.

[3] MILLER, R., u. J. H. SALMON: New Process for Mercaptan Removal. Petrol. Refiner 34 (1955) Nr. 9, S. 155/57.

[4] Es ist dabei zu beachten, daß

$$Fe^{\cdot\cdot} + 6\,(CN)' = [Fe(CN)]'''' \quad \text{und}$$
$$Fe^{\cdot\cdot\cdot} + 6\,(CN)' = [Fe(CN)]''' .$$

Diese Reaktion wird zum Regenerieren des Zusatzstoffes zur Lauge benutzt. Das Ferrizyanid ist die aktive (oxydierende) Substanz. Die zu behandelnden niedrigsiedenden Produkte dürfen keinen Schwefelwasserstoff und keine Naphthensäuren enthalten und müssen deshalb vorher in einer einfachen Laugenwäsche von diesen Begleitstoffen befreit werden. Das Ferrizyanid dient dazu, die in der beladenen Lauge enthaltenen Merkaptane ähnlich wie beim Süßen von Benzin nach der Formel

$$2\,RSNa + 2\,Na_3Fe(CN)_6 = RS\cdot SR + 2\,Na_4Fe(CN)_6 \qquad (H\text{-}27)$$

in Disulfide umzuwandeln, indem Ferrozyanid gebildet wird. Die Sulfide müssen dann aus der Lauge mit Kohlenwasserstoffen ausgewaschen werden. Diese können ähnlich wie bei dem im folgenden Unterabschnitt zu beschreibenden sog. Solutizer-Verfahren z.B. in einer vorhandenen hydrierenden Entschwefelungsanlage der Raffinerie mitverarbeitet werden, weil ihre Menge verhältnismäßig klein ist. Die Merkaptane werden zwar entsprechend ihrer Azidität durch die Natronlauge aus dem Produkt entfernt, doch gelten dafür die früher erwähnten Grenzen. Das Verfahren kann deshalb bezüglich der im Produkt verbleibenden Merkaptane nicht mehr leisten, als eine einfache Laugenwäsche. Die Eisenzyanverbindung spielt also nicht die gleiche Rolle wie die Lösungsvermittler, deren Wirksamkeit im nächsten Unterabschnitt erörtert wird. Der Vorteil gegenüber der üblichen Laugenwäsche mit Regeneration durch Wärme besteht darin, daß erstens kein Dampf benötigt wird, sondern elektrischer Strom, jedoch so wenig, daß die Kosten nur einen Bruchteil betragen. Zweitens ist die Frischlauge vollkommen frei von Merkaptanen, so daß etwas höhere Reinheiten des Produktes entsprechend der Einstellung des Gleichgewichtes erzielt werden können. Drittens ist wegen der vollständigen Regeneration kein ständiges Ausschleusen verbrauchter Lauge und eine entsprechende Zufuhr von Frischlauge nötig.

In ähnlicher Weise wie mit Natronlauge werden solche Wäschen zur Entfernung von H_2S auf flüssigen Produkten auch mit den in Abschn. H 1 erwähnten alkalischen Waschmitteln wie Äthanolaminen oder Alkazidlaugen betrieben. Dies ist besonders dann vorteilhaft, wenn zur Regenerierung die für eine Gaswäsche vorhandene Einrichtung mitbenutzt werden kann. Statt der in Abb. H-14 dargestellten Mischeinrichtung mit Lochblenden, die sowohl bei Säure- wie bei Laugenwäschen verwendet werden, haben sich wegen der guten Regelbarkeit auch Mischventile bewährt. Sie können auf einfache Weise schwankenden Betriebsverhältnissen angepaßt werden. Wenn die Dichteunterschiede groß genug sind, um eine eindeutige Gegenströmung zu erreichen, bieten u.U. mehrstufige, liegende Extrakteure mit Mischpumpen oder senkrechte Kolonnen mit Böden bei hohen Anforderungen an die Reinheit der Produkte Vorteile. Dies ist vor allem bei Laugenwäschen für Flüssiggas (unter Druck) und für leichteste Benzinfraktionen der Fall.

Bei Laugenwäschen, die zum Neutralisieren von Säurespuren einer Säurebehandlung nachgeschaltet sind, bilden sich Sulfate, die durch Wärme nicht regeneriert werden können. Da es sich aber in diesen Fällen immer nur um sehr kleine Mengen handelt, läßt man die Lauge so lange umlaufen, bis sie erschöpft ist, und wechselt dann die ganze Füllung aus. Für die darin enthaltenen Sulfate besteht kaum eine Verwendung, weil ihre Gewinnung in reiner Form umständlich wäre. Die verbrauchte Lauge enthält auch noch Natriumphenolate, Natriumnaphthenate und andere Verbindungen, die sich mit der Zeit in ihr angereichert haben, selbst wenn die Phenole und Naphthensäuren im Produkt in kaum nachweisbaren Mengen vorhanden sind. Je nach Lage des Falles wurden für die Regenerierung oder Verwertung solcher Ablaugen schon die verschiedensten Vorschläge gemacht[1]. Allgemeingültige Empfehlungen lassen sich kaum geben. Dies gilt auch für die aus Anlagen mit ständiger Regenerierung auszuschleusenden Mengen. Jede Raffinerie muß auf Grund eigener Versuche die für sie passende Lösung finden.

Im übrigen hat seit der Einführung der mit Chelaten arbeitenden Verfahren, wie z.B. des Merox-Verfahrens, das Interesse an Laugenwäschen zur Entfernung von Merkaptanen erheblich nachgelassen[2]. Der Dampfbedarf für das bei der Merkaptanentfernung unbedingt erforderliche Regenerieren der Lauge ist recht erheblich. Dazu kommen noch die zusätzlichen Baukosten. Während die in einer H_2S-Wäsche verbrauchte Lauge einfach neutralisiert werden kann, müssen Merkaptane wegen ihres äußerst üblen Geruches durch Regenerieren der Lauge abgetrennt und anschließend meist durch Verbrennen vernichtet werden. Die chemische Industrie hat nur Bedarf an beschränkten Mengen. Demgegenüber bieten die erwähnten, bei Umgebungstemperatur arbeitenden Verfahren mit flüssigem oder aufgeschwemmtem Katalysator, die noch beschrieben werden, so große Vorteile, daß sie in den letzten Jahren Eingang in viele Raffinerien gefunden haben.

Einen Sonderfall stellt die Behandlung von Erdölfraktionen mit Lauge dar, um darin enthaltene Naphthensäuren zu gewinnen. Dies lohnt sich nur bei der Verarbeitung von Rohölen, die ausnahmsweise viel Naphthensäuren enthalten. Als Beispiele sind das Vorkommen in Matzen (Niederösterreich) zu nennen, das 1,2 bis 1,6 Gew,-% dieser Säuren aufweist, sowie verschiedene rumänische und venezolanische Rohöle; vgl. S. 44. Die Verteilung auf die aus Matzener Rohöl technisch gewonnenen Fraktionen ist in Abb. H-15 wiedergegeben[3]. Der Anstieg des Säuregehaltes gerade in den höchstsiedenden Destillaten ist bemerkenswert. Es hat den Anschein, als ob beim Auftrennen in einzelne, enggeschnittene Fraktionen eine Verteilung zu erwarten ist, die etwa der Gaußschen Glockenkurve entspricht.

Die Naphthensäuren können durch Behandlung mit wäßriger Natronlauge, die aus später zu erwähnenden Gründen nicht hochkonzentriert sein soll, zunächst als Natriumnaphthenate in wäßriger Lösung gewon-

---

[1] Vgl. dazu z.B. V. A. KALICHEVSKY u. K. A. KOBE: a.a.O. S. 153ff.

[2] Vgl. dazu Abschn. H 2d, S. 676ff.

[3] SOVA, O.: Kontinuierliche Spindelöllaugung. Erdöl u. Kohle 13 (1960) 852/57. – Ders.: Kontinuierliche Freisetzung von Erdölsäuren (Naphthensäuren) aus wäßrigen Lösungen ihrer Natriumsalze; ebd. 16 (1963) 759/62. – CARO, H. J.: Hochmolekulare saure Verbindungen aus Erdöl. Erdöl-Z. (1962) 435/40. – TODD, D. B., u. F. C. RAC: Recover Naphthenic Acids Continuously. Hydrocarb. Procssg. 46 (1967) Nr. 8, S. 115/18.

nen werden. Die Säuren selbst erhält man dann, indem diese Naphthenatlösung (die sog. Seifenlösung) mit hochkonzentrierter Schwefelsäure zersetzt wird. Dabei bildet sich Natriumsulfat, das im Wasser gelöst bleibt. Die spezifisch leichteren, wasserunlöslichen Naphthensäuren schwimmen auf und lassen sich auf einfache Weise abtrennen. Die Verwendung anderer Alkalien bietet weder wirtschaftliche noch betriebliche Vorteile.

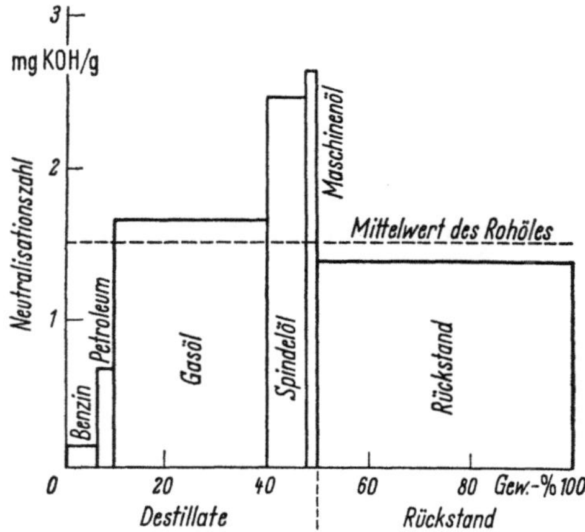

Abb. H-15. Verteilung der Naphthensäuren in den Fraktionen eines Rohöles aus Matzen (Niederösterreich).

Eine erhebliche Schwierigkeit besteht bei diesem Verfahren in der Neigung der wäßrigen Naphthenate, eine Emulsion zu bilden und Öl zu lösen. Diese Neigung nimmt mit steigendem Siedebereich – und dementsprechend steigender Molmasse – der behandelten Fraktionen zunächst wenig, dann aber sehr stark zu, insbesondere, sobald ein Siedeende von rd. 340 °C überschritten wird. Diese Grenze kann bei Produkten verschiedener Herkunft Schwankungen nach unten unterliegen. Die Gefahr der Emulsionsbildung wird durch höhere Laugenkonzentrationen gefördert. Es muß deshalb sehr genau darauf geachtet werden, daß im Betrieb die günstigsten Werte für NaOH-Konzentration und Temperatur eingehalten werden. Dabei sind zwei Bedingungen zu erfüllen. Erstens müssen die behandelten Fraktionen vollkommen neutral sein, was sich zwar durch Laugenüberschuß leicht erreichen ließe. Die gewonnenen Naphthenatlaugen dürfen aber keine freie Natronlauge enthalten, weil sonst ihr Verkaufswert sinkt. Es darf deshalb nur mit einem stöchiometrischen Verhältnis von NaOH zu den im Öl vorhandenen Naphthensäuren gearbeitet werden, eine Bedingung, die im Betrieb wegen des Mangels zuverlässig arbeitender Geber für die Meßwerte zur Übertragung auf selbsttätig wirkende Regler nicht leicht zu erfüllen ist. Während für das Laugen der Kerosin- und der Gasölfraktionen in der Raffinerie Schwechat der Österreichischen Mineralölverwaltung AG Wäschen üblicher Bauart aufgestellt werden konnten, die nur mit einigen, dem Verwendungszweck angepaßten Ergänzungen ausgerüstet sind, wurde für die Gewinnung der hochmolekularen Naphthensäuren aus Spindelöl eine eigene Apparatur entwickelt, die Sova beschrieben hat[1].

β) Die Laugenwäschen mit Lösungsvermittlern. Obwohl durch Natronlauge allein oder auch durch eines der im vorhergehenden Abschnitt H-1 genannten Waschmittel der Schwefelwasserstoff vollkommen entfernt werden kann, genügen die so behandelten Produkte, besonders bei schwefelreichen Rohölen, wegen der darin verbleibenden Merkaptane oft nicht den Anforderungen des Marktes. Gewöhnlich wird verlangt, daß sie beim sog. Doctor-Test negativ reagieren[2]. Bei positivem Doctor-Test gilt das Produkt als „sauer", was der Fall ist, wenn der durch primäre, sekundäre bzw. tertiäre Merkaptane verursachte Schwefelgehalt höher als etwa 0,0003, 0,0005 bzw, 0,0008 Gew.-% (also 3, 5 bzw. 9 mg/kg) liegt. Geruchfrei sind die Produkte noch bei etwas größeren Merkaptangehalten, wie sie in Zahlentafel H-6 nach LE NOBEL angegeben sind[3]. Es ist aber zu beachten, daß die Höchstwerte bei gleichzeitiger Anwesenheit niedrigsiedender Disulfide kleiner sein können. Deshalb strebt man an, daß der Merkaptangehalt wenigstens unter 10 bis 20 mg/kg bleibt, wenn das Produkt nicht unbedingt „doctor-süß" sein muß.

Zahlentafel H-6. *Maximal zulässige Merkaptangehalte in einem Benzin derart, daß der Geruch noch „süß" bleibt, nach* LE NOBEL

Art der Merkaptanverbindung	Siedepunkt °C	Reid-Dampfdruck des Benzins at	Zulässiger Merkaptangehalt Gew.-%
C_2	35	0,7	0,0002
n-C_3	68	0,7	0,0010
n-C_4	98	0,7	0,0017
n-C_6	151	0,7	0,0025
n-C_6	151	0,7	0,0025
		0,21	0,0008
		0,10	0,0003
n-C_3	68	0,7	0,0010
i-C_3	66	0,7	0,0014
n-C_6	151	0,7	0,0025
i-C_6	152	0,7	0,0030

Die drei Gruppen von Angaben lassen den Einfluß von Molekülgröße, Reid-Dampfdruck des Benzins und Molekülstruktur erkennen.

---

[1] Vgl. O. SOVA: a.a.O. – RUMPF, K. K.: Die neue Raffinerie Schwechat im Rahmen der österreichischen Mineralölwirtschaft. Erdöl u. Kohle 14 (1961) 544/49 u. 547. – Über die Verwertung der dabei gewonnenen Naphthensäuren s. auch E. MÜLLER, F. PASS u. H. PÖLL: Darstellung von Spindelölsäurederivaten und deren Untersuchung im Hinblick auf die technische Verwendbarkeit. Erdöl u. Kohle 19 (1966) 112/14. – MÜLLER, E., u. H. PÖLL: Ölfreie Spindelölsäuren, ebd. S. 808/09.

[2] Vgl. Mineralöle und verwandte Produkte, hrsg. von C. ZERBE: 2. Aufl. a.a.O. Bd. I, S. 116. – Weitere Verfahren zur Bestimmung von Merkaptanen bei E. A. M. F. DAHMEN, R. DIJKSTRA u. A. J. VERJAAL: Die Bestimmung von Merkaptanen in Erdölprodukten. Erdöl u. Kohle 16 (1963) 768/75, sowie bei TH. HAMMERICH u. H. GUNDERMANN: Potentiometrische Bestimmung von Mercaptanschwefel in Kohlenwasserstoffen; ebd. 17 (1964) 20/22.

[3] LE NOBEL, J. W.: Some aspects of gasoline treating processes with special regard to sulphur problems. 4. Welt-Erdöl-Kongreß, Rom 1955, Bericht III/G/1.

Eine weitgehende Entfernung der Merkaptane wurde bei Ottokraftstoffen mit den steigenden Anforderungen an die Klopffestigkeit unerläßlich, insbesondere als der Zusatz von Bleitetraäthyl allgemein Eingang fand. Durch die dabei erzielbaren Ersparnisse konnten größere Aufwendungen zur Verbesserung der Bleiempfindlichkeit wettgemacht werden. Man fand, daß durch die Zugabe von Lösungsvermittlern („Solutizer") auch mit Hilfe von Natronlauge Merkaptane vollständig entfernt werden können. Bei zwei Verfahren wird statt Natronlauge die an sich wirksamere Kalilauge – ebenfalls zusammen mit Lösungsvermittlern – verwendet.

Bei dem Ende der Dreißiger Jahre im Shell-Konzern entwickelten *Solutizer*-Verfahren wurde Kaliumisobutyrat einer wäßrigen Kaliumhydroxydlösung zugesetzt. Als Extraktor diente eine Füllkörperkolonne, in der das zu behandelnde spezifisch leichtere Produkt nach oben und das Waschmittel im Gegenstrom nach unten geführt wurde. Dieses konnte in einer Glockenbodenkolonne mit Dampf bei etwa 130 °C regeneriert werden. Die über Kopf abgehenden Dämpfe wurden kondensiert, und im Kondensat trennten sich Wasser und Merkaptane in zwei Schichten. Weitere Einzelheiten in der Schaltung können übergangen werden, weil an Stelle dieses Verfahrens später das abgeänderte sog. *Tannin-Solutizer*-Verfahren empfohlen und angewendet wurde[1]. Tannin ist ein aus Galläpfeln gewonnener Gerbstoff nicht genau bekannter Zusammensetzung, der von der Trioxykarbonsäure (Gallussäure) mit der Formel $(HO)_3 \cdot C_6H_2 \cdot COOH$ abgeleitet wird. Es wurde der Kalilauge zugegeben.

Mit diesem Verfahren ist es möglich, in Benzinen verschiedener Siedebereiche den Merkaptangehalt auf 10 bis 30 mg/kg zu senken und so den „sauren" Geruch zu beseitigen. Als Lösungsvermittler werden jetzt Propion- oder Buttersäure, dazu auch Alkylphenole verwendet, insbesondere wenn sie in dem zu behandelnden Produkt vorhanden sind. Das Fließschema einer solchen Anlage zeigt Abb. H-16. Zur Entlastung der eigentlichen Extraktionsstufe ist eine einfache Natronlaugenwäsche vorgeschaltet. Für die Extraktion wird bei neueren Anlagen der sog. Rotating Disc Contactor (RDC) der Shell, an Stelle von mehrstufigen Anordnungen mit Mischern und nachgeschalteten Absitzbehältern verwendet; vgl. Abb. B-30, S. 161. Die Extraktion arbeitet bei Raumtemperatur. Das angereicherte Waschmittel wird dann auf 55 bis 70 °C erwärmt, über einen sog. Coalescer geleitet und in einem Turm ohne Einbauten mit Luft regeneriert[2]. Dabei wandeln sich die Merkaptane durch Oxydation nach der Formel

$$2\,RSH + 1/2\,O_2 = R_2S_2 + H_2O \qquad \text{(H-28)}$$

in Disulfide um. Die sog. Süßungsreaktion verläuft also im Waschmittel und nicht im Produkt. In einer nachgeschalteten Wäsche werden die

---

[1] Petrol. Refiner **43** (1964) Nr. 9, S. 213 (Refining Process Handbook Issue). Das Verfahren ist in früheren Jahren unter der Bezeichnung mit dem Zusatz „Tannin-" beschrieben worden und wird jetzt einfach „Solutizer"-Verfahren genannt, offenbar weil Anlagen, die nach dem ursprünglich so genannten Verfahren arbeiten, nicht mehr gebaut werden.

[2] Wegen der Bezeichnung „Coalescer" s. Fußn. 2, S. 593.

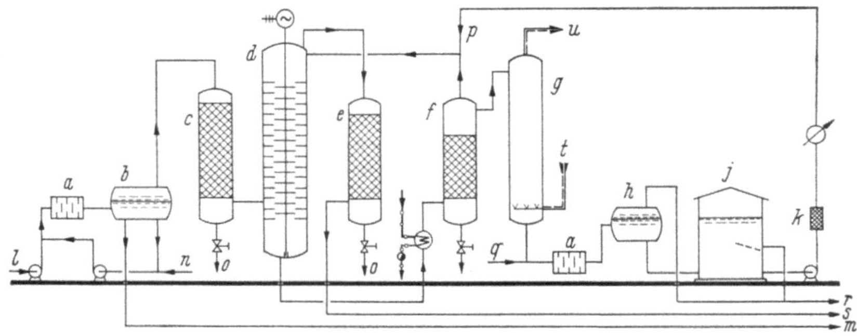

Abb. H-16. Schematisches Fließbild einer Solutizer-Anlage der Shell.

a	Mischer;	*l*	Zulauf des zu behandelnden Benzins;
b	Absitzbehälter der Laugenwäsche;	*m*	Ablaß für verbrauchte Lauge;
c	Coalescer für Lauge;	*n*	Frischlaugenzugabe;
d	Rotating Disc Contactor;	*o*	Ablaß für ausgeschiedene Beimengungen;
e	Coalescer für Lösungsmittel;	*p*	Lösungsmittelrücklauf;
f	Coalescer für Benzin;	*q*	Schwerbenzin (zur Aufnahme der Merkaptane);
g	Regenerierturm mit Lufteinblasung;		
h	Absitzbehälter für beladenes Schwerbenzin;	*r*	Mit Merkaptanen beladenes Schwerbenzin;
j	Absitztank;	*s*	Merkaptanfreies Benzin;
k	Filter;	*t*	Lufteinblasung.

Disulfide mit Schwerbenzin, dessen Menge etwa 1 bis 2% des Durchsatzes beträgt, aus der Lauge entfernt, die anschließend wieder dem Extraktor zugeleitet wird. Das Fließbild zeigt noch einen sicherheitshalber zwischengeschalteten Absetztank. Das mit Disulfiden beladene Schwerbenzin kann wegen seiner geringen Menge in einer geeigneten Anlage der Raffinerie, z. B. in der einer katalytischen Reforming-Anlage vorgeschalteten raffinierenden Hydrieranlage ohne weiteres mitverarbeitet werden. Es hat sich aber gezeigt, daß bei den neueren Lösungsvermittlern auch ohne Tannin gearbeitet werden kann. Innerhalb der Shell-Gruppe wurde weiterhin noch ein sog. Air Solutizer Sweetening-Verfahren entwickelt, das auf S. 674 unter den eigentlichen Süßungsverfahren besprochen wird.

Ein anderes, mit Lösungsvermittlern arbeitendes Verfahren wurde unter dem Namen *Mercapsol* von der The Pure Oil Co vorgeschlagen. Es wird in einigen ihrer Raffinerien angewendet und benutzt wäßrige Natronlauge mit Meta- und Parakresol (Oxytoluol $CH_3 \cdot C_6H_4 \cdot OH$) bzw. mit Salzen von Karbonsäuren[1].

Bereits im Jahre 1931 hatten VESSELOVSKY und KALICHEVSKY gefunden, daß mit Hilfe einer alkoholischen Laugenlösung Merkaptane aus Kohlenwasserstoffen quantitativ entfernt werden können[2]. Auf Grund

---

[1] Oil Gas J. 42 (13. April 1944) Nr. 15, S. 126. – Petrol. Refiner 37 (1958) Nr. 9, S. 305 (Process Handbook).

[2] VESSELOVSKY, V., u. V. KALICHEVSKY: Action of Alkali Hydroxides on Elementary Sulfur and Mercaptans Dissolved in Naphtha. Industr. Engng. Chem. 23 (1931) 181/84. – STAGNER, B. A.: Sweetening of Gasoline with Alcoholic Alkali and Sulfur, ebd. 27 (1935) 275/77. – FIELD, H. W.: The Caustic-Methanol Mercaptan Extraction Process. Petrol. Refiner 20 (1941) Nr. 10, S. 419/21: Oil Gas J. 39 (25. Sept. 1941) Nr. 39, S. 40/42. – BENT, R. D., u. J. H. McCULLOUGH: Atlantic Refining Company's First Year with Unisol Process. Oil Gas J. 46 (9. Sept. 1948) Nr. 19, S. 95/103.

dieser Beobachtungen wurde von der Atlantic Refining Co das *Unisol*-Verfahren entwickelt, dessen verfahrens- und ingenieurtechnische Bearbeitung dann die Universal Oil Products Co übernahm. Es wird eine Mischung von Methylalkohol und wäßriger Natronlauge verwendet. Die Extraktionskolonne weist die Besonderheit auf, daß das Methanol in der Mitte, die Natronlauge in der Nähe des Kopfes aufgegeben wird[1]. Dies hat den Zweck, durch die nach abwärts strömende wäßrige Lauge Reste von Methanol, die im Produkt nach oben mitgenommen wurden, zu lösen und nach unten zu befördern. Dadurch lassen sich Verluste des Lösungsvermittlers vermeiden.

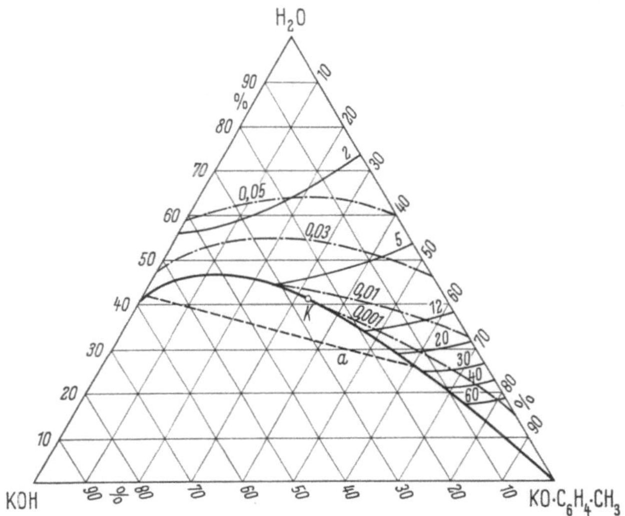

Abb. H-17. Dreieckdiagramm des Systems Wasser–Kaliumhydroxyd–Kaliumkresylat mit Linien gleicher Zähigkeit sowie des Merkaptangleichgewichtes im Einphasengebiet.

Die den strichpunktierten Kurven beigeschriebenen Zahlen bedeuten Gew.-% Merkaptane im Benzin; die Zahlen bei den ausgezogenen Kurven geben die Zähigkeit des Gemisches bei 37,8 °C (= 100 °F) in cSt an. Der kritische Punkt ist mit K gekennzeichnet; a ist eine Konode.

γ) Das Dualayer-Verfahren der Magnolia Petroleum Company. Die Eignung von Kresolen als Lösungsvermittler für die Extraktion von Merkaptanen mit Hilfe wäßriger alkalischer Lösungen ist schon seit längerer Zeit bekannt gewesen[2]. Sie wird bei dem in der Raffinerie Beaumont/Texas der früheren Magnolia Petroleum Co – jetzt Mobil Oil Co Inc – entwickelten Dualayer-Verfahren auf besondere Weise nutzbar gemacht. Wie aus Abb. H-17 zu erkennen ist, bilden sich – entsprechend der eingetragenen Konode a – in wäßriger Kaliumhydroxydlösung bei Konzentrationen über etwa 45 % durch Zugabe von Kaliumkresylat – oder von Kresol, das mit

---

[1] Vgl. das in Petrol. Refiner 37 (1958) Nr. 9, S. 309 wiedergegebene Schema.

[2] Vgl. die vorstehenden Angaben zum Mercapsol-Verfahren sowie V. A. KALICHEVSKY: Sweetening and Desulfurization of Light Petroleum Products. Petrol. Refiner 30 (1951) Nr. 4, S. 111/17 und H. E. WALKER u. E. B. KENNEY: Removing and Converting Mercaptans. Petrol. Processing 11 (1956) Nr. 4, S. 58/66.

der Kalilauge unter Wasserabgabe in das Kresylat übergeht – zwei Phasen[1]. Von diesen besteht die eine praktisch aus reinem Kaliumhydroxyd, die andere aus um so höherkonzentriertem Kaliumkresylat, je höher die Kaliumhydroxydkonzentration ist. Ein Gemisch aus Kresylat und Natriumhydroxyd verhält sich ähnlich, doch bei den hier angewendeten hohen Konzentrationen ist die niedrigere Zähigkeit der Kaliumverbindungen von besonderem Vorteil. Das durch das Dreieckdiagramm dargestellte Verhalten wird in der Weise ausgenutzt, daß sich durch die Anwesenheit der KOH-Lauge ständig eine optimale Zusammensetzung der $KOH-KO \cdot C_6H_4 \cdot CH_3$-Lösung einstellt. Bei einer bestimmten Zähigkeit, die aus betrieblichen Gründen nicht höher als etwa 12 cSt bei 37,8 °C (= 100 °F) entsprechend etwa 2 °E gewählt wird, ist in dem zu behandelnden Benzin ein minimaler Merkaptangehalt zu erreichen, wie der Kurvenverlauf erkennen läßt[2]. Das im praktischen Betrieb verwendete Kresol ist ein Gemisch aus Phenol und den drei Kresolen (ortho-, meta- und para-). Der Einfachheit halber ist im Text und in der Abbildung die Formel für die Kresole allein benutzt.

Die Schaltung der Anlage geht aus Abb. H-18 hervor. In der für die Raffinerie Beaumont gebauten Anlage für einen Durchsatz von fast

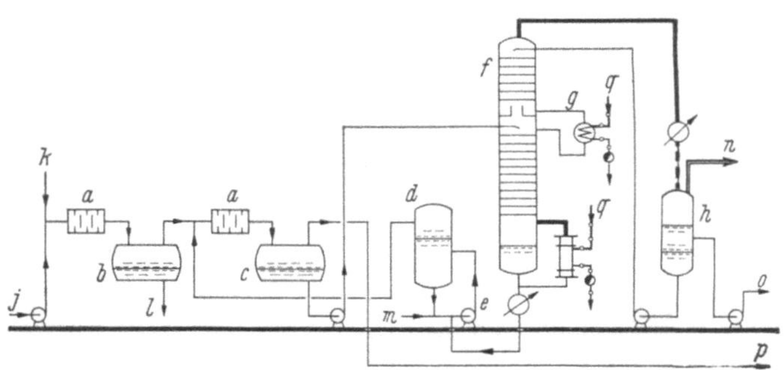

Abb. H-18. Schematisches Fließbild einer Dualayer-Anlage zur Entfernung der Merkaptane aus Benzin.

a	Mischer;	*h*	Trennbehälter (oben Merkaptane, unten Wasser);
b	Absitzbehälter der Natronlaugenvorwäsche;		
c	Absitzbehälter der Kresylatwäsche, die meist zweistufig ausgeführt wird;	*j*	Zulauf des zu behandelnden Benzins;
		k	NaOH-Frischlauge;
d	Sammelgefäß für Gleichgewichtseinstellung der regenerierten Dualayer-Lösung;	*l*	Verbrauchte NaOH-Lauge;
		m	KOH-Frischlauge;
e	Mischpumpe;	*n*	Abgas zum Heiznetz;
f	Regivierturm;	*o*	Merkaptane;
g	Wasserkreislauf;	*p*	Merkaptanfreies Benzin; *q* Heizdampf.

---

[1] Wegen der Darstellung von Mischungslücken in Dreieckskoordinaten vgl. z. B. B. RIEDIGER: Brennstoffe/Kraftstoffe/Schmierstoffe, Berlin/Göttingen/Heidelberg: Springer 1949, S. 228 ff.

[2] Vgl. dazu C. A. DUVAL u. V. A. KALICHEVSKY: Dualayer Gasoline Treating Process. Petrol. Refiner 33 (1954) Nr. 4, S. 161/63; Petrol. Processing 9 (1954) Nr. 5, S. 691/93. – DUVAL, C. A., R. T. MALIN u. V. A. KALICHEVSKY: First Dualayer Treater for Fuel Oil. Petrol. Refiner 34 (1955) Nr. 9, S. 142/44; Proc. Amer. Petrol. Inst. III, 34 (1954) 321/26. – GREEK, B. F., C. A. DUVAL u. V. A. KALICHEVSKY: Dualayer Gasoline Process to Remove Mercaptans. Industr. Engng. Chem. 49 (1957) 1938/44.

1,5 Mill. t/a Benzin wurden für die Extraktion Lochscheibenmischer und Absitzbehälter verwendet. Es könnte jedoch auch jede andere dafür geeignete Einrichtung vorgesehen werden. Das mit Merkaptanen beladene Waschmittel wird einer mit Aufkocher und Destillationsböden ausgerüsteten Regenerierkolonne zugeführt, die im oberen Teil eine Auffangtasse besitzt. Das Waschmittel wird unterhalb dieser Tasse aufgegeben. Mittels des rückgeführten Wassers wird seine Konzentration eingestellt, die dadurch entsprechend dem Dreieckdiagramm eindeutig bestimmt ist. Gewünschte Korrekturen können durch Zugabe von Kaliumhydroxyd vor dem Trennbehälter vorgenommen werden. Von der in diesem eintretenden Schichtenbildung (dual layer) ist die Bezeichnung des Verfahrens abgeleitet. Es wurde seit seiner ersten Anwendung abgewandelt, wird nunmehr auch mit Natronlauge betrieben und besonders für die Behandlung von Destillatheizölen empfohlen[1]. Es entfernt nicht nur die Merkaptane, sondern auch Begleitstoffe, welche die Lagerbeständigkeit beeinträchtigen. Das Extraktionsmittel wird aber in diesem Fall nicht regeneriert.

c) Die Süßungsverfahren

Die als „Süßen" bezeichnete Reaktion, nämlich die Umwandlung von Merkaptanen in Disulfide, ist bereits durch Gl. (H-28), S. 667 gekennzeichnet worden. Sie tritt auch beim Regenerieren von Waschmitteln auf, wenn dafür Luft verwendet wird. Verläuft sie im Produkt selbst, so werden die Disulfide nicht entfernt, was die beschriebenen Nachteile hat. Nichtsdestoweniger fanden die Süßungsverfahren seinerzeit weite Verbreitung, weil man sich zunächst damit begnügte, den üblen Geruch von thermischen Krackbenzinen zu mildern. Die Süßungsverfahren haben den einen großen Vorteil, daß elementarer Schwefel beseitigt wird. Fehlt er im Einsatzgut, so muß er sogar zugegeben werden.

Das ältere hier zu besprechende Verfahren ist das mit Natriumplumbit (Na_2PbO_2) arbeitende, das auch einfach als „*Doctor*"-Verfahren bezeichnet wurde, weil es die beim sog. Doctor-Test benutzten Reagenzien verwendet[2]. Merkaptane geben mit Natriumplumbit nach der Formel

$$2\ RSH + Na_2PbO_2 = \begin{matrix} RS \\ \diagup \\ \diagdown \\ RS \end{matrix} Pb + 2\ NaOH \qquad \text{(H-29)}$$

Bleimerkaptide und Natronlauge, in der gelöst das Natriumplumbit sowohl bei der Untersuchung wie auch beim technischen Verfahren angewendet wird[3]. Durch Zugabe von elementarem Schwefel – soweit er

---

[1] Petrol. Refiner 39 (1960) Nr. 9, S. 262 u. 43 (1964) Nr. 9, S. 204 (Refining Process Handbooks) mit sehr stark vereinfachter Darstellung.

[2] Vgl. Fußn. 2, S. 666.

[3] Näheres s. bei V. A. KALICHEVSKY u. K. A. KOBE: a.a.O. S. 282ff. (vgl. Fußn. 2, S. 657). – Petrol. Refiner 37 (1958) Nr. 9, S. 296; ebd. 39 (1960) Nr. 9, S. 261 (Refining Process Handbooks).

nicht bereits vorhanden ist – entstehen gemäß

$$\begin{matrix} RS \\ \diagdown \\ \diagup \\ RS \end{matrix} Pb + S = PbS + RS \cdot SR \qquad (H\text{-}30)$$

Bleisulfid und Disulfid. In Betriebsanlagen wurden außerdem andere Bleiverbindungen wie $Pb_2(SR)_2$, $Pb_2(OH)_2S_3$ und $Pb(OH)_2S_4$ gefunden, ein Zeichen dafür, daß auch Nebenreaktionen ablaufen. Die Disulfide bleiben in dem behandelten Produkt gelöst, während das Bleisulfid – und andere Bleiverbindungen – in das umlaufende Waschmittel, d.h. das Gemisch aus Natronlauge und Natriumplumbit wandern. Zum Regenerieren dient Luft, die durchgeblasen wird. Dabei bilden sich in Gegenwart der Natronlauge nach der Bruttoformel

$$PbS + 2\,O_2 + 4\,NaOH = Na_2PbO_2 + Na_2SO_4 + 2\,H_2O \qquad (H\text{-}31)$$

Natriumplumbit und Natriumsulfat (Glaubersalz). Die Lösung reichert sich daher im Laufe der Zeit mit Sulfat an und muß entweder in gewissen Zeitabständen ausgewechselt oder durch ständiges Ausschleusen einer Teilmenge und deren Ersatz durch Frischlauge wirksam erhalten werden.

Neben dem in Einzelfällen angewendeten *Hypochlorit*-Verfahren hatte noch das mit *Kupferchlorid* ($CuCl_2$) arbeitende weite Verbreitung gefunden[1]. Das Kupfer(II)-Chlorid dient dabei gewissermaßen als Katalysator, um die Oxydation der Merkaptane zu Disulfiden mittels Luft zu fördern. Zunächst entstehen aus Merkaptanen und Kupfer(I)-Chlorid durch Reduktion gemäß

$$2\,RSH + 2\,CuCl_2 = RS \cdot SR + 2\,CuCl + 2\,HCl \qquad (H\text{-}32a)$$

Disulfide, Salzsäure und Kupfer(II)-Chlorid und aus den beiden letzten Verbindungen in Gegenwart von Sauerstoff nach

$$2\,CuCl + 2\,HCl + 1/2\,O_2 = 2\,CuCl_2 + H_2O \qquad (H\text{-}32b)$$

wieder Kupfer(I)-Chlorid und Wasser. Daneben können auch Reaktionen über Kupfermerkaptide ablaufen, wie die Formeln

$$\begin{aligned}
4\,RSH\ \ + 2\,CuCl_2 &= RS \cdot SR + 2\,RSCu + 4\,HCl &\qquad (H\text{-}33a)\\
2\,RSCu + 2\,CuCl\ \ &= RS \cdot SR + 4\,CuCl &\qquad (H\text{-}33b)\\
\hline
4\,RSH\ \ + 4\,CuCl_2 &= 2\,RS \cdot SR + 4\,HCl + 4\,CuCl &\qquad (H\text{-}33)
\end{aligned}$$

zeigen. Das Ergebnis ist aber das gleiche wie gemäß der an erster Stelle wiedergegebenen Formel (H-32a). Die tatsächlich erforderliche Luftmenge beträgt etwa das 5- bis 6fache der stöchiometrischen[2].

Die Ausrüstung der Anlagen ist einigen Wandlungen unterworfen gewesen. Das Verfahren kann außer für Erdölfraktionen im Siedebereich

<hr>

[1] Vgl. V. A. Kalichevsky u. K. A. Kobe: a.a.O. S. 302. – Petrol. Refiner 45 (1966) Nr. 9, S. 257; 47 (1968) Nr. 9, S. 217 (Process Handbooks).

[2] Vgl. dazu H. Doron: Find Air to Copper Sweeten. Petrol. Refiner 40 (1961) Nr. 6, S. 222 (mit Nomogramm).

des Benzins auch für höhersiedende Produkte angewendet werden. Es wurde weiterhin die Verwendung von Sauerstoff statt Luft empfohlen, doch erfordert dies besondere Vorsichtsmaßnahmen, abgesehen davon, daß Sauerstoff in Raffinerien nur in seltenen Fällen zur Verfügung steht[1].

Das Kupferchlorid wird entweder auf einer Trägersubstanz im Festbett oder im Verhältnis von etwa 1 : 4 mit Bleicherde vermischt als Aufschlämmung verwendet. Im zweiten Fall spricht man vom „slurry process"[2]. Zu Kraftstoffen, die mit Kupferchlorid gesüßt wurden, müssen unbedingt Metalldesaktivatoren zugesetzt werden, um Störungen in den Kraftstoffverteilsystemen durch Ausscheiden von Kupfer zu vermeiden. Es wurden für diesen Zweck auch besondere Filter entwickelt. Außerdem werden Metalldesaktivatoren dem Fertigprodukt zugemischt, weil sonst darin verbliebene Metallspuren die Lagerbeständigkeit durch Gumbildung beeinträchtigen könnten[3].

Für das Süßen bzw. das Entschwefeln von Erdölprodukten wurde noch eine Reihe anderer Chemikalien und Verfahren erprobt. Oft ist es möglich, je nach den an das Produkt zu stellenden Anforderungen sowohl das eine wie auch das andere – dann gewöhnlich mit größerem Aufwand – zu erreichen. Auf Grund von Forschungsarbeiten, die bei der Compagnie Française de Raffinage durchgeführt und von der Mobil Oil Co aufgenommen wurden, hatte man die Wirksamkeit der Chelate – auch als Kelate bezeichnet – erkannt[4]. Es handelt sich dabei um komplexe Metallverbindungen, im vorliegenden Fall um Kobaltverbindungen der sog. Schiffschen Basen, die man aus Anilin und aromatischen Aldehyden erhält[5]. Es wird geltend gemacht, daß damit gegenüber einer Kupferchloridwäsche bessere Produkteigenschaften erzielt werden und die Kosten die Hälfte der im ersten Fall aufzuwendenden nur unwesentlich überschreiten. Außerdem kann die Zugabe eines Metalldesaktivators von rd. 10 g/t auf etwa ein Drittel gesenkt werden. Die Chelate wirken ähnlich wie Katalysatoren und werden auch bei dem im nächsten Unterabschnitt zu besprechenden Merox-Verfahren benutzt.

Es wurden noch verschiedene andere organische Verbindungen untersucht und in Betriebsanlagen ausprobiert, welche Merkaptane zu Disulfiden umsetzen, d.h. also ein Produkt „süßen". Als Vorteil solcher

---

[1] McGilliray, R. J.: Take These Steps to Sweetening Safety. Petrol. Refiner 42 (1963) Nr. 5, S. 145/46.

[2] Vgl. das Schema einer solchen Anlage bei R. J. Hengstebeck: Petroleum Processing; a.a.O. Fig. 14-2, S. 318.

[3] Vgl. dazu E. G. Nottes: Zur Auswahl und Bewertung von Gum-Inhibitoren und Metalldeaktivatoren für Kraftstoffe. Erdöl u. Kohle 9 (1956) 853/57.

[4] Gislon, A., u. J. M. Quiquerez: Nouveau procédé de raffinage des produits pétroliers. 4. Welt-Erdöl-Kongreß, Rom 1955, Bericht III/C/1. – Loomis, R. J.: Chelate Sweetening Goes Commercial. Petrol. Refiner 41 (1962) Nr. 2, S. 139/42.

[5] Näheres s. bei W. Hückel: Theoretische Grundlagen der organischen Chemie, 1. Bd., 6. Aufl., Leipzig: Akad. Verlagsges. 1949, S. 114ff. Kennzeichnend für die Chelate, die auch Scherenverbindungen genannt werden, ist, daß *ein* Molekül *zwei* benachbarte Koordinationsstellen eines Zentralatoms besetzt. Dadurch entsteht eine Molekülstruktur, die einer Zange oder Krebsschere (griech. $\chi\eta\lambda\acute\eta$) ähnelt; daher der Name. Die Chelate sind in gewisser Hinsicht mit den auf S. 39 und 41 bis 43 erwähnten Porphyrinen verwandt.

Verfahren ist zu betrachten, wenn es gelingt, ohne Kupfer und Blei in den Chemikalien auszukommen, und wenn die Zugabe von elementarem Schwefel und die Oxydation mit Luft oder gar mit Sauerstoff vermieden werden kann. Dies trifft z.B. für das sog. *Thiocon*-Verfahren zu[1]. Mittels eines nicht näher gekennzeichneten und Thiocon genannten, organischen Sulfochlorides $R \cdot SO_2Cl$ setzen sich im alkalischen Medium die durch vorhergehende Behandlung mit Natronlauge entstandenen Merkaptide nach der Formel

$$2\,NaS \cdot R + R \cdot SO_2Cl = RS \cdot SR + NaCl + R \cdot SO_2Na \qquad (H\text{-}34)$$

zu Disulfiden, Kochsalz und dem Natriumsalz einer Sulfinsäure um. Bei Ersatz einer Natriumplumbitanlage durch eine Thioconanlage konnten die Kosten für die Betriebsmittel gesenkt und der Durchsatz der Anlage verdoppelt werden. Ein Teil der alten Apparatur konnte wieder benutzt und auf andere konnte verzichtet werden. Man hat weiterhin festgestellt, daß Schwefelfarbstoffe die Oxydation der Merkaptane zu Disulfiden mit Luft katalytisch beeinflussen können[2].

Schließlich sind hier noch weitere im Shell-Konzern durchgeführte Arbeiten zu erwähnen[3]. Für Fälle, in denen wegen geringem, jedoch zu verminderndem Merkaptangehalt die Anwendung des auf S. 667 beschriebenen Solutizer-Verfahrens zur vollständigen Entfernung der Merkaptane zu aufwendig wäre, lassen sich seine Grundsätze in dem vereinfachten *Air Solutizer*-Sweetening-Verfahren anwenden. Es wird nur ein Turbomischer, ein Absitzbehälter mit vorgeschaltetem Coalescer und eine Einrichtung benötigt, in der das Wasser, das sich durch die Reaktionen oder aus dem Einsatzgut im Wasch- bzw. Extraktionsmittel anreichert, abgedampft werden kann. Als einzuhaltende Zusammensetzung werden z.B.

Kaliumhydroxyd 28,6 Gew.-%,
Kresylsäuren   33,7 Gew.-% und
Wasser   37,7 Gew.-%

angegeben. Nimmt man an, daß es sich bei den Kresylsäuren um Kresol mit einer Molmasse von rd. 108 g/mol bzw. um Phenol mit einer Molmasse von 94 g/mol handelt, so ergeben sich folgende Zusammensetzungen

	als Kresol		als Phenol gerechnet	
Kaliumhydroxyd	11,1 Gew.-%	bzw.	8,5 Gew.-%,	
Kaliumkresylat	45,6 Gew.-%	bzw.	47,4 Gew.-%	und
Wasser	43,3 Gew.-%	bzw.	44,1 Gew.-%.	

Die tatsächliche Zusammensetzung wird also zwischen diesen Werten liegen. Die entsprechenden Punkte in Abb. H-17 zeigen, daß die Zähigkeit

[1] CRENSHAW, L. A., u. E. MYERS: Thiocon Process Sweetens Kerosine. Hydrocarb. Procssg. 45 (1966) Nr. 11, S. 225/26.

[2] WEISANG, E., u. A. VALET: Sweetening des produits pétroliers par oxydation catalysée par les colorants au soufre. 5. Welt-Erdöl-Kongreß, New York 1959, Bericht III/16.

[3] LE NOBEL, J. W., u. J. H. CHOUFOER: Development in treating processes for the petroleum industry. 5. Welt-Erdöl-Kongreß, New York 1959, Bericht III/18.

dieser Lösung mit knapp 8 cSt noch sehr günstig sein dürfte. Ob auch nach dem Diagramm auf den Merkaptangehalt im behandelten Produkt geschlossen werden darf, ist mangels weiterer vergleichbarer Angaben unsicher. Le Nobel und Choufoer geben für einen bestimmten Fall eine Erniedrigung von 62 auf 3 mg/kg an und erwähnen, daß das Verfahren wegen niedriger Bau- und Betriebskosten gegenüber Solutizer-Anlagen, welche die Merkaptane weitgehend entfernen, bei Merkaptangehalten des Einsatzgutes unter etwa 300 mg/kg Vorteile biete. Außerdem sei es zum Süßen von Kerosin oder Düsentreibstoff geeignet, bei denen extrem niedrige Schwefelgehalte wegen Klopffestigkeit und Bleiempfindlichkeit keine Rolle spielen. Als Nachteil der Verwendung von Alkylphenolen wird ihre Neigung zur Bildung verfärbender Oxydationsprodukte erwähnt. Diese Gefahr besteht besonders dann, wenn das als Kresylsäure bezeichnete Gemisch auch Xylenole oder höhere Alkylphenole enthält. Deshalb wurden auch Gemische untersucht und als geeignet gefunden, die statt der Alkylphenole Essigsäure ($CH_3 \cdot COOH$) und Triäthylenglykol [$HO \cdot (CH_2)_2 \cdot O \cdot (CH_2)_2 \cdot O \cdot (CH_2)_2 \cdot OH$] in etwa gleichen Mengen enthalten.

In dem zitierten Bericht beschreiben die beiden Verfasser auch ein Verfahren, das sie „*Mercaptor*-Process" nennen und das mit Schwefelsäure betrieben wird. Bei einer Säurekonzentration von 80 bis 93% treten folgende Reaktionen auf:

a) Oxydation von Merkaptanen zu Disulfiden

$$2\,RSH + H_2SO_4 = RS \cdot SR + 2\,H_2O + SO_2, \qquad (H\text{-}35)$$

b) Umwandlung von Merkaptanen in Alkyl-thioschwefelsäure

$$RSH + H_2SO_4 = RS \cdot SO_3H + H_2O, \qquad (H\text{-}36)$$

c) Umwandlung von Alkyl-thioschwefelsäure in Disulfide und Dithionsäure

$$2\,RS \cdot SO_3H = RS \cdot SR + HO_3S \cdot SO_3H, \qquad (H\text{-}37)$$

d) Oxydation von Schwefelwasserstoff zu Thio-di-schwefelsäure (Trithionsäure)

$$H_2S + H_2SO_4 = HO_3S \cdot S \cdot SO_3H + H_2O. \qquad (H\text{-}38)$$

Wird die Konzentration auf 93 bis 98% erhöht, so können folgende Reaktionen ablaufen:

a) wie vorstehend,

e) katalytische Aufspaltung tertiärer Merkaptane in Monoolefine und Schwefelwasserstoff

$$\underset{\underset{R}{|}}{\overset{\overset{R}{|}}{RC\!-\!C\!-\!SH}} \quad = \quad \underset{\underset{R}{|}}{\overset{\overset{R}{|}}{RC\!=\!C}} + H_2S \;, \qquad (H\text{-}39)$$

43*

f) katalytische Alkylierung von Merkaptanen mit Olefinen zu Mono-sulfiden

$$RSH \; + \; R\overset{R}{\underset{R}{C}}{=}C \quad = \quad RS\overset{R}{C}{-}\overset{R}{C}H , \qquad \text{(H-40)}$$

g) Oxydation von Schwefelwasserstoff zu elementarem Schwefel

$$3\,H_2S + H_2SO_4 \quad = \quad 4\,S + 4\,H_2O . \qquad \text{(H-41)}$$

Diese Reaktionen sind hier aufgezählt, weil sie neben den in Abschn. H 2 a erwähnten auftreten können. Bei dem Mercaptor-Verfahren wird deshalb mit Konzentrationen unter 93 % gearbeitet, um z.B. die Neubildung von Schwefelwasserstoff und von elementarem Schwefel zu vermeiden.

Zum Schluß muß noch das sog. *Inhibitor*-Süßen erwähnt werden[1]. Das Produkt wird zunächst mit Lauge in üblicher Weise gewaschen und dann wird vor einem zweiten Laugenkreislauf der Inhibitor und danach Luft zugegeben. Als Inhibitor wird z.B. p-Phenylendiamin ($NH_2 \cdot C_6H_4 \cdot NH_2$) benutzt, dessen Wirkung zur Verhinderung von Gumbildung schon lange bekannt ist[2]. Überraschend ist, daß bei Merkaptanen dadurch mit Hilfe von Luft die oxydierende Umwandlung zu Disulfiden in basischer Umgebung gefördert wird. Dafür genügt bereits das Überreißen von Spuren von Lauge in den Lagertank. Der Inhibitor verbleibt im Produkt und schützt es außerdem vor der Ausscheidung von Harzen. Bei nicht zu hohem Merkaptangehalt kann auf diese Weise erreicht werden, daß das Produkt nach wenigen Tagen Lagern im Tank „doctor-süß" wird.

d) Die in flüssiger Phase mit Katalysatoren nicht hydrierend arbeitenden Entschwefelungsverfahren

Die im vorhergehenden Unterabschnitt beschriebene Wirkung von Lösungsvermittlern hat eine gewisse Ähnlichkeit mit der von Katalysatoren. Auch die Wirkung der Inhibitoren, die am Ende des letzten Unterabschnittes erwähnt sind, ist der von Katalysatoren – im umgekehrten Sinn – ähnlich. Sie können sogar, wie das Beispiel des Phenylendiamins zeigt, die eine Reaktion katalytisch fördern, andere inhibitiv zurückdrängen. Die in der Erdölindustrie verwendeten Inhibitoren werden in der Regel den Produkten in sehr kleinen Mengen zugesetzt und verbleiben darin. Katalysatoren werden jedoch bei den

---

[1] Vgl. Petrol. Refiner 43 (1964) Nr. 9, S. 209; 45 (1966) Nr. 9, S. 263; 47 (1968) Nr. 9, S. 222 (Refining Process Handbooks).

[2] Schildwächter, H.: Beiträge zur Lagerfähigkeit von Kraftstoffen. Öl u. Kohle 38 (1942) 1199/1206, bes. S. 1202. – Barringer, C. W.: Antioxidant Sweetening of Gasolines. Industr. Engng. Chem. 47 (1955) 1022/27. – The Use Of UOP Inhibitors In Petroleum Products. UOP Booklet Nr. 266. Des Plaines/Ill.: Universal Oil Products Co 1958, bes. S. 32.

üblichen Verfahren in fester Form, flüssig oder als Aufschlämmung in einer Trägerflüssigkeit angewendet und vom Produkt abgetrennt. Dies ist zwar nicht ein wesentliches Merkmal von Katalysatoren, jedoch kennzeichnend für die Anwendung in der Praxis. Insofern kann bei flüssigen Katalysatoren keine feste Grenze gegenüber den Lösungsvermittlern gezogen werden. Die hier aufzuzählenden Verfahren arbeiten entweder mit Festbettkatalysatoren oder mit einem z.B. in Natronlauge gelösten Katalysator.

Unter dem Namen „*Bender*"-Process wird von der Petreco Division der Petrolite Corp ein ursprünglich von der Sinclair Refining Co entwickeltes Verfahren lizenziert und gebaut, das mit einem feststehenden, regenerierbaren, nicht näher gekennzeichneten Katalysator arbeitet[1]. Es können Destillate von Benzin bis Heizöl Nr. 2 behandelt werden, indem sie unter Zugabe von Luft und Lauge (Natronlauge, Doctor-Lösung oder wäßriger Natriumsulfidlösung) über den Katalysator geleitet werden. Das Produkt ist dann zwar merkaptanfrei, enthält aber die gebildeten Disulfide, weswegen sich das Verfahren vor allem zum Süßen von Düsenkraftstoff und leichten Heizölen eignet. Ebenfalls mit einem festen Katalysator, aber ohne Luft oder Lauge arbeitet das von Howe-Baker Engineers, Inc entwickelte *Mercapfining*-Verfahren[2].

Ein Verfahren, das in den letzten Jahren sehr weite Verbreitung fand, ist das von der Universal Oil Products Co ausgearbeitete und lizenzierte *Merox*-Verfahren[3]. Als Katalysator dient ein Chelat, wie es auch bei dem von der Compagnie Française de Raffinage vorgeschlagenen Verfahren benutzt wird[4]. Es wird entweder in löslicher Form verwendet und der wäßrigen Lauge beigegeben oder auf einem festen Träger angewendet. Im zweiten Fall muß die Verbindung so abgewandelt werden, daß sie von der Lauge nicht herausgelöst werden kann. Das Verfahren kann sowohl zum Süßen wie auch zum Extrahieren von Merkaptanen dienen[5]. Im zweiten Fall wird in der Regel die lösliche Form des Katalysators angewendet. Dabei kommt es besonders auf die Regenerierung der Lauge an, die den Katalysator enthält. Will man nur süßen, so kann sowohl die lösliche wie die feste Form verwendet werden. Dabei können Fragen wie die Verwendung vorhandener Anlagenteile eine größere Rolle

---

[1] WATERMAN, L. C., u. R. A. WILEY: Bender Process Sweetens at No Loss. Petrol. Refiner 34 (1955) Nr. 9, S. 182/84; ebd. 43 (1964) Nr. 9, S. 199; 45 (1966) Nr. 9, S. 266; 47 (1968) Nr. 9, S. 227 (Refining Process Handbooks).

[2] PATE, jr., A. R.: Mercapfining – New Way to Sweeten. Hydrocarb. Procssg. 44 (1965) Nr. 5, S. 165/68. – FRONCZAK, R. V.: The Latest Data on Mercapfining; ebd. 48 (1969) Nr. 9, S. 153/55.

[3] CROMWELL, C. A.: What This Sweetening Method Costs. Petrol. Refiner 41 (1962) Nr. 4, S. 154/56. – Petrol. Refiner 43 (1964) Nr. 9, S. 211; 45 (1966) Nr. 9, S. 264; 47 (1968) Nr. 9, S. 224 (Refining Process Handbook Issue).

[4] Vgl. S. 673, bes. Fußn. 4.

[5] Vgl. dazu K. M. BROWN, W. K. T. GLEIM u. P. URBAN: Low Cost Way to Treat High-Mercaptan Gasoline. Oil Gas J. 57 (26. Okt. 1959) Nr. 44, S. 73/78. – BROWN, K. M.: Commercial Results with the UOP Merox Process for Mercaptan Extraction And Sweetening In The United States And Canada. UOP Booklet Nr. 267. Des Plaines/Ill.: Universal Oil Products Co 1960. – ASSELIN, G. F., u. D. H. STORMONT: Merox successfully treating light refinery products. Oil Gas J. 63 (4. Jan. 1965) Nr. 1, S. 90/93.

spielen als die, welche Vorteile die eine oder andere Katalysatorform
bietet. Allerdings werden hochsiedende Fraktionen wegen der erforderlichen höheren Aktivität nur im Festbett behandelt. Die grundsätzliche
Schaltung der Anlagen für den einen und den anderen Fall ist in Abb.
H-19a und b einander gegenübergestellt.

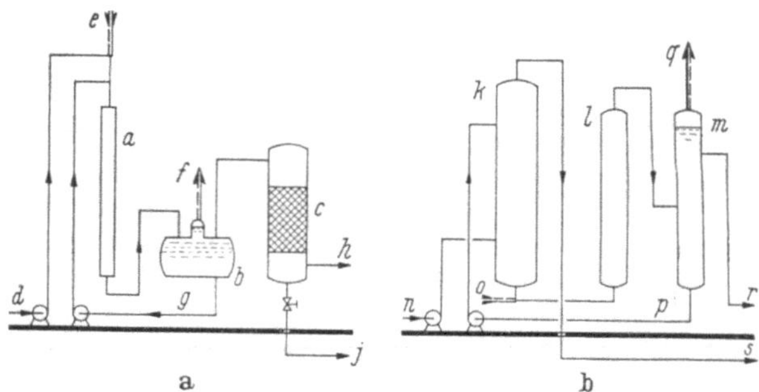

Abb. H-19. Schematische Fließbilder von Merox-Anlagen.

a) Süßungsanlage (Mercaptan Sweetening Process); b) Anlage zum Extrahieren von Merkaptanen
(Mercaptan Extraction Process).

a	Mischer;		*k*	Extraktor;
b	Absitzbehälter;		*l*	Oxydierturm (zum Regenerieren der Lauge);
c	Coalescer;		*m*	Abscheider für Disulfide;
d	Zulauf des zu süßenden Produktes;		*n*	Zulauf des zu behandelnden Produktes;
e	Luftzugabe;		*o*	Luftzugabe;
f	Ablaß für überschüssige Luft;		*p*	Laugenkreislauf;
g	Laugenkreislauf;		*q*	Abluft und Abgas;
h	Gesüßtes Produkt;		*r*	Disulfide;
j	Ablaß für abgeschiedenes Wasser und was-		*s*	Von Merkaptanen und sonstigen Schwefel-
	serlösliche Begleitstoffe;			verbindungen freies Produkt.

Beim Süßen wird das Produkt in einem Mischer sowohl mit Luft wie
mit Lauge, die den Katalysator enthält, in innige Berührung gebracht.
Im nachgeschalteten Absitzbehälter trennen sich die Kohlenwasserstoffe,
in denen die bei der Reaktion gebildeten Disulfide gelöst bleiben, von der
schweren Lauge. Außerdem kann die überschüssige Luft abgelassen werden. Bei Anlagen mit Festbettkatalysator wird der Mischer durch einen
Reaktor ersetzt. Der feste Katalysator hat zwar eine höhere Aktivität
als der lösliche und deshalb wird er bei der Behandlung höhersiedender
Produkte angewendet. Da aber in diesen auch Spuren von Katalysatorgiften vorkommen können, deren Natur noch nicht vollkommen erkannt
ist, muß in solchen Fällen die Eignung des festen Katalysators durch
Laboratoriumsuntersuchungen vor einer Anwendung im Betrieb festgestellt werden. Wenn das Produkt entschwefelt werden soll, wird es in
einem Extraktor *ohne* Luft mit der Lauge, die den Katalysator enthält,
in Berührung gebracht. Diese löst die Merkaptane und muß dann nach
Trennung vom Produkt mit Luft regeneriert werden. Die Disulfide werden ausgefällt und in einem dem Regenerator nachgeschalteten Trenngefäß abgeschieden oder mit Fremdbenzin ausgewaschen. Die so regenerierte und von Disulfiden befreite Lauge kann im Kreislauf zum
Extraktor zurückgeführt werden. Diese Form des Verfahrens ist besonders für Fahrbenzinkomponenten wichtig.

Eine größere Anzahl von Merox-Anlagen wurde in den letzten Jahren aus dem Grunde aufgestellt, weil keine Probleme mit verbrauchter Lauge oder mit Süßungsmedien, wie bei anderen Verfahren, entstehen und dieser Vorteil als entscheidend betrachtet wird. Außerdem ist es sehr oft möglich, die Anlagenteile älterer Süßungsverfahren wie Mischer, Absitzbehälter, Pumpen, Belüftungstürme usw. auch für Merox-Anlagen wieder zu benutzen, so daß der Aufwand für neu anzuschaffende Teile sehr gering ist. Es ist dies neben dem bereits erwähnten einer der Gründe, daß das Verfahren in zahlreichen Raffinerien angewendet wird. Es können auf diese Weise leichteste Destillate bis zu Destillatheizölen behandelt werden. Allgemeingültige Angaben über die erzielbaren Produkteigenschaften lassen sich nicht machen, doch kann bei Extraktionsanlagen der Merkaptangehalt auf Werte in der Größenordnung von 10 mg/kg gesenkt werden. Beim Süßen sind Umsetzungen der Merkaptane zu Disulfiden erzielbar, die je nach absoluter Höhe der Ausgangswerte bis zu 95 % und mehr betragen können.

Mit einem im festen Bett angeordneten Katalysator, der Bleioxyd (PbO) enthält, arbeitet das von der Petreco Division der Petrolite Corp vorgeschlagene *Locap*-Süßungs-Verfahren[1]. Zur Aktivierung wird eine wäßrige Natriumsulfidlösung (Na_2S) benutzt, die wie folgt reagiert:

$$PbO + Na_2S + H_2O = PbS + 2\,NaOH\,. \tag{H-42}$$

Durch Luftzufuhr (mit dem Produkt) wird das Bleisulfid gemäß

$$PbS + 1/2\,O_2 = PbO + S \tag{H-43}$$

wieder in Bleioxyd und aktiven Schwefel verwandelt und dieses bildet mit der beim Aktivieren entstandenen Natronlauge nach

$$PbO + 2\,NaOH = Na_2PbO_2 + H_2O \tag{H-44}$$

das vom sog. Doctor-Verfahren bekannte Natriumplumbit (Na_2PbO_2). Der weitere Reaktionsverlauf entspricht dem dort bereits in den Formeln (H-29) und (H-30) beschriebenen. Gegenüber dem alten Natriumplumbitverfahren bietet das Locap-Verfahren den Vorteil, daß keine schwer zu dosierende Schwefelzugabe erforderlich ist, die Schwefelmenge vielmehr durch die Luftzufuhr und Natriumsulfidzugabe gesteuert wird.

e) Die Adsorptionsverfahren

Die Anwendung von Adsorbenzien zum Entfernen von Begleitstoffen, die in kleinen und kleinsten Mengen vorkommen, ist in der chemischen Technik weit verbreitet[2]. Als Beispiele können die Benutzung von Bleich-

---

[1] O'BRIEN, G. A., O. NEWELL jr. u. R. H. DUVON jr.: New Process Sweetens at Low Cost. Petrol. Refiner 43 (1964) Nr. 6, S. 175/76; ebd. Nr. 9, S. 210; 45 (1966) Nr. 9, S. 267; 47 (1968) Nr. 9, S. 228 (Refining Process Handbooks).

[2] Vgl. W. R. AEHNELT: Entfärbungs- und Klärmittel (Technische Fortschrittsberichte Bd. 48), Dresden und Leipzig: Steinkopff 1943. – BRATZLER, K.: Adsorption von Gasen und Dämpfen (Technische Fortschrittsberichte Bd. 49), Dresden u. Leipzig: Steinkopff 1944. – BAILLEUL, G., K. BRATZLER, W. HERBERT u. W. VOLLMER: Aktive Kohle und ihre industrielle Verwendung, 4. Aufl., Stuttgart: Enke 1962.

erde zur Verbesserung des Geschmackes und des Geruches von Speise-
ölen sowie die im Ersten Weltkrieg verwendeten Gasmasken genannt
werden, deren wirksame Füllung aus Aktivkohle bestand. Auch die in
der Kraftwerkstechnik verwendeten Adsorptionsfilter (z.B. Hydrafin-
filter) zum Entölen von Kondensat, das als Speisewasser wieder verwendet werden soll, gehören hieher.

In der Erdölindustrie wurden Adsorptionsmittel zunächst benutzt,
um die Farbe von Produkten zu verbessern, insbesondere nach der Säurebehandlung. Desgleichen dienten sie von Anfang an dazu, um harz- und
asphaltartige Körper zurückzuhalten. Ihre Brauchbarkeit, Produkte
von Schwefel zu reinigen oder Wasser zu entfernen, wurde erst später
erkannt und wird seit letzter Zeit auch bei Erdgas ausgenutzt[1].

Eine verwandte Aufgabe liegt bei der Abscheidung und Gewinnung
von Benzol aus Kokereigas vor. In diesem Fall waren die Verhältnisse
für die Entwicklung besonders günstig, weil Benzol als niedrigstsiedende,
aromatische Verbindung bei den hohen Temperaturen des Koksofen-
prozesses bevorzugt gebildet wird und andere, also nichtaromatische
Kohlenwasserstoffe etwa gleicher Molekülgröße im Gas nicht vorkommen. Der Anteil an Benzol ist gering und der Gesamtdruck niedrig,
Umstände, die für die Anwendung von Adsorptionsmitteln vorteilhaft
sind. Dies ist insbesondere wegen der Notwendigkeit der Fall, einzelne
Behälter abzuschalten, wenn sie beladen sind, und dann auszudämpfen.
Bei höherem Gehalt an gewinnbaren Anteilen und höheren Drücken ist
meist das in Abschn. C4 beschriebene Absorbieren wirtschaftlicher. Man
hat später gelernt, die gleiche Technik anzuwenden, um Flüssiggas und
Leichtbenzinkomponenten, also C_3- und höhersiedende Kohlenwasserstoffe aus feuchten Erdgasen mit wirtschaftlich ausreichenden Ausbeuten
abzutrennen, obwohl sie bezüglich Molekülgröße und Siedelage viel enger
beieinander liegen.

Die neueste Entwicklung hat dazu geführt, mit Hilfe von *Molekularsieben*, die nichts anderes sind als Adsorbenzien mit möglichst gleich
großen Poren, definierte Stoffgruppen aus Erdölfraktionen abzutrennen.
Dieses Verfahren ist vor allem zur Gewinnung von Normalparaffinen

---

[1] KOHL, A. L., u. F. C. RIESENFELD: a.a.O. S. 431/36. – BALLARD, W. P.,
N. A. MERRITT u. J. C. D. OOSTERHOUT: Clay Desulfurization of Middle Distil-
lates. Industr. Engng. Chem. 41 (1949) 2856/60. – BACON, K. H., u. A. M. HENKE:
Gasoline Sweetening Process with Molecular Sieves. Petrol. Refiner 40 (1961)
Nr. 4, S. 109/12. – HENKE, A. M., H. C. STAUFFER u. N. L. CARR: Molecular Sieves
Regenerate Well. Petrol. Refiner 41 (1962) Nr. 5, S. 161/64. – MESSMER, J. K., u.
O. BRUNNER: Das Süßen von Kohlenwasserstoffen mittels Molekularsieben. Erdöl
u. Kohle 15 (1962) 185/86. (Zum Titel dieses Ausfatzes vgl. die Bemerkungen in
Fußn. 3, S. 654.) – WEHNER, K., G. SEIDEL u. G. HEY: Verfahren zur Raffination
von Benzinen und Düsentreibstoffen durch oberflächenaktive Substanzen. Chem.
Techn. 15 (1963) 276/80. – BOX, M. D., A. E. BYNUM u. R. J. SCHOOFS: Mole-
cular Sieves Dry Alky Feed Better. Petrol. Refiner 43 (1964) Nr. 1, S. 125/26. –
SUVAL, M. L.: Union-Carbide-Molekularsiebe. Erdöl u. Kohle 17 (1964) 457/58. –
BOSTON, F. C.: Adsorption Process Uses Multistaging. Petrol. Refiner 43 (1964)
Nr. 8, S. 141/45. – GERHARDT, H. M., u. B. G. KYLE: Fixed-bed, liquid phase drying
with molecular sieve adsorbent. Industr. Engng. Chem./Proc. Design Developm. 6
(1967) 265/67.

wichtig geworden. Inzwischen wurden auch Molekularsiebe entwickelt, mit deren Hilfe man Xylole abtrennen und dann das begehrte Paraxylol durch partielle Desorption für sich gewinnen kann[1]. Es wird in diesem Buch nicht besprochen, weil es bereits der Herstellung petrolchemischer Vorprodukte zugerechnet werden kann, diese aber nicht mehr Gegenstand dieses Buches sind[2].

Adsorptionsmittel werden bei der Erdölverarbeitung in zwei verschiedenen Verfahrensformen angewendet. Läßt man die zu reinigenden Produkte flüssig durch ein Gefäß rieseln, das mit einem adsorbierenden Stoff in körniger Form gefüllt ist, so spricht man von *Perkolation*. Daneben gibt es Fälle, in denen in Dampfphase gearbeitet wird und die Dämpfe (oder Gase) die mit dem Adsorbens gefüllten Behälter durchströmen. Die vorerwähnte Gewinnung von Benzol aus Kokereigas gehört hieher.

Gibt man jedoch dem Produkt ein feingemahlenes Adsorbens zu, sorgt durch kräftiges Mischen in einem Gefäß für innigen Kontakt und trennt dann in Trommelfiltern oder Filterpressen das beladene, feste Adsorbens von der gereinigten Flüssigkeit, so spricht man von *Kontakt*-Verfahren. Eine Sonderform davon stellt das *Heißkontakt*-Verfahren dar. Bei diesem wird zur Verstärkung der Wirkung das mit dem Adsorbens innig gemischte Produkt durch einen Röhrenofen gedrückt, dabei erhitzt, anschließend wieder abgekühlt und dann in Filterpressen oder Trommelfiltern von dem Adsorbens getrennt. Das Erwärmen ist vor allem bei hochsiedenden Fraktionen, wie z.B. bei Schmierölgrundstoffen, erforderlich, um ihre Zähigkeit zu senken und dadurch erst die Wirkung des Adsorptionsmittels zur Geltung zu bringen.

a) **Die Adsorptionsmittel.** Holzkohle ist eines der ältesten bekannten Adsorptionsmittel, das heute z.B. noch in der Pharmazie und in der Zuckerfabrikation verwendet wird. Man kennt noch viele andere, aus pflanzlicher oder tierischer Substanz hergestellte „aktive" Kohlen, für die z.B. Kokosnuß- und andere Nußschalen, Schalen von Mandeln oder Holundermark den Ausgangsstoff liefern. Durch Aktivieren mit Gasen oder Chemikalien gelingt es, auch aus Torf und Braunkohlenkoks (Grude) *geeignete* Adsorptionskohlen in großen Mengen, wie sie heute benötigt werden, herzustellen[3]. Die zweite große, in der Erdölindustrie wohl am meisten angewendete Gruppe von Adsorptionsmitteln sind die natürlich vorkommenden Mineralien vom Typus der Bleicherden. Auch diese wurden bereits seit Jahrhunderten zum Entfärben pflanzlicher Öle benutzt. Im Zusammenhang mit der Erörterung der Krackkatalysatoren wurde ihre chemische Natur auf S. 379 besprochen.

---

[1] Vgl. Fußn. 1, S. 750.

[2] In der Arbeit A. GROSZMANN u. W. SCHIRMER: Die Adsorption von Propan–Propylen-Gemischen an Molsieben vom Typ A. Chem. Techn. 20 (1968) 34/38 wird – abweichend vom Titel – die Gewinnung von Propen aus einem C_3-Gemisch untersucht. Die Aufgabe kann aber einfacher durch Destillation gelöst werden; vgl. A. F. ORLICEK: Fortschritte in der Energiewirtschaft von Mineralölraffinerien. Erdöl u. Kohle 19 (1966) 824/29, dort bes. S. 827 sowie hier Fußn. 2, S. 197.

[3] Vgl. G. BAILLEUL u. Mitarb.: a.a.O. S. 2ff. – Eine Aufzählung der verschiedensten Ausgangsstoffe auf Grund u.s.-amerikanischer Patente bei V. A. KALICHEVSKY u. K. A. KOBE: a.a.O. S. 186 (vgl. Fußn. 2, S. 657).

Große Lager an Bleicherde befinden sich in verschiedenen Gegenden der Vereinigten Staaten von Amerika, so in Georgia, Florida, Süd-Carolina, Alabama, Arkansas, Kalifornien und Texas, dann in England, in Bayern und in Japan. Da es sich nur um eine besonders reine Art sedimentärer Ablagerungen häufig anzutreffender Mineralien handelt, dürfte es zahlreiche andere, bisher noch nicht entdeckte Lagerstätten geben.

Bei der Wirkung der Bleicherden spielen chemische Vorgänge sowie die Wirkung aktiver Oberflächen auf Kolloide und polare Stoffe eine vielfältige Rolle, weshalb ihre Eignung für bestimmte Aufgaben der Adsorptionstechnik oft nicht leicht zu erkennen ist[1]. Die Bleicherden werden durch Erhitzen auf 300 bis 400 °C von Haftwasser, manche Arten auch von einem Teil des Kristallwassers befreit. Das Einhalten einer bestimmten Temperatur ist dabei sehr wichtig, damit einerseits das Wasser soweit wie möglich entfernt wird, andererseits aber die Festigkeit nicht leidet und der Abrieb beim Gebrauch nicht zu groß wird. Da die „gebrannten" Bleicherden beim Transport wieder Feuchtigkeit aus der Luft aufnehmen, müssen sie für Verfahren, die bei niedrigen Temperaturen arbeiten, vor der Verwendung in der Raffinerie nochmals getrocknet werden. Bei heiß arbeitenden Verfahren ist dies nicht erforderlich.

Für die Anwendung beim Perkolieren werden die Mineralien auf Korngrößen von wenigen Millimetern gebrochen. Sollen sie jedoch für Kontaktverfahren dienen, so werden sie mindestens auf Korngrößen unter 0,1 mm, meist noch feiner gemahlen, so daß kein Rückstand auf Prüfsieb mesh 100 (oder entsprechend höher) nach ASTM bleibt[2]. Zwar wird die Adsorptionswirkung besser, je feiner das Adsorbens gemahlen ist. Doch steigt damit die Schwierigkeit des Abscheidens in den Filtern und der Druckverlust in diesen. Deshalb sind der Korngröße nach unten Grenzen gesetzt. Bleicherden für das Kontaktverfahren werden in der Regel mit verdünnter Schwefelsäure (meist 20 %), mitunter auch mit verdünnter Salzsäure ähnlicher Konzentration aktiviert. Das zweite Verfahren ist wegen des höheren Preises der Salzsäure teurer, doch sind die gebildeten Metallchloride in Wasser sehr gut löslich und können deshalb leichter als die Sulfate entfernt werden. Dies wirkt sich auf die erzielbare Aktivierung aus[3].

Die Zusammensetzung der als Bleicherde verwendeten Aluminiumsilikate schwankt je nach Vorkommen sehr stark. Sie ist bei weitem nicht von so großem Einfluß auf die Eignung für Adsorptionsverfahren

---

[1] Vgl. dazu O. KAUSCH: Das Kieselsäuregel und die Bleicherde, Berlin: Springer 1927 mit Ergänzungsband 1937. – ECKARDT, O., u. A. WIRZMÜLLER: Die Bleicherde, 2. Aufl., Braunschweig: Seger u. Hempel 1929. – ZERBE, C.: Bleicherde, zitiert Fußn. 1, S. 380. – KALICHEVSKY, V. A., u. K. A. KOBE: a.a.O. S. 18ff. – KOLBERG, H., A. PETERSOHN u. G. KEIL: Beurteilung der Qualität von Bleicherden. Chem. Techn. 18 (1966) 552/54.

[2] Vgl. Fußn. 1, S. 502; mesh 100 entspricht etwa einer lichten Maschenweite von 0,149 mm. Ein Vergleich der Siebnormen nach DIN, ASTM und anderen Normen bei S. KIESSKALT: Verfahrenstechnik, München: Hanser 1958, S. 90/91.

[3] Eine Übersicht über die zur Behandlung vorgeschlagenen Chemikalien findet sich bei V. A. KALICHEVSKY u. K. A. KOBE: a.a.O. S. 189 auf Grund von U.S. Patenten.

wie beim Kracken. Deshalb kann auch Bauxit als Adsorptionsmittel dienen, der vorzugsweise aus Aluminiumoxyd (Al_2O_3) besteht und bis zu 30% Eisenoxyd (Fe_2O_3) und Siliziumdioxyd (sog. Kieselsäure, SiO_2) enthalten kann. Je nachdem, ob der Eisengehalt in der Beimengung oder der Siliziumgehalt überwiegt, ändert sich die Farbe von rot zu weiß. Für die Adsorptionstechnik sollen die Sorten möglichst wenig Eisen enthalten, doch sind bei nicht zu hohen Anforderungen auch die billigeren, roten Bauxite verwendbar. Der Vorteil von Bauxit besteht u. a. in seiner geringeren Empfindlichkeit gegen hohe Temperaturen beim Rösten. Er bleibt deshalb viel länger verwendbar als Bleicherde, was seinen meist höheren Preis rechtfertigt.

Bildet Bauxit gewissermaßen den einen Grenzfall der Aluminiumsilikate, so kann Kieselgur (Infusorienerde), das ohne Verunreinigung nur aus SiO_2 besteht, als der andere Grenzfall betrachtet werden. Kieselgur ist aber meist teurer als Bleicherde und wird deswegen kaum verwendet, weil es für die Reinigung von Produkten keine besonderen Vorteile bietet. Hingegen wird das künstlich durch Trocknen aus Dikieselsäure ($H_2Si_2O_5$) hergestellte Silikagel gelegentlich zum Trocknen von Erdölprodukten verwendet. Daneben ist seine Benutzung zum Trocknen der Instrumentenluft in Raffinerien weit verbreitet. In welch weiten Grenzen die einzelnen chemischen Komponenten mineralischer Adsorptionsmittel schwanken können, geht aus der beifolgenden Zahlentafel H-7 hervor. Auch andere synthetische, meist auf der Grundlage von

Zahlentafel H-7. *Zusammensetzung gebräuchlicher, natürlich vorkommender Adsorbenzien, nach* KALICHEVSKY *u.* KOBE

Anteil	Gew.-%
SiO_2	0,2···73,0
Al_2O_3	1,5···85,0
Fe_2O_3	0,8···15,0
FeO	0,0··· 0,5
MgO	0,6···19,7
CaO	1,0··· 4,2
TiO_2	0,0···10,0
Na_2O	0,2··· 2,1
K_2O	0,4··· 1,5
CO_2	0,0··· 1,2
Feuchtigkeit (und Haftwasser)	4,6···33,0
Glühverlust	1,2···10,0

Aluminiumsilikaten gewonnene Adsorptionsmittel wurden vorgeschlagen, doch haben sie sich im Gegensatz zur Kracktechnik für Zwecke der Entfärbung oder für ähnliche Aufgaben in Erdölraffinerien nicht den Markt erobern können. Der Grund dürfte darin liegen, daß sich ihre verhältnismäßig hohen Kosten beim bloßen Reinigen von Produkten nicht durch deutlich erkennbare und wirtschaftlich verwertbare Verbesserungen gegenüber den gebräuchlichen Adsorptionsmitteln bezahlt machen.

Zusammenfassend ergibt sich über die Wirkung von Adsorptionsmitteln folgendes Bild: Für die Verbesserung der Farbe und Farbstabilität sind sie ausgezeichnet geeignet. Diese Eigenschaft wird vornehmlich bei der Herstellung von Schmierölen ausgenutzt, heute allerdings meist nach einer im nächsten Kapitel noch zu besprechenden Behandlung mit selektiven Lösungsmitteln. Die Zähigkeit der Öle wird durch adsorptive Behandlung mitunter ein wenig verringert. Ein Einfluß auf das Zähigkeits–Temperatur-Verhalten kann – aus verständlichen Gründen – nicht festgestellt werden. Enthält das zu behandelnde Öl merkbare Mengen von Asphalt, die sich z.B. nach DIN 53660 mittels Ausfällen bestimmen lassen, so können sie durch eine Bleicherdebehandlung erniedrigt werden. Dies wirkt sich auch günstig beim Bestimmen des Koksrückstandes nach CONRADSON (DIN 51551, ASTM D 189-65) oder RAMSBOTTOM (ASTM D 524-64) aus, obwohl Verkokungsrückstand und ausgefällter Asphalt nicht identische Inhaltsstoffe sind; vgl. S. 64.

Wegen der Beseitigung harz- und asphaltartiger Begleitstoffe, die den Stockpunkt und den Trübungspunkt drücken, ist oft nach einer Bleicherdebehandlung ein geringer Anstieg dieser beiden Temperaturpunkte zu beobachten, weil diese Begleitstoffe als Lösungsvermittler wirken[1]. Bei der Behandlung leichter Produkte aus Krackprozessen mit Adsorptionsmitteln ist Vorsicht geboten. Statt der gewünschten Verbesserung kann durch die oberflächenaktiven Stoffe die Polymerisation der darin enthaltenen Olefine gefördert und infolgedessen die Lagerbeständigkeit verschlechtert werden,

β) **Die Perkolationsverfahren.** Das Perkolieren ist ein Verfahren, dem in der Regel nur Schmieröle und Paraffine (im flüssigen Zustand bei entsprechend hoher Temperatur) unterworfen werden. Auch auf Paraffinöl wird es angewendet. Gewöhnlich ist es die letzte Stufe in der Verarbeitung nach einer Wäsche und zugehörigen Nachbehandlung, um zurückgebliebene Spuren unerwünschter Begleitstoffe aus den Fertigprodukten zu beseitigen. Allerdings dürfen Additives – soweit sie erforderlich sind, also vor allem bei Schmierölen – erst nach der Behandlung mit Bleicherde zugegeben werden, weil sie sonst von dem Adsorbens wieder extrahiert würden. An Destillatheizöle, Dieselkraftstoffe und leichtersiedende Produkte werden in der Regel bezüglich der durch Adsorptionsverfahren verbesserbaren Eigenschaften, wie z.B. die Farbe, keine so außergewöhnlich hohen Anforderungen gestellt, daß eine solche Behandlung wirtschaftlich gerechtfertigt wäre.

Das Beispiel des Fließschemas einer nach dem Perkolationsverfahren arbeitenden Anlage ist in Abb. H-20 gegeben[2]. Das Kernstück der Anlage ist das sog. Perkolationsfilter, ein stehendes, zylindrisches Gefäß, in das das Adsorptionsmittel gefüllt ist. Dieses wird von einem genügend kräftigen Rost getragen, damit unter diesem ein freier Raum bleibt, an den Rohrleitungen und Entleerungsstutzen angebracht werden können.

---

[1] Vgl. zu diesem Thema z.B. die Ausführungen über die gegenseitige Beeinflussung der Löslichkeit verschiedener Kohlenwasserstoffklassen bei B. RIEDIGER: Stabilität und Verträglichkeit von Heizölen. Brennst.-Wärme-Kraft (BWK) 6 (1954) 307/12.

[2] Petrol. Refiner 43 (1964) Nr. 9, S. 212; 45 (1966) Nr. 9, S. 265; 47 (1968) Nr. 9, S. 226 (Process Handbooks). – Vgl. auch D. J. MARSHALL: Fundamentals of Clay Treater Design; ebd. 43 (1964) Nr. 12, S. 95/98.

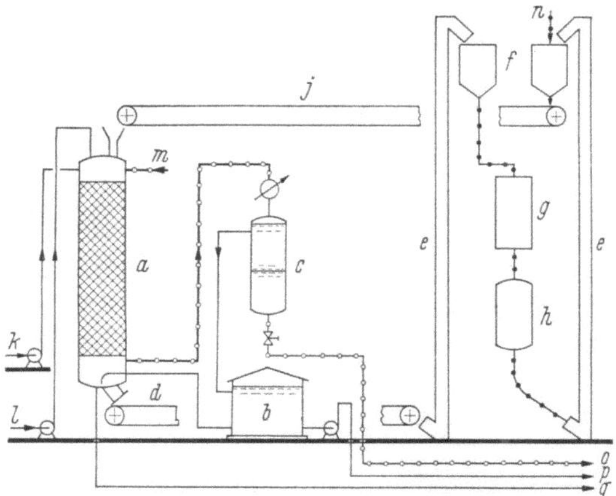

Abb. H-20. Schematisches Fließbild einer nach dem Perkolationsverfahren arbeitenden Anlage.

a Mit Bleicherde gefülltes Perkolationsfilter („Percolator");
b Tank für Schwerbenzin (als Spülmittel);
c Absitzbehälter für Schwerbenzin und Wasser;
d Förderband für verbrauchte Bleicherde;
e Becherwerk;
f Bunker;
g Röstofen (Kiln) zum Regenerieren der Bleicherde:
h Kühler;
j Förderband für regenerierte Bleicherde;
k Zulauf des Schwerbenzins zum Spülen;
l Zulauf des zu behandelnden Produktes;
m Spüldampfanschluß;
n Zugabe frischer Bleicherde;
o Wasser;
p Schwerbenzin (zur Redestillation);
q Behandeltes Produkt.

Auch über dem Bett des Adsorbens läßt man so viel Raum frei, daß eine Verteilvorrichtung für das zu behandelnde Öl untergebracht werden kann.

Der Betrieb einer solchen Anlage ist halbkontinuierlich. Es muß beobachtet werden, wann die gewünschte Wirkung der Filterfüllung nachläßt. Dies ist oft bereits an der Farbe zu erkennen. Gewöhnlich sind mehrere Filter vorhanden, so daß das eine außer Betrieb genommen und ein anderes eingeschaltet werden kann, wenn ein Aufarbeiten der Filterfüllung notwendig geworden ist. Dies besteht darin, daß das abgeschaltete Filter zunächst mit einem möglichst paraffinischen, in engen Grenzen siedenden Schwerbenzin gespült wird, um das darin verbliebene Öl zu entfernen. Der paraffinische Charakter ist erwünscht, damit nur die Reste des behandelten Öles, nicht jedoch die harzartigen, im Adsorbens zurückgehaltenen Anteile aromatischen Charakters gelöst werden. Je höher der Siedebeginn des Benzins ist, desto besser löst es das Öl. Der Grund dafür liegt in einer gewissen Verringerung des Unterschiedes der Molekülgrößen von Benzin (Lösungsmittel) und Öl[1]. Außerdem soll durch ein verhältnismäßig niedriges Siedeende, d.h. aber durch einen engen Siedebereich gesichert werden, daß das Siedeende des Benzins noch weit genug vom Siedebereich des Öles entfernt ist, damit beide Stoffe beim anschließenden Redestillieren leicht getrennt werden können.

Infolge des Spülens bleibt nun Benzin in der Filterfüllung. Dieses wird durch Wasserdampf ausgetrieben; die Dämpfe werden kondensiert

---

[1] Vgl. hiezu S. 700/01.

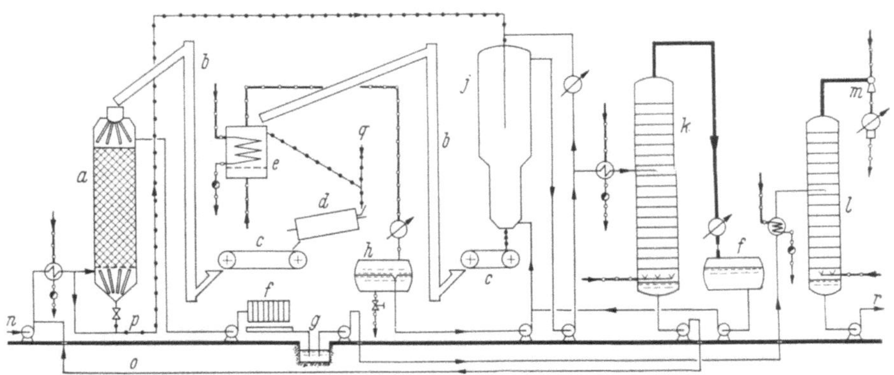

Abb. H-21. Schematisches Fließbild einer nach dem Thermofor Continuous Percolation-Verfahren der Mobil Oil Co arbeitenden Anlage.

a	Mit Bleicherde gefülltes Perkolationsfilter („Percolator");	k	Redestillierkolonne;
b	Becherwerk;	l	Stripper für Fertigprodukt;
c	Förderband;	m	Vakuumeinrichtung;
d	Drehrohrofen;	n	Zulauf des zu behandelnden Öles;
e	Ausdämpfvorrichtung;	o	Rückführung des Sumpfes der Redestillierkolonne k;
f	Filterpresse;	p	Förderstrom für die zu regenerierende Bleicherde („slurry");
g	Sammelgrube für Ablauföl;	q	Zugabe frischer Bleicherde;
h	Trennbehälter;	r	Fertigprodukt.
j	Waschturm;		

und trennen sich in dem unter dem Kondensator befindlichen Behälter in Benzin und Wasser wie in den entsprechenden Teilen einer Destillationsanlage. Nach diesem Arbeitsgang kann das Filter entleert werden. Das Adsorptionsmittel wird mit Bändern und Becherwerken einem Röstofen zugeführt, in dem unter Anwendung milder Wärme die im Adsorbens zurückgehaltenen organischen Körper abgebrannt und dieses wieder verwendbar gemacht wird. Die Bauart der für diese Zwecke entwickelten Öfen (kiln) war Vorbild für die Regeneratoren katalytischer Krackanlagen, die mit perlförmigem Katalysator arbeiten. Dabei wurden Anregungen für die Weiterentwicklung des Bleicherdeverfahrens gewonnen.

Um den Betrieb einer solchen Anlage vollkontinuierlich zu gestalten, hat die Socony Mobil Oil Co Inc in Anlehnung an das von ihr entwickelte Thermofor Catalytic Cracking-Verfahren, das in Abschn. E 5 a, S. 438 ff. beschrieben ist, das Thermofor Continuous Percolation-(TCP)-Verfahren vorgeschlagen, dessen Schema Abb. H-21 zeigt[1]. Das Filter a, hier Perkolator genannt, wird im Gegensatz zum Verfahren nach Schema Abb. H-20 von unten nach oben durchströmt. Die Dichte der Flüssigkeit muß also geringer als die des Adsorbens sein. Ein kleiner Teil der Adsorptions-

---

[1] EVANS, L. P., K. E. MAGIN, J. J. SAVOCA u. H. W. SHEA: TCP Process Offers These Advantages. Petrol. Refiner 32 (1953) Nr. 5, S. 117/22. — PUKKILA, A. D., H. W. SHEA, J. W. BARTHOLOMEW u. R. B. KILLINGSWORTH: Continuous Percolation of Lubricating Oils. 4. Welt-Erdöl-Kongreß, Rom 1955, Bericht III/B/8. — PUKKILA, A. D., u. G. L. PAYNE: How the First TCP Unit Operates. Petrol. Refiner 34 (1955) Nr. 9, S. 206/12. — LAUGHLIN, C. D.: A New Way to Stability: Continuous Percolation; ebd. 36 (1957) Nr. 9, S. 229/30. — Ebd. 43 (1964) Nr. 9, S. 214 (Refining Process Handbook Issue).

mittel wird ständig mittels eines Teilstromes p des zu behandelnden Produktes ausgeschleust und in einer besonderen Apparatur ebenso wie vorstehend beschrieben zuerst mit Schwerbenzin gewaschen, dann ausgedämpft, anschließend in üblicher Weise geröstet und dann in den Perkolator zurückgefördert. In Abb. H-21 ist für das Rösten ein Drehrohrofen d dargestellt, doch ist dies für das Verfahren nicht kennzeichnend. Meist wird dafür die von Socony Mobil Oil entwickelte Bauart des „Kiln" benutzt. Dessen Wiedergabe im Schema würde aber die Übersicht beeinträchtigen.

Das zum Auswaschen benutzte Schwerbenzin muß redestilliert werden. Es hat sich gezeigt, daß zweckmäßigerweise ein Teilstrom davon gekühlt dem Förderstrom für die zu regenerierende Bleicherde beigegeben wird, um ihn zu verdünnen und die Waschwirkung zu verbessern. Das Öl, das im Sumpf der Redestillationskolonne k anfällt, kann wieder dem Einsatzgut zugeführt werden. Das den Perkolator verlassende Öl selbst wird gefiltert und in einem Stripper l, der unter Vakuum arbeitet, nachbehandelt. Durch Anordnung von zwei parallelgeschalteten Filtern, die abwechselnd in Betrieb sind oder gereinigt werden, oder durch Trommelfilter kann ein kontinuierlicher Betrieb erreicht werden.

Zwischen dem Turm j zum Waschen der Bleicherde und ihrer Regenerierung muß noch eine Einrichtung eingeschaltet werden, die das im Adsorbens verbliebene Schwerbenzin abtreibt, es kondensiert und von dem Kondensat des zum Strippen benutzten Wasserdampfes trennt. Dafür wurde die in Abb. H-21 schematisch gezeigte Vorrichtung entwickelt, die aus einem Gefäß e mit Auflagerost, Dampfeinblasung von unten und dampfbeheizter Schlange besteht. Das oben austretende Dämpfegemisch (zum größten Teil Wasserdampf) wird kondensiert und das dabei zurückgewonnene Schwerbenzin kann wieder verwendet werden. Die Bleicherde wird durch den von unten eingeblasenen Dampf hochgewirbelt und kann über eine Art Wehr zur Rösteinrichtung ausgetragen werden.

Um die Bleicherde am besten auszunutzen, verwendet man beim Perkolieren durch feststehende Filter in der Regel Frischerde zur Behandlung der höchstwertigen Produkte z. B. von Turbinenölen. Hingegen genügen für Maschinenöle, wie z. B. für Normalöle nach DIN 51501, an die keine so hohen Anforderungen gestellt werden, Bleicherden, die schon einige Male regeneriert wurden. Auf diese Weise läßt sich entsprechend den zu erzielenden Verbesserungen der Produkteigenschaften die Benutzung der Bleicherden abstufen. Für die verhältnismäßig kleinen Mengen sehr hochwertiger Erzeugnisse steht dann die gesamte in der Raffinerie zu verwendende Frischerde zur Verfügung. Nach einmaligem oder mehrmaligem Regenerieren genügt sie für die Behandlung anderer Produkte.

γ) **Die Kontaktverfahren.** Bei den Kontaktverfahren wird das Adsorptionsmittel nicht in Form einer feststehenden Füllung verwendet, sondern feingemahlen mit dem zu behandelnden Öl vermischt und dann durch geeignete Einrichtungen wie Filterpressen – bei kleinen Durchsatzleistungen – oder mittels kontinuierlich arbeitender Trommelfilter vom Produkt getrennt. Es wird sowohl auf leichtsiedende Produkte wie

Benzin und Kerosin als auf schwerere Produkte, selbst auf Rückstände aus der atmosphärischen Destillation angewendet. Je nach Siedebereich wählt man Behandlungstemperaturen, die bis zu 350 °C betragen können. In Ausnahmefällen wurde sogar mit noch höheren Temperaturen gearbeitet, wenn nämlich ein leichtes Kracken erwünscht ist. Sind die angestrebten Temperaturen so hoch, daß sie durch Wärmeaustausch mit Dampf oder Heißöl nicht mehr zu erreichen sind, so werden Röhrenöfen zum Aufheizen verwendet. In diesem Fall spricht man von *Heißkontakt*-verfahren. Die Zeit bis zum Erreichen der Arbeitstemperatur soll möglichst kurz sein.

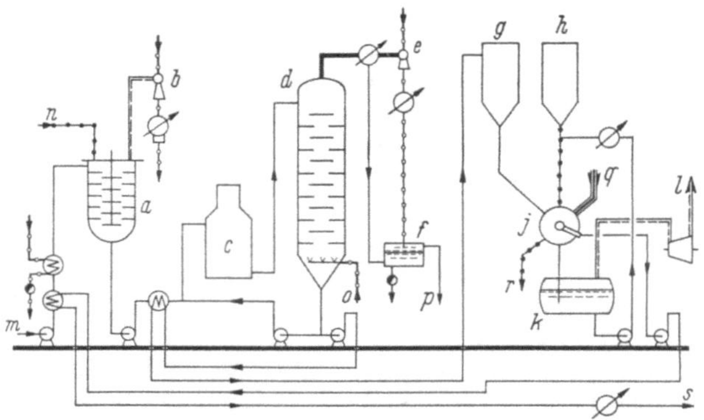

Abb. H-22. Schematisches Fließbild einer Heißkontaktanlage für die Raffination von Schmieröl mit Bleicherde.

a	Mischer;	*k*	Sammelbehälter für Spülmittel und Anschwemmasse;
b	Absaugeeinrichtung;		
c	Ofen;	*l*	Vakuumpumpe;
d	Turm zum Ausstrippen leichter Anteile;	*m*	Zulauf des zu behandelnden Öles;
e	Vakuumeinrichtung mit barometrischem Kondensator;	*n*	Bleicherdezufuhr;
		o	Dampfeinblasung;
f	Vorlage des barometrischen Kondensators;	*p*	Ablauf des ausgestrippten Ölkondensates zum Slop;
g	Sammelbehälter für das Trommelfilter;	*q*	Schutzgas;
h	Sammelbehälter für Anschwemmasse;	*r*	Abgeschälte Anschwemmasse;
j	Trommelfilter;	*s*	Fertigprodukt.

Das Fließschema einer nach dem Heißkontaktverfahren arbeitenden Anlage zeigt Abb. H-22, und zwar für den Fall, daß hochsiedende Produkte bei Temperaturen zu behandeln sind, die einen Röhrenofen erfordern. Als kontinuierlich arbeitende Filter für höhere Arbeitstemperaturen haben sich Trommelfilter mit einer Anschwemmschicht aus Kieselgur, sog. Anschwemm- oder Precoat-Filter, als zweckmäßig erwiesen[1]. Das zu behandelnde Öl wird in einem beheizten und mit Rührwerk ausgestatteten Mischer mit dem Adsorbens (Bleicherde) in innige Berührung gebracht, über Wärmeaustauscher, die es weiter vorwärmen, zum Ofen und durch diesen in einen mit Prallböden ausgerüsteten Turm gepumpt. Um die Kontaktzeit zu erhöhen, wird ein Teil des am Boden des Turmes

---

[1] Vgl. H. MÖLLER: Eine kontinuierlich arbeitende Heißkontaktanlage mit Precoatfilter für die Bleicherde-Raffination von Schmieröl. Erdöl u. Kohle 6 (1953) 390/92. – Petrol. Refiner 43 (1964) Nr. 9, S. 201; 45 (1966) Nr. 9, S. 256; 47 (1968) Nr. 9, S. 215 (Refining Process Handbooks).

abgezogenen Produktes zusammen mit dem übrigen Öl-Bleicherde-Gemisch nochmals durch den Ofen zum Turm gefördert. Die restliche Menge wird über den vorgenannten Wärmeaustauscher zu einem Behälter gepumpt, aus dem sie mit freiem Gefälle zum Filter fließen kann. Das Filter wird mit Schutzgas betrieben, um bei den verhältnismäßig hohen Öltemperaturen die Gefahr von Bränden infolge der Berührung mit Luft zu beseitigen.

Der Schaber des Anschwemmfilters wird so eingestellt, daß beim Entfernen der Bleicherde eine ganz dünne Schicht der Anschwemmmasse abgeschält wird. Hat diese bis auf 10 bis 15 mm abgenommen, so muß sie erneuert werden, indem Kieselgur mit Öl vermischt durch einen über der Trommel des Filters angebrachten Verteiler aufgesprüht wird, bis die volle Dicke wieder erreicht ist.

Die beim Kontaktverfahren fast ausschließlich angewendete Bleicherde läßt sich zwar auch regenerieren, wofür bereits zahlreiche Vorschläge gemacht und ausprobiert wurden[1]. Aber weder durch Rösten noch durch Extraktion der adsorbierten Stoffe mit verschiedenen Lösungsmitteln läßt sich eine wirtschaftlich befriedigende Arbeitsweise erreichen. Wegen der fast pulvrigen Konsistenz ist beim Rösten anders als bei den verhältnismäßig grobkörnigen Adsorbenzien, wie sie beim Perkolieren verwendet werden, ein örtliches Überhitzen nicht zu vermeiden, wenn die ganze Menge auf die für die Beseitigung der adsorbierten Stoffe erforderliche Temperatur gebracht werden soll. Diese muß etwa 550 °C betragen. Dabei büßt aber frische Bleicherde infolge des Verlustes eines Teiles des Kristallwassers bereits merklich ihre Eignung zum Entfärben von Ölen ein. Extraktionsverfahren haben sich ausnahmslos als zu kostspielig erwiesen.

Eine gelegentlich angewendete Maßnahme besteht darin, ähnlich wie bei den Perkolationsverfahren, Bleicherden, die bereits für niedrigersiedende Fraktionen verwendet wurden, ohne weitere Behandlung nochmals für hochsiedende Produkte zu benutzen. Ansonsten bleibt jedoch nichts anderes übrig, als gebrauchte Bleicherde von Kontaktanlagen auf Halde zu fahren. Die Versuche, sie z. B. für Baustoffe zu verwenden, wurden bald wieder aufgegeben. Die Möglichkeit, sich dieses Abfallproduktes mit geringen Kosten zu entledigen, ist für eine Raffinerie oft dafür entscheidend, ob eine Kontaktanlage aufgestellt werden kann oder nicht.

δ) Die Dampfphaseverfahren. In Dampfphase können nur Fraktionen, deren Siedeendpunkt ausreichend niedrig ist, mit Hilfe von Adsorptionsmitteln behandelt werden, weil sie beim Durchleiten durch das Filterbett vollständig verdampft sein müssen. Als Filter kommen vor allem stehende Behälter mit einer Füllung körniger Adsorbenzien in Frage ähnlich wie bei den Perkolationsverfahren. Die Dampfphaseverfahren waren seinerzeit sehr weit verbreitet, insbesondere um Benzine aus thermischen Krackanlagen zu raffinieren. Zu den bekanntesten gehörten die beiden sog. Gray-Verfahren der Texaco Development Co, und zwar das Gray

---

[1] Vgl. dazu V. A. KALICHEVSKY u. K. A. KOBE: a. a. O. S. 219 ff. (vgl. Fußn. 2, S. 657).

Clay Treating-Verfahren und das Gray Catalytic Desulfurization-Verfahren[1]. Beim „Treating"-Verfahren wurden unstabile Anteile durch Polymerisation aus Krackbenzinen entfernt. Gewöhnlich wurden zwei abwechselnd einschaltbare Gray-Türme in der Dämpfeleitung zwischen der Fraktionierkolonne für die Krackprodukte und der zugehörigen Kondensation angeordnet. Die am Boden sich sammelnden Polymerisate wurden abgezogen und zur Fraktionierung zurückgeleitet, in der sie dann mit der ihrem Siedepunkt entsprechenden Fraktion verarbeitet wurden. Bei dem Gray-Entschwefelungsverfahren konnten auch die höhersiedenden Fraktionen mit Siedeendpunkten bis etwa 315 °C durch Überleiten in Dampfphase über Bleicherde in einem stehenden Turm bei Temperaturen zwischen 290 und 450 °C – je nach Siedelage des Produktes – dadurch entschwefelt werden, daß die Schwefelverbindungen zu Schwefelwasserstoff und einem Kohlenwasserstoffrest abgebaut wurden. Der Schwefelwasserstoff konnte dann zum größten Teil dampfförmig im Trennbehälter der nachgeschalteten Kondensation abgeschieden werden. Anschließend war noch eine Laugenwäsche erforderlich. Auf diese Weise war es möglich, fast den gesamten Schwefel zu entfernen.

Das hier noch zu nennende *Perco*-Verfahren arbeitete ähnlich wie der Gray Desulfurization Process, nur wurde als Füllung der Türme Bauxit verwendet. Es wurde eine Temperatur von rd. 370 bis 400 °C eingehalten, und der Bauxit konnte in den Türmen mit Hilfe von Dampf und Luft regeneriert werden[2]. Die zuletzt genannten Verfahren wurden hier erwähnt, weil sie seinerzeit große Bedeutung hatten und im Schrifttum öfter darauf Bezug genommen ist. Durch das raffinierende Hydrieren, das gleichzeitig mit dem katalytischen Reformieren von Benzin überall in Raffinerien Eingang fand, können die durch Dampfphaseverfahren erzielten Verbesserungen viel eleganter erreicht werden. Dabei hat man den Vorteil, daß nur Schwefelwasserstoff entsteht und die umständliche Handhabung der Bleicherde überflüssig wird. Deshalb kann man die Behandlung von Benzinen mit Bleicherde zum Zwecke der Entschwefelung als überholt betrachten.

ε) **Das Trocknen mittels Adsorbenzien.** Da zur Erzielung großer Siedelücken die einzelnen Fraktionen in der Regel in den Seitenkolonnen der Rohöldestillation mit Wasserdampf gestrippt werden, um die leichten Enden abzutreiben, sind diese Produkte mit Wasser gesättigt. Das gleiche gilt vom Kondensat der über Kopf gehenden Dämpfe, also vom Benzin. Auch bei den nachfolgenden Wäschen kommen die Produkte mit wäßrigen Lösungen oder in der Endstufe mit Wasser in Berührung. Schließlich muß bei raffinierend hydrierten Produkten damit gerechnet

---

[1] Schaltbilder in Petrol. Refiner 31 (1952) Nr. 9 (Process Handbook); im Sonderdruck S. 74/75.

[2] Auch HOUDRY, der Erfinder des katalytischen Krackens, hat ein hieher gehörendes Verfahren entwickelt, das unter dem Namen „Houdry Catalytic Treating Process" bekannt wurde, jedoch keine Verbreitung fand; vgl. dazu E. J. HOUDRY, W. F. BURT, A. E. PEW, jr. u. W. A. PETERS, jr.: Catalytic Processing of Hydrocarbons by the Houdry Process. Refiner natur. gasol. manufactr. 17 (1938) Nr. 11, S. 574/82 u. 619; dort bes. S. 580/81. (Der Aufsatz behandelt den damaligen Stand der verschiedenen, von HOUDRY entwickelten Verfahren.)

werden, daß sie feucht werden, weil etwa vorhandene Sauerstoffverbindungen zu Kohlenwasserstoffen und Wasser hydriert werden; vgl. S. 860. Diese und die vorgenannten Produkte müssen deshalb getrocknet werden, um die vor allem im Winter einzuhaltenden tiefen Trübungspunkte zu erreichen.

Neben der Trocknung durch Anwendung von Vakuum, von Warmluft oder von heißen Inertgasen benutzt man z.B. auch Silikagel. Seine Anwendung verbietet sich nur, wenn die Produkte Olefine enthalten, weil dann das Adsorbens infolge von Polymerisationen schnell verharzt und seine Wirkung verliert. Silikagel läßt sich durch Anwendung von Heißdampf oder Heißluft leicht regenerieren. Die Anlagen sind verhältnismäßig einfach. Man benötigt nur einige parallel zu schaltende, mit dem Adsorbens gefüllte Behälter, die für das Regenerieren abgeschaltet werden können[1]. Neuerdings werden auch für diesen Zweck Molekularsiebe verwendet bzw. empfohlen.

f) Die Anwendung elektrischer Felder

Die Entstaubung von Gasen durch elektrische Felder hoher Spannung ist eine seit Jahrzehnten geübte Technik. Ihre weite Verbreitung in kohlegefeuerten Kraftwerken zur Entstaubung der Rauchgase sowie in verschiedenen Zweigen der Hütten-, Brikett- und Zementindustrie zur Abscheidung von Stäuben oder Nebeln aus Röstgasen, Gichtgas, Trocknerbrüden oder Abgasen von Trocknungs- und Mahlanlagen sowie von Brennöfen kann als bekannt vorausgesetzt werden. In einem Gleichstromfeld hoher Spannung von 10 bis 70 kV werden die Staub- oder Nebelteilchen durch die von Sprühelektroden gelieferten Ionen elektrisch aufgeladen. Unter dem Einfluß des zwischen den Sprühelektroden und den geerdeten Niederschlagselektroden herrschenden Feldes wandern die geladenen Teilchen zu den Niederschlagselektroden und können dort abgeschieden werden.

Die Anwendung des Grundgedankens dieser Arbeitsweise auf Flüssigkeiten, die zwar in der Regel – als Kohlenwasserstoffe – Dielektrika sind, durch den Gehalt an Wasser, Emulsionen von diesem und Öl, Spuren wäßriger Laugen oder Säuren oder anderer Begleitstoffe jedoch leitend werden können, bedurfte einiger wesentlicher Abwandlungen. Wichtig war die Beobachtung, daß Wechselfelder ein Koagulieren kleinster Tröpfchen verursachen[2]. Diese können zunächst infolge des erheblichen Einflusses der Oberflächenspannung in Kugelform erhalten bleiben. Trotz ihrer höheren Dichte sinken sie im Öl kaum ab, weil der Dichteunterschied gering ist und die daraus sich ergebende Wirkung der Schwerkraft durch den Strömungswiderstand des zähen Öles fast vollständig aufgehoben wird. Erst wenn die Tropfen eine gewisse Größe erreicht haben, kann die dem Volumen proportionale Schwerkraftswirkung gegenüber dem der Fläche proportionalen Widerstand stärker zur Geltung kommen. Die

---

[1] EAVERS, D. E., u. P. R. SEWELL: Drying liquid hydrocarbons using adsorptive agents. Industr. Engng. Chem./Proc. Design. Developm. 3 (1964) 361/65.
[2] WATERMAN, L. C.: a.a.O. (Fußn. 1, S. 693).

Wirkung des elektrischen Feldes hat demnach bei der Reinigung von Erdölprodukten keinen Einfluß auf die Abscheidung selbst, sondern schafft nur günstige Voraussetzungen dafür. Für die Entwicklung dieser Arbeitsweise zur Betriebsreife war noch ein zweiter Umstand entscheidend, der ausschließlich im Bereich der Elektrotechnik liegt. In Erdölverarbeitungsbetrieben, die an verschiedenen Stellen des Verfahrensganges Wasserdampf oder Wasser anwenden, kann ein Mitreißen größerer Wassermengen bei Störungen nicht vollkommen ausgeschlossen werden. Der dann zwischen den Elektroden eines Behandlungsgefäßes auftretende Kurzschlußstrom läßt sich bei den auch hier erforderlichen hohen Spannungen von oft mehreren 10 kV (etwa 1 kV je Zentimeter Elektrodenabstand) nur bei Wechselstrom durch die Reaktanz der Transformatoren und – falls nötig – durch zusätzliche Drosselspulen beherrschen. Selbst noch so hochgezüchtete Gleichstromschnellschalter könnten die kurzzeitige Ausbildung eines Lichtbogens kaum verhindern. Anlagenteile, in denen mit Lichtbögen gerechnet werden muß, könnten aber nicht als gefahrlos für den Raffineriebetrieb angesehen werden. Erst durch das Zusammenspiel der durch die Anwendung von Wechselstrom geschaffenen Voraussetzungen für die unmittelbare Anwendung elektrischen Stromes auf Erdölprodukte und die beobachtete günstige Wirkung auf feinst verteilte Tröpfchen war der Erfolg dieser Arbeitsweise und die betriebssichere Ausführung der dafür benötigten Apparate verbürgt.

a) **Das elektrische Entsalzen von Rohöl.** Rohöle enthalten im geförderten Zustand meist größere Mengen von Salz, das aus der Lagerstätte stammt, vgl. S. 29. Der Hauptanteil dieses Salzwassers wird bereits auf den Feldern durch Absitzenlassen, durch Demulgatoren oder auch durch elektrische Entsalzungsanlagen abgeschieden, schon um die Transportmittel nicht damit zu belasten und nicht die weitere Bildung von Emulsionen zu fördern[1]. Trotzdem sind die Restgehalte der den Raffinerien angelieferten Rohöle noch zu hoch. Sie können infolge des Seetransportes und der dabei möglichen Verunreinigungen immerhin bis 10% Wasser und bis 0,1% (= 1000 mg/kg) Salz – als $NaCl$ gerechnet – betragen. Dadurch können Verkrustungen in thermisch hoch beanspruchten Teilen wie in den Rohren der Öfen und Korrosionen besonders in den Leitungen und Kondensatoren der Destillationsanlagen verursacht werden[2]. Es konnte z.B. beobachtet werden, daß sich wäßrige Kochsalzlösung in Öl bei Temperaturen über 300 °C hydrolytisch spaltet und daß dabei Salzsäure frei wird.

Deshalb werden die meisten Rohöldestillationen heute mit elektrischen Entsalzungsanlagen ausgerüstet, um den Wassergehalt in der Regel auf etwa 0,1 Gew.-% und den Salzgehalt auf etwa 0,0005 bis

---

[1] BULIAN, W.: Die Entsalzung von Rohöl. Erdöl u. Kohle 8 (1955) 542/45. – BULIAN, W., u. H. ROENNECKE: Die Aufbereitung von Erdöl im Feld Emlichheim. Bergbauwiss. 2 (1955) 284/86. – FRANKE, W.: Spalter für Roherdöl-Emulsionen. Erdöl u. Kohle 13 (1960) 18/22.

[2] HOUSAM, E. C., u. R. D. WILSDON: Das Entsalzen von Rohöl in BP-Raffinerien. Erdöl u. Kohle 19 (1966) 401/03.

0,0010 Gew.-% (5 bis 10 mg/kg) herabzusetzen. Um dies zu erreichen, wird dem Rohöl zunächst Frischwasser in einer Menge von etwa 5 bis 8% sehr intensiv zugemischt. Es dient dazu, das im Öl enthaltene Salzwasser zu verdünnen und etwa vorhandene Salzkristalle, die aus einer übersättigten Lösung ausgeschieden wurden, in Wasser zu lösen. Das Entsalzungsverfahren ist demnach in Wirklichkeit ein Entwässerungsverfahren[1]. Das Schema einer solchen Anlage ist in Abb. H-23 dargestellt, und zwar für den Fall, daß sie als selbständige Einheit mit mög-

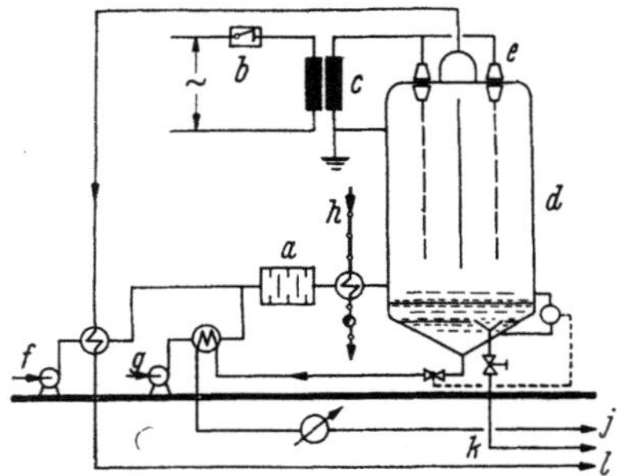

Abb. H-23. Schematisches Fließbild einer elektrischen Rohölentsalzungsanlage.

a	Mischer (auch als Ventil ausgeführt);	g	Waschwasserzufluß;
b	Wechselstromeinspeisung;	h	Heizdampfzufuhr;
c	Hochspannungstransformator;	j	Salzwasserabfluß;
d	Entsalzer;	k	Ablaß für Schlammschicht;
e	Durchführungsisolatoren;	l	Reinölabfluß.
f	Rohölzufluß;		

lichst vollkommenem Wärmeaustausch des ein- und austretenden Öles ausgestattet wird. Da sich nach dem Koagulieren der Wassertröpfchen und dem dadurch erzielten Brechen der Emulsion im elektrischen Feld Wasser und Öl nur infolge des Dichteunterschiedes trennen, ist eine hohe Temperatur für das Arbeiten einer elektrischen Entsalzungsanlage günstig. Die Dichte des Öles nimmt dabei stärker ab als die des Wassers; außerdem verringert sich die Zähigkeit des Öles und damit der Strömungswiderstand gegen das Absinken der Wassertropfen. Der Anwendung hoher Temperaturen ist nur durch die dabei zunehmende Neigung zur Emulsionsbildung infolge der Verringerung der Oberflächenspannung eine Grenze gesetzt. Je nach Art des Öles haben sich Temperaturen zwischen 80 und 130 °C als zweckmäßig erwiesen. Um dabei ein Ausgasen unter allen Umständen zu vermeiden, muß unter einem Druck gearbeitet werden, der einige Atmosphären über dem liegt, der bei der höchsten Temperatur auftreten kann.

Beim Zusammenbau mit Rohöldestillationen läßt sich im Zuge der Aufwärmung des Rohöles vor dem Ofen unschwer ein Punkt zwischen zwei Vorwärmern finden, an dem die Rohöltemperatur etwa die für das

---

[1] Vgl. dazu L. C. WATERMAN: Crude Desalting: Why and How. Hydrocarbon Procssg. 44 (1965) Nr. 2, S. 133/38. – Ders.: Electrical coalescers. Chem. Engng. Progress. 61 (1965) Nr. 10, S. 51/57. – WILEY, R. A.: Two-stage desalting aids maintenance. Oil Gas J. 66 (8. April 1968) Nr. 15, S. 63/65.

Entsalzen günstige Temperatur besitzt. An dieser Stelle wird dann der Entsalzungsbehälter zwischen die Wärmeaustauscher geschaltet und das Rohöl mittels der Einsatzpumpe durch die Wärmeaustauschergruppen und den Entsalzungsbehälter gedrückt. Es ist dann nur noch ein Wärmetauscher für das Frischwasser auf der einen Seite und für das ablaufende Salzwasser auf der anderen Seite erforderlich. Er dient zwar dazu, die Wärme des Salzwassers nutzbar zu machen, doch muß man es unbedingt kühlen, weil es mit der Temperatur, mit der es im Behälter abgeschieden wird, nicht ablaufen darf. Oft ist außerdem noch ein zusätzlicher Kühler erforderlich, wenn nicht die Möglichkeit besteht, z.B. kaltes, ölverschmutztes Wasser zuzumischen, das auf alle Fälle der Abwasserreinigungsanlage zugeführt werden muß. In letzter Zeit wurden es im Zuge der Bemühungen um die Reinhaltung von Luft und Wasser die Regel, das aus den Entsalzungsanlagen einer Raffinerie ablaufende Wasser zusammen mit Abwässern ähnlicher Art einem Abwasserstripper zuzuleiten, bevor es zur Abwasserreinigung gelangt[1]. Weiterhin ist es bei den in Raffinerien aufzustellenden Anlagen meist nicht erforderlich, Vorkehrungen zu treffen, um laufend eine Zwischenschicht abzuziehen, wie sie sich im Behandlungsbehälter von Feldanlagen zwischen Öl und Wasser bildet, stark emulgiert ist und gewissermaßen als Filter für die im Rohöl aus der Sonde geförderten Verunreinigungen wie Sand und Schlamm dient. Trotzdem sind Stutzen am Behälter zweckmäßig, um gelegentlich eine Zwischenschicht abzulassen, falls sie sich gebildet haben sollte.

Schließlich wird in Raffinerien in zunehmendem Maße davon Gebrauch gemacht, das aus Trennbehältern von Vakuumdestillations- oder Bitumenflashanlagen ablaufende Wasser als Waschwasser für die elektrische Entsalzung zu benutzen. Da es sich dabei um Wasserdampfkondensat handelt, das kleine Mengen höhersiedender Fraktionen enthält, ist es für die Entsalzung bestens geeignet. Die öligen Anteile können so am einfachsten in den Rohölzufluß der Raffinerie zurückgeleitet werden, ohne das Abwassersystem zu belasten. Weiteres zu diesem Thema siehe S. 1022f.

Manche Rohöle bereiten jedoch einer Entsalzung und Entwässerung im elektrischen Feld auf so niedrige Werte, wie sie heute in Raffinerien verlangt werden, Schwierigkeiten. Es ist dann die Zugabe geringer Mengen von Emulsionsbrechern (Demulgatoren, Dismulgatoren) vor der elektrischen Anlage erforderlich. Der Bedarf daran ist aber nur ein Bruchteil von dem, der angewendet werden müßte, wenn man nur damit, ohne das elektrische Feld, arbeiten wollte. Die Erfahrung zeigt, daß elektrisch arbeitende Anlagen um so eher wirtschaftlich sind, je größer der Durchsatz und je schwieriger das Öl zu behandeln ist[2].

β) **Die Behandlung von Destillaten mittels elektrischer Felder.** Grundsätzlich in gleicher Weise wie vorbeschrieben, lassen sich außer Salzwasser aus Rohölen auch andere wäßrige Beimengungen mit Hilfe elek-

---

[1] Vgl. dazu S. 1027f.
[2] Vgl. E. C. Housam u. R. D. Wilsdon: a.a.O. – Neumann, H. J.: Über die Spaltung von Rohölemulsionen mit öllöslichen Spaltern. Erdöl-Z. 82 (1967) 7/12.

trischer Felder aus Destillaten beseitigen, sofern nur der Dichteunterschied für eine Trennung ausreicht. Durch den Einbau von Elektroden können oft in schwierigen Fällen hinter chemischen Wäschen Laugenoder Säurespuren abgeschieden oder Emulsionen gebrochen und die Emulsionsbildner ausgefällt werden. Ist der zur Verfügung stehende Raum für liegende, durch Schwerkraft wirkende Trennbehälter knapp, so bietet die Anwendung elektrischer Felder den Vorteil, daß deren Fassungsvermögen kleiner gewählt werden kann oder sie auch stehend ausgeführt werden können. Die intensive Koagulation der Flüssigkeitstropfen durch das elektrische Wechselfeld gibt die Möglichkeit dazu. Bei der Trennung durch Schwerkraft vermeidet man stehende Behälter. In einem liegenden Behälter können sich die absinkenden Tröpfchen senkrecht zu der langsamen, waagerechten Strömung der Flüssigkeit bewegen. Hingegen müssen sie in einem stehenden Behälter entgegen der zu reinigenden Flüssigkeit nach unten sinken. Bei der Anwendung elektrischer Felder läßt man das Produkt oberhalb der durch einen Regler konstant gehaltenen Trennfläche zwischen dem Produkt und der abzuscheidenden Flüssigkeit eintreten und durch die über den ganzen Querschnitt verteilten Elektroden abströmen.

Die Petreco Division der Petrolite Corp hat dieses Verfahren noch weiter entwickelt und baut unter der Bezeichnung *Electrofining* Anlagen, bei denen die Chemikalien zur Behandlung des Produktes – sei es verdünnte Lauge oder Säure oder eine andere wäßrige Lösung – erst unmittelbar vor dem Trennbehälter zugegeben und in einem Ventil intensiv gemischt werden. Für den Fall, daß mit der Bildung einer Zwischenschicht gerechnet werden muß, kann man den Behälter mit einem trichterförmigen Ablauf ausrüsten. Nach einem ganz ähnlichen Verfahren arbeitet auch die Firma Howe-Baker Engineers, die meist liegende Behälter verwendet[1].

---

[1] Vgl. Hydrocarb. Procssg. 45 (1966) Nr. 9, S. 258 u. 259; 47 (1968) Nr. 217 u. 218 (Refining Handbooks).

J. Die selektiv wirkenden Lösungsmittelverfahren und verwandte Verfahren

In der Einleitung zum vorhergehenden Kapitel wurde im Zusammenhang mit den verschiedenen Bedeutungen des Ausdruckes „Raffination" erwähnt, daß darunter auch das Extrahieren chemischer Körper verstanden wird, die – wie z.B. die Aromaten – nur in gewissen Produkten unerwünscht sind und deshalb aus diesen entfernt werden sollen. Weiterhin konnten Beispiele angeführt werden, bei denen die Wirkung des Waschmittels, vor allem von Kaliumlaugen, durch Lösungsvermittler unterstützt wird, z.B. um die mittels Lauge allein schwer zu entfernenden Merkaptane aus dem Produkt zu extrahieren. Bei solchen Verfahren spielen sich grundsätzlich die gleichen Vorgänge ab, wie sie für die nunmehr zu besprechenden Verfahren kennzeichnend sind.

Das Extrahieren mit Hilfe chemischer Körper besonderen Lösungsvermögens und die nachherige Trennung von Lösungsmittel und Extrakt sowie das Ausfällen chemischer Körper sind Arbeitsmethoden, die in der analytischen Chemie sehr viel angewendet werden. Im Bereich der organischen Chemie wird dafür das unterschiedliche Verhalten der einzelnen Stoffgruppen ausgenutzt; bei der Verarbeitung des Erdöles kommen außer Schwefeldioxyd als Lösungsmittel praktisch nur die Kohlenwasserstoffgruppen selbst sowie ohne große Kosten zu gewinnende oder herzustellende Derivate davon, wie Sauerstoff- oder Chlorverbindungen, in Frage. Eine Ausnahme bildet das aus Kleie hergestellte Furfurol.

Voraussetzung für diese Arbeitsweise ist bei Flüssigkeitsgemischen, daß das Lösungsmittel wohl die zu extrahierende Stoffgruppe (den Extrakt) aufnehmen (lösen) kann, mit der zweiten Komponente des Gemisches, dem Raffinat aber nicht oder in nur sehr geringem Maße mischbar ist. Das ursprünglich homogene Flüssigkeitsgemisch muß also nach der Zugabe des Lösungsmittels für den Extrakt in zwei Phasen zerfallen. Eine weitere Voraussetzung für die Anwendbarkeit dieses Verfahrens ist aber, daß sich anschließend Lösungsmittel und Extrakt, z.B. durch Destillation oder Kühlung, wieder leicht trennen lassen. Ist das Lösungsvermögen eines Lösungsmittels so groß, daß es imstande ist, den größten Teil des behandelten Flüssigkeitsgemisches aufzunehmen, so daß das „Raffinat" in fester Form oder zumindest in sehr viskoser Form zurückbleibt und rein mechanisch leicht abgetrennt werden kann, so spricht man von Ausfällen. Dieses unterscheidet sich somit grundsätzlich nicht vom Extrahieren.

Diese Vorgänge lassen sich am besten in Dreieckdiagrammen überblicken, weil für die praktische Brauchbarkeit von selektiven Lösungsmitteln die Ausbildung von Mischungslücken nach Vorstehendem entscheidende Bedeutung hat. Sie können in solchen Diagrammen für die drei bei dieser Arbeitsweise immer auftretenden Komponenten, nämlich Extrakt, Raffinat und Lösungsmittel am anschaulichsten dargestellt werden[1].

Die Zusammensetzung des Rohöles, wie es aus den Sonden gefördert wird, ist das Ergebnis der gegenseitigen Löslichkeit der einzelnen darin enthaltenen verschiedenen Kohlenwasserstoffgruppen. Durch die beim Hochsteigen aus großen Tiefen eintretende Verringerung des Druckes können zwar leichteste Anteile entweichen, die dann in den sog. Gasolinstationen auf den Feldern gesammelt und nach Möglichkeit nutzbar gemacht werden. Welche Anteile sich dabei abscheiden, ist ausschließlich durch deren Siedepunkte und das Siedeverhalten des verbleibenden Rohöles gemäß den sich einstellenden thermodynamischen Gleichgewichten bestimmt. Ebenso verhält es sich mit den einzelnen Fraktionen, in die das Rohöl beim Destillieren zerlegt wird. Im wesentlichen ist dabei die Molekülgröße bestimmend. Eine Veränderung des Anteiles der einzelnen chemischen Stoffgruppen findet beim Destillieren nicht statt. Diese kann – wenn gewünscht – nur erreicht werden, indem durch Hinzufügen chemischer Körper besonderen Lösungs- oder Ausfällvermögens für bestimmte Stoffgruppen das ursprünglich vorhandene Lösungsgleichgewicht gestört und dadurch eine Trennung infolge sich einstellender Mischungslücken herbeigeführt wird. Deshalb lassen sich durch die Anwendung von Lösungsmitteln bei der Verarbeitung des Erdöles andere Ziele erreichen, als durch die Destillation allein. Trennt diese vornehmlich nach Siedepunkten bzw. Siedebereichen, d. h. also grob gesprochen nach Molekül*größen*, so kann man mit Hilfe spezifischer Lösungsmittel nach Molekül*formen* trennen[2]. Da aber manche für die Anwendung wichtige Eigenschaften sehr wesentlich von der Molekülform abhängen, ist damit eine Möglichkeit geschaffen, Produkte zu gewinnen, die hauptsächlich aus bevorzugten Kohlenwasserstoffgruppen bestehen. Daß bei der Unzahl einzelner Kohlenwasserstoffindividuen, die im Erdöl und in allen über rd. 100 °C siedenden Fraktionen vorkommen, keine übertriebenen Anforderungen gestellt werden dürfen, muß als selbstverständlich vorausgesetzt werden. Eine sehr weitgehende Trennung nach Molekülformen läßt sich zwar mit entsprechendem Aufwand an Bau- und Betriebskosten erreichen, muß aber durch den Erlös für die so gewonnenen Produkte wirtschaftlich gerechtfertigt sein. Dies trifft z. B. für die Gewinnung definierter Aromaten zu. Es werden hier nur jene Verfahren ausführlich behandelt, die vor allem der Gewinnung von Schmierstoffen dienen. Die der Petrolchemie zuzurechnenden Verfahren werden nur kurz erwähnt, soweit sich dies wegen der Übereinstimmung mit den Grundlagen der nachstehend erörterten Verfahren empfiehlt.

---

[1] Über die theoretischen Grundlagen s. z. B. G. KORTÜM u. H. BUCHHOLZ-MEISENHEIMER: Die Theorie der Destillation und Extraktion von Flüssigkeiten, Berlin/Göttingen/Heidelberg: Springer 1952, S. 339 ff.

[2] Vgl. dazu auch C. ZERBE u. H. HÖTER: Inhaltsanalyse von Schmierölen durch selektive Adsorption. Erdöl u. Kohle 2 (1949) 133/41. Eine Erörterung obenstehender Gesichtspunkte bei R. A. WOODLE: The distillation extraction analogy. Industr. Engng. Chem. Internat. Ed. 55 (1963) Nr. 3, S. 16/22.

Dabei sind verschiedene Aufgaben zu lösen. Erstens kann es erwünscht sein, die *harz- und asphaltartigen Anteile zu entfernen*, z.B. weil sich ihre Anwesenheit in thermisch hoch beanspruchten Schmierölen durch die Bildung koksartiger Rückstände bemerkbar macht. Diese können an den Zylinderwandungen von Verbrennungskraftmaschinen und von Dampfmaschinen für hohe Dampftemperaturen beobachtet werden. In den letzten Jahren wird dieses Entasphaltieren auch in großem Maßstab angewendet, um aus Destillationsrückständen Einsatzgut für die in Kap. E und L beschriebenen katalytischen Krackverfahren und spaltenden Hydrierverfahren (Hydrocracking) zu gewinnen. In beiden Fällen verwendet man in der Regel Destillate, damit die Katalysatoren nicht durch übermäßige Koksablagerung und die in Rückständen enthaltenen Metalle zu schnell ihre Aktivität verlieren; vgl. S. 414ff. Durch das Entasphaltieren von Rückständen, auch „Decarbonizing" genannt, wird ebenfalls angestrebt, die koksbildenden Anteile im Einsatzgut auf die bei Destillaten üblichen Werte herabzusetzen[1].

Die zweite Aufgabe ist die *Verringerung des Gehaltes* einzelner Fraktionen *an Aromaten*. Im Leuchtöl verursachen sie das Rußen und im Schmieröl beeinflussen sie das Zähigkeits–Temperatur-Verhalten in ungünstiger Weise. Die starke Neigung zum Rußen der aromatenreichen rumänischen Leuchtöle gab im Jahre 1908 den Anlaß zur Entwicklung des ersten großtechnisch angewendeten Extraktionsverfahren, und zwar mittels flüssigen Schwefeldioxyds, durch L. EDELEANU[2]. Dadurch konnten die hohen Verluste bei dem bis dahin angewendeten „Raffinieren" mittels Schwefelsäure vermieden werden. Der Extrakt war nach Abdampfen des Lösungsmittels noch als Heizölkomponente verwendbar und die Schwierigkeiten, den Säureteer zu beseitigen, waren damit überwunden.

Schließlich ist noch als dritte Aufgabe das *Entparaffinieren* von Schmierölen zu nennen. Die Paraffinkohlenwasserstoffe zeichnen sich wohl durch einen besonders flachen Verlauf der Zähigkeits–Temperatur-Linie aus. Deshalb sind paraffinbasische Destillate und Rückstandsöle gleicher Basis (in der Betriebspraxis als entasphaltierte Öle bezeichnet) bevorzugte Schmierölkomponenten, doch müssen sie von den hochmolekularen Festparaffinen befreit werden (engl. wax). Dies wurde früher durch Tiefkühlen und Abfiltern der dabei gebildeten Paraffinkristalle bewerkstelligt. Dabei bleibt aber viel Öl im Paraffin zurück, das erst wieder umständlich gewonnen werden muß. Durch Anwendung von Lösungsmitteln, die alles Öl und möglichst wenig hochmolekulare Paraffine lösen, kann bei einer vom angestrebten Stockpunkt nicht zu weit entfernten Arbeitstemperatur eine schärfere Trennung erreicht werden. Außerdem gewinnt man ein Paraffin mit geringerem Restölgehalt, was den Handelswert erhöht. Wegen der sinngemäßen Aufgabe sind am Schluß dieses Kapitels in den Abschnitten J 3d, S. 744, und J 3e, S. 749f., auch Verfahren behandelt, die nicht mit Lösungsmitteln, sondern mit Adduktbildner bzw.

---

[1] Über die Möglichkeit, Rückstände spaltend zu hydrieren, s. S. 833, 835, 840ff.
[2] U. S. Patent Nr. 911553 vom 2. Febr. 1909.

mit Molekularsieben arbeiten. Sie lassen sich dort im Rahmen der Themen dieses Buches am besten besprechen.

Ob im Einzelfall zur Herstellung von Produkten gewünschter Eigenschaften alle drei Verfahren angewendet werden müssen oder ob auf das eine oder andere verzichtet werden kann, hängt vom Einsatzöl ab. Die für die Entscheidung darüber wichtigen Gesichtspunkte sind auf S. 974 f. erörtert, insbesondere die zweckmäßigste Reihenfolge der Verfahrensschritte auf S. 983 ff. Nachstehend werden die Verfahren, die zur Lösung der drei geschilderten Aufgaben angewendet werden, zunächst unabhängig voneinander behandelt, damit ihre wesentlichen Merkmale hervortreten. Deren Kenntnis erleichtert das Verständnis für die Gründe, welche die Auswahl unter ihnen und die Reihenfolge der Anwendung bestimmen[1].

1. Das Entasphaltieren

Es war früher im Laboratorium üblich, in Erdölprodukten den Gehalt an sog. Hartasphalt (auch als Asphaltene, engl. asphaltenes, bezeichnet) durch Ausfällen mit „Normalbenzin" nach DIN 51 557 zu bestimmen[2]. Die genannte Norm ist zwar noch gültig, weil das Verfahren trotz seines Mangels oft angewendet wird[3]. Inzwischen wurde in Anlehnung an IP 143/57 eine neue Norm DIN 51 595 als Entwurf veröffentlicht, die als Ausfällmittel n-Heptan an Stelle von „Normalbenzin" vorschreibt. Dadurch lassen sich besser vergleichbare Versuchsergebnisse erzielen. Die dabei ermittelten Gehalte an Asphaltenen sind etwas größer als nach DIN 51 557. Trotzdem besteht eine gewisse Unklarheit darüber, was der nach dem einen oder anderen Verfahren ausgefällte Hartasphalt ist[4]. Sicher ist, daß die so bestimmten Inhaltsstoffe hochsiedender Erdölfraktionen nicht mit dem durch den Conradson- oder Ramsbottom-Test

---

[1] Zusammenfassende Darstellungen bei A. W. Francis u. W. H. King: Principles of Solvent Extraction, in: The Chemistry of Petroleum Hydrocarbons, hrsg. von B. T. Brooks u. a., Bd. 1, New York: Reinhold 1954, S. 197/240. – Dies.: Solvent Refining, in: Advances in Petroleum Chemistry and Refining, hrsg. von K. A. Kobe u. J. J. McKetta jr., Bd. 1, New York: Interscience Publishers 1958, S. 429/84. – Kalichevsky, V. A., u. K. A. Kobe: Petroleum Refining with Chemicals, Amsterdam/London/New York: Elsevier 1956, S. 319/456. – Nelson, W. L.: Petroleum Refinery Engineering. 4. Aufl., New York/Toronto/London: McGraw-Hill 1958, S. 347/94.

[2] Vgl. Mineralöle und verwandte Produkte, hrsg. von C. Zerbe: a. a. O. Bd. I, S. 136/37.

[3] Der Mangel besteht darin, daß das Fällungsmittel chemisch nicht genau definiert ist, sondern durch Dichte, enge Siedegrenzen, Anilinpunkt u. ä. gekennzeichnet werden muß. Das gleiche galt für die seinerzeit vorgeschriebenen Fällungsmittel „I.P.-Naphtha" nach IP-6/45 bzw. „ASTM Precipitation Naphtha" nach ASTM D 96-47.

[4] Trotz der Bemühungen von H. Mallison: Teer, Pech, Bitumen und Asphalt. Benennung, Herkunft und Merkmale der wichtigsten bituminösen Stoffe (Kohle, Koks, Teer Bd. 7), 1. Aufl., Halle (Saale): Knapp 1926, 2. Aufl. 1944 wurde noch keine Einheitlichkeit im Sprachgebrauch erreicht. Dies liegt wohl daran, daß bei so hochmolekularen Körpern keine genaue Bestimmung ihrer chemischen Struktur und ihrer Eigenschaften als Kolloide möglich ist. Ausführlicher ist diese Frage n Kap. K behandelt, insbes. auf S. 751 f.

ermittelten Verkokungsrückstand identisch sein können, weil bei diesen
Prüfverfahren der anwesende Luftsauerstoff zu Oxydationen führt[1]. Hier
wird das Thema nur so weit behandelt, wie dies im Zusammenhang mit
dem Entasphaltieren erforderlich ist.

a) Die Asphaltstoffe und ihre Ausfällung

Für die Praxis bleibt die Tatsache bestehen, daß in Erdölfraktionen,
die über 300 °C sieden, insbesondere aber in Destillationsrückständen
hochmolekulare Körper vorhanden sind, die sich bei deren Verwendung
für Schmieröle oder als Einsatzgut für katalytische Krackanlagen störend bemerkbar machen und die man deshalb entfernen möchte. Soweit
ihr Anteil klein ist – sei es, daß er wie in Destillaten an sich gering ist,
sei es, daß er durch eine vorhergehende Behandlung bereits vermindert
wurde – läßt sich dies z. B. durch Bleicherdebehandlung erreichen[2].
Sollen aber Anteile von einigen Prozent entfernt werden, so benutzt
man den gleichen Grundsatz wie bei der analytischen Bestimmung des
sog. Hartasphaltes. Dieser „Hartasphalt" besteht aus hochmolekularen,
aromatischen Körpern mit meist mehreren Ringen und kurzen Seitenketten. Vereinzelte Sauerstoff- und Schwefelatome können Brücken bilden, so daß dadurch netzartige Strukturen entstehen, die für das rheologische Verhalten dieser Körper kennzeichnend sind. Man nennt diese
Körper heute Asphaltene. Die in niedrigsiedenden Paraffinkohlenwasserstoffen löslichen Anteile der hochmolekularen Körper werden hingegen
als Petrolene (engl. petrolenes) bzw. als Maltene bezeichnet[3]. Zu ihnen
gehören auch die Harze (engl. resins), die z. B. mit Hilfe von Adsorbenzien abgetrennt werden können[4]. Harze sind Polymerisationsprodukte
hochmolekularer aromatischer Körper mit einzelnen Karboxylgruppen
und außerdem mit ungesättigten Bindungen. Diese neigen zum Polymerisieren, weshalb man die ursprünglichen Stoffe Harzbildner nennt.
In Asphalten kann neben Schwefel auch Sauerstoff in merkbaren
Mengen nachgewiesen werden. Harze und Asphalte werden vornehmlich
durch ihre Löslichkeit in verschiedenen Lösungsmitteln sowie durch ihr
rheologisches Verhalten unterschieden und nicht durch ihre chemische
Zusammensetzung. Die diesbezüglichen Ansichten sind in Abschn. K 1
näher erläutert. Es ist verständlich, daß wegen des Mangels einer genauen analytischen Erfassung die Nomenklatur schwankt. Die einzelnen
Molekülkomplexe – in der Kolloidik als Mizellen bezeichnet – sind von
einer Solvathülle (Lyosphäre) umgeben, die aus etwas niedriger molekularen Verbindungen aufgebaut ist und stetig in die ölige Grundmasse
übergeht. Den Kern der Mizellen kann man dementsprechend als lyo-
phoben Anteil bezeichnen; er widersetzt sich der Lösung durch die

---

[1] Über die verschiedenen Verfahren, die hochmolekularen Inhaltsstoffe von Erdölfraktionen analytisch zu bestimmen, s. auch: Mineralöle und verwandte Produkte, hrsg. von C. ZERBE: a. a. O. Bd. I, S. 137/38 u. Bd. II, S. 93 ff.

[2] Vgl. dazu S. 681 ff.

[3] Vgl. S. 763.

[4] Zum Beispiel durch die oben erwähnte Bleicherdebehandlung.

Kohlenwasserstoffgrundsubstanz. Die Solvathülle ist demgegenüber lyophil; sie läßt sich lösen und ist die Ursache für die „Peptisation", d.h. die kolloidale Dispersion der hochmolekularen Asphaltene im Grundöl[1].

Die bei der Bestimmung des „Hartasphaltes" im Laboratorium als Lösungsmittel verwendeten C_5- bis C_7-Paraffinkohlenwasserstoffe greifen vor allem diese „peptisierende" Solvathülle an, so daß die Asphaltene selbst koagulieren und dadurch ausgefällt werden[2]. Wenn man die Temperatur erhöht, nimmt das Lösungsvermögen – bei *gleichem* Verhältnis von Lösungsmittel zu Öl – für die öligen Anteile ab, so daß nicht nur die Ausbeute an entasphaltiertem Öl zurückgeht, sondern auch das ausgefällte Produkt weniger viskos ist, weil es mehr Öl zurückhält und daher flüssiger bleibt. Mit Annäherung an die kritische Lösungstemperatur tritt sogar eine Mischungslücke auf. Wie aber an Hand des Dreieckdiagrammes Abb. J-6 noch gezeigt wird, läßt sich die gewünschte Ausfällung gewöhnlich erst bei entsprechend großer Mischungslücke, also bei höheren Temperaturen, erreichen. Dann muß man meist bei gegebenem Asphaltanteil das Verhältnis von Lösungsmittel zu Öl erhöhen.

Geht man zu niedriger molekularen Lösungsmitteln über, also zu Butan oder Propan, so nimmt deren Lösungsvermögen für die zu extrahierenden Stoffe wegen Zunahme des Unterschiedes der Molekülgrößen ebenfalls ab. In den ausgefällten Asphaltenen bleiben größere Mengen der von diesen adsorbierten harzartigen und aromatischen Einringverbindungen zurück, wodurch das ausgefällte Material eine zähe, klebrige und schleimige *Konsistenz* behält. Diese Erscheinung macht sich um so stärker bemerkbar, je mehr man sich dem kritischen Zustand des Lö-

---

[1] Vgl. dazu J. P. PFEIFFER: The Properties of Asphaltic Bitumen, Amsterdam/London/New York: Elsevier 1950. – VAN NES, K., u. VAN WESTEN: Aspects of the Constitution of Mineral Oils, Amsterdam: Elsevier 1951. – Nach A. VON BUZÁGH: Kolloidik, Dresden u. Leipzig: Steinkopf 1936, S. 248, versteht man unter Peptisation „alle Dispersionsvorgänge, die von makroheterogenen Systemen oder von groben Suspensionen und Emulsionen ausgehend zur Entstehung von mehr oder minder stabilen Lyosolen führen". Wegen Einzelheiten dieses für die Kolloidik sehr wichtigen Vorganges muß auf die einschlägige Fachliteratur verwiesen werden. Doch darf der Hinweis nicht unterbleiben, daß die Ansichten darüber nicht einheitlich sind, vgl. z. B. J. STAUFF: Kolloidchemie, Berlin/Göttigen/Heidelberg: Springer 1960, S. 445 und 455. Für das Verständnis der hier wichtigen Erscheinungen ist aber die Erklärung bei VON BUZÁGH durchaus brauchbar.

Das Wort ist in Anlehnung an πέψις (grch., Kochen, Verdauen von πέσσειν bzw. πέττειν) gebildet, weil der Vorgang zuerst beim Verdauen von Eiweiß durch das Pepsin in Anwesenheit von etwas Salzsäure in den Magensäften beobachtet wurde.

[2] Vgl. dazu die Ausführungen bei R. N. TRAXLER: Asphalt, Its Composition, Properties and Uses. New York: Reinhold 1961, Kap. 5: Colloidal Properties of Asphalt. Zwar befaßt sich dieses Buch mit dem technisch hergestellten Bitumen, weshalb in Abschn. K 1 darauf Bezug genommen ist; doch gelten die zitierten Ausführungen auch für die in hochmolekularen Fraktionen vorhandenen Asphaltkörper. – Weitere hier zu nennende Arbeiten sind H. M. CHELTON u. R. N. TRAXLER: Composition of chromatographic and thermal diffusion fractions of typical asphalts. 5. Welt-Erdöl-Kongreß, New York 1959, Bericht V/19. – FISCHER, K. A., u. A. SCHRAM: The constitution of asphaltic bitumen; ebd. Bericht V/20; deutsche Übersetzung Erdöl u. Kohle 12 (1959) 368/74. – PADOVANI, C., V. BERTI u. A. PRINETTI: Properties and Structure of asphaltenes from mineral oil residue. 5. Welt-Erdöl-Kongreß, New York 1959, Bericht V/21.

sungsmittels nähert, wird jedoch durch den Einfluß des Verhältnisses von Lösungsmittel zu Öl sehr stark überdeckt. Die ausgefällte *Menge* selbst ist aber bei gleichem Verhältnis von Lösungsmittel zu Öl um so kleiner, je niedriger die Molmasse, d.h. je kleiner die Moleküle des Lösungsmittels sind. Dies bedeutet eine Erhöhung der Ausbeute an gewünschtem Produkt.

Gleichzeitig mit der Konsistenz des ausgefällten *Asphaltes* ändert sich aber auch die Zähigkeit des *Extraktes*. Denn dadurch, daß beim Übergang zu einem Lösungsmittel niedrigerer Molmasse weniger harzartige und hochmolekulare aromatische Verbindungen herausgelöst werden, sinkt die Zähigkeit des Extraktes, wie aus Abb. J-1 hervorgeht.

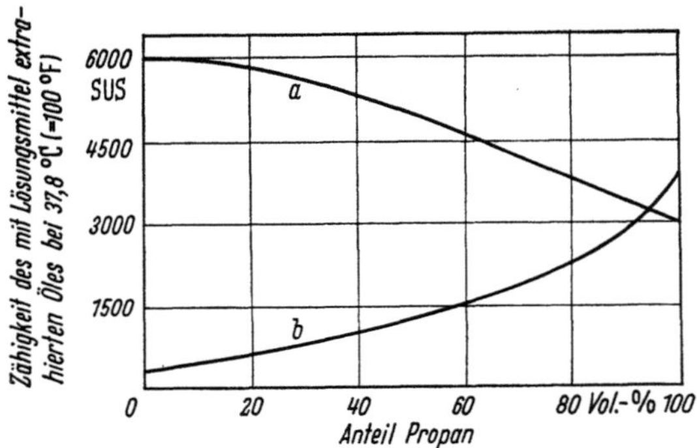

Abb. J-1. Einfluß der Zugabe von Propan zu Butan bzw. zu Äthan auf die in Saybolt Universal-Sekunden (SUS) ausgedrückte Zähigkeit des mit dem Gemisch gewonnenen Extraktes.

a Extraktion mittels eines Butan–Propan-Gemisches; 5fache Lösungsmittelmenge; *b* Extraktion mittels eines Äthan–Propan-Gemisches; 4fache Lösungsmittelmenge.

Die obere Kurve läßt dies für den Fall der Zugabe von Propan zu Butan erkennen, wenn man den Verlauf von links nach rechts betrachtet. Ändert man das Verhältnis von Äthan zu Propan, so muß man bei Zugabe von Äthan zu Propan die untere Kurve von rechts nach links verfolgen. Der zunächst auffallende Unterschied der Kurvenkrümmung mag vor allem dadurch verursacht sein, daß für die Ordinate ein konventionelles Zähigkeitsmaß benutzt ist. Die Unterschiede infolge verschiedenen Verhältnisses von Lösungsmittel zu Öl zeigen die Werte für reines Propan an der rechten Ordinate. Das größere Verhältnis von 5:1 führt bei Propan allein zu dem gleichen Ergebnis, wie wenn beim Verhältnis 4:1 etwa 8,5 Vol.-% Äthan mit 91,5 Vol.-% Propan verwendet worden wären. Durch Zumischen von höhermolekularen Paraffinkohlenwasserstoffen, z.B. des Siedebereiches eines Gasöls, verdünnt man hingegen nur die behandelte Fraktion, ohne das Lösungsgleichgewicht merkbar zu verschieben, und erhält daher kein „Raffinat", das sich einfach abtrennen ließe.

Im Laboratorium hatte sich vor vielen Jahren die Verwendung von „Normalbenzin" mit einem Siedebereich von 60 bis 90 °C eingeführt, das leicht zu handhaben ist. Mangels ausreichender Möglichkeit, seine chemische Zusammensetzung genau zu definieren, wurden die Nachteile des an sich bereits konventionellen Bestimmungsverfahrens noch verstärkt. Deshalb strebte man, wie bereits ausgeführt wurde, den Ersatz durch n-Hexan (Siedepunkt 68,8 °C) oder n-Heptan (Siedepunkt 98,4 °C) an, damit die Untersuchungsergebnisse in etwa gleicher Größe bleiben. Für die technische Erdölverarbeitung hat sich aber *Propan* am geeignetsten erwiesen. Es läßt sich unter Druck noch bei Umgebungstemperatur kondensieren und gibt nach vorstehendem die größten Ausbeuten an weitgehend asphaltfreiem Öl. Das ausgefällte „Raffinat", der sog. Propanasphalt, läßt sich mit den in Raffinerien üblichen Mitteln noch leidlich gut handhaben. Entweder wird er als Brennstoff in der Raffinerie

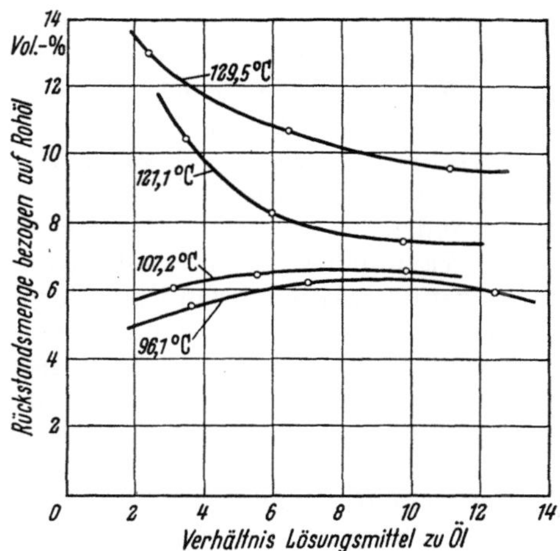

Abb. J-2. Einfluß der Temperatur und des Verhältnisses von Lösungsmittel zu Öl auf die Menge des ausgefällten Asphaltes, bei Verwendung von Isobutan, nach JOHNSON u. Mitarb. (Behandelt wurde ein bis auf 15 % eingeengter Rückstand aus West-Kansas-Rohöl bei einem Druck von 35 atü.)

oder als Komponente minderer Qualität bei der Herstellung von Bitumen verwendet[1]. Andere Verfahren werden für diesen Zweck seit Jahrzehnten nicht mehr angewendet.

Bei gleichem Lösungs- bzw. Ausfällmittel sind noch erhebliche Einflüsse der Temperatur und des Verhältnisses von Lösungsmittel zu Öl zu beobachten. Der Einfluß des Druckes ist hingegen geringer, es sei denn, man nähert sich dem kritischen Zustand[2]. Für den Fall der Verwendung von Isobutan sind die Zusammenhänge in Abb. J-2 wiedergegeben. Bei geringer Lösungsmittelmenge wirkt sich die Temperatur am stärksten

---

[1] DICKINSON, J. T., u. N. R. ADAMS: Lubricant Stocks Improved by Propane Deasphalting. Oil Gas J. 44 (30. März 1946) Nr. 47, S. 185/200. – GEE, W. P., u. H. H. GROSS: Dewaxing and Deasphalting, in: Advances in Chemistry Ser. Nr. 5 „Progress in Petroleum Technology", hrsg. von der Amer. Chem. Soc. Washington/D.C.: 1951, S. 160/76, bes. S. 172ff.

[2] JOHNSON, P. H., K. L. MILLS u. B. C. BENEDICT: Recovery of Catalytic Cracking Stock by Solvent Fractionation. Industr. Engng. Chem. 47 (1955) 1578/85.

aus, doch wird die Ausbeute bei Annäherung an die unteren Werte nicht mehr wesentlich verbessert. Auch ist dort der Einfluß des Verhältnisses von Lösungsmittel zu Öl viel schwächer. Dies ist vom Standpunkt des praktischen Betriebes wichtig, weil große umlaufende Lösungsmittelmengen aufwendigere Anlagen und höheren Betriebsmittelverbrauch zur Folge haben. Man strebt daher an, das Lösungsmittelverhältnis nur so groß zu wählen, wie es für die gewünschte Ausfällung unbedingt nötig ist.

Die Extraktion mittels Propan greift tiefer in die Struktur der Asphaltene ein, als dies durch Hochvakuumdestillation möglich ist[1]. Deshalb hat das Entasphaltieren mittels Propan erstens Bedeutung, um *Schmiermittel*komponenten von den bei hohen thermischen Beanspruchungen störenden Asphaltenen zu befreien. Die zweite wichtige Anwendung ist die Gewinnung von Einsatzgut aus Destillationsrückständen für katalytische *Krack*anlagen und spaltende *Hydrier*anlagen[2]. In diesem Fall ist die durch das Entasphaltieren gleichzeitig erreichte Entfernung der im Rückstand enthaltenen Metalle besonders vorteilhaft; sonst wirken sie als Katalysatorgifte, wie auf S. 407 u. 413 erläutert wurde. Man kann auf diese Weise den Metallgehalt auf Beträge von 10 bis 15% der ursprünglich vorhandenen erniedrigen. Das mit Propan extrahierte Einsatzgut ist einem Vakuumdestillat in dieser Hinsicht vollkommen gleichwertig, weil ein geringer Anteil der mit den Porphyrinen vergesellschafteten Metallverbindungen flüchtig ist und – abgesehen vom Mitreißen von Tröpfchen – dampfförmig ins Destillat gelangt. Jedoch läßt sich beim Entasphaltieren die Ausbeute merkbar erhöhen. Anderenfalls wäre der nicht geringe Aufwand an Bau- und Betriebskosten nicht gerechtfertigt. Die bisher größte derartige Anlage für über 3 Mill. t/a Einsatz wurde in der Raffinerie Richmond/Calif. der Standard Oil Co of California errichtet, um Einsatzgut für eine Isomax-Anlage zu gewinnen[3].

An Stelle von Propan für diesen Zweck Äthan zu verwenden, hat sich nicht durchgesetzt. Zwar würde dadurch im Extrakt der restliche Asphaltgehalt noch weiter verringert, allerdings nur mehr in geringem Maß. Der Bedarf an künstlich erzeugter Kälte würde aber wegen der wesentlich tieferen Siedetemperatur des Äthans die Betriebs- und Anlagekosten erheblich belasten, ohne daß diese Mehrausgaben durch die Qualitätsverbesserung wettzumachen wären. Deshalb bietet Äthan keinen wirtschaft-

---

[1] Vgl. dazu auch V. ANASTASOFF u. K. E. TRAIN: Propane Is a Selective Solvent. Industr. Engng. Chem. 53 (1961) 662. Mit Hilfe der Massenspektrographie konnte allerdings gezeigt werden, daß Propan nicht ausschließlich – wie meist angenommen wird – nach Molekülstrukturen trennt, sondern in gewissem Maße auch nach der Molekülgröße.

[2] ODEN, E. CL., u. E. L. FORST: Deasphalting Crude Residuum for Catalytic Cracking. Industr. Engng. Chem. 42 (1950) 2088/95. – DITMAN, J. G., u. F. T. MERTENS: Propane Deasphalting of Residua. Petrol. Processing 7 (1952) 1628/32. – DUNNING, H. N., u. J. W. MOORE: Propane Removes Asphalts From Crude. Petrol. Refiner 36 (1957) Nr. 5, S. 247/50. – LAWSON, J. E., J. P. PEET u. N. P. PEET: Get More Cracker Feed from Residua. Petrol. Refiner 38 (1959) Nr. 3, S. 177/80. – DITMAN, J. G., u. J. C. DUNMYER jr.: Now Cat Feed Made by Deasphalting. Petrol. Refiner 39 (1960) Nr. 5, S. 187/92. – Hydrocarb. Procssg. 45 (1966) Nr. 9, S. 228; 47 (1968) Nr. 9, S. 183 (Refining Process Handbooks).

[3] Vgl. S. 832.

lichen Vorteil. Eher wäre es vertretbar, statt Propan einen höhersiedenden Paraffinkohlenwasserstoff oder ein Gemisch zu verwenden. Je nach
Verfügbarkeit des Lösungsmittels in der Raffinerie und je nach ihren
Absatzmöglichkeiten kommen ein Propan–Butan-Gemisch oder Butan
allein in Frage. Dadurch läßt sich eine leichtere Handhabung und eine
gewisse Verringerung der Baukosten erreichen, weil etwas niedrigere
Drücke angewendet werden können[1]. Welche Verminderung des Metallgehaltes und des Verkokungsrückstandes nach CONRADSON sich dadurch
bei der Behandlung von Vakuumrückständen aus verschiedenen Rohölen
mit einem Propan–Butan-Gemisch erzielen läßt, geht aus Abb. J-3 hervor.

Die einleitend erwähnten, etwas komplizierten Zusammenhänge haben zur Folge, daß die Art des zu entasphaltierenden Rückstandes nicht
ohne Einfluß auf das Gesamtergebnis ist. Es hat sich gezeigt, daß es
unter Umständen vorteilhafter sein kann, einen nicht zu weit eingeengten Destillationsrückstand zu entasphaltieren, weil offenbar die
dann in größerer Menge vorhandenen öligen Anteile die Wirkung des

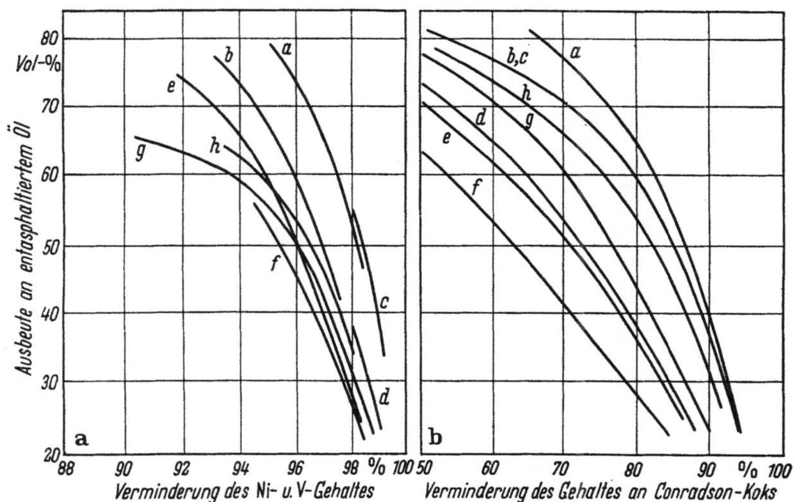

Abb. J-3. Verminderung des Nickel- und Vanadiumgehaltes (Abb. J-3a) und des Conradson-
Kokses (Abb. J-3b) durch Entasphaltieren von Destillationsrückständen verschiedener Herkunft in Abhängigkeit von der Ausbeute bei Verwendung eines Propan–Butan-Gemisches.

Herkunft		Rückstandsmenge in Vol.-% bezogen auf Rohöl
a	Kanada	20,0
b	Kanada	16,0
c	Kuweit	32,0
d	Kuweit	22,2
e	Arabien	16,0
f	Venezuela	25,0
g	Kalifornien	20,0
h	Texas	11,1

[1] ATTERIDG, P. T.: A fresh look at solvent decarbonizing. Oil Gas J. 61 (9. Dez.
1963) Nr. 49, S. 72/77.

Lösungsmittels unterstützen. Dies läßt sich an Hand von Abb. J-4 erläutern. Bei Behandlung eines Rückstandes von 24 Vol.-%, bezogen auf Rohöl (aus West-Kansas), betrug die ausgefällte Asphaltmenge 7,1%, bei einem durch höheres Vakuum auf 15 Vol.-% eingeengten Rückstand betrug sie aber 11,2%, d.h., die Ausbeute an „asphaltfreiem" Produkt wurde kleiner. Doch sind diese Zahlen allein nicht entscheidend. Läßt sich der ausgefällte „Propanasphalt" z.B. im schweren Heizöl der Raffinerie leicht unterbringen, dann dürfte es vorteilhaft sein, die kleinere hochviskose Menge anzustreben, zumal auch bei der vorgeschalteten Destillation gespart werden kann. Müßte er aber mit leichteren Produkten gefluxt werden, dann kann es u.U. insgesamt geringere Bau- und Betriebskosten verursachen, von vornherein eine größere Menge „Propanasphalt" mit Eigenschaften, die für die weitere Verwendung gün-

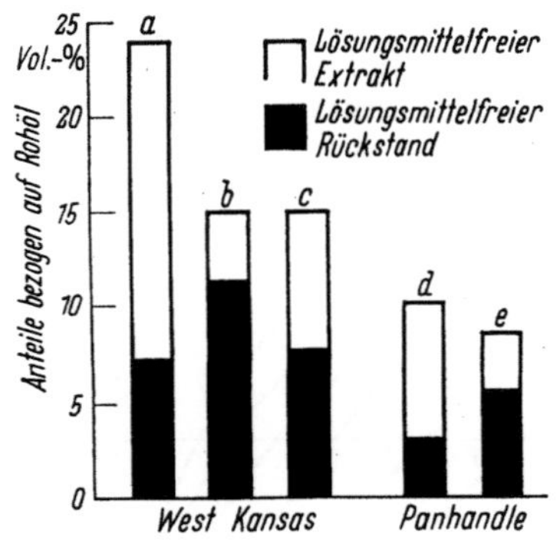

Abb. J-4. Ausbeute an Einsatzgut für katalytische Krackanlagen durch Entasphaltieren von Destillationsrückständen, die verschieden stark eingeengt wurden, nach JOHNSON u. Mitarb.

Aus West-Kansas-Rohöl, Druck 39 atü:

a 24% Rückstand bei 79 °C;
b 15% Rückstand bei 79 °C;
c 15% Rückstand bei 57 °C.

Aus Panhandle-Rohöl, Druck 32 atü:

d 10% Rückstand bei 52 °C;
e 8,5% Rückstand bei 52 °C.

Lösungsmittel:
Propan; Propan/Öl-Verhältnis: 6/1.

stiger sind, in Kauf zu nehmen. Ähnlich lagen die Verhältnisse mit 3,0 bzw. 5,5% Propanasphalt bei einem paraffinbasischen Öl (Panhandle/West-Texas), obwohl die Unterschiede der Rückstandsmenge, bezogen auf Rohöl, mit 10,0 bzw. 8,5% viel kleiner waren.

Um zu zeigen, wie sich der Einfluß der Temperatur auswirkt, ist für das zuerst genannte Rohöl die Verteilung von sog. asphaltiertem Öl („Extrakt") und ausgefälltem Asphalt dargestellt, wenn die Behandlungstemperatur herabgesetzt wird. Allerdings kommt dabei nicht zum Ausdruck, wie hoch im einen und im anderen Fall der im Öl gelöst bleibende Asphaltanteil ist und wie damit die Eignung als Einsatzgut für Krackanlagen geändert wird.

Zum Schluß soll noch an Hand von Abb. J-5 gezeigt werden, wie sich durch Entasphaltieren mit Propan der Metallgehalt des Extraktes bei verschiedenem Verhältnis von Lösungsmittel zu Öl ändert und wie hoch er vergleichsweise beim Destillieren unter Vakuum auf gleiche Ausbeute wäre. Als Beispiel ist das West-Kansas-Rohöl benutzt, für das die Verhältnisse beim Extrahieren in Abb. J-4 dargestellt sind.

Auch bei niedrigem Asphaltgehalt führt ein Einsatzgut mit hohem Aromatengehalt zu stärkerer Koksbildung auf Krackkatalysatoren. Weder durch Propan noch durch Propan–Butan-Gemische oder andere

Paraffinkohlenwasserstoffe werden die Aromaten im Extrakt durch das
Ausfällen von Asphalt *stark* verringert. In gewissem Maße ist dies jedoch
der Fall, wie der Anstieg des Viskositätsindex so behandelter Öle zeigt.
Doch dürfte eine weitere Behandlung von entasphaltiertem Öl („Propanextrakt") mit dem Ziel, den Aromatengehalt durch anschließende Solventextraktion zu vermindern, wirtschaftlich nur in seltenen Fällen tragbar sein, wenn es sich darum handelt, Einsatzgut für katalytische Krackanlagen herzustellen[1]. Man begnügt sich damit, durch das beschriebene
Entasphaltieren gleichzeitig den Aromatengehalt um etwa 20 bis 30%
zu senken. Auf Schwefel- und Stickstoffverbindungen hat die Behandlung
mit Propan keinen Einfluß, was in Kauf genommen werden muß.

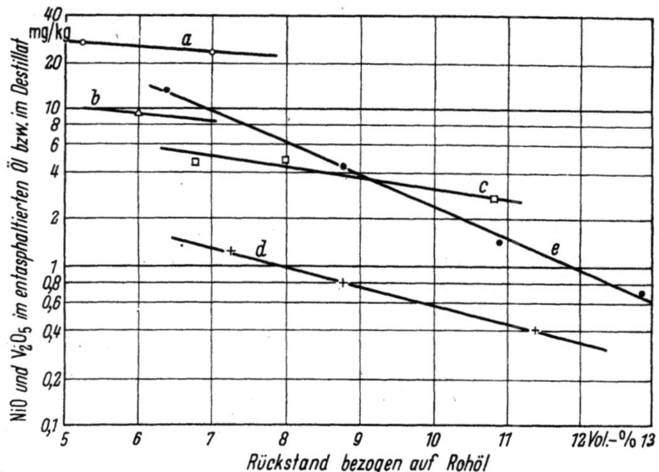

Abb. J-5. Metallgehalt im Propanextrakt aus einem bis 24 Vol.-% eingeengten West-Kansas-
Rückstand bei verschiedenen, durch Ändern der Arbeitstemperatur erzielten Ausbeuten. Zum
Vergleich sind die durch Hochvakuumdestillation erzielbaren Werte eingetragen.

Propan/Öl-Verhältnis: *a* 2,6:1; *b* 3,5:1; *c* 4,6:1; *d* 6,6:1; *e* Hochvakuumdestillation.

Arbeitsdruck bei der Propanbehandlung 42 atü.

Eine bisher noch nicht erwogene Anwendung der Extraktion mittels
Propan schlagen DITMAN und GODINO vor[2]. Sie weisen darauf hin, daß
in den Vereinigten Staaten von Amerika im Inneren des Landes wenig
Rohöle zur Verfügung stehen, um Bitumina mit günstigen Eigenschaften
herzustellen. Näheres über die diesbezüglichen Anforderungen ist in
Kap. K erläutert. Die für Bitumenerzeugung erwünschten Rohöle müssen deshalb von der Küste über weite Transportwege herangeschafft werden, während die anfallenden Heizöle nicht abgesetzt werden können.

---

[1] ATTERIDG, P. T., u. R. P. Cox: Better Cat Feed By Solvent Extraction.
Petrol. Refiner 39 (1960) Nr. 3, S. 145/50 empfehlen eine Extraktion mit Phenol
anschließend an ein Entasphaltieren mit Hilfe eines Propan–Butan-Gemisches.

[2] DITMAN, J. G., u. R. L. GODINO: Propane Extraction: A Way to Handle
Residue. Hydrocarb. Procssg. 44 (1965) Nr. 9, S. 175/78.

Unter diesen Umständen kann es vorteilhaft sein, schwere Rückstandsöle mit an sich wenig günstigen Eigenschaften für Bitumina durch Behandlung mittels Propan so aufzuteilen, daß die paraffinischen Anteile extrahiert werden und als ausgezeichnetes Einsatzgut für katalytisches Kracken oder für hydrierendes Spalten verwendbar sind, der ausgefällte, an Aromaten und Asphaltenen reichere Rest aber auf Bitumen verarbeitet wird. Die dabei angestrebten Mengenverhältnisse sind jedoch von den bei der üblichen Entasphaltierung eingehaltenen völlig verschieden. Die Verfasser nennen als Beispiele etwa gleiche Anteile von „Extrakt" und „Raffinat". Dies macht deutlich, daß im Raffinat, dem sog. Propanasphalt, noch sehr große Mengen öliger Anteile belassen werden müssen, wenn es auf Bitumen gewünschter Eigenschaften weiter verarbeitet werden soll. Propanasphalt aus Anlagen zum Entasphaltieren üblicher Bauweise, der nur in Mengen von wenigen Prozent anfallen soll, wäre für diesen Zweck für sich allein völlig ungeeignet. Er kann nur in gewissen Zusätzen bei der Bitumenherstellung verwendet werden. Die Gründe dafür sind in Kap. K, S. 781, dargelegt.

b) Die Betriebsbedingungen

Bei der Wahl der Betriebsbedingungen stützt man sich am besten auf die Ergebnisse von Laboratoriumsversuchen, weil sich das Verhalten verschiedener Öle beim Entasphaltieren auf Grund der üblicherweise ermittelten Daten von Erdölprodukten nicht vorausberechnen läßt. Dabei muß man beachten, daß die Löslichkeit von Öl im Propan durch hohen Druck gefördert, durch zunehmende Temperatur aber verringert wird. Doch steigt mit dieser die Selektivität, d.h. die Trennung nach Strukturmerkmalen. Es empfiehlt sich, im Laboratorium die Vorgänge der Betriebsanlagen möglichst genau nachzuahmen. Für diesen Zweck sind besondere Apparate entwickelt worden[1].

Ungefähr läßt sich das Verhalten des idealisierten Dreistoffgemisches Propan–Öl–Asphalt durch Dreiecksdiagramme darstellen wie sie in Abb. J-6 für drei verschiedene Temperaturen wiedergegeben sind. Die Abnahme der Löslichkeit von Öl in Propan mit steigender Temperatur ist an der Vergrößerung der Mischungslücke zu erkennen. Diese ist gleichzeitig ein Maß für die Selektivität, weil der restliche Asphaltengehalt im Propan–Öl-Gemisch um so kleiner wird, je größer die Mischungslücke ist. Die Abb. J-6c zeigt, daß sich mit Annäherung an den kritischen Zustand auch eine Mischungslücke des Propan–Öl-Gemisches ausbildet. Diese ist aus betriebstechnischen Gründen unerwünscht, weil eine Phasentrennung das Abdestillieren und Rückgewinnen des Propans erschwert.

Die Vorgänge lassen sich an Hand der aus den Abb. J-6a bis c abgeleiteten Abb. J-6d erläutern. Die Darstellung ist aber nicht als maß-

---

[1] Kádár, St.: Entasphaltierung mit Propan im Versuchsbetrieb. Schmiertechn. 6 (1959) 182/88. – Weller, H.: Beitrag zur Entasphaltierung und Entharzung von Erdöl-Destillationsrückständen mit Propan. Eine neue Apparatur zur Vorausbestimmung großtechnischer Ergebnisse. Erdöl u. Kohle 17 (1964) 550/54.

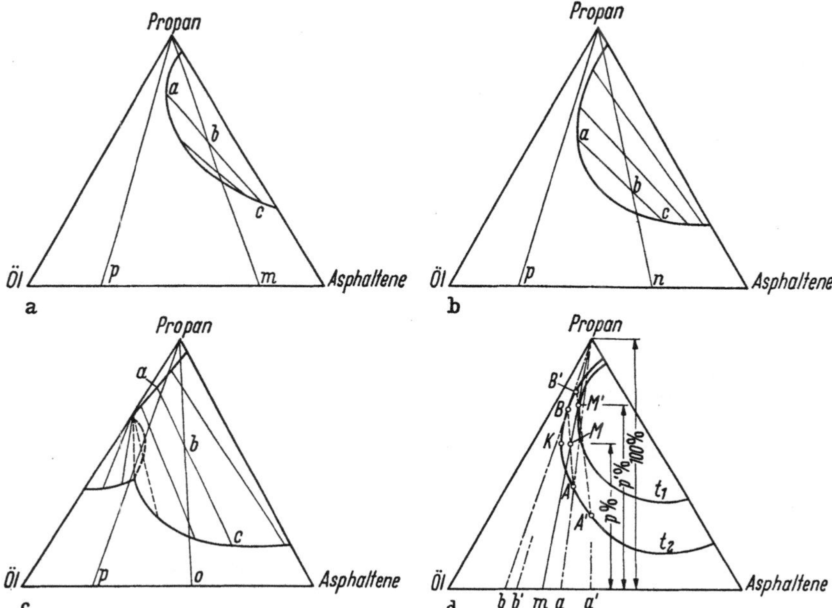

Abb. J-6. Idealisierte Dreiecksdiagramme für das Gemisch Propan–Öl–Asphalten für 37,8 °C (a), 60 °C (b) und 82,2 °C (c) sowie schematischer Vergleich der Verhältnisse bei zwei Temperaturen t_1 und t_2 (d).

Die Linien a–b–c in (a) bis (c) sind Konoden: Mischt man zu einem Öl mit dem Asphaltengehalt m bzw. n bzw. o eine Menge Propan entsprechend Punkt b, so zerfällt das Gemisch in eine asphaltenarme Phase entsprechend Punkt a und eine asphaltenreiche Phase entsprechend Punkt c. Bei niedrigem Asphaltengehalt tritt Zweiphasenbildung erst bei höheren Temperaturen auf, jedoch wird die Trennung durch beginnende Zweiphasenbildung Öl–Propan beeinträchtigt. S. a. Text.

stäblich zu betrachten. Wendet man bei einer Temperatur t_2 und bei einem Öl mit einem Gehalt m an Asphaltenen ein Propan–Öl-Verhältnis entsprechend dem Punkt M an, d.h. also gleich $p/(100 - p)$, so zerfällt das Gemisch in eine ölhaltige Phase entsprechend Punkt B mit einem Asphaltengehalt b und ein Ausfällprodukt entsprechend Punkt A mit einem Asphaltengehalt a. Der Punkt M ist so gewählt, daß die von der Dreieckspitze nach b ausgehende Gerade die Löslichkeitskurve im Punkt B der zugehörigen Konode berührt[1]. Dies ergibt den geringsten Asphaltengehalt im extrahierten Öl. Erhöht man das Lösungsmittelverhältnis bis zu einem Wert $p'/(100 - p')$, entsprechend Punkt M', dann erhöht sich zwar der Asphaltenrestgehalt im Öl geringfügig auf den Wert b', aber der Ölgehalt im ausgefällten Produkt vermindert sich erheblich, wie der Vergleich zwischen a und a' zeigt. Die Ausbeute an entasphaltiertem Öl wird gleichzeitig wesentlich besser. Im ersten Fall beträgt sie nach dem sog. Hebelgesetz[2] nur $\dfrac{\overline{m\,a}}{\overline{b\,a}}$, im zweiten Fall aber $\dfrac{\overline{m\,a'}}{\overline{b\,a'}}$. Es zeigt sich also, daß es

---

[1] Über den Begriff „Konode" s. B. Riediger: Brennstoffe/Kraftstoffe/Schmierstoffe, Berlin/Göttingen/Heidelberg, Springer 1949, S. 229 ff.

[2] Vgl. z. B. A. Eucken: Grundriß der physikalischen Chemie, 8. Aufl., bearb. von E. Wicke. Leipzig: Akad. Verlagsges. 1956, S. 271. – Riediger, B.: a. a. O. S. 228.

zweckmäßiger sein kann, nicht mit der für minimale Restasphaltmenge günstigsten Propanmenge p, sondern mit einer größeren Propanmenge zu arbeiten. Die Temperatur t_1 wäre jedoch nicht ausreichend.

Je größer das Verhältnis von Propan zu Öl ist, um so weniger Asphaltene werden gelöst. Da aber hohe Drücke, hohe Temperaturen und ein hohes Propan–Öl-Verhältnis den Betriebsmittelverbrauch und die Anlagekosten steigern, muß man diese Betriebskennwerte in Grenzen halten. Außerdem muß man mit Druck und Temperatur in einem ausreichenden Abstand von den kritischen Werten des Propans (43,3 ata, 98,6 °C) bleiben, weil sich dann die Lösungsverhältnisse in der angegebenen Weise grundlegend ändern. In den meisten Fällen haben sich Temperaturen zwischen 50 und 80 °C, Drücke zwischen 25 und 40 ata und 2- bis 5fache Gewichtsverhältnisse von Propan zu Öl als zweckmäßig erwiesen. Wegen der niedrigen Dichte des Lösungsmittels ergeben die zuletzt genannten Werte Volumenverhältnisse von beinahe 4 bis 10. Bei besonders hochviskosen Ölen muß das Gewichtsverhältnis mitunter auf Werte bis zu 9 : 1 vergrößert werden, um die zu behandelnden Öle genügend zu verdünnen.

c) Die Schaltung von Entasphaltierungsanlagen

Obwohl das Entasphaltieren mittels Propan ursprünglich für Schmierölkomponenten in die Praxis eingeführt wurde, dienen die Anlagen mit großen Durchsatzleistungen heute vornehmlich der Gewinnung von Einsatzgut für katalytische Krackanlagen und für Anlagen zur spaltenden Hydrierung. Das bedeutet aber nicht, daß die gleiche Aufgabe bei der Herstellung von Schmierölen an Wichtigkeit verloren hätte. Die Leistungen der Anlagen sind nur im Verhältnis kleiner; ihre Anzahl ist demgegenüber erheblich größer. Die Menge der insgesamt hergestellten Schmieröle beträgt eben nur wenige Prozente des Raffineriedurchsatzes. Grundsätzlich sind diese Anlagen aber in der gleichen Weise geschaltet. Was ihre Einordnung in den Verarbeitungsgang betrifft, kann auf S. 983 verwiesen werden.

Als Beispiel der Schaltung einer solchen Anlage ist hier Abb. J-7 wiedergegeben. Das Kernstück ist der Gegenstromextraktionsturm a. Ein Extraktionsapparat von der Art des Rotating Disc Contactor (RDC) – vgl. S. 161 – kann gleichfalls verwendet werden. Die übrigen Einrichtungen dienen dazu, das Lösungsmittel sowohl aus dem Extrakt – hier aus dem entasphaltierten Öl – wie auch aus dem Raffinat – dem ausgefällten „Asphalt" –, in dem Spuren zurückbleiben, wiederzugewinnen, um es im Kreislauf verwenden zu können.

Wie das Schaltschema zeigt, wirkt der Propankreislauf mit den Verdampfern und Strippern, dem Kompressor und den Kondensatoren zum Teil wie der einer Kältemaschine. Die Aufheizung des Propans und des Einsatzgutes mit Niederdruckdampf vor dem Extraktionsturm dient nur dazu, die gewünschte, über Umgebungstemperatur liegende Arbeitstemperatur einzustellen, weil eine gewisse Möglichkeit zum Regeln vorhanden sein muß. Grundsätzlich wird man zur Ersparnis von Betriebs-

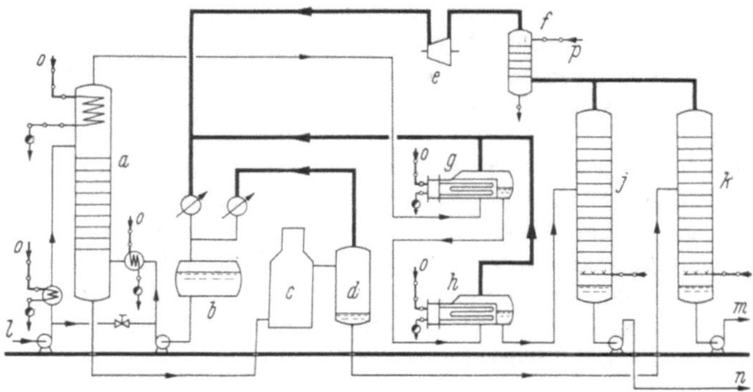

Abb. J-7. Schematisches Fließbild einer mit Propan arbeitenden Entasphaltierungsanlage.

a Entasphaltierungskolonne (Extraktionskolonne);
b Propanbehälter;
c Ofen;
d Entspannungsgefäß;
e Dämpfekompressor;
f Berieselungskondensator;
g Mit Niederdruckdampf beheizter Verdampfer;

h Mit Mitteldruckdampf beheizter
 Verdampfer;
j Stripper für entasphaltiertes Öl;
k Stripper für ausgefällten Asphalt;
l Zufluß des zu behandelnden Öles;
m Asphalt;
n Entasphaltiertes Öl;
o Heizdampf;
p Wasser für Berieselung.

mitteln die Temperatur im Propanlagerbehälter nicht niedriger wählen als unbedingt erforderlich. Auch die liegenden Ausdampfer sind in zwei Stufen vorgesehen, um die eine Stufe mit Niederdruckdampf beheizen zu können.

Wegen der Notwendigkeit, die letzten Spuren von Propan mittels Wasserdampf aus dem Extrakt und aus dem Raffinat abzutreiben, muß in Form des mit Wasser berieselten Mischkondensators *f* eine Einrichtung vorhanden sein, um diesen Wasserdampf wieder auszuscheiden. Die zusätzliche Beheizung im Kopf des Extrakteurs *a* hat den Zweck, durch Vergrößern der Mischungslücke die Propankonzentration des über Kopf abgehenden entasphaltierten Öles zu erhöhen und darin verbliebene Asphaltenreste nach unten zu drücken.

Bei Anwendung eines Rotating Disc Contactors muß die zuletzt genannte Beheizung allerdings nach außen verlegt werden. Sie wird dann zweckmäßigerweise mit dem – stehend anzuordnenden – Ausdampfer verbunden, der ebenfalls in Stufen beheizt wird. Die Wirkung ist nicht vollkommen mit der zuerst beschriebenen Bauform vergleichbar, aber ähnlich. Da nur wenige Ingenieurfirmen auf diesem Sondergebiet tätig sind, wurden im Laufe der Zeit einige Schaltungen entwickelt, die zwar gewisse Unterschiede aufweisen, mit denen aber die gleichen Ziele zu erreichen sind.

2. Die Solventraffination

Als zweite Aufgabe der hier zu besprechenden Verfahren wurde im einleitenden Abschnitt dieses Kapitels das Extrahieren der Aromaten aus Erdölfraktionen genannt, und zwar, um bei Leuchtölen den Rußpunkt zu erhöhen, wenn er infolge zu hohen Aromatengehaltes zu niedrig ist, sowie um bei Schmierölen das Zähigkeits–Temperatur-Verhalten zu verbessern, d.h. zu erreichen, daß die Zähigkeit mit steigender Temperatur möglichst wenig abnimmt[1].

Grundsätzlich ließen sich auch Düsenkraftstoffe mit günstigen Brenneigenschaften auf diese Weise herstellen, doch stehen zur Zeit für den noch beschränkten Absatz genügend geeignete Rohstoffe zur Verfügung. Diese müssen neben Alkanen ausreichende Mengen von Naphthenen enthalten, weil sonst die verlangten Kälte- und Oxydationsbeständigkeiten kaum zu erreichen sind. Deshalb wird eine Aromatenextraktion für diesen Zweck nicht angewendet. Ob sie eines Tages auch für solche Produkte Bedeutung gewinnen wird, kann nicht vorausgesagt werden.

Durch Extrahieren der Aromaten mit geeigneten Lösungsmitteln kann man also Produkteigenschaften in gewünschter Weise verbessern. Man bezeichnet so behandelte Produkte als Raffinate. Der aromatenreiche Extrakt kann nach Abtrennen des Lösungsmittels als Heizölkomponente verwendet werden, ist aber auch für die Herstellung von Ruß gut geeignet. Leichte Extrakte finden in der Gummiindustrie als Lösungsmittel Verwendung. Eine Aufarbeitung auf einzelne darin enthaltene Komponenten ist bei diesen höhersiedenden Extrakten wirtschaftlich wenig reizvoll. Völlig anders liegen die Verhältnisse hingegen z.B. bei den katalytisch reformierten Benzinen. Diese enthalten in größeren Anteilen Benzol, Toluol und die drei Xylole. Deren Gewinnung in reiner und reinster Form – ebenfalls durch Extraktion – ist heute von größtem Interesse, weil sie als Grundstoffe für die Petrolchemie benötigt werden. Die dafür entwickelten Verfahren sollen aus den S. 350 angeführten Gründen auf S. 730/31 kurz gestreift werden, um die Gleichartigkeit der Aufgabe hervorzuheben. Im übrigen bleiben sie aber außer Betracht, zumal sie sich in manchen Einzelheiten – so insbesondere hinsichtlich der Wahl der Extraktionsmittel – von den hier zu besprechenden Verfahren unterscheiden.

Welche Aufgaben bei der Solventextraktion zur Gewinnung von Schmierölkomponenten zu lösen sind, läßt sich an Hand einer graphischen Darstellung nach BRAY in Abb. J-8 erläutern. Die öligen Anteile a der drei Fraktionen verschiedener Herkunft sind durch senkrechte Schraffur gekennzeichnet. Die dicken Striche an den Rändern bedeuten die Anwesenheit gelöster asphaltischer (aromatischer) Komponenten (b, links) und paraffinischer Komponenten (c, rechts). Ausfällbarer As-

---

[1] Die in ganz seltenen Fällen angewendete Behandlung von Mitteldestillaten aus Krackanlagen, um deren Zündwilligkeit durch Extraktion von Aromaten zu verbessern, muß wohl als kostspieliger Umweg betrachtet werden. Er hat bei den heutigen Marktverhältnissen nur in den Vereinigten Staaten von Amerika Aussicht auf weitere Anwendung.

Erst vor kurzem wurde für diesen Zweck ein neues Verfahren entwickelt; vgl. A. L. BENHAM, M. A. PLUMMER u. K. W. ROBINSON: REDEX Process Extracts Aromatics. Hydrocarb. Procssg. 46 (1967) Nr. 9, S. 134/38. Es handelt sich um ein zweistufiges Verfahren, bei dem ein Furfurol–Furfurylalkohol–Wasser-Gemisch, wäßriges Dimethylformamid und wäßriger Tetrahydrofurfurylalkohol verwendet werden.

phalt *d* und bei Kühlung kristallisierbare Paraffine *e* sind durch schräge Schraffur wiedergegeben. Die unmittelbar über den Balken eingetragenen Werte für den Viskositätsindex (V.I., vgl. S. 68ff.) gelten jeweils für den betreffenden Anteil der Fraktion, wenn man diese in einzelne Kohlenwasserstoffgruppen aufteilen würde.

Die Darstellung zeigt, wie aus einem paraffinbasischen Öl (oben), das etwas Asphalt enthält, durch Entasphaltieren und Entparaffinieren eine Schmierölkomponente mit ausgezeichnetem Viskositätsindex und hoher Ausbeute gewonnen werden kann. Eine Solventraffination ist gar nicht erforderlich. Obwohl im entasphaltierten Öl noch geringe Anteile mit sehr schlechtem Zähigkeits–Temperatur-Verhalten vorhanden sind, wird deren Einfluß durch die paraffinische Hauptmenge so ausgeglichen, daß das Gemisch einen Wert von V.I. = 100 aufweist.

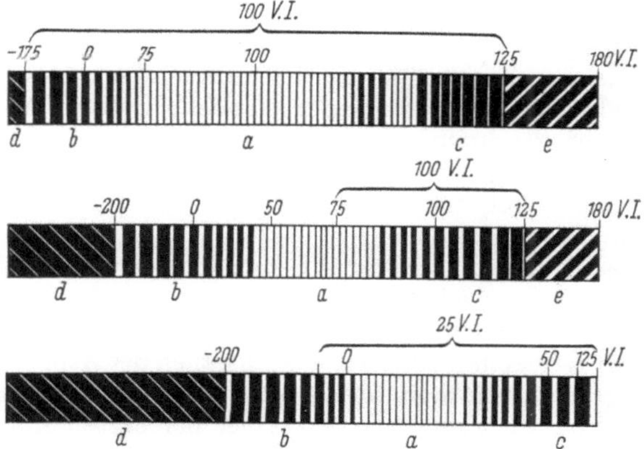

Abb. J-8. Ungefähre Mengenverteilung einzelner Komponenten im Destillationsrückstand aus drei verschiedenen Rohölen.

Oben: Paraffinbasisch (Pennsylvanien); *Mitte:* Gemischtbasisch (Kalifornien); *Unten:* Asphaltbasisch (Kalifornien).
Bedeutung von *a* bis *c* siehe nebenstehend im Text.

Bei dem paraffinhaltigen gemischtbasischen Öl (Mitte) muß hingegen aus der entasphaltierten und von Paraffin zu befreienden öligen Substanz mit einem Lösungsmittel eine größere Menge mit niedrigem Viskositätsindex extrahiert werden, wenn noch V.I. = 100 angestrebt wird. Begnügt man sich mit niedrigeren Werten, so braucht nicht so scharf extrahiert zu werden und die Ausbeute wird größer.

Das asphaltbasische Öl (unten) bedarf zwar keiner Entparaffinierung, jedoch ist selbst mit Hilfe der Solventextraktion aus dem entasphaltierten Öl nur eine Schmierölkomponente mit mäßig guten Eigenschaften bei wirtschaftlich vertretbarer Ausbeute zu erzielen. Die Verarbeitung solcher Öle ist trotzdem von Interesse, weil sie meist sehr wohlfeil sind und auch Schmieröle mit niedrigem Viskositätsindex für viele Zwecke der Technik wie für Werkzeugmaschinen, Last- und Hebezeuge, Förderanlagen und viele andere Maschinen einen guten Markt haben. Bei diesen ist der Temperaturbereich, in dem die Zähigkeit des Schmieröls innerhalb der zulässigen Grenzen bleiben muß, wesentlich enger als z.B. bei Verbrennungsmotoren.

Eine ganze Anzahl der zur Aromatenextraktion verwendbaren Lösungsmittel kann allein oder in Mischung auch für das im nächsten Abschnitt zu besprechende Entparaffinieren benutzt werden. Im ersten Fall müssen Temperatur und Verhältnis von Lösungsmittel zu Öl so gewählt werden, daß möglichst nur die Aromaten extrahiert werden, alle anderen Ölanteile aber im Raffinat bleiben. Dies bedeutet in der Regel, daß keine hohen Temperaturen angewendet werden, weil die Löslichkeit mit steigender Temperatur von den Aromaten über die Naphthene zu den Paraffinen zunimmt, die beiden letzten Gruppen aber nicht gelöst werden sollen. Das Entparaffinieren muß trotzdem bei wesentlich tieferen Temperaturen durchgeführt werden. Zwar soll das Lösungsmittel möglichst alle Ölanteile einschließlich der für Schmiermittel gerade besonders wertvollen paraffinischen Komponenten aufnehmen und nur die hochmolekularen Paraffine ausscheiden. Für diesen Zweck muß man das Gemisch aus Lösungsmittel und dem zu entparaffinierenden Öl unter die Temperatur des angestrebten Stockpunktes abkühlen, so daß die zu entfernenden Paraffine auskristallisieren. Obwohl diese beiden Aufgaben widersprechend erscheinen, läßt sich das angestrebte Ziel durch Verändern der Betriebsbedingungen erreichen.

Das Entparaffinieren hat zwar äußerlich eine gewisse Ähnlichkeit mit dem Entasphaltieren, weil auch dabei das „Raffinat" - die Paraffine - in mehr oder weniger fester Form ausgeschieden werden. Während es sich aber beim Entasphaltieren um das Ausfällen der Asphaltstoffe durch Verschiebung der Löslichkeit im Bereich von Kolloiden handelt - ein Vorgang, bei dem die chemische Natur der beteiligten Körper eine gewisse Rolle spielt -, wird beim Entparaffinieren die Bildung möglichst großer Paraffinkristalle bei tiefen Temperaturen angestrebt. Zwischen der chemischen Struktur hochmolekularer Paraffine, die abgeschieden werden sollen, und der niedrigersiedender Paraffinkohlenwasserstoffe, die als Schmierölkomponenten sehr erwünscht sind, besteht keinerlei Unterschied. Das Entparaffinieren wird demnach nur durch die Unterschiede rein physikalischer Eigenschaften, nämlich der Schmelzpunkte, erreicht. Dies wird z.B. bei dem ursprünglich angewendeten Entparaffinieren mit Hilfe von Schwerbenzin (Naphtha) deutlich. Das Lösungsmittel wirkt dabei vornehmlich als Verdünnungsmittel, um das Ausscheiden der kristallisierbaren, hochmolekularen Paraffine zu erleichtern. Die Tatsache, daß aber naphthenbasisches Schwerbenzin dafür am geeignetsten war, während weder mit paraffinbasischem noch mit aromatischem Benzin gleich gute Ergebnisse zu erzielen waren, zeigt, daß auch hier die chemische Struktur eine gewisse Rolle spielt. Näheres wird noch im folgenden Abschnitt ausgeführt.

Da sich keine scharfe Grenze zwischen den für die Aromatenextraktion von Leuchtöl und Schmierölkomponenten und den für das Entparaffinieren geeigneten Lösungsmitteln ziehen läßt, werden nachfolgend zum Teil Lösungsmittel behandelt, die sich für beide Zwecke eignen.

a) Die Lösungsmittel und ihre Eigenschaften

Es wurden im Laufe der Zeit verschiedene selektiv wirkende Lösungsmittel sowie Mischungen von ihnen vorgeschlagen. Wie bereits erwähnt wurde, hat L. EDELEANU zuerst mit flüssigem Schwefeldioxyd (SO_2) gearbeitet und konnte dadurch den Rußpunkt von rumänischem Leuchtöl wesentlich verbessern. Eine Übersicht der praktisch angewendeten Lösungsmittel ist in Zahlentafel J-1 zusammengestellt. Darin ist auch die Löslichkeit in Wasser sowie von Wasser in der betreffenden Verbindung angegeben, weil dies für den praktischen Betrieb von Bedeutung ist. Die Anwesenheit von Wasser läßt sich nicht vermeiden, sei es, daß es in Spuren in den zu behandelnden Fraktionen enthalten ist, sei es, daß es in Form von Strippdampf im Verfahren selbst angewendet werden muß. Deshalb ist auch angegeben, ob sich azeotrope Gemische mit dem Wasser bilden. Bei einigen liegt deren Siedetemperatur sehr nahe beim Siedepunkt des Wassers, was in der Schaltung der Anlagen besondere Maßnahmen erfordert[1].

Außer den aufgezählten wurden noch zahlreiche andere Verbindungen empfohlen[2]. Es haben sich nur wenige für den praktischen Betrieb durchgesetzt. Zahlentafel J-2 zeigt die Verbreitung der einzelnen Verfahren in den Vereinigten Staaten von Amerika bzw. in der westlichen Welt[3]. An der Spitze steht Phenol, gefolgt von Furfurol (α-Furanaldehyd), das stärker an Boden gewinnt[4]. In den früheren Jahren hatten noch Chlorex und Nitrobenzol eine gewisse Bedeutung.

Chlorex wurde ursprünglich für die paraffinbasischen, pennsylvanischen Öle entwickelt, die seinerzeit die bevorzugten Ausgangsstoffe für hochwertige Schmieröle waren. Sie sind praktisch asphaltfrei. Deshalb konnten sowohl Destillate wie auch Rückstandsöle – diese ohne vorherige Entasphaltierung – mit Chlorex behandelt werden. Seine Verwendung ist aber immer mehr zurückgegangen, nachdem es im Jahre 1950 noch etwa für 4% der Raffinationskapazität benutzt wurde. Ähnliches gilt für Nitrobenzol, das sowohl für paraffinbasische wie auch für naphthenbasische Öle angewendet wurde. Einer der wichtigsten Gründe dafür dürfte darin liegen, daß mit Phenol und Furfurol höhere Ausbeuten bei gleichen Qualitäten zu erzielen sind.

Bei den Lösungsmitteln sind zwei Eigenschaften zu unterscheiden, und zwar die Selektivität und das Lösungsvermögen. Beide werden vor-

---

[1] Ein guter Überblick über die Entwicklung, der ein auch heute noch zutreffendes Bild gibt, findet sich bei G. C. GESTER jr.: Solvent Extraction in the Petroleum Industry, in: Advances in Chemistry Ser. Nr. 5 „Progress in Petroleum Technology", hrsg. von der Amer. Chem. Soc. Washington/D.C.: 1951, S. 177/98.

[2] Eine Aufzählung mit Angabe der U.S. Patent Nr. findet sich bei V. A. KALICHEVSKY u. K. A. KOBE: a.a.O. S. 354ff. und S. 362ff. – Vgl. dazu auch R. A. WOODLE: Figure Solvent Extract of Heavy Oils. Hydrocarb. Procssg. 44 (1965) Nr. 7, S. 133/36. – WEIMER, R. F., u. J. M. PRAUSNITZ: Screen Extraction Solvents This Way, ebd. Nr. 9, S. 237/42.

[3] Quellen für 1955 W. L. NELSON: a.a.O. S. 348, für 1966 Angaben bei den einzelnen Verfahren in Hydrocarb. Procssg. 45 (1966) Nr. 9, für 1967 ebd. 46 (1967) Nr. 6, S. 185/86.; für 1968 ebd. 47 (1968) Nr. 6, S. CR-73.

[4] Näheres darüber in den in Fußn. 1, S. 721, zitierten Arbeiten.

Zahlentafel J-1. *Eigenschaften üblicher, bei der*

Lösungsmittel	Chemische Formel	Molmasse g/mol
Azeton	$CH_3 \cdot CO \cdot CH_3$	58,08
Anilin	$C_6H_5 \cdot NH_2$	93,13
Benzol	C_6H_6	78,11
1,2-Dichloräthan (Äthylenchlorid)	$ClCH_2 \cdot CH_2Cl$	98,96
β,β'-Dichloräthyläther (Chlorex)	$ClCH_2 \cdot CH_2 \cdot O \cdot CH_2 \cdot CH_2Cl$	143,02
Dichlormethan (Methylenchlorid)	CH_2Cl_2	84,93
α-Furanaldehyd (Furfurol)	$\begin{array}{c} HC\text{---}CH \\ \parallel \quad\ \parallel \\ HC \cdot O \cdot C \cdot CHO \end{array}$	96,09
o-Kresol		
m-Kresol	$CH_3 \cdot C_6H_4 \cdot OH$	108,14
p-Kresol		
Methyläthylketon (Butanon-2)	$CH_3 \cdot CO \cdot C_2H_5$	72,11
Methylisobutylketon (2-Methylpentanon-4)	$CH_3 \cdot CO \cdot CH_2 \cdot CH \cdot (CH_3)_2$	100,16
N-Methylpyrrolidon	s. S. 648	
Nitrobenzol	$C_6H_5 \cdot NO_2$	123,11
Phenol	$C_6H_5 \cdot OH$	94,11
Propan	$CH_3 \cdot CH_2 \cdot CH_3$	44,10
Schwefeldioxyd	SO_2	64,06
Tetrahydrothiophendioxyd (Sulfolan)	s. S. 644	
Toluol	$C_6H_5 \cdot CH_3$	92,14
Trichloräthylen	$CHCl : CCl_2$	131,39

[a] Wegen weiterer Angaben s. D'Ans-Lax, Taschenbuch für Chemiker und Physiker: a.a.O. Bd. II, Tabelle 12, S. 2–51 ff.

[b] Zustandsdiagramm des Gemisches Furfurol–Wasser bei 766 Torr in Abb. J-13, S. 727.

nehmlich durch die Temperatur und das Verhältnis von Lösungsmittel zu Öl beeinflußt. Unter *Selektivität* versteht man hier die Fähigkeit des Lösungsmittels, die gewünschten Stoffe, also bei der Raffination die Aromaten, aus dem zu behandelnden Öl zu extrahieren. In Zahlen läßt sich diese Eigenschaft durch die Verteilungskoeffizienten wiedergeben, die sich allerdings nur bei chemisch einheitlichen Stoffen bestimmen lassen[1]. Man versteht darunter das Verhältnis, in dem sich ein Stoff (der Extrakt) auf zwei andere, miteinander nicht mischbare Stoffe (nämlich Lösungsmittel und Raffinat) verteilt. Nach dem Nernstschen Verteilungssatz ist dieses Verhältnis bei niedrigen Konzentrationen von diesen unabhängig und für eine gegebene Temperatur konstant.

[1] Vgl. dazu A. Eucken: a.a.O. S. 242. – Vauck, W. R. A., u. H. A. Müller: Grundoperationen chemischer Verfahrenstechnik, Dresden u. Leipzig: Steinkopff 1962, S. 324 ff. – Pass, F. J., H. Pöll u. J. F. Schuster: Solvent extraction of mineral oils, influence on the selectivity of solvents. 5. Welt-Erdöl-Kongreß, New York 1959, Bericht III/2. – Klamann, D.: Die Extraction in der Mineralölindustrie. Erdöl u. Kohle 18 (1965) 80/84.

Erdölverarbeitung verwendeten Lösungsmittel[a]

Dichte bei (°C) g/cm³	Siedepunkt °C bei 760 Torr	Löslichkeit bei 37,8 °C bzw. bei (°C) in Gew.-%		Azeotropes Verhalten des Wasser–Lösungsmittel-Gemisches oder -Gemenges[a]	
		Lösungsmittel in Wasser	Wasser in Lösungsmittel	Azeotrop- bzw. Zwei-phasenpunkt °C	Zusammen-setzung Gew.-% Lösungsmittel
0,7960(15)	56,3	unbegrenzt		kein Azeotrop	
1,0217(20,7)	184,4	3,8	5,6	98,3	23,1
0,8788(20)	80,2	0,16	0,11	69,2	91,2
1,2576(17)	84,1	0,9		70	91,8
1,222 (20)	177,8	1,01(20) 1,71(90)	~1,1	~96···97	
1,336 (20)	40,67				
1,1598(20)	161,7	9,0	6,5	98[b]	~35[b]
1,0465(20)	191,1	3,0	14,5	99	6
1,034 (20)	202,7	2,5	14,5	99	6
1,0341(20)	202,5	2,2	16,5	99	6
0,8255 (0)	79,6	19,0	10,2	73,2	88,6
0,8032(17)	114,5	27,0 (20)			
					15,3
1,2229 (0)	210,85	0,3	0,35	99,5	9
1,0708(25)	182,2	9,4	32,5	99	—
0,5824(−45)	−44,5	—	—	—	
1,45(−11)	−10,2	bildet schwefelige Säure (H_2SO_3)			
0,8716(15)	110,8	0,05			
1,4695(15)	86,9				

Für die Erdölverarbeitung lassen sich aus dieser theoretischen Erkenntnis leider nur in beschränktem Umfang praktisch verwertbare
Schlüsse ziehen. Dies liegt daran, daß die Konzentrationen meistens
recht groß sind und daher das Nernstsche Verteilungsgesetz nicht mehr
streng gültig ist[1]. Zum anderen liegen keine chemisch definierten Stoffe
vor, sondern Gemische aus zahllosen Einzelkomponenten, deren Eigenschaften entsprechend ihrer chemischen Struktur und Molekülgröße fast
stetig ineinander übergehen[2]. Man kann für diesen Fall die Selektivität
etwa so definieren, daß die Eigenschaften des Extraktes um so ausgeprägter sind, je größer die Selektivität ist. Demgegenüber versteht
man unter *Lösungsvermögen* eine Angabe über die gelöste Menge (Volumen oder Masse) des Extraktes, bezogen auf die Einheitsmenge des Lösungsmittels.

Was mit den beiden Eigenschaften gemeint ist, läßt sich am besten
an Hand eines Beispieles erläutern, das in Zahlentafel J-3 enthalten ist.

---

[1] Vgl. dazu G. Kortüm u. H. Buchholz-Meisenheimer: a.a.O. S. 341.

[2] Deshalb läßt sich trotz einer ausgezeichneten Darstellung der Grundlagen
bei Th. K. Sherwood u. R. L. Pigford: Absorption and Extraction, New York/
Toronto/London: McGraw-Hill 1952, S. 391ff. der Inhalt dieses Buches für die
hier vorliegenden Aufgaben nur für grundsätzliche Überlegungen, kaum aber für
praktische Berechnungen anwenden.

Zahlentafel J-2. *Verbreitung der mit selektiven Lösungsmitteln arbeitenden Verfahren zur Behandlung von Schmiermittelkomponenten in den Vereinigten Staaten von Amerika in den Jahren 1955 und 1967 sowie Gesamtanzahl solcher Anlagen in der westlichen Welt nach dem Stande von 1966. Alle Angaben sind ungefähr wegen mangelnder Vergleichbarkeit der Quellen*

Verfahren	1955			1967		1966
	Anteil (bezogen auf Durchsatz)	Durchsatz t/a	Anzahl der Anlagen	Anteil (bezogen auf Durchsatz)	Durchsatz t/a	Anzahl der Anlagen insgesamt
Entasphaltieren mittels Propan [a]	100	$\sim$3 · 10⁶	17	100	4 · 10⁶	46[b]
Solventextraktionen mittels						
Phenol	36,9		14	39,8	5,8 · 10⁶	24
Furfurol	27,7		13	30,2	4,4 · 10⁶	70
Duo-Sol	21,3		9	17,1	2,5 · 10⁶	19
Schwefeldioxyd	5,8		3	7,5	1,1 · 10⁶	8
sonstiger Lösungsmittel	8,3		6	5,4	0,8 · 10⁶	
	100,0	$\sim$10 · 10⁶	45	100,0	14,6 · 10⁶[c]	
Entparaffinieren mittels						
Methyläthylketon	61,5		19	nicht ganz	8 · 10⁶	87
Propan	24,7		11		1 · 10⁶	35
anderer Verfahren	13,8		41			5 (Di–Me)
	100,0	$\sim$8 · 10⁶	71	Summe MEK u. C_3H_8 etwa	9 · 10⁶	

[a] Nicht erfaßt sind hier für 1955 und 1967 die mittels Propan, Propan–Butan-Gemisch oder Butan arbeitenden Anlagen zum Entasphaltieren von Einsatzgut für katalytische Krack- oder Hydrokrackanlagen. – [b] In dieser Anzahl sind offensichtlich die für „feed preparation" arbeitenden Anlagen mit erfaßt. – [c] Diese Angabe der Durchsatzleistung gilt nicht für die älteren, z.B. mit Benzin arbeitenden Anlagen u.ä.

Eine neuere Übersicht der Schmierölanlagen in den Vereinigten Staaten von Amerika und in Kanada nach dem Stand vom 1. Januar 1969 zeigt eine Zunahme der hydrierenden Raffinationsverfahren; vgl.: Lube Refineries Surveyed by NPRA. Hydrocarb. Procssg. 48 (1969) Nr. 8, S. 135/36; NPRA = National Petroleum Refiners Association.

Zahlentafel J-3. *Selektivität und Lösungsvermögen von Anilin und Nitrobenzol beim Behandeln eines Destillates aus Gulf Coast-Rohöl; Zähigkeit = 11,7 cSt (~1,995 °E) bei 98,9 °C (210 °F), V.I. = 20*

Menge der angewendeten Lösungsmittel, bezogen auf Öl in Vol.-%		Temperatur °C (°F)	Raffinat	
			Ausbeute Vol.-%	Viskositäts-index
Anilin	100	23,9(75)	88	35
Nitrobenzol	50	1,7(35)	78	35
Anilin	200	23,9(75)	85	39
Nitrobenzol	45	1,7(35)	85	33
Anilin	100	23,9(75)	88	35
Nitrobenzol	100	1,7(35)	66	47

Es sind jeweils die Ergebnisse mit zwei – allerdings wenig gebräuchlichen – Lösungsmitteln verglichen, wenn erstens gleiche Verbesserung des Viskositätsindex bzw. zweitens gleiche Ausbeute an Raffinat erzielt wird sowie drittens gleiche Mengen von Lösungsmittel angewendet werden. Die in allen drei Fällen in gleicher Weise unterschiedlich gewählten Temperaturen werden durch die beiden Lösungsmittel verlangt.

Das Beispiel zeigt, daß Nitrobenzol weniger selektiv ist, denn es entzieht dem behandelten Öl 22% gegenüber 12% bei Anilin, wenn der Viskositätsindex in beiden Fällen auf 35 verbessert werden soll. Das heißt Nitrobenzol löst gleichzeitig mit den unerwünschten Aromaten mehr Ölanteile mit günstigem Zähigkeits–Temperatur-Verhalten, so daß die Raffinatmenge mit V.I. = 35 kleiner wird. Das sagt auch das Ergebnis aus, das man erhält, wenn man gleiche Ausbeuten anstrebt. Dann ist bei Nitrobenzol die Verbesserung des Viskositätsindex geringer, weil mehr Aromaten im Raffinat bleiben und wertvolle Ölanteile in den Extrakt wandern. Diese Ergebnisse sind aber mit erheblich kleinerer Menge an Nitrobenzol als an Anilin erzielt. Wendet man gleiche Mengen des Lösungsmittels an, dann kann, wie die beiden letzten Zeilen der Zahlentafel zeigen, eine sehr wesentliche Verbesserung des Viskositätsindex – allerdings auf Kosten der Ausbeute – erreicht werden, ein Ausdruck dafür, daß das Lösungsvermögen von Nitrobenzol erheblich größer als das von Anilin ist.

Der Einfluß der Temperatur auf Selektivität und Lösungsvermögen der einzelnen Lösungsmittel ist sehr bedeutend und kann oft die Unterschiede zwischen ihnen mehr als ausgleichen. Das Lösungsvermögen nimmt meist mit der Temperatur zuerst in geringem Maße, mit Annäherung an das Gebiet vollkommener Mischbarkeit sehr stark zu, was ohne weiteres verständlich ist. Dadurch verringert sich die Ausbeute an Raffinat; dies lassen die beiden folgenden Abbildungen erkennen. Die Selektivität nimmt mit der Temperatur anfangs wenig ab, bleibt dann meist in einem gewissen Temperaturbereich konstant und fällt schließlich bei Annäherung an das Gebiet vollkommener Mischbarkeit stark ab. Es gibt also in der Regel eine Temperaturspanne für jedes Lösungsmittel, in der die Selektivität noch gut und das Lösungsvermögen nicht zu groß ist. Wegen des Betriebsmittelverbrauches wird man trachten, möglichst bei Raumtemperatur zu arbeiten, doch lassen sich dabei nicht immer die günstigsten Verhältnisse erzielen.

Sehr eingehend wurde die Eignung der üblichen Lösungsmittel im wasserfreien Zustand sowie bei Zumischung von Wasser für die Behandlung von Tuimasy-Öl untersucht[1]. Es konnte gezeigt werden, daß das Lösungsvermögen in der Reihenfolge Furfurol – Phenol – Kresol steigt, die Selektivität jedoch in der gleichen Reihenfolge abnimmt. Die Struktur der extrahierten Körper ist außerdem verschieden. So wurde festgestellt, daß aromatisch gebundener Kohlenstoff mittels Furfurol schneller und intensiver extrahiert wird als mittels Phenol. Durch den Zusatz von Wasser wird die für Extraktionsverfahren erforderliche Mischungslücke vorteilhaft in den Bereich höherer Temperaturen verschoben. Wasserfreies Kresol bildet mit dem untersuchten Öl bei Umgebungstemperatur überhaupt keine Mischungslücke, während Furfurol – was auch von der Behandlung anderer Öle her bekannt ist – eine Mischungslücke bis in Temperaturbereiche von mehr als 100 °C aufweist. Durch Zufuhr von wenigen Prozent Wasser kann dieser Bereich noch um einige Grade nach oben verschoben werden. Dies wirkt sich durch die Verringerung der Zähigkeit vorteilhaft aus.

Es wurde auch die Ansicht vertreten, daß ein Temperaturunterschied in einem stehenden Extraktionsturm einen günstigen Einfluß auf Ausbeute und Produkteigenschaften habe, und zwar wenn die Temperatur am Austritt des Raffinates höher sei als am Austritt des Extraktes[2]. Wie weit dies zutrifft, ist nicht leicht nachzuweisen, weil sich Vergleichsmessungen, bei denen nur eine Betriebskenngröße verändert wird, schwer durchführen lassen. Die beobachteten Erscheinungen können auch auf einen durch den Temperaturunterschied verursachten internen Kreislauf zurückgeführt werden, der größere Turbulenz und damit bessere Extraktionswirkung zur Folge hat[3].

Ein wichtiger Gesichtspunkt für die Wirksamkeit der Lösungsmittel ist noch die Art, wie es mit dem zu behandelnden Öl in Berührung gebracht wird. Während früher meist Mischer mit nachgeschalteten Absitzbehältern, oft mehrfach hintereinandergeschaltet, angewendet wurden, benutzt man heute in der Regel Gegenstromextrakteure stehender oder liegender Bauart. Auch von diesen können mehrere Apparate hintereinandergeschaltet werden, doch wendet man selten mehr als drei Stufen an. Die dadurch erzielbare Verbesserung der Ausbeute bei einigen Verhältnissen von Lösungsmittel zu Öl und bei verschiedenen Temperaturen

---

[1] FRENZEL, U., G. HEINZE u. H. G. KÖNNECKE: Ein Beitrag zur Selektivextraktion von Tuimasa-Neutralöl I mit Phenol, Furfurol und Kresol. Chem. Techn. 16 (1964) 420/26. (Der einleitende Vergleich der Selektivextraktion mit der hydrierenden Raffination verkennt aber vollkommen die Aufgabe des Hydrierens; vgl. dazu S. 875 ff. u. 984 ff. Der Vorteil liegt bei einer Kombination der Verfahren.)

[2] Vgl. E. J. REEVES: Optimum Temperature Gradient in Selective Solvent Extraction. Industr. Engng. Chem. 41 (1949) 1490/92. – REEVES, E. J., u. E. P. HARDIN: Temperature Gradient in Solvent Extraction of Lubricating Oils. Petrol. Refiner 29 (1950) Nr. 1, S. 89/90.

[3] Vgl. dazu V. A. KALICHEVSKY u. K. A. KOBE: a.a.O. S. 331/32 (vgl. Fußn. 2, S. 657).

ist für Furfurol und Phenol in Abb. J-9 und Abb. J-10 wiedergegeben. Mit zunehmender Stufenzahl verringern sich die Unterschiede zwischen den verschiedenen Lösungsmitteln. Wie sich die mehrstufige Anordnung praktisch ausführen läßt, wird im nächsten Abschnitt an Hand von Schaltbildern erläutert.

Aus Abb. J-9 und J-10 können noch folgende Zusammenhänge abgelesen werden, die bei den meisten für technische Zwecke interessanten Lösungsmitteln zu beachten sind. Bei einer bestimmten Temperatur

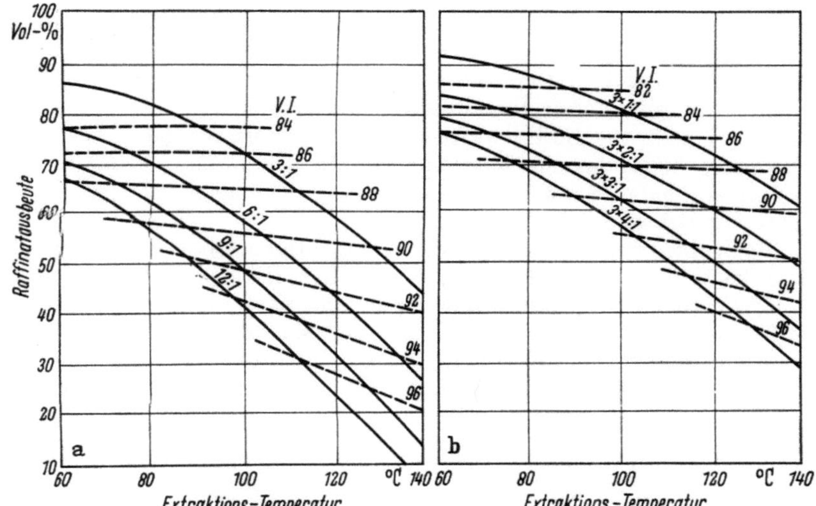

Abb. J-9. Ausbeuten und Viskositätsindizes (V.I.) beim Behandeln von entasphaltiertem und entparaffiniertem Mid Continent-Rückstand mittels Furfurol in einer (a) und in drei (b) Stufen bei verschiedenen Verhältnissen von Lösungsmittel zu Öl; diese sind den Kurven beigeschrieben.

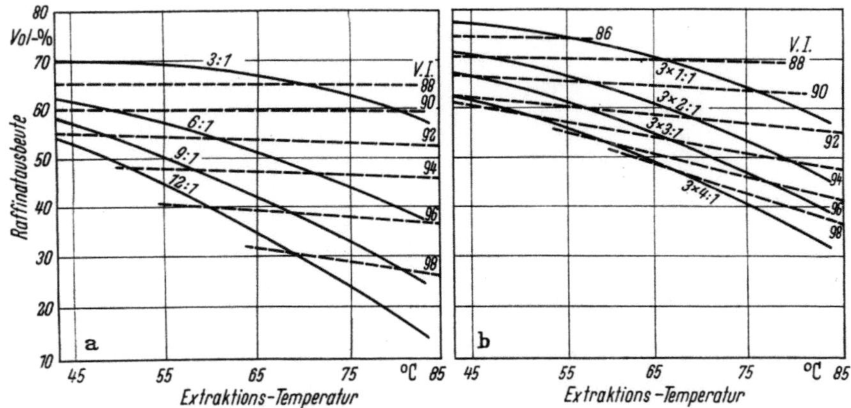

Abb. J-10. Ausbeuten und Viskositätsindizes (V.I.) beim Behandeln von entasphaltiertem und entparaffiniertem Mid Continent-Rückstand mittels Phenol in einer (a) und in drei (b) Stufen bei verschiedenen Verhältnissen von Lösungsmittel zu Öl; diese sind den Kurven beigeschrieben.

nimmt die Selektivität zu, d.h., die Qualität des Raffinates wird besser, wenn man das Verhältnis von Lösungsmittel zu Öl erhöht. Das hat aber den gleichzeitigen Rückgang der Ausbeute zur Folge, weil größere Mengen Extrakt gelöst werden. Physikalisch handelt es sich um den gleichen Vorgang, wie er auch beim Entasphaltieren erörtert wurde. Hier ist aber das Raffinat das zu verbessernde Produkt, beim Entasphaltieren jedoch der Extrakt – nach Abtrennen vom Ausfällmittel –. Daher wird dort die Ausbeute durch Zunahme der Menge des Ausfällmittels besser.

Den erzielbaren Ergebnissen sind bei einem einzelnen Lösungsmittel naturgegebene Grenzen gezogen. Durch Anwendung von Mischungen lassen sich mitunter die Vorteile guter Selektivität des einen Mittels und guten Lösungsvermögens des anderen Mittels verbinden. Dieser Gesichtspunkt war z.B. für die Entwicklung des verbesserten Edeleanu-Verfahrens maßgebend, das eine Mischung von flüssigem Schwefeldioxyd und Benzol anwendet. Statt Benzol kann auch Toluol als Mischungskomponente benutzt werden[1].

Noch einen Schritt weiter geht das in mehreren Anlagen angewendete Duo-Sol-Verfahren der The Milwhite Co Inc. Es ist das einzige seiner Art. Wie sein Name sagt, werden ebenfalls zwei Arten von Lösungsmitteln benutzt. Sie sind aber nicht miteinander mischbar. Jedem wird eine besondere Aufgabe zugewiesen, und zwar soll das eine Lösungsmittel paraffinisch sein, um die erwünschten Ölkomponenten, die

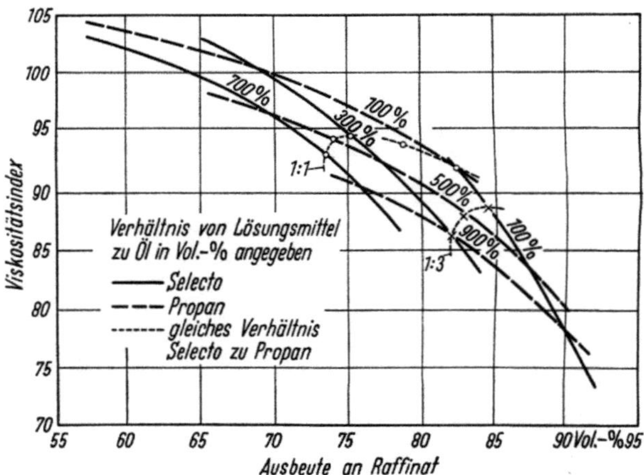

Abb. J-11. Ausbeuten und Viskositätsindizes (V.I.) beim Behandeln von Mid Continent-Rückstand nach dem Duo-Sol-Verfahren bei einer Temperatur von 26,7 °C (= 80 °F).

---

[1] DICKEY, S. W.: SO$_2$ Extraction Unit (Edeleanu Process). Experience at Torrance, Calif. Petrol. Refiner 27 (1948) Nr. 6, S. 75/80. – ARNOLD, R. C., u. A. P. LIEN: Sulfur Dioxide Extraction of Sulfur Compounds and Aromatics. Industr. Engng. Chem. 47 (1955) 234/40. – SPRENGER, H., u. G. SCHOLTEN: Eine kombinierte Anlage zur SO$_2$-Selektiv-Extraktion von Kerosen, Gasöl und Schmieröldestillaten in der Sacor-Raffinerie in Lissabon. Erdöl u. Kohle 12 (1959) 895/97.

in der zweiten Stufe in Raffinat und Extrakt zerlegt werden, zu lösen und den Asphalt auszufällen. Das zweite Mittel soll die aromatischen Anteile mit niedrigem Viskositätsindex und den restlichen Asphalt extrahieren, so daß man ein asphalt- und aromatenfreies Raffinat erhält. Bei diesem Verfahren ist demnach das Vorschalten einer besonderen Entasphaltierung nicht erforderlich. Die anzuwendenden Verhältnisse von Lösungsmittel zu Öl sind recht groß und der Aufwand an Apparaten ist beträchtlich. Er ist dann gerechtfertigt, wenn aus Rückstandsgrundölen mit mäßigen Eigenschaften gute Schmierölkomponenten bei beachtlichen Ausbeuten gewonnen werden können. Als paraffinisches Lösungsmittel wird beim Duo-Sol-Verfahren Propan angewendet. Das zweite, als „Selecto" bezeichnete Mittel besteht zu 60% aus Kresol (Kresylsäure, $CH_3 \cdot C_6H_4 \cdot OH$) und zu 40% aus Phenol ($C_6H_5 \cdot OH$)[1]. Es werden also tatsächlich drei Lösungsmittel verwendet. Welche Ergebnisse dabei z.B. erzielt werden, wenn ein Mid Continent-Rückstand bei etwa 27 °C behandelt wird, zeigt Abb. J-11. Der sehr hohe Viskositätsindex von über 100, der dabei erreicht werden kann, ist recht bemerkenswert.

Die anderen, in Zahlentafel J-1 aufgezählten Lösungsmittel haben zum Teil hervorragende Eigenschaften, was durch Laboratoriumsversuche nachgewiesen werden kann. Ihre Anwendung verbietet sich aber in den meisten Fällen aus Gründen, deren Erörterung im einzelnen hier zu weit führen würde. Jene, die zum Entparaffinieren dienen, werden im nächsten Abschnitt noch erwähnt. Nur zum Anilin ist z.B. zu bemerken, daß es trotz sehr guter Eignung wegen seiner Giftigkeit großtechnisch nicht angewendet wird. Als Reagens zur Ermittlung des Anilinpunktes wird es aber benutzt. Da Anilin bei genügend hoher Temperatur alle Kohlenwasserstoffe löst, die Mischungslücke beim Absinken der Temperatur aber zuerst bei den Paraffinen, dann bei den Naphthenen und erst zum Schluß bei den Aromaten auftritt, kann man aus der Höhe der Temperatur, bei der die erste Trübung (durch Ausscheiden von Paraffinkriställchen) auftritt, auf den Gehalt des untersuchten Öles an Paraffinkohlenwasserstoffen schließen[2].

Eine eigenartige Stellung nimmt das Propan ein. In Abschn. J 1 konnte erläutert werden, daß es das geeignetste Mittel ist, um die Asphaltene auszufällen und daher für diesen Zweck fast ausschließlich verwendet wird. Dank seines niedrigen Siedepunktes und seines Lösungsvermögens für die meisten Komponenten der üblichen Erdölprodukte kann es bei entsprechend tiefen Temperaturen auch als Lösungsmittel zum Entparaffinieren benutzt werden. Dadurch kann man eine besondere Kältemaschine einsparen. Im wesentlichen wirkt das Propan in diesem Fall als Verdünnungsmittel für alle nicht kristallisierenden Komponenten. Dies ist in Abschn. J 3 näher ausgeführt. Nichtsdestoweniger

---

[1] Es mag erwähnt werden, daß auch bei dem auf S. 669f. beschriebenen Dualayer-Verfahren eine Mischung aus Kresol und Phenol verwendet wird. Über die Wirkung von Kresol allein s. GY. NYUL, A. VÁMOS u. P. ZAKAR: Raffination von Motorenschmierölen mit Kresol. Erdöl u. Kohle 11 (1958) 621/25.
[2] Näheres s. B. RIEDIGER: a.a.O. S. 232ff. – Mineralöle und verwandte Produkte, hrsg. von C. ZERBE: a.a.O. Bd. II, S. 138ff.; 1. Aufl., S. 210ff.

kann man Propan auch dann anwenden, wenn es gilt, z.B. bei der Schmierölherstellung nach dem Entasphaltieren unter geänderten Betriebsbedingungen in einem zweiten Arbeitsgang das Öl so zu behandeln, daß Anteile, welche den Viskositätsindex beeinträchtigen, abgetrennt werden. Dies kann, wenn die gestellten Anforderungen dadurch zu erreichen sind, gewisse Vorteile bieten. Die Verwendung desselben Lösungsmittels für beide Verfahren gestattet eine Vereinfachung der Apparaturen, wie vor allem die Zusammenfassung der Rückgewinnung. Im Falle der Solventextraktion spricht man mitunter von einer Propanfraktionierung, obwohl dieser Ausdruck mehrdeutig ist[1]. Es müssen Temperatur, Druck und Propan–Öl-Verhältnis dem angestrebten Zweck angepaßt werden. Es ist jedoch ein wesentlicher Unterschied zu beachten. Während die sonst für die Solventextraktion verwendeten Lösungsmittel vorzugsweise die Aromaten herauslösen und dadurch den Viskositätsindex des Raffinates verbessern, nimmt das Lösungsvermögen des Propans von den Paraffinen über die Naphthene zu den Aromaten ab. Die letzten bleiben – ähnlich wie der ausgefällte Asphalt – als unerwünschter Rückstand übrig, der noch als Heizöl oder als Bitumenkomponente verwendet werden kann. Der Extrakt ist hier das angestrebte Produkt.

Eine echte Kombination von Entasphaltieren und Solventextraktion ist nur beim Duo-Sol-Verfahren in der Form vorhanden, daß die beiden Lösungsmittel unmittelbar hintereinander in einer mehrstufigen Apparatur angewendet werden. Das noch zu besprechende Entparaffinieren kann leichter mit der Lösungsmittelextraktion gekoppelt werden, weil die gleichen Lösungsmittel oder Gemische davon für diese Zwecke geeignet sind. Sie haben in beiden Fällen sinngemäße Aufgaben zu erfüllen, und es ist vor allem eine Frage der Temperatur, ob das Lösungsmittel-Öl-Gemisch alle flüssigen Ölanteile aufgenommen hat und nur die hochmolekularen Paraffine auskristallisiert werden oder ob nur die Aromaten gelöst werden, so daß ein vornehmlich paraffin- und naphthenbasisches Raffinat abgetrennt wird. Je weniger aromatische oder naphthenische Anteile das Öl enthält, desto leichter tritt die Kristallisation der hochmolekularen Paraffine ein. Deshalb schaltet man in der Regel die Extraktion der den Viskositätsindex störenden Komponenten vor das Entparaffinieren. Bei diesem müssen nur die Arbeitstemperaturen tiefer liegen. Um aber den noch zu erwähnenden ungünstigen Einfluß der bei tiefen Temperaturen auftretenden Mischungslücken zu vermeiden, ist oft eine Änderung des Mischungsverhältnisses der zwei Lösungsmittel zweckmäßig. Jedenfalls lassen sich Anlagen zur Solventextraktion mit Entparaffinierungsanlagen unschwer verbinden. Hier werden aber beide Verfahren getrennt behandelt, um ihre Besonderheiten besser erörtern zu können[2].

---

[1] Vgl. E. E. SMITH u. C. E. FLEMING: Here's Data on Propane Fractionation. Petrol. Refiner 36 (1957) Nr. 7, S. 141/43. – ANASTASOFF, V., u. K. E. TRAIN: Propane Is a Selective Solvent. Industr. Engng. Chem. 53 (1961) 662; ref. Erdöl u. Kohle 15 (1962) 747.

[2] Einige hieher gehörende Fragen sind in dem Aufsatz S. GIPP u. G. HEINZE: Beiträge zur Gewinnung und Charakterisierung von Erdölprodukten. Über die bei der Entparaffinierung von Schmierölfraktionen aus tatarischen Rohölen erhaltenen Gatsche. Chem. Techn. 15 (1963) 133/37 erörtert.

b) Die Schaltung von Extraktionsanlagen

Die nachstehend beschriebenen Schaltschemata können nur als Beispiele betrachtet werden. Einzelheiten hängen sehr weitgehend von der Art der zu behandelnden Öle, von den angestrebten Produkteigenschaften sowie von der Höhe und dem gegenseitigen Verhältnis der Betriebsmittelkosten ab. Es werden deshalb die am weitesten verbreiteten Schaltungen und Bauarten wiedergegeben, wodurch man einen Überblick über den heutigen Stand der Technik gewinnt. Diese hat sich im übrigen in den zurückliegenden Jahren nicht so tiefgreifend gewandelt, wie dies bei zahlreichen anderen Verfahren der Erdölverarbeitung der Fall ist.

Zunächst ist in Abb. J-12 das Schema einer mit Phenol arbeitenden Extraktionsanlage für die Behandlung von Schmierölkomponenten wiedergegeben. Es können sowohl Destillate wie auch – erforderlichenfalls entasphaltierte – Rückstände verarbeitet werden. Durch die Entfernung aromatischer und harziger Anteile werden der Viskositätsindex sowie die Farbbeständigkeit verbessert, und die Oxydationsneigung wird verringert[1]. Das zu verarbeitende Öl wird zuerst über einen Absorptionsturm *a* geleitet. In diesem nimmt es Spuren von Phenol aus dem Wasserdampf auf, der mit Hilfe von Strahlern aus der ganzen Anlage abgesaugt wird. Damit umgeht man die Schwierigkeit, ein Phenol–Wasser-Gemisch, das einen azeotropen Punkt besitzt, zu trennen. Dann wird das Öl in einem Extraktor *b* mit dem Lösungsmittel innig bei Temperaturen zwischen etwa 55 und 110 °C gemischt. Je viskoser das Öl ist, desto höher muß die Extraktionstemperatur gewählt werden. Dabei trennen sich Extrakt und Raffinat in zwei Phasen. Der Extraktor kann auch als Zentrifugalmischer ausgeführt werden, was besonders bei Ölen mit hoher Dichte wegen des dann geringen Unterschiedes gegenüber Phenol mit rd. 1,0708 g/ml bei 25 °C vorteilhaft ist.

Das Raffinat enthält bis zu 20 % des bei rd. 181 °C siedenden Lösungsmittels. Um es zu entfernen, wird es in Wärmeaustauschern vorgewärmt, in einem Ofen *d* auf 280 bis 300 °C aufgeheizt und dann zunächst im Oberteil einer Kolonne *e* entspannt und im Unterteil bei einem Vakuum von 20 bis 25 Torr mit Dampf gestrippt. Die Kopfdämpfe des Oberteiles werden kondensiert und dem Lösungsmittelrücklauf zugegeben. Der Strippdampf, der noch letzte Reste von Phenol enthält, wird zusammen mit anderen Strömen über den Strahlapparat dem oben genannten Absorptionsturm *a* zugeführt. Das aus der Kolonne *e* ablaufende Raffinat kann nach Wärmeaustausch und Kühlung ins Tanklager gepumpt werden.

Der Extrakt muß umständlicher aufgearbeitet werden, weil er den größten Teil des Lösungsmittels enthält und dieses so vollständig wie möglich zurückgewonnen werden soll. Deshalb wird er zuerst in Wärmeaustauschern vorgewärmt und in den als Trockenturm arbeitenden

---

[1] Phenol wird bereits seit fast 30 Jahren als extrahierendes Lösungsmittel verwendet; vgl. D. W. Kenny, u. W. B. McCluer: Refining Pennsylvania Lube Oils by Phenol Extraction. Oil Gas J. 39 (16. Jan. 1941) Nr. 36, S. 48/49, 56; Petrol. Refiner 20 (1941) Nr. 1, S. [1/4] 37/40.

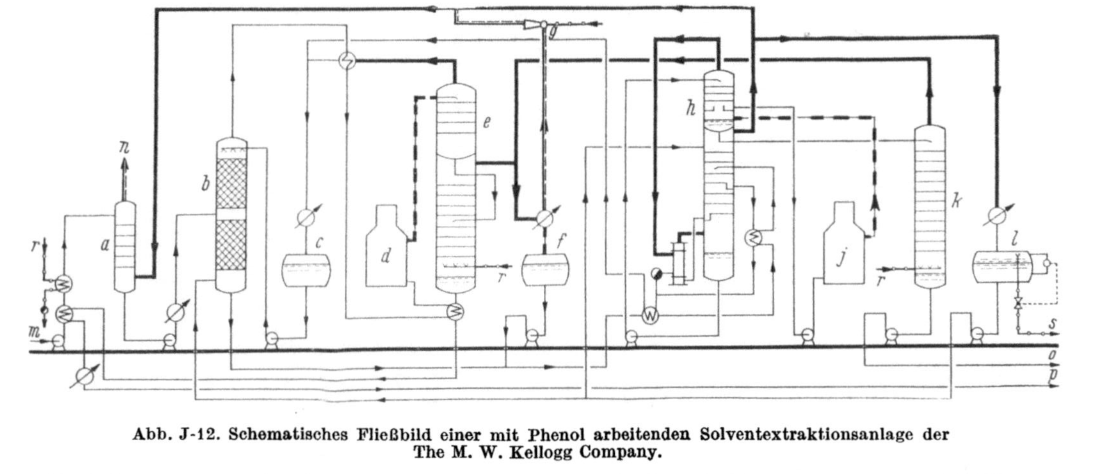

Abb. J-12. Schematisches Fließbild einer mit Phenol arbeitenden Solventextraktionsanlage der The M. W. Kellogg Company.

a Absorptionskolonne;	*g* Strahlapparat für phenolhaltige Dämpfe;	*j* Ofen für Extrakt;	*n* Entlüftung;
b Extraktor;		*k* Extraktstripper;	*o* Extrakt;
c Phenolbehälter;	*h* Extraktkolonne mit Entspannungskammer (oben) und Trocknungsteil (unten);	*l* Sammelbehälter für Wasser–Phenol-Gemisch;	*p* Raffinat;
d Ofen für Raffinat;		*m* Zulauf des zu behandelnden Öles;	*r* Heiz- oder Strippdampf;
e Raffinatkolonne;			*s* Abwasser.
f Trennbehälter;			

Unterteil der Kolonne *h* geleitet. Diese besitzt einen Aufkocher für den Sumpf. In dem Trockenturm wird bei einem geringen Überdruck alles Wasser zusammen mit einem Teil des Phenols als azeotropes Gemisch entfernt, das etwa 9 Gew.-% Phenol und 91 Gew.-% Wasser enthält. Der Druck braucht nur so hoch zu sein, daß die Dämpfe zum Absorptionsturm *a* strömen können. Der so vom Wasser befreite Extrakt wird noch über den Fraktionierteil der Entspannungskammer der Kolonne *h* zu einem Ofen geführt und in diesem je nach dem Siedebereich des behandelten Öles auf rd. 300 bis 340 °C aufgeheizt. Der Ofen wirkt als Aufkocher, und aus der Entspannungskammer kann das vom Extrakt abgetrennte Phenol über Kopf abgezogen werden. Die letzten Reste des Lösungsmittels werden aus dem Extrakt in der Stripperkolonne *k* mit Hilfe von Wasserdampf entfernt. Die den Kolonnenkopf von *h* verlassenden Phenoldämpfe dienen zum Beheizen des oben genannten Aufkochers des Trocknungsteiles. Das Schema zeigt, wie die einzelnen Phenolströme sowie Phenol- und Wasserdampfströme gesammelt und dem Kreislauf wieder zugeführt werden.

Da bei Erdölprodukten nicht erreicht werden kann, daß sie vollkommen wasserfrei sind, muß bei Extraktionsanlagen, die Phenol verwenden, immer mit der Anwesenheit von Wasser gerechnet werden. Dem ist bei der beschriebenen Schaltung Rechnung getragen. Deshalb kann einerseits vom Strippen mit Dampf Gebrauch gemacht werden. Die Anwesenheit von Wasser hat andererseits den Vorteil, daß sie die Wirkung des Lösungsmittels, nämlich die aromatischen Anteile aus dem Raffinat zu entfernen, unterstützt. Hingegen ist damit der große Nachteil verbunden, daß besonders jene Anlagenteile, die mit Phenol–Wasser-Gemischen höherer Temperatur in Berührung kommen, aus korrosionsbeständigen Baustoffen hergestellt werden müssen. Auch wasserfreies Phenol ist bei solchen Temperaturen sehr korrosiv. Deshalb wird jetzt vielfach den mit Furfurol arbeitenden Extraktionsanlagen der Vorzug gegeben, zumal damit – bei etwas höheren Arbeitstemperaturen – Verbesserungen der Schmieröleigenschaften erreicht werden, die den in Phenolanlagen erzielbaren gleichkommen[1].

Als zweites Beispiel ist deswegen in Abb. J-14 das Schaltschema einer mit Furfurol arbeitenden Extraktionsanlage dargestellt. Dieses Verfahren hat seit seiner ersten Anwendung im Jahre 1933 zunehmend an Bedeutung gewonnen. Zum besseren Verständnis zeigt Abb. J-13 zunächst das Temperatur–Zusammensetzungs-(t, x-)Diagramm des Gemisches Furfurol–Wasser bei 760 Torr. Bei Änderung des Druckes ändert sich auch die Mischungslücke, doch reicht die Darstellung aus, um die Vorgänge in einer mit Furfurol betriebenen Extraktionsanlage zu verfolgen, weil nur geringe Überdrücke oder Vakua angewendet werden. Man sieht, daß ein

[1] KEMP jr., L. C., G. B. HAMILTON u. H. H. GROSS: Furfural as a selective solvent in petroleum refining. Industr. Engng. Chem. 40 (1948) 220/27. – Texaco Development Corp.: Furfural Process Adapted to Operate On Wide Variety of Charge Stocks. Petrol. Refiner 29 (1950) Nr. 9, S. 196/98. – GARWIN, L., u. E. C. BARBER: Mass Transfer Data For Furfural Extraction. Petrol. Refiner 32 (1953) Nr. 1, S. 144/48. – BAUMGARTEN, P. K., u. J. A. GERSTER: Selectivity and Solubility of Furfural in Extractive Distillation. Industr. Engng. Chem. 46 (1954) 2396/2400.

Furfurol–Wasser-Gemisch bei Umgebungstemperatur eine Mischungslücke etwa zwischen 9 Gew.-% Furfurol und 91 Gew.-% Wasser bzw. rd. 93 Gew.-% Furfurol und 7 Gew.-% Wasser besitzt, außerdem einen Zweiphasenpunkt (azeotropen Punkt) bei etwa 35 Gew.-% Furfurol und 65 Gew.-% Wasser (t = rd. 98 °C). Die Mischungslücke wird mit zunehmender Temperatur etwas kleiner, bis sie bei dem dem azeotropen Punkt entsprechenden Wert von rd. 98 °C vollkommen verschwindet. Ein beim Sieden entstehendes Dämpfegemisch besteht dann immer aus rd. 35 Gew.-% Furfurol und 65 Gew.-% Wasser. Beim Kondensieren eines Dämpfegemisches beliebiger Zusammensetzung, wie es im Verfahren durch Mischen verschiedener Ströme entstehen kann, stellen sich ähnliche Erscheinungen ein, wie sie für das Gemisch Benzol–Wasser im Zu-

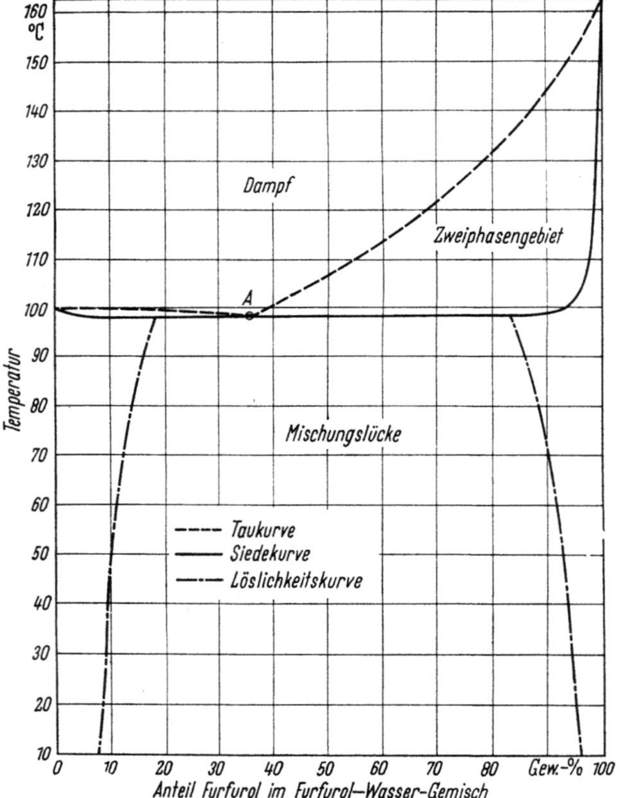

Abb. J-13. Löslichkeits-(t, x-)Diagramm des Gemisches Furfurol–Wasser für 760 Torr, nach G. H. MAINS[1]: *A* Azeotroper Punkt (97,9 °C, 34,7 Gew.-% Furfurol).

[1] MAINS, G. H.: The System Furfurol–Water. Chem. Metallurg. Engng. 26 (1922) 779/84 u. 841/43; ergänzende Angaben bei LANDOLT-BÖRNSTEIN, Bd. II. 2. Teil, Bandteil a, hrsg. von KL. SCHÄFER u. E. LAX. Berlin/Göttingen/Heidelberg: Springer 1960, S. 601/02.

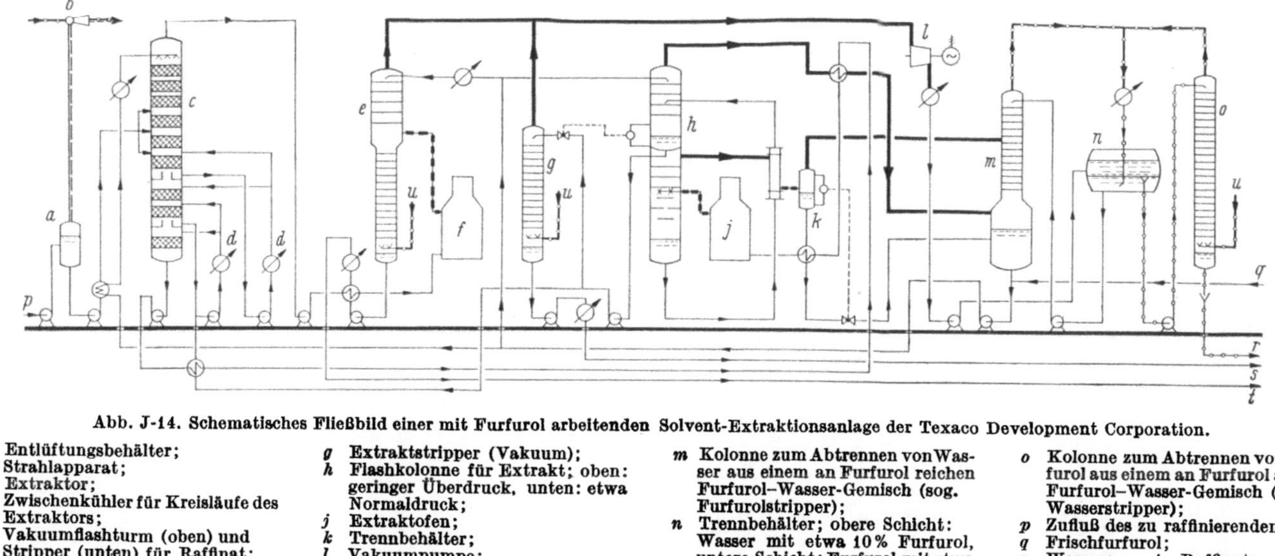

Abb. J-14. Schematisches Fließbild einer mit Furfurol arbeitenden Solvent-Extraktionsanlage der Texaco Development Corporation.

a   Entlüftungsbehälter;
b   Strahlapparat;
c   Extraktor;
d   Zwischenkühler für Kreisläufe des Extraktors;
e   Vakuumflashturm (oben) und Stripper (unten) für Raffinat; Raffinatofen;
g   Extraktstripper (Vakuum);
h   Flashkolonne für Extrakt; oben: geringer Überdruck, unten: etwa Normaldruck;
j   Extraktofen;
k   Trennbehälter;
l   Vakuumpumpe;
m   Kolonne zum Abtrennen von Wasser aus einem an Furfurol reichen Furfurol–Wasser-Gemisch (sog. Furfurolstripper);
n   Trennbehälter; obere Schicht: Wasser mit etwa 10% Furfurol, untere Schicht: Furfurol mit etwa 10% Wasser;
o   Kolonne zum Abtrennen von Furfurol aus einem an Furfurol armen Furfurol–Wasser-Gemisch (sog. Wasserstripper);
p   Zufluß des zu raffinierenden Öles;
q   Frischfurfurol;
r   Wasser;   t   Raffinat;
s   Extrakt;   u   Strippdampf.

sammenhang mit dem Verhalten von Benzin–Wasser-Gemischen erörtert wurden[1].

Für die Extraktion ist in Abb. J-14 eine mit Füllkörpern ausgerüstete Kolonne c dargestellt, weil die Dichte von Furfurol mit knapp 1,16 g/ml bei 20 °C eine gute Trennung der Phasen erleichtert. Sie ist mit Zwischenkühlkreisläufen ausgestattet. Es können aber auch Zentrifugalextraktoren oder Extraktoren von der Art des Rotating Disc Contactor verwendet werden, vgl. S. 116. Je nach Siedelage des zu behandelnden Öles werden Temperaturen zwischen 60 und 110 °C angewendet. Das über den Kopf der Extraktionskolonne abgezogene Raffinat muß so wie im vorbeschriebenen Fall in einem Ofen auf etwa 230 °C oder eine etwas höhere Temperatur aufgeheizt werden, um das bei rd. 162 °C siedende Lösungsmittel in dem nachgeschalteten Entspannungsturm mit Sicherheit abzutrennen. Das Raffinat wird dann gekühlt und bedarf keiner weiteren Behandlung.

Auch beim Furfurol-Verfahren dient die größere Anzahl der Apparaturen der Rückgewinnung des Lösungsmittels aus dem Extrakt. Man muß in mehreren Stufen arbeiten, wie das Schema in Abb. J-14 zeigt, und ähnlich wie bei Phenol Vorkehrungen treffen, um das Lösungsmittel vom Wasser zu trennen. Da der Wassergehalt immer wesentlich unter dem Wert des azeotropen Punktes liegt, kann in dem für das Raffinat bestimmten Stripper e zusammen mit dem Lösungsmittel praktisch alles Wasser abgetrieben werden. Es nimmt entsprechend dem azeotropen Verhältnis viel Furfurol mit. Werden diese Dämpfe kondensiert, so trennt sich das Kondensat im Trennbehälter n in Furfurol mit viel Wasser und in ein Furfurol–Wasser-Gemisch etwas geringerer Dichte mit einem Furfurolgehalt von etwa 10 Gew.-%. Das wasserfreie Bodenprodukt des Strippers e kann nach Wärmeaustausch als Raffinat zum Tanklager gepumpt werden. Durch Strippen des an Furfurol armen Gemisches in einer Kolonne o (sog. Wasserstripper) gelingt es, praktisch alles darin enthaltene Furfurol zusammen mit einer entsprechenden Menge Wasser abzutreiben, so daß aus dem Sumpf dieser Kolonne ein furfurolfreies Wasser ablaufen kann. Deren Dämpfe, welche die gleiche Zusammensetzung wie die aus der Kolonne m (sog. Furfurolstripper) für das an Furfurol reiche Gemisch haben, werden mit diesen zusammen kondensiert und in den Trennbehälter n zurückgeleitet.

Die Zerlegung des unten aus dem Extraktor ablaufenden Gemisches von Furfurol und Extrakt ist etwas umständlicher. Es wird zuerst über Wärmeaustauscher und durch den Ofen j in eine Flashkolonne h gefördert. Deren Kopfdämpfe (azeotroper Zusammensetzung) werden in den sog. Furfurolstripper m geleitet. Das an Furfurol reiche Gemisch des Trennbehälters n dient als Rückfluß für die Kolonne m. Das Bodenprodukt der Kolonne m wird als Lösungsmittel in den Kreislauf zurückgeführt. Das Sumpfprodukt des Unterteiles der Kolonne h, ein von Lösungsmittel teilweise befreiter Extrakt, wird nun in den Oberteil derselben Kolonne unter etwas geringerem Druck entspannt und von dort

---

[1] Vgl. B. Riediger: a.a.O. (Fußn. 2, S. 200); dort bes. Abb. 3, S. 152.

zu dem unter Vakuum stehenden Extraktstripper *g* gefördert. In diesem
werden letzte Lösungsmittelreste entfernt. Ein Teilstrom des bereits weitgehend lösungsmittelfreien Extraktes wird jedoch zum Extraktor zurückgeführt.

Die Behandlung des Raffinates ist einfacher. Es wird vom Kopf des
Extraktors *c* durch den Ofen *f* zum Turm *e* gefördert; dort wird das Lö-
sungsmittel abgetrennt, und das Sumpfprodukt dieser Kolonne kann nach
Wärmeaustausch und Kühlung zum Tanklager gepumpt werden.

Auf die Wiedergabe der Schaltung des Duo-Sol-Verfahrens wird hier
verzichtet, weil sie wiederholt mit genauer Angabe der Betriebsdaten
veröffentlicht wurde[1]. Auch ist sie verhältnismäßig kompliziert, weshalb
sich die Erläuterungen sehr stark mit Einzelheiten befassen müßten[2].

c) Die Extraktionsverfahren zur Gewinnung von Aromaten

Die Extraktion der niedrigsiedenden Aromaten wie Benzol, Toluol
und der Xylole aus Kohlenwasserstoffgemischen entsprechender Siedelage, vorzugsweise aus reformierten Benzinen, ist zwar ein Verfahren,
das der Petrolchemie zugerechnet werden muß. Grundsätzlich ist aber
seine Aufgabe ähnlich wie die der vorbeschriebenen Verfahren. Auch
hier war es wesentlich, Lösungsmittel großen Lösungsvermögens und
hoher Selektivität zu finden, die von den extrahierten Aromaten wieder
leicht getrennt werden können. Es ist auffallend und wurde auf S. 644
und S. 648 bereits hervorgehoben, daß zwei für die Entschwefelung von
Gasen besonders geeignete Verbindungen, nämlich das Sulfolan und das
N-Methylpyrrolidon (beim Arosolvan-Verfahren), auch für die Extraktion
der niedrigsiedenden Aromaten besonders gut geeignet sind. Sie werden
deshalb hier erwähnt, ohne daß näher darauf eingegangen werden kann[3].

3. Das Entparaffinieren

Angaben über die ursprüngliche Arbeitsweise mit Abkühlen und Filtern sowie mit Zugabe von Schwerbenzin und Schleudern finden sich in

---

[1] Zuletzt Hydrocarb. Procssg. **43** (1964) Nr. 9, S. 215 (Refining Process Handbook Issue).

[2] Einige Angaben mit Schrifttumsnachweisen finden sich bei V. A. KALI-
CHEVSKY u. K. A. KOBE: a. a. O. S. 364 ff.

[3] DEAL jr., C. H., H. D. EVANS, E. D. OLIVER u. M. N. PAPADOPOULOS: Extraction of aromatics with sulfolane. 5. Welt-Erdöl-Kongreß, New York 1959, Bericht III/22. – VOETTER, H., u. W. C. G. KOSTERS: Sulfolane extraction. 6. Welt-
Erdöl-Kongreß, Frankfurt/Main 1963, Bericht III/11. – EISENLOHR, K. H.: Production of pure aromatics by means of azeotropic distillation and extraction; ebd.
Bericht IV/8; deutsche Fassung: Erdöl u. Kohle **16** (1963) 523/33. – EISENLOHR,
K.-H., u. W. GROSZHANS: Über die Gewinnung von Reinaromaten aus hydroraffinierten Pyrolysebenzinen nach dem Arosolvan-Verfahren. Erdöl u. Kohle **18**
(1965) 614/18. – BEECHER, C. E., R. E. MANN u. M. L. RENQUIST: Shell operates
first U.S. sulfolane-extraction plant. Oil Gas J. **63** (22. Nov. 1965) Nr. 48, S. 80/82. –
VOETTER, H., u. W. C. G. KOSTERS: Industrielle Erfahrungen und neue Möglichkeiten auf dem Gebiete der Solventextraktion mit Sulfolan; ebd. **19** (1966) 267/71. –
MÜLLER, E., u. G. HÖHFELD: Aromatics extraction with solvent combinations.

der Literatur[1]. Hier sollen nur die mit selektiven Lösungsmitteln arbeitenden Verfahren behandelt werden. Einige der für die Extraktion von Aromaten geeigneten Lösungsmittel können auch zum Entparaffinieren verwendet werden. Ihr Lösungsvermögen zeigt stetige Übergänge von den Aromaten über die Naphthene zu den Paraffinen und ist sowohl von der Menge des angewandten Lösungsmittels wie auch von der Temperatur abhängig. Deshalb kann eine scharfe Grenze zwischen der Extraktionswirkung für alle öligen Anteile einschließlich der flüssig bleibenden, niedermolekularen Paraffine und der Verdünnung, wie sie z.B. durch Schwerbenzin erreicht wird, nicht gezogen werden. Die Verbesserung durch Anwendung spezifischer Lösungsmittel besteht darin, daß sie für die Alkane das geringste Lösungsvermögen besitzen, das um so geringer wird, je größer die Moleküle sind. Insbesondere bei den geradkettigen Alkanen, deren Moleküle infolge zwischenmolekularer Kräfte am ehesten dazu neigen, sich parallel zu lagern und noch vor Erreichen ihrer Kristallisationstemperatur Mizellen zu bilden, vermögen die Lösungsmittelmoleküle am wenigsten zwischen die einzelnen langgestreckten Molekülfäden einzudringen und dadurch eine echte molekulare Lösung herbeizuführen. Dies hat zur Folge, daß bei genügend tiefer Temperatur die hochmolekularen Alkane durch eine „fraktionierende Kristallisation" ausgeschieden und dadurch die den Stockpunkt beeinträchtigenden Anteile aus dem Öl entfernt werden. Auch hier hat das Verhältnis von Lösungsmittel zu behandeltem Öl einen erheblichen Einfluß. Bei der chemischen Verwandtschaft zwischen den zu extrahierenden Anteilen und den als „Raffinat" gewünschten Festparaffinen ist es nicht zu vermeiden, daß auch kleine Mengen der hochschmelzenden Paraffine gelöst werden. Im Bereich kleiner Werte des Lösungsmittelverhältnisses kann durch seine Zunahme eine gewisse Verringerung des in Lösung gehenden Paraffins erreicht werden. Doch ist das Minimum sehr wenig ausgeprägt, und beim Überschreiten eines günstigsten Bereiches nimmt die Menge des Paraffins, das gelöst wird, mit dem Lösungsmittelverhältnis wieder zu. Wegen dieses Widerstreites von Forderungen an ein einziges Lösungsmittel für die Entparaffinierung werden meist Gemische von zwei Lösungsmitteln angewendet, von denen das eine ein hohes Lösungsvermögen für das Öl, das andere ein besonderes Vermögen zum Ausfällen des Paraffins zeigt. Für den zuerst genannten Zweck eignen sich z.B. Aromaten, für den zweiten polare Kohlenwasserstoffderivate, wie z.B. Ketone.

Untersuchungen einzelner Lösungsmittel mit definierten Stoffen sind von geringem Wert, weil die zu entparaffinierenden Öle so komplizierte Gemische sind, daß sich ihr Verhalten durch Modellsubstanzen nicht nachahmen läßt. Es bleibt daher in der Regel nur der Laboratoriumsversuch übrig, wenn es nicht möglich ist, auf Grund der Herkunft des

7. Welt-Erdöl-Kongreß, Ciudad de Mexico 1967, Bericht PD 16/2. – KOSTERS, W. C. G.: Die Sulfolanextraktion, ein anpassungsfähiges Verfahren. Erdöl und Kohle 23 (1970) 205/08. – Ein weiteres Lösungsmittel für diesen Zweck behandeln CL. RAIMBAULT, B. CHOFFÉ, F. P. NAVARRE u. M. LUCAS: Extraktion von Aromaten mit Dimethylsulfoxyd. Erdöl u. Kohle 21 (1968) 275/78.
[1] KALICHEVSKY, V. A., u. K. A. KOBE: a.a.O. S. 412ff.

Öles und der Analysendaten, die eine Identifizierung mit bereits untersuchten Proben gewährleisten, das Verhalten vorauszusagen.

Um aber die Ergebnisse richtig auswerten zu können, die sowohl im Laboratorium wie auch im Betrieb zu erzielen sind, muß man sich über die anzuwendenden Berechnungsverfahren im klaren sein. Vor allem können die mit einem bestimmten Lösungsmittel gewonnenen Ergebnisse nicht durch Untersuchungen mit Hilfe eines anderen Lösungsmittels nachgeprüft werden. Dies hat seinen Grund darin, daß die als Paraffine, Naphthene, Aromaten usw. bestimmten Inhaltsstoffe eines Öles keineswegs eindeutig definierbar sind. Es ist bekannt, welche Voraussetzungen mit der Aussage der Watermanschen Ringanalyse, der n-d-M-Methode und ähnlicher Bestimmungsverfahren verknüpft sind[1]. Um so notwendiger ist es, für die Ermittlung maximal erzielbarer Ausbeuten klar festzulegen, wie diese berechnet werden soll[2]. Dabei ist zu beachten, daß bei den genannten Strukturanalysen auch die Seitenketten von Ringkohlenwasserstoffen als „Paraffine" erfaßt werden. Demgegenüber handelt es sich bei den den Stockpunkt erhöhenden Paraffinen vornehmlich um Verbindungen mit gerader Kette, die abgetrennt werden sollen und außerdem als Handelsprodukt besonders erwünscht sind[3].

a) Die Lösungsmittel

Beim Entparaffinieren sind sowohl chemisch einfache Lösungsmittel wie auch – aus dem oben angeführten Grund – Gemische in Gebrauch. Zu den ersten gehören vor allem Propan, Trichloräthylen und Methyläthylketon. Als Gemische werden Schwefeldioxyd mit Benzol – nur in anderem Mischungsverhältnis als bei der Solventextraktion –, Methyläthylketon mit Benzol bzw. Toluol sowie Dichloräthan mit Methylenchlorid (Dichlormethan) neben vielen anderen Kombinationen verwendet, die vorgeschlagen oder mit mehr oder weniger Erfolg erprobt wurden. Bei dem zuerst erwähnten Propan ist es bemerkenswert, daß es sowohl zum Entasphaltieren, zur Solventextraktion – mit umgekehrter Wirkungsweise als die anderen Lösungsmittel – wie auch – bei entsprechend tiefen Temperaturen – zum Entparaffinieren asphaltfreier und aromatenarmer Öle verwendet werden kann. Es dient im letzten Fall gleichzeitig als Kältemittel durch Entspannung, was die Schaltung der Anlagen vereinfacht[4]. In Übereinstimmung mit der einleitend benutzten

---

[1] Vgl. zusammenfassend K. VAN NES u. H. A. VAN WESTEN: Aspects of the Constitution of Mineral Oils. Amsterdam: Elsevier 1951.

[2] ZERBE, C., u. H. HÖTER: a.a.O. (vgl. Fußn. 2, S. 697). – BRANDES, G.: Begriffsbestimmung Öl und Paraffin in Entparaffinierungsprozessen. Erdöl-Z. 77 (1961) 629/32.

[3] TERRES, E., K. FISCHER u. E. SASSE: Zur Kenntnis der Zusammensetzung des Paraffins aus Mineralölen und Schwelteeren. Brennst.-Chem. 31 (1950) 193/207. – Vgl. außerdem S. 975ff. und 987.

[4] Näheres über Betriebskennwerte von Propan-Entparaffinierungsanlagen s. bei V. A. KALICHEVSKY u. K. A. KOBE: a.a.O. S. 422ff. Dazu noch N. F. CHAMBERLIN, J. A. DINWIDDIE u. J. L. FRANKLIN: Wax Cristallization from Propane Solution. Industr. Engng. Chem. 41 (1949) 566/70.

Terminologie ist das entparaffinierte Öl der Extrakt, das in der Regel mittels Filter, in Einzelfällen auch durch Schleudern (Zentrifugen) abgetrennte Paraffin das Raffinat; dieses fällt zunächst wegen des Restölgehaltes als Gatsch an. Er läßt sich bei genügend hoher Temperatur noch durch Pumpen fördern. Wegen der Gewinnungsweise bezeichnet man das entparaffinierte Öl auch als Filtrat.

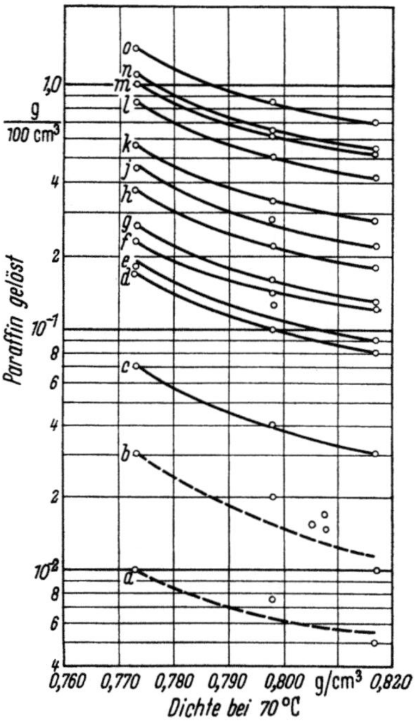

Wendet man nur ein Lösungsmittel an, so hat man zum Erreichen eines gewünschten Stockpunktes keine andere Wahl, als bei entsprechend tiefer Temperatur zu entparaffinieren. Die Differenz zwischen Stockpunkt und erforderlicher Arbeitstemperatur – auch als Temperaturgradient bezeichnet – ist für den Betriebsmittelverbrauch und damit für die Wirtschaftlichkeit von entscheidender Bedeutung. Wie stark sich diese Temperaturdifferenz ändern kann, zeigt Zahlentafel J-4 nach Terres u. Mitarb.[1]. Bei dem darin nicht aufgeführten Propan beträgt diese Temperaturdifferenz je nach Beschaffenheit des zu entparaffinierenden Öles und angestrebtem Stockpunkt etwa 15° bis 22°. Sie ist um so größer, je mehr hochmolekulare Paraffine das betreffende Lösungsmittel oder Lösungsmittelgemisch aufnehmen kann. Dies ist in Abb. J-15 für drei Schmieröle verschiedener Dichte dargestellt. Die Werte für Propan stimmen – verglichen mit den Werten für die anderen Lösungsmittel – gut mit der vorgenannten Zahlenangabe überein. Je mehr Paraffin durch das Lösungsmittel extrahiert wird und nach dessen Abdampfen im Extrakt bleibt,

Abb. J-15. Löslichkeit von Paraffinen aus Schmierölen unterschiedlicher Dichte in verschiedenen Lösungsmitteln u. Lösungsmittelgemischen bei −20 °C, nach Terres u. Mitarb.

a Schwefeldioxyd;
b Azeton;
c Benzol–Schwefeldioxyd 25 : 75;
d bis g s. Zahlentafel J-4;
h Dichlormethan CH_2Cl_2;
j bis l s. Zahlentafel J-4;
m Propan;
n und o s. Zahlentafel J-4.

Der Verlauf der Kurven für a und b ist wegen der kleineren Werte unsicher. Kurve für e wurde gegenüber den Zahlenangaben der Quelle dem Verlauf der anderen Kurven angepaßt.

desto höher wird wegen des Paraffingehaltes der Stockpunkt bei gleicher Arbeitstemperatur bzw. um so niedriger muß man diese wählen, um einen vorgeschriebenen Stockpunkt zu erreichen.

Wendet man Gemische von zwei Lösungsmitteln an, so hat man die

---

[1] Terres, E., K. Fischer u. E. Sasse: Zur Kenntnis der Entparaffinierung von Mineralölen mit selektiven Lösungsmitteln. Brennst.-Chem. 30 (1949) 285/99.

Zahlentafel J-4. *Stockpunkte eines bei* $-25\,°C$ *entparaffinierten schweren Maschinen-öldestillates von* $15\,°E$ ($\hat{=}114\,cSt$) *bei* $50\,°C$ *mit ursprünglich* $+28\,°C$ *Stockpunkt; Lösungsmittelmenge 450 Vol.-% bezogen auf Einsatzöl, davon 300 Vol.-% Verdünnung und 150 Vol.-% Waschmittel für das Paraffin*

Abb. J-15	Lösungsmittel	Mischungsver-hältnis der Lösungsmittel	Stockpunkt des Filtrates °C	Temperatur-differenz zwischen Fil-triertemperatur und Stock-punkt grd
d	Dichloräthan (gerade an der Phasengrenze)		−22	3
e	Pyridin		−21,5	3,5
f	Methylenchlorid–Dichloräthan	50 : 50	−20,5	4,5
g	Benzol–Schwefeldioxyd	75 : 25	−20	5
j	Benzol–Azeton	65 : 35	−19	6
	Benzin–Dichloräthan	10 : 90	−19	6
	Methylenchlorid		−18,5	6,5
	Benzin–Dichloräthan	20 : 80	−15,5	9,5
k	Benzol–Azeton	75 : 25	−14	11
l	Benzin–Dichloräthan	35 : 65	− 7	18
n	Benzol–Toluol	50 : 50	− 3	22
o	Benzin (Siedebereich 60···70 °C)		+ 2	27

Möglichkeit, auch deren Verhältnis zueinander zu verändern und dadurch gewünschte Wirkungen zu erzielen, wie dies bereits Zahlentafel J-4 und Abb. J-15 an Hand einiger Beispiele erkennen lassen. Die Anwendung zweier miteinander mischbarer Lösungsmittel verschiedener Eigenschaften hat aber noch weitere Vorteile. Man wählt sie so, daß das eine davon möglichst selektiv alle Ölanteile (einschließlich der erwünschten niedrig-molekularen Paraffine) löst. Da aber bei den anzuwendenden tiefen Temperaturen Mischungslücken im paraffinischen System zu erwarten sind und sich zwei Phasen bilden, von denen die eine viel Lösungsmittel und wenig Extrakt, die andere aber wenig Lösungsmittel und viel Extrakt ent-hält, und die als dritte Phase ausgeschiedenen Paraffine in der zweiten Phase verbleiben, führt dies zu hohen Restgehalten an Öl im Paraffin. Man erhält deshalb ölarmes Paraffin nur dann, wenn in homogener Phase des Lösungsmittel–Öl-Systemes bei entsprechend höheren Temperaturen gearbeitet wird. Die dabei erzielbaren Stockpunkte sind aber oft unge-nügend. Diese Schwierigkeit läßt sich überwinden, wenn man mit einem zweiten Lösungsmittel (dem sog. Hilfslösemittel) arbeitet, das sowohl mit dem Öl wie mit dem ersten (selektiven) Lösungsmittel im Bereich der anzuwendenden Temperaturen vollkommen mischbar ist. Dadurch läßt sich auch bei den erforderlichen tiefen Temperaturen die Bildung von Mischungslücken im paraffinfreien System vermeiden. Es kann dann ein größeres Verhältnis von Lösungsmittel zu Öl angewendet und dadurch eine praktisch vollkommene Ausscheidung von Paraffin er-reicht werden. Im u.s.-amerikanischen Schrifttum wird oft das Hilfslöse-mittel als „miscible solvent" oder einfach als „solvent", das selektive Lösemittel als „anti-solvent" bezeichnet.

Diese Verhältnisse lassen sich – ohne Berücksichtigung des als dritte Phase auskristallisierten Paraffins – in einem räumlichen Diagramm mit dem Dreieck Lösungsmittel – Hilfslösungsmittel – Öl als Basis und der Temperatur als senkrechter Ordinate darstellen, wie dies z.B. in der Metallographie für Phasendiagramme üblich und in Abb. J-16 wiedergegeben ist. Wenn das Lösungsmittel allein verwendet wird, beginnt bei der kritischen Mischungstemperatur T_k der Zerfall in zwei Phasen. Dies hat den beschriebenen sprunghaften Anstieg des im Paraffin verbleibenden Öles zur Folge. Gibt man das Hilfslösungsmittel im Verhältnis $\frac{m\,b}{a\,m}$ zu, so wird die kritische Mischungstemperatur etwas auf den Wert T_k' gesenkt. Wenn die Darstellung auch nicht maßstäblich ist, so zeigt sie doch, daß Hilfslösungsmittel und Lösungsmittel wenigstens im gleichen Verhältnis angewendet werden müssen, will man eine merkliche Senkung der Entmischungstemperatur erreichen. Durch große Mengen des Hilfslösungsmittels könnte die Mischungslücke auch bei niedrigen Temperaturen beseitigt werden.

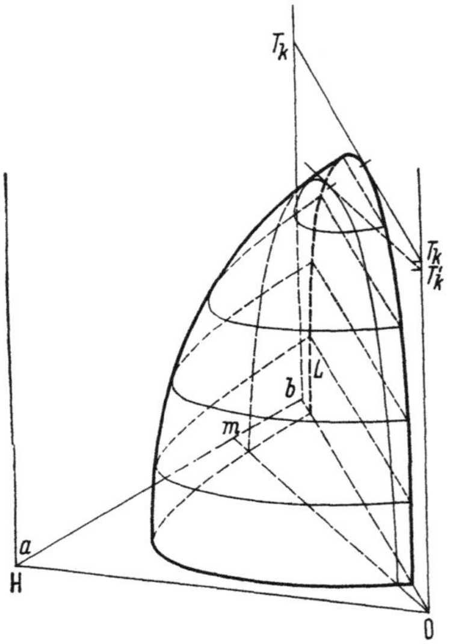

Aus der Zahlentafel J-2 geht hervor, daß zum Entparaffinieren für fast zwei Drittel der Kapazität in den Vereinigten Staaten von Amerika Methyläthylketon (in Verbindung mit Benzol als Hilfslösemittel) verwendet wird. Diese Mischung verhält sich ähnlich wie die in Zahlentafel J-4 und in Abb. J-15 erwähnte Mischung aus Azeton und Benzol[1]. Methyläthylketon ($CH_3 \cdot CO \cdot C_2H_5$, Sp. 79,6 °C, entsprechend der englischen Schreibung meist MEK abgekürzt) hat sich gegenüber Azeton ($CH_3 \cdot CO \cdot CH_3$, Sp. 56,3 °C) durchgesetzt, weil wegen seines höheren Siedepunktes die Verdampfungsverluste geringer sind. Der Abstand seines Siedepunktes von dem Siedebereich der zu behandelnden Öle ist dabei noch vollkommen ausreichend. Außerdem ist bei Methyläthylketon mit der vorerwähnten Mischungslücke erst bei tieferen Temperaturen zu rechnen. Das Benzol, dessen Erstarrungspunkt 5,49 °C beträgt, wird teilweise oder ganz durch Toluol (Erstarrungspunkt – 95,18 °C) ersetzt, wenn bei tiefen Temperaturen gearbeitet werden muß. Auch die Gefahr der Entmischung wird dadurch verringert. Schließlich ist der Preis von Toluol niedriger, weil es für die Petrolchemie nicht so begehrt ist wie Benzol.

Es wurden Vorschläge gemacht, Methyläthylketon durch höher-

Abb. J-16. Verallgemeinerte axonometrische Darstellung der Löslichkeitsverhältnisse in einem System Öl (O) – Lösungsmittel (L) – Hilfslösungsmittel (H) bei verschiedenen Temperaturen.

---

[1] Eine Anlage in Griechenland benutzt dieses Lösungsmittelgemisch; vgl. A. S. Konstas: They Use Benzene-Aceton to Dewax. Petrol. Refiner 36 (1957) Nr. 9, S. 241/42.

molekulare Ketone zu ersetzen[1]. Außer in einer größeren Betriebsanlage hat aber dieser Vorschlag zu keiner weiteren Anwendung geführt, vielleicht wegen der Zunahme der Zähigkeit, die im Betrieb andere Vorteile aufhebt[2]. Hingegen gewinnt die Verwendung eines Gemisches von Dichloräthan (Äthylenchlorid $CH_2Cl \cdot CH_2Cl$, Sp. 83,7 °C) und Dichlormethan (Methylenchlorid $Cl \cdot CH_2 \cdot Cl$, Sp. 41,6 °C) in letzter Zeit größere Bedeutung[3]. Die besondere Eignung dieser Lösungsmittel geht aus Zahlentafel J-4 und aus Abb. J-15 hervor. Der geringe Temperaturunterschied zwischen Arbeitstemperatur und Stockpunkt des Filtrates ist bemerkenswert. Die Siedepunkte liegen ähnlich wie bei Methyläthylketon bzw. Azeton. Dazu kommt, daß beide Verbindungen nicht brennbar sind.

Abgesehen von dem zuletzt genannten Verfahren beherrscht die Verwendung von Methyläthylketon in Verbindung mit Benzol oder Toluol seit Errichtung der ersten Anlagen Anfang der Dreißiger Jahre beim Bau neuer Anlagen das Feld[4].

b) Die Schaltung von Entparaffinierungsanlagen

Das Fließschema einer mit Propan arbeitenden Entparaffinierungsanlage unterscheidet sich von den Schemata anderer derartiger Anlagen, weil das Propan – wie bereits erwähnt wurde – wegen seines niedrigen Siedepunktes von $-44,5$ °C bei Atmosphärendruck gleichzeitig als Kältemittel verwendet werden kann. Wie aus Abb. J-17 zu ersehen ist, werden die in der Anlage entstehenden Propandämpfe komprimiert und durch Wärmeentzug in einem Austauscher sowie durch Kühlung mit Wasser kondensiert. Ein Teilstrom des Propans wird ohne weitere Kühlung dem zu entparaffinierenden Öl zugesetzt und mit diesem zusammen vor dem Behälter *a* aufgeheizt, um ein Maximum an Lösungsvermögen zu erreichen. Der Rest des Propans wird mit den aus dem Filter ablaufenden Produkten gekühlt und zum Waschen der aus dem Entspannungskühler *b* entweichenden Dämpfe sowie zum Entölen des Filterkuchens im Filter *h* benutzt. Der durch eine – nicht dargestellte – *Schnecke* ausgetragene Filterkuchen wird wieder aufgewärmt, damit das Paraffin flüssig mittels Pumpen gefördert werden kann.

Im Kühler *b* wird dem Lösungsmittel–Öl-Gemisch durch Verdampfen des Propans Wärme entzogen und das Produkt so weit abgekühlt, daß die hochmolekularen Paraffine in abscheidbarer Form ausfallen. Es sind somit alle Elemente einer Kompressionskältemaschine vorhanden, nämlich: Verdichtung der Dämpfe, Kondensation durch Wärmeentzug auf höherem Temperaturniveau, Entspannung (durch Drosselung) und

---

[1] TIEDJE, J. L., u. D. M. McLEOD: Higher Ketones as Dewaxing Solvents. Petrol. Refiner 34 (1955) Nr. 2, S. 150/54. – Wegen der Verwendung von Methylisobutylketon zum Entölen von Schuppenparaffin vgl. Fußn. 3, S. 742.

[2] Vgl. dazu auch V. A. KALICHEVSKY u. K. A. KOBE: a.a.O. S. 432.

[3] SCHNEIDER, N.: German Unit Gives Dewaxing Data. Petrol. Refiner 42 (1963) Nr. 12, S. 104/06. – Ders.: Das Di-Me-Entparaffinierungsverfahren. Erdöl u. Kohle 17 (1964) 455/57.

[4] Die in Fußn. 1, S. 703 zitierte Arbeit von W. P. GEE u. H. H. GROSS bietet S. 163 ff. einen guten Überblick nach dem damaligen Stande. Er hat sich seither nicht wesentlich geändert.

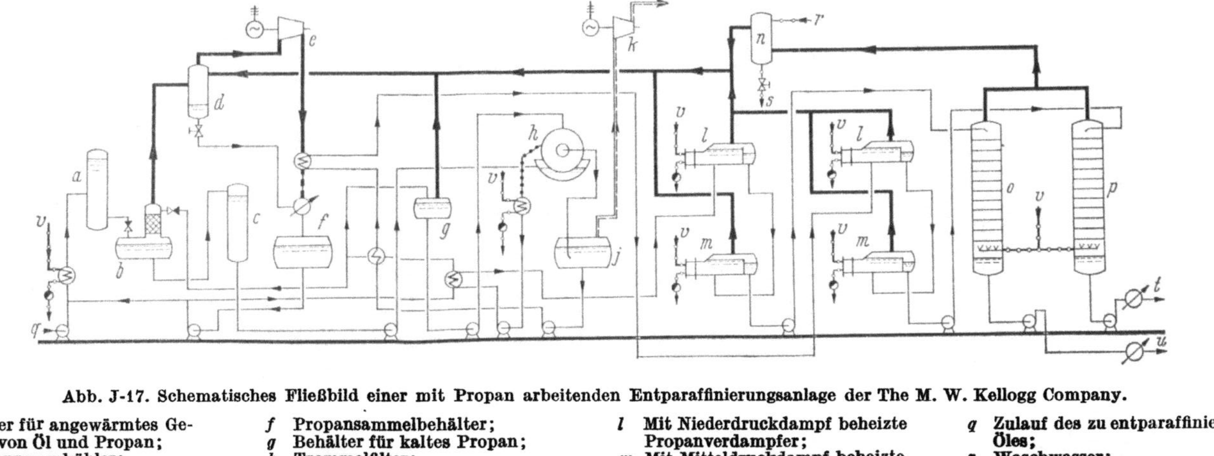

Abb. J-17. Schematisches Fließbild einer mit Propan arbeitenden Entparaffinierungsanlage der The M. W. Kellogg Company.

a Behälter für angewärmtes Gemisch von Öl und Propan;
b Entspannungskühler;
c Filtervorlage;
d Flüssigkeitsabscheider;
e Kompressor für Propandämpfe;

f Propansammelbehälter;
g Behälter für kaltes Propan;
h Trommelfilter;
j Sammelbehälter für entparaffiniertes Öl;
k Vakuumpumpe;

l Mit Niederdruckdampf beheizte Propanverdampfer;
m Mit Mitteldruckdampf beheizte Propanverdampfer;
n Öl- und Wasserabscheider;
o Stripper für entparaffiniertes Öl;
p Stripper für Paraffin;

q Zulauf des zu entparaffinierenden Öles;
r Waschwasser;
s Ablauf des ölhaltigen Wassers;
t Entparaffiniertes Öl;
u Paraffin;
v Heiz- oder Strippdampf.

Wärmeaufnahme auf tieferem Temperaturniveau. Die Wärmeaufnahme durch Verdampfen des dem Öl zugemischten Propans und die Erzeugung der angestrebten tiefen Temperatur im Entspannungskühler ohne Anwendung von Wärmeübertragungsflächen ist zwar eine bei üblichen Kältemaschinen nicht vorhandene Besonderheit, jedoch hier anwendbar. Sie hat den Vorteil, daß die sonst für den Wärmeübergang durch Trennflächen benötigte Temperaturdifferenz nicht erforderlich ist. Außerdem ist es hier aus verfahrenstechnischen Gründen – nämlich zur Vermeidung von Propanverlusten – noch notwendig, parallel zum Kompressor beheizte Verdampfer vorzusehen, in denen die in den Produkten verbliebenen Propanreste ausgetrieben und auf den Kompressionsenddruck gebracht werden. Thermodynamisch unterscheidet sich aber die Schaltung nicht grundsätzlich von der einer Kältemaschine; nur der Vorgang spielt sich auf höherem Temperaturniveau ab, was bei der Erzeugung von Kälte als Hauptzweck sinnlos wäre. Ähnliche Gesichtspunkte sind auch bei der in Abb. J-7 wiedergegebenen Entasphaltierungsanlage maßgebend und führen dort zu entsprechenden Lösungen.

Aus dem Filter werden sowohl das entparaffinierte Öl (Filtrat) wie auch das Paraffin abgezogen und je für sich zuerst im Wärmeaustausch mit flüssigem Propan und mit Propandämpfen, dann in zwei Stufen mit Niederdruckdampf und mit Mitteldruckdampf erwärmt, um darin verbliebenes Propan abzudampfen. Schließlich werden die Produkte noch mit Dampf gestrippt, damit die letzten Propanreste entfernt werden.

Beim Entparaffinieren mit anderen durchwegs höhersiedenden Lösungsmitteln müssen die erforderlichen tiefen Temperaturen durch besondere Kältemittelkreisläufe, für die oft Ammoniak verwendet wird, erzeugt werden. Sein Siedepunkt bei Atmosphärendruck liegt mit – 33,5 °C etwas höher als der von Propan. Die Verdampfungstemperaturen des Kältemittelkreislaufes liegen in der Regel nicht unter diesem Wert, weil der Temperaturgradient bei den meisten Lösungsmitteln kleiner als bei Propan ist. Es kann deshalb im Kreislauf an allen Stellen ein – wenn auch geringer – Überdruck gehalten werden. Sollten für Schmieröle mit sehr tiefen Stockpunkten in Einzelfällen darunterliegende Kältemitteltemperaturen benötigt werden, so muß (für einen getrennten Kreislauf) zu einem der tiefsiedenden chlorierten Kohlenwasserstoffe wie Difluormonochlormethan (CHF_2Cl, Frigen 22, Sp. −40,8 °C), in extremen Fällen zu Trifluormonochlormethan (CF_3Cl, Frigen 13, Sp. − 81,5 °C) oder zu Äthan (Sp. − 88,6 °C) gegriffen werden, wie dies in der Kältetechnik üblich ist[1]. Sieht man von den mit Kältemittel indirekt gekühlten Apparaten ab, so stimmt die Schaltung auch für die mit anderen Lösungsmitteln arbeitenden Entparaffinierungsanlagen grundsätzlich mit der für Propananlagen überein. Als Kühler werden in der Regel die auf S. 163 beschriebenen Kratzkühler verwendet.

Arbeitet man mit einem Lösungsmittelgemisch, so sind bei dessen Wiedergewinnung noch die Verhältnisse zu beachten, die sich infolge der meist voneinander abweichenden Siedepunkte der beiden Kompo-

---

[1] Vgl. dazu W. NIEBERGALL: Anwendung künstlicher Kälte in der Mineralöltechnik. Kältetechn. 15 (1963) 190/99.

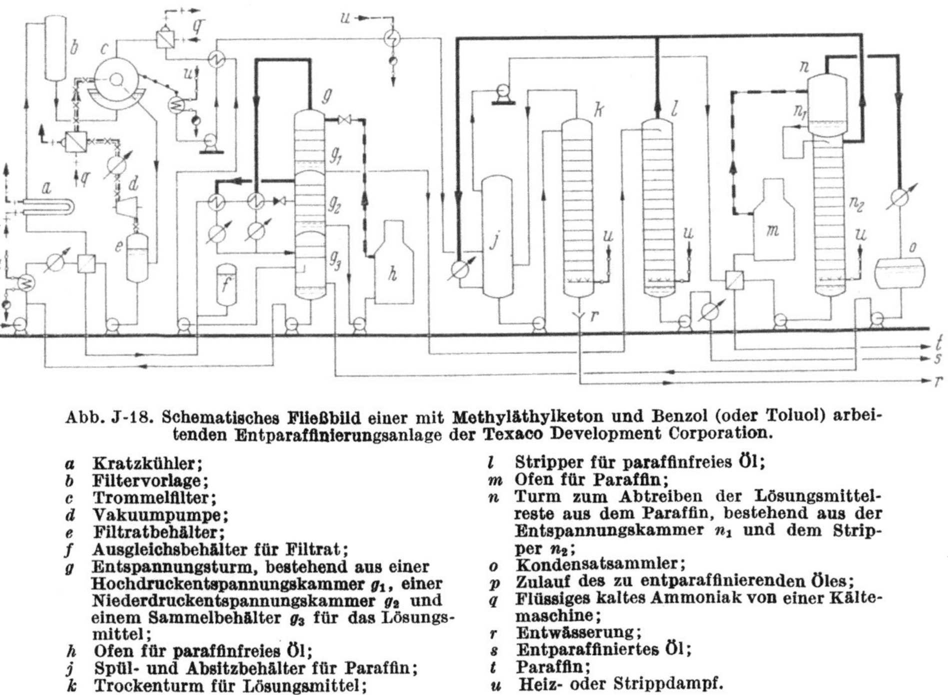

Abb. J-18. Schematisches Fließbild einer mit Methyläthylketon und Benzol (oder Toluol) arbeitenden Entparaffinierungsanlage der Texaco Development Corporation.

<table>
<tr><td>a</td><td>Kratzkühler;</td><td>l</td><td>Stripper für paraffinfreies Öl;</td></tr>
<tr><td>b</td><td>Filtervorlage;</td><td>m</td><td>Ofen für Paraffin;</td></tr>
<tr><td>c</td><td>Trommelfilter;</td><td>n</td><td>Turm zum Abtreiben der Lösungsmittelreste aus dem Paraffin, bestehend aus der Entspannungskammer n_1 und dem Stripper n_2;</td></tr>
<tr><td>d</td><td>Vakuumpumpe;</td></tr>
<tr><td>e</td><td>Filtratbehälter;</td></tr>
<tr><td>f</td><td>Ausgleichsbehälter für Filtrat;</td></tr>
<tr><td>g</td><td>Entspannungsturm, bestehend aus einer Hochdruckentspannungskammer g_1, einer Niederdruckentspannungskammer g_2 und einem Sammelbehälter g_3 für das Lösungsmittel;</td><td>o</td><td>Kondensatsammler;</td></tr>
<tr><td></td><td></td><td>p</td><td>Zulauf des zu entparaffinierenden Öles;</td></tr>
<tr><td></td><td></td><td>q</td><td>Flüssiges kaltes Ammoniak von einer Kältemaschine;</td></tr>
<tr><td></td><td></td><td>r</td><td>Entwässerung;</td></tr>
<tr><td>h</td><td>Ofen für paraffinfreies Öl;</td><td>s</td><td>Entparaffiniertes Öl;</td></tr>
<tr><td>j</td><td>Spül- und Absitzbehälter für Paraffin;</td><td>t</td><td>Paraffin;</td></tr>
<tr><td>k</td><td>Trockenturm für Lösungsmittel;</td><td>u</td><td>Heiz- oder Strippdampf.</td></tr>
</table>

nenten ergeben. Das Gemisch muß dann in mehreren Stufen abgedampft werden, weil sich zuerst seine leichterflüchtige Komponente entsprechend den bei der Destillation ausgenutzten Vorgängen im Dampf anreichert. Hier kommt es zum Unterschied von der dort angestrebten Trennung jedoch darauf an, das gesamte Lösungsmittelgemisch aus dem Extrakt zurückzuerhalten. Wenn es also auch möglich ist, in der ersten Stufe fast die gesamte leichterflüchtige Komponente zu gewinnen, so verbleibt unvermeidbar noch ein der Gleichgewichtseinstellung entsprechender Restgehalt der schwererflüchtigen Komponente im Extrakt.

Wenigstens zwei Abdampfstufen werden aber auch bei Anlagen vorgesehen, in denen man ein einziges Lösungsmittel anwendet. Dies geht aus Abb. J-17 hervor. Von den beiden Verdampferstufen wird jeweils die erste mit Niederdruckdampf, die zweite mit Mitteldruckdampf betrieben. Mit Rücksicht auf einen niedrigen Betriebsmittelverbrauch kann aber auch eine andere Schaltung zweckmäßig sein, wie sie im Schema Abb. J-18 wiedergegeben ist. Es zeigt das Beispiel einer mit Methyläthylketon und Benzol arbeitenden Entparaffinierungsanlage. Auch hier wird das Lösungsmittel–Öl-Gemisch zuerst erwärmt, damit alle lösbaren Anteile vom Lösungsmittel aufgenommen werden. Dann wird seine Temperatur zuerst durch Wasser und anschließend durch kaltes Filtrat, das aus dem Filter c abläuft, herabgesetzt, um den Energiebedarf der Kältemaschine zu senken. Im nachgeschalteten, mit Ammoniak gekühlten Kratzkühler a werden dann die Paraffine ausgeschieden und im Trommelfilter c abgetrennt. Der Kältemittelkreislauf, zu dem noch ein Kompressor und ein Kondensator gehören, ist im Schema der Übersichtlichkeit halber nicht dargestellt. Das im Filter mit Lösungsmittel nachgewaschene Paraffin wird durch Erwärmen pumpfähig gemacht und wie bei der Propananlage durch Wärmeaustausch sowie durch Dampf auf höhere Temperatur gebracht, damit sich in einem Spül- und Absitztank j Lösungsmittel und Wasser abscheiden können. Das Paraffin wird dann nach weiterem Aufheizen in einem Wärmeaustauscher und in dem Ofen m zuerst durch Entspannen und dann durch Strippen mittels direktem Wasserdampfeinblasen in den Turm n von den letzten Lösungsmittelresten befreit.

Für das Abdampfen des Lösungsmittelgemisches aus dem entparaffinierten Öl ist hier eine andere Arbeitsweise gewählt. Das Filtrat wird ebenfalls im Gegenstrom durch Ausnutzung wärmerer Produktflüsse sowie durch Entzug der Verdampfungswärme aus den zu kondensierenden Lösungsmitteldämpfen aufgeheizt. Bei der so erreichten Temperatur kann bei niedrigem Druck ein Teil des Lösungsmittels – vornehmlich die leichtersiedende Komponente – in der Entspannungkammer g_2 abgetrennt werden. Um den verbliebenen Rest abzudampfen, wird das Filtrat wegen der gegenüber Propan wesentlich höheren Siedetemperatur des Lösungsmittels auf höheren Druck gebracht, in einem Ofen h erhitzt und in die Entspannungskammer g_1 gefördert. Die Baukosten von Öfen sind zwar höher als die dampfbeheizter Verdampfer, doch sind die Kosten der Wärmeeinheit wesentlich niedriger. Da in diesem Fall auch mit höheren Temperaturen gearbeitet werden darf, nutzt man dies durch die erwähnte Anwendung eines höheren Druckes aus. Trotz der dadurch erforderlichen größeren Wanddicken werden die durch das Volumen bestimmten Abmessungen kleiner und die Apparate billiger. Auch die größeren Temperaturdifferenzen gestatten eine Verringerung der Austauschflächen. Zum Schluß wird auch hier das Raffinat noch mit Dampf gestrippt, um ein den Anforderungen entsprechendes Produkt zu erhalten.

Die Hauptmenge des Lösungsmittels wird in dem mit den beiden Entspannungskammern g_1 und g_2 in einem Apparat untergebrachten Behälter g_3 als frei abfließendes Kondensat gesammelt. Auch die Kopfdämpfe der Entspannungskammer n_1 werden nach Kondensation dorthin geleitet. Nur die mit Wasserdampf ausgestrippten Reste des Lösungsmittels aus den beiden Strippern l und n_2 müssen nach Kondensation über den Absitzbehälter j geleitet werden, um dort das Wasserdampfkondensat abzutrennen. Die Lösungsmittelreste gelangen mit dem im Paraffin enthaltenen Anteil über die Entspannungskammer n_1 zurück in den Kreislauf.

c) Das Filtrieren und Entölen des Paraffins

In den Anfängen der Erdölindustrie wurde nur durch Anwendung von natürlicher Kälte das Paraffin aus den zu behandelnden Ölen durch Lagern in Tanks zum Abscheiden gebracht; es enthielt noch größere Mengen Öl, die man durch „Schwitzen" zu entfernen trachtete. Dieses Verfahren hat sich bei den in Braunkohlenschwelereien gewonnenen Paraffinen bewährt[1]. Es zeigte sich aber, daß deren Zusammensetzung (wegen der praktisch stets gleichbleibenden Betriebsverhältnisse beim Schwelen) offenbar viel gleichmäßiger war als bei den aus Erdölfraktionen verschiedenen Ursprungs gewonnenen Paraffinen. Deshalb konnten bei der Erdölverarbeitung damit keine so guten Ergebnisse erzielt werden.

Der nächste Schritt war die Verwendung von Schwerbenzin als Verdünnungsmittel und das Schleudern in Zentrifugen, insbesondere bei der Behandlung von Destillationsrückständen. Deren höherer Gehalt an „mikrokristallinem" Paraffin machte die Anwendung von Filtern unmöglich, weil sie sich zu schnell verstopfen. Soweit es anging, gab man der Anwendung von Filtern den Vorzug, weil eine schärfere Trennung von Paraffin und Öl zu erreichen war[2].

Mit der Einführung der *selektiven Lösungsmittel* gelang es, eine noch schärfere Trennung nach Kohlenwasserstoffgruppen und damit eine bessere Kristallisation der gewünschten, hochmolekularen Paraffine zu erreichen. Für ihre Gewinnung aus dem mit dem Lösungsmittel versetzten Öl haben sich die stetig arbeitenden Trommelfilter mit Vakuumabsaugung am besten bewährt[3]. Das abgeschiedene Paraffin wird in der Regel in diesen Filtern mit kalten Lösungsmitteln nachgewaschen, um das darin zurückgehaltene Öl soweit wie möglich zu entfernen. Im allgemeinen gelingt es nicht, auf diese Weise ein Produkt mit gewünschtem niedrigem Ölgehalt – meist unter 1 % – herzustellen. Deshalb muß der anfallende Gatsch noch nachbehandelt werden. Statt des umständlichen „Schwitzens" hat man z. B. die fraktionierende Kristallisation mit Hilfe verschiedener Lösungsmittel versucht und mit Erfolg durchgeführt[4]. Im Betrieb bewährte sich auch das von der Edeleanu GmbH entwickelte *Sprühverfahren*. Damit lassen sich Werte von 0,3 Gew.-% oder weniger im

---

[1] Vgl. dazu J. R. BOWMAN u. H. ST. BURK: Sweatening of Paraffin Wax. Industr. Engng. Chem. 41 (1949) 2008/12. – Die Chemie der Braunkohle, hrsg. von A. LISSNER u. A. THAU, Bd. II, 3. Aufl., Knapp: Halle 1953, S. 140ff. – GREBNER, W.: Verfahrenstechnische Grundlagen des Schwitzens von Paraffinen. Chem. Techn. 5 (1953) 6/13. – KALICHEVSKY, V. A., u. K. A. KOBE: a.a.O. S. 440ff.

[2] Vgl. dazu G. BRANDES: Begriffsbestimmung Öl und Paraffin bei Entparaffinierungsprozessen. Erdöl-Z. 77 (1961) 629/32.

[3] Vgl. S. 166. – HOLLAND, C. D., u. J. F. WOODHAM: Continuous Vacuum Rotary Filters. Petrol. Refiner 35 (1956) Nr. 2, S. 149/51. – DAHLSTROM, D. A., u. D. B. PURCHAS: Scale Up Continuous Filters This Way; ebd. 36 (1957) Nr. 9, S. 273/74. – [4] WARNECKE, J. G., u. P. S. BOCKLUND: Try MIBK in Your Wax Deoiling Unit. Petrol. Refiner 37 (1958) Nr. 4, S. 189/92. (MIBK = Methylisobutylketon; wegen seiner Eigenschaften s. Zahlentafel J-1, S. 716/17.)

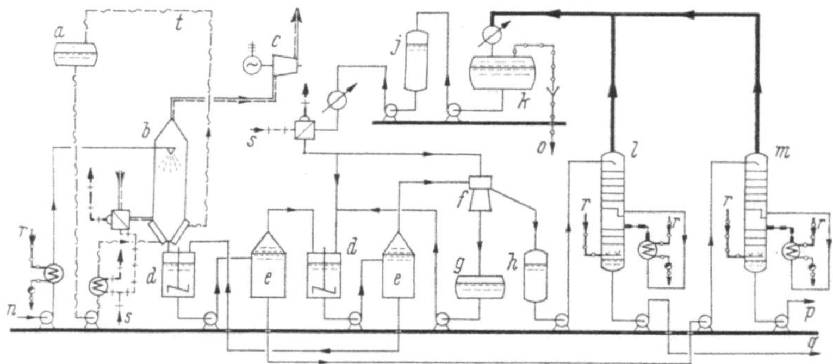

Abb. J-19. Schematisches Fließbild einer Anlage zum Entölen von Paraffin nach dem Sprühverfahren der Edeleanu GmbH.

a Kühlsolebehälter;
b Sprühturm;
c Vakuumgebläse;
d Mischer;
e Absitzbehälter;
f Zentrifuge;
g Sammelbehälter für Filtrat;
h Vorlage für Paraffin;
j Vorlage für Lösungsmittel;
k Trennbehälter für die Kondensate des Lösungsmittels und des Wasserdampfes;

l Stripper für entöltes Paraffin;
m Stripper für Weichparaffin-Öl-Gemisch (Gatsch);
n Zulauf des zu entölenden Paraffins;
o Wasserablauf;
p Weichparaffin-Öl-Gemisch (Gatsch);
q Entöltes Paraffin;
r Heiz- oder Strippdampf;
s Flüssiges kaltes Ammoniak.

Paraffin erreichen[1]. Das Schema einer solchen Anlage kann der Abb. J-19 entnommen werden. Das ölhaltige Paraffin (der Gatsch) wird auf 60 bis 80 °C erwärmt und in einem im konischen Unterteil mit Sole gekühlten und von kalter Luft durchströmten Turm *b* versprüht. Dabei bilden sich Paraffinkristalle, an deren Oberfläche das darin enthalten gewesene Öl einen dünnen Film bildet. Durch Waschen mit Dichloräthan in Mischern *d*, die mit Rührwerken ausgestattet sind, und durch Absitzenlassen der zwei sich bildenden Phasen in Behältern *e* können hartes Paraffin sowie Öl und Weichparaffin getrennt werden. Beide Phasen enthalten noch Lösungsmittel, das über Abtreibekolonnen *l* und *m* zurückgewonnen und dem System wieder zugeführt wird. Die zwischen den zweiten Absitzbehälter *e* und die Kolonne *l* geschaltete Zentrifuge *f* hat die Aufgabe, mit Hilfe von kaltem Lösungsmittel die letzten Ölreste zu entfernen. Ein offenbar ähnliches Verfahren, bei dem das Paraffin zum Schluß in Formen gepreßt wird, arbeitet im Synthesewerk Zeitz[2].

Das Paraffin läßt sich auch durch *Anwendung von Kälte* entölen, indem man die zu seiner Gewinnung benutzte Technik zweckentsprechend abwandelt. Die Schaltung einer nach diesem Verfahren arbeitenden Anlage zeigt Abb. J-20. Der aus der Entparaffinierungsanlage kommende Paraffingatsch, der noch bis etwa 10 % Öl enthalten kann, wird über Kratzkühler *a* zu einem Trommelfilter gepumpt. Haupt- und Waschfiltrat werden aus dem Ringraum des Steuerkopfes des Trommelfilters *b*

---

[1] Vgl. W. FISCHER: Try New Way to Get Oil-Free Wax. Petrol. Refiner **36** (1957) Nr. 9, S. 236/38.

[2] ANDRACZEK, H.: Ein vollmechanisches Verfahren zur Konfektionierung von Hartparaffin durch Zerstäubungskühlung und Formpressung. Chem. Techn. **17** (1965) 646/51.

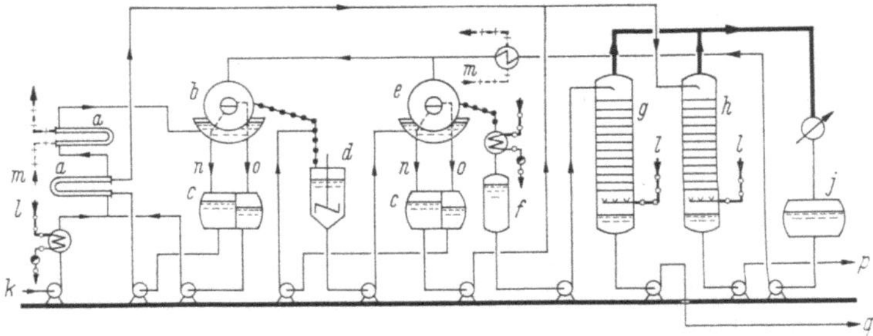

Abb. J-20. Schematisches Fließbild einer nach dem Kälteverfahren arbeitenden Anlage zum Entölen von Paraffingatsch.

a	Kratzkühler;	j	Trennbehälter;
b	Vakuum-Trommelfilter der Rekristallisationsstufe;	k	Paraffingatsch aus einer Entparaffinierungsanlage;
c	Vorlagen für Haupt- und Waschfiltrat;	l	Heizdampf;
d	Anmaischgefäß;	m	Ammoniak vom Verflüssiger einer Kälteanlage;
e	Vakuum-Trommelfilter der Repulpingstufe;	n	Hauptfiltrat;
f	Sammelgefäß;	o	Waschfiltrat;
g	Kolonne zur Rückgewinnung des Lösungsmittels aus dem Hartparaffin;	p	Weichparaffin;
h	Kolonne zur Rückgewinnung des Lösungsmittels aus dem Weichparaffin;	q	Hartparaffin.

getrennt abgezogen, um das Waschfiltrat zum Verdünnen des Einsatzgutes verwenden zu können. Das Hauptfiltrat dient zum Vorkühlen des Einsatzgutes und wird dann zur Rückgewinnung des Lösungsmittels auf den Kopf der Kolonne h aufgegeben. Im übrigen unterscheidet sich die Arbeitsweise dieser ersten sog. Rekristallisationsstufe nicht von der entsprechender Anlagenteile einer Entparaffinierungsanlage. Wenn diese mit dem Gemisch Dichlormethan–Methylenchlorid arbeitet, vgl. S. 736, kann sogar auf die Rekristallisationsstufe verzichtet werden, weil der in einer solchen Anlage gewonnene Paraffingatsch nur mehr 5 bis 7 Gew.-% Öl enthält.

Die anschließende sog. Repulpingstufe arbeitet sinngemäß. Auch hier wird das Waschfiltrat aus dem Trommelfilter e zum Anmaischen des aus der Rekristallisationsstufe kommenden, bereits teilweise entölten Paraffins benutzt, während das Hauptfiltrat zusammen mit dem Hauptfiltrat der ersten Stufe zur Kolonne h gepumpt wird. Aus dem bis auf etwa 0,5 Gew.-% entölten Paraffin wird das Lösungsmittel in der Kolonne g zurückgewonnen.

d) Das Entparaffinieren durch Bildung von Harnstoffaddukten

Im Jahre 1940 hat M. F. BENGEN gefunden, daß Harnstoff, das neutrale Diamid der Kohlensäure $\left(\begin{array}{c} H_2N \\ H_2N \end{array}\right\rangle C{=}O$, Schmelzpunkt 132,7 °C$\Big)$ mit geradkettigen Alkanen Addukte, d.h. bei Raumtemperatur feste Verbindungen bildet, die sich mechanisch abtrennen lassen[1]. Anfänglich galt

---

[1] DRP Anmeldung OZ 123438 vom 18. März 1940, als DBP unter Nr. 869070 der Badischen Anilin- & Soda-Fabrik A.G. erteilt. – SCHLENK, W. J., Liebig Ann. Chem. 565 (1949) 209. – SMITH, A. E., J. chem. Physics. 18 (1950) 150. – O. REDLICH: J. Amer. chem. Soc. 72 (1950) 4153. – SCHLENK, W. J.: Fortschr. chem. Forschg. 2 (1951) 92. – BENGEN, M. F.: Angew. Chem. 63 (1951) 207.

das Interesse für diese Erscheinung analytischen Bestimmungen. Doch wurde man bald ihrer praktischen Bedeutung für die Erdölindustrie gewahr. Deshalb begann nach dem Kriege, als die reichsdeutschen Patente und Patentanmeldungen den Siegermächten zur entschädigungsfreien Verwertung ausgeliefert werden mußten, eine eingehende Tätigkeit, um die Anwendbarkeit der Entdeckung von BENGEN zu prüfen[1]. Zur Betriebsreife wurde das Verfahren von der Edeleanu GmbH entwickelt, welche die erste danach arbeitende Anlage für die Raffinerie Heide/Holstein der Deutschen Erdöl-Aktiengesellschaft (DEA) ursprünglich für einen Durchsatz von rd. 15000 t/a baute[2]. Inzwischen wurden nach diesem Verfahren Anlagen für Durchsatzleistungen bis 1 Mill. t/a errichtet. Bald nach Inbetriebnahme der Anlage in Heide wurde in der Raffinerie Whiting/Ind. von der Standard Oil Co of Indiana eine ähnliche Anlage für etwa die doppelte Leistung in Betrieb genommen. Außerdem haben noch die Firmen Sonneborn Sons, Shell, Société Française des Pétroles und das Mendeljew-Institut Vorschläge für die Anwendung in der Praxis ausgearbeitet[3]. Auch wenn es sich dabei nicht um eine selektive Lösung bestimmter Inhaltsstoffe, sondern um eine selektive Kristallisation handelt, gehört dieses Verfahren hieher.

---

[1] ZIMMERSCHIED, W. J., R. A. DINERSTEIN, S. W. WEITKAMP u. R. F. MARSCHNER: Crystalline Adducts of Urea with Linear Aliphatic Compounds. Industr. Engng. Chem. 42 (1950) 1300/06. – BAILEY, W. A.: Urea Extractive Crystallization of Straight-Chain Hydrocarbons. Industr. Engng. Chem. 43 (1951) 2125/29. – HEPP, H. J., E. O. BOSJA u. G. C. RAY: Utilization of Kerosene Stocks for Jet Fuels by Treatment with Urea. Industr. Engng. Chem. 45 (1953) 112/15. – KRÖGER, C., u. F. HALLFELDT: Die Gewinnung einheitlicher n-Paraffine aus hochsiedenden paraffinbasischen Gasölen. Erdöl u. Kohle 7 (1954) 811/16. – SWERN, D.: Urea and Thiourea Complexes in Separating Organic Compounds. Industr. Engng. Chem. 47 (1955) 216/21. – FETTERLY, L. C., Urea Complexes – How They're Applied. Petrol. Refiner 34 (1955) Nr. 4, S. 134/37. – CHAMPAGNAT, A., J. LAUGIER, Y. ROLLIN u. C. VERNET: La cristallisation extractive par l'urée dans les opérations de raffinage du pétrole. 4. Welt-Erdöl-Kongreß, Rom 1955, Bericht Nr. III/B/1. – GOLDSBOROUGH, L. N., A Pilot Plant Employing a Novel Process for the Urea Extraction of Hydrocarbons. 4. Welt-Erdöl-Kongreß, Rom 1955, Bericht Nr. III/B/7. – FREUND, M., u. J. BÁTHORY: Die Trennung von Kohlenwasserstoffgemischen durch Carbamidaddukte. Erdöl u. Kohle 9 (1956) 237/41. – ROGERS, TH., J. S. BROWN, R. DICKMANN u. G. D. KERNS: Urea Dewaxing Gets More Emphasis. Petrol. Refiner 36 (1957) Nr. 5, S. 217/20. – FETTERLY, L. C.: Extractive Crystallization Today. Petrol. Refiner 36 (1957) Nr. 7, S. 145/52. – GRANAT, A. M., W. J. GRUSCHENKO, J. W. PAWLOWA u. L. N. STERCHOWA: Entparaffinierung von Destillaten aus Emba-Erdölen mittels Harnstoff (russ.) Chim. i technol. topl. i masel. 3 (1958) Nr. 5, S. 34; ref. Erdöl. u. Kohle 12 (1959) 567. – LAHTI, L. H., u. F. S. MANNING: Initial kinetic study of urea adduction with n-octane, n-decane, and n-dodecane. Industr. Engng. Chem./Proc. Design Developm. 4 (1965) 245/58. – SPENGLER, G., u. R. BRAUN: Untersuchungen zur kontinuierlichen Zerlegung von Kohlenwasserstoffgemischen mit Hilfe von Harnstoff. Erdöl u. Kohle 18 (1965) 539/45.

[2] HOPPE, A., u. H. FRANZ: Die Herstellung von Dieselkraftstoff und Spindelöl tiefen Stockpunktes mit Hilfe von Harnstoff. Erdöl u. Kohle 8 (1955) 411/13. – HOPPE, A.: Die Harnstoff-Entparaffinierungsanlage in Heide; ebd. 11 (1958) 618/21. – Ders.: Dewaxing with Urea, in: Advances in petroleum chemistry and refining, hrsg. von J. J. MCKETTA jr., Bd. 8, New York/London/Sydney: Interscience Publishers 1964, S. 192/234.

[3] Literaturnachweise darüber in der in vorstehender Fußnote zuletzt genannten Arbeit von HOPPE.

Seine Besonderheit besteht darin, daß es sich bei der Harnstoffadduktbildung nicht um eine chemische Reaktion, sondern um eine Art adsorptiver Bindung handelt, wie sie auch von anderen Vorgängen her bekannt ist[1]. Harnstoff bildet nur mit Normalalkanen oder Naphthenalkylen Addukte. Dabei spielt offenbar der Porendurchmesser von 5,0 bis 5,5 Å, der etwa dem Querschnitt von gestreckten $-CH_2$-Ketten entspricht, eine wesentliche Rolle. Deshalb ist die Anwendung des Verfahrens vor allem für Gasöle und leichte Schmieröle von Interesse, weil in diesen der Anteil der geradkettigen Verbindungen am höchsten ist. Näheres hierüber ist auf S. 975 ff. erörtert. Bei diesen Produkten lassen sich ohne Anwendung von Kälte Stockpunkte bis zu $-50\,°C$ erzielen, weil die Paraffine nicht auskristallisieren müssen, sondern an den Harnstoff gebunden und bei Raumtemperatur dem zu behandelnden Öl entzogen werden. Die Wirkung des Harnstoffes hat eine Ähnlichkeit mit der von Molekularsieben.

Bei der Einführung des Verfahrens in den Betrieb waren manche Schwierigkeiten zu überwinden. Dies gelang einmal durch die Verwendung von Wasser als Lösungsmittel für den bei Raumtemperatur festen Harnstoff und von Methylenchlorid (CH_2Cl_2) als Lösungsmittel bzw. als Verdünnungsmittel für das entparaffinierte Öl. Die Überführung des Harnstoffes in wäßrige Lösung trägt sehr zur Beschleunigung der Adduktbildung bei. Die zweite Schwierigkeit wurde dadurch verursacht, daß sich Harnstoff beim Auskristallisieren an eisernen Gefäßwandungen und Rohrleitungen hartnäckig festsetzt und innerhalb kurzer Zeit alle Leitungen verstopft. Abhilfe konnte durch Verwendung von Polyäthylen für die Leitungen und durch Ausrüsten der Gefäße mit stetig arbeitenden Schabern geschaffen werden.

Das Schema der in Heide errichteten Anlage ist in Abb. J-21 zu sehen. Das zu entparaffinierende Öl wird in dem ersten der Mischer a sowohl mit der wäßrigen Harnstofflösung wie auch mit dem Methylenchlorid bei etwa 40 °C innig verrührt. Dabei wird Wärme frei, so daß ein Teil des Lösungsmittels verdampft. Der Mischerinhalt wird erforderlichenfalls in einen – nicht dargestellten – zweiten Mischer gepumpt, in dem er weiter behandelt wird. Die günstigste Korngröße von weniger als 1 mm Durchmesser wird durch eine Harnstoffkonzentration erreicht, deren Wert vorher ermittelt wurde. In den beiden folgenden Mischern wird durch eine Vakuumpumpe b ein geringerer Druck gehalten, so daß sich auch eine niedrigere Temperatur von 30 °C einstellen kann. Beim Übergang von Atmosphärendruck auf Vakuum verdampft das in den Adduktkörnern enthaltene Lösungsmittel so plötzlich, daß die Körner,

---

[1] Eine Übersicht darüber ist zu finden bei F. Cramer: Einschlußverbindungen, Berlin/Göttingen/Heidelberg: Springer 1954. Die entstehenden Verbindungen werden auch Clathrate genannt, von lat. clatra oder clatri = Gitter, Käfig, abgeleitet von griech. κλεῖϑρον Schloß, Riegel; in der Botanik ist die Bezeichnung clathrus für Gitterschwamm gebräuchlich, eine Gruppe, die ähnlich wie der Bovist zahlreiche Hohlräume aufweist. – Eine Übersicht über die Anwendungsmöglichkeiten bei W. D. Schaeffer u. W. S. Dorsey: Clathrates and Clathrate Separation, in: Advances in Petroleum Chemistry and Refining, hrsg. von J. J. McKetta jr.; New York/London: Interscience Publishers 1962, Bd. 6, S. 119/67.

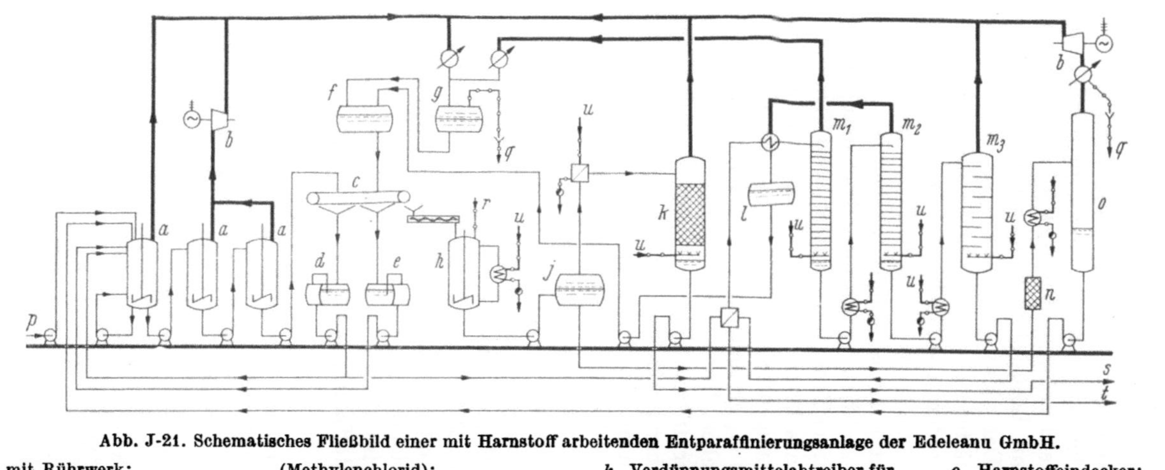

Abb. J-21. Schematisches Fließbild einer mit Harnstoff arbeitenden Entparaffinierungsanlage der Edeleanu GmbH.

a Mischer mit Rührwerk;
b Vakuumpumpe;
c Bandsieb mit Schnecke zur Förderung des Harnstoffes;
d Sammelbehälter für Filtrat (entparaffiniertes Öl);
e Sammelbehälter für ablaufendes Wasch- bzw. Verdünnungsmittel (Methylenchlorid);
f Sammelbehälter für Waschmittelkondensat;
g Trennbehälter für Wasser und Waschmittel;
h Zersetzer;
j Trennbehälter für Paraffin und wäßrige Harnstofflösung;
k Verdünnungsmittelabtreiber für Paraffin;
l Absitzbehälter für Verdünnungsmittelkondensat;
m Verdünnungsmittelabtreiber für Filtrat, m_1 erste Stufe, m_2 zweite Stufe, m_3 dritte Stufe;
n Sieb;
o Harnstoffeindecker;
p Zufluß des zu entparaffinierenden Öles;
q Wasserablauf;
r Wasserzugabe;
s Paraffin;
t Entparaffiniertes Öl;
u Heiz- oder Strippdampf.

die sich gebildet hatten, zerstäubt werden. Dadurch wird aber die Harnstoffoberfläche so vergrößert, daß die restliche Adduktbildung sehr beschleunigt wird. In dem letzten Mischgefäß, das auf gleichem Druck wie das davor befindliche gehalten wird, dampft kein Lösungsmittel mehr aus, und es können sich wieder Körner der gewünschten Größe bilden. Sie werden nun zusammen mit dem Lösungsmittel–Öl-Gemisch zu einem Bandfilter c oder neuerdings zu einem rotierenden Druckfilter gefördert, auf dem sie leicht abgesiebt werden können. Am Ende des Siebbandes werden sie mit Lösungsmittel nachgewaschen, um sie von Ölresten zu befreien. Das ablaufende Lösungsmittel, das nur wenig Öl enthält, wird im Behälter e gesammelt und kann unmittelbar im ersten Mischer verwendet werden. Die Rückgewinnung des Lösungsmittels aus dem Filtratrest weist gegenüber den in den vorhergehenden Abschnitten beschriebenen Verfahren keine grundsätzlichen Besonderheiten auf. In dem Schema Abb. J-21 ist eine dreistufige Anordnung gezeigt. Die erste Kolonne m_1 wird bei einer Temperatur von etwa 60 °C mit geringem Überdruck von etwa 2,5 ata betrieben. Die Temperatur wird nach Wärmeaustausch mit dem fertigen Filtrat durch Kondensation der Kopfdämpfe der zweiten Kolonne m_2 erreicht. Diese wird mit rd. 125 °C im Sumpf und etwa 5 ata betrieben. Die letzten Lösungsmittelreste werden mittels Wasserdampf in einer dritten Kolonne m_3 bei rd. 130 °C abgetrieben.

Der auf dem Siebband verbliebene und gewaschene Filterkuchen wird am Ende abgeworfen und mittels einer Schnecke zum Zersetzer h gefördert. In diesem wird durch einen dampfbeheizten Vorwärmer eine Temperatur von 80 °C aufrechterhalten. Das Addukt zerfällt wieder in Harnstoff und Paraffin. Durch Zufuhr von Wasser wird der Harnstoff gelöst, und in dem nachgeschalteten Trenngefäß j können sich das flüssige Paraffin und die Harnstofflösung scheiden. In der Füllkörperkolonne k werden noch letzte Reste von Lösungsmittel aus dem Paraffin abgetrieben. Dafür genügt wegen des größeren Abstandes der Siedepunkte in der Regel eine Kolonne.

Da es notwendig ist, dem Zersetzer h Wasser zuzuführen, um durch Einstellen der Harnstoffkonzentration günstigste Bedingungen zu schaf-

Zahlentafel J-5

Entparaffinierung verschiedener Öle mittels Harnstoff, nach HOPPE

Bezeichnung des Öles	Herkunft	Dichte bei 20 °C g/cm³	Zähigkeit bei 50 °C °E	Paraffingehalt Gew.-%	Stockpunkt in °C vor	nach der Adduktbildung
Gasöl	Kuweit	0,856	1,40	10	+ 2	−50
Spindelöl	Heide	0,865	1,65	16	+13	−45
Schweres Spindelöl	Irak	0,908	2,35	12	+22	−25
Neutralöl	Irak	0,911	2,97	13	+29	−16
Leichtes Schmieröl	Aramco	0,914	4,7	11,3	+35	−11
Heizöl II	Heide	1,012	9,6	7,5	+30	− 4
Naphthenbasisches Maschinenöl	Wietze		8,5	1,3	+11/±0	−19/−25
Leichtes naphthenbasisches Maschinenöl	nicht angegeben		7,5	0,88	− 6/−24	−34/−34

fen, muß an einer anderen Stelle dem Harnstoffkreislauf wieder Wasser entzogen werden. Diesem Zweck dient der Harnstoffeindicker o. In ihm wird so viel Wasser verdampft, daß die für die gewünschte Korngröße jeweils günstigste Harnstoffkonzentration eingestellt werden kann. Eingeschleppte Lösungsmittelreste werden mit dem Wasserdampf über Kopf abgeführt und dem Lösungsmittelkreislauf zugeleitet. Das Wasser wird aus dem Kondensator entfernt.

Aus Zahlentafel J-5 geht hervor, welche Ergebnisse mit dem geschilderten Verfahren bei verschiedenen Einsatzölen erzielt werden konnten. Die Angaben für die beiden zuletzt genannten, naphthenbasischen Öle gelten in den Spalten für den Stockpunkt vor dem Schrägstrich für den Trübungspunkt, dahinter für den Stockpunkt. Da sie nur wenige Paraffine enthalten, kann der Stockpunkt nicht im gleichen Maß wie bei den anderen Ölen gesenkt werden, während beim Trübungspunkt die Erniedrigung doch recht bemerkenswert ist.

Der Anwendung der Verfahren sind dadurch, daß Harnstoff nur lange, gerade Kohlenwasserstoffketten bindet, einerseits Grenzen gesetzt. Andererseits liegt für bestimmte Verwendungszwecke aber auch ein Vorteil darin[1]. Wegen der Zunahme der verzweigten Verbindungen mit dem Siedebereich verstärkt sich der Zeresincharakter der Paraffine in höhersiedenden Fraktionen, insbesondere in solchen, die durch Vakuumdestillation gewonnen werden. Deshalb ist das Entparaffinieren mit Hilfe von Harnstoff etwa vom Spindelöl abwärts wirtschaftlich reizvoll. Es kann damit sogar die Oktanzahl von Reformaten durch Entzug der geradkettigen und besonders klopffreudigen Komponenten erheblich verbessert werden. Ob dies mit wirtschaftlichem Aufwand zu erreichen ist, muß die Entwicklung zeigen. Da die anzuwendende Harnstoffmenge dem Paraffingehalt des zu behandelnden Produktes etwa verhältnisgleich ist, gilt dies auch ungefähr für den Betriebsmittelverbrauch und wirkt sich sinngemäß auf die Baukosten aus.

e) Das Abtrennen von Normalparaffinen mit Hilfe von Molekularsieben

In vorhergehenden Kapiteln konnte wiederholt darauf hingewiesen werden, daß in den letzten Jahren Molekularsiebe in einigen Zweigen der Erdölverarbeitung Bedeutung gewonnen haben. Es lassen sich mit ihnen beim katalytischen Kracken günstige Produktverteilungen erzielen, und beim Entschwefeln und Trocknen leisten sie ebenfalls gute Dienste[2]. Wegen der gleichen Form und gleichen Größe ihrer aktiven Räume eignen sie sich dazu, Moleküle bestimmter Abmessungen bevorzugt zu adsorbieren. Diese Eigenschaft wird bei der Gewinnung von niedrigmolekularen Normalparaffinen aus Erdölfraktionen entsprechender Siedelage ausgenutzt, weil sie bei deren fadenförmigen Molekülen sehr gut zur Geltung kommt.

---

[1] WEINGAERTNER, E.: Über die Abtrennung von Normalparaffinen aus DK-Schnitten durch Harnstoffadduktierung und ihre anschließende Chlorierung und Sulfochlorierung. Erdöl u. Kohle 14 (1961) 910/14. – FRANZ, H.: Urea Dewaxing Process Can Yield Normal Paraffins. Hydrocarb. Procssg. 44 (1965) Nr. 9, S. 183/84.

[2] Vgl. T. L. THOMAS: Molecular sieves in petroleum and natural gas processing. 6. Welt-Erdöl-Kongreß, Frankfurt/Main 1963, Bericht III/16. Weiterhin S. 387 ff. und S. 457 ff.; S. 651 sowie S. 691.

Die so abgetrennten und dann durch Desorption oder auf sinngemäße Weise gewonnenen geradkettigen Alkane – oft bestimmter Atomzahl – sind in zunehmendem Maße für die Herstellung von Waschmitteln sowie als Weichmacher für Kunststoffe wichtig. Daneben läßt sich auf diese Weise durch das Entfernen der klopffreudigsten Komponenten eine Verbesserung der Oktanzahl von Benzinen erreichen. Hieher gehören Verfahren wie das Isosiv-Verfahren der Union Carbide Corp, das Molex-Verfahren der Universal Oil Products Co, das Texaco Selective Finishing-(TSF)-Verfahren der Texaco Inc, ein nicht näher benanntes, in der Gasphase arbeitendes Verfahren der British Petroleum Co sowie das Parex-Verfahren des Leunawerkes[1]. Beim Molex- und beim Texaco-Verfahren war die Entfernung der die Klopffestigkeit von Benzinen ungünstig beeinflussenden n-Paraffine sogar das zunächst angestrebte Ziel. Diese Verfahren sind zwar zur Petrolchemie zu zählen, doch sollten sie hier wegen der sinngemäßen Aufgabe erwähnt werden[2]. Als Besonderheit ist noch der Fall zu nennen, daß zur Desorption der in den Molekularsieben zurückgehaltenen n-Paraffine nicht – wie bei den meisten der genannten Verfahren – ein in der Siedelage geeignetes Erdölprodukt oder Kohlenwasserstoffgemisch, sondern Ammoniak verwendet wird[3].

---

[1] Gleichfalls als Parex-Verfahren bezeichnet die Universal Oil Products Co ihr neues Verfahren, bei dem mit Hilfe von Molekularsieben Xylole aus einem an Aromaten reichen Gemisch abgetrennt werden. Durch partielle Desorption kann dann das begehrte Paraxylol gewonnen werden.

[2] FRANZ, W. F., E. R. CHRISTENSEN, J. E. MAY u. H. V. HESS: New Processes Remove n-Paraffins. 1 – The Texaco Selective Finishing Process. Petrol. Ref. 38 (1959) Nr. 5, S. 125/29; CARSON, D. B., u. D. B. BROUGHTON: 2 – The Molex Process; ebd. S. 130/34. – BROUGHTON, D. B., u. A. G. LICKUS: A Way to Get Heavy Normal Paraffins. Petrol. Ref. 40 (1961) Nr. 5, S. 173/74. – AVERY, W. F., u. M. N. Y. LEE: IsoSiv process goes commercial. Oil Gas J. 60 (4. Juni 1962) Nr. 23, S. 121/23; dies.: Das IsoSiv-Verfahren zur Abtrennung von n-Paraffinen. Erdöl u. Kohle 15 (1962) 356/58. – BURGESS, C. G. V., R. H. E. DUFFETT, G. J. MINKOFF u. R. G. TAYLOR: Sorption of long chain normal paraffins in molecular sieves. J. appl. Chem. 14 (1946) 350/60. – GRIESMER, G. J., W. F. AVERY u. M. N. Y. LEE: Separate n-Paraffins With Isosiv. Hydrocarb. Procssg. 44 (1965) Nr. 6, S. 147/50. – STERBA, M. J.: Recover n-Paraffine With Molex; ebd. S. 151/53. – COOPER, D. E., H. E. GRISWOLD, R. M. LEWIS u. R. W. STOKELD: Improved desorption route to normal paraffins. Chem. Engng. Progr. 62 (1966) Nr. 4, S. 69/73. – SCHUMACHER, W. J., u. R. YORK: Separation of hydrocarbons in fixed beds of molecular sieves. Industr. Engng. Chem./Proc. Design Developm. 6 (1967) 321/27. – WEHNER, K., H. KAUFMANN u. G. SEIDEL: Das Parex-Verfahren zur Gewinnung von n-Paraffinen aus Erdöl. Chem. Techn. 19 (1967) 385/92. – ROBERTS, P. V., u. R. YORK: Adsorption of normal paraffins from binary liquid solutions by 5 A molecular sieve adsorbent. Industr. Engng. Chem./Proc. Design Developm. 6 (1967) 516/25. – SCHMELING, F., u. H. HENEKA: Betriebserfahrungen mit dem IsoSiv-Prozeß bei der Abtrennung von n-Paraffinen aus Kohlenwasserstoffgemischen im C_5/C_7-Bereich. Erdöl u. Kohle 21 (1968) 705/07. – BROUGHTON, D. B.: Molex: Case History of a Process. Chem. Engng. Progr. 64 (1968) Nr. 8, S. 60/65. – SCHMELING, F., u. H. HENEKA: Europeans look to molecular sieves to upgrade gasoline. Oil Gas J. 67 (17. Febr. 1969) Nr. 7, S. 69/72. – RITZER, H., u. G. CREMER: Gewinnung von n-Paraffinen im Kerosinbereich unter Anwendung von Molekularsieben in flüssiger Phase. Erdöl u. Kohle 22 (1969) 132/36.

[3] ASHER, W. J., M. L. CAMPBELL, W. R. EPPERLY u. J. L. ROBERTSON: Desorb n-Paraffins with Ammonia. Hydrocarb. Procssg. 48 (1969) Nr. 1, S. 134/38.

K. Die Herstellung destillierter und geblasener Bitumina

Dieses Kapitel ist abweichend von den vorhergehenden nicht einem Verfahren, sondern einem Produkt gewidmet. Doch hat dies seine Gründe. Als Verfahren kommen für die Herstellung von Bitumen das bereits besprochene Destillieren und das nur für diesen besonderen Zweck angewendete Blasen mit Luft in Frage. Da man aber in diesem Falle oft von Asphaltblasen spricht, ist zunächst der Unterschied zwischen Bitumen und Asphalt zu erläutern[1]. Unter Bitumina werden hier alle aus Erdöl ohne Anwendung höherer Temperaturen als 350 bis 400 °C, also ohne Zersetzung gewonnenen, bei Raumtemperatur zähflüssigen bis festen, schmelzbaren Kohlenwasserstoffgemische verstanden. Sie werden von den Teeren und Pechen unterschieden; diese erhält man bei der zersetzenden (destruktiven) Destillation (Schwelung, Verkokung, Verkohlung) von Naturstoffen wie Holz, Torf, Braun- und Steinkohle, jedoch auch anderer pflanzlicher oder tierischer Stoffe als bei Raumtemperatur flüssige bis feste Kondensationsprodukte. Zwischen beiden Stoffgruppen bestehen erhebliche Unterschiede in der chemischen Zusammensetzung. In Teeren und in Pechen, den bei Raumtemperatur festen Anteilen der Teere, überwiegen bei weitem die mehrkernigen Aromaten. Außerdem enthalten sie infolge ihrer Entstehung nicht unwesentliche Mengen von Sauerstoffverbindungen, die in nicht geblasenen Bitumina kaum vorkommen. Durch das Blasen wird allerdings der Gehalt an Sauerstoff künstlich erhöht, doch bildet er Brücken zwischen einzelnen Molekülen, so daß netzartige Strukturen (Makromoleküle) entstehen. Für Teere sind hingegen die funktionellen Gruppen kennzeichnend, die *Sauerstoff* enthalten und den Gehalt an Säuren (Phenol, Kresol usw.) verursachen, sowie die Stickstoffbasen (Pyridin, Chinolin u.a.). Im Deutschen unterscheidet man dem Sprachgebrauch der Straßenbauer folgend jetzt entsprechend DIN 55946 zwischen Bitumen und Asphalt derart, daß der Ausdruck Bitumen im vorstehenden Sinn, der Ausdruck Asphalt jedoch für natürlich vorkommende oder künstlich, d.h. maschinell hergestellte Gemische aus Bitumen und Mineralstoffen (Sand, kleinkörniger Schotter, Splitt) benutzt wird. Statt der früher bei den Chemikern üblichen Ausdrücke „Asphalt, Hartasphalt u.ä." für die höchstmolekularen Inhaltsstoffe der Bitumina hat sich die Bezeichnung Asphaltene durchgesetzt, vgl. S. 762.

---

[1] Vgl. W. H. NITSCH: Bitumen und Asphalt, in: Mineralöle und verwandte Produkte, hrsg. von C. ZERBE, a.a.O. Bd. I, S. 520/90. – MALLISON, H.: Teer, Pech, Bitumen und Asphalt, 2. Aufl., Halle (Saale): Knapp 1944. – Ders.: Definition und Einteilung der Bitumen. Erdöl u. Kohle 2 (1949) 437/38 (wiederabgedruckt in: 40 Jahre Teerforschung. Heidelberg: Verlag Straßenbau, Chemie und Technik 1956, S. 27/30); dazu Bemerkungen von W. GOTHAN: ebd. S. 438/39. – DIN 55946 (September 1957); vgl. Bitumen, Teere, Asphalte, Peche 9 (1958) 195/96.

Bitumina können durch atmosphärische und durch Vakuumdestillation sowie durch Blasen von Destillationsrückständen und von aromatenreichen Extrakten der Schmierölherstellung mit Luft bei erhöhter Temperatur gewonnen werden. Außerdem sind beim Kracken anfallende Rückstände für die Herstellung nicht besonders hochwertiger Bitumina für Sonderzwecke verwendbar. Als Ausgangsstoffe eignen sich paraffinische Rückstände weniger, weil der Paraffingehalt die Sprödigkeit des Bitumens erhöht. Außerdem wird dadurch die Klebekraft, die für das Haften am Gestein beim Bautenschutz, Straßenbau und bei ähnlichen Verwendungszwecken wichtig ist, beeinträchtigt[1]. Es kann zu keinem Mißverständnis führen, wenn Wortprägungen, die auf den Ausdruck „Asphalt" zurückgehen, für die höchstmolekularen und daher in den Destillationsrückständen angereicherten Inhaltsstoffe von Erdölen benutzt werden, wie dies in Abschn. J1 geschehen ist. In diesem Sinne hat er sich in der Literatur eingebürgert, wird jetzt aber vielfach durch die Bezeichnung Asphaltene ersetzt.

Will man die Gründe für die Besonderheiten der Herstellung der Bitumina, insbesondere durch Blasen mit Luft, verstehen, so muß man sich zunächst mit der Zusammensetzung von Bitumen und ihrem bisher erkannten Einfluß auf seine Gebrauchseigenschaften vertraut machen.

1. Die Zusammensetzung der Bitumina und deren Eigenschaften

Es ist nicht verwunderlich, daß die Erforschung der Bitumina in den zurückliegenden Jahrzehnten – soweit man es überhaupt für notwendig hielt, den Wissenschaftseifer so „dunklen" Substanzen zu widmen – nur sehr langsame Fortschritte machte. Widersetzen sie sich doch dank ihrer Reaktionsträgheit den in der organischen Chemie üblichen, analytischen Methoden. Außerdem können sie wohl noch zum Schmelzen, unterhalb ihrer Zersetzungstemperatur aber auch im Vakuum nicht mehr zum Verdampfen gebracht werden. Eine, allerdings nicht vollständige Übersicht über die Bemühungen, die Zusammensetzung der Bitumina aufzuklären, findet sich in dem Buch von TRAXLER[2]. Dazu sind, weil dort nur kurz

---

[1] KRENKLER, K.: Über den Einfluß des Paraffingehaltes auf die Eigenschaften des Bitumens. Bitumen, Teere, Asphalte, Peche 1 (1950) 185/91.

[2] TRAXLER, R. N.: Asphalt, Its Composition, Properties and Uses. New York/London: Reinhold/Chapman & Hall 1961. Der Titel zeigt, daß im Englischen noch vielfach „asphalt" für Bitumen gebraucht wird, während Asphalt im Sinne der Straßenbauer – also für Bitumen mit mineralischen Zuschlagstoffen – als „asphalt cements" bezeichnet wird. Erstaunlicherweise benennen A. S. WELLBORN u. J. M. GRIFFITH in ihrem Beitrag „Petroleum Asphalt" (Section 13) des Petroleum Products Handbook, hrsg. von V. B. GUTHRIE, New York/Toronto/London: McGraw-Hill 1960 das Bitumen in dem hier verstandenen Sinn als „asphalt cements". Auch den Ausdruck „bitumen cements" kann man gelegentlich lesen. Von neueren Büchern über Asphalt bzw. Bitumen sind noch zu nennen E. J. BARTH: Asphalt/Science and Technology, New York und London: Gordon & Breach 1962 sowie Bituminous Materials: Asphalts, Tars, and Pitches, hrsg. von A. J. HOIBERG, Bd. I (ohne Untertitel), New York/London/Sydney: Interscience Publishers 1964; Bd. II (Teil 1, Asphalts) 1965, (Teil 2 in Vorbereitung); Bd. III (Coal Tars and Pitches) 1966.

oder gar nicht erwähnt, vor allem noch die Arbeiten von GRADER, KAMPTNER, MAASZ, NÜSSEL, PÖLL und SUIDA zu nennen[1]. Insbesondere soll aber nachstehend auf das Verfahren von KRENKLER u. Mitarb. eingegangen werden, das auf den vorgenannten Arbeiten fußt und unter Benutzung der Anschauungen der Kolloidik zu überzeugenden und praktisch gut verwertbaren Vorschlägen kommt[2].

a) Die für die Verwendung der Bitumina wichtigen Eigenschaften

KRENKLER weist mit Recht darauf hin, daß die meisten an Bitumina festgestellten physikalischen Eigenschaften wie Penetration (Eindringtiefe einer Stahlnadel unter genormten Bedingungen bei einer oder mehreren bestimmten Temperaturen, in der Regel bei 25 °C), Erweichungspunkt nach der Ring- und Kugelmethode (früher abgekürzt R u. K bzw. engl. R & B; jetzt auf Grund neuerer Festlegungen in DIN und ÖNORM: ERK), Brechpunkt nach FRAASS oder ähnlichen Verfahren und Dehnbarkeit (Duktilität, Streckbarkeit, ebenfalls bei bestimmter oder bestimmten Temperaturen ermittelt) letzten Endes durchwegs Zähigkeitsmessungen eines hochviskosen Stoffes sind[3]. Diese Eigenschaften sind für die praktische Anwendung von Bitumen, vor allem im Straßenbau, der mehr als vier Fünftel der erzeugten Mengen abnimmt, sehr wichtig. Auf Verbesserungsmöglichkeiten hinsichtlich der anzuwenden-

---

[1] SUIDA, H., u. H. KAMPTNER: Die Zusammensetzung und äußere Gestalt der festen Paraffine in Erdölasphalten (in Erdwachs und in Naturvaseline). Asphalt und Teer 31 (1931) 669/77. – PÖLL, H.: Über Erdölasphalte. Erdöl u. Teer 7 (1931) 350/52 u. 366/71; Petroleum 28 (1932) Nr. 36, S. 2/7. – MAASZ, W.: Die Bestimmung der Hartasphalte, Weichasphalte, Asphaltharze und der raffinierten öligen Anteile einschließlich Paraffin. (1.) Welt-Erdöl-Kongreß, Paris 1933, Bericht 182. – GRADER, R.: Untersuchungen über die Beziehungen zwischen dem Aufbau der Asphalte und Bitumina und ihren Eigenschaften. Öl u. Kohle 38 (1942) 867/78. – NÜSSEL, H.: Untersuchungen und kritische Betrachtungen über die Gruppenaufteilung von Bitumen; ebd. S. 1254/62. – MAASZ, W.: Betrachtungen über die Methoden zur Gruppenaufteilung von Bitumen und Asphalten. Asphalt und Teer 42 (1942) 43/46, 64/68 u. 83/86. – Die von PÖLL vorgeschlagenen Bezeichnungen werden S. 775 ff. behandelt.

[2] KRENKLER, K., u. R. WAGNER: Über die Struktur der bituminösen Stoffe. I. Kolloidchemische Grundlagen der Bitumenchemie. Erdöl u. Kohle 1 (1948) 280/85; II. Die Solvatation der bituminösen Stoffe; ebd. 2 (1949) 11/16. – KRENKLER, K., u. E. JANTZEN: Bitumenzerlegung mit Hilfe selektiver Lösungsmittel. Bitumen/Teere/Asphalte/Peche 2 (1951) 59/63, 85/88 u. 105/10. Die an der vorgeschlagenen Arbeitsweise geübte Kritik bei L. KOSSOWICZ: Specific nature of extraction asphalts in the light of extended testing methods. 5. Welt-Erdöl-Kongreß, New York 1959, Bericht V/31 beschränkt sich auf ein mißverstandenes Beispiel und bleibt oberflächlich. Hingegen zeigen z. B. F. PASS u. K. SCHINDEL: Eigenschaften von österreichischen Bitumensorten. Erdöl-Z. 77 (1961) 456/69, daß das Verfahren erweitert und ergänzt mit Erfolg angewendet werden kann und gute Einsichten in die zu erwartenden Eigenschaften von Bitumina vermittelt.

[3] Über die Meßverfahren s. W. H. NITSCH: Bitumen und Asphalt, in: Mineralöle und verwandte Produkte: a. a. O. Bd. I, S. 533/53. – Vgl. auch E. GUNDERMANN: Erdölbitumen/Einteilung, Eigenschaften, Verwendung. Chem. Techn. 11 (1959) 441/47. – Es ist zu beachten, daß die Penetrationswerte (pen) in der Praxis in 1/10 mm angegeben und die Bitumensorten dementsprechend benannt werden. Eine Sorte B 300 weist also eine Eindringtiefe von 30 mm (= 300 1/10 mm) auf.

den Prüftemperaturen wird noch eingegangen. Hier sollen diese durch die Normen festgelegten Eigenschaften zunächst einmal erwähnt werden.

Der Temperaturbereich der plastischen Verformbarkeit soll möglichst groß sein. Bei den niedrigsten Temperaturen soll die Straßendecke nicht spröde und bei den höchsten Temperaturen nicht so weich werden, daß sie durch die Verkehrslasten bleibend verformt oder gar schlüpfrig wird. Die kennzeichnenden Grenztemperaturen sind der Erweichungspunkt einerseits und der Brechpunkt andererseits. Dieser Bereich wird auch als Elastizitätsspanne, Temperaturempfindlichkeit (KRENKLER) oder Plastizitätsspanne (PASS und SCHINDEL) bezeichnet. Der letzte Ausdruck trifft wohl am besten zu, denn eine rein elastische Verformung kann bei Bitumina in diesem Bereich nicht beobachtet werden. Hingegen kann der Ausdruck Temperaturempfindlichkeit die schnelle Erfassung der Zusammenhänge beeinträchtigen. Die Temperaturempfindlichkeit wird als *klein*, also als günstig bezeichnet, wenn die Temperaturspanne zwischen Erweichungspunkt und Brechpunkt *groß* ist. Ein solches Verhalten entspricht dem eines Schmieröles mit hohem Viskositätsindex, bei dem sich die Viskosität mit der Temperatur nur wenig ändert, also eine große Temperaturdifferenz erforderlich ist, um eine merkbare (meist unerwünschte) Viskositätsänderung zu erzielen. Sinngemäß gilt das Gegenteil bei großer Temperaturempfindlichkeit, wie sie aromatische Körper aufweisen – sei es, daß es sich um Schmierölkomponenten, sei es, daß es sich um Teere und Peche handelt. Da es sich um Temperaturdifferenzen handelt, empfiehlt es sich, die Begriffe „groß" oder „hoch" mit einem günstigen Verhalten zu koppeln und deshalb hier den Ausdruck Plastizitätsspanne zu benutzen. Zu den aufgezählten Eigenschaften kommt noch als weitere die Klebefähigkeit, weil Bitumen entweder an dem für den Straßenbau beigemengten Sand, Splitt oder Schotter, bei Isolierarbeiten gegen Feuchtigkeit an den zu schützenden Beton- oder Mauerwerksteilen oder bei ihrer Verwendung als Korrosionsschutz erdverlegter Leitungen an der Oberfläche der Rohre fest haften soll.

Als chemische Eigenschaft ist vor allem die Oxydationsbeständigkeit (Alterungsbeständigkeit) zu erwähnen, weil Bitumen meist in großen Flächen dem Sauerstoff oder anderen oxydierenden Medien wie feuchtem Erdreich ausgesetzt ist und in dieser Hinsicht widerstandsfähig sein soll[1]. Die besonderen, von elektrischen Isoliermassen geforderten Eigenschaften, wie niedrige Dielektrizitätskonstante, kleiner Verlustwinkel und hohe Durchschlagsfestigkeit, werden in der Regel von allen Bitumina unabhängig von ihrer chemischen Struktur erreicht, sofern sie frei von Verunreinigungen, insbesondere von Wasser, sind. Sie können hier außer Betracht bleiben[2]. Die übrigen physikalischen Eigenschaften, wie Dichte, spezifische Wärme und Wärmeleitfähigkeit, sind für alle Bitumensorten so ähnlich,

---

[1] Hierüber s. S. 778 ff.

[2] Über die Bedeutung dieser Größen s. A. ROTH: Hochspannungstechnik, 4. Aufl., hrsg. unter Mitwirkung von G. DE SENARCLENS u. J. AMSLER: Wien: Springer 1959. – KÜPFMÜLLER, K.: Einführung in die theoretische Elektrotechnik, 8. Aufl., Berlin/Heidelberg/New York: Springer 1965.

daß aus ihrer Ermittlung, die für besondere Zwecke durchaus erforderlich sein kann, keine Schlüsse auf die Eignung für die üblichen Verwendungszwecke gezogen werden können.

Trägt man von den vorgenannten Eigenschaften die Penetration über der Temperatur des Erweichungspunktes auf und wählt für die Ordinate einen einfach logarithmischen Maßstab, für die Abszisse einen linearen, so findet man, daß z. B. die nach DIN 1995 geforderten Werte, wie Abb. K-1 zeigt, in einem schräg von links oben nach rechts unten verlaufenden Bereich liegen. Die Zuordnung der beiden Werte läßt bei den härteren Sorten nach DIN etwas zu wünschen übrig, während nach ÖNORM – vgl. Abb. K-1 b – die Werte bei diesen Sorten besser aufeinander abgestimmt sind, sich im übrigen aber mit den Werte nach DIN decken[1]. In Abb. K-1 b sind auch die Bereiche der Eigenschaften gebräuchlicher Sorten geblasener Bitumina eingezeichnet. Dies zeigt, daß sich in Diagrammen von der Art der Abb. K-1 die Veränderung der Eigenschaften eines Bitumens durch die Verarbeitungsverfahren – sei es durch Destillieren bei zunehmendem Vakuum bzw. zunehmendem Wasserdampfzusatz, sei es durch Blasen von zunehmender Dauer oder mit zunehmender Luftmenge – gut

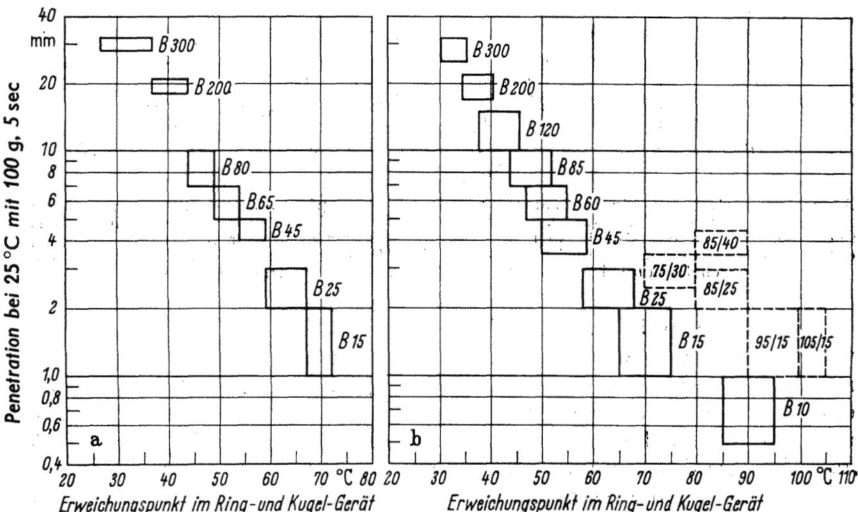

Abb. K-1. Beziehung zwischen der Eindringtiefe (Penetration) nach genormten Verfahren und dem Erweichungspunkt im Ring- und Kugelgerät (R u. K) entsprechend den Anforderungen; vgl. auch Zahlentafel K-1, S. 787/88. Es ist aber zu beachten, daß die Penetrationswerte (pen) in der Praxis immer in 1/10 mm angegeben werden.

Abb. K-1a. Werte nach DIN 1995, Teil II U 7 (Penetration) und U 4 (R u. K).

Abb. K-1b. Werte nach ÖNORM. Die gestrichelt eingezeichneten Bereiche gelten für geblasene Bitumina; vgl. Zahlentafel K-1, S. 788.

---

[1] Nach den in Vorbereitung befindlichen Neuausgaben der Normen ÖNORM B 3610 und B 3611 wird die bisherige Bezeichnung B 85 – in Übereinstimmung mit DIN – in B 80 abgeändert. Die Sorten B 25 und B 15 werden in eine Sorte B 20 zusammengefaßt. Dabei ist zu beachten, daß die Werte für die Anforderungen an die beiden ursprünglich genormten Sorten sehr eng beieinander liegen. Dies kommt in der logarithmischen Darstellung von Abb. K-1 nicht zum Ausdruck.

verfolgen läßt. Die Herkunft und die noch zu erläuternde Zusammensetzung des Ausgangsstoffes beeinflußt sehr deutlich die Neigung und
etwaige Krümmung der Linien, welche die Werte für Produkte verschiedener Härte verbinden, die daraus hergestellt werden können. Die gewählte, heute übliche Darstellung entspricht dem bereits von PFEIFFER
und VAN DOORMAAL festgestellten Zusammenhang, wie er in Abb. K-2
wiedergegeben ist[1].

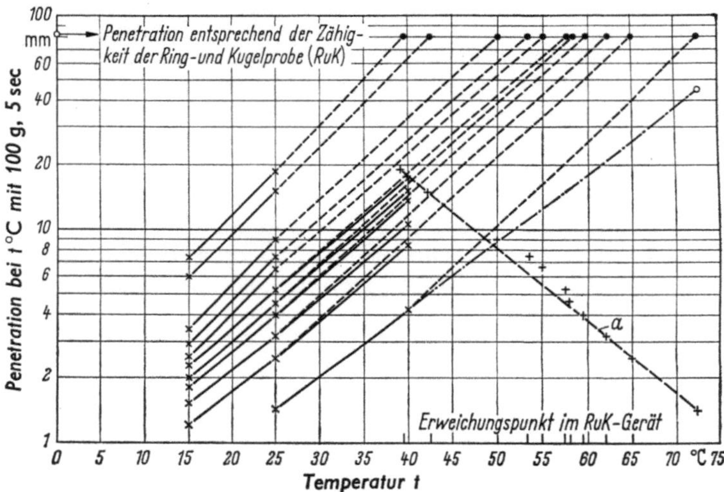

Abb. K-2. Penetrationswerte mexikanischer, mit Wasserdampf destillierter Bitumina gleicher
Herkunft, aber verschiedener Härte, nach PFEIFFER und VAN DOORMAAL. Die Linien sind jeweils
bis zu der im Ring- und Kugelgerät bestimmten Erweichungstemperatur verlängert und zeigen,
daß diese etwa bei einem Penetrationswert von 800 (1/10 mm) erreicht wird. Ergänzend ist die
Penetration bei 25 °C über den R u. K-Werten aufgetragen (Linie a).

Es sind darin die für Bitumina aus mexikanischem Rohöl bei 15, 25
und 40 °C erhaltenen Penetrationswerte über den angegebenen Temperaturen aufgetragen, und zwar für verschiedene, durch Wasserdampf-
destillation bei steigendem Vakuum erhaltene Produkte. Wenn man berücksichtigt, daß die Penetration als eine Art Reziprokwert der Zähigkeit
aufgefaßt werden kann, so wird man durch den Verlauf der Linien des
Diagramms an die Darstellung des Zähigkeits–Temperatur-Verlaufes
von Schmierölen erinnert. PFEIFFER und VAN DOORMAAL haben diese
Linien bis zum Werte für pen = 800 (1/10 mm) verlängert, weil sie auf
Grund theoretischer Überlegungen zu dem Schluß kamen, daß der Erweichungspunkt nach dem Ring- und Kugelverfahren etwa diesem
Penetrationswert entspricht. Diese Feststellung blieb zwar von anderer
Seite nicht unwidersprochen, doch läßt sie den Zusammenhang – wenn
auch grob – erkennen. Dies zeigen auch die gestrichelten Verlängerungen
in der nach der Originalarbeit wiedergegebenen Abb. K-2, die bis zu der
Erweichungstemperatur fortgesetzt und dem Wert pen = 800 zugeord-

---

[1] PFEIFFER, J. PH., u. P. M. VAN DOORMAAL: The rheological properties of
asphaltic bitumen. J. Instn. Petrol. Technol. 22 (1936) 414/40.

net sind. Sie verlaufen nicht genau in der Richtung der Verbindungs-
linien der gemessenen Werte. Hält man diese Richtung ein, wie dies ergänzend als Beispiel bei der härtesten Sorte eingetragen ist, so findet man
bei der Erweichungstemperatur einen Wert von rd. 450 für die Penetration, was vermutlich zu wenig sein dürfte. Trägt man aber die Penetration bei 25 °C über den Wert für den Erweichungspunkt nach dem
Ring- und Kugelverfahren auf, was ebenfalls in Ergänzung der Darstellung der Originalarbeit in Abb. K-2 geschehen ist, so findet man die
frühere Aussage über den geradlinigen Verlauf der Verbindung der einzelnen Meßpunkte ungefähr bestätigt.

PFEIFFER und VAN DOORMAAL haben den Versuch unternommen,
einen Kennwert für das rheologische Verhalten von Bitumen einzuführen. Sie betrachten die Neigung der Linien in Abb. K-2 als kennzeichnend, nennen sie „penetration-temperature-susceptibility" (abgekürzt PTS) und berechnen ihren Wert aus der Gleichung

$$\text{PTS} = \frac{\lg 800 - \lg \text{pen}_{25}}{t_{\text{R u. K}} - 25} = \frac{\Delta \lg \text{pen}}{\Delta t} = \alpha \,. \qquad \text{(K-1)}$$

Darin bedeuten

$\lg 800 = 2{,}90309$ den dekadischen Logarithmus des Penetrationswertes 800,
$\lg \text{pen}_{25}$ den dekadischen Logarithmus des bei 25 °C gemessenen Penetrationswertes in 1/10 mm (ohne oder mit anderem Index bei irgendeiner ande-
ren anzugebenden Temperatur),
$t_{\text{R u. K}}$ die Erweichungstemperatur bei der Ring- und Kugelprobe in °C,
Δt die Temperaturdifferenz zwischen $t_{\text{R u. K}}$ und der Meßtemperatur von
25 °C in grd,
α den Tangens des Neigungswinkels in der Darstellung der Abb. K-2.

Der Wert α in der Arbeit von PFEIFFER und VAN DOORMAAL kann somit
als Tangens des nicht näher benannten Winkels aufgefaßt werden, unter
dem die Linien in Abb. K-2 gegen die Waagerechte geneigt sind. Später
wurde statt dessen eine als „Penetrationsindex" (PI) benannte Größe
empfohlen, für welche die Beziehung

$$50 \frac{\Delta \lg \text{pen}}{\Delta t} = \frac{20 - \text{PI}}{10 + \text{PI}} \qquad \text{(K-2)}$$

gelten soll. Daraus bestimmt sich der Penetrationsindex zu

$$\text{PI} = \frac{30}{1 + 50 \dfrac{\Delta \lg \text{pen}}{\Delta t}} - 10 \,. \qquad \text{(K-3)}$$

Diese konventionelle Größe ist so gewählt, daß sie für Bitumina mit
günstigen Eigenschaften für den Straßenbau etwa zwischen -1 und $+1$
(bis $+2$) liegt[1]. Solche Bitumina, die in der Regel durch Vakuumdestilla-

---

[1] Bei PFEIFFER und VAN DOORMAAL: a.a.O. S. 419 ist ein Nomogramm für die
Ermittlung des Penetrationsindex wiedergegeben, desgleichen in dem Buch:
Modern Petroleum Technology, hrsg. von The Institute of Petroleum, 3. Aufl.,
London: Eigenverlag 1962, S. 745. Die Formeln finden sich auch bei R. N. TRAX-
LER: a.a.O. S. 59, jedoch ist zu beachten, daß dort die Temperaturen im Nenner

tion mit Wasserdampfzusatz gewonnen werden, sind im englischen Schrifttum oft als „straight run", „steam refined" oder „normal" benannt. PFEIFFER und VAN DOORMAAL sprechen von N-Typen. Demgegenüber weisen geblasene Sorten meist PI-Werte über + 1 auf. Sie werden von den gleichen Verfassern als R-Typen bezeichnet und sind meist spröder als Destillationsbitumina. Aus Steinkohlenteer gewonnene Peche haben negative PI-Werte meist weit unter − 1, sind sehr temperaturempfindlich und in der Regel im festen Zustand sehr spröde. PFEIFFER und VAN DOORMAAL verwenden für sie den Ausdruck Z-Typen.

Der Penetrationsindex ist hier erläutert, weil er noch des öfteren in Anforderungen an Bitumina verlangt und im Schrifttum erwähnt wird. Seine Brauchbarkeit für Aussagen über die Eignung eines Bitumens wird aber nicht allgemein anerkannt. Schon die Richtigkeit der Grundlage, nämlich daß der Erweichungspunkt im Ring- und Kugelgerät einer Penetration von 800 (1/10 mm) entspricht, wird bezweifelt. Tatsächlich lassen sich in extremen Fällen Werte zwischen 400 und 1000 aus Meßergebnissen ableiten. Noch wichtiger ist, daß die Meßtemperaturen für einwandfreie Extrapolationen zu nahe beieinander liegen. Dies zeigen auch die etwas willkürlichen Extrapolationen in Abb. K-2.

Von sehr wesentlicher Bedeutung erscheinen hingegen die Untersuchungen von FENIJN über die Änderung der Penetration mit der Zeit[1]. Beim genormten Prüfverfahren wird die nach 5 Sekunden erreichte Penetration gemessen. FENIJN weist darauf hin, daß die Ermittlung der Penetration der Messung eines Kriechwiderstandes nach 5 Sekunden Belastungsdauer entspricht. Bei Bitumina handelt es sich um viskoelastische Körper, deren Widerstand gegen Verformung Erscheinungen zeigt,

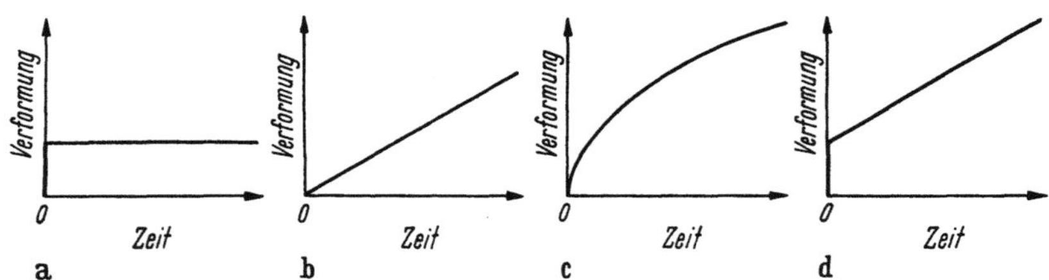

Abb. K-3. Verlauf der Verformung in Abhängigkeit von der Zeit (Kriechkurve) bei verschiedenen Körpern.

a) Rein elastischer Körper;   c) Bitumen;
b) Rein viskoser Körper (Newtonsche Flüssigkeit);   d) Maxwellscher Körper.

---

von Gl. (K-2) in Fahrenheitgraden eingesetzt werden sollen. Die so ermittelten Werte von PTS stimmen daher nicht mit den nach Gl. (K-1) überein. Durch Verwendung des Faktors 90 (statt 50) im Nenner des Bruches von Gl. (K-3) erhält man aber übereinstimmende Werte für den Penetrationsindex. Vgl. a. ÖNORM C 9250, Teil 9.

Hingegen sind beide Formeln bei A. J. HOIBERG: a.a.O. S. 181 unrichtig wiedergegeben, weil im Nenner der Gleichung für PTS das negative Glied 25 °C fehlt und trotz der Benutzung von Celsiusgraden in der Gleichung für PI der Faktor 90 steht.

[1] FENIJN, J.: Die Penetration von Bitumen in Abhängigkeit von der Belastungsdauer. Erdöl-Erdgas-Z. 85 (1969) 20/25.

die zwischen denen zweier Grenzfälle, nämlich eines rein elastischen und eines rein viskosen Körpers liegen. Dies ist in Abb. K-3 erläutert. Beim rein elastischen Körper (Abb. K-3a) wird durch die Belastung sofort die volle Verformung erreicht; diese ändert sich nicht mit der Zeit. Beim rein viskosen Körper (Newtonsche Flüssigkeit Abb. K-3b) nimmt die Verformung proportional mit der Zeit zu; der Körper fließt. Das durch Abb. K-3c wiedergegebene Verhalten von Bitumen kann als Annäherung an das in Abb. K-3d dargestellte Verhalten des idealen Maxwellschen Körpers angesehen werden, das die Elemente von Abb. K-3a wie von Abb. K-3b aufweist[1]. FENIJN hat nun die zeitliche Veränderung der Penetration verschiedener Bitumina gemessen und schlägt für deren Kennzeichnung einen sog. Formfaktor tan α vor, den er gemäß Abb. K-4 durch

$$\tan \alpha = \frac{\Delta \, \mathrm{pen}_{(10-1)}}{\mathrm{pen}_1} = \frac{\text{Eindringtiefe nach 10 sec} - \text{Eindringtiefe nach 1 sec}}{\text{Eindringtiefe nach 1 sec}}$$

definiert[2]. Er hat bei verschiedenen Bitumina für tan α Werte zwischen 0,58 und 2,24 ermittelt. Destillatbitumina zeigen etwa ein Verhalten, wie es durch Abb. K-4a wiedergegeben ist, geblasene Bitumina etwa entsprechend Abb. K-4b. FENIJN hat festgestellt, daß der Formfaktor bei Bitumina gleicher Art eine eindeutige Funktion der bei 5 sec Belastung

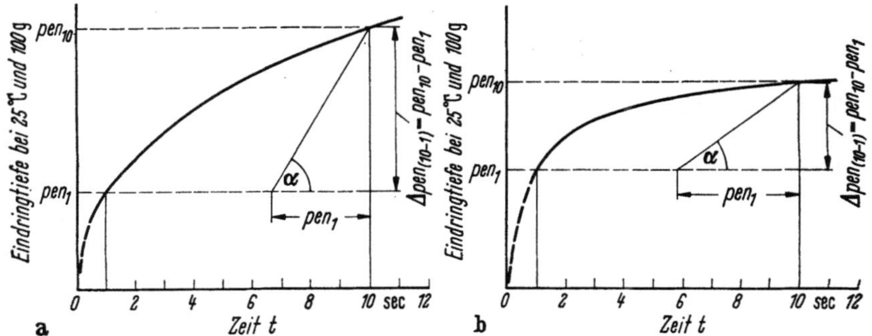

Abb. K-4. Kriechkurve von Bitumina und Ermittlung des von FENIJN vorgeschlagenen Formfaktors tan α.

---

[1] Ausführlich sind die Theorien, die den hier besprochenen Überlegungen zugrunde liegen und wozu auch die der Relaxation gehört, z.B. bei R. HOUWINK: Elastizität, Plastizität und Struktur der Materie. Dresden u. Leipzig: Steinkopf 1938, bes. S. 62ff. und S. 168ff., bei G. W. SCOTT BLAIR: Einführung in die technische Fließkunde, Deutsche Ausgabe von H. KAUFFMANN, ebd. 1940, sowie bei W. PHILIPPOFF: Viskosität der Kolloide, ebd. 1942 dargelegt. PHILIPPOFF behandelt S. 401ff. den Maxwellschen Körper, dessen Theorie bereits vor mehr als hundert Jahren aufgestellt wurde; s. J. CLARK MAXWELL: Philos. Trans. Roy. Soc. Lond. Ser. A 157 (1867) 49; Philos. Mag. J. Sci. (4) 35 (1868) 134. – Vgl. dazu auch F. SCHULZ-GRUNOW: Neuere Ergebnisse und Verfahren der Rheologie. Z. Ver. dtscher. Ing. 97 (1955) 409/16.

[2] Dieser Winkel α hat nichts mit den S. 757 und S. 765f. nach Vorschlägen der jeweiligen Verfasser definierten Werten bzw. Winkeln α und α^* zu tun. FENIJN stützt sich bei seinen Überlegungen auf C. VAN DER POEL: A general system describing the visco-elastic properties of bitumens and its relation to routine test data. J. appl. Chem. 4 (1954) 221/36.

gemessenen Penetration ist[1]. Ganz befriedigend ist auch dieser Vorschlag nicht, weil er gewisse willkürliche bzw. durch konventionelle Meßverfahren bedingte Elemente enthält.

Erstens gilt das an Hand der Abb. K-3a, b und d erläuterte Verhalten idealer Körper für den Fall, daß der durch die Belastung entstehende Spannungszustand einfach zu definieren ist, die Belastung z.B. nur Zug, Druck oder Scherung hervorruft. Die Beanspruchung bei der Ermittlung der Penetration (Eindringtiefe) ist aber mehrachsig.

Zweitens ändert sich dieser Spannungszustand sehr wesentlich mit dem Eindringen der Nadel sowohl was die einzelnen Komponenten der Spannungen in den drei Achsen wie auch was die Höhe der Spannungen je Flächeneinheit betrifft.

Drittens entbehrt die Wahl der Werte der Eindringtiefe für 1 sec und für 10 sec nicht einer gewissen Willkür, wozu noch kommt, daß nur diese zwei Größen, nicht jedoch der Kurvenverlauf als Ganzes erfaßt wird.

Trotzdem lassen sich solche Beobachtungen, wie die von FENIJN angestellten, neben den durch Abb. K-6, S. 765 erläuterten und der von KRENKLER vorgeschlagenen Arbeitsweise, vgl. S. 768f., mit den zur Verfügung stehenden Hilfsmitteln der Kollodik erklären bzw. begründen. Deren stärkere Berücksichtigung bietet ausreichende Handhaben, um gerade bei der Prüfung von Bitumen das Feld der bloßen Empirie zu verlassen und zu theoretisch fundierten Untersuchungsverfahren zu gelangen, die bei der Herstellung und Anwendung gute Dienste leisten können.

Weiterhin ist zu erwähnen, daß sich der für die Bestimmung der Plastizitätsspanne benutzte Brechpunkt nach FRAASS, für den in sämtlichen Anforderungsnormen Höchstwerte vorgeschrieben sind, nur ungenau bestimmen läßt[2]. KRENKLER hat deshalb Vorschläge ausgearbeitet, welche von der Ermittlung der Penetration bei 2 °C mit fünffacher Belastung (500 g) und doppelter Eindringzeit (10 sec) ausgehen und eine bessere Extrapolation gestatten[3]. Die Problematik der üblichen Viskositätsmessungen an Bitumina mit Hilfe der Ermittlung von Penetration und Ring- und Kugelwert wurde auch von K. MÜLLER näher untersucht[4]. Der Verfasser unternimmt den Versuch, Gleichungen aufzustellen, welche bei der Penetrationsmessung die Belastung und die Belastungszeit erfassen, um Aussagen über die bei anderen Prüfbedingungen zu erwartenden Meßwerte zu erhalten. Für diese funktionellen Zusammenhänge wurden Nomogramme entworfen. Die Arbeit ist insbesondere im Hinblick auf die vorerwähnten Vorschläge von KRENKLER von Interesse.

Auch der Aussagewert der bei 25 °C ermittelten Duktilität (Streckbarkeit) ist bei den verschiedenen Bitumensorten nicht gleich. Das ge-

---

[1] Vgl. Abb. 9 der in Fußn. 1, S. 758 genannten Arbeit.

[2] KRENKLER, K.: Ein Verfahren zur Prüfung des Kälteverhaltens bituminöser Stoffe. Bitumen/Teere/Asphalte/Peche 9 (1958) 46/51.

[3] Die Temperatur von 2 °C wurde gewählt, weil sie möglichst tief sein soll und sich im Laboratorium bei Wasserkühlung im Thermostat noch gerade ohne Gefahr des Einfrierens der Leitungen einstellen läßt. Belastung und Eindringzeit wurden erhöht, um einen für Extrapolationen genügend weiten Meßbereich zu erhalten.

[4] MÜLLER, K.: Penetrationsnomogramme zur Analyse von Bitumen, Pechen und verwandten Stoffen. Bitumen/Teere/Asphalte/Peche 19 (1968) 268/74.

normte Meßgerät gestattet nur die Feststellung von Werten bis 100 cm, eine Bedingung, welche die meisten im Straßenbau verwendeten Sorten B 300, B 200 und B 80 ohne weiteres erfüllen. (Wegen der Bezeichnung vgl. Zahlentafel K-1, S. 787/88). Erst wenn man die Streckbarkeit für verschiedene Temperaturen und auch Werte über 100 cm ermittelt, wie dies für zwei Bitumina B 80, also gleicher Penetration, aber sehr unterschiedlicher Herkunft in Abb. K-5 gezeigt ist, erkennt man, wie ver-

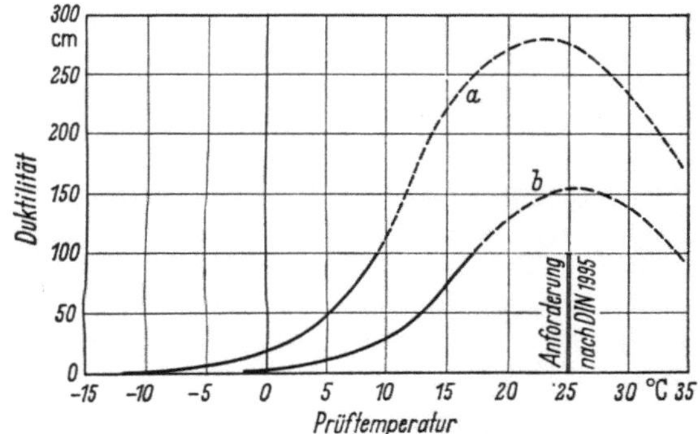

Abb. K-5. Streckbarkeit (Duktilität) zweier Bitumina gleicher Penetration bei 25 °C (B 80) für verschiedene Temperaturen ermittelt, nach KRENKLER.

a Aus asphaltbasischem Rohöl; *b* Aus paraffinbasischem Rohöl.

schieden sie sich verhalten[1]. Im Bereich niederer Temperaturen, in denen das Bitumen beginnt, plastisch zu werden, ist die Streckbarkeit zunächst gering. Sie steigt dann bis zu einem Höchstwert an und fällt mit Annäherung an den flüssigen Zustand wieder ab. In diesem letzten Temperaturbereich ist sie für die Anwendung uninteressant. KRENKLER empfiehlt deshalb, die Temperatur, bei der die Streckbarkeit gemessen wird, nach der Härte der zu untersuchenden Bitumina abzustufen. Er schlägt aus Gründen, die hier nicht näher erläutert werden können, folgende Prüftemperaturen und sog. kritischen Mindestduktilitäten vor:

Bitumensorte B	300	200	80	65	45	25	15
Prüftemperatur °C	+2	+2	+7	13	19	25	30
Mindestduktilität cm	60	40	20	20	20	20	20

Dadurch ist ein genügend großer Meßbereich und eine brauchbare Aussage auf Grund der Duktilitätsmessung zu erzielen.

Durch die bisher besprochenen Eigenschaften, die – wie einleitend erwähnt wurde – letzten Endes durch irgendwelche konventionellen Zähigkeitsmessungen bestimmt werden, läßt sich aber die Eignung eines Bitumens noch nicht ausreichend kennzeichnen. Es muß außerdem die Klebefähigkeit so groß sein, daß bei den Verarbeitungstemperaturen im

---

[1] KRENKLER, K.: Untersuchungen über den praktischen Wert der Duktilitätsprüfung. Bitumen/Teere/Asphalte/Peche 11 (1960) 3/8, 42/44, 89/93 u. 177/83.

Straßenbau die mineralischen Zuschlagstoffe vollkommen mit Bitumen überzogen werden und die dabei gebildeten Schichten auf der Oberfläche des Gesteins fest haften[1]. Sinngemäße Überlegungen gelten bei Bitumina für Feuchtigkeitsisolierung, Korrosionsschutz und ähnliche Aufgaben. Diese Klebefähigkeit und die sehr wichtige Plastizitätsspanne werden sehr stark durch die Inhaltsstoffe der Bitumina beeinflußt. Deshalb muß zunächst das in diesen vorliegende Kolloidsystem erläutert werden.

Zum Schluß sei noch erwähnt, daß in Anlehnung an die Prüfung der Kerbschlagfestigkeit metallischer Werkstoffe eine ähnliche Untersuchung von Bitumina – aber ohne Kerben – vorgeschlagen wurde[2]. Sie verhalten sich bei plötzlicher Beanspruchung ziemlich spröde, was die Folge des dabei auftretenden hohen Schergefälles ist. Es bedarf auf diesem Gebiet noch einiger Entwicklungsarbeit, um ein Verfahren zu finden, dessen Ergebnisse es gestatten, Schlüsse auf das Verhalten von Bitumen bei der Beanspruchung als Straßendecke vor allem bei tiefer Temperatur zu ziehen. Es handelt sich also darum, den Verformungswiderstand eines sehr steifen, jedoch bereits plastischen Körpers zu bestimmen.

b) Der kolloidale Aufbau der Bitumina

Der erste, der die Ansicht vertrat, daß Bitumina kolloidale Systeme sind, war NELLENSTEYN[3]. Wenn auch in Einzelheiten ergänzt und abgeändert, so werden seine Anschauungen heute allgemein als richtig anerkannt[4]. Sie können nach KRENKLER folgendermaßen zusammengefaßt werden: Die Bitumina, also die Destillationsrückstände von Erdölen, sind Gemische verschiedener hochmolekularer Kohlenwasserstoffe. Die Anteile mit der geringsten Molmasse stimmen wegen der beim Destillieren so hochsiedender Produkte unvermeidbaren Überlappungen der Siedekurven mit den höchstmolekularen Komponenten der schwerstsiedenden Destillate überein. Sie sind noch ölig. Ihre chemische Struktur ist der im Siedebereich benachbarter Fraktionen sehr ähnlich. Die höchstmolekularen Anteile der Bitumina, die man zweckmäßigerweise *Asphaltene* nennt, haben eine Molmasse, die bis zu 4000 g/mol und darüber be-

---

[1] Für die Prüfung der Klebefähigkeit gibt es keine Normvorschriften. Es wurden verschiedene Geräte dafür vorgeschlagen. Eine Übersicht über die Probleme bei W. RIEDEL: Über das Klebevermögen bituminöser Bindemittel. Bitumen/Teere/Asphalte/Peche 10 (1959) 214/17, 292/95. – Vgl. auch D. H. MATTHEWS: Adhesion in bituminous road materials: A survey of present knowledge. J. Inst. Petrol. 44 (1958) Nr. 420, S. 423/32.

[2] VAJTA, L., u. S. VAJTA: Deformationswiderstands- und Schlagbiegefestigkeits-(Bruchfestigkeits-)Prüfungen an Bitumen. Bitumen/Teere/Asphalte/Peche 16 (1965) 548/51. – EWERS, N.: Beitrag zur Problematik der Prüfverfahren, insbesondere der Biegeprüfungen für bituminöse Prüfkörper; ebd. 17 (1966) 329/33.

[3] Vgl. F. I. NELLENSTEYN: J. Instn. Petrol. Technol. 10 (1924) 311; ebd. 14 (1927) 134; Chem. Weekblad 28 (1931) 313. – WILHELMI, R.: Über den kolloidalen Aufbau der Asphalte. Erdöl u. Teer 8 (1932) 320/21, 368/69, 401/02 u. 416/17.

[4] Siehe dazu die Übersicht bei R. N. TRAXLER: a.a.O. (Fußn. 2, S. 752) Kap. 5: Colloidal Properties of Asphalt. – TRAXLER, R. N., u. J. W. ROMBERG: Asphalt, A Colloidal Material. Industr. Engng. Chem. 44 (1952) 155/58.

tragen kann. Man glaubt, auch Molmassen bis zu 190000 g/mol nachgewiesen zu haben, was die Fragwürdigkeit dieser Bestimmungen für Bitumina offenbart[1].

Dies bedeutet, daß es sich dabei gar nicht mehr um Einzelmoleküle handeln kann, sondern nur um Molekülassoziate (Molekülkomplexe), die kolloidale Größenordnungen erreichen. Vermutlich bildet eine Anzahl von höchstwahrscheinlich ringförmigen Molekülen mit Seitenketten infolge der zwischenmolekularen Wirkung von Nebenvalenzen kugelförmige Knäuel. Diese Ansicht findet ihre Bestätigung darin, daß die Asphaltene, wenn sie für sich abgetrennt werden können, bei Raumtemperatur zerreibliche Pulver bilden, die keine Festigkeit haben. Doch schließt dies nicht die Richtigkeit der Ansicht von NEUMANN aus, daß im Innern der Mizellen polare Gruppen – immer an Kohlenwasserstoffreste gebunden – in stärkerem Maße vertreten sind[2]. Diese Großmoleküle kann man durchaus als Mizellen im Sinne der Kolloidik betrachten, doch sind sie gegenüber ihrer Umgebung wegen der chemischen Verwandtschaft mit dieser nicht scharf abgegrenzt. Die Bitumenmizellen verändern vielmehr mit der Temperatur ihre Größe. Nimmt die Temperatur ab, so assoziieren sich wegen ihrer verringerten Beweglichkeit mehr Nachbarmoleküle kleinerer Molmasse an der Oberfläche der Mizelle; deren Bindung an den Mizellenkern wird mit der Entfernung von diesem immer geringer. Der Komplex wird immer größer. Alle diese Bindungen werden aber bei Zunahme der Temperatur schwächer. Dieser Einfluß reicht bis in die Nähe des Mizellenkernes. Man spricht bei diesen locker gebundenen Molekülen von Molekülschwärmen. Sie bilden die Hüllen (Lyosphären, Solvathüllen) der Mizellen, welche die innere (disperse) Phase des Systems darstellen, und gehen bei genügend hoher Temperatur allmählich in die ölige, molekulargelöste Umgebung über. Diese ist die äußere (dispergierende) Phase.

Die Strukturanalyse wird auf S. 767 ff. näher behandelt. Vorweg sollen aber hier die verschiedenen Bezeichnungen erwähnt werden, die für die höchstmolekularen Inhaltsstoffe der Erdöle bzw. ihrer hochsiedenden Fraktionen vorgeschlagen wurden. Für die ausfällbaren Anteile hat sich der Ausdruck „Asphaltene" allgemein eingebürgert. Er dürfte auf einen Vorschlag von RICHARDSON zurückgehen, der die benzinunlöslichen Anteile so benannte, die benzinlöslichen jedoch als „Maltene" bezeichnete[3]. Die leichtflüchtigen Anteile der Maltene nannte man auch „Petrolene". Große praktische Bedeutung kommt diesen Unterscheidungen allein nicht zu. Die Ausdrücke sind jedoch zur knappen Kennzeichnung geeignet.

---

[1] Unter Bezugnahme auf J. PH. PFEIFFER: The Properties of Asphaltic Bitumen, Amsterdam/London/New York: Elsevier 1950, erwähnt bei K. A. FISCHER u. A. SCHRAM: The constitution of asphaltic bitumen. 5. Welt-Erdöl-Kongreß, New York 1959, Bericht V/20; deutsche Übersetzung: Erdöl u. Kohle 12 (1959) 368/74.

[2] Vgl. S. 47 u. Fußn. 1, S. 765.

[3] Vgl. C. C. RICHARDSON: Trinidad- und Bermudez-Asphalt und ihre Verwendung im Straßenbau. Petroleum 7 (1912) 1347/48. – Ders.: The modern asphalt pavement, London: Chapman & Hall 1912, S. 542/44.

Hingegen kann eine Aufgliederung der Zusammensetzung der Maltene in Nichtaromaten, Aromaten und harzige Anteile eine Aussage darüber gestatten, ob durch eine weitere Einengung mit Hilfe der Hochvakuumdestillation oder durch Blasen spezifikationsgerechte Bitumina zu erwarten sind. Dies wird auf S. 772 f. noch erläutert. Der beschriebene Zustand herrscht – in entsprechender Verdünnung – auch im ursprünglichen oder getoppten Rohöl und selbst in noch nicht raffinierten Schmierölfraktionen vor, soweit sie einen gewissen Gehalt an Asphaltenen aufweisen[1]. In diese Anschauungen ordnen sich zwanglos Beobachtungen ein, die zwischen *Geltypen* und *Soltypen* bei Bitumina unterscheiden und Zwischenformen festgestellt haben, die als Sol–Gel-Typ bezeichnet werden[2]. Die Kolloidik kennt den stetigen Übergang vom Sol über das Lyogel zum Xerogel[3]. Welche dieser Erscheinungsformen vorliegt, hängt bei Bitumina, die zum größeren Teil aus unpolaren Stoffen bestehen, – abgesehen vom Einfluß der Temperatur – von dem Mengenverhältnis zwischen den Asphaltenmizellen und den sie dispergierenden Maltenen ab. Dabei spielt die Molekülstruktur der Maltene wegen deren Einfluß auf das Lösevermögen eine erhebliche Rolle. So ist es bekannt, daß durch das Blasen mit Luft Ölanteile und die noch näher zu erläuternden Harzanteile in Asphaltene umgewandelt und dadurch der ursprüngliche Soltyp eines Bitumens in einen Geltyp übergeführt werden kann; vgl. a. S. 770.

Die kolloidale Natur der höchstsiedenden Inhaltsstoffe von Erdöl bereitet einer analytischen Bestimmung der Einzelkomponenten fast unüberwindliche Schwierigkeiten. Deshalb läßt sich so schwer eine Übereinstimmung zwischen den mit verschiedenen Fällungsmitteln erzielten Ergebnissen herbeiführen. Infolgedessen können auch die von den einzelnen Forschern vorgeschlagenen Bezeichnungen schwer durch eine einheitliche Nomenklatur erfaßt werden, weil meist keine echte Identität zwischen gleich benannten Inhaltsstoffen besteht. Am klarsten werden die Verhältnisse, wenn statt irgendwelcher Namen angegeben wird, mit welchem Mittel die betreffenden Stoffe ausgefällt wurden oder ob ihre Menge als Differenz zwischen den durch zwei Mittel erzielten Ausfällungen bestimmt wurde. Auch im zweiten Fall liegt die Berechtigung vor, so gewonnenen Inhaltsstoffe besonders zu erfassen, wenn ihnen spezifische Eigenschaften zugeschrieben werden können. Bevor aber auf diese Einzelheiten eingegangen wird, soll noch das rheologische Verhalten von

---

[1] Vgl. dazu auch H.-J. Neumann, I. Rahimian u. D. Taghizaden: Zur analytischen Bestimmung der sogenannten Asphaltene; ein Beitrag zu ihrer Definition. Brennst.-Chem. 48 (1967) 66/69.

[2] Vgl. z.B. R. N. Traxler u. J. W. Romberg: a.a.O. (Fußn. 4, S. 762). – Chelton, H. M., u. R. N. Traxler: Composition of chromographic and thermal diffusion fractions of typical asphalts. 5. Welt-Erdöl-Kongreß, New York 1959, Bericht V/19; s. a. R. N. Traxler: a.a.O. (Fußn. 2, S. 752) S. 12 ff.

[3] Vgl. dazu A. von Buzágh: Kolloidik, Dresden u. Leipzig: Steinkopf 1936, S. 155. – Houwink, R.: a.a.O.; mit den dort S. 168 ff. behandelten dampfraffinierten Bitumina sind die Destillatbitumina (im Gegensatz zu den geblasenen) gemeint. – Stauff, J.: Kolloidchemie, Berlin/Göttingen/Heidelberg: Springer 1960, S. 665 ff. – Solvere (solvo) (lat., entstanden aus se-luo) = lösen, verwandt mit λύειν (griech.) = lösen; gelu, glacies (lat.) = Eis, vgl. Gallerte, Gelatine, Gletscher; ξηρός (griech.) = trocken.

Kolloiden kurz erläutert werden, um alle Seiten der mit der Beurteilung von Bitumina zusammenhängenden Probleme zu beleuchten[1].

c) Das rheologische Verhalten kolloidaler Systeme von der Art der Bitumina

An einem ursprünglich formbeständigen, jedoch plastisch verformbaren Körper kann man im allgemeinen die in Abb. K-6 wiedergegebene Abhängigkeit der Fließgeschwindigkeit von der Schubspannung, die sog. Fließkurve, bei einer gegebenen Temperatur beobachten. Sie wird auch Bingham-Kurve genannt[2]. In dem Verlauf der Linie lassen sich drei Bereiche erkennen. Bei kleinen Schubspannungen kann das netzartige Gebilde den Kräften widerstehen und verhält sich wie ein elastischer Körper. Es zeigt keine bleibende Verformung. Wenn jedoch der Punkt A erreicht wird, den man Fließpunkt oder untere Fließgrenze nennt, ändert sich die Fließgeschwindigkeit mit der angelegten Schubspannung; dies geschieht jedoch nicht proportional, sondern nach einer parabelartigen Kurve, deren Exponent je nach dem Stoff wechselt. Dieser Fließpunkt ist wohl physikalisch identisch mit dem unter vorgeschriebenen Versuchsbedingungen ermittelten Fließpunkt von Kohlenwasserstoffen. Nur

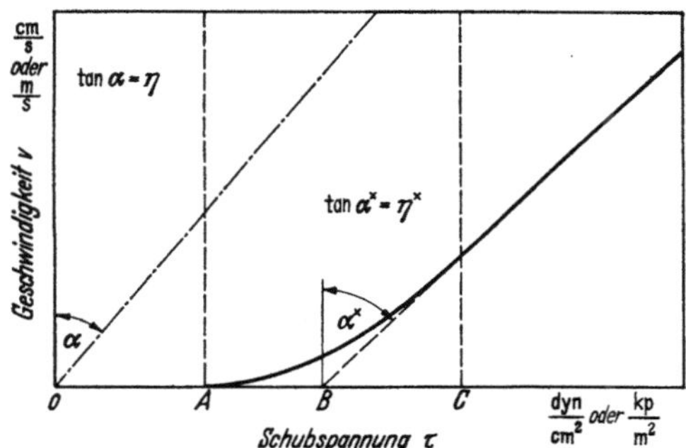

Abb. K-6. Fließkurve eines ursprünglich formbeständigen, jedoch plastisch verformbaren Körpers. Erläuterung im Text.

[1] Vgl. dazu auch H.-J. NEUMANN: Kolloidchemische Untersuchungen an Asphaltenen. Brennst.-Chem. 46 (1965) 275/76. – Ders.: Untersuchungen zur Kolloidchemie des Erdöls. Erdöl u. Kohle 18 (1965) 865/70. Ein sehr wichtiger Befund dieser Arbeit ist die Feststellung, daß sich die Heteroatome und die gesamte Asche in den Asphaltenen nachweisen lassen. Dies führt zu dem Schluß, daß im Inneren der Mizellen polare Gruppen angereichert sind, welche die Moleküle durch Dipolkräfte zusammenhalten. – NEUMANN, H.-J., u. F. BELLSTEDT: Untersuchungen über die Teilchengrößen von Asphaltenen. Erdöl u. Kohle 19 (1966) 729/32. – NEUMANN, H.-J.: Über Aufbau und Zusammensetzung von Erdöl-Kolloiden, ebd. 22 (1969) 323/26. – Ders.: Beitrag zur Kenntnis der Asphaltene und der Erdöl-Harze, ebd. 23 (1970) 496/99.

[2] BINGHAM, E. C.: Fluidity and Plasticity, New York: McGraw-Hill 1922. – HOUWINK, R.: a.a.O. (Fußn. 1, S. 759). – WALTHER, H.: Zur Viskosität bituminöser Stoffe. Bitumen/Teere/Asphalte/Peche 8 (1957) 46/53. – Man beachte die andere Bedeutung der Ordinaten gegenüber denen der Abb. K-3 und K-4. Es verhält sich ein Körper im Bereich links von A gemäß Abb. K-3a, rechts von C gemäß Abb. K-3b.

betrachtet man hier bei gegebener Temperatur die *Schubspannung*, während man im anderen Fall mit „Fließpunkt" die *Temperatur* bezeichnet, bei der ein erstarrtes Kohlenwasserstoffgemisch infolge der durch das Eigengewicht hervorgerufenen Kräfte in einer genormten Versuchsanordnung zu fließen beginnt.

Die Tangente der Kurve im zweiten, dem sog. quasiplastischen Bereich, ändert sich vom Werte null bis zu einem konstant bleibenden Wert. Sie ist gleich dem Reziprokwert der Viskosität und wird mitunter als *Fluidität* bezeichnet. An den Bereich des quasiplastischen Fließens schließt sich der rein plastische Bereich an, in dem die Fließkurve als Gerade verläuft. Die Substanz hat die Eigenschaften einer Suspension. Verlängert man die Gerade nach unten bis zum Schnittpunkt mit der Abszissenachse, so erhält man einen Punkt B, der als Bingham-Fließgrenze bezeichnet wird. Der Tangens des zwischen dieser Geraden und einer Parallelen zur Ordinatenachse gebildeten Winkels α^* wird auch als Pseudoviskosität oder als Steifheit η^* bezeichnet.

Die Schubspannung, bei der die Kurve in die gerade Linie übergeht, nennt man obere Fließgrenze oder auch η-Fließpunkt. Die Verhältnisse bei reinen (Newtonschen) Flüssigkeiten werden mittels einer durch den Ursprung gehenden Geraden wiedergegeben. Zwischen diesem Zustand und dem des rein elastischen Körpers sind bei Abnahme der Temperatur alle Übergangsstufen möglich, und zwar derart, daß sich zunächst der quasiplastische Bereich auszudehnen beginnt und dann das plastische Gebiet, so daß zunächst die Punkte C und B und dann der Punkt A von 0 nach rechts abzurücken beginnen. Diese Zustände sind auch beim Kälteverhalten von Schmierölen von Interesse.

Der Bereich des quasiplastischen Fließens kann bei Körpern festgestellt werden, die chemisch nicht einheitlich sind, insbesondere bei solchen, die eine Kolloidstruktur aufweisen. Dies ist, wie bereits erläutert wurde, der Fall bei den Kohlenwasserstoffgemischen, wie sie in den aus Erdöl gewonnenen Destillationsrückständen und den Naturasphalten vorliegen. Der Verlauf der Fließkurve im Bereich $\overline{A\,C}$ zeigt, daß die Fließgeschwindigkeit und die Schubspannung dort nicht proportional sind. Die Schubspannung muß nämlich in diesem Bereich nicht nur die beim Gleiten laminarer Flüssigkeitsschichten auftretenden Widerstände überwinden, sondern es muß zusätzlich Arbeit geleistet werden, um die wirr vernetzenden und verfilzten Teilchen des Körpers in einem bestimmten Sinn auszurichten. Erst wenn dies erreicht ist, besteht so wie nach dem von Newton aufgestellten Gesetz ein linearer Zusammenhang zwischen Fließgeschwindigkeit und Schubspannung[1].

---

[1] Besonders für Bitumina sind diese Zusammenhänge bei J. Ph. Pfeiffer u. P. M. van Doormaal: a.a.O., dort vor allem S. 420, mathematisch behandelt. – Dies.: Betrachtungen über die rheologischen Eigenschaften von Asphaltbitumina und Arbeitshypothesen über die innere Struktur dieser Produkte. Kolloid-Z. 76 (1936) 95/111. – Höppler, F.: Viskosität, Plastizität, Elastizität und Kolloidik der Bitumina. Öl u. Kohle 37 (1941) 995/1009. – Vgl. dazu auch G. W. Scott Blair: a.a.O. und vor allem W. Philippoff: a.a.O. (Fußn. 1, S. 759 für beide Quellen). Insbesondere das Buch von Philippoff kann für ein eingehendes Studium der hier nur gestreiften Fragen sehr empfohlen werden.

Die Tatsache, daß sich die Zähigkeit von Bitumina durch Ändern der Konzentration des dispersen Anteiles nur wenig ändert, bestätigt die Annahme der angenähert kugelförmigen Gestalt der Asphaltenmizellen oder -molekülkomplexe. Denn man weiß, daß bei Kolloiden, deren disperser Anteil faserförmig ist, durch Erhöhen der Konzentration um wenige Prozent die Zähigkeit um Zehnerpotenzen ansteigen kann. Kolloide mit nicht kugelförmigen Mizellen als disperse Phase weisen im Fließverhalten noch zahlreiche andere Erscheinungen auf, die hier außer Betracht bleiben können.

Es kann nicht Aufgabe dieses Buches sein, die Kolloidik und besonders die Rheologie der Bitumina weitergehend zu behandeln. Jedoch dürfte klar sein, daß eine Lösung der durch die Anwendung von Bitumen aufgeworfenen Fragen nur möglich erscheint, wenn alle dafür zur Verfügung stehenden wissenschaftlichen Hilfsmittel herangezogen werden. Sowohl dem Ingenieur wie auch dem mehr für analytisches Arbeiten geschulten Chemiker möge wohl die Beschäftigung mit der ungeheuer vielfältigen Erscheinungswelt der Kolloide verwirrend erscheinen. Das Verhalten von Bitumina kann aber im wesentlichen als das von Kohlenwasserstoffen, also von unpolaren Stoffen angesehen werden, wenn auch in den Mizellkernen polare Gruppen vorhanden sind. Deshalb sind die Möglichkeiten ungewohnter Erscheinungsformen stark eingeschränkt und diese durchaus übersehbar. Es kann daher allen, die sich mit Bitumen zu befassen haben, empfohlen werden, sich mit der Chemie und Physik der Kolloide vertraut zu machen[1]. Werden dann noch die nachstehenden Untersuchungsverfahren benutzt, um die Zusammensetzung von Bitumina auf einem der sonst angewendeten Analytik äquivalenten Weg zu ergründen, so können Erkenntnisse erwartet werden, die nicht nur theoretisch von Interesse, sondern auch für die Praxis bei der Herstellung und Anwendung von Bitumina wertvoll sind.

d) Die Strukturanalyse mit Hilfe von Adsorptions- und Lösungsmitteln

Im Abschn. J1 wurde bereits dargelegt, wie es mit Hilfe eines Verfahrens, das dem im Laboratorium angewandten ähnlich ist, gelingt, aus Schmierölkomponenten die unerwünschten Asphaltstoffe auszufällen. Bei der Untersuchung von Bitumen muß aber angestrebt werden, die darin in größerer Menge als in Schmierölen vorhandenen hochmolekularen Anteile zu zerlegen und außerdem die Anteile zu erfassen, die den Übergang von der beschriebenen dispergierenden Phase zu der dispersen Phase der Asphaltenmizellen bilden. Ohne auf die zahlreichen, in der Literatur erläuterten Vorschläge bezüglich anzuwendender Adsorptions- und Lösungsmittel und einzuhaltender Verfahrensschritte einzugehen, soll hier vor allem in Anlehnung an die zitierten Arbeiten von PÖLL, KRENKLER und PASS die Strukturanalyse erläutert werden[2]. Es hat sich nämlich gezeigt, daß die Ergebnisse der Untersuchungen die besten Voraussagen über die zu erwartenden Eigescnhaften gestatten, wenn die Lösungs-

---

[1] Vgl. das auf den vorhergehenden Seiten angeführte Schrifttum.
[2] Vgl. Fußn. 1 und 2, S. 753.

mittel den untersuchten Stoffen möglichst verwandt sind. Man kommt dadurch den natürlichen, im ursprünglichen Rohprodukt vorliegenden Verhältnissen am nächsten. Was angestrebt wird, ist eine weitgehende Unterteilung der Inhaltsstoffe als Grundlage für eine Voraussage der Gebrauchseignung. Deshalb vermeidet man jetzt – soweit dies möglich ist – die früher bevorzugten, fast ausschließlich angewandten, jedoch zu einseitig wirkenden, polaren Lösungsmittel wie Tetrachlorkohlenstoff (Cl_4C), Chloroform ($CHCl_3$), Schwefelkohlenstoff (CS_2), verschiedene Alkohole und Äther sowie selbst Benzol für sich allein[1].

Um mit Sicherheit alle Asphaltene abzuscheiden, verwendet PÖLL einen zwischen 30 und 50 °C siedenden Petroläther, der daher völlig aromatenfrei ist. Dabei wird aber offenbar trotz des Arbeitens bei Raumtemperatur auch ein Teil der als Harze bezeichneten mittelmolekularen Stoffe gelöst, welche die Lyosphären der Asphaltenmizellen bilden. Diese Harze werden aus der Petrolätherlösung durch Adsorption abgetrennt. Statt dessen schlägt KRENKLER Normalbutanol vor. Er empfiehlt dieses polare Lösungsmittel, weil seine Affinität zu den im Bitumen enthaltenen hochmolekularen Kohlenwasserstoffen abgeschwächt ist, jedoch die Wirkung der polaren Gruppe nicht so stark vorherrscht wie bei Methanol oder Äthanol. Nach Ansicht von KRENKLER ist die Wirkung der Hydroxylgruppe und des Kohlenwasserstoffrestes beim n-Butanol so aufeinander abgestimmt, daß gerade nur die öligen Anteile, jedoch keine Harze gelöst werden. Die Asphaltene selbst werden ähnlich wie beim Entasphaltieren, jedoch nicht mit Propan, sondern so wie bei der analytischen Bestimmung mit Normalheptan ausgefällt. Dadurch gelingt es, die Asphaltene ohne alle harzigen Anteile zu erfassen und diese als Differenz zu ermitteln. Beim Entasphaltieren von Schmierölkomponenten oder Krackereinsatz sollen hingegen neben den Asphaltenen auch die Asphaltbildner, die Harze und die Harzbildner entfernt werden; dafür eignet sich aus den in Abschn. J 1 dargelegten Gründen ein Ausfällmittel niedriger Molmasse besser[2]. Hier erreicht man aber, daß das Lösungsmittel auch noch die in der Solvathülle der Asphaltenmizellen befindlichen harzartigen Kohlenwasserstoffe aufnimmt, so daß nur der Mizellenkern ausgefällt wird. Der entscheidende Vorschlag von KRENK-

---

[1] Die von H. NÜSSEL in der 1. Auflage von: Mineralöle und verwandte Produkte, Berlin/Göttingen/Heidelberg: Springer 1952, S. 432 geäußerte Skepsis gegenüber den Möglichkeiten, durch eine weitgehende Unterteilung der Inhaltsstoffe zu Voraussagen zu kommen, entbehrt nicht einer gewissen Berechtigung, doch lassen sich durch systematische Erforschung der Zusammenhänge Fortschritte erzielen. Dies gilt vor allem dann, wenn die kolloidale Natur der Bitumina gebührend berücksichtigt wird. Die Vielfalt der Erscheinungen der Kolloide ist oft verwirrend, und wenn auch für die Bitumenchemie nur ein verhältnismäßig eng begrenzter Bereich davon von Interesse ist, so liegen die Schwierigkeiten darin, die beteiligten hochmolekularen Körper und Verbindungen analytisch genau genug zu erfassen. Die Grenzen zwischen ihnen sind, sowohl was den chemischen Aufbau wie auch was ihr rheologisches Verhalten betrifft, fließend. Deshalb sind die ermittelten Prozentzahlen oft mit Unsicherheiten behaftet und die daraus zu ziehenden Schlüsse entsprechend vorsichtig zu bewerten. Trotzdem erscheint es vertretbar, hier näher darauf einzugehen.

[2] Vgl. dort bes. Abb. J-1, S. 702. Ein zusätzlicher Vorteil der Verwendung von Normalheptan ist seine gegenüber Propan leichtere Handhabung im Laboratorium.

LER war nun, für die weitere Zerlegung der so abgeschiedenen Asphaltene Zyklohexan zu verwenden. Damit kann in vielen Fällen die gesamte Substanz der Asphaltene gelöst werden, in manchen Fällen bleibt noch ein Rest ungelöst übrig, den er Hartasphaltene nennt. Durch die Anwendung von Mischungen aus Normalheptan und Zyklohexan in den Verhältnissen 2 : 1 und 1 : 2 (nach dem ursprünglichen Vorschlag von KRENKLER) oder im Verhältnis 1 : 1 (gemäß späteren Vorschlägen von KRENKLER[1] bzw. nach PASS und SCHINDEL) lassen sich die Asphaltene nun noch weiter aufteilen. Das Wichtigste dabei ist aber, daß sich aus der so gewonnenen Aufteilung Schlüsse auf die Eignung von Bitumina ziehen lassen, die sich auf Ergebnisse von Untersuchungen stützen. Schematisch läßt sich das geschilderte Untersuchungsverfahren an Hand von Abb. K-7 erläutern. PASS und SCHINDEL nennen jetzt die Asphaltene gemäß Abb. K-7 Weich-(statt D-), Mittel-(statt 1/2-) und Hart-Asphaltene.

in n-Butanol lösliche Anteile	Öle	
in n-Butanol unlösliche Anteile, die in n-Heptan löslich sind	Harze	
in n-Heptan unlösliche Anteile — in reinem n-Heptan unlösliche Anteile, die in einem Gemisch aus gleichen Teilen n-Heptan und Zyklohexan löslich sind	sog. D-Asphaltene	Gesamtasphaltene
in n-Heptan unlösliche Anteile — in einem Gemisch aus gleichen Teilen n-Heptan und Zyklohexan unlösliche Anteile, die jedoch in reinem Zyklohexan löslich sind	sog. 1/2-Asphaltene	Gesamtasphaltene
in n-Heptan unlösliche Anteile — in Zyklohexan unlöslicher Rest	Hart-Asphaltene	Gesamtasphaltene

Abb. K-7. Zerlegung von Bitumina durch Lösungsmittel nach KRENKLER bzw. PASS und SCHINDEL.

Die Menge der Harze wird aus der Differenz zwischen dem in n-Butan Unlöslichen und den durch n-Heptan ausgefällten Gesamtasphaltenen errechnet. Desgleichen bestimmt man die Menge der leichtestlöslichen Asphaltene als Differenz zwischen dem in n-Heptan Unlöslichen und dem in einem n-Heptan-Zyklohexan-Gemisch Unlöslichen. Deshalb schlägt KRENKLER dafür die Bezeichnung D-Asphaltene vor. Die weiteren Benennungen 1/2-Asphaltene (nach PASS und SCHINDEL) bzw. 1/3- und 2/3-Asphaltene (nach KRENKLER) sind von dem Anteil an Zyklohexan im Lösungsgemisch abgeleitet, in dem die betreffende Komponente nicht mehr löslich ist. Je nach Wahl des Mischungsverhältnisses ändert sich die Grenze der D-Asphaltene gegenüber denen mit höherer Molmasse. Wegen weiterer Einzelheiten und der neueren Bezeichnungsweise siehe den Text.

Die in n-Butanol löslichen Anteile bilden die ölige Grundmasse, also die dispergierende Phase. Alles in n-Butanol Unlösliche ist dispergiert im Sinne der Kolloidik, umfaßt also auch die lose mit den Mizellen verbundenen Molekülschwärme harzigen Charakters, die sog. Lyosphäre oder Solvathülle. Durch das Ausfällen der Asphaltene mit n-Heptan können diese Anteile als Träger der Klebefestigkeit getrennt erfaßt werden. Die

---

[1] Vgl. K. KRENKLER: Zusammenhänge zwischen Plastizität und chemischem Aufbau des Bitumens. Bitumen/Teere/Asphalte/Peche 6 (1955) 295/305. Diese Arbeit ist als Zusammenfassung der von KRENKLER durchgeführten Untersuchungen besonders wichtig.

in Zyklohexan nicht mehr löslichen Hartasphaltene haben hingegen keine
Bindekraft mehr.

Die Löslichkeit eines mehr oder minder großen Teiles der Asphaltene
in dem Ringkohlenwasserstoff Zyklohexan legt die Vermutung nahe, daß
diese Löslichkeit ein Maß für die Ausdehnung der Lyosphären und den
chemischen Aufbau der diese bildenden Kohlenwasserstoffe ist. Offenbar sind es auch Ringkohlenwasserstoffe mit Seitenketten. Sind diese
lang, so handelt es sich eher um Naphthene als um Aromaten. Überwiegen die zweiten, so dürften sicher Sole vorliegen, weshalb mitunter
Soltyp gleich aromatischem Typ gesetzt wird. Wenn die Seitenketten
stärker vertreten sind und daher auch der Schluß naheliegt, daß die
Naphthene überwiegen, werden die Mizellen stärker abgeschirmt, wes-

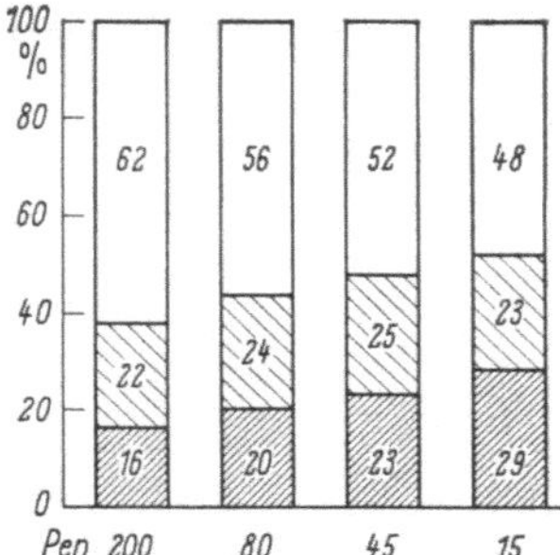

Abb. K-8. Zusammensetzung destillierter
Bitumina verschiedener Penetration, hergestellt aus venezolanischem Rohöl. Bedeutung
der Schraffur entsprechend Abb. K-14c,
S. 776.

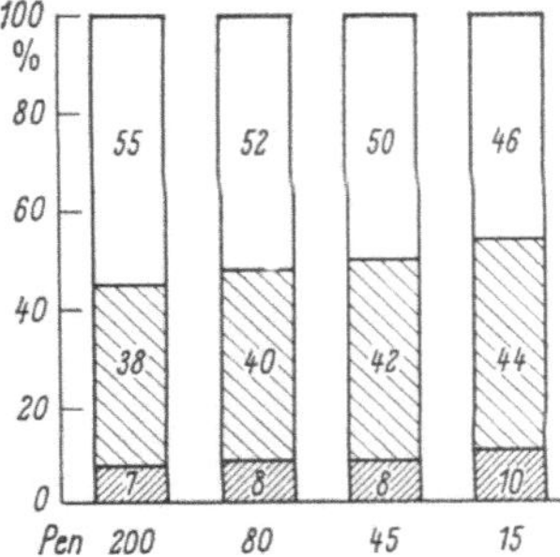

Abb. K-9. Zusammensetzung destillierter
Bitumina verschiedener Penetration, hergestellt aus norddeutschem Rohöl. Bedeutung
der Schraffur entsprechend Abb. K-14c,
S. 776.

halb man dann vom *Geltyp* spricht, der von manchen Forschern dem
naphthenischen gleichgesetzt wird. Geringe oder verschwindende Mengen
an Zyklohexan-Unlöslichem deuten also auf den Solcharakter des Bitumens, während bei größeren Mengen wegen der geringeren Affinität
zwischen Zyklohexan und gestreckten Seitenketten ein Geltyp des Bitumens zu erwarten ist.

Bei allen diesen Überlegungen ist vorausgesetzt, daß Paraffine überhaupt nicht oder nur in sehr geringen Mengen anwesend sind. Wegen
ihrer ausgeprägten Tendenz, sich durch Parallellagern zu orientieren, was
ihre leichte Kristallisierfähigkeit erklärt, ist ihre Neigung, sich an die
übrigen vorhandenen Kohlenwasserstoffe kompakterer Molekülform anzulagern, gering. Deshalb finden sich in der Lyosphäre der Asphaltenmizellen nur wenige Paraffinmoleküle. Bei Anwesenheit von mehr Paraffin, das sich dann in der öligen Phase löst, soweit es nicht auskristallisiert, kommt es leicht zur Ausbildung schärfer ausgeprägter Grenzflächen
der Mizellen, was die Sprödigkeit des Bitumens im festen Zustand erhöht
und ausgesprochen unerwünscht ist[1]. Der Paraffingehalt macht sich auch
beim Erweichen der Bitumina bemerkbar und muß auf den Ölgehalt,

---

[1] KRENKLER, K.: a.a.O. (vgl. Fußn. 1, S. 752).

nicht auf die Gesamtmasse bezogen werden, will man seinen Einfluß abschätzen[1].

Er darf nur ganz wenig Prozente betragen. Deshalb erscheint es in
einem Kolloidsystem wie dem beschriebenen ausgeschlossen, daß sich der
flache Viskositäts–Temperatur-Verlauf der nicht in großer Menge anwesenden paraffinischen Kohlenwasserstoffe in gleichem Sinne auf das
gesamte System merkbar auswirkt. Aus diesem Grunde dürften die von
K. Müller gezogenen Schlüsse, die das Viskositätsverhalten eines geblasenen Romaschkino-Toprückstandes durch den Abbau von Paraffinen erklären wollen, ziemlich abwegig sein[2]. Die beobachteten Erscheinungen lassen sich sicher mit Hilfe der von Krenkler entwickelten
Untersuchungsverfahren zwanglos deuten.

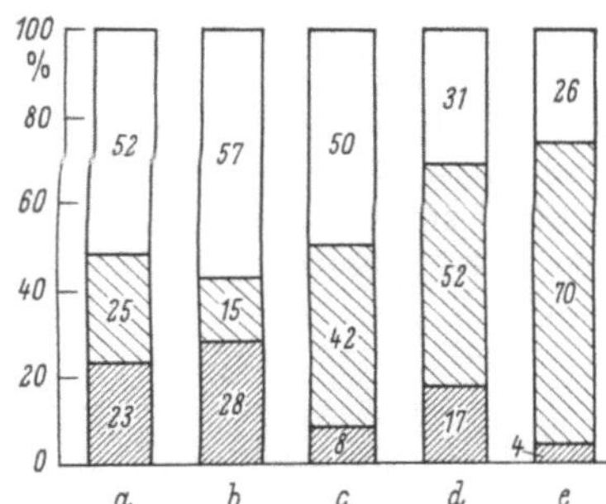

Abb. K-10. Zusammensetzung destillierter
Bitumina verschiedener Herkunft, aber glei-
cher Penetration (pen = 45). Bedeutung der
Schraffur entsprechend Abb. K-14c, S. 776.

a Venezuela;   d Arabien;
b Mexiko;   e Extrakt aus der
c Norddeutschland;   Schmierölherstellung.

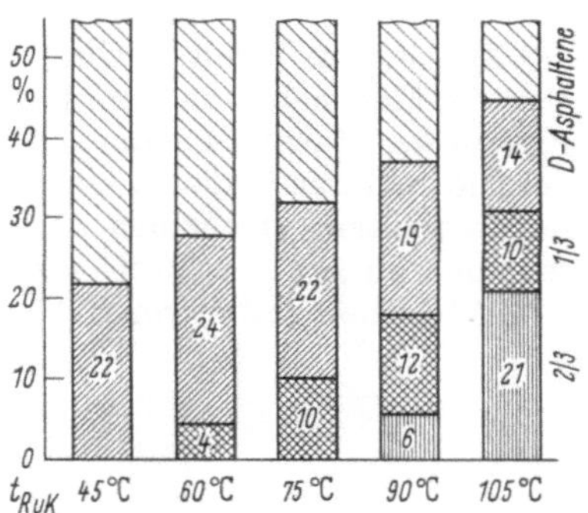

Abb. K-11. Zusammensetzung der Asphaltene geblasener mexikanischer Bitumina mit
steigendem Erweichungspunkt $t_{R\,u.\,K.}$ (Die
Aufteilung entspricht nicht der Abb. K-7,
sondern benutzt, wie rechts am Rande angegeben, die ursprüngliche, noch weitergehende nach Krenkler, vgl. S. 769 oben.)

An Hand einiger Beispiele soll die Brauchbarkeit des Untersuchungs-
verfahrens von Krenkler gezeigt werden. In Abb. K-8 und K-9 ist zunächst die Zusammensetzung von Destillatbitumina venezolanischer
und deutscher Herkunft für gleiche Werte der Penetration wiedergegeben.
Die Aufteilung der Asphaltene ist dabei noch nicht berücksichtigt. Der
hohe Anteil an Bitumenharzen nach Abb. K-9 erklärt, daß diese Produkte zwar hohe Klebekraft und große Streckbarkeit besitzen. Sie weisen aber auch eine kleine Plastizitätsspanne, d.h. eine kleine Temperaturspanne zwischen Erweichungspunkt und Brechpunkt auf, sind also
sehr temperaturempfindlich.

Wie unterschiedlich die Zusammensetzung von Bitumina gleicher
Penetration sein kann, ist auch in Abb. K-10 zu sehen. An Hand von
Abb. K-5, S. 761 konnte bereits das unterschiedliche Verhalten hinsichtlich der Streckbarkeit erläutert werden. Die beiden Sorten a und c sind
die gleichen, wie sie in Abb. K-8 und K-9 für eine Penetration von 45

---

[1] Vgl. dazu H. Nüssel: a.a.O. (Fußn. 1, S. 768), dort besonders S. 1261.
[2] Müller, K.: Zur Rheologie geblasener Bitumen. Bitumen/Teere/Asphalte/
Peche 18 (1967) 241/49, bes. letzte Seite.

dargestellt sind. Man sieht, daß die Zusammensetzung der als besonders günstig betrachteten Erzeugnisse aus venezolanischem und mexikanischem Rohöl zwar gewisse Unterschiede aufweist. Die drei anderen Sorten sind aber erheblich anders zusammengesetzt. Ihre Streckbarkeit ist offenbar wegen des hohen Anteiles der Harze wesentlich höher, aber ihre Plastizitätsspanne sehr klein.

In diesen Beispielen ist von der besprochenen Unterteilung der Asphaltene noch kein Gebrauch gemacht. Deren Vorteil kommt vor allem zur Geltung, wenn man geblasene Sorten untersucht. Deshalb ist in Abb. K-11 die Zusammensetzung solcher, durch den Erweichungspunkt gekennzeichneter mexikanischer Bitumina wiedergegeben. Es sind dabei nach KRENKLER als Lösungsmittel außer reinem n-Heptan Gemische von 2/3 n-Heptan und 1/3 Zyklohexan sowie von 1/3 n-Heptan und 2/3 Zyklohexan benutzt. Dies ergibt eine noch weitergehende Differenzierung. Man sieht aus Abb. K-11 wie einmal die Gesamtasphaltene auf Kosten der Harze zunehmen. Eine – nicht dargestellte – Umwandlung der Öle in Harze findet in viel geringerem Maße statt. Innerhalb der Gesamtasphaltene erscheinen ab $t_{\text{R u. K}}$ = 60 °C zuerst die sog. 1/3-Asphaltene und ab $t_{\text{R u. K}}$ = 90 °C auch die sog. 2/3-Asphaltene, die bei $t_{\text{R u. K}}$ = 105 °C einen Anteil von 21 % erreichen.

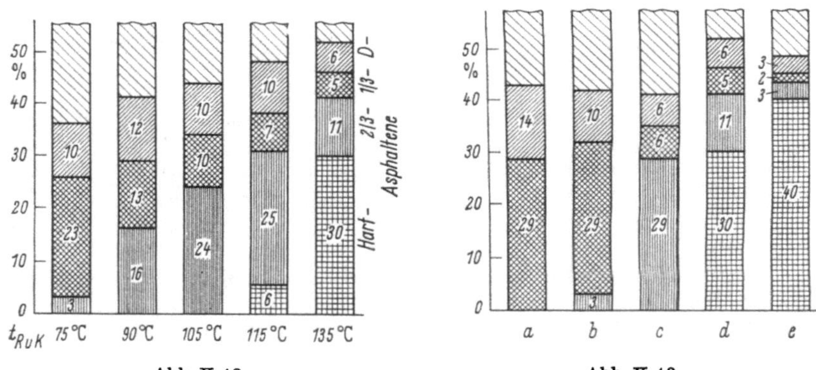

Abb. K-12.   Abb. K-13.

Abb. K-12. Zusammensetzung der Asphaltene geblasener Bitumina aus norddeutschem Rohöl mit steigendem Erweichungspunkt $t_{\text{R u. K}}$.
Bezüglich der Schraffur gilt das gleiche wie bei Abb. K-11.

Abb. K-13. Zusammensetzung der Asphaltene geblasener Bitumina verschiedener Herkunft mit einem Erweichungspunkt (nach Ring- und Kugelverfahren) von $t_{\text{R u. K}}$ = 135 °C.
Bezüglich der Schraffur gilt das gleiche wie bei Abb. K-11.

a Venezuela;	*d* Norddeutschland;
b Venezuela;	*e* Osteuropa (ohne nähere
c Sizilien;	Kennzeichnung der Herkunft).

Das Blasen bewirkt also, daß der Anteil der höchstmolekularen Asphaltene auf Kosten der niedrigermolekularen vergrößert wird. Dies führt zu einer Einengung der für die Lyosphäre der Mizellen verfügbaren Kohlenwasserstoffe mittlerer Molmasse, was gleichbedeutend mit dem Übergang vom Sol- zum Geltyp ist. Besonders auffällig ist diese Veränderung in dem in Abb. K-12 gegebenen Beispiel geblasener Bitumina, die aus einem deutschen Rohöl hergestellt wurden. Beim Vergleich mit Abb. K-11 ist zu beachten, daß die Zusammensetzung zum Teil für härtere Sorten angegeben ist als dort und daß die beiden Sorten mit Erweichungspunkten von 45 °C und 60 °C fehlen. Bei $t_{\mathrm{R\,u.\,K}} = 75$ °C sind deutliche Unterschiede festzustellen. Beim Bitumen aus mexikanischem Rohöl ist das Verhältnis der D-Asphaltene zu den 1/3-Asphaltenen größer als 2 : 1, bei dem Bitumen aus norddeutschem Rohöl ist dieses Verhältnis bei etwa gleichen Mengen umgekehrt[1]. Bei der härteren Sorte mit einem Erweichungspunkt von 105 °C haben sich die Verhältnisse einander ziemlich genähert. Bei den härtesten Sorten treten dann noch die selbst in reinem Zyklohexan unlöslichen Hartasphaltene auf. Bei einem Erweichungspunkt von 135 °C erreicht ihr Anteil 30%.

Man erkennt, wie mit Fortschreiten des Blasens die sehr hochmolekularen Anteile auf Kosten derer mit kleinerer Molmasse zunehmen, ohne daß der ölige und harzige Rest im gleichen Maß abnimmt. Dadurch hat man z.B. die Möglichkeit, durch Blasen auch aus einem Ausgangsstoff mit verhältnismäßig ungünstiger Zusammensetzung, wie sie Abb. K-10 für den Fall *e* zeigt, ein hochwertiges Bitumen zu erzeugen.

Zum Schluß soll an Hand von Abb. K-13 gezeigt werden, wie groß die Unterschiede zwischen harten Bitumina mit gleichem Erweichungspunkt je nach Herkunft und Basis des Ausgangsöles sein können. Der hohe Anteil von Hartasphaltenen in der Sorte *e* bei gleichzeitig sehr geringen Mengen der übrigen Asphaltene läßt eine wenig befriedigende Gebrauchseignung erwarten. Auch bei der Sorte *d* verhält sich der Anteil der Hartasphaltene zu den übrigen wie ungefähr 3 : 2, was geringe Klebefähigkeit und eine kleine Plastizitätsspanne zur Folge hat.

Weiter kann hier auf diese Fragen nicht eingegangen werden. Es dürfte jedoch aus den Darlegungen ersichtlich sein, daß mit der kolloidchemischen Betrachtung im Zusammenhang mit der Strukturanalyse (Gruppenaufteilung) nach KRENKLER bzw. PASS und SCHINDEL eine Handhabe geboten ist, die Vorgänge bei der Herstellung von Bitumen und insbesondere beim Blasen analytisch zu verfolgen.

Demgegenüber haben frühere Versuche, die Asphaltene mit Lösungsmitteln wie Schwefelkohlenstoff und Tetrachlorkohlenstoff noch weiter zu zerlegen, geringe praktische Bedeutung, weil überzeugende Abhängigkeit von dem so bestimmten Gehalt an den sog. *Karbenen*, den sehr hochmolekularen, bereits koksartigen Anteilen der Asphaltene, und an den *Karboiden*, welche die höchstmolekularen Anteile bilden sollen, schwer zu ermitteln sind. Man kann sich unter den mit diesen Namen belegten Ausfällprodukten leicht die Asphaltenmizellen vorstellen, die nicht nur gänzlich von den Solvathüllen entblößt sind. Vielmehr sind aus ihnen noch nicht sehr fest assoziierte Moleküle entfernt, so daß nur mehr ein sehr wasserstoffarmes Gerüst übrigbleibt, das ein Xerogel darstellt und eine koksähnliche Struktur aufweist. Wenn auch die Untersuchung nach KRENKLER eine gewisse Ähnlichkeit mit diesen älteren Vorschlägen hat, so ist doch zu beachten, daß durch die Anwendung

---

[1] Wegen der D- und 1/3-Asphaltene vgl. Abb. K-7 und den Text S. 769. Es mußte hier die ursprüngliche Bezeichnungsweise der Quelle beibehalten werden.

„arteigener" Lösungsmittel eine bessere Möglichkeit geschaffen ist, zu praktisch verwertbaren Aussagen zu kommen. Die sog. Karbene und Karboide lassen sich zwar mit Hilfe der genannten Lösungsmittel nachweisen, doch sind sie nicht mit den an ihnen – im abgetrennten Zustand – festgestellten Eigenschaften im Bitumen vorhanden. Vielmehr kann man ihren Einfluß auf die Eigenschaften des Produktes nur im Zusammenhang mit ihrer Umgebung verstehen. Dem trägt das Verfahren von KRENKLER bzw. PASS und SCHINDEL besser Rechnung.

Man kann bei der Untersuchung der Hartasphaltene noch einen Schritt weitergehen und zum Schluß deren Löslichkeit in Benzol feststellen. Bei Bitumina, die aus Erdöl durch Destillation oder auch durch Blasen hergestellt wurden, dürfen keine in Benzol unlöslichen Anteile enthalten sein. Sie können jedoch in Rückständen aus Krackanlagen – vor allem aus thermischen – vorkommen. Es handelt sich dabei um koksartige Anteile, die also etwa den vorerwähnten Karbenen bzw. Karboiden entsprechen und die keinerlei Plastizität oder Klebekraft besitzen. Da sie aber in Teeren und Pechen in Mengen bis zu 30% vorkommen können, hat die Ermittlung benzolunlöslicher Anteile als Ergänzung zu der bisher beschriebenen Arbeitsweise ihre Bedeutung[1]. Denn Bitumen–Teer-Mischungen sind als Straßenbaustoffe brauchbar, sofern sie den Anforderungen genügen. Der Preis von Teeren ist vor allem niedriger, weshalb die Verwendung von Mischungen einen wirtschaftlichen Anreiz bietet.

In Abschn. K 1 b wurde erwähnt, daß auch eine Ermittlung der in den Maltenen anwesenden Kohlenwasserstoffgruppen zweckmäßig ist, wenn man erkennen will, welche Ergebnisse durch weitere Verfahrensschritte bei der Herstellung von Bitumina zu erwarten sind. Es muß dabei berücksichtigt werden, daß sich keineswegs alle Erdölrückstände dafür eignen. Jene mit hohem Paraffingehalt scheiden aus den bereits näher erläuterten Gründen von vornherein aus. Wenn auch KRENKLER darlegt, daß die in Bitumen maximal zulässige Menge an kristallisiertem und mikrokristallinem Paraffin von der Struktur der Grundsubstanz abhängt, so sollte sie sicher nicht 2 bis 3% überschreiten. Es sind sonst der gewünschte niedrige Brechpunkt sowie die Streckbarkeit und Klebefähigkeit nicht zu erreichen[2]. Eine Analyse der Maltene gibt Aufschluß darüber, ob damit zu rechnen ist, daß ihre Zusammensetzung durch weitere destillative Einengung oder durch Blasen mit Luft zugunsten der harzigen Anteile verschoben und ein Teil der davon bereits vorhandenen Menge in Asphaltene umgewandelt werden kann. Da es sich noch um flüssige Anteile handelt, können sie mit Hilfe chromatographischer oder anderer Adsorptionsverfahren zerlegt werden.

In der Literatur sind wiederholt die Ergebnisse der eingangs erwähnten Gruppenanalysen erwähnt und die dafür vorgeschlagenen Bezeichnungen benutzt. Deshalb sollen die wichtigsten hier noch besprochen

---

[1] KRENKLER, K.: Untersuchungen über Mischungen von Steinkohlenteer und Bitumen. Bitumen/Teere/Asphalte/Peche 9 (1958) 243/46, 271/74, 301/07, 335/40 u. 367/71.

[2] KRENKLER, K.: a. a. O., vgl. Fußn. 1, S. 752.

werden. Von PÖLL werden als *Erdölanteile* eines Bitumens jene flüssigen Kohlenwasserstoffe bezeichnet, die bei Raumtemperatur in Petroläther löslich sind und bei anschließender Behandlung der Lösung mit Bleicherde von dieser nicht adsorbiert werden. Ihre Aufteilung in Nichtaromaten (Paraffine und Naphthene) und Aromaten ist von Interesse. Die in der Bleicherde zurückgehaltenen *Erdölharze* können aus dieser mit Chloroform oder anderen Lösungsmitteln, die sie nicht verändern, ausgewaschen und durch Eindampfen gewonnen werden. PÖLL beschreibt sie als dunkelrote, in dünner Schicht klare, flüssige bis zähe Harze. Nach SACHANEN, der bereits früher ein ähnliches Verfahren wie PÖLL anwandte und gelbe bis sehr dunkelrote Farben bei gleicher Konsistenz feststellte, enthalten sie etwa zwei bis drei Sauerstoffatome je Molekül[1]. Sie dürften wenigstens mit einem Teil der in der Solvathülle der Asphaltenzellen anzutreffenden Körper identisch sein. Die Anwesenheit von Doppelbindungen erscheint fraglich. Soweit sie sich von Lösungsmitteln wie Chloroform, Tetrachlorkohlenstoff, Pyridin oder ähnlichen lösen lassen, sind die Lösungen moleculardispers, also echt, d. h., es kommt zu keinen Ausfällungen durch Störung eines Lösungsgleichgewichtes. Dies ist mit der früher erörterten Vorstellung von Molekülen oder Molekülschwärmen, die in der öligen Grundsubstanz, den Petrolenen, gelöst und frei beweglich sein können und mit diesen zusammen die Maltene ergeben, sich aber auch lose mit den Asphaltenmizellen verbinden können, verträglich.

Es bleiben noch die sog. *Asphaltharze* zu erwähnen, die ebenfalls von PÖLL abgetrennt wurden, und zwar durch Behandlung der mittels Petroläther ausgefällten Asphaltene. Aus diesen lassen sie sich mit Chloroform extrahieren, ebenfalls an Bleicherde adsorbieren und dann aus dieser mit Pyridin oder Schwefelkohlenstoff zurückgewinnen. Sie werden als dunkelbraune, in dünner Schicht klare, bei Raumtemperatur pulverisierbare, in der Wärme zähe Harze beschrieben und stellen offenbar die mit den Mizellen am engsten verbundenen Körper dar, die auch als ein Teil davon betrachtet werden können. Jedenfalls gehen sie in Petroläther nicht mehr in Lösung. Den mittels Chloroform ausgefällten Rest nennt PÖLL *Hartasphalt*, doch sind diese hochmolekularen Körper sicher nicht vollkommen identisch mit dem durch Behandlung mittels „Normalbenzin" nach DIN 51557 oder mittels n-Heptan nach DIN-Entwurf 51595 bestimmten „Hartasphalt"[2]. Gelegentlich trifft man auch dafür *die Bezeichnung* Asphaltene an, doch wird darunter in diesem Buch die Gesamtheit der durch n-Heptan ausgefällten Körper verstanden. Um sie vom Hartasphalt zu unterscheiden, nennt man die Asphaltharze mitunter auch Weichasphalt.

Um wenigstens eine schematische Übersicht über die verschiedenen Bezeichnungen zu geben, wie sie für die Inhaltsstoffe von Bitumina verwendet werden und vorstehend in den Grundzügen erläutert sind, ist in Abb. K-14 gegenübergestellt, was nach verschiedenen Quellen darunter verstanden wird. Sieht man von dem Bereich der Öle (Erdölanteile)

---

[1] SACHANEN, N.: Petroleum 21 (1925) 1441/43 u. 23 (1927) 1618/21.
[2] Vgl. die Einleitung zu Abschn. J1, S. 699ff.

ab, so spiegelt die Darstellung etwa die nach unten zunehmende Molmasse der einzelnen Anteile wider. Man erkennt vor allem die im Zusammenhang mit dem Entasphaltieren in Abschn. J1 erörterte Änderung des Lösungsvermögens mit der Molmasse bzw. mit dem Siedepunkt. Von n-Heptan werden alle Harze gelöst, von Propan keine mehr. Der von PÖLL benutzte Petroläther, dessen Siedebereich zwischen diesen beiden Alkanen liegt und bei dem es sich ebenfalls um die gleiche Kohlenwasserstoffgruppe handelt, erfaßt nur einen Teil davon. Gerade wegen

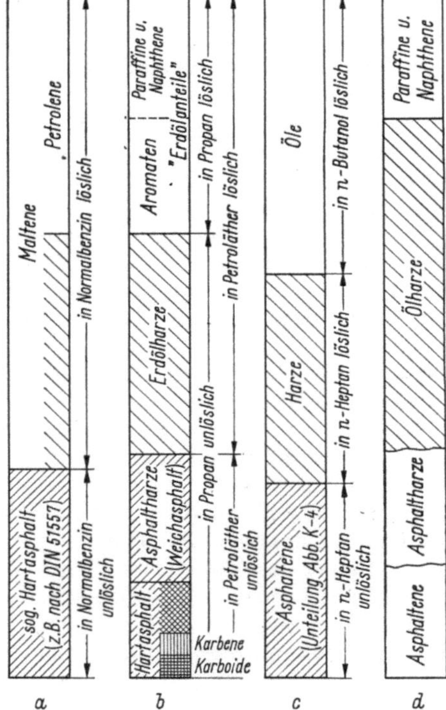

Abb. K-14. Übersicht über die verschiedenen Vorschläge zur Kennzeichnung der hochsiedenden Erdölbestandteile.

a Vielfach gebrauchte Unterteilung;
b Unterteilung nach PÖLL[1];
c Unterteilung nach KRENKLER[2];
d Unterteilung nach anderen Quellen[3].

der Möglichkeit, dadurch zwischen den Erdöl- und den Asphaltharzen zu unterscheiden, wurde dieses Verfahren hier besonders erwähnt. Die im Betrieb anwendbaren Änderungen der Temperatur, um das Lösungsvermögen zu beeinflussen, scheiden für Untersuchungen des Laboratoriums aus praktischen Gründen aus. Man kann Unterscheidungen nur mit Hilfe der Lösungsmittel erreichen. Zu erwähnen bleibt noch, daß die

---

[1] Vgl. H. PÖLL: a.a.O., zit. Fußn. 1, S. 753.
[2] Vgl. K. KRENKLER: a.a.O., zit. Fußn. 1, S. 753; in der Abbildung muß es heißen: Unterteilung nach Abb. K-7 (nicht nach Abb. K-4).
[3] Vgl. z.B. H. PRINZLER, R. KLIMKE u. N. DORN: a.a.O. (vgl. Fußn. 1, S. 796).

hier beschriebenen Untersuchungsverfahren ihre Brauchbarkeit auch bei der Erfassung der Alterungsprodukte in Schmierölen erwiesen haben[1]. Die Parallelen mit den Vorgängen beim Blasen von Asphalt sind verblüffend, wenn auch bei näherer Betrachtung sehr einleuchtend.

Die Arbeitsverfahren, wie sie PÖLL und KRENKLER beschrieben haben, sind inzwischen noch etwas vereinfacht und abgewandelt worden. Man löst heute in der Regel mit Hilfe von n-Heptan alle Maltene, also nach der Nomenklatur von PÖLL die Erdölanteile, die Ölharze und die Asphaltharze (den Weichasphalt), und fällt die Asphaltene (den Hartasphalt) aus. Diese können erforderlichenfalls nach KRENKLER weiter zerlegt werden. Die Maltene selbst kann man dann elutions-chromatographisch in Nichtaromaten, Aromaten und die beiden vorgenannten Harze trennen, ohne mit n-Butanol arbeiten zu müssen. Man erhält damit eine Strukturanalyse, die verläßliche Aussagen über die Eignung von Bitumina gestattet.

Wie auf S. 46 und 217/18 dargelegt wurde, sammelt sich der größere Teil der in Erdölen vorhandenen Metalle und Metallsalze beim Destillieren im Rückstand an und erscheint dadurch im Bitumen. Analysen haben gezeigt, daß der Aschegehalt der Asphaltene am höchsten ist. Dies stört aber nicht die übliche Verwendung von Bitumina.

Obwohl KRENKLER seine Vorschläge bereits 1948 und 1949 veröffentlichte und in verschiedenen Laboratorien danach gearbeitet wird, werden wiederholt davon abweichende Untersuchungsverfahren empfohlen, ohne daß deren Vorteile gegenüber dem Verfahren von KRENKLER zu erkennen sind. Wenn nachstehend eine Anzahl davon erwähnt ist, so geschieht dies, weil im Schrifttum mitunter darauf Bezug genommen ist. So hat O'DONNELL ein sehr umfangreiches Schema entwickelt, das sich aber auf eine weitgehende Unterteilung der Maltene beschränkt. Er hat es außerdem nur auf eine geringe Anzahl von Proben angewendet[2].

Ebenfalls nur die Maltene wurden von CORBETT und SWARBRICK nach einem etwas abweichenden, einfacheren Schema untersucht[3]. Sie betrachten nur die chemischen Körper, fassen alles außer der sog. Paraffin- und Naphthenfraktion einerseits und den durch n-Hexan bestimmten „Asphaltenen" andererseits verbleibende Material als aromatische Öle zusammen. Daher gewinnen sie zwar eine Menge Daten über diese. Aus den Erkenntnissen gezogene, überzeugende Schlüsse werden aber nicht mitgeteilt. Die beiden Forscher haben später ihre Verfahren durch die Anwendung von Benzol und Pyridin ausgebaut und die Veränderung der Zusammensetzung durch Destillieren, Blasen und Extraktion obiger Anteile mittels Propan verfolgt[4]. In einer neuesten Arbeit kommt CORBETT zum Schluß, daß Untersuchungen in Anlehnung an die *n-d-M*-Methode

---

[1] Vgl. dazu bes. die grundlegende Arbeit H. SUIDA: Über Alterung von Schmierölen. Öl u. Kohle 13 (1937) 201/06 u. 225/32.

[2] Nach Anal. Chem. 23 (1951) 894/98, referiert in Bitumen/Teere/Asphalte/Peche 3 (1952) 183/85.

[3] CORBETT, L. W., u. R. E. SWARBRICK: Clues to Asphalt Composition. Proc. Assoc. Pav. Technol. 27 (1958) 107/22; ref. Bitumen/Teere/Asphalte/Peche 10 (1958) 377/81.

[4] Vgl. das Referat in Bitumen/Teere/Asphalte/Peche 15 (1964) 456/60.

nach dem jetzigen Stand der Dinge noch zu keinem brauchbaren Ergebnis führt[1]. Sie dürfte bei so komplizierten Kolloidsystemen, wie sie Bitumina darstellen, kaum die gewünschten Aufschlüsse bringen.

Von weiteren Bemühungen, einen Beitrag zur Erkenntnis der Zusammensetzung von Bitumina zu leisten und deren Zusammenhang mit den Eigenschaften aufzuklären, seien noch die Arbeiten von HAIDEGGER, und HESP, SCHWEYER, VAJTA und VAJTA sowie MEYER und HRAPIA genannt[2]. Einzelheiten können hier nicht erörtert werden. VAJTA und VAJTA lehnen sich bei der Darstellung der Ergebnisse an die von SCHWEYER vorgeschlagenen Dreieckskoordinaten an, was auch MEYER und HRAPIA tun, dabei aber nur einen Ausschnitt verwenden. Erstaunlicherweise meinen die zum Schluß genannten Verfasser, daß nur BRANSKY u. Mitarb. grundsätzliche Arbeiten an einem Bitumen im Hinblick auf die anwendungstechnischen Eigenschaften durchgeführt hätten[3]. Die Problematik der einzelnen Prüfverfahren und die Brauchbarkeit der dabei erzielten Ergebnisse wird überhaupt nicht erwähnt[4]. Demgegenüber sollte folgendes beachtet werden: Gerade solche Untersuchungen, wie sie z. B. durch Abb. K-7 erläutert sind und ähnliche, lassen zusammen mit einer genaueren Erfassung der Unterteilung der Asphaltene nach KRENKLER erwarten, daß man für die Praxis gut verwertbare Aussagen über die Eigenschaften eines Bitumens und ihre Veränderung durch die Verarbeitungsverfahren erhält.

e) Die Alterungsbeständigkeit

Bitumen unterliegt auch bei Raum- und Umgebungstemperatur der Einwirkung des Luftsauerstoffes. Dadurch wird eine chemische Veränderung hervorgerufen, die sich aber analytisch kaum erfassen läßt. Im Gebrauch treten daneben besonders beim Straßenbelag noch andere Einflüsse auf, wie Sonnenbestrahlung, Regen und Schnee, sowie Verlust der leichtestflüchtigen Anteile. Davon wird jedoch nur eine dünne Schicht an der Oberfläche betroffen. Diese Einflüsse führen zu einer Verhärtung des Straßenbelages[5]. Sie wird aber in noch viel stärkerem Maße bei der

---

[1] CORBETT, L. W.: Die Charakterisierung von Bitumen mit Hilfe der Densimetrischen Methode. Bitumen/Teere/Asphalte/Peche 18 (1967) 11/15. Über die *n-d-M*-Methode s. S. 63.

[2] HAIDEGGER, E., u. V. HESP: Untersuchungen über die Zusammensetzungen von Bitumen und Asphalten. Acta Chim. Acad. Hung. 15 (1958) 325/27; ref. Bitumen/Teere/Asphalte/Peche 11 (1960) 158/59. – SCHWEYER, H. E.: Zusammensetzung und Eigenschaften von Bitumen; nach Highway Res. Board Bull. Nr. 192/58 ref. Bitumen/Teere/Asphalte/Peche 12 (1961) 104/09 u. 431/33. – VAJTA, L., u. S. VAJTA: Die Verwendbarkeit des Bitumens als Funktion der chemischen Struktur. Erdöl u. Kohle 18 (1965) 787/91. – MEYER, D., u. H. HRAPIA: Untersuchungen über Viskositätskenndaten von Modellbitumen; ebd. 20 (1967) 216/18.

[3] Über die Arbeit von BRANSKY u. Mitarb. s. Fußn. 1, S. 783.

[4] Als Übersicht über dieses Thema s. K. KRENKLER: Zusammenhänge zwischen Bitumenstruktur und den Festigkeitseigenschaften bituminöser Beläge. Bitumen/Teere/Asphalte/Peche 15 (1964) 447/56, 499/505 u. 551/54.

[5] JONES, P. H.: Effect of weathering on increase in hardness of asphalts. Industr. Engng. Chem./Prod. Res. Developm. 4 (1965) 57/60.

Herstellung des Mischgutes beobachtet, wenn beim Straßenbau vor dem Verlegen des Straßenbelages das Bitumen mit dem heißen Gestein in Berührung kommt. Die Folge davon ist eine Abnahme der Penetration und ein Anstieg des Erweichungspunktes. Es ist jedoch kaum möglich, diese Veränderungen messend in Abhängigkeit von den aufgezählten Einflüssen zu erfassen. Zwar können nach längerem Gebrauch Proben einer Straßendecke entnommen und untersucht werden. Doch viel mehr als die Erkenntnisse, ob der Belag den Beanspruchungen in erwarteter Weise standgehalten hat oder nicht, läßt sich daraus kaum gewinnen. Deshalb wurden verschiedene Vorschläge gemacht, durch Kurzzeituntersuchungen im Laboratorium die Alterungsbeständigkeit zu ermitteln oder wenigstens Anhaltspunkte dafür zu gewinnen[1].

Nach DIN wird eine 3,9 mm dicke Probe auf einer kreisrunden Scheibe von 128 mm Durchmesser 5 Stunden lang im Trockenschrank auf einer Temperatur von 163 °C gehalten. Nach dem Abkühlen werden der Gewichtsverlust sowie Penetration, Erweichungspunkt, Brechpunkt und Streckbarkeit gemessen und mit den ursprünglichen Werten verglichen. Die so ermittelten Veränderungen lassen gewisse Schlüsse auf die Alterungsbeständigkeit zu, ohne daß eindeutige Abhängigkeiten gefunden oder vollkommen verläßliche Aussagen über das tatsächliche Verhalten bei der praktischen Verwendung gemacht werden können[2]. Immerhin war in einem näher untersuchten Fall ein ziemlich klarer Zusammenhang zwischen den im Dünnfilm-Ofentest ermittelten Werten und den nach mehrmonatigem Gebrauch eingetretenen Veränderungen von Penetration und Erweichungspunkt festzustellen[3].

Die Straßenbaubehörden von Kalifornien haben in der letzten Zeit ein Härtungsprüfverfahren entwickelt, das die oben erwähnten Vorgänge beim Mischen nachahmt[4]. Es wird als „Rotating thin-film-test" (RTFT) bezeichnet. Fenijn kommt durch Vergleich der Ergebnisse dieses Prüfverfahrens mit solchen, bei denen Bitumen im Laboratorium mit heißem Sand vermischt wurde, zum Schluß, daß es zur Ermittlung der für den Gebrauch wichtigen Eigenschaften empfohlen werden kann.

---

[1] Zu erwähnen ist die Bestimmung des Gewichtsverlustes (sog. Ofentest) nach DIN 1955. Sie lehnt sich an den sog. Thin film oven test (TFOT) der American Association of State Highway Officials (AASHO) an; die genaue Bezeichnung des Prüfverfahrens lautet: Standard Method of Test for Determining the Effect of Heat and Air on Asphaltic Materials when Exposed in Thin Films (T-179-57). Daneben ist noch die ASTM-Methode D 6-39 T in Gebrauch, der ungefähr ÖNORM B 3640 entspricht. Einzelheiten s. bei R. N. Traxler: a. a. O Kap. 6, „Durability", außerdem bei K. A. Lammiman, T. Les u. P. J. Way: Field and laboraty studies on the durability of road bitumen. J. appl. Chem. 12 (1962) 510/20.

[2] Vergleichende Messungen nach den in vorstehender Fußnote erwähnten Prüfverfahren haben Pass und Schindel durchgeführt; Näheres a. a. O. (vgl. Fußn. 2, S. 753).

[3] Vgl. F. Pass u. K. Schindel: a. a. O. Abb. 12, S. 463.

[4] Vgl. dazu J. Fenijn: Rotations-Dünnschichtversuch an Bitumen zur Feststellung der Härtung während des Mischvorganges. Erdöl u. Kohle 23 (1970) 433/37. Vgl. auch die Ausführungen S. 758 ff.

Über Untersuchungen, welche bei solchen Alterungsprüfungen – sei es im Trockenschrank, sei es auf der Straße selbst – die Veränderungen der einzelnen Stoffgruppen gemäß dem vorhergehenden Unterabschnitt festgestellt haben, ist nach Wissen des Verfassers bisher im Schrifttum nichts veröffentlicht worden[1]. Es erscheint aber die Annahme berechtigt, daß es sich dabei um ähnliche Vorgänge wie beim Altern der Schmieröle und letzten Endes auch beim Blasen von Bitumen handelt. Auch bei der Alterung von Bitumen dürfte es durch die genannten Einflüsse zu Polymerisations- und Kondensationsreaktionen kommen, bei denen auf Kosten vornehmlich von aromatischen Ölanteilen Harze und aus diesen Asphaltene entstehen. Eine Folge davon ist die in der Regel festgestellte Zunahme der Härte. Ob sich die anderen Eigenschaften, vor allem Plastizitätsspanne und Klebefähigkeit im günstigen Sinne ändern, erscheint fraglich. Bestenfalls darf man erwarten, daß sie sich nicht verschlechtern. Beim Vergleich mit den Vorgängen beim Blasen darf nicht übersehen werden, daß durch dieses Verfahren angestrebt wird, aus Bitumen, das noch nicht die für den gedachten Zweck erwünschten Eigenschaften hat, ein solches mit diesen herzustellen. Dies gelingt nur, wenn die Inhaltsstoffe in solchen Anteilen vorhanden sind, daß durch die beim Blasen eintretenden Veränderungen das Ziel erreicht wird. Bei der Alterung des bereits eingebrachten Straßenbaustoffes kann aber z.B. eine Zunahme der Härte über den durch die Herstellung erreichten Wert hinaus durchaus unerwünscht sein. Die Gleichheit des chemischen Vorganges wie beim Blasen sagt noch nichts darüber aus, daß die durch das Altern hervorgerufene Veränderung der Eigenschaften eine Verbesserung der Gebrauchseignung bedeutet. Wegen des Mangels an diesbezüglichen Untersuchungen kann diese Frage hier nur mit Annahmen beantwortet werden. Sicher ist, daß die Veränderungen nur an der Oberfläche des Straßenbelages eintreten. Doch kommt es durch Verspr90den zum Abtrag durch den Verkehr. Deshalb ist die Alterungsbeständigkeit von Bitumen für die Haltbarkeit einer Straßendecke sehr wesentlich. Sie sollte eingehender erforscht werden[2].

Ein besonderer Fall muß jedoch hier erwähnt werden. HEITHAUS hat einen eindeutigen Zusammenhang zwischen der Wetterbeständigkeit sehr harter Bitumensorten, wie sie z.B. für die Dachdeckung verwendet werden, und der Zähigkeit der darin enthaltenen Maltene festgestellt[3]. Er glaubt eine Erklärung dafür in der Annahme zu finden, daß das Verhärten durch die Diffusion von Asphaltenen sowie von Harzen und anderen Molekülen mit Sauerstoff als Fremdatomen verursacht wird, welche in den Maltenen dispergiert sind und die um so leichter diffundieren, je weniger zäh die Maltene sind. Deshalb empfiehlt HEITHAUS, diese Vorgänge durch stärkere Anwendung physikalischer Meßmethoden zu verfolgen.

---

[1] Der Aufsatz E. J. BARTH: Ein Verfahren zur Auswertung der Alterungsbeständigkeit von Bitumen. Bitumen/Teere/Asphalte/Peche 12 (1961) 231/37 enthält nur Vorschläge.

[2] HEITHAUS, J. J.: Physical factors affecting the weather resistance of asphalt coatings. Industr. Engng. Chem./Prod. Res. Developm. 1 (1962) 149/52.

[3] Vgl. a. S. 791ff.

2. Die Auswahl geeigneter Einsatzprodukte und die Ermittlung der Verfahrensbedingungen

Vorstehend ist so ausführlich auf die Zusammensetzung und die Eigenschaften der zu verarbeitenden und der herzustellenden Produkte eingegangen, weil die Erforschung des Bitumens im Vergleich zu der anderer Raffinerieprodukte bisher sehr stiefmütterlich behandelt wurde. Es wirft jedoch kaum ein Produkt – wenn man vom Schmieröl absieht – so viele Probleme auf. Die Folge davon ist, daß bei der Herstellung spezifikationsgerechter Bitumina eine genaue Kenntnis der Möglichkeiten verlangt wird, die durch den Rohstoff und durch die wirtschaftlich vertretbaren Verfahrensschritte gegeben sind. Denn – um die Worte eines bekannten Fachmannes zu gebrauchen – nicht alles, was aus einer Raffinerie herauskommt, schwarz ist und als Straßenbelag verwendet wird, ist ein brauchbares Bitumen. Deshalb sollen zunächst gewisse Anhaltspunkte für die Auswahl der zu verarbeitenden Einsatzprodukte erörtert werden, zu der die Gruppenanalyse einen Beitrag liefert. Will man zu praktisch verwertbaren Aussagen kommen, so ist die Untersuchung im Laboratorium unerläßlich. Doch kann man viel Geld und Zeit sparen, wenn man sich zuerst durch eine Gruppenanalyse nach KRENKLER einen Überblick darüber verschafft, ob überhaupt geeignete Produkte zu erwarten sind. Erst wenn diese Frage bejaht werden kann, müssen in einer Technikumsapparatur die günstigsten Verfahrensbedingungen ermittelt werden.

a) Die Voraussetzungen für die gewünschten Produkteigenschaften

Es können vorweg zwei Voraussetzungen negativer Art genannt werden, die erfüllt werden müssen, damit überhaupt Aussicht besteht, aus einem Einsatzgut – meist Rückstände aus der atmosphärischen Rohöldestillation oder ähnlicher Art – ein verwendungsfähiges Bitumen zu erhalten. Erstens darf der Gehalt an Paraffinen mit Schmelzpunkten über etwa 45 °C nicht so hoch sein, daß er bei der weiteren Verarbeitung durch Vakuumdestillation unter Wasserdampfzusatz nicht unter den Wert von rd. 2 Gew.-% im Endprodukt gesenkt werden kann. Sind aber die sonstigen Eigenschaften günstig, so kann ein paraffinreiches Einsatzgut unter Umständen als Mischkomponente zusammen mit paraffinarmen Destillationsrückständen verarbeitet werden.

Zweitens müssen die für die Bildung der dispergierenden und der dispersen Phase des Kolloidsystems Bitumen erforderlichen Anteile in einigermaßen ausreichender Menge vorhanden sein. Deshalb ist z. B. die Ansicht irrig, daß ein mit Propan ausgefällter „Asphalt" an sich bereits als Straßenbaustoff geeignet sein müsse. Wohl mögen die Harze und die Asphaltene in einem günstigen Verhältnis vorhanden sein. Doch ist er zu spröde, was sich bei gleichem Erweichungspunkt in einer zu kleinen Penetration (gegenüber Destillationsbitumen) oder bei gleicher Penetration in einem zu niedrigen Erweichungspunkt äußert. Da der Brechpunkt nach Fraass außerdem in der Regel erheblich höher liegt, ist die Plastizitätsspanne klein. Im Diagramm Abb. K-21, S. 796, ist eine Kurve für Propanbitumen eingetragen. Je nach Schärfe der Ausfällbedingungen kann man auch etwas weichere Sorten erhalten, deren Meßpunkte jedoch immer unterhalb der Werte für Destillationsbitumen liegen. Dies zeigt, daß Propanbitumen in Mischung mit geblasenem Bitumen spezifikationsgerechte Sorten ergeben kann. Der andere, ebenfalls begangene Weg führt über ein Mischen von Propanbitumen und Destillationsbitumen und anschließendes Blasen. Auf welche Weise die höheren Ausbeuten zu erzielen sind, muß im Laboratorium ermittelt werden, kann jedoch von der Durchsatzleistung vorhandener Verarbeitungsanlagen abhängen. Man muß aber auch die übrigen Eigenschaften feststellen, um sicher zu sein, daß allen Anforderungen entsprochen wird. Es ist durchaus möglich, daß ein Propanbitumen für gewisse industrielle Zwecke, z.B. als Bindemittel für Briketts, verwendbar ist[1]. Unter besonderen Voraussetzungen, wenn bei dem Entasphaltieren mittels Propan nicht die Gewinnung von Schmierölkomponenten die wichtigste Aufgabe ist, können in dem ausgefällten „Raffinat" noch so viele ölige Anteile belassen werden, daß die Voraussetzungen für günstigere Eigenschaften geschaffen werden[2]. Doch stellt ein solcher Fall eine Ausnahme dar. In der Regel wird man versuchen, bei der Bitumenherstellung soviel Propanbitumen als möglich – und die in Schmierölraffinerien ebenfalls verfügbaren aromatischen Extrakte aus der Solventraffination – als Mischkomponenten vor dem Blasen zu verwenden.

Im Anschluß an die Ausführungen in Abschn. K 1 d werden nun die Hinweise erläutert, welche die Gruppenanalyse für die Beurteilung der zu erwartenden Eigenschaften bietet. Wie aus Abb. K-8 bis K-10 zu erkennen ist, lassen sich bereits durch Destillieren allein sehr harte Bitumina herstellen. Dies kommt durch den Wert für die Penetration zum Ausdruck. Allerdings kann dabei das Verhältnis der Asphaltene zu den Harzen je nach Herkunft bzw. Basis des Rohöles sehr verschieden sein. Ein Vergleich von Abb. K-8 und Abb. K-9 macht dies deutlich. Bei dem Bitumen aus venezolanischem Rohöl (Abb. K-8) nimmt das Verhältnis der Asphaltene zur Summe der Asphaltene plus Harze von $\frac{16 \cdot 100}{16 + 22}$ = 42% auf $\frac{29 \cdot 100}{29 + 23}$ = 55,8% zu, im zweiten Fall (Abb. K-9) hingegen von dem sehr niedrigen Wert $\frac{7 \cdot 100}{7 + 38}$ = 15,6% nur auf $\frac{10 \cdot 100}{10 + 44}$ = 18,5% zu. Im ersten Fall kann wegen des günstigen Verhältnisses von Harzen zu Asphaltenen mit einer großen Plastizitätsspanne gerechnet werden, die sich auch bei den härteren Sorten nicht wesentlich ändert, weil sich offenbar beim Destillieren mit zunehmendem Vakuum nicht nur Asphaltene aus den Harzen, sondern auch genügend, aber nicht übermäßig viele Harze aus den Ölanteilen bilden. Die für die Solvathüllen benötigten

---

[1] Zakar, P.: Propanbitumen und seine Verwendungsmöglichkeiten. Bitumen/Teere/Asphalte/Peche 18 (1967) 438/43.

[2] So wurde von Ditman und Godino der Vorschlag gemacht, durch Extraktion mittels Propan aus paraffinösen Erdölrückständen Krackereinsatz herzustellen und dabei ein Bitumen mit guten Eigenschaften zu gewinnen; vgl. S. 707.

mittelmolekularen Stoffe bleiben daher in einem passenden Verhältnis zu den Asphaltenmizellen. Trotzdem ist wegen des ausreichend hohen absoluten Anteiles der Harze auch die Klebefähigkeit gut, weshalb venezolanische Rohöle für die Herstellung von Bitumina sehr begehrt sind. Hingegen sind in dem Bitumen nach Abb. K-9 übermäßig viel Harze im Verhältnis zu den Asphaltenen vorhanden. Auch in diesem Fall bilden sich bei den härteren Sorten Harze aus den Ölanteilen. Deren Menge ist aber so groß, daß sie den Erweichungspunkt (nach dem Ring- und Kugelverfahren) stark drücken. Bei einem Teil der Harze wird nämlich mit zunehmender Temperatur die Bindung zum Mizellenkern so gelockert, daß sie die ölige Substanz vermehren und die verkleinerten Mizellen frei darin schweben. Am deutlichsten kommen diese Unterschiede in Abb. K-10 zur Geltung. Nach Vorstehendem ist leicht zu erkennen, daß Fall *b* die günstigsten, Fall *e* die ungünstigsten Verhältnisse darstellt – soweit bei gleicher Penetration eine hohe Plastizitätsspanne verlangt ist. Dies schließt nicht aus, daß durch Hochvakuumdestillation und erst recht durch die beim Blasen eintretende Oxydation die Anteile im gewünschten Sinne beeinflußt werden können. Gerade in Extrakten sind die Aromaten angereichert. Dadurch ist die Voraussetzung geschaffen, daß bei der Weiterverarbeitung daraus Harze und aus diesen Asphaltene entstehen.

Systematische Untersuchungen über den Einfluß der drei Bitumenanteile: Öle, Harze und Asphaltene auf die Eigenschaften wurden auch von der Standard Oil Co of Indiana, Whiting/Ind. durchgeführt[1]. Dabei wurde die ursprünglich von MARCUSSON empfohlene Methode zur Aufteilung in Kohlenwasserstoffgruppen benutzt, bei der mit n-Pentan gefällt und die Lösung mit aktivierter Tonerde (Al_2O_3) behandelt wurde[2]. Daher sind die auf diese Weise bestimmten Inhaltsstoffe nicht identisch mit den in den vorhergehenden Abschnitten beschriebenen. Das in n-Pentan Unlösliche sind nicht nur die Asphaltene, sondern auch alle oder sicher ein großer Teil der Asphaltharze. Desgleichen möge die Grenze zwischen den Ölen und den Harzen anders liegen. Dies ist bei den folgenden Abbildungen zu beachten, in denen der Einfachheit halber die Bezeichnungen der Originalarbeit beibehalten sind. Trotzdem sind die Ergebnisse recht aufschlußreich, zumal in der Literatur nur sehr selten über solche Untersuchungen berichtet wird.

Aus Abb. K-15 ist für Mid Continent-Bitumina zu erkennen, wie bei gleichem Asphaltengehalt die Penetration abnimmt, wenn sich der Anteil der Harze auf Kosten der Öle vergrößert. Da beim Blasen auch Asphaltene aus Harzen gebildet werden, wird die dabei auftretende Veränderung durch eine nach rechts oben ansteigende Linie dargestellt. Es ist anzunehmen, daß bei Bitumina anderer Herkunft ähnliche Zusammenhänge bestehen. Daß aber die Penetration allein zur Beurteilung der Gebrauchseignung nicht genügt, wurde bereits wiederholt betont und kann an Hand von Abb. K-16 erläutert werden. Darin ist für Bitumina

[1] Vgl. D. W. BRANSKY, J. E. HORAN u. T. L. SPEER: How Chemical Composition Affects Properties of Paving Asphalts. Petrol. Refiner 37 (1958) Nr. 11, S. 247/50.
[2] MARCUSSON, J.: Z. angew. Chem. 29 (1916) Nr. 1, S. 21.

gleichen Ursprungs wie in Abb. K-15 die Abhängigkeit der Streckbarkeit von der Zusammensetzung gezeigt. Man sieht, daß ausreichende Werte, nämlich über 100 cm, bei kleiner Penetration nur bei Harzgehalten über etwa 40% zu erreichen sind. Die verlangten Werte für den Erweichungspunkt und Brechpunkt dürften den Bereich der zulässigen Zusammen-

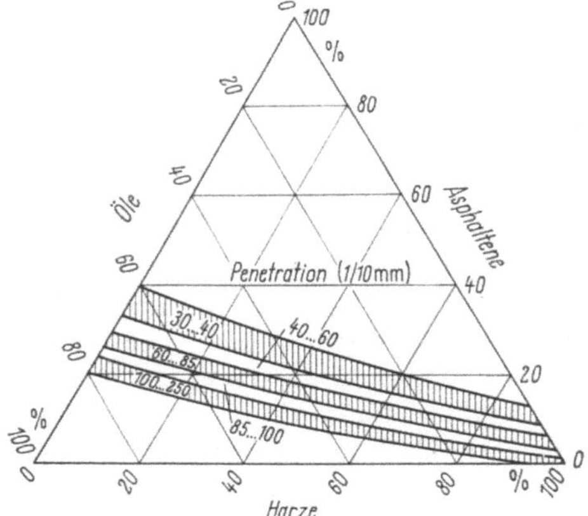

Abb. K-15. Penetration in Abhängigkeit von der Zusammensetzung eines aus Mid Continent-Rohöl gewonnenen Bitumens.

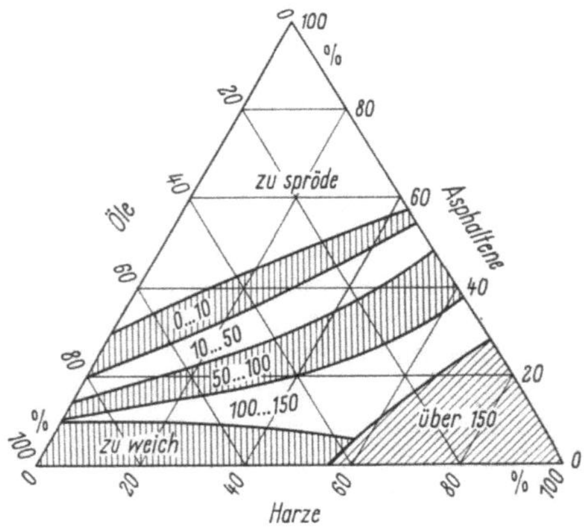

Abb. K-16. Streckbarkeit in Abhängigkeit von der Zusammensetzung des gleichen Bitumens, für das auch Abb. K-15 gilt.

setzung noch weiter einengen, doch finden sich darüber in der zitierten Arbeit keine Angaben. Die Abb. K-16 läßt erkennen, bei welchen Zusammensetzungen das Bitumen bei 25 °C, d.h. bei der Temperatur des Streckversuches, zu spröde oder zu weich ist.

Bemerkenswert ist der in Abb. K-17 wiedergegebene Zusammenhang zwischen Streckbarkeit und Zusammensetzung bei einem Bitumen aus Wyoming-Rohöl. Werte von mehr als 100 sind überhaupt nur bei Asphaltengehalten von etwa 20 bis 30% und zugehörigen Harzgehalten von 20 bis beinahe 80% zu erreichen. Der Ölgehalt kann dabei bis auf null abnehmen, doch fehlen Angaben darüber, welche Größen der übrigen Eigenschaften sich dabei einstellten.

Wenig geeignet für die Herstellung von Straßenbitumen ist der sog. Krackteer, das ist das in den Fraktionierkolonnen thermischer Krackanlagen anfallende Sumpfprodukt. Sein Aromatengehalt ist wegen der die Grenze von 400 °C übersteigenden Temperatur beim Kracken meist recht hoch, und er enthält größere Mengen mehrkerniger Ringverbindungen, mitunter einen gewissen Anteil von Benzolunlöslichem. Deshalb verhält er sich tatsächlich mehr wie ein Teer aus der Mittel- oder Hochtemperaturverkokung fester Brennstoffe als ein Bitumen; die Bezeichnung

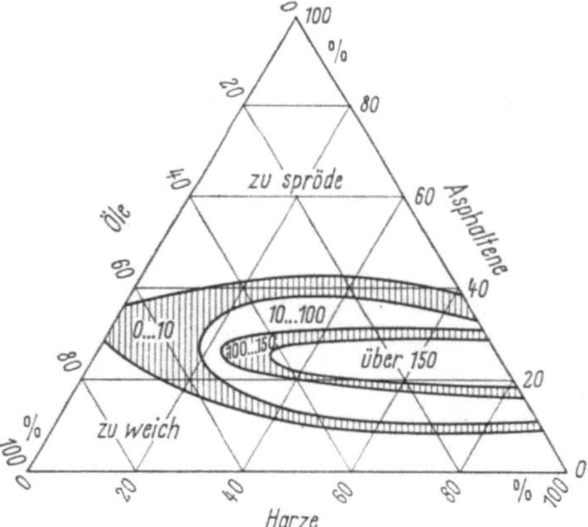

Abb. K-17. Streckbarkeit in Abhängigkeit von der Zusammensetzung eines aus Wyoming-Rohöl gewonnenen Bitumens.

hat also eine gewisse Berechtigung. Eine Gruppenanalyse, wie sie in Abschn. K 1 d beschrieben wurde, muß bei Krackteer – und erst recht bei einem durch Verkokung von Steinkohle gewonnenen Teer und Pech – auf alle Fälle durch die Bestimmung der benzolunlöslichen Anteile ergänzt werden[1]. Es handelt sich bei diesen Produkten ebenfalls um kolloidale Systeme, doch weist die Feinstruktur der Mizellen beträchtliche Unterschiede auf[2]. Die Plastizitätsspanne von Krackteeren ist sehr klein, was vollkommen dem bei Aromaten bekannten steilen Verlauf der Zähigkeits–Temperatur-Linie entspricht. Krackteere gehen sehr schnell bei Temperaturzunahme aus dem festen oder teigigen Zustand in einen sehr leicht flüssigen über. Sie sind in der Regel dort, wo ein großer

---

[1] Vgl. Fußn. 1, S. 774.

[2] Vgl. dazu H. MALLISON: Aufteilung von Steinkohlenteer und Pech. Bitumen/Teere/Asphalte/Peche 1 (1950) 313/17. – Ders.: Blick in das Kolloidsystem des Steinkohlenteers. Brennst. Chemie 33 (1952) 172/76. – Ders.: Beitrag zur kolloidchemischen Analyse des Steinkohlenteers. Bitumen/Teere/Asphalte/Peche 5 (1954) 287/90; 6 (1955) 22/23 u. 195.

Plastizitätsbereich verlangt wird, nicht am Platz, auch nicht als Mischkomponente, weil kleine Mengen in viel stärkerem als in linearem Verhältnis die Eigenschaften der anderen Komponenten beeinflussen können. Hält man sich die Struktur des Kolloidsystems Bitumen vor Augen, so erkennt man, daß bereits ein Bruchteil der öligen Grundmasse die Formbeständigkeit sehr beeinträchtigen kann, wenn er bei einer Temperaturerhöhung zu schnell dünnflüssig wird, so daß der ganze übrige grobdisperse Rest dadurch seinen Zusammenhalt verliert. Für Verwendungszwecke, bei denen es auf eine große Plastizitätsspanne nicht ankommt, können Krackteere jedoch verwendet werden, sofern sie die sonstigen Bedingungen erfüllen.

Um einen Überblick über die geforderten Eigenschaften der einzelnen Bitumensorten zu geben, ist in Anlehnung an DIN 1995 Zahlentafel K-1 zusammengestellt. Sie enthält auch Angaben über den Verwendungszweck. Da mehr als drei Viertel des Bedarfes als Walzasphalt und Gußasphalt für Zwecke des Straßenbaues dienen, ersieht man daraus, welche überragende Bedeutung die Herstellung von Destillatbitumen der Sorten B 200 bis B 15 hat. Die als Straßendecke aufgebrachten Asphaltmassen enthalten je nach Korngröße der mineralischen Zuschlagstoffe nur etwa 5 bis 16% Bitumen. Der niedrige Bereich gilt für grobe Körnungen (bis rd. 25 mm). Massen mit einer Korngröße der Mineralstoffe unter 2 mm und dementsprechend hohem Bitumenanteil in der Größenordnung von rd. 15% werden Asphaltmastix genannt. Vergußmassen für Pflasterungen und andere Zwecke enthalten noch mehr Bitumen als Mastix.

Im Straßenbau unterscheidet man zwei Arten der Anwendung. Entweder wird das Bitumen heiß bzw. mit leichtflüchtigen Fraktionen „gefluxt" (verschnitten) kalt auf die Straßendecke aus Schotter aufgespritzt, mit Sand oder feingebrochenem Gestein bestreut und dann gewalzt. Oder es wird bei der sog. Macadam-Bauweise das Gestein in besonderen Mischanlagen mit dem Bitumen vermengt, dann als Straßendecke aufgebracht und anschließend gewalzt. Auch in diesem Fall kann das Bitumen heiß oder gefluxt kalt verarbeitet werden. Je nach der Korngröße der Zuschlagstoffe spricht man im zweiten Fall von Sandasphalt, Asphaltfeinbeton oder Asphaltgrobbeton und bezeichnet diese Massen als Walzasphalt (Asphaltbeton). Gußasphalt wurde früher kaum dazu verwendet, eine zusammenhängende Straßendecke zu bilden. Er diente hauptsächlich dazu, die Fugen zwischen den Pflastersteinen auszufüllen oder für ähnliche Zwecke. Doch haben sich auch für zusammenhängende Straßenabschnitte, z.B. auf Brücken, merkbare Vorteile gezeigt. Deshalb wird jetzt Gußasphalt sowohl in Mitteleuropa wie auch in Großbritannien besonders im Bau schwer belasteter Straßen immer mehr verwendet.

Die in der Elektroindustrie benutzten Vergußmassen enthalten sehr fein gemahlene Mineralstoffe als sog. Füllmassen. In diesem Fall spricht man meist von „gefülltem" Bitumen. Damit werden auch unterirdisch zu verlegende Rohrleitungen zum Schutz gegen Korrosion gestrichen[1].

---

[1] Über Zuschlag- und Füllstoffe s. P. B. SHEPHERD: Mineral Fillers, in: Bituminous Materials, hrsg. von A. J. HOIBERG, Bd. I, New York/London/Sydney: Interscience Publishers 1964, S. 347/73.

Zahlentafel K-1. *Eigenschaften und Verwendung von Bitumina*

		Prüfverfahren[a]	Destillatbitumina (entsprechend DIN 1995)						
			B 300	B 200	B 80	B 65	B 45	B 25	B 15
Eindringtiefe (Penetration) bei 25 °C	1/10 mm	U 4	250···320	160···210	70···100	50···70	35···50	20···30	10···20
Erweichungspunkt a) im Ring- und Kugelgerät	°C	U 4	27···37	37···44	44···49	49···54	54···59	59···67	67···72
b) nach Kraemer-Sarnow	°C	U 5	16···24	24···30	30···35	35···40	40···45	45···53	53···58
Tropfpunkt nach Ubbelohde	°C	U 3	37···48	48···57	57···62	62···67	67···72	72···81	81···88
Brechpunkt nach Fraass	max. °C	U 6	−20	−15	−10	−8	−6	−2	+3
Streckbarkeit (Duktilität) bei 15 °C	min. cm	U 8	100	—	—	—	—	—	—
bei 25 °C	min. cm		—	100	100	100	40	15	5
Asche	max. Gew.-%	U 9	0,5	0,5	0,5	0,5	0,5	0,5	0,5
Unlösliches abzüglich Asche	max. Gew.-%	U 10	0,5	0,5	0,5	0,5	0,5	0,5	0,5
Paraffin	max. Gew.-%	U 11	2,0	2,0	2,0	2,0	2,0	2,0	2,0
Gewichtsverlust bei 163 °C in 5 h	max. Gew.-%	U 12	2,5	2,0	1,5	1,0	1,0	1,0	1,0
Flammpunkt (offener Tiegel)	über °C		210	220	250	260	280	300	320
Dichte bei 25 °C	min. g/ml		1,0	1,0	1,0	1,0	1,0	1,0	1,0

Verwendung im Straßen- und Wasserbau	Oberflächenbehandlungen Innentränkungen	Asphalteingußdecke, Bituminöser Unterbau Asphaltbeton	Asphaltmastix, Gußasphalt Sandasphalt Pflastervergußmassen Teerzusatz	
Verwendung für industrielle Zwecke	Bitumenemulsionen Flux	Dachpappentränkmasse	Papierindustrie	Linoleumindustrie Klebemassen, Isolierungen Schutzanstriche

[a] Die verschiedenen Prüfverfahren sind in Teil II von DIN 1995 unter der Bezeichnung U und einer Nummer genannt.

50*

Zahlentafel K-1. Fortsetzung

	Prüf-verfahren[a]	Hochvakuumbitumina		Geblasene Bitumina						
		85/95	95/105	75/30	85/25	85/40	105/15	115/15	135/10	160/5
Eindringtiefe (Penetration) bei 25 °C 1/10 mm	U 4	3···6	2···5	25···35	20···30	35···45	10···20	10···20	5···10	2···5
Erweichungspunkt a) im Ring- und Kugelgerät °C	U 4	85···95	95···105	70···80	80···90	80···90	100···110	110···120	130···140	150···175
b) nach KRAEMER-SARNOW °C	U 5	65···75	75···85	55···65	62···72	62···72	80···90	90···100	110···120	130···150
Tropfpunkt nach UBBELOHDE °C	U 3	100···110	110···120	82···92	92···102	92···102	112···122	122···140	145···160	160···180
Brechpunkt nach FRAAS max. °C	U 6	—	—	−12	−10	−20	−8	−10	—	—
Streckbarkeit (Duktilität) bei 15 °C min. cm	U 8	—	—	—	—	—	—	—	—	—
bei 25 °C min. cm		—	—	5···10	3···8	3···8	2···5	2···3	0···2	—
Asche max. Gew.-%	U 9	0,5	0,5	0,5	0,5	0,5	0,5	0,5	0,5	0,5
Unlösliches abzüglich Asche max. Gew.-%	U 10	1,0	1,0	0,5	0,5	0,5	0,5	0,5	1,0	1,0
Paraffin max. Gew.-%	U 11	2,0	2,0	2,0	2,0	2,0	2,0	2,0	2,0	2,0
Gewichtsverlust bei 163 °C in 5 h max. Gew.-%	U 12	0,1	0,1	1,0	0,5	0,5	0,2	0,1	0,1	0,1
Flammpunkt (offener Tiegel) über °C		300	300	240	250	230	260	270	280	290
Dichte bei 25 °C min. g/ml		1,0	1,0	1,0	1,0	1,0	1,0	1,0	1,0	1,0
Verwendung im Straßen- und Wasserbau		Dichtungen und Fugenverguß im Wasserbau, Gußasphalt für Innenbeläge								
Verwendung für industrielle Zwecke		Papierindustrie		Elektro- und Kabelindustrie, Röhrenindustrie — Gummiindustrie / Dachpappendeckmasse, Jute- u. Papierind. | Lackindustrie | / Klebemassen | Schutzmassen und Kitte im Säurebau							

Bitumina, die mit einer niedrigsiedenden Erdölfraktion oder mit einem anderen Kohlenwasserstoffgemisch als Lösungsmittel vermischt werden, um sie z. B. im Straßenbau ohne Erwärmung verwenden zu können, nennt man Verschnittbitumen (Cutback-asphalts oder kurz Cutbacks). Die leichte Komponente wird Fluxmittel genannt. Dafür eignen sich wegen ihres besseren Lösungsvermögens aromatenreiche Fraktionen. Diese ergeben dann bei ausreichend niedrigem Siedebereich durch Verdunstung schnelltrocknende Massen. Man nennt sie im Englischen „liquid asphalts". Nach u.s.-amerikanischen Normen sind drei Standardtypen gebräuchlich:

SC (slow curing),
MC (medium curing) und
RC (rapid curing);

innerhalb dieser Typen wird noch durch den Zusatz 0 bis 5 die Zähigkeit ausgedrückt[1]. Die SC-Sorten werden auch als „road oils" bezeichnet und durch Vermischen von Bitumen und schwerem Gasöl hergestellt[2]. In Europa wird dieses Produkt wenig verwendet. Für die RC-Sorten wird Schwerbenzin als Fluxmittel benutzt.

b) Die Ermittlung der Verfahrensbedingungen

Hat man durch Versuche im Laboratorium die Gewähr erhalten, daß man durch Vakuumdestillation spezifikationsgerechtes Bitumen erzeugen kann, so sind die Verfahrensbedingungen durch die bei dem betreffenden Öl maximal zulässige Ofenaustrittstemperatur zwischen 350 und 400 °C und durch das bei dem verfügbaren Kühlwasser erreichbare Vakuum gegeben. Dieses wird man nicht höher wählen, als es für die gewünschte Härte des Bitumens erforderlich ist. Man hat dann noch immer die Möglichkeit, durch Zugabe von Strippdampf Schwankungen der Eigenschaften des Einsatzgutes und besonders im Sommer die durch den Anstieg der Kühlwassertemperatur verursachte Verschlechterung des Vakuums auszugleichen. Insbesondere müssen aber – falls erforderlich – durch größere Wasserdampfmengen im Abtriebteil der Kolonne die hochmolekularen Paraffine bis auf unschädliche Mengen herausgestrippt werden. Im übrigen ist die Frage, ob man höheres Vakuum und weniger Strippdampf oder niedrigeres Vakuum und mehr Strippdampf anwendet, nur durch Ermittlung der Betriebskosten zu beantworten, weil auch für die Strahlapparate Dampf, und zwar höheren Druckes als für das Strippen, benötigt wird[3].

Beim Bitumenblasen ergeben sich gewisse Unterschiede der Betriebsweise, je nachdem chargenweise oder kontinuierlich gearbeitet wird. Im ersten Fall wird das zu behandelnde Produkt – in der Regel ein Normaldruck- oder ein Vakuumrückstand – zunächst in einem Ofen auf eine

---

[1] Der Ausdruck „cure" (engl.) bedeutet ursprünglich heilen, hier aber „trocknen, erhärten".

[2] Einzelheiten z. B. bei A. S. WELLBORN u. J. M. GRIFFITH: Petroleum Asphalt, in: Petroleum Products Handbook, hrsg. von V. B. GUTHRIE: a.a.O. S. 13-1 bis 13-18. – Dort auch Näheres über Asphalt-Emulsionen.

[3] Vgl. dazu S. 179, insbes. Abb. B-38.

Temperatur von rd. 230 bis 250 °C erwärmt und in den Blaseturm (Oxidizer) gedrückt, der mit Einrichtungen für die Verteilung der Luft ausgerüstet ist. Bei kontinuierlicher Fahrweise kann man entweder einen auf die genannten Temperaturen abgekühlten Rückstand ohne Zwischenlagerung aus der Destillation in den Blaseturm fördern oder ebenfalls einen Ofen vorsehen. Dies geschieht häufig, um vom Betrieb der vorgeschalteten Destillationsanlage unabhängig zu sein, erfordert aber für diesen Zweck Tankraum, Rohrleitungen und Pumpen für die Zwischenlagerung. Wird nun Luft in die heiße Flüssigkeit eingeleitet, so springt die exotherme Reaktion von selbst an. Die Luftzufuhr muß so gesteuert werden, daß die Temperatur des Turminhaltes rd. 250 bis 280 °C nicht überschreitet. Die einzigen Veränderlichen bei diesem Verfahren sind diese Temperaturen, auf denen der Turminhalt gehalten wird, und die Blasezeit je Einsatzmenge, mit der die Menge der durchgeblasenen Luft unmittelbar zusammenhängt. Die Beheizung des Ofens wird bei chargenweisem Betrieb nach dem Füllen des Blaseturms abgestellt, bei kontinuierlichem Betrieb nach dem Beginn der Reaktion zuerst gedrosselt und bald darauf ebenfalls abgestellt. Der Verlauf der Reaktion wird durch Abgasanalysen verfolgt.

Erkennt man aus der Gruppenanalyse, daß ein Rohstoff auf Grund seiner Zusammensetzung ein geeignetes Bitumen ergeben dürfte, so müssen zunächst so große Mengen in einer Technikumsapparatur verarbeitet werden, daß verschiedene Betriebsbedingungen eingestellt und mit den dabei gewonnenen Mustern jeweils alle Untersuchungen wie Penetration, Erweichungspunkt, Brechpunkt, Streckbarkeit und Alterung im Trockenschrank durchgeführt werden können. Soweit es möglich ist, bereits durch Vakuumdestillation, erforderlichenfalls mit hohem Wasserdampfzusatz, aus einem Rohstoff zumindest die weichen Sorten wie B 300 und B 200, bei besonders günstigen Rohölen wie Boscan, Lagunillas, Quiriquiri, Bochaquero (Venezuela), Poza Rica, Ebano, Panuco (Mexico), Safaniya (Saudi-Arabien), Nagylengyel (Ungarn) oder Matzen (Niederösterreich) auch noch erheblich härtere Bitumina zu erzeugen, wird man dies dem Blasen vorziehen, weil das Produkt mit weniger Kosten belastet wird und z.B. für Zwecke des Straßenbaues die Eigenschaften destillierter Bitumina am günstigsten sind[1].

Je höher die Temperatur im Blaseturm gehalten wird und je länger man die Luft einwirken läßt, mit desto größeren Veränderungen der Zusammensetzung und der dadurch bedingten Eigenschaften des Bitumens kann man rechnen. Feste Regeln lassen sich nicht angeben[2].

---

[1] Es gibt auch eine Anzahl von Erdölvorkommen in den Vereinigten Staaten von Amerika, die sich für die Bitumenherstellung besonders eignen. Da sie aber in Kalifornien oder im Mid Continent-Gebiet in erheblicher Entfernung von der Küste liegen, kommen sie wegen zu hoher Belastung durch Transportkosten für Europa nicht in Frage.

[2] Siehe dazu F. J. HUGHES: Asphalt Oxidation Studies at Elevated Temperatures. Industr. Engng. Chem./Prod. Res. Developm. 1 (1962) 290/93; ref. Bitumen/Teere/Asphalte/Peche 14 (1963) 320/21. – GREENFELD, S. H.: Effect of blowing variables on durability of coating grade asphalts; Industr. Engng. Chem./Prod. Res. Developm. 3 (1964) 158/64.

Es wurde der Versuch gemacht, durch Anwendung verhältnismäßig hoher Temperaturen im Laboratorium die beim Blasen und beim Altern auftretenden Veränderungen von Bitumina gewissermaßen im Schnellverfahren zu ermitteln[1]. Wenn auch dabei z. B. ähnliche Verringerungen der Streckbarkeit beobachtet werden wie beim Blasen, so ist es doch fraglich, ob aus Ergebnissen, die bei Temperaturen über 300 °C gewonnen wurden, weitere Schlüsse gezogen werden dürfen als die, daß ein Bitumen möglichst nicht auf solche Temperaturen gebracht werden soll.

Auf alle Fälle ist es zweckmäßig, die Ergebnisse in Diagrammen wiederzugeben, um sie besser übersehen zu können. Vor allem sollen die Penetrationswerte logarithmisch über der linear aufgetragenen Erweichungstemperatur gemäß Abb. K-1 eingezeichnet und dazu die Werte für die Streckbarkeit eingetragen werden. Durch das Blasen wird meist erreicht, daß die Verbindungslinie zwischen den bei zunehmender Blasedauer oder Blasezeit ermittelten Werten für die Penetration flacher verläuft als es der Normreihe entspricht. Auch eine nach oben konkave Krümmung der verbindenden Kurve wird öfter beobachtet. Bei gegebenem Ausgangspunkt erkennt man daher oft bereits nach den ersten Versuchen, ob es überhaupt noch Sinn hat, die Versuche fortzusetzen. Bleiben die erhaltenen Werte unter denen der Normreihe, so ist der Ring- und Kugelwert bei der zugehörigen Penetration zu niedrig und damit die Plastizitätsspanne zu klein. Die Streckbarkeit bei 25 °C ist in solchen Fällen hingegen meist günstig. Liegen die Werte für die Penetration aber über der Normreihe, so heißt dies, daß bei gewünschter Penetration die Erweichungstemperatur beim Ring- und Kugelversuch zwar höher als gefordert ist. Dies würde auf eine große Plastizitätsspanne deuten. Doch ist mit den hohen R u. K-Werten meist auch eine geringere Streckbarkeit verbunden, so daß das Produkt nicht mehr der Norm entspricht. Bei ungewöhnlicher Verteilung der Inhaltsstoffe können aber auch Abweichungen von diesen mit allem Vorbehalt mitgeteilten Beobachtungen auftreten. Deshalb ist die genaue Untersuchung nicht zu umgehen.

Über die beim Blasen auftretenden Vorgänge wurden verschiedene Untersuchungen durchgeführt, um die chemischen Veränderungen und die Kinetik der dabei auftretenden Reaktionen zu erforschen. Auf die Parallelen, die mit Alterungserscheinungen bei Schmierölen und beim Bitumen selbst bestehen, wurde bereits hingewiesen. Jedoch bilden sich infolge der höheren Temperaturen auch CO_2 und H_2O, die dann im Abgas erscheinen. Dies zeigt deutlich Zahlentafel K-2 für Bitumina verschiedener Herkunft[2]. Demnach verbleiben bei den üblichen Arbeitstemperaturen höchstens ein Viertel des reagierenden Sauerstoffes im geblasenen Bitumen. GOPPEL und KNOTNERUS haben festgestellt, daß im Produkt die Sauerstoffbindung etwa linear mit dem Gehalt an aromatischen Ringen zunimmt. Diese Beobachtung läßt vermuten,

---

[1] HRAPIA, H., D. MEYER u. M. PRAUSE: Chemische Veränderungen bei der thermischen Beanspruchung von Bitumen. Chem. Techn. 16 (1967) 733/37.

[2] Vgl. J. M. GOPPEL u. J. KNOTNERUS: Fundamentals of bitumen blowing. 4. Welt-Erdöl-Kongreß, Rom 1955, Bericht III/G/2. – GUNDERMANN, E.: Methodische Erkenntnisse im Blasen von Bitumen. Chem. Techn. 14 (1962) 324/28.

Zahlentafel K-2. *Der Anteil chemisch gebundenen Sauerstoffes in geblasenen Bitumina bei verschiedenen Blasetemperaturen; als Einsatzgut diente Normaldruckrückstand*

Herkunft des Rohöles	Penetration (5 sec, 100 g, 25 °C) 1/10 mm	Berechneter Anteil chemisch gebundenen Sauerstoffes bei einer Blasetemperatur von		
		150 °C	250 °C	350 °C
Indonesien	500	40	25	–
Venezuela	378	38	24	12
Naher Osten	382	38	23	10
Niederlande	350	29	8	–

daß sich bei solchen Ringen leichter Brücken bilden als bei den anderen Kohlenwasserstoffgruppen. Diese werden eher unter Bildung von H_2O dehydriert und zu CO_2 oxydiert. Als Sauerstoffverbindungen konnten bei geblasenen Bitumina verschiedener Herkunft rd. 40% Ester mit der funktionellen Gruppe und der Rest als Alkohole bzw. Phenole (mit der Hydroxylgruppe —OH), Aldehyde bzw. Ketone mit der Karbonylgruppe und Säuren (mit der Karboxylgruppe) nachgewiesen werden.

Betrachtet man aber die Asphaltene der geblasenen Bitumina allein, so ergibt sich ein ganz anderes Bild, wie aus Zahlentafel K-3 hervorgeht. Obwohl der Asphaltengehalt mit Zunahme der Blasetemperatur ansteigt, nimmt der Sauerstoffgehalt in den Säuren und ganz besonders in den Estern sehr stark ab. Da Ester aus zwei Kohlenwasserstoffderivaten entstehen, nämlich aus Alkoholen und Säuren, darf man vermuten, daß die

Zahlentafel K-3
Sauerstoffgehalt der Asphaltene in geblasenen Bitumina aus venezolanischem Rohöl

Blasetemperatur	°C	150	250	350
Asphaltene im geblasenen Bitumen	Gew.-%	30	34	34
Sauerstoffanteil einzelner funktioneller Gruppen				
Alkohole —C—O—H	Gew.-%	0,25	0,45	0,35
Aldehyde, Ketone —C— (mit O)	Gew.-%	0,60	0,35	~0,50
Säuren —C (mit O—H, O)	Gew.-%	0,45	0,2	0,03
Ester —C (mit O—R, O)	Gew.-%	2,60	1,6	0,35

auffallende Veresterung von Molekülen offenbar erheblich zunehmender
Größe zu den beim Blasen von Bitumen vermuteten Polymerisationen
beiträgt. Da jedoch bei höherer Blasetemperatur in den Asphaltenen nur
mehr geringe Mengen von Estern nachgewiesen werden können, der Wasserdampfgehalt im Abgas aber größer wird, darf auf Grund der Sauer-
stoffgesamtbilanz der Schluß gezogen werden, daß infolge von Dehydrierungen in zunehmendem Maße andere, durch Sauerstoff gekoppelte
Verbindungen oder direkte C—C-Bindungen entstehen. Dies ist in Abb.
K-18 dargestellt. Von den Sauerstoffverbindungen sind die polaren Grup-

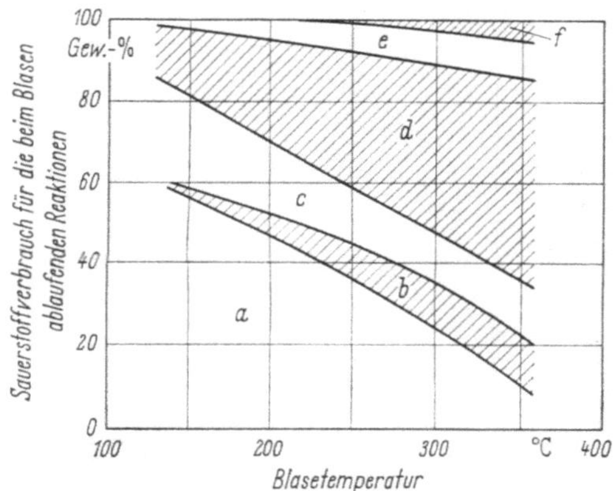

Abb. K-18. Verteilung des Sauerstoffverbrauches auf die einzelnen, beim Blasen von Bitumen ablaufenden Reaktionen, in Abhängigkeit von der Blasetemperatur, und zwar für die Bildung von

a	Estergruppen;	*d*	Sonstigen Dehydrierungsprodukten;
b	C–C-Bindungen;	*e*	Kohlendioxyd;
c	Polaren Gruppen;	*f*	Sauerstoffverbindungen im Destillat.

pen in dieser Abbildung erfaßt, nicht jedoch die als Äther anzusehenden
C—O—C-Brücken, welche die Hauptmenge der durch Dehydrieren entstandenen Verbindungen darstellen dürften. Mit steigender Blasetemperatur nimmt der Gehalt des aus den Abgasen abgeschiedenen Destillates
an sauren Verbindungen zu. Dies verursacht erstens wegen der Wahl
der Werkstoffe für die damit in Berührung kommenden Anlagenteile erhebliche Probleme. Zweitens bereitet die Beseitigung des gleichzeitig damit abgeschiedenen Wassers wegen des niedrigen p_H-Wertes Schwierigkeiten.

Praktisch von Bedeutung ist es, bei welcher Blasetemperatur der reagierende Sauerstoff den größten Beitrag zur Bildung höhermolekularer
Anteile leistet. Dies ist nach Abb. K-19 für Bitumen aus venezolanischen
Rohölen bei etwa 250 °C der Fall. Derselbe Wert wurde für Bitumen aus
asphaltbasischen österreichischen Rohölen ermittelt. Bei niedrigeren
Temperaturen entstehen bevorzugt Ester, die für die gewünschten Eigenschaften eines Bitumens nicht günstig sind; bei höheren Temperaturen
überwiegt dann die Bildung von Kohlendioxyd, das mit dem Abgas entfernt wird, d.h., es beginnt allmählich der Übergang zu einer Verbrennung. Bei Einsatzgut anderer Herkunft kann sich für die optimale Tem-

peratur ein etwas abweichender Wert ergeben. Die Erfahrungen der Praxis lassen aber den Schluß zu, daß die Verhältnisse sehr ähnlich liegen dürften, was sich bei dem folgenden Beispiel zeigt. Gibt man die Bildung verschiedener Verbindungen nicht als Anteil des Sauerstoffverbrauches wieder, sondern erfaßt dessen Menge in Beziehung zu der des zu blasenden Bitumens, so kommt man für die Produkte aus zwei verschiedenen Rohölen zu den in Abb. K-20 wiedergegebenen Verhältnissen. Diese bestätigt, daß das Optimum der Arbeitstemperatur auch bei Nahost-Öl rd. 250 °C beträgt, daß aber die Menge an Sauerstoff bei diesem Rohöl erheblich höher ist als bei venezolanischem, wenn man Bitumen

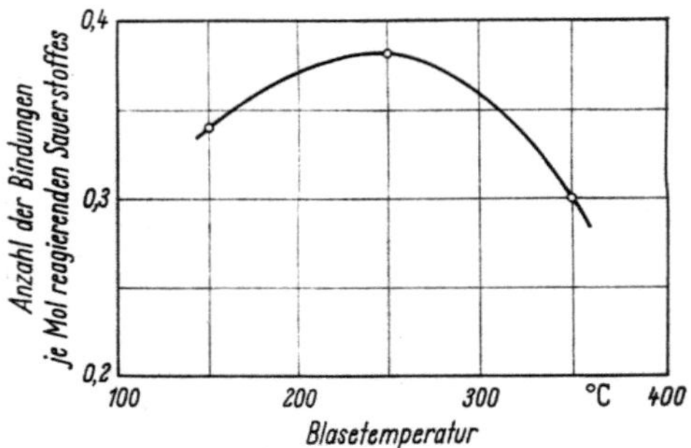

Abb. K-19. Anzahl der Bindungen je Mol reagierenden Sauerstoffes bei geblasenem Bitumen aus venezolanischem Rohöl nach GOPPEL und KNOTNERUS.

gleicher Eigenschaften herstellen will. Die von GOPPEL und KNOTNERUS aufgestellten Beziehungen wurden von HOLMGREEN und LOCKWOOD theoretisch untersucht und weiter ausgebaut[1]. Aus den Angaben der Abb. K-18 kann man einen Luftverbrauch von etwa 100 bis 150 m_n^3 je t Einsatzgut errechnen. Die in Betriebsanlagen tatsächlich angewendeten Mengen bewegen sich zwischen rd. der Hälfte dieses Betrages und mehr als dem Doppelten.

Es ist bekannt, daß auch der Schwefel als Brückenbildner in Bitumina eine ähnliche Rolle spielt wie der Sauerstoff. Dies deckt sich mit der Feststellung, daß in der gesamten Erdölchemie eine unverkennbare Analogie zwischen Sauerstoff- und Schwefelverbindungen besteht. Man nimmt an, daß die günstigen Eigenschaften natürlich vorkommender „Asphalte" auf den Einfluß des Schwefelgehaltes zurückzuführen sind. Deshalb ist es von Interesse zu untersuchen, wie Schwefel beim Blasen von Bitumen reagiert[2].

---

[1] HOLMGREEN, J. D.: Kinetics of Processing Asphaltic Residues. Dissertation presented to the graduate council of the University of Florida, June 1954. – LOCKWOOD, D. C.: Determine Asphalt Blowing Kinetics. Petrol. Refiner 38 (1959) Nr. 3, S. 197/200. – Vgl. außerdem D. B. SMITH u. H. E. SCHWEYER: Heat of reaction of air blowing asphalt. Industr. Engng. Chem./Process Design Developm. 2 (1963) 209/14. – Dies.: Asphalt Heat of Reaction Determined. Hydrocarb. Procssg. 46 (1967) Nr. 1, S. 167/71.

[2] TUCKER, J. R., u. H. E. SCHWEYER: Distribution and reactions of sulfur in asphalt during air blowing and sulfurizing processes. Industr. Engng. Chem./Prod. Res. Developm. 4 (1965) 51/57.

Ausführliche Untersuchungen über den Einfluß der Betriebsbedingungen auf die Eigenschaften geblasener Bitumina wurden auch im Ungarischen Erdöl- und Erdgas-Forschungsinstitut in Veszprém (Weißbrunn) und Budapest durchgeführt[1]. Die aufschlußreichen Ergebnisse sind leider mit den Arbeiten von KRENKLER nicht ohne Einschränkung vergleichbar, weil zur Bestimmung der Asphaltene Benzine mit Siedebereichen von 66,5 bis 92 °C bzw. 66 bis 98 °C verwendet wurden, die wohl aro-

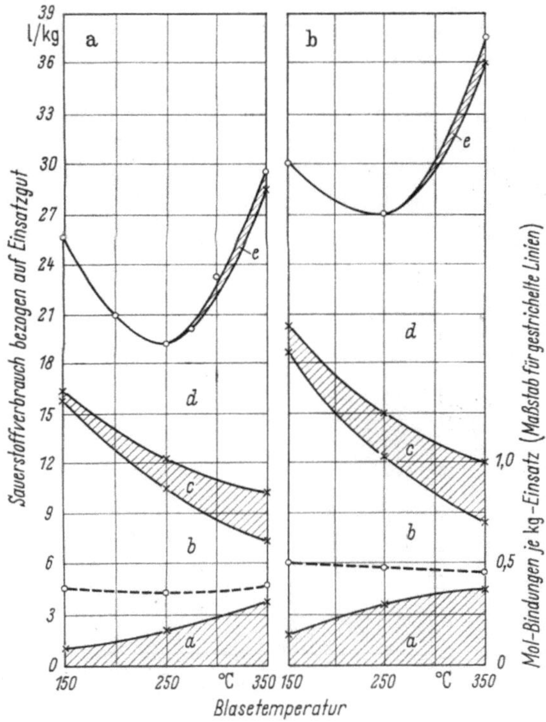

Abb. K-20. Sauerstoffbedarf bezogen auf die Menge Einsatzgut beim Blasen zweier Rückstände verschiedener Herkunft und Aufteilung des Sauerstoffes auf die einzelnen Reaktionen. Penetration des Einsatzgutes pen = 400, Erweichungspunkt des Produktes $t_{R\,u.\,K}$ = 85 °C.

a) Rückstand aus Venezuela-Rohöl; b) Rückstand aus Nahost-Rohöl.

a	C–C-Bindungen;	d	Nebenreaktionen;
b	Estergruppen;	e	Sauerstoff im Destillat.
c	CO_2-Bildung;		

matenfrei waren, aber mit Sicherheit Zyklohexan oder andere Naphthene enthielten. Sonst wäre es nicht zu erklären, daß mit diesen Benzinen bei zwei Bitumina 0,3 bzw. 0,1 Gew.-% Asphaltene, mit dem zum Vergleich benutzten Normalheptan aber 6,0 bzw. 6,3 Gew.-% Asphaltene

---

[1] Vgl. GY. NYUL, P. ZAKAR u. GY. MÓZES: Der Einfluß der Verarbeitungstechnik auf die Struktur des Bitumens. Erdöl u. Kohle 12 (1959) 967/72. – ZAKAR, P., u. GY. MÓZES: Der Einfluß der Bedingungen des Bitumensblasens auf die Reaktionsgeschwindigkeit und die Produktqualität; ebd. 14 (1961) 812/16.

nachgewiesen wurden. Bei dem sehr asphaltreichen Bitumen aus Nagylengyel-Rohöl wurden 15 bzw. 22 Gew.-% bestimmt. Obwohl nur Bitumensorten aus zwei ungarischen und einem österreichischen Vorkommen
untersucht wurden, verdienen diese Arbeiten besondere Beachtung, weil
es wenige Veröffentlichungen gibt, die sich so ausführlich mit den behandelten Fragen befassen. Dazu kommen noch einige Veröffentlichungen aus
dem Institut für Petrolchemie der Technischen Hochschule für Chemie
in Leuna-Merseburg sowie aus dem Institut für Erdölverarbeitung in
Krakau[1]. Allerdings ist auch dazu zu bemerken, daß die Vergleichbarkeit
mit bereits erwähnten Arbeiten durch die Wahl anderer Lösungsmittel
beeinträchtigt ist, was durch Abb. K-11 erläutert ist. Es wird hier deshalb davon Abstand genommen, die in den Originalarbeiten veröffentlichten Diagramme wiederzugeben, weil es an der einheitlicheu Bedeutung der darin als Asphaltene, Harze und Öle bezeichneten Inhaltsstoffe
mangelt. Nur die davon unabhängigen Darstellungen sollen besprochen
werden.

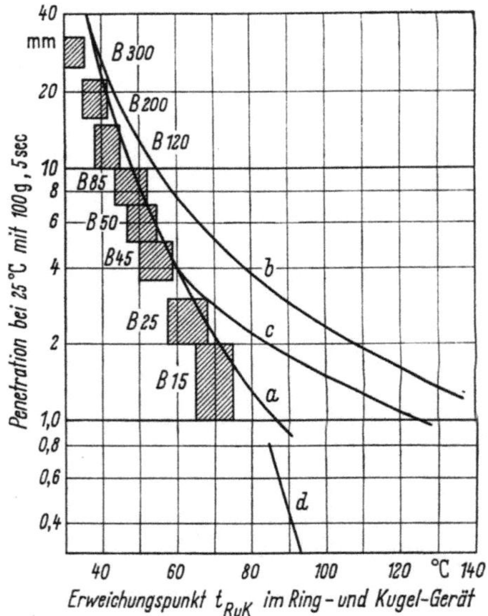

Abb. K-21. Änderung von Penetration und Erweichungspunkt ($t_{R\,u.\,K}$) bei der Erzeugung von Bitumen aus Rohöl von Nagylengyel (Ungarn).

a Vakuumdestillation;	*c* Blasen, ausgehend von einem Destillationsrückstand mit einer Penetration von 38;
b Blasen, ausgehend von einem Destillationsrückstand mit einer Penetration von 325;	*d* Durch Propan ausgefälltes „Bitumen", sog. Hartasphalt.

(Die nach ÖNORM geforderten Werte entsprechend Abb. K-1b sind zum Vergleich eingetragen.)

---

[1] PRINZLER, H., R. KLIMKE u. N. DORN: Untersuchung der Stoffgruppen eines Romaschkinsker Topp-Rückstandes. Chem. Techn. 14 (1962) 739/41. – Dies.: Verhalten der Stoffgruppen eines Romaschkinsker Topp-Rückstandes bei der Verblasung; ebd. 15 (1963) 170/72. – KOSSOWIEC, L., u. A. WALOCHA: Einige Qualitätsprobleme des Romaschkinsker Straßenbitumens; ebd. 16 (1964) 717/20.

So zeigt Abb. K-21, daß ausgehend von einem Destillationsrückstand mit pen = 325 und einem R & K-Wert von 36 °C durch Destillation allein ein verhältnismäßig hartes Bitumen mit niedrigem Erweichungspunkt hergestellt werden konnte. Seine Eigenschaften liegen gerade noch an der oberen Grenze der nach ÖNORM für Straßenbitumen zugelassenen Werte[1]. Die obere Kurve zeigt das Ergebnis, wenn man den gleichen Destillationsrückstand durch Blasen weiterverarbeitet. Je härter das dadurch erzeugte Produkt ist, desto weiter weicht es von den nach ÖNORM eingetragenen Anforderungen für Straßenbitumen ab. Es kann aber für Sonderzwecke durchaus brauchbar sein. Ein ähnliches Ergebnis erhält man, wenn man von einem durch Vakuumdestillation bereits auf eine Penetration von 38 und einen Erweichungspunkt von 62 °C eingeengten Bitumen ausgeht. Die eingetragenen Werte für einen aus der Entasphaltierung mit Propan gewonnenen sog. Hartasphalt lassen erkennen, daß er allein viel zu hart und auch spröde ist. Doch liegen die Meßpunkte auf der Verlängerung der Normreihe, was erwarten läßt, daß er als Mischkomponente für Straßenbitumen verwendbar sein dürfte.

Es hat sich in vielen Fällen als zweckmäßig erwiesen, nicht einzelne Produkte getrennt zu verblasen und dann zu versuchen, aus den geblasenen Bitumina Produkte gewünschter Eigenschaften herzustellen. Vielmehr verspricht es oft bessere Erfolge, wenn Mischungen dem Blasverfahren unterworfen werden, was sich in Technikumsversuchen feststellen läßt. Man kann dadurch mitunter eine günstigere Verteilung der Inhaltsstoffe erreichen. Diesbezügliche Mängel lassen sich durch das Blasen nachträglich nicht mehr beseitigen. So haben GUNDERMANN und MÜLLER u.a. Versuche mit dem Blasen von Propanbitumen durchgeführt, dem eine gleiche Menge Neutralöl zugesetzt wurde, und dadurch brauchbares Bitumen erhalten[2].

Zum Schluß soll noch nach der zitierten Arbeit von ZAKAR und MÓZES an Hand des Diagramms Abb. K-22 der Einfluß von Blasedauer, Temperatur und Luftverbrauch beim Blasen zweier Bitumina gezeigt werden. Da die in der Quelle genannten Luftmengen bei 20 °C und 760 Torr gemessen wurden und der Verbrauch je Minute angegeben ist, müssen die eingetragenen Werte mit $60 \cdot \dfrac{273}{293} = 55{,}9$ multipliziert werden, um Angaben in m_n^3 Luft je Tonne Einsatzgut und Stunde zu erhalten. Berücksichtigt man die Blasedauer, so ergeben sich zum Teil Luftverbrauchszahlen, die weit über den praktisch angewendeten Werten liegen und auch bei Berücksichtigung der abnormal hohen Temperatur von 350 °C im Gegensatz zu den in Abb. K-19 und K-20 wiedergegebenen Werten stehen. Das Diagramm läßt aber erkennen, daß sich durch Erhöhen der Luftgeschwindigkeit die Reaktionszeit verringert, die benötigt wird, um einen bestimmten Erweichungspunkt zu erreichen.

---

[1] Die Werte sind mit den Anforderungen nach ÖNORM verglichen, weil diese den bei Bitumina vorliegenden Verhältnissen besser Rechnung tragen; vgl. Abb. K-1b, S. 755.

[2] GUNDERMANN, E., u. K. MÜLLER: Über das Blasen von Bitumen verschiedener Provenienz unter wechselnden Bedingungen in einer Modell-Apparatur. Bitumen/Teere/Asphalte/Peche 12 (1961) 192/99.

Nach der genannten Quelle werden die sonstigen Eigenschaften dadurch nicht beeinflußt[1]. Die höhere Temperatur wirkt sich wie zu erwarten in einer starken Verkürzung der Blasezeit aus, doch wird man aus den an Hand von Abb. K-19 u. 20 zu erkennenden Gründen die Temperatur über den optimalen Betrag nur soweit erhöhen, wie der wirtschaftliche Vorteil kleinerer Apparateabmessungen nicht durch höheren Betriebsmittelverbrauch infolge geringerer Ausnützung der Luft wettgemacht wird. Dabei darf nicht vergessen werden, daß die Vorrichtungen zur Förderung der Luft einschließlich der Antriebsmaschinen und deren Zubehör aus dem gleichen Grund größer ausgeführt werden müssen.

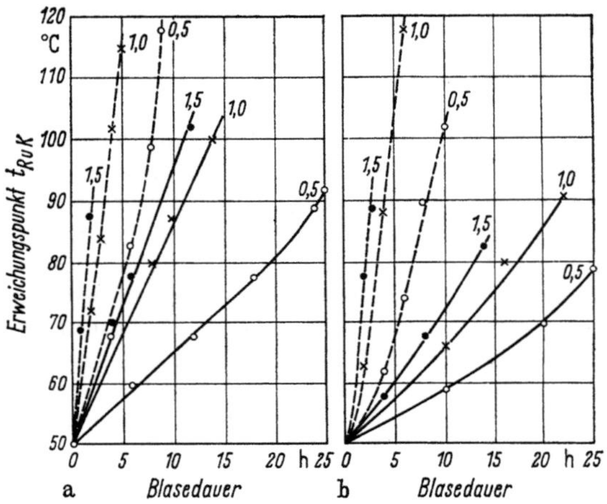

Abb. K-22. Erhöhung des Erweichungspunktes $t_{R\,u.\,K}$ im Ring- und Kugelgerät, abhängig von Temperatur, Blasedauer und Luftverbrauch.

a) Bei Bitumen aus Nagylengyel mit $t_{R\,u.\,K} = 50\,°C$;
b) Bei Bitumen aus Matzener Rohöl mit $t_{R\,u.\,K} = 52\,°C$.

Ausgezogene Linien: Blasetemperatur 250 °C, gestrichelte Linie: Blasetemperatur 350 °C. [Die eingetragenen Zahlen bedeuten einen Luftverbrauch von m³/(t · min), vgl. Text.]

Um vergleichen zu können, wie sich die Eigenschaften bei Einsatzprodukten verschiedener Gruppenanalysen durch das Blasen ändern, ist dies in Abb. K-23 noch für die Penetration und den Erweichungspunkt dargestellt. Man sieht, daß die Gerade, welche für die aus Matzener Rohöl gewonnenen Produkte gilt, flacher verläuft als für die aus den beiden ungarischen Rohölen erzeugten Bitumina. Dies zeigt, daß bei gleichem Erweichungspunkt die Penetration bei Matzener Bitumen größer, dieses also bei der Prüftemperatur von 25°C weicher ist. Infolgedessen

---

[1] CHELTON, H. M., R. N. TRAXLER u. J. W. ROMBERG: Oxidized asphalts in a vertical pilot plant. Industr. Engng. Chem. 51 (1959) 1353/54, haben festgestellt, daß beim Blasen mit hoher Luftgeschwindigkeit die Penetration bei gleichem Erweichungspunkt nicht im selben Maß abnimmt wie bei niedrigen Geschwindigkeiten. Das würde auf einen flacheren Verlauf der Kurven in Abb. K-21 hindeuten und zu einer stärkeren Abweichung von den durch Destillation allein erreichbaren Eigenschaften führen.

dürfte seine Plastizitätsspanne größer als bei den beiden anderen Sorten sein[1].

Die Zusammenhänge zwischen Verfahrensbedingungen und Bitumeneigenschaften können im Rahmen dieses Buches nicht noch eingehender behandelt werden. Aus den Darlegungen dürfte sich aber ergeben, daß die Hilfsmittel zur Erforschung der Zusammenhänge zur Verfügung stehen und daß es keineswegs notwendig ist, sich auf mehr oder weniger vom Zufall abhängige Ergebnisse zu verlassen. Zweifellos bedarf es noch umfangreicher Arbeiten, um Verfahrensgrundlagen für die Herstellung von Bitumina zu schaffen, die hinsichtlich Verläßlichkeit mit den für andere Verarbeitungsprozesse zur Verfügung stehenden vergleichbar sind. Eines dürfte jedoch klar sein: Mit wenigen Zahlen, insbesondere aber mit solchen wie Conradson-Koks, Characterization factor und Neigung der Destillationskurve dürften sich kaum Angaben gewin-

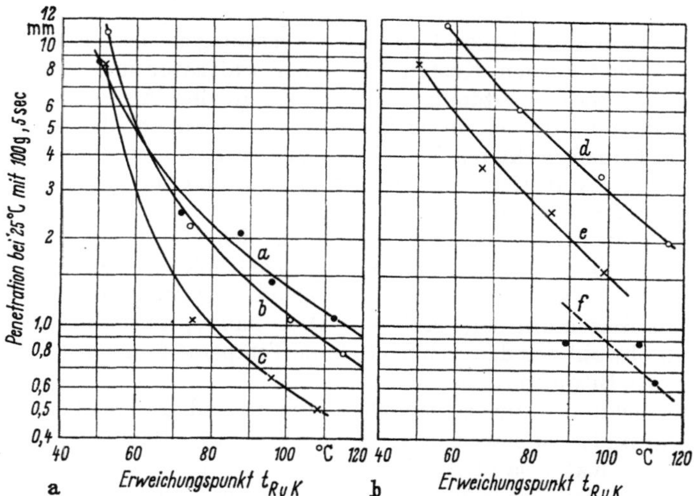

Abb. K-23. Änderung von Penetration und Erweichungspunkt durch das Blasen bei verschiedenen Ausgangsstoffen.

Abb. K-23a. Blasetemperatur 300 °C.

Abb. K-23b. Blasetemperatur 250 °C. Rückstände aus Nagylengyel-Rohöl.

a Matzen, $t_{R\,u.\,K}$ = 52 °C;
b Lispe, $t_{R\,u.\,K}$ = 52 °C;
c Nagylengyel, $t_{R\,u.\,K}$ = 50 °C.

d Destillationsrückstand mit 20 °E bei 100 °C;
e Destillationsbitumen mit $t_{R\,u.\,K}$ = 50 °C;
f Destillationsbitumen mit $t_{R\,u.\,K}$ = 89 °C.

---

[1] Leider läßt sich dies nicht an Hand der in Erdöl u. Kohle 12 (1959) 967/72 (Fußn. 1, S. 795) veröffentlichten Zahlen nachweisen, weil die Angaben über die Eigenschaften nur teilweise übereinstimmen. Es ist nicht ersichtlich, ob es sich um das gleiche Untersuchungsmaterial handelt.

Wegen des besseren Vergleiches wurden die Meßpunkte der Abb. K-22 mit Hilfe der in der Originalarbeit zu findenden Maßangaben in die übliche Darstellung mit dem Logarithmus der Penetration als Ordinate umgezeichnet. Dabei zeigt sich, daß die Linie f vermutlich steiler verläuft als in der benutzten Quelle dargestellt.

nen lassen, die für die Beurteilung eines Rohöles auf Eignung zur Asphalt-
herstellung brauchbar sind[1]. Wenn die Auswertung auf Grund solcher
Angaben zeigt, daß man für einen mittels oben genannter Größen definierten „Asphaltfaktor" von z. B. 150 rechnerisch eine Asphaltausbeute
von 41,5% erhält, diese aber in der Praxis zwischen 31,5% und 49,5%
liegen kann, so bestätigt dies die hier ausführlich begründete Ansicht,
daß auf die geschilderten Hilfsmittel wie insbesondere eine Gruppenanalyse der hochmolekularen Inhaltsstoffe und die Berücksichtigung des
Kolloidcharakters des Bitumens nicht verzichtet werden sollte.

c) Die Anwendung von Katalysatoren

Man hat auch bei der Herstellung von geblasenen Bitumina versucht,
sich die Vorteile des Arbeitens mit Katalysatoren zunutze zu machen[2].
Es wurden Phosphorpentoxyd (P_2O_5), Chlor sowie Chlorverbindungen
wie Eisen(III)-chlorid ($FeCl_3$) – das nur in hydratisierter Form beständig
ist – und Aluminiumchlorid ($AlCl_3$) vorgeschlagen. Die dadurch verursachten zusätzlichen Kosten für den Katalysator und für die Verwendung korrosionsbeständiger Werkstoffe in den Anlagen sowie die
Schwierigkeiten, die sich durch die dabei entstehenden Abgase ergeben,
stehen in keinem richtigen Verhältnis zu den nicht bedeutenden Verbesserungen des an sich wohlfeilen Produktes und den erzielbaren Verkürzungen der Reaktionszeit. Deshalb hat sich die Anwendung von
Katalysatoren bei der Bitumenherstellung nicht durchgesetzt. Es blieb
bei der Errichtung weniger Anlagen, die nach solchen Verfahren arbeiteten und vielfach wieder außer Betrieb sind. Aus den gleichen Gründen
dürfte das Blasen mit Sauerstoff oder Ozon kaum praktische Bedeutung
erlangen, obwohl sich dadurch bei tieferen Temperaturen günstige Eigenschaften des Bitumens erzielen lassen[3].

Untersuchungen im Ungarischen Erdöl- und Erdgas-Forschungsinstitut in Budapest haben zwar zu einer günstigen Beurteilung der Anwendung von Katalysatoren geführt[4]. Es wurden die vorgenannten Chlorverbindungen des Eisens und des Aluminiums in Mengen von 0,2 bis 0,5
Gew.-% bei Blasetemperaturen von 250 °C benutzt. Bei höheren Tem-

---

[1] Ein solcher Versuch wurde von W. L. NELSON u. S. PATEL: How much Asphalt in crude oil? Oil Gas J. 62 (1964) Nr. 7, S. 120/23 unternommen.

[2] PAUER, O., u. M. M. HARUM: Über die Verwendung von Chlor als Katalysator im Blasprozeß. Erdöl u. Kohle 5 (1952) 771/73. – SHEARON jr., W. H., u. A. J.
HOIBERG: Catalytic Asphalt. Industr. Engng. Chem. 45 (1953) 2122/32. – Siehe
auch F. GÖNNEL: Untersuchungen über den Einfluß von Kunstharz- bzw. Kunst-
stoffzusätzen und deren Spaltprodukte auf Bitumen bei höheren Temperaturen.
Bitumen/Teere/Asphalte/Peche 9 (1958) 308/12. – Einen Überblick über die
diesbezüglichen Patente gibt M. BÖTTCHER: Blasen von Bitumen. Bitumen/Teere/
Asphalte/Peche 15 (1964) 134/36. – Vgl. auch E. GUNDERMANN: Über die Veränderung von Erdölbitumen in Anwesenheit von katalytisch wirksamen Substanzen. Erdöl u. Kohle 18 (1965) 780/87.

[3] CAMPBELL, P. G., u. J. R. WRIGHT: Ozonation of asphalt flux. Industr. Engng.
Chem./Prod. Res. Developm. 3 (1964) 186/93.

[4] CZÍKÓS, R., GY. MÓZES u. P. ZAKAR: Die Herstellung von geblasenem Bitumen aus Nagylengyeler und Romaschkinsker Erdöl. Chem. Techn. 16 (1964) 720/24.

peraturen konnten Verbesserungen nur bei wesentlich größeren Katalysatormengen erzielt werden. Es bleibt abzuwarten, ob diesen Bemühungen ein wirtschaftlicher Erfolg beschieden sein wird.

3. Die Schaltung von Bitumenblasanlagen

a) Der grundsätzliche Aufbau

Bitumenblasanlagen bestehen nur aus einem Ofen zum Vorwärmen des Produktes auf eine Temperatur von 200 bis 220 °C – sofern überhaupt erforderlich –, damit durch das Einblasen der Luft die Reaktion mit Sicherheit anspringt, aus einem oder mehreren Blasetürmen und aus der Drucklufterzeugung. Dazu kommt der Waschturm für die Abgase des Blaseturmes oder der Blasetürme. Ihre Schaltung ist daher verhältnismäßig einfach. Bei den heute verlangten Durchsatzleistungen für die gängigen Sorten von 100000 t/a und mehr werden sie jetzt in der Regel für kontinuierlichen Betrieb gebaut. Nur bei der Erzeugung von Sonderqualitäten kann der chargenweise Betrieb Vorteile bieten, der früher ausschließlich angewendet wurde. Beim Anfahren der kontinuierlich arbeitenden Anlagen ist zu beachten, daß der Inhalt zuerst stundenlang im Kreislauf umgepumpt werden muß, bis die gewünschten Produktqualitäten erreicht sind. Erst dann kann damit begonnen werden, einen Teil des Produktes auszuschleusen und durch frisches zu ersetzen derart, daß die insgesamt für die Reaktion erforderliche Verweilzeit eingehalten wird. Der Inhalt des Blaseturms wird dabei je nach gewünschtem Oxydationsgrad für eine Blasezeit von wenigen bis etwa 15 h bemessen, d. h, man kann bei gegebenen Abmessungen den Durchsatz der Anlage im entsprechenden Verhältnis ändern.

Das Schaltbild einer stetig arbeitenden Blasanlage ist als eines von verschiedenen möglichen Beispielen in Abb. K-24 wiedergegeben. In

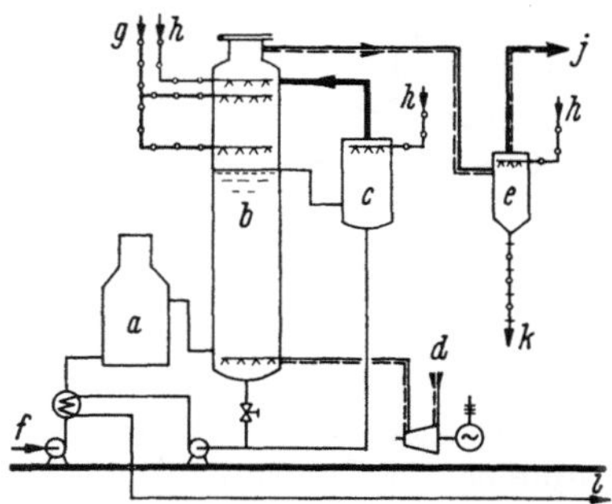

Abb. K-24. Schematisches Fließbild einer stetig arbeitenden Bitumenblasanlage.

<table>
<tr><td>a</td><td>Ofen (nur für Betriebsbeginn);</td><td>g</td><td>Löschdampf;</td></tr>
<tr><td>b</td><td>Blaseturm mit Luftverteilung unten, Sprüheinrichtungen oben und Explosionsklappe;</td><td>h</td><td>Wassereinspritzung;</td></tr>
<tr><td>c</td><td>Überlauftrennbehälter;</td><td>j</td><td>Blasegase (zum Schornstein oder zu einem Ofen);</td></tr>
<tr><td>d</td><td>Luftgebläse;</td><td>k</td><td>Öl-Wasser-Gemisch zum Abscheider;</td></tr>
<tr><td>e</td><td>Einspritzkondensator;</td><td>l</td><td>Geblasenes Bitumen.</td></tr>
<tr><td>f</td><td>Zulauf des Destillationsrückstandes;</td><td></td><td></td></tr>
</table>

dem Schema ist ein Ofen dargestellt. Dieser wird allerdings – wie S. 790 ausgeführt wurde – nur bei kaltem Einsatzgut und dann nur für das Anfahren bis zum Einsetzen der Oxydation im Blaseturm benötigt. Anschließend genügt der Wärmeaustausch mit ablaufendem Produkt, um das Einsatzgut genügend aufzuwärmen. Das Produkt wird dabei meist nur auf 120 bis 150 °C abgekühlt und bei dieser Temperatur in beheizten Tanks gelagert, um es pumpfähig zu erhalten.

Steht ständig heißes Sumpfprodukt aus der vorgeschalteten Destillationsanlage zur Verfügung, so kann auf den Ofen ganz verzichtet werden. Die Temperatur des Einsatzgutes muß nur auf etwa 230 °C herabgesetzt werden. Um das geblasene Bitumen in diesem Falle auf Lagertemperatur abzukühlen, wird es oft dazu verwendet, Dampf niedrigen Druckes zu erzeugen, von dem ein Teil für das Verfahren verwendet wird. Man kann nämlich beim Blasen von Bitumen in vorsichtiger Form Dampf in den Turm einführen, fein verteilen und dadurch den Teildruck senken, Dadurch lassen sich die gewünschten Eigenschaften des geblasenen Bitumens günstig beeinflussen. Außerdem wird Dampf oft für Begleitheizungen verwendet, wenn seine Sattdampftemperatur höher als die des Produktes in der zu beheizenden Leitung ist[1].

Ist die Ablauftemperatur des geblasenen Bitumens aus dem Dampferzeuger wegen des gewünschten Dampfdruckes für die Lagerung noch zu hoch oder kommt diese Dampferzeugung wegen reichlichen Angebotes als zu aufwendig nicht in Frage, so empfiehlt sich die Anwendung einer Kühlung mit Heißwasser, um ein Verstopfen der Rohre durch zu tiefe Kühlmitteltemperaturen zu vermeiden[2]. Das Heißwasser wird am besten in einem besonderen Kreislauf geführt, und seine Wärme kann mit normalem Kühlwasser oder in Luftkühlern abgeführt werden. Diese Schaltung ist zwar aufwendiger, hat aber Vorteile für den Betrieb. Die einfachere Lösung sind die altbekannten Kastenkühler, die für andere Anlagen im Raffineriebetrieb kaum mehr verwendet werden; vgl. S. 129 ff.

Sehr wichtig sind das Waschen der Abgase sowie die Sprüheinrichtungen im Blaseturm, die eingeschaltet werden müssen, wenn die Temperatur unzulässig ansteigt oder wenn der Inhalt des Blaseturmes zu schäumen beginnt. Je nach Erfordernis wird mit Dampf oder – um schnell Wärme zu binden – mit Wasser gesprüht, das fein zerstäubt werden muß. Das Schäumen tritt als Folge von Wassereinbrüchen in das Produkt sehr leicht ein. Deshalb darf mit Wasser nur sehr vorsichtig gesprüht werden, um nicht eine gegenteilige Wirkung zu erzielen.

Mit dem Waschen der Abgase im Zusammenhang steht die Notwendigkeit, der Wasserwirtschaft besonderes Augenmerk zuzuwenden. Beim Blasen entstehen Kohlenwasserstoffdämpfe, Wasserdampf, Kohlendioxyd sowie Dämpfe saurer Kohlenwasserstoffderivate; vgl. S. 791 ff. Die einfachste Lösung besteht in einer Art von Einspritzkondensator, wie sie in Abb. K-22 dargestellt ist. Die Beherrschung der im nachgeschalteten Trennbehälter oder in einer Abscheidegrube mitunter entstehenden Emulsion macht erhebliche Schwierigkeiten. Es hat sich als

---

[1] Über andere Arten der Beheizung s. nächsten Unterabschnitt, S. 804 f.
[2] Vgl. darüber Abschn. B 1 c d, S. 137.

zweckmäßig erwiesen, das Waschwasser im Kreislauf zu führen, wodurch allerdings sein p_H-Wert weit unter den Wert sinkt, der sich bei einmaligem Durchlauf einstellen würde. Seine Temperatur muß dann in einem besonderen Kühler, der mit Frischwasser oder gekühltem Wasser des Kühlsystems beschickt wird, herabgesetzt werden. Dies ist deshalb besonders wichtig, weil die Korrosion durch das höhere Temperaturniveau des Waschwasserkreislaufes gefördert wird. Sie läßt sich durch Neutralisation etwas mildern. Jedoch sind brauchbare, selbsttätige Dosiervorrichtungen für diesen Zweck wegen der Gefahr der ständigen Verschmutzung der Geber noch nicht entwickelt. Eine von Hand gesteuerte Zugabe des Neutralisationsmittels erfordert aber eine laufende Überwachung.

An Stelle eines Einspritzkondensators können auch stehende Behälter mit Rieseleinbauten verwendet werden, die als Abscheider wirken. Die im Sumpf anfallende Flüssigkeit kann gekühlt und wie der Rücklauf einer Fraktionierkolonne bzw. das Kühlmittel des Einspritzkondensators oben verteilt und wieder aufgegeben werden (Kreislauföl). Ein Teil der dabei kondensierten Kohlenwasserstoffdämpfe muß ständig ausgeschleust werden. Wegen ihres sauren Charakters werden sie so wie das in einem Abscheider hinter dem Einspritzkondensator anfallende Öl dem in der Raffinerie verfeuerten Heizöl zugemischt. Um Geruchsbelästigungen der Umgebung zu vermeiden, empfiehlt es sich schließlich, die aus dem Einspritzkondensator oder dem vorbeschriebenen Abscheider oben austretenden Gase in einem der Öfen der Raffinerie zu verfeuern. Der Gesamtausstoß der Raffinerie an Schwefeldioxyd wird dadurch bei den im Verhältnis zur insgesamt verfeuerten Menge von Heizgas oder Heizöl bescheidenen Mengen an Abgasen aus der Blaseanlage nicht wesentlich erhöht. Sind trotzdem diesbezügliche Befürchtungen berechtigt, so können die Gase, die aus einem mit Kreislauföl beaufschlagten Abscheider austreten, noch mit Wasser nachgewaschen werden. Gegenüber dem Einspritzkondensator hat man in diesem Fall den Vorteil, daß die Waschwassermenge wesentlich kleiner ist. Dies wird durch einen größeren Aufwand erkauft.

Die Ausführungen zeigen, daß auch bei so einfach erscheinenden Anlagen, wie sie zum Bitumenblasen benötigt werden, zahlreiche Probleme auftauchen, die gelöst werden müssen, wenn man einen befriedigenden und mit behördlichen Auflagen in Einklang stehenden Betrieb erreichen will. Manches hängt dabei von den Gegebenheiten der einzelnen Raffinerien ab. Deshalb wäre es kaum sinnvoll, hier die verschiedenen möglichen Schaltungen zu erläutern. Es sollten aber wenigstens an Hand eines Beispieles die verschiedenen Möglichkeiten kurz gestreift werden. Es bleiben im letzten Abschnitt noch einige Punkte zu erörtern, die mehr die mechanische Ausstattung der Anlage betreffen.

Vorher sei noch bemerkt, daß die Anschlüsse an die Blasetürme unterschiedlich ausgeführt werden. Die Luft muß immer unten in der Turmfüllung verteilt werden. Doch wird sie mitunter nicht seitlich von außen, sondern durch ein Rohr von oben zugeführt. Dadurch erreicht man eine gewisse Aufwärmung der Luft vor dem Eintritt in das Produkt. Dieses selbst kann im Gleichstrom oder im Gegenstrom dazu geführt werden.

51*

Im ersten Fall läßt man es, so wie in Abb. K-22 gezeigt, oben meist in ein kleineres Trenngefäß überlaufen, in dem sich Dämpfe und Gase abscheiden, die zurückgeführt werden. Bei Gegenstrom und Austritt nach unten ist diese vorteilhafte Maßnahme nicht ohne weiteres durchführbar. Man kann aber das gleiche Ziel erreichen, wenn man ein Rohr für den Ablauf des geblasenen Produktes innerhalb des Turmes von unten nach oben und erst dann nach außen führt. Solche Einbauten sind allerdings wegen der schlechten Zugänglichkeit und der Gefahr der Verstopfung bei Störungen nicht bei allen Betreibern von Blasanlagen beliebt.

Die beschriebenen Sprüheinrichtungen dienen nicht nur dazu, ein etwa auftretendes Schäumen des Turminhaltes einzudämmen, sondern auch zusätzliche Wärme abzuführen, falls es zu einem übermäßigen Temperaturanstieg infolge abnormal heftiger Reaktionen kommt. Für einen solchen Ausnahmefall muß der Blaseturm am Kopf außerdem mit einer Explosionsklappe ausgerüstet werden, die bei Überdruck schnell genug einen ausreichenden Austrittsquerschnitt freigibt. Sie ist meist durch Gewichte belastet und soll nach Entlastung des Druckes wieder schließen, um den weiteren Austritt von Qualm zu verhindern. Ihre Bewegungsmöglichkeit muß durch einen kräftigen Käfig beschränkt werden.

b) Besonderheiten bei der Ausrüstung von Bitumenblasanlagen

Die Verarbeitung von Produkten mit so hohen Stockpunkten bzw. Erweichungspunkten wie sie Bitumina aufweisen, erfordert besondere Maßnahmen. Sie müssen ergriffen werden, um die stetige Förderung durch die Rohrleitungen sicherzustellen und um bei Störungen des Betriebes zu vermeiden, daß der Inhalt von Leitungen, Pumpen und Behältern stockt. Tritt dies ein, so ist das „Auftauen" sehr umständlich und zeitraubend. Die Begleitheizung der Leitungen mit Dampf ist nicht immer ausreichend, weil sich wesentlich höhere Produkttemperaturen als 200 °C damit im allgemeinen nicht erreichen lassen. Diese können aber bei sehr harten Sorten erforderlich werden. Als Faustregel gilt, daß die Zähigkeit des Produktes 100 cSt ($\triangleq$ 13,2 °E) nicht überschreiten soll, will man es noch störungsfrei mittels Pumpen durch Leitungen drücken. Erforderlichenfalls muß man dann auf Beheizung mit Heißöl übergehen. In einem solchen Fall empfiehlt es sich aber meistens, aus Gründen einfacherer Bauweise und Bedienung eine ganze Anlage einheitlich damit auszurüsten, nicht nur einzelne Leitungen, bei denen es unbedingt geboten erscheint.

Die Beheizung mit Doppelmantel oder Seelenrohr wird wegen der verwickelten Bauweise und der Gefahr des Eindringens von Kondensat – des Heizdampfes – in das Produkt bei Undichtheiten vom Betrieb nicht gerne gesehen. Deshalb ist beim Bau von Bitumenblasanlagen einer der obersten Grundsätze, die Leitungen so kurz wie möglich und leicht ausbaubar zu machen. In den letzten Jahren hat für die Isolierung solcher Leitungen das unter dem Namen Thermon bekannt gewordene Material größere Verbreitung gefunden. Es läßt sich zusammen mit Begleitheizungen verwenden, hat eine größere Wärmeleitfähigkeit, so daß das ganze Rohr für das Produkt warm gehalten wird, und besitzt doch bei genügender Dicke der Isolierschicht die gewünschte Wirkung als Wärmedämmstoff.

Das Freiblasen verstopfter Leitungen mit Luft ist ein keineswegs gefahrloses Unternehmen. Es wird meist nur als äußerste Notmaßnahme ergriffen und dann sehr ungern. Da das „Auftauen" durch Aufblasen von Dampf auf die von der Isolierung befreite Leitung und das Freiblasen mit Dampf oft auch nicht zum Ziele führt, ist es meist einfacher, die einzelnen Leitungsteile leicht auswechselbar zu verlegen. Dies ist bei Begleitheizung und Thermonisolierung leichter zu bewerkstelligen als bei Doppelmantel- oder Seelenrohrbeheizung.

Auf die Wichtigkeit einer sorgfältigen Überwachung der Wasserwirtschaft wurde bereits hingewiesen. Es bleibt noch zu erwähnen, daß die Belästigung der Umgebung durch Austritt von Gasen infolge von Undichtigkeiten in gewissen Grenzen dadurch verhindert werden kann, daß mit geringem Unterdruck gefahren wird. Der Eintritt von Luft durch Leckstellen von außen ist bei Blasanlagen nicht sonderlich gefährlich, weil hier heißes Produkt verfahrensgemäß mit Luft in Berührung kommt und die Anlagen dafür eingerichtet sind. Ein Austritt von Gasen hinter der Kondensation läßt sich durch ihre Ableitung zur Fackel oder zu besonderen Brennern von Öfen, die sich in der Nähe der Bitumenblasanlage befinden, mit Sicherheit vermeiden.

L. Das katalytische Hydrieren unter Druck

Es ist bekannt, daß die Entwicklung des Hydrierens dadurch gefördert wurde, daß man seinerzeit mit einer baldigen Erschöpfung der Erdölvorkommen rechnete und deshalb Wege gesucht wurden, feste fossile Brennstoffe in flüssige Kraft- und Schmierstoffe umzuwandeln. Erst später kam hinzu, daß sich dieses Ziel auch mit Autarkiebestrebungen deckte, die vor allem im Deutschen Reich, aber auch in Großbritannien und Italien zur Errichtung solcher Anlagen führten. Die Forschungsarbeiten wurden zum größten Teil von der IG-Farbenindustrie AG bzw. einer ihrer Rechtsvorgängerinnen, nämlich der heute wieder selbständigen Badischen Anilin- & Soda-Fabrik AG, Ludwigshafen/Rhein, geleistet, und am 1. April 1927 ging im Ammoniakwerk Merseburg in Leuna die erste großtechnische Anlage in Betrieb, die Benzin aus Braunkohle lieferte[1]. Ähnliche Überlegungen, welche die IG-Farbenindustrie AG veranlaßt hatten, große Mittel für die Entwicklung dieses Verfahrens aufzuwenden, waren auch für die Imperial Chemical Industries Ltd. (ICI) maßgebend, sich mit diesem Aufgabenkreis zu befassen. Dies führte auf Grund eines Erfahrungsaustausches zur Errichtung des Hydrierwerkes Billingham, das als erstes Werk gedacht war, um die in Großbritannien reichlich vorhandenen Steinkohlenvorkommen in flüssige Kraftstoffe umzuwandeln. Im Zuge dieser Bestrebungen hat die Standard Oil Co of New Jersey (unter der Abkürzung Esso bekannt) zusammen mit der IG-Farbenindustrie AG die Standard-IG Co gegründet, um gemeinsam mit der erstgenannten, außerdem mit der Imperial Chemical Industries Ltd und der Royal Dutch/Shell-Gruppe die Forschungsarbeiten für die Hydrierung von festen Brennstoffen und von Erdölrückständen weiterzuführen[2]. Unabhängig davon wurde auch in Japan versucht, auf Grund

---

[1] Vgl. C. MÜLLER VON BLUMENCRON: 25 Jahre Hydrieranlage Leuna. Erdöl u. Kohle 5 (1952) 209.

[2] HASLAM, R. T., u. R. P. RUSSELL: Hydrogenation of Petroleum. Industr. Engng. Chem. 22 (1930) 1030/37. – KRAUCH, C., u. M. PIER: Kohleveredelung und katalytische Druckhydrierung. Z. angew. Chem. 44 (1931) 953/58. – BYRNE jr., P. J., E. J. GOHR u. R. T. HASLAM: Recent Progress in Hydrogenation of Petroleum. Industr. Engng. Chem. 24 (1932) 1129/35. – GOHR, E. J., u. R. P. RUSSEL: Progress in Hydrogenation of petroleum during 1930 and 1931. J. Inst. Petrol. Technol. 18 (1932) 595/606. – HOWARD, F. A.: Hydrogenation process solves problem of airplane motor fuel. Oil Gas J. 30 (31. März 1932) Nr. 46, S. 90ff. u. 167ff. – SWEENEY, W. J., u. A. VOORHIES jr.: Destructive Hydrogenation of Petroleum Hydrocarbons. Industr. Engng. Chem. 26 (1934) 195/98. – HASLAM, R. T., R. P. RUSSEL u. W. C. ASBURY: Comparison of cracking and hydrogenation as methods of producing gasoline. 1. Welt-Erdöl-Kongreß, London 1934, Bericht Section F, S. 309/16. – PIER, M.: Festangeordneter Katalysator bei der Druckhydrierung. Öl u. Kohle 13 (1937) 916/20. – Ders.: On the reactions of the catalytic high-pressure hydrogenation of coal and oil and their control. Trans. Faraday Soc. 35

eigener Forschungsarbeiten, die sich aber weitgehend auf die Veröffentlichungen der vorerwähnten Gruppe stützten, die Hydrierung zur Betriebsreife zu entwickeln.

Die im Rahmen der Standard-IG Co geförderte Zusammenarbeit wurde durch die politische Entwicklung in den Dreißiger Jahren beeinträchtigt und durch den Ausbruch des Krieges vollkommen unterbunden. Zwar gelang es, in den in Mitteleuropa inzwischen errichteten Werken beachtliche Mengen der für die Kriegsführung erforderlichen flüssigen Kraftstoffe herzustellen, doch konnten diese nicht nur wegen der zunehmenden Bombenschäden in den Werken, sondern auch wegen des erheblich angestiegenen Bedarfes für die Panzerarmeen und Luftflotten mit den Möglichkeiten, welche den Gegnern der sog. Achsenmächte besonders nach der Kriegserklärung an die Vereinigten Staaten von Amerika geboten waren, nicht mehr Schritt halten. Die Hoffnung der politischen Führung des Reiches, den Mangel an ausreichenden Erdölreserven dadurch wettzumachen, war von vornherein illusorisch und hat die Beschäftigung mit dem Verfahren, besonders in den ersten Jahren nach dem Kriege, in einer Weise politisch belastet, die bei genauer Kenntnis der Vorgeschichte vollkommen ungerechtfertig war.

Wenn auch das Hydrieren in der ursprünglich entwickelten Form zur Zeit keine praktische Bedeutung hat, so darf nicht verkannt werden, daß es erstens für alle Arbeiten, die sich mit der Anwendung von Katalysatoren bei der Verarbeitung von Erdöl befassen, sehr befruchtend wirkte; zweitens wurde von vornherein auch das Hydrieren von Erdölrückständen untersucht, zumal beim Hydrieren fester Brennstoffe angestrebt werden mußte, diese bereits in der ersten Stufe in flüssige, wenn auch noch sehr schwere Produkte umzuwandeln. Somit ergaben sich bei den anschließenden Stufen ähnliche Aufgaben wie bei der Behandlung von Erdölrückständen. Deshalb bereitete es keine großen Schwierigkeiten, die in Mitteleuropa vorhandenen Hydrierwerke nach dem Kriege auf die Destillation von Rohöl und die hydrierende Weiterverarbeitung der Destillationsrückstände umzustellen, soweit sie nicht vollständig zerstört waren oder demontiert werden mußten. Einige waren schon ursprünglich dafür eingerichtet, flüssige Rückstandsprodukte aus der Kohleveredelung oder – wie Lützkendorf (Bez. Halle) – Erdölrückstände zu verarbeiten. Es darf nicht verkannt werden, welche entscheidende Rolle die Hydrierwerke der jetzigen Deutschen Bundesrepublik, nämlich Gelsenberg Benzin AG in Gelsenkirchen-Horst, Scholven-Chemie AG in Gelsenkirchen-Buer und Union Rheinische Braunkohlen Kraftstoff AG

(1939) 967/77. – MURPHREE, E. V., C. L. BROWN u. E. J. GOHR: Hydrogenation of Petroleum. Industr. Engng. Chem. 32 (1940) 1203/12. – Für die der Standard Oil Development Co zur Ausnutzung in der ganzen Welt außerhalb des Deutschen Reiches überlassenen Schutzrechte zahlte diese an die Badische Anilin- & Soda-Fabrik AG im Jahre 1929 den ansehnlichen Betrag von 35 Mill. $ in Aktien der Standard Oil of New Jersey; vgl. J. L. ENOS: Petroleum Progress and Profits. Cambridge/Mass.: M.I.T. Press 1962, S. 190. Die Höhe des Betrages im Vergleich zu denen, die bei den Verhandlungen mit E. HOUDRY im Gespräch waren, spiegelt Unterschiede der Wirtschaftslage in den Jahren 1929 und 1938 wider; vgl. S. 359 u. 471 f.

in Wesseling (Bez. Köln), für die Versorgung der nach der Währungsreform im Jahre 1948 sich langsam erholenden Wirtschaft spielten[1]. Auch in der späteren DDR stammten damals rd. drei Viertel der flüssigen Kraftstoffe aus den wieder instand gesetzten Hydrierwerken in Böhlen, Tröglitz bei Zeitz und Lützkendorf sowie aus dem Leunawerk. Als Rohöl wurde damals diesen Werken von der Sowjetischen Militärverwaltung ein Anteil der Reparationslieferungen aus den österreichischen Feldern zur Verfügung gestellt.

Auf Grund des bei Kriegsende erreichten Standes konnten BECKER und PIER 1951 über die Hydrierung auf dem 3. Welt-Erdöl-Kongreß berichten[2]. Eine ausführliche Darstellung hierüber hatte kurz vorher KRÖNIG veröffentlicht[3]. Die inzwischen eingetretene Entwicklung, vor allem die Umstellung auf die Verarbeitung von Krackrückständen, wurde seither in mehreren Aufsätzen behandelt[4]. Mit diesem Verfahren ist es möglich, schwere Rückstände vollkommen in leichte Produkte umzuwandeln. Dies erfordert allerdings die Bereitstellung von Wasserstoff. Dessen Gewinnung ist bis dahin mit erheblichen Kosten belastet gewesen, weil er nur durch Vergasen fester Brennstoffe, durch Konvertieren des dabei entstehenden Kohlenmonoxyds zu Kohlendioxyd und durch anschließendes Auswaschen des CO_2 in genügend hoher Konzentration gewonnen werden konnte. Dies zeigt, daß dieser Verfahrensschritt mit erheblichen Verlusten an Kohlensubstanz verbunden ist. Dazu kommt, daß die katalytischen Hydrierverfahren alten Stils unter sehr hohen Drücken von mehreren 100 at arbeiteten. Deshalb waren beträchtliche Energiemengen erforderlich, um den bereits durch aufwendige Verfahren gewonnenen Wasserstoff auf diesen Druck zu bringen.

Demgegenüber haben sich die Bedürfnisse des Marktes verschoben, indem auch schwere Produkte, wie Heizöl, einen erheblichen Anteil eroberten, ihr Preis jedoch durch die Wettbewerbsverhältnisse auf dem Weltmarkt so niedrig liegt, daß eine Erzeugung durch Hydrieren

---

[1] Die Firmennamen der beiden zuerst genannten Werke wurden in letzter Zeit in Gelsenberg-Mineralöl GmbH bzw. VEBA-Chemie AG umgeändert.

[2] BECKER, R.: High pressure hydrogenation as applied in the processing of crude oils in Germany. 3. Welt-Erdöl-Kongreß, Den Haag 1951, Bericht IV/5. – PIER, M.: Progress in the hydrogenation of petroleum oils, wie vor, Bericht IV/6. Vgl. hiezu auch M. PIER: Einiges über Hydrier- und Spaltkatalysatoren bei der Öl- und Kohleverarbeitung. Z. Elektrochem. angew. physik. Chemie 53 (1949) 291/301. – Ders.: Ölhydrierung in Deutschland. Erdöl u. Kohle 4 (1951) 277/79.

[3] KRÖNIG, W.: Die katalytische Druckhydrierung von Kohlen, Teeren und Mineralölen (Das I.G.-Verfahren von MATTHIAS PIER), Berlin/Göttingen/Heidelberg: Springer 1950. – Das vereinfachte Fließschema eines Braunkohle-Hydrierwerkes (ohne die Wasserstofferzeugung) hat F. ASINGER: Chemie und Technologie der Paraffinkohlenwasserstoffe, Berlin: Chemie-Verlag 1956, Abb. 4 zwischen S. 28 u. 29 wiedergegeben.

[4] PIER, M.: Die Hydrierung im Dienste unserer Kraftstoffversorgung. Erdöl u. Kohle 6 (1953) 690/92. – OETTINGER, W.: Neue Ergebnisse bei der Hydrierung von Erdölen, ebd. S. 693/96. – WISSEL, K.: Erdölverarbeitung durch Kombination von Hydrieren und Cracken, ebd. S. 696/700. – URBAN, W.: Erdölverarbeitung in der Scholven 300-at-Kombi-Hydrierkammer; ebd. 8 (1955) 780/82.– PIER, M.: Hydrogenation of crude oils in Germany, especially combined with cracking. 4. Welt-Erdöl-Kongreß, Rom 1955, Bericht III/L 2.

kaum jemals in Frage kommen dürfte. Läßt sich doch bereits durch Vergasen fester Brennstoffe eine für die Verwendung als Brennstoff ideale Form erreichen, so daß der weitere Umweg wirtschaftlich nicht sinnvoll wäre. Es hat jedoch ein vollkommen anderer Umstand dazu geführt, daß trotzdem hydrierende Verfahren in der Erdölverarbeitung während der vergangenen Jahre wieder erhebliches Interesse fanden. Aus den Ausführungen in Abschn. F über das katalytische Reformieren geht hervor, daß dabei Gas mit einem hohen Gehalt an Wasserstoff anfällt, weil es sich dabei um Dehydrierungsreaktionen handelt. Bei der großen und noch immer zunehmenden Bedeutung des katalytischen Reformierens – verursacht durch die ständig steigenden Anforderungen an klopffeste Kraftstoffe und in den letzten Jahren durch das Streben, Aromaten für die Petrolchemie herzustellen – gibt es heute kaum mehr eine Raffinerie, in der nicht eine oder mehrere katalytische Reforming-Anlagen stehen. Dadurch verfügt jetzt jede Raffinerie über Wasserstoff, den sie für raffinierende, in einzelnen Fällen auch für spaltende Hydrierverfahren verwenden kann. Deshalb soll nachstehend zunächst auf die Grundlagen des ursprünglich angewendeten Hydrierverfahrens eingegangen werden.

1. Das Hydrieren nach Bergius und Pier

Einzelheiten der Entwicklung sind in dem erwähnten Buch von W. Krönig dargestellt[1]. Es mag vermerkt werden, daß F. Bergius schon vor dem Ersten Weltkrieg zu seinen diesbezüglichen Versuchen durch die beim thermischen Kracken von Erdöl gemachten Beobachtungen angeregt wurde. Er erkannte, daß eine Spaltung großer Kohlenwasserstoffmoleküle in gesättigte kleinere nur durch Zugabe von zusätzlichem Wasserstoff erreicht werden kann. Ihm gelang es zu zeigen, daß beim Arbeiten unter Druck – auch ohne Katalysator – hochsiedende Erdölfraktionen Wasserstoff aufnehmen und daß auf diese Weise statt der ungesättigten Krackbenzine gesättigte Hydrierbenzine entstehen. Außerdem wurde die Bildung von Koks völlig unterdrückt und auch das Gas entstand in bezug auf das gewonnene Benzin in wesentlich kleinerer Menge. Auf diese Weise war es Bergius schon damals möglich, bei 430 °C und 120 at schweres Gasöl etwa zur Hälfte in Benzin umzuwandeln, ebenso Erdölrückstände in Öle, die durch Destillation vollkommen aufgearbeitet werden konnten. Aus Teeren, die von der Verarbeitung fester Brennstoffe stammten, konnten auf diese Weise wesentlich tiefersiedende flüssige Produkte gewonnen werden. Die Entwicklung nahm somit ihren Ausgang vom Kracken und hatte zunächst das Ziel, höhermolekulare Kohlenwasserstoffe so zu spalten, daß gut verwertbare, niedrigmolekulare Kohlenwasserstoffe entstehen.

Bergius arbeitete ursprünglich ohne Katalysatoren, weil man auf Grund der Erfahrungen bei der Ammoniaksynthese der Meinung war,

---

[1] Vgl. Fußn. 3 links nebenstehend.

daß die in jedem Erdöl und auch in Kohle vorkommenden Schwefelverbindungen die Kontakte sehr schnell vergiften würden. Auf diesem Gebiet hatte die Badische Anilin- & Soda-Fabrik in Ludwigshafen/Rhein (BASF) bereits sehr umfangreiche Erfahrungen gesammelt, und bei der 1924 begonnenen Zusammenarbeit zwischen BERGIUS und BASF war vor allem das Bestreben maßgebend, Katalysatoren zu suchen, die für die Hydrierung günstig, aber nicht schwefelempfindlich sein sollten[1]. Die Hoffnung, daß diese Arbeit zum Erfolg führen wird, wurde durch inzwischen bei der Methanolsynthese gesammelte Erfahrungen gestützt. Für diese war es bereits gelungen, Katalysatoren aufzufinden, die wesentlich schwefelfester waren. Es wurden nun in einer von PIER geleiteten Forschungsgruppe das Periodensystem der Elemente systematisch abgesucht und alle in Frage kommenden Elemente sowie ihre Oxyde und Sulfide wurden geprüft, bis schließlich entdeckt wurde, daß Molybdän und Wolfram sich als ausgezeichnete Hydrierkatalysatoren bewähren. Ihre Wirkung wird selbst in Gegenwart von Schwefel nicht beeinträchtigt[2]. Dazu kam, daß diese Elemente bevorzugt zur Bildung des erwünschten Benzins führten und die durch Nebenreaktionen verursachte Bildung niedrigsiedender Kohlenwasserstoffe unterdrückten.

Zunächst war es Wolframsulfid (WS_2), dessen Eignung für die Katalyse von Hydrierreaktionen erkannt wurde, und zwar sowohl raffinierender wie spaltender; es eignet sich auch für die Katalyse von Isomerisierreaktionen. Durch Wahl verschiedener Träger konnte erreicht werden, daß die eine oder andere Reaktion bevorzugt wird. So fördern Träger mit saurem Charakter wie Bleicherde (Aluminiumsilikate), Kieselgel u.ä. das Spalten und drängen die Hydrierreaktionen zurück. Hingegen werden durch Träger mit basischem Charakter wie Tonerde (Aluminiumoxyd) Spaltreaktionen unterdrückt – vorausgesetzt, daß die Temperaturen nicht bei Werten liegen, die an sich für die Spaltung günstig sind. So konnte auf S. 519ff. erläutert werden, welche Rolle das Spalten z.B. beim katalytischen Reformieren spielt, was die Vorgänge um so undurchsichtiger erscheinen läßt, je höher die Temperaturen sind. Das als zweite Komponenten benutzte Molybdänoxyd (MoO_3) begünstigte die Bildung von aromatenreichem Benzin, was beim Fluid Hydroforming-Verfahren ausgenutzt wird; vgl. S. 561.

Es kann hier nicht die an anderer Stelle gegebene, ausgezeichnete Darstellung wiederholt werden[3]. Es sind jedoch zwei Grenzfälle zu beachten, zwischen denen es stetige Übergänge gibt. Anfangs war – wie erwähnt – das *spaltende* Hydrieren von Interesse. Es wird unter ziemlich scharfen Betriebsbedingungen wie hohen Drücken – bei Kohle von mehreren 100 at, bei flüssigem Einsatzgut bei Drücken, die in der Größenordnung von 50 at liegen – und bei hohen Temperaturen von 400 bis

---

[1] MITTASCH, A.: Bemerkungen zur Katalyse. Ber. Dtsche. Chem. Gesell. 59 (1926) 13/36. – PIER, M.: Einiges über Hydrier- und Spaltkatalysatoren bei der Öl- und Kohle-Verarbeitung. Z. Elektrochem. 53 (1949) 291/301.

[2] Vgl. dazu auch B. H. DANZIGER: Catalysts. Industr. Engng. Chem. 47 (1955) 1495/1500.

[3] Vgl. W. KRÖNIG: a.a.O. (Fußn. 3, S. 808).

500 °C erreicht[1]. Die Temperaturen sind erforderlich, um ein Auseinanderbrechen der Moleküle in gleicher Weise wie beim Kracken einzuleiten. Die Anwesenheit von Wasserstoff unter hohem Druck begünstigt dann die Hydrierreaktionen so, daß niedrigermolekulare, gesättigte Verbindungen entstehen. Im anderen Grenzfall, bei dem der *raffinierenden* Hydrierung, wird nur angestrebt, Verunreinigungen des Produktes wie Sauerstoff-, Schwefel- und Stickstoffverbindungen dadurch zu verändern, daß die betreffenden Elemente durch Wasserstoff (im weiteren Sinne) reduziert, d.h. zu Wasser, Schwefelwasserstoff oder Ammoniak umgewandelt werden. Für das raffinierende Hydrieren genügen niedrigere Drücke und Temperaturen, weil Krackreaktionen unerwünscht sind.

Ein kennzeichnendes Merkmal des klassischen Hydrierens muß hier noch erwähnt werden, weil es für die erzielten Erfolge entscheidend war. Wenn sich auch die Molybdän- und Wolframkontakte als ausreichend schwelfest erwiesen, so ergaben sich noch große Schwierigkeiten dadurch, daß in fester Form vorliegende Stoffe der Hydrierreaktion unterworfen werden mußte. Kohle wurde sehr fein gemahlen und mit schweren Rückstandsölen angerieben, um wenigstens einen pastenförmigen Zustand zu erreichen, in dem das zu hydrierende Produkt (zunächst Braunkohle) dem Angriff des Wasserstoffes ausgesetzt werden konnte. Dabei erreichte aber der Wasserstoffverbrauch eine wirtschaftlich nicht tragbare Höhe. Jedoch war es nur auf diese Weise möglich zu vermeiden, daß die Katalysatoren binnen kurzer Zeit durch Ablagerungen von hochmolekularen Verbindungen ihre Aktivität verloren. Diese Ablagerungen waren durch Nebenreaktionen – hauptsächlich durch Polymerisations- und Kondensationsreaktionen – verursacht. Deshalb versuchte man zunächst, dem Kohlebrei kleine Mengen flüssiger Molybdänsäure zuzugeben, doch erwies sich dieser Weg aus Gründen, die hier nicht erörtert werden können, als unzweckmäßig[2]. Schließlich fand man, daß Eisenverbindungen ebenfalls brauchbare Katalysatoren sind. Sie sind zwar nicht sehr schwefelfest, doch brauchte man sie wegen ihres niedrigen Preises nicht wiederzugewinnen, wenn sie bei einmaligem Durchgang ihren Zweck erfüllt hatten. Damit war die Möglichkeit geboten, sie in feinstverteilter Form mit Kohlebrei zusammengemischt anzuwenden. Weiterhin verzichtete man darauf, die gewünschten Endprodukte in einem einzigen Verfahrensschritt zu erreichen. Der mit Eisenkatalysator versetzte Kohlebrei wurde zusammen mit Wasserstoff in der sog. *Sumpfphase* in flüssigem Zustand durch Wärmeaustauscher und durch Vorheizer, die mit Haarnadelrohren ausgerüstet waren, in die hintereinandergeschalteten, stehenden Reaktoren gedrückt. Da die Wärmetönung der Hydrierreaktionen positiv ist, mußte der Inhalt der Reaktoren gekühlt werden, wozu kalter Wasserstoff diente. Die dabei gewonnenen flüssigen Produkte waren jedoch noch nicht verwendungsfähig. Sie wurden von dem Rückstand, der den Asche-

---

[1] Soweit in den alten, für Kohlehydrierung ausgerüsteten Werken nach dem Kriege Erdölrückstände hydriert wurden, beließ man es bei den vorgesehenen Betriebsdrücken von 300 at bzw. 700 at. Mit den inzwischen neu entwickelten Katalysatoren kann man bei wesentlich niedrigeren Drücken arbeiten.

[2] Näheres s. bei W. Krönig: a.a.O. S. 47ff.

anteil der Kohle, den Katalysator und den nicht hydrierten hochmoleku-
laren Kohlerest enthielt, getrennt und in dampfförmigem Zustand in
einer zweiten Stufe, der sog. *Gasphase*, an feststehenden Molybdän- und
Wolframkatalysatoren zu Endprodukten hydriert. Diese zweistufige
Arbeitsweise wurde dann in allen vor und während des Krieges gebauten
Hydrierwerken angewendet.

2. Die Fortsetzung der Forschungsarbeiten

Wenn auch bei Kriegsende in Mitteleuropa der Grund für eine besondere Forschungstätigkeit auf dem Gebiet der Hydrierung weggefallen
war, so interessierten sich doch vor allem staatliche Stellen und Wirt-
schaftskreise der Vereinigten Staaten von Amerika für die bis dahin erzielten Ergebnisse[1]. Unter der Leitung des Bureau of Mines, Washington,
wurden Arbeiten aufgenommen, deren Ziel darin bestand, das Verfahren
des Hydrierens fester Brennstoffe weiterzuentwickeln und wirtschaftlicher zu gestalten. Man wollte damit zumindest Vorarbeiten durchführen, um bei Nachlassen der Erdölförderung allmählich auf die Hydrierung fester Brennstoffe übergehen zu können. Als Rohstoffgrundlage
dachte man zunächst an die großen Ölschiefervorkommen im Staate
Colorado. Deshalb wurden dort in Rifle eine Versuchsanlage für die Ver-
schwelung von Ölschiefern und in Louisiana/Missouri (nördlich von
St. Louis am rechten Ufer des Mississippi) ein kleines Werk für eine
Erzeugung von etwa 10000 bis 15000 t/a Hydrierprodukt errichtet[2].

---

[1] Hierüber konnten die Siegermächte auf Grund von Bestimmungen des Kontroll-
rates von den beteiligten Wissenschaftlern und von den in den betreffenden Betrieben beschäftigt gewesenen Fachleuten Auskünfte jeder Art verlangen. Diese wurden
dann in den sog. FIAT-Berichten der Field Investigating Agency (Technical) der
u.s.-amerikanischen und in den sog. CIOS-Berichten der Combined Intelligence Ob-
jectives Sub-committees der britischen Besatzungsmacht veröffentlicht.

[2] BROWN, C. L., A. VOORHIES jr. u. W. M. SMITH: Cycle Stocks from Catalytic
Cracking – Hydrogenation and Desulfurization. Industr. Engng. Chem. 38 (1946)
136/40. – SKINNER, L. C., R. G. DRESSLER, C. C. CHAFFEE, S. G. MILLER u. L. L.
HIRST: Thermal Efficiency of Coal Hydrogenation. Industr. Engng. Chem. 41
(1949) 87/95. – KASTENS, M. L., L. L. HIRST u. C. C. CHAFFEE: Liquid Fuel from
Coal; ebd. S. 870/85. – SAVICH, T. R., M. G. PELIPETZ, W. A. BUDY, E. L. CLARK
u. H. H. STORCH: Stripping of Coal-Hydrogenation Heavy Oil Slurry; ebd. 968/71.
– ELLIOTT, M. A., H. J. KANDINER, R. H. KALLENBERGER, R. W. HITESHUE u.
H. H. STORCH: Hydrogenation of Bituminous Coal in Experimental Flow Plant.
Industr. Engng. Chem. 42 (1950) 83/91. – WELLER, S., M. G. PELIPETZ, S. FRIED-
MAN u. H. H. STORCH: Coal Hydrogenation Catalysts. Batch Autoclave Tests; ebd.
S. 330/33. – WELLER, S., E. L. CLARK u. M. G. PELIPETZ: Coal Hydrogenation
Catalysts. Mechanismen of Coal Hydrogenation; ebd. S. 334/36. – CLARK, E. L.,
M. G. PELIPETZ, H. H. STORCH, S. WELLER u. ST. SCHREIBER: Hydrogenation of
Coal in a Fluidized Bed; ebd. S. 861/65. – HIRST, L. L., u. C. C. CHAFFEE: Liquid
Fuel from Coal. First Year of Operation; ebd. S. 1607. – BLUE, R. W., u. C. J.
ENGLE: Hydrogen Transfer over Silicia-Alumina Catalysts; ebd. 43 (1951) 494/501.
– KANDINER, H. J., R. W. HITESHUE u. E. L. CLARK: Catalyst Evaluation and
Middle Oil Preparation in an Experimental High Pressure Coal Hydrogenation
Plant. Chem. Engng. Progress 47 (1951) 392/96 u. 455/61. – FELDMANN, J., u.
M. ORCHIN: Composition of Gasoline from Coal Hydrogenation. Industr. Engng.

Maßgebend für die Wahl des zweiten Standortes war das Vorhandensein eines stillgelegten, weil unwirtschaftlich arbeitenden Ammoniakwerkes. Allerdings fanden diese Bestrebungen nicht den Beifall weiter Industriekreise. Deshalb wurden nach den zuerst vom 78. Kongreß bereitgestellten 30 Mill. $ immer weniger Mittel vom Staat für diese Arbeiten bewilligt. Die Einwände haben sich bisher auch als berechtigt erwiesen, denn die Erdölförderung in den vergangenen Jahren, sowohl in den Vereinigten Staaten von Amerika wie auch in der übrigen Welt, ist noch immer weiter gestiegen. Dazu kam das Auffinden neuer ergiebiger Ölfelder, wie z.B. in Nordafrika, vgl. S. 9. Somit hat sich bisher die von der Privatindustrie vorgebrachte Begründung als berechtigt erwiesen. Es bleibt abzuwarten, ob nicht in Zukunft doch noch Umstände eintreten werden, die das Interesse an der Erzeugung flüssiger Brenn-, Kraft- oder Schmierstoffe aus festen Ausgangsstoffen wieder wecken werden. Anzeichen dafür sind vorhanden[1].

In einem einzigen Fall wurde nach dem Kriege noch ein Werk gebaut, in dem die Hydrierung nach dem Verfahren der BASF in der ursprünglich entwickelten Form angewendet wurde. Es handelt sich um das Werk Puertollano in der Provinz Ciudad Real (Mittelspanien), wo von Ölschiefer ausgehend durch Schwelung Teer gewonnen wurde, der anschließend hydriert und zu Schmierölen, Dieselkraftstoff und Solventnaphtha aufgearbeitet wurde[2]. Auch dieses Werk wurde in den zurückliegenden Jahren auf die Verarbeitung von Erdöl umgestellt und durch eine Raffinerie üblicher Arbeitsweise ergänzt. Einige der Hydrierkammern werden jetzt für das S. 840 zu erwähnende Hydrokrackverfahren zur Erzeugung von Schmierölen benutzt.

Von den nach dem Kriege erzielten Weiterentwicklungen ist die im Werk Scholven angewandte Kombinationsfahrweise bemerkenswert. Bei dieser konnte man mit Erfolg Sumpfphase und Gasphase unmittelbar hintereinanderschalten und dadurch Wärmeverlust vermeiden. Dieser Schritt war möglich, nachdem es der BASF gelungen war, Katalysatoren mit den zum Hydrieren schon seinerzeit benutzten Elementen Wolfram und Molybdän auf $Al_2O_3-SiO_2$-Basis zu entwickeln, die gegen hochsiedende Anteile im Einsatzgut weniger empfindlich sind[3]. Die bis dahin

Chem. 44 (1952) 2852/56. – PELIPETZ, M. G., J. R. SALMON, J. BAYER u. E. L. CLARK: Catalyst–Pressure Relationship in Hydrogenolysis of Coal; ebd. 45 (1953) 806/09. – CHAFFEE, C. C., u. L. L. HIRST: Liquid Fuel from Coal. Progress Report on Hydrogenation Demonstration Plant; ebd. S. 822/38. – SMITH, W. M.: Hydrogenation of cracker oils, catalytic naphtha, catalytic cycle stock, shale oil, in: The Chemistry of Petroleum Hydrocarbons, hrsg. von B. T. BROOKS, C. E. BOORD, ST. S. KURTZ u. L. SCHMERLING, New York: Reinhold 1955, S. 327/39.

[1] HELLWIG, K. C., S. B. ALPERT, E. S. JOHANSON u. R. H. WOLK: H-Oil und H-Coal-Verfahren. Brennst.-Chem. 50 (1969) 263/68. Die diesbezüglichen Forschungsarbeiten werden von Hydrocarbon Research Inc (HRI) gemeinsam mit Cities Service Research and Development Co in den Laboratorien der HRI in Trenton/N. J. durchgeführt.

[2] Vgl. O. REITZ u. H.-U. KOHRT: Hydrierung von spanischem Schieferöl im Werk Puertollano der Empresa Nacional Calvo Sotelo. Erdöl u. Kohle 11 (1958) 18/22.

[3] Vgl. die in Fußn. 4, S. 808 zitierte Arbeit von URBAN, außerdem E. MÜNZING, H. BLUME u. E. PINDUR: Arbeiten zur Verbesserung der Katalysatoren für die hydrierende Raffination von Teeren und Mittelölen. Z. Chem. 2 (1962) 76/83.

in der Gasphase eingesetzten Katalysatoren verloren ihre Aktivität verhältnismäßig schnell, wenn das Siedeende des Einsatzgutes höher als
etwa 335 °C lag. Nunmehr konnte man auf die destillative Zwischenverarbeitung der Hydrierprodukte aus der Sumpfphase verzichten und
sofort die dampfförmigen Anteile aus dem Heißabscheider in die Gasphase-Hydrierkammer leiten. Sicherheitshalber wurden in Scholven zwei
Heißabscheider hintereinandergeschaltet, um auch Spuren von Kontaktschlamm aus der Sumpfphase, die im Dämpfestrom des ersten Abscheider mitgerissen werden könnten, vom Gasphasekatalysator fernzuhalten. Durch diese Schaltung gelang es, beim Verarbeiten von Vakuumrückstand die Ausbeute an begehrten Produkten in einem Arbeitsgang
beträchtlich zu erhöhen und den Anfall an Hydrierschweröl auf weniger

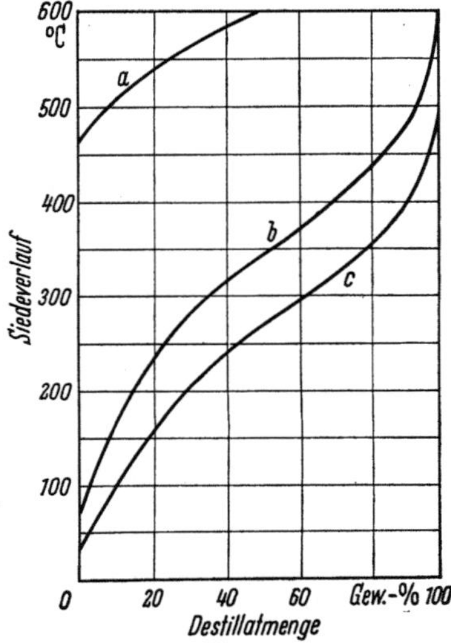

Abb. L-1. Siedekurven des Einsatzgutes
(Vakuumrückstand) *a* und des Hydrierproduktes *b* bei ursprünglichem Sumpfphasebetrieb sowie *c* bei sog. kombinierter Fahrweise nach URBAN.

als die Hälfte zu senken; vgl. Abb. L-1. Die dabei erzielten langen Standzeiten des Katalysators sind auch darauf zurückzuführen, daß die bei
der bisherigen Fahrweise im Sumpfphase-Abstreiferöl während des
Lagerns auftretenden Nebenreaktionen nicht ablaufen können. An diesen
sind die Olefine, Phenole und Stickstoffbasen beteiligt. Sie bilden Harze,
die ein schnelleres Verkoken des Katalysators in der Gasphase verursachen.

Die nach den Vorschlägen der BASF arbeitenden und den neueren
Bedürfnissen angepaßten Verfahren werden mitunter auch als DHC-
Verfahren (Druck-Hydrogenium-Cracken) und DHR-Verfahren (Druck-
Hydrogenium-Raffinieren) bezeichnet[1]. Dabei werden – von den Drükken abgesehen – im wesentlichen ähnliche Verfahrensbedingungen ein-

---

[1] Vgl. M. HÖRING, W. OETTINGER u. O. REITZ: Hydrierendes Cracken (DHC-
Verfahren). Entwicklung und Stand in Deutschland. Erdöl u. Kohle **16** (1963)
361/67.

gehalten, wie sie beim „spaltenden" und „raffinierenden Hydrieren" nach der Terminologie von Krönig angewendet wurden. In Anlehnung an die nachstehend noch zu erörternden Bemühungen in den Vereinigten Staaten von Amerika wurden in den letzten Jahren für die hydrierende Spaltung von hochsiedenden Destillaten die wirtschaftlich günstigsten Arbeitsbedingungen – insbesondere niedrigere Drücke – bei Verwendung eines festen Katalysatorbettes ermittelt[1]. Durch die Senkung der Betriebsdrücke läßt sich Energie sparen.

Es kann mit einer Stufe und mit Rückführung des Sumpfproduktes aus der dem Reaktor nachgeschalteten Fraktionierkolonne gearbeitet werden, wenn man Benzin und Mitteldestillate anstrebt. Will man jedoch hauptsächlich Benzin erzeugen, so wird empfohlen, das in der Fraktionierkolonne gewonnene Mitteldestillat in einem zweiten Reaktor mit Festbett hydrierend weiter zu kracken, aus der Fraktionierkolonne hinter diesem Reaktor nur Benzin über Kopf abzuziehen und die höhersiedenden Fraktionen insgesamt vor den zweiten Reaktor zurückzuführen. Die diesbezüglichen Entwicklungsarbeiten werden jetzt von der Badischen Anilin- & Soda-Fabrik AG gemeinsam mit dem Institut Français du Pétrole durchgeführt[2]. Aktive Substanzen der Katalysatoren sind heute in der ersten Stufe meist Nickel oder Kobalt und Molybdän. In der zweiten Stufe kann bei weniger als 100 mg/kg Schwefel und weniger als 1 mg/kg Stickstoff im Einsatz an Stelle von Nickel Palladium oder Platin verwendet werden. Für die Zwecke der Raffination allein haben sich Kobalt–Molybdän-Kontakte allgemein durchgesetzt.

3. Neuere hydrierende Spaltverfahren (sog. Hydrocracking-Verfahren)

Wenn auch die nach dem Kriege wieder in Gang gesetzten Hydrierwerke in den Gebieten der späteren Deutschen Bundesrepublik und der DDR noch weiter arbeiteten, so nahm der Anteil der von ihnen gelieferten Produkte am Gesamtverbrauch ständig ab, weil die gegebene Kapazität nicht mehr erweitert wurde. Sie wurden in den folgenden Jahren stillgelegt bzw. auf andere Arbeitsweisen umgestellt. Zum Teil werden die Reaktoren für die Synthese von Ammoniak und Methanol benutzt. Die zunehmende Verfügbarkeit großer Mengen wasserstoffreicher Gase aus katalytisch arbeitenden Reforming-Anlagen hatte zur Folge, daß man diese nicht nur zur Raffination verwendete, sondern auch die Beschäftigung mit hydrierenden Spaltverfahren wieder aufnahm. Denn es lassen sich in Anwesenheit von Wasserstoff Erdölrückstände zu leichtersiedenden Produkten aufarbeiten, ohne dabei die beim

---

[1] Oettinger, W., u. O. Reitz: Hydrierende Spaltung von Vakuumdestillaten und Mittelölen nach dem DHC-Verfahren. Erdöl u. Kohle 18 (1965) 267/70.

[2] Billon, A., M. Derrien, J. C. Lavergne, H. Nonnenmacher, W. Oettinger u. O. Reitz: What BASF-IFP Hydrocracking Will Do. Hydrocarbon Procssg. 45 (1966) Nr. 3, S. 129/34. – Nonnenmacher, H., O. Reitz u. E. Lorenz: Principles governing the hydrocracking of vacuum distillates and propane raffinates. 7. Welt-Erdöl-Kongreß. Ciudad de Mexico 1967. Indiv. Pap. VIII/28.

Kracken notwendige Erzeugung von Koks oder schweren Rückständen in Kauf zu nehmen. Damit ist die Entwicklung wieder zu dem in der Einleitung zu diesem Abschnitt erwähnten Ausgangspunkt zurückgekehrt. Es zeugt von der Weitsicht eines Forschers wie BERGIUS, der seine Arbeiten vor einem halben Jahrhundert begann, um dieses Ziel zu erreichen. Bevor auf die wegen der besonderen Marktverhältnisse in den Vereinigten Staaten verfolgte Richtung eingegangen wird, soll zunächst ein Verfahren erwähnt werden, das für die schweren Erdöle Ungarns vorgeschlagen wurde und die Arbeitsweise der Sumpfphasehydrierung der IG Farbenindustrie übernahm.

a) Das mit feinverteiltem Katalysator arbeitende Varga-Verfahren

Schon seit mehreren Jahren beschäftigte sich der inzwischen verstorbene J. VARGA im ungarischen Erdölinstitut in Budapest und Veszprém (Weißbrunn) mit dem Problem, Erdöl, das 1951 entdeckt wurde und einen sehr hohen Gehalt an Asphaltenen hat, durch Hydrieren in leichtere Fraktionen umzuwandeln[1]. Er benutzte dabei im wesentlichen eine Apparatur, wie sie für die von der BASF entwickelte Hydrierung gebräuchlich war. Um jedoch die Anwendung der beim BASF-Verfahren notwendigen hohen Drücke zu vermeiden, schlug er den gleichen Weg ein, wie er schon ursprünglich von POTT und BROCHE begangen wurde[2]. Diese hatten eine Mischung aus Tetralin und Kresol benutzt, um Kohlen zu extrahieren und dadurch in einen für die Hydrierung günstigeren Zustand zu versetzen. Dabei stellte sich heraus, daß das anwesende Tetralin als Wasserstoffspender wirkt. Auch VARGA verwendet ein Lösungsmittel, und zwar Leicht- oder Mitteldestillate, die im Verfahren selbst gewonnen werden. Deshalb ist durch diese Maßnahme allein eine Senkung des Wasserstoffbedarfes nicht zu erzielen. Tetralin hingegen dürfte wegen der hohen Kosten für eine großtechnische Anwendung ausscheiden.

Die Benutzung eines solchen Lösungsmittels hat aber den Vorteil, daß die Arbeitsbedingungen für das Hydrieren erleichtert werden. Die Untersuchungen haben gezeigt, daß Drücke von rd. 70 at genügen, um die Moleküle schwerer Erdölrückstände bei Temperaturen zwischen 450 und 500 °C in gewünschter Weise zu spalten. Diese Temperaturen sind aber nicht nur dafür erforderlich, sondern auch, um das leichtersiedende Lösungsmittel zu dehydrieren und auf diese Weise Wasserstoff in statu nascendi wirksam zu machen. VARGA arbeitet so wie das Sumpfphase-Verfahren der BASF mit Eisenoxyd auf aktiviertem Braunkohlenschwelkoks als Katalysator. Dieser ist sehr billig und kann nach einfachem Durchgang zusammen mit den hochmolekularen, nicht hydrierten Asphaltenen abgetrennt und ausgeschleust werden.

---

[1] VARGA, J., GY. RABÓ u. A. ZALAI: Wärmespaltung asphaltreicher Erdöle in Gegenwart von Verdünnungsmitteln und Wasserstoff. Brennst.-Chem. 37 (1956) 244/51. – VARGA, J., u. Mitarb.: Now You can Hydrocrack Those Asphaltic Crudes. Petrol. Refiner 36 (1957) Nr. 9, S. 198/200.

[2] Vgl. W. KRÖNIG: a.a.O. S. 92.

Wegen des Interesses, auf diese Weise die bei der Hochtemperaturverkokung der Braunkohle nach RAMMLER und BILKENROTH anfallenden Teere mit einem Hartasphaltgehalt von 12% und darüber zu verarbeiten, wurde das Verfahren in Böhlen in einer vorhandenen Hydrierapparatur großtechnisch ausprobiert und hat sich dabei als brauchbar erwiesen[1]. Es sind allerdings zwei Hemmnisse zu bedenken, die offenbar einer weitreichenden Anwendung des Varga-Verfahrens im Wege stehen. Erstens erscheint die Abgabe von Wasserstoff aus leichten Fraktionen als ein Umweg. Ist er in diesen in ausreichender Menge vorhanden, so ist es nur dann zweckvoll, ihn dort abzutrennen, wenn er auf ein wesentlich wertvolleres Produkt übertragen werden kann. Die Bereitstellung von Wasserstoff, z.B. durch Vergasen billiger Rohstoffe, wie dies im folgenden Kap. M beschrieben wird, dürfte wirtschaftlich günstiger sein. Beschreitet man aber diesen Weg, so läßt man eine kennzeichnende Besonderheit des Varga-Verfahrens fallen. Zweitens sind keine neuen Maßnahmen angegeben, wie der Rückstand, der den Katalysator enthält, günstiger als bisher aufgearbeitet werden kann. Die bei den Versuchen in Böhlen erzielten Ergebnisse sind in Zahlentafel L-1 wiedergegeben und den beim üblichen Destillieren erreichten gegenübergestellt.

Zahlentafel L-1. *Ausbeuten beim Destillieren unter Normaldruck und beim spaltenden Hydrieren nach* VARGA, *für verschiedene Ausgangsstoffe*

		Erdöl aus Nagylengyel		Erdöl aus Tuimasy		Braunkohlenschwelteer		Schieferöl	
		Dest.	Hydrokrack.[a]	Dest.	Hydrokrack.[a]	Dest.	Hydrokrack.[a]	Dest.	Hydrokrack.[a]
Benzin	Gew.-%	4	12	20	22	–	10	2	26
Dieselöl	Gew.-%	17	67	30	60	26	77	37	45
Rückstand	Gew.-%	79	16	50	11	74	4	61	15

[a] Über die Art und Verwendbarkeit der beim Hydrokracken anfallenden Differenzmenge gegenüber 100% ist in der Quelle nichts angegeben.

b) Die Hydrokrackverfahren mit Festbett

Die Beschäftigung mit dem Varga-Verfahren (sowie mit dem katalytischen Reformieren) führte bei den damit beschäftigten Stellen dazu, auch nach neuen Katalysatoren zu suchen, in der Hoffnung, einen Fortschritt gegenüber dem bekannten Stand der Technik zu erreichen. Die Arbeiten erstreckten sich auf Palladium und Rhenium, wobei an deren Verwendung im Festbett gedacht war, weil eine andere Anwendung von Edelmetallkatalysatoren aus wirtschaftlichen Erwägungen kaum in Betracht gezogen werden kann. Dabei stellte man zunächst fest, daß Rhenium zwar als Ersatz für Platin beim Reformieren wenig Erfolg ver-

---

[1] BIRTHLER, R., u. Mitarb.: Der hydrierende Abbau hochasphaltiger Erdöle und Teere in einer Mitteldruck-Kombi-Kammer nach dem Varga-Verfahren. Erdöl u. Kohle 12 (1959) 71/73. – VARGA, J., u. Mitarb.: Hydrocracking Tried on Larger Scale. Petrol. Refiner 39 (1960) Nr. 4, S. 182/84.

spreche, wenn auch wirksamer als Paladium sei. Jedoch besitze es für spaltende Hydrierreaktionen günstige Eigenschaften[1]. Die Forschungen der Chevron Research Co zeigten aber inzwischen, daß Rhenium in Kombination mit Platin auch beim Reformieren unerwartete Vorteile bieten kann, was auf S. 540 dargelegt wurde. Palladium wird hingegen bei dem nachstehend beschriebenen Unicracking-JHC-Anlagen für einen Katalysator von der Art der Molekularsiebe verwendet, der gegen Schwefel und Stickstoff verhältnismäßig unempfindlich ist; vgl. S. 828 u. 842 ff.

Beiläufig sei noch erwähnt, daß sich die Grundgedanken des Pott-Broche-Verfahrens ähnlich wie das Varga-Verfahren auch das sog. HDDC-(Hydrogen-Donor-Diluent-Cracking-)Verfahren zunutze macht. Es arbeitet allerdings mit einem Festbett und verwendet ebenfalls Tetralin oder billigere Erdöl- oder Teerprodukte mit hohem Gehalt an hydrierten, mehrkernigen Aromaten als Wasserstoffspender[2]. Zur Problematik dieser Vorschläge gilt das gleiche wie oben gesagt.

Hingegen hat die Mobil Research and Development Corp mit ihrem als *Selectoforming*-Verfahren bezeichneten Hydrokrackverfahren eine besondere Lösung des S. 569 u. 613 geschilderten Problems der Erhöhung der sog. Frontoktanzahl gefunden. Mit einem neuen bifunktionellen Katalysator, der sowohl sauer ist wie auch Metallionen enthält, gelingt es, in einem Reformat nur die Normalalkane in Gegenwart von Wasserstoff hydrierend zu spalten, während die übrigen Kohlenwasserstoffgruppen, auch selbst verzweigte Alkane, unverändert bleiben[3]. Dadurch läßt sich bei guter Ausbeute die Oktanzahl der niedrigsiedenden Anteile von Benzin sehr merkbar verbessern. Obwohl sich die Ausstattung der Anlagen kaum von Reforming-Anlagen unterscheidet, muß dieses Verfahren den dabei ablaufenden Reaktionen entsprechend hier erwähnt werden.

Die Bezeichnung Hydrocracking wird schließlich auch für ein rein thermisch, also ohne Katalysator arbeitendes Verfahren zur *Gewinnung von Aromaten* (Benzol und Naphthalin) benutzt, bei dem die Reaktionen in Gegenwart von Wasserstoff ablaufen[4].

[1] LÜDER, H., u. K. DRESCHER: Ausprüfung rheniumhaltiger Katalysatoren für die Mittel- und Hochdruckhydrierung von Braunkohlenverarbeitungsprodukten. Chem. Techn. 12 (1960) 16/22. – BLOM, R. H., u. C. H. KLINE: Try Re in Your Catalyst Formulas. Petrol. Refiner 42 (1963) Nr. 10, S. 132/34. – Vgl. dazu auch A. U. BLACKHAM, R. R. BEISHLINE u. L. S. MERRILL jr.: a.a.O. (Fußn. 1, S. 540) sowie S. 603. – Über die Wirkung von Palladium vgl. M. HARTWIG: Isomerisieren und hydrierendes Spalten von n-Paraffinen an Palladiumkatalysatoren. Brennst.-Chem. 45 (1964) 234/39; s. a. Abschn. G 4a, S. 604 ff. – Die Bemühungen um Rhenium hatten eine Verwertung der Abräume der Mansfelder Kupferhütte in Thüringen im Auge; vgl. dazu S. 540/41.

[2] LANGNER, A. W., J. STEWART, C. E. THOMPSON, H. T. WHITE u. R. M. HILL: Thermal Hydrogenation of Crude Residua. Industr. Engng. Chem. Bd. (1961) 27/30. – Der Titel der Arbeit darf nicht irreführen. Es werden Nickel- und Wolframsulfid-Katalysatoren verwendet. – Vgl. a. Fußn. 2, S. 303.

[3] Vgl. dazu N. Y. CHEN, J. MAZIUK, A. B. SCHWARTZ u. P. B. WEISZ: Selectoforming – new process to improve octane and quality. Oil Gas J. 66 (18. Nov. 1968) Nr. 47, S. 154/57.

[4] MASAMUNE, SH., u. TS. KAWATANI: First Commercial MHC Unit Onstream. Hydrocarb. Procssg. 47 (1968) Nr. 12, S. 111/17. Die Abkürzung MHC bedeutet: Mitsubishi Hydro-Cracking and -dealkylation process.

Das Schwergewicht der Entwicklung liegt jedoch auf der hydrierenden Spaltung hochsiedender Erdölfraktionen. Während das vorbeschriebene Varga-Verfahren die Technik der Sumpfphasehydrierung übernahm, lehnen sich – von einer noch besonders zu besprechenden Ausnahme, nämlich dem H-Oil-Verfahren abgesehen – alle anderen bisher bekannt gewordenen und in zunehmendem Umfang angewendeten Verfahren zur hydrierenden Spaltung höhersiedender Erdölfraktionen an die Technik der Gasphasehydrierung an. Seit einigen Jahren hat gerade auf diesem Gebiet eine sehr lebhafte Entwicklung eingesetzt. Sie wird vor allem im Westen der Vereinigten Staaten von Amerika durch das starke Angebot an Erdgas und den dadurch verursachten Rückgang des Absatzes für leichte und schwere Heizöle gefördert. Das zwingt die Raffinerien nach Wegen zu suchen, um die Erzeugung schwerer Destillate und – wenn möglich – auch der Rückstandsöle zu verringern. Daneben strebt man dort, ebenso neuerdings auch im Osten der Vereinigten Staaten wegen der Verschärfung der Bestimmungen über die Reinhaltung der Luft an, den Schwefelgehalt der schweren Fraktionen herabzusetzen. Beide Aufgaben lassen sich mit Hilfe der Hydrokrackverfahren lösen, allerdings mit nicht unerheblichen Kosten[1]. Die Anwendung eines Festbettes ist dann zulässig, wenn sich die Verunreinigungen des zu verarbeitenden Einsatzgutes in mäßigen Grenzen halten und der Katalysator nicht nach kurzer Zeit vergiftet wird. Unbehandelte Destillationsrückstände von Erdöl enthalten Metallmengen, die etwa zwischen 30 und 300 mg/kg liegen können. Vereinzelt wurden noch höhere Werte

---

[1] Wegen eines allgemeinen Überblickes s. z. B. A. VOORHIES jr. u. W. M. SMITH: Advances in Hydrocracking, in: Advances in Petroleum Chemistry and Refining, hrsg. von J. J. MCKETTA, Bd. VIII, New York/London/Sydney: Interscience Publishers 1964, S. 169/91. – GALSTAUN, L. S., B. J. STEIGERWALD, J. H. LUDWIG u. H. R. GARRISON: What does it cost to desulfurize fuel oil? Chem. Engng. Progr. 61 (1965) Nr. 9, S. 49/58. – HOFFMAN, H. L.: Hydrocracking Capacity to Double Within a Year. Hydrocarb. Procssg. 44 (1965) Nr. 12, S. 96/98. – NELSON, W. L.: Hydrocracking. Aufsatzreihe beginnend in Oil Gas J. 65 (20. März 1967) Nr. 12, S. 170; Verzeichnis der Aufsätze Nr. 1 bis 17 ebd. 66 (12. Febr. 1968) Nr. 7, S. 122; weitere Aufsätze 66 (11. März 1968) Nr. 11, S. 120/21, (15. Juli 1968) Nr. 29, S. 141/42, (19. Aug. 1968) Nr. 66, S. 93, (16. Sept. 1968) Nr. 38, S. 96/97, (25. Nov. 1968) Nr. 48, S. 131; 67 (17. Febr. 1969) Nr. 7, S. 82/84, (12. Mai 1969) Nr. 19, S. 216/17, (22. Sept. 1969) Nr. 38, S. 153 u. 156, (1. Dez. 1969) Nr. 48, S. 79/80; Fortsetzung angekündigt. – STORMONT, D. H.: Hydrocracking – 1967 and 1975. Oil Gas J. (3. April 1967) Nr. 14, S. 149/57. – SCOTT, J. W., u. N. J. PATERSON: Advances in Hydrocracking. 7. Welt-Erdöl-Kongreß, Ciudad de Mexico 1967, Pan. Disc. Nr. 17(3). – Anon.: Resid-sweetening costs seen colossal. Oil Gas J. 65 (22. Mai 1967) Nr. 21, S. 72/73. – STORMONT, D. H.: Where oil stands in war on SO_2, ebd. (3. Juli 1967) Nr. 27, S. 27/29. – MISTROT, D.: Residual Fuel Oil – Hydrodesulfurize or Hydrocrack? Petro/Chem. Engr. 39 (1967) Nr. 10, S. 24/25. – MEREDITH, jr. H. H.: What will it Cost – Desulfurize Caribbean Resid, ebd. S. 26/31. – Ders.: Desulfurization of Caribbean Fuel. Air Poll. Contr. 17 (1967) 719/23 (behandelt vor allem die wirtschaftliche Seite). – CORTELYOU, C. G., R. C. MALLATT u. H. H. MEREDITH jr.: A New Look at Desulfurization. Chem. Engng. Progr. 64 (1968) Nr. 1, S. 53/59. – MEREDITH jr., H. H., u. W. L. LEWIS: Desulfurization and the Petroleum Industry; ebd. Nr. 9, S. 57/59. – DOUWES, C. TH., u. M. t'HART: Hydrokracken von Vakuumdestillation im Einstufenverfahren zur Herstellung von Mitteldestillaten. Erdöl u. Kohle 21 (1968) 202/07.

beobachtet[1]. Dazu kommen noch Schwefel und Stickstoff, die ebenfalls für die üblichen Katalysatoren schädlich sind. Besonders Stickstoff fördert das Verkoken, wenn mehrere 100 mg/kg anwesend sind.

Rechnet man also mit einem Mittelwert der Metalle von 100 mg/kg, so ergibt dies bei einer Anlage für z. B. 500 000 t/a, daß mit dem Einsatzgut im Jahr 50 t Metalle durch den oder die Reaktoren der Anlage durchgeschleust werden. Die Beobachtungen in den Versuchsanlagen zeigen zwar, daß nur ein Teil davon, der nach verschiedenen Angaben zwischen 1/3 und 2/3 der Gesamtmenge liegt, auf dem Katalysator verbleibt. Trotzdem ergibt dies bereits eine Menge, die in der Größenordnung der in der Anlage vorhandenen Katalysatormenge liegt. Ohne Entfernung der Metalle, vor allem von Vanadium und Nickel, läßt sich ein Katalysator in der Regel nicht in der Anlage selbst regenerieren. Wenn man also einen Dauerbetrieb von wenigstens 6 Monaten anstrebt, nach dem der Katalysator ausgewechselt werden muß, so sieht man aus diesen Überlegungen, daß sehr robuste und gegen Metalle unempfindliche Katalysatoren benötigt werden, um wirtschaftlich vertretbare Laufzeiten für Anlagen mit Festbett zur hydrierenden Spaltung von Rückständen zu erreichen.

Abgesehen von der bereits erwähnten Tätigkeit der Esso vor dem Zweiten Weltkrieg hat als eine der ersten Ölfirmen die Gulf Research & Development Corp Co ein Verfahren zur Betriebsreife entwickelt, das zwar als Entschwefelungsverfahren bezeichnet wird, jedoch auch dazu dient, schwere Erdölfraktionen in leichtere umzuwandeln[2]. Die Vorarbeiten dazu wurden 1943 begonnen. Für die Vorheizer und die Reaktoren wurden die beim BASF-Verfahren üblichen Bauformen weitgehend übernommen. Bemerkenswert ist dabei die Verwendung von Nickeloxyd als Katalysator, weil er gegen Schwefel empfindlicher ist als Kobalt–

---

[1] So teilen R. KUBIČKA u. Mitarb.: Brennst.-Chem. 49 (1968) 268/70 Ergebnisse der Untersuchung eines über 350°C siedenden Destillationsrückstandes aus Romaškino-Rohöl mit. Der Gehalt an Vanadium wird mit 190 mg/kg, der von Nickel mit 85 mg/kg gegenüber entsprechenden Werten von 95 bzw. 31 mg/kg bei einem über 360 °C siedenden Rückstand aus Kuweitrohöl angegeben. Auf Grund weiterer Angaben läßt sich abschätzen, daß der Gehalt an Eisen etwa der halben Nickelmenge entspricht.

[2] McAFEE, J., u. Mitarb.: Gulf HDS-Process Upgrades Crudes: Petrol. Refiner 34 (1955) Nr. 5, S. 156/62. – BEUTHER, H., R. A. FLINN u. J. B. McKINLEY: For Better Hydrodesulfurization Activity of Promoted Molybdenum Oxide-Alumina Catalyst. Industr. Engng. Chem. 51 (1959) 1342/50; ref. Brennst.-Chem. 42 (1961) 26. – BEUTHER, H., u. R. A. FLINN: Gulf HDS Turn Resid into Cat Feed. Petrol. Refiner 39 (1960) Nr. 4, S. 143/48. – Anon.: Gulf HDS; ebd. Nr. 9, S. 249. – FLINN, R. A., O. A. LARSON u. H. BEUTHER: The Mechanism of Catalytic Hydrocracking. Industr. Engng. Chem. 52 (1960) 153/56; ref. Brennst. Chem. 41 (1960) 184. – FLINN, R. A., H. BEUTHER u. B. K. SCHMID: Now You Can Improve Residue Treating. Petrol. Refiner 40 (1961) Nr. 4, S. 139/44. – LARSON, O. A., D. S. MacIVER, H. H. TOBIN u. R. A. FLINN: Effects of platinum area and surface acidity on hydrocracking activity. Industr. Engng. Chem./ Process Design Developm. 1 (1962) 300/05. – BEUTHER, H., u. B. K. SCHMID: Reaction mechanisms and rates in residue hydrodesulfurization. 6. Welt-Erdöl-Kongreß, Frankfurt/Main 1963, Bericht III/20. – BEUTHER, H., B. K. SCHMID u. E. M. SUTPHIN: Upgrade heavy oils – increase profits. Chem. Engng. Progr. 61 (1965) Nr. 3, S. 59/63. – BEUTHER, H., u. O. A. LARSON: Role of catalytic metals in hydrocracking. Industr. Engng. Chem/ Proc. Design Developm. 4 (1965) 177/81. – Vgl. außerdem Fußn. 1, S. 987.

Molybdän-Katalysatoren. Er kann mit einem Gemisch aus Rauchgas und Luft oder Wasserdampf und Luft regeneriert werden. Von den in Fußn. 2, S. 820 aufgezählten Arbeiten soll die von FLINN, LARSON und BEUTHER (Industr. Engng. Chem. 1960) hervorgehoben werden, weil sie in Anlehnung an die in Abschn. E 2a eingehend erörterten Forschungen das Verhalten einzelner Kohlenwasserstoffindividuen untersucht.

Besonders bemerkenswert ist die in dem Aufsatz von LARSON u. Mitarb. (1962) untersuchte Verwendung von Platin. Dieses wurde in einer Konzentration von 1,0 bis 2,5%, die also wesentlich höher liegt als bei Reforming-Katalysatoren, auf einem Aluminiumsilikatträger mit 25% SiO_2-Gehalt benutzt. Der Platingehalt darf um so größer sein, je weniger Stickstoff das Einsatzgut enthält. Dieser wurde als besonders schädlich erkannt, wie die maximale obere Grenze bei den von BASF-IFP verwendeten Katalysatoren zeigt; vgl. S. 815. Auch die Houdry Process Corp hat sich mit Entwicklungsarbeiten befaßt, die in der gleichen Richtung liegen[1]. Als Ergebnis der inzwischen eingeleiteten Zusammenarbeit beider Firmen werden jetzt Anlagen angeboten, die nach dem sog. H-G-Verfahren (Houdry-Gulf) arbeiten. Es werden in Betriebsanlagen bisher nur Destillate durchgesetzt[2]. Dies schließt nicht aus, daß es mit der Zeit gelingen wird, auch Rückstände mit nicht zu hohem Asphalten- und Aschegehalt zu verarbeiten. Das gleiche Ziel wird auch mit den anderen Verfahren angestrebt, die ein festes Katalysatorbett benutzen. Einzelheiten werden im Zusammenhang mit diesen Verfahren nachstehend erörtert.

Mit einem Kobalt–Molybdän-Katalysator im Festbett hat weiterhin eine Forschungsgruppe des Institute of Gas Technology im Auftrage des Gas Operation Research Committee der American Gas Association, Chicago Versuche durchgeführt[3]. Bei dem vorgeschlagenen Verfahren wird nicht nur die Gewinnung flüssiger Produkte angestrebt, sondern auch die von Gas. Dies gestattet die Anwendung hoher Temperaturen, was zur Folge hat, daß die gewonnenen flüssigen Produkte sehr klopf-

---

[1] Vgl. D. H. STEVENSON u. H. HEINEMANN: Residuum Hydrocracking. Industr. Engng. Chem. 49 (1957) 664/67; deutsche Fassung: Hydrierendes Cracken von Erdölrückständen. Brennst.-Chem. 38 (1957) 243/46. – MYERS, C. G., W. E. GARWOOD, B. W. ROPE, R. L. WADLINGER u. W. P. HAWTHORNE: Stability of hydrocracking catalysts. J. Chem. Engng. Data 7 (1962) 257/62.

[2] Anon.: H-G Hydrocracking Process Announced. Hydrocarb. Procssg. 44 (1965) Nr. 6, S. 161/62. – FLOCKHART, E. A., A. M. HENKE, S. J. KWOLEK u. G. F. HORNADAY: Hydrocracking for Gulf At Santa Fe Springs; ebd. Nr. 12, S. 99/102. – CRAIG, R. G., B. A. WHITE, A. M. HENKE u. S. J. KWOLEK: H-G Hydrocracking Today; ebd. 45 (1966) Nr. 5, S. 159/64. – CRAIG, R. G., H. A. FORSTER, A. M. HENKE u. S. KWOLEK: Now H–G hydrocracker processes heavier feed. Oil Gas J. 64 (2. Mai 1966) Nr. 18, S. 123/26. – SCHMID, B. K., u. H. BEUTHER: Upgrading of residues by combinations of residue desulfurization and visbreaking. Industr. Engng. Chem./Process Design Developm. 6 (1967) 207/12. – HENKE, A. M., B. K. SCHMID u. J. R. STROM: Hydrocracking of Naphtha for LPG Production. Chem. Engng. Progr. 63 (1967) Nr. 5, S. 51/55.

[3] SHULTZ jr., E. B., u. H. R. LINDEN: Hydrogenolysis of Petroleum Oils. Industr. Chem. 48 (1956) 895/99. – Dies.: Hydrocrack and Gasify to Upgrade Stocks. Petrol. Refiner 36 (1957) Nr. 9, S. 205/10. – Dies.: Pressure hydrogenolysis of paraffins. Industr. Engng. Chem./Process Design Developm. 1 (1962) 111/16.

fest sind. Es wurden auch – ausgehend von Kohle – Versuche bei Temperaturen bis zu 800 °C gemacht, die hauptsächlich Gas und wenig flüssige Produkte ergaben[1]. Es läßt sich noch nicht erkennen, ob solche Verfahren eine wirtschaftliche Zukunft haben. Sie werden hier nur erwähnt, um zu zeigen, welche verschiedenen Richtungen die Forschung, insbesondere in den Vereinigten Staaten von Amerika, eingeschlagen hat. Einzelheiten müssen hier unberücksichtigt bleiben.

Auch von anderer Seite wurden Versuche unternommen, insbesondere Mitteldestillate, die wegen ihres hohen Aromatengehaltes schwer verwertbar sind, aufzuarbeiten[2]. So gelang es, einen mit Schwefeldioxyd gewonnenen Extrakt aus einem leichten Kreislauföl einer katalytischen Krackanlage mit einem Aromatengehalt von 85% und einem Schwefelgehalt von 2% durch Hydrieren im einfachen Durchgang in 16% Naphthalin und 55% Benzin mit einer Researchoktanzahl von 100 herzustellen. Es wurden Chrom-, Vanadium- und Kobalt–Molybdän-Oxydkontakte bei 525 °C und 55 at angewendet. Die Raumgeschwindigkeit betrug rd. 1 Volumen flüssiger Einsatz je Volumen Kontakt und Stunde, das Verhältnis von Wasserstoff zu Kohlenwasserstoff etwa 550 m_n^3/m^3.

Als neuestes, hier kurz zu erwähnendes Hydrocracking-Verfahren wurde der *Ultracracking*-Process von der American Oil Co angekündigt[3]. Der Hinweis auf eine gewisse Verwandtschaft mit dem Ultraforming-Verfahren derselben Firma läßt vermuten, daß ebenfalls Edelmetallkatalysatoren verwendet werden.

Welche Bedeutung man dem Hydrokracken beimißt, geht aus einer vor einiger Zeit veröffentlichten Meldung hervor[4]. Danach hat die Durchsatzleistung der Hydrokrackanlagen 1968 in den Vereinigten Staaten von Amerika etwa 600000 bbl/sd (barrels per stream day, etwa entsprechend 30 Mill. t/a) erreicht. Die Firma Combustion Engineering schätzt, daß diese Leistung innerhalb von zehn weiteren Jahren auf 1,7 Mill. bbl/sd (entsprechend 85 Mill. t/a) ansteigen wird. Die genannten 30 Mill. t/a entsprechen rd. 5% der gesamten Rohölverarbeitungskapazität der Vereinigten Staaten von Amerika.

Alle bisher genannten und in den folgenden Unterabschnitten näher zu besprechenden Verfahren streben eine weitgehende Aufspaltung hochmolekularer Kohlenwasserstoffe vorzugsweise zu Benzin oder auch zu Mitteldestillaten an. Das Hydrokracken wird aber seit einiger Zeit – zwar noch etwas zögernd – auch dafür angewendet oder vorgeschlagen, aus sehr hochsiedenden Fraktionen Schmierölkomponenten herzustellen, also die Molekülgröße nur in geringem Maße zu verkleinern und dabei sowohl eine Raffination zu erreichen wie auch den Anteil von Komponenten mit guten Schmiereigenschaften zu erhöhen. Hierüber folgen An-

---

[1] HITESHUE, H. W., R. B. ANDERSON u. M. D. SCHLESINGER: Hydrogenating Coal at 800 °C. Industr. Engng. Chem. 49 (1957) 2008/10.

[2] ROEBUCK, A. K., u. B. L. EVERING: Hydrocracking an Aromatic Extract to Naphthalin and 100 Octane Gasoline. Industr. Engng. Chem. 50 (1958) 1135/38; ref. Brennst.-Chem. 40 (1959) 59.

[3] Anon.: Amoco's own hydrocracking process due at Texas City. Oil Gas J. 65 (9. Jan. 1967) Nr. 2, S. 58.

[4] Hydrocarb. Procssg. 47 (1968) Nr. 10, S. 19.

gaben in Abschn. N 1 e ϑ, S. 984ff. Da es sich dabei ebenfalls um eine besondere Art von Hydrokracken handelt, muß sie hier wenigstens erwähnt werden.

***a*) Das Unicracking-JHC-Verfahren der Union Oil Co of California und der Esso Research and Engineering Co.** Die Union Oil Co of California hat sich anfangs in erster Linie mit der Entwicklung des Unifining-Verfahrens zur raffinierenden Hydrierung von Erdölfraktionen des unteren Siedebereiches befaßt; vgl. S. 867. Auf den dabei gesammelten Erfahrungen fußend wurde das Unicracking-Verfahren vorgeschlagen, um zunächst Destillate mittleren Siedebereiches zu spalten, die sich wegen ihres hohen Gehaltes an Aromaten nicht als Dieselkraftstoffe, aber auch nicht als Einsatzgut für Krackanlagen eignen[1]. Dazu gehören Extrakte aus Anlagen zur Entfernung von Aromaten aus Schmieröl- oder Dieselkraftstoffkomponenten, Coker- und Visbreaker-Gasöle, Cycle-Öle aus katalytischen Krackanlagen und sehr stickstoff- oder schwefelreiche Straight run-Gasöle.

Das Verfahren arbeitet, wie Abb. L-2 zeigt, meist mit zwei Stufen. Der in der ersten Stufe nicht umgesetzte Anteil wird aus dem Sumpf der nachgeschalteten Fraktionierkolonne abgezogen und zum zweiten Reaktor geführt. So kann eine vollständige Umwandlung in Produkte, die unterhalb einer gewünschten Grenze sieden, erzielt werden. Als Betriebsdrücke werden Werte von 35 bis 100 at und als Reaktortemperaturen Beträge bis 430 °C genannt. Sie hängen von der Zusammensetzung des Einsatzgutes, insbesondere vom Aromatengehalt, sowie von dem angestrebten Siedeendpunkt des schwersten Produktes ab. Ist das Einsatzgut arm an Aromaten, so genügt u.U. eine Stufe. Die Anlage wird dann so geschaltet, daß der Sumpf der Fraktionierkolonne zusammen mit dem Einsatzgut nach Zugabe des Kreislaufwasserstoffes zum Ofen *a* gedrückt wird.

Das Einsatzgut durchströmt im verdampften Zustand den stehenden Reaktor *b* von oben nach unten. In diesem werden etwa 30 bis 50 % zu Benzin umgesetzt. Vor allem werden mehrkernige Aromaten, wie sie in den vorgenannten Produkten in größerer Menge vorkommen, zu niedrigersiedenden Fraktionen abgebaut. Es tritt keine vollständige Absättigung ein, die mit Rücksicht auf die Klopffestigkeit unerwünscht wäre. Isoparaffine sind gegenüber Normalparaffinen im Produkt in größerer Menge enthalten, als dem thermodynamischen Gleichgewicht entspricht; vgl. dazu auch S. 606 ff.

Die im ersten Reaktor *b* noch nicht umgesetzten Anteile werden aus der nachgeschalteten Fraktionierkolonne *k* als Sumpfprodukt abgezogen und – wiederum zusammen mit Wasserstoff – über einen zweiten Ofen *f* dem zweiten Reaktor *g* zugeführt. Dort werden 50 bis 70 % um-

---

[1] HANSFORD, R. C., C. P. REEG, F. C. WOOD u. R. P. VAELL: Unicracking Gives New Refining Step. Petrol. Refiner **39** (1960) Nr. 6, S. 169/76. – Anon.: Unicracking; ebd. Nr. 9, S. 200. – BARNET, W. I., J. H. DUIR, R. C. HANSFORD u. A. J. TULLENERS: Extend Hydrocracking To Heavy Stocks; ebd. **40** (1961) Nr. 4, S. 131/36. – PERALTA, B., C. P. REEG, R. P. VAELL u. R. C. HANSFORD: New developments in Unicracking technology. Chem. Engng. Progr. **48** (1962) Nr. 4, S. 41/46.

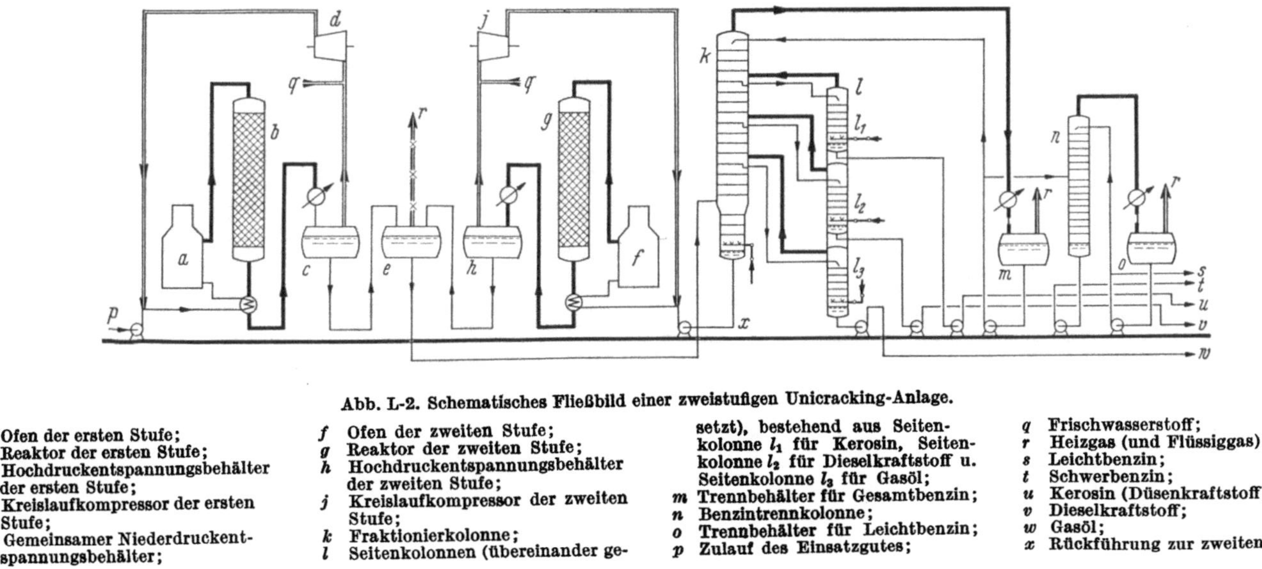

Abb. L-2. Schematisches Fließbild einer zweistufigen Unicracking-Anlage.

a Ofen der ersten Stufe;
b Reaktor der ersten Stufe;
c Hochdruckentspannungsbehälter der ersten Stufe;
d Kreislaufkompressor der ersten Stufe;
e Gemeinsamer Niederdruckentspannungsbehälter;
f Ofen der zweiten Stufe;
g Reaktor der zweiten Stufe;
h Hochdruckentspannungsbehälter der zweiten Stufe;
j Kreislaufkompressor der zweiten Stufe;
k Fraktionierkolonne;
l Seitenkolonnen (übereinander gesetzt), bestehend aus Seitenkolonne l_1 für Kerosin, Seitenkolonne l_2 für Dieselkraftstoff u. Seitenkolonne l_3 für Gasöl;
m Trennbehälter für Gesamtbenzin;
n Benzintrennkolonne;
o Trennbehälter für Leichtbenzin;
p Zulauf des Einsatzgutes;
q Frischwasserstoff;
r Heizgas (und Flüssiggas);
s Leichtbenzin;
t Schwerbenzin;
u Kerosin (Düsenkraftstoff);
v Dieselkraftstoff;
w Gasöl;
x Rückführung zur zweiten Stufe.

gesetzt. Der Ausfluß aus den beiden Reaktoren geht zuerst je für sich über Hochdrucktrenngefäße c und h, dann über ein gemeinsames Niederdrucktrenngefäß e zu der erwähnten Fraktionierkolonne k. Das als Sumpfprodukt der nachgeschalteten Benzintrennkolonne n gewonnene Schwerbenzin ist ein geeigneter Reformereinsatz mit einem Siedeende von rd. 200 °C. Die Anzahl der Mitteldestillate kann auch verringert, das Siedeende der schwersten Fraktion herabgesetzt oder der gesamte, oberhalb des Schwerbenzins siedende Anteil zurückgeführt und vollständig gekrackt werden. Beispiele sind in den Zahlentafeln L-2 und L-3 wiedergegeben. Der Naphthengehalt des Schwerbenzins für Reformereinsatz ist beachtlich hoch. Auch Aromaten werden in größerer Menge gebildet. Die Zetanzahl des Dieselöles ist gut. Weitere Versuche haben inzwischen

Zahlentafel L-2. *Eigenschaften des Einsatzgutes für Unicracking-Versuchsanlagen und dabei erzielte Ausbeuten*

Art des Einsatzgutes		Cycle-Öl eines Catcrackers aus Mid Continent-Einsatz	Cycle-Öl eines Catcrackers aus kalif. Einsatz	Koker-Gasöl
Dichte	g/ml	0,883	0,938	0,919
Siedeverlauf gemäß ASTM		D-158	D-1160	D-1160
Siedebeginn	°C	261	205	175
10 Vol.-%		269	263	252
30 Vol.-%	über-	274	291	296
50 Vol.-%	gegangen	280	318	335
70 Vol.-%		287	346	380
90 Vol.-%		301	377	432
Siedeende		319	402	458
Schwefel	Gew.-%	0,26	1,28	2,12
Stickstoff, insgesamt	mg/kg	125	2220	3450
basisch	mg/kg	21	350	904
Anilinpunkt	°C	54,2	40,0	47,8
Zusammensetzung	Gew.-%			
Paraffine		28	13	12
Olefine		2	5	9
Naphthene		20	15	25
Aromaten		50	61	37
Heterozyklische Verbindungen		—	6	17
Trockengas	m_n^3/t Einsatz			
C_1		0,82	2,52	3,93
C_2		3,68	4,63	3,72
C_3		23,30	18,50	11,20
Gesamt $C_1 \cdots C_3$		27,80	25,65	18,85
Flüssige Produkte	Vol.-% vom Einsatz			
i-Butan		13,6	10,0	5,9
n-Butan		7,1	6,0	3,1
Leichtbenzin		34,6	27,0	15,9
Schwerbenzin		65,5	80,3	39,1
Dieselöl		—	—	51,9
Gesamte flüssige Produkte		120,8	123,3	115,9
Chemischer Wasserstoffverbrauch	m_n^3/t Einsatz	377	458	346

Zahlentafel L-3. *Eigenschaften der gemäß Zahlentafel L-2 gewonnenen Produkte*

Einsatzgut Produkt		Mid Continent-Cycle-Öl		Kalifornisches Cycle-Öl		Coker-Gasöl		Dieselöl
		Leichtbenzin	Schwerbenzin	Leichtbenzin	Schwerbenzin	Leichtbenzin	Schwerbenzin	
Dichte	g/ml	0,660	0,789	0,665	0,807	0,670	0,783	0,829
Siedeverlauf gemäß ASTM D-86	°C							
Siedebeginn		35	103,4	35,0	104,5	35,0	107,2	188
10 Vol.-% } über-		40,5	113,1	40,5	121,2	43,3	114,5	204,5
50 Vol.-% }		48,8	135,0	54,3	149,5	54,3	134,0	247
90 Vol.-% } gegangen		65,6	190,0	71,2	199,5	71,2	176,5	318
Siedeende		82,2	211,5	82,2	205,5	82,2	199,5	332
Zusammensetzung	Vol.-%							
i-Paraffine		82	27	73	23	69	18	} 97
n-Paraffine		4	3	11	2	11	5	}
Naphthene		12	35	13	42	19	59	}
Aromaten		2	35	3	33	1	18	3
Klopffestigkeit								
ROZ ohne Blei		86,7	75,5	86,3	76,4	—	—	—
ROZ mit 0,08 Vol.-% BTÄ		99,6	90,7	99,6	90,2	99,0	86,2	—
MOZ mit 0,08 Vol.-% BTÄ		100,9	85,8	100,5	84,0	99,6	83,5	—
Basischer Stickstoff	mg/kg		<0,3		<0,3		<0,3	52,6
Zetanzahl								<0,5
Farbe nach ASTM D-1500								0,0004
Schwefel	Gew.-%							76,2
Anilinpunkt	°C							−23,3
„Pour point"	°C		(liegt etwa 2 bis 4° höher als der Stockpunkt nach DIN 51 583; vgl. S. 61)					

gezeigt, daß die Gebrauchseigenschaften des Düsenkraftstoffes (Kerosin) wegen des Überwiegens der Isoverbindungen und der Naphthene gegenüber den Normalparaffinen ganz hervorragend sind. Desgleichen ist im C_4-Schnitt der hohe Anteil an Isobutan für den Einsatz in Alkylierungsanlagen vorteilhaft. Diese Feststellungen gelten in ähnlicher Weise für das im folgenden Unterabschnitt beschriebene Isocracking- bzw. Isomax-Verfahren, deren Name gerade im Hinblick auf die bevorzugt angestrebte Bildung von Isoverbindungen geprägt wurde. Auf S. 841 ff. wird erörtert, wieso es dazu kommt. Die Produkte sind olefinfrei und schwefelfrei und lassen sich erforderlichenfalls durch Reformieren ohne Verlust an Oktanzahlen weiter verbessern[1]. Bei günstigen Verhältnissen kann der im Reformer anfallende Wasserstoff wegen der angestrebten weitgehenden Dehydrierung der Produkte für den vorzuschaltenden Hydrocracker gerade ausreichen. Unter Umständen läßt sich dies durch Anpassen des Siedeendes des Einsatzes für den Hydrocracker erreichen, weil dadurch bei gleichbleibendem Siedebeginn neben der Menge auch der spezifische Wasserstoffverbrauch beeinflußt wird.

Die Esso Research and Engineering Co, die Forschungs- und Planungsgruppe der Standard Oil Co of New Jersey, hatte in ähnlicher Richtung wie die Union Oil Co of California gearbeitet. Es kam deshalb zur beiderseitigen Abstimmung der Bemühungen auf dem Hydrockergebiet und die erste Anlage wurde Ende 1964 in der Raffinerie Los Angeles/Calif. der Union Oil Co of California in Betrieb gesetzt[2]. Als besondere Merkmale des nunmehr Unicracking-JHC genannten Verfahrens sind hervorzuheben:

a) Das Einsatzgut wird vor dem Reaktor nicht in einem Ofen aufgeheizt, sondern nur soweit als möglich durch Wärmeaustausch. Die beim Eintritt in den Reaktor erforderliche Temperatur wird durch das Zumischen des entsprechend hoch erhitzten Wasserstoffes erreicht, eine Maßnahme, die auch bei den Fluid Hydroforming-Anlagen der Esso

---

[1] Vgl. C. H. Huffman, P. F. Helfrey, K. E. Draeger u. A. D. Reichle: A Team: Hydrocracking and Reforming. Petrol. Refiner 43 (1964) Nr. 6, S. 181/86. – Nelson, W. L.: Hydrocrackate octane numbers – again. Oil Gas J. 63 (22. Nov. 1965) Nr. 47, S. 83/84.

[2] Voorhies jr., A., W. M. Smith u. D. D. MacLaren: An Improved Process for Petroleum Hydrocracking. 6. Welt-Erdöl-Kongreß, Frankfurt/Main 1963, Bericht III/19. – Anon.: How Hydrocracking can increase the value of marginal gas oils. Referat nach D. D. MacLaren, A. R. Cunningham, G. W. Hendricks u. A. E. Kelley: Hydrocracking, an Example of Modern Hydrogen Processing. Vortrag im Oktober 1963 vor dem Chemical Institute of Canada in Montreal. Oil Gas J. 61 (16. Dez. 1963) Nr. 50, S. 101/04. – Bradley, W. E., R. A. Campbell u. P. W. Morgal: Unicracking-JHC Goes Commercial. Oil Gas J. 63 (26. April 1965) Nr. 17, S. 71/75 (JHC bedeutet Jersey Hydrocracking). – Duir, J. H.: Unicracking-JHC unit starts second year of operation. Oil Gas J. 64 (14. Febr. 1966) Nr. 7, S. 81/82. – Cheadle, G. D., C. J. Welsh, T. A. Lappin u. P. M. Dana: Unicracking-JHC process extends its commercial application; ebd. (18. Juli 1966) Nr. 29, S. 76/82. – Dies.: The Unicracking-JHC Process to Date. Hydrocarb. Procssg. 45 (1966) Nr. 7, S. 103/08. – Matthews, J. W., L. V. Robbins jr. u. J. Sosnowski: Hydrocracking with Flexibility. Chem. Engng. Progr. 63 (1967) Nr. 5, S. 56/59. – Wood, F. C., O. C. Eubank u. J. Sosnowski: Hydrocracking spreads into new areas. Oil Gas J. 66 (17. Juni 1968) Nr. 25, S. 83/90.

angewendet wurde; vgl. S. 563. Dies hat große Vorteile für den Betrieb, weil dadurch jede Gefahr einer Verkokung des Ofens ausgeschaltet ist.

b) Die erste Stufe wird meist mit zwei hintereinandergeschalteten Reaktoren ausgerüstet, um einerseits durch Quentschen mit kaltem Wasserstoff die Temperatur besser zu beherrschen, und um andererseits bei hohem Stickstoff- und Schwefelgehalt den ersten der beiden Reaktoren als Vorbehandlungsstufe zu betreiben. Hingegen wird für den Ausfluß der Reaktoren beider Stufen ein gemeinsames Hochdrucktrenngefäß angeordnet. Daher genügt auch ein Kreislaufkompressor, der den Wasserstoff für beide Stufen auf den erforderlichen Druck bringt.

c) Als Katalysatoren werden neu entwickelte Arten mit Edelmetallen, vor allem Palladium in einer Menge von z.B. 0,5 Gew.-%, auf Molekularsieben (Zeolithen) als Träger benutzt. Man macht sich hier die

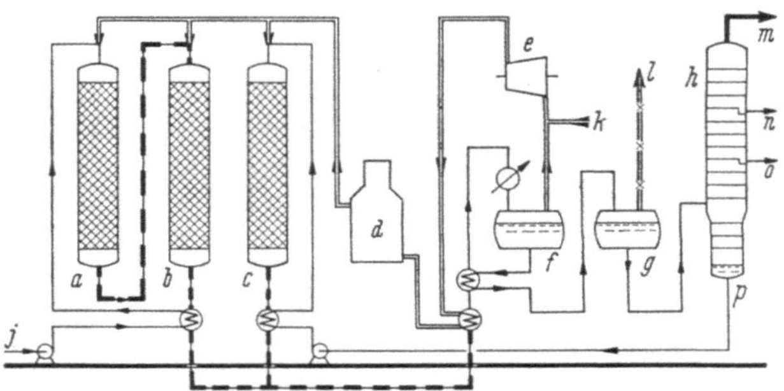

Abb. L-3. Schematisches Fließbild einer zweistufigen Unicracking-JHC-Anlage.

a	Erster Reaktor der ersten Stufe;	*j*	Zulauf des Einsatzgutes;
b	Zweiter Reaktor der ersten Stufe;	*k*	Frischwasserstoffzufuhr;
c	Reaktor der zweiten Stufe;	*l*	Heizgas (und Flüssiggas);
d	Ofen für das Kreislaufgas;	*m*	Benzin;
e	Kreislaufkompressor;	*n*	Kerosin;
f	Hochdruckentspannungsgefäß;	*o*	Mitteldestillat;
g	Niederdruckentspannungsgefäß;	*p*	Kreislauf (Rückführung).
h	Fraktionierkolonne;		

(Die Anlagenteile für die einzelnen Produkte hinter der Fraktionierkolonne *h* sind sinngemäß wie in Abb. L-2 zu ergänzen).

gleichen Vorteile zunutze, wie sie durch die neuen, gleichartigen Katalysatoren beim katalytischen Kracken geboten werden[1]. Mit diesen Katalysatoren können erstaunlich große Schwefel- und Stickstoffgehalte im Einsatzgut zugelassen werden, ohne daß der Katalysator in kurzer Zeit desaktiviert wird. Es werden maximale Werte von etwa 3,0 Gew.-% S und etwa 0,25 Gew.-% N genannt, die außerordentlich hoch erscheinen. Der Aromatengehalt darf bis zu 60 Gew.-% und das Siedeende bis rd. 500 °C betragen.

Das Schema mit den Änderungen gemäß a) und b) ist in Abb. L-3 wiedergegeben. Auch hier kann auf die Erzeugung von Mitteldestillaten

---

[1] VOORHIES jr., A., W. M. SMITH u. D. D. MacLAREN: a.a.O. – STORMONT, D. H.: New catalysts enhance the economics of hydrocracking. Oil Gas J. 62 (19. Okt. 1964) Nr. 42, S. 60/61.

oder zumindest von Produkten, die höher als Kerosin sieden, verzichtet und alles Unerwünschte zurückgeführt werden. Man rechnet damit, daß die Durchsatzleistungen der Unicracking-JHC-Anlage im Laufe des Jahres 1968 die Höhe von fast 8 Mill. t/a erreichen werden.

Neuerdings wird – offenbar auf Grund der Erfahrungen mit den in Betrieb genommenen Anlagen – die einstufige Schaltung besonders empfohlen. Ihre Bau- und Betriebskosten sind verständlicherweise erheblich niedriger[1]. Bei den meist gewünschten großen Durchsätzen und der Beschränkung in den Abmessungen der Reaktoren für die erforderlichen hohen Drücke ist jedoch die Aufstellung von mehreren parallelgeschalteten Reaktoren meist nicht zu umgehen. Hat doch einer der beiden Reaktoren für eine neue einstufige Anlage mit rd. 1,5 Mill. t/a Leistung ein Gewicht von 575 t. Der Durchmesser beträgt rd. 4 m und die Wanddicke ist mit 180 mm recht beachtlich[2].

Man begibt sich bei der einstufigen Schaltung allerdings der Möglichkeit, in der ersten Stufe robustere Katalysatoren zu verwenden und in der zweiten Stufe für das vorgereinigte Zwischenprodukt Katalysatoren mit höheren Gehalten aktiver Edelmetalle vorzusehen. Was angestrebt werden soll, sind etwa gleiche Standzeiten mit den Füllungen der einzelnen Reaktoren, um die Anlagen nicht wegen des Nachlassens der Aktivität des Katalysators eines einzelnen Reaktors vorzeitig abstellen zu müssen. Es ist heute üblich – sofern dies die Katalysatoren ohne Beeinträchtigung ihrer Wirkung zulassen –, sie „in situ", d.h. im Reaktor selbst in gleicher Weise, wie dies auf S. 555 f. beschrieben wurde, zu regenerieren. Nach mehrmaligem Reaktivieren wird aber meist eine Erhöhung der Betriebstemperatur erforderlich, um gleiche Ausbeuten zu erzielen. Es ist dann so wie bei Reforming-Anlagen eine Frage der Wirtschaftlichkeit, wann es sich zur Vermeidung steigender Betriebskosten lohnt, die Katalysatorfüllung zu erneuern.

Aus den bisherigen Veröffentlichungen ging hervor, daß vorzugsweise Vakuum-Gasöle oder entasphaltierte Vakuum-Destillationsrückstände nach dem Unicracking-JHC-Verfahren verarbeitet wurden. Einer neueren Veröffentlichung über die Kosten des Hydrokrackens ist aber zu entnehmen, daß auch die Behandlung von Normaldruckrückständen (atmospheric residua) in Erwägung gezogen wird[3]. Das in der Arbeit wiedergegebene, sehr allgemein gehaltene Schema weicht insofern von bisher mitgeteilten Angaben ab, als entgegen Pkt. a), S. 827, das flüssige Einsatzgut zusammen mit dem Wasserstoff durch den Ofen gedrückt wird. Offenbar rechnet man selbst bei Rückstandsöl mit einer ausreichenden Spülwirkung des Wasserstoffes, so daß die Gefahr des Verkokens der

---

[1] Anon.: Single-stage hydrocracking: Economical route to high yields of high-octane gasoline. Oil Gas J. 65 (21. August 1967) Nr. 34, S. 74/77. – DUIR, J. H.: Hydrocrack Now in Single Stage. Hydrocarb. Procssg. 46 (1967) Nr. 9, S. 127/33. – REICHLE, A. D., u. N. O. WELLER: New Unicracker is different. Oil Gas J. 66 (24. Juni 1968) Nr. 26, S. 79/81.

[2] Anon.: New Arco hydrocracker a trailblazer. Oil Gas J. 65 (16. Okt. 1967) Nr. 42, S. 57.

[3] BLUME, J. H., D. R. MILLER u. L. A. NICOLAI: Remove Sulfur From Fuel Oil At Lowest Cost. Hydrocarb. Procssg. 48 (1969) Nr. 9, S. 131/36.

Ofenrohre dadurch sehr zurückgedrängt wird. Es mag in diesem Zusammenhang daran erinnert werden, daß selbst die Vorheizer der alten IG-Hydrieranlagen betriebssicher arbeiteten, obwohl sie einen mit Öl angemaischten Kohlebrei, allerdings ebenfalls in Gegenwart von Wasserstoff, auf Reaktionstemperatur zu bringen hatten.

β) **Das Isomax-Verfahren der Chevron Research Co und der Universal Oil Products Co.** Die auf S. 819 ff. geschilderten Bestrebungen haben auch die Universal Oil Products Co (UOP) veranlaßt, die Forschungen auf dem Gebiete des Hydrokrackens aufzunehmen. Die Grundlagen waren allgemein bekannt und es galt nun, geeignete Katalysatoren zu entwickeln. Als Frucht dieser Arbeiten wurde ein als *Lomax*-Process bezeichnetes Verfahren bekanntgegeben und lizenziert[1]. Es arbeitet zweistufig. Auch hier wird das Sumpfprodukt des aus zwei hintereinandergeschalteten Kolonnen bestehenden Fraktionierteiles zum zweiten Reaktor zurückgeführt, so daß es möglich ist, ausschließlich niedrigsiedende Destillate zu gewinnen. Es ist nur ein unter hohem Druck stehender Trennbehälter vorgesehen. Diesem wird das wasserstoffhaltige Kreislaufgas entnommen. Statt des Niederdrucktrenngefäßes ist eine als Stabilisierung wirkende Kolonne vorhanden.

Desgleichen begann Ende der Fünfziger Jahre die damalige California Research Corp, die Forschungsgesellschaft der Standard Oil Co of California, (jetzt Chevron Research Co) damit, Katalysatoren für das an der Westküste von Nordamerika interessant werdende Hydrocracking zu entwickeln: Das Ergebnis war das sog. *Isocracking*-Verfahren[2]. Sein Name deutet an, daß besonderer Wert auf einen hohen Anteil von Isoverbindungen im Produkt gelegt wurde. Eine erste Anlage für einen Durchsatz von etwa 50000 t/a wurde Mitte 1959 in der Raffinerie Richmond/Calif. der Standard Oil Co of California in Betrieb genommen. Das Verfahren war zunächst für verschiedene leichte und mittlere Destillate als Einsatzgut gedacht, arbeitete mit Temperaturen von nur 200 bis 370 °C und Drücken von 35 bis rd. 100 at. Seine Schaltung gleicht mehr der eines Reformers mit Ofen, Reaktor, Trenngefäßen und nach-

---

[1] Anon.: Lomax. Petrol. Refiner 39 (1960) Nr. 9, S. 199. – ADAMS, N. R., C. H. WATKINS u. L. O. STINE: Flexibility of the Lomax Process.: Chem. Engng. Progr. 57 (1961) Nr. 12, S. 55/60. – KARNER, W. M., C. H. WATKINS u. D. P. THORNTON: Apco's Lomax Unit Completes Its First Year. Petrol. Refiner 42 (1963) Nr. 9, S. 117/20. – REINKEMEYER, L. R., R. W. MATSON u. W. M. KARNER: The UOP Lomax Process – Two Years of Operation for Apco's Unit. Oil Gas J. 62 (16. Nov. 1964) Nr. 46, S. 182/84.

[2] Anon.: New Hydrocracking Process Announced. Petrol. Refiner 38 (1958) Nr. 11, S. 376/77. – STORMONT, D. N.: Isocracking turns in good performance in upgrading middle distillates. Oil Gas J. 58 (28. März 1960) Nr. 13, S. 127/29. – SCOTT, J. W., H. F. MASON u. R. H. KOZLOWSKI: How Isocracking Works. Petrol. Refiner 39 (1960) Nr. 4, S. 155/60. – SCOTT, J. W., J. A. ROBBERS, N. J. PATERSON u. H. M. LAVENDER: How Much You can Save with the Isocracking Process. Petrol. Refiner 39 (1960) Nr. 5, S. 161/68. – Anon.: Petrol. Refiner 39 (1960) Nr. 9, S. 198. – ROBBERS, J. A., N. J. PATERSON u. W. F. LANE: How Revise Those Hydrocracking Costs. Petrol. Refiner 40 (1961) Nr. 6, S. 147/54. – KOZLOWSKI, R. H., H. F. MASON u. J. W. SCOTT: Preparation of Low Freezing Jet Fuels by Isocracking. Industr. Engng. Chem./Process Design Developm. 1 (1962) Nr. 4, S. 276 bis 280.

geschaltetem, aus mehreren Kolonnen bestehendem Fraktionierteil. Das Einsatzgut wird wie bei dem Unicracking-JHC-Verfahren nur durch Wärmeaustausch aufgewärmt und durch heißes Kreislaufgas auf die beim Eintritt in den Reaktor erforderliche Temperatur gebracht. Es soll vor dem Eintritt in die Anlage zur Beseitigung von Katalysatorgiften raffinierend hydriert werden. Über den Katalysator, der im Festbett angewendet wird, wurden seinerzeit keine näheren Angaben gemacht, doch handelt es sich offensichtlich um einen Edelmetallkatalysator, da ohne Regenerierung Standzeiten von 6 Monaten und mehr erreicht wurden. Als wichtigste Reaktionen werden Isomerisierung von Normalparaffinen und anschließendes Kracken der so gebildeten Isoverbindungen angegeben. Einringnaphthene mit Seitenketten unterliegen vornehmlich einer Dealkylierung, während der Ring erhalten bleibt. Dies ist jedoch nicht der Fall bei Mehrringverbindungen, die meist bis auf einen Ring aufgebrochen werden, worauf dann die beim Reformieren beschriebenen Reaktionen ablaufen. Das Verfahren weist daher Merkmale auf, wie sie auch beim Reformieren und Isomerisieren beobachtet werden. Doch kann es ebenso dazu dienen, höhersiedendes Einsatzgut in hochwertige leichte

Zahlentafel L-4
Ergebnisse beim Isocracking von Mitteldestillaten aus kalifornischem Rohöl

Einsatzgut		Schweres Kracknaphtha	Cycle-Öl einer katalytischen Krackanlage	Leichtes Kokerdestillat
Eigenschaften des Einsatzgutes nach raffinierender Hydrierung				
Dichte	g/ml	0,841	0,879	0,850
Anilinpunkt	C°	31,3	31,1	51,2
Siedeverlauf (ASTM D-158)				
Siedebeginn	°C	188	204	176
10 Vol.-% ⎫		191	227	213
50 Vol.-% ⎬ übergegangen		195	245	246
90 Vol.-% ⎭		207	264	289
Siedeende		232	297	317
Zusammensetzung	Vol.-%			
Aromaten		43	54	29
Gesättigte Verbindungen		57	46	71
Ausbeuten beim Schnittpunkt des Rücklauföles *	°C	222	245	245
Trockengas	Gew.-%			
C_1		0,01	0,01	0,01
C_2		0,6	0,25	0,22
C_3		3,6	3,4	3,8
Flüssige Produkte	Vol.-%			
i-Butan		14,0	10,5	13,4
n-Butan		5,8	6,3	6,2
C_5 bis 82 °C siedend		26,3	26,8	27,9
über 82 °C siedend		67,7	73,7	68,4
Wasserstoffverbrauch	m_n^3/t			
für Isocracking allein		276	275	223
für Isocracking nach Vorhydrierung		327	390	445

* Alles unter dem angegebenen Schnittpunkt Siedende wird restlos gekrackt.

Fraktionen umzuwandeln. Wegen der Reaktionen wird auf den folgenden Unterabschnitt L3c, S. 840ff., verwiesen.

Die mit diesem Verfahren erzielten Ergebnisse beim Verarbeiten von kalifornischen Mitteldestillaten, die etwa zwischen 200 und 300 °C sieden, sind in Zahlentafel L-4 zusammengestellt. Sie zeigen, daß der Gasanfall erstaunlich niedrig ist. Als Hauptzweck des Verfahrens werden die Erzeugung von Isobutan und Isopentan, Verbesserung der Klopffestigkeit von Leicht- und Schwerbenzin, Herstellung von Düsenkraftstoff und Verringerung des Heizölanfalls angegeben. Außer der bereits genannten Anlage für die Raffinerie Richmond wurde noch je eine weitere für rd. 350000 t/a in der Raffinerie Toledo/Ohio der The Standard Oil Co of Ohio und eine für 300000 t/a in der Caltex-Raffinerie in Kelsterbach bei Frankfurt/Main gebaut. Ferner wurde eine Einheit für rd. 900000 t/a in der in Pascagoula/Miss. neu errichteten Raffinerie der Standard Oil Co of Kentucky aufgestellt[1].

Ende 1961 haben die California Research Corp und die Universal Oil Products Co durch Vertrag vereinbart, in Zukunft gemeinsam Lizenzen für ein als *Isomax*-Process bezeichnetes Verfahren zu vergeben, bei dem die Forschungsarbeiten und Erfahrungen der beiden Firmen, die sie mit dem Isocracking- bzw. mit dem Lomax-Verfahren sammeln konnten, verwertet werden[2]. Seither wurden eine Anzahl von Anlagen, die nach diesem Verfahren arbeiten, errichtet bzw. in Auftrag gegeben. Die größte davon ist die Anfang 1966 in Betrieb gegangene Anlage in der Raffinerie Richmond/Calif. der Chevron Co (früher Standard Oil Co of California). Ihr Durchsatz beträgt 62000 bbl/d, was etwa 3 Mill. t/a entspricht. Von den 8 Reaktoren wiegt jeder 525 t. Sie gehören mit den auf S. 829 erwähnten Reaktoren zu den größten bisher gebauten Druckgefäße dieser Art[3].

---

[1] Vgl. Petrol. Refiner 41 (1962) Nr. 1, S. 202/07.

[2] Vgl. dazu Erdöl u. Kohle 14 (1961) 1075. – READ, D., M. J. STERBA u. C. H. WATKINS: A Closer Look at the Isomax Process. Petrol. Refiner 24 (1963) Nr. 5, S. 129/34. – HAENSEL, V., E. L. POLLITZER u. C. H. WATKINS: Reactions and mechanism of the Isomax process. 6. Welt-Erdöl-Kongreß, Frankfurt/Main 1963, Bericht III/17. – SCOTT, J. W., J. A. ROBBERS, M. F. MASON, N. J. PATERSON u. R. H. KOZLOWSKI: Isomax: A new hydrocracking process in large-scale commercial use. 6. Welt-Erdöl-Kongreß, Frankfurt/Main 1963, Bericht III/18. – Dies.: Isomax Gives Gasoline or Distillate. Petrol. Refiner 42 (1963) Nr. 7, S. 131/36. – READ, D., C. H. WATKINS u. J. G. ECKHOUSE: How about single-stage Hydrocracking? Oil Gas J. 63 (24. Mai 1965) Nr. 21, S. 86/88, 91/93. – Dies.: Isomax Used to Make Many Products. Hydrocarb. Procssg. 44 (1965) Nr. 6, S. 155/60. – ROSSI, W. J.: Where the Isomax Process Is Being Used; ebd. Nr. 12, S. 109/14. – STORMONT, D. H., u. C. HOOT: Socal sets new process route with Richmond hydrocracking complex. Oil Gas J. 64 (25. April 1966) Nr. 17, S. 146/51, 53/54, 156, 161 bis 162, 164, 166/67. – STORMONT, D. H.: Sohio's second hydrocracker provides exceptional flexibility; ebd. 65 (3. April 1967) Nr. 14, S. 158/61. – GREBER, W., B. BRÜCKS u. L. KRANIG: Das Isomax-Verfahren der Caltex Raffinerie Raunheim. Erdöl u. Kohle 20 (1967) 404/07.

[3] GOULD, G. D., N. J. PATERSON, D. S. LAITY u. G. B. BRAY: Hydrocracking Grows at Rapid Pace. Petrol. Refiner 43 (1964) Nr. 5, S. 117/21. – LAWRENCE, C. L.: Socal building world's biggest hydrocracker at Richmond. Oil Gas J. 62 (6. April 1964) Nr. 14, S. 150/51. – Vgl. dazu a. C. E. FREESE u. R. B. POTTER: A Guide to Design of Hydrocracking Reactors. Hydrocarb. Procssg. 44 (1965) Nr. 12, S. 115/18. – OWEN jr., N. L.: How to Rig and Lift Heary Vessels; ebd. S. 129/30.

Bemerkenswert an dieser Anlage ist, daß das Einsatzgut durch Entasphaltieren von Destillationsrückstand mittels Propan gewonnen wird; vgl. S. 704. Die dafür errichtete Anlage gehört ebenfalls zu den größten ihrer Art. Nach dem Stande vom März 1967 waren 18 Isomax-Anlagen mit einem Durchsatz von zusammen fast 11 Mill. t/a in Betrieb und mehr als ein Dutzend weiterer Anlagen im Bau. Nach dem dem Welt-Erdöl-Kongreß in Mexico im April 1967 vorgelegten Bericht von SCOTT und PATERSON erreicht die Leistung der zu diesem Zeitpunkt errichteten, im Bau befindlichen oder ernstlich geplanten Isomax-Anlagen mit rd. 29 Mill. t/a etwa 70 % der entsprechenden Kapazität von rd. 41 Mill. t/a aller in der ganzen Welt arbeitenden Hydrocracking-Anlagen.

Das Schema einer zweistufigen Anlage mit nur einem Reaktor in der ersten Stufe und zwei parallelgeschalteten Reaktoren in der zweiten Stufe, die mit rd. 100 at betrieben werden, ist in Abb. L-4 wiedergegeben. Es zeigt wieder das ursprüngliche Aufheizen des Produktes in Öfen vor dem Eintritt in die Reaktoren. Für die beiden Stufen werden verschiedene Katalysatoren verwendet. Der der ersten Stufe hat u. a. die Aufgabe, den Stickstoff zu entfernen, so daß in der zweiten Stufe ein Katalysator mit höherem Edelmetallgehalt benutzt werden kann. Dadurch wird der gewünschte hohe Anteil an Isoverbindungen in den Endprodukten – Benzin und eine Mischkomponente für Düsenkraftstoff – erreicht[1].

Eine Besonderheit ist die Rückgewinnung von Energie in Entspannungsturbinen für das flüssige Produkt beim Austritt aus den Hochdruckabscheidern c und k[2]. Das dargestellte Beispiel gilt für den in den Vereinigten Staaten von Amerika oft vorliegenden Fall, daß nur Produkte mit einem Siedeende von rd. 200 °C gewünscht werden. Es können selbst Werte von 160 °C durch Rückführung aller darüber siedenden Anteile erreicht werden. Verfahrenstechnisch bedeutet dies keine Erschwerung, sofern die Anlage entsprechend bemessen ist und der benötigte Wasserstoff zur Verfügung steht. Eine solche Fahrweise wird ausschließlich durch wirtschaftliche Gesichtspunkte bestimmt. In gleicher Weise wie beim Unicracking-JHC-Verfahren läßt sich durch ein katalytisches Reformieren der gewonnenen Benzine eine weitere Verbesserung der Eigenschaften erzielen[3].

Neuerdings macht sich für Länder mit großem Bedarf an Flüssiggas sogar ein Interesse dafür geltend, das Isomax-Verfahren zur *Herstellung* von C_3- und C_4-Kohlenwasserstoffen zu verwenden. Um den Wasserstoffverbrauch in erträglichen Grenzen zu halten, empfiehlt es sich in einem

---

[1] Dazu vgl. bes. R. H. KOZLOWSKI, H. F. MASON u. J. W. SCOTT: Preparation of low freezing jet fuel by Isocracking. Industr. Engng. Chem./Process Design Developm. 1 (1962) 276/80. – WATKINS, C. H., u. W. L. JACOBS: How to get high-quality jet fuels. Oil Gas J. 67 (24. Nov. 1969) Nr. 47, S. 94/95.

[2] Vgl. dazu a. J. M. PURCELL u. M. W. BEARD: Applying hydraulic turbins to hydrocrackers. Oil Gas J. 65 (20. Nov. 1967) Nr. 47, S. 202/07.

[3] KITTREL, J. R., G. E. LANGLOIS u. J. W. SCOTT: Optimum: Hydrocrack + Reform. Hydrocarb. Procssg. 48 (1969) Nr. 5, S. 116/19. – Dies.: Optimizing hydrocracking-reforming brings profit. Oil Gas J. 67 (19. Mai 1969) Nr. 20, S. 218/24. – Vgl. a. C. H. HUFFMAN u. Mitarb. a.a.O. (Fußn. 1, S. 827).

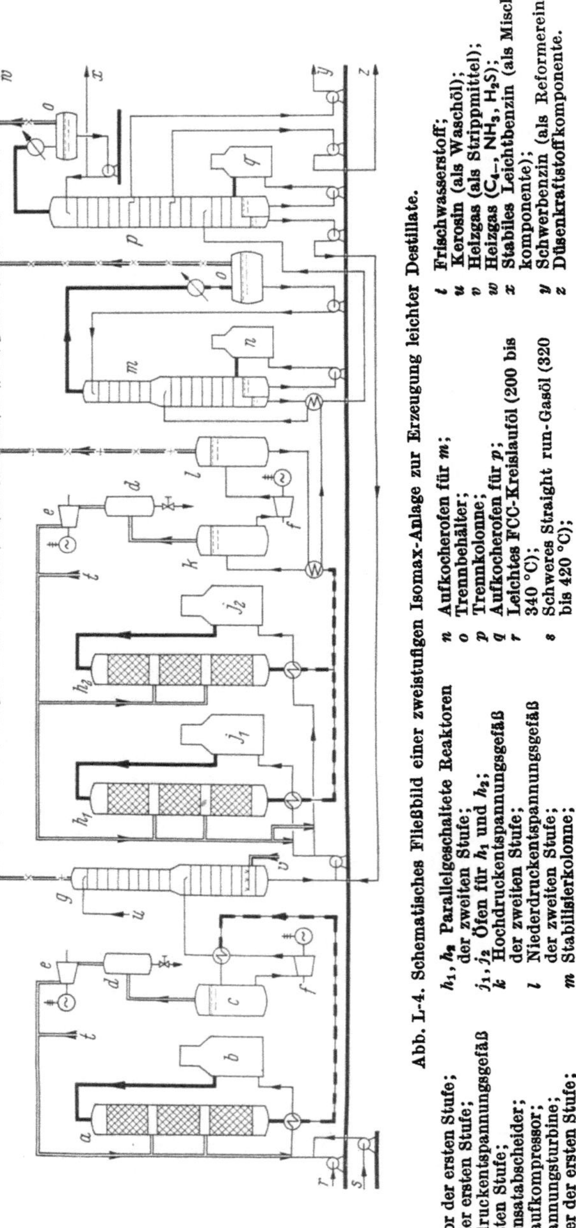

Abb. L-4. Schematisches Fließbild einer zweistufigen Isomax-Anlage zur Erzeugung leichter Destillate.

a Reaktor der ersten Stufe;
b Ofen der ersten Stufe;
c Hochdruckentspannungsgefäß der ersten Stufe;
d Kondensatabscheider;
e Kreislaufkompressor;
f Entspannungsturbine;
g Stripper der ersten Stufe;

h_1, h_2 Parallelgeschaltete Reaktoren der zweiten Stufe;
j_1, j_2 Öfen für h_1 und h_2;
k Hochdruckentspannungsgefäß der zweiten Stufe;
l Niederdruckentspannungsgefäß der zweiten Stufe;
m Stabilisierkolonne;

n Aufkocherofen für m;
o Trennbehälter;
p Trennkolonne;
q Aufkocherofen für p;
r Leichtes FCC-Kreislauföl (200 bis 340 °C);
s Schweres Straight run-Gasöl (320 bis 420 °C);

t Frischwasserstoff;
u Kerosin (als Waschöl);
v Heizgas (als Strippmittel);
w Heizgas (C_4—, NH_3, H_2S);
x Stabiles Leichtbenzin (als Mischkomponente);
y Schwerbenzin (als Reformereinsatz);
z Düsenkraftstoffkomponente.

solchen Fall, möglichst paraffinisches Straight run-Leichtbenzin als Einsatzgut zu verwenden, das für den gedachten Zweck am geeignetsten ist;
außerdem ist sein Preis wegen mangelnder Klopffestigkeit am niedrigsten.
Eine solche Anlage wurde für die Raffinerie Cartagena/Spanien der Re-
finería de Petróleos de Escombreras SA (Repesa) immerhin für eine Leistung von rd. 750000 t/a errichtet. Sie erzeugt auch einen klopffesten
C_5/C_6-Schnitt als Mischkomponente und Schwerbenzin als Reformereinsatz. Kleinere derartige Anlagen sind weiterhin in Honolulu und Japan
in Betrieb[1]. Es lassen sich bei einfachem Durchgang über 50 Gew.-%
der Einsatzmenge als Flüssiggas gewinnen. Durch Rückführung von
C_{7+}-Anteil kommt man zu Flüssiggasausbeuten von fast 70 Gew.-%.

Neben solchen Möglichkeiten der Anwendung des Hydrocrackens wendet sich nunmehr das Interesse der Aufarbeitung der Destillationsrück-
stände zu. Die Schwierigkeiten, die der Metall- und Asphaltengehalt bei
Anlagen mit Festbett bereiten kann, wurden bereits auf S. 820 erläutert.
Deshalb wurde der großen Anlage in Richmond noch eine Entasphaltierungsanlage vorgeschaltet, in der gleichzeitig ein Teil der Metalle und
Asphaltene aus dem zu verarbeitenden Rückstandsöl entfernt wird. Die
Arbeiten, Katalysatoren zu entwickeln, die während längerer Zeit eine
zunehmende Beladung mit Metallen gestatten, ohne ihre Aktivität und
Selektivität zu schnell zu verlieren, sind seit geraumer Zeit im Gang[2].
Dies ist für die Deckung des Bedarfes eines Marktes, auf dem die Nachfrage nach Motorkraftstoffen, die nach Mitteldestillaten und Heizölen
weit überwiegt, sehr wesentlich. Wegen des hohen Wasserstoffverbrauches
der Hydrokrackverfahren reicht der aus Reforming-Anlagen zur Verfügung stehende Wasserstoff, der ursprünglich im Überschuß vorhanden
war, in diesen Fällen nicht mehr aus. Die seinerzeit für die Einführung
der raffinierenden Hydrierverfahren in die Raffinerien besonders günstigen Voraussetzungen sind daher vielfach nicht mehr gegeben. Doch
sind inzwischen Verfahren bekannt geworden, nach denen aus schwer
verwertbaren Erdölprodukten Wasserstoff verhältnismäßig preiswert erzeugt werden kann; vgl. das folgende Kap. M. Somit droht von dieser
Seite kein unüberwindliches Hindernis für ein weiteres Vordringen der
Hydrokrackverfahren.

Man unterscheidet nunmehr beim Hydrieren von Destillationsrückständen zwei Grenzfälle, und zwar:

a) möglichst nur Entschwefeln, jetzt als „Reduced Crude Desulfuri-
sation" (RCD-Verfahren) bezeichnet;

---

[1] Vgl. dazu auch E. L. POLLITZER, R. T. MITSCHE, G. E. ADDISON u. R. J.
HAMBLIN: Ways to LPG: Reform or Hydrocrack. Hydrocarb. Procssg. 46 (1967)
Nr. 5, S. 175/80. – HENKE, A. M., B. K. SCHMID u. J. R. STROM: a.a.O. (Fußn. 2,
S. 821). – Hohe Ausbeuten an Flüssiggas wurden mit Hilfe des dafür entwickelten
Katalysators bereits beim Catforming-Verfahren angestrebt; vgl. S. 552. Doch war
früher eine solche Fahrweise für die Raffinerien kaum von Interesse.

[2] GOULD, G. D., N. J. PATERSON, G. B. ROGERS u. T. F. SCHULTZ: Isomax
gains stature as a residual-processing tool. Oil Gas J. 65 (3. April 1967) Nr. 14,
S. 164, 173/74. – Dies.: Hydrocracking from Top to Bottom. Chem. Engng. Progr.
63 (1967) Nr. 5, S. 60/68. – HAENSEL, V., u. L. O. STINE: To Convert or Desulfurize
Residuals. Hydrocarb. Procssg. 46 (1967) Nr. 6, S. 155/60.

b) möglichst weitgehendes Aufspalten, d.h. Kracken, auch „Black Oil Conversion" (BOC-Verfahren) genannt.

Es sind ersichtlich die beiden bereits bei der Hydrierung alten Stils behandelten Grenzfälle, nämlich „spaltendes" und „raffinierendes" Hydrieren, hier auf Rückständsöle angewendet[1].

Im ersten Fall wird in der Regel atmosphärischer Rückstand behandelt. Denn wenn dafür als Heizöl ein Markt vorhanden ist, das Heizöl jedoch möglichst schwefelarm sein soll, besteht kein Anlaß, den Rückstand noch weiter einzuengen, zumal dadurch wegen zu hoher Zähigkeit die allgemeine Verwendbarkeit und die Entschwefelung im Hydrocracker erschwert wird. Beim Aufspalten in niedrigsiedende Fraktionen strebt man hingegen an, vorher so viel an Destillaten zu gewinnen wie nur möglich. Dadurch wird die Einsatzmenge in den Hydrocracker auf ein Minimum verringert. Das Vakuumdestillat kann aber in einer katalytischen Krackanlage mit geringerem Kostenaufwand zu den gewünschten Produkten aufgearbeitet werden. Es ist damit zu rechnen, daß sich in Zukunft beide Verfahren ergänzen werden[2]. Welche ungefähre Produktverteilung in den beiden Fällen a) und b) zu erwarten ist, geht aus Abb. L-5 hervor. Neben der entscheidenden Frage nach der Standzeit der

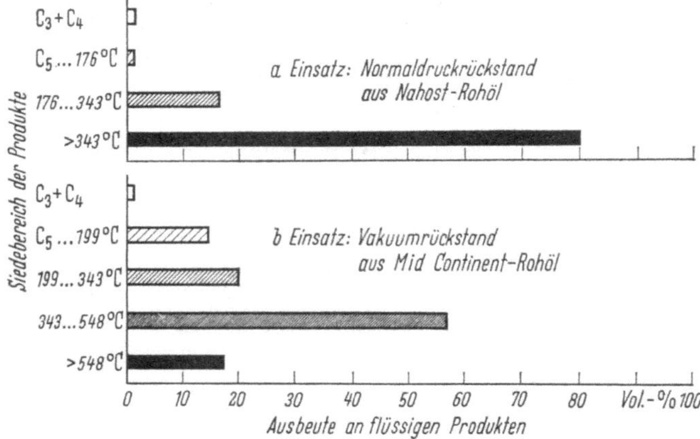

Abb. L-5. Erzielbare Ausbeuten an flüssigen Produkten beim hydrierenden Entschwefeln (*a*) und beim hydrierenden Spalten (*b*) von Destillationsrückständen.

Katalysatoren ist der Wasserstoffverbrauch der Hydrokrackverfahren für die Wirtschaftlichkeit von überragender Bedeutung. In Abb. L-6 ist seine Abhängigkeit vom Entschwefelungsgrad für zwei Destillationsrückstände aus Nahost-Rohölen wiedergegeben. Wegen der unvermeidlichen, mit dem Abbau des Schwefels verbundenen Krackreaktionen und

---

[1] Vgl. die Einteilung bei W. KRÖNIG: a.a.O. S. 24ff. und hier S. 810/11.

[2] Vgl. die durchgerechneten Beispiele bei G. D. GOULD u. Mitarb.: a.a.O. – Dazu M. YAMATO u. C. H. WATKINS: RCD Isomax Desulfurizes Residuals. Hydrocarb. Procssg. 47 (1968) Nr. 5, S. 131/34. – Dies.: Direct desulfurization of resid curbs air pollution. Oil Gas J. 66 (20. Mai 1968) Nr. 21, S. 126/30.

der dadurch eingeleiteten Absättigung wenigstens eines Teiles der Bruchstücke steigt er mit zunehmender Entschwefelung immer mehr als proportional an. Dies erklärt ebenfalls die auf S. 850 zu erwähnende wirtschaftliche Grenze eines Schwefelrestgehaltes von etwa 1 % in Rückstandsölen. Sie schwankt in gewissen Grenzen mit dem ursprünglichen Gehalt
des Einsatzöles. Deshalb sind zu den Kurven der Abb. L-6 die erreichten Schwefelrestgehalte eingetragen. Berechnungen für eine größere Zahl
von Fällen lassen für europäische Verhältnisse erkennen, daß die Kosten
für den Wasserstoff (einschl. der Abschreibung der dafür benötigten Anlagen) sich auf rd. die Hälfte der Betriebskosten einer Hydrokrackanlage (ebenfalls einschl. Abschreibung) belaufen.

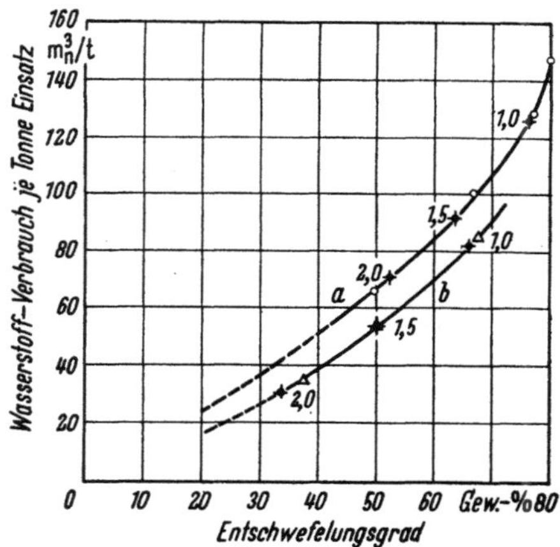

Abb. L-6. Wasserstoffverbrauch des Normaldruckrückstandes zweier Nahost-Öle beim Hydrokracken in Abhängigkeit vom Entschwefelungsgrad nach G. D. Gould u. Mitarb.

		a Safaniya	b Arabian light
Dichte	g/ml	0,981	0,950
Schwefelgehalt	Gew.-%	4,2	3,0
Stickstoffgehalt	Gew.-%	0,254	0,16
Nickelgehalt	mg/kg	24	8
Vanadiumgehalt	mg/kg	78	27
Zähigkeit bei 50 °C	cSt	2400	195
„Pour point"	°C	10	12,8
„Asphaltene" (in n- Pentan Unlösliches)	Gew.-%	14,8	4,5
Anteil im Rohöl	Vol.-%	60,5	42
bei Schnittpunkt	°C	306	349

Die den Kurven beigeschriebenen Zahlen bedeuten Restschwefelgehalt in Gew.-%.

Ergänzend zu Vorstehendem sind in Abb. L-7 bis L-9 die Unterschiede im Siedeverlauf und im Schwefelgehalt der Produkte beim Hydrokracken eines Normaldruckrückstandes aus Nahost-Öl für die beiden
Fälle der bloßen Entschwefelung und der weitgehenden Aufspaltung dargestellt. Die Tatsache, daß bei starkem Kracken der Schwefelgehalt der
einzelnen Fraktionen bei gleichem mittlerem Siedepunkt erheblich höher
liegt, erklärt sich durch den wesentlich geringeren Anteil der hochsieden-

den Fraktionen im Endprodukt. Der vorher entsalzte und dann untersuchte Rückstand hatte eine Dichte von 0,994 g/ml und einen Schwefelgehalt von 5 Gew.-%. Der mittlere Schwefelgehalt des Produktes nach Abb. L-8 betrug 0,93 Gew.-%, was unter Berücksichtigung der entstehenden Gase einer Verminderung des in den flüssigen Produkten verbleibenden Schwefels um 84% bedeutet. Deren Volumen ist auf 104% angestiegen. Der Wasserstoffverbrauch betrug dabei 212 m_n^3/t Einsatz.

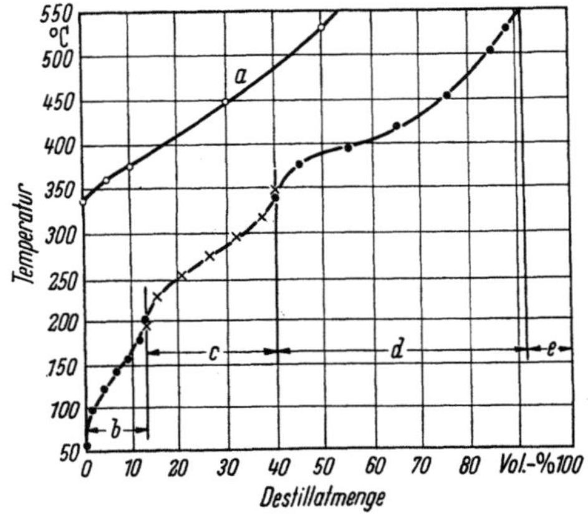

Abb. L-7. ASTM-Siedelinien des Einsatzgutes *a* und der daraus durch spaltendes Hydrieren in einer BOC-Isomax-Anlage gewonnenen Produkte.

b Benzin;
c Leichtes Gasöl;
d Schweres Gasöl;
e Destillationsrückstand.

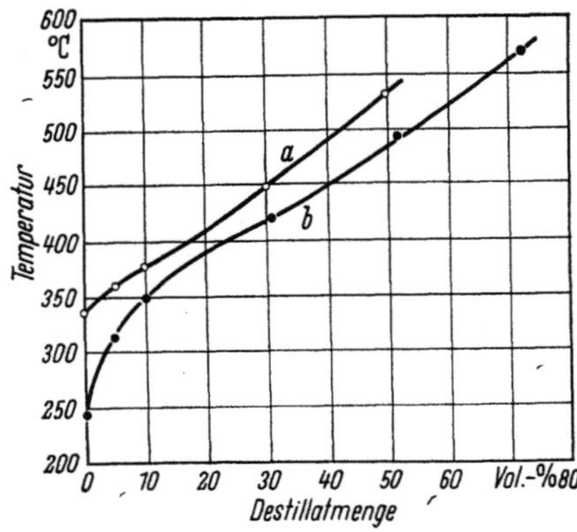

Abb. L-8. ASTM-Siedelinie des Einsatzgutes *a* (übereinstimmend mit Abb. L-7) und des daraus in einer RCD-Isomax-Anlage durch raffinierendes Hydrieren gewonnenen Produktes *b*.

Der „Pour Point" wurde von 24 auf 16 °C und die Zähigkeit bei 99 °C (210 °F) von 130,5 cSt ($\widehat{=}$ 16,2 °E) auf 17,8 cSt ($\widehat{=}$ 2,6 °E) gesenkt. Die Aufteilung des Schwefels auf die Hauptfraktionen ist in Zahlentafel L-5 zusammengestellt. Das bei schärferem Kracken erzielte Gesamtprodukt gleicht einem leichten Rohöl und wird jetzt mitunter als „synthetic crude" bezeichnet.

Wenn es sich beim Entschwefeln von Rückständen auch um Raffinationsverfahren handelt, so empfiehlt es sich doch, es zusammen mit den übrigen Hydrocracking-Verfahren zu behandeln. Die Verfahrens-

Zahlentafel L-5. *Aufteilung des Schwefels im Einsatzgut und in den Produkten beim Hydrokracken eines getoppten Nahost-Rohöles nach* HAENSEL *und* STINE

	Anteil der Fraktionen Gew.-%	Schwefelgehalt der Fraktionen Gew.-%	Verteilung des Gesamtschwefels Gew.-%
Einsatzgut			
Destillate[a]	41,8	3,35	27
Sumpfprodukt	58,2	6,31	73
	100,0		100
Produkte nach dem Ent-schwefeln			
Schwefelwasserstoff	4,47	88,9	84
Destillate[a]	64,0	0,24	3
Sumpfprodukt	32,2	2,03	13
	100,67		100
Flüssige Produkte und Schwefelwasserstoff nach dem Hydrokracken			
Schwefelwasserstoff	3,57	88,9	65
Destillate[a]	81,3	1,64	25
Sumpfprodukt	10,4	4,93	10
	95,27[b]		100

[a] Unter Destillaten sind Benzin und Mitteldestillat verstanden. — [b] Die erzeugten C_1- bis C_4-Kohlenwasserstoffe (soweit nicht im Benzin erfaßt) sind nicht berücksichtigt.

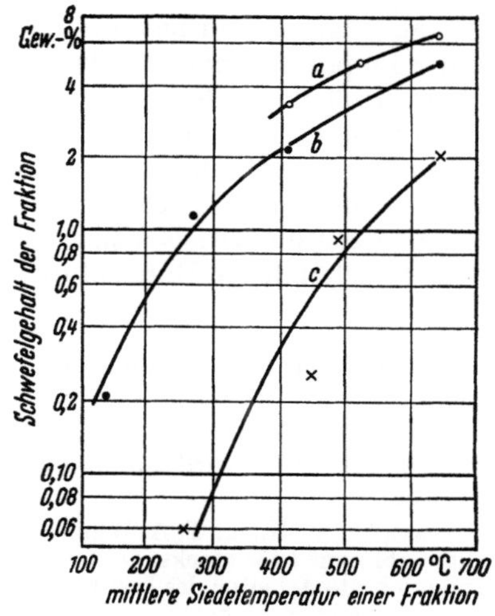

Abb. L-9. Schwefelgehalte der Fraktionen des Einsatzgutes *a* und der durch spaltendes und raffinierendes Hydrieren gewonnenen Fraktionen der Produkte.

b Beim BOC-Verfahren gewonnen;
c Beim RCD-Verfahren gewonnen.

bedingungen gleichen viel mehr diesen als den Bedingungen der im folgenden Abschn. L4 erörterten hydrierenden Raffinationsverfahren.

Eine weitere Möglichkeit, das Hydrokracken anzuwenden, bietet die Behandlung von Grundölen für die Herstellung von Schmierölen. Als Einsatzgut kommen entasphaltierte Destillationsrückstände oder Vakuumgasöle in Frage[1]. Die beschriebene Bildung von Isoparaffinen ist für diesen Zweck erwünscht. Desgleichen werden mehrkernige Aromaten, deren Zähigkeits–Temperatur-Verhalten besonders schlecht ist, aufgebrochen und in naphthenische Einringverbindungen umgewandelt. Ein zusätzlicher Vorteil dieses Verfahrens ist die Tatsache, daß durch das Hydrokracken Benzin und Mittelöle entstehen, die sich besser verwerten lassen als die Extrakte aus Anlagen, die mit Lösungsmitteln wie Phenol, Furfurol oder anderen arbeiten.

γ) **Weitere Hydrokrackverfahren mit Festbett.** Die in den vorausgehenden Abschnitten geschilderten Bemühungen einiger Öl- und Ingenieurfirmen veranlaßten auch die Badische Anilin- & Soda-Fabrik AG, ihre Forschungstätigkeit auf dem Gebiete des Hydrierens zu verstärken[2]. Diese war nach dem Kriege nie völlig unterbrochen, weil unter der Leitung der BASF der Erfahrungsaustausch zwischen den S. 807/08 erwähnten Werken wieder aufgenommen wurde. Die eigenen Arbeiten wurden mit denen des Institut Français du Pétrole abgestimmt. Beide Firmen bieten jetzt ein Hydrokrackverfahren mit Festbett für Destillate an, dessen Schaltung sich nicht wesentlich von der anderer Verfahren unterscheidet[3]. Das Schwergewicht der Entwicklung liegt nunmehr bei den Katalysatoren. Die Frage, ob mit einer oder zwei Stufen gearbeitet wird, hängt bei diesem wie bei anderen Verfahren weitgehend davon ab, aus welchen Mengen der einzelnen Kohlenwasserstoffgruppen sich das Einsatzgut zusammensetzt und welche Siedebereiche der Produkte vorzugsweise angestrebt werden.

Unabhängig davon hat das Institut Français du Pétrole zusammen mit der Empresa Nacional Calvo Sotelo (Madrid) einige der im Hydrierwerk Puertollano vorhandenen Reaktoren und sonstigen Anlagenteile, die ursprünglich dem Hydrieren von Schieferöl dienten, für das Hydrokracken umgebaut[4]. Die Anlagen waren schon ursprünglich zur vorzugsweisen Herstellung von Schmierölen geplant, weil dieses Ziel in der ersten Nachkriegszeit die wirtschaftliche Anwendung der Hydrierung unter Ausnutzung vorhandener Rohstoffquellen versprach.

c) Die Hydrokrackreaktionen und die dafür benutzten Katalysatoren

Bevor nun auf das mit bewegtem Katalysator arbeitende H-Oil-Verfahren eingegangen wird, soll noch besprochen werden, wie weit man sich

---

[1] WATKINS, C. H., u. T. A. WEBB: Selective hydrocracking can produce high-quality lubricant base stocks. Oil Gas J. (30. Juni 1969) Nr. 26, S. 112/16. – Über gleichgerichtete Arbeiten des Institut Français du Pétrole (IFP) in Zusammenarbeit mit der Empresa Nacional Calvo Sotelo siehe diese Seite, Schluß von Abschn. L 3 b γ.

[2] Vgl. Fußn. 2, S. 815, bes. A. BILLON u. Mitarb.: Hydrocarb. Procssg. 45 (1966) Nr. 3, S. 129/34.

[3] Anon.: BASF-IFP Hydrocracking. Hydrocarb. Procssg. 47 (1968) Nr. 9, S. 140.

[4] MORRISON, J.: Here's a lower cost lube oil process. Oil Gas Internat. 8 (1968) Nr. 7, S. 81/84. – ANGULO, J., M. GASCA, J. L. MARTINEZ CORDON, A. BILLON, J. C. LAVERGNE u. G. PARC: New lube oil process developed in Spain, ebd. 9 (1969) Nr. 12, S. 98 u. 102.

über die beim Hydrokracken ablaufenden Reaktionen Rechenschaft abgelegt oder diese zu erforschen bemüht hat.

Verglichen mit den umfangreichen, in Abschn. D2 und E2 erläuterten Forschungsarbeiten ist über hydrierende Krackreaktionen verhältnismäßig wenig veröffentlicht. Dies mag daran liegen, daß erstens die grundlegenden Arbeiten der Badischen Anilin- & Soda-Fabrik AG bereits Anfang der Zwanziger Jahre durchgeführt wurden, als die Theorien von RICE, KOSSIAKOFF und WHITMORE noch unbekannt waren. Zweitens beanspruchten die Bemühungen um die technische Beherrschung der hohen Drücke und Temperaturen alle Beteiligten dermaßen, daß man die im wesentlichen nach Gesichtspunkten der Praxis orientierten Ergebnisse der systematischen Suche nach geeigneten Katalysatoren als ausreichende Unterlage für die praktische Arbeit dankbar entgegennahm, ohne nach Theorien zu fragen. Da die Umwandlung fester Brennstoffe in flüssige Kraftstoffe im Vordergrund des Interesses stand, schien eine ins einzelne gehende Aufklärung des Reaktionschemismus – etwa durch Untersuchung von Modellsubstanzen – bei den damaligen Kenntnissen auf diesem Gebiet müßig. Das Wichtigste über Hydrierreaktionen war bekannt und eine tiefergehende, praktisch verwertbare Erkenntnis war kaum zu erwarten.

Im Lichte der inzwischen beim katalytischen Kracken gemachten Erfahrungen und der darauf begründeten Theorien sowie im Hinblick auf die vorzugsweise Anwendung auf schwere Erdölfraktionen hat sich das Bild gewandelt. Außerdem können viele Erkenntnisse der Theorien über das katalytische Kracken und auch das katalytische Reformieren – sinngemäß ergänzt – für das spaltende Hydrieren verwertet werden.

Bereits in den ersten, neueren Arbeiten wurde die bevorzugte Bildung von Isoverbindungen festgestellt, allerdings nur beim gleichzeitigen Ablauf von Krackreaktionen[1]. Die ebenfalls mitgeteilte Beobachtung, daß sich – anders als beim katalytischen Kracken – viel mehr C_4-Kohlenwasserstoffe als C_3-Kohlenwasserstoffe bilden, wird auf die niedrigere Arbeitstemperatur und die in der Praxis angewendete größere Raumgeschwindigkeit zurückgeführt. Grundsätzlich ergab sich das Bild, daß beim Hydrokracken die vom katalytischen Kracken her bekannten Reaktionen ablaufen und diese von Hydrierreaktionen überlagert werden. Die Zeitkonstante des Hydrierens ist sehr klein und die sehr schnelle Absättigung der beim Kracken gebildeten Olefine verhindert deren Bindung an die Katalysatoroberfläche. Dadurch wird z.B. die Koksbildung und damit zusammenhängend die Desaktivierung des Katalysators unterbunden[2]. Die Untersuchungen bestätigten die vom Reformieren her be-

<hr>

[1] FLINN, R. A., O. A. LARSON u. H. BEUTHER: a.a.O. (Mitte der Fußn. 2, S. 820). – ARCHIBALD, R. C., B. S. GREENSFELDER, G. HOLZMANN u. D. H. ROWE: Catalytic Hydrocracking of Aliphatic Hydrocarbons. Industr. Engng. Chem. 52 (1960) 745/50.

[2] Vgl. außer den vorgenannten Arbeiten über Hydrocracking-Reaktionen noch H. BEUTHER, R. A. FLINN u. J. B. MCKINLEY: a.a.O. (Anfang der Fußn. 2, S. 820). – COONRADT, H. L., F. G. CIAPETTA, W. E. GARWOOD, W. K. LEAMAN u. J. N. MIALE: Platinum-Acidic Oxide Catalysts for Hydrocracking. Industr. Engng. Chem. 53 (1961) 727/32. – SULLIVAN, R. F., C. J. EGAN, G. E. LANGLOIS u. R. P. SIEG: A New Reaction That Occurs in the Hydrocracking of Certain Aromatic

kannte Tatsache, daß die gleichen Katalysatoren sowohl Hydrier- wie auch Dehydrierreaktionen je nach Temperatur und Druck fördern können[1]. Insbesondere QADER und HILL haben festgestellt, daß beim Hydrokracken von Gasöl mit einem Siedebereich von 300 bis 430 °C an einem Katalysator mit 6% Nickel und 19% Wolfram (als Sulfide) auf einem Aluminiumsilikatträger dem Bruch der C–C-, der C–S- oder der C–N-Bindungen gleichzeitig Isomerisierungs- und Hydrierreaktionen folgen und diese als Reaktionen erster Ordnung angesehen werden können. Somit sind für die Reaktionsgeschwindigkeit die einleitenden Krackreaktionen maßgebend.

Da sich Edelmetalle als besonders geeignet erwiesen, lag es nahe, deren Verhalten beim Hydrieren zu prüfen. Dabei ergab sich, daß sie auch das Isomerisieren fördern. Deshalb konzentrierte sich – zumindest für Festbettanlagen – die Forschungstätigkeit der letzten Jahre vor allem auf die Anwendung von Platin und Palladium bei Hydrocracking-Katalysatoren. Auch Rhodium, Rhenium, Ruthenium, Osmium und Iridium wurden untersucht[2].

Soweit die Gewinnung von Benzin angestrebt wird, ist das teilweise Hydrieren mehrkerniger Aromaten mit Seitenketten, welche einen erheblichen Anteil hochsiedender Fraktionen bilden, eine wichtige Reaktion. Dabei sollen diese Verbindungen möglichst so zu Einringverbindungen aufgebrochen werden, daß sich Benzol, allenfalls mit seinen Homologen, bildet und die abgetrennten Seitenketten zu verzweigten Verbindungen im Benzinbereich isomerisiert werden. Dadurch läßt sich der Aufwand für ein anschließend etwa erforderliches Reformieren verringern. Außerdem wird der Wasserstoffverbrauch niedriger gehalten. Ein Hydrieren der Einringaromaten wäre unerwünscht[3].

Vor allem EGAN, LANGLOIS u. Mitarb. haben festgestellt, daß Alkylketten mit vier und mehr C-Atomen viel leichter vom Aromatenkern

---

Hydrocarbons. J. Amer. Chem. Soc. 83 (1961) 1156/63. – EGAN, C. J., G. E. LANGLOIS u. R. J. WHITE: Selective Hydrocracking Of C_9- to C_{12}-alkylcyclohexanes On Acidic Catalysts. Evidence for the Paring Reaction; ebd. 84 (1962) 1204/12. – HAENSEL, V., E. L. POLLITZER u. C. H. WATKINS: a.a.O. (s. Fußn. 2, S. 832). – COONRADT, H. L., u. W. E. GARWOOD: Mechanism of hydrocracking. Industr. Engng. Chem./Process Design Developm. 3 (1964) Nr. 1, S. 38/45; ref. Brennst.-Chem. 45 (1964) 283/84. – WELKER, J.: Zum Chemismus des katalytischen Hydrospaltens von paraffinischen Kohlenwasserstoffen. Chem. Techn. 17 (1965) 213/17. – QADER, S. A., u. G. R. HILL: Hydrocracking of gas oil. Industr. Engng. Chem./ Proc. Design. Developm. 8 (1968) Nr. 1, S. 98/105. – Dies.: Hydrocracking of Petroleum and Coal Oils; ebd. S. 462/69. – VOORHIES jr., A., u. W. M. SMITH: Advances in Hydrocracking, in: Advances in Petroleum Chemistry and Refining, hrsg. von J. J. McKETTA jr., Bd. VIII, New York/London/Sydney: Intersc. Publ. 1964, S. 169/91.

[1] Vgl. Einleitung zu Abschn. F 1 b, S. 512.

[2] BLOM, R. H., V. KOLLONITSCH u. C. H. KLINE: Rhenium Catalysts. Industr. Engng. Chem., Internat. Ed. 54 (1962) Nr. 9, S. 16/22. – BEUTHER, H., u. O. A. LARSON: a.a.O. (Fußn. 2, S. 820). – PANSING, W. F., u. J. B. MALLOW: Characterizing cracking catalysts by kinetics of cumene cracking. Industr. Engng. Chem./Proc. Design Developm. 4 (1965) 181/87. – DAVENPORT, W. H., V. KOLLONITSCH u. C. H. KLINE: Advances in Rhenium Catalysts. Industr. Engng. Chem. 60 (1968) Nr. 11, S. 10/19, bes. S. 15.

[3] Vgl. J. R. KITTRELL u. Mitarb.: a.a.O. (Fußn. 3, S. 833).

abgetrennt werden als kürzere Ketten. Dies fördert die Bildung der erwähnten Isoverbindungen und unterdrückt die Gasbildung. Wesentlich ist, daß der Ring dabei erhalten bleibt. Man hat für diese Reaktionen die

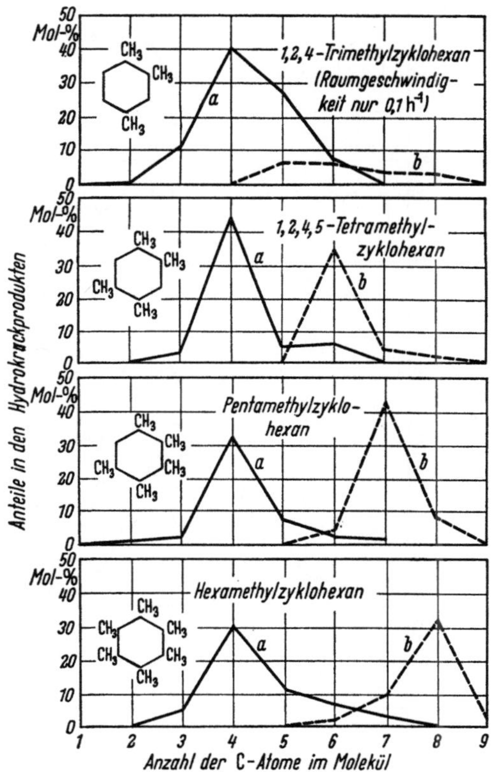

Abb. L-10. Verteilung der Produkte nach der C-Atomzahl beim Hydrokracken von C_9- bis C_{12}-Polymethylzyklohexanen bei rd. 85 atü, 290 °C und einer Raumgeschwindigkeit des flüssigen Einsatzes von 8,0 h⁻¹ (außer bei der C_9-Verbindung).

a Alkane (Paraffine);   *b* Zyklohexane.

	Umwandlungsgrad Gew.-%	Ausbeute an Ringverbindungen Mol.-%
1,2,4-Trimethyl-Zyklohexan	28,8	32
1,2,4,5-Tetramethyl-Zyklohexan	39,6	81
Pentamethyl-Zyklohexan	27,0	103
Hexamethyl-Zyklohexan	87,5	95

Bezeichnung „paring reactions" geprägt, was etwa die Bedeutung von „Abschälen" hat. Die gleiche Reaktion wird auch bei Naphthenen mit Seitenketten beobachtet, und zwar sogar bei solchen mit nur einem C-Atom in den Seitenketten. Die Ergebnisse solcher Untersuchungen mit einem Nickelsulfidkontakt auf Aluminiumsilikat als Träger sind an Hand der Abb. L-10 und L-11 erläutert. Auffallend ist die fast identische Pro-

duktverteilung bei allen C_{10}-Naphthenen einschließlich des 1,2,4,5-Tetra-
methylzyklohexans in Abb. L-10. Es bestätigt sich die auch an anderer
Stelle gemachte Beobachtung, daß bevorzugt Isobutan und dement-

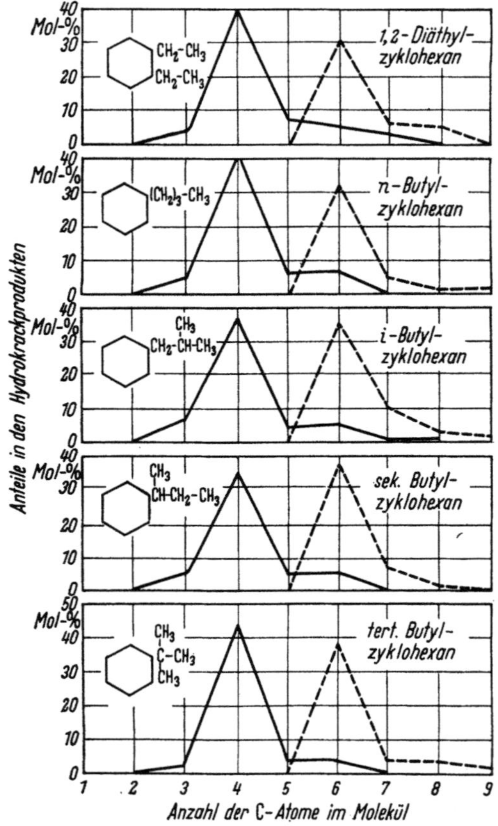

Abb. L-11. Verteilung der Produkte nach der C-Atomzahl beim Hydrokracken von C_{10}-Zyklo-
hexanen bei den gleichen Betriebsbedingungen wie gemäß Abb. L-10.
——: Alkane (Paraffine);　– – –: Zyklohexane.

	Umwandlungsgrad Gew.-%	Ausbeute an Ringverbindungen Mol-%
1,2-Diäthyl-Zyklohexan	38,0	81
n-Butyl-Zyklohexan	47,6	82
i-Butyl-Zyklohexan	57,1	92
sek. Butyl-Zyklohexan	33,9	91
tert. Butyl-Zyklohexan	36,4	87

sprechend vor allem Ringverbindungen entstehen, die vier Kohlenstoffatome weniger enthalten als die Ausgangsstoffe.

Die aktiven Anteile müssen gerade bei Hydrocracking-Katalysatoren
sehr gut aufeinander abgestimmt sein. Man hat z.B. gefunden, daß bei

343 °C und 53 atü Gleichgewicht zwischen Iso- und Normalverbindungen für die Butane bei einem Verhältnis von 0,7 : 1 und für die Pentane bei 2,7 : 1 herrscht. Mit metallischem Platin auf Aluminiumsilikat erhält man aber Verhältnisse von 2,9 : 1 bzw. 4,0 : 1, mit Wolframsulfid sogar von 6,7 : 1 bzw. 28 : 1. Mit Platinsulfid ist der Anteil der Isoverbindungen höher als mit dem reinen Metall, was in gleicher Weise für Nickel und Kobalt gilt. Wenn auch die Drücke und Temperaturen beim Hydrokracken höher liegen und für diesen Zweck sulfidische Katalysatoren verwendet werden, so zeigt dieses Beispiel, daß die hochaktiven Platinkontakte ungünstigere Ergebnisse als Wolframsulfidkontakte liefern können. Dies gilt auch im Hinblick darauf, daß einkernige Aromaten nicht hydriert werden sollen.

Zusammenfassend kommt man auf Grund der im einzelnen erwähnten Forschungsarbeiten sowie weiterer, im Schrifttum verstreut zu findender Angaben etwa zu folgender Übersicht über die für das Hydrokracken verwendeten Katalysatoren: Als Träger wird in der Regel Aluminiumsilikat verwendet, dessen spaltende Funktion beim katalytischen Kracken S. 372 ff. u. 380 ff. erläutert wurde. Die Wasserstoffanlagerung wird gemäß den Erkenntnissen von M. PIER und seiner Schule durch Wolfram- und Molybdänoxyde oder durch Sulfide der beiden Metalle katalytisch gefördert. Auch Nickelverbindungen gleicher Art wirken in derselben Richtung, doch sind sie gegen Schwefel empfindlicher. Besonders günstig verhält sich – insbesondere als Promotor – Kobalt; die meisten der noch zu besprechenden hydrierenden Raffinationsverfahren verwenden heute Kobalt–Molybdän-Katalysatoren. Für die spaltenden Hydrierreaktionen fand man durch Weiterführen der das katalytische Reformieren betreffenden Forschungsarbeiten, daß die dafür besonders geeigneten Edelmetalle zusammen mit Aluminiumsilikaten als Träger auch beim Hydrokracken Vorteile bieten; vgl. dazu Abschn. F 1 b u. Abschn. L 3. Vor allem Platin und Palladium haben sich als geeignet erwiesen. Die Entwicklung der letzten Jahre ist durch das Vordringen der Katalysatoren mit Molekularsiebstruktur gekennzeichnet. Deren chemisch aktive Verbindungen sind im wesentlichen mit den vorgenannten identisch, ergänzt durch Na, K und Ca. Die Molekularsiebe bewirken aber durch die geometrisch einheitliche Form und Größe ihrer Poren eine zusätzliche Lenkung des gewünschten Reaktionsablaufes.

Den Einfluß des Druckes haben HAENSEL u. Mitarb. untersucht und dabei folgendes festgestellt. In der ersten Stufe einer Isomax-Anlage läßt sich eindeutig erkennen, daß die Entfernung des Stickstoffes durch Umwandlung zu Ammoniak oberhalb von etwa 400 °C mit dem Druck selbst bis zu extrem hohen Werten von mehr als 1000 at zunimmt. Entscheidend ist der Säurecharakter (die Azidität) des Katalysators; vgl. dazu S. 392.

Die Versuche ließen erkennen, daß man sich nicht auf Ergebnisse verlassen darf, die mit stickstofffreien Einsatzprodukten nach Zugabe dosierter Mengen definierter Stickstoffverbindungen, wie z. B. Chinolin, Pyrrolidon u. a., gewonnen werden. Aus den von Natur aus stickstoffhaltigen Produkten im Siedebereich des Gasöles läßt sich der Stickstoff viel schwerer entfernen, weil er offenbar heterozyklisch in höhermolekularen Körpern als den genannten gebunden ist, vgl. auch S. 860.

Weitere Versuche haben gezeigt, daß beim anschließenden Hydrokracken des fast stickstofffreien Zwischenproduktes in der zweiten Stufe
eine Druckerhöhung nur bis zu gewissen Grenzen eine Erhöhung der Ausbeute bringt, diese dann wieder abnimmt. Das Optimum wird bei um so
höheren Drücken erreicht, je höher der Siedebereich der betreffenden
Produktfraktion liegt, wie aus Abb. L-12 hervorgeht. Dieser Befund steht

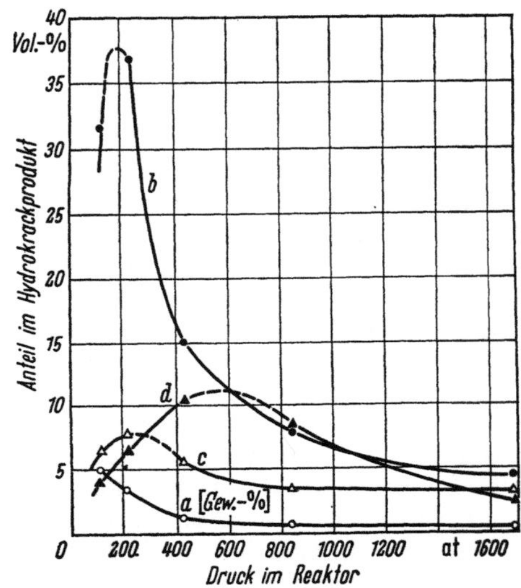

Abb. L-12. Produktausbeuten beim Hydrokracken eines Vakuumdestillates mit Siedebereich 352
bis 485 °C bei verschiedenen Drücken.

a Propan–Butan-Gemisch (Angaben in   *c* Leichtes Mitteldestillat 204 bis 274 °C;
    Gew.-%);   *d* Schweres Mitteldestillat 274 bis 343 °C.
b Benzin C_5 bis 204 °C;

(In den gestrichelten Bereichen: Interpolationen unsicher.)

in gewissem Einklang mit dem beim katalytischen Reformieren beobachteten Einfluß des Druckes. Je niedriger er ist, desto schärfer wird reformiert, was vermehrte Gasbildung zur Folge hat; vgl. S. 523.

Schließlich soll noch an Hand der Abb. L-13 nach COONRADT und
GARWOOD der Unterschied zwischen katalytischem Kracken (ohne zusätzlichen Wasserstoff) und Hydrokracken von Hexadekan an einem
Platinkontakt anschaulich gemacht werden. Zum Vergleich sind die
Ergebnisse beim katalytischen Kracken des entsprechenden Olefins mit
einer Doppelbindung gegenübergestellt. Einerseits ist der erhebliche
Unterschied zwischen katalytischem (*a*) und Hydrokracken (*b*) bei gleichem Umsetzungsgrad nicht zu verkennen. Im übrigen ist beim Hydrokracken der Umsetzungsgrad auf die Produktverteilung von geringerem
Einfluß, wie der Vergleich der Linienzüge *b* und *c* bzw. *d* und *e* zeigt.
Andererseits ist aber die Ähnlichkeit der Produktausbeuten und -ver

teilung beim Hydrokracken des Paraffins (*b*, *c*) und dem katalytischen Kracken des Olefins (*d*) sehr auffällig. Die beiden Verfasser leiten daraus die Annahme ab, daß beim Hydrokracken olefinische Zwischenglieder eine wesentliche Rolle spielen.

Überblickt man die bisherigen Untersuchungen über Hydrocracking-Reaktionen, so gewinnt man den Eindruck, daß trotz der unbezweifelbaren Erfolge in der Praxis noch manche Fragen offen sind. Entscheidend sind die Bewährung der Verfahren im praktischen Betrieb und die Wirtschaftlichkeit. Es wurde erläutert, daß es dabei sehr auf den Wasserstoffverbrauch ankommt. Dieser kann aber, will man aus einem gegebenen

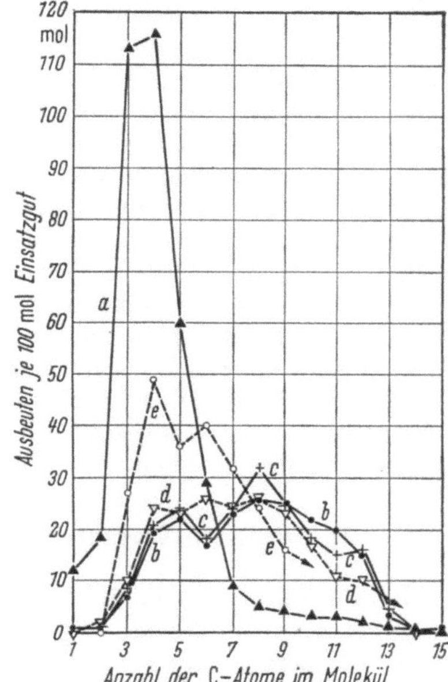

Abb. L-13. Produktausbeuten beim katalytischen und beim Hydrokracken von Hexadekan und Hexadeken bei zwei verschiedenen Umsetzungsgraden.

a   Hexadekan   katalytisches Kracken Umsetzungsgrad 53,5 %;
b   Hexadekan   Hydrokracken Umsetzungsgrad 53,1 %;
c   Hexadekan   Hydrokracken Umsetzungsgrad 81,6 %;
d   Hexadeken   katalytisches Kracken Umsetzungsgrad 53,3 %;
e   Hexadeken   katalytisches Kracken Umsetzungsgrad 81,6 %.

Einsatzgut niedrigersiedende Produkte gewinnen, durch den Katalysator kaum verändert werden. Dessen Vor- oder Nachteile machen sich in erster Linie dabei bemerkbar, wie schnell seine Aktivität durch Stickstoff und Schwefel, bei der Verarbeitung von Rückständen außerdem durch die Metalle und die in größerer Menge vorhandenen Asphaltene beeinträchtigt wird. Das letzte gilt vor allem für die erläuterten Verfahren mit Festbett. Deshalb ist das im folgenden Abschnitt zu beschreibende H-Oil-Verfahren von besonderem Interesse, weil bei diesem ein neuer Weg eingeschlagen wurde.

Soweit der Wasserstoff durch Spalten oder Vergasen von Erdölerzeugnissen und Konvertieren des dabei gleichzeitig entstehenden Kohlenmonoxydes sowie durch Entfernen der unvermeidbaren Verunreinigungen wie Kohlendioxyd, Methan, höhere Kohlenwasserstoffe, Schwefel- und Stickstoffverbindungen bereitgestellt werden kann, sind die betreffenden Verfahren in Kap. M und H beschrieben. Man benutzt die Produkte mit dem geringsten Marktwert, um aus ihnen Wasserstoff herzustellen. Dafür bieten sich die leichtesten Fraktionen (C_1 und C_2) oder die schwersten Fraktionen an[1].

Daneben besteht aber auch die Möglichkeit, aus Raffineriegas, das erhebliche Mengen Wasserstoff enthalten kann, diesen durch Tieftemperaturzerlegung abzutrennen. Ähnliche Wege wurden bereits während des Krieges beschritten, um Äthen aus Abgasen der Hydrierung zu gewinnen, noch bevor die heute übliche Erzeugung durch thermisches Spalten bei sehr hohen Temperaturen unter Zusatz von Dampf (das sog. Steamcracking, vgl. Abschn. D6) zur Betriebsreife entwickelt war. Solche Anlagen zur Gewinnung von Wasserstoff benutzen die bei der Luftzerlegung gewonnenen Erfahrungen und werden mitunter auch in Verbindung mit den Gastrennanlagen von Steamcrackern errichtet[2]. Geht man mit der Betriebstemperatur am Kopf der letzten Kolonne für die Trennung von Wasserstoff und Methan unter den Siedepunkt des Methans bei Atmosphärendruck (rd. − 160 °C), so kann man bei 10 ata Arbeitsdruck mit üblichem Bauaufwand eine Wasserstoffreinheit von rd. 84 Vol.-%, bei Drücken von 50 bis 60 ata von rd. 94 Vol.-% erreichen. Durch noch tiefere Temperaturen, denen allerdings durch den Erstarrungspunkt des Methans bei etwa − 182 °C eine Grenze gesetzt ist, läßt sich die Reinheit auf Werte von 90 Vol.-% und mehr steigern. Dies hat aber einen größeren Energieaufwand zur Folge, der durch Ersparnisse bei der Hydrokrackanlage wettgemacht werden muß. Die Kosten des Wasserstoffes sind jedenfalls von entscheidender Bedeutung für die Wirtschaftlichkeit von Hydrokrackverfahren.

d) Das H-Oil-Verfahren der Hydrocarbon Research Inc

Bei den katalytischen Krackverfahren, die nur mit geringem Überdruck arbeiten, ist das ständige Regenerieren beladener Katalysatoren sowohl für perlförmige Katalysatoren in bewegter Schüttung wie auch für staubförmige Katalysatoren im Fließbett zu hoher technischer Reife entwickelt. Eine Übertragung des dauernden Katalysatorumlaufes auf die Hydrierung mit Betriebsdrücken in der Größenordnung von 100 at schien nicht ratsam. Deshalb verwendet die Hydrocarbon Research Inc einen körnigen Katalysator, der sich im Reaktor in einem aufgewirbelten Bett in Bewegung befindet, jedoch im Reaktor verbleibt. Eine kleine Menge davon wird ständig ausgeschleust, ähnlich wie es bei der sog. Entsandung der IG-Hydrierkammern üblich war[3]; eine entsprechende Menge Frischkatalysator muß deshalb laufend zugegeben werden. Wegen der hohen Drücke ist allerdings für den Abschluß der Druckgefäße eine Lösung, wie sie beim Houdriflow- oder beim TCC-Krackverfahren mit

---

[1] Vgl. dazu L. J. BUIVIDAS, H. R. SCHMIDT u. C. H. VIENS: Integrate hydrogen production with refinery operations. Chem. Engng. Progr. 61 (1965) Nr. 5, S. 88/92.

[2] ZELLER, H., u. W. SCHOLZ: Wasserstoffgewinnung aus Raffinerieabgasen. Erdöl u. Kohle 20 (1967) 200/03.

[3] Vgl. W. KRÖNIG: a.a.O. S. 49f.

Sperrdampf zum Abschluß der Reaktor- und Regeneratorräume üblich ist, nicht durchführbar. Auch ist kein Regenerator für eine ständige Regenerierung und Rückführung vorhanden. Bisher wurde der Katalysator in Form zylindrischer Körperchen von etwa 1 mm Durchmesser und 2 mm Länge verwendet; diese werden als „extrudates" bezeichnet. Neuerdings wurden mit Erfolg auch Versuche mit staubförmigem Katalysator in der Anlage Lake Charles/La. durchgeführt[1].

Um die beim Verarbeiten von schwerem Einsatzgut leicht mögliche Verstopfung des Katalysatorbettes oder die Bildung von Nestern zu verhindern, wird beim H-Oil-Verfahren der Katalysator vom Einsatzgut aufwärts durchströmt und dadurch ständig in Bewegung gehalten. Kreisläufe dienen einem mehrfachen Umlauf der schwersten Anteile und gleichzeitig einer Erhöhung der Durchsatzmengen durch den Reaktor, so daß die Bewegung des Katalysators immer sichergestellt ist. Das Verfahren arbeitet mit zwei hintereinander angeordneten Reaktoren[2]. Die seinerzeit vorgeschlagene Schaltung wurde in der Zwischenzeit in einigen Punkten abgeändert und ist in Abb. L-14, S. 851, erläutert. Die erste nach dem H-Oil-Verfahren arbeitende Betriebsanlage wurde für einen Durchsatz von rd. 15 t/h (etwa 125000 t/a) in der Raffinerie Lake Charles/La. der Cities Service Co in Zusammenarbeit mit dieser Firma errichtet[3]. Es wird ein üblicher Entschwefelungskatalysator mit Kobalt und Molybdän als aktiven Elementen verwendet.

Das Verfahren kann so wie die Festbettverfahren zum Entschwefeln allein wie auch zu einer weitgehenden Aufspaltung der großen Moleküle schwerer Rückstandsöle benutzt werden. Dementsprechend schwanken die Betriebsbedingungen in ziemlich weiten Grenzen. Auch beim Entschwefeln ist die Bildung leichterer Fraktionen unvermeidlich. Die Temperatur im Reaktor bewegt sich, ebenfalls abhängig von der angestreb-

---

[1] McFatter, W., E. Meaux, W. Mounce u. R. van Driesen: How H-Oil performes with fine catalyst. Oil Gas J. 67 (7. Juli 1969) Nr. 27, S. 119/22. – Ewing, R. C.: Advances made in H-Oil process. Oil Gas J. 67 (12. Mai 1969) Nr. 19, S. 213/16.

[2] Pichler, H., u. Mitarb.: This New Process Handles Residuals. Petrol. Refiner 36 (1957) Nr. 9, S. 201. – Chervenak, M. C., C. A. Johnson u. S. C. Schuman: H-Oil Process Treats Wide Rang of Oils; ebd. 39 (1960) Nr. 10, S. 151/56. – Schuman, S. C.: Hydrogen Consumption in the H-Oil Process. Chem. 57 (1961) Nr. 12, S. 49/54.

[3] Hellwig, L. R., S. C. Schuman, C. E. Slyngstad u. R. P. van Driesen: The H-Oil Process – A New Refining Technique. – Vortrag Amer. Petrol. Inst. San Francisco 16. Mai 1962; veröffentlicht: First H-Oil Unit Is Under Way At Lake Charles Plant. Oil Gas J. 60 (21. Mai 1962) Nr. 21, S. 119/24. – Galbreath, R. B., u. A. R. Johnson: H-Oil Process Is Proven By First Commercial Unit. Petrol. Refiner 42 (1963) Nr. 9, S. 121/24. – van Driesen, R. P., u. N. C. Stewart: How Cities Service's H-Oil unit is performing. Oil Gas J. 62 (18. Mai 1964) Nr. 20, S. 100/05. – Rapp, L. M., u. R. P. van Driesen: H-Oil Process Gives Product Flexibility. Hydrocarb. Procssg. 44 (1965) Nr. 12, S. 103/08. – Griswold, C. R., u. R. P. van Driesen: Commercial Experience with H-Oil. Hydrocarb. Procssg. 45 (1966) Nr. 5, S. 153/58. – Ewing, R. C.: H-Oil unit produces synthetic crudes. Oil Gas J. 64 (4. Juli 1966) Nr. 27, S. 101/03. – Hellwig, K. C., S. Feigelman u. S. B. Alpert: Upgrading Feeds by the H-Oil Process. Chem. Engng. Progr. 62 (1966) Nr. 8, S. 71/74. – van Driesen, R. P., u. L. M. Rapp: Residual oil desulfurization in the ebullated bed. 7. Welt-Erdöl-Kongreß, Ciudad de Mexico 1967, Indiv. Pap VIII/32.

ten Betriebsweise, etwa zwischen 420 und 480 °C. Die obere Grenze war bei der ursprünglichen Hydrierung flüssiger Rückstände üblich[1]. Der Betriebsdruck wird vor allem durch den Wasserstoffgehalt im verfügbaren Gas bestimmt. Er wird den angestrebten Reaktionen angepaßt und muß so hoch gewählt werden, daß der Wasserstoffpartialdruck etwa zwischen 150 ata beim Entschwefeln und 250 ata bei weitgehendem Kracken liegt. Er kann somit erheblich niedriger als bei der Hydrierung von Kohlen gewählt werden.

Als Wasserstoffverbrauch werden z.B. beim Entschwefeln von Kuweit-Normaldruckrückstand von 4 Gew.-% S auf etwas unter 1 Gew.-% S rd. 600 st cu ft./bl (unter Berücksichtigung der Dichte etwa 110 m_n^3/t Einsatz) genannt. Dies ist rd. der 5fache Betrag der S. 861 berechneten stöchiometrischen Menge. Man sieht, welch hohen Anteil bereits in diesem Falle die Hydrokrackreaktionen verbrauchen. Wird aber große Benzinausbeute angestrebt, so muß mit einem Wasserstoffverbrauch bis zum Dreifachen des angegebenen Betrages gerechnet werden. Dieser ist, wie bei den bereits besprochenen Verfahren bemerkt wurde, im übrigen von der Art des Verfahrens weitgehend unabhängig, weil er durch den Chemismus der Reaktionen bestimmt wird.

Durch die sehr umfangreichen Laboratoriumsversuche von Hydrocarbon Research Inc und Cities Service Research and Development Co wurde erkannt, daß im Rahmen heute üblicher Wirtschaftlichkeitsrechnungen eine Entschwefelung auf etwa 1 Gew.-% S eine gewisse Grenze darstellt. Will man noch niedrigere Werte erreichen, so steigen die Bau- und Betriebskosten wegen des Erfordernisses, mehr als zweistufig zu arbeiten, unverhältnismäßig hoch an[2]. Das stark vereinfachte Schema einer H-Oil-Anlage ist in Abb. L-14 wiedergegeben. Es zeigt, daß zwei Reaktoren b_1 und b_2 hintereinandergeschaltet sind. Der Katalysator wird durch das von unten eintretende Einsatzgut, dem der Wasserstoff vor dem Ofen a zugegeben wurde, und durch eine im Kreislauf geführte Menge von flüssigem Produkt, das aus dem Reaktor oben abgezogen wird, in Wallung versetzt. Dadurch kann die Temperatur im ganzen Reaktor trotz der exothermen Reaktion in sehr engen Grenzen von wenigen Graden der Celsiusteilung konstant gehalten werden, weil ein Mehrfaches der flüssigen Einsatzmenge umgepumpt wird. Durch das Aufwallen in der Flüssigkeit nimmt das Volumen des Bettes gegenüber dem Zustand in Ruhe um etwa 20 bis 40% zu. Dies muß bei der Bemessung des Reaktors beachtet werden. Vor dem zweiten Reaktor wird kaltes Kreislaufgas zum Quentschen zugeführt.

Die den zweiten Reaktor b_2 verlassenden Produktströme werden nach den Phasen – dampfförmig und flüssig – getrennt abgezogen und über Wärmeaustauscher geführt. Das flüssige Produkt gibt im Hochdruck-

---

[1] KRÖNIG, W.: a.a.O. S. 82 nennt 470 bis 490 °C.

[2] Dazu S. B. ALPERT, A. R. JOHNSON u. C. A. JOHNSON: How feasible is residual oil desulfurization today. Oil Gas J. 64 (7. Febr. 1966) Nr. 6, S. 97/100. – R. P. VAN DRIESEN u. L. M. RAPP: a.a.O., 7. Welt-Erdöl-Kongreß, Ciudad de Mexico 1967. (Fußn. 3, S. 849), sowie die durch Abb. L-7 bis L-9 erläuterten Zusammenhänge. Außerdem steigt besonders der Wasserstoffverbrauch; vgl. S. 837.

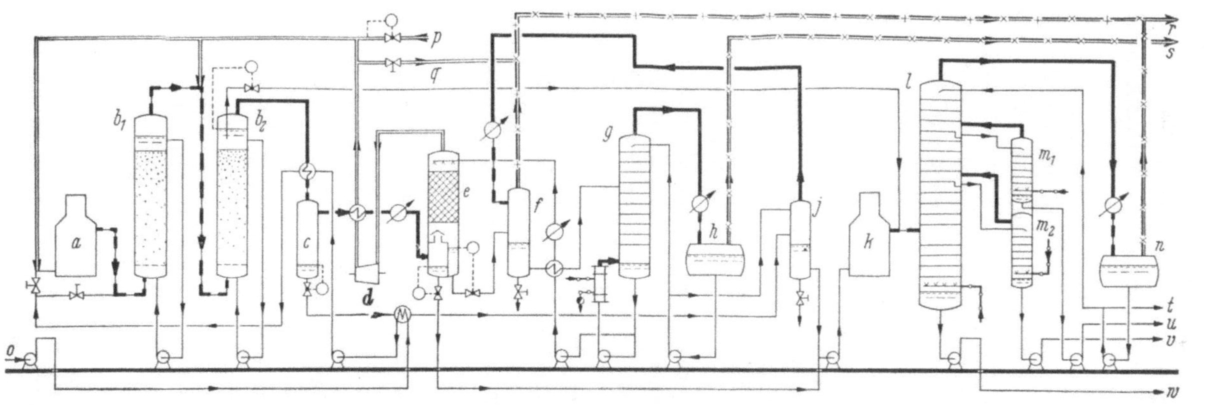

Abb. L-14. Schematisches Fließbild einer H-Oil-Anlage mit nachgeschalteter Fraktionierung.

a Ofen für Einsatzgut und Wasserstoff;
b_1, b_2 Reaktoren;
c Hochdruckentspannungsbehälter;
d Kreislaufgaskompressor;
e Absorber für Kreislaufgas;

f Entspannungsbehälter für beladenes Waschöl;
g Waschölstripper;
h Trennbehälter zu g;
j Niederdruckentspannungsbehälter;
k Ofen für die Fraktionierung;

l Fraktionierkolonne;
m_1, m_2 Seitenkolonne zu l;
n Trennbehälter zu l;
o Einsatzgut (Destillationsrückstand);
p Frischwasserstoff;
q Spül- und Auslaßleitung;

r Heizgas;
s Flüssiggas (zur Rückgewinnung);
t Leichtbenzin;
u Schwerbenzin;
v Mitteldestillat;
w Destillationsrückstand.

entspannungsbehälter c wasserstoffreiche Dämpfe ab. Diese werden im Absorber e mittels Waschöl möglichst weitgehend von C_{1+}-Kohlenwasserstoffen befreit, so daß das Kreislaufgas einen hohen Wasserstoffteildruck hat. Dem Kreislauf wird der erforderliche Frischwasserstoff p über ein Druckhalteventil zugesetzt, das den Druck im Hochdruckteil steuert.

Das im Trennbehälter c anfallende Kondensat wird über ein Entspannungsventil zur Weiterverarbeitung in den Behälter j geleitet. Das beladene Waschöl wird ebenfalls entspannt und geht über eine Trennflasche f, in die auch die im Niederdruckentspannungsbehälter j austretenden Dämpfe über einen Kühler geleitet werden. Dabei scheiden sich weitere Kondensate aus, die zusammen mit dem nach der Entspannung noch teilweise beladenen Waschöl zum Stripper g geleitet werden. Ein Teil des Sumpfproduktes wird über einen Aufkocher zurück in den Stripper gepumpt, ein der Zulaufmenge etwa entsprechender Teilstrom wird gekühlt als Waschmittel auf den Kopf des Absorbers e aufgegeben. Von den aus den Kopfdämpfen des Strippers auskondensierten leichten Fraktionen dient ein Teil als Rücklauf, der andere Teil geht zum Niederdruckentspannungsbehälter j.

Die weitere Schaltung unterscheidet sich nicht grundsätzlich von sonst üblichen. Hier ist gezeigt, daß das im Absorber e anfallende Kondensat sowie die im Entspannungsbehälter j gesammelten flüssigen Anteile über den Ofen k einer bei Atmosphärendruck arbeitenden Fraktionierkolonne l zugeführt werden, in die auch das heiße, flüssige Reaktorprodukt gelangt. Sie arbeitet wie eine Rohöldestillation. Das Sumpfprodukt kann als Heizöl verwendet werden oder in einer Vakuumkolonne noch weiter zerlegt werden. Will man möglichst hohe Ausbeute an leichten Produkten, so wird man die Destillate der Vakuumanlage zum nochmaligen Spalten vor die Anlage oder vor den zweiten Reaktor zurückführen[1].

Die beim H-Oil-Verfahren angewendete Technik, den Katalysator im aufgewirbelten Bett in der Schwebe zu halten, wird jetzt von Hydrocarbon Research zusammen mit Cities Service Research and Development Co auch für die Behandlung schwerer Destillate unter der Bezeichnung Hy-C-Cracking-Verfahren angeboten[2]. Die Vorteile dieser Arbeitsweise kommen jedoch vor allem beim Hydrokracken von Rückständen zur Geltung[3].

Für das Absetzöl einer katalytischen Krackanlage (decanted oil) mit einem Siedebeginn bei 206 °C, dem 10-%-Punkt bei 343 °C und einem Siedeendpunkt von 504 °C sowie mit einer Dichte von 0,966 g/cm³ wird

---

[1] Vgl. die Schemata bei L. M. Rapp u. R. P. van Driesen: a.a.O.

[2] Hellwig, L. R., R. P. van Driesen, C. R. Byrd, M. C. Chervenak u. J. F. Campagnolo: Hy-C Offers Hydrocracking Advantages. Petrol. Refiner 42 (1963) Nr. 5, S. 121/28. – Chervenak, M. C., S. Feigelman, R. Wolk, C. R. Byrd, L. R. Hellwig u. R. P. van Driesen: Hy-C Cracking. Chem. Engng. Progress 59 (1963) Nr. 2, S. 53/59. – Johnson, A. R., u. L. M. Rapp: H-Oil and Hy-C Eliminate Fuel Oils. Petrol. Refiner 43 (1964) Nr. 5, S. 165/68.

[3] Johnson, A. R., S. B. Alpert u. L. M. Lehmann: Processing residual fractions with H-Oil. Oil Gas J. 66 (24. Juni 1968) Nr. 26, S. 86/88 u. 93/94.

ein Wasserstoffverbrauch von rd. 280 m_n^3/m^3 flüssigen Einsatzgutes genannt. Dieser verhältnismäßig hohe Verbrauch ist durch den Aromatengehalt verursacht. Ein Gehalt des Einsatzgutes an geringen Mengen von Feststoff – nicht abgesetzter Abrieb aus der katalytischen Krackanlage – soll nicht stören, was bei dem Wirbelbett verständlich ist. Es soll auch möglich sein, z.B. schweres Kokergasöl trotz seines Gehaltes an ungesättigten Verbindungen bzw. an daraus entstandenen Polymerisaten befriedigend zu verarbeiten. Für das Ein- und Ausschleusen des Katalysators wurde eine Schaltung mit Stickstoff- und Wasserstoffspülung und Zwischenbehältern entwickelt, die sich im Betrieb der Anlage in Lake Charles gut bewährt hat. Der mit Nickel und Vanadium beladene Katalysator könnte zur Gewinnung dieser Metalle aufgearbeitet werden, doch bedarf dies einer genauen Prüfung hinsichtlich der Wirtschaftlichkeit.

Die laufend benötigte Menge an Frischkatalysator schwankt erstens in Abhängigkeit vom Metall- und Asphaltengehalt des Einsatzgutes. Zweitens wird sie davon beeinflußt, ob weitgehendes Aufspalten zu leichten Produkten oder nur Entschwefeln angestrebt wird. Es sind Mengen bekannt, die zwischen 0,15 kg/t und 0,50 kg/t liegen. Rechnet man mit einem Mittelwert von 0,30 kg/t und einem Metallgehalt von 100 mg/kg im Einsatz, so heißt dies, daß beim Abscheiden von 50% davon etwa 50 g auf 300 g Katalysator abgesetzt werden. Aus einer Anlage für einen Durchsatz von 1 000 000 t/a mit dem angegebenen Metallgehalt könnten also 300 t Katalysator mit etwa 50 t Nickel und Vanadium verwertet werden. Es ist Sache von Metallhüttenleuten zu beurteilen, ob dies einen Anreiz bieten kann, u.U. wenn bei weiterem Bau solcher Anlagen in einem geographisch begrenzten Bereich größere Mengen aufzuarbeitenden Katalysators zu erwarten wären.

Betriebsergebnisse der in Lake Charles laufenden Anlage sowie Planungszahlen für verschiedene Arten von Einsatzgut sind in den angeführten Arbeiten veröffentlicht. Da es das H-Oil-Verfahren gestattet, den Katalysator während des Betriebes ständig zu erneuern, sind ihm – soweit dies wirtschaftlich vertretbar ist – bezüglich der Eigenschaften des Einsatzgutes keine Grenzen gesetzt[1]. Deshalb hätte hier die Wiedergabe einzelner Ergebnisse, die nur für den jeweiligen Fall gültig sind, wenig Zweck. Über die inzwischen in der Raffinerie Shuaiba (Kuweit) in Betrieb genommene Anlage für rd. 1 400 000 t/a liegt ein Bericht vor[2].

4. Die hydrierenden Raffinationsverfahren

Das raffinierende Hydrieren von Teeren und Mineralölen hatte von Anfang an neben dem spaltenden Hydrieren erhebliche praktische Be-

---

[1] Vgl. z.B. K. C. Hellwig, E. S. Johanson, C. A. Johnson, S. C. Schuman u. H. H. Stotler: Make Liquid Fuels From Coal. Hydrocarb. Procssg. 45 (1966) Nr. 5, S. 165/69. Damit ist die Entwicklung wiederum zu ihrem Ausgangspunkt zurückgekehrt.

[2] Stormont, D. H.: World's first all-hydrogen refinery goes on stream at Kuwait. Oil Gas Internat. 9 (1969) Nr. 1, S. 20/25.

deutung[1]. In dem Maße, wie durch die zunehmende Verbreitung des katalytischen Reformierens Quellen für Wasserstoff als Überschußgas erschlossen wurden, begann bald das Interesse an den nach dem Kriege zunächst unterbrochenen Arbeiten auf diesem Gebiet wieder aufzuleben. Die in Erdölprodukten auftretenden unerwünschten Verunreinigungen wie Schwefel, Stickstoff und andere Elemente sind in der Regel mit Kohlenwasserstoffresten verbunden, die um so größer sind, je höher die Siedebereiche der Produkte liegen. Mit den in Kap. H und J beschriebenen Verfahren, die mit Chemikalien oder Lösungsmitteln arbeiten, können im allgemeinen die unerwünschten Elemente nicht von dem übrigen Kohlenwasserstoffrest getrennt werden, vielmehr werden beide Teile zusammen entfernt und führen daher zu einem entsprechenden Substanzverlust. Auch sind die so gewonnenen Extrakte – von Ausnahmefällen abgesehen – kaum verwertbar, so daß ihre Beseitigung für den Raffineriebetrieb zusätzliche Probleme aufwirft. Demgegenüber werden durch hydrierendes Raffinieren reine Kohlenwasserstoffe gewonnen, weil die Verunreinigungen zu Schwefelwasserstoff oder zu anderen von Kohlenwasserstoffen freien Wasserstoffverbindungen hydriert werden. Die ebenfalls hydrierte Kohlenwasserstoffsubstanz selbst bleibt dadurch erhalten und die Ausbeuten erreichen Werte, die im Gegensatz zu den sonstigen Raffinationsverfahren nur wenig unter 100% liegen. Deshalb drangen diese Verfahren im Raffineriebau in den zurückliegenden Jahren vor, sobald die Raffinerien durch den Bau von Reforming-Anlagen über wasserstoffhaltige Abgase verfügten; im allgemeinen wird sogar die Durchsatzleistung der Anlagen für raffinierende Hydrierung von der Durchsatzleistung der vorhandenen Reforming-Anlage bestimmt. Sind jedoch sehr schwefelreiche Rohöle zu verarbeiten und werden an die Schwefelfreiheit der Endprodukte hohe Anforderungen gestellt, so kann es auch in diesem Fall erforderlich werden, z.B. durch Spalten von Raffineriegas eine weitere Quelle für Wasserstoff zu schaffen. Die dafür anwendbaren Verfahren werden im folgenden Kap. M beschrieben.

Zunächst wurden vor allem Benzine einer hydrierenden Raffination unterzogen, weil sie sich am leichtesten auf diese Weise raffinieren lassen. So wurden bereits vor dem Kriege in den Vereinigten Staaten von Amerika Erdölprodukte nach dem von der IG-Farbenindustrie entwickelten sog. Hydrofining-Verfahren aufgearbeitet; die diesbezügliche Forschung wurde dann aber nicht weitergeführt, weil die Bereitstellung von Wasserstoff zu hohe Kosten verursachte[2]. Doch beschränkte sich die Anwendung des raffinierenden Hydrierens später nicht nur auf Benzin; es wurden auch höhersiedende Produkte und selbst Schmieröle verarbeitet, doch konnten diese Verfahren wegen des teueren Wasserstoffes den Wettbewerb mit den im Laufe der Zeit sehr verbesserten Selektiv-Raffinations-Verfahren nicht bestehen[3].

Dieses Bild hat sich inzwischen vollkommen gewandelt und es hat eine sehr umfangreiche Forschungstätigkeit eingesetzt, die die Anwen-

---

[1] Vgl. W. KRÖNIG: a.a.O. S. 101 ff.
[2] KRÖNIG, W.: a.a.O. S. 162 ff.
[3] KRÖNIG, W.: a.a.O. S. 102 ff.

dung der Hydrierung auf die verschiedensten Produkte untersuchte[1]. Vor allem geht es dabei um die Entfernung des Schwefels. Jedoch wurden in einzelnen Fällen auch andere Ziele verfolgt oder konnten Reaktionen beobachtet werden, die nicht nur den Schwefel beseitigen. So haben Hoffmann, Lewis und Wadley sehr milde Bedingungen für das Hydrieren gewählt, so daß möglichst nur die Diolefine abgesättigt wurden. Dies kann bei Benzinen von Interesse sein, die bereits mit Natriumplumbit oder ähnlich wirkenden Chemikalien behandelt wurden; vgl. dazu S. 671 f. Wichtiger als dieser Fall ist die Selektivhydrierung leichtsiedender Produkte aus Spaltanlagen zur Gewinnung von Äthylen. Diese wurde in Abschn. D 6 d, S. 350 ff., behandelt.

Eine überragende Bedeutung hatte von Anfang an und hat noch immer die hydrierende Raffination von Schwerbenzin, das als Einsatzgut für katalytische Reforming-Anlagen verwendet werden soll. Die Freiheit von Schwefel, Stickstoff, Arsen und ähnlichen Begleitstoffen ist für die Lebensdauer der Edelmetallkatalysatoren sehr wesentlich. Des-

---

[1] Gary, J. H., u. H. E. Schweyer: Crude Source and Desulfurization. Petrol. Refiner 32 (1953) Nr. 9, S. 225/28. - Kalichevsky, V. A., u. E. H. Peters: Desulfurization Today. Petrol. Refiner 32 (1953) Nr. 12, S. 82/83. - Komarewsky, V. I., E. A. Knaggs u. C. J. Bragg: Hydrodesulfurization of Gasolines over Vanadium Oxide. Industr. Engng. Chem. 46 (1954) 1689/95; ref. Erdöl u. Kohle 8 (1955) 39. - Casagrande, R. M., W. K. Meerbott, A. F. Santor u. R. P. Trainer: Selective Hydrotreating over Tungsten Nickel Sulfide Catalyst. Treatment of Cracked Gasolines. Industr. Engng. Chem. 47 (1955) 744/49; W. K. Meerbott u. G. P. Hinds jr.: Selective Hydrotreating Reaction Studies with Mixtures of Pure Compounds; ebd. S. 749/52. - Kirsch, F. W., H. Heinemann u. D. H. Stevenson: Selective Hydrodesulfurization of Cracked Gasolines. Industr. Engng. Chem. 49 (1957) 646/49. - Hoffmann, E. J., E. W. Lewis u. E. F. Wadley: Hydrofining of Thermally Cracked Naphthas; ebd. S. 656. - Wilson, W. A., W. E. Voreck u. R. V. Malo: Hydrodesulfurization Catalyst Studies; ebd. S. 657/60. - Eberline, C. R., R. T. Wilson u. L. G. Larson: Hydrotreating Cracking Stocks; ebd. S. 661/63. - Heinemann, H., F. W. Kirsch u. T. A. Burtis: Selektive Hydrier-Entschwefelung von Crackbenzinen. Erdöl u. Kohle 10 (1957) 225/28. - Hoffmann, E. J., E. W. Lewis u. E. F. Wadley: Set Conditions for Hydrogen Treating. Petrol. Refiner 36 (1957) Nr. 6, S. 179/86. - Ridgway jr., J. A.: Organoaluminum Halides as Hydrogenation Catalysts. Industr. Engng. Chem. 50 (1958) 1139/42; ref. Brennst.-Chem. 40 (1959) 30. - Kirsch, F. W., E. Shalit u. H. Heinemann: Hydrodesulfurization of Petroleum Fractions. Industr. Engng. Chem. 51 (1959) 1379/80; ref. Brennst.-Chem. 42 (1961) 26. - Bradley, W. E., u. Mitarb.: Hydrogenation of petroleum fractions. 5. Welt-Erdöl-Kongreß, New York 1959, Bericht III/5. - Thonon, C., u. Mitarb.: Le procédé I.P.F. de raffinage hydrogénant de pétrole brut et de fractions pétroliers. 5. Welt-Erdöl-Kongreß, New York 1959, Bericht III/6. - Hendricks, W. J., J. C. Vlugter u. H. I. Waterman: Katalytische Entschwefelung von Roherdöl. Brennst.-Chem. 42 (1961) 1/11. - Dies.: Untersuchungen über die Konstitution und die katalytische Entschwefelung von leichten, katalytisch gekrackten Rücklauföl-Fraktionen; ebd. S. 145/49. - Dies. u. W. J. van de Weerdt: Die Umwandlung von Cyclohexan über einem Kobaltoxyd-Molybdänoxyd-Bauxit- und einem Nickelsulfid-Wolframsulfid-Katalysator; ebd. S. 185/91. - Dies.: Gleichzeitige Umwandlungen von Cyclohexan und Thiophen über einem Kobaltoxyd-Molybdänoxyd-Bauxit-Katalysator und einem Nickelsulfid-Wolframsulfid-Katalysator; ebd. S. 215/20. - Hendriks, W. J., J. C. Vlugter u. H. I. Waterman: Die Darstellung von Konzentraten der Schwefelverbindungen eines Mittelost-Gasöls und ihre katalytische Entschwefelung; ebd. S. 278/83. - Blume, H., u. Mitarb.: Entwicklung von Katalysatoren für die Erdölverarbeitung. Chem. Techn. 18 (1966) 623/28.

halb wird heute – von Ausnahmefällen bei Einsatzgut mit sehr geringen Mengen unerwünschter Begleitstoffe abgesehen – in der Regel den katalytischen Reforming-Anlagen eine hydrierende Entschwefelung vorgeschaltet, für die der Wasserstoff aus dem nachgeschalteten Reformer zur Verfügung steht. Diese Anlagen können mit einem wesentlich billigeren Molybdän–Wolfram- oder Molybdän–Kobalt-Katalysator gefüllt werden. Die Notwendigkeit, Reformereinsatzgut vorher zu entschwefeln wird um so dringender, je mehr die Raffinerien gezwungen sind, für die Herstellung von Superkraftstoff Schwerbenzin aus schwefelhaltigen Rohölen heranzuziehen.

Gewissen Schwierigkeiten begegnet man, wenn man vor der Aufgabe steht, Krackbenzin hydrierend zu behandeln. Das günstige Klopfverhalten dieser Benzine ist zum Teil die Folge ihrer Olefingehalte. Aus Abb. E-1, S. 357 war zu entnehmen, daß die Olefine, von den C_4-Kohlenwasserstoffen angefangen, eine höhere Klopffestigkeit haben als die Paraffine gleicher Kohlenstoffatomzahl. Nun sind aber Krackbenzine wegen ihres meist hohen Schwefelgehaltes wenig bleiempfindlich und daher unbehandelt für die Herstellung sehr klopffester Fahrbenzine verbesserungsbedürftig. Durch das Hydrieren läßt sich wohl der Schwefel einwandfrei beseitigen, jedoch sind – von den in Abschn. D 6 d, S. 351 und 353, besprochenen Ausnahmen abgesehen – keine Kontakte bekannt, die nur dies tun, ohne gleichzeitig auch Olefine abzusättigen. Das zweite geschieht sogar leichter, weil die Anlagerung zweier Wasserstoffatome an die beiden im Olefin doppelt gebundenen Kohlenstoffatome weniger Energie benötigt als die Abtrennung eines Schwefelatoms, dessen Ersatz im Kohlenwasserstoffmolekül durch ein Wasserstoffatom und die Bildung von Schwefelwasserstoff. Man nimmt also beim Hydrieren von Krackbenzin zunächst eine Verschlechterung in Kauf, die durch das anschließende Reformieren wieder wettgemacht werden muß. Trotzdem läßt sich dieser Umweg nicht vermeiden, will man alle Vorteile des katalytischen Reformierens ausnutzen. Man verwendet dann nicht hydriertes und nicht reformiertes Krackbenzin in den Mengen, wie sie beim Mischen im Rahmen der zu erfüllenden Anforderungen gerade noch zugelassen werden. Dabei ist die Frage beim Kokerbenzin oder solchem aus anderen thermisch arbeitenden Krackanlagen kritischer als bei Benzinen aus katalytischen Krackanlagen. Hierüber wird noch einiges in Abschn. N1 b γ, S. 949 ff. auszuführen sein.

Mag auch das Hydrieren bei Benzin die erwähnten unerwünschten Begleiterscheinungen mit sich bringen, so kann seine Wirkung bei allen höhersiedenden Produkten wie Kerosin, Gasöl und Schmieröl nur als vorteilhaft betrachtet werden. Bei Kerosin und Gasöl ist ein möglichst gesättigter Charakter der Kohlenwasserstoffe auf alle Fälle erwünscht, sei es, daß diese Produkte als Düsen- oder Dieselkraftstoffe, sei es, daß sie als extra leichtes oder leichtes Heizöl verwendet werden, da das Absättigen in diesen Fällen so weit geht, daß auch Aromaten zu Naphthenen hydriert werden. Die Verbrennungseigenschaften werden deshalb durch das Hydrieren immer verbessert, was sich bei Leuchtöl in einer Verringerung der Neigung zum Rußen ausdrückt; vgl. S. 94. Der Rußpunkt wird auch bei Düsenkraftstoff als Bewertungsmaßstab benutzt[1]. Bei Düsen- und bei Dieselkraftstoffen ist die Zündwilligkeit – im zweiten Fall durch die Zetanzahl ausgedrückt – bei gesättigten Verbindungen, insbesondere bei Paraffinen am günstigsten; deren Anteil wird nur durch die Anforderungen an die Stockpunkte begrenzt[2]. Schließlich zeigen Paraffine von allen Kohlenwasserstoffgruppen die geringste Abhängigkeit der Zähigkeit von der Temperatur. Aromaten sind in dieser Hinsicht ausgesprochen unerwünscht, vgl. S. 59. Es ist deshalb auch bei Schmierölen günstig, wenn durch das Hydrieren möglichst gesättigte Kohlenwasserstoffgruppen gebildet werden. Bei der Herstellung dieser Erzeugnisse sind im übrigen die Grenzen für die Behandlung mit Wasserstoff sehr weit gezogen. Entweder ersetzt man die Endstufe, in der das Produkt noch mit Bleicherde oder anderen Adsorbenzien behandelt wird, durch das Hydrieren und wendet dabei milde Arbeitsbedingungen an, die einen geringen Wasserstoffverbrauch zur Folge haben. Oder erreicht man im anderen Grenzfall durch Hydrieren des Grundmaterials, daß z. B. aromatische Körper in Naphthene umgewandelt werden. Die Auswirkungen der Anwendung des Hydrierens auf die übrigen Verfahrensschritte der Schmierölherstellung sind in Abschn. N 1 e ζ und ϑ, S. 979 und 983, erörtert. So wird es u. U. möglich, die Durchsatzleistung einer bestehenden Verarbeitungsanlage für Schmieröl durch Vorschalten einer Hydrierstufe zu erhöhen[3].

Es ist daher vornehmlich auf Grund wirtschaftlicher Überlegungen zu prüfen, an welcher Stelle eines Verarbeitungsganges für Schmieröle eine raffinierende Hydrierung am zweckmäßigsten eingeschaltet wird. Man kann damit rechnen, daß durch die steigenden Anforderungen an ihre Alterungsbeständigkeit, wie sie die zivile und militärische Luftfahrt heute stellen, die Raffinerien in den nächsten Jahren immer mehr gezwungen sein werden, sich mit der hydrierenden Behandlung von Schmieröl zu befassen. Zwei Verfahren, die als Raffinationen anzusehen sind, werden am Ende dieses Kapitels, s. 877 ff., beschrieben.

Bevor auf die einzelnen Verfahren eingegangen wird, kann noch erwähnt werden, daß in unmittelbarer Anlehnung an die Hydrierverfahren der IG-Farbenindustrie AG nach dem Kriege von der Badischen Anilin- & Soda-Fabrik AG (BASF), Ludwigshafen/Rhein, das Hydrieren mit großem Erfolg zur Raffination von Kokereibenzol weiterentwickelt wurde. War doch das Werk Oppau der Badischen Anilin- & Soda-Fabrik innerhalb der Organisation der IG-Farben gewissermaßen die Geburtsstätte

---

[1] TREGILGAS, E. T., u. D. M. CROWLEY: Need More Jet Fuel? Hydrotreat. Hydrocarb. Procssg. 48 (1969) Nr. 5, S. 120/23. – HANSFORD, R. C., T. V. INWOOD u. V. T. MAVITY jr.: Unisar's new hydrogenation process saturates aromatics in jet fuel. Oil Gas J. 67 (5. Mai 1969) Nr. 18, S. 134/36. (Unisar ist nicht ein Firmenname, sondern bezeichnet das von der Union Oil Co of California entwickelte Verfahren.) – Anon.: Arco jet-fuel hydrotreater proves successful after 2-year operation. Oil Gas J. 67 (23. Juni 1969) Nr. 25, S. 113/15. – DEBUS, H. R., R. M. CAHEN u. L. R. AGA: For Better Jet Fuels or Solvents. Hydrocarb. Procssg. 48 (1969) Nr. 9, S. 137/40.

[2] Über die Möglichkeit, unter gewissen Voraussetzungen den Stockpunkt und den Trübungspunkt durch hydrierende Raffination zu senken, s. J. E.-M. MARÉCHAL: Amélioration du point de figeage et du point de trouble des gas-oils par hydrogénation catalytique. 6. Welt-Erdöl-Kongreß, Frankfurt/Main 1963, Bericht III/1.

[3] Vgl. dazu A. ACKER u. B. CHOISNET: a. a. O. (Fußn. 2, S. 876).

der Hydrierung und daher mehr als irgendeine andere Stelle in der Lage, die dort gesammelten Erkenntnisse und Erfahrungen den nach dem Kriege veränderten wirtschaftlichen Verhältnissen anzupassen. Die diesbezüglichen Vorarbeiten gingen bis auf das Jahr 1925 zurück. Da die dabei angewendete Technik in vielen Punkten mit der für Erdölerzeugnisse üblichen übereinstimmt, sollen hier wenigstens die darüber erschienenen Veröffentlichungen genannt werden, wenn auch das Verfahren selbst nicht mehr zum Thema dieses Buches gehört[1].

In Anlehnung an KRÖNIG[2] ist in den vorhergehenden Abschnitten zwischen spaltendem und raffinierendem Hydrieren unterschieden. Im Englischen wird im ersten Fall in der Regel von Hydrocracking gesprochen. Beim Raffinieren sind aber sowohl der Ausdruck Hydrotreating wie die Bezeichnung Hydrorefining im Gebrauch. Eine Umfrage bei führenden Firmen hat ergeben, daß unter dem Oberbegriff „Hydroprocessing" folgende Verfahren, bei denen Wasserstoff angelagert wird, verstanden werden[3].

Hydrocracking-Verfahren, bei denen die Molekülgröße von 50% und mehr des Einsatzgutes verkleinert wird und der Wasserstoffverbrauch 1000 bis 3000 cu.ft/bbl Einsatz ($\approx$ 180 bis 520 m_n^3/t) beträgt;

Hydrorefining-Verfahren, bei denen die Molekülgröße von 10% und weniger des Einsatzgutes verkleinert wird und der Wasserstoffverbrauch etwa zwischen 100 und 1000 cu.ft/bbl ($\approx$ 18 bis 180 m_n^3/t) liegt;

Hydrotreating-Verfahren, bei denen ohne Änderung der Molekülgröße nur eine Beseitigung unerwünschter Begleitstoffe angestrebt wird; der Wasserstoffverbrauch beträgt rd. 100 cu.ft/bbl ($\cong$ 18 m_n^3/t) und weniger.

Die Grenzen für Hydrocracking nach unten und für Hydrorefining nach oben erscheinen etwas willkürlich, weil es auch Fälle geben kann, in denen eine zwischen 10 und 50% liegende Menge des Einsatzgutes gespalten werden kann. Daneben sind die Ausdrücke „Hydrofinishing" und „Hydrofining" (der letzte besonders bei Schmieröl, vgl. S. 855 ff.) etwa im Sinne von Hydrotreating im Gebrauch. STORMONT schlägt deshalb vor, in Zukunft eine aus zwei Buchstaben und einer Zahl bestehende Bezeichnung zu verwenden:

erster Buchstabe zur Kennzeichnung der Siedelage des Einsatzgutes	L (light bzw. lower boiling) für Einsatzgut mit einem 50-%-Siedepunkt unter 500 °F ($\cong$ 260 °C) H (heavy bzw. higher boiling) für Einsatzgut mit einem 50-%-Siedepunkt über 500 °F ($\cong$ 260 °C)
zweiter Buchstabe zur Kennzeichnung der Art des Einsatzgutes	D für Destillate (distillates) R für Rückstände (residues)
Zahl zur Kennzeichnung des Umsetzungsgrades in %	0 bis 100.

[1] URBAN, W.: Die katalytische Druckraffination von Benzol. Erdöl u. Kohle 4 (1951) 279/82. – GROTHE, W.: Über die Auswirkung der Druckraffination auf die Beschaffenheit von Benzolerzeugnissen. Erdöl u. Kohle 6 (1953) 450/54. – NONNENMACHER, N., O. REITZ u. O. SCHMIDT: Das BASF-Scholven-Verfahren zur Druckraffination von Rohbenzol. Erdöl u. Kohle 8 (1955) 407/11. – NOVAK, H., u. H.-G. LIEBICH: Hydrierende Raffination von Rohbenzol mit Kokereigas im Gaswerk Nürnberg. Brennst.-Chem. 35 (1956) 308/10. – REITZ, O.: Treating aromatic

Demnach würde z. B. bedeuten:

HD 100 ein spaltendes Hydrierverfahren für höhersiedende Destillate, das 100%
in leichtersiedende Produkte umsetzt,

HR 40 ein spaltendes Hydrierverfahren für Destillationsrückstand, das rd.
40% in leichtersiedende Produkte umsetzt,

LD 5 ein raffinierendes Hydrierverfahren, bei dem bis zu 5% des Einsatzgutes gespalten werden.

Im Einzelfall soll diese Bezeichnungsweise in Verbindung mit dem vom
jeweiligen Lizenzgeber für sein Verfahren gewählten Namen benutzt
werden.

a) Die beim hydrierenden Raffinieren auftretenden Reaktionen

Es ist verhältnismäßig einfach, die Reaktionen darzustellen, die bei
der Beseitigung von unerwünschten Begleitstoffen aus Kohlenwasserstoffgemischen mit Hilfe von Wasserstoff auftreten. Sie können in nachstehende Gruppen unterteilt werden, je nach dem Element, das mit
dem Wasserstoff ein Hydrid bildet. Als Bruttoformeln geschrieben, welche die über Karbonium-Ionen ablaufenden Zwischenreaktionen und die
Mitwirkung des Katalysators nicht darstellen, lassen sich die einzelnen
zelnen Reaktionen wie folgt wiedergeben. Darin bedeuten R, R_1, R_2 usw.
irgendwelche Kohlenwasserstoffradikale (Alkyle, Zykloalkyle = Naph-
thyle oder Aryle), die paraffinisch, naphthenisch oder aromatisch und
innerhalb einer Verbindung gleich oder verschieden sein können.

1. Entfernung von Schwefelverbindungen

$$R{-}S{-}H \; + \; H_2 \; \longrightarrow \; R{-}H \; + \; H_2S$$

| Merkaptan | Wasser-stoff | Kohlenwasserstoff | Schwefelwasserstoff |

$$R_1{-}S{-}R_2 \; + \; 2\,H_2 \; \longrightarrow \; R_1{-}H \; + \; R_2{-}H \; + \; H_2S$$

| Sulfid | Wasser-stoff | Kohlen-wasserstoffe | Schwefel-wasserstoff |

$$R_3{-}S{-}S{-}R_4 \; + \; 3\,H_2 \; \longrightarrow \; R_3{-}H \; + \; R_4{-}H \; + \; 2\,H_2S$$

| Disulfid | Wasser-stoff | Kohlen-wasserstoffe | Schwefel-wasserstoff |

$$\begin{array}{c} HC{-}CH \\ \| \quad \| \\ HC \diagdown_{\;S}\diagup CH \end{array} \; + \; 4\,H_2 \; \longrightarrow \; C_4H_{10} \; + \; 2\,H_2S$$

Thiophen (C_4H_4S) + Wasserstoff → Butan + Schwefelwasserstoff

by-product light oils from pyrolytic conversions by the BASF-Scholven process
for light oil refining. 5. Welt-Erdöl-Kongreß, New York 1959, Bericht Nr. III/17;
deutsche Fassung: Erdöl u. Kohle 12 (1959) 339/44.

[2] Krönig, W.: a. a. O. S. 24 (vgl. Fußn. 3, S. 808).

[3] Stormont, D. H.: Here's a nomenclature-system proposal for hydroprocessing. Oil Gas J. 66 (7. Okt. 1968) Nr. 41, S. 174/75.

2. Entfernung von Stickstoffverbindungen

Pyridin (C_5H_5N) + 5 H_2 Wasserstoff $\longrightarrow$ C_5H_{12} Pentan + NH_3 Ammoniak

Chinolin (C_9H_7N) + 4 H_2 Wasserstoff $\longrightarrow$ Propylbenzol (C_9H_{12}) $-C_3H_7$ + NH_3 Ammoniak

Pyrrol (C_4H_4NH) + 4 H_2 Wasserstoff $\longrightarrow$ C_4H_{10} Butan + NH_3 Ammoniak

3. Entfernung von Sauerstoffverbindungen

Phenol (C_6H_5OH) + H_2 Wasserstoff $\longrightarrow$ Benzol + H_2O Wasser

Monokarbonsäure $R-C\begin{smallmatrix}O\\O-H\end{smallmatrix}$ + 3 H_2 Wasserstoff $\longrightarrow$ $R-CH_3$ Kohlenwasserstoff + 2 H_2O Wasser

Peroxyd $R_5-O-O-R_6$ + 3 H_2 Wasserstoff $\longrightarrow$ $R_5-H + R_6-H$ Kohlenwasserstoffe + 2 H_2O Wasser

4. Absättigung olefinischer Doppelbindungen oder aromatischer Bindungen

$$R-CH=CH_2 \;+\; H_2 \;\longrightarrow\; R-CH_2-CH_3$$

Alken Wasserstoff Alkan

Benzol $+\; 3H_2 \longrightarrow$ Zyklohexan oder

  Wasserstoff

Benzol $+\; 4H_2 \longrightarrow\; CH_3-(CH_2)_4-CH_3$

  Wasserstoff Normalhexan

Die Formeln zeigen, daß bei diesen Hydrierreaktionen in der Regel gesättigte Kohlenwasserstoffe gleicher Kohlenstoffatomzahl, bei Sulfiden, Disulfiden und Peroxyden durch Aufbrechen der kennzeichnenden Schwefel- oder Sauerstoffbrücken jedoch zwei Kohlenwasserstoffe entstehen können, bei denen die Summe der C-Atomzahlen gleich ist der in der ursprünglichen Verbindung enthaltenen. Im Falle des Chinolins ist nur der erste Reaktionsschritt gezeigt; das so entstandene Alkylbenzol kann dann noch zu dem entsprechenden Alkylnaphthen weiterhydriert werden, wenn nicht die Seitenkette abgespalten und jedes Bruchstück für sich abgesättigt wird. Auch beim Phenol ist nur die erste Reaktion dargestellt.

Die Wasserstoffaufnahme verläuft stöchiometrisch. Daher läßt sich der Wasserstoffverbrauch für die chemischen Reaktionen einfach aus der Verminderung des Gehaltes an Schwefel, Stickstoff oder Sauerstoff und der Erhöhung des Wasserstoffgehaltes der hydrierten Produkte berechnen. Der letzte Wert stellt in manchen Fällen den Hauptanteil dar. Es werden benötigt:

1. zur Entfernung von Schwefel je kg

$$\frac{2}{32}\,kg\;H_2 = 0,0625\;kg\;H_2 \;\widehat{=}\; \frac{0,0625}{0,08987} = 0,696\;\frac{m_n^3\,H_2}{kg\,S}\;;$$

dies ergibt je Gew.-% S einen Wasserstoffbedarf von

$$6,96\;m_n^3\;H_2/t\;Öl.$$

Eine sinngemäße Rechnung ergibt

2. zur Entfernung von Stickstoff je Gew.-%

$$23,90 \ m_n^3 \ H_2/t \ \text{Öl und}$$

3. zur Entfernung von Sauerstoff je Gew.-%

$$13,90 \ m_n^3 \ H_2/t \ \text{Öl}.$$

Bei der Absättigung von olefinischen oder aromatischen Bindungen erhält man in gleicher Weise

4. für die Zunahme des Wasserstoffgehaltes je Gew.-%

$$111,50 \ m_n^3 \ H_2/t \ \text{Öl}.$$

In der Praxis übliche Werte des Wasserstoffverbrauches liegen je nach Einsatzgut und Raffinationsgrad zwischen 25 und 100 $m_n^3 H_2/t$.

Sofern bei gegebenen Produkten das Ausmaß der Reaktionen genügend genau durch vorhergehende Versuche ermittelt werden kann, sind diese Zahlen eine brauchbare Grundlage für die Berechnung des im praktischen Betrieb zu erwartenden Wasserstoffverbrauches. Deshalb ist dieser vornehmlich von den Betriebsbedingungen abhängig, weil Druck und Temperatur sowie die Eigenschaften des Katalysators dafür maßgebend sind, welche Reaktionen bevorzugt ablaufen. So hat man die Erfahrung gemacht, daß Katalysatoren mit Molybdänoxyd allein bei gleicher Absättigung olefinischer oder aromatischer Bindungen weniger entschwefeln, als wenn der Kontakt auch Kobaltoxyd enthält.

Die Stickstoffverbindungen sind im Gegensatz zu den Schwefel- und Sauerstoffverbindungen mehr oder weniger basisch; vgl. S. 41. Ihr Einfluß auf die sauren, für das katalytische Kracken und Hydrokracken benutzten Katalysatoren ist besonders nachteilig. Vielleicht bereitet der basische Charakter die bekannten Schwierigkeiten bei der Entfernung durch katalytisches Hydrieren. Die üblichen dafür benutzten Katalysatoren wandeln zwar auch organische Stickstoffverbindungen zu Ammoniak und dem entsprechenden Kohlenwasserstoff um, jedoch bei weitem nicht in dem Maße wie bei Schwefelverbindungen. Um bei Stickstoff ähnliche Raffinationsgrade zu erreichen, sind höhere Temperaturen und höhere Drücke erforderlich. Als besonders aktiv zur Entfernung von Stickstoff haben sich Nickel- und Kobaltchloride erwiesen[1].

Um eine für technische Zwecke ausreichende Geschwindigkeit der Reaktion zu erreichen, darf die Wasserstoffkonzentration am Ende nicht auf null sinken. Man muß deshalb mit Wasserstoffüberschuß entweder im einfachen Durchgang oder im Kreislauf arbeiten. Einfacher Durchgang ist oft dann wirtschaftlich, wenn das Abgas, dessen Wasserstoffgehalt noch ausreichend hoch ist, anschließend für weitere Hydrierungen verwendet werden kann.

Es ist weiterhin zu beachten, daß nicht alle bei den vorhandenen Schwefel-, Sauerstoff- und Stickstoffverbindungen möglichen Reaktionen

---

[1] McCandless, F. P., u. Ll. Berg: Hydrodenitrogenation of petroleum using a supported nickelous chloride – gaseous chloride catalyst system. Industr. Engng. Chem./Proc. Design. Developm. 9 (1970) 110/15.

mit der gleichen Geschwindigkeit ablaufen, vielmehr z. B. die Hydrierung von Fremdatomen in Seitenketten leichter vor sich geht, als wenn sie in den Ring einer Ringverbindung eingebaut sind[1]. Deshalb muß immer mit erheblichem Wasserstoffüberschuß gearbeitet werden. Außerdem muß bei der Ermittlung des Gesamtverbrauches die Wasserstoffmenge berücksichtigt werden, die zuerst im Produkt gelöst, dann zusammen mit den übrigen Gasen im Stripper abgetrieben wird und über den Trennbehälter die Anlage verläßt.

b) Die in Dampfphase arbeitenden Verfahren

Von den noch näher zu beschreibenden Ausnahmen abgesehen, arbeiten die meisten bekannt gewordenen hydrierenden Raffinationsverfahren für Mitteldestillate und niedrigersiedende Fraktionen in Dampfphase in gleicher Weise, wie dies bei der zweiten Stufe der klassischen Hydrierung, der sog. Gasphase üblich war. Die perl- oder pillenförmigen Katalysatoren befinden sich in stehenden Reaktoren, die in der Regel von oben nach unten durchströmt werden. Umkehr der Strömungsrichtung empfiehlt sich unter Umständen bei Einsatzgut, das zur Polymerisation neigt. Diese wird in Temperaturbereichen gefördert, die beim Aufheizen auf Reaktionstemperatur durchlaufen werden muß. Wenn sich dann beim Durchströmen von unten Harze auf den untersten Katalysatorschichten ablagern, können sie z. B. durch Waschen mit hydriertem Produkt besser beseitigt werden.

Fast alle Verfahren weisen übereinstimmend eine Schaltung auf, ähnlich der, wie sie in Abb. L-15 wiedergegeben ist. Das zu hydrierende Ein-

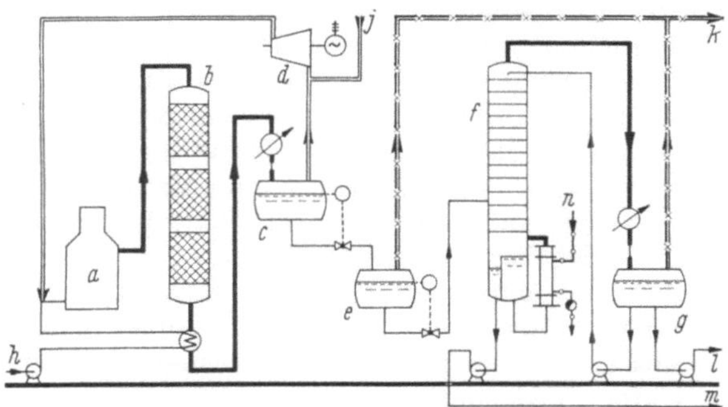

Abb. L-15. Schematisches Fließbild einer Anlage zur hydrierenden Raffination von Destillatfraktionen.

a	Ofen (kann z.B. durch einen Wärmeaustauscher ersetzt werden, der vom Ausfluß eines Reforming-Reaktors beheizt wird);	*f*	Stabilisier- oder Stripperkolonne;
		g	Trennbehälter;
		h	Einsatzgut;
b	Reaktor;	*j*	Frischwasserstoff;
c	Hochdruckentspannungsbehälter;	*k*	Flüssiggas und Schwefelwasserstoff;
d	Kreislaufkompressor;	*l*	Leichte Kohlenwasserstoffe;
e	Niederdruckentspannungsbehälter;	*m*	Hydriertes Produkt.

---

[1] Vgl. dazu R. A. FLINN, O. A. LARSON u. H. BEUTHER: How Easy Is Hydrodenitrogenation? Petrol. Refiner 42 (1963) Nr. 9, S. 129/32. – DOELMAN, J., u. J. C. VLUGTER: Model studies on the catalytic hydrogenation of nitrogen-containing oils. 6. Welt-Erdöl-Kongreß, Frankfurt/Main 1963, Bericht III/12.

satzgut wird im Wärmeaustausch mit abfließendem heißem Produkt und anschließend in einem Röhrenofen *a* auf die für die Reaktion erforderliche Temperatur aufgeheizt. Diese beträgt je nach Siedebereich der zu verarbeitenden Fraktion 300 bis über 400 °C. Der Druck wird in weiten Grenzen verändert. Seine Höhe hängt von der Art und Menge der aus dem Produkt zu entfernenden Begleitstoffe, von der angestrebten Reinheit, von der Arbeitstemperatur und von der Wasserstoffkonzentration im verfügbaren Gas ab. Er kann zwischen 10 und 100 at liegen. Für die Reaktion ist der Wasserstoffteildruck maßgebend. Je höher dieser ist, um so intensiver sind die Hauptreaktionen und um so weniger kommt es zu Nebenreaktionen, die durch Verharzungen die Lebensdauer des Katalysators beeinträchtigen. Die Höhe des Gesamtdruckes bestimmt wegen der erforderlichen Kompressorleistungen weitgehend die Betriebskosten.

Da mit erheblichem Wasserstoffüberschuß gearbeitet werden muß, enthält das gekühlte Produkt hinter dem Reaktor sowohl Wasserstoff wie auch Schwefelwasserstoff und gegebenenfalls Ammoniak gelöst. Deshalb werden in der Regel zwei mit abgestuftem Druck betriebene Entspannungsgefäße (Trennbehälter) *c* und *e* vorgesehen. Auf diese Weise kann man im ersten Behälter bei einem noch ziemlich hohen Druck, der in der Größenordnung von 75 % des Reaktordruckes liegt, ein sehr wasserstoffreiches Gas abtrennen, das im Kreislauf zurückgeführt wird. Der Schwefelwasserstoff bleibt dann noch im Produkt gelöst, ebenso bleiben es die niedrigmolekularen Kohlenwasserstoffe, die in geringer Menge durch nicht vollkommen unterdrückbare Spaltreaktionen oder – wie im vorhergehenden Unterabschnitt erläutert – z.B. auch bei gewissen Hydrierreaktionen entstehen können. Diese können dann in dem zweiten, mit wesentlich niedrigerem Druck betriebenen Entspannungs- oder Trennbehälter entfernt werden. Unter Umständen empfiehlt es sich, sie über einen nicht eingezeichneten Stripper abzuziehen, in dem durch ein Waschmittel leichte Produkte zurückgewonnen werden; die Ausbeute muß aber den Aufwand dafür lohnen. An Stelle des zweiten Trennbehälters tritt mitunter, z.B. beim Hydrieren von Reformereinsatzgut, eine Stabilisierkolonne, um auf diese Weise ein scharf geschnittenes Produkt für die weitere Verarbeitung zu erhalten[1].

Die Verfahren der einzelnen Ingenieurgesellschaften und Ölfirmen, die sich mit Entwicklungsarbeiten auf diesem Gebiet befassen, weisen – von einer in Abschn. L4c zu behandelnden Ausnahme abgesehen – keine erheblichen Unterschiede auf, soweit es sich um die Raffination von Benzin und Mitteldestillat handelt. Sie sind unter verschiedenen Namen bekannt. Die folgende Übersicht ist einer Arbeit von KAY entnommen und ergänzt[2]. Sie enthält nicht die besonderen, bereits auf S. 350ff. er-

---

[1] Die in Abb. L-15 wiedergegebene Schaltung ist nur als eines verschiedener möglicher Beispiele zu werten. Einzelheiten s. Hydrocarb. Procssg. 45 (1966) Nr. 9, S. 240/53; 47 (1968) Nr. 9, S. 194/213.

[2] KAY, H.: What Hydrogen Treating Can Do. Petrol. Refiner 35 (1956) Nr. 9, S. 306/18. – Vgl. außerdem R. L. DAVIDSON: Hydrogen Processing. Petrol. Processing 11 (1956) Nr. 11, S. 115/38. – Es hat sich seither nichts Wesentliches geändert, soweit es sich nicht um Selektivhydrierung oder Hydrieren von Schmieröl handelt.

Übersicht L. *Die verschiedenen hydrierenden Raffinationsverfahren[a] (ohne die Verfahren zur Behandlung von Schmierölen)*

Benennung	Lizenzgeber	Geeignet für	Reaktor-temperatur °C	Reaktor-druck atü	Raum-geschwindigkeit h⁻¹	Katalysator (meist auf Al_2O_3)
Autofining	The British Petroleum Co	Kerosin u. ä.	410···465	7···14	2···5	Co–Mo
Diesulforming	Husky Oil Co	Reformereinsatz	355···465	21···35	0,5···5	Mo
Gulf HDS	Gulf Research & Developm Co	Rohöl, Destilla-tionsrückstände	465···495	35···70	0,5···2,0	Co–Mo
Gulfining	Gulf Research & Developm Co	Heizöl, Destillate				
Hydrobon	Universal Oil Products Co	Reformereinsatz	bis 465	unter 70		
	Ashland Oil Refining Co	Mitteldestillate				
	The M. W. Kellogg Co	Reformereinsatz				
	Phillips Petroleum Co					
Hydrodesulfuri-zation	Sinclair Refining Co	Leichtes FCC-Cycle-öl, SR-Naphtha	305···415	14···56	2,0···8,0	Mo bzw. Co–Mo
	Standard Oil Co of Indiana	Destillate				
	Sun Oil Co	Schmieröle				
Hydrofining[b]	Esso Research & Engng Co	verschiedene Frak-tionen	205···415	3,5···56	0,5···16	Co–Mo
Hydropretreating Trickle Hydrode-sulfurization	Houdry Process Co	Reformereinsatz	370···410	28	10···20	Pt
	Royal Dutch/Shell	Mitteldestillate	350···390	21···53	1,3···3,6	Co–Mo
Unifining	Universal Oil Products Co Union Oil Co of California	verschiedene Frak-tionen	bis 465	unter 70		Co–Mo

[a] Das Sovaforming-Verfahren der damaligen Socony Mobil Oil Co ist nicht genannt, weil diese Bezeichnung nicht mehr verwendet werden soll; wegen Comofining und Ferrofining s. Abschn. L 4 d.

[b] Über ein neuerdings von Esso entwickeltes „Hydrodesulfurization"-Verfahren zum Entschwefeln von Normaldruckrückstand, Vakuumsgasöl oder entasphaltiertem Öl s. S. 868 Mitte.

wähnten, selektiv wirkenden Hydrierverfahren und auch nicht die auf S. 875 ff. zu besprechenden Verfahren zur Behandlung von Schmierölen. Für diese gelten besondere Gesichtspunkte.

Die verwendeten Katalysatoren enthalten in der Regel auf einer Trägersubstanz wie Bauxit oder Fullererde etwa 10% Molybdän(VI)-oxyd (MoO_3), mitunter auch Kobalt(II)-oxyd (CoO) in Anteilen von meist weniger als 1%. Nur das alte Dampfphaseentschwefelungsverfahren der Shell benutzte einen Wolfram–Nickelsulfid-Kontakt[1]. Die Katalysatoren lassen sich zwar mit einem Luft–Dampf-Gemisch regenerieren, jedoch wird, von Ausnahmen abgesehen, von dieser Möglichkeit nur selten in den Anlagen selbst wegen der meist niedrigen Kosten der Katalysatoren Gebrauch gemacht.

Katalysatoren mit einer ebenfalls von der üblichen abweichenden Zusammensetzung hat die American Cyanamid Co entwickelt[2]. Sie empfiehlt einen mit Wasserdampf vorbehandelten und geschwefelten Kontakt mit Nickelsulfid (Ni_3S_2) und Molybdänsulfid (MoS_2) als aktiven Bestandteilen. Als Vorteil der vorhergehenden Dampfbehandlung wird angegeben, daß die Wirkung hinsichtlich der Entfernung von Schwefel und Stickstoff aus leichtsiedenden Fraktionen bei Temperaturen erreicht wird, die 8 bis 14° unter den sonst erforderlichen liegen. Beim hydrierenden Raffinieren höhersiedender Fraktionen macht sich dieser Vorteil allerdings nicht mehr geltend.

Ähnliche Kontakte mit Nickel–Molybdän-Sulfid oder Kobalt–Molybdän-Sulfid werden bei der hydrierenden Entschwefelung von Benzinen verwendet, die an Nickelkontakten zu Stadtgas oder Synthesegas gespalten werden sollen; vgl. Abschn. M 2 c, S. 914 ff. Ihr Schwefelgehalt muß auf Beträge von weniger als 1 mg/kg gesenkt werden[3]. Deshalb kann der entstehende Schwefelwasserstoff nicht in einem sonst üblichen Stripper entfernt werden, weil bei dem sich dann einstellenden Gleichgewicht so niedrige Schwefelgehalte nie zu erreichen wären. Man wendet deshalb – so wie bereits in den alten Hydrieranlagen der Farbenindustrie AG – Zinkoxyd oder Luxmasse an, um die geringen Schwefelwasserstoffmengen zu binden. Es zeigte sich, daß die Anwesenheit von Kohlenmonoxyd oder -dioxyd die Wirksamkeit dieser Adsorptionsmittel sehr beeinträchtigt. Hier liegt eine der S. 625 erwähnten Ausnahmen vor, bei der ein in der Gaswerkstechnik üblicher Verfahrensweg auch bei der Verarbeitung von Erdölprodukten eingeschlagen wird. Er kommt allerdings auch vornehmlich für Gaswerke in Frage.

---

[1] COLE, R. M., u. D. D. DAVIDSON: Hydrodesulfurization of Gasoline Fractions with Tungsten-Nickel Sulfide Catalyst. Industr. Engng. Chem. 41 (1949) 2711/21. – ABOTT, M. D., G. E. LIEDHOLM u. D. M. SARNO: Vapor-Phase Hydrodesulfurization. Petrol. Refiner 34 (1955) Nr. 6, S. 118/22.

[2] BREWER, M. B., u. T. H. CHEAVENS: Prepare Cat for Better Hydrotreating. Hydrocarb. Procssg. & Petrol. Refiner 45 (1966) Nr. 4, S. 203/06. – Dies.: Ni-Mo catalyst break-in procedure is improved. Oil Gas J. 64 (25. April 1966) Nr. 17, S. 176, 181/83.

[3] Über die dabei auftretenden Probleme siehe z. B. K.-H. LAUER: Versuche zur Entschwefelung von Benzinen mit geringem Schwefelgehalt. Gas- u. Wasserf. 110 (1969) 516/20.

Von den in der Übersicht aufgezählten Verfahren werden nachfolgend einige näher erläutert, die sehr ausgedehnte Anwendung gefunden haben und über die eine größere Anzahl von Berichten vorliegt. Einige davon haben, wie die Übersicht zeigt, keinen besonderen Namen, sondern werden einfach als „Hydrodesulfurization" bezeichnet.

Sehr verbreitet ist das *Unifining*-Verfahren[1]. Es ist das Ergebnis einer gemeinsamen Entwicklung der Union Oil Co of California und der Universal Oil Products Co. Nach dem von dieser zuerst vorgeschlagenen sog. Hydrobon-Verfahren wurde ursprünglich nur eine einzige Anlage für rd. 600000 t/a im Jahre 1954 bei der Standard Oil Co of Ohio in Lima/Ohio aufgestellt. Später folgten noch einige weitere Anlagen, so z.B. in der Erdölraffinerie Neustadt/Donau. Seither werden von UOP als Vorstufe für Reforming-Anlagen fast ausschließlich Unifiner verwendet. Welche Ergebnisse damit z.B. beim Behandeln eines Kokerbenzins zu erzielen

Zahlentafel L-6. *Hydrierende Entschwefelung eines Kokerbenzins*

		Einsatzgut	Gas zur Entschwefelung und Gasrückgewinnung aus Niederdruckentspannungsbehälter	Kopfprodukt	Sumpfprodukt
				der Fraktionierkolonne	
Dichte g/ml		0,787			0,776
Siedeverlauf bzw. Zusammensetzung °C	Mol-%	°C	Mol-%	Mol-%	°C
Siedebeginn	H_2S	115	2,2	6,6	99
10 Vol.-%	H_2	128	43,5	1,6	115
30 Vol.-%	C_1	144	27,2	5,8	131
50 Vol.-%	C_2	154	19,5	28,1	146
70 Vol.-%	C_3	168	6,5	33,1	160
90 Vol.-%	C_4	183	1,1	18,2	178
Siedeende	C_5	204	0,0	6,6	192
			100,0	100,0	
Durchflußmenge a	Gew.-%	100	3,70	0,45	100,25
Wasserstoffverbrauch	m_n^3/t	110 chemisch gebunden in den flüssigen Produkten			
Schwefelgehalt	Gew.-%	0,8			0,005
Basischer Stickstoff	mg/kg	170			0,2
Olefine	Vol.-%	~27,2 entsprechend einer Bromzahl von 36			<1

(Die Angaben „übergegangen" beziehen sich auf die Zeilen 10 Vol.-% bis 90 Vol.-%.)

a Darin sind nicht enthalten 7,1 Gew.-% Frischwasserstoff und 2,7 Gew.-% Abgas aus dem Hochdruckentspannungsbehälter; dieses enthält etwa 70 Vol.-% H_2.

[1] Anon.: Unifining. Petrol. Refiner 32 (1953) Nr. 12, S. 85. – GROTE, H. W., C. H. WATKINS, H. F. POLL u. G. W. HENDRICKS: New Data on Unifining; ebd. 33 (1954) Nr. 4, S. 165/70. – ECKHOUSE, J. G., C. F. GERALD u. A. J. DE ROSSET: Unifining Upgrades Distillate Fuels. Oil Gas J. 52 (30. Aug. 1954) Nr. 35, S. 81/83. – GERALD, C. F.: Unifining–Platforming in One Unit. Petrol. Refiner 35 (1956) Nr. 5, S. 216/17. – POLL, H. F.: What Unifining Can Do for You; ebd. 35 (1956) Nr. 7, S. 193/98. – HENDRICKS, G. W., u. Mitarb.: Improve Cat Cracker Feed; ebd. 36 (1957) Nr. 2, S. 135/39. – WATKINS, C. H., u. A. J. DE ROSSETT: Hydrogen Use High for Some Stocks. ebd. Nr. 3, S. 201/04. – BARAL, W. J., G. W. HENDRICKS u. L. R. DAMSKEY: What It Costs to Operate a Unifiner; ebd. 37 (1958) Nr. 10, S. 133/35. – Den letzten seither kaum mehr geänderten Stand s. in Hydrocarb. Procssg. 45 (1966) Nr. 9, S. 252; 47 (1968) Nr. 9, S. 213.

sind, ist in Zahlentafel L-6 wiedergegeben. Dieses Beispiel ließe sich durch zahlreiche weitere vermehren und gibt immer wieder das Bild einer fast vollständigen Beseitigung der unerwünschten Begleitstoffe und einer gewissen Erniedrigung des Siedebeginns infolge nicht vollständig unterdrückbarer Spaltreaktionen oder der Entschwefelung von Kohlenwasserstoffverbindungen, bei denen Schwefel, so wie bei Disulfiden, das Bindeglied zwischen zwei Kohlenwasserstoffresten darstellt. Das höhere Siedeende eines mitunter als Bodenprodukt besonders gewonnenen leichten Heizöles ist weniger auf Polymerisationsreaktionen zurückzuführen als auf die Eigenheit der Engler-Destillation (die nach ASTM angewendet wird), bei der trotz gleicher wahrer Siedepunkte Siedebeginn und Siedeende abhängig von der Siedebreite der Fraktion sind[1]. In einem solchen Fall wird das hydrierte Hauptprodukt als Seitenstrom abgezogen.

Angaben über das in zahlreichen Raffinerien angewendete *Hydrofining*-Verfahren der Esso sind ebenfalls in den zurückliegenden Jahren in großer Zahl veröffentlicht worden[2]. Es wird in den letzten Jahren vielfach auch als *Hydrosweetening* bezeichnet. Ein in der Schaltung sehr ähnliches Verfahren, das einen neuen, als sehr preiswert, jedoch nicht näher bezeichneten Katalysator zum Entschwefeln hochsiedender Destillate, entasphaltierter Öle und selbst von Normaldruckrückständen benutzt, nennt auch die Esso jetzt „Hydrodesulfurization". Der Schwefel kann damit in Destillaten oder diesen gleichwertigen Fraktionen auf etwa 0,5 Gew.-%, in Rückständen auf etwa 1,0 Gew.-% herabgesetzt werden[3].

Weiterhin kann zu diesen Verfahren auch das im vorhergehenden Unterabschnitt bereits besprochene Gulf-HDS-Verfahren gezählt werden, wenn es unter milden Betriebsbedingungen nur entschwefelnd und nicht spaltend betrieben wird[4]. Von den sonstigen, in der Übersicht L, S. 865, aufgezählten Verfahren ist nur das sog. Hydropretreating der Houdry Process Corp deshalb bemerkenswert, weil es einen Platinkatalysator verwendet[5]. Dieses Verfahren ist offenbar identisch mit der

[1] Vgl. B. Riediger: Berechnung von Fraktionierkolonnen für Vielstoffgemische, Berlin: Springer 1951, S. 28f.

[2] Voorhies jr., A., W. M. Smith u. C. E. Hemminger: Hydrogenation of Catalytically Cracked Naphthas for Production of Aviation Gasolines. Industr. Engng. Chem. 39 (1947) 1104/07. – Voorhies jr., A., u. W. M. Smith: Disulfurization – Hydrogenation of High-Sulfur Catalytically Cracked Cycle Stock. Industr. Engng. Chem. 41 (1949) 2708/10. – Anon.: Hydrofining Now Numbers 19 Units. Petrol. Refiner 33 (1954) Nr. 6, S. 144. – Zimmerschied, W. J., R. A. Hunt jr. u. W. A. Wilson: Improving Distillates by Hydrofining. Petrol. Refiner 34 (1955) Nr. 5, S. 153/55. – Schmeling, F.: Raffination von Dieselkraftstoffen durch katalytische Hydrierung. Erdöl u. Kohle 9 (1956) 450/52. – Anon.: Hydrofining. Petrol. Refiner 35 (1956) Nr. 9, S. 292. – Brandon, A., u. L. W. Zahnstecher: Refinery Integrates Three Hydrofiners. Petrol. Refiner 35 (1956) Nr. 10, S. 166/68. – Carlsmith, L. E., u. R. R. Haig: Hydrogen Treating Helps Wide Range of Stocks. Petrol. Refiner 36 (1957) Nr. 9, S. 233/35. – Auch hier gilt die Schlußbemerkung zu Fußn. 2, S. 864; vgl. Hydrocarb. Procssg. 45 (1966) Nr. 9, S. 248; 47 (1968) Nr. 9, S. 205.

[3] Hydrocarb. Procssg. 47 (1968) Nr. 9, S. 202 (Refining Processes Handbook).

[4] Vgl. dazu die Aufsätze von J. McAfee u. Mitarb., H. Beuther u. R. A. Flinn, sowie von R. A. Flinn u. Mitarb. in Fußn. 2, S. 820.

[5] Stevenson, D. H., u. G. A. Mills: Hydropretreating of Catalytic Reformer Feed. Petrol. Refiner 34 (1955) 117/21.

beim Houdriforming auf S. 550 erwähnten Anwendung einer „Guard Chamber". In diese kann bereits gebrauchter Reforming-Katalysator eingesetzt werden.

Ein in der Übersicht nicht genanntes Dampfphaseverfahren der Shell wurde ausschließlich für Fraktionen im Siedebereich des Benzins verwendet, weil dafür das im nächsten Unterabschnitt zu besprechende Trickle-Verfahren nicht angewendet werden kann. Dieses eignet sich nur für höhersiedende Mitteldestillate, weil es in flüssiger Phase arbeitet. Da aber in den Raffinerien der Shell als Reformer weitgehend Platformer der Universal Oil Products Co (UOP) verwendet werden, sind von diesem Ölkonzern als vorgeschaltete Entschwefelungsstufen in den zurückliegenden Jahren fast ausschließlich Unifiner gebaut worden.

Zum Schluß soll noch ein ebenfalls hieher gehörendes Verfahren erwähnt werden, das in der Übersicht an erster Stelle steht, sich aber von allen anderen Verfahren wesentlich unterscheidet. Es ist das sog. *Autofining*-Verfahren der früheren Anglo Iranian Oil Co, der jetzigen British Petroleum Co (BP). Dabei wird zwar auch ein Kobalt–Molybdän-Katalysator verwendet, jedoch kein Wasserstoff, der von einer fremden Quelle bezogen wird. Vielmehr dient der im Prozeß selbst durch Dehydrierung von Naphthenen oder durch Spaltung anderer Kohlenwasserstoffe entstehende Wasserstoff zum Entschwefeln[1]. Solche Reaktionen werden durch hohe Temperaturen und niedrige Drücke gefördert. Deshalb hat der Katalysator keine so langen Standzeiten wie beim Arbeiten mit zusätzlichem Wasserstoff und muß viel öfter regeneriert werden. Dazu kann eine Mischung aus Wasserdampf und Luft oder aus Inertgas und Luft verwendet werden. Die dafür erforderlichen Einrichtungen sind ähnlich den auf S. 555 f. besprochenen. Die Lebensdauer des wiederholt regenerierten Katalysators beträgt aber viele tausend Stunden. Das Verfahren kann dann gewisse wirtschaftliche Vorteile bieten, wenn kein Wasserstoff zur Verfügung steht. Als obere Siedegrenze für das Einsatzgut wird 370 °C angegeben.

Einen Sonderfall stellt das raffinierende Hydrieren von Polymerbenzin dar; vgl. Abschn. G 1 c, S. 576 f. Solches Benzin enthält zwar keine Diolefine, wie die Pyrolysebenzine, besteht aber ausschließlich aus Olefinen. Da heute kaum mehr Polymerisationsanlagen zur Erzeugung von Benzin gebaut werden, geht der Anteil von Polymerbenzin an der Gesamterzeugung ständig zurück. Wo aber Wasserstoff zur Verfügung steht, z. B. als überschüssiges Reformerabgas, kann durch nichtspaltendes Hydrieren bei mäßigen Drücken von 30 bis 40 at auf wirtschaftliche Weise eine stabile, immer noch klopffeste Kraftstoffmischkomponente gewonnen werden, indem ein Teil der Olefine abgesättigt wird[2]. Es hängt weitgehend

---

[1] Anon.: Desulfurization Process Developed by Anglo-Iranian. Petrol. Refiner 31 (1952) Nr. 6, S. 108/09. – Anon.: Autofining Process. Petrol. Processing 7 (1952) 467/69. – Anon.: Three New Refining Processes. Petrol. Processing 8 (1953) 683/86. – HYDE, J. W., u. F. W. B. PORTER: The Autofining Process – The Production of Low Sulphur Diesel Oils. 4. Welt-Erdöl-Kongreß, Rom 1955, Bericht Nr. III/C/2. – Anon.: Autofining. Petrol. Refiner 39 (1960) Nr. 9, S. 247.

[2] KIRK jr., M. C., u. H. E. REIF: Use hydrogen to make octanes. Chem. Engng. Progr. 61 (1965) Nr. 3, S. 64/68.

von den einer Raffinerie zur Verfügung stehenden anderen Komponenten
für Ottokraftstoff ab, ob dieser Weg einen Anreiz bietet. Es handelt sich
letzten Endes um ein Verfahren mit ähnlichen Zielen, wie sie in Abschn.
D 6 d, S. 350 ff., besprochen wurden.

c) Das in flüssiger Phase arbeitende Shell-Trickle-Verfahren

Ein wesentliches Merkmal der Arbeitsweise des Trickle-Verfahrens
besteht darin, daß das zu entschwefelnde Produkt in flüssiger Phase als
dünner Film über den festen Katalysator rieselt[1]. Wie Abb. L-16 zeigt,

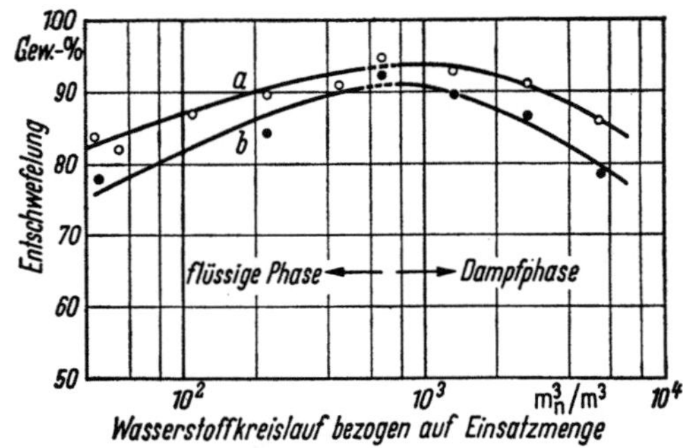

Abb. L-16. Einfluß des Verhältnisses von Wasserstoffkreislaufmenge zur Einsatzmenge auf die Entschwefelung.

a Öl/Katalysator-Verhältnis 2,4 h⁻¹;   *b* Öl/Katalysator-Verhältnis 3,6 h⁻¹.

Die dargestellten Werte wurden für ein Nahost-Straight run-Gasöl mit einer Dichte von 0,845 g/ml, einem Schwefelgehalt von 1,25 Gew.-% und einem Siedebereich von 250 bis 350 °C ermittelt.

Katalysator: Co und Mo auf Al_2O_3;
Druck im Reaktor 53 ata;
Temperatur im Reaktor 376 °C.

erreicht die Entschwefelung einen Bestwert bei einem Verhältnis von
Wasserstoff zu flüssigem Produkt von etwa 800 bis 1000 m_n^3/m^3 flüssigen
Einsatz, was dem Übergang vom Zustand der flüssigen Phase in die
Dampfphase entspricht. Es sind bei den unter diesem Bestwert liegenden
kleineren Wasserstoffkreislaufverhältnissen ebenso gute Entschwefelungs-
grade zu erzielen wie beim Arbeiten oberhalb dieses Punktes. Durch die
Verringerung des Wasserstoffkreislaufes kann erheblich an Kompressionsarbeit und an aufzuwendender Wärme gespart werden. Dadurch
hat dieses Verfahren allen anderen Entschwefelungsverfahren gegenüber
wesentliche Vorteile. Seiner Anwendung sind nur bei niedrigen Siedebereichen der zu entschwefelnden Produkte Grenzen gezogen, weil diese
bei den erforderlichen Temperaturen nicht mehr flüssig sein können. Es
erweist daher seine besondere Eignung für schwerere Mitteldestillate.

---

[1] HOOG, H., H. G. KLINKERT u. A. SCHAAFSMA: New Shell Hydrodesulfurization Process Shows These Features. Petrol. Refiner 32 (1953) Nr. 5, S. 137/41. –
KLINKERT, H. G., u. H. M. PENNING: Shell „Trickle" Hydrodesulfurizer; ebd. 34
(1955) Nr. 9, S. 152/54. – ABBOTT, M. D., R. C. ARCHIBALD u. R. W. DORN: Hydrogen Improves Cat Cracker Feed; ebd. 37 (1958) Nr. 9, S. 161/66. – Anon.: Trickle
Hydrodesulfurization; ebd. 45 (1966) Nr. 9, S. 251. – Engl. to trickle = tröpfeln.

Als Katalysator wird entweder eine Mischung von Molybdänoxyd, Magnesiumoxyd und Zinkoxyd oder von Molybdänoxyd, Kobaltoxyd und Aluminiumoxyd in Form von kleinen Kügelchen verwendet. Die Temperatur wird nach den gleichen Gesichtspunkten wie im vorhergehenden Unterabschnitt verschieden gewählt, und zwar im allgemeinen zwischen 350 und 390 °C; als Betriebsdruck werden Werte zwischen 20 und mehr als 50 atü angewendet. Höhere Drücke und Temperaturen begünstigen eine starke Entschwefelung. Versuche haben gezeigt, daß mit dem verwendeten Kontakt Aromaten nur in geringem Maße hydriert werden. Dies hat den Vorteil, daß die bei dem Verfahren durch Abbau

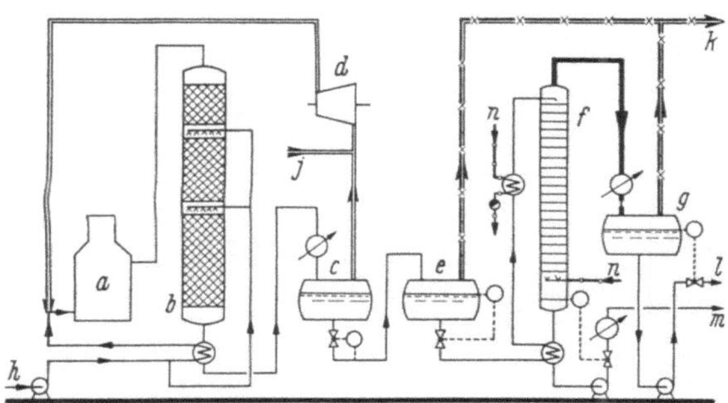

Abb. L-17. Schematisches Fließbild einer Shell-Trickle-Anlage zum hydrierenden Entschwefeln von Mitteldestillaten.

a	Ofen;	g	Trennbehälter für ausgestrippte leichte Anteile;
b	Reaktor;		
c	Hochdruckentspannungsbehälter;	h	Zufluß des Einsatzproduktes;
d	Kreislaufkompressor;	j	Frischwasserstoff;
e	Niederdruckentspannungsbehälter;	k	Schwefelwasserstoffhaltiges Gas;
f	Stripper;	l	Benzin;
		m	Hydriertes Einsatzprodukt.

aromatischer Schwefelverbindungen mit zwei oder mehr Kernen anfallenden leichten Anteilen ein klopffestes Benzin ergeben. Das Arbeiten in flüssiger Phase gestattet die wirtschaftliche Behandlung hochsiedender Fraktionen, weil das Verhältnis von Wasserstoffkreislaufgas zu Produkt in mäßigen Grenzen gehalten werden kann, während es bei den Dampfphaseverfahren in diesen Fällen sehr hoch gewählt werden müßte. Deshalb ist der Betriebsmittelverbrauch bei diesem Verfahren ganz besonders günstig. Bis Ende 1966 wurden 79 Anlagen nach dem Shell-Trickle-Verfahren mit einem Gesamtdurchsatz von über 45 Mill. t/a gebaut[1].

Das Fließschema einer nach dem Trickle-Verfahren arbeitenden Anlage ist in Abb. L-17 wiedergegeben. Die damit erzielten Ergebnisse bei

---

[1] SWAMINATHAN, V. S.: Operations at the Stanlow Refinery. Petrol. Refiner 34 (1955) Nr. 7, S. 151/54. – WELLER, H.: Raffination von Crackgasöl durch Hydrieren. Erdöl u. Kohle 12 (1959) 551/52. – LE NOBEL, J. W., u. J. H. CHOUFOER: Development in treating processes for the petroleum industry. 5. Welt-Erdöl-Kongreß, New York 1959, Bericht III/18. – Ross, L. D.: Performance of trickle bed reactors. Chem. Engng. Progr. 61 (1964) Nr. 10, S. 77/82. – DOUWES, C. TH.: Die Raffination von Mineralölprodukten mit Hilfe von Wasserstoff. Erdöl-Erdgas-Z. 82 (1966) Nr. 1, S. 25/35.

Zahlentafel L-7. *Katalytische Hydrierung einiger Mitteldestillate nach* ABBOTT *u. Mitarbeitern*

Art des Einsatzgutes		Straight run-Destillat aus West-Texas-Rohöl		Schweres Straight run-Destillat aus West-Texas-Rohöl		Straight run-Mitteldestillat aus Kuweit-Rohöl		Schweres Gasöl aus einer katalytischen Krackanlage
Eigenschaften des Einsatzgutes								
Dichte	g/ml	0,902		0,923		0,914		0,926
Schwefelgehalt	Gew.-%	1,68		1,82		2,91		1,52
Stickstoffgehalt	Gew.-%	0,13		0,17		0,08		0,07
Einringaromaten	mmol/100 g	67		57		63		39
Mehrringaromaten	mmol/100 g	59		65		62		126
Molmasse	g/mol	349		464		374		305
Druck im Reaktor	atü	53	106	53	106	53	106	53
Wasserstoffverbrauch	m_n^3/t	70,0	106,0	47,0	111,5	74,2	90,0	97,5
Erniedrigung des Gehaltes								
an Schwefel um	%	93	97	76	96	85	89	94
an Stickstoff um	%	61	85	24	82	37	63	29
an Mehrringaromaten um	%	48	73	23	69	43	65	34
Ausbeuten bez. auf Einsatz	Gew.-%							
Kohlenwasserstoffgas Butan und leichter (C_{4-}) .		0,3	0,6	0,5	0,7	0,3	0,3	0,2
Hydrierte Begleitstoffe (H_2S, NH_3, H_2O)		1,7	1,8	1,5	2,2	2,6[a]	2,7[a]	1,7
Benzin (C_5 bis 232 °C)		2,9	4,0	2,2	1,9	2,7	3,3	} 99,0
Gasöl		95,6	94,5	96,2	96,2	95,1	94,5	

[a] Das Einsatzgut aus Kuweit-Öl enthielt etwa 1,3 Gew.-% der Benzinfraktion.

Produkten aus Texas- und aus Nahost-Öl gehen aus den Zahlentafeln L-7 und L-8 hervor. Außer der Verminderung des Schwefel- und Stickstoffgehaltes ist auch der Abbau von mehrkernigen Aromaten bemerkenswert. Dies wird durch hohe Drücke begünstigt. Doch lohnt sich deren Anwendung meist nur, wenn es sich, wie aus Zahlentafel L-8 her-

Zahlentafel L-8. *Eigenschaften von Kopf- und Bodenprodukt beim Hydrieren eines Kuweit-Mitteldestillates nach* ABBOTT *und Mitarbeitern*

		Einsatzgut	Kopfprodukt	Bodenprodukt
			des Strippers	
Mengen	Vol.-%	100	0,7	99,9
Dichte	g/ml	0,915	0,800	0,891
Schwefelgehalt	Gew.-%	2,78	0,38	0,58
Conradson-Koks	Gew.-%	0,45		0,16
Einringaromaten	mmol/100 g	62	nicht	91
Mehrringaromaten	mmol/100 g	62	bestimmt	36
Basischer Stickstoff	mg/kg	470		360
Researchoktanzahl				
ohne Blei			47,3	
mit 0,08 Vol.-% BTÄ			69,1	
Siedeverlauf nach ASTM	°C			
Siedebeginn		306	49	238
50%-Punkt		360	219	360
Beim katalytischen Kracken erzielte Ergebnisse				
Umwandlungsgrad (ermittelt für >232 °C)		57,7		58,4
Ausbeuten	Gew.-%			
Benzin (C_5 bis 232 °C)		35,1		37,6
Koks		6,1		4,4
Äthan und leichter		3,8		3,0

vorgeht, z. B. darum handelt, Einsatzgut für eine katalytische Krackanlage zu verbessern. Es konnte dadurch die Benzinausbeute bei einem nur geringfügig erhöhten Umwandlungsgrad um rd. 7% gesteigert sowie die Koks- und Gasbildung um rd. 28% bzw. 21% verringert werden. Die Verbesserung eines Gasöles, das in einem auf Koks arbeitenden thermischen Kracker anfällt, ist in Zahlentafel L-9 zusammengestellt. In diesem Fall wird mit einem Druck von 43 atü und einer Temperatur von 340 bis 345 °C im Reaktor gearbeitet. Der Verbrauch an chemisch gebundenem Wasserstoff beträgt rd. 70 m_n^3/t Einsatz. Als Wasserstoffquelle dient Reformerabgas mit etwa 90 Vol.-% H_2. Der Rest besteht aus C_1- bis C_4-Kohlenwasserstoffen. Das Gas enthält auch noch 0,2 Vol.-% Schwefelwasserstoff. Diese Menge steigt im Kreislaufgas auf etwa 1 Vol.-% an. Die Anwendung des Verfahrens führt nicht nur zu der erwünschten Erniedrigung des Schwefelgehaltes, vielmehr gelingt es auch, Farbe und Geruch sehr wesentlich zu verbessern, was gerade bei Kokerprodukten angestrebt wird. Die Menge des in der Zahlentafel aufgeführten Stripperbenzins beträgt nur etwa 1,2 Gew.-%, die des stark schwefelwasserstoffhaltigen Gases rd. 0,8 Gew.-%. Die Ausbeute von rd. 98 Gew.-% raffinierten Produktes könnte durch Verfahren, die mit Chemikalien arbeiten, nie erreicht werden.

Zahlentafel L-9. *Eigenschaften von Kopf- und Bodenprodukt beim Hydrieren eines Kokergasöles aus norddeutschem Rohöl nach* WELLER

		Einsatzgut	Kopf-produkt	Boden-produkt
			des Strippers	
Dichte bei 15 °C	g/ml	0,850	0,787	0,839
Farbe im Union-Colorimeter		2,5···3		1
Farbe nach SAYBOLT			+30	
Schwefelwasserstoff	g/l		2,7	
Schwefelgehalt	Gew.-%	0,70	0,02	0,08
Bromzahl	gBr/100 g	30,0	–	1,2
Conradson-Koks in 10% Destilla-tionsrückstand	Gew.-%	0,13		0,017
Flammpunkt nach DIN 51 584	°C	70		70
Flammpunkt nach DIN 51 758	°C	56		55
Zetan- bzw. Researchoktanzahl		44,0	36,1	48,5
Beginn der Paraffinausscheidung nach DIN 51 772	°C	−13		−11
Stockpunkt nach DIN 51 583	°C	−23		−21
Neutralisationszahl nach DIN 51 558	mg KOH/g	0,08		0,00
Zähigkeit bei 20 °C	°E	1,2		1,2
entspricht	cSt	2,8		2,8
Siedeverlauf				
Siedebeginn	°C	160	83	160
Destillatmenge übergegangen bis				
100 °C	Vol.-%		1	
150 °C	Vol.-%		27	
200 °C	Vol.-%	16	84	15
225 °C	Vol.-%	38	93	38
250 °C	Vol.-%	58	98	59
275 °C	Vol.-%	73		74
300 °C	Vol.-%	85		85
325 °C	Vol.-%	93		93
350 °C	Vol.-%	97		97
Siedeende	°C	357	250	357
Ausbeute	Gew.-%		1,2 Benzin 0,8 Gas	98
Fluoreszenz-Indikator-Adsorptions-Analyse nach DIN 51 791				
Olefine	Vol.-%	14		Spuren
Aromaten	Vol.-%	37		32
Paraffine und Naphthene	Vol.-%	49		68
Stickstoffgehalt gesamt	mg/kg	615		345
davon basisch	mg/kg	282		163

Die sog. selektive Kalthydrierung leichter Kohlenwasserstoffe nach KRÖNIG, die in Abschn. D 6d, S. 350 ff., besprochen wurde, arbeitet ebenfalls in flüssiger Phase, was hier nur vermerkt werden soll.

d) Das Hydrieren von Einsatzgut für katalytische Krackanlagen

Auf S. 373/74 zeigt die Übersicht E-1 das Verhalten der einzelnen Kohlenwasserstoffgruppen beim katalytischen Kracken. Zweifellos müssen die Eigenschaften eines durch Hydrieren behandelten Produktes wegen seines gesättigten Charakters für das katalytische Kracken besser sein als die des Ausgangsproduktes. Es ist nur eine Frage der Kosten, ob die Aufwendungen für ein Hydrieren von sog. Catcracker feed durch die Verbesserung der Erlöse für die daraus gewonnenen Produkte wettgemacht werden. Deshalb wurden solche Möglichkeiten untersucht. In dem Maße, wie die Kosten für das Hydrieren und vor allem für den dafür benötigten Wasserstoff gesenkt werden, kann diese Anwendung des Hydrierens wirtschaftlich interessant werden[1]. Bei der sehr großen Nachfrage nach Ottokraftstoffen dürfte dies in Nordamerika viel früher zu erwarten sein als in Europa.

e) Die Verfahren zur Behandlung von Schmierölen

In der Einleitung zu diesem Unterabschnitt wurde dargelegt, daß bei Schmierölen oder Schmierölkomponenten sehr weite Möglichkeiten für eine hydrierende Behandlung gegeben sind, je nachdem welches Ziel dabei verfolgt wird. Dementsprechend wurden verschiedene Arbeitsweisen vorgeschlagen, die sich durch die Schärfe der Hydrierbedingungen und infolgedessen auch durch den Wasserstoffverbrauch erheblich unterscheiden. Dieser stimmt sowohl bei Laboratoriumsversuchen wie auch in Betriebsanlagen mit den in Unterabschn. L4a errechneten theoretischen Werten gut überein.

Somit steht er in direktem Zusammenhang mit der bei den einzelnen Verfahren erreichten Umsetzung der unerwünschten Begleitstoffe zu Schwefelwasserstoff, Ammoniak oder Wasser sowie mit der Erhöhung des Wasserstoffgehaltes des Produktes. Wenn man als Beispiel den Fall betrachtet, daß der Schwefelgehalt um rd. 1,0 Gew.-%, der Stickstoffgehalt um rd. 0,02 Gew.-% und der Sauerstoffgehalt um rd. 0,01 Gew.-% verringert, der Wasserstoffgehalt des Öles selbst um rd. 0,5 Gew.-% erhöht wird, so erhält man mit den auf S. 861 u. 862 ermittelten Zahlen den sog. chemischen Wasserstoffverbrauch von insgesamt

$$
\begin{aligned}
1{,}0 \cdot 6{,}96 &= 6{,}96 \text{ m}_n^3 \text{ H}_2/\text{t Öl} \\
0{,}02 \cdot 23{,}90 &= 0{,}48 \text{ m}_n^3 \text{ H}_2/\text{t Öl} \\
0{,}01 \cdot 13{,}90 &= 0{,}14 \text{ m}_n^3 \text{ H}_2/\text{t Öl} \\
0{,}5 \cdot 111{,}50 &= \underline{55{,}70 \text{ m}_n^3 \text{ H}_2/\text{t Öl}} \\
& 63{,}28 \text{ m}_n^3 \text{ H}_2/\text{t Öl}.
\end{aligned}
$$

---

[1] Vgl. dazu M. D. ABBOTT u. Mitarb.: a. a. O. (Fußn. 1, S. 402 u. Fußn. 1, S. 870). – REYNOLDS, G. P.: Cat Cracker Feed Gets Hydrotreat. Hydrocarb. Procssg. 44 (1965) Nr. 5, S. 161/64. – Ders.: Why hydrotreat cat-cracking feedstocks? Oil Gas J. 63 (17. Mai 1965) Nr. 20, S. 96/100. – BAILEY jr., W. A., u. M. NAGER: Advances in hydrotreating of catalytic cracking feedstocks. 7. Welt-Erdöl-Kongreß, Ciudad de Mexico 1967, PD 20/3; Berichtsband Nr. 4, S. 185/92. – HAFLIN, W. S.: Hydrogenation of cat-cracker feed can prove profitable. Oil Gas J. 66 (1. April 1968) Nr. 14, S. 119/25. – AREY jr., W. F., u. L. KRONENBERGER: Hydrotreat cat-cracker feedstocks for attractive economic benefits, ebd. 67 (19. Mai 1969) Nr. 20, S. 131/39.

Dieser Wert deckt sich mit Verbrauchszahlen, wie sie im praktischen Betrieb ermittelt wurden. Die Rechnung zeigt auch, daß in diesem Fall die Wasserstoffaufnahme des Produktes den Ausschlag gibt. Ihr gegenüber tritt der Wasserstoffverbrauch der anderen Reaktionen sehr zurück. Wenn auch die benutzten Zahlenwerte für die prozentualen Änderungen auf Annahmen beruhen, so geben sie doch die in der Praxis vorliegenden Verhältnisse in der Größenordnung richtig wieder.

Die Bemühungen, Schmieröle durch Hydrieren zu verbessern, sind beinahe so alt wie die Hydriertechnik selbst, was S. 854 erwähnt wurde. Wegen der damals noch sehr hohen Kosten für Wasserstoff konnten sie sich im Wettbewerb mit den inzwischen erheblich verbesserten Solventextraktionsverfahren nur schwer halten. Einzelne Anlagen blieben noch längere Zeit in Betrieb[1].

Mit der Zunahme des Wasserstoffdargebotes infolge der weiten Verbreitung, die inzwischen das katalytische Reformieren gefunden hatte, erwachte das Interesse an der hydrierenden Behandlung auch der Schmierölfraktionen von neuem, zumal dadurch Qualitätsverbesserungen ohne Einbuße an Ausbeute zu erreichen sind[2]. Darüber hinaus wird jetzt nicht nur raffinierendes, sondern in gewissem Ausmaß auch spaltendes Hydrieren (also Hydrokracken) zur Herstellung von Schmierölgrundstoffen in Betracht gezogen. Dies wurde in Unterabschnitt L 3 b γ, S. 840, erläutert.

Aus einer Veröffentlichung der American Cyanamid Co, eines der bedeutendsten Katalysatorhersteller, geht hervor, daß Anfang 1968 in den Vereinigten Staaten von Amerika fast 70 % der insgesamt 10 Mill. t/a erzeugten Schmieröle irgendeiner Art von Wasserstoffbehandlung unter-

---

[1] Moretou, A. G.: Prarie lube plant. Wld. Petroleum 27 (1946) Nr. 2, S. 44/49. – Jones, W. A.: Hydrofining improves low-cost lube quality. Oil Gas J. 53 (28. Juni 1954) Nr. 26, S. 81/84.

[2] Vgl. dazu C. Thonon, M. Alexandre, M. Verwaerde u. G. Limido: Le procédé I.F.P. de raffinage hydrogénant de pétrole brut et de fractions pétrolières. 5. Welt-Erdöl-Kongreß, New York 1959, Bericht Nr. III/6. – Butler, R. M., u. R. Kartzmark: Chemical changes in lubricating oil on hydrofining; ebd. Bericht Nr. III/11. – Acker, A., u. B. Choisnet: L'hydrogénation dans la fabrication du bright stock; ebd. Bericht Nr. III/12. – Beuther, H., R. E. Donaldson u. A. M. Henke: Hydrotreating to produce high viscosity index lubricating oils. Industr. Engng. Chem./Product Res. Developm. 3 (1964) 174/80; ref. Brennst.-Chem. 46 (1965) 188. – Menzl, R. L., u. W. L. Webb: How hydrotreating affects quality of industrial lubricating oil. Referat in Oil Gas J. 63 (23. August 1965) Nr. 34, S. 95/96 nach einem Vortrag vor der API Division of Refining. – Dies.: Lube Oil Hydrotreat Design Unfolds. Hydrocarb. Procssg. 44 (1965) Nr. 5, S. 202 bis 206. – Foringer, D. E., u. R. E. Donaldson: Hydrotreated Lubes Perform Well; ebd. S. 207/10. – Kindschy, E. O., S. Marple jr., M. Nager, R. J. Olson u. E. F. Rogue: Making Better Lube Oils. Chem. Engng. Progr. 61 (1965) Nr. 3, S. 69/73. – Beuther, H., R. F. Mansfield u. H. C. Stauffer: Cost of Hydrogenating Lube Oils. Hydrocarb. Procssg. 45 (1966) Nr. 5, S. 149/52. – Dies.: Hydrogenation to assume new role in lube-oil treating. Oil Gas J. 64 (16. Mai 1966) Nr. 20, S. 185/88. – Anon.: Gulfinishing. Hydrocarb. Procssg. 45 (1966). Nr. 9, S. 245. – Kartzmark, R., u. J. B. Gilbert: Hydrotreat Naphthenic Lube Stocks; ebd. 46 (1967) Nr. 9, S. 143/48. – Novák, V., u. R. Kubička: Herstellung von Schmierölen durch Hochdruckraffination schwerer Fraktionen aus schwefelhaltigen Rohölen. Brennst.-Chem. 48 (1967) 258/66.

zogen wurden[1]. Dabei ist der anfangs ausschließliche Gebrauch von Kobalt–Molybdän-Kontakten auf rd. 37 % zurückgegangen und der von Nickel–Molybdän-Kontakten auf über 60 % angestiegen. Der kleine Rest verteilt sich auf Katalysatoren anderer Zusammensetzung. Als Bereiche der Betriebsdaten in den Anlagen nennt OTWELL folgende Werte:

Raumgeschwindigkeiten	unter 1 bis 3 h^{-1},
Reaktortemperaturen	230 bis 400 °C,
Reaktordrücke	28 bis 84 atü,
Wasserstoffverbrauch	36 bis 360 m_n^3/m^3.

Diese Zahlen lassen erkennen, daß offenbar sehr verschiedene Zwecke verfolgt werden, die von einer sehr milden Behandlung, dem sog. Hydrofinishing, bis zu einem die chemische Substanz stärker verändernden Hydrotreating reichen. Die Schaltung der verschiedenen angewendeten Verfahren unterscheidet sich nicht grundsätzlich von den in den vorhergehenden Unterabschnitten beschriebenen Verfahren. Zwei in Europa entwickelte Verfahren, die gewisse Besonderheiten aufweisen, werden nachstehend näher erläutert.

α) **Das Ferrofining-Verfahren der British Petroleum Co Ltd.** Auf Grund von Forschungsarbeiten, welche die British Petroleum Co Ltd (BP) in ihren Forschungslaboratorien in Sunbury-on-Thames, in der Raffinerie Kent (Isle of Grain) und in einer halbtechnischen Anlage der Raffinerie Dünkirchen der Société Française des Pétroles BP durchgeführt hatte, wurde das sog. Ferrofining-Verfahren entwickelt[2]. Der Katalysator enthält Eisen auf Aluminiumoxyd als Grundlage.

Das Verfahren arbeitet unter sehr milden Bedingungen, und zwar bei Temperaturen von weniger als 300 °C und unter Drücken, die unter dem Druck des Hochdruckentspannungsbehälters eines Reformers liegen, um aus diesem den Wasserstoff ohne Zwischenschalten eines Kompressors beziehen zu können. Als Wasserstoffverbrauch wird in der erwähnten Veröffentlichung ein Wert von 4,6 m_n^3 H_2/t Öl genannt. Dieser liegt unter 10 % des vorstehend errechneten Betrages. Nach Angaben von DARE und DEMEESTER wirkt das Verfahren nur in geringem Maße entschwefelnd. Es kann aber auch nicht die Kohlenwasserstoffstruktur durch Anlagerung von Wasserstoff merkbar beeinflussen, weil die angegebene Menge – auch wenn sie ausschließlich dafür verbraucht würde – nur eine Wasserstoffzunahme um rd. 0,04 Gew.-% ergeben würde.

Die Schaltung der Anlage unterscheidet sich grundsätzlich nicht von der in Abb. L-17 dargestellten, nur wird kein Gas zurückgeführt, weil sich dies wegen der kleinen Menge nicht lohnt. Ein Strippen des Pro-

---

[1] Vgl. G. N. OTWELL: Hydrotreating in lube-oil manufacture gains importance. Oil Gas J. 66 (11. Nov. 1968) Nr. 46, S. 78/80. – Vgl. a. Abs. 2 der Fußnote zu Zahlentafel J-2, S. 718.

[2] Vgl. A. CHAMPAGNAT, J. DEMEESTER·u. C. ROUIT: Désaromatisation catalytique des distillats et raffinage hydrogénant des huiles lubrifiantes. 5. Welt-Erdöl-Kongreß, New York 1959, Bericht Nr. III/13. – DARE, H. F., u. J. DEMEESTER: Ferrofining – New Process for Lube Oils. Petrol. Refiner 39 (1960) Nr. 11, S. 251 bis 253. – Dies.: Ferrofining, ein neues Verfahren zur Raffination von Schmierölen mit Wasserstoff. Erdöl u. Kohle 14 (1961) 464/66. – Anon.: Ferrofining. Hydrocarb. Procssg. 45 (1966) Nr. 9, S. 242; 47 (1968) Nr. 9, S. 196 (Process Handbooks).

duktes ist in den meisten Fällen erforderlich, um die geringen Mengen von Schwefelwasserstoff und Wasser, die sich bei den Reaktionen gebildet haben, zu entfernen. Anschließend wird es in einem Vakuumturm, der mit dem Stripper zusammengebaut sein kann, von den letzten Spuren des Wassers befreit und auf einen gewünschten Flammpunkt eingestellt. Das Verfahren ist geeignet, eine Bleicherdebehandlung zu ersetzen. Es wird vor allem eine Verbesserung der Farbe und deren Stabilität sowie eine Verbesserung der Alterungsbeständigkeit der Schmieröle angestrebt. Da, wie vorstehend bereits erwähnt, damit nicht beabsichtigt ist, die Molekülstruktur stärker zu beeinflussen und dementsprechende Veränderungen von Kennwerten zu erzielen, werden die Anlagekosten so niedrig gehalten, daß das Verfahren mit den üblichen Bleicherdeanlagen in Wettbewerb treten kann. Dabei hat das Ferrofining-Verfahren den Vorteil, daß die Raffinerien, die es anwenden, davon befreit werden, sich mit der meist unangenehmen Beseitigung verbrauchter Bleicherde befassen zu müssen. Angaben über Veränderungen der Produkteigenschaften, über den Betriebsmittelverbrauch und die Anlagekosten finden sich in den angeführten Berichten und Aufsätzen.

β) **Das Comofining-Verfahren der Lurgi Gesellschaft für Mineralöltechnik mbH.** Viel weiter als das Ferrofining-Verfahren greift das Hydrieren von Schmierölen mit Hilfe eines Kobalt–Molybdän-Katalysators der Badischen Anilin- & Soda-Fabrik AG nach den Vorschlägen der Lurgi-Gesellschaft für Mineralöltechnik in den chemischen Aufbau der behandelten Produkte ein. Auf Grund eingehender Laboratoriumsversuche hat sich ergeben, daß dafür höhere Drücke von rd. 100 at angewendet werden müssen. Dies hat zwar einen größeren Energieverbrauch für Pumpen und Kompressoren sowie einen größeren Wärmeverbrauch zur Folge; auch der Wasserstoffverbrauch kann Werte erreichen, die mehr als zehnfach über den beim Ferrofining-Verfahren genannten, aber trotzdem noch niedrig liegen. Dafür wird eine weitgehende Entschwefelung und eine beträchtliche Erhöhung des Wasserstoffgehaltes des behandelnden Schmieröles erreicht. Dies kann sich in einer sehr wesentlichen Verbesserung des z.B. durch den Viskositätsindex (V.I.) ausgedrückten Zähigkeits–Temperatur-Verhaltens auswirken. Liegt dieser bereits hoch, so kann die Verbesserung – in Zahlen ausgedrückt – nicht mehr so viel betragen, wie wenn die Ausgangswerte niedrig sind. In diesem Fall bedeutet es aber eine wesentliche Verbesserung, daß Grundöle, die nur niedrig bewertet werden, durch eine tiefgreifende Hydrierung zu Ölen mit sehr günstigen Eigenschaften aufgearbeitet werden können. Dann machen sich die höheren Bau- und Betriebskosten einer solchen Anlage bald bezahlt. Die Verbesserung des Zähigkeits–Temperatur-Verhaltens ist bei naphthenbasischen Ölen deutlicher als bei paraffin- oder gemischtbasischen. Dies läßt darauf schließen, daß offenbar Naphthenringe aufgebrochen und zu Paraffinen hydriert oder mehrkernige Ringverbindungen in Naphthene mit paraffinischen Seitenketten umgewandelt werden.

Die Betriebstemperatur wird im Reaktor zwischen 350 und 400 °C gewählt, um Krackreaktionen möglichst zu unterdrücken. Sie wären für

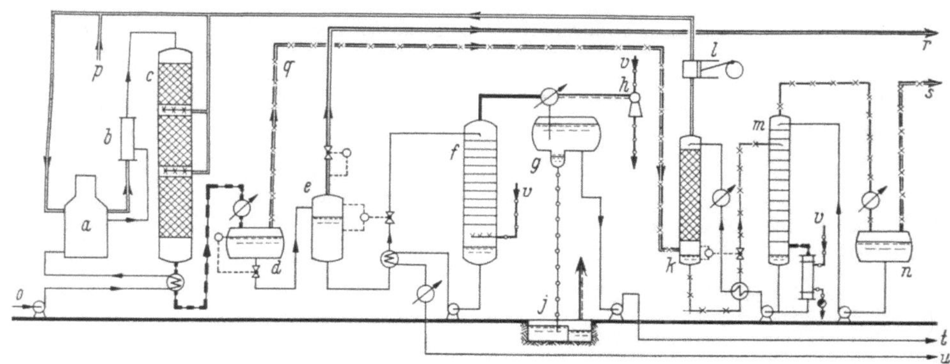

Abb. L-18. Schematisches Fließbild einer unter Hochdruck arbeitenden hydrierenden Raffinationsanlage für Schmieröle.

a	Ofen,	*l*	Kreislaufgaskompressor;
b	Mischer;	*m*	Regenerierturm für Diäthanolaminlösung;
c	Reaktor;	*n*	Trennbehälter zu *m*;
d	Hochdruckentspannungsbehälter;	*o*	Zufluß des Einsatzproduktes;
e	Niederdruckentspannungsbehälter;	*p*	Frischwasserstoff;
f	Vakuumstripper;	*q*	Wasserstoffhaltiges Gas mit H_2S;
g	Trennbehälter zu *f*;	*r*	Entspannungsgas zum Heizgasnetz;
h	Strahlapparat;	*s*	Schwefelwasserstoffhaltiges Abgas;
j	Abwassergrube;	*t*	Mitteldestillat;
k	Waschturm zum Auswaschen von Schwefelwasserstoff;	*u*	Hydriertes Schmieröl.

die Verbesserung der Eigenschaften des Schmieröles nicht förderlich. Hydrokrackreaktionen zuzulassen ist erst sinnvoll, wenn nicht nur raffinierend hydriert werden soll, sondern Einsatzgut mit merkbar höherem Siedeende oder höherer Zähigkeit zu verarbeiten ist als die angestrebten Produkte aufzuweisen haben. Tatsächlich bewegt sich beim Comofining-Verfahren der Anteil der leichteren Fraktionen, die aus dem Fertigprodukt abgestrippt werden müssen, um den Flammpunkt einzustellen, in der Größenordnung von wenigen Prozent.

Eine nach diesem Verfahren gebaute Anlage, deren Fließschema in Abb. L-18 wiedergegeben ist, befindet sich seit Frühjahr 1960 in Betrieb und hat sehr zufriedenstellende Ergebnisse geliefert[1]. Mit diesem und einigen der bereits erwähnten Verfahren sind für die Erzeugung hochwertiger Schmierölkomponenten neue Möglichkeiten geschaffen, insbesondere in Verbindung mit den hochentwickelten Verfahren der Solventraffination, wie sie auf S. 711 ff. besprochen wurden. Es werden dadurch die Schwierigkeiten ausgeschaltet, die Abfallstoffe aus den mit Säure und Bleicherde arbeitenden Verfahren zu beseitigen. Weiterhin werden die damit verbundenen Verluste vermieden und Ausbeuten von nahezu 100 % erreicht. Schließlich können durch das Hydrieren wohlfeilere Einsatzprodukte zu spezifikationsgerechten Schmierölkomponenten verarbeitet werden. Dadurch ist die Abschreibung solcher Anlagen in verhältnismäßig kurzer Zeit möglich.

---

[1] CONRAD, C., u. R. HERMANN: Die hydrierende Raffination von Schmierölen in der Wintershall-Raffinerie Salzbergen. Erdöl u. Kohle 17 (1964) 897/900.

Zahlentafel L-10. *Veränderung der Eigenschaften eines paraffinbasischen Solvent-raffinates beim Hydrieren unter milden Bedingungen*

		Vor der Hydrierung	Nach der Hydrierung
Dichte bei 15 °C	g/ml	0,904	0,901
Zähigkeit bei 50 °C	°E	16,9	15,8
entsprechend	cSt	128,4	120,0
Viskositätsindex		85	86
Flammpunkt DIN 51584	°C	282	280
Stockpunkt DIN 51583	°C	−16	−16
Schwefelgehalt	Gew.-%	1,1	0,7
Farbzahl ASTM D-1500 bzw. IP 196		8	2
Farbstabilität (Anstieg in 24 h bei 100 °C)		nicht feststellbar	0,5
Alterung nach Opel-Verfahren (in 24 h bei 150 °C im Sauerstoffstrom)			
Neutralisationszahl DIN 51558	mg KOH/g	1,9	0,3
Verseifungszahl DIN 51559	mg KOH/g	4,9	0,6

Ist das Einsatzgut bereits mit einem selektiven Lösungsmittel vorraffiniert, so wird durch das Hydrieren eine Verbesserung der Farbe und der Alterungsbeständigkeit angestrebt. Dann genügt eine Behandlung unter milderen Bedingungen von etwa 50 bis 60 atü und 250 bis 300 °C. Der Wasserstoffverbrauch geht dann auf 10 bis 20 m_n^3/t Öl zurück. Infolge der dadurch erheblich gesenkten Betriebskosten ist auch in diesem Fall wirtschaftlich ein genügender Anreiz geboten, das Hydrieren an Stelle einer Bleicherdebehandlung oder einer solchen mit vorgeschalteter Schwefelsäurewäsche anzuwenden. Das Beispiel der Zahlentafel L-10 läßt dies erkennen. Das Öl war nach Solventraffination noch so dunkel, daß zur Erzeugung einer marktgängigen Ware eine Schwefelsäurewäsche und eine anschließende Bleichung im Heißkontaktverfahren notwendig gewesen wäre. Durch das milde Hydrieren wurde die Zähigkeit unwesentlich erniedrigt; der Viskositätsindex blieb fast ungeändert. Jedoch konnten Farbe, Farbstabilität und Alterungsbeständigkeit verbessert werden. Über die Veränderungen dieser Eigenschaften wurden besonders von MENZL und WEBB umfangreichere Untersuchungen durchgeführt[1]. Sie fanden, daß sich bei der Prüfung der Alterung von hydrierten Destillaten nach dem „Indiana oxidation test" die günstigsten Ergebnisse mit Temperaturen zwischen 290 und 360 °C erzielen lassen. Der Einfluß der Raumgeschwindigkeit, die zwischen 0,5 h⁻¹ und 2 h⁻¹ gewählt wurde, machte sich erst bei höheren Temperaturen stärker bemerkbar, und zwar derart, daß bei höheren Raumgeschwindigkeiten gewisse Verschlechterungen beobachtet wurden. Das Gegenteil war bei Reaktionstemperaturen unter dem Optimum der Fall. Außerdem wurde gefunden, daß der Stickstoff möglichst vollständig, der Schwefel bei dem untersuchten Öl nicht mehr als bis auf einen Restgehalt von etwa 10 Gew.-% entfernt werden soll. Offenbar sollen gewisse natürliche Inhibitoren er-

---

[1] MENZL, R. L., u. W. L. WEBB: a.a.O. (vgl. Fußn. 2, S. 876).

halten bleiben. Die Versuchsergebnisse sind in Abb. L-19 dargestellt. Zu sinngemäßen Ergebnissen kommen KARTZMARK und GILBERT[1]. Sie haben festgestellt, daß sich eine Verbesserung der Ursprungsfarbe erst bemerkbar macht, wenn wenigstens 40 Gew.-% des Stickstoffes entfernt sind.

Bei der Alterungsprüfung beginnt die Verbesserung zwar schon bei geringerer Abnahme des Stickstoffes, wirkt sich aber entscheidend erst bei seiner fast vollständigen Entfernung aus. Dies deckt sich mit den vorerwähnten Feststellungen von MENZL und WEBB. Wegen weiterer Einzelheiten muß auf die genannten Aufsätze verwiesen werden.

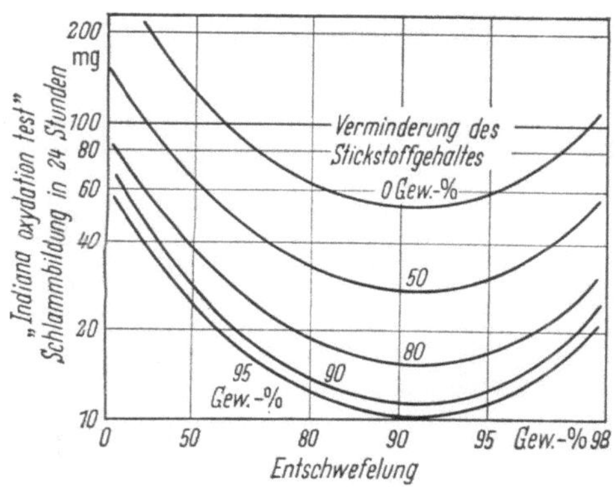

Abb. L-19. Alterungsbeständigkeit eines hydrierten Destillates von 141 cSt ($\triangleq$ 18,6 °E) bei 37,8 °C (= 100 °F) in Abhängigkeit vom Restgehalt an Schwefel und Stickstoff. (Ursprüngliche Werte 0,71 Gew.-% S und 0,10 Gew.-% N. Die den Kurven beigeschriebenen Zahlen geben in Prozent die Beseitigung des Stickstoffes an.)

Um den Einfluß verschiedener Behandlungsarten erkennen zu lassen, sind in Zahlentafel L-11 noch die Ergebnisse der Raffination eines naphthenbasischen Destillates nach CONRAD und HERMANN einander gegenübergestellt. Die Praxis hat gezeigt, daß die Hydrierung in der Regel die Bleicherdebehandlung ersetzen kann. Mit Rücksicht auf gewisse Verwendungszwecke ist dies aber bei der Schwefelsäurewäsche nicht immer der Fall, weil die Grundsubstanz dadurch in ganz anderer Weise als durch das Hydrieren verändert wird. Am auffälligsten ist diesbezüglich in Zahlentafel L-11 der unterschiedliche Einfluß auf den Schwefel- und Stickstoffgehalt. Obwohl Schwefelsäure zur Entschwefelung niedrigsiedender Fraktionen im Raffineriebetrieb verwendet wird, zeigt sich hier keine Verminderung des Schwefelgehaltes. Es ist jedoch der Substanzverlust zu beachten, der bei einer Schwefelsäurewäsche eintritt, so daß ein gewisser Anteil von Schwefelverbindungen doch entfernt wird. In der Hauptsache sind es aber bei so hochmolekularen Fraktionen die harzigen Anteile, welche von der Schwefelsäure gebunden werden. Bezüglich der sehr weitgehenden Verminderung des Stickstoffgehaltes kann daran erinnert werden, daß die gleiche Wirkung der Schwefelsäure bei der Gewinnung der Teerbasen aus dem Steinkohlenteer ausgenutzt wird.

---

[1] KARTZMARK, R., u. J. B. GILBERT: a. a. O. (vgl. Fußn. 2, S. 876).

Zahlentafel L-11. *Veränderung der Eigenschaften eines naphthenbasischen Schmieröl-destillates (A) durch Schwefelsäureraffination (B), durch Hochdruckhydrierung allein (C) und durch Hochdruckhydrierung nach einer Solventraffination mittels Furfurol (D)*

		A	B	C	D
Dichte bei 15 °C	g/ml	0,935	0,929	0,905	0,893
Zähigkeit bei 50 °C	°E	11,80	9,66	6,10	6,23
entsprechend	cSt	89,57	73,31	46,0	47,0
Viskositätsindex		27	35	53	70
Flammpunkt nach DIN 51584	°C	240	230	222	238
Stockpunkt nach DIN 51583	°C	−28	−25	−25	−20
Conradson-Koks nach DIN 51551	Gew.-%	0,26	0,20	0,02	0,01
Anilinpunkt nach DIN 51775	°C	78,7	81,6	83,0	97,8
Farbzahl nach ASTM D 1500/IP 196		>8	2,5	2	1
Gesamtschwefel	Gew.-%	1,94	1,94	0,10	0,75
Basischer Stickstoff	mg/kg	386	2	150	112
Zusammensetzung					
Aromaten	Gew.-%	22	19	13	6
Naphthene	Gew.-%	20	23	29	32
Paraffine	Gew.-%	58	58	58	62
Farbstabilität (Anstieg in 24 h bei 100 °C)		nicht fest-stellbar	+0,7	+0,6	+0,2
Alterung nach dem Verfahren des British Air Ministry					
Viskositätsverhältnis		2,60	2,38	1,85	1,26
Zunahme des Conradson-Kokses	%	4,70	3,36	1,90	0,79
Alterung nach Opel-Verfahren (in 24 h bei 150 °C im Sauerstoffstrom)					
Neutralisationszahl n. DIN 51558	mg KOH/g	>3	0,45	0,16	0,08
Verseifungszahl nach DIN 51559	mg KOH/g	>5	1,6	0,60	0,17

Die Erniedrigung der Zähigkeit und die wesentliche Verbesserung des Viskositätsindex durch das Hydrieren ist sehr deutlich zu merken. Diese Beispiele zeigen, daß die günstigste Verknüpfung der Hydrierung von Schmierölen mit den anderen Raffinationsverfahren im Einzelfall genau geprüft werden muß[1].

Im Mineralölwerk Lützkendorf wurden ebenfalls auf den alten Erfahrungen der IG-Farbenindustrie fußend mit $NiO-MoO_3$- sowie mit WS_2-WS_3-Hydrierkontakten Versuche durchgeführt, um aus einem Einsatzgut mit wenig günstigen Eigenschaften Schmieröle mit höherer Ausbeute und besseren Eigenschaften herzustellen, als dies mit üblichen Verfahren wie Lösungsmittelraffination und Entparaffinierung zu erreichen ist[2]. Auf Einzelheiten kann hier nicht eingegangen werden. Es ist anzunehmen, daß in Zukunft auf diesem Gebiet noch weitergearbeitet wird. Einiges über die Kombination solcher Anlagen mit den übrigen für die Gewinnung von Schmierölen erforderlichen Verfahren folgt in Abschn. N 1 e ϑ, S. 983 ff.

---

[1] Siehe dazu außer C. CONRAD u. R. HERMANN auch H. BEUTHER, R. F. MANSFIELD u. H. C. STAUFFER: a.a.O. (vgl. Fußn. 2, S. 876).

[2] KEIL, G., H. ROTH, B. WENZEL u. Mitarb.: Herstellung von Schmierölen aus hydriertem Romaschkinsker Vakuumdestillat. Chem. Techn. 16 (1964) 545/48.

M. Die Erzeugung von Gasen aus Erdölprodukten

Bei den in der Technik verwendeten Gasen, für die als Ausgangsbasis Brennstoffe dienen, muß man zwei Verwendungszwecke unterscheiden. Dies führt aber nicht notwendig zu wesentlichen Unterschieden bei ihrer Herstellung. Einmal dienen Gase wiederum als Brennstoffe und bieten wegen der leichten Regelbarkeit und der einfachen Möglichkeit der Fortleitung große Vorteile bei der Verwendung in ortsfesten Anlagen, insbesondere wenn viele Verbraucher versorgt werden sollen. Zum zweiten sind Gase, die in ihrer Zusammensetzung den Brenngasen ähnlich sind oder leicht aus solchen hergestellt werden können, in sehr ausgedehntem Umfang Rohstoffe für organisch-chemische Synthesen. In beiden Fällen kommt es zunächst darauf an, durch ein oxydierendes Verfahren Kohlenmonoxyd (CO) und Wasserstoff (H_2) zu gewinnen. Erforderlichenfalls kann CO mittels Wasserdampf in Kohlendioxyd (CO_2) und Wasserstoff umgewandelt und CO_2 durch Auswaschen entfernt werden, so daß jede beliebige Wasserstoffkonzentration erreichbar ist[1]. Wird auch Stickstoff als Gaskomponente benötigt, so kann dieser durch Verwendung von Luft als Vergasungsmittel bereitgestellt werden.

Bis vor einigen Jahren hatte die Erzeugung von Brenngasen aus Erdölprodukten nur geringe Bedeutung, weil erstens dieser Gasbedarf entweder durch Entgasen oder Vergasen fester Brennstoffe oder durch Erdgas – wie z. B. in ausgedehntem Maße in den Vereinigten Staaten von Amerika – gedeckt werden konnte. Zweitens war wirtschaftlich kaum ein Anreiz dazu vorhanden, andere Quellen als feste Brennstoffe für die Erzeugung von Gasen in Betracht zu ziehen, weil das Angebot an billigen Erdölprodukten, deren Vergasung sich lohnen konnte, noch gering war. Nun hat sich diesbezüglich in den zurückliegenden Jahren ein deutlicher Wandel vollzogen, zumal das Interesse an der Ammoniaksynthese durch den ständig steigenden Bedarf an Düngemitteln sehr stark zugenommen hat. Allerdings bestehen erhebliche Unterschiede zwischen den Verhältnissen in Europa, denen in Nordamerika sowie in verschiedenen anderen Gebieten in Übersee. Durch die bereits in anderem Zusammenhang erwähnte Entdeckung der Erdgasfelder in Nordholland und das Streben der Sowjetunion, Erdgas aus Sibirien in Mittel-, Süd- und Westeuropa abzusetzen, ist auch in diesen Gebieten mit einem Strukturwandel in der Erzeugung und Verwendung von Gasen zu rechnen.

Richtet man vor allem das Augenmerk auf Europa, so ist der fortschreitende Ausbau der Erdölraffinerien seit Ende des Zweiten Weltkrieges besonders bemerkenswert. Die vorzugsweise Verarbeitung auf

---

[1] Bezüglich dieser sog. Konvertierung vgl. S. 626. – Im übrigen s. a. E. REINMUTH: Wasserstoff aus schweren Rückständen. Erdöl u. Kohle 22 (1969) 378/84.

Kraftstoffe brachte es mit sich, daß gleichzeitig große Mengen schwerer Produkte erzeugt wurden, die als Heizöl auf dem Markt untergebracht werden mußten. Zunächst war dies keineswegs schwierig, sondern sogar eine Notwendigkeit, weil die Kohlenförderung allein nicht allen Ansprüchen des steigendes Energiebedarfes genügen konnte. Dementsprechend lagen auch die Preise so hoch, daß nur in Ausnahmefällen daran gedacht werden konnte, aus Erdölerzeugnissen Gas herzustellen. In dem Maße aber, wie die Halden des Kohlenbergbaues wieder zu wachsen und die Kohlenpreise zu sinken begannen, gingen auch die Preise für schwere Mineralölerzeugnisse zurück und hatten in den Jahren 1966/67 einen unerwarteten Tiefstand erreicht. Dazu kommt, daß auch Leichtbenzin, das sich nicht reformieren läßt, im Überschuß vorhanden ist. Die Raffinerien suchten deshalb Wege, es nutzbringend zu verwenden, soweit es nicht aus Gründen der Startfreudigkeit dem Fahrbenzin zugemischt werden muß. Über die damit verbundenen Probleme wegen der geringen Klopffestigkeit der C_5- und C_6-Paraffine s. Abb. G-1, S. 568 und S. 608 f. Es stehen daher jetzt Erdölprodukte billig zur Verfügung, und damit ist ein Anreiz geboten, ihre Verwendbarkeit zur Erzeugung von Gasen zu prüfen und entsprechende Verfahren zu entwickeln. Schließlich ist auch Raffineriegas wegen der inzwischen erreichten Durchsatzleistungen der Raffinerien in größeren Mengen vorhanden. Es besteht aus den leichtesten Kohlenwasserstoffen, die nach der Stabilisierung auf den Erdölfeldern in dem den Raffinerien angelieferten Rohöl verbleiben, nämlich aus wenig Methan und in der Hauptsache aus Äthan. Größere Mengen von Propan enthält es in der Regel nur in dem Maße, wie dieses als solches oder als Komponente von Flüssiggas nicht abgesetzt werden kann. Ähnliches gilt mit Einschränkungen auch vom Butan, soweit es nicht mit Rücksicht auf den gewünschten Dampfdruck des Benzins für dieses benötigt wird. In Raffinerien, die Krackanlagen betreiben, sind in den überschüssigen Gasen auch die C_2- und C_3-Olefine, allenfalls C_4-Olefine vorhanden. Da sich in der Regel für das Raffineriegas bessere Preise erzielen lassen als für schweres Heizöl, werden die Öfen und Kessel nach Möglichkeit mit Öl gefeuert, und das Überschußgas wird verkauft, wenn Großabnehmer wie Gasversorgungsunternehmen, Stahlwerke u.ä. in der Nähe beliefert werden können.

Der Mengenanteil der einzelnen Komponenten des Raffineriegases ist während des Betriebes starken Schwankungen unterworfen. Der Heizwert ist für eine direkte Verteilung in Verbrauchernetzen auf alle Fälle viel zu hoch. Seine sonstigen Eigenschaften wie Dichte und Zündgeschwindigkeit weichen ebenfalls stark von den genormten Werten ab. Deshalb muß es vor der Abgabe an ein Verteilnetz umgewandelt werden.

Die zunächst tastenden Versuche, Erdgas oder Erdölerzeugnisse für die städtische Gasversorgung oder für die Herstellung von Synthesegas nutzbar zu machen, spiegeln sich deutlich im Fachschrifttum wider. Da wegen der leichteren Verfügbarkeit der genannten Ausgangsstoffe in Südfrankreich und Oberitalien bzw. in Großbritannien die Entwicklung dort früher einsetzte, wurde sie in Mitteleuropa mit Interesse verfolgt[1]. Welche Vielfalt von Verfahren erwogen oder erprobt wurde, zeigt die folgende berichtigte und ergänzte Übersicht nach HESSE mit Angabe der Aufstellungsorte der ersten Anlagen[2]:

Spaltung von Erdgas

> CC3P-Verfahren: Dr. Otto & Comp. (Wien)
> Katalytisches Verfahren: Lurgi (Nevinnomyssk, südl. Stavropol/Nord-kaukasusgebiet)
> Katalytisches Verfahren: Ibing (Nordhorn)
> Thermisches Verfahren: Koppers (München)

Spaltung von Raffineriegas

> Thermisches Verfahren: Koppers (Bremen)
> Katalytisches Verfahren: Lurgi (Hamburg, Karlsruhe)

Spaltung von Öl

> Katalytisch-zyklisch: Segas-Verfahren Didier (Hameln und M.-Gladbach)
> Thermisch-zyklisch: Ibeg (Stuttgart)
> Thermisch-zyklisch: Ibing (Heidenheim, Heilbronn)
> Thermisch-zyklisch: Onia-Gegi-Verfahren, Demag und Silamit-Indugas (Berlin, Nortorf)
> Thermisch: Koppers

---

[1] Vgl. dazu E. HECKER u. E. MICHEL: Erzeugung von normgerechtem Stadtgas durch katalytisches Kracken von Propan, Erdgas und Heizölen. Gas- u. Wasserfach 95 (1954) 6/10. – SCHENK, P., u. W. ZANKL: Der Einsatz von Flüssiggas zur Spitzendeckung; ebd. S. 11/14. – MICHEL, E.: Erzeugung von Stadtgas aus gasförmigen und flüssigen Kohlenwasserstoffen; ebd. S. 598/603. – SCHENK, P., u. K. OSTERLOH: Versuche zur katalytisch-thermischen Spaltung von gasförmigen und flüssigen Kohlenwasserstoffen; ebd. 96 (1955) 1/8. – BESSON, M.: Die Erzeugung von Stadtgas durch Vergasung von Mineralölen. Monatsbull. Schweiz. Ver. Gas- u. Wasserfachm. 35 (1955) 263/71 u. 325/35. – DELSOL, M. R.: L'utilisation des produits pétroliers et l'évolution des techniques de production de gaz de ville en France. 4. Welt-Erdöl-Kongreß, Rom 1955, Bericht VI/G-3. – Gaserzeugung aus Mineralölen. Vortragsveranstaltung 30. November und 1. Dezember 1955 in Frankfurt am Main, in Buchform hrsg. vom Verlag d. dtschen. Gas- u. Wasserwerke und vom Dtsch. Ver. Gas- u. Wasserfachmännern, Frankfurt am Main. – LEITHE, F.: Erzeugung von Industriegasen durch Spaltung von Kohlenwasserstoffen. Erdöl u. Kohle 8 (1955) 546/49 u. 625/29. – GERHOLD, M.: Beiträge zur Aufklärung des Reaktionsmechanismus der Spaltung von gasförmigen und flüssigen Kohlenwasserstoffen zur Herstellung von Industriegasen; ebd. 9 (1956) 24/29, 93/98, 157/62 u. 228/33. – Ders.: Die verfahrenstechnische Entwicklung der Ölspaltverfahren zur Erzeugung von Stadtgas und Industriegas; ebd. 765/70 u. 844/51. – Ders.: Stadtgaserzeugung durch katalytische Ölspaltung im Gaswerk Hameln. Energie 8 (1956) 314/18; ref. Brennst.-Wärme-Kraft 9 (1957) 21. – PICHLER, H.: Moderne Verfahren zur Herstellung einiger technisch wichtiger Gase aus Produkten der Erdölindustrie. Erdöl u. Kohle 11 (1958) 515/21. – Moderne Verfahren zur Erzeugung von Stadtgas aus Produkten der Erdölindustrie. Kolloquium in Karlsruhe am 19. Juni 1958. Gas- u. Wasserf. 99 (1958) 921/34. – RUSCHIN, K.: Die Verwendung von Erdöl-Produkten in der britischen Gasindustrie; ebd. 100 (1959) 209/17 u. 267/72. – KONNERTH, W. K., Wassergas aus Erdgas mit anschließender Konvertierung. Erdöl u. Kohle 16 (1963) 288/92. – SALVI, G., u. A. FIUMARA: Caratteristiche e sviluppi industriali del processo SSG per la produzione del gas di città da destillati petroliferi. Riv. Combustibili 19 (1965) Nr. 5; ref. Erdöl u. Kohle 19 (1966) 370; SSC ist die Abkürzung von „Statione Sperimentale per i Combustibili". – PICHLER, H., u. TH. HEIKE: Leichtsiedende Mineralölprodukte, Raffinerie- und Erdgase als neuzeitliche Rohstoffbasis der Gasindustrie. Brennst.-Chem. 46 (1965) 308/16.

[2] HESSE, R.: Gas- u. Wasserfach 100 (1959) 8/11.

Spaltung von Flüssiggas

  Katalytisches Verfahren im Röhrenofen: Dr. Otto & Comp., (Stadtgas),
    (Düsseldorf, Coesfeld, Einbeck, Springe, Eßlingen, Pirmasens, Heide,
    Schwenningen, Elmshorn, Schweinfurt)
  Katalytisches CC3P-Verfahren: Dr. Otto & Comp. (Stadtgas), (Wien), (in der
    Entwicklung)
  Katalytisches 2P-Verfahren im Schachtofen: Dr. Otto & Comp., (schweres
    Gas), (in der Entwicklung)
  Katalytisches Verfahren im Schachtofen: Silamit-Indugas (schweres Gas),
    (Offenburg, Luxemburg)
  Katalytisches Verfahren im DOG-Generator (Delmenhorst)
  Katalytisches Verfahren in der Kammer nach der Kohleentgasung (Stadtgas),
    (Bünde)
  Katalytisches Druckspaltverfahren mit Röhrenofen: Lurgi (Godorf)

Spaltung von Leichtbenzin

  Thermisches Verfahren: Koppers (Hamburg)
  CC3P-Verfahren: Dr. Otto & Comp., im Versuchsstadium (Rotterdam)
  Weitere Versuchsanlagen im Bau bzw. im Versuchsstadium

Karburierung

  Ölkarburierung von Wassergas und Kohlenwassergas
  Flüssiggaskarburierung von Wassergas
  Flüssiggaskarburierung von Generatorgas
  Flüssiggaskarburierung von Luft

Es haben sich einige davon im Laufe der Zeit durchgesetzt[1]. Soweit
sie für Raffinerien von Interesse sind, werden sie in den folgenden Abschnitten erwähnt. Vor allem sind es Verfahren, die sich für große
Durchsatzleistungen eignen. Die Verfahren, die vornehmlich für Gaswerke in Frage kommen, sollen hier nur kurz genannt werden. Neben
der Möglichkeit, durch die Erzeugung von Stadtgas Überschußprodukte
günstig zu verwerten und dafür geeignete Anlagen in den Raffinerien zu
errichten, entwickelte sich ein steigender Bedarf an Wasserstoff für die
verschiedenen hydrierenden Verfahren zur Raffination und Spaltung;
vgl. Kap. L. Da das Reformerabgas für diese Zwecke wegen der stark
angestiegenen Anforderungen an niedrige Schwefelgehalte der Produkte
nicht mehr ausreicht, stehen viele Raffinerien vor der Notwendigkeit, zusätzliche Wasserstoffquellen zu erschließen. Dafür bieten sich die leichtesten, schlecht abzusetzenden Kohlenwasserstoffe selbst an, zumal ihr
H : C-Verhältnis am höchsten ist. Schließlich ist es für die Raffinerien
von großem wirtschaftlichem Interesse, daß sie überschüssige Produkte
an die chemische Industrie für die Herstellung von Synthesegas verkaufen können. Einige der größeren Erdölfirmen entfalten auf diesem
Gebiet selbst eine lebhafte Tätigkeit und haben bereits eine beachtliche
Stellung als Hersteller von Düngemitteln und von Grundstoffen für die
Petrolchemie erlangt.

Will man einen Überblick über die Verfahren gewinnen, welche für die
Gaserzeugung aus Erdölprodukten entwickelt wurden, so muß man von
mehreren Seiten an das Problem herantreten. Zuerst ist festzustellen,

---

[1] Vgl. dazu die Berichte über die Erfahrungen mit einigen der Verfahren in
Fußn. 3, S. 923; dort auch die Erklärung der hier benutzten Abkürzungen.

welche Art von Gasen gewünscht wird. Dies ist bereits für die Auswahl aus den möglichen Verfahren von gewisser, wenn auch nicht entscheidender Bedeutung, dann aber für die etwa daran anzuschließende Weiterverarbeitung. Besteht über die Art der zu erzeugenden Gase Klarheit, so wird die weitere Auswahl des Verfahrens von den verfügbaren Erdölprodukten bestimmt. Sind sie gasförmig oder leicht verdampfbar und außerdem schwefelfrei oder zumindest sehr schwefelarm, so ist die Voraussetzung für die Anwendung von Katalysatoren erfüllt. Es wurden aber auch rein thermisch arbeitende Verfahren für diesen Zweck entwickelt. Für das Vergasen schwerer Produkte, insbesondere von Destillationsrückständen, haben sich bisher nur thermische Verfahren in der Praxis bewährt. Damit im Zusammenhang steht die Frage der Wärmezufuhr, weil das Vergasen ein endothermer Prozeß ist. Einzelheiten werden später an Hand von Abb. M-2, S. 890, erörtert. Muß man auf die Anwendung von Katalysatoren verzichten, so sind wesentlich höhere Temperaturen erforderlich, wenn man wirtschaftlich verwertbare Ausbeuten erzielen will.

Zwar können, wie bereits an anderer Stelle angeführt wurde, Katalysatoren nicht das Gleichgewicht chemischer Reaktionen verschieben. Sie können aber dazu beitragen, daß ein thermodynamisch mögliches Gleichgewicht in Zeiten erreicht wird, die eine wirtschaftliche Bemessung der erforderlichen Apparatur gestatten. Insofern trifft es zu, daß durch Katalysatoren die Möglichkeit geschaffen wird, mit niedrigeren Betriebstemperaturen auszukommen. Auch wenn bei diesen die Umsetzungsgrade nicht so günstig sind wie bei höheren Temperaturen, so können sie überhaupt nur erreicht werden, wenn die Reaktionen katalytisch beschleunigt werden. Deshalb ist es berechtigt, den durch die Anwendung von Katalysatoren erzielten wirtschaftlichen Erfolg dem hoher Temperaturen gegenüberzustellen[1]. Die meisten in der Vergasungstechnik angewendeten Katalysatoren enthalten Nickel und sind deshalb gegen Schwefel empfindlich[2].

Außer Betracht bleiben in diesem Kapitel die Verfahren, welche die Herstellung von Olefinen zum Ziele haben. Wenn diese auch gasförmig – vornehmlich als Äthen und Propen – gewonnen werden, so handelt es sich bei deren Erzeugung in der Mehrzahl der Fälle nicht um Oxydationen, sondern um typische Krackreaktionen ohne Anwendung eines Vergasungsmittels wie Luft, Sauerstoff, Kohlendioxyd oder Wasserdampf. Deshalb wurden die in diese Gruppe fallenden Verfahren im Kap. D besprochen. Allerdings gibt es auch hier Übergänge. So ist es durch An-

---

[1] Beim Kracken bewirken hingegen die Katalysatoren, daß die Reaktionen anders ablaufen als bei Anwendung hoher Temperaturen allein; vgl. S. 372 ff.

[2] Über die Gründe, warum gerade Nickel bevorzugt verwendet wird, s. R. Kühn: Über Katalysatoren zur Stadtgaserzeugung. Gas- und Wasserfach 101 (1960) 1156/61. Dort sind die Zusammenhänge mit den auf S. 372 ff. und S. 379 ff. erörterten Theorien dargelegt. Vgl. auch A. Fiumara, G. Salvi u. M. Cesari: Le vieillissement des catalysateurs dans la reforme oxydante. 6. Welt-Erdöl-Kongreß, Frankfurt/M. 1963, Bericht IV/21; die offizielle Übersetzung des offenbar entstellten Titels lautet: Research on the mechanism of some deactivation phenomena of catalysts used for the „oxygenolysis" of hydrocarbons.

wendung von reinem Sauerstoff wegen der dabei erreichbaren hohen Temperaturen möglich, olefinreiche Gase zu gewinnen, die frei von Stickstoff sind und in ähnlicher Weise aufgearbeitet werden können wie die Spaltgase aus Anlagen, in denen ohne Vergasungsmittel gearbeitet wird[1]. Denn die Anwendung geringer Mengen von Wasserdampf zur Unterdrückung der Koksbildung an den Innenwänden der Heizrohre der sog. Steamcracker – vgl. S. 336 – kann nicht als oxydierend wirkendes Vergasungsmittel betrachtet werden, wie es für die hier zu beschreibenden Verfahren kennzeichnend ist. In diesem Kapitel sind alle Verfahren zusammengefaßt, deren Arbeitsweise sich an die seit vielen Jahrzehnten angewendete Vergasung fester Brennstoffe anlehnt. Diese ist durch die Oxydation von festem Kohlenstoff mit dem Sauerstoff der Luft zu Kohlendioxyd gemäß der noch zu besprechenden Gl. (M-1), S. 891, und durch anschließende Reduktion des Kohlendioxydes zu Kohlenmonoxyd gemäß der sog. Boudouardschen Reaktion gemäß Gl. (M-2), S. 891, gekennzeichnet. Daneben spielt noch die (sog. heterogene) Wassergasreaktion (an glühendem Kohlenstoff) nach Gl. (M-5), S. 893, eine erhebliche Rolle. Gemäß S. 907 ist die Art der Wärmezufuhr zur Gliederung des Kapitels benutzt.

1. Die Zusammensetzung der herzustellenden Gase und die Vergasungsreaktionen

Die beiden wichtigsten heute von der Industrie oder von öffentlichen Energieversorgungsunternehmen gewünschten Gase sind demnach Brenngas oder Gase für chemische Verfahren, insbesondere für die Synthese. Man muß deshalb deren Zusammensetzung den in Erdölprodukten gegebenen Voraussetzungen gegenüberstellen. Das Gewichtsverhältnis von Kohlenstoff zu Wasserstoff, im folgenden kurz C : H-Verhältnis genannt, hat bei Erdölprodukten Werte, die sich nicht mit den bei der Herstellung von Gasen auftretenden Erfordernissen decken. Sie sind in Zahlentafel M-1 für einzelne Kohlenwasserstoffe und für Erdölfraktionen, die für die Umwandlung in Industriegas in Frage kommen können, zusammengestellt. Bei der ersten Betrachtung kann man die sonstigen Begleitstoffe, wie Schwefel, Stickstoff und Sauerstoff außer acht lassen. Es kommt jedoch nicht allein auf das C : H-Verhältnis an. Soweit die Herstellung von Brenngasen gewünscht wird, sollen sie vielfach dazu dienen, in Rohrleitungsnetze eingespeist zu werden, die bisher und auch noch weiterhin mit den üblichen aus der Entgasung oder Vergasung fester Brennstoffe gewonnenen Gasen versorgt werden. Deren Zusammensetzung aus den wichtigsten Anteilen, nämlich Wasserstoff, Methan und Kohlenmonoxyd, ist in dem Dreieckdiagramm Abb. M-1 wiedergegeben. Kohlendioxyd, Stickstoff und Sauerstoff sind dabei als nicht brennbare Bestandteile unberücksichtigt geblieben, und höhermolekulare Kohlenwasserstoffe, die in solchen Gasen nur in Mengen von wenigen Prozenten vorkommen, können angenähert erfaßt werden, in dem man sie dem Methan zurechnet.

---

[1] Vgl. S. 337, bes. Fußn. 2.

Zahlentafel M-1. *Verhältnis von Kohlenstoff zu Wasserstoff in Gewichtsanteilen sowie oberer (H_o) und unterer Heizwert (H_u) von Kohlenwasserstoffen und Erdölfraktionen*

	C : H-Verhältnis	Heizwert			
		H_o kcal/kg	H_u kcal/kg	H_o kcal/m³	H_u kcal/m³
Methan CH_4	3 : 1	13270	11960	9520	8580
Äthen C_2H_4	6 : 1	12020	11270	15160	14220
Äthan C_2H_6	4 : 1	12400	11350	16820	15400
Propen C_3H_6	6 : 1	11690	10940	22400	20970
Propan C_3H_8	4,5 : 1	12030	11080	24120	22210
Buten-(1 und i-) C_4H_8	6 : 1	rd. 11600	rd. 10800	rd. 29500	rd. 27600
n-Butan C_4H_{10}	4,8 : 1	11840	10930	32000	29560
i-Butan C_4H_{10}	4,8 : 1	11810	10910	31510	29100
Leichtbenzin ⎫ Straight run-Produkte	5 : 1…5,5 : 1	11250 ± 200	10500 ± 200	−	−
Schwerbenzin ⎭	5,5 : 1…6 : 1	11000 ± 200	10400 ± 200	−	−
Kerosin	rd. 6 : 1	10750 ± 250	10200 ± 250	−	−
Gasöl	6 : 1…6,5 : 1	10500 ± 300	10000 ± 300	−	−
Destillationsrückstand	über 6,5 : 1	10300 ± 350	9800 ± 350	−	−

Ohne zunächst auf die Herstellung im einzelnen einzugehen, ist an den Gasen bemerkenswert, daß sie sich gegenüber den Kohlenwasserstoffen durch einen erheblich höheren Wasserstoffanteil, somit durch ein kleineres C : H-Verhältnis und durch die gleichzeitige Anwesenheit von Kohlenmonoxyd unterscheiden. Nun muß mit Rücksicht auf die Verbraucher bei der Einspeisung in Versorgungsnetze der Heizwert und in gewissen Grenzen auch die Dichte der Gase eingehalten werden. Deshalb sind in Abb. M-2 für dieselben Dreieckskoordinaten wie in Abb. M-1 die

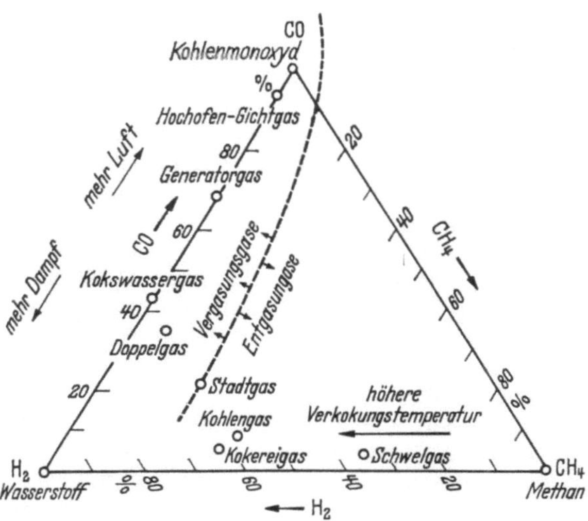

Abb. M-1. Die drei wichtigsten brennbaren Anteile verschiedener durch Entgasen oder Vergasen von Brennstoffen gewonnener Gase.

unteren Heizwerte in $kcal/m_n^3$ und das C : H-Verhältnis eingetragen. Dabei ist wiederum zu beachten, daß beide Werte nur für das aus den drei Komponenten bestehende Gemisch gelten und daß die in den verschiedenen Gasen anwesenden, nicht brennbaren Anteile, wie CO_2, N_2 usw. sowohl bei der Ermittlung des auf das Volumen bezogenen Heizwertes wie der Dichte zu berücksichtigen sind. Doch läßt sich für diesen Fall auf einfache Weise der tatsächliche Heizwert eines Gases bei bekannter Zusammensetzung mit Hilfe der Mischungsregel berechnen. Sinngemäßes gilt für die Dichte.

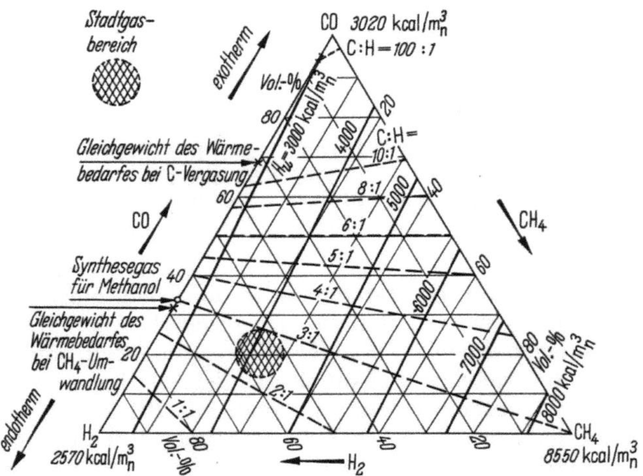

Abb. M-2. Dreieckdiagramm technischer Gase mit unterem Heizwert H_u und C : H-Verhältnis.

Für Stadtgas, das durch Entgasen von Steinkohle gewonnen wird, kann man bei Vernachlässigung der nicht brennbaren Anteile z.B. mit etwa je 22 Vol.-% CO und CH_4 und 56 Vol.-% H_2 rechnen. Daher ist das C : H-Verhältnis auf Gewichtsanteile umgerechnet mit rd. 24 : 9 kleiner als 3 : 1 und damit kleiner als in jedem der für die Vergasung zur Verfügung stehenden Erdölkohlenwasserstoffe oder Gemische daraus. Beim Entgasen von Kohle kann die Gaszusammensetzung durch das Verfahren nicht beeinflußt werden. Dies ist jedoch bei jeder Art von Vergasung, also auch bei der von Erdölprodukten, möglich. Deshalb wird in diesen Fällen meist gefordert, daß der CO-Gehalt von Stadtgas wesentlich niedriger liegt, etwa bei 3 bis 5 Vol.-% und darunter. Infolgedessen ist das C : H-Verhältnis der brennbaren Bestandteile eines solchen Gases noch wesentlich kleiner als 3 : 1.

Es muß deshalb auf alle Fälle zusätzlich Wasserstoff bereitgestellt werden. Dies kann durch unmittelbare Umsetzung von Kohlenstoff oder Methan mit Wasserdampf oder Sauerstoff nach den noch zu besprechenden Gln. (M-5) und (M-7) oder durch Konvertieren des im erzeugten Gas enthaltenen Kohlenmonoxydes mit Wasserdampf nach Gl. (M-6) erreicht werden. Häufig werden beide Wege gleichzeitig beschritten, d.h., im ersten Verfahrensgang wird in der Hauptsache ein Gemisch aus CO und H_2 hergestellt und anschließend durch teilweises oder vollständiges Konvertieren von CO der gewünschte H_2-Anteil, der bis zu 100 Vol.-% betragen kann, eingestellt.

Wenn jedoch nicht Stadtgas, sondern z.B. Synthesegas für Methanol oder Ammoniak oder reiner Wasserstoff benötigt werden, darf kein Methan im erzeugten Gas enthalten sein. Methanol (CH_3OH) erfordert ein Gas, das aus einem Volumenteil CO und zwei Volumenteilen H_2 besteht und dessen C : H-Verhältnis dem des Methans gleich ist[1]. Für Ammoniak (NH_3) wird reiner Wasserstoff benötigt, dem so viel Stickstoff beigemischt sein darf, daß sich nach dem Konvertieren des gesamten beim Vergasen gebildeten CO das richtige Verhältnis von drei Volumenteilen Wasserstoff zu einem Volumenteil Stickstoff einstellt.

a) Die Vergasungsreaktionen

Die Gleichungen für die Vergasungsreaktionen werden für festen Kohlenstoff [C] meist wie folgt geschrieben:

$$[C] + O_2 \; - 94\,052 \; (94\,555) \; kcal = CO_2 \qquad \text{(M-1)}$$
$$\underline{[C] + CO_2 + 41\,220 \; (39\,464) \; kcal = 2\,CO} \qquad \text{(M-2)}$$
$$2\,[C] + O_2 \; - 52\,832 \; (55\,091) \; kcal = 2\,CO \qquad \text{(M-3)}$$

Die chemischen Formelzeichen bedeuten hier jeweils 1 kmol. Dafür gelten – entsprechend dem Gebrauch der Praxis – die Reaktionsenthalpien[2]. Es ist z.B. in Gl. (M-3) zu beachten, daß die Wärmetönung je Kilomol Kohlenstoff die Hälfte des angegebenen Wertes, also 26 416 (27 545) beträgt. Die Vergasung fester Brennstoffe setzt sich tatsächlich aus den zwei durch die beiden ersten Gleichungen wiedergegebenen Schritten zusammen, nämlich aus der Oxydation zu Kohlendioxyd, wie sie bei jeder Verbrennung stattfindet, und aus der Reduktion des Kohlendioxydes an glühender Kohle zu Kohlenmonoxyd, wobei sich das sog. Boudouardsche Gleichgewicht einstellt; d.h., die Reaktion verläuft nicht vollständig, sondern ein von der Temperatur sehr stark abhängiger

---

[1] Vgl. D. D. MEHTA: Optimize Methanol Synthesis Gas. Hydrocarb. Procssg. 47 (1968) Nr. 12, S. 127/30

[2] Die in den Gln. (M-1) bis (M-3) sowie in den folgenden Gleichungen benutzten Werte der Reaktionswärmen sind der Arbeit D. D. WAGMAN, J. E. KILPATRICK, W. J. TAYLOR, K. S. PITZER u. F. D. ROSSINI: Heats, Free Energies, and Equilibrium Constants of some Reactions Involving O_2, H_2, H_2O, C, CO, CO_2, and CH_4. J. Research Natl. Bur. Standards 34 (1945) 143/61 (Research Paper No. 1634) entnommen, wie sie bei L. L. NEWMAN: Oxygen in the production of hydrogen or synthesis gas. Industr. Engng. Chem. 40 (1948) 559/82 in Table II, S. 561 wiedergegeben sind. Die jeweils zuerst genannten Werte gelten für 15 °C (298,16 °K), die in Klammern hinzugefügten Werte für 1227 °C (1500 °K).

Um den Aggregatzustand der Reaktionsteilnehmer zu kennzeichnen, ist es zweckmäßig, eckige Klammern für den festen und runde Klammern für den flüssigen Zustand zu benutzen. Dadurch lassen sich insbesondere dann, wenn Wasser als Reaktionsprodukt entsteht, Mißverständnisse vermeiden, die entstehen können, wenn der durch die Kondensationswärme verursachte Unterschied, die Differenz zwischen oberem und unterem Heizwert, nicht beachtet wird.

Anteil der ursprünglichen Reaktionsteilnehmer wird entsprechend der für die betreffende Temperatur maßgebenden Gleichgewichtskonstante K_c nicht umgewandelt. Durch die erste Reaktion wird der Wärmebedarf des Verfahrens gedeckt, allerdings im Überschuß, so daß noch Wärme abgeführt werden muß[1]. Die Vergasung von Kohlenwasserstoffen verläuft sinngemäß. So lautet die Reaktionsgleichung für einen gesättigten Kohlenwasserstoff C_nH_{2n+2} bei Sauerstoff als Vergasungsmittel

$$C_nH_{2n+2} + \frac{n}{2}O_2 - W_{og} \ \rightarrow \ n\,CO + (n+1)\,H_2 . \qquad (M\text{-}4)$$

Die Reaktionswärme kann in diesem allgemeinen Fall nicht angegeben werden, es sei denn durch eine von n abhängige Größe, und wird deshalb nur durch das Formelzeichen W (Wärmetönung) ersetzt[2]. Gemäß den Ausführungen auf S. 259 bedeutet ein positives Vorzeichen (auf der linken Seite der Gleichung) Wärmezufuhr, also einen endothermen Prozeß, ein negatives Vorzeichen (Wärmeabfuhr) einen exothermen Prozeß. Als Sonderfall mit $n = 1$ erhält man aus Gl. (M-4) mit Angabe der Reaktionswärme die Beziehung

$$CH_4 + \frac{1}{2}O_2 - 8527\,(5486)\,\text{kcal} \ \rightarrow \ CO + 2\,H_2 . \qquad (M\text{-}4\,a)$$

Für Kohlenwasserstoffe beliebiger Zusammensetzung kann die Vergasungsreaktion bei Verwendung von Sauerstoff

$$C_n\,H_m + \frac{n}{2}O_2 - W_o \ \rightarrow \ n\,CO + \frac{m}{2}\,H_2 \qquad (M\text{-}4\,b)$$

geschrieben werden; wegen der Reaktionswärme gilt das vorstehend Gesagte. In der Bruttoformel C_nH_m kann $m = 2n + 2$ oder $m < 2n + 2$ sein. Im ersten Fall ergibt sich die Gl. (M-4).

Wird Luft als Vergasungsmittel benutzt, so sind in Gl. (M-1) und (M-3) links und rechts noch

$$\frac{79{,}05}{20{,}95} = 3{,}773 \ \text{kmol}\,N_2\,(+\,Ar + CO_2 \ \text{usw.})$$

---

[1] Vgl. W. GUMZ: Vergasung fester Brennstoffe, Berlin/Göttingen/Heidelberg: Springer 1952. – Ders.: Kurzes Handbuch der Brennstoff- und Feuerungstechnik, 3. Aufl., hrsg. von L. HARDT, Berlin/Göttingen/Heidelberg: Springer 1962. – MEUNIER, J.: Vergasung fester Brennstoffe und oxydative Umwandlung von Kohlenwasserstoffen, übersetzt von H. PAETZOLD, Weinheim/Bergstraße: Verlag Chemie 1962. – POHL, K., u. G. MARTENS: Reaktionsgleichgewichte, Reaktionswärmen und Gaskonzentrationen bei der Umsetzung von Kohlenwasserstoffen mit Wasserdampf und Luft. Erdöl u. Kohle 16 (1963) 367/71.

[2] Als erster Index ist benutzt

     o für die Oxydation zu CO,
     w für die Wassergasreaktion,
     r für die Rußbildung,
     k für die Konvertierung.

Der zweite Index g dient zur Kennzeichnung der Reaktionen gesättigter Kohlenwasserstoffe.

zu addieren. In Gl. (M-4a) ist auf beiden Seiten sinngemäß

$$\frac{1}{2} \cdot \frac{79,05}{20,95} = 1,886 \text{ kmol } N_2 \, (+ \text{ Ar} + CO_2 + \cdots)$$

und in den Gln. (M-4) und (M-4b) der Betrag

$$n \cdot 1,886 \text{ kmol } N_2 \, (+ \text{Ar} + CO_2 + \cdots)$$

hinzuzufügen.

Der Wasserstoff, der in dem zu erzeugenden Gas gewünscht wird, kann beim Vergasen von Kohlenstoff allein, also z.B. von Koks, durch Dissoziation von Wasserdampf an glühenden Kohleteilchen nach der Formel für das sog. heterogene Wassergasgleichgewicht

$$[C] + H_2O + 31\,382 \; (32\,265) \text{ kcal} = CO + H_2 \qquad \text{(M-5)}$$

gebildet werden. Dabei ist der geringe Gehalt des Kokses an flüchtigen Bestandteilen außer Betracht gelassen. Von dieser Möglichkeit wird beim Wassergasprozeß Gebrauch gemacht, bei dem Wasserdampf als Vergasungsmittel dient. Das dabei gebildete Kohlenmonoxyd kann dann gemäß der Formel für das sog. homogene Wassergasgleichgewicht

$$CO + H_2O - 9838 \; (7199) \text{ kcal} = CO_2 + H_2 \qquad \text{(M-6)}$$

noch weiter in Wasserstoff und Kohlendioxyd umgesetzt werden. Die Gl. (M-6) läßt sich formal ableiten, indem man Gl. (M-5) von Gl. (M-2) abzieht. Das Kohlendioxyd wird erforderlichenfalls anschließend mittels Wasser oder auf andere Weise ausgewaschen und so reiner Wasserstoff gewonnen. Es besteht daher die Möglichkeit, ausgehend von Kohlenstoff, allein durch Verwendung von Sauerstoff (oder statt dessen Luft) und Wasserdampf als Vergasungsmittel jedes beliebige Gemisch von Wasserstoff, Kohlenmonoxyd und (bei Luft als Vergasungsmittel) von Stickstoff als Hauptbestandteile von Vergasungsgasen zu gewinnen. Bei der durch Gl. (M-6) beschriebenen Reaktion handelt es sich um die bereits auf S. 626 erwähnte „Konvertierung", über die dort wegen der anschließend erforderlichen CO_2-Wäsche das Wichtigste gesagt wurde.

Die Formel (M-5) zeigt, daß die Erzeugung von Wassergas aus festen Brennstoffen mit Wasserdampf allein als Vergasungsmittel eine Wärmezufuhr erfordert. Im praktischen Betrieb wird dieser Wärmebedarf durch abwechselndes Blasen mit Luft und „Gasen" mit Wasserdampf oder durch gleichzeitige Anwendung von Wasserdampf und Luft gedeckt. Es wurden auch verschiedene kontinuierliche Verfahren entwickelt, welche durch Wälzgas oder auf andere Weise eine stetige Wärmezufuhr sicherstellten. Sie hatten im Zusammenhang mit der Hydrierung fester Brennstoffe zur Gewinnung von Kraftstoffen als Wassergaserzeuger für die Wasserstoffgewinnung sehr große Bedeutung, doch fehlen heute die Voraussetzungen für ihre Anwendung[1]. Auf Grund der Wärmetönung

---

[1] Vgl. z.B. B. Riediger: Brennstoffe/Kraftstoffe/Schmierstoffe, Berlin/Göttingen/Heidelberg: Springer 1949, S. 374ff. – Lissner, A., u. A. Thau: Die Chemie der Braunkohle, Bd. II, 3. Aufl., Halle (Saale): Knapp 1953, S. 356/455.

läßt sich berechnen, daß beim Vergasen von reinem Kohlenstoff und bei einem Molverhältnis von 1,685 : 1 für Wasserdampf zu Sauerstoff Wärmegleichgewicht erreicht wird. Dann stellt sich im erzeugten Gas ein Verhältnis von 68,6 Vol.-% CO und 31,4 Vol.-% H_2 ein. Der entsprechende Punkt ist in Abb. M-2 eingetragen. Ein solches Gas enthält aber bei der üblicherweise verwendeten Luft als Vergasungsmittel noch zusätzlich zu den 3,685 Molanteilen CO und den 1,685 Molanteilen H_2 eine Menge von

$$\frac{79,05}{20,95} = 3,773 \text{ Molanteilen } N_2 \, (+ \, Ar \, + \, CO_2 \text{ usw.}),$$

so daß es sich dann aus 40,5 Vol.-% CO, 18,5 Vol.-% H_2 und 41,0 Vol.-% H_2 zusammensetzt. Sein unterer Heizwert H_u beträgt nur rd. 1880 kcal/m$_n^3$; seine Dichte mit $\varrho = 1,036$ kg/m$_n^3$ wäre wegen des beträchtlichen Stickstoffgehaltes sehr hoch.

Als Grenzfall ist die oxydative Spaltung von Methan (Erdgas) mit Sauerstoff (Luft), Kohlendioxyd oder Wasserdampf zu Gasen gewünschter Zusammensetzung zu betrachten, die besonders in den Vereinigten Staaten von Amerika wegen der großen Erdgasvorkommen erhebliche Bedeutung gewonnen hat[1].

Bei der Vergasung flüssiger und der Umwandlung gasförmiger Brennstoffe, deren Zusammensetzung zwischen den beiden Grenzfällen C und CH_4 liegt, mit Hilfe von Wasserdampf als Vergasungsmittel, kann man sinngemäß zu den Gln. (M-4), (M-4a) und (M-4b) folgende Beziehung aufstellen, und zwar die Gleichung für einen gesättigten Kohlenwasserstoff

$$C_nH_{2n+2} + n\,H_2O + W_{wg} = n\,CO + (2n+1)\,H_2. \qquad \text{(M-7)}$$

Auch hier ergibt der Sonderfall mit $n = 1$ für Methan die Gleichung

$$CH_4 + H_2O + 49271 \, (54325) \text{ kcal} = CO + 3\,H_2. \qquad \text{(M-7a)}$$

Daneben ist auch eine Umwandlung von Methan mit der doppelten Menge Wasserdampf nach der Beziehung

$$CH_4 + 2\,H_2O + 39433 \, (47126) \text{ kcal} = CO_2 + 4\,H_2 \qquad \text{(M-7b)}$$

bekannt. Für Kohlenwasserstoffe beliebiger Zusammensetzung mit der Bruttoformel C_nH_m folgt ähnlich wie beim Vergasen mit Sauerstoff die allgemeinere Beziehung

$$C_nH_m + n\,H_2O + W_w = n\,CO + \frac{(2n+m)}{2}\,H_2 \qquad \text{(M-7 c)}$$

für den Reaktionsverlauf. Die Formel (M-7a) ist nicht nur für das sog.

---

[1] Vgl. dazu B. J. MAYLAND u. G. E. HAYS: Thermodynamic Study of Synthesis Gas Production from Methane. Chem. Engng. Progress 45 (1949) 452/58. – MUNGEN, R., u. M. B. KRATZER: Partial combustion of methane with oxygen. Industr. Engng. Chem. 43 (1951) 2782/87. – DIRKSEN, H. A., u. C. H. RIESZ: Equilibrium in the Steam Reforming of Natural Gas; ebd. 45 (1953) 1562/65. – PETERS, K., M. RUDOLF u. H. VOETTER: Über den Reaktionsverlauf der Methanspaltung. Brennst.-Chem. 36 (1955) 257/66.

Gasreformieren wichtig. In umgekehrter Richtung sind nämlich die Reaktionen der sog. homogenen Methanbildung

$$CO + 3\,H_2 - 49\,271\ (54\,325)\ kcal = CH_4 + H_2O \qquad (M\text{-}7\,a^+)$$

sowie die Umkehrung der Reaktion nach Gl. (M-7b), nämlich

$$CO_2 + 4\,H_2 - 39\,433\ (47\,126)\ kcal = CH_4 + 2\,H_2O \qquad (M\text{-}7\,b^+)$$

als Nebenreaktionen oft unerwünscht. Ist z.B. in dem für das Hydrieren nach Kap. L verfügbaren Wasserstoff auch Kohlenmonoxyd oder Kohlendioxyd enthalten, so wird das dreifache bzw. vierfache Volumen davon an Wasserstoff für die Reaktion nach Gl. (M-7a) bzw. (M-7b) verbraucht. In Sonderfällen kann die Hydrierung des Kohlenmonoxydes als erwünscht angestrebt werden, z.B. um die Fischer-Tropsch-Synthese in Verbindung mit der Gaserzeugung wirtschaftlich reizvoller zu gestalten[1]. Da aber die Synthese von Kraftstoffen nur unter ganz besonders günstigen Voraussetzungen, wie sie z.B. in Südafrika vorliegen, wettbewerbsfähig ist, sind die Möglichkeiten der Herstellung von Methan auf dem angedeuteten Wege zur Zeit von begrenztem praktischem Interesse[2]. Außer nach den Gln. (M-7a$^+$) und (M-7b$^+$) ist die homogene Bildung von Methan auch nach der Formel

$$2\,CO + 2\,H_2 - 59\,109\ (61\,524)\ kcal = CH_4 + CO_2 \qquad (M\text{-}8)$$

möglich. Dabei wird weniger Wasserstoff verbraucht, weil nicht Wasserdampf, sondern Kohlendioxyd gebildet wird. Die Wärmetönung je kmol CO ist wesentlich geringer. Da bei dieser Reaktion die drei wichtigsten Bestandteile von Rohgas, nämlich CO, CO_2 und H_2 mit Methan im Gleichgewicht stehen müssen, ist die Abhängigkeit der Gleichgewichtskonstante von Druck und Temperatur für ein Verständnis der Umwandlung von Erdgas (und auch anderer leichter Kohlenwasserstoffe) besonders aufschlußreich. Es wird deshalb im folgenden Unterabschnitt darauf näher eingegangen.

Der Vollständigkeit halber soll daneben noch die Beziehung für die heterogene Methanbildung aus Kohlenstoff und Wasserstoff erwähnt werden. Diese Reaktion tritt zwar beim Vergasen flüssiger Erdölprodukte kaum auf, ist aber in der übrigen Vergasungstechnik wichtig und lautet

$$C + 2\,H_2 - 17\,889\ (22\,060)\ kcal = CH_4. \qquad (M\text{-}9)$$

Auch sie ist eine Hydrierung im weitesten Sinne. Die Umkehrung dieser Formel, nämlich

$$CH_4 + 17\,889\ (22\,060)\ kcal = C + 2\,H_2, \qquad (M\text{-}9^+)$$

---

[1] Vgl. dazu H. PICHLER: Stadtgaserzeugung in Verbindung mit der Kogasin-Synthese. Brennst.-Chem. 22 (1942) 244/48. – DORSCHNER, O.: Methan-Ferngas-Druckvergasung und Synthese. Erdöl u. Kohle 2 (1949) 59/65. – PAUL, H., u. H. TRAMM: Die Fischer-Tropsch-Synthese als Kohleveredelungsindustrie und Glied der Energiewirtschaft; ebd. S. 229/37.

[2] WALTER, L.: Products from coal. Coll. Guardian 216 (1968) Nr. 5574, S. 189/92.

stellt die Gleichung für die Rußbildung aus Methan dar, die für einen beliebigen Kohlenwasserstoff

$$C_nH_m + W_r = n\,C + \frac{m}{2}\,H_2 \qquad \text{(M-9\,a)}$$

geschrieben werden kann. Sie hat als theoretischer Grenzfall der für sämtliche Vergasungsverfahren sehr unerwünschten Nebenreaktion erhebliche Bedeutung. Daneben kommen die Umkehrungen der Reaktionen nach den Gln. (M-2) und (M-5), nämlich

$$2\,CO - 41\,220\ (39\,464)\ \text{kcal} = [C] + CO_2 \qquad \text{(M-2}^+\text{)}$$

und

$$CO + H_2 - 31\,382\ (32\,265)\ \text{kcal} = [C] + H_2O \qquad \text{(M-5}^+\text{)}$$

ebenfalls für die Rußbildung in Frage. Nur ist die Reaktion nach Gl. (M-9$^+$) als Dehydrierung endotherm, die beiden zuletzt genannten Reaktionen sind jedoch exotherm. Der bei hohen Temperaturen entstandene Ruß bewirkt das Leuchten der Flammen. Mit Hilfe dieser Reaktionsgleichungen wurde die Rußbildung beim Umwandeln von Methan berechnet[1].

Zum Schluß sind noch die Reaktionen mit Kohlendioxyd als Vergasungsmittel zu besprechen. Wenn dieses auch kaum allein angewendet wird, so entsteht es z.B. beim Vergasen von Kohlenstoff in der ersten (oxydierenden) Stufe und beeinflußt den weiteren Ablauf, wie dies durch Gl. (M-2), S. 891, beschrieben ist. Für einen gesättigten Kohlenwasserstoff lautet die Reaktionsgleichung

$$C_nH_{2n+2} + n\,CO_2 + W_{kg} = 2n\,CO + (n+1)\,H_2. \qquad \text{(M-10)}$$

Der Sonderfall mit $n = 1$ ist die Umkehrung der bereits durch Gl. (M-8), S. 895, gekennzeichneten Reaktion, nämlich

$$CH_4 + CO_2 + 59\,109\ (61\,524)\ \text{kcal} = 2\,CO + 2\,H_2. \qquad \text{(M-10\,a)}$$

In Anlehnung an die früheren Darlegungen kann für einen beliebigen Kohlenwasserstoff die Beziehung

$$C_nH_m + n\,CO_2 + W_k = 2n\,CO + \frac{m}{2}\,H_2 \qquad \text{(M-10\,b)}$$

geschrieben werden.

Mit den angeführten Gleichungen allein sind aber die beim Vergasen auftretenden Reaktionen nicht vollständig erfaßt. Wie es beim Einsatz

---

[1] HOLLAND, D. R., u. S. W. WAN: Gas reforming plant ... a computational investigation. Chem. Engng. Progr. 59 (1963) Nr. 8, S. 69/74. Diese Arbeit stützt sich auf die Berichte von B. J. MAYLAND u. G. E. HAYS: a.a.O. sowie R. MUNGEN u. M. B. KRATZER: a.a.O. (Fußn. 1, S. 894); weiterhin auf C. W. MONTGOMERY u. Mitarb.: a.a.O. (Fußn. 4, S. 904); M. R. VON STEIN: Verfahren zur Berechnung der Flammentemperatur, der Enthalpie und der Entropie von Feuergasen. Forsch. Geb. Ing.-Wes. 14 (1943) 113/23 sowie M. R. VON STEIN u. H. VOETTER: Die Berechnung von Simultangleichgewichten. Z. Elektrochem. 57 (1953) 119/24. – Vgl. zu diesem Thema auch F. BOŠNJAKOVIĆ: Wärmediagramme für Vergasung, Verbrennung und Rußbildung, Berlin: Springer 1956, S. 131 ff.

von Kohlenwasserstoffgemischen nicht anders zu erwarten ist, treten noch verschiedene weitere Nebenreaktionen auf, insbesondere Krackreaktionen, die zu einer Abspaltung wasserstoffreicher Molekülbruchstücke führen und durch Polymerisation der kohlenstoffreicheren Molekülreste ebenfalls die Ursache der unerwünschten Bildung von Ruß und Ölkoks sind. Dies ist in um so stärkerem Maße zu erwarten, je wasserstoffärmer die zu vergasenden Kohlenwasserstoffe sind. Deshalb eignen sich die stark aromatischen Teeröle aus der Steinkohlenentgasung am wenigsten für solche Zwecke. Auch die hochsiedenden Destillationsrückstände, die nur mehr einen kleinen Anteil von paraffinischen Kohlenwasserstoffen enthalten, im wesentlichen jedoch aus einfachen und kondensierten Ringverbindungen mit mehr oder weniger langen Seitenketten bestehen, verursachen diesbezügliche Schwierigkeiten. Es führt zu keinen neuen Erkenntnissen, wenn man für solche Einsatzprodukte hypothetische Formeln entwickeln wollte. Sie sind durch das C : H-Verhältnis größer als 6,5 : 1 ausreichend gekennzeichnet. In der Praxis gehören die Maßnahmen, die Rußbildung zu verringern und den unvermeidbar gebildeten Ruß abzuscheiden oder zu beseitigen, zu den wichtigsten Problemen, die beim Bau von Vergasungsanlagen für Erdölerzeugnisse zu lösen sind.

Demgegenüber sei daran erinnert, daß das C : H-Verhältnis bei den für die *Ent*gasung fester Brennstoffe vorzugsweise verwendeten Gas- und Gasflammkohlen 12 : 1 bis 18 : 1 beträgt, was deutlich macht, wie wichtig die Verwertung des dabei anfallenden Kokses ist. Beim *Vergasen* fester Brennstoffe ist aus Gründen der einfacheren Reaktionsführung sogar der praktisch wasserstofffreie Koks das bevorzugte Einsatzgut. Mit Wasserdampf als Vergasungs-(und Konvertierungs)-Mittel hat man es in der Hand, im erzeugten Gas jeden C : H-Wert zu erreichen. Die Gefahr der Rußbildung ist beim Vergasen fester Brennstoffe bei richtiger Betriebsweise um so geringer – wenn überhaupt vorhanden –, je größer das C : H-Verhältnis ist. Es sind dann um so weniger abspaltbare Kohlenwasserstoffreste vorhanden, die als Radikale die Ursache von Polymerisationen und damit von Ruß und Ölkoks sein können. Beim Vergasen fester Brennstoffe mit höheren Gehalten an flüchtigen Bestandteilen ist eher mit der Bildung von hocharomatischen Teeren zu rechnen, die in kleinen Mengen rußartige Anteile, d.h. sehr hochmolekulare, wasserstoffarme chemische Körper enthalten können.

b) Die Reaktionsgleichgewichte

Die vorstehend wiedergegebenen Reaktionsgleichungen sagen aus, wie die Reaktionen bei konstanter Temperatur verlaufen können, wenn die jeweils angegebenen Reaktionswärmen zu- oder abgeführt werden. Es läßt sich jedoch daraus erstens nicht entnehmen, wie sich das Gleichgewicht zwischen den einzelnen Reaktionspartnern bei einer bestimmten Temperatur einstellt, d.h., in welchem Ausmaß die Umsetzung vor sich geht oder bei welchem Restanteil der ursprünglichen Reaktionspartner sie zum Stillstand kommt. Zweitens bleibt die Frage unbeantwortet, wie schnell dieses Gleichgewicht erreicht wird. Es ist z. B. aus der physikalischen Chemie bekannt, daß bei der Reaktion $2H_2 + O_2 - 136\,700\,kcal = 2(H_2O)$ – der sog. Knallgasreaktion – das Gleichgewicht bei Raumtemperatur völlig auf der Seite des Wassers liegt[1]. Trotzdem kommt es zu keiner Reaktion, weil die Reaktionsgeschwindigkeit bei dieser Temperatur verschwindend gering ist. Es bedarf zumindest einer örtlichen starken Temperaturerhöhung (der Zündung), um die Reaktion anspringen zu lassen. Auch wenn dann ein so kleiner Rest wie nur $0,5 \cdot 10^{-22}$ Prozent bei Raumtemperatur unzersetzt bleibt, ist diese Tatsache für die Vorstellung eines Gleichgewichtes wesentlich. Bei sehr hohen Temperaturen verschiebt sich hingegen das Gleichgewicht stark nach der linken Seite, ein Ausdruck für die dabei beobachtete Dissoziation des Wasserdampfes. Somit müssen die Reaktionsgleichungen noch durch andere Angaben ergänzt werden, um daraus Schlüsse für die technische Durchführung der Prozesse ziehen zu können.

Die Mengenanteile der einzelnen Reaktionspartner, bei denen sich das Gleichgewicht einstellt, sind sehr stark von der Temperatur abhängig. Mathematisch wird dieses Verhalten durch das bereits auf S. 263ff. erörterte Massenwirkungsgesetz von GULDBERG und WAAGE wiedergegeben[2]. Es lautet – was hier wiederholt werden soll – für eine beliebige Reaktion

$$mA + nB + \cdots + X\,\mathrm{kcal} = rC + sD + \cdots \qquad \text{(M-11)}$$

mit A, B, C usw. als Reaktionsteilnehmern (in kmol) und m, n, r usw. als ganzzahligen Faktoren in der logarithmischen Form

$$m\log[A] + n\log[B] + \cdots = r\log[C] + s\log[D] + \cdots \log K_c; \qquad \text{(M-12)}$$

darin bedeuten $[A]$, $[B]$ usw. die (allgemein mit c_i bezeichnete) Konzentration der Reaktionsteilnehmer in mol/l oder $kmol/m^3$ und K_c die nur von der Temperatur abhängige Gleichgewichtskonstante. Die eckigen Klammern dienen hier als mathematisches Zeichen und nicht zur Kennzeichnung des Aggregatzustandes wie in den Reaktionsgleichungen. Gewöhnlich löst man die Logarithmen auf und schreibt die Gleichgewichtskonstante z. B. nach EUCKEN als Quotient zweier Produkte.

$$\frac{[A]^m \cdot [B]^n \cdot \cdots}{[C]^r \cdot [D]^s \cdot \cdots} = K_c. \qquad \text{(M-13)}$$

Diese Art der Schreibung ist mathematisch einwandfrei. Ist K_c größer als 1, so überwiegen im Gleichgewicht die in der Reaktionsgleichung links stehenden Partner. Nun werden aber diese Gleichungen oft so geschrieben, daß die angestrebten Produkte rechts stehen. In diesem Fall

---

[1] Vgl. wegen der Schreibung (H_2O) Fußn. 2, S. 891, zweiter Absatz.
[2] Vgl. dazu z. B. A. EUCKEN: Grundriß der physikalischen Chemie, 8. Aufl., bearb. von E. WICKE, Leipzig: Akad. Verlagsges. 1956, S. 188ff. – HOLLECK, L.: Physikalische Chemie und ihre rechnerische Anwendung – Thermodynamik –, Berlin/Göttingen/Heidelberg: Springer 1950, S. 88ff. – SCHMIDT, F.: Einführung in die Thermodynamik, 8. Aufl., Berlin/Göttingen/Heidelberg: Springer 1960, S. 445ff. u. 466. – BOŠNJAKOVIĆ, F.: Technische Thermodynamik, II. Teil, 3. Aufl., Dresden u. Leipzig: Steinkopff 1960, S. 314.

ist der Nenner in K_c als groß erwünscht und K_c deshalb kleiner als 1. Deshalb findet man häufig den Reziprokwert von K_c gemäß Gl. (M-13) als Gleichgewichtskonstante definiert, was besonders beachtet werden muß.

Bei homogenen Gasreaktionen, die ohne Volumenänderung verlaufen, können statt der molaren Konzentrationen c_i der Komponenten deren Partialdrücke $p_i = c_i RT$ eingesetzt werden. *Nur in diesem Falle* ist die für die Schreibung des Massenwirkungsgesetzes mit Partialdrücken gültige Gleichgewichtskonstante $K_p = K_c$. Das trifft auch für heterogene Reaktionen zu, wenn das Gasvolumen ungeändert bleibt und der Partialdruck vorhandener, fester Reaktionspartner (der sog. Bodenkörper) gleich null gesetzt werden kann.

Wenn sich aber das Volumen bei der Reaktion ändert, also $m + n + + \cdots \neq r + s + \cdots$, so ist

$$K_p = K_c \cdot (RT)^{(m+n+\cdots-r-s\cdots)}. \tag{M-14}$$

Ganz allgemein wird jede Reaktion, bei der die Molzahl abnimmt, durch steigenden Druck begünstigt, eine solche, bei der die Molzahl zunimmt, durch steigenden Druck gehemmt bzw. durch sinkenden Druck begünstigt.

Wenn die Gleichgewichtskonstante größer als 1 ist, so bedeutet dies, daß das Produkt der Molkonzentrationen der im Zähler (also auf der linken Seite der Reaktionsgleichung) stehenden Reaktionsteilnehmer größer ist als das der im Nenner (auf der rechten Seite der Reaktionsgleichung) stehenden. Man muß also beachten, in welcher Richtung der Reaktionsverlauf angestrebt wird, um aus der Größe der Gleichgewichtskonstante zu erkennen, in welchem Temperaturbereich ein höherer Umsatz zu erwarten ist.

Die vier wichtigsten Gleichgewichte, die sich beim Vergasen einstellen, sind nach den Ausführungen im vorhergehenden Abschnitt vor allem

das Boudouardsche Gleichgewicht	nach Formel (M-2),
das heterogene Wassergasgleichgewicht	nach Formel (M-5),
das homogene Wassergasgleichgewicht	
(Konvertierungsgleichgewicht)	nach Formel (M-6),
das Methangleichgewicht	nach Formel (M-8).

Für die Gleichgewichtskonstanten dieser Reaktionen gelten die Beziehungen

$$K_{pB} = \frac{p_{CO}^2}{p_{CO_2}}, \tag{M-15 a}$$

$$K_{pW} = \frac{p_{CO} \cdot p_{H_2}}{p_{H_2O}}, \tag{M-15 b}$$

$$K_{pK} = \frac{p_{CO} \cdot p_{H_2O}}{p_{CO_2} \cdot p_{H_2}} = \frac{K_{pB}}{K_{pW}}, \tag{M-15 c}$$

$$K_{pM} = \frac{p_{CO}^2 \cdot p_{H_2}^2}{p_{CO_2} \cdot p_{CH_4}}. \tag{M-15 d}$$

Sie wurden sehr genau berechnet und sind für den Druck von 1,033 ata (= 760 Torr) in Zahlentafel M-2 zusammengestellt. Alle Werte dieser Zahlentafel nehmen mit steigender Temperatur zu. Deshalb mußten die Gleichgewichtskonstanten der beiden ersten Reaktionen so festgelegt werden, daß die Reaktionen in den Gln. (M-2) und (M-5) von rechts nach links verlaufen. Übereinstimmung mit der Festlegung in Gl. (M-13) wird dann dadurch erzielt, daß die Reziprokwerte dieser Beträge wiedergegeben werden. Auf alle Fälle sind im Kopf der Tabelle die Brüche der Partialdrücke angegeben, aus denen man auf die zugrunde liegenden Gleichungen schließen kann[1].

Die Werte zeigen bei der homogenen Wassergasreaktion die geringste Abhängigkeit von der Temperatur und lassen erkennen, daß bei der Konvertierung eine möglichst niedrige Temperatur für die Wasserstoffbildung günstig ist. Der Partialdruck des angestrebten Reaktionspartners steht in der Gleichung für diese Konstante im Nenner – anders als bei den übrigen Gleichungen. Deshalb soll der Nenner groß, die Konstante also klein sein.

In solchen Fällen ist die Verwendung von Katalysatoren unerläßlich, weil sonst das thermodynamisch mögliche Gleichgewicht wegen zu geringer Reaktionstemperatur und dadurch verursachter sehr kleiner Reaktionsgeschwindigkeit bei weitem nicht erreicht wird.

Wegen der Bedeutung für die Herstellung von Synthesegas und Wasserstoff aus Methan und Erdgas sind in Zahlentafel M-2 auch die Gleichgewichtskonstanten der Reaktionen nach den Gln. (M-7a) und (M-7b) aufgenommen, bei denen Methan mit Wasserdampf zu Kohlenmonoxyd bzw. Kohlendioxyd und Wasserstoff umgesetzt wird. Allerdings gelten für diese Werte die gleichen Überlegungen wie für die beiden ersten Reaktionen. Um sie mit steigender Temperatur ansteigen zu lassen, sind sie für die Reaktionen nach den Gln. (M-7a$^+$) und (M-7b$^+$), S. 895, ermittelt. Man sieht daraus, daß bei Umsetzung mit 1 kmol Wasserdampf (K_{pM}^*) das Gleichgewicht zugunsten der Wassergasbildung bei einem Druck von 1 ata oberhalb von rd. 620 °C liegt. Die Bildung von Wasserstoff und Kohlendioxyd bei Umsetzung mit 2 kmol Wasserdampf (K_{pM}^{**}) und ebenfalls 1 ata wird bei Temperaturen oberhalb von rd. 590 °C begünstigt. Wegen der erheblichen Zunahme des Volumens bei diesen Reaktionen sind sie sehr stark vom Druck abhängig.

Die Gleichgewichtskonstanten der beiden zuletzt genannten Reaktionen lassen sich aus den Werten für K_{pM} und K_{pK} nach den Beziehungen

$$K_{pM}^* = \frac{p_{CO} \cdot p_{H_2}^3}{p_{CH_4} \cdot p_{H_2O}} = \frac{K_{pM}}{K_{pK}} \tag{M-15e}$$

und

$$K_{pM}^{**} = \frac{p_{CO_2} \cdot p_{H_2}^4}{p_{CH_4} \cdot p_{H_2O}^2} = \frac{K_{pM}}{K_{pK}^2} \tag{M-15f}$$

berechnen.

---

[1] Dieser Weg wurde beschritten, um Übereinstimmung mit den an anderen Stellen veröffentlichten Angaben herzustellen. Es ist das beste, die Konstanten immer durch die Quotienten der Konzentrationen oder Partialdrücke zu definieren, um Mißverständnisse zu vermeiden.

Wegen der besseren Übersicht ist eine graphische Darstellung der in Zahlentafel M-2 zusammengestellten Gleichgewichtskonstanten sowie der einiger anderer Reaktionen in Abb. M-3 wiedergegeben. Sie ist aus den früher genannten Gründen unverändert der Quelle entnommen und lehnt sich an die im Schrifttum zu findende Darstellung an[1]. Dabei konnte nicht die Regel entsprechend Gl. (M-13) beachtet werden. Vielmehr befinden sich die bei technischen Aufgaben üblicherweise angestrebten Reaktionspartner auf der rechten Seite der den Kurven beigeschriebenen und in der Legende wiederholten Gleichungen. Das Gleichgewicht liegt dann auf deren Seite, wenn die Logarithmen der wiedergegebenen *Reziprok*werte größer als null sind.

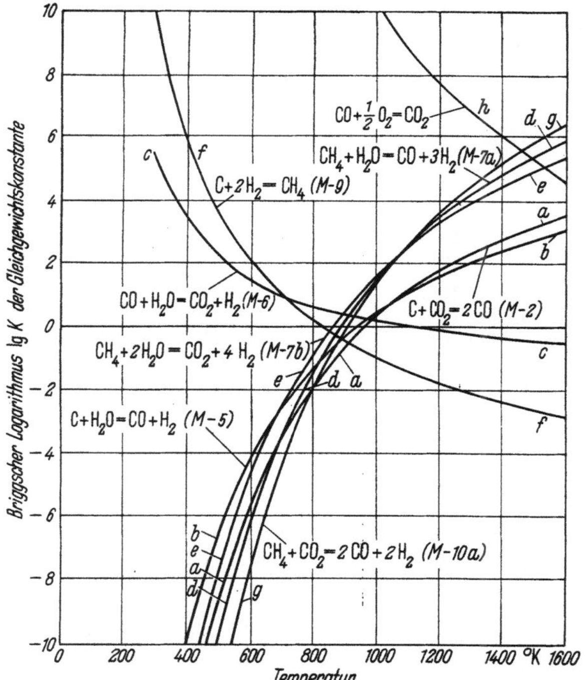

Abb. M-3. Briggsscher Logarithmus lg K der Gleichgewichtskonstante verschiedener Vergasungsreaktionen nach Messungen des Bureau of Standards.

a $C + CO_2 = 2\,CO$ Gl. (M-2);	f $C + 2\,H_2 = CH_4$ Gl. (M-9);
b $C + H_2O = CO + H_2$ Gl. (M-5);	g $CH_4 + CO_2 = 2\,CO + 2\,H_2$ Gl. (M-10a);
c $CO + H_2O = CO_2 + H_2$ Gl. (M-6);	sowie die Verbrennungsreaktion
d $CH_4 + H_2O = CO + 3\,H_2$ Gl. (M-7a);	h $CO + 1/2\,O_2 = CO_2$.
e $CH_4 + 2\,H_2O = CO_2 + 4\,H_2$ Gl. (M-7b);	(Vgl. dazu den Text.)

Aus Abb. M-3 geht hervor, daß im Bereich technisch üblicher Arbeitstemperaturen die Gleichgewichtskonstanten von fünf dieser Reaktionen verhältnismäßig nahe beieinanderliegen. Alle diese Reaktionen sind

---

[1] NEWMAN, L. L., a. a. O., dort S. 563 (vgl. Fußn. 2, S. 891).

Zahlentafel M-2. *Gleichgewichtskonstanten der Vergasungs-*

Reaktions-temperatur °C	Gl. (M-2) bzw. Gl. (M-15a) Boudouardsche Reaktion $K_{pB} = \dfrac{p_{CO}^2}{p_{CO_2}}$	Gl. (M-5) bzw. Gl. (M-15b) Heterogene Wassergasreaktion $K_{pW} = \dfrac{p_{CO}\,p_{H_2}}{p_{H_2O}}$	Gl. (M-6) bzw. Gl. (M-15c) Homogene Wassergasreaktion (Konvertierung) $K_{pK} = \dfrac{p_{CO}\,p_{H_2O}}{p_{CO_2}\,p_{H_2}}$
500	$4{,}402 \cdot 10^{-3}$	$2{,}151 \cdot 10^{-2}$	$2{,}046 \cdot 10^{-1}$
525	$1{,}025 \cdot 10^{-2}$	$4{,}181 \cdot 10^{-2}$	$2{,}452 \cdot 10^{-1}$
550	$2{,}245 \cdot 10^{-2}$	$7{,}752 \cdot 10^{-2}$	$2{,}896 \cdot 10^{-1}$
575	$4{,}734 \cdot 10^{-2}$	$1{,}397 \cdot 10^{-1}$	$3{,}388 \cdot 10^{-1}$
600	$9{,}472 \cdot 10^{-2}$	$2{,}418 \cdot 10^{-1}$	$3{,}917 \cdot 10^{-1}$
625	$1{,}838 \cdot 10^{-1}$	$4{,}088 \cdot 10^{-1}$	$4{,}495 \cdot 10^{-1}$
650	$3{,}409 \cdot 10^{-1}$	$6{,}678 \cdot 10^{-1}$	$5{,}106 \cdot 10^{-1}$
675	$6{,}164 \cdot 10^{-1}$	$1{,}066$	$5{,}765 \cdot 10^{-1}$
700	$1{,}073$	$1{,}662$	$6{,}455 \cdot 10^{-1}$
725	$1{,}827$	$2{,}540$	$7{,}191 \cdot 10^{-1}$
750	$3{,}009$	$3{,}783$	$7{,}954 \cdot 10^{-1}$
775	$4{,}866$	$5{,}553$	$8{,}764 \cdot 10^{-1}$
800	$7{,}646$	$7{,}969$	$9{,}595 \cdot 10^{-1}$
825	$1{,}183 \cdot 10^{1}$	$1{,}130 \cdot 10^{1}$	$1{,}047$
850	$1{,}784 \cdot 10^{1}$	$1{,}570 \cdot 10^{1}$	$1{,}136$
875	$2{,}654 \cdot 10^{1}$	$2{,}159 \cdot 10^{1}$	$1{,}230$
900	$3{,}862 \cdot 10^{1}$	$2{,}917 \cdot 10^{1}$	$1{,}324$
925	$5{,}554 \cdot 10^{1}$	$3{,}905 \cdot 10^{1}$	$1{,}422$
950	$7{,}830 \cdot 10^{1}$	$5{,}148 \cdot 10^{1}$	$1{,}521$
975	$1{,}093 \cdot 10^{2}$	$6{,}731 \cdot 10^{1}$	$1{,}624$
1000	$1{,}499 \cdot 10^{2}$	$8{,}683 \cdot 10^{1}$	$1{,}726$
1025	$2{,}038 \cdot 10^{2}$	$1{,}125 \cdot 10^{2}$	$1{,}832$
1050	$2{,}726 \cdot 10^{2}$	$1{,}407 \cdot 10^{2}$	$1{,}937$
1075	$3{,}620 \cdot 10^{2}$	$1{,}770 \cdot 10^{2}$	$2{,}045$
1100	$4{,}738 \cdot 10^{2}$	$2{,}202 \cdot 10^{2}$	$2{,}152$
1125	$6{,}161 \cdot 10^{2}$	$2{,}725 \cdot 10^{2}$	$2{,}261$
1150	$7{,}908 \cdot 10^{2}$	$3{,}339 \cdot 10^{2}$	$2{,}369$
1175	$1{,}009 \cdot 10^{3}$	$4{,}074 \cdot 10^{2}$	$2{,}477$
1200	$1{,}273 \cdot 10^{3}$	$4{,}925 \cdot 10^{2}$	$2{,}584$
1250	$1{,}982 \cdot 10^{3}$	$7{,}089 \cdot 10^{2}$	$2{,}797$
1300	$2{,}999 \cdot 10^{3}$	$9{,}981 \cdot 10^{2}$	$3{,}004$
1350	$4{,}415 \cdot 10^{3}$	$1{,}378 \cdot 10^{3}$	$3{,}204$
1400	$6{,}346 \cdot 10^{3}$	$1{,}871 \cdot 10^{3}$	$3{,}393$
1450	$8{,}924 \cdot 10^{3}$	$2{,}500 \cdot 10^{3}$	$3{,}569$
1500	$1{,}230 \cdot 10^{4}$	$3{,}296 \cdot 10^{3}$	$3{,}731$

---

[a] Nach P. SCHMALFELD: Hütte I, 28. Aufl., Berlin: Ernst 1955, S. 547, durch Werte für K_{pM}^{*} und K_{pM}^{**} ergänzt. Die Angaben stützen sich auf D. D. WAGMAN u. Mitarb.: a. a. O. (vgl. Fußn. 2, S. 891).

endotherm. Bei Temperaturen über etwa 870 bis 960 °K (rd. 600 bis 690 °C) sind die Logarithmen positiv, also die Werte selbst größer als 1. Hingegen liegt das Gleichgewicht der für die Konvertierung maßgebenden (exothermen) homogenen Wassergasreaktion Gl. (M-6) bei Tempe-

reaktionen bei einem Druck von 1,033 kp/cm² (ata) = 760 Torr *

Gl. (M-7a[+]) bzw. Gl. (M-15e)	Gl. (M-7b[+]) bzw. Gl. (M-15f)	Gl. (M-8) bzw. Gl. (M-15d)	Reaktionstemperatur
Homogene Methanreaktionen			
$K_{pM}^{*} = \dfrac{p_{CO}\,p_{H_2}^{3}}{p_{CH_4}\,p_{H_2O}} = \dfrac{K_{pM}}{K_{pK}}$	$K_{pM}^{**} = \dfrac{p_{CO_2}\,p_{H_2}^{4}}{p_{CH_4}\,p_{H_2O}^{2}} = \dfrac{K_{pM}}{K_{pK}^{2}}$	$K_{pM} = \dfrac{p_{CO}^{2}\,p_{H_2}^{2}}{p_{CH_4}\,p_{CO_2}}$	°C
$9{,}770 \cdot 10^{-3}$	$4{,}774 \cdot 10^{-2}$	$1{,}999 \cdot 10^{-3}$	500
$2{,}911 \cdot 10^{-2}$	$1{,}187 \cdot 10^{-1}$	$7{,}137 \cdot 10^{-3}$	525
$8{,}025 \cdot 10^{-2}$	$2{,}771 \cdot 10^{-1}$	$2{,}324 \cdot 10^{-2}$	550
$2{,}115 \cdot 10^{-1}$	$6{,}241 \cdot 10^{-1}$	$7{,}164 \cdot 10^{-2}$	575
$5{,}216 \cdot 10^{-1}$	$1{,}333$	$2{,}043 \cdot 10^{-1}$	600
$1{,}239$	$2{,}756$	$5{,}569 \cdot 10^{-1}$	625
$2{,}783$	$5{,}450$	$1{,}421$	650
$6{,}055$	$1{,}050 \cdot 10^{1}$	$3{,}491$	675
$1{,}255 \cdot 10^{1}$	$1{,}945 \cdot 10^{1}$	$8{,}104$	700
$2{,}534 \cdot 10^{1}$	$3{,}523 \cdot 10^{1}$	$1{,}822 \cdot 10^{1}$	725
$4{,}903 \cdot 10^{1}$	$6{,}164 \cdot 10^{1}$	$3{,}900 \cdot 10^{1}$	750
$9{,}272 \cdot 10^{1}$	$1{,}058 \cdot 10^{2}$	$8{,}126 \cdot 10^{1}$	775
$1{,}690 \cdot 10^{2}$	$1{,}762 \cdot 10^{2}$	$1{,}622 \cdot 10^{2}$	800
$3{,}020 \cdot 10^{2}$	$2{,}884 \cdot 10^{2}$	$3{,}162 \cdot 10^{2}$	825
$5{,}176 \cdot 10^{2}$	$4{,}556 \cdot 10^{2}$	$5{,}880 \cdot 10^{2}$	850
$8{,}886 \cdot 10^{2}$	$7{,}224 \cdot 10^{2}$	$1{,}093 \cdot 10^{3}$	875
$1{,}470 \cdot 10^{3}$	$1{,}110 \cdot 10^{3}$	$1{,}946 \cdot 10^{3}$	900
$2{,}395 \cdot 10^{3}$	$1{,}684 \cdot 10^{3}$	$3{,}405 \cdot 10^{3}$	925
$3{,}802 \cdot 10^{3}$	$2{,}500 \cdot 10^{3}$	$5{,}783 \cdot 10^{3}$	950
$5{,}959 \cdot 10^{3}$	$3{,}700 \cdot 10^{3}$	$9{,}678 \cdot 10^{3}$	975
$9{,}137 \cdot 10^{3}$	$5{,}294 \cdot 10^{3}$	$1{,}577 \cdot 10^{4}$	1000
$1{,}384 \cdot 10^{4}$	$7{,}553 \cdot 10^{3}$	$2{,}535 \cdot 10^{4}$	1025
$2{,}055 \cdot 10^{4}$	$1{,}061 \cdot 10^{4}$	$3{,}980 \cdot 10^{4}$	1050
$3{,}020 \cdot 10^{4}$	$1{,}477 \cdot 10^{4}$	$6{,}176 \cdot 10^{4}$	1075
$4{,}366 \cdot 10^{4}$	$2{,}029 \cdot 10^{4}$	$9{,}395 \cdot 10^{4}$	1100
$6{,}236 \cdot 10^{4}$	$2{,}758 \cdot 10^{4}$	$1{,}410 \cdot 10^{5}$	1125
$8{,}767 \cdot 10^{4}$	$3{,}701 \cdot 10^{4}$	$2{,}077 \cdot 10^{5}$	1150
$1{,}225 \cdot 10^{5}$	$4{,}945 \cdot 10^{4}$	$3{,}034 \cdot 10^{5}$	1175
$1{,}685 \cdot 10^{5}$	$6{,}519 \cdot 10^{4}$	$4{,}353 \cdot 10^{5}$	1200
$3{,}101 \cdot 10^{5}$	$1{,}109 \cdot 10^{5}$	$8{,}672 \cdot 10^{5}$	1250
$5{,}493 \cdot 10^{5}$	$1{,}830 \cdot 10^{5}$	$1{,}651 \cdot 10^{6}$	1300
$9{,}401 \cdot 10^{5}$	$2{,}934 \cdot 10^{5}$	$3{,}012 \cdot 10^{6}$	1350
$1{,}559 \cdot 10^{6}$	$4{,}595 \cdot 10^{5}$	$5{,}290 \cdot 10^{6}$	1400
$2{,}513 \cdot 10^{6}$	$7{,}041 \cdot 10^{5}$	$8{,}969 \cdot 10^{6}$	1450
$3{,}945 \cdot 10^{6}$	$1{,}057 \cdot 10^{6}$	$1{,}472 \cdot 10^{7}$	1500

raturen unter rd. 1100 °K (= 827 °C) auf der Seite der H_2-Bildung. Dies läßt sich auch an Hand der Zahlentafel M-2 erkennen.

Aus den vorerwähnten Gründen gibt die Kurve *f* den Reziprokwert der beigeschriebenen Gl. (M-9) wieder. Dies kann an Hand der Beziehung

$$\frac{p_{H_2}^{2}}{p_{CH_4}} = \frac{K_{pM}}{K_{pB}}$$

$$(\text{M-15 g})$$

geprüft werden. Bei hohen Temperaturen ist Methan in Kohlenstoff und Wasserstoff aufgespalten und die glühenden Rußteilchen sind die Ursache des Leuchtens von Flammen. Friert man die Reaktion durch Abschrecken der Flamme an kalten Wänden ein, so reagiert der glühende Ruß nicht mehr weiter und schlägt sich auf den Wänden tieferer Temperatur nieder.

Der Verlauf der noch beigefügten Kurve h läßt erkennen, daß Kohlendioxyd bei sehr hohen Temperaturen dissoziiert. Auch Wasserdampf beginnt bei Atmosphärendruck und Temperaturen über etwa 1500 °C zu dissoziieren[1]. Diese Erscheinungen sind bei der Verbrennung zu beachten, wirken sich jedoch in den bei der Vergasung angewendeten Temperaturbereichen noch nicht aus.

c) Die Berechnung der Vergasungsvorgänge

Es konnte in Kap. D 2 d auf die Bedeutung der Reaktionskinetik beim thermischen Kracken hingewiesen werden. Sie ist auch beim Vergasen wichtig, doch hat sich entgegen früheren Ansichten herausgestellt, daß sich die thermodynamisch möglichen Gleichgewichte bei den im allgemeinen angewandten hohen Temperaturen sehr schnell einstellen. Dies ist zumindest für die Wassergasreaktionen erwiesen[2]. Auf dieser Tatsache beruhen die verschiedenen Verfahren, die für die Berechnung der Vergasung fester Brennstoffe entwickelt wurden und die von der Annahme ausgehen, daß die Gleichgewichte unter üblichen Betriebsbedingungen wirklich erreicht werden[3]. Um so mehr ist diese Annahme für die Vergasung flüssiger – bei der Arbeitstemperatur verdampfter – und für die Umwandlung gasförmiger Kohlenwasserstoffe berechtigt. Auf Einzelheiten dieser Berechnungsverfahren soll hier nicht eingegangen werden, weil eine ausführliche Literatur darüber vorliegt[4]. Die Schwierigkeit bei der praktischen Durchführung dieser Rechnungen lag daran, daß

---

[1] Vgl. z.B. W. Schüle: Neue Tabellen und Diagramme für technische Feuergase und ihre Bestandteile von 0° bis 4000 °C, Berlin: Springer 1929.

[2] Vgl. dazu J. Meunier: a.a.O. S. 198 ff. u. S. 255 ff.

[3] Vgl. W. Gumz: Vergasung fester Brennstoffe: a.a.O.

[4] Vgl. dazu C. W. Montgomery, E. B. Weinberger u. D. S. Hoffman: Thermodynamics and stoichiometry of synthesis gas production. Industr. Engng. Chem. 40 (1948) 601/07. – Reitmeier, R. E., K. Atwood, H. A. Benett jr. u. H. M. Baugh: Production of synthesis gas – By Reacting Light Hydrocarbons with Steam and Carbon Dioxyd; ebd. S. 620/26. – Weitere Arbeiten sind bes. von W. Gumz: Vergasung fester Brennstoffe: a.a.O. ausgewertet und zusammengestellt worden. Wichtige Beiträge dazu leisteten auch R. Drawe u. S. Traustel; vgl. die Angaben dazu bei B. Riediger: Brennstoffe/Kraftstoffe/Schmierstoffe, Berlin/Göttingen/Heidelberg: Springer 1949, S. 379 sowie bei J. Meunier: a.a.O. – Von neueren Arbeiten über die Systematik der Berechnung s. auch H. D. Baehr u. E. F. Schmidt: Die Berechnung der Gleichgewichtszusammensetzung chemisch reagierender Gasgemische, insbesondere dissoziierender Verbrennungsgase. Brennst.-Wärme-Kraft 16 (1964) 8/14. – Deringer, H.: Die Gleichgewichts-Zusammensetzung von Spalt- und Vergasungs-Gasen. Herausgeg. vom Schweiz. Ver. Gas- u. Wasserfachm. Zürich 1965. – Subramaniam, T. K.: Estimate Reformer Gas Composition. Hydrocarb. Procssg. 46 (1967) Nr. 9, S. 169/72. – Hyman, M. H.: Simulate Methane Reformer Reactions, ebd. 47 (1968) Nr. 7, S. 131/37.

im allgemeinen eine größere Zahl von Gleichungen mit ebensovielen
Unbekannten aufzulösen ist. Deren Zahl bestimmt sich aus der Anzahl
der Gasbestandteile CO, CO_2, H_2, CH_4 und H_2O. Dazu kommen bei Luft
als Vergasungsmittel noch N_2 und bei schwefelhaltigen Brennstoffen die
im Gas möglichen Schwefelverbindungen wie H_2S, COS, CS_2 und evtl.
auch SO_2, schließlich die Brennstoffmenge je Einheit des erzeugten Gases
und die auf dieselbe Größe bezogene Menge des Vergasungsmittels. Die
Rechnung muß mit Annahmen begonnen werden, weil die Reaktionstemperatur nicht bekannt ist. Durch elektronische Rechenmaschinen
wird die Arbeit jetzt sehr erleichtert, weil sie ein ausgezeichnetes Mittel
sind, langwierige Iterationsrechnungen in kürzester Zeit zu bewältigen[1].

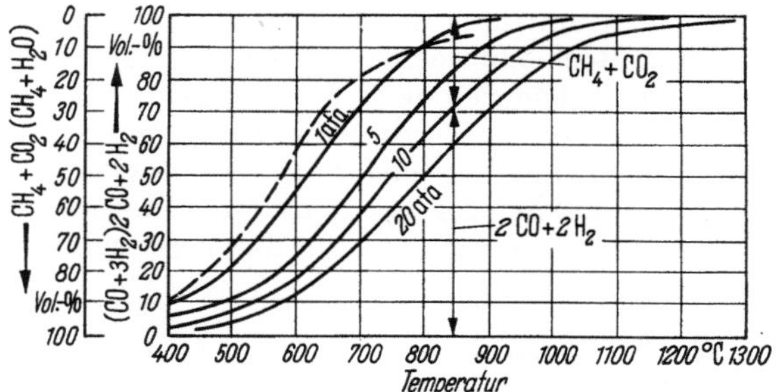

Abb. M-4. Abhängigkeit der Gleichgewichtszusammensetzung der Reaktion $CH_4 + CO_2 = 2CO + 2H_2$ (M-10a) von Druck und Temperatur (ausgezogene Kurve) sowie der Reaktion $CH_4 + H_2O = CO + 3H_2$ (M-7a) von der Temperatur bei 1 ata (gestrichelte Kurve).

Um jedoch die zu erwartende Gaszusammensetzung zu zeigen und
den Einfluß von Druck und Temperatur erkennen zu lassen, sollen die
Zusammenhänge durch Diagramme erläutert werden. So sieht man aus
Abb. M-4, wie die Umsetzung von Methan mit Kohlendioxyd durch steigende Temperatur begünstigt, durch steigenden Druck jedoch zurückgedrängt wird. Der erste Einfluß hängt mit der Änderung der Gleichgewichtskonstante zusammen, deren Verlauf der Abb. M-3 für die
Reaktion gemäß Gl. (M-10a) entnommen werden kann. Sie ist bei etwa
900 °K (rd. 625 °C) und einem Druck von 760 Torr (= 1,033 ata) gleich
1, d.h., die molaren Konzentrationen der Reaktionsteilnehmer beider
Seiten der Gleichung sind unter diesen Bedingungen einander gleich.
Der Druck verringert die CO- und H_2-Bildung sehr stark, weil die Reaktion mit einer Verdoppelung des Volumens verbunden ist. Eine Erhöhung des Druckes auf 20 ata muß durch eine Steigerung der Temperatur um rd. 200° wettgemacht werden, will man den gleichen Umsetzungsgrad erreichen. Wenn dieses Diagramm auch nur für eine bestimmte Reaktion gilt, so läßt es doch den für die Durchführung der

---

[1] Um einen guten Überblick über die oft recht verwickelten Zusammenhänge
zu erhalten, sind graphische Verfahren besonders nützlich; vgl. dazu F. Bošnja-
kovič: Vergasungsdiagramme. VDI-Forschungsheft 432. Düsseldorf: VDI-Verlag
1951. – Ders.: Wärmediagramme für Vergasung, Verbrennung und Rußbildung,
Berlin/Göttingen/Heidelberg: Springer 1956.

Verfahren in der Praxis sehr wesentlichen Einfluß des Druckes erkennen. Daß der Einfluß der Temperatur bei der Umsetzung von Methan mit Wasserdampf ähnlich ist, zeigt die gestrichelte Kurve für die Reaktion nach Gl. (M-7a). Auch bei dieser verdoppelt sich das Volumen; der Druck wirkt in ganz ähnlicher Weise. Deshalb sind keine weiteren Kurven für den zweiten Fall eingezeichnet, um das Diagramm nicht unübersichtlich zu machen.

Es wurden berechtigte Einwände gegen die Annahme erhoben, daß theoretische Gleichgewichtsberechnungen den wirklichen Reaktionsverlauf genau wiedergeben könnten, weil sich alle Einflüsse gleichzeitig nur schwer erfassen lassen[1]. Dies gilt in erster Linie für die Vorausberechnung der Vergasung fester Brennstoffe wegen der Wechselwirkung zwischen heterogenen und homogenen Reaktionen. Durch die Anwendung elektronischer Rechenmaschinen lassen sich diese Schwierigkeiten jetzt – soweit sie die gleichzeitige Erfassung zahlreicher Einflüsse betreffen – überwinden. Bei der Berechnung der Vergasung flüssiger (verdampfter) und der Umwandlung gasförmiger Brennstoffe entfällt außerdem der störende Einfluß heterogener Reaktionen. Deshalb können theoretisch ermittelte Zusammensetzungen für das Verständnis der Vorgänge

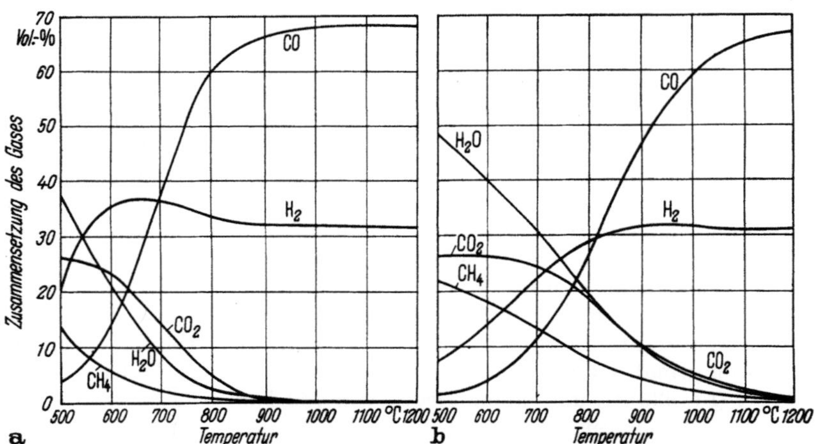

Abb. M-5. Gaszusammensetzung entsprechend der Gleichgewichtseinstellung in Abhängigkeit von der Temperatur im System Kohlenstoff-Wasser-Sauerstoff nach NEWMANN.

a) Druck 1 ata; b) Druck 20 ata.

nützlich sein. Als Beispiel dafür ist in Abb. M-5a und b für zwei Drücke gezeigt, wie sich die Gaszusammensetzung bei gleichzeitiger Anwesenheit von Methan, den beiden Kohlenoxyden, Wasserdampf und Wasserstoff ändert. Man sieht daraus, daß Temperaturen von mehr als 1000 °C

---

[1] FRITSCHE, W.: Das Wassergleichgewicht und seine Beziehung zu den praktischen Vergasungsvorgängen. Brennst.-Chem. 31 (1950) 337/50.

benötigt werden, um CO und H_2 allein zu erhalten und die anderen Reaktionspartner praktisch zum Verschwinden zu bringen. Auch aus diesen beiden Diagrammen geht der ungünstige Einfluß des Druckes hervor.

d) Die Wärmezufuhr als Verfahrensmerkmal

Da in der Mehrzahl der Fälle die Herstellung von Gasen mit einem erheblichen Wasserstoffanteil angestrebt wird, erfordern die Reaktionen die Zufuhr von Wärme. Dies kann auch aus Abb. M-2 abgelesen werden. Die Grenze zwischen endothermen und exothermen Reaktionen liegt bei einem um so höheren Wasserstoffgehalt des Gases, je niedriger das C : H-Verhältnis des zu vergasenden Brennstoffes ist. Bei welchem Verhältnis von CO zu H_2 im erzeugten Gas Wärmegleichgewicht besteht, wenn reiner Kohlenstoff vergast wird, wurde vorstehend erwähnt. Dies stellt einen Grenzfall dar. Bei der Umwandlung von Methan in ein CO_2–H_2-Gemisch, die als der andere Grenzfall betrachtet werden kann, liegt dieses Wärmegleichgewicht bei Ablauf der durch die Gln. (M-4a) und (M-7a) gegebenen Reaktionen bei einem C : H-Verhältnis im erzeugten Gas von 2,789 bzw. bei einer Zusammensetzung von 31,8 Vol.-% CO und 68,2 Vol.-% H_2. Wird das Methan nur teilweise umgesetzt, so erhält man die Grenzlinie zwischen endothermer und exothermer Reaktion im Diagramm Abb. M-2, indem man den vorgenannten Punkt mit dem Punkt für CH_4 = 100% verbindet. Diese Linie ist nicht eingezeichnet; sie verläuft knapp unterhalb der Linie für C : H = 3 : 1.

Die Verhältnisse bei der Vergasung von Erdölprodukten mit einem größeren C : H-Verhältnis als 3 : 1 liegen zwischen den beiden beschriebenen Grenzfällen. Daraus ergibt sich, daß z.B. die Erzeugung von Stadtgas ausnahmslos ein endothermer Prozeß ist, der einer Wärmezufuhr bedarf. Das gleiche gilt für die meisten Synthesegase. Es hätte jedoch wenig Zweck, das Diagramm der Abb. M-2 durch diesbezügliche Angaben zu überladen, die immer nur für bestimmte Fälle gelten können.

Die Zufuhr der erforderlichen Wärme ist bei den einzelnen Verfahren sehr verschieden gelöst. Von Zeit zu Zeit wird die Fachwelt mit neuen Vorschlägen bekannt gemacht, ein Zeichen dafür, daß die bisher benutzten Verfahren wenigstens in einzelnen Punkten als verbesserungsbedürftig angesehen werden. Um sich einen Überblick darüber zu verschaffen, erscheint eine Einteilung der Verfahren nach der Art der Wärmezufuhr zweckmäßig[1]. Jedenfalls ist es auf diese Weise möglich, wesentliche Unterscheidungsmerkmale herauszuschälen. Daneben spielt der zweite Einteilungsgrund, nämlich die Anwendung von Katalysatoren, ebenfalls eine nicht unbedeutende Rolle; diese können – wie bereits erwähnt wurde – nur beim Umwandeln gasförmiger oder beim Vergasen restlos verdampfbarer, flüssiger Kohlenwasserstoffe angewendet werden.

Man kann vier Arten der Wärmezufuhr unterscheiden, nämlich

1. *Außenbeheizung* von Rohren, die in der Regel mit Katalysator gefüllt sind und von dem umzuwandelnden oder zu vergasenden Kohlen-

---

[1] HILLER, H.: Spaltung von Methan unter Druck. Gaswärme 8 (1959) 151/54.

wasserstoffgemisch durchströmt werden. Diese indirekte Beheizung hat zur Folge, daß die Rohrwandtemperatur wegen der für den Wärmeübergang erforderlichen Temperaturdifferenz über der Reaktionstemperatur liegen muß. Dieser sind daher durch Festigkeitseigenschaften der Rohrwerkstoffe Grenzen gesetzt. Die dadurch gegebenen Beschränkungen kommen noch stärker zur Geltung, wenn man das Spaltgas unter Druck erzeugen will. Katalysatoren gestatten aber, bei wesentlich tieferen Temperaturen zu arbeiten, als sie bei rein thermischen Verfahren angewendet werden müssen, um wirtschaftlich interessante Ausbeuten zu erzielen. Die thermodynamisch möglichen, wenn auch niedrigeren Umsetzungsgrade würden ohne Katalysatoren bei tieferen Temperaturen überhaupt nicht annähernd erreicht.

2. Bei *zyklisch* arbeitenden Verfahren, auch *Regenerativ*verfahren genannt, wird mit Wärmespeichern gearbeitet. In den meisten Fällen werden keramische Massen durch Verbrennen einer Teilmenge des Einsatzgutes in einer Betriebsperiode aufgeheizt; sie geben ihre Wärme in der anschließenden zweiten Periode an das umzuwandelnde Einsatzgut ab. Es gibt rein thermisch arbeitende Verfahren wie auch solche, bei denen Katalysatoren verwendet werden. Das Vorbild dieser Verfahren ist bei den Winderhitzern nach COWPER bzw. bei der Regenerativbeheizung der Siemens-Martin-Öfen und der Kokereiöfen zu suchen. Es liegt im Wesen dieser Bauart, daß sie für ein Arbeiten unter höherem Druck ungeeignet ist. Die keramischen Massen gestatten aber die Anwendung höherer Reaktionstemperaturen als im ersten Fall. Auch hier wird die Wärme von den aufgeheizten Speichermassen an das Einsatzgut, also direkt übertragen. Beim Spalten entstandener Ruß, der sich auf der Speichermasse absetzt, kann während des Aufheizens abgebrannt werden.

3. Eine gewisse grundsätzliche Ähnlichkeit mit den in einem zeitlichen Zyklus arbeitenden Regenerativverfahren haben die mit *umlaufendem Wärmeträger*. Dieser wird in einem Teil der Apparatur aufgeheizt; dabei kann, ebenfalls Koks oder Ruß, der sich abgelagert hat, abgebrannt werden. Der heiße Wärmeträger muß dann in den Reaktionsraum eingeschleust und nach Abgabe der Wärme ausgeschleust und zum „Regenerator" zurückbefördert werden. Die Anlehnung dieser Vorschläge an die mit umlaufendem, perlförmigem Katalysator arbeitenden Krackverfahren ist unverkennbar, vgl. S. 437 ff. Hier ist zwar die Anwendung höherer Drücke nicht grundsätzlich ausgeschlossen, würde aber erhebliche Schwierigkeiten bei der Konstruktion der Schleusen und Absperrungen verursachen und wurde nach Kenntnis des Verfassers in Betriebsanlagen noch nicht verwirklicht. Es ist berechtigt, auch bei diesen Bauformen von Regenerativverfahren zu sprechen.

4. Ein vollkommen anderer Weg der Wärmezufuhr ist bei den Verfahren eingeschlagen, die durch *Teilverbrennung* des Einsatzgutes im Reaktorraum die in diesem erforderliche Temperatur erreichen. Dies kann mit Luft oder noch wirkungsvoller mit Sauerstoff geschehen, weil dann das erzeugte Gas nicht mit Stickstoff belastet wird und außerdem höhere Reaktionstemperaturen erreichbar sind. Im Innern der Reaktoren herrscht eine Temperatur, die sich als Ergebnis der exo-

thermen Verbrennung und der endothermen Vergasung einstellt. Da sie
aber trotzdem so hoch ist, daß sich dafür kaum geeignete Stähle finden
lassen, selbst wenn man auf die Anwendung von Druck verzichten wollte,
werden die Reaktoren in der Regel mit keramischen Massen ausgekleidet.
Die Ausführung ist ähnlich der, wie sie für Reaktoren von Reforming-
Anlagen auf S. 142ff. beschrieben wurde. Die Wandtemperatur läßt sich
durch diese Maßnahme so weit senken, daß auch das Arbeiten unter
Druck keine Schwierigkeiten bereitet.

Benutzt man Sauerstoff als Vergasungsmittel, so ist die Belastung
der Investitionskosten durch die dafür benötigte Luftzerlegungsanlage
sehr beträchtlich. Sie kann gerechtfertigt sein, wenn schwersiedende,
billige Produkte, vor allem Destillationsrückstände, vergast werden
sollen.

2. Die Vergasungsverfahren mit Außenbeheizung

a) Das Verfahren der IG-Farbenindustrie AG

Als Vorläufer der hier zu besprechenden Verfahren kann das von der
IG-Farbenindustrie AG in den Jahren 1927 bis 1929 entwickelte Ver-
fahren betrachtet werden, das dazu diente, in den Hydrierwerken durch
Spalten aus den Abgasen – in der Hauptsache Methan und Äthan (sog.
Armgas) – Wasserstoff zu gewinnen[1]. Der dabei verwendete Nickelkontakt ist sehr empfindlich gegen Schwefel, weshalb die zu spaltenden Gase
davon weitgehend befreit werden mußten. Um auch den organischen
Schwefel zu beseitigen, wurde das Gas zunächst bei etwa 400 °C über
Eisenoxyd (Fe_2O_3) geleitet. Dabei bildet sich durch Hydrieren Schwefelwasserstoff. Dieser wurde anschließend zusammen mit dem im Gas bereits vorhandenen an Zinkoxyd (ZnO) adsorbiert. Um eine Feinreinigung
zu erreichen, wurde das so behandelte Gas noch über gebrauchten Ni–
MgO-Kontakt geleitet und dadurch eine Verminderung auf weniger als
5 mg S je m_n^3 Gas erzielt. Die Entschwefelung mittels ZnO ist auch heute
noch von Interesse, wenn es gilt, Spuren von Schwefelwasserstoff zu beseitigen; vgl. S. 866.

Im Spaltofen selbst waren zwei Reihen senkrechter, paralleler Rohre
angeordnet, die von außen beheizt wurden. Dem zu spaltenden Gas
wurde Wasserdampf zugesetzt, und zwar bis zur 2,5fachen der stöchiometrisch nach Gl. (M-7c), S. 894, erforderlichen Menge, um am Austritt
aus dem Ofen Methangehalte unter 2% zu erreichen. Der Wärmebedarf
war beträchtlich, und sowohl die hohen Temperaturen der Spaltgase wie
auch die der Rauchgase wurden zur Erzeugung des benötigten Wasserdampfes in Abhitzekesseln ausgenutzt.

---

[1] Es war seinerzeit in den Hydrierwerken üblich, je nach der Kohlenstoffatomzahl von Arm- und Reichgasen zu sprechen, wobei der Propangehalt das Kriterium war. Heute wird jedoch der Ausdruck „Reichgas" mitunter im Sinne von
heizwertreichem Gas gebraucht, d.h. also statt „Starkgas"; vgl. Hütte, Des
Ingenieurs Taschenbuch, Bd. I, 28. Aufl., Berlin: Ernst 1955, S. 1262.

Die Rohre waren mit einem Ni–MgO-Kontakt auf Zement als Träger gefüllt. Da für einen ausreichenden Umsatz Temperaturen bis 850 °C erforderlich sind, mußten sie Wandtemperaturen bis zu 1000 °C aushalten. Sie wurden deshalb aus einem austenitischen Werkstoff hergestellt, der dem nach jetziger DIN-Norm mit X 15 CrNiSi 24 19 bezeichneten Werkstoff (Nr. 1.4841) entspricht[1]. Wegen der Wärmedehnung bereitete die Abdichtung der Rohre am Ein- und Austritt anfangs erhebliche Schwierigkeiten.

Diese Spaltanlagen wurden in den Hydrierwerken drucklos betrieben, weil bei den hohen Wandtemperaturen noch keine geeigneten Werkstoffe für höhere Drücke zur Verfügung standen. Inzwischen konnte diese Schwierigkeit teilweise überwunden werden bzw. hat es sich als wirtschaftlicher erwiesen, die Spalttemperaturen etwas zu senken und unter Ausnutzung der dann günstigeren Festigkeitswerte der Rohrwerkstoffe mit höherem Druck zu arbeiten. Obwohl die Reaktion bei niedrigem Druck aus den angeführten Gründen begünstigt wird, kann der thermische Wirkungsgrad der Gesamtanlagen durch geeignete Maßnahme dabei verbessert werden[2]. Als wesentlicher Grund werden einmal Ersparnisse bei den Kompressionskosten angeführt, weil das Spaltgas oder der Wasserstoff (nach dem Auswaschen von CO und CO_2) in der Regel bei höherem Druck benötigt wird. Da der Wasserdampf immer unter Druck zur Verfügung steht, beträgt beim Umwandeln von Methan die Kompressionsarbeit für das Einsatzgut – sofern sie überhaupt aufgewendet werden muß – gemäß Gl. (M-7c) nur ein Viertel der für das Spaltgas erforderlichen. Dieses Verhältnis wird durch eine anschließende Konvertierung nicht geändert. Beim Spalten flüssiger Produkte können deren Dämpfe durch Abhitze leicht auf den gewünschten Druck gebracht werden. Weiterhin lassen sich bei höheren Drücken wegen kleinerer Rohrdurchmesser und besseren Wärmeüberganges Ersparnisse erzielen. Außerdem kann das bei höherem Druck vorteilhafte größere Verhältnis von Dampf zu Kohlenstoff des Einsatzgases in der nachgeschalteten Konvertierung ausgenutzt werden. Der Wirkungsgrad des Ofens darf aber nicht allein für sich betrachtet werden. Vielmehr muß auch der oder müssen die Abhitzekessel erfaßt werden. Der darin erzeugte Dampf kann in der Regel zur Gänze im Verfahren verwertet werden, u.a für die Aufkocher der Regeneriertürme der Gaswäschen. Im einzelnen ist die Abhängigkeit der Betriebskenngrößen von der Gleichgewichtstemperatur in Abb.

---

[1] Vgl. G. SCHILLER: Neuere Verfahren zur Herstellung von Wasserstoff aus Kohlenwasserstoffen. Chem. Fabrik 11 (1938) 505/08. – KRÖNIG, W.: Die katalytische Druckhydrierung von Kohlen, Teeren und Mineralölen, Berlin/Göttingen/Heidelberg: Springer 1950, S. 180ff. – LISSNER, A., u. A. THAU: Die Chemie der Braunkohle, II, 3. Aufl., Halle (Saale): Knapp 1953, S. 295.

[2] KITZEN, M. R., u. J. TIELROOY: What's new in steam methane reformers. Petrol. Refiner 40 (1961) Nr. 4, S. 169/74. – WELLMANN, P., u. S. KATELL: How Pressure and Temperature Affect Steam–Methane Reforming. Petrol. Refiner 42 (1963) Nr. 6, S. 135/37. Diese Arbeit enthält Kurven für die umgesetzte Methanmenge und die konvertierte Kohlenmonoxydmenge für Temperaturen von 648 bis 1040 °C, für Drücke von 6 bis 31 ata und für Dampf zu Methan-Verhältnisse von 2 : 1 bis 6 : 1.

M-6a bis c wiedergegeben. Dabei ist zu beachten, daß die tatsächlichen Ofenaustrittstemperaturen 5 bis 55° über den rechnerisch ermittelten Gleichgewichtstemperaturen liegen.

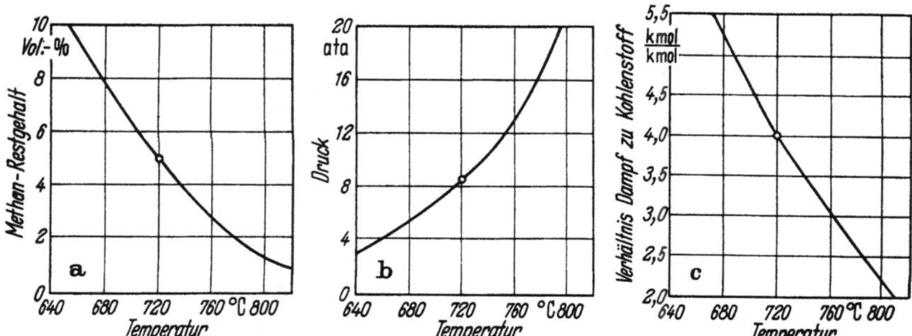

Abb. M-6. Einfluß der Gleichgewichtstemperatur, des Druckes und der Dampfmenge auf den restlichen Methangehalt beim Umwandeln von Methan.

a) Änderung des Methanrestgehaltes bei einem Druck von 8,75 ata und einem Dampf–Kohlenstoff-Verhältnis von 4,0 kmol/kmol;

b) Zuordnung von Druck und Gleichgewichtstemperatur bei einem Methanrestgehalt von 5 Vol.-% und einem Dampf–Kohlenstoff-Verhältnis von 4,0 kmol/kmol;

c) Erforderliches Dampf–Kohlenstoff-Verhältnis, um bei verschiedenen Temperaturen und 8,75 ata Druck einen Methanrestgehalt von 5 Vol.-% zu erreichen. Die Kreise kennzeichnen übereinstimmende Punkte.

Die Anwendung von Druck wurde besonders dadurch möglich, daß sich Schleuderguß für die Herstellung der Rohre als vorteilhaft erwies. Mit Rücksicht auf die Füllung mit Katalysator werden sie immer stehend eingebaut, um sie von mechanischen Beanspruchungen durch das Eigengewicht möglichst zu entlasten. Vgl. dazu a. S. 335.

b) Die Entwicklung in Nordamerika

Nach den ersten Anfängen vor 1940 begann man in den Vereinigten Staaten von Amerika in den Fünfziger Jahren in zunehmendem Maße Erdgas oder Raffinerieabgas für Synthese, insbesondere für Ammoniak, zu verwenden. Als nun in den Raffinerien für hydrierende Verfahren Wasserstoff benötigt wurde, weil das Reformerabgas nicht mehr ausreichte, konnte man auf die bereits gesammelten Erfahrungen mit dem sog. „Steam Reforming" oder „Gasreforming" zurückgreifen[1]. Eines dieser Verfahren wurde z.B. von der Hercules Powder Co bereits 1939

---

[1] TUTTLE, H. A.: Preparation of crude synthesis gas from hydrocarbons. Chem. Engng. Progress 48 (1952) 272/75. – ARNOLD, M. R., K. ATWOOD, H. M. BAUGH u. H. D. SMYSER: Nickel catalysts for hydrocarbon – steam reaction. Industr. Engng. Chem. 44 (1952) 999/1003. – PFEIFFER, C., u. H. J. SANDLER: Ammonia from Cat Reformer Off-Gas. Petrol. Refiner 34 (1955) Nr. 5, S. 145/52; diese Verfasser erwähnen außer „Steam Reforming" auch Low-temperature separation, Partial oxydation usw. Hierüber Näheres in den folgenden Abschnitten. – LEE, G. T., J. D. LESLIE u. H. M. RODEKOHR: The Cost of Hydrogen Made From Natural Gas, Petrol. Refiner 42 (1963) Nr. 9, S. 125/28.

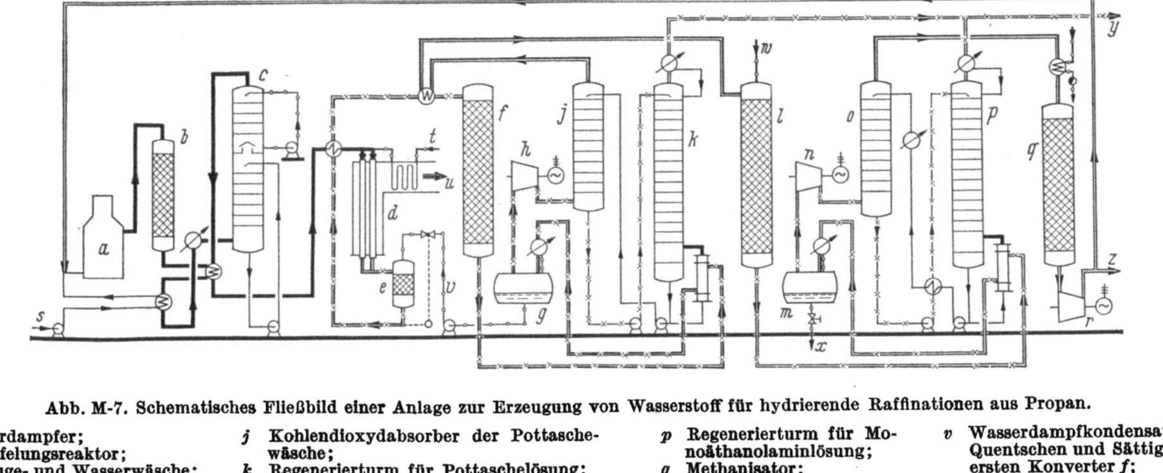

Abb. M-7. Schematisches Fließbild einer Anlage zur Erzeugung von Wasserstoff für hydrierende Raffinationen aus Propan.

a Propanverdampfer;
b Entschwefelungsreaktor;
c Natronlauge- und Wasserwäsche;
d Spaltofen;
e Quentschtopf;
f Erster Konverter;
g Abscheidebehälter für Wasserdampfkondensat zu *f*;
h Spaltgaskompressor;
j Kohlendioxydabsorber der Pottaschewäsche;
k Regenerierturm für Pottaschelösung;
l Zweiter Konverter;
m Abscheidebehälter für Wasserdampfkondensat zu *l*;
n Konvertgaskompressor;
o Kohlendioxydabsorber der Monoäthanolaminwäsche;
p Regenerierturm für Monoäthanolaminlösung;
q Methanisator;
r Reingaskompressor;
s Propanzufluß;
t Wasserdampf zum Überhitzer und Spaltofen;
u Rauchgase zum Abhitzekessel;
v Wasserdampfkondensat zum Quentschen und Sättigen für ersten Konverter *f*;
w Wasserdampfzusatz für zweiten Konverter *l*;
x Kondensatablaß;
y Kohlendioxyd zum Netz für Schutzgas;
z Wasserstoff.

entwickelt und ist unter dem Namen „Hercules Process" bekannt[1]. Es wurde von der Société Chimique de la Grande Paroisse weiterentwickelt, und mehrere Anlagen vor allem in Frankreich und Großbritannien wurden nach diesem Verfahren gebaut.

Die 1958 in Betrieb genommene Delaware City-Raffinerie der Tidewater Oil Co, die ursprünglich für die Verarbeitung von sehr schwefelreichem Rohöl aus dem Nahen Osten geplant war, erhielt wegen des hohen, durch Reformerabgase allein nicht zu deckenden Wasserstoffbedarfes eine aus zwei Strängen bestehende Anlage ähnlicher Bauart wie die in Abschn. M 2 a beschriebene[2]. In ihr können aus Propan unter Druck von rd. 8 atü bis zu 36 000 m_n^3/h Wasserstoff erzeugt werden, was einer jährlichen Leistung von etwa 300 Mill. m_n^3 H_2 entspricht. Sie ist eine der größten derartigen Anlagen. Ihre Schaltung ist in Abb. M-7 dargestellt, die nicht nur den der Spaltung dienenden Teil, sondern die ganze Anlage zeigt. Diese besteht von den Spaltöfen an aus zwei Strängen, doch ist der Übersichtlichkeit halber hier nur ein Strang dargestellt.

Das Einsatzgut wird zuerst im Reaktor *b* hydrierend entschwefelt und der dabei entstehende Schwefelwasserstoff durch Natronlauge ausgewaschen, das Gas anschließend im selben Turm mit Wasser nachgewaschen. Vor den beiden Öfen *d* wird überhitzter Dampf zugesetzt. Das aus Wasserstoff, Kohlenmonoxyd und Dampf bestehende, mit etwa 730 °C aus den Öfen austretende Spaltgas wird mit Wasserdampfkondensat gequentscht und dabei für die anschließende Konvertierung von CO_2 zu CO und H_2 ausreichend gesättigt; vgl. S. 626 ff. und S. 893. Die Temperatur in den Konvertern beträgt etwa 370 bis 425 °C. Das dabei entstehende Kohlendioxyd wird anschließend mit heißer Pottaschelauge bei einem Druck von etwa 20 atü ausgewaschen; vgl. S. 636 f. Um auch letzte Reste von Kohlenmonoxyd zu entfernen, wird eine zweite Konvertierungsstufe angewendet und das dabei gebildete Kohlendioxyd in einer mit Monoäthanolamin arbeitenden Wäsche entfernt; vgl. S. 629 f. Im letzten Reaktor werden dann noch die verbliebenen Spuren von CO und CO_2 zu Methan umgesetzt, weil dieses beim Hydrieren weniger stört als die beiden Kohlenoxyde. Das aus den Regenerierungsanlagen für die beiden Waschmittel abgetriebene Kohlendioxyd wird in der Raffinerie als Schutzgas benutzt und deshalb in ein besonderes Netz gespeist. Ähnliche Gründe wie bei der Delaware City-Raffinerie haben auch in anderen Werken dazu geführt, Spaltanlagen der beschriebenen Art zu bauen, um mangels geeigneter Quellen innerhalb der Verarbeitungsanlagen Wasserstoff für Zwecke der Hydrierung zu gewinnen[3].

---

[1] Vgl. dazu die kurze Notiz P. GARRICK: Das „Hercules"-Verfahren und seine industrielle Anwendung. Erdöl u. Kohle 15 (1962) 125. – MEUNIER, J.: a.a.O. S. 463 ff.

[2] Vgl. darüber auch E. A. COMLEY u. R. M. REED: Catalytic processes for hydrogen manufacturing. 6. Welt-Erdöl-Kongreß, Frankfurt/M. 1963, Bericht III/21 mit Angaben über Raumgeschwindigkeiten und andere Bemessungsgrundlagen. – MOORE, K. L., u. D. B. BIRD: How to Reduce Hydrogen Plant Corrosion. Hydrocarb. Procssg. 44 (1965) Nr. 5, S. 179/84.

[3] UPDEGRAFF, N. C.: Need Hydrogen? Examine This Process. Petrol. Refiner 38 (1959) Nr. 9, S. 175/78.

Auch in Europa bestand bereits zu dieser Zeit ein gewisses Interesse an der Gasspaltung, nämlich um aus Erdgas wie in Südfrankreich, Oberitalien oder Österreich Stadtgas zu gewinnen[1]. Inzwischen hat die einleitend erwähnte Entwicklung dazu geführt, daß der Bedarf an Gas, das aus Erdölprodukten – nicht nur aus Erdgas – hergestellt werden kann, allenthalben sehr stark angestiegen ist[2]. Die Erzeugung von Brenn- und Synthesegasen aus Überschußprodukten der Erdölverarbeitung ist jedenfalls zur Zeit ein Mittel zur Verbesserung der Wirtschaftlichkeit der Raffinerien.

c) Das Verfahren der Imperial Chemical Industries Ltd und andere Benzinspaltverfahren

Aus den vorstehend genannten Gründen beansprucht das von den Imperial Chemical Industries Ltd (ICI) zur Betriebsreife entwickelte Verfahren zur Spaltung von Benzin besonderes Interesse[3]. Die Schaltung solcher Anlagen ist der bisher bekannter Verfahren zur Umwandlung von leichten Kohlenwasserstoffen in Gegenwart von Wasserdampf zu Kohlenmonoxyd und Wasserstoff sehr ähnlich; vgl. Abb. M-7. Entscheidende Bedeutung hat der von der ICI entwickelte Kontakt, der auch bei einem verhältnismäßig niedrigen Verhältnis von Dampf zu Kohlenstoff (des Einsatzgutes) selbst bei Drücken bis zu 27 atü keine Neigung zur Koksbildung zeigt. Er enthält wie alle bisher für diesen Zweck verwendeten Katalysatoren Nickel und ist deshalb sehr schwefel-

---

[1] Vgl. z.B. K. Peters, E. Kappelmacher u. H. Voetter: Erdgasspaltung mit Luft. Gas/Wasser/Wärme 6 (1952) 189/95 (in der folgenden Arbeit als Teil I bezeichnet). – Peters, K., E. Sattler-Dornbacher u. M. Rudolf: Zur Thermodynamik der Kohlenwasserstoffspaltung. II. Die Reaktionen des Methans mit Sauerstoff; ebd. 9 (1955) 47/56. – Peters, K., u. E. Kappelmacher: Umsetzung von Kohlenwasserstoffen zu Kohlenoxyd-Wasserstoff-Gemischen. Brennst.-Chem. 33 (1952) S. 296/307. – Peters, K., M. Rudolf u. H. Voetter: Über den Reaktionsverlauf der Methanspaltung; ebd. 36 (1955) 237/66. – Joklik, A.: Neue Rohstoffe und neue Verfahren zur Stadtgaserzeugung und Spitzendeckung im Gaswerkbetrieb. Gas/Wasser/Wärme 8 (1954) 195/207 u. 230/40. – Pichler, H., u. B. Schleppinghoff: Über die Umsetzung von Kohlenwasserstoffen mit Wasserdampf. Gas- und Wasserfach 99 (1958) 461/66. – Laurien, H., u. E. Weigel: Gaserzeugung aus Rohöl, Mineralölprodukten und Erdgas – ein neuer Faktor in der Ortsgaswirtschaft; ebd. 100 (1959) 465/71. – In den meisten der genannten Arbeiten werden auch andere, noch zu besprechende Verfahren behandelt.

[2] Sollten sich die S. 883 erwähnten Erdgasquellen in den küstennahen Gebieten von Mitteleuropa und in der Nordsee als so ergiebig erweisen, wie dies vermutet wird, so dürfte allerdings die unmittelbare Versorgung der Großverbraucher angestrebt werden. Außerdem werden auch die Haushaltsgeräte ganzer Städte oder großer Stadtteile auf die Brenneigenschaften von Erdgas umgestellt. Dies macht den Umweg über die Gasspaltung wenigstens zum Teil überflüssig.

[3] Voogd, J., u. J. Tielrooy: Make Hydrogen by Naphtha Reforming. Petrol. Refiner 42 (1963) Nr. 3, S. 144/48. – Borgars, D. J.: Pressure steam reforming of naphtha. Industr. Chemist 39 (1963) Nr. 4, S. 177/80. – Anon:. Das ICI-Dampf-Naphtha-Reformierverfahren. Erdöl u. Kohle 16 (1963) 1202/03. – Berge, H., u. J. Poll: Die ICI-Benzinspaltanlage Stuttgart. Gas- u. Wasserf. 106 (1965) 957/60. – Andrew, S. P. S.: The ICI Naphtha Reforming Process, in: Materials Technology in Steam Reforming Processes, hrsg. von C. Edeleanu, Oxford usw.: Pergamon Press 1966, S. 1/10. – Voogd, J., u. J. Tielrooy: Inprovements in Making Hydrogen. Hydrocarb. Procssg. 46 (1967) Nr. 9, S. 115/20.

empfindlich[1]. Kennzeichnend für den ICI-Katalysator ist ein Gehalt an freiem und flüchtigem Alkali in einer Menge von 5,0 bis 7,5 Gew.-% K_2O im frischen Zustand[2].

Das Einsatzgut darf deshalb höchstens 3 bis 5 mg S je kg enthalten. Um dies zu erreichen, kann es bei Gehalten über 300 bis 500 mg S je kg im zu vergasenden Benzin zuerst mit Schwefelsäure behandelt und in einem elektrischen Feld auf Werte unter 10% des ursprünglich vorhandenen Betrages entschwefelt werden; vgl. S. 694. Für die Endstufe der Entschwefelung wird das Einsatzgut zuerst verdampft und dann, wie bei dem eingangs beschriebenen IG-Verfahren über einen ZnO-Katalysator geleitet. Schwefelwasserstoff und Kohlenoxysulfid können auf diese Weise entfernt werden. Sind im Einsatzgut auch Merkaptane oder Thiophene vorhanden, so ist meist eine hydrierende Zwischenstufe mit Kobalt–Molybdän-Kontakten und die vorherige Zugabe von Wasserstoff erforderlich, um auch diese Verbindungen zu beseitigen bzw. in H_2S umzuwandeln. Es muß dann eine weitere Stufe mit ZnO-Kontakt nachgeschaltet werden, um den zusätzlich gebildeten Schwefelwasserstoff zu entfernen.

Die Spaltreaktionen gemäß den Gln. (M-7) und (M-7c) sind, wie die Gl. (M-7a) für das Beispiel des Methans zeigt, endotherm, während die Konvertierungsreaktion, die zum Teil auch im Ofen abläuft, nach Gl. (M-6b) schwach exotherm ist. Außerdem bildet sich bei der Spaltung von Benzin Methan aus dem entstandenen Kohlenmonoxyd und dem im Überschuß vorhandenen Wasserdampf nach den Gln. (M-7a[+]) und (M-7b[+]) in stark exothermen Reaktionen. Die Feuerung muß sehr genau geregelt werden können, um in den Spaltrohren eine möglichst gleiche Temperaturverteilung zu erzielen und eine Überhitzung der Ofenrohre zu vermeiden[3].

Wie sich die Umsetzung des Einsatzgutes zu Methan bzw. zu den Kohlenoxyden in Abhängigkeit von Druck und Temperatur ändert, läßt Abb. M-8 nach ANDREW erkennen. Die Reaktionen können so geführt werden, daß sich durch anschließendes Konvertieren und Karburieren sowohl Stadtgas als auch durch anschließendes Konvertieren, Auswaschen des Kohlendioxydes und Methanisieren der Restanteile von CO und CO_2 praktisch reiner Wasserstoff herstellen läßt. Die Grenzen, die dem Verfahren durch die Haltbarkeit der Werkstoffe gezogen sind, gehen aus Abb. M-9 hervor. Diese zeigt für den Fall eines Verhältnisses von Dampf zu Kohlenstoff im Einsatzgut gleich 3,5 : 1 kmol/kmol, welche Reaktionstemperaturen bei bestimmten Drücken äußerstenfalls angewendet werden dürfen. Daraus ergibt sich die erzielbare Umsetzung. Aus Abb. M-8

---

[1] Vgl. Fußn. 2, S. 887.

[2] Das Kaliumoxyd kann bei häufigen Lastwechseln oder Stillständen und Wiederinbetriebnahme verflüchtigen, bildet dann mit dem Kohlendioxyd Pottasche (K_2CO_3) und hat Anlaß zu Korrosionen in den nachgeschalteten Abhitzekesseln und CO-Konvertern gegeben; vgl. D. HACKEMACK u. G. BRAXMEYER: Über die Betriebsweisen der Stadtgasanlagen Speyer 1967/68. Gas- u. Wasserf. 110 (1969) 404/13.

[3] Vgl. dazu a. O. RUPF-BOLZ: Spaltanlagen – Verfahrensgerechte Konstruktion und Werkstoffauswahl. Gas- u. Wasserf. 110 (1969) 949/57.

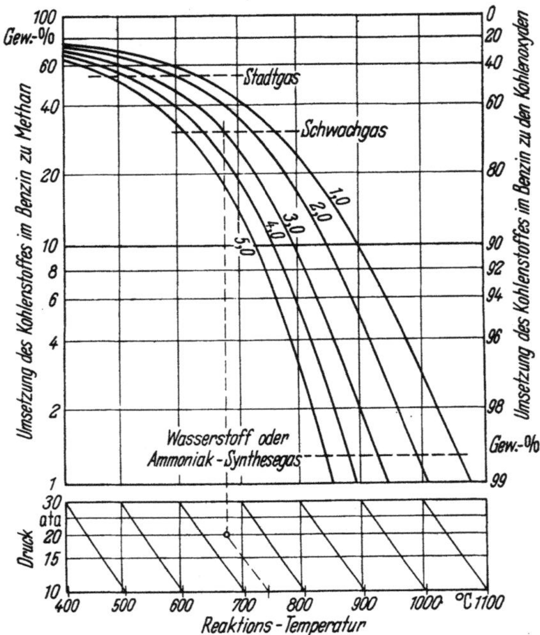

Abb. M-8. Erreichbare Umsetzung von Benzin zu Methan und den Kohlenoxyden im ICI-Verfahren bei verschiedenen Drücken, Temperaturen und Dampf/Kohlenstoff-Verhältnissen, nach ANDREWS.
Die den Kurven beigeschriebenen Zahlen bedeuten kmol Dampf im Verhältnis zu kmol Kohlenstoff im Einsatzgut.

Beispiel: 30 Gew.-% umgesetzt zu Methan bzw. 70 Gew.-% umgesetzt zu Kohlenoxyden bei einem Dampf/Kohlenstoff-Verhältnis von 3,0 kmol/kmol, einem Druck von 20 ata und einer Temperatur von 730 °C.

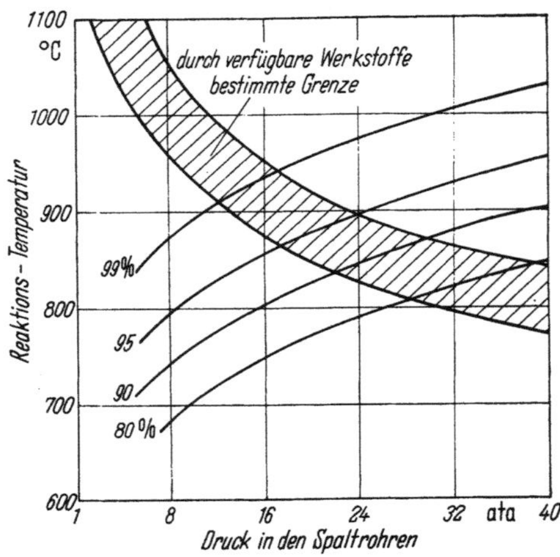

Abb. M-9. Durch die Haltbarkeit der Rohre bestimmte Grenzen für den Betrieb von ICI-Benzin-Spaltöfen bei einem Dampf/Kohlenstoff-Verhältnis von 3,5 kmol/kmol, nach ANDREWS.

Die den Kurven beigeschriebenen Zahlen bedeuten Gew.-% Umsetzung des Kohlenstoffes zu den Kohlenoxyden; der Rest ist Methan.

lassen sich in den Grenzen zwischen 700 und 900 °C für andere Dampf/
Kohlenstoff-Verhältnisse ähnliche Zusammenhänge ableiten.

Als Gaszusammensetzung hinter dem Spaltofen werden z.B. für die
bei den Technischen Werken Stuttgart errichtete Anlage

$$12 \text{ Vol.-\% } CO,$$
$$14 \text{ Vol.-\% } CO_2,$$
$$64 \text{ Vol.-\% } H_2 \text{ und}$$
$$10 \text{ Vol.-\% } CH_4$$

genannt. Da in diesem Fall Stadtgas hergestellt wird, stört der verhältnismäßig hohe Methangehalt nicht, ist vielmehr erwünscht; der Heizwert
des Gases wird dann durch Karburieren auf den normgerechten Wert erhöht. Er gestattet mildere Betriebsbedingungen anzuwenden.

Strebt man die Erzeugung von Wasserstoff an, so muß eine Konvertierungsstufe nachgeschaltet werden. Diese kann entsprechend dem auf
S. 626 ff. beschriebenen Verfahren ausgerüstet werden. Zum Auswaschen
des dabei gebildeten Kohlendioxyds kann man Monoäthanolamin anwenden, weil kein Kohlenoxysulfid im Gas vorhanden ist. Es bietet
gegenüber Diäthanolamin die auf S. 631 erwähnten Vorteile. In Anlagen,
in denen das Gas unter Druck benötigt wird, was häufig der Fall ist,
kommt auch eine Heißpottaschewäsche wegen des niedrigen Dampfver-
brauches in Frage, vgl. S. 636 ff. Für das in Abb. M-7 wiedergegebene
Beispiel der Spaltung von Propan, wofür kein alkalihaltiger Kontakt
erforderlich ist, waren seinerzeit besondere wirtschaftliche Erwägungen
maßgebend, die die Anwendung beider Waschverfahren empfahlen.

Auch von anderer Seite wurden Wege gesucht, um das gleiche Ziel
wie mit dem ICI-Verfahren zu erreichen. Soweit es sich um die Umwandlung von Erdgas und niedrigsiedenden Kohlenwasserstoffen bis etwa
C_4 handelt, wie sie als Raffineriegase zur Verfügung stehen, kann die
Spaltung im außenbeheizten Röhrenofen an Nickelkontakten in Gegenwart von Dampf als allgemein genutzter Stand der Technik betrachtet
werden. Die nach diesem Verfahren arbeitenden Anlagen werden von
verschiedenen Ingenieurfirmen gebaut. Für die Spaltung von Benzin
unter Dampfzusatz im Röhrenofen ist das ICI-Verfahren am häufigsten
gebaut worden. Auch die The M. W. Kellogg Co hat einen Katalysator
mit der Bezeichnung KRS-3 entwickelt, der sich im Laboratorium für
Drücke bis 48 atü, Olefingehalte des Einsatzgutes bis 70% und flüssige
Kohlenwasserstoffe bis etwa C_{22} als brauchbar erwiesen hat[1]. (Der Siedepunkt von $C_{22}H_{46}$ beträgt 327 °C.) Das entscheidende Merkmal ist bei
allen diesbezüglichen Bemühungen die Unterdrückung der Rußbildung
bei erträglich hohem Dampfzusatz.

Um die bei der Herstellung von Stadtgas gewünschten Eigenschaften,
wie Heizwert, Dichte u.a., einzustellen, werden die gewonnenen Gase
meist mit Flüssiggas oder anderen leichten Kohlenwasserstoffen karbu-

---

[1] Fox, J. M., u. J. C. YARZE: Die Beeinflussung der Kohlenstoffabscheidung
beim Dampf-Kohlenwasserstoff-Reformieren durch Katalysatoren. Erdöl u. Kohle
17 (1964) 451/55.

riert[1]. Dieses Karburieren wird jedoch in Gaswerken als Nachteil empfunden, insbesondere wegen der damit verbundenen Notwendigkeit, Flüssiggas zu kaufen und zu lagern. Deshalb wurde von der Lurgi Gesellschaft für Wärmetechnik mbH ein zweistufiges Verfahren entwickelt, nach dem Stadtgas gewünschter Eigenschaften (Normalgas) wie auch Gas höheren Heizwertes (Starkgas) ohne Karburieren mittels Flüssiggas hergestellt werden kann[2]. Es besteht aus einem sog. Reichgasteil und einer Spaltanlage mit Röhrenofen der beschriebenen Bauart. In der ersten Stufe werden bei Temperaturen zwischen 400 und 550 °C und bei Drükken zwischen 10 und 40 atü an einem von der Badischen Anilin- & Soda-Fabrik AG für diese Zwecke besonders entwickelten Nickelkatalysator Benzinkohlenwasserstoffe in Gegenwart von Wasserdampf in erster Linie zu Methan, Kohlendioxyd und Wasserdampf umgesetzt. Die bei verschiedenen Reaktoraustrittstemperaturen erreichten Gaszusammensetzungen zeigt Zahlentafel M-3. Man sieht, daß dank des sehr aktiven Katalysators die thermodynamisch möglichen Gleichgewichte ziemlich gut erreicht werden. Eine Folge der verhältnismäßig niedrigen Arbeits-

Zahlentafel M-3. *Einfluß der Reaktionstemperatur beim Spalten von Leichtbenzin zu Starkgas unter 20 ata Druck mit Wasserdampfzusatz von 2 kg je kg Benzin und bei einer Raumgeschwindigkeit von 0,5 kg/(l · h)*

Reaktoraustrittstemperatur °C		400		500		550	
		Rohgas	Trocken-gas	Rohgas	Trocken-gas	Rohgas	Trocken-gas
CO	Vol.-%	0,2	0,4	0,9	1,5	1,4	2,3
CO_2	Vol.-%	11,7	22,1	12,8	21,6	12,7	21,1
H_2	Vol.-%	5,1	9,7	12,2	20,6	16,5	27,3
CH_4	Vol.-%	35,6	67,8	33,3	56,3	29,7	49,3
H_2O	Vol.-%	47,2	–	40,9	–	39,6	–
		99,8	100,0	100,1	100,0	99,9	100,0
Gleichgewichtstemperatur nach Gl. (M-7a) (bei Abwesenheit von CO_2)	°C	485		533		571	
Gleichgewichtstemperatur nach Gl. (M-6) (bei Abwesenheit von CH_4)	°C	436		517		536	

---

[1] Man spricht auch von Karburieren, wenn z.B. in Stahlwerken Teeröle in das Generatorgas eingedüst werden, um die Leuchtkraft der Flamme und dadurch den Wärmeübergang durch Strahlung an das Wärmegut zu erhöhen. Dabei bildet sich beabsichtigt in ganz geringen Mengen Ruß. Bei Stadtgas liegt also die Aufgabe etwas anders. Die der Karburierung dienenden Erdölprodukte müssen so gespalten werden, daß möglichst kein Ruß entsteht.

[2] BERGE, H., W. KIRCHNER u. J. POLL: Benzinspaltanlage nach einem Reichgasverfahren – Das Recatro-Verfahren in Stuttgart. Gas- u. Wasserf. 107 (1966) 993/98. – BARON, G., u. H. HILLER: Die Erzeugung von Ferngas bzw. Synthesegas durch autotherme Spaltung oder durch Wasserdampfumsetzung von gasförmigen oder flüssigen Kohlenwasserstoffen unter erhöhtem Druck. Brennst.-Chem. 48 (1967) 87/93, bes. S. 89. – RALL, W.: Erzeugung von Reichgas, Stadtgas und Synthesegas durch katalytische Spaltung von Kohlenwasserstoffen. Erdöl u. Kohle 20 (1967) 351/54. – HACKEMACK, D., u. G. BRAXMEYER, a.a.O.

temperatur ist, daß sich kein Ruß bildet, weil noch keine thermischen Nebenreaktionen auftreten. Technikumsversuche haben gezeigt, daß die Raumgeschwindigkeit bis auf Werte von 2 kg Benzin je Liter Katalysator und Stunde erhöht werden kann, ohne daß sich dabei die Gaszusammensetzung ändert. Erst bei Überschreiten dieses Wertes beginnt der CH_2-Gehalt abzunehmen und der H_2-Gehalt zuzunehmen. Für großtechnische Anlagen wählt man Raumgeschwindigkeiten von etwa 1,0 bis 1,4 kg/(l · h). Die zuzusetzende Wasserdampfmenge ist um so größer, je höher das Einsatzgut siedet.

Die Schaltung einer nach diesem Verfahren gebauten Anlage ist in Abb. M-10 wiedergegeben. Das Benzin wird zuerst unter Benutzung des erzeugten Gases in üblicher Weise im Reaktor *c* katalytisch entschwefelt. Zur Beseitigung des dabei gebildeten Schwefelwasserstoffes dienen die beiden Reaktoren *d* und *e*; der zweite ist zur Sicherheit vorgesehen, um Schwefeldurchbrüche unschädlich zu machen. Dann wird das Benzin in dem sog. Reichgasreaktor *f* bei einem Druck von 20 ata und einer Temperatur von 450 °C unter Zusatz von 2,5 bis 3,0 kg überhitzten Wasserdampfes je kg Benzin katalytisch umgewandelt. Das Benzin darf bis zu 10% Aromaten und bis zu 2% Olefine enthalten. Im Falle der beschriebenen Anlage hat es ein Siedeende von 185 °C.

Anschließend daran wird ein Teilstrom einem Röhrenspaltofen zugeführt, das daraus austretende Gas konvertiert und schließlich in einer Pottaschewäsche das in der Konvertierung gebildete Kohlendioxyd ausgewaschen. Je nach der Menge des Teilstromes kann durch Mischen mit dem nicht weiter behandelten Anteil aus der ersten Stufe ein Gas mit Stadtgasqualität oder höherem Heizwert hergestellt werden. Die Zusammensetzung der Gase hinter den einzelnen Verfahrensstufen ist in Zahlentafel M-4 angegeben. Vor der Spaltung des Teilstromes in dem Röhrenofen und vor der anschließenden Konvertierung des Kohlenmonoxydes nach dem auf S. 626 ff. beschriebenen Verfahren braucht kein Wasserdampf mehr zugegeben zu werden, weil hinter der ersten Stufe genügende Mengen davon zur Verfügung stehen. Ein kleiner Teilstrom

Zahlentafel M-4. *Zusammensetzung des trockenen Gases (in Vol.-%) hinter den einzelnen Anlagenteilen einer sog. Reichgasanlage*

	I	II	III	IV	V
			Teilstrom von I		
	hinter Spalt-reaktor	hinter Röhren-spaltofen	hinter Konver-tierung an Eisen- und Chromoxyd	hinter CO_2-Wäsche (Pottasche)	Stadtgas durch Mischung von I und IV
CO	0,1	12,3	4,0	4,8	2,8
CO_2	22,7	14,7	21,0	5,0	16,9
H_2	14,5	58,5	61,6	74,1	47,6
CH_4	62,7	14,5	13,4	16,1	32,7
	100,0	100,0	100,0	100,0	100,0
Dichteverhältnis (bez. auf Luft)	—			0,264	0,500
Unterer Heizwert kcal/m_n^3				3940	4650

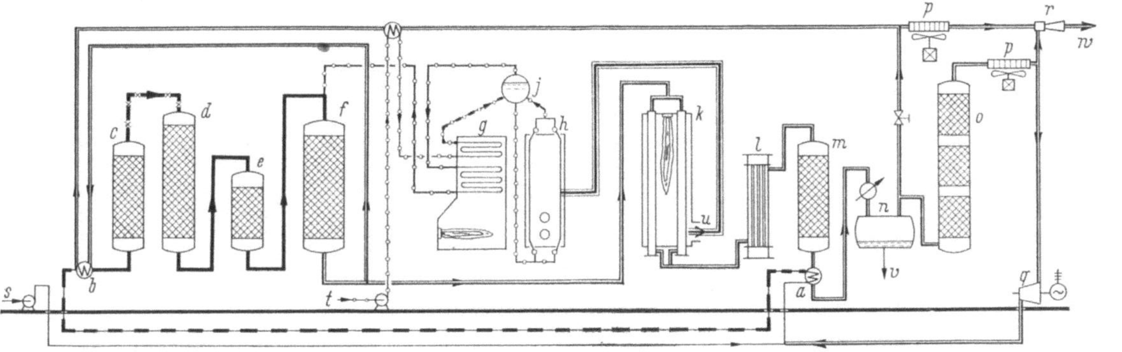

Abb. M-10. Stark vereinfachtes schematisches Fließbild einer sog. Recatrospaltanlage für Benzin zur Erzeugung von Stadtgas.

a Benzinvorwärmer;
b Benzinverdampfer;
c Reaktor für hydrierende Entschwefelung;
d Mit Eisenoxydkatalysator gefüllter Reaktor zur Bindung von Schwefelwasserstoff;
e Mit Eisenoxyd oder Zinkoxydkatalysator gefüllter Reaktor (Sicherheitsstufe);
f Reaktor zum Spalten der entschwefelten Benzindämpfe (sog. Reichgasreaktor);

g Zusatzreaktor zu f;
h Ölgefeuerter Speisewasservorwärmer und Dampfüberhitzer;
j Ölgefeuerter Kessel für Zusatzdampf;
k Kesseltrommel zu h und j;
l Spaltofen;
m Austauscherteil eines Abhitzekessels;
n Konvertierungsreaktor;
o Trennbehälter für Kondensatabscheidung;

p Heißpottaschewäsche;
q Luftkühler;
r Kreislaufgaskompressor;
s Mischdüse;
t Benzinzulauf;
u Speisewasser;
v Rauchgase;
w Kondensatablaß;
x Auf Heizwerte und Dichte eingestelltes Gas.

In dem Schema sind mehrere Pumpen und Wärmeaustauscher, der Abhitzekessel für die Rauchgase des Spaltofens und das übrige System des Abhitzekessels für das Spaltgas sowie der Regenerierteil der Heißpottaschewäsche weggelassen, um die wesentlichen Anlagenteile besser erkennen zu lassen.

des Gases III wird zurückgeführt und zur hydrierenden Entschwefelung des Einsatzgutes benutzt.

Mit diesem Verfahren ist es auch möglich, bei Umstellung der Versorgungsnetze auf Erdgas ein Starkgas mit entsprechend hohem Heizwert herzustellen, indem das Kohlendioxyd aus dem gesamten Gas I entfernt wird. Die Spaltung eines Teilstromes im Röhrenofen ist dann nicht erforderlich. Solche Anlagen können auch nach der Umstellung zur Deckung des Spitzenbedarfes herangezogen werden[1]. Bei den Spaltverfahren mit Außenbeheizung ist erstens wegen der verhältnismäßig hohen Reaktionstemperaturen und der dadurch bestimmten Austrittstemperatur der Rauchgase aus dem Feuerraum eine Abhitzeverwertung für die Wirtschaftlichkeit des Verfahrens von entscheidender Bedeutung. Die zweite dafür wichtige Größe ist der Dampfbedarf. Es liegt deshalb nahe, diesen möglichst weitgehend durch Verwertung der Abhitze sowohl des Spaltgases wie der Rauchgase zu decken. Infolgedessen ist es meistens nicht zweckmäßig, bei der Berechnung zunächst nur den Ofen für sich zu betrachten und ihn für einen höchstmöglichen Wirkungsgrad zu berechnen. Dieser wird für die Gesamtanlage – also einschließlich Abhitzekessel – durch die Abgastemperatur hinter diesem bestimmt, unabhängig von der Temperatur, mit der die Rauchgase den Ofen selbst verlassen.

Auch eine Forderung nach möglichst niedrigem Dampfbedarf ist dann nicht angebracht, wenn dem Spaltofen eine Konvertierung nachgeschaltet wird. In dieser wird auf alle Fälle eine Dampfmenge benötigt, die in der Regel weit über der im Spaltofen erforderlichen Mindestmenge liegt. Setzt man diesen Dampf dem Einsatzgut schon vor dem Ofen zu, so kann man dadurch, wie Abb. M-6c für den Fall der Methanspaltung zeigt, die Reaktionstemperatur senken. Außerdem wird durch diese Maßnahme der Mengenfluß und damit die Strömungsgeschwindigkeit durch die Spaltrohre erhöht, der Wärmeübergang an der Innenseite verbessert und die Temperatur an der Außenseite der Rohre herabgesetzt.

Schließlich empfiehlt es sich, auch bezüglich eines niedrigen Druckverlustes keine überspitzten Forderungen zu stellen. Höhere Geschwindigkeiten des Gas–Dampf-Gemisches verbessern so wie größere Dampfmengen den Wärmeübergang, senken die Rohrwandtemperatur und gestatten außerdem die Wahl kleinerer Rohrlichtweiten und -wanddicken, was sich bei dieser Art von Öfen sehr stark im Preis auswirkt. Diese Überlegungen gelten in gleicher Weise für die Spaltung von Methan wie für die von Benzin.

3. Die Regenerativverfahren

Bei den Regenerativverfahren dient eine Speichermasse, die durch Verbrennen von Kohlenwasserstoffen aufgeheizt wird, dazu, die Wärme an das zu spaltende Einsatzgut abzugeben und dadurch Gas zu erzeugen.

---

[1] BARON, G., u. H. HILLER: Die Erzeugung von Ferngas, Reichgas und synthetischem Erdgas durch Spaltung von flüssigen Kohlenwasserstoffen mit Wasserdampf. Erdöl u. Kohle 20 (1967) 196/200.

Der Betrieb muß deshalb bei feststehender Speichermasse in einem zeitlichen Zyklus durchgeführt werden, d. h., es muß abwechselnd aufgeheizt und vergast werden. Die Anregung zu dieser Betriebsweise wurde offensichtlich den Wassergasanlagen für feste Brennstoffe entnommen, für die das Wechselspiel von „Blasen" (mit Luft, um die Temperatur des Brennstoffbettes zu steigern) und „Gasen" (mit Wasserdampf unter Wärmeaufnahme durch das reagierende Gasgemisch) kennzeichnend ist.

Die Verwendung feststehender keramischer Speichermassen, wie sie bei der Regenerativvorwärmung für Koksöfen und Stahlwerksöfen allgemein üblich ist, hat erstens den Vorteil, daß verhältnismäßig hohe Temperaturen angewendet werden können, was notwendig ist, wenn ohne Katalysatoren wirtschaftlich genügend hohe Umsetzungen erzielt werden sollen. Zweitens ist es möglich, den Ruß, der sich beim Vergasen bildet und der sich auf der Speichermasse absetzt, von dieser abzubrennen, ihn auf diese Weise zu entfernen und damit wenigstens einen Teil der erforderlichen Wärme aufzubringen. Damit ist die Voraussetzung geschaffen, auch hochsiedende Erdölfraktionen zu vergasen. Eine Abwandlung dieses Verfahrens stellt die Verwendung umlaufender (meist

Zahlentafel M-5. *Betriebsdaten zyklisch arbeitender Verfahren zur Erzeugung von Brenngasen aus Erdölprodukten*

Verfahrensart		Thermische Spaltung			Katalytische Spaltung	
		einstufig		zweistufig		
Katalytisch wirkender Wärmeträger		—		—	Nickel auf keram. Träger	Erd-alkalioxyde
Reaktionstemperatur	°C	800 bis 950	1000 bis 1100	1250	800 bis 950	950 bis 1100
Erzeugung		Stark-gas	Stadt-gas	Stadt-gas	Stadt-gas	Stadt-gas
Ausgangsstoff		Heizöl	Heizöl	Heizöl	Heizöl	Heizöl S
C/H-Verhältnis		7,5	7,7	7,4	7,9	8,1
Conradson-Koks	Gew.-%	8,5	7,5	10,1	11,0	12,0
Gaszusammensetzung	Vol.-%					
CO_2		3,6	6,8	2,7	5,0	10,0
C_nH_m		27,2	2,5	8,3	3,5	3,0
O_2		0,6	0,6	0,1	0,4	0,5
CO		1,6	8,6	11,9	23,5	19,0
H_2		13,8	56,8	62,4	51,4	48,7
CH_4 + Homol.		35,7	15,2	7,6	12,6	14,2
N_2		17,5	9,5	7,0	3,6	4,6
Oberer Heizwert	$kcal/m_n^3$	10260	4140	4300	4250	4180
Dichteverhältnis (bez. auf Luft)		0,80	0,46	0,41	0,51	0,53
Vergasungswirkungsgrad	%	55···60	55···60		65···70	65···70

körniger) Wärmeträger dar[1]. Auf diese Weise kann ein stetiger Betrieb erreicht werden. Die Analogie zur ursprünglichen Entwicklung der katalytischen Krackanlagen von den ersten Houdry-Anlagen mit feststehendem Katalysatorbett und abwechselndem Kracken und Regenerieren zu den Houdriflow- und TCC-Anlagen ist unverkennbar; vgl. S. 438 ff. und S. 466. Ein weiterer Schritt ist die Verwendung von Katalysatoren an Stelle der keramischen Speichermassen. Sie gestatten es, bei etwas niedrigeren Temperaturen zu arbeiten. Man spricht bei den zuerst erwähnten Verfahren mit fester Speichermasse von „thermisch-zyklischen", bei den zuletzt genannten von „katalytisch-zyklischen" Verfahren. Dabei hat man den zeitlichen Zyklus im Auge. Anlagen, die nach diesen Verfahren arbeiten, wurden zur Erzeugung von Stadtgas in verschiedenen Gaswerken errichtet; sie werden jedoch in Raffinerien selten angewendet[2].

Das günstige Angebot an gewissen Erdölfraktionen hat dazu geführt, daß sich die Gasversorgungsunternehmen ernstlich mit den Möglichkeiten befassen mußten, entweder nur die Gasbedarfspitze oder auch die Grundlast durch Erdölerzeugnisse zu decken[3]. Dabei wurden bisher vielfach zyklische Verfahren angewendet, doch sind seit den letzten Jahren vor allem für große Durchsatzleistungen die Röhrenofenverfahren im Vordringen.

Die Entwicklung hat inzwischen gezeigt, daß zyklische Anlagen nur für drucklose Arbeitsweise geeignet sind und daher nicht für sehr große Einheiten wirtschaftlich gebaut werden können. Deshalb dürften in der Zukunft in Raffinerien nur Anlagen errichtet werden, die kontinuierlich und unter Druck arbeiten. Diesen gegenüber sind die kleinen Anlagen

---

[1] WUSTROW, W., u. H. KRATZ: Ölvergasung mit Hilfe fester Wärmeträger. Erdöl u. Kohle 8 (1955) 82/86.

[2] Diese Verfahren sind S. 885 aufgezählt. Eine knappe Übersicht findet sich bei J. MEUNIER: a.a.O. S. 481 ff. – Außerdem sind die meisten dieser Verfahren in verschiedenen der in Fußn. 1, S. 885 zitierten Aufsätze behandelt. – Siehe auch J. SCHMIDT, H. MÜLLER u. H. MARTIN: Entwicklung von Katalysatoren für die Ölspaltanlagen der DDR. Energietechn. 16 (1966) 36/42.

[3] An diesbezüglichen Arbeiten seien hier genannt: H. DENEKE: Über die Erzeugung von Stadtgas aus Erdöl-Derivaten. Gas- u. Wasserf. 98 (1957) 201/06 (Verfahren des South Eastern Gasboard/SEGAS). – SPAETH, W.: Die Ölgasanlage der Technischen Werke Stuttgart; ebd. 99 (1958) 806/09 (Verfahren der Industriebedarf GmbH/Ibeg). – KRÖNER, O.: Die Spaltanlage der Stadtwerke Bremen; ebd. 100 (1959) 898/901 (Koppers-Verfahren). – BRODNICKE, U. A.: Stadtgas aus Öl. Erdöl u. Kohle 13 (1960) 340/43. Ders.: Über die Wirtschaftlichkeit der Erzeugung von Stadtgas durch Vergasung von Öl; ebd. S. 569/72 (Didier-SEGAS-Verfahren). – SWISS, M.: Make Town-Gas from Refinery Off-Gas. Petrol. Refiner 39 (1960) Nr. 3, S. 159/60 (Humphrey & Glasgow). – OSTERLOH, K., u. E. WALTER: Die Erzeugung von Stadtgas nach dem zyklischen Otto-CC 3 P-Verfahren. Erdöl u. Kohle 14 (1961) 355/59 (Cyklisch-catalytisches 3 Phasen-Verfahren). – BOLZINGER, A.: Der P-9-Generator zur Erzeugung von Stadtgas aus leichten Erdölprodukten. Gas- u. Wasserf. 102 (1961) 1065/67 (Zyklisches Verfahren der Gaz de France). – SURINK, H.: Die Umsetzung von Erdgas und schwerem Heizöl in der Arnheimer Ibing-Anlage. Erdöl u. Kohle 15 (1962) 14/21. – KEMPEN, H. W. J., u. J. VAN WILLIGEN: Die Umstellung des Gaswerks Den Haag von Kohle auf Raffineriegas. Gas- u. Wasserf. 103 (1962) 105/10 (Katalytische Oxydation). – JANK, W.: Die Entwicklung der Stadtgaserzeugung auf Erdgasbasis im Gaswerk Wien-Leopoldau; ebd. S. 1385/62 (CCR-Verfahren: Cyclic Catalytic Reforming/United Engineers & Constructors).

einzelner Gaswerke schon wegen der verhältnismäßig höheren Anlagekosten im Nachteil. Es wird deshalb hier darauf verzichtet, die verschiedenen Bauformen und ihre Besonderheiten zu besprechen.

Nur um einige interessierende Betriebsdaten zu nennen, sind in Zahlentafel M-5 Angaben für verschiedene zyklisch arbeitende Spaltverfahren zusammengestellt[1]. Wenn auch die einzelnen Werte nicht vollkommen vergleichbar sind, weil Bauart der Anlagen, Betriebsmittelverbrauch u.a. mit einbezogen werden mußten, so läßt die Zahlentafel doch erkennen, was sich erreichen läßt. Das Beispiel in der letzten Spalte zeigt, daß auch andere, weniger empfindliche Katalysatoren statt der nickelhaltigen verwendet werden können und daß es damit möglich ist, sogar Rückstandsöle zu verarbeiten.

4. Die mit Teilverbrennung arbeitenden Verfahren

Die Zufuhr der für die Vergasungsreaktionen erforderlichen Wärme durch Verbrennen eines Teiles des Einsatzgutes gibt die Möglichkeit, hohe Temperaturen anzuwenden, weil diese Wärme unmittelbar an das zu spaltende Gas- oder Dämpfegemisch übertragen wird. Deshalb eignet sich dieses Verfahren z.B. für das Vergasen von Schweröl, weil es ohne Katalysator arbeiten kann und dabei hohe Umsetzungsgrade erreicht werden. Es sind auch Verfahren entwickelt worden, die Katalysatoren anwenden, wenn das Einsatzgut ausreichend frei von Kontaktgiften, insbesondere von Schwefel, ist. Dann wird entweder das durch Teilverbrennung auf die erforderliche Temperatur gebrachte Gas anschließend über den Katalysator geleitet und dabei umgesetzt, also zweistufig gearbeitet. Die neuere Entwicklung geht dahin, beide Reaktionen, nämlich die Oxydation wie auch die Spaltung, im Katalysatorbett gleichzeitig ablaufen zu lassen[2]. Dies erfordert allerdings eine genaue Beherrschung der Temperaturen. Wenn es dann noch gelingt, die Reaktion durch plötzliches Abschrecken „einzufrieren", so können Zwischenglieder wie Azetylen oder Äthen in wirtschaftlich interessanter Ausbeute gewonnen werden. Dieser Weg ist z.B. bei dem BASF-Sachsse-Verfahren beschritten[3].

Als Vergasungsmittel können Luft allein, mit Sauerstoff angereicherte Luft sowie reiner Sauerstoff verwendet werden. Die Zugabe von Wasserdampf ist nötig, um – besonders bei Sauerstoff – den Reaktionsablauf

---

[1] Nach H. PICHLER: Erdöl u. Kohle 11 (1958) 518 (vgl. Fußn. 1, S. 885).

[2] Vgl. J. MEUNIER: a.a.O. S. 509ff.; dort eine knappe Übersicht der Entwicklung.

[3] SACHSSE, H.: Chemische Verarbeitung des Ferngases. Chem.-Ing.-Techn. 21 (1949) 1/6 u. 129/35. – Ders.: Herstellung von Acetylen durch unvollständige Verbrennung von Kohlenwasserstoffen mit Sauerstoff. Chem.-Ing. Techn. 26 (1954) 245/53. – BARTHOLOMÉ, E.: Probleme großtechnischer Anlagen zur Erzeugung von Acetylen nach dem Sauerstoff-Verfahren; ebd. S. 253/58. – Ders.: Acetylen by partial oxydation of methane. 4. Welt-Erdöl-Kongreß, Rom 1955, Bericht IV/B-3. – BARTHOLOMÉ, E., u. H. NONNENMACHER: Cracking of gaseous hydrocarbons by partial oxidation. 5. Welt-Erdöl-Kongreß, New York 1959, Bericht IV/8; deutsche Fassung: Erdöl u. Kohle 12 (1959) 359/64. – Für die Erzeugung von Ammoniak-Synthesegas hat sich allerdings die Badische Anilin- & Soda-Fabrik AG dem Texaco-Verfahren zugewandt; vgl. Fußn. 1, S. 926.

besser zu beherrschen, die Rußbildung zu unterdrücken und eine zündungsfreie Mischung der Reaktionspartner vor dem Eintritt in den Reaktor zu erreichen. Der Anteil der Luft wird dadurch bestimmt, welcher Stickstoffballast im erzeugten Gas zugelassen werden kann oder, z. B. bei Gas für die Ammoniaksynthese, erwünscht ist. Bei der Erzeugung von Stadtgas lassen sich durch Anwendung von Sauerstoff in gewissen Grenzen die durch die Normen vorgeschriebenen Werte für Dichte, Heizwert und Brenneigenschaften einstellen bzw. können günstige Voraussetzungen für das Erreichen dieses Zieles durch anschließende Konvertierung, Entfernung von CO_2 und Karburieren mittels leichter Kohlenwasserstoffe geschaffen werden. Allerdings ist die Erhöhung der Investitionskosten durch eine Anlage zur Erzeugung von Sauerstoff beachtlich.

Die Verfahren mit Teilverbrennung weisen meistens gegenüber den bisher beschriebenen den Vorteil besserer Wirkungsgrade auf, weil keine Wärme mit den heißen Rauchgasen verlorengeht, wie dies bei Außenbeheizung oder während des Aufheizens bei den Regenerativverfahren mit Speichermasse trotz der Abwärmeverwertung in Wärmeaustauschern oder Abhitzekessel der Fall ist. Auch die Abmessungen der Reaktoren sind wesentlich kleiner als die der Röhrenöfen mit Außenbeheizung oder der Speicher nach Art der Cowper oder anderer Regeneratoren.

Die mit Teilverbrennung arbeitenden Verfahren werden mitunter als autotherm bezeichnet; zur Unterscheidung davon ist für die anderen Verfahren, bei denen die Wärme – sei es durch Rohrwände, sei es von aufgeheizten Speichermassen – an das zu spaltende Einsatzgut übertragen wird, der Ausdruck allotherm gebräuchlich. Daneben spricht man im zweiten Fall so wie bei den Reaktionen mitunter von „endothermen Verfahren"; dies ist aber nicht genau. Auch die den autothermen Verfahren zugrunde liegenden Reaktionen sind bei den üblichen Ausgangsstoffen für die Vergasung endotherm, doch wird ihnen eine exotherme Verbrennungsreaktion überlagert.

a) Die Teilverbrennung ohne Katalysator

Zwar wurden bereits die ersten Versuche, Methan oder andere niedrigmolekulare Kohlenwasserstoffe mit Hilfe von Sauerstoff zu spalten, in Gegenwart von Katalysatoren durchgeführt[1]. Unmittelbar nach dem Zweiten Weltkrieg wurde dann von der The Texas Co im Werk Montebello/Calif. ein Verfahren entwickelt, um Synthesegase aus Erdgas mit Hilfe von Sauerstoff herzustellen, bei dem die Reaktion ohne Katalysatoren verläuft[2]. In den Vereinigten Staaten von Amerika wurde eine

---

[1] Eine Anlage der Société Belge de l'Azote (SBA) war im Werk Ougrée seit 1930 in Betrieb; Vorarbeiten dazu hat auch die BASF in Ludwigshafen und Oppau geleistet; vgl. weiterhin C. PADOVANI u. P. FRANCHETTI: Giorn. chim. industr. applicata 15 (1933) 429.

[2] DU BOIS EASTMAN: Synthesis Gas by Partial Oxidation. Industr. Engng. Chem. 48 (1956) 1118/22. – Ders.: The production of synthesis gas by partial oxidation. 5. Welt-Erdöl-Kongreß 1959, Bericht IV/13. – MARION, C. P., u. L. SLATER: Manufacture of tonnage hydrogen by partial combustion – The Texaco process. 6. Welt-Erdöl-Kongreß, Frankfurt/M. 1963, Bericht III/22; deutsche Fassung: Gas- u. Wasserf. 105 (1964) 381/86.

     M. Die Erzeugung von Gasen aus Erdölprodukten

größere Anzahl solcher Anlagen gebaut, um hauptsächlich Gas für die Ammoniaksynthese herzustellen. Eine Anlage für die Badische Anilin- & Soda-Fabrik AG ist im Bau[1]. Einige Betriebsdaten dieses Verfahrens können den beiden folgenden Abbildungen entnommen werden[2]. Wegen der damit verbundenen Kosten ist der Sauerstoffverbrauch besonders wichtig. Abb. M-11 zeigt die theoretisch ermittelten und die im

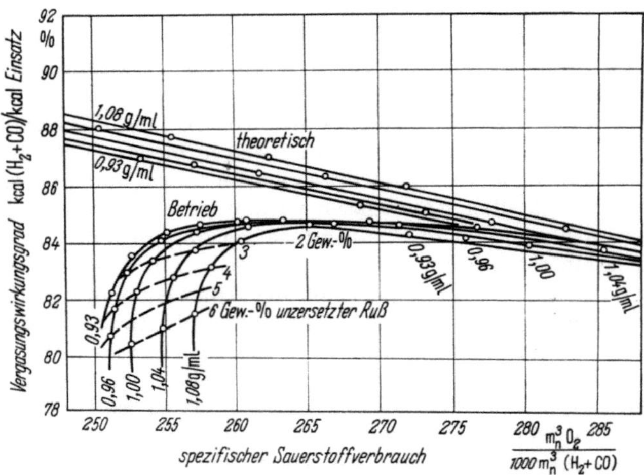

Abb. M-11. Abhängigkeit des theoretisch berechneten und des im praktischen Betrieb erzielbaren Vergasungswirkungsgrades bei Teilverbrennung, in Abhängigkeit vom Sauerstoffverbrauch. Die den Kurven beigegebenen Zahlen bedeuten die Dichte des vergasten Öles; außerdem sind die Mengen unzersetzten Rußes in Gewichtsprozent angegeben.

praktischen Betrieb erzielten Werte des Sauerstoffverbrauches und des dabei erreichten, aus den Heizwerten berechneten Vergasungswirkungsgrades. Es sind die Kurven und die Geraden für fünf verschiedene Öle angegeben, deren Dichte von 0,93 bis 1,08 kg/dm³ und deren Zähigkeit bei 50 °C von 0,5 bis etwa 140 °E zunahm, deren Characterization factor K_{UOP} dabei von etwa 11,5 auf 10,5 abnahm. Der Bereich der Rußbildung ist eingetragen. Nach der gleichen Quelle ist aus Abb. M-12 zu entnehmen, wie sich der Schwefelgehalt des Einsatzgutes auswirkt.

Auch bei verschiedenen anderen Unternehmen und an einigen Instituten wurde eifrig an diesem Thema gearbeitet[3]. Vielfach wird dabei

---

[1] MORRISON, J.: Germany's Ludwigshafen plant goes to NH_3 via Texaco syngas. Oil Gas J. 67 (24. Febr. 1969) Nr. 8, S. 76/80. – Ders.: BASF looks kindly at high partial oxydation pressure for ammonia synthesis. Oil Gas Internat. 9 (1969) Nr. 3, S. 78/79, 82/83, 86.

[2] Nach C. P. MARION u. W. L. SLATER: a. a. O.

[3] Vgl. z. B. die Übersicht bei E. T. POWERS: Chemicals by direct oxidation of hydrocarbons. 4. Welt-Erdöl-Kongreß, Rom 1955, Bericht IV/B-2. – PADOVANI, C., G. SALVI u. A. FIUMARA: Etudes et expériences sur l'oxydation partielle du méthane par l'oxygène; ebd., Bericht IV/B-5. – FIUMARA, A., u. G. SALVI: Thermodynamique et stoéchiométrie de l'oxydation partielle du méthane par l'oxygène libre; ebd., Bericht IV/B-6.

aber vornehmlich die Gewinnung von Azetylen oder von niedrigmoleku-
laren Olefinen wie Äthen oder Propen angestrebt[1]. Die Herstellung von
Synthesegas oder Brenngas (Stadtgas) hat hingegen ebenso wie das
Texaco-Verfahren das von der Royal Dutch/Shell-Gruppe entwickelte
Verfahren zum Ziel[2]. Es weist gewisse Ähnlichkeiten mit dem vorgenann-
ten Verfahren auf und wird in Europa in zahlreichen Anlagen angewen-

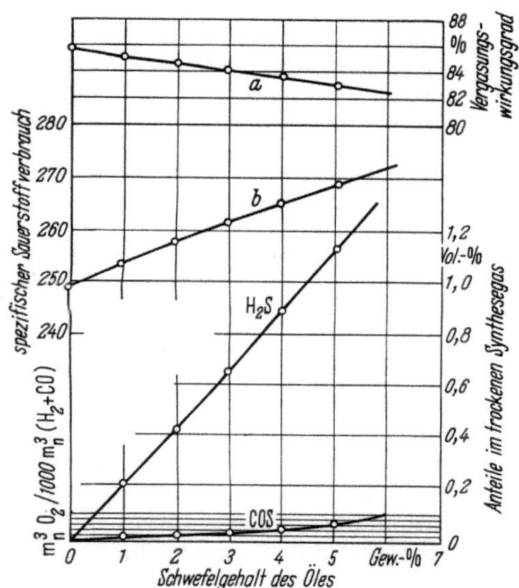

Abb. M-12. Einfluß des Schwefelgehaltes des mit Sauerstoff zu vergasenden Öles auf Vergasungswirkungsgrad, spezifischen Sauerstoffverbrauch und Gehalt des erzeugten, trockenen Gases an
Schwefelverbindungen.

a Vergasungswirkungsgrad kcal (H_2 + CO)/kcal Einsatz;
b Spezifischer Sauerstoffverbrauch.

det. Die Schaltung ist in Abb. M-13 wiedergegeben. Da der Reaktor *a*
keinerlei Einbauten enthält, kann auch schweres Rückstandsöl aus der
Rohöldestillation vergast werden. Der Druck kann bis zu 50 atü und
mehr betragen, weshalb die Abmessungen des Reaktors klein und die
Kosten trotz der für diesen Druck erforderlichen Wanddicke niedrig
bleiben. Es hat sich aber gezeigt, daß bei der Erzeugung von Wasserstoff eine Erhöhung über rd. 55 atü keinen wirtschaftlichen Vorteil bie-

---

[1] Vgl. z.B. F. ZOBEL: Der heutige Stand der Petrolchemie. Erdöl u. Kohle 11
(1958) 76/81 u. 164/68. – BACCAREDDA, M., u. G. NENCETTI: Oxidative cracking of
propane and butane-isobutane mixtures. 5. Welt-Erdöl-Kongreß, New York 1959,
Bericht IV/7.

[2] GATTIKER, M.: Der Shell Ölvergasungsprozeß und seine Anwendung in der
Industrie. Erdöl u. Kohle 10 (1957) 581/84. – FERLING, F.: Synthesegas aus Heizöl;
ebd. 12 (1959) 959. – VAN AMSTEL, A. P.: New Data on Shell's Syn Gas Process.
Petrol. Refiner 39 (1960) Nr. 3, S. 151/52. – TER HAAR, L. W., u. J. E. VOGEL:
The Shell gasification process. 6. Welt-Erdöl-Kongreß, Frankfurt/M. 1963, Bericht
IV/27; deutsche Fassung: Gas- u. Wasserf. 105 (1964) 512/17.

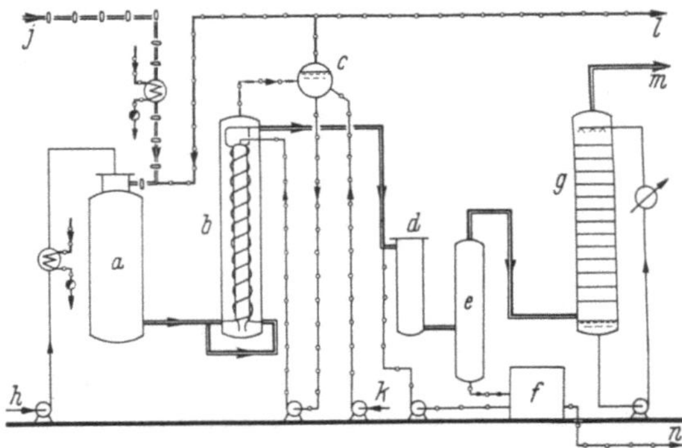

Abb. M-13. Schematisches Fließbild einer Shell-Vergasungsanlage für Schweröl.

a	Reaktor;	*f*	Rußgewinnung,	*k*	Kesselspeisewasser;
b	Abhitzekessel;		vgl. Abb. M-14;	*l*	Überschußdampf;
c	Dampftrommel zu *b*;	*g*	Gaswaschturm;	*m*	Reingas;
d	Quentschrohr;	*h*	Schwerölzulauf;	*n*	Klares Ablaufwasser.
e	Rußabscheider;	*j*	Sauerstoffzufuhr;		

tet, wenn man die nachzuschaltenden Anlagen für Konvertierung und CO_2-Entfernung in die Betrachtung mit einbezieht. Dies ist für einen echten Vergleich erforderlich[1].

Die Reaktionstemperatur liegt bei etwa 1400 °C. Der mit feuerfesten Massen ausgekleidete Reaktormantel kann für wesentlich niedrigere Temperaturen bemessen werden. Die Wärmetönungen der Reaktionen gleichen sich etwa aus, und der in Höhe von rd. 50° beobachtete Temperaturabfall bis zum Eintritt in den nachgeschalteten Abhitzekessel *b* ist vor allem durch die Wärmeverluste verursacht. Dieser Kessel ist besonders konstruiert, um ein Verschmutzen der Heizflächen durch Ruß zu verhindern. Deshalb werden sehr hohe Gasgeschwindigkeiten angewendet[2]. Er ist für die hohe Wirtschaftlichkeit des Verfahrens von wesentlicher Bedeutung. Das Gas wird darin – je nach Größe der Austauschfläche – auf eine Temperatur abgekühlt, die etwa 20 bis 50° über der Kesselwassertemperatur liegt; diese ist durch den gewählten Betriebsdruck bestimmt. Erst hinter dem Kessel wird das Gas in dem Quentschrohr *d* mit Wasser abgeschreckt. Da aber bei Schweröl bis zu rd. 3 Gew.-% des Einsatzgutes als Ruß anfallen, bestand das Problem, diesen aus dem Gas zu entfernen, ohne dadurch den Betrieb ungebührlich zu belasten. Dafür wurde eine Lösung gefunden, die sich bewährt hat. Der Ruß wird beim Abschrecken mit Wasser in dem Quentschrohr und dem nachgeschalteten Rußabscheider *e* aus dem Gas weitgehend entfernt. Zum Schluß wird dieses noch in einem besonderen Waschturm *g* mit einem im Kreislauf geführten Wasserstrom so ausgewaschen, daß das Gas rußfrei die Anlage verläßt. Das Kreislaufwasser des Waschturmes

---

[1] REINMUTH, E.: Wasserstoff aus schweren Rückständen. Erdöl u. Kohle 22 (1969) 378/84.

[2] Einzelheiten s. bei L. W. TER HAAR u. J. E. VOGEL: a.a.O. – Vgl. außerdem P. SZARGAN u. H. KNOPEL: Über die Eigenschaften des bei der Öldruckvergasung anfallenden Rußes. Chem. Techn. 20 (1968) 96/98.

braucht nur von Zeit zu Zeit erneuert zu werden. Das Wasser aus dem Rußabscheider *e* wird hingegen in einem oder zwei hintereinandergeschalteten Mischern mit Gasöl vermengt, das praktisch den gesamten Ruß aus dem Wasser aufnimmt, so daß auch dieses Waschwasser mit weniger als 1 mg Ruß je kg abläuft und im Kreislauf wieder verwendet werden kann. Das Öl bindet den Ruß, der in Form von Kügelchen (Pellets) anfällt. Diese haben einige Millimeter Durchmesser – im Mittel etwa 4 bis 5 mm – und werden am zweckmäßigsten unter einem Kessel verfeuert. Dafür eignen sich Muffelbrenner mit tangentialer Einführung des durch den Ölgehalt von rd. 80 % sehr zündwilligen Brennstoffes. Trotz dieses hohen Ölgehaltes kleben die Rußkügelchen nicht zusammen, wenn man sie nicht zu lange in einem Bunker oder in einem anderen Behältnis lagern läßt. Sie sind sehr leicht und haben ein Schüttgewicht von weniger als 0,5 bis 0,6 kg/dm^3. Die aus zwei Mischern mit Rührwerk und einer mit Sieb ausgerüsteten Rinne bestehende Einrichtung zum Abscheiden der Rußkügelchen ist schematisch in der Skizze Abb. M-14

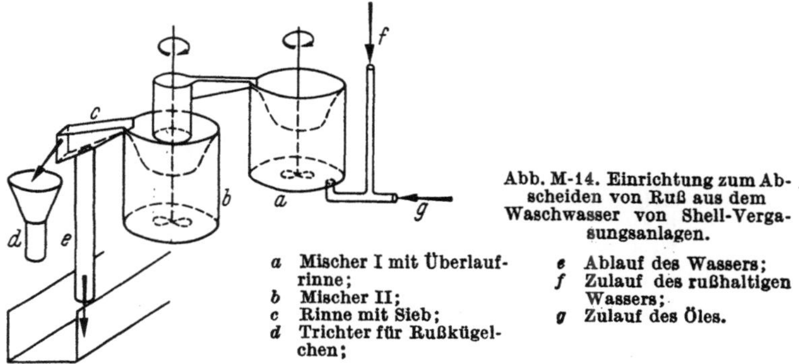

Abb. M-14. Einrichtung zum Abscheiden von Ruß aus dem Waschwasser von Shell-Vergasungsanlagen.

a Mischer I mit Überlaufrinne;
b Mischer II;
c Rinne mit Sieb;
d Trichter für Rußkügelchen;
e Ablauf des Wassers;
f Zulauf des rußhaltigen Wassers;
g Zulauf des Öles.

dargestellt. Durch das Hintereinanderschalten zweier Mischer kann das Verhältnis von Öl zu Ruß in den Kügelchen auf Werte unter etwa 3 : 1 gedrückt werden. Will man zum Entfernen des Rußes aus dem Waschwasser Rückstandsöl verwenden, so benötigt man etwa die doppelte Menge, weshalb es eine Frage des Preises ist, welche Fraktion benutzt wird. Die Betriebsergebnisse einer nach dem Shell-Verfahren arbeitenden Anlage sind nach FERLING in Zahlentafel M-6 zusammengestellt. Je nach dem weiteren Verwendungszweck des Gases muß noch durch Konvertierung der CO-Gehalt verringert und bei Stadtgas durch Karburieren der gewünschte Heizwert eingestellt werden. Das Schaltschema der gesamten Stadtgasanlage einer Raffinerie mit den zugehörigen Wäschen und Karburierungsstufen zeigt Abb. M-15 in vereinfachter Weise[1]. Das Shell-Vergasungsverfahren wurde für diese Raffinerie gewählt, weil es möglich sein mußte, verschiedene Erdölfraktionen, insbesondere auch Heizöl S (Destillationsrückstand) zu vergasen. Da aber das in der Raffi-

---

[1] Nach H. NEUMANN: Die Erdölraffinerie Mannheim. Erdöl u. Kohle 18 (1965) 436/40.

Zahlentafel M-6. *Elementaranalyse und sonstige Eigenschaften des Einsatzöles für eine Shell-Vergasungsanlage, Betriebsmittelverbrauchszahlen, Ausbeuten und Zusammensetzung des erzeugten Gases*

Ölanalyse		
Zusammensetzung	Gew. %	
C		85,5
H		11,2
S		2,4
O		0,5
N		0,4
Dichte bei 15 °C	g/ml	0,936
Zähigkeit bei 50 °C	°E	30,6
Verbrauchszahlen, bezogen auf 1 t Einsatzöl		
Sauerstoff, auf 100 Vol.-% O_2 umgerechnet	m_n^3	757
Wasserdampf zum Reaktor	t	0,5
Gasausbeute, trocken	m_n^3	2970
Erzeugte Menge $CO + H_2$	m_n^3	2700
Rußanfall	kg	24
Überschußdampf, 38 atü	t	1,65
Gaszusammensetzung (nach der Druckvergasung)		
CO_2	Vol.-%	5,1
CO	Vol.-%	45,6
H_2	Vol.-%	48,0
CH_4	Vol.-%	0,3
H_2S	Vol.-%	0,6
$N_2 + Ar$	Vol.-%	0,4
C	mg/m_n^3	<1

Gaszusammensetzung (nach der Alkazidwäsche und nach der Druckkonvertierung)

		Ausgang Alkazidwäsche	Ausgang Druckkonvertierung
CO_2	Vol.-%	4,6	32,4
CO	Vol.-%	46,1	2,9
H_2	Vol.-%	48,6	64,0
CH_4	Vol.-%	0,3	0,3
$N_2 + Ar$	Vol.-%	0,4	0,4

Als Gasverunreinigungen werden von GATTIKER folgende Werte genannt[1].

H_2S	2000 mg/m³
COS	200 mg/m³
Org. Schwefel	5 mg/m³
HCN	0,02 °/$_{00}$ (= 20 mg/kg)
C_2H_2	$<0,0002$ °/$_{00}$ ($<0,2$ mg/kg)
NH_3	0,05 °/$_{00}$ (= 50 mg/kg)
NO	$<0,00005$°/$_{00}$ ($<0,05$ mg/kg)
Naphthalin	nicht nachweisbar

---

[1] Sehr ausführliche Angaben finden sich in der in Fußn. 2, S. 927 erwähnten Arbeit von TER HAAR u. VOGEL.

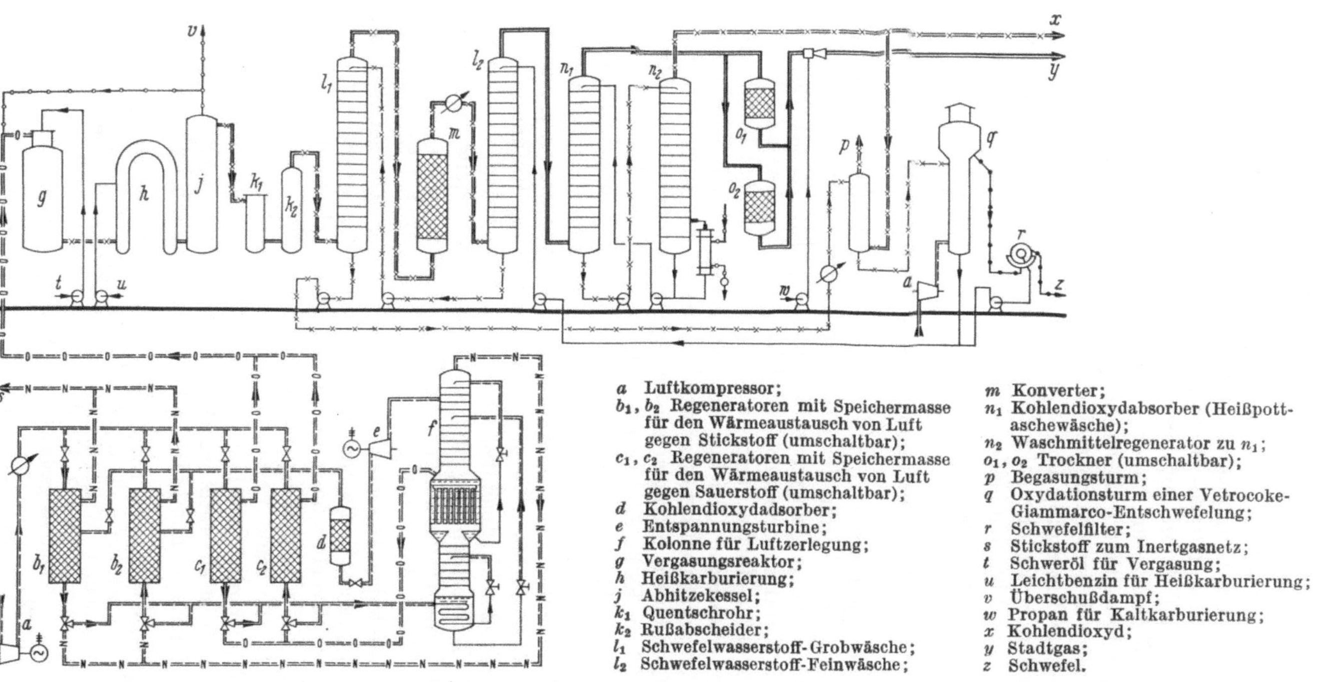

a Luftkompressor;
b_1, b_2 Regeneratoren mit Speichermasse für den Wärmeaustausch von Luft gegen Stickstoff (umschaltbar);
c_1, c_2 Regeneratoren mit Speichermasse für den Wärmeaustausch von Luft gegen Sauerstoff (umschaltbar);
d Kohlendioxydadsorber;
e Entspannungsturbine;
f Kolonne für Luftzerlegung;
g Vergasungsreaktor;
h Heißkarburierung;
j Abhitzekessel;
k_1 Quentschrohr;
k_2 Rußabscheider;
l_1 Schwefelwasserstoff-Grobwäsche;
l_2 Schwefelwasserstoff-Feinwäsche;
m Konverter;
n_1 Kohlendioxydabsorber (Heißpottaschewäsche);
n_2 Waschmittelregenerator zu n_1;
o_1, o_2 Trockner (umschaltbar);
p Begasungsturm;
q Oxydationsturm einer Vetrocoke-Giammarco-Entschwefelung;
r Schwefelfilter;
s Stickstoff zum Inertgasnetz;
t Schweröl für Vergasung;
u Leichtbenzin für Heißkarburierung;
v Überschußdampf;
w Propan für Kaltkarburierung;
x Kohlendioxyd;
y Stadtgas;
z Schwefel.

Abb. M-15. Sehr vereinfachtes Schema einer Anlage zur Erzeugung von Stadtgas nach dem Shell-Verfahren in einer Raffinerie.

nerie verarbeitete Rohöl verhältnismäßig schwefelarm ist, bot sich für die trotzdem erforderliche Entschwefelung das Giammarco-Vetrocoke-Verfahren an, vgl. S. 640. Das Kohlendioxyd wird hinter der Konvertierung in einer Heißpottaschewäsche entfernt, vgl. S. 636.

Sowohl das Texaco- wie auch das Shell-Verfahren weisen gewisse Merkmale auf, die sie mit der Vergasung von Kohlenstaub mit Hilfe von Sauerstoff gemeinsam haben. Es kann nicht Aufgabe dieser Darstellung sein, auf Einzelheiten dieser Arbeitsweise einzugehen. Nur sei erwähnt, daß eine nach dem Koppers-Totzek-Verfahren für Kohlenstaub gebaute Anlage zur Erzeugung von Synthesegas je nach Marktlage auch mit hochsiedenden Erdölfraktionen betrieben wird[1]. Eine Zusammenstellung der dabei und bei den beiden anderen Verfahren erzielten Ergebnisse hat Sabel veröffentlicht[2].

b) Die Teilverbrennung in Gegenwart von Katalysatoren

In der Einleitung zum vorhergehenden Unterabschnitt wurde erwähnt, daß am Beginn der Entwicklung die Anwendung von Katalysatoren in Betracht gezogen wurde und erst später autotherme Verfahren, die ohne Katalysatoren arbeiten, Eingang in die Praxis fanden. Einer der Gründe dafür dürfte darin zu suchen sein, daß mit Katalysatoren das thermodynamische Gleichgewicht schneller erreicht wird und nicht so hohe Temperaturen benötigt werden, die bei rein thermischen Verfahren 1200 °C und mehr betragen müssen, um wirtschaftliche Umsetzungsgrade zu erreichen. Es bereitete seinerzeit noch Schwierigkeiten, so hohe Temperaturen zu beherrschen, doch erfordert das Arbeiten mit Katalysatoren, die in der Regel Nickel enthalten, eine weitgehende Entschwefelung des Einsatzgutes. Steht dieses aber praktisch schwefelfrei zur Verfügung – wie hinter manchen Verarbeitungsstufen einer Raffinerie – oder kann es ohne großen Kostenaufwand entschwefelt werden, so kann das Arbeiten mit Teilverbrennung und Katalysatoren Vorteile bieten, zumal ein Betrieb unter Druck möglich ist. Wenn in dem zu erzeugenden Gas eine gewisse Menge Stickstoff zulässig ist, wie z. B. bei Stadtgas, dann benötigt man keine Anreicherung der Luft als Vergasungsmittel mit Sauerstoff und kann u. U. die Bau- und Betriebskosten soweit senken, daß auch eine mit Teilverbrennung und Katalysator arbeitende Anlage im Vergleich zu einer Röhrenofenspaltanlage neuzeitlicher Bauart wettbewerbsfähig ist. Für beide Verfahren kommen als Einsatzgut doch nur gasförmige oder niedrigsiedende flüssige Kohlenwasserstoffe in Frage.

Deshalb ist ein autothermes Verfahren mit Katalysator gut geeignet, aus Raffineriegas mit Luft Stadtgas zu erzeugen[3]. Dabei kann man sich

---

[1] Vgl. dazu F. Totzek: Entwicklung der Kohlenstaubvergasung nach Koppers-Totzek: Brennst.-Chem. 34 (1953) 361/67. – Fitz, W.: Vergasung von Öl nach Koppers-Totzek. 5. Weltkraftkonferenz, Wien 1956, Bd. 7/8, S. 1761/76, Wien 1957. – Meunier, J.: a. a. O. S. 506.

[2] Sabel, F.: Synthesegasherstellung in freier Sauerstoffflamme. Erdöl u. Kohle 17 (1964) 621/25.

[3] Hiller, H.: Spaltung von Methan unter Druck. Dechema-Monographien 33 (1958) 47/56.

die Tatsache zunutze machen, daß die zu spaltenden Gase in der Regel unter Druck zur Verfügung stehen und das erzeugte Gas ebenfalls unter Druck abgegeben werden soll. Der ungünstige Einfluß des Druckes auf die Umsetzung könnte zwar durch höhere Arbeitstemperaturen wettgemacht werden, doch nutzt man die Beschleunigung der Reaktion durch den Katalysator und die gleichzeitige Anwendung von Druck aus, um die Apparatur kleiner zu bauen. Wie sich das erzeugte Gas bei gleichem Betriebsdruck zusammensetzt, wenn man mit oder ohne Katalysator Erdgas mit Hilfe von Sauerstoff spaltet, ist in Zahlentafel M-7 zu sehen. Soll ein solches Gas für Synthese verwendet werden, so ist der hohe Wasserstoffgehalt des durch Katalyse gewonnenen Gases besonders erwünscht. Für die Synthese von Ammoniak kann als Vergasungsmittel mit Sauerstoff in einem solchen Maß angereicherte Luft verwendet werden, daß sich nach der Konvertierung des Kohlenmonoxydes und dem Auswaschen des Dioxydes das erforderliche Verhältnis $N_2 : H_2 = 1 : 3$ einstellt.

Zahlentafel M-7. *Zusammensetzung von Spaltgas in Vol.-%, das unter einem Druck von 7 atü durch katalytische (A) bzw. durch thermische Spaltung (B) aus Erdgas hergestellt werden kann, und dabei verbrauchter Sauerstoff, nach* HILLER

	A	B
CO_2	10,3	2,2
CO	19,7	38,1
H_2	69,5	59,1
CH_4	0,3	0,3
N_2	0,2	0,3
Verhältnis $H_2 : CO$	3,53	1,55
Sauerstoffverbrauch $m_n^3 O_2/m_n^3 (H_2 + CO)$	0,24	0,28

Ein Beispiel, in dem mit Hilfe von Luft ein Spaltgas hergestellt wird, das mit ungespaltenem Gas vermischt ein den Normen entsprechendes Stadtgas liefert, ist schematisch in Abb. M-16 wiedergegeben. Der mit Nickelkontakt gefüllte Reaktor *c* besitzt einen Wassermantel und einen dem Kontaktbett nachgeschalteten Abhitzekessel. Dieser ist mit dem Wassermantel verbunden. Die Temperatur des Bettes wird auf 800 bis 850 °C gehalten. Von dem mit 12 atü erzeugten Dampf dient ein Teil zum Aufsättigen des Einsatzgutes, der Rest kann an das Werksnetz abgegeben werden. In Wärmeaustauschern wird durch das heiße Spaltgas zuerst das zu spaltende Gas auf rd. 500 °C, dann die für die Vergasung benötigte Luft und schließlich das Wasser zum Sättigen des Einsatzgases aufgeheizt. Das für den Sättiger und den direkt wirkenden Gaskühler benötigte Wasser wird im Kreislauf geführt. Da es im Kühler die in Spuren im Spaltgas vorhandenen Verunreinigungen aufnimmt, muß laufend eine kleine Menge ausgeschleust und durch Frischwasser ersetzt werden. Die Zusammensetzung von Raffineriegas und Spaltgas sowie des durch Mischen hergestellten Stadtgases kann man der Zahlentafel M-8 entnehmen. Sie zeigt, daß nur ein Teil des Raffineriegases umgesetzt werden muß, um normgerechtes Stadtgas zu erhalten. Der Wirkungsgrad der Spaltung beträgt über 85% und der der Gesamtanlage etwa 95%.

Nach ähnlichen Grundsätzen wie vorbeschrieben hat auch die Badische Anilin- & Soda-Fabrik AG ein Verfahren zur Herstellung von Synthesegas entwickelt[1]. Wenn Sauerstoff als Vergasungsmittel verwendet wird, kann Synthesegas mit einem $H_2 : CO$-Verhältnis von etwa 2 : 1 neben gewissen Mengen CO_2 gewonnen werden. Das Kohlendioxyd kann in ähnlicher Weise wie bei anderen Verfahren durch Auswaschen entfernt werden.

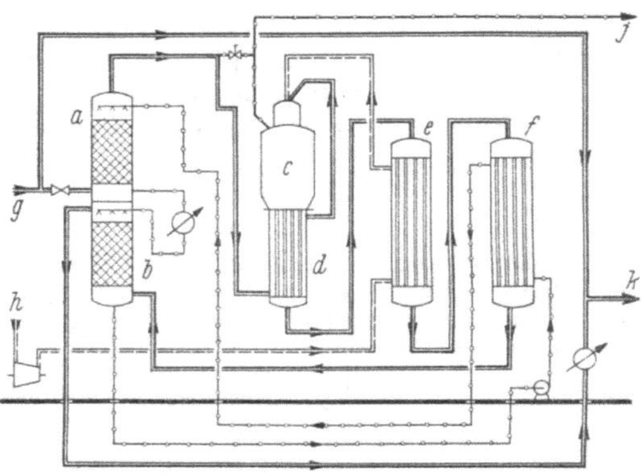

Abb. M-16. Schematisches Fließbild einer Anlage zur Erzeugung von Stadtgas aus Raffineriegas mit Luft als Vergasungsmittel.

a	Sättiger;	*d*	Wärmeaustauscher;	*h*	Luft;
b	Kühler;	*e*	Lufterhitzer;	*j*	Überschußdampf;
c	Reaktor mit Dampferzeuger im Mantel;	*f*	Wasservorwärmer;	*k*	Stadtgas.
		g	Raffineriegas;		

Zahlentafel M-8. *Erzeugung von Stadtgas (C) durch katalytisches Spalten einer Teilmenge von Raffineriegas (A) und Zumischen des Restes zum Spaltgas (B); Gaszusammensetzung in Vol.-% und oberer Heizwert sowie Mengen*

Gaszusammensetzung		A	B	C
CO_2		0,7	5,4	3,3
C_nH_m		0,9	–	0,5
O_2		0,3	–	0,2
CO		1,9	10,7	6,7
H_2		54,0	44,1	50,3
CH_4		24,0	0,7	12,3
C_2 und C_3		12,0	–	5,7
N_2		6,2	39,1	21,0
Oberer Heizwert	kcal/m_n^3	6 700	1 700	4 200
Gasmenge durch die Anlage	m_n^3/h	2 500	8 300 →	8 300 ⎫
Gasmenge zum Mischen	m_n^3/h	9 500	→	9 500 ⎭
Gesamtmengen	m_n^3/h	12 000		17 800

<hr>

[1] SCHMULDER, P.: Synthesegas durch autotherme, flammenlose, katalytische Spaltung von Benzinen. Brennst.-Chem. Bd. 46 (1956) S. 97/100.

N. Die Planung vollständiger Raffinerien

Soll eine neue Raffinerie gebaut werden, so ist es zunächst erforderlich, einigermaßen verläßliche Angaben darüber zu sammeln, welche Produkte und in welcher Menge diese verkauft werden können. Den großen Ölgesellschaften sind hiefür eigene Abteilungen angegliedert, die sich ausschließlich mit Marktforschung befassen. Auf Grund von Untersuchungen z.B. über die voraussichtliche Zunahme des Bestandes an Kraftfahrzeugen, über den weiteren Ausbau von Wärmekraftwerken und anderer Wärme verbrauchender Industrien, wie Hüttenwerke, Stahlwerke, Zementwerke u.a., weiterhin über die zu erwartende Bautätigkeit – mit Rücksicht auf den Absatz von leichten Heizölen für Raumheizung – und über die Straßenbautätigkeit wegen des Bitumenabsatzes, kommen sie zu Voraussagen, mit welchem Absatz an einzelnen Erdölerzeugnissen in den kommenden Jahren gerechnet werden kann. Bei Raffinerien in Küstennähe spielt die Möglichkeit zu exportieren eine in diesem Zusammenhang nicht zu unterschätzende Rolle.

Die Schaffung der Planungsgrundlagen, die für den Bau und die Auslegung einer Raffinerie maßgebend sein sollen, erfordern einen Zeitraum von mindestens einem halben Jahr, in Einzelfällen aber bis zu einem Mehrfachen dieser Zeitspanne. Wenn dann festliegt, wie die einzelnen Verfahrensstufen ausgebildet werden sollen und für welche Durchsatzmengen die Verarbeitungsanlagen zu bemessen sind, muß unter heutigen Verhältnissen weiterhin für den Bau des Werkes selbst mit etwa zweieinhalb bis drei Jahren gerechnet werden. Erst dann sind verkaufsfähige Produkte verfügbar. Die Voraussagen für die Marktverhältnisse müssen deshalb darauf abgestellt sein, daß erst nach insgesamt rd. dreieinhalb Jahren oder mehr der Markt von dem geplanten Werk auch wirklich beliefert werden kann.

Diese Untersuchungen können nicht unabhängig davon durchgeführt werden, welche Rohölsorten für die Verarbeitung zur Verfügung stehen. Der Fall liegt einfacher, wenn mit der Anlieferung ausreichender Mengen von Rohöl einheitlicher Herkunft gerechnet werden kann. Muß man aber verschiedenartige Bezugsquellen in Betracht ziehen, oder will man von der dadurch gebotenen Möglichkeit, die Endprodukte stärker zu variieren, Gebrauch machen, so wird es meist unvermeidlich sein, daß die Verarbeitungsanlagen den unterschiedlichen Eigenschaften solcher Rohöle angepaßt werden. Dabei spielen vor allem folgende eine wichtige Rolle:

a) die Mengenverteilung der einzelnen Fraktionen innerhalb der verschiedenen Siedebereiche,

b) die Basis des Rohöles wegen deren Einfluß auf die wichtigsten Eigenschaften der Motorkraftstoffe und die u. U. gewünschte Herstellung von Schmierölen und Bitumen sowie

c) der Schwefelgehalt des Rohöles.

Bestehen große Unterschiede zwischen den *Siedekurven* der zu verarbeitenden Rohöle, so ist die Folge davon, daß die Ausbeuten an Benzin, an Kerosin, an Mitteldestillaten und an Rückstand bzw. an Schmierölkomponenten je nach Herkunft des Rohöles starken Schwankungen unterliegen. Man muß dann die Verarbeitungsanlagen bei gegebenem

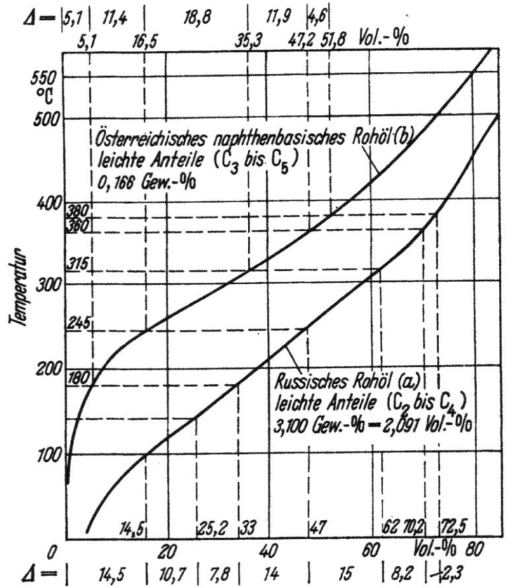

Abb. N-1. Wahre Siedepunktskurven zweier sehr verschiedener Rohöle, die in einer Raffinerie zu verarbeiten sind. (Mit Δ sind die für die Ausbeuten an einzelnen Fraktionen maßgebenden Differenzanteile in Vol.-% bezeichnet.)

Gesamtdurchsatz für die größten bei jeder Fraktion anfallenden Mengen bemessen. Diese treten aber nicht gleichzeitig auf. Dies führt dazu, daß die Durchsatzleistungen der Einzelanlagen in Summe mitunter erheblich größer sein müssen als die der Gesamtanlage. Dies läßt sich aus Abb. N-1 und N-2 ablesen. In Abb. N-1 sind die wahren Siedepunktskurven zweier sehr unterschiedlicher Rohöle wiedergegeben, die in einer und derselben Raffinerie zu verarbeiten sind. Ihnen sind in Abb. N-2 die erzielten Mengen der einzelnen Fraktionen gegenübergestellt. Man sieht z.B., daß die Menge des Gesamtbenzins zwischen 5,1 und 30,8 Gew.-% schwanken kann, daß aber auch bei anderen Fraktionen erhebliche Unterschiede auftreten können. Der hier als Beispiel genannte Wert für den Anfall an Benzin kann bei anderen Rohölen noch überschritten werden. Diese Unterschiede müssen bei der Anordnung der Wärmeaustauschflächen in der Rohöldestillationsanlage durch besondere Umschaltmöglichkeiten berücksichtigt werden. Weiterhin sind in der Regel die nachgeschalteten Anlagen zur Aufarbeitung der einzelnen Fraktionen jeweils für die größten möglichen Mengen zu bemessen, wenn man nicht große Zwischentanklager schafft, um die überschießenden Mengen während der Zeit geringen Anfalls mitverarbeiten zu können. Dies setzt aber voraus, daß die Rohöle unterschiedlicher Eigenschaften nach einem verläßlich eingehaltenen Fahrplan angeliefert oder in entsprechend groß bemessenen Rohöltanks so gelagert werden, daß es möglich ist, die Rohöldestillationsanlage in sog. „blocked operation" nach einem festliegenden Zeitplan zu betreiben[1]. Es hängt von den in Frage kommenden Zeiträumen ab, ob es wirtschaftlicher ist, die Anlagen für die Weiterverarbei-

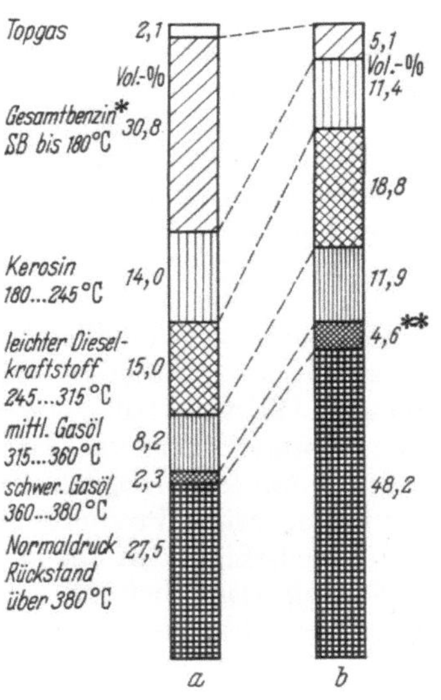

Abb. N-2. Mengenverhältnis der einzelnen, aus den Rohölen nach Abb. N-1 gewinnbaren Fraktionen.

* Aufteilung in Leichtbenzin sowie in Leicht- und Schwernaphtha mit Schnitten bei 100 °C und 140 °C s. Abb. N-1.

** Der aus österreichischem naphthenbasischem Rohöl gewonnene Schnitt 360 bis 380 °C kann als Transformatoren- oder leichtes Spindelöl verwendet werden.

tung jeweils für maximal möglichen Durchsatz zu bemessen oder den erforderlichen zusätzlichen Tankraum bereitzustellen. Die Entscheidung kann für einzelne Fraktionen unterschiedlich sein, außerdem sind innerhalb dieser beiden Grenzfälle noch zahlreiche Zwischenlösungen möglich. Wenn Rohöle mit ausgefallenen Eigenschaften nur während verhältnismäßig kurzer Betriebszeiten verarbeitet werden müssen, kann schließlich erwogen werden, den Durchsatz der Raffinerie während dieser Zeit zu vermindern und ihn vorübergehend jener Einzelanlage anzupassen, welche den Engpaß für das betreffende Rohöl bildet. Soll ein bestimmter

---

[1] Auch die Bezeichnung „blocked out operation" ist für diese Fahrweise gebräuchlich, bei der die Anlage zwar kontinuierlich, aber unter Bedingungen betrieben wird, die nach gewissen Zeiträumen – meist in regelmäßigem Turnus – geändert werden.

Jahresdurchsatz eingehalten werden, so muß der Ausgleich durch etwas höhere Belastbarkeit für die übrigen Rohölsorten ausgeglichen werden.

Die an zweiter Stelle genannte *Basis* eines Rohöles ist besonders wichtig, weil sie erheblichen Einfluß darauf hat, mit welchem Aufwand an Baukosten und Betriebsmittel sowie mit welchen Ausbeuten bestimmte geforderte Spezifikationen bei einzelnen Produkten erreicht werden können. Eine der wichtigsten, hier maßgebenden Eigenschaften ist die Klopffestigkeit des Ottokraftstoffes, welche die Ausbeute beim katalytischen Reformieren vor allem in Abhängigkeit vom Naphthengehalt des Einsatzgutes bestimmt. Die verlangte Zündwilligkeit von Dieselkraftstoffen ist im allgemeinen mit einfacheren Mitteln zu erreichen. Die Menge der für den Flugverkehr benötigten Flugturbinen- und Düsenkraftstoffe ist heute noch verhältnismäßig gering. Die diesbezüglichen Anforderungen wirken sich auf das Verarbeitungsschema einer Raffinerie noch kaum aus. Jedoch ist in den kommenden Jahren eine zunehmende Bedeutung dieser Produkte zu erwarten. Von der Basis des verfügbaren Rohöles hängt es auch ab, ob es empfehlenswert ist, die schweren Fraktionen eines Rohöles auf Schmieröl zu verarbeiten, und ob der Rückstand brauchbare Bitumina liefern kann.

Wenn es auch keine grundsätzlichen Schwierigkeiten bereitet, mit Hilfe einer geeigneten Kombination verschiedener Verfahren aus jedem Rohöl jedes Produkt gewünschter Spezifikation herzustellen, so muß mit Rücksicht auf die Wettbewerbslage doch die von den erzielbaren Ausbeuten, dem Betriebsmittelverbrauch und den Abschreibungskosten abhängige Wirtschaftlichkeit sehr eingehend geprüft werden. Dabei haben verständlicherweise Raffinerien, die großen Konzernen angehören, wegen der Ausweichmöglichkeiten beim Bezug von Rohöl und beim Absatz überschüssiger Produkte einen weiteren Spielraum als andere.

Was schließlich den aus den sonstigen Eigenschaften hervorgehobenen *Schwefelgehalt* betrifft, so bestimmt er erstens, ob beim Bau der Anlage besondere Vorkehrungen gegen Korrosion zu treffen sind, und zweitens, in welchem Maße Anlagen vorgesehen werden müssen, um den Schwefelgehalte der mittleren und der schweren Destillate auf die in den Spezifikationen geforderten Werte zu senken. Eine Entschwefelung der leichten Fraktionen wie Benzin und Flüssiggas ist in der Regel selbst bei schwefelarmen Rohölen erforderlich, weil sich der nie vollkommen abwesende Schwefelwasserstoff in diesen Produkten ansammelt.

Hingegen steht die Anwendung von Verfahren zur Entschwefelung von Erdölrückständen, die bei schwefelreichen Rohölen erhebliche Schwefelgehalt aufweisen, erst am Anfang der Entwicklung. Es zeichnen sich aber bei den Hydrierverfahren gewisse Möglichkeiten für die Zukunft ab, die den Anstoß zu einer sehr intensiven Forschungstätigkeit gegeben haben, vgl. S. 835ff. und S. 848ff.

Bei den Rohölen einiger Fördergebiete, wie Venezuela, Österreich und Kaukasus, erfordert der hohe Gehalt an Naphthensäuren besondere Vorkehrungen gegen Korrosionen. Unter Umständen lohnt sich die Gewinnung dieser Säuren durch die auf S. 664 beschriebenen Verfahren. Dafür benötigt man dann besondere Anlagen.

1. Die Herstellung einzelner Produkte

In diesem Abschnitt soll zunächst zusammenfassend dargestellt werden, wo die einzelnen Produkte anfallen und welche weiteren Verarbeitungsanlagen sie zu durchlaufen haben. Dabei müssen vorweg auch die aus Wasserstoff, Methan und Äthan bestehenden und innerhalb der Raffinerie als Heizgas verwendbaren Raffinerieabgase erwähnt werden, selbst wenn sie nicht als Produkt im eigentlichen Sinne angesehen werden. Das Überschußgas der katalytischen Reforming-Anlagen mit einem Wasserstoffgehalt von rd. 70 Vol.-% und darüber wird heute in der Regel für hydrierende Verfahren verbraucht. Andere Abgase mit niedrigmolekularen Komponenten, z. B. aus den Wiedergewinnungsanlagen für Flüssiggas (den sog. Gasnachverarbeitungsanlagen), sind vor allem wegen ihres Gehaltes an Äthan von Interesse. Dieses ist das ideale Einsatzgut für „Steamcracker" zur Gewinnung von Äthen, doch muß heute wegen des großen Bedarfes für die Kunststoffindustrie und andere Zweige der organisch-chemischen Industrie auch auf höhersiedende Fraktionen bis zum Benzin zurückgegriffen werden, um Äthen daraus herzustellen. Außerdem wurde in den letzten Jahren des öfteren Gebrauch von der Möglichkeit gemacht, das Raffineriegas zu spalten und in Stadtgas umzuwandeln, um dieses an öffentliche Versorgungsnetze abzugeben. Es wird dann innerhalb der Raffinerie zur Beheizung von Öfen möglichst nur dort verwendet, wo Gas wegen der Empfindlichkeit des Verfahrens der Verfeuerung von Öl vorzuziehen ist oder andere besondere Vorteile bietet. Das erste gilt z. B. für katalytische Reforming-Anlagen. Bei der Verarbeitung von sehr schwefelreichen Ölen kann außerdem die Notwendigkeit bestehen, die Restgase nach einem der in Kap. M besprochenen Verfahren mit Wasserdampf in Wasserstoff (und Kohlendioxyd, das ausgewaschen wird) umzuwandeln, weil der in den vorhandenen katalytischen Reforming-Anlagen anfallende Wasserstoff nicht ausreicht, um alle Produkte hydrierend zu raffinieren.

a) Das Flüssiggas und seine Komponenten

Wenn Flüssiggas als ein Gemisch aus C_3- und C_4-Kohlenwasserstoffen abgesetzt werden kann, so bedarf es keiner weiteren Zerlegung in die einzelnen Bestandteile, weil es sowohl C_3- wie auch C_4-Kohlenwasserstoffe und von diesen wiederum sowohl gesättigte wie auch ungesättigte enthalten darf. Es wird dann entweder in der Raffinerie selbst in Flaschen von rd. 80 l Inhalt abgefüllt oder in besonders dafür eingerichtete Kesselwagen verladen und den Verteilstellen oder den Endverbrauchern zugeführt.

Die Quellen, aus denen das Flüssiggas stammt, finden sich – wenn man von der Verarbeitung der schwersten Produkte absieht – fast in allen Verfahrensanlagen. Es gibt Rohöle, die einige Prozent von C_3- und C_4-Kohlenwasserstoffen gelöst enthalten. Trotz der auf den Feldern erforderlichen Stabilisierung – um Verluste während des Transportes zu vermeiden – kann ein Teil der niedrigsiedenden Kohlenwasserstoffe im

Rohöl bleiben, so daß gewinnbare Mengen bereits in der *Rohöldestilla-tions*anlage anfallen. Sie müssen dann aus dem Trennbehälter für Benzin abgesaugt, komprimiert und der Wiedergewinnungs-(Gasnachverarbeitungs-)Anlage zugeleitet werden. Dort werden sie zusammen mit den aus anderen Quellen anfallenden Kohlenwasserstoffen durch Destillation getrennt. Die nächste Quelle sind die Kopfdämpfe der *Benzinstabilisierung*, weil in dieser, gleichgültig ob Leichtbenzin oder Gesamtbenzin stabilisiert wird, das gesamte Propan und soviel Butan aus dem Benzin abgetrieben werden müssen, daß sich im Sumpfprodukt der gewünschte Dampfdruck einstellt. Diese beiden Ströme sind gesättigt, weil nur solche Verbindungen im Rohöl vorkommen. Ihre Mengenanteile ergeben sich im ersten Fall durch die Einstellung eines Gleichgewichtes im Trennbehälter der Rohöldestillationsanlage, das von der Kühlwassertemperatur abhängt. Im zweiten Fall wird die Menge durch den meist in Abhängigkeit von der Jahreszeit geforderten Dampfdruck des Benzins bestimmt. Da Stabilisieranlagen unter Druck betrieben werden müssen, können die Flüssiggasdämpfe einer Zwischenstufe der Kompression für die Gasnachverarbeitungsanlage zugeführt werden.

Verfolgt man den Verarbeitungsgang der einzelnen Fraktionen weiter, so kommen als nächste Quellen für Flüssiggas der einer katalytischen *Reformieranlage* nachgeschaltete Entspannungsbehälter und die Fraktionierkolonne in Frage. Sind nicht nur *ein* Entspannungsbehälter, sondern – was die Regel ist – ein Hochdruck- und ein Niederdruckabscheider vorhanden, so besteht das Gas aus dem Hochdruckentspannungsbehälter fast ausschließlich aus Wasserstoff; dieses wird im Kreislauf in der Anlage selbst verwendet. Flüssiggas ist dann nur in dem im zweiten Behälter anfallenden Gas enthalten. Auch dieses Gas wird meistens komprimiert und der Gasnachverarbeitungsanlage zugeleitet. Da seine Anteile vollkommen gesättigt sind, können sie zusammen mit dem Gas aus der Rohöldestillationsanlage verarbeitet werden.

Eine weitere wichtige Quelle für Flüssiggas sind die *Krackanlagen*, und zwar sowohl die thermisch arbeitenden wie auch besonders die katalytisch arbeitenden. Es wurde auf S. 372ff. ausgeführt, daß beim Kracken mit Hilfe von Katalysatoren unter anderem erreicht wird, daß der Anfall der am niedrigsten siedenden Kohlenwasserstoffe zurückgedrängt und der der C_3- und C_4-Kohlenwasserstoffe gegenüber den Verhältnissen beim thermischen Kracken erhöht wird. Wenn die Durchsatzleistung der Krackanlage groß genug ist, was meist zutrifft, weil ein wirtschaftlicher Betrieb eine Mindestgröße voraussetzt, ist es zweckmäßig, für die Krackanlage eine besondere Gasnachverarbeitungsanlage zu errichten. Dieser können die an Olefinen sehr reichen Gase einer etwa vorhandenen thermischen Reformieranlage ebenfalls zugeführt werden.

Die Aufstellung einer solchen besonderen Gasnachverarbeitungsanlage hat den Vorteil, daß die an Olefinen reichen Gasströme aus der Krackanlage (und der thermischen Reformieranlage) getrennt von den bereits erwähnten gesättigten Strömen verarbeitet werden. In den vergangenen Jahren war dies besonders dann wichtig, wenn das an Olefinen reiche

Krackgas in einer Polymerisationsanlage zur Gewinnung von Benzin verarbeitet werden sollte. In dem Maß, wie das Polymerisieren an Bedeutung verlor, verringerte sich auch die Notwendigkeit, die Gasnachverarbeitungsanlagen für die gesättigten Gasströme und für jene, die auch ungesättigte Anteile enthalten, zu trennen, sofern nicht von einzelnen Abnehmern olefinarme Flüssiggaskomponenten – z.B. bei der Gaserzeugung zur Schonung der Kontakte – verlangt werden. Sollen Olefine als Ausgangsprodukte für Kunststoffe abgetrennt werden, so ist es gleichfalls zweckmäßig, die olefinhaltigen Gasströme nicht durch ausschließlich gesättigte Gase zu verdünnen. Obwohl die Anschaffungs- und Betriebskosten zweier getrennter Gasnachverarbeitungsanlagen mit jeweils kleinerer Durchsatzleistung höher sind als die einer Anlage für den gesamten Durchsatz, so ist damit für den Raffineriebetrieb der nicht gering zu bewertende Vorteil verbunden, daß man beim Überholen oder Notabstellen der einen oder anderen der vorgeschalteten Anlagen viel freiere Hand hat und dadurch die höheren Kosten zweier Anlagen sehr bald ausgeglichen werden können.

In Raffinerien, die *Polymerisations*anlagen besitzen, steht Flüssiggas hinter diesen ebenfalls zur Verfügung, weil die Olefinkonzentration vor dem Reaktor nur rd. ein Drittel betragen darf, gesättigte Kohlenwasserstoffe daher in gesteuerter Menge als Verdünnungsmittel erforderlich sind und ein Teil davon die Anlagen durchströmt, ohne zu reagieren. Da Krackgase im Durchschnitt nicht mehr als etwa 50 Vol.-% C_{3+}-Olefine enthalten, wie aus Abb. E-31, S. 432, hervorgeht, kann man die zulässige Konzentration vor der Anlage durch Rückführen von gesättigten Kohlenwasserstoffen einstellen. Hinter der Anlage fällt dann neben dem Polymerbenzin Flüssiggas an, das erforderlichenfalls weiter zerlegt werden kann, vgl. S. 576f. Da es sich in einem solchen Fall empfiehlt, die Krackgase allein zunächst in einer Nachverarbeitungsanlage so zu trennen, daß die C_3- und C_4-Kohlenwasserstoffe der Polymerisationsanlage als Einsatzgut zugeführt werden können, lassen sich die gesättigten C_3- und C_4-Kohlenwasserstoffe aus der Rohöldestillation und der Reforming-Anlage leicht mit dem aus der Polymerisation kommenden Flüssiggasstrom vereinigen und erforderlichenfalls weiter auftrennen. Die C_3- und C_4-haltigen Abgase aus katalytischen *Isomerisierungs*anlagen können in gleicher Weise wie die aus katalytischen Reforming-Anlagen behandelt werden, weil sie ebenfalls frei von Olefinen sind.

Flüssiggas fällt auch in den Stabilisierkolonnen der *hydrierenden Spaltanlagen* an, die ebenfalls gesättigte leichte Kohlenwasserstoffe liefern, vgl. Abschn. L 3. Beim Verarbeiten schwefelhaltigen Einsatzgutes muß das Kopfprodukt der Stabilisierkolonnen entschwefelt werden, weil sich der beim spaltenden Hydrieren entstehende Schwefelwasserstoff in dieser Fraktion vorfindet. Aus der Art des Einsatzgutes und der Tatsache, daß keine Reaktion vollkommen verläuft, folgt, daß hinter *Alkylierungs*anlagen bzw. den zugehörigen Fraktionierkolonnen ebenfalls C_3- und evtl. auch C_4-Kohlenwasserstoffe anfallen, die wegen des teilweise olefinischen Einsatzgutes ungesättigte Anteile enthalten und dementsprechend behandelt werden müssen.

Schließlich werden alle Gasströme, die von Schwefelwasserstoff befreit werden sollen, an solchen Stellen des Verfahrens entnommen, an denen bei einer Gleichgewichtseinstellung möglichst wenig H_2S in der flüssigen Phase bleibt. Da der Siedepunkt von Schwefelwasserstoff mit $-60,4\ °C$ bei 760 Torr zwischen dem von Äthan und Propen bzw. Propan liegt, ist das Mitschleppen von C_3- und auch von geringen Mengen von C_4-Kohlenwasserstoffen in den zu entschwefelnden Gasen unvermeidbar. Daher enthalten die von Schwefelwasserstoff befreiten Gasströme aus den in Abschn. H 1 beschriebenen *Entschwefelungs*anlagen ebenfalls geringe Flüssiggasmengen. Es muß jeweils geprüft werden, ob die Mengen so groß sind, daß es sich lohnt, sie dem Einsatzgut einer Gasnachverarbeitungsanlage zuzuleiten. Anderenfalls müssen sie gesammelt und ins Heizgasnetz der Raffinerie abgegeben werden.

Wenn die verfügbaren Mengen groß genug sind, ist es bei der Nachfrage nach Olefinen für die Petrolchemie für viele Raffinerien lohnend, die anfallenden gesättigten C_2- und C_3-Kohlenwasserstoffe und den für die Einstellung des Dampfdruckes im Benzin nicht benötigten Anteil der C_4-Fraktion in einem „Steamcracker" zu verarbeiten[1]. Da bei der heute üblichen Größe dieser Anlagen immer mehrere Öfen erforderlich sind, können einige davon für das Aufspalten der genannten Produktströme, die übrigen für das überschüssige Leichtbenzin vorgesehen werden; vgl. dazu auch den nächsten Unterabschnitt.

Zusammenfassend ergibt sich, daß überall, wo Benzin gewonnen wird – sei es, daß es bereits im Einsatzgut vorhanden war, sei es, daß es durch Anwendung höherer Temperaturen entsteht –, auch Flüssiggas entsprechend den Gleichgewichtsbedingungen vorhanden und vom Benzin abzutrennen ist. Wie diese Ströme zusammengefaßt und auf die gewünschten Produkte verarbeitet werden können, ist in Abb. N-3 gezeigt. Dieses Fließbild soll nur als Beispiel betrachtet werden. Daneben sind verschiedene andere Schaltungen ebenfalls denkbar und in vielen Fällen ausgeführt worden. Als Produkte können Flüssiggas oder die einzelnen darin enthaltenen Kohlenwasserstoffe gruppenweise oder jeder einzelne für sich gewonnen werden. Für die Trennung in C_3- und C_4-Kohlenwasserstoffe genügt dann meist noch eine zusätzliche Kolonne. Will man aber noch die C_3-Kohlenwasserstoffe in Propan und Propen hoher Reinheit zerlegen, Isobutan für Zwecke der Alkylierung oder der Petrolchemie oder Normalbutan zur Weiterverarbeitung auf Butadien gewinnen, so wird man entsprechend den geringen Siedepunktsabständen noch weitere Kolonnen mit Bodenzahlen benötigen, die einhundert und mehr betragen können.

Alle Kohlenwasserstoffe, auch Flüssiggas und seine Komponenten, besitzen eine gewisse, wenn auch geringe Löslichkeit für Wasser. Wegen der Anwendung von Wasserdampf zum Strippen beim Verarbeiten des Rohöles sind daher alle nicht besonders behandelten Fraktionen mit Wasser gesättigt. Beim Flüssiggas ist ein Wassergehalt wegen der mög-

---

[1] CHRONES, J., u. A. R. JOHNSON: Add Ethylene Production for Profit. Petrol. Refiner 40 (1961) Nr. 7, S. 179/82.

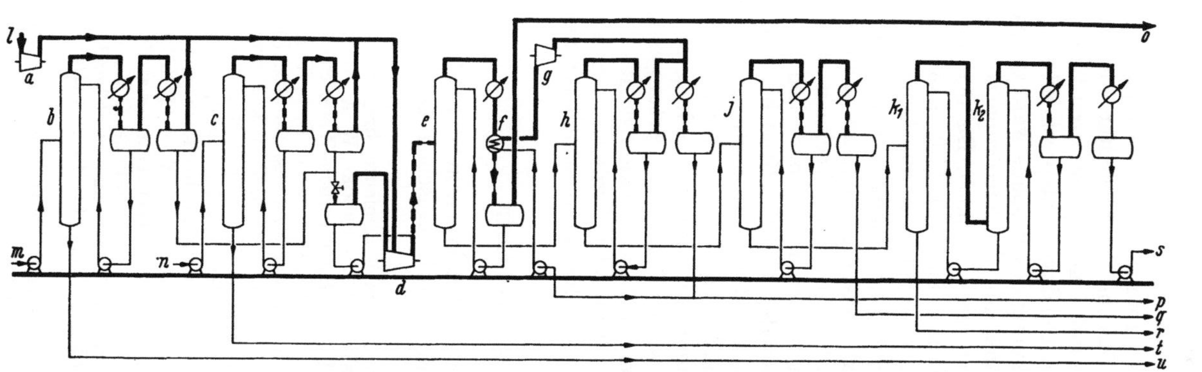

Abb. N-3. Verarbeitungsschema für die niedrigsiedenden Fraktionen einer Raffinerie.

a Kompressor für Krackgase und andere Gase ähnlicher Molmasse;
b Stabilisierkolonne für Fahrbenzin;
c Stabilisierkolonne für Flugbenzin;
d Kompressor für gesammelte Gasströme;
e Entäthaner;
f Mit Propan–Propylen-Gemisch als Kältemittel beschickter Kondensator (zweite Stufe);
g Kompressor für C_2-Dämpfe;
h Entpropaner;
j Entbutaner;
k_1, k_2 Pentantrennkolonnen (wegen großer Bodenzahl hintereinandergeschaltet);
l Krackgase und ähnliche Abgase einzelner Raffinerieanlagen;
m Unstabiles Fahrbenzin;
n Unstabiles Flugbenzin;
o Heizgas (ins Netz);
p C_3-Fraktion;
q C_4-Fraktion;
r Isopentan und Isopentene;
s Normalpentan, Penten-2 und 2-Methylbuten-2;
t Stabiles Flugbenzin;
u Stabiles Fahrbenzin.

Es ist jeweils zweistufige Kondensation dargestellt. Hingegen sind der Einfachheit halber einige der für die Sumpfprodukte erforderlichen Pumpen weggelassen.

lichen Bildung von Gashydraten besonders unangenehm[1]. Das gesamte Wasser wird zwar z. B. aus dem im Sumpf anfallenden Butan einer C_3/C_4-Trennkolonne ohne weiteres entfernt, weil trotz des wesentlich höheren Siedepunktes von Wasser dieses entsprechend der Zusammensetzung eines azeotropen Gemisches zusammen mit den Propandämpfen in der Kolonne nach oben steigt[2]. Das im Trennbehälter anfallende kondensierte Propan steht dann aber mit dem kondensierten Wasser im Gleichgewicht und löst einen kleinen Teil davon entsprechend seinem Lösungsvermögen. Eine völlige Trocknung des Propans wäre zwar durch nochmalige Destillation unter Ausnutzung der Azeotropie so wie beim Butan möglich, doch sind die Kosten meist zu hoch. Da sich die Gashydrate nur bei tiefen Außentemperaturen bilden, behilft man sich meist während der wenigen kritischen Wintertage durch Anwärmen der Tankwagenverschlüsse und ähnlicher Einrichtungen, bei denen die Hydratbildung lästig ist. Will man aber ständig vollkommen entwässern, dann wendet man oft hygroskopische Salze zum Trocknen an. Deren Handhabung ist zwar in den Raffinerien nicht sonderlich beliebt, im allgemeinen aber ein verhältnismäßig billiges Mittel bei niedrigsiedenden Fraktionen[3]. Außer Kalziumchlorid wird auch oft rohes Kochsalz (Natriumchlorid) benutzt. Es muß, wenn es sich seinem Sättigungspunkt nähert, ausreichend früh durch eine frische Füllung ersetzt werden, sonst beginnt es flüssig zu werden. Eine Verwertungsmöglichkeit für das nasse Salz gibt es kaum. Andere Trocknungsmittel wie Silikagel können nur bei vollkommen olefinfreien Strömen angewendet werden, weil sie sonst durch Polymerisatbildung zu schnell verharzen. Näheres s. S. 690f.

b) Das Benzin

Die Unterscheidung zwischen Leichtbenzin und Schwerbenzin (das zweite auch Naphtha genannt) sowie zwischen Leicht- und Schwer-

---

[1] Vgl. hiezu Arbeitsmappe für Mineralölingenieure, hrsg. von L. Grosze, VDI-Verlag: Düsseldorf 1951, Arbeitsblatt C 3. – Brooks, W. A., G. B. Gibbs u. J. J. McKetta: Mutual Solubilities of Light Hydrocarbon–Water Systems. Petrol. Refiner 30 (1951) Nr. 10, S. 118/20. – Kobayashi, R., u. D. L. Katz: Vapor-Liquid Equilibria for Binary Hydrocarbon–Water Systems. Industr. Engng. Chem. 45 (1953) 440/51. – Hoot, W. F., A. Azarnoosh u. J. J. McKetta: Solubility of Water in Hydrocarbons. Petrol. Refiner 36 (1957) Nr. 5, S. 255/56. – Hoot, W. F.: How to Predict Solubility of Water in Hydrocarbons; ebd. Nr. 6, S. 198. – Seebaum, H.: Über Kohlenwasserstoff-Hydrate beim Rohrtransport von Erdgas und Maßnahmen zur Vermeidung ihrer Bildung. Gas- u. Wasserfach 101 (1960) 981/85. – McLead, H. O., u. J. M. Campbell: Natural Gas Hydrates at Pressures to 10000 psia. J. Petrol. Technol. 13 (1961) 590/94. – Laurence, L. L., W. L. Scheirman u. K. G. Mitchell: Die Entfernung von Wasser und leicht kondensierbaren Kohlenwasserstoffen aus Erdgas. Erdöl u. Kohle 14 (1961) 734/41 mit zahlreichen Schrifttumsangaben.

[2] Eine graphische Behandlung der beim Destillieren von Kohlenwasserstoff–Wasser-Gemischen auftretenden Erscheinungen wurde von B. Riediger: Verdampfung und Kondensation von Benzin/Wasser-Gemischen. Erdöl u. Kohle 8 (1955) 151/55 entwickelt; vgl. S. 200.

[3] Vgl. dazu auch A. L. Salusinszky: Calcium Chloride Dries Their LPG. Petrol. Refiner 43 (1964) Nr. 10, S.157/60.

naphtha ist auf S. 85 erörtert. Im stabilisierten Leichtbenzin kann in der Regel noch eine gewisse Menge Butan enthalten sein, ohne daß der Dampfdruck die meist zwischen 0,7 und 0,9 kp/cm² vorgeschriebenen Werte überschreitet. Will man durch katalytisches Reformieren vorzugsweise einzelne Aromaten oder Aromatengruppen wie Benzol, Toluol oder Xylole gewinnen, so ist eine noch weitergehende Auftrennung in sehr eng geschnittene Fraktionen nötig; doch ist diese Art der Verarbeitung bereits der Petrolchemie zuzurechnen. Die überwiegende Menge des in den Raffinerien hergestellten Benzins dient nach wie vor als Ottokraftstoff für den Kraftverkehr. Auch dafür werden in zunehmendem Maße Benzinschnitte mit engeren Siedegrenzen in katalytische Reformer eingesetzt, um hohen Anforderungen hinsichtlich der Klopffestigkeit und des Siedebereiches des Reformates entsprechen zu können.

Daneben werden noch kleine Mengen von sog. Siedegrenzenbenzinen benötigt, vgl. S. 86. Ihre Herstellung macht keine Schwierigkeiten; sie können durch Feinfraktionierung mit den gewünschten Siedegrenzen und Schnittschärfen gewonnen werden. Da in der Regel Schwefelfreiheit vorgeschrieben ist, wird man möglichst schwefelfreie Einsatzprodukte verwenden und erforderlichenfalls noch vor dem Destillieren mit Schwefelsäure und Lauge behandeln sowie anschließend mit Wasser nachwaschen; vgl. S. 659ff. Eine entsprechende Behandlung nach dem Destillieren ist weniger zweckmäßig, weil sich dadurch ein unerwünschter Geruch nicht vollkommen beseitigen läßt. Die Durchsatzmengen der dafür erforderlichen Anlagen sind aber wegen des geringen Bedarfes nicht groß, und es gibt nur wenige Raffinerien, die sich mit der Erzeugung dieser besonderen Produkte befassen. Als Einsatzgut werden ausschließlich Straight run-Produkte verwendet.

Selbst bei gleichem Rohöl weisen die aus den verschiedenen Verarbeitungsverfahren gewonnenen Fraktionen im Siedebereich des Benzins gewisse Unterschiede auf. Vor allem ist der Gehalt an Olefinen in Krackbenzinen bemerkenswert sowie die Veränderung des Schwefelgehaltes, die beim katalytischen Kracken gegenüber dem thermischen Kracken erzielt wird. Die Gründe wurden auf S. 292ff. und S. 423ff. dargelegt.

Da es an Mitteilungen über vergleichende Untersuchungen mangelt, sei hier eine Arbeit erwähnt, in der die Zusammensetzung von Benzinen gleichen Ursprungs sehr eingehend analysiert ist[1]. Wenn die Angaben auch nur für einen bestimmten Fall gelten, so geben sie doch ein recht aufschlußreiches Bild. Unter Berücksichtigung der Ausführungen in den Abschnitten D 2 g und E 3 b lassen sich an Hand dieser Angaben gewisse Schlüsse auf die Benzine aus anderen Rohölvorkommen ziehen.

a) Das Leichtbenzin. Das Leichtbenzin stellt heute die Raffinerien vor eine etwas schwierig zu lösende Aufgabe. Einerseits wird ein gewisser Anteil davon im Ottokraftstoff benötigt, damit die Startfreudigkeit auch bei tiefen Außentemperaturen erhalten bleibt. Es besteht entsprechend seiner Siedelage aus Butanen nur soweit, als es der Dampfdruck zuläßt,

---

[1] CADY, W., R. F. MARSCHNER u. W. P. CROPPER: Composition of Virgin, Thermal, Catalytic Naphthas from Mid-continent Petroleum. Industr. Engng. Chem. 44 (1952) 1859/64.

hauptsächlich jedoch aus C_5- bis C_7-Kohlenwasserstoffen. In Straight run-Produkten sind diese paraffinisch und naphthenisch in Anteilen, die je nach der Herkunft des Rohöles schwanken. Abhängig vom Siedeende können gewisse Mengen von C_8- und selbst verzweigten C_9-Kohlenwasserstoffen vorhanden sein. Das Leichtbenzin enthält Benzol nur in dem Maße, wie es im Rohöl vorkommt. Die größere Menge entsteht erst beim Reformieren gemäß den in Abschn. F beschriebenen Reaktionen aus C_6- und vor allem aus C_7-Kohlenwasserstoffen. Das zur Erhöhung der Klopffestigkeit angewendete Isomerisieren der niedrigersiedenden Kohlenwasserstoffe erfordert aber, bezogen auf den Durchsatz, praktisch gleiche Anlage- und Betriebskosten wie das katalytische Reformieren und ist deshalb nicht so wirtschaftlich wie dieses; vgl. Abschn. G 4.

Da aus diesem Grund mit dem Bau von Isomerisierungsanlagen noch sehr gezögert wird und nur ein Teil des Leichtbenzins für Ottokraftstoffe verwendet werden kann, ist zur Zeit ein Überschuß an diesem Produkt vorhanden, für den Absatz gesucht wird. Die beschriebenen Möglichkeiten der Verwertung sind das thermische Kracken mit Dampfzusatz bei Temperaturen über 800 °C, um olefinische Gase zu gewinnen, oder die in Kap. M erläuterten Verfahren zur Herstellung von Gasen. In beiden Fällen wird möglichst schwefelfreies Einsatzgut gewünscht. Im ersten Fall ist es leichter, den Schwefel aus dem als Einsatzgut verwendeten Benzin zu entfernen als den Schwefel aus den erzeugten Olefinen zu beseitigen. Bei der Gaserzeugung aus Leichtbenzin werden in der Regel schwefelempfindliche Ni-Katalysatoren angewendet. Deshalb muß im Einzelfall geprüft werden, ob es wirtschaftlich ist, die dafür in den Anlagekosten zwar teure, jedoch wirkungsvollere hydrierende Behandlung vorzusehen oder eines der in Abschn. H 2 beschriebenen Verfahren. Die Entscheidung wird in erster Linie dadurch bestimmt, wie groß der Schwefelgehalt des unraffinierten Produktes ist. Durch die Anwendung der mit Chemikalien arbeitenden Raffinationsverfahren lassen sich die niedrigen, noch zulässigen Restschwefelgehalte meist schwerer erreichen als mit Hilfe der hydrierenden Raffination. Deshalb fanden in den letzten Jahren die nicht hydrierend, jedoch mit Katalysatoren arbeitenden Verfahren zur Extraktion von Merkaptanen immer mehr Beachtung; vgl. S. 676 ff. Sie sind wegen ihrer geringen Bau- und Betriebskosten überall dort am Platz, wo ein niedriger Schwefelgehalt angestrebt werden muß, ohne daß es auf die sonstigen durch das Hydrieren erzielbaren Vorteile ankommt.

β) **Das Schwerbenzin.** Der größte Teil des Schwerbenzins wird heute für den Kraftverkehr verwendet. Nur ein sehr geringer Anteil an Straight run-Schwerbenzin dient für die Herstellung höhersiedender Lösungsbenzine, wie sie in der in Fußn. 1, S. 86 erwähnten Zahlentafel aufgezählt sind. Auf dem Kraftstoffmarkt werden heute Produkte gehandelt, die im großen und ganzen weitgehend übereinstimmende Eigenschaften aufweisen.

Wegen der hohen Verdichtungsverhältnisse der Kraftwagenmotoren und der dafür erforderlichen hohen Klopffestigkeit können Straight run-Benzine allein für diesen Zweck nicht verwendet werden. Die Entwicklung ist aber seit einigen Jahren zum Stillstand gekommen, und seit etwa 1965 hat das Verdichtungsverhältnis in Nordamerika den Durchschnitt von 9,5 nicht mehr' überschritten[1]. Die zu erwartenden gesetzlichen Regelungen für den maximal zugelassenen Bleigehalt im Fahrbenzin können vielleicht eine gewisse Senkung des angegebenen Wertes erzwingen, so daß in Zukunft Fahrbenzine mit einer Oktanzahl von 90 bis 95 allen Anforderungen genügen dürften.

In Europa werden bisher zwei Fahrbenzine gehandelt, und zwar Normalbenzin und Superbenzin. Dies war bis vor einigen Jahren unter den Bezeichnungen „Regular Gasoline" und „Premium Gasoline" auch in Nordamerika der Fall. Inzwischen wurde dort noch eine dritte Sorte als „Super Premium" eingeführt, die für Wagen neuester Konstruktion mit sehr hoch verdichteten Motoren angeboten wird.

Als Quellen für diese Fahrbenzine kommen in erster Linie Reformate, daneben Benzine aus katalytischen Krackanlagen und schließlich Polymerbenzine in Frage. Mit dem bereits an anderer Stelle erwähnten Vordringen der Düsenantriebe in der Luftfahrt und dem damit verbundenen Rückgang des Bedarfes an sehr klopffestem Flugbenzin hängt es zusammen, daß zunehmend auch Alkylate für die Verwendung im Kraftverkehr frei werden. Da sie vornehmlich aus Isooktanen bestehen und bei Verwendung von C_3- und C_4-Olefinen im Einsatzgut daneben Isoheptane und Isononane enthalten können, haben sie den erwünschten niedrigen Siedebereich, wie er für die ursprüngliche Verwendung als Flugbenzin erforderlich war. Deshalb sind sie als Komponenten für Fahrbenzin sehr erwünscht. Trotz ihrer hohen Herstellungskosten dürfte man in Zukunft gezwungen sein, sie als Mischkomponenten mit heranzuziehen[2].

Vor einiger Zeit hat die Ethyl Corp in Nordamerika eine Untersuchung über den Anteil der einzelnen Komponenten im Fahrbenzin durchgeführt[3]. Das Ergebnis für die Jahre 1958 und 1963 sowie die Voraussage für das Jahr 1968 ist in Zahlentafel N-1 wiedergegeben. Bemerkenswert sind der sehr starke Rückgang von Benzin aus thermischen Krackanlagen sowie die Abnahme des Anteiles des Polymerbenzines. Das erste hat seine Ursache in der Stillegung vieler thermischer Krackanlagen bzw. der Notwendigkeit, die anfallenden Benzine zu reformieren. Der Rückgang beim Polymerbenzin erklärt sich zum Teil dadurch, daß die dafür benötigten Olefine niedriger C-Atomzahl heute wirtschaftlicher auf Chemikalien weiterverarbeitet werden, statt sie in wenig gumbeständiges Fahrbenzin umzuwandeln.

---

[1] Vgl. Brief Passenger Car Data 1969, hrsg. von der Ethyl Corporation, New York/N.Y.: Selbstverlag.

[2] Vgl. S. P. Blumberg: How to Make 110 Octanes Premium. Petrol. Refiner 36 (1957) Nr. 5, S. 193/98. – Unzelmann, G. H., u. E. J. Forster: How to Blend for Volatility. Petrol. Refiner 39 (1960) Nr. 10, S. 109/40. – Walter, J. F., u. M. J. Sterba: Processing needs for higher quality fuels. 5. Welt-Erdöl-Kongreß, New York 1959, Bericht III/2.

[3] Vgl. dazu J. D. Bartleson u. C. C. Shepherd: How to Select Gasoline Antioxidants. Petrol. Refiner 43 (1964) Nr. 8, S. 153/58; die Ermittlung des Anteiles der verschiedenen Benzinkomponenten ergab sich im Rahmen des behandelten Themas als notwendig.

Zahlentafel N-1. *Mischkomponenten des Fahrbenzins in den Vereinigten Staaten von Amerika in den Jahren 1958 und 1963 sowie damalige Voraussage für 1968; Angaben in Volumenprozent*

	1958	1963	1968
Naturgasbenzin	7,2	4,7	4,3
Leichtes Straight run-Benzin	10,8	11,2	11,3
Benzin aus katalytischen Krackanlagen	31,0	32,4	31,8
Leichtbenzin aus thermischen Krackanlagen[a]	6,2	1,4	1,1
Katalytisch reformiertes Benzin	34,4	36,1	36,3
Durch Alkylieren gewonnenes Benzin	3,5	8,6	9,7
Durch Polymerisieren gewonnenes Benzin	2,3	1,0	0,6
Benzin aus Isomerisierungsanlagen	0,3	0,5	0,5
Leichtbenzin aus Hydrokrackanlagen[a]	0,0	0,2	0,6
Butan	4,3	3,9	3,8
	100,0	100,0	100,0

[a] Das Schwerbenzin aus thermischen und aus Hydrokrackanlagen wird katalytisch reformiert.

Die abnehmende Verwendung von Straight run-Produkten für Fahrbenzine erklärt es, daß die Raffination mit Hilfe von Chemikalien, wie sie in Abschn. H 2 beschrieben ist, erheblich an Bedeutung verloren hat. Früher war das sog. Süßen von Benzin, das als Motorkraftstoff dienen sollte, eine sehr wichtige Verarbeitungsstufe, obwohl der dadurch erzielte Erfolg nicht vollkommen befriedigte. Zwar konnte der in Form von Schwefelwasserstoff vorliegende Schwefel durch eine einfache Laugenwäsche beseitigt werden. Die erwähnten Verfahren hatten meist die Aufgabe, auch die Merkaptane zu entfernen, doch gelang dies nicht bei allen diesen Verfahren. Gerade die Behandlung mit Natriumplumbit, die sehr weit verbreitet war und schlechthin als „Süßen" des Benzins bezeichnet wurde, wandelt nur die Sulfide in die etwas harmloseren Di- oder Polysulfide um. Damit erreichte man zwar, daß der üble Geruch der Benzine beseitigt und die geringe Bleiempfindlichkeit schwefelhaltiger Kraftstoffe etwas verbessert wurde; der Schwefelgehalt selbst wurde dadurch aber nicht verringert. Wenn er gesenkt werden soll, müssen die so behandelten Benzine redestilliert werden. Dies führt zum gewünschten Erfolg, weil der Siedepunkt der durch das Süßen entstandenen Di- und Polysulfide höher ist als der des Benzins und sie deshalb im Sumpfprodukt bleiben. Dieses muß dann im Kerosin untergebracht werden.

Ein grundsätzlicher Wandel wurde erst durch das Hydrieren erzielt. Zwar ist es vor allem zur Schonung der Reforming-Katalysatoren erforderlich und wird deshalb in der Regel als Vorstufe von Reforming-Anlagen angewendet, ersetzt aber dadurch andere Entschwefelungsverfahren. Deshalb ist heute für Fahrbenzine die Raffination mit Hilfe von Chemikalien noch am weitesten bei der Behandlung von Krackbenzin gebräuchlich, die nicht reformiert werden. Bei diesen empfiehlt sich das Süßen, wenn ihre Klopffestigkeit hoch genug ist, weil durch das Hydrieren die an sich erwünschten Olefine abgesättigt werden. Dies nimmt man nur in Kauf, wenn es wegen des darauffolgenden Reformierens unbedingt erforderlich ist. Wenn der Schwefelgehalt des Rohöles niedrig ist, kann man mit den in den letzten Jahren entwickelten Verfahren zur Extraktion von Merkaptanen, die zwar mit Katalysatoren, aber nicht hydrierend arbeiten, auch Schwerbenzine mit niedrigem Schwefelgehalt herstellen; vgl. S. 636ff.

γ) **Der Ottokraftstoff für Kraftwagen.** In den Anfängen der Erdölverarbeitung, die fast ausschließlich die Gewinnung von Leuchtöl („Petroleum", heute meist Kerosin genannt) zum Ziele hatte, war das Benzin wegen seiner besonderen Feuergefährlichkeit ein höchst lästiges Nebenprodukt. Es bedeutete daher eine vollkommene Wendung für die Entwicklung der Erdölindustrie, als der Benzinmotor von NIKOLAUS OTTO geschaffen wurde und CARL BENZ sowie GOTTLIEB DAIMLER – zunächst getrennt – in den Neunziger Jahren des vorigen Jahrhunderts begannen, Kraftwagen zu bauen, die durch Benzinmotoren angetrieben wurden. Die heute üblichen Siedegrenzen des Benzins sind einfach das Ergebnis der Anforderungen der Vergasermotoren an den Kraftstoff. Der Siedebeginn muß so hoch liegen, daß die Verdunstungsverluste während des Lagerns und Beförderns bei den herrschenden atmosphärischen Bedingungen erträglich bleiben, und das Siedeende wird dadurch bestimmt, daß der im Vergaser vorbeistreichende Luftstrom den Kraftstoff restlos verdampfen und dabei ein zündfähiges Gemisch bilden muß. Dadurch sind bei Kohlenwasserstoffen die Grenzen bei 40 bis 50 °C einerseits und bei 180 bis 200 °C andererseits festgelegt.

Nun ist neben dem Siedebereich bei den Benzinen, die aus den verschiedenen Herstellungsverfahren stammen, die Klopffestigkeit die wichtigste Eigenschaft für die Verwendung im Ottomotor, jedoch sind die einzelnen Teilfraktionen der Benzine nicht in gleicher Weise klopffest. Dies muß beim Mischen zur Herstellung verkaufsfähiger Produkte beachtet werden. Besonders klopffest sind Aromaten, wie an Hand der Abb. D-20, S. 326, gezeigt wurde. Sie sind die wertvollsten Komponenten der durch Reformieren behandelten Benzine. Da man aber nicht nur Benzol mit einem Siedepunkt von rd. 80 °C herstellen kann, wenn man die erforderlichen Gesamtausbeuten erzielen will, sondern auch Toluol (Sp. rd. 110 °C), Äthylbenzol (Sp. rd. 136 °C) und die Xylole (Sp. 138 bis 144 °C) verwerten muß, sieht man, daß Reformate zur Klopffestigkeit im unteren Siedebereich des Fahrbenzins nicht viel beitragen können, vgl. dazu auch Abb. A-19, S. 91. Hingegen sind dort die gerade in Krackbenzinen vorkommenden C_5- bis C_8-Olefine gemäß Abb. E-1, S. 357, wertvoll. Dazu kommen noch die Isoverbindungen im gleichen Bereich gemäß Abb. G-1, S. 568, die heute vor allem durch Alkylierungs- und Hydrokrackanlagen geliefert werden können.

Bei der Auswahl der Mischkomponenten für die Herstellung von Fahrbenzin muß neben ihrer Oktanzahl auch ihre Bleiempfindlichkeit berücksichtigt werden. Es werden zwar einige Marktbenzine gehandelt, die kein Blei enthalten. Bei der größeren Menge wird jedoch die gewünschte Klopffestigkeit durch Zusatz von Bleitetraäthyl und in neuerer

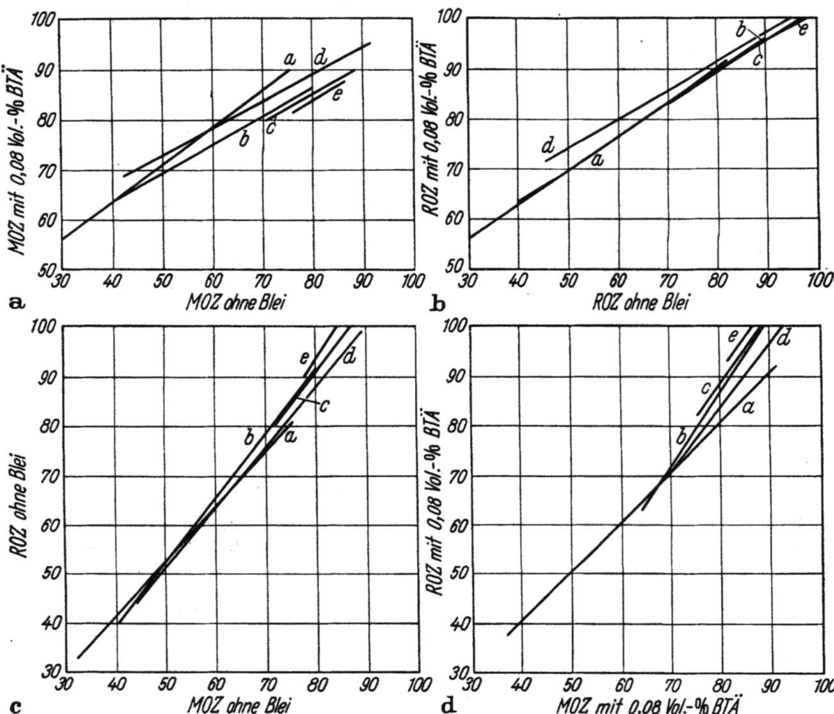

Abb. N-4. Zusammenhänge zwischen Research- und Motoroktanzahlen ohne und mit Bleitetraäthyl bei Benzinen, die durch verschiedene Verfahren hergestellt sind.

a) Auswirkung eines Zusatzes von 0,08 Vol.-% Bleitetraäthyl auf die Motoroktanzahl;
b) Auswirkung eines Zusatzes von 0,08 Vol.-% Bleitetraäthyl auf die Researchoktanzahl;
c) Researchoktanzahl ohne Bleizusatz über Motoroktanzahl ohne Bleizusatz;
d) Researchoktanzahl bei Zusatz von 0,08 Vol.-% Bleitetraäthyl über Motoroktanzahl bei gleichem Bleizusatz.

<table>
<tr><td>a</td><td>Straight run-Benzine;</td><td>d</td><td>Benzine aus katalytischen Reforming-Anlagen;</td></tr>
<tr><td>b</td><td>Benzine aus thermischen Krack- oder Reforming-Anlagen;</td><td>e</td><td>Benzine aus katalytischen Polymerisations-anlagen.</td></tr>
<tr><td>c</td><td>Benzine aus katalytischen Krackanlagen;</td><td></td><td></td></tr>
</table>

Zeit durch Zusatz von Bleitetramethyl erzielt. Es ist deshalb wichtig zu wissen, wie die Klopffestigkeit der einzelnen Komponenten durch die erwähnten Bleiverbindungen verbessert wird[1].

Dabei zeigen sich merkbare Unterschiede, nicht nur zwischen den nach verschiedenen Verfahren hergestellten Produkten, sondern auch zwischen den Ergebnissen, die beim Research- bzw. beim Motorverfahren erzielt werden[2]. Diese sind nach MAPLES in Abb. N-4a bis d zusammengestellt. Bei der Prüfung nach dem Motorverfahren bewirkt der Bleizusatz größere Unterschiede als bei der Prüfung nach dem Research-

---

[1] Vgl. dazu R. E. MAPLES: Gasoline Blending Stocks. Petrol. Refiner 33 (1954) Nr. 9, S. 284/99.

[2] Vgl. S. 86ff. – Eine zusammenfassende Darstellung bei O. WIDMAIER: Kraftstoff für Otto- und Dieselmotoren. Brennst.-Chem. 50 (1969) 97/105.

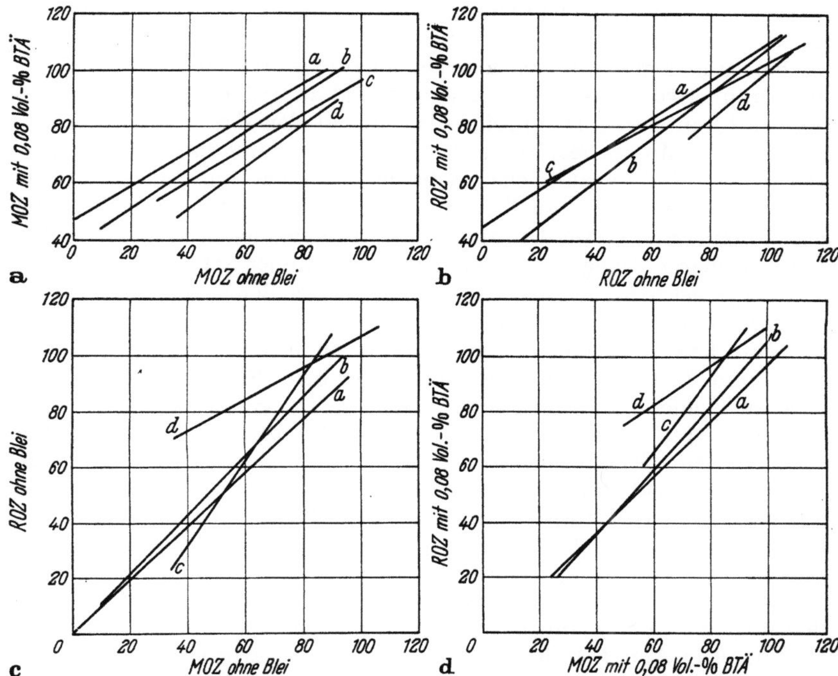

Abb. N-5. Zusammenhänge zwischen Research- und Motoroktanzahlen ohne und mit Bleizusatz
bei verschiedenen Kohlenwasserstoffgruppen.

a) Auswirkung eines Zusatzes von 0,08 Vol.-% Bleitetraäthyl auf die Motoroktanzahl;
b) Auswirkung eines Zusatzes von 0,08 Vol.-% Bleitetraäthyl auf die Researchoktanzahl;
c) Researchoktanzahl ohne Bleizusatz über Motoroktanzahl ohne Bleizusatz;
d) Researchoktanzahl bei Zusatz von 0,08 Vol.-% Bleitetraäthyl über Motoroktanzahl bei
gleichem Bleizusatz.

a Paraffine;   c Monoolefine;
b Naphthene und gesättigte Zweiringverbin-   d Aromaten, Arylolefine und aromatische
   dungen;   Zweiringverbindungen.

verfahren. Bei diesem zeichnen sich nur die durch katalytisches Reformieren gewonnenen Benzine gegenüber sämtlichen anderen aus. Die in
Abb. N-4a und b eingetragenen Geraden spiegeln die bekannte Tatsache wider, daß die Zunahme an Oktanzahlen bei gegebenem Bleizusatz um so geringer wird, je höher die Oktanzahl selbst ist. Um aber
nicht nur nach Herstellungsverfahren zu unterscheiden, sind nach derselben Quelle in Abb. N-5a bis d die gleichen Abhängigkeiten für verschiedene Kohlenwasserstoffgruppen dargestellt, weil auf diese Weise
die Ursachen des unterschiedlichen Verhaltens besser erkannt werden
können. Die Abweichungen voneinander sind wesentlich größer. In der
Darstellung fehlen leider die besonders wichtigen Aromaten, über die
zur Zeit der Veröffentlichung der genannten Arbeit noch nicht genügend
Ergebnisse vorlagen.

Wegen der Forderung nach der in Abschn. A5b, S. 91ff. erläuterten,
ausreichenden Flüchtigkeit (volatility) müssen die einzelnen Mischkomponenten je nach Jahreszeit so stabilisiert werden, daß ein Fertigprodukt

als Gemisch mit den gewünschten Eigenschaften hergestellt werden kann. Es wird dabei der Bereich günstigen Startverhaltens insofern begrenzt, als bei zu hohem Dampfdruck wegen leichter Anteile die Lagerungsverluste in unerwünschter Weise ansteigen und außerdem bei hohen Außentemperaturen durch Dampfblasenbildung in der Kraftstoffleitung das Arbeiten des Motors gestört werden kann[1]. Die damit zusammenhängenden Fragen sind in zahlreichen Arbeiten eingehend untersucht worden[2].

Die verschiedenen Quellen, aus denen Mischkomponenten für das Fahrbenzin erhalten werden, sind mit unterschiedlichen Kosten belastet. Die erzielbaren Mengen können nicht vollkommen frei verändert werden. Zunächst wird die Ausbeute an Straight run-Benzin durch die Rohölzusammensetzung und den Raffineriedurchsatz bestimmt. Die Benzinausbeute kann einerseits durch Kracken, andererseits durch Polymerisieren und Alkylieren unter Benutzung der beim Kracken entstehenden leichten Kohlenwasserstoffe erhöht werden. Dabei können sog. Kombinationsanlagen der auf S. 298 und 333 beschriebenen Art ebenfalls von Interesse sein. Beim Reformieren wird jedoch je nach Schärfe der Fahrweise die Ausbeute gegenüber den Einsatzmengen verringert; das gleiche gilt vom Isomerisieren. Es müssen deshalb die erzielbaren Mengen und ihr Beitrag zur Herstellung der gewünschten Fahrbenzine sehr genau gegeneinander abgewogen werden[3].

Nunmehr gewinnt auch das hydrierende Kracken zunehmende Bedeutung. Es ist deshalb in Anlehnung an die Schaltung einer großen Raffinerie in Abb. N-6 das Blockschema der Verarbeitung im Hinblick auf die Erzeugung von Fahrbenzin dargestellt. Die Ströme der übrigen Produkte sind nur so weit wiedergegeben, wie dies zum Verständnis erforderlich ist. Der zusätzlich für die Hydrokrackanlage benötigte Wasserstoff wird in einer besonderen Anlage der in Kap. M beschriebenen Art hergestellt. In dem Beispiel ist nicht der Fall behandelt, daß Isobutan für die Alkylierung zugekauft werden muß. Es ist angenommen, daß die in den beiden Gasrückgewinnungsanlagen anfallende Menge zusammen mit der hinter der Alkylierung durch Isomerisieren des nicht verbrauchten Normalbutans gewonnene i-C_4-Menge ausreicht. Unter Umständen müßte der Isomerisierungsanlage noch Normalbutan aus der Rückgewinnungsanlage für die gesättigten Gase zugeführt werden. Auf die ebenfalls dargestellte Gewinnung des Schwefels aus den H_2S-haltigen Abgasen in einer Claus-Anlage wird auf S. 1041ff. noch eingegangen.

Obwohl das Kokerbenzin klopffeste Olefine enthält, muß es wegen seiner Unstabilität hydrierend behandelt werden; seine höhersiedenden

---

[1] Zwar werden heute in den Raffinerien durch Schwimmdachtanks Verdunstungsverluste weitgehend vermieden. Doch ist dies bei den zahlreichen kleineren Tanks und Behältern des Verteilsystemes nicht möglich.

[2] Vgl. z. B. die Arbeit von UNZELMANN und FORSTER, Fußn. 2, S. 947.

[3] Vgl. S. B. CURRY: How Much Future Octanes Will Cost. Petrol. Refiner 36 (1957) Nr. 5, S. 209/12 – SERVICE, W. J., R. E. PAYNE u. W. E. ASKEY: Figure Cost of Getting Octanes; ebd. 37 (1958) Nr. 4, S. 181/88. – JACKMAN, J. R., u. R. J. WERLING: What price octanes; ebd. 40 (1961) Nr. 12, S. 101/32. – GRIFFITHS, S. T., A. SEBESTA u. O. O. SOVA: Eine Methode zur Optimierung der VK-Herstellung mittels Operation Research. Erdöl-Erdgas-Z. 83 (1967) 84/90.

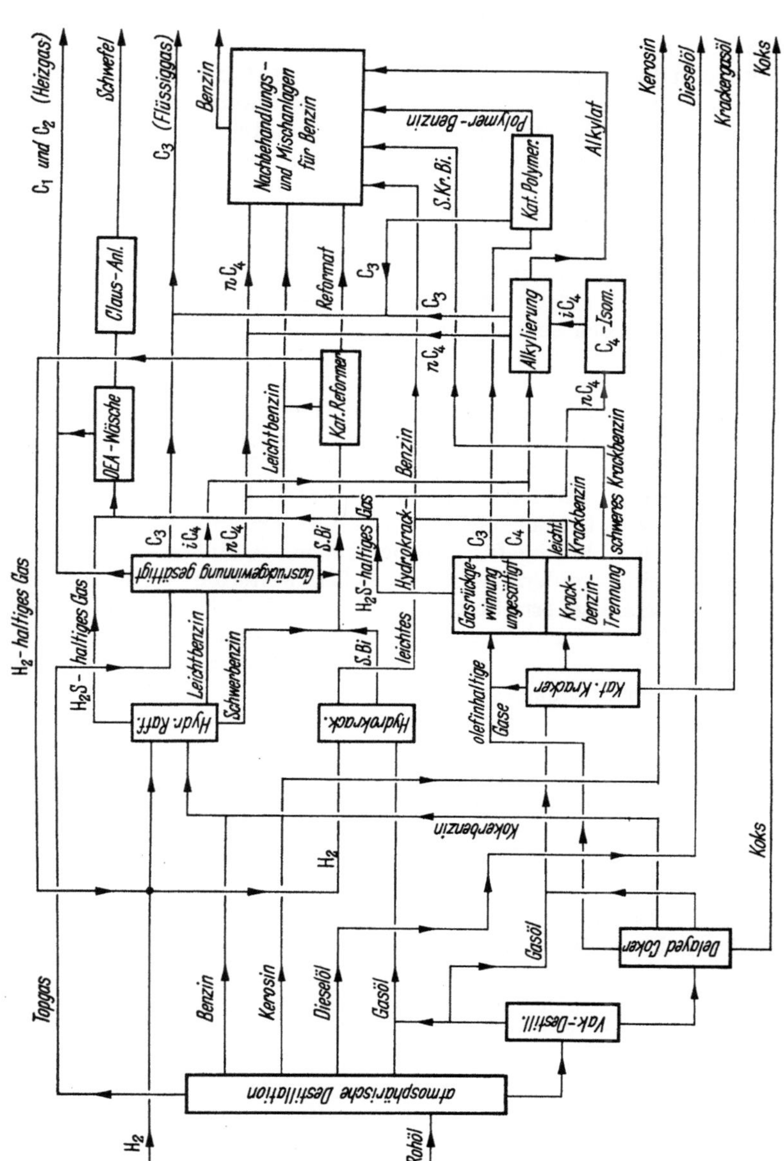

Abb. N-6. Verarbeitungsschema einer Raffinerie im Hinblick auf die Herstellung von klopffestem Benzin.

Komponenten werden dann zusammen mit dem Straight run- und dem Hydrokrackerbenzin reformiert. Das Benzin aus der katalytischen Krackanlage ist ausreichend klopffest und kann direkt als Mischkomponente benutzt werden.

Ein anderes Beispiel – allerdings ohne Hydrokrackanlage – hat BLUMBERG in der erwähnten Arbeit durchgerechnet, die auch heute noch von gewissem Interesse ist[1]. Dabei ist die schrittweise Erweiterung der Verarbeitungsmöglichkeiten einer Raffinerie betrachtet. Für die Erzeugung von Benzin waren anfangs im wesentlichen neben der Rohöldestillation vor allem eine katalytische Reforming-Anlage mit vorgeschalteter hydrierender Entschwefelung, eine katalytische Krackanlage und eine Nachverarbeitungsanlage für sämtliche in der Raffinerie anfallenden leichten Produkte und Gase vom Pentan abwärts vorhanden. Für die in der zuletzt genannten Anlage abgetrennten C_3-Kohlenwasserstoffe war auch eine Polymerisationsanlage vorhanden. Zunächst wurde nun die Schärfe der Fahrweise im Reformer erhöht, um eine Oktanzahl von 100 gegenüber vorher 95 zu erzielen. Dies brachte aber eine Verringerung der Ausbeute mit sich. Gleichzeitig wurde der katalytischen Krackanlage eine hydrierende Entschwefelungsanlage für das gesamte Einsatzgut vorgeschaltet, womit die Qualität des Krackbenzins erheblich verbessert wurde; dies ist in den beiden folgenden Zahlentafeln als Ausbaustufe I bezeichnet. Im Zuge der Erweiterung wurde eine Alkylierungsanlage hinzugefügt, in der getrennte Buten- und Pentenströme verarbeitet werden (Ausbaustufe II); weiterhin wurde eine sog. Superfraktionieranlage errichtet, um die C_5- und C_6-Kohlenwasserstoffe je für sich in Normal- und Isoverbindungen zu trennen und die Normalparaffine in einer nachgeschalteten Isomerisierungsanlage in klopffeste Benzinkomponenten umzuwandeln (Ausbaustufe III). Schließlich wurde für die beiden Reformatschnitte noch eine im vorliegenden Fall mit Schwefeldioxyd arbeitende Extraktionsanlage aufgestellt, welche die Aufgabe hat, die Aromaten aus den Reformaten abzutrennen (Ausbaustufe IV). Dieses Verfahren würde man heute sicher nicht mehr vorschlagen, um Benzinschnitte zu behandeln. Dafür empfehlen sich die S. 730 erwähnten Verfahren, wenn man einen solchen Schritt überhaupt wählt.

In welcher Weise sich dieser Raffinerieausbau auf die Eigenschaften der erzeugten Benzine auswirkt, ist in den Zahlentafeln N-2 und N-3 für die beiden Fälle wiedergegeben, daß einmal 70% Normalbenzin und 30% Superbenzin, im anderen Fall 60% Normalbenzin und 40% Superbenzin hergestellt werden sollen. Alle Zahlen sind der besseren Übersicht wegen auf gleichbleibende Ausbeute umgerechnet. Außerdem wurden ausnahmsweise die Mengenangaben in den US-Maßeinheiten beibehalten, weil für eine Umrechnung in die in Europa üblichen Gewichtsangaben die genauen Werte der Dichte fehlen. Von BLUMBERG wurde auch noch der Fall durchgerechnet, daß 10% Flugbenzin verkauft werden sollen und der Rest wie im zweiten Fall im Verhältnis 60 zu 40 verteilt wird. Da aber der Bedarf an Flugbenzin inzwischen zurückgegangen ist und

---

[1] Vgl. Fußn. 2, S. 947.

dafür in Europa kaum Alkylierungsanlagen vorhanden sind, wird auf eine Wiedergabe der diesbezüglichen Zahlentafel verzichtet. Dieses Schema läßt sich mit Sicherheit nicht ohne weiteres auf andere Verhältnisse übertragen, zeigt jedoch die vielfältigen Möglichkeiten.

Zahlentafel N-2. *Mengen und erreichbare Benzineigenschaften in einer Raffinerie für 50000 b/d (≈2,5 Mill. t/a) schwefelreiches West-Texas-Rohöl bei Erzeugung von 70 Vol.-% Normalbenzin und 30 Vol.-% Superbenzin*

Gesamte Benzinmenge	b/d		29729			
Normalbenzin			20810			
Superbenzin			8919			

Ausbaustufe Nr.		Ursprünglich	I	II	III	IV
Eigenschaften des *Gesamt*benzins						
Reid-Dampfdruck	ata			0,7		
Siedeverlauf nach ASTM						
Verdampft bei 70 °C	Vol.-%	30,1	32,9	30,6	34,0	32,2
50 Vol.-% übergegangen bei	°C	94	91	98,5	100,5	103
90 Vol.-% übergegangen bei	°C	173	168	166	166,5	177
Researchoktanzahl mit						
0,08 Vol.-% BTÄ		98,0	99,4	100,5	102,2	102,5
Motoroktanzahl mit						
0,08 Vol.-% BTÄ		86,2	86,8	89,3	90,2	90,3
„Sensitivity" = Δ(ROZ – MOZ)		11,8	12,6	11,2	12,0	12,2
Eigenschaften des *Normal*benzins						
Reid-Dampfdruck	ata			0,7		
Siedeverlauf nach ASTM						
Verdampft bei 70 °C	Vol.-%			30		
50 Vol.-% übergegangen bei	°C			100		
90 Vol.-% übergegangen bei	°C			166,5		
Researchoktanzahl mit						
0,08 Vol.-% BTÄ		98,0	98,5	99,0	99,5	99,5
Motoroktanzahl mit						
0,08 Vol.-% BTÄ		86,0	86,5	87,0	87,5	87,5
„Sensitivity"				12		
Eigenschaften des *Super*benzins						
Reid-Dampfdruck	ata			0,7		
Siedeverlauf nach ASTM						
Verdampft bei 70 °C	Vol.-%	30,3	39,7	32,0	43,3	37,0
50 Vol.-% übergegangen bei	°C	82	74,5	94,5	100,5	114,5
90 Vol.-% übergegangen bei	°C	171	164,5	160	160	176
Researchoktanzahl mit						
0,08 Vol.-% BTÄ		98,0	102,4	105,4	109,4	110,8
Motoroktanzahl mit						
0,08 Vol.-% BTÄ		86,6	88,6	99,0	101,6	102,0
„Sensitivity"		11,4	13,8	6,4	7,8	8,8

Oktanzahlen über 100 sind nach der Formel von WIESE, vgl. Fußn. 2, S. 960 ermittelt: $OZ = 100 \dfrac{PN - 100}{3}$. Wegen der „sensitivity" s. S. 90.

Zahlentafel N-3. *Mengen und erreichbare Benzineigenschaften für die gleiche Raffinerie wie gemäß Zahlentafel N-2, jedoch bei Erzeugung von 60 Vol.-% Normalbenzin und 40 Vol.-% Superbenzin*

Gesamte Benzinmenge	b/d		29729		
Normalbenzin			17837		
Superbenzin			11892		

Ausbaustufe Nr.		Ursprünglich	I	II	III	IV
Angaben für *Gesamt*benzin wie in Zahlentafel N-2, für *Normal*benzin ebenso wie dort für *ursprüngliche* Ausbaustufe, jedoch hier für alle Ausbaustufen						
Eigenschaften des *Super*benzins						
Reid-Dampfdruck	ata		0,7			
Siedeverlauf nach ASTM						
Verdampft bei 70 °C	Vol.-%	30,3	37,3	31,5	40,0	35,5
50 Vol.-% übergegangen bei	°C	89,5	84,5	97	100,5	109
90 Vol.-% übergegangen bei	°C	172	166	163	163	176
Researchoktanzahl mit						
0,08 Vol.-% BTÄ		98,0	102,4	105,4	109,4	110,8
Motoroktanzahl mit						
0,08 Vol.-% BTÄ		86,6	88,6	98,0	103,5	104,3
„Sensitivity"		11,4	13,8	6,4	5,9	6,5

Bezüglich der Oktanzahlen über 100 gilt das gleiche wie bei Zahlentafel N-2.

Zahlentafel N-4. *Zusammensetzung von Kuweit-Rohöl, für das die in Zahlentafel N-5 wiedergegebene Rechnung durchgeführt wurde; Angaben in Volumenprozent*

Propan und leichter	0,9
i-Butan	0,4
n-Butan	1,8
i-Pentan	1,2
n-Pentan	1,9
Hexane	3,4
Heptane bis 176 °C (Benzin)	14,4
176 bis 274 °C (Kerosin)	17,5
274 bis 343 °C (Mitteldestillat)	9,0
Vakuumdestillat	29,5
Vakuumrückstand	20,0
	100,0

Dichte des Rohöles $\varrho = 0{,}8642$ g/ml entspricht 32 °API.

Ähnliche Berechnungen wie BLUMBERG haben auch WALTER und STERBA in der dort zitierten Arbeit durchgeführt. Dabei haben sie außer der Verarbeitung von Mid Continent-Rohöl auch die von Kuweit-Rohöl in Betracht gezogen, dessen Zusammensetzung der Zahlentafel N-4 entnommen werden kann. Deshalb sind ihre Ausführungen für die Verhältnisse in Europa von Interesse. Die beiden Verfasser kommen in ihrer Arbeit zu dem Schluß, daß in Zukunft die Isomerisierung an Boden ge-

Zahlentafel N-5. *Eigenschaften der Mischkomponenten für Benzin beim Verarbeiten von Kuweit-Rohöl bei der in Zahlentafel N-4 wiedergegebenen Zusammensetzung*

Kennzeichnung der einzelnen Komponenten		Technisches Isopentan (95,8% i-C_5H_{12})	C_6-Penex-Produkt	HF-Alkylat	Leichtes Catcracker-Produkt	Aromaten-extrakt	Mischkomponente aus Kuweit-Rohöl	
							mit katalytischem Kracken	ohne katalytisches Kracken
Anteile								
Isopentan	Vol.-%	95,8					17	30
C_6-Penex-Produkt	Vol.-%		100				18	31
HF-Alkylat	Vol.-%			100			16	—
Leichtes Catcracker-Produkt	Vol.-%				100		16	—
Aromatenextrakt (aus einer mit SO_2 arbeitenden Anlage)	Vol.-%					100	33	39
Summe							100	100
Eigenschaften								
Dichte	g/ml	~0,619	0,658	0,702	0,651	0,869	0,733	0,729
Reid-Dampfdruck	at	n. b.	0,57	0,34	1,09	0,056	0,67	0,64
Klopffestigkeit [a]								
ROZ ohne Blei		92,4	83,2	94,6	96,5	109,3	99,2	97,6
ROZ mit 0,08 Vol.-% BTÄ		103,8	98,3	106,0	102,8	113,0	107,5	106,9
MOZ ohne Blei		88,6	83,1	93,0	83,4	97,6	88,5	88,8
MOZ mit 0,08 Vol.-% BTÄ		105,1	102,9	107,4	89,4	101,6	98,1	100,3
Siedeverlauf nach ASTM	°C							
Siedebeginn		Siedepunkte	53,5	52	32	100	38,3	37,8
10 Vol.-%		von 2-	55,0	88	34	118,5	49	46,8
30 Vol.-%		Methylbutan:	55,5	100	35	128,5	59	54,5
50 Vol.-% } übergegangen		27,95 °C;	56,0	103,5	36	138	79,5	67,8
70 Vol.-%		von 2,2-	56,5	106	38	146	116	118
90 Vol.-%		Dimethyl-	57,5	116,5	44	159,5	152,5	151,5
Siedeende		propan: 9,45 °C	65,5	195	64	179	172	169
Zusammensetzung	Gew.-%							
Aromaten					0,1	95,8		
Olefine					48,9	0,4		
Paraffine und Naphthene					51,0	3,8		
Summe					100,0	100,0		

[a] Für Oktanzahlen über 100 gilt das gleiche wie bei Zahlentafel N-2.

winnen wird und höchstwahrscheinlich auch die Alkylierung, um Motorenbenzine herzustellen. Da für das Alkylieren Isobutan unerläßlich ist und dieses – soweit es nicht im Straight run-Benzin vorhanden ist – aus Normalbutan hergestellt werden muß, werden dann immer weniger C_4-Kohlenwasserstoffe zur Verfügung stehen, um in der heute üblichen Weise die erforderliche Flüchtigkeit des Benzins einzustellen. Dabei ist zu beachten, daß in den katalytisch gewonnenen Reformaten die höhersiedenden Anteile die Komponenten mit der besseren Klopffestigkeit sind. Somit muß erst recht danach getrachtet werden, durch Isomerisieren von C_5- und C_6-Kohlenwasserstoffen auch leichte Anteile mit hoher Klopffestigkeit zu gewinnen. Wie auf S. 91 ausgeführt, kann Bleitetramethyl (Tetramethyllead, TML) an Stelle von Bleitetraäthyl (Tetraethyllead, TEL) wegen seines niedrigen Siedepunktes die für die Startfreudigkeit wichtigen leichtsiedenden Komponente in günstigerer Weise verbessern und wird deshalb zunehmend verwendet. Das Ergebnis der von WALTER und STERBA durchgeführten Berechnungen ist in Zahlentafel N-5 zusammengefaßt. Man sieht daraus, wie sich die Klopffestigkeit durch die neu entwickelten Verfahren steigern läßt, ohne deshalb die Siedegrenze nach oben zu verschieben.

Es wurden auch verschiedene Vorschläge ausgearbeitet und teilweise in Betriebsanlagen verwirklicht, um die durch das Reformieren erzielte Oktanzahl noch weiter zu steigern. Dies läßt sich bei gegebenen Siedebereichen nur dadurch erreichen, daß die Zusammensetzung weiter zugunsten der Aromaten verschoben wird. Dazu bieten sich die für andere Aufgaben bewährten Verfahren an, soweit mit deren Hilfe entweder die Aromaten extrahiert und dann für sich verwendet oder die Nichtaromaten abgetrennt werden, so daß ein aromatenreicheres Produkt übrigbleibt. Wie weit solche Verfahren mit Rücksicht auf die dabei erzielbaren Ausbeuten wirtschaftlich ausgenutzt werden können, muß in jedem Einzelfall sehr genau geprüft werden. Im wesentlichen handelt es sich dabei um Verfahren, die in der Petrolchemie ohne Zweifel ihre Bedeutung haben. Für die Herstellung von Ottokraftstoffen haben sie sich bisher in größerem Umfang noch nicht durchsetzen können. Sie wurden deshalb in den vorhergehenden Abschnitten des Buches nicht näher behandelt und sollen nur der Vollständigkeit halber hier kurz erwähnt werden.

So wurde das von der Universal Oil Products Co entwickelte, mit wäßriger Glykollösung als Extraktionsmittel arbeitende *Udex*-Verfahren auch dafür vorgeschlagen, um sehr klopffeste Fahrbenzinkomponenten zu erhalten[1]. Eine solche Extraktionsanlage läßt sich mit einem Platformer derart verbinden, daß nach der Extraktion der Aromaten aus dem Reformat die Anteile geringer Klopffestigkeit vor den Reformer zurückgeführt werden. Diese Kombination wird *Rexformer* genannt[2].

---

[1] Vgl. H. W. GROTE u. D. B. BROUGHTON: Use of the Udex process for refinery octane balancing. 24. Midyear Meeting der Division of Refining des American Petroleum Institute, New York, Vortrag gehalten am 28. Mai 1959.

[2] GROTE, H. W., V. HAENSEL u. M. J. STERBA: Rexforming ... for Octanes Over 100. Petrol. Refiner 34 (1955) Nr. 4, S. 116/20. – Dies.: Try Rexforming for 100 Plus. Petrol. Procssg. 10 (1955) 495/98. – HUNTER, W. K.: Rexforming Looks to First Unit. Petrol. Refiner 34 (1955) Nr. 9, S. 145/47. – Anon.: Rexforming

In sinngemäßer Weise könnte auch das Harnstoff-Entparaffinierungs-Verfahren dazu benutzt werden, um die besonders zum Klopfen neigenden Normalparaffine aus Fahrbenzinkomponenten abzutrennen und dadurch deren Oktanzahl zu verbessern[1]. Die gleiche Aufgabe kann mit Molekularsieben gelöst werden[2]. Jedoch ist ein wirtschaftlicher Erfolg nur zu erzielen, wenn die dabei gewonnenen Normalparaffine zu günstigen Bedingungen abgesetzt werden können.

Die Houdry Process and Chemical Co hat ebenfalls unter der Bezeichnung *Iso-Plus* Houdriforming-Schaltungen vorgeschlagen, bei denen ähnlich wie beim Rexforming-Verfahren einem Houdriformer eine Aromatenextraktion nachgeschaltet ist und die Nichtaromaten entweder vor den Houdriformer zurückgeführt oder in einem zweiten Houdriformer aufgearbeitet werden. Statt dessen kann, insbesondere dann, wenn in einer Raffinerie noch Kapazität einer stillgelegten thermischen Reforming-Anlage vorhanden ist, das Reformat aus der katalytisch arbeitenden Anlage in dieser verbessert werden. Die bereits vorhandenen Aromaten erleiden dabei keine Veränderung und die Nichtaromaten werden klopffester. Allerdings entstehen dabei auch Olefine. Einzelheiten wurden auf S. 325 ff. erörtert.

*δ) **Die Spezialbenzine.*** Die Spezialbenzine mit engen Siedegrenzen, die im Siedebereich des Schwerbenzins liegen, werden in gleicher Weise wie leichtersiedende Sorten durch Feinfraktionierung zu spezikationsgerechten Produkten destilliert. Da der Schwefelgehalt von Straight run-Produkten im Benzinbereich fast immer mit ihren Siedetemperaturen ansteigt, kann bei den schwerersiedenden Spezialbenzinen nur in seltenen Fällen auf die vorhergehende Entschwefelung mit Schwefelsäure, das anschließende Neutralisieren mit Natronlauge und das Waschen mit Wasser verzichtet werden. Es werden Sorten mit Siedegrenzen 80/110, 80/125, 100/125, 100/140 usw. bis zu 150/200 und 150/210 hergestellt, jeweils durch den Siedebeginn und das Siedeende in °C gekennzeichnet. Ab einem Siedebeginn von 130 °C werden sie im Englischen auch „White Spirits" benannt, von denen das sog. „Stoddard Solvent" nach ASTM D 484-40 ursprünglich nur für die Reinigung von Kleidern benutzt wurde; sein Siedeendpunkt ist mit max. 210 °C vorgeschrieben[3].

Unit Makes 104 Octanes. Petrol. Refiner 35 (1956) Nr. 10, S. 138/40 – Anon.: Cosden's New Rexformer. Petrol. Procssg. 11 (1956) 79/81. – Anon.: Petrol. Refiner 37 (1958) Nr. 9, S. 226/27; 39 (1960) Nr. 9, S. 212 (Process Handbook). Seither nicht mehr veröffentlicht.

[1] Über das Verfahren selbst s. S. 744 ff.

[2] Vgl. dazu G. R. Brown jr., R. A. Rightmire u. H. A. Strecker: Gasoline upgrading with the use of selective adsorbents. 5. Welt-Erdöl-Kongreß, New York 1959, Bericht III/23. – Schmeling, F., u. H. Heneka: Betriebserfahrungen mit dem IsoSiv-Prozeß bei der Abtrennung von n-Paraffinen aus Kohlenwasserstoffgemischen im C_5/C_7-Bereich. Erdöl u. Kohle 21 (1968) 705/07. – Dies.: Europeans look to molecular sieves to upgrade gasoline. Oil Gas J. 67 (17. Febr. 1969) Nr. 7, S. 69/72. – Vgl. im übrigen S. 749 ff.

[3] Wegen der Anforderungen an die sonstigen hieher gehörenden Produkte s. außer der bereits erwähnten Zahlentafel bei C. Zerbe (vgl. Fußn. 1, S. 86) die verschiedenen ASTM-Vorschriften; Zusammenstellung bei V. G. Guthrie: Petroleum Products Handbook, New York/Toronto/London: McGraw-Hill 1960, S. 11-25 bis 11-29.

ε) Die Ottoflugkraftstoffe. Die Verfahren zur Herstellung von Ottoflugkraftstoffen haben sich seit dem Krieg nicht geändert, da die Anforderungen nicht weiter gestiegen sind. Es werden fast ausschließlich Alkylate verwertet, und zwar neben Isooktan (2,2,4-Trimethylpentan) auch noch Triptan und Neohexan. Die Klopffestigkeit dieser Produkte wird durch Bleizusatz so weit erhöht, daß die gewünschten hohen Werte erreicht werden. Die nach ASTM Standard Methods vorgeschriebenen Eigenschaften von Ottoflugkraftstoffen finden sich bei NELSON zusammengestellt[1]. Sie werden im gesamten Luftverkehr der westlichen Welt als maßgebend betrachtet und dürften sich in Zukunft kaum mehr ändern, weil aus den wiederholt angeführten Gründen Ottomotoren für das Flugwesen nicht mehr weiterentwickelt werden. Dabei entspricht die gebräuchliche Bezeichnung mit Werten über 100 einer extrapolierten Oktanzahlskala, für die eine von WIESE vorgeschlagene Formel

$$OZ = 100 + \frac{PN - 100}{3}$$ gebräuchlich ist. Die darin benutzte sog. Performancenumber (PN) ist wiederum aus der Researchoktanzahl auf Grund

der Beziehung $PN = \frac{2800}{128 - ROZ}$ ermittelt. In beiden Fällen handelt es sich um rein konventionelle Abhängigkeiten, die aus Zweckmäßigkeitsgründen eingeführt wurden[2]. Als Übersetzung für Performancenumber wurde im Deutschen die Bezeichnung „Leistungsziffer" vorgeschlagen. Die höheren Werte sind überhaupt nur durch Bleizusatz zu erreichen, weil die Verwendung von Aromaten für Ottoflugkraftstoffe wegen der Gefahr der Glühzündung auf Werte unter etwa 25% beschränkt ist.

c) Die Mitteldestillate

α) Das Leuchtöl (Petroleum). Das Produkt, welches in den Anfängen der Erdölindustrie fast ausschließlich hergestellt und einfach als Petroleum bezeichnet wurde, nämlich das Leuchtöl, hat seine ursprüngliche Bedeutung vollständig eingebüßt. Die Ursache war der Aufschwung der Elektrizitätswirtschaft gegen Ende des vorigen Jahrhunderts, wodurch die alte Petroleumlampe überall verdrängt wurde. Leuchtöl wird heute als solches nur mehr für untergeordnete Zwecke oder dort verwendet, wo die Versorgung mit Strom (oder allenfalls mit Gas) Schwierigkeiten bereitet. Doch geht seine Verwendung auch in diesem Bereich ständig zurück, wie die Entwicklung der Signallampen bei der Eisenbahn zeigt. Neben der Verwendung für Beleuchtungszwecke kommt noch die Benutzung zur Heizung in Frage. Dafür sind besonders konstruierte Öfen

---

[1] NELSON, W. L.: a.a.O. S. 34, Table 3–6.

[2] Vgl. dazu G. SPENGLER, H. GEMPERLEIN u. L. MAATSCH: Flugkraftstoffe in: Mineralöle und verwandte Produkte, hrsg. von C. ZERBE, Berlin/Heidelberg/New York: Springer 1969, Bd. I, S. 716. – MOORE, L. W.: What's All the Controversy about Antiknock Scales Over 100. Petrol. Refiner 35 (1956) Nr. 7, S. 162/65. – WIESE, W. M.: The Winning Side – Extend Octane Scale; ebd. S. 166/69. – RENDELL, T. B.: New Developments in Antiknock Scales; ebd. S. 170/74. – NELSON, W. L.: Petroleum Refinery Engineering, 4. Aufl., New York/Toronto/London: McGraw-Hill 1958, S. 29/30.

auf dem Markt, die für Haushaltungen oder gewerbliche Kleinbetriebe als billige Wärmequelle benutzt werden. Eine gewisse Bedeutung hat die Leuchtölfraktion als Lösungsmittel für Mittel der Schädlingsbekämpfung (Sprays). Die Verwendung dieser Fraktion als Kraftstoff – sei es in besonders konstruierten Motoren, sei es für Düsenantrieb – ist in Abschn. A 5 d behandelt.

Soweit das Leuchtöl aus paraffin- oder gemischtbasischem Rohöl gewonnen werden kann, braucht es bei niedrigem Schwefelgehalt nicht weiter behandelt zu werden. Erforderlichenfalls wird es mittels Schwefelsäure von Schwefel befreit. Diese dient gleichzeitig dazu, den Aromatengehalt zu senken, was zur Verbesserung des Rußpunktes vorteilhaft ist. Ein Selektivverfahren für diesen Zweck ist die Behandlung mit flüssigem Schwefeldioxyd nach EDELEANU, vgl. S. 715. Es wurde ursprünglich für diese besondere Aufgabe entwickelt, hat heute jedoch auch für andere Produkte, vor allem für Schmieröle, erhebliche Bedeutung erlangt. Straight run-Produkte von der Siedelage des Leuchtöles können – allenfalls nach einer Entschwefelung – auch als Traktorenkraftstoff benutzt werden; vgl. S. 97/98.

β) Der Düsenkraftstoff. Der Bedarf an Düsenkraftstoff (Kerosin) fällt im Vergleich zur Verarbeitungskapazität der Raffinerien noch nicht sehr ins Gewicht. Die Anforderungen lassen sich für die heutigen Bedürfnisse bei Fluggeschwindigkeit mit einer *Machzahl* unter eins in der Regel noch durch Fraktionen gewünschter Siedelage und chemischer Zusammensetzung sowie durch die nachstehend erwähnten Verfahren erreichen[1]. Die gewünschte Freiheit von Harzbildnern kann durch nicht zu scharfe Raffination nach den üblichen Verfahren erzielt werden, doch empfiehlt sich – so wie auch bei anderen empfindlichen Produkten –, damit nicht bis zum Äußersten zu gehen. Es werden sonst die in dem Produkt enthaltenen natürlichen Inhibitoren entfernt, so daß eine zu scharfe Raffination eine gegenteilige Wirkung erzielt. Die hydrierende Raffination gewinnt zunehmend an Interesse, zumal wenn sie schonend durchgeführt wird, weil damit die Zündeigenschaften und die Beständigkeit gegen Harzbildung verbessert werden und gleichzeitig die Koksbildung zurückgedrängt wird. Außerdem wird der Rußpunkt (smoke point) durch Hydrieren der Aromaten zu Naphthenen erheblich günstiger. Neuerdings wird das Hydrokracken an Palladiumkatalysatoren wegen der bevorzugten Bildung von Isoverbindungen und der dadurch erzielten niedrigen Stockpunkte empfohlen[2]. Die anzuwendenden Verfahren lassen sich am besten durch Laboratoriumsversuche ermitteln[3].

Besonders empfindlich sind die Düsenantriebe gegen Spuren von Verunreinigungen, die zur Ausscheidung von feinstverteiltem Wasser oder zum Angriff auf empfindliche Bauteile führen können. Die Wasserausscheidung kann in den üblichen großen Flughöhen sehr leicht das Vereisen der Filter zur Folge haben.

---

[1] Vgl. dazu Fußn. 1, S. 97.

[2] Vgl. R. H. KOZLOWSKI, H. F. MASON u. J. W. SCOTT: a. a. O. (Fußn. 1, S. 833).

[3] Näheres bei C. H. WATKINS u. W. L. JACOBS: How to get high-quality jet fuels. Oil Gas J. 67 (24. Nov. 1969) Nr. 47, S. 94/95.

Eine gewisse Schwierigkeit bereitet die gleichzeitige Erfüllung der Forderung nach einem tiefen Stockpunkt (wegen der niedrigen Temperaturen in den als Kraftstoffbehältern benutzten Flügeln) und einem hohen Flammpunkt (wegen der Sicherheit der Handhabung). Da diesen Wünschen durch die Eigenschaften der Kohlenwasserstoffe natürliche Grenzen gezogen sind, versucht man durch Additives Verbesserungen zu erzielen. Diese sollen auch Korrosionen von empfindlichen Teilen des Kraftstoffverteilsystemes, den Angriff auf nichtmetallische Baustoffe wie Schläuche aus Kunststoff oder Buna und das Ausscheiden von Harzen und schleimigen Ablagerungen verhindern[1]. Die Entwicklung auf diesem Gebiet ist noch sehr im Fluß. Abschließendes läßt sich zur Zeit nicht sagen. Von den Verfahren her sind kaum umwälzende Neuerungen zu erwarten, weil die Grenzen, die durch die Natur der Kohlenwasserstoffe gezogen werden, fast erreicht sind.

γ) **Das sog. Gasöl.** Obwohl der Ausdruck Gasöl überholt ist, wie auf S. 93 dargelegt ist, wird er hier beibehalten, weil er – vielleicht gerade wegen seiner sehr allgemeinen Bedeutung – im Raffineriebetrieb häufig angewendet wird. Es gehören dazu als Fertigprodukte Dieselkraftstoff und leichtes Heizöl wie auch Zwischenprodukte, z.B. von der Art des Einsatzgutes für katalytische Krackanlagen. Im Verarbeitungsgang der Raffinerie werden diese Produkte selten getrennt behandelt, vielmehr erst nach Bedarf ihrer Bestimmung zugeführt. Dabei müssen allerdings die durch die unterschiedliche Besteuerung geforderten Vorschriften beachtet werden.

Bei schwefelreichen Rohölen werden die verschiedenen Gasölsorten heute meist durch Hydrieren entschwefelt, weil in der Regel der Wasserstoff aus einer vorhandenen Reforming-Anlage zur Verfügung steht. In anderen Fällen genügt mitunter ein „Süßen" oder eine Merkaptanextraktion mit Hilfe der neueren, katalytisch arbeitenden Verfahren; vgl. S. 679. Bei schwefelarmem Einsatz sind in günstig gelagerten Fällen selbst Straight run-Produkte verkaufsfähig oder zumindest als Mischkomponenten geeignet. Mitunter ist bei Destillatheizölen ein besonders tiefer Stockpunkt gewünscht, der mit Rücksicht auf die angestrebte Ausbeute und das dementsprechend hoch gewählte Siedeende schwer zu erreichen ist. In solchen Fällen können Additives helfen, ähnlich, wie sie für diesen Zweck schon seit langem für Schmieröle verwendet werden[2]. Die gerade für den fraglichen Siedebereich günstige Entparaffinierung mittels Harnstoff wird seit einiger Zeit für diesen Zweck ebenfalls angewendet; vgl. dazu S. 749 ff.

---

[1] Siehe dazu N. O. RAWLINSON: Aviation Fuels, in: Modern petroleum technology, hrsg. von The Institute of Petroleum, 3. Aufl., London: Inst. Petr. 1962, bes. S. 512/36. – MAILE, P. G., W. R. HAWKS u. P. J. EDGINGTON: Die Entwicklung von Turbinenkraftstoffen. Erdöl u. Kohle 18 (1965) 441/45.

[2] Vgl. dazu J. L. TIEDJE u. W. C. HOLLYDAY: Plagued with Poor Pour Points? Petrol. Refiner 40 (1961) Nr. 8, S. 111/14. – SCHULTZE, G. R., J. MOOS, G.-H. GÖTTNER u. M. AÇANAL: Zur Verbesserung des Kälteverhaltens von Dieselkraftstoffen durch Stockpunkterniedriger. Erdöl- u. Kohle 17 (1964) 100/06. – PATINKIN, S. H., u. R. L. PONTINS: Heating Oils Are Treated in the Cold. Hydrocarb. Procssg. 45 (1966) Nr. 4, S. 183/86.

Die Anforderungen an *Dieselkraftstoffe* sind bei weitem nicht jenen vergleichbar, die an Ottokraftstoffe gestellt werden. Die für Dieselkraftstoffe erforderliche, in Zetanzahlen ausgedrückte Zündwilligkeit wird von den meisten Produkten dieses Siedebereiches ohne weiteres erreicht. Schwierigkeiten ergeben sich – wenn überhaupt – höchstens bei den höhersiedenden Destillaten aus Krackanlagen, weil deren Aromatengehalt erheblich über dem von Straight run-Produkten liegt. Meist ist dann aber z.B. eine extraktive Behandlung mit Lösungsmitteln wie etwa mit Furfurol nicht wirtschaftlich, weil aus den vorhandenen Rohstoffquellen genügende Mengen spezifikationsgerechter Produkte hergestellt werden können und bei der heutigen Marktlage Gasöle, die als Kraftstoff weniger geeignet sind, ohne weiteres als leichte Heizöle abgesetzt werden können. Die hydrierende Raffination hat neben der vor allem angestrebten Senkung des Schwefelgehaltes den zusätzlichen Vorteil sehr hoher Ausbeute und verbessert noch die Zündwilligkeit.

Obwohl Übereinstimmung zwischen den DIN-Normen und den ASTM- und IP-Vorschriften angestrebt wird, ist sie noch nicht erreicht. So hatte es sich in Anlehnung an die ASTM-Vorschriften eingebürgert, Heizöle in sechs Klassen einzuteilen, von denen allerdings heute „fuel oil" No. 3 überhaupt nicht mehr gehandelt wird und Qualitäten, wie sie etwa fuel oil No. 4 entsprechen, fast ausschließlich für Krackanlagen als Einsatz dienen[1].

Die beiden ersten Klassen gelten nur für Destillate, weil sich nur mit diesen die verlangten niedrigen Werte für Wasser- und Sedimentgehalt und für die Zähigkeit erreichen lassen. Als Kennzeichen wird im Handel meist die Zähigkeit benutzt. Sie steht zwar in engem Zusammenhang mit der Siedelage, und es sind auch durch Kurven dargestellte Beziehungen allgemeiner Art bekannt, um die zu erwartende Zähigkeit bei der Berechnung einer Anlage aus der Siedelage abzuschätzen[2]. Verläßlichere Werte finden sich aber in den Crude Oil Manuals der verschiedenen Ölgesellschaften oder müssen in Ermangelung solcher Unterlagen durch Laboratoriumsversuche ermittelt werden.

Innerhalb der gesamten Erdölwirtschaft der Erde werden erhebliche Gasölmengen in katalytischen Krackanlagen in Benzin und leichtere Produkte umgewandelt. Dies ist in Europa und in den Vereinigten Staaten von Amerika in unterschiedlichem Maße der Fall und hängt von der Motorisierung der einzelnen Volkswirtschaften ab. Auch die Unterschiede im Bedarf an Dieselkraftstoff für den Eisenbahn- und Straßenverkehr sind nicht ohne Einfluß auf die zweckmäßigste Verwendung der hochsiedenden Destillate. Je nach der Basis des Rohöles und der Verteilung der einzelnen Kohlenwasserstoffgruppen in seinen verschiedenen Siedebereichen ergibt sich mitunter die Notwendigkeit, das in eine katalyti-

---

[1] Vgl. K. K. Rumpf: Heizöl, in: C. Zerbe: a.a.O. Bd. I, S. 453; in der 1. Aufl. Angaben über fuel oil Nos. in Zahlentafel 26, S. 367, sowie hier Zahlentafel A-21, S. 101. – Hogin, D. R., u. W. L. Clinkenbeard: Distillate heating oils, in: Petroleum Products Handbook, hrsg. von V. B. Guthrie: a.a.O. S. 7-1/7-52.

[2] Nelson, W. L.: Petroleum Refinery Engineering, 4. Aufl. New York/Toronto/London: McGraw-Hill 1958. Fig. 5-10, S. 179; Fig. 5-11, S. 180; Fig. 5-21, S. 199; Fig. 7-17, S. 249; Fig. 7-19, S. 250; Fig. 726, S. 258.

sche Krackanlage einzusetzende Gasöl noch der nachstehend erwähnten Behandlung zu unterwerfen; vgl. dazu aber auch Abschn. L4d, S. 875.

Ist die Erzeugung von größeren Mengen von Fahrbenzin erwünscht, als sie durch destillative Trennung des Rohöles allein gewonnen werden können, so ist das Kracken in der Regel der zweckmäßigste Weg, diese zusätzlichen Mengen herzustellen. Bei paraffinischer Basis eignen sich die aus der Normaldruckdestillation erhaltenen Gasölfraktionen wegen ihrer hohen Zündwilligkeit sehr gut als Dieselkraftstoff. Deshalb wird man danach streben, sie für diesen Zweck verkaufen zu können und Einsatzgut für eine katalytische Krackanlage durch Vakuumdestillation zu erhalten. Ein solches Destillat ist für den gedachten Zweck ohne weiteres verwendbar. Bei naphthenbasischem Rohöl sind aber die hochsiedenden Fraktionen meist reich an Asphalt. Dies gibt beim Kracken eine unerwünscht starke Koksbildung. Daher empfiehlt es sich mitunter, solche Gasöle – seien sie unter Normaldruck, seien sie unter Vakuum erzeugt – vom Asphaltgehalt zu befreien. Ihre Eignung als Einsatzgut wird dadurch erheblich verbessert, und die für ein solches Verfahren erforderlichen Anlage- und Betriebskosten machen sich bei guten Preisen für Fahrbenzin durch höhere Ausbeuten und bessere Produkteigenschaften bezahlt. Das dafür anzuwendende Verfahren wird gewöhnlich als „Decarbonizing" bezeichnet und wurde auf S. 704 besprochen.

d) Der Destillationsrückstand

Der beim Destillieren des Rohöles unter Normaldruck verbleibende Rückstand kann auf verschiedene Weise weiterverarbeitet oder unmittelbar als schweres Heizöl verwendet werden. Im Rückstand reichern sich die im Rohöl enthaltenen nicht verdampfbaren Anteile, also vor allem die Asche an. Daher können schwere Normaldruckrückstände Aschegehalte in der Größenordnung von 1% aufweisen. In diesen sind bei der Verfeuerung vor allem die Nickel-, Natrium- und Vanadiumverbindungen lästig[1].

Auf wirtschaftlich tragbare Weise läßt sich die Asche aus Destillationsrückständen, die als Heizöl verwendet werden sollen, nicht entfernen. Deshalb wird in solchen Fällen das Bodenprodukt aus der Destillation direkt in das Tanklager abgegeben.

Wird Normaldruckrückstand (auch atmosphärischer Rückstand oder, wegen des noch verhältnismäßig flachen Zähigkeits–Temperatur-Verhaltens, long residue genannt) in einer Vakuumdestillation weiter verarbeitet, so können damit – je nach Rohöl – *vier* verschiedene Zwecke verfolgt werden. Entweder besteht ein großer Bedarf an leichteren Produkten. Dann kann man durch Vakuumdestillation zusätzlich Destillate gewinnen, die sich als Einsatzgut für die katalytische Krackung eignen. Der Rückstand ist dann allerdings wegen seiner hohen Zähigkeit schwer verwertbar, es sei denn, er gibt bei günstigen Rohöleigenschaften ein brauchbares Bitumen. Dann betreibt man allerdings die Vakuumanlage nach den Erfordernissen des Bitumenmarktes und verwendet das dabei

---

[1] Vgl. S. 45ff.

anfallende Destillat nach Maßgabe der Verfügbarkeit zum Kracken. Ist eine dafür geplante Anlage in der Raffinerie nicht vorhanden, dann läßt sich dieses Vakuumdestillat meist im Heizöl S unterbringen und verbessert gewöhnlich dessen Eigenschaften, weil es kaum Asche enthält. Zur Deckung des Bitumenmarktes stehen genügende Mengen geeigneter Rohöle zur Verfügung. Näheres folgt auf S. 989 ff.

Ist die Verwendung des Vakuumrückstandes, z.B. wegen zu hohen Paraffingehaltes, als Bitumen nicht tunlich, ist aber die zusätzliche Erzeugungen von Krackereinsatz notwendig, so muß man in diesem zweiten Fall danach streben, wenigstens einen Teil des Vakuumrückstandes dem Heizöl S beizumischen und den Rest auf hohe Temperatur vorgewärmt in den Öfen der eigenen Raffinerie zu verheizen. Da es meist möglich ist, mit Großabnehmern Abmachungen zu treffen, die von den genormten Anforderungen abweichen – sofern entsprechende preisliche Vorteile geboten werden –, so lassen sich auch solche Wege zur Verwertung finden. Es kann z.B. die Anlieferung in beheizten Tankwagen oder auf kurze Entfernung im warmen Zustand allein ein Mittel sein, um Vakuumrückstände lohnend zu verkaufen. Die zuletzt genannten Maßnahmen sind bei hohem Paraffingehalt mitunter auch schon bei Normaldruckrückständen vorteilhaft.

Die dritte Möglichkeit, Normaldruckrückstände zu verwerten, ist bei geeigneter Basis des Rohöles die Weiterverarbeitung auf Schmierölgrundstoffe. Dieser Fall wird im folgenden Unterabschnitt besonders behandelt. Schließlich kann viertens bei aschearmem Einsatzgut die Herstellung von Petrolkoks für eine Raffinerie wirtschaftlich lohnend sein. Zwar sind das Benzin und die Mitteldestillate aus einer Verkokungsanlage sehr unstabil. Doch lassen sie sich durch Inhibitoren zu Mischkomponenten für verkaufsfähige Produkte verbessern oder – am besten zusammen mit anderen Produktströmen – durch raffinierendes Hydrieren so weit behandeln, daß sie gut verwertet werden können.

In den letzten Jahren hat sich das Heizöl gegenüber festen Brennstoffen in den wärmeverbrauchenden Industrien einen beträchtlichen Anteil am Absatz sichern können. Aus wirtschaftlichen Gründen kommen für Abnehmer wie Stahlwerke, Zementfabriken sowie für Kraftwerke nur Rückstandsheizöle in Betracht. Wegen der großen Zähigkeit dieser Öle ist auch in ortsfesten Anlagen Vorwärmen sehr oft zweckmäßig. Neben dem bereits genannten Rückstand aus Vakuumanlagen muß auch das Bodenprodukt aus den Fraktionierkolonnen, die thermischen oder katalytischen Krackanlagen nachgeschaltet sind, in irgendeiner Weise verwertet werden. Im zweiten Fall spricht man oft von Krackteer. Zwar wird nach der heute gebräuchlichen Definition der Ausdruck Teer flüssigen Produkten vorbehalten, die durch zersetzende Destillation fester Brennstoffe gewonnen werden[1]. Jedoch weisen sog.

---

[1] Vgl. dazu H. MALLISON: Teer und Pech, eine begriffliche Betrachtung. Gasund Wasserfach 83 (1940) 241/44; wiederabgedruckt bei H. MALLISON: 40 Jahre Teerforschung, Heidelberg: Verlag Straßenbau, Chemie und Technik 1956, S. 9/16. – WINKLER, H. J. V.: Der Steinkohlenteer und seine Aufarbeitung, Essen: Glückauf 1951, S. 3.

Krackteere Eigenschaften auf, die denen von Teer aus der Steinkohlen-
destillation ähnlich sind. Darauf wurde auf S. 785/86 hingewiesen.

Ist der Paraffingehalt von Rückstandsheizölen hoch, so scheidet sich
bei tiefen Temperaturen Paraffin aus, das sich an den Tankwänden absetzt, aber auch in Rohrleitungen die Querschnitte verengt. Da hoher
Paraffingehalt jedoch in der Regel mit einer paraffinischen Basis des
Rohöles verknüpft ist, haben die aus einem solchen Rohöl gewonnenen
Heizöle günstige Zündeigenschaften und einen flachen Zähigkeits–Temperatur-Verlauf, so daß man oft lieber eine gewisse Vorwärmung in Kauf
nimmt, um sich die Vorteile solcher Öle zu sichern[1].

Hingegen ist in Rückständen aus Krackanlagen der Gehalt an Aromaten gewöhnlich so hoch, daß er bereits eine ungünstig starke Veränderung der Zähigkeit mit der Temperatur verursacht. Solche Öle haben
dann steil verlaufende Zähigkeits–Temperatur-Kurven. Insbesondere
solche Rückstände nennt man deshalb „short residue". Oberhalb eines
gewissen Temperaturbereiches sind sie sehr dünnflüssig, gehen jedoch
bei nicht sehr weit darunter liegenden Temperaturen in einen salben-
oder pastenähnlichen Zustand über und lassen sich durch Pumpen nicht
mehr fördern. Wenn auch die Verbrennungseigenschaften durch einen
etwas höheren Anteil an Aromaten beeinträchtigt werden, so wird dadurch ihre Verwendbarkeit als Heizöl kaum vermindert, sofern sich
dieser Anteil in den bei Erdölerzeugnissen üblichen Grenzen hält. Etwas
anders liegen die Dinge bei den fast rein aromatischen Heizölen, die man
aus Steinkohlenteer durch Destillation gewinnen kann. Doch gehört
eine Behandlung dieser Produkte nicht zum Thema dieses Buches.

e) Die Schmieröle, die Schneid-, Kühl-, Härte- und Anlaßöle sowie die Öle für Zwecke der Elektrotechnik (Transformatoren-, Schalter- und Kabelöle)

So groß auch der Unterschied in der Zweckbestimmung von Schmierölen und von Ölen für die Anwendung in der Elektrotechnik sein mag,
so besteht bezüglich der für ihre Herstellung erforderlichen Ausgangsprodukte und der von diesen verlangten Eigenschaften kaum ein großer Unterschied. Es ist deshalb zulässig, diese beiden Produkte und die
anderen in der Überschrift erwähnten im Zusammenhang mit den zu
ihrer Erzeugung angewendeten Verarbeitungsverfahren gemeinsam zu
besprechen. Dazu ist zu bemerken, daß die Menge der Transformatoren-
und Schalteröle einen Bruchteil der aus Erdöl erzeugten Schmieröl-
mengen darstellt, die selbst nur bei etwa 3 bis 5% des Raffineriedurch-

---

[1] Über eine sehr umfassende, in den Laboratorien der British Petroleum Co
in Sunbury-on-Thames durchgeführte Untersuchung haben F. GILL u. R. J. RUS-
SELL: Pumpability of Residual Fuel Oils. Industr. Engng. Chem. 46 (1954) 1264/78
berichtet. Ausgehend von den Überlegungen der Strömungslehre haben sie die Verwertbarkeit der verschiedenen Zähigkeitsmessungen geprüft, zu denen auch Ermittlung des Stockpunktes u.ä. gehören. Weiterhin sind eigens dafür entwickelte
Meßgeräte beschrieben und der Einfluß einer etwaigen Wärmebehandlung erörtert. – Im übrigen s. D. E. ZALICHI: Fuel Oils, in: Modern petroleum technology:
a.a.O. S. 613/41.

Zahlentafel N-6. *Zähigkeitsbereiche verschiedener Schmierölsorten*[a]

	Zähigkeit bei					
	20 °C		50 °C		100 °C	
	cSt	°E	cSt	°E	cSt	°E
Spindelöle						
(nach Ruf)	38 ···45	5 ··· 6				
(nach DIN)	9,66···91,0	1,8···12				
Lagerschmieröle (nach DIN)						
für raschlaufende Zapfen			9,66···29,4	1,8···4		
für normalbelastete Zapfen			29,4···56,5	4 ···7,5		
für schwerbelastete, lang-samlaufende Zapfen			>56,5	>7,5		
Kolbenkompressorenöle						
(nach DIN)			29,4···91,0	4···12		
Kraftfahrzeugöle (nach SAE)						
SAE 5W $\begin{vmatrix} \text{cSt} & °E \\ <866 & <114 \end{vmatrix}$ für −17,8 °C (= 0 °F)	~50	~6,6	~125	~2,0	>3,9	>1,3
SAE 50	~800	~105	~12	~16,5	17,0···23,0 für 99,2 °C = (210 °F)	2,55···3,2
Dampfturbinenöle (nach DIN)			16,7···53	2,5 ···7		
Wasserturbinenöle (nach DIN)			16,7···91	2,5 ···12		
Turbinenöle (nach Ruf)	130··· 320	16,8···42	30 ···60	4,08··· 7,95	7···12	1,566···2,023
Dieselmotorenöle (nach Ruf)	200··· 550	26,3···72,4	40 ···90	5,35···11,84	8···15	1,653···2,328
Flugmotorenöle (nach Ruf)	700··· 900	92 ···48,4				
Getriebeöle (nach Ruf)	260···5000	34,2···[b]	50···500	6,64···65,8	10···40	1,834···5,35
Naßdampfzylinderöle						
(nach DIN)					16,7···53	2,5 ···7
(nach Ruf)			450···550	59,2···72,4	35 ···40	4,71···5,35
Heißdampfzylinderöle						
(nach DIN)					21,1···68,3	3 ···9
(nach Ruf)			250···600	32,9···79	30 ···60	4,08···7,95

[a] Die Angaben sind entnommen H. Ruf: Kleine Technologie des Erdöls. Basel u. Stuttgart: Birkhäuser 1955, S. 86 bzw. C. Zerbe: a.a.O. 1. Aufl., S. 752ff. u. 841; Umrechnungen cSt → °E nach DIN 51560. Wegen Einzelheiten siehe C. Zerbe: Einteilung und Kennzeichnung der Schmierstoffe, in: Mineralöle und verwandte Produkte, a.a.O. Bd. II, S. 45/62.   [b] Ein äquivalenter Wert in °E kann nicht angegeben werden.

satzes einer Volkswirtschaft liegen. Bei allen in der Elektrotechnik verwendeten Ölen kommt es ganz besonders darauf an, daß sie vollkommen frei von Wasser sind. Dieses vermindert selbst in Spuren die elektrische Durchschlagsfestigkeit sehr stark[1]. Im übrigen s. dazu S. 972/73.

α) Die Aufgabe der Schmieröle. Während die bisher beschriebenen Produkte mit Ausnahme der Heizöle in erster Linie nach Siedegrenzen gehandelt werden, ist bei Schmierölen so wie bei den Heizölen das wichtigste Kennzeichen zunächst die Zähigkeit. Diese kann den Erfordernissen entsprechend in sehr weiten Grenzen schwanken. Einige kennzeichnende Beispiele sind in Zahlentafel N-6 wiedergegeben. Jedoch spielt bei Schmierölen neben der absoluten Höhe der Zähigkeit auch ihre Abhängigkeit von der Temperatur eine außerordentlich große Rolle, weil viele Schmierstellen bei stark schwankenden Temperaturen immer noch einwandfrei arbeiten müssen. Da durch Reibung Wärme erzeugt wird und dies auch durch ein noch so gutes Schmiermittel nicht vollständig unterdrückt werden kann, nimmt in der Regel jede Lagerstelle im Betrieb eine gegenüber der Umgebung höhere Temperatur an. Wenn man daher ein Öl verwendet, dessen Zähigkeit bei hohen Temperaturen zu niedrig ist, so kann infolge des Druckes des Läuferzapfens der Schmierölfilm zwischen diesem und der Lagerschale zerreißen, was zu Lagerschäden führt. Verwendet man in einem solchen Fall jedoch ein Öl mit größerer Zähigkeit, so kann das Anfahren einer Maschine sehr erschwert oder fast unmöglich gemacht werden, weil beim Anlauf im kalten Zustand die Zähigkeit zu groß ist. Deshalb ist es für viele Verwendungszwecke wichtig, daß die Zähigkeits–Temperatur-Linien der Schmieröle so flach wie möglich verlaufen. Ihre absolute Höhe wird hingegen durch die mittlere Betriebstemperatur der betreffenden Lagerstelle sowie durch die Abmessungen und die Belastung des Lagers bestimmt. Denn es leuchtet ein, daß auch bei gleicher Lagertemperatur von einem Uhrenlageröl eine andere Zähigkeit verlangt wird, als z.B. von einem Öl zur Schmierung der Lagerstellen eines Großraumbaggers.

Um dieses Verhalten durch Zahlenangaben zu erfassen, hat man verschiedene Kenngrößen eingeführt bzw. vorgeschlagen. Am bekanntesten und im gesamten Schmierölhandel viel verwendet ist der S. 68 ff. besprochene sog. Viskositätsindex (V.I.). Es besteht kein Zweifel darüber, daß der Viskositätsindex heutigen Ansprüchen nicht mehr genügt und sich nur deshalb im Gebrauch hält, weil eine Zahlenangabe zwischen 0 und 100 ein Qualitätsmerkmal darstellt, das eine sehr weitgehende Abstufung zuläßt und die Eigenschaften eines echten Zahlenwertes vortäuscht. Auch der Deutsche Normenausschuß hat sich mit dieser Frage eingehend befaßt und Normenblätter vorbereitet, die z.T. auf Vorarbeiten von Umstätter beruhen und Gleichungen mit Konstanten vorschlagen, welche letzten Endes die Gedanken weiterführen, die zuerst von Ubbelohde mit dem Begriff der Viskositätssteilheit und Viskositätshöhe eingeführt wurden[2]. Jedoch wurden inzwischen von einigen Seiten

---

[1] Vgl. das in Fußn. 3, S. 105 aufgezählte Schrifttum.

[2] Ubbelohde, L., u. M. Kemmler: Ein neues Viskositäts–Temperatur-Blatt mit festen Leitern für die Viskositäts-Polhöhe und die Richtungskonstante. Öl und

Zweifel geäußert, ob die von UMSTÄTTER für die Darstellung empfohlenen Area-Funktionen die behauptete Allgemeingültigkeit besitzen.

Neben den Schmierölen, die für Zwecke des allgemeinen Maschinenbaues verwendet werden und in erster Linie dazu dienen, Lager, Gleitflächen für ebene Bewegungen oder Zapfen für schwingende Bewegungen zu versorgen – den sog. *Maschinenölen* –, gibt es noch die Gruppe der sog. *Motorenöle*. Gemeint sind damit die Schmieröle für Verbrennungsmotoren, insbesondere für Kraftwagenmaschinen. Die Anforderungen, welche an diese gestellt werden, sind erheblich schärfer als an die üblichen Schmiermittel, weil sie viel höheren thermischen Beanspruchungen ausgesetzt sind und daher Eigenschaften aufweisen müssen, welche von Schmierölen für Lagerschmierung und ähnliche Zwecke nicht verlangt werden[1]. Sie sind vor allem durch den Verbrennungsvorgang im Inneren des Zylinders, dessen Wand ebenfalls geschmiert werden muß, bedingt. Dazu kommt die ständige Berührung des Motorenschmieröles an der Zylinderwand während des Saughubes mit Nebeln oder Dämpfen der als Kraftstoff dienenden, erheblich niedrigersiedenden Kohlenwasserstoffe. Dies kann zu einer Verdünnung des Schmieröles führen. Motorenschmieröle müssen weiterhin wegen der ständigen Berührung mit einer oxydierenden Atmosphäre sehr hoher Temperatur während des Verbrennungs- und des Ausschubhubes gegen Oxydation besonders widerstandsfähig sein. Schließlich sind sie zwischen Kaltstart und Vollastbetrieb sehr großen Temperaturänderungen ausgesetzt, die nicht nur durch die Reibungswärme der Lagerstellen hervorgerufen werden; deshalb werden auch sehr hohe Anforderungen bezüglich einer möglichst geringen Änderung der Zähigkeit mit der Temperatur gestellt[2].

Einzelheiten können hier nicht erörtert werden, weil alle heute an Motorenöle gestellten Anforderungen durch die in den beschriebenen Verarbeitungsverfahren gewonnenen Produkte ohne Zusatzstoffe (Additives) nicht zu erfüllen sind. Die Anzahl der dafür vorgeschlagenen Stoffe beträgt mehrere Tausend[3]. Das Zumischen dieser Stoffe und das Abfüllen

Kohle 14 (1938) 541/44. – UBBELOHDE, L.: Zur Viskosimetrie (vgl. Fußn. 1, S. 60). – RIEDIGER, B.: Brennstoffe/Kraftstoffe/Schmierstoffe: a.a.O. S. 427ff. – WEBER, W.: Richtungskonstante m nach WALTER oder Richtungskonstante n nach UMSTÄTTER? (Bemerkungen zur Neubearbeitung von DIN 51563). Erdöl u. Kohle 21 (1968) 621/23. – Neuentwurf DIN 51564 (Nov. 1968), veröffentlicht ebd. 21 (1968) 727/31. – DIN 51563 „Bestimmung des Viskosität–Temperatur-Verhaltens"; DIN 51564 „Berechnung des Viskositäts-Index aus der kinematischen Viskosität".

[1] RUMPF, K. K.: Zur Klassifikation der Motorenöle nach Viskosität und Flüchtigkeit. Erdöl u. Kohle 22 (1969) 392/98 u. 477/80.

[2] BROSINSKY, H.-J.: Auswahl der Viskositätsklasse von Motorenschmierölen entsprechend Jahreszeit und Klima. Erdöl u. Kohle 21 (1968) 550/53.

[3] Vgl. dazu J. TEUBEL u. K. DRESCHER: Über technische und ökonomische Vorteile bei der Anwendung von Schmieröl-Additives. Chem. Techn. 14 (1962) 283/91. – STEWART, W. T., u. F. A. STUART: Lubricating Oil Additives, in: Advances in Petroleum Chemistry and Refining, hrsg. von K. A. KOBE u. J. J. McKETTA jr., New York/London: Interscience Publishers 1963, Bd. 7, S. 2/64. – ZERBE, C.: Schmierstoffe in: Mineralöle und verwandte Produkte: a.a.O. Bd. II, S. 16ff. Dort eine zusammenfassende Darstellung. Über die bei der Schmierung von Dieselmotoren vorliegenden besonderen Probleme s. z.B. H.-J. HALTER: Vergleichende Motorenöluntersuchungen im MWM- und Petter Av 1-Prüfmotor. Erdöl u. Kohle 18

der fertigen Produkte in die Gebinde verschiedenster Größe stellt keine verfahrenstechnischen Aufgaben. Maschinen und Einrichtungen dafür werden von spezialisierten Firmen geliefert. Das Streben geht heute dahin, alle Arbeitsvorgänge soweit wie möglich zu automatisieren. Die Auswahl der beizumischenden Additives, ihre ständige Überprüfung und Weiterentwicklung ist Aufgabe der dafür eingerichteten Laboratorien und Forschungsstätten. Es entstehen dadurch auch für die Überwachung und die Bestimmung der Lebensdauer der im Betrieb befindlichen Öle nicht leicht zu lösende Probleme[1].

Schmieröle, die ebenfalls besonderen Anforderungen genügen müssen, sind die für Wasser-, für Dampf- und für Gasturbinen sowie neuerdings die für Düsentriebwerke der Luftfahrt. Im letzten Fall handelt es sich ebenfalls um Gasturbinen, jedoch solche sehr gedrängter Bauart.

Schmieröle für *Wasser*turbinen können an manchen Schmierstellen mit Wasser in Berührung kommen und sollen deshalb nicht zu Emulsionen neigen. Für die meisten Lager wird von den Herstellern in der Regel eine Zähigkeit von 3,5 bis 5,5 °E (25,4 bis 41,3 cSt) bei 50 °C empfohlen. Das Öl erreicht üblicherweise keine Temperaturen, die über 50 °C liegen. Sie altern deshalb, wenn sie ausreichend raffiniert sind, nur in geringem Maße. Für die Zahnradgetriebe zum Antrieb von Generatoren werden Zähigkeiten von 7 bis 9 °E (52,9 bis 68,2 cSt), ebenfalls bei 50 °C vorgeschrieben, weil sich dieses Öl stärker erwärmen kann. Eine sehr zähe Schmierölsorte verlangen die Zapfen für die verdrehbaren Schaufeln der unmittelbar im Wasserstrom liegenden Naben von Kaplan-Turbinen. Deren Zähigkeit soll bei 35 bis 45 °E (266 bis 342 cSt) bei 50 °C liegen.

Bei *Dampf*turbinen werden die Schmieröle wesentlich schärferen Beanspruchungen ausgesetzt. Es läßt sich nicht vermeiden, daß die Lager eine merkbar höhere Temperatur als die Umgebung annehmen. Außerdem müssen zahlreiche Leitungen zwischen dem Fundament und dem im Betrieb heißen Turbinengehäuse entlang geführt werden, so daß die Öle leichter altern. Schließlich können durch die Stopfbüchsen Dampfschwaden zu den unmittelbar benachbarten Lagern gelangen und auf diese Weise mit dem Öl in Berührung kommen. Es muß deshalb besonders beständig gegen solche Beanspruchungen sein. Die Zähigkeit wird von den Herstellern für die Lager mit 2,5 bis 5 °E (16,7 bis 37,4 cSt) bei 50 °C sogar etwas niedriger als bei Wasserturbinen vorgeschrieben.

Außer dem Zähigkeitsbereich und dem Zähigkeits–Temperatur-Verhalten lassen sich die gewünschten Eigenschaften bei gegebenem Rohöl durch die in den vorausgehenden Kapiteln beschriebenen Verfahren

---

(1965) 376/79. – TOWLE, A., I. GLOVER u. G. J. PARSONS: Hochleistungs-Dieselöle. Erdöl-Erdgas-Z. 82 (1966) 232/41. – Vgl. außerdem FUTTERER, E.: Beitrag zur Kenntnis des Verhaltens von Schmierölen im Kraftfahrzeug-Ottomotor und zu deren Prüfung. Erdöl u. Kohle 19 (1966) 192/96. – BAIST, W.: Die Prüfung des Reinhaltevermögens hochlegierter Motorenöle bei hohen Temperaturen im Prüfmotor MWMKD 12 E; ebd. S. 659/63. – RUMPF, K. K.: Die Beeinflussung der Viskosität und der Steilheitsfunktion durch V.I.-Improver, ebd. S. 709/19.

[1] Dies zeigt z. B. die Arbeit von W. P. SEEMANN u. H. HELLBERG: Über das Altern von legierten Turbinenölen im Laboratorium und in der Praxis. Brennst.-Chem. 49 (1968) 44/47.

kaum beeinflussen. Hohe Alterungsbeständigkeit läßt sich erzielen, wenn durch nicht zu scharfe Raffination – meist mit Schwefelsäure – vermieden wird, daß letzte Spuren im Öl vorhandener natürlicher Inhibitoren entfernt werden. Im übrigen können auch bei Turbinenölen durch Additives sehr weitgehende Ansprüche der Schmierölverbraucher erfüllt werden[1].

Abgesehen von den noch höheren Arbeitstemperaturen weichen die Betriebsbedingungen bei ortsfesten *Gas*turbinen – soweit sie für das Schmieröl von Bedeutung sind – kaum von jenen bei Dampfturbinen ab. In Düsentriebwerken der Luftfahrt werden hingegen die Schmierstoffe infolge des sehr beengten Raumes so hoch beansprucht, daß Schmierstoffe, die aus Erdölprodukten hergestellt werden können, nur mehr schwer standhalten. Auf S. 580/81 wurde erwähnt, welche Wege deshalb beschritten wurden. Es hat den Anschein, daß sich hauptsächlich Silikonöle für diesen Zweck durchsetzen.

β) **Den Schmierölen ähnliche Produkte.** Eine hier zu erwähnende Gruppe von schmierölähnlichen Stoffen sind die Öle für die mechanische Bearbeitung von Metallen (im weitesten Sinne) oder für die thermische Behandlung von Stählen. Im ersten Fall ist es Aufgabe des Schmiermittels oder eines daraus hergestellten Hilfsmittels, die bei der spanenden Formgebung entstehende Reibung zu vermindern, außerdem die Schärfe der Schneidwerkzeuge zu erhalten und dadurch zu erreichen, daß die erzeugte Oberfläche glatt wird. Diese Öle werden meist als *Schneidöle* bezeichnet. Gleichzeitig haben solche Öle meist auch die Aufgabe, zu kühlen und die bei der Zerspanung des Werkstückes entstehende Wärme abzuführen. Ist dies die wichtigste Aufgabe, so spricht man von *Kühlölen*.

Ganz anderer Art ist die Aufgabe von Ölen für die thermische Behandlung von Stählen, der sog. *Härte-* und *Anlaßöle*. In diesem Fall dienen sie nur dazu, ein auf hohe Temperaturen gebrachtes Werkstück langsamer abzukühlen, als dies mit Wasser wegen dessen hoher Wärmeleitfähigkeit möglich wäre. Es muß jedoch die Temperaturspanne noch so schnell durchlaufen werden, daß das angestrebte Kristallisationsgefüge erhalten bleibt, um dem Stahl die gewünschten Eigenschaften zu geben[2]. Öl wird deshalb vornehmlich bei solchen Werkstücken verwendet, bei denen infolge der Formgebung die Gefahr der Rißbildung größer ist oder z.B. eine bearbeitete Oberfläche mit Sicherheit selbst von feinen Haarrissen frei bleiben muß. Gewöhnlich wird von den Herstellern bestimmter Stähle vorgeschrieben, bei welcher Wärmebehandlung Öl verwendet werden muß[3].

---

[1] Über Turbinenöle s. auch: Ölbuch (vgl. Fußn. 3, S. 105).

[2] Hütte, Des Ingenieurs Taschenbuch, 28. Aufl., Bd. I, Berlin: Ernst 1955, S. 1077. – KÜNTSCHER, W., H. KILGER u. H. BIEGLER: Technische Baustähle, 3. Aufl., Halle (Saale): Knapp 1958, S. 571 ff. – MASING, G.: Grundlagen der Metallkunde in anschaulicher Darstellung, 4. Aufl., Berlin/Göttingen/Heidelberg: Springer 1955.

[3] Vgl. z.B. auch B. RIEDIGER: Brennstoffe/Kraftstoffe/Schmierstoffe, Berlin/Göttingen/Heidelberg: Springer 1949, S. 450f. (Härte und Anlaßmittel). – BARTZ, W.: Kühlschmiermittel bei der Metallbearbeitung unter besonderer Berücksichtigung der Schmierstoffe für die spanlose Formgebung. Erdöl-Z. 80 (1964) 451/64. – BEUERLEIN, P.: Öle für die mechanische und thermische Bearbeitung der Metalle, in: Mineralöle und verwandte Produkte, hrsg. von C. ZERBE: a.a.O. Bd. II, S. 340/52.

Die Anforderungen, die an Schneid- und Kühlöle gestellt werden, unterscheiden sich kaum von denjenigen, welche von Schmierölen für mäßige Beanspruchungen erfüllt werden müssen. Härte- und Anlaßöle sollen demgegenüber vor allem möglichst wenig zum Kracken neigen, weil die zu behandelnden Werkstücke beim Eintauchen Temperaturen bis über 800 °C aufweisen können. Daher muß auch der Flammpunkt solcher Öle so hoch wie möglich liegen, d.h., sie müssen gegen die darunter siedenden Fraktionen sehr scharf geschnitten sein. Mit Rücksicht auf die erwünschte Widerstandsfähigkeit gegen hohe Temperaturen sind für solche Öle paraffinbasische Produkte wenig geeignet.

Nach Siedebereichen oder Zähigkeiten gehören die erwähnten Öle in die gleiche Gruppe wie die Schmieröle. Bei ihrer Herstellung werden seit Jahrzehnten übliche Praktiken angewendet, die von hochsiedenden Destillaten ausgehen und eine Besonderheit darstellen, mit der sich nur wenige Raffinerien befassen. Oft wird diese Aufgabe spezialisierten, kleineren Unternehmen überlassen. Deshalb wird hier verzichtet, näher darauf einzugehen, zumal die verarbeiteten Mengen nur Bruchteile von Prozenten des gesamten Raffineriedurchsatzes eines Landes betragen.

Zum Schluß sind hier noch die Öle zu nennen, welche für verschiedene *Zwecke* der *Elektrotechnik* verwendet werden. Vollkommen wasserfreie Mineralöle haben eine sehr hohe elektrische Durchschlagsfestigkeit und sind deshalb überall dort von Vorteil, wo durch ihre Verwendung die Abstände zwischen spannungsführenden Teilen gegenüber den bei Luft erforderlichen verringert werden können. Außerdem wirkt das Öl bei Transformatoren vornehmlich als Kühlmittel, um die im Eisenkern und in der Wicklung beim Betrieb entstehende Wärme abzuführen. Das Öl darf die für die Wicklungen verwendeten Isolierstoffe nicht angreifen und deren Durchschlagsfestigkeit nicht beeinträchtigen. Schalteröle haben infolge der Weiterentwicklung der Hochleistungsschalter zu ölarmen oder öllosen Bauarten in den zurückliegenden Jahrzehnten an Bedeutung verloren, werden aber trotzdem noch vielfach für Niederspannungs-Motorschutzschalter und für die im Zuge der Automation vorzugsweise verwendeten Schütze bei den verschiedenen Antrieben von Arbeits- und Werkzeugmaschinen gebraucht. Die Verwendung ölgefüllter Kabel ist hingegen eine Entwicklung der zurückliegenden Jahre, die neue Anwendungsmöglichkeiten für Isolieröle erschlossen hat[1].

Die Anforderungen an Transformatoren-, Wandler- und Schalteröle sind in DIN 51507 (Nov. 1959) genormt. Sie stimmen mit der Vorschrift VDE 0370/4.52 des Verbandes Deutscher Elektrotechniker überein. Die

---

[1] RIEDIGER, B.: Brennstoffe/Kraftstoffe/Schmierstoffe: a.a.O. S. 446/50 (Isolierflüssigkeiten der Elektrotechnik). – ROTH, A.: Hochspannungstechnik, hrsg. unter Mitwirkung von A. IMHOF, 3. Aufl., Wien: Springer 1950, S. 121/57 (III. Das Öl als Baustoffe) u. S. 545/46 (Ölkabel). – OBURGER, W.: Die Isolierstoffe der Elektrotechnik, Wien: Springer 1957. – Ölbuch/Anweisung für Prüfung, Überwachung, und Pflege der im Betrieb verwendeten Öle mit Isolier- oder Schmiereigenschaften, hrsg. von Vereinigg. Dtscher Elektr.werke (VDEW), 4. Aufl., Frankfurt/M.: Verlags- u. Wirtschaftsges. der Elektrizitätswerke 1963. – EVERS, F.: Öle und verwandte Produkte für Zwecke der Elektrotechnik, in: Mineralöle und verwandte Produkte, hrsg. von C. ZERBE: a.a.O. Bd. II, S. 352/82.

Dichte soll bei 15 °C höchstens 0,890 g/ml und die kinematische Zähigkeit bei 20 °C höchstens 30 cSt ($\triangleq$ 4,1 °E), bei − 30 °C höchstens 1800 cSt ($\triangleq$ etwa 240 °E) betragen. Der Flammpunkt im offenen Tiegel ist mit mindestens 140 °C vorgeschrieben. Neben diesen Eigenschaften sind noch der Aschegehalt mit höchstens 0,005 Gew.-% und sehr niedrige Werte für die Verseifungs- und die Neutralisationszahl zugelassen. Die Änderung der Verseifungszahl sowie der Anstieg der (unerwünschten) Leitfähigkeit werden außerdem beim Alterungstest bestimmt.

Im Hinblick auf den Verwendungszweck kommt der elektrischen Durchschlagsfestigkeit, dem Verlustfaktor $tg\delta$ ($\tan\delta$) und der Dielektrizitätskonstante ε besondere Bedeutung zu. Die Durchschlagsfestigkeit wird in Geräten mit festgelegter Elektrodenform bestimmt und ist dafür maßgebend, welche Mindestabstände zwischen spannungsführenden, durch das Isolieröl voneinander getrennten Teilen notwendig sind. Bei einem Elektrodenabstand von 2,5 mm im Meßgerät werden bei getrockneten, zum Einfüllen vorbereiteten Transformatoren- und Wandlerölen 50 kV, bei entsprechenden Schalterölen 30 kV verlangt. Diese Werte dürfen im Betrieb – je nach Reihenspannung der Geräte – auf etwa die Hälfte abnehmen.

Die Darstellung des Verlustfaktors als Tangens eines Winkels erklärt sich durch die Vektordarstellung der Größen des elektrischen Feldes. Er ist ein Maß für die Wärmeentwicklung im Dielektrikum. Die (relative) Dielektrizitätskonstante ε gibt an, um wieviel dichter die Linien des elektrischen Feldes im Dielektrikum gegenüber Luft verlaufen. Sie liegt bei Mineralölen zwischen 2 und 3 und ist durch die Verarbeitung nicht zu beeinflussen[1].

Schließlich ist noch die Gasfestigkeit von Isolierölen zu erwähnen. Man versteht darunter die Eigenschaft eines Isolieröles, unter dem Einfluß elektrischer Glimmentladungen kein Gas abzugeben. Tritt dies ein, so besteht die Gefahr, daß sich Gasblasen im Öl durch die Entladungen vergrößern und dadurch die Durchschlagsfestigkeit verringert wird[2]. Die Gasfestigkeit läßt sich durch Additive verbessern. Eine Abhängigkeit von der chemischen Zusammensetzung der Öle ist kaum zu erkennen, wenn man von der Beobachtung absieht, daß anscheinend Aromaten durch den entstehenden Wasserstoff hydriert werden, diesen also binden und daher die Gasfestigkeit erhöhen.

γ) Die Auswahl der Grundöle. Während man in früheren Jahrzehnten weitgehend darauf angewiesen war, für die Herstellung von Schmierölen nur Rohöle mit ausgesuchten Eigenschaften zu verwenden, ist es jetzt infolge der Raffinationstechnik, insbesondere durch Anwendung der im Kapitel J beschriebenen selektiv wirkenden Verfahren möglich, fast aus jedem beliebigen Rohöl Grundstoffe zu gewinnen, aus denen Schmieröle

---

[1] Vgl. dazu auch G. Keil, H.-J. Völker u. R. Pischelt: Probleme der Herstellung qualitativ hochwertiger Isolieröle aus naphthenischen, paraffinarmen Rohölen. Chem. Techn. 14 (1962) 267/73.

[2] Näheres siehe bei Th. Wörner: Über die Gasfestigkeit und Gasabspaltung von Isolierölen im elektrischen Feld. Erdöl u. Kohle 3 (1950) 427/36. – Kägler, S.: Vereinfachte Bestimmung der Gasfestigkeit von Isolierölen ...; ebd. 20 (1967) 431/36 mit zahlreichen Schrifttumsangaben.

hergestellt werden können, die hohen Anforderungen genügen. Es ist eine Frage der Anlage- und Betriebskosten, ob dieser Weg eingeschlagen wird und trotz höheren Aufwandes bei der Verarbeitung durch den niedrigeren Einstandspreis der Rohöle oder sonstige damit verbundene Vorteile eine Wirtschaftlichkeit zu erzielen ist. Die wichtigsten Eigenschaften, die angestrebt werden, sind ein möglichst flacher Zähigkeits–Temperatur-Verlauf, tiefer Stockpunkt, in gewissen Fällen auch hoher Flammpunkt, Farbbeständigkeit und Freiheit von Begleitstoffen, welche die Metalle der Lagerstellen und der Schmierölleitungen angreifen könnten. Außerdem wird bei thermisch beanspruchten Ölen Alterungsbeständigkeit verlangt.

Um die beiden ersten Forderungen zu erfüllen, sind zwei Verfahrensschritte sehr wichtig, von denen bei Produkten aus gewissen, besonders geeigneten Rohölen der eine oder andere u. U. entfallen kann. Da aus *paraffin*basischen Rohölen gute Schmierölkomponenten mit sehr flachem Zähigkeits–Temperatur-Verlauf zu erhalten sind, werden solche Öle gerne verwendet. Allerdings ist dann eine Entparaffinierung unerläßlich. Sie hat jedoch den Vorteil, ein Nebenprodukt zu liefern, das auf dem Markt gut untergebracht werden kann, so daß die Entfernung des Paraffins aus einem Schmierölgrundstoff meist eine zusätzliche Einnahmequelle eröffnet.

Bei geeigneter Behandlung können auch aus *gemischt-* oder *naphthen*basischen Rohölen Grundöle mit einer für viele Verwendungszwecke ausreichenden Qualität hergestellt werden. Die den Viskositätsindex störenden aromatischen Körper müssen bei solchen Ölen immer durch Solventextraktion entfernt werden. Hingegen ist ein Entparaffinieren meist nur bei gemischtbasischen Ölen erforderlich.

Es ist zu beachten, daß *naphthen*basische Rohöle keineswegs Öle mit schlechten Schmiereigenschaften liefern, wenn man vom Zähigkeits–Temperatur-Verhalten absieht. Sie sind deshalb in gut raffiniertem Zustand für die Lagerschmierung von Dampf- und Gasturbinen, als Grundöle für die Herstellung von Transformatorenölen und für ähnliche Zwecke sehr gut geeignet. Die Temperaturschwankungen, denen solche Öle unterworfen werden, sind gemessen an den Verhältnissen in Verbrennungsmotoren mäßig. Ein niedrigerer Viskositätsindex beeinträchtigt daher nicht ihre Brauchbarkeit. Solche Öle haben außerdem den Vorteil, bei gleicher Zähigkeit höhere Flammpunkte zu besitzen als paraffinbasische Öle. Da sie thermisch stabiler sind, eignen sie sich besonders für den Dauerbetrieb, z. B. in neuzeitlichen Dampfturbinen mit Eintrittstemperatur bis über 500 °C und darüber, sowie in Gasturbinen. Wenn die Öle auch nicht mit dem Heißdampf oder dem Heißgas direkt in Berührung kommen, so läßt es sich – wie bereits erwähnt – nicht vollkommen vermeiden, daß Schmierölleitungen der Strahlung heißer Bauteile der Turbinen ausgesetzt werden. Deshalb ist die geringere Krackneigung von Schmierölen mit gesättigten Ringkohlenwasserstoffen als Basis eine sehr erwünschte Eigenschaft, wenn das dadurch verursachte etwas ungünstigere Zähigkeits–Temperatur-Verhalten für die gedachte Verwendung nicht hinderlich ist. Solche Gesichtspunkte tragen dazu bei, daß naphthenbasische Rohölrückstände nach dem Entasphaltieren zu sehr guten Schmierölen weiterverarbeitet werden können[1].

Bei der Unzahl von Schmierölsorten, die sich heute für verschiedene Zwecke auf dem Markt befinden, wäre es für eine Raffinerie ganz ausgeschlossen, den Verfahrensgang nach den wechselnden Marktanforderungen einzurichten. Dabei muß man bedenken, daß insbesondere die verlangten Mengen oft starken Schwankungen unterworfen sind. Deshalb strebt man danach, ein gleichbleibendes Sortiment verschiedener, nach Zähigkeiten gestufter Schmierölkomponenten herzustellen, aus denen dann durch Zusammenmischen und durch Zugabe verschiedener Additives Produkte mit den gewünschten Spezifikationen erzeugt werden können[2].

δ) Grobkristallines und feinkristallines Paraffin. Obwohl die Unterschiede zwischen den in schweren Rohölfraktionen vorkommenden Paraffinen in erster Linie für die bei der Schmierölherstellung erzielbaren Paraffinsorten wichtig sind, müssen sie wegen ihres erheblichen Einflusses auf den Verfahrensgang bereits hier bei der Herstellung der Schmieröle selbst erörtert werden. Es ist seit den Anfängen der Erdölindustrie bekannt, daß Paraffin in kristalliner, d.h. in grobkristalliner Form abgeschieden werden kann, aber auch in sog. mikrokristalliner (feinkristalliner) Form in Erdölprodukten vorkommt. Früher nannte man die zweite Form amorph. Auch die Bezeichnung „Pseudo-wax" oder „Ceresin wax" finden sich im u.s.-amerikanischen Schrifttum. Man hat nachweisen können, daß das zuerst genannte Paraffin (mitunter als „paraffin wax" bezeichnet) mehr Normalparaffine enthält, deren Kohlenstoffatomzahl etwa 20 bis 30 beträgt und die dementsprechend eine Molmasse von 360 bis 420 g/mol besitzen. Es sind auch Werte bis zu 600 g/mol beobachtet worden. Das feinkristalline Paraffin (Zeresin) setzt sich hingegen vornehmlich aus Isoparaffinen und alkylierten Naphthenen zusammen mit Kohlenstoffatomzahlen, die zwischen 30 und 60 liegen. Die Molmasse beträgt etwa 580 bis 700, in manchen Fällen sogar bis zu 900 g/mol[3].

---

[1] Über die im Comecon-Wirtschaftsraum angestellten Überlegungen, aus den verfügbaren Rohölen gute Schmieröle herzustellen, siehe E. VÁMOS u. G. KEIL: Herstellung von Schmierölen aus Romaschkinsker Rohöl. Chem. Techn. 16 (1964) 533/39. – VÁMOS, E., GY. MÓZES u. Mitarb.: Verschiedene Möglichkeiten zur Herstellung hochviskoser Öle aus Romaschkinsker Rohöl ...; ebd. S. 539/44. – KEIL, G., H. ROTH, B. WENZEL u. Mitarb.: Herstellung von Schmierölen aus hydriertem Romaschkinsker Vakuumdestillat; ebd. S. 545/48.

[2] Vgl. dazu M. FREUND, A. ZALAI, I. PALLAY, B. PÉCELI u. L. HÁGA: Einfluß der Verfahrensweise bei der Herstellung des Grundöls auf die Qualität der legierten Motorenöle. Erdöl u. Kohle 22 (1969) 277/81.

[3] SCHÜNEMANN, K. H.: Paraffin (Festparaffin), in: Mineralöle und verwandte Produkte, hrsg. von C. ZERBE: a.a.O. Bd. I, S. 469/88 – McARDLE, E. H., u. A. E. ROBERTSON: Solvent Properties of Isomeric Paraffins. Industr. Engng. Chem. 34 (1942) 1005/08. – TERRES, E., K. FISCHER u. E. SASSE: Zur Kenntnis der Zusammensetzung des Festparaffins aus Mineralölen und Schwelteeren. Brennst.-Chem. 31 (1950) 193/207. – ZURCHER, P.: Notes on Dewaxing – Removal of Petroleum. Petrol. Refiner 30 (1951) Nr. 9, S. 119/24; Nr. 11, S. 121/26. – EDWARDS, R. T.: A New Look at Paraffin Waxes. Petrol. Refiner 36 (1957) Nr. 1, S. 180/86. – Ders.: Crystal Habit of Paraffin Waxes. Industr. Engng. Chem. 49 (1957) 750/57. – PHILIPPS, J.: Refin Waxes for Suitable Properties. Petrol. Refiner 38 (1959) Nr. 9,

Je mehr Isoparaffine oder gar alkylierte Naphthene in einem Paraffin enthalten sind, desto schwerer bilden sich ausgeprägte Kristalle. Dieser Einfluß macht sich je nach Länge der geraden Ketten bemerkbar und ist bei stark verzweigten Isoverbindungen und Naphthenen mit kurzen oder verzweigten Seitenketten am deutlichsten zu erkennen. Die Ursache für diese Erscheinung liegt wohl darin, daß sich die geradkettigen Alkane infolge zwischenmolekularer Kräfte leichter parallel lagern und bei Annäherung an ihren Erstarrungspunkt (Schmelzpunkt) leichter kristallisieren, wenn diese Orientierung nicht durch ähnliche Moleküle mit Seitenketten sterisch behindert wird. Ausdruck dieser leichteren Orientierung sind auch die höheren Schmelz- und Siedepunkte unverzweigter Paraffinkohlenwasserstoffe gegenüber den entsprechenden Werten verzweigter Verbindungen gleicher C-Atomzahl.

Die Verteilung der Normal- und der Isoparaffine auf die einzelnen Fraktionen schwankt erheblich in Abhängigkeit von der Zusammensetzung der Rohöle. Die im mittleren Siedebereich des Gasöles anzutreffenden Isoparaffine besitzen meist nur eine einzige Methylgruppe. In höheren Siedebereichen nimmt die Zahl der Methylgruppen oder die Länge der Seitenketten zu[1]. TERRES und SUR haben die in Zahlentafel N-7 genannten Werte gefunden. Mittels neuerer Untersuchungsverfahren hat man aber erkannt, daß der Gehalt an Normalparaffin je nach Herkunft des Öles wesentlich höher liegen kann, als in Zahlentafel N-7 angegeben. Bei paraffinbasischen Ölen, die fast ausschließlich entparaffiniert werden, ist in der Reihenfolge der Aufzählung in Zahlentafel N-7 (Spindelöl bis schweres Maschinenöl) mit Mengen von rd. 80, 65, 50 und 35 Gew.-% zu rechnen. Es bedarf demnach einer Prüfung, ob und wie sich die zu entfernenden Paraffinmengen verwerten lassen. Wohl geben die Normalparaffine die härteren Sorten. Aber auch für feinkristallines

Zahlentafel N-7. *Ungefähre Verteilung von Normal- und Isoalkanen in dem aus Schmierölfraktionen gewonnenen sog. Festparaffin, nach* TERRES *und* SUR

Fraktion	Ungefähre C-Atomzahl	Zähigkeit in °E bei 50 °C	Anteil der Normalparaffine Gew.-%
Spindelöl	18···25		10···35 in Einzelfällen bis 50
Leichtes Maschinenöl	18···32	5···6	} 20···25
Mittleres Maschinenöl	bis 38	9···10	
Schweres Maschinenöl	bis etwa 45	über etwa 15	5···10

S. 193/98. – MAZEE, W. M.: Paraffin, seine Zusammensetzung und das Phasenverhalten seiner wichtigsten Komponenten, der normalen Alkane. Erdöl u. Kohle 13 (1960) 88/93. – SCHNEIDER, W., u. A. HEYMER: Über die Kristallisation von festem Paraffin aus Lösungsmitteln. Chem. Techn. 15 (1963) 667/73. – MÓZES, GY., L. ZSIDA, M. FÉNYI-DEMENY u. S. KESZTHELYI: Rheologische Eigenschaften von makro- und mikrokristallinen Paraffinen; ebd. 20 (1968) 481/84.
[1] Vgl. dazu E. TERRES u. S. N. SUR: Über Harnstoff-Einschlußverbindungen geradkettiger und verzweigter Verbindungen. Brennst.-Chem. 38 (1957) 330/43. – HILDEBRAND, G., J. TEUBEL, CH. PEPER u. B. DAHLKE: Über die Kettenlängenverteilung der n-Alkane in Paraffinen aus Braunkohlenschwelteer und Erdöl. Chem. Techn. 15 (1963) 482/84.

Paraffin, das also viele hochmolekulare Isoverbindungen und Naphthene enthält, besteht eine Verwendung als Vaseline und für ähnliche Zwecke[1].

Die Erniedrigung des Siedepunktes durch Verzweigung erklärt es, daß der Siedebereich der Isoalkane und Alkylnaphtene trotz erheblich höherer Kohlenstoffatomzahl dem Bereich der kristallinen Paraffine näher liegen kann. Sie kommen deshalb in Vakuumfraktionen vor, die einander benachbart sind. Jedoch nimmt der Unterschied der für die praktische Verwendung vor allem interessierenden Schmelzpunkte mit zunehmender Kohlenstoffatomzahl ab, wie aus Abb. N-7 hervorgeht. All-

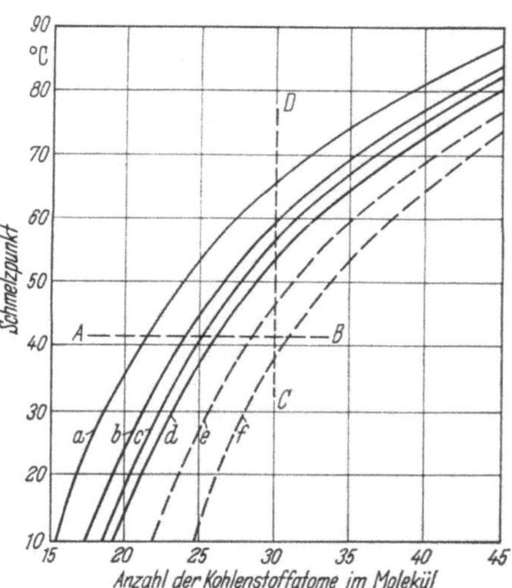

Abb. N-7. Schmelzpunkte von Paraffinen verschiedener Molekularstruktur in Abhängigkeit von der Kohlenstoffatomzahl.

a   Normalparaffine;
b   Zyklohexylparaffine;
c   2-Methyl-Paraffine;
d   Zyklopentylparaffine;
e, f   Verzweigte Isoparaffine.

A–B   Ungefähre untere Grenze technisch aus Destillaten gewonnener Paraffine;
C–D   Ungefähre obere Grenze von Destillaten.

gemein gültige Schlüsse lassen sich leider aus einer Analyse der Zusammensetzung nicht ziehen, wie der zitierten Arbeit von EDWARDS zu entnehmen ist. Zwar zeigt sich, daß ein hoher Anteil an verzweigten Kohlenwasserstoffen für die bei Paraffin gewünschten Eigenschaften offenbar nicht günstig ist. Trotz Anwendung spektrographischer Methoden auf einzelne Fraktionen lassen sich für Produkte gleichen Schmelzpunktes nur folgende Zusammenhänge erkennen:

a) Höchste Zugfestigkeit des Paraffins erfordert einen gewissen Anteil an verzweigten Paraffinen oder solchen mit einzelnen Ringen, weil die geradkettigen allein offenbar zu spröde sind.

b) Die nicht geradkettigen Paraffine sollen aber eine möglichst höhere Molmasse besitzen als die geradkettigen, welche sie begleiten, um die Härte nicht zu beeinträchtigen.

Für weitergehende Schlüsse reichen die Ergebnisse bis jetzt bekannt gewordener Untersuchungen nicht aus.

---

[1] Vgl. dazu a. A. HEYMER, W. SCHNEIDER, W. HELBIG u. R. HÄNEL: Die Kristallmikroskopie als Hilfsmittel bei der Optimierung der Paraffingewinnung. Chem. Techn. 19 (1967) 560/63. (Behandelt ist die Gewinnung von Paraffin aus Gatschen von Romaškino-Rohöl.)

ε) Asphalt in Rohschmierölen. Auch beim Asphaltgehalt – oder besser gesagt Asphaltengehalt – werden zwei unterschiedliche Gruppen beobachtet. Damit ist noch keineswegs gesagt, daß ihre chemische Zusammensetzung erheblich voneinander abweicht, wie sich aus den Ausführungen in Kap. K ergibt. Die Schwierigkeit, ihre chemische Natur zu erkennen, liegt darin, daß Asphaltengehalte üblicherweise unter anderen Bedingungen nachgewiesen werden, als sie in den Erdölprodukten und bei deren Verwendung vorliegen. Eine der am häufigsten angewendeten Prüfmethoden ist die Bestimmung durch den Conradson-Carbon-Test nach ASTM D 189-46, I.P.-13/42 bzw. DIN 51551. Dieses Verfahren ist aber stark oxydierend. Zwar läßt es Schlüsse auf den Asphaltengehalt zu, doch stimmen die in Gew.-% ausgedrückten Ergebnisse nicht mit denen überein, die man erhält, wenn man die asphaltenhaltige Substanz eines Öles mit Propan ausfällt. Man hat versucht, sich damit zu helfen, daß man von tatsächlich vorhandenem Asphalt (preformed asphalt) und von Asphaltbildnern (potential asphalt) spricht, ohne daß damit mehr Klarheit gewonnen wurde. Die Zusammenhänge wurden in den Kapiteln J und K ausführlich dargelegt, so daß hier darauf verwiesen werden kann.

Für die Verarbeitung ist es wichtig zu wissen, daß mit Hilfe der auf S. 711 ff. behandelten selektiven Lösungsmittelverfahren der Asphaltengehalt im allgemeinen nicht unter bestimmte Mindestwerte gesenkt werden kann. Hingegen ist es möglich, mit ausfällenden Mitteln, wie z.B. Propan, den Asphaltengehalt auf wesentlich tiefere Werte herabzusetzen, vgl. S. 699 ff. Dies hängt mit dem in Abschn. K 1 erläuterten Kolloidcharakter der höchstmolekularen Erdölkomponenten zusammen. Infolgedessen bleibt bei Behandlung mit selektiven Lösungsmitteln ein Teil der Asphaltene im Öl zurück, weil die Lösungsmittel wohl die Solvathüllen der Mizellen vergrößern und dadurch diese bis zu einem gewissen Teil aufnehmen können. Ausfällende Mittel wie Propan zerstören hingegen weitgehend die Solvathüllen, so daß die höchstmolekularen Mizellkerne abgeschieden werden. Der Übergang zwischen der Wirkung beider Mittel ist fließend und kann sich je nach Lösungsmittel oder Betriebsbedingungen verschieben. Man muß dabei im Auge behalten, daß durch ausfällende Mittel die Asphaltenanteile, deren Molmasse am größten ist und sich daher von der des Ausfällmittels sehr stark unterscheidet, am wirksamsten abgetrennt werden, während selektive Lösungsmittel in erster Linie Substanzen gleichartigen chemischen Aufbaues lösen[1].

Da sich die Wirkung beider Arten von Lösungsmitteln überdeckt, ist es nicht zweckmäßig, sie bis zur äußersten Grenze anzuwenden, denn durch weitgehendes Entasphaltieren können Schmierölanteile entfernt werden, welche im Schmieröl verbleiben sollen und z.B. bei Anwendung von Lösungsmitteln für Aromaten nicht entfernt werden. Dies beeinflußt auch die Ausbeute. Hingegen kann es geschehen, daß trotz noch so weitgehender Raffination durch selektive Lösungsmittel der Asphaltengehalt nicht genügend tief gesenkt wird. Die auf S. 762 ff. dargelegten

---

[1] Vgl. dazu die Ausführungen S. 99/100 und die in Fußn. 1, S. 99 aufgezählten Arbeiten.

Ansichten über den kolloidalen Aufbau der Bitumina sind in dem hier besprochenen Zusammenhang durchaus brauchbar. Der Unterschied besteht nur in den Mengen der Anteile der fraglichen Substanzen, nicht jedoch in ihrer kolloidchemischen Natur.

ζ) Die Reihenfolge der Verfahrensschritte. In welcher Reihenfolge das Entasphaltieren, das Entparaffinieren und selektive Lösungsmittel zur Verbesserung der Eigenschaften von Schmierölen angewendet werden, wäre zwar bis zu einem gewissen Grad gleichgültig, wenn es nur auf die Eigenschaften des Endproduktes ankäme. Jedoch sind die dabei erzielten Ausbeuten nicht unabhängig von der Reihenfolge, in der die einzelnen Schritte gewählt werden. Dies bedeutet im ungünstigen Fall nicht nur eine Verminderung der Ausbeute durch Substanzverlust, vielmehr hat eine schlechte Ausbeute zur Folge, daß die aus dem Produkt als unerwünscht entfernten Substanzen die Raffinerien vor neue Probleme stellen. Wenn es sich um Kohlenwasserstoffe handelt, dann können z. B. aromatische Extrakte bis zu einem gewissen Anteil dem Einsatzgut von Krackanlagen zugegeben und auf diese Weise verwertet werden. Eine Grenze ist dabei durch die stärkere Koksbildung der Aromaten auf dem Katalysator gezogen. Hingegen sind solche Extrakte gerade wegen des hohen Gehaltes an Aromaten zur Erzeugung von Ruß besonders geeignet. Unangenehmer ist es, wenn nicht mit organischen Lösungsmitteln, sondern noch mit Schwefelsäure gearbeitet wird und dadurch bei ungünstiger Fahrweise die Menge des schwer verwertbaren Säureteers erhöht wird.

Insbesondere ist noch folgendes zu beachten: Entasphaltiert werden grundsätzlich nur Destillationsrückstände, die dann – wie bereits erläutert – einfach als *entasphaltierte Öle* bezeichnet werden. In Destillaten sind die Asphaltmengen immer so klein, daß es nicht nötig ist, sie zu entfernen. Wenn überhaupt erforderlich, ist das Entasphaltieren immer der erste Schritt.

Bei den nachzuschaltenden Anlagen wird die Reihenfolge vornehmlich von wirtschaftlichen Überlegungen bestimmt. Die Baukosten von Entparaffinierungsanlagen sind je t/h Durchsatz merkbar höher als bei der Solventextraktion. Von diesem Standpunkt aus ist das Nachschalten der Entparaffinierung durchaus zweckmäßig, weil nur mehr das Raffinat aus der Extraktionsanlage zu verarbeiten ist. Dabei ist aber zu beachten, daß sich das Paraffin bei der Solventextraktion im Raffinat anreichert und dadurch dessen Stockpunkt gegenüber dem des Ausgangsöles erhöht. Will man also im Endprodukt unter einem Grenzwert bleiben, so muß man beim Entparaffinieren einen so tiefen Stockpunkt anstreben, daß er durch den Anstieg in der nachfolgenden Extraktion nicht den zulässigen Wert überschreitet. Mitunter wird erst durch Vorschalten der Solventextraktion die Gewinnung grobkristalliner Paraffine möglich, weil im anderen Fall die Anwesenheit eines zu hohen Anteiles von Ringverbindungen stört. Die Entscheidung, ob eine Gewinnung des Paraffins überhaupt in Erwägung gezogen werden kann, hängt sehr stark von den dafür erzielbaren Preisen ab. Es können bei naphthenbasischen Rohölen durchaus bessere Erlöse zu erwarten sein, wenn man sich auf die Erzeugung von Maschinenölen beschränkt, dabei zwar den Destillationsrückstand im erforderlichen Ausmaß entasphaltiert, aber auf das Entparaffinieren verzichtet, zumal in solchen Ölen der ungünstige Einfluß der Paraffine auf den Stockpunkt entsprechend dem Gehalt an Ring- und auch an Isoverbindungen teilweise kompensiert ist.

Zusammenfassend ergibt sich aus Vorstehendem, daß – soweit überhaupt erforderlich – zuerst entasphaltiert werden muß. Bei der Weiterverarbeitung ist es dann üblich, anschließend mit Lösungsmittel die Aromaten zu extrahieren und am Schluß zu entparaffinieren. Bei manchen Ölen kann es zweckmäßig sein, den zweiten und dritten Verfahrensschritt zu vertauschen, doch läßt sich dies nur durch Versuche im Laboratorium mit Sicherheit klären. Wie die vorgenannten, besonders für die Schmierölherstellung bestimmten Anlagen in das gesamte Verfahrensschema einzugliedern sind, wird im folgenden Unterabschnitt, S. 983ff., erläutert.

η) **Der ursprünglich übliche Verfahrensgang.** Bei der Herstellung von Schmierölkomponenten haben sich zur Unterscheidung der einzelnen Produkte verschiedene, dem englischen Sprachgebrauch entnommene Bezeichnungen eingebürgert, die in der Erdölindustrie selten übersetzt werden, um Mißverständnisse auszuschließen. Sie stammen zum großen Teil noch aus einer Zeit, in der die jetzt angewendeten Verfahren nicht bekannt waren. Das Entparaffinieren wurde nur durch Kühlen und Auspressen bewerkstelligt, und für das Entasphaltieren wurde meist Schwefelsäure verwendet. Um die Ausdrücke für die dabei gewonnenen Zwischen- und Endprodukte zu erklären, ist in Abb. N-8 ein heute über-

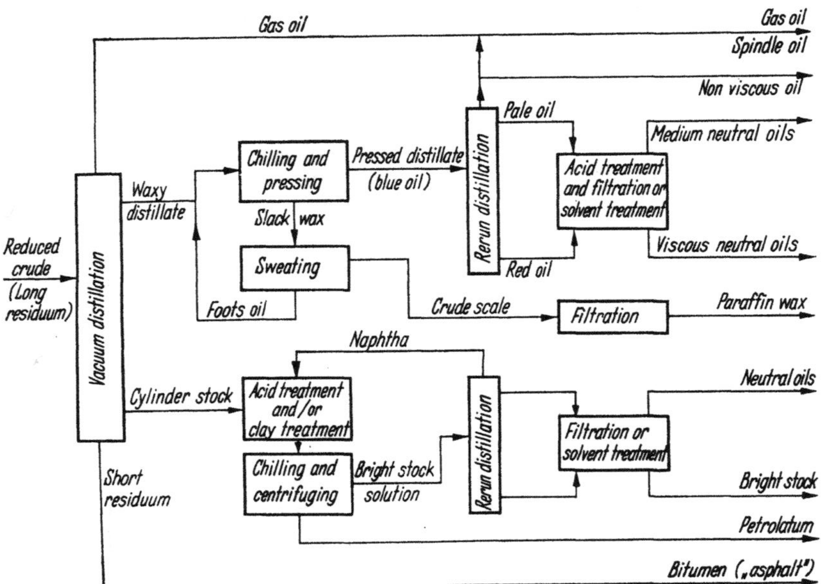

Abb. N-8. Blockschema der früher üblichen Verarbeitung von Normaldruckrückstand auf Schmierölkomponenten.

holtes, aber in älteren Raffinerien noch anzutreffendes Arbeitsschema wiedergegeben. Dabei ist es wichtig zu beachten, daß die für den Stockpunkt unerwünschten Paraffine sich aus niedrigersiedenden Schmierölkomponenten besser in kristalliner Form abscheiden lassen, weil offenbar die Unterschiede in der Molekülgröße ein Ausscheiden der hochmolekularen Paraffine in Kristallform erleichtern. Je höher allerdings der Siedebereich ist und damit die Molmasse des als Lösungsmittel wirkenden Öles, um so schwerer lassen sich dann die Paraffine abtrennen und ölfrei gewinnen. Das Schema zeigt, daß ein Normaldruckrückstand (reduced crude, long residuum) in einer Vakuumkolonne in vier Fraktionen zerlegt wird; über Kopf wird ein Gasöl abgenommen, das als Krackereinsatz oder auch als leichtes Spindelöl verwertet werden kann. Aus der ersten Seitenfraktion, dem „waxy distillate", wird das Paraffin (engl. wax) gewonnen, indem das Öl in Kratzkühlern auf eine dem gewünschten Stockpunkt entsprechende tiefe Temperatur abgekühlt wird, so daß sich das Paraffin in kristalliner Form ausscheidet. Es bleibt in dem kalten Öl in Schwebe und wurde früher meist auf diskontinuierlich betriebenen Filterpressen vom Öl getrennt. Das ablaufende Öl wird als „pressed distillate" bezeichnet und redestilliert, um es in zwei oder drei Komponenten verschiedener Zähigkeit zu zerlegen[1]. Über Kopf kann ein sehr dünnflüssiges Öl abgenommen werden, das entweder dem Gasöl zugegeben wird oder als ganz leichte Schmierölkomponente (non viscous oil bzw. non viscous neutral oil) zur Herstellung von Schmierölen geringer Zähigkeit, wie Uhrenöle, Nähmaschinenöle oder ähnliches, verarbeitet werden kann. Die Seitenfraktion und das Bodenprodukt dieser Redestillationskolonne kann nach Säurebehandlung und Filtration oder Solventextraktion als „medium neutral oil" und „viscous neutral oil" für die Herstellung von etwas zäheren Schmierölsorten dienen.

Der Preßrückstand aus den Filtern enthält noch etwas Öl und wird als slack wax bzw. paraffin slack wax[2] (Paraffingatsch) bezeichnet. Durch Erwärmen bis auf Temperaturen knapp unterhalb des Schmelzpunktes des Paraffins kann durch „Ausschwitzen" (sweating) das Paraffin weitgehend entölt werden. Dieses Verfahren wird auch bei der Paraffingewinnung in der Braunkohlenindustrie angewendet. Das dabei noch ablaufende Öl, das sog. „foots oil", wird zum „waxy distillate" zurückgegeben und im Kreislauf geführt[3].

Das „pressed distillate" ist nur von Paraffin befreit, kann jedoch noch aromatische oder asphaltartige Anteile enthalten, die einen schlechten Viskositätsindex zur Folge haben, und besitzt außerdem einen weiten Siedebereich. Um die Entparaffinierung für einen weiten Schnitt in einem durchführen zu können, wird es erst nachträglich durch Redestillation in zwei oder drei Produkte zerlegt. Das Schema der Abb. N-8

---

[1] Dieses „pressed distillate" muß vom „pressure distillate" unterschieden werden; vgl. S. 290. Man benutzte den zweiten Ausdruck seinerzeit für die unter Druck anfallenden, im Benzinbereich siedenden Destillate aus thermischen Krackanlagen und gab ihnen diesen Namen, weil die Straight run-Produkte gleicher Siedelage bei Atmosphärendruck gewonnen wurden.

[2] slack (engl.; vgl. deutsch: Schlacke) = Kohlengrus.

[3] foots (engl., plur.) = Bodensatz.

zeigt das Beispiel mit einem sehr dünnflüssigen Kopfprodukt (non viscous oil), das entweder für die Herstellung leichter Spindelöle verwendet werden kann oder bei nicht ausreichend günstigen Eigenschaften oder Mengen dem aus der Vakuumkolonne über Kopf abgezogenen Gasöl zugegeben wird. Seitenströme und Bodenprodukt der Redestillation können dann durch Säurebehandlung und anschließende Filtration oder durch Behandlung mit selektiven Lösungsmitteln zu „medium neutral oil" bzw. „viscous neutral oil" weiterverarbeitet werden. Da die anfallenden Mengen meist nicht mehr sehr groß sind und die Säurebehandlung z.B. chargenweise betrieben wird, kann unter Ausnutzung einer Zwischenlagerung der Betrieb so geführt werden, daß die gleiche Apparatur abwechselnd für das eine oder andere Produkt verwendet wird. Sinngemäß werden die kontinuierlich arbeitenden Anlagen für die Solventextraktion in sog. blocked (out) operation betrieben; vgl. Fußn. 1, S. 937.

Das durch Schwitzen wie vorbeschrieben vom Öl weitgehend befreite Rohparaffin (crude scale, so genannt, weil es in Schuppenform anfällt) wird geschmolzen, durch Filtrieren über Bleicherde entfärbt und liefert auf diese Weise weißes Paraffin als Endprodukt. Sein Schmelzpunkt wird durch den Schnittpunkt zwischen Gasöl und paraffinhaltigem Vakuumdestillat („waxy distillate") bestimmt. Von ihm hängt es ab, welcher Anteil an leichtsiedenden Kohlenwasserstoffen mit ihrem Paraffingehalt in das „waxy distillate" gelangt. Sollte der so erzielte Schmelzpunkt des Paraffins für den gegebenen Markt zu niedrig sein, so muß geprüft werden, ob es wirtschaftlich ist, durch Erhöhen des Schnittpunktes auf einen Teil der Schmieröle mit geringster Zähigkeit zu verzichten oder durch schonendes Strippen des Paraffins im Vakuum den Schmelzpunkt auf den gewünschten Wert anzuheben.

Das schwerstsiedende, aus der Vakuumkolonne gewonnene Destillat, wird als „cylinder stock" bezeichnet, weil es das Ausgangsprodukt für die Heißdampfzylinderöle bildet. In dem in Abb. N-8 wiedergegebenen Schema ist angenommen, daß es noch behandelt werden muß, was durch Schwefelsäure und Bleicherde oder wenigstens durch einen dieser beiden Verfahrensschritte erreicht wird. Die daraus abzuscheidenden mikrokristallinen Paraffine lassen sich durch Filtrieren nicht abtrennen, weil sie jede Art von Filter verstopfen. Deshalb hat man früher den „cylinder stock" mit Schwerbenzin (Naphtha) vermischt und durch die große Differenz der Molmassen erreicht, daß das Paraffin soweit in Gelform abgeschieden wurde, daß es durch Schleudern vom Grundöl getrennt werden konnte. Bei Anwendung von selektiven Lösungsmitteln ist es auch in diesem Fall möglich, das Paraffin durch Filter zu gewinnen. Das in den Filtern abgetrennte Gemisch aus mikrokristallinem Paraffin und viskosem Öl (petrolatum oder petroleum jelly) ist ein Rohvaselin, das durch intensive Raffination in ein den Arzneibüchern entsprechendes Produkt aufgearbeitet werden kann. Das aus den Zentrifugen ablaufende paraffinfreie Öl stellt den für die Herstellung hochviskoser Schmieröle wertvollen „bright stock" dar, der bei Verwendung von Schwerbenzin zum Abtrennen des Paraffins noch redestilliert werden muß. Meist wird der „cylinder stock" aus der Vakuumkolonne mit möglichst breitem

Siedebereich abgenommen, um so wie beim „waxy distillate" die unvermeidbaren, darauffolgenden Verfahrensschritte in einer Apparatur durchführen zu können. Deshalb wird in der anschließenden Redestillation nicht nur das Schwerbenzin über Kopf abgetrieben, sondern das Produkt in den eigentlichen „bright stock" und ein etwas weniger viskoses sog. neutral oil zerlegt. Beide Produkte werden in ähnlicher Weise wie die Redestillationsprodukte des „pressed distillate" chargen- oder absatzweise durch Filtrieren oder Solventraffination auf Endprodukte verarbeitet.

In dem Beispiel der Abb. N-8 ist die Verarbeitung so dargestellt, daß der Vakuumrückstand (short residuum) als Bitumen verwendet wird. Dies ist der Fall bei asphalt- oder naphthenbasischen Rohölen. Bei gemischtbasischen Rohölen können auch daraus nach dem Entasphaltieren noch sehr hochviskose Schmieröle hergestellt werden. Vakuumrückstand paraffinbasischer Rohöle ist wegen seines hohen Stockpunktes dafür trotz sonstiger guter Eigenschaften allein meist nicht verwendbar, jedoch als Mischkomponente.

ϑ) **Neuzeitliche Schmierölherstellung.** Durch die inzwischen eingetretene Weiterentwicklung der mit selektiven Lösungsmitteln arbeitenden Verfahren hat sich das Bild erheblich gewandelt. Im Jahre 1955 wurden in den Vereinigten Staaten nur mehr rd. 10 % des Schmieröles auf die vorbeschriebene Weise hergestellt, während für die übrigen 90 % Lösungsmittel angewendet wurden. Dieser Anteil hat sich in den folgenden Jahren noch weiter zugunsten der mit Lösungsmitteln arbeitenden Verfahren verschoben, weil neue Anlagen nur mehr für diese gebaut werden. Soweit ein *Entasphaltieren* notwendig ist, beherrscht die Verwendung von Propan weitgehend das Feld; siehe dazu Zahlentafel J-2, S. 718. Bei neu zu errichtenden Anlagen wird für die *Solventextraktion* Furfurol gegenüber Phenol bevorzugt. Wenn auch der Preis von Furfurol höher ist, so hat es doch den Vorteil, daß die Wahl geeigneter Werkstoffe nicht so kritisch ist wie bei Phenol. Außerdem kann es bei etwas höheren Temperaturen angewendet werden, was wegen der dann geringen Zähigkeit der zu behandelnden Produkte ebenfalls erwünscht ist. Zum *Entparaffinieren* wurde im Jahre 1955 für mehr als 60 % des Gesamtdurchsatzes in 19 Anlagen Methyl-Äthyl-Keton verwendet. Dieser Anteil ist inzwischen noch erheblich weiter angestiegen, wie Zahlentafel J-2 zeigt. Knapp 25 % der zu entparaffinierenden Ölmengen wurden damals in 11 Anlagen mit Propan behandelt und der Rest in weit über 40 Anlagen in der ursprünglichen Art mit Filterpressen. Die letzte Zahl zeigt den großen Unterschied in der Durchsatzleistung[1].

---

[1] Über die Quellen vgl. Fußn. 3, S. 715. Zur Frage der Verwendung verschiedener selektiver Lösungsmittel vgl. auch die nach wie vor brauchbare Übersicht bei E. J. DAWSON: The use of extraction processes in the manufacture of lubricating oils. 3. Welt-Erdöl-Kongreß, Den Haag 1951, Bericht III/1 sowie G. C. GESTER jr.: a.a.O. (Fußn. 1, S. 715) und wegen Entasphaltieren und Entparaffinieren W. P. GEE u. H. H. GROSS: a.a.O. (Fußn. 1, S. 703 bzw. Fußn. 4, S. 737). – Außerdem wurden inzwischen die mit einer Mischung aus Dichloräthan und Methylenchlorid und die mit Harnstoff (durch Adduktbildung) arbeitenden Entparaffinierungsverfahren entwickelt; vgl. dazu S. 736 und 744 ff.

Wie sich dadurch das Verarbeitungsschema einer Raffinerie verändert, ist in Abb. N-9 gezeigt. Dabei ist angenommen, daß drei Seitenströme als Destillate aus der Vakuumkolonne abgezogen werden können und nach Zwischenlagerung in „blocked (out) operation" zunächst durch Behandlung mit Furfurol von den polyzyklischen Verbindungen befreit werden, welche das Zähigkeits–Temperatur-Verhalten verschlechtern. Der so gewonnene Extrakt kann als Heizöl verwendet oder in Krackanlagen eingesetzt werden. Für das Entparaffinieren ist das mit Methyl-Äthyl-Keton arbeitende Verfahren dargestellt, und zur Gewinnung des Endproduktes wird das entparaffinierte Öl noch mit Bleicherde behandelt. Auch hier ist vorgesehen, daß nur der Vakuumrückstand entasphaltiert werden muß, wofür Propan verwendet wird. Das entasphaltierte Öl muß zwischengelagert werden und kann entweder zusammen mit dem schwerstsiedenden Destillat oder bei Bedarf an entsprechend hochviskosen Produkten auch für sich allein in „blocked (out) operation" so wie die anderen aus der Vakuumkolonne gewonnenen Destillate aufgearbeitet werden. Damit erhält man nicht nur Schmieröle verschiedener Zähigkeit, sondern auch Paraffine verschieden hohen Schmelzpunktes, was einen zusätzlichen Vorteil gegenüber der alten Fahrweise darstellt[1].

Das Schema in Abb. N-9 läßt sich in verschiedener Weise abwandeln, da kaum ein Rohöl dem anderen gleicht und sich bei der Herstellung von Schmierölen diese Unterschiede am stärksten auswirken. Es dürfte jedoch aus den vorstehenden Ausführungen im Zusammenhang mit der Beschreibung der einzelnen Verfahren in den jeweiligen Abschnitten des Kapitels J zu erkennen sein, durch welche Kombination sich die gewünschten Produkte in der geforderten Güte am zweckmäßigsten herstellen lassen. Dabei kann daran erinnert werden, daß z.B. Transformatorenöl durch noch weitergehende Raffination aus den niedrigviskosen Spindelölen hergestellt wird, während sich z.B. der Extrakt eines niedrigsiedenden Vakuumdestillates aus einer Phenolanlage wegen seines Aromatengehaltes außer für die Herstellung von Ruß auch für ein Härteöl eignen kann. Es ist Aufgabe der Laboratorien der Raffinerien, soweit sie sich mit der Herstellung von Schmierölen befassen, herauszufinden, wie mit den verfügbaren Verarbeitungsanlagen den Anforderungen des Marktes am besten entsprochen wird[2].

Neue Möglichkeiten bieten insbesondere die vorstehend noch nicht berücksichtigten Hydrierverfahren. So wird die oben als letzte Stufe er-

---

[1] Weitere Einzelheiten s. bei V. A. KALICHEVSKY: Processing of Lubricating Oils. Petrol. Refiner 47 (1948) Nr. 2, S. 75/82. – KING, E. P.: Consider Operating Techniques In These Lube Oil Processes; ebd. 32 (1953) Nr. 3, S. 123/27. – FURBY, M. W.: Petroleum Residua as Sources of Lubricating Oil. Industr. Engng. Chem. 47 (1955) 480/86. – ADAMS, G. F., F. T. MERTENS u. R. L. GODINO: Route to Waxes and Lubes Modernized at DX's Refinery. Petrol. Refiner 40 (1961) Nr. 9, S. 189/94. – WELLER, H.: Die Erdöl-Raffinerie der Deurag-Nerag in Misburg bei Hannover. Erdöl u. Kohle 14 (1961) 821/23. – Zusammenfassende Darstellung des seinerzeitigen Standes bei V. A. KALICHEVSKY: Modern Methods of Refining Lubricating Oils. New York: Reinhold 1938 sowie aus neuerer Zeit das in Fußn. 2, S. 657 genannte Buch von KALICHEVSKY und KOBE.

[2] NELSON, W. L.: Lube-oil manufacture today – a mixture of modern and older processing. Oil Gas J. 64 (7. Febr. 1966) Nr. 6, S. 70/75.

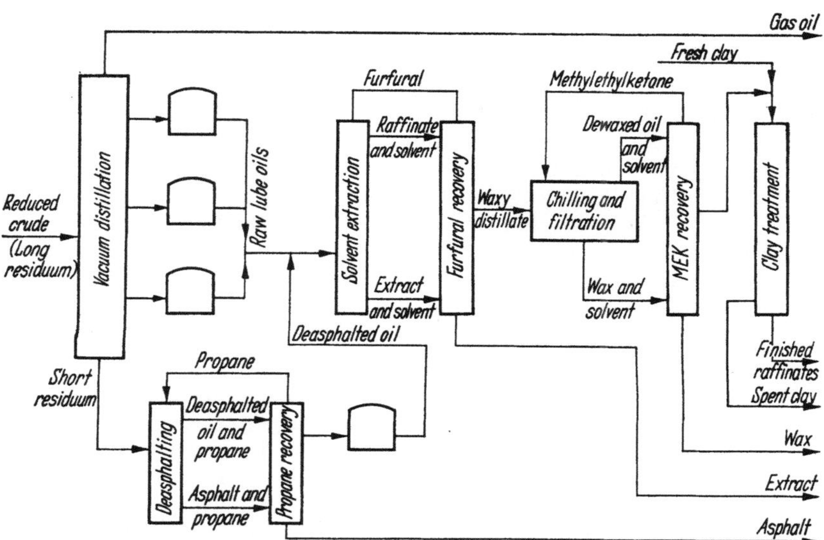

Abb. N-9. Blockschema der Verarbeitung von Normaldruckrückstand auf Schmierölkomponenten mit Hilfe neuzeitlicher Verfahren.

wähnte Bleicherdebehandlung in jüngster Zeit immer mehr durch eine milde hydrierende Raffination („*Hydrofinishing*") ersetzt, um die gewünschte Farbe und Farbstabilität zu erreichen. Dann werden die auf diese Weise erzeugten Grundöle so gemischt, daß man die handelsüblichen Viskositätsbereiche erhält, und schließlich mit Additives versehen. Abweichend von dieser Schaltung wird mitunter zuerst hydriert und dann entparaffiniert, um Schwierigkeiten zu vermeiden, die dadurch entstehen können, daß bei umgekehrter Reihenfolge der Trübungspunkt (cloud point) durch das Hydrieren wieder um einige Grad ansteigt. Man muß demnach entscheiden, ob man die Entparaffinierungsanlage für einen niedrigeren Trübungspunkt als im Endprodukt gefordert auslegt oder ob man bei vorgeschalteter Hydrierung in Kauf nimmt, deren Durchsatz um den Paraffingehalt größer zu wählen.

In Schmierölfabriken, in denen eine beschränkte Anzahl von Fertigprodukten hergestellt wird bzw. die nur mit einer beschränkten Anzahl von Einsatzprodukten zu rechnen haben, können die einzelnen Anlagen in ihrer Kapazität so bemessen werden, daß einzelne Fraktionen durchlaufend ohne Zwischenlagerung verarbeitet werden[1]. Die Anlagen müssen dann für etwas größeren Durchsatz gebaut werden, um einen gewissen Spielraum zu haben, doch läßt sich zwischen der Extraktion und den nachgeschalteten Anlagen der Tankraum eines sonst erforderlichen Zwischentanklagers einsparen. Tankraum für Zwischenlagerung – und zwar zwischen der Vakuumdestillation und der Extraktion – läßt sich auch

---

[1] CHAVES, W.: New Units Complet Sunray's Modernization Program. Oil Gas J. 62 (14. Dez. 1964) Nr. 50, S. 70/73.

dadurch sparen, daß die für die Schmierölherstellung bestimmten Vakuumdestillate und das entasphaltierte Öl (Destillationsrückstand) zunächst je für sich mit Lösungsmittel zur Entfernung der den Viskositätsindex verschlechternden Komponenten behandelt, dann aber zusammengemischt und als „long wax cut" entparaffiniert werden. Daran schließt sich eine „Hydrofinishing"-Anlage, und erst das so gewonnene Gesamtprodukt wird in einer Vakuumdestillation in die Grundöle entsprechend den gewünschten Viskositätsbereichen zerlegt[1]. Schließlich soll noch eine von Bushnell beschriebene Schaltung der einzelnen Verfahren erwähnt werden, bei der z.B. Extraktion und Hydrofinishing bzw. Entasphaltieren und Entparaffinieren kombiniert sind[2].

Neben dem vorstehend zunächst betrachteten Hydrofinishing als Ersatz für eine Bleicherdebehandlung können Schmieröle, wie in Abschn. L 4 e, S. 875 ff., dargelegt, auch unter schärferen Bedingungen raffinierend hydriert werden. Man spricht dann von *Hydrotreating*[3]. Dabei werden nicht nur Begleitstoffe weghydriert, welche die Farbe und die Farbstabilität beeinträchtigen, sondern es kann bis zu einem gewissen Grad auch die chemische Substanz der Öle verändert werden. So können Anteile mit stärker aromatischem Charakter in die entsprechenden naphthenischen Körper umgewandelt werden und bleiben dadurch als Substanz für das Schmieröl im Raffinat einer darauffolgenden Solventextraktion erhalten. Sowohl Ausbeute wie Qualität des Raffinates werden dadurch verbessert, während diese Anteile sonst beim Extrahieren vor der Hydrierung verlorengingen.

Noch einen Schritt weiter geht man, wenn man Schmierölgrundstoffe durch *Hydrokracken* entsprechend hochmolekularen Einsatzgutes herstellt. Dabei werden bevorzugt paraffinische Kohlenwasserstoffe gebildet, und zwar sowohl Normal- wie auch Isoverbindungen. Aromaten werden zu Naphthenen hydriert, hochmolekulare Paraffine aber gespalten. Diese Arbeitsweise gewinnt in letzter Zeit Bedeutung, um Öle mit sehr hohem Viskositätsindex zu erzeugen. Es wurde am Schluß von Abschnitt L 3 b, S. 839/40 auf diese Möglichkeit hingewiesen. Da bei einem solchen Verfahren zwangsläufig wegen des Abbaues hochmolekularer Schmierölkomponenten auch leichtere Produkte wie Gas, Benzin und Mitteldestillate entstehen, empfehlen sich als Einsatzgut für solche Anlagen möglichst hochmolekulare Fraktionen. Dann ergibt sich z. B. folgender Verfahrensgang:

In einer Vakuumdestillation wird ein Vakuum-Flash-Destillat abgenommen, das gegen den Destillationsrückstand nicht besonders scharf geschnitten zu sein braucht. Dem Destillat kann dieser Rückstand nach dem Entasphaltieren wieder zugemischt werden. Man kann also die Entasphaltierungsanlage für kleineren Durchsatz und höhere Konzentration der auszufällenden Asphaltene bemessen, als wenn der gesamte

---

[1] Bundesdeutsche Auslegungsschrift Nr. 1 301 412 (Gulf Oil Co).

[2] Bushnell, J. D.: Development of a low-cost integrated lube plant. Oil Gas J. 67 (27. Okt. 1969) Nr. 43, S. 74/77.

[3] Dieser Ausdruck wird – wie aus den früheren Ausführungen hervorgeht – auch für andere Produkte benutzt.

atmosphärische Rückstand entasphaltiert werden müßte. Das so gewonnene Produkt wird unter verhältnismäßig hohem Druck in einer Hydrokrackanlage behandelt. Der Reaktorausfluß wird in der Fraktionierung einer solchen Anlage wie üblich in leichtere Fraktionen und Normaldruckrückstand getrennt und dieser in einer Vakuumdestillation in die einzelnen Schmierölkomponenten zerlegt. Zwar sinkt beim Hydrokracken der Hartparaffingehalt der einzelnen Fraktionen auf etwa die Hälfte. Trotzdem ist in der Regel auch nach dem Hydrokracken ein Entparaffinieren erforderlich, damit die Produkte den Anforderungen hinsichtlich ihres Kälteverhaltens entsprechen[1]. Der Vorteil des Hydrokrackens liegt unter anderem in der Bildung von Isoverbindungen, die sich durch gutes Zähigkeits–Temperatur-Verhalten auszeichnen, deren Schmelzpunkte aber immer niedriger liegen als die von Normalparaffinen gleicher Molmasse und daher etwa gleicher Zähigkeit. Die Beeinträchtigung der Bildung grobkristallinen Paraffins durch höheren Isogehalt der Produkte muß in Kauf genommen werden. Sie kann zu einer Verminderung der Filterleistung in der Entparaffinierungsanlage führen. Bei Einsatzölen mit niedrigem Paraffingehalt kann u. U. auf das Entparaffinieren verzichtet werden, wodurch der Verfahrensgang erheblich vereinfacht wird[2].

Um erkennen zu lassen, wie sich die bei der Herstellung von Schmierölen angewendeten Verfahren auf die in viskosen Rohölfraktionen enthaltenen Kohlenwasserstoffgruppen auswirken, ist der Einfluß verschiedener Verfahrensschritte nach KALICHEVSKY in Übersicht N-1 zusammengestellt. Man sieht daraus, daß für die Entfernung von Asphalt und Asphaltbildnern mehrere Verfahren wirksam sind, daß jedoch für die

Übersicht N-1. *Der Einfluß verschiedener Verfahrensschritte auf die Entfernung von Schmierölbestandteilen, nach* KALICHEVSKY

Verfahrens-schritte	Im Grundschmieröl enthaltene Körper					
	Asphalt	Asphalt-bildner (Harze)	naph-thenische Anteile	paraf-finische Anteile	feinkri-stallines Paraffin	grobkri-stallines Paraffin
Destillation	ja	schwach	nein	nein	nein	nein
Raffination						
mittels Schwefelsäure	ja	ja	schwach	nein	nein	nein
Entasphaltieren mittels						
Fällungsmittel	ja	ja	nein	nein	nein	nein
Raffination mittels						
eines Lösungsmittels	schwach	ja	ja	nein	nein	nein
Raffination mittels						
zweier Lösungsmittel	ja	ja	ja	nein	nein	nein
Entparaffinieren	nein	nein	nein	nein	schwach	ja
Raffination mittels						
Adsorbenzien	ja	schwach	nein	nein	nein	nein

---

[1] Eine solche Verbindung der Verfahrensschritte empfehlen z. B. H. BEUTHER, R. E. DONALDSON u. A. M. HENKE: Hydrotreating to produce high viscosity index lubricating oils. Industr. Engng. Chem./Prod. Res. Developm. 3 (1964) 174/80; ref. Brennst.-Chem. 46 (1965) 188.

[2] ANGULO, J., u. Mitarb.: a. a. O. (Fußn. 2, S. 840). – MORRISON, J.: Here's lower cost lube oil process – I.F.P. Oil Gas Internat. 8 (1968) Nr. 7, S. 79/84.

Entfernung von Paraffin nur die auf S. 731 ff. genannten Verfahren den gewünschten Zweck erfüllen. Wohl gibt es theoretisch Möglichkeiten, auch niedrigersiedende Paraffinkohlenwasserstoffe abzutrennen, doch besteht dafür bei der Schmierölherstellung keinerlei Bedürfnis, weshalb diesbezügliche Angaben in der Übersicht nicht enthalten sind. Allerdings sind in Übersicht N-1 – dem damaligen Stande der Praxis entsprechend – die durch die Behandlung mit Wasserstoff gegebenen Möglichkeiten noch nicht berücksichtigt.

f) Das Paraffin

Nach dem Vorhergehenden bedarf es kaum mehr weiterer Ausführungen über die Paraffingewinnung aus Erdölprodukten. Sie ist so eng mit der Herstellung von Schmieröl verbunden, daß alles Wesentliche darüber im Zusammenhang mit dieser bereits erwähnt werden mußte[1]. Die Schaltung einer der größten Paraffingewinnungsanlagen der Welt, die mit Methyl-Äthyl-Keton in der Raffinerie Philadelphia der früheren Atlantic Refining Co (jetzt Atlantic Richfield Co) arbeitet, wurde beschrieben[2]. Es werden über 10 t/h Paraffin, und zwar sowohl Weichparaffin wie auch Hartparaffin, aus einer Einsatzmenge von rd. 100 t/h gewonnen. Der Kraftbedarf dieser Anlage beträgt über 3300 kW, und an Kühlwasser werden rd. 2250 m³/h benötigt. Einzelheiten über die chemische Natur der Paraffine und über ihre Gewinnung, ihre Eigenschaften und deren Prüfung wurden von SCHÜNEMANN zusammengestellt. An derselben Stelle hat SCHÜNEMANN auch eine Übersicht über Vaseline gegeben, die gemäß S. 975 ff. gewisse Ähnlichkeiten mit den Paraffinen aufweisen[3].

In letzter Zeit wurden Vorschläge gemacht, auch Paraffin hydrierend zu raffinieren, statt es mittels Schwefelsäure und Bleicherde zu behandeln[4]. Es lassen sich dadurch Farbe sowie Alterungs- und Farbbeständig-

---

[1] Vgl. dazu auch W. GREBER: Verfahrenstechnische Grundlagen des Schwitzens von Paraffinen. Chem. Technik 5 (1953) 6/13, 131/38. – SHERWOOD, P. W.: Neue Entwicklungen in der Produktion von Erdöl-Paraffinen. Brennst.-Chem. 42 (1961) 220/23. – TEUBEL, J., W. SCHNEIDER u. R. SCHMIEDEL: Über die Qualitätsentwicklung auf dem Gebiet der Paraffin-Vollraffinate. Chem. Techn. 14 (1962) 314/19. – HILDEBRAND, G., J. TEUBEL, CH. PEPER u. B. DAHLKE: Über die Kettenlängenverteilung der n-Alkane in Paraffinen aus Braunkohlenschwelteer und Erdöl; ebd. 15 (1963) 482/84. – Dazu noch die in Fußn. 3, S. 975 genannte Arbeit von PHILIPPS.

[2] Anon.: Atlantic Completes Philly Wax Plant. Petrol. Refiner 38 (1959) Nr. 7, S. 192/94.

[3] Vgl. K. H. SCHÜNEMANN: a.a.O. (Fußn. 1, S. 106). – Ders.: Vaseline, in: Mineralöle und verwandte Produkte: Bd. I., S. 88/95. – Vgl. außerdem R. SCHMIEDEL, W. SCHNEIDER u. J. TEUBEL: Chemisch-technische Probleme bei der Raffination von Paraffin mit Oleum. Chem. Techn. 16 (1964) 37/40. – TEUBEL, J., W. SCHNEIDER u. R. SCHMIEDEL: Erdölparaffine (Kleine Erdölbibliothek), Leipzig: Deutscher Verlag Grundstoffindustr. 1965. – IVANOVSZKY, L.: Zur Kenntnis der physikalischen Eigenschaften höherer n-Paraffine. Erdöl u. Kohle 19 (1966) 348/51. – KISIELOW, W., u. C. KAJDAS: Über die Herstellungsmöglichkeit von Vaselinen aus Erdölparaffingatsch. Chem. Techn. 18 (1966) 684/86.

[4] SCHNEIDER, W., J. TEUBEL u. R. SCHMIEDEL: Die Anwendung der Hydroraffination bei der Herstellung von Paraffinen und mikrokristallinen Wachsen. Chem. Techn. 17 (1965) 467/69 u. 577/82. – DEMEESTER, J., u. R. HELION: Wax

keit verbessern und vor allem die Reinheitsgrade erreichen, die von
Paraffinen gefordert werden, welche zum Imprägnieren von Verpackungs-
material für Lebensmittel dienen sollen. So wie bei anderen Produkten
entgeht man durch das Hydrieren außerdem der Notwendigkeit, so lästige
Abfälle wie Säureteer und verbrauchte Bleicherde zu beseitigen.

g) Das Bitumen

Im Kap. K ist der Versuch gemacht, die Grundlagen für die Herstellung von Bitumen – sei es durch Destillation, sei es durch anschließendes Blasen mit Luft – klarzustellen. Dabei zeigte sich, daß die Zusammenhänge keineswegs einfach sind. Der hochmolekulare Aufbau der
Stoffe erschwert eine Analyse, und deshalb sind verhältnismäßig wenige,
durchschaubare Gesetzmäßigkeiten bekannt. Hier kann diesen Ausführungen, die bereits auf die beiden möglichen Verfahrensschritte eingehen mußten, nicht mehr viel hinzugefügt werden.

Bitumina, die durch Vakuumdestillation erzeugt werden, sind desto
härter, je höher das in der Destillationskolonne angewendete Vakuum
ist, weil ein um so größerer Anteil der leichtflüchtigen Anteile daraus
entfernt wird. In der Regel wird mit Dampf gestrippt, um den Teildruck
der Kohlenwasserstoffdämpfe noch weiter zu senken bzw. bei der durch
das Einsatzgut maximal zulässigen Austrittstemperatur aus dem Ofen
die erforderliche Menge destillierbarer Anteile abzutreiben[1]. Alle durch
Destillation gewonnenen Bitumina werden auch als Straight run-Bitu-
mina bzw. im Englischen als „straight run asphalts" bezeichnet. Es ist
das gängige Material für den Straßenbau. Außerdem weist dieses Bitumen den anderen noch zu besprechenden Sorten gegenüber hohe Oxy-
dations-, d.h. Alterungsbeständigkeit auf. Bitumina sind bei normaler
Temperatur so fest, daß sie in Blöcken oder Blechtrommeln befördert
werden können und für die Verwendung erhitzt werden müssen[2]. Es
gibt verschiedene Rohölvorkommen, die sich besonders für die Herstellung von Bitumen eignen, so gewisse kalifornische Rohöle mit nur
wenigen Prozent Benzingehalt sowie Rohöle aus Mexiko und Venezuela. Bekannt ist z.B. das Boscan-Rohöl, das etwa 40 km von Mara-
caibo entfernt gefördert und in Bajo Grande (zwischen dem Maracaibo-
See und dem Golf von Venezuela) verschifft wird. Es gibt bei Normaldruck einen Destillationsrückstand von mehr als 70 Gew.-%, der nahezu
6% Schwefel enthält, und hat besonders günstige Eigenschaften für den

---

Gets Two-Stage Hydrogenation. Hydrocarb. Procssg. 47 (1968) Nr. 5, S. 177/79. –
Dies.: Ein neues Verfahren mit zwei Katalysatoren für die Fertigstellung von
kristallinischen Paraffinen durch Hydrierung. Erdöl-Erdgas-Z. 84 (1968) 164/67.

[1] Wegen der Zusammenhänge zwischen Strippdampfmenge und der für die
Strahlapparate zur Aufrechterhaltung des Vakuums benötigten Treibdampfmenge
s. Abb. B-38, S. 179.

[2] Es ist zu beachten, daß es sich dabei nicht um den festen Aggregatzustand im
Sinne der Physik handelt, vielmehr sind Bitumina, wie S. 765 erläutert wurde, auch
bei niedrigen Temperaturen zwar formbeständige, jedoch plastisch verformbare
Körper, deren Fließgeschwindigkeit von der Schubspannung abhängig ist. Vgl.
z.B. B. RIEDIGER: Brennstoffe/Kraftstoffe/Schmierstoffe: a.a.O. S. 461 ff.

Straßenbau. Zum Beispiel auch die natürlichen Vorkommen von „festen"
Bitumina, wie die aus dem bekannten, sog. Asphaltsee von Trinidad,
enthalten erhebliche Schwefelmengen. Der Stockpunkt des Boscan-Roh-
öles liegt so hoch, daß es auf mindestens rd. 60 °C erwärmt werden muß,
um es verpumpen zu können.

Hochvakuumbitumina werden durch die Grenzen der Erweichungstemperatur bei der Bestimmung mit Ring und Kugel nach DIN 1994 U 4
gekennzeichnet (übereinstimmend mit ASTM D 36-26). Gemäß Zahlentafel K-1, S. 787 f., geben die Werte 75/85 usw. bis 165/175 Temperaturbereiche in °C für die Erweichung bei dieser Prüfung an[1]. Die besonders
harten Sorten werden meist im Hochvakuum – u.U. in zwei Stufen –
erzeugt.

Für die Herstellung geblasener Bitumina verwendet man in der
Regel Normaldruckrückstände geeigneter Rohöle, also vor allem naphthenbasischer oder noch besser asphaltbasischer Rohöle. Eine Vakuumdestillation ist in diesem Fall nicht erforderlich, weil die gewünschten
Eigenschaften durch das Blasen mit Luft bei Temperaturen von rd. 250
bis 300 °C erreicht werden. Solche Bitumina werden vorzugsweise für
Dächer, für Isolierungen gegen Feuchtigkeit im Bauwesen sowie für die
Außenisolierungen von Rohrleitungen zum Schutz gegen Korrosion benutzt. Dies ist in Zahlentafel K-1, S. 787/88 unten, angegeben.

Geblasene Bitumina sollen einen hohen Erweichungspunkt haben,
damit sie z.B. nicht unter direkter Sonneneinstrahlung ins Fließen kommen. Ihr Brechpunkt soll hingegen bei möglichst tiefen Temperaturen
liegen. Außerdem wird noch Wetterbeständigkeit von ihnen verlangt.
Bei dieser Art von Bitumina sind die Klassen 75/30, 85/25, 85/40 usw.
bis 135/10 üblich. Die erste Zahl stellt einen Mittelwert der für Hochvakuumbitumina zur Kennzeichnung benutzten Erweichungstemperatur
in °C dar, die zweite Zahl den Mittelwert der Eindringtiefe bei 25 °C so
wie bei den Normenbitumina.

Aus Rückständen thermischer Krackanlagen werden nur mehr wenig
Bitumina hergestellt, weil die Zahl solcher Anlagen in den vergangenen
Jahren ständig abgenommen hat. Die erzeugten Mengen waren auch vor
Einführung des katalytischen Krackens nicht sehr groß, weil ihre Qualität nur mäßigen Ansprüchen genügte und daher kein besonderer Anreiz
bestand, Krackrückstände für diese Zwecke durch Vakuumdestillation
aufzuarbeiten. Ihr Nachteil liegt darin, daß sich ihre Zähigkeit sehr stark
mit der Temperatur ändert und daß sie wegen ihres teilweise ungesättigten Charakters gegen Oxydation und daher auch gegen Witterungsein-

---

[1] Weitere Angaben über die Eigenschaften von Bitumina nach DIN sowie nach
u.s.-amerikanischen und anderen Spezifikationen sind in den Zahlentafeln 8 bis
24, Bd. I, S. 577/90 des Beitrages von W. H. NITSCH: Bitumen und Asphalt, in:
Mineralöle und verwandte Produkte, hrsg. von C. ZERBE, wiedergegeben. – Siehe
auch E. J. BARTH: Know Your Asphalts. Petrol. Refiner 36 (1957) Nr. 9, S. 290;
Nr. 10, S. 118; Nr. 11, S. 316; Nr. 12, S. 142; 37 (1958) Nr. 1, S. 294; Nr. 2, S. 150;
Nr. 3, S. 172; Nr. 4, S. 180; Nr. 5, S. 234; Nr. 6, S. 212; Nr. 7, S.140; Nr. 8, S. 152;
Nr. 9, S. 282. – SMITH, V.: Watch These Trends in Asphalt Specs. Petrol. Refiner
39 (1960) Nr. 6, S. 211/15. – BARTH, E. J.: a.a.O. u. A. J. HOIBERG: a.a.O. (vgl.
Fußn. 2, S. 752).

flüsse nur wenig beständig sind. Deshalb können sie für Straßenbauzwecke kaum verwendet werden. Am brauchbarsten sind sie noch für die Herstellung von Emulsionen oder für die Feuchtigkeitsisolierung in Innenräumen.

Die Gegenüberstellung der Eigenschaften der erwähnten Bitumenarten in Zahlentafel N-8 gibt zwar nur eine allgemeine Übersicht, dürfte aber für Vergleiche brauchbar sein. Der Zusammenhang zwischen Eindringtiefe und Erweichungspunkt ist – wie bereits auf S. 756f. erläutert wurde – im allgemeinen bei Bitumina gleicher Herkunft durch Kurven

Zahlentafel N-8. *Eigenschaften der drei Hauptarten von Bitumina nach* M. L. KASTENS: *Paving Asphalt from California Crude Oil. Industr. Engng. Chem. 40 (1948) 548/57, den geltenden Normen und jetzt handelsüblichen Sorten entsprechend teilweise geändert*

		Destillations-bitumen	Geblasenes Bitumen	Krackbitumen
Farbe		schwarz	schwarz	dunkelbraun bis schwarz
Äußere Beschaffenheit		veränderlich	gleichmäßig bis grießelig	gleichmäßig bis grießelig
Bruch		schalenförmig	weiche Sorten brechen nicht, härtere brechen schalenförmig	–
Glanz		veränderlich	glänzend bis matt	glänzend bis matt
Strichfarbe auf Porzellan		schwarz	dunkelbraun bis schwarz	dunkelbraun
Dichte bei 25 °C	g/cm³	1,00 bis 1,17	0,90 bis 1,07	0,90 bis 1,12
Eindringtiefe bei 25 °C	¹/₁₀ mm	15 bis 300	2 bis 45	50 bis 110
Streckbarkeit bei 25 °C	cm	vgl. Zahlentafel K-1, S. 787 f.		bis über 125
Erweichungspunkt	°C			
nach KRÄMER u. SARNOW		15 bis 60	55 bis 150	32 bis über 50
nach Ring und Kugel		27 bis 72	70 bis 75	45 bis über 50
Flammpunkt	°C	210 bis 320	240 bis 290	175 bis 290
Brennpunkt	°C	230 bis 370	265 bis 345	205 bis 345
Gewichtsverlust nach 5 h bei 260 °C	Gew.-%	1 bis 25	0,1 bis 1,0	1 bis 20
Löslichkeit in Schwefelkohlenstoff	Gew.-%	85···100	95 bis 100	über 98
Löslichkeit in Lösungsbenzin bei 31,7 °C (= 88 °F)	Gew.-%	25···85	50 bis 90	80 bis 99
Unlösliche, nichtmineralische Anteile	Gew.-%	0···15	0 bis 5	unter 0,5
Mineralische Anteile	Gew.-%	unter 0,5	unter 0,5	unter 0,5
Schwefel	Gew.-%	Spuren bis 10	Spuren bis 7,5	Spuren bis 5
Sauerstoff	Gew.-%	0 bis 2,5	2 bis 5	0 bis 3
Hartparaffin	Gew.-%	0 bis 2	0 bis 2	0 bis 1
Sulfonierungsrückstand	Gew.-%	90 bis 100	90 bis 100	90 bis 100
Verseifbare Anteile	Gew.-%	0 bis 2	Spuren bis 2	Spuren bis 5
Diazo- und Anthrachinonreaktionen		keine	keine	keine
Verwendungszweck		Straßenbau vgl. auch Zahlentafel K-1, S. 787 f.	Dachdeckung, wetterbeständige Isolierungen usw.	Dachdeckung, Isoliermassen, Fußbodenbeläge, Emulsionen

darstellbar, die in einem einfachlogarithmischen Netz in Gerade übergehen. Dies läßt Abb. N-10 für Bitumina verschiedener Herkunft erkennen. Nur die Werte für die heute praktisch weniger wichtigen Krackbitumina ergeben in einem solchen Koordinatennetz keine Geraden. Allerdings sind in der Quelle für diese Sorte keine einzelnen Werte angegeben; der Zusammenhang ist nur durch eine Kurve dargestellt. Man sieht daraus, daß sich Krackbitumina durch besondere Härte – ausgedrückt in geringer Eindringtiefe und damit verbundener Sprödigkeit bei gegebener Erweichungstemperatur – auszeichnen. Dies spiegelt die bereits erwähnte Tatsache wider, daß die Temperaturspanne zwischen dem Zustand großer Härte und dem der Fließfähigkeit geringer ist als bei anderen Sorten. Dagegen weisen geblasene Bitumina das gegenteilige Verhalten auf, was durch die starke Bildung vernetzter Polymerisate hervorgerufen sein dürfte.

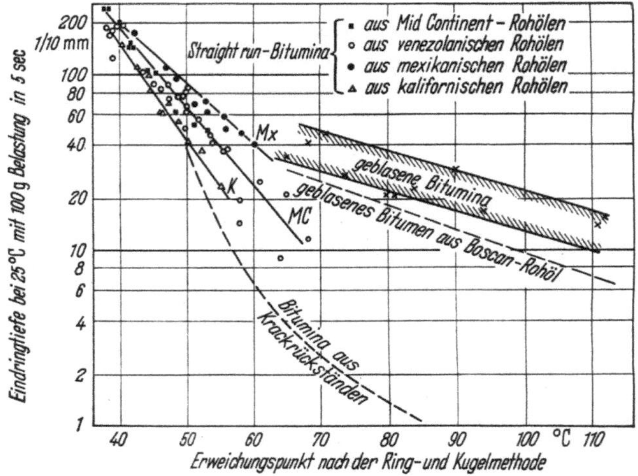

Abb. N-10. **Eindringtiefe (Penetration) von Bitumina verschiedener Herkunft in Abhängigkeit vom Erweichungspunkt (Ring und Kugel).**

h) Der Petrolkoks

Als letztes Produkt einer Raffinerie ist noch der Petrolkoks zu erwähnen. Seine Herstellung ist besonders dann von Interesse, wenn das Einsatzöl einen sehr niedrigen Schwefelgehalt hat. Dann eignet er sich für die Weiterverarbeitung auf Elektroden, wie sie für die Elektroöfen der Hüttenindustrie sowie für verschiedene Zwecke der Elektrotechnik z.B. als Kohlebürsten oder ähnliche Kontaktelemente, benötigt werden. Das Verfeuern schwefelreicher Sorten kommt für Europa kaum in Frage. Deshalb kann Einsatzgut für katalytische Krackanlagen hier in den S. 311 ff. beschriebenen Verkokungsanlagen wirtschaftlich nur dann gewonnen werden, wenn für den Petrolkoks ein guter Markt vorhanden ist.

Der zunächst gewonnene sogenannte Koks enthält noch etwa 8 bis 10 Gew.-% flüchtige Anteile. Diese müssen durch sog. Kalzinieren auf

Werte von rd. 0,3 Gew.-% und weniger erniedrigt werden[1]. Dies geschieht in Drehrohröfen ähnlicher Bauart, wie sie z.B. in der Zementindustrie zum Brennen der Klinker verwendet werden. Jedoch muß in der dem Drehrohrofen vorgeschalteten Feuerung beim Kalzinieren von Petrolkoks ein sehr geringer Luftüberschuß eingestellt werden, um die Abbrandverluste des Kokses möglichst niedrig zu halten. Hingegen kann außer der fühlbaren Wärme auch der Heizwert der abziehenden Gase in einem Abhitzekessel ausgenutzt werden, indem die aus dem Petrolkoks austretenden flüchtigen Anteile durch Zufuhr von Luft nachverbrannt werden. Neuerdings wurde zum Kalzinieren von Petrolkoks von der Marathon Oil Co, Findlay/Ohio zusammen mit der Firma Whitney & Kemmerer, Youngstown/Ohio ein Drehtischofen entwickelt. Bei diesem kann die Befeuerung über die Länge des Weges, den der Koks durch den Ofen zurücklegt, abschnittsweise eingestellt werden, was beim Drehrohrofen nicht möglich ist. Eine Anlage dieser Art ist in der Raffinerie Burg*hausen*/Bayern in Betrieb, eine weitere in Gelsenkirchen-Horst im Bau.

Der Schwefelgehalt wird durch das Kalzinieren nur unwesentlich verringert[2]. Es wurden verschiedene Versuche unternommen, Verfahren zum Entschwefeln zu entwickeln. Die besten Aussichten dürfte die Anwendung von Wasserstoff haben, sofern die dafür aufzuwendenden Kosten nicht hinderlich sind[3]. Wenn Petrolkoks nicht nur für Elektroden und ähnliche Zwecke – wie fast ausschließlich in Europa –, sondern auch als Brennstoff und meist zusammen mit Steinkohlenkoks als Reduktionsmittel bei der Verhüttung von Erzen verwendet wird, dann spielt auch seine Reaktionsfähigkeit eine Rolle[4].

Die weitaus größte Menge des Petrolkokses dient zur Herstellung von Elektroden für die Elektroöfen der Aluminium- und der Stahlindustrie. Es hat sich aber gezeigt, daß den verhältnismäßig hohen Anforderungen der Hersteller legierter Stähle hinsichtlich geringen Metallgehaltes der Elektroden mit dem aus Erdölrückständen gewonnenen Petrolkoks nicht entsprochen werden kann. Der für diesen Zweck bisher vornehmlich verwendete Pechkoks ist zwar auch ein Destillationsrückstand, doch fällt dieser bei der Verarbeitung eines Destillates, nämlich des Teeres aus der

---

[1] Unter Kalzinieren (= Verkalken) verstand man früher jede Art von Glühen im offenen Feuer. Man nahm an, daß Metalle dabei (durch die Sauerstoffaufnahme) in die „Kalkform" übergehen. Das Wort kommt von lat. calx, griech. χάλιξ, woraus das Lehnwort Kalk entstand. Ob ein Zusammenhang mit χαλκό⁻ (= Erz, Bronze) besteht, wovon die Bezeichnung Chalkogene (Erzbildner) für die 6. Hauptgruppe des Periodensystems der Elemente, nämlich O, S, Se und Te, abgeleitet wurde, ist unsicher. Heute bedeutet – ohne Rücksicht auf den ursprünglichen Sinn des Wortes – Kalzinieren in der Verfahrenstechnik ganz allgemein ein Glühen zum Austreiben flüchtiger Anteile.

[2] Vgl. W. L. Nelson: Sulfur Content of Petroleum Coke. Oil Gas J. 9 (9. März 1953) Nr. 51, S. 125/26. – Šef, F.: Desulfurization of Petroleum Coke during Calcination. Industr. Engng. Chem. 52 (1960) 599/600.

[3] Mason, R B.: Hydrodesulfurization of Coke. Industr. Engng. Chem. 51 (1959) 1027/30. – Šef, F.: a.a.O. – Weller, H.: Entschwefeln von Petrolkoks. Brennst.-Chem. 46 (1965) 5/7.

[4] Vgl. dazu C. F. Gray u. W. J. Metralier: Comparative reactivities of petroleum cokes. Industr. Engng. Chem./Prod. Res. Developm. 2 (1963) 152/55.

Steinkohlenverkokung, an. Sein Metallgehalt ist viel geringer als der von Erdölrückständen. Auch Teere aus Krackanlagen und aromatenreiche Extrakte der Erdölverarbeitung geben einen Petrolkoks mit sehr niedrigem Metallgehalt. Aber die in der Asche von Erdöl vorhandenen Metalle Vanadium, Natrium und Nickel stören beim Erschmelzen von legiertem Stahl, während die Anforderung an Elektroden für die Aluminiumverhüttung nicht so streng sind.

Sehr aschearmer Koks läßt sich deshalb aus Erdöl – von den vorerwähnten Ausnahmsfällen abgesehen – nur gewinnen, wenn man sich dazu entschließt, Destillate zu verkoken. Dadurch steigt zwar der Preis des daraus gewonnenen sog. Premiumkokses (auch Needle Coke genannt) nicht unwesentlich an. Offenbar sind aber die damit bei der Erzeugung legierter Stähle erzielbaren Vorteile so groß, daß sich der höhere Aufwand lohnt[1]. Auch dieser Koks enthält zunächst flüchtige Bestandteile, wie sie in dem aus Erdölrückständen erzeugten Koks vorhanden sind. Er muß deshalb für die Weiterverwendung in gleicher Weise wie der Normalkoks kalziniert werden.

2. Die Verarbeitungsschemata vollständiger Raffinerien

In den vorausgehenden Kapiteln konnten in einzelnen Abschnitten Beispiele für die Kombination der verschiedenen Verfahren gebracht werden. Es wäre jedoch wenig sinnvoll, hier nunmehr Blockfließbilder oder detaillierte Fließbilder geplanter oder ausgeführter Raffinerien wiederzugeben, ohne auf die Gründe der Schaltungen im einzelnen einzugehen. Ohne Angabe der Mengen und der erreichbaren und für die Verwendung wichtigen Eigenschaften der verschiedenen Produktströme bliebe eine solche Darstellung außerdem höchst unvollständig. Die Erfahrung lehrt, daß keine einzige Raffinerie vollständig einer anderen gleicht. Immer sind Besonderheiten des Standortes, des Marktes und der zu verarbeitenden Rohöle zu beachten, die zu gewissen Unterschieden führen. Außerdem wird oft in den Fachzeitschriften über Neubauten oder Erweiterungen von Raffinerien ausführlich berichtet, so daß mit diesbezüglichen Hinweisen dem Leser besser gedient sein dürfte[2]. Obwohl

---

[1] Vgl. dazu S. 312, bes. Fußn. 3.

[2] Vgl. z. B. die in der Zeitschrift „Erdöl und Kohle" erschienenen Aufsätze mit der Sammelüberschrift „Wiederaufbau und Ausbau deutscher Mineralölwerke" bzw. „Neuzeitliche Werke der Erdölverarbeitung, der Petrolchemie und der Kohleveredelung". STAIGER, F.: Die DEA-Raffinerie Heide 6 (1953) 17/21. – HARTMANN, H.: Die Vacuum-Raffinerie Bremen-Oslebshausen 6 (1953) 385/89. – PASCHEN, H.: Die BP-Raffinerie 8 (1955) 161/66. – BRECHT, CH., u. R. SCHULZE-BENTROP: Die Union Rheinische Braunkohlen Kraftstoff AG., Wesseling 10 (1957) 157/60. – KÖHLER, W.: Die Erweiterung der DEA-Raffinerie Heide 12 (1959) 153 bis 157. – FLACHS, R.: Die Shell-Raffinerie Hamburg-Harburg 12 (1959) 481/84. – SCHMELING, F.: Die neue Esso-Raffinerie Köln 13 (1960) 23/27. – KIMMERLE, H. J.: Das neue Werk der Purfina Mineralölraffinerie Aktiengesellschaft in Duisburg 13 (1960) 561/65. – NEDELMANN, H.: Die BP-Ruhr-Raffinerie 13 (1960) 749/52. – MAYER-BUGSTRÖM, K.: Die Shell-Raffinerie Godorf 14 (1961) 27/29. – WELLER, H.: Die Erdöl-Raffinerie der Deurag-Nerag in Misburg bei Hannover 14 (1961) 821/23. –

die Marktverhältnisse in den einzelnen Ländern voneinander abweichen, seien hier auch noch einige Veröffentlichungen aus den zurückliegenden Jahren über Raffinerieneubauten in Übersee genannt[1].

Einen sehr wesentlichen Gesichtspunkt, der zunehmend an Bedeutung gewinnt, bildet die Forderung nach Reinhaltung der Luft. In dem Maß, wie die in flüssigen Brennstoffen behördlich zugelassenen Schwefelmengen verringert werden, müssen die Raffinerien ihre Verarbeitungsverfahren bei schwefelreichen Rohölen dieser Forderung anpassen. In Europa trifft dies in erster Linie für die Nahostöle zu, in den Vereinigten Staaten von Amerika für die Erdöle aus Kalifornien, gewissen Fördergebieten in Texas und Venezuela[2]. Es ist daran gedacht, in den nächsten Jahren in verschiedenen Staaten, so z.B. in Schweden, im Osten der

RUMPF, K. K.: Die neue Raffinerie Schwechat im Rahmen der österreichischen Mineralölwirtschaft 14 (1961) 544/49. – SCHEWE, J. H.: Die Raffinerie der Erdölwerke Frisia in Emden 15 (1962) 11/14. – CONRAD, C.: Die Erdölraffinerie Salzbergen der Wintershall AG. 15 (1962) 805/09. – VON THADEN, H. W.: Die neue DEA-Scholven-Raffinerie in Karlsruhe 16 (1963) 1095/1100. – WILLE, A.: Die Esso-Raffinerie Karlsruhe 17 (1964) 13/17. – GERHART, R. V., u. E. N. VERO: Die Caltex-Raffinerie bei Frankfurt a. M. 17 (1964) 189/92. – v. ILSEMANN, W.: Die Shell-Raffinerie Ingolstadt 17 (1964) 357/60. – LOTZ, H.: Die Esso-Raffinerie Ingolstadt 17 (1964) 813/17. – DÜRRFELD, W.: Die Entwicklung der Scholven-Chemie AG in den letzten 10 Jahren 18 (1965) 19/24. – LIESEN, A.: Die Erdölraffinerie Neustadt 18 (1965) 181/84. – MANSILLON, R.: Die Raffinerie der Union Treibstoff GmbH in Speyer 18 (1965) 365/68. – NEUMANN, H.: Die Erdölraffinerie Mannheim 18 (1965) 436/40. – MICHAELIS, K.: Die Eriag-Raffinerie in Ingolstadt 19 (1966) 13/17. – TAMS, W., u. G. ARENDS: Erweiterung der BP Raffinerie Hamburg-Finkenwerder 19 (1966) 575/78. – HUISKEN, W., u. TH. C. WHITE: Die BP-Raffinerie bei Vohburg a. d. Donau 20 (1967) 485/87. – KÖCHER, E.: Erweiterung der Shell-Raffinerie Hamburg-Harburg in den Jahren 1965 bis 1967 20 (1967) 721/26. – HENEKA, H.: Erweiterung der Frisia-Raffinerie 21 (1968) 17/20. – ARMBRUSTER, W.: Die Erweiterung der DEA-Scholven-Raffinerie in Karlsruhe 21 (1968) 155/59. – JACOBSON, H.: Die erweiterte Shell-Raffinerie Godorf 21 (1968) 269/75. – STÜRMANN, O. H., u. M. WILHELMI: Die Schmierölraffinerie Neuhof der Oelwerke Schindler GmbH, Hamburg 21 (1968) 769/75. – BEYER, R.: Die Esso-Raffinerie Karlsruhe nach Beendigung der zweiten Ausbaustufe 22 (1969) 9/14. – SCHULZE-BENTROP, R.: Die neueste Entwicklung des Werkes Wesseling der Union Rheinische Braunkohlen Kraftstoff AG 22 (1969) 471/73. – JUNG, H.: Konzentration und Abrundung im Chemiebereich der Veba 22 (1969) 609/12. – GEISTERT, W. u. U. KRÄMER: Die DEA-Schmierölraffinerie in Hamburg 23 (1970) 281/84.

[1] Anon.: How Tidewater Built Newest Refinery. Petrol. Refiner 36 (1957) Nr. 6, S. 148/49. – Anon.: American Oil Company's New Yorktown Refinery; ebd. S. 155 bis 157. – JARMAN, H. G.: British Petroleum Puts New Refinery in Canada. Petrol. Refiner 40 (1961) Nr. 9, S. 182/84. – DAVIES FREITAS, J. A.: See What Brazil Added to Its Refinery; ebd. S. 185/88.

[2] Vgl. dazu L. S. GALSTAUN, B. J. STEIGERWALD, J. H. LUDWIG u. H. R. GARRISON: What does it cost to desulfurize fuel oils? Chem. Engng. Progr. 61 (1965) 49/58. – ROHRMAN, F. A., u. J. H. LUDWIG: Sources of sulfur dioxide pollution. Chem. Engng. Progr. 61 (1965) 59/63. – CORTELYOU, C. G., R. C. MALLATT u. H. H. MEREDITH jr.: A New Look at Desulfurization. Chem. Engng. Progr. 64 (1968) 53 bis 59. – SLEDJESKI, E. W., u. R. E. MAPLES: How residual sulfur limits affect refining. Oil Gas J. 66 (29. April 1968) Nr. 18, S. 55/63. – Dies.: Impact of residual sulfur limits on U.S.refining; ebd. 66 (13. Mai 1968) Nr. 20, S. 90/95. – In Europa ist die von verschiedenen Ölfirmen gegründete „Stichting Concawe" (The Oil Companies International Group for Conservation of clean air and water/Western Europe), 21, President Kennedylaan, Den Haag 2012 mit dem Studium der damit zusammenhängenden Fragen befaßt.

Vereinigten Staaten von Amerika und in anderen Gebieten, den maximal zulässigen Schwefelgehalt in Heizölen auf 1,5 Gew.-%, später auf 1,0 Gew.-% und vielleicht sogar auf 0,5 Gew.-% oder darunter zu beschränken. Dadurch werden zwangsweise die hydrierenden Verfahren Bedeutung gewinnen, mit denen der Schwefelgehalt von Destillationsrückständen gesenkt werden kann.

a) Die verschiedenen Arten von Fließbildern für Verarbeitungsanlagen

Es sollen hier von den wichtigsten Planungsunterlagen einer Raffinerie nur die verschiedenen Arten von Fließbildern (Schemata) erwähnt werden, weil man ihre Unterschiede kennen muß. Die Fließbilder werden durch den Zweck, für den sie angefertigt werden, bestimmt. Wird eine Raffinerie neu geplant und ist man sich auf Grund erster Überlegungen und überschlägiger Berechnungen darüber klar geworden, welche Verarbeitungsverfahren anzuwenden sind, so wird zunächst ein *Blockschema* ähnlich Abb. N-11 entworfen. Es zeigt nur die Verarbeitungsanlagen in Form von Kästchen und den Strom der Produkte. Soll es ein erstes Urteil über die Zweckmäßigkeit der ins Auge gefaßten Schaltung gestatten, so muß es auch Angaben über die Mengen enthalten. Da es bereits sämtliche Ströme der einzelnen Endprodukte erkennen läßt, kann man das Blockschema durch Angaben für die erforderlichen Tanks, und zwar für Rohöl, Zwischenprodukte und Endprodukte, ergänzen. Damit ist eine Grundlage für weitere Planungsarbeiten gewonnen.

Der nächste Schritt besteht im Entwurf von *Verfahrens*-Schemata für die einzelnen Verarbeitungsanlagen, wofür Abb. C-15, S. 242/43, Abb. C-17, S. 244, und ähnliche als Beispiele betrachtet werden können. Sie sollen alle wichtigen Apparate und Maschinen mit den verbindenden Rohrleitungen einer Anlage darstellen und die anzuwendenden physikalischen und chemischen Verfahren wie Aufheizen, Abkühlen, Phasentrennung, Destillation, chemische Reaktionen, Absorptions- und Waschvorgänge erkennen lassen. Das Verfahrensschema dient als Grundlage für die Berechnung der Anlagen, und zwar erstens zur genauen Ermittlung der Mengen und Zusammensetzung der Produktströme, deren Betriebsdaten sowie des Betriebsmittelverbrauches und zweitens zur Ermittlung der Abmessung der Anlagenteile wie Durchmesser und Höhen oder Längen der Apparate, Bodenzahlen von Kolonnen, Austauschflächen von Wärmeaustauschern sowie Betriebsdaten von Pumpen und Kompressoren. Das durch die so ermittelten Angaben ergänzte Verfahrensschema wird vielfach als *Auslegungs*-Schema bezeichnet. Dieses bildet zusammen mit den Datenblättern (Auslegungsblättern) für die einzelnen Apparate und Maschinen und einem Lageplan den Grundentwurf (basic design) der einzelnen Anlagen. Für eine vollständige Raffinerie müssen die entsprechenden Angaben für die Nebenanlagen, die im folgenden Abschnitt besprochen sind, ergänzt und deren räumliche Anordnung in einem Gesamtlageplan dargestellt werden.

Wenn eine geplante und in den Grundzügen entworfene Anlage errichtet werden soll, müssen aufbauend auf dem Grundentwurf die Apparate konstruiert und ein ausführliches *Rohrleitungs*-und-*Instrumenten-*

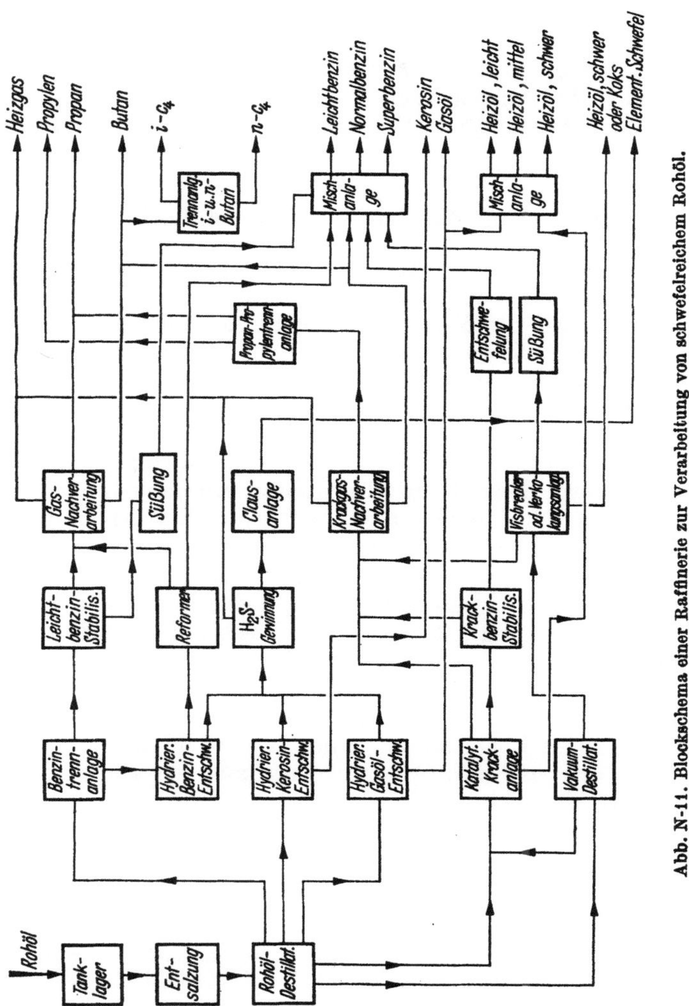

Abb. N-11. Blockschema einer Raffinerie zur Verarbeitung von schwefelreichem Rohöl.

Schema (R-u.-I-Schema, engl. Piping and Instrument Diagram = P-u.-I-Diagram) gezeichnet werden. Ein Ausschnitt aus einem solchen Schema, für das meist mehrere Blätter DIN A0 für jede einzelne Verarbeitungsanlage erforderlich sind, ist in Abb. N-12 (nach S. 1008) wiedergegeben. Darin müssen sämtliche Produkt- und Betriebsmittelleitungen mit Angaben darüber, ob sie zu isolieren sind, enthalten sein. Die Nennweiten sind zu ermitteln und einzutragen, und vor allem ist die Anordnung sämtlicher Meß- und Regelgeräte festzulegen. Wenn dann auf Grund des Aufstellungsplanes und der genauen Auslegung der Apparate und Maschinen diese in einem Modell (meist im Maßstab 1 : 33^1/$_3$) dargestellt sind, kann an Hand des R-und-I-Schemas begonnen werden, die Rohrleitungen im Modell anzubringen und die einzelnen Stränge durch isometrische Zeichnungen zu erfassen[1]. Diese werden durch Stücklisten ergänzt, in denen sämtliches Material (einschl. Flanschen, Dichtungen und Schrauben) eingetragen wird. Damit steht eine brauchbare Unterlage für die Beschaffung zur Verfügung.

b) Die Fließbilder für Betriebsmittel und für Nebenanlagen

Die Versorgung der Anlagen mit den Betriebsmitteln Kühlwasser, Dampf, Heizöl oder Heizgas oder beides gleichzeitig, Druckluft für Instrumente sowie für Werkzeuge (sog. Betriebsluft) darf nicht als eine untergeordnete Aufgabe betrachtet werden. Da es aber die Übersichtlichkeit der Verfahrensschemata stören würde, werden meistens besondere Schemata für die Betriebsmittel als Ergänzung der Verfahrens- und der Auslegungsschemata angefertigt. Hingegen müssen in den R-und-I-Schemata alle Rohrleitungen, also auch die für dampf- und gasförmige sowie für flüssige Betriebsmittel enthalten sein, soweit sie oberirdisch geführt werden. Nur die wegen der Gefahr des Einfrierens in der Regel unterirdisch verlegten Kühlwasserleitungen müssen zusammen mit den Fundamenten und den Angaben für Bauwerke und sonstige bautechnische Anlagenteile in besonderen Plänen erfaßt werden. Sinngemäßes gilt für die Versorgung mit elektrischer Energie. Die an Kabelpläne für Raffinerien zu stellenden Anforderungen unterscheiden sich nicht von denen, wie sie für andere Industriezweige üblich sind. Es braucht deshalb hier nicht darauf eingegangen zu werden. Auch die Trassenpläne für die Meß- und die Energiekabel sowie für die Luftleitungen (bei pneumatisch betätigten Reglern) werden hier aus den auf S. 107/108 genannten Gründen nicht behandelt.

Hingegen müssen die Fließbilder für die in den Nebenanlagen zu verlegenden Produktleitungen, die sog. Feldleitungen (engl. yard piping) erwähnt werden. Zu den Nebenanlagen einer Raffinerie, die für Produkte bestimmt sind, gehören vor allem die Tanklager, die Pump-

---

[1] Vgl. M. KERL: „Raffineriebau" bei der Lurgi Gesellschaft für Mineralöltechnik mbH. Mitt. Metallges. Nr. 5, Neue Folge (1966) 3/16. – RINGEWALDT, W.: Neuzeitliche Methoden im Rohrleitungsbau bei der Planung, der Konstruktion und der Montage von Erdölverarbeitungsanlagen. B & R Techn. Mitt. (hrsg. von der Bopp & Reuther GmbH/Mannheim), Sonderheft Achema XIV 1964, S. 68/74. – Über allgemeine Fragen der Rohrleitungsplanung sowie über die Wahl der Werkstoffe s. auch R. W. JUDSON: What Information Is Essential for Good Piping Design. Hydrocarbon Processing 45 (1966) Nr. 10, S. 114/18. – KERN, R.: Plant Layout and Piping Design for Minimum Cost Systems; ebd. S. 119/26. – LANCASTER, J. F., u. W. B. HOYT: U. S. vs. British and European Piping Specifications; ebd. S. 127/34. – SAMANS, C. H.: Which Material for Process Plant Piping; ebd. S. 135/39. – WROBEL, J.: Armaturen in Flüssiggasanlagen. Techn. Überwachg. 9 (1968) 266/70.

stationen, die Mischstation, die Verbleiungsanlage für das Fahrbenzin und die Verladeanlagen. Diese müssen untereinander und mit den Verarbeitungsanlagen so verbunden sein, daß die Übersicht über den Betrieb gewahrt bleibt. Nicht vergessen werden dürfen Hilfsleitungen für das Anfahren der Anlagen, für Schnellentleerung bei Notabschaltungen – mit den zugehörigen sog. Sloptanks – sowie das sog. Blow-down- und Fackel-System.

Die Gesichtspunkte für die Planung und den Bau dieser verfahrenstechnischen Nebenanlagen werden im Schlußteil dieses Kapitels erörtert. Hingegen wird auf die sonstigen noch erforderlichen Nebenanlagen wie Straßen, Gebäude für Verwaltung, Magazin, Werkstatt und Laboratorien, Kraftwerk oder Kesselhaus (bei Strombezug von auswärts) nicht eingegangen.

c) Besondere Gesichtspunkte bei der Schaltung von Raffinerien

In den vergangenen Jahren wurde mit Rücksicht auf die besondere Marktlage bei mehreren Raffinerieneubauten in Mitteleuropa besonderer Wert auf hohe Heizölausbeute gelegt. Diese Raffinerien erhielten dann keine Krackanlagen, weil mehr Benzin als im Rohöl vorhanden nicht erwünscht war[1]. Man sprach vielfach von „Heizöl"-Raffinerien oder vom „Skimming", Ausdrücke, die inzwischen wieder aus der Diskussion verschwunden sind. Berücksichtigt man die zahlreichen Variationsmöglichkeiten, welche die Anwendung der einzelnen Verfahren für die gesamte Durchsatzmenge oder für Teilströme bietet, so erkennt man, daß solche Bezeichnungen keinen großen Aussagewert haben, zumal sowohl Mitteldestillate wie auch Destillationsrückstände als Heizöl dienen. Das wichtigste Verfahren, durch das die Produktausbeuten gegenüber dem Dargebot im Rohöl verschoben werden, ist das Kracken. Die Tatsache, ob eine Raffinerie eine oder mehrere Krackanlagen besitzt, kann als kennzeichnendes Merkmal angesehen werden.

Es gibt noch Überlegungen, welche den Verfahrensgang gegenüber dem üblichen abändern, um z. B. besonderen Forderungen bezüglich der Reinheit von Abwasser und Luft Rechnung zu tragen. So sind Schaltungen vorgeschlagen und ausgeführt worden, bei denen zunächst alle Destillate, die entschwefelt werden müssen, gemeinsam abgetrennt, dann hydrierend entschwefelt und erst anschließend in die einzelnen Fraktionen zerlegt werden[2]. Dadurch erreicht man, daß der Schwefelwasserstoff in der Raffinerie nur an einer Stelle anfällt. Die Menge ist dann bei schwefelreichen Rohölen und heute üblichen Durchsatzleistungen der

---

[1] Vgl. dazu z. B. B. Riediger: Probleme des Raffineriebaues in Mitteleuropa. Erdöl u. Kohle 12 (1959) 431/40.

[2] Vgl. A. W. W. Kirby: Pollution prevention through design and operation. 5. Welt-Erdöl-Kongreß, New York 1959, Bericht VII/1; referiert bei B. Riediger: Planung und Ausrüstung von Raffinerien und die dabei verwendeten Werkstoffe. Erdöl u. Kohle 13 (1959) 164/70. – Steck, W: Der Neubau der Shell-Raffinerie Godorf unter dem Aspekt der Reinhaltung von Wasser und Luft. Erdöl u. Kohle 14 (1961) 29/31.

Werke so groß, daß die Gewinnung von elementarem Schwefel mit Hilfe des Claus-Verfahrens lohnend ist; vgl. dazu S. 1041 ff.

Entscheidend für die Gesamtschaltung einer Raffinerie ist, in welchem Verhältnis die zu erzeugenden Benzinmengen zu den Mitteldestillaten stehen sollen. In Nordamerika übertrifft nach wie vor wegen der starken Motorisierung die Nachfrage nach Ottokraftstoffen das durch den Raffineriedurchsatz bestimmte Angebot an den übrigen Produkten. Dies dürfte sich auch in Zukunft kaum ändern. Dazu kommt, daß Naturgas in reichlichen Mengen zur Verfügung steht und dadurch der Bedarf an leichtem und schwerem Heizöl beeinträchtigt wird. Deshalb finden sich in allen Raffinerien Krackanlagen[1]. Das Streben nach leichten Produkten führt dazu, daß trotz der hohen Anschaffungs- und Betriebskosten Hydrokracker immer mehr an Interesse gewinnen. In nächster Zukunft dürfte die Schaltung von Raffinerien zunehmend durch die Erfordernisse der Hydrokrackanlagen und der im Zusammenhang damit benötigten Anlagen zur Erzeugung des erforderlichen Wasserstoffes bestimmt werden. Dabei wird von entscheidender Bedeutung sein, wie weit es gelingt, immer schwerere Fraktionen, u. U. auch Destillationsrückstände spaltend so zu hydrieren, daß möglichst wenig eines schwer zu verwertenden, sehr hochsiedenden Rückstandes übrigbleibt. Daneben besteht weiterhin ohne jede Einschränkung die Notwendigkeit, katalytische Reforming-Anlagen zu betreiben, weil es heute auf andere Weise einfach unmöglich ist, den Anforderungen an die Klopffestigkeit von Ottokraftstoffen gerecht zu werden. Es ist sogar damit zu rechnen, daß zusätzlich Alkylierungsanlagen, die früher nur für die Herstellung von Flugbenzin benötigt wurden, an Interesse gewinnen werden.

Somit ergibt sich in ganz groben Zügen, daß zunächst anschließend an die Rohöldestillation für die Ottokraftstoffe eine katalytische Reforming-Anlage vorzusehen ist. Bei größeren Durchsatzleistungen kann es vorteilhaft sein, für Normalbenzin (Regular gasoline) und Superbenzin (Premium gasoline) zwei getrennt arbeitende Anlagen aufzustellen. Neuerdings wird durch scharfe Fraktionierung der Benzinschnitte vor dem Reformieren angestrebt, Reformate mit möglichst günstigen Eigenschaften in hoher Ausbeute zu erzielen und die klopffreudigen paraffinischen Komponenten der Petrolchemie zuzuführen. Die Mitteldestillate können bei schwefelarmen Rohölen ohne weitere Behandlung verwendet werden, anderenfalls müssen sie durch Raffination (im engeren Sinn) oder hydrierend entschwefelt werden.

Das Hauptproblem bleibt die Weiterverarbeitung des Rückstandes der Normaldruckdestillation. Ist die Basis des Rohöles für die Herstellung von Schmierölen günstig, so bieten sich in dieser Richtung Möglichkeiten. Dabei ist aber zu bedenken, daß der Schmierölbedarf nur in der Größenordnung von 3 % der Raffineriekapazität der einzelnen Volks-

---

[1] Vgl. dazu für Italien G. DE SANCTIS: The Influence of Catalytic Cracking and other Catalytic Processes on the Production of Italian Refineries for Domestic and Foreign Markets. 4. Welt-Erdöl-Kongreß, Rom 1955, Bericht III/E/5. – Weiterhin P. VAN'T SPIJKER: Der Einfluß verschiedener Krackprozesse auf die Ausbeutestruktur einer Raffinerie. Erdöl u. Kohle 20 (1967) 78/82.

wirtschaften liegt. Ein anderer, ständig an Bedeutung gewinnender Weg
ist wegen der großen Nachfrage für den Straßenbau die Herstellung von
Bitumen. Es wurde aber in Kap. K gezeigt, daß sich nur eine beschränkte
Anzahl von Rohölen dafür eignet, ohne zusätzliche Kosten hochwertige
Bitumina zu liefern.

Es konzentrieren sich deshalb bei der Planung von Raffinerien die
Überlegungen auf die Frage, wie aus dem Rückstand der Normaldruckdestillation möglichst viel Einsatzgut für katalytische Krackanlagen
oder neuerdings für hydrierende Krackanlagen gewonnen werden kann.
Dafür kommt nicht nur die Vakuumdestillation in Frage, sondern es
können auch Koker-Anlagen oder andere thermische Krackanlagen in
Erwägung gezogen werden. Ein allgemeingültiger Weg kann wegen der
erheblichen Unterschiede in den Investitionskosten nicht angegeben werden. Die Voraussetzungen werden durch die Rohölqualität, die Absatz-
verhältnisse für die einzelnen Produkte sowie die Anforderungen an diese
und schließlich dadurch stark beeinflußt, ob eine Raffinerie allein oder
zusammen mit anderen (z. B. innerhalb einer größeren Ölfirma) arbeiten
kann[1]. Auf diese Zusammenhänge wurde bereits in der Einleitung zu
diesem Kapitel hingewiesen.

3. Die verfahrenstechnischen Nebenanlagen

Am Schluß dieses Buches sollen noch jene Einrichtungen behandelt
werden, die neben den Verarbeitungsanlagen zum Betrieb einer Raffinerie erforderlich sind. Sie werden im Deutschen meist als Nebenanlagen
bezeichnet. Im Englischen nennt man sie off-site units (oder einfach
offsites) und unterscheidet sie von den on-site units (bzw. onsites) oder
process units. Die Nebenanlagen zerfallen in zwei große Gruppen. Die
eine dient unmittelbar dem Fluß der Produkte oder steht damit in engem
Zusammenhang. Die andere wird, ohne diese Aufgabe zu erfüllen, trotzdem für den Betrieb benötigt. Allerdings empfiehlt sich für die Planung
eine weitergehende Unterteilung, wie sie aus der Übersicht N-2 hervorgeht. Nicht alle darin aufgezählten Anlagen sind unbedingt erforderlich,
und bei einigen der Anlagenarten kommt je nach den Gegebenheiten
die eine oder die andere Möglichkeit in Frage. Zum Beispiel kann auf
ein Kraftwerk verzichtet werden, wenn elektrischer Strom preisgünstig
und vor allem zuverlässig von auswärts bezogen werden kann. Gewöhnlich wählt man dann zwei völlig unabhängige Einspeisungen, damit nicht
bei Störungen in der Stromversorgung der ganze Raffineriebetrieb zum
Erliegen kommt. In einem solchen Fall wird in der Regel ein Kesselhaus
zur Erzeugung des Fabrikations- und Heizdampfes errichtet, schon weil
es ein erwünschter Abnehmer für Destillationsrückstand und auch z. B.
für Abfallprodukte aus Extraktionsanlagen ist. Solche Extrakte lassen
sich mit vertretbaren Kosten nicht zu spezifikationsgerechten Produkten

---

[1] Zum Einfluß der Rohölqualität s. H.-J. EVERTZ: Die Abhängigkeit der Verarbeitungsverfahren und der Raffinerieprodukte von der Rohölzusammensetzung.
Erdöl u. Kohle 9 (1956) 409/11.

Übersicht N-2. *Nebenanlagen in Raffinerien*

1. Nebenanlagen zur Förderung und Lagerung von Rohöl und von Produkten

1.1 Rohöl

1.1.1 Rohölentladeanlagen bzw. Pipelineübernahmestationen
1.1.2 Rohöltanklager
1.1.3 Rohölpumpstationen (Boosterpumpen)

1.2 Produkte

1.2.1 Tanklager

    1.2.1.1 Zwischenprodukttanklager
    1.2.1.2 Fertigprodukttanklager

1.2.2 Feldleitungen für Produkte
1.2.3 Produktmischanlagen

    1.2.3.1 Mischstationen für Rohprodukte
    1.2.3.2 Mischstationen für chemische Zusätze zu Produkten zur Verbesserung der Qualität
    1.2.3.3 Mischstationen für Farbzusätze

1.2.4 Verpumpungsanlagen für Zwischen- und Fertigprodukte
1.2.5 Verladeanlagen für flüssige Fertigprodukte
1.2.6 Verladeanlagen für feste Fertigprodukte, wie z.B. Koks
1.2.7 Verpackungs-, Abfüll- und erforderlichenfalls Verladeanlage für flüssige, in Einzelgebinden abgelieferte Produkte wie Schmieröle
1.2.8 Abfüll- und Verladeanlagen für Bitumen

2. Nebenanlagen für Betriebsmittel

2.1 Wasserdampf

2.1.1 Dampferzeugung

    2.1.1.1 Kesselanlage ohne gleichzeitige Energieerzeugung
    2.1.1.2 Dampfkraftwerk mit Dampfentnahme
    2.1.1.3 Gasturbinenkraftwerk mit gleichzeitiger Dampferzeugung
    2.1.1.4 Übernahmestationen für Fremddampf
    2.1.1.5 Dampferzeuger in Verfahrensanlagen (Abwärmeverwertung)

2.1.2 Dampfüberhitzeranlagen
2.1.3 Druckreduzierstationen
2.1.4 Dampfverteilstationen
2.1.5 Dampfleitungsnetze
2.1.6 Rohrleitungsnetz für Kondensatrückführung einschl. Sammler und Entöler

2.2 Frischwasser

2.2.1 Entnahmebauwerke

    2.2.1.1 Brunnenanlagen
    2.2.1.2 Entnahmebauwerke an stehenden oder fließenden Gewässern

2.2.2 Frischwasserpumpstationen
2.2.3 Frischwasseraufbereitungsanlagen

    2.2.3.1 Filteranlagen
    2.2.3.2 Entkarbonisierungsanlagen
    2.2.3.3 Aufbereitungsanlagen für Kesselspeisewasser
    2.2.3.4 Entgaser für Kesselspeisewasser

2.2.4 Frischwasserverteilstationen
2.2.5 Rohrleitungsnetz für Frischwasser

Übersicht N-2 (Fortsetzung)

aufarbeiten. Es muß dann doch wiederum mit einem noch schwerer verwertbaren Rückstand gerechnet werden. Deshalb ist es das beste, sie
im eigenen Betrieb zu verfeuern.

Der erhebliche Dampfbedarf einer Raffinerie ist zwar wegen der Beheizung der Tanks und Rohrleitungen stärkeren jahreszeitlichen Schwankungen unterworfen. Immerhin kann mit einer so hohen und über längere
Zeiten gleichbleibenden Grundbelastung gerechnet werden, daß in vielen Fällen die Energieerzeugung im Entnahme- oder Gegendruckbetrieb
lohnend ist. Es werden – je nach Ausstattung der Raffinerie, Ausdehnung
des Rohrnetzes und nach Größe des Tanklagers – im Sommer Mengen
von rd. 25 kg/h je 1000 t/a Rohöldurchsatz und mehr gebraucht. Im
Winter muß mindestens mit der doppelten Menge gerechnet' werden.
Der größere Teil dieser Menge, insbesondere der Dampf für die Beheizun-
gen im Winter wird meist mit einem Druck von 3 bis 5 atü ins Netz
gespeist; der Rest wird mit etwa 12 atü oder etwas darüber benötigt.

Die Pumpen, Kompressoren und andere Arbeitsmaschinen einer
Raffinerie werden heute fast ausnahmslos durch Elektromotoren angetrieben, weil ein sehr hoher Grad von Sicherheit hinsichtlich des Explosionsschutzes der gesamten Elektroausrüstung erreicht ist. Es gibt
aber Sonderfälle, in denen z. B. bei großen Turbokompressoren direkter
Antrieb durch Gegendruckdampfturbinen, die den Abdampf in das
Fabrikations- und Heiznetz abgeben, zu erwägen ist. In einem solchen
Fall kommen die Vorteile einer stetigen Regelbarkeit der Drehzahl sehr
zur Geltung[1].

Der Kraftbedarf von Raffinerien zur Herstellung von Kraftstoffen,
Heizöl und allenfalls Bitumen liegt zwischen etwa 3 kW je 1000 t/a Rohöldurchsatz und einem Mehrfachen dieses Betrages. Der untere Wert
entspricht bei 8000 Betriebsstunden einem Leistungsbedarf von rd.
24 kWh/t. Er ist um so größer, je komplizierter der Verarbeitungsgang
ist, und wird durch den Bedarf einer hydrierenden Krackanlage ganz
besonders erhöht. Wenn aber auch Schmieröle erzeugt werden oder
petrolchemische Anlagen an die Raffinerie angeschlossen sind, ist eine
Bezugnahme auf den Rohöldurchsatz nicht mehr sinnvoll. Der zusätzliche
Bedarf der dafür erforderlichen Anlagen muß für sich betrachtet werden.

In der Übersicht N-2 mußten der Vollständigkeit halber noch weitere Anlagen aufgezählt werden. Dazu gehören die der Kühlwasserversorgung dienende Pumpstation und das Kühlwassernetz sowie in den
meisten Fällen der Kühlturm, weil Fluß- oder Seewasser für Kühlzwecke
nur selten in ausreichendem Maße zur Verfügung steht. Die in einer
Raffinerie benötigte Menge an Kühlwasser bewegt sich – wiederum in
Abhängigkeit von der Art und Zahl der Verarbeitungsanlagen – zwischen
3 und 8 m³/h je 1000 t/a Rohöldurchsatz. Rechnet man mit 5 m³/h,

---

[1] Wegen Einzelheiten bei der Planung der Energieversorgung vgl. außer der
allgemeinen Literatur über Kraftwerksbau z. B. B. RIEDIGER: Kopplung der Erzeugung und Verwendung von Kraft und Wärme. Dubbel, Taschenbuch für den
Maschinenbau, hrsg. von F. SASS, CH. BOUCHÉ u. A. LEITNER, 2 Bde., 13. Aufl.,
Berlin/Heidelberg/New York: Springer 1970, Bd. II, S. 457/93. – ORLICEK, A. F.:
Fortschritte in der Energiewirtschaft von Mineralölraffinerien. Erdöl u. Kohle 19
(1966) 824/29.

so entspricht die für eine Verarbeitung von 2 Mill. t/a Rohöl erforderliche Menge von 10000 m³/h etwa dem Kühlwasserbedarf einer Kondensationsdampfturbine von 40000 kW Leistung, ist also im Vergleich zu dem Kühlwasserbedarf neuzeitlicher Wärmekraftwerke mit mehreren 100 MW Leistung verhältnismäßig bescheiden. Trotzdem ist die Wirtschaftlichkeit der Kühlwasserversorgung von erheblicher Bedeutung[1].

Raffinerien in Küstennähe haben meist den Vorteil, daß die benötigten Kühlwassermengen dem Meer entnommen werden können. Es müssen nur Ein- und Auslauf so weit voneinander entfernt angeordnet werden, daß nicht durch Meeresströmungen das warm ablaufende Wasser in die Nähe des Einlaufes gelangt. Jedoch müssen die höheren Aufwendungen für die korrosionsfesten Werkstoffe der Pumpen, Kondensatoren und Kühler beachtet werden. Hingegen ist Flußwasserkühlung in Raffinerien äußerst selten. Man muß fast ausnahmslos das Kühlwasser im Kreislauf führen und rückkühlen. Für diesen Zweck haben sich in den letzten Jahren gegenüber den früher üblichen Kühltürmen mit natürlichem Zug wenigstens in Raffinerien – anders als im Kraftwerksbau – die Ventilatorkühltürme immer mehr durchgesetzt[2].

---

[1] Vgl. dazu auch die Ausführungen auf S. 131ff. über die Frage der Wahl von Luftkühlern oder Wasserkühlern.

[2] Zu den damit zusammenhängenden Fragen s. K. SPANGEMACHER: Künstlich belüftete und selbstventilierende Kühltürme. Mitt. Vereinig. Großkesselbesitzer (1952) H. 19, S. 101/19. – HUBENTHAL, J. W.: Compare cooling towers, European vs. USA. Petrol. Refiner 41 (1962) Nr. 6, S. 132/34. – SPANGEMACHER, K.: Charakteristik von Kühltürmen mit natürlichem und künstlichem Zug. Brennst.-Wärme-Kraft 16 (1964) 241/46. – Vgl. im übrigen Fußn. 1, S. 133.
Zur Berechnung selbst vgl. R. MOLLIER: Ein neues Diagramm für Dampfluftgemische. Z. Ver. dtsch. Ing. 67 (1923) 869/72. – MERKEL, F.: Verdunstungskühlung. VDI-Forsch. Heft Nr. 275 (1925). – KOCH, J.: Untersuchung und Berechnung von Kühlwerken mit Hilfe des i,t-Bildes. VDI-Forsch. Heft Nr. 404 (1940). – KELLY, N. W., u. L. K. SWENSON: Comparitive performance of cooling tower packing arrangements. Chem. Engng. Progress 52 (1956) Nr. 7, S. 263/68. – SPANGEMACHER, K.: Berechnung von Kühltürmen und Einspritzkühlern mit Hilfe einer Verdunstungs-Kennzahl. Brennst.-Wärme-Kraft 10 (1958) 209/15. – OTTE, W.: Der Sprühvorgang im Kühlturm; ebd. S. 371/73. – ODENTHAL, A., u. K. SPANGEMACHER: Der Kühlturm im Dampfkraftprozeß; ebd. 11 (1959) 556/62. – SHROFF, P. D., u. W. W. SMITH: Recent Advances in Cooling Towers, in: Advances in petroleum chemistry and refining, hrsg. von K. A. KOBE u. J. J. McKETTA jr., 3. Bd., New York/London: Interscience Publishers 1960, S. 485/521. – SPANGEMACHER, K.: Lösungsmöglichkeit der Merkelschen Hauptgleichung zur Berechnung von Kühltürmen und Einspritzkühlern; ebd. 13 (1961) 273/75. – NORMAN, W. S.: Absorption, Distillation and Cooling Towers, London: Longmans 1961, S. 284/92. – Dubbel, Taschenbuch für den Maschinenbau, hrsg. von F. SASS, CH. BOUCHÉ und A. LEITNER, 13. Aufl., Bd. II, Berlin/Heidelberg/New York: Springer 1970, S. 454 bis 457. – KLENKE, W.: Die Kühlturmkennlinie als Mittel für die Beurteilung von Kühltürmen. Brennst.-Wärme-Kraft 18 (1966) 97/105. – MEHLIG, J. G.: Die Wärme- und Stoffübertragung bei der Verdunstungskühlung; ebd. 20 (1968) 49/56. – Ders.: Bestimmung des Luftdurchsatzes bei Naturzugkühltürmen. Energietechn. 18 (1968) 72/75. – Ders.: Bestimmung des Luftaustrittszustands bei Verdunstungskühltürmen. Ebd. S. 244/47. – FURZER, I. A.: Natural draft cooling tower. Industr. Engng. Chem./Proc. Design Developm. 7 (1968) 555/60 u. 561/65.
Wegen des Befalles der Kühlturmeinbauten durch Mikroben s. CH. W. BROWN: How to Control Fungi in Cooling Towers. Petrol. Refiner 43 (1964) Nr. 8, S. 146 bis 148. – DISTLER, H., u. E.-H. POMMER: Die Bekämpfung des Algenwachstums

Weiterhin sind die Druckluftstation und das zugehörige Netz zur Versorgung der Raffinerie mit Druckluft von meist 5 bis 8 atü wichtig. Diese wird als sog. Betriebsluft für Werkzeuge und ähnliche Zwecke sowie – besonders getrocknet und in der Nähe der Verbraucher auf einen niedrigen Druck gedrosselt – für pneumatisch betätigte Regelgeräte benötigt. Vielfach werden aber für diese sog. Instrumentenluft besondere Stationen in den Meßwarten einzelner Anlagen oder Anlagengruppen oder in deren Nähe errichtet. Man erreicht dadurch eine gewisse Sicherung gegen Störungen gegenüber den Verhältnissen bei zentraler Versorgung.

Schließlich werden des öfteren besondere Inertgasanlagen gebaut, um z. B. Reaktoren mit empfindlichen Katalysatoren spülen zu können[1]. Für das Inertgas müssen dann die erforderlichen Leitungen zu den verschiedenen Abnehmern verlegt werden.

Diese sowie einige andere Einrichtungen, zu denen die Straßen und die Gleisanlagen, die Trinkwasserversorgung, die Fernsprecheinrichtungen und die Uhrenanlage gehören, unterscheiden sich in ihrer Ausstattung nicht von gleichartigen Einrichtungen anderer Industrieanlagen. Bei ihrer Planung sind die dafür geltenden Regeln der Technik zu beachten, auf die hier nicht eingegangen wird. Die nachfolgende Darstellung beschränkt sich deshalb auf die für Erdölraffinerien kennzeichnenden Einrichtungen.

a) Der Transport und die Lagerung der Produkte

Der Antransport des Rohöles mit der Bahn in Kesselwagen hat heute kaum mehr Bedeutung. Entweder kann es aus seegängigen Tankern mittels der an Bord befindlichen Pumpen in küstennahen Raffinerien direkt in deren Rohöltanks gefördert werden oder erreicht es die Raffinerie durch eine Rohölfernleitung (Pipeline) aus den großen Tanklagern der in den letzten Jahren errichteten Umschlaghäfen wie Wilhelmshaven, Rotterdam, Lavéra bei Marseille, Triest u. a. Rohölleitungen kleinerer Durchmesser versorgen aus den norddeutschen und österreichischen Feldern die in der Nähe gelegenen Raffinerien.

α) Die Tanklager. Bei der Lagerung des Rohöles und der Produkte ist einer der wichtigsten Gesichtspunkte die Sicherung gegen Brände. Man unterscheidet nach den geltenden Bestimmungen bei den Kohlenwasser-

---

in Rückkühlwerken mit neuen Mikroziden. Erdöl u. Kohle 18 (1965) 381/86. – Wegen der Behandlung des Kühlwassers s. auch J. W. HAYES jr.: Filtering Gives Better Cooling Water. Hydrocarb. Procssg. 46 (1967) Nr. 5, S. 195/200. – COMEAUX, R. V.: Basic Cooling Water Inhibitor Guide; ebd. Nr. 12, S. 129/32.

Über Fragen der Wasserwirtschaft allgemein auf Grund einer Umfrage bei den u.s.-amerikanischen Raffinerien s. z. B. R. V. WEIL u. G. JACKSON: Water Conservation in the Petroleum Industry. Chem. Engng. Progr. 65 (1969) Nr. 11, S. 69/72.

[1] BENNINGSEN, G. V.: Billiges Inertgas – ein neues Betriebsmittel. Erdöl u. Kohle 12 (1959) 646/48. – KLUGE, G.: Wirtschaftliche Erzeugung von Inertgas; ebd. 14 (1961) 35/36. – VOETTER, H.: Theoretische Grundlagen der Erzeugung von Schutzgasen aus Flüssiggas; ebd. 20 (1967) 553/56. – BORRMANN, H.: Inertgas und Reaktionsgas in der Chemischen Industrie. Chem.-Ing.-Techn. 40 (1968) 1192/1202.

stoffen, die zur Gruppe A gehören, drei Gefahrklassen; vgl. § 3 der VbF[1], nämlich:

> Gefahrklasse I   Flammpunkt unter 21 °C,
> Gefahrklasse II   Flammpunkt 21 bis 55 °C,
> Gefahrklasse III Flammpunkt 55 bis 100 °C.

Flüssigkeiten mit Flammpunkten über 100 °C werden nicht in die Gefahrklassen eingereiht[2]. Die in § 3 VbF noch erwähnte Gruppe B umfaßt brennbare Flüssigkeiten, die mit Wasser mischbar, für den Raffineriebetrieb also kaum von Interesse sind.

Wegen des merkbaren Einflusses leicht entflammbarer Anteile in

---

[1] Für die Deutsche Bundesrepublik ist maßgebend die Verordnung über die Errichtung und den Betrieb von Anlagen zur Lagerung, Abfüllung und Beförderung brennbarer Flüssigkeiten zu Lande (Verordnung über brennbare Flüssigkeiten – VbF) vom 18. Febr. 1960 (BGBl. I, Nr. 8 vom 24. Febr. 1960, S. 83) in der Fassung der Verordnung über Anforderungen, insbesondere technischer Art, an Anlagen zur Lagerung, Abfüllung und Beförderung brennbarer Flüssigkeiten zu Lande (Technische Verordnung über brennbare Flüssigkeiten – TVbF) vom 10. September 1964 (BGBl. I, S. 717). Loseblattausgabe, hrsg. von P. Sommer, z. Z. 4 Bde., früher Wiesbaden-Dotzheim, jetzt Mainz-Gonsenheim: Deutscher Fachschriften-Verlag Braun & Co OHG, laufend ergänzt.

Ausgabe mit Erläuterungen: Anlagen zur Lagerung, Abfüllung und Beförderung brennbarer Flüssigkeiten zu Lande. Vorschriftensammlung VbF/TVbF mit Kommentar, 3 Bde., von R. Merländer, H. Freytag u. F. Zachen, Köln/Berlin/Bonn: Heymann 1964, 1965.

Nach § 12 VbF sind für Anlagen, die unter die Bestimmungen der VbF fallen und die in Verbindung mit einer Anlage nach § 16 der Gewerbeordnung stehen, – also für Raffinerien – 1. Ausnahmen zulässig, soweit sie vertretbar sind, 2. aber auch abweichende Anforderungen auf Grund des Ergebnisses der nach § 18 GewO obliegenden Prüfung zulässig.

Über allgemeine Fragen s. K.-H. Gehm, u. G. Schön: Bestimmung der Explosionspunkte von brennbaren Flüssigkeiten / Obere Explosionspunkte von Vergaserkraftstoffen. Erdöl u. Kohle 8 (1955) 419/24. – Gehm, K.-H., K. Nabert u. G. Schön: Probleme des Explosionsschutzes. Chem.-Ing.-Techn. 36 (1962) 674/81. – Nabert, K., u. G. Schön: Sicherheitstechnische Kennzahlen brennbarer Gase und Dämpfe, 2. Aufl., Berlin: Deutscher Eichverlag 1963. – The Institute of Petroleum: Electrical Safety Code, 5. Aufl., Amsterdam/London/New York: Elsevier 1965. – Büngener, H.: Betrachtungen zu amerikanischen Empfehlungen für die Klassifizierung von explosionsgefährdeten Bereichen in Erdölraffinerien. Chem. Techn. 19 (1967) 359/62. – Pester, J.: Zur Klassifizierung der Explosionsgefahren in der petrolchemischen Industrie Großbritanniens, ebd. 19 (1967) 698/701. – von Kwiatkowski, K.: Zündgeschwindigkeit technischer Brenngase über den ganzen Zündbereich (Forschungsberichte des Landes Nordrhein-Westphalen, Nr. 1756), Köln u. Opladen: Westdtsch. Verlag 1966. – Eine Übersicht über die in den Vereinigten Staaten von Amerika geltenden Bestimmungen und dort befolgten Empfehlungen bei Ch. H. Vervalin: How to Get Fire-Safety Information. Hydrocarb. Procssg. 45 (1966) Nr. 5, S. 227/32.

[2] Die Flammpunkte werden bis zu Werten von 65 °C nach DIN 51 755 (Bestimmung des Flammpunktes im geschlossenen Tiegel nach Abel-Pensky), bei schwerer entflammbaren Flüssigkeiten nach DIN 51 758 (Bestimmung des Flammpunktes im geschlossenen Tiegel nach Pensky-Martens) ermittelt; vgl. W. Weber in: Mineralöle und verwandte Produkte, hrsg. von C. Zerbe: a. a. O., S. 70 ff.

Es wurden auch Vorschläge gemacht, die Flammpunkte aus Destillationsdaten zu errechnen. Trotz gewisser dem Verfahren anhaftender Mängel können sie für Planungsarbeiten mangels genauer Versuchswerte brauchbare Anhaltspunkte liefern. Zu erwähnen sind M. van Winkle: Tag Flash vs. ASTM Distillation. Petrol. Refiner 33 (1954) Nr. 11, S. 171/73. – Butler, R. M., G. M. Cooke, G. G. Lukk

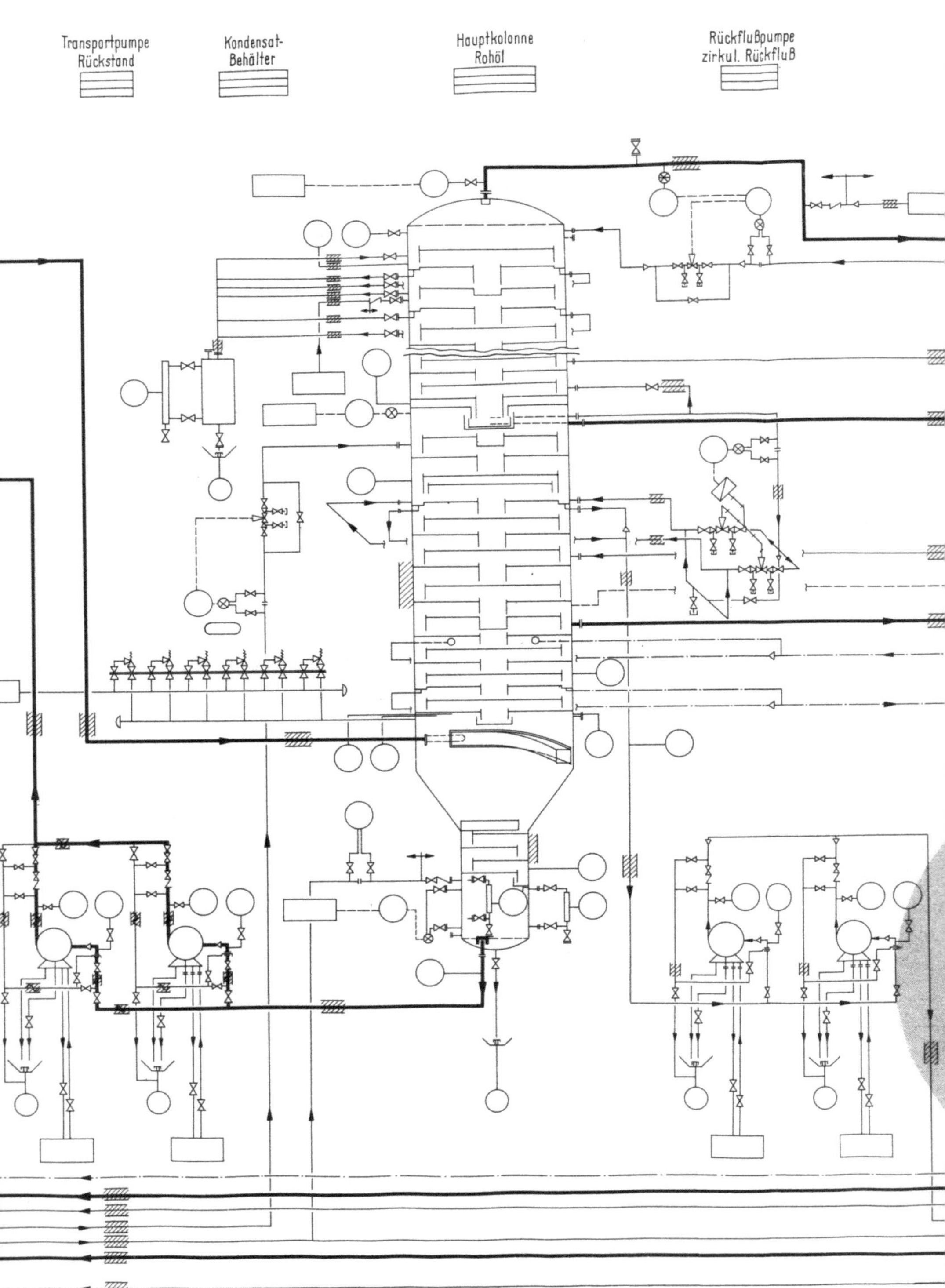

Transportpumpe
Rückstand
Kondensat-
Behälter
Hauptkolonne
Rohöl
Rückflußpumpe
zirkul. Rückfluß
ediger, Erdöl

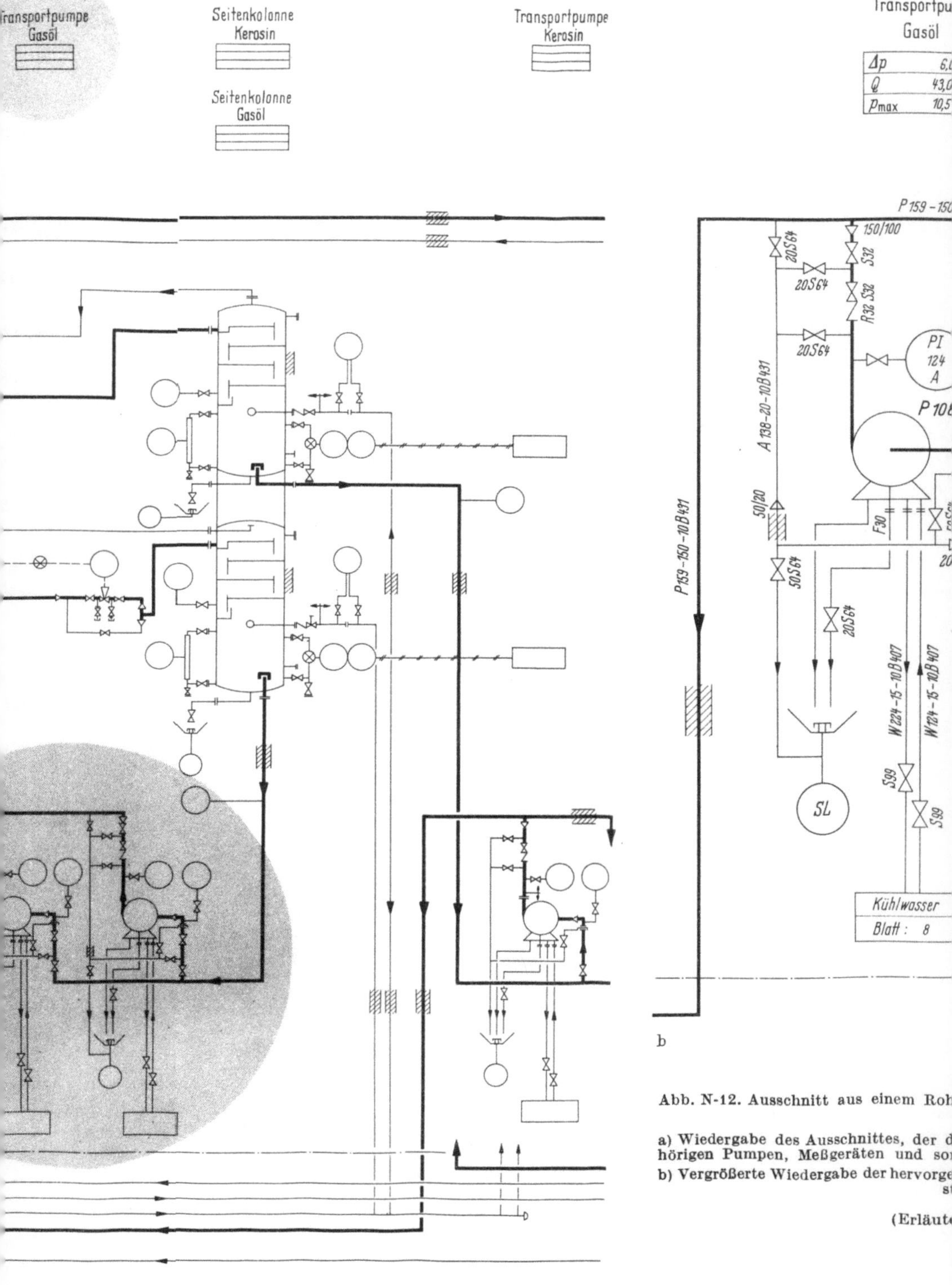

Abb. N-12. Ausschnitt aus einem Roh

a) Wiedergabe des Ausschnittes, der d
hörigen Pumpen, Meßgeräten und so
b) Vergrößerte Wiedergabe der hervorge

(Erläute

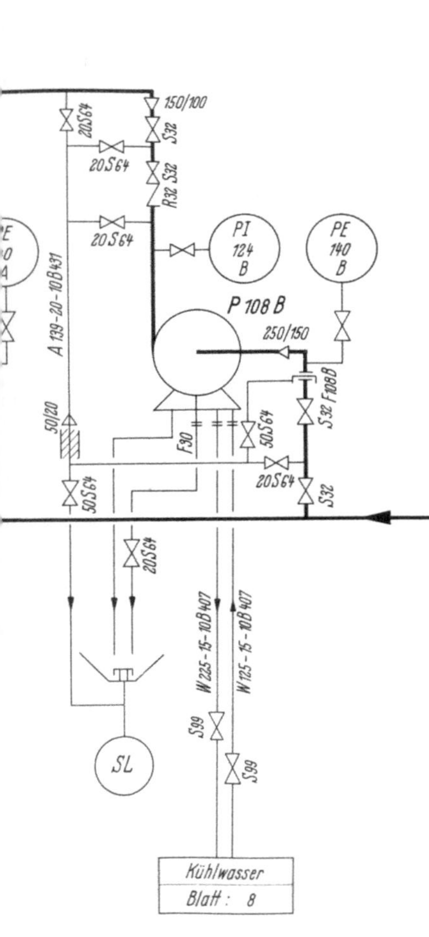

Erläuterungen der Bild- und Kurzzeichen in Abb. N-1

→	Fließpfeil (nach DIN 28004)
	Isolierte Rohrleitung
150/100	Reduzierstück von Nennweite 150 auf Nen
	Absperrarmatur (allgemein) nach DIN 242
20 S 64	Absperrschieber Nennweite 20 mit dem Ku
R 32	Rückschlagklappe mit dem Kurzzeichen R
F 30	Schmutzfänger mit dem Kurzzeichen F 30
F 108 A	Schutzsieb mit der Positionsnummer F 108 (zur Pumpe P 108 A gehörend)
	Ablauftrichter

P 159 – 150 – 10 B 431 Kurzzeichen einer Rohrleitung nach
    aus:

P   Kurzzeichen des Durchflußstoffes
                       (P = Produkt, W = Wasser, A = A
  159   fortlaufende Zählnummer der Roh
                       Durchflußstoffes
      – 150 –   Nennweite der Rohrleitung
            10 B 431   Bezeichnung der Rohrklasse nach D
                       deutet:
            10   Nenndruck der Rohrleitung
              B   Kennbuchstabe der Rohrwerkstoff
                       legierte Stähle
                431   Zählnummer der Rohrklasse, die ein
                       führungen von Rohrleitungsteilen ke

PI   Druckanzeige mit Gerät, örtlich
PE   Druckmeßstelle ohne Gerät
SL   Slop

Die Buchstaben der Kurzzeichen für Armaturen bedeuten:

S   Schieber
V   Ventile
H   Hähne
R   Rückschlagarmaturen
F   Filter in Rohrleitungen wie Schutzsie
SV   Sicherheits-Ventile

Die nachgesetzten Ziffern werden für laufende Numerieru
stoffes, Art der Prüfung oder andere unterscheidende Merkr

Abweichend von der anschließend an Kapitel N erläuter
Fließschemata werden – der anderen Aufgabe entsprechend
Instrumentenschemata dicke Striche für die Hauptleitung
dünne Striche für die Nebenleitungen verwendet.

s- und Instrumentenschema einer Rohöldestilla-
sanlage.

tkolonne und zwei Seitenkolonnen mit den zuge-
Einrichtungen zeigt, jedoch ohne Beschriftung;
Teilausschnitte mit voller Beschriftung, die neben-
rläutert ist.

n Text s. S. 997 f.)

)

S 64

6 bestehend

odukt)
des gleichen

nd zwar be-

3. B = un-

rdnete Aus-

zfänger u. ä.

des Werk-
t.

lung in den
itungs- und
luktflusses,

einem Gemisch kann dessen Flammpunkt – gleichgültig nach welchem Verfahren bestimmt – nicht mit Hilfe einer einfachen Mischungsregel berechnet werden. Durch Auswertung zahlreicher Meßergebnisse wurde ein sog. Flammpunktindex als Funktion des Flammpunktes ermittelt, der sich zur Berechnung des Flammpunktes einer Mischung mit Hilfe einer linearen Mischungsformel eignet[1]. Für Leichtbenzin einerseits und Bitumen andererseits ist die Übereinstimmung zwischen Rechnung und Versuch ungenügend, für die dazwischen liegenden Fraktionen jedoch so gut, daß bei 162 Proben in 71% der Fälle der Unterschied kleiner war als der Streubereich der Meßverfahren.

Bei der Planung der räumlichen Anordnung der Tanklager für Rohöl, Zwischenprodukte und Fertigprodukte wird man anstreben, sie so in den Produktfluß einzuordnen, daß sich möglichst kurze Rohrleitungen zwischen den Tanks und den zugehörigen Verarbeitungs- bzw. Verladeanlagen ergeben. Dabei müssen die Vorschriften für den Feuerschutz bei den Abständen zwischen den Tanks, dem Fassungsvermögen sowie der Ausstattung der Tanklager mit Löscheinrichtungen beachtet werden[2].

Für die Lagerung von Flüssiggas sind besondere Gesichtspunkte zu beachten, wie verschiedene Schadensfälle der letzten Jahre gezeigt haben[3]. Die Gefahr liegt vor allem darin, daß die unter den Kugeln angeordneten Abschlußarmaturen selbst bei höheren Lufttemperaturen – gerade wegen der dann hohen Luftfeuchtigkeit – leicht vereisen und beim gewaltsamen Öffnen beschädigt werden können. Man hat sich deshalb z. B. entschlossen, Kugeln bis unterhalb des Äquators mit Erdreich anzuschütten und über oben angeordnete Armaturen und daran angeschlossene Tauchrohre zu füllen und zu entleeren. Zur Sicherung dieser Betriebsweise wird ein Teil des Kugelinhaltes mittels einer Pumpe um-

---

u. B. G. JAMESON: Prediction of Flash Points of Middle Distillates. Industr. Engng. Chem. 48 (1956) 808/12.

In Großbritannien wird für die leichter entflammbaren Flüssigkeiten ein dem Gerät nach DIN 51755 sehr ähnliches Gerät gemäß I.P. 170/59 (Flash point by the Abel Apparatus/Petroleum) benutzt, während das in den Vereinigten Staaten von Amerika nach ASTM D 56-64 (Flash Point by TAG Closed Tester) vorgeschriebene Gerät gewisse Abweichungen aufweist. Die Bezeichnung „TAG" ist die Abkürzung für den Eigennamen TAGLIABUE. Bei den Geräten nach DIN 51758, ASTM D 93-66 (Flash Point by Pensky-Martens Closed Tester) und I.P. 34/67 (Flash Point (open) and Fire Point by means of the Pensky-Martens Apparatus) sind die Unterschiede der Geräte und dementsprechend die der Ergebnisse geringer. Sie müssen aber beachtet werden, sofern es sich um behördliche Vorschriften handelt. – Vgl. dazu die sehr aufschlußreichen Darlegungen bei J. R. HUGHES: The Need for an International Standard on Flammability. J. Inst. Petrol. 55 (Nov. 1969) Nr. 546, S. 380/87. Der Aufsatz bringt eine Gegenüberstellung der Normen nach IP, AFNOR (Association Française de Normalisation) und DIN; er zeigt die dringende Notwendigkeit einer Vereinheitlichung.

[1] WICKEY, R. O., u. D. H. CHITTENDEN: Flash Points of Blends Correlated. Hydrocarb. Procssg. & Petrol. Refiner 42 (1963) Nr. 6, S. 157/58.

[2] STACHEL, A.: Brände bei Transport und Lagerung von Erdöl und Erdgas. Erdöl u. Kohle 18 (1965) 661/65. – VERVALIN, CH. H.: Note These Steps in Tank Safety. Hydrocarb. Procssg. 45 (1966) Nr. 4, S. 207/09.

[3] Vgl. A. F. ORLICEK: Überlegungen zum Verhalten von Flüssiggasbehältern im Brandfalle. Erdöl u. Kohle 21 (1968) 471/75. – WROBEL, J.: Brand einer Flüssiggas-Behälteranlage. Techn. Überwachung 10 (1969) 58/60.

gewälzt und in einem Verdampfer auf einen etwas höheren Druck gebracht als dem Dampfdruck bei der jeweiligen Temperatur des Behälters entspricht[1].

Sehr wichtig ist auch die Abdichtung des Untergrundes, um eine Verseuchung des Grundwassers beim Leckwerden eines Tanks zu vermeiden. Die zu ergreifenden Maßnahmen werden heute in der Regel im Zuge des Verfahrens zur Genehmigung des Betriebes von den Behörden vorgeschrieben[2]. Je nach den Bodenverhältnissen können verschiedene Maßnahmen erforderlich werden, um die großen Tankhöfe mit Sicherheit gegen das Grundwasser abzudichten. Wenn Lehm in der Nähe der Baustelle in ausreichender Menge zur Verfügung steht, dann ist eine Abdichtung der Tankhofsohle mit einem Lehmschlag von etwa 15 bis 20 cm Dicke meist ausreichend. Diese Lehmschicht wird dann mit Mutterboden abgedeckt, damit sie nicht beschädigt werden kann. Die Kanalabläufe, die sie durchbrechen, sind besonders abzudichten. Desgleichen muß diese Lehmschicht fugenlos im Kern der Tankwälle hochgezogen werden. Man hat zur Abdichtung der Tankhöfe auch Kunstfolien oder – was ziemlich kostspielig ist – Betonwannen angewendet.

Um diesen Aufwand zu verringern und doch alle Sicherungsmaßnahmen gegen Brände und Grundwasserverseuchung zu treffen, gewinnen seit einiger Zeit Tanks mit einem zweiten Mantel an Bedeutung. Dieser wird in einem solchen Abstand von der inneren Tankwand errichtet, daß ein begehbarer Zwischenraum von etwa 1 m Breite bleibt. Es wurden solche Außenmäntel aus Stahlbeton, neuerdings aber meist aus Stahl in gleicher Weise wie der Tankmantel selbst ausgeführt. Die Gesamtkosten sollen bei Tanks großen Fassungsvermögens geringer als bei der üblichen Bauweise sein. Bei beengten Platzverhältnissen kann ein Tank mit Doppelmantel u. U. die einzig mögliche Lösung darstellen[3].

Bei der Planung der Rohrleitungen und Tanklager darf nicht das Erfordernis der Beheizung außer acht gelassen werden, sofern es sich

---

[1] SCHEIBER, J., H. ROHNALTER u. R. KASISKE: Sicherung von Flüssiggasbehältern. Erdöl u. Kohle 22 (1969) 138/40.

[2] Die diesbezüglichen Auflagen stützen sich auf das Gesetz zur Ordnung des Wasserhaushalts (Wasserhaushaltsgesetz – WHG) vom 27. Juli 1957 (BGBl. I, S. 1110) in der Fassung des Zweiten Gesetzes zur Änderung des WHG vom 6. Aug. 1964 (BGBl. I, S. 611). – Vgl. dazu auch: Der Schutz des Grundwassers bei der Lagerung von Mineralölprodukten als Ingenieuraufgabe. Sonderdruck aus der Zeitschrift „Erdöl und Kohle" 14 (1961) 411/19, 492/99, 569/78 mit Aufsätzen von S. CLODIUS, W. GÄSSLER u. O. W. v. TEGELEN, G. RINCKE, H. KROLEWSKI, M. JANSEN, H. GROEBLER, K. NABERT, H.-F. SIERWALD. – Gewässerschäden durch Mineralölprodukte. Schriftenreihe der Vereinigung Deutscher Gewässerschutz – VDG, Nr. 7/1961, Bad Godesberg: Selbstverlag. – YOUNGER, A. H.: Design Tips for Refinery Tank Farms. Petrol. Refiner 40 (1961) Nr. 7, S. 140/44. – SONTHEIMER, H., u. W. KÖLLE: Untersuchungen zur Problematik der Wasserverschmutzung durch Mineralöl. Erdöl u. Kohle 20 (1967) 648/55. – BREITENBACH, N.: Verordnung über das Lagern von Heizöl und anderen wassergefährdeten Flüssigkeiten. Stuttgart: FVÖ-Verlagsges. 1967. (Es werden nur die im Lande Baden-Württemberg geltenden wasserrechtlichen Bestimmungen behandelt.)

[3] SCHWARZ, K.: Auffangwannen aus Stahl für Großraumtanks. Erdöl u. Kohle 19 (1966) 513/19. – RUPF-BOLZ, O.: Neuartige Sicherung von Lagertanks für Mineralölprodukte. Gas- u. Wasserf. 108 (1967) 358/62. – MICHAELIS, K.: 115000-m³-Schwimmdachtank für Rohöl mit Stahlauffangtasse. Erdöl u. Kohle 21 (1968) 409/12.

um die Verpumpung und Lagerung von höhersiedenden Produkten handelt[1]. Man strebt an, diese auf einer Temperatur zu halten, bei der ihre Zähigkeit nicht größer als etwa 4 bis 5 °E ($\cong$ 30 bis 40 cSt) ist. Dann bleibt die Pumparbeit in wirtschaftlich vertretbaren Grenzen. Bei Bitumina muß man allerdings für harte Sorten Zähigkeiten bis zu etwa 12 bis 14 °E ($\cong$ rd. 100 cSt) zulassen, was Produkttemperaturen von nahezu 200 °C erfordert. Wollte man diese Temperaturen noch weiter erhöhen, um die Zähigkeit der Bitumina zu senken, so hätte dies besondere Aufwendungen für die Heizmittel zur Folge.

Es müssen deshalb Zuleitungen für den Heizdampf und Rückleitungen für das Kondensat oder für andere Heizmittel zusammen mit den Produktleitungen verlegt werden[2].

β) Die Pumpstationen, die Mischanlagen und die Verladeanlagen. Wegen der besseren Übersicht für die Betriebsführung werden zum Fördern der Produkte außerhalb der eigentlichen Verarbeitungsanlagen die Pumpen in Pumpstationen für einzelne Gruppen von Produkten – nach Gefahrklassen getrennt – zusammengefaßt. Sie werden an Stellen, die von den Straßen gut zugänglich sind, meist neben den zu den Straßen parallellaufenden Rohrstraßen angeordnet.

Beim Verladen von Fertigprodukten ist das Zusammenmischen von zwei oder mehr Produktströmen in letzter Zeit immer wichtiger geworden. Es bereitet mitunter erhebliche Schwierigkeiten, Verarbeitungsanlagen so zu betreiben, daß die abgehenden Produkte allen Anforderungen genau entsprechen. Meist ist es erforderlich, manche Eigenschaften, wie z.B. Flammpunkte, auf günstigere Werte einzustellen, um auch bei kleinen, betrieblich bedingten Abweichungen keinesfalls die zugelassenen Toleranzen zu überschreiten. Fahrbenzine werden sehr oft aus Reformaten, Krackbenzinen, Polymerbenzinen und z.T. Straight run-Benzinen für den Verkauf zusammengemischt. Früher geschah dies in eigens dafür aufgestellten Mischtanks, die viel Platz beanspruchten und deren Größe nur selten dem gerade aufgetretenen Bedarf entsprach. Es wurde deshalb in den letzten Jahren eine besondere Technik entwickelt, die unter dem Namen „In-line-Blending" bekannt ist. Durch feinfühlige, selbsttätige Steuerung der Förderleistung der Pumpen für die einzelnen zu mischenden Produkte können sehr gleichmäßige Mischungen gewünschter Zusammensetzung hergestellt und unmittelbar in Tank- oder Kesselwagen oder in die Tanks von Schiffen für Fertigprodukte gepumpt werden[3].

---

[1] Dazu W. Sackmann: Wirtschaftliche Produktbeheizung in Raffinerien. Chem.-Ing.-Techn. 40 (1968) 10/15. – Papageorgiu, M., E. Taubert u. U. K. Hadré: Entwässerung von Begleitheizungen bei hochgezogenen Kondensatableitern. Erdöl u. Kohle 19 (1966) 431/35.

[2] Über den Wärmebedarf zum Aufheizen von Tanks s. F. W. Lohrisch: What Is Optimum Batch Heat Transfer. Hydrocarb. Procssg. 46 (1967) Nr. 7, S. 169/76. Vgl. auch die in Fußn. 1, S. 184 genannten Arbeiten.

[3] Applequist, H. D., u. J. E. Krebs: They Use Automatic Gasoline Blending. Petrol. Refiner 37 (1958) Nr. 9, S. 347/50. – Butler, B. B.: Automatic Blending Lives Up to Goal; ebd. 39 (1960) Nr. 8, S. 97/100. – Naquin, P. J., u. J. B. Milwee: Volatility Blending Made Easier; ebd. 41 (1962) Nr. 10, S. 133/38. –

Für das Verladen der Fertigprodukte in See- oder Flußschiffe bedarf
es besonderer Einrichtungen an den Anlegestellen. Ein System von
festen und beweglichen Rohrleitungen mit Umschlußmöglichkeiten muß
in einem Stahlgerüst so untergebracht werden, daß die einzelnen Rüssel
alle Anschlüsse der Schiffe erreichen können. Für die Rohrgelenke wurden Sonderkonstruktionen entwickelt, die ein Dichthalten gewährleisten.
Diese Verladeeinrichtungen werden nur von wenigen Fachfirmen hergestellt. Ein Eingehen auf Einzelheiten, die in erster Linie die Konstruktion betreffen, würde über den Rahmen dieses Buches weit hinausgehen. Das gleiche gilt für die Verladeeinrichtungen zum Beschicken der
Eisenbahn- und Straßenfahrzeuge. Für Eisenbahntankwagen (Kesselwagen) wurden Systeme entwickelt, die es gestatten, mit geringem Per-
sonalaufwand die aus einer großen Zahl von Kesselwagen zusammengestellten Züge so zu verschieben, daß alle Wagen der Reihe nach von
ein und derselben Stelle aus befüllt werden können[1].

Beim Verladen von Flüssiggas oder seinen Komponenten ist zu beachten, daß die Fahrzeuge für diese Produkte nach Gewicht und nicht
nach Volumen befüllt werden müssen. Deshalb sind bei allen derartigen
Verladeeinrichtungen – sei es für Straßenfahrzeuge, sei es für Eisenbahn-
fahrzeuge – Plattform- bzw. Gleiswaagen hoher Genauigkeit erforderlich.
Wegen des hohen Dampfdruckes müssen die Stutzen an den Kesseln, die
in diesem Fall immer von unten befüllt werden, so ausgebildet sein, daß
sie mit wenigen Handgriffen dicht verschlossen werden können.

Besondere Bedeutung verdient noch die Möglichkeit, daß Straßen-
tankwagen beim Beladen mit Produkten durch das Ausströmen der
Kohlenwasserstoffe aus den Rohren der Fülleitungen und den freien Fall
im Innern des Behälters elektrisch aufgeladen werden[2]. Diese Gefahr ist
im Bereich der Düsenkraftstoffe am größten, weil diese noch genügend

---

WISHLINSKI, T. J.: Direct-to-Truck Blending of Asphalts; ebd. 42 (1963) Nr. 7,
S. 157/60. – BERTO, F. J.: Designing and Specifying Automatic In-line Blenders;
ebd. Nr. 9, S. 149/58. – Vgl. auch K. WÖHLISCH: Betrachtungen zur Berechnung
von Mineralölmischungen. Erdöl u. Kohle 18 (1965) 716/19. – GLISMANN, H. H.:
Moderne Anwendungsgebiete der Meß- und Regelungstechnik in der Mineralölindustrie / Inline-Blendung … I. Mischanlagen. Erdöl u. Kohle 22 (1969) 213/16;
II. Qualitätsmeßinstrumente; ebd. S. 281/86.

[1] Vgl. dazu W. E. LINDQUIST u. P. PAGE: How to select Mechanical Equipment
for Loading Petroleum Products. Petrol. Refiner 41 (1962) Nr. 8, S. 83/90. – SOLO-
MON, A., Eine fortschrittliche Kesselwagen-Füllstation. Erdöl u. Kohle 18 (1965)
460/61. – Ders.: Vollautomatische Straßen-Tankwagen-Verladung mit Daten-
verarbeitung durch numerische Rechner; ebd. 19 (1966) 287/89. – HOHMEIER, F.,
u. R. KÖHLER: Automatisierung der Produkten-Verladung und Versandabfertigung
in Raffinerien; ebd. 21 (1968) 639/44.

[2] KLINKENBERG, A., u. J. L. VAN DER MINN: Electrostatics in the Petroleum
Industry, Amsterdam: Elsevier 1958. – WRIGHT, L., u. I. GINSBURGH: Take a
New Look at Static Electricity. Hydrocarb. Procssg. & Petrol. Refiner 42 (1963)
Nr. 10, S. 175/80. – KLINKENBERG, A.: Elektrische Aufladung schlecht leitender
Flüssigkeiten. Chem.-Ing.-Techn. 36 (1964) 283/90. – GROSZ, H.-J., u. G. SCHÖN:
Zündgefahr durch elektrostatische Aufladung beim Strömen von Kraftstoffen durch
Filter. Erdöl u. Kohle 17 (1964) 276/78. – BUSTIN, W. M., I. KOSZMAN u. I. T.
TOBYE: A New Theory for Static Relaxation; ebd. 43 (1964) Nr. 11, S. 209/16. –
BULKLEY, W. L., u. I. GINSBURGH: How to Load Distillates Safely. Hydrocarb.
Procssg. 47 (1968) Nr. 5, S. 121/23.

dünnflüssig sind, so daß sich durch die Reibung beim Ausfluß eine hohe
Spannung bilden kann, ihre elektrische Leitfähigkeit – im Gegensatz zu
der niedrigersiedender Produkte – aber bereits so gering ist, daß die entstehenden Spannungen nicht mehr abgeleitet werden. Unter ungünstigen
Umständen können gegenüber der Erde durch die Gummibereifung
elektrisch isolierter Behälter Potentialdifferenzen von einigen kV auftreten. Kesselwagen für den Straßenverkehr müssen deshalb immer
geerdet werden, zumal sich auch während der Fahrt durch die ständige
Bewegung des Behälterinhaltes der Kessel aufladen könnte. Bei Eisen-
bahnwagen ist diese Vorsichtsmaßnahme wegen der ausreichenden Ableitung über die Räder in die Schienen nicht erforderlich.

b) Die verfahrenstechnische Sicherung des Betriebes

α) **Das Abblasesystem (Blow down).** Beim Verarbeiten von Erdöl und
seinen Fraktionen ist es nicht zu vermeiden, daß infolge von Änderungen
der Produktzusammensetzung oder anderer Vorkommnisse im Betrieb
gelegentlich die Sicherheitsventile von Druckgefäßen ansprechen[1]. Die
dann entweichenden Gase geben zusammen mit Luft in bestimmter Zusammensetzung explosive Gemische. Mit der Möglichkeit von deren Bildung muß in solchen Fällen immer gerechnet werden. Deshalb muß jede
Raffinerie ein besonderes, geschlossenes Rohrleitungsnetz besitzen, durch
das die Abblasegase der Sicherheitsventile von Druckgefäßen abgeleitet
werden können. Die Rohrleitungsquerschnitte müssen so ermittelt werden, daß beim gleichzeitigen Ansprechen von mehreren Sicherheitsventilen ein ausreichendes Druckgefälle zu der noch zu besprechenden Fackel
und ihren Vorlagebehältern vorhanden ist[2]. Dazu bedarf es einer Prüfung
der möglichen Störungen und des Einflusses der Betriebsdrücke in einem
System auf die in einem damit verbundenen System. Die große Un-

---

[1] API Recommended Practice for the Design and Installation of Pressure-
Relieving Systems in Refineries. Part I – Design, Part II – Installation (API RP
520) 2. Aufl., hrsg. vom American Petroleum Institute, Division of Refining, New
York: Selbstverlag, Part I, Sept. 1960, Part II, Jan. 1963. – HARTMANN, E.: Be-
messung von Sicherheitsventilen an Druckbehältern in der chemischen Industrie.
Chem.-Ing.-Techn. 34 (1962) 26/33. – JENETT, E.: Design considerations for pres-
sure-relieving systems. Chem. Engng. 70 (8. Juli 1963) Nr. 14, S. 125/30. – Ders.:
Components of pressure-relieving systems, ebd. Nr. 17 (19. Aug. 1963) S. 151/58. –
Ders.: How to calculate back pressure in vent lines, ebd. (2. Sept. 1963) Nr. 18,
S. 83/86. – BLUNCK, D.: Sicherheitsventile und ihre Bemessung. Techn. Über-
wachg. 8 (1967) 266/70. – Arbeitsgemeinschaft Druckbehälter (AD): Sicherheits-
ventile – Bauart und Größenbemessung. Merkblatt A 2 (Ausgabe Oktober 1968),
Köln u. Berlin: Heymann 1968. – Eine Übersicht über die in der Deutschen Bundes-
republik geltenden Gesetze und Vorschriften bei J. ROEBER u. A. HINZ: Sicherung
von Anlagen der Verfahrenstechnik. Chem.-Ing.-Techn. 40 (1968) 837/40. – REA-
RICK, J. S.: How to Design Pressure Relief Systems. Hydrocarb. Procssg. 48 (1969)
Nr. 8, S. 104/08; Nr. 9, S. 161/66.
[2] Vgl. dazu D. E. LOUDON: Requirements for Safe Discharge of Hydrocarbons
to Atmosphere. Vortrag gehalten auf der Tagung der Division of Refining des
American Petroleum Institute (API), Philadelphia/Pa. am 15. Mai 1963. – CONI-
SON, J.: Factors in Sizing a Safe and Economical Vapor Relief System; ebd. –
HUSA, H. W.: How to Compute Safe Purge Rates. Petrol. Refiner 43 (1964) Nr. 5,
S. 179/82.

bekannte in dieser Rechnung ist die Gleichzeitigkeit. Es bleibt nichts anderes übrig, als dabei von gewissen Annahmen auszugehen. Wenn es auch trivial erscheinen möge, so ist eine Kontrolle für die Sammelleitungen dadurch möglich, daß man die im Störungsfall abzuführende Gasmenge ins Verhältnis zur insgesamt zu verarbeitenden Produktmenge setzt. Dabei muß sich ein Wert ergeben, der um so kleiner als eins sein darf, je schwerer die zu verarbeitenden Produkte sind.

Auch die Lagertanks und insbesondere die Kugeln für Flüssiggas oder dessen Komponenten müssen mit Sicherheitsventilen ausgerüstet werden. Es könnte sonst durch plötzliche starke Schwankungen der Außentemperaturen, der Sonneneinstrahlung oder bei Bränden der Druck im Innern unzulässig ansteigen[1]. Solche Sicherheitsventile können zwar wegen des großen Abstandes zwischen den Kugeln und den Verarbeitungsanlagen nicht an eine Leitung zur Fackel angeschlossen werden. Doch stellt das Abblasen von Propan und schweren Gasen eine erhebliche Gefahr dar, die bei Bränden erkannt und z.B. durch Wasser- oder Dampfschleier bekämpft werden muß.

Beim Ansprechen der Sicherheitsventile entweichen Gase oder Dämpfe, die in dem betreffenden Druckgefäß bei gegebenem Druck und gegebener Temperatur mit einer Flüssigkeit höherer Molmasse, aber etwa ähnlicher Zusammensetzung im Gleichgewicht standen. Das heißt also, daß sich die Gase oder Dämpfe im Behälter am Taupunkt befanden. Durch die Drosselung im Sicherheitsventil nimmt die Temperatur – wegen theoretisch konstant bleibender Enthalpie – nur wenig ab, die Dämpfe sind dann bei dem niedrigen Druck in der Sammelleitung, die sie aus den Verarbeitungsanlagen herausführen soll, je nach Druckabfall zunächst mehr oder weniger überhitzt. Diese Sammelleitung des Abblasesystems, die durch den ganzen Verfahrensblock der Raffinerie verlaufen muß, wird nicht isoliert, weil sie nur selten benutzt wird und das Isolieren nicht den gewünschten Erfolg brächte. Die Gase kühlen sich deshalb darin ab und können vor Erreichen der Fackel, insbesondere bei tiefen Außentemperaturen, den Taupunkt unterschreiten. Deshalb müssen die zur Fackel gehenden Leitungen immer mit geringem Gefälle verlegt werden. Außerdem muß vor der Fackel eine Vorlage angeordnet werden, in der sich die in den Leitungen ausgeschiedenen Kondensate von den Dämpfen gut trennen und sammeln können[2].

An solche Vorlagen können die Abblaseleitungen mehrerer Anlagen angeschlossen werden, wenn die Molmassen der anfallenden Produkte nicht zu sehr voneinander abweichen, also z.B. von Anlagen, die im Verfahrensgang benachbart sind. Zwischen der Vorlage und der Fackel muß noch unbedingt eine Wassertauchung angeordnet werden, um das

---

[1] Wegen der Bemessung dieser Sicherheitsventile s. ebenfalls Recommended Practice API 520, Fußn. 1, S. 1013; vgl. auch A. F. ORLICEK: a.a.O. (Fußn. 3, S. 1009).

[2] NIEMEYER, E. R.: Check These Points When Designing Knockout Drums. Petroleum Refiner 40 (1961) Nr. 6, S. 155/56. Zwar bezeichnet man mit „Knockout Drums" die noch zu besprechenden Entspannungsbehälter für Notentleerungen. Doch können die diesbezüglichen Überlegungen auch auf Fackelvorlagen angewendet werden, die vielfach als „Blow down-Behälter" oder einfach als „Blow down" bezeichnet werden.

Eindringen von Luft in das Abblaserohrsystem zu verhindern. Diese Forderung bereitet erhebliche Schwierigkeiten für den Anschluß der Sicherheitsventile von Apparaten, die nur mit geringem Überdruck arbeiten.

Der wichtigste Anlagenteil einer Raffinerie, dessen Sicherheitsventile nur schwierig an das geschlossene Fackelsystem angeschlossen werden können, ist die Hauptkolonne der Normaldruckdestillation für das Rohöl. Der verfügbare, meist geringe Überdruck reicht in der Regel nicht aus, um eine sichere Abfuhr der u. U. entweichenden Benzindämpfe zur Fackel zu gewährleisten. Wegen des großen Volumens der Kolonne war bisher immer eine größere Anzahl von Sicherheitsventilen nötig, weil solche Ventile mit Nennweiten von mehr als etwa 200 mm nicht hergestellt wurden. Diese müssen wegen der Überprüfbarkeit und der für diesen Zweck benötigten Reserven gegeneinander verriegelbar sein. In allerletzter Zeit wurden Bauformen bis 400 mm NW entwickelt, so daß man jetzt auch bei großen Durchsatzleistungen mit einer kleineren Anzahl auskommen kann. Man muß beachten, daß besonders bei niedrigen Betriebsdrücken die Verhältnisse bei der Absicherung von Destillationskolonnen, vor allem hinsichtlich der abzublasenden Volumina, vollkommen anders liegen als im Kesselbau.

Die meist auf dem Kopf der Kolonne angeordneten Ventile ließ man bisher einfach ins Freie abblasen. Dies ist nicht ohne Gefahr, wie verschiedene Vorkommnisse gezeigt haben. Deshalb zieht man es jetzt vor, auf den Trennbehälter hinter den Kondensatoren ein druckgeregeltes Ventil großer Nennweite zu setzen, von dem eine Leitung entsprechender Lichtweite zur Fackelanlage geführt wird. Ein solches Ventil kann viel empfindlicher gesteuert werden als die behördlich vorgeschriebenen Sicherheitsventile, die bei Überdruck öffnen müssen und nach Absinken des Druckes wieder dicht schließen sollen. Der Ansprechdruck des geregelten Ventiles muß so eingestellt werden, daß es – auch unter Berücksichtigung des Druckverlustes vom Kolonnenkopf durch die Kondensatoren bis zum Trennbehälter – früher öffnet als die Sicherheitsventile, diese also praktisch nie in Funktion zu treten brauchen. Der Betriebsmann betrachtet diese Schaltung schon deshalb als vorteilhaft, weil er dann die geringsten Sorgen um das Dichthalten der Sicherheitsventile auf der Kolonne hat.

Statt auf dem Kopf der Kolonne können die Sicherheitsventile unmittelbar an die Flash-Zone angeschlossen und auf einer Bühne in deren Höhe zugänglich angeordnet werden. Dann muß die Abblaseleitung auf alle Fälle geschlossen aus der Anlage herausgeführt werden. Auch in diesem Fall bietet die Schaltung mit dem druckgeregelten, großen Ventil auf dem Trennbehälter Vorteile.

β) **Die Fackel.** Nur Wasserstoff, Methan sowie Äthan und Äthen haben von den in Raffinerien vorkommenden Gasen und Dämpfen eine Dichte, die kleiner ist als die von Luft. Wenn sie in genügend großer Höhe ins Freie entweichen, so werden sie bald so verdünnt, daß selbst bei ungünstigen Windverhältnissen kaum eine Gefährdung des Betriebes befürchtet werden muß. Alle anderen Raffinerieprodukte sinken – sofern sie überhaupt noch gas- oder dampfförmig sind – in der freien Atmosphäre zu Boden. Da nun in einer Raffinerie, insbesondere in der näheren Umgebung der Öfen, wegen des Ansaugens der Verbrennungsluft unter keinen Umständen explosive Gemische auftreten dürfen, sollten möglichst alle aus den Sicherheitsventilen austretenden Gase und Dämpfe verbrannt und auf diese Weise unschädlich gemacht werden. Die einleitend genannten leichtesten Kohlenwasserstoffe und der Wasserstoff werden aus verfahrenstechnischen Gründen unter hohen Drücken verarbeitet. Deshalb macht es keine Schwierigkeiten innerhalb der Verarbeitungsanlagen, auch die Sicherheitsventile für diese Gase an das allgemeine Fackelsystem anzuschließen. Man schaltet dadurch jede Gefahr aus, zumal sie meist im Phasengleichgewicht mit schwereren Komponenten verarbeitet werden und es daher vorkommen kann, daß Anteile von diesen mit austreten. Nur bei den weitabliegenden Kugeln im Tanklager ist man zu einer Ausnahme gezwungen. Dies ist einer der Gründe, weshalb man die Kugeln so weit wie möglich abseits von allen anderen Anlagenteilen einer Raffinerie aufstellt.

Die übliche Ausführung der Fackel ist die sog. Hochfackel, die ebenfalls in möglichst großer Entfernung von den Verarbeitungsanlagen sowie vom Rohöltanklager und den Tanks für leichte Produkte aufgestellt werden soll. Als Richtlinie kann betrachtet werden, daß der Abstand von solchen Anlagen wenigstens 100 m betragen und daß sie die benachbarten höchsten Kolonnen um etwa 10 bis 15 m überragen soll. Eine Mindesthöhe von 50 bis 60 m sollte nicht unterschritten werden[1]. Um rauchlose Verbrennung zu erzielen, ist bei den üblichen Fackelköpfen die ständige Zugabe von Dampf erforderlich. Außerdem ist eine mit Sicherheit ständig brennende Lockflamme erforderlich, damit nach dem Verlöschen der Hauptflamme wegen Ausbleibens der Gaszufuhr neu ankommende Gase wieder gezündet werden. Es wurden auch die verschiedensten Vorschläge gemacht und praktisch ausprobiert, um die aufwendigen Hochfackeln zu vermeiden, doch hat sich bisher kaum eine der vorgeschlagenen Bauarten durchgesetzt[2]. Hingegen wurden Ver-

---

[1] Weitere Angaben s. in: Manual on Disposal of Refinery Wastes. Vol. II, Waste Gases and Particulate Matter, hrsg. vom American Petroleum Institute, Division of Refining, 5. Aufl., New York: Selbstverlag 1957, S. 44 mit Beispielen von Empfehlungen. – BODURTHA jr., F. T.: Flare Stack – How Tall? Chem. Engng. 65 (15. Dez. 1958) Nr. 25, S. 177/80. – TAN, S. H.: Flare System Design Simplified. Hydrocarb. Procssg. 46 (1967) Nr. 1, S. 172/76. – Ders.: Simplified Flare System Sizing; ebd. Nr. 10, S. 149/54. – KENT, G. R.: Find Radiation Effect of Flares; ebd. 47 (1968) Nr. 6, S. 119/30.

[2] ALBRIGHT, J. C.: Modern Automatic-Quenching Blow down Stack Erected at Oleum Refinery. Petrol. Refiner 30 (1951) Nr. 11, S. 131/33. – SMITH, W. R.: Eliminate Air-Polluting Smoke. Petrol. Processing 9 (1954) 876/81. (Eine Art Bodenfackel, die nicht wieder gebaut wurde.) – HANNAMAN, J. R., u. A. J. ETINGEN: Union Flares Blow down Without Smoke. Petrol. Refiner 35 (1956) Nr. 2, S. 143 bis 146. – Dies.: Here's a Workable Smokeless Flare System. Petrol. Processing 11 (1956) Nr. 3, S. 66/69. (Nur die eine beschriebene Anlage wurde bekannt.) – SPIECKER, O.: Rauchlose Verbrennung von Abgasen. Erdöl u. Kohle 10 (1957) 874/75. – MILLER jr., P. D., H. J. HIBSHMAN u. J. R. CONNELL: How to Design a New Smokeless Flare. Petrol. Refiner 37 (1958) Nr. 5, S. 148/52 (eine Bodenfackel, deren Konstruktion wieder verlassen wurde). – VERKOREN, H., u. G. H. REMAN: Fackeln mit geringster Umgebungsbelästigung. Erdöl u. Kohle 18 (1965) 379/81.

besserungen an den Brennerköpfen erzielt, um den erheblichen Dampfverbrauch und das starke Rauschen der Flamme zu verringern[1].

Die günstigste Lösung des Problems besteht darin, die zu verbrennen-
den Gase zu sammeln und unter den Öfen der Raffinerie zu verheizen.
Durch aufeinander abgestimmte Regler läßt sich dieses Ziel erreichen, so
daß die Fackel, die aus Sicherheitsgründen beibehalten werden muß, nur
mehr in Ausnahmefällen brennt[2]. Dieses System wurde mit Erfolg in
einigen Raffinerien angewendet, die in den letzten Jahren neu gebaut
wurden.

γ) **Die Einrichtungen für das Anfahren, die Notabschaltung und zur
Aufnahme von Fehlchargen.** Bei der Planung der Rohrleitungen einer
Anlage dürfen jene nicht vergessen werden, die zusätzlich für das An-
fahren erforderlich sind. Da jede Anlage nach dem Spülen mit Dampf,
Stickstoff oder Inertgas erst auf Temperatur und Druck gebracht werden
muß, sind erstens die Anschlüsse für diese Spülmittel und zweitens die
Rohrleitungen nötig, die es gestatten, zunächst so lange mit Produkt im
Kreislauf zu fahren, bis die Betriebswerte erreicht sind. Erst dann werden die Leitungen für die abzugebenden Produkte mit den zugehörigen
Tanks verbunden, wenn festgestellt ist, daß sie den Anforderungen entsprechen. Während des laufenden Betriebes kann es nun vorkommen,
daß eine Anlage sehr schnell abgestellt werden muß, um eine Gefahr einzudämmen. Dies kann bei Bränden, bei Stromstörungen oder in anderen
Katastrophenfällen erforderlich werden. Das erste Ziel der Maßnahmen
ist es, die großen Mengen leichtentzündlicher Flüssigkeiten vor allem
aus den Öfen und Kolonnen zu entfernen. Dies bereitet dort, wo sie sich
auf höherer Temperatur befinden, größere Schwierigkeiten. Vor allem
muß vermieden werden, daß solche Produkte mit kälteren Produkten
kleiner Molmasse zusammengeführt werden, weil dies zu gefährlichen
plötzlichen Verdampfungen und in den nicht luftfreien sog. Slop-Behäl-
tern zu Zündungen führen kann[3].

Mit Slop bezeichnet man in einer Raffinerie alle infolge von Bedienungsfehlern oder Störungen des Betriebes nicht spezifikationsgerecht
anfallenden Produkte. Sie werden in besonderen dafür vorgesehenen Behältern gesammelt und zur nochmaligen Verarbeitung zurückgeführt.
Die Praxis in den Raffinerien ist nicht einheitlich. Es gibt Werke, in
denen jede Verarbeitungsanlage ein besonderes Slop-System mit Rohrleitungen, Behältern und Pumpen zur Rückförderung besitzt. In anderen
Raffinerien werden Sammel-Slop-Systeme für Produkte benachbarter
Siedebereiche bevorzugt. Man rechnet damit, daß sie nicht gleichzeitig
für mehrere Anlagen benötigt werden, und kann dadurch an Investitionskosten sparen. Die Aufgabe des Slop-Systemes ist in beiden Fällen die
gleiche. Der Inhalt des Slop-Behälters soll wenigstens dem Volumen

---

[1] Vgl. z.B.: Ein neuer Fackelbrenner. Erdöl u. Kohle **12** (1959) 797. – Kent,
G. R.: Practical Design of Flare Stacks. Petrol. Refiner **43** (1964) Nr. 8, S. 121/25.

[2] Brüdern, P.: Reduzierung der Fackelverluste auf Raffinerien. Erdöl u. Kohle
11 (1962) 289/91. – Im Zusammenhang mit anderen Fragen auch erwähnt bei A. F.
Orlicek: a.a.O. (Fußn. 1, S. 1005).

[3] Charlton, D.: Select Safe Shutdown System For Fired Heaters. Hydrocarb.
Procssg. **44** (1965) Nr. 5, S. 255/58.

von Kolonnensumpf plus einem gewissen Zuschlag für das auf den Böden befindliche Flüssigkeitsvolumen sowie dem Inhalt der Ofenrohre entsprechen. Da der Slop-Behälter nur selten gebraucht wird, kann er nicht dauernd luftfrei gehalten werden. Er muß deshalb, wenn er gebraucht wird, zunächst mit Dampf gespült werden, damit sich einströmende heiße Produkte nicht entzünden.

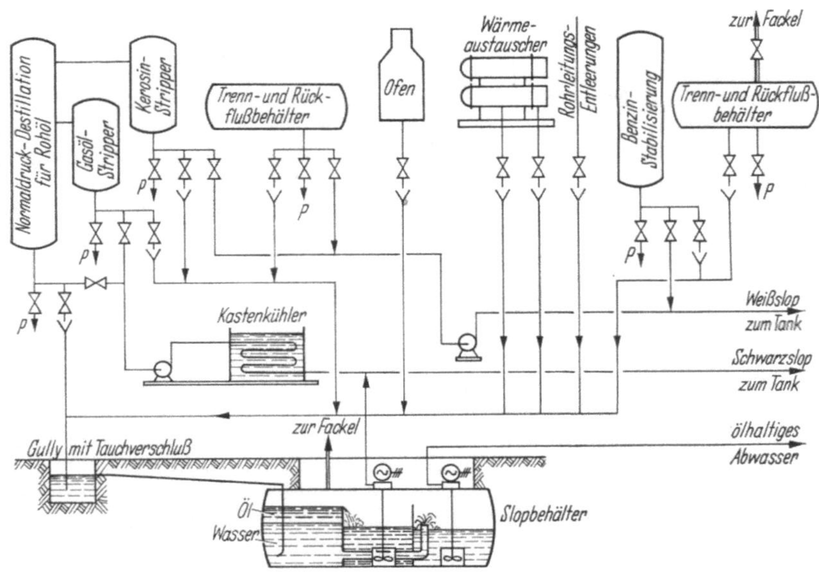

Abb. N-13. Schema des Slop-Systemes einer Rohöldestillationsanlage.

Das Schaltschema des Slop-Systems einer Anlage ist in Abb. N-13 dargestellt. Es zeigt nicht die zusätzlich benötigten Dampfanschlüsse am Ofen, der bei Störungen am meisten gefährdet ist. Obwohl die Feuerung in einem solchen Fall sofort abgestellt wird, ist die Wärmekapazität des glühenden Mauerwerkes so groß, daß das in den Rohren stehenbleibende Öl nicht nur kracken, sondern verkoken würde. Deshalb ist eine der wichtigsten Maßnahmen beim Notabstellen das Ausblasen der Ofenrohre mittels Dampf. Dadurch wird das Öl am sichersten entfernt, und die Rohre werden gleichzeitig gekühlt.

Wird bei der laufenden Untersuchung der Produkte festgestellt, daß ein Produkt nicht spezifikationsgerecht ist, so ist schnellstens zu prüfen, ob es nicht in einen verfügbaren freien Tank oder – falls vorhanden – in einen besonderen, für Fehlchargen vorgesehenen Tank geführt werden soll. Die Slop-Behälter reichen für die Aufnahme der laufenden Produktion gemäß ihrer Aufgabe nicht aus. Man hat dann genügend Zeit, die fragliche Anlage neu einzustellen. Später kann dann entschieden werden, ob die Fehlcharge in Mischung mit besserem Produkt noch den Anforderungen genügt oder nochmals aufgearbeitet werden muß.

c) Die Reinigung des Abwassers

In einer Raffinerie kommt Wasser mit dem Rohöl und den Produkten an verschiedenen Stellen in Berührung und nimmt dabei nicht nur Öl, sondern auch Begleitstoffe oder Chemikalien, die von der Verarbeitung herrühren, auf. Es muß deshalb gereinigt werden, bevor es die Raffinerie verläßt. Um eine Übersicht zu erhalten, ist in Abb. N-14 schematisch gezeigt, wo überall in einer Raffinerie mit dem Anfall von Wasser zu rechnen ist. Die Darstellung lehnt sich an Abb. N-11, S. 997 an. Es sind dabei z.B. Anlagen zur Herstellung von Schmierölen nur beispielsweise

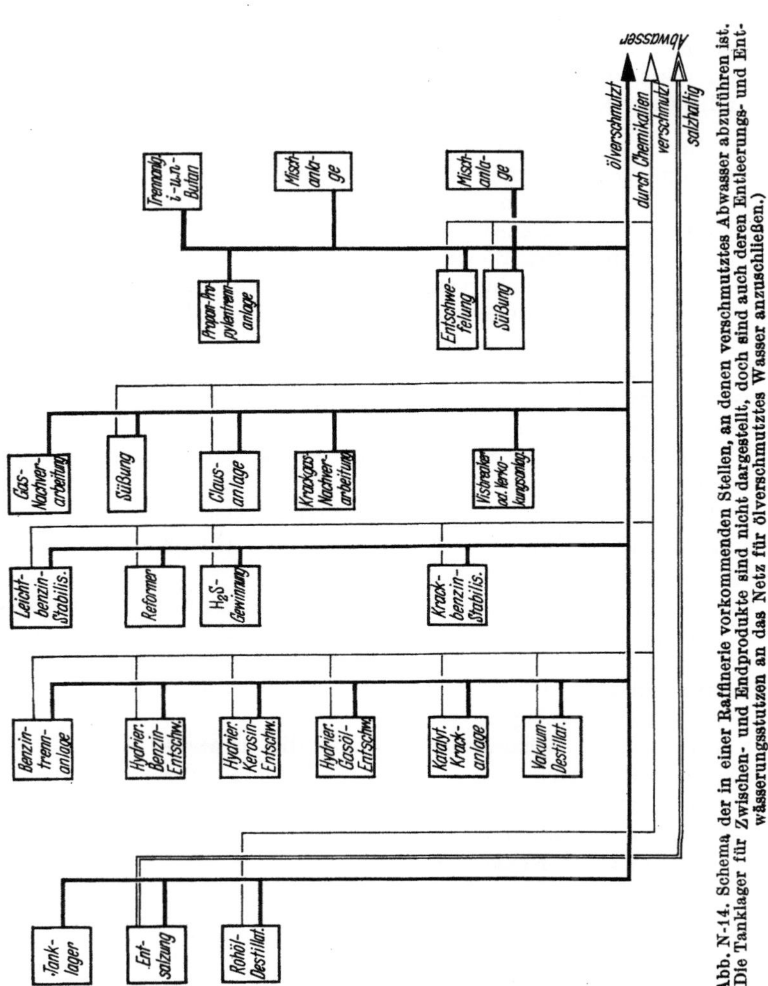

Abb. N-14. Schema der in einer Raffinerie vorkommenden Stellen, an denen verschmutztes Abwasser abzuführen ist. (Die Tanklager für Zwischen- und Endprodukte sind nicht dargestellt, doch sind auch deren Entleerungs- und Entwässerungsstutzen an das Netz für ölverschmutztes Wasser anzuschließen.)

berücksichtigt. Folgt man dem Fluß der Produkte, so sind vor allem folgende Stellen zu nennen:

Entwässerung der Rohöltanks,
Entsalzungsanlage,
Trennbehälter der Destillationsanlagen, in denen mit Wasserdampf gestrippt wird,
Kondensatoren für die Strahlapparate von Vakuumanlagen,
Ablässe aus den Waschkreisläufen der Raffinationsanlagen, in denen Gase oder Flüssigkeiten mit Wasser oder wäßrigen Lösungen behandelt werden,
Ablässe aus den Dampf- und Wasserkreisläufen der Solvent-Extraktions-Anlagen,
Spülwässer der Pumpenstuben, der befestigten Flächen vor Wärmeaustauschern und anderen Apparaten sowie der Verladeanlagen,
Spülwässer des Chemikalienlagers,
Spülwässer der Faßreinigung (in Schmierölraffinerien).

Zu diesen unmittelbar in den Produktions- und Transportanlagen anfallenden Wässern kommen noch Abwässer aus den sanitären Anlagen der Verwaltungs- und Betriebsgebäude sowie der Werkstatt und des Magazins, dann die Abwässer aus dem Laboratorium und die aus der Küche der Kantine. Weiterhin dürfen die kurzzeitig oft sehr großen Mengen Regenwasser nicht vergessen werden, die ebenfalls im Kanalisationsnetz der Raffinerie abgeführt werden müssen. Schließlich ist noch der Kühlwasserkreislauf zu nennen. Bei störungsfreiem Betrieb ist er ölfrei. Doch kann bei Undichtheiten von Kühlern Produkt in diesen Kreislauf gelangen, weshalb Vorkehrungen getroffen werden müssen, um ihn erforderlichenfalls zu reinigen.

Grundsätzlich lassen sich folgende Arten von Abwässern unterscheiden:

a) Ölhaltige Abwässer, z.B. aus den Rohöltanks und aus den Destillationsanlagen, Spülwässer sowie Abläufe aus den Kühltaschen von Pumpenstopfbüchsen und von Sperrkreisläufen.

b) Chemisch verunreinigte Wässer, die neben Öl auch Laugen, Säuren, Merkaptane, Sulfide, Phenole und verschiedene andere Stoffe enthalten können. Sie stammen vornehmlich aus Krack-, Raffinations- und Extraktionsanlagen, aus der Schmieröl- und Schmierfettfabrikation sowie aus Vergasungsanlagen.

Eine besondere Behandlung erfordern die Abwässer des Laboratoriums wegen der stark schwankenden und völlig unberechenbaren Zusammensetzung.

c) Chemisch verunreinigte Wässer, die in der Regel kein Öl enthalten, wie z.B. die aus dem Kesselhaus.

d) Sanitäre Abwässer. Deren Reinigung unterscheidet sich in Raffinerien nicht von den auch sonst gestellten Aufgaben und bleibt bei der weiteren Darstellung außer Betracht.

e) Regenwasser.

Die Verunreinigung dieser Wässer ist verschiedener Art. Es hat sich deshalb als zweckmäßig erwiesen, sie getrennt zu behandeln, weil nur auf diese Weise vermieden werden kann, daß sich diese Verunreinigungen gegenseitig beeinflussen und so die Abscheidung erschweren. So sollen z.B. laugenhaltige Wässer nicht mit anderen, nur ölhaltigen Wässern vereinigt werden, weil im Öl Spuren von Naphthensäuren enthalten sein können. Diese bilden zusammen mit den Laugen Seifen, was zur Entstehung von schwer zu beseitigendem Schaum führen kann. Solche Wässer widersetzen sich dann sehr hartnäckig jeder Reinigung. Ähnliches wird beobachtet, wenn statt der Naphthensäuren Phenole vorhanden sind. Die Ursache dieser Erscheinung ist die hohe Oberflächenaktivität der Seifen, die sich deshalb an den Grenzflächen zwischen Wasser und Luft anreichern[1].

Im Laufe der Zeit hat sich nunmehr ein Stand der Technik herausgebildet, bei dem es möglich ist, die Forderung hinsichtlich Reinheit der eine Raffinerie verlassenden Wässer weitgehend zu erfüllen[2]. Im Schrifttum fehlt es nicht an zahlreichen Arbeiten, welche die Entwicklung der vergangenen Jahre widerspiegeln[3]. Nachstehend werden die heute an-

---

[1] Näheres hierüber s. z.B. bei B. Jirgensons u. M. Straumanis: Kurzes Lehrbuch der Kolloidchemie, München: Bergmann u. Berlin/Göttingen/Heidelberg: Springer 1949, S. 42ff. – Stauff, J.: Kolloidchemie, Berlin/Göttingen/Heidelberg: Springer 1960, S. 306 (§ 48 Grenzflächenaktivität), 519 (§ 72 Gasdispersionen und Schäume), 522 (§ 73 Stabilität von Schaum und Emulsionen).

[2] Becksmann, E.: Mineralölprodukte und Grundwasser. Erdöl u. Kohle 18 (1965) 24/27. – Mann, H.: Fischerei und Ölabwässer; ebd. S. 27/29. – Zimmermann, W.: Wasser und Mineralöle (Schriftenreihe Wasser/Abwasser Nr. 13), München/Wien: Oldenbourg 1967. – The Joint Problems of the Oil and Water Industries, hrsg. von P. Hepple im Auftrage des Institute of Petroleum, Amsterdam: Elsevier 1967. – van Gils, H. V. M., u. H. Jagger: Die Reinigung von Abwässern der Mineralölindustrie / Ergebnisse einer Umfrage in Westeuropa. Gas- u. Wasserf. 109 (1968) 1357/59.

[3] Vgl. dazu R. F. Weston: Waste control at oil refineries. Chem. Engng. Progress 48 (1952) 459/67. – Weiterhin das Symposium „Waste Disposal in the Petroleum Industry". Industr. Engng. Chem. 46 (1954) 283/333 mit folgenden Beiträgen: C. C. Ruchhoft, F. M. Middleton, H. Braus u. A. A. Rosen: Taste- and Odor-Producing Components in Refinery Gravity Oil Separator Effluents, S. 284 bis 289. – Coogan, F. J., u. E. B. Paille: Physical and Chemical Characteristics of Waste Water Discharges, S. 290/96. – Crosby, E. S., W. Rudolfs u. H. Heukelekian: Biological Growths in Petroleum Refinery Waste Waters, S. 296/300. – Phillips jr., C.: Treatment of Refinery Emulsion and Chemical Wastes, S. 300/03. – Rohlich, G. A.: Application of Air Flotation to Refinery Waste Waters, S. 304 bis 308. – Strong, E. R., u. R. Hatfield: Treatment of Petrochemical Wastes by Superactivated Sludge Process, S. 308/16. – Austin, R. J., W. F. Meehan u. J. D. Stockham: Biological Oxidation of Oil-Containing Waste Waters, S. 316 bis 318. – Eaton, C. D., R. R. Evans u. E. G. Kominek: Reclamation of Refinery Effluents, S. 319/24. – Turnbull, H., J. G. DeMann u. R. F. Weston: Toxicity of Various Refinery Materials to Fresh Water Fish, S. 324/33.

An weiterer seither erschienenen Arbeiten sind zu nennen: Water pollution control. Bericht des Pollution Control Engng. Comm. des American Institute of Chemical Engineers. Chem. Engng. Progress 56 (1960) Nr. 3, S. 81/84 mit 87 Schrifttumsangaben. – Beak, T. W.: Biological measurement of water pollution. Chem. Engng. Progr. 60 (1964) Nr. 1, S. 39/43. – Sontheimer, H.: Waste water treatment and disposal in petroleum refineries. 6. Welt-Erdöl-Kongreß, Frankfurt/M. 1963, Bericht III/24; deutsche Fassung Erdöl u. Kohle 16 (1963) 515/20. – Bur-

gewendeten Verfahren zur Behandlung der erwähnten Abwässer verschiedener Art kurz besprochen.

α) **Die Reinigung ölverschmutzter Abwässer.** Enthalten die Abwässer nur Öl, wie die unter a) genannten, so werden sie zunächst in Abscheider geleitet, in denen bei sehr geringer Geschwindigkeit infolge der Dichteunterschiede das Öl auf der Oberfläche aufschwimmt und am besten stetig abgeschöpft wird. Die bisher übliche Bauart dieser sog. *Schwerkraft*abscheider wurde vom American Petroleum Institute vorgeschlagen und ist unter der Bezeichnung API-Abscheider allgemein bekannt. Da Berechnung und Ausführung in der diesbezüglichen Veröffentlichung sehr eingehend beschrieben sind, kann hier auf eine Wiedergabe verzichtet werden[1]. Durch Einbauten läßt sich die Trennwirkung verbessern oder bei einem um 30 bis 50% geringeren Bauvolumen die gleiche Wirkung erzielen. In letzter Zeit sind deshalb in vielen Raffinerien zur Reinigung ölhaltiger Wässer die in der Royal Dutch/Shell-Gruppe entwickelten sog. Parallelplattenabscheider (PP-Abscheider) eingebaut worden[2]. Abb. N-15 zeigt ein Beispiel. Die Wirkung beruht darauf, daß die abzuscheidenden Öltröpfchen nur zwischen den parallel angeordneten Platten hochzusteigen brauchen und unter der Haube gesammelt werden. Diese dient außerdem dazu, Geruchsbelästigungen zu verhindern.

Eine bereits S. 694 genannte Möglichkeit, das in den Trennbehältern von Vakuumdestillations- oder Bitumenanlagen anfallende Kondensat auszunutzen, bieten die heute in der Regel vorhandenen elektrischen Entsalzungsanlagen für das Rohöl. Diesem muß vor der Anlage Waschwasser in der dort genannten Menge von 5 bis 8% zugegeben werden. Verwendet man dafür solches Kondensat, so ist das Wasser selbst mineralstofffrei. Die darin enthaltenen öligen Anteile wandern in das zu entsalzende Rohöl und werden auf diese Weise zurückgewonnen; das Abwassersystem selbst wird dadurch entlastet. Das Kondensat aus den genannten Anlagen eignet sich für den erwähnten Zweck am besten, weil diese Anlagen un-

---

ROUGHS, L. C.: Recent developments in control of air and water pollution in U.S. refineries; ebd. Bericht III/25. – HEINICKE, D.: Neuere Erfahrungen bei der Aufbereitung von Abwässern und Abfallstoffen in Erdölraffinerien. Erdöl u. Kohle 18 (1965) 465/69. – SONTHEIMER, H.: Gemeinsame Entwicklungstendenzen und Probleme bei der Wasseraufbereitung und Abwasserreinigung. Gas- u. Wasserf. 107 (1966) 1138/43. – Ders. u. W. KÖLLE: a.a.O. (Fußn. 2, S. 1010). – BEYCHOCK, M. R.: Aqueous Wastes from Petroleum and Petrochemicals Plants, London: Wiley 1967; bespr. Brennst.-Chem. 48 (1967) 285.

[1] Manual on Disposal of Refinery Wastes. Vol. I, Waste Water Containing Oil, hrsg. vom American Petroleum Institute, Division of Refining, 6. Aufl., New York: Selbstverlag 1957, S. 17/38; dort auch Angaben über ältere Literatur. – Vgl. dazu M. J. MAHON u. ST. A. BERRIDGE: Limitations and Developments of the A.P.I.type oil water seperators. 6. Welt-Erdöl-Kongreß, Frankfurt/Main 1963, Bericht III/5. – MANCHANDA, K. D., u. D. R. WOODS: Significant design variable in continuous gravity decantation. Industr. Engng. Chem./Proc. Design Developm. 7 (1968) 182/87.

[2] CORNELISSEN, J., u. W. STECK: Verbesserte Verfahren zur Entölung von Raffinerie-Abwässern. Erdöl u. Kohle 14 (1961) 742/45. – BRUNSMANN, J. J., J. CORNELISSEN u. H. EILERS: Improved oil separation in gravity-separators. J. Water Pollut. Control Feder. 32 (1961) 44/45. – VON DER EMDE, W.: Die neue Abwasserreinigungsanlage der Raffinerie Hamburg-Harburg der Deutschen Shell A.G. Gas- u. Wasserf. 104 (1963) 94/96.

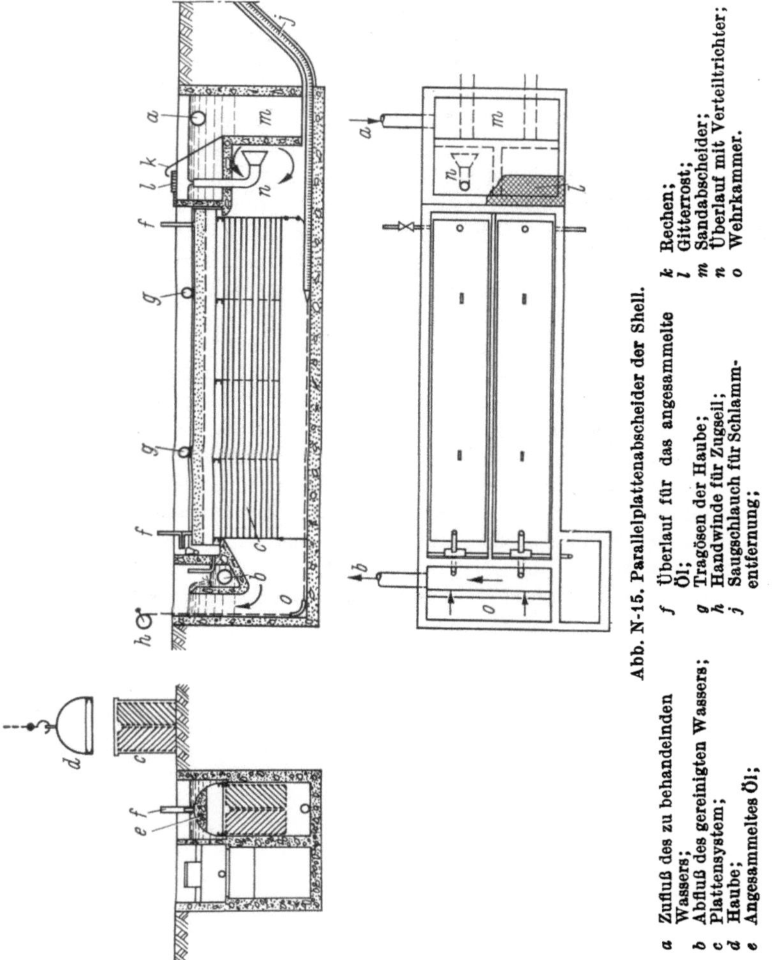

Abb. N-15. Parallelplattenabscheider der Shell.

a Zufluß des zu behandelnden Wassers;
b Abfluß des gereinigten Wassers;
c Plattensystem;
d Haube;
e Angesammeltes Öl;
f Überlauf für das angesammelte Öl;
g Tragösen der Haube;
h Handwinde für Zugseil;
j Saugschlauch für Schlammentfernung;
k Rechen;
l Gitterrost;
m Sandabscheider;
n Überlauf mit Verteiltrichter;
o Wehrkammer.

mittelbar hinter die Rohöldestillation geschaltet sind und meist mit dieser gleichzeitig betrieben oder abgestellt werden. Die als Kondensat verfügbare Menge muß im erforderlichen Maß durch Frischwasser ergänzt werden. Das Kondensat aus dem Trennbehälter der Rohöldestillation selbst ist weniger geeignet, weil die darin enthaltenen Kohlenwasserstoffe einen zu niedrigen Siedebereich haben und schwankende Mengen die Druckhaltung im Entsalzungsbehälter erschweren könnten. Außerdem wäre der bei den Temperaturen der Normaldruckanlage abgespaltene Schwefelwasserstoff unerwünscht. Wie weit Abwässer aus den Trennbehältern anderer Anlagen für den gleichen Zweck nutzbar gemacht werden können, läßt sich unter Beachtung der vorerwähnten Gesichtspunkte leicht an Hand des Verarbeitungsschemas einer Raffinerie entscheiden. Solche, die z.B. auch Chemikalien enthalten, scheiden von vornherein aus.

Wenn die abzuscheidenden Öle keine Begleitstoffe mit oberflächenaktiven Eigenschaften enthalten, kann in ausreichend bemessenen Schwerkraftabscheidern eine Entölung bis auf Restgehalte in der Größenordnung von 10 bis 30 mg/l erreicht werden. Müssen aber noch geringere Werte gewährleistet werden oder ist mit dem gelegentlichen Auftreten von Begleitstoffen im Öl zu rechnen, welche die Abscheidung – insbesondere durch die Bildung von Emulsionen – verschlechtern, so muß durch Flockung mittels Eisen- oder Aluminiumsulfat oder ähnlichen Chemikalien oder auf biologischem Wege der Restölgehalt auf die gewünschten Werte gesenkt werden.

Die ausflockenden Chemikalien adsorbieren das Öl. Außerdem können durch Einstellen eines p_H-Wertes (meist unter 7) Emulsionen gebrochen werden. Je geringer die Beladung des dabei entstehenden Schlammes ist, desto niedrigere Restölgehalte lassen sich erreichen, z.B. 2 mg Öl je Liter Abwasser, wenn man den Schlamm mit nicht mehr als 5 bis 10% Öl belädt. In einem solchen Fall ist aber dann der Chemikalienverbrauch entsprechend hoch und die Beseitigung des Schlammes ist um so aufwendiger. Den Schlamm läßt man meist absetzen, was als Sedimentation bezeichnet wird[1]. Auch die aus der Erzaufbereitung übernommene Schwimmaufbereitung (Flotation) wurde in Einzelfällen in Betracht

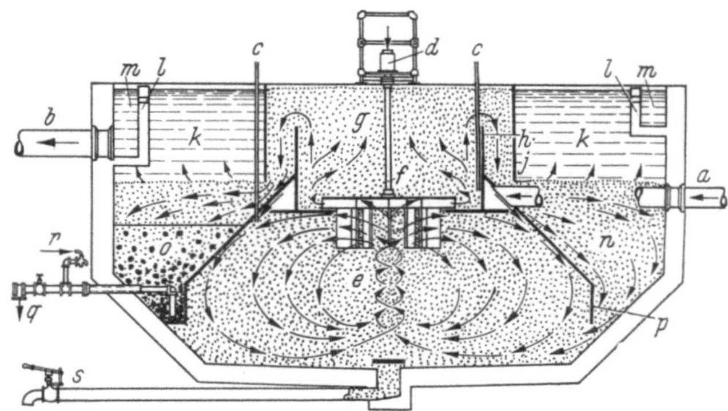

Abb. N-16. Schnitt durch einen sog. Accelator der Infilco Inc.

a	Zufluß des zu behandelnden Wassers;	*l*	Gezacktes Überlaufwehr für Reinwasser;
b	Abfluß des gereinigten Wassers;	*m*	Ringförmiger Sammelkanal für Reinwasser;
c	Chemikalienzugabe;	*n*	Rückströmkammer;
d	Antriebsmotor für das Rührwerk;	*o*	Absetzraum für Schlamm;
e	Erste Misch- und Reaktionskammer;	*p*	Haube über der ersten Misch- und Reaktionskammer;
f	Rührwerk;		
g	Zweite Misch- und Reaktionskammer;	*q*	Schlammablaß;
h	Überlaufwehr;	*r*	Probehahn;
j	Tauchung;	*s*	Entleerungsleitung.
k	Sammelraum für Reinwasser;		

[1] SONTHEIMER, H.: Verfahrenstechnik der Flockung und Sedimentation. Mitt. Ver. Großkesselbes. (Dezember 1960) Nr. 69, S. 392/98. – DIETRICH, K.-R. R.: Vereinfachte Flockungsverfahren zur Entölung von Raffinerie-Abwässern. Erdöl u. Kohle 19 (1966) 430/31.

gezogen[1]. Benetzungsmittel sind nicht erforderlich, weil diese als Öl bereits vorhanden sind. Doch benötigt man dafür sehr große Belüftungsbecken, in welche die Luft entweder eingedüst oder mit Hilfe schnelllaufender, an der Oberfläche befindlicher Rührwerke eingetragen wird. Außerdem muß für einen Kreislauf des Beckeninhaltes gesorgt werden.

Zwar werden auch für die Sedimentation große Räume und entsprechend kostspielige Bauwerke benötigt, wenn man keine besonderen Maßnahmen trifft. Deshalb haben die von der Infilco Inc, Tuscon/Arizona dafür entwickelten sog. Accelatoren weite Verbreitung gefunden. Sie werden in Lizenz von zahlreichen Ingenieurfirmen geplant und gebaut. Der Schnitt durch einen Accelator ist in Abb. N-16 wiedergegeben. Die Reaktions- und Klärzonen sind dabei in einem Bauwerk vereinigt, dessen Platzbedarf nur einen Bruchteil anderenfalls benötigter Reaktions- und Absetzbecken beträgt, weil man mit Verweilzeiten von rd. 1 Stunde auskommt. Wenn sehr große Schlammengen zu beseitigen sind, so kann man einen Accelator noch um einen – am besten mit Räumvorrichtung ausgestatteten – Schlammraum erweitern. Diese Ausführungsform ist unter dem Namen Cyclator bekannt[2].

An Stelle der Ausflockung mittels Chemikalien fand in den letzten Jahren die biologische Abwasserbehandlung immer weitere Verbreitung. Mit ihr kann man den scharfen Anforderungen, wie sie heute insbesondere in dichtbesiedelten oder aus anderen Gründen wasserwirtschaftlich gefährdeten Gebieten gestellt werden müssen, genügen. Man verwertet die bei der Reinigung kommunaler Abwässer gesammelten Erfahrungen[3].

Sehr weitgehende Forderungen lassen sich schließlich durch Kombination einer mechanischen Vorreinigung (mittels Schwerkraftabschei-

---

[1] PRATHER, B. V: Will Air Flotation Remove the Chemical Oxygen Demand of Refinery Waste Water? Petrol. Refiner 40 (1961) Nr. 5, S. 177/80. – SIMONSEN, R. N.: Remove Oil by Air Flotation; ebd. 41 (1962) Nr. 5, S. 145/48. – Über das zweite Verfahren s. z.B. O. NEUNHOEFFER: Grundlagen der Schwimmaufbereitung, Dresden u. Leipzig: Steinkopff 1948.

[2] Vgl. bei C. D. EATON u. Mitarb.: a.a.O. S. 320 und D. HEINICKE: a.a.O. S. 466 (vgl. Fußn. 3, S. 1021/22).

[3] Siehe dazu die in Fußn. 3, S. 1021/22 erwähnten Arbeiten von E. S. CROSBY u. Mitarb., E. R. STRONG u. R. HATFIELD, R. J. AUSTIN u. Mitarb. sowie D. HEINICKE. – Weiterhin R. A. BAKER u. R. F. WESTON: Biological treatment of petroleum wastes. Sewage Industr. Wastes 28 (1956) 58/69. – ELKIN, H. F.: Activated sludge process applications to refinery effluent wastes; ebd. S. 1122/29. – ELKIN, H. F., E. F. MOHLER u. L. R. KUMNIK: Biological oxydation of oil refinery wastes in cooling tower systems; ebd. 29 (1957) 1177/89. – FERNER, R. R.: The biological decomposition of naphthenic acids in a refinery effluent stream. 5. Welt-Erdöl-Kongreß, New York 1959, Bericht VII/3. – VOIGT, G.: Beitrag zum Problem der Abwasserreinigung in Erdölverarbeitungsbetrieben. Wasserwirtsch.-Wassertechn. 11 (1961) 411/15. – SMITH, R. M.: Cooling towers used for waste treatment. Oil Gas J. 62 (14. Sept. 1964) Nr. 37, S. 115/16. – MUSKAT, J.: Grundprinzipien der biologischen Abwasserreinigung. Chem.-Ing.-Techn. 39 (1967) 179/83. – HEINICKE, D.: Möglichkeiten und Grenzen der biologischen Reinigung von Abwässern der chemischen Industrie; ebd. S. 183/92. – JAESCHKE, L., u. K. TROBISCH: Halbtechnische biologische Abwasserbehandlung kohlenwasserstoffhaltiger Produktionsabwässer. Chem.-Ing.-Techn. 38 (1966) 366/71. – Dies.: Treat HPI Wastes Biologically. Hydrocarb. Procssg. 46 (1967) Nr. 7, S. 111/15.

dern), einer Ausflockung mit Hilfe von Chemikalien und einer anschließenden biologischen Feinreinigung erfüllen[1]. Wegen der Ähnlichkeit der Probleme sei hier noch eine Arbeit über die Behandlung von Ölemulsionen erwähnt, wie sie in Hüttenwerken anfallen[2].

Die Möglichkeit der biologischen Reinigung beruht auf der Tatsache, daß es Mikroben gibt, die imstande sind, Kohlenwasserstoffe und deren Derivate, wie z.B. Phenole, abzubauen. Es müssen jedoch geeignete Lebensbedingungen geschaffen werden. Es hat sich eingebürgert, die Wirkung biologischer Abbauverfahren durch Messung des sog. biochemischen Sauerstoffbedarfes (BSB) zu erfassen[3].

Eine eingehende Besprechung der biologischen Abwasserreinigungsverfahren kann hier nicht gegeben werden. Es handelt sich dabei um ein sehr spezialisiertes Fachgebiet, das schon seit langem einen hohen Stand der Entwicklung erreicht hat. Seine Wichtigkeit für die Reinigung kommunaler Abwässer sowie solcher aus der Zellstoff- und ähnlicher Industrien ist bekannt. Die Erkenntnis, daß sich auch Mineralöle biologisch abbauen lassen, wird erst seit einigen Jahren praktisch verwertet. Die dadurch erzielbaren Vorteile, Abwässer der ständig größer und zahlreicher werdenden Raffinerien zu behandeln, sind unverkennbar und werden in zunehmendem Maße genutzt.

β) Die Behandlung sowohl chemisch als auch durch Öl verunreinigter Abwässer. Glücklicherweise sind in einer Raffinerie die Abwassermengen, die neben Öl auch Chemikalien enthalten, viel kleiner als die nur durch Öl verschmutzten. Allgemeine Anweisungen dafür, wie sie zu reinigen sind, lassen sich nicht geben. Grundsatz bei der Planung muß bleiben, daß man solche Abwässer an der Stelle, wo sie anfallen, zu erfassen und zu behandeln sucht, bevor sie mit anderen Strömen vermischt werden, die meist eine abweichende Behandlung erfordern. Enthalten sie Laugen oder Säuren, wie die Abwässer verschiedener z.B. in Kap. H beschriebener Anlagen, so wird man sie zuerst je für sich neutralisieren. Dann

---

[1] VON DER EMDE, W., a.a.O.; vgl. Fußn. 2, S. 1022. – PRATHER, B. V., u. A. F. GAUDY jr.: Purifying refinery waste water. Oil Gas J. 62 (10. Aug. 1964) Nr. 32, S. 96/99. – SCHOLZ, A.: Neuzeitliche Abwassersysteme dargestellt am Beispiel des Wasserhaushaltes der Esso-Raffinerie Ingolstadt. Erdöl u. Kohle 21 (1968) 350/53.

[2] MONTENS, A., u. N. WOLTERS: Verfahren und Maßnahmen zum Unschädlichmachen verbrauchter Ölemulsionen. Stahl u. Eisen 84 (1964) 1859/64.

[3] Vgl. W. OLSZEWSKI: Klut/Olszewski – Untersuchung des Wassers an Ort und Stelle, seine Beurteilung und Aufbereitung, 9. Aufl., Berlin 1945, S. 67ff. „Der biochemische Sauerstoff-Bedarf ist die Sauerstoffmenge, die nötig ist, um die im Wasser enthaltenen organischen Stoffe vorwiegend mit Hilfe von Bakterien abzubauen (zu oxydieren). Bei der Gewässeruntersuchung ist dieser Wert im wesentlichen ein Ausdruck für die Sauerstoffzehrung in 5 Tagen." Man bezeichnet die Größe deshalb meist als BSB_5. Bei der Bestimmung in Abwässern müssen diese verdünnt werden, weil die Bestimmungsverfahren sehr empfindlich sind, um auch die in Flüssen, Seen und Oberflächenwässern vorhandenen, sehr kleinen abbaubaren Mengen erfassen zu können. Es hat sich eingebürgert, auf Grund sehr eingehender Untersuchungen von FAIR den gesamten Sauerstoffbedarf, der nach etwa 20 Tagen erreicht und mit BSB_{20} bezeichnet wird, gleich 1,46 BSB_5 zu setzen; vgl. KLUT/ OLSZEWSKI: a.a.O. S. 68.
Im Englischen ist für diese Größe neben der Abkürzung BOD (= biochemical oxygen demand) auch die Abkürzung COD (= chemical oxygen demand) gebräuchlich, doch ist damit das gleiche wie mit BOD bzw. BSB gemeint.

steht meist nichts im Wege, sie zur Beseitigung der Kohlenwasserstoffreste den nur ölverschmutzten Abwässern zuzuleiten[1]. Es fehlte nicht an Versuchen, besonders dort, wo größere Mengen anfallen, die Chemikalien wiederzugewinnen, so wie dies mit der im Säureteer enthaltenen Schwefelsäure der Fall ist; hiezu vgl. S. 1035 ff. Auch für die Natronlauge in Raffinerieabwässern wurden Vorschläge ausgearbeitet, die anstreben, das Natrium wenigstens als Sulfat (Glaubersalz) oder Karbonat (Soda) wiederzugewinnen[2]. Doch hat es den Anschein, daß sich solche Verfahren nur unter ganz besonderen Voraussetzungen als wirtschaftlich erweisen und leider nicht allgemein anwendbar sind.

Besondere Maßnahmen erfordern gewöhnlich Abwässer aus Extraktionsanlagen, wie sie vornehmlich bei der Schmierölherstellung angewendet werden. Auch hier empfiehlt sich eine Vorbehandlung an Ort und Stelle, deren Arbeitsweise kaum anders als durch Laboratoriumsversuche ermittelt werden kann. Ähnliches gilt von den Abwässern aus Krackanlagen, die wegen der hohen Arbeitstemperaturen neben Öl vor allem Phenole (Karbolsäuren) enthalten. Deren Beseitigung aus dem Abwasser ist ein dem Kokereibetrieb bekanntes Problem, das sich am besten ebenfalls durch biologisch wirkende Verfahren lösen läßt[3]. Abwässer aus Krackanlagen enthalten außerdem so wie Stripperkondensate und ähnliche Abwässer Schwefelwasserstoff. Dieser muß zuerst entfernt werden. Dafür haben sich in den letzten Jahren *Stripperkolonnen* (sog. Desodorizer) eingeführt, die mit einer Anzahl von Böden oder mit Füllkörpern ausgerüstet werden. In diesen wird Schwefelwasserstoff am besten mit Rauchgas abgetrieben; die über Kopf abgehenden Gase werden zweckmäßig unter den Öfen der Raffinerie oder notfalls in der Fackel verbrannt. Die Verwendung von Rauchgas hat im zweiten Fall den Vorteil, daß so wenig wie möglich Luft in die Fackelleitung gelangt, obwohl sich dies wegen des Luftüberschusses jeder Feuerung nicht ganz vermeiden läßt. Bei Verbrennung unter den Raffinerieöfen kann auch Luft zum Ausstrippen von H_2S benutzt werden[4].

---

[1] Eingehend ist die Behandlung chemisch verunreinigter Abwässer erörtert in: Manual on Disposal of Refinery Wastes. Vol. III, Chemical Wastes, hrsg. vom American Petroleum Institute, Division of Refining, 3. Aufl., New York: Selbstverlag 1958. – Vgl. dazu auch A. F. HARRISON, W. L. LOUDEN u. G. JONES: Die Aufbereitung von Raffinerieabwässern aus der Säure-Raffination. Erdöl u. Kohle 19 (1966) 587/91.

[2] HENDEL, F. J., u. H. C. DAY: Treating Spent Refinery Caustic. Petrol. Refiner 33 (1954) Nr. 7, S. 165/68.

[3] BELL, W. P., u. G. JONES: Der biologische Abbau phenolhaltiger Raffinerieabwässer und seine Beeinflussung durch Fremdstoffe. Erdöl u. Kohle 18 (1965) 462/64. – BRINGMANN, G., u. K. KÜHN: Biologische Entphenolung und Denitrifikation von sulfidreichem Kokereiabwasser (Gaswasser). Gesundheits-Ing. 86 (1965) 276/79. – LEWIS, W. L., u. W. L. MARTIN: Remove Phenols From Waste Water. Hydrocarb. Processg. 46 (1967) Nr. 2, S. 131/32. – GROSZ, R., u. A. DENNE: Betriebserfahrungen mit einer Anlage zur biologischen Behandlung phenolhaltiger Kokereiabwässer. Stahl u. Eisen 68 (1968) 280/85.

[4] MARTIN, J. D., u. L. D. LEVANAS: New Column Removes Sulfide with Air. Petrol. Refiner 41 (1962) Nr. 5, S. 149/53. – Anon.: New sour-water unit pays three ways. Oil Gas J. 66 (24. Juni 1968) Nr. 26, S. 49/50. – Eine von den üblichen Verfahren abweichende Art der Abwasserbehandlung ist von H. TEGGERS: Neue

Neben Rauchgas oder Luft kann auch Dampf zum Ausstrippen von H_2S verwendet werden. In einem solchen Falle wird das über Kopf abgehende Wasserdampf–Gas-Gemisch entweder einem Heizgas beigemischt oder wie bei einer Destillierkolonne kondensiert. Das Kondensat kann dann dem zu behandelnden Wasser zugemischt werden. Die nicht kondensierten Gase, hauptsächlich Schwefelwasserstoff, werden wie beim Strippen mit Rauchgas oder mit Luft über das Heizgasnetz den Verbrauchern der Raffinerie zugeleitet[1]. Um eine ausreichende Wirkung zu erzielen, werden Strippdampfmengen von etwa 250 kg/m³ Abwasser genannt, was recht erheblich ist. Deshalb dürfte dieses Verfahren nur bei sehr niedrigen Dampfpreisen, also z.B. im Falle von überschüssigem Turbinenabdampf, wirtschaftlich sein.

In letzter Zeit werden in zunehmendem Maße Abwasserstripper auch für die aus den Destillationsanlagen für Rohöl und schwere Produkte ablaufenden Abwässer aufgestellt, weil man dadurch eine weitere Quelle von Belästigungen durch üblen Geruch ausschaltet.

Wendet man beim Ausstrippen des H_2S-haltigen Abwassers mit Luft höhere Temperaturen und Drücke an, so kann man erreichen, daß der Schwefelwasserstoff nach den Formeln

$$2\,S'' + 2\,O_2 + H_2O \;\rightarrow\; S_2O_3'' + 2\,OH' \tag{N-1}$$

oder

$$2\,HS' + 2\,O_2 \;\rightarrow\; S_2O_3'' + H_2O \tag{N-2}$$

zu Thiosulfaten oxydiert wird. Sie liegen wegen der übrigen Begleitstoffe des Wassers meist als Ammonium- oder Natriumthiosulfate vor, die sehr gut wasserlöslich sind. Um so eher ist dies bei entsprechenden Ablaugen der Fall[2].

Wenn jedoch Thiosulfat wegen dessen Sauerstoffbedarf im Abwasser nicht zugelassen wird, kann durch die katalytische Wirkung von Kupfer-II-, Eisen-II- oder Eisen-III-Salzen eine Umwandlung zu Sulfaten erreicht und dadurch Schwefelwasserstoff aus der Abluft des Abwasserstrippers entfernt werden. Ein anderer Weg zur Verwertung des Schwefelwasserstoffes aus verbrauchten Laugen von Raffinerien wäre ihre Verwendung zum Auswaschen von Ammoniak aus Koksofengas[3]. Doch

---

Wege der Abwasseraufbereitung in einer Äthylenanlage. Erdöl u. Kohle 18 (1965) 205/07 beschrieben. Das aus Wasserdampf und Kohlendioxyd bestehende Trägergas für eine Ausgasekolonne wird in einem Tauchbrenner erzeugt, der in das ablaufende Wasser hineinbrennt. Auf diese Weise werden die noch darin enthaltenen Reste an Verunreinigungen durch die Verbrennung bis auf Spuren beseitigt oder weitgehend unschädlich gemacht.

[1] Siehe dazu G. J. WALKER: Design Sour Water Strippers Quickly. Hydrocarb. Procssg. 48 (1969) Nr. 6, S. 121/24 mit Korrektur Nr. 8, S. 77.

[2] Vgl. O. ABEGG: Anlage zur oxydativen Behandlung von sulfidhaltigen Ablaugen und Abwässern mit Luft. Erdöl u. Kohle 14 (1961) 621/26. – Ders. u. J. ELSTER: Anlage ... (wie vorstehend)/Untersuchungen über den Einsatz von Katalysatoren; ebd. 15 (1962) 721/22.

[3] JUNKER, H.-J.: Verwendung sulfidischer Ablaugen von Erdöl-Raffinerien und Hydrieranlagen in Ammoniak-Abtreibern auf Kokereien und Gaswerken. Erdöl u. Kohle 15 (1962) 723.

dürfte dies wegen der Transportkosten nur für einander benachbarte *Werke* von Interesse sein.

Die aufgezählten Vorschläge zeigen jedoch, daß die Beseitigung oder Verwertung der genannten Abfälle aus der Verarbeitung des Erdöls dem Betriebsmann immer wieder zu Überlegungen Anlaß gibt, um den Forderungen nach Reinhaltung von Luft und Wasser gerecht zu werden. Wenn dabei noch ein Erlös zu erzielen ist, so ist dies nur erwünscht. Für die in Hydrokrackanlagen anfallenden Abwässer hat die Chevron Research Co ein besonderes Verfahren entwickelt, um daraus die beim Hydrieren der Stickstoff- und Schwefelverbindungen entstehenden Ammoniak- und Schwefelwasserstoffmengen in hoher Reinheit zu gewinnen[1]. Es wird als *waste-water treating* (WWT) process bezeichnet. Bei der in der Raffinerie Richmond/Calif. errichteten Anlage hat das behandelte Wasser beim Ausfluß aus der Anlage einen Gehalt von weniger als 0,01 Gew.-% (100 mg/kg) NH_3 und weniger als 0,002 Gew.-% (20 mg/kg) H_2S. Das Verfahren ist auch für die Abwässer aus hydrierenden Raffinationsanlagen anwendbar und soll in gleicher Weise für solche aus katalytischen Krackanlagen brauchbar sein.

Sind die Mengen an Ammoniak (und Schwefelwasserstoff) geringer, so daß sich eine Gewinnung kaum lohnt, sie aber entfernt werden müssen, so kann auch ein Ionenaustausch in Erwägung gezogen werden[2]. Für die Beseitigung des Ammoniak wird ein schwach saurer Kationenaustauscher auf Harzbasis empfohlen, der aus dem Ammoniumsulfat nach der Formel

$$RCOOH + NH_4HS \rightarrow RCOONH_4 + H_2S \qquad \text{(N-3)}$$

Schwefelwasserstoff freisetzt. Dieser muß dann zusammen mit dem bereits vorhandenen in beschriebener Weise in einer Stripperkolonne aus dem Abwasser abgetrieben werden. Sind Phenole ebenfalls anwesend, so können diese anschließend mit einem schwach basischen Anionenaustauscher (auf Harzbasis) gebunden werden. Für das Regenerieren des Kationenaustauschers wird verdünnte Abfallschwefelsäure (z.B. von einer Alkylierungsanlage) oder aus schwefelhaltigen Rauchgasen gewonnene, schwache schwefelige Säure empfohlen. Zum Regenerieren des Anionenaustauschers seien niedrigsiedende Alkohole wie Methanol oder Isopropylalkohol oder auch verdünnte Natron- oder Kalilauge geeignet.

γ) **Die Behandlung nur chemisch verunreinigter Abwässer.** Bei einigen Abwässern einer Raffinerie kann man damit rechnen, daß sie vollkommen ölfrei sind. Es sind dies z.B. Spülwässer der Chemikalienentladung und -lagerung. Für diese gilt sinngemäß wie unter β) ausgeführt, daß eine individuelle Behandlung an Ort und Stelle meist das Einfachste und Billigste ist. So sieht man für Abläufe von säurehaltigen Abwässern mit Kalkstein oder Dolomit gefüllte Ablaufbehälter oder -becken vor, in

---

[1] ARMSTRONG, T. A.: There's profit on processing foul water. Oil Gas J. 66 (17. Juni 1968) Nr. 25, S. 96/98.

[2] POLLIO, F. X., R. KUNIN u. J. W. PETRALIA: Treat Sour Water by Ion Exchange. Hydrocarb. Procssg. 48 (1969) Nr. 5, S. 124/26.

denen sie vollkommen neutralisiert werden können. Laugenhaltige Wässer werden gesammelt und – wegen der leichteren Handhabung – mit verdünnter Schwefelsäure neutralisiert. Beide Abwässer können dann, wenn ihr Salzgehalt nicht zu hoch ist, ablaufen, anderenfalls müssen sie den salzhaltigen Wässern zugegeben werden. Vgl. auch S. 579.

Hier sind weiterhin die Abwässer aus dem Kesselhaus zu nennen. Das Speisewasser wird in der Regel vorenthärtet, um die anschließenden Aufbereitungsstufen zu entlasten. Dabei werden die rein mineralischen Härtebildner ausgefällt. Da sie nicht giftig sind noch sonstige Eigenschaften haben, die Lebewesen schädigen könnten, darf man sie in Vorfluter mit ausreichender Wasserführung ablassen. Ähnliches gilt von den aus den Kesseln und aus einem Kühlwasserkreislauf abzuschlämmenden Mengen. Hingegen müssen die sauren Spülwässer von Ionenaustauschern vor dem Ablassen neutralisiert werden[1].

δ) **Die Vernichtung der bei der Abwasserbehandlung anfallenden Schlämme.** Bereits in den einfachen, durch Schwerkraft wirkenden Ölabscheidern sammelt sich während des Betriebes auf dem Boden der Becken Schlamm an, der besonders durch das Regenwasser eingebracht wird und von Zeit zu Zeit mit Räumern entfernt werden muß. Er besteht in der Hauptsache aus Sand und sonstigen erdigen Bestandteilen und ist mit Öl getränkt. Beim Ausflocken mittels Chemikalien und bei der biologischen Abwasserbehandlung fallen weitere Mengen von Schlamm an, die einige Prozent Öl sowie andere organische Stoffe enthalten. Sie müssen beseitigt werden. Trotz des sehr geringen Heizwertes dieser meist sehr nassen Schlämme hat sich das Verbrennen als die zweckmäßigste Lösung erwiesen. Dafür wurden Ofenbauformen entwickelt, die Anregungen verwerten, wie sie in anderen Zweigen der Technik bei ähnlichen Aufgaben gewonnen wurden. Häufig werden die Schlämme vorher mit Hilfe von Eindickern, Zentrifugen oder Kombinationen solcher Einrichtungen entwässert. Es sind Drehrohr-, Etagen- und Wirbelschichtöfen in Gebrauch[2]. Die Kopplung der Schlammverbrennung mit der

---

[1] Zu dem gesamten Thema s. W. WESLY: Abriß der Speisewasseraufbereitung. Angew. Chem. B 20 (1948) 1/11. – SCHUMANN, E.: Die Speisewasseraufbereitung für Hochdruckkessel. Brennst.-Wärme-Kraft 2 (1950) 375/80. – LIST, H.: Theorie und Praxis moderner Speisewasserpflege. Mitt. Ver. Großkesselbes. (1951) Nr. 17/18, S. 32/40. – WESLY, W.: Theorie und Praxis der Vollentsalzung. Mitt. Ver. Großkesselbes. (Sept. 1953) Nr. 25, S. 501/14. – Ders.: Erfordernisse bei der Planung und beim Betrieb von Vollentsalzungsanlagen; ebd. (Okt. 1955) Nr. 38, S. 753/65. – Vollentsalztes Wasser im Kesselbetrieb. Bericht einer Sonderarbeitsgruppe des Speisewasserausschusses der VGB; ebd. (Aug. 1957) Nr. 49, S. 233/37. – KÖHLE, H.: Der gegenwärtige Stand der Speisewasseraufbereitung durch Vollentsalzung. Brennst.-Wärme-Kraft 10 (1958) 534/36.

[2] Manual on Disposal of Refinery Wastes. Vol. VI, Solid Wastes, hrsg. vom American Petroleum Institute, Division of Refining, 1. Aufl., New York: Selbstverlag 1963, S. 31/33 u. 41ff. – HEINICKE, D.: a.a.O. S. 468/69. – GIESE, W., u. P. SCHWARZ: Die Veraschung kohlenwasserstoffhaltiger Raffinerieschlämme. Brennst.-Wärme-Kraft 18 (1966) 227/30. – GENERLICH, K.: Veraschung von Abwasserschlamm im Drehetagenofen; ebd. S. 235/39. – KUCHTA, H.-D.: Veraschungsanlage für ölhaltige Schlämme und Rechengut nach dem Drehrohrofenprinzip; ebd. S. 244/47. – ROGGE, W.: Veraschung ölhaltiger Schlämme im Drehtrommelofen; ebd. S. 247/48. – FISCHER, A.: Aufbereitung und Beseitigung von Industrie-Schläm-

Müllverbrennung, deren Bedeutung ständig wächst, wird in einzelnen Werken bereits verwirklicht. Sie kann für Raffinerien in Gemeinschaftskraftwerken Bedeutung erlangen, insbesondere wenn Industriemüll aus benachbarten Werken der organisch-chemischen und der Kunststoffindustrie verfeuert werden soll[1].

Bei allen genannten Ofenbauformen muß auf eine gute Entstaubung der Abgase geachtet werden, um eine Belästigung der Umgebung zu vermeiden. Die in solchen Öfen anfallende Asche hat sehr niedrige Glühverluste und ist frei von organischen Anteilen. Sie kann auf Halden gefahren werden, doch empfiehlt sich ein Befeuchten. Als Beispiel ist in Abb. N-17 der Schnitt durch einen Wirbelschichtofen mit zugehörigen

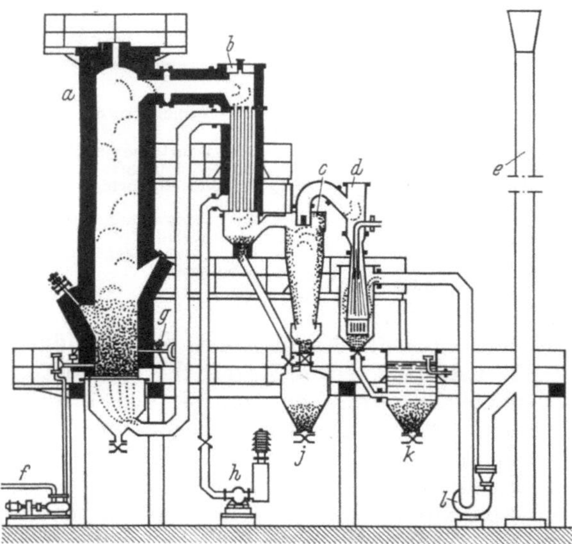

Abb. N-17. Schnitt durch einen Wirbelschichtofen mit nachgeschalteter Rauchgasreinigung.

a Wirbelschichtofen;
b Wärmeaustauscher für Vorwärmung der Verbrennungsluft;
c Fliehkraftabscheider (Zyklon) für Flugasche;
d Rauchgaswascher (Venturi-Prinzip);
e Schornstein;
f Förderpumpe für den zu veraschenden Schlamm;
g Heizgaszufuhr;
h Gebläse für Verbrennungsluft;
j Staubbunker;
k Absetzbehälter;
l Rauchgasgebläse.

men. Chem.-Ing.-Techn. 39 (1967) 157/65. – REH, L.: Verbrennung und thermische Spaltung flüssiger und schlammförmiger Industrieabfälle; ebd. S. 165/71. – Ders.: Verbrennung in der Wirbelschicht. Chem.-Ing.-Techn. 40 (1968) 509/15.

[1] Vgl. außer den neben- und obenstehenden Arbeiten A. TH. GROSZ: Gemeinsame Verbrennung von Klärschlamm und Müll. Brennst.-Wärme-Kraft 17 (1965) 562/64 sowie die übrigen Aufsätze des Fachheftes „Müllverbrennung IV – Schlammveraschung" der Zeitschrift Brennst.-Wärme-Kraft 18 (1966) Nr. 5. – Wenn auch vorzugsweise der Beseitigung von Schlämmen aus kommunalen Kläranlagen gewidmet, seien noch genannt W. BERKENKAMP: Wärmewirtschaftliche Gesichtspunkte bei Planung und Betrieb von Klärschlamm-Aufbereitungs- und -Verbrennungsanlagen. Chem.-Ing.-Techn. 41 (1969) 601/06. – ALBRECHT, E.: Schlammverbrennung im Wirbelschichtofen; ebd. 615/19.

Anlageteilen und in Abb. N-18 das Schema einer Anlage zur Beseitigung des Schlammes aus dem Abwasser einer Raffinerie gezeigt. Die Öfen erfordern in der Regel eine Zusatzfeuerung, weil der Heizwert der Schlämme nicht ausreicht.

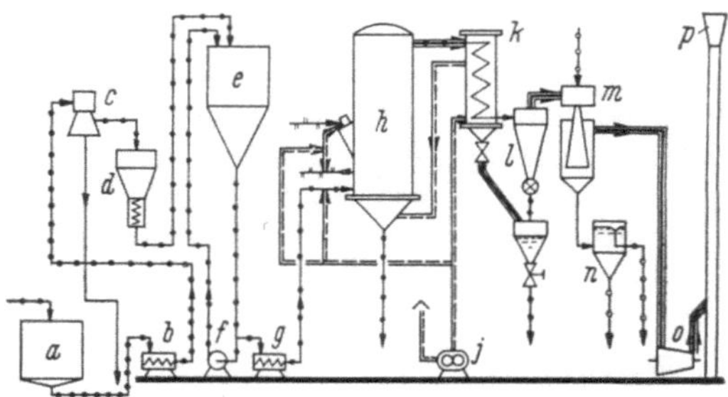

Abb. N-18. Schematisches Fließbild einer Schlammveraschungsanlage mit Wirbelschichtofen gemäß Abb. N-17.

a	Schlammeindicker;	k	Wärmeaustauscher für Vorwärmung der Verbrennungsluft;
b	Schneckenpumpe;		
c	Trennschleuder (Zentrifuge);	l	Fliehkraftabscheider (Zyklon) für Flugasche;
d	Zwischenbehälter mit Förderschnecke;		
e	Mischbehälter für Schlamm;	m	Rauchgaswascher (Venturi-Prinzip);
f	Umwälzpumpe;	n	Absetzbehälter;
g	Förderpumpe für Ofenzufluß;	o	Rauchgasgebläse;
h	Wirbelschichtofen;	p	Schornstein.
j	Gebläse für Verbrennungsluft;		

ε) Die Besonderheiten des Kanalsystems einer Raffinerie. Aus vorstehendem ergibt sich die Zweckmäßigkeit, die verschiedenen Abwässer getrennten Kanalnetzen zuzuführen, um sie den Erfordernissen entsprechend behandeln zu können. Die Mengenunterschiede führen von selbst zu einer stark voneinander abweichenden Bemessung der Querschnitte. Dazu kommt, daß man besonders bei alkalischen Wässern statt der üblichen Betonrohre solche aus glasiertem Ton benutzen muß, um eine Zerstörung zu verhindern. Der Abdichtung der Tonrohre durch Massen, die gegen Chemikalien widerstandsfähig sind, ist besondere Aufmerksamkeit zu widmen.

Da das Kanalnetz bzw. die Kanalnetze in der Regel offene Zuläufe haben und somit ihre Sohle die tiefsten Punkte im ganzen Raffineriegelände darstellen, besteht die Gefahr, daß sich in ihnen durch Undichtheiten ausgetretene schwere, explosible Gasgemische ansammeln. Man unterteilt deshalb jedes Kanalnetz einer Raffinerie in Abständen von 50 bis 100 m durch besondere besteigbare Schächte mit Tauchungen, um etwaige Zündungen örtlich zu begrenzen[1].

Weitere Vorsorge muß noch getroffen werden, um das Regenwasser sicher abzuführen, ohne daß es ungereinigt den Vorfluter erreicht. Es ist nicht zu vermeiden, daß es in den Tankhöfen und auf den Flächen innerhalb der Betriebsanlagen durch Öl verschmutzt wird. Jedoch wäre es ein

---

[1] BROWN, J. D., u. G. T. SHANNON: Design Guide to Refinery Sewers. Petrol. Refiner 42 (1963) Nr. 5, S. 141/44. – Dies.: Reducing refinery sewer-system hazards. Oil Gas J. 61 (20. Mai 1963) Nr. 20, S. 116/19. – SEPPA, W. O.: Fundamentals of Sewer Design; ebd. 43 (1964) Nr. 8, S. 171/78.

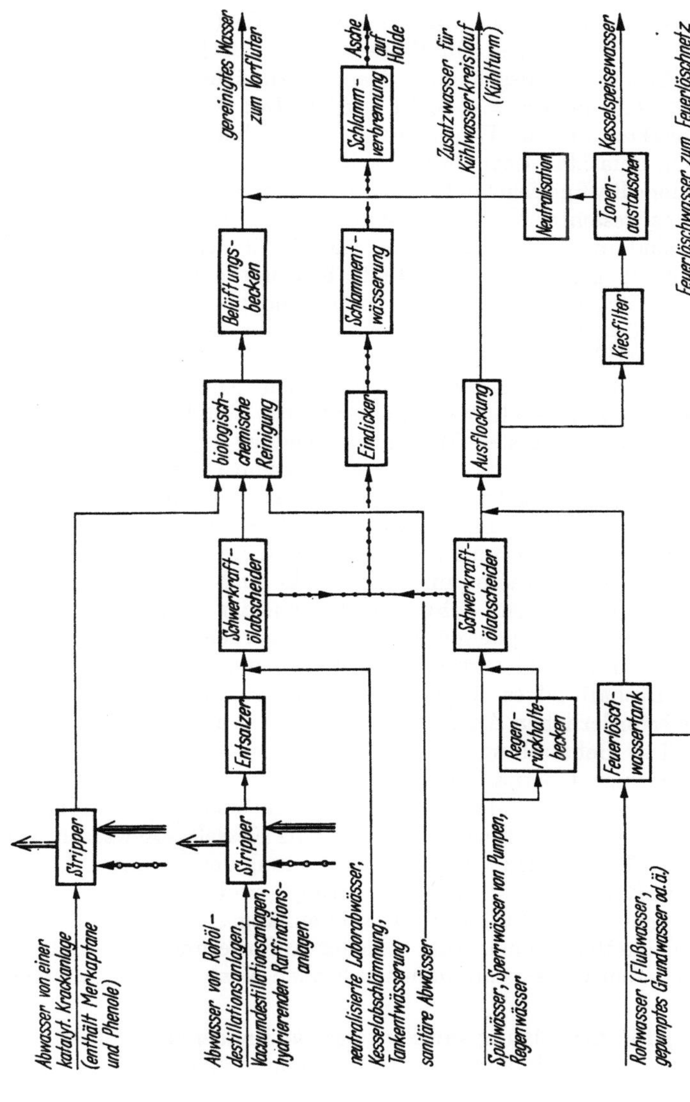

Abb. N-19. Schema der Roh- und Abwasserbehandlung in einer Raffinerie.

wirtschaftlich nicht zu rechtfertigender Aufwand, das Abwasserreinigungssystem für die höchsten, bei starkem Regen auftretenden Mengen zu bemessen. Auch wäre die Abscheidewirkung des Reinigungssystems wegen der in diesem Falle starken Verdünnung unzureichend. Deshalb läßt man das Regenwasser wohl in die Kanäle für ölverschmutztes Wasser ablaufen, sieht aber vor dem Einlauf in den Ölabscheider und die nachgeschalteten Anlagen ein Bauwerk vor, durch das die über einen gewissen Betrag hinausgehenden Mengen zunächst in ein Rückhaltebecken für Regenwasser abgelenkt werden. Der Ölabscheider wird dann nicht überlastet, und das Wasser aus dem Rückhaltebecken kann mittels Pumpen in dem Maß dem Ölabscheider zugeführt werden, wie der Zulauf aus dem Raffineriegelände nach dem Regen wieder abnimmt.

Um das gesamte Abwassersystem einer Raffinerie anschaulich zu machen, sind in dem Schema der Abb. N-19 die verschiedenen vorerwähnten Möglichkeiten dargestellt. Es zeigt einige Besonderheiten, die aber in letzter Zeit sehr häufig angewendet werden. So wird – wie S. 1027/28 erörtert – das Stripperkondensat aus den Trennbehältern der Rohöldestillation und einiger anderer, ähnlicher Anlagen nach der Entfernung des Schwefelwasserstoffes in einem Abwasserstripper – mit Frischwasser ergänzt – als Waschwasser für die Rohölentsalzung benutzt, weil dafür ohne weiteres ein Wasser verwendbar ist, das noch Reste von Öl enthält. Hingegen ist das Kondensat frei von Härtebildnern. Dies ist für das Arbeiten der Entsalzungsanlage zwar nicht unbedingt erforderlich, aber günstig. Weiterhin sind die Abwässer aus den Destillationsanlagen, den Tankhöfen und von einigen anderen Verarbeitungsanlagen getrennt vom Regenwasser und den Leck- und Spülwässern geführt. Für jeden Strom ist ein Schwerkraftabscheider vorgesehen. Die Abwässer aus den zuerst genannten Anlagen werden aber nicht nur chemisch, sondern auch biologisch unter Benutzung der Fäkalienabwässer gereinigt. Deshalb ist es aus Gründen des Bauaufwandes zweckmäßig, die dafür erforderlichen Anlagen nur für jene Wassermengen zu bemessen, die diese Behandlung erfordern. Hingegen können die verhältnismäßig salzarmen Oberflächenwässer nach dem mechanischen und chemischen Entölen als Zusatzwasser für den Kühlwasserkreislauf und nach Aufbereitung in einem Ionenaustauscher als Kesselspeisewasser benutzt werden. Das Beispiel zeigt, wie eng die Planung der gesamten Abwasserwirtschaft mit der Planung der Verarbeitungs- und verfahrenstechnischen Nebenanlagen einer Raffinerie zusammenhängt. Durch Ausschöpfung aller Möglichkeiten können trotz scharfer Anforderungen an die Reinheit des ablaufenden Wassers an manchen Stellen Kosten eingespart werden.

d) Die Beseitigung von Säureteer und anderen Abfällen sowie die Behandlung gebrauchter Bleicherde

Wenn auch das Abwasser die größte Menge der zu behandelnden lästigen Stoffe in einer Raffinerie darstellt, so gibt es noch einige andere, welche sinngemäße Probleme aufwerfen. Sie fallen insbesondere bei der Herstellung von Schmierölen an. Hier ist vor allem der Säureteer zu

nennen, der durch die Bindung aromatischer Kohlenwasserstoffe an
Schwefelsäure entsteht; vgl. S. 656 und 698.

Der Schwefelsäureverbrauch der Erdölindustrie war früher sehr groß,
ist aber in den letzten 25 Jahren erheblich zurückgegangen, weil trotz
des sprunghaften Anstieges der Erdölverarbeitung neuere Anlagen mit
selektiver Extraktion oder hydrierender Raffination an Stelle der Behandlung mit Schwefelsäure arbeiten. Viele ältere solcher Anlagen wurden stillgesetzt. Da somit der Anreiz fehlt, durch Forschungen und Entwicklungsarbeiten Verbesserungen zu erzielen, ist kaum damit zu rechnen, daß noch wesentliche Neuerungen gegenüber dem damals erreichten
Stand eingeführt werden. Nur wenn die anfallenden Mengen Säureteer
sehr groß sind, kann an eine Rückgewinnung der Säure gedacht werden.
Der Vorteil liegt weniger in dem Wert der gewonnenen Frischsäure als in
der Vermeidung der Schwierigkeiten, die großen Mengen Säureteer loszu-
werden. In einigen Fällen haben sich Schwefelsäurefabriken bereit erklärt,
Säureteer zur Verarbeitung in das eigene Werk zu übernehmen. Dies ist
mehr als Dienst am Kunden denn als lohnendes Geschäft zu betrachten.

Am häufigsten wird Säureteer durch Verbrennen beseitigt. Dies hat
aber zwei andere Schwierigkeiten zur Folge. Erstens unterliegen die
Bauteile der dafür benötigten besonderen Öfen einer sehr starken Korrosion. Die Abwärme wird wegen der hohen Kosten für Baustoffe der erforderlichen Kessel, die gegen den hohen Schwefelgehalt der Verbrennungsgase ausreichend widerstandsfähig sind, nur selten ausgenutzt. Zweitens
wird dadurch der SO_2-Ausstoß der Raffinerie vergrößert, was u.U. die
Möglichkeit, schwefelreiche Rückstandsöle oder schwefelreiche Gase in
den eigenen Öfen der Raffinerie zu verbrennen, einschränken kann.

Aus diesem Grunde und um gleichzeitig den Schwefelgehalt der Abgase nutzbar zu machen, wurden Anlagen vorgeschlagen und auch ausgeführt, in denen aus SO_2-haltigen Verbrennungsgasen Schwefelsäure
gewonnen wird. Der Bauaufwand ist recht beträchtlich und die Wirtschaftlichkeit solcher Anlagen nur unter besonderen Voraussetzungen
gesichert[1]. Anders liegen die Verhältnisse bei der Nutzung des Schwefels
aus H_2S-haltigen Gasen; vgl. dazu den folgenden Abschnitt. Ein besonderes Verfahren, Säureteer für Düngemittel nutzbar zu machen, wurde
an der Universität Löwen/Belgien ausgearbeitet[2].

Man hat auch Anlagen vorgeschlagen, bei denen nicht nur Schwefelsäure, sondern auch Koks gewonnen wird[3]. Wenn aber der Säureteer
zusammen mit größeren Mengen schwefelfreier Abfallstoffe, z.B. mit
dem Schlamm aus der Abwasserreinigung, verbrannt werden kann, ist
dies der einfachere Weg, ihn zu beseitigen. Günstigere Lösungen lassen

---

[1] HARRIS, T. R.: Disposal of Refinery Waste Sulfuric Acid. Industr. Engng.
Chem. 50 (1958) Nr. 12, S. 81 A/82 A.

[2] NYNS, E. J., A. L. WIAUX u. M. DE LONGRÉE: Verarbeitung von Säureteer
aus der Spindelölraffination zu Ammoniumsulfat-Dünger. Erdöl u. Kohle 21 (1968)
767/69.

[3] HUNTER MILEY, G.: What to do with acid sludge ... The Miley Process.
Petrol. Refiner 34 (1955) Nr. 9, S. 138/41. – GERASSIMOW, M. M., D. D. RUSTSCHEW
u. G. K. SLAWOMIROW: Gewinnung von Koks mit niedrigem Schwefel- und Aschegehalt aus Raffinations-Abfallsäuren und Masut. Erdöl u. Kohle 13 (1960) 32/34.

sich meist nur durch die Zusammenarbeit benachbarter Raffinerien und Schwefelsäurefabriken finden. Bei den sonstigen Abfällen, die beseitigt werden müssen und mitunter erhebliche Schwierigkeiten bereiten können, ist zweckmäßig danach zu unterscheiden, ob sie brennbare Anteile enthalten oder nicht. Zur ersten Gruppe gehören außer den vorstehend genannten Schlämmen aus der Abwasserentölung die ähnlich gearteten Rückstände, die sich mit der Zeit vor allem auf dem Boden der Rohöltanks ansammeln. Manche Raffinerien sind dazu übergegangen, durch Einbau von Rührwerken das Absetzen von Schlamm in den Rohöltanks soweit wie möglich zu unterbinden. Die meist aus feinstem Sand und ähnlichen anorganischen Stoffen bestehenden Verunreinigungen bleiben dann im Rohöl in der Schwebe und werden in den heute in der Regel vorhandenen Entsalzern vor der Rohöldestillation abgeschieden. Sie gelangen über den Ablauf in das System für ölverschmutzte Abwässer und können auf diese Weise ohne zusätzlichen Aufwand entfernt werden. Ihre Menge fällt gegenüber den dort zu entfernenden Mengen nicht ins Gewicht. Wenn sich trotzdem mit der Zeit Schlamm in den Tanks absetzt, so ist der günstigste Weg, ihn ebenfalls mit dem Schlamm aus der Abwasserreinigung zu verbrennen bzw. zu veraschen[1]. Eine getrennte Behandlung erfordert der bleihaltige Schlamm aus den Lagerbehältern für Tetraäthylblei und Tetramethylblei. Da diese Stoffe sehr giftig sind, müssen besondere Vorsichtsmaßnahmen ergriffen werden[2].

Weitere in einer Raffinerie zu beseitigende feste Abfallstoffe sind gebrauchter Katalysator, Koksstaub (aus einer Verkokungsanlage) und gebrauchte Bleicherde. Wenn die Katalysatoren Edelmetall enthalten, wie die im Festbett von Reforming-Anlagen verwendeten Kontakte, werden sie zur Aufarbeitung und Wiedergewinnung des Edelmetalles an den Katalysatorhersteller zurückgesandt. Andere, durch Abbrennen und Strippen mit Dampf von Koks und öligen Anteilen weitgehend befreite Katalysatoren (z. B. aus Krackanlagen) sind chemisch inert und können meist auf Halde gefahren oder – wenn sich Bergwerke in der Nähe der Raffinerie befinden – auch für Blasversatz verwendet werden. Für Koksstaub muß eine Verwertung in gleicher Weise wie in Kokereien gesucht werden. Die Möglichkeiten hängen sehr stark von den örtlichen Gegebenheiten ab.

Schließlich muß noch kurz darauf eingegangen werden, wie gebrauchte Bleicherde behandelt werden kann. Sofern dies geschieht, strebt man mitunter danach, nicht nur die Bleicherde zu reaktivieren, sondern auch die adsorptiv gebundenen oder an der Oberfläche haftenden Kohlenwasserstoffe und sonstigen Ölbestandteile zurückzugewinnen. Das zweite lohnt sich jedoch nur, wenn es sich um hochwertige Produkte handelt, weil der Aufwand an Apparaten und Lösungsmitteln erheblich ist[3].

---

[1] Die mit der Beseitigung der verschiedensten Arten von Schlämmen zusammenhängenden Fragen sind sehr eingehend in dem bereits erwähnten Band VI des vom American Petroleum Institute herausgegebenen Manual on Disposal of Refinery Wastes behandelt; vgl. Fußn. 2, S. 1030.

[2] BALL, H. K.: A New Approach to Leaded Gasoline Sludge Disposal. Petrol. Refiner 42 (1963) Nr. 5, S. 147/48.

[3] Vgl. dazu auch C. ZERBE: Bleicherde in: Mineralöle und verwandte Produkte: a.a.O. Bd. II, S. 731/37, bes. S. 736/37.

Ein Regenerieren der Bleicherde macht sich in der Erdölindustrie nur unter besonderen Bedingungen bezahlt. Es wurden dafür verschiedene Arten von Röstöfen entwickelt, bei denen es vor allem wichtig ist, daß keine örtlichen Überhitzungen auftreten[1]. Von Interesse ist die bereits S. 438 erwähnte Tatsache, daß die von der Socony Mobil Oil Co für diesen Zweck entwickelte Bauform des „Thermofor kiln" der Ausgangspunkt für die Entwicklung der katalytischen Krackanlagen mit umlaufendem Katalysator war.

Beim Regenerieren wird nicht mehr die volle Aktivität der Bleicherde erreicht. Sie sinkt nach den ersten Behandlungen auf Werte von rd. 70% und später noch weiter; vgl. dazu S. 687. Es hängt zum Teil vom Preis der Frischerde ab, ob sich der Aufwand des Regenerierens lohnt. Mindestens ebenso wichtig sind aber auch die Kosten der Beseitigung, weil gebrauchte Bleicherde nur auf Halde oder in Abraumgruben gefahren werden kann. Um eine Verschmutzung des Grundwassers zu verhindern, muß sie vorher noch einmal abgebrannt werden.

e) Die Gewinnung von Schwefelsäure und elementarem Schwefel aus H_2S-haltigen Gasen

Die im Säureteer enthaltene Schwefelsäure wiederzugewinnen ist — wie dargelegt wurde — wegen des Bauaufwandes und des umständlichen Betriebes nur in seltenen Fällen wirtschaftlich. Anders liegen die Verhältnisse bei der Nutzung des in den Abgasen vieler Verfahren auftretenden Schwefelwasserstoffes. Setzt man den Schwefelgehalt der heute geförderten Rohöle im Durchschnitt mit rd. 2,0 Gew.-% an, was etwas zu niedrig sein dürfte, so sind in der jetzt jährlich verarbeiteten Menge von fast 1500 Mill. t Erdöl rd. 30 Mill. t Schwefel oder mehr enthalten. Rechnet man weiter damit, daß etwa die Hälfte davon in den Destillationsrückständen bleibt und aus den Destillaten nur die Hälfte nutzbar gemacht werden kann, so handelt es sich immerhin um etwa 7,5 Mill. t/a Schwefel, für deren Gewinnung die nachstehend beschriebenen Verfahren zur Verfügung stehen. Die Mengen werden in Zukunft noch größer, wenn die Entschwefelung von Rückstandsölen in Angriff genommen wird. Durch die Gewinnung des Schwefels wird nicht nur eine Rohstoffquelle erschlossen, vielmehr wird dadurch auch ein Beitrag geleistet, die sonst als H_2S oder SO_2 in die Atmosphäre entweichende Schwefelmenge zu verringern[2].

Die Nutzung des Schwefels aus Kokereigasen ist ein bereits jahrzehntealtes Problem. Man strebt an, die umständliche und sehr auf-

---

[1] Einige Angaben dazu finden sich bei W. L. Nelson: Petroleum Refinery Engineering, 4. Aufl.: a. a. O. S. 323/24.

[2] Spengler, G., H. Beck, H. Grajetzky u. G. Michalczyk: Die Schwefeloxyde in Rauchgasen und in der Atmosphäre / Ein Problem der Luftreinhaltung, 2. Aufl., Düsseldorf: VDI-Verlag 1966. — Rickles, R. N.: Desulfurization's Impact on Sulfur Markets. Chem. Engng. Progr. 64 (1968) Nr. 9, S. 53/56. Danach wird allein in den Vereinigten Staaten von Amerika im Jahre 1970 ein Bedarf von 14,3 Mill. t, im Jahre 1975 von 22,0 Mill. t erwartet. Man rechnet bis dahin wegen der Verschärfung der Vorschriften über den Schwefelgehalt der Heizöle mit einem Beitrag von rd. 25% aus der Entschwefelung von Raffinerieprodukten.

wendige Reinigung mit Raseneisenerz durch Verfahren zu ersetzen, die besser verwertbare Produkte liefern[1]. Dabei bietet das im Koksofengas vorhandene Ammoniak die Möglichkeit, es zur Bindung des Schwefels zu benutzen und gleich Ammoniumsulfat herzustellen, das als Düngemittel einen Markt hat. Solche Verfahren haben aber für Raffinerien kaum Bedeutung.

In Abschn. H 1 wurde bei den einzelnen Gasreinigungsverfahren gezeigt, daß der Schwefelwasserstoff beim Regenerieren der Waschflüssigkeiten je nach den sonstigen, gleichzeitig entfernten Gasbegleitstoffen in unterschiedlicher Konzentration anfällt. Insbesondere beim Hydrieren – sei es nach dem alten Verfahren der IG-Farbenindustrie zur Verflüssigung fester Brennstoffe, sei es nach den neueren, in Kap. L beschriebenen Verfahren – gelingt es, einen großen Teil des in den behandelten Produkten enthaltenen Schwefels in Schwefelwasserstoff zu überführen. Es ist deshalb nicht verwunderlich, daß im Zuge des Ausbaues der Hydrierwerke in den Dreißiger Jahren in Mitteleuropa auch die noch heute in der Erdölindustrie der ganzen Welt angewendeten beiden Verfahren zur Nutzung des Schwefels zur Betriebsreife entwickelt wurden. Es sind dies die von der Metallgesellschaft vorgeschlagene sog. Naßkatalyse und das (neuere) Claus-Verfahren der IG-Farbenindustrie. Im ersten Fall wird der Schwefelwasserstoff zuerst zu Schwefeldioxyd verbrannt und dieses anschließend nach einem ähnlichen Chemismus wie bei dem üblichen Kontaktverfahren – allerdings hier in Gegenwart von Wasserdampf – in Schwefelsäure umgewandelt. Nach dem durch die IG-Farbenindustrie verbesserten Claus-Verfahren wird hochkonzentrierter Schwefelwasserstoff zuerst teilweise verbrannt und dann das aus H_2S und SO_2 bestehende Gas katalytisch zu elementarem Schwefel umgesetzt. Welches der beiden Verfahren angewendet wird, richtet sich nach wirtschaftlichen Erwägungen, vor allem danach, ob Schwefelsäure oder elementarer Schwefel besser abgesetzt oder im eigenen Betrieb verwendet werden können. Dabei ist die umständlichere Handhabung von Schwefelsäure zu berücksichtigen. Weiterhin ist noch wesentlich, wie hoch die Konzentration des Schwefelwasserstoffes in den verfügbaren Gasen ist. Beträgt sie weniger

---

[1] Vgl. dazu H. Weitenhiller: Herstellung von Schwefelsäure aus dem Schwefelwasserstoff der Koksgase durch nasse Katalyse. Glückauf 72 (1936) 399/403. – Bähr, H.: Das Katasulf-Verfahren. Glückauf 73 (1937) 901/13; Chem. Fabr. 11 (1938) 10/18. – Siecke, W.: Herstellung von Schwefelsäure aus Schwefelwasserstoff. Chem. Fabr. 8 (1935) 415/18; Mitt. Metallges. Frankfurt a. M. (Dez. 1935) Nr. 11, S. 14/18. – Lorenzen, G.: Die Erzeugung von Schwefel und Ammoniumsulfat aus dem Gasschwefel. Alkazid- und Katasulf-Verfahren. Z. Ver. dtsch. Ing. 82 (1938) 462/64; bezüglich des Alkazidverfahrens vgl. S. 635 ff. – Beyer, H. A.: Schwefelsäure-Gewinnung aus Schwefelwasserstoff in der Kokerei- und chemischen Industrie / Naßkatalyse-Verfahren; ebd. S. 777/78. – Klempt, W.: Die Erzeugung von Ammoniumsulfat unter Nutzbarmachung des Gasschwefels / Nasses Eisenhydroxyd-Schwefeldioxyd-Verfahren; ebd. S. 909/10. – Thau, A.: Gewinnung und Nutzbarmachung des Brennstoffschwefels. Z. Ver. dtsch. Ing. Beiheft Verfahrenstechn. Folge 1938, Nr. 3, S. 81/86. – Riediger, B.: Die Bedeutung der Schwefelgewinnung, insbesondere aus Kohle. Z. Ver. dtsch. Ing. 82 (1938) 1055/56. – van Ahlen, A.: Neuere Verfahren zur Naßentschwefelung von Koksofengas. Glückauf 77 (1941) 481/87, 493/501. – Lorenzen, G., u. F. Leithe: Die neuzeitlichen Entschwefelungsverfahren. Gas- u. Wasserf. 86 (1943) 313/21.

als 40 bis 50 Vol.-%, so scheidet das Claus-Verfahren meistens aus. Hingegen braucht für die Naßkatalyse die Konzentration nur 10 Vol.-% oder etwas mehr zu betragen, um eine einwandfrei brennende Flamme zu erreichen. Ist die Konzentration wesentlich höher, so müssen die Gase sogar verdünnt werden. Es kann deshalb wirtschaftlich sein, bei genügend großen Mengen hochkonzentrierter Gase diese zuerst im Claus-Verfahren zu verarbeiten und anschließend dessen Abgase durch Naßkatalyse für die Gewinnung von Schwefelsäure auszunutzen.

a) **Das Naßkatalyseverfahren.** Bei der üblichen Gewinnung von Schwefelsäure nach dem Kontaktverfahren ist in den Gasen kein Wasserdampf vorhanden, weil das Schwefeldioxyd durch Rösten sulfidischer Erze oder auf ähnliche Weise erzeugt wird. Wasser wird erst benötigt, um aus dem durch katalytische Oxydation entstandenen Schwefeltrioxyd Schwefelsäure herzustellen. Beim Verbrennen von Schwefelwasserstoff bildet sich aber neben Schwefeldioxyd auch Wasserdampf, weshalb der für die Umwandlung von SO_2 zu SO_3 benutzte Kontakt gegen dessen Anwesenheit unempfindlich sein muß. Dies ist der Grund, weshalb man hier von Naßkatalyse spricht.

Das Verfahren verläuft in drei Schritten: Zuerst wird der Schwefelwasserstoff gemäß

$$H_2S + 3/2\,O_2 - 123\,700\ kcal = H_2O + SO_2 \qquad (N\text{-}4)$$

verbrannt, und zwar unter Luftüberschuß, um die Verbrennungstemperatur möglichst niedrig zu halten. Die hier und nachstehend angegebenen Reaktionsenthalpien gelten jeweils für 1 kmol. Man beachte, daß die Wärmetönung etwa doppelt so groß ist wie die der Oxydation von CO zu CO_2 mit knapp 68 000 kcal[1]. Dabei werden im Gas etwa noch vorhandene Kohlenwasserstoffe oder deren Derivate restlos zu CO_2 und H_2O mit verbrannt. Das Gleichgewicht der darauffolgenden, für das Kontaktverfahren kennzeichnenden zweiten Reaktion

$$SO_2 + 1/2\,O_2 + H_2O - 23\,000\ kcal = SO_3 + H_2O \qquad (N\text{-}5)$$

verschiebt sich mit steigender Temperatur nach links derart, daß z.B. bei 400 °C 2% und bei 600 °C 24% des Schwefeltrioxydes dissoziiert sind. Erstrebenswert ist daher eine Arbeitstemperatur etwa zwischen 350 und 450 °C, doch ist die Reaktionsgeschwindigkeit bei dieser Temperatur ohne Katalysatoren viel zu gering. Die bei der üblichen Schwefelsäureherstellung dafür benutzten Platinkontakte versagen aber bei Anwesenheit von Wasserdampf. Für die Naßkatalyse haben sich Kontakte mit Vanadiumpentoxyd als geeignet erwiesen. Ihre Wirksamkeit wird durch Wasserdampf weder im günstigen noch im ungünstigen Sinne beeinflußt. Es werden Ausbeuten bis 98% und darüber erzielt.

Die Wärmetönung der Reaktion nach Gl. (N-5) erfordert eine Kühlung, um die Reaktionstemperatur etwa konstant zu halten. Sie würde sonst in dem genannten Arbeitsbereich um rd. 150° ansteigen und die Ausbeute erheblich verschlechtern. Da Sauerstoff benötigt wird, kann

---

[1] In der in Fußn. 2, S. 891 genannten Quelle sind 67 636 bzw. 67 010 kcal für 15 °C bzw. 1227 °C genannt.

einfach Frischluft als Kühlmittel benutzt werden. Durch eine Regelung der zuzuführenden Menge in Abhängigkeit von der Temperatur des Katalysatorbettes können Temperaturschwankungen, die durch Änderungen des SO_2-Gehaltes des zuströmenden Gases verursacht sind, ausgeglichen werden. Um eine möglichst gleichmäßige Temperaturverteilung im ganzen Reaktor (hier Kontaktkessel genannt) zu erreichen, ist das Kontaktbett in mehrere Schichten unterteilt, zwischen denen jeweils ein Teilstrom der Kühlluft zugeführt wird.

Die Reaktionspartner für den dritten Schritt, die Kondensation gemäß

$$SO_3 + H_2O - 21\,300\ \text{kcal} = H_2SO_4, \tag{N-6}$$

werden beim Verbrennen von H_2S stöchiometrisch gebildet. Bei der Naßkatalyse ist also für die Bildung der Säure keine Wasserzufuhr erforderlich. Jedoch muß beachtet werden, daß das Gleichgewicht der Reaktion nach Gl. (N-6) oberhalb von rd. 450 °C fast vollständig auf der linken Seite liegt, die Säure also dissoziiert. Sie hat bei 1 ata einen Siedepunkt von rd. 338 °C.

Das den Kontaktkessel verlassende Wasserdampf–Schwefeltrioxyd-Gemisch muß sehr schonend abgekühlt werden, um die Bildung von Schwefelsäurenebeln zu vermeiden, die sehr schwierig niederzuschlagen sind. Ursprünglich wurde der mit siedendem Wasser gekühlte und mit senkrechten Rohren ausgerüstete Kondensator unmittelbar unter dem Kontaktkessel angeordnet[1]. In neueren Anlagen wird das Wasserdampf–Schwefeltrioxyd-Gemisch in einem mit Raschig-Ringen gefüllten Kondensationsturm mit kalter Schwefelsäure berieselt und dabei kondensiert.

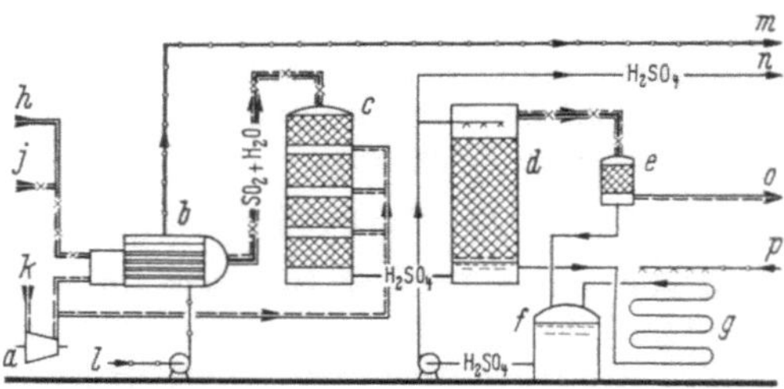

Abb. N-20. Schematisches Fließbild einer Anlage zur Herstellung von Schwefelsäure nach dem Naßkatalyseverfahren der Lurgi-Gesellschaft für Chemie und Hüttenwesen.

a Verbrennungsluftgebläse;	f Vorlage für Kreislaufschwefelsäure;	k Verbrennungsluft;
b Abhitzekessel mit Verbrennungsvorkammer;	g Rieselkühler;	l Speisewasser;
c Kontaktkessel;	h Zusatzheizgas;	m Dampf;
d Kondensationsturm;	j Schwefelwasserstoffhaltige Gase;	n Schwefelsäure;
e Keramisches Filter zum Abscheiden von Schwefelsäurenebeln;		o Abgase;
		p Kühlwasser.

Das Schema einer solchen Anlage ist in Abb. N-20 wiedergegeben und zeigt z. B. einen Abhitzekessel zur Ausnutzung der Verbrennungswärme der ersten Reaktionsstufe. Ein solcher lohnt sich aber erst bei größeren Leistungen, anderenfalls werden die aus dem Verbrennungsofen aus-

---

[1] Vgl. z. B. H. A. BEYER: a. a. O., Bild 1, S. 777.

tretenden Gase mit Luft gekühlt. Das eingezeichnete keramische Druckfilter dient dazu, nicht kondensierte Schwefelsäurenebel niederzuschlagen und die gebildete Flüssigkeit dem Vorlaufbehälter zuzuführen. Bei
sehr niedrigen H_2S-Gehalten des zu verarbeitenden Gases kann man die
ständige Zündung durch keramisches Gitterwerk oder ähnliche Maßnahmen im Verbrennungsofen sichern[1].

β) **Das Claus-Verfahren.** Auf Grund von Untersuchungen eines englischen Chemikers namens C. F. CLAUS war seit etwa 1880 bekannt, daß es
möglich ist, Schwefelwasserstoff mit Luft gemäß der Reaktionsgleichung

$$2\,H_2S + O_2 - 106\,000\ kcal = S_2 + 2\,H_2O \qquad\qquad (N\text{-}7)$$

flammenlos an Katalysatoren zu elementarem Schwefel umzusetzen[2].
Es wurde Bauxit oder Eisenerz als Katalysator in einem einzigen, nach
unten durchströmten Reaktor benutzt[3]. Doch bereitete es erhebliche
Schwierigkeiten, die Temperatur in dem Reaktorbett zu beherrschen.
Deshalb bedeutete es einen wesentlichen Fortschritt, als auf Grund von
Vorschlägen von K. BRAUS (IG-Farbenindustrie) der Reaktionsablauf
in zwei getrennte Schritte unterteilt wurde[4]. Zuerst wird in einer Brenn-
kammer mit nachgeschaltetem Abhitzekessel etwa ein Drittel des

---

[1] Vgl. W. SIECKE: a.a.O S. 14 sowie H. A. BEYER: a.a.O., Bild 1, S. 777. –
Im übrigen s. noch W. SCHAIRER: Erfahrungen mit neuzeitlichen Gasreinigungsverfahren. Glückauf 93 (1957) 499/503.

[2] Brit. Patent Nr. 3608 (1882), DRP Nr. 22763 (1883). Die in Gl. (N-7) angegebene Reaktionsenthalpie wurde bisher für 298 °K (= 25 °C) genannt. Nach
neueren Angaben bei PETER u. WOY (vgl. untenstehende Fußn. 4) hat sie bei
600 °K (= 327 °C) den Wert von 74780 kcal. Dort auch verbesserte Werte der
Gleichgewichtskonstanten. Bezüglich der Schreibung der Reaktionsenthalpien vgl.
S. 259 und 891. Die Größen gelten hier wie in Kap. M für 1 kmol.

[3] Vgl. Gmelins Handbuch der anorganischen Chemie. 8. Aufl., hrsg. vom
Gmelin-Inst. Clausthal-Zellerfeld. System Nr. 9 „Schwefel", Teil A. Weinheim/
Bergstraße: Verlag Chemie 1953, S. 242 S [A]ff. mit einer umfangreichen Tabelle
der vorgeschlagenen und benutzten Katalysatoren. – HOLLEMAN, A. F.: Lehrbuch
der anorganischen Chemie, bearb. von E. WIBERG, 34. bis 36. Aufl., Berlin: de Gruyter 1955, S. 184.

[4] DRP Nr. 666572 (1936). – BÄHR, H.: Gas Purification by the I.G. Alkazid
Process and Sulfur Recovery by the I.G. Claus Process. Refiner natur. Gasol.
Manuf. 17 (1938) 237/44. – SAWYER, F. G., R. N. HADER, L. K. HERNDON u.
E. MORNINGSTAR: Sulfur from Sour Gases. Industr. Engng. Chem. 42 (1950)
1938/50. – GAMSON, B. W., u. R. H. ELKINS: Sulfur from Hydrogen Sulfid. Chem.
Engng. Progress 49 (1953) 203/15, bes. S. 203, 212 u. Fig. 13 u. 14, S. 213 so-
wie B. W. GAMSON: Sulfur from Hydrogen Sulfide; ebd. 50 (1954) 515/16. –
FRANK, H.: Die Verarbeitung von Schwefelwasserstoff zu elementarem Schwefel
nach dem Claus-Verfahren. Chem. Techn. 14 (1962) 344/48. – VALDES, A. R.: New
Look at Sulfur Plants. Hydrocarbon Procssg. & Petrol. Refiner 43 (1964) Nr. 3,
S. 104/08; Nr. 4, S. 122/24. – OPEKAR, P. C., u. B. G. GOAR: This Computer Pro-
gram Optimizes Sulfur Plant Design and Operation. Hydrocarb. Procssg. 45 (1966)
Nr. 6, S. 181/85. – FISCHER, H.: Das Claus-Verfahren und seine Modifikationen.
Chem.-Ing.-Techn. 39 (1967) 515/20. – CARMASSI, M. J., u. J. P. ZWILLING: How
S.N.P.A. Optimizes Sulfur Plant. Hydrocarb. Procssg. Bd. 46 (1967) Nr. 4, S.
117/21. (S.N.P.A. = Société Nationale des Pétroles d'Acquitaine.) – PETER, S., u.
H. WOY: Gewinnung von Schwefel aus Schwefelwasserstoff nach dem Claus-Verfahren. Chem.-Ing.-Techn. 41 (1969) S. 1/7. – PASTERNAK, R.: Aufarbeitung von
H_2S aus Raffineriegasen in einer Clausanlage. Brennst.-Chem. 50 (1969) 200/03.

Schwefelwasserstoffes unter solchem Luftmangel gemäß Gl. (N-4) verbrannt, daß sich im austretenden Gas H_2S zu SO_2 wie 2 zu 1 verhält[1]. Ein gewisser Anteil von H_2S und SO_2 bildet bereits in der Brennkammer nach der Reaktionsgleichung

$$2\,H_2S + SO_2 - 35300\ \mathrm{kcal} = \frac{3}{x}\,S_x + 2\,H_2O \tag{N-8}$$

elementaren Schwefel, der hinter dem Abhitzekessel abgezogen wird. Die Beziehung erhält man durch Subtraktion der Gl. (N-4) von Gl. (N-7). In der Formel kann $x = 2, 4, 6$ und 8 sein, und zwar auch gleichzeitig, weil die Existenz der verschiedenen Schwefelmodifikationen nebeneinander möglich ist[2]. Die Reaktion wird durch niedrige Temperaturen begünstigt. Für die Umsetzung des bei den noch hohen Temperaturen bis zum Austritt aus dem Abhitzekessel im Gas verbliebenen größeren Anteiles von H_2S und SO_2 nach Gl. (N-8) werden eine oder meistens zwei Reaktoren (Kontaktöfen) nachgeschaltet. Als Katalysator wird jetzt statt des in der Natur vorkommenden Bauxit (Aluminiumhydroxyd $Al_2O_3 \cdot H_2O$, meist stark verunreinigt durch 20 bis 25 Gew.-% Fe_2O_3 und 1 bis 5 Gew.-% SiO_2, sog. „roter Bauxit") in der Regel ein künstlich hergestellter Katalysator mit etwa folgender Zusammensetzung (in Gew.-%) verwendet:

Tonerde Al_2O_3	über rd.	94
Siliziumdioxyd SiO_2		
Eisen(III)-oxyd Fe_2O_3	rd.	0,2
Titandioxyd TiO_2		
Lösliches Natriumoxyd Na_2O unter		0,01

Der Glühverlust soll nicht mehr als 5 bis 6 Gew.-% betragen. Es werden von den Herstellern sowohl Kugeln wie Zylinder mit Abmessungen von rd. 10 mm und darunter geliefert. Als aktive Oberfläche nach BRUNAUER, EMMETT und TELLER (sog. BET-Test; vgl. S. 390f.) werden 250 bis 300 m^2/g bei einer Dichte von rd. 700 kg/m^3 und einer Porosität von 0,5 bis 0,6 cm^3/g genannt.

Außerdem sind die möglichen Nebenreaktionen zu beachten. Insbesondere können bei der Gewinnung von Schwefel aus Erdgas wegen der Anwesenheit von Kohlendioxyd und Methan die Reaktionen

$$CO_2 + H_2S = COS + H_2O \tag{N-9}$$

und

$$CH_4 + 2\,S_2 = H_2S + CS_2 \tag{N-10}$$

ablaufen. Sie sind bei gleichen Voraussetzungen auch in Raffinerien zu erwarten. Das so gebildete Kohlenoxysulfid kann je nach Gleichgewicht am gleichen Katalysator mit dem beim Verbrennen der begleitenden

---

[1] Bemessungsgrundlagen für den Abhitzekessel bei A. R. VALDES: New Way to Design Firetube Reactors. Hydrocarb. Procssg. 44 (1965) Nr. 5, S. 223/29.

[2] Näheres hierüber z.B. in Gmelins Handbuch: a.a.O. sowie bei B. W. GAMSON u. R. H. ELKINS: a.a.O. – Vgl. außerdem J. R. WEST: Thermodynamic Properties of Sulfur. Industr. Engng. Chem. 42 (1950) 713/18 mit Tabellen und Zustandsdiagrammen.

Kohlenwasserstoffe entstehenden Wasserdampf unter Umkehrung des Reaktionsverlaufes gemäß Gl. (N-9) durch Hydrolyse in Schwefelwasserstoff zurückgebildet werden. Aus dem Schwefelkohlenstoff kann sich durch die Reaktion

$$CS_2 + 2\,H_2O = CO_2 + 2\,H_2S \qquad\qquad (N\text{-}11)$$

ebenfalls Kohlendioxyd und Schwefelwasserstoff bilden. Deshalb ist in solchen Fällen die Anwesenheit von Wasserdampf erforderlich, um den störenden Einfluß von CO_2 auszuschalten. Der vorerwähnte, künstlich hergestellte Tonerdekatalysator ist dafür günstiger als natürlicher Bauxit, an dem die Hydrolysereaktionen nur langsam ablaufen.

Die Reaktion gemäß Gl. (N-7) ist stark exotherm. Deshalb sind Zwischenkühler und Wärmeaustauscher nötig, um einen unerwünscht starken Temperaturanstieg zu vermeiden und dadurch günstige Umsetzungsgrade zu erreichen. Besonders bei größeren Leistungen gestattet es die Unterteilung der Reaktoren, die Temperaturen besser zu beherrschen. Außerdem wird dadurch die Ausbeute erhöht, und zwar von rd. 85 % auf 95 % und mehr. Dabei spielt nicht nur diese eine Rolle, sondern es ist vor allem zu bedenken, daß im ersten Fall noch 15 % des durchgesetzten Schwefelwasserstoffes in den Abgasen bleiben. Damit der Schwefel flüssig ausfällt, muß er zwischen den Reaktoren unter seinen Taupunkt auf etwa 160 bis 190 °C abgekühlt werden. Der Taupunkt ist von der Modifikation des kondensierten Schwefels und den Mengen der noch gleichzeitig anwesenden Dämpfe abhängig und liegt bei rd. 240 bis 280 °C. Im Reaktorbett muß hingegen reine Dampfphase herrschen, also eine höhere Temperatur, weil flüssiger Schwefel die Aktivität des Katalysators beeinträchtigen würde[1].

Diesen Erfordernissen ist bei der Schaltung neuzeitlicher Claus-Anlagen Rechnung getragen, wie sie in Abb. N-21 schematisch dargestellt ist. Das Schema zeigt auch eine Nachwäsche, in der Schwefelnebel durch Berieseln mit flüssigem Schwefel niedergeschlagen werden. Diese Wäsche muß etwas oberhalb des Schmelzpunktes von rd. 119 °C betrieben werden, weil die Zähigkeit des bei dieser Temperatur sehr dünnflüssigen Schwefels bei 160 °C plötzlich sehr stark ansteigt[2]. Durch Einbau eines Kondensators zwischen Abhitzekessel und erstem Kontaktofen sowie durch eine zusätzliche Schwefelwäsche hinter diesem kann die Menge des den Reaktionsablauf behindernden Schwefelnebels verringert und die Ausbeute an Schwefel, gleichzeitig also der Restgehalt an Schwefeldioxyd in den Abgasen einer Claus-Anlage gesenkt werden[3].

Da selbst bei Schwefelausbeuten von 95 % und darüber die im Abgas verbleibenden H_2S-Mengen unzulässig groß sein können, wird hinter den

---

[1] Auch hierüber s. B. W. Gamson u. R. H. Elkins: a. a. O.

[2] Über diese und andere, durch die verschiedenen Modifikationen des Schwefels verursachten Erscheinungen siehe z. B. Gmelins Handbuch: a. a. O. S. 190 f. S [A] sowie A. F. Holleman: Lehrbuch der anorganischen Chemie, bearb. von E. Wiberg, 34. bis 36. Aufl., Berlin: de Gruyter 1955, S. 185 ff.

[3] Vgl. S. Peter u. H. Woy: a. a. O.

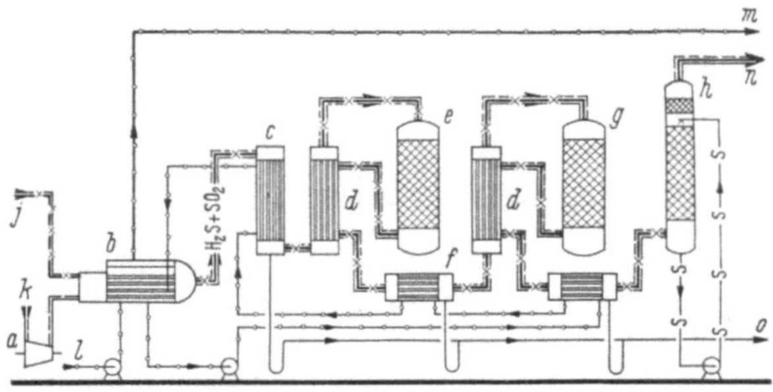

Abb. N-21. Schematisches Fließbild einer Claus-Anlage zur Gewinnung von elementarem Schwefel
aus schwefelwasserstoffhaltigen Gasen.

a Verbrennungsluftgebläse;	*f* Kühler;	*k* Verbrennungsluft;
b Abhitzekessel mit Verbrennungs-	*g* Kontaktofen II;	*l* Speisewasser;
c Kühler; [vorkammer;	*h* Schwefelwäsche;	*m* Dampf;
d Wärmeaustauscher;	*j* Schwefelwasserstoff-	*n* Abgase;
e Kontaktofen I;	haltiges Gas;	*o* Flüssiger Schwefel.

Claus-Anlagen meist eine Nachverbrennungskammer angeordnet, in der
der restliche Schwefelwasserstoff mit Zusatzgas verbrannt wird. Die Abgase sind dann durch einen genügend hohen Schornstein abzuführen.
Bei sehr großen Anlagen empfiehlt es sich zu prüfen, ob sich nicht durch
Nachschalten einer Naßkatalyse die Schwierigkeiten eines unzulässig
hohen SO_2-Ausstoßes vermeiden lassen. In einem solchen Fall dürfte die
Ausstattung der Claus-Anlage mit nur einem Reaktor die wirtschaftlichere Lösung sein, weil bei dieser an Bau- und Betriebskosten merkbar
gespart werden kann, ohne die Schwefelgewinnung entscheidend zu beeinträchtigen, während in der Naßkatalyseanlage ein Mehrfaches an
Schwefelsäure gegenüber der Schaltung mit zwei Reaktoren erzeugt werden kann. Eine andere Möglichkeit zur Vermeidung des Ausstoßes von
H_2S-haltigen Abgasen ist die katalytische Nachverbrennung[1]. Für sehr
große Anlagen, wie sie z. B. in Lacq (Südfrankreich) zur Entschwefelung
von Erdgas stehen, das neben 9 Vol.-% CO_2 noch 15 Vol.-% H_2S enthält,
wurde von der Société Nationale des Pétroles d'Acquitaine in Zusammenarbeit mit der Fa. Haldor Topsø (Dänemark) ein Verfahren entwickelt,
um aus dem Schwefeldioxyd, das in den Abgasen der dort errichteten
Claus-Anlage enthalten ist, Schwefelsäure herzustellen[2]. Die Schaltung
der Anlage hat große Ähnlichkeit mit der für die Naßkatalyse, wie sie
im vorhergehenden Abschnitt beschrieben ist; Voraussetzung für die Anwendung des Verfahrens ist so wie bei der Naßkatalyse die Anwesenheit von Wasserdampf.

γ) **Sonstige Verfahren zur Gewinnung von elementarem Schwefel.** Es
gibt noch einige andere Verfahren, mit deren Hilfe man elementaren
Schwefel gewinnen kann, deren Bedeutung jedoch gegenüber dem Claus-

---

[1] HERRMANN, E.: Reinigung von Produktionsabgasen durch thermische und
katalytische Nachverbrennung. Erdöl u. Kohle 19 (1966) 426/29.

[2] ZWILLING, J. P., u. G. GUYOT: Verwertung der Abgase von Clausanlagen für
die Schwefelsäureproduktion. Erdöl u. Kohle 21 (1968) 290/92.

Verfahren geringer ist. Zwei davon wurden bereits auf S. 639ff. erwähnt, nämlich das Thylox- und das Giammarco-Vetrocoke-Verfahren. Es wurde dort erläutert, unter welchen besonderen Bedingungen sie für Raffinerien in Betracht kommen. Ein weiteres Verfahren ist unter dem Namen Townsend-Process bekannt geworden[1]. Es arbeitet mit Diäthylen- oder Triäthylenglykol. Ebenso wurde von der Atlantic Refining Co ein Verfahren vorgeschlagen, bei dem mit Hilfe einer wäßrigen Lösung von Eisenverbindungen zusammen mit Chelaten der Wechsel verschiedener Wertigkeiten ähnlich wie beim Giammarco-Vetrocoke-Verfahren ausgenutzt wird, um Schwefelwasserstoff zu elementarem Schwefel und Wasser bei Umgebungstemperatur zu oxydieren[2]. Es bleibt abzuwarten, ob die zuletzt genannten Vorschläge praktische Bedeutung für Raffinerien erlangen werden.

Von älteren Arbeiten sind noch die von LEPSOE sowie DOUMANI und Mitarb. erwähnenswert, weil sie recht umfangreiche Angaben über die Thermodynamik und Reaktionskinetik der Schwefelgewinnung aus Schwefeldioxyd enthalten[3].

♂) **Die Beförderung des in Claus-Anlagen gewonnenen Schwefels.** Früher wurde der in Claus-Anlagen in flüssiger Form anfallende Schwefel oft auf etwas primitive Weise in großen Formen erstarren gelassen und mußte dann für die Beförderung in Stücke geschlagen werden. Deshalb hat man Maschinen entwickelt, um besser zu handhabende kleine Blöcke gießen zu können. In letzter Zeit geht man vielfach dazu über, den Schwefel flüssig den Verbrauchern in isolierten und für größere Entfernungen auch beheizten Kesselwagen anzuliefern. Von der Firma Elliot Associated Developments Ltd/London wurde nunmehr ein Verfahren entwickelt, um flüssigen Schwefel zu Kügelchen (Pellets) von 2,5 bis 5 mm Durchmesser zu formen[4]. Diese lassen sich leicht in Säcke abfüllen, sind mechanisch so fest, daß sich kein Staub bildet, und können deshalb einfach befördert werden. Anlagen für Leistungen bis zu 100 t/d sind im Bau.

---

[1] TOWNSEND, F. M., u. L. L. REID: Newest Sulfur Recovery Process. Petrol. Refiner 37 (1958) Nr. 11, S. 263/66.

[2] RIEVE, R. W., P. M. PITTS jr. u. L. N. LEUM: Improved process for sulfur recovery from refinery gases. 5. Welt-Erdöl-Kongreß, New York 1959, Bericht Nr. IV/29. – Über Chelate s. S. 673 u. 677.

[3] LEPSOE, R.: Chemistry of Sulfur Dioxyde Reduction/Thermodynamics. Industr. Engng. Chem. 30 (1938) 92/100. – DOUMANI, T. F., R. F. DEERY u. W. E. BRADLEY: Recovery of sulfur from sulfur dioxide in waste gases; ebd. 36 (1944) 329/32.

[4] Anon.: A new way with sulfur. Oil Gas Internat. 9 (1969) Nr. 12, S. 84.

Erläuterung der in den Schemata benutzten Sinnbilder und Stricharten

Für die Darstellung von Apparaten, Behältern, Maschinen und Leitungen in den schematischen Fließbildern der chemischen Technik gab es wohl die inzwischen zurückgezogene Norm DIN 7091 und Empfehlungen der Dechema[1]. Es bereitet aber Schwierigkeiten, diese Vorschläge auf Verarbeitungsanlagen der Erdölindustrie anzuwenden. Erstens muß man in viel stärkerem Maße die in den Leitungen fließenden Medien und ihren Aggregatzustand unterscheiden. Die in DIN 7091 dafür vorgesehenen Kennzeichen wie Punkte, Wellenlinien und ähnliches *neben* den Leitungen wirken unübersichtlich und vermitteln keinen sinnfälligen Eindruck. Zweitens ist es erforderlich, die Funktion der in den Anlagen verwendeten Kolonnen, Reaktoren, Trennbehälter usw. – soweit dies in einem Schema möglich ist – erkennen zu lassen. Inzwischen wurden neue DIN-Entwürfe 28 004, Blatt 1 bis 4 (Fließbilder verfahrenstechnischer Anlagen, Mai 1969) veröffentlicht, doch ändert sich dadurch nichts an den folgenden Ausführungen.

Es erscheint nämlich zweifelhaft, ob sich eine für alle Zweige der chemischen Technik befriedigende Darstellung wegen der sehr großen Unterschiede der einzelnen Verfahrensgänge finden läßt. Deshalb verspricht der hier eingeschlagene Weg, die Anwendung der vorgeschlagenen Stricharten und Sinnbilder auf die Erdölverarbeitung (und Petrolchemie) zu beschränken, eher Erfolg als das Streben nach einer zu allgemeinen Anwendbarkeit.

Wegen der überragenden Bedeutung des Destillierens, das bei der Verarbeitung von Erdöl die Unterschiede der Zusammensetzung der flüssigen und dampfförmigen Phase von Mehr- und Vielstoffgemischen ausnutzt, schien es dem Verfasser zweckmäßig, sich an die auf W. STENDER zurückgehende und seit Jahrzehnten im Kraftwerksbau bewährte Darstellung der Schemata nach DIN 2481 anzulehnen. Die sehr einprägsame Unterscheidung zwischen Dämpfen und Flüssigkeiten (entsprechend dem Durchmesser der dafür erforderlichen Leitungen) bietet sich auch hier an. Nur mußten die im Kraftwerksbau benutzten einfachen Striche für das Erdöl und seine Produkte (also im allgemeinen für Kohlenwasserstoffe) vorbehalten bleiben und deshalb für Wasser und Wasserdampf ein unterscheidendes Kennzeichen gewählt werden. Außerdem schien es für das bessere Verständnis mancher Verarbeitungsvorgänge angebracht, für verschiedene Gase besondere Stricharten vorzusehen, die nebenstehend erläutert sind.

Die Sinnbilder für Wärmeaustauscher, Kühler und Kondensatoren wurden aus DIN 2481 übernommen bzw. abgewandelt oder ergänzt. Das übliche Sinnbild für Pumpen, deren es in jeder Erdölverarbeitungsanlage eine große Anzahl gibt, ist erläutert. (Es zeigt eine Kreiselpumpe; sollten in Ausnahmsfällen noch Kolbenpumpen bei kleinen Mengen oder sehr hohen Drücken in Frage kommen, so gilt es auch dafür.) Für Kolbenkompressoren ist, soweit dies hervorgehoben werden soll, ein besonderes Sinnbild vorgeschlagen. Bei Turbokompressoren (oder Kompressoren im allgemeinen) konnte sich der Verfasser nicht entschließen, das in DIN 2481 dafür neu geschaffene Sinnbild zu übernehmen, weil mit Hilfe von Pfeilen das auch für Turbinen benutzte Sinnbild besser verständlich ist als das jetzt genormte. Der neue Vorschlag nach DIN-Entwurf 28 004, Blatt 3 Nr. 16.1.2. stimmt damit überein. Er deckt sich mit der ursprünglichen sowie der hier benutzten Darstellung.

---

[1] Vgl. dazu K. KUTZNER: Sinnbilder für Apparate. Dechema-Erfahrungsaustausch. Frankfurt/Main: Dechema 1957. – NAGY, W.: Wesen und Anwendung der Fließbilder in der chemischen Technik. Dechema-Monographien Nr. 503–527, Bd. 34 Weinheim/Bergstr.: Verlag Chemie 1959, S. 263/72. – KUTZNER, K.: Fließbilder der chemischen Technik. Chem. Industr. 13 (1961) 295/98. – GABSDIEL, W.: Maschinen- und apparatetechnische Sinnbilder und verfahrenstechnische Schemata, in: Taschenbuch des Chemietechnologen, hrsg. von V. BAYERL u. M. QUARG, 2. Aufl., Leipzig: Deutscher Verlag Grundstoffind. 1965, S. 481/512.

Die übrigen in den Schemata verwendeten Sinnbilder sind jeweils durch Buchstaben erläutert, so daß über ihre Bedeutung keine Zweifel bestehen dürften. Soweit Elektromotoren als Antriebe eingezeichnet sind, wurde das Sinnbild nach DIN 40715 verwendet; die sonstigen elektrotechnischen Sinnbilder in Abb. H-22 sind DIN 40713 und 40714 entnommen. Größtenteils sind aber Antriebe, soweit sie selbstverständlich sind, weggelassen.

Flüssigkeiten, vorzugsweise Kohlenwasserstoffe

Dämpfe, vorzugsweise von Kohlenwasserstoffen, mit Ausnahme der sehr tief siedenden

Dampf-Flüssigkeits-Gemische von Kohlenwasserstoffen

Kohlenwasserstoffgase, vorzugsweise Methan, Äthan, Äthen und etwas höher siedende sowie deren Gemische, auch mit Wasserstoff

Wasserstoff

Sauerstoff

Stickstoff

Schwefelwasserstoff und schwefelwasserstoffreiche Gase, Kohlendioxyd und kohlendioxydreiche Gase sowie deren Gemische

Luft

Mit Luft gemischte Kohlenwasserstoffe (z. B. in Vakuumeinrichtungen, Blasanlagen u. a.)

Rauchgase

Mit Luft verdünnte Rauchgase

Kohlenwasserstoffgase mit Schwefelwasserstoff, Kohlendioxyd oder beiden Beimengungen

Luft mit Kohlendioxyd

Wasser

Wasserdampf

Dampf-Wasser-Gemisch

Ammoniak flüssig

Ammoniak dampfförmig

Kühlsole

Lösungsmittel mit Kohlendioxyd oder Schwefelwasserstoff beladen

Krackteer

Heizöl (als Brennstoff)

Feststoffe (Koks, Katalysator)

Impulsleitungen

Pumpe

Kolbenkompressor (hier für Luft)

Turbokompressor (allgem. Verdichter, Gebläse)

Turbine (hier Dampfturbine)

Wärmeaustauscher

Kühler, Kondensator

Stehender Aufkocher

Strahlapparat

Kondenstopf

Namenverzeichnis

Die Umlaute ä, ö und ü sind wie ae, oe und ue eingereiht; ß ist als sz eingeordnet. Buchstaben mit diakritischen Zeichen, wie z. B. á, š u. ä., sind ohne Rücksicht auf diese zu finden. Nicht aufgenommen sind Eigennamen zur Kennzeichnung von Prüfverfahren, wie z. B. Conradson u. ä.

Ortsverzeichnis

Dieses Verzeichnis enthält nur Ortsangaben von Förderstellen, Verarbeitungs-
werken oder Forschungsstätten. Allgemeine geographische Angaben sind nicht aufgenommen. Ein Sternchen (*) bei einer Seitenangabe bedeutet, daß der betreffende
Ortsname auf einer Landkarte zu finden ist. Hochgestellte Ziffern oder Buchstaben
verweisen auf Fußnoten.

Sachverzeichnis

Die Hinweise sind alphabetisch in gleicher Weise wie das Namenverzeichnis S. 1048 gereiht. Solche mit mehreren Worten folgen unmittelbar hinter dem Stichwort, jedoch *ohne* Berücksichtigung von Artikeln und Präpositionen. Binde- oder Trennungsstriche in zusammengesetzten Ausdrücken sind ohne Einfluß auf die Reihung. Hochgestellte Ziffern oder Buchstaben verweisen auf Fußnoten.

rapid curing (liquid asphalts) 789
Raumgeschwindigkeit 389, 404ff., 445,
 447, 452, 533ff., 548, 841, 877, 880,
 919
R & B (Ring and Ball-Methode) 753
RC, s. rapid curing
RCD-Verfahren 835
RCH-Verfahren 602
RDC (Rotating Disc Contactor) 161, 710f.
Reaktion, endotherme 259, 907
Reaktion, exotherme 259, 907
Reaktions-enthalpie 368
— -geschwindigkeit 572, 607, 862
— -gleichgewichte 891ff.
— -kammer 305
— -kinetik 270ff.
— -wärme 259
— -wärme von Vergasungsreaktoren
 892ff.
Reaktivieren von Katalysatoren 499
Reaktoren 141ff., 152ff., 364, 434, 436f.,
 466, 473f., 478, 493, 510f., 1040
— für hydrierende Raffinations-
 verfahren 863
— — Reforming-Verfahren 141ff.,
 516ff., 519
— — Vergasungsverfahren 909, 925
Recatro-Verfahren 918[2], 920
Recommended Practice (API) 1013[1]
Rectisol-Verfahren 645ff.
red oil 980
Redestillation des Polymerbenzins 577
Redex-Verfahren 712[1]
reduced crude 980f.
Reduced Crude Desulfurization (RCD-
 Verfahren) 835
Reduktion von Kohlendioxyd 888
reduzierter Druck 81
reduzierte Temperatur 81
Redwood-Sekunden 60
Reformieren, katalytisches 510ff., 841,
 845f., 854, 940, 946, 948, 951, 954
Reformieren, thermisches 324ff., 959
Reforming-Anlagen als Wasserstoff-
 quelle 537
— -Katalysatoren 538ff.
— -Reaktoren 516ff., 519
Refraktion 61
refractory material 418, 447
Regenerativverfahren (beim Vergasen)
 908, 921ff., 925
Regeneratoren 147ff., 363f., 436f., 457,
 466, 478, 493, 849
Regenerierbarkeit von Krackkatalysa-
 toren 390, 397
Regenerieren von Äthanolaminlaugen
 634
— — Bleicherde 1036f.
— — Katalysatoren 417, 434ff., 549,
 829, 848

Regenerieren von Waschmitteln durch
 Entspannen 621, 625, 628, 646
— — — durch Wärmezufuhr, s.a. Heiß-
 regenerierung 620ff., 634, 642, 664
Regenerierturm 619
Regular Gasoline 947
reiche Lösung 619
Reichgas 909[1], 919
Reid-Dampfdruck 92
Reihenfolge der Verfahrensschnitte bei
 der Schmierölherstellung 699ff.
Reinhaltung der Luft 819, s.a. Concawe
Reinheit der Produkte 210ff.
Reinigung des Abwassers 1019ff.
Reinigung von Hochdruckgasen 648
Rektifizieren 109
Relaxation 759[1]
Research-Oktanzahl (ROZ) 86ff., 356[2],
 567, 950ff.,
resins 700
Restölgehalt von Abwasser 1024
Restölgehalt von Paraffin 742
retrograde Kondensation 80
retrograde Verdampfung 80
RE-X catalysts (sieves) 389
Rexforming-Verfahren 958
RE-Y catalysts (sieves) 389
Rheniforming-Verfahren 540, 549, 555
Rhenium als Hydrierkatalysator 817
Rheologie 759[1], 765ff.
Richtungskonstante (nach UBBELOHDE)
 968[2]
Ring-analyse, Watermansche 63, 733
— -bildung bei Reforming-Reaktionen
 520
Ring- und Kugelwert, s. a. Erweichungs-
 punkt 753, 760
Rieselböden 141, 250
Röhrenbauart von Polymerisations-
 Reaktoren 154, 574
Röhrenofen(spalt)verfahren zur Olefin-
 erzeugung 336ff., 347
Röhrenofenverfahren für Vergasungs-
 anlagen 923, 925, 932
Röstofen (zum Regenerieren von Bleich-
 erde) 1037
Rohöldestillation 191ff., 206ff., 209ff.,
 225ff., 233ff., 940
Rohparaffin 982
Rohre aus Schleuderguß 910
Rohrhalterungen 125
Rohrleitungs- und Instrumentenschema
 (R. u. I.-Schema) 997f.
Rohvaselin 982
Rotating Disc Contactor (RDC) 161,
 667, 710f., 730
Rotating thin-film-test (RTFT) 779
ROZ (Research Oktanzahl) 86ff., 950ff.
RTFT s. Rotating thin-film-test
R-Typen von Bitumen 758